개념 유형 기본문제부터 고난도 모의고사형 문제까지 아우르는
유형별 내신대비문제집

MAPL SYNERGY SERIES

Your master plan.
mapl

마플시너지
공통수학 1

마플 내신대비 문제집

1883Q

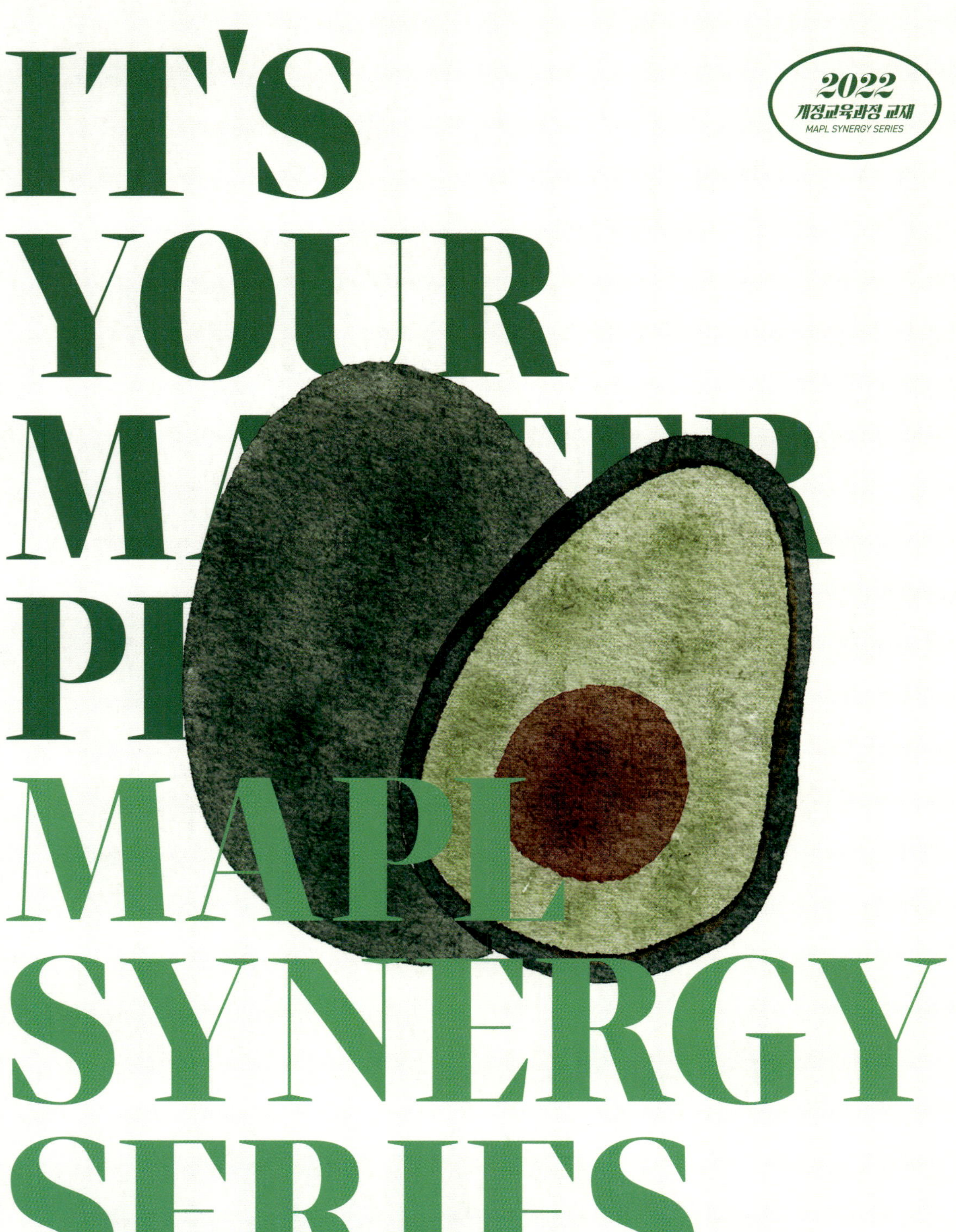

IT'S
YOUR
MASTER
PLAN
MAPL

2022
개정교육과정 교재
MAPL SYNERGY SERIES

www.heemangedu.co.kr | www.mapl.co.kr

SINCE 1996. HEEMANG INSTITUTE, INC.

MAPL
SYNERGY
SERIES

내신과 수능, 당신의 일등급이 우리의 철학. 마플!

마플교과서로 강력한 개념을 끝내면 이제 문제풀이다!
학교 교과서를 유형별 단원별로 정리한 학교 내신의 완벽한 대비서
내신1등급의 필독서, 마플시너지 시리즈!

마플시너지 공통수학 1
ISBN : 979-11-93575-06-2 (53410)

발행일 : 2024년 7월 10일(1판 1쇄)
인쇄일 : 2026년 2월 9일
판/쇄 : 1판 9쇄

펴낸곳
희망에듀출판부 *(Heemang Institute, inc. Publishing dept.)*

펴낸이
임정선

주소 경기도 부천시 석천로 174 하성빌딩
[174, Seokcheon-ro, Bucheon-si, Gyeonggi-do, Republic of Korea]

교재 오류 및 문의
mapl@heemangedu.co.kr

희망에듀 홈페이지
http://www.heemangedu.co.kr

마플교재 인터넷 구입처
http://www.mapl.co.kr

교재 구입 문의
오성서적
Tel 032) 653-6653
Fax 032) 655-4761

YOUR
MASTER
PLAN

핵심단권화 수학개념서
마플교과서 시리즈

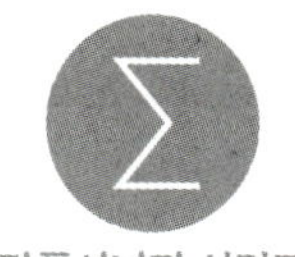

Σ
마플시너지 시리즈

Mapl
the Bank
마플총정리 시리즈

월별기출
모의고사
마플 모의고사 시리즈

YOUR
MASTER
PLAN

Mapl Synergy

MAPL. IT'S YOUR MASTER PLAN!

내신대비문제집
마플시너지

공통수학 1

개념 유형 기본문제부터 고난도 모의고사형 문제까지 아우르는
유형별 내신대비문제집

IT'S YOUR MASTER PLAN   www.heemangedu.co.kr | www.mapl.co.kr

이 책의 목차
Contents

Ⅰ 다항식

01 다항식의 연산

02 항등식과 나머지정리

03 인수분해

Ⅱ 방정식과 부등식

01 복소수

02 이차방정식

03 이차방정식과 이차함수

04 여러 가지 방정식

05 일차부등식

06 이차부등식

 **경우의 수**

Ⅳ 행렬

 **행렬**

Manual

HOW TO USE MAPL SYNERGY?

마플시너지 사용설명서

마플시너지 시리즈는 모든 교과서의 내신문제를 총 망라하여
출제될 수 있는 문제를 유형별로 정리한 교재입니다.

SYNERGY'S

시너지의 흐름 을 따라가다 보면 어느새 1등급!

꼭 풀어야하는 핵심 기출유형과 서술형, 일등급 완성에 빠져서는 안될 최고난도 문제,
그리고 실전 모의평가로 이어지는 마플시너지 내신문제집의 흐름을 충실히 따라가다 보면
어느새 1등급!

최다빈출 왕중요
1883Q

– 내신정복 기출유형
– 서술형 기출유형
– 행복한 일등급 문제
출제율 100%우수 대표문제

내신연계 출제문항
0860Q

한 단계 UP된
실제 반복 출제되는 우수문항

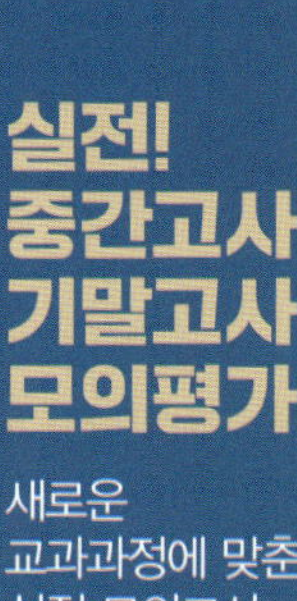

내신연계 출제문항 활용TIP ▶ **나에게 맞는 내신 문제집을 만들 수 있다.**

내신 단기완성 문제집	효율적인 내신대비	스스로 OK
교과서 핵심문제부터 시험 빈출유형, 서술형 문제까지 초 SPEED로 내신 완성	내신대비 시간에 부족한 학생을 위해 학교 시험에 꼭 나오는 문제 위주로 구성	학교 시험 범위를 스스로 출력하여 내신대비에 만전을 기한다.

해설에 있는 내신연계 출제문항은 별도의 PDF문서
를 희망에듀(www.heemangedu.co.kr)의
학습자료실 또는 마플북스(www.mapl.co.kr)의
자료실에서 다운로드하실 수 있습니다.

시너지 사용법 ❶

단계별 구성

학교 내신 일등급 만들기
마플 시너지
단계별 학습 프로젝트

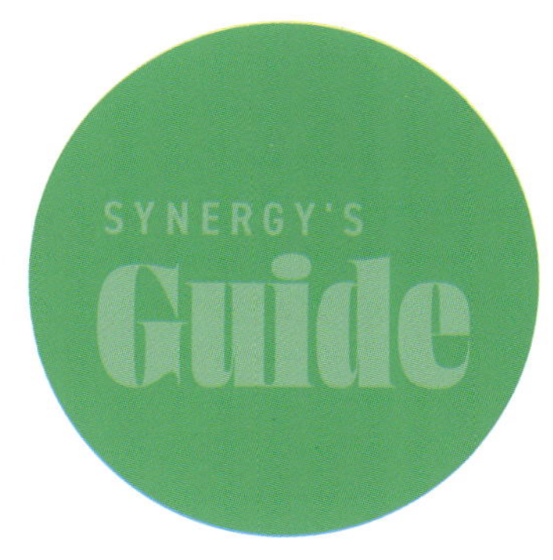

STEP1 내신정복 기출유형

각 학교 중간 / 기말고사에서 자주 출제되는 핵심 기출유형 수록
학교 내신 및 수능을 준비하는 학생을 위해 각 개념별로 엄선한 출제율이 높은 우수 기출문제를 수록, 변별력을 갖춘 새로운 경향의 문제를 접할 수 있도록 하였습니다.

STEP2 서술형 기출유형

교과서의 생각 넓히기를 단계별 서술형 문제로 구성
교과서 학습을 통해 습득한 수학의 개념과 원리를 적용하여 문제를 이해하고 해결하는 능력을 측정할 수 있는 문항 위주의 단계별 서술형 문제로 구성하였습니다.

STEP3 행복한 일등급 기출유형

1등급을 위한 최고의 변별력 기출 유형
두 가지 이상의 수학 개념, 원리, 법칙을 종합적으로 적용하여야 해결할 수 있는 교과서 고난도문제, 교육청/평가원의 오답률이 높은 문제를 수록하여 학교 내신 고득점을 달성하도록 구성하였습니다.

FINAL STEP 중간기말 모의평가

실전연습을 통한 실수 예방 및 고득점 달성
학교 교과서에서 출제될 수 있는 문제를 바탕으로 실전적 연습을 통하여 제한시간(50분)에 맞게 중간고사 및 기말고사를 미리 연습할 수 있도록 구성하였습니다.

시너지 사용법 ❷

입체적 구성

학교내신일등급을
완성(完成)하는
마플시너지
입체적인구성

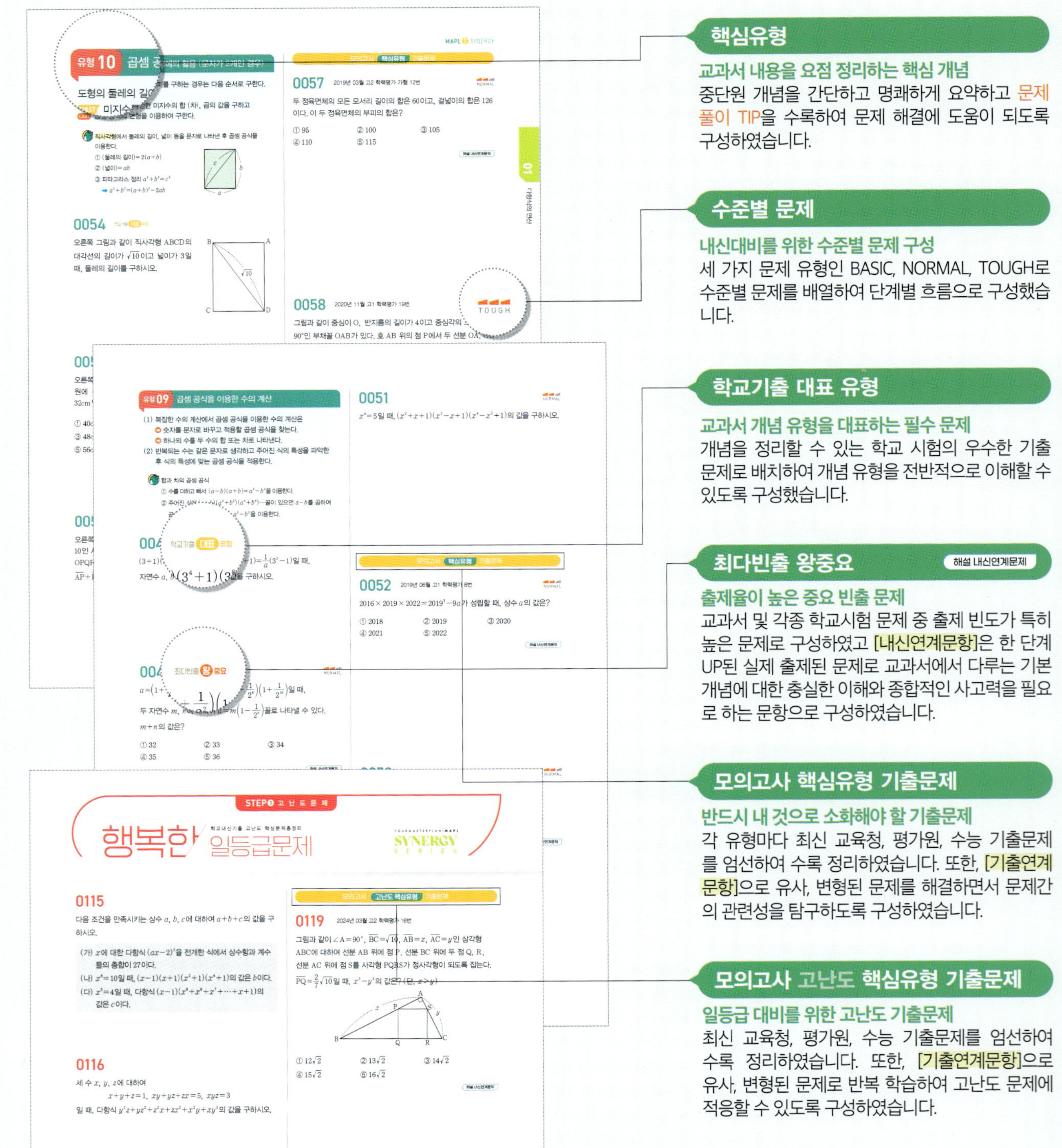

핵심유형

교과서 내용을 요점 정리하는 핵심 개념
중단원 개념을 간단하고 명쾌하게 요약하고 문제풀이 TIP을 수록하여 문제 해결에 도움이 되도록 구성하였습니다.

수준별 문제

내신대비를 위한 수준별 문제 구성
세 가지 문제 유형인 BASIC, NORMAL, TOUGH로 수준별 문제를 배열하여 단계별 흐름으로 구성했습니다.

학교기출 대표 유형

교과서 개념 유형을 대표하는 필수 문제
개념을 정리할 수 있는 학교 시험의 우수한 기출 문제로 배치하여 개념 유형을 전반적으로 이해할 수 있도록 구성했습니다.

최다빈출 왕중요

출제율이 높은 중요 빈출 문제
교과서 및 각종 학교시험 문제 중 출제 빈도가 특히 높은 문제로 구성하였고 [내신연계문항]은 한 단계 UP된 실제 출제된 문제로 교과서에서 다루는 기본 개념에 대한 충실한 이해와 종합적인 사고력을 필요로 하는 문항으로 구성하였습니다.

모의고사 핵심유형 기출문제

반드시 내 것으로 소화해야 할 기출문제
각 유형마다 최신 교육청, 평가원, 수능 기출문제를 엄선하여 수록 정리하였습니다. 또한, [기출연계문항]으로 유사, 변형된 문제를 해결하면서 문제간의 관련성을 탐구하도록 구성하였습니다.

모의고사 고난도 핵심유형 기출문제

일등급 대비를 위한 고난도 기출문제
최신 교육청, 평가원, 수능 기출문제를 엄선하여 수록 정리하였습니다. 또한, [기출연계문항]으로 유사, 변형된 문제로 반복 학습하여 고난도 문제에 적응할 수 있도록 구성하였습니다.

시너지 사용법 ❸

정답과 해설

학 교 내 신 일 등 급 을
견 인 (牽引) 하 는
마 플 시 너 지
입 체 적 인 해 설

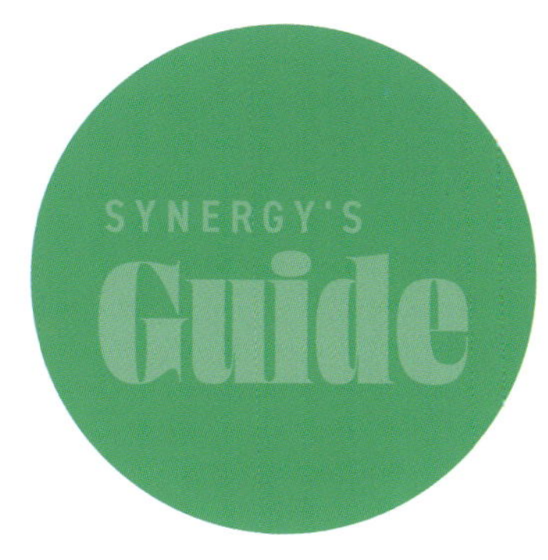

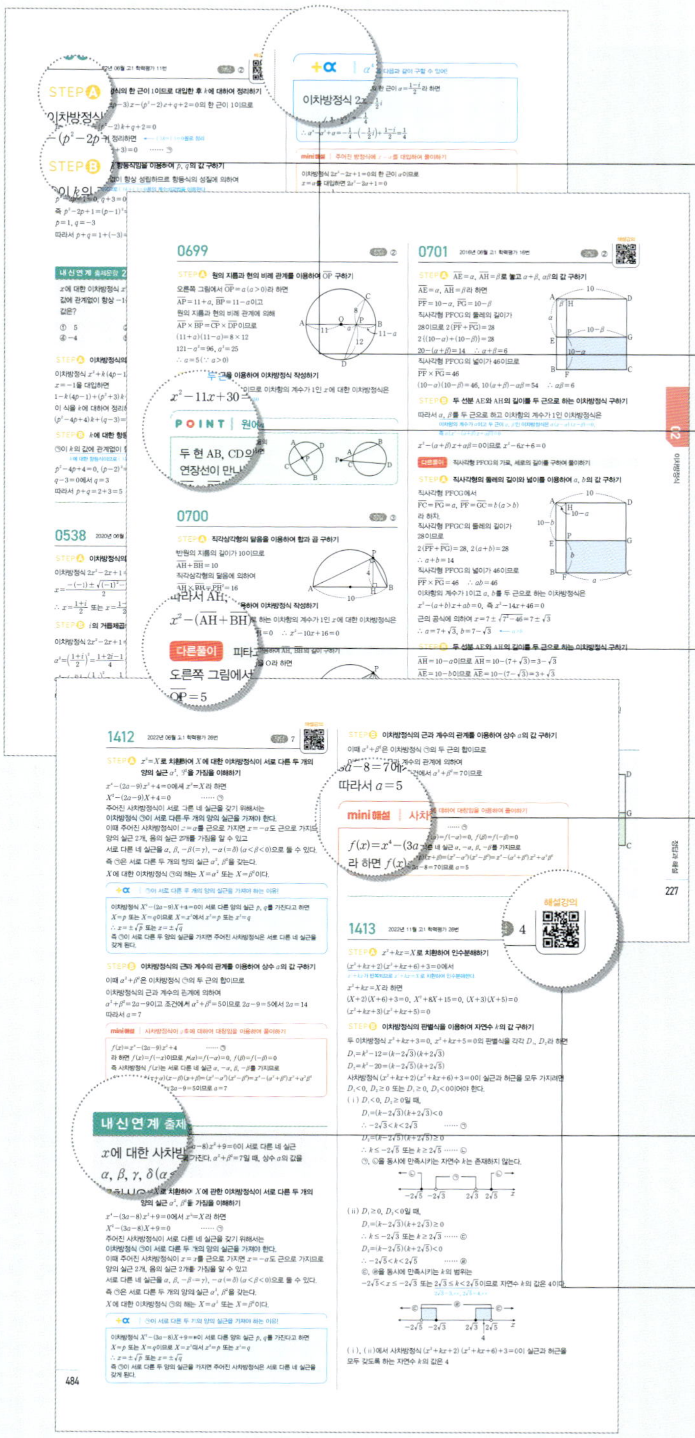

단계별(STEP A, STEP B, STEP C …)로 문제를 분석
하여 학생들이 문제풀이에 대한 이해력과 종합적
사고력을 높일 수 있도록 구성한 해설

단계별 해설

해설에서 요구되는 과정과 수학적 표현 절차를
논리적이고 체계적인 순서로 구체화하여 서술형
답안 작성시 도움이 되도록 하였습니다.

플러스알파 +α

해설의 기본적인 개념, 원리, 법칙 간의 관련성을
탐구하여 해설을 이해하는 데 도움이 되도록 구성
하였습니다.

포인트 POINT

문제 해결 시 수학의 개념, 원리, 법칙과 공식을 요
점 정리하여 이해력을 향상하도록 구성하였습니다.

다른풀이

문제 해결 과정에서 다양한 방법으로 문제를 해결
하도록 개념과 원리를 이용하여 문제풀이 아이디어
를 끌어내고 여러 가지 접근 방법을 제시하여 오답
노트를 완성할 수 있도록 구성하였습니다.

미니해설 mini 해설

시간을 절약하는 풀이 방법 또는 직관적이고 독특
한 풀이법을 소개하여 정리하였습니다.

내신연계 출제문항

각 문항에서 연계하여 출제되었던 문제로 구성되었
고 내신대비를 위한 문항 복습, 단권화를 할 수 있도
록 하였습니다.

핵심유형기출 해설동영상 QR코드

모의고사 기출문제 중 고난도 동영상 해설강의를
무료로 제공합니다. QR코드를 스캔하여 강의를
보실 수 있도록 구성하였습니다.

Mapl Synergy's Philosophy

예술작품, 건축물, 자동차...
하다 못해 우리가 매일 쓰는 밥숟가락까지
인간이 만드는 모든 물건에는
그것을 만든 이의 '철학'이 깃들어야 합니다.

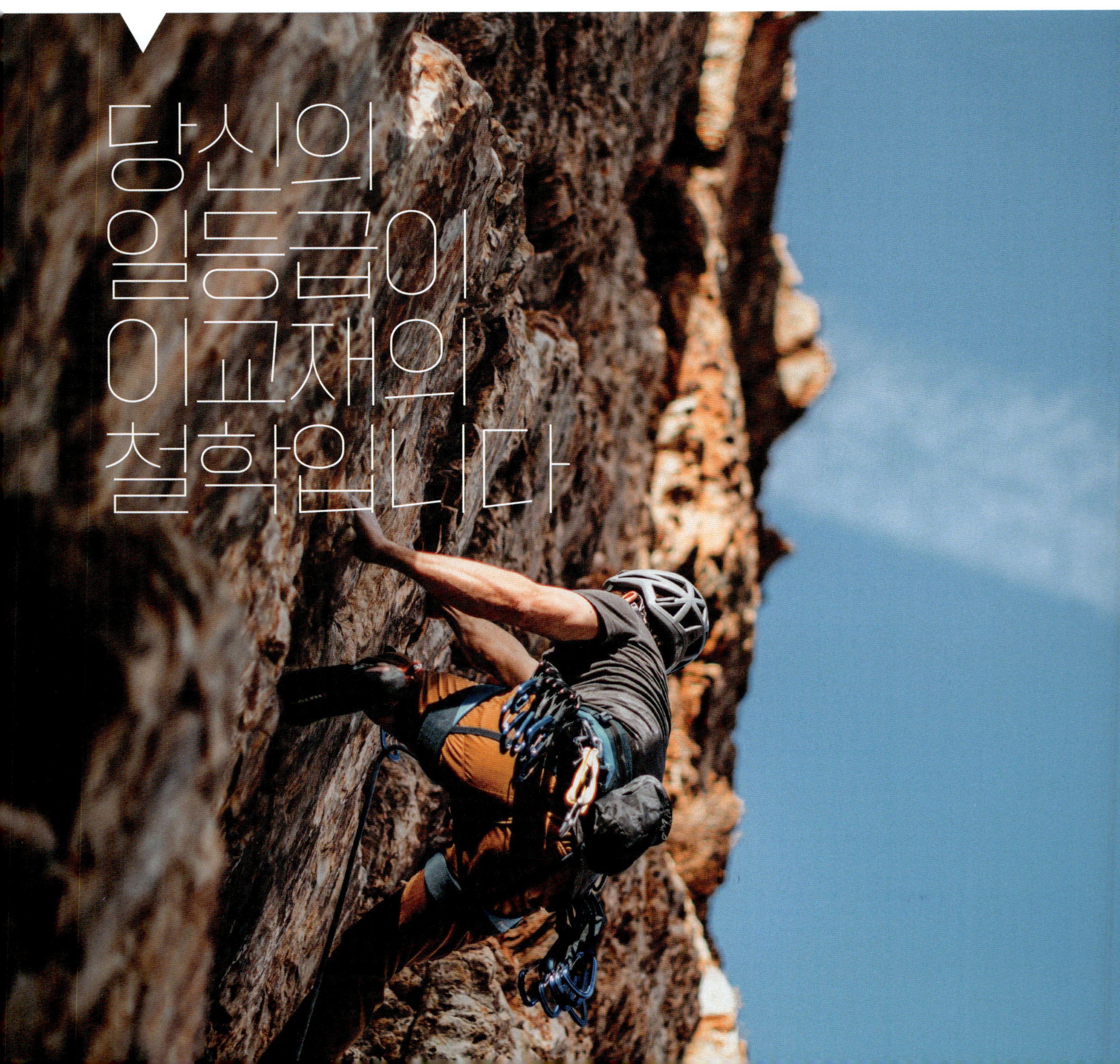

I

다항식

MAPL
YOUR
MASTER
PLAN

MAPL SYNERGY SERIES

MAPL. IT'S YOUR MASTER PLAN!

개념 유형 기본문제부터 고난도 모의고사형 문제까지 아우르는 유형별 내신대비문제집

01 다항식의 연산

학교내신기출 객관식 핵심문제총정리

유형 01 다항식의 덧셈과 뺄셈

(1) 다항식의 덧셈과 뺄셈은 다음과 같은 순서로 계산한다.
 FIRST 괄호가 있는 경우 괄호를 풀고,
 NEXT 다항식의 한 문자에 대하여 내림차순으로 정리하고
 LAST 동류항끼리 묶어 간단하게 정리한다.
(2) 다항식의 덧셈과 뺄셈이 복잡한 경우
 식을 먼저 간단히 한 후 주어진 다항식을 대입한다.

 다항식의 정리 방법
 ① 내림차순 : 다항식을 한 문자에 대하여 차수가 높은 항부터 낮은 항의
  순서로 나타내는 것
 ② 오름차순 : 다항식을 한 문자에 대하여 차수가 낮은 항부터 높은 항
  의 순서로 나타내는 것

0001 학교기출 대표유형

다항식 $2x^2-xy+y^2-2(x^2-2xy+y^2)$을 간단히 하면?

① $3xy+y^2$
② $3xy-y^2$
③ $-3xy+y^2$
④ $4x^2+3xy+y^2$
⑤ $4x^2-3xy+y^2$

0002 BASIC

두 다항식 $A=2x^2-3x-5$, $B=-x^2+3x$에 대하여 $A+2B$는?

① $x-5$
② $2x-5$
③ $3x-5$
④ $4x-5$
⑤ $5x-5$

0003 최다빈출 왕중요 BASIC

세 다항식 $A=-2x^2y-3xy^2+6$, $B=3x^2y+xy^2-5$,
$C=4x^2y+3xy^2-7$에 대하여 $(A+3C)-3(B-C)$를 구하면?

① x^2y+xy^2-5
② x^2y+8xy^2-13
③ $-13x^2y-3xy^2+8$
④ $-13x^2y+2xy^2+16$
⑤ $13x^2y+12xy^2-21$

해설 내신연계문제

0004 2020년 06월 고1 학력평가 6번

 NORMAL

그림과 같이 8개의 다항식을 사각형 모양으로 배열하고, 각 변에 배열된 3개의 다항식의 합을 각각 A, B, C, D라 하자.
다항식 A, B, C, D가 x의 값에 관계없이 모두 같을 때, 두 다항식의 합 $P(x)+Q(x)$는?

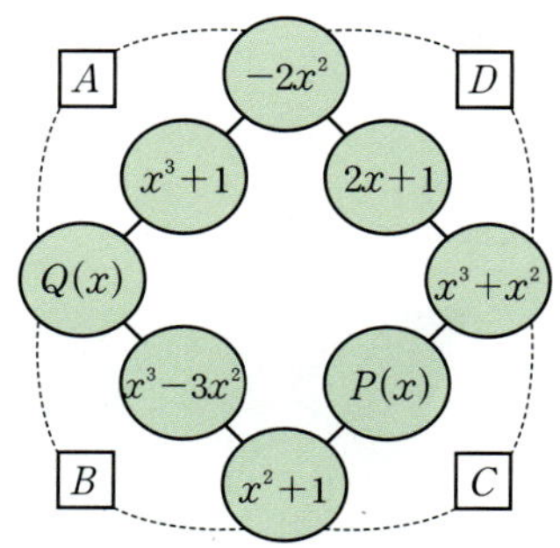

① $-3x^2+2x$
② $-2x^2+4x$
③ $-x^2+4x+1$
④ $2x^2+4x$
⑤ $3x^2+2x$

해설 내신연계문제

0005 2013년 03월 고2 학력평가 A형 24번

 NORMAL

가로 세 칸, 세로 세 칸으로 이루어진 표에 세 다항식 $2x-2$,
$2x^2+4x$, $-x^2+x-3$을 그림과 같이 한 칸에 하나씩 써 넣었다.
가로, 세로, 대각선으로 배열된 각각의 세 다항식의 합이 $6x^2+12x$와
같도록 나머지 칸에 써 넣으려 할 때, (가)의 위치에 알맞은 다항식은
$f(x)$이다. 이때 $f(10)$의 값을 구하시오.

$2x-2$	$2x^2+4x$	
(가)		$-x^2+x-3$

해설 내신연계문제

유형 02 다항식의 덧셈과 뺄셈에서 X 구하기

(1) **등식이 주어진 다항식 X 구하기**
  ➡ 다항식 X를 주어진 다항식 A, B에 대한 식으로 나타낸 후 다항식 A, B를 대입한다.
(2) **다항식 A, B가 연립일차방정식 꼴로 주어진 경우**
  ➡ $A+B$, $A-B$와 같이 다항식에서 연립일차방정식의 해를 구하는 것과 같은 방법으로 다항식 A, B를 구한 후 주어진 식에 대입하여 다항식을 계산한다.

0006 학교기출 대표 유형

두 다항식 A, B가
$$A=x^2+xy-y^2,\ B=2x^2+5xy-2y^2$$
일 때, $X+3A=B$를 만족시키는 다항식 X는?

① $5x^2+8xy-5y^2$ ② $5x^2-8xy-5y^2$
③ $-x^2+8xy+y^2$ ④ $-x^2+2xy+y^2$
⑤ $-x^2+2xy-y^2$

0007

세 다항식
$$A=x^2+3xy+y^2,\ B=x^2-2xy+y^2,\ C=2x^2-y^2$$
에 대하여 $X+2A=3(A+B)-C$를 만족하는 다항식 X를 구하면?

① $x^2-xy+5y^2$ ② $x^2-2xy+5y^2$
③ $2x^2-3xy+5y^2$ ④ $2x^2+3xy+4y^2$
⑤ $2x^2-4xy+6y^2$

0008 최다빈출 왕중요

두 다항식 A, B에 대하여
$$A+B=-x^2+2xy+3y^2,\ A-B=-3x^2+4xy+5y^2$$
일 때, $2A+B$를 계산하면?

① x^2+xy-y^2 ② $-x^2+3xy+y^2$
③ $2x^2-3xy+5y^2$ ④ $-3x^2+5xy+7y^2$
⑤ $4x^2-5xy+9y^2$

해설 내신연계문제

유형 03 다항식의 전개식에서 특정한 항의 계수 구하기

(1) **두 다항식의 곱으로 나타내어진 다항식의 전개식에서** 분배법칙을 이용하여 전개한 후 동류항의 계수를 정리한다.
$$(a+b)(c+d)=ac+ad+bc+bd$$
(2) **다항식을 모두 전개하면 복잡하므로 특정한 항의 계수를 구할 때,**
  ➡ 분배법칙을 이용하여 필요한 항의 부분만 선택하여 곱한다.

다항식의 전개식에서 어떤 특정한 항의 계수를 구할 때는 모든 항을 전개하지 않고 필요한 항이 나오는 경우만 계산해서 계수를 구한다. 이때 x에 대한 다항식의 전개식에서 상수항을 포함한 모든 항의 계수의 합은 x대신 1을 대입한 것과 같다.

0009 학교기출 대표 유형

$(x-a)(x^2-bx+1)$을 전개한 식에서 x의 계수가 3이고 상수항이 2일 때, 상수 a, b에 대하여 $b-a$의 값을 구하시오.

0010

다항식 $(x^2-2x+a)(2x^2-3x+2)$의 전개식에서 x의 계수가 2일 때, 상수 a의 값은?

① -2 ② -1 ③ 0
④ 1 ⑤ 2

0011

다항식 $(3x^2-2x+a)(x^2-x+2)$를 전개한 식에서 x^2의 계수가 20일 때, 상수 a의 값은?

① 4 ② 6 ③ 9
④ 12 ⑤ 15

0012  BASIC

다항식 $(x^3+3x^2+kx-1)^2$의 전개식에서 x^2의 계수가 10일 때, 양수 k의 값은?

① 2   ② 3   ③ 4
④ 5   ⑤ 6

0013  최다빈출 왕 중요   NORMAL

다항식 $(x^3-ax+4)(x^2+bx+3)$의 전개식에서 x^2의 계수와 x^3의 계수가 각각 -6, 5일 때, 상수 a, b에 대하여 $b-a$의 값은?

① -7 ② -5 ③ -3
④ 5   ⑤ 7

해설 내신연계문제

0014  최다빈출 왕 중요   NORMAL

$(2x^3-x^2+4x-3)(x^4-x^3+4x^2+3x-3)$을 전개한 식에서 x^3의 계수는?

① -13 ② -12 ③ 10
④ 12   ⑤ 13

해설 내신연계문제

0015  최다빈출 왕 중요   NORMAL

다항식 $(x-5)(x^2-ax-2a)$의 전개식에서 상수항과 계수들의 총합이 -28일 때, x^2의 계수는? (단, a는 상수이다.)

① -6 ② -5 ③ -4
④ -3 ⑤ -2

해설 내신연계문제

0016  최다빈출 왕 중요   TOUGH

다항식 $(1+x+2x^2+3x^3+\cdots+10x^{10})^2$의 전개식에서 x^4의 계수를 구하시오.

해설 내신연계문제

모의고사 핵심유형 기출문제

0017   2023년 06월 고1 학력평가 22번  BASIC

다항식 $(4x-y-3z)^2$의 전개식에서 yz의 계수를 구하시오.

해설 내신연계문제

0018   2021년 06월 고1 학력평가 22번  BASIC

다항식 $(x+4)(2x^2-3x+1)$의 전개식에서 x^2의 계수를 구하시오.

해설 내신연계문제

유형 04 · 곱셈 공식과 다항식의 곱셈의 전개 (1)

다항식의 곱셈은 **분배법칙을 이용**하여 식을 전개한 후 동류항끼리 모아서 계산한다.

(1) $(a+b)^2=a^2+2ab+b^2$, $(a-b)^2=a^2-2ab+b^2$

(2) $(a+b)(a-b)=a^2-b^2$

> **예** $(x+1)(x-1)(x^2+1)(x^4+1)$
> $=(x^2-1)(x^2+1)(x^4+1)$
> $=(x^4-1)(x^4+1)$
> $=x^8-1$

(3) $(x+a)(x+b)=x^2+(a+b)x+ab$

(4) $(ax+b)(cx+d)=acx^2+(ad+bc)x+bd$

(5) $(x+a)(x+b)(x+c)=x^3+(a+b+c)x^2+(ab+bc+ca)x+abc$

$(x-a)(x-b)(x-c)=x^3-(a+b+c)x^2+(ab+bc+ca)x-abc$

(6) $(a+b+c)^2=a^2+b^2+c^2+2ab+2bc+2ca$

$=a^2+b^2+c^2+2(ab+bc+ca)$

(문자의 합)^2={(문자)^{2}의 합 $+2\times$(두 문자의 곱의 합)}

---

① $(a+b)^n$의 전개식

$(a+b)^2=a^2+2ab+b^2$

$(a+b)^3=a^3+3a^2b+3ab^2+b^3$

$(a+b)^4=a^4+4a^3b+6a^2b^2+4ab^3+b^4$

② $(x-1)(x^{n-1}+x^{n-2}+x^{n-3}+\cdots+x^2+x+1)$의 전개식

$(x-1)(x+1)=x^2-1$

$(x-1)(x^2+x+1)=x^3-1$

$(x-1)(x^3+x^2+x+1)=x^4-1$

$(x-1)(x^{n-1}+x^{n-2}+x^{n-3}+\cdots+x^2+x+1)=x^n-1$

(단, $n \geq 2$인 자연수)

0019   학교기출 대표유형

$x=3a-b$, $y=a-3b$일 때, $4(x-y)^2-(x+y)^2$을 a, b를 사용하여 나타내면?

① $4(a^2+b^2)$ ② $8(a^2+b^2)$ ③ $4(a^2-b^2)$

④ $8(a^2-b^2)$ ⑤ $64ab$

0020   최다빈출 왕중요

$x^8=20$일 때, $(x-1)(x+1)(x^2+1)(x^4+1)$의 값을 구하시오.

해설 내신연계문제

0021

다음 식을 전개한 것으로 옳은 것은?

$$(a+b+c)^2+(a+b-c)^2+(a-b+c)^2+(-a+b+c)^2$$

① $2a^2+2b^2+2c^2$

② $4a^2+4b^2+4c^2$

③ $2a^2+2b^2+2c^2+2ab+2bc+2ca$

④ $4a^2+4b^2+4c^2+2ab+2bc+2ca$

⑤ $4a^2+4b^2+4c^2+4ab+4bc+4ca$

모의고사 핵심유형 기출문제

0022   2019년 03월 고2 학력평가 가형 6번

$(a+b-c)^2=25$, $ab-bc-ca=-2$일 때, $a^2+b^2+c^2$의 값은?

① 27   ② 29   ③ 31

④ 33   ⑤ 35

해설 내신연계문제

0023   2020년 03월 고2 학력평가 25번

세 실수 x, y, z가

$$x^2+y^2+4z^2=62, \quad xy-2yz+2zx=13$$

을 만족시킬 때, $(x-y-2z)^2$의 값을 구하시오.

해설 내신연계문제

(1) $(a+b)^3=a^3+3a^2b+3ab^2+b^3$
  $(a-b)^3=a^3-3a^2b+3ab^2-b^3$
(2) $(a+b)(a^2-ab+b^2)=a^3+b^3$
  $(a-b)(a^2+ab+b^2)=a^3-b^3$

예 $(x+1)(x-1)(x^2+x+1)(x^2-x+1)$
  $=\{(x+1)(x^2-x+1)\}\{(x-1)(x^2+x+1)\}$
  $=(x^3+1)(x^3-1)$
  $=x^6-1$

(3) $(a+b+c)(a^2+b^2+c^2-ab-bc-ca)=a^3+b^3+c^3-3abc$
(4) $(a^2+ab+b^2)(a^2-ab+b^2)=a^4+a^2b^2+b^4$

 여러 개의 다항식의 곱으로 주어진 경우에 먼저 곱셈 공식을 이용할 수 있는지 확인하고 그 부분부터 전개한다.

0024 학교기출 대표 유형

다항식 $(3x-4y)^3$을 전개한 식이 $27x^3+ax^2y+bxy^2+cy^3$일 때, 상수 a, b, c에 대하여 $a+b-c$의 값을 구하시오.

0025 NORMAL

다항식 $(x^2-4)(x^2+2x+4)(x^2-2x+4)$를 전개하면?

① x^6-64
② x^6+64
③ x^6+16x^3-64
④ x^6-16x^3+64
⑤ $x^6-4x^4+16x^2-64$

0026 NORMAL

다음 그림과 같이 한 모서리의 길이가 $a-1$인 정육면체의 부피를 A, 한 모서리의 길이가 $a+1$인 정육면체의 부피를 B라고 할 때, 두 정육면체의 부피의 합 $A+B$를 간단히 하면?

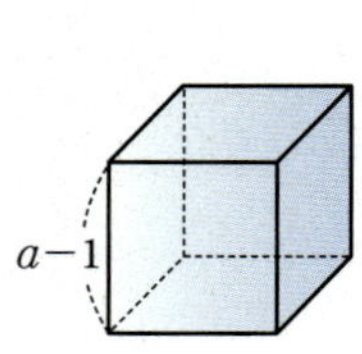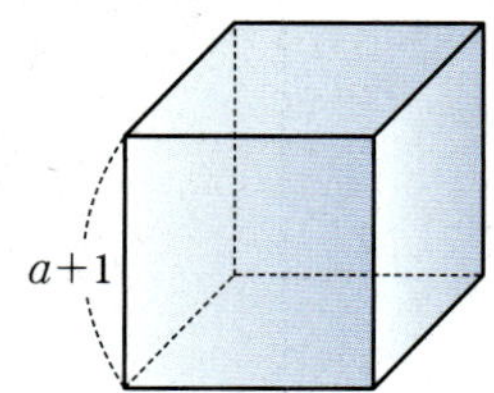

① $2a^3+6a$
② $2a^3-6a$
③ $2a^3$
④ $2a^3+6a^2+6a+2$
⑤ $2a^3-6a^2+6a-2$

0027 NORMAL

다음 [보기] 중 옳은 것을 모두 고른 것은?

ㄱ. $(x-2)^3=x^3-6x^2+12x-8$
ㄴ. $(x-y)(x^2+xy+y^2)=x^3+y^3$
ㄷ. $(x^2-y^2)(x^2+xy+y^2)(x^2-xy+y^2)=x^6-y^6$
ㄹ. $(x+y+2)(x^2+y^2-xy-2x-2y+4)=x^3+y^3-6xy+8$

① ㄱ, ㄴ
② ㄴ, ㄷ
③ ㄱ, ㄷ, ㄹ
④ ㄴ, ㄷ, ㄹ
⑤ ㄱ, ㄴ, ㄷ, ㄹ

0028 최다빈출 왕 중요 TOUGH

다음 중 다항식의 전개가 옳지 않은 것은?

① $(3x-2)^3=27x^3-36x^2+54x-8$
② $(x-2y)(x^2+2xy+4y^2)=x^3-8y^3$
③ $(x+y)(x-y)(x^2+xy+y^2)(x^2-xy+y^2)=x^6-y^6$
④ $(x+2y+3z)(x^2+4y^2+9z^2-2xy-6yz-3zx)$
  $=x^3+8y^3+27z^3-18xyz$
⑤ $(9x^2+3xy+y^2)(9x^2-3xy+y^2)=81x^4+9x^2y^2+y^4$

해설 내신연계문제

0029 2021년 11월 고1 학력평가 23번 NORMAL

다항식 $(x+a)^3+x(x-4)$의 전개식에서 x^2의 계수가 10일 때, 상수 a의 값을 구하시오.

해설 내신연계문제

유형 06 공통부분이 있는 다항식의 전개

공통부분이 있는 다항식의 곱셈은 다음과 같은 순서로 전개한다.

FIRST 공통부분을 t로 치환하여

NEXT 곱셈 공식을 이용하여 t에 대한 식으로 전개하고

LAST t 대신 원래의 공통부분을 대입한 후 전개한다.

① (일차식)×(일차식)×(일차식)×(일차식)꼴
➡ 전개 후에 공통부분이 생기도록 상수에 유의하여 두 개씩 짝을 지어 곱한다.
② 문자를 추가하거나 변형하여 공통부분을 만들어서 하나의 문자로 치환한다.

0030 학교기출 대표유형

다항식 $(x^2-2x-1)(x^2-2x+3)$을 전개한 식이
$x^4+ax^3+bx^2+cx-3$일 때, 상수 a, b, c에 대하여 $a+b-c$의 값을 구하시오.

0031 NORMAL

다항식 $(x+1)(x+2)(x-2)(x-3)$을 전개한 식이
$x^4-2x^3+ax^2+bx+12$일 때, 상수 a, b에 대하여 $2a+b$의 값은?

① -7 ② -6 ③ -5
④ 6 ⑤ 7

0032 최다빈출 왕중요 NORMAL

다음 중 다항식의 전개가 옳지 않은 것은?

① $(a+b-c)(a-b+c)=a^2-b^2-c^2+2bc$
② $(x+1)(x+2)(x-2)(x-3)=x^4-2x^3-7x^2+8x+12$
③ $(4x+3)(16x^2-12x+9)=64x^3+27$
④ $(x^2-2x+1)(x^2-2x-4)+2=x^4-4x^3+x^2+6x-2$
⑤ $\{(x+3)^2-1\}\{(x-3)^2-1\}=x^4+20x^2-64$

해설 내신연계문제

0033 최다빈출 왕중요 NORMAL

$a=\sqrt{3}$일 때, 다음 식의 값은?

$$\{(2a+3)^3-(2a-3)^3\}^2-\{(2a+3)^3+(2a-3)^3\}^2$$

① -120 ② -116 ③ -112
④ -108 ⑤ -104

해설 내신연계문제

0034 TOUGH

삼각형 ABC의 세 변의 길이 a, b, c가
$$(a+b-c)(a-b-c)=(a+b+c)(-a+b-c)$$
을 만족시킬 때, 이 삼각형은 어떤 삼각형인가?

① $a=b$인 이등변삼각형
② $b=c$인 이등변삼각형
③ 정삼각형
④ 빗변의 길이가 b인 직각삼각형
⑤ 빗변의 길이가 c인 직각삼각형

모의고사 핵심유형 기출문제

0035 2018년 11월 고1 학력평가 10번 NORMAL

두 실수 a, b에 대하여 $(a+b-1)\{(a+b)^2+a+b+1\}=8$일 때,
$(a+b)^3$의 값은?

① 5 ② 6 ③ 7
④ 8 ⑤ 9

해설 내신연계문제

두 문자의 조건 $a^n \pm b^n$을 확인한 후 다음 곱셈 공식의 변형을 이용한다.

① $a^2+b^2=(a+b)^2-2ab=(a-b)^2+2ab$

② $(a+b)^2=(a-b)^2+4ab$

　　$(a-b)^2=(a+b)^2-4ab$

③ $a^3+b^3=(a+b)^3-3ab(a+b)$　◀ $(a+b)(a^2-ab+b^2)=a^3+b^3$

　　$a^3-b^3=(a-b)^3+3ab(a-b)$　◀ $(a-b)(a^2+ab+b^2)=a^3-b^3$

④ $a^4+b^4=(a^2)^2+(b^2)^2=(a^2+b^2)^2-2a^2b^2$

　　　　　$=\{(a+b)^2-2ab\}^2-2(ab)^2$

⑤ $a^5+b^5=\underline{(a^2+b^2)(a^3+b^3)}-a^2b^2(a+b)$
　　　　　$\;\;a^5+a^2b^3+a^3b^2+b^5$

　　$a^5-b^5=\underline{(a^3-b^3)(a^2+b^2)}-a^2b^2(a-b)$
　　　　　$\;\;a^5+a^3b^2-a^2b^3-b^5$

⑥ $a^7+b^7=\underline{(a^2+b^2)(a^5+b^5)}-a^2b^2(a^3+b^3)$
　　　　　$\;\;a^7+a^2b^5+a^5b^2+b^7$

 ① a^2+b^2, a^3+b^3, a^4+b^4의 값을 구할 때는

　　➡ $a+b$, ab의 값을 이용할 수 있도록 식을 변형한다.

② 구하는 식이 복잡한 경우

　　➡ 문제의 식을 합, 차, 곱의 형태로 변형하여 구한다.

0036 　학교기출 **대표** 유형

다음 조건을 만족하는 상수 a, b, c, d에 대하여 $a+b+c+d$의 값을 구하시오.

> (가) $x+y=4$, $xy=-1$일 때, $x^2+y^2=a$
>
> (나) $x+y=3$, $xy=4$일 때, $x^3+y^3=b$
>
> (다) $x-y=3$, $xy=2$일 때, $x^3-y^3=c$
>
> (라) $x-y=3$, $x^3-y^3=72$일 때, $xy=d$

0037 　최다빈출 **왕** 중요　

$x=2+\sqrt{3}$, $y=2-\sqrt{3}$일 때, $x^3+y^3-x^2y-xy^2$의 값은?

① 24　　　　② 28　　　　③ 32

④ 36　　　　⑤ 48

0038 　최다빈출 **왕** 중요　

$x-y=4$, $x^3-y^3=28$일 때, x^2+y^2의 값은?

① 10　　　　② 12　　　　③ 14

④ 16　　　　⑤ 18

0039 　최다빈출 **왕** 중요　

$x+y=1$, $x^2+y^2=5$일 때, $\dfrac{x^2}{y}-\dfrac{y^2}{x}$의 값은? (단, $x-y>0$)

① -5　　　　② $-\dfrac{9}{2}$　　　　③ -4

④ $-\dfrac{7}{2}$　　　　⑤ -3

0040 　

두 실수 a, b에 대하여

$$a+b=3, \quad a^2+b^2=5$$

일 때, a^4+b^4의 값은?

① 15　　　　② 17　　　　③ 19

④ 21　　　　⑤ 23

0041 　최다빈출 **왕** 중요　TOUGH

두 실수 a, b에 대하여

$$a+b=2, \quad a^2+b^2=6$$

일 때, a^5+b^5의 값은?

① 16　　　　② 24　　　　③ 36

④ 46　　　　⑤ 82

0042

TOUGH

$a+b=2$, $ab=-2$일 때, $a^5+b^5-a^3-b^3$의 값을 구하시오.

모의고사 **핵심유형** 기출문제

0043

2023년 03월 고2 학력평가 6번

NORMAL

$a+b=2$, $a^3+b^3=10$일 때, ab의 값은?

① $-\dfrac{2}{3}$ ② $-\dfrac{1}{3}$ ③ 0

④ $\dfrac{1}{3}$ ⑤ $\dfrac{2}{3}$

해설 내신연계문제

0044

2022년 03월 고2 학력평가 9번

NORMAL

$x+y=\sqrt{2}$, $xy=-2$일 때, $\dfrac{x^2}{y}+\dfrac{y^2}{x}$의 값은?

① $-5\sqrt{2}$ ② $-4\sqrt{2}$ ③ $-3\sqrt{2}$

④ $-2\sqrt{2}$ ⑤ $-\sqrt{2}$

해설 내신연계문제

유형 08 문자가 2개인 곱셈 공식의 변형 (2)

문자의 조건 $a^n \pm \dfrac{1}{a^n}$ 을 확인한 후 다음 곱셈 공식의 변형을 이용한다.

① $a^2+\dfrac{1}{a^2}=\left(a+\dfrac{1}{a}\right)^2-2$ ◀ $\left(a+\dfrac{1}{a}\right)^2=\left(a-\dfrac{1}{a}\right)^2+4$

    $a^2+\dfrac{1}{a^2}=\left(a-\dfrac{1}{a}\right)^2+2$ ◀ $\left(a-\dfrac{1}{a}\right)^2=\left(a+\dfrac{1}{a}\right)^2-4$

② $a^3+\dfrac{1}{a^3}=\left(a+\dfrac{1}{a}\right)^3-3\left(a+\dfrac{1}{a}\right)$

    $a^3-\dfrac{1}{a^3}=\left(a-\dfrac{1}{a}\right)^3+3\left(a-\dfrac{1}{a}\right)$

① $a^2+\dfrac{1}{a^2}$, $a^3+\dfrac{1}{a^3}$, $a^3-\dfrac{1}{a^3}$의 값을 구할 때는

➡ $a+\dfrac{1}{a}$, $a-\dfrac{1}{a}$의 값을 이용할 수 있도록 식을 변형한다.

② 구하는 식이 복잡한 경우

➡ 문제의 식을 합, 차, 곱의 형태로 변형하여 구한다.

0045

학교기출 **대표** 유형

$x^2+2x-1=0$일 때, $x^2+\dfrac{1}{x^2}+x^3-\dfrac{1}{x^3}$의 값은?

① -8 ② -6 ③ -4

④ 6 ⑤ 7

0046

NORMAL

$x^2-4x-1=0$일 때, $x^3+2x^2+x-\dfrac{1}{x}+\dfrac{2}{x^2}-\dfrac{1}{x^3}$의 값은?

① 110 ② 112 ③ 114

④ 116 ⑤ 118

0047

최다빈출 **왕** 중요

TOUGH

$x^2+\dfrac{1}{x^2}=6$일 때, $x^3+\dfrac{1}{x^3}+x^3-\dfrac{1}{x^3}$의 값은? (단, $0<x<1$)

① $10\sqrt{2}-14$ ② $10\sqrt{2}-10$ ③ $10\sqrt{2}$

④ $5\sqrt{2}+14$ ⑤ $10\sqrt{2}+14$

해설 내신연계문제

(1) 복잡한 수의 계산에서 곱셈 공식을 이용한 수의 계산은
- 숫자를 문자로 바꾸고 적용할 곱셈 공식을 찾는다.
- 하나의 수를 두 수의 합 또는 차로 나타낸다.

(2) 반복되는 수는 같은 문자로 생각하고 주어진 식의 특성을 파악한 후 식의 특성에 맞는 **곱셈 공식**을 적용한다.

 합과 차의 곱셈 공식
① 수를 더하고 빼서 $(a-b)(a+b)=a^2-b^2$을 이용한다.
② 주어진 식에 $(a+b)(a^2+b^2)(a^4+b^4)\cdots$꼴이 있으면 $a-b$를 곱하여 곱셈 공식 $(a-b)(a+b)=a^2-b^2$을 이용한다.

0048 학교기출 대표 유형

$(3+1)(3^2+1)(3^4+1)(3^8+1)(3^{16}+1)=\dfrac{1}{a}(3^b-1)$일 때,

자연수 a, b에 대하여 $a+b$의 값을 구하시오.
(단, a는 한자리 자연수이다.)

0049 최다빈출 왕 중요 

$a=\left(1+\dfrac{1}{2}\right)\left(1+\dfrac{1}{2^2}\right)\left(1+\dfrac{1}{2^4}\right)\left(1+\dfrac{1}{2^8}\right)\left(1+\dfrac{1}{2^{16}}\right)$일 때,

두 자연수 m, n에 대하여 $a=m\left(1-\dfrac{1}{2^n}\right)$꼴로 나타낼 수 있다.

$m+n$의 값은?

① 32   ② 33   ③ 34
④ 35   ⑤ 36

해설 내신연계문제

0050 

$x^3=10$일 때, $(x-2)(x+2)(x^2-2x+4)(x^2+2x+4)$의 값은?

① 28   ② 30   ③ 32
④ 34   ⑤ 36

0051 

$x^4=5$일 때, $(x^2+x+1)(x^2-x+1)(x^4-x^2+1)$의 값을 구하시오.

모의고사 **핵심유형** 기출문제

0052   2019년 06월 고1 학력평가 8번

$2016\times2019\times2022=2019^3-9a$가 성립할 때, 상수 a의 값은?

① 2018   ② 2019   ③ 2020
④ 2021   ⑤ 2022

해설 내신연계문제

0053   2023년 06월 고1 학력평가 7번 

$\dfrac{2022\times(2023^2+2024)}{2024\times2023+1}$의 값은?

① 2018   ② 2020   ③ 2022
④ 2024   ⑤ 2026

해설 내신연계문제

유형 10 곱셈 공식의 도형에의 활용 (문자가 2개인 경우)

도형의 둘레의 길이, 넓이, 부피를 구하는 경우는 다음 순서로 구한다.

FIRST 미지수를 설정하여

NEXT 조건으로부터 설정한 미지수의 합 (차), 곱의 값을 구하고

LAST 곱셈 공식의 변형을 이용하여 구한다.

직사각형에서 둘레의 길이, 넓이 등을 문자로 나타낸 후 곱셈 공식을 이용한다.

① (둘레의 길이)$=2(a+b)$

② (넓이)$=ab$

③ 피타고라스 정리 $a^2+b^2=c^2$

➡ $a^2+b^2=(a+b)^2-2ab$

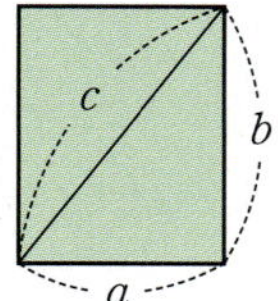

0054 학교기출 대표유형

오른쪽 그림과 같이 직사각형 ABCD의 대각선의 길이가 $\sqrt{10}$이고 넓이가 3일 때, 둘레의 길이를 구하시오.

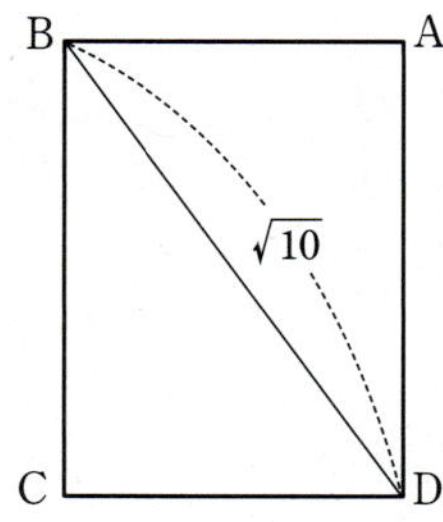

0055 최다빈출 왕중요 NORMAL

오른쪽 그림과 같이 반지름이 6cm인 원에 내접하는 직사각형의 둘레가 32cm일 때, 이 직사각형의 넓이는?

① $40cm^2$ ② $44cm^2$
③ $48cm^2$ ④ $52cm^2$
⑤ $56cm^2$

해설 내신연계문제

0056 NORMAL

오른쪽 그림과 같이 반지름의 길이가 10인 사분원에 내접하는 직사각형 OPQR의 넓이가 22일 때, $\overline{AP}+\overline{PR}+\overline{RB}$의 값을 구하시오.

모의고사 핵심유형 기출문제

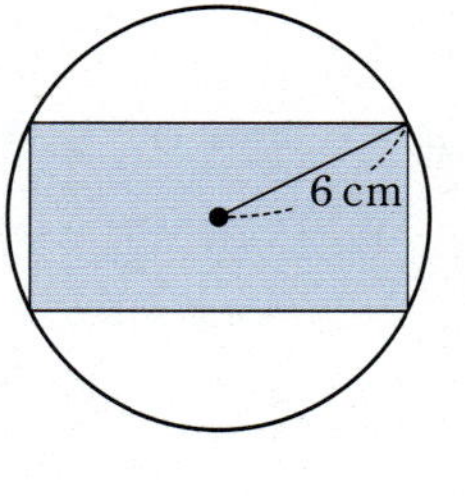

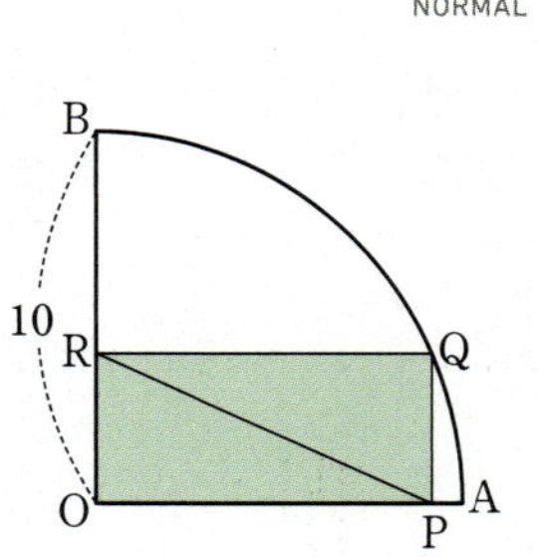

0057 2019년 03월 고2 학력평가 가형 12번 NORMAL

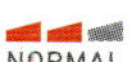

두 정육면체의 모든 모서리 길이의 합은 60이고, 겉넓이의 합은 126이다. 이 두 정육면체의 부피의 합은?

① 95 ② 100 ③ 105
④ 110 ⑤ 115

해설 내신연계문제

0058 2020년 11월 고1 학력평가 19번 TOUGH

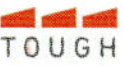

그림과 같이 중심이 O, 반지름의 길이가 4이고 중심각의 크기가 90°인 부채꼴 OAB가 있다. 호 AB 위의 점 P에서 두 선분 OA, OB에 내린 수선의 발을 각각 H, I라 하자. 삼각형 PIH에 내접하는 원의 넓이가 $\frac{\pi}{4}$일 때, $\overline{PH}^3+\overline{PI}^3$의 값은? (단, 점 P는 점 A도 아니고 점 B도 아니다.)

① 56 ② $\frac{115}{2}$ ③ 59
④ $\frac{121}{2}$ ⑤ 62

해설 내신연계문제

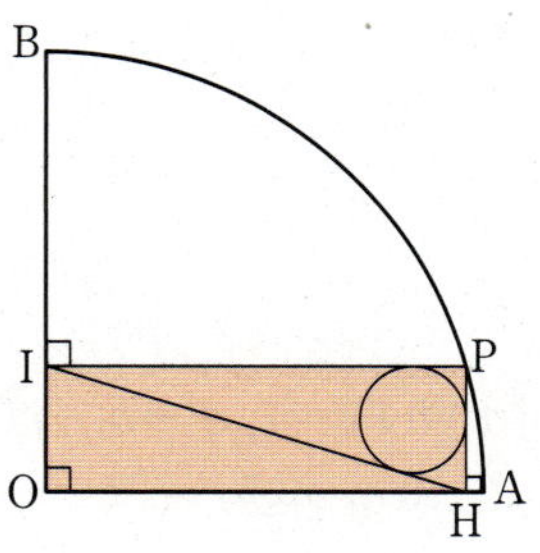

문자의 합과 곱이 주어질 때, 다음과 같이 곱셈 공식의 변형을 이용하여 여러 가지 식의 값을 구할 수 있다.

(1) $(a+b+c)^2 = a^2+b^2+c^2+2(ab+bc+ca)$
(2) $a^2+b^2+c^2 = (a+b+c)^2-2(ab+bc+ca)$
(3) $(x+a)(x+b)(x+c)$
$\quad = x^3+(a+b+c)x^2+(ab+bc+ca)x+abc$
(4) $(x-a)(x-b)(x-c)$
$\quad = x^3-(a+b+c)x^2+(ab+bc+ca)x-abc$

다음 공식을 이용하면 유용하게 계산할 수 있다.
$(x+y)(y+z)(z+x)=(x+y+z)(xy+yz+zx)-xyz$

① $a^2+b^2+c^2=(a+b+c)^2-2(ab+bc+ca)$
➡ $a^2+b^2+c^2,\ a+b+c,\ ab+bc+ca$ 중 어느 두 값을 알면 나머지 한 값을 구할 수 있다.
② 구하는 식이 복잡한 경우
➡ 우선 식의 합, 차, 곱의 형태로 변형하여 사용해야 할 곱셈 공식의 변형을 파악한다.

0059 학교기출 대표유형

다음 조건을 만족하는 상수 p, q에 대하여 $p+q$의 값을 구하시오.

(가) $a+b+c=\sqrt{5}$, $ab+bc+ca=1$일 때, $a^2+b^2+c^2=p$
(나) $a+b+c=6$, $a^2+b^2+c^2=20$일 때, $ab+bc+ca=q$

0060 최다빈출 왕중요 BASIC

세 실수 a, b, c에 대하여 $a+b+c=2$, $a^2+b^2+c^2=6$일 때, $(a-b)^2+(b-c)^2+(c-a)^2$의 값은?

① 12 　　② 14 　　③ 16
④ 18 　　⑤ 20

해설 내신연계문제

0061 NORMAL

$a+b+c=3$, $a^2+b^2+c^2=15$, $abc=-6$일 때, $a^2b^2+b^2c^2+c^2a^2$의 값은?

① 40 　　② 43 　　③ 45
④ 46 　　⑤ 49

0062 NORMAL

$a+b+c=3$, $ab+bc+ca=2$, $abc=-2$일 때, $a^4+b^4+c^4$의 값은?

① -10 　　② -9 　　③ -8
④ -7 　　⑤ -6

0063 NORMAL

$a+b+c=1$, $a^2+b^2+c^2=9$, $\dfrac{1}{a}+\dfrac{1}{b}+\dfrac{1}{c}=2$일 때, abc의 값은? (단, $abc \neq 0$)

① -3 　　② -2 　　③ -1
④ 　1 　　⑤ 　2

0064 최다빈출 왕중요 NORMAL

$x+y+z=1$, $xy+yz+zx=2$, $xyz=5$일 때, $(x+y)(y+z)(z+x)$의 값은?

① -12 　　② -9 　　③ -3
④ -1 　　⑤ 　3

해설 내신연계문제

모의고사 핵심유형 기출문제

0065 　2024년 06월 고1 학력평가 6번 　NORMAL

$x+y-z=5$, $xy-yz-zx=4$일 때, $x^2+y^2+z^2$의 값은?

① 15 　　② 17 　　③ 19
④ 21 　　⑤ 23

해설 내신연계문제

유형 **12** 문자가 3개인 곱셈 공식의 변형 (2)

문자의 합과 차, 곱이 주어질 때, 다음과 같이 곱셈 공식의 변형을
이용하여 여러 가지 식의 값을 구할 수 있다.

(1) $a^2+b^2+c^2-ab-bc-ca$

$\quad = \dfrac{1}{2}\{2a^2+2b^2+2c^2-2ab-2bc-2ca\}$

$\quad = \dfrac{1}{2}\{(a^2-2ab+b^2)+(b^2-2bc+c^2)+(c^2-2ca+a^2)\}$

$\quad = \dfrac{1}{2}\{(a-b)^2+(b-c)^2+(c-a)^2\}$

(2) $a^2+b^2+c^2+ab+bc+ca$

$\quad = \dfrac{1}{2}\{2a^2+2b^2+2c^2+2ab+2bc+2ca\}$

$\quad = \dfrac{1}{2}\{(a^2+2ab+b^2)+(b^2+2bc+c^2)+(c^2+2ca+a^2)\}$

$\quad = \dfrac{1}{2}\{(a+b)^2+(b+c)^2+(c+a)^2\}$

> 실수 a, b, c에 대하여 $a^2+b^2+c^2-ab-bc-ca=0$이면
> $\dfrac{1}{2}\{(a-b)^2+(b-c)^2+(c-a)^2\}=0$이므로 $a=b=c$이다.

0066 학교기출 대표 유형

$a-b=2+\sqrt{3}$, $b-c=2-\sqrt{3}$일 때,
$a^2+b^2+c^2-ab-bc-ca$의 값을 구하시오.

0067 NORMAL

$a-b=6$, $b-c=4$일 때,
$2a^2+2b^2+2c^2-2ab-2bc-2ca$의 값은?

① 100 ② 120 ③ 144
④ 152 ⑤ 164

0068 TOUGH

$x+y+z=\sqrt{6}$이고 $x^2+y^2+z^2=2$를 만족하는 세 실수 x, y, z에
대하여 xyz의 값은?

① $\dfrac{2\sqrt{2}}{3}$ ② $\dfrac{3\sqrt{2}}{5}$ ③ $\dfrac{2\sqrt{6}}{9}$
④ $\dfrac{5\sqrt{2}}{9}$ ⑤ $\dfrac{7\sqrt{6}}{9}$

유형 **13** $a^3+b^3+c^3-3abc$의 곱셈 공식의 변형

(1) $a^3+b^3+c^3=(a+b+c)(a^2+b^2+c^2-ab-bc-ca)+3abc$

(2) $a^2+b^2+c^2=(a+b+c)^2-2(ab+bc+ca)$

> $a^3+b^3+c^3=3abc$
> $\iff (a+b+c)(a^2+b^2+c^2-ab-bc-ca)=0$
> $\iff a+b+c=0$ 또는 $a=b=c$

0069 학교기출 대표 유형

$a+b+c=2$, $ab+bc+ca=-1$, $abc=-3$일 때, $a^3+b^3+c^3$의
값을 구하시오.

0070 최다빈출 왕 중요 NORMAL

$a+b+c=2$, $a^2+b^2+c^2=3$, $a^3+b^3+c^3=4$일 때,
abc의 값은?

① -2 ② $-\dfrac{4}{3}$ ③ $-\dfrac{1}{3}$
④ $\dfrac{2}{3}$ ⑤ $\dfrac{5}{2}$

해설 내산연계문제

0071 NORMAL

$a+b+c=6$, $a^2+b^2+c^2=18$, $\dfrac{1}{a}+\dfrac{1}{b}+\dfrac{1}{c}=\dfrac{9}{4}$일 때,
$a^3+b^3+c^3$의 값은? (단, $abc \neq 0$)

① 30 ② 42 ③ 50
④ 60 ⑤ 66

0072

$a+b+c=0$, $a^3+b^3+c^3=9$일 때, $(a+b)(b+c)(c+a)$의 값은?

① -3 ② -2 ③ -1
④ 1 ⑤ 2

0073

최다빈출 왕 중요

$a+b+c=2$, $ab+bc+ca=-4$, $a^3+b^3+c^3=20$일 때, $ab(a+b)+bc(b+c)+ca(c+a)$의 값은?

① 4   ② 6   ③ 8
④ 9   ⑤ 10

해설 내신연계문제

0074

$a+b+c=2$, $a^2+b^2+c^2=10$, $a^3+b^3+c^3=4$일 때, 다음 식의 값은?

$$ab(a+b)+bc(b+c)+ca(c+a)$$

① 12   ② 14   ③ 16
④ 18   ⑤ 20

0075

$f(x, y, z)=x^3+y^3+z^3-3xyz$라 하자.
$f(a, b, c)=1$인 세 수 a, b, c에 대하여
$f(b+c-a, c+a-b, a+b-c)$의 값은?

① 2   ② 3   ③ 4
④ 5   ⑤ 6

유형 14 곱셈 공식의 도형에의 활용 (문자가 3개인 경우)

도형의 둘레의 길이, 넓이, 부피를 구하는 경우는 다음 순서로 구한다.

FIRST 미지수를 설정하여
NEXT 조건으로부터 설정한 미지수의 합 (차), 곱의 값을 구하고
LAST 곱셈 공식의 변형공식을 이용하여 구한다.

 직육면체에서 겉넓이, 부피 등을 문자로 나타낸 후 곱셈 공식을 이용한다.

① (모서리의 길이의 합)$=4(a+b+c)$
② (겉넓이)$=2(ab+bc+ca)$
③ (부피)$=abc$
④ (대각선의 길이의 제곱)
$$a^2+b^2+c^2=d^2$$
➡ $(a+b+c)^2=a^2+b^2+c^2+2(ab+bc+ca)$

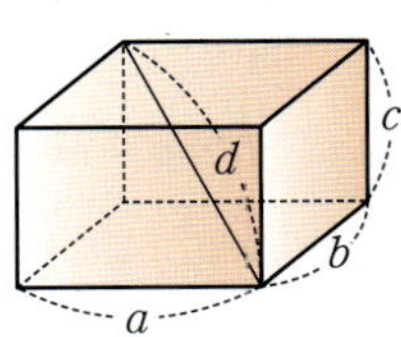

0076

학교기출 대표 유형

오른쪽 그림과 같이 세 모서리의 길이가 각각 a, b, c인 직육면체의 겉넓이가 94이고, 모든 모서리의 길이의 합이 48일 때, 이 직육면체의 대각선의 길이는?

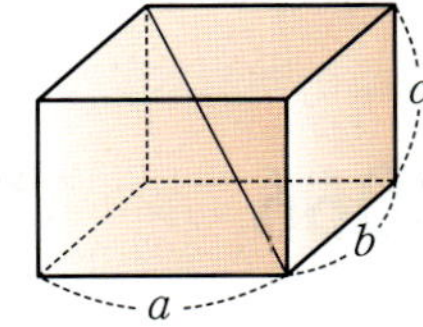

① $2\sqrt{2}$ ② $2\sqrt{5}$ ③ $3\sqrt{5}$
④ $5\sqrt{2}$ ⑤ $6\sqrt{2}$

0077

오른쪽 그림과 같이 모든 모서리의 길이의 합이 40인 직육면체 $\mathrm{ABCD-EFGH}$가 있다. 이 직육면체의 대각선의 길이가 $\overline{\mathrm{BH}}=6$일 때, 직육면체 $\mathrm{ABCD-EFGH}$의 겉넓이는?

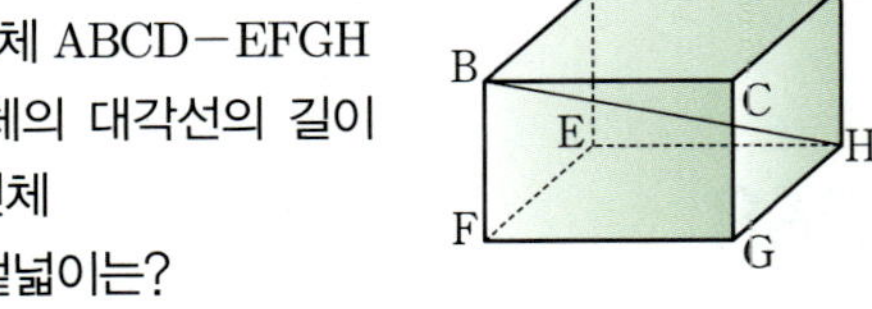

① 24   ② 36   ③ 46
④ 56   ⑤ 64

0078 최다빈출 왕중요

NORMAL

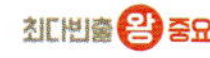

오른쪽 그림과 같이 겉넓이가 38이고 대각선의 길이가 $\sqrt{26}$인 직육면체가 있다. 이 직육면체의 모든 모서리의 길이의 합은?

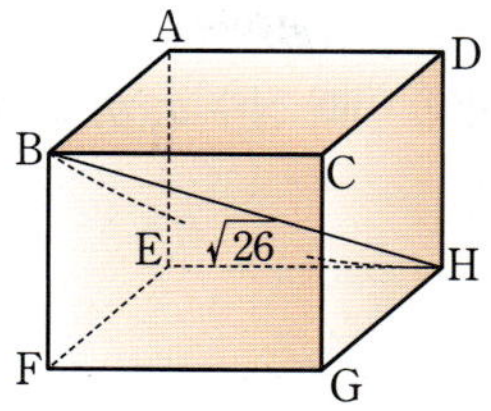

① 24　② 32　③ 46　④ 56　⑤ 64

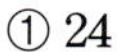

해설 내신연계문제

0079

NORMAL

오른쪽 그림과 같은 직육면체의 겉넓이가 54이고 삼각형 BGD에서 $\overline{BD}^2+\overline{BG}^2+\overline{DG}^2=180$일 때, 직육면체의 모든 모서리의 길이의 합은?

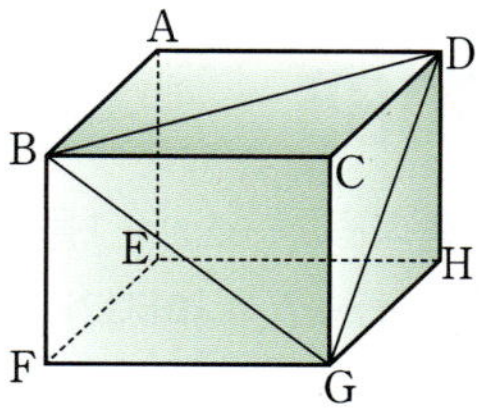

① 24　② 36　③ 48　④ 56　⑤ 64

0080 최다빈출 왕중요

TOUGH

다음 조건을 모두 만족하는 사면체 OABC에 대하여 $\overline{OA}^2+\overline{OB}^2+\overline{OC}^2$의 값을 구하시오.

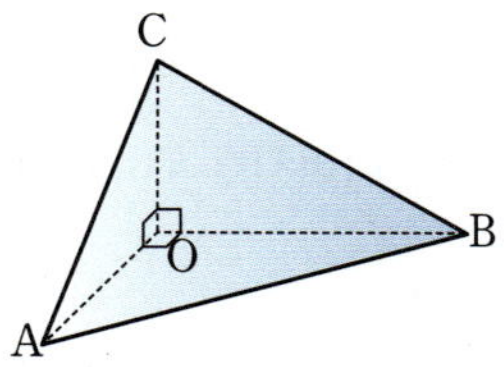

(가) 세 모서리 OA, OB, OC는 점 O에서 서로 수직이다.
(나) $\overline{OA}+\overline{OB}+\overline{OC}=15$이다.
(다) 세 삼각형 OAB, OBC, OCA의 넓이의 합은 37이다.

해설 내신연계문제

모의고사 핵심유형 기출문제

0081 2023년 11월 고1 학력평가 28번

TOUGH

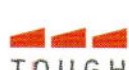

그림과 같이 직육면체 ABCD−EFGH에서 단면 AFC가 생기도록 사면체 F−ABC를 잘라내었다. 입체도형 ACD−EFGH의 모든 모서리의 길이의 합을 l_1, 겉넓이를 S_1이라 하고, 사면체 F−ABC의 모든 모서리의 길이의 합을 l_2, 겉넓이를 S_2라 하자.

$l_1-l_2=28$, $S_1-S_2=61$일 때, $\overline{AC}^2+\overline{CF}^2+\overline{FA}^2$의 값을 구하시오.

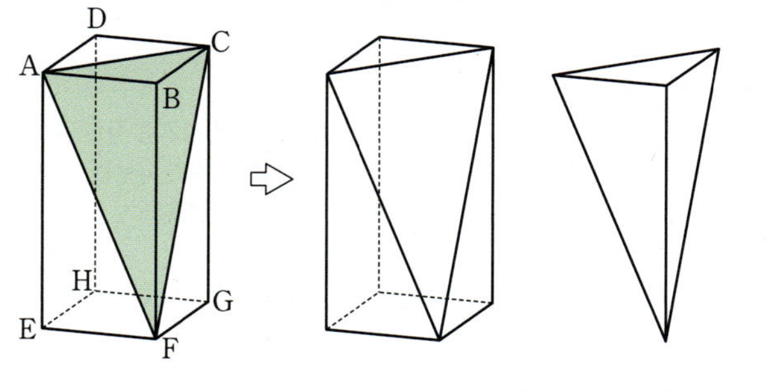

해설 내신연계문제

0082 2021년 06월 고1 학력평가 7번

TOUGH

오른쪽 그림과 같이 겉넓이가 148이고, 모든 모서리의 길이의 합이 60인 직육면체 ABCD−EFGH가 있다. $\overline{BG}^2+\overline{GD}^2+\overline{DB}^2$의 값은?

① 136　② 142　③ 148　④ 154　⑤ 160

해설 내신연계문제

01 다항식의 연산

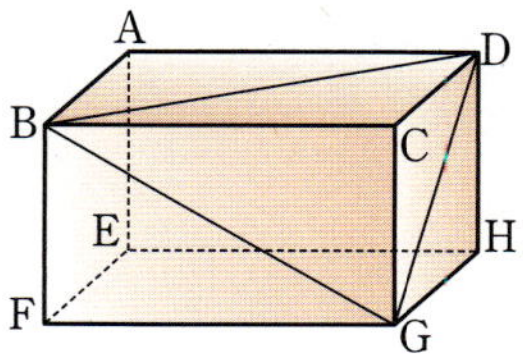

두 다항식 A, B에 대하여 $A \div B$를 계산할 때, 다항식을 내림차순으로 정리한 다음 자연수의 나눗셈과 같은 방법으로 계산한다.

(1) 나머지의 차수가 나누는 식의 차수보다 낮아질 때까지 나눈다.
(2) 다항식의 나눗셈은 자연수의 나눗셈과 다르게 나머지가 음수인 경우도 있다.
(3) 다항식 A를 $B(B \neq 0)$로 나눌 때의 몫이 Q, 나머지가 R이라 하면 $A = BQ + R$

$$B \overline{) A}^{Q \,\blacktriangleleft \text{몫}}$$
$$\underline{BQ}$$
$$R \,\blacktriangleleft \text{나머지}$$

(R의 차수는 B의 차수보다 낮다.)

 ① 직접 나누기
내림차순으로 정리하고 수의 나눗셈과 같은 방법으로 직접 나눈다. 이때 계수가 0인 항은 비워 두고 나머지의 차수가 나누는 식의 차수보다 작아질 때까지 나누어야 몫과 나머지가 결정된다.
② 계수만 쓰기
내림차순으로 정리하고 계수만 분리하여 자연수의 나눗셈과 동일하게 계산한다.

0083 학교기출 대표 유형

다음은 다항식 $4x^3 - 2x^2 + 3x + 5$를 $x^2 - x + 2$로 나누는 과정이다. $a + b$의 값을 구하시오. (단, a, b는 상수이다.)

$$x^2 - x + 2 \overline{) \begin{array}{l} \,ax + 2 \\ 4x^3 - 2x^2 + 3x + 5 \\ \underline{4x^3 - 4x^2 + 8x} \\ 2x^2 - 5x + 5 \\ \underline{2x^2 - 2x + 4} \\ -3x + b \end{array}}$$

0084

다음은 다항식 $2x^3 + x^2 + 4x - 4$를 $ax + 1$로 나눈 과정을 나타낸 것이다. 이때 상수 a, b, c, d, e의 합 $a + b + c + d + e$의 값은?

$$ax + 1 \overline{) \begin{array}{l} \,x^2 + c \\ 2x^3 + x^2 + 4x - 4 \\ \underline{bx^3 + x^2} \\ 4x - 4 \\ \underline{dx + e} \\ -6 \end{array}}$$

① 10   ② 11   ③ 12
④ 14   ⑤ 16

0085

다항식 $-x^3 - 5x^2 + 1$을 다항식 $x^2 + 2x + 3$으로 나누었을 때의 몫이 $ax + b$, 나머지가 $cx + d$일 때, 상수 a, b, c, d에 대하여 $ad - bc$의 값은?

① -17 ② -15 ③ -11
④ 15 ⑤ 17

0086

다항식 $2x^3 - 7x^2 + 1$을 다항식 $x^2 - 3x + 1$로 나누었을 때의 몫을 $Q(x)$, 나머지를 $R(x)$라고 하자. 이때 $Q(2) + R(1)$의 값은?

① -4 ② -2 ③ 0
④ 2 ⑤ 4

0087 최다빈출 왕 중요

NORMAL

다항식 $2x^3+3x^2-2x+5$를 x^2-x+a로 나누었을 때의 나머지가
$7x+15$일 때, 상수 a의 값은?

① -3 ② -2 ③ -1
④ 2 ⑤ 3

해설 내신연계문제

0088 최다빈출 왕 중요

NORMAL

다항식 $2x^3-x^2+ax+1$이 x^2-x+b로 나누어떨어질 때,
상수 a, b에 대하여 $a+b$의 값을 구하시오.

해설 내신연계문제

모의고사 핵심유형 기출문제

0089 2019년 03월 고2 학력평가 나형 25번

NORMAL

다항식 $2x^3-x^2+x+3$을 $x+1$로 나눈 몫을 $Q(x)$라 할 때,
$Q(-1)$의 값을 구하시오.

해설 내신연계문제

유형 16 다항식의 나눗셈 − $A=BQ+R$

다항식 A를 다항식 $B(B \neq 0)$로 나눌 때의
몫을 Q, 나머지가 R이라 하면

Q ◀ 몫
$B)\overline{A}$
BQ
$\overline{R}$ ◀ 나머지

➡ $A=BQ+R$ (단, (R의 차수)<(B의 차수))

① 다항식의 조건을 잘 이해하여 각각의 다항식의 차수에 유의하여
$A=BQ+R$꼴로 정확하게 변형한다.
② $R=0$일 때, $A=BQ$이므로 A는 B로 나누어떨어진다고 한다.

0090 학교기출 대표 유형

x에 대한 다항식 $P(x)$를 x^2+2x-1로 나누었을 때, 몫이 $2x-3$
이고 나머지가 $7x+5$가 되는 다항식 $P(x)$는?

① $2x^3-2x^2-x+8$ ② $2x^3+x^2-x+8$
③ $2x^3+2x^2-x-8$ ④ $2x^3-x^2-2x-8$
⑤ $2x^3-3x^2+2x+6$

0091

BASIC

다항식 x^3+x+1을 다항식 $A(x)$로 나누었을 때의 몫이 $x+1$이고
나머지가 $3x+2$이다. 다항식 $A(x)$는?

① x^2+2x-1 ② x^2-2x-1 ③ x^2-x-1
④ x^2-3x-1 ⑤ x^2+4x+2

0092 최다빈출 왕 중요

BASIC

다항식 x^3+4x^2-2x+1을 $P(x)$로 나누었더니 몫이 $x+3$이고
나머지가 $-6x-2$이었다. 이때 $P(2)$의 값은?

① 3 ② 4 ③ 5
④ 6 ⑤ 7

해설 내신연계문제

0093

다항식 $2x^4-5x^3+x-1$을 다항식 $A(x)$로 나누었을 때의 몫이 $2x^2-3x-5$, 나머지가 $-x+4$일 때, 다항식 $A(x)$의 x의 계수는?

① -3 ② -2 ③ -1
④ 1 ⑤ 2

0094

다항식 $f(x)$를 $x+1$로 나누었을 때의 몫이 x^2-2이고 나머지가 5일 때, 다항식 $f(x)$를 x^2+1로 나누었을 때의 몫을 $Q(x)$, 나머지를 $R(x)$라 하자. 이때 $Q(1)+R(-2)$의 값은?

① 10 ② 11 ③ 12
④ 13 ⑤ 14

0095

다항식 $f(x)$를 x^2-x+1로 나누었을 때의 몫은 $x+1$이고 나머지가 -1일 때, [보기]에서 옳은 것만을 있는 대로 고른 것은?

ㄱ. $f(x)=x^3$
ㄴ. $f(x)$를 x^2-2x로 나누었을 때의 몫은 $x+2$이다.
ㄷ. $f(x)$를 x^2-2x로 나누었을 때의 나머지를 $R(x)$라 하면
$R(-2)=-6$이다.

① ㄱ ② ㄴ ③ ㄱ, ㄴ
④ ㄴ, ㄷ ⑤ ㄱ, ㄴ, ㄷ

0096

밑면의 가로의 길이가 $x-2$, 세로의 길이가 $x+1$인 직육면체의 부피가 x^3+2x^2-5x-6이다. 이 직육면체의 높이를 $h(x)$라 할 때, $h(2)$의 값을 구하시오.

0097

최다빈출  중요

다항식 $f(x)=3x^3+ax^2+bx-5$를 x^2+3으로 나누었을 때의 나머지와 $3x-1$로 나누었을 때의 나머지가 서로 같을 때, $a+b$의 값을 구하시오. (단, a, b는 상수이다.)

해설 내신연계문제

0098

최다빈출  중요

두 다항식 A, B를 $x+1$로 나누었을 때의 몫이 각각 $x+3$, $x+2$이고 나머지가 각각 -3, 4일 때, 다항식 $xA+B$를 x^2-3x-2로 나누었을 때의 몫과 나머지를 각각 $Q(x)$, $R(x)$라 하자. $Q(1)+R(-1)$의 값을 구하시오.

해설 내신연계문제

모의고사 핵심유형 기출문제

0099 2020년 06월 고1 학력평가 7번

다항식 $f(x)$를 x^2+1로 나눈 나머지가 $x+1$이다. $\{f(x)\}^2$을 x^2+1로 나눈 나머지가 $R(x)$일 때, $R(3)$의 값은?

① 6 ② 7 ③ 8
④ 9 ⑤ 10

해설 내신연계문제

유형 **17** 다항식의 나눗셈의 몫과 나머지의 변형

(1) 다항식 $f(x)$를 일차식 $x+\dfrac{b}{a}(a \neq 0)$로 나누었을 때의 몫을 $Q(x)$, 나머지를 R이라 하면

➡ $f(x)=\left(x+\dfrac{b}{a}\right)Q(x)+R$

$\qquad =\dfrac{1}{a}(ax+b)Q(x)+R=(ax+b)\times \boxed{\dfrac{1}{a}Q(x)}+R$

➡ 다항식 $f(x)$를 $ax+b$로 나누었을 때의 몫은 $\dfrac{1}{a}Q(x)$, 나머지는 R이다.

(2) 다항식 $f(x)$를 일차식 $ax+b$로 나누었을 때의 몫을 $Q(x)$, 나머지를 R이라 하면

➡ $f(x)=(ax+b)Q(x)+R$

$\qquad =a\left(x+\dfrac{b}{a}\right)Q(x)+R=\left(x+\dfrac{b}{a}\right)\times \boxed{aQ(x)}+R$

➡ 다항식 $f(x)$를 $x+\dfrac{b}{a}$로 나누었을 때의 몫은 $aQ(x)$, 나머지는 R이다.

0100 학교기출 대표유형

다항식 $f(x)$를 $x-\dfrac{2}{3}$로 나누었을 때의 몫을 $Q(x)$, 나머지를 R이라 할 때, $f(x)$를 $3x-2$로 나누었을 때의 몫과 나머지를 순서대로 나열한 것은?

① $Q(x)$, R ② $Q(x)$, $2R$ ③ $Q(x)$, $-2R$

④ $\dfrac{1}{3}Q(x)$, R ⑤ $\dfrac{1}{3}Q(x)$, $2R$

0101  BASIC

다항식 $f(x)$를 $x+\dfrac{1}{2}$로 나누었을 때의 몫이 $2x^2+6x+4$이고 나머지가 5이다. 다항식 $f(x)$를 $2x+1$로 나누었을 때의 몫이 $Q(x)$라 할 때, $Q(2)$의 값은?

① 6   ② 8   ③ 10
④ 12   ⑤ 14

0102  최다빈출 왕중요    NORMAL

다항식 $f(x)$를 $x+\dfrac{1}{2}$로 나누었을 때의 몫이 $Q_1(x)$, 나머지가 R_1이다. $6x+3$으로 나누었을 때의 몫이 $Q_2(x)$, 나머지가 R_2라 할 때, $\dfrac{Q_1(x)}{Q_2(x)}+\dfrac{R_1}{R_2}$의 값은? (단, $Q_2(x) \neq 0$, $R_2 \neq 0$)

① $\dfrac{5}{6}$ ② $\dfrac{7}{6}$ ③ $\dfrac{11}{6}$
④ 6   ⑤ 7

해설 내신연계문제

0103  NORMAL

다항식 $P(x)$를 $x-2$로 나누었을 때의 몫을 $Q(x)$, 나머지를 r이라 할 때, $xP(x)$를 $x-2$로 나누었을 때의 몫과 나머지는? (단, r은 상수이다.)

① 몫 : $xQ(x)$, 나머지 : $2r$

② 몫 : $xQ(x)$, 나머지 : $-2r$

③ 몫 : $xQ(x)+1$, 나머지 : $2r$

④ 몫 : $xQ(x)+r$, 나머지 : $-2r$

⑤ 몫 : $xQ(x)+r$, 나머지 : $2r$

0104  최다빈출 왕중요    NORMAL

다항식 $P(x)$를 $x+\dfrac{3}{2}$으로 나누었을 때의 몫을 $Q(x)$, 나머지를 2라 할 때, $xP(x)$를 $2x+3$으로 나누었을 때의 몫과 나머지를 순서대로 나열한 것은?

① $\dfrac{1}{3}xQ(x)+1$, -3 ② $\dfrac{1}{3}xQ(x)+1$, -2

③ $\dfrac{1}{2}xQ(x)+1$, -3 ④ $\dfrac{1}{2}xQ(x)+1$, 2

⑤ $xQ(x)+2$, 3

해설 내신연계문제

서술형 기출유형

학교내신기출 서술형 핵심문제총정리

0105

두 다항식 A, B에 대하여

$$2A-B=3x^2-x, \quad A-2B=3x^2-5x-6$$

일 때, $2A+B=ax^2+bx+c$이다. 상수 a, b, c에 대하여 $a+b+c$의 값을 구하는 과정을 다음 단계로 서술하시오.

1단계 두 다항식을 연립하여 다항식 A를 구한다. [4점]
2단계 두 다항식을 연립하여 다항식 B를 구한다. [4점]
3단계 다항식의 연산을 이용하여 $2A+B$를 구한다. [2점]

0106

다항식 $(x^3-ax^2+b)(3x^2+2bx-5)$의 전개식에서 x^4의 계수와 x^2의 계수가 모두 -19일 때, 상수 a, b에 대하여 $a+b$의 값을 구하는 과정을 다음 단계로 서술하시오.

1단계 x^4의 계수를 구한다. [4점]
2단계 x^2의 계수를 구한다. [4점]
3단계 $a+b$의 값을 구한다. [2점]

0107

$\overline{AB}=c$, $\overline{BC}=a$, $\overline{AC}=b$인 삼각형 ABC에서

$$(a+b+c)(a+b-c)=(a-b+c)(-a+b+c)$$

일 때, 삼각형 ABC는 어떤 삼각형인지 다음 단계로 서술하시오.

1단계 좌변의 $(a+b+c)(a+b-c)$에서 공통부분이 생기도록 묶어 곱셈 공식을 이용하여 전개한다. [4점]
2단계 우변의 $(a-b+c)(-a+b+c)$에서 공통부분이 생기도록 묶어 곱셈 공식을 이용하여 전개한다. [4점]
3단계 a, b, c의 관계식으로부터 삼각형 ABC의 모양을 판단한다. [2점]

0108

최다빈출 왕 중요

다항식 x^3+2x-2를 다항식 $f(x)$로 나누었을 때의 몫이 $x-1$이고 나머지가 $4x-3$일 때, $f(3)$의 값을 구하는 과정을 다음 단계로 서술하시오.

1단계 다항식의 나눗셈에서 몫과 나머지의 관계를 이용하여 구한다. [4점]
2단계 다항식 $f(x)$를 구한다. [4점]
3단계 $f(3)$의 값을 구한다. [2점]

해설 내신연계문제

0109

최다빈출 왕 중요

양수 x에 대하여 $x^4-7x^2+1=0$일 때, $x^3+2x^2+3x+4+\dfrac{3}{x}+\dfrac{2}{x^2}+\dfrac{1}{x^3}$의 값을 다음 단계로 서술하시오.

1단계 $x^4-7x^2+1=0$에서 $x^2+\dfrac{1}{x^2}$의 값을 구한다. [2점]
2단계 곱셈 공식의 변형을 이용하여 $x+\dfrac{1}{x}$의 값을 구한다. [3점]
3단계 곱셈 공식의 변형을 이용하여 $x^3+\dfrac{1}{x^3}$의 값을 구한다. [3점]
4단계 $x^3+2x^2+3x+4+\dfrac{3}{x}+\dfrac{2}{x^2}+\dfrac{1}{x^3}$의 값을 구한다. [2점]

해설 내신연계문제

0110

$a+b+c=4$, $a^2+b^2+c^2=10$, $a^3+b^3+c^3=34$일 때, abc의 값을 구하는 과정을 다음 단계로 서술하시오.

1단계 $ab+bc+ca$의 값을 구한다. [4점]
2단계 abc의 값을 구한다. [6점]

0111

다음 등식 $2x^3+x^2-3x+7=(x^2-x+2)(2x+3)-4x+1$로부터
다항식 $2x^3+x^2-3x+7$을 $2x+3$으로 나누었을 때의 몫과 나머지
를 다음과 같이 구하였다.

> $2x^3+x^2-3x+7=(x^2-x+2)(2x+3)-4x+1$
> $\qquad\qquad\qquad\;=(2x+3)(x^2-x+2)-4x+1$
>
> 다항식 $2x^3+x^2-3x+7$을 $2x+3$으로 나누었을 때의 몫은
> x^2-x+2, 나머지는 $-4x+1$이다.

이때 위의 풀이가 틀린 이유와 바르게 구한 몫과 나머지를 다음 단계
로 서술하시오.

1단계 위의 풀이가 틀린 이유를 구한다. [5점]
2단계 몫과 나머지를 바르게 구한다. [5점]

0112

그림과 같이 반지름의 길이가 11인 사분원에 내접하는 직사각형
OCDE의 넓이가 24일 때 $\overline{AC}+\overline{CE}+\overline{EB}$의 값을 구하는 과정을
다음 단계로 서술하시오.

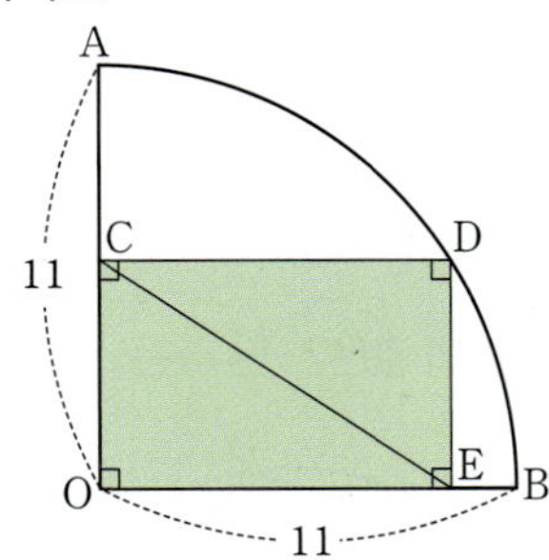

1단계 직사각형의 가로, 세로의 길이를 x, y라 하여 조건을 만족
하는 x^2+y^2, xy의 값을 구한다. [4점]
2단계 $\overline{OC}+\overline{OE}$의 값을 구한다. [3점]
3단계 $\overline{AC}+\overline{CE}+\overline{EB}$의 값을 구한다. [3점]

0113

다음 그림과 같은 직육면체의 가로, 세로의 길이와 높이가 각각
a, b, c인 상자가 있다. 이 상자의 겉넓이는 28이고 대각선 AG의
길이는 $\sqrt{21}$이다.

$$ab(a+b)+bc(b+c)+ca(a+c)+3abc$$

의 값을 구하는 과정을 다음 단계로 서술하시오.

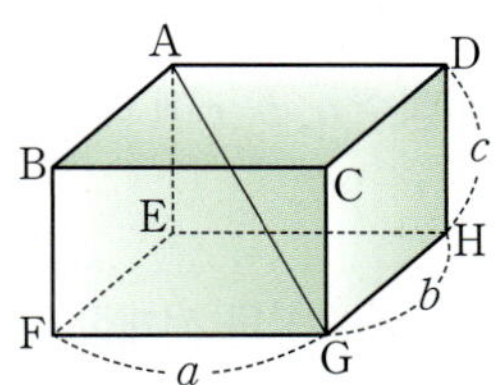

1단계 직육면체의 겉넓이가 28임을 이용하여 a, b, c의 관계식을
구한다. [2점]
2단계 직육면체의 대각선의 길이가 $\sqrt{21}$임을 이용하여 a, b, c의
관계식을 구한다. [2점]
3단계 곱셈 공식의 변형을 이용하여 $a+b+c$의 값을 구한다. [3점]
4단계 $ab(a+b)+bc(b+c)+ca(a+c)+3abc$의 값을 구한다.
[3점]

0114

$a+b=1$, $ab=1$, $x+y=1$, $xy=-1$이고
$m=ax+by$, $n=bx+ay$일 때, m^5+n^5의 값을 구하는 과정을
다음 단계로 서술하시오.

1단계 $m+n$, mn의 값을 구한다. [4점]
2단계 m^2+n^2, m^3+n^3의 값을 구한다. [3점]
3단계 m^5+n^5의 값을 구한다. [3점]

행복한 일등급문제

0115

다음 조건을 만족시키는 상수 a, b, c에 대하여 $a+b+c$의 값을 구하시오.

> (가) x에 대한 다항식 $(ax-2)^3$을 전개한 식에서 상수항과 계수들의 총합이 27이다.
> (나) $x^8=10$일 때, $(x-1)(x+1)(x^2+1)(x^4+1)$의 값은 b이다.
> (다) $x^5=4$일 때, 다항식 $(x-1)(x^9+x^8+x^7+\cdots+x+1)$의 값은 c이다.

0116

세 수 x, y, z에 대하여
$$x+y+z=1, \quad xy+yz+zx=5, \quad xyz=3$$
일 때, 다항식 $y^2z+yz^2+z^2x+zx^2+x^2y+xy^2$의 값을 구하시오.

0117

$(a+b+c)(a+b-c)+(a-b+c)(-a+b+c)=8$, $a+b=3$일 때, $a^4+a^6-(b^4+b^6)$의 값을 구하시오.
(단, a, b, c는 실수이고 $a>b$)

0118

다항식 $P_1(x)$, $P_2(x)$, $P_3(x)$, $\cdots$는 다음 조건을 만족한다.

> (가) $P_1(x)=x^3+x^2+x+1$
> (나) $P_{n+1}(x)=P_n(x+n)(n=1, 2, 3, \cdots)$

이때 $P_{10}(x)$의 x^2의 계수를 구하시오. (단, $P_n(x+n)$은 $P_n(x)$의 x에 $x+n$을 대입하여 만든 다항식이다.)

0119

그림과 같이 $\angle \mathrm{A}=90^\circ$, $\overline{\mathrm{BC}}=\sqrt{10}$, $\overline{\mathrm{AB}}=x$, $\overline{\mathrm{AC}}=y$인 삼각형 ABC에 대하여 선분 AB 위에 점 P, 선분 BC 위에 두 점 Q, R, 선분 AC 위에 점 S를 사각형 PQRS가 정사각형이 되도록 잡는다.
$\overline{\mathrm{PQ}}=\dfrac{2}{7}\sqrt{10}$일 때, x^3-y^3의 값은? (단, $x>y$)

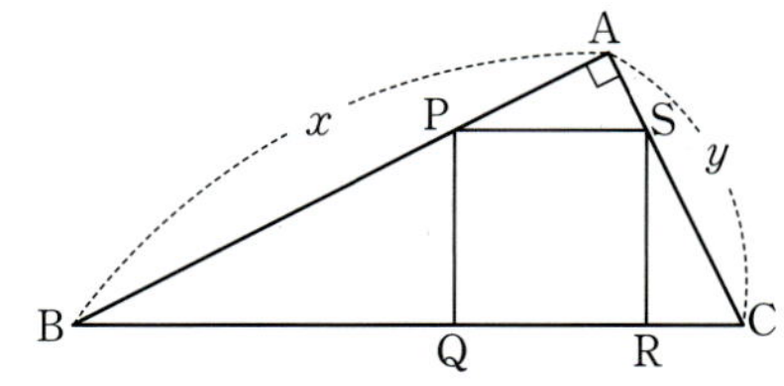

① $12\sqrt{2}$ ② $13\sqrt{2}$ ③ $14\sqrt{2}$
④ $15\sqrt{2}$ ⑤ $16\sqrt{2}$

0120

그림과 같이 길이가 $2a$인 선분 AB를 지름으로 하는 반원이 있다. 호 AB 위의 두 점 C, D가
$$\overline{\mathrm{AC}}=\overline{\mathrm{CD}}=a-1, \quad \overline{\mathrm{BD}}=8$$
을 만족시킬 때, $a^3-\dfrac{1}{a^3}$의 값은? (단, a는 $a>4$인 상수이다.)

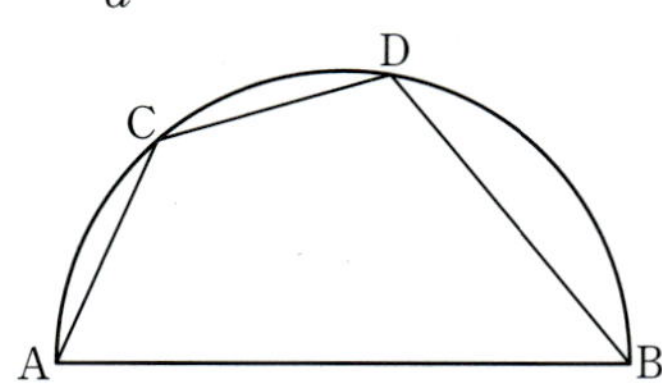

① 231 ② 232 ③ 233
④ 234 ⑤ 235

02 항등식과 나머지정리

학교 내신기출 객관식 핵심문제총정리

YOUR MASTERPLAN; MAPL
SYNERGY
S E R I E S

유형 01 · 항등식과 미정계수법 − 계수비교법

(1) **항등식**
등식에 포함된 문자에 어떤 값을 대입하여도 항상 성립하는 등식

(2) **항등식의 성질**

① $ax^2+bx+c=0$이 x에 대한 항등식이면
$\iff a=b=c=0$

② $ax^2+bx+c=a'x^2+b'x+c'$이 x에 대한 항등식이면
$\iff a=a',\ b=b',\ c=c'$

③ $ax+by+c=0$이 $x,\ y$에 대한 항등식이면
$\iff a=0,\ b=0,\ c=0$

(3) **미정계수법**
항등식의 뜻과 성질을 이용하여 주어진 등식에서 결정되지 않은 계수를 구하는 방법

① 등식이 다음 조건을 만족하면 **계수비교법**을 이용한다.
 ➡ 양변을 내림차순으로 정리하기 쉬운 경우
 ➡ 식을 간단하게 전개하기 쉬운 경우

② 등식이 다음 조건을 만족하면 **수치대입법**을 이용한다.
 ➡ 적당한 값을 대입하면 식이 간단해지는 경우
 ➡ 식이 길고 복잡하여 전개하기 어려운 경우
 ➡ (대입하는 수의 개수)=(계수에 포함된 문자의 개수)임을 이용하여 연립하여 방정식을 푼다.

x에 대한 항등식을 나타내는 여러 가지 표현
① 모든 x의 값에 대하여 성립하는 등식
② 임의의 x에 대하여 성립하는 등식
③ x의 값에 관계없이 항상 성립하는 등식
④ 어떤 x의 값에 대하여도 항상 성립하는 등식

0121 

등식 $x(x+2)+3(x+1)=x^2+ax+b$가 x에 대한 항등식일 때,
두 상수 $a,\ b$에 대하여 $a-b$의 값을 구하시오.

0122 

모든 실수 x에 대하여 등식 $x^3-x^2+x+a=(x-2)(x^2+x+b)$가
성립할 때, $a+b$의 값은? (단, $a,\ b$는 상수이다.)

① -6 ② -3 ③ 0
④ 3 ⑤ 6

0123 

등식 $(3x+2)(x-2)+6=ax(x-2)+b(x-2)+cx$가 x에 대한
항등식일 때, $a+b+c$의 값을 구하시오. (단, $a,\ b,\ c$는 상수이다.)

0124 

모든 실수 x에 대하여 등식
$2x^2-x+3=ab(x+1)^2+(a+b)(x-1)-4$가 성립할 때, 상수
$a,\ b$에 대하여 a^3+b^3의 값은?

① -100 ② -95 ③ -90
④ 95 ⑤ 100

0125  

모든 실수 x에 대하여 등식
$x^3+3x+a=(x^2-3x+1)Q(x)+bx+5$가 성립할 때, 상수 $a,\ b$에
대하여 $a+b+Q(2)$의 값은? (단, $Q(x)$는 x에 대한 다항식이다.)

① 8 ② 12 ③ 16
④ 20 ⑤ 24

해설 내신연계문제

0126 최다빈출 왕 중요 TOUGH

상수항이 1인 이차식 $f(x)$가 모든 실수 x에 대하여
$\{f(x)\}^2 = f(x^2) + 2x^2$을 만족시킬 때, 다항식 $f(3)$의 값을 구하시오.

해설 내신연계문제

유형02 항등식과 미정계수법 − 수치대입법

(1) **수치대입법**
  등식의 문제에 적당한 수를 대입하여 계수를 구하는 방법
(2) **등식이 다음 조건을 만족하면 수치대입법을 이용한다.**
  ① 적당한 값을 대입하면 식이 간단해지는 경우
  ② 식이 길고 복잡하여 전개하기 어려운 경우
(3) **다항식 $f(x)$, $g(x)$, $h(x)$가 포함된 항등식의 미정계수법**
  $f(x)$, $g(x)$, $h(x)$, …가 포함한 항등식에서 미정계수를 구할 때,
  수치대입법을 이용한다.
  ➡ 다항식 $f(x)$, $g(x)$, $h(x)$, …등을 구체적으로 알 수 없으므로
  식을 제거할 수 있는 수치를 대입한다.

> ① (대입하는 수의 개수)=(계수에 포함된 문자의 개수)임을 이용하여
>   연립하여 방정식을 푼다.
> ② 곱의 인수를 0으로 하는 x의 값을 대입한다.

모의고사 핵심유형 기출문제

0127 2023년 09월 고1 학력평가 2번 BASIC

등식 $x^2 + (a+2)x = x^2 + 4x + (b-1)$이 x에 대한 항등식일 때,
두 상수 a, b에 대하여 $a+b$의 값은?

① 1　　　　② 2　　　　③ 3
④ 4　　　　⑤ 5

해설 내신연계문제

0129 학교기출 대표 유형

등식 $(3x+1)(x-4)+6 = ax(x-1) + b(x-1) + cx$가 x에 대한
항등식일 때, $a+b+c$의 값은? (단, a, b, c는 상수이다.)

① −1　　　　② −2　　　　③ −3
④ −4　　　　⑤ −5

0128 2011년 06월 고1 학력평가 16번 NORMAL

다항식 $f(x) = x^3 + 9x^2 + 4x - 45$에 대하여 등식
$f(x+a) = x^3 + bx - 3$이 x의 값에 관계없이 항상 성립한다.
이때, 두 상수 a, b의 합 $a+b$의 값은?

① −26　　　　② −24　　　　③ −22
④ −20　　　　⑤ −18

해설 내신연계문제

0130 최다빈출 왕 중요 BASIC

등식 $6x^2 - x - 3 = ax(x-1) + bx(x+1) + c(x-1)(x+1)$이 x에
대한 항등식이 되도록 하는 상수 a, b, c에 대하여 $a+b+c$의 값은?

① 4　　　　② 5　　　　③ 6
④ 8　　　　⑤ 10

해설 내신연계문제

0131

등식 $x^3+ax^2+2x+b=x(x-1)Q(x)+x+5$가 x에 대한 항등식일 때, 상수 a, b에 대하여 $abQ(2)$의 값은? (단, $Q(x)$는 x에 대한 다항식이다.)

① -15 ② -10 ③ -5
④ 10 ⑤ 15

0132

다항식 $f(x)$에 대하여 $(x+1)(x-2)f(x)=-x^3+ax^2+bx$가 x에 대한 항등식일 때, 상수 a, b에 대하여 $a+b+f(3)$의 값은?

① -4 ② -3 ③ -2
④ -1 ⑤ 0

0133

다항식 $f(x)$에 대하여 등식 $(x+1)(x^2-2)f(x)=x^4+ax^2+b$는 임의의 실수 x에 대하여 항상 성립할 때, 상수 a, b에 대하여 $abf(3)$의 값은?

① -36 ② -24 ③ -12
④ 24 ⑤ 36

해설 내신연계문제

0134

2021년 06월 고1 학력평가 5번

x의 값에 관계없이 등식
$$3x^2+ax+4=bx(x-1)+c(x-1)(x-2)$$
가 항상 성립할 때, $a+b+c$의 값은? (단, a, b, c는 상수이다.)

① -6 ② -5 ③ -4
④ -3 ⑤ -2

해설 내신연계문제

0135

2022년 06월 고1 학력평가 8번

다항식 $Q(x)$에 대하여 등식
$$x^3-5x^2+ax+1=(x-1)Q(x)-1$$
이 x에 대한 항등식일 때, $Q(a)$의 값은? (단, a는 상수이다.)

① -6 ② -5 ③ -4
④ -3 ⑤ -2

해설 내신연계문제

0136

2020년 03월 고2 학력평가 10번

다항식 $P(x)$가 모든 실수 x에 대하여 등식
$$x(x+1)(x+2)=(x+1)(x-1)P(x)+ax+b$$
를 만족시킬 때, $P(a-b)$의 값은? (단, a, b는 상수이다.)

① 1 ② 2 ③ 3
④ 4 ⑤ 5

해설 내신연계문제

주어진 항등식을 미지수인 문자에 대하여 내림차순으로 정리한다.
(1) k의 값에 관계없이 항상 성립
   ➡ k에 관한 항등식
(2) x, y에 대한 항등식일 때,
   ① $ax+by+c=0 \iff a=0,\ b=0,\ c=0$
   ② $ax+by+c=dx+ey+f \iff a=d,\ b=e,\ c=f$

0137   학교기출 대표 유형

등식 $(k+1)x-(2k-1)y+3=0$이 k의 값에 관계없이 항상 성립할 때, 상수 x, y에 대하여 x^2+y^2의 값을 구하시오.

0138   BASIC

임의의 실수 x, y에 대하여 $a(x+2)+b(x-y)-3=3x-2y+c$가 항상 성립할 때, 상수 a, b, c에 대하여 $a+b+c$의 값은?

① -3 ② -2 ③ 2
④ 5 ⑤ 6

0139   최다빈출 왕 중요   NORMAL

x, y의 값에 관계없이 $\dfrac{ax-by+10}{2x-y+2}$이 항상 일정한 값을 가질 때, 상수 a, b에 대하여 $a+b$의 값은? (단, $2x-y+2 \neq 0$)

① 12 ② 13 ③ 14
④ 15 ⑤ 16

해설 내신연계문제

(1) x에 대한 방정식이 k의 값에 관계없이 항상 α를 근으로 가지면
   FIRST 방정식에 $x=\alpha$를 대입하고
   NEXT k에 대한 항등식이 되므로
   LAST 항등식의 성질 (계수비교법, 수치대입법)을 이용한다.
(2) 조건식이 주어진 항등식
   FIRST 조건식을 한 문자에 대하여 정리한 후 주어진 식에 대입하고
   NEXT 한 문자에 대한 항등식이 되므로
   LAST 항등식의 성질 (계수비교법, 수치대입법)을 이용한다.

> $x+y=a$를 만족시키는 모든 x, y에 대하여 등식이 성립한다.
> ① 등식에 $y=a-x$를 대입하면 x에 대한 항등식이 된다.
> ② 등식에 $x=a-y$를 대입하면 y에 대한 항등식이 된다.

0140   학교기출 대표 유형

x에 대한 이차방정식 $ax^2+b(k+1)x+a(k-2)=6$이 k의 값에 관계없이 항상 1을 근으로 가질 때, 상수 a, b에 대하여 ab의 값은?

① -16 ② -12 ③ -9
④ -6 ⑤ -4

해설 내신연계문제

0141   NORMAL

$x+y=2$를 만족하는 모든 실수 x, y에 대하여 $ax+3y+b-4=0$이 항상 성립할 때, 상수 a, b의 곱 ab의 값은?

① -12 ② -6 ③ -3
④ 2 ⑤ 8

0142   최다빈출 왕 중요   NORMAL

$x+y=1$을 만족하는 임의의 두 실수 x, y에 대하여 등식 $ax^2+bxy+cy^2=2$가 성립할 때, 상수 a, b, c에 대하여 $a+b+c$의 값을 구하시오.

해설 내신연계문제

유형 05 항등식의 계수의 합 구하기

등식 $\{P(x)\}^n=a_0+a_1x+a_2x^2+\cdots+a_nx^n$ 의 양변에 적당한 수를 대입하여 계수에 대한 식으로 나타낸다.

(1) 상수항

➡ 양변에 $x=0$을 대입하면 $\{P(0)\}^n=a_0$

(2) 상수항을 포함한 계수의 총합

➡ 양변에 $x=1$을 대입하면 $\{P(1)\}^n=a_0+a_1+a_2+\cdots+a_n$

(3) 짝수차 계수의 총합

➡ 양변에 $x=1$과 $x=-1$을 대입하여 더하면

$$\frac{\{P(1)\}^n+\{P(-1)\}^n}{2}=a_0+a_2+a_4+\cdots$$

해설 $\{P(1)\}^n=a_0+a_1+a_2+\cdots+a_n$ ...... ㉠

$\{P(-1)\}^n=a_0-a_1+a_2+\cdots+(-1)^na_n$ ...... ㉡

㉠+㉡을 하면 $\{P(1)\}^n+\{P(-1)\}^n=2(a_0+a_2+a_4+\cdots)$

(4) 홀수차 계수의 총합

➡ 양변에 $x=1$과 $x=-1$을 대입하여 빼면

$$\frac{\{P(1)\}^n-\{P(-1)\}^n}{2}=a_1+a_3+a_5+\cdots$$

해설 $\{P(1)\}^n=a_0+a_1+a_2+\cdots+a_n$ ...... ㉠

$\{P(-1)\}^n=a_0-a_1+a_2+\cdots+(-1)^na_n$ ...... ㉡

㉠-㉡을 하면 $\{P(1)\}^n-\{P(-1)\}^n=2(a_1+a_3+a_5+\cdots)$

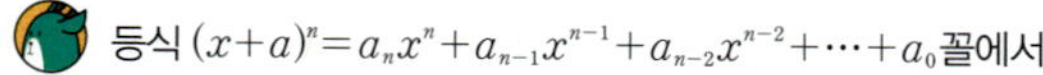 등식 $(x+a)^n=a_nx^n+a_{n-1}x^{n-1}+a_{n-2}x^{n-2}+\cdots+a_0$ 꼴에서

① $x=0$을 대입하면 상수항은 $a^n=a_0$

② $x=1$을 대입하면 $(1+a)^n=a_n+a_{n-1}+a_{n-2}+\cdots+a_0$

③ $x=-1$을 대입하면

$(-1+a)^n=a_n(-1)^n+a_{n-1}(-1)^{n-1}+a_{n-2}(-1)^{n-2}+\cdots+a_0$

0143 학교기출 대표 유형

모든 실수 x에 대하여 등식

$$(x^2-2x-1)^5=a_0+a_1x+a_2x^2+a_3x^3+\cdots+a_{10}x^{10}$$

이 성립할 때, 다음 조건을 만족하는 상수 p, q, r, s, t에 대하여 $p+q+r+s+t$의 값은? (단, a_0, a_1, a_2, $\cdots$, a_{10}은 상수이다.)

(가) $a_0+a_1+a_2+\cdots+a_9+a_{10}=p$

(나) $a_0-a_1+a_2-\cdots-a_9+a_{10}=q$

(다) $a_0+a_2+a_4+a_6+a_8+a_{10}=r$

(라) $a_1+a_3+a_5+a_7+a_9=s$

(마) $a_0-a_{10}=t$

① -34　　② -32　　③ -16

④ 16　　⑤ 32

0144 최다빈출 양 중요

 NORMAL

상수 a_0, a_1, a_2, a_3, $\cdots$, a_{10}에 대하여 등식

$$(x^2-x+2)^5=a_0+a_1x+a_2x^2+\cdots+a_{10}x^{10}$$

이 x에 대한 항등식일 때, $a_1+a_2+a_3+\cdots+a_{10}$의 값은?

① 0　　② 17　　③ 32

④ 36　　⑤ 64

해설 내신연계문제

0145

 NORMAL

상수 a_0, a_1, a_2, a_3, $\cdots$, a_{10}에 대하여 등식

$$(x^2+x-2)^5=a_0+a_1x+a_2x^2+\cdots+a_{10}x^{10}$$

이 x에 대한 항등식일 때, $a_1+a_3+a_5+a_7+a_9$의 값은?

① -16　　② -8　　③ -4

④ 8　　⑤ 16

0146

 TOUGH

상수 a_0, a_1, a_2, a_3, $\cdots$, a_{10}에 대하여 등식

$$(x^2-x+1)^5=a_0+a_1(x-1)+a_2(x-1)^2+\cdots+a_{10}(x-1)^{10}$$

이 x에 대한 항등식일 때, $a_1+a_2+a_3+\cdots+a_{10}$의 값은?

① 64　　② 81　　③ 242

④ 244　　⑤ 256

0147

모든 실수 x에 대하여 등식

$$(x^3-2x+3)^2=a_0+a_1(x-1)+a_2(x-1)^2+a_3(x-1)^3$$
$$+a_4(x-1)^4+a_5(x-1)^5+a_6(x-1)^6$$

이 성립할 때, $a_0+a_2+a_4+a_6$의 값은?
(단, $a_0,\ a_1,\ \cdots,\ a_6$은 상수이다.)

① 20   ② 26   ③ 29
④ 32   ⑤ 36

0148   최다빈출 왕 중요

모든 실수 x에 대하여 다음 등식이 성립할 때, 상수
$a_0,\ a_1,\ \cdots,\ a_9,\ a_{10}$에 대하여 $a_{10}+a_8+a_6+a_4+a_2+a_0$의 값은?

$$x^{10}+1=a_{10}(x+2)^{10}+a_9(x+2)^9+\cdots+a_1(x+2)+a_0$$

① $3^{10}-1$ ② $3^{10}+1$ ③ $\dfrac{3^{10}+1}{2}$

④ $\dfrac{3^{10}+2}{2}$ ⑤ $\dfrac{3^{10}+3}{2}$

해설 내신연계문제

모의고사 **핵심유형** 기출문제

0149   2020년 11월 고1 학력평가 6번

모든 실수 x에 대하여 등식

$$(x+2)^3=ax^3+bx^2+cx+d$$

가 성립할 때, $a+b+c+d$의 값은? (단, $a,\ b,\ c,\ d$는 상수이다.)

① 21   ② 24   ③ 27
④ 30   ⑤ 33

해설 내신연계문제

 다항식의 나눗셈과 항등식

다항식 $A(x)$를 다항식 $B(x)(B(x)\neq0)$로 나누었을 때의 몫을 $Q(x)$,
나머지를 $R(x)$라 하면

(1) $A(x)=B(x)Q(x)+R(x)$는 x에 관한 항등식이다.
   (단, $(R(x)$의 차수$)<(B(x)$의 차수$))$

(2) 나누는 다항식 $B(x)$의 경우에 따라 미정계수를 다음과 같이
구한다.
   ① $B(x)$가 인수분해되지 않을 때
     ❏ 계수비교법을 이용하거나 직접 나눗셈을 한다.
   ② $B(x)$가 일차식의 곱으로 인수분해되면
     ❏ 수치대입법을 이용한다.

   ① 다항식 $f(x)$를 일차식으로 나누었을 때의 나머지
     ➡ a (상수)
   ② 다항식 $f(x)$를 이차식으로 나누었을 때의 나머지
     ➡ $ax+b$ ($a,\ b$는 실수)

0150   학교기출 대표 유형

x에 대한 다항식 x^3-ax+b를 x^2-x+1로 나누었을 때의 나머지
가 $3x+2$일 때, 상수 $a,\ b$에 대하여 $a+b$의 값은?

① -2 ② -1 ③ 0
④ 1 ⑤ 2

0151   최다빈출 왕 중요

다항식 x^3+ax^2+bx+3이 x^2-x+1로 나누어떨어질 때, 몫을
$Q(x)$라 하자. 상수 $a,\ b$에 대하여 $Q(ab)$의 값은?

① -4 ② -2 ③ -1
④ 2 ⑤ 4

해설 내신연계문제

0152   최다빈출 왕 중요

x에 대한 다항식 x^3+ax+b를 x^2-3x+2로 나누었을 때의 나머지
가 $2x+1$일 때, $b-a$의 값은? (단, $a,\ b$는 상수이다.)

① 8   ② 10   ③ 12
④ 14   ⑤ 15

해설 내신연계문제

0153

다항식 x^3+ax^2+bx-8이 x^2-3x-4로 나누어떨어질 때, 상수 a, b에 대하여 $a+b$의 값은?

① -12　　　② -11　　　③ -10
④ -9　　　⑤ -8

0154

x에 대한 다항식 $f(x)=x^3+2x^2+ax+b$가 x^2-x+1로 나누어떨어질 때, 다항식 $f(x)$를 x^2-2로 나누었을 때의 나머지를 구하시오. (단, a, b는 상수이다.)

 모의고사 **핵심유형** 기출문제

0155

2021년 03월 고2 학력평가 25번

다항식 $(x+2)(x-1)(x+a)+b(x-1)$이 x^2+4x+5로 나누어떨어질 때, $a+b$의 값을 구하시오. (단, a, b는 상수이다.)

해설 내신연계문제

0156

2021년 06월 고1 학력평가 16번

최고차항의 계수가 1인 삼차다항식 $f(x)$가 다음 조건을 만족시킨다.

> (가) $f(0)=0$
> (나) $f(x)$를 $(x-2)^2$으로 나눈 나머지가 $2(x-2)$이다.

$f(x)$를 $x-1$로 나눈 몫을 $Q(x)$라 할 때, $Q(5)$의 값은?

① 3　　　② 6　　　③ 9
④ 12　　　⑤ 15

해설 내신연계문제

유형 07　나머지정리 ― 일차식으로 나누었을 때의 나머지 (1)

(1) 다항식 $f(x)\pm g(x)$를 $x-\alpha$로 나눈 나머지는 $f(\alpha)\pm g(\alpha)$이다.

(2) 다항식 $f(x)g(x)$를 $x-\alpha$로 나눈 나머지는 $f(\alpha)g(\alpha)$이다.

> ① 다항식 $f(x)$를 일차식 $x-\alpha$나 $ax+b$로 나누었을 때의 몫은 직접 알 수 없고 나머지는 상수이다.
> ② 다항식의 나눗셈에 관한 문제는 $A=BQ+R$꼴을 이용하여 표현하면 쉽게 파악된다.

0157

학교기출 **대표** 유형

다항식 $f(x)$를 $x-4$로 나누었을 때의 나머지가 13일 때, $(x-2)f(x)$를 $x-4$로 나누었을 때의 나머지를 구하시오.

0158

다항식 $f(x)$를 x^2-1로 나눈 나머지가 $x+3$일 때, $(x-1)f(x)$를 $x+1$로 나눈 나머지는?

① -6　　　② -4　　　③ -2
④ 0　　　⑤ 4

0159

다항식 $f(x)$를 $x+2$로 나누었을 때의 나머지가 5이고 다항식 $g(x)$를 $x+2$로 나누었을 때의 나머지가 -6일 때, $3f(x)+2g(x)$를 $x+2$로 나누었을 때의 나머지는?

① 1　　　② 3　　　③ 5
④ 7　　　⑤ 9

0160  NORMAL

자연수 n에 대하여 다항식 $P(x)=2x^2+x+2$를 $2x+n$으로 나누었을 때의 나머지가 12일 때, $P(x)$를 $2x-n$으로 나누었을 때의 나머지는?

① 16   ② 17   ③ 18
④ 19   ⑤ 20

해설 내신연계문제

0161  TOUGH

다항식 $x^{10}+1$을 $x-1$로 나누었을 때의 몫을 $Q(x)$, 나머지를 R이라 할 때, $Q(-1)+R$의 값을 구하시오.

해설 내신연계문제

모의고사 핵심유형 기출문제

0162   2023년 06월 고1 학력평가 11번  NORMAL

최고차항의 계수가 1인 이차다항식 $P(x)$가 다음 조건을 만족시킬 때, $P(4)$의 값은?

> (가) $P(x)$를 $x-1$로 나누었을 때의 나머지는 1이다.
> (나) $xP(x)$를 $x-2$로 나누었을 때의 나머지는 2이다.

① 6   ② 7   ③ 8
④ 9   ⑤ 10

해설 내신연계문제

0163   2021년 11월 고1 학력평가 7번  NORMAL

다항식 $f(x)$에 대하여 다항식 $(x+3)\{f(x)-2\}$를 $x-1$로 나눈 나머지가 16일 때, 다항식 $f(x)$를 $x-1$로 나눈 나머지는?

① 6   ② 7   ③ 8
④ 9   ⑤ 10

해설 내신연계문제

유형 08   나머지정리 — 일차식으로 나누었을 때의 나머지 (2)

다항식을 일차식으로 나눈 나머지를 구할 때, 다항식에 (일차식)=0 일 때의 x의 값을 대입하여 구하는 방법을 나머지정리라 한다.
(1) 다항식 $f(x)$를 일차식 $x-\alpha$로 나누었을 때의 나머지 ➡ $f(\alpha)$
(2) 다항식 $f(x)$가 일차식 $x-\alpha$로 나누어떨어지면 나머지 ➡ $f(\alpha)=0$
(3) 다항식 $f(x)$를 일차식 $ax+b$로 나누었을 때의 나머지 ➡ $f\left(-\dfrac{b}{a}\right)$

 ① 나머지정리는 나누는 식이 일차식일 때만 적용된다.
② 나머지정리는 다항식을 일차식으로 나누었을 때의 나머지만 구하는 방법이므로 몫을 구하려면 직접 나누거나 조립제법을 이용해야 한다.

0164   학교기출 대표유형

다항식 $P(x)$를 x^2-3x-4로 나눈 나머지가 $2x+1$일 때, $P(x)$를 $x+1$로 나눈 나머지는?

① -5 ② -4 ③ -3
④ -2 ⑤ -1

0165  NORMAL

다항식 $P(x)$를 $x-3$으로 나눈 몫은 x^2+3x-2이고 나머지가 5일 때, $P(x)$를 $x+2$로 나눈 나머지는?

① -25 ② -20 ③ -15
④ 15 ⑤ 25

0166  NORMAL

다항식 $P(x)$를 x^3-8로 나누었을 때의 나머지가 x^2+x+1이고 다항식 $G(x)$를 x^2+x-6으로 나누었을 때의 나머지가 $2x-1$이다. 다항식 $2P(x)-3G(x)$를 $x-2$로 나누었을 때의 나머지는?

① 3   ② 5   ③ 7
④ 9   ⑤ 11

0167 최다빈출 왕 중요 

두 다항식 $P(x)$, $Q(x)$에 대하여 $P(x)-Q(x)$를 $x+2$로 나누었을 때의 나머지가 -3이고 $P(x)+Q(x)$를 $x+2$로 나누었을 때의 나머지가 7일 때, $P(x)Q(x)$를 $x+2$로 나누었을 때의 나머지를 구하시오.

해설 내신연계문제

모의고사 핵심유형 기출문제

0168 2023년 03월 고2 학력평가 24번 

다항식 $P(x)$를 x^2+3으로 나눈 몫이 $3x+1$, 나머지가 $x+5$일 때, $P(x)$를 $x-1$로 나눈 나머지를 구하시오.

해설 내신연계문제

0169 2019년 03월 고2 학력평가 나형 13번 

다항식 $f(x)$를 $(x-3)(2x-a)$로 나눈 몫은 $x+10$이고 나머지는 6이다. 다항식 $f(x)$를 $x-1$로 나눈 나머지가 6일 때, 상수 a의 값은?

① 2 ② 4 ③ 6
④ 8 ⑤ 10

해설 내신연계문제

0170 2019년 09월 고1 학력평가 11번 

최고차항의 계수가 1인 이차다항식 $f(x)$를 $x-1$로 나누었을 때의 나머지와 $x-3$으로 나누었을 때의 나머지가 6으로 같다. 이차다항식 $f(x)$를 $x-4$로 나눈 나머지는?

① 1 ② 3 ③ 5
④ 7 ⑤ 9

해설 내신연계문제

유형 09 나머지정리 − 곱셈 공식의 변형 

나머지정리와 일차연립방정식과 곱셈 공식의 변형을 이용하여 구한다.
(1) $a^2+b^2=(a+b)^2-2ab$
(2) $a^3+b^3=(a+b)^3-3ab(a+b)$

0171 학교기출 대표 유형

두 다항식 $f(x)$, $g(x)$에 대하여 $f(x)+g(x)$를 $x-2$로 나누었을 때의 나머지가 10이고 $\{f(x)\}^2+\{g(x)\}^2$을 $x-2$로 나누었을 때의 나머지가 58일 때, $f(x)g(x)$를 $x-2$로 나누었을 때의 나머지를 구하시오.

0172 

두 다항식 $f(x)$, $g(x)$에 대하여 $f(x)-g(x)$를 $x-2$로 나누었을 때의 나머지가 5이고 $\{f(x)\}^2+\{g(x)\}^2$을 $x-2$로 나누었을 때의 나머지가 9일 때, $\{f(x)\}^3-\{g(x)\}^3$을 $x-2$로 나누었을 때의 나머지를 구하시오.

0173 최다빈출 왕 중요 

두 다항식 $P(x)$, $Q(x)$에 대하여 $P(x)+Q(x)$를 $x-2$로 나누었을 때의 나머지가 4이고 $\{P(x)\}^3+\{Q(x)\}^3$을 $x-2$로 나누었을 때의 나머지가 40이다. $\{P(x)\}^2Q(x)+P(x)\{Q(x)\}^2$을 $x-2$로 나누었을 때의 나머지는?

① 4 ② 6 ③ 8
④ 10 ⑤ 12

해설 내신연계문제

(1) 다항식 $f(x)$를 일차식 $x-a$로 나누었을 때의 나머지가 R로 주어지면
➡ $f(a)=R$임을 이용하여 다항식의 미정계수를 구한다.
(2) 다항식 $f(x)$를 일차식 $x-a$로 나누었을 때 나누어떨어지면
➡ $f(a)=0$임을 이용하여 다항식의 미정계수를 구한다.

 다항식 $f(x)$를 일차식 $x-a$나 $ax+b$로 나누었을 때의 몫은 직접 알 수 없고 나머지는 상수이다.

0174 

다항식 $f(x)=x^3+ax^2+2x-5$를 $x+1$로 나누었을 때의 나머지가 1일 때, $f(x)$를 $x-1$로 나누었을 때의 나머지를 구하시오. (단, a는 상수이다.)

0175 

다항식 $f(x)=x^3+ax+9$를 $x-3$으로 나누었을 때의 나머지가 30일 때, $f(a)$의 값은? (단, a는 상수이다.)

① 1   ② 2   ③ 3
④ 4   ⑤ 5

0176 최다빈출 왕중요

x에 대한 다항식 x^3+ax^2+8x+2를 $x-2$로 나누었을 때의 나머지와 $x+1$로 나누었을 때의 나머지가 같을 때, 이 다항식을 $x-3$으로 나눈 나머지는? (단, a는 상수이다.)

① -50 ② -48 ③ -46
④ -44 ⑤ -42

해설 내신연계문제

0177 

다항식 $f(x)=x^3+ax^2-5x+6$을 $x+1$로 나누었을 때의 나머지가 $x-1$로 나누었을 때의 나머지의 3배일 때, 다항식 $f(x)$를 $x+2$로 나누었을 때의 나머지는? (단, a는 상수이다.)

① -18 ② -16 ③ -14
④ 16   ⑤ 18

0178 

다항식 x^3-2ax^2+bx-3은 $x-1$로 나누어떨어지고 $x+1$로 나누었을 때의 나머지가 2이다. 상수 a, b에 대하여 ab의 값은?

① 2   ② 4   ③ 6
④ 8   ⑤ 10

0179 최다빈출 왕중요 

다항식 x^3+ax^2+bx+3을 $x-1$로 나누었을 때의 나머지가 6, $x+1$로 나누었을 때의 나머지가 -6이다. 이 다항식을 $x-3$으로 나누었을 때의 나머지는? (단, a, b는 상수이다.)

① 12   ② 15   ③ 18
④ 21   ⑤ 24

해설 내신연계문제

0180 

다항식 $2x^3+x^2-3x+5$를 이차식 x^2+x-1로 나누었을 때의 나머지와 다항식 $x^3+2ax^2+a^2$을 $x-1$로 나누었을 때의 나머지가 같을 때, 상수 a의 값의 합은?

① -5 ② -4 ③ -2
④ -1 ⑤ 2

0181 

최고차항의 계수가 1인 이차다항식 $f(x)$를 $x-1$로 나누었을 때의 나머지와 $x-3$으로 나누었을 때의 나머지가 -5로 같을 때, 이차다항식 $f(x)$를 $x-2$로 나눈 나머지는?

① -6 ② -5 ③ -4
④ -3 ⑤ -2

0182 

다항식 $f(x)=x^2+ax+b$에 대하여 다항식 $(x+1)f(x)$를 $x-3$으로 나누었을 때의 나머지가 8, 다항식 $xf(x)$를 $x+1$로 나누었을 때의 나머지가 -10일 때, $f(x)$를 $x-1$로 나눈 나머지는?
(단, a, b는 상수이다.)

① -2 ② -1 ③ 1
④ 2 ⑤ 3

0183 최다빈출 왕 중요 

다항식 $f(x)=x^2-ax+5$를 $x-1$로 나누었을 때의 나머지를 R_1, $x+1$로 나누었을 때의 나머지를 R_2라 하자. $R_1-R_2=14$일 때, $f(x)$를 $x+2$로 나누었을 때의 나머지는? (단, a는 상수이다.)

① -14 ② -5 ③ -1
④ 5 ⑤ 14

해설 내신연계문제

0184 

다항식 $f(x)=2x^2+ax-3$을 $x+2$로 나누었을 때의 나머지를 R_1, $x-2$로 나누었을 때의 나머지를 R_2라 하자. $R_1R_2=9$일 때, $f(x)$를 $x+5$로 나누었을 때의 나머지는? (단, a는 양수이다.)

① 33 ② 35 ③ 37
④ 39 ⑤ 41

0185 

다항식 $f(x)=x^3+x^2+2x+1$에 대하여 $f(x)$를 $x-a$로 나눈 나머지를 R_1, $f(x)$를 $x+a$로 나눈 나머지를 R_2라 하자. $R_1+R_2=6$일 때, $f(x)$를 $x-a^2$으로 나눈 나머지를 구하시오 (단, a는 상수이다.)

모의고사 **핵심유형** 기출문제

0186 2019년 06월 고1 학력평가 11번 

x에 대한 다항식 x^3-x^2-ax+5를 $x-2$로 나누었을 때의 몫은 $Q(x)$, 나머지는 5이다. $Q(a)$의 값은? (단, a는 상수이다.)

① 5 ② 6 ③ 7
④ 8 ⑤ 9

해설 내신연계문제

0187 2020년 06월 고1 학력평가 15번 

두 다항식 $f(x)$, $g(x)$가 모든 실수 x에 대하여 다음 조건을 만족시킬 때, $g(x)$를 $x-4$로 나눈 나머지는?

> (가) $g(x)=x^2f(x)$
> (나) $g(x)+(3x^2+4x)f(x)=x^3+ax^2+2x+b$
> (단, a, b는 상수이다.)

① 16 ② 18 ③ 20
④ 22 ⑤ 24

해설 내신연계문제

유형 11 · 나머지정리 — $f(ax+b)$를 $x-\alpha$로 나눌 때의 나머지

다항식 $f(x)$를 변형한 꼴 $f(ax+b)$를 일차식 $x-\alpha$로 나눈 나머지를 구할 때도 나머지정리를 이용한다.

➡ 나머지는 $R=f(a\alpha+b)$

0188 학교기출 대표유형

다항식 $f(x)$를 $x-2$로 나누었을 때의 나머지가 3일 때, 다항식 $(x^2+1)f(x^2-2)$를 $x+2$로 나누었을 때의 나머지를 구하시오.

0189  BASIC

다항식 $f(x)$를 $x-1$로 나눈 나머지가 25이고 $x-2$로 나눈 나머지가 18이다. 다항식 $f(2x-5)+f(x-1)$을 $x-3$으로 나누었을 때의 나머지는?

① 32   ② 40   ③ 43
④ 51   ⑤ 62

0190  NORMAL

다항식 $f(x)$, $g(x)$에 대하여 $f(x)+g(x)$를 $x-2$로 나누었을 때의 나머지는 7이고 다항식 $3f(x)-2g(x)$를 $x-2$로 나누었을 때의 나머지가 6이다. 이때 다항식 $g(5x-8)$을 $x-2$로 나누었을 때의 나머지는?

① 3   ② 5   ③ 10
④ 12   ⑤ 15

0191 최다빈출 왕중요  NORMAL

다항식 $P(x)$를 x^2-2x-8로 나누면 나머지가 $3x+2$이다. $(2x-3)P(2x)$를 $x+1$로 나누었을 때의 나머지를 구하시오.

해설 내신연계문제

0192  NORMAL

다항식 $f(x)=x^2+ax+b$에 대하여 다항식 $(x+1)f(2x-1)$을 $x-1$로 나누었을 때의 나머지가 12, 다항식 $(x-3)f(x)$를 $x+2$로 나누었을 때의 나머지가 -15일 때, $(2x^2-x+6)f(3x+2)$를 $x+1$로 나눈 나머지를 구하시오. (단, a, b는 상수이다.)

 모의고사 핵심유형 기출문제

0193 2020년 11월 고1 학력평가 13번  NORMAL

다항식 $f(x+3)$을 $(x+2)(x-1)$로 나눈 나머지가 $3x+8$일 때, 다항식 $f(x^2)$을 $x+2$로 나눈 나머지는?

① 11   ② 12   ③ 13
④ 14   ⑤ 15

해설 내신연계문제

0194 2019년 11월 고1 학력평가 15번  NORMAL

다항식 $f(x)$를 x^2-x로 나눈 나머지가 $ax+a$이고, 다항식 $f(x+1)$을 x로 나눈 나머지는 6일 때, 상수 a의 값은?

① 1   ② 2   ③ 3
④ 4   ⑤ 5

해설 내신연계문제

유형 **12** 나머지정리 − 수의 나눗셈

두 자연수 A, B에 대하여 A를 B로 나누었을 때의 나머지는

➡ A를 x에 대한 다항식 $f(x)$로, B를 x에 대한 일차식 $x+a$로 놓고 항등식으로 나타낸 후 $x=-a$를 대입하여 구한다.
이때 나머지는 0보다 크거나 같고 나누는 수보다 작아야 함에 주의한다.

 101^{10}을 100으로 나누었을 때의 나머지를 구할 때,
➡ $x=101$이라 하면 $100=x-1$이므로
x^{10}을 $x-1$로 나누었을 때의 나머지를 이용한다.

0195  학교기출 대표 유형

2026^{10}을 2025로 나누었을 때의 나머지를 구하시오.

0196  최다빈출 왕 중요

$327^{20}+327^{19}+1$을 326으로 나누었을 때의 나머지는?

① 1   ② 2   ③ 3
④ 5   ⑤ 7

해설 내신연계문제

0197 NORMAL

다음과 같이 정의된 상수 a, b에 대하여 $a+b$의 값은?

(가) 1001^4을 1004로 나눈 나머지는 a이다.
(나) 1001^4을 1003으로 나눈 나머지는 b이다.

① 16   ② 27   ③ 81
④ 97   ⑤ 102

0198  TOUGH

17^{15}을 16으로 나누었을 때의 나머지를 r_1이라 하고 18^{13}을 19로 나누었을 때의 나머지를 r_2라 할 때, r_1+r_2의 값을 구하시오.

모의고사 핵심유형 기출문제

0199 2024년 06월 고1 학력평가 8번  NORMAL

2024^4+2024^2+1을 2022로 나눈 나머지는?

① 17   ② 18   ③ 19
④ 20   ⑤ 21

해설 내신연계문제

0200 2020년 06월 고1 학력평가 24번  NORMAL

$(2020+1)(2020^2-2020+1)$을 2017로 나눈 나머지를 구하시오.

해설 내신연계문제

0201 2021년 06월 고1 학력평가 18번  TOUGH

다음은 2022^{10}을 505로 나누었을 때의 나머지를 구하는 과정이다.

다항식 $(4x+2)^{10}$을 x로 나누었을 때의 몫을 $Q(x)$, 나머지를 R이라 하면
$(4x+2)^{10}=xQ(x)+R$이다.
이때 $R=\boxed{\text{(가)}}$이다.
등식 $(4x+2)^{10}=xQ(x)+\boxed{\text{(가)}}$에 $x=505$를 대입하면
$2022^{10}=505\times Q(505)+\boxed{\text{(가)}}$
$=505\times\{Q(505)+\boxed{\text{(나)}}\}+\boxed{\text{(다)}}$이다.
따라서 2022^{10}을 505로 나누었을 때의 나머지는 $\boxed{\text{(다)}}$이다.

위의 (가), (나), (다)에 알맞은 수를 각각 a, b, c라 할 때, $a+b+c$의 값은?

① 1038   ② 1040   ③ 1042
④ 1044   ⑤ 1046

해설 내신연계문제

다항식 $f(x)$를 $x-\alpha$로 나누었을 때의 몫을 $Q(x)$, 나머지를 R이라 할 때, $Q(x)$를 $x-\beta$로 나누었을 때의 나머지는 다음과 같은 순서로 구한다.

FIRST 나머지정리에 의하여 $R=f(\alpha)$

NEXT 다항식의 나눗셈을 항등식으로 나타낸다.
➡ $f(x)=(x-\alpha)Q(x)+f(\alpha)$

LAST $x=\beta$를 대입하여 $Q(\beta)$의 값을 구한다.
➡ $f(\beta)=(\beta-\alpha)Q(\beta)+f(\alpha)$

 $f(x)$를 $g(x)$로 나눈 몫을 $Q(x)$라 할 때,
몫 $Q(x)$를 $x-\alpha$로 나누었을 때의 나머지는 $Q(\alpha)$이다.

0202 학교기출 대표 유형

다항식 x^3-ax+9를 $x-2$로 나눈 몫은 $Q(x)$이고 나머지는 3이다. 이때 다항식 $Q(x)$를 $x-5$로 나누었을 때의 나머지를 구하시오. (단, a는 상수이다.)

0203 

다항식 $x^{2018}+x^{2017}+x^2$을 x^2+x+1로 나누었을 때 몫이 $Q(x)$, 나머지가 $-x-2$일 때, $Q(x)$를 $x+1$로 나눈 나머지는?

① 1 ② 2 ③ 3
④ 5 ⑤ 6

0204 

다항식 x^3+x^2+ax+3을 $x+1$로 나누었을 때의 몫이 $Q(x)$이고 나머지가 1일 때, $Q(x)$를 $x-2$로 나누었을 때의 나머지는? (단, a는 상수이다.)

① 3 ② 4 ③ 5
④ 6 ⑤ 7

0205 최다빈출 왕 중요 

다항식 $f(x)$를 $x-4$로 나누었을 때의 몫은 $Q(x)$이고 나머지는 3이다. $Q(x)$를 $x+2$로 나누었을 때의 나머지가 1일 때, $f(x)$를 $x+2$로 나누었을 때의 나머지는?

① -6 ② -5 ③ -4
④ -3 ⑤ -2

해설 내신연계문제

0206 

다항식 $P(x)$를 $(x-1)(x-2)$로 나누면 몫이 $Q(x)$이고 나머지가 $x+10$이다. $P(x)$를 $x-3$으로 나눈 나머지가 12일 때, $Q(x)$를 $x-3$으로 나누었을 때의 나머지는?

① 1 ② 2 ③ 3
④ 4 ⑤ 5

0207 최다빈출 왕 중요 

다항식 x^3-3x^2+ax+3을 $x-2$로 나누었을 때의 몫을 $Q(x)$, 나머지를 R이라 하자. 몫 $Q(x)$의 상수항을 포함한 모든 계수의 합이 -3일 때, 나머지 R의 값은? (단, a는 상수이다.)

① -3 ② -2 ③ 0
④ 2 ⑤ 3

해설 내신연계문제

0208 최다빈출 왕 중요   TOUGH

다항식 $f(x)$를 x^2+x+1로 나누었을 때의 몫이 $Q(x)$, 나머지가 $3x+2$이고 $Q(x)$를 $x-1$로 나누었을 때의 나머지가 2이다. 다항식 $f(x)$를 x^3-1로 나누었을 때의 나머지를 $R(x)$라 할 때, $R(1)$의 값을 구하시오.

해설 내신연계문제

모의고사 핵심유형 기출문제

0209 2023년 06월 고1 학력평가 13번   NORMAL

x에 대한 다항식 $x^5+ax^2+(a+1)x+2$를 $x-1$로 나누었을 때의 몫은 $Q(x)$이고 나머지는 6이다. $a+Q(2)$의 값은?
(단, a는 상수이다.)

① 33 　　　② 35 　　　③ 37
④ 39 　　　⑤ 41

해설 내신연계문제

0210 2015년 03월 고2 학력평가 가형 15번   NORMAL

다항식 $P(x)$를 $x-2$로 나누었을 때의 몫이 $Q(x)$, 나머지는 3이고, 다항식 $Q(x)$를 $x-1$로 나누었을 때의 나머지는 2이다. $P(x)$를 $(x-1)(x-2)$로 나누었을 때의 나머지를 $R(x)$라 하자. $R(3)$의 값은?

① 5 　　　② 7 　　　③ 9
④ 11 　　　⑤ 13

해설 내신연계문제

유형 14 나머지정리 — 이차식으로 나누었을 때의 나머지 (1)

(1) 다항식 $f(x)$를 이차식으로 나누었을 때의 나머지는 일차 이하의 다항식이므로 나머지를 $ax+b$ $(a,\ b$는 상수$)$로 놓고 몫과 나머지의 관계에서 항등식의 성질을 이용한다.

(2) 다항식 $f(x)$를 이차식 $g(x)$로 나누었을 때, $g(x)$가 인수분해되지 않는 경우에는 $f(x)=g(x)Q(x)+ax+b$로 놓고 계수비교법을 이용하여 몫과 나머지를 구한다.

> 다항식 $f(x)$를 이차식 $(x-\alpha)(x-\beta)$로 나누었을 때의 나머지는 몫을 $Q(x)$, 나머지를 $ax+b$ $(a,\ b$는 상수$)$라 하면
> ➡ $f(x)=(x-\alpha)(x-\beta)Q(x)+ax+b$에서 $f(\alpha)$, $f(\beta)$의 값을 이용하여 a, b의 값을 구한다.

0211 학교기출 대표 유형

x에 대한 다항식 $f(x)$를 $x-1$로 나누었을 때의 나머지는 3이고 $x-3$으로 나누었을 때의 나머지가 5일 때, 다항식 $f(x)$를 x^2-4x+3으로 나누었을 때의 나머지는?

① $x-1$ 　　　② $x+1$ 　　　③ $x+2$
④ $x+3$ 　　　⑤ $x+5$

0212 최다빈출 왕 중요   NORMAL

다항식 $P(x)$를 $x-1$로 나누었을 때의 나머지가 3이고 $x+2$로 나누었을 때의 나머지가 -3이다. 다항식 $P(x)$를 x^2+x-2로 나누었을 때의 나머지를 $R(x)$라 할 때, $R(2)$의 값은?

① 3 　　　② 4 　　　③ 5
④ 6 　　　⑤ 7

해설 내신연계문제

0213 최다빈출 왕 중요   NORMAL

다항식 $f(x)$를 $x+1$로 나누었을 때의 나머지가 -5이고 $x-2$로 나누었을 때의 나머지가 1이다. 다항식 $f(x)$를 x^2-x-2로 나누었을 때의 몫과 나머지가 서로 같을 때, $f(x)$를 $x-3$으로 나누었을 때의 나머지는?

① 11 　　　② 12 　　　③ 13
④ 14 　　　⑤ 15

해설 내신연계문제

0214

다항식 $f(x)$를 x^2-3x+2로 나누었을 때의 나머지가 $2x-1$이다.
다항식 $xf(x-1)$을 x^2-5x+6으로 나누었을 때의 나머지를 $R(x)$
라 할 때, $R(3)$의 값은?

① 5 　　　　② 6 　　　　③ 7
④ 8 　　　　⑤ 9

0215 

모든 실수 x에 대하여 $f(3+x)=f(3-x)$를 만족시키는 다항식
$f(x)$를 $x-4$로 나누었을 때의 나머지가 3이다. $f(x)$를 x^2-6x+8
로 나누었을 때의 나머지는?

① -4 　　　　② -3 　　　　③ -2
④ 　3 　　　　⑤ 　4

해설 내신연계문제

0216

삼차다항식 $P(x)$가 다음 조건을 만족시킨다.

> (가) $P(x)+P(4-x)=8$
> (나) $P(5)=-5$

$P(x)$를 x^2-x-2로 나누었을 때의 나머지를 $R(x)$라 할 때,
$R(3)$의 값을 구하시오.

0217 　2017년 06월 고1 학력평가 26번

x에 대한 삼차다항식 $P(x)=(x^2-x-1)(ax+b)+2$에 대하여
$P(x+1)$을 x^2-4로 나눈 나머지가 -3일 때, $50a+b$의 값을 구하
시오. (단, a, b는 상수이다.)

해설 내신연계문제

다항식 $f(x)$를 이차식으로 나누었을 때의 나머지
- ➡ 일차 이하의 다항식이므로 $ax+b$ (a, b는 상수)로 놓고
　 나눗셈에 대한 항등식을 세운다.
- ➡ $f(x)$를 이차식 $(x-\alpha)(x-\beta)$로 나눈 몫을 $Q(x)$라 하면
　 $f(x)=(x-\alpha)(x-\beta)Q(x)+ax+b$로 놓고
　 항등식의 수치대입법을 이용하여 a, b의 값을 구한다.

0218 　학교기출 대표 유형

다항식 $f(x)$에 대하여 $(x+2)f(x)$를 $x-1$로 나눈 나머지가 3이고
$(2x-3)f(2x-5)$를 $x-2$로 나눈 나머지가 -7이다.
$f(x)$를 $(x+1)(x-1)$로 나눈 나머지를 $R(x)$라고 할 때, $R(3)$의
값을 구하시오.

0219 

다항식 $f(x)$를 x^2-4로 나누었을 때의 나머지가 3이고 다항식
$g(x)$를 x^2+x-2로 나누었을 때의 나머지가 $2x+5$이다.
다항식 $2f(x)+3g(x)$를 $x+2$로 나누었을 때의 나머지는?

① 2 　　　　② 3 　　　　③ 5
④ 6 　　　　⑤ 9

0220 

다항식 $f(x)$를 x^2+5x-6으로 나누었을 때의 나머지가 $2x+2$이고
x^2-6x+8로 나누었을 때의 나머지가 $x-4$일 때, $f(x)$를
$x^2+4x-12$로 나누었을 때의 나머지는?

① $x-4$ 　　　　② $x-3$ 　　　　③ $2x-4$
④ $2x+3$ 　　　　⑤ $3x+2$

해설 내신연계문제

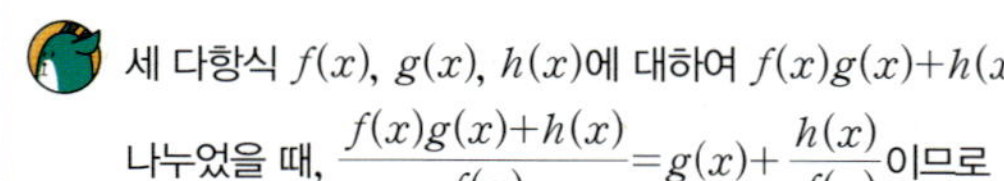

유형 16 나머지정리
― 삼차식으로 나눌 때 나머지

삼차식으로 나누었을 때의 나머지는 다음 순서로 구한다.

FIRST 다항식 $f(x)$를 삼차식 $g(x)$로 나눈 나머지는 이차 이하의 식
이므로 ax^2+bx+c로 놓을 수 있다.

NEXT $f(x)=g(x)Q(x)+ax^2+bx+c$로 놓는다.

LAST 나머지정리를 이용하여 a를 구하고 나머지를 구한다.

세 다항식 $f(x)$, $g(x)$, $h(x)$에 대하여 $f(x)g(x)+h(x)$를 $f(x)$로

나누었을 때, $\dfrac{f(x)g(x)+h(x)}{f(x)}=g(x)+\dfrac{h(x)}{f(x)}$이므로

① 몫 ➡ $g(x)+\{h(x)$를 $f(x)$로 나누었을 때의 몫$\}$

② 나머지 ➡ $h(x)$를 $f(x)$로 나누었을 때의 나머지

0221 학교기출 대표유형

다항식 $f(x)$는 x^2+1로 나누었을 때의 나머지가 $x-5$이고 $x-1$로
나눈 나머지는 4이다. 다항식 $f(x)$를 $(x^2+1)(x-1)$로 나누었을
때의 나머지를 구하는 과정이다.

다항식 $f(x)$를 $(x^2+1)(x-1)$로 나누었을 때의 몫을 $Q(x)$로
놓고 삼차식으로 나눈 나머지는 이차 이하의 식이므로
$f(x)=(x^2+1)(x-1)Q(x)+ax^2+bx+c$ (a, b, c는 상수)라
하면 $f(x)$를 x^2+1로 나눌 때의 나머지가 (가) 이므로
$f(x)=(x^2+1)(x-1)Q(x)+a\times$ (나) $+$ (가)
또, $f(x)$를 $x-1$로 나눈 나머지는 4이므로
나머지는 $ax^2+bx+c=$ (다) 이다.

위의 (가), (나), (다)에 들어갈 식을 $g(x)$, $h(x)$, $r(x)$라 할 때,
$\dfrac{g(1)h(1)}{r(1)}$의 값은?

① -8 ② -6 ③ -4
④ -2 ⑤ -1

해설 내신연계문제

0222 NORMAL

다항식 $f(x)$는 $(x+1)(x+2)$로 나누었을 때의 나머지는 $15x+15$이
고 $(x+1)(x-3)$으로 나누어떨어진다. $f(x)$를 $(x+1)(x+2)(x-3)$
으로 나누었을 때의 나머지를 ax^2+bx+c라 할 때, 상수 a, b, c에
대하여 $a+b+c$의 값을 구하시오.

0223 최다빈출 왕중요 NORMAL

다항식 $x^{25}-x^{20}+x^{15}-1$을 x^3-x로 나누었을 때의 나머지를 $R(x)$
라 할 때, $R(2)$의 값은?

① -4 ② -1 ③ 1
④ 3 ⑤ 4

해설 내신연계문제

0224 TOUGH

다항식 $f(x)$를 $(x-1)^2$으로 나누면 나머지가 $2x+1$이고 $x-3$으로
나누면 나머지가 3이다. $f(x)$를 $(x-1)^2(x-3)$으로 나누었을 때의
나머지를 $R(x)$라고 할 때, $R(2)$의 값을 구하시오.

0225 최다빈출 왕중요 TOUGH

다항식 $f(x)$를 x^2-x+1로 나누면 나머지가 $3x-1$이고 $x+1$로
나누면 나머지가 2이다. $f(x)$를 x^3+1로 나누었을 때의 나머지를
ax^2+bx+c라고 할 때, 상수 a, b, c에 대하여 $a+b+c$의 값은?

① -4 ② -2 ③ 0
④ 2 ⑤ 4

해설 내신연계문제

(1) **다항식 $f(x)$가 일차식 $x-\alpha$로 나누어떨어진다.**
➡ 다항식 $f(x)$가 $x-\alpha$를 인수로 갖는다.
➡ 다항식 $f(x)$를 $x-\alpha$로 나누었을 때의 나머지가 0이다.
➡ $f(x)=(x-\alpha)Q(x)$ (단, $Q(x)$는 다항식)
➡ $f(\alpha)=0$

(2) **다항식 $f(x)$가 일차식 $ax+b$로 나누어떨어진다.**
➡ 다항식 $f(x)$가 $ax+b$를 인수로 갖는다.
➡ $f\left(-\dfrac{b}{a}\right)=0$

인수정리는 나머지정리에서 나머지가 0인 경우이므로 $f(\alpha)=0$ 또는 $f\left(-\dfrac{b}{a}\right)=0$을 이용하여 다항식 $f(x)$의 미정계수를 구한다.

0226 학교기출 대표 유형

다항식 $f(x)=x^3-2x-a$가 $x-2$로 나누어떨어질 때, $f(x)$를 $x+1$로 나누었을 때의 나머지는? (단, a는 상수이다.)

① -3 ② -1 ③ 1
④ 2 ⑤ 5

0227 BASIC

다항식 $P(x)=x^3-x^2-10x+a$가 $x-1$로 나누어떨어질 때, $P(x)$를 $x+1$로 나누었을 때의 나머지를 R이라 하자. $a+R$의 값은? (단, a는 상수이다.)

① 25 ② 26 ③ 27
④ 28 ⑤ 29

0228 BASIC

다항식 $f(x)=x^3-4x^2+x+a$가 $x-3$을 인수로 가질 때, 다항식 $xf(x)$를 $x+2$로 나누었을 때의 나머지는? (단, a는 상수이다.)

① 50 ② 45 ③ 40
④ 35 ⑤ 30

0229 최다빈출 왕 중요   NORMAL

두 다항식 $3x^3+ax^2+bx+10$과 $x^3-2ax^2+3bx+12$는 모두 $x+1$로 나누어떨어질 때, 상수 a, b에 대하여 $a+b$의 값을 구하시오.

해설 내신연계문제

0230 NORMAL

다항식 $f(x)=x^3+ax^2+bx+3$이 $x-1$, $x+3$으로 각각 나누어떨어질 때, $f(x)$를 $x-2$로 나누었을 때 나머지는? (단, a, b는 상수이다.)

① 3 ② 4 ③ 5
④ 6 ⑤ 7

0231 NORMAL

다항식 x^3-5x^2+ax+b가 $x-1$, $x-2$를 인수로 가질 때, x^2-ax-b를 $x-3$으로 나누었을 때 나머지는? (단, a, b는 상수이다.)

① -15 ② -13 ③ -11
④ 13 ⑤ 15

0232 최다빈출 왕 중요   NORMAL

다항식 $f(x)=x^3+ax+b$에 대하여 $f(x-1)$은 $x-3$으로 나누어떨어지고 $f(x+1)$은 $x+2$로 나누어떨어진다. $f(x)$를 $x-3$으로 나누었을 때의 나머지를 R이라 할 때, $a+b+R$의 값을 구하시오. (단, a, b는 상수이다.)

해설 내신연계문제

0233

x에 대한 다항식 x^4-3x^2+a가 $x-1$로 나누어떨어질 때의 몫을 $Q(x)$라 하자. $Q(a)$의 값을 구하시오. (단, a는 상수이다.)

모의고사 핵심유형 기출문제

0234
2024년 06월 고1 학력평가 16번

x에 대한 다항식 x^3+ax^2+bx-4를 $x+1$로 나누었을 때의 몫은 $Q(x)$이고 나머지는 3이다. $(x^2+a)Q(x-2)$가 $x-2$로 나누어떨어질 때, $Q(1)$의 값은? (단, a, b는 상수이다.)

① -15 ② -13 ③ -11
④ -9 ⑤ -7

해설 내신연계문제

0235
2021년 06월 고1 학력평가 8번

다항식 $f(x)=x^3+ax^2+bx+6$을 $x-1$로 나누었을 때의 나머지는 4이다. $f(x+2)$가 $x-1$로 나누어떨어질 때, $b-a$의 값은? (단, a, b는 상수이다.)

① 4 ② 5 ③ 6
④ 7 ⑤ 8

해설 내신연계문제

0236
2020년 06월 고1 학력평가 25번

이차항의 계수가 1인 이차다항식 $f(x)$에 대하여 $f(x)+2$는 $x+2$로 나누어떨어지고, $f(x)-2$는 $x-2$로 나누어떨어질 때, $f(10)$의 값을 구하시오.

해설 내신연계문제

유형 18   인수정리 − 이차식으로 나눈 경우

다항식 $f(x)$가 이차식 $(x-a)(x-b)$를 인수로 갖는다.

➡ $f(x)$가 $(x-a)(x-b)$로 나누어떨어진다.

➡ $f(x)$가 $x-a$와 $x-b$로 각각 나누어떨어진다.

➡ $f(x)=(x-a)(x-b)Q(x)$ (단, $Q(x)$는 다항식)

➡ $f(a)=0$, $f(b)=0$

> $f(x)$가 이차식으로 나누어떨어지는 경우
> 나누는 이차식을 $(x-\alpha)(x-\beta)$꼴로 인수분해한 후 $f(\alpha)=0$, $f(\beta)=0$을 이용하여 $f(x)$의 미정계수를 구한다.

0237
학교기출 대표 유형

다항식 x^3+ax^2+bx+4가 이차식 x^2+3x+2로 나누어떨어지도록 하는 상수 a, b에 대하여 ab의 값을 구하시오.

0238

x에 대한 다항식 x^3+ax+b가 x^2-3x+2로 나누어떨어질 때, 이 다항식을 $x+1$로 나누었을 때의 나머지는? (단, a, b는 상수이다.)

① -12 ② -5 ③ 12
④ 14 ⑤ 16

0239

다항식 $P(x)=2x^3+ax^2+bx-6$이 x^2-x-6을 인수로 가질 때, $P(x)$를 $x+1$로 나누었을 때의 나머지는? (단, a, b는 상수이다.)

① -3 ② -2 ③ 2
④ 3 ⑤ 4

0240  NORMAL

다항식 $f(x)$에 대하여 $f(x)-1$은 $x-2$로 나누어떨어지고 $f(x)+2$는 $x+1$로 나누어떨어진다고 한다. $f(x)$를 $(x-2)(x+1)$로 나누었을 때의 나머지를 $R(x)$라고 할 때, $R(3)$의 값은?

① 2 ② 4 ③ 6
④ 8 ⑤ 10

해설 내신연계문제

0241  TOUGH

삼차식 $P(x)$에 대하여 $P(x)+8$은 $(x-1)^2$으로 나누어떨어지고 $1-P(x)$는 x^2-4로 나누어떨어질 때, $P(x)$를 $x-3$으로 나누었을 때의 나머지는?

① 30 ② 32 ③ 34
④ 36 ⑤ 38

해설 내신연계문제

0242 TOUGH

삼차식 $f(x)$에 대하여 다항식 $1-f(x)$가 x^2+4x+3으로 나누어떨어지고 다항식 $f(x)-2x$가 $(x+2)^2$으로 나누어떨어질 때, $f(1)$의 값은?

① -7 ② -6 ③ -5
④ -4 ⑤ -3

0243 TOUGH

다항식 $f(x)=x^4+ax^2+b$가 다음 조건을 모두 만족시킬 때, 상수 a, b에 대하여 $a+b$의 값을 구하시오.

(가) $f(x)$는 $x-3$으로 나누어떨어진다.
(나) x^2-3은 $f(x)$의 인수이다.

0244   2019년 06월 고1 학력평가 28번  TOUGH

두 이차다항식 $P(x)$, $Q(x)$가 다음 조건을 만족시킨다.

(가) 모든 실수 x에 대하여 $2P(x)+Q(x)=0$이다.
(나) $P(x)Q(x)$는 x^2-3x+2로 나누어떨어진다.

$P(0)=-4$일 때, $Q(4)$의 값을 구하시오.

해설 내신연계문제

0245   2017년 11월 고1 학력평가 14번  TOUGH

최고차항의 계수가 1인 두 이차식 $f(x)$, $g(x)$에 대하여 $(x-1)f(x)=(x-2)g(x)$가 항상 성립한다. $f(1)=-2$일 때, $g(2)$의 값은?

① -3 ② -1 ③ 1
④ 3 ⑤ 5

해설 내신연계문제

0246   2018년 11월 고1 학력평가 18번  TOUGH

최고차항의 계수가 1인 두 이차다항식 $f(x)$, $g(x)$가 다음 조건을 만족시킨다.

(가) $f(x)-g(x)$를 $x-2$로 나눈 몫과 나머지가 서로 같다.
(나) $f(x)g(x)$는 x^2-1로 나누어떨어진다.

$g(4)=3$일 때, $f(2)+g(2)$의 값은?

① 1 ② 2 ③ 3
④ 4 ⑤ 5

해설 내신연계문제

유형 19 인수정리
─ $f(px+q)$꼴을 이차식으로 나눌 때

다항식 $f(px+q)$가 $(x-\alpha)(x-\beta)$로 나누어떨어지면
➡ $f(px+q)=(x-\alpha)(x-\beta)Q(x)$
➡ 인수정리를 이용하면 $f(p\alpha+q)=0$, $f(p\beta+q)=0$
➡ $f(px+q)$는 $x-\alpha$, $x-\beta$를 인수로 갖는다.

 다항식 $f(px+q)$를 $(x-\alpha)(x-\beta)$로 나눌 때,
몫을 $Q(x)$, 나머지를 $ax+b$ (a, b는 상수)라 하면
$f(px+q)=(x-\alpha)(x-\beta)Q(x)+ax+b$
양변에 $x=\alpha$, $x=\beta$를 대입하여 나머지를 구한다.

0247 학교기출 대표유형

이차식 $P(x)$에 대하여 $P(1-x)$를 $x-1$로 나누었을 때의 나머지는 4이고 $xP(x)$는 $(x-1)(x-4)$로 나누어떨어진다. $P(x)$를 $x-6$으로 나누었을 때의 나머지는?

① 2 　　　　② 4 　　　　③ 6
④ 8 　　　　⑤ 10

0248 최다빈출 왕중요  NORMAL

이차다항식 $f(x)$에 대하여 $f(x+3)$을 $x+3$으로 나누었을 때의 나머지가 5이고 $(x+2)f(x)-2x$는 x^2-x-2로 나누어떨어질 때, $f(x)$를 $x-1$로 나눈 나머지를 구하시오.

　　　　　　　　　　　　　　해설 내신연계문제

모의고사 　핵심유형　 기출문제

0249 2021년 09월 고1 학력평가 29번 TOUGH

다항식 $P(x)$와 최고차항의 계수가 1인 삼차다항식 $Q(x)$가 모든 실수 x에 대하여 $\{Q(x+1)\}^2+\{Q(x)\}^2=(x^2-x)P(x)$를 만족시킨다. $P(x)$를 $Q(x)$로 나눈 나머지를 $R(x)$라 할 때, $R(3)$의 값을 구하시오. (단, 다항식 $Q(x)$의 계수는 실수이다.)

　　　　　　　　　　　　　　해설 내신연계문제

유형 20 인수정리의 활용

(1) 다항식 $f(x)$에 대하여
　$f(x)$가 $x-a$, $x-b$, $x-c$로 나누어떨어지면
　➡ $f(a)=0$, $f(b)=0$, $f(c)=0$
(2) 다항식 $f(x)$와 실수 k에 대하여
　$f(a)=f(b)=f(c)=k$이면
　➡ 인수정리에 의하여 $f(x)-k$는 $x-a$, $x-b$, $x-c$로
　나누어떨어진다.

0250 학교기출 대표유형

최고차항의 계수가 1인 삼차식 $f(x)$에 대하여
$$f(-1)=f(1)=f(2)=3$$
일 때, 다항식 $f(x)$를 $x+2$로 나누었을 때의 나머지는?

① -11 　　　　② -9 　　　　③ -7
④ -5 　　　　⑤ -3

0251  NORMAL

최고차항의 계수가 1인 삼차다항식 $f(x)$는
$$f(1)=1,\ f(2)=2,\ f(3)=3$$
을 만족시킬 때, $f(x)$를 $x-5$로 나눈 나머지는?

① 18 　　　　② 24 　　　　③ 26
④ 29 　　　　⑤ 40

0252 최다빈출 왕중요  NORMAL

최고차항의 계수가 1인 삼차다항식 $f(x)$가 다음 조건을 만족할 때, $f(-2)$의 값은?

(가) $f(-3)=f(0)=f(3)$
(나) 다항식 $f(x)$는 $x-1$로 나누어떨어진다.

① 10 　　　　② 12 　　　　③ 14
④ 16 　　　　⑤ 18

　　　　　　　　　　　　　　해설 내신연계문제

0253

삼차다항식 $f(x)$가 다음 조건을 만족할 때, $f(4)$의 값은?

> (가) $f(1)-1=f(2)-2=f(3)-3$
> (나) 다항식 $f(x)$를 $x(x+1)$로 나누었을 때의 나머지가
> $-17x-10$이다.

① -18　　　② -16　　　③ -14
④ -12　　　⑤ -10

0254 최다빈출 왕중요

최고차항의 계수가 1인 삼차다항식 $P(x)$가 1이 아닌 서로 다른 세 자연수 a, b, c에 대하여 $P(a)=P(b)=P(c)=0$, $P(0)=-30$을 만족할 때, 다항식 $P(x)$를 $x-6$으로 나누었을 때의 나머지를 구하시오.

해설 내신연계문제

모의고사 핵심유형 기출문제

0255 2022년 11월 고1 학력평가 18번

최고차항의 계수가 1인 삼차다항식 $f(x)$가 다음 조건을 만족시킬 때, $f(0)$의 값은?

> (가) 다항식 $f(x+3)-f(x)$는 $(x-1)(x+2)$로 나누어떨어진다.
> (나) 다항식 $f(x)$를 $x-2$로 나누었을 때의 나머지는 -3이다.

① 13　　　② 14　　　③ 15
④ 16　　　⑤ 17

해설 내신연계문제

0256 2022년 09월 고1 학력평가 20번

최고차항의 계수가 1인 사차다항식 $f(x)$가 다음 조건을 만족시킬 때, $f(4)$의 값은?

> (가) $f(x)$를 $x+1$로 나눈 나머지와 $f(x)$를 x^2-3으로 나눈 나머지는 서로 같다.
> (나) $f(x+1)-5$는 x^2+x로 나누어떨어진다.

① -9　　　② -8　　　③ -7
④ -6　　　⑤ -5

해설 내신연계문제

유형 21　조립제법을 이용한 다항식의 나눗셈

(1) 다항식 $f(x)$를 일차식 $x-a$로 나눌 때 직접 나눗셈을 하지 않고 계수만을 사용하여 간편하게 몫과 나머지를 구하는 방법을 조립제법이라 한다.
 ① 조립제법은 다항식을 일차식으로 나누는 경우에만 이용한다.
 ② 조립제법을 이용할 때는 차수가 높은 항의 계수부터 차례대로 적고, 해당되는 차수의 항이 없으면 그 자리에 0을 적는다.
  이때 각 항의 차수와 나머지를 혼동하지 않도록 주의한다.

(2) 다항식 $f(x)=ax^3+bx^2+cx+d$를 $x-\alpha$로 나누었을 때의 몫과 나머지를 조립제법을 이용하여 구하면 다음과 같다.

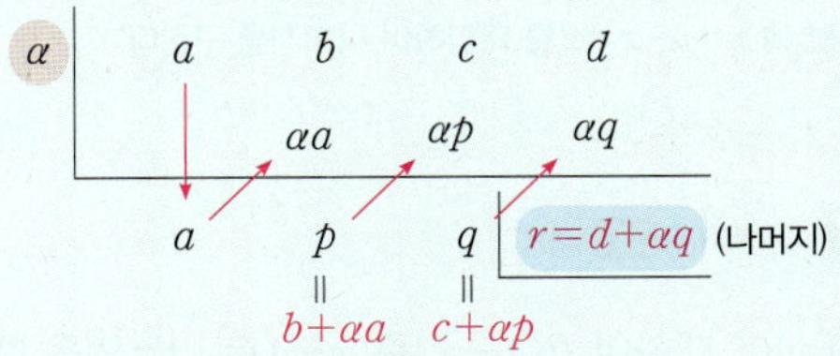

몫은 ax^2+px+q이고 나머지는 r이다.

> 다항식 $f(x)$를 일차식으로 나눈 나머지를 구할 때, 가장 쉬운 방법이 나머지정리이다.
> 만약 나머지뿐만 아니라 몫도 구하려면 일반적인 나눗셈을 하거나 조립제법을 써야 한다.

0257 학교기출 대표유형

다음은 조립제법을 이용하여 다항식 $2x^3-6x^2+2x+d$를 일차식 $x-a$로 나누었을 때, 나머지를 구하는 과정을 나타낸 것이다.

a	2	-6	2	d
		4	c	☐
	2	b	☐	-5

위 과정에 들어갈 네 상수 a, b, c, d에 대하여 $a+b+c+d$의 값은?

① -6　　　② -5　　　③ -4
④ -3　　　⑤ -2

0258 최다빈출 왕중요

다음은 다항식 ax^3+bx^2+cx+d를 $x-2$로 나눈 몫과 나머지를 조립제법을 이용하여 구하는 과정이다. 이때 ax^3+bx^2+cx+d를 $x+2$로 나누었을 때의 나머지를 구하시오.

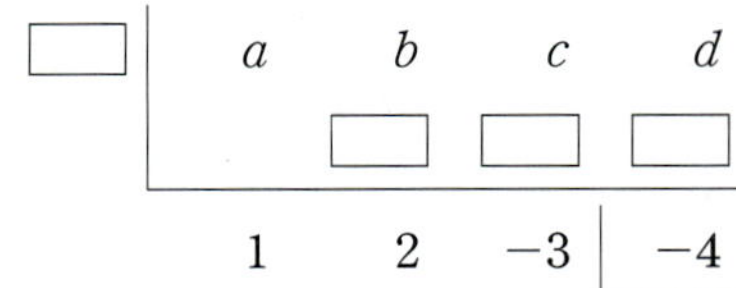

☐	a	b	c	d
		☐	☐	☐
	1	2	-3	-4

해설 내신연계문제

0259

NORMAL

다음은 삼차다항식 $P(x)=ax^3+bx^2+cx+11$을 $x-3$으로 나누었을 때의 몫과 나머지를 조립제법을 이용하여 구하는 과정의 일부를 나타낸 것이다.

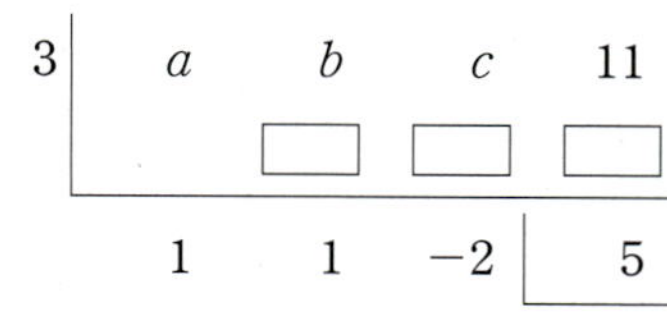

$P(x)$를 $x-4$로 나누었을 때의 나머지를 구하시오.
(단, a, b, c는 상수이다.)

해설 내신연계문제

0260

NORMAL

다항식 $P(x)$에 대하여 등식

$$x^3+3x^2-x-3=(x^2-1)P(x)$$

가 x에 대한 항등식일 때, $P(1)$의 값은?

① 1   ② 2   ③ 3
④ 4   ⑤ 5

해설 내신연계문제

0261

NORMAL

다항식 $2x^3-x^2+x+3$을 $x+1$로 나눈 몫을 $Q(x)$라 할 때, $Q(-1)$의 값을 구하시오.

해설 내신연계문제

유형 22   조립제법의 활용

다항식 $f(x)$를 $x+\dfrac{b}{a}$와 $ax+b(a\neq0)$로 **나누었을 때의 몫과 나머지의 관계**

➡ 다항식 $f(x)$를 $x+\dfrac{b}{a}$로 나누었을 때의 몫을 $Q(x)$, 나머지를 R이라 하면 $f(x)=\left(x+\dfrac{b}{a}\right)Q(x)+R=(ax+b)\times\dfrac{1}{a}Q(x)+R$

즉 $f(x)$를 $ax+b$로 나누었을 때의 몫은 $\dfrac{1}{a}Q(x)$, 나머지는 R이다.

① $f(x)$를 $ax+b$로 나누었을 때의 몫은
➡ $f(x)$를 $x+\dfrac{b}{a}$로 나누었을 때의 몫의 $\dfrac{1}{a}$배이다. 즉 $\dfrac{1}{a}Q(x)$
② $f(x)$를 $ax+b$로 나누었을 때의 나머지는
➡ $f(x)$를 $x+\dfrac{b}{a}$로 나누었을 때의 나머지와 같다. 즉 R

0262 학교기출 **대표** 유형

다음은 조립제법을 이용하여 다항식 $2x^3-3x^2-x+2$를 $x+\dfrac{3}{2}$으로 나누었을 때의 몫과 나머지를 구한 것이다. 이 다항식을 $2x+3$으로 나눈 몫을 $Q(x)$, 나머지를 R이라고 할 때, $Q(1)+R$의 값은?

① -10 ② -8 ③ -6
④ -4 ⑤ -2

0263 최다빈출 **양** 중요

NORMAL

조립제법을 이용하여 다항식 $2x^3+5x^2-x+1$을 $2x-1$로 나누었을 때의 몫과 나머지를 구하는 과정이 다음과 같다.

[보기]에서 옳은 것만을 있는 대로 고른 것은?
(단, a, b, c, d, e, f는 상수이다.)

ㄱ. $d+f=4$
ㄴ. 나머지는 1이다.
ㄷ. 몫은 x^2+3x+1이다.

① ㄱ   ② ㄴ   ③ ㄱ, ㄷ
④ ㄴ, ㄷ   ⑤ ㄱ, ㄴ, ㄷ

해설 내신연계문제

0264

다항식 $3x^3+5x^2-11x+2$를 $x-\dfrac{1}{3}$로 나눌 때의 몫과 나머지를 각각 $Q_1(x)$, R_1이라 하고 $3x-1$로 나눌 때의 몫과 나머지를 각각 $Q_2(x)$, R_2라 하자. 이때 $Q_1(2)R_2+Q_2(2)R_1$의 값은?

① -25 ② -20 ③ 0

④ 10 ⑤ 20

0265

다음은 삼차다항식 $f(x)$를 $(3x-2)^2$으로 나누었을 때의 몫 $Q(x)$와 나머지 $R(x)$를 구하기 위해 조립제법을 두 번 이용한 결과이다. 이때 $Q(5)+R(2)$의 값을 구하시오.

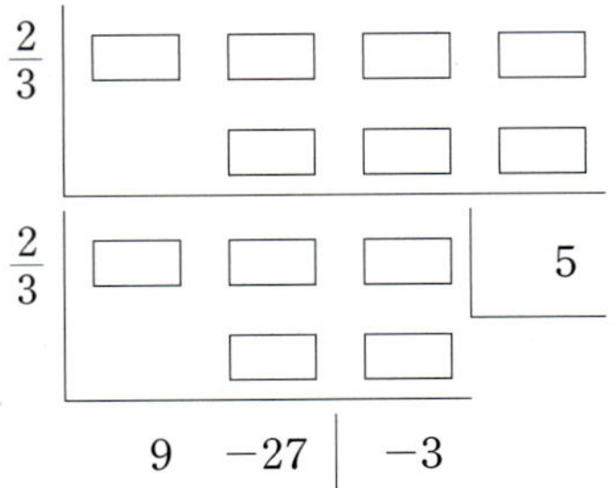

0266

2020년 06월 고1 학력평가 10번

다음은 다항식 $3x^3-7x^2+5x+1$을 $3x-1$로 나눈 몫과 나머지를 구하기 위하여 조립제법을 이용하는 과정이다.

조립제법을 이용하면

이므로
$$3x^3-7x^2+5x+1=\left(x-\dfrac{1}{3}\right)\left(\boxed{\text{(가)}}\right)+2$$
$$=(3x-1)\left(\boxed{\text{(나)}}\right)+2\text{이다.}$$

따라서 몫은 $\boxed{\text{(나)}}$ 이고, 나머지는 2이다.

위의 (가), (나)에 들어갈 식을 각각 $f(x)$, $g(x)$라 할 때, $f(2)+g(2)$의 값은?

① 1 ② 2 ③ 3

④ 4 ⑤ 5

해설 내신연계문제

---

x에 대한 다항식을 $x-\alpha$에 대하여 내림차순으로 정리할 때, 조립제법을 이용하여 미정계수를 쉽게 구할 수 있다.

다항식 $f(x)$를 $x-\alpha$로 나누었을 때의 몫을 $Q_1(x)$, 나머지를 R_1이라 하고 몫 $Q_1(x)$를 $x-\alpha$로 나누었을 때의 몫을 $Q_2(x)$, 나머지를 R_2라 할 때,

$$f(x)=(x-\alpha)Q_1(x)+R_1$$
$$=(x-\alpha)\{(x-\alpha)Q_2(x)+R_2\}+R_1$$
$$=(x-\alpha)^2Q_2(x)+R_2(x-\alpha)+R_1$$

삼차다항식을
$$ax^3+bx^2+cx+d=a(x-p)^3+A(x-p)^2+B(x-p)+C$$
와 같이 나타내려고 할 때, 조립제법을 연속으로 이용하여 $x-p$에 대한 내림차순으로 정리하면 a, A, B, C의 값을 쉽게 구할 수 있다.

0267

학교기출 대표 유형

모든 실수 x에 대하여 등식
$$x^3+2x+1=(x-1)^3+a(x-1)^2+b(x-1)+c$$
가 성립하도록 상수 a, b, c의 값을 정할 때, abc의 값을 구하시오.

0268

최다빈출 왕 중요

x의 값에 관계없이 다음 등식이 항상 성립할 때, 상수 a, b, c, d에 대하여 $ad+bc$의 값을 구하시오.

$$8x^3-8x^2+4x+1=a(2x-1)^3+b(2x-1)^2+c(2x-1)+d$$

해설 내신연계문제

0269

최다빈출 왕 중요

$x=2.1$일 때의 다항식 x^3-2x^2+4x+1의 값을 구하기 위하여 조립제법을 이용하였더니 다음과 같았다.

$x=2.1$일 때의 다항식 x^3-2x^2+4x+1의 값은?

① 1.489 ② 4.189 ③ 8.941

④ 9.841 ⑤ 9.981

해설 내신연계문제

유형 24 인수정리 − 완전제곱식으로 나눈 나머지

(1) 다항식 $f(x)$가 $(x-a)^2$으로 나누어떨어진다.
$\Rightarrow$ $f(x)=(x-a)^2Q(x)$로 인수분해된다.

(2) 다항식 $f(x)$를 $x-a$로 나누었을 때의 몫을 $Q(x)$라 할 때,
$f(x)$가 $(x-a)^2$으로 나누어떨어진다.
$\Rightarrow$ $f(a)=0$, $Q(a)=0$

 다항식 $f(x)$의 미정계수 구하는 방법
[방법1] 계수비교법으로 해결하기
[방법2] 수치대입법으로 해결하기
[방법3] 조립제법으로 해결하기

0270 학교기출 대표 유형

다음 물음에 답하시오.
(1) 다항식 x^3+2x^2-ax+3이 $x-1$로 나누어떨어질 때,
상수 a의 값을 구하시오.
(2) 다항식 x^3-2x^2+ax+b가 x^2-1로 나누어떨어질 때,
상수 a, b의 값을 구하시오.
(3) 다항식 x^3-2x^2+ax+b가 $(x-1)^2$으로 나누어떨어질 때,
상수 a, b의 값을 구하시오.

0271 NORMAL

x에 대한 다항식 x^3+ax^2-7x+b가 $(x-1)^2$으로 나누어떨어질 때,
상수 a, b에 대하여 ab의 값은?

① 4 　　　　② 5 　　　　③ 6
④ 7 　　　　⑤ 8

0272 최다빈출 왕 중요  NORMAL

x에 대한 다항식 x^4+ax+b가 $(x-2)^2$으로 나누어떨어질 때, 몫을
$Q(x)$라 하자. 두 상수 a, b에 대하여 $Q(a+b)$의 값은?

① 256 　　　② 300 　　　③ 332
④ 342 　　　⑤ 352

 해설 내신연계문제

0273 NORMAL

다항식 $P(x)=x^4+ax^2+b$가 $(x+1)^2$을 인수로 가질 때, $P(x)$를
$x+2$로 나누었을 때의 나머지는? (단, a, b는 상수이다.)

① 7 　　　　② 8 　　　　③ 9
④ 10 　　　⑤ 11

0274 TOUGH

이차식 $f(x)$와 일차식 $g(x)$가 다음 조건을 만족시킨다.

(가) 다항식 $f(x)-g(x)$가 $(x-2)^2$인 인수를 갖는다.
(나) 두 다항식 $f(x)$, $g(x)$를 $x-1$로 나누었을 때의 나머지는
각각 3, 7이다.

다항식 $f(x)-g(x)$를 $x-5$로 나누었을 때의 나머지는?

① -36 　　② -32 　　③ -28
④ -24 　　⑤ -20

모의고사 핵심유형 기출문제

0275 2022년 06월 고1 학력평가 17번 NORMAL

x에 대한 다항식 x^3+x^2+ax+b가 $(x-1)^2$으로 나누어떨어질 때
의 몫을 $Q(x)$라 하자. 두 상수 a, b에 대하여 $Q(ab)$의 값은?

① -15 　　② -14 　　③ -13
④ -12 　　⑤ -11

 해설 내신연계문제

서술형 기출유형

0276

다항식 $f(x)$를 x^2+x+1로 나누었을 때의 나머지는 $-x+4$이다. $f(x)$를 x^3-1로 나누었을 때의 나머지를 ax^2+b라 할 때, $f(x)$를 $x-1$로 나누었을 때의 나머지를 구하는 과정을 다음 단계로 서술하시오.

1단계 상수 a, b의 값을 구한다. [8점]
2단계 $f(x)$를 $x-1$로 나누었을 때의 나머지를 구한다. [2점]

0277 최다빈출 왕 중요

다항식 $P(x)=x^3+ax^2+bx+7$을 x^2-x-2로 나누었을 때의 몫을 $Q(x)$, 나머지를 $x+1$이라 하자. $Q(-2x+1)$을 $x-1$로 나누었을 때의 나머지를 구하는 과정을 다음 단계로 서술하시오.
(단, a, b는 상수이다.)

1단계 상수 a, b의 값을 구한다. [5점]
2단계 몫 $Q(x)$를 구한다. [3점]
3단계 $Q(-2x+1)$을 $x-1$로 나누었을 때의 나머지를 구한다. [2점]

해설 내신연계문제

0278

다항식 $f(x)=x^3-x^2+ax+b$를 다항식 x^2-2x-2로 나누었을 때의 몫을 $Q(x)$, 나머지를 $R(x)$라 하자. $R(2)=9$이고 $f(x)$는 $Q(x)$로 나누어떨어질 때, $f(x)$를 $x-4$로 나누었을 때의 나머지를 구하는 과정을 다음 단계로 서술하시오. (단, a, b는 상수이다.)

1단계 다항식 $f(x)=x^3-x^2+ax+b$를 다항식 x^2-2x-2로 나누었을 때의 몫 $Q(x)$와 나머지 $R(x)$를 구한다. [5점]
2단계 $R(2)=9$와 $f(x)$는 $Q(x)$로 나누어떨어짐을 이용하여 상수 a, b의 값을 구한다. [3점]
3단계 $f(x)$를 $x-4$로 나누었을 때의 나머지를 구한다. [2점]

0279

계수가 모두 자연수인 두 일차다항식 $A(x)$, $B(x)$에 대하여 그림과 같이 선으로 연결되어 있는 다항식에서 위의 두 다항식의 곱이 그 아래의 다항식과 같다. 다항식 $C(x)$, $D(x)$에 대하여 $C(x)+D(x)$를 구하는 과정을 다음 단계로 서술하시오.

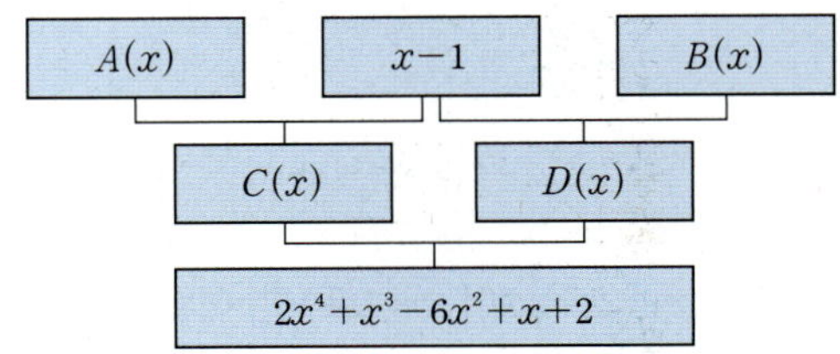

1단계 다항식 $A(x)$, $B(x)$, $C(x)$, $D(x)$의 관계식을 구한다. [2점]
2단계 조립제법을 이용하여 두 일차다항식 $A(x)$, $B(x)$를 구한다. [5점]
3단계 두 다항식 $C(x)$, $D(x)$에 대하여 $C(x)+D(x)$를 구한다. [3점]

0280

상수 a_0, a_1, a_2, a_3, $\cdots$, a_{12}에 대하여 모든 실수 x에 대하여 등식
$$(x^3-2x-3)^4=a_0+a_1x+a_2x^2+\cdots+a_{12}x^{12}$$
이 성립할 때, 다음 단계로 값을 구하고 그 과정을 서술하시오.
(단, a_0, a_1, a_2, $\cdots$, a_{12}는 상수이다.)

1단계 a_0+a_{12}의 값을 구한다. [2점]
2단계 $a_0+a_2+a_4+a_6+a_8+a_{10}+a_{12}$의 값을 구한다. [4점]
3단계 $a_1+a_3+a_5+a_7+a_9+a_{11}$의 값을 구한다. [4점]

0281

다음은 조립제법을 이용하여 다항식 $f(x)$를 $3x+1$로 나누었을 때의 몫 $Q(x)$와 나머지 R을 구하는 과정이다. $Q(x)$를 $x-2$로 나누었을 때의 나머지를 구하는 과정을 다음 단계로 서술하시오.
(단, a, b, c는 상수이다.)

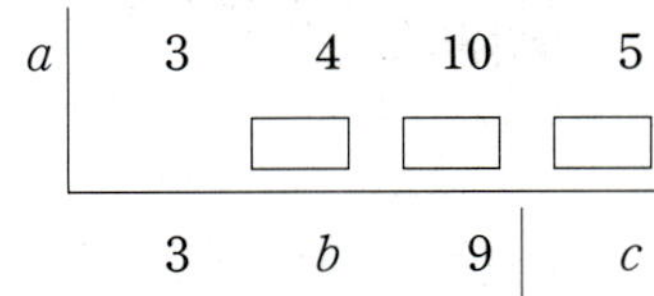

1단계 a, b, c의 값을 구한다. [4점]
2단계 몫 $Q(x)$와 나머지 R을 구한다. [4점]
3단계 몫 $Q(x)$를 $x-2$로 나누었을 때의 나머지를 구한다. [2점]

행복한 일등급문제

학교내신기출 고난도 핵심문제총정리

0282 최다빈출 왕 중요

x에 대한 다항식 $x^n(x^2+ax+b)$를 $(x-3)^2$으로 나누었을 때의 나머지가 $3^n(x-3)$일 때, 상수 a, b에 대하여 $a+b$의 값을 구하시오. (단, n은 자연수이다.)

해설 내신연계문제

0283

삼차식 $f(x)$가 다음을 모두 만족시킨다.

(가) $f(0)=3$
(나) $f(x+1)=f(x)+x^2$

$f(x)$를 x^2-3x+2로 나누었을 때의 나머지가 $R(x)$일 때, $R(3)$의 값을 구하시오.

0284 최다빈출 왕 중요

최고차항의 계수가 1인 다항식 $f(x)$가 모든 실수 x에 대하여
$$x^2f(x)+3x^3+2=f(x^2)+5x^2$$
을 만족시킬 때, $f(x)$를 $x-5$로 나눈 나머지를 구하시오.

해설 내신연계문제

0285 최다빈출 왕 중요

다항식 $x^{100}-1$을 $(x-1)^2$으로 나누었을 때의 몫을 $Q(x)$, 나머지를 $R(x)$라 할 때, $Q(-1)+R(2)$의 값을 구하시오.

해설 내신연계문제

0286

삼차식 $P(x)$에 대하여
$$P(1)=1, \ P(2)=\frac{1}{2}, \ P(3)=\frac{1}{3}, \ P(4)=\frac{1}{4}$$
일 때, $P(x)$를 $x-6$으로 나누었을 때의 나머지를 구하시오.

모의고사 고난도 핵심유형 기출문제

0287 2024년 06월 고1 학력평가 28번

이차다항식 $f(x)$와 일차다항식 $g(x)$에 대하여 $f(x)g(x)$를 $f(x)-2x^2$으로 나누었을 때의 몫은 x^2-3x+3이고 나머지는 $f(x)+xg(x)$이다. $f(-2)$의 값을 구하시오.

해설 내신연계문제

0288 2024년 03월 고2 학력평가 29번

다항식 $f(x)=x^4+(a+2)x^3+bx^2+ax+6$과 최고차항의 계수가 1이고 계수와 상수항이 모두 실수인 두 다항식 $g(x)$, $h(x)$가 다음 조건을 만족시킨다.

> (가) 방정식 $f(x)=0$은 실근을 갖지 않는다.
> (나) 다항식 $f(x)$는 두 다항식 $g(x)$, $h(x)$를 인수로 갖고,
> $h(x)$를 $g(x)$로 나눈 나머지는 $-4x-1$이다.

a^2+b^2의 값을 구하시오. (단, a, b는 상수이다.)

해설 내신연계문제

0289 2017년 11월 고1 학력평가 20번

최고차항의 계수가 1인 이차식 $f(x)$를 $x-1$로 나누었을 때의 몫을 $Q_1(x)$라 하고, $f(x)$를 $x-2$로 나누었을 때의 몫을 $Q_2(x)$라 하면 $Q_1(x)$, $Q_2(x)$는 다음 조건을 만족시킨다.

> (가) $Q_2(1)=f(2)$
> (나) $Q_1(1)+Q_2(1)=6$

$f(3)$의 값은?

① 7 ② 8 ③ 9
④ 10 ⑤ 11

해설 내신연계문제

0290 2022년 06월 고1 학력평가 29번

삼차다항식 $P(x)$와 일차다항식 $Q(x)$가 다음 조건을 만족시킨다.

> (가) $P(x)Q(x)$는 $(x^2-3x+3)(x-1)$로 나누어떨어진다.
> (나) 모든 실수 x에 대하여 $x^3-10x+13-P(x)=\{Q(x)\}^2$이다.

$Q(0)<0$일 때, $P(2)+Q(8)$의 값을 구하시오.

해설 내신연계문제

0291 2020년 06월 고1 학력평가 21번

최고차항의 계수가 1인 사차다항식 $f(x)$가 다음 조건을 만족시킬 때, 양수 p의 값은?

> (가) $f(x)$를 $x+2$, x^2+4로 나눈 나머지는 모두 $3p^2$이다.
> (나) $f(1)=f(-1)$
> (다) $x-\sqrt{p}$는 $f(x)$의 인수이다.

① $\frac{1}{2}$ ② 1 ③ $\frac{3}{2}$
④ 2 ⑤ $\frac{5}{2}$

해설 내신연계문제

0292 2017년 09월 고1 학력평가 17번

모든 실수 x에 대하여 다항식 $f(x)$가 다음 조건을 만족시킨다.

> (가) $f(x)<0$
> (나) $\{f(x+1)\}^2-9=(x-1)(x+1)(x^2+5)$

다항식 $f(x+a)$를 $x-2$로 나눈 나머지가 -6이 되도록 하는 모든 상수 a의 값의 곱은?

① -9 ② -7 ③ -5
④ -3 ⑤ -1

해설 내신연계문제

0293 2022년 03월 고2 학력평가 29번

최고차항의 계수가 양수인 두 다항식 $f(x)$, $g(x)$가 다음 조건을 만족시킨다.

> (가) $f(x)$를 $x^2+g(x)$로 나눈 몫은 $x+2$이고
>   나머지는 $\{g(x)\}^2-x^2$이다.
> (나) $f(x)$는 $g(x)$로 나누어떨어진다.

$f(0)\neq 0$일 때, $f(2)$의 값을 구하시오.

해설 내신연계문제

03 인수분해

학교내신기출 객관식 핵심문제총정리

유형 01 인수분해 공식을 이용한 다항식의 인수분해

인수분해 공식을 바로 적용할수 없으면 식을 적당히 변형하여 공식을 적용한다.

(1) $ma+mb-mc=m(a+b-c)$

(2) $a^2+2ab+b^2=(a+b)^2$, $a^2-2ab+b^2=(a-b)^2$

(3) $a^2-b^2=(a+b)(a-b)$

(4) $x^2+(a+b)x+ab=(x+a)(x+b)$

(5) $acx^2+(ad+bc)x+bd=(ax+b)(cx+d)$

> 중학교에서 배운 인수분해 공식

(6) $a^3+3a^2b+3ab^2+b^3=(a+b)^3$

　　$a^3-3a^2b+3ab^2-b^3=(a-b)^3$

(7) $a^3+b^3=(a+b)(a^2-ab+b^2)$

　　$a^3-b^3=(a-b)(a^2+ab+b^2)$

(8) $a^2+b^2+c^2+2ab+2bc+2ca=(a+b+c)^2$

(9) $a^3+b^3+c^3-3abc=(a+b+c)(a^2+b^2+c^2-ab-bc-ca)$

　　　$=\dfrac{1}{2}(a+b+c)\{(a-b)^2+(b-c)^2+(c-a)^2\}$

(10) $a^4+a^2b^2+b^4=(a^2+ab+b^2)(a^2-ab+b^2)$

 ① 모든 항이 공통인수가 생기도록 항별로 인수를 묶어 인수분해한다.
② 차수가 낮은 한 문자로 정리하여 인수분해 공식을 사용한다.

0294 학교기출 [대표] 유형

다항식 $x^3+8y^3-3xy(x+2y)$이 $(x-y)(x+ay)(x+by)$로 인수분해될 때, 두 상수 a, b에 대하여 $a+b$의 값은?

① -4　　　　② -2　　　　③ -1

④ 2　　　　⑤ 4

0295

다음 중 인수분해한 것이 옳지 않은 것은?

① $a^2+b^2-c^2-2ab=(a-b-c)(a-b+c)$

② $x^6-y^6=(x+y)(x^2-xy+y^2)(x-y)(x^2+xy+y^2)$

③ $x^4-8x^2-9=(x^2+1)(x+3)(x-3)$

④ $a^2+bc-ca-b^2=(a+b)(a-b-c)$

⑤ $(a+b)^3-b^3=a(a^2+3ab+3b^2)$

0296 최다빈출 👑중요

다음 중 인수분해한 것이 옳지 않은 것은?

① $8x^3-36x^2+54x-27=(2x-3)^3$

② $x^4-18x^2+81=(x+3)^2(x-3)^2$

③ $x^3-8y^3=(x-2y)(x^2+4xy+4y^2)$

④ $x^4-81y^4=(x^2+9y^2)(x+3y)(x-3y)$

⑤ $4x^2+y^2+9z^2+4xy+6yz+12zx=(2x+y+3z)^2$

[해설 내신연계문제]

0297

다음 [보기] 중 다항식 x^6-y^6의 인수인 것의 개수는?

ㄱ. $x-y$	ㄴ. $x+y$
ㄷ. x^2-y^2	ㄹ. x^2+y^2
ㅁ. x^2+xy-y^2	ㅂ. x^2-xy+y^2

① 2　　　　② 3　　　　③ 4

④ 5　　　　⑤ 6

0298

다항식 $16x^4+36x^2+81$을 인수분해하면
$$(4x^2+ax+9)(4x^2+bx+9)$$
일 때, 상수 a, b에 대하여 ab의 값은?

① -36 ② -6 ③ -1
④ 6 ⑤ 36

모의고사 **핵심유형** 기출문제

0299

2017년 03월 고2 학력평가 가형 14번

세 다항식 $f(x)=x^2+x$, $g(x)=x^2-2x-1$, $h(x)$에 대하여
$\{f(x)\}^3+\{g(x)\}^3=(2x^2-x-1)h(x)$가 x에 대한 항등식일 때,
$h(x)$를 $x-1$로 나누었을 때의 나머지는?

① 8 ② 9 ③ 10
④ 11 ⑤ 12

해설 내신연계문제

유형 **02** 공통인수가 있는 다항식의 인수분해

공통부분이 있을 때 ➡ 공통부분을 한 문자로 치환한다.
(1) 공통부분이 보이는 경우
   공통부분을 한 문자로 치환하여 인수분해 공식을 활용한다.
(2) 공통부분이 보이지 않는 경우
   공통부분이 생기도록 식을 적당히 변형한 후 공통부분을 한 문자로
   치환하여 인수분해한다.

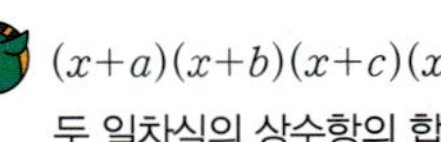
$(x+a)(x+b)(x+c)(x+d)+k$꼴의 경우
두 일차식의 상수항의 합이 같도록 짝을 지어
전개한 후 공통부분을 한 문자로 치환하여 인수분해한다.

0300

학교기출 **대표** 유형

다음은 $(x+1)(x+2)(x-3)(x-4)+6$을 인수분해하는 과정이다.

$$(x+1)(x+2)(x-3)(x-4)+6$$
$$=(x^2-2x-3)(x^2-2x+\boxed{(가)})+6$$
$$x^2-2x=X\text{로 놓으면}$$
$$(x^2-2x-3)(x^2-2x+\boxed{(가)})+6$$
$$=(X-3)(X+\boxed{(가)})+6$$
$$=X^2+\boxed{(나)}X+30$$
$$=(X+\boxed{(다)})(X-6)$$
$$=(x^2-2x+\boxed{(다)})(x^2-2x-6)$$

(가), (나), (다)에 알맞은 수를 차례로 p, q, r이라 할 때, $p+q+r$
의 값은?

① -26 ② -24 ③ -22
④ -20 ⑤ -18

0301

다항식 $(x^2-3x)^2-2x^2+6x-8$이 $(x-a)(x-b)(x-c)(x-d)$로
인수분해될 때, 상수 a, b, c, d에 대하여 $ac+bd$의 값은?
(단, $a<b<c<d$)

① 1 ② 2 ③ 3
④ 4 ⑤ 5

0302

NORMAL

다항식 $(x^2-4x+4)(x^2-4x-7)+18$이 최고차항의 계수가 1인
두 일차식 $f(x)$, $g(x)$와 이차식 $h(x)$의 곱으로 인수분해될 때,
$f(3)+g(3)+h(3)$의 값은? (단, $f(x)$, $g(x)$, $h(x)$의 모든 계수는
정수이다.)

① -2 ② -1 ③ 0
④ 1 ⑤ 2

0303

최다빈출 왕중요

NORMAL

다항식 $(x^2+3x+2)(x^2+9x+20)-10$이
$(x^2+ax+b)(x^2+cx+d)$으로 인수분해될 때, 상수 a, b, c, d에
대하여 $a+b+c+d$의 값은?

① 10 ② 15 ③ 20
④ 25 ⑤ 30

해설 내신연계문제

0304

최다빈출 왕중요

NORMAL

다항식 $(x+1)(x+2)(x+3)(x+4)-12x^2-60x-48$을 인수분해
할 때, 인수가 아닌 것은?

① $x-1$ ② $x+1$ ③ $x+4$
④ $x+5$ ⑤ $x+6$

해설 내신연계문제

모의고사 핵심유형 기출문제

0305

2023년 11월 고1 학력평가 10번

TOUGH

다항식 $(x^2+4)^2-3x(x^2+4)-4x^2$이 $(x+a)^2(x^2+bx+c)$로 인수
분해될 때, 세 정수 a, b, c에 대하여 $a+b+c$의 값은?

① 3 ② 5 ③ 7
④ 9 ⑤ 11

해설 내신연계문제

유형 **03**   연속된 네 개의 정수의 곱에 1을 더한 수

인수분해를 이용하여 식의 값 구하는 방법
(1) 적당히 큰 수를 문자로 치환한다.
(2) 치환하여 얻은 식을 인수분해한다.
(3) 약분을 통해 간단해진 식의 문자 대신 원래의 수를 넣어
     계산한다.

0306

학교기출 대표유형

연속한 네 개의 정수의 곱에 1을 더한 수를 N이라 하면 N은 어떤
홀수의 제곱이 됨을 증명하고 있다. (가), (나), (다)에 들어갈 것으
로 알맞은 것은?

> 연속한 네 정수를 n, $n+1$, $n+2$, $n+3$ (n은 정수)라고 하면
> $$N=n(n+1)(n+2)(n+3)+1$$
> $$\quad =n(n+3)(n+1)(n+2)+1$$
> $$\quad =\{n^2+\boxed{\text{(가)}}\}\{n^2+\boxed{\text{(가)}}+2\}+1$$
> $$\quad =\{n^2+3n+\boxed{\text{(나)}}\}^2$$
> 따라서 N은 어떤 홀수의 제곱이 됨을 알 수 있다.
> 위의 사실을 이용하면
> $\sqrt{10\times11\times12\times13+1}$의 값은 $\boxed{\text{(다)}}$ 이 된다.

	(가)	(나)	(다)
①	n	3	145
②	$2n$	3	131
③	$2n$	2	125
④	$3n$	1	131
⑤	$3n$	1	121

0307

NORMAL

$20\times21\times22\times23+1=k^2$을 만족하는 자연수 k의 값을 구하시오.

모의고사 핵심유형 기출문제

0308

2019년 03월 고2 학력평가 가형 26번

NORMAL

$\sqrt{10\times13\times14\times17+36}$ 의 값을 구하시오.

해설 내신연계문제

$(x+a)(x+b)(x+c)(x+d)+k$꼴이 완전제곱식으로 인수분해되면
➡ 상수항의 합이 같은 두 식끼리 묶어 전개한 후 공통부분을 찾아
이차식의 완전제곱식 $X^2+2AX+A^2=(X+A)^2$을 이용한다.

 x^2+ax+b가 완전제곱식이려면 $b=\left(\dfrac{a}{2}\right)^2$이어야 한다.

즉 $x^2+ax+b=\left(x+\dfrac{a}{2}\right)^2$

0309 학교기출 대표 유형

다항식 $(x-1)(x-2)(x-3)(x-4)+k$가 x에 대한 이차식의 완전제곱꼴로 인수분해되도록 하는 상수 k의 값을 구하시오.

0310 최다빈출 왕 중요

다항식 $(x^2+4x+3)(x^2+12x+35)+k$를 인수분해했더니 $(ax^2+bx+c)^2$이 되었을 때, $a+b+c+k$의 값을 구하시오.
(단, a, b, c, k는 상수이다.)

해설 내신연계문제

모의고사 핵심유형 기출문제

0311 2024년 06월 고1 학력평가 15번 NORMAL

x에 대한 다항식 $(x+2)(x+3)(x+4)(x+5)+k$가 $(x^2+ax+b)^2$으로 인수분해되도록 하는 세 실수 a, b, k에 대하여 $a+b+k$의 값은?

① 11   ② 13   ③ 15
④ 17   ⑤ 19

해설 내신연계문제

0312 2022년 11월 고1 학력평가 16번 TOUGH

x에 대한 다항식 $(x-1)(x-4)(x-5)(x-8)+a$가 $(x+b)^2(x+c)^2$으로 인수분해될 때, 세 정수 a, b, c에 대하여 $a+b+c$의 값은?

① 19   ② 21   ③ 23
④ 25   ⑤ 27

해설 내신연계문제

---

x^4+ax^2+b의 인수분해에서 $x^2=X$로 치환한 X^2+aX+b가
(1) 인수분해되는 경우 (치환형)
➡ 인수분해한 후 $x^2=X$을 대입하여 한 번 더 인수분해되는지 확인한다.
(2) 인수분해되지 않는 경우 (분리형)
➡ 이차항을 적당히 더하거나 빼서 A^2-B^2의 꼴로 변형한 후 인수분해한다.

 $x^4+ax^2+b=A^2-B^2=(A-B)(A+B)$인 경우로 인수분해하는 경우가 많으므로 위의 공식을 유도하기 위해서는 이차항을 더하거나 빼서 식을 변형한다.

0313 학교기출 대표 유형

다항식 x^4-13x^2+36을 인수분해하면 $(x+a)(x+b)(x+c)(x+d)$이다. 상수 a, b, c, d에 대하여 $a<b<c<d$일 때, $ad-bc$의 값은?

① −6   ② −5   ③ −4
④ −3   ⑤ −2

0314 최다빈출 왕 중요 NORMAL

다항식 $x^4-x^2y^2+16y^4$이 $(x^2+3xy+ay^2)(x^2+bxy+cy^2)$으로 인수분해될 때, 상수 a, b, c에 대하여 abc의 값은?

① −52   ② −50   ③ −48
④ −46   ⑤ −42

해설 내신연계문제

0315 TOUGH

다항식 $(x+1)^4-7(x+1)^2+9$가 $(x^2+ax+b)(x^2+3x+c)$로 인수분해될 때, 상수 a, b, c에 대하여 $a-b-c$의 값을 구하시오.

모의고사 핵심유형 기출문제

0316 2022년 09월 고1 학력평가 7번 NORMAL

다항식 x^4-x^2-12가 $(x-a)(x+a)(x^2+b)$로 인수분해될 때, 두 양수 a, b에 대하여 $a+b$의 값은?

① 4   ② 5   ③ 6
④ 7   ⑤ 8

해설 내신연계문제

유형 06 여러 개의 문자를 포함한 식의 인수분해

두 개 이상의 문자를 포함하는 식의 인수분해는
(1) 차수가 다를 때
➡ **차수가 가장 낮은 한 문자에 대하여** 내림차순으로 정리한 후 인수분해한다.
(2) 차수가 모두 같으면
➡ **어느 한 문자를 선택하여 내림차순으로 정리**한 후 인수분해한다.

0317 학교기출 대표 유형

다항식 $y-(xy+1)x+x^3$의 인수를 [보기]에서 모두 고르면?

ㄱ. $x+1$ ㄴ. $x-1$
ㄷ. $x-y$ ㄹ. $y-1$

① ㄱ, ㄴ ② ㄱ, ㄷ ③ ㄱ, ㄴ, ㄷ
④ ㄱ, ㄴ, ㄹ ⑤ ㄱ, ㄷ, ㄹ

0318 최다빈출 왕 중요

다항식 $a^3-b^2c-ab^2+a^2c$의 인수를 [보기]에서 모두 고르면?

ㄱ. $a-b$ ㄴ. $a+b$
ㄷ. $a-c$ ㄹ. $a+c$

① ㄱ, ㄴ ② ㄱ, ㄷ ③ ㄱ, ㄴ, ㄷ
④ ㄱ, ㄴ, ㄹ ⑤ ㄱ, ㄷ, ㄹ

해설 내신연계문제

0319

다항식 $x^3+(2a+1)x^2+(a^2+2a-1)x+a^2-1$의 인수를 [보기]에서 모두 고르면?

ㄱ. $x-a+1$ ㄴ. $x+a+1$
ㄷ. $x+a-1$ ㄹ. $x+1$

① ㄱ, ㄴ ② ㄱ, ㄷ ③ ㄱ, ㄴ, ㄷ
④ ㄱ, ㄴ, ㄹ ⑤ ㄴ, ㄷ, ㄹ

유형 07 차수가 같은 다항식의 인수분해 활용

모든 문자의 차수가 동일한 경우는 내림차순으로 정리할 때, 그 계수가 1 또는 양수인 것을 선택한 후 그 문자에 대하여 내림차순으로 정리한다.
(1) **공통부분이 있으면** ➡ 치환하여 인수분해한다.
(2) **상수항이 길면** ➡ **상수항 부분만을 인수분해하고 나서 전체 식을 인수분해한다.**

 공통인수가 있으면 공통인수로 묶어서 인수분해하고, 상수항이 인수분해가 되면 상수항을 인수분해한 후 전체를 인수분해한다.

0320 학교기출 대표 유형

다항식 $x^2+4xy+3y^2-x-5y-2$를 인수분해하면 $(x+ay+b)(x+cy+1)$일 때, 상수 a, b, c에 대하여 $a+b+c$의 값을 구하시오.

0321

다항식 $x^2+2xy+y^2+kx+5y+4$가 x, y에 대한 두 일차식의 곱으로 인수분해될 때, 자연수 k의 값은?

① 2 ② 3 ③ 4
④ 5 ⑤ 6

0322 최다빈출 왕 중요

다항식 $2x^2-7xy+x+(ky-1)(y+1)$이 x, y에 대한 두 일차식의 곱으로 인수분해될 때, 이 다항식의 인수가 아닌 것은?
(단, k는 자연수이다.)

① $2x-y-1$ ② $-x+3y-1$ ③ $-2x+y+1$
④ $x-3y+1$ ⑤ $-x-3y-1$

해설 내신연계문제

0323

다음 조건을 만족하는 정수 a, b에 대하여 $a+b$의 값은?

> (가) 다항식 $(x^2-2x)(x^2-10x+24)+a$가 이차식의
> 완전제곱식으로 인수분해되도록 하는 정수 a
> (나) 다항식 $x^2-xy-6y^2+bx-2y+4$가 x, y에 대한
> 두 일차식의 곱으로 인수분해되도록 하는 정수 b

① 16 　　　　② 18 　　　　③ 20
④ 22 　　　　⑤ 24

0324 

다음 [보기] 중 옳은 것을 모두 고른 것은?

> ㄱ. 다항식 x^4-6x^2+25가 $(x^2+ax+b)(x^2+cx+d)$로
> 인수분해될 때, $a+b+c+d=10$이다.
> ㄴ. 다항식 $(x+2)(x+4)(x+6)(x+8)+k$를 인수분해하였더니
> $(ax^2+bx+c)^2$이 되었을 때, $a+b+c+k$의 값은 47이다.
> ㄷ. 다항식 $2x^2-5xy+2y^2+x+y-1$을 인수분해하였더니
> $(2x+ay+b)(x+cy+d)$일 때, $a+b+c+d$의 값은 -3
> 이다.

① ㄱ 　　　　② ㄷ 　　　　③ ㄱ, ㄴ
④ ㄴ, ㄷ 　　　　⑤ ㄱ, ㄴ, ㄷ

해설 내신연계문제

모의고사　핵심유형　기출문제

0325 2021년 06월 고1 학력평가 25번

x, y에 대한 이차식 $x^2+kxy-3y^2+x+11y-6$이 x, y에 대한 두
일차식의 곱으로 인수분해되도록 하는 자연수 k의 값을 구하시오.

해설 내신연계문제

---

a, b, c가 같은 꼴로 순환되는 인수분해는 차수가 모두 같으면 어느 한
문자에 대하여 내림차순으로 정리한 후 공통부분을 묶거나 공식을 활용
하여 인수분해한다.

> 순환꼴 다항식의 특징
> ① 문자들의 위치를 바꾸면 식의 부호만 달라진다.
> ② 다항식을 인수분해 한 식도 순환하는 꼴이다.

0326 학교기출 대표 유형

$ab(a+b)-bc(b+c)-ca(c-a)$를 인수분해하면?

① $(a+b)(b+c)(a+c)$ 　　② $(a+b)(b+c)(a-c)$
③ $(a-b)(b+c)(a-c)$ 　　④ $(a-b)(b-c)(a+c)$
⑤ $(a-b)(b-c)(c-a)$

0327 

a, b, c에 대한 다항식 $ab(a+b)-bc(b+c)-ca(c-a)$의 인수는?

① $a-b$ 　　　　② $a-c$ 　　　　③ $b-c$
④ $a-b+c$ 　　　　⑤ $a+b+c$

해설 내신연계문제

0328 

서로 다른 세 실수 a, b, c에 대하여 다음 조건을 만족하는 상수
p, q의 합 $p+q$의 값은?

> (가) $\dfrac{ab(a-b)+bc(b-c)+ca(c-a)}{(a-b)(b-c)(c-a)}=p$
> (나) $\dfrac{a(b^2-c^2)+b(c^2-a^2)+c(a^2-b^2)}{(a-b)(b-c)(c-a)}=q$

① -2 　　　　② -1 　　　　③ 0
④ 2 　　　　⑤ 3

해설 내신연계문제

유형 09 계수가 대칭인 사차식의 인수분해 (교육과정 外)

$ax^4+bx^3+cx^2+bx+a$꼴의 사차식은 다음과 같은 순서로 인수분해한다.

FIRST 가운데 항이 상수가 되도록 x^2으로 묶는다.

NEXT $x^2+\dfrac{1}{x^2}=\left(x+\dfrac{1}{x}\right)^2-2$임을 이용하여 $x+\dfrac{1}{x}$에 대한 이차식으로 정리하여 인수분해한다.

LAST 각 인수에 x를 곱하여 다항식이 되도록 한다.

>  $ax^4+bx^3+cx^2-bx+a$꼴의 사차식은 각 항을 x^2으로 묶고
> $x^2+\dfrac{1}{x^2}=\left(x-\dfrac{1}{x}\right)^2+2$임을 이용하여 $x-\dfrac{1}{x}$에 대한 식으로 변형한 후
> 인수분해한다.

0329 학교기출 대표 유형

상수 a, b, c에 대하여
$$x^4-5x^3+8x^2-5x+1=(x^2-2x+a)(x^2+bx+c)$$
을 만족할 때, $a+b+c$의 값은?

① -2 ② -1 ③ 0
④ 1 ⑤ 2

0330 NORMAL

다항식 $x^4-5x^3+6x^2-5x+1$이 x^2의 계수가 1인 두 이차식의 곱으로 인수분해될 때, 두 이차식의 합은?

① $2x^2-5x+2$ ② $2x^2-3x+5$ ③ $2x^2-4x+2$
④ $2x^2+5x+4$ ⑤ $2x^2+5x-3$

0331 최다빈출 왕 중요 NORMAL

최고차항의 계수가 1인 두 이차식 $f(x)$, $g(x)$에 대하여
$$x^4-4x^3-7x^2+4x+1=f(x)g(x)$$
가 성립할 때, $f(2)+g(2)$의 값은?

① -2 ② -1 ③ 0
④ 1 ⑤ 2

 해설 내신연계문제

유형 10 인수분해의 활용 – 삼각형의 모양 판단

다음을 이용하여 **삼각형의 모양**을 판단한다.
삼각형의 세 변의 길이가 a, b, c일 때,
(1) $a=b=c$ ➡ 정삼각형
(2) $a=b$ 또는 $b=c$ 또는 $c=a$ ➡ 이등변삼각형
(3) $c^2=a^2+b^2$ ➡ 빗변의 길이가 c인 직각삼각형

> 주어진 등식을 인수분해를 이용하여 삼각형의 세 변의 길이 사이의 관계를 파악하여 삼각형의 모양을 결정한다.

0332 학교기출 대표 유형

삼각형의 세 변의 길이 a, b, c가
$$a^3+ab^2+b^2c+a^2c-c^3-ac^2=0$$
을 만족시킬 때, 이 삼각형은 어떤 삼각형인가?

① $a=b$인 이등변삼각형
② $b=c$인 이등변삼각형
③ 정삼각형
④ 빗변의 길이가 b인 직각삼각형
⑤ 빗변의 길이가 c인 직각삼각형

0333 최다빈출 왕 중요 NORMAL

삼각형의 세 변의 길이 a, b, c에 대하여
$$a^3-ab^2-b^2c+a^2c+c^3+ac^2=0$$
인 관계가 성립할 때, 이 삼각형은 어떤 삼각형인가?

① 정삼각형
② $a=b$인 이등변삼각형
③ $b=c$인 이등변삼각형
④ 빗변의 길이가 a인 직각삼각형
⑤ 빗변의 길이가 b인 직각삼각형

 해설 내신연계문제

0334 NORMAL

다항식 $f(x)=x^3-(a+b)x^2-(a^2+b^2)x+a^3+b^3+a^2b+ab^2$에 대하여 다항식 $f(x)$가 $x-c$로 나누어떨어질 때, a, b, c를 세 변의 길이로 갖는 삼각형은 어떤 삼각형인가?

① $a=c$인 이등변삼각형
② $b=c$인 이등변삼각형
③ 빗변의 길이가 a인 직각삼각형
④ 빗변의 길이가 b인 직각삼각형
⑤ 빗변의 길이가 c인 직각삼각형

0335

삼각형 ABC의 세 변의 길이 a, b, c에 대하여
$$c^2(a^2+b^2-c^2)=b^2(c^2+a^2-b^2)$$
이 성립할 때, 삼각형 ABC는 어떤 삼각형인가?

① $a=b$인 이등변삼각형
② $a=c$인 이등변삼각형
③ $b=c$인 이등변삼각형 또는 빗변의 길이가 a인 직각삼각형
④ $a=c$인 이등변삼각형 또는 빗변의 길이가 b인 직각삼각형
⑤ 빗변의 길이가 c인 직각삼각형

0336 최다빈출 왕중요

삼각형 ABC의 세 변의 길이 a, b, c에 대하여
$$c(b^2+a^2)+b(a^2-c^2)+b^3-c^3=0$$
이 성립한다. 이 삼각형의 넓이가 10일 때, ab의 값은?

① 20 　　② 25 　　③ 30
④ 40 　　⑤ 45

[해설 내신연계문제]

0337 최다빈출 왕중요

삼각형의 세 변의 길이 a, b, c에 대하여 $a^3+b^3+c^3=3abc$가 성립한다. 이 삼각형의 둘레의 길이가 18일 때, 이 삼각형의 넓이는?

① $4\sqrt{3}$ 　　② $6\sqrt{3}$ 　　③ $9\sqrt{3}$
④ $12\sqrt{3}$ 　　⑤ $16\sqrt{3}$

[해설 내신연계문제]

0338 최다빈출 왕중요

삼각형의 세 변의 길이 a, b, c가 다음 조건을 모두 만족시킬 때, 상수 a, b, c에 대하여 $a+b-c$의 값은?

> (가) $a^2+bc-b^2-ca=0$
> (나) $3a+5b=5c$
> (다) 삼각형의 둘레의 길이가 36이다.

① 4 　　② 5 　　③ 6
④ 7 　　⑤ 8

[해설 내신연계문제]

유형 11 인수정리와 조립제법을 이용한 인수분해

삼차 이상의 다항식 $f(x)$의 인수분해는 인수정리와 조립제법을 이용하여 다음 순서로 구한다.

FIRST $f(x)$에서 $f(\alpha)=0$을 만족시키는 α를 구한다. ◀ 인수를 찾는다.

NEXT 조립제법을 이용하여 $f(x)$를 $x-\alpha$로 나눈 몫 $Q(x)$를 구한다.

LAST $f(x)=(x-\alpha)Q(x)$꼴로 인수분해하고 몫 $Q(x)$가 더 이상 인수분해되지 않을 때까지 인수분해한다.

> 다항식 $f(x)$에서 $f(\alpha)=0$를 만족하는 α는
> $$\alpha=\pm\frac{\{f(x)\text{의 상수항의 약수}\}}{\{f(x)\text{의 최고차항의 계수의 약수}\}}$$ 중에서 선택하여
> $f(x)=(x-\alpha)Q(x)$의 꼴로 인수분해한다.

0339 학교기출 대표유형

모든 실수 x에 대하여
$$2x^3-x^2-7x+6=(x-1)(x+2)(ax+b)$$
일 때, $a-b$의 값을 구하시오. (단, a, b는 상수이다.)

0340

두 다항식 $P(x)=x^3+2x^2-x-2$와 $Q(x)=x^3-4x^2+x+6$의 공통인수는?

① $x-1$ 　　② $x-2$ 　　③ $x+1$
④ $x+2$ 　　⑤ $x+3$

0341

다항식 $x^4-3x^3-2x^2+3x+1$이 $(x+1)(x+a)(x^2+bx+c)$로 인수분해될 때, 세 정수 a, b, c의 합 $a+b+c$의 값은?

① -6 　　② -5 　　③ -4
④ -3 　　⑤ -2

0342 최다빈출 왕 중요

다항식 $x^4-2x^3-7x^2+8x+12$가 $(x+a)(x+b)(x+c)(x+d)$로 인수분해될 때, 네 정수 a, b, c, d에 대하여 $a<b<c<d$일 때, $ac+bd$의 값은? (단, $a<b<c<d$)

① -11 ② -7 ③ -5
④ 7 ⑤ 11

해설 내신연계문제

0343 최다빈출 왕 중요

x^2의 계수가 1인 두 이차식 $f(x)$, $g(x)$에 대하여

$$f(x)g(x)=x^4+3x^3-3x^2-11x-6,$$
$$f(-3)\neq 0,\ g(2)\neq 0$$

일 때, $f(1)\times g(2)$의 값을 구하시오.

해설 내신연계문제

모의고사 **핵심유형** 기출문제

0344 2020년 11월 고1 학력평가 15번

일차식 $f(x)$에 대하여 다항식 $x^3+1-f(x)$가 $(x+1)(x+a)^2$으로 인수분해될 때, $f(7)$의 값은? (단, a는 상수이다.)

① 2 ② 4 ③ 6
④ 8 ⑤ 10

해설 내신연계문제

유형 12 인수정리와 조립제법을 이용한 미정계수 구하기

삼차 이상의 다항식 $f(x)$에서 미정계수는 인수정리를 이용하여 다음 순서로 구한다.

FIRST $f(x)$에서 $f(\alpha)=0$을 만족시키는 α의 값을 구한다.

NEXT 조립제법을 이용하여 $f(x)$를 $x-\alpha$로 나누었을 때의 몫 $Q(x)$를 구한다.

LAST $f(x)=(x-\alpha)Q(x)$꼴로 인수분해하여 미정계수를 구한다.

> 다항식 $f(x)$에서 $f(\alpha)=0$을 만족하는 α의 값은 다항식의 계수가 복잡하더라도 -1, 1, -2, 2, -3, 3 중에서 선택하여 $f(x)=(x-\alpha)Q(x)$의 꼴로 인수분해한다.

0345 학교기출 대표 유형

다항식 $x^3+5x^2+kx-24$를 인수분해하면 $(x-2)(x+a)(x+b)$ 일 때, $k+a+b$의 값을 구하시오. (단, a, b는 상수이다.)

0346 NORMAL

다항식 x^3-2x^2+4x+k가 $(x-1)(x^2+ax+b)$로 인수분해될 때, 상수 a, b, k에 대하여 $a+b+k$의 값은?

① -3 ② -2 ③ -1
④ 0 ⑤ 1

0347 최다빈출 왕 중요 NORMAL

다항식 x^3-2x^2+ax+6이 $x-1$로 나누어떨어지고 $(x-1)(x+b)(x+c)$로 인수분해될 때, 상수 a, b, c에 대하여 $a+b+c$의 값은?

① -6 ② -4 ③ -2
④ 2 ⑤ 4

해설 내신연계문제

0348

다항식 $P(x)=x^3+(a+6)x^2+4x-a-11$이 다항식 $f(x)$에 대하여 $(x+a)f(x)$로 인수분해될 때, $f(a)$의 값은? (단, a는 정수이다.)

① -6 ② -5 ③ -1
④ 5 ⑤ 6

0349   최다빈출 왕중요

다항식 $x^3-3ax^2-a^2x+3a^3$이 x의 계수가 1인 세 일차식의 곱으로 인수분해될 때, 세 일차식의 합은 $3x-12$이다. 이때 상수 a의 값은?

① -2 ② -1 ③ 1
④ 3 ⑤ 4

해설 내신연계문제

0350

$x^4+x^3-6x^2+ax+b$는 $x+1$로 나누어떨어지고 $x-1$로 나누면 나머지가 -2이다. 이 다항식을 인수분해하면 $(x+1)(x-p)(x^2+qx+r)$일 때, $p+q+r$의 값은?

① -4 ② -2 ③ 0
④ 2 ⑤ 4

0351    최다빈출 왕중요

다항식 $x^4-3x^3+ax^2+bx-6$이 $(x+1)(x-2)Q(x)$로 인수분해될 때, 상수 a, b에 대하여 $a+b+Q(3)$의 값은?

① 4 ② 6 ③ 7
④ 8 ⑤ 10

해설 내신연계문제

0352

일차식 $P(x)$에 대하여
$$x^3-x^2+5P(x)=(x-1)(x-a)(x-b)$$
가 성립한다. 상수 a, b에 대하여 $ab=-10$일 때, $P(-3)$의 값을 구하시오.

 모의고사 핵심유형 기출문제

0353   2024년 06월 고1 학력평가 11번

x에 대한 두 다항식 x^3+2x^2+3x+6과 x^3+x+a가 모두 $x+b$로 나누어떨어질 때, $a+b$의 값은? (단, a, b는 실수이다.)

① 11 ② 12 ③ 13
④ 14 ⑤ 15

해설 내신연계문제

0354   2023년 03월 고2 학력평가 15번

다항식 $P(x)$와 상수 a에 대하여 등식
$$x^3-x^2+3x-2=(x+2)P(x)+ax$$
가 x에 대한 항등식일 때, $P(-2)$의 값은?

① 9 ② 10 ③ 11
④ 12 ⑤ 13

해설 내신연계문제

유형 13 인수분해의 활용 − 식의 값 구하기

[방법1] 인수분해 공식을 이용하여 인수분해한 후 식의 값을 구한다.
[방법2] 공통인수가 생기도록 식을 인수분해한 후 식의 값을 구한다.

참고 ① $a^3+b^3=(a+b)(a^2-ab+b^2)$
② $a^3-b^3=(a-b)(a^2+ab+b^2)$
③ $a^4+a^2+1=(a^2+a+1)(a^2-a+1)$

0355 학교기출 대표유형

$x+y=3$, $xy=2$일 때, $x^3-x^2y-xy^2+y^3$의 값을 구하시오.

0356 NORMAL

실수 x, y에 대하여 $x+y=3$, $xy=-1$을 만족할 때, $x^4+x^2y^2+y^4$의 값은?

① 80   ② 100   ③ 110
④ 120   ⑤ 140

0357 최다빈출 왕중요 NORMAL

서로 다른 세 실수 a, b, c에 대하여
$$a-b=3+\sqrt{5},\ b-c=3-\sqrt{5}$$
를 만족할 때, $a^2b-ab^2-a^2c+ac^2+b^2c-bc^2$의 값은?

① 8   ② 11   ③ 24
④ 36   ⑤ 88

해설 내신연계문제

0358 NORMAL

서로 다른 세 실수 x, y, z에 대하여
$$x-y=2+\sqrt{3},\ y-z=-2\sqrt{3}$$
을 만족할 때, $x(y^2-z^2)+y(z^2-x^2)+z(x^2-y^2)$의 값은?

① 3   ② $2\sqrt{3}$ ③ 5
④ $4\sqrt{3}$ ⑤ 9

0359 최다빈출 왕중요 TOUGH

세 양수 a, b, c가 $a^3+b^3+c^3=3abc$를 만족할 때,
$\dfrac{3a}{b}+\dfrac{2b}{c}+\dfrac{5c}{a}$의 값을 구하시오.

해설 내신연계문제

모의고사 핵심유형 기출문제

0360 2019년 06월 고1 학력평가 9번 NORMAL

$x=\sqrt{3}+\sqrt{2}$, $y=\sqrt{3}-\sqrt{2}$일 때, x^2y+xy^2+x+y의 값은?

① $\sqrt{3}$ ② $2\sqrt{3}$ ③ $3\sqrt{3}$
④ $4\sqrt{3}$ ⑤ $5\sqrt{3}$

해설 내신연계문제

0361 2016년 03월 고2 학력평가 나형 17번 TOUGH

두 자연수 a, b에 대하여 $a^2b+2ab+a^2+2a+b+1$의 값이 245일 때, $a+b$의 값은?

① 9   ② 10   ③ 11
④ 12   ⑤ 13

해설 내신연계문제

수의 계산이 복잡한 경우
➡ **수를 문자로 치환**한 후 인수분해하여 수를 다시 대입한다.
인수분해를 이용하여 식을 간단히 한 후 다음 단계로 값을 구한다.
FIRST 반복되는 적당히 큰 수를 문자로 치환한다.
NEXT 치환하여 얻은 식을 인수분해한다.
LAST 간단해진 식의 문자 대신 원래의 수를 넣어 계산한다.

복잡한 수의 계산은 다음 곱셈공식을 인수분해한 것을 이용한다.
① $a^2-b^2=(a+b)(a-b)$
② $a^3+b^3=(a+b)(a^2-ab+b^2)$
③ $a^3-b^3=(a-b)(a^2+ab+b^2)$
④ $a^4+a^2+1=(a^2+a+1)(a^2-a+1)$

0362　학교기출 대표 유형

인수분해 공식을 이용하여

$$\frac{2025^3-1}{2025\times2026+1}-(13^3-9\times13^2+27\times13-27)$$

을 계산하면?

① 1022　　② 1023　　③ 1024
④ 1025　　⑤ 1026

0363　NORMAL

인수분해 공식을 이용하여 $\dfrac{997^3-3\times997-2}{997\times999+1}$ 을 계산하면?

① 890　　② 895　　③ 990
④ 995　　⑤ 1000

0364　최다빈출 왕 중요　NORMAL

인수분해 공식을 이용하여 자연수 $21^3+7\times21^2-17\times21+9$를
소인수분해하면 $2^a\times3^b\times5^c$일 때, 자연수 a, b, c에 대하여
$a+b+c$의 값은?

① 8　　② 9　　③ 10
④ 11　　⑤ 12

해설 내신연계문제

0365　최다빈출 왕 중요　NORMAL

2025^3-27을 $2025\times2028+9$로 나눈 몫을 구하시오.

해설 내신연계문제

모의고사　**핵심유형**　기출문제

0366　2021년 11월 고1 학력평가 16번　NORMAL

2 이상의 네 자연수 a, b, c, d에 대하여

$$(14^2+2\times14)^2-18\times(14^2+2\times14)+45=a\times b\times c\times d$$

일 때, $a+b+c+d$의 값은?

① 56　　② 58　　③ 60
④ 62　　⑤ 64

해설 내신연계문제

0367　2018년 11월 고1 학력평가 16번　NORMAL

2 이상의 세 자연수 p, q, r에 대하여

$$42\times(42-1)\times(42+6)+5\times42-5=p\times q\times r$$

일 때, $p+q+r$의 값은?

① 131　　② 133　　③ 135
④ 137　　⑤ 139

해설 내신연계문제

유형 15 인수분해의 활용 — 도형

도형에서 변의 길이와 넓이, 원기둥과 직육면체의 부피 등이 다항식으로 주어지면

➡ 주어진 식을 인수분해 공식과 인수정리와 조립제법을 이용하여 두 개 이상의 다항식의 곱의 꼴로 나타내어 미지수를 구한다.

삼차 이상의 다항식 $f(x)$를 인수정리와 조립제법을 이용하여 다음 순서로 인수분해한다.

FIRST $f(x)$에서 $f(a)=0$을 만족시키는 a를 구한다. ◀ 인수를 찾는다.

NEXT 조립제법을 이용하여 $f(x)$를 $x-a$로 나눈 몫 $Q(x)$를 구한다.

LAST $f(x)=(x-a)Q(x)$꼴로 인수분해하고 몫 $Q(x)$가 더 이상 인수분해되지 않을 때까지 인수분해한다.

0368 학교기출 [대표] 유형

그림과 같이 부피가 $(x^3+x^2-5x+3)\pi$인 원기둥에서 이 원기둥의 밑면의 반지름의 길이와 높이는 각각 일차식의 계수가 1인 일차식일 때, 이 원기둥의 겉넓이가 $a\pi(x^2+b)$이다. 이때 상수 a, b에 대하여 $a-b$의 값을 구하시오. (단, $x>1$)

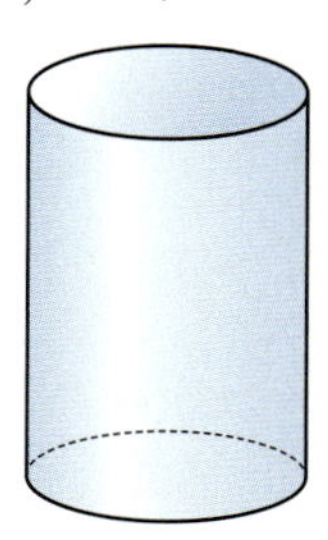

0369 최다빈출 [왕] 중요

그림과 같이 직육면체의 밑면의 가로와 세로의 길이는 각각 $x+1$과 $x+a$이고 높이가 $x+b$이다.

이 직육면체의 부피가 x^3+7x^2+cx+8일 때, 상수 a, b, c에 대하여 $a+b+c$의 값을 구하시오.(단, $x>0$)

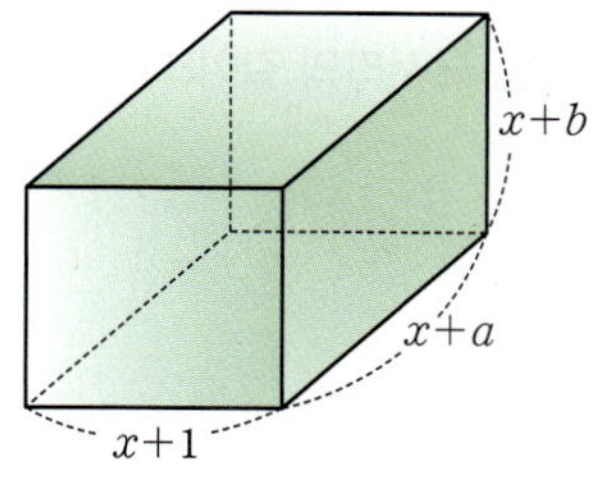

해설 내신연계문제

0370 2019년 06월 고1 학력평가 7번
NORMAL

그림과 같이 한 변의 길이가 $a+6$인 정사각형 모양의 색종이에서 한 변의 길이가 a인 정사각형 모양의 색종이를 오려내었다.

오려 낸 후 남아 있는 ⬜ 모양의 색종이의 넓이가 $k(a+3)$일 때, 상수 k의 값은?

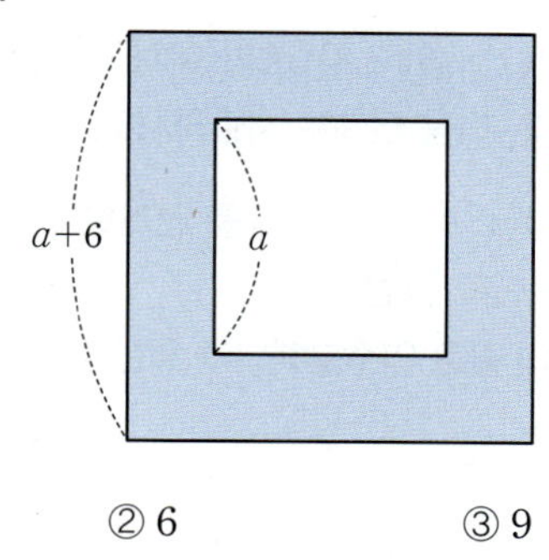

① 3   ② 6   ③ 9
④ 12   ⑤ 15

해설 내신연계문제

0371 2020년 11월 고1 학력평가 10번
NORMAL

그림과 같이 세 모서리의 길이가 각각 x, x, $x+3$인 직육면체 모양에 한 모서리의 길이가 1인 정육면체 모양의 구멍이 두 개 있는 나무 블록이 있다. 세 정수 a, b, c에 대하여 이 나무 블록의 부피를 $(x+a)(x^2+bx+c)$로 나타낼 때, $a\times b\times c$의 값은? (단, $x>1$)

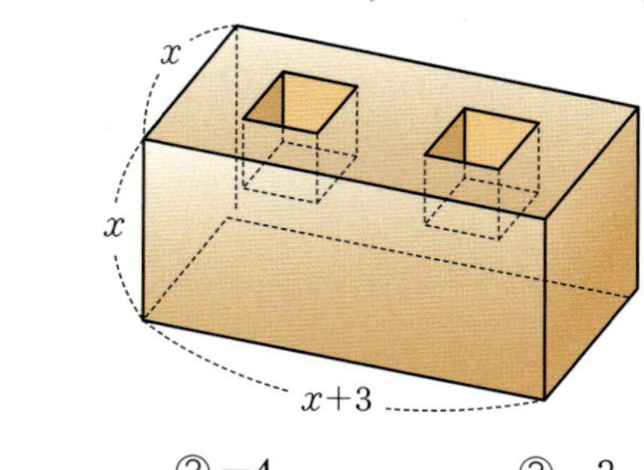

① -5 ② -4 ③ -3
④ -2 ⑤ -1

해설 내신연계문제

서술형 기출유형

학교내신기출 서술형 핵심문제총정리

0372

다항식 $(x^2+4x+3)(x^2-6x+8)+k$가 이차식의 완전제곱식으로 인수분해되도록 할 때, 다음 단계로 서술하시오.

- **1단계** $(x^2+4x+3)(x^2-6x+8)+k$를 전개하고 공통부분을 치환하여 식을 구한다. [4점]
- **2단계** 완전제곱식의 꼴로 인수분해되기 위한 상수 k의 값을 구한다. [4점]
- **3단계** 완전제곱식인 다항식을 구한다. [2점]

0373

다항식 $x^2+axy+bx+y^2+3y+2$를 두 일차식으로 인수분해하는 과정을 다음 단계로 서술하시오.

- **1단계** 두 일차식으로 인수분해가 되도록 하는 자연수 a, b의 값을 구한다. [6점]
- **2단계** 두 일차식으로 인수분해한 식을 구한다. [4점]

0374

인수분해를 이용하여 식 또는 값을 구하는 과정을 다음 단계로 서술하시오.

- **1단계** $x(x+1)(x+2)(x+3)+1$에서 치환을 이용하여 인수분해한 식을 구한다. [3점]
- **2단계** $\sqrt{10 \times 11 \times 12 \times 13+1}$의 값을 구한다. [3점]
- **3단계** $a+b=3+2\sqrt{2}$, $b+c=3-2\sqrt{2}$, $c+a=5$일 때, $(a+b+c)(ab+bc+ca)-abc$의 값을 구한다. [4점]

0375

삼각형의 세 변의 길이를 a, b, c에 대하여 $a^3+b^3+c^3=3abc$이 성립할 때, 다음 단계로 서술하시오.

- **1단계** $a^3+b^3+c^3-3abc$를 인수분해와 곱셈 공식을 이용하여 변형하고 삼각형의 모양을 구한다. [4점]
- **2단계** $\dfrac{6a}{b}-\dfrac{3c}{a}+\dfrac{2b}{c}$의 값을 구한다. [3점]
- **3단계** 둘레의 길이가 12인 삼각형의 넓이를 구한다. [3점]

0376 최다빈출 왕중요

높이가 $x+3$이고 밑면이 정사각형인 직육면체의 부피가 x^3+x^2+ax+3일 때, 다음 단계로 서술하시오.
(단, $x>1$이고 a는 상수이다.)

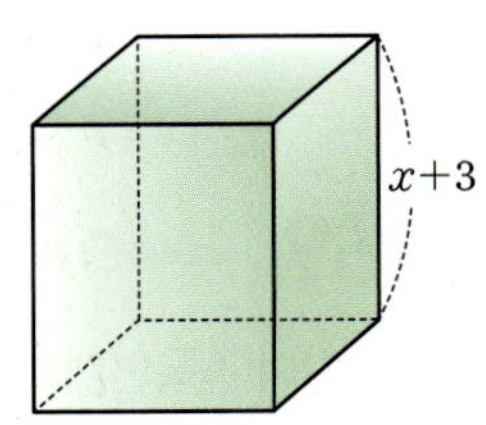

- **1단계** 인수정리를 이용하여 a의 값을 구한다. [3점]
- **2단계** 직육면체의 밑면인 정사각형의 넓이를 $S(x)$라 할 때, $S(6)$의 값을 구한다. [4점]
- **3단계** 직육면체의 모든 모서리의 길이의 합을 구한다. [3점]

해설 내신연계문제

행복한 일등급문제

학교내신기출 고난도 핵심문제총정리

YOURMASTERPLAN;MAPL
SYNERGY SERIES

0377 최다빈출 왕 중요

오른쪽 그림과 같이 직사각형 A의 세로의 길이는 $(x+1)^2$이고 세 직사각형 A, B, C의 넓이는 각각 x^3+5x^2+7x+a, $x^2+5x+2a$, $x^3+8x^2+18x+4a$이다.

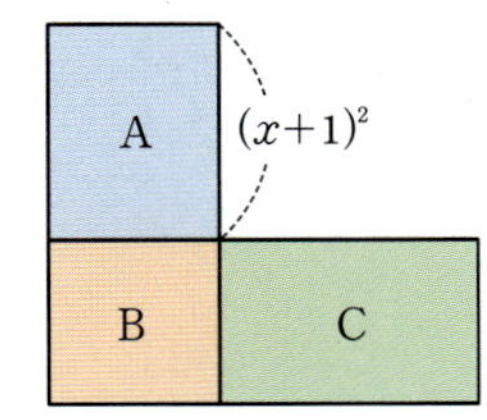

직사각형 C의 가로의 길이가 x^2+bx+c일 때, 상수 a, b, c에 대하여 $a+b+c$의 값을 구하시오. (단, $x>0$)

해설 내신연계문제

0378

다음 물음에 답하시오.

(1) 100개의 다항식

x^2+x-1, x^2+x-2, x^2+x-3, $\cdots$, $x^2+x-100$이 있다.

이 중에서 자연수 a, b에 대하여 $(x+a)(x-b)$의 꼴로 인수분해되는 것은 모두 몇 개인지 구하시오.

(2) 1000 이하의 자연수 n에 대하여 $f(x)=x^2+2x-n$이 $(x+a)(x-b)$로 인수분해되도록 하는 두 자연수 a, b가 존재할 때, 다항식 $f(x)$의 개수를 구하시오.

(3) a, b가 정수이고, n이 50 이하의 자연수일 때, 다항식 $x^3+(ab-1)x-n$ 중에서 $(x+1)(x-a)(x-b)$의 꼴로 인수분해되는 서로 다른 다항식의 개수를 구하시오.

0379 최다빈출 왕 중요

최고차항의 계수가 1인 일차 이상의 두 다항식 $f(x)$, $g(x)$에 대하여 다음 조건을 만족시킬 때, $f(3)+g(4)$의 값을 구하시오.

(가) $f(x)g(x)=x^4-3x^3+4x$

(나) $f(0)\neq 0$

(다) $g(x)$는 $f(x)$로 나누어떨어진다.

해설 내신연계문제

0380 2018년 06월 고1 학력평가 21번

모든 실수 x에 대하여 두 이차다항식 $P(x)$, $Q(x)$가 다음 조건을 만족시킨다.

(가) $P(x)+Q(x)=4$

(나) $\{P(x)\}^3+\{Q(x)\}^3=12x^4+24x^3+12x^2+16$

$P(x)$의 최고차항의 계수가 음수일 때, $P(2)+Q(3)$의 값은?

① 6　　　② 7　　　③ 8
④ 9　　　⑤ 10

해설 내신연계문제

0381 2022년 11월 고1 학력평가 29번

그림과 같이 모든 모서리의 길이가 a인 정사각뿔 O−ABCD가 있다. 네 선분 OA, OB, OC, OD 위의 네 점 E, F, G, H를 $\overline{OE}=\overline{OF}=\overline{OG}=\overline{OH}=b$가 되도록 잡는다.

두 정사각뿔 O−ABCD, O−EFGH의 부피의 합이 $2\sqrt{2}$이고 선분 AF의 길이가 2일 때, 사각형 ABFE의 넓이를 S라 하자. $32\times S^2$의 값을 구하시오. (단, a, b는 $a>b>0$인 상수이다.)

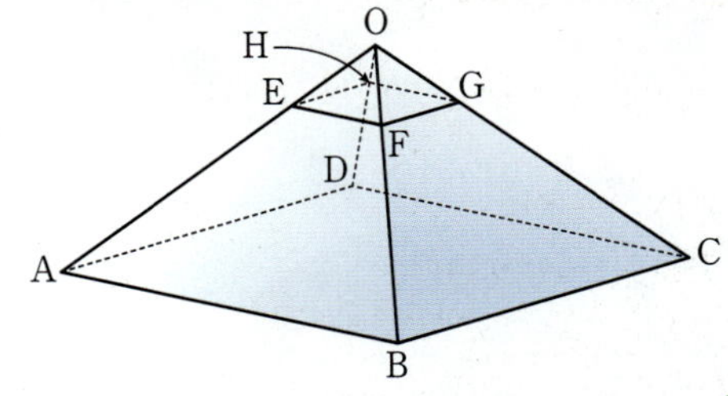

해설 내신연계문제

라포(RAPPORT)

라포는 심리 상담, 범죄자 취조, 협상, 코칭 등을 위해 형성되는 상호 유대감이나 친밀한 심리적 관계를 의미한다. '다리를 놓다'라는 뜻의 프랑스어에서 유래되었으며 '되돌려 오다'라는 뜻의 라틴어 'Portare'에 어원을 두고 있다. 라포를 잘 형성하는 사람들은 상대방과 공통적인 관심사를 찾아 빠르게 친밀해지고 장기적인 신뢰 관계를 형성하는 경향이 있다. 일례로, 2019년 이춘재가 범행을 자백한 데에는 프로파일러들의 라포 형성이 큰 역할을 했다고 알려져있다.

라포는 심리 치료사, 위기협상가, 영업사원, 프로파일러 등 다양한 분야 전문가들에 의해 활용된다. 바람직하게 형성된 라포는 상호주의 관계를 만들어 서로 긍정적으로 이해하게 된다. 기억 등의 공통 관심사와 대화를 통해 형성되며, 단순한 라포, 즉흥적 라포, 맞춤형 라포로 구분할 수 있다. 단순한 라포는 공통된 경험이나 기억에서, 즉흥적 라포는 즉흥적으로 공통점을 발견하여, 맞춤형 라포는 충분한 준비와 조사를 통해 형성된다.

라포를 형성하려면 상대방의 입장에서 생각하고 노력해야 하는 과정이 필요가 있다. 전문가들은 라포 형성에는 여섯 가지 과정이 필요하다고 말한다. 첫째, 첫 인상에서 친근감을 주어야 한다. 둘째, 상대방의 말을 경청하고 존중해야 한다. 셋째, 공통점을 찾아야 하며, 넷째, 경험을 공유할 기회를 찾아야 한다. 다섯째, 상대방의 관점을 이해하고, 여섯째, 상대방의 말투나 행동을 자연스럽게 따라하는 것이 도움이 되기도 한다.

© Photo by Priscilla Du Preez on Unsplash

II 방정식과 부등식

MAPL
YOUR MASTER PLAN

MAPL SYNERGY SERIES

MAPL. IT'S YOUR MASTER PLAN!

개념 유형 기본문제부터 고난도 모의고사형 문제까지 아우르는 유형별 내신대비문제집

01 복소수

학교내신기출 객관식 핵심문제총정리

YOURMASTERPLAN:MAPL
SYNERGY
S E R I E S

유형 01 복소수의 뜻

(1) **허수단위 i**

제곱하여 -1이 되는 수를 기호로 i라 하고 $i^2=-1$, $i=\sqrt{-1}$

(2) **복소수**

실수 a, b에 대하여 $\boldsymbol{a+bi}$의 꼴로
나타내어지는 수를 복소수라 하고
a를 실수부분, b를 허수부분이라 한다.

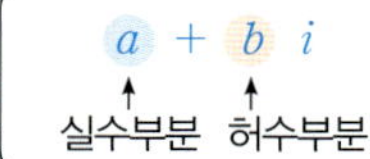

① 복소수 $a+bi$ (a, b는 실수)에서 실수가 아닌
   복소수 $a+bi$ ($b\neq0$)를 허수라 한다.
② 실수부분이 0인 허수 $bi(b\neq0)$를 순허수라 한다.

> 복소수는 다음과 같이 분류할 수 있다.
> 실수 a, b에 대하여
> $$a+bi\begin{cases}\text{실수 } a\ (b=0)\\[4pt]\text{허수}\begin{cases}\text{순허수 } bi\ (a=0,\ b\neq0)\\\text{순허수가 아닌 허수 } a+bi\ (a\neq0,\ b\neq0)\end{cases}\end{cases}$$

0382 학교기출 대표 유형

다음 설명 중 옳은 것은? (단, $i=\sqrt{-1}$)

① -2는 실수이지만 복소수는 아니다.
② i는 -1의 제곱근이다.
③ -2의 제곱근은 $\sqrt{2}\,i$뿐이다.
④ 복소수 $3-2i$의 허수부분은 $-2i$이다.
⑤ $(-2i)^2=4$이다.

0383 최다빈출 왕 중요   NORMAL

다음 복소수 중 순허수의 개수를 a, 실수의 개수를 b, 복소수의

개수를 c라 할 때, $a-b+c$의 값은? (단, $i=\sqrt{-1}$)

$$\sqrt{-8},\quad -i^2,\quad 3+\sqrt{-2},\quad 1+i^2,\quad \frac{1+i}{1-i}$$

① 3 　　　　② 4 　　　　③ 5
④ 6 　　　　⑤ 7

해설 내신연계문제

유형 02 복소수의 사칙연산

(1) **복소수의 덧셈과 뺄셈**

a, b, c, d가 실수일 때,

① 덧셈 : $(a+bi)+(c+di)=(a+c)+(b+d)i$
② 뺄셈 : $(a+bi)-(c+di)=(a-c)+(b-d)i$

(2) **복소수의 곱셈과 나눗셈**

① 곱셈 : 분배법칙을 이용하여 전개한 다음 $i^2=-1$임을 이용하여
   계산한다.
   $$(a+bi)(c+di)=(ac-bd)+(ad+bc)i$$

② 나눗셈 : 분모의 켤레복소수를 분모, 분자에 각각 곱하여
   계산한다. (분모의 실수화)

$$\frac{a+bi}{c+di}=\frac{(a+bi)(c-di)}{(c+di)(c-di)}=\frac{(ac+bd)+(bc-ad)i}{c^2+d^2}$$

$$=\frac{ac+bd}{c^2+d^2}+\frac{bc-ad}{c^2+d^2}i$$

0384 학교기출 대표 유형

다음 중 옳지 않은 것은? (단, $i=\sqrt{-1}$)

① $(3-2i)+(1-3i)=4-5i$
② $(6+3i)-(3-i)=3+4i$
③ $(\sqrt{3}+\sqrt{-3})^2=6i$
④ $(3+i)(3-i)=8$
⑤ $\dfrac{1}{1-i}+\dfrac{1}{1+i}=1$

0385 최다빈출 왕 중요   BASIC

등식 $\dfrac{1+i}{1-i}+(4+3i)(3i-4)=a+bi$를 만족시키는 두 실수 a, b에

대하여 $a+b$의 값은? (단, $i=\sqrt{-1}$)

① -25 　　　② -24 　　　③ -23
④ -22 　　　⑤ -21

해설 내신연계문제

0386   BASIC

$(2-\sqrt{-9})(3+\sqrt{-4})$를 $a+bi$ (a, b는 실수)로 나타낼 때,

$a-b$의 값은? (단, $i=\sqrt{-1}$)

① -17 　　　② -13 　　　③ -11
④ 　13 　　　⑤ 　17

0387

NORMAL

복소수 $\dfrac{(2-3i)+(5i-1)}{1+i}$ 의 실수부분을 a, 허수부분을 b라고 할 때, $a+b$의 값은? (단, $i=\sqrt{-1}$)

① -2　　　② -1　　　③ 0
④ 1　　　⑤ 2

0388

최다빈출 왕 중요

NORMAL

$\dfrac{(1-\sqrt{-1})(-3+\sqrt{-4})}{2+\sqrt{-9}}=a+bi$ (a, b는 실수)꼴로 나타낼 때, $a+b$의 값은? (단, $i=\sqrt{-1}$)

① -2　　　② -1　　　③ 0
④ 1　　　⑤ 2

해설 내신연계문제

0389

NORMAL

임의의 두 복소수 α, β에 대하여 연산 ★를 $\alpha ★ \beta = \alpha+\beta+\alpha\beta$라 할 때, $\left(\dfrac{2-i}{1+2i}\right) ★ \left(\dfrac{2i}{1-i}\right)$의 허수부분은? (단, $i=\sqrt{-1}$)

① -2　　　② -1　　　③ 0
④ 1　　　⑤ 2

0390

TOUGH

$f(a, b)=\dfrac{a+bi}{a-bi}$ (단, a, b는 0아닌 실수)에 대하여
$$f(1, 2)+f(2, 4)+f(3, 6)+\cdots+f(10, 20)=p+qi$$
를 만족할 때, $q-p$의 값을 구하시오. (단, $i=\sqrt{-1}$이고 p, q는 실수이다.)

0391

2019년 06월 고1 학력평가 13번

NORMAL

두 복소수 $\alpha=\dfrac{1-i}{1+i}$, $\beta=\dfrac{1+i}{1-i}$에 대하여 $(1-2\alpha)(1-2\beta)$의 값은? (단, $i=\sqrt{-1}$)

① 1　　　② 2　　　③ 3
④ 4　　　⑤ 5

해설 내신연계문제

0392

2022년 03월 고2 학력평가 6번

NORMAL

복소수 $\dfrac{a+3i}{2-i}$ 의 실수부분과 허수부분의 합이 3일 때, 실수 a의 값은? (단, $i=\sqrt{-1}$)

① 1　　　② 2　　　③ 3
④ 4　　　⑤ 5

해설 내신연계문제

0393

2018년 09월 고1 학력평가 11번

NORMAL

버튼을 한 번 누르면 복소수가 하나씩 적힌 세 개의 공이 굴러 나오는 기계가 있다.

어느 상점에서 이 기계를 이용한 사람에게 굴러 나온 세 개의 공 중 두 개를 선택하게 하여 적힌 수의 곱이 자연수가 될 때, 그 자연수만큼 사탕으로 교환해 준다고 한다.
한 학생이 버튼을 한 번 눌렀더니 세 복소수 $2-3i$, $1+2i$, $6+9i$가 각각 적힌 세 개의 공이 굴러 나왔다. 이 학생이 a개의 사탕으로 교환해 갔을 때, 자연수 a의 값은? (단, $i=\sqrt{-1}$)

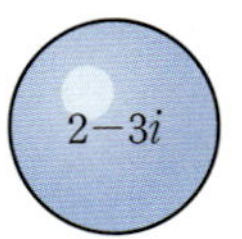

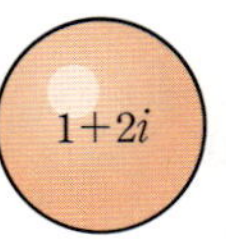

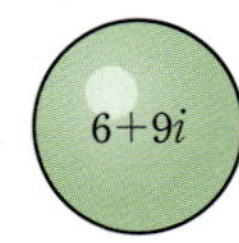

① 37　　　② 38　　　③ 39
④ 40　　　⑤ 41

해설 내신연계문제

(1) $x=a+bi$, $y=c+di$ (a, b, c, d는 실수)가 주어질 때의 식의 값
　➡ 두 복소수의 합($x+y$) 또는 곱(xy)을 구하여
　　주어진 식에 대입한다.
(2) $x=a+bi$ (a, b는 실수)가 주어진 이차 이상의 식의 값
　➡ $x-a=bi$로 변형한 후 양변을 제곱하여 x에 대한 이차방정식
　　을 만들고 이를 주어진 식에 대입한다.

　두 복소수 a, b에 대하여 $a+b$, ab의 값을 구할 수 있으면
　곱셈공식의 변형을 이용한다.
$$a^2+b^2=(a+b)^2-2ab$$
$$a^2+b^2=(a-b)^2+2ab$$
$$a^3+b^3=(a+b)^3-3ab(a+b)$$
$$a^3-b^3=(a-b)^3+3ab(a-b)$$

0394　학교기출 대표 유형

$z=\dfrac{1}{1-i}$ 일 때, $2z^2-2z-3$의 값은? (단, $i=\sqrt{-1}$)

① -4　　　② -2　　　③ 0
④ $1-2i$　　⑤ $4+i$

0395　최다빈출 왕 중요

$x^2=-1+2i$일 때, $x^4+x^3+5x^2+2x+\dfrac{5}{x}$의 값은? (단, $i=\sqrt{-1}$)

①　$6+8i$　　　②　$8+6i$　　　③ $-8-6i$
④ $-6+8i$　　　⑤ $-8+6i$

해설 내신연계문제

모의고사 핵심유형 기출문제

0396　2021년 06월 고1 학력평가 9번

$x=-2+3i$, $y=2+3i$일 때, $x^3+x^2y-xy^2-y^3$의 값은?
(단, $i=\sqrt{-1}$)

① 144　　　② 150　　　③ 156
④ 162　　　⑤ 168

해설 내신연계문제

(1) 복소수 $z=a+bi$ (a, b는 실수)에 대하여
　① $z=a+bi$가 실수이면 ➡ $b=0$, 즉 $z=a$
　② $z=a+bi$가 순허수(제곱해서 음의 실수)이면
　　➡ $a=0$, $b\neq0$, 즉 $z=bi$
(2) 복소수 $z=a+bi$ (a, b는 실수)에 대하여
　① z^2이 실수이면 ➡ **z는 실수 ($b=0$) 또는 순허수 ($a=0$, $b\neq0$)**
　② z^2이 양의 실수이면 ➡ **z가 0이 아닌 실수이므로 $a\neq0$, $b=0$**
　③ z^2이 음의 실수이면 ➡ **z는 순허수이므로 $a=0$, $b\neq0$**

0397　학교기출 대표 유형

복소수 $z=(1+i)x^2-4xi-25-5i$가 실수일 때, 실수 x의 모든 값의 합을 구하시오. (단, $i=\sqrt{-1}$)

0398

복소수 $z=i(x+2i)^2$이 순허수가 되도록 하는 실수 x의 값을 α, 그때의 z의 값을 β라 할 때, $\alpha^2-\beta^2$의 값은? (단, $i=\sqrt{-1}$)

① 12　　　② 14　　　③ 16
④ 18　　　⑤ 20

0399　최다빈출 왕 중요

두 복소수
$$z_1=(x^2-2x-3)+(y^2-3y+2)i,$$
$$z_2=(x^2-7x+12)+(y^2-4y+3)i$$
에 대하여 z_1, iz_2가 모두 순허수가 되도록 할 때, $x+y$의 값은?
(단, x, y는 실수이고 $i=\sqrt{-1}$)

① -2　　　② -1　　　③ 0
④ 2　　　⑤ 3

해설 내신연계문제

유형 05 · 복소수 z^2이 실수 또는 순허수가 되는 조건

복소수 $z=a+bi$ (단, a, b는 실수)에 대하여

(1) z^2이 실수이면 ➡ z는 실수($b=0$) 또는 순허수 ($a=0$, $b\neq0$)

(2) z^2이 양의 실수이면 ➡ z가 0이 아닌 실수이므로 $a\neq0$, $b=0$

(3) z^2이 음의 실수이면 ➡ z는 순허수이므로 $a=0$, $b\neq0$

 복소수 $z=a+bi$ (a, b는 실수)에 대하여

① $z=a+bi$가 실수이면
➡ $b=0$, 즉 $z=a$

② $z=a+bi$가 순허수(제곱해서 음의 실수)이면
➡ $a=0$, $b\neq0$, 즉 $z=bi$

0400 · 학교기출 대표 유형

복소수 $z=x^2+(9+i)x+20+5i$에 대하여 z^2이 음의 실수가 된다고 할 때, 실수 x의 값은? (단, $i=\sqrt{-1}$)

① -6 　　② -4 　　③ -2

④ 4 　　⑤ 6

0401

BASIC

복소수 $z=x(1+i)-1$에 대하여 z^2이 음의 실수일 때, $z+z^2+z^3+z^4$의 값은? (단, $i=\sqrt{-1}$이고 x는 실수이다.)

① -3 　　② -2 　　③ 0

④ 2 　　⑤ 3

0402 · 최다빈출 왕 중요

NORMAL

복소수 $z=k(2+i)-4+i$에 대하여 z^2이 실수가 되도록 하는 모든 실수 k의 값의 합은? (단, $i=\sqrt{-1}$)

① -2 　　② -1 　　③ 0

④ 1 　　⑤ 2

 해설 내신연계문제

0403

NORMAL

복소수 $z=(1+i)x^2-3(2+i)x+8+2i$에 대하여 z^2과 $z-6i$가 모두 실수가 되도록 하는 모든 실수 x의 값은? (단, $i=\sqrt{-1}$)

① -2 　　② -1 　　③ 4

④ 6 　　⑤ 8

0404 · 최다빈출 왕 중요

NORMAL

복소수 $z=(1+i)x^2-(3i+5)x+(6+2i)$에 대하여 z^2이 양의 실수가 되도록 하는 실수 x의 값은? (단, $i=\sqrt{-1}$)

① 1 　　② 2 　　③ 4

④ 5 　　⑤ 6

 해설 내신연계문제

0405

TOUGH

복소수 z가 다음 조건을 모두 만족시킬 때, $\dfrac{1}{2}(z+\overline{z})$의 값을 구하시오. (단, $i=\sqrt{-1}$이고 $\overline{z}$는 z의 켤레복소수이다.)

(가) $z+(1-2i)$는 양의 실수

(나) $z\overline{z}=13$

모의고사 핵심유형 기출문제

0406 · 2022년 11월 고1 학력평가 14번

NORMAL

5 이하의 두 자연수 m, n에 대하여 복소수 z를
$$z=(m-n)+(m+n-4)i$$
라 하자. z^2이 실수가 되도록 하는 m, n의 모든 순서쌍 (m, n)의 개수는? (단, $i=\sqrt{-1}$)

① 5 　　② 7 　　③ 9

④ 11 　　⑤ 13

 해설 내신연계문제

두 복소수가 등식을 포함한 실수인 미지수의 값을 구할 때는 **실수부분은 실수부분끼리, 허수부분은 허수부분끼리** 간단히 정리한 후 복소수가 서로 같을 조건을 이용한다.

두 복소수 $a+bi$, $c+di$ (a, b, c, d는 실수)에 대하여

(1) $a+bi=c+di$ ➡ $a=c$, $b=d$

(2) $a+bi=0$ ➡ $a=0$, $b=0$

$a+bi=c+di$에서 두 복소수 서로 같을 조건을 이용하려면 반드시 a, b, c, d가 실수라는 조건이 있어야 한다.

0407

 학교기출 대표 유형

등식 $(1+i)x+(1-i)y=4+2i$를 만족하는 실수 x, y에 대하여 xy의 값을 구하시오. (단, $i=\sqrt{-1}$)

0408

BASIC

두 실수 x, y가 등식
$$x-2xyi-2=6i-y$$
를 만족할 때, x^3+y^3의 값은? (단, $i=\sqrt{-1}$)

① 24　　　② 26　　　③ 28
④ 30　　　⑤ 32

0409

NORMAL

$xy<0$인 두 실수 x, y가 등식
$$|x-y|+(x-1)i=4-3i$$
를 만족시킬 때, $x+y$의 값은? (단, $i=\sqrt{-1}$)

① -2　　　② -1　　　③ 0
④　1　　　⑤　2

0410

NORMAL

두 실수 a, b에 대하여 등식
$$\frac{1-i}{1+i}+(1-2i)(a+i)=6+bi$$
가 성립할 때, ab의 값은? (단, $i=\sqrt{-1}$)

① -32　　　② -28　　　③ -24
④ -20　　　⑤ -16

0411

최다빈출 왕중요　　NORMAL

두 실수 x, y에 대하여 등식
$$\frac{x}{1+2i}+\frac{y}{1-2i}=3-2i$$
가 성립할 때, xy의 값은? (단, $i=\sqrt{-1}$)

① 30　　　② 40　　　③ 50
④ 60　　　⑤ 70

해설 내신연계문제

0412

최다빈출 왕중요　　NORMAL

$x-5y=1$을 만족하는 두 실수 x, y에 대하여 등식 $x+yi=\dfrac{1}{1+ai}$가 성립할 때, 양수 a의 값은? (단, $i=\sqrt{-1}$)

① 2　　　② 3　　　③ 4
④ 5　　　⑤ 6

해설 내신연계문제

0413

TOUGH

두 실수 x, y에 대하여 등식
$$(x^2-2x)+(y+2)i=3+(y^2-4)i$$
가 성립할 때, $x+y$의 최댓값은? (단, $i=\sqrt{-1}$)

① 2　　　② 3　　　③ 4
④ 5　　　⑤ 6

0414

TOUGH

등식 $a(\sqrt{2}+3i)+b(1-2\sqrt{2}i)+c(\sqrt{2}+i)=1+2\sqrt{2}-2\sqrt{2}i$를 만족시키는 유리수 a, b, c에 대하여 $a+b+c$의 값을 구하시오. (단, $i=\sqrt{-1}$)

모의고사 **핵심유형** 기출문제

0415

2023년 09월 고1 학력평가 5번

BASIC

등식 $\dfrac{2}{1-i}=a+bi$를 만족시키는 두 실수 a, b에 대하여 $a+b$의 값은? (단, $i=\sqrt{-1}$)

① -2 ② -1 ③ 0
④ 1 ⑤ 2

해설 내신연계문제

0416

2022년 06월 고1 학력평가 23번

BASIC

$(3+ai)(2-i)=13+bi$를 만족시키는 두 실수 a, b에 대하여 $a+b$의 값을 구하시오. (단, $i=\sqrt{-1}$)

해설 내신연계문제

유형 07 켤레복소수

복소수 $a+bi$ (a, b는 실수)에 대하여 **허수부분의 부호를 바꾼 복소수** $a-bi$를 $a+bi$의 켤레복소수라 하고 이것을 기호로 $\overline{a+bi}$와 같이 나타낸다. 또한 $a-bi$의 켤레복소수는 $a+bi$이다.

$$\overline{a+bi}=a-bi, \quad \overline{a-bi}=a+bi$$

켤레복소수끼리 더하거나 곱하면 결과는 항상 실수이다.
$z+\bar{z}=2a$, $z\bar{z}=a^2+b^2$

0417

학교기출 **대표** 유형

다음 복소수의 계산 중 옳지 않은 것은?
(단, $i=\sqrt{-1}$이고 $\bar{z}$는 z의 켤레복소수이다.)

① $z=2+3i$일 때, $z+\bar{z}=4$
② $z=3+2i$일 때, $z-\bar{z}=4i$
③ $z=1+2i$일 때, $z\times\bar{z}=5$
④ $\bar{z}=2-i$일 때, $z+\bar{z}=5$
⑤ $z=\dfrac{5}{2-i}$일 때, $z+\bar{z}+z\bar{z}=9$

0418

최다빈출 **왕**중요

NORMAL

복소수 $z=1-i$일 때, $\dfrac{z-1}{z}+\dfrac{\bar{z}-1}{z}$의 값은?
(단, $i=\sqrt{-1}$이고 $\bar{z}$는 z의 켤레복소수이다.)

① 1 ② 2 ③ 3
④ 4 ⑤ 5

해설 내신연계문제

0419

NORMAL

복소수 $z=1+3i$에 대하여 $\dfrac{1}{z}+\dfrac{1}{\bar{z}}$의 값은?
(단, $i=\sqrt{-1}$이고 $\bar{z}$는 z의 켤레복소수이다.)

① $\dfrac{1}{7}$ ② $\dfrac{1}{6}$ ③ $\dfrac{1}{5}$
④ $\dfrac{3}{2}$ ⑤ $\dfrac{5}{2}$

0420

복소수 $\alpha=1+i$에 대하여 $z=\dfrac{2\alpha+1}{\alpha-1}$일 때, $z\bar{z}$의 값은?

(단, $i=\sqrt{-1}$이고 $\bar{z}$는 z의 켤레복소수이다.)

① 9 　　　　② 10 　　　　③ 13
④ 15 　　　　⑤ 17

0421

복소수 z에 $1+i$를 곱하면 실수가 되고 그 켤레복소수 $\bar{z}$에 $1-2i$를 더하여도 실수가 된다. 이때 $(1+i)\bar{z}$의 값은?

(단, $i=\sqrt{-1}$이고 $\bar{z}$는 z의 켤레복소수이다.)

① $-4i$ 　　　　② -4 　　　　③ 2
④ $4i$ 　　　　⑤ 4

모의고사 **핵심유형** 기출문제

0422　2022년 11월 고1 학력평가 3번

복소수 $z=2+i$의 켤레복소수가 $\bar{z}$일 때, $z+i\bar{z}$의 값은?

(단, $i=\sqrt{-1}$)

① $1-3i$ 　　　　② $1+i$ 　　　　③ $1+3i$
④ $3-i$ 　　　　⑤ $3+3i$

해설 내신연계문제

0423　2023년 11월 고1 학력평가 8번

실수부분이 1인 복소수 z에 대하여

$$\frac{z}{2+i}+\frac{\bar{z}}{2-i}=2$$

일 때, $z\bar{z}$의 값은? (단, $i=\sqrt{-1}$이고, $\bar{z}$는 z의 켤레복소수이다.)

① 2 　　　　② 4 　　　　③ 6
④ 8 　　　　⑤ 10

해설 내신연계문제

유형 08 켤레복소수가 주어질 때 식의 값 구하기

두 복소수 x, y가 켤레복소수일 때 식의 값을 구하는 방법

[방법1] x, y의 값을 바로 대입한다.

[방법2] 주어진 식을 두 복소수의 합 $(x+y)$ 또는 곱 (xy)을 구하여 곱셈 공식의 변형을 이용하여 구한다.

> 두 복소수 a, b에 대하여 $a+b$, ab의 값을 구할 수 있으면 곱셈 공식의 변형을 이용한다.
> $$a^2+b^2=(a+b)^2-2ab$$
> $$a^2+b^2=(a-b)^2+2ab$$
> $$a^3+b^3=(a+b)^3-3ab(a+b)$$
> $$a^3-b^3=(a-b)^3+3ab(a-b)$$

0424　학교기출 대표 유형

두 복소수 $\alpha=2+i$, $\beta=2-i$에 대하여 다음 조건을 만족하는 상수 a, b, c에 대하여 abc의 값을 구하시오. (단, $i=\sqrt{-1}$)

(가) $\alpha^2+\beta^2=a$
(나) $\alpha^2\beta+\alpha\beta^2=b$
(다) $\dfrac{\beta}{\alpha}+\dfrac{\alpha}{\beta}=c$

0425

복소수 $x=\dfrac{2}{1+i}$, $y=\dfrac{2}{1-i}$일 때, x^3+y^3의 값은? (단, $i=\sqrt{-1}$)

① -8 　　　　② $-8i$ 　　　　③ -4
④ $-4i$ 　　　　⑤ -2

0426　최다빈출 왕중요

복소수 $x=\dfrac{1+\sqrt{3}\,i}{2}$, $y=\dfrac{1-\sqrt{3}\,i}{2}$일 때, $\dfrac{x^2}{y}+\dfrac{y^2}{x}+x^4+x^2y^2+y^4$

의 값은? (단, $i=\sqrt{-1}$)

① -2 　　　　② -1 　　　　③ 0
④ 1 　　　　⑤ 2

해설 내신연계문제

0427

복소수 $\alpha=2+3i$, $\beta=2-3i$에 대하여 $\alpha^3-\alpha^2\beta-\alpha\beta^2+\beta^3$의 값은?
(단, $i=\sqrt{-1}$)

① -288 ② -148 ③ -144
④ -108 ⑤ -36

0428 최다빈출 왕 중요

복소수 $x=\dfrac{5}{1-2i}$, $y=\dfrac{5}{1+2i}$에 대하여 $x^3-x^2y-xy^2+y^3$의 값은?
(단, $i=\sqrt{-1}$)

① -32 ② -18 ③ -16
④ 18 ⑤ 32

해설 내신연계문제

모의고사 핵심유형 기출문제

0429 2023년 06월 고1 학력평가 8번

두 복소수 $x=1-2i$, $y=1+2i$일 때, $x^3y+xy^3-x^2-y^2$의 값은?
(단, $i=\sqrt{-1}$)

① -24 ② -22 ③ -20
④ -18 ⑤ -16

해설 내신연계문제

0430 2022년 06월 고1 학력평가 9번

$x=2+i$, $y=2-i$일 때, $x^4+x^2y^2+y^4$의 값은? (단, $i=\sqrt{-1}$)

① 9 ② 10 ③ 11
④ 12 ⑤ 13

해설 내신연계문제

유형 09 켤레복소수의 성질을 이용하여 식의 값 구하기

복소수와 그 켤레복소수를 포함한 식의 계산
➡ 켤레복소수의 성질을 이용하여 식을 간단히 한다.

두 복소수 z_1, z_2와 각각의 켤레복소수 $\overline{z_1}$, $\overline{z_2}$에 대하여

(1) $\overline{z_1+z_2}=\overline{z_1}+\overline{z_2}$, $\overline{z_1-z_2}=\overline{z_1}-\overline{z_2}$

(2) $\overline{z_1z_2}=\overline{z_1}\times\overline{z_2}$

(3) $\overline{\left(\dfrac{z_1}{z_2}\right)}=\dfrac{\overline{z_1}}{\overline{z_2}}$ (단, $z_2\neq 0$)

(4) $\overline{(\overline{z_1})}=z_1$

> 켤레복소수의 성질을 이용하여 구하는 식을 간단히 한 후 복소수를 대입하면 복잡한 식을 간단히 계산할 수 있다.

0431 학교기출 대표 유형

두 복소수 $\alpha=3+2i$, $\beta=2-i$에 대하여 $(\alpha-\beta)(\overline{\alpha}-\overline{\beta})$의 값을 구하시오. (단, $i=\sqrt{-1}$이고 $\overline{\alpha}$, $\overline{\beta}$는 각각 α, β의 켤레복소수이다.)

0432

두 복소수 α, β에 대하여 $\alpha+\beta=3+2i$, $\alpha\beta=2-3i$일 때, $\dfrac{1}{\alpha}+\dfrac{1}{\beta}$의 값은? (단, $i=\sqrt{-1}$이고 $\overline{\alpha}$, $\overline{\beta}$는 각각 α, β의 켤레복소수이다.)

① $-i$ ② $1-i$ ③ $2i$
④ $3-i$ ⑤ $1+i$

0433

두 복소수 α, β에 대하여 $\alpha\overline{\beta}=1$, $\alpha+\dfrac{1}{\alpha}=3i$일 때, $\beta+\dfrac{1}{\beta}$의 값은?
(단, $i=\sqrt{-1}$이고 $\overline{\alpha}$, $\overline{\beta}$는 각각 α, β의 켤레복소수이다.)

① -3 ② 3 ③ $-3i$
④ i ⑤ $3i$

0434 최다빈출 왕 중요

두 복소수 $\alpha=(a-2)+i$, $\beta=3+(b+1)i$에 대하여
$$\overline{\alpha}+\overline{\beta}=\alpha+\beta, \quad \overline{\alpha}\times\overline{\beta}=\alpha\times\beta$$
일 때, $a+b$의 값은? (단, a, b는 실수, $i=\sqrt{-1}$이고 $\overline{\alpha}$, $\overline{\beta}$는 각각 α, β의 켤레복소수이다.)

① 3   ② 4   ③ 5
④ 6   ⑤ 7

해설 내신연계문제

0435

두 복소수 α, β에 대하여 $\overline{\alpha}+\overline{\beta}=-4+2i$, $\overline{\alpha}\times\overline{\beta}=2-3i$일 때, $(\alpha+3)(\beta+3)$의 값은? (단, $i=\sqrt{-1}$이고 $\overline{\alpha}$, $\overline{\beta}$는 각각 α, β의 켤레복소수이다.)

① $-3-2i$ ② $-1-3i$ ③ $1-i$
④ $3-2i$ ⑤ $2+3i$

0436 최다빈출 왕 중요

두 복소수 α, β에 대하여 $\alpha\overline{\alpha}=\beta\overline{\beta}=10$, $\alpha+\beta=2i$일 때, $\alpha\beta$의 값은? (단, $i=\sqrt{-1}$이고 $\overline{\alpha}$, $\overline{\beta}$는 각각 α, β의 켤레복소수이다.)

① -10 ② -5 ③ $-10i$
④ 5   ⑤ 10

해설 내신연계문제

0437

두 복소수 α, β가 $\alpha-\beta=3+2i$를 만족할 때, $\alpha\overline{\alpha}+\beta\overline{\beta}-\overline{\alpha}\beta-\alpha\overline{\beta}$의 값은? (단, $i=\sqrt{-1}$이고 $\overline{\alpha}$, $\overline{\beta}$는 각각 α, β의 켤레복소수이다.)

① 11   ② 13   ③ 15
④ 17   ⑤ 19

0438 최다빈출 왕 중요

두 복소수 $\alpha=2+i$, $\beta=-1+2i$일 때, $\alpha\overline{\alpha}+\overline{\alpha}\beta+\alpha\overline{\beta}+\beta\overline{\beta}$의 값은? (단, $i=\sqrt{-1}$이고 $\overline{\alpha}$, $\overline{\beta}$는 각각 α, β의 켤레복소수이다.)

① 10   ② 12   ③ 14
④ 16   ⑤ 20

해설 내신연계문제

0439

두 복소수 $\dfrac{1+z}{z}$와 $\dfrac{z}{z^2+1}$가 모두 실수가 되도록 하는 복소수 $z=a+bi$ ($a<0$, $b>0$인 실수)에 대하여 $\dfrac{b}{a}$의 값은? (단, $i=\sqrt{-1}$이고 $\overline{z}$는 z의 켤레복소수이다.)

① $-\sqrt{3}$ ② $-\dfrac{1}{2}$ ③ $-\dfrac{\sqrt{3}}{3}$
④ $\dfrac{1}{2}$ ⑤ $\dfrac{\sqrt{3}}{2}$

모의고사 핵심유형 기출문제

0440   2018년 06월 고1 학력평가 13번

5 이하의 두 자연수 a, b에 대하여 복소수 z를 $z=a+bi$라 할 때, $\dfrac{\overline{z}}{z}$의 실수부분이 0이 되게 하는 모든 복소수 z의 개수는? (단, $i=\sqrt{-1}$이고, $\overline{z}$는 z의 켤레복소수이다.)

① 1   ② 2   ③ 3
④ 4   ⑤ 5

해설 내신연계문제

유형 10 등식을 만족시키는 복소수 구하기

복소수 z와 그 켤레복소수 $\overline{z}$에 대하여 등식이 주어지면
$z=a+bi$ (a, b는 실수)로 놓고 복소수가 서로 같을 조건을 이용한다.
이때 z는 다음 순서로 구한다.

FIRST 복소수 $z=a+bi$ (a, b는 실수)로 놓으면 $\overline{z}=a-bi$이다.

LAST 등식에 대입한 후 복소수가 서로 같을 조건으로 실수 a, b의
값을 구한다.

 복소수 z는 하나의 문자가 아니라 $z=a+bi$ (a, b는 실수)로 놓고
$\overline{z}=a-bi$가 되므로 등식에 대입하여 복소수가 서로 같을 조건으로
실수는 실수끼리, 허수는 허수끼리 비교하여 a, b의 값을 구한다.

0441 학교기출 대표 유형

복소수 z의 켤레복소수를 $\overline{z}$라고 할 때, 등식

$$(1-i)\overline{z}+(1+2i)z=5-2i$$

를 만족하는 복소수 z에 대하여 $z\overline{z}$의 값을 구하시오. (단, $i=\sqrt{-1}$)

0442 최다빈출 왕중요

복소수 z와 그 켤레복소수 $\overline{z}$에 대하여 등식 $(1-i)z+i\overline{z}=2+4i$가
성립할 때, $z+\overline{z}$의 값은? (단, $i=\sqrt{-1}$)

① $-12i$ ② $-8i$ ③ -20
④ -12 ⑤ -8

해설 내신연계문제

0443

등식 $(1-i)z+(1+i)\overline{z}=8$을 만족시키는 복소수 z가 될 수 있는 것을
있는 대로 고른 것은? (단, $i=\sqrt{-1}$이고 $\overline{z}$는 z의 켤레복소수이다.)

ㄱ. $7-3i$	ㄴ. $-1+5i$
ㄷ. $3-2i$	ㄹ. $8-4i$

① ㄱ   ② ㄴ, ㄷ   ③ ㄷ, ㄹ
④ ㄱ, ㄴ, ㄹ   ⑤ ㄱ, ㄴ, ㄷ, ㄹ

0444

복소수 $z=a+bi$에 대하여 $\overline{z+iz}=5-3i$가 성립할 때, a^2+b^2의
값은? (단, $i=\sqrt{-1}$이고 a, b는 실수이다.)

① 16   ② 17   ③ 18
④ 19   ⑤ 20

0445 최다빈출 왕중요

복소수 z의 허수부분이 양의 실수이고 등식 $z+\overline{z}=z\overline{z}=2$를 만족할
때, z^{16}의 값은? (단, $\overline{z}$는 z의 켤레복소수이다.)

① 64   ② 128   ③ 256
④ 512   ⑤ 1024

해설 내신연계문제

0446

복소수 z와 그 켤레복소수 $\overline{z}$에 대하여
$z-\overline{z}=2i$, $z\overline{z}=10$이 성립할 때, $z^3-6z^2+12z-5$의 값은?
(단, $i=\sqrt{-1}$)

① $1+2i$ ② $2+i$ ③ $3-2i$
④ $2-3i$ ⑤ $3+2i$

0447 최다빈출 왕중요

0이 아닌 복소수 z와 그 켤레복소수 $\overline{z}$에 대하여
$\overline{(z+2)}\,\overline{(z-1)}+3\overline{z}+2=0$을 만족시키는 복소수 z는 $a+ai$일 때,
실수 a의 값을 구하시오. (단, $i=\sqrt{-1}$)

해설 내신연계문제

0448

복소수 z가 다음 조건을 모두 만족시킬 때, $z+\overline{z}$의 값을 구하시오.
(단, $i=\sqrt{-1}$이고 $\overline{z}$는 z의 켤레복소수이다.)

> (가) $z-(1-3i)$는 양의 실수이다.
> (나) $z\overline{z}=25$

0449   2024년 06월 고1 학력평가 24번

복소수 z에 대하여 등식 $3z-2\overline{z}=5+10i$가 성립할 때, $z\overline{z}$의 값을 구하시오. (단, $\overline{z}$는 z의 켤레복소수이고, $i=\sqrt{-1}$)

0450   2020년 09월 고1 학력평가 7번

복소수 $z=a+bi$ (a, b는 실수)에 대하여 등식 $2z+\overline{z}=3+5i$가 성립할 때, $a+b$의 값은? (단, $i=\sqrt{-1}$이고, $\overline{z}$는 z의 켤레복소수이다.)

① 6   ② 7   ③ 8
④ 9   ⑤ 10

0451   2019년 06월 고1 학력평가 27번

실수 a에 대하여 복소수 $z=a+2i$가

$$\overline{z}=\frac{z^2}{4i}$$

을 만족시킬 때, a^2의 값을 구하시오. (단, $i=\sqrt{-1}$이고, $\overline{z}$는 z의 켤레복소수이다.)

유형 11   켤레복소수의 성질 (1)

임의의 복소수 z에 대하여 다음 내용들은 항상 실수이다.

(1) $\overline{z}+z=(\text{실수})$ ◀ 켤레복소수끼리 더한 결과는 항상 실수이다.

(2) $\overline{z}z=(\text{실수})$ ◀ 켤레복소수끼리 곱한 결과는 항상 실수이다.

(3) $(z-1)(\overline{z}-1)=(\text{실수})$

(4) $\dfrac{1}{z}+\dfrac{1}{\overline{z}}$ (단, $z\neq0$)$=(\text{실수})$

(5) $z^2+(\overline{z})^2=(\text{실수})$

해설 $z=a+bi$ (단, a, b는 실수, $i=\sqrt{-1}$)라 하면 $\overline{z}=a-bi$

(1) $z+\overline{z}=(a+bi)+(a-bi)=2a$ ◀ $z+\overline{z}=(\text{실수})$

(2) $z\overline{z}=(a+bi)(a-bi)=a^2+b^2$ ◀ $z\overline{z}=(\text{실수})$

(3) $(z-1)(\overline{z}-1)=z\times\overline{z}-(z+\overline{z})+1=a^2+b^2-2a+1$ ◀ $(z-1)(\overline{z}-1)=(\text{실수})$

(4) $\dfrac{1}{z}+\dfrac{1}{\overline{z}}=\dfrac{z+\overline{z}}{z\overline{z}}=\dfrac{(a+bi)+(a-bi)}{(a+bi)(a-bi)}=\dfrac{2a}{a^2+b^2}$ (실수) ◀ $\dfrac{1}{z}+\dfrac{1}{\overline{z}}=(\text{실수})$

(5) $z^2+(\overline{z})^2=(a+bi)^2+(a-bi)^2$
$\qquad =(a^2+2abi-b^2)+(a^2-2abi-b^2)$
$\qquad =2(a^2-b^2)$ ◀ $z^2+(\overline{z})^2=(\text{실수})$

0452   학교기출 대표유형

복소수 z의 켤레복소수 $\overline{z}$에 대하여 다음 중 옳지 않은 것은?

① $z+\overline{z}$는 실수이다.
② $z\overline{z}$는 실수이다.
③ $z-\overline{z}=0$이면 z는 실수이다.
④ $\overline{z}$가 순허수이면 z도 순허수이다.
⑤ $\dfrac{1}{z}-\dfrac{1}{\overline{z}}$은 항상 순허수이다. (단, $z\neq0$)

0453   최다빈출 왕중요   BASIC

다음 중 $z=-\overline{z}$를 만족시키는 복소수 z는?
(단, $\overline{z}$는 z의 켤레복소수이다.)

① -9 ② $i(1-i)$ ③ $(3-\sqrt{2})i$
④ $-3i+1$ ⑤ $(2+\sqrt{5})i^2$

0454   최다빈출 왕중요   NORMAL

0이 아닌 복소수 z와 그 켤레복소수 $\overline{z}$에 대하여 다음 중 항상 실수가 아닌 것은?

① $z+\overline{z}$ ② $z\overline{z}$ ③ $\dfrac{1}{z}+\dfrac{1}{\overline{z}}$

④ $(z+3)(\overline{z}+3)$ ⑤ $\dfrac{z}{\overline{z}}$

유형 12 켤레복소수의 성질 (2)

(1) 복소수 $\overline{z}=z$이면 z는 실수이다.

해설 $z=a+bi$ (a, b는 실수)로 놓으면 $\overline{z}=a-bi$

$\overline{z}=z$에서 $a-bi=a+bi$

복소수가 서로 같을 조건에 의하여 $b=-b$,

즉 $2b=0$에서 $b=0$ ∴ $z=a$

이때 $\overline{z}=z$를 만족시키는 복소수 z는 실수이다.

(2) 복소수 $z=a+bi$가 순허수(제곱하여 음의 실수)이면
$a=0$, $b\neq0$

  ① z^2이 실수이면 z는 실수이거나 순허수이다.

  ② z^2이 음의 실수이면 z는 순허수이다.

해설 $z=a+bi$ (a, b는 실수)로 놓으면 $z^2=(a+bi)^2=(a^2-b^2)+2abi$

z^2이 음의 실수가 되려면 $2ab=0$이고 $a^2-b^2<0$이어야 한다.

(i) $a=0$일 때, $-b^2<0$이므로 $b\neq0$이면 성립한다.

(ii) $b=0$일 때, $a^2<0$이므로 이를 만족시키는 실수 a가 존재하지 않는다.

(i), (ii)에서 제곱하여 음의 실수가 되는 복소수는
$a=0$, $b\neq0$인 순허수이다.

(3) $\overline{z}=-z$이면 z가 순허수 또는 0이다.

해설 $z=a+bi$ (a, b는 실수)로 놓으면 $\overline{z}=a-bi$

$\overline{z}=-z$에서 $a-bi=-(a+bi)=-a-bi$

복소수가 서로 같을 조건에 의하여 $a=-a$,

즉 $2a=0$에서 $a=0$ ∴ $z=bi$

(i) $b\neq0$이면 복소수 z는 순허수이다.

(ii) $b=0$이면 복소수 z는 0이다.

(i), (ii)에서 $\overline{z}=-z$를 만족시키는 복소수 z는 순허수 또는 0이다.

(4) $z\overline{z}=0$이면 z는 0이다.

해설 $z=a+bi$ (a, b는 실수)로 놓으면 $\overline{z}=a-bi$

$z\overline{z}=(a+bi)(a-bi)=a^2+b^2=0$이므로 $a=0$, $b=0$, 즉 $z=0+0i=0$

(5) α, β가 복소수일 때, $\alpha\beta=0$이면 $\alpha=0$ 또는 $\beta=0$ [참]

증명 $\alpha=a+bi$, $\beta=c+di$ (a, b, c, d는 실수)라 하면
$\alpha\beta=(a+bi)(c+di)=0$의 양변에 켤레복소수 $(a-bi)(c-di)$를
곱하면 $(a^2+b^2)(c^2+d^2)=0$이다.

$a^2+b^2=0$에서 $a=0$이고 $b=0$ ∴ $\alpha=a+bi=0+0i=0$

$c^2+d^2=0$에서 $c=0$이고 $d=0$ ∴ $\beta=c+di=0+0i=0$

따라서 $\alpha=0$ 또는 $\beta=0$

(6) α, β가 복소수일 때, $\alpha+\beta i=0$이면 $\alpha=0$, $\beta=0$ [거짓]

  α, β가 복소수일 때, $\alpha^2+\beta^2=0$이면 $\alpha=0$, $\beta=0$ [거짓]

반례 $\alpha=1$, $\beta=i$이면 $\alpha+\beta i=1+(-1)=0$이지만 $\alpha\neq0$, $\beta\neq0$이다.

  $\alpha=i$, $\beta=1$이면 $\alpha^2+\beta^2=(-1)+1=0$이지만 $\alpha\neq0$, $\beta\neq0$이다.

(7) α, β, γ가 복소수일 때, $\alpha+\beta$, $\beta+\gamma$, $\gamma+\alpha$가 모두 실수이면
$\alpha+\beta+\gamma$는 실수이다. [참]

해설 $\alpha+\beta=a$, $\beta+\gamma=b$, $\gamma+\alpha=c$ (단, a, b, c는 실수)로 놓으면
$(\alpha+\beta)+(\beta+\gamma)+(\gamma+\alpha)=a+b+c$에서 $2(\alpha+\beta+\gamma)=a+b+c$

따라서 $\alpha+\beta+\gamma=\dfrac{1}{2}(a+b+c)$는 실수이다. [참]

0455 학교기출 대표 유형

0이 아닌 복소수 z에 대하여 다음 [보기] 중 옳은 것을 있는 대로
모두 고른 것은? (단, $\overline{z}$는 z의 켤레복소수이다.)

> ㄱ. $z\overline{z}$는 양의 실수이다.
>
> ㄴ. $z-\dfrac{1}{z}$이 순허수일 때, $z\overline{z}=1$이다.
>
> ㄷ. $(z+\overline{z})(z-\overline{z})$는 순허수이다.

① ㄱ   ② ㄱ, ㄴ   ③ ㄱ, ㄷ
④ ㄴ, ㄷ   ⑤ ㄱ, ㄴ, ㄷ

0456 최다빈출 왕중요

임의의 복소수 z에 대하여 다음 [보기] 중 옳은 것을 모두 고르면?
(단, $\overline{z}$는 z의 켤레복소수이다.)

> ㄱ. $z+\overline{z}$는 항상 실수이다.
>
> ㄴ. z^2이 실수이면 z는 실수이다.
>
> ㄷ. $z\overline{z}=0$이면 $z=0$이다.

① ㄱ   ② ㄱ, ㄴ   ③ ㄱ, ㄷ
④ ㄴ, ㄷ   ⑤ ㄱ, ㄴ, ㄷ

해설 내신연계문제

0457

두 복소수 α, β에 대하여 [보기] 중에서 옳은 것을 모두 고른 것은?
(단, $\overline{\alpha}$, $\overline{\beta}$는 각각 α, β의 켤레복소수이다.)

> ㄱ. $\alpha=\overline{\alpha}$이면 α는 실수이다.
>
> ㄴ. $\alpha\overline{\alpha}=0$이면 $\alpha=0$이다.
>
> ㄷ. $\alpha^2+\beta^2=0$이면 $\alpha=0$이고 $\beta=0$이다.
>
> ㄹ. $\alpha\beta=0$이면 $\alpha=0$ 또는 $\beta=0$이다.

① ㄱ, ㄴ   ② ㄴ, ㄷ   ③ ㄱ, ㄴ, ㄹ
④ ㄴ, ㄷ, ㄹ   ⑤ ㄱ, ㄷ, ㄹ

0458  최다빈출 왕 중요

두 복소수 α, β에 대하여 [보기] 중에서 옳은 것의 개수는?
(단, $i=\sqrt{-1}$이고 $\overline{\alpha}$, $\overline{\beta}$는 각각 α, β의 켤레복소수이다.)

> ㄱ. $\alpha^2+(\overline{\alpha})^2=0$이면 $\alpha=0$
>
> ㄴ. $\overline{\alpha}=-\alpha$이면 α는 허수이다.
>
> ㄷ. $\alpha+\beta i=0$이면 $\alpha=0$이고 $\beta=0$이다.
>
> ㄹ. $\alpha\neq0$일 때, $\alpha i=\overline{\alpha}$이면 $\alpha+\overline{\alpha}i=0$이다.
>
> ㅁ. $\alpha\overline{\beta}=1$이면 $\overline{\alpha}+\dfrac{1}{\alpha}=\overline{\beta}+\dfrac{1}{\beta}$이다.
>
> ㅂ. α가 허수이면 $\alpha=-\overline{\alpha}$이다.

① 1   ② 2   ③ 3
④ 4   ⑤ 5

해설 내신연계문제

0459 TOUGH

실수가 아닌 두 복소수 z, w가 $z+\overline{w}=0$을 만족시킬 때, 항상 실수인 것만을 [보기]에서 있는 대로 고른 것은?
(단, $\overline{z}$, $\overline{w}$는 각각 z, w의 켤레복소수이다.)

> ㄱ. $w-\overline{z}$ ㄴ. $i(z+w)$
>
> ㄷ. $z\overline{w}$ ㄹ. $\dfrac{\overline{z}}{w}$ $(w\neq0)$

① ㄱ   ② ㄴ, ㄹ   ③ ㄱ, ㄷ, ㄹ
④ ㄴ, ㄷ   ⑤ ㄱ, ㄴ, ㄷ, ㄹ

모의고사 핵심유형 기출문제

0460   2016년 06월 고1 학력평가 17번   TOUGH

복소수 $z=a+bi$ (a, b는 0이 아닌 실수)에 대하여 z^2-z가 실수일 때, [보기]에서 옳은 것만을 있는 대로 고른 것은?
(단, $i=\sqrt{-1}$이고, $\overline{z}$는 z의 켤레복소수이다.)

> ㄱ. $\overline{z^2-z}$는 실수이다.
>
> ㄴ. $z+\overline{z}=1$
>
> ㄷ. $z\overline{z}>\dfrac{1}{4}$

① ㄱ   ② ㄴ   ③ ㄱ, ㄴ
④ ㄱ, ㄷ   ⑤ ㄱ, ㄴ, ㄷ

해설 내신연계문제

유형 13   켤레복소수의 성질의 활용

복소수 z의 켤레복소수를 $\overline{z}$라 할 때,

(1) $z+\overline{z}=$ (실수)

(2) $z\overline{z}=$ (실수)

(3) $\overline{z}=z$이면 ➡ z는 실수이다.

(4) $z+\overline{z}=0$이면 ➡ z는 순허수 또는 0이다.
     특히 $z\neq0$, $z+\overline{z}=0$이면 z는 순허수이다.

주의 $\overline{z}=-z$이면 z가 순허수이다. [거짓] ($\because z=0$)
     z가 순허수이면 $\overline{z}=-z$이다. [참]

0461  학교기출 대표 유형

z가 복소수일 때, 다음 설명 중 옳지 않은 것은?
(단, $\overline{z}$는 z의 켤레복소수이다.)

① $z\overline{z}=0$이면 $z=0$이다.

② $\dfrac{1}{z}+\dfrac{1}{\overline{z}}$은 실수이다. (단, $z\neq0$)

③ $\overline{z}$가 순허수이면 $\dfrac{1}{z}$도 순허수이다.

④ $z=\overline{z}$이면 z는 실수이다.

⑤ $z=-\overline{z}$이면 z는 순허수이다.

0462  NORMAL

0이 아닌 복소수 $z=x^2i+(1+2i)x-4-24i$에 대하여 $z=\overline{z}$를 만족시킬 때, 실수 x의 값은? (단, $i=\sqrt{-1}$이고 $\overline{z}$는 z의 켤레복소수이다.)

① -10 ② -8 ③ -6
④ -4 ⑤ -2

0463  NORMAL

0이 아닌 복소수 $z=(1+2i)a^2+(-2+6i)a-3+4i$에 대하여 $iz+\overline{iz}=0$일 때, 실수 a의 값은? (단, $i=\sqrt{-1}$이고 $\overline{z}$는 z의 켤레복소수이다.)

① -3 ② -2 ③ -1
④ 1 ⑤ 3

0464 최다빈출 왕중요 · NORMAL

0이 아닌 복소수 $z=(1+i)x^2-(3+5i)x+2+6i$에 대하여
$z+\bar{z}=0$이 되도록 하는 실수 x의 값은?
(단, $i=\sqrt{-1}$ 이고 $\bar{z}$는 z의 켤레복소수이다.)

① 1   ② 2   ③ 3
④ 4   ⑤ 5

해설 내신연계문제

0465 · TOUGH

0이 아닌 복소수 $z=(x^2-25)+(5x^2-24x-5)i$가 $z=\bar{z}$일 때의
실수 x의 값을 α, $z=-\bar{z}$일 때의 실수 x의 값을 β라 할 때, $\alpha\beta$의
값을 구하시오. (단, $i=\sqrt{-1}$ 이고 $\bar{z}$는 z의 켤레복소수이다.)

모의고사 핵심유형 기출문제

0466 · 2020년 06월 고1 학력평가 9번 · NORMAL

복소수 $z=x^2-(5-i)x+4-2i$에 대하여 $\bar{z}=-z$를 만족시키는 모든
실수 x의 값의 합은? (단, $i=\sqrt{-1}$ 이고, $\bar{z}$는 z의 켤레복소수이다.)

① 1   ② 2   ③ 3
④ 4   ⑤ 5

해설 내신연계문제

0467 · 2017년 06월 고1 학력평가 18번 · TOUGH

복소수 $z=a+bi$ (a, b는 0이 아닌 실수)에 대하여 $iz=\bar{z}$일 때,
[보기]에서 옳은 것만을 있는 대로 고른 것은?
(단, $i=\sqrt{-1}$ 이고, $\bar{z}$는 z의 켤레복소수이다.)

> ㄱ. $z+\bar{z}=-2b$
>
> ㄴ. $i\bar{z}=-z$
>
> ㄷ. $\dfrac{\bar{z}}{z}+\dfrac{z}{\bar{z}}=0$

① ㄱ   ② ㄷ   ③ ㄱ, ㄴ
④ ㄴ, ㄷ   ⑤ ㄱ, ㄴ, ㄷ

해설 내신연계문제

유형 14 허수단위 i의 거듭제곱

자연수 n에 대하여 i^n의 값은 4개의 값
$$i, -1, -i, 1$$
이 순서대로 반복되어 나타난다.

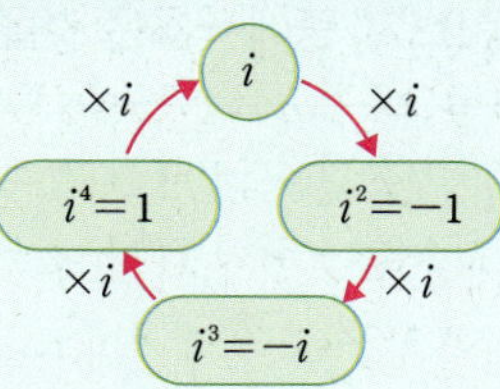

$i^{4k-3}=i$, $i^{4k-2}=-1$, $i^{4k-1}=-i$, $i^{4k}=1$ (단, k는 자연수)

i^n은 4개를 주기로 값이 순환하므로 4개씩 묶으면 0이 된다.

(1) $i^n+i^{n+1}+i^{n+2}+i^{n+3}=0$ (단, n은 자연수)

  ① $i+i^2+i^3+i^4=0$

  ② $i+i^2+i^3+\cdots+i^{100}$
    $=(i+i^2+i^3+i^4)+\cdots+(i^{97}+i^{98}+i^{99}+i^{100})$
    $=(i-1-i+1)+(i-1-i+1)+\cdots+(i-1-i+1)$
    $=0+0+\cdots+0=0$

  ③ $1+i+i^2+i^3+\cdots+i^{100}=1$

(2) $\dfrac{1}{i}+\dfrac{1}{i^2}+\dfrac{1}{i^3}+\dfrac{1}{i^4}=i^3+i^2+i+1=0$

  $\left(\because \dfrac{1}{i}=i^3=-i, \dfrac{1}{i^2}=i^2=-1, \dfrac{1}{i^3}=i\right)$

  ① $\dfrac{1}{i}+\dfrac{1}{i^2}+\dfrac{1}{i^3}+\dfrac{1}{i^4}+\cdots+\dfrac{1}{i^{100}}$
    $=\left(\dfrac{1}{i}+\dfrac{1}{i^2}+\dfrac{1}{i^3}+\dfrac{1}{i^4}\right)+\cdots+\left(\dfrac{1}{i^{97}}+\dfrac{1}{i^{98}}+\dfrac{1}{i^{99}}+\dfrac{1}{i^{100}}\right)$
    $=(i^3+i^2+i+1)+\cdots+(i^3+i^2+i+1)$
    $=0+0+\cdots+0=0$

  ② $1+\dfrac{1}{i}+\dfrac{1}{i^2}+\dfrac{1}{i^3}+\dfrac{1}{i^4}+\cdots+\dfrac{1}{i^{100}}=1$

0468 · 학교기출 대표 유형

다음 [보기] 중에서 옳은 것을 고르면? (단, $i=\sqrt{-1}$)

> ㄱ. $i+i^2+i^3+i^4+\cdots+i^{100}=0$
>
> ㄴ. $1-i+i^2-i^3+i^4-\cdots+i^{100}=1$
>
> ㄷ. $\dfrac{1}{i}+\dfrac{1}{i^2}+\dfrac{1}{i^3}+\dfrac{1}{i^4}+\cdots+\dfrac{1}{i^{100}}=0$

① ㄱ   ② ㄴ   ③ ㄱ, ㄴ
④ ㄱ, ㄷ   ⑤ ㄱ, ㄴ, ㄷ

0469

다음 [보기] 중에서 옳은 것을 고르면? (단, $i=\sqrt{-1}$)

> ㄱ. $i+2i^2+3i^3+4i^4+\cdots+100i^{100}=50-50i$
>
> ㄴ. $i+3i^2+5i^3+7i^4+\cdots+199i^{100}=100-100i$
>
> ㄷ. $\dfrac{1}{i}+\dfrac{2}{i^2}+\dfrac{3}{i^3}+\dfrac{4}{i^4}+\cdots+\dfrac{100}{i^{100}}=50+50i$

① ㄱ ② ㄴ ③ ㄱ, ㄴ
④ ㄱ, ㄷ ⑤ ㄱ, ㄴ, ㄷ

0470

자연수 n에 대하여 함수 $f(n)=i+i^2+i^3+\cdots+i^n$이라 할 때, $f(k)=0$이 되도록 하는 100 이하의 자연수 k의 개수는?
(단, $i=\sqrt{-1}$)

① 1 ② 10 ③ 25
④ 38 ⑤ 52

0471

최다빈출 왕중요

복소수 z와 그 켤레복소수 $\overline{z}$에 대하여 등식 $(1+i)z+i\overline{z}=1+i$가 성립할 때, z^n이 양수가 되도록 하는 100 이하의 자연수 n의 개수는?
(단, $i=\sqrt{-1}$)

① 9 ② 10 ③ 11
④ 12 ⑤ 13

> 해설 내신연계문제

0472

$a=(1+i)^n$이 양의 실수가 되도록 하는 최소의 자연수 n의 값과 그때의 a의 값에 대하여 $n+a$의 값은? (단, $i=\sqrt{-1}$)

① 14 ② 18 ③ 22
④ 24 ⑤ 28

0473

다음 조건을 만족하는 실수 a, b에 대하여 $a+b$의 값은?
(단, $i=\sqrt{-1}$)

> (가) $i^{101}+i^{102}+i^{103}+i^{104}=a$
>
> (나) $\left(\dfrac{1-i}{i}\right)^4+\left(\dfrac{1+i}{i}\right)^4=b$

① -10 ② -8 ③ -6
④ -4 ⑤ -2

0474

자연수 n에 대하여 복소수 $f(n)=i^n+(-i)^n$일 때, [보기]에서 옳은 것만을 있는 대로 고른 것은?
(단, $i=\sqrt{-1}$이고 $\overline{f(n)}$은 $f(n)$의 켤레복소수이다.)

> ㄱ. $f(n)=-2$를 만족시키는 100 이하의 자연수 n의 개수는 25이다.
>
> ㄴ. $f(n)=1$을 만족시키는 자연수 n이 존재한다.
>
> ㄷ. $f(100)+f(102)=0$
>
> ㄹ. 임의의 자연수 n에 대하여 $f(n)=\overline{f(n)}$이다.

① ㄱ, ㄴ ② ㄴ, ㄷ ③ ㄱ, ㄷ, ㄹ
④ ㄴ, ㄷ, ㄹ ⑤ ㄱ, ㄴ, ㄷ, ㄹ

> 모의고사 핵심유형 기출문제

0475

2020년 06월 고1 학력평가 22번

$i+2i^2+3i^3+4i^4+5i^5=a+bi$일 때, $3a+2b$의 값을 구하시오.
(단, $i=\sqrt{-1}$이고, a, b는 실수이다.)

> 해설 내신연계문제

0476

2022년 06월 고1 학력평가 27번

100 이하의 자연수 n에 대하여 $(1-i)^{2n}=2^n i$를 만족시키는 모든 n의 개수를 구하시오. (단, $i=\sqrt{-1}$)

> 해설 내신연계문제

유형 15 복소수의 거듭제곱의 계산 (1)

자연수 n에 대하여 복소수 z에 대한 거듭제곱은 z, z^2, z^3, z^4, $\cdots$을 차례로 구하여 z^n의 규칙을 찾는다.

(1) $(1+i)^n$, $(1-i)^n$꼴을 포함한 식의 값

⮕ $(1+i)^2=2i$, $(1-i)^2=-2i$임을 이용한다.

(2) $\left(\dfrac{1+i}{1-i}\right)^n$, $\left(\dfrac{1-i}{1+i}\right)^n$꼴을 포함한 식의 값

⮕ $\dfrac{1+i}{1-i}=i$, $\dfrac{1-i}{1+i}=-i$임을 이용한다.

(3) $\left(\dfrac{-1\pm\sqrt{3}i}{2}\right)^n$, $\left(\dfrac{1\pm\sqrt{3}i}{2}\right)^n$꼴을 포함한 식의 값

⮕ $\left(\dfrac{-1\pm\sqrt{3}i}{2}\right)^3=1$, $\left(\dfrac{1\pm\sqrt{3}i}{2}\right)^3=-1$임을 이용한다.

① $i+i^2+i^3+i^4=0$
② $\dfrac{1}{i}=-i$, $\dfrac{1}{i^2}=-1$, $\dfrac{1}{i^3}=i$

0477 학교기출 대표유형

$f(x)=x^{50}+\dfrac{1}{x^{50}}$일 때, $f\left(\dfrac{1-i}{1+i}\right)$의 값을 구하시오. (단, $i=\sqrt{-1}$)

0478 NORMAL

자연수 n에 대하여 $f(n)=\left(\dfrac{1+i}{1-i}\right)^n$일 때, [보기]에서 옳은 것만을 있는 대로 고른 것은?
(단, $i=\sqrt{-1}$이고 $\overline{f(n)}$는 $f(n)$의 켤레복소수이다.)

ㄱ. $f(2025)=f(17)$
ㄴ. $\overline{f(15)}=-f(15)$
ㄷ. $1+f(1)+f(2)+f(3)+\cdots+f(100)=1$

① ㄱ
② ㄷ
③ ㄱ, ㄴ
④ ㄴ, ㄷ
⑤ ㄱ, ㄴ, ㄷ

0479 NORMAL

복소수 $z=\dfrac{1-i}{1+i}$에 대하여 $z^n=-1$이 되도록 하는 100 이하의 자연수 n의 개수는? (단, $i=\sqrt{-1}$)

① 20
② 25
③ 30
④ 40
⑤ 50

0480 NORMAL

두 실수 a, b에 대하여 등식

$$\left(\dfrac{1-i}{1+i}\right)^{10}(a+2bi)=3+10i$$

를 만족할 때, $a-b$의 값은? (단, $i=\sqrt{-1}$)

① -8
② -6
③ -2
④ 2
⑤ 4

0481 NORMAL

$z=\dfrac{1-i}{1+i}$일 때, $1+z+z^2+z^3+\cdots+z^{2026}$의 값은? (단, $i=\sqrt{-1}$)

① $-i$
② -1
③ 0
④ 2
⑤ $2i$

0482 최다빈출 왕중요 TOUGH

자연수 n에 대하여 $f(n)$은

$$f(n)=\left(\dfrac{1-i}{1+i}\right)^n+\left(\dfrac{1+i}{1-i}\right)^n$$

으로 정의할 때, $f(1)+f(2)+f(3)+\cdots+f(102)$의 값은?
(단, $i=\sqrt{-1}$)

① -2
② -1
③ 0
④ 1
⑤ 2

해설 내신연계문제

0483 TOUGH

복소수 $z=\dfrac{2-\sqrt{5}i}{\sqrt{5}+2i}$에 대하여 $w=\dfrac{1+z}{1+z}$라고 할 때,

$1+w+w^2+w^3+w^4+\cdots+w^{100}$의 값을 구하시오.
(단, $i=\sqrt{-1}$이고 $\overline{z}$는 z의 켤레복소수이다.)

복소수 z에 대하여 z^n (n은 자연수)의 값을 구할 때는 다음을 이용한다.

(1) $\left(\dfrac{1+i}{\sqrt{2}}\right)^n$, $\left(\dfrac{1-i}{\sqrt{2}}\right)^n$ 꼴을 포함한 식의 값

➜ $\left(\dfrac{1+i}{\sqrt{2}}\right)^2=i$, $\left(\dfrac{1-i}{\sqrt{2}}\right)^2=-i$임을 이용한다.

(2) $\left(\dfrac{\sqrt{2}}{1-i}\right)^n$, $\left(\dfrac{\sqrt{2}}{1+i}\right)^n$ 꼴을 포함한 식의 값

➜ $\left(\dfrac{\sqrt{2}}{1-i}\right)^2=i$, $\left(\dfrac{\sqrt{2}}{1+i}\right)^2=-i$임을 이용한다.

 복소수 z의 거듭제곱은 z 또는 z^n을 ai (a는 실수)꼴로 나타낸 후 i의 거듭제곱을 이용한다.

➜ $(1+i)^2=2i$, $(1-i)^2=-2i$, $\dfrac{1+i}{1-i}=i$, $\dfrac{1-i}{1+i}=-i$

0484 학교기출 대표 유형

자연수 n에 대하여 $f(n)=\left(\dfrac{1+i}{\sqrt{2}}\right)^{2n}+\left(\dfrac{1-i}{\sqrt{2}}\right)^{2n}$ 이라 할 때, $f(n)$의 값으로 가능한 모든 수의 합을 구하시오.

0485 최다빈출 왕 중요 NORMAL

복소수 $z=\dfrac{1-i}{\sqrt{2}}$에 대하여 $z^{84}+(\bar{z})^{84}$의 값은?

(단, $i=\sqrt{-1}$ 이고 $\bar{z}$는 z의 켤레복소수이다.)

① $-2i$ ② -2 ③ 0
④ 2 ⑤ $2i$

해설 내신연계문제

0486 최다빈출 왕 중요 NORMAL

복소수 $z=\dfrac{1+i}{\sqrt{2}}$에 대하여 $z^2+z^4+z^6+\cdots+z^{2n}=0$을 만족시키는 100 이하의 자연수 n의 개수는? (단, $i=\sqrt{-1}$)

① 5   ② 10   ③ 15
④ 20   ⑤ 25

해설 내신연계문제

0487 최다빈출 왕 중요 NORMAL

두 복소수

$$z=\dfrac{1+i}{\sqrt{2}},\ \omega=\dfrac{-1+\sqrt{3}\,i}{2}$$

에 대하여 $z^n=\omega^n$을 만족시키는 100 이하의 자연수 n의 개수는? (단, $i=\sqrt{-1}$)

① 3   ② 4   ③ 5
④ 6   ⑤ 7

해설 내신연계문제

0488 최다빈출 왕 중요 TOUGH

복소수 $z=\dfrac{3+\sqrt{2}\,i}{\sqrt{2}-3i}$에 대하여 $\omega=\dfrac{\sqrt{2}\,z}{1-z}$ 라 할 때, $\omega^n=1$을 만족시키는 100 이하의 자연수 n의 개수는? (단, $i=\sqrt{-1}$ 이고 $\bar{z}$는 z의 켤레복소수이다.)

① 6   ② 8   ③ 12
④ 18   ⑤ 25

해설 내신연계문제

0489 TOUGH

자연수 n에 대하여 복소수 $z^n=\left(\dfrac{\sqrt{2}\,i}{1-i}\right)^n$ 이라 할 때, 옳은 것만을 [보기]에서 있는 대로 고른 것은? (단, $i=\sqrt{-1}$)

> ㄱ. $z^4=1$
> ㄴ. $z^6=z^2$
> ㄷ. $z^{n+8}=z^n$
> ㄹ. $z^2+z^4+z^6+z^8+z^{10}+z^{12}+z^{14}+z^{16}=0$

① ㄱ   ② ㄷ, ㄹ   ③ ㄱ, ㄴ, ㄷ
④ ㄱ, ㄷ, ㄹ   ⑤ ㄱ, ㄴ, ㄷ, ㄹ

0490 2024년 06월 고1 학력평가 17번 TOUGH

실수 a에 대하여 복소수 z를 $z=a^2-1+(a-1)i$라 하자.

z^2이 음의 실수일 때,

$$\left(\frac{1-i}{\sqrt{2}}\right)^n=\frac{(z-\bar{z})i}{4}$$

가 되도록 하는 100 이하의 자연수 n의 개수는? (단, $\bar{z}$는 z의 켤레복소수이고, $i=\sqrt{-1}$)

① 8 ② 9 ③ 10
④ 11 ⑤ 12

해설 내신연계문제

0491 2023년 06월 고1 학력평가 29번 TOUGH

49 이하의 두 자연수 m, n이

$$\left\{\left(\frac{1+i}{\sqrt{2}}\right)^m-i^n\right\}^2=4$$

를 만족시킬 때, $m+n$의 최댓값을 구하시오. (단, $i=\sqrt{-1}$)

해설 내신연계문제

0492 2021년 06월 고1 학력평가 27번 TOUGH

 $\left(\dfrac{\sqrt{2}}{1+i}\right)^n+\left(\dfrac{\sqrt{3}+i}{2}\right)^n=2$를 만족시키는 자연수 n의 최솟값을 구하시오. (단, $i=\sqrt{-1}$)

해설 내신연계문제

0493 2021년 09월 고1 학력평가 20번 TOUGH

복소수 $z=\dfrac{-1+\sqrt{3}\,i}{2}$에 대하여 [보기]에서 옳은 것만을 있는 대로 고른 것은? (단, $i=\sqrt{-1}$)

> ㄱ. $z^3=1$
> ㄴ. $z^4+z^5=-1$
> ㄷ. $z^n+z^{2n}+z^{3n}+z^{4n}+z^{5n}=-1$을 만족시키는 100 이하의 모든 자연수 n의 개수는 66이다.

① ㄱ ② ㄴ ③ ㄱ, ㄴ
④ ㄱ, ㄷ ⑤ ㄱ, ㄴ, ㄷ

해설 내신연계문제

(1) 음수의 제곱근은 허수단위 i를 사용하여 나타낸 후 계산한다.
 ① $a>0$일 때, $\sqrt{-a}=\sqrt{a}\,i$
 ② $a>0$일 때, $-a$의 제곱근은 $\pm\sqrt{a}\,i$

(2) 음수의 제곱근의 성질을 이용하여 계산한다.
 ① $a<0$, $b<0$이면 $\sqrt{a}\sqrt{b}=-\sqrt{ab}$
 ② $a>0$, $b<0$이면 $\dfrac{\sqrt{a}}{\sqrt{b}}=-\sqrt{\dfrac{a}{b}}$

0494 학교기출 **대표** 유형

다음 중 옳지 않은 것은? (단, $i=\sqrt{-1}$)

① $\dfrac{\sqrt{-9}}{\sqrt{-3}}=\sqrt{3}$ ② $\dfrac{\sqrt{-4}}{\sqrt{2}}=\sqrt{2}\,i$

③ $\sqrt{-2}\sqrt{-8}=-4$ ④ $\sqrt{-8}-\sqrt{-2}=\sqrt{2}\,i$

⑤ $\dfrac{\sqrt{64}}{\sqrt{-4}}=4i$

0495 BASIC

복소수 $z=\sqrt{-3}\sqrt{-27}+\dfrac{\sqrt{12}}{\sqrt{-3}}-\sqrt{-5}\sqrt{-20}$에 대하여 $z\bar{z}$의 값은?

(단, $i=\sqrt{-1}$이고 $\bar{z}$는 z의 켤레복소수이다.)

① 3 ② 5 ③ 7
④ 9 ⑤ 10

0496 최다빈출 **왕** 중요 NORMAL

복소수 $z=(\sqrt{3}+\sqrt{-3})(2\sqrt{3}-\sqrt{-3})+\sqrt{-3}\sqrt{-12}+\dfrac{\sqrt{28}}{\sqrt{-7}}$에 대하여 $z\bar{z}$의 값은? (단, $i=\sqrt{-1}$이고 $\bar{z}$는 z의 켤레복소수이다.)

① 6 ② 8 ③ 10
④ 12 ⑤ 14

해설 내신연계문제

0497

$a>0$일 때, 다음을 간단히 하면? (단, $i=\sqrt{-1}$)

$$\frac{\sqrt{a}\sqrt{-a}+\sqrt{-a}\sqrt{-a}}{\sqrt{(-a)^2}}+\frac{\sqrt{a}}{\sqrt{-a}}+\frac{\sqrt{a^2}}{\sqrt{(-a)^2}}$$

① $-a$ ② $-2a$ ③ 0
④ $2a$ ⑤ $2ai$

0498

$-1<x<1$일 때, 다음을 간단히 하면? (단, $i=\sqrt{-1}$)

$$\sqrt{x+1}\times\sqrt{x-1}\times\sqrt{1-x}\times\sqrt{-x-1}$$

① $-x^2-1$ ② x^2-1 ③ x^2+1
④ $(x^2-1)i$ ⑤ $(x^2+1)i$

0499

$\sqrt{-2}\sqrt{-18}+\dfrac{\sqrt{12}}{\sqrt{-3}}$ 의 값은? (단, $i=\sqrt{-1}$)

① $6+2i$ ② $6-2i$ ③ $-8i$
④ $-6+2i$ ⑤ $-6-2i$

두 실수 a, b에 대하여

(1) $\sqrt{a}\sqrt{b}=-\sqrt{ab}$ ➡ $a<0$, $b<0$ 또는 $a=0$ 또는 $b=0$

해설 $a<0$, $b<0$인 경우를 제외하면 $\sqrt{a}\sqrt{b}=\sqrt{ab}$

$\sqrt{a}\sqrt{b}=-\sqrt{ab}$이면 $(a<0,\ b<0)$ 또는 $(a=0$ 또는 $b=0)$

(2) $\dfrac{\sqrt{a}}{\sqrt{b}}=-\sqrt{\dfrac{a}{b}}$ ➡ $a>0$, $b<0$ 또는 $a=0$, $b\neq0$

해설 $a>0$, $b<0$인 경우를 제외하면 $\dfrac{\sqrt{a}}{\sqrt{b}}=\sqrt{\dfrac{a}{b}}$ (단, $b\neq0$)

$\dfrac{\sqrt{a}}{\sqrt{b}}=-\sqrt{\dfrac{a}{b}}$ $(b\neq0)$이면 $(a>0,\ b<0)$ 또는 $(a=0,\ b\neq0)$

0500

0이 아닌 두 실수 a, b에 대하여 $\sqrt{a}\sqrt{b}=-\sqrt{ab}$일 때, 옳지 않은 것은?

① $\sqrt{-a}\sqrt{-b}=\sqrt{ab}$ ② $\dfrac{\sqrt{-a}}{\sqrt{b}}=-\sqrt{-\dfrac{a}{b}}$

③ $\sqrt{a^2b}=-a\sqrt{b}$ ④ $\dfrac{\sqrt{b}}{\sqrt{a}}=-\sqrt{\dfrac{b}{a}}$

⑤ $\sqrt{a^2}\sqrt{b^2}=ab$

0501

0이 아닌 두 실수 a, b에 대하여 $\dfrac{\sqrt{a}}{\sqrt{b}}=-\sqrt{\dfrac{a}{b}}$일 때, $\sqrt{a}+\sqrt{b}$의 켤레복소수를 구하면?

① $\sqrt{a}+\sqrt{-b}$ ② $\sqrt{-a}+\sqrt{-b}$ ③ $\sqrt{a}-\sqrt{-b}$
④ $\sqrt{a}-\sqrt{b}$ ⑤ $-\sqrt{a}-\sqrt{b}$

0502

실수 x에 대하여 $\sqrt{\dfrac{x+1}{x-6}}=-\dfrac{\sqrt{x+1}}{\sqrt{x-6}}$을 만족하는 정수 x의 개수는?

① 4 ② 5 ③ 6
④ 7 ⑤ 8

0503 최다빈출 왕 중요

등식 $\dfrac{\sqrt{a-3}}{\sqrt{a-5}}=-\sqrt{\dfrac{a-3}{a-5}}$ 를 만족시키는 실수 a에 대하여

$|a-1|+|a-3|+|a-5|+|a-7|$ 를 간단히 하면? (단, $a\neq5$)

① 2   ② 4   ③ 6
④ 8   ⑤ 10

해설 내신연계문제

0504

0이 아닌 세 실수 a, b, c에 대하여

$$\sqrt{a}\sqrt{b}=-\sqrt{ab},\ \dfrac{\sqrt{c}}{\sqrt{b}}=-\sqrt{\dfrac{c}{b}}$$

일 때, $\sqrt{(a-c)^2}+|b|-\sqrt{(a+b)^2}$ 을 간단히 하면?

① c ② $-2a-2b-c$ ③ $2b+c$
④ $2a-c$ ⑤ $2a+2b-c$

0505

0이 아닌 두 실수 x, y에 대하여 $\sqrt{x}\sqrt{y}=-\sqrt{xy}$ 가 성립한다.
복소수 $z=x^2+3x-yi-10+i$에 대하여 $z^2=-9$일 때, xy의 값을 구하시오. (단, $i=\sqrt{-1}$)

0506   2012년 03월 고2 학력평가 8번

두 실수 x, y에 대하여 $\sqrt{x}\sqrt{y}=-\sqrt{xy}$ 가 성립하고 등식
$x^2+2x-(y+3)i=15+4i$를 만족한다. 두 실수 x, y의 곱 xy의
값은?

① 32   ② 33   ③ 34
④ 35   ⑤ 36

해설 내신연계문제

0507   2011년 11월 고1 학력평가 6번

등식 $(a+b+3)x+ab-1=0$이 x의 값에 관계없이 항상 성립할 때,
$(\sqrt{a}+\sqrt{b})^2$의 값은? (단, a, b는 실수이다.)

① -5 ② -2 ③ 1
④ 4   ⑤ 7

해설 내신연계문제

0508   2012년 06월 고1 학력평가 17번

0이 아닌 실수 a, b, c가 다음 조건을 만족시킨다.

(가) $\dfrac{\sqrt{b}}{\sqrt{a}}=-\sqrt{\dfrac{b}{a}}$

(나) $|a+b|+|a+c-1|=0$

세 수 a, b, c의 대소 관계로 옳은 것은?

① $a<b<c$ ② $a<c<b$ ③ $b<a<c$
④ $b<c<a$ ⑤ $c<a<b$

해설 내신연계문제

서술형 기출유형

학교내신기출 서술형 핵심문제총정리

YOURMASTERPLAN;**MAPL**
SYNERGY
S E R I E S

0509

복소수 $z=(1+i)x^2-(3+2i)x-4-3i$에 대하여 z^2이 실수가 되도록 하는 실수 x의 값의 합을 구하는 과정을 다음 단계로 서술하시오. (단, $i=\sqrt{-1}$)

1단계 z^2이 음의 실수가 되도록 하는 실수 x의 값을 구한다. [3점]
2단계 z^2이 양의 실수가 되도록 하는 실수 x의 값을 구한다. [3점]
3단계 z^2이 실수가 되도록 하는 실수 x의 값의 합을 구한다. [4점]

0510

0이 아닌 복소수 $z=(i-2)x^2-3xi-4i+32$에 대하여 $z+\overline{z}=0$을 만족하는 실수 x의 값을 α라 하고 $z=\overline{z}$를 만족하는 실수 x의 값을 β라 하자. 이때 $\alpha+\beta$의 값을 구하는 과정을 다음 단계로 서술하시오. (단, $i=\sqrt{-1}$이고 $\overline{z}$는 z의 켤레복소수이다.)

1단계 $z+\overline{z}=0$을 만족하는 실수 x의 값을 구한다. [5점]
2단계 $z=\overline{z}$를 만족하는 실수 x의 값을 구한다. [4점]
3단계 $\alpha+\beta$의 값을 구한다. [1점]

0511

복소수 z에 대하여 등식 $2(1+i)z-3i\overline{z}=1-i$가 성립할 때, $z^2-6z+12$의 값을 구하는 과정을 다음 단계로 서술하시오. (단, $i=\sqrt{-1}$이고 $\overline{z}$는 z의 켤레복소수이다.)

1단계 $z=a+bi$라 놓고 주어진 등식에 대입하여 정리한다. [3점]
2단계 복소수가 서로 같을 조건을 이용하여 z를 구한다. [3점]
3단계 $z^2-6z+12$의 값을 구한다. [4점]

0512

최다빈출 **왕**중요

복소수 $z=\dfrac{2-\sqrt{5}\,i}{\sqrt{5}+2i}$에 대하여 $w=\dfrac{1-\overline{z}}{1-z}$라고 할 때, 다음 식의 값을 구하는 과정을 다음 단계로 서술하시오. (단, $i=\sqrt{-1}$이고 $\overline{z}$는 z의 켤레복소수이다.)

1단계 분모를 실수화하여 복소수 z를 정리한다. [2점]
2단계 $w^n=-1$을 만족시키는 100 이하의 자연수 n의 개수를 구한다. [4점]
3단계 $w+w^2+w^3+\cdots+w^n=-1$을 만족시키는 300 이하의 자연수 n의 개수를 구한다. [4점]

해설 내신연계문제

0513

0이 아닌 두 실수 a, b에 대하여 등식 $\dfrac{a}{1+i}+\dfrac{b}{1-i}=-10+8i$가 성립한다. 복소수 $z=\sqrt{a}\sqrt{b}+\dfrac{\sqrt{-a}}{\sqrt{b}}$에 대하여 $z\overline{z}$의 값을 구하는 과정을 다음 단계로 서술하시오. (단, $i=\sqrt{-1}$이고 $\overline{z}$는 z의 켤레복소수이다.)

1단계 복소수가 서로 같을 조건을 이용하여 a, b의 값을 구한다. [3점]
2단계 음수의 제곱근의 성질을 이용하여 z의 값을 구한다. [4점]
3단계 $z\overline{z}$의 값을 구한다. [3점]

0514

다음 두 조건을 모두 만족하는 실수 x에 대하여
$$|1-5x|+5\sqrt{(x-9)^2}$$
의 값을 구하는 과정을 다음 단계로 서술하시오. (단, $x \neq 6$)

(가) $\sqrt{x-7}\sqrt{4-x}=-\sqrt{(x-7)(4-x)}$
(나) $\dfrac{\sqrt{x+2}}{\sqrt{x-6}}=-\sqrt{\dfrac{x+2}{x-6}}$

1단계 실수 x의 값의 범위를 구한다. [5점]
2단계 $|1-5x|+5\sqrt{(x-9)^2}$의 값을 구한다. [5점]

행복한 일등급문제
학교내신기출 고난도 핵심문제총정리

0515

$x=\left(\dfrac{1+i}{1-i}\right)^3+\dfrac{1+i+i^2+i^3+\cdots+i^{100}}{1-i}$ 일 때, $4x^2-4x$의 값을 구하시오. (단, $i=\sqrt{-1}$)

0516

실수가 아닌 복소수 z에 대하여 $z\overline{z}+\dfrac{z}{\overline{z}}=7$일 때, $(z-\overline{z})^2$의 값을 구하시오. (단, $\overline{z}$는 z의 켤레복소수이다.)

0517

복소수 $z=(2-3i)x+(1-i)y$에 대하여 $z^2=9$를 만족하는 실수 x, y에 대하여 xy의 값을 구하시오. (단, $x<0$이고 $i=\sqrt{-1}$)

0518

실수가 아닌 복소수 $z=(2+i)x^2+(3i-2)x-4+2i$에 대하여 $z^4<0$을 만족시킬 때, 모든 실수 x의 값의 합을 구하시오. (단, $i=\sqrt{-1}$)

0519

임의의 자연수 n에 대하여

$$f(n)=\dfrac{1}{i}-\dfrac{1}{i^2}+\dfrac{1}{i^3}-\dfrac{1}{i^4}+\cdots+\dfrac{(-1)^{n+1}}{i^n}$$

일 때, 다음 [보기] 중 옳은 것을 모두 고른 것은? (단, $i=\sqrt{-1}$)

> ㄱ. $f(3)=1$
> ㄴ. $f(n)=0$이면 n은 4의 배수이다.
> ㄷ. 임의의 자연수 n에 대하여 $f(n)=f(n+4)$

① ㄱ   ② ㄱ, ㄴ   ③ ㄱ, ㄷ
④ ㄴ, ㄷ   ⑤ ㄱ, ㄴ, ㄷ

0520

a_1, a_2, a_3, $\cdots$, a_{30}은 각각 -1, i, $1+i$ 중 하나의 값을 가질 때,

$$a_1^2+a_2^2+a_3^2+\cdots+a_{30}^2=8+12i$$

를 만족시킬 때, $a_1+a_2+a_3+\cdots+a_{30}$의 실수부분과 허수부분의 합을 구하시오. (단, $i=\sqrt{-1}$)

0521 최다빈출 왕중요

복소수 $z=\dfrac{3+\sqrt{2}\,i}{\sqrt{2}-3i}$ 에 대하여 $\omega=\dfrac{z(1-\overline{z})}{\sqrt{2}}$ 라 할 때,

$\omega^n=1$을 만족시키는 100 이하의 자연수 n의 개수는?

(단, $i=\sqrt{-1}$ 이고 $\overline{z}$는 z의 켤레복소수이다.)

① 6   ② 8   ③ 12
④ 18   ⑤ 25

해설 내신연계문제

모의고사 **고난도 핵심유형** 기출문제

0522   2024년 03월 고2 학력평가 15번

다음 조건을 만족시키는 복소수 z가 존재하도록 하는 모든 실수 k의 값의 곱은? (단, $\overline{z}$는 z의 켤레복소수이다.)

> (가) $\overline{z}=-z$
> (나) $z^2+(k^2-3k-4)z+(k^2+2k-8)=0$

① -32 ② -16 ③ -8
④ -4 ⑤ -2

해설 내신연계문제

0523   2015년 06월 고1 학력평가 27번

등식 $(i+i^2)+(i^2+i^3)+(i^3+i^4)+\cdots+(i^{18}+i^{19})=a+bi$를 만족시키는 실수 a, b에 대하여 $4(a+b)^2$의 값을 구하시오.

해설 내신연계문제

0524   2020년 11월 고1 학력평가 28번

복소수 $z=\dfrac{i-1}{\sqrt{2}}$에 대하여 $z^n+(z+\sqrt{2})^n=0$을 만족시키는 25 이하의 자연수 n의 개수를 구하시오. (단, $i=\sqrt{-1}$)

해설 내신연계문제

0525   2020년 06월 고1 학력평가 30번

50 이하의 두 자연수 m, n에 대하여

$$\left\{i^n+\left(\frac{1}{i}\right)^{2n}\right\}^m$$

의 값이 음의 실수가 되도록 하는 순서쌍 (m, n)의 개수를 구하시오.
(단, $i=\sqrt{-1}$)

해설 내신연계문제

0526   2021년 11월 고1 학력평가 18번

두 복소수
$$z_1=a+bi, \quad z_2=c+di$$
에 대하여 a, b, c, d는 자연수이고 $z_1\overline{z_1}=10$일 때, [보기]에서 옳은 것만을 있는 대로 고른 것은?
(단, $i=\sqrt{-1}$ 이고, $\overline{z}$는 복소수 z의 켤레복소수이다.)

> ㄱ. $a^2+b^2=10$
> ㄴ. $z_1+\overline{z_2}=3$이면 $c+d=5$이다.
> ㄷ. $(z_1+z_2)\overline{(z_1+z_2)}=41$이면 $z_2\overline{z_2}$의 최댓값은 17이다.

① ㄱ   ② ㄱ, ㄴ   ③ ㄱ, ㄷ
④ ㄴ, ㄷ   ⑤ ㄱ, ㄴ, ㄷ

해설 내신연계문제

02 이차방정식

학교내신기출 객관식 핵심문제총정리

YOURMASTERPLAN;MAPL
SYNERGY
S E R I E S

유형 01 이차방정식의 풀이

(1) **실근과 허근**
계수가 실수인 이차방정식은 복소수의 범위에서 항상 근을 갖는다.
이때 실수인 근을 실근, 허수인 근을 허근이라 한다.

(2) **이차방정식 $ax^2+bx+c=0$의 풀이**
① 인수분해를 이용한 풀이
$a(x-\alpha)(x-\beta)=0$이면 $x=\alpha$ 또는 $x=\beta$
② 근의 공식을 이용한 풀이
계수가 실수인 이차방정식 $ax^2+bx+c=0$의 근은

$$x=\frac{-b\pm\sqrt{b^2-4ac}}{2a}$$

일차항의 계수가 짝수인 이차방정식 $ax^2+2b'x+c=0$의 근은

$$x=\frac{-b'\pm\sqrt{b'^2-ac}}{a}$$

◀ 일차항의 계수가 짝수

0527 학교기출 대표 유형

다음은 계수가 실수인 이차방정식 $ax^2+bx+c=0$의 근의 공식을 유도하는 과정이다. (가), (나), (다)에 알맞은 것을 차례로 나열한 것은?

$ax^2+bx+c=0$에서 $x^2+\dfrac{b}{a}x=-\dfrac{c}{a}$ 이므로

양변에 $\boxed{\text{(가)}}$ 을 더하여 정리하면

$\left(x+\dfrac{b}{2a}\right)^2=\boxed{\text{(나)}}$ 이므로 $x+\dfrac{b}{2a}=\pm\sqrt{\boxed{\text{(나)}}}$

따라서 $x=\boxed{\text{(다)}}$

	(가)	(나)	(다)
①	$\dfrac{b^2}{4a^2}$	$\dfrac{b^2-4ac}{4a}$	$\dfrac{-b\pm\sqrt{b^2-4ac}}{2a}$
②	$\dfrac{b^2}{4a^2}$	$\dfrac{b^2-4ac}{4a^2}$	$\dfrac{b\pm\sqrt{b^2-4ac}}{2a}$
③	$\dfrac{b^2}{4a^2}$	$\dfrac{b^2-4ac}{4a^2}$	$\dfrac{-b\pm\sqrt{b^2-4ac}}{2a}$
④	$\dfrac{b^2}{4a}$	$\dfrac{b^2-4ac}{4a}$	$\dfrac{-b\pm\sqrt{b^2-4ac}}{2a}$
⑤	$\dfrac{b^2}{4a}$	$\dfrac{b^2-4ac}{4a^2}$	$\dfrac{b\pm\sqrt{b^2-4ac}}{2a}$

0528

이차방정식 $(2-x)^2=2x-7$의 해가 $x=a\pm\sqrt{b}\,i$일 때, 유리수 a, b에 대하여 $a+b$의 값은? (단, $i=\sqrt{-1}$)

① 3 ② 4 ③ 5
④ 6 ⑤ 7

0529

이차방정식 $x^2-6x+9=0$의 근과 이차방정식 $x^2+6x-9=0$의 양의 실근의 합은?

① 3 ② $3\sqrt{2}$ ③ 9
④ $6-3\sqrt{2}$ ⑤ $6+3\sqrt{2}$

0530 최다빈출 왕 중요

이차방정식 $(\sqrt{3}-2)x^2+x+3-\sqrt{3}=0$의 두 근을 α, β라 할 때, $\beta+3\alpha$의 값은? (단, $\alpha<\beta$)

① $-\sqrt{3}$ ② -1 ③ 1
④ $\sqrt{3}$ ⑤ $2\sqrt{3}$

해설 내신연계문제

0531 NORMAL

두 수 a, b에 대하여 $a\star b=(a+b)-2ab$라 할 때, $(x\star x)+\{x\star(-2)\}+6=0$을 만족시키는 자연수 x의 값은?

① 1 ② 2 ③ 3
④ 4 ⑤ 5

이차방정식에 주어진 한 근을 대입하여 미정계수를 구한다.
이차방정식 $ax^2+bx+c=0$의 한 근이 α이다.
- $x=\alpha$를 $ax^2+bx+c=0$에 대입하면 등식이 성립한다.
- $a\alpha^2+b\alpha+c=0$

 미정계수를 포함한 이차방정식의 한 근이 주어진 경우 방정식에 대입
하여 미정계수를 찾아 이차방정식을 완성하고 이차방정식을 풀어 다른
한 근을 구한다.

0532　학교기출 대표 유형

x에 대한 이차방정식 $x^2+ax-2a^2=0$의 한 근이 1일 때, 양수 a의
값과 다른 한 근 α에 대하여 $a+\alpha$의 값은?

① -2 ② -1 ③ 0
④ 1 ⑤ 2

0533　

이차방정식 $ax^2-2x+b=0$의 두 해가 -1, m이고 이차방정식
$bx^2-2x+a=0$의 두 해가 $\dfrac{1}{3}$, n일 때, mn의 값은?
(단, a, b, m, n은 실수이다.)

① -3 ② -1 ③ 1
④ 3 ⑤ 5

0534　최다빈출 왕 중요　

x에 대한 이차방정식 $3(k-1)x^2+2x-k^2+3=0$의 한 근이 -1일
때, 상수 k의 값과 다른 한 근을 α라 하자. $3k\alpha$의 값은?

① -3 ② -2 ③ -1
④ 2 ⑤ $\dfrac{3}{4}$

해설 내신연계문제

0535　

이차방정식 $x^2-(3a+1)x+5a+2=0$의 한 근이 3일 때, x에 대한
이차방정식 $x^2+(5a-2)x+a^2-9a-6=0$의 근은?
(단, a는 상수이다.)

① $x=2$ 또는 $x=10$ ② $x=2$ 또는 $x=-10$
③ $x=-2$ 또는 $x=-10$ ④ $x=-2$ 또는 $x=10$
⑤ $x=\pm\sqrt{2}\,i$

0536　최다빈출 왕 중요　

x에 대한 이차방정식 $kx^2+ax+(k-1)b=0$이 k의 값에 관계없이
$x=1$을 근으로 가질 때, 상수 a, b에 대하여 ab의 값을 구하시오.
(단, a, b는 상수이다.)

해설 내신연계문제

모의고사　핵심유형　기출문제

0537　2022년 06월 고1 학력평가 11번　

x에 대한 이차방정식 $x^2+k(2p-3)x-(p^2-2)k+q+2=0$이
실수 k의 값에 관계없이 항상 1을 근으로 가질 때, 두 상수 p, q에
대하여 $p+q$의 값은?

① -5 ② -2 ③ 1
④ 4 ⑤ 7

해설 내신연계문제

0538　2020년 06월 고1 학력평가 8번　

이차방정식 $2x^2-2x+1=0$의 한 근을 α라 할 때, $\alpha^4-\alpha^2+\alpha$의
값은?

① $\dfrac{1}{4}$ ② $\dfrac{5}{16}$ ③ $\dfrac{3}{8}$
④ $\dfrac{7}{16}$ ⑤ $\dfrac{1}{2}$

해설 내신연계문제

유형 03 절댓값 기호를 포함한 이차방정식

절댓값 기호를 포함한 방정식은 $|x|=\begin{cases} x & (x \geq 0) \\ -x & (x < 0) \end{cases}$ 임을 이용하여
x의 값의 범위에 따라 식을 정리한 후 방정식을 푼다.

➡ 절댓값 기호 안의 식의 값이 0이 되는 x의 값을 기준으로
x의 값의 범위를 나누어 방정식을 푼다.

➡ 이때 근을 구할 때, x값의 범위에 포함되는 근을 구한다.

 ① $\sqrt{x^2}$을 포함한 이차방정식은 $\sqrt{x^2}=|x|$임을 이용하여 식을 정리하여
풀 수 있다.

② $|x-a|=\begin{cases} x-a & (x \geq a) \\ -(x-a) & (x < a) \end{cases}$

0539 학교기출 대표 유형

방정식 $x^2-3|x-1|-2x-3=0$의 두 근의 합을 구하시오.

0540

NORMAL

방정식 $|x+1|^2+|x+1|-6=0$의 두 근을 α, β라 할 때, $\alpha-\beta$의
값은? (단, $\alpha > \beta$)

① 2   ② 3   ③ 4
④ 5   ⑤ 6

0541 최다빈출 왕 중요

NORMAL

방정식 $x^2-\sqrt{x^2}=\sqrt{x^2-2x+1}+3$의 모든 근의 합은?

① $2\sqrt{3}$ ② $3-\sqrt{2}$ ③ $\sqrt{3}-\sqrt{5}$
④ $2+\sqrt{3}-\sqrt{5}$ ⑤ $\sqrt{5}+\sqrt{3}$

해설 내신연계문제

0542

NORMAL

두 실수 a, b에 대하여 $a \odot b=(a+b)-ab$라 할 때,
$x \odot x=|2 \odot x|$를 만족시키는 모든 실수 x의 값의 합은?

① 1   ② 2   ③ 3
④ 4   ⑤ 5

유형 04 이차방정식의 활용

이차방정식의 활용 문제는 도형을 이용한 문제가 대부분이므로 다음과
같은 순서로 푼다.

FIRST 구하고자 하는 값을 미지수 x로 놓는다.

NEXT 주어진 조건을 이용하여 x에 대한 이차방정식을 세운다.

LAST 방정식을 풀고 구한 해가 문제의 조건에 맞는지 확인한다.

 도형의 넓이를 이차방정식으로 유도하려면 원, 직각삼각형, 정사각형
의 성질과 피타고라스 정리를 이용하여 방정식의 식을 작성한다.

0543 학교기출 대표 유형

오른쪽 그림과 같이 가로, 세로의
길이가 각각 14m, 8m인 직사각형
모양의 땅에 폭이 일정한 길을 만
들었더니 길을 제외한 땅의 넓이가
55m²일 때, 길의 폭의 값은?

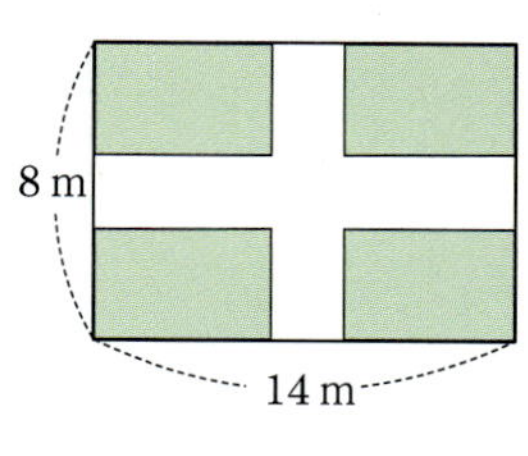

① 2   ② $\dfrac{5}{2}$ ③ 3
④ $\dfrac{7}{2}$ ⑤ 4

0544 최다빈출 왕 중요

NORMAL

그림과 같이 가로의 길이가 세로의 길이의 2배인 직사각형 모양의
종이가 있다. 이 종이의 네 모퉁이에서 한 변의 길이가 2cm인 정사
각형을 잘라내고, 남아 있는 부분으로 직육면체 모양의 뚜껑이 없는
상자를 만들었더니 부피가 192cm³가 되었다. 처음 종이의 가로의 길
이는? (단, 종이의 두께는 생각하지 않는다.)

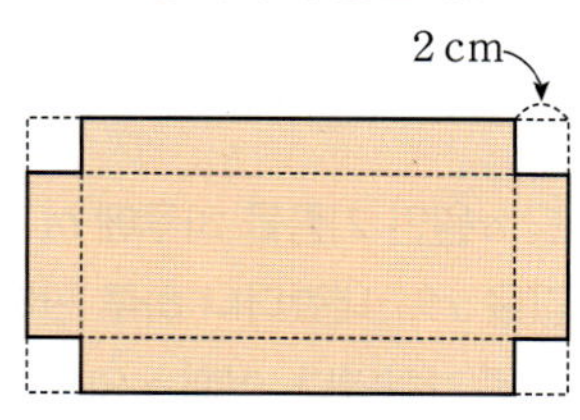

① 10   ② 16   ③ 20
④ 24   ⑤ 28

해설 내신연계문제

0545 최다빈출 왕 중요

NORMAL

그림과 같이 가로와 세로의 길이가 각각 60cm, 30cm인 직사각형 ABCD가 있다. 이 직사각형의 가로의 길이는 매초 2cm씩 줄어들고, 세로의 길이는 매초 3cm씩 늘어난다고 하자. 가로와 세로의 길이가 동시에 변하기 시작하여 t초가 지난 후의 직사각형의 넓이가 처음 직사각형의 넓이와 같아진다고 할 때, t의 값을 구하시오.

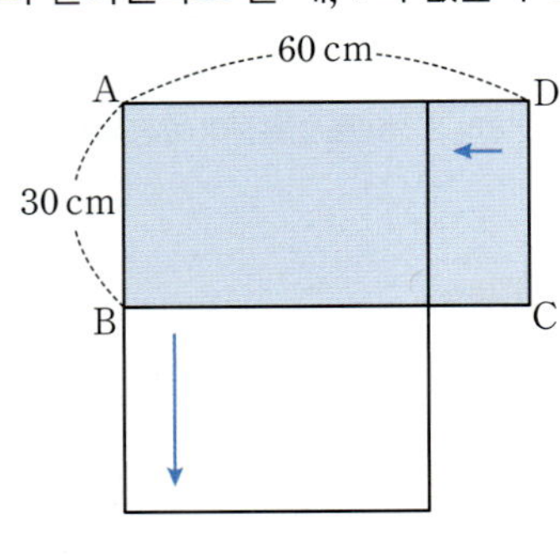

해설 내신연계문제

0548

2022년 06월 고1 학력평가 7번

NORMAL

어느 가족이 작년까지 한 변의 길이가 10m인 정사각형 모양의 밭을 가꾸었다. 올해는 그림과 같이 가로의 길이를 xm만큼, 세로의 길이를 $(x-10)$m만큼 늘여서 새로운 직사각형 모양의 밭을 가꾸었다.

올해 늘어난 ☐ 모양의 밭의 넓이가 500m²일 때, x의 값은?
(단, $x > 10$)

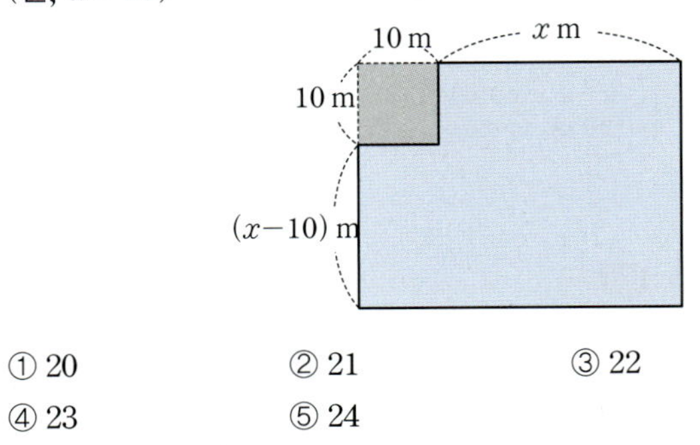

① 20 ② 21 ③ 22
④ 23 ⑤ 24

해설 내신연계문제

0546

TOUGH

오른쪽 그림과 같은 직사각형 ABCD에서 정사각형 ABFE를 잘라내고 남은 사각형 EDCF는 사각형 ABCD와 닮은 도형이다. 이때 x의 값은?

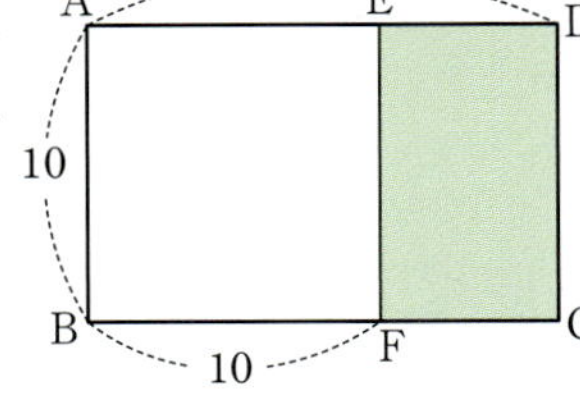

① $2+3\sqrt{5}$ ② $3+9\sqrt{3}$
③ $5+5\sqrt{5}$ ④ $6+5\sqrt{5}$
⑤ $6+3\sqrt{6}$

0549

2019년 03월 고1 학력평가 14번

TOUGH

그림과 같이 $\overline{AB}=2$, $\overline{BC}=4$인 직사각형 ABCD가 있다. 대각선 BD 위에 한 점 O를 잡고, 점 O에서 네 변 AB, BC, CD, DA에 내린 수선의 발을 각각 P, Q, R, S라 하자. 사각형 APOS와 사각형 OQCR의 넓이의 합이 3이고 $\overline{AP} < \overline{PB}$일 때, 선분 AP의 길이는?

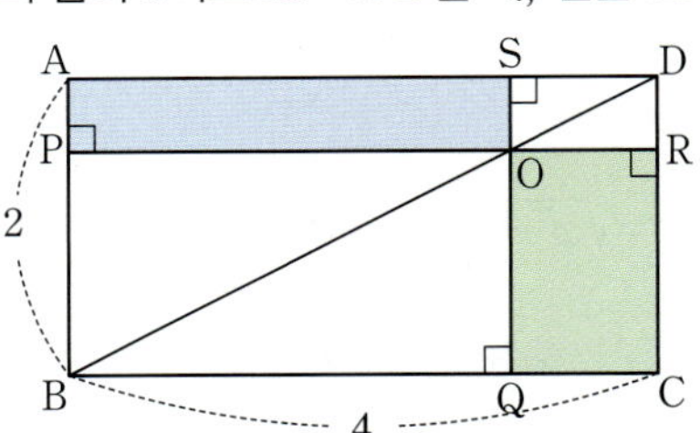

① $\dfrac{3}{8}$ ② $\dfrac{7}{16}$ ③ $\dfrac{1}{2}$
④ $\dfrac{9}{16}$ ⑤ $\dfrac{5}{8}$

해설 내신연계문제

0547

TOUGH

어느 주유소에서 1L당 a원인 기름을 하루에 bL 판매하였다. 이 주유소에서 기름값을 $x\%$ 내렸더니 하루 판매량이 $2x\%$ 증가하여 하루 판매액이 8% 증가하였다. 이때 x의 값을 구하시오.
(단, $0 < x < 30$)

유형 05 이차방정식의 근의 판별 − 실근을 가질 조건

계수가 실수인 이차방정식 $ax^2+bx+c=0$의 판별식을
$D=b^2-4ac$라 하면 다음이 성립한다.

① $D=b^2-4ac>0$이면 서로 다른 두 실근
② $D=b^2-4ac=0$이면 중근 (같은 두 실근)
③ $D=b^2-4ac<0$이면 서로 다른 두 허근 (켤레인 허근)

실근을 가질조건 $D \geq 0$

 이차방정식 $ax^2+bx+c=0$의 근의 공식에 의하여

$$x=\frac{-b \pm \sqrt{b^2-4ac}}{2a}$$

$a \neq 0$이므로 근호 안의 식 b^2-4ac의 부호에 따라 실근인지 허근인지
판별한다.

0550 학교기출 대표 유형

다음 [보기]의 이차방정식 중 서로 다른 두 실근이 존재하는 것을
모두 고르면?

ㄱ. $x^2-4x+2=0$
ㄴ. $x^2-2x+1=0$
ㄷ. $2x^2-x+1=0$
ㄹ. $3x^2-8x-2=0$

① ㄱ, ㄴ ② ㄱ, ㄹ ③ ㄴ, ㄷ
④ ㄴ, ㄹ ⑤ ㄷ, ㄹ

0551 BASIC

이차방정식 $x^2+2(k-1)x+k^2-20=0$이 서로 다른 두 실근을
갖도록 하는 자연수 k의 개수는?

① 6 ② 8 ③ 10
④ 12 ⑤ 14

0552 BASIC

x에 대한 이차방정식 $x^2-2(m+3)x+m^2=0$이 실근을 가질 때,
정수 m의 최솟값은?

① -2 ② -1 ③ 1
④ 2 ⑤ 3

0553 최다빈출 왕 중요 NORMAL

x에 대한 이차방정식 $(m+4)x^2-4x+2=0$이 서로 다른 두 실근을
갖도록 하는 실수 m의 값의 범위는?

① $m<-2$
② $m<-1$
③ $m<-4$
④ $m<-4$ 또는 $-4<m<-2$
⑤ $m<-4$ 또는 $-4<m<-1$

해설 내신연계문제

0554 NORMAL

x에 대한 이차방정식 $(k^2-4)x^2-2(k-2)x+1=0$이 실근을 갖도
록 하는 정수 k의 최댓값은?

① -3 ② -1 ③ 0
④ 1 ⑤ 3

0555 NORMAL

x에 대한 방정식 $(x+2)^2+(2x+a)^2=0$이 실근을 가질 때, 실수 a
의 값은?

① 1 ② 2 ③ 3
④ 4 ⑤ 5

0556 TOUGH

x에 대한 두 이차방정식 $x^2-2x+a=0$, $x^2-4x+2a-6=0$ 중
한 개의 방정식만 실근을 갖도록 하는 정수 a의 개수는?

① 1 ② 2 ③ 3
④ 4 ⑤ 5

0557

x에 대한 이차방정식 $x^2-2(a+k)x-a+6=0$이 실수 k의 값에 관계없이 항상 실근을 가질 때, 실수 a의 최솟값을 구하시오.

모의고사 **핵심유형** 기출문제

0558

2023년 09월 고1 학력평가 24번

x에 대한 이차방정식 $x^2+2ax+a^2+4a-28=0$이 실근을 갖도록 하는 모든 자연수 a의 개수를 구하시오.

해설 내신연계문제

0559

2021년 09월 고1 학력평가 24번

x에 대한 이차방정식 $x^2+2(k-2)x+k^2-24=0$이 서로 다른 두 실근을 갖도록 하는 모든 자연수 k의 개수를 구하시오.

해설 내신연계문제

0560

2018년 03월 고2 학력평가 가형 8번

x에 대한 이차방정식 $(a^2-9)x^2=a+3$이 서로 다른 두 실근을 갖도록 하는 10보다 작은 자연수 a의 개수는?

① 3 　　② 4 　　③ 5
④ 6 　　⑤ 7

해설 내신연계문제

유형 06 이차방정식의 근의 판별 − 중근을 가질 조건

계수가 실수인 이차방정식 $ax^2+bx+c=0$이 중근을 가지면

➡ $D=b^2-4ac=0$

판별식은 주어진 방정식이 이차방정식일 때만 의미가 있으므로 이차항의 계수가 미지수이면 (x^2의 계수)$\neq 0$임을 반드시 확인하도록 한다.

0561

학교기출 **대표**유형

x에 대한 이차방정식 $x^2+2x+5-k^2-3k=0$이 중근을 갖도록 하는 모든 상수 k의 값의 합은?

① -4 　　② -3 　　③ -1
④ 1 　　⑤ 3

0562

x에 대한 이차방정식 $x^2-2kx+2k-1=0$이 중근 α를 가질 때, $\alpha+k$의 값은?

① -3 　　② -1 　　③ 1
④ 2 　　⑤ 4

0563

x에 대한 이차방정식 $2mx^2-4mx+m-1=0$이 중근을 갖도록 하는 실수 m의 값과 그때의 중근을 α라 할 때, $m+\alpha$의 값은?

① 0 　　② 1 　　③ 2
④ 3 　　⑤ 4

0564

NORMAL

x에 대한 이차방정식 $(m^2-1)x^2+2(m-1)x+2=0$이 중근을 가질 때, 실수 m의 값은?

① -3 ② -2 ③ -1
④ 1 ⑤ 3

유형 07 이차방정식의 근의 판별
― 이차식이 완전제곱식이 되는 조건

이차식 ax^2+bx+c가 완전제곱식이다.
➡ 이차방정식 $ax^2+bx+c=0$이 중근을 갖는다.
➡ 판별식 $D=b^2-4ac=0$

① 이차항의 계수가 1인 이차식 x^2+ax+b이 완전제곱식이 되려면 $\left(\dfrac{a}{2}\right)^2=b$이어야 한다.

② 이차식 ax^2+bx+c에서 $b^2-4ac=0$이면 ax^2+bx+c는 완전제곱식이다.

0565 최다빈출 왕 중요

NORMAL

이차방정식 $x^2+6x+5k-1=0$이 실근을 가지고 x에 대한 이차방정식 $x^2+2kx-k^2+7k-5=0$이 중근을 갖도록 하는 상수 k의 값은?

① -2 ② -1 ③ 0
④ 1 ⑤ 2

 해설 내신연계문제

0568 학교기출 대표 유형

x에 대한 이차식 $2ax^2-4ax+a-1$이 완전제곱식이 될 때, 상수 a의 값은?

① -3 ② -2 ③ -1
④ 0 ⑤ 1

0566 최다빈출 왕 중요

TOUGH

이차방정식 $x^2+2ax+6a-k=0$이 중근을 갖도록 하는 서로 다른 두 실수 a가 존재할 때, 자연수 k의 개수를 구하시오.

해설 내신연계문제

0569

BASIC

x에 대한 이차식 $(k-1)x^2+(6k-6)x+(5k+3)$이 완전제곱식이 될 때, 실수 k의 값은?

① 1 ② 3 ③ 5
④ 7 ⑤ 9

모의고사 핵심유형 기출문제

0567 2023년 11월 고1 학력평가 22번

BASIC

x에 대한 이차방정식 $x^2+10x+a=0$이 중근을 갖도록 하는 상수 a의 값을 구하시오.

해설 내신연계문제

0570 최다빈출 왕 중요

NORMAL

x에 대한 이차식 $(k-3)x^2-4(k-3)x+3k-7$이 $(k-3)(x-\alpha)^2$으로 인수분해될 때, 실수 k, α에 대하여 $k+\alpha$의 값은?

① 5 ② 6 ③ 7
④ 8 ⑤ 9

해설 내신연계문제

0571

x에 대한 이차식 $x^2+2(k+2)x+2k^2-a+5$가 완전제곱식이 되도록 하는 실수 k의 값이 오직 한 개뿐일 때, 실수 a의 값은?

① -7 ② -6 ③ -5
④ -4 ⑤ -3

모의고사 핵심유형 기출문제

0572

2022년 06월 고1 학력평가 20번

모든 실수 x에 대하여 다항식 $P(x)$가
$$\{P(x)+2\}^2=(x-a)(x-2a)+4$$
를 만족시킬 때, 모든 $P(1)$의 값의 합은? (단, a는 실수이다.)

① -9 ② -8 ③ -7
④ -6 ⑤ -5

해설 내신연계문제

0573

2018년 06월 고1 학력평가 29번

최고차항의 계수가 음수인 이차다항식 $P(x)$가 모든 실수 x에 대하여
$$\{P(x)+x\}^2=(x-a)(x+a)(x^2+5)+9$$
를 만족시킨다. $\{P(a)\}^2$의 값을 구하시오. (단, $a>0$)

해설 내신연계문제

 이차방정식의 근의 판별 − 허근을 가질 조건

계수가 실수인 이차방정식 $ax^2+bx+c=0$이 허근을 가지면
➡ $D=b^2-4ac<0$

이차방정식 $ax^2+bx+c=0$의 판별식 $D=b^2-4ac<0$
➡ 서로 다른 두 허근 (켤레인 허근)

0574

학교기출 대표 유형

다음 [보기] 중 서로 다른 두 허근을 갖는 이차방정식을 모두 고른 것은?

> ㄱ. $x^2+3x-1=0$
> ㄴ. $x^2+4x+5=0$
> ㄷ. $4x^2-12x+9=0$
> ㄹ. $2x^2-5x+7=0$

① ㄱ, ㄴ   ② ㄱ, ㄷ   ③ ㄴ, ㄷ
④ ㄴ, ㄹ   ⑤ ㄷ, ㄹ

0575

x에 대한 이차방정식 $x^2-2(k+1)x+k^2+10=0$이 서로 다른 두 허근을 갖도록 하는 자연수 k는 모두 몇 개인가?

① 1 ② 2 ③ 3
④ 4 ⑤ 5

0576

최다빈출 양 중요

x에 대한 이차방정식 $x^2-4x+k+2=0$은 서로 다른 두 실근을 갖고 x에 대한 이차방정식 $kx^2-4x+4=0$은 허근을 갖도록 하는 실수 k의 값의 범위는?

① $-2<k<-1$ ② $-2<k<2$ ③ $-1<k<2$
④ $-2<k<1$ ⑤ $1<k<2$

해설 내신연계문제

0577

NORMAL

두 이차방정식 $x^2-2x+4a=0$, $x^2-4x-2a+6=0$이 모두 허근을 가지도록 하는 실수 a의 값의 범위는?

① $-1<a<1$ ② $-\dfrac{1}{4}<a<1$ ③ $\dfrac{1}{4}<a<1$

④ $\dfrac{1}{2}<a<1$ ⑤ $\dfrac{1}{4}<a<2$

0578 최다빈출 왕 중요

NORMAL

x에 대한 이차방정식 $2x^2-(k-1)x+2=0$이 중근을 가지고 x에 대한 이차방정식 $x^2-2kx+k^2+k-1=0$이 허근을 갖도록 하는 상수 k의 값을 구하시오.

해설 내신연계문제

모의고사 핵심유형 기출문제

0579 2022년 09월 고1 학력평가 24번

BASIC

x에 대한 이차방정식 $x^2-(k+2)x+k+5=0$이 서로 다른 두 허근을 갖도록 하는 모든 정수 k의 개수를 구하시오.

해설 내신연계문제

0580 2021년 03월 고2 학력평가 5번

BASIC

이차방정식 $x^2+ax+16=0$이 허근을 갖도록 하는 자연수 a의 최댓값은?

① 1 ② 3 ③ 5
④ 7 ⑤ 9

해설 내신연계문제

유형 09

유형 09 이차방정식의 근의 판별 — ~의 값에 관계없이 중근을 갖는 경우

k의 값에 관계없이 중근을 가질 조건에서 미지수 구하는 순서는 다음과 같다.

FIRST x에 대한 이차방정식이 중근을 가지므로 판별식 $D=0$을 이용한다.

NEXT 'k의 값에 관계없이'라는 말은 'k에 대한 항등식을 만들어라' 라는 뜻이므로 $(\ )+(\ )k=0$꼴로 만든다.

LAST 항등식의 계수비교법을 이용하여 미지수를 구한다.

k의 값에 관계없이 완전제곱식이 된다는 조건은

➡ k에 관한 항등식을 만드는 조건이므로 $(\ )+k(\ )=0$꼴로 만든 후 계수비교법을 이용한다.

0581 학교기출 대표 유형

x에 대한 이차방정식 $x^2-2kx+k^2+ak+2x+b-1=0$이 k의 값에 관계없이 중근을 가질 때, 상수 a, b에 대하여 $a+b$의 값은?

① -3 ② -2 ③ 0
④ 2 ⑤ 3

0582 최다빈출 왕 중요

NORMAL

x에 대한 이차식 $x^2+2(ak+b)x+k^2+3ck+9$가 실수 k의 값에 관계없이 항상 완전제곱식이 될 때, 양의 실수 a, b, c에 대하여 $a+b+c$의 값을 구하시오.

해설 내신연계문제

모의고사 핵심유형 기출문제

0583 2021년 06월 고1 학력평가 11번

NORMAL

x에 대한 이차방정식 $x^2-2(m+a)x+m^2+m+b=0$이 실수 m의 값에 관계없이 항상 중근을 가질 때, $12(a+b)$의 값은? (단, a, b는 상수이다.)

① 9 ② 10 ③ 11
④ 12 ⑤ 13

해설 내신연계문제

x, y에 대한 이차식이 x, y의 두 일차식의 곱으로 인수분해될 때, 미지수 구하는 순서는 다음과 같다.

FIRST 이차식을 x 또는 y에 대한 내림차순으로 정리한 이차방정식으로 만든 다음 근의 공식을 이용하여 근을 구한다.

NEXT 이차식이 두 일차식의 곱으로 인수분해 되려면 근호 안의 식이 완전제곱식이어야 한다.

LAST 근호 안의 식을 이차방정식이라 놓으면 중근을 가져야 하므로 판별식의 값이 0임을 이용한다.

즉 이차방정식의 판별식의 판별식이 0이어야 한다.

> 
> ① $f(x, y)$가 두 일차식의 곱으로 인수분해
>   ➡ $f(x, y)=0$이 두 직선으로 나타낸다.
> ② x에 대한 이차방정식 $ax^2+bx+c=0$
>   (a는 상수, b, c는 y에 대한 다항식)
>   의 근이 $x=\dfrac{-b\pm\sqrt{b^2-4ac}}{2a}$이므로 b^2-4ac가 완전제곱식일 때,
> $ax^2+bx+c=0$가 두 일차식으로 인수분해된다.
> ★참고 인수분해 단원 P.63 0320 ~ 0325번 [유형 07번 참고]

0584   학교기출 대표 유형

x, y에 대한 이차식 $x^2-2xy+ky^2+6x-18y+5$가 두 일차식의 곱으로 인수분해될 때, 실수 k의 값은?

① -8 ② -4 ③ -1
④ 3 ⑤ 6

0585   TOUGH

x, y에 대한 이차식 $x^2+ky^2-xy+x+7y-6$이 두 일차식의 곱으로 인수분해될 때, 실수 k의 값은?

① -5 ② -4 ③ -3
④ -2 ⑤ -1

0586   최다빈출 왕 중요   TOUGH

이차식 $2x^2+7xy+3y^2+3x-y+k$가 x와 y에 대한 두 일차식으로 인수분해될 때, 두 일차식의 합은? (단, k는 실수이다.)

① $3x-4y+1$ ② $2x-2y+1$ ③ $3x+4y+1$
④ $2x+y+3$ ⑤ $4x-3y+5$

이차방정식 $ax^2+bx+c=0$ (단, a, b, c는 실수)의 근은 판별식 $D=b^2-4ac$의 부호를 조사하여 판별한다.

> 
> $ac<0$이면 $D=b^2-4ac>0$이므로 서로 다른 두 실근을 갖고 두 근의 부호가 다르다.

0587   학교기출 대표 유형

0이 아닌 두 실수 a, b에 대하여 $\sqrt{a}\sqrt{b}=-\sqrt{ab}$가 성립할 때, 다음 [보기] 중 항상 서로 다른 두 실근을 갖는 이차방정식을 있는 대로 고른 것은?

> ㄱ. $x^2+bx-a=0$
> ㄴ. $ax^2-x-b=0$
> ㄷ. $x^2-ax+b=0$

① ㄱ   ② ㄴ   ③ ㄱ, ㄴ
④ ㄴ, ㄷ   ⑤ ㄱ, ㄴ, ㄷ

0588   최다빈출 왕 중요   NORMAL

x에 대한 이차방정식 $x^2+2ax-a+6=0$이 중근을 가질 때, x에 대한 이차방정식 $ax^2-5x+a+1=0$의 근을 판별하면? (단, a는 상수이다.)

① 실근을 갖는다.   ② 중근을 가진다.
③ 서로 다른 두 실근을 갖는다.   ④ 서로 다른 두 허근을 갖는다.
⑤ 판별할 수 없다.

0589   최다빈출 왕 중요   TOUGH

계수가 실수인 x에 대한 두 이차방정식의 근에 대한 설명이다. [보기]에서 옳은 것만을 있는 대로 고른 것은?

> ㄱ. 두 이차방정식 $ax^2+bx+c=0$, $ax^2+3bx+c=0$의 두 근의 곱은 서로 같다.
> ㄴ. $ab\le0$이면 두 이차방정식 $x^2+ax+b=0$, $x^2+bx+a=0$ 중 적어도 하나는 실근을 가진다.
> ㄷ. 이차방정식 $ax^2+2bx+c=0$이 서로 다른 두 허근을 가지면 이차방정식 $ax^2+bx+c=0$도 서로 다른 두 허근을 가진다.

① ㄱ   ② ㄷ   ③ ㄱ, ㄴ
④ ㄴ, ㄷ   ⑤ ㄱ, ㄴ, ㄷ

유형 12 이차방정식의 근의 판별 − 삼각형의 모양

주어진 이차방정식의 판별식을 이용하여 이차방정식의 미정계수 사이의 관계를 파악한 후 다음을 이용하여 삼각형의 모양을 판단한다.

삼각형의 세 변의 길이가 a, b, c ($a \leq b \leq c$)일 때,

(1) $a = b = c$ ➡ 정삼각형

(2) $a = b$ 또는 $b = c$ 또는 $c = a$ ➡ 이등변삼각형

(3) $a^2 + b^2 > c^2$ ➡ 예각삼각형

(4) $a^2 + b^2 = c^2$ ➡ 빗변의 길이가 c인 직각삼각형

(5) $a^2 + b^2 < c^2$ ➡ 둔각삼각형

 주어진 식이나 조건을 통해 이차방정식의 꼴로 바꾸어 판별식을 사용하기 편한 이차방정식의 형태로 만드는 것이 중요하다.

0590

삼각형 ABC의 세 변의 길이가 a, b, c일 때, 이차식 $(a+b)x^2 + 2cx + a - b$는 x에 대한 완전제곱식이다. 삼각형 ABC는 어떤 삼각형인가?

① 정삼각형
② $a = b$인 이등변삼각형
③ $b = c$인 이등변삼각형
④ 빗변의 길이가 a인 직각삼각형
⑤ 빗변의 길이가 c인 직각삼각형

0591

x에 대한 이차방정식 $x^2 - 2(a+b)x + (a+c)^2 = 0$이 중근을 가질 때, a, b, c를 세 변의 길이로 하는 삼각형은 어떤 삼각형인가?

① 정삼각형
② $a = b$인 이등변삼각형
③ $b = c$인 이등변삼각형
④ 빗변의 길이가 b인 직각삼각형
⑤ 빗변의 길이가 c인 직각삼각형

 해설 내신연계문제

0592

삼각형 ABC의 세 변의 길이가 a, b, c일 때, 이차방정식 $b(x^2-1) + 2ax + c(x^2+1) = 0$가 서로 다른 두 허근을 가질 때, 삼각형 ABC는 어떤 삼각형인가?

① $a = b$인 이등변삼각형
② 예각삼각형
③ 둔각삼각형
④ 빗변의 길이가 a인 직각삼각형
⑤ 빗변의 길이가 c인 직각삼각형

0593

삼각형 ABC의 세 변의 길이 a, b, c가 다음 조건을 만족할 때, 이 삼각형의 넓이를 구하시오. (단, a, b, c는 자연수이다.)

(가) x에 대한 이차식 $a(1+x^2) - 2bx + c(1-x^2)$이 완전제곱식이다.

(나) $a^2 + b^2 + c^2 = 50$

 해설 내신연계문제

0594

x에 대한 두 이차방정식
$$x^2 + (a+b)x + ab = 0, \quad (a-c)x^2 + 2bx - (a+c) = 0$$
이 모두 중근을 가질 때, a, b, c를 세 변의 길이로 하는 삼각형은 어떤 삼각형인가? (단, a, b, c는 양수이다.)

① 정삼각형
② 예각삼각형
③ 빗변의 길이가 a인 직각이등변삼각형
④ 빗변의 길이가 b인 직각이등변삼각형
⑤ 빗변의 길이가 c인 직각이등변삼각형

0595

x에 대한 이차방정식
$$x^2 + 2(a+b+c)x + 3(ab+bc+ca) = 0$$
에 대하여 다음 중 옳은 것을 있는 대로 모두 고른 것은?
(단, a, b, c는 실수이다.)

ㄱ. 이차방정식이 중근을 가지면 $a = b = c$이다.
ㄴ. 이차방정식이 서로 다른 두 실근을 가지면 $a \neq b$ 또는 $b \neq c$ 또는 $c \neq a$이다.
ㄷ. 이차방정식이 서로 다른 두 허근을 가질 수 없다.

① ㄱ
② ㄴ
③ ㄱ, ㄴ
④ ㄱ, ㄷ
⑤ ㄱ, ㄴ, ㄷ

 해설 내신연계문제

이차방정식 $ax^2+bx+c=0\,(a\neq0)$의 두 근을 α, β라 하면

(1) 두 근의 합 : $\alpha+\beta=-\dfrac{b}{a}$ ← 부호가 바뀐다.

(2) 두 근의 곱 : $\alpha\beta=\dfrac{c}{a}$ ← 부호가 그대로

(3) 두 근의 차 : $|\alpha-\beta|=\dfrac{\sqrt{b^2-4ac}}{|a|}$ (단, a, α, β는 실수)

 이차방정식 $ax^2+bx+c=0$의 두 근을 α, β라 하면
① 근과 계수의 관계를 이용하여 $\alpha+\beta$, $\alpha\beta$의 값을 구한다.
② $ax^2+bx+c=0$에 두 근 α, β를 대입한다.
  즉 $a\alpha^2+b\alpha+c=0$, $a\beta^2+b\beta+c=0$임을 이용한다.
③ 곱셈 공식을 이용하여 $\alpha+\beta$, $\alpha\beta$꼴로 변형한 후 구한다.

 계수가 실수인 이차방정식의 두 근이 허수일 때,
두 근은 서로 켤레복소수이므로 그 합과 곱은 모두 실수이다.
즉 계수가 실수인 이차방정식의 두 근의 합과 곱은 항상 실수이다.

0596
학교기출 대표 유형

이차방정식 $x^2-2x+3=0$의 두 근을 α, β라 할 때,
다음 중 옳지 않은 것은?

① $(\alpha-1)(\beta-1)=2$ ② $(\alpha-\beta)^2=-8$

③ $\alpha^3+\beta^3=-10$ ④ $\alpha^2+\beta^2-3\alpha\beta=-11$

⑤ $\dfrac{\alpha}{\beta}+\dfrac{\beta}{\alpha}=-\dfrac{11}{3}$

0597

이차방정식 $x^2-2x+4=0$의 두 근을 α, β라 할 때,
$\dfrac{\beta}{\alpha-1}+\dfrac{\alpha}{\beta-1}$의 값은?

① -4 ② -3 ③ -2
④ 2 ⑤ 4

0598
최다빈출 왕 중요    

이차방정식 $x^2-2x+5=0$의 두 근을 α, β라 할 때,
$\dfrac{\alpha^3+\beta^3+2}{(\alpha-1)(\beta-1)}$의 값은?

① -5 ② -4 ③ -3
④ -2 ⑤ -1

해설 내신연계문제

0599

이차방정식 $x^2+3x-1=0$의 두 근을 α, β라 할 때,
$\alpha^3-\beta^3$의 값은? (단, $\alpha>\beta$)

① $8\sqrt{13}$ ② $10\sqrt{13}$ ③ $12\sqrt{13}$
④ $14\sqrt{13}$ ⑤ $16\sqrt{13}$

0600

이차방정식 $|x^2-5x|=3$의 근을 α, β, γ, δ라 할 때,
$\dfrac{1}{\alpha}+\dfrac{1}{\beta}+\dfrac{1}{\gamma}+\dfrac{1}{\delta}$의 값은?

① -3 ② -1 ③ 0
④ 3 ⑤ 5

0601

이차방정식 $x^2-x+2=0$의 서로 다른 두 근을 α, β라 할 때,
$\dfrac{\beta^3}{\alpha^2}+\dfrac{\alpha^3}{\beta^2}$의 값은?

① $\dfrac{9}{4}$ ② $\dfrac{5}{2}$ ③ $\dfrac{11}{4}$
④ 3 ⑤ $\dfrac{13}{4}$

0602 최다빈출 왕 중요 TOUGH

이차방정식 $x^2-3x+1=0$의 두 근을 α, β라 할 때, $\sqrt{\alpha}+\sqrt{\beta}$의 값은?

① 2 ② $\sqrt{5}$ ③ $2\sqrt{2}$
④ $2\sqrt{3}$ ⑤ 3

해설 내신연계문제

0603 TOUGH

이차방정식 $x^2+7x+4=0$의 두 근을 α, β라 할 때, $(\sqrt{\alpha}-\sqrt{\beta})^2$의 값은?

① -7 ② -6 ③ -5
④ -4 ⑤ -3

모의고사 핵심유형 기출문제

0604 2023년 09월 고1 학력평가 8번 NORMAL

이차방정식 $x^2+2x+7=0$의 서로 다른 두 근을 α, β라 할 때, $\alpha^2+\alpha\beta+\beta^2$의 값은?

① -3 ② -1 ③ 1
④ 3 ⑤ 5

해설 내신연계문제

0605 2013년 03월 고2 학력평가 B형 19번 TOUGH

이차방정식 $x^2-ax-3a=0\,(a>0)$의 서로 다른 두 실근 α, β에 대하여 $|\alpha|+|\beta|=8$일 때, $\alpha^2+\beta^2$의 값은?

① 34 ② 36 ③ 38
④ 40 ⑤ 42

해설 내신연계문제

유형 14 이차방정식의 근과 계수의 관계 － 이차방정식의 미지수 구하기

이차방정식 $ax^2+bx+c=0\,(a\neq0)$의 두 근을 α, β라 하면

(1) 두 근의 합 : $\alpha+\beta=-\dfrac{b}{a}$ ← 부호가 바뀐다.

(2) 두 근의 곱 : $\alpha\beta=\dfrac{c}{a}$ ← 부호가 그대로

0606 학교기출 대표유형

이차방정식 $x^2+ax-b=0$의 두 근이 -3, 6일 때, 이차방정식 $ax^2+2x+b=0$의 두 근의 곱은? (단, a, b는 상수이다.)

① -2 ② -4 ③ -6
④ -8 ⑤ -10

0607 NORMAL

x에 대한 이차방정식 $x^2+ax+b=0$의 두 근이 2, -4일 때, 이차방정식 $ax^2+(a-b)x+ab=0$의 두 근의 합은? (단, a, b는 상수이다.)

① -6 ② -5 ③ -4
④ -3 ⑤ -2

모의고사 핵심유형 기출문제

0608 2024년 06월 고1 학력평가 23번 BASIC

x에 대한 이차방정식 $x^2-3x+a=0$의 두 근이 1, b일 때, ab의 값을 구하시오. (단, a, b는 상수이다.)

해설 내신연계문제

0609 2021년 06월 고1 학력평가 23번 BASIC

x에 대한 이차방정식 $x^2+ax-4=0$의 두 근이 -4, b일 때, 두 상수 a, b에 대하여 $a+b$의 값을 구하시오.

해설 내신연계문제

이차방정식 $ax^2+bx+c=0(a\neq0)$의 두 근이 α, β일 때, α, β를 **이차방정식에 대입한 후 식을 변형하여 주어진 식을 구한다.**

➡ $a\alpha^2+b\alpha+c=0$, $a\beta^2+b\beta+c=0$임을 이용하여 식의 값을 변형하여 구한다.

0610   학교기출 대표 유형

이차방정식 $x^2-6x+1=0$의 두 근을 α, β라 할 때, $3\alpha+\beta+\dfrac{3}{\alpha}+\dfrac{1}{\beta}$을 구하시오.

0611   최다빈출 왕 중요

NORMAL

이차방정식 $x^2+3x+7=0$의 한 근을 α라 할 때, $\dfrac{\alpha^2+4\alpha}{\alpha-7}+\dfrac{\alpha-7}{\alpha^2+4\alpha}$을 구하시오.

해설 내신연계문제

0612   2018년 06월 고1 학력평가 25번

NORMAL

이차방정식 $2x^2+6x-9=0$의 두 근을 α, β라 할 때, $2(2\alpha^2+\beta^2)+6(2\alpha+\beta)$의 값을 구하시오.

해설 내신연계문제

이차방정식 $ax^2+bx+c=0(a\neq0)$의 두 근이 α, β일 때, α, β를 **이차방정식에 대입한 후 $\alpha+\beta$, $\alpha\beta$으로 변형하여 식의 값을 구한다.**

(1) $a\alpha^2+b\alpha+c=0$, $a\beta^2+b\beta+c=0$

(2) $\alpha+\beta=-\dfrac{b}{a}$, $\alpha\beta=\dfrac{c}{a}$

를 이용하여 식의 값을 계산한다.

0613   학교기출 대표 유형

이차방정식 $x^2-2x+4=0$의 두 근을 α, β라고 할 때, $(\alpha^2-\alpha+1)(\beta^2-\beta+1)$의 값을 구하시오.

0614

NORMAL

이차방정식 $x^2+5x-1=0$의 두 근을 α, β라 할 때, $\alpha^2-5\beta$의 값은?

① 21   ② 24   ③ 26
④ 29   ⑤ 32

0615   최다빈출 왕 중요

NORMAL

이차방정식 $x^2-3x+1=0$의 두 근을 α, β라 할 때, $\dfrac{\beta}{\alpha^2-2\alpha+1}+\dfrac{\alpha}{\beta^2-2\beta+1}$의 값은?

① 2   ② 3   ③ 4
④ 5   ⑤ 7

해설 내신연계문제

0616

이차방정식 $x^2-9x+1=0$의 두 근을 α, β라 할 때, $\sqrt{\alpha^2+1}+\sqrt{\beta^2+1}$의 값은?

① $2\sqrt{6}$ ② $3\sqrt{6}$ ③ 9
④ $3\sqrt{10}$ ⑤ $3\sqrt{11}$

0617

이차방정식 $x^2-3x-2=0$의 두 근이 α, β라 할 때, $\alpha^3-3\alpha^2+\alpha\beta+2\beta$의 값은?

① 0 ② 2 ③ 4
④ 6 ⑤ 8

0618

이차방정식 $x^2+x+3=0$의 두 근이 α, β라 할 때, $(1+\alpha+\alpha^2+\alpha^3)(1+\beta+\beta^2+\beta^3)$의 값은?

① -15 ② -12 ③ -8
④ 12 ⑤ 15

0619

이차방정식 $x^2+x-3=0$의 두 근이 α, β라 할 때, $\alpha^5+\alpha^4-\alpha^3+\beta^5+\beta^4-\beta^3$의 값은?

① -24 ② -22 ③ -20
④ -18 ⑤ -16

0620

이차방정식 $x^2+3x-1=0$의 두 근이 α, β라 하고 이차방정식 $x^2-5x-2=0$의 두 근이 m, n라 할 때, $(m+\alpha)(m+\beta)(n+\alpha)(n+\beta)$의 값을 구하시오.

0621

이차방정식 $x^2-6x+3=0$의 서로 다른 두 근을 α, β라 할 때, $\sqrt{2\alpha^3-11\alpha^2+6\alpha}+\sqrt{2\beta^3-11\beta^2+6\beta}$의 값을 구하시오.

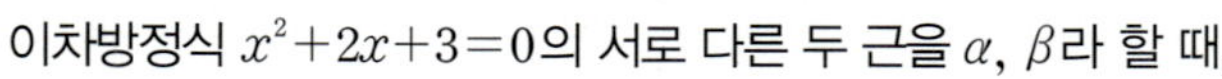

0622

2021년 09월 고1 학력평가 14번

이차방정식 $x^2+2x+3=0$의 서로 다른 두 근을 α, β라 할 때, $\dfrac{1}{\alpha^2+3\alpha+3}+\dfrac{1}{\beta^2+3\beta+3}$의 값은?

① $-\dfrac{1}{3}$ ② $-\dfrac{1}{2}$ ③ $-\dfrac{2}{3}$
④ $-\dfrac{5}{6}$ ⑤ -1

0623

2019년 06월 고1 학력평가 16번

이차방정식 $x^2+x-1=0$의 서로 다른 두 근을 α, β라 하자. 다항식 $P(x)=2x^2-3x$에 대하여 $\beta P(\alpha)+\alpha P(\beta)$의 값은?

① 5 ② 6 ③ 7
④ 8 ⑤ 9

이차방정식의 두 근에 대한 조건이 주어지면 두 근을 다음과 같이 놓고 근과 계수의 관계를 이용하여 미정계수를 구한다.

(1) 두 근의 비가 $m:n$이면 ➡ 두 근은 $m\alpha,\ n\alpha$ (단, $\alpha \neq 0$)
(2) 두 근의 차가 k이면 ➡ 두 근은 $\alpha,\ k+\alpha$ 또는 $\alpha-k,\ \alpha$
(3) 한 근이 다른 근의 m배이면 ➡ 두 근은 $\alpha,\ m\alpha$
(4) 두 근이 연속인 정수이면 ➡ 두 근은 $\alpha,\ \alpha+1$ 또는 $\alpha-1,\ \alpha$
(단, α는 정수이다.)

0624 학교기출 대표 유형

x에 대한 이차방정식 $x^2-10x+k+4=0$의 서로 다른 두 근의 비가 $2:3$일 때, 실수 k의 값을 구하시오.

0625 최다빈출 왕 중요 

이차방정식 $2x^2+3x+k=0$의 한 근이 다른 근의 2배일 때, 이차방정식 $x^2-4kx-3k+1=0$의 두 근의 합은? (단, k는 상수이다.)

① 4　　　　② 6　　　　③ 8
④ 10　　　⑤ 12

해설 내신연계문제

0626 

이차방정식 $x^2-2kx+8=0$의 한 실근이 다른 근의 제곱과 같을 때, 이차방정식 $x^2-3kx-2k-4=0$의 두 근의 합은?

① 6　　　　② 7　　　　③ 8
④ 9　　　　⑤ 10

0627 

x에 대한 이차방정식 $x^2+(1-3m)x+2m^2-4m-8=0$의 두 근의 차가 4가 되도록 하는 실수 m의 모든 값의 곱은?

① 15　　　　② 17　　　　③ 19
④ 21　　　　⑤ 23

0628 최다빈출 왕 중요 

이차방정식 $x^2-(k+3)x+3k-1=0$의 두 근의 차가 2일 때, 이차방정식 $x^2+2kx+2k+1=0$의 두 근의 합은? (단, k는 실수이다.)

① 0　　　　② -2　　　　③ -4
④ -6　　　　⑤ -8

해설 내신연계문제

0629 최다빈출 왕 중요 

이차방정식 $x^2-(2k-3)x+k-1=0$의 두 근이 연속인 정수일 때, 모든 실수 k의 값의 합은?

① -4　　　　② -3　　　　③ -2
④ 3　　　　⑤ 4

해설 내신연계문제

0630 

이차방정식 $x^2-2kx+k^2-2k+7=0$의 두 근이 연속된 홀수일 때, 실수 k의 값은?

① -4　　　　② -2　　　　③ 1
④ 2　　　　⑤ 4

0631 최다빈출 왕 중요

이차방정식 $x^2-7x+a=0$의 두 근 α, β에 대하여
$$|\alpha|+|\beta|=9$$
일 때, $(\alpha-1)(\beta-1)$의 값은? (단, a는 상수이다.)

① -16 ② -14 ③ -12
④ -10 ⑤ -8

[해설 내신연계문제]

0632

이차방정식 $x^2-ax-3a=0\,(a>0)$의 서로 다른 두 실근 α, β에 대하여
$$|\alpha|+|\beta|=8$$
일 때, $\alpha^3+\beta^3$의 값을 구하시오.

모의고사 핵심유형 기출문제

0633 2021년 06월 고1 학력평가 28번

x에 대한 이차방정식 $x^2+2ax-b=0$의 두 근을 α, β라 할 때, $|\alpha-\beta|<12$를 만족시키는 두 자연수 a, b의 모든 순서쌍 $(a,\ b)$의 개수를 구하시오.

[해설 내신연계문제]

이차방정식 $ax^2+bx+c=0$의 두 실근 α, β의 절댓값이 같고 부호가 서로 다르면

➡ 두 근은 α, $-\alpha\,(\alpha\neq0)$이고 두 근의 곱은 음수이다.

➡ $\alpha+\beta=0$, $\alpha\beta=\dfrac{c}{a}<0$

0634 학교기출 대표 유형

x에 대한 이차방정식 $x^2+(a^2-4a-5)x-a+3=0$의 두 실근의 절댓값이 같고 부호가 서로 다를 때, 상수 a의 값을 구하시오.

0635 최다빈출 왕 중요

x에 대한 이차방정식 $x^2+(k^2-4k+3)x-k+2=0$의 두 실근의 절댓값이 같고 부호가 서로 다를 때, 이차방정식 $x^2+(k+2)x+5=0$의 두 근의 합은?

① -9 ② -7 ③ -5
④ -3 ⑤ -2

[해설 내신연계문제]

0636

x에 대한 이차방정식 $x^2-2(k-3)x-12=0$의 두 근의 절댓값의 비가 $3:1$이 되도록 하는 모든 실수 k의 값의 합은?

① 2 ② 3 ③ 4
④ 5 ⑤ 6

이차방정식의 두 근을 α, β에 대한 관계식이 주어지면
➡ 주어진 식을 $\alpha+\beta$, $\alpha\beta$에 대한 식으로 변형한 후
이차방정식의 근과 계수의 관계를 이용하여 미정계수를 구한다.

0637 

이차방정식 $3x^2-6x+k=0$의 서로 다른 두 실근 α, β가
$\alpha^3+\beta^3=10$을 만족시킬 때, 상수 k의 값은?

① $-\dfrac{1}{2}$ ② $-\dfrac{1}{3}$ ③ -1

④ $\dfrac{1}{3}$ ⑤ $\dfrac{1}{2}$

0638 

이차방정식 $x^2-(k+1)x+k+3=0$의 두 근을 α, β라 할 때,
$(\alpha-\beta)^2=13$을 만족시키는 양수 k의 값은?

① 2 ② 3 ③ 4
④ 5 ⑤ 6

0639 

이차방정식 $x^2-(2k-1)x+k+3=0$의 두 근을 α, β라 할 때,
$\alpha^2(1-\beta)+\beta^2(1-\alpha)+2\alpha\beta=0$을 만족하는 정수 k의 값은?

① -3 ② -2 ③ 2
④ 3 ⑤ 4

0640 최다빈출 왕중요 

이차방정식 $x^2-2ax+8a-1=0$의 두 근을 α, β라 할 때,
$\alpha^2+\alpha\beta+\beta^2=13$을 만족시키는 모든 상수 a의 값의 곱은?

① -3 ② -2 ③ 1
④ 2 ⑤ 3

> 해설 내신연계문제

0641 

이차방정식 $x^2+ax+b=0$의 두 근을 α, β라고 할 때,
$$(\alpha+1)(\beta+1)=2,\ 2\alpha\beta=-5$$
가 성립한다. 이때 상수 a, b에 대하여 $a+b$의 값은?

① -8 ② -7 ③ -6
④ -5 ⑤ -4

0642 최다빈출 왕중요 

이차방정식 $x^2+ax+b=0$의 두 근을 α, β라고 할 때,
$$(\alpha+1)(\beta+1)=2,\ (2\alpha+1)(2\beta+1)=-2$$
가 성립한다. 이때 상수 a, b에 대하여 $a+b$의 값은?

① -7 ② -6 ③ -5
④ -4 ⑤ -3

> 해설 내신연계문제

0643 

이차방정식 $x^2+ax-b=0$의 두 근을 α, β라 할 때,
$$(1+\alpha)(1+\beta)=5,\ \frac{1}{\alpha}+\frac{1}{\beta}=\frac{1}{3}$$
가 성립한다. 상수 a, b에 대하여 $a-b$의 값을 구하시오.

0644
2019년 06월 고1 학력평가 24번

x에 대한 이차방정식 $x^2-kx+4=0$의 두 근을 α, β라 할 때, $\dfrac{1}{\alpha}+\dfrac{1}{\beta}=5$이다. 상수 k의 값을 구하시오.

해설 내신연계문제

0645
2022년 09월 고1 학력평가 8번

이차방정식 $x^2+2x+k=0$의 서로 다른 두 근을 α, β라 할 때, $\alpha^2+\beta^2=8$이다. 상수 k의 값은?

① -5 ② -4 ③ -3
④ -2 ⑤ -1

해설 내신연계문제

0646
2021년 11월 고1 학력평가 9번

x에 대한 이차방정식 $x^2-ax-4=0$의 두 근을 α, β라 하자. $\dfrac{\alpha}{\beta}+\dfrac{\beta}{\alpha}=-6$일 때, 양수 a의 값은?

① 3 ② 4 ③ 5
④ 6 ⑤ 7

해설 내신연계문제

0647
2022년 06월 고1 학력평가 25번

x에 대한 이차방정식 $x^2-3x+k=0$의 두 근을 α, β라 할 때, $\dfrac{1}{\alpha^2-\alpha+k}+\dfrac{1}{\beta^2-\beta+k}=\dfrac{1}{4}$을 만족시키는 실수 k의 값을 구하시오.

해설 내신연계문제

유형 20 근과 계수의 관계를 이용하여 미정계수 구하기 — 두 이차방정식이 주어진 경우

두 이차방정식의 두 근이 모두 α, β에 대한 식이면 다음과 같은 순서로 미지수를 구한다.

FIRST 두 이차방정식의 근과 계수의 관계를 이용하여 α, β에 대한 식을 세운다.

LAST 위에서 세운 두 식을 연립하여 미정계수를 구한다.

0648
학교기출 **대표** 유형

이차방정식 $x^2-ax+b=0$의 두 근이 α, β이고 이차방정식 $x^2-(a-2)x+a+6=0$의 두 근이 $\alpha+\beta$, $\alpha\beta$일 때, 상수 a, b에 대하여 $a+b$의 값은?

① -6 ② -4 ③ -2
④ 2 ⑤ 4

0649

이차방정식 $x^2+4x+a=0$의 두 근이 α, β이고 이차방정식 $x^2-bx-7=0$의 두 근이 $2\alpha-1$, $2\beta-1$일 때, 상수 a, b에 대하여 $a+b$의 값은?

① -16 ② -14 ③ -12
④ -10 ⑤ -8

0650
최다빈출 **양** 중요

이차방정식 $x^2-ax+12=0$의 두 근을 α, β라 하고 이차방정식 $x^2+bx+21=0$의 두 근을 $\alpha+1$, $\beta+1$이라 할 때, $a+b$의 값은?

① -5 ② -4 ③ -3
④ -2 ⑤ -1

해설 내신연계문제

0651

NORMAL

이차방정식 $x^2+ax+b=0$의 두 근이 α, β이고 이차방정식 $x^2+bx+a=0$의 두 근이 $\dfrac{1}{\alpha}$, $\dfrac{1}{\beta}$일 때, 실수 a, b에 대하여 $a+b$의 값은?

① -2 ② -1 ③ 1

④ 2 ⑤ 3

0652

TOUGH

0이 아닌 세 실수 p, q, r에 대하여 이차방정식 $x^2+px+q=0$의 두 근을 α, β라 할 때, $x^2+rx+p=0$은 두 근 2α, 2β를 갖는다. 이때 $\dfrac{r}{q}$의 값을 구하시오.

모의고사 핵심유형 기출문제

0653

2019년 11월 고1 학력평가 18번

TOUGH

등식 $(p+2qi)^2=-16i$를 만족시키는 두 실수 p, q는 x에 대한 이차방정식 $x^2+ax+b=0$의 두 실근이다. 두 상수 a, b에 대하여 a^2+b^2의 값은? (단, $p>0$이고 $i=\sqrt{-1}$)

① 16 ② 18 ③ 20

④ 22 ⑤ 24

해설 내신연계문제

이차방정식 $ax^2+bx+c=0$을 푸는데 바르게 보고 푼 계수와 근과 계수의 관계를 이용하여 원래의 방정식을 구한다.

(1) x의 계수를 잘못 보고 푼 경우
- ➡ x^2의 계수 a와 상수항 c는 바르게 보았다.
- ➡ 두 근의 곱은 $\dfrac{c}{a}$는 원래 방정식의 두 근의 곱과 같다.

(2) 상수항 c를 잘못 보고 푼 경우
- ➡ x^2의 계수 a와 x의 계수 b는 바르게 보았다.
- ➡ 두 근의 합은 $-\dfrac{b}{a}$은 원래 방정식의 두 근의 합과 같다.

0654

학교기출 대표유형

이차방정식 $x^2+ax+b=0$을 푸는데 예빈이는 a를 잘못 보고 풀어서 두 근 -2, 4를 얻었고, 도훈이는 b를 잘못 보고 풀어서 두 근 $-1-2\sqrt{3}i$, $-1+2\sqrt{3}i$를 얻었다. 이 이차방정식의 원래의 근을 α, β라 할 때, $\alpha^2+\beta^2$의 값을 구하시오. (단, a, b는 실수이고 $i=\sqrt{-1}$)

0655

최다빈출 왕중요 

TOUGH

이차방정식 $ax^2+bx+c=0\,(a\neq0)$을 푸는데 송이는 x의 계수를 잘못 보고 계산하여 두 근으로 $2+3i$, $2-3i$를 구하였고, 수지는 상수항을 잘못 보고 계산하여 두 근으로 $1+i$, $1-i$를 구하였다. 이 이차방정식의 원래의 근을 α, β라 할 때, $\alpha^2+\beta^2$의 값은? (단, a, b, c는 실수이고 $i=\sqrt{-1}$)

① -26 ② -24 ③ -22

④ -20 ⑤ -18

해설 내신연계문제

0656

최다빈출 왕중요

TOUGH

이차방정식 $ax^2+bx+c=0\,(a\neq0)$의 근을 구하는 데 근의 공식을 $x=\dfrac{-b\pm\sqrt{b^2-ac}}{2a}$로 잘못 적용하여 두 근 -2, 3을 얻었다.

원래의 이차방정식의 두 근을 α, β라 할 때, $(\alpha+1)(\beta+1)$의 값은? (단, a, b, c는 실수이다.)

① -24 ② -22 ③ -20

④ 24 ⑤ 49

해설 내신연계문제

유형 22 · 근의 공식을 이용한 이차식의 인수분해

이차식 ax^2+bx+c가 쉽게 인수분해되지 않으면 다음과 같은 순서로 인수분해한다.

➡ 근의 공식을 이용하여 이차방정식 $ax^2+bx+c=0$의 두 근 α, β를 구한다.

➡ $ax^2+bx+c=a(x-\alpha)(x-\beta)$로 인수분해한다.

즉 계수가 실수인 이차식은 복소수의 범위에서 항상 두 일차식의 곱으로 인수분해된다.

이차방정식의 근의 공식
① 계수가 실근인 이차방정식 $ax^2+bx+c=0$의 근은
$$x=\frac{-b\pm\sqrt{b^2-4ac}}{2a}$$
② 계수가 짝수인 이차방정식 $ax^2+2b'x+c=0$의 근은
$$x=\frac{-b'\pm\sqrt{b'^2-ac}}{a}$$

0657 · 학교기출 대표 유형

이차식 x^2-4x+6을 복소수 범위에서 인수분해하면? (단, $i=\sqrt{-1}$)

① $(x-\sqrt{2}i)^2$

② $(x-2-\sqrt{2}i)^2$

③ $(x-2-\sqrt{2}i)(x-2+\sqrt{2}i)$

④ $(x+2+\sqrt{2}i)(x-2-\sqrt{2}i)$

⑤ $(x+2+\sqrt{2}i)(x+2-\sqrt{2}i)$

0658 · 최다빈출 왕중요

다음 중 이차식 $3x^2-4x+2$의 인수인 것은?

① $3x-\sqrt{2}i$

② $3x+2-\sqrt{2}i$

③ $3x-2+\sqrt{2}i$

④ $3x+2-2\sqrt{3}i$

⑤ $3x-2-2\sqrt{3}i$

해설 내신연계문제

0659

NORMAL

이차식 x^2+2x+2가 복소수의 범위에서 x의 계수가 1인 두 일차식의 곱으로 인수분해될 때, 두 일차식의 합은? (단, $i=\sqrt{-1}$)

① $2x-2$

② $2x+2$

③ $2x$

④ $2x-2i$

⑤ $2x+2i$

유형 23 · 이차방정식 $f(x)=0$의 근을 이용하여 $f(ax+b)=0$의 근 구하기

이차방정식 $f(x)=0$의 두 근이 α, β이면

➡ $f(\alpha)=0$, $f(\beta)=0$

➡ 방정식 $f(ax+b)=0$의 두 근은 $ax+b=\alpha$ 또는 $ax+b=\beta$에서
$$x=\frac{\alpha-b}{a} \ \text{또는} \ x=\frac{\beta-b}{a}$$

이차방정식 $f(x)=0$의 두 근이 α, β이면 방정식 $f(ax+b)=0$의 두 근이 $ax+b=\alpha$, $ax+b=\beta$를 만족시키는 x의 값을 의미한다.

주의 이때 $f(a\alpha+b)=0$, $f(a\beta+b)=0$으로 착각하여 풀지 않도록 주의한다.

0660 · 학교기출 대표 유형

이차방정식 $f(x)=0$의 두 근을 α, β라고 할 때, $\alpha+\beta=4$이다.
이차방정식 $f(4x-2)=0$의 두 근의 합을 구하시오.

0661

NORMAL

다항식 $f(x)$에 대하여 방정식 $f(x)=0$의 한 근이 $x=-2$일 때, 다음 중 $x=3$을 반드시 근으로 갖는 x에 대한 방정식은?

① $f(x+3)=0$

② $f(x-5)=0$

③ $f(x^2-6)=0$

④ $f(8-2x)=0$

⑤ $f(-x+2)=0$

0662 · 최다빈출 왕중요

NORMAL

이차방정식 $f(x)=0$의 두 근 α, β에 대하여 $\alpha+\beta=5$, $\alpha\beta=4$일 때, 이차방정식 $f(3x-5)=0$의 두 근의 곱은?

① 2

② 3

③ 4

④ 5

⑤ 6

해설 내신연계문제

0663 최다빈출 왕 중요

이차방정식 $f(3x-2)=0$의 두 근 α, β에 대하여 $\alpha+\beta=4$일 때, 이차방정식 $f(x)=0$의 두 근의 합은?

① 2   ② 4   ③ 6
④ 8   ⑤ 12

해설 내신연계문제

0664

이차방정식 $f(x+1)=0$의 두 근 α, β에 대하여 $\alpha+\beta=2$, $\alpha\beta=3$일 때, 이차방정식 $f(x-3)=0$의 두 근의 합을 p, 곱을 q라 하면 $q-p$의 값은?

① 11   ② 13   ③ 15
④ 17   ⑤ 19

0665

이차식 $f(x)=x^2-2x-2$에 대하여 이차방정식 $f(2x+1)=0$의 두 근의 차는?

① $\sqrt{3}$ ② $2\sqrt{2}$ ③ $2\sqrt{3}$
④ $\sqrt{5}$ ⑤ $2\sqrt{5}$

모의고사 핵심유형 기출문제

0666   2020년 06월 고1 학력평가 26번

x에 대한 이차방정식 $f(x)=0$의 두 근의 합이 16일 때, x에 대한 이차방정식 $f(2020-8x)=0$의 두 근의 합을 구하시오.

해설 내신연계문제

유형 24 $f(\alpha)=f(\beta)=k$를 만족시키는 이차식 $f(x)$ 구하기

이차방정식 $f(x)=k$의 두 근이 α, β이면

➡ 이차방정식 $f(x)-k=0$의 두 근이 α, β이므로
➡ $f(x)-k=a(x-\alpha)(x-\beta)$ $(a \neq 0)$

주의 x^2의 계수를 1로 잘못 생각하지 않도록 주의한다.
x^2의 계수는 문제에 주어진 조건을 이용하여 구한다.

> 이차식 $f(x)$에 대하여 $f(\alpha)=f(\beta)=k$이면
> $f(\alpha)-k=0$, $f(\beta)-k=0$이므로
> 이차방정식 $f(x)-k=0$의 두 근은 α, β이다.
> 즉 $f(x)-k=a(x-\alpha)(x-\beta)$ $(a \neq 0)$를 만족한다.

0667   학교기출 대표 유형

이차식 $f(x)=x^2-6x+7$에 대하여 $f(\alpha)-5=0$, $f(\beta)-5=0$을 만족할 때, $\dfrac{\beta}{\alpha^2-5\alpha+2}+\dfrac{\alpha}{\beta^2-5\beta+2}$의 값을 구하시오.

0668   최다빈출 왕 중요

이차방정식 $x^2-2x-4=0$의 두 근을 α, β라 하자. 이차식 $f(x)$에 대하여 $f(\alpha)=f(\beta)=3$, $f(1)=-2$일 때, 방정식 $f(x)=0$의 두 근을 p, q라 하면 p^3+q^3의 값은?

① 8   ② 10   ③ 12
④ 14   ⑤ 16

해설 내신연계문제

0669

이차방정식 $x^2-7x-3=0$의 두 근을 α, β라 할 때, $f(\alpha)=f(\beta)=\alpha+\beta$, $f(0)=-2$를 만족시키는 이차식 $f(x)$에 대하여 $f(2)$의 값은?

① -32 ② -30 ③ -28
④ -26 ⑤ -24

0670 최다빈출왕중요 NORMAL

이차식 $f(x)=x^2+2x-6$에 대하여 $f(\alpha)=-5$, $f(\beta)=-5$일 때, $\dfrac{\alpha^2}{\beta}+\dfrac{\beta^2}{\alpha}$의 값은?

① 11   ② 12   ③ 13
④ 14   ⑤ 15

해설 내신연계문제

0671 NORMAL

이차방정식 $x^2-x+1=0$의 두 근을 α, β라고 할 때, $f(\alpha)=\beta$, $f(\beta)=\alpha$, $f(1)=1$을 만족하는 이차식 $f(x)$에 대하여 $f(2)$의 값을 구하시오.

0672 TOUGH

이차방정식 $x^2-2x-1=0$의 두 근을 α, β라 할 때, 이차식 $f(x)=x^2+mx+n$이 $f(\alpha^2)=2\beta$, $f(\beta^2)=2\alpha$를 만족할 때, 상수 m, n에 대하여 $m+2n$의 값을 구하시오.

모의고사 핵심유형 기출문제

0673 2006년 11월 고1 학력평가 16번 NORMAL

이차방정식 $x^2+x-3=0$의 서로 다른 두 근을 α, β라 할 때, $f(\alpha)=f(\beta)=1$을 만족하는 이차식 $f(x)$는?
(단, $f(x)$의 x^2의 계수는 1이다.)

① x^2+x-2 ② x^2-x-4 ③ x^2+x+4
④ x^2-2x+2 ⑤ x^2+2x+4

해설 내신연계문제

유형 25 이차방정식의 켤레근의 성질

(1) 계수가 모두 유리수인 이차방정식의 한 근이 $p+q\sqrt{m}$이면

➡ 다른 한 근은 $p-q\sqrt{m}$이다.

(단, p, q는 유리수, $q\neq0$, $\sqrt{m}$은 무리수)
$q\neq0$일 때, $p+q\sqrt{m}$과 $p-q\sqrt{m}$을 각각 켤레근이라 한다.

(2) 계수가 실수인 이차방정식의 한 근이 $p+qi$이면

➡ 다른 한 근은 $p-qi$이다. (단, p, q는 실수, $q\neq0$, $i=\sqrt{-1}$)
$q\neq0$일 때, $p+qi$와 $p-qi$를 각각 켤레근이라 한다.

이차방정식에서 계수가 유리수, 실수라는 조건이 있고 근이 한 개만 주어져 있으면 이 이차방정식은 켤레근을 갖는다는 의미가 숨겨져 있으므로 이차방정식의 켤레근을 이용한다.

0674 학교기출 대표 유형

유리수 a, b에 대하여 이차방정식 $x^2+ax+b=0$의 한 근이 $1+\sqrt{5}$일 때, $a-b$의 값을 구하시오.

0675 NORMAL

이차방정식 $x^2+ax+b=0$의 한 근이 $1+\sqrt{2}$일 때, 이차방정식 $x^2+bx+a=0$의 두 근 α, β에 대하여 $\dfrac{\alpha^2}{\beta}+\dfrac{\beta^2}{\alpha}$의 값은?
(단, a, b는 유리수이다.)

① $-\dfrac{7}{2}$ ② $-\dfrac{5}{2}$ ③ $-\dfrac{3}{2}$
④ $\dfrac{3}{2}$ ⑤ $\dfrac{5}{2}$

0676 NORMAL

이차방정식 $x^2-(a+b)x+2ab=0$의 한 근이 $\dfrac{5}{2+i}$일 때, 실수 a, b에 대하여 a^3+b^3의 값은? (단, $i=\sqrt{-1}$)

① 34   ② 36   ③ 38
④ 40   ⑤ 42

0677 최다빈출왕중요 NORMAL

이차방정식 $x^2-4x+a=0$의 한 근이 $\dfrac{b-i}{3+i}$일 때, 두 실수 a, b에 대하여 $a+b$의 값은? (단, $i=\sqrt{-1}$이고 $b\neq-3$)

① 10   ② 12   ③ 14
④ 16   ⑤ 18

해설 내신연계문제

실수 a, b에 대하여 x에 대한 이차방정식 $x^2+ax+b=0$의 한 근이 $3+i$이다. 이차방정식 $x^2-bx+a=0$의 두 근을 α, β라고 할 때, $\dfrac{\beta+2}{2\alpha}+\dfrac{\alpha+2}{2\beta}$의 값은? (단, $i=\sqrt{-1}$)

① -12 ② -11 ③ -10
④ 11 ⑤ 12

해설 내신연계문제

0679

이차방정식 $x^2-2x+3=0$의 두 근을 α, β라 할 때, $\alpha^2\overline{\beta}+\overline{\alpha}\beta^2$의 값은? (단, $\overline{\alpha}$, $\overline{\beta}$는 각각 α, β의 켤레복소수이다.)

① -10 ② -8 ③ -6
④ -4 ⑤ -2

0680 최다빈출 왕중요

실수 a, b에 대하여 이차방정식 $x^2+ax+b=0$의 한 근이 $2+\sqrt{3}\,i$일 때, 다항식 $f(x)=x^2+(a-1)x+b-3$을 $x-3$으로 나누었을 때의 나머지는? (단, $i=\sqrt{-1}$)

① -6 ② -4 ③ -2
④ 4 ⑤ 6

해설 내신연계문제

모의고사 핵심유형 기출문제

0681 2023년 06월 고1 학력평가 25번

이차방정식 $x^2-6x+11=0$의 서로 다른 두 허근을 α, β라 할 때, $11\left(\dfrac{\overline{\alpha}}{\alpha}+\dfrac{\overline{\beta}}{\beta}\right)$의 값을 구하시오. (단, $\overline{\alpha}$, $\overline{\beta}$는 각각 α, β의 켤레복소수이다.)

해설 내신연계문제

0682 2023년 09월 고1 학력평가 25번

x에 대한 이차방정식
$$x^2-px+p+19=0$$
이 서로 다른 두 허근을 갖는다. 한 허근의 허수부분이 2일 때, 양의 실수 p의 값을 구하시오.

해설 내신연계문제

0683 2021년 09월 고1 학력평가 12번

계수가 실수인 이차방정식의 한 근이 $2-3i$이고 다른 한 근을 α라 하자. 두 실수 a, b에 대하여 $\dfrac{1}{\alpha}=a+bi$일 때, $a+b$의 값은? (단, $i=\sqrt{-1}$)

① $-\dfrac{1}{13}$ ② $-\dfrac{2}{13}$ ③ $-\dfrac{3}{13}$
④ $-\dfrac{4}{13}$ ⑤ $-\dfrac{5}{13}$

해설 내신연계문제

0684 2023년 03월 고2 학력평가 17번

다음 조건을 만족시키는 허수 z가 존재하도록 하는 두 정수 m, n에 대하여 $m+n$의 최솟값은? (단, $\overline{z}$는 z의 켤레복소수이다.)

> (가) $z^2+mz+n=0$
> (나) $z+\overline{z}=8$

① 3 ② 5 ③ 7
④ 9 ⑤ 11

해설 내신연계문제

0685 2014년 09월 고1 학력평가 8번

다항식 $f(x)=x^2+px+q$ (p, q는 실수)가 다음 두 조건을 만족시킨다.

> (가) 다항식 $f(x)$를 $x-1$로 나눈 나머지는 1이다.
> (나) 실수 a에 대하여 이차방정식 $f(x)=0$의 한 근은 $a+i$이다.

$p+2q$의 값은? (단, $i=\sqrt{-1}$)

① 2 ② 4 ③ 6
④ 8 ⑤ 10

해설 내신연계문제

유형 26 이차방정식의 작성

두 수 α, β를 근으로 갖고 x^2의 계수가 $a\,(a \neq 0)$인 이차방정식은

➡ $a(x-\alpha)(x-\beta)=0$

➡ $a\{x^2-(\alpha+\beta)x+\alpha\beta\}=0$

 이차방정식 $ax^2+bx+c=0$의 두 근 α, β에 대하여

$\dfrac{1}{\alpha}$, $\dfrac{1}{\beta}$을 두 근으로 하는 이차방정식은 $cx^2+bx+a=0$이다.

즉 $a \neq 0$, $c \neq 0$일 때, 이차방정식 $ax^2+bx+c=0$의 두 근이 α, β이면

이차방정식 $cx^2+bx+a=0$의 두 근은 $\dfrac{1}{\alpha}$, $\dfrac{1}{\beta}$이다.

0686 학교기출 대표 유형

이차방정식 $x^2-3x+5=0$의 두 근을 α, β라 할 때, $\alpha+\beta$, $\alpha\beta$를 두 근으로 하고 x^2의 계수가 1인 이차방정식은 $x^2+ax+b=0$이다. 실수 a, b에 대하여 $a+b$의 값을 구하시오.

0687

이차방정식 $x^2-4x-1=0$의 두 근을 α, β라 할 때,

$\alpha^2+\dfrac{1}{\beta}$, $\beta^2+\dfrac{1}{\alpha}$을 두 근으로 하고 x^2의 계수가 1인 이차방정식은

$x^2+ax+b=0$이다. 상수 a, b에 대하여 $a+b$의 값은?

① -8 ② -10 ③ -12

④ -14 ⑤ -16

0688

이차방정식 $x^2-2x+\dfrac{2}{3}=0$의 두 근이 α, β일 때, $\alpha^2-\alpha\beta+\beta^2$,

$\dfrac{\beta^2}{\alpha}+\dfrac{\alpha^2}{\beta}$를 두 근으로 하는 x^2의 계수가 1인 이차방정식은

$x^2+ax+b=0$이다. 상수 a, b에 대하여 $a+b$의 값은?

① -4 ② -2 ③ 0

④ 2 ⑤ 4

0689

이차방정식 $x^2+(p-1)x+p=0$의 두 근이 α, β일 때, $\alpha+\beta$, $\alpha\beta$를 두 근으로 하는 x^2의 계수가 1인 이차방정식이 중근을 갖도록 하는 실수 p의 값은?

① $\dfrac{1}{2}$ ② 1 ③ $\dfrac{3}{2}$

④ 2 ⑤ 3

0690

계수가 실수인 이차방정식 $x^2+ax+b=0$의 한 근이 $-2+i$일 때, 다음 중 $\dfrac{1}{a}$, $\dfrac{1}{b}$을 두 근으로 하는 이차방정식은? (단, $i=\sqrt{-1}$)

① $x^2-9x-1=0$ ② $x^2+9x-1=0$

③ $20x^2-9x-1=0$ ④ $20x^2+9x+1=0$

⑤ $20x^2-9x+1=0$

0691 최다빈출 왕 중요

실수 a, b에 대하여 이차방정식 $x^2-ax+b=0$의 한 근이 $\dfrac{4}{1+\sqrt{3}i}$

일 때, $\dfrac{1}{a}$, $\dfrac{1}{b}$을 두 근으로 하는 이차방정식을 $8x^2+mx+n=0$이라

고 할 때, 상수 m, n에 대하여 $m-2n$의 값은? (단, $i=\sqrt{-1}$)

① -8 ② -6 ③ -4

④ 6 ⑤ 12

해설 내신연계문제

0692

이차방정식 $x^2-2x+3=0$의 두 근에 각각 k를 더한 값을 두 근으로 하는 이차항의 계수가 1인 이차방정식을 만들면 일차항이 없는 식이 된다. 이차방정식 $x^2-3x+k=0$의 두 근을 α, β라 할 때, $\dfrac{1}{\alpha}+\dfrac{1}{\beta}$ 의 값은?

① -5 ② -4 ③ -3

④ -2 ⑤ -1

0693 

이차방정식 $x^2+ax+b=0$의 두 근이 -1, α이고 이차방정식
$x^2+(b-3)x-4a=0$의 두 근이 2, β일 때, α, β를 두 근으로 하는
이차방정식은 $x^2+mx+n=0$이다. 상수 m, n에 대하여 $m+n$의
값은? (단, a, b는 상수이다.)

① 3   ② 5   ③ 7
④ 9   ⑤ 11

0694 

이차방정식 $x^2-6x+4=0$의 두 근을 α, β라 할 때, 다음 [보기] 중
옳은 것을 모두 고른 것은?

> ㄱ. $\alpha>0$, $\beta>0$
> ㄴ. $\sqrt{\alpha}+\sqrt{\beta}=\sqrt{10}$
> ㄷ. α^2, β^2을 두 근으로 하는 x^2의 항의 계수가 1인 이차방정식은
> $x^2-28x+16=0$이다.

① ㄱ   ② ㄴ   ③ ㄱ, ㄴ
④ ㄱ, ㄷ   ⑤ ㄱ, ㄴ, ㄷ

0695 

이차방정식 $x^2+ax-2b=0$이 서로 다른 두 실근 α, β의 부호가
다를 때, 이차방정식 $x^2-(3a+2b)x+12b=0$의 두 근은 $|\alpha|+|\beta|$,
$|\alpha\beta|$라고 한다. 이때 실수 a, b에 대하여 $a+b$의 값을 구하시오.

---

(1) 이차방정식 $ax^2+bx+c=0$의 두 근 α, β에 대하여
  $\dfrac{1}{\alpha}$, $\dfrac{1}{\beta}$을 두 근으로 하는 이차방정식은 $cx^2+bx+a=0$이다.

(2) $a\neq0$, $c\neq0$일 때, 이차방정식 $ax^2+bx+c=0$의 두 근이
  α, β이면 이차방정식 $cx^2+bx+a=0$의 두 근은 $\dfrac{1}{\alpha}$, $\dfrac{1}{\beta}$이다.

0696 

다음은 이차방정식 $ax^2+bx+c=0$의 두 근을 α, β라 할 때,

다음 중 $\dfrac{1}{\alpha}$, $\dfrac{1}{\beta}$을 두 근으로 하고 x^2의 계수가 c인 이차방정식은?

(단, a, b, c는 상수이고 $c\neq0$)

① $cx^2-bx-a=0$ ② $cx^2-bx+a=0$
③ $cx^2+ax-b=0$ ④ $cx^2+ax+b=0$
⑤ $cx^2+bx+a=0$

0697

이차방정식 $5x^2-4x+3=0$의 두 근을 $\dfrac{1}{\alpha}$, $\dfrac{1}{\beta}$이라 할 때, α, β를
두 근으로 하고 x^2의 계수가 3인 이차방정식은?

① $3x^2-4x-5=0$ ② $3x^2-5x-4=0$
③ $3x^2-4x+5=0$ ④ $3x^2-5x+4=0$
⑤ $3x^2+4x-5=0$

0698 

이차방정식 $5x^2+ax+1=0$의 두 근이 α, β이고, 이차방정식
$x^2+3x-b=0$의 두 근이 $\dfrac{1}{\alpha}$, $\dfrac{1}{\beta}$일 때, 상수 a, b에 대하여 ab의
값을 구하시오.

유형 28 이차방정식의 작성의 활용

두 수 α, β를 근으로 갖고 x^2의 계수가 1인 이차방정식은
$$x^2-(\alpha+\beta)x+\alpha\beta=0$$

FIRST 주어진 조건을 이용하여 $\alpha+\beta$, $\alpha\beta$를 구한다.

LAST $\alpha+\beta$, $\alpha\beta$의 값을 이용하여 구하려는 이차방정식의 두 근의 합과 곱을 구한다.

 두 수 α, β를 두 근으로 하고 x^2의 계수가 $a\,(a \neq 0)$인 이차방정식은
$a(x-\alpha)(x-\beta)=0$
즉 $a\{x^2-(\alpha+\beta)x+\alpha\beta\}=0$으로 놓고 $\alpha+\beta$, $\alpha\beta$의 값을 구한 후 대입한다.

0699 학교기출 대표 유형

반지름의 길이가 11인 원 O의 지름 AB와 현 CD가 오른쪽 그림과 같이 점 P에서 만난다. $\overline{CP}=8$, $\overline{DP}=12$일 때, $\overline{OP}$, $\overline{BP}$의 길이를 두 근으로 하고 이차항의 계수가 1인 이차방정식은?

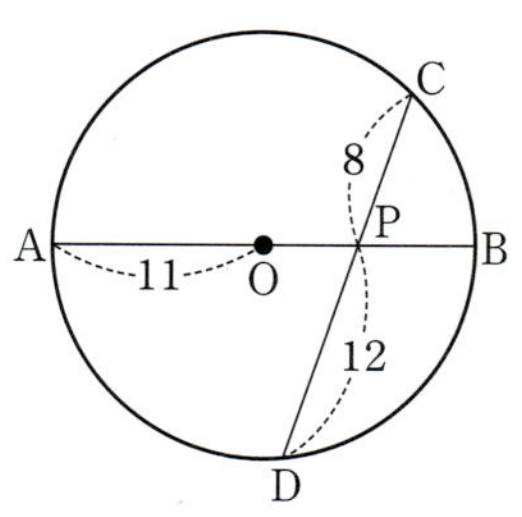

① $x^2-11x-30=0$
② $x^2-11x+30=0$
③ $x^2-2x+30=0$
④ $x^2-11x+3=0$
⑤ $x^2+11x-20=0$

0700 NORMAL

오른쪽 그림과 같이 선분 AB를 지름으로 하는 반원의 호 위에 점 P가 있다. 점 P에서 $\overline{AB}$에 내린 수선의 발을 H라 하고 $\overline{PH}=4$, $\overline{AB}=10$일 때, $\overline{AH}$, $\overline{BH}$의 길이를 두 근으로 하고 x^2의 계수가 1인 이차방정식은?

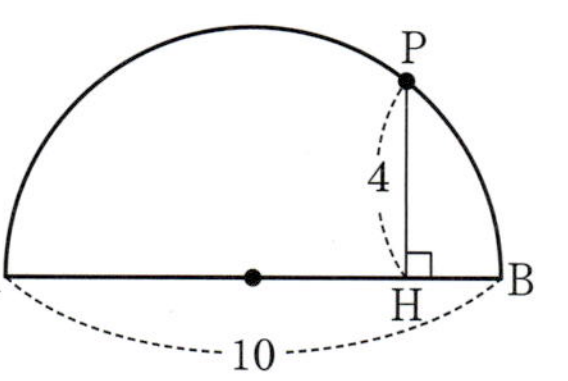

① $x^2-16x+10=0$
② $x^2-10x+40=0$
③ $x^2-10x+16=0$
④ $x^2-10x+14=0$
⑤ $x^2+10x-40=0$

0701  2016년 06월 고1 학력평가 16번 TOUGH

한 변의 길이가 10인 정사각형 ABCD가 있다. 그림과 같이 정사각형 ABCD의 내부에 한 점 P를 잡고, 점 P를 지나고 정사각형의 각 변에 평행한 두 직선이 정사각형의 네 변과 만나는 점을 각각 E, F, G, H라 하자.

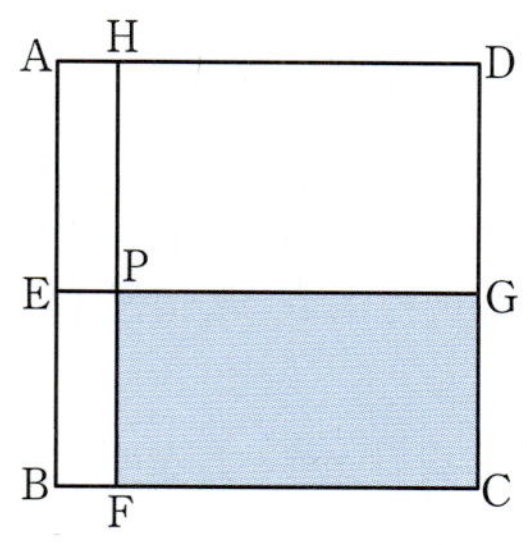

직사각형 PFCG의 둘레의 길이가 28이고 넓이가 46일 때, 두 선분 AE와 AH의 길이를 두 근으로 하는 이차방정식은? (단, 이차방정식의 이차항의 계수는 1이다.)

① $x^2-6x+4=0$
② $x^2-6x+6=0$
③ $x^2-6x+8=0$
④ $x^2-8x+6=0$
⑤ $x^2-8x+8=0$

해설 내신연계문제

0702  2017년 06월 고1 학력평가 19번 TOUGH

이차방정식 $x^2-4x+2=0$의 두 실근을 α, $\beta\,(\alpha<\beta)$라 하자. 그림과 같이 $\overline{AB}=\alpha$, $\overline{BC}=\beta$인 직각삼각형 ABC에 내접하는 정사각형의 넓이와 둘레의 길이를 두 근으로 하는 x에 대한 이차방정식이 $4x^2+mx+n=0$일 때, 두 상수 m, n에 대하여 $m+n$의 값은? (단, 정사각형의 두 변은 선분 AB와 선분 BC 위에 있다.)

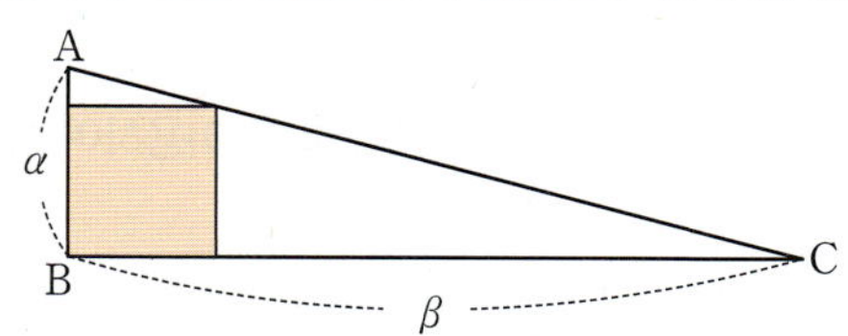

① -11
② -10
③ -9
④ -8
⑤ -7

해설 내신연계문제

서술형 기출유형
학교내신기출 서술형 핵심문제총정리

0703

이차방정식 $ax^2-2x+b=0$의 두 근이 -1, m이고 이차방정식 $bx^2-2x+a=0$의 두 근이 $\dfrac{1}{3}$, n일 때, mn의 값을 구하는 과정을 다음 단계로 서술하시오. (단, a, b, m, n은 실수이다.)

- **1단계** 두 이차방정식에 각각 $x=-1$, $x=\dfrac{1}{3}$을 대입하여 a, b의 값을 구한다. [3점]
- **2단계** 이차방정식 $ax^2-2x+b=0$에 a, b의 값을 대입하여 m의 값을 구한다. [3점]
- **3단계** 이차방정식 $bx^2-2x+a=0$에 a, b의 값을 대입하여 n의 값을 구한다. [3점]
- **4단계** mn의 값을 구한다. [1점]

0704

x에 대한 이차방정식 $x^2-2(m+a)x+a^2+4a+n=0$이 실수 a의 값에 관계없이 항상 중근을 가질 때, x에 대한 이차방정식 $(m+1)x^2+nx+1=0$의 두 근의 차를 구하는 과정을 다음 단계로 서술하시오.

- **1단계** x에 대한 이차방정식이 중근을 가질 조건을 이용하여 a에 관한 식을 구한다. [3점]
- **2단계** a에 관한 항등식에서 계수비교법을 이용하여 상수 m, n을 구한다. [3점]
- **3단계** 이차방정식 $(m+1)x^2+nx+1=0$의 두 근의 차를 구한다. [4점]

0705

이차방정식 $x^2+6x+a=0$이 실근을 갖도록 하는 정수 a의 최댓값을 M, 이차방정식 $x^2+2bx+b^2+3b-6=0$이 허근을 갖도록 하는 정수 b의 최솟값을 m이라 할 때, 다음 단계로 $M+m$의 값을 구하는 과정을 서술하시오.

- **1단계** 이차방정식 $x^2+6x+a=0$이 실근을 갖도록 하는 정수 a의 최댓값 M의 값을 구한다. [4점]
- **2단계** 이차방정식 $x^2+2bx+b^2+3b-6=0$이 허근을 갖도록 하는 정수 b의 최솟값 m의 값을 구한다. [4점]
- **3단계** $M+m$의 값을 구한다. [2점]

0706

이차방정식 $x^2+3x+5=0$의 두 근을 α, β라고 할 때,

$$\frac{\alpha^3+\beta^3}{(\alpha^2+4\alpha+6)(\beta^2+2\beta+4)}$$

의 값을 구하는 과정을 다음 단계로 서술하시오.

- **1단계** 이차방정식의 근과 계수의 관계를 이용하여 $\alpha^3+\beta^3$의 값을 구한다. [3점]
- **2단계** 이차방정식 $x^2+3x+5=0$에 $x=\alpha$, $x=\beta$를 각각 대입하여 $(\alpha^2+4\alpha+6)(\beta^2+2\beta+4)$의 값을 구한다. [5점]
- **3단계** $\dfrac{\alpha^3+\beta^3}{(\alpha^2+4\alpha+6)(\beta^2+2\beta+4)}$의 값을 구한다. [2점]

0707

이차방정식 $(a^2-1)x^2+(a+1)x+1=0$이 중근을 가질 때, 실수 a의 값과 그때의 중근을 구하는 과정을 다음 단계로 서술하시오.

- **1단계** 이차방정식이 중근을 가질 실수 a의 값을 구한다. [6점]
- **2단계** 이차방정식 $(a^2-1)x^2+(a+1)x+1=0$의 중근을 구한다. [4점]

0708

이차방정식 $x^2+2x-1=0$의 두 근을 α, β라고 할 때,

$\dfrac{\alpha^2}{1+\beta}$, $\dfrac{\beta^2}{1+\alpha}$ 을 두 근으로 하고 x^2의 계수가 2인 이차방정식을

구하는 과정을 다음 단계로 서술하시오.

- **1단계** 이차방정식 $x^2+2x-1=0$의 두 근이 α, β일 때, 근과 계수의 관계를 이용하여 $\alpha+\beta$, $\alpha\beta$의 값을 구한다. [2점]
- **2단계** 두 근 $\dfrac{\alpha^2}{1+\beta}$, $\dfrac{\beta^2}{1+\alpha}$의 합과 곱을 구한다. [5점]
- **3단계** $\dfrac{\alpha^2}{1+\beta}$, $\dfrac{\beta^2}{1+\alpha}$ 을 두 근으로 하고 x^2의 계수가 2인 이차방정식을 구한다. [3점]

0709

이차방정식 $ax^2+bx+c=0$에서 b를 잘못 보고 풀었더니 두 근이 $1+\sqrt{3}$, $1-\sqrt{3}$이 되었고 c를 잘못 보고 풀었더니 두 근이 -3, 4가 되었다. 주어진 이차방정식의 해를 바르게 구하는 과정을 다음 단계로 서술하시오.

- **1단계** a와 c를 바르게 보고 풀었을 때, a, c의 관계식을 구한다. [3점]
- **2단계** a와 b를 바르게 보고 풀었을 때, a, b의 관계식을 구한다. [3점]
- **3단계** 주어진 이차방정식의 해를 바르게 구한다. [4점]

0710

실수 a, b에 대하여 $x^2+ax+b=0$의 한 근이 $-1+3i$일 때, α, β를 두 근으로 하는 이차방정식이 $x^2-(a+1)x+b-6=0$이다.

이때 $\dfrac{\alpha^2}{\beta}+\dfrac{\beta^2}{\alpha}$ 의 값을 구하는 과정을 다음 단계로 서술하시오.

(단, $i=\sqrt{-1}$)

- **1단계** 이차방정식 $x^2+ax+b=0$의 켤레근의 성질을 이용하여 실수 a, b의 값을 구한다. [3점]
- **2단계** 이차방정식 $x^2-(a+1)x+b-6=0$의 근과 계수의 관계를 이용하여 $\alpha+\beta$, $\alpha\beta$의 값을 구한다. [3점]
- **3단계** $\dfrac{\alpha^2}{\beta}+\dfrac{\beta^2}{\alpha}$의 값을 구한다. [4점]

0711

다항식 $f(x)=x^2+px+q\,(p$, q는 실수$)$가 다음 두 조건을 만족시킨다. (단, $i=\sqrt{-1}$)

> (가) 다항식 $f(x)$를 $x-2$로 나눈 나머지는 9이다.
> (나) 실수 a에 대하여 이차방정식 $f(x)=0$의 한 근은 $a+3i$이다.

다음 단계로 구하는 과정을 서술하시오.

- **1단계** 조건 (가)를 만족하는 두 실수 p, q의 관계식을 구한다. [3점]
- **2단계** 조건 (나)에서 이차방정식 $x^2+px+q=0$의 켤레근의 성질을 이용하여 a의 값을 구한다. [4점]
- **3단계** 두 실수 $p+q$의 값을 구한다. [3점]

0712

이차함수 $f(x)=x^2-4x+7$에서 $f(x)=0$을 만족하는 두 근이 α, β이고 이차방정식 $f(2x+1)=0$의 두 근을 p, q라고 할 때, $(p^5+q^5)+(p^4+q^4)+(p^3+q^3)+(p^2+q^2)+(p+q)$의 값을 구하는 다음 단계로 서술하시오.

- **1단계** $f(\alpha)=0$, $f(\beta)=0$을 만족하는 $\alpha+\beta$, $\alpha\beta$의 값을 구한다. [2점]
- **2단계** $f(2x+1)=0$의 두 근 p, q에 대하여 $p+q$, pq의 값을 각각 구한다. [3점]
- **3단계** $(p^5+q^5)+(p^4+q^4)+(p^3+q^3)+(p^2+q^2)+(p+q)$의 값을 구한다. [5점]

행복한 일등급문제

학교내신기출 고난도 핵심문제총정리

0713 최다빈출 ⑧ 중요

이차방정식 $x^2+x+1=0$의 두 근을 α, β라 할 때,
$(1-\overline{\alpha}+\beta^2)(1-\overline{\beta}+\alpha^2)$의 값을 구하시오.
(단, $\overline{\alpha}$, $\overline{\beta}$는 각각 α, β의 켤레복소수이다.)

해설 내신연계문제

0714

이차방정식 $x^2-2x-1=0$의 두 근을 α, β라고 할 때, 다음 식의 값을 구하시오.

$$(1-\alpha)(1-\beta)+(2-\alpha)(2-\beta)+(3-\alpha)(3-\beta)$$
$$+(4-\alpha)(4-\beta)+(5-\alpha)(5-\beta)$$

0715

이차방정식 $mx^2+(3m-5)x-24=0\,(m>0)$의 두 근의 절댓값의 비가 $3:2$일 때, 실수 m의 값의 합을 구하시오.

0716

이차방정식 $x^2-2x+2=0$의 두 근을 α, β라 할 때,
$$f(\alpha)=\beta-1,\ f(\beta)=\alpha-1$$
을 만족하는 이차방정식 $f(x)=0$의 두 근의 합을 구하시오.
(단, $f(x)$의 x^2의 계수는 1이다.)

0717

x에 대한 이차방정식
$$x^2-2(a+b)x+(a-b)^2+3ab-5a-3b-2=0$$
이 중근을 갖도록 하는 정수 a, b에 대하여 ab의 최댓값을 구하시오.

모의고사 고난도 핵심유형 기출문제

0718 2015년 09월 고1 학력평가 29번

이차방정식 $x^2+x+1=0$의 두 근 α, β에 대하여 이차함수
$f(x)=x^2+px+q$가 $f(\alpha^2)=-4\alpha$, $f(\beta^2)=-4\beta$를 만족시킬 때,
상수 p, q에 대하여 $p+q$의 값을 구하시오.

해설 내신연계문제

0719
2014년 03월 고2 학력평가 B형 12번

이차방정식 $(x-a)(x-b)+(x-b)(x-c)+(x-c)(x-a)=0$의
두 근의 합과 곱이 각각 4, -3일 때, 이차방정식
$$(x-a)^2+(x-b)^2+(x-c)^2=0$$
의 두 근의 곱은? (단, a, b, c는 상수이다.)

① 15   ② 16   ③ 17
④ 18   ⑤ 19

해설 내신연계문제

0720
2014년 03월 고2 학력평가 A형 19번

이차항의 계수가 1인 이차함수 $f(x)$는 다음 조건을 만족시킨다.

> (가) 이차방정식 $f(x)=0$의 두 근의 곱은 7이다.
> (나) 이차방정식 $x^2-3x+1=0$의 두 근 α, β에 대하여
> $$f(\alpha)+f(\beta)=3\text{이다.}$$

$f(7)$의 값은?

① 10   ② 11   ③ 12
④ 13   ⑤ 14

해설 내신연계문제

0721
2016년 06월 고1 학력평가 19번

세 유리수 a, b, c에 대하여 x에 대한 이차방정식
$$ax^2+\sqrt{3}bx+c=0$$
의 한 근이 $\alpha=2+\sqrt{3}$이다. 다른 한 근을 β라 할 때, $\alpha+\dfrac{1}{\beta}$의 값은?

① -4 ② $-2\sqrt{3}$ ③ 0
④ $2\sqrt{3}$ ⑤ 4

해설 내신연계문제

0722
2014년 06월 고1 학력평가 20번

x에 대한 이차방정식 $x^2-px+p+3=0$이 허근 α를 가질 때,
α^3이 실수가 되도록 하는 모든 실수 p의 값의 곱은?

① -2 ② -3 ③ -4
④ -5 ⑤ -6

해설 내신연계문제

0723
2020년 06월 고1 학력평가 29번

$\dfrac{\sqrt{2}}{2}<k<\sqrt{2}$인 실수 k에 대하여 그림과 같이 한 변의 길이가 각각
2, $2k$인 두 정사각형 ABCD, EFGH가 있다. 두 정사각형의 대각선
이 모두 한 점 O에서 만나고, 대각선 FH가 변 AB를 이등분한다.
변 AD와 EH의 교점을 I, 변 AD와 EF의 교점을 J, 변 AB와 EF
의 교점을 K라 하자. 삼각형 AKJ의 넓이가 삼각형 EJI의 넓이의
$\dfrac{3}{2}$배가 되도록 하는 k의 값이 $p\sqrt{2}+q\sqrt{6}$일 때, $100(p+q)$의 값을
구하시오. (단, p, q는 유리수이다.)

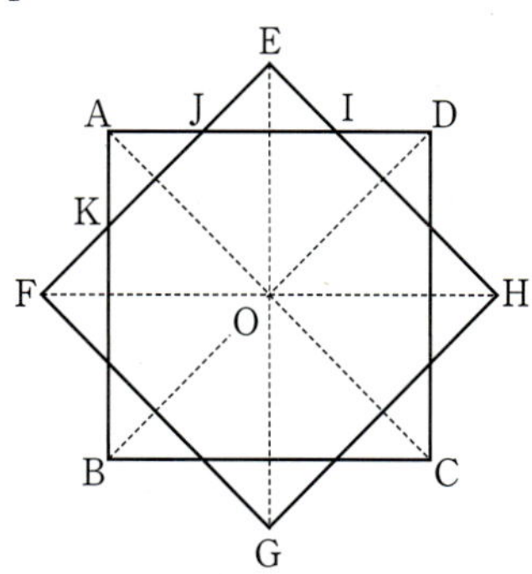

해설 내신연계문제

03 이차방정식과 이차함수

학교내신기출 객관식 핵심문제총정리

유형 01 이차함수의 그래프와 x축의 교점

이차함수 $f(x)=ax^2+bx+c$의 그래프와 x축의 교점의 x좌표가 α, β이다.

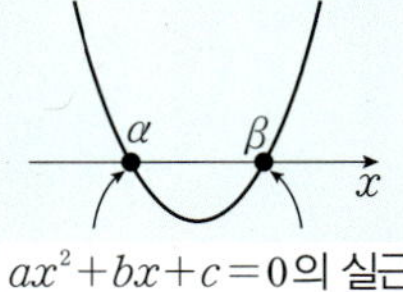

➡ 이차방정식 $ax^2+bx+c=0$의 두 실근이 α, β이다.

➡ $f(\alpha)=0$, $f(\beta)=0$

➡ 이차방정식의 근과 계수에 의하여 $\alpha+\beta=-\dfrac{b}{a}$, $\alpha\beta=\dfrac{c}{a}$

① 이차함수 $y=ax^2+bx+c$의 그래프와 x축의 교점의 개수는 이차방정식 $ax^2+bx+c=0$의 서로 다른 실근의 개수와 같다.

② 이차함수 $y=ax^2+bx+c$의 그래프와 x축이 만나는 두 교점의 사이의 거리

➡ 이차방정식 $ax^2+bx+c=0$의 두 실근을 α, β라 하면

$$|\alpha-\beta|=\sqrt{(\alpha+\beta)^2-4\alpha\beta}=\dfrac{\sqrt{b^2-4ac}}{|a|}$$

0724
학교기출 대표 유형

이차함수 $y=x^2+ax+b$의 그래프가 오른쪽 그림과 같을 때, 상수 a, b에 대하여 $a+b$의 값은?

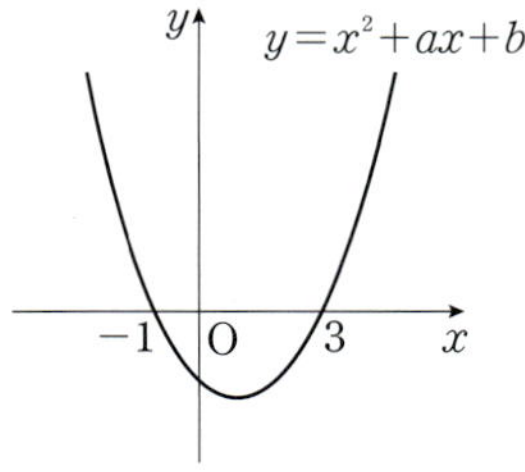

① -6　　　　② -5
③ -4　　　　④ -3
⑤ -2

0725
BASIC

이차함수 $y=2x^2+ax-b$의 그래프가 x축과 두 점 $(-3, 0)$, $(2, 0)$에서 만날 때, 상수 a, b에 대하여 $a+b$의 값은?

① -10　　　　② -6　　　　③ -2
④ 6　　　　⑤ 14

0726
NORMAL

이차함수 $y=ax^2+bx+c$의 그래프가 오른쪽 그림과 같을 때, 유리수 a, b, c에 대하여 $a+b+c$의 값은?

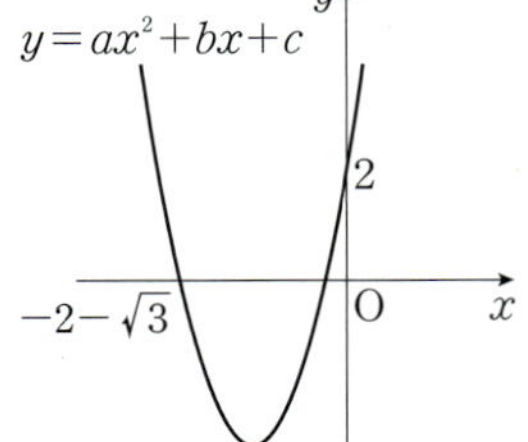

① 10　　　　② 12
③ 14　　　　④ 16
⑤ 18

0727
최다빈출 왕 중요　　　NORMAL

이차함수 $y=ax^2+bx+c$의 그래프가 x축과 만나는 두 점의 좌표가 $(-4, 0)$, $(2, 0)$이고 y축과 만나는 점의 좌표가 $(0, 16)$일 때, 상수 a, b, c에 대하여 $a+b+c$의 값을 구하시오.

해설 내신연계문제

모의고사 핵심유형 기출문제

0728
2019년 03월 고2 학력평가 나형 9번　　　NORMAL

이차함수 $y=2x^2+ax-1$의 그래프가 x축과 만나는 두 점의 x좌표의 합이 -1일 때, 상수 a의 값은?

① -2　　　　② -1　　　　③ 0
④ 1　　　　⑤ 2

해설 내신연계문제

0729
2016년 09월 고1 학력평가 25번　　　NORMAL

최고차항의 계수가 1인 이차방정식 $f(x)=0$의 두 근을 α, β라 하자. $\alpha+\beta=6$이고 이차함수 $y=f(x)$의 그래프의 꼭짓점이 직선 $y=2x-7$ 위에 있을 때, $f(0)$의 값을 구하시오.

해설 내신연계문제

유형 02 이차함수의 그래프와 x축의 위치 관계

이차함수 $y=ax^2+bx+c$의 그래프와 x축과의 위치 관계는
이차방정식 $ax^2+bx+c=0$ 판별식을 D라 할 때,
① $D=b^2-4ac>0$ ➡ 서로 다른 두 점에서 만난다.
② $D=b^2-4ac=0$ ➡ 한 점에서 만난다. x축과 접한다.
③ $D=b^2-4ac<0$ ➡ x축과 만나지 않는다.

 이차함수 $y=ax^2+bx+c$의 그래프와 x축과의 교점의 개수는
이차방정식 $ax^2+bx+c=0$의 서로 다른 실근의 개수와 같다.

0730 

다음 [보기]에서 이차함수의 그래프와 x축이 만나지 않는 것을 고른
것은?

ㄱ. $y=2x^2+5x+1$ ㄴ. $y=-x^2+6x+9$
ㄷ. $y=x^2+x+1$ ㄹ. $y=-3x^2+x-1$

① ㄱ, ㄴ   ② ㄱ, ㄷ   ③ ㄱ, ㄹ
④ ㄴ, ㄷ   ⑤ ㄷ, ㄹ

0731 

이차함수 $y=x^2-4x+a$의 그래프가 x축과 서로 다른 두 점에서
만나도록 하는 실수 a의 값의 범위는?

① $a>4$ ② $a\geq4$ ③ $a<4$
④ $a\leq4$ ⑤ $a>-4$

0732 최다빈출 왕 중요 

이차함수 $y=x^2-2kx+k^2-3k+12$의 그래프가 x축과 만나도록
하는 실수 k의 최솟값은?

① 3   ② 4   ③ 5
④ 6   ⑤ 7

해설 내신연계문제

0733 

이차함수 $y=x^2-ax+a+2$의 그래프가 x축과 접하도록 하는
상수 a의 값들의 합은?

① -3 ② -1 ③ 1
④ 2   ⑤ 4

0734 

이차함수 $y=x^2-2ax+a+3$의 그래프가 x축과 한 점에서 만나도
록 하는 모든 상수 a의 값의 합은?

① -3 ② -1 ③ 1
④ 2   ⑤ 4

0735 최다빈출 왕 중요 

이차함수 $y=2x^2+ax+b$의 그래프가 점 $(1, 8)$을 지나고 x축과
접할 때, 상수 a, b에 대하여 ab의 값은? (단, $a>0$)

① 4   ② 5   ③ 6
④ 7   ⑤ 8

해설 내신연계문제

0736 

이차함수 $y=x^2-2ax+12-2a^2$의 그래프가 x축과 서로 다른
두 점 $(\alpha, 0)$, $(\beta, 0)$에서 만날 때, $\alpha^2+\beta^2$의 최솟값은?
(단, a는 자연수이다.)

① 42   ② 48   ③ 52
④ 55   ⑤ 58

0737

이차함수 $y=x^2-2kx+k+2$의 그래프는 x축과 한 점에서 만나고 이차함수 $y=-x^2+x+k$의 그래프는 x축과 서로 다른 두 점에서 만나도록 하는 실수 k의 값은?

① $\dfrac{1}{4}$ ② 1 ③ 2

④ $\dfrac{5}{2}$ ⑤ 3

0738

이차함수 $y=x^2-2(a+k)x+k^2+2k+b$의 그래프가 실수 k의 값에 관계없이 항상 x축에 접할 때, 실수 a, b에 대하여 $a+b$의 값을 구하시오.

[해설 내신연계문제]

모의고사 핵심유형 기출문제

0739
2018년 06월 고1 학력평가 9번

BASIC

이차함수 $y=x^2-5x+k$의 그래프와 x축이 서로 다른 두 점에서 만나도록 하는 자연수 k의 최댓값은?

① 4 ② 6 ③ 8

④ 10 ⑤ 12

[해설 내신연계문제]

0740
2021년 06월 고1 학력평가 3번

BASIC

이차함수 $y=x^2+4x+a$의 그래프가 x축과 접할 때, 상수 a의 값은?

① 4 ② 5 ③ 6

④ 7 ⑤ 8

[해설 내신연계문제]

 이차함수의 그래프가 x축과 만나지 않는다. 

이차함수 $y=ax^2+bx+c$의 그래프가 x축과 만나지 않는다.

➡ 이차방정식 $ax^2+bx+c=0$이 실근이 존재하지 않는다.
➡ 이차방정식이 허근을 가진다.
➡ 판별식을 D라 하면 판별식 $D<0$이다.

0741
학교기출 대표 유형

이차함수 $y=3x^2-2x+m+2$의 그래프가 x축과 만나지 않도록 하는 정수 m의 최솟값은?

① -4 ② -3 ③ -2

④ -1 ⑤ 0

0742
최다빈출 왕 중요 

NORMAL

이차함수 $y=x^2-2kx+k+6$의 그래프는 x축과 한 점에서 만나고 이차함수 $y=-2x^2+x+k-2$의 그래프는 x축과 만나지 않도록 하는 실수 k의 값은?

① -4 ② -3 ③ -2

④ 2 ⑤ 3

[해설 내신연계문제]

0743

TOUGH

이차함수 $f(x)=x^2+ax+b$의 그래프가 x축과 만나지 않을 때, 다음 [보기] 중 옳은 것을 모두 고른 것은?

> ㄱ. $b<0$
> ㄴ. $a+b>-1$
> ㄷ. $a-b<1$

① ㄱ ② ㄴ ③ ㄷ

④ ㄱ, ㄷ ⑤ ㄴ, ㄷ

모의고사 핵심유형 기출문제

0744
2020년 06월 고1 학력평가 5번

BASIC

이차함수 $y=x^2-6x+a$의 그래프가 x축과 만나지 않도록 하는 정수 a의 최솟값은?

① 8 ② 10 ③ 12

④ 14 ⑤ 16

[해설 내신연계문제]

유형 04 이차함수의 그래프와 x축의 교점 사이의 거리

이차함수 $y=ax^2+bx+c$**의 그래프와** x**축과 만나는 두 교점 사이의 거리**

➡ 이차방정식 $ax^2+bx+c=0$의 두 실근을 α, β라 하면

$$|\alpha-\beta|=\sqrt{(\alpha+\beta)^2-4\alpha\beta}=\frac{\sqrt{b^2-4ac}}{|a|}$$

 ① 이차함수 $y=ax^2+bx+c$의 그래프와 x축의 교점의 개수는 이차방정식 $ax^2+bx+c=0$의 서로 다른 실근의 개수와 같다.
② 이차함수 그래프의 교점에 관한 문제는 이차방정식의 근과 계수의 관계를 활용할 수 있다.

0745 학교기출 대표 유형

이차함수 $y=x^2+ax+\dfrac{a}{2}$의 그래프와 x축의 두 교점의 x좌표 α, β에 대하여 $|\alpha-\beta|=3$이라 할 때, 실수 a의 모든 값의 곱은?

① -9 ② -8 ③ 2
④ 8 ⑤ 9

0746 최다빈출 왕 중요 NORMAL

이차함수 $y=x^2+ax+a$의 그래프가 x축과 두 점에서 만나고 그 두 점 사이의 거리가 5일 때, 실수 a의 모든 값의 합은?

① 4 ② 5 ③ 6
④ 7 ⑤ 8

해설 내신연계문제

0747 NORMAL

오른쪽 그림과 같이 이차함수 $y=x^2+4x+k$의 그래프와 x축과의 두 교점을 각각 A, B라고 할 때, $\overline{AB}=6$이다. 이때 상수 k의 값은?

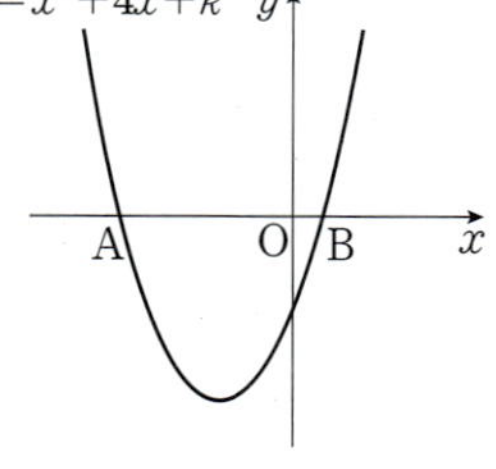

① -5 ② -4
③ -3 ④ -2
⑤ -1

0748 NORMAL

이차함수 $y=x^2+ax+b$의 그래프와 x축과의 두 교점의 x좌표가 각각 -5, 1일 때, 이차함수 $y=x^2+bx+a$의 그래프와 x축과의 두 교점 사이의 거리는? (단, a, b는 상수이다.)

① 2 ② $\sqrt{5}$ ③ 3
④ 4 ⑤ $2\sqrt{5}$

0749 TOUGH

이차함수 $y=ax^2+bx+c\,(a\neq 0)$의 그래프는 꼭짓점의 좌표가 $(1, 8)$이고 x축과 두 점 A, B에서 만난다. 선분 AB의 길이가 4일 때, 상수 a, b, c에 대하여 abc의 값은?

① -44 ② -45 ③ -46
④ -47 ⑤ -48

0750 TOUGH

이차함수 $f(x)=ax^2+bx+c$가 다음 조건을 만족시킬 때, $f(5)$의 값을 구하시오. (단, a, b, c는 상수이다.)

> (가) $f(0)=f(6)$
> (나) 함수 $y=f(x)$의 그래프의 꼭짓점의 y좌표는 -4
> (다) 함수 $y=f(x)$의 그래프가 x축과 두 점 A, B에서 만나고 $\overline{AB}=4$

모의고사 핵심유형 기출문제

0751 2022년 09월 고1 학력평가 12번 NORMAL

두 상수 a, b에 대하여 이차함수 $y=x^2+ax+b$의 그래프가 점 $(1, 0)$에서 x축과 접할 때, 이차함수 $y=x^2+bx+a$의 그래프가 x축과 만나는 두 점 사이의 거리는?

① 1 ② 2 ③ 3
④ 4 ⑤ 5

해설 내신연계문제

이차함수 $y=f(x)$의 그래프와 x축의 교점의 x좌표가 α, β이면

➡ 이차방정식 $f(x)=0$의 두 근이 α, β이므로 $f(\alpha)=0$, $f(\beta)=0$

➡ 이차방정식 $f(ax+b)=0$의 두 근은

$$ax+b=\alpha \ \text{또는} \ ax+b=\beta \text{에서} \ x=\frac{\alpha-b}{a} \ \text{또는} \ x=\frac{\beta-b}{a}$$

① 방정식 $f(x)=0$의 실근
  ➡ 함수 $y=f(x)$의 그래프와 x축과의 교점의 x좌표
② 방정식 $f(x)=g(x)$의 실근
  ➡ 두 함수 $y=f(x)$, $y=g(x)$의 그래프 교점의 x좌표

0752 학교기출 대표 유형

이차함수 $y=f(x)$의 그래프가 오른쪽
그림과 같을 때, 이차방정식 $f(2x+3)=0$
의 두 실근의 합은?

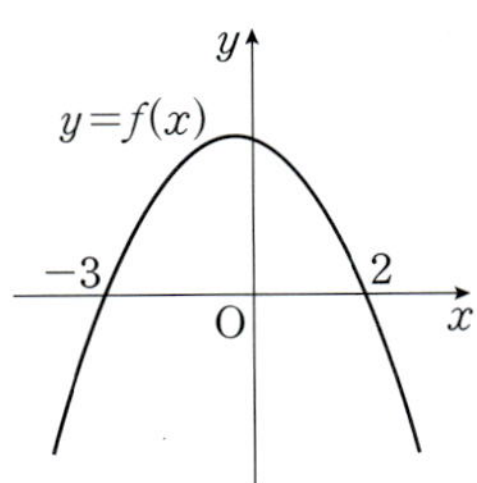

① $\dfrac{1}{2}$ ② 1

③ $-\dfrac{3}{2}$ ④ 2

⑤ $-\dfrac{7}{2}$

0753 최다빈출 왕 중요

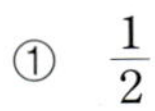

이차함수 $y=f(x)$의 그래프가 오른쪽
그림과 같을 때, 이차방정식
$f(kx-3)=0$의 두 근의 곱이 $\dfrac{4}{9}$가 되
도록 하는 양수 k의 값을 구하시오.

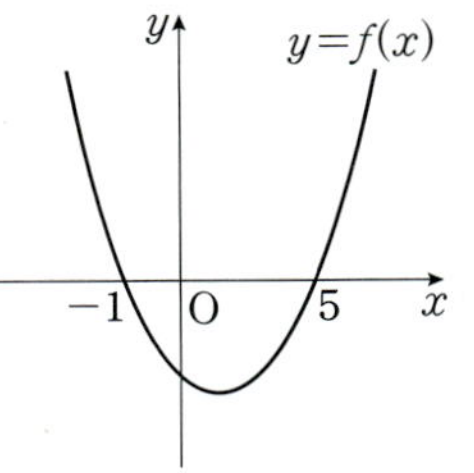

해설 내신연계문제

0754

NORMAL

이차함수 $y=f(x)$의 그래프가 오른쪽
그림과 같을 때, 이차방정식
$f(3x+a)=0$의 두 근의 합이 4이다.
이차방정식 $f(3x+a)=0$의 두 근의
곱은? (단, a는 상수이다.)

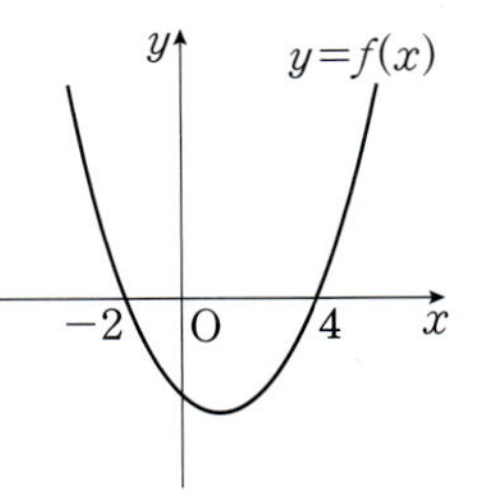

① 1 ② 2

③ 3 ④ 4

⑤ 5

0755

NORMAL

이차함수 $y=f(x)$의 그래프가 x축과 서로 다른 두 점 $(\alpha, 0)$, $(\beta, 0)$
에서 만나고 $\alpha+\beta=20$일 때, 방정식 $f(2x-5)=0$의 모든 실근의
합은?

① 10 ② 15 ③ 20

④ 25 ⑤ 30

0756 최다빈출 왕 중요

NORMAL

이차함수 $y=f(x)$의 그래프가 오른쪽
과 같이 직선 $x=4$에 대하여 대칭이고
x축과 서로 다른 두 점에서 만난다.
방정식 $f(3x-2)=0$의 두 근의 합은?

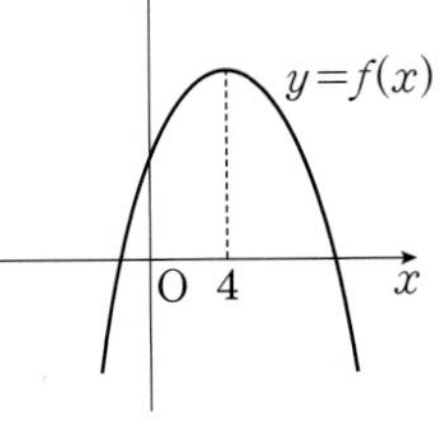

① 2 ② 4

③ 6 ④ 8

⑤ 10

해설 내신연계문제

0757

TOUGH

이차함수 $y=f(x)$의 그래프가 x축과 서로 다른 두 점에서 만나고
$f(2+x)=f(2-x)$를 만족시킬 때, 이차방정식 $f(2x-4)=0$의 두
근의 합을 구하시오.

모의고사 핵심유형 기출문제

0758 2013년 11월 고1 학력평가 13번

NORMAL

오른쪽 그림은 최고차항의 계수가 1이고
$f(-2)=f(4)=0$인 이차함수 $y=f(x)$
의 그래프이다.
방정식 $f(2x-1)=0$의 두 근의 합은?

① 1 ② 2

③ 3 ④ 4

⑤ 5

해설 내신연계문제

유형 06 이차함수의 그래프와 직선의 교점 — 이차방정식의 한 근이 주어진 경우

(1) 방정식 $f(x)=0$의 실근
   ➡ 함수 $y=f(x)$의 그래프와 x축과의 교점의 x좌표
(2) 방정식 $f(x)=g(x)$의 실근
   ➡ 두 함수 $y=f(x)$, $y=g(x)$의 그래프의 교점의 x좌표

 이차함수 $y=ax^2+bx+c$의 그래프와 직선 $y=mx+n$의 교점의
x좌표는 이차방정식 $ax^2+(b-m)x+c-n=0$의 실근과 같다.

0759 학교기출 대표 유형

이차함수 $y=x^2+2kx+5$의 그래프가 직선 $y=-x+1$가 두 점
A, B에서 만난다. 점 A의 x좌표가 1일 때, 상수 k의 값은?

① -4 ② -3 ③ -2
④ 2 ⑤ 3

0760

NORMAL

이차함수 $y=-2x^2+3x+k$의 그래프와 직선 $y=-x-2$가 두 점
A, B에서 만난다. 점 A의 x좌표가 3일 때, 두 점 A, B의 y좌표의
차를 구하시오.

모의고사 **핵심유형** 기출문제

0761 2022년 09월 고1 학력평가 16번

TOUGH

이차함수 $y=\dfrac{1}{2}(x-k)^2$의 그래프와 직선 $y=x$가 서로 다른 두 점
A, B에서 만난다. 두 점 A, B에서 x축에 내린 수선의 발을 각각
C, D라 하자. 선분 CD의 길이가 6일 때, 상수 k의 값은?

① $\dfrac{7}{2}$ ② 4 ③ $\dfrac{9}{2}$
④ 5 ⑤ $\dfrac{11}{2}$

해설 내신연계문제

유형 07 이차함수의 그래프와 직선의 교점 — 이차방정식의 근과 계수의 관계

이차함수 $y=ax^2+bx+c$의 그래프와 직선 $y=mx+n$과의 교점의
x좌표를 α, β라 하면
➡ 이차방정식 $ax^2+bx+c=mx+n$
   즉 $ax^2+(b-m)x+c-n=0$의 두 실근이 α, β이다.
➡ 이차방정식의 근과 계수의 관계에 의하여
   $\alpha+\beta=-\dfrac{b-m}{a}$, $\alpha\beta=\dfrac{c-n}{a}$

 이차함수 $y=f(x)$의 그래프와 직선 $y=g(x)$가 만나는 서로 다른
두 점의 x좌표가 각각 α, β라 하면 $f(\alpha)=g(\alpha)$, $f(\beta)=g(\beta)$에서
$f(\alpha)-g(\alpha)=f(\beta)-g(\beta)=0$이므로 방정식 $f(x)=g(x)$는 서로
다른 두 실근 α, β를 가진다.

0762 학교기출 대표 유형

이차함수 $y=x^2+ax+1$의 그래프와 직선 $y=2x+b$가 만나는
두 점의 x좌표가 각각 1, 3일 때, 상수 a, b에 대하여 ab의 값을
구하시오.

0763

NORMAL

오른쪽 그림과 같이 이차함수 $y=x^2$의
그래프와 직선 $y=ax+b$가 x좌표가
각각 -1, 2인 두 점에서 만날 때, 상수
a, b에 대하여 ab의 값은?

① -3 ② -2
③ -1 ④ 1
⑤ 2

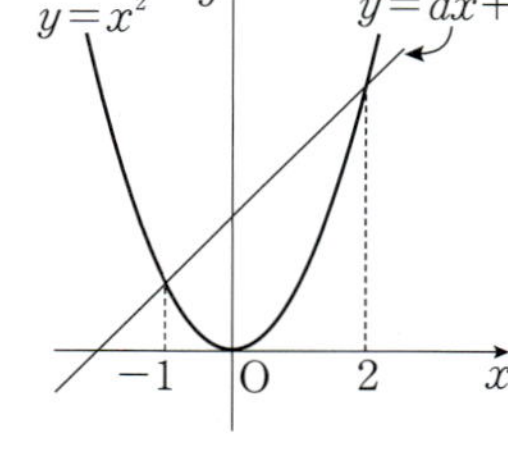

0764

NORMAL

이차함수 $y=x^2+(4k-5)x+k-2$의 그래프와 직선 $y=kx+1$의
두 교점의 x좌표를 각각 α, β라 하자. $\alpha+\beta=-10$일 때, $\alpha\beta$의 값
을 구하시오. (단, k는 상수이다.)

이차함수 $f(x)=x^2-3x-1$의 그래프가 직선 $y=-x+k$과 서로 다른 두 점 $A(\alpha,\ f(\alpha))$, $B(\beta,\ f(\beta))$에서 만난다. $\alpha^2+\beta^2=16$일 때, 실수 k의 값은?

① 1   ② 3   ③ 5
④ 7   ⑤ 9

해설 내신연계문제

이차함수 $y=x^2-2x+3$의 그래프가 직선 $y=-x+k$가 만나는 두 교점의 x좌표의 곱이 -5일 때, 두 점의 y좌표의 합은?

① 5   ② 10   ③ 15
④ 20   ⑤ 25

이차함수 $y=x^2-(a+1)x-2$의 그래프와 직선 $y=-2x+1$이 만나는 두 점의 x좌표를 각각 α, β라 하면 $|\alpha-\beta|=4$일 때, 양수 a의 값은?

① 2   ② $2\sqrt{2}$ ③ 3
④ $2\sqrt{3}$ ⑤ 4

이차함수 $y=x^2-(m^2-4)x+2m$의 그래프와 직선 $y=3mx-3$가 서로 다른 두 점에서 만나고 두 교점의 x좌표의 절댓값이 같고 부호가 다를 때, 실수 m의 값은?

① -4 ② -2 ③ -1
④ 1   ⑤ 4

이차함수 $y=ax^2+bx+c$의 그래프와 직선 $y=mx+n$이 그림과 같고, 이차함수 $y=ax^2+bx+c$의 그래프와 직선 $y=mx+n$의 두 교점의 x좌표가 각각 α, β이다. [보기]에서 옳은 것만을 있는 대로 고른 것은? (단, a, b, c, m, n은 실수이고 $a\neq 0$, $m\neq 0$)

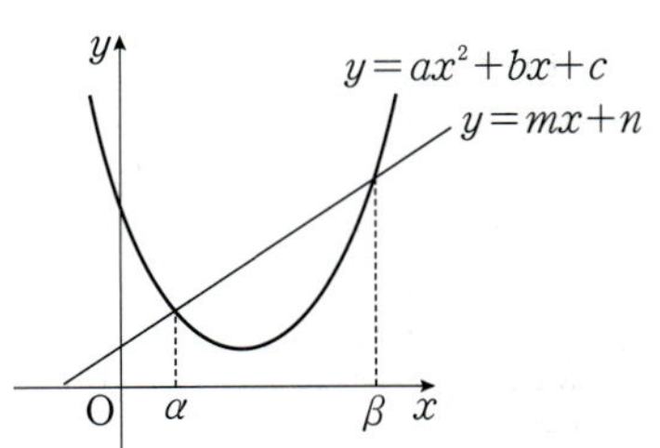

> ㄱ. $b^2-4ac>0$
> ㄴ. $(b-m)^2-4a(c-n)>0$
> ㄷ. $\alpha+\beta=-\dfrac{b-m}{a}$, $\alpha\beta=\dfrac{c-n}{a}$

① ㄱ   ② ㄱ, ㄴ   ③ ㄱ, ㄷ
④ ㄴ, ㄷ   ⑤ ㄱ, ㄴ, ㄷ

해설 내신연계문제

이차함수 $y=x^2-3x+2$의 그래프와 직선 $y=ax+b$의 한 교점의 x좌표가 $2-\sqrt{3}$일 때, 유리수 a, b에 대하여 $a+b$의 값은?

① 1   ② 2   ③ 3
④ 4   ⑤ 5

오른쪽 그림과 같이 이차함수 $y=x^2+ax+b$의 그래프와 직선 $y=2x+1$가 두 점 A, B에서 만난다. 점 B의 x좌표가 $3+\sqrt{5}$일 때, 유리수 a, b에 대하여 ab의 값은?

① -28 ② -24
③ -22 ④ -20
⑤ -18

해설 내신연계문제

0772 2020년 03월 고2 학력평가 8번 BASIC

곡선 $y=2x^2-5x+a$와 직선 $y=x+12$가 서로 다른 두 점에서
만나고 두 교점의 x좌표의 곱이 -4일 때, 상수 a의 값은?

① 3 　　　　② 4 　　　　③ 5
④ 6 　　　　⑤ 7

해설 내신연계문제

유형 08 이차함수의 그래프와 직선의 교점 − 서로 다른 두 점에서 만난다.

이차함수 $y=ax^2+bx+c$의 그래프와 직선 $y=mx+n$이 서로 다른 두 점에서 만난다.

⟹ 이차방정식 $ax^2+bx+c=mx+n$
　　즉 $ax^2+(b-m)x+c-n=0$의 판별식을 D라 하면 $D>0$이다.

　이차함수 $y=ax^2+bx+c$의 그래프와 직선 $y=mx+n$이 적어도
　한 점에서 만난다.
　이차방정식 $ax^2+bx+c=mx+n$, 즉 $ax^2+(b-m)x+c-n=0$의
　판별식을 D라 하면 $D \geq 0$(실근)이다.

0774 학교기출 대표 유형

이차함수 $y=2x^2-3x+1$의 그래프와 직선 $y=x+k$가 서로 다른
두 점에서 만나도록 하는 실수 k의 값의 범위는?

① $k>-1$ 　　　　② $k \geq -1$ 　　　　③ $k<-1$
④ $k \leq -1$ 　　　　⑤ $k>1$

0773 2023년 06월 고1 학력평가 17번 TOUGH

그림과 같이 이차함수 $y=ax^2\,(a>0)$의 그래프와 직선 $y=x+6$이
만나는 두 점 A, B의 x좌표를 각각 α, β라 하자. 점 B에서 x축에
내린 수선의 발을 H, 점 A에서 선분 BH에 내린 수선의 발을 C라
하자. $\overline{BC}=\dfrac{7}{2}$일 때, $\alpha^2+\beta^2$의 값은? (단, $\alpha<\beta$)

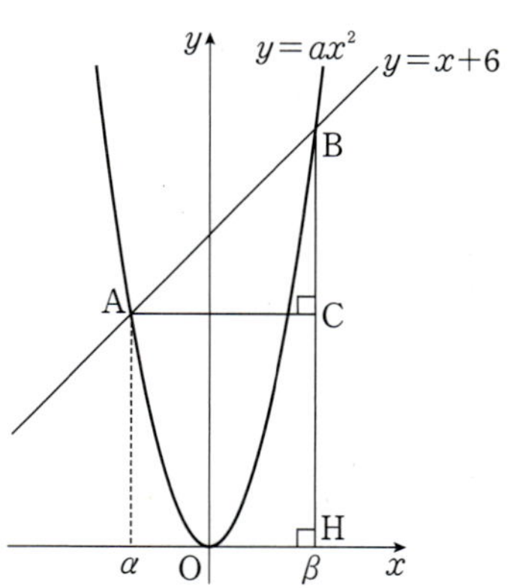

① $\dfrac{23}{4}$ 　　　　② $\dfrac{25}{4}$ 　　　　③ $\dfrac{27}{4}$
④ $\dfrac{29}{4}$ 　　　　⑤ $\dfrac{31}{4}$

해설 내신연계문제

0775 NORMAL

이차함수 $y=x^2+2mx+m^2$의 그래프와 직선 $y=2x-2$가 적어도
한 점에서 만나도록 하는 실수 m의 값의 범위는?

① $m \geq -\dfrac{1}{2}$ 　　　　② $m \geq -1$ 　　　　③ $m<-1$
④ $m \leq -\dfrac{1}{2}$ 　　　　⑤ $m \leq -1$

0776 2022년 11월 고1 학력평가 23번 BASIC

이차함수 $y=x^2+4x+k$의 그래프와 직선 $y=-2x+1$이 서로 다른
두 점에서 만나도록 하는 자연수 k의 최댓값을 구하시오.

해설 내신연계문제

0777 2017년 06월 고1 학력평가 10번 BASIC

이차함수 $y=-2x^2+5x$의 그래프와 직선 $y=2x+k$가 적어도
한 점에서 만나도록 하는 실수 k의 최댓값은?

① $\dfrac{3}{8}$ 　　　　② $\dfrac{3}{4}$ 　　　　③ $\dfrac{9}{8}$
④ $\dfrac{3}{2}$ 　　　　⑤ $\dfrac{15}{8}$

해설 내신연계문제

이차함수 $y=ax^2+bx+c$의 그래프와 직선 $y=mx+n$이 한 점에서 만난다. 또는 접한다.

➡ 이차방정식 $ax^2+bx+c=mx+n$
즉 $ax^2+(b-m)x+c-n=0$의 판별식을 D라 하면 $D=0$이다.

0778 학교기출 대표 유형

이차함수 $y=x^2-ax+1$의 그래프와 직선 $y=-2x-3$이 한 점에서 만날 때, 상수 a의 모든 값의 합을 구하시오.

0779 

직선 $y=2x+a$가 이차함수 $y=x^2-1$의 그래프에 접할 때, 실수 a의 값은?

① -2 ② -1 ③ 0
④ 1 ⑤ 2

모의고사 **핵심유형** 기출문제

0780 2023년 03월 고2 학력평가 8번 

이차함수 $y=x^2+ax+a^2$의 그래프가 직선 $y=-x$에 접하도록 하는 양수 a의 값은?

① $\dfrac{2}{3}$ ② 1 ③ $\dfrac{4}{3}$
④ $\dfrac{5}{3}$ ⑤ 2

해설 내신연계문제

0781 2024년 06월 고1 학력평가 14번

오른쪽 그림과 같이 이차함수 $y=-x^2+4x+5$의 그래프와 직선 $y=2x+a$가 한 점 A에서만 만난다. 이차함수 $y=-x^2+4x+5$의 그래프가 x축과 만나는 두 점 B, C 에 대하여 삼각형 ABC의 넓이는? (단, a는 상수이다.)

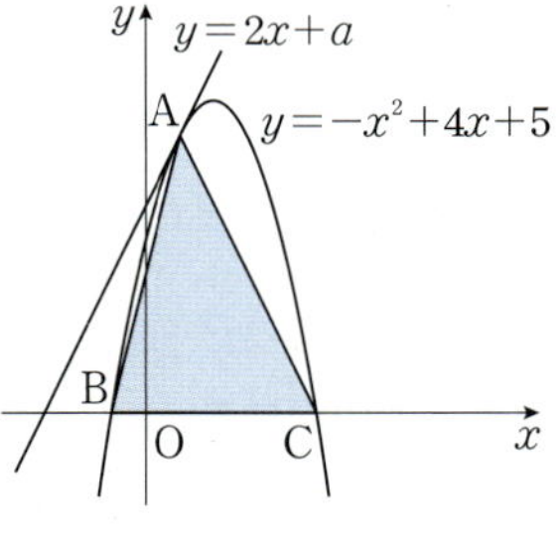

① 21 ② 22 ③ 23
④ 24 ⑤ 25

해설 내신연계문제

이차함수 $y=ax^2+bx+c$의 그래프와 직선 $y=mx+n$이 만나지 않는다.

➡ 이차방정식 $ax^2+bx+c=mx+n$
즉 $ax^2+(b-m)x+c-n=0$의 판별식을 D라 하면 $D<0$이다.

0782 학교기출 대표 유형

이차함수 $y=x^2+9x+2$의 그래프와 직선 $y=3x-k$가 만나지 않도록 하는 정수 k의 최솟값을 구하시오.

0783 최다빈출 왕 중요 

이차함수 $y=x^2-2kx+k^2$의 그래프가 직선 $y=-6x+15$보다 항상 위쪽에 있도록 하는 정수 k의 최솟값을 구하시오.

해설 내신연계문제

모의고사 **핵심유형** 기출문제

0784 2023년 06월 고1 학력평가 6번 

이차함수 $y=x^2+5x+9$의 그래프와 직선 $y=x+k$가 만나지 않도록 하는 자연수 k의 개수는?

① 1 ② 2 ③ 3
④ 4 ⑤ 5

해설 내신연계문제

03

유형 11 이차함수와 직선의 위치 관계의 활용

이차함수 $y=ax^2+bx+c$의 그래프와 직선 $y=mx+n$의 위치 관계

이차방정식 $ax^2+bx+c=mx+n$

즉 이차방정식 $ax^2+(b-m)x+c-n=0$의 판별식 D의 값의 부호에 따라 결정된다.

(1) $D>0$ ➡ 서로 다른 두 점에서 만난다.
(2) $D=0$ ➡ 한 점에서 만난다. (접한다.)
(3) $D<0$ ➡ 만나지 않는다.

 이차함수 $y=f(x)$와 직선 $y=g(x)$의 그래프의 서로 다른 교점의 개수는 이차방정식 $f(x)=g(x)$의 서로 다른 실근의 개수와 같다.

0785 학교기출 대표 유형

두 이차함수 $y=x^2-x-3$, $y=-x^2+3x+m$의 그래프가 각각 직선 $y=x+k$에 동시에 접할 때, 상수 k, m에 대하여 km의 값을 구하시오.

0786 NORMAL

이차함수 $y=x^2+ax+a+2$의 그래프가 두 직선 $y=-x+1$과 $y=5x+4$에 동시에 접할 때, 상수 a의 값은?

① 3   ② 4   ③ 5
④ 6   ⑤ 7

0787 최다빈출 왕중요  NORMAL

직선 $y=x+k$가 이차함수 $y=x^2-2x+2$의 그래프와 서로 다른 두 점에서 만나고 이차함수 $y=x^2+2x+3$의 그래프와 만나지 않을 때, 실수 k의 값의 범위를 $\alpha<k<\beta$라 할 때, $\beta-\alpha$의 값은?

① 1   ② 2   ③ 3
④ 4   ⑤ 5

해설 내신연계문제

0788 최다빈출 왕중요  NORMAL

이차함수 $y=x^2+2ax+b$의 그래프가 x축과 직선 $y=2x+1$에 동시에 접할 때, 실수 a, b에 대하여 $a+b$의 값은?

① 2   ② 3   ③ 4
④ 5   ⑤ 6

해설 내신연계문제

0789  NORMAL

이차함수 $y=x^2+2mx+n$의 그래프는 x축에 접하고 직선 $y=3x$와 서로 다른 두 점에서 만난다고 할 때, 실수 m의 값의 범위는?

① $m<\dfrac{3}{4}$ ② $m>\dfrac{3}{4}$ ③ $m<-1$
④ $m>1$ ⑤ $m<1$

0790  TOUGH

이차함수 $y=x^2-2x-3$과 직선 $y=2x+n$에 대하여 다음 [보기] 중 옳은 것을 모두 고른 것은?

> ㄱ. 이차함수 $y=x^2-2x-3$의 그래프와 x축이 만나는 두 점 사이의 거리는 4이다.
> ㄴ. $n=5$일 때, 이차함수 $y=x^2-2x-3$과 직선 $y=2x+n$은 서로 다른 두 점에서 만난다.
> ㄷ. 이차함수 $y=x^2-2x-3$과 직선 $y=2x+n$이 접할 때, n의 값은 -7이다.

① ㄱ   ② ㄱ, ㄴ   ③ ㄱ, ㄷ
④ ㄴ, ㄷ   ⑤ ㄱ, ㄴ, ㄷ

(1) **기울기가 m이고 이차함수 $y=f(x)$의 그래프에 접하는 직선**
　　➡ $y=mx+b$로 놓고, 이차방정식 $f(x)=mx+b$의 판별식 D가
　　　 $D=0$임을 이용하여 b의 값을 구한다.
(2) **점 $(p,\,q)$를 지나고 이차함수 $y=f(x)$의 그래프에 접하는 직선**
　　➡ $y=a(x-p)+q$로 놓고, 이차방정식 $f(x)=a(x-p)+q$의
　　　 판별식 D가 $D=0$임을 이용하여 a의 값을 구한다.

　① 평행한 직선은 기울기가 같다.
　② 접하면 이차방정식의 판별식을 D라 하면 $D=0$이다.
　③ 접선의 방정식을 $y=mx+n$으로 놓고 이차함수와 연립하여
　　　$D=0$을 이용하면 된다.

0791 　학교기출 대표 유형

이차함수 $y=-2x^2-3x+b$의 그래프가 점 $(-2,\,5)$를 지나고 직선 $y=x+a$와 접할 때, 상수 $a,\,b$에 대하여 $a+b$의 값을 구하시오.

0792 　최다빈출 왕 중요 　

이차함수 $y=x^2+2ax+b$의 그래프와 직선 $y=x+1$이 점 $(2,\,3)$에서 접할 때, 실수 $a,\,b$에 대하여 $a+b$의 값은?

① $\dfrac{3}{2}$　　　　② $\dfrac{5}{2}$　　　　③ $\dfrac{7}{2}$

④ $\dfrac{9}{2}$　　　　⑤ $\dfrac{11}{2}$

해설 내신연계문제

0793 　

직선 $y=4x+1$에 평행하고 이차함수 $y=-x^2+1$에 접하는 직선의 방정식이 $y=ax+b$일 때, 실수 $a,\,b$에 대하여 $a+b$의 값은?

① 5　　　　② 7　　　　③ 9

④ 11　　　　⑤ 13

0794 　

원점을 지나고 이차함수 $y=x^2+4$의 그래프에 접하는 두 직선의 기울기의 곱은?

① -12　　　② -14　　　③ -16

④ -18　　　⑤ -20

0795 　

이차함수 $y=x^2$의 그래프에 접하고 기울기가 2인 직선이 이차함수 $y=-2x^2+(k+3)x-k$의 그래프에 접할 때, 상수 k의 값을 구하시오.

모의고사　핵심유형　기출문제

0796 　2022년 03월 고2 학력평가 10번　

점 $(-1,\,0)$을 지나고 기울기가 m인 직선이 곡선 $y=x^2+x+4$에 접할 때, 양수 m의 값은?

① $\dfrac{3}{2}$　　　　② 2　　　　③ $\dfrac{5}{2}$

④ 3　　　　⑤ $\dfrac{7}{2}$

해설 내신연계문제

0797 　2019년 09월 고1 학력평가 9번　

기울기가 5인 직선이 이차함수 $f(x)=x^2-3x+17$의 그래프에 접할 때, 이 직선의 y절편은?

① 1　　　　② 2　　　　③ 3

④ 4　　　　⑤ 5

해설 내신연계문제

유형 13 이차함수의 그래프와 직선이 접할 때 – 항등식의 활용

이차함수 $y=ax^2+bx+c$의 그래프와 직선 $y=mx+n$이 접하면
이차방정식 $ax^2+bx+c=mx+n$이 중근을 가져야 한다.
즉 판별식 $D=0$이어야 하고 실수 k의 값에 관계없이 성립하는 등식은
k에 관한 항등식의 성질과 계수비교법을 이용하여 미지수를 구한다.

 k의 값에 관계없이 항상 성립하는 등식은 k에 대한 항등식을 나타내므로
$(\quad)k+(\quad)=0$꼴로 정리해야 한다.

0798 학교기출 대표 유형

이차함수 $y=x^2-2ax+a^2+2a-1$의 그래프가 a의 값에 관계없이
직선 $y=mx+n$과 접할 때, 상수 m, n에 대하여 $m+n$의 값을 구
하시오.

0799 TOUGH

x에 대한 이차함수 $y=x^2-2kx+k^2+k$의 그래프와 직선
$y=-2ax-a^2+b-1$이 k의 값에 관계없이 항상 접할 때,
상수 a, b에 대하여 $2(b-a)$의 값을 구하시오.

모의고사 핵심유형 기출문제

0800 2018년 09월 고1 학력평가 14번 TOUGH

x에 대한 이차함수 $y=x^2-4kx+4k^2+k$의 그래프와 직선
$y=2ax+b$가 실수 k의 값에 관계없이 항상 접할 때, $a+b$의 값은?
(단, a, b는 상수이다.)

① $\dfrac{1}{8}$ ② $\dfrac{3}{16}$ ③ $\dfrac{1}{4}$

④ $\dfrac{5}{16}$ ⑤ $\dfrac{3}{8}$

해설 내신연계문제

유형 14 이차함수의 그래프와 직선의 위치 관계 – 좌표평면에서의 활용

(1) 방정식 $f(x)=0$의 실근
➡ 함수 $y=f(x)$의 그래프와 x축과의 교점의 x좌표
(2) 방정식 $f(x)=g(x)$의 실근
➡ 두 함수 $y=f(x)$, $y=g(x)$의 그래프의 교점의 x좌표

 이차함수 $y=f(x)$의 그래프와 직선 $y=g(x)$에 대하여
① 교점의 x좌표가 이차방정식 $f(x)=g(x)$의 실근임을 이용한다.
② 교점의 x좌표를 α, β 하고 이차방정식 $f(x)=g(x)$에서 근과
계수의 관계를 이용한다.

0801 학교기출 대표 유형

오른쪽 그림과 같이 이차함수
$y=8-x^2$의 그래프가 직선 $y=kx$가
만나는 두 점을 각각 A, B라 하자.
$\overline{OA}:\overline{OB}=1:2$일 때, 양수 k의 값을
구하시오. (단, O는 원점이다.)

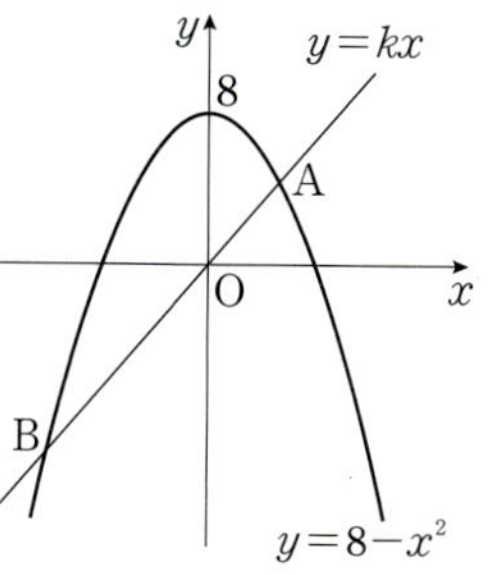

0802 TOUGH

원점을 지나고 기울기가 양수 m인
직선이 이차함수 $y=x^2-5$의 그래
프와 서로 다른 두 점 A, B에서 만
난다. 두 점 A, B에서 x축에 내린
수선의 발을 각각 A′, B′이라 하자.
선분 AA′와 선분 BB′의 길이의 차
가 25일 때, m의 값을 구하시오.

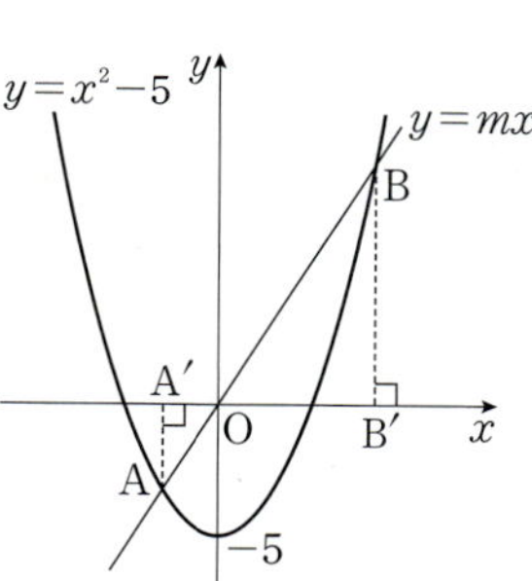

모의고사 핵심유형 기출문제

0803 2020년 06월 고1 학력평가 27번 TOUGH

그림과 같이 이차함수 $y=x^2$의 그래프와 직선 $y=x+k$가 만나는
두 점을 각각 A, B라 하고, 점 A와 B에서 x축에 내린 수선의 발을
각각 C, D라 하자. 삼각형 AOC의 넓이를 S_1, 삼각형 DOB의 넓이
를 S_2라 할 때, $S_1-S_2=20$을 만족시키는 양수 k의 값을 구하시오.
(단, O는 원점이고, 두 점 A, B는 각각 제1사분면과 제2사분면 위
에 있다.)

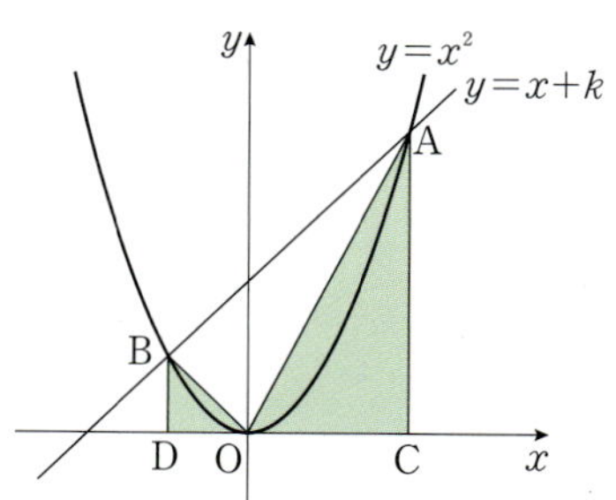

해설 내신연계문제

두 **이차함수** $y=f(x)$, $y=g(x)$**의 그래프의 교점의** x**좌표가** α, β**이다.**

➡ 이차방정식 $f(x)=g(x)$의 두 실근이 α, β이다.
➡ 이차방정식의 근과 계수를 이용한다.

 이차방정식의 켤레근

계수가 모두 유리수인 이차방정식의 한 근이 $p+q\sqrt{m}$이면 다른 한 근은 $p-q\sqrt{m}$이다. (단, p, q는 유리수, $q\neq 0$, $\sqrt{m}$은 무리수)

0804 

두 이차함수 $f(x)=x^2-x+3$, $g(x)=-x^2+kx+1$의 그래프가 서로 다른 두 점 $\mathrm{A}(\alpha,\ f(\alpha))$, $\mathrm{B}(\beta,\ f(\beta))$에서 만난다. $\alpha^2+\beta^2=7$일 때, 양수 k의 값을 구하시오.

0805 NORMAL

그림과 같이 두 이차함수
$$f(x)=x^2-ax+2,\ g(x)=-x^2+3x+b$$
의 그래프의 두 교점의 x좌표를 2, 4라 할 때, 상수 a, b에 대하여 $a+b$의 값은?

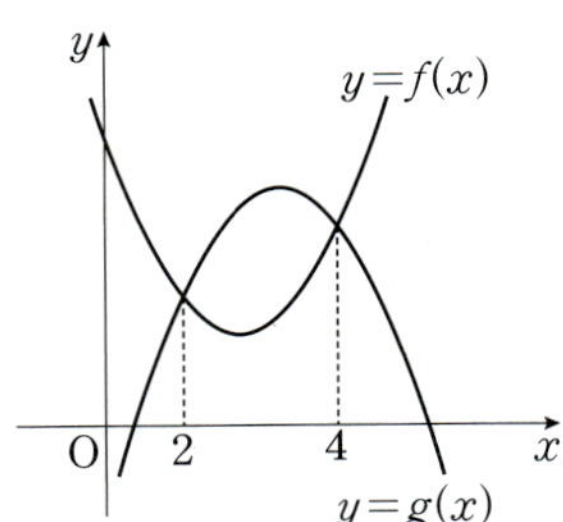

① -9 ② -7 ③ -6
④ -5 ⑤ -4

0806  NORMAL

두 이차함수 $y=2x^2+x+k$, $y=-2x^2+9x-8$의 그래프의 두 교점의 x좌표를 α, β라 할 때, $|\alpha-\beta|=2$가 되도록 하는 실수 k의 값은?

① -9 ② -8 ③ -7
④ 8 ⑤ 9

0807 최다빈출  중요 TOUGH

그림과 같이 유리수 a, b에 대하여 두 이차함수 $y=x^2-3x+1$과 $y=-x^2+ax+b$의 그래프가 만나는 두 점을 각각 P, Q라 하자. 점 P의 x좌표가 $1-\sqrt{2}$일 때, $a+3b$의 값은?

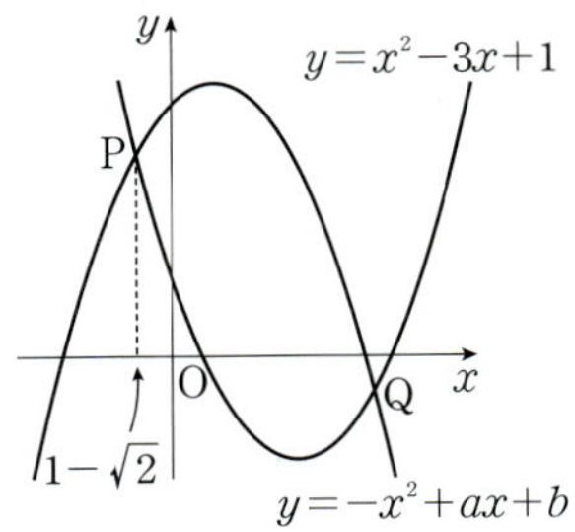

① 6 ② 7 ③ 8
④ 9 ⑤ 10

해설 내신연계문제

모의고사 **핵심유형** 기출문제

0808 2018년 09월 고1 학력평가 12번  NORMAL

두 이차함수 $y=-(x-1)^2+a$, $y=2(x-1)^2-1$의 그래프가 서로 다른 두 점에서 만난다. 이 두 점 사이의 거리가 4일 때, 상수 a의 값은?

① 7 ② 8 ③ 9
④ 10 ⑤ 11

해설 내신연계문제

0809
2021년 09월 고1 학력평가 15번
TOUGH

그림과 같이 최고차항의 계수의 절댓값이 같은 세 이차함수
$y=f(x)$, $y=g(x)$, $y=h(x)$의 그래프가 있다.
방정식 $f(x)+g(x)+h(x)=0$의 모든 근의 합은?

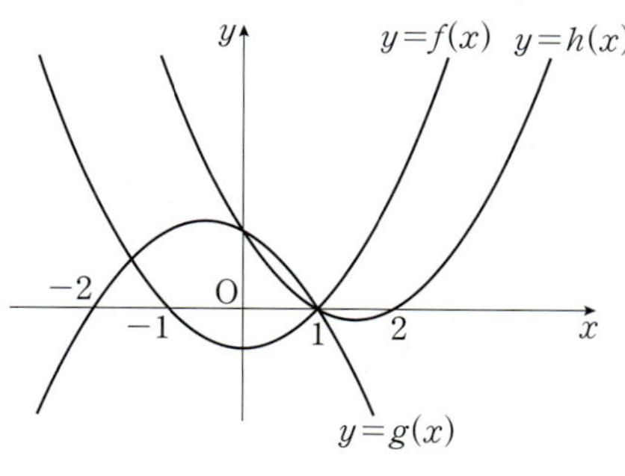

① 1   ② 2   ③ 3
④ 4   ⑤ 5

해설 내신연계문제

0810
2020년 06월 고1 학력평가 16번
TOUGH

두 이차함수 $f(x)=x^2+ax+b$, $g(x)=-x^2+cx+d$에 대하여
그림과 같이 함수 $y=f(x)$의 그래프는 x축에 접하고, 두 함수
$y=f(x)$와 $y=g(x)$의 그래프는 제1사분면과 제2사분면에서 만난
다. [보기]에서 옳은 것만을 있는 대로 고른 것은?

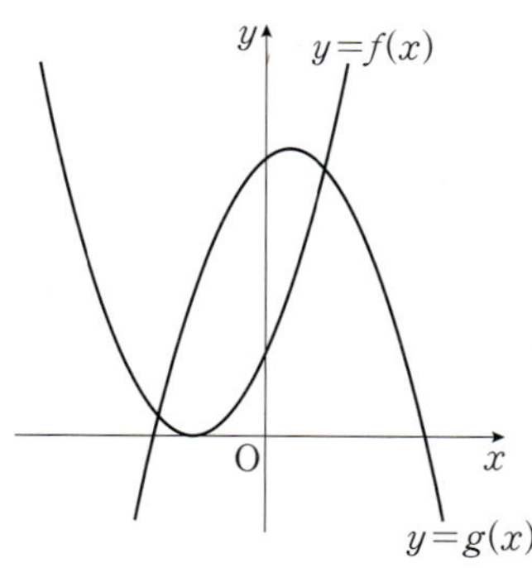

> ㄱ. $a^2-4b=0$
> ㄴ. $a^2-4d<0$
> ㄷ. $(a-c)^2-8(b-d)>0$

① ㄱ   ② ㄱ, ㄴ   ③ ㄱ, ㄷ
④ ㄴ, ㄷ   ⑤ ㄱ, ㄴ, ㄷ

해설 내신연계문제

유형 16   이차함수의 그래프와 이차방정식
— 절댓값 기호를 포함한 이차함수

방정식 $|f(x)|=g(x)$의 실근의 개수는

➡ 두 함수 $y=|f(x)|$, $y=g(x)$의 **그래프의 교점의 개수와 같다.**

➡ 특히 함수 $y=|f(x)|$의 그래프는 함수 $y=f(x)$의 그래프를 그리고
x축의 아랫부분을 x축 위로 접어 올린다.

> 절댓값 기호를 포함한 함수의 그래프를 그리는 순서는 다음과 같다.
> FIRST 절댓값 기호 안의 식의 값이 0이 되는 x의 값을 구한다.
> NEXT 구한 x의 값을 경계로 범위를 나누어 절댓값 기호를 포함하지
> 않은 식을 구한다.
> LAST 각 범위에서 그래프를 그린다.

0811
학교기출 대표유형

x에 대한 방정식 $|x^2-4|=k$가 서로 다른 네 개의 실근을 갖도록
하는 정수 k의 개수를 구하시오.

0812
NORMAL

x에 대한 방정식 $|(x+1)(x-3)|=k$가 서로 다른 3개의 실근을
가질 때, 상수 k의 값은?

① 1   ② $\dfrac{3}{2}$ ③ 2
④ $\dfrac{5}{2}$ ⑤ 4

0813
최다빈출 왕 중요
NORMAL

x에 대한 방정식 $|x^2-6x|=k+2$가 서로 다른 네 개의 실근을
갖도록 하는 모든 정수 k의 개수는?

① 5   ② 6   ③ 7
④ 8   ⑤ 9

해설 내신연계문제

0814

x에 대하여 두 함수 $f(x)=|x^2-4|$, $g(x)=-x+t$의 그래프가 서로 다른 네 점에서 만날 때, 실수 t의 범위는?

① $2<t<\dfrac{17}{4}$ ② $1<t<\dfrac{17}{4}$ ③ $2<t<\dfrac{15}{4}$

④ $4<t<\dfrac{17}{4}$ ⑤ $4<t<\dfrac{19}{4}$

0815

실수 $t\left(\sqrt{3}<t<\dfrac{13}{4}\right)$에 대하여 두 함수

$$f(x)=|x^2-3|-2x, \quad g(x)=-x+t$$

의 그래프가 만나는 서로 다른 네 점의 x좌표를 작은 수부터 크기순으로 x_1, x_2, x_3, x_4라 하자. $x_4-x_1=5$일 때, x_1x_2의 값을 구하시오.

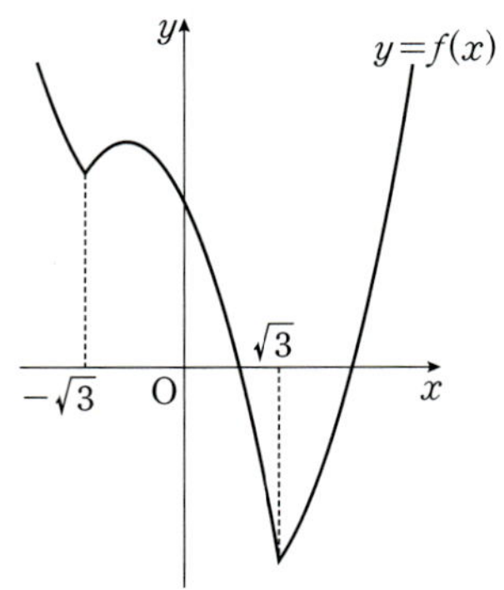

0816

2023년 03월 고2 학력평가 28번

자연수 n에 대하여 직선 $y=n$이 이차함수 $y=x^2-4x+4$의 그래프와 만나는 두 점의 x좌표를 각각 x_1, x_2라 하자. $\dfrac{|x_1|+|x_2|}{2}$의 값이 자연수가 되도록 하는 100 이하의 자연수 n의 개수를 구하시오.

해설 내신연계문제

이차함수 $y=ax^2+bx+c$의 최댓값과 최솟값은

$y=a(x-p)^2+q$꼴로 변형하여 구한다.

(1) $a>0$이면 ➡ $x=p$일 때, 최솟값은 q이고 최댓값은 없다.

(2) $a<0$이면 ➡ $x=p$일 때, 최댓값은 q이고 최솟값은 없다.

제한범위가 없는 경우 이차함수의 꼭짓점만 구하면 된다.

0817

학교기출 대표유형

이차함수 $y=-2x^2-4x+5$의 최댓값을 M,

이차함수 $y=3x^2+6x-1$의 최솟값을 m이라 할 때, $M+m$의 값을 구하시오.

0818

이차함수 $y=x^2+ax+4$의 그래프가 점 $(-2, -4)$를 지날 때, 이 이차함수의 최솟값을 m이라 할 때, $a+m$의 값은? (단, a는 상수이다.)

① 1   ② 2   ③ 3

④ 4   ⑤ 5

0819

최다빈출 왕중요

이차함수 $f(x)=-x^2+4x+a$가 모든 실수 x에 대하여 $f(x)\le 6$을 만족시킬 때, 실수 a의 최댓값은?

① -2 ② -1 ③ 1

④ 2   ⑤ 3

해설 내신연계문제

0820

NORMAL

이차함수 $y=x^2+2ax+2a-4$의 최솟값을 $g(a)$라고 할 때, $g(a)$의 최댓값은? (단, a는 상수이다.)

① -5 ② -3 ③ -1
④ 1 ⑤ 3

0821

NORMAL

이차함수 $f(x)=x^2-ax+5$의 그래프가 x축과 만나는 두 점 사이의 거리가 4일 때, $f(x)$의 최솟값은? (단, $a>0$)

① -5 ② -4 ③ -3
④ -2 ⑤ -1

0822

TOUGH

오른쪽 그림과 같이 이차함수 $f(x)=x^2+ax+b$의 그래프가 x축과 서로 다른 두 점 P, Q에서 만난다.

점 P의 x좌표가 $2-\sqrt{3}$일 때, 이차함수 $y=f(x)$의 최솟값은? (단, a, b는 유리수이고 $a \neq 0$)

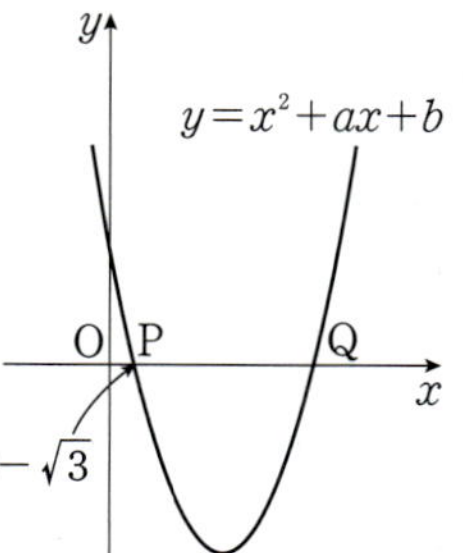

① -7 ② -6
③ -5 ④ -4
⑤ -3

0823

최다빈출 왕 중요

TOUGH

이차함수 $f(x)=-x^2+ax+b$의 그래프와 직선 $g(x)=mx+n$의 그래프가 오른쪽 그림과 같이 $x=1$, $x=5$인 점에서 만날 때, 함수 $f(x)-g(x)$의 최댓값을 구하시오. (단, a, b, m, n은 상수이다.)

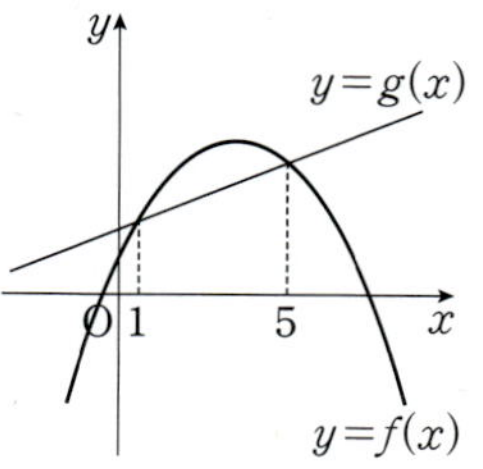

해설 내신연계문제

모의고사 핵심유형 기출문제

0824

2013년 03월 고1 학력평가 25번

NORMAL

좌표평면에서 점 $(1, 13)$을 지나는 이차함수 $y=-x^2+ax+10$의 최댓값을 M이라 할 때, $a+M$의 값을 구하시오.

해설 내신연계문제

0825

2020년 06월 고1 학력평가 12번

NORMAL

직선 $y=-x+a$가 이차함수 $y=x^2+bx+3$의 그래프에 접하도록 하는 a의 최댓값은? (단, a, b는 실수이다.)

① 1 ② 2 ③ 3
④ 4 ⑤ 5

해설 내신연계문제

이차함수 $y=f(x)$의 **최댓값 또는 최솟값이 주어질 때**, 미지수의 값은 다음 순서로 구한다.

FIRST 주어진 이차함수의 식을 $f(x)=a(x-p)^2+q$꼴로 변형한다.

NEXT 최댓값 또는 최솟값이 q임을 이용하여 미지수의 값을 구한다.

LAST 최댓값이 주어지면 $a<0$, 최솟값이 주어지면 $a>0$

① $x=p$에서 최솟값 q를 가지면
　　$f(x)=a(x-p)^2+q\,(a>0)$으로 놓는다.
② $x=p$에서 최댓값 q를 가지면
　　$f(x)=a(x-p)^2+q\,(a<0)$으로 놓는다.

0826 

이차함수 $y=ax^2-4ax+b$의 그래프가 점 $(1,\ 3)$을 지나고 이 함수의 최댓값이 8일 때, 상수 a, b에 대하여 $a-b$의 값을 구하시오.

0827 

이차함수 $y=-(x-2)(x+4)-k$의 최댓값과 이차함수 $y=2x^2-8x+5+2k$의 최솟값이 서로 같을 때, 상수 k의 값은?

① 1　　　　　② 2　　　　　③ 4
④ 10　　　　⑤ 12

0828 

이차함수 $y=-x^2+6x+a$의 최댓값이 11, 이차함수 $y=x^2-2ax+b$의 최솟값이 5일 때, 상수 a, b에 대하여 ab의 값은?

① 10　　　　② 12　　　　③ 14
④ 16　　　　⑤ 18

0829 

이차함수 $f(x)=ax^2+bx+c$가 $x=1$에서 최댓값 5를 갖고 $f(3)=-3$일 때, 상수 a, b, c에 대하여 $a+b-c$의 값은?

① -3　　　　② -2　　　　③ -1
④ 2　　　　　⑤ 3

0830 

이차함수 $y=x^2-2kx+k^2+2k-a$가 다음 조건을 만족시킬 때, 상수 a, k에 대하여 $a+2k$의 값은?

> (가) 함수 $f(x)$의 최솟값은 3이다.
> (나) 함수 $y=f(x)$의 그래프의 꼭짓점은 직선 $y=2x+5$ 위에 있다.

① -9　　　　② -7　　　　③ -5
④ -3　　　　⑤ -1

모의고사　핵심유형　기출문제

0831　2019년 09월 고1 학력평가 23번 

이차함수 $f(x)=-x^2-4x+k$의 최댓값이 20일 때, 상수 k의 값을 구하시오.

해설 내신연계문제

유형 **19** 최댓값 또는 최솟값이 주어질 때 — 이차함수의 식 구하기

이차함수 $y=f(x)$가 최댓값 또는 최솟값이 주어질 때,
다음과 같이 식을 정리하여 함숫값을 구한다.
(1) $x=p$에서 **최솟값** q를 가지면
$\quad f(x)=a(x-p)^2+q\,(a>0)$으로 놓는다.
(2) $x=p$에서 **최댓값** q를 가지면
$\quad f(x)=a(x-p)^2+q\,(a<0)$으로 놓는다.

 이차함수 $f(x)$가 $x=p$에서 최댓값 또는 최솟값을 갖는다.
➡ 주어진 이차함수의 식을 $y=a(x-p)+q$꼴로 변형했을 때,
최댓값 또는 최솟값이 q임을 이용하여 미지수의 값을 구한다.

0832 

이차함수 $y=x^2-ax+2$가 $x=1$에서 최솟값 b를 가질 때, 상수 a, b에 대하여 $a+b$의 값을 구하시오.

0833 최다빈출 왕 중요  NORMAL

다음 두 조건을 만족하는 이차함수 $f(x)$에 대하여 $f(2)$의 값은?

(가) $x=-2$일 때, 최솟값이 -3이다.
(나) $f(1)=6$

① 2 　　　　② 4 　　　　③ 6
④ 8 　　　　⑤ 13

해설 내신연계문제

0834 최다빈출 왕 중요  NORMAL

이차함수 $f(x)=-x^2+ax+b$에 대하여 $f(-1)=f(3)$이고 $f(x)$의 최댓값이 6일 때, $f(0)$의 값은? (단, a, b는 상수이다.)

① -5 　　　　② -3 　　　　③ -1
④ 1 　　　　⑤ 5

해설 내신연계문제

0835  TOUGH

이차함수 $f(x)=ax^2+bx+c\,(a\neq0)$가 $x=1$에서 최댓값 3을 갖고 직선 $y=4x+3$과 한 점에서 만날 때, $f(2)$의 값은? (단, a, b, c는 상수이다.)

① $\dfrac{7}{4}$ 　　　　② 2 　　　　③ $\dfrac{8}{3}$
④ $\dfrac{11}{3}$ 　　　　⑤ 4

0836  TOUGH

이차함수 $f(x)$가 다음 조건을 만족시킬 때, 방정식 $f(x)=0$의 두 실근의 곱을 구하시오.

(가) $f(2)=10$
(나) 함수 $f(x)$의 최댓값은 15이다.
(다) 방정식 $f(x)-3=0$의 두 실근의 합은 8이다.

모의고사 **핵심유형** 기출문제

0837 2021년 03월 고2 학력평가 13번  TOUGH

이차함수 $f(x)$가 다음 조건을 만족시킬 때, $f(2)$의 값은?

(가) 함수 $f(x)$는 $x=1$에서 최댓값 9를 갖는다.
(나) 곡선 $y=f(x)$에 접하고 직선 $2x-y+1=0$과 평행한 직선의 y절편은 9이다.

① $\dfrac{9}{2}$ 　　　　② $\dfrac{11}{2}$ 　　　　③ $\dfrac{13}{2}$
④ $\dfrac{15}{2}$ 　　　　⑤ $\dfrac{17}{2}$

해설 내신연계문제

0838 2018년 06월 고1 학력평가 27번  TOUGH

이차함수 $f(x)=x^2+ax-(b-7)^2$이 다음 조건을 만족시킨다.

(가) $x=-1$에서 최솟값을 가진다.
(나) 이차함수 $y=f(x)$의 그래프와 직선 $y=cx$가 한 점에서만 만난다.

세 상수 a, b, c에 대하여 $a+b+c$의 값을 구하시오.

해설 내신연계문제

x의 범위가 $\alpha \le x \le \beta$로 제한된 경우 이차함수 $f(x)=a(x-p)^2+q$
$(a \ne 0)$의 최댓값과 최솟값은 다음과 같다.

(1) $\alpha \le p \le \beta$일 때,

즉 꼭짓점의 x좌표 p가 $\alpha \le x \le \beta$에 포함되는 경우

➡ $f(p)$, $f(\alpha)$, $f(\beta)$ 중에서 가장 큰 값이 최댓값,
　 가장 작은 값이 최솟값이다. ◀── 꼭짓점과 끝점에서 최대, 최소

(2) $p < \alpha$ 또는 $p > \beta$일 때,

즉 꼭짓점의 x좌표 p가 $\alpha \le x \le \beta$에 포함되지 않는 경우

➡ $f(\alpha)$, $f(\beta)$ 중에서 가장 큰 값이 최댓값,
　 가장 작은 값이 최솟값이다. ◀── 끝점에서 최대, 최소

 ① 제한된 범위에서 이차함수의 최대, 최소는 그래프를 그려서 구하면
　 실수를 줄일 수 있다.
② 이차함수의 꼭짓점의 x좌표가 미지수이면 이 미지수가 제한 범위에
　 포함될 때와 포함되지 않을 때로 범위를 나누어 최대, 최소를 구한다.

0839　학교기출 대표 유형

$-1 \le x \le 4$에서 이차함수 $y=x^2-4x+3$의 최댓값을 M, 최솟값
을 m이라 할 때, $M+m$의 값을 구하시오.

0840　NORMAL

$-2 \le x \le 4$에서 함수 $f(x)=x^2-2|x|-1$의 최댓값을 M, 최솟값
을 m이라 할 때, $M+m$의 값은?

① 3 　　　　② 4 　　　　③ 5
④ 6 　　　　⑤ 7

0841　NORMAL

이차함수 $y=2x^2-4ax+a^2-4a+1$의 최솟값이 $g(a)$이다.
$-4 \le a \le 4$에서 $g(a)$의 최댓값을 M, 최솟값을 m이라 할 때,
$M+m$의 값은?

① -29 　　　② -27 　　　③ -26
④ -20 　　　⑤ -16

0842　TOUGH

등식 $\dfrac{\sqrt{x+4}}{\sqrt{x-2}}=-\sqrt{\dfrac{x+4}{x-2}}$를 만족하는 실수 x에 대하여 함수

$y=-x^2+2x+9$의 최댓값을 M, 최솟값을 m이라 할 때,
$M+m$의 값은? (단, $x \ne 2$)

① -15 　　　② -5 　　　③ 5
④ 10 　　　⑤ 15

0843　최다빈출 왕중요　TOUGH

이차함수 $y=f(x)$가 다음 두 조건을 만족시킨다.
이때 $-1 \le x \le 3$에서 최댓값을 M, 최솟값을 m이라 할 때,
Mm의 값은?

> (가) $f(x+1)-f(x)=2x$
> (나) $f(0)=-2$

① -12 　　　② -9 　　　③ -6
④ -4 　　　⑤ 4

해설 내신연계문제

0844　2022년 11월 고1 학력평가 17번　TOUGH

함수 $f(x)=x-3$에 대하여 $-1 \le x \le 5$에서
함수 $f(x) \times f(|x-2|)$의 최댓값과 최솟값의 합은?

① 1 　　　　② 2 　　　　③ 3
④ 4 　　　　⑤ 5

해설 내신연계문제

 **유형 21** 제한된 범위에서 이차함수의
최댓값과 최솟값을 이용한 미지수 구하기

제한 범위에서 이차함수의 최댓값과 최솟값을 이용한 미정계수 결정은
➡ **꼭짓점의 위치에 주의하여 구한다.**
(1) 꼭짓점의 x좌표가 범위 안에 있으면 꼭짓점과 끝점에서 최대,
최소이다.
(2) 꼭짓점의 x좌표가 범위 안에 없으면 끝점에서 최대, 최소이다.

> 이차함수의 꼭짓점의 x좌표가 미지수이면 이 미지수가 제한 범위에
> 포함될 때와 포함되지 않을 때로 범위를 나누어 최대, 최소를 구한다.

0845 학교기출 대표 유형

$0 \le x \le 3$에서 이차함수 $y=2x^2-4x+m$의 최솟값이 1일 때,
이 함수의 최댓값을 구하시오. (단, m은 실수이다.)

0846 NORMAL

$0 \le x \le 3$에서 이차함수 $y=-2x^2+4x+k$의 최댓값이 5일 때,
이 함수의 최솟값은? (단, k는 실수이다.)

① -3 ② -2 ③ -1
④ 2 ⑤ 3

0847  최다빈출 왕 중요 NORMAL

$2 \le x \le 5$에서 이차함수 $y=ax^2-6ax+b$의 최댓값이 5, 최솟값이
-7일 때, 양수 a, b에 대하여 $a+b$의 값은?

① 21 ② 23 ③ 25
④ 27 ⑤ 29

해설 내신연계문제

0848 NORMAL

$0 \le x \le 5$에서 정의된 두 이차함수
$$f(x)=x^2-2x+a, \quad g(x)=-x^2+ax+3$$
가 있다. $f(x)$의 최솟값이 5일 때, $g(x)$의 최댓값과 최솟값의 합은?
(단, a는 상수이다.)

① 9 ② 10 ③ 12
④ 13 ⑤ 15

0849 최다빈출 왕 중요 TOUGH

이차함수 $f(x)=x^2+ax+b$가 다음 두 조건을 만족시킬 때,
$f(4)$의 값을 구하시오. (단, a, b는 상수이다.)

> (가) $f(-3)=f(5)$
> (나) $-3 \le x \le 2$에서 함수 $f(x)$의 최댓값은 10이다.

해설 내신연계문제

0850 TOUGH

이차함수 $f(x)=x^2+ax+b$의 그래프는 직선 $x=2$에 대하여 대칭
이다. $0 \le x \le 3$에서 함수 $f(x)$의 최댓값이 8일 때, 상수 a, b에
대하여 $a+b$의 값을 구하시오.

모의고사 핵심유형 기출문제

0851 2024년 06월 고1 학력평가 18번 TOUGH

$-2 \le x \le 2$에서 이차함수 $f(x)=x^2-(2a-b)x+a^2-4b$가 다음
조건을 만족시킨다.

> (가) 함수 $f(x)$는 $x=1$에서 최솟값을 가진다.
> (나) 함수 $f(x)$의 최댓값은 0이다.

$a+b$의 값은? (단, a, b는 상수이다.)

① 10 ② 11 ③ 12
④ 13 ⑤ 14

해설 내신연계문제

0852 2016년 06월 고1 학력평가 27번 

이차함수 $f(x)$가 다음 조건을 만족시킨다.

> (가) x에 대한 방정식 $f(x)=0$의 두 근은 -2와 4이다.
> (나) $5 \le x \le 8$에서 이차함수 $f(x)$의 최댓값은 80이다.

$f(-5)$의 값을 구하시오.

해설 내신연계문제

0853 2017년 06월 고1 학력평가 27번 

최고차항의 계수가 $a\,(a>0)$인 이차함수 $f(x)$가 다음 조건을 만족시킨다.

> (가) 직선 $y=4ax-10$과 함수 $y=f(x)$의 그래프가 만나는 두 점의 x좌표는 1과 5이다.
> (나) $1 \le x \le 5$에서 $f(x)$의 최솟값은 -8이다.

$100a$의 값을 구하시오.

해설 내신연계문제

0854 2023년 11월 고1 학력평가 17번 

양수 k에 대하여 이차함수 $f(x)=-x^2+4x+k+3$의 그래프와 직선 $y=2x+3$이 서로 다른 두 점 $(\alpha,\ f(\alpha))$, $(\beta,\ f(\beta))$에서 만난다. $\alpha \le x \le \beta$에서 함수 $f(x)$의 최댓값이 10일 때, $\alpha \le x \le \beta$에서 함수 $f(x)$의 최솟값은? (단, $\alpha < \beta$)

① 1   ② 2   ③ 3
④ 4   ⑤ 5

해설 내신연계문제

제한된 범위와 이차함수의 축이 미지수인 최댓값과 최솟값

미지수를 포함한 제한된 범위이거나 이차함수의 축이 미지수인 경우 이차함수의 최댓값과 최솟값은 꼭짓점의 x좌표의 위치에 주의하여 구한다.

(1) 제한된 범위에 미지수가 있으면
- ➡ 이차함수의 꼭짓점의 x좌표가 제한 범위에 포함될 때와 포함되지 않을 때로 범위를 나누어 최대, 최소를 구한다.

(2) 이차함수의 꼭짓점의 x좌표가 미지수이면
- ➡ 이 미지수가 제한 범위에 포함될 때와 포함되지 않을 때로 범위를 나누어 최대, 최소를 구한다.

0855 학교기출 대표 유형

$a \le x \le 6$에서 이차함수 $f(x)=-2x^2+8x+7$의 최댓값이 13, 최솟값이 b일 때, 상수 a, b에 대하여 $a+b$의 값은?

① -14 ② -11 ③ -10
④ -8 ⑤ -6

0856 

$-1 \le x \le a$에서 이차함수 $f(x)=x^2-4x+5$의 최솟값이 2일 때, 실수 a의 값은?

① 1   ② 2   ③ 3
④ 4   ⑤ 5

0857 최다빈출 상 중요 

$0 \le x \le a$에서 이차함수 $y=-x^2+10x-14$의 최댓값은 7, 최솟값은 -14일 때, 상수 a의 값을 구하시오.

해설 내신연계문제

0858
2021년 11월 고1 학력평가 26번

NORMAL

$0 \le x \le 2$에서 정의된 이차함수 $f(x)=x^2-2ax+2a^2$의 최솟값이 10일 때, 함수 $f(x)$의 최댓값을 구하시오. (단, a는 양수이다.)

해설 내신연계문제

0859
2019년 09월 고1 학력평가 17번

NORMAL

양수 a에 대하여 $0 \le x \le a$에서 이차함수 $f(x)=x^2-8x+a+6$의 최솟값이 0이 되도록 하는 모든 a의 값의 합은?

① 11   ② 12   ③ 13
④ 14   ⑤ 15

해설 내신연계문제

0860
2020년 06월 고1 학력평가 14번

NORMAL

실수 p에 대하여 $0 \le x \le 2$에서 이차함수 $f(x)=x^2-4px$의 최솟값을 $g(p)$라 하자. $g(-1)+g\left(\dfrac{1}{2}\right)$의 값은?

① -3 ② -2 ③ -1
④ 0 ⑤ 1

해설 내신연계문제

0861
2020년 06월 고1 학력평가 28번

TOUGH

두 양수 p, q에 대하여 이차함수 $f(x)=-x^2+px-q$가 다음 조건을 만족시킬 때, p^2+q^2의 값을 구하시오.

(가) $y=f(x)$의 그래프는 x축에 접한다.
(나) $-p \le x \le p$에서 $f(x)$의 최솟값은 -54이다.

해설 내신연계문제

유형 23 공통부분이 있는 이차함수의 최대 · 최소
— 치환을 이용하여 제한된 범위를 구하기

함수 $y=\{f(x)\}^2+pf(x)+q$의 **최댓값과 최솟값**은 다음과 같은 순서로 구한다.

FIRST 공통부분을 $f(x)=t$로 치환한 후 t의 값의 범위를 구한다.

NEXT $y=t^2+pt+q=(t-a)^2+b$꼴의 완전제곱식으로 변형한다.

LAST 제한된 t의 값의 범위에서 최댓값과 최솟값을 구한다.

공통부분이 있는 함수의 최대, 최소는 공통부분을 t로 놓고 t의 값의 범위에 주의한다.
또한, x의 값의 범위와 t의 값의 범위를 혼돈하지 않는다.

0862
학교기출 **대표** 유형

함수 $y=-(-x^2+4x)^2+2(-x^2+4x)+5$의 최댓값을 구하시오.

0863

NORMAL

함수 $y=-2(x^2-2x+3)^2+12(x^2-2x)+k-16$의 최댓값이 6일 때, 상수 k의 값은?

① 10   ② 20   ③ 30
④ 40   ⑤ 50

0864

NORMAL

함수 $y=(x^2-2x)^2+4(x^2-2x+1)+5$가 $x=\alpha$에서 최솟값 β를 가질 때, $\alpha+\beta$의 값은?

① 4   ② 5   ③ 6
④ 7   ⑤ 8

0865

$-2 \leq x \leq 1$일 때, 함수 $y=(x^2+2x-1)^2-2(x^2+2x-2)+2$의 최댓값을 M, 최솟값을 m이라 할 때, $M+m$의 값은?

① 10 ② 12 ③ 14
④ 15 ⑤ 16

0866

$-1 \leq x \leq 3$에서 함수 $y=(x^2-4x+1)^2-2(x^2-4x+3)+7$의 최댓값과 최솟값의 합을 구하시오.

0867

최다빈출 왕 중요

$1 \leq x \leq 3$에서 함수 $y=-2(x^2-6x+12)^2+4(x^2-6x+12)+k$의 최댓값이 10일 때, 상수 k의 값을 구하시오.

해설 내신연계문제

모의고사 **핵심유형** 기출문제

0868

2014년 11월 고1 학력평가 25번

$1 \leq x \leq 4$에서 이차함수 $y=(2x-1)^2-4(2x-1)+3$의 최댓값을 M, 최솟값을 m이라 할 때, $M-m$의 값을 구하시오.

해설 내신연계문제

유형 24 완전제곱식을 이용하여 이차식의 최댓값과 최솟값 구하기

실수 x, y에 대하여 $ax^2+by^2+cx+dy+c$의 최댓값과 최솟값은 다음 순서로 구한다.

FIRST $a(x-m)^2+b(y-n)^2+k$꼴로 변형한다.

LAST $(실수)^2 \geq 0$이므로 $x=m$, $y=n$일 때, 최댓값 또는 최솟값은 k이다.

> 실수 a에 대하여 $a^2 \geq 0$이므로 $a=0$일 때, 최소가 된다.

0869

학교기출 대표 유형

실수 x, y에 대하여 $-x^2-3y^2+4x+6y+k$가 $x=a$, $y=b$일 때, 최댓값이 4일 때, $a+b+k$의 값을 구하시오. (단, k는 상수이다.)

0870

실수 x, y, z에 대하여 $x^2+y^2+3z^2-2x+4y+6z+13$의 최솟값을 구하시오.

0871

최다빈출 왕 중요

실수 x, y, z에 대하여 $-2x^2-y^2-z^2+8x-6y+2z+k$은 $x=a$, $y=b$, $z=c$일 때, 최댓값 8을 가진다.
상수 a, b, c, k에 대하여 $a+b+c+k$의 값은?

① -10 ② -8 ③ -6
④ -4 ⑤ -2

해설 내신연계문제

유형 25   조건을 만족시키는 이차식의 최댓값과 최솟값

x, y에 대한 등식이 조건식 $g(x, y)=0$으로 주어진 경우 이차식 $f(x, y)$의 최댓값과 최솟값은 다음과 같은 순서로 정한다.

FIRST 조건식 $g(x, y)=0$에서 x의 값의 범위를 구한다.

NEXT 조건식 $g(x, y)=0$을 $f(x, y)$에 대입하여 한 문자 x에 대한 이차식으로 고친다.

LAST 그 범위에서 $f(x, y)$의 최댓값, 최솟값을 구한다.

① 주어진 조건식 $g(x, y)=0$에서 x, y가 임의의 실수가 아니라 조건을 만족시키는 수이므로 주어진 식을 한 문자에 관하여 정리해야 한다.

② 주어진 조건식 $g(x, y)=0$에 제한된 범위가 존재하면 제한된 범위에 유의하여 최대, 최소를 구한다.

0872   학교기출 대표 유형

직선 $x+y+3=0$에서 움직이는 점 $\mathrm{P}(x, y)$에 대하여 x^2+y^2의 최솟값은?

① $\dfrac{4}{3}$ ② $\dfrac{7}{3}$ ③ $\dfrac{8}{3}$

④ $\dfrac{9}{2}$ ⑤ $\dfrac{11}{2}$

0873   최다빈출 왕 중요   NORMAL

이차함수 $y=x^2-2x-2$의 그래프 위를 움직이는 점 (a, b)에 대하여 $2a^2-b+4$의 최솟값은?

① 2   ② 3   ③ 4

④ 5   ⑤ 6

해설 내신연계문제

0874   NORMAL

$x \geq 0$, $y \geq 0$이고 $x+y=3$일 때, $2x^2+y^2$의 최댓값을 M, 최솟값을 m이라 할 때, $M+m$의 값은?

① 12   ② 24   ③ 36

④ 48   ⑤ 50

0875   NORMAL

$1 \leq x \leq 4$이고 $2x+y=3$일 때, y^2-x^2의 최댓값을 M, 최솟값을 m이라 하자. 이때 Mm의 값은?

① -81 ② -72 ③ -64

④ -27 ⑤ -18

0876   NORMAL

두 양수의 합이 10일 때, 이 두 수의 곱의 최댓값은?

① 9   ② 16   ③ 20

④ 25   ⑤ 30

0877   최다빈출 왕 중요   TOUGH

오른쪽 그림과 같이 이차함수 $y=x^2-5x+4$의 그래프가 y축과 점 A에서 만나고 x축과 두 점 B, C에서 만난다. 점 $\mathrm{P}(a, b)$가 곡선 위를 따라 점 A에서 점 C까지 움직일 때, $3a+b$의 최댓값과 최솟값의 합은?

① 12   ② 13   ③ 14

④ 15   ⑤ 16

해설 내신연계문제

0878   TOUGH

$x^2+y^2=4$를 만족하는 실수 x, y에 대하여 $2x+y^2+3$의 최댓값을 M, 최솟값을 m이라 할 때, $M+m$의 값을 구하시오.

0879

NORMAL

직선 $y=-\dfrac{1}{4}x+1$이 y축과 만나는 점을 A, x축과 만나는 점을 B라 하자. 점 $P(a, b)$가 점 A에서 직선 $y=-\dfrac{1}{4}x+1$을 따라 점 B까지 움직일 때, a^2+8b의 최솟값은?

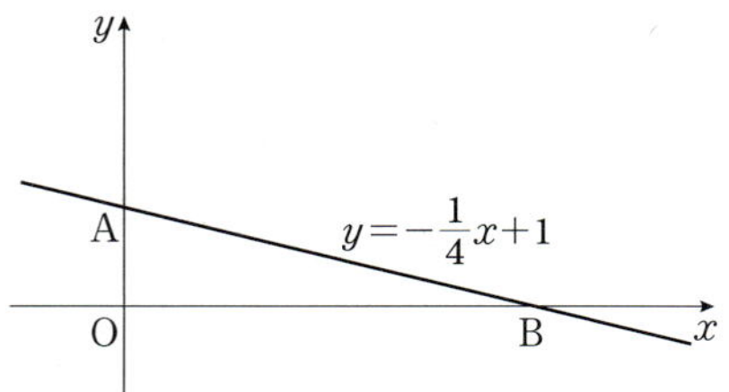

① 5
② $\dfrac{17}{3}$
③ $\dfrac{19}{3}$
④ 7
⑤ $\dfrac{23}{3}$

해설 내신연계문제

0880

NORMAL

이차함수 $f(x)=x^2-2ax+5a$의 그래프의 꼭짓점을 A라 하고, 점 A에서 x축에 내린 수선의 발을 B라 하자. $0<a<5$일 때, $\overline{OB}+\overline{AB}$의 최댓값은? (단, O는 원점이고, a는 $a\neq0$, $a\neq5$인 실수이다.)

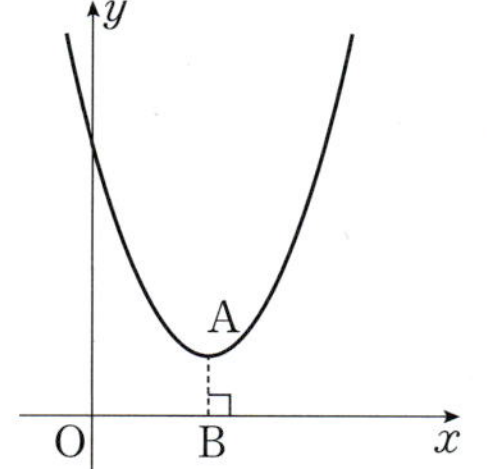

① 5
② 6
③ 7
④ 8
⑤ 9

해설 내신연계문제

0881

TOUGH

두 실수 a, b에 대하여 복소수 $z=a+2bi$가 $z^2+(\overline{z})^2=0$을 만족시킬 때, $6a+12b^2+11$의 최솟값은? (단, $i=\sqrt{-1}$이고, $\overline{z}$는 z의 켤레복소수이다.)

① 6
② 7
③ 8
④ 9
⑤ 10

해설 내신연계문제

두 실근이 주어진 이차방정식에서 이차함수의 최대, 최소는 다음 순서로 구한다.

FIRST 판별식 D를 이용하여 실근 조건을 만족하는 범위를 구한다.

LAST 제한된 범위에서 이차함수의 최대 최소를 구한다.

> 이차방정식의 판별식 D을 이용하여 실근 조건을 만족시키는 a의 값의 범위를 꼭 확인한다.

0882

학교기출 **대표** 유형

이차방정식 $x^2-ax+a-1=0$의 두 실근을 α, β라고 할 때, $\alpha^2+\beta^2$의 최솟값을 구하시오. (단, a는 실수이다.)

0883

NORMAL

이차방정식 $x^2+2mx+m-2=0$의 두 근을 α, β라고 할 때, $\alpha^2+\beta^2$의 최솟값은? (단, m은 실수이다.)

① $\dfrac{1}{4}$
② $\dfrac{7}{3}$
③ $\dfrac{9}{4}$
④ $\dfrac{15}{4}$
⑤ $\dfrac{21}{4}$

0884

최다빈출 **왕** 중요

TOUGH

x에 대한 이차방정식 $x^2+2(a-2)x+a^2+a-1=0$의 서로 다른 실근을 α, β라고 할 때, $(\alpha+1)(\beta+1)$의 최솟값은? (단, a는 실수이다.)

① $\dfrac{1}{2}$
② $\dfrac{7}{2}$
③ $\dfrac{14}{3}$
④ $\dfrac{15}{4}$
⑤ $\dfrac{17}{4}$

해설 내신연계문제

유형 27 이차함수의 최댓값과 최솟값의 활용

두 변수 사이의 관계가 이차함수로 주어진 실생활 문제는 주어진 함수를
이차함수의 최대, 최소에 대한 활용 문제로 다음과 같은 순서로 구한다.

FIRST 주어진 함수를 $y=a(x-p)^2+q$꼴로 변형한다.

LAST 제한된 범위에서 이차함수의 최댓값 또는 최솟값을 구한다.

0885 학교기출 대표 유형

야구공을 지면에서 초속 $24\,\mathrm{m}$로 똑바로 위로 던져 올렸을 때, t초 후
지면으로부터 이 야구공의 높이 $y\,\mathrm{m}$는 $y=-2t^2+12t$라고 한다.
이 공은 $t=a$일 때, 지면으로부터 가장 높이 올라가게 되며 이때의
높이가 $b\,\mathrm{m}$이다. $a+b$의 값을 구하시오. (단, 야구공의 크기는 생각
하지 않는다.)

0886

어느 극단의 공연 관람권의 가격을 x만 원, 한 달 동안의 공연 이익
금을 y만 원이라고 하면 x와 y 사이에는 $y=-5x^2+80x-200$인
관계가 성립한다고 한다. 관람권의 가격을 6만 원 이상 9만 원 이하
로 정할 때, 한 달 동안의 공연 이익금의 최댓값을 구하시오.

모의고사 핵심유형 기출문제

0887 2021년 06월 고1 학력평가 15번

그림과 같이 윗면이 개방된 원통형 용기에 높이가 h인 지점까지 물
이 채워져 있다. 용기에 충분히 작은 구멍을 뚫어 물을 흘려보내는
동시에 물을 공급하여 물의 높이를 h로 유지한다. 구멍의 높이를 a,
구멍으로부터 물이 바닥에 떨어지는 지점까지의 수평거리를 b라 하
면 다음과 같은 관계식이 성립한다.

$$b=\sqrt{4a(h-a)}\ (\text{단},\ 0<a<h)$$

$h=10$일 때, b^2의 최댓값은?

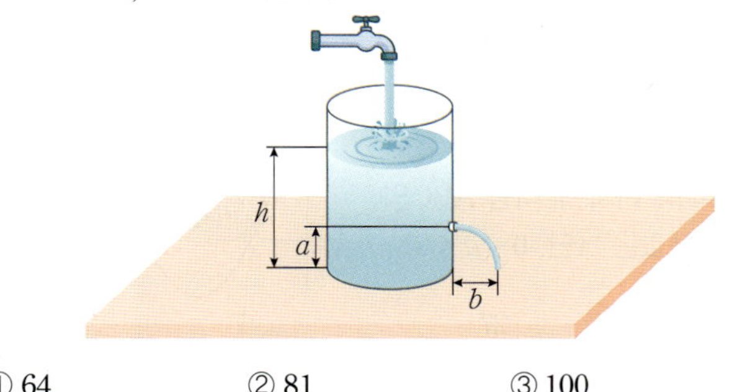

① 64 ② 81 ③ 100
④ 121 ⑤ 144

해설 내신연계문제

유형 28 이차함수의 최대·최소의 활용 — 실생활 활용

이차함수의 최대, 최소에 대한 활용 문제는 다음과 같은 순서로 구한다.

FIRST 주어진 조건에서 미지수 x를 정하고, x의 값의 범위를 구한다.

NEXT 주어진 조건을 이용하여 x에 대한 이차함수의 식을 세운다.
나타낸다.

LAST 제한된 범위에서 이차함수의 최댓값 또는 최솟값을 구한다.

① 주어진 조건들을 잘 찾아내고 각 조건들 또는 주어진 식의 범위를
확인하여 문제를 푼다.
② 도형에서의 최대, 최소의 활용 문제는 도형의 성질을 확실히 이해하
여 식을 세워야 한다.

0888 학교기출 대표 유형

어린이 수영장의 1인당 입장료가 2000원이고 하루 입장객은 500명
이라 한다. 이 수영장의 1인당 입장료를 50원 올릴 때마다 하루 입장
객의 수가 10명씩 감소한다고 한다. 이 수영장의 하루 입장료의 총
판매액이 최대가 되도록 하는 1인당 입장료를 구하시오.

0889 최다빈출 왕 중요

교육용 태블릿 PC 생산 업체에서 신제품을 개발한 후 가격을 결정
하기 위해 소비자를 대상으로 시장 조사를 하여 다음과 같은 결과를
얻었다.

(가) 가격을 100만 원으로 하면 600대가 팔릴 것이다.

(나) 가격을 1만 원씩 인하할 때마다 판매량이 10대씩 늘어날
것이다.

위의 두 결과에 의해서 판매 총액이 최대가 되는 태블릿 PC의 한 대
당 가격은 얼마인가?

① 50만 원 ② 60만 원 ③ 70만 원
④ 80만 원 ⑤ 90만 원

해설 내신연계문제

0890 TOUGH

A회사는 B회사로부터 원자재를 공급받아 제품을 생산한다. A회사
에 공급되는 원자재의 양 x톤과 A회사의 제품 생산량 $y\,\mathrm{kg}$ 사이에
$y=x(24-x)\,(0\le x\le 12)$인 관계가 성립한다. A회사 제품의 가격
은 $1\,\mathrm{kg}$에 1만 원, 원자재의 가격은 1톤에 10만 원이라고 할 때, A회
사의 이윤이 최대가 되려면 B회사로부터 원자재를 몇 톤 공급받아
야 하는가?

① 6 ② 7 ③ 8
④ 9 ⑤ 10

유형 29 이차함수의 최대 · 최소의 활용 – 좌표평면에서 도형

이차함수의 최대, 최소에 대한 활용 문제는 다음과 같은 순서로 구한다.

FIRST 주어진 조건에서 미지수 t를 정하고, t의 값의 범위를 구한다.

NEXT 주어진 조건을 이용하여 길이 또는 넓이를 t에 대한 이차함수의 식을 세운다.

LAST 제한된 범위에서 이차함수의 최댓값 또는 최솟값을 구한다.

① 주어진 조건들을 잘 찾아내고 각 조건들 또는 주어진 식의 범위를 확인하여 문제를 푼다.
② 도형에서의 최대, 최소의 활용문제는 도형의 성질을 확실히 이해하여 식을 세워야 한다.

0891 학교기출 대표 유형

오른쪽 그림과 같이 $y=-3x+12$에서 제1사분면 위의 점 P에서 x축, y축에 각각 수선을 그어 만든 직사각형 OQPR의 넓이의 최댓값을 구하시오.

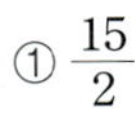

0892 최다빈출 왕 중요 NORMAL

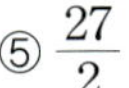

오른쪽 그림과 같이 이차함수 $y=4-x^2$의 그래프와 x축으로 둘러싸인 부분에 직사각형을 내접시킬 때, 이 직사각형의 둘레의 길이가 최대일 때, 직사각형의 넓이는?

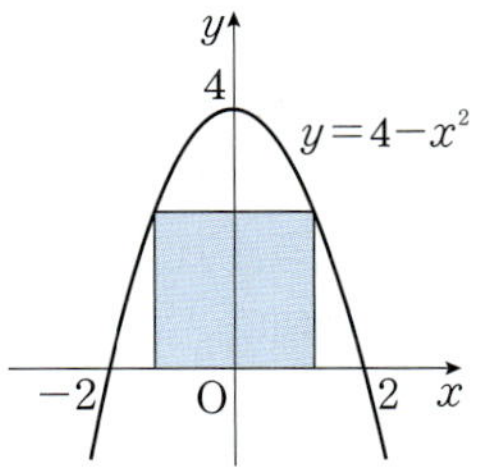

① 3 ② 4 ③ 5 ④ 6 ⑤ 7

해설 내신연계문제

0893 TOUGH

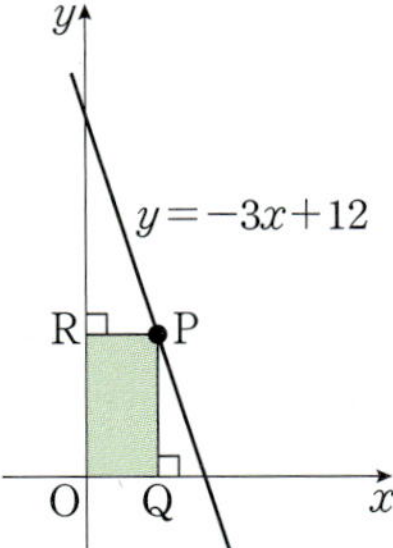

두 이차함수 $f(x)=x^2-7$과 $g(x)=-2x^2+5$가 있다. 오른쪽 그림과 같이 네 점 $\mathrm{A}(a,\ f(a))$, $\mathrm{B}(a,\ g(a))$, $\mathrm{C}(-a,\ g(-a))$, $\mathrm{D}(-a,\ f(-a))$를 꼭짓점으로 하는 직사각형 ABCD의 둘레의 길이가 최대일 때, 직사각형 ABCD의 넓이는? $\left(\text{단, } 0<a<\frac{3}{2}\right)$

① $\frac{35}{6}$ ② $\frac{65}{9}$ ③ $\frac{70}{9}$ ④ $\frac{75}{9}$ ⑤ $\frac{80}{9}$

모의고사 핵심유형 기출문제

0894 2023년 06월 고1 학력평가 15번 NORMAL

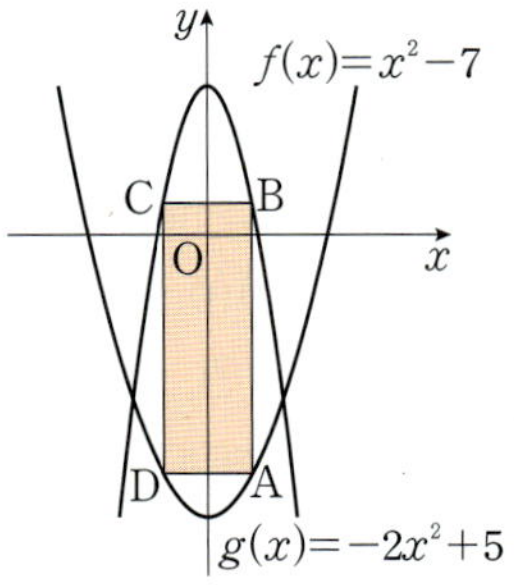

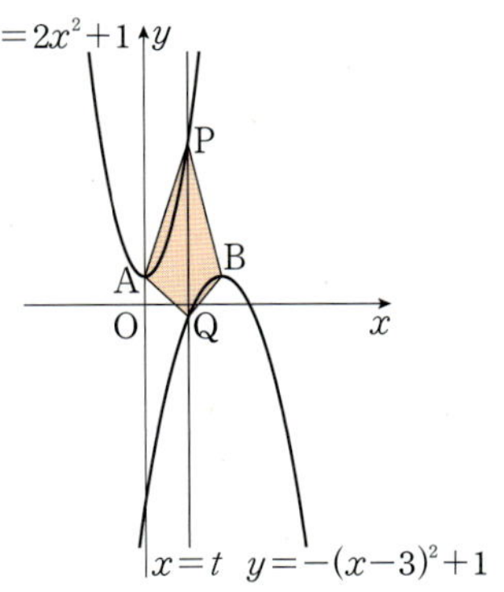

오른쪽 그림과 같이 직선 $x=t\,(0<t<3)$이 두 이차함수 $y=2x^2+1$, $y=-(x-3)^2+1$의 그래프와 만나는 점을 각각 P, Q라 하자. 두 점 $\mathrm{A}(0,\ 1)$, $\mathrm{B}(3,\ 1)$에 대하여 사각형 PAQB의 넓이의 최솟값은?

① $\frac{15}{2}$ ② 9 ③ $\frac{21}{2}$ ④ 12 ⑤ $\frac{27}{2}$

해설 내신연계문제

0895 2021년 09월 고1 학력평가 16번 TOUGH

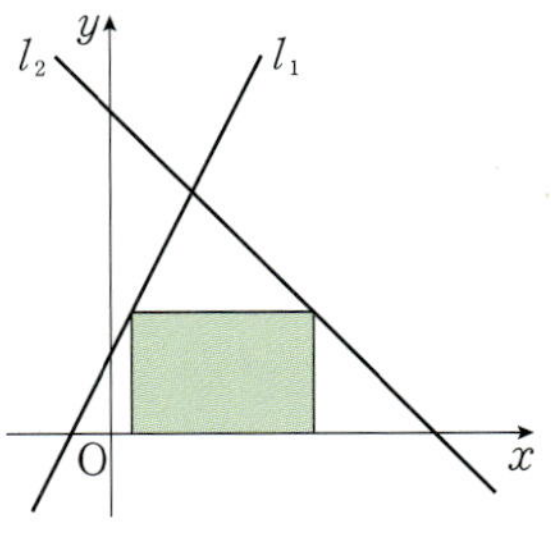

오른쪽 그림과 같이 두 직선 $l_1:2x-y+1=0$, $l_2:x+y-4=0$과 x축으로 둘러싸인 부분에 직사각형이 있다. 이 직사각형의 한 변은 x축 위에 있고 두 꼭짓점은 각각 직선 l_1, l_2 위에 있을 때, 직사각형의 넓이의 최댓값은?

① $\frac{23}{8}$ ② 3 ③ $\frac{25}{8}$ ④ $\frac{13}{4}$ ⑤ $\frac{27}{8}$

해설 내신연계문제

0896 2021년 06월 고1 학력평가 17번 TOUGH

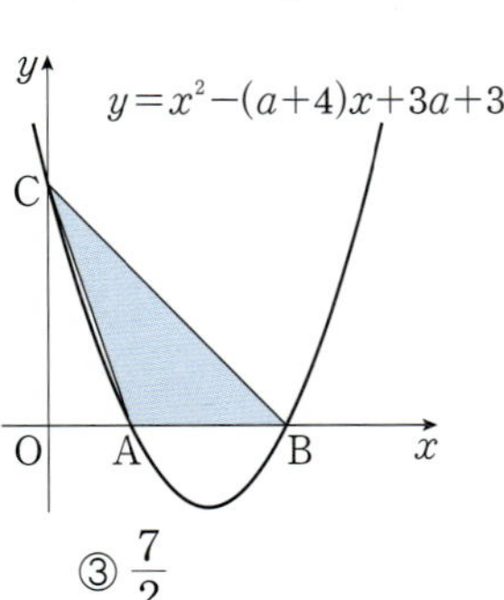

오른쪽 그림과 같이 이차함수 $y=x^2-(a+4)x+3a+3$의 그래프가 x축과 만나는 서로 다른 두 점을 각각 A, B라 하고, y축과 만나는 점을 C라 하자. 삼각형 ABC의 넓이의 최댓값은? (단, $0<a<2$)

① $\frac{13}{4}$ ② $\frac{27}{8}$ ③ $\frac{7}{2}$ ④ $\frac{29}{8}$ ⑤ $\frac{15}{4}$

해설 내신연계문제

유형 30 이차함수의 최대·최소의 활용 — 도형에서의 활용

이차함수의 최대, 최소에 대한 활용 문제는 다음과 같은 순서로 구한다.

FIRST 주어진 조건에서 미지수 x를 정하고, x의 값의 범위를 구한다.

NEXT 주어진 조건을 이용하여 둘레의 길이 또는 넓이를 x에 대한 이차함수의 식을 세운다.

LAST 제한된 범위에서 이차함수의 최댓값 또는 최솟값을 구한다.

0897 학교기출 대표 유형

오른쪽 그림과 같이 벽면을 한 변으로 하는 직사각형 모양의 꽃밭의 울타리를 만들려고 한다. 울타리의 길이가 12m일 때, 꽃밭의 넓이의 최댓값은 몇 m^2인가? (단, 벽면에는 울타리를 만들지 않고 울타리의 두께는 고려하지 않는다.)

① $3m^2$
② $6m^2$
③ $12m^2$
④ $18m^2$
⑤ $36m^2$

0898

길이가 6cm인 선분 AB를 오른쪽 그림과 같이 둘로 나누어 $\overline{AC}$, $\overline{CB}$를 각각 한 변으로 하는 두 개의 정사각형을 만들려고 한다. 두 정사각형의 넓이의 합이 최소가 되도록 하는 선분 AC의 길이를 a, 넓이의 합을 b라고 할 때, $a+b$의 값은?

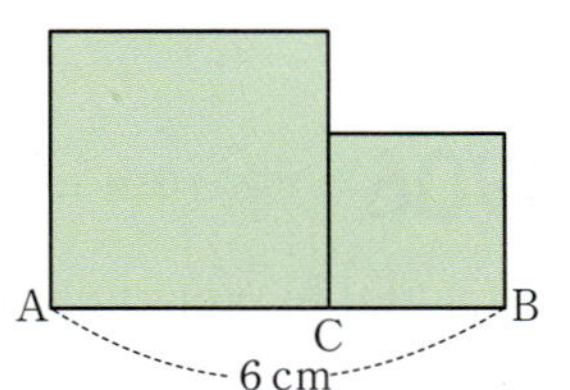

① 8
② 10
③ 16
④ 18
⑤ 21

0899

폭이 20cm인 철판의 양쪽을 접어 오른쪽 그림과 같이 단면의 모양이 직사각형인 물받이를 만들려고 한다. 색칠한 단면의 넓이가 최대가 되게 하려면 높이는? (단, 철판의 두께는 무시한다. 단위는 cm)

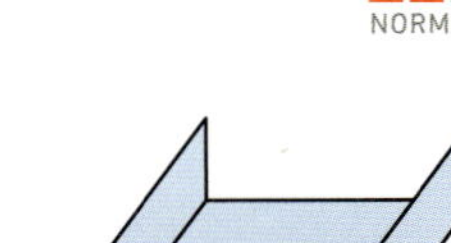
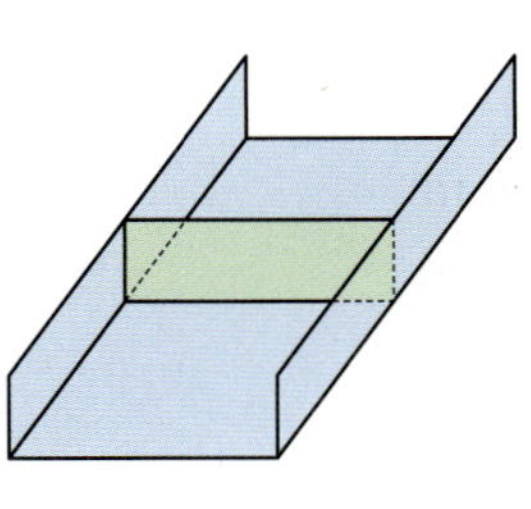

① 3
② 4
③ 5
④ 6
⑤ 8

0900 최다빈출 왕 중요

오른쪽 그림과 같이 한 변의 길이가 16인 정사각형을 가로의 길이는 $2x$만큼 늘이고, 세로의 길이는 x만큼 줄여서 직사각형을 만들려고 한다. 이때 새로 만든 직사각형의 넓이가 최대일 때의 가로의 길이는?

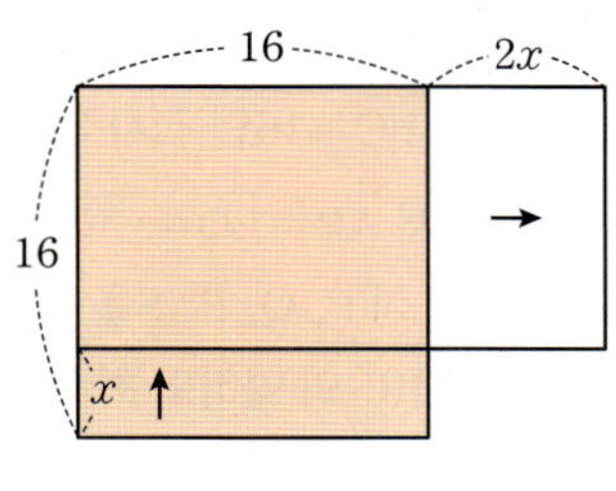

① 16
② 18
③ 20
④ 22
⑤ 24

해설 내신연계문제

0901

오른쪽 그림과 같이 직각삼각형 ABC의 변 AC 위의 한 점 D에서 $\overline{AB}$, $\overline{BC}$에 내린 수선의 발을 각각 E, F라고 하자. $\overline{AB}=8$, $\overline{BC}=6$일 때, 직사각형 DEBF의 넓이의 최댓값은?

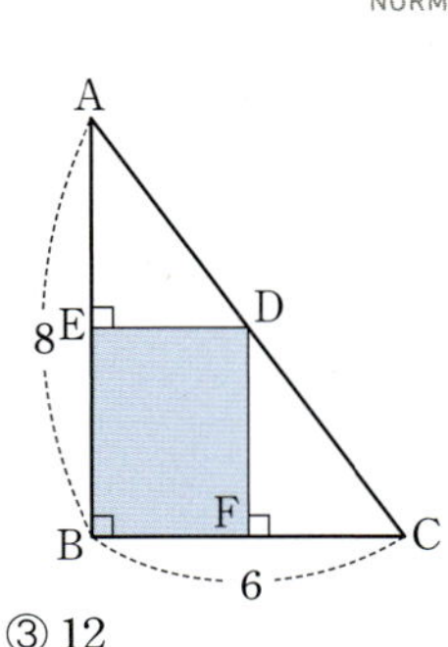

① 8
② 10
③ 12
④ 16
⑤ 18

0902

오른쪽 그림과 같이 이등변삼각형 모양의 한쪽 면에 직사각형 모양의 출입구를 만들려고 한다. 지면과 수직인 출입구를 만들려는 면은 높이가 2m, 밑변의 길이가 4m인 이등변삼각형 모양이다. 이때 출입구의 넓이를 최대로 하려면 출입구의 높이는?

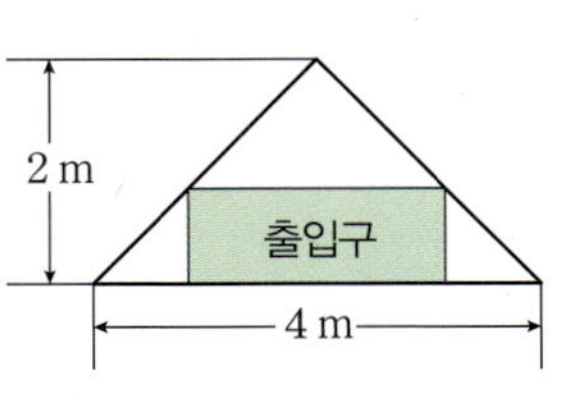

① 1
② 2
③ 3
④ 4
⑤ 5

0903  최다빈출 왕 중요

오른쪽 그림과 같이 $\overline{AB}=12$, $\overline{BC}=16$인 직사각형 ABCD에서 $\overline{AP}=\overline{BQ}=\overline{CR}=\overline{DS}$가 되도록 네 점 P, Q, R, S를 잡을 때, 사각형 PQRS의 넓이의 최솟값은?

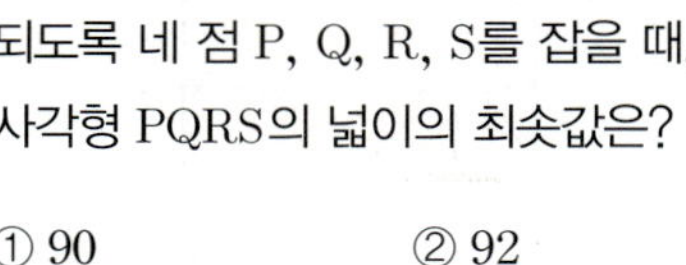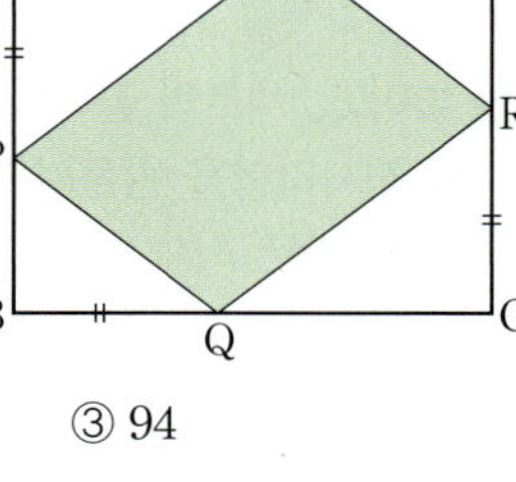

① 90　　　② 92　　　③ 94

④ 96　　　⑤ 98

해설 내신연계문제

0904 TOUGH

오른쪽 그림과 같이 $\angle A=90°$이고 $\overline{AB}=6$인 직각이등변삼각형 ABC가 있다. 변 AB 위의 한 점 P에서 변 BC에 내린 수선의 발을 Q라 하고 점 P를 지나고 변 BC와 평행한 직선이 변 AC와 만나는 점을 R이라 하자. 사각형 PQCR의 넓이의 최댓값을 구하시오. (단, 점 P는 꼭짓점 A와 꼭짓점 B가 아니다.)

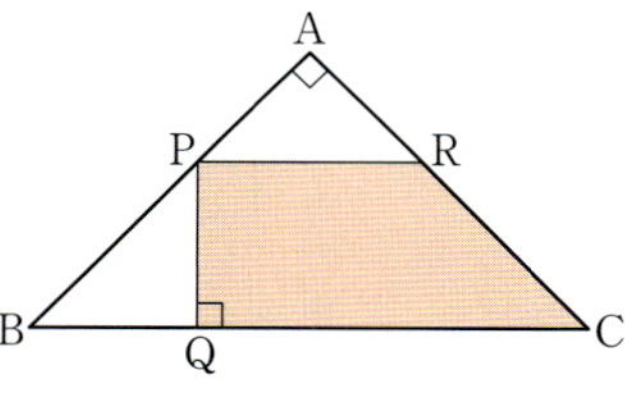

0905  2022년 06월 고1 학력평가 16번 TOUGH

그림과 같이 한 변의 길이가 2인 정삼각형 ABC에 대하여 변 BC의 중점을 P라 하고, 선분 AP 위의 점 Q에 대하여 선분 PQ의 길이를 x라 하자. $\overline{AQ}^2+\overline{BQ}^2+\overline{CQ}^2$은 $x=a$에서 최솟값 m을 가진다. $\dfrac{m}{a}$의 값은? (단, $0<x<\sqrt{3}$이고, a는 실수이다.)

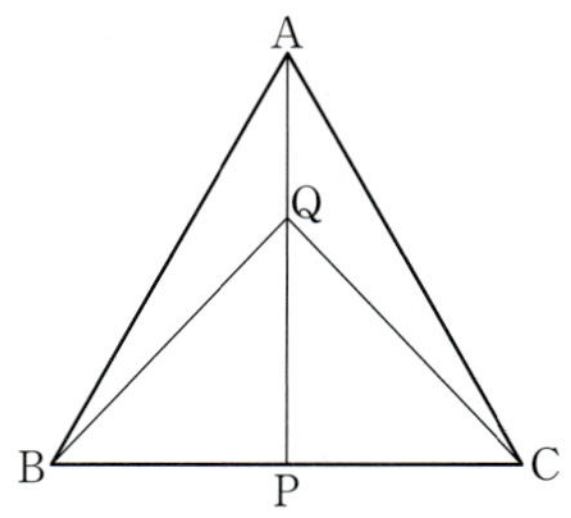

① $3\sqrt{3}$　　　② $\dfrac{7}{2}\sqrt{3}$　　　③ $4\sqrt{3}$

④ $\dfrac{9}{2}\sqrt{3}$　　　⑤ $5\sqrt{3}$

해설 내신연계문제

0906  2020년 06월 고1 학력평가 18번 TOUGH

그림과 같이 한 변의 길이가 20인 정삼각형 ABC에 대하여 변 AB 위의 점 D, 변 AC 위의 점 G, 변 BC 위의 두 점 E, F를 꼭짓점으로 하는 직사각형 DEFG가 있다. 직사각형 DEFG의 넓이가 최대일 때, 삼각형 DBE에 내접하는 원의 둘레의 길이는 $(p\sqrt{3}+q)\pi$이다. p^2+q^2의 값은? (단, p, q는 유리수이다.)

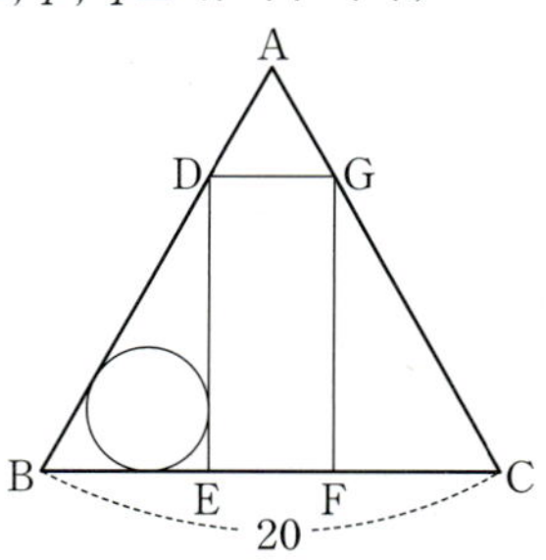

① 10　　　② 20　　　③ 30

④ 40　　　⑤ 50

해설 내신연계문제

서술형 기출유형

학교내신기출 서술형 핵심문제총정리

0907

이차함수 $y=x^2-2(a+k)x+k^2-2k+b$의 그래프가 실수 k의 값에 관계없이 항상 x축에 접하도록 상수 a, b에 대하여 $a+b$를 구하는 과정을 다음 단계로 서술하시오.

1단계 이차함수의 그래프가 x축에 접할 조건을 구한다. [5점]

2단계 k에 대한 항등식의 성질을 이용하여 $a+b$의 값을 구한다. [5점]

0908

이차함수 $y=x^2-2kx+k^2-1$의 그래프가 실수 k의 값에 관계없이 항상 직선 $y=ax+b$에 접할 때, 상수 a, b에 대하여 $a+b$를 구하는 과정을 다음 단계로 서술하시오.

1단계 이차함수의 그래프와 직선이 접하는 조건을 구한다. [5점]

2단계 k에 대한 항등식의 성질을 이용하여 $a+b$의 값을 구한다. [5점]

0909

이차함수 $y=x^2+ax+2$의 그래프와 직선 $y=-3x+b$의 두 교점의 x좌표의 합이 4이고 곱이 3일 때, 상수 a, b에 대하여 ab의 값을 구하는 과정을 다음 단계로 서술하시오.

1단계 이차함수의 그래프와 직선의 두 교점의 x좌표가 두 근인 이차방정식을 구한다. [5점]

2단계 이차방정식 근과 계수의 관계를 이용하여 a, b의 값을 구한다. [5점]

0910

이차함수 $y=x^2+4x+k$의 그래프가 직선 $y=2x+2$와는 만나고 직선 $y=2x-3$과는 만나지 않도록 하는 실수 k의 값의 범위를 구하는 과정을 다음 단계로 서술하시오.

1단계 이차함수 $y=x^2+4x+k$와 직선 $y=2x+2$가 만나도록 하는 k의 범위를 구한다. [4점]

2단계 이차함수 $y=x^2+4x+k$와 직선 $y=2x-3$이 만나지 않도록 하는 k의 범위를 구한다. [4점]

3단계 조건을 만족하는 k의 범위를 구한다. [2점]

0911

그림과 같이 유리수 a, b에 대하여 두 이차함수 $y=x^2-4x+1$과 $y=-x^2+ax+b$의 그래프가 만나는 두 점을 각각 P, Q라 하자. 점 P의 x좌표가 $3-2\sqrt{2}$일 때, $a+b$의 값을 구하는 과정을 다음 단계로 서술하시오.

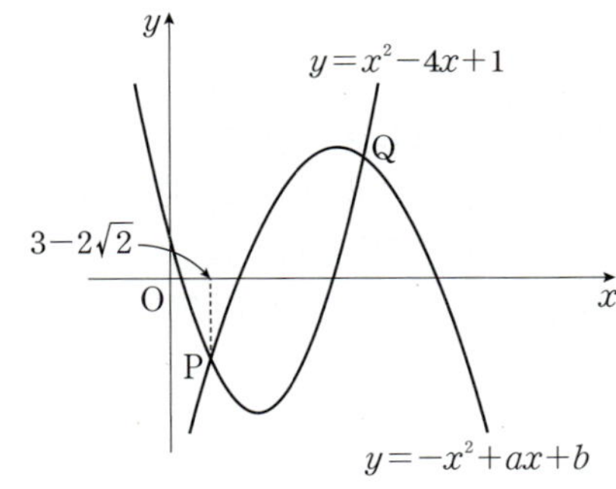

1단계 두 이차함수가 만나는 두 점 P, Q의 x좌표를 근으로 갖는 이차방정식을 구한다. [3점]

2단계 점 Q의 x좌표를 구한다. [2점]

3단계 이차방정식의 근과 계수의 관계에 의하여 $a+b$의 값을 구한다. [5점]

0912

이차함수 $f(x)=-x^2+ax+b$가 다음 두 조건을 만족할 때, 방정식 $f(2x+1)=0$의 실근의 합을 구하는 과정을 다음 단계로 서술하시오. (단, a, b는 상수이다.)

> (가) $f(-1)=f(5)$
> (나) 이차함수 $f(x)$의 최댓값이 9이다.

1단계 조건 (가)를 이용하여 a의 값을 구한다. [3점]
2단계 조건 (나)를 이용하여 b의 값을 구한다. [3점]
3단계 방정식 $f(2x+1)=0$의 실근의 합을 구한다. [4점]

0913 최다빈출 완 중요

그림과 같이 아랫부분의 폭이 4m, 높이가 4m인 포물선 모양의 조형물이 있다. 그 한쪽 끝에 있는 높이 9m인 가로등이 설치되어 있을 때, 가로등의 불빛을 조형물의 반대쪽 지면에 닿도록 비춘 빛이 조형물과 가장 가까운 거리에 비추도록 할 때, 지면에 닿은 빛의 가로등으로부터 떨어진 거리를 다음 단계로 서술하시오. (단, 그림자의 길이는 점 O에서부터 생긴다.)

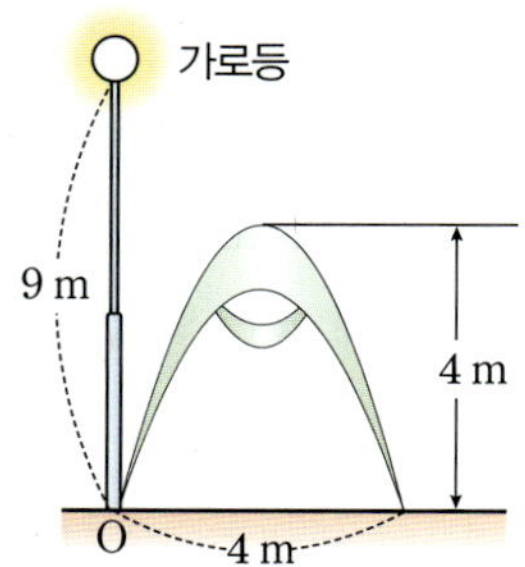

1단계 조형물의 단면이 나타내는 이차함수의 식을 구한다. [4점]
2단계 조형물의 단면이 나타내는 이차함수와 가로등의 불빛이 접할 때, 직선의 방정식을 구한다. [4점]
3단계 지면에 닿은 빛의 가로등으로부터 떨어진 거리를 구한다. [2점]

해설 내신연계문제

0914

$-3 \le x \le 0$에서 이차함수 $y=ax^2+4ax+a^2+7a$의 최댓값이 18이 되도록 하는 모든 상수 a의 값의 합을 구하는 과정을 다음 단계로 서술하시오.

1단계 $a<0$일 때, a의 값을 구한다. [4점]
2단계 $a>0$일 때, a의 값을 구한다. [4점]
3단계 모든 상수 a의 값의 합을 구한다. [2점]

0915

이차함수 $y=-2x^2-2ax-3$의 최댓값은 -1이고, $-3 \le x \le 0$일 때, 이차함수 $y=-2x^2-2ax-3$의 최솟값은 m이다. 이때 am의 값을 구하는 과정을 다음 단계로 서술하시오. (단, $a>0$)

1단계 이차함수 $y=-2x^2-2ax-3$의 최댓값을 이용하여 a의 값을 구한다. [4점]
2단계 $-3 \le x \le 0$에서 이차함수 $y=-2x^2-2ax-3$의 m의 값을 구한다. [4점]
3단계 am의 값을 구한다. [2점]

0916

$x \ge 0$, $y \ge 0$이고 $x+2y=2$일 때, $10x+4y^2$의 최댓값과 최솟값을 구하는 과정을 다음 단계로 서술하시오.

1단계 y의 값의 범위를 구한다. [3점]
2단계 $10x+4y^2$을 y에 대한 식으로 나타낸다. [3점]
3단계 제한된 범위에서 $10x+4y^2$의 최댓값과 최솟값을 구한다. [4점]

0917 최다빈출 완 중요

최고차항의 계수가 2인 이차함수 $y=f(x)$의 그래프와 직선 $y=g(x)$가 두 점 $(\alpha,\ f(\alpha))$, $(\beta,\ f(\beta))$에서 만난다. 함수 $y=g(x)-f(x)$가 $x=2$에서 최댓값 4를 가질 때, $\alpha^3+\beta^3+\alpha^2+\beta^2$의 값을 구하는 과정을 다음 단계로 서술하시오.

1단계 이차함수 $y=g(x)-f(x)$의 식을 구한다. [3점]
2단계 근과 계수의 관계를 이용하여 $\alpha+\beta$, $\alpha\beta$의 값을 구한다. [3점]
3단계 $\alpha^3+\beta^3+\alpha^2+\beta^2$의 값을 구한다. [4점]

해설 내신연계문제

0918 최다빈출 왕 중요

이차함수 $y=x^2-2mx+2m-5$의 최솟값을 $f(m)$이라고 할 때, $-1 \leq m \leq 4$에서 함수 $f(m)$의 최댓값과 최솟값의 합을 구하는 과정을 다음 단계로 서술하시오.

1단계 이차함수 $y=x^2-2mx+2m-5$의 최솟값을 구한다. [5점]

2단계 $-1 \leq m \leq 4$에서 $f(m)$의 최댓값과 최솟값의 합을 구한다. [5점]

해설 내신연계문제

0919

그림과 같이 이차함수 $y=x^2-5x+4$의 그래프가 y축과 만나는 점을 A, x축과 만나는 점을 각각 B, C라 하자.

점 $\mathrm{P}(a,\,b)$가 점 A에서 이차함수 $y=x^2-5x+4$의 그래프 위를 따라 점 B를 거쳐 점 C까지 움직일 때, $a+b+10$의 최댓값과 최솟값의 합을 구하는 과정을 다음 단계로 서술하시오.

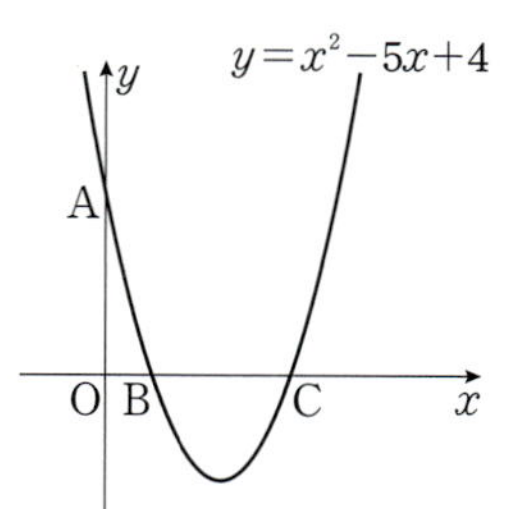

1단계 세 점 A, B, C의 좌표를 구하고 실수 a의 범위를 구한다. [4점]

2단계 a, b의 관계식을 구한다. [2점]

3단계 $a+b+10$의 최댓값과 최솟값의 합을 구한다. [4점]

0920

$-3 \leq x \leq 0$에서 이차함수 $y=-3(x^2+2x-1)^2+6(x^2+2x)$의 최솟값과 최댓값을 구하는 과정을 다음 단계로 서술하시오.

1단계 $x^2+2x-1=t$로 치환하고 $-3 \leq x \leq 0$에서 t의 최댓값과 최솟값을 구한다. [4점]

2단계 t의 값의 범위에서 이차함수의 최솟값과 최댓값을 구한다. [6점]

0921

어떤 물체를 지면에서 초속 40m로 똑바로 위로 쏘아 올렸을 때, t초 후 지면으로부터 이 물체의 높이 ym은

$$y=-5t^2+40t$$

이라 하면 다음 단계로 서술하시오. (단, 물체의 크기는 생각하지 않는다.)

1단계 물체가 가장 높이 올라갔을 때의 높이를 구한다. [3점]

2단계 물체가 가장 높이 올라갔을 때부터 다시 지면에 떨어질 때까지 걸리는 시간을 구한다. [3점]

3단계 물체를 쏘아 올린 후 3초 이상 6초 이하에서 이 물체의 최소 높이를 구한다. [4점]

0922

x에 대한 두 함수

$$f(x)=|x^2-4|, \quad g(x)=x+t$$

의 그래프에 대하여 다음 단계로 구하는 과정을 서술하시오.

1단계 두 함수의 그래프가 서로 다른 세 점에서 만날 때, 모든 실수 t의 값의 곱을 구한다. [5점]

2단계 두 함수의 그래프가 서로 다른 네 점에서 만날 때, 실수 t의 값의 범위를 구한다. [3점]

3단계 그래프가 서로 다른 두 점에서 만날 때 t의 값의 범위를 구한다. [2점]

0923

두 이차함수 $f(x)=-x^2+9$, $g(x)=2x^2-21$이 있다. 그림과 같이 네 점 $\mathrm{A}(a,\,f(a))$, $\mathrm{B}(a,\,g(a))$, $\mathrm{C}(-a,\,g(-a))$, $\mathrm{D}(-a,\,f(-a))$를 꼭짓점으로 하는 직사각형 ABCD의 둘레의 길이가 최대일 때, 직사각형 ABDC의 넓이를 구하는 과정을 서술하시오. (단, $0<a<3$)

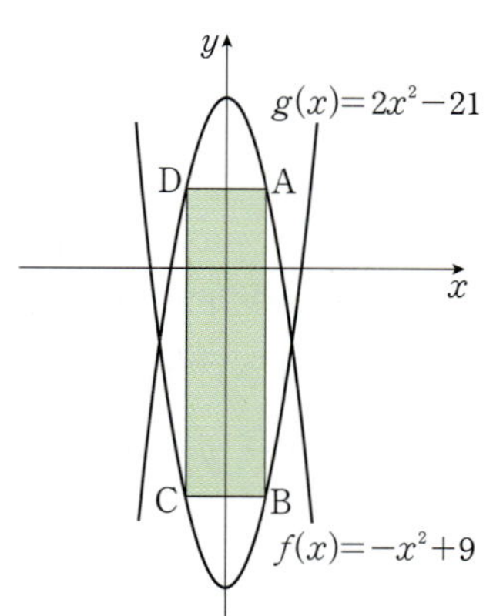

1단계 직사각형 ABCD의 둘레의 길이는 a에 대한 이차함수로 나타낸다. [4점]

2단계 직사각형 ABCD의 둘레의 길이가 최대가 되도록 하는 a의 값과 그때의 최댓값을 구한다. [3점]

3단계 그때의 직사각형 ABCD의 넓이를 구한다. [3점]

학교내신기출 고난도 핵심문제총정리

행복한 일등급문제

0924

이차함수 $y=x^2+ax-a-2$의 그래프는 a의 값에 관계없이 항상 일정한 점을 지난다. 이 점이 최고차항의 계수가 1인 이차함수의 그래프의 꼭짓점일 때, 이 이차함수의 그래프가 x축과 만나는 두 점 사이의 거리를 구하시오.

0925 최다빈출 왕 중요

이차함수 $y=x^2+ax+b$의 그래프를 그리는데 철수는 일차항의 계수를 잘못 보고 함수 $y=f(x)$의 그래프를, 영희는 상수항을 잘못 보고 함수 $y=g(x)$의 그래프를 그렸을 때, $x^2+ax+b=0$의 두 근이 α, β일 때, $\alpha^2\beta+\alpha\beta^2$의 값을 구하시오. (단, a, b는 상수이다.)

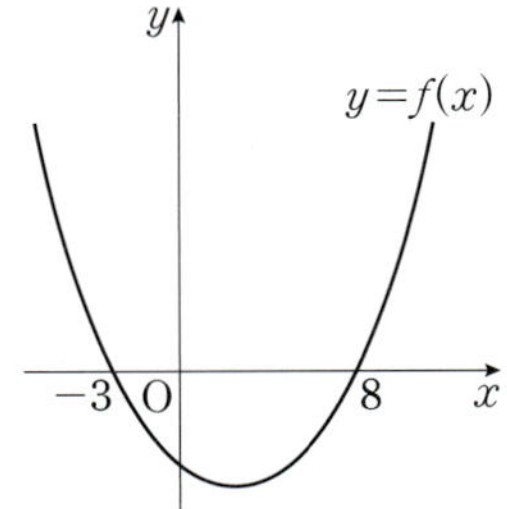
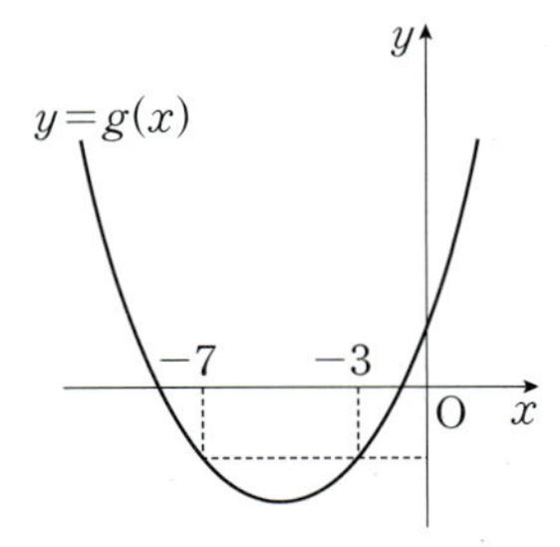

해설 내신연계문제

0926

이차함수 $f(x)=x^2$의 그래프를 x축의 방향으로 p만큼 평행이동하였더니 함수 $y=g(x)$의 그래프와 일치하였다.

직선 $y=\dfrac{1}{2}x+1$이 두 함수 $y=f(x)$, $y=g(x)$의 그래프와 서로 다른 네 점에서 만날 때, 네 교점의 x좌표의 합이 9가 되도록 하는 p의 값을 구하시오. (단, $p>0$)

0927

이차항의 계수가 1인 이차함수 $y=f(x)$의 그래프의 꼭짓점이 직선 $y=kx$ 위에 있다. 이차함수 $y=f(x)$의 그래프가 직선 $y=kx+5$와 만나는 서로 다른 두 점의 x좌표를 α, β라 하자.

이차함수 $y=f(x)$의 그래프의 축이 직선 $x=\dfrac{\alpha+\beta}{2}-\dfrac{1}{4}$일 때, $|\alpha-\beta|$의 값이 $\dfrac{p}{q}$이다. 서로소인 자연수 p, q에 대하여 $p+q$의 값을 구하시오. (단, k는 상수이다.)

0928

그림과 같이 $-2<k<2$인 실수 k에 대하여 이차함수 $y=-x^2+1$의 그래프와 직선 $y=2x+k$가 만나는 두 점을 각각 A, B라 할 때, A, B에서 x축에 내린 수선의 발을 각각 A_1, B_1이라 하고, 직선 $y=2x+k$와 x축이 만나는 점을 C라 하자.

두 삼각형 ACA_1과 BCB_1의 넓이의 합이 $\dfrac{3}{2}$일 때, 상수 k의 값이 $p+q\sqrt{7}$이다. $10p+q$의 값을 구하시오. (단, p, q는 유리수이다.)

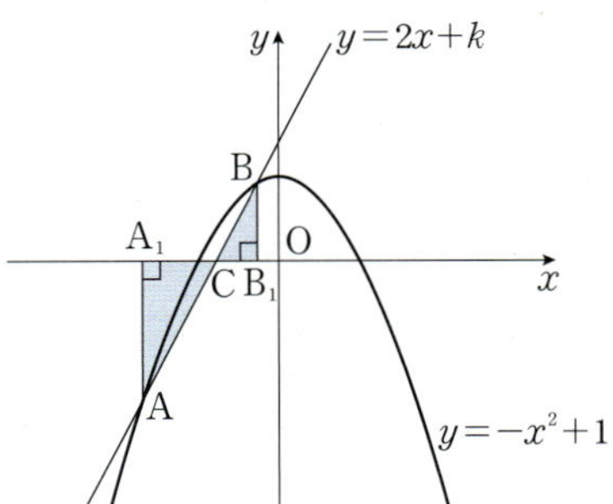

0929

그림과 같이 $\angle B = 90°$, $\overline{AB} = 2$, $\overline{BC} = 2\sqrt{3}$인 직각삼각형 ABC에서 점 P가 변 AC 위를 움직일 때, $\overline{PB}^2 + \overline{PC}^2$의 최솟값은?

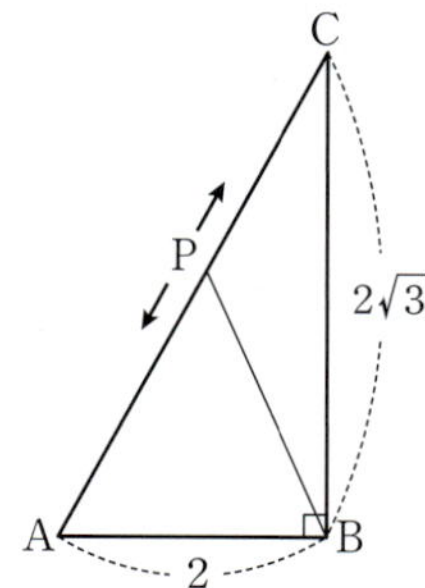

① $\dfrac{9}{2}$　　② $\dfrac{11}{2}$　　③ $\dfrac{13}{2}$

④ $\dfrac{15}{2}$　　⑤ $\dfrac{17}{2}$

모의고사 **고난도 핵심유형** 기출문제

0930
2023년 03월 고1 학력평가 17번

두 이차함수 $f(x) = ax^2 - 4ax + 5a + 1$, $g(x) = -x^2 - 2ax$의 그래프의 꼭짓점을 각각 A, B라 하자. 이차함수 $y = f(x)$의 그래프가 y축과 만나는 점 C에 대하여 사각형 OACB의 넓이가 7일 때, 양수 a의 값은? (단, O는 원점이다.)

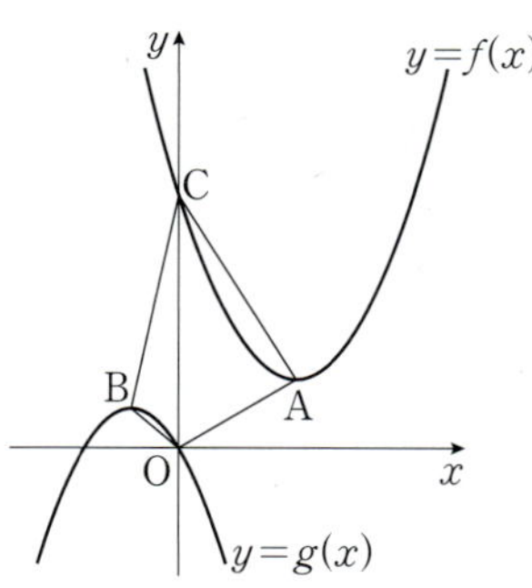

① $\dfrac{2}{5}$　　② $\dfrac{1}{2}$　　③ $\dfrac{3}{5}$

④ $\dfrac{7}{10}$　　⑤ $\dfrac{4}{5}$

해설 내신연계문제

0931
2022년 06월 고1 학력평가 19번

이차함수 $y = x^2 - 3x + 1$의 그래프와 직선 $y = x + 2$로 둘러싸인 도형의 내부에 있는 점 중에서 x좌표와 y좌표가 모두 정수인 점의 개수는?

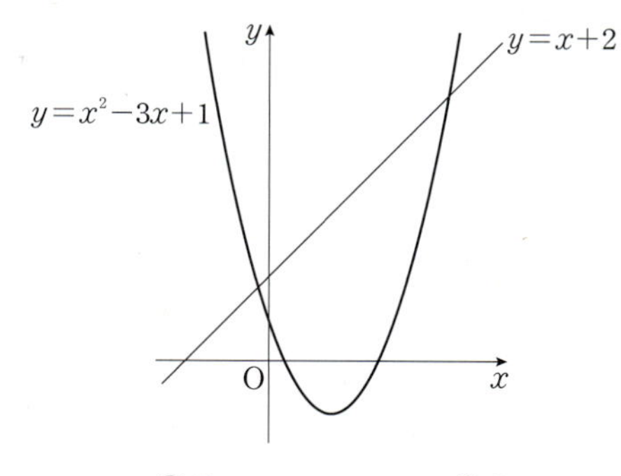

① 6　　② 7　　③ 8

④ 9　　⑤ 10

해설 내신연계문제

0932
2023년 06월 고1 학력평가 21번

1이 아닌 양수 k에 대하여 직선 $y = k$와 이차함수 $y = x^2$의 그래프가 만나는 두 점을 각각 A, B라 하고, 직선 $y = k$와 이차함수 $y = x^2 - 6x + 6$의 그래프가 만나는 두 점을 각각 C, D라 할 때, [보기]에서 옳은 것만을 있는 대로 고른 것은? (단, 점 A의 x좌표는 점 B의 x좌표보다 작고, 점 C의 x좌표는 점 D의 x좌표보다 작다.)

ㄱ. $k = 6$일 때, $\overline{CD} = 6$이다.

ㄴ. k의 값에 관계없이 $\overline{CD}^2 - \overline{AB}^2$의 값은 일정하다.

ㄷ. $\overline{CD} + \overline{AB} = 4$일 때, $k + \overline{BC} = \dfrac{17}{16}$이다.

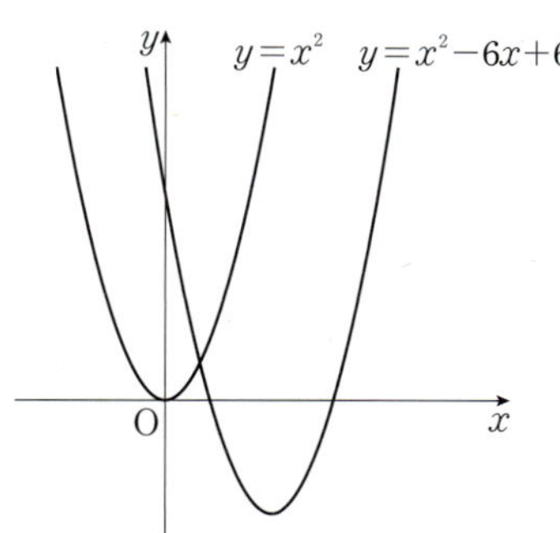

① ㄱ　　② ㄱ, ㄴ　　③ ㄱ, ㄷ

④ ㄴ, ㄷ　　⑤ ㄱ, ㄴ, ㄷ

해설 내신연계문제

0933

좌표평면에서 직선 $y=t$가 두 이차함수

$$y=\frac{1}{2}x^2+3, \quad y=-\frac{1}{2}x^2+x+5$$

의 그래프와 만날 때, 만나는 서로 다른 점의 개수가 3인 모든 실수 t의 값의 합을 구하시오.

해설 내신연계문제

0934

이차함수 $f(x)=x^2-x+k$의 그래프와 직선 $y=x+1$이 두 점에서 만날 때, 그 교점의 x좌표를 각각 α, $\beta\,(\alpha<\beta)$라 하자.

세 점 $A(\alpha,\ f(\alpha))$, $B(\beta,\ f(\alpha))$, $C(\beta,\ f(\beta))$를 꼭짓점으로 하는 삼각형 ABC의 넓이가 8일 때, $f(6)$의 값은? (단, k는 상수이다.)

① 28   ② 29   ③ 30
④ 31   ⑤ 32

해설 내신연계문제

0935

그림과 같이 반지름의 길이가 1이고 중심각의 크기가 $90°$인 부채꼴 OAB가 있다. 호 AB 위의 점 C에 대하여 선분 BC를 지름으로 하는 원을 그린다. 선분 BC의 중점을 지나고 직선 OB에 평행한 직선이 원과 만나는 점 중 점 B에 가까운 점을 P라 하자.

$\overline{BC}=x$일 때, 삼각형 OAP의 넓이를 $S(x)$라 하자. $S(x)$의 최댓값이 $\dfrac{q}{p}$일 때, $p+q$의 값을 구하시오.

(단, $0<x<\sqrt{2}$이고 p와 q는 서로소인 자연수이다.)

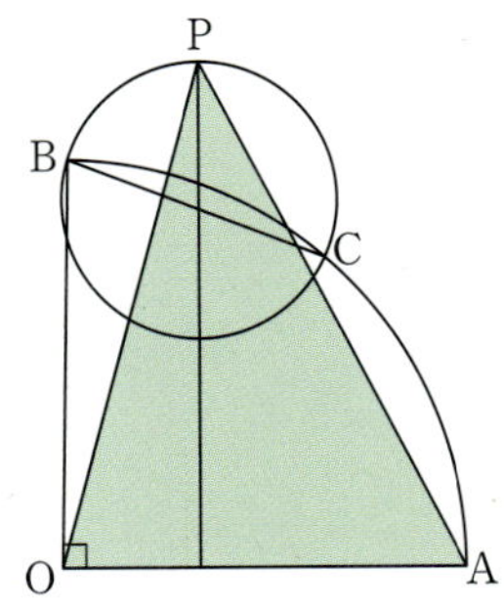

해설 내신연계문제

0936

실수 a에 대하여 이차함수 $f(x)=(x-a)^2$이 다음 조건을 만족시킨다.

> (가) $2\leq x\leq 10$에서 함수 $f(x)$의 최솟값은 0이다.
> (나) $2\leq x\leq 6$에서 함수 $f(x)$의 최댓값과
> $6\leq x\leq 10$에서 함수 $f(x)$의 최솟값은 같다.

$f(-1)$의 최댓값을 M, 최솟값을 m이라 할 때, $M+m$의 값은?

① 34   ② 35   ③ 36
④ 37   ⑤ 38

해설 내신연계문제

0937
2019년 06월 고1 학력평가 20번

그림과 같이 좌표평면 위의 네 점 O(0, 0), A(1, 0), B(1, 2), C(0, 1)을 꼭짓점으로 하는 사각형 OABC가 있다.

실수 $k(0<k<1)$에 대하여 직선 $y=k$가 세 선분 OC, OB, AB와 만나는 점을 각각 D, E, F라 하자.

삼각형 OED의 넓이를 S_1, 사각형 OAFE의 넓이를 S_2, 삼각형 EFB의 넓이를 S_3, 사각형 DEBC의 넓이를 S_4라 할 때, $(S_1-S_3)^2+(S_2-S_4)^2$의 최솟값은?

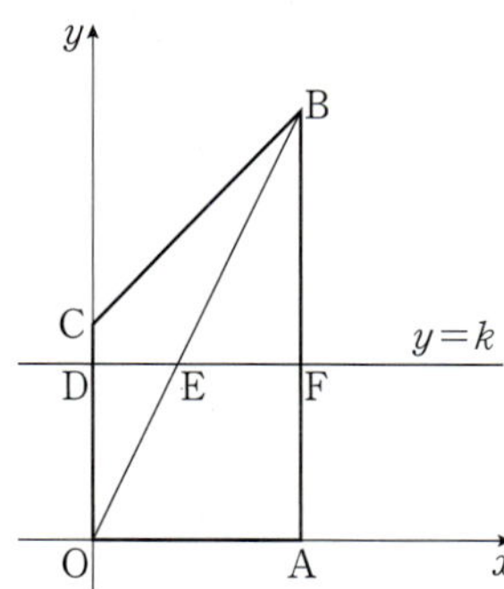

① $\dfrac{1}{8}$　　　② $\dfrac{3}{16}$　　　③ $\dfrac{1}{4}$

④ $\dfrac{5}{16}$　　　⑤ $\dfrac{3}{8}$

해설 내신연계문제

0938
2023년 09월 고1 학력평가 28번

그림과 같이 $2<a<4$인 실수 a에 대하여 두 함수 $f(x)=ax^2$, $g(x)=-a(x-a)^2+a^2$의 그래프가 있다.

직선 $y=4a$와 함수 $y=f(x)$의 그래프가 만나는 점을 각각 A, B라 하고, 직선 $y=ax$와 함수 $y=g(x)$의 그래프가 만나는 점을 각각 C, D라 하자. 사각형 ACDB의 넓이의 최댓값을 M이라 할 때, $8\times M$의 값을 구하시오. (단, 점 A의 x좌표는 점 B의 x좌표보다 작고, 점 C의 x좌표는 점 D의 x좌표보다 작다.)

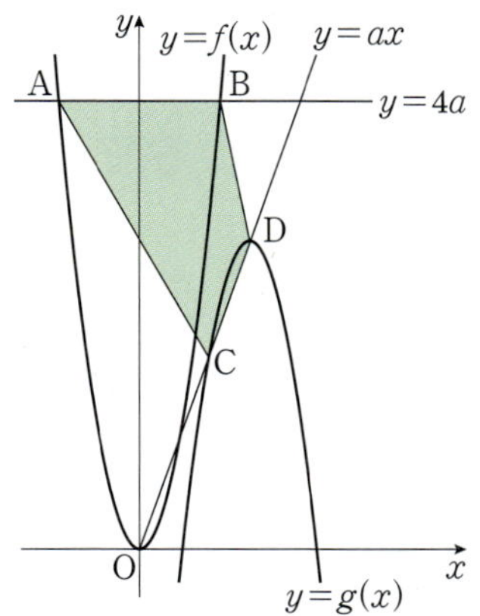

해설 내신연계문제

0939
2022년 06월 고1 학력평가 21번

$1\leq x\leq 2$에서 이차함수 $f(x)=(x-a)^2+b$의 최솟값이 5일 때, 두 실수 a, b에 대하여 옳은 것만을 [보기]에서 있는 대로 고른 것은?

> ㄱ. $a=\dfrac{3}{2}$일 때, $b=5$이다.
>
> ㄴ. $a\leq 1$일 때, $b=-a^2+2a+4$이다.
>
> ㄷ. $a+b$의 최댓값은 $\dfrac{29}{4}$이다.

① ㄱ　　　② ㄱ, ㄴ　　　③ ㄱ, ㄷ

④ ㄴ, ㄷ　　　⑤ ㄱ, ㄴ, ㄷ

해설 내신연계문제

0940
2018년 06월 고1 학력평가 18번

자연수 n에 대하여 그림과 같이 함수 $y=x^2$의 그래프를 x축의 방향으로 n만큼, y축의 방향으로 3만큼 평행이동한 그래프를 나타내는 함수를 $y=f(x)$라 하자. 함수 $f(x)$에 대하여 [보기]에서 옳은 것만을 있는 대로 고른 것은?

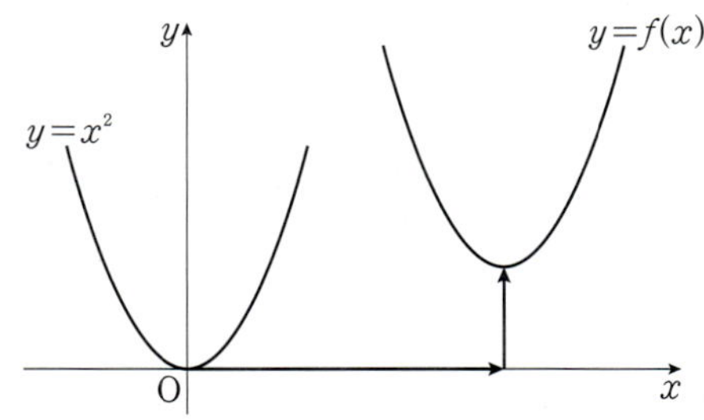

> ㄱ. 함수 $f(x)$의 최솟값은 3이다.
>
> ㄴ. $n=3$일 때, 방정식 $f(x)=10$의 서로 다른 두 실근의 합은 6이다.
>
> ㄷ. 함수 $y=f(x)$의 그래프는 직선 $y=x-\dfrac{3n-4}{2}$와 만나지 않는다.

① ㄱ　　　② ㄷ　　　③ ㄱ, ㄴ

④ ㄴ, ㄷ　　　⑤ ㄱ, ㄴ, ㄷ

해설 내신연계문제

04 여러 가지 방정식

학교내신기출 객관식 핵심문제총정리

유형 01 삼차방정식의 풀이

(1) 인수분해 공식을 이용한 풀이

간단한 방정식은 $f(x)=0$꼴로 정리한 후, 공통인수로 묶거나 인수분해 공식을 이용하여 $f(x)$를 인수분해한다.

➡ $ABC=0$이면 $A=0$ 또는 $B=0$ 또는 $C=0$

(2) 인수정리와 조립제법을 이용한 풀이

다항식 $f(x)$에 대하여 $f(\alpha)=0$을 만족하는 α의 값을 찾은 후 인수정리와 조립제법을 이용하여 인수분해한다.

➡ $f(\alpha)=0$이면 $f(x)=(x-\alpha)Q(x)$

이때 몫 $Q(x)$는 조립제법을 이용하여 찾는 것이 편리하다.

> 조립제법을 이용할 때, 주어진 삼차방정식이나 사차방정식의 최고차항의 계수가 1이면 상수항의 약수 중에 가장 간단한 수부터 시작하면 된다.

0941 학교기출 대표 유형

삼차방정식 $x^3+2x^2-5x-6=0$의 가장 큰 근을 α, 가장 작은 근을 β라 할 때, $\alpha-\beta$의 값을 구하시오.

0942 NORMAL

삼차방정식 $x^3+x^2+x-3=0$의 두 허근을 α, β라 할 때, $(\alpha-1)(\beta-1)$의 값은?

① 6 ② 7 ③ 8
④ 9 ⑤ 10

0943 최다빈출 왕 중요 NORMAL

삼차방정식 $x^3-2x^2+3x-2=0$의 두 허근을 α, β라 할 때, $(\alpha^2-2\alpha+1)(\beta^2-2\beta+1)$의 값은?

① 3 ② 4 ③ 5
④ 6 ⑤ 7

해설 내신연계문제

0944 TOUGH

다항식 $x^3-6x^2+13x-7$을 일차식 $x-a$로 나누었을 때의 몫은 $Q(x)$, 나머지는 3이다. $Q(a)$의 값을 구하시오. (단, a는 실수이다.)

모의고사 핵심유형 기출문제

0945 2023년 03월 고2 학력평가 10번 NORMAL

삼차방정식 $x^3+2x-3=0$의 한 허근을 $a+bi$라 할 때, a^2b^2의 값은? (단, a, b는 실수이고 $i=\sqrt{-1}$)

① $\dfrac{11}{16}$ ② $\dfrac{3}{4}$ ③ $\dfrac{13}{16}$
④ $\dfrac{7}{8}$ ⑤ $\dfrac{15}{16}$

해설 내신연계문제

0946 2022년 06월 고1 학력평가 13번 NORMAL

삼차방정식 $x^3+2x^2-3x-10=0$의 서로 다른 두 허근을 α, β라 할 때, $\alpha^3+\beta^3$의 값은?

① -2 ② -3 ③ -4
④ -5 ⑤ -6

해설 내신연계문제

0947 2024년 06월 고1 학력평가 12번 NORMAL

삼차방정식 $x^3+x^2+x-3=0$의 서로 다른 두 허근을 α, β라 할 때, $(\alpha^2+2\alpha+6)(\beta^2+2\beta+8)$의 값은?

① 11 ② 12 ③ 13
④ 14 ⑤ 15

해설 내신연계문제

 **유형 02** 삼차방정식이 (일차식)×(이차식)으로 인수분해될 때 켤레근의 성질

삼차방정식 $ax^3+bx^2+cx+d=0$에서
(1) a, b, c, d가 유리수일 때, 한 근이 $p+q\sqrt{m}$ 이면
   ➡ 다른 한 근은 $p-q\sqrt{m}$ 이다.
   (단, p, q는 유리수, $q\neq 0$, $\sqrt{m}$은 무리수이다.)
(2) a, b, c, d가 실수일 때, 한 근이 $p+qi$ 이면
   ➡ 다른 한 근은 $p-qi$ 이다.
   (단, p, q는 실수, $q\neq 0$, $i=\sqrt{-1}$)

> 삼차식의 경우에는 반드시 (일차식)×(이차식)으로 인수분해가 된다.
> 이때 일차식은 반드시 실근이 나온다. 즉 삼차식의 켤레근은 이차식에서
> 결정하므로 이차방정식의 켤레근의 성질이 동일하게 적용된다.
> 또한, 켤레근의 특성상 서로 곱하거나 더해야 식을 만들기 편한 수가
> 나온다. 즉 켤레근을 근으로 가지는 삼차방정식의 근과 계수로 푼다.

0948 학교기출 대표 유형

삼차방정식 $x^3+8=0$에 대한 설명으로 [보기]에서 옳은 것만을 있는 대로 고른 것은? (단, $i=\sqrt{-1}$ 이고 $\bar{\alpha}$는 α의 켤레복소수이다.)

> ㄱ. 복소수 범위에서 근의 개수는 3이다.
> ㄴ. 허근의 곱은 4이다.
> ㄷ. 허수부분이 양수인 근을 α라 하면 $\alpha-\bar{\alpha}=2$

① ㄱ ② ㄷ ③ ㄱ, ㄴ
④ ㄴ, ㄷ ⑤ ㄱ, ㄴ, ㄷ

0949 최다빈출 왕 중요 NORMAL

삼차방정식 $x^3-5x^2+8x-6=0$의 한 허근을 α라 할 때, $\dfrac{\bar{\alpha}}{\alpha}+\dfrac{\alpha}{\bar{\alpha}}$의 값은? (단, $\bar{\alpha}$는 α의 켤레복소수이다.)

① -2 ② -1 ③ 0
④ 1 ⑤ 2

 해설 내신연계문제

0950 최다빈출 왕 중요 TOUGH

삼차방정식 $x^3-5x^2+9x-9=0$의 두 허근을 각각 z_1, z_2라 할 때, $z_1\bar{z_1}+z_2\bar{z_2}$의 값을 구하시오. (단, $\bar{z_1}$, $\bar{z_2}$는 각각 z_1, z_2의 켤레복소수이다.)

 해설 내신연계문제

0951 2020년 09월 고1 학력평가 15번 NORMAL

x에 대한 삼차방정식 $x^3+(k-1)x^2-k=0$의 한 허근을 z라 할 때, $z+\bar{z}=-2$이다. 실수 k의 값은? (단, $\bar{z}$는 z의 켤레복소수이다.)

① $\dfrac{3}{2}$ ② 2 ③ $\dfrac{5}{2}$
④ 3 ⑤ $\dfrac{7}{2}$

 해설 내신연계문제

0952 2019년 03월 고2 학력평가 나형 14번 TOUGH

복소수 $z=a+bi$(a, b는 실수)가 다음 조건을 만족시킬 때, $a+b$의 값은? (단, $i=\sqrt{-1}$ 이고 $\bar{z}$는 z의 켤레복소수이다.)

> (가) z는 방정식 $x^3-3x^2+9x+13=0$의 근이다.
> (나) $\dfrac{z-\bar{z}}{i}$ 는 음의 실수이다.

① -3 ② -1 ③ 1
④ 3 ⑤ 5

 해설 내신연계문제

0953 2023년 11월 고1 학력평가 27번 TOUGH

삼차방정식 $x^3-3x^2+4x-2=0$의 한 허근을 ω라 할 때, $\{\omega(\bar{\omega}-1)\}^n=256$을 만족시키는 자연수 n의 값을 구하시오. (단, $\bar{\omega}$는 ω의 켤레복소수이다.)

 해설 내신연계문제

(1) **삼차방정식 $P(x)=0$의 한 근이 α이면**
  ➡ $P(\alpha)=0$임을 이용하여 미정계수를 구한다.
  ➡ $P(x)=(x-\alpha)Q(x)$임을 이용하여 나머지 두 근을 구한다.
(2) **삼차방정식 $P(x)=0$의 두 근이 α, β이면**
  $P(\alpha)=0$, $P(\beta)=0$임을 이용하여 미정계수를 구한다.

0954 학교기출 대표 유형

삼차방정식 $x^3+x^2-8x+a=0$의 한 근이 1일 때, 나머지 두 근의 곱은? (단, a는 실수이다.)

① -8 ② -7 ③ -6
④ -5 ⑤ -4

0955 최다빈출 왕 중요

삼차방정식 $x^3+kx^2-(3k+2)x-5=0$의 한 근이 1이고 나머지 두 근을 α, β라 할 때, $\alpha^3+\beta^3$의 값은? (단, k는 실수이다.)

① -24 ② -22 ③ -20
④ -18 ⑤ -7

해설 내신연계문제

0956 최다빈출 왕 중요

삼차방정식 $x^3+ax^2+bx-3=0$의 한 근이 -1이고 나머지 두 근을 α, β라 할 때, $\alpha^2+\beta^2=6$이다. 실수 a, b에 대하여 a^2+b^2의 값은?

① 4 ② 6 ③ 8
④ 10 ⑤ 12

해설 내신연계문제

0957

삼차다항식 $f(x)$는 x^2-3x+2로 나누어떨어지고 $f(x)-12$는 x^2+3x+2로 나누어떨어진다고 한다. 삼차방정식 $f(x)=0$의 세 근을 α, β, γ라 할 때, $\alpha+\beta+\gamma$의 값은?

① -3 ② -2 ③ 0
④ 2 ⑤ 3

0958

다항식 $f(x)=x^3-(a+2)x^2+(2a-3)x+3a$에 대하여 $f(a)=f(a+2)=0$을 만족시키는 실수 a의 값의 합은?

① -3 ② -2 ③ 0
④ 2 ⑤ 3

0959 2019년 06월 고1 학력평가 26번

x에 대한 삼차방정식 $x^3-x^2+kx-k=0$이 허근 $3i$와 실근 α를 가질 때, $k+\alpha$의 값을 구하시오. (단, k는 실수이고 $i=\sqrt{-1}$)

해설 내신연계문제

0960 2022년 11월 고1 학력평가 11번

삼차방정식 $x^3+(k+1)x^2+(4k-3)x+k+7=0$은 서로 다른 세 실근 1, α, β를 갖는다. $|\alpha-\beta|$의 값은? (단, k는 상수이다.)

① 5 ② 7 ③ 9
④ 11 ⑤ 13

해설 내신연계문제

0961
2023년 06월 고1 학력평가 16번

NORMAL

x에 대한 삼차방정식 $(x-a)\{x^2+(1-3a)x+4\}=0$이 서로 다른 세 실근 1, α, β를 가질 때, $\alpha\beta$의 값은? (단, a는 상수이다.)

① 4   ② 6   ③ 8
④ 10   ⑤ 12

해설 내신연계문제

0962
2023년 06월 고1 학력평가 12번

NORMAL

x에 대한 삼차방정식 $x^3-(2a+1)x^2+(a+1)^2x-(a^2+1)=0$의 서로 다른 두 허근을 α, β라 하자. $\alpha+\beta=8$일 때, $\alpha\beta$의 값은? (단, a는 실수이다.)

① 16   ② 17   ③ 18
④ 19   ⑤ 20

해설 내신연계문제

0963
2022년 03월 고2 학력평가 16번

TOUGH

삼차방정식 $x^3-x^2-kx+k=0$의 세 근을 α, β, γ라 하자. α, β 중 실수는 하나뿐이고 $\alpha^2=-2\beta$일 때, $\beta^2+\gamma^2$의 값은? (단, k는 0이 아닌 실수이다.)

① -5 ② -4 ③ -3
④ -2 ⑤ -1

해설 내신연계문제

유형 04 삼차방정식의 근의 판별

삼차방정식을 $(x-\alpha)(ax^2+bx+c)=0$ (α는 실수)의 꼴로 인수분해 한 후 $ax^2+bx+c=0$의 판별식을 D라 할 때,

(1) 세 근이 모두 실수이다.
 ➡ 이차방정식 $ax^2+bx+c=0$이 실근 ($D \geq 0$)을 가진다.

(2) 실근이 α뿐이고 두 개의 허근을 가진다. (삼중근 제외)
 ➡ 이차방정식 $ax^2+bx+c=0$이 허근 ($D < 0$)을 가진다.

(3) 중근을 가진다.
 ➡ 이차방정식 $ax^2+bx+c=0$이 중근 ($D=0$)을 가지거나 이차방정식 $ax^2+bx+c=0$이 $x=\alpha$의 근을 가진다.

0964
학교기출 대표 유형

삼차방정식 $x^3+3x^2+(k-4)x-k=0$의 근이 모두 실수가 되도록 하는 실수 k의 값의 범위는?

① $k<-4$ ② $k \geq -4$ ③ $k \leq 4$
④ $k>4$ ⑤ $k \geq 4$

0965

NORMAL

삼차방정식 $x^3+(2a-4)x^2+(a^2-2a+3)x-a^2=0$이 한 개의 실근과 두 개의 허근을 갖도록 하는 정수 a의 최솟값은?

① 1   ② 2   ③ 3
④ 4   ⑤ 5

0966
최다빈출 상 중요

NORMAL

x에 대한 삼차방정식 $x^3+(2-a)x^2-3ax+a^2=0$이 오직 하나의 실근을 갖도록 하는 실수 a의 값의 범위는? (단, 중근은 하나의 실근으로 본다.)

① $a<-1$ ② $a \leq -1$ ③ $-2<a<1$
④ $a \leq 0$ ⑤ $a>1$

해설 내신연계문제

0967

삼차방정식 $x^3+(k-6)x-k+5=0$이 서로 다른 세 실근을 갖도록 하는 모든 자연수 k의 값의 합은?

① 10 ② 11 ③ 12
④ 13 ⑤ 14

0968

최다빈출 왕 중요

삼차방정식 $x^3-(2a+1)x+2a=0$이 중근을 갖도록 하는 실수 a의 값의 합은?

① $\dfrac{1}{8}$ ② $\dfrac{7}{8}$ ③ 1
④ $\dfrac{8}{7}$ ⑤ $\dfrac{12}{7}$

해설 내신연계문제

0969

삼차방정식 $x^3+6x^2+(k+5)x+k=0$의 세 근이 음수가 되도록 하는 실수 k의 값의 범위는?

① $-1\le k\le\dfrac{25}{4}$ ② $-1\le k<\dfrac{25}{4}$ ③ $0<k\le\dfrac{25}{4}$
④ $0<k<\dfrac{25}{4}$ ⑤ $1\le k<\dfrac{25}{4}$

0970

최고차항의 계수가 1인 삼차다항식 $f(x)$가 다음 조건을 만족시킨다.

(가) $f(3)=0$
(나) $f(-3)=f(0)$

삼차방정식 $f(x)=0$의 서로 다른 실근의 합이 -1일 때, $f(-1)$의 값을 구하시오.

0971

2021년 03월 고2 학력평가 26번

삼차방정식 $x^3-5x^2+(a+4)x-a=0$의 서로 다른 실근의 개수가 2가 되도록 하는 모든 실수 a의 값의 합을 구하시오.

해설 내신연계문제

0972

2019년 03월 고2 학력평가 가형 20번

x에 대한 삼차식 $f(x)=x^3+(2a-1)x^2+(b^2-2a)x-b^2$에 대하여 [보기]에서 옳은 것만을 있는 대로 고른 것은?

ㄱ. $f(x)$는 $x-1$을 인수로 갖는다.
ㄴ. $a<b<0$인 어떤 두 실수 a, b에 대하여 방정식 $f(x)=0$의 서로 다른 실근의 개수는 2이다.
ㄷ. 방정식 $f(x)=0$이 서로 다른 세 실근을 갖고 세 근의 합이 7이 되도록 하는 두 정수 a, b의 모든 순서쌍 (a, b)의 개수는 5이다.

① ㄱ ② ㄱ, ㄴ ③ ㄱ, ㄷ
④ ㄴ, ㄷ ⑤ ㄱ, ㄴ, ㄷ

해설 내신연계문제

유형 05 사차방정식의 풀이

사차방정식 $P(x)=0$에 대하여
(1) 인수정리와 조립제법을 이용하여 인수분해한다.
　➡ $P(\alpha)=0$이면 $P(x)=(x-\alpha)Q(x)$
(2) $ABCD=0$이면 $A=0$ 또는 $B=0$ 또는 $C=0$ 또는 $D=0$
　임을 이용하여 해를 구한다.

 조립제법을 이용할 때, 주어진 삼차방정식이나 사차방정식의 최고차항의
계수가 1이면 상수항의 약수 중에 가장 간단한 수부터 시작하면 된다.

0973 학교기출 대표 유형

사차방정식 $x^4-2x^3+2x^2+2x-3=0$의 두 허근을 α, β라 할 때,
$\alpha^3+\beta^3$의 값은?

① -10 　　② -8 　　③ -6
④ -4 　　⑤ -2

0974 최다빈출 왕 중요

NORMAL

사차방정식 $x^4+2x^3+x^2-2x-2=0$의 서로 다른 두 실근의 곱을
a, 서로 다른 두 허근의 곱을 b라 할 때, $a+b$의 값은?

① -2 　　② -1 　　③ 0
④ 1 　　⑤ 2

 해설 내신연계문제

0975

NORMAL

사차방정식 $x^4+4x^3-x^2-16x-12=0$의 네 근을 α, β, γ, δ라 할
때, $(1-\alpha)(1-\beta)(1-\gamma)(1-\delta)$의 값은?

① -28 　　② -24 　　③ -20
④ -16 　　⑤ -12

유형 06 근이 주어진 사차방정식
 － 나머지 근과 미지수 구하기

(1) **사차방정식 $P(x)=0$의 한 근이 α이면**
　➡ $P(\alpha)=0$임을 이용하여 미정계수를 구한다.
　➡ $P(x)=(x-\alpha)Q(x)$임을 이용하여 나머지 근을 구한다.
(2) **사차방정식 $P(x)=0$의 두 근이 α, β이면**
　$P(\alpha)=0$, $P(\beta)=0$임을 이용하여 미정계수를 구한다.

 FIRST 주어진 근을 x대신 대입하여 미지수를 구한다.
NEXT 인수정리를 이용하여 인수분해한다.
LAST 나머지 근을 구한다.

0976 학교기출 대표 유형

사차방정식 $x^4+ax^2+b=0$의 근이 $x=1$, $x=-2$일 때,
이차방정식 $x^2+ax+b=0$의 두 근의 합을 구하시오.
(단, a, b는 상수이다.)

0977 최다빈출 왕 중요

NORMAL

사차방정식 $x^4+2x^3+ax^2+bx+12=0$의 두 근이 1, 2일 때, 나머
지 두 근의 곱을 구하시오. (단, a, b는 상수이다.)

 해설 내신연계문제

모의고사 핵심유형 기출문제

0978 2017년 06월 고1 학력평가 13번

NORMAL

x에 대한 사차방정식 $x^4-x^3+ax^2+x+6=0$의 한 근이 -2일 때,
네 실근 중 가장 큰 것을 b라 하자. $a+b$의 값은? (단, a는 상수이다.)

① -7 　　② -6 　　③ -5
④ -4 　　⑤ -3

 해설 내신연계문제

0979 2022년 09월 고1 학력평가 27번

TOUGH

x에 대한 사차방정식 $x^4+(2a+1)x^3+(3a+2)x^2+(a+2)x=0$
의 서로 다른 실근의 개수가 3이 되도록 하는 모든 실수 a의 값의
곱을 구하시오.

해설 내신연계문제

(1) **공통부분이 있는 사차방정식**
➡ 공통부분을 한 문자로 치환하여 그 문자에 대한 방정식으로 변형한 후 인수분해하여 방정식을 푼다.
(2) $(x+a)(x+b)(x+c)(x+d)+k$**꼴의 사차방정식**
➡ 두 일차식의 상수항의 합과 나머지 두 일차식의 상수항의 합이 서로 같아지도록 두 일차식끼리 짝을 지어 전개한 후 공통부분을 한 문자로 치환하여 방정식을 푼다.

0980 

사차방정식 $(x^2-5x)(x^2-5x+13)+42=0$의 모든 실근의 곱을 구하시오.

0981

사차방정식 $(x^2-2x)^2-2(x^2-2x)-15=0$의 모든 실근의 곱은?

① -5 　② -3 　③ -1
④ 3 　⑤ 5

0982 

방정식 $(x-1)(x-2)(x+3)(x+4)=84$의 두 실근의 합은?

① -4 　② -3 　③ -2
④ 2 　⑤ 4

해설 내신연계문제

0983 

방정식 $(x^2-1)(x^2-2x)=15$의 모든 실근의 곱을 a, 모든 허근의 합을 b라 할 때, $a+b$의 값은?

① -6 　② -4 　③ -2
④ 4 　⑤ 6

0984  

사차방정식 $(x^2-3x)^2+5(x^2-3x)+6=0$의 서로 다른 두 허근을 α, β라 할 때, $\alpha\bar{\alpha}+\beta\bar{\beta}$의 값은? (단, $\bar{\alpha}$, $\bar{\beta}$는 각각 α, β의 켤레복소수이다.)

① 1 　② 3 　③ 6
④ 9 　⑤ 12

해설 내신연계문제

0985 

사차방정식 $(x^2-4x+3)(x^2-6x+8)=120$의 한 허근을 ω라 할 때, $\omega^2-5\omega$의 값은?

① -16 　② -14 　③ -12
④ -10 　⑤ -8

모의고사 **핵심유형** 기출문제

0986 2024년 06월 고1 학력평가 10번 

사차방정식 $(x^2-3x)(x^2-3x+6)+5=0$의 서로 다른 두 실근을 α, β라 할 때, $\alpha\beta$의 값은?

① 1 　② 2 　③ 3
④ 4 　⑤ 5

해설 내신연계문제

유형 08 $x^4+ax^2+b=0$꼴의 사차방정식의 풀이

사차방정식 $x^4+ax^2+b=0$에서 $x^2=X$로 치환하여

(1) $X^2+aX+b=0$이 인수분해되면
　➡ X에 대한 이차식을 인수분해한 후 X에 x^2을 대입하여 정리한다.

(2) $X^2+aX+b=0$이 인수분해되지 않으면
　➡ $x^4+ax^2+b=0$을 $(x^2+A)^2-(Bx)^2=0$꼴로 변형하여 좌변을 인수분해한다.

① $x^4+ax^2+b=0$ $(a,\ b$는 상수$)$과 같이 차수가 짝수인 항과 상수항만으로 이루어진 방정식을 복이차방정식이라 한다.

② $x^2=X$로 치환한 후에 $X=\alpha$ $(\alpha$는 실수$)$를 구했을 때, 사차방정식의 해는 α가 아니라 $\pm\sqrt{\alpha}$임을 주의한다.

0987 

사차방정식 $x^4-5x^2-36=0$의 두 실근이 α, β일 때, $\alpha^2\beta^2$의 값을 구하시오.

0988  NORMAL

x에 대한 방정식 $x^4-3x^2+1=0$의 네 근을 α, β, γ, δ라 할 때, $\alpha\beta\gamma\delta$의 값은?

① -3 　　② -1 　　③ 0
④ 1 　　⑤ 3

해설 내신연계문제

0989 NORMAL

사차방정식 $x^4+2x^2+9=0$의 네 근을 α, β, γ, δ라 할 때, $\dfrac{1}{\alpha}+\dfrac{1}{\beta}+\dfrac{1}{\gamma}+\dfrac{1}{\delta}$의 값은?

① -2 　　② -1 　　③ 0
④ 1 　　⑤ 2

0990  TOUGH

사차방정식 $x^4-7x^2+9=0$의 한 근을 α라 할 때, [보기]에서 옳은 것만을 있는 대로 고르면?

> ㄱ. $\alpha^2+\alpha=3$을 만족시키는 α가 존재한다.
>
> ㄴ. $\alpha-\dfrac{3}{\alpha}=1$을 만족시키는 α가 존재한다.
>
> ㄷ. 두 음의 근을 p, q라 할 때, $p+q=-\sqrt{13}$이다.

① ㄱ 　　② ㄴ 　　③ ㄱ, ㄴ
④ ㄴ, ㄷ 　　⑤ ㄱ, ㄴ, ㄷ

모의고사 **핵심유형** 기출문제

0991  2019년 09월 고1 학력평가 20번 TOUGH

9 이하의 자연수 n에 대하여 다항식 $P(x)$가
$$P(x)=x^4+x^2-n^2-n$$
일 때, [보기]에서 옳은 것만을 있는 대로 고른 것은?

> ㄱ. $P(\sqrt{n})=0$
>
> ㄴ. 방정식 $P(x)=0$의 실근의 개수는 2이다.
>
> ㄷ. 모든 정수 k에 대하여 $P(k)\ne0$이 되도록 하는 모든 n의 값의 합은 31이다.

① ㄱ 　　② ㄷ 　　③ ㄱ, ㄴ
④ ㄴ, ㄷ 　　⑤ ㄱ, ㄴ, ㄷ

해설 내신연계문제

0992  2020년 03월 고2 학력평가 20번 TOUGH

x에 대한 사차방정식 $x^4+(3-2a)x^2+a^2-3a-10=0$이 실근과 허근을 모두 가질 때, 이 사차방정식에 대하여 [보기]에서 옳은 것만을 있는 대로 고른 것은? (단, a는 실수이다.)

> ㄱ. $a=1$이면 모든 실근의 곱은 -3이다.
>
> ㄴ. 모든 실근의 곱이 -4이면 모든 허근의 곱은 3이다.
>
> ㄷ. 정수인 근을 갖도록 하는 모든 실수 a의 값의 합은 -1이다.

① ㄱ 　　② ㄱ, ㄴ 　　③ ㄱ, ㄷ
④ ㄴ, ㄷ 　　⑤ ㄱ, ㄴ, ㄷ

해설 내신연계문제

사차방정식 $ax^4+bx^3+cx^2+bx+a=0$ 꼴의 방정식은 다음과 같은 순서로 푼다.

FIRST 양변을 x^2으로 나눈다.

NEXT $x^2+\dfrac{1}{x^2}=\left(x+\dfrac{1}{x}\right)^2-2$임을 이용하여 좌변을 정리한 후

$x+\dfrac{1}{x}=X$로 치환하여 X에 대한 이차방정식을 푼다.

LAST X의 값을 구한 후 $x+\dfrac{1}{x}=X$에 대입하여 x의 값을 구한다.

 사차방정식을 내림차순 또는 오름차순으로 정리할 때, 가운데 항을 중심으로 계수가 서로 대칭인 방정식을 상반방정식이라 한다.

0993 학교기출 대표 유형

사차방정식 $x^4-4x^3-10x^2-4x+1=0$의 가장 큰 근을 α, 가장 작은 근을 β라 할 때, $\alpha+\beta$의 값은?

① $1-\sqrt{2}$ ② $2-2\sqrt{3}$ ③ $1+2\sqrt{3}$

④ $2+2\sqrt{2}$ ⑤ $3+3\sqrt{2}$

0994 최다빈출 왕 중요

NORMAL

방정식 $x^4-3x^3-2x^2-3x+1=0$의 한 실근을 α라 할 때, $\alpha+\dfrac{1}{\alpha}$ 의 값은?

① -8 ② -4 ③ -2

④ 4 ⑤ 8

해설 내신연계문제

0995

TOUGH

사차방정식 $x^4-5x^3-4x^2-5x+1=0$의 두 실근을 α, β라 할 때, $(\alpha-\beta)^2$의 값을 구하시오.

삼차방정식 $ax^3+bx^2+cx+d=0\,(a\neq0)$의 세 근을 α, β, γ라 하면

(1) $\alpha+\beta+\gamma=-\dfrac{b}{a}$ ◀ 이차항의 계수

(2) $\alpha\beta+\beta\gamma+\gamma\alpha=\dfrac{c}{a}$ ◀ 일차항의 계수

(3) $\alpha\beta\gamma=-\dfrac{d}{a}$ ◀ 상수항의 계수

 문제의 주어진 식에서 $\alpha+\beta+\gamma$, $\alpha\beta+\beta\gamma+\gamma\alpha$, $\alpha\beta\gamma$를 이용할 수 있도록 곱셈 공식을 변형한다.

① $a^2+b^2+c^2=(a+b+c)^2-2(ab+bc+ca)$

② $a^3+b^3+c^3=(a+b+c)(a^2+b^2+c^2-ab-bc-ca)+3abc$

③ $(x+a)(x+b)(x+c)=x^3+(a+b+c)x^2+(ab+bc+ca)x+abc$

④ $(x-a)(x-b)(x-c)=x^3-(a+b+c)x^2+(ab+bc+ca)x-abc$

삼차방정식의 세 근의 조건이 주어지면 세 근을 다음과 같이 놓고 근과 계수의 관계를 이용하여 미지수를 구한다.

① 세 근의 비가 $l:m:n$이면 ➡ $kl,\ km,\ kn\,(k\neq0)$

② 세 근이 연속한 세 정수이면 ➡ $\alpha-1,\ \alpha,\ \alpha+1\,(\alpha$는 정수$)$

0996 학교기출 대표 유형

삼차방정식 $x^3-2x^2-x+2=0$의 세 근을 α, β, γ라 할 때, $\alpha^3+\beta^3+\gamma^3$의 값을 구하시오.

0997

NORMAL

삼차방정식 $x^3+ax^2+x-4=0$의 세 근을 α, β, γ라 할 때, $(\alpha+1)(\beta+1)(\gamma+1)=2$가 성립한다. 이때 $\alpha^2+\beta^2+\gamma^2$의 값은? (단, a는 상수이다.)

① 10 ② 12 ③ 14

④ 16 ⑤ 18

0998 최다빈출 왕 중요

NORMAL

삼차방정식 $x^3-3x^2-x+6=0$의 세 근을 α, β, γ라 할 때, $(\alpha+\beta)(\beta+\gamma)(\gamma+\alpha)$의 값은?

① 1 ② 2 ③ 3

④ 4 ⑤ 5

 해설 내신연계문제

0999  최다빈출 왕 중요

삼차방정식 $x^3-2x^2+mx-3=0$의 세 근을 α, β, γ라 할 때, $(\alpha+\beta)(\beta+\gamma)(\gamma+\alpha)=7$를 만족시키는 상수 m의 값은?

① 4   ② 5   ③ 6
④ 7   ⑤ 8

해설 내신연계문제

1000

삼차방정식 $x^3-7x^2+ax+b=0$의 세 근의 비가 $1:2:4$일 때, 상수 a, b에 대하여 $a-b$의 값은?

① 18   ② 20   ③ 22
④ 24   ⑤ 26

1001

삼차방정식 $2x^3-5x^2-2ax+6=0$의 세 근 중 두 근이 이차방정식 $x^2-2x-2b=0$의 근일 때, 상수 a, b에 대하여 $a-b$의 값을 구하시오.

모의고사 핵심유형 기출문제

1002 2018년 06월 고1 학력평가 14번

삼차방정식 $x^3+2x^2-3x+4=0$의 세 근을 α, β, γ라 할 때, $(3+\alpha)(3+\beta)(3+\gamma)$의 값은?

① -5 ② -4 ③ -3
④ -2 ⑤ -1

해설 내신연계문제

유형 11 삼차방정식 $f(x)=0$의 근을 이용하여 $f(ax+b)=0$의 근 구하기

(1) 삼차방정식 $f(x)=0$의 세 근이 α, β, γ일 때,

➡ $f(\alpha)=0$, $f(\beta)=0$, $f(\gamma)=0$

➡ 방정식 $f(ax+b)=0$ (단, $a\neq 0$)의 세 근은
$ax+b=\alpha$, $ax+b=\beta$, $ax+b=\gamma$에서
$$x=\frac{\alpha-b}{a} \text{ 또는 } x=\frac{\beta-b}{a} \text{ 또는 } x=\frac{\gamma-b}{a}$$

(2) 삼차식 $f(x)$에 대하여 $f(\alpha)=f(\beta)=f(\gamma)=k$이면

➡ $f(\alpha)-k=f(\beta)-k=f(\gamma)-k=0$

➡ 삼차방정식 $f(x)-k=0$의 세 근은 α, β, γ이다.

> 삼차방정식 $f(x)=0$의 세 근이 α, β, γ이면
> 방정식 $f(ax+b)=0$의 세 근은 $ax+b=\alpha$, $ax+b=\beta$, $ax+b=\gamma$를 만족시키는 x의 값을 의미한다.
> 즉 삼차방정식 $f(ax+b)=0$의 세 근이 α', β', γ'이면
> $a\alpha'+b=\alpha$, $a\beta'+b=\beta$, $a\gamma'+b=\gamma$이다.
>
> **주의** 이때 $f(a\alpha+b)=0$, $f(a\beta+b)=0$, $f(a\gamma+b)=0$으로 착각하여 풀지 않도록 주의한다.

1003 학교기출 대표 유형

삼차방정식 $f(x)=0$의 세 근을 α, β, γ라 할 때, $\alpha+\beta+\gamma=11$이다. 이때 방정식 $f(2x-7)=0$의 세 근의 합을 구하시오.

1004 최다빈출 왕 중요

삼차식 $f(x)=x^3+3x^2-9x-5$에 대하여 방정식 $f(2x+1)=0$의 세 근의 곱은?

① $\dfrac{2}{3}$ ② $\dfrac{5}{4}$ ③ $\dfrac{6}{5}$
④ $\dfrac{5}{3}$ ⑤ $\dfrac{5}{2}$

해설 내신연계문제

1005 

서로 다른 세 실수 a, b, c에 대하여 삼차식 $f(x)=x^3-2x^2-8x+1$이
$$f(a)=f(b)=f(c)=-5$$
를 만족시킬 때, $a^2+b^2+c^2$의 값은?

① 20   ② 24   ③ 28
④ 32   ⑤ 36

해설 내신연계문제

1006 

x^3의 계수가 1인 삼차식 $f(x)$에 대하여
$$f(-1)=f(1)=f(2)=3$$
이 성립할 때, $f(-2)$의 값은?

① -9 ② -6 ③ 3
④ 6   ⑤ 9

1007 

x^3의 계수가 1인 삼차식 $f(x)$에 대하여
$$f(1)=f(2)=f(3)=-1$$
이 성립할 때, 방정식 $f(x)=0$의 모든 근의 곱은?

① 3   ② 5   ③ 6
④ 7   ⑤ 9

1008  

삼차항의 계수가 1인 삼차식 $f(x)$가
$$f(-2)=f(1)=f(3)$$
을 만족시킨다. 방정식 $f(x)=0$의 한 근이 $x=2$일 때, 나머지 두 근을 각각 α, β라 하자. 이때 $\alpha^2+\beta^2$의 값을 구하시오.

해설 내신연계문제

세 수 α, β, γ를 근으로 하고 x^3의 계수가 1인 삼차방정식은
$$(x-\alpha)(x-\beta)(x-\gamma)=0$$

➡ $x^3-(\alpha+\beta+\gamma)x^2+(\alpha\beta+\beta\gamma+\gamma\alpha)x-\alpha\beta\gamma=0$

세 근의 합   두 근끼리의 곱의 합   세 근의 곱

세 수 α, β, γ를 근으로 하고 x^3의 계수가 a인 삼차방정식은
➡ $a\{x^3-(\alpha+\beta+\gamma)x^2+(\alpha\beta+\beta\gamma+\gamma\alpha)x-\alpha\beta\gamma\}=0$

1009 

삼차방정식 $x^3-6x^2-4x+3=0$의 세 근을 α, β, γ라 할 때,
$\alpha+1$, $\beta+1$, $\gamma+1$을 근으로 하고 x^3의 계수가 1인 삼차방정식은
$x^3+ax^2+bx+c=0$이다. 상수 a, b, c에 대하여 $a+b+c$의 값을
구하시오.

1010 

삼차방정식 $x^3+2x-5=0$의 세 근을 α, β, γ라 할 때,
$\alpha+\beta$, $\beta+\gamma$, $\gamma+\alpha$를 세 근으로 하고 x^3의 계수가 1인 삼차방정식은?

① $x^3+x+5=0$ ② $x^3+2x+5=0$
③ $x^3-2x-5=0$ ④ $x^3-x^2-2x-5=0$
⑤ $x^3+x^2+2x+5=0$

해설 내신연계문제

1011 
2023년 09월 고1 학력평가 18번

세 실수 a, b, c에 대하여 삼차다항식 $P(x)=x^3+ax^2+bx+c$가
다음 조건을 만족시킨다.

(가) x에 대한 삼차방정식 $P(x)=0$은 한 실근과 서로 다른
두 허근을 갖고, 서로 다른 두 허근의 곱은 5이다.

(나) x에 대한 삼차방정식 $P(3x-1)=0$은 한 근 0과 서로 다른
두 허근을 갖고, 서로 다른 두 허근의 합은 2이다.

$a+b+c$의 값은?

① 3   ② 4   ③ 5
④ 6   ⑤ 7

해설 내신연계문제

유형 13 방정식의 근의 역수와 계수의 관계

(1) **이차방정식** $ax^2+bx+c=0\,(c\neq0)$**의 두 근이** α, β**이면**

➡ $cx^2+bx+a=0$의 두 근은 $\dfrac{1}{\alpha}$, $\dfrac{1}{\beta}$이다.

(2) **삼차방정식** $ax^3+bx^2+cx+d=0\,(ad\neq0)$**의 세 근이** α, β, γ**이면**

➡ $dx^3+cx^2+bx+a=0$의 세 근은 $\dfrac{1}{\alpha}$, $\dfrac{1}{\beta}$, $\dfrac{1}{\gamma}$이다.

1012 학교기출 대표유형

다음은 이차방정식 $ax^2+bx+c=0\,(c\neq0)$의 두 근이 α, β이면

$cx^2+bx+a=0$의 두 근은 $\dfrac{1}{\alpha}$, $\dfrac{1}{\beta}$임을 증명하는 과정이다.

이차항의 계수가 c이고 $\dfrac{1}{\alpha}$, $\dfrac{1}{\beta}$을 두 근으로 하는

이차방정식은

$$c\left(x^2-\boxed{(가)}\,x+\dfrac{1}{\alpha\beta}\right)=0 \quad\cdots\cdots\ \text{㉠}$$

한편 $ax^2+bx+c=0$의 두 근이 α, β이므로

$$\alpha+\beta=-\dfrac{b}{a} \quad\cdots\cdots\ \text{㉡}$$

$$\alpha\beta=\dfrac{c}{a} \quad\cdots\cdots\ \text{㉢}$$

㉡과 ㉢을 위의 식 ㉠에 대입하면

$$c\left(x^2-\boxed{(나)}\,x+\boxed{(다)}\right)=0$$

이고, 이를 정리하면 $cx^2+bx+a=0$이다.

따라서 $cx^2+bx+a=0$의 두 근은 $\dfrac{1}{\alpha}$, $\dfrac{1}{\beta}$이다.

위의 과정에서 (가), (나), (다)에 알맞은 것은?

	(가)	(나)	(다)
①	$\dfrac{1}{\alpha+\beta}$	$-\dfrac{b}{c}$	$\dfrac{a}{c}$
②	$\dfrac{\alpha+\beta}{\alpha\beta}$	$-\dfrac{c}{b}$	$\dfrac{c}{a}$
③	$\dfrac{\alpha+\beta}{\alpha\beta}$	$-\dfrac{b}{c}$	$\dfrac{a}{c}$
④	$\dfrac{1}{\alpha+\beta}$	$-\dfrac{c}{b}$	$\dfrac{c}{a}$
⑤	$\dfrac{\alpha+\beta}{\alpha\beta}$	$-\dfrac{c}{b}$	$\dfrac{a}{c}$

1013 최다빈출 암 중요 NORMAL

이차방정식 $3x^2+ax+1=0$의 두 근이 α, β이고 이차방정식

$x^2-2x+b=0$의 두 근을 $\dfrac{1}{\alpha}$, $\dfrac{1}{\beta}$이라 할 때, 상수 a, b에 대하여

$a+b$의 값은?

① 1 　② 2 　③ 3

④ 4 　⑤ 5

해설 내신연계문제

1014 NORMAL

삼차방정식 $x^3+x^2-2x+3=0$의 세 근을 α, β, γ라 할 때,

$\dfrac{1}{\alpha}$, $\dfrac{1}{\beta}$, $\dfrac{1}{\gamma}$을 세 근으로 하고 x^3의 계수가 3인 삼차방정식은?

① $3x^3-x^2+2x+1=0$ 　　② $3x^3-2x^2+x+1=0$

③ $3x^3-x^2+2x+3=0$ 　　④ $3x^3-x^2-2x-3=0$

⑤ $3x^3-2x^2-x-3=0$

모의고사 핵심유형 기출문제

1015 2014년 06월 고1 학력평가 12번 TOUGH

다음은 삼차방정식 $x^3+2x^2+3x+1=0$의 세 근이 α, β, γ일 때,

$\dfrac{1}{\alpha}$, $\dfrac{1}{\beta}$, $\dfrac{1}{\gamma}$을 세 근으로 갖는 삼차방정식을 구하는 과정의 일부이다.

α가 삼차방정식 $x^3+2x^2+3x+1=0$의 한 근이므로

$$\alpha^3+2\alpha^2+3\alpha+1=0$$

이다. α는 0이 아니므로 양변을 α^3으로 나누어 정리하면

$$\left(\dfrac{1}{\alpha}\right)^3+\boxed{(가)}\times\left(\dfrac{1}{\alpha}\right)^2+2\left(\dfrac{1}{\alpha}\right)+1=0$$

이다. 그러므로 $\dfrac{1}{\alpha}$은 최고차항의 계수가 1인 x에 대한 삼차방정식

$$\boxed{(나)}=0$$

의 한 근이다.

같은 방법으로 β, γ도 삼차방정식 $x^3+2x^2+3x+1=0$의

근이므로

$$\vdots$$

이다.

따라서 $\dfrac{1}{\alpha}$, $\dfrac{1}{\beta}$, $\dfrac{1}{\gamma}$을 세 근으로 갖는 최고차항의 계수가 1인 x에

대한 삼차방정식은

$$\boxed{(나)}=0$$

이다.

위의 (가)에 알맞은 수를 p, (나)에 알맞은 식을 $f(x)$라 할 때,

$p+f(2)$의 값은?

① 28 　　　② 29 　　　③ 30

④ 31 　　　⑤ 32

해설 내신연계문제

삼차방정식 $ax^3+bx^2+cx+d=0$에서

(1) a, b, c, d가 유리수일 때, 한 근이 $p+q\sqrt{m}$이면

➡ 다른 한 근은 $p-q\sqrt{m}$이다.

（단, p, q는 유리수, $q \neq 0$, $\sqrt{m}$은 무리수이다.)

(2) a, b, c, d가 실수일 때, 한 근이 $p+qi$이면

➡ 다른 한 근은 $p-qi$이다.

（단, p, q는 실수, $q \neq 0$, $i=\sqrt{-1}$)

 삼차식의 경우에는 반드시 (일차식)×(이차식)으로 인수분해가 된다.
이때 일차식은 반드시 실근이 나온다. 즉 삼차식의 켤레근은 이차식에서
결정하므로 이차방정식의 켤레근의 성질과 동일하게 적용된다.
또한, 켤레근의 특성상 서로 곱하거나 더해야 식을 만들기 편한 수가 나온
다. 즉 켤레근을 근으로 가지는 삼차방정식의 근과 계수로 푼다.

1016 학교기출 대표 유형

a, b가 유리수일 때, x에 대한 삼차방정식 $x^3+ax^2+bx+1=0$의
한 근이 $-1+\sqrt{2}$이다. $a+b$의 값은?

① 0   ② -1 ③ -2
④ -3 ⑤ -4

1017 

삼차방정식 $x^3+ax^2+bx+2=0$의 두 근이 $1+\sqrt{3}$, c일 때, 유리수
a, b, c에 대하여 $a+b+c$의 값은?

① -5 ② -4 ③ -3
④ -2 ⑤ -1

1018 최다빈출 왕 중요 

계수가 실수인 x에 대한 삼차방정식 $x^3+ax^2+bx-7=0$의 한 근
이 $2-\sqrt{3}\,i$일 때, 실수 a, b에 대하여 $a+b$의 값은? (단, $i=\sqrt{-1}$)

① 4   ② 5   ③ 6
④ 7   ⑤ 8

해설 내신연계문제

1019 

삼차방정식 $x^3+ax^2+bx-15=0$의 한 근이 $2-i$일 때, 나머지
두 근 중 실근을 α라 하자. 이때 $a+b+\alpha$의 값은?
(단, a, b는 실수이고 $i=\sqrt{-1}$)

① -7 ② -1 ③ 7
④ 13   ⑤ 17

1020 최다빈출 왕 중요 

계수가 실수인 삼차식 $f(x)$가 다음 조건을 모두 만족한다.

(가) $f(x)$는 $x-4$로 나누어떨어진다.
(나) 삼차방정식 $f(x)=0$의 한 근이 $2i$이다.

이때 삼차방정식 $f(2x)=0$의 세 근의 곱은? (단, $i=\sqrt{-1}$)

① -5 ② -2 ③ -1
④ 1   ⑤ 2

해설 내신연계문제

1021 

계수가 실수인 삼차방정식 $x^3+ax^2+bx=0$의 한 근이 $3+2i$일 때,
a, b를 두 근으로 하고 이차항의 계수가 1인 이차방정식은?
(단, $i=\sqrt{-1}$)

① $x^2-7x-78=0$ ② $x^2-5x-78=0$
③ $x^2-7x-8=0$ ④ $x^2+7x+8=0$
⑤ $x^2-7x-12=0$

유형 15 사차방정식의 켤레근

(1) 계수가 유리수일 때, 사차방정식의 한 근이 $p+q\sqrt{m}$ 이면
   ➡ 다른 한 근은 $p-q\sqrt{m}$ 이다. (단, p, q는 유리수)
(2) 계수가 실수일 때, 사차방정식의 한 근이 $p+qi$ 이면
   ➡ 다른 한 근은 $p-qi$ 이다. (단, p, q는 실수, $i=\sqrt{-1}$)

 켤레근을 이용하여 이차방정식을 유도한 후 사차식을 두 이차식의 곱으로 나타내고 항등식의 계수비교법을 이용하여 미지수를 구한다.

1022 학교기출 대표유형

사차방정식 $x^4-4x^3+4x^2+ax+b=0$의 한 근이 $1+i$일 때, 실수 a, b에 대하여 $a+b$의 값은? (단, $i=\sqrt{-1}$)

① -4 ② -2 ③ -1
④ 1 ⑤ 4

1023 TOUGH

사차방정식 $x^4-4x^3+ax^2+bx-40=0$의 한 근이 $1-2i$일 때, 실수 a, b에 대하여 나머지 세 근과 a, b의 합은? (단, $i=\sqrt{-1}$)

① $-6-10i$ ② $10+2i$ ③ $2+10i$
④ $8+10i$ ⑤ $8-10i$

1024 최다빈출 왕중요 TOUGH

세 실수 a, b, c에 대하여 사차식 $P(x)=x^4+2x^3+ax^2+bx+c$는 다음 조건을 만족시킨다.

> (가) 사차방정식 $P(x)=0$의 한 근이 $1-\sqrt{3}\,i$이다.
> (나) $P(x)$를 $x-1$로 나누었을 때의 나머지가 18이다.

$a+b-c$의 값을 구하시오.

해설 내신연계문제

유형 16 방정식 $x^3=1$의 한 허근 ω의 성질

(1) **방정식 $x^3=1$의 한 허근 ω의 성질**
   ① $\omega^3=1$ ➡ $\omega^{3n-2}=\omega$, $\omega^{3n-1}=\omega^2$, $\omega^{3n}=1$ (단, n은 자연수이다.)
   ② $\omega^2+\omega+1=0$
(2) **방정식 $x^3=1$의 한 허근이 ω이면 다른 한 허근은 $\overline{\omega}$이다.**
   (단, $\overline{\omega}$는 ω의 켤레복소수이다.)
   ① ω, $\overline{\omega}$가 삼차방정식 $x^3=1$의 근이므로
      ➡ $\omega^3=1$, $\overline{\omega}^3=1$
   ② ω, $\overline{\omega}$가 이차방정식 $x^2+x+1=0$의 근이므로
      ➡ $\omega^2+\omega+1=0$, $\overline{\omega}^2+\overline{\omega}+1=0$
   ③ $x^2+x+1=0$의 두 근 ω, $\overline{\omega}$에서 근과 계수의 관계에 의해
      ➡ $\omega+\overline{\omega}=-1$, $\omega\overline{\omega}=1$
   ④ $\omega\overline{\omega}=1$에서 $\overline{\omega}=\dfrac{1}{\omega}=\dfrac{\omega^3}{\omega}=\omega^2$이므로
      ➡ $\omega^2=\overline{\omega}=\dfrac{1}{\omega}$

 ① ω는 그리스 문자 Ω의 소문자로 오메가 (omega)라 읽는다.
② $x^3=1$, 즉 $x^3-1=0$에서 $(x-1)(x^2+x+1)=0$이므로 ω는 $x^2+x+1=0$의 근이다.
③ $\omega^3=1$, $\omega^2+\omega+1=0$을 이용할 수 있도록 3개씩 항을 묶는다. $\omega^3=\omega^6=\omega^9=\cdots=\omega^{3k}=1$ (k는 자연수)임을 이용할 수 있도록 ω^3의 거듭제곱으로 변형한다.

1025 학교기출 대표유형

방정식 $x^3=1$의 한 허근을 ω라 할 때, 다음 중 그 값이 나머지 넷과 다른 하나는? (단, $\overline{\omega}$는 ω의 켤레복소수이다.)

① $\omega^{100}+\omega^{50}$ ② $\omega+\overline{\omega}$ ③ $\dfrac{\omega}{1-\omega}+\dfrac{\overline{\omega}}{1-\overline{\omega}}$

④ $\omega^2+\dfrac{1}{\omega^2}$ ⑤ $\dfrac{\overline{\omega}}{\omega^2+\omega}+\dfrac{\omega^8}{1+\omega^2}$

1026 NORMAL

방정식 $x^3=1$의 한 허근을 ω라 할 때,
$$1+2\omega+3\omega^2+4\omega^3+5\omega^4+6\omega^5+7\omega^6=a+b\omega$$
이다. 이때 두 실수 a, b의 곱 ab의 값은?

① -10 ② -9 ③ -8
④ -7 ⑤ -6

1027 최다빈출 왕중요

다음 조건을 만족하는 상수 a, b에 대하여 $a+b$의 값은?

> (가) 삼차방정식 $x^3=1$의 한 허근을 ω라고 할 때,
> $$\omega+\omega^3+\omega^5+\omega^7+\omega^9+\omega^{11}+\omega^{13}+\omega^{15}+\omega^{17}=a$$
> (나) 이차방정식 $x^2+x+1=0$의 한 근을 ω라 할 때,
> $$\omega^4+\omega^8+\omega^{12}+\omega^{16}+\omega^{20}=b$$

① -2 ② -1 ③ 0
④ 1 ⑤ 2

해설 내신연계문제

1028

NORMAL

삼차방정식 $x^3=1$의 두 허근을 α, β라 하고
$$f(n)=\alpha^n+\beta^n \ (n\text{은 자연수})$$
이라 할 때, $f(1)+f(2)+f(3)+\cdots+f(10)$의 값은?

① -10 ② -3 ③ -1
④ 3 ⑤ 10

1029 최다빈출 왕중요

NORMAL

방정식 $x^3=1$의 한 허근을 ω라 할 때, 자연수 n에 대하여
$f(n)=\dfrac{\omega^{2n}}{\omega^n+1}$이라 할 때, $f(1)+f(2)+f(3)+f(4)+\cdots+f(12)$
의 값은?

① -6 ② -3 ③ 0
④ $\dfrac{1}{2}$ ⑤ 1

해설 내신연계문제

1030

TOUGH

방정식 $x^3=1$의 한 허근을 ω라 할 때, 다음 [보기]에서 옳은 것만을 고른 것은? (단, $\overline{\omega}$는 ω의 켤레복소수이다.)

> ㄱ. $\dfrac{\omega^2}{\omega^7+\omega^6}+\dfrac{1}{\omega^5+\omega^4}=-2$
> ㄴ. $\omega^{100}+\dfrac{1}{\omega^{100}}=-1$
> ㄷ. $(1+\omega)^{10}+(1+\overline{\omega})^{10}=-1$

① ㄱ   ② ㄷ   ③ ㄱ, ㄴ
④ ㄴ, ㄷ   ⑤ ㄱ, ㄴ, ㄷ

1031 최다빈출 왕중요

TOUGH

방정식 $x^3=1$의 한 허근을 ω라 할 때, 다음 [보기]에서 옳은 것만을 고른 것은? (단, $\overline{\omega}$는 ω의 켤레복소수이다.)

> ㄱ. $\omega^6+\omega^5+\omega^4=0$
> ㄴ. $\dfrac{1+\omega}{\omega^2}+\dfrac{1+\overline{\omega}}{\overline{\omega}^2}=-2$
> ㄷ. $(\omega+1)^{4n}+\omega^{4n}+1=0$을 만족하는 90 이하의 자연수 n의 개수는 60이다.

① ㄱ   ② ㄷ   ③ ㄱ, ㄴ
④ ㄴ, ㄷ   ⑤ ㄱ, ㄴ, ㄷ

해설 내신연계문제

모의고사 **핵심유형** 기출문제

1032   2021년 06월 고1 학력평가 19번

NORMAL

복소수 z에 대하여 $z+\overline{z}=-1$, $z\overline{z}=1$일 때,
$$\dfrac{\overline{z}}{z^5}+\dfrac{(\overline{z})^2}{z^4}+\dfrac{(\overline{z})^3}{z^3}+\dfrac{(\overline{z})^4}{z^2}+\dfrac{(\overline{z})^5}{z}$$
의 값은? (단, $\overline{z}$는 z의 켤레복소수이다.)

① 2 ② 3 ③ 4
④ 5 ⑤ 6

해설 내신연계문제

1033   2017년 11월 고1 학력평가 18번

TOUGH

삼차방정식 $x^3=1$의 한 허근을 ω라 할 때, [보기]에서 옳은 것만을 있는 대로 고른 것은? (단, $\overline{\omega}$는 ω의 켤레복소수이다.)

> ㄱ. $\overline{\omega}^3=1$
> ㄴ. $\dfrac{1}{\omega}+\left(\dfrac{1}{\omega}\right)^2=\dfrac{1}{\overline{\omega}}+\left(\dfrac{1}{\overline{\omega}}\right)^2$
> ㄷ. $(-\omega-1)^n=\left(\dfrac{\overline{\omega}}{\omega+\overline{\omega}}\right)^n$ 을 만족시키는 100 이하의 자연수 n의 개수는 50이다.

① ㄱ   ② ㄷ   ③ ㄱ, ㄴ
④ ㄴ, ㄷ   ⑤ ㄱ, ㄴ, ㄷ

해설 내신연계문제

(1) $\omega=\dfrac{-1+\sqrt{3}\,i}{2}$, $\overline{\omega}=\dfrac{-1-\sqrt{3}\,i}{2}$ 일 때,

  ① $\omega+\overline{\omega}=-1$, $\omega\overline{\omega}=1$

  ② $\omega^2+\omega+1=0$, $\omega^3=1$, $\overline{\omega}^3=1$

(2) $\omega=\dfrac{1+\sqrt{3}\,i}{2}$ 일 때,

  ① $\omega^2-\omega+1=0$, $\omega^3=-1$

  ② $1+\omega+\omega^2+\omega^3+\omega^4+\omega^5=0$

1034 학교기출 대표 유형

복소수 $\omega=\dfrac{-1-\sqrt{3}\,i}{2}$ 일 때, $\omega^{20}+\omega^{10}$ 의 값은?

① -2 ② -1 ③ 0
④ 1 ⑤ 2

1035

BASIC

$\left(\dfrac{-1+\sqrt{-3}}{2}\right)^{100}+\left(\dfrac{-1-\sqrt{-3}}{2}\right)^{100}$ 의 값은?

① -100 ② -1 ③ 0
④ 1 ⑤ 100

1036

NORMAL

복소수 $z=\dfrac{-1+\sqrt{3}\,i}{2}$ 에 대하여 z^3+z^2+z+2의 값은?

① -2 ② -1 ③ 0
④ 1 ⑤ 2

1037 최다빈출 왕 중요

NORMAL

복소수 $\alpha=\dfrac{-1+\sqrt{3}\,i}{2}$ 에 대하여 다음 식의 값을 구하시오.

$$1+\alpha+\alpha^2+\alpha^3+\cdots+\alpha^{98}+\alpha^{99}$$

해설 내신연계문제

---

(1) 방정식 $x^3=-1$의 한 허근 ω의 성질

  ① $\omega^3=-1$

  ② $\omega^2-\omega+1=0$

(2) 삼차방정식 $x^3=-1$의 한 허근이 ω이면 다른 한 허근은 $\overline{\omega}$이다.
   (단, $\overline{\omega}$는 ω의 켤레복소수이다.)

  ① ω, $\overline{\omega}$가 삼차방정식 $x^3=-1$의 근이므로

   ➡ $\omega^3=-1$, $\overline{\omega}^3=-1$

  ② ω, $\overline{\omega}$가 이차방정식 $x^2-x+1=0$의 근이므로

   ➡ $\omega^2-\omega+1=0$, $\overline{\omega}^2-\overline{\omega}+1=0$

  ③ $x^2-x+1=0$의 두 근 ω, $\overline{\omega}$에서 근과 계수 관계에 의해

   ➡ $\omega+\overline{\omega}=1$, $\omega\overline{\omega}=1$

  ④ $\omega\overline{\omega}=1$에서 $\overline{\omega}=\dfrac{1}{\omega}=\dfrac{-\omega^3}{\omega}=-\omega^2$이므로

   ➡ $\omega^2=-\overline{\omega}=-\dfrac{1}{\omega}$

> ① $x^3=-1$, 즉 $x^3+1=0$에서 $(x+1)(x^2-x+1)=0$이므로
> ω는 $x^2-x+1=0$의 근이다.
> ② $\omega^3=-1$, $\omega^2-\omega+1=0$을 이용할 수 있도록 6개씩 항을 묶는다.
> 즉 $\omega^6=1$이므로 $\omega+\omega^2+\omega^3+\omega^4+\omega^5+\omega^6=0$(6주기)

1038 학교기출 대표 유형

방정식 $x^3+1=0$의 한 허근을 ω라 할 때, 다음 중 옳지 않은 것은?
(단, $\overline{\omega}$는 ω의 켤레복소수이다.)

① $\overline{\omega}=-\omega^2$ ② $\omega+\dfrac{1}{\omega}=1$

③ $\omega^5-\omega^4-1=0$ ④ $\dfrac{\omega^{100}+1}{\omega^{101}}=1$

⑤ $\dfrac{\omega^5}{\omega-1}+\dfrac{1-\omega}{\omega^5}=2$

1039

NORMAL

삼차방정식 $x^3+1=0$의 한 허근을 ω라 할 때, 다음 식의

$$\dfrac{1-\omega}{\omega^2}+\dfrac{1+\omega^2}{\omega}+\dfrac{1}{1-\omega}+\dfrac{1}{1-\overline{\omega}}$$

값은? (단, $\overline{\omega}$는 ω의 켤레복소수이다.)

① -4 ② -2 ③ 1
④ 2 ⑤ 4

삼차방정식 $x^3+1=0$의 한 허근을 ω라 하고 자연수 n에 대하여 $f(n)=\omega^n$이라 할 때,
$$f(1)-f(2)+f(3)-f(4)+f(5)-f(6)+\cdots+f(99)$$
의 값은?

① -33 ② 1 ③ 0
④ ω ⑤ $\omega-1$

1041

삼차방정식 $x^3=-1$의 두 허근을 ω, $\overline{\omega}$라 할 때, $z=\dfrac{\omega+1}{2\overline{\omega}+1}$에 대하여 $z\overline{z}$의 값은?

① $\dfrac{1}{3}$ ② $\dfrac{2}{3}$ ③ $\dfrac{3}{7}$
④ $\dfrac{1}{2}$ ⑤ 1

1042 최다빈출 왕 중요

삼차방정식 $x^3+1=0$의 한 허근을 ω라 할 때, 다음 [보기]에서 옳은 것을 모두 고르면?

> ㄱ. $\omega^4+\omega^2+1=0$
>
> ㄴ. $\dfrac{\omega^2}{1-\omega}-\dfrac{\omega}{1+\omega^2}=-1$
>
> ㄷ. $\omega+\dfrac{1}{\omega}+\omega^3+\dfrac{1}{\omega^3}=-2$

① ㄱ ② ㄷ ③ ㄱ, ㄷ
④ ㄴ, ㄷ ⑤ ㄱ, ㄴ, ㄷ

해설 내신연계문제

1043

삼차방정식 $x^3+1=0$의 한 허근을 ω라 할 때, [보기]에서 옳은 것만을 있는 대로 고른 것은? (단, $\overline{\omega}$는 ω의 켤레복소수이다.)

> ㄱ. $(1-\omega)(1-\overline{\omega})=1$
>
> ㄴ. $\omega^{10}+\dfrac{1}{\omega^{10}}=1$
>
> ㄷ. $1-\omega+\omega^2-\omega^3+\omega^4-\omega^5+\cdots+\omega^{30}=1$

① ㄱ ② ㄷ ③ ㄱ, ㄷ
④ ㄴ, ㄷ ⑤ ㄱ, ㄴ, ㄷ

1044

삼차방정식 $x^3+1=0$의 한 허근을 ω라 할 때, [보기]에서 옳은 것만을 있는 대로 고른 것은? (단, $\overline{\omega}$는 ω의 켤레복소수이다.)

> ㄱ. $(1+\omega)(1+\overline{\omega})=3$
>
> ㄴ. $\dfrac{\omega^8}{1-\omega}=1$
>
> ㄷ. $\omega^2+\overline{\omega}^4+\omega^6+\overline{\omega}^8+\omega^{10}=-1$

① ㄱ ② ㄷ ③ ㄱ, ㄷ
④ ㄴ, ㄷ ⑤ ㄱ, ㄴ, ㄷ

1045

삼차방정식 $x^3+1=0$의 한 허근을 ω라 할 때, [보기]에서 옳은 것만을 있는 대로 고른 것은? (단, $\overline{\omega}$는 ω의 켤레복소수이다.)

> ㄱ. $\omega^2+\overline{\omega}^2=1$
>
> ㄴ. $\dfrac{1}{\omega}+\dfrac{1}{\overline{\omega}}=1$
>
> ㄷ. $1+\dfrac{1}{\omega}+\dfrac{1}{\omega^2}+\dfrac{1}{\omega^3}+\cdots+\dfrac{1}{\omega^{600}}=1$

① ㄱ ② ㄷ ③ ㄱ, ㄴ
④ ㄴ, ㄷ ⑤ ㄱ, ㄴ, ㄷ

1046

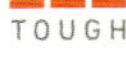

방정식 $x^2-x+1=0$의 한 근이 ω라 할 때,
$$\left(\omega+\dfrac{1}{\omega}\right)^2+\left(\omega^2+\dfrac{1}{\omega^2}\right)^2+\left(\omega^3+\dfrac{1}{\omega^3}\right)^2+\cdots+\left(\omega^{20}+\dfrac{1}{\omega^{20}}\right)^2$$
의 값은?

① 36 ② 37 ③ 38
④ 39 ⑤ 40

유형 19　방정식의 한 허근 ω의 활용

(1) 방정식 $x^3=a^3$의 한 허근 ω의 성질
　① $\omega^3=a^3$
　② $\omega^2+a\omega+a^2=0$
(2) 삼차방정식과 사차방정식에서 허근을 이용한 활용

1047 　학교기출 대표 유형

삼차방정식 $x^3=8$의 한 허근을 ω라 할 때, [보기]에서 옳은 것만을 있는 대로 고른 것은? (단, $\overline{\omega}$는 ω의 켤레복소수이다.)

> ㄱ. $\omega^2+2\omega+4=0$
> ㄴ. $\overline{\omega}^2=2\omega$
> ㄷ. $\dfrac{\overline{\omega}^2}{\omega^2+4}=-1$
> ㄹ. $\dfrac{\omega^4}{8}+\dfrac{4}{\omega}=-2$

① ㄱ, ㄴ　　　　② ㄷ, ㄹ　　　　③ ㄱ, ㄴ, ㄷ
④ ㄴ, ㄷ, ㄹ　　⑤ ㄱ, ㄴ, ㄷ, ㄹ

1048 　NORMAL

사차방정식 $x^4-2x^3-x+2=0$의 한 허근을 ω라 할 때, $1+\omega+\omega^2+\omega^3+\cdots+\omega^{99}$의 값은?

① 1　　　　　② 8　　　　　③ 10
④ 33　　　　⑤ 34

1049 　NORMAL

삼차방정식 $x^3+x^2+2x-4=0$의 한 허근을 ω라 하자.
$$\omega+\omega^2+\omega^3+\cdots+\omega^9=a+b\omega$$
를 만족시키는 실수 a, b에 대하여 $a+b$의 값은?

① 218　　　　② 219　　　　③ 220
④ 221　　　　⑤ 222

유형 20　삼차방정식, 사차방정식의 활용

삼차방정식의 활용 문제는 다음과 같은 순서로 푼다.
FIRST 구하는 것을 미지수 x로 놓고 방정식을 유도한다.
NEXT 조립제법을 이용하여 인수분해한다.
LAST 방정식을 풀고 구한 해가 문제의 조건에 맞는지 확인한다.

1050 　학교기출 대표 유형

오른쪽 그림과 같이 밑면의 반지름의 길이와 높이가 모두 $x\,\mathrm{cm}$인 원기둥 모양의 그릇에 $75\pi\,\mathrm{cm^3}$의 물을 부었더니 그릇의 위에서부터 $2\,\mathrm{cm}$만큼이 채워지지 않았다고 한다. 처음 주어진 원기둥의 부피는? (단위는 $\mathrm{cm^3}$)

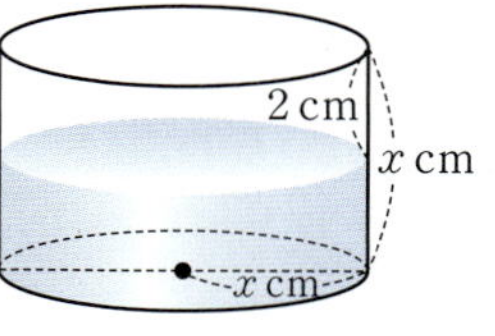

① 121π　　　　② 125π　　　　③ 144π
④ 169π　　　　⑤ 216π

해설 내신연계문제

1051 　NORMAL

오른쪽 그림과 같이 가로의 길이가 $14\,\mathrm{cm}$, 세로의 길이가 $10\,\mathrm{cm}$인 직사각형 모양의 종이가 있다. 이 종이의 네 귀퉁이에서 한 변의 길이가 $x\,\mathrm{cm}$인 정사각형을 잘라내어 부피가 $96\,\mathrm{cm^3}$인 상자를 만들려고 할 때, 모든 x의 값의 합은?

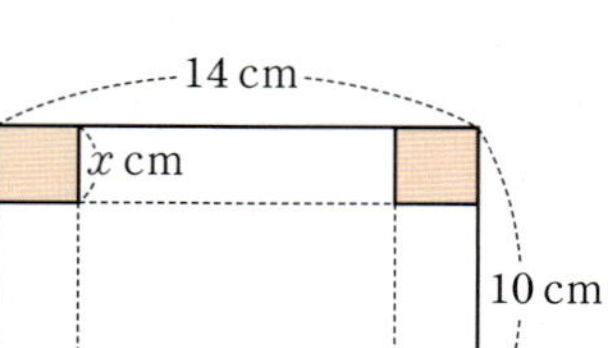

① 2　　　　　② 4　　　　　③ 6
④ 8　　　　　⑤ 10

1052 　최다빈출 왕중요　NORMAL

그림은 오각기둥의 전개도이다. 이 전개도의 점선을 따라 접어서 만든 오각기둥의 부피가 155일 때, 전개도에서 x의 값은?

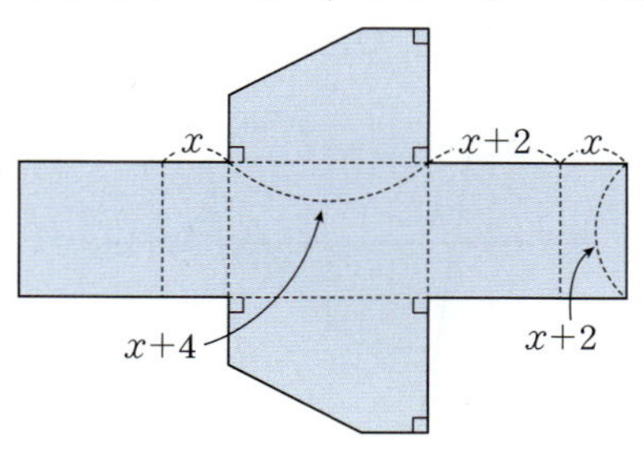

① 1　　　　　② 2　　　　　③ 3
④ 4　　　　　⑤ 5

해설 내신연계문제

1053

한 모서리의 길이가 $x$cm인 정육면체 네 개를 그림과 같이 쌓아 놓은 입체의 부피는 Acm^3, 겉넓이는 Bcm^{2}이다.
$2A = B + 54$일 때, x의 값을 구하시오.

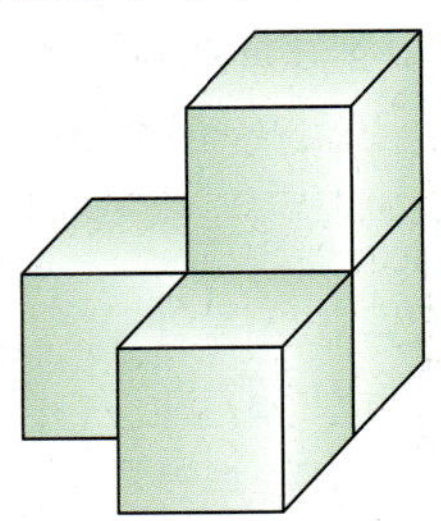

모의고사   핵심유형   기출문제

1054   2021년 11월 고1 학력평가 29번   TOUGH

그림과 같이 $\overline{AD}=4$인 등변사다리꼴 ABCD에 대하여 선분 AB를 지름으로 하는 원과 선분 CD를 지름으로 하는 원이 오직 한 점에서 만난다. 사각형 ABCD의 넓이와 둘레의 길이를 각각 S, l이라 하면

$$S^2 + 8l = 6720$$

이다. $\overline{BD}^2$의 값을 구하시오. (단, $\overline{AD} < \overline{BC}$, $\overline{AB} = \overline{CD}$)

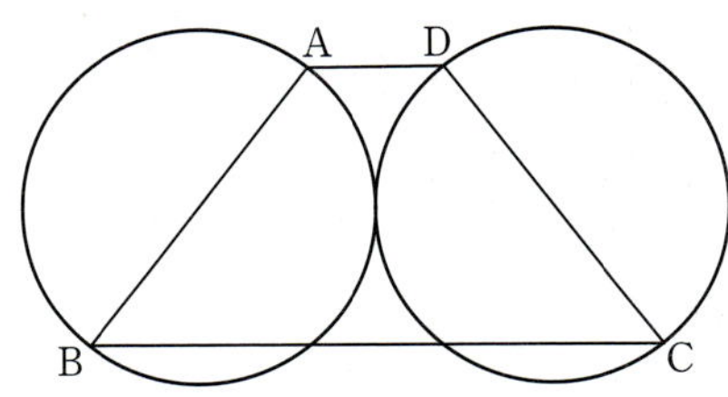

해설 내신연계문제

1055   2018년 11월 고1 학력평가 27번   TOUGH

그림과 같이 이차함수 $y = x^2 - 8x + 12$의 그래프와 직선 $y = k$가 만나는 두 점을 각각 A, B라 하자. 삼각형 AOB의 넓이가 15일 때, 양수 k의 값을 구하시오. (단, O는 원점이다.)

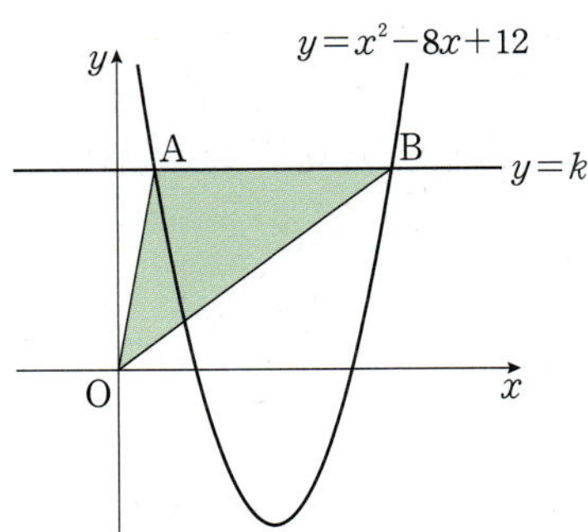

해설 내신연계문제

일차방정식과 이차방정식으로 이루어진 연립이차방정식은 다음 순서로 푼다.

FIRST 일차방정식을 x 또는 y에 대하여 정리한다.

NEXT x 또는 y를 이차방정식에 대입하여 푼다.

LAST 위에서 구한 값을 일차방정식에 대입하여 나머지 해를 구한다.

일차방정식에서 한 미지수에 대하여 정리할 때, x 또는 y의 어느 것으로 정리해도 그 결과가 같지만 계수가 정수이거나 간단한 쪽을 선택하는 것이 편리하다.

1056   학교기출 대표유형

연립방정식 $\begin{cases} x+y = -3 \\ x^2+y^2 = 5 \end{cases}$의 해를 $x = \alpha$, $y = \beta$라 할 때, $\alpha^2\beta^2$의 값을 구하시오.

1057   BASIC

연립방정식 $\begin{cases} 2x-y = 5 \\ x^2-2y = 6 \end{cases}$의 해를 $x = \alpha$, $y = \beta$라 할 때, $\alpha+\beta$의 값은?

① 1   ② 3   ③ 5
④ 7   ⑤ 9

1058   최다빈출 왕중요   NORMAL

연립방정식 $\begin{cases} ax^2+y^2 = 13 \\ x-y = -7 \end{cases}$의 해 중에서 연립방정식 $\begin{cases} x+2y = b \\ x^2-y^2 = -21 \end{cases}$

을 만족시키는 해가 존재할 때, 실수 a, b에 대하여 $a+b$의 값은?

① 5   ② 10   ③ 15
④ 20   ⑤ 25

해설 내신연계문제

1059

NORMAL

연립방정식 $\begin{cases} x-y=3 \\ xy+x+1=0 \end{cases}$ 의 해를 $x=a,\ y=b$라 할 때, $a+b$의 값은?

① -1 ② -2 ③ -3
④ -4 ⑤ -5

모의고사 **핵심유형** 기출문제

1060

2023년 11월 고1 학력평가 24번

BASIC

연립방정식 $\begin{cases} x-y=3 \\ x^2-3xy+2y^2=6 \end{cases}$ 의 해가 $x=\alpha,\ y=\beta$일 때, $\alpha+\beta$의 값을 구하시오.

해설 내신연계문제

1061

2022년 11월 고1 학력평가 24번

BASIC

연립방정식 $\begin{cases} 2x-y-1=0 \\ 4x^2-6y+3=0 \end{cases}$ 의 해를 $x=\alpha,\ y=\beta$라 할 때, $\alpha \times \beta$의 값을 구하시오.

해설 내신연계문제

1062

2018년 06월 고1 학력평가 11번

NORMAL

$x,\ y$에 대한 두 연립방정식

$$\begin{cases} 3x+y=a \\ 2x+2y=1 \end{cases} \begin{cases} x^2-y^2=-1 \\ x-y=b \end{cases}$$

의 해가 일치할 때, 두 상수 $a,\ b$에 대하여 ab의 값은?

① 1 ② 2 ③ 3
④ 4 ⑤ 5

해설 내신연계문제

$x,\ y$를 서로 바꾸어 대입해도 변하지 않는 식으로 이루어진 연립이차방정식은 다음과 같은 순서로 푼다.

FIRST $x+y=u,\ xy=v$로 놓는다.

NEXT 주어진 연립방정식을 $u,\ v$에 대한 연립방정식으로 변형한 후 연립방정식을 푼다.

LAST $x,\ y$는 t에 대한 이차방정식 $t^2-ut+v=0$의 두 근임을 이용하여 $x,\ y$의 값을 구한다.

즉 $t^2-ut+v=0$의 해가 $t=\alpha$ 또는 $t=\beta$이면
$x=\alpha,\ y=\beta$ 또는 $x=\beta,\ x=\alpha$

$y=u-x$를 $xy=v$에 직접 대입하여 이차방정식을 만들어 $x,\ y$의 값을 구한다.

1063

학교기출 **대표** 유형

연립방정식 $\begin{cases} x+y=7 \\ xy=12 \end{cases}$ 의 근을 $x=\alpha,\ y=\beta$라 할 때, $\alpha^2-\beta^2$의 값은? (단, $\alpha<\beta$)

① -1 ② -3 ③ -5
④ -7 ⑤ -9

1064

NORMAL

연립방정식 $\begin{cases} x+y=4 \\ x^2+xy+y^2=3 \end{cases}$ 의 한 근을 $x=\alpha,\ y=\beta$라 할 때, $\alpha^2+\beta^2$의 값은?

① -15 ② -13 ③ -11
④ -10 ⑤ -8

1065

NORMAL

연립방정식 $\begin{cases} x+y-3xy=-2 \\ 3(x+y)-2xy=8 \end{cases}$ 의 해를 $x=\alpha,\ y=\beta$라 할 때, $\alpha^4+\beta^4$의 값은?

① 130 ② 134 ③ 136
④ 140 ⑤ 142

1066

 NORMAL

x, y에 대한 연립방정식

$$\begin{cases} x+y=8 \\ xy=m \end{cases}, \quad \begin{cases} x^2+y^2=40 \\ x-y=n \end{cases}$$

의 해가 일치할 때, 실수 m, n의 합 $m+n$의 값은? (단, $x>y$)

① 10 ② 12 ③ 14
④ 16 ⑤ 18

1067 최다빈출 왕중요

연립방정식 $\begin{cases} xy+x+y=5 \\ x^2+y^2=25 \end{cases}$의 해를 $x=\alpha$, $y=\beta$라 할 때,

$\alpha\beta$의 최댓값은?

① 0 ② 10 ③ 12
④ 14 ⑤ 16

해설 내신연계문제

1068

 TOUGH

연립방정식 $\begin{cases} x+y+xy=11 \\ x^2y+xy^2=30 \end{cases}$을 만족시키는 실수 x, y를 좌표평면

위의 점 (x, y)로 나타낼 때, 이 점들을 꼭짓점으로 하는 다각형의
넓이는?

① $\dfrac{3}{2}$ ② 2 ③ $\dfrac{5}{2}$
④ 3 ⑤ $\dfrac{7}{2}$

모의고사 핵심유형 기출문제

1069 2022년 06월 고1 학력평가 12번

 NORMAL

연립방정식 $\begin{cases} x+y+xy=8 \\ 2x+2y-xy=4 \end{cases}$의 해를 $x=\alpha$, $y=\beta$라 할 때,

$\alpha^2+\beta^2$의 값은?

① 8 ② 10 ③ 12
④ 14 ⑤ 16

해설 내신연계문제

---

(1) 연립이차방정식의 해의 조건이 주어진 경우에는 다음과 같은 순서
로 푼다.
  FIRST 일차방정식을 이차방정식에 대입한다.
  LAST 위에서 구한 이차방정식의 판별식을 이용하여 해의 조건을
  만족시키는 미정계수를 구한다.

(2) 대칭형의 연립이차방정식은 t에 대한 이차방정식을 작성한 후
이차방정식의 판별식을 이용한다.

> 이차방정식 $ax^2+bx+c=0$의 판별식 $D=b^2-4ac$
> ① $D>0$이면 서로 다른 두 실근
> ② $D=0$이면 서로 같은 두 실근 (중근)
> ③ $D<0$이면 서로 다른 두 허근

1070 학교기출 대표 유형

연립방정식 $\begin{cases} y+2x=k \\ 2x^2-y=3 \end{cases}$이 오직 한 쌍의 해를 가질 때, 실수 k의

값은?

① $-\dfrac{7}{2}$ ② -3 ③ $-\dfrac{5}{2}$
④ -2 ⑤ $-\dfrac{3}{2}$

1071 최다빈출 왕중요

 BASIC

연립방정식 $\begin{cases} x+y=2 \\ x^2+y^2=a \end{cases}$가 실근을 갖도록 하는 양의 실수 a의

최솟값은?

① 1 ② 2 ③ 3
④ 4 ⑤ 5

해설 내신연계문제

1072 최다빈출 왕중요

 NORMAL

연립방정식 $\begin{cases} x-y=-2 \\ xy+x-y+k=0 \end{cases}$이 실수인 해가 존재하지 않도록 하는

실수 k의 값의 범위는?

① $k<-3$ ② $k\le-3$ ③ $k\ge-3$
④ $k\le3$ ⑤ $k>3$

해설 내신연계문제

1073

NORMAL

연립방정식 $\begin{cases} x+y=2a \\ xy=a^2+2a-4 \end{cases}$ 를 만족하는 실수 x, y가 존재하도록

하는 실수 a의 최댓값을 구하시오.

모의고사 **핵심유형** 기출문제

1074

2020년 11월 고1 학력평가 9번

NORMAL

x, y에 대한 연립방정식 $\begin{cases} 2x+y=1 \\ x^2-ky=-6 \end{cases}$ 이 오직 한 쌍의 해를 갖도록

하는 양수 k의 값은?

① 1   ② 2   ③ 3

④ 4   ⑤ 5

해설 내신연계문제

1075

2015년 03월 고2 학력평가 가형 24번

NORMAL

x, y에 대한 연립방정식 $\begin{cases} 2x-y=5 \\ x^2-2y=k \end{cases}$ 가 오직 한 쌍의 해 $x=\alpha$,

$y=\beta$를 가질 때, $\alpha+\beta+k$의 값을 구하시오. (단, k는 상수이다.)

해설 내신연계문제

1076

2024년 06월 고1 학력평가 13번

NORMAL

x, y에 대한 연립방정식 $\begin{cases} x-y=3 \\ x^2-xy-y^2=k \end{cases}$ 의 해를

$\begin{cases} x=\alpha \\ y=\alpha-3 \end{cases}$ 또는 $\begin{cases} x=\beta \\ y=\beta-3 \end{cases}$ 이라 하자. α, β가 서로 다른 두 실수가

되도록 하는 자연수 k의 최댓값은?

① 10   ② 11   ③ 12

④ 13   ⑤ 14

해설 내신연계문제

유형 24 일차식과 이차식의 연립방정식의 활용

연립방정식의 활용 문제는 다음과 같은 순서로 푼다.

FIRST 구하는 것을 미지수 x, y로 놓는다.

NEXT 주어진 조건을 이용하여 연립방정식을 세운다.

LAST 연립방정식을 풀고 구한 해가 문제의 조건에 맞는지 확인한다.

1077

학교기출 **대표** 유형

오른쪽 그림과 같이 반지름의 길이가 14인 원을 C라 하고, 반지름의 길이가 각각 x, y $(y<x<10)$인 두 원을 C_1, C_2라 할 때, 두 원 C_1, C_2는 서로 외접하고 각각 원 C에 내접한다. 원 C_1과 원 C_2의 넓이의 합이 100π일 때, $x-y$의 값을 구하시오. (단, 세 원의 중심은 한 직선 위에 있다.)

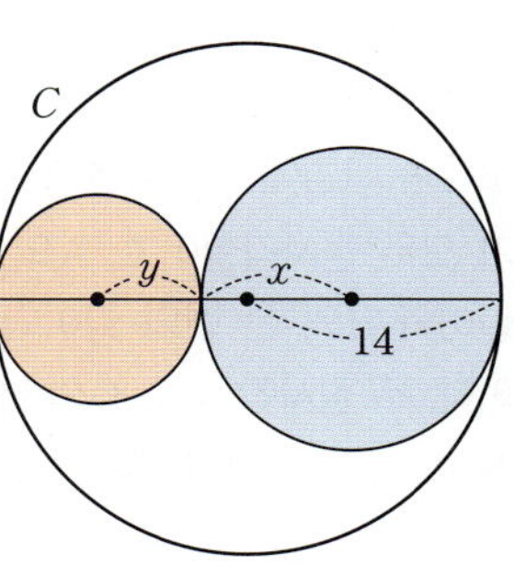

1078

최다빈출 **왕** 중요

NORMAL

대각선의 길이가 50m인 직사각형 모양의 밭이 있다. 이 밭의 세로의 길이를 5m 늘리고 가로의 길이를 10m 줄여서 새로운 밭을 만들었더니 넓이가 50m^{2}만큼 늘어났다고 한다. 크기를 바꾸기 전의 밭의 가로, 세로의 길이의 합은?

① 14m   ② 24m   ③ 48m

④ 52m   ⑤ 62m

해설 내신연계문제

1079

NORMAL

오른쪽 그림과 같이 $\overline{AD}=2$, $\overline{CD}=6$, $\angle A=\angle C=90°$인 사각형 ABCD의 둘레의 길이가 24일 때, $\overline{AB}\times\overline{BC}$의 값은?

① 16   ② 32

③ 40   ④ 52

⑤ 63

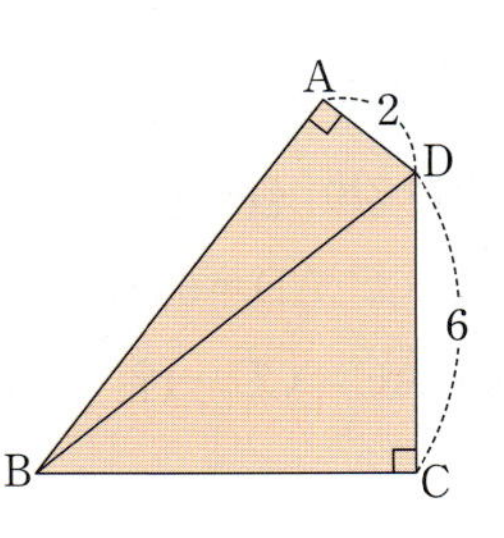

1080 최다빈출 왕 중요

두 자리 자연수에서 각 자리 숫자의 제곱의 합은 85이고 일의 자리 숫자와 십의 자리 숫자를 바꾼 수와 처음 수의 합은 121일 때, 처음 수를 구하시오. (단, 처음 수의 십의 자리 숫자는 일의 자리 숫자보다 작다.)

해설 내신연계문제

1081 최다빈출 왕 중요

오른쪽 그림에서 사각형 A, B, C, D 가 모두 정사각형이고, A의 한 변의 길이와 B의 한 변의 길이의 합이 8 이다. 두 정사각형 A, D의 넓이의 차가 24일 때, 정사각형 C의 넓이를 구하시오. (단, 정사각형 A, B, C, D 의 각 변의 길이는 모두 자연수이다.)

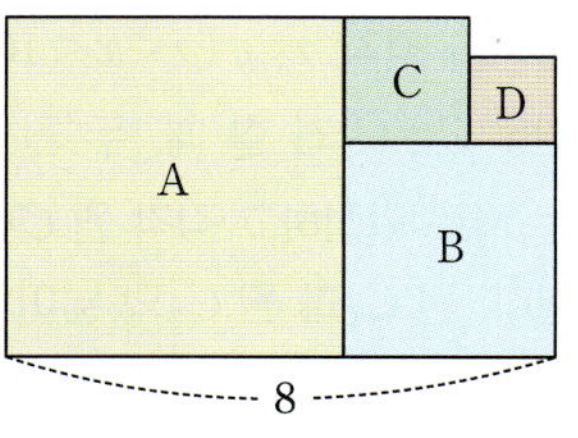

해설 내신연계문제

모의고사 핵심유형 기출문제

1082 2018년 06월 고1 학력평가 10번 NORMAL

밑면의 반지름의 길이가 r, 높이가 h인 원기둥 모양의 용기에 대하여
$$r+2h=8,\quad r^2-2h^2=8$$
일 때, 이 용기의 부피는? (단, 용기의 두께는 무시한다.)

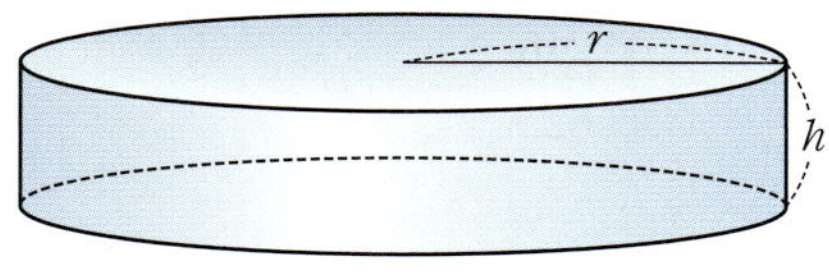

① 16π ② 20π ③ 24π
④ 28π ⑤ 32π

해설 내신연계문제

1083 2017년 11월 고1 학력평가 27번 TOUGH

그림과 같이 삼각형 ABC의 변 BC 위의 점 D에 대하여
$$\overline{AD}=6,\quad \overline{BD}=8\text{이고, } \angle BAD=\angle BCA$$
이다. $\overline{AC}=\overline{CD}-1$일 때, 삼각형 ABC의 둘레의 길이를 구하시오.

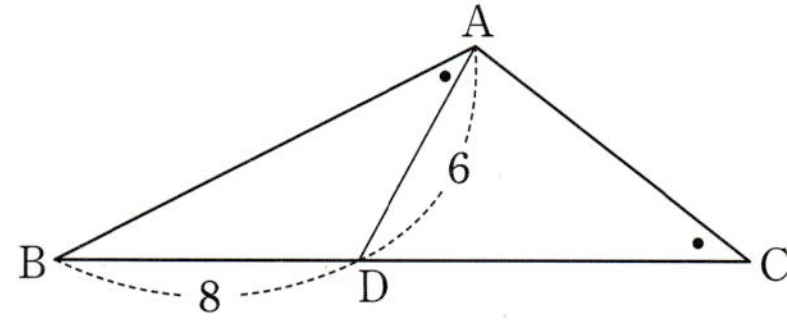

해설 내신연계문제

유형 25 {이차방정식 / 이차방정식 꼴의 연립이차방정식

두 개의 이차방정식으로 이루어진 연립이차방정식은 다음과 같은 순서로 푼다.

FIRST 인수분해가 되는 이차방정식에서 이차식을 두 일차식의 곱으로 인수분해하여 일차방정식을 얻는다.

NEXT 위에서 구한 일차방정식을 다른 이차방정식에 각각 대입하여 푼다.

LAST 위에서 구한 값을 일차방정식에 대입하여 나머지 해를 구한다.

연립이차방정식에서 이차방정식 중 하나는 무조건 인수분해가 되도록 주어진다.

1084 학교기출 대표 유형

연립방정식 $\begin{cases} x^2-3xy-4y^2=0 \\ 2x^2+y^2=33 \end{cases}$ 을 만족하는 실수 x, y에 대하여 xy의 최댓값을 구하시오.

1085 NORMAL

연립방정식 $\begin{cases} x^2-4xy+3y^2=0 \\ x^2+3xy+2y^2=5 \end{cases}$ 를 만족시키는 x, y에 대하여 xy의 최댓값은?

① $\dfrac{5}{6}$ ② $\dfrac{3}{4}$ ③ 1
④ $\dfrac{3}{2}$ ⑤ 2

1086 NORMAL

연립방정식 $\begin{cases} x^2+xy-2y^2=0 \\ x^2+y^2=10 \end{cases}$ 의 근을 $x=a$, $y=b$라 할 때, 다음 중 $a+b$의 값이 될 수 없는 것은?

① $-2\sqrt{5}$ ② $-\sqrt{2}$ ③ 0
④ $\sqrt{2}$ ⑤ $2\sqrt{5}$

1087

연립방정식 $\begin{cases} x^2+xy=6 \\ x^2+2xy-3y^2=0 \end{cases}$ 을 만족시키는 양의 실수 x, y의 순서쌍을 (α, β)라 할 때, $\alpha^2+\beta^2$의 값은?

① 6   ② 9   ③ 12
④ 15   ⑤ 18

1088

연립방정식 $\begin{cases} 2x^2-3xy+y^2=0 \\ x^2+2xy+y^2=4 \end{cases}$ 의 해 중에서 x, y의 값이 모두 양수인 정수를 $x=\alpha$, $y=\beta$라 할 때, $\alpha+\beta$의 값은?

① 1   ② 2   ③ 3
④ 4   ⑤ 5

해설 내신연계문제

1089

연립방정식 $\begin{cases} x^2-xy-2y^2=0 \\ x^2+2xy-3y^2=20 \end{cases}$ 을 만족시키는 양의 실수 x, y를 $x=a$, $y=b$라 할 때, 이차방정식 $bx^2+ax+6=0$의 두 근 α, β에 대하여 $\alpha^3+\beta^3$의 값은?

① 6   ② 8   ③ 10
④ 12   ⑤ 14

1090

x, y에 대한 두 연립방정식

$$\begin{cases} x^2+y^2=a \\ x^2-y^2=0 \end{cases}, \quad \begin{cases} ax+by=0 \\ x^2-2xy+y^2=16 \end{cases}$$

의 공통인 해가 존재할 때, 상수 a, b에 대하여 $a+b$의 값을 구하시오.

해설 내신연계문제

모의고사 **핵심유형** 기출문제

1091

2020년 03월 고2 학력평가 13번

연립방정식 $\begin{cases} x^2-3xy+2y^2=0 \\ x^2-y^2=9 \end{cases}$ 의 해를 $\begin{cases} x=\alpha_1 \\ y=\beta_1 \end{cases}$ 또는 $\begin{cases} x=\alpha_2 \\ y=\beta_2 \end{cases}$라 하자. $\alpha_1<\alpha_2$일 때, $\beta_1-\beta_2$의 값은?

① $-2\sqrt{3}$ ② $-2\sqrt{2}$ ③ $2\sqrt{2}$
④ $2\sqrt{3}$ ⑤ 4

해설 내신연계문제

1092

2019년 03월 고2 학력평가 가형 13번

연립방정식 $\begin{cases} x^2-2xy-3y^2=0 \\ x^2+y^2=20 \end{cases}$ 의 해를 $x=a$, $y=b$라 할 때, $a+b$의 값은? (단, $a>0$, $b>0$)

① $2\sqrt{6}$ ② $2\sqrt{7}$ ③ $4\sqrt{2}$
④ 6   ⑤ $2\sqrt{10}$

해설 내신연계문제

두 방정식 $f(x)=0$, $g(x)=0$이 공통인 근을 가지는 경우에는 다음과 같은 순서로 푼다.

FIRST 공통인 근을 α로 놓고 $f(\alpha)=0$, $g(\alpha)=0$임을 이용하여 연립방정식을 세운다.

NEXT 연립방정식을 푼다.

LAST 위에서 구한 값이 조건에 맞는지 확인한다.

공통근
[방법1] 두 방정식이 인수분해 가능한 경우
➡ 인수분해 후 공통근을 구한다.
[방법2] 인수분해 불가능한 경우
➡ 최고차항 또는 상수항 소거하여 인수분해 후 공통근을 구한다.
참고 최고차항이나 상수항을 소거하여 얻은 방정식의 해 중에는 공통근이 아닌 근도 있으므로 공통근인지 확인한다.

1093 학교기출 대표 유형

두 이차방정식 $x^2+ax+b=0$, $x^2+bx+a=0$이 오직 하나의 공통근을 가질 때, 상수 a, b에 대하여 $a+b$의 값은?

① -2 ② -1 ③ 0
④ 1 ⑤ 2

1094

NORMAL

두 이차방정식 $x^2+mx-3=0$, $2x^2+(m+2)x-m^2-m=0$이 오직 하나의 공통근을 가질 때, 상수 m의 값과 공통근의 합은?

① -3 ② -2 ③ 0
④ 2 ⑤ 3

1095 최다빈출 왕 중요

NORMAL

x에 대한 두 이차방정식 $x^2+2mx+9=0$, $2x^2+mx+3=0$의 공통근이 존재할 때, 양수 m의 값을 구하시오.

해설 내신연계문제

x, y가 정수라는 조건이 주어진 부정방정식 $axy+ax+by+c=0$은 다음과 같은 순서를 푼다.

FIRST 주어진 방정식을 (일차식)×(일차식)$=k$(k는 정수)꼴로 변형한다.

LAST 곱해서 정수가 되는 일차식의 값을 구한다.

$xy+ax+by+c=0$(a, b, c는 정수)꼴의 부정방정식
➡ $x(y+a)+b(y+a)=ab-c$
즉 $(x+a)(y+a)=ab-c$ ◀ (일차식)×(일차식)$=$(정수)꼴
로 변형하여 $x+b$, $x+a$가 $ab-c$의 약수임을 이용한다.

1096 학교기출 대표 유형

방정식 $xy-2x-2y-1=0$을 만족하는 정수 x, y에 대하여 $x+y$의 최댓값을 구하시오.

1097 최다빈출 왕 중요

NORMAL

x에 대한 이차방정식 $x^2-(m-5)x+m+2=0$의 두 근 α, β가 모두 자연수일 때, 모든 정수 m의 값의 합은? (단, $\alpha<\beta$)

① 18 ② 23 ③ 29
④ 31 ⑤ 34

해설 내신연계문제

1098

NORMAL

방정식 $\dfrac{1}{x}+\dfrac{1}{y}=\dfrac{1}{2}$을 만족시키는 자연수 x, y를 좌표평면 위의 점 (x, y)로 나타낼 때, 이 점들을 꼭짓점으로 하는 다각형의 넓이는?

① $\dfrac{1}{2}$ ② 1 ③ $\dfrac{3}{2}$
④ 2 ⑤ $\dfrac{5}{2}$

1099

네 변의 길이가 서로 다른 자연수이고,

$$\overline{AB}=9,\ \overline{CD}=7,\ \angle BAD=\angle BCD=90°$$

인 사각형 ABCD가 있다. 이 사각형 ABCD의 둘레의 길이를 구하시오.

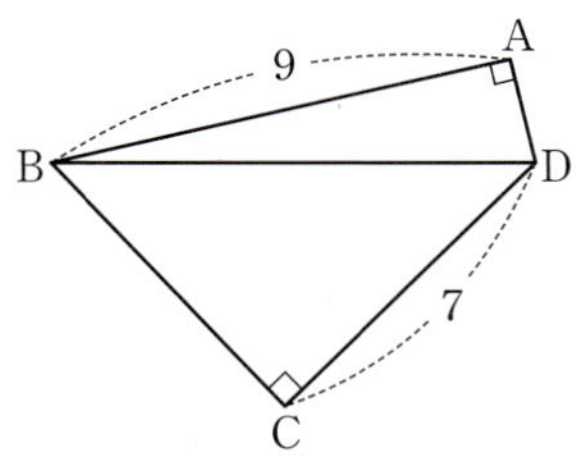

모의고사 **핵심유형** 기출문제

1100
2019년 06월 고1 학력평가 17번

두 자연수 a, $b\,(a<b)$와 모든 실수 x에 대하여 등식

$$(x^2-x)(x^2-x+3)+k(x^2-x)+8=(x^2-x+a)(x^2-x+b)$$

를 만족시키는 모든 상수 k의 값의 합은?

① 8   ② 9   ③ 10

④ 11   ⑤ 12

해설 내신연계문제

1101
2013년 9월 고1 학력평가 19번

x에 대한 이차방정식 $x^2+(m+1)x+2m-1=0$의 두 근이 정수가 되도록 하는 모든 정수 m의 값의 합은?

① 6   ② 7   ③ 8

④ 9   ⑤ 10

해설 내신연계문제

유형 28 실수 조건의 부정방정식의 풀이

실수 조건의 부정방정식 $ax^2+bxy+cy^2+dx+ey+f=0$

미지수가 2개인 이차방정식에서 구하고자 하는 해가 실수이면

(1) 완전제곱꼴로 변형 가능

➡ $A^2+B^2=0$이면 $A=0$, $B=0$임을 이용한다.

(2) 완전제곱꼴로 변형 불가능

➡ 한 문자에 대하여 내림차순으로 정리한 후 x, y가 실수(실근)이므로 판별식 $D\geq 0$임을 이용한다.

◀ 실수 x, y에 대한 이차방정식이 주어지는 경우

1102
학교기출 **대표**유형

방정식 $x^2-4xy+5y^2+2y+1=0$을 만족하는 두 실수 x, y에 대하여 $x+y$의 값은?

① -5 ② -3 ③ -1

④ 3   ⑤ 5

1103
최다빈출 **왕**중요

방정식 $x^2-2xy+2y^2-2x+6y+5=0$을 만족하는 두 실수 x, y에 대하여 $x+y$의 값은?

① -6 ② -3 ③ -1

④ 3   ⑤ 6

해설 내신연계문제

1104

방정식 $(x+y)^2-6x-3=0$을 만족시키는 양의 정수 x, y에 대하여 $x+y$의 값을 구하시오.

서술형 기출유형

학교내신기출 서술형 핵심문제총정리

1105

삼차방정식 $x^3-x^2+ax-1=0$의 한 근이 -1일 때, 실수 a에 대하여 나머지 두 근을 구하는 과정을 다음 단계로 서술하시오.

- **1단계** $x=-1$을 대입하여 실수 a의 값을 구한다. [3점]
- **2단계** 조립제법을 이용하여 삼차식을 인수분해한다. [4점]
- **3단계** 나머지 두 근을 각각 구한다. [3점]

1106

사차방정식 $x^4+2x^3-7x^2+px+q=0$의 두 근이 2, -3일 때, 상수 p, q에 대하여 나머지 두 근을 구하는 과정을 다음 단계로 서술하시오.

- **1단계** $x=2$, $x=-3$을 각각 대입하여 상수 p, q의 값을 구한다. [3점]
- **2단계** 조립제법을 이용하여 사차식을 인수분해한다. [4점]
- **3단계** 나머지 두 근을 각각 구한다. [3점]

1107

삼차방정식 $x^3+3x^2+(k+4)x-k-8=0$의 서로 다른 실근의 개수가 2일 때, 모든 실수 k의 값의 합을 구하는 과정을 다음 단계로 서술하시오.

- **1단계** 조립제법을 이용하여 삼차식을 인수분해한다. [3점]
- **2단계** 삼차방정식이 서로 다른 실근의 개수가 2일 때, 실수 k의 값을 구한다. [5점]
- **3단계** 모든 실수 k의 값의 합을 구한다. [2점]

1108

삼차방정식 $x^3-(a-3)x^2+ax-4=0$이 중근을 갖도록 하는 실수 a의 값을 모두 구하는 과정을 다음 단계로 서술하시오.

- **1단계** 조립제법을 이용하여 삼차식을 인수분해한다. [5점]
- **2단계** 삼차방정식이 중근을 가질 때, 실수 a의 값을 구한다. [5점]

1109

사차방정식 $(x^2+x-1)(x^2+x+3)-5=0$의 서로 다른 두 허근을 α, β라 할 때, $\alpha\overline{\alpha}+\beta\overline{\beta}$의 값을 구하는 과정을 다음 단계로 서술하시오. (단, $\overline{\alpha}$, $\overline{\beta}$는 α, β의 켤레복소수이다.)

- **1단계** $x^2+x=X$로 치환하여 인수분해한다. [3점]
- **2단계** 사차방정식의 두 허근 α, β를 구한다. [3점]
- **3단계** $\alpha\overline{\alpha}+\beta\overline{\beta}$의 값을 구한다. [4점]

1110

계수가 실수인 삼차방정식 $x^3+ax^2+7x+b=0$의 한 근이 $1+2i$일 때, 나머지 두 근을 구하는 과정을 다음 단계로 서술하시오. (단, $i=\sqrt{-1}$)

- **1단계** $x=1+2i$를 삼차방정식에 대입하여 실수부분과 허수부분으로 정리한다. [4점]
- **2단계** 복소수가 서로 같을 조건을 이용하여 실수 a, b의 값을 구한다. [2점]
- **3단계** 인수정리와 조립제법을 이용하여 나머지 두 근을 구한다. [4점]

1111 최다빈출 왕 중요

그림과 같이 원 밖의 점 P에서 원에 그은 접선의 접점을 A라 하고
점 P를 지나는 직선이 원과 만나는 두 점을 B, C라 하자.

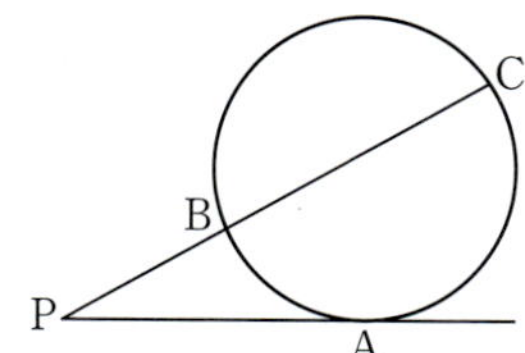

$\overline{PB}=x^2-x+6$, $\overline{BC}=2x$, $\overline{PA}=2\sqrt{6}\,x$가 되도록 하는 모든 x의
값의 합을 구하는 과정을 다음 단계로 서술하시오.

1단계 접선과 할선 사이의 성질을 이용하여 사차방정식을 구한다.
[4점]

2단계 $x^2=X$로 치환하여 사차방정식의 해를 구한다. [5점]

3단계 모든 x의 값의 합을 구한다. [1점]

(해설 내신연계문제)

1112 최다빈출 왕 중요

연립방정식 $\begin{cases} x-y=1 \\ x^2-3xy+y^2=a \end{cases}$ 의 해 중에서 연립방정식

$\begin{cases} 2x^2-xy=6 \\ 3x+by=1 \end{cases}$ 을 만족시키는 해가 존재할 때, 정수 a, b에 대하여

$a+b$의 값을 구하는 과정을 다음 단계로 서술하시오.

1단계 두 연립방정식의 공통인 해를 가지는 연립방정식을 세운다.
[2점]

2단계 [1단계]의 연립방정식의 해를 구한다. [5점]

3단계 정수 a, b에 대하여 $a+b$의 값을 구한다. [3점]

(해설 내신연계문제)

1113

연립방정식 $\begin{cases} x^2+xy=12 \\ 2x^2+3xy-2y^2=0 \end{cases}$ 을 만족시키는 자연수 x, y에

대하여 $y-x$의 값을 구하는 과정을 다음 단계로 서술하시오.

1단계 $2x^2+3xy-2y^2=0$의 좌변을 인수분해하여 두 일차방정식을
구한다. [3점]

2단계 연립방정식의 해 구한다. [5점]

3단계 자연수 x, y에 대하여 $y-x$의 값을 구한다. [2점]

1114 최다빈출 왕 중요

고대 중국의 수학책인 「구장산술」에
는 다음과 같이 '부러진 대나무 문제'
가 실려 있다.

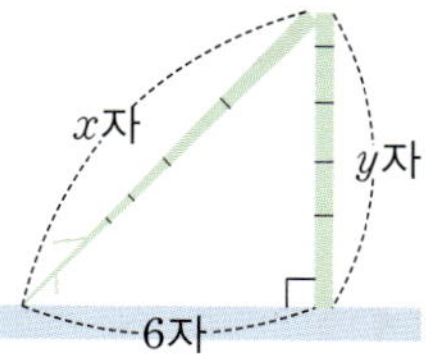

> 높이가 18자인 대나무가 바람에
> 부러져서 그 끝이 대나무로부터
> 6자 떨어진 곳에 닿았다.

대나무가 부러져서 생긴 두 부분의 길이를 각각 x자, y자라 할 때,
x와 y의 값을 구하는 과정을 다음 단계로 서술하시오.

1단계 대나무의 높이가 18자임을 이용하여 일차방정식을 세운다.
[3점]

2단계 부러진 대나무로 만들어진 삼각형이 직각삼각형임을 이용
하여 이차방정식을 세운다. [3점]

3단계 [1, 2단계]에서 구한 방정식을 연립하여 풀어 x, y의 값을
구한다. [4점]

(해설 내신연계문제)

1115

오른쪽 그림과 같이 가로의 길이와 높
이가 모두 xm, 세로의 길이가 ym인
직육면체의 모든 모서리의 길이는 40m
이고, 직육면체의 겉넓이는 34m²이다.
이 직육면체의 가로의 길이와 세로의
길이의 합을 구하는 과정을 다음 단계
로 서술하시오.

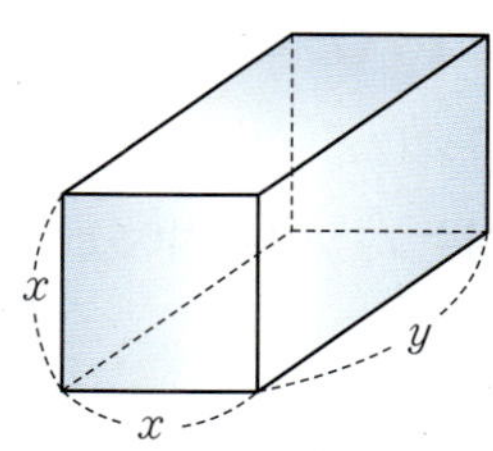

1단계 직육면체의 모서리의 길이가 40m임을 이용하여 x, y의
관계식을 세운다. [3점]

2단계 직육면체의 겉넓이가 34m²임을 이용하여 x, y의 관계식을
세운다. [3점]

3단계 가로의 길이 xm, 세로의 길이 ym를 구하고 $x+y$의 값을
구한다. [4점]

1116

두 자리 자연수가 있다. 각 자리 숫자의 제곱의 합은 73이고, 일의
자리 숫자와 십의 자리 숫자를 바꾼 자연수와 처음 자연수의 합은
121이다. 처음 자연수를 구하는 과정을 다음 단계로 서술하시오.

1단계 처음 자연수의 십의 자리 숫자를 x, 일의 자리 숫자를 y로
놓고 조건을 만족하는 연립방정식을 세운다. [3점]

2단계 연립방정식의 해를 구한다. [5점]

3단계 처음 자연수를 구한다. [2점]

행복한 일등급문제

학교내신기출 고난도 핵심문제총정리

YOUR MASTERPLAN ; MAPL
SYNERGY
SERIES

1117

삼차방정식 $x^3+x^2+3(a-2)x-6a=0$의 근에 관한 [보기]의 설명 중 옳은 것을 모두 고른 것은?

> ㄱ. 적어도 하나의 실근을 갖는다.
> ㄴ. 오직 하나의 실근을 갖도록 하는 실수 a의 값의 범위는 $a>\dfrac{3}{4}$이다.
> ㄷ. 중근을 갖도록 하는 실수 a는 2개이다.

① ㄱ   ② ㄴ   ③ ㄱ, ㄷ
④ ㄴ, ㄷ   ⑤ ㄱ, ㄴ, ㄷ

1118

등식 $(2x^2-3xy+y^2)+(x^2+xy-y^2-25)i=0$를 만족시키는 두 실수 x, y에 대하여 $x+y$의 최댓값을 구하시오. (단, $i=\sqrt{-1}$)

1119   최다빈출 왕 중요

복소수 $z=a+bi$ (a, b는 실수)가 다음 조건을 만족시킬 때, $a-\sqrt{3}\,b$의 값을 구하시오.
(단, $i=\sqrt{-1}$이고 $\overline{z}$는 z의 켤레복소수이다.)

> (가) z는 사차방정식 $x^4+2x^3+3x^2-2x-4=0$의 근이다.
> (나) $(z-\overline{z})i$는 양의 실수이다.

해설 내신연계문제

1120   최다빈출 왕 중요

사차방정식 $x^4+(k-1)x^3+3x^2-(k-1)x-4=0$이 서로 다른 네 실근을 가질 때, 10 이하의 모든 자연수 k의 값의 합을 구하시오.

해설 내신연계문제

1121   최다빈출 왕 중요

다음 조건을 만족하는 상수 a, b에 대하여 ab의 값을 구하시오.

> (가) 방정식 $x^3=1$의 한 허근을 ω라 할 때,
> $$\frac{1}{\omega+1}+\frac{1}{\omega^2+1}+\frac{1}{\omega^3+1}+\cdots+\frac{1}{\omega^{30}+1}=a$$
> (나) 방정식 $x^3+1=0$의 한 허근을 ω라 할 때,
> $$(1+\omega+\omega^2+\cdots+\omega^8)(1+\overline{\omega}+\overline{\omega}^2+\cdots+\overline{\omega}^8)=b$$

해설 내신연계문제

1122   최다빈출 왕 중요

복소수 $z=\dfrac{1-i}{1+i}$, $\omega=\dfrac{1+\sqrt{-3}}{2}$에 대하여
$$z^n+\omega^n=2$$
를 만족시키는 1000 이하의 자연수 n의 개수를 구하시오.

해설 내신연계문제

1123

삼차방정식 $x^3+ax^2+bx+c=0$에서 선미는 a, b를 잘못 보고 풀어서 세 근 -3, 0, 2를 얻었고 경래는 b, c를 잘못 보고 풀어서 세 근 -2, $1+i$, $1-i$를 얻었으며 승균이는 a, c를 잘못 보고 풀어서 세 근 -2, -1, 2를 얻었다. 처음의 삼차방정식 $x^3+ax^2+bx+c=0$의 세 근의 합을 구하시오. (단, a, b, c는 상수이다.)

1124　2015년 09월 고1 학력평가 15번

세 실수 a, b, c에 대하여 한 근이 $1+\sqrt{3}\,i$인 방정식 $x^3+ax^2+bx+c=0$과 이차방정식 $x^2+ax+2=0$이 공통인 근 m을 가질 때, m의 값은? (단, $i=\sqrt{-1}$)

① 2 ② 1 ③ 0
④ -1 ⑤ -2

해설 내신연계문제

1125　2018년 03월 고2 학력평가 가형 14번

x에 대한 방정식
$$(1+x)(1+x^2)(1+x^4)=x^7+x^6+x^5+x^4$$
의 세 근을 각각 α, β, γ라 할 때, $\alpha^4+\beta^4+\gamma^4$의 값은?

① 3 ② 7 ③ 11
④ 15 ⑤ 19

해설 내신연계문제

1126　2024년 06월 고1 학력평가 20번

x에 대한 삼차방정식 $x^3-(a^2+a-1)x^2-a(a-3)x+4a=0$이 서로 다른 세 실근 α, β, $\gamma\,(\alpha<\beta<\gamma)$를 가질 때, $\alpha\times\gamma=-4$가 되도록 하는 모든 실수 a의 값의 합은?

① 1 ② 2 ③ 3
④ 4 ⑤ 5

해설 내신연계문제

1127　2016년 03월 고2 학력평가 가형 30번

x에 대한 삼차방정식 $ax^3+2bx^2+4bx+8a=0$이 서로 다른 세 정수를 근으로 갖는다. 두 정수 a, b가 $|a|\leq 50$, $|b|\leq 50$일 때, 순서쌍 $(a,\ b)$의 개수를 구하시오.

해설 내신연계문제

1128　2021년 06월 고1 학력평가 30번

5 이상의 자연수 n에 대하여 다항식
$$P_n(x)=(1+x)(1+x^2)(1+x^3)\cdots(1+x^{n-1})(1+x^n)-64$$
가 x^2+x+1로 나누어떨어지도록 하는 모든 자연수 n의 값의 합을 구하시오.

해설 내신연계문제

05 일차부등식

학교내신기출 객관식 핵심문제총정리

유형01 부등식의 기본 성질

세 실수 a, b, c에 대하여

(1) $a>b$, $b>c$이면 $a>c$

(2) $a>b$이면 $a+c>b+c$, $a-c>b-c$

(3) $a>b$, $c>0$이면 $ac>bc$, $\dfrac{a}{c}>\dfrac{b}{c}$

◀ 부등식의 양변에 양수를 곱하거나 나누면 부등호의 방향이 그대로이다.

(4) $a>b$, $c<0$이면 $ac<bc$, $\dfrac{a}{c}<\dfrac{b}{c}$

◀ 부등식의 양변에 음수를 곱하거나 나누면 부등호의 방향이 바뀐다.

(5) $a>b>0$이면 $a^2>b^2$

1129 학교기출 대표 유형

다음 [보기] 중 옳은 것을 모두 고른 것은?

> ㄱ. $a>b$이면 $a-c>b-c$
>
> ㄴ. $a>b$, $c<0$이면 $\dfrac{a}{c}<\dfrac{b}{c}$
>
> ㄷ. $a>b>0$, $c>d>0$이면 $\dfrac{a}{d}>\dfrac{b}{c}$

① ㄱ   ② ㄴ   ③ ㄷ
④ ㄱ, ㄴ   ⑤ ㄱ, ㄴ, ㄷ

1130 최다빈출 왕 중요

BASIC

다음 [보기] 중 옳은 것을 모두 고르면?

> ㄱ. $a>b$이면 $a^2>b^2$
>
> ㄴ. $ab\neq0$이고 $a>b$이면 $\dfrac{1}{a}>\dfrac{1}{b}$
>
> ㄷ. $a>b$, $c>d$이면 $a+c>b+d$

① ㄱ   ② ㄴ   ③ ㄷ
④ ㄱ, ㄴ   ⑤ ㄴ, ㄷ

해설 내신연계문제

유형02 일차부등식의 풀이

(1) **일차부등식의 풀이**

부등식 $ax>b$는 x의 계수의 부호에 따라 $a>0$, $a=0$, $a<0$인 경우로 나누어 푼다.

① $a>0$이면 $x>\dfrac{b}{a}$

② $a<0$이면 $x<\dfrac{b}{a}$

③ $a=0$일 때, $\begin{cases} b\geq0 \text{ 이면 해는 없다.} \\ b<0 \text{ 이면 해는 모든 실수이다.} \end{cases}$

(2) **특수한 해를 갖는 일차부등식**

부등식 $ax>b$에 대하여

① 해가 없을 때, ➡ $a=0$, $b\geq0$

② 해가 모든 실수일 때, ➡ $a=0$, $b<0$

 ① $0\times x>(0$ 또는 양수)이면 해가 존재하지 않는다.
② $0\times x>($음수)이면 해는 모든 실수이다.

1131 학교기출 대표 유형

x에 대한 부등식 $(a-1)x+1>b+2$에 대한 다음 [보기]의 설명 중 옳은 것을 모두 고른 것은?

> ㄱ. $a>1$일 때, $x>\dfrac{b+1}{a-1}$
>
> ㄴ. $a=1$, $b<-1$일 때, 해는 무수히 많다.
>
> ㄷ. $a=1$, $b=-1$일 때, $x=0$

① ㄱ   ② ㄴ   ③ ㄱ, ㄴ
④ ㄴ, ㄷ   ⑤ ㄱ, ㄴ, ㄷ

1132

NORMAL

x에 대한 부등식 $(a-b)x+2a-b>0$의 해가 $x<1$일 때, 부등식 $(a+2b)x+7a-2b\geq0$을 만족하는 x의 최솟값은? (단, a, b는 실수이다.)

① -3 ② -2 ③ -1
④ 2 ⑤ 4

1133 

x에 대한 부등식 $(3a-b)x \leq 4a+2b+12$의 해가 $x \geq -1$일 때, $3a+b=0$인 두 실수 a, b에 대하여 $a+b$의 값을 구하시오.

해설 내신연계문제

1134

x에 대한 부등식 $2x-a < bx+5$의 해가 존재하지 않을 때, 두 실수 a, b의 곱 ab의 최댓값은?

① -10 ② -5 ③ -2
④ 5 ⑤ 10

1135 

x에 대한 부등식 $3ax+a > bx+b$의 해가 모든 실수일 때, 부등식 $bx-2a < 4b+5ax$의 해는? (단, a, b는 실수이다.)

① $x < -12$ ② $x < -7$ ③ $x < -2$
④ $x < 7$ ⑤ $x < 12$

해설 내신연계문제

유형 03   연립일차부등식의 풀이

연립일차부등식의 해는 다음과 같은 순서로 구한다.

FIRST 각각의 일차부등식을 푼다.
NEXT 각 부등식의 해를 수직선 위에 함께 나타낸다.
LAST 공통부분을 찾아 주어진 연립부등식의 해를 구한다.

① 괄호가 있는 부등식은 분배법칙을 이용하여 괄호를 푼다.
② 계수가 분수 또는 소수인 부등식은 양변에 적당한 수를 곱하여 계수를 정수로 고친다.

1136

연립부등식 $\begin{cases} 3x+9 > x-3 \\ 2(x-2) \leq x+5 \end{cases}$ 의 해가 $\alpha < x \leq \beta$일 때, $\beta-\alpha$의 값을 구하시오.

1137

연립부등식 $\begin{cases} 1.1+0.1x \geq 0.4(x-1) \\ \dfrac{x-2}{3} < \dfrac{x+1}{4} \end{cases}$ 를 만족시키는 모든 자연수

x의 값의 합을 구하시오.

해설 내신연계문제

모의고사   **핵심유형**   기출문제

1138   2023년 11월 고1 학력평가 4번

연립부등식 $\begin{cases} 3x \geq 2x+3 \\ x-10 \leq -x \end{cases}$ 를 만족시키는 모든 정수 x의 값의 합은?

① 10   ② 12   ③ 14
④ 16   ⑤ 18

해설 내신연계문제

1139   2023년 09월 고1 학력평가 4번

연립부등식 $\begin{cases} x+6 \leq 4x \\ 3x+4 < x+16 \end{cases}$ 을 만족시키는 모든 정수 x의 개수는?

① 1   ② 2   ③ 3
④ 4   ⑤ 5

해설 내신연계문제

유형 04 $A<B<C$ 꼴의 부등식의 풀이

$A<B<C$ 꼴의 부등식은 $A<B$이고 $B<C$이므로

연립부등식 $\begin{cases} A<B \\ B<C \end{cases}$ 꼴로 바꾸어 푼다.

 부등식 $A<B<C$를 $\begin{cases} A<B \\ A<C \end{cases}$ 또는 $\begin{cases} A<C \\ B<C \end{cases}$ 꼴로 바꾸어 풀지 않도록 주의한다.

1140 학교기출 대표유형

부등식 $15x-26 \le 5x+4 \le 10x-1$의 해를 구하는 과정이다.

부등식 $15x-26 \le 5x+4 \le 10x-1$는 다음 연립부등식과 같다.

$$\begin{cases} 15x-26 \le 5x+4 & \cdots\cdots \text{㉠} \\ \boxed{\text{(가)}} \le 10x-1 & \cdots\cdots \text{㉡} \end{cases}$$

㉠에서 $x \le \boxed{\text{(나)}}$

㉡에서 $x \ge \boxed{\text{(다)}}$

따라서 연립부등식의 해는 $\boxed{\text{(다)}} \le x \le \boxed{\text{(나)}}$ 이다.

위의 (가)에 알맞은 식을 $f(x)$, (나), (다)에 알맞은 수를 p, q라 할 때, $pf(q)$의 값을 구하시오.

1141 BASIC

부등식 $2(x-3)<x+2 \le 3(x-2)$를 만족시키는 모든 정수 x의 값의 합은?

① 12 　　　　② 16 　　　　③ 20
④ 22 　　　　⑤ 24

1142 최다빈출 왕중요 NORMAL

부등식 $\dfrac{4x+5}{3} \le \dfrac{5x+9}{4} \le 2x$를 만족시키는 정수 x의 최댓값과 최솟값의 차는?

① 2 　　　　② 3 　　　　③ 4
④ 5 　　　　⑤ 6

해설 내신연계문제

1143 NORMAL

부등식 $\dfrac{4x+5}{9} < \dfrac{x+4}{3} \le 2x+3$을 만족시키는 x에 대하여 $A=-x+8$일 때, A의 값의 범위는?

① $-7<A \le 1$ 　　② $-1<A \le 7$ 　　③ $1<A \le 7$
④ $1<A \le 9$ 　　⑤ $7<A \le 9$

1144 NORMAL

부등식 $\dfrac{3}{2}x-1.5 < 0.4x+0.3 \le 0.5x+0.9$에 대하여 [보기]에서 옳은 것만을 있는 대로 고른 것은?

ㄱ. 정수인 해는 8개이다.
ㄴ. 자연수인 해는 2개이다.
ㄷ. $x=\dfrac{7}{4}$은 부등식의 해이다.

① ㄱ 　　　　② ㄴ 　　　　③ ㄱ, ㄴ
④ ㄱ, ㄷ 　　⑤ ㄴ, ㄷ

1145 BASIC
2009년 03월 고1 학력평가 3번

부등식 $-2 < \dfrac{1}{2}x-3 < 2$를 만족시키는 정수 x의 개수는?

① 4 　　　　② 5 　　　　③ 6
④ 7 　　　　⑤ 8

해설 내신연계문제

유형 05 특수한 해를 갖는 연립일차부등식의 풀이

(1) **연립부등식의 해가 없는 경우**
➡ 수직선 위에서 두 일차부등식의 해의 공통부분이 없다. (단, $a < b$)

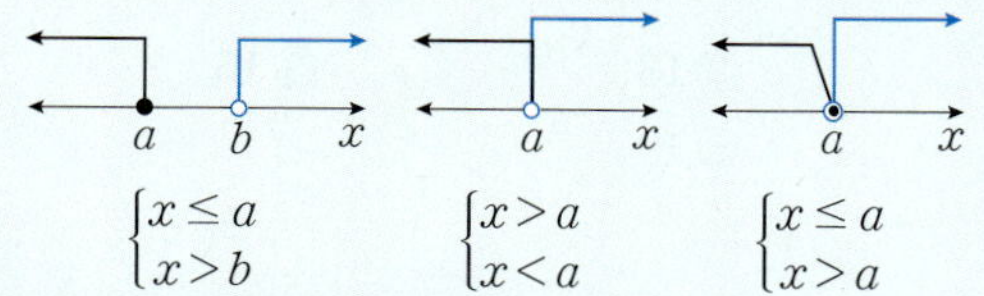

$$\begin{cases} x \le a \\ x > b \end{cases} \qquad \begin{cases} x > a \\ x < a \end{cases} \qquad \begin{cases} x \le a \\ x > a \end{cases}$$

(2) **연립부등식의 해가 한 개인 경우**
➡ 수직선 위에서 두 일차부등식의 해의 공통부분이 $x = a$ 뿐이다.

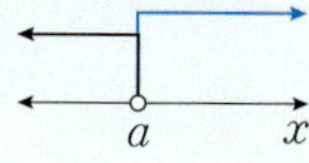

연립일차부등식의 해를 구할 때, 각각 일차부등식의 해를 수직선을 그려서 범위를 그림으로 나타내면 이해하는 데 도움이 된다.

1146 · 학교기출 · 대표유형

연립부등식 $\begin{cases} x+5 \le 4x-1 \\ 3x-1 \le x+3 \end{cases}$ 의 해는?

① $x \le -1$ ② $x \ge 1$ ③ -2
④ 2 ⑤ 해가 없다.

1147 · NORMAL

연립부등식 $\begin{cases} \dfrac{3(x+5)}{8} + \dfrac{x+3}{2} \ge \dfrac{3}{4} \\ \dfrac{x-3}{3} \ge \dfrac{5x+7}{4} \end{cases}$ 의 해는?

① -6 ② -3 ③ 3
④ 6 ⑤ 9

1148 · 최다빈출 왕중요 · NORMAL

연립부등식 $\begin{cases} \dfrac{5x-4}{9} < \dfrac{2x+1}{3} \\ 7x+1 \le 4(x-5) \end{cases}$ 의 해는?

① -7 ② -3 ③ 해는 없다.
④ 3 ⑤ 7

해설 내신연계문제

1149 · NORMAL

다음 [보기]의 연립부등식 중 해가 없는 것만을 있는 대로 고른 것은?

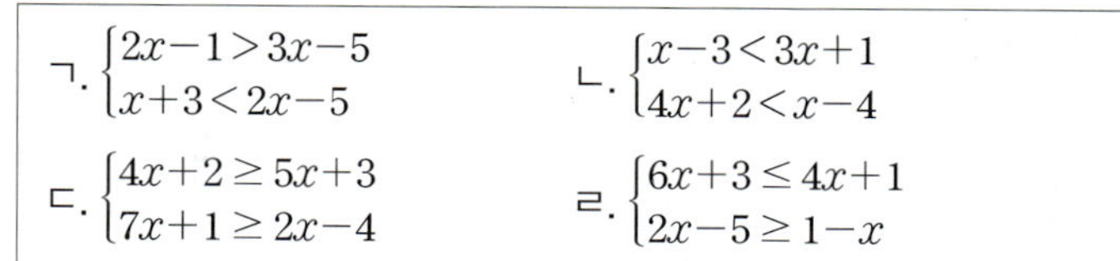

$$ㄱ. \begin{cases} 2x-1 > 3x-5 \\ x+3 < 2x-5 \end{cases} \qquad ㄴ. \begin{cases} x-3 < 3x+1 \\ 4x+2 < x-4 \end{cases}$$
$$ㄷ. \begin{cases} 4x+2 \ge 5x+3 \\ 7x+1 \ge 2x-4 \end{cases} \qquad ㄹ. \begin{cases} 6x+3 \le 4x+1 \\ 2x-5 \ge 1-x \end{cases}$$

① ㄱ, ㄴ   ② ㄱ, ㄹ   ③ ㄱ, ㄴ, ㄹ
④ ㄱ, ㄷ, ㄹ   ⑤ ㄱ, ㄴ, ㄷ, ㄹ

1150 · 최다빈출 왕중요 · NORMAL

부등식 $\dfrac{x-3}{3} \le x+1 \le \dfrac{x-1}{2}$ 의 해가 이차방정식 $x^2 + 2ax + a^2 = 0$
의 해와 같을 때, 실수 a의 값은?

① -3 ② -1 ③ 1
④ 2 ⑤ 3

해설 내신연계문제

1151 · NORMAL

연립부등식 $\begin{cases} 7-7x \le -3x-5 \\ 5x \le 3x+2a \end{cases}$ 에 대한 설명으로 [보기]에서 옳은 것
만을 있는 대로 고른 것은?

ㄱ. $a=3$이면 해는 $x=3$이다.
ㄴ. $a<3$이면 해는 없다.
ㄷ. $a>3$이면 해는 모든 실수이다.

① ㄱ   ② ㄴ   ③ ㄱ, ㄴ
④ ㄱ, ㄷ   ⑤ ㄱ, ㄴ, ㄷ

미정계수가 포함된 연립일차부등식의 해가 주어지면

➡ 연립부등식의 해가 주어지면 각 일차부등식의 풀어 공통부분을 구한 후 주어진 해와 비교하여 미정계수의 값을 구한다.

 연립부등식의 해의 부등호의 방향을 보고 각각의 일차부등식의 해와 비교하여 해당되는 부분끼리 비교하면 더욱 쉽게 해결할 수 있다.

1152   학교기출 대표 유형

x에 대한 연립부등식 $\begin{cases} 2x-1 \le x+a \\ x+1 < 3x+b \end{cases}$

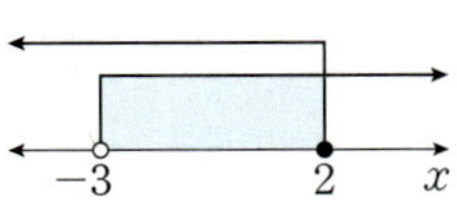

의 해를 수직선 위에 나타내면 오른쪽 그림과 같을 때, 두 상수 a, b에 대하여 $a+b$의 값을 구하시오.

1153   NORMAL

x에 대한 연립부등식 $\begin{cases} 4x-a \le 2x+2 \\ 3x+b < 5x+6 \end{cases}$ 의 해가 $-4 < x \le 5$일 때, 두 상수 a, b에 대하여 ab의 값은?

① -18 ② -16 ③ -12
④ -10 ⑤ -8

1154   최다빈출 왕 중요   NORMAL

x에 대한 부등식 $3x-a < 2x-5 \le 5x-b$의 해가 $-2 \le x < 3$일 때, 두 상수 a, b에 대하여 $a-b$의 값은?

① 6   ② 7   ③ 8
④ 9   ⑤ 10

해설 내신연계문제

1155   NORMAL

x에 대한 부등식 $x+a \le 4x-1 \le 2x+b$의 해가 $x=3$일 때, 두 상수 a, b에 대하여 $a+b$의 값은?

① 11   ② 13   ③ 15
④ 17   ⑤ 19

1156   최다빈출 왕 중요   NORMAL

x에 대한 연립부등식 $\begin{cases} 6x-11 \ge 4x+a \\ 2(x-3) \le x+b \end{cases}$ 의 해가 $x=5$일 때, 두 상수 a, b에 대하여 ab의 값을 구하시오.

해설 내신연계문제

모의고사   핵심유형   기출문제

1157   2022년 09월 고1 학력평가 23번   BASIC

x에 대한 연립부등식 $\begin{cases} x-1 > 8 \\ 2x-16 \le x+a \end{cases}$ 의 해가 $b < x \le 28$일 때, 두 상수 a, b에 대하여 $a+b$의 값을 구하시오.

해설 내신연계문제

유형 07 연립일차부등식의 미정계수의 결정 − 해를 갖거나 갖지 않는 경우

연립일차부등식에서 각각의 일차부등식의 해를 구한 후 이를 주어진 해의 조건에 맞게 수직선 위에 나타낸다.

(1) **연립부등식의 해가 없는 경우**
➡ 공통부분이 없도록 해를 수직선 위에 나타낸다.

(2) **연립부등식의 해를 갖는 경우**
➡ 공통부분이 존재하도록 해를 수직선 위에 나타낸다.

 연립일차부등식 $\begin{cases} x > a \\ x < b \end{cases}$ 에서

① 해를 갖기 위한 조건은 $a < b$
② 해를 갖지 않기 위한 조건은 $a \geq b$

1158 　학교기출 대표 유형

x에 대한 연립부등식 $\begin{cases} 4x-7 \leq 6x-a \\ 5x+2 < 3x+8 \end{cases}$ 이 해를 갖도록 하는 정수 a의 최댓값을 구하시오.

1159 　　　　NORMAL

x에 대한 부등식 $8x-3a \leq 5(2x-1) \leq 6x+11$이 해를 갖도록 하는 정수 a의 최솟값은?

① -2 ② -1 ③ 0
④ 1 ⑤ 2

1160 　　　　NORMAL

x에 대한 연립부등식 $\begin{cases} x-3 < 4x-a \\ 6x+7 \leq x+a \end{cases}$ 가 해를 갖지 않도록 하는 실수 a의 최솟값은?

① -5 ② -3 ③ -1
④ 2 ⑤ 3

1161 　최다빈출 왕 중요　　　TOUGH

x에 대한 부등식 $\dfrac{2x-1}{3} \leq \dfrac{5(x+2)}{12} \leq \dfrac{3x-k}{4}$ 가 해를 갖지 않도록 하는 정수 k의 최솟값은?

① 3 ② 4 ③ 5
④ 6 ⑤ 7

해설 내신연계문제

유형 08 연립일차부등식의 미정계수의 결정 − 정수해의 개수가 주어진 경우

연립일차부등식의 정수인 해가 n개이면

FIRST 주어진 부등식을 풀어 해를 수직선 위에 나타낸다.
NEXT 공통부분이 n개의 정수를 포함하도록 수직선 위에 나타낸다.
LAST 미지수의 값의 범위를 구한다.

 부등호 $<$와 $\leq$와 같이 등호의 유무의 차이에 유의하고 해당되는 범위의 경곗값의 포함 여부에 주의하여 미지수의 값의 범위를 구한다.

1162 　학교기출 대표 유형

x에 대한 연립부등식 $\begin{cases} 3x+a \geq 4x+2 \\ 5x+1 > 2x-8 \end{cases}$ 을 만족하는 정수 x가 5개일 때, 자연수 a의 값을 구하시오.

1163 　　　　NORMAL

x에 대한 연립부등식 $\begin{cases} 2(4-x) \geq 6-3x \\ 4x+a > 8(x+1) \end{cases}$ 을 만족시키는 정수 x가 5개일 때, 정수 a의 개수는?

① 2 ② 3 ③ 4
④ 5 ⑤ 6

1164 　최다빈출 왕 중요　　　NORMAL

x에 대한 부등식 $3x-7 < x+1 < 4x+a$을 만족하는 정수 x가 2와 3뿐일 때, 실수 a의 값의 범위는?

① $-4 < a \leq -2$ ② $3 < a \leq 5$ ③ $-5 < a \leq -2$
④ $-4 \leq a < -3$ ⑤ $-5 \leq a < -1$

해설 내신연계문제

1165

x에 대한 부등식 $\dfrac{3a-5x}{4}<3-x<\dfrac{5-4x}{3}$ 을 만족시키는 정수 x가 1개뿐일 때, 정수 a의 값을 구하시오.

모의고사 핵심유형 기출문제

1166

2019년 06월 고1 학력평가 15번

x에 대한 연립부등식 $\begin{cases} x+2>3 \\ 3x<a+1 \end{cases}$ 을 만족시키는 모든 정수 x의 값의 합이 9가 되도록 하는 자연수 a의 최댓값은?

① 10　　　　② 11　　　　③ 12
④ 13　　　　⑤ 14

해설 내신연계문제

1167

2018년 09월 고1 학력평가 26번

x에 대한 연립부등식 $3x-1<5x+3 \le 4x+a$를 만족시키는 정수 x의 개수가 8이 되도록 하는 자연수 a의 값을 구하시오.

해설 내신연계문제

 연립일차부등식의 활용

연립일차부등식의 활용은 다음과 같은 순서로 푼다.

FIRST 문제의 의미를 파악하여 구하고자 하는 것을 미지수 x로 정한다.
NEXT 주어진 조건을 이용하여 x에 대한 연립부등식을 세운다.
LAST 연립부등식을 풀어서 문제의 뜻에 맞는 답을 구한다.

부등식의 활용문제는 문제의 의미를 잘 파악하여 구해야 하는 것을 미지수 x로 놓고 주어진 조건에서 연립부등식을 세우고 공통범위를 구한다.

1168

학교기출 대표 유형

다음 표는 두 식품 A, B의 100g당 열량과 단백질의 양을 나타낸 것이다. 두 식품 A, B를 합하여 200g을 섭취하려고 할 때, 열량을 196kcal 이상, 단백질을 18g 이상 얻기 위해 섭취해야 하는 식품 A의 양의 범위는?

식품	열량(kcal)	단백질(g)
A	90	10
B	170	5

① 120g 이상 175g 이하　　② 120g 이상 180g 이하
③ 160g 이상 175g 이하　　④ 160g 이상 180g 이하
⑤ 160g 이상 200g 이하

1169

최다빈출 왕중요

다음 표는 어느 동물원의 두 체험 A, B를 각각 1회씩 활동하는 요금과 소요 시간을 나타낸 것이다. 체험 A, B를 합하여 8회 활동하고, 소요 시간은 91분 이내, 요금은 28000원 이하로 하려고 할 때, 체험 B를 활동하는 횟수는? (단, 이동 시간과 기다리는 시간은 생각하지 않는다.)

체험	요금(원)	소요 시간(분)
A	3000	12
B	5000	8

① 2　　　　② 3　　　　③ 4
④ 5　　　　⑤ 6

해설 내신연계문제

1170

25%의 소금물 200g에 10%의 소금물을 섞어서 15% 이상 20% 미만의 소금물을 만들려고 한다. 이때 섞어야 하는 10%의 소금물의 양의 범위는?

① 90g 초과 105g 이하 ② 95g 초과 100g 이하

③ 100g 초과 400g 이하 ④ 120g 초과 500g 이하

⑤ 150g 초과 600g 이하

1171

둘레의 길이가 360cm인 직사각형을 만들려고 한다. 가로의 길이를 세로의 길이보다 40cm 이상 짧게 하고 세로의 길이의 $\dfrac{1}{3}$ 배보다 길게 하려고 할 때, 가능한 세로의 길이의 개수를 구하시오.
(단, 세로의 길이는 자연수이다.)

해설 내신연계문제

1172

다음 조건을 모두 만족시키는 정수 x의 개수는?

(가)	$\sqrt{x-7}\sqrt{x-2}=-\sqrt{(x-7)(x-2)}$
(나)	$\dfrac{\sqrt{x+5}}{\sqrt{x-7}}=-\sqrt{\dfrac{x+5}{x-7}}$

① 4 ② 5 ③ 6

④ 7 ⑤ 8

1173

2018년 09월 고1 학력평가 18번

그림과 같이 어느 행사장에서 바닥면이 등변사다리꼴이 되도록 무대 위에 3개의 직사각형 모양의 스크린을 설치하려고 한다.

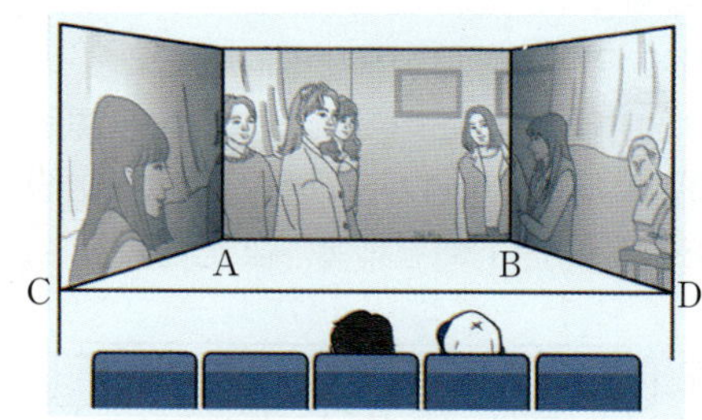

양옆 스크린의 하단과 중앙 스크린의 하단이 만나는 지점을 각각 A, B라 하고, 만나지 않는 하단의 끝 지점을 각각 C, D라 하자.
사각형 ACDB는 $\overline{AC}=\overline{BD}$인 등변사다리꼴이고
$\overline{CD}=20m$, $\angle BAC=120°$이다.
선분 AB의 길이는 선분 AC의 길이의 4배보다 크지 않고,
사다리꼴 ACDB의 넓이는 $75\sqrt{3}\,m^2$ 이하이다.
중앙 스크린의 가로인 선분 AB의 길이를 $d(m)$라 할 때, d의 최댓값과 최솟값의 합은? (단, 스크린의 두께는 무시한다.)

① 25 ② 26 ③ 27

④ 28 ⑤ 29

해설 내신연계문제

한 의자에 일정한 수의 학생이 앉는 경우 의자의 개수를 x로 놓고 다음 순서로 문제를 해결한다.

FIRST 한 의자에 a명씩 앉을 때, 학생 b명이 남으면

➡ (전체 학생 수)$=ax+b$

NEXT 한 의자에 c명씩 앉을 때 의자가 n개가 남으면 $\{x-(n+1)\}$개 의자에는 c명씩 앉았고 학생이 앉은 마지막 $(x-n)$번째 의자에는 1명 이상 c명 이하의 학생이 앉은 것이다.

➡ $c\{x-(n+1)\}+1 \leq$ (전체 학생수) $\leq c\{x-(n+1)\}+c$

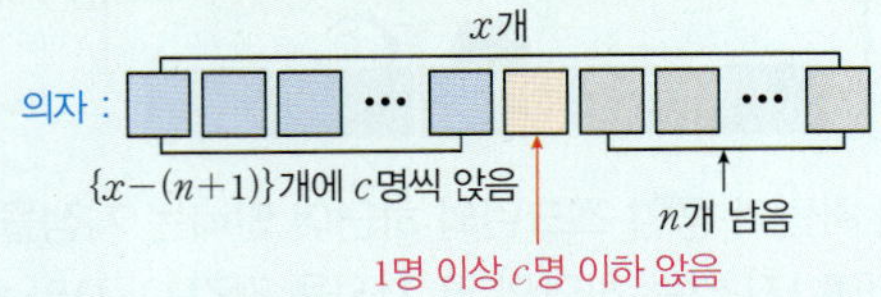

LAST 연립부등식을 풀어서 문제의 뜻에 맞는 답을 구한다.

1174　학교기출 대표 유형

수지네 반 학생들이 소방교육을 받기 위해 최대 4명씩 앉을 수 있는 긴 의자가 여러 개 있는 실습실에 모였다. 한 의자에 3명씩 앉으면 학생이 5명이 남고, 4명씩 앉으면 의자가 1개 남는다고 할 때, 의자의 최대 개수를 구하시오.

1175　TOUGH

H학교 강당에는 여러 명의 학생들이 앉을 수 있는 긴 의자가 있다. 의자 한 개에 5명씩 앉으면 학생 8명이 남고, 6명씩 앉으면 의자가 1개 남는다고 할 때, 의자의 최대 개수는?

① 12　　　② 14　　　③ 16
④ 18　　　⑤ 19

1176　최다빈출 양 중요　TOUGH

흥민이는 땅콩 한 통을 사서 먹으려고 한다. 하루에 7개씩 x일 동안 먹으면 4개가 남고, 8개씩 먹으면 $(x-1)$일 동안 다 먹게 된다고 한다. 이때 통 속에 있는 땅콩의 최대 개수와 최소 개수의 합은?

① 205　　　② 215　　　③ 225
④ 235　　　⑤ 245

해설 내신연계문제

(1) a, b가 양수일 때,

① $|x|<a$ ➡ $-a<x<a$

② $|x|>a$ ➡ $x>a$ 또는 $x<-a$

③ $a<|x|<b$ ➡ $-b<x<-a$ 또는 $a<x<b$

> ① $|x|<a$은 원점으로부터의 거리가 a보다 작은 x의 값의 범위
> $-a<x<a$
>
> ② $|x|>a$은 원점으로부터의 거리가 a보다 큰 x의 값의 범위
> $x<-a$ 또는 $x>a$
>
> ③ $a<|x|<b$은 원점으로부터의 거리가 a보다 크고, b보다 작은 x의 값의 범위
> $-b<x<-a$ 또는 $a<x<b$

(2) $|ax+b|<c$, $|ax+b|>c\,(c>0)$꼴의 부등식은 다음 식을 이용하여 절댓값 기호를 없앤 후 푼다.

① $|ax+b|<c$ ➡ $-c<ax+b<c$

② $|ax+b|>c$ ➡ $ax+b<-c$ 또는 $ax+b>c$

1177　학교기출 대표 유형

부등식 $|2x-1|<9$의 해가 $a<x<b$일 때, $a+b$의 값을 구하시오.

1178　NORMAL

부등식 $3<|4x-5|<6$을 만족하는 정수 x의 개수는?

① 1　　　② 2　　　③ 3
④ 4　　　⑤ 5

1179　NORMAL

다음 조건을 만족하는 두 실수 a, b에 대하여 $a+b$의 값은?

> (가) 부등식 $|2x-1|>3$의 해는 $x<-1$ 또는 $x>a$
> (나) 부등식 $|x-b|<3$의 해는 $4<x<10$

① 6　　　② 7　　　③ 8
④ 9　　　⑤ 10

1180  NORMAL

x에 대한 부등식 $|3x-a|<15$의 해가 $b<x<4$일 때, 두 상수 a, b에 대하여 $a+b$의 값은?

① -10 ② -9 ③ -8
④ -7 ⑤ -6

해설 내신연계문제

1181  NORMAL

x에 대한 부등식 $|x-a|<7$을 만족시키는 정수 x의 최댓값이 15일 때, 정수 a의 값은?

① 6 ② 7 ③ 8
④ 9 ⑤ 10

해설 내신연계문제

1182 NORMAL

x에 대한 부등식 $|ax-1|\geq b$의 해가 $x\leq -2$ 또는 $x\geq 6$일 때, 두 상수 a, b에 대하여 $a+b$의 값은? (단, $ab>0$)

① 2 ② $\dfrac{5}{2}$ ③ 3
④ $\dfrac{7}{2}$ ⑤ 4

1183 NORMAL

x에 대한 부등식 $|ax-3|\leq b$의 해가 $-2\leq x\leq 5$일 때, 두 상수 a, b에 대하여 $a+b$의 값을 구하시오. (단, $ab>0$)

1184 2023년 06월 고1 학력평가 5번  BASIC

부등식 $|2x-3|<5$의 해가 $a<x<b$일 때, $a+b$의 값은?

① 2 ② $\dfrac{5}{2}$ ③ 3
④ $\dfrac{7}{2}$ ⑤ 4

해설 내신연계문제

1185 2020년 11월 고1 학력평가 12번  NORMAL

x에 대한 부등식 $|x-7|\leq a+1$을 만족시키는 모든 정수 x의 개수가 9가 되도록 하는 자연수 a의 값은?

① 1 ② 2 ③ 3
④ 4 ⑤ 5

해설 내신연계문제

1186 2018년 06월 고1 학력평가 7번  NORMAL

x에 대한 부등식 $|x-a|<2$를 만족시키는 모든 정수 x의 값의 합이 33일 때, 자연수 a의 값은?

① 11 ② 12 ③ 13
④ 14 ⑤ 15

해설 내신연계문제

1187 2020년 09월 고1 학력평가 26번  NORMAL

연립부등식 $\begin{cases} 2x+5\leq 9 \\ |x-3|\leq 7 \end{cases}$ 를 만족시키는 정수 x의 개수를 구하시오.

해설 내신연계문제

$|ax+b|<cx+d$꼴의 부등식은

절댓값 기호 안의 식이 0이 되는 x의 값인 $-\dfrac{b}{a}$를 기준으로 x의 값의

범위를 $x<-\dfrac{b}{a},\ x\geq-\dfrac{b}{a}$로 나누어 푼다.

절댓값 기호를 포함한 부등식을 풀 때 ➡ 절댓값 기호 안의 식이 0이
되는 미지수의 값을 기준으로 범위를 나누어 푼다.
절댓값 기호를 1개 포함하는 일차부등식은 x의 값의 범위를 2개로 나
누어 풀고, 절댓값의 기호를 2개 포함하는 일차부등식은 x의 값의 범
위를 3개로 나누어 푼다.

1188 학교기출 대표 유형

부등식 $|4x-5|<2x+4$를 만족하는 정수 x의 개수를 구하시오.

1189 최다빈출 왕 중요

부등식 $|x-1|+4\geq 2x$를 만족시키는 x의 최댓값을 구하시오.

해설 내신연계문제

모의고사 **핵심유형** 기출문제

1190 2019년 11월 고1 학력평가 10번 NORMAL

부등식 $x>|3x+1|-7$을 만족시키는 모든 정수 x의 값의 합은?

① -2　　　　② -1　　　　③ 0
④ 1　　　　⑤ 2

해설 내신연계문제

1191 2018년 11월 고1 학력평가 14번 NORMAL

x에 대한 부등식 $|3x-1|<x+a$의 해가 $-1<x<3$일 때, 양수 a의
값은?

① 4　　　　② $\dfrac{17}{4}$　　　　③ $\dfrac{9}{2}$
④ $\dfrac{19}{4}$　　　　⑤ 5

해설 내신연계문제

$|x-a|+|x-b|<c\,(a<b,\ c>0)$꼴의 부등식은

절댓값 기호 안의 식이 0이 되는 x의 값인 a, b를 기준으로 x의 값의

범위를 $x<a,\ a\leq x<b,\ x\geq b$로 나누어 푼다.

일반적으로 절댓값 기호를 포함한 일차부등식은 다음과 같은 순서로 푼다.
FIRST 절댓값 기호 안의 식이 0이 되는 x의 값을 기준으로
x의 구간을 나눈다.
NEXT 각 구간에서 절댓값 기호를 없앤 후 해를 구한다.
이때 해당 범위에 속하는 것만을 해로 구한다.
LAST 각 구간에서 구한 해를 합한 범위를 해로 한다.

1192 학교기출 대표 유형

부등식 $|x-1|+|x-2|\leq 7$의 해가 $a\leq x\leq b$일 때, ab의 값은?

① -10　　　　② -8　　　　③ -6
④ -4　　　　⑤ -2

1193 NORMAL

부등식 $|x-1|+|x+1|<4$를 만족하는 x의 값의 범위는?

① $-2<x<2$　　　② $-2\leq x<2$　　　③ $-2<x\leq -1$
④ $-1<x<1$　　　⑤ $-1<x\leq 1$

1194 최다빈출 왕 중요 NORMAL

부등식 $2|x+1|-3|x-2|\geq 1$을 만족하는 정수 x의 개수는?

① 4　　　　② 5　　　　③ 6
④ 7　　　　⑤ 8

해설 내신연계문제

1195

NORMAL

부등식 $|x+1|+\sqrt{x^2-4x+4}\leq x+3$을 만족하는 정수 x의 개수는?

① 4   ② 5   ③ 6
④ 7   ⑤ 8

1196

 최다빈출 왕 중요

TOUGH

부등식 $|2x-5|+2\sqrt{x^2-2x+1}\leq 9$의 해와 이차부등식
$2x^2+ax+b\leq 0$의 해가 일치할 때, 두 상수 a, b에 대하여 $a+b$의
값은?

① -28 ② -24 ③ -20
④ -17 ⑤ -11

해설 내신연계문제

1197

TOUGH

부등식 $|x-1|+\sqrt{x^2+6x+9}\leq x+7$와 $|2x-b|\leq a$의 해가 일치
할 때, 두 상수 a, b에 대하여 ab의 값은? (단, $a>0$)

① -18 ② -16 ③ -12
④   12   ⑤   16

1198

최다빈출 왕 중요

TOUGH

부등식 $||x-4|+6|\leq 9$의 해가 $a\leq x\leq b$일 때, $a+b$의 값은?

① 6   ② 7   ③ 8
④ 9   ⑤ 10

해설 내신연계문제

유형 **14**   절댓값 기호를 포함한 부등식
        − 해를 갖지 않거나 해가 무수히 많은 경우

(1) $|ax+b|<c$의 해가 없다. $\to$ $c\leq 0$
(2) $|ax+b|\leq c$의 해가 없다. $\to$ $c<0$
(3) $|ax+b|>c$의 해가 모든 실수이다. $\to$ $c<0$
(4) $|ax+b|\geq c$의 해가 모든 실수이다. $\to$ $c\leq 0$

> 절댓값은 항상 0보다 크거나 같으므로 절댓값은 음수보다 작을 수 없다.
> ① $|x|\leq a$의 해가 없다. $\to$ $a<0$
> ② $|x|<a$의 해가 없다. $\to$ $a\leq 0$
> ③ $|x|>a$의 해가 모든 실수이다. $\to$ $a<0$
> ④ $|x|\geq a$의 해가 모든 실수이다. $\to$ $a\leq 0$

1199

학교기출 대표 유형

x에 대한 부등식 $|x+3|-4\geq \dfrac{2}{3}k$의 해가 모든 실수가 되도록 하는
정수 k의 최댓값은?

① -7 ② -6 ③ -5
④ -4 ⑤ -3

1200

NORMAL

x에 대한 부등식 $|x-5|\leq \dfrac{2}{3}a-6$의 해가 존재하지 않도록 하는
양의 정수 a의 개수를 구하시오.

1201

최다빈출 왕 중요

TOUGH

x에 대한 부등식 $|x-3|+4|x+1|\leq k$의 해가 존재하도록 하는
실수 k의 최솟값은?

① 1   ② 2   ③ 3
④ 4   ⑤ 5

해설 내신연계문제

서술형 기출유형
학교내신기출 서술형 핵심문제총정리

1202

x에 대한 연립부등식
$$\begin{cases} 2x+1 \geq -x-a & \cdots\cdots\ \bigcirc \\ -2x+4 \leq -3x-3b & \cdots\cdots\ \bigcirc\!\!\bigcirc \end{cases}$$
의 해가 $-2 \leq x \leq -1$일 때, 두 상수 a, b에 대하여 $a+b$의 값을 구하는 과정을 다음 단계로 서술하시오.

1단계 부등식 $\bigcirc$의 해를 구한다. [3점]
2단계 부등식 $\bigcirc\!\!\bigcirc$의 해를 구한다. [3점]
3단계 연립부등식의 해를 이용하여 $a+b$의 값을 구한다. [4점]

1203 최다빈출 왕중요

x에 대한 부등식 $3x-b \leq x+2a \leq 4x+a$를 연립부등식
$$\begin{cases} 3x-b \leq x+2a \\ 3x-b \leq 4x+a \end{cases}$$
로 잘못 고쳐서 풀었더니 해가 $-5 \leq x \leq 3$가 되었다. 이때 처음 부등식의 해의 최댓값을 M, 최솟값을 m이라 할 때, Mm의 값을 구하는 과정을 다음 단계로 서술하시오.
(단, a, b는 상수이다.)

1단계 잘못 고쳐서 푼 연립부등식의 해를 이용하여 a, b의 값을 구한다. [4점]
2단계 처음 부등식의 해를 구한다. [4점]
3단계 Mm의 값을 구한다. [2점]

해설 내신연계문제

1204 최다빈출 왕중요

x에 대한 부등식 $|x+1| + \sqrt{x^2-4x+4} \leq x+3$과 $|2x-b| \leq a$의 해가 일치할 때, 두 상수 a, b에 대하여 ab의 값을 구하는 과정을 다음 단계로 서술하시오. (단, $a > 0$)

1단계 부등식 $|x+1| + \sqrt{x^2-4x+4} \leq x+3$의 해를 구한다. [5점]
2단계 부등식 $|2x-b| \leq a$의 해를 구한다. [3점]
3단계 두 부등식의 해가 일치할 때, 상수 a, b의 값을 구한다. [2점]

해설 내신연계문제

1205

x에 대한 연립부등식 $\begin{cases} 5x+1 \leq 3x-a \\ -4x+a \leq 2x-9 \end{cases}$ 가 해를 갖지 않도록 하는 음의 정수 a의 개수를 구하는 과정을 다음 단계로 서술하시오.

1단계 각각의 부등식의 해를 구한다. [5점]
2단계 연립부등식이 해를 갖지 않도록 하는 a의 값의 범위를 구한다. [3점]
3단계 음의 정수 a의 개수를 구한다. [2점]

1206

x에 대한 연립부등식 $\begin{cases} 2x+9 > 3x+2 \\ 3x-a > x-3 \end{cases}$을 만족시키는 정수 x가 1개 뿐일 때, 실수 a의 값의 범위를 구하는 과정을 다음 단계로 서술하시오.

1단계 부등식 $2x+9 > 3x+2$의 해를 구한다. [3점]
2단계 부등식 $3x-a > x-3$의 해를 구한다. [3점]
3단계 실수 a의 값의 범위를 구한다. [4점]

1207

x에 대한 부등식 $||x-a|+2| < 3$의 해와 부등식 $|2x-4| < b$의 해가 서로 같을 때, 두 상수 a, b에 대하여 $a+b$의 값을 구하는 과정을 다음 단계로 서술하시오.

1단계 부등식 $||x-a|+2| < 3$의 해를 구한다. [3점]
2단계 부등식 $|2x-4| < b$의 해를 구한다. [3점]
3단계 $a+b$의 값을 구한다. [4점]

행복한 일등급문제

학교내신기출 고난도 핵심문제총정리

YOURMASTERPLAN;MAPL
SYNERGY
SERIES

1208

x에 대한 부등식 $|ax+1|<b$의 해가 $-3<x<5$일 때, 두 상수 a, b에 대하여 $a+b$의 값을 구하시오.

1209 최다빈출 왕 중요

x에 대한 부등식 $|x-a|<2$를 만족시키는 모든 실수 x가 부등식 $|x-6|\geq a$를 만족시킬 때, 양수 a의 최댓값을 구하시오.

해설 내신연계문제

1210

실수 x, y가 다음 두 부등식을 만족할 때, $2y-3x$의 최댓값과 최솟값의 합을 구하시오.

$$|2x-3|\leq 1, \ |y+1|\leq 3$$

1211 최다빈출 왕 중요

x에 대한 부등식 $|x-1|+2|x+1|<k$의 해가 존재하지 않도록 하는 실수 k의 최댓값을 구하시오.

해설 내신연계문제

1212

x에 대한 부등식 $|x-n|+|x+1|\leq n+5$를 만족시키는 정수 x의 개수가 15가 되도록 하는 자연수 n의 값을 구하시오.

1213

수직선 위의 두 점 $A(2)$, $B(8)$에 대하여 점 $P(x)$가
$$\overline{AP}+\overline{BP}\leq 7$$
를 만족시킬 때, x의 값의 범위가 $a\leq x\leq b$이다. 두 상수 a, b에 대하여 $a+b$의 값을 구하시오.

06 이차부등식

학교내신기출 객관식 핵심문제총정리

유형 01 그래프를 이용한 이차부등식의 풀이

(1) **부등식 $f(x)>0$의 해**
- ➡ $y=f(x)$의 그래프가 x축보다 위쪽에 있는 부분의 x의 값의 범위

(2) **부등식 $f(x)\leq 0$의 해**
- ➡ $y=f(x)$의 그래프가 x축과 만나거나 x축보다 아래쪽에 있는 부분의 x의 값의 범위

(3) **부등식 $f(x)>g(x)$의 해**
- ➡ $y=f(x)$의 그래프가 $y=g(x)$의 그래프보다 위쪽에 있는 부분의 x의 값의 범위

(4) **부등식 $f(x)\leq g(x)$의 해**
- ➡ $y=f(x)$의 그래프가 $y=g(x)$의 그래프와 만나거나 아래쪽에 있는 부분의 x의 값의 범위

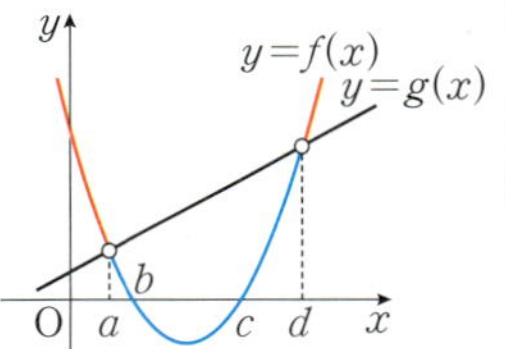

이차함수 $y=f(x)$의 그래프와 직선 $y=g(x)$가 그림과 같을 때, 다음 이차부등식의 해를 구하시오.
① $f(x)>0$ ➡ $x<b$ 또는 $x>c$
② $f(x)\leq 0$ ➡ $b\leq x\leq c$
③ $f(x)>g(x)$ ➡ $x<a$ 또는 $x>d$
④ $f(x)\leq g(x)$ ➡ $a\leq x\leq d$

1214 학교기출 대표 유형

이차함수 $y=f(x)$의 그래프와 직선 $y=g(x)$가 오른쪽 그림과 같을 때, 부등식 $f(x)\geq g(x)$의 해가 $\alpha\leq x\leq \beta$이다. 이때 $\beta-\alpha$의 값을 구하시오.

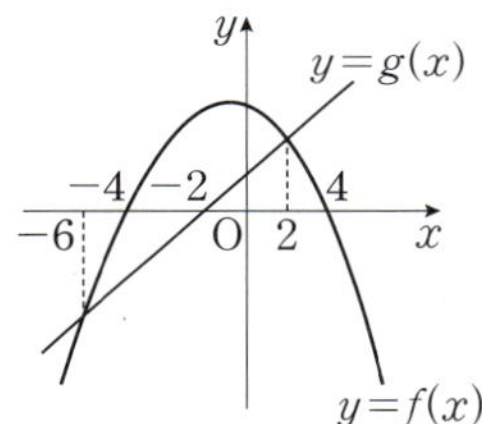

1215 최다빈출 왕중요

이차함수 $y=ax^2+bx+c$의 그래프와 직선 $y=mx+n$이 오른쪽 그림과 같을 때, 이차부등식 $ax^2+(b-m)x+c-n\leq 0$을 만족하는 정수 x의 개수는?
(단, a, b, c, m, n은 상수이다.)

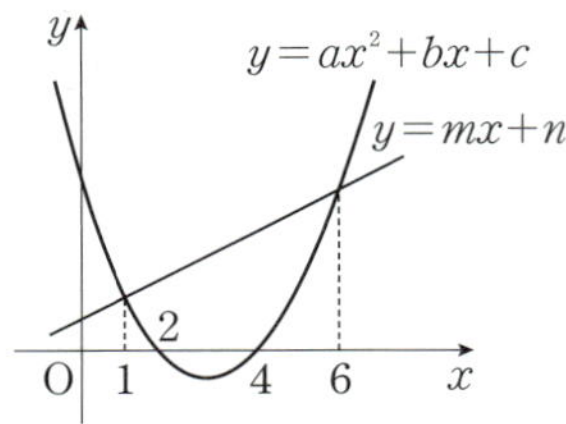

① 4 　　　　② 5 　　　　③ 6
④ 7 　　　　⑤ 8

해설 내신연계문제

1216 NORMAL

이차함수 $y=f(x)$와 일차함수 $y=g(x)$의 그래프가 오른쪽 그림과 같을 때, 부등식 $f(x)>g(x)$와 같은 해를 가지고 x^2의 계수가 1인 이차부등식이 $x^2+ax+b>0$이다. 이때 두 상수 a, b에 대하여 $a+b$의 값은?

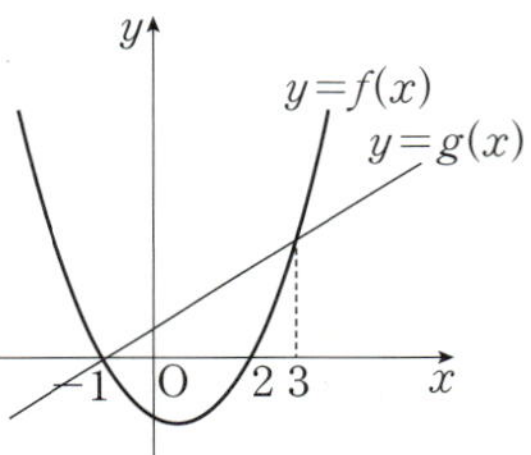

① -5 　　　　② -3 　　　　③ 1
④ 　3 　　　　⑤ 　5

1217 NORMAL

두 이차함수 $f(x)=ax^2+bx+c$, $g(x)=px^2+qx+r$의 그래프가 오른쪽 그림과 같을 때, 이차부등식 $(a-p)x^2+(b-q)x+(c-r)\leq 0$의 해는 $\alpha\leq x\leq \beta$이다. 이때 $\alpha+\beta$의 값은?
(단, a, b, c, p, q, r은 상수이다.)

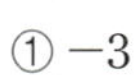
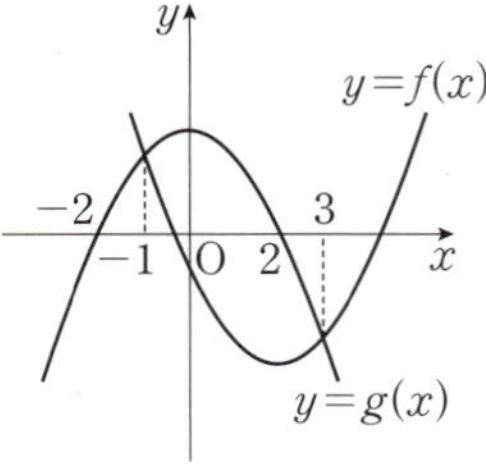

① -3 　　　　② -1 　　　　③ 1
④ 　2 　　　　⑤ 　5

1218

NORMAL

두 이차함수 $y=f(x)$, $y=g(x)$의 그래프와 오른쪽 그림과 같을 때, 부등식 $0<f(x)<g(x)$의 해가 $\alpha<x<\beta$이다. 이때 $\alpha\beta$의 값은?

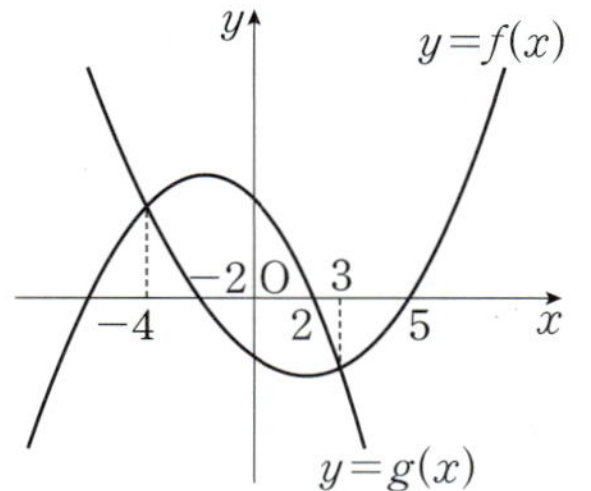

① -12 ② -10

③ -8 ④ 6

⑤ 8

1219

최다빈출 왕중요   NORMAL

두 이차함수 $y=f(x)$, $y=g(x)$의 그래프와 오른쪽 그림과 같을 때, 부등식 $f(x)g(x)>0$의 해는?

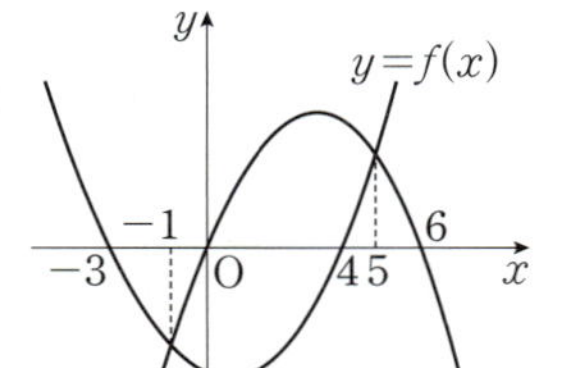

① $-1<x<5$

② $-3<x<4$

③ $-3<x<-1$ 또는 $4<x<5$

④ $-3<x<0$ 또는 $4<x<6$

⑤ $-1<x<0$ 또는 $5<x<6$

해설 내신연계문제

1220

TOUGH

두 이차함수
$$f(x)=x^2-2(a-2)x,$$
$$g(x)=-x^2-2(a+2)x+6a$$
의 그래프의 꼭짓점을 각각 A, B라 하자. 그림과 같이 두 이차함수 $y=f(x)$, $y=g(x)$의 그래프가 두 점 A, B를 지난다.

이때 부등식 $f(x)-g(x)\le 0$을 만족시키는 정수 x의 개수를 구하시오. (단, 꼭짓점 A의 x좌표는 양수이다.)

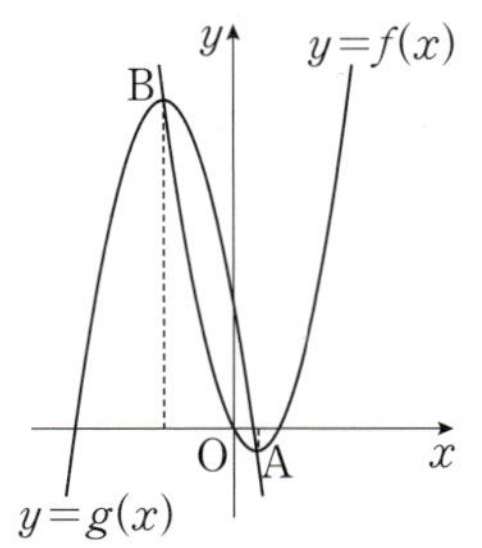

유형02 이차부등식의 풀이

이차함수 $y=ax^2+bx+c\,(a>0)$의 그래프에 대하여
이차방정식 $f(x)=0$의 판별식을 D라 할 때,

(1) $D>0$이면 인수분해 또는 근의 공식을 이용하여

이차방정식의 서로 다른 두 실근 α, $\beta\,(\alpha<\beta)$를 구할 수 있고
$ax^2+bx+c=a(x-\alpha)(x-\beta)$와 같이 인수분해되므로
이차부등식의 해는 다음과 같다.

① $a(x-\alpha)(x-\beta)>0$ ➡ $x<\alpha$ 또는 $x>\beta$

② $a(x-\alpha)(x-\beta)<0$ ➡ $\alpha<x<\beta$

③ $a(x-\alpha)(x-\beta)\ge 0$ ➡ $x\le\alpha$ 또는 $x\ge\beta$

④ $a(x-\alpha)(x-\beta)\le 0$ ➡ $\alpha\le x\le\beta$

(2) $D<0$ 또는 $D=0$이면 $f(x)=a(x-p)^2+q$꼴로 바꾸어 해를 구한다.

> 이차방정식 $ax^2+bx+c=0$의 판별식 D에 대하여 $D>0$일 때, 이차함수 $y=ax^2+bx+c\,(a>0)$의 그래프가 x축과 만나는 점의 x좌표를 α, $\beta\,(\alpha<\beta)$라 하면 $ax^2+bx+c=a(x-\alpha)(x-\beta)$와 같이 인수분해된다.

1221

학교기출 대표유형

이차부등식 $(x+3)(x-2)<5x+15$을 만족시키는 정수 x의 개수를 구하시오.

1222

최다빈출 왕중요   BASIC

이차부등식 $x^2+x-4<0$의 해가 $\alpha<x<\beta$일 때, $\alpha^2+\beta^2$의 값은?

① 5 ② 7 ③ 9

④ 11 ⑤ 13

해설 내신연계문제

1223

NORMAL

이차함수 $f(x)=x^2-6x+5$에 대하여 $f(x-1)<0$을 만족시키는 모든 정수 x의 값의 합은?

① 11 ② 12 ③ 13

④ 14 ⑤ 15

1224 

최다빈출 왕 중요

부등식 $|2x-3|<1$의 해가 $a<x<b$일 때, $x^2-bx+a\leq 0$의 해는?

① 해는 없다.　　　② $x=1$　　　③ $x\leq -1$
④ 모든 실수　　　⑤ $x\neq 1$인 모든 실수

해설 내신연계문제

1225 

이차부등식의 해를 구할 때, 해가 모든 실수인 경우를 [보기]에서 있는 대로 고른 것은?

> ㄱ. $-x^2+4x-5<0$
> ㄴ. $x^2-8x+16\leq 0$
> ㄷ. $x^2+3x+5\geq 0$

① ㄱ　　　　② ㄷ　　　　③ ㄱ, ㄴ
④ ㄱ, ㄷ　　　⑤ ㄱ, ㄴ, ㄷ

1226  

최다빈출 왕 중요

다음 이차부등식 중 해가 없는 것은?

① $x^2+6x+9\leq 0$　　　② $x^2-10x+25\geq 0$
③ $x^2+16>8x$　　　④ $x^2-4x-8>3x^2$
⑤ $4x^2\leq 12x-9$

해설 내신연계문제

모의고사 핵심유형 기출문제

1227

2020년 09월 고1 학력평가 14번

두 자연수 a, b에 대하여 이차함수 $f(x)=a(x-2)(x-b)$가 다음 조건을 만족시킬 때, $f(4)$의 값은?

> (가) $f(0)=6$
> (나) x의 값의 범위가 $x>2$일 때, $f(x)>0$이다.

① 18　　　② 20　　　③ 22
④ 24　　　⑤ 26

해설 내신연계문제

 절댓값과 가우스 기호를 포함한 이차부등식

(1) **절댓값 기호를 포함한 이차부등식**

→ $|f(x)|=\begin{cases} f(x)\,(f(x)\geq 0) \\ -f(x)\,(f(x)<0) \end{cases}$ 임을 이용하여 절댓값 기호를 없앤다.

→ 절댓값 기호 안의 식의 값이 0이 되는 값을 기준으로 하여 범위를 나누어 부등식의 해를 구한다.

(2) **가우스 기호 $[x]$를 포함한 이차부등식** (교육과정外)

$[x]$는 x보다 크지 않은 최대의 정수

→ $[x]$를 하나의 문자로 보고 $[x]$에 대한 이차부등식을 푼다. 이때 $[x]$는 정수이므로 정수인 $[x]$만 해가 된다.

→ 정수 n에 대하여 $[x]=n$이면 $n\leq x<n+1$

> ① $|f(x)|<a$이면 $-a<f(x)<a$ (단, $a>0$)
> ② $ax^2+b|x|+c<0$은 $a|x|^2+b|x|+c<0$으로 변형하여 부등식의 해 구하기

1228

학교기출 대표 유형

부등식 $x^2-5|x|+4\leq 0$을 만족하는 정수 x의 개수를 구하시오.

1229 

부등식 $x^2-6x-6<2|x-3|$와 $|x-a|<b$의 해가 같을 때, 상수 a, b에 대하여 ab의 값은? (단, $b>0$)

① 10　　　② 12　　　③ 15
④ 16　　　⑤ 18

1230 

최다빈출 왕 중요

부등식 $|x^2-3x+2|\leq x+2$를 만족시키는 모든 정수 x의 개수는?

① 3　　　　② 5　　　　③ 7
④ 9　　　　⑤ 11

해설 내신연계문제

1231 

부등식 $|x^2-4x+6|-|x+6|\leq 0$를 만족시키는 모든 정수 x의 개수를 구하시오.

해설 내신연계문제

1232

부등식 $[x]^2+[x]-6<0$의 해가 $a\leq x<b$일 때, 실수 a, b의 곱 ab의 값은? (단, $[x]$는 x보다 크지 않은 최대의 정수이다.)

① -8 ② -6 ③ -4
④ -2 ⑤ 4

모의고사 **핵심유형** 기출문제

1233   2014년 06월 고1 학력평가 10번

부등식 $x^2-2x-5<|x-1|$을 만족시키는 정수 x의 개수는?

① 4 ② 5 ③ 6
④ 7 ⑤ 8

해설 내신연계문제

---

(1) 해가 $\alpha<x<\beta$이고 x^2의 계수가 1인 이차부등식
  ➡ $(x-\alpha)(x-\beta)<0$
  ➡ $x^2-(\alpha+\beta)x+\alpha\beta<0$
(2) 해가 $x<\alpha$ 또는 $x>\beta$이고 x^2의 계수가 1인 이차부등식
  ➡ $(x-\alpha)(x-\beta)>0$
  ➡ $x^2-(\alpha+\beta)x+\alpha\beta>0$

1234 

이차부등식 $x^2+(a+b)x+b<0$의 해가 $-1<x<4$일 때, 실수 a, b에 대하여 $a-b$의 값을 구하시오.

1235 

이차부등식 $ax^2+5x+b>0$의 해가 $2<x<3$일 때, 상수 a, b에 대하여 $a+b$의 값은?

① -8 ② -7 ③ -6
④ -4 ⑤ 7

1236 

이차부등식 $x^2-2x+a>0$의 해가 $x<-2$ 또는 $x>b$일 때, 상수 a, b에 대하여 ab의 값은? (단, $b>-2$)

① -42 ② -32 ③ -28
④ -27 ⑤ -16

 최다빈출  중요   NORMAL

부등식 $x^2-5|x|-6<0$의 해와 부등식 $x^2+ax+b<0$의 해가 서로 같을 때, 실수 a, b에 대하여 $a+b$의 값은?

① -36 ② -25 ③ -16
④ -4 ⑤ -1

해설 내신연계문제

모의고사 **핵심유형** 기출문제

1238   2023년 06월 고1 학력평가 23번   BASIC

x에 대한 부등식 $x^2+ax+b\le0$의 해가 $-2\le x\le4$일 때, ab의 값을 구하시오. (단, a, b는 상수이다.)

해설 내신연계문제

1239   2022년 06월 고1 학력평가 4번   BASIC

x에 대한 이차부등식 $x^2+ax+b<0$의 해가 $-4<x<3$일 때, 두 상수 a, b에 대하여 $a-b$의 값은?

① 5 ② 7 ③ 9
④ 11 ⑤ 13

해설 내신연계문제

1240   2019년 03월 고2 학력평가 가형 7번   NORMAL

이차부등식 $x^2-8x+a\le0$의 해가 $b\le x\le6$일 때, $a+b$의 값은? (단, a, b는 상수이다.)

① 14 ② 15 ③ 16
④ 17 ⑤ 18

해설 내신연계문제

유형 05   해가 하나뿐인 이차부등식

(1) **이차부등식 $ax^2+bx+c\le0$의 해가 $x=m$뿐일 조건**
  ➡ $a>0$, $D=0$
  ➡ $a(x-m)^2\le0$꼴이어야 한다.

(2) **이차부등식 $ax^2+bx+c\ge0$의 해가 $x=m$뿐일 조건**
  ➡ $a<0$, $D=0$
  ➡ $a(x-m)^2\ge0$꼴이어야 한다.

1241   학교기출 **대표** 유형 

이차부등식 $2x^2+ax+b\le0$의 해가 $x=-1$일 때, 상수 a, b에 대하여 $a+b$의 값을 구하시오.

1242   최다빈출  중요   NORMAL

이차부등식 $x^2+ax+b\le0$의 해가 $x=-5$뿐이다. 이차부등식 $bx^2-ax-15<0$을 만족하는 해가 $\alpha<x<\beta$일 때, $\alpha+\beta$의 값은? (단, a, b는 상수이다.)

① $-\dfrac{3}{5}$ ② $-\dfrac{2}{5}$ ③ $\dfrac{1}{5}$
④ $\dfrac{2}{5}$ ⑤ $\dfrac{3}{5}$

해설 내신연계문제

1243   NORMAL

이차부등식 $ax^2+bx+c\le0$의 해가 $x=3$뿐일 때, 부등식 $cx^2-bx-3a<0$을 만족하는 x의 값의 범위는? (단, a, b, c는 상수이다.)

① $-1<x<\dfrac{1}{3}$ ② $0<x<\dfrac{1}{3}$ ③ $-\dfrac{1}{3}<x<\dfrac{1}{2}$
④ $-\dfrac{1}{3}<x<1$ ⑤ $-1<x<3$

1244

이차부등식 $ax^2+bx+c \geq 0$의 해가 $x=2$뿐일 때, 이차부등식 $bx^2+cx+24a < 0$을 만족시키는 모든 정수 x의 값의 합은? (단, a, b, c는 상수이다.)

① -4 ② -2 ③ 0
④ 2 ⑤ 4

1245

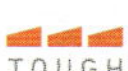

x에 대한 이차부등식 $ax^2+bx+c \leq 0$의 해가 $x=-\dfrac{1}{2}$뿐일 때, $\dfrac{b}{4}x^2+cx-\dfrac{3}{2}a < 0$을 만족시키는 정수 x의 개수를 구하시오. (단, a, b, c는 상수이다.)

모의고사 핵심유형 기출문제

1246

2015년 03월 고2 학력평가 가형 11번

이차함수 $f(x)$가 다음 조건을 만족시킨다.

(가) $f(0)=8$
(나) 이차부등식 $f(x) > 0$의 해는 $x \neq 2$인 모든 실수이다.

$f(5)$의 값은?

① 12 ② 14 ③ 16
④ 18 ⑤ 20

해설 내신연계문제

유형 06 해가 주어진 이차부등식 (2)

(1) **부등호 방향이 일치하는 경우**
 ➡ 해의 양쪽 날개는 방정식의 두 근이므로 인수분해 또는 근과 계수의 관계 두 가지 방법으로 해결한다.
(2) **부등호 방향이 일치하지 않는 경우**
 ➡ 해의 부등식에서 식을 세우고 이차부등식의 이차항을 보면서 식의 부등호와 일치시킨 다음 계수를 비교한다.

1247

이차부등식 $ax^2+bx+c < 0$의 해가 $1 < x < 3$일 때, 이차부등식 $ax^2-bx+c > 0$의 해는? (단, a, b, c는 상수이다.)

① $-3 < x < -1$ ② $x < -3$ 또는 $x > -1$
③ $-3 < x < 1$ ④ $x < 1$ 또는 $x > 3$
⑤ $-1 < x < 3$

1248

이차부등식 $ax^2+bx+c > 0$의 해가 $-1 < x < 2$일 때, 이차부등식 $bx^2-ax-c < 0$의 해는? (단, a, b, c는 상수이다.)

① $1 < x < 2$ ② $-1 < x < 2$ ③ $-2 < x < 1$
④ $2 < x < 3$ ⑤ $-2 < x < 2$

1249

이차부등식 $ax^2+bx+10 < 0$의 해가 $x < -2$ 또는 $x > 5$일 때, 이차부등식 $ax^2-bx+10 > 0$을 만족하는 정수 x의 개수를 구하시오. (단, a, b는 상수이다.)

해설 내신연계문제

모의고사 핵심유형 기출문제

1250

2022년 06월 고1 학력평가 15번

이차다항식 $P(x)$가 다음 조건을 만족시킬 때, $P(-1)$의 값은?

(가) 부등식 $P(x) \geq -2x-3$의 해는 $0 \leq x \leq 1$이다.
(나) 방정식 $P(x) = -3x-2$는 중근을 가진다.

① -3 ② -4 ③ -5
④ -6 ⑤ -7

해설 내신연계문제

양수 a에 대하여 이차방정식 $ax^2+bx+c=0$의 판별식 $D=b^2-4ac$라 할 때, 이차함수 $y=ax^2+bx+c$의 그래프와 이차부등식의 해 사이에는 다음과 같은 관계가 있다.

판별식의 부호	$D>0$	$D=0$	$D<0$
이차방정식의 해	서로 다른 두 실근	중근	허근
$a>0$일 때 $y=ax^2+bx+c$의 그래프			
$ax^2+bx+c>0$의 해	$x<\alpha$ 또는 $x>\beta$	$x\neq\alpha$인 모든 실수	모든 실수
$ax^2+bx+c\geq0$의 해	$x\leq\alpha$ 또는 $x\geq\beta$	모든 실수	모든 실수
$ax^2+bx+c<0$의 해	$\alpha<x<\beta$	해가 없다	해가 없다
$ax^2+bx+c\leq0$의 해	$\alpha\leq x\leq\beta$	$x=\alpha$	해가 없다

1251   학교기출 대표 유형

이차함수 $y=f(x)$의 그래프가 오른쪽 그림과 같을 때, 부등식 $f(x)>-7$을 만족하는 정수 x의 개수를 구하시오.

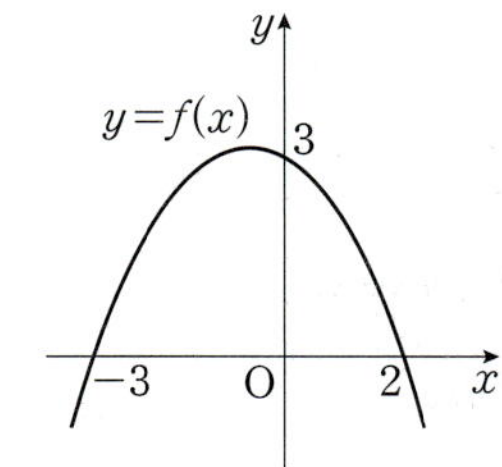

1252   최다빈출 왕 중요   NORMAL

이차함수 $y=ax^2+bx+c$의 그래프가 오른쪽 그림과 같을 때, 부등식 $ax^2-bx+c>0$의 해는?

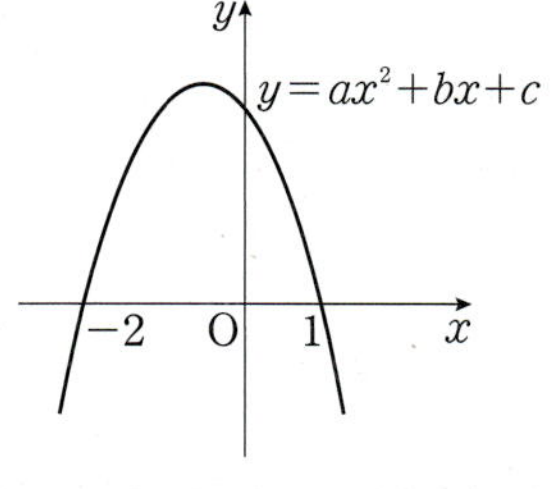

① $1<x<2$ ② $-2<x<1$
③ $-1<x<2$ ④ $-3<x<5$
⑤ $-1<x<6$

해설 내신연계문제

1253   TOUGH

이차함수 $y=f(x)$의 그래프가 오른쪽 그림과 같을 때, 삼각형 ABC의 넓이는 6이다. 부등식 $f(x)+12\geq0$를 만족시키는 정수 x의 개수는?

① 5   ② 7
③ 9   ④ 11
⑤ 13

이차부등식 $f(x)<0$의 해가 주어졌을 때, 이차부등식 $f(ax+b)<0$의 해는 다음 방법으로 구한다.

[방법1] $f(x)=p(x-\alpha)(x-\beta)$이면
➡ x대신 $ax+b$을 대입하여
$f(ax+b)=p(ax+b-\alpha)(ax+b-\beta)$임을 이용한다.

[방법2] $f(x)<0$의 해가 $\alpha<x<\beta$이면
➡ $f(ax+b)<0$의 해는 x대신 $ax+b$을 대입하여 $\alpha<ax+b<\beta$임을 이용한다.

1254   학교기출 대표 유형

x에 대한 이차부등식 $f(x)<0$의 해가 $3<x<7$일 때, 부등식 $f(2x+1)<0$을 만족시키는 정수 x의 개수를 구하시오.

1255   NORMAL

x에 대한 이차부등식 $f(x)\leq0$의 해가 $x\leq-5$ 또는 $x\geq3$일 때, 부등식 $f(-2x+1)\geq0$를 만족시키는 모든 정수 x의 개수는?

① 1   ② 2   ③ 3
④ 4   ⑤ 5

1256   최다빈출 왕 중요   NORMAL

이차함수 $y=f(x)$의 그래프가 오른쪽 그림과 같을 때, 부등식 $f(-2x+3)>f(0)$을 만족시키는 정수 x의 개수는?

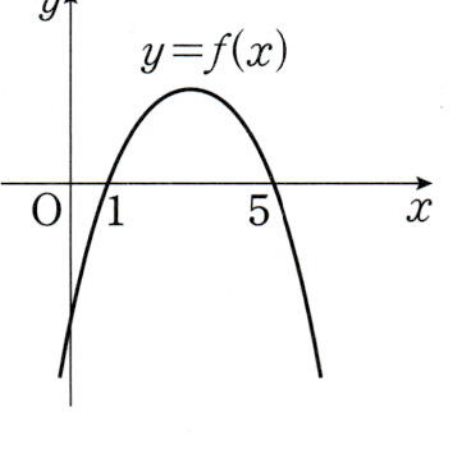

① 3   ② 4
③ 5   ④ 6
⑤ 7

해설 내신연계문제

1257   최다빈출 왕 중요   NORMAL

이차부등식 $ax^2+bx+c>0$의 해가 $x<-2$ 또는 $x>3$일 때, 부등식 $a(x+1)^2+b(x+1)+c\leq0$를 만족시키는 정수 x의 개수는? (단, a, b, c는 상수이다.)

① 2   ② 3   ③ 4
④ 5   ⑤ 6

해설 내신연계문제

1258

이차부등식 $ax^2+bx+c>0$의 해가 $1<x<3$일 때, 부등식
$a(x-2)^2+b(x-2)+c \geq 0$를 만족시키는 정수 x의 최댓값과
최솟값의 합은? (단, a, b, c는 상수이다.)

① 5   ② 6   ③ 7
④ 8   ⑤ 9

1259

x에 대한 이차부등식 $f(x)<0$의 해가 $x<-1$ 또는 $x>5$일 때,
다음 [보기]에서 옳은 것을 있는 대로 고른 것은?

> ㄱ. 부등식 $f(-x)>0$의 해는 $-5<x<1$이다.
> ㄴ. 부등식 $f(2x-1)>0$의 해는 $-1<x<2$이다.
> ㄷ. 부등식 $f\left(\dfrac{2x-1}{3}\right)<0$의 해는 $x<-1$ 또는 $x>8$이다.

① ㄱ   ② ㄴ   ③ ㄱ, ㄴ
④ ㄱ, ㄷ   ⑤ ㄱ, ㄴ, ㄷ

1260

최다빈출 왕중요

그림은 두 점 $(-2, 0)$, $(3, 0)$을 지나
는 이차함수 $y=f(x)$의 그래프를 나
타낸 것이다. 부등식 $f\left(\dfrac{x-k}{3}\right) \leq 0$의
해가 $-8 \leq x \leq 7$일 때, 부등식
$f\left(\dfrac{x-k}{2}\right) \leq 0$의 해는 $\alpha \leq x \leq \beta$이다.
$\alpha\beta$의 값은? (단, k는 상수이다.)

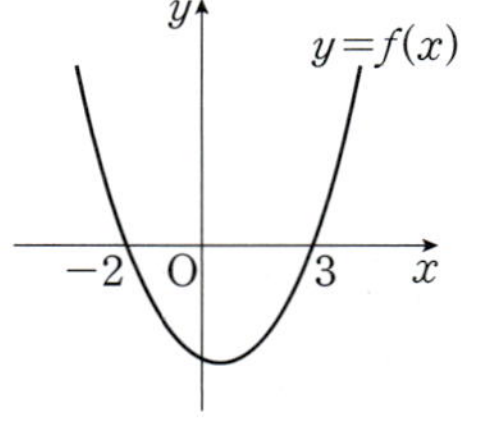

① -36 ② -24 ③ -12
④ -8 ⑤ -6

해설 내신연계문제

모의고사   **핵심유형**   기출문제

1261

2009년 11월 고1 학력평가 14번

그림은 두 점 $(-1, 0)$, $(2, 0)$을 지나는
이차함수 $y=f(x)$의 그래프를 나타낸
것이다. 부등식 $f\left(\dfrac{x+k}{2}\right) \leq 0$의 해가
$-3 \leq x \leq 3$일 때, 상수 k의 값은?

① 0   ② 1
③ 2   ④ 3
⑤ 4

해설 내신연계문제

 정수인 해의 개수가 주어진 이차부등식

이차부등식의 정수인 해가 n개이면 다음 순서로 미지수를 구한다.

FIRST 주어진 부등식의 해를 수직선 상에 나타낸다.
NEXT n개의 정수를 포함하도록 하는 미지수의 값의 범위를 구한다.
LAST 구하는 정수 또는 자연수의 값을 구한다.

>  a, $b(a<b)$가 정수일 때, 부등식을 만족하는 정수의 개수
> ① $a \leq x \leq b$일 때, 정수 x의 개수는 $(b-a)+1$
> ② $a < x \leq b$일 때, 정수 x의 개수는 $b-a$
> ③ $a \leq x < b$일 때, 정수 x의 개수는 $b-a$
> ④ $a < x < b$일 때, 정수 x의 개수는 $(b-a)-1$

1262

학교기출 대표유형

x에 대한 이차부등식 $x^2+6x+9-a^2 \leq 0$을 만족시키는 정수 x의
개수가 7이 되도록 하는 자연수 a의 값을 구하시오.

1263

최다빈출 왕중요

이차부등식 $3x^2+4n<3nx+4x$를 만족시키는 양의 정수 x의 개수
가 3이 되도록 하는 정수 n의 값은?

① 3   ② 4   ③ 5
④ 6   ⑤ 7

해설 내신연계문제

1264

이차부등식 $2x^2+px \leq 0$을 만족시키는 정수 x가 4개가 되도록 하
는 정수 p의 최댓값을 M, 최솟값을 m이라 할 때, Mm의 값은?

① -64 ② -56 ③ -49
④ -42 ⑤ -36

모의고사   **핵심유형**   기출문제

1265

2019년 09월 고1 학력평가 14번

x에 대한 이차부등식 $x^2-(n+5)x+5n \leq 0$을 만족시키는 정수
x의 개수가 3이 되도록 하는 모든 자연수 n의 값의 합은?

① 8   ② 9   ③ 10
④ 11   ⑤ 12

해설 내신연계문제

이차부등식의 활용 문제는 다음과 같은 순서로 해결한다.

FIRST 문제에서 구해야 하는 값을 x로 놓는다.

NEXT 주어진 조건에 맞게 부등식을 세운다.

LAST 부등식을 풀어 해를 구한다. 이때 미지수의 범위에 주의한다.

 문제에서 구해야 하는 것이 무엇인지 파악하는 것은 중요하다.
이때 미지수가 길이, 넓이, 부피, 금액 등의 값이면 항상 0보다 크다.

1266　학교기출 대표 유형

지면에서 초속 40m로 똑바로 위로 쏘아 올린 물체가 t초 후의 지면으로부터 높이를 $h(t)$m라고 하면

$$h(t) = -5t^2 + 40t$$

가 성립한다고 한다. 물체의 높이가 75m 이상인 시간은 몇 초 동안인지 구하시오.

1267　NORMAL

어느 스마트폰 대리점에서 이어폰 한 개를 10만 원에 판매할 때, 한 달에 120대가 팔리고, 이어폰 가격을 x만 원 인상하면 총 판매량이 $4x$대 줄어드는 것으로 조사되었다. 한 달의 총 판매액이 1500만 원 이상이 되도록 하기 위한 x의 값의 범위는?

① $1 \leq x \leq 5$　　② $5 \leq x \leq 10$　　③ $5 \leq x \leq 15$

④ $1 \leq x \leq 15$　　⑤ $10 \leq x \leq 15$

1268　NORMAL

가로, 세로의 길이가 각각 50cm, 30cm인 직사각형이 있다.
이 직사각형의 가로의 길이를 $x$cm만큼 줄이고 세로의 길이를 $x$cm만큼 늘여서 만든 직사각형의 넓이가 975cm^2 이상이 되도록 할 때, x의 최댓값은?

① 25　　② 30　　③ 35

④ 40　　⑤ 45

1269　최다빈출 왕 중요　NORMAL

가로의 길이가 20m, 세로의 길이가 15m인 직사각형 모양의 땅에 오른쪽 그림과 같이 폭이 일정한 도로를 만들려고 한다. 이때 도로를 제외한 땅의 넓이가 150m^2 이상이 되도록 하는 도로의 최대 폭은 몇 m인가?
(단, 도로는 직사각형의 가로 또는 세로와 평행하다.)

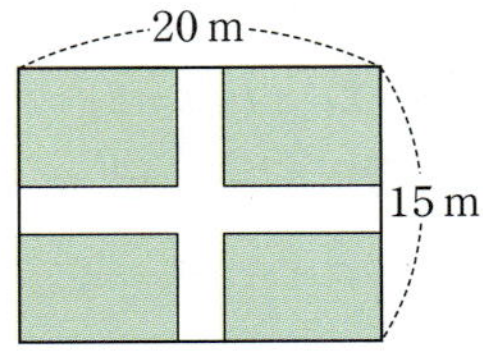

① 3　　② 5　　③ 10

④ 15　　⑤ 20

해설 내신연계문제

1270　TOUGH

어느 상점에서 판매하던 상품의 가격을 $x\%$ 올렸더니 판매량은 $\frac{1}{2}x\%$ 감소하였다. 가격을 올린 후의 총 판매금액이 8% 이상 증가하도록 하는 x의 범위는?

① $5 \leq x \leq 25$　　② $10 \leq x \leq 30$　　③ $20 \leq x \leq 40$

④ $20 \leq x \leq 80$　　⑤ $10 \leq x \leq 60$

모의고사　핵심유형　기출문제

1271　2017년 03월 고2 학력평가 나형 13번　NORMAL

어느 라면 전문점에서 라면 한 그릇의 가격이 2000원이면 하루에 200그릇이 판매되고, 라면 한 그릇의 가격을 100원씩 내릴 때마다 하루 판매량이 20그릇씩 늘어난다고 한다. 하루의 라면 판매액의 합계가 442000원 이상이 되기 위한 라면 한 그릇의 가격의 최댓값은?

① 1500원　　② 1600원　　③ 1700원

④ 1800원　　⑤ 1900원

해설 내신연계문제

유형 11 모든 실수 x에 대하여 성립하는 이차부등식 (1)

이차방정식 $ax^2+bx+c=0$의 판별식을 D라 할 때,

(1) **모든 x에 대하여 이차부등식 $ax^2+bx+c>0$이 항상 성립할 조건**
  ➡ $y=ax^2+bx+c$의 그래프가 항상 x축 위쪽에 있다.
  ➡ $a>0$ (모양 : 아래로 볼록)
    $D<0$ (위치 : x축 위쪽에 존재)

(2) **모든 x에 대하여 이차부등식 $ax^2+bx+c \geq 0$이 항상 성립할 조건**
  ➡ $y=ax^2+bx+c$의 그래프가 x축에 접하거나 위쪽에 있다.
  ➡ $a>0$ (모양 : 아래로 볼록)
    $D \leq 0$ (위치 : x축 위쪽에 존재하거나 접한다.)

 모든 x에 대하여 이차부등식 $ax^2+bx+c<0$이 항상 성립할 조건
  ① $y=ax^2+bx+c$의 그래프가 항상 x축 아래쪽에 있다.
  ② $a<0$이고 판별식 $D<0$이어야 한다.

1272 학교기출 대표유형

이차부등식 $-x^2+2(k+1)x-4k \leq 0$이 x의 값에 관계없이 항상 성립할 때, 실수 k의 값을 구하시오.

1273  NORMAL

이차부등식 $x^2-2x+1>2ax-3$이 모든 실수 x에 대하여 성립하도록 하는 실수 a의 값의 범위는?

① $-3<a<1$
② $-3 \leq a \leq 1$
③ $-1<a<3$
④ $-1 \leq a \leq 3$
⑤ $a<-1$ 또는 $a>3$

1274 최다빈출 왕중요  NORMAL

모든 실수 x에 대하여 $\sqrt{x^2-2kx+k+2}$가 실수가 되도록 하는 실수 k의 값의 범위는?

① $-1 \leq k \leq 2$
② $1 \leq k \leq 3$
③ $2 \leq k \leq 5$
④ $k \leq 1$ 또는 $k \geq 4$
⑤ $k<-1$ 또는 $k>2$

해설 내신연계문제

1275  TOUGH

모든 실수 x에 대하여 $x^2-2ax+1>0$이 항상 성립할 때, 부등식 $3|a-1|+2|a+1|<5$의 해를 구하면 $\alpha<a<\beta$이다. 이때 $\alpha+\beta$의 값은?

① 1
② 2
③ 3
④ 4
⑤ 5

1276  최다빈출 왕중요  TOUGH

x에 대한 이차방정식 $x^2+(m-2)x-am=0$이 실수 m의 값에 관계없이 항상 실근을 가질 때, 실수 a의 값의 범위는?

① $-2 \leq a \leq 0$
② $0 \leq a \leq 2$
③ $2 \leq a \leq 5$
④ $a \leq 0$ 또는 $a \geq 2$
⑤ $a<0$ 또는 $a>2$

해설 내신연계문제

모의고사 **핵심유형** 기출문제

1277 2023년 09월 고1 학력평가 13번  NORMAL

모든 실수 x에 대하여 이차부등식 $x^2+(m+2)x+2m+1>0$이 성립하도록 하는 모든 정수 m의 값의 합은?

① 3
② 4
③ 5
④ 6
⑤ 7

해설 내신연계문제

1278 2019년 03월 고2 학력평가 가형 11번  NORMAL

모든 실수 x에 대하여 부등식 $x^2-2kx+2k+15 \geq 0$이 성립하도록 하는 정수 k의 개수는?

① 7
② 9
③ 11
④ 13
⑤ 15

해설 내신연계문제

이차방정식 $ax^2+bx+c=0$의 판별식을 D라 할 때,
모든 실수 x에 대하여 다음이 성립한다.
(1) 이차부등식 $ax^2+bx+c>0$이 성립하면 ➡ $a>0$, $D<0$
(2) 이차부등식 $ax^2+bx+c \geq 0$이 성립하면 ➡ $a>0$, $D \leq 0$
(3) 이차부등식 $ax^2+bx+c<0$이 성립하면 ➡ $a<0$, $D<0$
(4) 이차부등식 $ax^2+bx+c \leq 0$이 성립하면 ➡ $a<0$, $D \leq 0$

이차함수 $y=ax^2+bx+c$의 x^2의 계수가 양수인지 음수인지 파악한 후 이차함수 그래프의 개형을 그려서 x축과의 관계를 알아본 후 이차방정식 $ax^2+bx+c=0$의 판별식 D를 이용하여 조건의 값을 구한다.

1279 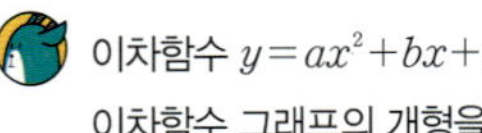 학교기출 대표 유형

임의의 실수 x에 대하여 이차부등식 $mx^2-2(m-2)x+1>0$이 항상 성립하도록 하는 실수 m의 값의 범위는?

① $m>0$ ② $m>4$ ③ $1<m<4$
④ $m<0$ 또는 $m>4$ ⑤ $0<m<1$ 또는 $m>4$

1280 NORMAL

모든 실수 x에 대하여 이차부등식 $ax^2-2x+a-2 \leq 0$이 성립하도록 하는 실수 a의 값의 범위는?

① $a<0$ ② $a \leq 1-\sqrt{2}$
③ $1-\sqrt{2} \leq a \leq 1+\sqrt{2}$ ④ $a \leq 1-\sqrt{2}$ 또는 $a \geq 1+\sqrt{2}$
⑤ $a \leq 2-2\sqrt{2}$ 또는 $a \geq 2+2\sqrt{2}$

1281 최다빈출 왕 중요 NORMAL

모든 실수 x에 대하여 이차부등식 $(a+1)x^2-2(a+1)x+4 \geq 0$이 성립하도록 하는 정수 a의 개수를 구하시오.

해설 내신연계문제

모의고사 핵심유형 기출문제

1282 2018년 03월 고2 학력평가 가형 21번 TOUGH

다음 조건을 만족시키는 이차함수 $f(x)$에 대하여 $f(3)$의 최댓값을 M, 최솟값을 m이라 할 때, $M-m$의 값은?

(가) 부등식 $f\left(\dfrac{1-x}{4}\right) \leq 0$의 해가 $-7 \leq x \leq 9$이다.

(나) 모든 실수 x에 대하여 부등식 $f(x) \geq 2x-\dfrac{13}{3}$이 성립한다.

① $\dfrac{7}{4}$ ② $\dfrac{11}{6}$ ③ $\dfrac{23}{12}$
④ 2 ⑤ $\dfrac{25}{12}$

해설 내신연계문제

모든 실수 x에 대하여 부등식 $ax^2+bx+c>0$이 성립할 조건
➡ 이차부등식이라는 조건이 없으므로
$a=0$인 경우와 $a \neq 0$인 경우로 나누어 푼다.

이차부등식이라는 조건이 없으면 이차항의 계수가 0이어도 된다는 것에 주의한다.

1283 학교기출 대표 유형

x에 대한 부등식 $ax^2+2ax+9 \geq 0$의 해가 모든 실수일 때, 실수 a의 값의 범위는?

① $0<a<9$ ② $0 \leq a<9$ ③ $0 \leq a \leq 9$
④ $0<a \leq 9$ ⑤ $a \geq 9$

1284 NORMAL

모든 실수 x에 대하여 부등식 $(m+2)x^2-2(m+2)x+4>0$이 성립하도록 하는 정수 m의 개수는?

① 3 ② 4 ③ 5
④ 6 ⑤ 7

1285 NORMAL

모든 실수 x에 대하여 부등식 $(1-a)x^2+2(1-a)x-3<0$이 항상 성립할 때, 실수 a의 값의 범위는?

① $1<a<4$ ② $1 \leq a<4$
③ $1<a \leq 4$ ④ $a \leq 1$ 또는 $a>4$
⑤ $a<1$ 또는 $a \geq 4$

1286 최다빈출 왕중요 NORMAL

모든 실수 x에 대하여 $\sqrt{(k+1)x^2-(k+1)x+4}$ 가 실수가 되도록 하는 정수 k의 개수는?

① 15 　　　　② 16 　　　　③ 17
④ 18 　　　　⑤ 19

해설 내신연계문제

1287 TOUGH

모든 실수 x에 대하여 $\sqrt{kx^2-kx-2}$ 이 순허수가 되도록 하는 정수 k의 개수는?

① 4 　　　　② 5 　　　　③ 6
④ 7 　　　　⑤ 8

1288 최다빈출 왕중요 TOUGH

모든 실수 x에 대하여 부등식

$$(m^3-1)x^2+2(m^3-1)x+4(m^2+m+1)>0$$

이 성립하도록 하는 정수 m의 합을 구하시오.

해설 내신연계문제

이차방정식 $ax^2+bx+c=0$의 판별식을 D라 할 때,

(1) **이차부등식 $ax^2+bx+c>0$이 해를 갖지 않는다.**
　➡ 이차부등식 $ax^2+bx+c\leq0$의 해는 모든 실수이다.
　➡ $a<0,\ D\leq0$

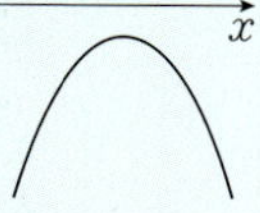

(2) **이차부등식 $ax^2+bx+c<0$이 해를 갖지 않는다.**
　➡ 이차부등식 $ax^2+bx+c\geq0$의 해는 모든 실수이다.
　➡ $a>0,\ D\leq0$

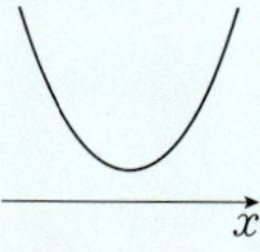

① 이차부등식 $x^2+ax+b<0$이 해를 갖지 않는다.
　➡ 이차부등식 $x^2+ax+b\geq0$의 해는 모든 실수이다.
　➡ 이차방정식 $x^2+ax+b=0$의 판별식을 D라 할 때, $D\leq0$
② 이차부등식 $x^2+ax+b\leq0$이 해를 갖지 않는다.
　➡ 이차부등식 $x^2+ax+b>0$의 해는 모든 실수이다.
　➡ 이차방정식 $x^2+ax+b=0$의 판별식을 D라 할 때, $D<0$

1289 학교기출 대표유형

다음 이차부등식 중 해가 존재하지 않는 것은?

① $x^2+3x-4<0$ 　　　② $x^2+6x+9>0$
③ $-x^2+2x-3<0$ 　　　④ $x^2+2x+1\leq0$
⑤ $x^2-x+1\leq0$

1290 NORMAL

이차함수 $f(x)=x^2-2ax+9a$에 대하여 이차부등식 $f(x)<0$을 만족시키는 해가 없도록 하는 정수 a의 개수는?

① 9 　　　　② 10 　　　　③ 11
④ 12 　　　　⑤ 13

1291 NORMAL

x에 대한 이차부등식 $-x^2+2(k-2)x+3(k-2)>0$의 해가 존재하지 않도록 하는 정수 k의 개수는?

① 2 　　　　② 4 　　　　③ 6
④ 8 　　　　⑤ 10

1292 최다빈출 왕 중요

x에 대한 부등식 $(k+2)x^2-2kx-4x+3<0$의 해가 존재하지 않도록 하는 실수 k의 최댓값과 최솟값의 합은?

① -3 ② -2 ③ -1
④ 1 ⑤ 2

해설 내신연계문제

1293 최다빈출 왕 중요

x에 대한 이차부등식 $(k-1)x^2-2(k-1)x-2>0$이 해를 가지지 않도록 하는 정수 k의 개수는?

① 1 ② 2 ③ 3
④ 4 ⑤ 5

해설 내신연계문제

1294 TOUGH

다음 조건을 모두 만족하는 정수 k의 개수를 구하시오.

> (가) 모든 실수 x에 대하여 부등식 $x^2-2kx+4>0$이 성립한다.
> (나) 부등식 $x^2-2kx+4k<0$을 만족하는 실수 x가 존재하지 않는다.

모의고사 핵심유형 기출문제

1295 2021년 06월 고1 학력평가 24번 NORMAL

x에 대한 이차부등식 $x^2+8x+(a-6)<0$이 해를 갖지 않도록 하는 실수 a의 최솟값을 구하시오.

해설 내신연계문제

이차부등식의 $ax^2+bx+c=0$의 판별식이 D라 할 때,

(1) **이차부등식** $ax^2+bx+c\geq0$의 해가
단 한 개 존재하려면
➡ $a<0$, $D=0$

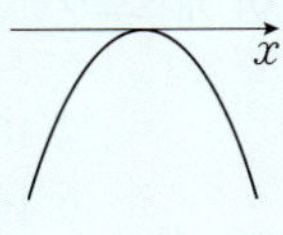

(2) **이차부등식** $ax^2+bx+c\leq0$의 해가
단 한 개 존재하려면
➡ $a>0$, $D=0$

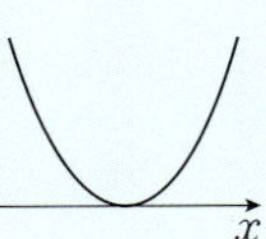

이차함수 $y=ax^2+bx+c$의 x^2의 계수가 양수인지 음수인지 파악한 후 이차함수 그래프의 개형을 그려서 x축과 접하는 경우임을 알아본 후 이차방정식 $ax^2+bx+c=0$의 판별식 D라 하면 $D=0$임을 이용한다.

1296 학교기출 대표 유형

이차부등식 $x^2-2kx+3k\leq0$의 해가 $x=3$뿐일 때, k의 값을 구하시오.

1297 NORMAL

이차부등식 $x^2-4x+a-1\leq0$의 해가 $x=b$뿐일 때, ab의 값은? (단, a는 실수이다.)

① -10 ② -8 ③ -5
④ 8 ⑤ 10

1298 NORMAL

이차부등식 $kx^2+(k+2)x+k\leq0$의 해가 $x=a$뿐일 때, ak의 값은? (단, k는 실수이다.)

① -4 ② -2 ③ -1
④ 2 ⑤ 4

1299 최다빈출 왕 중요 TOUGH

이차부등식 $(a+1)x^2+2(a+1)x-5<0$을 만족시키지 않은 x의 값이 오직 b뿐일 때, $a+b$을 구하시오. (단, a는 실수이다.)

해설 내신연계문제

1300 TOUGH

이차부등식 $(5-a)x^2+(a-5)x+1>0$을 만족시키지 않는 x의 값이 오직 b뿐일 때, $a+b$의 값은? (단, a는 실수이다.)

① $\dfrac{1}{2}$ ② 1 ③ $\dfrac{3}{2}$

④ 2 ⑤ $\dfrac{5}{2}$

모의고사 핵심유형 기출문제

1301 2007년 09월 고1 학력평가 7번 NORMAL

이차부등식 $ax^2+bx+c \geq 0$의 해가 $x=2$뿐일 때, 옳은 내용을 [보기]에서 모두 고른 것은?

> ㄱ. $a<0$
> ㄴ. $b^2-4ac=0$
> ㄷ. $a+b+c<0$

① ㄱ ② ㄱ, ㄴ ③ ㄱ, ㄷ
④ ㄴ, ㄷ ⑤ ㄱ, ㄴ, ㄷ

해설 내신연계문제

유형 16 이차부등식이 해를 가질 조건

(1) **이차부등식** $ax^2+bx+c>0$**이 해를 가질 조건**

  ① $a>0$이면 ➡ 이차부등식은 항상 해를 갖는다.

  ② $a<0$이면 ➡ $ax^2+bx+c=0$의 판별식을 D라 할 때,
    $D>0$이어야 한다.

(2) **이차부등식** $ax^2+bx+c<0$**이 해를 가질 조건**

  ① $a>0$이면 ➡ $ax^2+bx+c=0$의 판별식을 D라 할 때,
    $D>0$이어야 한다.

  ② $a<0$이면 ➡ 이차부등식은 항상 해를 갖는다.

> 이차함수 $y=ax^2+bx+c$의 x^2의 계수가 양수인지 음수인지 파악한 후
> 이차함수 그래프의 개형을 그려서 x축과의 관계를 알아본 후
> 이차방정식 $ax^2+bx+c=0$의 판별식 D를 이용하여 구한다.

1302 학교기출 대표 유형

다음 중 이차부등식 $ax^2+6x+a>0$이 해를 갖도록 하는 실수 a의 값이 될 수 없는 것은?

① -3 ② -2 ③ -1
④ 1 ⑤ 2

1303 NORMAL

이차부등식 $(a-6)x^2-8x+a<0$의 해를 갖도록 하는 실수 a의 값 범위는?

① $a>6$ ② $a<8$
③ $a<6$ 또는 $6<a<8$ ④ $6<a<8$ 또는 $a>8$
⑤ $2<a<6$ 또는 $a>6$

1304 최다빈출 왕 중요 TOUGH

x에 대한 부등식 $kx^2-kx+k-2 \leq 0$의 해가 존재하도록 하는 실수 k의 값의 범위는?

① $k \leq -1$ ② $k \leq -\dfrac{1}{3}$ ③ $k \leq \dfrac{4}{3}$

④ $0 \leq k \leq \dfrac{8}{3}$ ⑤ $k \leq \dfrac{8}{3}$

해설 내신연계문제

이차함수 $y=f(x)$의 그래프와 직선 $y=mx+n$이 만나는 점의 x좌표가 이차방정식 $f(x)=mx+n$의 실근이므로 판별식 D의 부호에 따라 다음과 같이 결정된다.
① 두 그래프는 서로 다른 두 점에서 만난다. ➡ $D>0$
② 두 그래프는 한 점에서 만난다. (접한다.) ➡ $D=0$
③ 두 그래프는 만나지 않는다. ➡ $D<0$

1305　학교기출 대표유형

오른쪽 그림은 이차함수 $y=ax^2+bx+c$의 그래프이다. 이 그래프가 직선 $y=kx+2$와 만나도록 하는 실수 k의 값의 범위는?

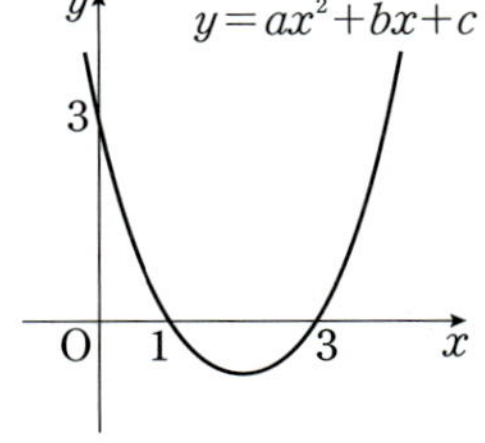

① $-6 \le k \le -2$
② $-6 \le k \le -1$
③ $k \le -5$ 또는 $k \ge -2$
④ $k \le -6$ 또는 $k \ge -1$
⑤ $k \le -6$ 또는 $k \ge -2$

1306　NORMAL

이차함수 $y=x^2-(k+2)x+2$의 그래프가 직선 $y=x+1$과 만나지 않도록 하는 k의 값의 범위를 $\alpha<k<\beta$라 할 때, $\alpha\beta$의 값은?

① 1　　　② 2　　　③ 3
④ 4　　　⑤ 5

1307　NORMAL

이차함수 $y=x^2+kx+k+3$의 그래프가 x축과는 접하고 직선 $y=x+1$과는 서로 다른 두 점에서 만나도록 하는 상수 k의 값은?

① -4　　　② -2　　　③ 0
④ 2　　　⑤ 4

1308　최다빈출 왕중요　NORMAL

직선 $y=kx$는 이차함수 $y=x^2-2x+1$의 그래프와 서로 다른 두 점에서 만나고 이차함수 $y=x^2+x+4$의 그래프와는 만나지 않는다. 이때 정수 k의 개수를 구하시오.

해설 내신연계문제

1309　2021년 09월 고1 학력평가 13번　NORMAL

직선 $y=x+k$가 이차함수 $y=x^2-2x+4$의 그래프와 만나고, 이차함수 $y=x^2-5x+15$의 그래프와 만나지 않도록 하는 모든 정수 k의 개수는?

① 3　　　② 4　　　③ 5
④ 6　　　⑤ 7

해설 내신연계문제

(1) 함수 $y=f(x)$의 그래프가 함수 $y=g(x)$의 그래프보다 위쪽에 있는 x의 값의 범위 ➡ 부등식 $f(x)>g(x)$의 해

(2) 함수 $y=f(x)$의 그래프가 함수 $y=g(x)$의 그래프보다 아래쪽에 있는 x의 값의 범위 ➡ 부등식 $f(x)<g(x)$의 해

 이차함수 $y=f(x)$의 그래프와 직선 $y=g(x)$가 만날 때, 이차방정식 $f(x)=g(x)$, 즉 $f(x)-g(x)=0$의 판별식을 D라 하면 $D \geq 0$이어야 한다.

1310 학교기출 대표 유형

이차함수 $y=-2x^2-3x+2$의 그래프가 이차함수 $y=x^2+2ax-b$의 그래프보다 위쪽에 있는 부분의 x의 값의 범위가 $-2<x<3$일 때, 상수 a, b에 대하여 $b-a$의 값을 구하시오.

1311 NORMAL

이차함수 $y=x^2+2ax+a-1$의 그래프가 이차함수 $y=2x^2+3x-5$의 그래프보다 아래쪽에 있는 부분의 x의 값의 범위가 $x<-2$ 또는 $x>b$일 때, 상수 a, b에 대하여 $a+b$의 값은? (단, $b>-2$)

① 3   ② 4   ③ 5
④ 6   ⑤ 7

1312 최다빈출 왕 중요 NORMAL

이차함수 $y=ax^2+bx+a^2+2a$의 그래프가 직선 $y=4x+b$보다 위쪽에 있는 부분의 x의 값의 범위가 $-4<x<1$일 때, 상수 a, b에 대하여 $a+b$의 값은?

① -14 ② -13 ③ -12
④ -11 ⑤ -10

해설 내신연계문제

1313 2014년 09월 고1 학력평가 11번 TOUGH

직선 $y=px+q$와 이차함수 $y=ax^2+bx+c$의 그래프가 그림과 같을 때, [보기]에서 옳은 것만을 있는 대로 고른 것은?

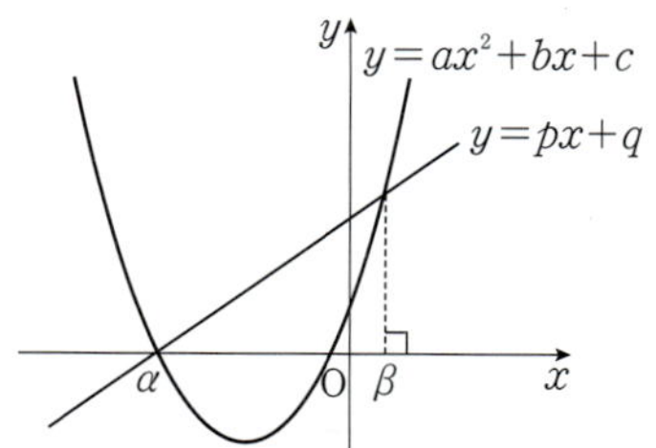

ㄱ. $b^2-4ac>0$
ㄴ. $aq^2+bq+c>0$
ㄷ. 부등식 $ax^2+(b-p)x+c-q \leq 0$의 해는 $\alpha \leq x \leq \beta$

① ㄱ   ② ㄱ, ㄴ   ③ ㄱ, ㄷ
④ ㄴ, ㄷ   ⑤ ㄱ, ㄴ, ㄷ

해설 내신연계문제

1314 2010년 11월 고1 학력평가 19번 TOUGH

이차항의 계수가 음수인 이차함수 $y=f(x)$이 그래프와 직선 $y=x+1$이 두 점에서 만나고 그 교점의 y좌표가 각각 3과 8이다. 이때 이차부등식 $f(x)-x-1>0$을 만족시키는 모든 정수 x의 값의 합은?

① 14   ② 15   ③ 16
④ 17   ⑤ 18

해설 내신연계문제

1315 2015년 09월 고1 학력평가 14번 TOUGH

0이 아닌 실수 p에 대하여 이차함수 $f(x)=x^2+px+p$의 그래프의 꼭짓점을 A, 이 이차함수의 그래프가 y축과 만나는 점을 B라 할 때, 두 점 A, B를 지나는 직선을 l이라 하자.

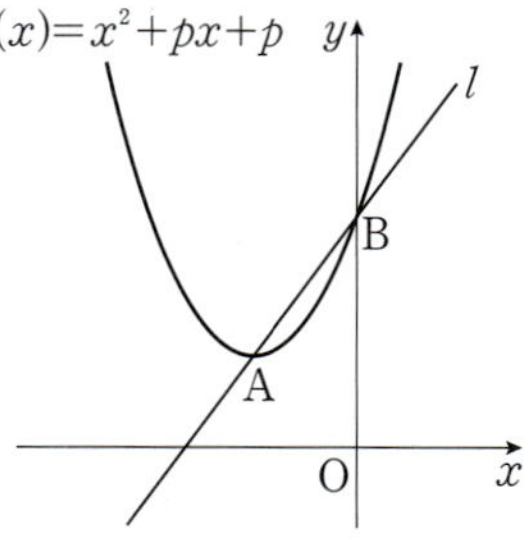

직선 l의 방정식을 $y=g(x)$라 하자. 부등식 $f(x)-g(x) \leq 0$을 만족시키는 정수 x의 개수가 10이 되도록 하는 정수 p의 최댓값을 M, 최솟값을 m이라 할 때, $M-m$의 값은?

① 32   ② 34   ③ 36
④ 38   ⑤ 40

해설 내신연계문제

(1) 함수 $y=f(x)$의 그래프가 x축보다 항상 위쪽에 있으면
　➡ 모든 실수 x에 대하여 부등식 $f(x)>0$이 성립한다.
(2) 함수 $y=f(x)$의 그래프가 함수 $y=g(x)$의 그래프보다
　　항상 위쪽에 있으면
　➡ 모든 실수 x에 대하여 부등식 $f(x)>g(x)$가 성립한다.
(3) 함수 $y=f(x)$의 그래프가 함수 $y=g(x)$의 그래프보다
　　항상 아래쪽에 있으면
　➡ 모든 실수 x에 대하여 부등식 $f(x)<g(x)$가 성립한다.

① 이차함수 $y=ax^2+bx+c$의 그래프가 직선 $y=mx+n$보다 항상
　위쪽에 존재하면
　➡ 모든 실수 x에 대하여 이차부등식 $ax^2+bx+c>mx+n$이
　　성립한다.
　➡ 이차방정식 $ax^2+(b-m)x+c-n=0$의 판별식 D에 대하여
　　$a>0$, $D<0$이다.
② 이차함수 $y=ax^2+bx+c$의 그래프가 직선 $y=mx+n$보다 항상
　아래쪽에 존재하면
　➡ 모든 실수 x에 대하여 이차부등식 $ax^2+bx+c<mx+n$이
　　성립한다.
　➡ 이차방정식 $ax^2+(b-m)x+c-n=0$의 판별식 D에 대하여
　　$a<0$, $D<0$이다.

1316 학교기출 대표 유형

이차함수 $y=x^2-2kx+2k+3$의 그래프가 x축보다 항상 위쪽에 있
도록 하는 실수 k의 값의 범위는?

① $k<-2$　　　　② $-2<k<0$　　　③ $-1<k<3$
④ $k>5$　　　　⑤ $k<-1$ 또는 $k>4$

1317 최다빈출 왕 중요

이차함수 $y=ax^2-2(a+2)x-1$의 그래프가 x축보다 항상 아래쪽
에 있도록 하는 정수 a의 값의 합은?

① -6　　　　② -5　　　　③ -4
④ -3　　　　⑤ -2

1318 NORMAL

이차함수 $y=x^2-2x+2$의 그래프가 직선 $y=mx-2$보다 항상
위쪽에 있을 때, 실수 m의 값의 범위를 구하면?
① $-4<m<2$　　　② $-4<m<1$　　　③ $-6<m<2$
④ $-6<m<3$　　　⑤ $-6<m<6$

1319 NORMAL

이차함수 $y=-4x^2+2x+1$의 그래프가 직선 $y=kx+2$보다 항상
아래쪽에 있도록 하는 상수 k의 값의 범위가 $\alpha<k<\beta$일 때, $\beta-\alpha$
의 값은?

① 4　　　　　② 5　　　　　③ 6
④ 7　　　　　⑤ 8

1320 최다빈출 왕 중요 NORMAL

이차함수 $y=ax^2-2x-3$의 그래프가 이차함수 $y=x^2-2ax-2$의
그래프보다 항상 아래쪽에 있도록 하는 실수 a의 범위는?

① $0<a\leq 1$　　　　　　② $0\leq a\leq 2$
③ $1<a\leq 2$　　　　　　④ $a<0$ 또는 $a>2$
⑤ $a<-2$ 또는 $a\geq 0$

 해설 내신연계문제

1321 2022년 06월 고1 학력평가 10번 NORMAL

이차함수 $y=x^2+2(a-1)x+2a+13$의 그래프가 x축과 만나지
않도록 하는 모든 정수 a의 값의 합은?

① 12　　　　　② 14　　　　　③ 16
④ 18　　　　　⑤ 20

해설 내신연계문제

1322 2021년 06월 고1 학력평가 10번 NORMAL

이차함수 $y=x^2+6x-3$의 그래프와 직선 $y=kx-7$이 만나지 않
도록 하는 자연수 k의 개수는?

① 3　　　　　② 4　　　　　③ 5
④ 6　　　　　⑤ 7

해설 내신연계문제

유형 20 제한된 범위에서 항상 성립하는 이차부등식

(1) $\alpha \leq x \leq \beta$에서 이차부등식 $f(x) > 0$이 항상 성립한다.
➡ $\alpha \leq x \leq \beta$에서 $(f(x)$의 최솟값$) > 0$이다.

(2) $\alpha \leq x \leq \beta$에서 이차부등식 $f(x) < 0$이 항상 성립한다.
➡ $\alpha \leq x \leq \beta$에서 $(f(x)$의 최댓값$) < 0$이다.

제한된 범위에서 항상 성립하는 이차부등식
이차함수의 그래프를 그린 후 최댓값과 최솟값의 부호를 확인한다.
① 꼭짓점의 x좌표가 주어진 범위에 속하는지 확인하여 최댓값 또는 최솟값을 찾는다.
② 꼭짓점의 x좌표가 미지수인 경우 조건을 만족시키도록 그래프를 그려 주어진 범위의 경계에서의 함숫값의 부호를 따져 본다.

1323 학교기출 대표유형

이차부등식 $x^2 - 3x \leq 0$을 만족시키는 모든 실수 x에 대하여 이차부등식 $x^2 - 2x + a - 2 \geq 0$이 항상 성립할 때, 실수 a의 최솟값을 구하시오.

1324 NORMAL

이차부등식 $x^2 - x - 2 \leq 0$을 만족시키는 모든 실수 x에 대하여 이차부등식 $-x^2 + 3x - 4 \leq x^2 - 7x + k$가 항상 성립할 때, 실수 k의 최솟값은?

① 5 　　　　② 6 　　　　③ 7
④ 8 　　　　⑤ 9

1325 최다빈출 왕중요 NORMAL

$-1 \leq x \leq 1$에서 이차부등식 $x^2 - 2x + 1 \leq -x^2 + k$가 항상 성립할 때, 실수 k의 최솟값은?

① 3 　　　　② $\dfrac{7}{2}$ 　　　　③ 4
④ $\dfrac{9}{2}$ 　　　　⑤ 5

 해설 내신연계문제

1326 NORMAL

$1 < x < 2$에서 이차함수 $y = 2x^2 + 1$의 그래프가 직선 $y = a(x+1)$보다 항상 아래쪽에 있도록 하는 상수 a의 값의 범위는?

① $a \geq 2$ 　　　② $a \geq 3$ 　　　③ $a > 2$
④ $\dfrac{3}{2} < a < 3$ 　　　⑤ $a \geq \dfrac{3}{2}$

1327 TOUGH

$0 \leq x \leq 1$에서 이차부등식 $x^2 - 2ax + a + 2 \geq 0$이 항상 성립할 때, 실수 a의 값의 범위는?

① $-1 \leq a \leq 2$ 　　② $-1 \leq a \leq 3$ 　　③ $2 \leq a \leq 3$
④ $-2 \leq a \leq 3$ 　　⑤ $-1 \leq a \leq 4$

1328 최다빈출 왕중요 TOUGH

이차부등식 $x^2 - 8x + 12 \leq 0$을 만족시키는 모든 실수 x에 대하여 이차부등식 $x^2 - 2ax + a^2 - a > 0$이 항상 성립할 때, 실수 a의 값의 범위는?

① $1 < a < 9$ 　　　　② $-1 < a < 6$
③ $a < 1$ 또는 $a > 6$ 　　　　④ $a < -9$ 또는 $a > 1$
⑤ $a < 1$ 또는 $a > 9$

해설 내신연계문제

모의고사 핵심유형 기출문제

1329 2015년 06월 고1 학력평가 12번 NORMAL

$3 \leq x \leq 5$인 실수 x에 대하여 부등식 $x^2 - 4x - 4k + 3 \leq 0$이 항상 성립하도록 하는 상수 k의 최솟값은?

① 1 　　　　② 2 　　　　③ 3
④ 4 　　　　⑤ 5

해설 내신연계문제

일차와 이차의 연립부등식의 해는 다음 순서로 구한다.

FIRST 연립부등식을 이루고 있는 일차부등식과 이차부등식의 해를 구한다.

NEXT 위에서 구한 해를 하나의 수직선 위에 나타낸다.

LAST 부등식의 해의 공통범위를 찾아 연립부등식의 해를 구한다.

1330 학교기출 대표 유형

연립부등식 $\begin{cases} 2x+1 < x-2 \\ x^2+7x-8 < 0 \end{cases}$ 의 해가 $\alpha < x < \beta$일 때, $\beta - \alpha$의 값을 구하시오.

1331 NORMAL

연립부등식 $0 \leq -x^2+9x < -x+25$를 만족시키는 정수 x의 개수는?

① 7 ② 8 ③ 9
④ 10 ⑤ 11

1332 최다빈출 왕 중요 NORMAL

연립부등식 $\begin{cases} x-1 \geq 2 \\ x^2-8x \leq -12 \end{cases}$ 의 해가 이차부등식 $ax^2+bx-18 \geq 0$ 의 해와 같을 때, 상수 a, b에 대하여 $a+b$의 값을 구하시오.

해설 내신연계문제

모의고사 **핵심유형** 기출문제

1333 2022년 11월 고1 학력평가 7번 BASIC

연립부등식 $\begin{cases} 2x-6 \geq 0 \\ x^2-8x+12 \leq 0 \end{cases}$ 을 만족시키는 모든 자연수 x의 값의 합은?

① 15 ② 16 ③ 17
④ 18 ⑤ 19

해설 내신연계문제

이차와 이차의 연립부등식의 해는 다음 순서로 구한다.

FIRST 연립부등식을 이루고 있는 이차부등식과 이차부등식의 해를 구한다.

NEXT 위에서 구한 해를 하나의 수직선 위에 나타낸다.

LAST 부등식의 해의 공통범위를 찾아 연립부등식의 해를 구한다.

① 연립부등식 $\begin{cases} f(x) > 0 \\ g(x) > 0 \end{cases}$ 은 두 부등식

$f(x) > 0$, $g(x) > 0$의 해를 구한 후 공통부분을 구한다.

② 연립부등식 $f(x) < g(x) < h(x)$는 연립부등식 $\begin{cases} f(x) < g(x) \\ g(x) < h(x) \end{cases}$ 로

나타낸 후 각각의 부등식의 해를 구한 후 공통부분을 구한다.

1334 학교기출 대표 유형

연립부등식 $\begin{cases} x^2-4x-5 > 0 \\ x^2-2x-8 \leq 0 \end{cases}$ 을 만족하는 x의 범위는?

① $-2 \leq x < -1$ ② $-2 \leq x < 1$ ③ $-1 \leq x < 2$
④ $-1 < x \leq 2$ ⑤ $-2 < x \leq 1$

1335 BASIC

연립부등식 $\begin{cases} 3x^2-8x-16 < 0 \\ -2x^2+7x-6 \leq 0 \end{cases}$ 을 만족하는 정수 x의 값의 합은?

① -5 ② -3 ③ 1
④ 3 ⑤ 5

1336 NORMAL

연립부등식 $x+6 < x^2 < 3x+4$의 해는?

① $3 < x < 4$ ② $2 < x < 4$ ③ $1 < x < 2$
④ $0 < x < 3$ ⑤ $-1 < x < 3$

1337 최다빈출 왕 중요 NORMAL

연립부등식 $2x^2-3x-19<x^2+2x+5\le 2x^2-x+1$을 만족시키는 모든 자연수 x의 값의 합은?

① 22 　　　② 23 　　　③ 24
④ 25 　　　⑤ 26

해설 내신연계문제

1338 최다빈출 왕 중요 NORMAL

연립부등식 $\begin{cases} x^2-5x\le 0 \\ x^2+3x-1\ge 2x+5 \end{cases}$ 의 해와 이차부등식

$ax^2-7x+b\le 0$의 해가 서로 같을 때, 상수 a, b에 대하여 $a+b$의 값은?

① 6 　　　② 8 　　　③ 10
④ 11 　　　⑤ 14

해설 내신연계문제

1339 최다빈출 왕 중요 TOUGH

등식 $\dfrac{\sqrt{x^2+3x-10}}{\sqrt{x^2-x-12}}=-\sqrt{\dfrac{x^2+3x-10}{x^2-x-12}}$ 를 만족시키는 정수 x의 개수를 구하시오.

해설 내신연계문제

모의고사 핵심유형 기출문제

1340 2023년 09월 고1 학력평가 12번 NORMAL

연립부등식 $\begin{cases} x^2-4x-12\le 0 \\ x^2-4x+4>0 \end{cases}$ 을 만족시키는 모든 정수 x의 개수는?

① 5 　　　② 6 　　　③ 7
④ 8 　　　⑤ 9

해설 내신연계문제

양의 실수 a에 대하여
(1) $|f(x)|<a \Rightarrow -a<f(x)<a$
(2) $|f(x)|>a \Rightarrow f(x)<-a$ 또는 $f(x)>a$

 절댓값 기호를 포함한 부등식은 먼저 절댓값 기호 안의 식의 값이 0이 되는 x의 값을 기준으로 경우를 나누어 푼다.

1341 학교기출 대표 유형

연립부등식 $\begin{cases} |x-2|\ge 4 \\ x^2-4x-32<0 \end{cases}$ 을 만족시키는 정수 x에 대하여 모든 정수 x의 값의 합을 구하시오.

1342 최다빈출 왕 중요 NORMAL

연립부등식 $\begin{cases} x^2+7x+6>0 \\ x^2+|x|-6\le 0 \end{cases}$ 의 해는?

① $-1<x\le 2$ 　　② $2\le x<3$ 　　③ $1<x\le 2$
④ $-2<x\le 3$ 　　⑤ $2\le x<4$

해설 내신연계문제

1343 NORMAL

연립부등식 $\begin{cases} x^2-7x+10\le 0 \\ |x^2-4|\le 3x \end{cases}$ 을 만족시키는 모든 정수 x의 값의 합을 구하시오.

모의고사 핵심유형 기출문제

1344 2017년 11월 고1 학력평가 9번 NORMAL

연립부등식 $\begin{cases} |x-1|\le 3 \\ x^2-8x+15>0 \end{cases}$ 을 만족시키는 정수 x의 개수는?

① 1 　　　② 2 　　　③ 3
④ 4 　　　⑤ 5

해설 내신연계문제

각 이차부등식의 해를 구하여 수직선 위에 나타낸 후 주어진 해와 비교하여 미지수의 범위를 구한다.

> 연립이차부등식의 해가 주어지면 각 부등식의 해의 공통부분이 주어진 해와 일치하도록 수직선 위에 나타내어 미지수를 알아낸다.

1345 학교기출 대표유형

연립부등식 $x^2-4<2x-1\leq x+a$의 해가 $-1<x<3$이 되도록 하는 실수 a의 최솟값을 구하시오.

1346 NORMAL

연립부등식 $\begin{cases} x^2-2x-3\leq 0 \\ x^2-(a+1)x+a>0 \end{cases}$의 해가 $-1\leq x<1$일 때, 실수 a의 최솟값은?

① -3 ② -2 ③ 1
④ 2 ⑤ 3

1347 NORMAL

연립부등식 $\begin{cases} x^2-2x-3>0 \\ x^2-(a+4)x+4a\leq 0 \end{cases}$의 해가 $3<x\leq 4$가 되도록 하는 실수 a의 값의 범위가 $\alpha\leq a\leq\beta$일 때, $\alpha^2+\beta^2$의 값은?

① 4 ② 6 ③ 10
④ 12 ⑤ 14

1348 최다빈출 왕중요 NORMAL

x에 대한 연립부등식 $\begin{cases} x^2+ax+b\geq 0 \\ x^2+cx+d\leq 0 \end{cases}$의 해가 $1\leq x\leq 2$ 또는 $x=4$일 때, 상수 a, b, c, d에 대하여 $a+b+c+d$의 값은?

① 1 ② 5 ③ 9
④ 12 ⑤ 15

 해설 내신연계문제

1349 TOUGH

연립부등식 $\begin{cases} x^2-5x\leq 0 \\ x^2-(a+1)x+a\geq 0 \end{cases}$을 만족하는 실수 x가 이차부등식 $x^2-x-6<0$을 만족할 때, 정수 a의 최솟값은?

① 4 ② 6 ③ 10
④ 12 ⑤ 14

1350 최다빈출 왕중요 TOUGH

실수 a, b, c $(a<b<c)$에 대하여 연립부등식 $\begin{cases} x^2-(a+b)x+ab>0 \\ x^2-(b+c)x+bc>0 \end{cases}$의 해가 $x<-3$ 또는 $x>2$일 때, 이차부등식 $x^2-ax+c<0$의 해는?

① $-2<x<1$ ② $1<x<4$ ③ $-2<x<-1$
④ $2<x<4$ ⑤ $2<x<6$

해설 내신연계문제

모의고사 **핵심유형** 기출문제

1351 2024년 06월 고1 학력평가 27번 TOUGH

x에 대한 연립부등식 $\begin{cases} x^2-11x+24<0 \\ x^2-2kx+k^2-9>0 \end{cases}$의 해가 $\alpha<x<\beta$일 때, $\beta-\alpha=2$를 만족시키는 모든 실수 k의 값의 합을 구하시오.

해설 내신연계문제

1352 2021년 03월 고2 학력평가 17번 TOUGH

$a<0$일 때, x에 대한 연립부등식 $\begin{cases} (x-a)^2<a^2 \\ x^2+a<(a+1)x \end{cases}$의 해가 $b<x<b+1$이다. $a+b$의 값은? (단, a, b는 상수이다.)

① 2 ② 1 ③ 0
④ -1 ⑤ -2

해설 내신연계문제

유형 25 · 연립이차부등식의 해가 존재하지 않을 조건과 해가 존재할 조건

연립이차부등식을 만족시키는 해가 존재하지 않거나 존재할 경우의 미지수는 다음 순서로 구한다.

FIRST 문자 계수가 없는 부등식의 해를 먼저 수직선 위에 나타낸다.

NEXT 해가 존재하지 않으면 공통범위가 없도록,
해가 존재하면 공통범위가 있도록 수직선 위에 나타내어 미지수
의 범위를 구한다.

LAST 범위의 경계값의 포함 여부를 확인한다.

1353 · 학교기출 대표 유형

x에 대한 연립이차부등식 $\begin{cases} x^2+6x-16 \leq 0 \\ x^2-6kx-7k^2 > 0 \end{cases}$ 의 해가 존재하도록

하는 양의 정수 k의 개수를 구하시오.

1354

x에 대한 연립부등식 $\begin{cases} x^2+x-12 < 0 \\ x^2-2kx+k^2-16 > 0 \end{cases}$ 의 해가 존재하지 않을

때, 실수 k의 값의 범위는?

① $-1 \leq k < 0$ ② $-1 \leq k < 1$ ③ $-1 \leq k \leq 0$
④ $-2 \leq k < 0$ ⑤ $-1 \leq k \leq 2$

1355 · 최다빈출 왕 중요

연립부등식 $\begin{cases} x^2-6x+8 < 0 \\ x^2-(k+1)x+k > 0 \end{cases}$ 을 만족시키는 정수 x가 존재하지

않도록 하는 실수 k의 값의 범위는?

① $k \geq 3$ ② $k \geq 4$ ③ $k \leq 3$
④ $k \geq 5$ ⑤ $k \leq 5$

해설 내신연계문제

1356

x에 대한 연립부등식

$$\begin{cases} |x-2| \leq a \\ x^2+4x-(3a+2)(3a-2) > 0 \end{cases}$$

의 해가 없을 때, 양수 a의 최솟값을 구하시오.

모의고사 핵심유형 기출문제

1357 · 2023년 11월 고1 학력평가 11번

x에 대한 연립부등식

$$\begin{cases} |x-5| < 1 \\ x^2-4ax+3a^2 > 0 \end{cases}$$

이 해를 갖지 않도록 하는 자연수 a의 개수는?

① 3   ② 4   ③ 5
④ 6   ⑤ 7

해설 내신연계문제

1358 · 2014년 09월 고1 학력평가 16번

연립이차부등식

$$\begin{cases} x^2+4x-21 \leq 0 \\ x^2-5kx-6k^2 > 0 \end{cases}$$

의 해가 존재하도록 하는 양의 정수 k의 개수는?

① 4   ② 5   ③ 6
④ 7   ⑤ 8

해설 내신연계문제

연립이차부등식을 만족시키는 정수인 해가 k개일 때,

FIRST 각 이차부등식의 해를 수직선 위에 나타낸다.

NEXT 수직선 위에 정수인 점을 표시한 후 주어진 조건을 만족시키는 정수가 포함되도록 하는 미지수의 범위를 구한다.

LAST 범위의 경계값의 포함 여부를 확인한다.

 미정 계수가 없는 부등식의 해를 먼저 수직선 위에 나타내고 미지수를 포함한 이차부등식의 해를 수직선 위에 움직이며 정수해의 개수를 확인하고 주어진 정수의 개수 조건에 만족하는 부분을 찾는다.

1359

학교기출 대표 유형

연립부등식 $\begin{cases} x^2-2x-3 \le 0 \\ x^2-(5+a)x+5a \le 0 \end{cases}$ 을 만족하는 정수 x의 개수가 4가 되도록 하는 실수 a의 값의 범위는?

① $-1 \le a \le 0$ ② $-1 \le a < 0$ ③ $-1 < a \le 0$

④ $0 \le a < 1$ ⑤ $0 < a \le 1$

1360

TOUGH

연립부등식 $\begin{cases} |x-2| < k \\ x^2-2x-3 \le 0 \end{cases}$ 을 만족시키는 정수 x의 개수가 5일 때, 양의 정수 k의 최솟값은?

① 2   ② 3   ③ 4

④ 5   ⑤ 6

1361

최다빈출 왕 중요   TOUGH

연립부등식 $\begin{cases} x^2-3x+2 > 0 \\ 2x^2+(2a-5)x-5a < 0 \end{cases}$ 을 만족하는 정수 x가 2개뿐일 때, 모든 정수 a의 값의 곱은?

① -20 ② -10 ③ -5

④ 10 ⑤ 20

해설 내신연계문제

1362

최다빈출 왕 중요   TOUGH

연립부등식 $\begin{cases} x^2-2x-8 < 0 \\ x^2-(a+1)x+a < 0 \end{cases}$ 을 만족시키는 정수 x가 오직 한 개 존재하도록 하는 상수 a의 최댓값을 구하시오.

해설 내신연계문제

1363

2021년 11월 고1 학력평가 15번   TOUGH

x에 대한 연립부등식 $\begin{cases} x^2-2x-3 \ge 0 \\ x^2-(5+k)x+5k \le 0 \end{cases}$ 을 만족시키는 정수 x의 개수가 5가 되도록 하는 모든 정수 k의 값의 곱은?

① -36 ② -30 ③ -24

④ -18 ⑤ -12

해설 내신연계문제

1364

2023년 03월 고2 학력평가 14번   TOUGH

x에 대한 연립부등식 $\begin{cases} x^2+3x-10 < 0 \\ ax \ge a^2 \end{cases}$ 을 만족시키는 정수 x의 개수가 4가 되도록 하는 정수 a의 값은?

① -2 ② -1 ③ 0

④ 1 ⑤ 2

해설 내신연계문제

1365

2022년 03월 고2 학력평가 15번   TOUGH

연립부등식 $\begin{cases} |x-k| \le 5 \\ x^2-x-12 > 0 \end{cases}$ 을 만족시키는 모든 정수 x의 값의 합이 7이 되도록 하는 정수 k의 값은?

① -2 ② -1 ③ 0

④ 1 ⑤ 2

해설 내신연계문제

유형 27 연립이차부등식의 활용

연립이차부등식의 활용 문제는 다음과 같은 순서로 푼다.

FIRST 문제에서 구해야 하는 값을 x로 놓는다.

NEXT 주어진 조건을 이용하여 x에 대한 연립부등식을 세운다.

이때 미지수가 길이, 넓이, 부피, 가격 등은 항상 양수임에 주의한다.

LAST 각 부등식의 해를 구한 후 공통범위를 구한다.

삼각형의 세 변의 길이가 a, b, $c\,(a \leq b \leq c)$일 때,
① 삼각형의 성립조건 $c < a + b$
② 예각삼각형의 조건
　➡ ①의 조건을 만족하고 $c^2 < a^2 + b^2$
③ 둔각삼각형의 조건
　➡ ①의 조건을 만족하고 $c^2 > a^2 + b^2$

1366 학교기출 대표 유형

길이가 x, $x+1$, $x+2$인 세 선분으로 둔각삼각형을 만들려고 할 때, 자연수 x의 개수를 구하시오.

1367 

세 변의 길이가 $2x-1$, x, $2x+1$인 삼각형이 둔각삼각형이 되기 위한 실수 x의 값의 범위가 부등식 $ax^2+bx-8>0$의 해와 같을 때, 실수 a, b의 곱 ab의 값은?

① -3　　　② $-\dfrac{5}{2}$　　　③ -2

④ -1　　　⑤ $-\dfrac{1}{2}$

1368 최다빈출 왕 중요 

세 실수 $x-1$, x, $x+1$이 예각삼각형의 세 변의 길이가 되도록 하는 x의 값의 범위는?

① $x > 2$　　　② $x > 3$　　　③ $x > 4$

④ $x > 5$　　　⑤ $x > 6$

해설 내신연계문제

1369 

둘레의 길이가 24cm인 직사각형에서 가로의 길이는 세로의 길이보다 길거나 같게 하고, 직사각형의 넓이가 27cm^2 이상이 되도록 가로와 세로의 길이를 정하려고 한다. 가로의 길이의 최댓값을 M, 최솟값을 m이라 할 때, $M-m$의 값은?

① 1cm　　　② 2cm　　　③ 3cm

④ 4cm　　　⑤ 5cm

모의고사 핵심유형 기출문제

1370 2011년 11월 고1 학력평가 26번 

그림과 같이 $\overline{AC} = \overline{BC} = 12$인 직각이등변삼각형 ABC가 있다. 빗변 AB 위의 점 P에서 변 BC와 변 AC에 내린 수선의 발을 각각 Q, R라 할 때, 직사각형 PQCR의 넓이는 두 삼각형 APR와 PBQ의 각각의 넓이보다 크다. $\overline{QC} = a$일 때, 모든 자연수 a의 값의 합을 구하시오.

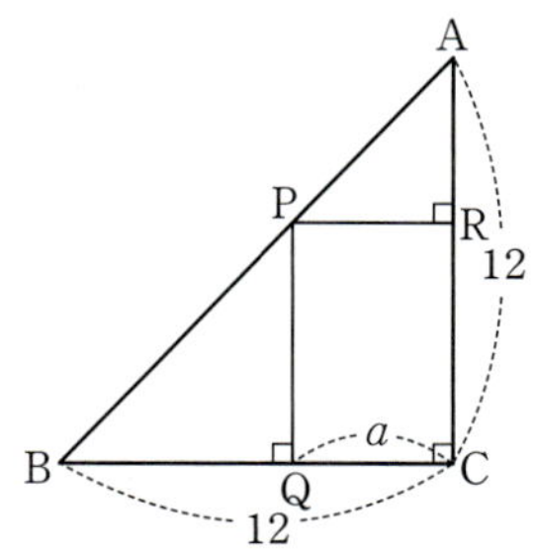

해설 내신연계문제

1371 2020년 09월 고1 학력평가 28번 

그림과 같이 이차함수 $f(x) = -x^2 + 2kx + k^2 + 4\,(k>0)$의 그래프가 y축과 만나는 점을 A라 하자. 점 A를 지나고 x축에 평행한 직선이 이차함수 $y = f(x)$의 그래프와 만나는 점 중 A가 아닌 점을 B라 하고, 점 B에서 x축에 내린 수선의 발을 C라 하자. 사각형 OCBA의 둘레의 길이를 $g(k)$라 할 때, 부등식 $14 \leq g(k) \leq 78$을 만족시키는 모든 자연수 k의 값의 합을 구하시오. (단, O는 원점이다.)

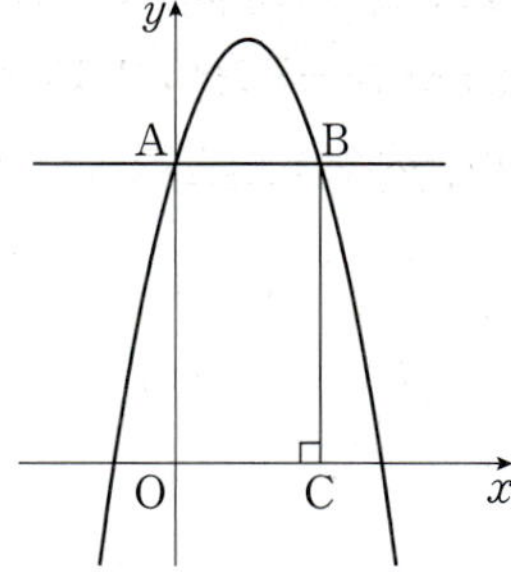

해설 내신연계문제

계수가 실수인 이차방정식 $ax^2+bx+c=0$의 근은
판별식 $D=b^2-4ac$의 부호로 판별한다.
(1) $D>0$ ➡ 서로 다른 두 실근
(2) $D=0$ ➡ 중근 (같은 두 실근)
(3) $D<0$ ➡ 서로 다른 두 허근 (켤레인 허근)

 이차방정식 $ax^2+bx+c=0$의 근의 공식에 의해 $x=\dfrac{-b\pm\sqrt{b^2-4ac}}{2a}$

여기서 $a\neq0$이므로 근을 결정하는 것은 근호 안의 식의 값인
$D=b^2-4ac$의 부호에 따라 결정된다.

1372　학교기출 대표 유형

이차방정식 $x^2-2(k+1)x+3k+7=0$이 서로 다른 두 실근을 갖도록 하는 실수 k의 값의 범위가 $k<a$ 또는 $k>b$일 때, 상수 a, b에 대하여 ab의 값은?

① -8　　　② -6　　　③ -4
④ 4　　　⑤ 6

1373　NORMAL

이차방정식 $x^2+2kx-2k+3=0$이 허근을 갖도록 하는 실수 k의 값의 범위가 $\alpha<k<\beta$일 때, 상수 α, β에 대하여 $\alpha+\beta$의 값은?

① -4　　　② -2　　　③ 2
④ 4　　　⑤ 6

1374　NORMAL

이차함수 $y=x^2-2(k+1)x+k+7$의 그래프가 x축과 만나지 않도록 하는 모든 정수 k의 개수는?

① 2　　　② 3　　　③ 4
④ 5　　　⑤ 6

1375　NORMAL

x에 대한 이차함수 $y=2x^2+6kx+4k^2-k$의 그래프가 x축과 만나지 않거나 오직 한 점에서 만나도록 하는 k의 범위는?

① $-1\leq k\leq1$　　　② $-2\leq k\leq2$　　　③ $-2\leq k\leq0$
④ $0\leq k\leq1$　　　⑤ $0\leq k\leq2$

1376　최다빈출 왕중요　NORMAL

이차방정식 $(k-8)x^2+6x+k=0$이 실근을 갖도록 하는 정수 k의 개수는?

① 8　　　② 9　　　③ 10
④ 11　　　⑤ 12

해설 내신연계문제

1377　최다빈출 왕중요　NORMAL

x에 대한 이차방정식 $x^2-mx+m^2-12=0$이 실근을 갖도록 하는 실수 m의 값의 범위가 $a\leq m\leq b$일 때, 이차함수 $y=-x^2+ax+b$의 최댓값을 구하시오.

해설 내신연계문제

1378　2022년 09월 고1 학력평가 24번　NORMAL

x에 대한 이차방정식 $x^2-(k+2)x+k+5=0$이 서로 다른 두 허근을 갖도록 하는 모든 정수 k의 개수를 구하시오.

해설 내신연계문제

연립이차부등식의 해는 이차방정식의 판별식을 이용하여 다음 순서로 구한다.
FIRST 이차방정식의 근을 판별하여 각각의 부등식의 해를 구한다.
NEXT 각 부등식의 해를 수직선에 나타낸다.
LAST 공통부분을 구한다.

1379 학교기출 대표 유형

이차방정식 $x^2-kx+1=0$은 서로 다른 두 실근을 갖고 이차방정식 $x^2+2kx+k+6=0$은 서로 다른 두 허근을 갖도록 하는 실수 k의 값의 범위는?

① $-3<k<2$　　② $-1<k<3$　　③ $2<k<3$
④ $2<k<4$　　⑤ $-2<k<2$

1380 

이차방정식 $x^2+2kx-2k+3=0$은 실근을 갖고 이차방정식 $x^2+3kx+2k(k-1)=0$은 허근을 갖도록 하는 모든 정수 k의 값의 합은?

① -35　　② -30　　③ -25
④ -20　　⑤ -15

1381 최다빈출 왕 중요 

두 이차방정식 $x^2+2ax+3a=0$, $ax^2+ax+1=0$중 한 방정식만 허근을 갖도록 하는 실수 a의 값의 범위는?

① $0<a<3$　　② $0<a<4$　　③ $3\leq a<4$
④ $3<a\leq 4$　　⑤ $2\leq a\leq 4$

해설 내신연계문제

1382 

이차함수 $y=x^2+2kx+1$의 그래프는 x축과 만나고 이차함수 $y=-x^2+kx+2k$의 그래프는 x축과 만나지 않을 때, 정수 k의 개수는?

① 4　　② 5　　③ 6
④ 7　　⑤ 8

1383 최다빈출 왕 중요 

이차함수 $y=x^2-2(m+1)x+a(m-1)$의 그래프가 m의 값에 관계없이 x축과 서로 다른 두 점에서 만날 때, 실수 a의 값의 범위는?

① $0<a<4$　　　　② $a<0$ 또는 $a>4$
③ $0<a<8$　　　　④ $a<0$ 또는 $a>8$
⑤ $1<a<3$

해설 내신연계문제

모의고사 **핵심유형** 기출문제

1384 2011년 09월 고1 학력평가 13번 

이차방정식 $x^2+2\sqrt{2}x-m(m+1)=0$은 실근을 갖고, 이차방정식 $x^2-(m-2)x+4=0$은 허근을 갖도록 하는 실수 m의 값의 범위는?

① $-3\leq m<4$　　② $-2<m<6$　　③ $0<m\leq 7$
④ $1<m<8$　　⑤ $2\leq m<9$

해설 내신연계문제

 모든 실수 x에 대하여 성립하는 이차부등식의 활용

이차방정식 $ax^2+bx+c=0$의 판별식을 D라 할 때,
모든 실수 x에 대하여 다음이 성립한다.

(1) 이차부등식 $ax^2+bx+c>0$이 성립하면 ➡ $a>0$, $D<0$
(2) 이차부등식 $ax^2+bx+c\geq0$이 성립하면 ➡ $a>0$, $D\leq0$

 이차함수 $y=ax^2+bx+c$의 x^2의 계수가 양수인지 음수인지 파악한 후 이차함수 그래프의 개형을 그려서 x축과의 관계를 알아본 후 이차방정식 $ax^2+bx+c=0$의 판별식 D를 이용하여 조건의 값을 구한다.

1385 학교기출 대표유형

모든 실수 x에 대하여 부등식
$$-x^2-3\leq x+a<2x^2-3x+4$$
가 성립하도록 하는 실수 a의 값의 범위가 $\alpha\leq a<\beta$일 때, $\alpha\beta$의 값은?

① $-\dfrac{11}{2}$　　　② -5　　　③ $-\dfrac{7}{2}$

④ -3　　　⑤ $-\dfrac{5}{2}$

모의고사 핵심유형 기출문제

1386 2013년 09월 고1 학력평가 15번　TOUGH

x에 대한 두 다항식 $f(x)=2x^2+5x+2$, $g(x)=(a-1)x+b$가 있다. 모든 실수 x에 대하여 부등식 $x-2\leq g(x)\leq f(x)$가 항상 성립하도록 하는 실수 b의 값의 범위는 $\alpha\leq b\leq\beta$이다. 이때 $\beta-\alpha$의 최댓값은? (단, a, b는 실수이다.)

① 1　　　② $\dfrac{3}{2}$　　　③ 2

④ $\dfrac{5}{2}$　　　⑤ 3

해설 내신연계문제

1387 2016년 06월 고1 학력평가 21번　TOUGH

모든 실수 x에 대하여 부등식
$$-x^2+3x+2\leq mx+n\leq x^2-x+4$$
가 성립할 때, m^2+n^2의 값은? (단, m, n은 상수이다.)

① 8　　　② 10　　　③ 12

④ 14　　　⑤ 16

해설 내신연계문제

 이차방정식의 실근의 부호 (1)

이차방정식 $ax^2+bx+c=0$의 두 실근을 각각 α, β라 하고 판별식을 D라 할 때, 판별식, 두 근의 합, 곱의 부호를 조사하여 실근의 부호를 구한다. (단, 이차함수 $f(x)=ax^2+bx+c$, $a>0$)

(1) **두 근이 모두 양수이면**
　➡ $D\geq0$, $\alpha+\beta>0$, $\alpha\beta>0$ (또는 $D\geq0$, $f(0)>0$, 대칭축>0)

(2) **두 근이 모두 음수이면**
　➡ $D\geq0$, $\alpha+\beta<0$, $\alpha\beta>0$ (또는 $D\geq0$, $f(0)>0$, 대칭축<0)

(3) **두 근이 서로 다른 부호이면**
　➡ $\alpha\beta<0$ (또는 $f(0)<0$)

 (3)의 경우 $\alpha\beta=\dfrac{c}{a}<0$일 때, 즉 $ac<0$일 때에는 $D=b^2-4ac$에서 $b^2\geq0$, $-4ac>0$이므로 $D=b^2-4ac>0$ 따라서 이때는 굳이 중복해서 실근 조건을 계산할 필요가 없다.

1388 학교기출 대표유형

x에 대한 이차방정식 $x^2-2(m-1)x-m^2+3m-2=0$이 서로 다른 두 양수의 실근을 갖도록 하는 실수 m의 값의 범위가 $a<m<b$일 때, ab의 값을 구하시오.

1389 NORMAL

x에 대한 이차방정식 $x^2-(a-1)x+a+2=0$의 두 근이 모두 음수가 되도록 하는 실수 a의 값의 범위가 $\alpha<a\leq\beta$일 때, $\alpha\beta$의 값은?

① 1　　　② 2　　　③ 3
④ 4　　　⑤ 6

1390 NORMAL

x에 대한 이차방정식 $x^2-2(a-1)x+a^2+3a-4=0$의 두 근이 서로 다른 부호를 갖도록 하는 정수 a의 개수는?

① 2　　　② 3　　　③ 4
④ 5　　　⑤ 6

1391 최다빈출 왕 중요 NORMAL

이차방정식 $x^2-(m-2)x+(m-1)=0$이 서로 다른 부호의 실근 α, β를 갖고 $\alpha^2+\beta^2=22$일 때, m의 값은?

① -5 ② -4 ③ -3
④ -2 ⑤ -1

해설 내신연계문제

모의고사 **핵심유형** 기출문제

1392 2022년 06월 고1 학력평가 14번 NORMAL

x에 대한 이차방정식 $x^2-2kx-k+20=0$이 서로 다른 두 실근 α, β를 가질 때, $\alpha\beta>0$을 만족시키는 모든 자연수 k의 개수는?

① 14 ② 15 ③ 16
④ 17 ⑤ 18

해설 내신연계문제

1393 2012년 03월 고2 학력평가 18번 TOUGH

이차방정식 $x^2-2mx-3m-8=0$의 두 근 중 적어도 하나는 양의 실수가 되도록 하는 정수 m의 최솟값을 k라 할 때, k^2의 값은?

① 1 ② 4 ③ 9
④ 16 ⑤ 25

해설 내신연계문제

유형 32 이차방정식의 실근의 부호 (2)

이차방정식 $ax^2+bx+c=0$의 두 실근 α, β의 부호가 다르고 α, β의 절댓값 중 어느 쪽이 더 큰가를 알려면 $\alpha+\beta$의 부호를 조사하면 된다.

(1) **음수인 근의 절댓값이 양수인 근의 절댓값보다 크기 위한 조건**
   즉 |양근|<|음근|
   ➡ $\alpha+\beta<0$, $\alpha\beta<0$

(2) **음수인 근의 절댓값이 양수인 근의 절댓값보다 작기 위한 조건**
   즉 |양근|>|음근|
   ➡ $\alpha+\beta>0$, $\alpha\beta<0$

(3) **절댓값이 같고 부호가 다르기 위한 조건**
   즉 |양근|=|음근|
   ➡ $\alpha+\beta=0$, $\alpha\beta<0$

1394 학교기출 대표 유형

x에 대한 이차방정식 $x^2-(a^2-7a+10)x-a+4=0$이 서로 다른 부호의 두 실근을 갖는다. 양수인 근의 절댓값이 음수인 근의 절댓값보다 클 때, 실수 a의 범위는?

① $a>1$ ② $a>2$ ③ $a>3$
④ $a>4$ ⑤ $a>5$

1395 최다빈출 왕 중요 TOUGH

x에 대한 이차방정식 $x^2+(a^2-5a+4)x-a+2=0$이 서로 다른 부호의 두 실근을 갖는다. 음수인 근의 절댓값이 양수인 근의 절댓값보다 클 때, 실수 a의 값의 범위는?

① $a>4$ ② $a>2$ ③ $1<a<2$
④ $2<a<4$ ⑤ $a<1$ 또는 $a>4$

해설 내신연계문제

1396 최다빈출 왕 중요 TOUGH

x에 대한 이차방정식 $x^2+(a^2-a-12)x-a+3=0$의 두 실근의 절댓값이 같고 부호가 다를 때, 실수 a의 값은?

① 4 ② 5 ③ 6
④ 7 ⑤ 8

해설 내신연계문제

이차함수 $f(x)=ax^2+bx+c$의 그래프를 이용하여
이차방정식 $ax^2+bx+c=0\,(a>0)$의 근의 위치를 판별하려면
판별식 D, 경계에서의 함숫값, 그래프의 축의 위치를 조사한다.

(1) **두 근 모두 p보다 클 조건**

    ⮕ $D\geq0$, $f(p)>0$, $-\dfrac{b}{2a}>p$의 공통범위

(2) **두 근 모두 p보다 작을 조건**

    ⮕ $D\geq0$, $f(p)>0$, $-\dfrac{b}{2a}<p$의 공통범위

(3) **두 근 사이에 p가 있을 조건**

    ⮕ $f(p)<0$

 이차함수 $y=f(x)$의 그래프와 x축의 교점의 x좌표가 이차방정식 $f(x)=0$의 근이므로 이차방정식의 근의 분리는 함수 $y=f(x)$의 그래프의 개형을 미리 그려 놓으면 풀 때 유용하다.

1397   학교기출 대표 유형

이차방정식 $x^2-2(a-4)x+2a=0$의 두 근이 모두 2보다 작을 때,
상수 a의 최댓값을 구하시오.

1398   NORMAL

이차방정식 $x^2-6x+k=0$의 서로 다른 두 실근이 모두 1보다 크도
록 하는 실수 k의 값의 범위는?

① $k<9$ ② $k>5$ ③ $5<k<6$
④ $5<k<9$ ⑤ $-5<k<6$

1399   최다빈출 왕 중요   NORMAL

x에 대한 이차방정식 $x^2+3kx+2k^2-3=0$의 서로 다른 두 근 사이
에 1이 있도록 하는 실수 k의 값의 범위는 $\alpha<k<\beta$이다.
이때 $\alpha\beta$의 값은?

① -5 ② -4 ③ -3
④ -2 ⑤ -1

해설 내신연계문제

1400   NORMAL

이차방정식 $x^2-4x+k=0$의 한 근은 1과 2 사이에 다른 한 근은
2와 3 사이에 있도록 하는 실수 k의 값의 범위는 $\alpha<k<\beta$이다.
이때 $\alpha\beta$의 값은?

① 8   ② 12   ③ 14
④ 16   ⑤ 20

1401   TOUGH

x에 대한 이차방정식 $x^2+ax+a^2-7=0$의 두 근을 α, β라고
할 때, $-3<\alpha<-1<\beta<1$이 되도록 하는 실수 a의 범위는?

① $-2<a<3$ ② $1<a<3$ ③ $2<a<3$
④ $2<a<4$ ⑤ $1<a<4$

1402   TOUGH

이차방정식 $x^2+4x-k=0$의 두 근 중에서 한 근이 이차방정식
$x^2-2x-3=0$의 두 근 사이에 있도록 하는 정수 k의 개수를 구하
시오.

 모의고사 **핵심유형** 기출문제

1403   2014년 09월 고1 학력평가 15번   TOUGH

두 다항식 $P(x)=3x^3+x+11$, $Q(x)=x^2-x+1$에 대하여 x에
대한 이차방정식 $P(x)-3(x+1)Q(x)+mx^2=0$이 2보다 작은
한 근과 2보다 큰 한 근을 갖도록 하는 정수 m의 개수는?

① 1   ② 2   ③ 3
④ 4   ⑤ 5

해설 내신연계문제

유형 34 삼차방정식의 근의 판별

삼차방정식의 실근의 부호는 다음 순서로 판별한다.
FIRST 조립제법을 이용하여 인수분해한다.
NEXT 주어진 삼차방정식의 근의 부호를 확인한다.
LAST 이차방정식의 실근의 부호를 판별한다.

이차방정식 $ax^2+bx+c=0$의 두 실근을 각각 α, β라 하고
판별식을 D라 할 때,
① 두 근이 모두 양수이면 ➡ $D \geq 0,\ \alpha+\beta>0,\ \alpha\beta>0$
② 두 근이 모두 음수이면 ➡ $D \geq 0,\ \alpha+\beta<0,\ \alpha\beta>0$
③ 두 근이 서로 다른 부호이면 ➡ $\alpha\beta<0$

1404 학교기출 대표 유형

삼차방정식 $x^3-2(k+1)x^2+(5k+2)x-2k-4=0$의 서로 다른
세 근이 한 근이 양수와 두 근이 음수가 되도록 하는 실수 k의 값의
범위가 $a<k<b$일 때, a^2+b^2의 값을 구하시오.

모의고사 핵심유형 기출문제

1405 2015년 03월 고2 학력평가 가형 12번
NORMAL

x에 대한 삼차방정식 $x^3+(a-1)x^2+ax-2a=0$이 한 실근과
서로 다른 두 허근을 갖도록 하는 정수 a의 개수는?

① 5 　　　　② 6 　　　　③ 7
④ 8 　　　　⑤ 9

해설 내신연계문제

1406 2012년 09월 고1 학력평가 17번
TOUGH

삼차방정식 $2x^3+5x^2+(k+3)x+k=0$의 세 근이 음수가 되도록
하는 실수 k의 값의 범위는?

① $-1 \leq k \leq \dfrac{5}{8}$ 　　② $-1 \leq k < \dfrac{9}{8}$ 　　③ $0 < k \leq \dfrac{9}{8}$
④ $0 < k < \dfrac{11}{8}$ 　　⑤ $1 \leq k < \dfrac{11}{8}$

해설 내신연계문제

유형 35 사차방정식의 근의 판별

사차방정식 $x^4+ax^2+b=0\,(a,\ b$는 실수$)$에서 $x^2=X$로 치환하고
이차방정식 $X^2+aX+b=0$의 두 근의 부호를 이용하여 근을 판별한다.
(1) **사차방정식 $x^4+ax^2+b=0$이 서로 다른 네 실근을 가지면**
　➡ 이차방정식 $X^2+aX+b=0$은 서로 다른 두 양의 실근을 가진다.
(2) **사차방정식 $x^4+ax^2+b=0$이 두 실근과 두 허근을 가지면**
　➡ 이차방정식 $X^2+aX+b=0$은 서로 다른 부호의 두 실근을 가진다.

이차방정식 $ax^2+bx+c=0$의 두 실근을 각각 α, β라 하고
판별식을 D라 할 때,
① 두 근이 모두 양수이면 ➡ $D \geq 0,\ \alpha+\beta>0,\ \alpha\beta>0$
② 두 근이 모두 음수이면 ➡ $D \geq 0,\ \alpha+\beta<0,\ \alpha\beta>0$
③ 두 근이 서로 다른 부호이면 ➡ $\alpha\beta<0$

1407 학교기출 대표 유형

사차방정식 $x^4-2ax^2+a+2=0$이 서로 다른 네 실근을 가질 때,
실수 a의 값의 범위는?

① $a<-2$ 　　　② $a<0$ 　　　③ $-1<a<2$
④ $a>2$ 　　　⑤ $0<a<2$

1408 최다빈출 왕 중요
TOUGH

사차방정식 $x^4-(1+k)x^2+k^2-4k-21=0$이 서로 다른 두 실근과
서로 다른 두 허근을 갖도록 하는 정수 k의 개수는?

① 6 　　　　② 7 　　　　③ 8
④ 9 　　　　⑤ 10

해설 내신연계문제

1409
TOUGH

사차방정식 $x^4-2(3-a)x^2+a^2-7a+10=0$이 실근만을 갖도록
하는 실수 a의 범위는?

① $1 \leq a \leq 2$ 　　② $2 \leq a \leq 3$ 　　③ $a \geq 2$
④ $-3 \leq a \leq -2$ 　　⑤ $a \leq -2$

1410

다음 [보기]에서 옳은 것만을 있는 대로 고른 것은?

> ㄱ. 사차방정식 $x^4+6x^2-27=0$의 모든 근의 합은 0이다.
> ㄴ. 사차방정식 $x^4-2x^2+3-a=0$이 서로 다른 네 실근을 갖기 위한 실수 a의 범위는 $-2<a<3$이다.
> ㄷ. 사차방정식 $x^4+kx^3-(k+5)x^2-4kx+4(k+1)=0$은 실수 k의 값에 관계없이 항상 실근만을 가진다.

① ㄱ   ② ㄷ   ③ ㄱ, ㄷ
④ ㄴ, ㄷ   ⑤ ㄱ, ㄴ, ㄷ

1411

최다빈출 왕중요   TOUGH

x에 대한 사차방정식 $x^4-(m+5)x^2+m^2-1=0$이 서로 다른 네 실근 α, β, γ, $\delta\,(\alpha<\beta<\gamma<\delta)$를 가진다. $\alpha\delta+\beta\gamma=-10$일 때, 양수 m의 값을 구하시오.

해설 내신연계문제

모의고사 **핵심유형** 기출문제

1412

2022년 06월 고1 학력평가 26번   TOUGH

x에 대한 사차방정식 $x^4-(2a-9)x^2+4=0$이 서로 다른 네 실근 α, β, γ, $\delta\,(\alpha<\beta<\gamma<\delta)$를 가진다. $\alpha^2+\beta^2=5$일 때, 상수 a의 값을 구하시오.

해설 내신연계문제

1413

2022년 11월 고1 학력평가 26번   TOUGH

사차방정식 $(x^2+kx+2)(x^2+kx+6)+3=0$이 실근과 허근을 모두 갖도록 하는 자연수 k의 값을 구하시오.

해설 내신연계문제

 삼차방정식의 근의 분리

삼차방정식 $P(x)=0$의 한 근이 α이면 $P(x)=(x-\alpha)(ax^2+bx+c)$꼴로 나타낸다.
$f(x)=ax^2+bx+c$라 할 때, 이차방정식 $ax^2+bx+c=0\,(a>0)$의 근의 위치를 판별하면 다음과 같다.

① 두 근 모두 p보다 클 조건

➡ $D\geq0,\ f(p)>0,\ -\dfrac{b}{2a}>p$의 공통범위

② 두 근 모두 p보다 작을 조건

➡ $D\geq0,\ f(p)>0,\ -\dfrac{b}{2a}<p$의 공통범위

③ 두 근 사이에 p가 있을 조건

➡ $f(p)<0$

1414

학교기출 대표 유형

삼차방정식 $x^3-(2k-1)x^2-(2k-16)x+16=0$이 1보다 작은 한 근과 1보다 큰 서로 다른 두 실근을 갖도록 하는 정수 k의 합을 구하시오.

1415

최다빈출 왕중요   NORMAL

삼차방정식 $x^3+5x^2-(2k+9)x+2k+3=0$이 1보다 작은 한 근과 1보다 큰 한 근을 갖도록 하는 정수 k의 최솟값을 구하시오.

해설 내신연계문제

모의고사 **핵심유형** 기출문제

1416

2014년 06월 고1 학력평가 18번   TOUGH

x에 대한 삼차방정식 $x^3-5x^2+(k-9)x+k-3=0$이 1보다 작은 한 근과 1보다 큰 서로 다른 두 실근을 갖도록 하는 모든 정수 k의 값의 합은?

① 24   ② 26   ③ 28
④ 30   ⑤ 32

해설 내신연계문제

서술형 기출유형

학교내신기출 서술형 핵심문제총정리

1417

연립부등식 $\begin{cases} |x-1| \le 6 \\ x^2-10x+16 \le 0 \end{cases}$ 의 해가 $\alpha \le x \le \beta$일 때, $\alpha+\beta$의 값을 구하는 과정을 다음 단계로 서술하시오.

1단계 부등식 $|x-1| \le 6$의 해를 구한다. [4점]
2단계 부등식 $x^2-10x+16 \le 0$의 해를 구한다. [3점]
3단계 $\alpha+\beta$의 값을 구한다. [3점]

1418

$\dfrac{\sqrt{x^2+4x-5}}{\sqrt{2x^2-3x-14}} = -\sqrt{\dfrac{x^2+4x-5}{2x^2-3x-14}}$ 를 만족시키는 정수 x의 합을 구하는 과정을 다음 단계로 서술하시오.

1단계 음수의 제곱근의 성질을 이용하여 연립부등식을 작성한다. [3점]
2단계 연립부등식을 푼다. [5점]
3단계 정수 x의 합을 구한다. [2점]

1419

모든 실수 x에 대하여 연립부등식 $-2x^2+1 \le 2x+a < 2x^2+5$가 항상 성립하도록 하는 실수 a의 값의 범위를 구하고 그 과정을 다음 단계로 서술하시오.

1단계 모든 실수 x에 대하여 부등식 $-2x^2+1 \le 2x+a$를 만족하는 실수 a의 값의 범위를 구한다. [4점]
2단계 모든 실수 x에 대하여 부등식 $2x+a < 2x^2+5$를 만족하는 실수 a의 값의 범위를 구한다. [4점]
3단계 조건을 만족하는 a의 값의 범위를 구한다. [2점]

1420

x에 대한 이차방정식 $x^2-2(2m-a)x+m^2+4m-a=0$이 실수 m의 값에 관계없이 항상 실근을 가질 때, 정수 a의 값의 합을 구하는 과정을 다음 단계로 서술하시오.

1단계 이차방정식이 실근을 가질 조건을 구한다. [4점]
2단계 실수 m의 값에 관계없이 부등식을 항상 성립하게 하는 a의 값의 범위를 구한다. [4점]
3단계 정수 a의 값의 합을 구한다. [2점]

1421

다음 두 조건을 모두 만족하는 모든 정수 m의 값의 합을 구하는 과정을 다음 단계로 서술하시오.

> (가) 이차방정식 $x^2+2mx+m+2=0$이 실근을 가진다.
> (나) 모든 실수 x에 대하여 부등식
> $\quad (m+2)x^2-2(m+2)x+8 > 0$이 성립한다.

1단계 조건 (가)를 만족하는 실수 m의 값의 범위를 구한다. [3점]
2단계 조건 (나)를 만족하는 실수 m의 값의 범위를 구한다. [5점]
3단계 정수 m의 값의 합을 구한다. [2점]

1422 최다빈출 왕중요

다음 두 조건을 모두 만족하는 모든 정수 k의 값의 합을 구하는 과정을 다음 단계로 서술하시오.

> (가) 이차함수 $y=-2x^2+6x-k$의 그래프가 직선 $y=2kx+k$보다 항상 아래쪽에 있다.
> (나) 이차방정식 $x^2+2kx+k+2=0$의 두 근이 모두 음수를 가진다.

1단계 조건 (가)를 만족하는 정수 k의 값의 범위를 구한다. [3점]
2단계 조건 (나)를 만족하는 정수 k의 값의 범위를 구한다. [5점]
3단계 정수 k의 값의 합을 구한다. [2점]

해설 내신연계문제

1423

이차함수 $y=2x^2+ax+a+1$의 그래프가 이차함수 $y=x^2-3x+b$의 그래프보다 위쪽에 있는 부분의 x의 값의 범위가 $x<-1$ 또는 $x>5$일 때, 상수 a, b에 대하여 $a+b$의 값을 구하는 과정을 다음 단계로 서술하시오.

1단계 주어진 조건을 만족하는 이차부등식을 작성한다. [3점]
2단계 해가 $x<-1$ 또는 $x>5$이고 이차항의 계수가 1인 이차부등식을 작성한다. [4점]
3단계 $a+b$의 값을 구한다. [3점]

1424 최다빈출 왕 중요

다음은 이차부등식 $x^2+ax+b<0$을 푸는 과정에 대하여 두 학생이 나눈 대화이다.

> 철수 : x의 계수 a를 잘못 보고 풀었더니 $-4<x<3$이 나왔어.
> 영희 : 상수항을 잘못 보고 풀었더니 $1<x<3$이 나왔어.

이차부등식 $x^2+ax+b<0$의 해를 구하는 과정을 다음 단계로 서술하시오. (단, a, b는 실수이다.)

1단계 두 학생의 대화로부터 a와 b의 값을 구한다. [6점]
2단계 이차부등식 $x^2+ax+b<0$의 해를 구한다. [4점]

해설 내신연계문제

1425 최다빈출 왕 중요

x에 대한 연립부등식
$$\begin{cases} x^2+x-6 \ge 0 \\ 3x^2-(a+3)x+a<0 \end{cases}$$
을 만족시키는 정수 x가 오직 2뿐일 때, 실수 a의 값의 범위를 구하는 과정을 다음 단계로 서술하시오.

1단계 부등식 $x^2+x-6 \ge 0$의 해를 구한다. [2점]
2단계 부등식 $3x^2-(a+3)x+a<0$의 해를 구한다. [3점]
3단계 정수 x가 오직 2뿐일 때, 실수 a의 값의 범위를 구한다. [5점]

해설 내신연계문제

1426

이차방정식 $x^2+ax+2a-3=0$의 서로 다른 두 근이 모두 이차방정식 $x^2+x-2=0$의 두 근 사이에 있도록 하는 실수 a의 값의 범위가 $\alpha<a<\beta$일 때, $\alpha\beta$의 값을 구하는 과정을 다음 단계로 서술하시오.

1단계 이차방정식 $x^2+x-2=0$의 두 근을 구한다. [2점]
2단계 이차방정식 $x^2+ax+2a-3=0$의 두 근이 -2와 1 사이에 있도록 실수 a의 값의 범위를 구한다. [5점]
3단계 $\alpha\beta$의 값을 구한다. [3점]

1427

연립부등식 $\begin{cases} x^2-6x+5<0 \\ x^2-2ax+(a^2-9) \ge 0 \end{cases}$ 을 만족시키는 정수 x가 2개일 때, 상수 a의 값의 범위를 구하는 과정을 서술하시오.

1단계 부등식 $x^2-6x+5<0$의 해를 구한다. [2점]
2단계 부등식 $x^2-2ax+(a^2-9) \ge 0$의 해를 구한다. [3점]
3단계 정수 x가 2개일 때, 상수 a의 값의 범위를 구한다. [5점]

1428 최다빈출 왕 중요

오른쪽 그림은 두 점 $(-1, 0)$, $(3, 0)$을 지나는 이차함수 $y=f(x)$의 그래프를 나타낸 것이다. 부등식 $f\left(\dfrac{x-k}{2}\right) \ge 0$의 해가 $0 \le x \le 8$일 때, 부등식 $f\left(\dfrac{-x+k}{3}\right) \ge 0$의 해는 $\alpha \le x \le \beta$이다. $\beta-\alpha$의 값을 구하는 과정을 다음 단계로 서술하시오.

1단계 이차항의 계수를 a라 하고 이차식 $f(x)$의 식을 구한다. [2점]
2단계 $f\left(\dfrac{x-k}{2}\right) \ge 0$의 해가 $0 \le x \le 8$임을 이용하여 k의 값을 구한다. [4점]
3단계 $f\left(\dfrac{-x+k}{3}\right) \ge 0$의 해를 구하여 $\beta-\alpha$의 값을 구한다. [4점]

해설 내신연계문제

행복한 일등급문제
학교내신기출 고난도 핵심문제총정리

1429 최다빈출 왕 중요

이차부등식 $x^2-ax+20 \le 0$의 해가 $\alpha \le x \le \beta$이고
이차부등식 $x^2-13x+b \ge 0$의 해가 $x \le \alpha-2$ 또는 $x \ge \beta+6$일
때, 상수 a, b에 대하여 $a+b$의 값을 구하시오. (단, $\alpha < \beta$)

해설 내신연계문제

1430

연립부등식 $\begin{cases} x^2+ax+b \ge 0 \\ x^2+cx+d \le 0 \end{cases}$의 해가 $1 \le x \le 2$ 또는 $x=-1$일 때,

연립부등식 $\begin{cases} x^2+bx+a \ge 0 \\ x^2+dx-c \le 0 \end{cases}$의 해를 구하시오.

(단, a, b, c, d는 상수이다.)

1431

다음 [보기] 중 부등식 $ax^2+bx+c>0$을 만족하는 x가 존재하는
경우를 모두 고른 것은?

ㄱ. $a>0$	ㄴ. $a<0$, $b^2-4ac \le 0$
ㄷ. $a \ne 0$, $b^2-4ac>0$	ㄹ. $a=0$, $b \ne 0$
ㅁ. $a=b=0$, $c \le 0$	

① ㄱ, ㄴ   ② ㄱ, ㅁ   ③ ㄴ, ㄷ
④ ㄴ, ㄹ   ⑤ ㄱ, ㄷ, ㄹ

1432 최다빈출 왕 중요

다음 조건을 만족하는 상수 p, q에 대하여 $p+q$의 값을 구하시오.

(가) 모든 실수 x에 대하여 $\sqrt{(k+1)x^2-(k+1)x+5}$의 값이
실수가 되게 하는 정수 k의 개수가 p이다.

(나) 모든 실수 x에 대하여 $\dfrac{1}{\sqrt{(k+2)x^2-2(k+2)x+4}}$의 값이
실수가 되게 하는 정수 k의 개수가 q이다.

해설 내신연계문제

1433

최고차항의 계수가 각각 $\dfrac{1}{2}$, 2인 두 이차함수 $y=f(x)$, $y=g(x)$가
다음 조건을 만족시킨다.

(가) 두 함수 $y=f(x)$와 $y=g(x)$의 그래프는 직선 $x=p$를
축으로 한다.
(나) 부등식 $f(x) \ge g(x)$의 해는 $-1 \le x \le 5$이다.

$p \times \{f(2)-g(2)\}$의 값을 구하시오.

1434

두 이차함수 $f(x)=x^2-2x+a$, $g(x)=-x^2-4x+2a$에 대하여
다음 물음에 답하시오.

(1) 임의의 실수 x에 대하여 $f(x)>g(x)$가 성립하도록 하는
실수 a의 값의 범위를 구하시오.
(2) 임의의 실수 x_1, x_2에 대하여 $f(x_1)>g(x_2)$가 성립하도록 하는
실수 a의 값의 범위를 구하시오.

1435

이차함수 $y=x^2+ax+1$의 그래프와 직선 $y=x-1$의 두 교점을 각각 A, B라 하자. 점 $(3, 2)$가 선분 AB 위에 존재하도록 하는 정수 a의 최댓값을 구하시오.
(단, 두 점 A, B의 좌표는 모두 $(3, 2)$가 아니다.)

1436　2024년 06월 고1 학력평가 21번

최고차항의 계수가 2인 이차함수 $f(x)$와 최고차항의 계수가 -1인 이차함수 $g(x)$가 다음 조건을 만족시킨다.

> (가) 함수 $y=f(x)$의 그래프가 직선 $y=x$와 원점이 아닌 서로 다른 두 점 P, Q에서 만난다.
> (나) 함수 $y=g(x)$의 그래프가 직선 $y=x$와 한 점 P에서만 만난다.
> (다) 점 P의 x좌표는 점 Q의 x좌표보다 작고, $\overline{\mathrm{OP}}=\overline{\mathrm{PQ}}$이다.

부등식 $f(x)+g(x)\geq 0$의 해가 모든 실수일 때, 점 P의 x좌표의 최댓값은? (단, O는 원점이다.)

① $1+\sqrt{3}$　　② $2+\sqrt{3}$　　③ $3+\sqrt{3}$
④ $4+\sqrt{3}$　　⑤ $5+\sqrt{3}$

해설 내신연계문제

1437　2022년 09월 고1 학력평가 18번

함수 $f(x)=x^2+4x-3k^2-12k+40$의 그래프와 x축이 만나는 점의 개수와, 함수 $g(x)=x^2-12x+3k^2-36k+96$의 그래프와 x축이 만나는 점의 개수가 서로 같도록 하는 모든 정수 k의 개수는?

① 11　　② 13　　③ 15
④ 17　　⑤ 19

해설 내신연계문제

1438　2023년 06월 고1 학력평가 27번

자연수 n에 대하여 x에 대한 연립부등식 $\begin{cases}|x-n|>2 \\ x^2-14x+40\leq 0\end{cases}$ 을 만족시키는 자연수 x의 개수가 2가 되도록 하는 모든 n의 값의 합을 구하시오.

해설 내신연계문제

1439　2021년 09월 고1 학력평가 27번

x에 대한 연립이차부등식 $\begin{cases}x^2-10x+21\leq 0 \\ x^2-2(n-1)x+n^2-2n\geq 0\end{cases}$ 을 만족시키는 정수 x의 개수가 4가 되도록 하는 모든 자연수 n의 값의 합을 구하시오.

해설 내신연계문제

1440　2022년 06월 고1 학력평가 28번

x에 대한 연립부등식 $\begin{cases}x^2-(a^2-3)x-3a^2<0 \\ x^2+(a-9)x-9a>0\end{cases}$ 을 만족시키는 정수 x가 존재하지 않기 위한 실수 a의 최댓값을 M이라 하자. M^2의 값을 구하시오. (단, $a>2$)

해설 내신연계문제

1441　2017년 06월 고1 학력평가 21번

x에 대한 연립부등식 $\begin{cases}x^2-a^2x\geq 0 \\ x^2-4ax+4a^2-1<0\end{cases}$ 을 만족시키는 정수 x의 개수가 1이 되기 위한 모든 실수 a의 값의 합은? (단, $0<a<\sqrt{2}$)

① $\dfrac{3}{2}$　　② $\dfrac{25}{16}$　　③ $\dfrac{13}{8}$
④ $\dfrac{27}{16}$　　⑤ $\dfrac{7}{4}$

해설 내신연계문제

III 경우의 수

MAPL YOUR MASTER PLAN

MAPL SYNERGY SERIES

MAPL. IT'S YOUR MASTER PLAN!

개념 유형 기본문제부터 고난도 모의고사형 문제까지 아우르는 유형별 내신대비문제집

01 경우의 수

학교내신기출 객관식 핵심문제총정리

유형 01 합의 법칙

동시에 일어나지 않는 두 사건에 대하여 다음과 같은 합의 법칙이 성립한다.

두 사건 A, B가 동시에 일어나지 않을 때, 사건 A, B가 일어나는 경우의 수가 각각 m, n이면 사건 A 또는 사건 B가 일어나는 경우의 수는 $m+n$이다.

① 문제에서 '또는', '이거나' 등의 표현이 있으면 합의 법칙을 이용한다.
② 합의 법칙은 어느 두 사건도 동시에 일어나지 않는 셋 이상의 사건에 대해서도 성립한다.
③ 두 사건 A, B가 일어나는 경우의 수가 각각 m, n이고 두 사건 A, B가 동시에 일어나는 경우의 수가 l이면 사건 A 또는 사건 B가 일어나는 경우의 수는 $m+n-l$임에 주의한다.

1442 학교기출 대표 유형

1에서 100까지의 자연수 중에서 4 또는 5로 나누어떨어지는 자연수의 개수를 구하시오.

1443  BASIC

100 이하의 자연수 중에서 3과 5로 모두 나누어떨어지지 않는 자연수의 개수는?

① 47   ② 49   ③ 51
④ 53   ⑤ 55

1444 최다빈출 왕 중요  NORMAL

1부터 72까지의 자연수가 하나씩 적힌 72개의 공에서 한 개의 공을 뽑을 때, 72와 서로소인 수가 적힌 공을 뽑는 경우의 수는?

① 16   ② 20   ③ 24
④ 32   ⑤ 36

해설 내신연계문제

1445  NORMAL

오른쪽 그림과 같이 1에서 9까지의 자연수가 적힌 9개의 공이 들어 있는 주머니가 있다. 이 주머니에서 한 개씩 두 개의 공을 꺼낼 때, 나오는 두 공에 적힌 수를 각각 a, b라 하자. $|a-b| \leq 2$가 되는 경우의 수는? (단, 꺼낸 공은 다시 넣는다.)

① 31   ② 33   ③ 35
④ 37   ⑤ 39

1446 최다빈출 왕 중요  NORMAL

서로 다른 두 개의 주머니에 1부터 7까지의 숫자가 하나씩 적힌 7장의 카드와 1부터 5까지의 숫자가 하나씩 적힌 5장의 카드가 각각 들어 있다. 각 주머니에서 카드를 한 장씩 꺼낼 때, 꺼낸 두 카드에 적혀 있는 숫자의 합이 9 이상이거나 소수인 경우의 수는?

① 18   ② 20   ③ 22
④ 24   ⑤ 26

해설 내신연계문제

1447

TOUGH

서로 다른 두 개의 주머니에 1부터 5까지의 숫자가 하나씩 적힌 5장의 카드와 0부터 4까지의 숫자가 하나씩 적힌 5장의 카드가 각각 들어 있다. 각 주머니에서 카드를 한 장씩 꺼낼 때, 나오는 눈의 수를 차례로 a, b라 하자. x에 대한 이차방정식 $x^2+ax+b=0$이 실근을 갖는 경우의 수를 구하시오.

모의고사 **핵심유형** 기출문제

1448

2016년 10월 고3 학력평가 가형 26번

TOUGH

장미 8송이, 카네이션 6송이, 백합 8송이가 있다.
이 중 1송이를 골라 꽃병 A에 꽂고, 이 꽃과는 다른 종류의 꽃들 중 꽃병 B에 꽂을 꽃 9송이를 고르는 경우의 수를 구하시오.
(단, 같은 종류의 꽃은 서로 구분하지 않는다.)

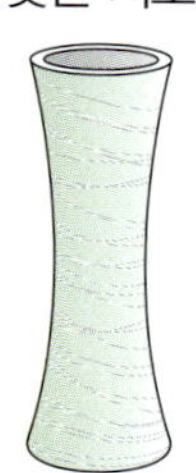
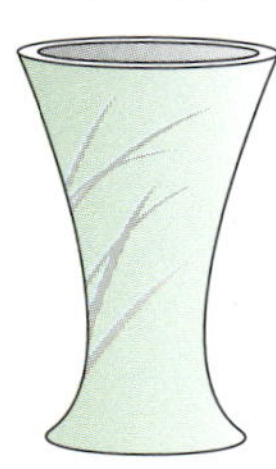

해설 내신연계문제

유형 02 합의 법칙 − 주사위의 경우의 수

(1) 두 주사위를 던질 때, 나온 눈의 수의 합의 경우의 수

눈의 합	2	3	4	5	6	7	8	9	10	11	12
경우의 수	1	2	3	4	5	6	5	4	3	2	1

(2) 두 주사위를 던질 때, 나온 눈의 수의 차의 경우의 수

눈의 차	0	1	2	3	4	5
경우의 수	6	10	8	6	4	2

(3) 세 주사위를 던질 때, 나온 눈의 수의 합의 경우의 수

눈의 합	3	4	5	6	7	8	9	10
경우의 수	1	1+2	1+2+3	1+2 +3+4	1+2+3 +4+5	1+2+3 +4+5+6	2+3+4 +5+6+5	3+4+5 +6+5+4

눈의 합	11	12	13	14	15	16	17	18
경우의 수	4+5+6 +5+4+3	5+6+5 +4+3+2	6+5+4 +3+2+1	5+4+3 +2+1	4+3 +2+1	3+2+1	2+1	1

① (∼인 경우의 수)=(전체 경우의 수)−(∼가 아닌 경우의 수)
② 문제에서 경우를 나누고 합의 법칙과 곱의 법칙을 이용하여 경우의 수를 구한다.

1449

학교기출 **대표** 유형

서로 다른 두 개의 주사위를 던질 때, 나오는 눈의 합이 5의 배수인 경우의 수를 구하시오.

1450

최다빈출 **왕** 중요

BASIC

서로 다른 두 주사위를 던져서 나온 눈의 수의 차가 4 이상인 경우의 수는?

① 2   ② 4   ③ 6
④ 8   ⑤ 10

해설 내신연계문제

1451

NORMAL

서로 다른 주사위 3개를 동시에 던질 때, 적어도 주사위 1개가 홀수의 눈이 나오는 모든 경우의 수는?

① 181   ② 183   ③ 185
④ 187   ⑤ 189

1452

서로 다른 두 개의 주사위를 동시에 던질 때, 나오는 눈의 수의 합이 소수가 되는 경우의 수는?

① 10   ② 12   ③ 16
④ 15   ⑤ 18

1453

서로 다른 두 개의 주사위를 동시에 던질 때, 나오는 눈의 수의 합이 8의 약수가 되는 경우의 수는?

① 8   ② 9   ③ 10
④ 11   ⑤ 12

1454   최다빈출 왕중요

서로 다른 3개의 주사위를 동시에 던질 때, 나오는 세 눈의 수의 합이 6이 되는 경우의 수는?

① 4   ② 6   ③ 7
④ 9   ⑤ 10

해설 내신연계문제

1455   최다빈출 왕중요

서로 다른 두 개의 주사위를 동시에 던져 나오는 눈의 수를 차례로 a, b라 할 때, 이차함수 $y=x^2+ax+2b$의 그래프가 x축과 적어도 한 점에서 만나도록 하는 순서쌍 (a, b)의 개수를 구하시오.

해설 내신연계문제

---

(1) 방정식 $ax+by+cz=d$ (a, b, c, d는 상수)를 만족하는 정수 x, y, z의 순서쌍 (x, y, z)의 개수

➡ x, y, z 중 계수의 절댓값이 가장 큰 문자에 1, 2, 3, …을 차례로 대입하여 구한다.

(2) 부등식 $ax+by \leq c$ (a, b, c는 자연수)를 만족하는 자연수 x, y의 순서쌍 (x, y)의 개수

➡ 주어진 조건을 만족하는 $ax+by$의 값을 찾은 후 $ax+by=d$ 꼴의 방정식을 만들어 이 방정식의 해의 개수를 구한다. 즉 방정식 $ax+by=d$에 $x=1$, $y=1$을 대입한 $a+b=d \leq c$ 의 해의 개수를 모두 구하여 더한다.

문제에서 경우를 나누고 합의 법칙과 곱의 법칙을 이용하여 경우의 수를 구한다.

1456   학교기출 대표유형

방정식 $x+2y+3z=10$을 만족하는 음이 아닌 정수 x, y, z의 순서쌍 (x, y, z)의 개수를 구하시오

1457   최다빈출 왕중요

방정식 $2x+y+z=8$을 만족하는 양의 정수 x, y, z의 모든 순서쌍 (x, y, z)의 개수를 구하시오.

해설 내신연계문제

1458

각 면에 1부터 6까지의 정수가 각각 적힌 정육면체의 주사위를 세 번 던져서 나온 수를 차례로 x, y, z라고 할 때, $x+2y+3z=15$를 만족하는 순서쌍 (x, y, z)의 개수는?

① 9   ② 10   ③ 11
④ 12   ⑤ 13

1459 최다빈출 왕 중요

NORMAL

부등식 $2x+5y \leq 17$을 만족하는 자연수 x, y의 순서쌍 (x, y)는 모두 몇 개인가?

① 6   ② 7   ③ 8
④ 9   ⑤ 10

해설 내신연계문제

1460

NORMAL

5g, 10g, 15g짜리 저울추가 여러 개 있다. 이 세 종류의 저울추를 각각 한 개 이상 사용하여 50g을 만드는 방법은 모두 몇 가지인가? (단, 각 종류의 저울추는 충분히 준비되어 있고, 무게가 같은 추는 구별하지 않는다.)

① 4   ② 5   ③ 6
④ 7   ⑤ 8

1461

TOUGH

어느 한 개의 가격이 각각 2000원, 3000원, 5000원인 3종류의 노트를 합하여 30000원어치 사는 방법의 수를 구하시오. (단, 세 종류의 노트가 적어도 하나 포함되어야 한다.)

유형 04 합의 법칙 – 수형도를 이용하는 경우의 수

특별한 규칙이 없을 경우, 중복되거나 빠짐없이 모든 경우를 하나하나씩 직접 나열하여 경우의 수를 구한다.
이때 수형도와 순서쌍을 이용하면 편리하다.

(1) **수형도**
사건이 일어나는 모든 경우를 나뭇가지 모양의 그림으로 나타낸 것 특히 수형도를 그릴 때 사전식 배열을 이용하여 중복하거나 빠짐없이 모든 경우를 세야 한다.

(2) **순서쌍**
사건이 일어나는 경우를 순서대로 짝지어 만든 쌍을 의미한다.

> **교란 순열 (완전순열) 공식**
> ① 세 수 1, 2, 3을 일렬로 늘어놓은 세 자리 수 $a_1a_2a_3$ 중에서
> $a_i \neq i \ (i=1, 2, 3)$를 만족하는 정수의 개수 ➡ 2개
> ② 네 수 1, 2, 3, 4를 일렬로 늘어놓은 네 자리 수 $a_1a_2a_3a_4$ 중에서
> $a_i \neq i \ (i=1, 2, 3, 4)$를 만족하는 정수의 개수 ➡ 9개
> ③ 5개의 숫자 1, 2, 3, 4, 5를 일렬로 늘어놓은 다섯 자리 수
> $a_1a_2a_3a_4a_5$ 중에서 $a_i \neq i \ (i=1, 2, 3, 4, 5)$를 만족하는 정수의
>   개수 ➡ 44개

1462 학교기출 대표 유형

A, B, C, D 네 사람이 각자 선물을 하나씩 준비하여 상자에 넣고 임의로 하나씩 집었을 때, 네 사람 모두가 서로 다른 사람이 준비한 선물을 집는 경우의 수를 구하시오.

1463 최다빈출 왕 중요

NORMAL

1, 2, 3, 4를 일렬로 나열할 때, i번째 숫자를 $a_i (1 \leq i \leq 4)$라고 하자.
$$(a_1-1)(a_2-2)(a_3-3)(a_4-4) \neq 0$$
을 만족하는 순서쌍 (a_1, a_2, a_3, a_4)의 개수는?

① 3   ② 9   ③ 11
④ 16   ⑤ 44

해설 내신연계문제

1464

다섯 명의 학생이 각자 자신의 모자를 옷걸이에 걸어 놓았다.
임의로 모자를 다시 가져갈 때, 다섯 명 모두가 다른 학생의 모자를
가져가는 경우의 수는?

① 9 　　　　② 11 　　　　③ 18
④ 33 　　　　⑤ 44

1465

Y대 학생부종합 수시에 지원한 5명의 수험생 A, B, C, D, E의
자기소개서를 한데 모아 놓고 면접을 보고 난 후 임의로 자기소개서
를 하나씩 가져갈 때, 한 명만 자신의 자기소개서를 가져가는 경우의
수는?

① 18 　　　　② 24 　　　　③ 38
④ 44 　　　　⑤ 45

1466

5개의 숫자 1, 2, 3, 4, 5를 일렬로 나열하여 다섯 자리의 자연수
$a_1 a_2 a_3 a_4 a_5$를 만들 때,

$$a_3 = 3,\ a_i \neq i\,(i = 1,\ 2,\ 4,\ 5)$$

를 만족하는 다섯 자리 자연수의 개수는?

① 6 　　　　② 8 　　　　③ 9
④ 12 　　　　⑤ 14

1467

1, 2, 3, 4, 5의 번호가 각각 적힌 5권의 책을 k_1, k_2, k_3, k_4, k_5라고
쓰여진 가방에 각각 1개씩 넣을 때, 3번 책은 k_2에 넣고 m번 책은
k_m에 넣지 않는 경우의 수는? (단, $m = 1, 2, 4, 5$)

① 9 　　　　② 11 　　　　③ 16
④ 33 　　　　⑤ 44

1468

오른쪽 그림과 같은 육면체의 꼭짓점
A에서 출발하여 모서리를 따라 움직
여 꼭짓점 E에 도착하는 경우의 수를
구하시오. (단, 한 번 지나간 점은 다
시 지나지 않는다.)

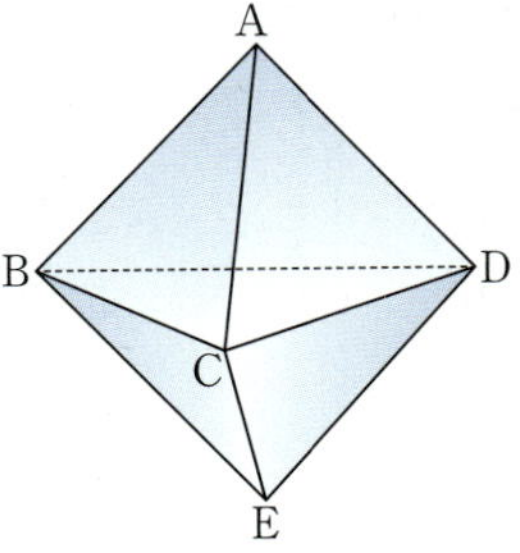

1469

2009년 03월 고1 학력평가 10번

그림과 같이 세 면이 막혀 있는 주차장에 A, B, C, D 네 대의 차량
이 주차되어 있다. 주차된 네 대의 차량이 한 번에 한 대씩 빠져나오
려고 할 때, 차량이 모두 빠져나오는 순서를 정하는 경우의 수는?
(단, 모든 차량은 주차 구역 내에서 직진만 하도록 한다.)

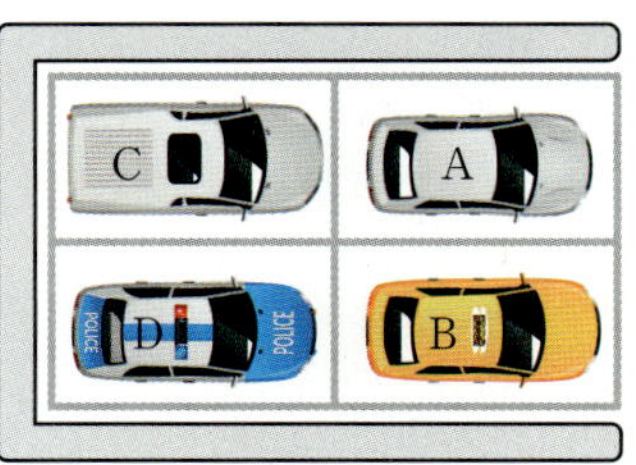

① 4 　　　　② 6 　　　　③ 8
④ 10 　　　　⑤ 12

1470

2012년 03월 고1 학력평가 28번

숫자 1, 2, 3을 전부 또는 일부를 사용하여 같은 숫자가 이웃하지
않도록 다섯 자리 자연수를 만든다. 이때 만의 자리 숫자와 일의 자
리 숫자가 같은 경우의 수를 구하시오.

유형 05 곱의 법칙

일반적으로 잇달아 일어나는 두 사건에 대하여 다음이 성립할 때, 이것을 곱의 법칙이라고 한다.

두 사건 A, B에 대하여 사건 A가 일어나는 경우의 수가 m이고 그 각각에 대하여 사건 B가 일어나는 경우의 수가 n일 때, 두 사건 A, B가 동시에 또는 연이어 일어나는 경우의 수는 $m \times n$이다.

 ① 문제에서 '이고', '그리고', '동시에' 등의 표현이 있으면 곱의 법칙을 이용한다.
② 곱의 법칙은 두 사건이 잇달아 일어나는 경우에도 성립한다.
③ 곱의 법칙은 동시에 일어나는 세 사건 이상에 대해서도 성립한다.

1471

학교기출 **대표** 유형

준호가 4종류의 상의, 3종류의 바지, 2종류의 신발 중에서 각각 하나씩을 택하여 착용하는 경우의 수를 구하시오.

1472

NORMAL

무게가 1g, 5g, 25g, 125g짜리 추가 각각 한 개씩 있다. 이것을 이용하여 잴 수 있는 무게의 경우의 수는? (단, 0g을 재는 것은 제외한다.)

① 6　　　　② 8　　　　③ 10
④ 15　　　　⑤ 20

1473

NORMAL

어느 문구점에 노트 4종류, 메모지 5종류, 형광펜 6종류가 있다. 이 문구점에서 노트, 메모지, 형광펜 중 서로 다른 2개의 제품을 선택하여 각각 1종류씩 구입하는 경우의 수는?

① 70　　　　② 72　　　　③ 74
④ 76　　　　⑤ 78

1474

최다빈출 **왕** 중요　　　NORMAL

다음 표와 같이 트로트, 랩, 힙합, 댄스의 네 분야에 총 22개의 오디션이 있다. 어느 가수 지망생이 다음 조건을 만족시키면서 3개의 오디션에 지원하는 경우의 수는?

관련 분야	트로트	랩	힙합	댄스
오디션 수(개)	7	6	4	5

(가) 각 분야에서는 하나의 대회만 지원할 수 있다.
(나) 댄스 오디션은 반드시 지원한다.

① 470　　　　② 490　　　　③ 510
④ 540　　　　⑤ 600

해설 내신연계문제

1475

NORMAL

다음과 같이 각각 정의한 두 상수 p, q에 대하여 $p+q$의 값은?

(가) 어느 영화 상영관에서 한국 영화 7편과 외국 영화 3편이 상영되고 있다. 이곳에서 영화 한 편을 보려고 할 때, 선택할 수 있는 경우의 수 p
(나) 어느 음식점에서 스프 2종류, 주요리 3종류, 후식 4종류로 서로 다른 세트 메뉴를 개발하려 한다. 스프, 주요리, 후식을 한 가지씩만 사용하여 만들 수 있는 서로 다른 세트 메뉴의 수 q

① 9　　　　② 12　　　　③ 20
④ 24　　　　⑤ 34

1476

TOUGH

수지는 점 A에서 시작하여 펜을 떼지 않고 한 번에 오른쪽 그림과 같은 도형을 그리려고 한다. 이 도형을 그릴 수 있는 방법의 수는? (단, 한 번 지나간 지점은 다시 지나지 않는다.)

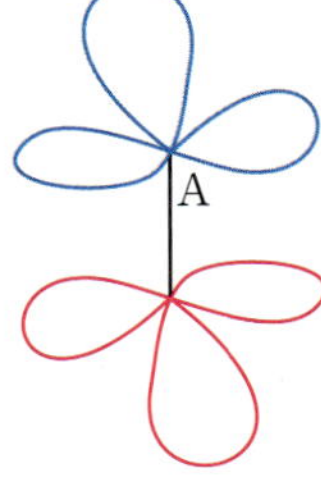

① 384　　　　② 576
③ 768　　　　④ 1536
⑤ 2304

두 다항식 A, B의 각 항의 문자가 모두 다르면 AB의 전개식에서 항의 개수는 ➡ (A의 항의 개수)×(B의 항의 개수)

 다항식의 전개식에서 서로 다른 항의 개수는 동시에 또는 연이어 일어나는 경우의 수와 같으므로 곱의 법칙을 이용한다.

1477 학교기출 대표 유형

$(x+y)(a+b+c+d)$를 전개한 다항식의 항의 개수를 구하시오.

1478 BASIC

다항식 $(a-b)^3(x+y+z)^2$을 전개하였을 때, 항의 개수는?

① 20   ② 22   ③ 24
④ 26   ⑤ 28

1479 최다빈출 왕 중요 NORMAL

다항식 $(a+b)(p+q+r)(x+y+z)$를 전개하였을 때, a를 포함한 항의 개수와 p를 포함하지 않는 항의 개수의 합을 구하시오.

해설 내신연계문제

두 사건 A, B가 동시에 (연이어) 일어나는 경우의 수는 곱의 법칙을 이용하여 구한다.

 ① (~인 경우의 수)=(전체 경우의 수)−(~가 아닌 경우의 수)
② 최고 자리에는 0이 올 수 없음에 유의한다. 주어진 조건에 따라 기준이 되는 자리부터 먼저 숫자를 배열하고 나머지 자리에 남는 숫자를 배열한다.

1480 학교기출 대표 유형

두 자리의 자연수 중에서 십의 자리의 숫자와 일의 자리의 숫자의 합이 짝수인 것의 개수를 구하시오.

1481 NORMAL

백의 자리의 숫자는 소수, 십의 자리의 숫자는 홀수인 세 자리 자연수 중에서 짝수의 개수는?

① 50   ② 75   ③ 100
④ 125   ⑤ 150

1482 NORMAL

100부터 500까지 홀수 중에서 각 자리의 숫자가 모두 다른 자연수의 개수는?

① 108   ② 116   ③ 124
④ 132   ⑤ 144

1483 최다빈출 왕 중요
NORMAL

서로 다른 세 주사위를 동시에 던질 때, 나오는 눈의 수의 곱이 짝수
인 경우의 수는?

① 27　　　　② 81　　　　③ 108
④ 169　　　　⑤ 189

해설 내신연계문제

1484
NORMAL

세 자리의 자연수 중 0이 적어도 하나 포함되는 경우의 수는 모두 몇
개인가?

① 150　　　　② 171　　　　③ 180
④ 187　　　　⑤ 210

1485 최다빈출 왕 중요
TOUGH

서로 다른 3개의 주사위를 던져서 나오는 눈의 수를 각각 a, b, c라
고 할 때, $abc+a+b+c$의 값이 홀수가 되는 경우의 수를 구하시오.

해설 내신연계문제

모의고사 핵심유형 기출문제

1486 2020학년도 09월 고3 모의평가 나형 5번
NORMAL

다음 조건을 만족시키는 두 자리의 자연수의 개수는?

(가) 2의 배수이다.
(나) 십의 자리의 수는 6의 약수이다.

① 16　　　　② 20　　　　③ 24
④ 28　　　　⑤ 32

해설 내신연계문제

유형 08　도로망의 경우의 수

(1) 동시에 갈 수 없는 길이면 ➡ 합의 법칙
(2) 동시에 갈 수 있는 길이거나 이어지는 길이면 ➡ 곱의 법칙

① 도로망의 경우의 수에서 어떤 도시를 거치지 않고 이동하는지,
　 거치고 이동하는지 확인한다.
② 중간에 어느 도시를 거친다면 그 도시를 기준으로 사건을 나누어
　 경우의 수를 구한다.

1487 학교기출 대표 유형

그림은 네 도시 A, B, C, D 사이의 도로망을 나타낸 것이다.
A도시에서 D도시로 갈 때, B도시를 반드시 거치는 경우의 수를
구하시오. (단, 한 번 지난 도시는 다시 지나지 않는다.)

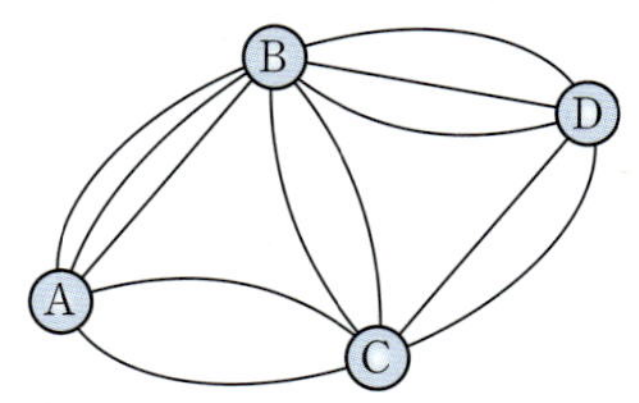

1488
NORMAL

두 지점 A, B를 연결하는 도로망이 그림과 같을 때, A지점에서
B지점으로 가는 방법의 수는?
(단, 한 번 지난 지점은 다시 지나지 않는다.)

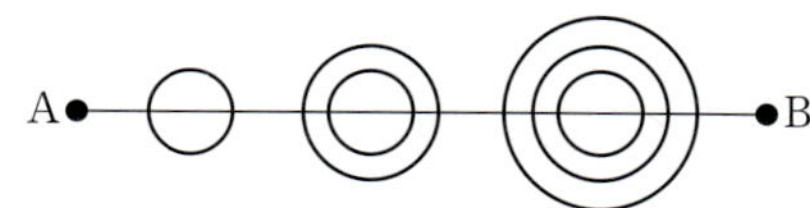

① 105　　　　② 136　　　　③ 158
④ 162　　　　⑤ 185

1489 최다빈출 왕 중요
NORMAL

그림과 같이 5개의 지점 A, B, C, D, E를 연결하는 도로망이 있다.
지점 A에서 출발하여 지점 C로 가는 모든 방법의 수는?
(단, 한 번 지난 지점은 다시 지나지 않는다.)

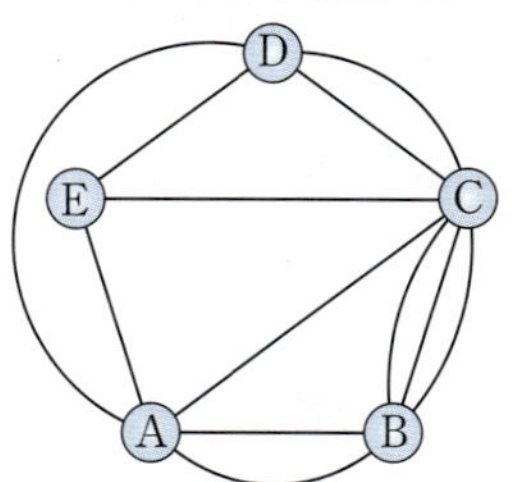

① 12　　　　② 13　　　　③ 14
④ 15　　　　⑤ 16

해설 내신연계문제

1490

두 학생 갑과 을이 다음 그림과 같은 도로망을 따라 길을 건넌다.
갑은 이 도로망을 따라 A지점에서 출발하여 B지점과 C지점을 차례
로 지나 A지점으로 돌아오고, 을은 A지점에서 출발하여 C지점과 B
지점을 차례로 지나 A지점으로 돌아오려고 한다. 이때 두 사람이 지
나는 도로가 모두 다르도록 경로를 결정하는 방법의 수는?

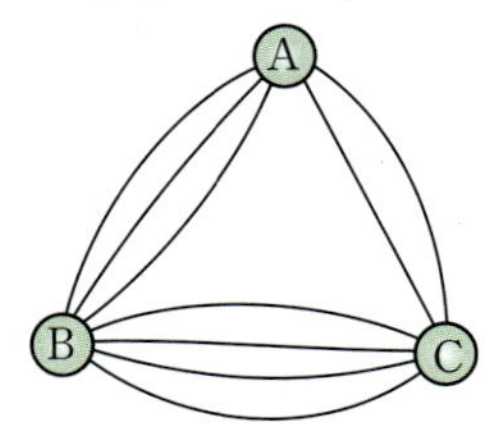

① 86   ② 98   ③ 121
④ 144   ⑤ 169

1491

그림과 같이 4개의 지점 A, B, C, D를 연결하는 도로망이 있다. B
지점과 C지점 사이에 도로를 추가하여 A지점에서 D지점으로 가는
방법의 수가 142가지가 될 때, 추가해야 할 도로의 개수는?
(단, 한 번 지난 지점은 다시 지나지 않고, 도로끼리는 서로 만나지
않는다.)

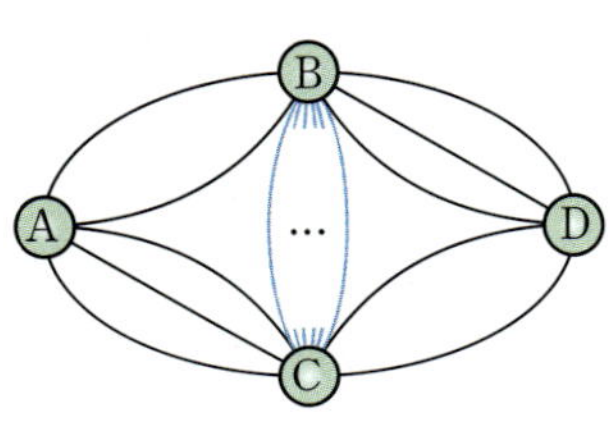

① 2   ② 4   ③ 8
④ 10   ⑤ 12

해설 내신연계문제

1492

그림과 같은 도로망에서 도로 d와 e는 화살표 방향으로 일방통행만
되고, 그 외의 도로는 양쪽 방향으로 통행이 된다고 한다.
집에서 출발하여 학교를 거쳐 도서관까지 갔다가 다시 학교를 거쳐
집으로 되돌아오는 방법의 수를 구하시오.

자연수 N의 양의 약수의 개수와 양의 약수의 총합
자연수 $N=p^m \times q^n \times r^l$ (단, p, q, r은 서로 다른 소수, m, n, l은
자연수)꼴로 소인수분해될 때,
(1) N의 양의 약수의 개수 ➡ $(m+1)(n+1)(l+1)$
(2) N의 양의 약수의 총합
➡ $(1+p^1+p^2+\cdots+p^m)\times(1+q^1+q^2+\cdots+q^n)$
$\times(1+r^1+r^2+\cdots+r^l)$

N의 양의 약수의 개수에서
① $m+1$은 p^m의 양의 약수의 개수, $n+1$은 q^n의 양의 약수의 개수,
$l+1$은 r^l의 양의 약수의 개수이다.
② p^m의 양의 약수와 q^n의 양의 약수와 r^l의 양의 약수 중에서 각각
하나씩 택하여 곱한 수이므로 그 개수는 $(m+1)(n+1)(l+1)$이다.

1493

자연수 720의 양의 약수의 개수를 구하시오.

1494

100의 양의 약수의 개수를 a, 양의 약수의 총합을 b라 할 때,
$a+b$의 값은?

① 226   ② 235   ③ 244
④ 253   ⑤ 262

1495

120과 180의 양의 공약수의 개수는?

① 8   ② 10   ③ 12
④ 14   ⑤ 16

해설 내신연계문제

1496 최다빈출 왕 중요 
NORMAL

자연수 $4^a \times 3^2 \times 5$의 양의 약수의 개수가 42가 되도록 하는 자연수 a의 값은?

① 1　　　　② 2　　　　③ 3
④ 4　　　　⑤ 5

해설 내신연계문제

1497 
NORMAL

120과 300의 양의 공약수 중 5의 배수의 개수는?

① 4　　　　② 5　　　　③ 6
④ 7　　　　⑤ 8

1498 최다빈출 왕 중요 
NORMAL

180의 양의 약수 중 짝수의 개수를 p, 3의 배수의 개수를 q라 할 때, $p+q$의 값은?

① 6　　　　② 12　　　　③ 18
④ 24　　　　⑤ 36

해설 내신연계문제

1499 
TOUGH

300^n의 양의 약수 중 일의 자리의 숫자가 5인 것의 개수가 40일 때, 자연수 n의 값을 구하시오.

 지불 방법의 수와 지불 금액의 수

(1) **지불 방법의 수**
　① A원짜리 동전 a개로 지불할 수 있는 방법의 수
　　➡ 0개, 1개, 2개, $\cdots$, a개의 $a+1$가지
　② A원짜리 동전 a개, B원짜리 동전 b개, C원짜리 동전 c개가 있을 때, 지불할 수 있는 방법의 수는
　　➡ $(a+1)(b+1)(c+1)-1$　← 0원을 지불하는 방법
　（단, 0원을 지불하는 경우는 제외）

(2) **지불 금액의 수**
　화폐 단위가 큰 돈을 화폐 단위가 작은 돈으로
　① 환산할 수 없는 경우 ➡ (지불 방법의 수)＝(지불 금액의 수)
　② 환산할 수 있는 경우 ➡ 화폐 단위가 작은 돈으로 환산하여 지불 방법의 수를 구한다.

 지불할 수 있는 금액이 중복되는 경우
x원짜리 동전 n개로 지불할 수 있는 금액과 y원짜리 동전 1개로 지불할 수 있는 금액이 같으면 y원짜리 동전 1개를 x원짜리 동전 n개로 바꾸어 생각한다.
예를 들어, 100원짜리 동전 5개와 500원짜리 동전 1개로 지불할 수 있는 금액의 수는 (단, 0원을 지불하는 경우는 제외)
500원짜리 동전 1개를 100원짜리 동전 5개로 바꾸어 생각하면 $(10+1)-1$이다.

1500 학교기출 대표 유형 

오른쪽 그림과 같이 500원짜리 동전 1개, 100원짜리 동전 3개, 10원짜리 동전 4개가 있다. 이들의 일부 또는 전부를 사용하여 만들 수 있는 금액은 모두 몇 가지인지 구하시오. (단, 0원을 지불하는 경우는 제외한다.) 

1501
NORMAL

10원짜리 동전 4개, 100원짜리 동전 3개, 1000원짜리 지폐 1장을 전부 또는 일부 사용하여 돈을 지불하는 방법은 모두 몇 가지인가? (단, 0원을 지불하는 경우는 제외한다.)

① 38　　　　② 39　　　　③ 40
④ 42　　　　⑤ 44

1502

1000원짜리 지폐 4장, 5000원짜리 지폐 2장, 10000원짜리 지폐 3장의 일부 또는 전부를 사용하여 지불할 수 있는 금액의 수는? (단, 0원을 지불하는 경우는 제외한다.)

① 26 ② 31 ③ 35
④ 44 ⑤ 47

1503 최다빈출 왕 중요

오른쪽 그림과 같이 1000원짜리 지폐 4장, 5000원짜리 지폐 3장, 10000원짜리 지폐 2장이 있다. 이 지폐의 전부 또는 일부를 사용하여 지불할 수 있는 방법의 수를 a, 거스름돈 없이 지불할 수 있는 금액의 수를 b라 할 때, $a+b$의 값은? (단, 0원을 지불하는 경우는 제외한다.)

① 62 ② 86 ③ 98
④ 104 ⑤ 116

해설 내신연계문제

1504 최다빈출 왕 중요

1000원짜리 지폐 3장, 5000원짜리 지폐 x장, 10000원짜리 지폐 2장의 전부 또는 일부를 사용하여 지불할 수 있는 방법의 수가 59일 때, 지불할 수 있는 금액의 수를 구하시오. (단, 0원을 지불하는 경우는 제외한다.)

해설 내신연계문제

오른쪽 그림과 같이 격자 모양의 길에서 A지점부터 C지점까지 최단거리로 가는 방법의 수가 m이고 D지점까지 최단거리로 가는 방법의 수가 n일 때, A지점부터 E지점까지 최단경로는 C지점을 통과하는 경우와 D지점을 통과하는 경로로 나눌 수 있다.

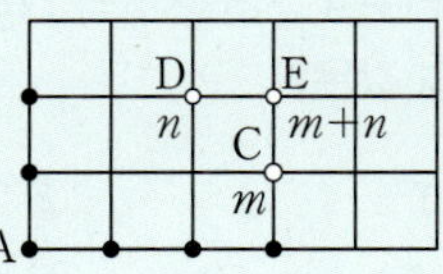

이 두 경우는 동시에 일어날 수 없으므로 합의 법칙에 의하여 A지점부터 E지점까지 최단거리로 가는 방법의 수는 $m+n$이다.

합의 법칙을 이용하여 최단거리로 가는 경우의 수
오른쪽 그림의 A지점에서 B지점까지 최단거리로 가는 경우의 수
① A지점에서 오른쪽과 위로 가는 경우의 수를 각각 적는다.
② 만나는 점에서 경우의 수를 더한다.

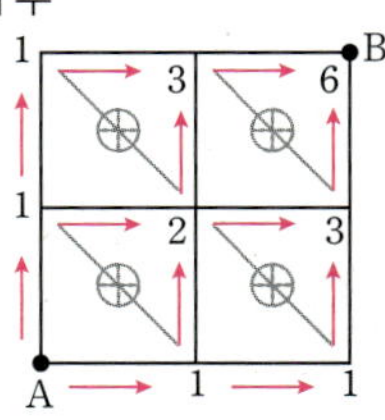

1505 학교기출 대표 유형

오른쪽 그림과 같이 정사각형 모양으로 연결된 도로망이 있다. 이 도로망을 따라 A지점에서 출발하여 B지점까지 최단거리로 가는 방법의 수를 구하시오.

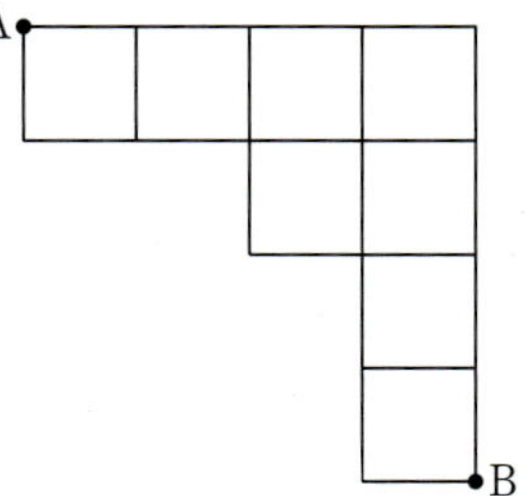

1506 최다빈출 왕 중요

오른쪽 그림과 같은 도로망이 있다. 이 도로망을 따라 A지점에서 출발하여 P지점 또는 Q지점을 지나 B지점까지 최단거리로 가는 방법의 수는?

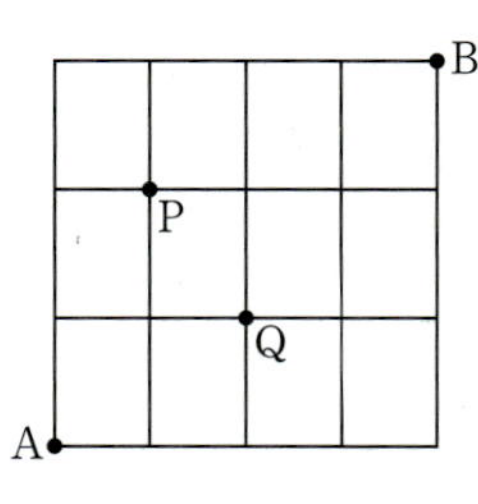

① 28 ② 29
③ 30 ④ 31
⑤ 32

해설 내신연계문제

1507

오른쪽 그림과 같은 도로망에서 일부 교차로 P, Q지점이 공사로 인하여 진입이 제한되고 있다. A지점에서 출발하여 B지점까지 도로를 따라 최단거리로 이동하는 방법의 수를 구하시오.

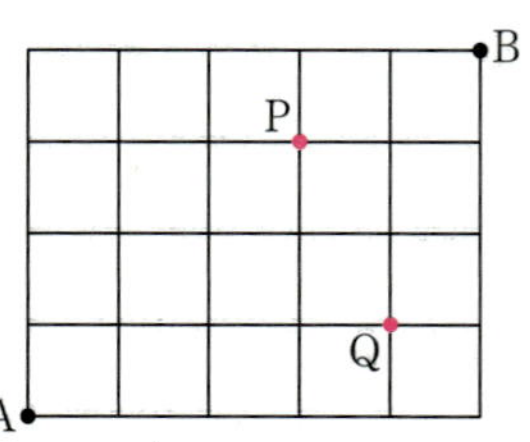

 **유형 12** 도형을 색칠하는 방법의 수

도형에 색칠하는 경우, 색칠하는 순서를 정하는 것에 주의한다.
(1) **인접하는 영역이 가장 많은 영역**에 색칠하는 방법의 수를 먼저 구하고 그 영역과 인접한 영역 순으로 방법의 수를 각각 구한다.
(2) 서로 같은 색을 칠할 수 있는 영역이 있을 때는 이 영역들이 **같은 색인 경우와 다른 색인 경우**로 나누어 색칠한다.
(3) **곱의 법칙**을 이용하여 방법의 수를 구한다.

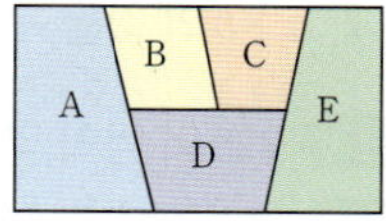

예를 들면
오른쪽 그림에서 인접한 영역의 개수가 가장 많은 영역이 D이므로 D를 먼저 칠한 후 D → A → B → C → E의 순서로 색을 칠한다.
그런데 색칠하는 순서를 A → B → E → D → C로 하면 A와 E, A와 D가 같은 색인지 아닌지에 따라 B에 칠할 수 있는 색의 가짓수가 달라져서 복잡해진다.
그러므로 색칠하는 방법의 수는 다음 순서로 구한다.
FIRST 인접한 영역의 개수가 가장 많은 영역을 먼저 칠한다.
NEXT 인접하는 영역 중 이미 색칠된 영역의 개수가 가장 많은 영역을 칠한다.
LAST 위의 과정을 차례대로 되풀이한다.

1508 학교기출 **대표** 유형

그림과 같은 4개의 영역 A, B, C, D를 서로 다른 네 개의 색으로 칠하려고 한다. 같은 색은 중복하여 사용해도 좋으나 인접하는 영역은 서로 다른 색으로 칠할 때, 색을 칠하는 경우의 수를 구하시오.
(단, 각 영역에는 한 가지 색만 칠한다.)

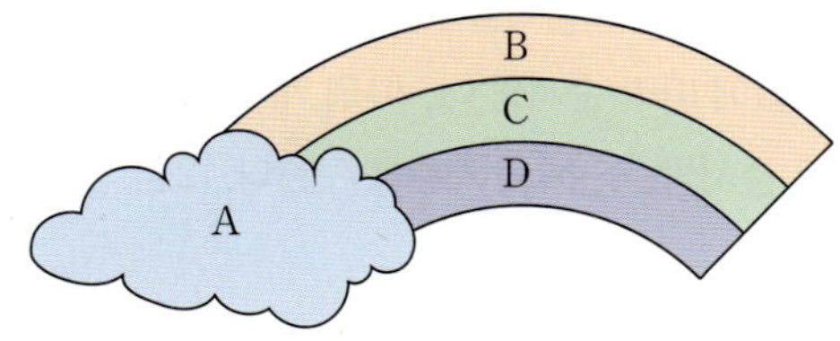

1509 최다빈출 **왕** 중요

오른쪽 그림과 같이 4개의 영역을 빨강, 주황, 노랑, 초록, 파랑의 5가지 색으로 칠하려고 한다. 한 가지 색을 여러 번 사용해도 좋으나 이웃한 부분은 서로 다른 색으로 구분하여 칠하려고 할 때, 색을 칠하는 경우의 수는? (단, 각 영역에는 한 가지 색만 칠한다.)

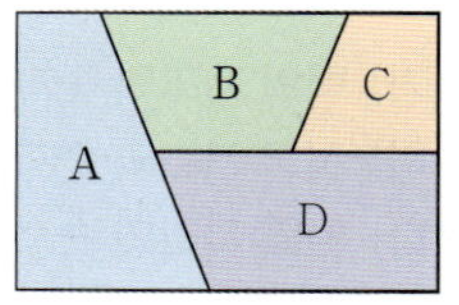

① 48   ② 60   ③ 84
④ 120   ⑤ 180

해설 내신연계문제

1510 NORMAL

오른쪽 그림과 같이 A, B, C, D의 4개의 영역을 서로 다른 5개의 색의 일부 또는 전부를 이용하여 색칠하려고 한다. 같은 색을 중복하여 사용할 수 있으나 인접한 영역은 서로 다른 색으로 칠할 때, 네 영역에 칠하는 경우의 수는? (단, 각 영역에는 한 가지 색만 칠한다.)

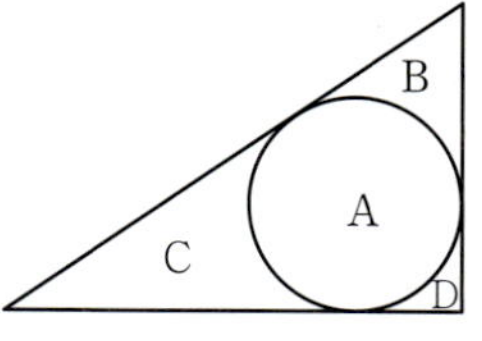

① 120   ② 240   ③ 320
④ 360   ⑤ 480

1511 TOUGH

오른쪽 그림과 같이 A, B, C, D의 4개의 영역을 서로 다른 4개의 색의 일부 또는 전부를 이용하여 색칠하려고 한다. 같은 색을 중복하여 사용할 수 있으나 인접한 영역은 서로 다른 색으로 칠할 때, 네 영역에 칠하는 경우의 수는? (단, 각 영역에는 한 가지 색만 칠한다.)

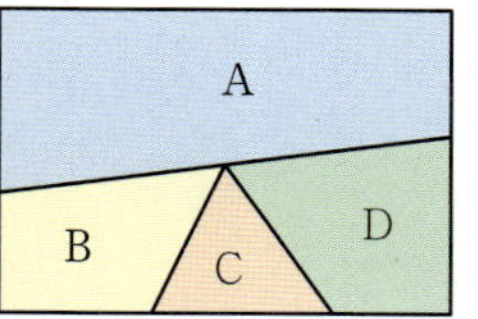

① 36   ② 48   ③ 60
④ 72   ⑤ 84

1512 최다빈출 **왕** 중요 TOUGH

오른쪽 그림과 같이 A, B, C, D, E의 5개의 영역을 서로 다른 5가지 색으로 칠하려고 한다. 한 가지 색을 여러 번 사용해도 좋으나 이웃한 부분은 서로 다른 색으로 칠하여 구분할 때, 칠하는 경우의 수는? (단, 각 영역에는 한 가지 색만 칠한다.)

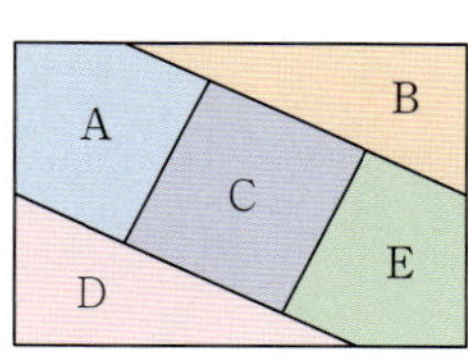

① 180   ② 240   ③ 420
④ 480   ⑤ 620

해설 내신연계문제

1513 TOUGH

오른쪽 그림과 같이 다섯 개의 영역 A, B, C, D, E를 서로 다른 4가지 색으로 칠하려고 한다. 같은 색을 여러번 사용해도 좋지만 이웃하는 영역은 서로 다른 색으로 칠하는 경우의 수를 구하시오. (단, 각 영역에는 한가지 색만 칠한다.)

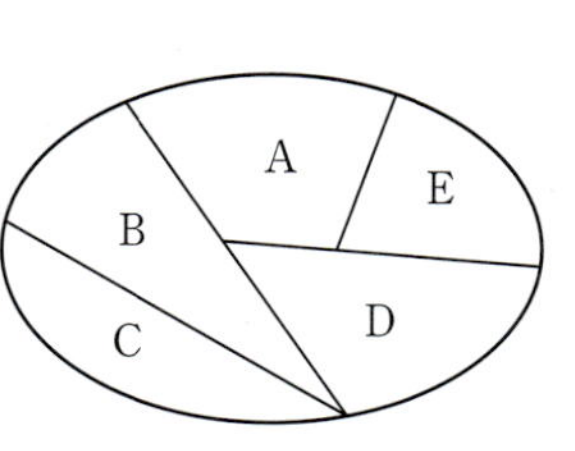

서술형 기출유형

학교내신기출 서술형 핵심문제총정리

1514

방정식 $|x|+3|y|=12$를 만족시키는 정수 x, y의 순서쌍 (x, y)의 개수를 구하는 과정을 다음 단계로 서술하시오.

1단계 y가 될 수 있는 값을 구한다. [3점]
2단계 각각의 경우에 대한 순서쌍의 개수를 구한다. [5점]
3단계 합의 법칙을 이용하여 순서쌍 (x, y)의 개수를 구한다. [2점]

1515

다항식 $(a+b)(p+q+r)(x+y)$를 전개하였을 때, 다음 단계로 값을 구하고 그 과정을 서술하시오.

1단계 모든 항의 개수를 구한다. [2점]
2단계 a를 포함하는 항의 개수를 구한다. [4점]
3단계 q를 포함하지 않은 항의 개수를 구한다. [4점]

1516

오른쪽 그림과 같이 A, B, C, D를 연결하는 도로망이 있다. B지점과 D지점 사이에 도로를 추가하여 A지점에서 C지점으로 가는 경로의 수가 77이 되도록 할 때, 추가해야 할 도로의 개수를 구하는 과정을 다음 단계로 서술하시오. (단, 한 번 지난 지점은 다시 지나지 않고, 도로끼리는 서로 만나지 않는다.)

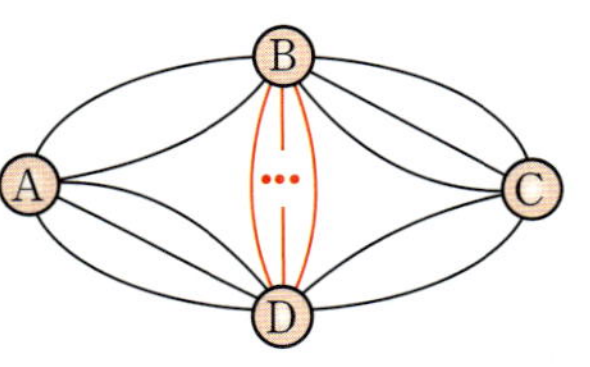

1단계 B지점과 D지점 사이에 도로를 x개 추가한다고 할 때, A에서 C로 가는 모든 경로를 구한다. [2점]
2단계 각각의 경로의 수를 구한다. [5점]
3단계 경로의 수가 77이 되도록 하는 자연수 x의 값을 구한다. [3점]

1517

720의 양의 약수 중에서 짝수의 개수를 a, 5의 배수의 개수를 b라 할 때, $a+b$의 값을 구하는 과정을 다음 단계로 서술하시오.

1단계 720의 양의 약수의 개수를 구한다. [2점]
2단계 720의 양의 약수 중 짝수의 개수 a를 구한다. [3점]
3단계 720의 양의 약수 중 5의 배수의 개수 b를 구한다. [3점]
4단계 $a+b$의 값을 구한다. [2점]

1518 최다빈출 왕 중요

주사위를 2번 던져 나온 수를 차례로 a, b라 하자. 이차함수 $y=2x^2+ax+b$의 그래프가 x축과 서로 다른 두 점에서 만나도록 하는 순서쌍 (a, b)의 개수를 구하는 과정을 다음 단계로 서술하시오.

1단계 이차방정식의 판별식을 이용하여 식을 세운다. [3점]
2단계 a의 값에 따라 순서쌍 (a, b)의 개수를 구한다. [5점]
3단계 모든 순서쌍 (a, b)의 개수를 구한다. [2점]

해설 내신연계문제

1519

다음 조건을 만족시키는 세 자리 자연수의 개수를 구하는 과정을 다음 단계로 서술하시오.

(가) 백의 자리의 숫자는 짝수이다.
(나) 십의 자리의 숫자는 백의 자리의 숫자의 약수이다.
(다) 일의 자리의 숫자는 0 또는 5이다.

1단계 백의 자리에 올 수 있는 숫자를 구한다. [2점]
2단계 각각의 경우에 십의 자리에 올 수 있는 숫자를 구한다. [5점]
3단계 합의 법칙을 이용하여 세 자리의 자연수의 개수를 구한다. [3점]

행복한 일등급문제

학교내신기출 고난도 핵심문제총정리

1520 최다빈출 왕 중요

200부터 600까지의 홀수인 자연수 중에서 각 자리의 숫자가 모두 다른 수의 개수를 구하시오.

해설 내신연계문제

1521

각 자릿수가 1부터 9까지인 네 자리의 수로 된 여행용 가방의 비밀번호를 잊어버렸다. 그런데 비밀번호의 일의 자릿수는 2, 백의 자릿수는 5이고 비밀번호가 9로 나누어떨어진다는 것을 알고 있다. 이때 비밀번호로 가능한 것의 개수를 구하시오.

1522

그림과 같이 서로 평행하고 거리가 1인 두 직선 위에 각각 간격이 1인 점 5개가 있다. 각 직선에서 2개씩 택한 점을 네 꼭짓점으로 하고 넓이가 2인 사각형을 만드는 모든 경우의 수를 구하시오.

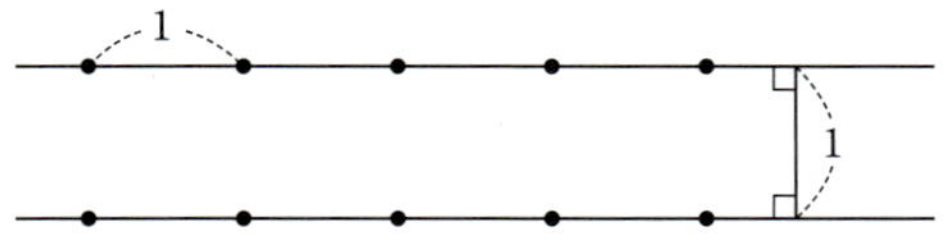

모의고사 고난도 핵심유형 기출문제

1523 2017년 10월 고3 학력평가 가형 13번

그림과 같이 6개의 섬이 다리로 연결되어 있다. 흰색, 노란색, 파란색 깃발이 각각 2개씩 총 6개 있을 때, 이 6개의 깃발을 섬에 한 개씩 세우고자 한다. 다리로 연결된 이웃한 두 섬에는 같은 색의 깃발을 세우지 않는다고 할 때, 깃발을 세우는 경우의 수는?
(단, 같은 색의 깃발끼리는 서로 구별하지 않는다.)

① 6   ② 8   ③ 10
④ 12   ⑤ 14

해설 내신연계문제

1524 2009학년도 06월 고3 모의평가 나형 25번

그림과 같은 모양의 종이에 서로 다른 3가지 색을 사용하여 색칠하려고 한다. 이웃한 사다리꼴에는 서로 다른 색을 칠하고, 맨 위의 사다리꼴과 맨 아래의 사다리꼴에 서로 다른 색을 칠한다.
5개의 사다리꼴에 색을 칠하는 방법의 수를 구하시오.

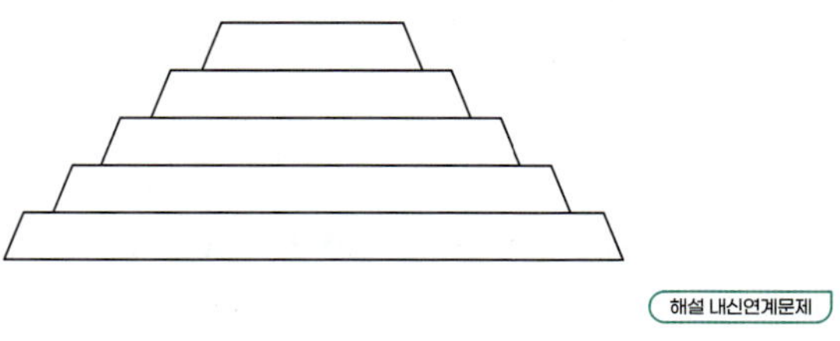

해설 내신연계문제

1525 2010학년도 06월 고3 모의평가 나형 29번

그림과 같이 중심이 같고 반지름의 길이가 각각 1, 2, 3, 4, 5인 다섯 개의 원이 있다. 이 다섯 개의 원을 경계로 하여 안에서부터 다섯 개의 영역 A, B, C, D, E로 나누고, 서로 다른 3가지 색의 물감을 칠하여 색칠된 문양을 만들려고 한다. 각 영역은 1가지 색으로만 칠하고, 이웃한 영역은 서로 다른 색을 칠한다. 3가지 색의 물감은 각각 10통 이하만 사용할 수 있고 물감 1통으로는 영역 A의 넓이만큼만 칠할 수 있을 때, 만들 수 있는 서로 다르게 색칠된 문양의 개수는?

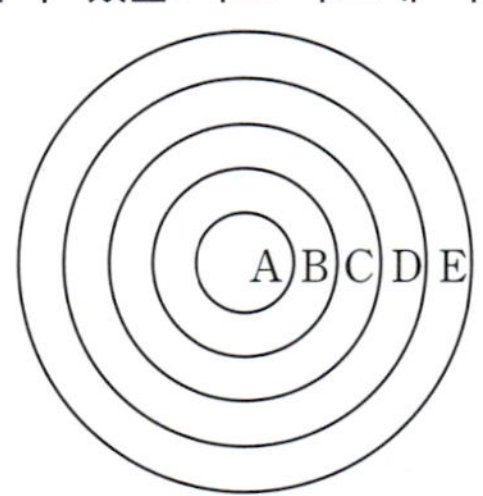

① 9   ② 12   ③ 15
④ 18   ⑤ 21

해설 내신연계문제

02 순열

학교내신기출 객관식 핵심문제총정리

YOURMASTERPLAN;MAPL
SYNERGY S E R I E S

유형 01 순열의 계산

(1) **순열의 정의** (Permutation)
서로 다른 n개에서 $r(0 \le r \le n)$개를 택하여 일렬로 나열하는 것을 순열이라 고하고 기호 $_nP_r$로 나타낸다.

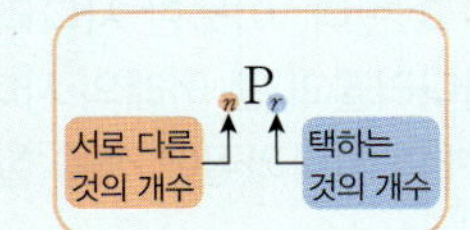

(2) **순열의 계산 공식**

$$① \ _nP_r = n(n-1)(n-2) \times \cdots \times (n-r+1) = \frac{n!}{(n-r)!} \ (0 \le r \le n)$$

② 서로 다른 n개에서 n개 전체를 일렬로 배열하는 방법의 수

$$_nP_n = n(n-1)(n-2) \times \cdots \times 3 \times 2 \times 1 = n!$$

③ $_nP_0 = 1$, $0! = 1$로 정의한다.

① 1부터 n까지의 자연수를 차례로 곱한 것을 n의 계승이라 하고, 기호로 $n!$과 같이 나타낸다.

$$n! = n(n-1)(n-2) \times \cdots \times 3 \times 2 \times 1$$

② 서로 다른 n개에서 n개 모두를 일렬로 배열하는 방법의 수

$$_nP_n = n(n-1)(n-2) \times \cdots \times 3 \times 2 \times 1 = n!$$

1526 학교기출 대표 유형

다음 중 옳지 않은 것은?

① $5! \times 0! = 120$

② $_3P_0 = 1$

③ $_nP_r = n(n-1)(n-2) \times \cdots \times (n-r+1)$ (단, $0 \le r \le n$)

④ $_5P_2 = _5P_3$

⑤ $_nP_r = n \times _{n-1}P_{r-1}$ (단, $1 \le r \le n$)

1527 최다빈출 왕 중요   BASIC

등식 $_{n+2}P_3 = 12 \times _nP_2$를 만족하는 모든 n의 값의 합은?

① 5 ② 6 ③ 7
④ 8 ⑤ 9

해설 내신연계문제

1528   BASIC

등식 $_nP_3 + 3 \times _nP_2 = 5 \times _{n+1}P_2$를 만족시키는 자연수 n의 값은?

① 2 ② 3 ③ 4
④ 5 ⑤ 6

유형 02 순열의 수

서로 다른 n개에서 중복됨 없이 r개를 택하여 순서를 생각하여 일렬로 배열하는 것을 n개에서 r개를 택하는 **순열**이라 하고 순열의 수를 $_nP_r$로 나타낸다.

① 서로 다른 n개에서 r개를 택하여 일렬로 나열하는 방법의 수 ➡ $_nP_r$
② 서로 다른 n개 모두를 일렬로 배열하는 방법의 수 ➡ $_nP_n = n!$

1529 학교기출 대표 유형

세 명의 학생 A, B, C가 분식집에서 김밥, 라면, 쫄면, 우동, 떡볶이 의 다섯 가지 메뉴 중에서 각자 한 개씩 주문하려고 한다.
세 명이 서로 다른 음식을 주문하는 방법의 수를 구하시오.

1530   BASIC

A, B, C, D, E, F의 6명의 수영 선수가 50m 자유형 시합을 할 때, 1등, 2등, 3등이 결정되는 경우의 수는?

① 120 ② 130 ③ 140
④ 150 ⑤ 160

1531   BASIC

남학생 5명과 여학생 5명으로 구성된 탁구팀에서 남녀 각각 1명씩 짝지어 남녀 혼합 복식 팀을 구성하는 방법의 수는?

① 40 ② 60 ③ 80
④ 100 ⑤ 120

1532   BASIC

서로 다른 10권의 책 중 r권을 뽑아 책꽂이에 일렬로 꽂는 경우의 수가 90일 때, r의 값은?

① 2 ② 3 ③ 4
④ 5 ⑤ 6

1533 최다빈출 왕 중요

NORMAL

편의점의 음료수 진열장에 n개의 음료수 중 3개를 뽑아 진열장에 일렬로 꽂는 경우의 수가 720일 때, n의 값은?

① 8 ② 9 ③ 10
④ 11 ⑤ 12

해설 내신연계문제

1534 최다빈출 왕 중요

NORMAL

A, B, C, D, E 다섯 사람이 5인승 승용차를 탄다고 한다. 운전을 할 수 있는 A와 B만 운전석에 앉을 수 있다고 할 때, 다섯 사람이 다섯 자리에 앉는 모든 방법의 수는?

① 8 ② 12 ③ 24
④ 36 ⑤ 48

해설 내신연계문제

1535

NORMAL

1부와 2부로 진행되는 어느 학교 축제에서 독창 2팀, 밴드 2팀, 댄스 3팀이 모두 공연을 한다. 축제 진행 순서가 아래와 같을 때, 공연 순서를 정하는 방법의 수는?

1부		2부	
11 : 00	독창	13 : 00	독창
11 : 30	밴드	13 : 30	밴드
12 : 30	댄스	14 : 00	댄스
		14 : 30	댄스

① 8 ② 12 ③ 24
④ 36 ⑤ 48

1536

TOUGH

어떤 상점에서는 상단과 하단으로 구성된 2단 진열대에 상품을 배열하려고 한다. 서로 다른 종류의 껌

상단	□□□
하단	□□

세 가지와 서로 다른 종류의 과자 두 가지 중에서 상단에는 세 가지를 일렬로 배열하고 하단에는 두 가지를 일렬로 배열할 때, 다음 조건을 만족하는 p, q에 대하여 $p+q$의 값은?

(가) 껌 세 가지는 상단에, 과자 두 가지는 하단에 진열하는 방법의 수 p

(나) 과자 두 가지와 껌 한 가지는 상단에, 껌 두 가지는 하단에 진열하는 방법의 수 q

① 8 ② 12 ③ 24
④ 36 ⑤ 48

유형 03 순열을 이용한 자연수의 개수

(1) 0을 포함한 숫자를 나열하여 정수를 만드는 문제에서는 0이 맨 앞자리에 올 수 없음을 주의한다.
  ➡ 0과 서로 다른 n개의 한 자리 자연수 중에서 서로 다른 r개를 이용하여 만들 수 있는 r자리 자연수의 개수는 $n \times {}_nP_{r-1}$
  r자리 자연수의 가장 앞의 숫자는 0이 될 수 없다.

(2) 특정한 조건이 있는 자연수의 개수
  ➡ 주어진 조건에 따라 기준이 되는 자리를 먼저 나열하고 나머지 자리에는 남은 숫자들을 나열하여 구한다.

> 배수에 관한 문제는 배수판정법을 이용하여 구한다.
> ① 2의 배수 ➡ 일의 자리 숫자가 2, 4, 6, 8, 0인 수
> ② 3의 배수 ➡ 각 자리 수의 합이 3의 배수
> ③ 4의 배수 ➡ 끝의 두 자리 수가 00이거나 4의 배수
> ④ 5의 배수 ➡ 일의 자리 숫자가 0 또는 5
> ⑤ 6의 배수 ➡ 2의 배수이면서 3의 배수
>   또는 각 자리의 수의 합이 배수인 짝수

1537 학교기출 대표 유형

6개의 숫자 0, 1, 2, 3, 4, 5에서 서로 다른 4개의 숫자를 택하여 만들 수 있는 네 자리 자연수의 개수를 구하시오.

1538 최다빈출 왕 중요

BASIC

7개의 숫자 0, 1, 2, 3, 4, 5, 6이 각각 하나씩 적힌 7장의 카드가 있다. 이 숫자 카드를 사용하여 네 자리의 정수를 만들 때, 짝수의 개수는?

① 120 ② 180 ③ 200
④ 420 ⑤ 520

해설 내신연계문제

1539

BASIC

7개의 숫자 0, 1, 2, 3, 4, 5, 6이 각각 하나씩 적힌 7장의 카드가 있다. 이 숫자 카드를 사용하여 네 자리의 정수를 만들 때, 홀수의 개수는?

① 120 ② 180 ③ 240
④ 300 ⑤ 360

1540

6개의 숫자 0, 1, 2, 3, 4, 5 중에서 서로 다른 네 개의 숫자를 사용하여 네 자리 자연수를 만들 때, 5의 배수는 모두 몇 개인가?

① 60 　　　　② 75 　　　　③ 82
④ 98 　　　　⑤ 108

1541  

5개의 숫자 0, 1, 2, 3, 4 중에서 서로 다른 세 개의 숫자를 사용하여 만들 수 있는 세 자리 정수 중 3의 배수는 모두 몇 개인가?

① 20 　　　　② 24 　　　　③ 28
④ 32 　　　　⑤ 40

해설 내신연계문제

1542 

5개의 숫자 0, 1, 2, 3, 4 중에서 서로 다른 3개의 숫자를 택하여 세 자리의 자연수를 만들 때, 4의 배수가 되는 경우의 수는?

① 12 　　　　② 15 　　　　③ 24
④ 36 　　　　⑤ 40

1543 

6개의 숫자 0, 1, 2, 3, 4, 5에서 서로 다른 4개의 숫자를 택하여 만들 수 있는 네 자리 자연수 중에서 천의 자리의 숫자가 일의 자리의 숫자보다 큰 자연수의 개수는?

① 78 　　　　② 120 　　　　③ 160
④ 180 　　　　⑤ 210

이웃하는 것이 있는 순열 (인접순열)의 수는 다음과 같은 순서로 구한다.

FIRST 이웃하는 것을 한 묶음으로 생각한 후, 일렬로 나열하는 경우의 수를 구한다.

NEXT 한 묶음 안에서 이웃하는 것끼리 자리를 바꾸는 경우의 수를 구한다.

LAST 위의 두 순서로 구한 경우의 수를 서로 곱한다.

① (한 묶음으로 생각하여 구한 순열의 수)
　　　× (한 묶음 안에서 순열의 수)
한 묶음 안에서 이웃하는 것끼리 자리를 바꾸는 경우의 수를 구한다.
② 이웃하는 순열의 수는 곱의 법칙을 이용한다.

1544 

BRAZIL에 있는 6개의 문자를 일렬로 나열할 때, B, A, L이 서로 이웃하게 나열하는 방법의 수를 구하시오.

1545 

1반 학생 2명, 2반 학생 3명, 3반 학생 2명을 일렬로 세울 때, 같은 반 학생끼리 이웃하여 서는 경우의 수는?

① 24 　　　　② 36 　　　　③ 48
④ 144 　　　　⑤ 160

1546  

어른 4명과 아이 n명이 한 줄로 설 때, 어른끼리 이웃하여 서는 경우의 수가 2880이다. 이때 n의 값은?

① 3 　　　　② 4 　　　　③ 5
④ 6 　　　　⑤ 7

해설 내신연계문제

1547 

같은 반인 남학생 3명과 여학생 3명이 교실에서 출발하여 도서관으로 갈 때, 남학생 3명이 연달아 도착하는 경우의 수는?
(단, 2명 이상의 학생이 도서관에 동시에 도착하는 경우는 없다.)

① 102 　　　　② 120 　　　　③ 130
④ 144 　　　　⑤ 169

해설 내신연계문제

1548

농구선수 4명과 배구선수 3명이 일렬로 설 때, 배구선수 3명은 모두 이웃하고 농구선수는 두 명씩 이웃하되 4명 모두가 이웃하지는 않게 서는 방법의 수는?

① 72 ② 96 ③ 121
④ 144 ⑤ 288

1549

1, 2, 3, 4, 5를 일렬로 나열하여 순서대로 a_1, a_2, a_3, a_4, a_5라고 할 때, 네 개의 수 $a_1 \times a_2$, $a_2 \times a_3$, $a_3 \times a_4$, $a_4 \times a_5$ 중 최댓값을 M 이라고 하자. 예를 들어 2, 1, 5, 3, 4와 같이 나열하면 $M = 15$이다. 이때 $M = 20$이 되는 경우의 수는?

① 8 ② 12 ③ 24
④ 36 ⑤ 48

1550

7개의 문자 A, B, C, D, E, F, G를 일렬로 나열할 때, C, D 또는 C, E가 이웃하는 경우의 수를 구하시오.

1551

2021년 03월 고2 학력평가 24번

7개의 문자 c, h, e, e, r, u, p를 모두 일렬로 나열할 때, 2개의 문자 e가 서로 이웃하게 되는 경우의 수를 구하시오.

이웃하지 않는 순열 (인접하지 않을 때)의 수는 다음 순서로 구한다.

FIRST 이웃해도 상관없는 것들을 먼저 일렬로 나열한다.

NEXT 이웃해도 되는 것의 양 끝과 사이사이에 이웃하지 않아야 할 것을 나열하는 경우의 수를 구한다.

LAST 위의 두 순서로 구한 경우의 수를 서로 곱한다.

① (이웃해도 되는 것들의 순열의 수)
　×(그 양 끝과 사이사이에 이웃하지 않아야 할 것을 배열한 순열의 수)
② 이웃하지 않는 순열의 수는 곱의 법칙을 이용한다.

1552

MEXICO에서 6개의 문자를 일렬로 나열할 때, M, X, O가 서로 이웃하지 않도록 나열하는 방법의 수를 구하시오.

1553

남학생 3명과 여학생 5명을 한 줄로 세울 때, 남학생끼리 이웃하지 않는 경우의 수는?

① 120 ② 144 ③ 160
④ 720 ⑤ 14400

1554

7개의 문자 c, l, o, s, e, u, p를 일렬로 나열할 때, 모음끼리 이웃하지 않도록 나열하는 방법의 수는?

① 24 ② 56 ③ 60
④ 120 ⑤ 1440

1555 최다빈출 왕 중요

6개의 문자 s, h, a, d, o, w를 일렬로 나열할 때, s와 h가 모두 a와 이웃하지 않도록 나열하는 방법의 수는?

① 144 ② 180 ③ 216
④ 252 ⑤ 288

해설 내신연계문제

1556 최다빈출 왕 중요

그림과 같이 의자 8개가 일렬로 놓여 있다. 4명의 학생 A, B, C, D 가 모두 의자에 앉을 때, 어느 두 학생도 서로 이웃하지 않게 앉는 방법의 수는? (단, 두 학생 사이에 빈 의자가 있는 경우는 이웃하지 않는 것으로 생각한다.)

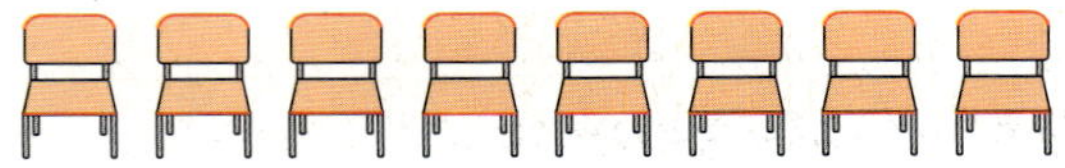

① 60 ② 80 ③ 100
④ 120 ⑤ 140

해설 내신연계문제

1557 최다빈출 왕 중요

그림과 같이 의자 6개가 나란히 설치되어 있다. 여학생 2명과 남학생 3명이 모두 의자에 앉을 때, 여학생이 이웃하지 않게 앉는 경우의 수를 구하시오. (단, 두 학생 사이에 빈 의자가 있는 경우는 이웃하지 않는 것으로 한다.)

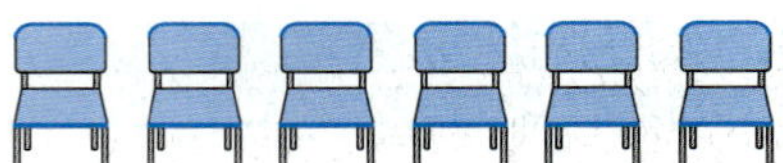

해설 내신연계문제

1558 2023년 03월 고2 학력평가 12번

1학년 학생 2명과 2학년 학생 4명이 있다. 이 6명의 학생이 일렬로 나열된 6개의 의자에 다음 조건을 만족시키도록 모두 앉는 경우의 수는?

> (가) 1학년 학생끼리는 이웃하지 않는다.
> (나) 양 끝에 있는 의자에는 모두 2학년 학생이 앉는다.

① 96 ② 120 ③ 144
④ 168 ⑤ 192

해설 내신연계문제

1559 2022년 03월 고2 학력평가 7번

숫자 1, 2, 3, 4, 5가 하나씩 적혀 있는 5장의 카드가 있다. 이 5장의 카드를 모두 일렬로 나열할 때, 짝수가 적혀 있는 카드끼리 서로 이웃하지 않도록 나열하는 경우의 수는?

① 24 ② 36 ③ 48
④ 60 ⑤ 72

해설 내신연계문제

유형 06 이웃하는 순열과 이웃하지 않는 순열

(1) **이웃하는 순열의 수**
  FIRST 이웃하는 것을 한 묶음으로 생각한 후, 일렬로 나열하는 경우의 수를 구한다.
  NEXT 이웃하는 것끼리 자리를 바꾸는 경우의 수를 구한다.
  LAST 위의 결과를 곱한다.

(2) **이웃하지 않는 순열의 수**
  FIRST 이웃해도 되는 것을 일렬로 나열하는 경우의 수를 구한다.
  NEXT 위에서 나열한 것의 사이사이와 양 끝에 이웃하지 않는 것을 나열하는 경우의 수를 구한다.
  LAST 위의 결과를 곱한다.

1560 학교기출 대표 유형

NORWAY의 6개의 문자를 일렬로 나열할 때, N과 O는 이웃하고 W와 Y는 이웃하지 않도록 나열하는 방법의 수를 구하시오.

해설 내신연계문제

1561 NORMAL

A, B, C, D, E, F의 6개의 문자를 일렬로 나열할 때, D, E, F는 서로 이웃하지 않고 B, C는 서로 이웃하도록 세우는 경우의 수는?

① 12 ② 24 ③ 36
④ 48 ⑤ 60

1562 최다빈출 왕 중요 TOUGH

그림과 같이 의자 6개에 남학생 2명과 여학생 2명이 앉을 때, 여학생끼리는 서로 이웃하고 남학생끼리는 서로 이웃하지 않도록 앉는 방법의 수를 구하시오. (단, 두 학생 사이에 빈 의자가 있으면 이웃하지 않는 것으로 한다.)

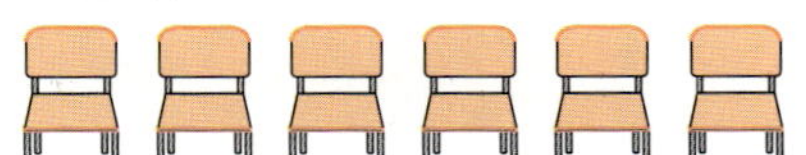

해설 내신연계문제

유형 07 순열의 수 – 교대로 (번갈아) 나열하는 경우

두 개의 대상을 교대로 배열하는 순열의 수는 다음 순서로 구한다.
  FIRST 두 개의 대상 중 하나를 일렬로 나열하는 경우의 수를 구한다.
  NEXT 위에서 나열한 것의 그 사이사이와 양 끝에 나머지 대상들을 일렬로 나열하여 구한다.
  LAST 위의 두 단계에서 구한 경우의 수를 곱한다.

 두 대상의 인원수에 따라 다음과 같이 구한다.
  ① 인원수가 같은 경우
    두 집단의 크기가 각각 n으로 같을 때, 교대로 서는 순열의 수
    ➡ $2 \times n! \times n!$
  ② 인원수가 다른 경우
    두 집단의 크기가 각각 n, $n-1$로 다를 때, 교대로 서는 순열의 수
    ➡ $n! \times (n-1)!$

1563 학교기출 대표 유형

수지는 SNS에 가입하면서 1, 2, 3, 4, 5, 6, 7의 7개의 숫자 중에서 서로 다른 5개의 숫자를 사용하여 다섯 자리의 비밀번호를 만들려고 한다. 각 자리에 짝수와 홀수 또는 홀수와 짝수를 교대로 사용하여 비밀번호를 만드는 방법의 수를 구하시오.

1564 최다빈출 왕 중요 BASIC

남자 3명과 여자 3명이 일렬로 등산을 할 때, 남자와 여자가 교대로 서는 방법의 수는?

① 70 ② 72 ③ 74
④ 76 ⑤ 78

해설 내신연계문제

1565 NORMAL

어느 극장에서 연극을 보기 위하여 남자 n명과 여자 n명이 긴 의자에 앉을 때, 남자와 여자가 교대로 앉는 경우의 수가 1152이다. 이때 n의 값은?

① 3 ② 4 ③ 5
④ 6 ⑤ 7

1566 최다빈출 왕 중요 NORMAL

남자 3명, 여자 2명이 있다. 양 끝에 남자가 오도록 일렬로 서는 방법의 수를 a, 여자끼리는 이웃하지 않고 일렬로 서는 방법의 수를 b, 남자와 여자가 교대로 서는 방법의 수를 c라고 할 때, $a+b+c$의 값을 구하시오.

해설 내신연계문제

특정한 조건이 있는 순열의 수는 다음과 같은 순서로 구한다.

FIRST 특정한 자리를 고정하고 고정된 자리에 나열하는 경우의 수를 구한다.

NEXT 특정한 자리를 제외한 나머지 자리에 나열하는 경우의 수를 구한다.

LAST 위의 두 단계에서 구한 경우의 수를 곱한다.

 ① 위치가 고정되어 있는 경우에는 나머지를 나열하는 순열의 수를 반드시 곱해야 한다.
② 특정한 자리에 오는 것끼리 자리를 바꾸는 순열의 수를 곱한다.

1567

남학생 3명과 여학생 4명이 일렬로 서서 스터디 카페에 들어갈 때, 양 끝에 남학생이 오도록 세우는 경우의 수를 구하시오.

1568

NORMAL

6개의 문자 a, b, c, d, e, f를 일렬로 배열할 때, 양 끝에 자음이 오는 경우의 수는?

① 36 ② 72 ③ 144
④ 288 ⑤ 720

1569

NORMAL

어느 야구팀에서 9명의 선수 중 특정 선수 3명을 3, 4, 5번 중의 하나로 정하고 포수를 8번 타자로 정하기로 하였다. 선수들의 타순을 정하는 방법의 수는?

① 60 ② 120 ③ 144
④ 288 ⑤ 720

1570

triangle에 있는 8개의 문자를 일렬로 나열할 때, 모음이 짝수 번째에 오도록 나열하는 경우의 수를 구하시오.

해설 내신연계문제

1571

NORMAL

남학생 3명, 여학생 2명, 선생님 2명과 함께 7인승 승합차를 타고 여행을 가려고 한다. 이 승합차에는 오른쪽 그림과 같이 앞줄에 2개, 가운데 줄에 3개, 뒷줄에 2개의 좌석이 있다. 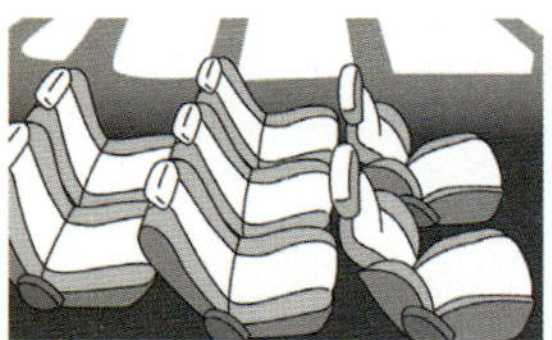
운전석에는 선생님만 앉을 수 있고 여학생 2명은 가운데 줄에만 앉을 수 있을 때, 7명이 모두 좌석에 앉는 경우의 수는?

① 48 ② 84 ③ 144
④ 216 ⑤ 288

1572

NORMAL

부모를 포함하여 5명의 가족이 가족사진을 찍으려고 한다. 오른쪽 그림과 같이 앞줄에는 2명이 앉고 뒷줄에는 3명이 선다고 할 때, 부모가 같은 줄에 있게 되는 경우의 수를 구하시오. 

해설 내신연계문제

1573
2019년 03월 고2 학력평가 가형 10번

그림과 같이 한 줄에 3개씩 모두 6개의 좌석이 있는 케이블카가 있다. 두 학생 A, B를 포함한 5명의 학생이 이 케이블카에 탑승하여 A, B는 같은 줄의 좌석에 앉고 나머지 세 명은 맞은편 줄의 좌석에 앉는 경우의 수는?

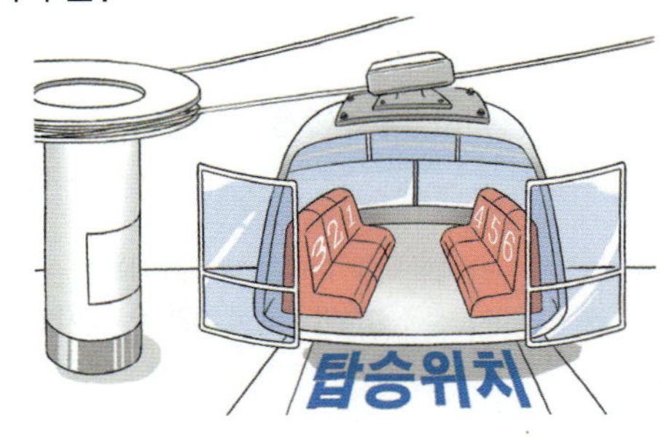

① 48   ② 54   ③ 60
④ 66   ⑤ 72

해설 내신연계문제

1574
2016년 04월 고3 학력평가 나형 10번

할머니, 아버지, 어머니, 아들, 딸로 구성된 5명의 가족이 있다. 이 가족이 그림과 같이 번호가 적힌 5개의 의자에 모두 앉을 때, 아버지, 어머니가 모두 홀수 번호가 적힌 의자에 앉는 경우의 수는?

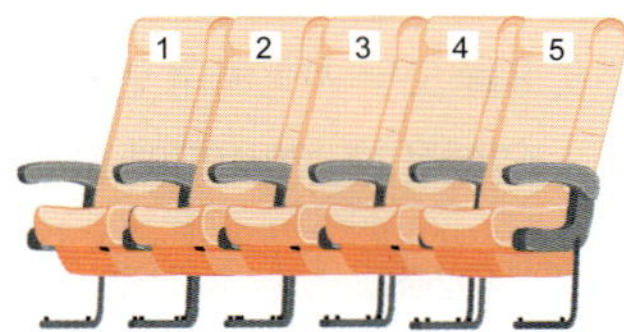

① 28   ② 30   ③ 32
④ 34   ⑤ 36

해설 내신연계문제

유형 09 순열의 수
─특정한 두 개 사이에 일부가 들어가는 경우

특정한 A, B 사이에 일부가 들어가는 순열의 수

FIRST A, B 사이에 들어가는 것을 택하여 일렬로 나열하는 경우의 수를 구한다.

NEXT A, B가 자리를 바꾸는 경우의 수를 구한다.

LAST A, B와 택한 것을 한 묶음으로 생각하여 일렬로 나열하는 경우의 수를 구한 후 앞에서 구한 경우의 수를 모두 곱한다.

1575
학교기출 **대표** 유형

A, B를 포함한 6명의 학생을 일렬로 세울 때, A와 B 사이에 한 명의 학생만 들어가도록 세우는 방법의 수를 구하시오.

1576
최다빈출 **왕** 중요

SPECIAL의 7개의 문자를 일렬로 나열할 때, S와 P 사이에 2개의 문자가 들어 있는 경우의 수는?

① 120   ② 360   ③ 560
④ 690   ⑤ 960

해설 내신연계문제

1577

POLAND에 있는 6개의 문자를 일렬로 나열할 때, 모음 사이에 2개의 자음이 들어가는 경우의 수는?

① 76   ② 96   ③ 120
④ 144   ⑤ 288

1578

여섯 개의 숫자 1, 2, 3, 4, 5, 6을 모두 한 번씩 사용해 일렬로 나열하여 여섯 자리의 자연수를 만들 때, 1과 4 사이에 한 개의 홀수와 한 개의 짝수가 있는 자연수의 개수를 구하시오.

1579

그림과 같이 의자 6개가 나란히 놓여 있다. 이 의자에 서로 다른 2개의 인형을 놓을 때, 두 인형이 서로 이웃하거나 두 인형 사이에 한 개의 빈 의자가 있는 경우의 수는?

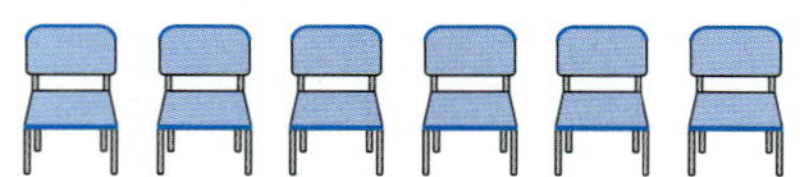

① 12 ② 14 ③ 16
④ 18 ⑤ 20

1580

최다빈출 왕중요

혜영, 선우, 명화, 민호, 민희를 다음 조건을 만족하도록 일렬로 세우려고 한다. 각각의 경우의 수를 순서대로 a, b, c 라고 할 때, a, b, c 사이의 대소 관계를 구하면?

> (가) 혜영, 선우, 명화가 이웃해 있는 경우
> (나) 혜영, 선우 사이에 한 사람이 끼어 있는 경우
> (다) 혜영, 선우, 명화 중 적어도 한 사람이 양 끝에 있는 경우

① $a=b<c$ ② $a<b<c$ ③ $a<b=c$
④ $b<a<c$ ⑤ $b<a=c$

해설 내신연계문제

문자를 사전식으로 배열하거나 숫자를 크기순으로 나열하는 경우
(1) 문자나 숫자의 위치 찾기
  해당 문자나 숫자의 맨 앞자리부터 고정시켜서 차례대로 순열의 수를 구한다.
(2) 특정 위치에 있는 문자나 위치나 숫자 찾기
FIRST 자리를 정할 수 있는 문자 또는 수를 먼저 배열한다.
NEXT 해당 문자나 숫자가 나올 때까지 계승을 이용한 후 다음 문자나 숫자를 이용하여 찾는다.
LAST 순열을 이용하여 나머지 자리에 올 수 있는 것을 배열하는 경우의 수를 구한다.

> '~번 째수' 또는 '~번 째로 나열' 이라면 가장 큰 자리의 수 하나당 전체 경우의 수를 만들어 순서를 정하여 사전식 배열에서 문자열 찾는다.
> ① 영문사전의 경우는 A → B → C → ⋯
> ② 국어사전의 경우는 ㄱ→ㄴ→ㄷ→ ⋯
> ③ 숫자의 경우는 1 → 2 → 3 → ⋯

1581

학교기출 대표유형

다섯 개의 숫자 1, 2, 3, 4, 5를 한 번씩만 써서 만들 수 있는 다섯 자리 자연수를 작은 수부터 차례대로 나열할 때, 78번째에 오는 수는?

① 35421 ② 41532 ③ 41235
④ 54321 ⑤ 51432

1582

최다빈출 왕중요

5개의 숫자 0, 2, 4, 6, 8을 모두 사용하여 만든 다섯 자리의 자연수를 큰 수부터 차례로 나열했을 때, 70번째에 오는 수는?

① 28640 ② 40268 ③ 40628
④ 62048 ⑤ 82048

해설 내신연계문제

1583

최다빈출 왕중요

1, 2, 3, 4, 5의 5개의 숫자를 한 번씩 써서 만든 다섯 자리의 정수 중에서 35000보다 큰 수의 개수는?

① 50 ② 54 ③ 58
④ 62 ⑤ 66

해설 내신연계문제

1584 최다빈출 왕 중요

1, 3, 5, 7, 9를 한 번씩 사용하여 만든 다섯 자리 수를 작은 수부터
일렬로 배열할 때, 75319는 몇 번째 수인가?

① 24 　　　　② 48 　　　　③ 69
④ 80 　　　　⑤ 87

해설 내신연계문제

1585

5개의 문자 A, B, C, D, E를 모두 한 번씩만 사용하여 만든 문자열
을 사전식으로 배열할 때, BDCEA는 몇 번째 문자열인가?

① 40 　　　　② 41 　　　　③ 42
④ 43 　　　　⑤ 44

1586

각 자리의 수가 서로 다른 세 자리 자연수를 작은 수부터 차례로
나열할 때, 150번째에 나열되는 수는?

① 301 　　　　② 304 　　　　③ 307
④ 312 　　　　⑤ 324

1587

1000보다 크고 6000보다 작은 짝수 중에서 각 자리의 수가 모두
다른 자연수의 개수를 구하시오.

유형 11 　 '적어도'의 조건이 있는 순열의 수

(사건 A가 적어도 한 번 일어나는 경우의 수)
=(전체 경우의 수)−(사건 A가 일어나지 않는 경우의 수)

'적어도' 라는 조건이 있는 순열에서는
➡ 사건을 여러 개로 나누어 각각의 경우의 수를 구하여 합의 법칙을
　 이용하는 것보다는 전체 경우의 수에서 사건이 일어나지 않는 경우
　 의 수를 빼는 것이 더욱 간편하고 계산이 빠르다.

1588 　학교기출 대표 유형

HUNGARY에 있는 7개의 문자를 일렬로 나열할 때, 적어도 한쪽
끝에 모음이 오는 경우의 수를 구하시오.

1589

0, 1, 2, 3, 4, 5의 6개의 숫자를 한 번씩만 사용하여 만들 수 있는
세 자리의 자연수 중 적어도 한쪽 끝이 짝수인 자연수의 개수는?

① 76 　　　　② 78 　　　　③ 80
④ 82 　　　　⑤ 84

1590

어느 로봇 제작 프로젝트 팀에 로봇 엔지니어 3명, 인공지능 프로그
래머 6명이 있다. 이 중에서 프로젝트 팀장 1명과 부팀장 1명을 뽑을
때, 팀장과 부팀장 중에서 적어도 한 명은 로봇 엔지니어를 뽑는 경
우의 수는?

① 38 　　　　② 42 　　　　③ 46
④ 50 　　　　⑤ 54

1591 최다빈출 왕 중요

남학생 4명과 여학생 3명을 한 줄로 세울 때, 적어도 2명의 여학생
이 이웃하도록 세우는 경우의 수는?

① 720 　　　　② 1600 　　　　③ 1440
④ 2880 　　　　⑤ 3600

해설 내신연계문제

1592 최다빈출 왕중요 NORMAL

서로 다른 6개의 알파벳을 일렬로 나열할 때, 적어도 한쪽 끝에 자음이 오도록 나열하는 방법의 수가 576이다. 이때 6개의 알파벳 중에서 자음의 개수는?

① 1　　　　② 2　　　　③ 3
④ 4　　　　⑤ 5

해설 내신연계문제

1593 NORMAL

그림과 같이 빈 의자 7개가 일렬로 놓여 있다. 두 명의 학생이 서로 다른 의자에 앉을 때, 두 명 사이에 적어도 하나의 빈 의자가 있도록 앉는 방법의 수는?

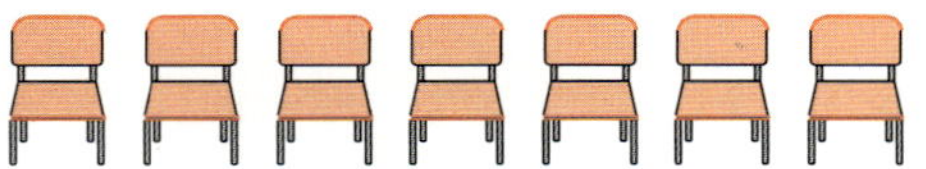

① 12　　　　② 24　　　　③ 30
④ 36　　　　⑤ 84

1594 최다빈출 왕중요 NORMAL

그림과 같이 빈 의자 7개가 일렬로 놓여 있다. 이 7개의 의자 중 3개의 의자에 3명의 학생이 각각 앉을 때, 적어도 2명의 학생이 서로 이웃하게 앉는 경우의 수는?

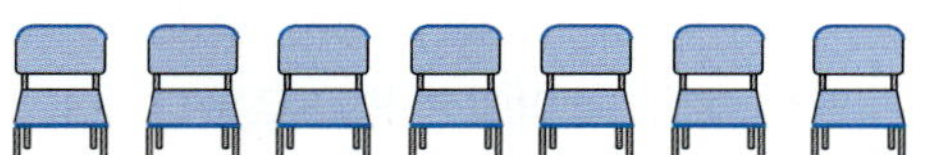

① 150　　　　② 160　　　　③ 170
④ 180　　　　⑤ 190

해설 내신연계문제

1595 NORMAL

1, 2, 3, 4, 5의 번호가 각각 쓰인 5장의 카드에서 임의로 3장을 뽑아 그림과 같이 일렬로 배열한다. 이때 A가 1이 아니고 C가 4가 아닌 경우의 수는?

① 24　　　　② 36　　　　③ 39
④ 42　　　　⑤ 56

1596 NORMAL

1, 2, 3, 4, 5 중 서로 다른 네 수를 택하여 네 자리의 자연수를 만들 때, 3의 배수도 아니고 4의 배수도 아닌 수의 개수를 구하시오.

1597 최다빈출 왕중요 TOUGH

오른쪽 그림과 같이 도로망으로 연결된 5개의 지점 A, B, C, D, E가 있다.

A지점에서 출발하여 나머지 네 지점을 각각 한 번씩만 지나서 돌아오는 방법의 수는? (단, B와 D를 잇는 직선도로는 없다.)

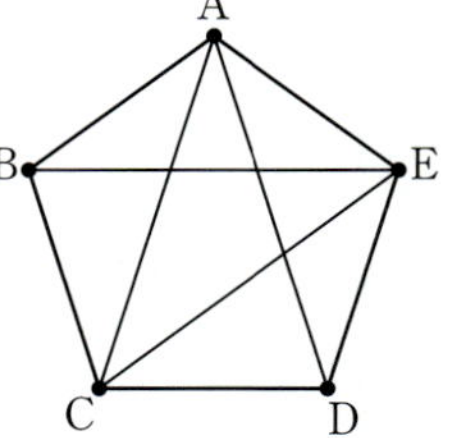

① 12　　　　② 24　　　　③ 36
④ 84　　　　⑤ 120

해설 내신연계문제

1598 TOUGH

6개의 영문자 P, E, N, C, I, L을 한 줄로 나열할 때, E와 N 사이에 문자가 2개 이상인 경우의 수는?

① 256　　　　② 268　　　　③ 272
④ 280　　　　⑤ 288

모의고사 **핵심유형** 기출문제

1599 2014년 03월 고2 학력평가 B형 29번 TOUGH

9개의 숫자 1, 2, 3, 4, 5, 6, 7, 8, 9 중에서 서로 다른 3개의 숫자를 택하여 다음 조건을 만족시키도록 세 자리 자연수를 만들려고 한다.

> 각 자리의 수 중 어떤 두 수의 합도 9가 아니다.

예를 들어, 217은 조건을 만족시키지 않는다. 조건을 만족시키는 세 자리 자연수의 개수를 구하시오.

해설 내신연계문제

서술형 기출유형
학교내신기출 서술형 핵심문제총정리

1600

수능이 끝나고 아시아 4개국, 유럽 3개국에서 5개국을 뽑아 순서대로 여행을 하려고 한다. 여행 스케줄에서 처음과 마지막 여행지를 모두 유럽국가로 정하는 방법의 수를 구하는 과정을 다음 단계로 서술하시오.

- **1단계** 유럽국가 중 2개 나라를 뽑아 양 끝에 나열하는 방법의 수를 구한다. [4점]
- **2단계** 양 끝의 2개 국가를 제외한 나머지 나라를 일렬로 세우는 방법의 수를 구한다. [4점]
- **3단계** 여행 스케줄에서 처음과 마지막 여행지를 유럽국가로 정하는 방법의 수를 구한다. [2점]

1601

apricol의 7개의 문자를 일렬로 나열할 때, 모음끼리 이웃하지 않게 나열하는 경우의 수를 구하는 과정을 다음 단계로 서술하시오.

- **1단계** 자음을 일렬로 나열하는 경우의 수를 구한다. [4점]
- **2단계** 모음을 나열하는 경우의 수를 구한다. [4점]
- **3단계** 모음끼리 이웃하지 않게 나열하는 경우의 수를 구한다. [2점]

1602 최다빈출 왕중요

TURKEY의 6개의 문자를 일렬로 나열할 때, 다음 단계로 서술하시오.

- **1단계** T가 맨 앞에 오고, E가 맨 뒤에 오는 경우의 수를 구한다. [2점]
- **2단계** R과 K 사이에 2개의 문자가 들어 있는 경우의 수를 구한다. [4점]
- **3단계** 적어도 한쪽 끝에 모음이 오는 경우의 수를 구한다. [4점]

해설 내신연계문제

1603 최다빈출 왕중요

다음과 같이 주어진 6장의 카드에서 4장을 택하여 네 자리의 자연수를 만들 때, 다음 단계로 서술하시오.

- **1단계** ⒈⒉⒊⒋⒌⒍을 사용하여 만든 4의 배수의 개수를 구한다. [2.5점]
- **2단계** ⓪⒈⒉⒊⒋⒌를 사용하여 만든 5의 배수의 개수를 구한다. [2.5점]
- **3단계** ⓪⒈⒉⒊⒋⒌를 사용하여 만든 홀수의 개수를 구한다. [2.5점]
- **4단계** ⓪⒈⒉⒊⒋⒌를 사용하여 만든 짝수의 개수를 구한다. [2.5점]

해설 내신연계문제

1604

서로 다른 꽃이 심겨 있는 노란색 화분 4개와 파란색 화분 3개를 일렬로 나열할 때, 다음 단계로 서술하시오.

- **1단계** 노란색 화분과 파란색 화분을 번갈아 가며 나열하는 방법의 수를 구한다. [3점]
- **2단계** 파란색 화분 3개를 이웃하게 나열하는 방법의 수를 구한다. [3점]
- **3단계** 노란색 화분 2개가 양 끝에 오도록 나열하는 방법의 수를 구한다. [4점]

1605

다섯 개의 문자 a, b, c, d, e를 한 번씩만 사용하여 만든 문자열을 사전식으로 나열하면 다음과 같다.

$$abcde, \ abced, \ abdce, \ \cdots, \ edcba$$

다음 단계로 서술하시오.

- **1단계** 문자열은 모두 몇 개인지 구한다. [2점]
- **2단계** $dcbea$는 몇 번째의 문자열인지 구한다. [4점]
- **3단계** 100번째의 문자열을 구한다. [4점]

행복한 일등급문제

학교내신기출 고난도 핵심문제총정리

1606

1부터 6까지의 숫자를 위와 아래의 두 줄로 배열할 때, 각 줄에 있는 숫자의 곱이 짝수가 되도록 배열하는 방법의 수를 구하시오.

$$\begin{array}{|c|c|c|} \hline 1 & 2 & 3 \\ \hline 4 & 5 & 6 \\ \hline \end{array}$$

1607

6개의 문자 A, B, C, D, E, F를 모두 일렬로 나열할 때, A와 B 또는 B와 C가 이웃하는 경우의 수를 구하시오.

1608 최다빈출 👑중요

여학생 2명과 남학생 3명이 다음 일렬로 된 6개의 좌석에 5명의 남녀가 다음 규칙대로 좌석에 앉기로 하였을 때, 앉을 수 있는 모든 경우의 수를 구하시오.

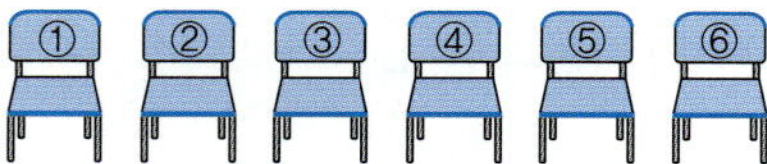

(가) 여학생 2명은 이웃하게 앉지 않는다.
(나) 남학생 3명 중에서 2명만 이웃하게 앉는다.

해설 내신연계문제

1609

그림과 같이 연결된 6개의 방에 A, B, C, D, E, F 6명의 사람이 한 명씩 들어간다고 하자. A와 B는 이웃한 방에 들어가지 않도록 하면서 각각의 방에 한 명씩 들어가는 방법의 수를 구하시오. (단, 이웃한 방이란 문을 한 번만 통과하여 이동할 수 있는 방을 말한다.)

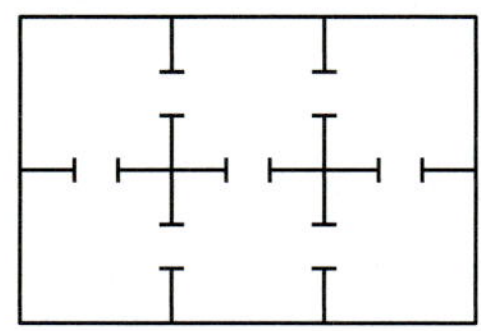

1610

그림과 같이 여섯 칸으로 나누어진 직사각형의 각 칸에 6개의 수 1, 2, 4, 6, 8, 9를 한 개씩 써 넣으려고 한다. 각 가로줄에 있는 세 수의 합이 서로 같은 경우의 수를 구하시오.

$$\begin{array}{|c|c|c|} \hline & & \\ \hline & & \\ \hline \end{array}$$

1611   2024년 03월 고2 학력평가 18번

그림과 같이 둥근 의자 3개와 사각 의자 3개가 교대로 나열되어 있다.

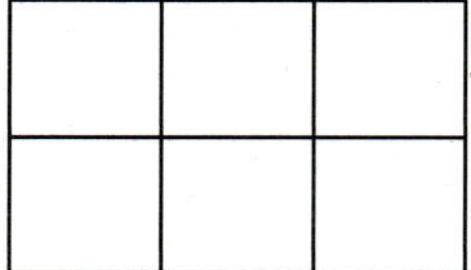

1학년 학생 2명, 2학년 학생 2명, 3학년 학생 2명이 다음 조건을 만족시키도록 이 6개의 의자에 모두 앉는 경우의 수는?

(가) 2학년 학생은 사각 의자에만 앉는다.
(나) 같은 학년 학생은 서로 이웃하여 앉지 않는다.

① 64   ② 72   ③ 80
④ 88   ⑤ 96

해설 내신연계문제

1612
2010학년도 고3 수능기출 나형 14번

두 인형 A, B에게 색이 정해지지 않은 셔츠와 바지를 모두 입힌 후, 입힌 옷의 색을 정하는 컴퓨터 게임이 있다. 서로 다른 모양의 셔츠와 바지가 각각 3개씩 있고, 각 옷의 색은 빨강과 초록 중 하나를 정한다. 한 인형에게 입힌 셔츠와 바지는 다른 인형에게 입히지 않는다. A인형의 셔츠와 바지의 색은 서로 다르게 정하고, B인형의 셔츠와 바지의 색도 서로 다르게 정한다. 이 게임에서 두 인형 A, B에게 셔츠와 바지를 입히고 색을 정할 때, 그 결과로 나타날 수 있는 경우의 수는?

① 252   ② 216   ③ 180
④ 144   ⑤ 108

해설 내신연계문제

1613
2019년 03월 고2 학력평가 나형 28번

NORMAL

어느 관광지에서 7명의 관광객 A, B, C, D, E, F, G가 마차를 타려고 한다. 그림과 같이 이 마차에는 4개의 2인용 의자가 있고, 마부는 가장 앞에 있는 2인용 의자의 오른쪽 좌석에 앉는다. 7명의 관광객이 다음 조건을 만족시키도록 비어 있는 7개의 좌석에 앉는 경우의 수를 구하시오.

> (가) A와 B는 같은 2인용 의자에 이웃하여 앉는다.
> (나) C와 D는 같은 2인용 의자에 이웃하여 앉지 않는다.

해설 내신연계문제

1614
2008학년도 06월 고3 모의평가 나형 25번

할머니, 할아버지, 어머니, 아버지, 영희, 철수 모두 6명의 가족이 자동차를 타고 여행을 가려고 한다. 이 자동차에는 앉을 수 있는 좌석이 그림과 같이 앞줄에 2개, 가운데 줄에 3개, 뒷줄에 1개가 있다. 운전석에는 아버지나 어머니만 앉을 수 있고, 영희와 철수는 가운데 줄에만 앉을 수 있을 때, 가족 6명이 모두 자동차의 좌석에 앉는 경우의 수를 구하시오.

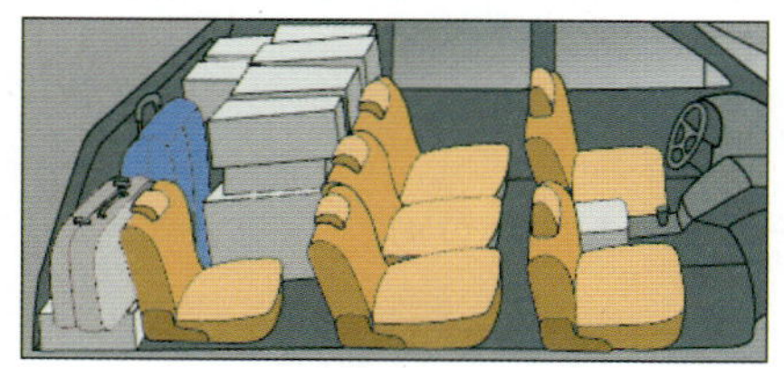

해설 내신연계문제

1615
2007학년도 06월 고3 모의평가 나형 30번

남학생 2명과 여학생 2명이 함께 놀이 공원에 가서 어느 놀이기구를 타려고 한다. 이 놀이기구는 그림과 같이 한 줄에 2개의 의자가 있고 모두 5줄로 되어 있다. 남학생 1명과 여학생 1명이 짝을 지어 2명씩 같은 줄에 앉을 때, 4명이 모두 놀이기구의 의자에 앉는 방법의 수를 구하시오.

해설 내신연계문제

1616
2011학년도 09월 고3 모의평가 나형 7번

오른쪽 그림과 같이 경계가 구분된 6개 지역의 인구조사를 조사원 5명이 담당하려고 한다. 5명 중에서 1명은 서로 이웃한 2개 지역을, 나머지 4명은 남은 4개 지역을 각각 1개씩 담당 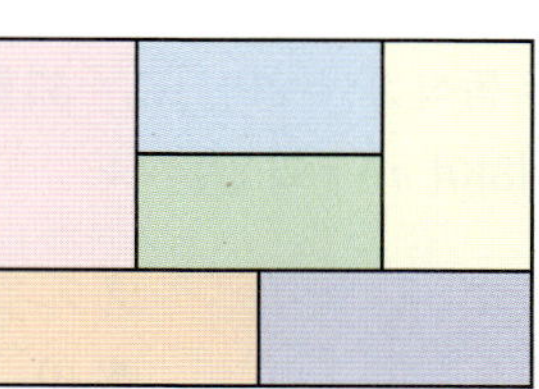 한다. 이 조사원 5명의 담당 지역을 정하는 경우의 수는?
(단, 경계가 일부라도 닿은 두 지역은 서로 이웃한 지역으로 본다.)

① 720   ② 840   ③ 960
④ 1080   ⑤ 1200

해설 내신연계문제

03 조합

학교내신기출 객관식 핵심문제총정리

유형 01 $_n\mathrm{P}_r$와 $_n\mathrm{C}_r$의 계산

(1) 순열의 수

$$_n\mathrm{P}_r = n(n-1)(n-2) \times \cdots \times (n-r+1)$$

$$= \frac{n!}{(n-r)!} \ \ (\text{단}, \ 0 \le r \le n)$$

① $_n\mathrm{P}_n = n(n-1)(n-2) \times \cdots \times 3 \times 2 \times 1 = n!$

② $_n\mathrm{P}_0 = 1, \ 0! = 1$

(2) 조합의 수

서로 다른 n개에서 r개를 택하는 조합의 수는

$$_n\mathrm{C}_r = \frac{_n\mathrm{P}_r}{r!} = \frac{n!}{r!(n-r)!} \ \ (\text{단}, \ 0 \le r \le n)$$

① $_n\mathrm{C}_0 = 1, \ _n\mathrm{C}_n = 1$

② $_n\mathrm{C}_r = _n\mathrm{C}_{n-r}$

③ $_{n-1}\mathrm{C}_{r-1} + _{n-1}\mathrm{C}_r = _n\mathrm{C}_r \ \ (\text{단}, \ 1 \le r \le n)$

1617 학교기출 대표유형

다음 중 옳지 않은 것은?

① $_n\mathrm{C}_0 = 1$

② $_7\mathrm{C}_3 = \dfrac{_7\mathrm{P}_3}{3!}$

③ $_9\mathrm{C}_4 + _9\mathrm{C}_3 = _{10}\mathrm{C}_6$

④ $_5\mathrm{P}_2 + _5\mathrm{C}_3 = 35$

⑤ $_5\mathrm{P}_3 - 2 \times _6\mathrm{C}_4 + 4! = 54$

1618  BASIC

두 등식 $_n\mathrm{P}_r = 210$, $_n\mathrm{C}_r = 35$를 동시에 만족하는 자연수 n, r에 대하여 $n+r$의 값은?

① 6   ② 7   ③ 8

④ 9   ⑤ 10

1619 최다빈출 왕중요  BASIC

등식 $_{13}\mathrm{C}_{r-1} = _{13}\mathrm{C}_{2r+2}$를 만족시키는 자연수 r의 값은?

① 1   ② 2   ③ 3

④ 4   ⑤ 5

해설 내신연계문제

1620  NORMAL

등식 $_n\mathrm{C}_2 + _{n+1}\mathrm{C}_3 = 4 \times _n\mathrm{P}_2$를 만족하는 자연수 n의 값은?
(단, $n \ge 2$)

① 16   ② 18   ③ 20

④ 22   ⑤ 24

1621  NORMAL

부등식 $_n\mathrm{P}_3 + 4 \times _n\mathrm{C}_2 \le n \times _6\mathrm{C}_3$을 만족하는 자연수 n의 개수는?
(단, $n \ge 3$)

① 3   ② 5   ③ 6

④ 7   ⑤ 10

1622

NORMAL

x에 대한 이차방정식 $_nC_3 x^2 - {}_nC_4 x + {}_nC_5 = 0$의 두 근을 α, β라 하자. $\alpha + \beta = 1$일 때, $\alpha\beta$의 값은? (단, n은 자연수이다.)

① $\dfrac{1}{5}$ ② $\dfrac{3}{5}$ ③ 1

④ $\dfrac{7}{5}$ ⑤ $\dfrac{9}{5}$

1623

최다빈출 왕 중요

TOUGH

x에 대한 이차방정식 $10x^2 - {}_nC_r x - 3 \times {}_nP_r = 0$의 두 근이 -2, 3일 때, 자연수 n, r에 대하여 $n+r$의 값을 구하시오.

해설 내신연계문제

모의고사 핵심유형 기출문제

1624

2014년 03월 고2 학력평가 B형 4번

NORMAL

$_nC_2 + {}_{n+1}C_3 = 2 \times {}_nP_2$를 만족시키는 자연수 n의 값은? (단, $n \geq 2$)

① 5 ② 6 ③ 7

④ 8 ⑤ 9

해설 내신연계문제

유형 02 $_nP_r$와 $_nC_r$를 포함한 등식의 증명

다음을 이용하여 등식이 성립함을 증명한다.

(1) $_nC_r = \dfrac{_nP_r}{r!} = \dfrac{n!}{r!(n-r)!}$ (단, $0 \leq r \leq n$)

   ① $_nC_0 = 1$, $_nC_n = 1$

   ② $_nC_r = {}_nC_{n-r}$

(2) $_nP_r = n(n-1)(n-2) \times \cdots \times (n-r+1) = \dfrac{n!}{(n-r)!}$ (단, $0 \leq r \leq n$)

   ① $_nP_n = n(n-1)(n-2) \times \cdots \times 3 \times 2 \times 1 = n!$

   ② $_nP_0 = 1$, $0! = 1$

1625

학교기출 대표 유형

다음은 $1 \leq r \leq n$일 때, 등식 $n \times {}_{n-1}C_{r-1} = r \times {}_nC_r$가 성립함을 증명하는 과정이다. 이때 (가), (나), (다)에 들어갈 식으로 알맞은 것은?

$$n \times {}_{n-1}C_{r-1} = n \times \dfrac{(n-1)!}{(r-1)! \boxed{\ (가)\ }}$$
$$= \dfrac{\boxed{\ (나)\ }}{(r-1)! \boxed{\ (가)\ }}$$
$$= \dfrac{r \times n!}{\boxed{\ (다)\ }(n-r)!} = r \times {}_nC_r$$

	(가)	(나)	(다)
①	$(n-r-1)!$	$n!$	$(r-1)!$
②	$(n-r-1)!$	$n!$	$r!$
③	$(n-r)!$	$n!$	$r!$
④	$(n-r)!$	$(n-1)!$	$r!$
⑤	$(n-r)!$	$(n-1)!$	$(r-1)!$

1626 최다빈출 왕 중요

다음은 $1 \le r < n$일 때, 등식 $_{n-1}C_{r-1} + {}_{n-1}C_r = {}_nC_r$가 성립함을 증명하는 과정이다. 이때 (가), (나), (다)에 들어갈 식으로 알맞은 것은?

$$_{n-1}C_{r-1} + {}_{n-1}C_r$$
$$= \frac{(n-1)!}{(r-1)!(n-r)!} + \frac{(n-1)!}{r!(\boxed{(가)})!}$$
$$= \frac{r(n-1)!}{r!(n-r)!} + \frac{(\boxed{(나)})(n-1)!}{r!(n-r)!}$$
$$= \frac{(\boxed{(다)})(n-1)!}{r!(n-r)!}$$
$$= \frac{n!}{r!(n-r)!} = {}_nC_r$$

	(가)	(나)	(다)
①	$n-r+1$	$n-r$	n
②	$n-r-1$	$n-r$	n
③	$n-r-1$	n	$n-r$
④	$n-r$	$n-r$	$n-r+1$
⑤	$n-r$	n	n

해설 내신연계문제

1627

다음은 $1 \le r < n$일 때, 등식 $_{n-1}P_r + r \times {}_{n-1}P_{r-1} = {}_nP_r$가 성립함을 증명하는 과정이다. 이때 (가), (나), (다)에 들어갈 식으로 알맞은 것은?

$$_{n-1}P_r + r \times {}_{n-1}P_{r-1}$$
$$= \frac{(n-1)!}{\boxed{(가)}} + r \times \frac{(n-1)!}{\{(n-1)-(r-1)\}!}$$
$$= \frac{(\boxed{(나)})(n-1)!}{(n-r)!} + \frac{r \times (n-1)!}{(n-r)!}$$
$$= \frac{(\boxed{(다)}) \times (n-1)!}{(n-r)!}$$
$$= \frac{n!}{(n-r)!} = {}_nP_r$$

	(가)	(나)	(다)
①	$(n-r+1)!$	$n-r$	n
②	$(n-r-1)!$	$n-r$	n
③	$(n-r-1)!$	$n-r$	$n-r$
④	$(n-r)!$	n	$n-r$
⑤	$(n-r)!$	n	n

유형 03 조합의 수

(1) **조합의 정의 (Combination)**

서로 다른 n개에서 순서를 생각하지 않고 r개를 뽑을 때, n개에서 r개를 택하는 것을 조합이라 하고 이 조합의 수를 $_nC_r$로 나타낸다.

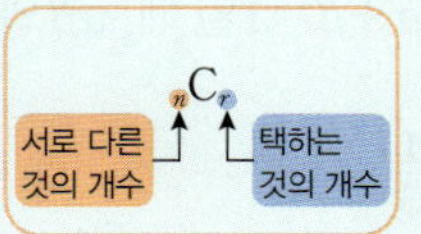

예를 들어 3개의 문자 a, b, c에서 2개를 택하는 방법과 2개를 택하여 나열하는 방법은 다음과 같다.

3개의 문자 a, b, c에서 2개를 뽑은 (꺼내는) 조합의 수	3개의 문자 a, b, c에서 2개를 뽑아 나열하는 순열의 수
(a, b), (a, c), (b, c)의 3가지	ab, ba, ac, ca, bc, cb의 6가지
$_3C_2 = 3$ ← 순서 무시	$_3P_2 = 6$ ← 순서 고려

대표적인 조합 : 악수하는 방법, 리그전

(2) **서로 다른 n개에서 a개를 택한 후 나머지에서 b개를 택하는 경우의 수** (단, $a \ne b$)
➡ $_nC_a \times {}_{n-a}C_b$

(3) **조합의 수**
➡ $_nC_r = \dfrac{_nP_r}{r!} = \dfrac{n!}{r!(n-r)!}$ (단, $0 \le r \le n$)

① 순서를 생각하지 않으면 조합을 이용하여 문제를 푼다.
② 크기순으로 나열하는 경우의 수는 뽑는 것만 생각한다.

1628 학교기출 대표 유형

일렬로 배열된 아홉 개의 전구를 이용하여 신호를 보낼 때 불이 켜진 전구의 위치에 따라 신호와 의미가 달라진다고 한다. 아홉 개의 전구 중에서 세 개의 불을 켜서 만들 수 있는 신호의 수를 구하시오.

1629

어느 마트에서 상품을 구별할 때 사용되는 바코드는 다음 두 조건을 모두 만족한다.

(가) 바코드는 0과 1로만 구성된다.
(나) 바코드는 길이(0과 1의 개수)를 가진다.

예를 들면 0111010은 길이가 7이고 숫자들의 합이 4인 바코드이다. 길이가 8이고 숫자들의 합이 3인 서로 다른 바코드의 경우의 수는?

① 32 ② 48 ③ 50
④ 56 ⑤ 60

1630

BASIC

서로 다른 6개의 망고 중 r개를 택하여 과일 바구니에 담는 경우의
수가 20일 때, r의 값은? (단, 담는 순서는 고려하지 않는다.)

① 1　　　　② 2　　　　③ 3
④ 4　　　　⑤ 5

1631 최다빈출 왕 중요

BASIC

남학생 8명과 여학생 6명으로 구성된 동아리가 있다. 이 동아리에서
남녀 학생 각각 2명씩의 대표를 선출하는 경우의 수는?

① 410　　　　② 415　　　　③ 420
④ 430　　　　⑤ 435

해설 내신연계문제

1632

NORMAL

남학생 n명, 여학생 6명으로 이루어진 모임에서 남학생 2명과 여학
생 2명을 대표로 뽑는 경우의 수가 675일 때, 자연수 n의 값은?
(단, $n \geq 2$)

① 6　　　　② 7　　　　③ 8
④ 9　　　　⑤ 10

1633 최다빈출 왕 중요

NORMAL

서로 다른 수학책 5권과 서로 다른 영어책 n권 중 3권을 선택할 때,
3권이 모두 같은 과목의 책인 경우의 수가 66이다.
이때 자연수 n의 값은? (단, $n \geq 3$)

① 6　　　　② 7　　　　③ 8
④ 9　　　　⑤ 10

해설 내신연계문제

1634

TOUGH

어떤 학급에서 번호가 각각 1, 2, 3, 4, 5, 6, 7번인 7명의 학생이
1, 2, 3, 4, 5, 6, 7이 각각 하나씩 적힌 7장의 카드를 임의로 한 장
씩 나누어 가진다. 3명은 자신의 번호가 적힌 카드를 갖고, 나머지
4명은 다른 학생의 번호가 적힌 카드를 갖는 경우의 수를 구하시오.

모의고사 **핵심유형** 기출문제

1635　2019년 03월 고2 학력평가 가형 8번

NORMAL

9개의 숫자 0, 0, 0, 1, 1, 1, 1, 1, 1을 0끼리는 어느 것도 이웃하지
않도록 일렬로 나열하여 만들 수 있는 아홉 자리의 자연수의 개수는?

① 12　　　　② 14　　　　③ 16
④ 18　　　　⑤ 20

해설 내신연계문제

서로 다른 n개에서 **순서를 생각하지 않고** r**개를 뽑는 방법의 수**

$\Rightarrow {}_n\mathrm{C}_r$

① 리그전은 참가 팀 전부가 각 팀과 한 번씩 겨루어 승리한 횟수가 많은
팀 또는 승률이 높은 팀의 순서대로 순위를 정하는 방식이다.
② 토너먼트는 두 팀끼리 겨루어진 팀은 제외하고 이긴 팀끼리 다시
겨루면서 마지막에 남은 두 팀이 우승을 정하는 방식이다.

1636 학교기출 대표 유형

월드컵 예선전과 같이 출전한 모든 팀이 다른 팀과 각각 한 번씩 시합을 하는 게임 방식을 리그전이라고 한다. 어떤 축구 시합에서 16팀이 리그전으로 시합을 할 때, 총 게임의 수를 구하시오.

1637 최다빈출 왕 중요

BASIC

동아리 체육대회에 참가한 n개의 팀이 서로 다른 팀과 각각 한 번씩 경기를 했더니 전체 경기 수가 28이었다. 이때 자연수 n의 값은? (단, $n \geq 2$)

① 6   ② 7   ③ 8
④ 9   ⑤ 10

해설 내신연계문제

1638 최다빈출 왕 중요

NORMAL

어느 모임에 참석한 12쌍의 부부가 있다. 부인과 남편은 자신의 배우자를 제외한 모든 사람들과 한 번씩 악수를 하고, 부인끼리는 서로 악수를 하지 않는다. 모임에 참석한 12쌍의 부부가 한 악수의 총 횟수는?

① 187   ② 198   ③ 215
④ 231   ⑤ 264

해설 내신연계문제

1639

NORMAL

어느 모임에 참석한 사람들은 각자 나머지 사람들과 꼭 한 번씩 악수를 하였다. 악수를 한 횟수가 45회일 때, 모임에 참석한 사람의 수를 구하시오.

서로 다른 n개에서 **순서를 생각하지 않고** r**개를 뽑는 방법의 수**

$\Rightarrow {}_n\mathrm{C}_r$

배수판정법
① 3의 배수는 각 자리의 숫자의 합이 3의 배수이어야 한다.
② 4의 배수는 마지막의 두 자리 수가 4의 배수이어야 한다.
③ 5의 배수는 일의 자리수가 0 또는 5이어야 한다.

1640 학교기출 대표 유형

1부터 20까지 자연수 중에서 서로 다른 세 수를 택하여 더할 때, 세 수의 합이 짝수가 되는 경우의 수를 구하시오.

1641 최다빈출 왕 중요

NORMAL

1에서 9까지의 자연수 중에서 서로 다른 세 수를 택하여 곱할 때, 세 수의 곱이 짝수가 되는 경우의 수는?

① 56   ② 60   ③ 64
④ 70   ⑤ 74

해설 내신연계문제

1642

NORMAL

1부터 15까지의 자연수 중에서 서로 다른 두 수를 택하여 더할 때, 두 수의 합이 3의 배수가 되는 경우의 수는?

① 16   ② 25   ③ 35
④ 42   ⑤ 56

1643 최다빈출 왕 중요

TOUGH

1부터 20까지의 자연수 중에서 서로 다른 세 수를 택하여 더할 때, 세 수의 합이 3의 배수가 되는 경우의 수를 구하시오.

해설 내신연계문제

유형 06 분류를 이용한 조합의 수

순열과 조합이라는 개념을 적용시키기 전에 중복되지 않고 누락되지 않게 세어야 하는데, 그러기 위해서는 적절한 **분할**이 필요하다. 분할을 너무 많이 하면 복잡해지고, 분할을 너무 적게 하면 중복과 누락을 걱정하게 된다. 분할을 할 때 가장 중요한 것은 분명한 기준을 갖고 하는 것이다.

1644 학교기출 대표 유형

A지역에는 세 곳, B지역에는 네 곳, C지역에는 다섯 곳, D지역에는 여섯 곳의 관광지가 있다. 이 중에서 세 곳의 관광지를 선택하여 관광하려고 할 때, 선택한 세 곳이 모두 같은 지역에 있는 경우의 수를 구하시오.

1645 최다빈출 왕 중요

주머니에 서로 다른 빨간색 공 3개와 서로 다른 파란색 공 3개가 들어 있다. 이 주머니에서 1개의 공을 꺼낸 후 다시 3개의 공을 동시에 꺼냈을 때, 나중에 꺼낸 3개의 공 중에서 파란색 공의 개수가 빨간색 공의 개수보다 더 많도록 공을 꺼내는 방법의 수는? (단, 꺼낸 공은 다시 주머니에 넣지 않는다.)

① 22 　　　　② 26 　　　　③ 30
④ 34 　　　　⑤ 38

해설 내신연계문제

1646 NORMAL

어느 김밥 가게에서는 기본 재료만 포함된 김밥의 가격을 1000원으로 하고, 기본 재료 외에 선택재료가 추가될 경우 오른쪽 표에 따라 가격을 정한다. 예를 들어 맛살과 참치가 추가된 김밥의 가격은 1500원이다. 선택재료를 추가하였을 때, 가격이 1500원 또는 2000원이 되는 김밥의 종류는 모두 몇 가지인가? (단, 선택재료의 양은 가격에 영향을 주지 않는다.)

선택재료	가격(원)
햄	200
맛살	200
김치	200
불고기	300
치즈	300
참치	300

① 12 　　　　② 14 　　　　③ 16
④ 18 　　　　⑤ 20

1647 NORMAL

A, B 두 사람이 서로 다른 4개의 동아리 중에서 2개씩 가입하려고 한다. A와 B가 공통으로 가입하는 동아리가 1개 이하가 되도록 하는 경우의 수는? (단, 가입 순서는 고려하지 않는다.)

① 28 　　　　② 30 　　　　③ 32
④ 34 　　　　⑤ 36

1648 TOUGH

8종류의 과자 A, B, C, D, E, F, G, H로 다음 조건에 따라 세트 상품을 만들려고 한다.

> (가) 각 세트에는 서로 다른 4종류의 과자를 각각 한 개씩 담는다.
> (나) A 또는 B를 담는 경우에는 A와 B를 같은 세트에 담는다.
> (다) A, B, C 모두를 같은 세트에 담지 않는다.

서로 다른 세트 상품을 만들 수 있는 경우의 수를 구하시오.

모의고사 핵심유형 기출문제

1649 2023년 03월 고2 학력평가 27번 TOUGH

서로 다른 네 종류의 인형이 각각 2개씩 있다. 이 8개의 인형 중에서 5개를 선택하는 경우의 수를 구하시오. (단, 같은 종류의 인형끼리는 서로 구별하지 않는다.)

해설 내신연계문제

1650 2019년 10월 고3 학력평가 나형 26번 TOUGH

흰 공 4개, 검은 공과 파란 공이 각각 2개씩, 빨간 공과 노란 공이 각각 1개씩 총 10개의 공이 들어있는 주머니가 있다. 이 주머니에서 5개의 공을 꺼낼 때, 꺼낸 공의 색이 3종류인 경우의 수를 구하시오. (단, 같은 색의 공은 구별하지 않는다.)

해설 내신연계문제

(1) **특정한 것을 포함하는 경우**
　서로 다른 n개에서 r개를 뽑을 때, 특정한 k개가 포함되는 경우의 수
　➡ 특정한 k개를 제외한 $(n-k)$개에서 $(r-k)$개를 뽑는 경우의 수
　　와 같다.
　➡ $_{n-k}C_{r-k}$ (단, $0 \le r \le n$, $0 \le k \le r$)

(2) **특정한 것을 포함하지 않는 경우**
　서로 다른 n개에서 r개를 뽑을 때, 특정한 k개가 제외되는 경우의 수
　➡ 특정한 k개를 제외한 $(n-k)$개에서 r개를 뽑는 경우의 수와 같다.
　➡ $_{n-k}C_r$ (단, $0 \le r \le n-k$, $0 \le k \le n$)

　① 특정한 것을 포함하는 경우
　　특정한 것을 이미 뽑았다고 생각하고 나머지에서 필요한 것을 뽑는다.
　　$_{n-k}C_{r-k}$ ➡ $(n-k)$개에서 $(r-k)$개를 뽑는 방법의 수를 의미한다.
　② 특정한 것을 포함하지 않는 경우
　　특정한 것을 전체에서 제외시킨 다음 나머지에서 필요한 것을 뽑는다.
　　$_{n-k}C_r$ ➡ $(n-k)$개에서 r개를 뽑는 방법의 수를 의미한다.

1651 　학교기출 **대표** 유형

8명의 학생 A, B, C, D, E, F, G, H 중에서 5명의 임원을 선출하려고 한다. 세 학생 A, B, C를 모두 포함하는 경우의 수를 p, 두 학생 A, B는 모두 포함하고 두 학생 C, D는 포함하지 않는 경우의 수를 q라 할 때, $p+q$의 값을 구하시오.

1652 　최다빈출 **왕** 중요　　 NORMAL

A를 포함한 n명 중에서 대표 3명을 선출하려고 한다. A가 반드시 포함되는 경우의 수가 36가지일 때, 자연수 n의 값은? (단, $n \ge 3$)

① 8　　　　② 9　　　　③ 10
④ 12　　　　⑤ 14

　　　　　　　　　　　　　해설 내신연계문제

1653 　최다빈출 **왕** 중요　　NORMAL

서로 다른 5켤레의 신발 10짝 중에서 6짝을 택할 때, 이 중 2켤레만 짝이 맞는 경우의 수를 구하시오.

　　　　　　　　　　　　　해설 내신연계문제

1654 　　　　 NORMAL

세 공 A, B, C를 포함하여 서로 다른 공 7개가 들어 있는 주머니에서 공 3개를 동시에 꺼낼 때, A를 포함하여 꺼내는 경우의 수를 a, B를 포함하지 않으면서 C를 포함하여 꺼내는 경우의 수를 b라고 하자. 이때 $a+b$의 값은?

① 5　　　　② 10　　　　③ 15
④ 20　　　　⑤ 25

1655 　최다빈출 **왕** 중요　　 NORMAL

A, B를 포함한 7명의 학생 중 휴게실에 있는 빈 의자 3개에 앉을 3명을 정하려고 한다. 다음과 같이 정하는 방법의 수가 각각 p, q, r일 때, $p+q+r$의 값은?

> (가) A, B가 모두 빈 의자에 앉는 방법의 수 p
> (나) A, B가 모두 빈 의자에 앉지 못하는 방법의 수 q
> (다) A, B 중 한 사람만 빈 의자에 앉는 방법의 수 r

(단, 빈 의자에는 반드시 앉고 앉는 순서는 고려하지 않는다.)

① 35　　　　② 40　　　　③ 45
④ 50　　　　⑤ 55

　　　　　　　　　　　　　해설 내신연계문제

1656 　　　　 NORMAL

1에서 7까지의 정수 중에서 서로 다른 세 개의 수를 선택할 때, 그 중 가장 큰 수가 6 이상인 것은 몇 가지인가?

① 20　　　　② 25　　　　③ 30
④ 35　　　　⑤ 40

1657 　　　　 TOUGH

두 학생이 5개의 오디션 대회 A, B, C, D, E 중에서 각각 2개씩 선택하여 참가하려고 한다. 두 학생이 선택하는 2개의 오디션 대회 중에서 한 개만 같은 경우의 수를 구하시오. (단, 참가 순서는 고려하지 않는다.)

(1) **적어도 a가 1개 포함되는 사건의 여사건은**
➡ a가 하나도 없는 경우

(2) **적어도 a가 2개 포함되는 사건의 여사건은**
➡ a가 하나도 없거나 1개 포함되는 경우

 (사건 A가 적어도 한 번 일어나는 경우의 수)
＝(모든 경우의 수)－(사건 A가 일어나지 않는 경우의 수)

1658 학교기출 대표 유형

서로 다른 10개의 제품 중 불량품이 2개 들어 있다. 이 중 3개의 제품을 뽑을 때, 적어도 한 개의 불량품이 포함되는 경우의 수를 구하시오.

1659 최다빈출 왕 중요   NORMAL

남학생 5명과 여학생 4명 중에서 3명의 대표를 뽑을 때, 남학생과 여학생이 적어도 한 명씩 포함되도록 뽑는 방법의 수는?

① 4　　　　② 10　　　　③ 14
④ 70　　　　⑤ 84

 해설 내신연계문제

1660 NORMAL

어떤 아이스크림 가게에서는 호두 아이스크림과 딸기 아이스크림을 포함한 서로 다른 10가지 아이스크림 중에서 3가지를 선택할 수 있다고 한다. 호두 아이스크림과 딸기 아이스크림 중에서 적어도 하나는 포함하도록 선택하는 방법의 수는?

① 36　　　　② 40　　　　③ 52
④ 64　　　　⑤ 84

1661 NORMAL

1부터 10까지의 자연수가 각각 하나씩 적힌 10장의 카드 중에서 5장을 택할 때, 홀수가 적힌 카드를 적어도 2장 택하는 방법의 수는?

① 222　　　　② 224　　　　③ 226
④ 228　　　　⑤ 230

1662 NORMAL

크기가 서로 다른 5켤레의 구두 10짝이 있다. 여기에서 모두 4짝을 고를 때, 짝이 맞는 구두가 적어도 한 켤레 있는 경우의 수는?

① 80　　　　② 100　　　　③ 120
④ 130　　　　⑤ 160

1663 최다빈출 왕 중요   NORMAL

남녀 10명 중에서 대표 3명을 뽑을 때, 적어도 여자 한 명을 포함하여 뽑는 방법의 수가 100이다. 10명 중 남자의 수를 구하시오.

 해설 내신연계문제

1664 2018년 10월 고3 학력평가 나형 27번   TOUGH

그림과 같이 숫자 1, 2, 3이 각각 하나씩 적힌 세 가지 그림의 카드 9장이 있다. 이 중에서 서로 다른 5장의 카드를 선택할 때, 숫자 1, 2, 3이 적힌 카드가 적어도 한 장씩 포함되도록 선택하는 경우의 수를 구하시오. (단, 카드를 선택하는 순서는 고려하지 않는다.)

해설 내신연계문제

여러 개의 물건을 몇 개의 묶음으로 나누는 것을 분할이라 하고 분할된 묶음을 나누어주는 것을 분배라 한다.

(1) **분할의 수**

　서로 다른 n개의 물건을 p개, q개, r개 $(p+q+r=n)$의 3개 묶음으로 나누는 방법의 수

　① p, q, r이 모두 다른 수인 경우 ➡ $_nC_p \times _{n-p}C_q \times _rC_r$

　② p, q, r 중 어느 두 수가 같은 경우 ➡ $_nC_p \times _{n-p}C_q \times _rC_r \times \dfrac{1}{2!}$

　③ p, q, r이 모두 같은 수인 경우 ➡ $_nC_p \times _{n-p}C_q \times _rC_r \times \dfrac{1}{3!}$

(2) **분배의 수**

　서로 다른 n개의 물건을 p개, q개, r개 $(p+q+r=n)$로 나누어 서로 다른 3개의 대상에게 나누어 주는 경우의 수

　➡ (분할의 수) $\times 3!$

 서로 다른 종류의 꽃이 6송이 있을 때, 다음 경우의 수를 구하시오.

　① 3송이씩 두 묶음을 만드는 경우 ➡ $_6C_3 \times _3C_3 \times \dfrac{1}{2!} = 10$

　② A, B 두 사람에게 3송이씩 나누어 주는 경우

　　➡ $_6C_3 \times _3C_3 \times \dfrac{1}{2!} \times 2! = 20$

1665　학교기출 대표 유형

1부터 7까지의 숫자가 하나씩 적혀 있는 7장의 카드를 2개, 2개, 3개의 묶음으로 나누는 방법의 수를 구하시오.

1666　최다빈출 왕 중요

서로 다른 8개의 공을 똑같은 주머니 3개에 나누어 담을 때, 다음 조건을 만족시키도록 넣는 경우의 수는?

(가) 빈 주머니가 없도록 담는다.
(나) 주머니 3개에 넣은 공의 개수는 서로 다르다.

① 430　　② 448　　③ 466
④ 484　　⑤ 502

해설 내신연계문제

1667 

서로 다른 7종류의 꽃이 있다. 2종류, 2종류, 3종류로 묶어 꽃다발을 만든 다음 이 세 개의 꽃다발을 3명에게 나누어 주는 방법의 수는?

① 610　　② 630　　③ 650
④ 690　　⑤ 720

1668　최다빈출 왕 중요 

서로 다른 인형 5개를 3개의 가방 A, B, C에 남김없이 넣으려고 할 때, 각 가방에 인형을 적어도 1개 이상 넣는 경우의 수는?

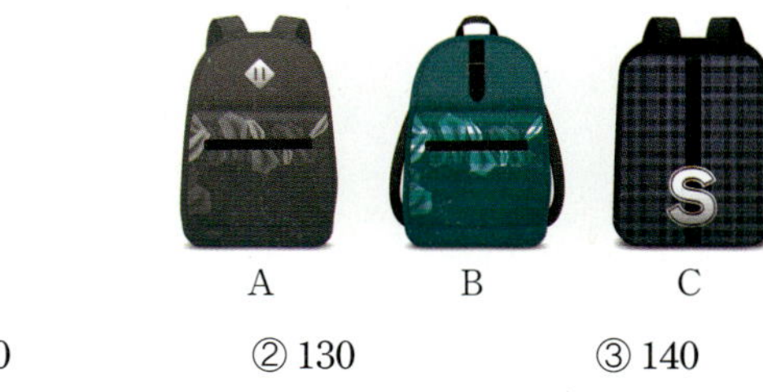

① 120　　② 130　　③ 140
④ 150　　⑤ 160

해설 내신연계문제

1669 

수련회에 참가한 여학생 5명과 남학생 6명을 4개의 방에 배정하려고 한다. 여학생은 1호실에 3명, 2호실에 2명을 배정하고, 남학생은 3호실과 4호실에 각각 3명씩 배정하는 방법의 수는?

① 100　　② 200　　③ 300
④ 400　　⑤ 500

1670

8개의 팀이 그림과 같은 토너먼트 방식으로 8강전을 치를 때, 대진표를 작성하는 방법의 수는?

① 305　　② 310
③ 315　　④ 320
⑤ 325

1671

6개의 팀이 그림과 같이 토너먼트 방식으로 경기를 할 때, 대진표를 작성하는 경우의 수를 구하시오.

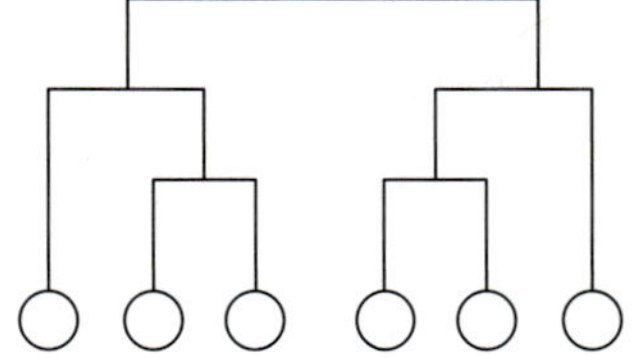

---

(1) 서로 다른 n개 중 순서를 생각하지 않고 r개를 뽑은 후 (택한 후) 그 r개를 일렬로 배열하는 방법의 수

➡ $_nC_r \times r!$ ←— (조합의 수)×(순열의 수)

(2) a개 중 r개, b개 중 s개를 뽑아 일렬로 나열하는 경우의 수

➡ $_aC_r \times _bC_s \times (r+s)!$

> 뽑아서 나열하는 경우의 수
> (뽑는 방법의 수)×(나열하는 방법의 수)
> ➡ (조합의 수)×(순열의 수)

1674
학교기출 대표 유형

남학생 5명, 여학생 4명 중에서 남학생 2명, 여학생 1명을 뽑아서 한 줄로 세우는 경우의 수를 구하시오.

1672
2018년 07월 고3 학력평가 가형 11번 NORMAL

남학생 4명과 여학생 3명을 세 개의 모둠으로 나누려 할 때, 모든 모둠에 남학생과 여학생이 각각 1명 이상 포함되도록 하는 경우의 수는?

① 30   ② 32   ③ 34
④ 36   ⑤ 38

해설 내신연계문제

1675
NORMAL

1부터 9까지의 자연수 중에서 서로 다른 홀수 3개, 서로 다른 짝수 2개를 택하여 만들 수 있는 다섯 자리 자연수의 개수는?

① 1680   ② 3200   ③ 4800
④ 6400   ⑤ 7200

1673
2009년 07월 고3 학력평가 나형 23번 NORMAL

수진이가 10가지 종류의 놀이기구 중 서로 다른 놀이기구의 이용권을 8장 구입하여 3장, 3장, 2장으로 나눈 후 수진, 현아, 원일 세 사람이 나누어 갖는 경우의 수를 x라 할 때, $\dfrac{x}{100}$의 값을 구하시오.

해설 내신연계문제

1676
NORMAL

8개의 문자 c, o, n, s, i, d, e, r 중에서 서로 다른 4개의 문자를 택하여 일렬로 배열할 때, 모음 2개, 자음 2개로 이루어진 문자열의 수는?

① 160   ② 180   ③ 360
④ 720   ⑤ 920

드론 동호회의 회원 중 특정한 2명을 포함하여 4명을 뽑아 일렬로 세우는 방법의 수가 360일 때, 이 동호회의 전체 회원 수는?

① 7   ② 8   ③ 9
④ 10   ⑤ 11

해설 내신연계문제

A, B 두 사람을 포함한 8명 중에서 4명을 뽑아 일렬로 세울 때, A, B가 모두 포함되고 이 두 명이 서로 이웃하도록 세우는 방법의 수는?

① 80   ② 120   ③ 180
④ 200   ⑤ 210

해설 내신연계문제

7개의 문자 A, B, C, D, E, F, G 중에서 C, E를 모두 포함하여 5개를 뽑아 일렬로 나열할 때, C와 E가 서로 이웃하지 않는 경우의 수는?

① 120   ② 144   ③ 240
④ 450   ⑤ 720

서로 다른 5종류의 분수 연출이 있고, 각각의 연출 시간은 10초라고 한다. 5종류의 분수 연출을 모두 사용하여 60초짜리 분수 공연을 만들려고 할 때, 가능한 분수 공연의 가짓수는?
(단, 같은 종류의 분수 연출이 연속되지 않게 하고 각 연출 사이에는 쉬는 시간이 없게 한다.)

① 50   ② 120   ③ 240
④ 600   ⑤ 1200

1부와 2부로 나누어 진행하는 어느 음악회에서 독창 2팀, 중창 2팀, 합창 3팀이 모두 공연할 때, 다음 두 조건에 따라 7팀의 공연 순서를 정하려고 한다.

> (가) 1부에는 독창, 중창, 합창 순으로 3팀이 공연한다.
> (나) 2부에는 독창, 중창, 합창, 합창 순으로 4팀이 공연한다.

이 음악회의 공연 순서를 정하는 방법의 수를 구하시오.

해설 내신연계문제

모의고사 **핵심유형** 기출문제

이틀 동안 진행하는 어느 축제에 모두 다섯 개의 팀이 참가하여 공연한다. 매일 두 팀 이상이 공연하도록 다섯 팀의 공연 날짜와 공연 순서를 정하는 경우의 수는? (단, 공연은 한 팀씩 하고, 축제 기간 중 각 팀은 1회만 공연한다.)

① 180   ② 210   ③ 240
④ 270   ⑤ 300

해설 내신연계문제

한 변의 길이가 a인 정사각형 모양의 시트지 2장, 빗변의 길이가 $\sqrt{2}\,a$인 직각이등변삼각형 모양의 시트지 4장이 있다. 정사각형 모양의 시트지의 색은 모두 노란색이고, 직각이등변삼각형 모양의 시트지의 색은 모두 서로 다르다. [그림1]과 같이 한 변의 길이가 a인 정사각형 모양의 창문 네 개가 있는 집이 있다. [그림2]는 이 집의 창문 네 개에 6장의 시트지를 빈틈없이 붙인 경우의 예이다.
이 집의 창문 네 개에 시트지 6장을 빈틈없이 붙이는 경우의 수는? (단, 붙이는 순서는 구분하지 않으며, 집의 외부에서만 시트지를 붙일 수 있다.)

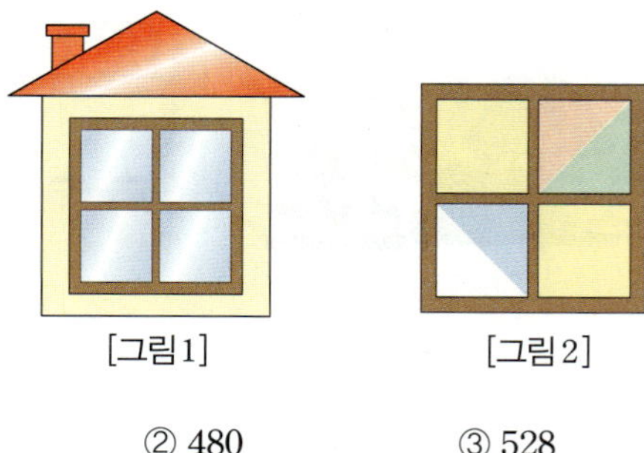

[그림1]   [그림2]

① 432   ② 480   ③ 528
④ 576   ⑤ 624

해설 내신연계문제

유형 11 크기순으로 나열하는 경우의 수

크기순으로 나열하는 방법의 수는 뽑는 것만 생각한다.
즉 순서대로 나열하는 경우라도 배열 방법이 이미 정해져서 순서를
생각하지 않아도 되면 조합이다.
예를 들면 3개의 숫자 1, 2, 3 중에서 서로 다른 2개를 택하여 만든
두 자리 자연수 ab의 개수는 오른쪽과 같이
$_3\mathrm{P}_2 = 3 \times 2 = 6$이다. 이때 $a < b$인 두 자리
수의 개수는 세 숫자 중에서 서로 다른 2개
를 택하는 방법의 수 $_3\mathrm{C}_2 = 3$과 같다.

$a < b$	12, 13, 23
$a > b$	21, 31, 32

> 0부터 9까지의 정수를 일렬로 배열하여 세 자리 정수
> abc를 만들 때,
> ① $a < b < c$를 만족하는 경우의 수 ➡ $_9\mathrm{C}_3$ (∵ 0은 포함되지 않는다.)
> ② $a > b > c$를 만족하는 경우의 수 ➡ $_{10}\mathrm{C}_3$ (∵ 0은 포함된다.)

1684 학교기출 대표 유형

키가 서로 다른 10명의 학생 중 3명을 뽑아 키가 큰 학생부터 순서
대로 세우는 방법의 수를 구하시오.

1685  BASIC

세 자리 자연수 중에서 백의 자리의 수보다 십의 자리의 수가 더 크
고, 십의 자리의 수보다 일의 자리의 수가 더 큰 자연수의 개수는?

① 36 ② 40 ③ 52
④ 64 ⑤ 84

1686  BASIC

$0 < a < b < c < d < 10$을 만족하는 네 자연수 a, b, c, d를 한 번씩
사용하여 네 자리 자연수를 만들려고 한다.
일, 십, 백, 천의 자리 숫자가 각각 a, b, c, d인 자연수의 개수는?

① 114 ② 118 ③ 122
④ 126 ⑤ 130

1687  NORMAL

1부터 7까지의 자연수를 일렬로 배열하여 첫 번째 수부터 차례로
a_1, a_2, a_3, $\cdots$, a_7이라 할 때, 조건 $a_2 > a_3 > a_5$, $a_1 > a_4$를 만족하
는 경우의 수는?

① 85 ② 120 ③ 180
④ 210 ⑤ 420

1688  NORMAL

오른쪽 그림과 같이 0부터 9까지 10개의 숫자
중에서 비밀번호를 설정하는 자물쇠가 있다.
다음 규칙을 따르는 비밀번호의 개수는?

> (가) 모든 자리의 숫자는 다르다.
> (나) 1과 3을 각각 한 번씩 사용하되 1보다 3이 왼쪽에 위치한다.

① 220 ② 265 ③ 336
④ 340 ⑤ 360

1689 최다빈출 왕 중요  NORMAL

키가 서로 다른 A반 학생 3명과 B반 학생 3명을 모두 일렬로 세우
려고 한다. 이 6명의 학생을 키가 가장 큰 A반 학생이 키가 가장 작
은 B반 학생보다 왼쪽에 위치하도록 모두 나열하는 방법의 수는?

① 240 ② 300 ③ 360
④ 420 ⑤ 480

해설 내신연계문제

1690 최다빈출 왕 중요

TOUGH

1부터 9까지의 자연수 a, b, c, d, e에 대하여

$$a \times 10^4 + b \times 10^3 + c \times 10^2 + d \times 10 + e$$

로 나타낼 수 있는 다섯 자리 자연수 중에서 $a < b < c < d \le e$를 만족시키는 자연수의 개수는?

① 250 ② 252 ③ 254
④ 256 ⑤ 258

해설 내신연계문제

1691

TOUGH

1부터 9까지의 자연수 a, b, c, d에 대하여

$$a \times 10^3 + b \times 10^2 + c \times 10 + d$$

로 나타낼 수 있는 네 자리 자연수 중에서 $a < b < c < d$를 만족시키는 자연수를 작은 수부터 차례로 나열할 때, 100번째 자연수는?

① 3468 ② 3479 ③ 3489
④ 4379 ⑤ 4389

모의고사 핵심유형 기출문제

1692 2008학년도 06월 고3 모의평가 나형 29번

TOUGH

1부터 9까지의 서로 다른 자연수 a, b, c, d, e에 대하여

$$a \times 10^4 + b \times 10^3 + c \times 10^2 + d \times 10 + e$$

로 나타내어지는 다섯 자리의 자연수 $abcde$ 중에서 5의 배수이고 $a > b > c$, $c < d < e$를 만족시키는 모든 자연수의 개수는?

① 53 ② 62 ③ 71
④ 80 ⑤ 89

해설 내신연계문제

유형 12 직선의 개수

(1) **직선의 개수**

① 어느 세 점도 한 직선 위에 있지 않은 서로 다른 n개의 점으로 만들 수 있는 직선의 개수
  ➡ n개의 점 중 서로 이을 두 개의 점을 택하는 경우의 수 $_n\mathrm{C}_2$

② 서로 다른 n개의 점 중 한 직선 위에 a개의 점이 있을 때, n개의 점으로 만들 수 있는 직선의 수
  ➡ 중복되는 직선의 개수는 $_a\mathrm{C}_2$
  ➡ $_n\mathrm{C}_2 - _a\mathrm{C}_2 + 1$ ← 중복된 직선이 1개이므로 1을 더한다.

(2) **대각선의 개수**

n각형에서 n개의 꼭짓점 중 2개를 택하여 만들 수 있는 모든 선분의 개수에서 변의 개수인 n을 뺀 것과 같다.

  ➡ $_n\mathrm{C}_2 - n$

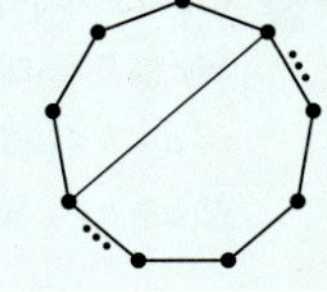

① 두 점을 지나는 직선은 오직 하나뿐이므로 직선의 개수는 두 점을 택하는 방법의 수와 같다.
② 한 직선 위에 있는 모든 점을 이으면 직선은 한 개 생긴다.

1693 학교기출 대표 유형

그림과 같이 삼각형 위에 7개의 점이 있다. 이 중 두 점을 연결하여 만들 수 있는 직선의 개수를 구하시오.

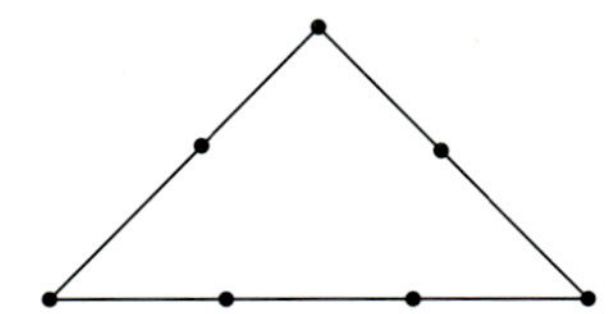

1694 최다빈출 왕 중요

NORMAL

서로 다른 n개의 점 중에서 어느 세 점도 한 직선 위에 있지 않을 때, 이 점 중에서 2개의 점을 이어서 만들 수 있는 서로 다른 직선의 개수는 45이다. 이때 자연수 n의 값은? (단, $n \ge 2$)

① 10 ② 16 ③ 18
④ 20 ⑤ 28

해설 내신연계문제

1695 최다빈출 왕 중요

NORMAL

오른쪽 그림과 같이 정삼각형의 둘레에 7개의 점이 놓여 있다. 두 점을 연결하여 만든 직선 중에서 정삼각형을 두 부분으로 나누는 직선의 개수는?

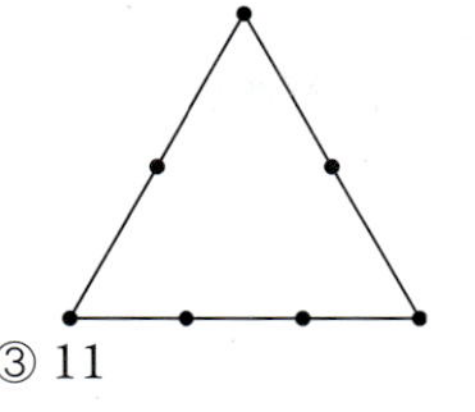

① 9 　　　② 10 　　　③ 11
④ 12 　　　⑤ 13

해설 내신연계문제

1696

NORMAL

그림과 같이 선분 PQ를 지름으로 하는 반원이 있다. 선분 PQ와 호 PQ 위에 P, Q가 아닌 점을 각각 a개, $(12-a)$개 찍었다.
이 중에서 P, Q가 아닌 서로 다른 두 점을 연결하여 만들 수 있는 직선의 개수가 39일 때, 자연수 a의 값은? (단, $a \leq 11$)

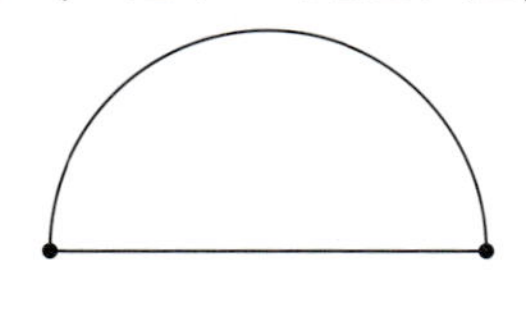

① 5 　　　② 6 　　　③ 7
④ 8 　　　⑤ 9

1697

NORMAL

오른쪽 그림과 같은 팔각형에서 대각선의 개수는?

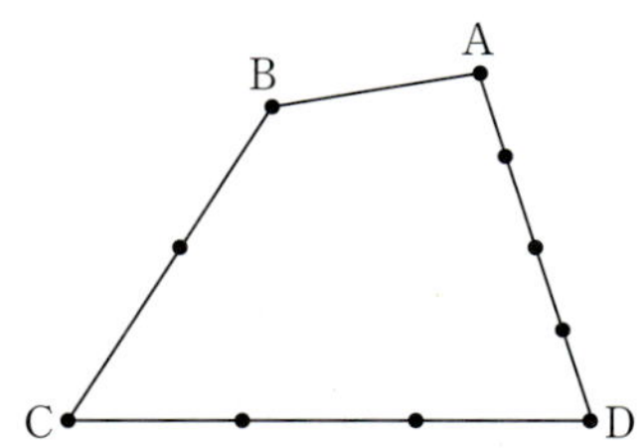

① 16 　　　② 18
③ 20 　　　④ 22
⑤ 24

1698 최다빈출 왕 중요

TOUGH

대각선의 개수가 44인 다각형의 꼭짓점의 개수는?

① 8 　　　② 11 　　　③ 12
④ 13 　　　⑤ 14

해설 내신연계문제

유형 13　삼각형의 개수

어느 세 점도 한 직선 위에 있지 않은 서로 다른 n개의 점이 놓여 있을 때, 세 점을 이어 만들 수 있는 삼각형의 개수 ➡ $_nC_3$

한 직선 위에 있는 세 개 이상의 점으로는 삼각형을 만들 수 없다.

1699 학교기출 대표 유형

그림과 같이 사각형 ABCD의 꼭짓점과 변 위에 10개의 점이 있다. 이 중에서 3개의 점을 꼭짓점으로 하는 삼각형의 개수를 구하시오.

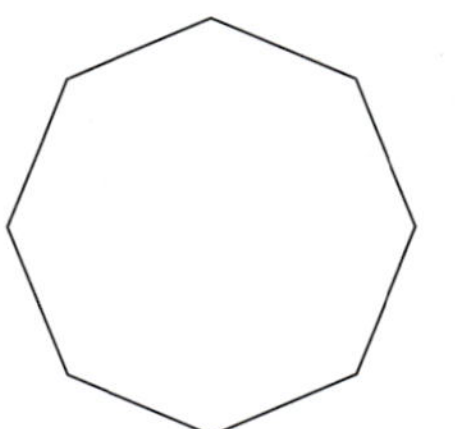

1700 최다빈출 왕 중요

NORMAL

오른쪽 그림과 같이 서로 평행한 두 직선 위에 10개의 점이 있다. 2개의 점을 이어서 만들 수 있는 서로 다른 직선의 개수를 m, 3개의 점을 꼭짓점으로 하는 삼각형의 개수를 n이라 할 때, $m+n$의 값은?

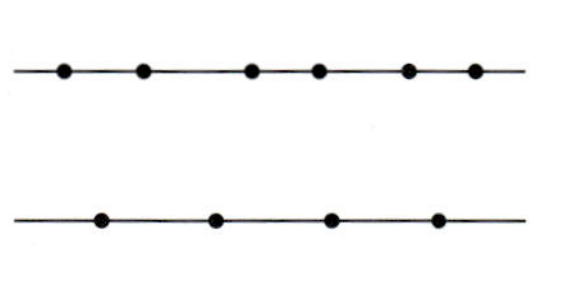

① 106 　　　② 110 　　　③ 114
④ 118 　　　⑤ 122

해설 내신연계문제

1701

NORMAL

서로 다른 n개의 점 중에서 어느 세 점도 한 직선 위에 있지 않을 때, 이 점 중에서 2개의 점을 이어서 만들 수 있는 서로 다른 직선의 개수는 55이다. 이때 이들 점을 꼭짓점으로 하는 삼각형의 개수는?

① 95 　　　② 102 　　　③ 130
④ 144 　　　⑤ 165

1702

오른쪽 그림과 같이 반원 위에 9개의 점이 있다. 다음과 같이 정의된 두 상수 p, q에 대하여 $p+q$의 값은?

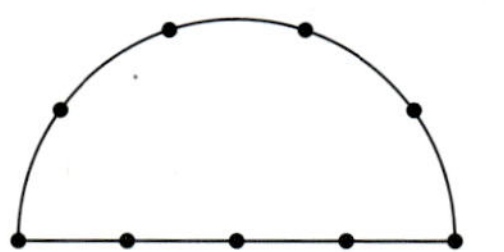

> (가) 두 점을 이어서 만들 수 있는 서로 다른 직선의 개수 p
> (나) 세 점을 꼭짓점으로 하는 삼각형의 개수 q

① 92   ② 101   ③ 108
④ 114   ⑤ 122

해설 내신연계문제

1703

오른쪽 그림과 같이 별 모양 위에 10개의 점이 있다. 이들 점을 연결하여 만들 수 있는 서로 다른 직선의 개수를 a, 삼각형의 개수를 b라 할 때, $a+b$의 값은?

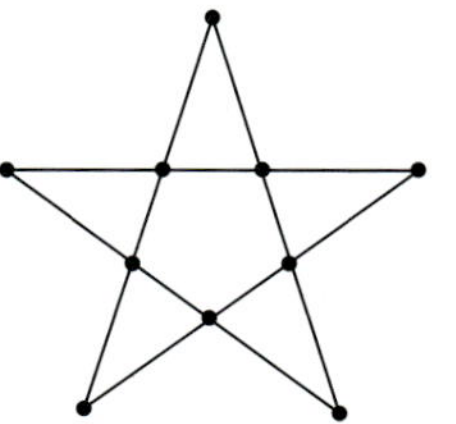

① 80   ② 120
③ 160   ④ 200
⑤ 240

1704

오른쪽 그림과 같이 원 모양의 내부에 같은 간격으로 배열된 13개의 점이 있다. 이러한 점 중에서 3개를 택하여 만들 수 있는 삼각형의 개수는?

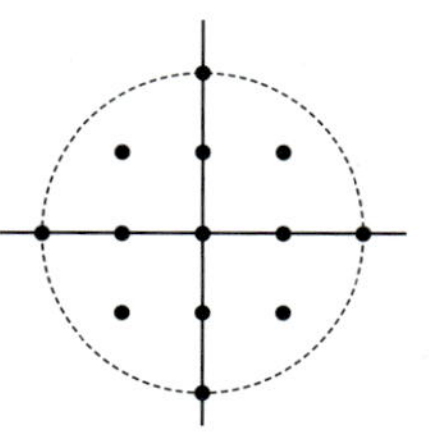

① 256   ② 258
③ 260   ④ 262
⑤ 264

1705

오른쪽 그림과 같이 원 위에 같은 간격으로 놓인 8개의 점이 있다. 이 중에서 3개의 점을 연결하여 만들 수 있는 삼각형 중에서 직각삼각형이 아닌 것의 개수는?

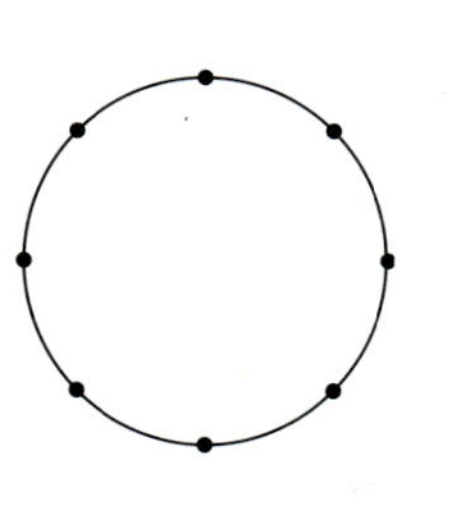

① 26   ② 28
③ 30   ④ 32
⑤ 34

1706

오른쪽 그림과 같이 원주를 10등분한 10개의 점이 있다. [보기]에서 옳은 것을 모두 고른 것은?

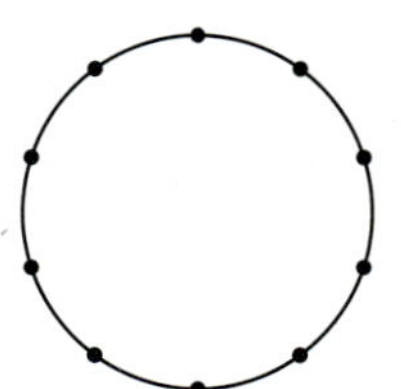

> ㄱ. 10개의 점 중에서 세 점을 택하여 만들 수 있는 삼각형의 개수는 총 120개이다.
> ㄴ. 10개의 점 중에서 세 점을 택하여 만들 수 있는 직각삼각형의 개수는 총 40개이다.
> ㄷ. 10개의 점 중에서 세 점을 택하여 만들 수 있는 이등변삼각형의 개수는 총 80개이다.

① ㄱ   ② ㄱ, ㄴ   ③ ㄱ, ㄷ
④ ㄴ, ㄷ   ⑤ ㄱ, ㄴ, ㄷ

해설 내신연계문제

1707

자연수 m, n에 대하여 3^m을 10으로 나눈 나머지를 a라 하고 9^n을 10으로 나눈 나머지를 b라 하자. 점 (a, b)를 좌표평면에 나타낼 때, 이들 점 중에서 임의로 뽑은 세 점을 꼭짓점으로 하는 서로 다른 삼각형의 개수를 구하시오. (단, 꼭짓점의 좌표가 다른 삼각형은 서로 다른 것으로 한다.)

1708   2020년 03월 고2 학력평가 15번

삼각형 ABC에서 꼭짓점 A와 선분 BC 위의 네 점을 연결하는 4개의 선분을 그리고, 선분 AB 위의 세 점과 선분 AC 위의 세 점을 연결하는 3개의 선분을 그려 그림과 같은 도형을 만들었다. 이 도형의 선들로 만들 수 있는 삼각형의 개수는?

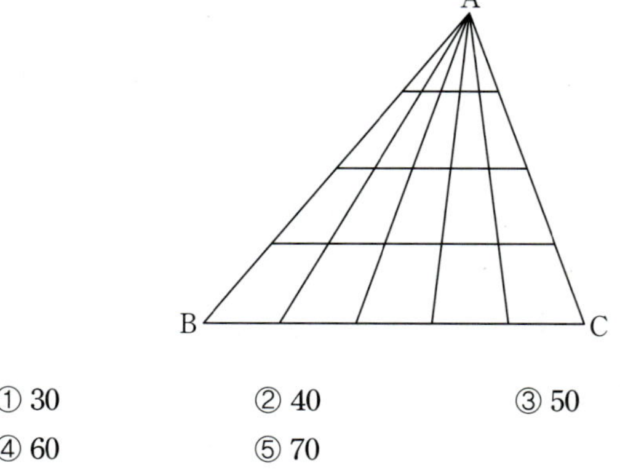

① 30   ② 40   ③ 50
④ 60   ⑤ 70

해설 내신연계문제

 **유형 14** 사각형의 개수

(1) **사각형의 개수**

한 직선 위에 있지 않은 서로 다른 n개의 점을 이어 만들 수 있는

사각형의 개수 ➡ $_n\mathrm{C}_4$

(2) **평행사변형의 개수**

m개의 평행한 직선과 n개의 평행한 직선이 서로 만날 때, 만들어

지는 평행사변형의 개수 ➡ $_n\mathrm{C}_2 \times _m\mathrm{C}_2$

① 한 직선 위의 세 개 이상의 점이 선택될 경우 사각형을 만들 수 없다.

② (정사각형이 아닌 직사각형의 개수)

＝(전체 직사각형의 개수)－(정사각형의 개수)

1709 학교기출 대표유형

오른쪽 그림과 같이 4개의 평행선과
6개의 평행선이 서로 만나고 있다.
이 직선들로 만들어지는 평행사변형
의 개수를 구하시오.

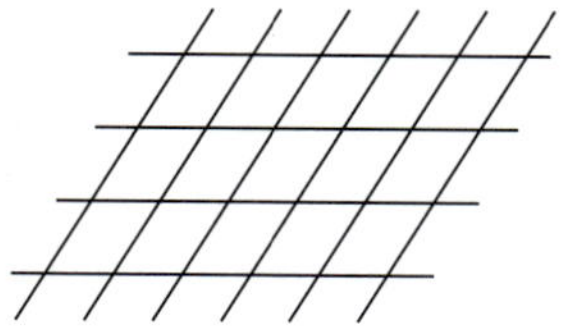

1710 NORMAL

오른쪽 그림과 같이 원 위에 8개의 점이
같은 간격으로 놓여 있다. 이 중에서 4개
의 점을 꼭짓점으로 하는 사각형의 개수
를 a, 직사각형의 개수를 b라 할 때,
$a+b$의 값은?

① 76　　　　② 78　　　　③ 80
④ 82　　　　⑤ 84

1711 NORMAL

평면 위에 n개의 평행선과 이것과 만나는 $(n-1)$개의 평행선이 있다.
이들 평행선으로 만들어지는 평행사변형의 개수가 150일 때, 자연수
n의 값은? (단, $n \geq 3$)

① 5　　　　② 6　　　　③ 7
④ 8　　　　⑤ 9

1712 최다빈출 왕 중요 NORMAL

서로 평행한 3개, 3개, 4개의 평행선
이 오른쪽 그림과 같이 만나고 있다.
이 평행선들을 이용하여 만들 수 있는
평행사변형의 개수는?

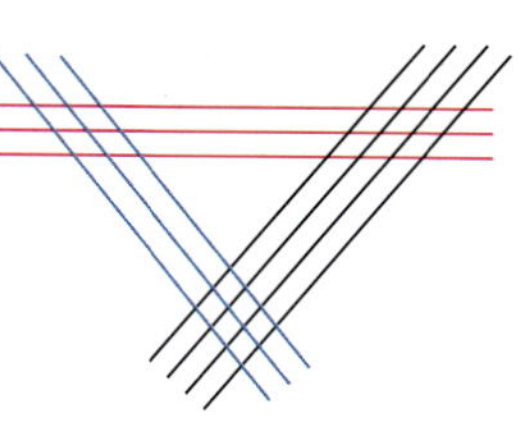

① 27　　　　② 32
③ 35　　　　④ 40
⑤ 45

해설 내신연계문제

1713 NORMAL

오른쪽 그림과 같이 한 변의 길이가 1인
정사각형 16개로 이루어진 도형이 있다.
이 도형의 선으로 만들어지는 사각형 중
정사각형이 아닌 직사각형의 개수는?

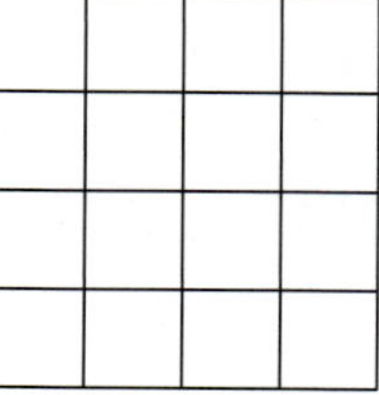

① 60　　　　② 70
③ 80　　　　④ 90
⑤ 100

1714 최다빈출 왕 중요 NORMAL

그림은 합동인 정사각형 11개를 이어 붙여 만든 도형을 나타낸 것
이다. 이 도형에서 찾을 수 있는 사각형 중에서 정사각형이 아닌
직사각형의 개수는?

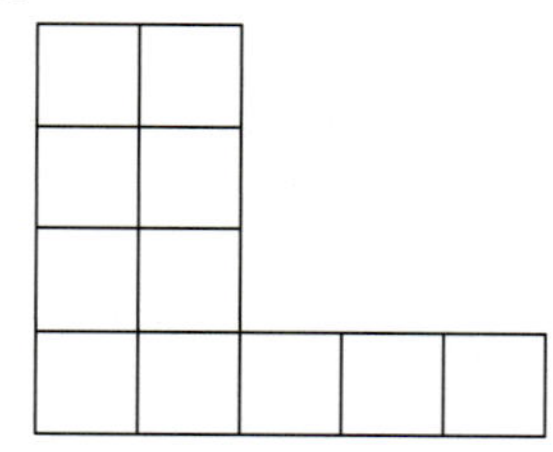

① 22　　　　② 24　　　　③ 26
④ 28　　　　⑤ 30

해설 내신연계문제

1715 최다빈출 왕 중요 TOUGH

그림은 합동인 정사각형 15개를 연결하여 만든 도형을 나타낸 것이다.
이 도형의 선들로 이루어질 수 있는 직사각형의 개수를 구하시오.

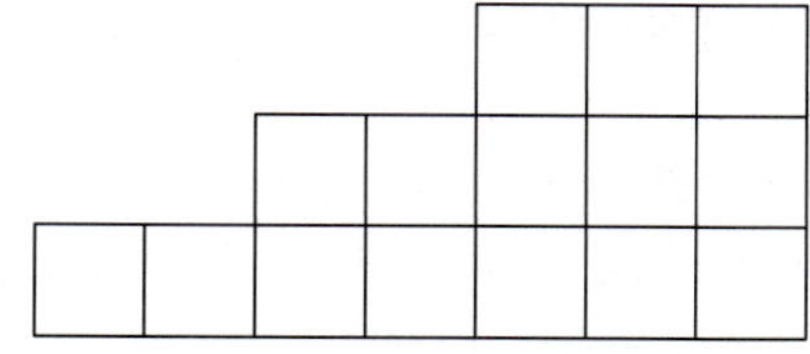

해설 내신연계문제

서술형 기출유형

학교내신기출 서술형 핵심문제총정리

1716

주머니에 서로 다른 빨간색 공 4개, 서로 다른 파란색 공 2개, 서로 다른 검은색 공 3개가 들어 있다. 이 주머니에서 2개의 공을 동시에 꺼낼 때, 서로 다른 색의 공을 꺼내는 방법의 수를 구하는 과정을 다음 단계로 서술하시오.

[1단계] 공 9개에서 2개를 꺼내는 방법의 수를 구한다. [3점]
[2단계] 같은 색의 공을 2개 꺼내는 방법의 수를 구한다. [4점]
[3단계] 서로 다른 색의 공을 꺼내는 방법의 수를 구한다. [3점]

1717 최다빈출 왕 중요

1부터 20까지의 자연수 중에서 서로 다른 세 수를 택할 때, 그 곱이 3의 배수가 되는 경우의 수를 구하는 과정을 다음 단계로 서술하시오.

[1단계] 서로 다른 세 수를 택하는 경우의 수를 구한다. [3점]
[2단계] 3의 배수가 아닌 세 개의 수를 택하는 경우의 수를 구한다. [4점]
[3단계] 택한 세 수의 곱이 3의 배수가 되는 경우의 수를 구한다. [3점]

해설 내신연계문제

1718

남녀 학생 14명으로 이루어져 있는 학생회에서 3명의 대표를 선출하려고 한다. 남학생이 적어도 1명 포함되도록 선출하는 방법의 수가 329일 때, 이 학생회의 남학생의 수를 구하는 과정을 다음 단계로 서술하시오.

[1단계] 학생회 14명에서 3명을 선출하는 전체 방법의 수를 구한다. [3점]
[2단계] 여학생의 수를 n이라 할 때, 남학생이 적어도 1명 포함되도록 선출하는 방법의 수가 329일 관계식을 세운다. [4점]
[3단계] 삼차방정식을 만족하는 자연수 n의 값을 구하고 남학생의 수를 구한다. [3점]

1719 최다빈출 왕 중요

씨름 대회에 참가한 6명의 씨름 선수 A, B, C, D, E, F가 오른쪽 그림과 같이 토너먼트 방식으로 시합을 할 때, 다음 단계로 구하는 과정을 서술하시오.

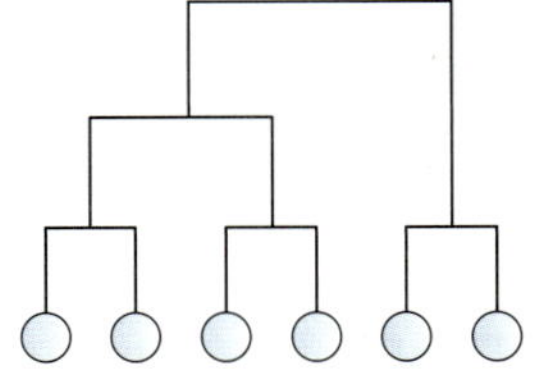

[1단계] 씨름 선수 6명의 대진표를 작성하는 경우의 수를 구한다. [3점]
[2단계] 씨름 선수 A가 한 번만 이기면 결승에 진출하도록 대진표를 작성하는 경우의 수를 구한다. [3점]
[3단계] 씨름 선수 A와 B가 결승전에서만 만날 수 있도록 대진표를 작성하는 경우의 수를 구한다. [4점]

해설 내신연계문제

1720 최다빈출 왕 중요

오른쪽 그림과 같이 반원 위에 9개의 점이 있다. 이 중 4개의 점을 꼭짓점으로 하는 사각형의 개수를 구하는 과정을 다음 단계로 서술하시오.

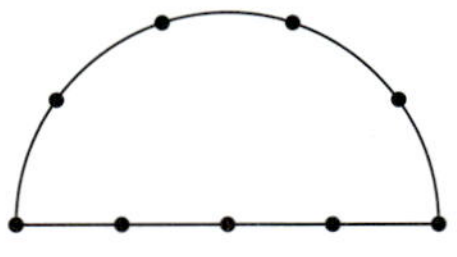

[1단계] 9개의 점 중에서 4개를 택하는 경우의 수를 구한다. [3점]
[2단계] [1단계]에서 구한 경우의 수 중 사각형이 아닌 경우의 수를 구한다. [4점]
[3단계] 사각형의 개수를 구한다. [3점]

해설 내신연계문제

1721

오른쪽 그림과 같이 한 변의 길이가 1인 정사각형 15개로 이루어진 도형이 있다. 이 도형의 선으로 만들 수 있는 정사각형이 아닌 직사각형의 개수를 구하는 과정을 다음 단계로 서술하시오.

[1단계] 직사각형의 개수를 구한다. [4점]
[2단계] 정사각형의 개수를 구한다. [4점]
[3단계] 정사각형이 아닌 직사각형의 개수를 구한다. [2점]

1722

그림과 같이 같은 간격으로 배열된 12개의 점이 있다.

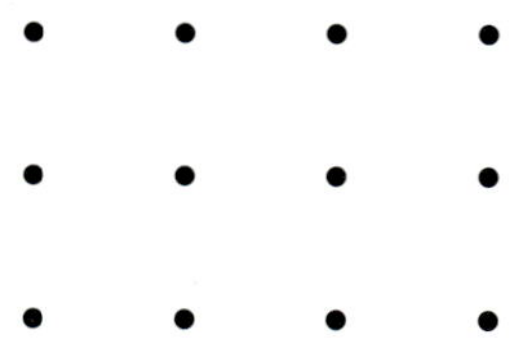

$$\begin{matrix} \bullet & \bullet & \bullet & \bullet \\ & \bullet & \bullet & \bullet \\ & \bullet & \bullet & \bullet \end{matrix}$$

이 점들을 이어서 만들 수 있는 도형의 개수를 구하는 과정을 다음 단계로 서술하시오.

- **1단계** 12개의 점 중 두 점 이상을 지나는 직선의 개수를 구한다. [2점]
- **2단계** 12개의 점 중 세 점을 꼭짓점으로 하는 삼각형의 개수를 구한다. [4점]
- **3단계** 12개의 점 중 네 점을 꼭짓점으로 하는 직사각형의 개수를 구한다. [4점]

1723 최다빈출 왕 중요

K−POP을 홍보하기 위해 홍보요원을 모집하였더니 남자 5명, 여자 5명이 지원하였다. 이들 지원자 중에서 4명을 선발하려고 할 때, 다음 단계에서 주어진 각각의 경우의 수 a, b, c에 대하여 $a+b+c$의 값을 구하는 과정을 다음 단계로 서술하시오.

- **1단계** 남자 2명, 여자 2명을 선발하는 경우의 수 a를 구한다. [3점]
- **2단계** 적어도 여자 1명을 선발하는 경우의 수 b를 구한다. [3점]
- **3단계** 특정한 2명을 반드시 선발하는 경우의 수 c를 구한다. [3점]
- **4단계** $a+b+c$의 값을 구한다. [1점]

해설 내신연계문제

1724

1부터 10까지의 자연수가 각각 하나씩 적혀 있는 10장의 카드가 있다. 이 중에서 6장의 카드를 동시에 선택할 때, 선택한 카드에 적혀 있는 수의 합이 홀수인 경우의 수를 구하는 과정을 다음 단계로 서술하시오.

- **1단계** 선택한 카드에 적혀 있는 수의 합이 홀수가 되는 조건을 구한다. [3점]
- **2단계** 선택되지 않은 카드 4장에 적혀 있는 수가 모두 짝수 또는 홀수인 경우의 수를 구한다. [3점]
- **3단계** 선택되지 않은 카드 4장에 적혀 있는 수 중 짝수가 2개, 홀수가 2개인 경우의 수를 구한다. [3점]
- **4단계** 카드에 적혀 있는 수의 합이 홀수인 경우의 수를 구한다. [1점]

1725 최다빈출 왕 중요

1부터 9까지의 서로 다른 네 자연수 a, b, c, d에 대하여 네 자리의 자연수 $a \times 10^3 + b \times 10^2 + c \times 10 + d$ 중에서 $(a-b)(c-d) > 0$을 만족시키는 자연수의 개수를 구하는 과정을 다음 단계로 서술하시오.

- **1단계** a와 b, c와 d의 대소 관계를 구한다. [3점]
- **2단계** $a > b$, $c > d$인 자연수의 개수를 구한다. [3점]
- **3단계** $a < b$, $c < d$인 자연수의 개수를 구한다. [3점]
- **4단계** $(a-b)(c-d) > 0$을 만족시키는 자연수의 개수를 구한다. [1점]

해설 내신연계문제

행복한 일등급문제
학교내신기출 고난도 핵심문제총정리

1726

다음 [보기]에서 옳은 것의 개수를 구하시오.

> ㄱ. $_n\mathrm{C}_r = \dfrac{n!}{r!(n-r)!}$ (단, $0 \le r \le n$)
>
> ㄴ. $_n\mathrm{P}_r = {}_n\mathrm{C}_r \times r$ (단, $0 \le r \le n$)
>
> ㄷ. $_n\mathrm{P}_n = {}_n\mathrm{C}_n$
>
> ㄹ. $_n\mathrm{P}_0 = {}_n\mathrm{C}_0 = 0!$
>
> ㅁ. $_{n+1}\mathrm{C}_{r+1} = {}_{n+1}\mathrm{C}_{n-r}$ (단, $0 \le r \le n$)
>
> ㅂ. $n \times {}_{n-1}\mathrm{P}_{r-1} = {}_n\mathrm{P}_r$ (단, $1 \le r \le n$)
>
> ㅅ. $_n\mathrm{C}_r + {}_n\mathrm{C}_{r+1} = {}_{n+1}\mathrm{C}_{r+1}$ (단, $0 \le r \le n$)
>
> ㅇ. $r \times {}_n\mathrm{C}_r = n \times {}_{n-1}\mathrm{C}_{r-1}$ (단, $1 \le r \le n$)

1727 최다빈출 ❸ 중요

준기는 방학을 이용하여 국내 여행을 가기로 하고, 가고 싶은 도시를 도별로 다음 표와 같이 적어 보았다. 준기가 두 개의 도를 여행하는데 첫 번째 방문하는 도에서는 3개 도시를 여행하고, 두 번째 방문하는 도에서는 2개 도시를 여행하기로 하였다. 준기가 계획할 수 있는 여행의 경우의 수를 구하시오. (단, 방문 도시의 순서는 고려하지 않는다.)

도	가고 싶은 도시
강원도	춘천, 원주, 속초, 강릉
충청남도	천안, 공주, 보령, 서산
전라북도	전주, 군산, 남원
경상남도	밀양, 진해, 통영

해설 내신연계문제

1728
2011학년도 06월 고3 모의평가 나형 17번

좌표평면 위에 9개의 점 $(i,\ j)$ $(i = 0,\ 4,\ 8,\ j = 0,\ 4,\ 8)$이 있다. 이 9개의 점 중 네 점을 꼭짓점으로 하는 사각형 중에서 내부에 세 점 $(1,\ 1)$, $(3,\ 1)$, $(1,\ 3)$을 꼭짓점으로 하는 삼각형을 포함하는 사각형의 개수는?

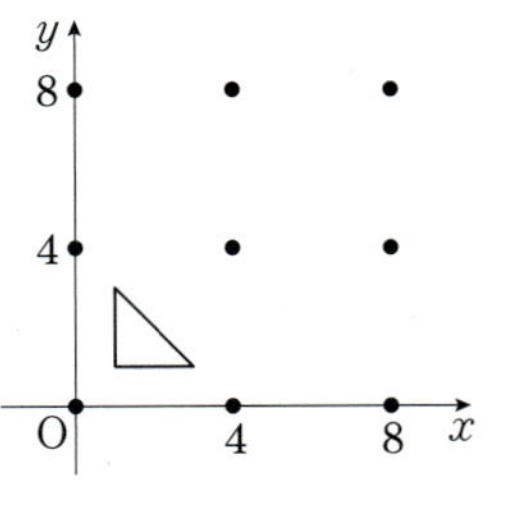

① 13 ② 15 ③ 17
④ 19 ⑤ 21

해설 내신연계문제

1729
2022년 03월 고2 학력평가 28번

그림과 같이 한 개의 정삼각형과 세 개의 정사각형으로 이루어진 도형이 있다.

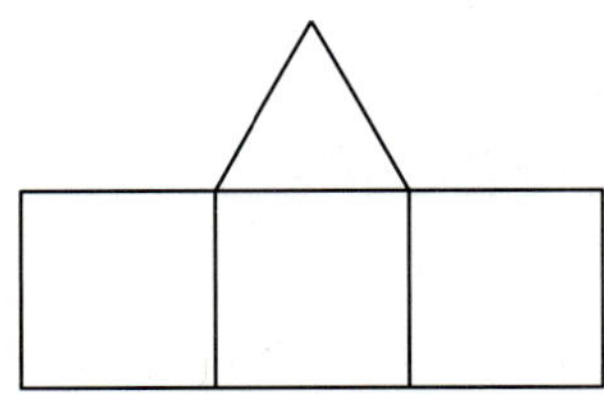

숫자 1, 2, 3, 4, 5, 6 중에서 중복을 허락하여 네 개를 택해 네 개의 정다각형 내부에 하나씩 적을 때, 다음 조건을 만족시키는 경우의 수를 구하시오.

> (가) 세 개의 정사각형에 적혀 있는 수는 모두 정삼각형에 적혀 있는 수보다 작다.
> (나) 변을 공유하는 두 정사각형에 적혀 있는 수는 서로 다르다.

해설 내신연계문제

1730
2021년 03월 고2 학력평가 21번

그림과 같이 좌석 번호가 적힌 10개의 의자가 배열되어 있다.

두 학생 A, B를 포함한 5명의 학생이 다음 규칙에 따라 10개의 의자 중에서 서로 다른 5개의 의자에 앉는 경우의 수는?

(가) A의 좌석 번호는 24 이상이고, B의 좌석 번호는 14 이하이다.
(나) 5명의 학생 중에서 어느 두 학생도 좌석 번호의 차가 1이 되도록 앉지 않는다.
(다) 5명의 학생 중에서 어느 두 학생도 좌석 번호의 차가 10이 되도록 앉지 않는다.

① 54 　　　　② 60 　　　　③ 66
④ 72 　　　　⑤ 78

해설 내신연계문제

1732
2019년 03월 고2 학력평가 가형 14번

그림과 같이 9개의 칸으로 나누어진 정사각형의 각 칸에 1부터 9까지의 자연수가 적혀 있다.

1	2	3
4	5	6
7	8	9

이 9개의 숫자 중 다음 조건을 만족시키도록 2개의 숫자를 선택하려고 한다.

(가) 선택한 2개의 숫자는 서로 다른 가로줄에 있다.
(나) 선택한 2개의 숫자는 서로 다른 세로줄에 있다.

예를 들어, 숫자 1과 5를 선택하는 것은 조건을 만족시키지만, 숫자 3과 9를 선택하는 것은 조건을 만족시키지 않는다.
조건을 만족시키도록 2개의 숫자를 선택하는 경우의 수는?

① 9 　　　　② 12 　　　　③ 15
④ 18 　　　　⑤ 21

해설 내신연계문제

1731
2020년 03월 고2 학력평가 29번

서로 다른 종류의 꽃 4송이와 같은 종류의 초콜릿 2개를 5명의 학생에게 남김없이 나누어 주려고 한다. 아무것도 받지 못하는 학생이 없도록 꽃과 초콜릿을 나누어 주는 경우의 수를 구하시오.

해설 내신연계문제

1733
2010년 10월 고3 학력평가 나형 25번

반지름의 길이와 색이 모두 다른 나무 원판 5개가 있다. 5개의 원판의 중심이 일치하도록 원판을 쌓으려고 한다. 그림은 위에서 내려다봤을 때 원판 2개가 보이도록 원판 5개를 쌓은 한 가지 예이다.
이와 같이 위에서 내려다봤을 때 원판 2개가 보이도록 원판 5개를 쌓는 방법의 수를 구하시오.

해설 내신연계문제

슈링크플레이션(SHRINKFLATION)

슈링크플레이션(Shrinkflation)이란 '줄어들다(Shrink)'와 '인플레이션(Inflation)'을 합친 말로 제품의 가격은 그대로 유지하면서 크기나 양을 줄이는 현상을 말한다. 이는 제조업체가 원자재 비용, 인건비, 운송비 등 비용 상승 압박을 직접적인 가격 인상 없이 소비자에게 전가하는 방법 중 하나이다.

예를 들어, 식품 분야에서는 초콜릿 바, 과자, 시리얼 등의 포장 크기나 개수가 줄어든다. 예전에는 200g이었던 과자가 같은 가격에 180g으로 줄어들 수 있다. 음료수 병의 용량이 줄어들거나 캔 음료의 크기가 작아지는 경우도 있다. 생활용품인 화장지나 세제 등의 용량이나 매수가 줄어들기도 한다. 제조업체는 종종 이러한 변화를 소비자가 쉽게 알아차리지 못하도록 광고나 포장 디자인을 변경하기도 한다.

슈링크플레이션은 소비자 입장에서 제품의 가격이 오르지 않았기 때문에 처음에는 눈에 띄지 않을 수 있지만, 실제로는 같은 돈으로 더 적은 양의 제품을 구매하게 되어 실질적인 가격 인상 효과를 가져온다. 이러한 현상은 특히 경제 불안정 시기나 원자재 가격 변동이 심한 시기에 더 두드러지게 나타난다.

© Photo by Getty Images on Unsplash

IV

행렬

01 행렬과 그 연산

01 행렬과 그 연산

학교내신기출 객관식 핵심문제총정리

유형 01 행렬의 뜻

(1) 행렬(行列, Matrix)과 성분의 뜻
① 행렬 : 몇 개의 수 또는 문자를 직사각형 모양으로 배열하고 괄호로 묶어 놓은 것
② 성분 : 행렬을 구성하고 있는 각각의 수 또는 문자

(2) 행렬의 행(Row)과 열(Column)
① 행 : 행렬에서 성분을 가로로 배열한 줄
② 열 : 행렬에서 성분을 세로로 배열한 줄

(3) 행렬의 모양 (꼴)
① $m \times n$ 행렬 : m 개의 행과 n 개의 열로 이루어진 행렬
② n 차 정사각행렬 : 행의 개수와 열의 개수가 모두 n 개로 구성된 $n \times n$ 행렬
③ (i, j) 성분 : 행렬에서 제 i 행과 제 j 열이 만나는 위치에 있는 성분

1734 학교기출 대표유형

행렬 $A = \begin{pmatrix} 1 & 0 & 4 \\ 3 & 2 & -1 \\ -4 & -2 & 3 \end{pmatrix}$ 에 대하여 다음 조건을 만족하는 상수 α, β 에 대하여 $\alpha\beta$ 의 값을 구하시오.

> (가) $(1, 3)$ 성분과 $(2, 2)$ 성분의 합은 α 이다.
> (나) 행렬 A 의 (i, j) 성분 a_{ij} 에 대하여 $i+j=3$ 을 만족하는 모든 성분의 합은 β 이다.

1735 최다빈출 왕중요 BASIC

행렬 $A = \begin{pmatrix} 2 & 1 & 3 \\ 4 & 5 & -1 \\ -4 & -2 & -3 \end{pmatrix}$ 에 대하여 다음 중 옳지 않은 것은?

(단, a_{ij} 는 행렬 A 의 (i, j) 성분이다.)

① 행렬 A 는 3×3 행렬이다.
② $a_{12} + a_{33} = -2$
③ 제2열의 성분은 1, 5, -2 이다.
④ 제2행의 모든 성분의 합은 8이다.
⑤ 성분 a_{ij} 에서 $i > j$ 인 성분의 합은 2이다.

해설 내신연계문제

1736 BASIC

행렬 $A = \begin{pmatrix} 2x-y & x-y \\ x+2y & x+y \end{pmatrix}$ 의 (i, j) 성분이 a_{ij} 일 때, $a_{11} + a_{22} = 6$, $a_{12} - a_{21} = 9$ 이다. a_{21} 의 값은?

① -6 ② -4 ③ -2
④ 4 ⑤ 6

1737 BASIC

아래는 어느 신용카드회사에서 고객 A, B, C, D, E의 소비패턴 중 식료품, 의류비, 가전제품의 신용카드 한 달간 구매거래내역을 행렬로 나타낸 것이다. (단, 단위는 만 원이다.)

$$\begin{array}{c} \\ \text{식료품} \\ \text{의류비} \\ \text{가전제품} \end{array} \begin{array}{cccccc} \text{A} & \text{B} & \text{C} & \text{D} & \text{E} \\ \begin{pmatrix} 30 & 45 & 50 & 35 & 40 \\ 20 & 20 & 42 & 36 & 27 \\ 70 & 54 & 35 & 48 & 60 \end{pmatrix} \end{array}$$

구매거래내역에서 금액이 36(만 원)일 때의 소비패턴과 고객의 성분은?

① 식료품, 고객 A   ② 의류비, 고객 B
③ 의류비, 고객 D   ④ 가전제품, 고객 C
⑤ 가전제품, 고객 D

1738 NORMAL

아래 표는 어느 전자 제품 대리점에서 6월, 7월, 8월에 판매된 TV와 냉장고, 세탁기 판매 대수를 조사하여 다음 표와 같다.

	6월	7월	8월
TV	35	40	25
냉장고	30	36	27
세탁기	50	45	63

이를 행렬로 나타내면 $A = \begin{pmatrix} 35 & 40 & 25 \\ a & 36 & b \\ c & d & e \end{pmatrix}$ 일 때, e 의 의미는?

① TV의 8월 판매 대수
② 냉장고의 6월 판매 대수
③ 냉장고의 7월 판매 대수
④ 세탁기의 7월 판매 대수
⑤ 세탁기의 8월 판매 대수

(i, j) 성분이 주어질 때 행렬 구하기

➡ $m \times n$행렬 A의 (i, j) 성분 a_{ij}가 식으로 주어지면
$$i = 1, 2, \cdots, m, \ j = 1, 2, \cdots, n$$
을 각각 대입하여 $a_{11}, a_{12}, \cdots, a_{mn}$ 을 구한다.

① 행렬 A의 (i, j) 성분 a_{ij}가 i, j에 대한 식으로 주어진 경우
➡ i, j에 1, 2, 3⋯ 을 차례로 대입하여 각 성분 a_{ij}의 값을 구한다.

② 행렬 A의 (i, j) 성분 a_{ij}가 그림으로 주어진 경우
➡ 문제에 주어진 성분의 정의를 이용하여 행렬의 각 성분 a_{ij}의 값을 구한다.

1739 학교기출 대표 유형

2×3행렬 A의 (i, j) 성분 a_{ij}를 $a_{ij} = ij - (i+j)$로 정의할 때, 행렬 A의 모든 성분의 합은?

① -5　　　② -4　　　③ -3
④ -2　　　⑤ -1

1740 BASIC

행렬 A의 (i, j) 성분 a_{ij}를 $a_{ij} = \begin{cases} i & (i \leq j) \\ -i+j & (i > j) \end{cases}$로 정의할 때,

행렬 $A = (a_{ij})$ $(i = 1, 2, 3, \ j = 1, 2)$의 2열의 모든 성분의 합은?

① 1　　　② 2　　　③ 3
④ 4　　　⑤ 5

1741 최다빈출 양 중요 NORMAL

이차정사각행렬 A의 (i, j) 성분 a_{ij}를 $a_{ij} = (-2)^i + kj$로 정의할 때, 행렬 A의 모든 성분의 합은 34이다. 실수 k의 값은?

① 3　　　② 4　　　③ 5
④ 6　　　⑤ 7

해설 내신연계문제

1742 NORMAL

3×2행렬 A의 (i, j) 성분 a_{ij}를 $a_{ij} = \begin{cases} ij & (i > j) \\ k & (i = j) \\ -a_{ji} & (i < j) \end{cases}$로 정의할 때,

행렬 A의 모든 성분의 합은 29이다. 상수 k의 값은?

① 6　　　② 7　　　③ 8
④ 9　　　⑤ 10

1743 NORMAL

이차정사각행렬 A의 (i, j) 성분 a_{ij}를 다음과 같이 정의한다.

$$a_{ij} = (2^i \times 3^j \text{을 5로 나눈 나머지})$$

이때 행렬 A의 모든 성분의 합은?

① 5　　　② 7　　　③ 9
④ 11　　　⑤ 13

1744 NORMAL

이차정사각행렬 A의 (i, j) 성분 a_{ij}를 다음과 같이 정의한다.

$$a_{ij} = (2i + 3j \text{의 약수의 개수})$$

이때 행렬 A의 모든 성분의 합은?

① 8　　　② 9　　　③ 10
④ 11　　　⑤ 12

1745 최다빈출 왕 중요

행렬 A의 (i, j) 성분 a_{ij}를
$$a_{ij}=(\text{다항식 } x^2-ix+j \text{를 } x-j \text{로 나눈 나머지})$$
로 정의할 때, 행렬 A의 모든 성분의 합은? (단, $i=1, 2, j=1, 2$)

① 1
② 3
③ 5
④ 7
⑤ 9

해설 내신연계문제

1746

이차정사각행렬 A의 (i, j) 성분 a_{ij}를 다음과 같이 정의한다.

$$a_{ij}=(\text{직선 } y=ix+j \text{와 } x\text{축, } y\text{축으로 둘러싸인 삼각형의 넓이})$$

이때 행렬 A의 모든 성분의 합은?

① 3
② $\dfrac{13}{4}$
③ $\dfrac{7}{2}$
④ $\dfrac{15}{4}$
⑤ 4

1747 최다빈출 왕 중요

그림은 세 지점  사이의 일방통행로를 나타낸 것이다.

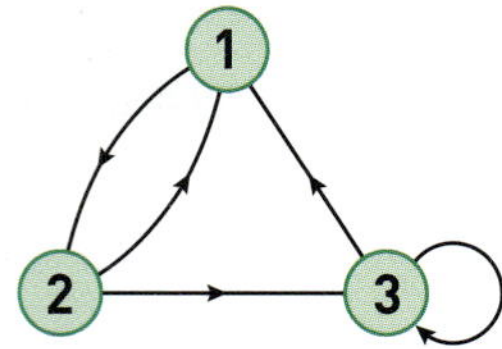

행렬 A의 (i, j) 성분 a_{ij}를
$$a_{ij}=\begin{cases} 1 & (i\text{에서 } j\text{로 직접 가는 길이 있을 때}) \\ 0 & (i\text{에서 } j\text{로 직접 가는 길이 없을 때}) \end{cases}$$
로 정의할 때, 행렬 $A=(a_{ij})$ $(i=1, 2, 3, j=1, 2, 3)$의 2행과 3행의 모든 성분의 합은?

① 3
② 4
③ 5
④ 6
⑤ 7

해설 내신연계문제

---

(1) **같은 꼴인 행렬**
　두 행렬 A, B의 행의 개수와 열의 개수가 각각 같을 때,
　두 행렬 A와 B는 같은 꼴인 행렬이라 한다.
(2) **두 행렬이 서로 같을 조건**
　같은 꼴인 두 행렬 A, B의 대응하는 성분이 각각 같을 때,
　두 행렬 A와 B는 서로 같다고 하며, 이것을 기호로 $A=B$로
　나타낸다.

$$A=\begin{pmatrix} a_{11} & a_{12} \\ a_{21} & a_{22} \end{pmatrix}, B=\begin{pmatrix} b_{11} & b_{12} \\ b_{21} & b_{22} \end{pmatrix}\text{일 때}, A=B \Longleftrightarrow \begin{cases} a_{11}=b_{11}, a_{12}=b_{12} \\ a_{21}=b_{21}, a_{22}=b_{22} \end{cases}$$

1748 학교기출 대표 유형

두 행렬 $A=\begin{pmatrix} a-1 & 2 \\ 3 & b+2 \end{pmatrix}$, $B=\begin{pmatrix} 3 & 2c \\ d+1 & 2 \end{pmatrix}$에 대하여 $A=B$일 때, $a+b+c+d$의 값을 구하시오. (단, a, b, c, d는 상수이다.)

1749 NORMAL

행렬 $A=\begin{pmatrix} p & q \\ r+s & r-s \end{pmatrix}$와 (i, j) 성분 b_{ij}가
$b_{ij}=i+2j(i=1, 2, j=1, 2)$인 행렬 B에 대하여 $A=B$일 때, $pq+rs$의 값은? (단, p, q, r, s는 상수이다.)

① 2
② 4
③ 6
④ 8
⑤ 10

1750 NORMAL

두 행렬 $A=\begin{pmatrix} 3x^2 & 3x \\ x^2-x & 2x+6 \end{pmatrix}$, $B=\begin{pmatrix} 9x & x^2 \\ x+3 & x^2+x \end{pmatrix}$에 대하여 $A=B$가 성립하도록 하는 실수 x의 값은?

① 1
② 2
③ 3
④ 4
⑤ 5

1751 최다빈출 왕 중요 NORMAL

두 행렬 $A=\begin{pmatrix} 3 & x \\ xy & y \end{pmatrix}$, $B=\begin{pmatrix} 3 & 5-y \\ xy & \dfrac{5}{x} \end{pmatrix}$에 대하여 $A=B$가 성립할

때, $\dfrac{y^2}{x}+\dfrac{x^2}{y}$의 값은? (단, $x,\ y$는 실수이다.)

① 6   ② 7   ③ 8
④ 9   ⑤ 10

해설 내신연계문제

1752 TOUGH

행렬 $X=\begin{pmatrix} x & y \\ z & w \end{pmatrix}$에 대하여 $X^t=\begin{pmatrix} w & y \\ z & x \end{pmatrix}$라 하자. 두 행렬

$A=\begin{pmatrix} 3 & 2 \\ 2xy+1 & 2x+3y \end{pmatrix}$, $B=\begin{pmatrix} x+2y+3 & 2 \\ xy+3 & 3 \end{pmatrix}$에 대하여 $A^t=B$가

성립할 때, x^3+y^3의 값을 구하시오. (단, $x,\ y$는 실수이다.)

1753 최다빈출 왕 중요 TOUGH

두 행렬 $A=\begin{pmatrix} a+b+c & a^2+b^2+c^2 \\ a^3+b^3+c^3 & abc \end{pmatrix}$, $B=\begin{pmatrix} 5 & 29 \\ 83 & x \end{pmatrix}$에 대하여

$A=B$가 성립할 때, x의 값은? (단, $a,\ b,\ c$는 상수이다.)

① -26 ② -24 ③ -22
④ -20 ⑤ -18

해설 내신연계문제

---

(1) **행렬의 덧셈, 뺄셈**

두 행렬 $A,\ B$가 같은 꼴인 행렬일 때, 두 행렬 $A,\ B$의 덧셈과 뺄셈은 각각 다음과 같이 정의 한다.

$$A=\begin{pmatrix} a_{11} & a_{12} \\ a_{21} & a_{22} \end{pmatrix},\ B=\begin{pmatrix} b_{11} & b_{12} \\ b_{21} & b_{22} \end{pmatrix}$$일 때, $A\pm B=\begin{pmatrix} a_{11}\pm b_{11} & a_{12}\pm b_{12} \\ a_{21}\pm b_{21} & a_{22}\pm b_{22} \end{pmatrix}$

(2) **영행렬**

모든 성분이 0인 행렬을 **영행렬**이라 하고, 기호로 O로 나타낸다.

또, 행렬 A의 모든 성분의 부호를 바꾸어 놓은 것을 성분으로 하는 행렬을 $-A$로 나타낸다.

(3) **행렬의 실수배**

행렬 A의 각 성분에 k를 곱한 것을 각 성분으로 하는 행렬을 행렬 A의 k배라 하고, 기호로 kA와 같이 나타낸다.

행렬 $A=\begin{pmatrix} a_{11} & a_{12} \\ a_{21} & a_{22} \end{pmatrix}$일 때, $kA=\begin{pmatrix} ka_{11} & ka_{12} \\ ka_{21} & ka_{22} \end{pmatrix}$

(4) **행렬의 덧셈, 실수배에 대한 성질**

① 교환법칙 : $A+B=B+A$
② 결합법칙 : $(A+B)+C=A+(B+C)$, $(kl)A=k(lA)=l(kA)$
③ 분배법칙 : $(k+l)A=kA+lA$, $k(A+B)=kA+kB$

1754 학교기출 대표 유형

두 행렬 $A=\begin{pmatrix} 1 & 2 \\ 2 & 0 \end{pmatrix}$, $B=\begin{pmatrix} 2 & -1 \\ 1 & -1 \end{pmatrix}$에 대하여 행렬 $A+2B$의 모든

성분의 합을 구하시오.

1755 최다빈출 왕 중요 BASIC

두 행렬 $A,\ B$에 대하여 $A-2B=\begin{pmatrix} -7 & 0 \\ 6 & 2 \end{pmatrix}$, $B=\begin{pmatrix} 2 & -1 \\ -3 & 1 \end{pmatrix}$일 때,

행렬 A의 모든 성분의 합은?

① -1 ② -2 ③ -3
④ -4 ⑤ -5

해설 내신연계문제

1756 최다빈출 왕 중요

두 행렬 $A=\begin{pmatrix} -1 & 2 \\ 3 & 1 \end{pmatrix}$, $B=\begin{pmatrix} 1 & 2 \\ 2 & -3 \end{pmatrix}$에 대하여

$3X+A-2B=2(B+X)$를 만족시키는 행렬 X의 모든 성분의 합은?

① 2   ② 3   ③ 4
④ 5   ⑤ 6

해설 내신연계문제

1757 NORMAL

이차정사각행렬 A의 모든 성분의 합이 12일 때, $3(X+A)=4A$를 만족시키는 행렬 X의 모든 성분의 합은?

① 2   ② 3   ③ 4
④ 5   ⑤ 6

1758 TOUGH

이차정사각행렬 A의 (i, j) 성분 a_{ij}를

$a_{ij}=i^2+j^2$ $(i=1, 2,\ j=1, 2)$로 정의할 때, $2(X+A)=A$를 만족시키는 행렬 X의 $(1, 1)$ 성분과 $(2, 2)$ 성분의 합은?

① -5 ② -4 ③ 0
④ 4   ⑤ 5

모의고사 핵심유형 기출문제

1759 2016학년도 고3 수능기출 B형 1번   BASIC

두 행렬 $A=\begin{pmatrix} a & 3 \\ 0 & 1 \end{pmatrix}$, $B=\begin{pmatrix} 4 & 1 \\ -1 & 0 \end{pmatrix}$에 대하여 행렬 $A+B$의 모든 성분의 합이 9일 때, 상수 a의 값은?

① 1   ② 2   ③ 3
④ 4   ⑤ 5

해설 내신연계문제

이차정사각행렬 A, B, C에 대하여 $xA+yB=C$를 만족하는 실수 x, y를 다음 순서로 구한다.

[순서 1] 행렬의 덧셈, 뺄셈, 실수배를 이용하여 식을 정리한다.
[순서 2] 행렬이 서로 같을 조건을 이용하여 실수 x, y의 값을 구한다.

고등학교 과정에서는 특별한 언급이 없으면 행렬의 성분을 실수로 생각한다.

1760 학교기출 대표 유형

네 실수 x, y, z, w에 대하여 $x\begin{pmatrix} 1 & 1 \\ 2 & 2 \end{pmatrix}+y\begin{pmatrix} 1 & 2 \\ 2 & 1 \end{pmatrix}=\begin{pmatrix} 3 & 4 \\ z & w \end{pmatrix}$가 성립할 때, $x+y+z+w$의 값을 구하시오.

1761 NORMAL

세 행렬 $A=\begin{pmatrix} 1 & 3 \\ 0 & 4 \end{pmatrix}$, $B=\begin{pmatrix} 3 & 4 \\ 2 & -1 \end{pmatrix}$, $X=\begin{pmatrix} 2 & 1 \\ 2 & -5 \end{pmatrix}$에 대하여

$xA+yB=X$가 성립할 때, 실수 x, y에 대하여 $x+y$의 값은?

① -3 ② -1 ③ 0
④ 1   ⑤ 3

1762 최다빈출 왕 중요   TOUGH

세 행렬 $A=\begin{pmatrix} 1 & 2 \\ 3 & 4 \end{pmatrix}$, $B=\begin{pmatrix} -1 & 3 \\ 2 & 5 \end{pmatrix}$, $C=\begin{pmatrix} 3 & a \\ b & 3 \end{pmatrix}$에 대하여

$xA+yB=C$가 성립할 때, 실수 x, y에 대하여 $x+y+a+b$의 값은? (단, a, b는 상수이다.)

① 4   ② 5   ③ 6
④ 7   ⑤ 8

해설 내신연계문제

유형 06 행렬의 연립

행렬 A, B에 대한 두 등식이 주어진 경우
➡ A, B에 관한 일차연립방정식으로 생각하고
가감법, 대입법을 이용하여 행렬 A 또는 B를 소거한다.

1763 학교기출 대표 유형

두 행렬 $A=\begin{pmatrix} -1 & -3 \\ 2 & -2 \end{pmatrix}$, $B=\begin{pmatrix} 4 & 3 \\ 4 & -1 \end{pmatrix}$에 대하여
$X-Y=A$, $2X+Y=B$를 만족하는 두 행렬 X, Y가 있다.
행렬 $X+2Y$의 $(1, 2)$ 성분과 $(2, 1)$ 성분의 차는?

① 2   ② 3   ③ 4
④ 5   ⑤ 6

1764 최다빈출 왕 중요

NORMAL

두 이차정사각행렬 A, B가 $A-4B=\begin{pmatrix} -1 & 3 \\ 2 & 0 \end{pmatrix}$, $3A-2B=\begin{pmatrix} 3 & 1 \\ 0 & 4 \end{pmatrix}$를
만족시킬 때, 행렬 $A+B$의 모든 성분의 합을 구하시오.

해설 내신연계문제

모의고사 **핵심유형** 기출문제

1765   2006년 04월 고3 학력평가 가형 19번

NORMAL

두 이차정사각행렬 A, B가 $A-B=\begin{pmatrix} 0 & -3 \\ 12 & 2 \end{pmatrix}$, $2A+B=\begin{pmatrix} 6 & 3 \\ 9 & 7 \end{pmatrix}$을
만족시킬 때, 행렬 A의 $(2, 1)$ 성분과 행렬 B의 $(2, 2)$ 성분의
합을 구하시오.

해설 내신연계문제

1766   2004년 04월 고3 학력평가 나형 25번

TOUGH

이차정사각행렬 A, B가 $A-3B=\begin{pmatrix} 4 & 4 \\ 4 & 14 \end{pmatrix}$, $2A-B=\begin{pmatrix} 13 & 3 \\ 3 & 8 \end{pmatrix}$을
만족시킬 때, 행렬 $A-B$의 모든 성분의 합을 구하시오.

해설 내신연계문제

유형 07 행렬의 곱셈

행렬 AB
➡ **행렬 A의 열의 개수와 행렬 B의 행의 개수가 같을 때,**
행렬 A의 제 i행의 성분과 행렬 B의 제 j열의 성분을 각각 차례로
곱하여 더한 값을 (i, j) 성분으로 하는 행렬

① $(a \ b)\begin{pmatrix} x \\ y \end{pmatrix}=(ax+by)=ax+by$

② $(a \ b)\begin{pmatrix} x & u \\ y & v \end{pmatrix}=(ax+by \ \ au+bv)$

③ $\begin{pmatrix} a & b \\ c & d \end{pmatrix}\begin{pmatrix} x \\ y \end{pmatrix}=\begin{pmatrix} ax+by \\ cx+dy \end{pmatrix}$

④ $\begin{pmatrix} a & b \\ c & d \end{pmatrix}\begin{pmatrix} x & u \\ y & v \end{pmatrix}=\begin{pmatrix} ax+by & au+bv \\ cx+dy & cu+dv \end{pmatrix}$

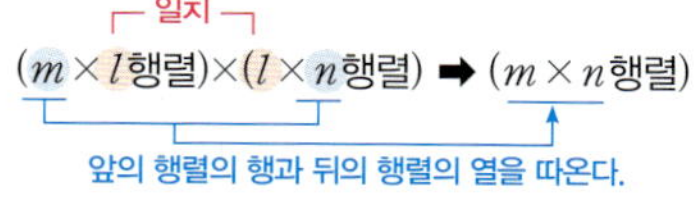

1767 학교기출 대표 유형

세 행렬 $A=\begin{pmatrix} a \\ 1 \end{pmatrix}$, $B=(2 \ 3)$, $C=\begin{pmatrix} 2 & -1 \\ -4 & 3 \end{pmatrix}$에 대하여 행렬 ABC의
모든 성분의 합이 0일 때, 실수 a의 값은?

① -2 ② -1 ③ 0
④ 1   ⑤ 2

1768

BASIC

두 행렬 $A=\begin{pmatrix} 1 & 0 \\ 1 & 1 \end{pmatrix}$, $B=\begin{pmatrix} 1 & 0 \\ -1 & 1 \end{pmatrix}$에 대하여 행렬 $A(A+B)$의 모든
성분의 합은?

① 2   ② 3   ③ 4
④ 5   ⑤ 6

1769

NORMAL

두 행렬 $A=\begin{pmatrix} -1 & 0 \\ -2 & 1 \end{pmatrix}$, $B=\begin{pmatrix} -1 & 1 \\ 1 & -1 \end{pmatrix}$에 대하여 행렬 $2AB-3BA$의
모든 성분의 합은?

① -5 ② -3 ③ 0
④ 3   ⑤ 5

01 행렬과 그 연산

1770

두 행렬 $A=\begin{pmatrix} 3 & 1 \\ 1 & 1 \end{pmatrix}$, $A+B=\begin{pmatrix} 1 & -1 \\ -2 & 0 \end{pmatrix}$에 대하여 행렬 $A(2A+B)$의 2열의 모든 성분의 합을 구하시오.

1771

두 행렬 $A=\begin{pmatrix} 1 & 2 \\ 0 & 4 \end{pmatrix}$, $B=\begin{pmatrix} 2 & 0 \\ 1 & 1 \end{pmatrix}$에 대하여 $X+B=AB$를 만족시키는 행렬 X의 모든 성분의 합은?

① 2   ② 4   ③ 6
④ 8   ⑤ 10

1772 최다빈출 왕 중요

두 행렬 $A=\begin{pmatrix} x & 1 \\ 1 & x \end{pmatrix}$, $B=\begin{pmatrix} y & 1 \\ 1 & y \end{pmatrix}$에 대하여 등식 $AB=A+B$가 성립하도록 실수 x, y를 정할 때, x^3+y^3의 값을 구하시오.

[해설 내신연계문제]

모의고사   핵심유형   기출문제

1773   2012학년도 09월 고3 모의평가 나형 24번

이차정사각행렬 A의 $(i,\ j)$ 성분 a_{ij}와 이차정사각행렬 B의 $(i,\ j)$ 성분 b_{ij}를 각각 $a_{ij}=i-j+1$, $b_{ij}=i+j+1$ $(i=1,\ 2,\ j=1,\ 2)$이라 할 때, 행렬 AB의 $(2,\ 2)$ 성분을 구하시오.

[해설 내신연계문제]

행렬 $A=\begin{pmatrix} a_{11} & a_{12} \\ a_{21} & a_{22} \end{pmatrix}$, $B=\begin{pmatrix} b_{11} & b_{12} \\ b_{21} & b_{22} \end{pmatrix}$일 때, $AB=O$이면

➡ $AB=\begin{pmatrix} a_{11}b_{11}+a_{12}b_{21} & a_{11}b_{12}+a_{12}b_{22} \\ a_{21}b_{11}+a_{22}b_{21} & a_{21}b_{12}+a_{22}b_{22} \end{pmatrix}=\begin{pmatrix} 0 & 0 \\ 0 & 0 \end{pmatrix}$

이므로 두 행렬이 서로 같을 조건을 이용하여 미지수를 구한다.

1774   학교기출 대표 유형

두 행렬 $A=\begin{pmatrix} 1 & 2 \\ a & 4 \end{pmatrix}$, $B=\begin{pmatrix} 4 & b \\ -2 & 1 \end{pmatrix}$에 대하여 $AB=O$일 때, $a+b$의 값을 구하시오. (단, O는 영행렬이고 a, b는 실수이다.)

1775

세 행렬 $A=\begin{pmatrix} a & b \\ 1 & -2 \end{pmatrix}$, $B=\begin{pmatrix} 1 & a \\ 1 & a \end{pmatrix}$, $C=\begin{pmatrix} 1 & 2 \\ 0 & 0 \end{pmatrix}$에 대하여 등식 $A(B+C)=O$가 성립할 때, 실수 a, b에 대하여 $a-b$의 값은? (단, O는 영행렬이다.)

① -6 ② -4 ③ -2
④ 4 ⑤ 6

1776   최다빈출 왕 중요

두 행렬 $A=\begin{pmatrix} x & 2 \\ y & 1 \end{pmatrix}$, $B=\begin{pmatrix} 1 & 2 \\ -2 & -4 \end{pmatrix}$에 대하여 $AB=O$일 때, 행렬 BA의 모든 성분의 합은? (단, O는 영행렬이고 x, y는 실수이다.)

① -15 ② -12 ③ -9
④ -6 ⑤ -3

[해설 내신연계문제]

유형 09 행렬의 거듭제곱 — A^2 구하기

(1) 행렬 $A=\begin{pmatrix} a & b \\ c & d \end{pmatrix}$ 이면

$$A^2=AA=\begin{pmatrix} a & b \\ c & d \end{pmatrix}\begin{pmatrix} a & b \\ c & d \end{pmatrix}=\begin{pmatrix} a^2+bc & ab+bd \\ ac+dc & cb+d^2 \end{pmatrix}$$

(2) 이차정사각행렬 A, B에 대하여

$$(A\pm B)^2=(A\pm B)(A\pm B)$$

1777 학교기출 대표 유형

두 행렬 $A=\begin{pmatrix} 2 & a \\ -1 & 3 \end{pmatrix}$, $B=\begin{pmatrix} 1 & 0 \\ 2 & 1 \end{pmatrix}$ 에 대하여 행렬 $(A-B)^2$의 모든 성분의 합이 8일 때, 실수 a의 값은?

① -4　　　　② -2　　　　③ 0
④ 2　　　　⑤ 4

1778 NORMAL

행렬 $A=\begin{pmatrix} 2 & -1 \\ 0 & -2 \end{pmatrix}$ 에 대하여 $A^2+\dfrac{1}{2}X=A$를 만족시키는 행렬 X의 모든 성분의 합은?

① -12　　　　② -14　　　　③ -16
④ -18　　　　⑤ -20

1779 NORMAL

두 행렬 A, B에 대하여 $2A=\begin{pmatrix} 3 & 1 \\ 0 & 2 \end{pmatrix}$, $A-B=\begin{pmatrix} 1 & 0 \\ 0 & 1 \end{pmatrix}$ 일 때, 행렬 A^2-B^2의 모든 성분의 합은?

① 2　　　　② 4　　　　③ 6
④ 8　　　　⑤ 10

1780 최다빈출 왕중요 NORMAL

이차정사각행렬 A의 $(i,\ j)$ 성분 a_{ij}를

$$a_{ij}=(\text{다항식 } x^2+ix-2\text{를 } x-j\text{로 나눈 나머지})$$

로 정의할 때, 행렬 A^2의 모든 성분의 합은?

① 58　　　　② 64　　　　③ 70
④ 74　　　　⑤ 80

해설 내신연계문제

1781 TOUGH

이차정사각행렬 A의 $(i,\ j)$ 성분 a_{ij}를 다음과 같이 정의한다.

다항식 $a_{11}x^3+a_{12}x^2+a_{21}x+a_{22}$를 $x-2$로 나누었을 때의 몫과 나머지를 다음 조립제법을 이용하여 구한다.

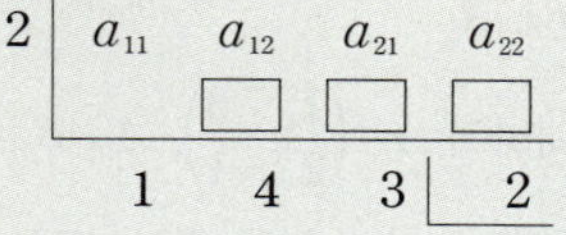

이때 행렬 A^2의 모든 성분의 합은?

① -9　　　　② -6　　　　③ -3
④ 3　　　　⑤ 6

1782 TOUGH

행렬 $A=\begin{pmatrix} 1 & a^2 \\ a+1 & 2 \end{pmatrix}$ 에 대하여 행렬 A^2의 $(1,\ 1)$ 성분과 $(2,\ 1)$ 성분이 같을 때, 실수 a의 값의 합은?

① -2　　　　② -1　　　　③ 0
④ 1　　　　⑤ 2

모의고사 핵심유형 기출문제

1783 2008학년도 06월 고3 모의평가 나형 5번 NORMAL

두 상수 a, b에 대하여 행렬 $A=\begin{pmatrix} -1 & a \\ b & 2 \end{pmatrix}$가 $A^2=A$이고 $a^2+b^2=10$일 때, $(a+b)^2$의 값은?

① 6　　　　② 7　　　　③ 8
④ 9　　　　⑤ 10

해설 내신연계문제

(1) **행렬의 곱셈이 정의될 조건**

두 행렬 A, B의 행렬 A의 열의 개수와 행렬 B의 행의 개수가 같을 때, 행렬의 곱 AB가 정의된다.

(2) **행렬의 곱셈의 성질**

합과 곱이 정의되는 세 행렬 A, B, C에 대하여

① $AB \neq BA$ ◀ 일반적으로 교환법칙이 성립하지 않는다.

② $(AB)C = A(BC)$ ◀ 결합법칙

③ $A(B+C) = AB + AC$, $(A+B)C = AC + BC$ ◀ 분배법칙

④ $k(AB) = (kA)B = A(kB)$ (단, k는 실수) ◀ 곱의 실수배

 곱이 정의되는 세 행렬 A, B, C와 영행렬 O에 대하여

① $A \neq O$, $B \neq O$이지만 $AB = O$인 행렬 A, B가 존재할 수 있다.

② $A = O$ 또는 $B = O$이면 $AB = O$

③ $AB = O$이라 해서 반드시 $A = O$ 또는 $B = O$인 것은 아니다.

1784 학교기출 대표 유형

두 행렬 A, B에 대하여 $A = \begin{pmatrix} 1 & 3 \\ 2 & -1 \end{pmatrix}$, $A+B = \begin{pmatrix} 3 & -1 \\ 2 & 1 \end{pmatrix}$일 때, 행렬 $A^2 + AB$의 모든 성분의 합을 구하시오.

1785 NORMAL

세 행렬 A, B, C에 대하여 $A+B = \begin{pmatrix} 1 & 2 \\ 0 & 1 \end{pmatrix}$, $C = \begin{pmatrix} 2 & -1 \\ 1 & 3 \end{pmatrix}$을 만족한다. 행렬 CA의 $(1, 2)$ 성분이 -2일 때, CB의 $(1, 2)$ 성분은?

① -5 ② -3 ③ -1
④ 3 ⑤ 5

1786 최다빈출 왕중요 NORMAL

두 행렬 $A = \begin{pmatrix} 0 & 9 \\ 1 & 4 \end{pmatrix}$, $B = \begin{pmatrix} 0 & -8 \\ 2 & 1 \end{pmatrix}$에 대하여 행렬 $(A+B)A - (B+A)B$의 모든 성분의 합은?

① 35 ② 42 ③ 49
④ 56 ⑤ 63

해설 내신연계문제

행렬 A, B에 대한 두 등식이 주어진 경우 다음 순서로 행렬의 곱셈을 한다.

FIRST A, B에 대한 연립방정식이므로 행렬 A 또는 B를 소거하여 A, B를 직접 구한다.

LAST 행렬의 곱셈 AB를 구한다.

1787 학교기출 대표 유형

두 행렬 A, B에 대하여 $A+B = \begin{pmatrix} 1 & 2 \\ 2 & 3 \end{pmatrix}$, $A-B = \begin{pmatrix} 3 & 0 \\ 4 & 3 \end{pmatrix}$일 때, 행렬 AB의 2행의 모든 성분의 합은?

① -4 ② -3 ③ 0
④ 3 ⑤ 4

1788 NORMAL

두 행렬 X, Y에 대하여 $X+Y = \begin{pmatrix} -1 & -1 \\ 1 & 0 \end{pmatrix}$, $X-Y = \begin{pmatrix} -1 & 1 \\ -1 & -2 \end{pmatrix}$일 때, $X^2 + XY$의 모든 성분의 합은?

① 1 ② 2 ③ 3
④ 4 ⑤ 5

1789 최다빈출 왕중요 NORMAL

두 행렬 X, Y에 대하여 $X+2Y = \begin{pmatrix} 3 & 2 \\ -2 & 3 \end{pmatrix}$, $2X-Y = \begin{pmatrix} -4 & -1 \\ 1 & 1 \end{pmatrix}$일 때, 행렬 $XY + YX$의 $(2, 2)$ 성분은?

① 1 ② 2 ③ 3
④ 4 ⑤ 5

해설 내신연계문제

1790 NORMAL

두 행렬 A, B에 대하여 $A+2B = \begin{pmatrix} 1 & 1 \\ 2 & 3 \end{pmatrix}$, $A-2B = \begin{pmatrix} -3 & 1 \\ -2 & 1 \end{pmatrix}$일 때, 행렬 $A^2 - 4B^2$은?

① $\begin{pmatrix} -3 & 1 \\ -6 & 3 \end{pmatrix}$ ② $\begin{pmatrix} 1 & -2 \\ 0 & 1 \end{pmatrix}$ ③ $\begin{pmatrix} -5 & 2 \\ -12 & 5 \end{pmatrix}$

④ $\begin{pmatrix} 3 & -1 \\ -1 & 3 \end{pmatrix}$ ⑤ $\begin{pmatrix} 2 & 1 \\ -1 & 4 \end{pmatrix}$

유형 12　행렬의 곱셈 − 단위행렬

이차정사각행렬 A와 단위행렬 E에 대하여 다음이 성립한다.

① $AE=EA=A$

② $E^2=E$, $E^3=E$, $\cdots$, $E^n=E\,(n=2, 3, 4, \cdots)$

◀ 단위행렬 E의 거듭제곱은 항상 단위행렬 자신이 된다.

1791　학교기출 대표 유형

행렬 $A=\begin{pmatrix} -1 & 2 \\ -3 & 0 \end{pmatrix}$에 대하여 행렬 B가 $A+B=2E$를 만족시킬 때,

행렬 $A-B$의 2열의 모든 성분의 합을 구하시오.

(단, E는 단위행렬이다.)

1792　 BASIC

두 행렬 $A=\begin{pmatrix} 5 & 0 \\ 0 & 5 \end{pmatrix}$, $B=\begin{pmatrix} -1 & 1 \\ 1 & 1 \end{pmatrix}$에 대하여 행렬 $AB+B$의 모든

성분의 합은?

① 4　　　　　② 6　　　　　③ 8

④ 10　　　　⑤ 12

1793　 NORMAL

두 행렬 $A=\begin{pmatrix} 1 & 2 \\ 2 & -1 \end{pmatrix}$, $B=\begin{pmatrix} 1 & 1 \\ 1 & 0 \end{pmatrix}$에 대하여 $X+A^2=(2B-A)B$를

만족시키는 행렬 X의 2열의 모든 성분의 합은?

① -1　　　　② -2　　　　③ -3

④ -4　　　　⑤ -5

1794　 최다빈출 왕 중요　 NORMAL

행렬 $A=\begin{pmatrix} a & -1 \\ 3 & b \end{pmatrix}$에 대하여 $A^3=A$, $A^4=E$가 성립할 때, 두 실수

a, b의 곱 ab의 값은? (단, E는 단위행렬이다.)

① -4　　　　② -2　　　　③ 0

④ 2　　　　　⑤ 4

해설 내신연계문제

1795　 TOUGH

행렬 $A=\begin{pmatrix} -1 & 2 \\ -6 & 6 \end{pmatrix}$에 대하여 $3X+2Y=A$, $X+Y=E$를 만족하는

이차정사각행렬 X, Y가 존재할 때, X^2+Y^2을 간단히 나타낸 것은?

(단, E는 단위행렬이다.)

① $A+E$　　　② $2A$　　　　③ A^2

④ E　　　　　⑤ $2E$

1796　 TOUGH

두 행렬 A, B에 대하여 $A+B=E$, $A^3+B^3=\begin{pmatrix} 4 & 3 \\ 0 & -2 \end{pmatrix}$를 만족할 때,

행렬 AB의 2열의 모든 성분의 합은? (단, E는 단위행렬이다.)

① -5　　　　② -3　　　　③ 0

④ 3　　　　　⑤ 5

이차방정식의 근과 계수의 관계와 행렬의 곱은 다음 순서로 구한다.

FIRST 이차방정식 $ax^2+bx+c=0$의 두 근이 α, β일 때, 근과 계수의 관계에 의하여 $\alpha+\beta=-\dfrac{b}{a}$, $\alpha\beta=\dfrac{c}{a}$를 구한다.

NEXT 행렬의 곱셈을 한다. 이때 행과 열을 구분하기 위해 $(—)(\,|\,)$와 같이 보조선을 긋고 계산하면 편리하다.

LAST 두 행렬이 서로 같을 조건에 의하여 구하고자 하는 값을 구한다.

1797   학교기출 대표 유형

이차방정식 $x^2-7x-1=0$의 두 근을 α, β라 하자.

행렬 $A=\begin{pmatrix} \alpha & 1 \\ 1 & \beta \end{pmatrix}$에 대하여 $A^2=\begin{pmatrix} a & b \\ c & d \end{pmatrix}$라 할 때, $a+d$의 값을 구하시오.(단, a, b, c, d는 상수이다.)

1798   최다빈출 왕 중요   NORMAL

이차방정식 $x^2-4x-1=0$의 두 근을 α, β라 할 때,

두 행렬의 곱 $\begin{pmatrix} \alpha & \beta \\ 0 & \alpha \end{pmatrix}\begin{pmatrix} \beta & \alpha \\ 0 & \beta \end{pmatrix}$의 모든 성분의 합은?

① 10   ② 12   ③ 14
④ 16   ⑤ 18

해설 내신연계문제

1799   NORMAL

이차방정식 $x^2-ax+b=0$의 두 실근을 α, β라 할 때,
$\begin{pmatrix} \alpha & \beta \\ \beta & \alpha \end{pmatrix}\begin{pmatrix} \alpha & \beta \\ \beta & \alpha \end{pmatrix}=\begin{pmatrix} 15 & 10 \\ 10 & 15 \end{pmatrix}$를 만족시키는 실수 a, b에 대하여 $a+b$의 값을 구하시오. (단, $a>0$)

모의고사 핵심유형 기출문제

1800   2006년 09월 고2 학력평가 나형 28번   TOUGH

이차방정식 $x^2-2x-1=0$의 두 근을 α, β라 하자.

두 행렬 $A=\begin{pmatrix} \alpha^2 & \beta \\ 0 & \alpha^2 \end{pmatrix}$, $B=\begin{pmatrix} \beta^2 & \alpha \\ 0 & \beta^2 \end{pmatrix}$에 대하여 행렬 AB의 모든 성분의 합을 구하시오.

해설 내신연계문제

(1) **이차함수** $y=a(x-m)^2+n$에서
① $a>0$ ➡ $x=m$일 때, 최솟값은 n, 최댓값은 없다.
② $a<0$ ➡ $x=m$일 때, 최댓값은 n, 최솟값은 없다.

(2) **제한범위** $\alpha \le x \le \beta$에서 **이차함수** $f(x)=a(x-p)^2+q$의 **최대, 최소**
① 꼭짓점의 x좌표 p가 $\alpha \le x \le \beta$에 포함되는 경우
(즉 $\alpha \le p \le \beta$)
$f(\alpha)$, $f(\beta)$, $f(p)$의 값 중 가장 큰 것이 최댓값,
가장 작은 것이 최솟값이다. ◀ 꼭짓점과 끝점에서 최대, 최소
② 꼭짓점의 x좌표 p가 $\alpha \le x \le \beta$에 포함되지 않는 경우
(즉 $p<\alpha$ 또는 $p>\beta$)
$f(\alpha)$, $f(\beta)$의 값 중 큰 것이 최댓값,
작은 것이 최솟값이다. ◀ 끝점에서 최대, 최소

1801   학교기출 대표 유형

직선 $y=-x+2$ 위의 점 $P(x,\,y)$와 두 행렬

$A=\begin{pmatrix} x \\ -y \end{pmatrix}$, $B=(x\ \ 3y)$에 대하여 행렬 AB의 모든 성분의 합을 $f(x)$라 할 때, $f(x)$의 최댓값을 구하시오.

1802   최다빈출 왕 중요   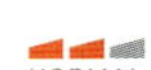 NORMAL

세 행렬 $A=(x\ \ -1)$, $B=\begin{pmatrix} 1 & 0 \\ -4 & 2 \end{pmatrix}$, $C=\begin{pmatrix} x \\ -1 \end{pmatrix}$에 대하여 행렬 ABC의 성분은 $x=a$에서 최솟값 m을 가질 때, $a+m$의 값은? (단, x는 실수이다.)

① -6 ② -4 ③ -2
④ 4 ⑤ 6

해설 내신연계문제

1803    TOUGH

행렬 $A=(x\ \ y)\begin{pmatrix} 1 & 2 \\ -1 & 1 \end{pmatrix}\begin{pmatrix} x \\ y \end{pmatrix}$에 대하여 $x \ge 0$, $y \ge 0$이고 $x+y=4$일 때, 행렬 A의 성분의 최댓값을 M, 최솟값을 m이라 하자. 이때 $M-m$의 값은?

① 4   ② 6   ③ 8
④ 10   ⑤ 12

행렬의 곱셈이 정의될 조건

➡ 두 행렬 A, B에 대하여 행렬 A의 열의 개수와 행렬 B의 행의 개수가 같을 때, 행렬의 곱 AB가 정의된다.

 두 행렬 X, Y에 대하여 XY가 정의되려면
(X의 열의 개수)=(Y의 행의 개수)이어야 한다.

1804 학교기출 대표유형

세 행렬 $A=(3\ 5)$, $B=\begin{pmatrix} 2 \\ 4 \end{pmatrix}$, $C=\begin{pmatrix} -1 & 3 \\ 2 & 1 \end{pmatrix}$에 대하여 다음 중 그 곱을 정의할 수 없는 것은?

① AB　　　　② BA　　　　③ AC
④ CA　　　　⑤ CB

1805 최다빈출 왕중요 NORMAL

세 행렬 A, B, C에 대하여 $A=\begin{pmatrix} a_{11} & a_{12} & a_{13} \\ a_{21} & a_{22} & a_{23} \end{pmatrix}$이고 곱 BAC가 정의될 때, 다음 [보기]의 설명 중 옳은 것을 모두 고른 것은?

> ㄱ. 곱 AB가 정의되는 행렬 B가 존재한다.
> ㄴ. 곱 CA가 정의되는 행렬 C가 존재한다.
> ㄷ. 곱 BC가 정의되는 행렬 B, C가 존재한다.

① ㄱ　　　　② ㄴ　　　　③ ㄷ
④ ㄱ, ㄴ　　　⑤ ㄱ, ㄷ

해설 내신연계문제

1806 2009년 04월 고3 학력평가 나형 22번 TOUGH

행렬 $M=\begin{pmatrix} 4 \\ -5 \end{pmatrix}$에 대하여 $MA+B=\begin{pmatrix} -1 & -2 \\ 3 & -6 \end{pmatrix}$이다. 행렬 B의 모든 성분의 합이 18일 때, 행렬 A의 모든 성분의 합을 구하시오.

해설 내신연계문제

(1) A가 정사각행렬이고 m, n이 자연수일 때,

① $A^2=AA$, $A^3=A^2A$, $\cdots$, $A^n=A^{n-1}A$ (단, $n \geq 2$)

② $A^m A^n = A^{m+n}$

③ $(A^m)^n = A^{mn}$

④ $(kA)^n = k^n A^n$ (단, k는 실수)

(2) 행렬의 거듭제곱 A^n (단, n은 자연수)의 추정

① $\begin{pmatrix} 1 & a \\ 0 & 1 \end{pmatrix}^n = \begin{pmatrix} 1 & na \\ 0 & 1 \end{pmatrix}$, $\begin{pmatrix} 1 & 0 \\ b & 1 \end{pmatrix}^n = \begin{pmatrix} 1 & 0 \\ nb & 1 \end{pmatrix}$

② $\begin{pmatrix} a & 0 \\ 0 & b \end{pmatrix}^n = \begin{pmatrix} a^n & 0 \\ 0 & b^n \end{pmatrix}$ ◀ $\begin{pmatrix} a & 0 \\ 0 & 1 \end{pmatrix}^n = \begin{pmatrix} a^n & 0 \\ 0 & 1 \end{pmatrix}$, $\begin{pmatrix} 1 & 0 \\ 0 & a \end{pmatrix}^n = \begin{pmatrix} 1 & 0 \\ 0 & a^n \end{pmatrix}$

(3) $A=\begin{pmatrix} a & b \\ c & d \end{pmatrix}$에 대하여 $ad-bc=0$인 경우

① $A^2=(a+d)A$

② $A^{n+1}=(a+d)^n A$ (단, n은 자연수)

 행렬의 거듭제곱은 대부분 규칙성을 갖고 있는데, 행렬 그 자체가 규칙을 갖는 경우도 있고 행렬의 각 성분이 규칙을 갖는 경우도 있다.
행렬의 거듭제곱을 할 때에는 세제곱이나 네제곱까지는 해보는 것이 좋다.
A와 A^2만으로는 오류를 범할 수 있으므로 정확한 규칙을 알아내려면 거듭제곱을 몇 번 더 계산해서 확인하는 과정을 거치도록 한다.

1807 학교기출 대표유형

행렬 $A=\begin{pmatrix} 1 & 0 \\ 3 & 1 \end{pmatrix}$에 대하여 $A^8=\begin{pmatrix} 1 & 0 \\ a & 1 \end{pmatrix}$일 때, 상수 a의 값을 구하시오.

1808 최다빈출 왕중요 NORMAL

행렬 $A=\begin{pmatrix} 1 & 1 \\ 0 & 1 \end{pmatrix}$에 대하여 A^n의 모든 성분의 합이 100일 때, 자연수 n의 값은?

① 92　　　　② 94　　　　③ 96
④ 98　　　　⑤ 100

해설 내신연계문제

1809

두 행렬 $A=\begin{pmatrix} 1 & -1 \\ 0 & 1 \end{pmatrix}$, $B=\begin{pmatrix} 1 & -3 \\ 0 & -1 \end{pmatrix}$에 대하여 $A^{100}B$의 모든 성분의 합은?

① 91   ② 93   ③ 95
④ 97   ⑤ 99

1810

행렬 $A=\begin{pmatrix} 1 & 1 \\ 2 & 2 \end{pmatrix}$에 대하여 $A+A^2+A^3+A^4=kA$일 때, 상수 k의 값은?

① 38   ② 40   ③ 42
④ 44   ⑤ 46

1811

최다빈출 왕 중요

행렬 A를 $A=\begin{pmatrix} 1 \\ 0 \end{pmatrix}(2 \ \ 0)$이라 할 때, 행렬 A^{10}의 모든 성분의 합은?

① 20   ② 128   ③ 256
④ 512   ⑤ 1024

해설 내신연계문제

1812

두 행렬 $A=\begin{pmatrix} 1 & -1 \\ 1 & -1 \end{pmatrix}$, $B=\begin{pmatrix} 1 & 1 \\ a & b \end{pmatrix}$에 대하여 $AB=O$일 때, 행렬 B^5의 모든 성분의 합은? (단, a, b는 상수이고 O는 영행렬이다.)

① 4   ② 8   ③ 16
④ 32   ⑤ 64

1813

이차방정식 $x^2-2x+2=0$의 두 근을 α, β라 할 때, 행렬 A는

$$A=\begin{pmatrix} \alpha+\beta-2 & \dfrac{\beta}{\alpha}+\dfrac{\alpha}{\beta} \\ \dfrac{1}{\alpha}+\dfrac{1}{\beta} & 1 \end{pmatrix}$$

를 만족한다. 이때 $A+A^2+A^3+\cdots+A^n$의 모든 성분의 합이 100이 되는 자연수 n의 값은?

① 20   ② 30   ③ 50
④ 80   ⑤ 100

1814

두 행렬 $A=\begin{pmatrix} 1 & 1 \\ 0 & 1 \end{pmatrix}$, $B=\begin{pmatrix} 1 & -2 \\ 0 & 2 \end{pmatrix}$에 대하여 행렬 $A(BA)^nB$의 모든 성분의 합이 1025가 되도록 하는 자연수 n의 값은?

① 5   ② 6   ③ 7
④ 8   ⑤ 9

유형 17 행렬의 거듭제곱 — $A^n=kE$의 추정

(1) $A^2=AA$, $A^3=A^2A$, $\cdots$ 을 차례로 구하여
   $A^n=kE$를 만족시키는 자연수 n의 값을 구한다.
(2) $A^n=E$ $\Rightarrow$ $A^{m+n}=A^mA^n=A^m$

① $A^2=kE$일 때, $A^{2n}=k^nE$, $A^{2n+1}=k^nA$
   해설 $A^{2n}=(A^2)^n=(kE)^n=k^nE$
   $A^{2n+1}=A^{2n}A=(k^nE)A=k^nEA=k^nA$
② $A^n=E$일 때,
   $A^{n+1}=A^nA=A$, $A^{n+2}=A^nA^2=A^2$, $\cdots$, $A^{2n}=E$
   해설 A^2, A^3, A^4, $\cdots$ 을 차례로 구하여 $A^n=E$ 또는 $A^n=-E$를
   만족시키는 자연수 n의 값을 구한다.

1815   학교기출 대표 유형

행렬 $A=\begin{pmatrix} 1 & -1 \\ 1 & 1 \end{pmatrix}$에 대하여 $A^n=kE$를 만족시키는 100 이하의 자연수 n의 개수를 구하시오. (단, k는 실수이고 E는 단위행렬이다.)

1816   NORMAL

행렬 $A=\begin{pmatrix} 2 & -1 \\ 1 & -2 \end{pmatrix}$에 대하여 행렬 $A+A^2+A^3+A^4$의 모든 성분의 합은?

① -26 ② -24 ③ -20
④ 24 ⑤ 26

1817   최다빈출 왕 중요   NORMAL

행렬 $A=\begin{pmatrix} 1 & 2 \\ -1 & -1 \end{pmatrix}$에 대하여 행렬 $A^{2025}+A^{2026}+A^{2027}+A^{2028}$의 모든 성분의 합은?

① -6 ② -2 ③ 0
④ 2 ⑤ 6

 해설 내신연계문제

1818   NORMAL

행렬 $A=\begin{pmatrix} 1 & 3 \\ -1 & -2 \end{pmatrix}$에 대하여 $A^{20}\begin{pmatrix} 2 \\ -3 \end{pmatrix}=\begin{pmatrix} a \\ b \end{pmatrix}$가 성립할 때, 실수 a, b에 대하여 $a-b$의 값은?

① -6 ② -2 ③ 0
④ 2 ⑤ 6

1819   TOUGH

행렬 $A=\begin{pmatrix} 2 & 5 \\ -1 & -2 \end{pmatrix}$에 대하여 등식 $A^{101}\begin{pmatrix} -3 \\ 2 \end{pmatrix}+A^{102}\begin{pmatrix} -3 \\ 2 \end{pmatrix}=\begin{pmatrix} \alpha \\ \beta \end{pmatrix}$가 성립할 때, 상수 α, β의 합 $\alpha+\beta$의 값을 구하시오.

1820   2011년 04월 고3 학력평가 나형 5번   NORMAL

행렬 $A=\begin{pmatrix} 3 & 7 \\ -1 & -2 \end{pmatrix}$에 대하여 $A+A^2+A^3+\cdots+A^{2011}$의 모든 성분의 합은?

① 2 ② 7 ③ 12
④ 17 ⑤ 22

해설 내신연계문제

1821   2011학년도 고3 수능기출 나형 29번   TOUGH

이차정사각행렬 A의 (i, j)의 성분 a_{ij}가
$$a_{ij}=i-j \ (i=1, 2, \ j=1, 2)$$
이다. 행렬 $A+A^2+A^3+\cdots+A^{2010}$의 $(2, 1)$ 성분은?

① -2010 ② -1 ③ 0
④ 1 ⑤ 2010

해설 내신연계문제

유형 18 행렬의 거듭제곱 − $A^n=kE$의 활용

$A^2=AA$, $A^3=A^2A$, $\cdots$ 을 차례로 구하여 $A^n=E$ 또는 $A^n=-E$를 만족시키는 자연수 n의 값을 구한다.

① $A^2=kE$일 때,
➡ $A^{2n}=k^nE$, $A^{2n+1}=k^nA$
② $A^n=E$일 때,
➡ $A^{n+1}=A^nA=A$, $A^{n+2}=A^nA^2=A^2$, $\cdots$, $A^{2n}=E$

1822 학교기출 대표 유형

행렬 $A=\begin{pmatrix} -2 & 1 \\ -7 & 3 \end{pmatrix}$에 대하여 등식 $A^n=A$를 만족시키는 두 자리의 자연수 n의 개수를 구하시오.

1823 최다빈출 왕 중요 NORMAL

행렬 $A=\begin{pmatrix} 1 & 1 \\ -1 & 0 \end{pmatrix}$에 대하여 행렬 A^n의 모든 성분의 합이 2가 되도록 하는 100 이하의 자연수 n의 개수는?

① 16   ② 17   ③ 18
④ 19   ⑤ 20

해설 내신연계문제

1824 NORMAL

방정식 $x^3=1$의 한 허근을 ω라 할 때, 행렬 $A=\begin{pmatrix} \omega & \omega^2 \\ \omega & \omega^2+1 \end{pmatrix}$에 대하여 A^{30}의 모든 성분의 합은?

① -3 ② -2 ③ -1
④ 1 ⑤ 2

1825 TOUGH

두 행렬 $A=\begin{pmatrix} 1 & -2 \\ 1 & -1 \end{pmatrix}$, $B=\begin{pmatrix} 4 & -1 \\ 13 & -3 \end{pmatrix}$일 때, $A^n+B^n=O$를 만족시키는 양의 정수 n의 최솟값을 구하시오. (단, O는 영행렬이다.)

1826 TOUGH

두 행렬 $A=\begin{pmatrix} -2 & -1 \\ 3 & 1 \end{pmatrix}$, $B=\begin{pmatrix} 0 & 1 \\ 1 & 0 \end{pmatrix}$에 대하여 $A^nB^n=A$를 만족시키는 50 이하의 자연수 n의 개수를 구하시오.

1827 TOUGH

두 행렬 $A=\begin{pmatrix} 4 & 1 \\ -3 & 2 \end{pmatrix}$, $P=\begin{pmatrix} 2 & -3 \\ 1 & -1 \end{pmatrix}$에 대하여
$$A_1=A, \quad A_{n+1}=PA_n \ (n=1, 2, 3, \cdots)$$
이라 하자. 행렬 A_{2026}의 $(2, 2)$ 성분은?

① -3 ② -2 ③ -1
④ 1 ⑤ 2

모의고사 핵심유형 기출문제

1828 2014년 06월 고2 학력평가 A형 27번 TOUGH

이차정사각행렬 $A=\begin{pmatrix} 2 & 0 \\ 1 & 1 \end{pmatrix}$, $B=\dfrac{1}{2}\begin{pmatrix} -1 & 0 \\ 1 & -2 \end{pmatrix}$에 대하여 행렬 B^4A^8의 모든 성분의 합을 구하시오.

해설 내신연계문제

유형 19 행렬의 곱셈의 분배법칙의 변형

이차정사각행렬 A에 대하여

(1) 행렬의 곱셈의 분배법칙의 변형

$$① \ A\binom{a+b}{c+d}=A\binom{a}{c}+A\binom{b}{d} \qquad ② \ (A\pm B)\binom{p}{q}=A\binom{p}{q}\pm B\binom{p}{q}$$

(2) 행렬의 곱셈에서 활용도 높은 공식

$$① \ A\binom{a}{c}=\binom{p}{r}, \ A\binom{b}{d}=\binom{q}{s} \ ➡ \ A\binom{a+b}{c+d}=\binom{p+q}{r+s}$$

$$② \ A\binom{a}{c}=\binom{p}{r}, \ A\binom{b}{d}=\binom{q}{s} \ ➡ \ A\binom{a\ \ b}{c\ \ d}=\binom{p\ \ q}{r\ \ s}$$

③ $A\binom{a}{c}$, $A\binom{b}{d}$가 주어져 있을 때, 행렬 $A\binom{x}{y}$를 구하려면

$\binom{a}{c}$와 $\binom{b}{d}$를 이용하여 $\binom{x}{y}$를 나타낸다.

$$➡ \binom{x}{y}=p\binom{a}{c}+q\binom{b}{d} \ (단, \ p, \ q는 \ 임의의 \ 실수이다.)$$

1829 학교기출 대표유형

이차정사각행렬 A에 대하여 $A\binom{3}{2}=\binom{2}{1}$, $A\binom{-1}{1}=\binom{3}{4}$가 성립한다.

$A\binom{4}{6}=\binom{p}{q}$일 때, 두 실수 p, q에 대하여 $p+q$의 값을 구하시오.

1830 TOUGH

이차정사각행렬 A에 대하여 $A\binom{1}{2}=\binom{0}{2}$, $A^2\binom{1}{2}=\binom{-2}{3}$이 성립한다.

$A\binom{p}{q}=\binom{-8}{6}$일 때, 두 실수 p, q에 대하여 $q-p$의 값을 구하시오.

모의고사 핵심유형 기출문제

1831 2012년 11월 고2 학력평가 A형 13번 TOUGH

이차정사각행렬 A가 다음 조건을 만족시킨다.
(단, E는 단위행렬이고, O는 영행렬이다.)

(가) $A^2-2A+E=O$

(나) $A\binom{2}{0}=\binom{1}{2}$

$A\binom{1}{2}=\binom{a}{b}$를 만족시키는 두 실수 a, b에 대하여 $a+b$의 값은?

① 1   ② 2   ③ 3
④ 4   ⑤ 5

해설 내신연계문제

유형 20 행렬의 곱셈에 관한 성질

(1) 행렬의 곱셈에서는 일반적으로 교환법칙이 성립하지 않으므로 지수법칙, 곱셈 공식 등이 성립하지 않는다.

$$① \ (A+B)^2=(A+B)(A+B)=A^2+AB+BA+B^2$$
◀ $(A+B)^2\ne A^2+2AB+B^2$

$$② \ (A-B)^2=(A-B)(A-B)=A^2-AB-BA+B^2$$
◀ $(A-B)^2\ne A^2-2AB+B^2$

$$③ \ (A+B)(A-B)=A^2-AB+BA-B^2$$
◀ $(A+B)(A-B)\ne A^2-B^2$

$$④ \ (AB)^2=ABAB$$
◀ $(AB)^2\ne A^2B^2$

 $AB=BA$가 성립한다고 할 때, 수나 식의 연산에서처럼 곱셈 공식이나 지수법칙을 사용할 수 있다.

$$① \ (A+B)^2=A^2+2AB+B^2$$
$$② \ (A-B)^2=A^2-2AB+B^2$$
$$③ \ (A-B)(A+B)=A^2-B^2$$

(2) 행렬의 곱셈에 대한 연산법칙

$$① \ (A+B)^2+(A-B)^2=2(A^2+B^2)$$
$$② \ (A+B)^2-(A-B)^2=2(AB+BA)$$

설명 $(A+B)^2=(A+B)(A+B)=A^2+AB+BA+B^2$ ······ ㉠
$\qquad (A-B)^2=(A-B)(A-B)=A^2-AB-BA+B^2$ ······ ㉡
$\qquad$ ㉠+㉡을 하면 $(A+B)^2+(A-B)^2=2(A^2+B^2)$
$\qquad$ ㉠-㉡을 하면 $(A+B)^2-(A-B)^2=2(AB+BA)$

1832 학교기출 대표유형

두 행렬 $A=\binom{2\ \ 1}{3\ \ 1}$, $B=\binom{-1\ \ 0}{-1\ \ 1}$에 대하여

행렬 $A^2+AB+BA+B^2$의 모든 성분의 합을 구하시오.

1833 NORMAL

두 행렬 $A=\binom{1\ \ 2}{1\ \ 1}$, $B=\binom{1\ \ x}{2\ \ y}$가 $A^2+B^2=AB+BA$를 만족시킨다. 이때 실수 x, y에 대하여 x^2+y^2의 값을 구하시오.

1834 NORMAL

두 이차정사각행렬 A, B에 대하여

$$A+B=\binom{0\ \ \ 1}{-2\ \ 3}, \ A-B=\binom{3\ \ -1}{2\ \ \ 0}$$

이 성립할 때, 행렬 $A^2-AB+BA-B^2$의 모든 성분의 합은?

① 2   ② 4   ③ 6
④ 8   ⑤ 10

1835

두 이차정사각행렬 A, B에 대하여

$$A+B=\begin{pmatrix} 1 & -1 \\ 0 & 0 \end{pmatrix},\ A^2+B^2=\begin{pmatrix} 1 & -1 \\ 0 & -1 \end{pmatrix}$$

이 성립할 때, 행렬 $AB+BA$의 모든 성분의 합은?

① -3 ② -1 ③ 0
④ 1 ⑤ 3

1836 최다빈출 왕 중요

두 이차정사각행렬 A, B에 대하여

$$(A+B)^2=\begin{pmatrix} 3 & -2 \\ 2 & 3 \end{pmatrix},\ A^2+B^2=\begin{pmatrix} 2 & 1 \\ 3 & 4 \end{pmatrix}$$

이 성립할 때, 행렬 $(A-B)^2$의 모든 성분의 합은?

① 12 ② 14 ③ 16
④ 18 ⑤ 20

해설 내신연계문제

1837

두 이차정사각행렬 A, B에 대하여

$$A+B=\begin{pmatrix} 1 & 2 \\ 2 & 1 \end{pmatrix},\ A-B=\begin{pmatrix} x & 2 \\ 1 & y \end{pmatrix},\ A^2+B^2=\begin{pmatrix} \dfrac{11}{2} & 3 \\ \dfrac{5}{2} & 8 \end{pmatrix}$$

이 성립할 때, 실수 x, y에 대하여 $x+y$의 값을 구하시오.

모의고사 핵심유형 기출문제

1838 2008년 03월 고3 학력평가 나형 19번

이차정사각행렬 A, B가

$$A^2+B^2=\begin{pmatrix} 5 & 0 \\ \dfrac{3}{2} & 1 \end{pmatrix},\ AB+BA=\begin{pmatrix} -4 & 0 \\ -\dfrac{1}{2} & 0 \end{pmatrix}$$

을 만족시킬 때, 행렬 $(A+B)^{100}$의 모든 성분의 합을 구하시오.

해설 내신연계문제

$AB=BA$가 성립한다고 할 때, 수나 식의 연산에서처럼 곱셈 공식이나 지수법칙을 사용할 수 있다.

① $(A+B)^2=A^2+2AB+B^2$이면 $AB=BA$이다.
② $(A-B)^2=A^2-2AB+B^2$이면 $AB=BA$이다.
③ $(A-B)(A+B)=A^2-B^2$이면 $AB=BA$이다.

$A+B=kE$ (k는 실수)라 하면 ➡ $AB=BA$가 성립한다.

1839 학교기출 대표 유형

두 행렬 $A=\begin{pmatrix} 2 & a \\ 1 & -1 \end{pmatrix}$, $B=\begin{pmatrix} b & -1 \\ 2 & 3 \end{pmatrix}$에 대하여 등식

$$(A+B)^2=A^2+2AB+B^2$$

이 성립할 때, 실수 a, b에 대하여 $a+b$의 값은?

① 6 ② 7 ③ 8
④ $\dfrac{17}{2}$ ⑤ $\dfrac{19}{2}$

1840 최다빈출 왕 중요

두 행렬 $A=\begin{pmatrix} 2 & a \\ -1 & 1 \end{pmatrix}$, $B=\begin{pmatrix} -1 & 4 \\ b & 0 \end{pmatrix}$에 대하여 등식

$$(A+B)(A-B)=A^2-B^2$$

이 성립할 때, 실수 a, b에 대하여 $b-a$의 값은?

① 4 ② 5 ③ 6
④ 7 ⑤ 8

해설 내신연계문제

1841

TOUGH

두 행렬 $A=\begin{pmatrix} 2x & -1 \\ 1 & 1 \end{pmatrix}$, $B=\begin{pmatrix} -1 & 1 \\ -1 & y \end{pmatrix}$에 대하여

$$(A+B)(A-B)=A^2-B^2$$

이 성립할 때, 좌표평면 위의 점 (x, y)가 나타내는 도형과 x축과 y축으로 둘러싸인 부분의 넓이를 구하시오.(단, x, y는 실수이다.)

모의고사 **핵심유형** 기출문제

1842

2014년 09월 고2 학력평가 A형 25번

NORMAL

두 실수 x, y에 대하여 두 행렬 A, B를

$$A=\begin{pmatrix} -1 & x \\ 3 & 0 \end{pmatrix}, B=\begin{pmatrix} -2 & 2 \\ y & -1 \end{pmatrix}$$

이라 하자. $(A+B)(A-B)=A^2-B^2$일 때, x^2+y^2의 값을 구하시오.

해설 내신연계문제

유형 22 단위행렬 E를 포함한 식의 전개

(1) 이차정사각행렬 A와 단위행렬 E에 대하여 다음이 성립한다.

① $AE=EA=A$

② $E^2=E$, $E^3=E$, $\cdots$, $E^n=E$ ($n=2, 3, 4, \cdots$)

◀ 단위행렬 E의 거듭제곱은 항상 단위행렬 자신이 된다.

(2) 두 이차정사각행렬 A, B에 대하여

① $A+B=O$, $AB=E$이면 $A^2=-E$, $B^2=-E$가 성립한다.

설명 $A+B=O$에서 $B=-A$이므로
$AB=E$에 대입하면 $A(-A)=E$ ∴ $A^2=-E$
또한, $A=-B$를 $AB=E$에 대입하면
$(-B)B=E$ ∴ $B^2=-E$

② $A^2+A+E=O$이면 $A^3=E$가 성립한다.

설명 $A^2+A+E=O$의 양변에 $(A-E)$를 곱하면
$(A-E)(A^2+A+E)=(A-E)O$, $A^3-E^3=O$
∴ $A^3=E$

③ $A^2-A+E=O$이면 $A^3=-E$가 성립한다.

설명 $A^2-A+E=O$의 양변에 $(A+E)$를 곱하면
$(A+E)(A^2-A+E)=(A+E)O$, $A^3+E^3=O$
∴ $A^3=-E$

④ $A+B=E$, $AB=E$이면 $A^3=-E$, $B^3=-E$가 성립한다.

설명 $A+B=E$에서 $B=-A+E$이므로
$AB=E$에 대입하면 $A(-A+E)=E$
$A^2-A+E=O$이므로 $A^3=-E$
또한, $A=-B+E$이므로 $AB=E$에 대입하면
$(-B+E)B=E$
$B^2-B+E=O$이므로 $B^3=-E$

정사각행렬 A와 단위행렬 E에 대하여
$AE=EA=A$이고 $E^n=E$ (n은 자연수)이므로 수의 연산에서와
마찬가지로 곱셈 공식, 인수분해 공식, 지수법칙 등을 사용할 수 있다.

① $(AE)^2=A^2E^2$

② $(A+E)^2=A^2+2A+E$

③ $(A-E)^2=A^2-2A+E$

④ $(A+E)(A-E)=A^2-E$

⑤ $(A-E)(A^2+A+E)=A^3-E$

⑥ $(A+E)(A^2-A+E)=A^3+E$

1843 

이차정사각행렬 A가 $(A-3E)(A-E)=-3A+2E$를 만족시킬 때,
다음 중 A^{100}과 같은 것은? (단, E는 단위행렬이다.)

① E ② $-E$ ③ $-A$
④ $E-A$ ⑤ $A-E$

1844 

두 이차정사각행렬 A, B가 $A+B=O$, $AB=E$를 만족시킬 때,
$A^{100}+B^{100}$와 같은 것은? (단, O는 영행렬, E는 단위행렬이다.)

① $-E$ ② $B-E$ ③ O
④ $A-E$ ⑤ $2E$

해설 내신연계문제

1845

두 이차정사각행렬 A, B가 $AB=O$, $A-B=2E$를 만족시킬 때,
옳은 것만을 [보기]에서 있는 대로 고른 것은?
(단, O는 영행렬, E는 단위행렬이다.)

ㄱ. $BA=O$
ㄴ. $A^3=4A$
ㄷ. $A^3-B^3=16E$

① ㄱ   ② ㄷ   ③ ㄱ, ㄴ
④ ㄴ, ㄷ   ⑤ ㄱ, ㄴ, ㄷ

1846 

두 이차정사각행렬 A, B가 $A+B=E$, $AB=E$를 만족시킬 때,
$A^{100}+B^{100}$와 같은 것은? (단, E는 단위행렬이다.)

① $-2E$ ② $-E$ ③ $B-E$
④ $A-E$ ⑤ $2E$

1847 

행렬 $A=\begin{pmatrix} 3 & 1 \\ 2 & -1 \end{pmatrix}$에 대하여 $X+2A^2+E=A^3-A^2+3A$를 만족시
키는 행렬 X의 2열의 모든 성분의 합은?

① -6 ② -5 ③ -4
④ -3 ⑤ -2

1848 

다음 세 조건을 만족시키는 영행렬이 아닌 모든 이차정사각행렬
A, B에 대하여 B^3+2BA^3과 항상 같은 행렬은?
(단, E는 단위행렬이다.)

(가) $AB=BA$
(나) $(E-B)^2=E-B$
(다) $AB=-B$

① $2A$ ② $-A$ ③ E
④ $2B$ ⑤ $-B$

1849　최다빈출 왕 중요　TOUGH

두 이차정사각행렬 A, B가 $A-2B=-E$, $B^2=AB$ 를 만족시킬 때,
옳은 것만을 [보기]에서 있는 대로 고른 것은?
(단, E는 단위행렬이다.)

ㄱ. $AB=BA$
ㄴ. $B^2=-B$
ㄷ. $A^3+B^3=A+B$

① ㄱ　　　　　② ㄴ　　　　　③ ㄱ, ㄴ
④ ㄱ, ㄷ　　　　⑤ ㄱ, ㄴ, ㄷ

해설 내신연계문제

1850　TOUGH

두 이차정사각행렬 A, B에 대하여 $AB=-BA$가 성립할 때,
옳은 것만을 [보기]에서 있는 대로 고른 것은?

ㄱ. $(A+B)^2=A^2+B^2$
ㄴ. $(A+B)(A-B)=A^2-B^2$
ㄷ. $(AB)^3=-A^3B^3$

① ㄴ　　　　　② ㄷ　　　　　③ ㄱ, ㄴ
④ ㄱ, ㄷ　　　　⑤ ㄱ, ㄴ, ㄷ

모의고사　핵심유형　기출문제

1851　2010학년도 고3 수능기출 나형 28번　TOUGH

이차정사각행렬 A와 B에 대하여 옳은 것만을 [보기]에서 있는 대로
고른 것은? (단, O는 영행렬이고, E는 단위행렬이다.)

ㄱ. $(A+B)^2=(A-B)^2$이면 $AB=O$이다.
ㄴ. $A^2=E$, $B^2=B$이면 $(ABA)^2=ABA$이다.
ㄷ. $A(A+E)=E$, $AB=-E$이면 $B^2=A+2E$이다.

① ㄴ　　　　　② ㄷ　　　　　③ ㄱ, ㄴ
④ ㄱ, ㄷ　　　　⑤ ㄴ, ㄷ

해설 내신연계문제

유형 23　영인자를 이용한 곱셈에 대한 진위판단

영인자 (Zero divisor)
행렬 A, B 둘 다 영행렬이 아니면서 곱 AB가 영행렬이 될 때,
이러한 행렬 A, B를 **영인자**라 한다.
즉 $AB=O$이지만 $A \neq O$이고 $B \neq O$인 경우가 있다.

(1) $AB=O$이면 $A=O$ 또는 $B=O$는 일반적으로 성립하지 않는다.

예　영행렬이 아닌 $A=\begin{pmatrix} 1 & 2 \\ 2 & 4 \end{pmatrix}$, $B=\begin{pmatrix} 2 & -4 \\ -1 & 2 \end{pmatrix}$의 곱은
$$AB=\begin{pmatrix} 1 & 2 \\ 2 & 4 \end{pmatrix}\begin{pmatrix} 2 & -4 \\ -1 & 2 \end{pmatrix}=\begin{pmatrix} 0 & 0 \\ 0 & 0 \end{pmatrix}=O$$인 영행렬이 된다.
즉 $AB=O$이지만 $A \neq O$, $B \neq O$인 경우가 있다.
◀ $A=O$ 또는 $B=O$이면 $AB=O$는 항상 성립한다.

(2) $A \neq O$, $AB=AC$이면 $B=C$는 일반적으로 성립하지 않는다.

예　$A=\begin{pmatrix} 1 & -1 \\ -2 & 2 \end{pmatrix}$, $B=\begin{pmatrix} 1 & 2 \\ 2 & 3 \end{pmatrix}$, $C=\begin{pmatrix} 1 & 0 \\ 2 & 1 \end{pmatrix}$이면
$$AB=\begin{pmatrix} 1 & -1 \\ -2 & 2 \end{pmatrix}\begin{pmatrix} 1 & 2 \\ 2 & 3 \end{pmatrix}=\begin{pmatrix} -1 & -1 \\ 2 & 2 \end{pmatrix},$$
$$AC=\begin{pmatrix} 1 & -1 \\ -2 & 2 \end{pmatrix}\begin{pmatrix} 1 & 0 \\ 2 & 1 \end{pmatrix}=\begin{pmatrix} -1 & -1 \\ 2 & 2 \end{pmatrix}$$와 같이
$A \neq O$, $AB=AC$이지만 $B=C$는 성립하지 않는다.
즉 $AB=AC$, $A \neq O$이지만 $B \neq C$인 경우가 있다.
◀ $B=C$이면 $AB=AC$는 항상 성립한다.

(3) $A^2=O$이면 $A=O$는 일반적으로 성립하지 않는다.

반례　$A=\begin{pmatrix} 1 & -1 \\ 1 & -1 \end{pmatrix}$일 때, $A^2=AA=\begin{pmatrix} 1 & -1 \\ 1 & -1 \end{pmatrix}\begin{pmatrix} 1 & -1 \\ 1 & -1 \end{pmatrix}=\begin{pmatrix} 0 & 0 \\ 0 & 0 \end{pmatrix}=O$
이므로 $A^2=O$이지만 $A \neq O$이다.

합과 곱이 정의되는 두 행렬 A, B에 대하여 일반적으로 $AB \neq BA$이므로
① $(AB)^2 \neq A^2B^2$
② $(A+B)^2 \neq A^2+2AB+B^2$
③ $(A-B)^2 \neq A^2-2AB+B^2$

1852　학교기출 대표 유형

이차정사각행렬 A, B, C, D, X와 영행렬 O에 대하여 다음 중
항상 옳은 것은?

① $A(B+C)=(B+C)A$
② $A \neq O$, $B \neq O$이면 $AB \neq O$
③ $X=A$ 또는 $X=B$이면 $(X-A)(X-B)=O$
④ $(X-A)(X-B)=O$이면 $X=A$ 또는 $X=B$
⑤ $XA=XB$, $X \neq O$이면 $A=B$

1853

이차정사각행렬 A, B에 대하여 [보기]에서 옳은 것을 모두 고르면?
(단, E는 단위행렬, O는 영행렬이다.)

> ㄱ. $A+B=E$이면 $AB=BA$이다.
> ㄴ. $AB=BA$이면 $A^2-B^2=(A+B)(A-B)$이다.
> ㄷ. $(A+B)^2=(A-B)^2$이면 $AB=O$이다.
> ㄹ. $A^2+B^2=O$이면 $A=B=O$이다.

① ㄱ, ㄴ ② ㄱ, ㄷ ③ ㄴ, ㄹ
④ ㄱ, ㄴ, ㄷ ⑤ ㄴ, ㄷ, ㄹ

해설 내신연계문제

1856

두 이차정사각행렬 A, X가 등식 $(X-A)^2=O$를 만족시킬 때,
[보기]에서 옳은 것을 모두 고르면? (단, O는 영행렬이다.)

> ㄱ. $X=A$
> ㄴ. $(A-X)^3=O$
> ㄷ. $X(X-A)=(X-A)A$

① ㄴ ② ㄷ ③ ㄱ, ㄴ
④ ㄱ, ㄷ ⑤ ㄴ, ㄷ

1854

이차정사각행렬 A, B에 대하여 [보기]에서 옳은 것을 모두 고르면?
(단, O는 영행렬이다.)

> ㄱ. $A+B=O$이면 $AB=BA$이다.
> ㄴ. $AB=O$이고 $A \neq O$이면 $B=O$이다.
> ㄷ. $(A+B)(A-B)=A^2-B^2$이면
> $(A+B)^2=A^2+2AB+B^2$이다.

① ㄱ ② ㄴ ③ ㄱ, ㄴ
④ ㄱ, ㄷ ⑤ ㄱ, ㄴ, ㄷ

1857

두 이차정사각행렬 A, B가 등식 $A^2+BA=B^2+AB$를 만족시킬
때, [보기]에서 옳은 것을 모두 고르면? (단, O는 영행렬이다.)

> ㄱ. $(A+B)(A-B)=O$
> ㄴ. $(A-B)(A+B)=O$
> ㄷ. $A=B$ 또는 $A=-B$

① ㄱ ② ㄴ ③ ㄱ, ㄷ
④ ㄴ, ㄷ ⑤ ㄱ, ㄴ, ㄷ

해설 내신연계문제

모의고사 **핵심유형** 기출문제

1855

이차정사각행렬 A에 대하여 [보기]에서 옳은 것을 모두 고르면?
(단, E는 단위행렬, O는 영행렬이다.)

> ㄱ. $A^2=E$라 하면 $A=E$ 또는 $A=-E$이다.
> ㄴ. $(A-E)^2=O$라 하면 $A=E$이다.
> ㄷ. $A^7=A^5=E$라 하면 $A=E$이다.

① ㄴ ② ㄷ ③ ㄱ, ㄴ
④ ㄱ, ㄷ ⑤ ㄴ, ㄷ

1858

2006년 04월 고3 학력평가 가형 8번

이차정사각행렬 A, B에 대하여 [보기]에서 옳은 것을 모두 고르면?
(단, E는 단위행렬, O는 영행렬이다.)

> ㄱ. $A+B=E$이면 $A^2-B^2=A-B$이다.
> ㄴ. $A^2=2A$이면 $A=O$ 또는 $A=2E$이다.
> ㄷ. $AB=A$이고 $BA=B$이면 $AB=BA$이다.

① ㄱ ② ㄴ ③ ㄱ, ㄷ
④ ㄴ, ㄷ ⑤ ㄱ, ㄴ, ㄷ

해설 내신연계문제

유형 24 케일리 − 해밀턴 정리(교육과정 外)

(1) **케일리−해밀턴의 정리**
단위행렬 E와 영행렬 O가 모두 이차정사각행렬일 때,

$$A=\begin{pmatrix} a & b \\ c & d \end{pmatrix} \Rightarrow A^2-(a+d)A+(ad-bc)E=O$$

※참고 케일리 − 해밀턴의 정리의 역은 성립하지 않는다.

(2) **케일리−해밀턴의 정리의 활용**
$A=\begin{pmatrix} a & b \\ c & d \end{pmatrix}$에 대하여 $A^2-pA+qE=O$일 때,

① $A \neq kE$ (k는 실수)
➡ 케일리 − 해밀턴 정리를 이용하여
$p=a+d$, $q=ad-bc$의 값을 구한다.

② $A=kE$ (k는 실수)
➡ $A=kE$를 $A^2-pA+qE=O$에 대입하여 k의 값을 구한다.

 ① $A^2+A+E=O$이면 $A^3=E$이 성립한다.
② $A^2-A+E=O$이면 $A^3=-E$, $A^6=E$이 성립한다.

1859 학교기출 대표 유형

행렬 $A=\begin{pmatrix} -4 & 1 \\ -3 & 1 \end{pmatrix}$에 대하여 $A^2+kA=E$가 성립할 때, 상수 k의 값을 구하시오. (단, E는 단위행렬이다.)

1860 NORMAL

행렬 $A=\begin{pmatrix} a & 3 \\ 1 & b \end{pmatrix}$가 $A^2-4A+E=O$를 만족시킬 때, 실수 a, b에 대하여 a^2+b^2의 값은? (단, O는 영행렬, E는 단위행렬이다.)

① -8 ② -4 ③ 0
④ 4 ⑤ 8

1861 최다빈출 왕중요 TOUGH

행렬 $A=\begin{pmatrix} 1 & 2 \\ 3 & 4 \end{pmatrix}$에 대하여 $A^3+2A^2+3A+2E=pA+qE$가 성립할 때, 실수 p, q의 합 $p+q$의 값은? (단, E는 단위행렬이다.)

① 54 ② 56 ③ 58
④ 60 ⑤ 62

해설 내신연계문제

유형 25 행렬의 곱셈과 실생활 활용

주어진 조건에 맞게 식을 세우고 식을 행렬의 곱셈으로 나타내기
➡ 두 행렬 A, B의 곱 AB의 각 성분이 의미하는 것이 무엇인지 알아본다.

 주어진 표를 이용하여 구한 값을 행렬의 곱으로 표현하기

	P	Q
X	a	b
Y	c	d

$\times$

	C	D
P	p	q
Q	r	s

$=$

	C	D
X	x	y
Y	z	w

$$\begin{pmatrix} a & b \\ c & d \end{pmatrix}\begin{pmatrix} p & q \\ r & s \end{pmatrix}=\begin{pmatrix} x & y \\ z & w \end{pmatrix}$$

1862 학교기출 대표 유형

다음의 [표1]은 마트와 편의점에서의 복숭아와 참외의 개당 가격을 나타낸 것이고 [표2]는 영희와 철수가 구입한 복숭아와 참외의 개수를 나타낸 것이다.

(단위 : 원)

	복숭아	참외
마트	1200	900
편의점	1000	800

[표1]

(단위 : 개)

	영희	철수
복숭아	4	2
참외	3	5

[표2]

$A=\begin{pmatrix} 1200 & 900 \\ 1000 & 800 \end{pmatrix}$, $B=\begin{pmatrix} 4 & 2 \\ 3 & 5 \end{pmatrix}$라 할 때, 행렬 AB의 $(2, 2)$ 성분이 나타내는 것은?

① 마트에서의 영희의 지불 금액
② 마트에서의 철수의 지불 금액
③ 편의점에서의 영희의 지불 금액
④ 편의점에서의 철수의 지불 금액
⑤ 편의점에서의 영희와 철수의 지불 금액의 총합

1863 최다빈출 왕중요 NORMAL

어느 고등학교에서 1학년과 2학년 학생을 대상으로 스마트폰 통신사를 조사하였다. 다음의 [표 1]은 남학생과 여학생의 두 통신사 S사, K사의 선호도를 나타낸 것이고, [표 2]는 남학생과 여학생의 수를 나타낸 것이다.

(단위 : %)

	남학생	여학생
S사	70	40
K사	30	60

[표1]

(단위 : 명)

	1학년	2학년
남학생	100	120
여학생	135	140

[표2]

$A=\begin{pmatrix} 0.7 & 0.4 \\ 0.3 & 0.6 \end{pmatrix}$, $B=\begin{pmatrix} 100 & 120 \\ 135 & 140 \end{pmatrix}$라 할 때, 행렬 $AB=\begin{pmatrix} a & b \\ c & d \end{pmatrix}$에서 1학년 중 K사를 선호하는 학생 수를 나타내는 것은?

① a ② b ③ c
④ d ⑤ $a+b$

해설 내신연계문제

1864 

다음의 [표1]은 마트와 편의점에서 판매하는 과자 1봉지와 음료수 1캔의 가격을 나타낸 것이고, [표2]는 민규와 혜성이가 구입해야 하는 과자와 음료수의 수량을 나타낸 것이다.

(단위 : 원)

	과자	음료수
마트	1000	800
편의점	1500	1200

[표1]

	민규	혜성
과자	4봉지	5봉지
음료수	3캔	2캔

[표2]

$A = \begin{pmatrix} 1000 & 800 \\ 1500 & 1200 \end{pmatrix}$, $B = \begin{pmatrix} 4 & 5 \\ 3 & 2 \end{pmatrix}$라 할 때, 혜성이가 편의점에서 구입해야 하는 과자와 음료수의 총 가격을 나타내는 것은?

① AB의 $(1, 2)$ 성분   ② AB의 $(2, 1)$ 성분

③ BA의 $(1, 2)$ 성분   ④ BA의 $(2, 1)$ 성분

⑤ AB의 $(2, 2)$ 성분

해설 내신연계문제

1865

다음 표는 어느 고등학교의 1학년 1반, 2반의 국어, 수학 중간고사의 평균 점수를 나타낸 것이다.

	1반	2반
국어	70점	72점
수학	73점	66점

세 행렬 $A = \begin{pmatrix} 70 & 72 \\ 73 & 66 \end{pmatrix}$, $B = (32 \ 33)$, $C = \begin{pmatrix} 32 \\ 33 \end{pmatrix}$에 대하여 두 학급의 학생 전체의 수학 평균 점수를 나타내는 것은?
(단, 1반, 2반의 학급 인원 수는 각각 32, 33이다.)

① 행렬 BA의 $(1, 1)$ 성분   ② 행렬 AC의 $(2, 1)$ 성분

③ 행렬 $\dfrac{1}{65} BA$의 $(1, 1)$ 성분   ④ 행렬 $\dfrac{1}{65} AC$의 $(2, 1)$ 성분

⑤ 행렬 BAC의 $(2, 1)$ 성분

1866   2008년 04월 고3 학력평가 나형 29번

어느 제과회사에서는 표와 같이 구성된 '고소한 세트'와 '달콤한 세트'를 판매하고 있다. 각 세트에 들어가는 과자와 사탕의 한 봉 당 가격은 각각 500원, 800원이다. 이 회사에서 판매하는 '고소한 세트' 10개와 '달콤한 세트' 15개를 구입하려고 할 때, 필요한 금액을 나타내는 행렬은? (단, 가격할인이나 포장비용은 고려하지 않는다.)

	과자 (봉)	사탕 (봉)
고소한 세트	5	1
달콤한 세트	2	4

① $(500 \ 800) \begin{pmatrix} 5 & 1 \\ 2 & 4 \end{pmatrix} \begin{pmatrix} 10 \\ 15 \end{pmatrix}$ ② $(500 \ 800) \begin{pmatrix} 5 & 1 \\ 2 & 4 \end{pmatrix} \begin{pmatrix} 15 \\ 10 \end{pmatrix}$

③ $(800 \ 500) \begin{pmatrix} 5 & 1 \\ 2 & 4 \end{pmatrix} \begin{pmatrix} 10 \\ 15 \end{pmatrix}$ ④ $(10 \ 15) \begin{pmatrix} 5 & 1 \\ 2 & 4 \end{pmatrix} \begin{pmatrix} 500 \\ 800 \end{pmatrix}$

⑤ $(10 \ 15) \begin{pmatrix} 5 & 1 \\ 2 & 4 \end{pmatrix} \begin{pmatrix} 800 \\ 500 \end{pmatrix}$

해설 내신연계문제

1867   2005학년도 고3 수능기출 나형 8번

다음은 지난해에 어느 회사에서 생산한 두 제품 ㉮와 ㉯의 제품 한 개당 제조원가와 판매 가격 및 그 해 판매량을 나타낸 표이다.

가격 \ 제품명	㉮	㉯
제조원가	a_{11}	a_{12}
판매 가격	a_{21}	a_{22}

판매량 \ 제품명	상반기	하반기
㉮	b_{11}	b_{12}
㉯	b_{21}	b_{22}

위의 표를 각각 행렬 $A = \begin{pmatrix} a_{11} & a_{12} \\ a_{21} & a_{22} \end{pmatrix}$와 $B = \begin{pmatrix} b_{11} & b_{12} \\ b_{21} & b_{22} \end{pmatrix}$로 나타내고,

이 두 행렬의 곱 AB를 $AB = \begin{pmatrix} a & b \\ c & d \end{pmatrix}$라 하자.

제품 한 개당 판매 이익금을 판매 가격에서 제조원가를 뺀 값으로 정의할 때, [보기]에서 옳은 것을 모두 고른 것은?

> ㄱ. $a+b$는 지난해 상반기에 판매된 제품의 제조원가 총액이다.
>
> ㄴ. $c+d$는 지난해 1년 동안에 판매된 제품의 판매 총액이다.
>
> ㄷ. $d-b$는 지난해 하반기에 판매된 제품의 판매 이익금 총액이다.

① ㄱ   ② ㄴ   ③ ㄱ, ㄷ

④ ㄴ, ㄷ   ⑤ ㄱ, ㄴ, ㄷ

해설 내신연계문제

서술형 기출유형

1868

행렬 A의 (i, j) 성분 a_{ij}를 $a_{ij}=2i-j+a$ $(i=1, 2, 3, j=1, 2)$로 정의할 때, $A=\begin{pmatrix} 6 & x \\ y & 7 \\ 10 & z \end{pmatrix}$이다. 실수 x, y, z에 대하여 $x+y+z$의 값을 구하는 과정을 다음 단계로 서술하시오. (단, a는 상수이다.)

1단계 상수 a의 값을 구한다. [3점]
2단계 3×2행렬 A를 구한다. [4점]
3단계 실수 x, y, z에 대하여 $x+y+z$의 값을 구한다. [3점]

1869

두 행렬 $A=\begin{pmatrix} 1 & 1 \\ 0 & 1 \end{pmatrix}$, $B=\begin{pmatrix} 1 & 0 \\ 1 & 1 \end{pmatrix}$에 대하여 A^mB^n의 모든 성분의 합이 100일 때, $m-n$의 최댓값을 구하는 과정을 다음 단계로 서술하시오. (단, m, n은 자연수이다.)

1단계 두 행렬 A^m, B^n을 구한다. [3점]
2단계 행렬 A^mB^n을 구한다. [2점]
3단계 A^mB^n의 모든 성분의 합이 100일 때 자연수 m, n의 값을 각각 구한 후 $m-n$의 최댓값을 구한다. [5점]

1870 최다빈출 👑중요

이차정사각행렬 A에 대하여 $A\begin{pmatrix} 1 \\ 0 \end{pmatrix}=\begin{pmatrix} 1 \\ 2 \end{pmatrix}$이고 $A\begin{pmatrix} 0 \\ 1 \end{pmatrix}=\begin{pmatrix} 3 \\ 4 \end{pmatrix}$일 때, 행렬 $A\begin{pmatrix} -2 \\ 3 \end{pmatrix}$의 모든 성분의 합을 구하는 과정을 다음 단계로 서술하시오.

1단계 $A=\begin{pmatrix} a & b \\ c & d \end{pmatrix}$라 두고 $A\begin{pmatrix} 1 \\ 0 \end{pmatrix}=\begin{pmatrix} 1 \\ 2 \end{pmatrix}$임을 이용하여 a, c의 값을 구한다. [4점]
2단계 $A\begin{pmatrix} 0 \\ 1 \end{pmatrix}=\begin{pmatrix} 3 \\ 4 \end{pmatrix}$임을 이용하여 b, d의 값을 구한다. [4점]
3단계 $A\begin{pmatrix} -2 \\ 3 \end{pmatrix}$의 모든 성분의 합을 구한다. [2점]

해설 내신연계문제

1871

이차정사각행렬 A의 (i, j) 성분을 a_{ij}라 하자. x에 대한 이차방정식 $x^2+2ix+j=0$이 서로 다른 두 실근을 가지면 $a_{ij}=-1$, 중근을 가지면 $a_{ij}=0$, 허근을 가지면 $a_{ij}=1$일 때, 다음 단계로 그 과정을 서술하시오.

1단계 이차방정식의 판별식을 이용하여 이차정사각행렬 A를 구한다. [4점]
2단계 $A^n=E$를 만족시키는 자연수 n의 최솟값을 구한다. (단, E는 단위행렬이다.) [3점]
3단계 $A^{50}\begin{pmatrix} a \\ b \end{pmatrix}=\begin{pmatrix} 1 \\ 2 \end{pmatrix}$를 만족하는 실수 a, b에 대하여 $a+b$의 값을 구한다. [3점]

1872

이차정사각행렬 $X=\begin{pmatrix} a & b \\ c & d \end{pmatrix}$에 대하여 $D(X)=ad-bc$라 하자. 이차정사각행렬 $A=\begin{pmatrix} 1 & 1 \\ 0 & p \end{pmatrix}$에 대하여 $D(A^2)=D(5A)$를 만족시키는 모든 상수 p의 합을 구하는 과정을 다음 단계로 서술하시오.

1단계 $D(A^2)=D(5A)$를 p에 대한 식으로 나타낸다. [6점]
2단계 $D(A^2)=D(5A)$를 만족시키는 상수 p의 값을 구한다. [2점]
3단계 모든 상수 p의 값의 합을 구한다. [2점]

1873 최다빈출 👑중요

어느 고등학교의 두 학생회장 후보 A와 B에 대하여 투표를 실시한 결과, A후보는 남학생의 60%와 여학생의 40%가 지지하였고, B후보는 남학생의 40%와 여학생의 50%가 지지하였다. 남학생은 120명이고 여학생은 150명일 때, 행렬을 이용하여 당선자를 구하는 과정을 다음 단계로 서술하시오.

1단계 다음 빈칸에 알맞은 수를 써넣는다.
$$\begin{pmatrix} 0.6 & \boxed{} \\ \boxed{} & 0.5 \end{pmatrix}\begin{pmatrix} 120 \\ \boxed{} \end{pmatrix}=\begin{pmatrix} \boxed{} \\ \boxed{} \end{pmatrix}$$ [7점]
2단계 당선자를 구한다. [3점]

해설 내신연계문제

행복한 일등급문제

학교내신기출 고난도 핵심문제총정리

1874

두 행렬 $A=\begin{pmatrix} a & b \\ c & d \end{pmatrix}$, $B=\begin{pmatrix} a-1 & b \\ c & d-1 \end{pmatrix}$에 대하여 $A^2=B^2$이 성립할 때, 행렬 A의 모든 성분의 합은? (단, a, b, c, d는 실수이다.)

① $\dfrac{1}{2}$ ② 1 ③ $\dfrac{3}{2}$

④ 2 ⑤ $\dfrac{5}{2}$

1875

두 행렬의 곱 $\begin{pmatrix} n-1 & 12-4n \end{pmatrix}\begin{pmatrix} n^2-4n+4 \\ n-1 \end{pmatrix}$의 성분이 소수가 되도록 하는 자연수 n의 값을 구하시오.

1876 최다빈출 왕중요

좌표평면에서 두 점 A(a, b), B(c, d)에 대하여 이차정사각행렬 X를 $X=\begin{pmatrix} a & b \\ c & d \end{pmatrix}$라 하고 삼각형 OAB의 넓이를 $S(X)$라 하자.

이차정사각행렬 $T=\begin{pmatrix} 2 & 0 \\ 1 & p \end{pmatrix}$에 대하여 등식

$$S(T^2)=S(4T)$$

를 만족시키는 양의 실수 p의 값을 구하시오.
(단, O는 원점이고 세 점 O, A, B는 일직선 위에 있지 않다.)

해설 내신연계문제

1877

두 이차정사각행렬 A, B가 $A+B=O$, $AB=E$를 만족할 때, $(A+B)+(A^2+B^2)+(A^3+B^3)+\cdots+(A^{2026}+B^{2026})$의 모든 성분의 합은? (단, O는 영행렬, E는 단위행렬이다.)

① -4 ② -2 ③ 0

④ 2 ⑤ 4

1878

행렬 $A=\begin{pmatrix} a & b \\ c & d \end{pmatrix}$에서 a와 d는 이차방정식 $x^2+x-2=0$의 두 근이고 b와 c는 이차방정식 $x^2-4x-3=0$의 두 근일 때, $A+A^2+\cdots+A^{10}$의 모든 성분의 합을 구하시오.

1879

행렬 $A=\begin{pmatrix} 0 & 1 \\ 1 & 0 \end{pmatrix}$에 대하여 이차정사각행렬 P가 다음 두 조건을 만족시킨다.

(가) $AP=PA$
(나) 행렬 P의 모든 성분의 합은 10이다.

이때 행렬 P^2의 모든 성분의 합을 구하시오.

1880

이차정사각행렬 A는 모든 성분의 합이 0이고 $A^2+A^3=-2A-2E$ 를 만족시킨다. 행렬 A^4+A^5의 모든 성분의 합을 구하시오. (단, E는 단위행렬이다.)

1881

행렬 $A=\begin{pmatrix}1 & 1 \\ a & a\end{pmatrix}$와 이차정사각행렬 B가 다음 조건을 만족시킬 때, 행렬 $A+B$의 $(1, 2)$ 성분과 $(2, 1)$ 성분의 합은?

> (가) $B\begin{pmatrix}1 \\ -1\end{pmatrix}=\begin{pmatrix}0 \\ 0\end{pmatrix}$이다.
> (나) $AB=3A$이고 $BA=6B$이다.

① 1   ② 3   ③ 5
④ 7   ⑤ 9

1882

2013년 04월 고3 학력평가 A형 28번

두 이차정사각행렬 A, B의 (i, j) 성분을 각각 a_{ij}, b_{ij}라 할 때, $a_{ij}+a_{ji}=0$, $b_{ij}-b_{ji}=0$ $(i=1, 2, j=1, 2)$이 성립한다.

두 행렬 A, B가 $2A-B=\begin{pmatrix}1 & 2 \\ -2 & 4\end{pmatrix}$를 만족시킬 때, 행렬 A^2-B의 $(2, 2)$ 성분을 구하시오.

> 해설 내신연계문제

1883

2010년 03월 고3 학력평가 나형 24번

행렬 $A=\begin{pmatrix}0 & 1 \\ -1 & 1\end{pmatrix}$에 대하여 자연수 m, n은 다음 조건을 만족시킨다.

> (가) $A^m=A^n$
> (나) m, n은 100 이하의 서로 다른 자연수이다.

$|m-n|$의 최댓값을 p, 최솟값을 q라 할 때, $p+q$의 값을 구하시오.

> 해설 내신연계문제

리플리 증후군(RIPLEY SYNDROME)

리플리 증후군은 자신의 상상 속 허구를 사실로 믿는 심리적 장애로, 패트리샤 하이스미스의 1955년에 출간된 소설 [The Talented Mr. Ripley]의 주인공에서 유래했다. '리플리 증후군'이라는 용어 자체는 의학용어가 아니다. 증상은 의학적으로 '공상허언증'으로 불리며, 자신이 상상하는 거짓 세계를 사실로 믿는다. 이러한 증상을 가진 사람들은 주로 자신이 결여된 것에 대한 컴플렉스로 인해 다른 사람의 신분을 사칭하고, 그 거짓말에서 위안을 얻는다.

소설 속 주인공 톰 리플리는 도덕 관념이 부족하고 폭력성이 있는 청년으로, 부를 타고났으며 사교계의 명사인 디키 그린리프를 살해하고 그의 신분으로 인생을 즐기지만, 결국 범죄가 드러나게 된다. 이 소설은 5부작으로 완결(1991년 완결)되었고, 1960년 프랑스 영화 <태양은 가득히>로 처음 영화화 되었으며 1999년 맷 데이먼과 귀네스 펠트로 주연의 영화 <리플리>로 재해석 되기도 했다.

리플리 증후군은 성취욕구가 강하지만 무능한 개인이 현실에서 원하는 것을 이루지 못할 때 발생한다. 이들은 반복적인 거짓말을 진실로 믿고 행동하며, 피해의식과 열등감에 시달린다. 1970년대부터 정신과 의사들의 연구 대상이 되었으며, 현실 부정과 타인의 삶에 대한 동경, 과도한 집착 등이 원인으로 알려져 있다. 또한, 충동적인 행동과 난독증, 감정조절장애와 같은 뇌기능 장애가 동반 되기도 한다. 심리학에서는 인지부조화 상태를 해결하려는 방법으로 리플리증후군이 발생할 가능성이 있다고 설명하기도 한다.

© Photo by Alexander Mils on Unsplash

FINAL TEST

내신 1등급

1학기
중간고사
모의평가

총 4회 / 100문제

Ⅰ. 다항식 (1) 다항식의 연산 부터
Ⅱ. 방정식과 부등식 (4) 여러 가지 방정식 까지

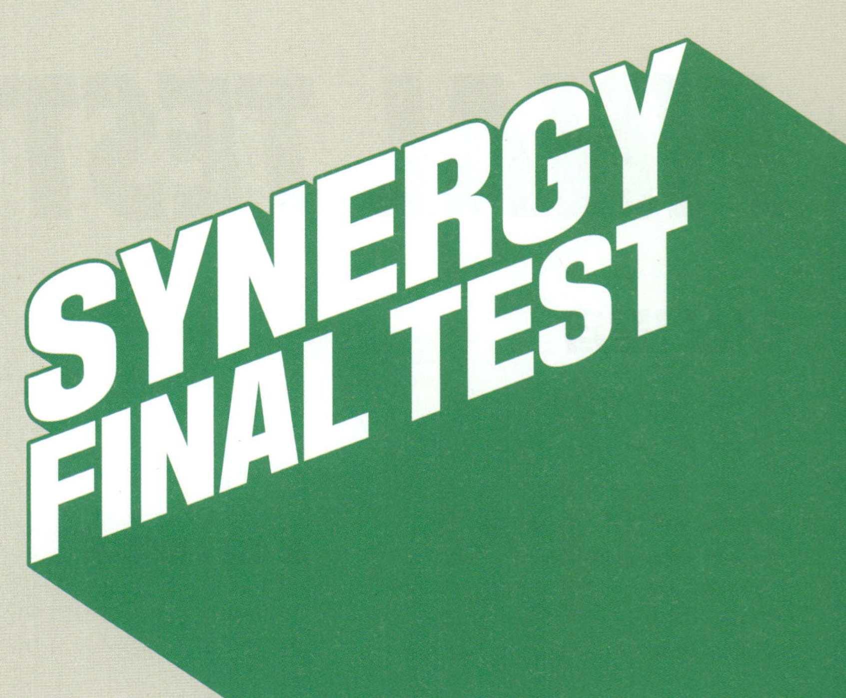
SYNERGY
FINAL TEST

FINAL STEP 내신 일등급 모의고사

1학기 중간고사 모의평가 01 회

[시험 범위]
Ⅰ. 다항식
　(1) 다항식의 연산 부터
Ⅱ. 방정식과 부등식
　(4) 여러 가지 방정식 까지

시험시간 : 50분

01
5지선다 3점

세 다항식 $A=-x^3-x^2+5$, $B=x^2-2x$, $C=3x^3+4x$에 대하여
$A+B-2(B-3C)$를 계산하면?

① $6x^3-2x^2+3x-7$
② $15x^3-5x^2-2x+7$
③ $17x^3-2x^2-23x+5$
④ $17x^3-2x^2+26x+5$
⑤ $17x^3-5x^2-27x-7$

02
5지선다형 3점

$(\sqrt{2}-i)(2+\sqrt{-8})+\dfrac{18}{2\sqrt{2}-i}=a+bi$ 꼴로 나타내었을 때, ab의

값은? (단, a, b는 실수이고 $i=\sqrt{-1}$)

① 16　　　　② 32　　　　③ $16\sqrt{2}$
④ $18\sqrt{2}$　　　⑤ $32\sqrt{2}$

03
5지선다형 3점

등식 $(x^2+x-3)^3=a_0+a_1x+\cdots+a_5x^5+a_6x^6$이 x에 대한 항등식
일 때, $a_0+a_2+a_4+a_6$의 값은? (단, a_0, a_1, a_2, $\cdots a_6$은 상수이다.)

① -18　　　② -16　　　③ -14
④ -12　　　⑤ -10

04
5지선다형 3점

두 다항식 $P(x)$, $Q(x)$를 $x+5$로 나누었을 때의 나머지가 각각
2, 6일 때, 다항식 $3P(x)+2Q(x)$를 $x+5$로 나누었을 때의
나머지는?

① 12　　　　② 14　　　　③ 16
④ 18　　　　⑤ 20

05
5지선다형 4점

다항식 $(x^2-4x)^2-x^2+4x-12$가 $(x+a)(x+b)(x^2-cx-c)$로
인수분해될 때, 세 상수 a, b, c에 대하여 $a+b+c$의 값은?

① 0　　　　② 1　　　　③ 2
④ 3　　　　⑤ 4

06
5지선다형 4점

이차함수 $y=x^2-3x-1$의 그래프와 직선 $y=2x+1$이 만나는 두
교점의 x좌표의 합은?

① 1　　　　② 2　　　　③ 3
④ 4　　　　⑤ 5

07

5지선다형 4점

다음 그림과 같은 직육면체 모양의 상자가 있다. 이 상자의 겉넓이는 36이고, 모든 모서리의 길이의 합은 32일 때, 이 상자의 대각선 $\overline{AG}$의 길이는?

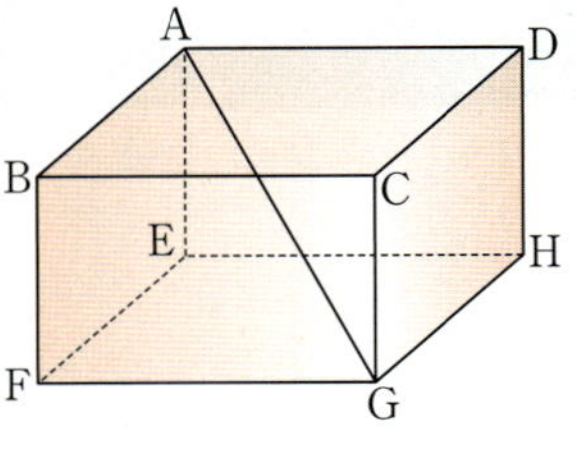

① $2\sqrt{6}$ ② $2\sqrt{7}$ ③ $4\sqrt{2}$

④ 6   ⑤ $2\sqrt{10}$

5지선다형 4점

복소수 $z=(1+i)x-(3+2i)$에 대하여 z^2이 음의 실수일 때, 실수 x의 값은?

① 1   ② 2   ③ 3

④ 4   ⑤ 5

5지선다형 4점

오른쪽 그림과 같이 이차함수 $y=3x^2-6x+a$의 그래프가 x축과 두 점 A$(-2,\ 0)$, B$(b,\ 0)$에서 만날 때, 실수 $a,\ b$에 대하여 $a+b$의 값은?

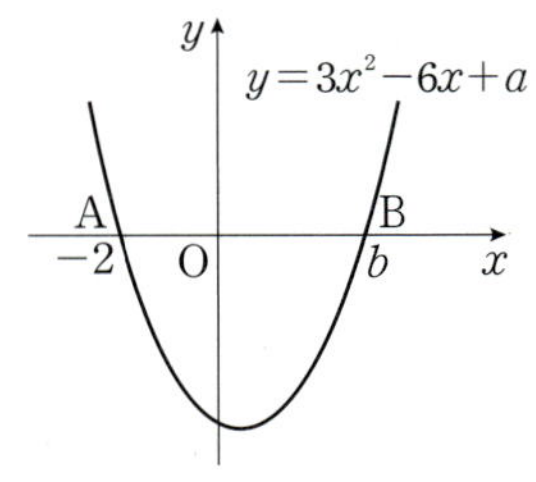

① -24 ② -20 ③ -16

④ -12 ⑤ -10

5지선다형 4점

방정식 $x^3+1=0$의 한 허근을 ω라고 할 때, 다음 식

$$\frac{\omega+\overline{\omega}}{\omega\overline{\omega}}+\frac{1}{1-\omega}+\frac{1}{1-\overline{\omega}}$$

의 값은? (단, $\overline{\omega}$는 ω의 켤레복소수이다.)

① -4 ② -2 ③ 1

④ 2   ⑤ 4

11

5지선다형 4점

이차방정식 $x^2+7x+9=0$의 두 근을 $\alpha,\ \beta$라 할 때, $(\sqrt{\alpha}-\sqrt{\beta})^2$의 값은?

① -13 ② -7 ③ -3

④ -1 ⑤ 3

5지선다형 4점

다항식 $(x+1)(x+3)(x+5)(x+7)+k$가 x에 대한 이차식의 완전제곱꼴로 인수분해될 때, 상수 k의 값은?

① -24 ② -5 ③ 16

④ 39   ⑤ 64

13

5지선다형 4점

x에 대한 이차방정식 $x^2-(a-3)x+2a+4=0$의 두 근이 모두 정수가 되도록 하는 모든 실수 a의 값의 합은?

① 28   ② 14   ③ 0
④ −14   ⑤ −28

14

5지선다형 4점

이차항의 계수가 1인 이차함수 $f(x)$가 다음 조건을 모두 만족시킨다. 함수 $y=f(x)$의 그래프와 x축이 만나는 점의 좌표를 $(a,\ 0)$, $(b,\ 0)$이라 할 때, 상수 a, b에 대하여 $a+b$의 값은?

> (가) 모든 실수 x에 대하여 $f(2-x)=f(2+x)$
> (나) 이차방정식 $f(x)=-1$은 중근을 갖는다.

① 2   ② 3   ③ 4
④ 5   ⑤ 6

15

5지선다형 4점

밑면의 반지름의 길이가 r, 높이가 h인 원기둥 모양의 용기에 대하여 $2r-h=10$, $2r^2+h^2=76$일 때, 이 용기의 부피는? (단, 용기의 두께는 무시한다.)

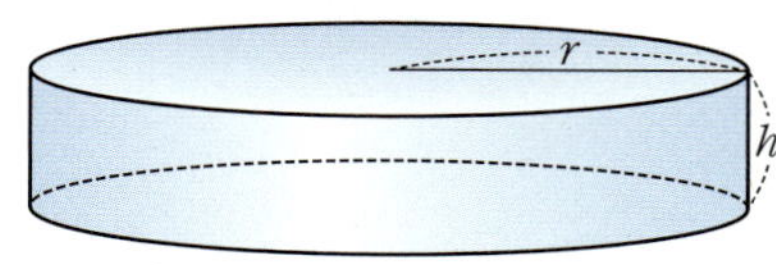

① 45π ② 54π ③ 63π
④ 72π ⑤ 81π

16

5지선다형 4점

이차함수 $y=x^2+2(a+k)x+k^2+6k+b$의 그래프가 실수 k의 값에 관계없이 항상 x축에 접할 때, ab의 값은? (단, a, b는 상수이다.)

① −18   ② −9   ③ 18
④ 27   ⑤ 36

17

5지선다형 4점

삼차방정식 $x^3-3x^2+kx-3k=0$이 중근을 갖도록 하는 모든 실수 k의 값의 합은?

① −18   ② −16   ③ −12
④ −9   ⑤ −8

18

5지선다형 4점

연립방정식 $\begin{cases} x-2y=3 \\ x^2+y^2=a \end{cases}$ 가 오직 한 쌍의 해를 가질 때, 실수 a의 값은?

① $\dfrac{2}{5}$ ② $\dfrac{3}{5}$ ③ $\dfrac{7}{5}$
④ $\dfrac{9}{5}$ ⑤ $\dfrac{11}{5}$

19

5지선다형 5점

x에 대한 이차방정식 $x^2-2(a-2)x+a^2=0$이 허근 z를 가진다. 이때 z^3이 실수가 되도록 하는 모든 실수 a의 값의 합은?

① $\dfrac{13}{3}$　　　② $\dfrac{14}{3}$　　　③ 5

④ $\dfrac{16}{3}$　　　⑤ $\dfrac{17}{3}$

20

5지선다형 6점

x에 대한 이차방정식 $x^2-6x+a=0$의 서로 다른 두 근을 α_1, β_1이라 하고 x에 대한 이차방정식 $x^2-4bx-2=0$의 서로 다른 두 근을 α_2, β_2라 하자. $\beta_1+\beta_2=2-i$일 때, 실수 a, b에 대하여 $2ab$의 값은? (단, $i=\sqrt{-1}$)

①　1　　　②　3　　　③ 5

④ -3　　　⑤ -5

21

단답형 3점

연립방정식 $\begin{cases} x^2-xy-2y^2=0 \\ 2x^2+y^2=9 \end{cases}$ 을 만족하는 실수 x, y에 대하여 xy의 최댓값을 구하시오.

22

단답형 4점

두 다항식 $f(x)$, $g(x)$에 대하여 $f(x)$를 $g(x)$로 나누었을 때의 몫은 $Q(x)$이고 나머지는 $g(x)-4x$이다. 또한, $Q(x)$를 $g(x)$로 나누면 몫이 $x-2$이고 나머지가 1이다. $f(x)$를 x^2-1로 나눈 나머지를 $R(x)$라 하자. $f(2)=6$일 때, $R(2)$의 값을 구하시오.

23

단답형 5점

두 이차함수 $f(x)=(x+1)^2+k$, $g(x)=-(x-4)^2$의 그래프에 동시에 접하는 서로 다른 접선의 개수가 2일 때, 두 접선의 기울기의 곱의 최댓값을 구하시오. (단, k는 정수이다.)

24

서술형 4점

다음 두 등식을 모두 만족하는 실수 x에 대하여
$|1-5x|+5\sqrt{(x-9)^2}$의 값을 구하는 과정을 다음 단계로 서술하시오.

(가) $\sqrt{x-7}\sqrt{4-x}=-\sqrt{(x-7)(4-x)}$

(나) $\dfrac{\sqrt{x+2}}{\sqrt{x-6}}=-\sqrt{\dfrac{x+2}{x-6}}$

[1단계] 실수 x의 값의 범위를 구한다. [3점]
[2단계] $|1-5x|+5\sqrt{(x-9)^2}$의 값을 구한다. [1점]

25

서술형 5점

계수가 실수인 삼차방정식 $x^3+ax^2+x+b=0$의 한 근이 $2+i$일 때, 나머지 두 근을 구하는 과정을 다음 단계로 서술하시오.
(단, $i=\sqrt{-1}$)

[1단계] $x=2+i$를 삼차방정식에 대입하여 실수부분과 허수부분으로 정리한다. [1점]
[2단계] 두 복소수가 서로 같을 조건을 이용하여 실수 a, b의 값을 구한다. [1점]
[3단계] 인수정리와 조립제법을 이용하여 나머지 두 근을 구한다. [3점]

FINAL STEP 내신 일등급 모의고사
1학기 중간고사 모의평가 02 회

[시험 범위]
I. 다항식
 (1) 다항식의 연산 부터
II. 방정식과 부등식
 (4) 여러 가지 방정식 까지

시험시간 : 50분

01
5지선다 3점

다항식 $(x^3-5x^2+x+2)(x^2-3x+6)$의 전개식에서 x^4의 계수를 a, x^2의 계수를 b라 할 때, $a-b$의 값은?

① 20　　　② 21　　　③ 22
④ 23　　　⑤ 24

02
5지선다형 3점

등식 $3iz+2\overline{z}=8+7i$를 만족시키는 복소수 $z\overline{z}$의 값은?
(단, $i=\sqrt{-1}$이고 $\overline{z}$는 z의 켤레복소수이다.)

① 1　　　② 2　　　③ 3
④ 4　　　⑤ 5

03
5지선다형 3점

등식 $(k+2)x+3ky-(4+5k)=0$이 k의 값에 관계없이 항상 성립할 때, 상수 x, y에 대하여 x^3+y^3의 값은?

① 1　　　② 5　　　③ 9
④ 13　　　⑤ 17

04
5지선다형 3점

이차방정식 $x^2-x+3=0$의 두 근을 α, β라고 할 때, $\alpha^3+\beta^3-3\alpha\beta$의 값은?

① -11　　　② -13　　　③ -15
④ -17　　　⑤ -21

05
5지선다형 4점

$\dfrac{49^6-1}{(49^2+1)^2-49^2}$을 계산하면?

① 2200　　　② 2300　　　③ 2400
④ 2500　　　⑤ 2600

06
5지선다형 4점

다항식 $-x^3+ax^2+bx-3$을 $x-1$로 나누었을 때의 나머지가 2이고 $x-3$으로 나누었을 때의 나머지가 12이다. 이 다항식을 $x+2$로 나누었을 때의 나머지는? (단, a, b는 상수이다.)

① 16　　　② 17　　　③ 18
④ 19　　　⑤ 20

07

5지선다형 4점

이차함수 $y=f(x)$의 그래프가 x축과 서로 다른 두 점 $(\alpha, 0)$, $(\beta, 0)$에서 만나고 $\alpha+\beta=-4$일 때, 방정식 $f(2x-3)=0$의 모든 실근의 합은?

① 1   ② 2   ③ 3
④ 4   ⑤ 5

08

5지선다형 4점

다항식 $P(x)$를 $6x-2$로 나누었을 때의 몫을 $Q_1(x)$, 나머지를 R_1이라 하고 $x-\dfrac{1}{3}$로 나누었을 때의 몫을 $Q_2(x)$, 나머지를 R_2라 할 때, $\dfrac{Q_2(x)}{Q_1(x)}+\dfrac{R_2}{R_1}$의 값은? (단, $Q_1(x)\neq 0$, $R_1\neq 0$)

① 5   ② 7   ③ 9
④ 11   ⑤ 13

09

5지선다형 4점

최고차항의 계수가 1인 이차방정식 $f(x)=0$의 두 근을 α, β라 하자. $\alpha+\beta=4$이고 이차함수 $y=f(x)$의 그래프의 꼭짓점이 직선 $y=2x-10$ 위에 있을 때, $f(0)$의 값은?

① -2 ② -1 ③ 0
④ 1   ⑤ 2

10

5지선다형 4점

$x^2-2x-1=0$일 때, $\dfrac{1+x^4}{x^2}+\dfrac{1-x^6}{x^3}$의 값은?

① -12 ② -10 ③ -8
④ 6   ⑤ 8

11

5지선다형 4점

모든 실수 x에 대하여 등식
$(x^2+x+1)^4=a_0+a_1x+a_2x^2+\cdots+a_8x^8$이 성립할 때, 다음과 같이 정의된 네 상수 α, β, γ, δ에 대하여 $\alpha+\beta+\gamma+\delta$의 값은? (단, $a_0, a_1, a_2, \cdots, a_8$은 상수이다.)

> (가) $a_0+a_1+a_2+a_3+a_4+a_5+a_6+a_7+a_8=\alpha$
> (나) $a_0-a_1+a_2-a_3+a_4-a_5+a_6-a_7+a_8=\beta$
> (다) $a_0+a_2+a_4+a_6+a_8=\gamma$
> (라) $a_1+a_3+a_5+a_7=\delta$

① 98   ② 108   ③ 123
④ 142   ⑤ 163

12

5지선다형 4점

$x^4-2x^3+ax^2+bx+2$가 $(x-1)(x-2)f(x)$로 인수분해될 때, $f(1)$의 값은? (단, a, b는 상수이다.)

① 3   ② 4   ③ 5
④ 6   ⑤ 7

13

이차방정식 $ax^2+bx+c=0$을 푸는데 근의 공식을

$x=\dfrac{-b\pm\sqrt{b^2-ac}}{a}$로 잘못 적용하여 풀었더니 두 근 4, -2를 얻

었다. 원래의 이차방정식의 두 근을 α, β라 할 때, $\alpha^3+\beta^3$의 값은?

(단, a, b, c는 실수이다.)

① 1   ② 8   ③ 16

④ 25   ⑤ 36

14

방정식 $x^3=1$의 한 허근을 ω라 하고 자연수 n에 대하여

$f(n)=\dfrac{\omega^n}{1+\omega^{2n}}$이라 할 때, $f(1)+f(2)+f(3)+f(4)+\cdots+f(19)$의

값은?

① -10 ② $-\dfrac{1}{2}$ ③ -1

④ $\dfrac{1}{2}$ ⑤ 10

15

두 이차함수

$$f(x)=x^2-(k+2)x+k+5, \quad g(x)=x^2+2(k+1)x+2k+10$$

의 그래프가 x축과 만나는 점의 개수를 각각 a, b라 할 때,

$a^2+b^2=5$를 만족시키는 모든 실수 k의 값의 곱은?

① -18 ② -16 ③ 16

④ 18   ⑤ 20

16

이차방정식 $x^2+6x+4=0$의 두 근을 α, β라고 할 때,

$\dfrac{1}{\sqrt{\alpha}}+\dfrac{1}{\sqrt{\beta}}$의 값은? (단, $i=\sqrt{-1}$)

① $\sqrt{3}i$ ② $\dfrac{\sqrt{10}i}{2}$ ③ $\sqrt{2}i$

④ $-\sqrt{2}i$ ⑤ $-\dfrac{\sqrt{10}i}{2}$

17

최고차항의 계수가 1인 두 이차함수 $f(x)$, $g(x)$가 다음 조건을

만족시킬 때, $f(2)+g(4)$의 값은?

> (가) $f(x)g(x)=(x^2-4x+1)(x^2-4x+7)+8$
> (나) 방정식 $f(x)=0$의 실근은 존재하지 않는다.

① -4 ② -2 ③ 0

④ 2   ⑤ 4

18

복소수 $z=\dfrac{1}{i}$일 때, $z^n+z=0$을 만족하는 100 이하의 자연수 n의

개수는? (단 $i=\sqrt{-1}$)

① 15   ② 25   ③ 30

④ 35   ⑤ 50

19

5지선다형 5점

오른쪽 그림과 같이 한 변의 길이가 8인 정사각형 ABCO에서 선분 OC 위의 점 D에 대하여 $\overline{\text{OD}}=4$, 선분 BC 위의 점 E에 대하여 $\overline{\text{CE}}=6$이다.
선분 DE 위의 점 P에서 x축에 내린 수선의 발을 F, 선분 AB에 내린 수선의 발을 G라, 사각형 PFAG의 넓이의 최댓값은? (단, O는 원점이다.)

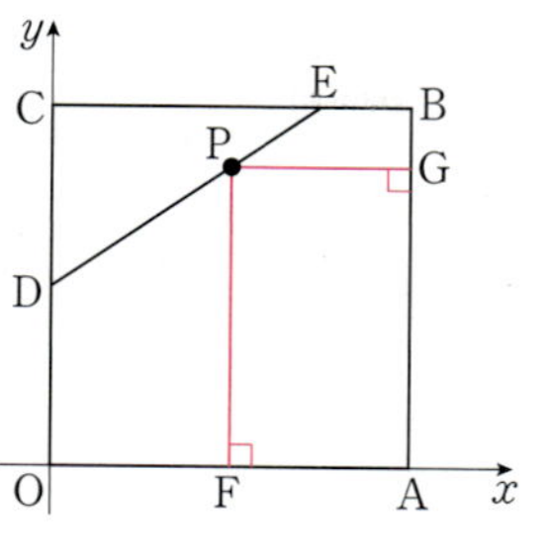

① $\dfrac{98}{3}$ ② 33   ③ $\dfrac{100}{3}$

④ $\dfrac{101}{3}$ ⑤ 34

20

5지선다형 6점

연립방정식 $\begin{cases} 3x-y-1=0 \\ x^2-3xy+y^2=5 \end{cases}$ 를 만족시키는 두 실수 x, y에 대하여 모든 $x+y$의 값의 합은?

① 5   ② 10   ③ 15
④ 20   ⑤ 25

21

단답형 3점

그림과 같이 직사각형 A의 세로의 길이는 $(x-1)^2$이고, 세 직사각형 A, B, C의 넓이는 각각 x^3-3x+a, $x^2+3ax+8$, $2x^3+9x^2+3ax+8$이다.
직사각형 C의 가로의 길이가 bx^2+x+c일 때, $a+b+c$의 값을 구하시오.
(단, $x>0$이고 a, b, c는 상수이다.)

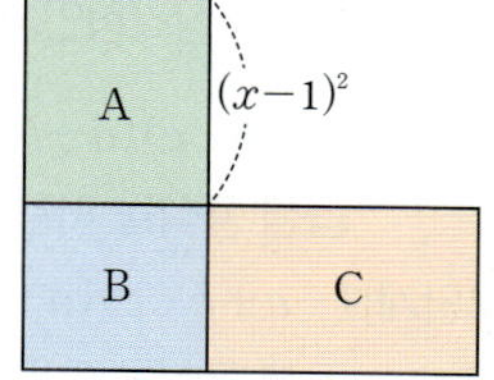

22

단답형 4점

복소수 $z=\dfrac{1}{1+i}-\dfrac{1}{1-i}$에 대하여 $f(n)=z+z^2+z^3+\cdots+z^n$이라 할 때, $\{f(n)\}^2$이 음의 실수가 되도록 하는 20 이하의 자연수 n의 값의 합을 구하시오. (단, $i=\sqrt{-1}$)

23

단답형 5점

이차이상의 다항식 $f(x)$를 $x-3$으로 나누었을 때 몫은 $Q(x)$, 나머지는 R_1이다. 몫 $Q(x)$를 $x-3$으로 나누었을 때의 나머지는 $\dfrac{1}{R_1}$일 때, 다항식 $\{f(x-1)\}^2-R_1^2$을 $(x-4)^2$으로 나눈 나머지를 $R(x)$라 하자. $R(6)$의 값을 구하시오.

삼각형 ABC의 세 변의 길이 a, b, c가
$(a+b+c)(a-b+c)=(-a+b+c)(a+b-c)$를 만족시킬 때, 이 삼각형은 어떤 삼각형인지 구하는 과정을 다음 단계로 서술하시오.

[1단계] $(a+b+c)(a-b+c)$에서 공통부분이 생기도록 묶어 곱셈 공식을 이용하여 전개한 식을 구한다. [1점]
[2단계] $(-a+b+c)(a+b-c)$에서 공통부분이 생기도록 묶어 곱셈 공식을 이용하여 전개한 식을 구한다. [1점]
[3단계] a, b, c의 관계식으로부터 삼각형의 모양을 구한다. [2점]

이차함수 $y=ax^2+bx+c$의 그래프가 직선 $y=m_1 x+n_1$과 만나는 두 점의 x좌표를 α_1, β_1이라 하고 직선 $y=m_2 x+n_2$와 만나는 두 점의 x좌표를 α_2, β_2라 할 때, $\alpha_1+\beta_1=\alpha_2+\beta_2$이면 두 직선이 어떤 관계에 있는지 구하는 과정을 다음 단계로 서술하시오.
(단, $n_1 \neq n_2$)

[1단계] 이차함수의 그래프와 직선의 두 교점의 x좌표를 근으로 갖는 이차방정식을 구한다. [2점]
[2단계] 이차방정식의 근과 계수의 관계를 이용하여 $\alpha_1+\beta_1$, $\alpha_2+\beta_2$의 값을 구한다. [2점]
[3단계] $\alpha_1+\beta_1=\alpha_2+\beta_2$를 이용하여 두 직선이 어떤 관계에 있는지 구한다. [1점]

FINAL STEP 내신 일등급 모의고사

1학기 중간고사 모의평가 03 회

[시험 범위]
Ⅰ. 다항식
　(1) 다항식의 연산 부터
Ⅱ. 방정식과 부등식
　(4) 여러 가지 방정식 까지

시험시간 : 50분

01
5지선다형 3점

등식 $x^2+ax-7=x(x-4)+b$가 x에 대한 항등식일 때, $a-b$의 값은? (단, a, b는 상수이다.)

① 1　　　　② 2　　　　③ 3
④ 4　　　　⑤ 5

02
5지선다형 3점

$a-b=6$, $b-c=-2$일 때, $a^2+b^2+c^2-ab-bc-ca$의 값은?

① 16　　　　② 20　　　　③ 28
④ 32　　　　⑤ 34

03
5지선다형 3점

복소수 $z=1+\sqrt{3}\,i$에 대하여 z^3-2z^2+3z+1의 값은?
(단, $i=\sqrt{-1}$)

① -3　　　　② $-\sqrt{3}\,i$　　　　③ -1
④ $2-\sqrt{3}\,i$　　　　⑤ $\sqrt{3}$

04
5지선다형 3점

다항식 x^3+ax^2+3x+b는 $x+1$로 나누어떨어지고 $x-2$로 나누면 나머지가 15이다. 상수 a, b에 대하여 a^2+b^2의 값은?

① 16　　　　② 20　　　　③ 24
④ 26　　　　⑤ 32

05
5지선다형 4점

이차방정식 $x^2-(3k+6)x+16k=0$의 두 근의 비가 $1:2$일 때, 상수 k의 값은?

① -2　　　　② -1　　　　③ 0
④ 1　　　　⑤ 2

06
5지선다형 4점

점 $(-1,\ 2)$를 지나고 이차함수 $y=-x^2+3x+5$의 그래프와 접하는 두 직선의 기울기의 합은?

① -15　　　　② -10　　　　③ -5
④ 10　　　　⑤ 15

인수분해 공식을 이용하여 $\dfrac{2008^3-1}{2008\times 2009+1}+\dfrac{3221^3+1}{3220\times 3221+1}$ 의 값을 계산하면?

① 5290　② 5295　③ 5229
④ 5310　⑤ 5315

x에 대한 두 이차방정식

$$x^2+(2m+1)x+5=0,\ 2x^2+mx-15m=0$$

이 오직 하나의 공통근이 존재할 때 상수 m과 공통근의 합은?

① -4　② $-\dfrac{7}{2}$　③ -3
④ $-\dfrac{5}{2}$　⑤ -2

오른쪽 그림과 같은 직육면체의 겉넓이가 54이고 삼각형 BGD에서 $\overline{BD}^2+\overline{BG}^2+\overline{DG}^2=180$일 때, 직육면체의 모든 모서리의 길이의 합은?

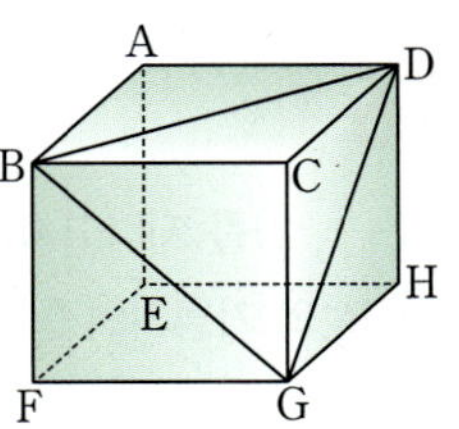

① 24　② 36　③ 48
④ 56　⑤ 64

등식 $(p+2qi)^2=-16i$를 만족시키는 두 실수 p, q는 x에 대한 이차방정식 $x^2+ax+b=0$의 두 실근이다. 두 상수 a, b에 대하여 a^2+b^2의 값은? (단, $p>0$이고 $i=\sqrt{-1}$)

① 16　② 18　③ 20
④ 22　⑤ 24

세 변의 길이가 a, b, c인 삼각형 ABC가 다음 조건을 만족시킬 때, 삼각형 ABC의 둘레의 길이는?

(가) $a^3-a^2b+ac^2+ab^2-b^3-bc^2=0$
(나) $5a+3b=5c$
(다) 삼각형 ABC의 넓이는 48이다.

① 30　② 32　③ 34
④ 36　⑤ 38

연립방정식 $\begin{cases} ax-y=5 \\ x+y=7 \end{cases}$ 의 해가 연립방정식 $\begin{cases} x-y=b \\ x^2+y^2=25 \end{cases}$ 를 만족시킨다고 할 때, 실수 a, b에 대하여 $a-b$의 값은? (단, $b<0$)

① 2　② 4　③ 6
④ 8　⑤ 10

13

복소수 z에 대하여 $z^2=9+12i$일 때, $z\bar{z}$ 의 값은? (단, $i=\sqrt{-1}$)

① 10 ② 13 ③ 15
④ 19 ⑤ 21

14

수지는 불우 이웃 돕기 성금을 마련하기 위하여 친구들과 함께 카드를 만들어 팔기로 하였다. 한 개당 1000원의 이익을 남기고 팔면 하루에 64개를 팔 수 있는데, 한 개당 이익금을 100원 줄일 때마다 하루에 8개씩 더 팔린다고 한다. 이때 수지가 하루의 이익을 최대로 하기 위해서는 한 개당 얼마의 이익을 남기고 팔아야 하는가?

① 700원 ② 900원 ③ 1100원
④ 1300원 ⑤ 1500원

15

두 다항식 $f(x)$, $g(x)$에 대하여 $f(x)+g(x)$를 $x-3$으로 나누었을 때의 나머지가 3이고 다항식 $f(x)g(x)$를 $x-3$으로 나누었을 때의 나머지가 2이다. 이때 다항식 $\{f(x)\}^3+\{g(x)\}^3$을 $x-3$으로 나누었을 때의 나머지는?

① 6 ② 8 ③ 9
④ 10 ⑤ 12

16

이차함수 $f(x)=ax^2+bx+c$ (단, $a\neq0$, a, b, c는 상수)에 대하여 다음 조건을 만족시킬 때, [보기]에서 옳은 것만 있는대로 고른 것은?

> (가) 모든 실수 x에 대하여 $f(6-x)=f(x)$
> (나) 함수 $y=f(x)$는 0과 1 사이에서 x축과 만난다.

> ㄱ. $f(1)f(6)<0$
> ㄴ. $a>0$일 때, $4a-2b+c>0$
> ㄷ. 함수 $y=f(x)$가 x축과 만나는 다른 한 점은 4와 5 사이에 있다.
> ㄹ. 이차방정식 $f(x)=0$의 두 실근의 합은 6이다.

① ㄱ, ㄴ ② ㄴ, ㄷ ③ ㄱ, ㄴ, ㄹ
④ ㄱ, ㄷ, ㄹ ⑤ ㄱ, ㄴ, ㄷ, ㄹ

17

이차방정식 $x^2+4x+2=0$의 두 근을 α, β라 할 때, $\alpha^2+\beta^2$, $\dfrac{1}{\alpha}+\dfrac{1}{\beta}$을 두 근으로 하고 x^2의 계수가 1인 이차방정식은 $x^2+ax+b=0$이다. 이때 이차함수 $f(x)=x^2+ax+b$의 최솟값은? (단, a, b는 상수이다.)

① -49 ② -36 ③ -25
④ -16 ⑤ -9

18

오른쪽 그림과 같이 직사각형 ABCD에서 점 A, B는 x축, 점 C, D는 이차함수 $y=-x^2+6x$의 그래프 위의 점이다. 이때 직사각형 ABCD의 둘레의 길이의 최댓값은?

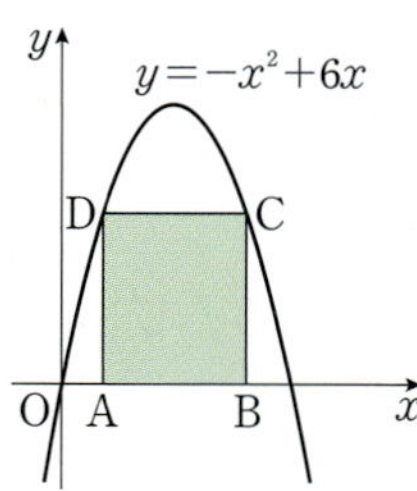

① 12 ② 14
③ 15 ④ 20
⑤ 22

19

중심이 O_1이고 지름의 길이가 $\overline{AB}=4$인 반원에 내접하는 직각삼각형 ABC가 있다. 이 직각삼각형의 선분 AC와 BC에 접하고 중심이 O_2, 지름의 길이가 $\overline{DE}=2\sqrt{2}$인 반원이 있다.

$\overline{AC}^3+\overline{BC}^3=a\sqrt{2}$일 때, 상수 a의 값은?

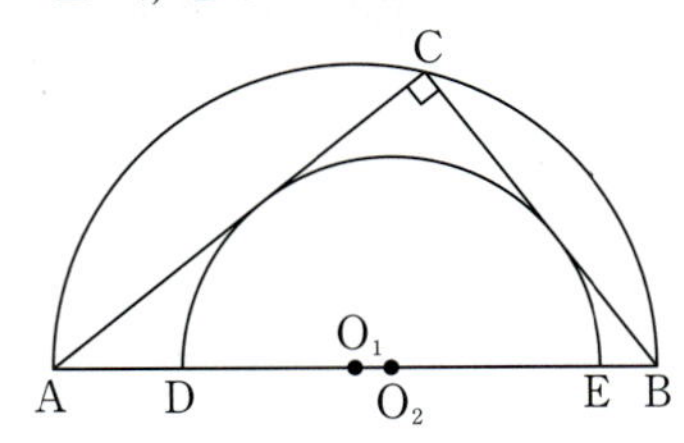

① 16 ② 24 ③ 32
④ 54 ⑤ 64

20

실수부분과 허수부분이 양수인 복소수 z에 대하여 $z^4<0$이고 $\dfrac{\bar{z}}{z}=\dfrac{1}{2}z-1$이 성립한다.

z^3에서 실수부분을 p, 허수부분을 q라 할 때, $q-p$의 값은?
(단, $\bar{z}$는 z의 켤레복소수, p, q는 실수이고 $i=\sqrt{-1}$)

① 8 ② 16 ③ 24
④ 32 ⑤ 40

주관식 및 서술형

21

오른쪽 그림과 같이 이차함수 $y=x^2-a$의 그래프와 직선 $y=bx$가 만나는 두 점을 P, Q라 하자. 점 P의 x좌표가 $\sqrt{5}+1$일 때, ab의 값을 구하시오. (단, a, b는 유리수이다.)

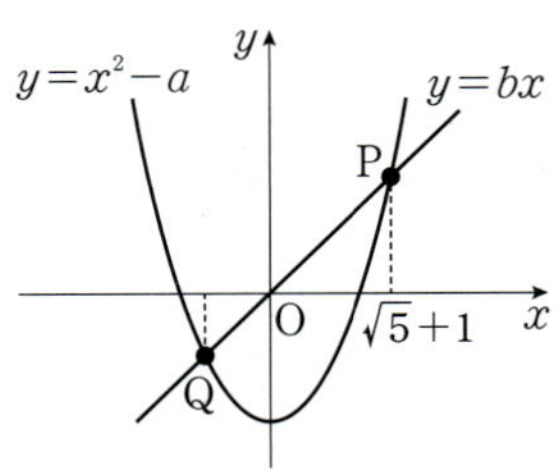

22

x에 대한 다항식 ax^4-bx+2를 $ax-b$로 나누었을 때 몫을 $Q_1(x)$, 나머지를 R_1이라 하고 ax^5-bx+2를 $ax-b$로 나누었을 때 몫을 $Q_2(x)$, 나머지를 R_2라 하자. $R_1=R_2$가 되도록 하는 두 실수 a, b에 대하여 $Q_1(2)+Q_2(1)$의 값을 구하시오. (단, a, b는 0이 아닌 상수이다.)

23

x에 대한 삼차방정식 $x^3+ax^2+4x+b=0$이 한 실근과 서로 다른 두 허근 ω, $1-\dfrac{\omega^2}{2}$을 가진다. 방정식의 한 실근을 α라 할 때, 두 실수 a, b에 대하여 $\alpha+ab$의 값을 구하시오.

24

서술형 4점

이차방정식 $x^2-7x+5=0$의 두 근을 α, β라 할 때,

$$\frac{16\beta}{\alpha^2+\alpha+5}+\frac{16\alpha}{\beta^2+\beta+5}$$

의 값을 구하는 과정을 다음 단계로 서술하시오.

[1단계] 이차방정식의 근과 계수의 관계를 이용하여 $\alpha^2+\beta^2$의 값을 구한다. [1점]

[2단계] 이차방정식 $x^2-7x+5=0$에 $x=\alpha$, $x=\beta$를 각각 대입하여 $\alpha^2+\alpha+5$, $\beta^2+\beta+5$의 값을 구한다. [2점]

[3단계] $\dfrac{16\beta}{\alpha^2+\alpha+5}+\dfrac{16\alpha}{\beta^2+\beta+5}$ 의 값을 구한다. [1점]

25

서술형 5점

이차항의 계수가 양수인 이차함수 $y=f(x)$의 그래프와 직선 $y=x+1$이 접할 때, 방정식

$$\{f(x)-x\}^4-4\{f(x)-x\}^3-\{f(x)-x\}^2+16\{f(x)-x\}-12=0$$

의 서로 다른 실근의 개수를 구하는 과정을 다음 단계로 서술하시오.

[1단계] $f(x)-x=t$로 치환하여 t에 대한 사차방정식의 근을 구한다. [2점]

[2단계] 이차함수 $y=f(x)$의 그래프의 접선이 $y=x+1$임을 이용하여 교점의 개수를 구한다. [3점]

FINAL STEP 내신 일등급 모의고사

1학기 중간고사 모의평가 04 회

[시험 범위]
Ⅰ. 다항식
 (1) 다항식의 연산 부터
Ⅱ. 방정식과 부등식
 (4) 여러 가지 방정식 까지

시험시간 : 50분

01

5지선다형 3점

다음 중 옳은 것은?

① $3i-(2+5i)=-2-i$

② $(1+3i)-(-2+i)=3+4i$

③ $(4-i)(-2+3i)=-11+14i$

④ $\dfrac{5i}{1+2i}=2+i$

⑤ $\dfrac{1-2i}{1-i}=3-i$

02

5지선다형 3점

세 실수 a, b, c에 대하여

$$a+b+c=-2, \quad \frac{1}{a}+\frac{1}{b}+\frac{1}{c}=-1, \quad abc=4$$

일 때, $a^2+b^2+c^2$의 값은?

① 4 　　　　② 6 　　　　③ 8
④ 10 　　　　⑤ 12

03

5지선다형 3점

다음 [보기]에서 이차함수의 그래프가 x축과 만나지 않는 것을 고른 것은?

ㄱ. $y=3x^2-8x+5$ 　　　ㄴ. $y=x^2+4x+7$
ㄷ. $y=x^2+3x-2$ 　　　ㄹ. $y=2x^2-7x+7$

① ㄱ, ㄴ 　　　② ㄱ, ㄷ 　　　③ ㄴ, ㄷ
④ ㄴ, ㄹ 　　　⑤ ㄷ, ㄹ

04

5지선다형 3점

다음은 다항식 x^3+ax^2+bx+c를 $x+2$로 나누는 조립제법의 과정을 나타낸 것이다.

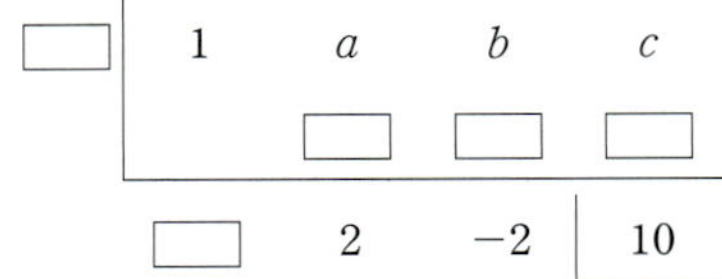

이때 세 상수 a, b, c에 대하여 $a+b+c$의 값은?

① 5 　　　　② 7 　　　　③ 9
④ 10 　　　　⑤ 12

05

5지선다형 4점

이차방정식 $3x^2-12x-k=0$의 두 실근의 절댓값의 합이 6일 때, 상수 k의 값은?

① 15 　　　　② 13 　　　　③ 11
④ 9 　　　　⑤ 7

06

5지선다형 4점

다음은 $x(x+1)(x+2)(x+3)-3$을 인수분해 하는 과정이다.

주어진 식을 변형하면
$x(x+1)(x+2)(x+3)-3=(x^2+3x)(x^2+3x+\boxed{(가)})-3$
$x^2+3x=X$로 놓으면
$(x^2+3x)(x^2+3x+\boxed{(가)})-3$
$=X(X+\boxed{(가)})-3$
$=X^2+\boxed{(가)}X-3$
$=(X+\boxed{(나)})(X-1)$
$=(x^2+3x+\boxed{(나)})(x^2+3x-1)$

(가), (나)에 알맞은 수를 각각 p, q라 할 때, $p+q$의 값은?

① 1 　　　　② 2 　　　　③ 3
④ 4 　　　　⑤ 5

07

5지선다형 4점

다항식 $P(x)$를 $2x-18$로 나누었을 때의 몫을 $Q(x)$, 나머지를 R이라 할 때, $xP(x)$를 $x-9$로 나누었을 때의 몫과 나머지를 차례대로 구한 것은?

① $2Q(x)$, R ② $2xQ(x)$, R ③ $2xQ(x)$, $9R$

④ $2xQ(x)+R$, R ⑤ $2xQ(x)+R$, $9R$

08

5지선다형 4점

다항식 $f(x)$가 다음 조건을 만족시킨다.

> (가) 모든 실수 x에 대하여 $f(x)>0$
> (나) $\{f(x+1)\}^2-25=(x-1)(x+1)(x^2+9)$

다항식 $f(x+a)$를 $x+2$로 나눈 나머지가 4가 되도록 하는 모든 상수 a의 값의 곱은?

① -9 ② -6 ③ 0

④ 6 ⑤ 9

09

5지선다형 4점

0이 아닌 실수 a, b에 대하여 $\sqrt{a}\sqrt{b}=-\sqrt{ab}$일 때, 복소수 $(\sqrt{a}-\sqrt{-b})(\sqrt{-a}-\sqrt{b})$의 허수부분은?

① $a-b$ ② $\sqrt{a}-\sqrt{b}$ ③ $\sqrt{a}+\sqrt{b}$

④ $-a-b$ ⑤ $a+\sqrt{ab}$

10

5지선다형 4점

모든 실수 x에 대하여 등식
$$x^{10}+1=a_{10}(x-1)^{10}+a_9(x-1)^9+\cdots+a_1(x-1)+a_0$$
이 성립할 때, $a_{10}+a_8+a_6+a_4+a_2+a_0$의 값은?
(단, $a_0, a_1, a_2, \cdots, a_{10}$은 상수이다.)

① 1023 ② 513 ③ 512

④ 257 ⑤ 256

11

5지선다형 4점

a, b, c가 삼각형의 세 변의 길이일 때,
$$a^2(b^2+c^2-a^2)=b^2(a^2+c^2-b^2)$$
을 만족하는 삼각형은 어떤 삼각형인가?

① $a=c$인 이등변삼각형
② $b=c$인 이등변삼각형
③ 빗변의 길이가 c인 직각삼각형
④ $a=c$인 이등변삼각형 또는 빗변의 길이가 b인 직각삼각형
⑤ $a=b$인 이등변삼각형 또는 빗변의 길이가 c인 직각삼각형

12

5지선다형 4점

방정식 $x^2-4xy+5y^2-4x+6y+5=0$을 만족하는 두 실수 x, y에 대하여 $x+y$의 값은?

① 1 ② 2 ③ 3

④ 4 ⑤ 5

5지선다형 4점

오른쪽 그림과 같이 빗변의 길이가 10cm인 직각삼각형에 반지름의 길이가 2cm인 원이 내접하고 있다. 직각을 낀 두 변의 길이 중 긴 변의 길이는?

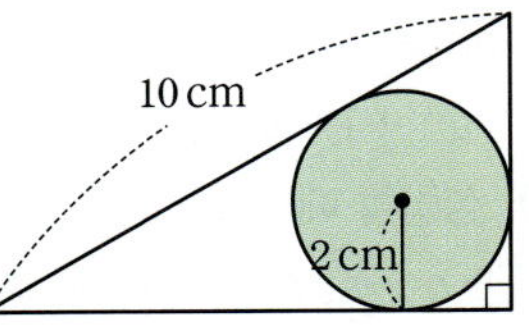

① 8cm ② 9cm ③ 10cm
④ 11cm ⑤ 12cm

14

5지선다형 4점

복소수 $z=\left(\dfrac{1+i}{\sqrt{2}}\right)^{2026}+\left(\dfrac{1-i}{\sqrt{2}}\right)^{2028}$ 가 x에 대한 이차방정식 $x^2+ax+b=0$의 한 근일 때, 두 실수 a, b의 합 $a+b$의 값은? (단, $i=\sqrt{-1}$)

① -4 ② -2 ③ 0
④ 2 ⑤ 4

5지선다형 4점

상수항이 2인 이차식 $f(x)$가 모든 실수 x에 대하여
$$\{f(x)\}^2=f(x^2)+4x^2+2$$
를 만족시킬 때, 다항식 $f(x)$를 $x-2$로 나눈 나머지는?

① 2 ② 4 ③ 6
④ 8 ⑤ 10

5지선다형 4점

최고차항의 계수가 1인 두 이차다항식 $f(x)$, $g(x)$가 다음 조건을 만족시킨다.

> (가) $f(x)-g(x)$를 $x-5$로 나눈 몫과 나머지가 서로 같다.
> (나) $f(x)g(x)$는 x^2-16으로 나누어떨어진다.

$g(8)=4$일 때, $f(5)+g(5)$의 값은?

① 6 ② 7 ③ 8
④ 9 ⑤ 10

17

5지선다형 4점

실수 m, n에 대하여 이차방정식 $x^2+mx+n=0$의 한 근이 $-1+2i$이다. 이때 $\dfrac{1}{m}$, $\dfrac{1}{n}$을 두 근으로 하는 이차방정식이 $x^2+ax+b=0$일 때, 상수 a, b에 대하여 $a+b$의 값은? (단, $i=\sqrt{-1}$)

① $-\dfrac{6}{5}$ ② -1 ③ $-\dfrac{4}{5}$
④ $-\dfrac{3}{5}$ ⑤ $-\dfrac{2}{5}$

5지선다형 4점

세 수 x, y, z에 대하여 $x+y+z=2$, $xy+yz+zx=3$, $xyz=5$일 때, 다항식 $y^2z+yz^2+z^2x+zx^2+x^2y+xy^2$의 값은?

① -11 ② -9 ③ -7
④ -5 ⑤ -3

19

5지선다형 5점

자연수 n과 실수부분이 0이 아닌 복소수 z에 대하여
$$f(n)=\left\{\frac{(z+\bar{z})i^3-(z-\bar{z})i}{z}\right\}^n$$ 이라 할 때,
$f(1)+f(2)+f(3)+f(4)+f(5)+f(6)$의 실수부분과 허수부분의 합은?

① -80 ② -78 ③ -76
④ -74 ⑤ -72

20

5지선다형 6점

두 이차함수 $f(x)=x^2-8$과 $g(x)=-3x^2+4$가 있다.
그림과 같이 네 점 $\mathrm{A}(a,\ f(a))$, $\mathrm{B}(a,\ g(a))$, $\mathrm{C}(-a,\ g(-a))$,
$\mathrm{D}(-a,\ f(-a))$를 꼭짓점으로 하는 직사각형 ABCD의 둘레의
길이가 최대일 때, 직사각형 ABCD의 넓이는? (단, $0<a<\sqrt{3}$)

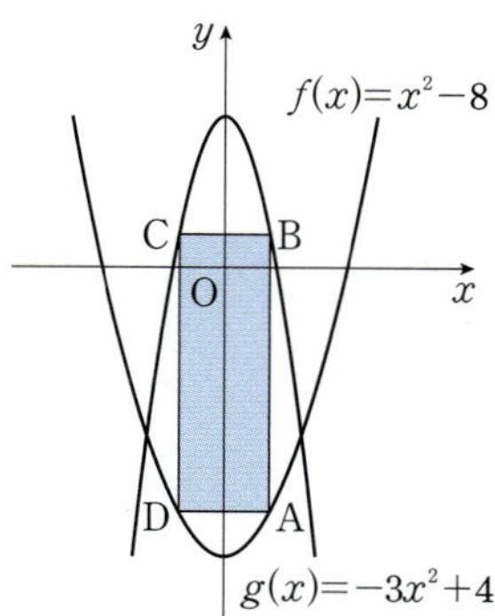

① $\dfrac{47}{8}$ ② $\dfrac{47}{6}$ ③ $\dfrac{47}{4}$
④ $\dfrac{40}{3}$ ⑤ $\dfrac{51}{8}$

21

단답형 3점

x에 대한 사차방정식 $x^4-2ax^2+2a^4-16a^2+b^2+4b+36=0$이
하나의 중근과 서로 다른 두 허근을 가질 때 실수 a, b에 대하여
ab의 값을 구하시오.

22

단답형 4점

이차함수 $f(x)=x^2-4ax+2a^2+4a-8$의 그래프의 꼭짓점의 좌표
를 A라 하고 점 A에서 x축에 내린 수선의 발을 B라 하자.
$1\le a\le 3$에서 $\overline{\mathrm{OB}}+\overline{\mathrm{AB}}$의 최댓값과 최솟값의 곱을 구하시오.

23

단답형 5점

이차함수 $f(x)=-x^2+ax+b$가 다음 조건을 만족시킬 때, $f(x)$의
최댓값을 구하시오. (단, a, b는 상수이다.)

> (가) $k\ne 2$인 모든 실수 k에 대하여 $y=f(x)$의 그래프와 직선
> $y=f(k)$는 서로 다른 두 교점을 가진다.
> (나) 이차방정식 $x^2-4x-2=0$의 두 실근을 α, β라고 할 때
> $f(\alpha)+f(\beta)=6$이다.

x^3의 계수가 1인 x에 대한 삼차다항식 $f(x)$가 서로 다른 세 자연수 a, b, c에 대하여 다음을 만족한다. (단, $a<b<c$)

$$f(a)=f(b)=f(c)=0,\ f(0)=-21$$

이때 다항식 $f(x)$를 $x-2$로 나누었을 때의 나머지를 구하는 과정을 다음 단계로 서술하시오.

[1단계] $f(a)=f(b)=f(c)=0$을 만족하는 삼차식 $f(x)$의 식을 구한다. [1점]

[2단계] $f(0)=-21$을 이용하여 자연수 a, b, c의 값을 각각 구한다. [2점]

[3단계] $f(x)$를 $x-2$로 나누었을 때의 나머지를 구한다. [1점]

5 이하의 자연수 a, b에 대하여

사차방정식 $(x^2+4ax+a^2+12)(x^2+2bx+16)=0$이 서로 다른 세 실근을 가질 때, 모든 순서쌍 (a, b)에 대하여 $a+b$의 값의 합을 구하는 과정을 다음 단계로 서술하시오.

[1단계] 사차방정식에서 서로 다른 세 실근을 가지기 위한 조건을 구한다. [1점]

[2단계] $x^2+4ax+a^2+12=0$이 중근을 가질 때 a, b의 값을 구한다. [1.5점]

[3단계] $x^2+2bx+16=0$이 중근을 가질 때 a, b의 값을 구한다. [1.5점]

[4단계] 모든 순서쌍 (a, b)에 대하여 $a+b$의 값의 합을 구한다. [1점]

FINAL TEST

내신 1등급

1학기
기말고사
모의평가

총 4회 / 100문제

Ⅱ. 방정식과 부등식 (5) 일차부등식 부터
Ⅳ. 행렬 (1) 행렬과 그 연산 까지

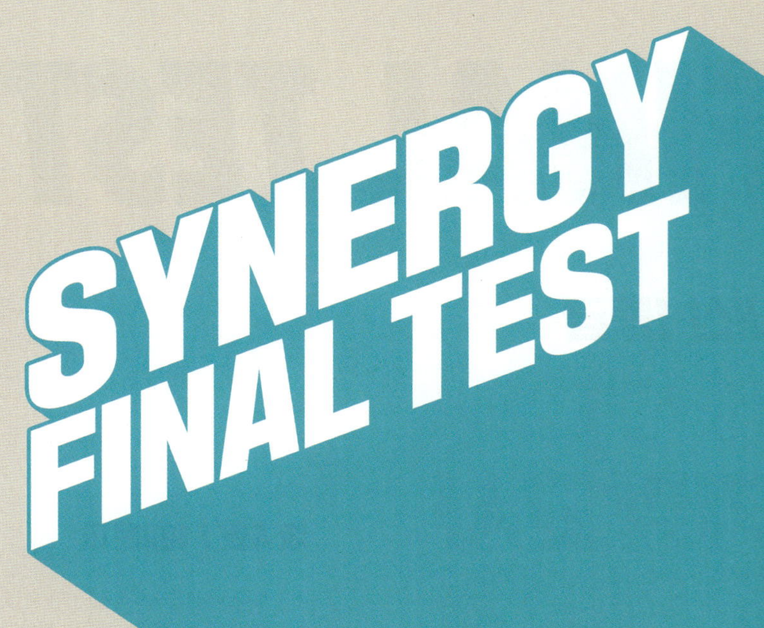
SYNERGY
FINAL TEST

FINAL STEP 내신 일등급 모의고사
1학기 기말고사 모의평가 01 회

[시험 범위]
II. 방정식과 부등식
　(5) 일차부등식 부터
IV. 행렬
　(1) 행렬과 그 연산 까지

시험시간 : 50분

01
5지선다 3점

등식 $3 \times {}_nP_2 = 2 \times {}_nC_3$을 만족시키는 자연수 n의 값은? (단, $n \geq 3$)

① 7　　　　　② 8　　　　　③ 9
④ 10　　　　⑤ 11

02
5지선다 3점

부등식 $5x-7 \leq 3x-3 < 10x+11$의 해가 $\alpha < x \leq \beta$일 때, $\alpha\beta$의 값은?

① -6　　　② -4　　　③ -2
④ 2　　　　⑤ 4

03
5지선다 3점

행렬 $A = \begin{pmatrix} 2 & -5 & 3 \\ -4 & 3 & 6 \end{pmatrix}$의 (i, j) 성분이 a_{ij}일 때, [보기]에서 옳은 것만을 있는 대로 고른 것은?

ㄱ. 3×2행렬이다.
ㄴ. $(1, 3)$ 성분과 $(2, 2)$ 성분은 같다.
ㄷ. $a_{12} + a_{21} = -9$
ㄹ. 제2행의 모든 성분의 합은 5이다.

① ㄱ, ㄷ　　　② ㄴ, ㄷ　　　③ ㄱ, ㄹ
④ ㄴ, ㄷ, ㄹ　　⑤ ㄱ, ㄴ, ㄷ, ㄹ

04
5지선다 3점

5개의 숫자 1, 2, 3, 4, 5를 일렬로 나열하여 다섯 자리의 자연수 $a_1a_2a_3a_4a_5$를 만들 때,
$$a_4 = 4,\ a_i \neq i\ (i=1, 2, 3, 5)$$
를 만족하는 다섯 자리 자연수의 개수는?

① 6　　　　　② 8　　　　　③ 9
④ 12　　　　⑤ 14

05
5지선다 4점

부등식 $x^2 - 2x - 4 < 2|x-2|$를 만족시키는 모든 정수 x의 값의 합은?

① -2　　　② -1　　　③ 0
④ 2　　　　⑤ 3

06
5지선다 4점

어느 수학 동아리 신입생 모집에 서로 다른 5개의 수학 문제를 출제하였다. 동아리 모집에 참가한 A와 B가 각각 5개의 문제 중에서 2종류를 선택하려고 한다. A와 B가 선택하는 2개의 문제 중에서 한 문제만 같은 경우의 수는?

① 12　　　　② 24　　　　③ 36
④ 42　　　　⑤ 60

07

5지선다 4점

두 행렬 $A=\begin{pmatrix} 0 & 1 \\ 1 & 0 \end{pmatrix}$, $E=\begin{pmatrix} 1 & 0 \\ 0 & 1 \end{pmatrix}$에 대하여 $(2A-E)^3=aA+bE$를 만족시킬 때, 두 상수 a, b에 대하여 $a+b$의 값은?

① -2 ② -1 ③ 0
④ 1 ⑤ 2

10

5지선다 4점

이차정사각행렬 A의 (i, j) 성분 a_{ij}가 $a_{ij}=(-1)^{i+1}-3j+4$일 때, $b_{ij}=a_{ji}$를 만족시키는 b_{ij}를 (i, j) 성분으로 하는 행렬 B에 대하여 B^2의 모든 성분의 합은?

① 11 ② 12 ③ 13
④ 14 ⑤ 15

08

5지선다 4점

그림과 같이 A, P, B, Q를 연결하는 도로망이 있다. 흥민이와 강인이가 동시에 A지점에서 출발하여 중간 지점인 P지점 또는 Q지점을 거쳐 B지점으로 가는 방법의 수는?
(단, 두 사람은 서로 다른 중간 지점을 통과한다.)

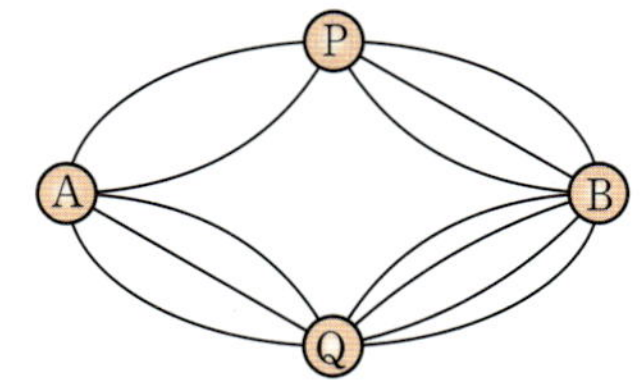

① 112 ② 120 ③ 128
④ 136 ⑤ 144

11

5지선다 4점

이차부등식 $ax^2+2(a+3)x-4>0$이 해를 갖도록 하는 실수 a의 값의 범위는?

① $a>0$ ② $a<0$
③ $a<-9$ 또는 $a>0$ ④ $-1<a<0$ 또는 $0<a<1$
⑤ $a<-9$ 또는 $-1<a<0$ 또는 $a>0$

09

5지선다 4점

이차함수 $y=f(x)$와 일차함수 $y=g(x)$의 그래프가 오른쪽 그림과 같을 때, 부등식 $f(x)\le g(x)$와 같은 해를 가지고 x^2의 계수가 1인 이차부등식이 $x^2+ax+b\ge 0$이다. 이때 두 상수 a, b에 대하여 $a+b$의 값은?

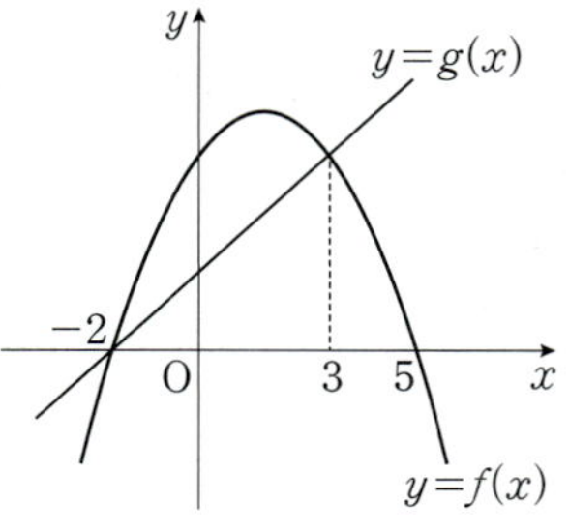

① -8 ② -7 ③ -6
④ 7 ⑤ 8

12

5지선다 4점

두 행렬 $A=\begin{pmatrix} a+b+c & a^2+b^2+c^2 \\ \dfrac{1}{a}+\dfrac{1}{b}+\dfrac{1}{c} & abc \end{pmatrix}$, $B=\begin{pmatrix} 6 & 16 \\ 2 & x \end{pmatrix}$가 $A=B$를 만족시킬 때, x의 값은? (단, abc는 0이 아닌 상수이다.)

① 1 ② 2 ③ 3
④ 4 ⑤ 5

13

삼차방정식 $2x^3-(a-3)x^2-(a-3)x+2=0$의 세 근이 음수가 되도록 하는 정수 a의 최댓값은?

① -3 ② -2 ③ -1
④ 1 ⑤ 2

14

1부터 9까지의 숫자가 하나씩 적힌 9장의 카드 중에서 임의로 2장의 카드를 뽑을 때, 뽑은 카드에 적힌 수를 차례로 a, b라 하자. $a+b+ab$의 값이 홀수가 되는 경우의 수는?
(단, 뽑은 카드는 다시 넣지 않는다.)

① 60 ② 80 ③ 100
④ 120 ⑤ 140

15

이차부등식 $x^2+ax+b>0$의 해가 $x \neq -2$일 때, 이차부등식 $bx^2-ax-15<0$를 만족시키는 x의 범위가 $\alpha<x<\beta$이다. 이때 $\alpha+\beta$의 값은? (단, a, b는 상수이다.)

① -1 ② 0 ③ 1
④ 2 ⑤ 3

16

이차정사각행렬 A와 B에 대하여 옳은 것만을 [보기]에서 있는 대로 고른 것은? (단, O는 영행렬이고, E는 단위행렬이다.)

> ㄱ. $(A-B)^2=(A+B)^2$이면 $AB=O$이다.
> ㄴ. $A^2=A$, $B^2=E$이면 $(BAB)^2=BAB$이다.
> ㄷ. $A(A-E)=E$, $AB=E$이면 $B^2=-A+2E$이다.

① ㄱ ② ㄴ ③ ㄱ, ㄴ
④ ㄴ, ㄷ ⑤ ㄱ, ㄴ, ㄷ

17

남자 4명과 여자 3명이 앞줄에 3명, 뒷줄에 4명이 서서 사진을 찍으려고 한다. 이때 여자 3명이 앞줄 또는 뒷줄에서 서로 나란히 이웃하여 서는 경우의 수는?

① 420 ② 424 ③ 428
④ 432 ⑤ 436

18

모든 실수 x에 대하여 부등식
$$-x^2+6x-10 \leq 2x+k \leq x^2-2x+8$$
이 성립할 때 정수 k의 개수는?

① 8 ② 9 ③ 10
④ 11 ⑤ 12

19 5지선다 5점

오른쪽 그림과 같이 평행한 두 직선 l, m 위에 각각 6개, 5개의 점이 있다. 이 중에서 4개의 점을 꼭짓점으로 하는 사각형의 개수와 3개의 점으로 하는 삼각형의 개수의 합은?

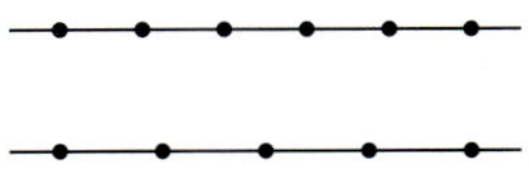

① 280 ② 285 ③ 290
④ 295 ⑤ 300

20 5지선다 6점

연립부등식 $\begin{cases} x^2-2x-8<0 \\ x^2-(a+2)x+2a<0 \end{cases}$ 를 만족시키는 정수인 해가 1개

뿐일 때, 실수 a의 값에 대하여 a^2+4a+5의 최솟값은?

① 1 ② 3 ③ 5
④ 7 ⑤ 10

21 단답형 3점

한 평면 위에 $(n+1)$개의 평행한 직선과 서로 만나는 $(n+2)$개의 평행한 직선이 있다. 이 평행한 직선으로 만들어지는 평행사변형의 개수가 315일 때, n의 값을 구하시오.

22 단답형 4점

다음은 이차부등식 $x^2+ax+b \le 0$를 푸는 과정에 대하여 두 학생이 나눈 대화이다.

> 혜수 : x의 계수 a를 잘못 보고 풀었더니 $2 \le x \le 8$가 나왔어.
> 민재 : 상수항을 잘못 보고 풀었더니 $3 \le x \le 5$가 나왔어.

이차부등식 $x^2+ax+b \le 0$의 원래의 해를 구하시오.

23 단답형 5점

이차방정식 $x^2+x-1=0$의 두 근을 α, β라 할 때, 행렬 A는

$$A=\begin{pmatrix} 1 & 0 \\ \alpha+\beta-1 & \dfrac{1}{\alpha}+\dfrac{1}{\beta} \end{pmatrix}$$

이다. 이때 행렬 A^n의 모든 성분의 합이 -98이 되는 자연수 n의 값을 구하시오.

24

서술형 4점

$\dfrac{\sqrt{x^2-6x+5}}{\sqrt{x^2-7x-18}} = -\sqrt{\dfrac{x^2-6x+5}{x^2-7x-18}}$ 를 만족시키는 실수 x의 값의

범위를 구하는 과정을 다음 단계로 서술하시오.

[1단계] 음수의 제곱근의 성질을 이용하여 연립부등식과 연립방정식
      을 구한다. [1.5점]

[2단계] 연립부등식과 연립방정식의 해를 구한다. [2점]

[3단계] 실수 x의 값의 범위를 구한다. [0.5점]

25

서술형 5점

10개의 숫자 0, 1, 2, 3, 4, 5, 6, 7, 8, 9 중에서 3개를 택하여

세 자리 자연수 abc를 만들 때, 다음 단계로 서술하시오.

(단, 같은 숫자를 여러 번 택하여도 된다.)

[1단계] $a \le b < c$인 세 자리 자연수 abc의 개수를 구한다. [1점]

[2단계] 5의 배수이고 $a > b > c$인 세 자리 자연수 abc의 개수를
      구한다. [2점]

[3단계] 2의 배수이고 $a < b < c$인 세 자리 자연수 abc의 개수를
      구한다. [2점]

FINAL STEP 내신 일등급 모의고사
1학기 기말고사 모의평가 **02** 회

[시험 범위]
II. 방정식과 부등식
  (5) 일차부등식 부터
IV. 행렬
  (1) 행렬과 그 연산 까지

시험시간 : 50분

01
5지선다 3점

부등식 $5x-4 \leq 3x-2 < 10x+12$을 만족시키는 정수 x의 개수는?

① 2 ② 3 ③ 4
④ 5 ⑤ 6

02
5지선다 3점

이차부등식 $x^2+ax+b \leq 0$의 해가 $-6 \leq x \leq a$일 때, 상수 a, b에 대하여 $a+b$의 값은?

① -12 ② -13 ③ -14
④ -15 ⑤ -16

03
5지선다 3점

다항식 $(x+y)^2(a+b+c)^2$의 전개식에서 서로 다른 항의 개수는?

① 6 ② 12 ③ 18
④ 20 ⑤ 24

04
5지선다 3점

행렬 $A=\begin{pmatrix} 4a-b & a-2b \\ a+2b & 2a+b \end{pmatrix}$의 $(i,\ j)$ 성분이 a_{ij}일 때, $a_{11}+a_{22}=18$, $a_{12}-a_{21}=-8$이다. a_{22}의 값은?

① 8 ② 6 ③ 4
④ 2 ⑤ 0

05
5지선다 4점

x에 대한 이차방정식 $5x^2 - {}_nP_r \times x - 6 \times {}_nC_{n-r} = 0$의 두 근이 -2, 6일 때, 자연수 n, r에 대하여 $n+r$의 값은?

① 5 ② 6 ③ 7
④ 8 ⑤ 9

06
5지선다 4점

1000원짜리 지폐 4장, 5000원짜리 지폐 2장, 10000원짜리 지폐 1장의 전부 또는 일부를 사용하여 지불할 수 있는 방법의 수를 a, 지불할 수 있는 금액의 수를 b라 할 때, $a+b$의 값은?
(단, 0원을 지불하는 경우는 제외한다.)

① 43 ② 53 ③ 60
④ 64 ⑤ 72

07

5지선다 4점

다음은 $1 \leq r < n$일 때, 등식
$$_{n-1}\mathrm{C}_{r-1}+{_{n-1}\mathrm{C}_r}={_n\mathrm{C}_r}$$
가 성립함을 증명하는 과정이다. 이때 (가), (나), (다)에 들어갈 식으로 알맞은 것은?

$$_{n-1}\mathrm{C}_{r-1}+{_{n-1}\mathrm{C}_r}$$
$$=\frac{(n-1)!}{(r-1)!\,\boxed{\text{(가)}}}+\frac{(n-1)!}{r!\,\{(n-1)-r\}!}$$
$$=\frac{r(n-1)!}{r!(n-r)!}+\frac{(n-r)(n-1)!}{r!\,\boxed{\text{(나)}}}$$
$$=\frac{\{(n-r)+r\}(n-1)!}{r!(n-r)!}$$
$$=\frac{\boxed{\text{(다)}}}{r!(n-r)!}={_n\mathrm{C}_r}$$

	(가)	(나)	(다)
①	$(n-r+1)!$	$(n-r)!$	$(n-r+1)!$
②	$(n-r+1)!$	$n!$	$n!$
③	$(n-r-1)!$	$n!$	$(n-1)!$
④	$(n-r)!$	$(n-r)!$	$n!$
⑤	$(n-r)!$	$n!$	$(n-1)!$

08

5지선다 4점

모든 실수 x에 대하여 부등식 $(a-4)x^2+2(a-4)x+1>0$가 성립하도록 하는 상수 a의 값의 범위는?

① $4 < a < 5$　　② $4 \leq a < 5$　　③ $4 \leq a < 6$
④ $3 < a \leq 5$　　⑤ $3 \leq a < 5$

09

5지선다 4점

한 구호단체에서 재해 피해 지역에 구호 물품을 보내기 위하여 남자 4명, 여자 7명으로 구성된 팀 중에서 3명의 대표를 뽑을 때, 남자가 적어도 1명 포함되는 경우의 수는?

① 121　　② 130　　③ 139
④ 148　　⑤ 157

10

5지선다 4점

행렬 $A=(1\ \ x)\begin{pmatrix}1&4\\y&x\end{pmatrix}\begin{pmatrix}1\\2\end{pmatrix}$에 대하여 $x \geq 0$, $y \geq 0$이고 $x+y=4$일 때, 행렬 A의 성분의 최댓값을 M, 최솟값을 m이라 하자. 이때 $M+m$의 값은?

① 46　　② 48　　③ 50
④ 52　　⑤ 54

11

5지선다 4점

민지와 하니가 아래 그림과 같은 도로망을 따라 길을 건넌다. 민지는 이 도로망을 따라 A지점에서 출발하여 B, D, C지점을 순서대로 지나 A지점으로 돌아오고, 하니는 A지점에서 출발하여 C, D, B지점을 순서대로 지나 A지점으로 돌아오려고 한다. 이때 두 사람이 지나는 도로가 모두 다르도록 경로를 결정하는 방법의 수는?

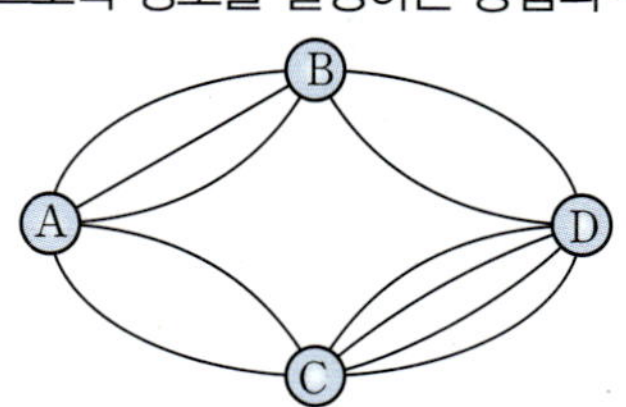

① 282　　② 284　　③ 286
④ 288　　⑤ 290

12

5지선다 4점

남학생 2명과 여학생 4명을 일렬로 세워 사진을 찍을 때, 남학생 사이에 적어도 2명의 여학생을 세우는 방법의 수는?

① 144   ② 180   ③ 224
④ 264   ⑤ 288

13

5지선다 4점

어떤 스타트업 의류 기업에서 만든 바지 한 벌을 10만 원에 판매하면 한 달 동안 100벌이 팔리고, 바지 한 벌의 가격을 x만 원 인상하면 한 달 판매량이 $4x$벌 줄어든다고 한다. 이 바지의 한 달 판매액이 1200만 원 이상이 되도록 할 때, 바지 한 벌의 가격의 최댓값을 M만 원, 최솟값을 m만 원이라 하자. $M+m$의 값은?

① 25   ② 30   ③ 35
④ 40   ⑤ 45

14

5지선다 4점

이차정사각행렬 A, B가 $A+B=O$, $AB=E$를 만족시킬 때, $(A+A^2+\cdots+A^{50})+(B+B^2+\cdots+B^{50})$을 간단히 하면?
(단, E는 단위행렬, O는 영행렬이다.)

① $-E$ ② $-2E$ ③ $-3E$
④ $A-B$ ⑤ $A+2B$

15

5지선다 4점

동아리 발표 대회의 심사 위원은 남자 3명과 여자 3명으로 구성되어 있고, 심사 위원석은 아래 그림과 같이 배치되어 있다. 붙어 있는 의자에는 반드시 남녀가 1명씩 앉도록 할 때, 심사 위원 6명이 앉을 수 있는 모두 경우의 수는?

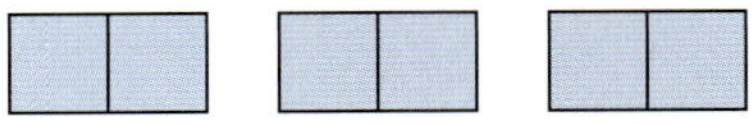

① 198   ② 206   ③ 212
④ 246   ⑤ 288

16

5지선다 4점

사탕을 상자에 넣어 포장하려고 한다. 한 상자에 6개씩 넣으면 사탕이 8개 남고, 7개씩 넣으면 상자가 6개 남는다고 한다.
다음 중 상자의 개수가 될 수 있는 것은?

① 40   ② 42   ③ 45
④ 48   ⑤ 52

17

5지선다 4점

다음의 [표 1]은 참외와 복숭아의 1개당 가격과 무게를 나타낸 것이고, [표 2]는 철이와 영미가 구입한 참외와 복숭아의 개수를 나타낸 것이다.

（단위 : 원）

	참외	복숭아
가격	1500	2000
무게	$200g$	$120g$

[표 1]

（단위 : 개）

	철이	영미
참외	5	4
복숭아	8	6

[표 2]

$A=\begin{pmatrix} 1500 & 2000 \\ 200 & 120 \end{pmatrix}$, $B=\begin{pmatrix} 5 & 4 \\ 8 & 6 \end{pmatrix}$라 할 때, 행렬 AB의 $(1, 2)$ 성분이 나타내는 것은?

① 철이가 구입한 참외와 복숭아의 총 가격
② 영미가 구입한 참외와 복숭아의 총 가격
③ 철이가 구입한 참외와 복숭아의 총 무게
④ 영미가 구입한 참외와 복숭아의 총 무게
⑤ 철이와 영미가 참외와 복숭아 구입하는 지불 금액의 총합

18

5지선다 4점

0부터 9까지의 서로 다른 네 정수 a, b, c, d에 대하여
네 자리 자연수 $a\times10^3+b\times10^2+c\times10+d\,(a\neq0)$ 중에서
$(a-b)(c-d)>0$을 만족시키는 자연수의 개수는?

① 1260　　　② 1440　　　③ 2268
④ 2880　　　⑤ 3890

19

5지선다 5점

이차정사각행렬 A, B가

$$A^2+B^2=\begin{pmatrix}5&0\\\frac{3}{2}&1\end{pmatrix},\ AB+BA=\begin{pmatrix}-4&0\\-\frac{1}{2}&0\end{pmatrix}$$

을 만족시킬 때, 행렬 $(A+B)^4$의 모든 성분의 합은?

① 2　　　② 4　　　③ 6
④ 8　　　⑤ 10

20

5지선다 6점

다음 조건을 만족시키는 이차함수 $f(x)$에 대하여 $f(3)$의 최댓값을 M, 최솟값을 m이라 할 때, $M-m$의 값은?

> (가) 부등식 $f\left(\dfrac{1-x}{2}\right)\leq0$의 해가 $-1\leq x\leq3$이다.
>
> (나) 모든 실수 x에 대하여 부등식 $f(x)\geq2\sqrt{2}\,x-3$이 성립한다.

① 4　　　② 6　　　③ 8
④ 10　　　⑤ 12

21

단답형 3점

그림과 같이 다섯 개의 영역 A, B, C, D, E로 나누어진 도형이 있다. 각 영역에 빨간색, 노란색, 파란색, 초록색 중 한 가지 색을 칠하는데 인접한 영역은 서로 다른 색을 칠하여 구별하려고 한다.
칠할 수 있는 경우의 수를 구하시오.

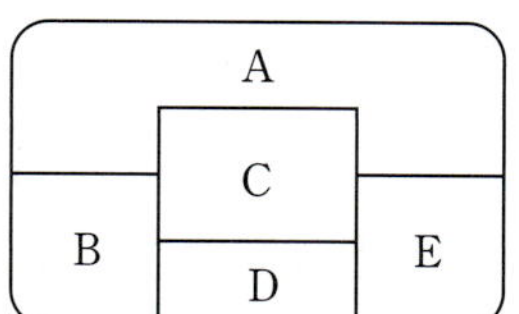

22

단답형 4점

모든 계수가 정수인 이차다항식 $f(x)$가 다음 조건을 만족시킬 때, $f(-1)$의 최솟값을 구하시오.

> (가) 부등식 $f(x)\leq2x+4$의 해는 $2\leq x\leq4$
>
> (나) 방정식 $f(x)=-2x+11$의 두 근은 모두 1보다 크다.

23

단답형 5점

1부와 2부로 나누어 진행되는 영화제가 있다. 액션 영화 3편, 코미디 영화 2편, 다큐 영화 3편을 상영하는 순서를 다음 조건에 따라 정하려고 한다.

> (가) 1부에는 액션 영화, 코미디 영화를 각 1편, 다큐 영화 2편을 순서를 정하여 상영한다.
>
> (나) 2부에는 액션 영화 —— 코미디 영화 —— 다큐 영화 —— 액션 영화 순서로 상영한다.

영화를 상영하는 순서를 정하는 경우의 수를 구하시오.
(단, 각 영화는 1회 상영한다.)

24

서술형 4점

직선 $y=2x+6$과 이차함수 $y=x^2-4x-10$의 그래프의
두 교점의 좌표를 $(a,\ b)$, $(c,\ d)$라 하고, 직선 $y=-2x+1$과 이차
함수 $y=x^2-15x+13$의 그래프의 두 교점의 좌표를
$(p,\ q)$, $(r,\ s)$라 하자. 두 행렬 $A=\begin{pmatrix} a & b \\ c & d \end{pmatrix}$, $B=\begin{pmatrix} p & q \\ r & s \end{pmatrix}$에
대하여 행렬 $3A-(A-B)$의 모든 성분의 합을 구하는 과정을
다음 단계로 서술하시오. (단, $a>c$, $p>r$)

[1단계] 직선 $y=2x+6$과 이차함수 $y=x^2-4x-10$의 그래프의
교점을 이용하여 행렬 A를 구한다. [1점]
[2단계] 직선 $y=-2x+1$과 이차함수 $y=x^2-15x+13$의 그래프
의 교점을 이용하여 행렬 B를 구한다. [1점]
[3단계] 행렬 $3A-(A-B)$의 모든 성분의 합을 구한다. [2점]

25

서술형 5점

그림과 같이 이차함수 $f(x)=-x^2+6kx+k^2+5(k>0)$의 그래프가
y축과 만나는 점을 A라 하자. 점 A를 지나고 x축에 평행한 직선이
이차함수 $y=f(x)$의 그래프와 만나는 점 중 A가 아닌 점을 B라 하
고, 점 B에서 x축에 내린 수선의 발을 C라 하자. 사각형 OCBA의
둘레의 길이를 $g(k)$라 할 때, 부등식 $24\le g(k)\le 64$를 만족시키는
모든 자연수 k의 값의 합을 구하는 과정을 다음 단계로 서술하시오.
(단, O는 원점이다.)

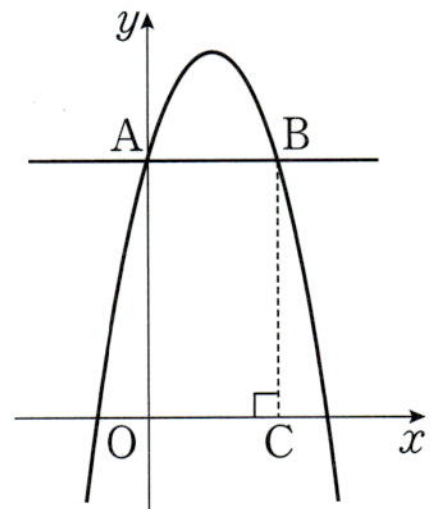

[1단계] 세 점 A, B, C의 좌표를 구한다. [1점]
[2단계] 사각형 OCBA의 둘레의 길이 $g(k)$를 구한다. [2점]
[3단계] 부등식 $24\le g(k)\le 64$를 만족시키는 모든 자연수 k와 그
합을 구한다. [2점]

FINAL STEP 내신 일등급 모의고사
1학기 기말고사 모의평가 03 회

[시험 범위]
Ⅱ. 방정식과 부등식
　(5) 일차부등식 부터
Ⅳ. 행렬
　(1) 행렬과 그 연산 까지

시험시간 : 50분

01
5지선다 3점

4 이상의 자연수 n에 대하여 $f(n)=_{n+1}\mathrm{C}_2+_{n-1}\mathrm{P}_3$으로 정의한다.
이때 $f(6)$의 값은?

① 63　　　　　② 72　　　　　③ 81
④ 90　　　　　⑤ 99

02
5지선다 3점

다음 중 부등식의 해를 잘못 구한 것은?

① $x^2+2x+3>0$의 해는 모든 실수이다.
② $2<|x+1|<3$의 해는 $-4<x<-3$ 또는 $1<x<2$
③ $-x^2+6x-9\geq0$의 해는 $x=3$
④ $x^2-4x+6<0$의 해는 모든 실수이다.
⑤ $x^2-6x-7<0$의 해는 $-1<x<7$

03
5지선다 3점

남학생 3명과 여학생 3명이 일렬로 설 때, 양 끝 적어도 한 자리에 남학생이 서는 경우의 수는?

① 720　　　　　② 648　　　　　③ 576
④ 432　　　　　⑤ 144

04
5지선다 3점

행렬 A의 (i, j) 성분 a_{ij}가
$$a_{ij}=\begin{cases} i & (i>j) \\ -a_{ji} & (i\leq j)\end{cases}(i=1, 2, j=1, 2)$$
일 때, 행렬 A의 모든 성분의 합은?

① -2　　　　　② -1　　　　　③ 0
④ 　1　　　　　⑤ 　2

05
5지선다 4점

사과, 배, 바나나를 포함한 서로 다른 과일 8종류 중에서 4종류를 택할 때, 바나나는 포함하지 않고 사과와 배는 모두 포함하는 경우의 수는?

① 9　　　　　② 10　　　　　③ 12
④ 15　　　　　⑤ 18

06
5지선다 4점

방정식 $x+2y+3z=16$을 만족시키는 자연수 x, y, z의 순서쌍 (x, y, z)의 개수는?

① 10　　　　　② 11　　　　　③ 12
④ 13　　　　　⑤ 14

07

x에 대한 이차방정식 $ax^2 - b = 0$이 서로 다른 두 실근을 가질 때,
x에 대한 부등식 $|ax + 2| \leq b$의 해가 $-6 \leq x \leq 2$이다.
두 상수 a, b에 대하여 $a + b$의 값은?

① 3   ② 4   ③ 5
④ 6   ⑤ 7

08

서로 다른 10개의 공을 같은 상자 4개에 나누어 넣을 때, 다음 조건을
만족시키도록 하는 경우의 수는? (단, 넣는 순서는 고려하지 않는다.)

> (가) 빈 상자가 없도록 넣는다.
> (나) 상자 4개에 넣는 공의 개수는 서로 다르다.

① 12400   ② 12600   ③ 12800
④ 13000   ⑤ 13200

09

부등식 $ax^2 - 2ax + 3 \leq 2x^2 - 4x$가 모든 실수 x에 대하여
해가 존재하지 않을 때 실수 a에 대하여 $a^2 - 2a + 3$의 최솟값은?

① 3   ② 4   ③ 5
④ 6   ⑤ 7

10

다음 그림의 영역 A, B, C, D, E, F
6개를 서로 다른 4가지 색으로 칠하
려고 한다. 같은 색을 여러 번 사용해
도 좋으나 인접하는 영역은 서로 다
른 색으로 칠하는 모든 방법의 수는?

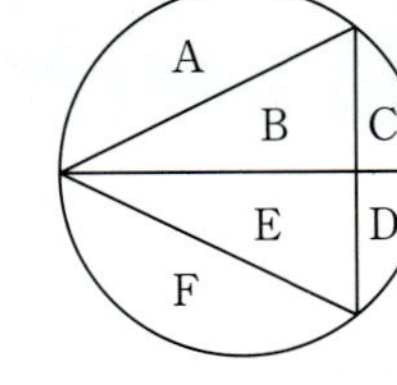

① 720   ② 729   ③ 756
④ 972   ⑤ 1096

11

이차부등식 $ax^2 + bx + c \geq 0$의 해가 $x = 2$일 때, 다음 [보기] 중
옳은 것을 모두 고른 것은?

> ㄱ. $a < 0$
> ㄴ. $b^2 - 4ac = 0$
> ㄷ. $4a + 2b + c = 0$
> ㄹ. $a + b + c > 0$

① ㄱ, ㄴ   ② ㄴ, ㄷ   ③ ㄷ, ㄹ
④ ㄱ, ㄴ, ㄷ   ⑤ ㄱ, ㄴ, ㄷ, ㄹ

12

50원, 100원, 500원짜리 동전을 이용하여 2000원을 지불하는 방법
의 수는? (단, 세 종류의 동전이 적어도 한 개씩은 포함되어야 한다.)

① 9   ② 14   ③ 17
④ 20   ⑤ 27

13

5지선다 4점

행렬 $A=\begin{pmatrix} 2 & -1 \\ 5 & -2 \end{pmatrix}$에 대하여 $A+A^2+A^3+\cdots+A^{102}$의 모든 성분의 합은?

① -2 ② -1 ③ 0

④ 1 ⑤ 2

14

5지선다 4점

두 이차함수 $f(x)=x^2-4x+10$, $g(x)=-x^2+4ax-2a$에 대하여 임의의 두 실수 x_1, x_2에 대하여 부등식 $f(x_1) \geq g(x_2)$가 성립하도록 하는 정수 a의 개수는?

① 1 ② 2 ③ 3

④ 4 ⑤ 5

15

5지선다 4점

방정식 $x^3=-1$의 한 허근을 ω라 할 때, 행렬 $A=\begin{pmatrix} -\omega & -\omega \\ \omega^2 & \omega^2+1 \end{pmatrix}$에 대하여 행렬 A^{121}의 모든 성분의 합은?

① -3 ② -2 ③ -1

④ 1 ⑤ 2

16

5지선다 4점

연립부등식 $\begin{cases} x^2+ax+b \leq 0 \\ x^2+cx+d \geq 0 \end{cases}$의 해가 $x=-3$ 또는 $-1 \leq x \leq 6$일 때, 실수 a, b, c, d에 대하여 $a-b+c-d$의 값은?

① 14 ② 15 ③ 16

④ 17 ⑤ 18

17

5지선다 4점

다음은 지난해 어느 회사에서 생산한 두 제품 핸드폰과 태블릿의 제품 한 개당 제조원가와 판매가격 및 그 해 판매량을 나타낸 표이다.

가격＼판매량	핸드폰	태블릿
제조원가	a_{11}	a_{12}
판매가격	a_{21}	a_{22}

제품명＼판매량	상반기	하반기
핸드폰	b_{11}	b_{12}
태블릿	b_{21}	b_{22}

위의 표를 각각 행렬 $A=\begin{pmatrix} a_{11} & a_{12} \\ a_{21} & a_{22} \end{pmatrix}$와 $B=\begin{pmatrix} b_{11} & b_{12} \\ b_{21} & b_{22} \end{pmatrix}$로 나타내고

이 두 행렬의 곱 AB를 $AB=\begin{pmatrix} a & b \\ c & d \end{pmatrix}$라 하자.

제품 한 개당 판매 이익금을 판매가격에서 제조원가를 뺀 값으로 정의할 때, 다음 중 옳은 것만을 모두 고른 것은?

> ㄱ. $a+b$는 지난해 상반기 판매된 제품의 제조원가 총액이다.
>
> ㄴ. $c+d$는 지난해 1년 동안 판매된 제품의 판매 총액이다.
>
> ㄷ. $d-b$는 지난해 하반기 판매된 제품의 판매 이익금 총액이다.

① ㄱ   ② ㄴ   ③ ㄱ, ㄷ

④ ㄴ, ㄷ   ⑤ ㄱ, ㄴ, ㄷ.

18

5지선다 4점

4인승 승용차와 6인승 승합차가 있다. A, B, C, D를 포함한 7명이 두 자동차에 나누어 탄다. 이때 A, B만 운전면허증을 소지하고 있고 C, D는 서로 같은 차를 탈 수 없을 때, 7명이 나누어 탈 수 있는 경우의 수는? (단, 운전석에는 A, B만 탈 수 있고 차 안의 자리는 서로 구분하지 않고 정원을 초과하여 탈 수 없다.)

① 24   ② 28   ③ 32
④ 36   ⑤ 40

19

5지선다 5점

이차정사각행렬 A, B에 대하여 다음 [보기]에서 옳은 것만을 있는 대로 고른 것은? (단, O는 영행렬이다.)

> ㄱ. $A+B=O$이면 $AB=BA$이다.
> ㄴ. $A+B=E$이면 $AB=BA$이다.
> ㄷ. $AB=O$이면 $BA=O$이다.
> ㄹ. $A^2+B^2=AB+BA$이면 $A-B=O$이다.

① ㄱ, ㄴ   ② ㄴ, ㄷ   ③ ㄱ, ㄷ
④ ㄴ, ㄹ   ⑤ ㄱ, ㄴ, ㄷ

20

5지선다 6점

이차함수 $f(x)=x^2-4x-12$에 대하여

부등식 $\dfrac{|f(x)|+f(x)}{2} \geq m(x-6)$이 모든 실수에서 성립하도록 하는 실수 m의 최댓값은?

① 2   ② 4   ③ 6
④ 8   ⑤ 10

21

단답형 3점

두 행렬 $A=\begin{pmatrix} 2 & 1 \\ -1 & x \end{pmatrix}$, $B=\begin{pmatrix} 2 & y \\ -1 & 1 \end{pmatrix}$에 대하여

$(A+B)^2=A^2+2AB+B^2$이 성립할 때, x^2+y^2의 값을 구하시오.

22

단답형 4점

이차방정식 $x^2-2(k+a)x-4(k+2a+3)=0$이 k의 값에 관계없이 실근을 가질 때, 정수 a의 최솟값을 구하시오.

23

단답형 5점

1, 2, 3, 4, 5, 6, 7, 8의 8개의 수를 일렬로 나열할 때, 다음 조건을 만족시키는 경우의 수를 구하시오.

(가) 짝수끼리는 서로 이웃하지 않는다.
(나) 홀수 중 소수끼리는 이웃하지 않는다.

24

서술형 4점

세 변의 길이가 각각 $a-1$, $a+2$, $a+3$인 삼각형이 둔각삼각형이 되기 위한 실수 a의 범위가 $p < a < q + 2\sqrt{r}$일 때, $p+q+r$의 값을 구하는 과정을 다음 단계로 서술하시오.

[1단계] 삼각형이 결정되기 위한 a의 값의 범위를 구한다. [1점]
[2단계] 둔각삼각형이 되기 위한 a의 값의 범위를 구한다. [2점]
[3단계] 실수 a의 값의 범위와 $p+q+r$의 값을 구한다. [1점]

25

서술형 5점

6개의 숫자 0, 1, 2, 3, 4, 5 중에서 서로 다른 3개의 숫자를 사용하여 세 자리 자연수를 만들 때, 백의 자리의 숫자와 십의 자리의 숫자의 합이 짝수인 자연수의 개수를 구하는 과정을 다음 단계로 서술하시오.

[1단계] 백의 자리의 숫자와 십의 자리의 숫자의 합이 짝수일 조건을 구한다. [1점]
[2단계] 백의 자리, 십의 자리의 숫자가 모두 짝수인 자연수의 개수를 구한다. [1.5점]
[3단계] 백의 자리, 십의 자리의 숫자가 모두 홀수인 자연수의 개수를 구한다. [1.5점]
[4단계] 합의 법칙을 이용하여 모든 자연수의 개수를 구한다. [1점]

FINAL STEP 내신 일등급 모의고사

1학기 기말고사 모의평가 04 회

[시험 범위]
II. 방정식과 부등식
　(5) 일차부등식 부터
IV. 행렬
　(1) 행렬과 그 연산 까지

시험시간 : 50분

01
5지선다 3점

2×3행렬 A의 $(i,\ j)$ 성분 a_{ij}가 $a_{ij}=(i+j-2)(i+k)$일 때, 행렬 A의 모든 성분의 합은 42이다. 실수 k의 값은?

① -3　　　　② -2　　　　③ 1
④ 2　　　　⑤ 3

02
5지선다 3점

이차부등식 $x^2+ax+b<0$의 해가 $-1<x<4$일 때, 상수 a, b에 대하여 이차부등식 $x^2+bx-a \geq 0$의 해는?

① $x \leq 1$ 또는 $x \geq 2$　　　② $x \leq -3$ 또는 $x \geq -1$
③ $x \leq 1$ 또는 $x \geq 3$　　　④ $x \leq -1$ 또는 $x \geq 3$
⑤ $x \leq 2$ 또는 $x \geq 5$

03
5지선다 3점

다음 그림은 네 지점 A, B, C, D 사이의 도로망을 나타낸 것이다. 도로를 따라 지점 A에서 지점 D까지 가는 방법의 수는?
(단, 한 번 지나간 지점은 다시 지나지 않는다.)

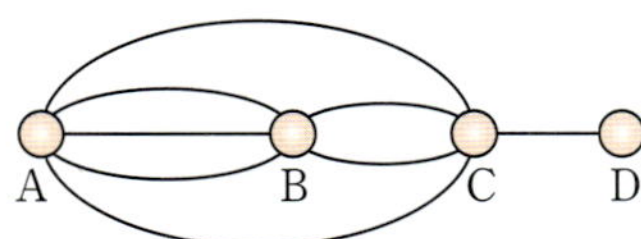

① 4　　　　② 6　　　　③ 8
④ 10　　　　⑤ 12

04
5지선다 3점

이차정사각행렬 A, B가

$$A+B=\begin{pmatrix} 3 & 0 \\ -1 & 2 \end{pmatrix},\ A-B=\begin{pmatrix} 1 & 2 \\ 1 & 0 \end{pmatrix}$$

을 만족시킬 때, A^2-B^2의 모든 성분의 합은?

① 4　　　　② 6　　　　③ 8
④ 10　　　　⑤ 12

05
5지선다 4점

어느 고등학교 동아리 회원 중에서 특정한 2명을 포함하여 4명을 일렬로 배열하는 경우의 수가 240일 때, 이 동아리의 전체 회원 수는?

① 6　　　　② 7　　　　③ 8
④ 9　　　　⑤ 10

06
5지선다 4점

이차방정식 $x^2-x+1=0$의 두 근을 α, β라 할 때, 행렬 A는

$$A=\begin{pmatrix} 1 & 0 \\ \alpha+\beta+1 & \dfrac{1}{\alpha}+\dfrac{1}{\beta} \end{pmatrix}$$

이다. 이때 행렬 A^n의 모든 성분의 합이 100이 되는 자연수 n의 값은?

① 49　　　　② 50　　　　③ 64
④ 100　　　　⑤ 102

07

5지선다 4점

연립부등식 $\begin{cases} x^2-4x-5 \leq 0 \\ |x-2|<k \end{cases}$ 을 만족시키는 정수 x의 개수가 3일 때, 자연수 k의 값은?

① 1   ② 2   ③ 3
④ 4   ⑤ 5

08

5지선다 4점

숫자 카드 5장을 이용하여 만든 네 자리의 자연수 중에서 4의 배수의 개수는?

① 30   ② 32   ③ 34
④ 36   ⑤ 38

09

5지선다 4점

세 변의 길이가 모두 자연수 a, b, $c(a \leq b < c)$이고 둘레의 길이가 27인 삼각형이 있다. 이때 순서쌍 (a, b, c)의 개수는?

① 14   ② 15   ③ 16
④ 17   ⑤ 18

10

5지선다 4점

이차부등식 $f(x)>0$의 해가 $-4<x<2$일 때, 부등식 $f(2x-1) \geq f(-5)$를 만족시키는 정수 x의 개수는?

① 1   ② 2   ③ 3
④ 4   ⑤ 5

11

5지선다 4점

5개의 숫자 0, 1, 2, 3, 4 중에서 서로 다른 4개를 택하여 만든 네 자리의 자연수를 작은 것부터 나열할 때 80번째 수는?

① 4032   ② 4023   ③ 4102
④ 4103   ⑤ 4120

12

5지선다 4점

두 이차정사각행렬 A, B가 $A-2B=3E$, $AB=O$을 만족하고 행렬 $A\begin{pmatrix} 3 & 2 \\ 3 & 2 \end{pmatrix}$의 모든 성분의 합이 30일 때, 옳은 것만을 [보기]에서 있는 대로 고른 것은? (단 E는 단위행렬, O는 영행렬이다.)

> ㄱ. $BA \neq O$
> ㄴ. 행렬 A의 모든 성분의 합은 6이다.
> ㄷ. 행렬 A^3의 모든 성분의 합은 24이다.

① ㄱ   ② ㄴ   ③ ㄷ
④ ㄱ, ㄴ   ⑤ ㄴ, ㄷ

13

1부터 9까지 자연수 중에서 서로 다른 5개를 선택하여 다음의 조건을 만족시키는 다섯 자리의 자연수를 만드는 경우의 수는?

> (가) 모든 자리의 수의 합은 짝수이다.
> (나) 이웃한 두 수의 합에서 한 번만 홀수이다.

① 1900　　　② 1920　　　③ 1940
④ 1960　　　⑤ 1980

14

x에 대한 삼차방정식 $x^3 - \dfrac{3}{4}\,_nC_r\,x^2 - \dfrac{1}{6}\,_nP_r\,x + 12 = 0$의 두 근이 2, 3일 때, 자연수 n, r에 대하여 $n+r$의 값은?

① 5　　　② 6　　　③ 7
④ 8　　　⑤ 9

15

오른쪽 그림과 같이 반원의 둘레 위에 8개의 점이 있다. 이 중에서 두 점을 연결하여 만들 수 있는 직선의 개수를 a, 세 점을 꼭짓점으로 하는 삼각형의 개수를 b라 할 때, $a+b$의 값은?

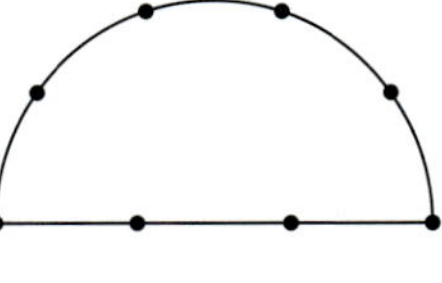

① 40　　　② 52　　　③ 64
④ 74　　　⑤ 75

16

부등식 $|x-1| + 2|x-3| \leq k$가 해를 갖도록 하는 실수 k의 최솟값은?

① 2　　　② 3　　　③ 4
④ 5　　　⑤ 6

17

어느 두 화장품 가게 P, Q에서 판매하는 선크림과 로션의 6월과 7월의 판매 개수는 [표1]과 같고, [표2]는 두 가게 P, Q에서 판매된 선크림과 로션의 판매가격을 나타낸 것이다.

(단위 : 개)

	선크림	로션
6월	35	30
7월	40	25

[표1]

(단위 : 원)

	P	Q
선크림	18000	15000
로션	20000	12000

[표2]

위의 [표1], [표2]를 각각 행렬

$A = \begin{pmatrix} 35 & 30 \\ 40 & 25 \end{pmatrix}$, $B = \begin{pmatrix} 18000 & 15000 \\ 20000 & 12000 \end{pmatrix}$으로 나타낼 때,

$AB = \begin{pmatrix} a & b \\ c & d \end{pmatrix}$이다. 이때 7월에 가게 Q에서 선크림과 로션의 판매총액을 나타낸 것은?

① a　　　② b　　　③ c
④ d　　　⑤ $c+d$

18

5지선다 4점

이차함수 $y=f(x)$와 직선 $y=g(x)$의 그래프는 다음과 같다.

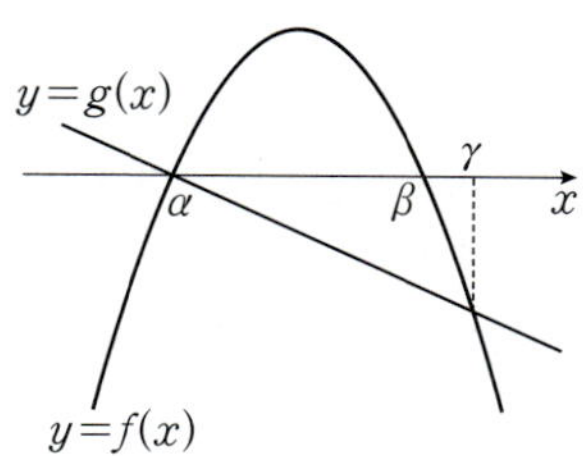

다음 중 옳은 것만을 고른 것은?
(단, $g(\alpha)=f(\alpha)=f(\beta)=0$, $f(\gamma)=g(\gamma)$)

ㄱ. 모든 실수 x에 대하여 $f(x)\leq f\left(\dfrac{\alpha+\beta}{2}\right)$가 성립한다.

ㄴ. 부등식 $g(x)\leq f(x)$의 해는 $\alpha\leq x\leq\gamma$이다.

ㄷ. 방정식 $f(x)\{f(x)-g(x)\}=0$의 서로 다른 실근의 개수는 4이다.

ㄹ. $\alpha\leq x<\beta$에서 부등식 $f(x)g(x)\geq0$의 해는 방정식 $\{f(x)\}^2+\{g(x)\}^2=0$를 만족시킨다.

① ㄱ, ㄴ ② ㄱ, ㄴ, ㄷ ③ ㄱ, ㄷ, ㄹ
④ ㄱ, ㄴ, ㄹ ⑤ ㄱ, ㄴ, ㄷ, ㄹ

19

5지선다형 5점

다음 그림의 A, B, C, D, E의 5개의 영역에 다섯 가지 색을 칠하려고 한다. 같은 색은 중복하여 사용해도 좋으나 인접하는 영역은 서로 다른 색으로 칠할 때, 칠하는 경우의 수는?

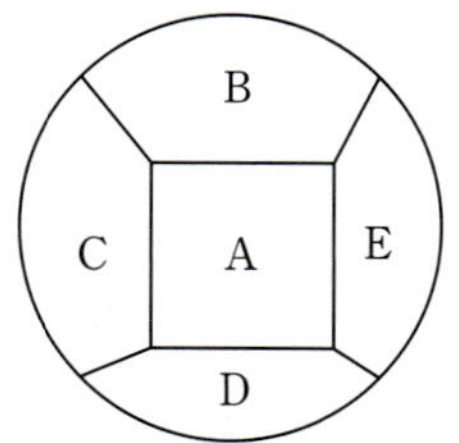

① 120 ② 240 ③ 260
④ 360 ⑤ 420

20

5지선다형 6점

모든 실수 x에 대하여 부등식

$-x^2+8x-13\leq ax+b\leq x^2-4x+5$이 성립한다. 상수 a, b에 대하여 $f(x)=ax+b$라 할 때, $f(4)$의 값은?

① 2 ② 4 ③ 6
④ 8 ⑤ 10

주관식 및 서술형

21번 ～ 25번

21

단답형 3점

나란히 놓인 1인용 의자 9개에 A, B, C 세 사람이 앉을 때, 어느 두 사람도 인접하지 않는 경우의 수를 구하시오.

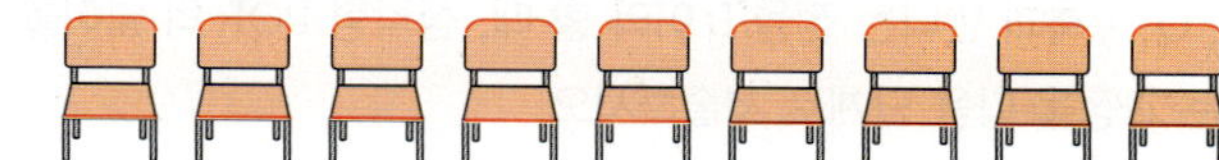

22

단답형 4점

이차정사각행렬 A에 대하여

$A\begin{pmatrix}1\\0\end{pmatrix}=\begin{pmatrix}1\\2\end{pmatrix}$, $A\begin{pmatrix}0\\1\end{pmatrix}=\begin{pmatrix}-3\\4\end{pmatrix}$이 성립할 때, $A\begin{pmatrix}3\\1\end{pmatrix}$의 모든 성분의 합을 구하시오.

23

단답형 5점

x에 대한 이차부등식 $(4x-k^2+5k)(4x-3k)\leq0$의 해가 $\alpha\leq x\leq\beta$라고 할 때, 정수가 아닌 두 실수 α, β가 다음 조건을 만족한다. 이때 실수 k의 값의 합을 구하시오.

(가) $\alpha-\beta$는 정수이다.
(나) $\alpha\leq x\leq\beta$를 만족시키는 정수 x의 개수는 3이다.

두 행렬 $A=\begin{pmatrix} 2 & 1 \\ 1 & x^2 \end{pmatrix}$, $B=\begin{pmatrix} -y & 1 \\ 1 & y \end{pmatrix}$에 대하여

$(A+B)^2=A^2+2AB+B^2$이 성립한다.

실수 x, y에 대하여 함수 $y=f(x)$의 그래프와 x축과 만나는 두 점을 P, Q, y축과 만나는 점을 R이라 할 때, 삼각형 PQR의 넓이를 구하는 과정을 다음 단계로 서술하시오.

[1단계] $(A+B)^2=A^2+2AB+B^2$이 성립하기 위한 조건을 구한다.
　　　　[1점]
[2단계] $y=f(x)$의 그래프와 x축, y축의 교점을 각각 구한다. [2점]
[3단계] 삼각형 PQR의 넓이를 구한다. [1점]

그림과 같이 7개의 좌석이 있는 차량에 앞줄에 2개, 가운데 줄에 3개, 뒷줄에 2개의 좌석이 배열되어 있다. 이 차량에 선생님 2명, 1학년 학생 2명, 2학년 학생 2명이 탑승하려고 한다. 이 7개의 좌석 중 6개의 좌석에 각각 한 명씩 6명이 모두 앉는다고 할 때, 선생님 2명 중 한 명은 운전석에 앉고, 1학년 학생 2명은 같은 줄에 이웃하여 앉는 경우의 수를 구하는 과정을 다음 단계로 서술하시오.

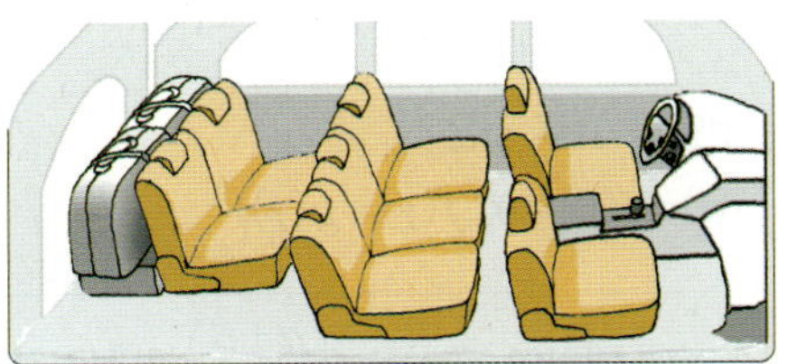

[1단계] 운전석에 앉는 경우의 수를 구한다. [1점]
[2단계] 1학년 학생 2명이 같은 줄에 이웃하여 앉는 경우를 구한다.
　　　　[2점]
[3단계] 나머지 사람 3명을 4자리에 배열하는 경우의 수를 구하고 전체의 경우의 수를 구한다. [2점]

바로 보는 정답

MAPL
YOUR MASTER PLAN

MAPL SYNERGY SERIES
MAPL. IT'S YOUR MASTER PLAN!

개념 유형 기본문제부터
고난도 모의고사형 문제까지 아우르는
유형별 내신대비문제집

공통수학 1

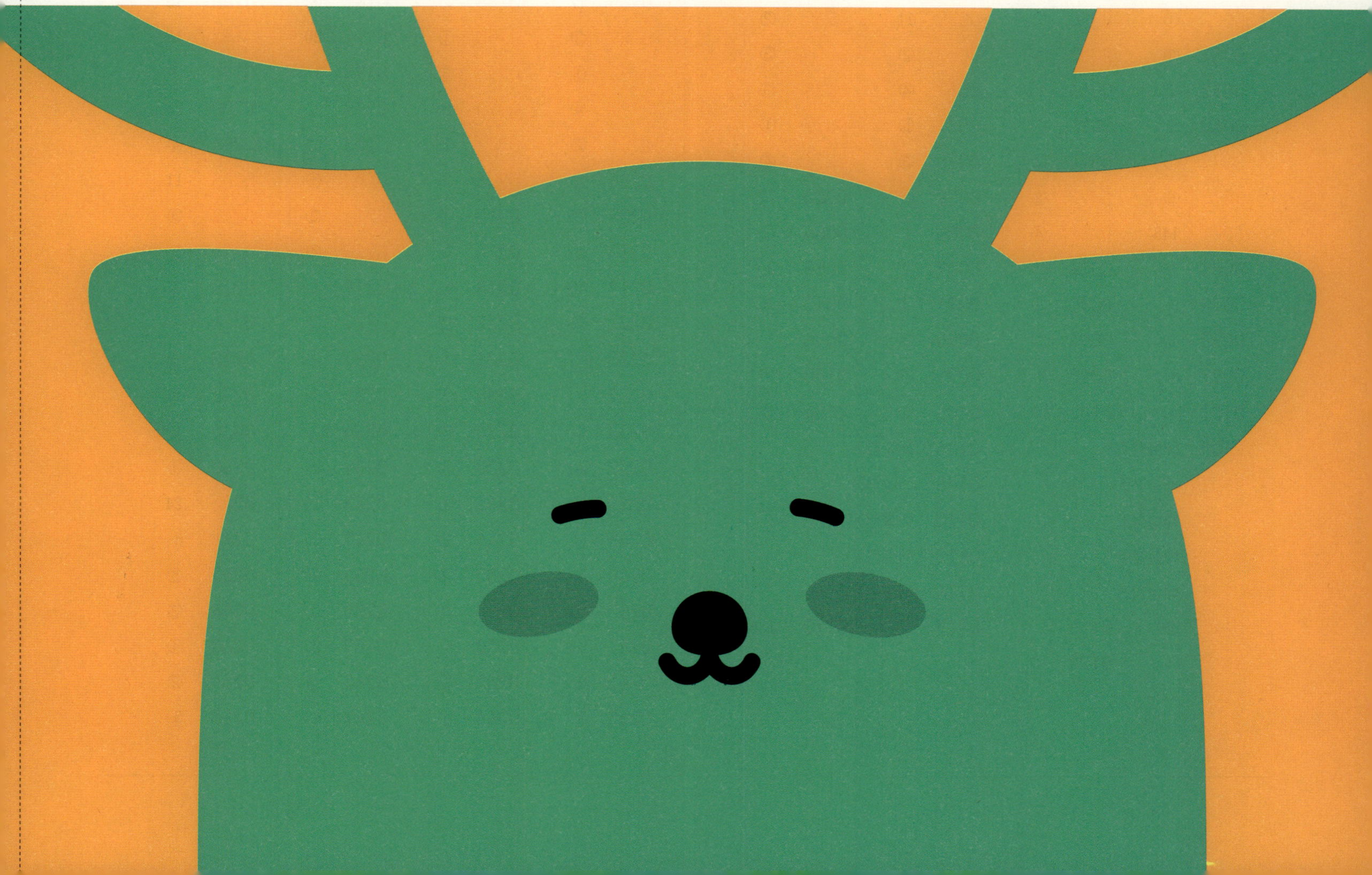

바로 보는 정답

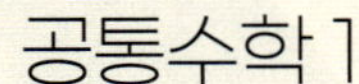

공통수학 1

Since 1996. Heemang Institute, Inc.
www.heemangedu.co.kr
www.mapl.co.kr

I 다항식

01 다항식의 연산

0001	②	0002	③	0003	⑤	0004	②
0005	129	0006	④	0007	③	0008	④
0009	1	0010	①	0011	④	0012	③
0013	③	0014	③	0015	④	0016	18
0017	6	0018	5	0019	⑤	0020	19
0021	②	0022	②	0023	36	0024	100
0025	①	0026	①	0027	③	0028	①
0029	3	0030	6	0031	②	0032	⑤
0033	④	0034	④	0035	⑤	0036	59
0037	⑤	0038	①	0039	②	0040	②
0041	⑤	0042	132	0043	②	0044	②
0045	①	0046	④	0047	①	0048	34
0049	③	0050	⑤	0051	31	0052	②
0053	③	0054	8	0055	⑤	0056	18
0057	①	0058	②	0059	11	0060	②
0061	③	0062	④	0063	②	0064	③
0065	②	0066	15	0067	④	0068	③
0069	5	0070	③	0071	⑤	0072	①
0073	①	0074	③	0075	③	0076	④
0077	⑤	0078	②	0079	③	0080	77
0081	148	0082	④	0083	5	0084	③
0085	⑤	0086	③	0087	②	0088	2
0089	9	0090	①	0091	④	0092	⑤
0093	③	0094	①	0095	③	0096	5
0097	8	0098	2	0099	①	0100	④
0101	④	0102	⑤	0103	⑤	0104	③
0105	해설참조			0106	해설참조		
0107	해설참조			0108	해설참조		
0109	해설참조			0110	해설참조		
0111	해설참조			0112	해설참조		
0113	해설참조			0114	해설참조		
0115	29	0116	−4	0117	78	0118	136
0119	③	0120	④				

02 항등식과 나머지정리

0121	2	0122	②	0123	5	0124	②
0125	⑤	0126	10	0127	③	0128	①
0129	⑤	0130	③	0131	②	0132	⑤
0133	③	0134	③	0135	①	0136	③
0137	5	0138	③	0139	④	0140	③
0141	②	0142	8	0143	①	0144	①
0145	⑤	0146	③	0147	③	0148	①
0149	③	0150	③	0151	③	0152	③
0153	②	0154	7	0155	3	0156	③
0157	26	0158	②	0159	②	0160	②
0161	2	0162	②	0163	①	0164	⑤
0165	⑤	0166	②	0167	10	0168	22
0169	①	0170	⑤	0171	21	0172	5
0173	③	0174	7	0175	⑤	0176	③
0177	④	0178	②	0179	③	0180	③
0181	①	0182	④	0183	②	0184	③
0185	17	0186	②	0187	⑤	0188	15
0189	③	0190	①	0191	20	0192	18
0193	①	0194	③	0195	1	0196	③
0197	④	0198	19	0199	⑤	0200	28
0201	②	0202	32	0203	②	0204	④
0205	④	0206	④	0207	①	0208	11
0209	③	0210	①	0211	③	0212	③
0213	⑤	0214	⑤	0215	④	0216	1
0217	46	0218	9	0219	⑤	0220	①
0221	④	0222	12	0223	②	0224	4
0225	③	0226	①	0227	④	0228	③
0229	3	0230	③	0231	③	0232	11
0233	6	0234	③	0235	②	0236	106
0237	40	0238	③	0239	②	0240	①
0241	④	0242	①	0243	15	0244	24
0245	④	0246	②	0247	③	0248	6
0249	54	0250	②	0251	④	0252	⑤
0253	①	0254	12	0255	①	0256	③
0257	③	0258	8	0259	23	0260	④
0261	9	0262	②	0263	③	0264	②
0265	3	0266	④	0267	60	0268	3

0269	④	0270	(1) 6 (2) $a=-1, b=2$ (3) $a=1, b=0$				
0271	⑤	0272	③	0273	③	0274	①
0275	④			0276	해설참조		
0277	해설참조			0278	해설참조		
0279	해설참조			0280	해설참조		
0281	해설참조			0282	1	0283	5
0284	12	0285	150	0286	$-\dfrac{2}{3}$	0287	20
0288	5	0289	③	0290	13	0291	④
0292	④	0293	33				

03 인수분해

0294	②	0295	④	0296	③	0297	③
0298	①	0299	⑤	0300	②	0301	②
0302	④	0303	④	0304	④	0305	①
0306	④	0307	461	0308	176	0309	1
0310	36	0311	⑤	0312	⑤	0313	②
0314	③	0315	5	0316	②	0317	③
0318	④	0319	⑤	0320	2	0321	④
0322	⑤	0323	③	0324	⑤	0325	2
0326	②	0327	②	0328	③	0329	②
0330	①	0331	①	0332	⑤	0333	⑤
0334	⑤	0335	③	0336	①	0337	③
0338	①	0339	5	0340	③	0341	②
0342	②	0343	-30	0344	③	0345	5
0346	③	0347	①	0348	④	0349	⑤
0350	④	0351	⑤	0352	8	0353	②
0354	①	0355	3	0356	④	0357	③
0358	②	0359	10	0360	④	0361	②
0362	③	0363	④	0364	②	0365	2022
0366	③	0367	①	0368	5	0369	20
0370	④	0371	②	0372	해설참조		
0373	해설참조			0374	해설참조		
0375	해설참조			0376	해설참조		
0377	15	0378	(1) 9 (2) 30 (3) 6	0379	41		
0380	⑤	0381	126				

(II) 방정식과 부등식

01 복소수

0382	②	0383	③	0384	④	0385	②
0386	⑤	0387	⑤	0388	⑤	0389	④
0390	14	0391	⑤	0392	④	0393	③
0394	①	0395	⑤	0396	①	0397	4
0398	③	0399	④	0400	②	0401	③
0402	④	0403	③	0404	①	0405	3
0406	②	0407	3	0408	②	0409	③
0410	①	0411	③	0412	④	0413	⑤
0414	3	0415	⑤	0416	18	0417	④
0418	①	0419	③	0420	③	0421	④
0422	⑤	0423	⑤	0424	144	0425	③
0426	①	0427	③	0428	①	0429	①
0430	③	0431	10	0432	①	0433	⑤
0434	①	0435	②	0436	④	0437	②
0438	①	0439	①	0440	⑤	0441	13
0442	④	0443	④	0444	②	0445	③
0446	①	0447	-2	0448	8	0449	29
0450	①	0451	12	0452	⑤	0453	③
0454	⑤	0455	①	0456	③	0457	③
0458	②	0459	②	0460	⑤	0461	⑤
0462	③	0463	②	0464	①	0465	1
0466	⑤	0467	⑤	0468	⑤	0469	⑤
0470	③	0471	④	0472	④	0473	②
0474	③	0475	12	0476	25	0477	-2
0478	⑤	0479	②	0480	④	0481	①
0482	①	0483	1	0484	0	0485	②
0486	⑤	0487	②	0488	③	0489	②
0490	⑤	0491	94	0492	24	0493	③
0494	⑤	0495	②	0496	③	0497	③
0498	②	0499	③	0500	④	0501	④
0502	④	0503	④	0504	①	0505	10
0506	④	0507	①	0508	①		
0509	해설참조			0510	해설참조		
0511	해설참조			0512	해설참조		
0513	해설참조			0514	해설참조		
0515	-2	0516	-32	0517	-27	0518	$\dfrac{20}{3}$
0519	⑤	0520	4	0521	③	0522	①
0523	16	0524	6	0525	150	0526	⑤

02 이차방정식

0527	③	0528	③	0529	②	0530	④
0531	④	0532	②	0533	①	0534	④
0535	②	0536	1	0537	②	0538	①
0539	2	0540	③	0541	③	0542	③
0543	③	0544	③	0545	20	0546	③
0547	10	0548	①	0549	③	0550	②
0551	③	0552	②	0553	④	0554	④
0555	④	0556	④	0557	6	0558	7
0559	6	0560	④	0561	②	0562	④
0563	①	0564	①	0565	④	0566	8
0567	25	0568	③	0569	②	0570	③
0571	⑤	0572	②	0573	16	0574	④
0575	④	0576	⑤	0577	③	0578	5
0579	7	0580	④	0581	③	0582	6
0583	①	0584	①	0585	④	0586	③
0587	③	0588	③	0589	⑤	0590	④
0591	③	0592	③	0593	6	0594	⑤
0595	⑤	0596	⑤	0597	③	0598	①
0599	②	0600	③	0601	③	0602	②
0603	⑤	0604	①	0605	④	0606	③
0607	②	0608	4	0609	4	0610	24
0611	2	0612	27	0613	7	0614	③
0615	⑤	0616	⑤	0617	③	0618	⑤
0619	③	0620	3	0621	6	0622	③
0623	④	0624	20	0625	①	0626	④
0627	②	0628	④	0629	⑤	0630	⑤
0631	②	0632	208	0633	120	0634	5
0635	③	0636	⑤	0637	③	0638	⑤
0639	⑤	0640	①	0641	③	0642	②
0643	2	0644	20	0645	④	0646	②
0647	6	0648	②	0649	②	0650	④
0651	④	0652	8	0653	②	0654	20
0655	③	0656	②	0657	③	0658	③
0659	②	0660	2	0661	②	0662	⑤
0663	④	0664	④	0665	①	0666	503
0667	16	0668	④	0669	①	0670	④
0671	2	0672	5	0673	①	0674	2
0675	①	0676	①	0677	②	0678	②
0679	①	0680	③	0681	14	0682	10
0683	①	0684	④	0685	①	0686	7
0687	②	0688	⑤	0689	①	0690	⑤
0691	①	0692	③	0693	②	0694	⑤
0695	6	0696	⑤	0697	③	0698	−15

0699	②	0700	③	0701	②	0702	⑤
0703	해설참조	0704	해설참조				
0705	해설참조	0706	해설참조				
0707	해설참조	0708	해설참조				
0709	해설참조	0710	해설참조				
0711	해설참조	0712	해설참조				
0713	4	0714	20	0715	$\dfrac{34}{9}$	0716	3
0717	96	0718	10	0719	④	0720	⑤
0721	③	0722	②	0723	50		

03 이차방정식과 이차함수

0724	②	0725	⑤	0726	②	0727	10
0728	⑤	0729	8	0730	⑤	0731	③
0732	②	0733	⑤	0734	③	0735	⑤
0736	②	0737	③	0738	2	0739	②
0740	①	0741	④	0742	①	0743	⑤
0744	②	0745	①	0746	①	0747	①
0748	②	0749	⑤	0750	0	0751	①
0752	⑤	0753	6	0754	③	0755	②
0756	②	0757	6	0758	②	0759	⑤
0760	4	0761	②	0762	4	0763	⑤
0764	2	0765	③	0766	③	0767	③
0768	①	0769	④	0770	②	0771	④
0772	②	0773	②	0774	①	0775	④
0776	9	0777	①	0778	4	0779	①
0780	②	0781	④	0782	8	0783	5
0784	④	0785	20	0786	①	0787	③
0788	①	0789	①	0790	⑤	0791	16
0792	③	0793	③	0794	③	0795	3
0796	④	0797	①	0798	0	0799	3
0800	②	0801	2	0802	5	0803	13
0804	5	0805	④	0806	②	0807	⑤
0808	⑤	0809	④	0810	⑤	0811	3
0812	⑤	0813	④	0814	①	0815	2
0816	12	0817	3	0818	①	0819	④
0820	②	0821	②	0822	⑤	0823	4
0824	18	0825	③	0826	7	0827	③
0828	⑤	0829	③	0830	②	0831	16
0832	3	0833	⑤	0834	⑤	0835	⑤
0836	4	0837	⑤	0838	11	0839	7
0840	③	0841	③	0842	②	0843	②
0844	③	0845	9	0846	①	0847	②
0848	⑤	0849	3	0850	4	0851	①

0852	54	0853	50	0854	①	0855	①
0856	①	0857	3	0858	18	0859	①
0860	③	0861	60	0862	6	0863	④
0864	④	0865	④	0866	29	0867	16
0868	25	0869	0	0870	5	0871	①
0872	④	0873	④	0874	②	0875	④
0876	④	0877	④	0878	7	0879	④
0880	⑤	0881	③	0882	1	0883	④
0884	④	0885	21	0886	120	0887	③
0888	2250	0889	④	0890	②	0891	12
0892	④	0893	③	0894	②	0895	⑤
0896	②	0897	④	0898	⑤	0899	③
0900	⑤	0901	③	0902	①	0903	③
0904	12	0905	③	0906	⑤		
0907	해설참조			0908	해설참조		
0909	해설참조			0910	해설참조		
0911	해설참조			0912	해설참조		
0913	해설참조			0914	해설참조		
0915	해설참조			0916	해설참조		
0917	해설참조			0918	해설참조		
0919	해설참조			0920	해설참조		
0921	해설참조			0922	해설참조		
0923	해설참조			0924	2	0925	240
0926	4	0927	11	0928	39	0929	④
0930	⑤	0931	⑤	0932	⑤	0933	17
0934	①	0935	13	0936	①	0937	①
0938	121	0939	⑤	0940	⑤		

04 여러 가지 방정식

0941	5	0942	①	0943	②	0944	1
0945	①	0946	③	0947	⑤	0948	③
0949	③	0950	6	0951	②	0952	②
0953	16	0954	③	0955	②	0956	④
0957	③	0958	②	0959	10	0960	①
0961	③	0962	②	0963	⑤	0964	③
0965	①	0966	②	0967	③	0968	②
0969	③	0970	48	0971	7	0972	⑤
0973	①	0974	④	0975	②	0976	5
0977	6	0978	④	0979	12	0980	6
0981	①	0982	④	0983	②	0984	③
0985	①	0986	①	0987	81	0988	④
0989	③	0990	⑤	0991	⑤	0992	⑤
0993	④	0994	④	0995	32	0996	8
0997	③	0998	③	0999	②	1000	③
1001	2	1002	②	1003	16	1004	②

1005	①	1006	①	1007	④	1008	10
1009	2	1010	②	1011	①	1012	③
1013	①	1014	②	1015	①	1016	③
1017	④	1018	③	1019	④	1020	⑤
1021	①	1022	①	1023	②	1024	7
1025	⑤	1026	⑤	1027	②	1028	③
1029	①	1030	⑤	1031	⑤	1032	④
1033	⑤	1034	②	1035	②	1036	⑤
1037	1	1038	⑤	1039	③	1040	④
1041	③	1042	①	1043	③	1044	③
1045	④	1046	③	1047	⑤	1048	①
1049	②	1050	②	1051	②	1052	③
1053	3	1054	164	1055	5	1056	4
1057	①	1058	①	1059	①	1060	5
1061	3	1062	②	1063	④	1064	④
1065	③	1066	④	1067	③	1068	③
1069	①	1070	①	1071	②	1072	⑤
1073	2	1074	②	1075	7	1076	②
1077	2	1078	⑤	1079	⑤	1080	29
1081	4	1082	⑤	1083	39	1084	4
1085	①	1086	③	1087	①	1088	②
1089	③	1090	16	1091	①	1092	③
1093	②	1094	①	1095	5	1096	10
1097	③	1098	③	1099	24	1100	②
1101	①	1102	②	1103	②	1104	3
1105	해설참조			1106	해설참조		
1107	해설참조			1108	해설참조		
1109	해설참조			1110	해설참조		
1111	해설참조			1112	해설참조		
1113	해설참조			1114	해설참조		
1115	해설참조			1116	해설참조		
1117	⑤	1118	10	1119	2	1120	34
1121	60	1122	83	1123	0	1124	②
1125	①	1126	①	1127	46	1128	38

05 일차부등식

1129	⑤	1130	③	1131	③	1132	③
1133	6	1134	①	1135	②	1136	15
1137	15	1138	②	1139	④	1140	27
1141	④	1142	③	1143	④	1144	①
1145	④	1146	③	1147	②	1148	③
1149	③	1150	⑤	1151	③	1152	8
1153	②	1154	④	1155	②	1156	1
1157	21	1158	12	1159	②	1160	②
1161	①	1162	4	1163	③	1164	③

1165	2	1166	⑤	1167	9	1168	④
1169	①	1170	③	1171	25	1172	⑤
1173	②	1174	12	1175	⑤	1176	③
1177	1	1178	①	1179	④	1180	②
1181	④	1182	②	1183	9	1184	③
1185	③	1186	①	1187	7	1188	4
1189	3	1190	⑤	1191	⑤	1192	①
1193	①	1194	④	1195	②	1196	⑤
1197	⑤	1198	③	1199	②	1200	8
1201	④			1202	해설참조		
1203	해설참조			1204	해설참조		
1205	해설참조			1206	해설참조		
1207	해설참조			1208	3	1209	2
1210	−13	1211	2	1212	9	1213	10

06 이차부등식

1214	8	1215	③	1216	①	1217	④
1218	⑤	1219	④	1220	9	1221	9
1222	③	1223	②	1224	②	1225	④
1226	④	1227	①	1228	8	1229	③
1230	②	1231	6	1232	③	1233	②
1234	5	1235	②	1236	②	1237	①
1238	16	1239	⑤	1240	①	1241	6
1242	④	1243	①	1244	④	1245	4
1246	④	1247	②	1248	③	1249	6
1250	①	1251	8	1252	③	1253	③
1254	1	1255	⑤	1256	①	1257	⑤
1258	④	1259	④	1260	②	1261	②
1262	3	1263	③	1264	③	1265	③
1266	2	1267	③	1268	③	1269	②
1270	④	1271	③	1272	1	1273	①
1274	①	1275	①	1276	②	1277	④
1278	②	1279	③	1280	②	1281	4
1282	⑤	1283	③	1284	②	1285	②
1286	③	1287	⑤	1288	10	1289	⑤
1290	②	1291	②	1292	③	1293	②
1294	2	1295	22	1296	3	1297	⑤
1298	②	1299	−7	1300	③	1301	⑤
1302	①	1303	③	1304	⑤	1305	⑤
1306	⑤	1307	②	1308	4	1309	②
1310	19	1311	③	1312	③	1313	⑤
1314	⑤	1315	④	1316	③	1317	②
1318	③	1319	⑤	1320	①	1321	②
1322	⑤	1323	3	1324	④	1325	⑤
1326	②	1327	④	1328	⑤	1329	②

1330	5	1331	③	1332	8	1333	④
1334	①	1335	⑤	1336	①	1337	①
1338	④	1339	3	1340	④	1341	8
1342	①	1343	9	1344	⑤	1345	2
1346	⑤	1347	③	1348	①	1349	②
1350	③	1351	11	1352	⑤	1353	7
1354	③	1355	①	1356	2	1357	①
1358	③	1359	③	1360	③	1361	②
1362	3	1363	④	1364	②	1365	④
1366	1	1367	②	1368	③	1369	③
1370	18	1371	15	1372	②	1373	②
1374	③	1375	③	1376	③	1377	8
1378	7	1379	③	1380	③	1381	③
1382	④	1383	③	1384	②	1385	①
1386	④	1387	②	1388	3	1389	②
1390	③	1391	④	1392	②	1393	②
1394	⑤	1395	①	1396	①	1397	2
1398	④	1399	⑤	1400	②	1401	③
1402	23	1403	②	1404	5	1405	③
1406	③	1407	④	1408	④	1409	①
1410	③	1411	5	1412	7	1413	4
1414	26	1415	3	1416	④		
1417	해설참조			1418	해설참조		
1419	해설참조			1420	해설참조		
1421	해설참조			1422	해설참조		
1423	해설참조			1424	해설참조		
1425	해설참조			1426	해설참조		
1427	해설참조			1428	해설참조		
1429	31	1430	1	1431	⑤	1432	25
1433	27	1434	해설참조			1435	−3
1436	②	1437	③	1438	21	1439	30
1440	10	1441	①				

 **경우의 수**

01 경우의 수

1442	40	1443	④	1444	③	1445	⑤
1446	③	1447	16	1448	20	1449	7
1450	③	1451	⑤	1452	④	1453	②
1454	⑤	1455	10	1456	14	1457	9
1458	①	1459	⑤	1460	①	1461	11
1462	9	1463	②	1464	⑤	1465	⑤
1466	③	1467	②	1468	15	1469	②
1470	18	1471	24	1472	④	1473	③
1474	①	1475	⑤	1476	⑤	1477	8
1478	③	1479	21	1480	45	1481	③
1482	⑤	1483	④	1484	②	1485	81
1486	②	1487	33	1488	①	1489	②
1490	④	1491	④	1492	24	1493	30
1494	①	1495	③	1496	③	1497	③
1498	④	1499	4	1500	39	1501	②
1502	④	1503	③	1504	35	1505	26
1506	③	1507	46	1508	48	1509	⑤
1510	③	1511	⑤	1512	③	1513	144
1514	해설참조			1515	해설참조		
1516	해설참조			1517	해설참조		
1518	해설참조			1519	해설참조		
1520	144	1521	9	1522	25	1523	④
1524	30	1525	②				

02 순열

1526	④	1527	⑤	1528	⑤	1529	60
1530	①	1531	⑤	1532	①	1533	③
1534	⑤	1535	③	1536	⑤	1537	300
1538	④	1539	④	1540	⑤	1541	①
1542	②	1543	④	1544	144	1545	④
1546	②	1547	④	1548	④	1549	⑤
1550	2640	1551	720	1552	144	1553	⑤
1554	⑤	1555	⑤	1556	④	1557	480
1558	③	1559	⑤	1560	144	1561	②
1562	72	1563	216	1564	②	1565	②
1566	120	1567	720	1568	④	1569	⑤
1570	2880	1571	⑤	1572	48	1573	⑤
1574	⑤	1575	192	1576	⑤	1577	④
1578	96	1579	④	1580	①	1581	②
1582	③	1583	②	1584	⑤	1585	①
1586	③	1587	1288	1588	2640	1589	①

1590	②	1591	⑤	1592	③	1593	③
1594	①	1595	③	1596	78	1597	①
1598	⑤	1599	336	1600	해설참조		
1601	해설참조			1602	해설참조		
1603	해설참조			1604	해설참조		
1605	해설참조			1606	648	1607	432
1608	144	1609	384	1610	72	1611	①
1612	④	1613	576	1614	72	1615	160
1616	⑤						

03 조합

1617	④	1618	⑤	1619	④	1620	③
1621	①	1622	②	1623	7	1624	④
1625	⑤	1626	②	1627	②	1628	84
1629	④	1630	③	1631	③	1632	⑤
1633	⑤	1634	315	1635	⑤	1636	120
1637	⑤	1638	②	1639	10	1640	570
1641	⑤	1642	③	1643	384	1644	35
1645	③	1646	④	1647	②	1648	25
1649	16	1650	15	1651	14	1652	③
1653	120	1654	⑤	1655	①	1656	②
1657	60	1658	64	1659	④	1660	④
1661	③	1662	④	1663	6	1664	108
1665	105	1666	②	1667	②	1668	④
1669	②	1670	③	1671	90	1672	④
1673	756	1674	240	1675	⑤	1676	⑤
1677	②	1678	③	1679	⑤	1680	⑤
1681	24	1682	③	1683	④	1684	120
1685	⑤	1686	④	1687	⑤	1688	④
1689	③	1690	②	1691	②	1692	③
1693	12	1694	①	1695	①	1696	④
1697	③	1698	②	1699	105	1700	⑤
1701	⑤	1702	②	1703	②	1704	①
1705	④	1706	②	1707	48	1708	④
1709	90	1710	①	1711	②	1712	⑤
1713	②	1714	④	1715	76		
1716	해설참조			1717	해설참조		
1718	해설참조			1719	해설참조		
1720	해설참조			1721	해설참조		
1722	해설참조			1723	해설참조		
1724	해설참조			1725	해설참조		
1726	6	1727	126	1728	②	1729	130
1730	②	1731	960	1732	④	1733	50

(Ⅳ) 행렬

01 행렬과 그 연산

1734	18	**1735**	⑤	**1736**	②	**1737**	③
1738	⑤	**1739**	③	**1740**	②	**1741**	③
1742	⑤	**1743**	②	**1744**	⑤	**1745**	④
1746	④	**1747**	②	**1748**	7	**1749**	⑤
1750	③	**1751**	⑤	**1752**	9	**1753**	②
1754	7	**1755**	①	**1756**	②	**1757**	③
1758	①	**1759**	①	**1760**	14	**1761**	③
1762	③	**1763**	③	**1764**	2	**1765**	8
1766	16	**1767**	②	**1768**	⑤	**1769**	③
1770	2	**1771**	⑤	**1772**	2	**1773**	13
1774	0	**1775**	⑤	**1776**	②	**1777**	①
1778	④	**1779**	②	**1780**	④	**1781**	⑤
1782	②	**1783**	①	**1784**	12	**1785**	⑤
1786	⑤	**1787**	②	**1788**	①	**1789**	②
1790	①	**1791**	2	**1792**	⑤	**1793**	④
1794	①	**1795**	④	**1796**	③	**1797**	53
1798	④	**1799**	10	**1800**	16	**1801**	4
1802	②	**1803**	①	**1804**	④	**1805**	④
1806	24	**1807**	24	**1808**	④	**1809**	④
1810	②	**1811**	⑤	**1812**	⑤	**1813**	③
1814	⑤	**1815**	25	**1816**	④	**1817**	③
1818	⑤	**1819**	4	**1820**	②	**1821**	④
1822	15	**1823**	①	**1824**	②	**1825**	6
1826	8	**1827**	②	**1828**	32	**1829**	20
1830	5	**1831**	④	**1832**	18	**1833**	5
1834	②	**1835**	④	**1836**	②	**1837**	1
1838	52	**1839**	④	**1840**	②	**1841**	1
1842	13	**1843**	③	**1844**	⑤	**1845**	③
1846	②	**1847**	①	**1848**	⑤	**1849**	④
1850	④	**1851**	⑤	**1852**	③	**1853**	①
1854	④	**1855**	②	**1856**	①	**1857**	①
1858	①	**1859**	3	**1860**	⑤	**1861**	②
1862	④	**1863**	③	**1864**	⑤	**1865**	④
1866	④	**1867**	④	**1868**	해설참조		
1869	해설참조			**1870**	해설참조		
1871	해설참조			**1872**	해설참조		
1873	해설참조			**1874**	②	**1875**	3
1876	8	**1877**	①	**1878**	3	**1879**	50
1880	8	**1881**	⑤	**1882**	3	**1883**	102

MAPL SYNERGY SERIES
1학기 중간고사 모의평가

중간고사 모의평가 01회

01 ④	02 ⑤	03 ③	04 ④	05 ①
06 ⑤	07 ②	08 ③	09 ②	10 ④
11 ④	12 ③	13 ①	14 ④	15 ④
16 ④	17 ④	18 ④	19 ④	20 ③

단답형 및 서술형		
21 2	22 30	23 24
24 해설참조	25 해설참조	

중간고사 모의평가 02회

01 ④	02 ⑤	03 ③	04 ④	05 ③
06 ②	07 ①	08 ②	09 ①	10 ③
11 ⑤	12 ①	13 ④	14 ①	15 ②
16 ⑤	17 ⑤	18 ②	19 ①	20 ②

단답형 및 서술형		
21 6	22 45	23 4
24 해설참조	25 해설참조	

중간고사 모의평가 03회

01 ③	02 ③	03 ②	04 ④	05 ⑤
06 ④	07 ③	08 ④	09 ③	10 ②
11 ④	12 ②	13 ③	14 ②	15 ③
16 ③	17 ①	18 ④	19 ③	20 ④

단답형 및 서술형		
21 8	22 18	23 7
24 해설참조	25 해설참조	

중간고사 모의평가 04회

01 ④	02 ⑤	03 ④	04 ⑤	05 ①
06 ⑤	07 ⑤	08 ⑤	09 ④	10 ②
11 ⑤	12 ⑤	13 ①	14 ⑤	15 ③
16 ②	17 ④	18 ④	19 ②	20 ①

단답형 및 서술형		
21 4	22 160	23 9
24 해설참조	25 해설참조	

MAPL SYNERGY SERIES
1학기 기말고사 모의평가

기말고사 모의평가 01회

01 ⑤	02 ②	03 ④	04 ③	05 ⑤
06 ⑤	07 ④	08 ⑤	09 ②	10 ④
11 ⑤	12 ⑤	13 ①	14 ①	15 ④
16 ④	17 ④	18 ④	19 ②	20 ③

단답형 및 서술형		
21 5	22 4	23 50
24 해설참조	25 해설참조	

기말고사 모의평가 02회

01 ②	02 ④	03 ③	04 ①	05 ③
06 ②	07 ④	08 ②	09 ②	10 ②
11 ④	12 ⑤	13 ④	14 ②	15 ⑤
16 ⑤	17 ②	18 ③	19 ②	20 ③

단답형 및 서술형		
21 72	22 62	23 864
24 해설참조	25 해설참조	

기말고사 모의평가 03회

01 ③	02 ④	03 ③	04 ③	05 ②
06 ⑤	07 ③	08 ②	09 ①	10 ③
11 ④	12 ⑤	13 ⑤	14 ③	15 ③
16 ③	17 ②	18 ③	19 ①	20 ④

단답형 및 서술형		
21 2	22 −2	23 2016
24 해설참조	25 해설참조	

기말고사 모의평가 04회

01 ⑤	02 ④	03 ③	04 ③	05 ②
06 ①	07 ④	08 ①	09 ①	10 ⑤
11 ④	12 ②	13 ③	14 ③	15 ⑤
16 ①	17 ④	18 ④	19 ⑤	20 ②

단답형 및 서술형		
21 210	22 10	23 16
24 해설참조	25 해설참조	

Master Plan

MAPL SYNERGY SERIES
마플시너지
내신문제집
공통수학1
MAPL
IT'S YOUR
MASTER
PLAN

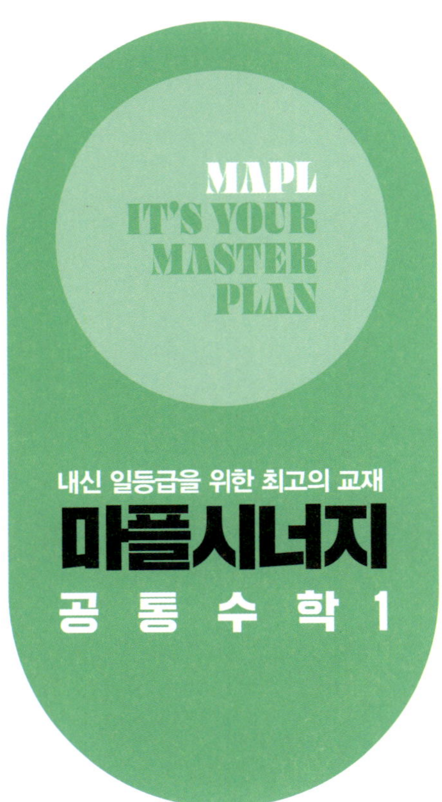

마플시너지 공통수학 1
ISBN : 979-11-93575-06-2 (53410)

발행일 : 2024년 7월 10일(1판 1쇄)
인쇄일 : 2026년 2월 9일
판/쇄 : 1판 9쇄

펴낸곳
희망에듀출판부 *(Heemang Institute, inc. Publishing dept.)*

펴낸이
임정선

주소 경기도 부천시 석천로 174 하성빌딩
[174, Seokcheon-ro, Bucheon-si, Gyeonggi-do, Republic of Korea]

교재 오류 및 문의
mapl@heemangedu.co.kr

희망에듀 홈페이지
http://www.heemangedu.co.kr

마플교재 인터넷 구입처
http://www.mapl.co.kr

교재 구입 문의
오성서적
Tel 032) 653-6653
Fax 032) 655-4761

YOUR
MASTER
PLAN

핵심단권화 수학개념서
마플교과서 시리즈

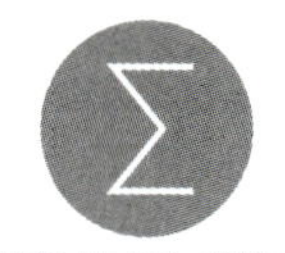

Σ
마플시너지 시리즈

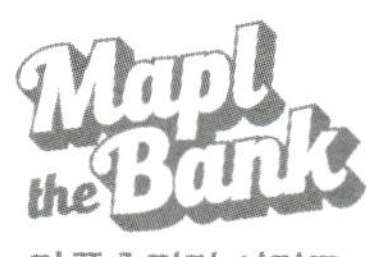

Mapl
the Bank
마플총정리 시리즈

월별기출
모의고사
마플 모의고사 시리즈

YOUR
MASTER
PLAN

핵심단권화 수학개념서
마플교과서 시리즈

Σ
마플시너지 시리즈

Mapl
the Bank
마플총정리 시리즈

월별기출
모의고사
마플 모의고사 시리즈

MAPL SYNERGY SERIES
마플시너지
내신문제집
공통수학1
MAPL
IT'S YOUR
MASTER
PLAN

마플시너지 공통수학 1

ISBN : 979-11-93575-06-2 (53410)

발행일 : 2024년 7월 10일(1판 1쇄)
인쇄일 : 2026년 2월 9일
판/쇄 : 1판 9쇄

펴낸곳
희망에듀출판부 *(Heemang Institute, inc. Publishing dept.)*

펴낸이
임정선

주소 경기도 부천시 석천로 174 하성빌딩
[174, Seokcheon-ro, Bucheon-si, Gyeonggi-do, Republic of Korea]

교재 오류 및 문의
mapl@heemangedu.co.kr

희망에듀 홈페이지
http://www.heemangedu.co.kr

마플교재 인터넷 구입처
http://www.mapl.co.kr

교재 구입 문의
오성서적
Tel 032) 653-6653
Fax 032) 655-4761

YOUR
MASTER
PLAN

핵심단권화 수학개념서
마플교과서 시리즈

Σ
마플시너지 시리즈

Mapl
the Bank
마플총정리 시리즈

월뿔기출
모의고사
마플 모의고사 시리즈

핵심단권화 수학개념서

마플교과서 시리즈

Σ
마플시너지 시리즈

Mapl
the Bank
마플총정리 시리즈

마플 모의고사 시리즈

정답과
해설
MAPL
YOUR
MASTER
PLAN
MAPL SYNERGY SERIES
MAPL. IT'S YOUR MASTER PLAN!
개념 유형 기본문제부터
고난도 모의고사형 문제까지 아우르는
유형별 내신대비문제집

CONTENTS

다항식

01 다항식의 연산

0001

정답 ②

STEP A 다항식의 덧셈과 뺄셈을 이용하여 식을 간단히 하기

$2x^2-xy+y^2-2(x^2-2xy+y^2)$
$=2x^2-xy+y^2-2x^2+4xy-2y^2$
$=3xy-y^2$

0002

정답 ③

STEP A 다항식의 덧셈과 뺄셈을 이용하여 식을 간단히 하기

$A+2B=(2x^2-3x-5)+2(-x^2+3x)$
$\quad\quad\quad=2x^2-3x-5-2x^2+6x$
$\quad\quad\quad=3x-5$

0003

정답 ⑤

STEP A 다항식의 덧셈과 뺄셈을 이용하여 식을 간단히 하기

$(A+3C)-3(B-C)$
$=A+3C-3B+3C$
$=A-3B+6C$
$=-2x^2y-3xy^2+6-3(3x^2y+xy^2-5)+6(4x^2y+3xy^2-7)$
$=13x^2y+12xy^2-21$

내 신 연 계 출제문항 001

세 다항식
$$A=x^3-3x^2-2x+4,\ B=-x^3-2x+1,\ C=-x^3+2x^2-5$$
에 대하여 $2A-(B-3C)+(2B-C)$를 계산하면?

① $2x^3+2x^2-6x-1$ ② $5x^3-x^2-6x-1$
③ $-x^3-2x^2-6x-1$ ④ $-x^3-3x^2-7x+1$
⑤ $-2x^3-4x^2-6x+2$

STEP A 다항식의 덧셈과 뺄셈을 이용하여 식을 간단히 하기

$2A-(B-3C)+(2B-C)$
$=2A-B+3C+2B-C$
$=2A+B+2C$
$=2(x^3-3x^2-2x+4)+(-x^3-2x+1)+2(-x^3+2x^2-5)$
$=-x^3-2x^2-6x-1$

정답 ③

0004

2020년 06월 고1 학력평가 6번

정답 ②

STEP A 다항식 A, B, C, D 구하기

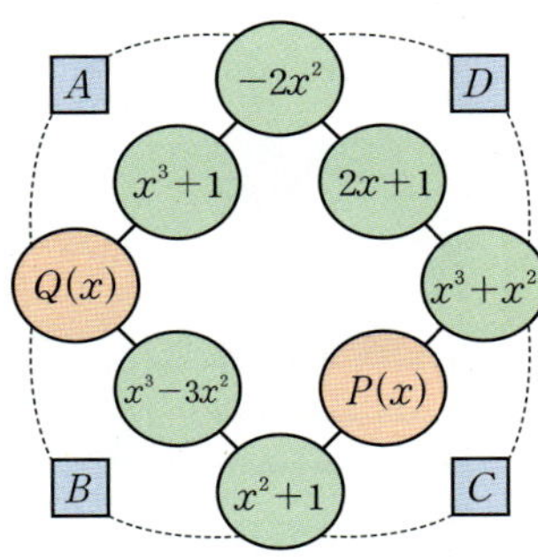

다항식 A, B, C, D가 x의 값에 관계없이 모두 같으므로
$A=-2x^2+(x^3+1)+Q(x)$
$B=Q(x)+(x^3-3x^2)+(x^2+1)$
$C=(x^2+1)+P(x)+(x^3+x^2)$
$D=-2x^2+(2x+1)+(x^3+x^2)=x^3-x^2+2x+1$

STEP B 각 변의 3개의 식의 합이 x^3-x^2+2x+1임을 이용하여 두 다항식 $P(x)$, $Q(x)$ 구하기

$A=D$에서 다항식 $Q(x)$를 구하면
$-2x^2+(x^3+1)+Q(x)=x^3-x^2+2x+1$이므로
$Q(x)=(x^3-x^2+2x+1)+2x^2-(x^3+1)$
$\quad\quad\ =x^2+2x$

+α | $B=D$에서 다항식 $Q(x)$를 구할 수도 있어!

> $B=D$에서 다항식 $Q(x)$를 구하면
> $Q(x)+(x^3-3x^2)+(x^2+1)=x^3-x^2+2x+1$이므로
> $Q(x)=(x^3-x^2+2x+1)-(x^3-3x^2)-(x^2+1)$
> $\quad\quad\ =x^2+2x$

$C=D$에서 다항식 $P(x)$를 구하면
$(x^2+1)+P(x)+(x^3+x^2)=x^3-x^2+2x+1$이므로
$P(x)=(x^3-x^2+2x+1)-(x^3+x^2)-(x^2+1)$
$\quad\quad\ =-3x^2+2x$

STEP C $P(x)+Q(x)$ 구하기

따라서 $P(x)+Q(x)=(-3x^2+2x)+(x^2+2x)=-2x^2+4x$

내 신 연 계 출제문항 002

그림과 같이 8개의 다항식을 사각형 모양으로 배열하고 각 변에 배열된 3개의 다항식의 합을 각각 A, B, C, D라 하자.
다항식 A, B, C, D가 x의 값에 관계없이 모두 같을 때, 두 다항식의 합 $P(x)+Q(x)$는?

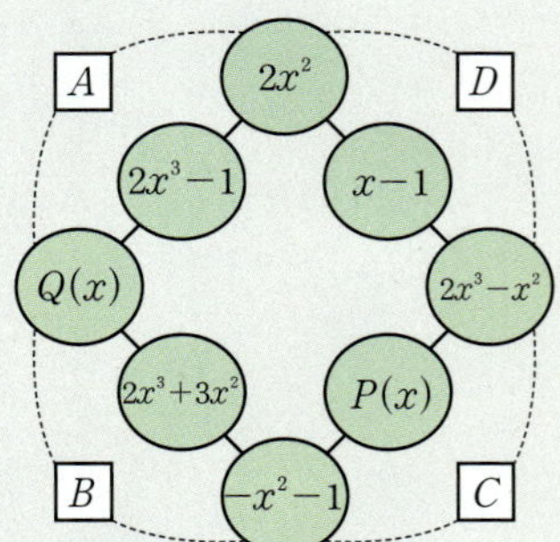

① $-2x^2+4x$ ② $-2x^2+2x$ ③ $-x^2+4x+1$
④ $2x^2+4x$ ⑤ $2x^2+2x$

STEP Ⓐ 다항식 A, B, C, D 구하기

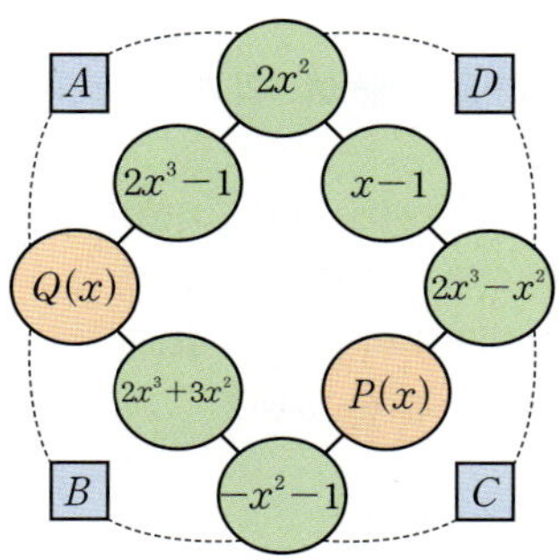

다항식 A, B, C, D가 x의 값에 관계없이 모두 같으므로
$A=2x^2+(2x^3-1)+Q(x)$
$B=Q(x)+(2x^3+3x^2)+(-x^2-1)$
$C=(-x^2-1)+P(x)+(2x^3-x^2)$
$D=2x^2+(x-1)+(2x^3-x^2)=2x^3+x^2+x-1$

STEP Ⓑ 각 변의 3개의 식의 합이 $2x^3+x^2+x-1$임을 이용하여 두 다항식 $P(x)$, $Q(x)$ 구하기

$A=D$에서 다항식 $Q(x)$를 구하면
$2x^2+(2x^3-1)+Q(x)=2x^3+x^2+x-1$이므로
$Q(x)=(2x^3+x^2+x-1)-2x^2-(2x^3-1)$
$\quad\quad=-x^2+x$

> **+α** | $B=D$에서 다항식 $Q(x)$를 구할 수도 있어!
>
> $B=D$에서 다항식 $Q(x)$를 구하면
> $Q(x)+(2x^3+3x^2)+(-x^2-1)=2x^3+x^2+x-1$이므로
> $Q(x)=(2x^3+x^2+x-1)-(2x^3+3x^2)+(x^2+1)$
> $\quad\quad=-x^2+x$

$C=D$에서 다항식 $P(x)$를 구하면
$(-x^2-1)+P(x)+(2x^3-x^2)=2x^3+x^2+x-1$이므로
$P(x)=(2x^3+x^2+x-1)+(x^2+1)-(2x^3-x^2)$
$\quad\quad=3x^2+x$

STEP Ⓒ $P(x)+Q(x)$ 구하기

따라서 $P(x)+Q(x)=(3x^2+x)+(-x^2+x)=2x^2+2x$　　　정답 ⑤

0005　2013년 03월 고2 학력평가 A형 24번　　　정답 129

STEP Ⓐ 대각선으로 배열된 세 다항식의 합을 이용하여 $g(x)$ 구하기

(나)		
$2x-2$	$2x^2+4x$	
(가)		$-x^2+x-3$

위의 그림과 같이 (나)에 들어갈 다항식을 $g(x)$라 하자.
대각선 방향(╲)의 세 다항식의 합이 $6x^2+12x$이므로
$g(x)+(2x^2+4x)+(-x^2+x-3)=6x^2+12x$
$g(x)+x^2+5x-3=6x^2+12x$
$\therefore g(x)=6x^2+12x-x^2-5x+3=5x^2+7x+3$

STEP Ⓑ 세로로 배열된 세 다항식의 합을 이용하여 $f(x)$ 구하기

$5x^2+7x+3$		
$2x-2$	$2x^2+4x$	
$f(x)$		$-x^2+x-3$

위 그림에서 세로에 배열된 세 다항식의 합이 $6x^2+12x$이므로
$(5x^2+7x+3)+(2x-2)+f(x)=6x^2+12x$
$5x^2+9x+1+f(x)=6x^2+12x$
$\therefore f(x)=6x^2+12x-5x^2-9x-1=x^2+3x-1$

STEP Ⓒ $f(10)$의 값 구하기

따라서 $f(10)=10^2+3\times10-1=100+30-1=129$

$f(x)=x^2+3x-1$에 $x=10$을 대입한다.

> **+α** | 표를 완성하면 다음과 같아!
>
> | $5x^2+7x+3$ | $-2x^2-4$ | $3x^2+5x+1$ |
> |---|---|---|
> | $2x-2$ | $2x^2+4x$ | $4x^2+6x+2$ |
> | x^2+3x-1 | $6x^2+8x+4$ | $-x^2+x-3$ |

내·신·연·계 출제문항 003

가로 세 칸, 세로 세 칸으로 이루어진 다음 표에서 가로, 세로에 배열된 세 다항식의 합이 모두 $a^2+3ab-4b^2$와 같도록 나머지 칸에 다항식 A, B, C, D, E, F를 써 넣으려 할 때, $C-2E$를 구하면?

A	$2a^2-6ab-b^2$	B
$a^2-2ab-2b^2$	C	$-a^2+ab-3b^2$
D	E	F

① $2a^2+3ab+9b^2$　② $5a^2-6ab+9b^2$　③ $3a^2-4ab+9b^2$
④ $5a^2-4ab+6b^2$　⑤ $4a^2-9ab+6b^2$

STEP Ⓐ 다항식의 덧셈과 뺄셈을 이용하여 표에 들어갈 다항식 C, E 구하기

A	$2a^2-6ab-b^2$	B
$a^2-2ab-2b^2$	C	$-a^2+ab-3b^2$
D	E	F

다음 표에서 가로, 세로에 배열된 세 다항식의 합이 모두 $a^2+3ab-4b^2$과 같으므로
$a^2-2ab-2b^2+C+(-a^2+ab-3b^2)=a^2+3ab-4b^2$
$-ab-5b^2+C=a^2+3ab-4b^2$
$\therefore C=a^2+4ab+b^2$
또한, $2a^2-6ab-b^2+C+E=a^2+3ab-4b^2$
$E=a^2+3ab-4b^2-(2a^2-6ab-b^2+C)$
$\quad=a^2+3ab-4b^2-(2a^2-6ab-b^2+a^2+4ab+b^2)$
$\quad=-2a^2+5ab-4b^2$

STEP Ⓑ $C-2E$ 구하기

따라서 $C-2E=(a^2+4ab+b^2)-2(-2a^2+5ab-4b^2)=5a^2-6ab+9b^2$
　　　정답 ②

0006　　　정답 ④

STEP Ⓐ 다항식의 덧셈과 뺄셈을 이용하여 식을 간단히 하기

$X+3A=B$에서 $X=-3A+B$

STEP Ⓑ 다항식의 연산을 이용하여 X 구하기

따라서 $X=-3A+B$
$\quad\quad=-3(x^2+xy-y^2)+2x^2+5xy-2y^2$
$\quad\quad=-x^2+2xy+y^2$

0007

STEP A 다항식의 덧셈과 뺄셈을 이용하여 식을 간단히 하기

$X+2A=3(A+B)-C$에서 $X=A+3B-C$

STEP B 다항식의 연산을 이용하여 X 구하기

따라서 $X=A+3B-C$
$=x^2+3xy+y^2+3(x^2-2xy+y^2)-(2x^2-y^2)$
$=2x^2-3xy+5y^2$

0008

정답 ④

STEP A 두 다항식을 연립하여 다항식 A, B 구하기

$A+B=-x^2+2xy+3y^2$ $\cdots\cdots$ ㉠
$A-B=-3x^2+4xy+5y^2$ $\cdots\cdots$ ㉡
㉠+㉡에서 $2A=-4x^2+6xy+8y^2$
㉠-㉡에서 $2B=2x^2-2xy-2y^2$
$\therefore B=x^2-xy-y^2$

STEP B 다항식의 연산을 이용하여 $2A+B$ 구하기

따라서 $2A+B=-4x^2+6xy+8y^2+x^2-xy-y^2$
$=-3x^2+5xy+7y^2$

두 다항식 A, B에 대하여
$$2A+3B=8x^2+7xy-8y^2, \quad A-B=-x^2-4xy+6y^2$$
일 때, $A+B=ax^2+bxy+cy^2$를 만족하는 상수 a, b, c에 대하여
$a+b+c$의 값을 구하시오.

STEP A 두 다항식을 연립하여 다항식 A, B 구하기

$2A+3B=8x^2+7xy-8y^2$ $\cdots\cdots$ ㉠
$A-B=-x^2-4xy+6y^2$ $\cdots\cdots$ ㉡
㉠+3×㉡을 하면 $5A=5x^2-5xy+10y^2$
$\therefore A=x^2-xy+2y^2$
㉠-2×㉡을 하면 $5B=10x^2+15xy-20y^2$
$\therefore B=2x^2+3xy-4y^2$

STEP B 다항식의 연산을 이용하여 $A+B$ 구하기

$A+B=(x^2-xy+2y^2)+(2x^2+3xy-4y^2)$
$=3x^2+2xy-2y^2$
따라서 $a=3$, $b=2$, $c=-2$이므로 $a+b+c=3$

정답 3

0009

정답 1

STEP A 주어진 다항식을 전개하여 a, b의 값 구하기

$(x-a)(x^2-bx+1)=x^3-(a+b)x^2+(1+ab)x-a$
x의 계수가 3이므로
$1+ab=3$ $\therefore ab=2$ $\cdots\cdots$ ㉠
상수항이 2이므로
$-a=2$ $\therefore a=-2$
$a=-2$를 ㉠에 대입하면 $b=-1$
따라서 $b-a=-1-(-2)=1$

0010

STEP A 주어진 다항식을 전개하여 x의 계수가 2임을 이용하여 a의 값 구하기

$(x^2-2x+a)(2x^2-3x+2)$의 전개식에서 일차항이 나오는 경우는 다음과 같다.
(i) (일차항)×(상수항)이면 $(-2x)\times2=-4x$
(ii) (상수항)×(일차항)이면 $a\times(-3x)=-3ax$
(i), (ii)에서 x의 계수는 $-4+(-3a)=2$ $\therefore a=-2$

0011

정답 ④

STEP A 주어진 다항식을 전개하여 x^2의 계수가 20임을 이용하여 a의 값 구하기

$(3x^2-2x+a)(x^2-x+2)$의 전개식에서 x^2의 항이 나오는 경우는 다음과 같다.
(i) (이차항)×(상수항)이면 $3x^2\times2=6x^2$
(ii) (일차항)×(일차항)이면 $(-2x)\times(-x)=2x^2$
(iii) (상수항)×(이차항)이면 $a\times x^2=ax^2$
(i)~(iii)에서 x^2의 계수는 $6+2+a=8+a=20$ $\therefore a=12$

0012

정답 ③

STEP A 주어진 다항식을 전개하여 x^2의 계수가 10임을 이용하여 양수 k의 값 구하기

$(x^3+3x^2+kx-1)^2=(x^3+3x^2+kx-1)(x^3+3x^2+kx-1)$의 전개식에서
x^2의 항이 나오는 경우는 다음과 같다.
(i) (이차항)×(상수항)이면 $3x^2\times(-1)=-3x^2$
(ii) (일차항)×(일차항)이면 $kx\times kx=k^2x^2$
(iii) (상수항)×(이차항)이면 $-1\times3x^2=-3x^2$
(i)~(iii)에서 x^2의 계수는 $-3+k^2-3=10$, $k^2=16$ $\therefore k=4$

0013

정답 ③

STEP A 주어진 다항식을 전개하여 x^2의 계수가 -6임을 이용하여 ab의 값 구하기

$(x^3-ax+4)(x^2+bx+3)$의 전개식에서 x^2의 항이 나오는 경우는 다음과 같다.
(i) (일차항)×(일차항)이면 $-ax\times bx=-abx^2$
(ii) (상수항)×(이차항)이면 $4\times x^2=4x^2$
(i), (ii)에서 x^2의 계수는 $-ab+4=-6$ $\therefore ab=10$

STEP B 주어진 다항식을 전개하여 x^3의 계수가 5임을 이용하여 a의 값 구하기

$(x^3-ax+4)(x^2+bx+3)$의 전개식에서 x^3의 항이 나오는 경우는 다음과 같다.
(iii) (삼차항)×(상수항)이면 $x^3\times3=3x^3$
(iv) (일차항)×(이차항)이면 $-ax\times x^2=-ax^3$
(iii), (iv)에서 x^3의 계수는 $3-a=5$ $\therefore a=-2$

STEP C $b-a$의 값 구하기

따라서 $a=-2$, $b=-5$이므로 $b-a=-5-(-2)=-3$

다항식 $(x^3+ax-8)(x^2+bx+5)$의 전개식에서 x^2의 계수와 x^3의 계수가 각각 -2, 3일 때, 상수 a, b에 대하여 $a+b$의 값은?

① -5 ② -3 ③ 1
④ 3 ⑤ 5

STEP A 주어진 다항식을 전개하여 x^2의 계수가 -2임을 이용하여 ab의 값 구하기

$(x^3+ax-8)(x^2+bx+5)$의 전개식에서 x^2의 항이 나오는 경우는 다음과 같다.
(i) (일차항)×(일차항)이면 $ax \times bx = abx^2$
(ii) (상수항)×(이차항)이면 $-8 \times x^2 = -8x^2$
(i), (ii)에서 x^2의 계수는 $ab-8=-2$ ∴ $ab=6$

STEP B 주어진 다항식을 전개하여 x^3의 계수가 3임을 이용하여 a의 값 구하기

$(x^3+ax-8)(x^2+bx+5)$의 전개식에서 x^3의 항이 나오는 경우는 다음과 같다.
(iii) (삼차항)×(상수항)이면 $x^3 \times 5 = 5x^3$
(iv) (일차항)×(이차항)이면 $ax \times x^2 = ax^3$
(iii), (iv)에서 x^3의 계수는 $5+a=3$ ∴ $a=-2$

STEP C $a+b$의 값 구하기

따라서 $a=-2$, $b=-3$이므로 $a+b=-2+(-3)=-5$  정답 ①

0014

 정답 ③

STEP A 주어진 다항식을 전개하여 x^3의 계수 구하기

$(2x^3-x^2+4x-3)(x^4-x^3+4x^2+3x-3)$의 전개식에서 x^3의 항이 나오는 경우는 다음과 같다.
(i) (삼차항)×(상수항)이면 $2x^3 \times (-3) = -6x^3$
(ii) (이차항)×(일차항)이면 $(-x^2) \times 3x = -3x^3$
(iii) (일차항)×(이차항)이면 $4x \times 4x^2 = 16x^3$
(iv) (상수항)×(삼차항)이면 $(-3) \times (-x^3) = 3x^3$
(i)∼(iv)에서 x^3의 계수는 $-6+(-3)+16+3=10$

$(2x^3-x^2+3x)(-x^3+4x^2+x-2)$를 전개한 식에서 x^3의 계수를 구하시오.

STEP A 주어진 다항식을 전개하여 x^3의 계수 구하기

$(2x^3-x^2+3x)(-x^3+4x^2+x-2)$의 전개식에서 x^3의 항이 나오는 경우는 다음과 같다.
(i) (삼차항)×(상수항)이면 $2x^3 \times (-2) = -4x^3$
(ii) (이차항)×(일차항)이면 $(-x^2) \times x = -x^3$
(iii) (일차항)×(이차항)이면 $3x \times 4x^2 = 12x^3$
(i)∼(iii)에서 x^3의 계수는 $-4+(-1)+12=7$ 정답 7

0015

 정답 ④

STEP A 상수항과 계수들의 총합이 -28임을 이용하여 a의 값 구하기

$f(x)=(x-5)(x^2-ax-2a)$라 하면
$f(x)$의 상수항과 계수들의 총합은 $f(1)$의 값과 같으므로
$f(1)=-4 \times (1-a-2a)$
즉 $-4(1-3a)=-28$이므로 $1-3a=7$, $-3a=6$
∴ $a=-2$

STEP B x^2의 계수 구하기

$f(x)=(x-5)(x^2+2x+4)$의 전개식에서 x^2의 항은
$x \times 2x + (-5) \times x^2 = 2x^2 - 5x^2 = -3x^2$
따라서 x^2의 계수는 -3

P O I N T | 다항식의 곱 꼴에서 상수항과 계수들의 총합 구하기

전개식이 아닌 다항식의 곱 꼴에서 상수항과 계수들의 총합을 구할 때에는 직접 전개하지 않아도 $x=1$을 대입하여 얻은 값이 상수항과 계수들의 총합과 같음을 이용하면 된다.

다항식 $(x-4)(x^2+ax-5a)$의 전개식에서 상수항과 계수들의 총합이 -27일 때, x^2의 계수는? (단, a는 상수이다.)

① -7 ② -6 ③ -5
④ -4 ⑤ -3

STEP A 상수항과 계수들의 총합이 -27임을 이용하여 a의 값 구하기

$f(x)=(x-4)(x^2+ax-5a)$라 하면
$f(x)$의 상수항과 계수들의 총합은 $f(1)$의 값과 같으므로
$f(1)=-3 \times (1+a-5a)$
즉 $-3(1-4a)=-27$이므로 $1-4a=9$, $-4a=8$
∴ $a=-2$

STEP B x^2의 계수 구하기

$f(x)=(x-4)(x^2-2x+10)$의 전개식에서 x^2의 항은
$x \times (-2x) + (-4) \times x^2 = -2x^2 - 4x^2 = -6x^2$
따라서 x^2의 계수는 -6  정답 ②

0016

정답 18

STEP A 분배법칙을 이용하여 x^4의 계수 구하기

$(1+x+2x^2+3x^3+\cdots+10x^{10})^2$
$=(1+x+2x^2+3x^3+\cdots+10x^{10})(1+x+2x^2+3x^3+\cdots+10x^{10})$
의 전개식에서 x^4의 계수는 4차 이하의 항의 값을 계산하여 구할 수 있다.

사차항은 (상수항)×(사차항)+(일차항)×(삼차항)+(이차항)×(이차항)
+(삼차항)×(일차항)+(사차항)×(상수항)

즉 x^4의 항은 5차 이상의 항의 계수와 관계없다.
$1 \times 4x^4 + x \times 3x^3 + 2x^2 \times 2x^2 + 3x^3 \times x + 4x^4 \times 1$
$=4x^4 + 3x^4 + 4x^4 + 3x^4 + 4x^4$
$=18x^4$
따라서 x^4의 계수는 18

다항식 $(1+2x+3x^2+\cdots+10x^9)^2$의 전개식에서 x^5의 계수는?

① 46　　　② 48　　　③ 56
④ 60　　　⑤ 62

STEP Ⓐ **주어진 다항식을 전개하여 x^5의 계수 구하기**

$(1+2x+3x^2+\cdots+10x^9)^2$

$=(1+2x+3x^2+\cdots+10x^9)(1+2x+3x^2+\cdots+10x^9)$

의 전개식에서 x^5의 계수는 5차 이하의 항의 곱을 계산하여 구할 수 있다.

오차항은 (상수항)×(오차항)+(일차항)×(사차항)+(이차항)×(삼차항)
+(삼차항)×(이차항)+(사차항)×(일차항)+(오차항)×(상수항)

즉 x^5의 항은 6차 이상의 항의 계수와 관계없다.

$1\times 6x^5+2x\times 5x^4+3x^2\times 4x^3+4x^3\times 3x^2+5x^4\times 2x+6x^5\times 1$

$=2(1\times 6x^5+2x\times 5x^4+3x^2\times 4x^3)$

$=12x^5+20x^5+24x^5$

$=56x^5$

따라서 x^5의 계수는 56　　　정답 ③

0017　2023년 06월 고1 학력평가 22번　　　정답 6

STEP Ⓐ **다항식을 전개하여 yz의 계수 구하기**

$(4x-y-3z)^2$  $(a-b-c)^2=a^2+b^2+c^2+2(-ab+bc-ca)$

$=(4x-y-3z)(4x-y-3z)$

$=16x^2+y^2+9z^2+2(-4xy+3yz-12zx)$

$=16x^2+y^2+9z^2-8xy+6yz-24zx$

따라서 yz의 계수는 6

다항식 $(2x-5y+z)^2$의 전개식에서 yz의 계수를 구하시오.

STEP Ⓐ **다항식을 전개하여 yz의 계수 구하기**

$(2x-5y+z)^2$  $(a-b+c)^2=a^2+b^2+c^2+2(-ab-bc+ca)$

$=(2x-5y+z)(2x-5y+z)$

$=4x^2+25y^2+z^2+2(-10xy-5yz+2zx)$

$=4x^2+25y^2+z^2-20xy-10yz+4zx$

따라서 yz의 계수는 -10　　　정답 -10

0018　2021년 06월 고1 학력평가 22번　　　정답 5

STEP Ⓐ **분배법칙을 이용하여 x^2의 계수 구하기**

$(x+4)(2x^2-3x+1)=2x^3-3x^2+x+8x^2-12x+4$

$=2x^3+(-3+8)x^2+(1-12)x+4$ ← 동류항끼리 계산한다.

$=2x^3+5x^2-11x+4$

따라서 x^2의 계수는 5

> **mini 해설** │ 필요한 항들만 전개하여 풀이하기
>
> (상수항)×(이차항)
> $$(x+4)(2x^2-3x+1)$$
> (일차항)×(일차항)
>
> x^2의 계수는 $x\times(-3x)+4\times 2x^2=5x^2$에서 5
> (일차항)×(일차항)인 경우와 (상수항)×(이차항)인 경우로 나누어 계산한다.

다항식 $(x+2)(2x^2-4x+3)$의 전개식에서 x의 계수는?

① -8　　　② -5　　　③ -3
④ 5　　　⑤ 8

STEP Ⓐ **분배법칙을 이용하여 x의 계수 구하기**

$(x+2)(2x^2-4x+3)=2x^3-4x^2+3x+4x^2-8x+6$

$=2x^3-5x+6$ ← 동류항끼리 계산한다.

따라서 x의 계수는 -5　　　정답 ②

0019　　　정답 ⑤

STEP Ⓐ **주어진 식에서 $x-y$, $x+y$의 값 구하기**

$x=3a-b,\ y=a-3b$에서

$x-y=2a+2b,\ x+y=4a-4b$

STEP Ⓑ **다항식의 곱셈 공식을 이용하여 식을 전개하기**

따라서 $4(x-y)^2-(x+y)^2=16(a^2+2ab+b^2)-16(a^2-2ab+b^2)$

$=64ab$

> **mini 해설** │ 식을 변형하여 풀이하기
>
> $4(x-y)^2-(x+y)^2=4(x^2-2xy+y^2)-(x^2+2xy+y^2)$
> $=3x^2-10xy+3y^2$
> $=(3x-y)(x-3y)$
> $x=3a-b,\ y=a-3b$를 대입하면
> $(9a-3b-a+3b)(3a-b-3a+9b)=8a\times 8b=64ab$

0020　　　정답 19

STEP Ⓐ **다항식의 곱셈 공식을 이용하여 식을 전개하기**

$(x-1)(x+1)(x^2+1)(x^4+1)=(x^2-1)(x^2+1)(x^4+1)$

$=(x^4-1)(x^4+1)$

$=x^8-1$

따라서 $x^8=20$이므로 $x^8-1=19$

$a^8=25$일 때, $(a-1)(a+1)(a^2+1)(a^4+1)$의 값은?

① 12　　　② 16　　　③ 20
④ 24　　　⑤ 28

STEP Ⓐ **다항식의 곱셈 공식을 이용하여 식을 전개하기**

$(a-1)(a+1)(a^2+1)(a^4+1)=(a^2-1)(a^2+1)(a^4+1)$

$=(a^4-1)(a^4+1)$

$=a^8-1$

따라서 $a^8=25$이므로 $a^8-1=24$　　　정답 ④

0021

STEP **A** 다항식의 곱셈 공식을 이용하여 식을 전개하기

$(a+b+c)^2+(a+b-c)^2+(a-b+c)^2+(-a+b+c)^2$
$=a^2+b^2+c^2+2ab+2bc+2ca+a^2+b^2+(-c)^2+2ab-2bc-2ca$
$\qquad\qquad\qquad +a^2+(-b)^2+c^2-2ab-2bc+2ca$
$\qquad\qquad\qquad +(-a)^2+b^2+c^2-2ab+2bc-2ca$
$=4a^2+4b^2+4c^2$

mini해설 | 결합법칙을 이용하여 풀이하기

$(a+b+c)^2+(a+b-c)^2+(a-b+c)^2+(-a+b+c)^2$
$[\{(a+b)+c\}^2+\{(a+b)-c\}^2]+[\{c+(a-b)\}^2+\{c-(a-b)\}^2]$
$=\{2(a+b)^2+2c^2\}+\{2c^2+2(a-b)^2\}$
$=2\{(a+b)^2+(a-b)^2\}+4c^2$
$=4a^2+4b^2+4c^2$

0022

2019년 03월 고2 학력평가 가형 6번   정답 ②

STEP **A** 곱셈 공식을 이용하여 $(a+b-c)^2$ 전개하기

$(a+b-c)^2=\{a+b+(-c)\}^2$
$\qquad\quad =a^2+b^2+(-c)^2+2ab+2b(-c)+2a(-c)$
$\qquad\quad\ \ {\scriptstyle (a+b-c)^2=a^2+b^2+c^2+2ab-2bc-2ca}$
$\qquad\quad =a^2+b^2+c^2+2(ab-bc-ca)\ \cdots\cdots\ \bigcirc$

STEP **B** $a^2+b^2+c^2$의 값 구하기

$\bigcirc$에 $(a+b-c)^2=25$, $ab-bc-ca=-2$를 대입하면
$25=a^2+b^2+c^2+2\times(-2)$
따라서 $a^2+b^2+c^2=25+4=29$

세 실수 a, b, c가 $(a+b-c)^2=20$, $ab-bc-ca=-5$을 만족시킬 때,
$a^2+b^2+c^2$의 값은?

① 20 　　　② 25 　　　③ 30
④ 35 　　　⑤ 40

STEP **A** 곱셈 공식을 이용하여 $(a+b-c)^2$ 전개하기

$(a+b-c)^2=\{a+b+(-c)\}^2$
$\qquad\quad =a^2+b^2+(-c)^2+2ab+2b(-c)+2a(-c)$
$\qquad\quad\ \ {\scriptstyle (a+b-c)^2=a^2+b^2+c^2+2ab-2bc-2ca}$
$\qquad\quad =a^2+b^2+c^2+2(ab-bc-ca)\ \cdots\cdots\ \bigcirc$

STEP **B** $a^2+b^2+c^2$의 값 구하기

$\bigcirc$에 $(a+b-c)^2=20$, $ab-bc-ca=-5$를 대입하면
$20=a^2+b^2+c^2+2\times(-5)$
따라서 $a^2+b^2+c^2=20+10=30$ 　　　정답 ③

0023

2020년 03월 고2 학력평가 25번   정답 36

STEP **A** 곱셈 공식을 이용하여 $(x-y-2z)^2$의 값 구하기

$x^2+y^2+4z^2=62$, $xy-2yz+2zx=13$이므로
$(x-y-2z)^2=x^2+y^2+4z^2-2xy+4yz-4zx$　←　$(a-b-c)^2$
$\qquad\qquad\qquad\qquad\qquad\qquad\quad {\scriptstyle =a^2+b^2+c^2-2ab+2bc-2ca}$
$\qquad\quad\ =x^2+y^2+4z^2-2(xy-2yz+2zx)$
$\qquad\quad\ =62-2\times13=36$

참고 $x=7$, $y=-2$, $z=\dfrac{3}{2}$일 때, 주어진 식이 성립한다.

세 실수 x, y, z가 $x^2+y^2+4z^2=50$, $xy-2yz+2zx=20$을 만족시킬 때,
$(x-y-2z)^2$의 값은?

① 10 　　　② 15 　　　③ 20
④ 25 　　　⑤ 30

STEP **A** 곱셈 공식을 이용하여 $(x-y-2z)^2$의 값 구하기

$x^2+y^2+4z^2=50$, $xy-2yz+2zx=20$이므로
$(x-y-2z)^2=x^2+y^2+4z^2-2xy+4yz-4zx$　←　$(a-b-c)^2$
$\qquad\qquad\qquad\qquad\qquad\qquad\quad {\scriptstyle =a^2+b^2+c^2-2ab+2bc-2ca}$
$\qquad\quad\ =x^2+y^2+4z^2-2(xy-2yz+2zx)$
$\qquad\quad\ =50-2\times20=10$ 　　　정답 ①

0024

STEP **A** 다항식의 곱셈 공식을 이용하여 $(3x-4y)^3$ 전개하기

$(3x-4y)^3=(3x)^3-3\times(3x)^2\times4y+3\times3x\times(4y)^2-(4y)^3$
$\qquad\qquad =27x^3-108x^2y+144xy^2-64y^3$
따라서 $a=-108$, $b=144$, $c=-64$이므로
$a+b-c=-108+144-(-64)=100$

0025

STEP **A** 다항식의 곱셈 공식을 이용하여 식을 전개하기

$(x^2-4)(x^2+2x+4)(x^2-2x+4)=(x-2)(x^2+2x+4)(x+2)(x^2-2x+4)$
$\qquad\qquad\qquad\qquad\qquad\qquad\qquad\qquad =(x^3-8)(x^3+8)$
$\qquad\qquad\qquad\qquad\qquad\qquad\qquad\qquad =x^6-64$

0026

STEP **A** 각 정육면체의 부피 구하기

한 모서리의 길이가 $a-1$인 정육면체의 부피 $A=(a-1)^3$
한 모서리의 길이가 $a+1$인 정육면체의 부피 $B=(a+1)^3$

STEP **B** 다항식의 곱셈 공식을 이용하여 $A+B$ 구하기

따라서 $A+B=(a-1)^3+(a+1)^3$
$\qquad\qquad =(a^3-3a^2+3a-1)+(a^3+3a^2+3a+1)$
$\qquad\qquad =2a^3+6a$

0027

STEP A 다항식의 곱셈 공식을 이용하여 [보기]의 참, 거짓 판단하기

ㄱ. $(x-2)^3=x^3-6x^2+12x-8$ [참]

ㄴ. $(x-y)(x^2+xy+y^2)=x^3-y^3$ [거짓]

ㄷ. $(x^2-y^2)(x^2+xy+y^2)(x^2-xy+y^2)$

$=(x-y)(x^2+xy+y^2)(x+y)(x^2-xy+y^2)$

$=(x^3-y^3)(x^3+y^3)$

$=x^6-y^6$ [참]

ㄹ. $(x+y+2)(x^2+y^2-xy-2x-2y+4)$

$=(x+y+2)(x^2+y^2+2^2-x\times y-y\times 2-2\times x)$

$=x^3+y^3+2^3-3\times x\times y\times 2$

$=x^3+y^3-6xy+8$ [참]

따라서 옳은 것은 ㄱ, ㄷ, ㄹ이다.

0028

STEP A 다항식의 곱셈 공식을 이용하여 [보기]의 참, 거짓 판단하기

① $(3x-2)^3=(3x)^3-3\times(3x)^2\times 2+3\times 3x\times(-2)^2+(-2)^3$

$=27x^3-54x^2+36x-8$ [거짓]

② $(x-2y)(x^2+2xy+4y^2)=(x-2y)\{x^2+x\times 2y+(2y)^2\}$

$=x^3-8y^3$ [참]

③ $(x+y)(x-y)(x^2+xy+y^2)(x^2-xy+y^2)$

$=\{(x+y)(x^2-xy+y^2)\}\{(x-y)(x^2+xy+y^2)\}$

$=(x^3+y^3)(x^3-y^3)$

$=x^6-y^6$ [참]

④ $(x+2y+3z)(x^2+4y^2+9z^2-2xy-6yz-3zx)$

$=(x+2y+3z)\{x^2+(2y)^2+(3z)^2-x\times 2y-2y\times 3z-3z\times x\}$

$=x^3+(2y)^3+(3z)^3-3\times x\times 2y\times 3z$

$=x^3+8y^3+27z^3-18xyz$ [참]

⑤ $(9x^2+3xy+y^2)(9x^2-3xy+y^2)$

$=\{(3x)^2+3x\times y+y^2\}\{(3x)^2-3x\times y+y^2\}$

$=(3x)^4+(3x)^2\times y^2+y^4$

$=81x^4+9x^2y^2+y^4$ [참]

따라서 옳지 않은 것은 ①이다.

다음 중 다항식의 전개가 옳지 않은 것은?

① $(x-2)(x^2+2x+4)=x^3-8$

② $(x+1)(x-2)(x+5)=x^3+4x^2-7x-10$

③ $(x^2+2x+4)(x^2-2x+4)=x^4+4x^2+16$

④ $(x-y-1)^2=x^2+y^2-2xy-2x+2y+1$

⑤ $(x+y-z)(x^2+y^2+z^2-xy+yz+zx)=x^3+y^3+z^3-3xyz$

STEP A 다항식의 곱셈 공식을 이용하여 [보기]의 참, 거짓 판단하기

① $(x-2)(x^2+2x+4)=x^3-8$ [참]

② $(x+1)(x-2)(x+5)$

$=x^3+(1-2+5)x^2+\{1\times(-2)+(-2)\times 5+5\times 1\}x+1\times(-2)\times 5$

$=x^3+4x^2-7x-10$ [참]

③ $(x^2+2x+4)(x^2-2x+4)$

$=x^4+x^2\times 2^2+2^4$

$=x^4+4x^2+16$ [참]

---

④ $(x-y-1)^2$

$=x^2+(-y)^2+(-1)^2+2\times x\times(-y)+2\times(-y)\times(-1)+2\times(-1)\times x$

$=x^2+y^2-2xy-2x+2y+1$ [참]

⑤ $(x+y-z)(x^2+y^2+z^2-xy+yz+zx)$

$=\{x+y+(-z)\}\{x^2+y^2+(-z)^2-x\times y-y\times(-z)-(-z)\times x\}$

$=x^3+y^3+(-z)^3-3\times x\times y\times(-z)$

$=x^3+y^3-z^3+3xyz$ [거짓]

따라서 옳지 않은 것은 ⑤이다.

0029

2021년 11월 고1 학력평가 23번

STEP A 곱셈 공식을 이용하여 x^2의 계수 구하기

$(x+a)^3+x(x-4)=\underline{(x^3+3ax^2+3a^2x+a^3)}+(x^2-4x)$

$\underset{(a+b)^3=a^3+3a^2b+3ab^2+b^3}{}$

$=x^3+(3a+1)x^2+(3a^2-4)x+a^3$ ← 동류항끼리 묶는다.

이때 x^2의 계수가 10이므로 $3a+1=10$

따라서 $a=3$

다항식 $(ax^2-2x)^3+2x^4-5ax^3$의 전개식에서 x^4의 계수가 38일 때, 상수 a의 값과 x^3의 계수의 합은?

① -21 ② -20 ③ -19

④ -18 ⑤ -17

STEP A 곱셈 공식을 이용하여 $(ax^2-2x)^3+2x^4-5ax^3$ 전개하기

$(ax^2-2x)^3+2x^4-5ax^3$

$=a^3x^6-6a^2x^5+12ax^4-8x^3+2x^4-5ax^3$

$=a^3x^6-6a^2x^5+(12a+2)x^4+(-8-5a)x^3$

STEP B 상수 a의 값과 x^3의 계수의 합 구하기

x^4의 계수가 38이므로 $12a+2=38$, $12a=36$

$\therefore a=3$

x^3의 계수는 $-8-5a=-8-5\times 3=-23$

따라서 a의 값과 x^3의 계수의 합은 $3+(-23)=-20$

0030

STEP A $x^2-2x=X$로 치환하기

$x^2-2x=X$라 하면

$(x^2-2x-1)(x^2-2x+3)=(X-1)(X+3)$

$=X^2+2X-3$

STEP B 곱셈 공식을 이용하여 식을 간단히 하기

$X^2+2X-3=(x^2-2x)^2+2(x^2-2x)-3$

$=x^4-4x^3+4x^2+2x^2-4x-3$

$=x^4-4x^3+6x^2-4x-3$

따라서 $a=-4$, $b=6$, $c=-4$이므로 $a+b-c=-4+6-(-4)=6$

0031

STEP A **공통부분이 생기도록 두 일차식의 상수항의 합이 같게 짝을 지어 전개하기**

공통부분이 생기도록 두 일차식의 상수항의 합이 같게 짝을 지어 전개하면

$(x+1)(x+2)(x-2)(x-3)$

$=\{(x+1)(x-2)\}\{(x+2)(x-3)\}$

   상수항의 합이 -1 상수항의 합이 -1

$=(x^2-x-2)(x^2-x-6)$

STEP B $x^2-x=X$ **로 치환하고 곱셈 공식을 이용하여 전개하기**

$x^2-x=X$ 라 하면

$(X-2)(X-6)=X^2-8X+12$

$\qquad\qquad\quad=(x^2-x)^2-8(x^2-x)+12$

$\qquad\qquad\quad=x^4-2x^3+x^2-8x^2+8x+12$

$\qquad\qquad\quad=x^4-2x^3-7x^2+8x+12$

STEP C $2a+b$ **의 값 구하기**

따라서 $a=-7$, $b=8$이므로 $2a+b=-14+8=-6$

0032

STEP A **공통부분을 치환하고 곱셈 공식을 이용하여 전개하기**

① $(a+b-c)(a-b+c)=\{a+(b-c)\}\{a-(b-c)\}$

$\qquad\qquad\qquad\qquad\quad=(a+X)(a-X)\quad\leftarrow b-c=X$

$\qquad\qquad\qquad\qquad\quad=a^2-X^2$

$\qquad\qquad\qquad\qquad\quad=a^2-(b-c)^2$

$\qquad\qquad\qquad\qquad\quad=a^2-b^2-c^2+2bc$ [참]

② $(x+1)(x+2)(x-2)(x-3)=\{(x+1)(x-2)\}\{(x+2)(x-3)\}$

$\qquad\qquad\qquad\qquad\qquad\quad=(x^2-x-2)(x^2-x-6)$

$\qquad\qquad\qquad\qquad\qquad\quad=(X-2)(X-6)\quad\leftarrow x^2-x=X$

$\qquad\qquad\qquad\qquad\qquad\quad=X^2-8X+12$

$\qquad\qquad\qquad\qquad\qquad\quad=(x^2-x)^2-8(x^2-x)+12$

$\qquad\qquad\qquad\qquad\qquad\quad=x^4-2x^3+x^2-8x^2+8x+12$

$\qquad\qquad\qquad\qquad\qquad\quad=x^4-2x^3-7x^2+8x+12$ [참]

③ $(4x+3)(16x^2-12x+9)=(4x+3)\{(4x)^2-4x\times3+3^2\}$

$\qquad\qquad\qquad\qquad\qquad\quad=(4x)^3+3^3$

$\qquad\qquad\qquad\qquad\qquad\quad=64x^3+27$ [참]

④ $(x^2-2x+1)(x^2-2x-4)+2=(X+1)(X-4)+2\quad\leftarrow x^2-2x=X$

$\qquad\qquad\qquad\qquad\qquad\qquad\quad=X^2-3X-2$

$\qquad\qquad\qquad\qquad\qquad\qquad\quad=(x^2-2x)^2-3(x^2-2x)-2$

$\qquad\qquad\qquad\qquad\qquad\qquad\quad=x^4-4x^3+4x^2-3x^2+6x-2$

$\qquad\qquad\qquad\qquad\qquad\qquad\quad=x^4-4x^3+x^2+6x-2$ [참]

⑤ $\{(x+3)^2-1\}\{(x-3)^2-1\}=(x^2+6x+8)(x^2-6x+8)$

$\qquad\qquad\qquad\qquad\qquad\quad=(X+6x)(X-6x)\quad\leftarrow x^2+8=X$

$\qquad\qquad\qquad\qquad\qquad\quad=X^2-36x^2$

$\qquad\qquad\qquad\qquad\qquad\quad=(x^2+8)^2-36x^2$

$\qquad\qquad\qquad\qquad\qquad\quad=x^4+16x^2+64-36x^2$

$\qquad\qquad\qquad\qquad\qquad\quad=x^4-20x^2+64$ [거짓]

따라서 옳지 않은 것은 ⑤이다.

다음 중 다항식의 전개가 옳지 않은 것은?

① $(x^2-x-4)(x^2-x-3)=x^4-2x^3+6x^2+7x+12$

② $(x-2)(x+2)(x+5)(x+9)=x^4+14x^3+41x^2-56x-180$

③ $(2x-1)(4x^2+2x+1)=8x^3-1$

④ $(x-2)^3(x^2+2x+4)^3=x^9-24x^6+192x^3-512$

⑤ $\{(2x+1)^2-3\}\{(2x-1)^2-3\}=16x^4-32x^2+4$

STEP A **공통부분을 치환하고 곱셈 공식을 이용하여 전개하기**

① $(x^2-x-4)(x^2-x-3)=(X-4)(X-3)\quad\leftarrow x^2-x=X$

$\qquad\qquad\qquad\qquad\qquad\quad=X^2-7X+12$

$\qquad\qquad\qquad\qquad\qquad\quad=(x^2-x)^2-7(x^2-x)+12$

$\qquad\qquad\qquad\qquad\qquad\quad=x^4-2x^3+x^2-7x^2+7x+12$

$\qquad\qquad\qquad\qquad\qquad\quad=x^4-2x^3-6x^2+7x+12$ [거짓]

② $(x-2)(x+2)(x+5)(x+9)=\{(x-2)(x+9)\}\{(x+2)(x+5)\}$

$\qquad\qquad\qquad\qquad\qquad\quad=(x^2+7x-18)(x^2+7x+10)$

$\qquad\qquad\qquad\qquad\qquad\quad=(X-18)(X+10)\quad\leftarrow x^2+7x=X$

$\qquad\qquad\qquad\qquad\qquad\quad=X^2-8X-180$

$\qquad\qquad\qquad\qquad\qquad\quad=(x^2+7x)^2-8(x^2+7x)-180$

$\qquad\qquad\qquad\qquad\qquad\quad=x^4+14x^3+49x^2-8x^2-56x-180$

$\qquad\qquad\qquad\qquad\qquad\quad=x^4+14x^3+41x^2-56x-180$ [참]

③ $(2x-1)(4x^2+2x+1)=(2x-1)\{(2x)^2+2x\times1+1^2\}$

$\qquad\qquad\qquad\qquad\qquad\quad=(2x)^3-1^3$

$\qquad\qquad\qquad\qquad\qquad\quad=8x^3-1$ [참]

④ $(x-2)^3(x^2+2x+4)^3=\{(x-2)(x^2+2x+4)\}^3$

$\qquad\qquad\qquad\qquad\qquad\quad=(x^3-8)^3$

$\qquad\qquad\qquad\qquad\qquad\quad=(x^3)^3-3\times(x^3)^2\times8+3\times x^3\times8^2-8^3$

$\qquad\qquad\qquad\qquad\qquad\quad=x^9-24x^6+192x^3-512$ [참]

⑤ $\{(2x+1)^2-3\}\{(2x-1)^2-3\}=(4x^2+4x-2)(4x^2-4x-2)$

$\qquad\qquad\qquad\qquad\qquad\quad=(X+4x)(X-4x)\quad\leftarrow 4x^2-2=X$

$\qquad\qquad\qquad\qquad\qquad\quad=X^2-16x^2$

$\qquad\qquad\qquad\qquad\qquad\quad=(4x^2-2)^2-16x^2$

$\qquad\qquad\qquad\qquad\qquad\quad=16x^4-16x^2+4-16x^2$

$\qquad\qquad\qquad\qquad\qquad\quad=16x^4-32x^2+4$ [참]

따라서 옳지 않은 것은 ①이다.

0033

STEP A **공통부분을 치환하고 곱셈 공식을 이용하여 전개하기**

$(2a+3)^3=A$, $(2a-3)^3=B$라 하면

$\{(2a+3)^3-(2a+3)^3\}^2-\{(2a+3)^3+(2a-3)^3\}^2$

$=(A-B)^2-(A+B)^2$

$=A^2-2AB+B^2-(A^2+2AB+B^2)$

$=-4AB$

$=-4(2a+3)^3(2a-3)^3$

$=-4\{(2a+3)(2a-3)\}^3$

$=-4(4a^2-9)^3$

STEP B **정리한 식에** $a=\sqrt{3}$ **을 대입하여 식의 값 구하기**

따라서 $-4(4a^2-9)^3$에 $a=\sqrt{3}$을 대입하면

$-4(12-9)^3=-4\times27=-108$

   $4a^2=4\times(\sqrt{3})^2=4\times3=12$

$a=\sqrt{2}$일 때, 다음 식의 값은?

$$\{(4+3a)^3-(4-3a)^3\}^2-\{(4+3a)^3+(4-3a)^3\}^2$$

① 24 ② 32 ③ 40
④ 48 ⑤ 56

STEP Ⓐ 공통부분을 치환하고 곱셈 공식을 이용하여 전개하기

$(4+3a)^3=A$, $(4-3a)^3=B$라 하면
$\{(4+3a)^3-(4-3a)^3\}^2-\{(4+3a)^3+(4-3a)^3\}^2$
$=(A-B)^2-(A+B)^2$
$=A^2-2AB+B^2-(A^2+2AB+B^2)$
$=-4AB$
$=-4(4+3a)^3(4-3a)^3$
$=-4\{(4+3a)(4-3a)\}^3$
$=-4(16-9a^2)^3$

STEP Ⓑ 정리한 식에 $a=\sqrt{2}$를 대입하여 식의 값 구하기

따라서 $-4(16-9a^2)^3$에 $a=\sqrt{2}$를 대입하면
$-4(16-\underline{18})^3=(-4)\times(-8)=32$
$\quad\underline{9a^2=9\times(\sqrt{2})^2=9\times2=18}$

정답 ②

0034

정답 ④

STEP Ⓐ $a-c=X$로 놓고 곱셈 공식을 이용하여 전개하기

$a-c=X$라 하면
$(a+b-c)(a-b-c)=\{(a-c)+b\}\{(a-c)-b\}$
$\qquad\qquad\qquad\quad=(X+b)(X-b)$
$\qquad\qquad\qquad\quad=X^2-b^2$
$\qquad\qquad\qquad\quad=(a-c)^2-b^2$
$\qquad\qquad\qquad\quad=a^2-2ac+c^2-b^2$

STEP Ⓑ $a+c=Y$로 놓고 곱셈 공식을 이용하여 전개하기

$a+c=Y$라 하면
$(a+b+c)(-a+b-c)=\{b+(a+c)\}\{b-(a+c)\}$
$\qquad\qquad\qquad\qquad=(b+Y)(b-Y)$
$\qquad\qquad\qquad\qquad=b^2-Y^2$
$\qquad\qquad\qquad\qquad=b^2-(a+c)^2$
$\qquad\qquad\qquad\qquad=b^2-a^2-2ac-c^2$

STEP Ⓒ a, b, c의 관계식을 이용하여 어떤 삼각형인지 확인하기

$a^2-2ac+c^2-b^2=b^2-a^2-2ac-c^2$
이므로 $2a^2-2b^2+2c^2=0$
$\therefore a^2+c^2=b^2$
따라서 삼각형 ABC는 빗변의 길이가 b인
직각삼각형이다.

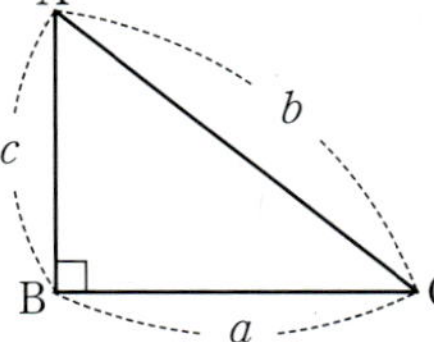

0035

정답 ⑤

STEP Ⓐ $a+b=X$로 치환하기

$a+b=X$라 하면
$(a+b-1)\{(a+b)^2+(a+b)+1\}=(X-1)(X^2+X+1)=X^3-1$
$\quad\underline{(a-b)(a^2+ab+b^2)=a^3-b^3}$

STEP Ⓑ 주어진 식을 이용하여 $(a+b)^3$의 값 구하기

$X^3-1=8$이므로 $X^3=9$
따라서 $(a+b)^3=9$ ◀ $X=a+b$

두 실수 a, b에 대하여 $(a-b-2)\{(a-b)^2+2a-2b+4\}=5$일 때,
$(a-b)^3$의 값은?

① 11 ② 12 ③ 13
④ 14 ⑤ 15

STEP Ⓐ $a-b=X$로 치환하기

$a-b=X$라 하면
$(a-b-2)\{(a-b)^2+2(a-b)+4\}=(X-2)(X^2+2X+4)$
$\qquad\qquad\qquad\qquad\qquad\qquad\qquad=X^3-8$

STEP Ⓑ 주어진 식을 이용하여 $(a-b)^3$의 값 구하기

$X^3-8=5$ $\quad\therefore X^3=13$
따라서 $X^3=(a-b)^3=13$

정답 ③

0036

정답 59

STEP Ⓐ 곱셈 공식의 변형을 이용하여 a, b, c, d의 값 구하기

조건 (가)에서 $x^2+y^2=(x+y)^2-2xy=4^2-2\times(-1)=18$
$\therefore a=18$
조건 (나)에서 $x^3+y^3=(x+y)^3-3xy(x+y)=3^3-3\times4\times3=-9$
$\therefore b=-9$
조건 (다)에서 $x^3-y^3=(x-y)^3+3xy(x-y)=3^3+3\times2\times3=45$
$\therefore c=45$
조건 (라)에서 $x^3-y^3=(x-y)^3+3xy(x-y)$이므로 $72=3^3+3xy\times3$
$\therefore xy=d=5$
따라서 $a+b+c+d=18+(-9)+45+5=59$

0037

정답 ⑤

STEP Ⓐ $x+y$, xy의 값 구하기

$x=2+\sqrt{3}$, $y=2-\sqrt{3}$에서
$x+y=(2+\sqrt{3})+(2-\sqrt{3})=4$, $xy=(2+\sqrt{3})(2-\sqrt{3})=4-3=1$

STEP Ⓑ 곱셈 공식의 변형을 이용하여 $x^3+y^3-x^2y-xy^2$의 값 구하기

따라서 $x^3+y^3-x^2y-xy^2=(x+y)^3-3xy(x+y)-xy(x+y)$
$\qquad\qquad\qquad\qquad\qquad=4^3-3\times1\times4-1\times4$
$\qquad\qquad\qquad\qquad\qquad=48$

$x=\sqrt{2}+1$, $y=\sqrt{2}-1$일 때, $x^3+y^3+x^2y+xy^2$의 값은?

① $8\sqrt{2}$ ② $10\sqrt{2}$ ③ $12\sqrt{2}$
④ $14\sqrt{2}$ ⑤ $16\sqrt{2}$

STEP A $x+y$, xy의 값 구하기

$x=\sqrt{2}+1$, $y=\sqrt{2}-1$에서

$x+y=(\sqrt{2}+1)+(\sqrt{2}-1)=2\sqrt{2}$, $xy=(\sqrt{2}+1)(\sqrt{2}-1)=2-1=1$

STEP B 곱셈 공식의 변형을 이용하여 $x^3+y^3+x^2y+xy^2$의 값 구하기

따라서 $x^3+y^3+x^2y+xy^2=(x+y)^3-3xy(x+y)+xy(x+y)$
$=(2\sqrt{2})^3-3\times1\times2\sqrt{2}+1\times2\sqrt{2}$
$=16\sqrt{2}-6\sqrt{2}+2\sqrt{2}$
$=12\sqrt{2}$

정답 ③

0038

정답 ①

STEP A 곱셈 공식의 변형을 이용하여 xy의 값 구하기

$x^3-y^3=(x-y)^3+3xy(x-y)$이므로 $28=4^3+3xy\times4$, $12xy=-36$

$\therefore xy=-3$

+α $x^2+xy+y^2=(x-y)^2+3xy$로 변형하여 구할 수 있어!

$x^3-y^3=(x-y)(x^2+xy+y^2)=(x-y)\{(x-y)^2+3xy\}$
$28=4\times(4^2+3xy)$, $12xy=-36$
$\therefore xy=-3$

STEP B x^2+y^2의 값 구하기

따라서 $x^2+y^2=(x-y)^2+2xy=4^2+2\times(-3)=16-6=10$

$x+y=4$이고 $x^3+y^3=4$일 때, x^2+y^2의 값을 구하시오.

STEP A 곱셈 공식의 변형을 이용하여 xy의 값 구하기

$x^3+y^3=(x+y)^3-3xy(x+y)$이므로 $4=4^3-3xy\times4$, $12xy=60$

$\therefore xy=5$

+α $x^2+xy+y^2=(x-y)^2+3xy$로 변형하여 구할 수 있어!

$x^3+y^3=(x+y)(x^2-xy+y^2)=(x+y)\{(x+y)^2-3xy\}$
$4=4\times(4^2-3xy)$, $1=16-3xy$, $3xy=15$
$\therefore xy=5$

STEP B x^2+y^2의 값 구하기

따라서 $x^2+y^2=(x+y)^2-2xy=4^2-2\times5=6$

정답 6

0039

정답 ②

STEP A 곱셈 공식의 변형을 이용하여 xy의 값 구하기

$x^2+y^2=(x+y)^2-2xy$이므로 $5=1^2-2xy$, $2xy=-4$

$\therefore xy=-2$

STEP B 곱셈 공식의 변형을 이용하여 $x-y$의 값 구하기

$(x-y)^2=(x+y)^2-4xy$이므로 $(x-y)^2=1^2-4\times(-2)=9$

이때 $x-y>0$이므로 $x-y=3$

STEP C 곱셈 공식의 변형을 이용하여 $\dfrac{x^2}{y}-\dfrac{y^2}{x}$의 값 구하기

따라서 $\dfrac{x^2}{y}-\dfrac{y^2}{x}=\dfrac{x^3-y^3}{xy}=\dfrac{(x-y)^3+3xy(x-y)}{xy}$
$=\dfrac{3^3+3\times(-2)\times3}{-2}$
$=\dfrac{27-18}{-2}=-\dfrac{9}{2}$

+α $x^3-y^3=(x-y)(x^2+xy+y^2)$임을 이용하여 구할 수 있어!

$\dfrac{x^2}{y}-\dfrac{y^2}{x}=\dfrac{x^3-y^3}{xy}=\dfrac{(x-y)(x^2+xy+y^2)}{xy}=\dfrac{3(5-2)}{-2}=-\dfrac{9}{2}$

$x+y=\sqrt{2}$, $x^2+y^2=4$일 때, $\dfrac{x^2}{y}-\dfrac{y^2}{x}$의 값은? (단, $x-y>0$)

① $-3\sqrt{6}$ ② $-2\sqrt{6}$ ③ $-\sqrt{6}$
④ $2\sqrt{6}$ ⑤ $3\sqrt{6}$

STEP A 곱셈 공식의 변형을 이용하여 xy의 값 구하기

$x^2+y^2=(x+y)^2-2xy$이므로 $4=(\sqrt{2})^2-2xy$, $2xy=-2$

$\therefore xy=-1$

STEP B 곱셈 공식의 변형을 이용하여 $x-y$의 값 구하기

$(x-y)^2=(x+y)^2-4xy$이므로 $(x-y)^2=(\sqrt{2})^2-4\times(-1)=6$

이때 $x-y>0$이므로 $x-y=\sqrt{6}$

STEP C 곱셈 공식의 변형을 이용하여 $\dfrac{x^2}{y}-\dfrac{y^2}{x}$의 값 구하기

따라서 $\dfrac{x^2}{y}-\dfrac{y^2}{x}=\dfrac{x^3-y^3}{xy}=\dfrac{(x-y)^3+3xy(x-y)}{xy}$
$=\dfrac{(\sqrt{6})^3+3\times(-1)\times\sqrt{6}}{-1}$
$=-6\sqrt{6}+3\sqrt{6}=-3\sqrt{6}$

+α $x^3-y^3=(x-y)(x^2+xy+y^2)$임을 이용하여 구할 수 있어!

$\dfrac{x^2}{y}-\dfrac{y^2}{x}=\dfrac{x^3-y^3}{xy}=\dfrac{(x-y)(x^2+xy+y^2)}{xy}=\dfrac{\sqrt{6}(4-1)}{-1}=-3\sqrt{6}$

정답 ①

0040

정답 ②

STEP A 곱셈 공식의 변형을 이용하여 ab의 값 구하기

$a^2+b^2=(a+b)^2-2ab$이므로 $5=3^2-2ab$, $2ab=4$

$\therefore ab=2$

STEP B 곱셈 공식의 변형을 이용하여 a^4+b^4의 값 구하기

따라서 $a^4+b^4=\{(a+b)^2-2ab\}^2-2(ab)^2$
$a^4+b^4=(a^2)^2+(b^2)^2=(a^2+b^2)^2-2a^2b^2=\{(a+b)^2-2ab\}^2-2(ab)^2$
$=(3^2-2\times2)^2-2\times2^2$
$=5^2-8=17$

0041

STEP A 곱셈 공식의 변형을 이용하여 ab, a^3+b^3의 값 구하기

$a^2+b^2=(a+b)^2-2ab$이므로 $6=2^2-2ab$, $2ab=-2$

$\therefore ab=-1$

$a^3+b^3=(a+b)^3-3ab(a+b)$이므로 $a^3+b^3=2^3-3\times(-1)\times2=14$

STEP B 곱셈 공식의 변형을 이용하여 a^5+b^5의 값 구하기

따라서 $(a^2+b^2)(a^3+b^3)=a^5+b^5+a^2b^3+a^3b^2$에서

$a^5+b^5=(a^2+b^2)(a^3+b^3)-(ab)^2(a+b)$

$\qquad=6\times14-(-1)^2\times2=82$

내신연계 출제문항 022

두 실수 x, y에 대하여 $x-y=2$, $x^3-y^3=14$일 때, x^5-y^5의 값은?

① 82   ② 86   ③ 90
④ 94   ⑤ 98

STEP A 곱셈 공식의 변형을 이용하여 xy, x^2+y^2의 값 구하기

$x^3-y^3=(x-y)^3+3xy(x-y)$이므로 $14=2^3+3xy\times2$, $6xy=6$

$\therefore xy=1$

$x^2+y^2=(x-y)^2+2xy$이므로 $x^2+y^2=2^2+2\times1=6$

STEP B 곱셈 공식의 변형을 이용하여 x^5-y^5의 값 구하기

따라서 $(x^2+y^2)(x^3-y^3)=x^5-y^5-x^2y^3+x^3y^2$에서

$x^5-y^5=(x^2+y^2)(x^3-y^3)-(xy)^2(x-y)$

$\qquad=6\times14-1^2\times2=82$

0042

STEP A 곱셈 공식의 변형을 이용하여 a^3+b^3의 값 구하기

$a^2+b^2=(a+b)^2-2ab$이므로 $a^2+b^2=2^2-2\times(-2)=8$

$a^3+b^3=(a+b)^3-3ab(a+b)$이므로 $a^3+b^3=2^3-3\times(-2)\times2=20$

STEP B 곱셈 공식의 변형을 이용하여 a^5+b^5의 값 구하기

$a^5+b^5=\underbrace{(a^2+b^2)(a^3+b^3)}_{a^5+a^3b^2+a^2b^3+b^5}-(ab)^2(a+b)$

$\qquad=8\times20-(-2)^2\times2$

$\qquad=160-8=152$

STEP C $a^5+b^5-a^3-b^3$의 값 구하기

따라서 $a^5+b^5-a^3-b^3=(a^5+b^5)-(a^3+b^3)=152-20=132$

0043

2023년 03월 고2 학력평가 6번

STEP A 곱셈 공식을 이용하여 ab의 값 구하기

$(a+b)^3=a^3+3a^2b+3ab^2+b^3=a^3+b^3+3ab(a+b)$에서

$a+b=2$, $a^3+b^3=10$이므로 $2^3=10+3ab\times2$, $6ab=-2$

따라서 $ab=-\dfrac{1}{3}$

내신연계 출제문항 023

$a-b=3$, $a^3-b^3=18$일 때, ab의 값은?

① -2 ② -1 ③ 0
④ 1   ⑤ 2

STEP A 곱셈 공식을 이용하여 ab의 값 구하기

$(a-b)^3=a^3-3a^2b+3ab^2-b^3=a^3-b^3-3ab(a-b)$에서

$a-b=3$, $a^3-b^3=18$이므로 $3^3=18-3ab\times3$, $9ab=-9$

따라서 $ab=-1$

0044

2022년 03월 고2 학력평가 9번

STEP A 곱셈 공식의 변형을 이용하여 주어진 식의 값 구하기

$$\dfrac{x^2}{y}+\dfrac{y^2}{x}=\dfrac{x^3+y^3}{xy}$$

$$=\dfrac{(x+y)^3-3xy(x+y)}{xy} \qquad \leftarrow (x+y)^3=x^3+y^3+3xy(x+y)$$

$$=\dfrac{(\sqrt{2})^3-3\times(-2)\times\sqrt{2}}{-2}$$

$$=\dfrac{2\sqrt{2}+6\sqrt{2}}{-2}=-4\sqrt{2}$$

mini해설 | $x^3+y^3=(x+y)(x^2-xy+y^2)$임을 이용하여 풀이하기

$$\dfrac{x^2}{y}+\dfrac{y^2}{x}=\dfrac{x^3+y^3}{xy}=\dfrac{(x+y)(x^2-xy+y^2)}{xy}$$

$$=\dfrac{(x+y)\{(x+y)^2-3xy\}}{xy} \qquad \leftarrow x^2-xy+y^2=(x+y)^2-3xy$$

$$=\dfrac{\sqrt{2}\{(\sqrt{2})^2-3\times(-2)\}}{-2}=\dfrac{8\sqrt{2}}{-2}=-4\sqrt{2}$$

내신연계 출제문항 024

$x+y=4$, $xy=2$일 때, $\dfrac{x^2}{y}+\dfrac{y^2}{x}$의 값은?

① -25 ② -20 ③ -15
④ 15   ⑤ 20

STEP A 곱셈 공식의 변형을 이용하여 $\dfrac{x^2}{y}+\dfrac{y^2}{x}$의 값 구하기

$$\dfrac{x^2}{y}+\dfrac{y^2}{x}=\dfrac{x^3+y^3}{xy} \qquad \leftarrow a^3+b^3=(a+b)^3-3ab(a+b)$$

$$=\dfrac{(x+y)^3-3xy(x+y)}{xy}$$

$$=\dfrac{4^3-3\times2\times4}{2}$$

$$=\dfrac{40}{2}=20$$

mini해설 | $x^3+y^3=(x+y)(x^2-xy+y^2)$임을 이용하여 풀이하기

$$\dfrac{x^2}{y}+\dfrac{y^2}{x}=\dfrac{x^3+y^3}{xy}=\dfrac{(x+y)(x^2-xy+y^2)}{xy}$$

$$=\dfrac{(x+y)\{(x+y)^2-3xy\}}{xy}$$

$$=\dfrac{4(4^2-3\times2)}{2}=20$$

0045

STEP A $x-\dfrac{1}{x}$의 값 구하기

$x \neq 0$이므로 $x^2+2x-1=0$의 양변을 x로 나누면

$x^2+2x-1=0$에 $x=0$을 대입하면 $-1 \neq 0$이므로 $x \neq 0$

$x+2-\dfrac{1}{x}=0$ $\therefore x-\dfrac{1}{x}=-2$

STEP B 곱셈 공식의 변형을 이용하여 $x^2+\dfrac{1}{x^2}+x^3-\dfrac{1}{x^3}$의 값 구하기

$x^2+\dfrac{1}{x^2}=\left(x-\dfrac{1}{x}\right)^2+2=(-2)^2+2=6$

$x^3-\dfrac{1}{x^3}=\left(x-\dfrac{1}{x}\right)^3+3\left(x-\dfrac{1}{x}\right)=(-2)^3+3\times(-2)=-14$

따라서 $x^2+\dfrac{1}{x^2}+x^3-\dfrac{1}{x^3}=6+(-14)=-8$

0046

정답 ④

STEP A $x-\dfrac{1}{x}$의 값 구하기

$x \neq 0$이므로 $x^2-4x-1=0$의 양변을 x로 나누면

$x^2-4x-1=0$에 $x=0$을 대입하면 $-1 \neq 0$이므로 $x \neq 0$

$x-4-\dfrac{1}{x}=0$ $\therefore x-\dfrac{1}{x}=4$

STEP B 곱셈 공식의 변형을 이용하여 $x^3+2x^2+x-\dfrac{1}{x}+\dfrac{2}{x^2}-\dfrac{1}{x^3}$의 값 구하기

따라서 $x^3+2x^2+x-\dfrac{1}{x}+\dfrac{2}{x^2}-\dfrac{1}{x^3}$

$=\left(x^3-\dfrac{1}{x^3}\right)+2\left(x^2+\dfrac{1}{x^2}\right)+\left(x-\dfrac{1}{x}\right)$

$=\left\{\left(x-\dfrac{1}{x}\right)^3+3\left(x-\dfrac{1}{x}\right)\right\}+2\left\{\left(x-\dfrac{1}{x}\right)^2+2\right\}+\left(x-\dfrac{1}{x}\right)$

$=(4^3+3\times4)+2\times(4^2+2)+4$

$=76+36+4=116$

0047

정답 ①

STEP A 곱셈 공식을 이용하여 $x+\dfrac{1}{x}$, $x-\dfrac{1}{x}$의 값 구하기

$\left(x+\dfrac{1}{x}\right)^2=x^2+\dfrac{1}{x^2}+2=6+2=8$

이때 $0<x<1$에서 $x+\dfrac{1}{x}>0$이므로 $x+\dfrac{1}{x}=\sqrt{8}=2\sqrt{2}$

또한, $\left(x-\dfrac{1}{x}\right)^2=x^2+\dfrac{1}{x^2}-2=6-2=4$

이때 $0<x<1$에서 $x<\dfrac{1}{x}$

즉 $x-\dfrac{1}{x}<0$이므로 $x-\dfrac{1}{x}=-2$

STEP B 곱셈 공식의 변형을 이용하여 $x^3+\dfrac{1}{x^3}+x^3-\dfrac{1}{x^3}$의 값 구하기

$x^3+\dfrac{1}{x^3}=\left(x+\dfrac{1}{x}\right)^3-3\left(x+\dfrac{1}{x}\right)$

$\qquad=(2\sqrt{2})^3-3\times2\sqrt{2}$

$\qquad=16\sqrt{2}-6\sqrt{2}=10\sqrt{2}$

$x^3-\dfrac{1}{x^3}=\left(x-\dfrac{1}{x}\right)^3+3\left(x-\dfrac{1}{x}\right)$

$\qquad=(-2)^3+3\times(-2)=-14$

따라서 $x^3+\dfrac{1}{x^3}+x^3-\dfrac{1}{x^3}=10\sqrt{2}-14$

$x^2+\dfrac{1}{x^2}=7$일 때, $x^3+\dfrac{1}{x^3}-2\left(x^3-\dfrac{1}{x^3}\right)$의 값은? (단, $0<x<1$)

① $18-16\sqrt{5}$ 　② $18+16\sqrt{5}$ 　③ $8\sqrt{5}$

④ $9+8\sqrt{5}$ 　⑤ $9-8\sqrt{5}$

STEP A 곱셈 공식을 이용하여 $x+\dfrac{1}{x}$, $x-\dfrac{1}{x}$의 값 구하기

$\left(x+\dfrac{1}{x}\right)^2=x^2+\dfrac{1}{x^2}+2=7+2=9$

이때 $0<x<1$에서 $x+\dfrac{1}{x}>0$이므로 $x+\dfrac{1}{x}=\sqrt{9}=3$

또한, $\left(x-\dfrac{1}{x}\right)^2=x^2+\dfrac{1}{x^2}-2=7-2=5$

이때 $0<x<1$에서 $x<\dfrac{1}{x}$

즉 $x-\dfrac{1}{x}<0$이므로 $x-\dfrac{1}{x}=-\sqrt{5}$

STEP B 곱셈 공식의 변형을 이용하여 $x^3+\dfrac{1}{x^3}-2\left(x^3-\dfrac{1}{x^3}\right)$의 값 구하기

$x^3+\dfrac{1}{x^3}=\left(x+\dfrac{1}{x}\right)^3-3\left(x+\dfrac{1}{x}\right)$

$\qquad=3^3-3\times3$

$\qquad=27-9=18$

$x^3-\dfrac{1}{x^3}=\left(x-\dfrac{1}{x}\right)^3+3\left(x-\dfrac{1}{x}\right)$

$\qquad=(-\sqrt{5})^3+3\times(-\sqrt{5})$

$\qquad=-5\sqrt{5}-3\sqrt{5}=-8\sqrt{5}$

따라서 $x^3+\dfrac{1}{x^3}-2\left(x^3-\dfrac{1}{x^3}\right)=18-2(-8\sqrt{5})=18+16\sqrt{5}$　정답 ②

0048

정답 34

STEP A 곱셈 공식 $(a-b)(a+b)=a^2-b^2$을 이용하여 a, b의 값 구하기

$(3+1)(3^2+1)(3^4+1)(3^8+1)(3^{16}+1)$

$=\dfrac{1}{2}(3-1)(3+1)(3^2+1)(3^4+1)(3^8+1)(3^{16}+1)$

$\dfrac{1}{2}(3-1)=\dfrac{1}{2}\times2=1$

$=\dfrac{1}{2}(3^2-1)(3^2+1)(3^4+1)(3^8+1)(3^{16}+1)$

$=\dfrac{1}{2}(3^4-1)(3^4+1)(3^8+1)(3^{16}+1)$

$=\dfrac{1}{2}(3^8-1)(3^8+1)(3^{16}+1)$

$=\dfrac{1}{2}(3^{16}-1)(3^{16}+1)$

$=\dfrac{1}{2}(3^{32}-1)$

따라서 $a=2$, $b=32$이므로 $a+b=2+32=34$

0049

STEP Ⓐ **곱셈 공식 $(a-b)(a+b)=a^2-b^2$을 이용하여 m, n의 값 구하기**

$a=\left(1+\dfrac{1}{2}\right)\left(1+\dfrac{1}{2^2}\right)\left(1+\dfrac{1}{2^4}\right)\left(1+\dfrac{1}{2^8}\right)\left(1+\dfrac{1}{2^{16}}\right)$의 양변에 $1-\dfrac{1}{2}=\dfrac{1}{2}$을 곱하면

$\dfrac{1}{2}a=\left(1-\dfrac{1}{2}\right)\left(1+\dfrac{1}{2}\right)\left(1+\dfrac{1}{2^2}\right)\left(1+\dfrac{1}{2^4}\right)\left(1+\dfrac{1}{2^8}\right)\left(1+\dfrac{1}{2^{16}}\right)$

$\quad=\left(1-\dfrac{1}{2^2}\right)\left(1+\dfrac{1}{2^2}\right)\left(1+\dfrac{1}{2^4}\right)\left(1+\dfrac{1}{2^8}\right)\left(1+\dfrac{1}{2^{16}}\right)$

$\quad=\left(1-\dfrac{1}{2^4}\right)\left(1+\dfrac{1}{2^4}\right)\left(1+\dfrac{1}{2^8}\right)\left(1+\dfrac{1}{2^{16}}\right)$

$\quad=\left(1-\dfrac{1}{2^8}\right)\left(1+\dfrac{1}{2^8}\right)\left(1+\dfrac{1}{2^{16}}\right)$

$\quad=\left(1-\dfrac{1}{2^{16}}\right)\left(1+\dfrac{1}{2^{16}}\right)$

$\quad=1-\dfrac{1}{2^{32}}$

$a=2\left(1-\dfrac{1}{2^{32}}\right)$

따라서 $m=2$, $n=32$이므로 $m+n=34$

내/신/연/계/ 출제문항 026

$a=\left(1+\dfrac{1}{3}\right)\left(1+\dfrac{1}{3^2}\right)\left(1+\dfrac{1}{3^4}\right)\left(1+\dfrac{1}{3^8}\right)\left(1+\dfrac{1}{3^{16}}\right)$일 때, 두 실수 m, n에

대하여 $a=m\left(1-\dfrac{1}{3^n}\right)$꼴로 나타낼 수 있다. mn의 값은?

① 36　　　　② 39　　　　③ 42

④ 45　　　　⑤ 48

STEP Ⓐ **곱셈 공식 $(a-b)(a+b)=a^2-b^2$을 이용하여 m, n의 값 구하기**

$a=\left(1+\dfrac{1}{3}\right)\left(1+\dfrac{1}{3^2}\right)\left(1+\dfrac{1}{3^4}\right)\left(1+\dfrac{1}{3^8}\right)\left(1+\dfrac{1}{3^{16}}\right)$의 양변에 $1-\dfrac{1}{3}=\dfrac{2}{3}$를 곱하면

$\dfrac{2}{3}a=\left(1-\dfrac{1}{3}\right)\left(1+\dfrac{1}{3}\right)\left(1+\dfrac{1}{3^2}\right)\left(1+\dfrac{1}{3^4}\right)\left(1+\dfrac{1}{3^8}\right)\left(1+\dfrac{1}{3^{16}}\right)$

$\quad=\left(1-\dfrac{1}{3^2}\right)\left(1+\dfrac{1}{3^2}\right)\left(1+\dfrac{1}{3^4}\right)\left(1+\dfrac{1}{3^8}\right)\left(1+\dfrac{1}{3^{16}}\right)$

$\quad=\left(1-\dfrac{1}{3^4}\right)\left(1+\dfrac{1}{3^4}\right)\left(1+\dfrac{1}{3^8}\right)\left(1+\dfrac{1}{3^{16}}\right)$

$\quad=\left(1-\dfrac{1}{3^8}\right)\left(1+\dfrac{1}{3^8}\right)\left(1+\dfrac{1}{3^{16}}\right)$

$\quad=\left(1-\dfrac{1}{3^{16}}\right)\left(1+\dfrac{1}{3^{16}}\right)$

$\quad=1-\dfrac{1}{3^{32}}$

$a=\dfrac{3}{2}\left(1-\dfrac{1}{3^{32}}\right)$

따라서 $m=\dfrac{3}{2}$, $n=32$이므로 $mn=\dfrac{3}{2}\times 32=48$

0050

STEP Ⓐ **곱셈 공식의 변형을 이용하여 식의 값 구하기**

$(x-2)(x+2)(x^2-2x+4)(x^2+2x+4)$

$=\{(x-2)(x^2+2x+4)\}\{(x+2)(x^2-2x+4)\}$

$=(x^3-2^3)(x^3+2^3)$

$=(10-8)(10+8)$

$=2\times 18$

$=36$

0051

STEP Ⓐ **곱셈 공식의 변형을 이용하여 식의 값 구하기**

$(x^2+x+1)(x^2-x+1)(x^4-x^2+1)$

$=(x^4+x^2+1)(x^4-x^2+1)$

$=(x^8+x^4+1)$

$=(x^4)^2+x^4+1$

$=5^2+5+1$

$=31$

0052

2019년 06월 고1 학력평가 8번　　　

STEP Ⓐ **다항식의 곱셈 공식을 이용하여 상수 a의 값 구하기**

$2016\times 2019\times 2022=2019^3-9a$의 좌변에서 $k=2019$라 하면

$2016\times 2019\times 2022=(k-3)k(k+3)$

$\quad=k^3-9k$　　 $(k-3)k(k+3)=k(k^2-9)=k^3-9k$

$\quad=2019^3-9\times 2019$

따라서 2019^3-9a와 같아야 하므로 $a=2019$

내/신/연/계/ 출제문항 027

$2022\times 2024\times 2026=2024^3-4a$가 성립할 때, 상수 a의 값은?

① 2022　　　　② 2023　　　　③ 2024

④ 2025　　　　⑤ 2026

STEP Ⓐ **다항식의 곱셈 공식을 이용하여 상수 a의 값 구하기**

$2022\times 2024\times 2026=2024^3-4a$의 좌변에서 $k=2024$라 하면

$2022\times 2024\times 2026=(k-2)k(k+2)$

$\quad=k^3-4k$　　 $(k-2)k(k+2)=k(k^2-4)=k^3-4k$

$\quad=2024^3-4\times 2024$

따라서 2024^3-4a와 같아야 하므로 $a=2024$

0053

2023년 06월 고1 학력평가 7번　　　

STEP Ⓐ **$2023=x$라 하고 주어진 식을 변형하여 계산하기**

$2023=x$라 하면　　 $2022=x-1,\ 2024=x+1$

$\dfrac{2022\times(2023^2+2024)}{2024\times 2023+1}=\dfrac{(x-1)\times(x^2+x+1)}{(x+1)\times x+1}$

$\quad=\dfrac{(x-1)\times(x^2+x+1)}{x^2+x+1}$

$\quad=x-1$

$\quad=2023-1$

$\quad=2022$

$\dfrac{2023 \times (2024^2 + 2024 + 1)}{2025 \times 2024 + 1}$ 의 값은?

① 2021   ② 2022   ③ 2023
④ 2024   ⑤ 2025

STEP A $2024 = x$라 하고 주어진 식을 변형하여 계산하기

$2024 = x$라 하면   ← $2023 = x - 1$, $2025 = x + 1$

$$\frac{2023 \times (2024^2 + 2024 + 1)}{2025 \times 2024 + 1} = \frac{(x-1)(x^2 + x + 1)}{(x+1) \times x + 1}$$
$$= \frac{(x-1) \times (x^2 + x + 1)}{x^2 + x + 1}$$
$$= x - 1$$
$$= 2024 - 1$$
$$= 2023$$

정답 ③

0054

정답 8

STEP A 직사각형의 가로 세로의 길이를 x, y라 하여 조건을 만족하는 $x^2 + y^2$, xy의 값 구하기

직사각형 ABCD의 가로, 세로의 길이를 각각 x, y이라 하면
대각선의 길이가 $\sqrt{10}$ 이므로
$$x^2 + y^2 = 10 \qquad \cdots\cdots \;㉠$$
직사각형 ABCD의 넓이가 3이므로
$$xy = 3 \qquad \cdots\cdots \;㉡$$

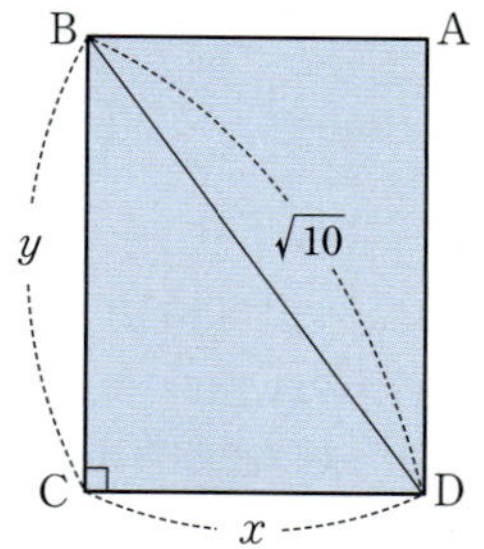

STEP B 곱셈 공식의 변형을 이용하여 직사각형의 둘레의 길이 구하기

$x^2 + y^2 = (x+y)^2 - 2xy$이므로 ㉠, ㉡을 대입하면
$10 = (x+y)^2 - 2 \times 3$, $(x+y)^2 = 16$
$\therefore x + y = 4 \; (\because x + y > 0)$
따라서 직사각형의 둘레의 길이는 $2(x+y) = 2 \times 4 = 8$

0055

정답 ⑤

STEP A 직사각형의 가로 세로의 길이를 x, y라 하여 조건을 만족하는 $x^2 + y^2$, $x + y$의 값 구하기

원에 내접하는 직사각형의 가로, 세로의 길이를 각각 $x$cm, $y$cm이라 하면
직사각형의 대각선의 길이가 원의 지름과 같은 12cm이므로
$$x^2 + y^2 = 144 \qquad \cdots\cdots \;㉠$$
직사각형의 둘레가 32cm이므로
$$2(x+y) = 32$$
$$\therefore x + y = 16 \qquad \cdots\cdots \;㉡$$

STEP B 곱셈 공식의 변형을 이용하여 직사각형의 넓이 구하기

$x^2 + y^2 = (x+y)^2 - 2xy$이므로 ㉠, ㉡을 대입하면
$144 = 16^2 - 2xy$, $2xy = 112$
$\therefore xy = 56$
따라서 직사각형의 넓이는 $xy = 56(\text{cm}^2)$

그림과 같이 반지름의 길이가 5인 원에 둘레의 길이가 28인 직사각형이 내접할 때, 이 직사각형의 넓이를 구하시오.

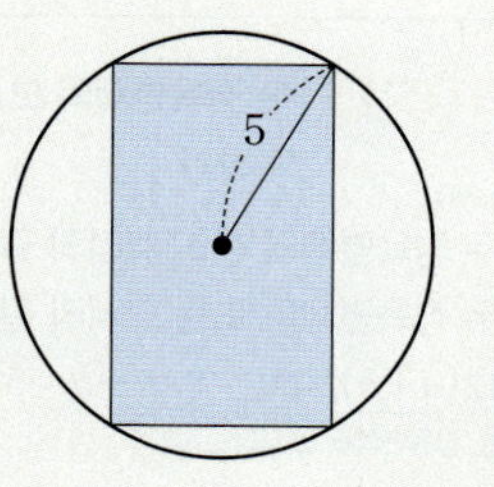

STEP A 직사각형의 가로 세로의 길이를 a, b라 하여 조건을 만족하는 $a^2 + b^2$, $a + b$의 값 구하기

원에 내접하는 직사각형의 가로, 세로의 길이를 각각 a, b라 하면
대각선의 길이가 원의 지름과 같은 10이므로
$$a^2 + b^2 = 100 \qquad \cdots\cdots \;㉠$$
직사각형의 둘레의 길이가 32이므로
$$2(a+b) = 28$$
$$\therefore a + b = 14 \qquad \cdots\cdots \;㉡$$

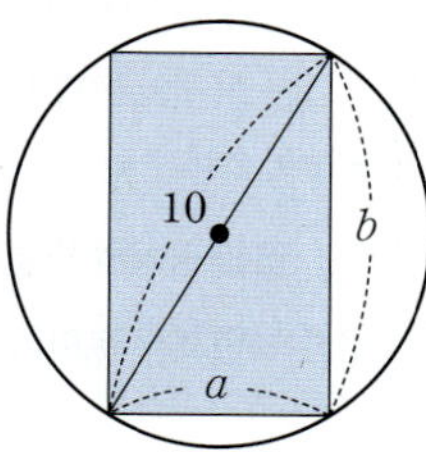

STEP B 곱셈 공식의 변형을 이용하여 직사각형의 넓이 구하기

$a^2 + b^2 = (a+b)^2 - 2ab$이므로 ㉠, ㉡을 대입하면
$100 = 14^2 - 2ab$, $2ab = 96$
$\therefore ab = 48$
따라서 직사각형의 넓이는 $ab = 48$

정답 48

0056

정답 18

STEP A 직사각형의 가로 세로의 길이를 x, y라 하여 조건을 만족하는 $x^2 + y^2$, xy의 값 구하기

$\overline{OP} = x$, $\overline{OR} = y$로 놓으면
직사각형 OPQR의 넓이가 22이므로
$$xy = 22 \qquad \cdots\cdots \;㉠$$
$\overline{OQ} = \overline{PR} = \overline{OB} = 10$이 사분원의 반지름이므로 피타고라스 정리에 의하여
$$\overline{OQ} = \overline{PR} = \sqrt{x^2 + y^2} = 10$$
$\overline{OQ}$와 $\overline{PR}$는 직사각형의 대각선의 길이이므로 서로 같고
$\overline{OQ}$와 $\overline{OA}$는 원의 반지름이므로 같다.
$$\therefore x^2 + y^2 = 100 \qquad \cdots\cdots \;㉡$$

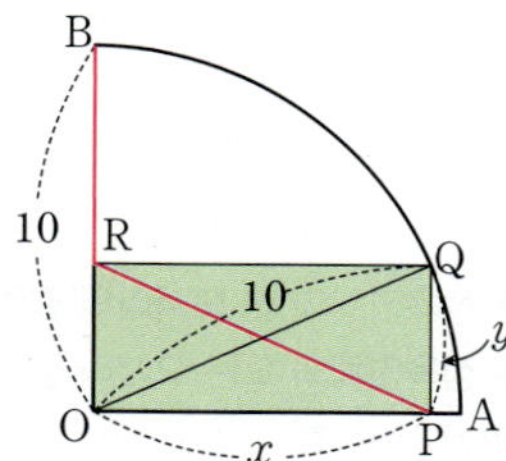

STEP B 곱셈 공식의 변형을 이용하여 $\overline{AP} + \overline{PR} + \overline{RB}$의 값 구하기

$x^2 + y^2 = (x+y)^2 - 2xy$이므로 ㉠, ㉡을 대입하면
$100 = (x+y)^2 - 2 \times 22$, $(x+y)^2 = 144$
$\therefore x + y = 12 \; (\because x + y > 0)$
따라서 $\overline{AP} + \overline{PR} + \overline{RB} = (10 - x) + 10 + (10 - y)$
$$= 30 - (x+y)$$
$$= 30 - 12$$
$$= 18$$

STEP A **두 정육면체의 모서리의 길이를 a, b라 두고 $a+b$, a^2+b^2의 값 구하기**

두 정육면체의 한 모서리의 길이를 각각 a, b라 하자.
두 정육면체의 모든 모서리 길이의 합이 60이므로
$12(a+b)=60$ $\therefore a+b=5$ ······ ㉠
한 정육면체의 모서리는 12개
또한, 두 정육면체의 겉넓이의 합이 126이므로
$6(a^2+b^2)=126$ $\therefore a^2+b^2=21$ ······ ㉡
한 정육면체의 면은 6개

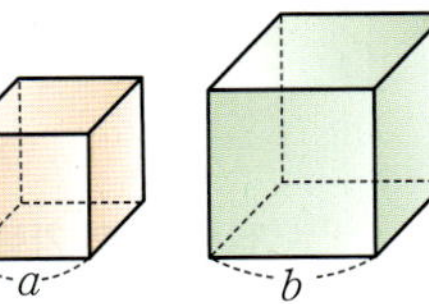

STEP B **곱셈 공식을 이용하여 ab의 값 구하기**

$(a+b)^2=a^2+b^2+2ab$이므로 ㉠, ㉡을 대입하면
$5^2=21+2ab$, $2ab=4$ $\therefore ab=2$

STEP C **곱셈 공식의 변형을 이용하여 두 정육면체의 부피의 합 구하기**

따라서 두 정육면체의 부피의 합은
$a^3+b^3=(a+b)^3-3ab(a+b)$ ← $(a+b)^3=a^3+3a^2b+3ab^2+b^3=a^3+b^3+3ab(a+b)$
$=5^3-3\times2\times5$
$=125-30=95$

+α | 두 정육면체의 부피의 합을 다음과 같이 구할 수도 있어!

$a^3+b^3=(a+b)(a^2-ab+b^2)$
$=5\times(21-2)=95$

내신연계 출제문항 030

두 정육면체의 모든 모서리 길이의 합은 72이고 겉넓이의 합은 144이다.
이 두 정육면체의 부피의 합은?

① 96　　　　② 100　　　　③ 104
④ 108　　　　⑤ 112

STEP A **두 정육면체의 모서리의 길이를 a, b라 두고 $a+b$, a^2+b^2의 값 구하기**

두 정육면체의 한 모서리의 길이를 각각 a, b라 하자.
두 정육면체의 모든 모서리 길이의 합이 72이므로
$12(a+b)=72$ $\therefore a+b=6$ ······ ㉠
한 정육면체의 모서리는 12개
또한, 두 정육면체의 겉넓이의 합이 144이므로
$6(a^2+b^2)=144$ $\therefore a^2+b^2=24$ ······ ㉡
한 정육면체의 면은 6개

STEP B **곱셈 공식을 이용하여 ab의 값 구하기**

$(a+b)^2=a^2+b^2+2ab$이므로 ㉠, ㉡을 대입하면
$6^2=24+2ab$, $2ab=12$ $\therefore ab=6$

STEP C **곱셈 공식의 변형을 이용하여 두 정육면체의 부피의 합 구하기**

따라서 두 정육면체의 부피의 합은
$a^3+b^3=(a+b)^3-3ab(a+b)$ ← $(a+b)^3=a^3+3a^2b+3ab^2+b^3=a^3+b^3+3ab(a+b)$
$=6^3-3\times6\times6$
$=216-108=108$

+α | 두 정육면체의 부피의 합을 다음과 같이 구할 수도 있어!

$a^3+b^3=(a+b)(a^2-ab+b^2)$
$=6\times(24-6)=108$

정답 ④

STEP A **$\overline{PH}=x$, $\overline{PI}=y$라 두고 x^2+y^2의 값 구하기**

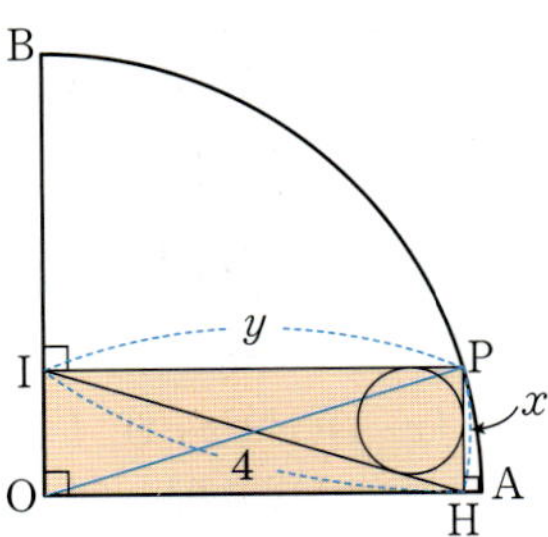

부채꼴 OAB의 반지름의 길이가 4이므로 $\overline{OP}=4$
이때 $\angle HPI=90°$이므로 선분 OP는 직사각형 OHPI의 대각선이다.
그러므로 $\overline{HI}=\overline{OP}$에서 $\overline{HI}=4$
직사각형의 두 대각선의 길이는 서로 같다.
$\overline{PH}=x$, $\overline{PI}=y$라 하면 삼각형 PIH에서 피타고라스 정리에 의하여
$x^2+y^2=16$ ······ ㉠

STEP B **삼각형 PIH의 넓이를 이용하여 $x+y$, xy의 값 구하기**

또한, 삼각형 PIH의 내접원의 반지름의 길이를 r이라 하면
내접원의 넓이가 $\dfrac{\pi}{4}$이므로 $\pi r^2=\dfrac{\pi}{4}$에서 $r=\dfrac{1}{2}$ $(\because r>0)$
삼각형 PIH의 넓이에 의하여
$\dfrac{1}{2}\times\overline{PH}\times\overline{PI}=\dfrac{1}{2}\times r\times(\overline{PH}+\overline{PI}+\overline{HI})$에서
$\dfrac{1}{2}\times x\times y=\dfrac{1}{2}\times\dfrac{1}{2}\times(x+y+4)$,
$xy=\dfrac{1}{2}(x+y+4)$ $\therefore x+y=2(xy-2)$ ······ ㉡

㉠에서 $x^2+y^2=(x+y)^2-2xy=16$이므로
$(x+y)^2=2xy+16$
㉡을 이 식에 대입하면 $4(xy-2)^2=2xy+16$에서
$4(xy)^2-16xy+16=2xy+16$,
$2(xy)^2-9xy=0$, $xy(2xy-9)=0$

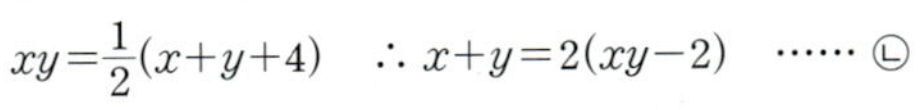
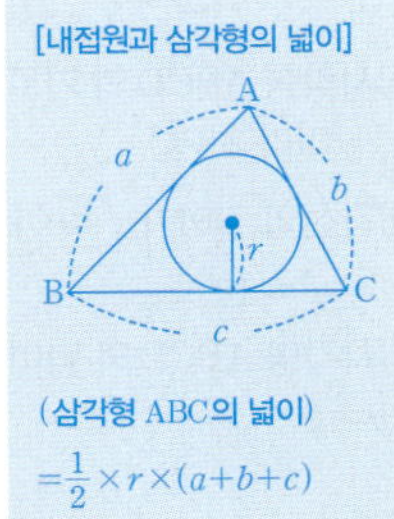

[내접원과 삼각형의 넓이]

(삼각형 ABC의 넓이)
$=\dfrac{1}{2}\times r\times(a+b+c)$

+α | 치환을 이용하여 다음과 같이 인수분해할 수도 있어!

$4(xy-2)^2=2xy+16$에서 $xy=X$라 하면
$4(X-2)^2=2X+16$, $4(X^2-4X+4)=2X+16$, $4X^2-16X+16=2X+16$
$4X^2-18X=0$, $2X(2X-9)=0$ $\therefore xy(2xy-9)=0$

$xy\neq0$이므로 $xy=\dfrac{9}{2}$ $(\because x>0, y>0)$ ← 길이는 모두 양수

$xy=\dfrac{9}{2}$를 ㉡에 대입하면 $x+y=2\times\dfrac{9}{2}-4=5$

STEP C **곱셈 공식의 변형을 이용하여 $\overline{PH}^3+\overline{PI}^3$의 값 구하기**

따라서 $\overline{PH}^3+\overline{PI}^3=x^3+y^3$
$=(x+y)^3-3xy(x+y)$ ← $(a+b)^3=a^3+3a^2b+3ab^2+b^3$
$=5^3-3\times\dfrac{9}{2}\times5$
$=125-\dfrac{135}{2}=\dfrac{115}{2}$

+α | $x^3+y^3=(x+y)(x^2-xy+y^2)$을 이용하여 x^3+y^3을 구할 수 있어!

$x^3+y^3=(x+y)(x^2-xy+y^2)$
$=5\times\left(16-\dfrac{9}{2}\right)$
$=5\times\dfrac{23}{2}=\dfrac{115}{2}$

다음 그림과 같이 중심이 O, 반지름의 길이가 8이고 중심각의 크기가 $90°$인 부채꼴 OAB가 있다. 호 AB 위의 점 P에서 두 선분 OA, OB에 내린 수선의 발을 각각 H, I라 하자. 삼각형 PIH에 내접하는 원의 넓이가 π일 때, $\overline{\text{PH}}^3+\overline{\text{PI}}^3$의 값은? (단, 점 P는 점 A도 아니고 점 B도 아니다.)

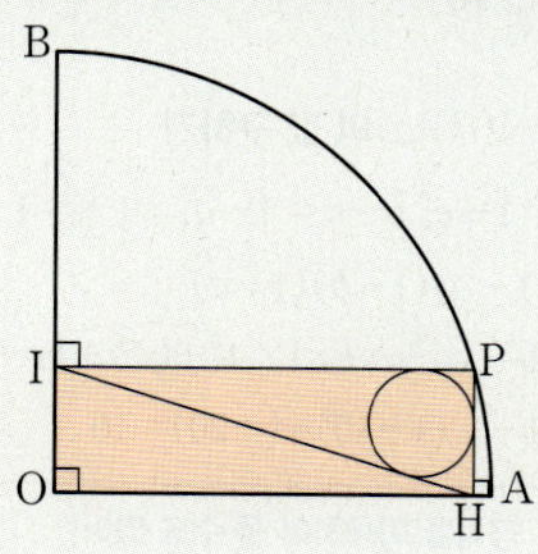

STEP ⓐ $\overline{\text{PH}}=x$, $\overline{\text{PI}}=y$로 놓고 x^2+y^2의 값 구하기

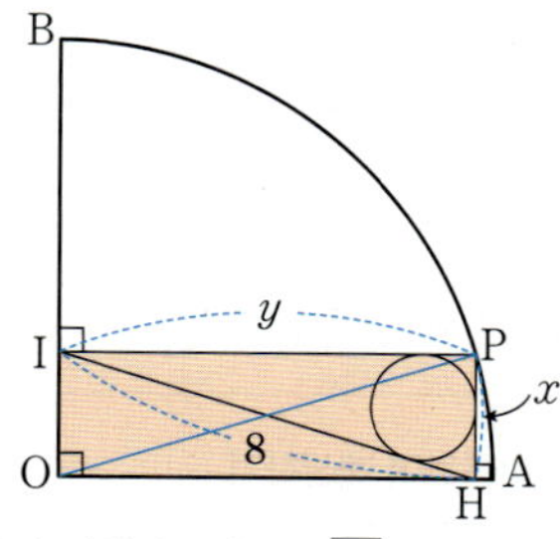

부채꼴 OAB의 반지름의 길이가 8이므로 $\overline{\text{OP}}=8$

$\angle\text{HPI}=90°$이므로 선분 OP는 직사각형 OHPI의 대각선이므로

$\overline{\text{HI}}=\overline{\text{OP}}$에서 $\overline{\text{HI}}=8$

직사각형의 두 대각선의 길이는 서로 같다.

$\overline{\text{PH}}=x$, $\overline{\text{PI}}=y$라 하면 삼각형 PIH에서 피타고라스 정리에 의하여

$x^2+y^2=64$ …… ㉠

STEP ⓑ 삼각형 PIH의 넓이를 이용하여 xy의 값 구하기

삼각형 PIH의 내접원의 반지름의 길이를 r이라 하면

내접원의 넓이가 π이므로 $\pi r^2=\pi$에서 $r=1$ $(\because r>0)$

삼각형 PIH의 넓이에 의하여

$\frac{1}{2}\times\overline{\text{PH}}\times\overline{\text{PI}}=\frac{1}{2}\times r\times(\overline{\text{PH}}+\overline{\text{PI}}+\overline{\text{HI}})$에서 $\frac{1}{2}xy=\frac{1}{2}\times1\times(x+y+8)$,

$xy=x+y+8$ $\therefore x+y=xy-8$ …… ㉡

㉠에서 $x^2+y^2=(x+y)^2-2xy=64$이므로 $(x+y)^2=2xy+64$

이를 ㉡을 식에 대입하면 $(xy-8)^2=2xy+64$에서

$(xy)^2-16xy+64=2xy+64$, $(xy)^2-18xy=0$, $xy(xy-18)=0$

$xy\neq0$이므로 $xy=18(\because x>0,\ y>0)$ …… ㉢

길이는 모두 양수

이를 ㉡에 대입하면 $x+y=xy-8=10$

STEP ⓒ 곱셈 공식의 변형을 이용하여 $\overline{\text{PH}}^3+\overline{\text{PI}}^3$의 값 구하기

따라서 $\overline{\text{PH}}^3+\overline{\text{PI}}^3=x^3+y^3$

$=(x+y)^3-3xy(x+y)$

$=10^3-3\times18\times10$

$=1000-540=460$

+α $x^3+y^3=(x+y)(x^2-xy+y^2)$을 이용하여 x^3+y^3을 구할 수 있어!

$x^3+y^3=(x+y)(x^2-xy+y^2)=10\times(64-18)=10\times46=460$

정답 460

0059

정답 11 

STEP ⓐ $a^2+b^2+c^2$의 값 구하기

조건 (가)에서 $(a+b+c)^2=a^2+b^2+c^2+2(ab+bc+ca)$이므로

$a^2+b^2+c^2=(a+b+c)^2-2(ab+bc+ca)$

$=(\sqrt{5})^2-2\times1=3$

$\therefore p=3$

STEP ⓑ $ab+bc+ca$의 값 구하기

조건 (나)에서 $(a+b+c)^2=a^2+b^2+c^2+2(ab+bc+ca)$이므로

$6^2=20+2(ab+bc+ca)$, $2(ab+bc+ca)=16$ $\therefore ab+bc+ca=8$

$\therefore q=8$

따라서 $p+q=3+8=11$

0060

정답 ② 

STEP ⓐ $ab+bc+ca$의 값 구하기

$a^2+b^2+c^2=(a+b+c)^2-2(ab+bc+ca)$이므로

$6=2^2-2(ab+bc+ca)$, $2(ab+bc+ca)=-2$

$\therefore ab+bc+ca=-1$

STEP ⓑ $(a-b)^2+(b-c)^2+(c-a)^2$의 값 구하기

따라서 $(a-b)^2+(b-c)^2+(c-a)^2$

$=(a^2-2ab+b^2)+(b^2-2bc+c^2)+(c^2-2ca+a^2)$

$=2a^2+2b^2+2c^2-2ab-2bc-2ca$

$=2(a^2+b^2+c^2)-2(ab+bc+ca)$

$=2\times6-2\times(-1)$

$=12+2$

$=14$

세 실수 a, b, c에 대하여 $a+b+c=3$, $a^2+b^2+c^2=5$일 때, $(a-b)^2+(b-c)^2+(c-a)^2$의 값은?

① 2   ② 4   ③ 6
④ 8   ⑤ 10

STEP ⓐ $ab+bc+ca$의 값 구하기

$a^2+b^2+c^2=(a+b+c)^2-2(ab+bc+ca)$이므로

$5=3^2-2(ab+bc+ca)$, $2(ab+bc+ca)=4$

$\therefore ab+bc+ca=2$

STEP ⓑ $(a-b)^2+(b-c)^2+(c-a)^2$의 값 구하기

따라서 $(a-b)^2+(b-c)^2+(c-a)^2$

$=(a^2-2ab+b^2)+(b^2-2bc+c^2)+(c^2-2ca+a^2)$

$=2a^2+2b^2+2c^2-2ab-2bc-2ca$

$=2(a^2+b^2+c^2)-2(ab+bc+ca)$

$=2\times5-2\times2$

$=10-4$

$=6$

정답 ③ 

0061

STEP A $ab+bc+ca$의 값 구하기

$a^2+b^2+c^2=(a+b+c)^2-2(ab+bc+ca)$이므로
$15=3^2-2(ab+bc+ca)$, $2(ab+bc+ca)=-6$
$\therefore ab+bc+ca=-3$

STEP B $a^2b^2+b^2c^2+c^2a^2$의 값 구하기

따라서 $a^2b^2+b^2c^2+c^2a^2=(ab)^2+(bc)^2+(ca)^2$
$$=(ab+bc+ca)^2-2abc(a+b+c)$$
$$=(-3)^2-2\times(-6)\times3$$
$$=9+36$$
$$=45$$

0062

STEP A $a^2+b^2+c^2$의 값 구하기

$a^2+b^2+c^2=(a+b+c)^2-2(ab+bc+ca)$
$$=3^2-2\times2=5$$

STEP B $a^2b^2+b^2c^2+c^2a^2$의 값 구하기

$a^2b^2+b^2c^2+c^2a^2=(ab)^2+(bc)^2+(ca)^2$
$$=(ab+bc+ca)^2-2abc(a+b+c)$$
$$=2^2-2\times(-2)\times3$$
$$=4+12=16$$

STEP C $a^4+b^4+c^4$의 값 구하기

따라서 $a^4+b^4+c^4=(a^2+b^2+c^2)^2-2(a^2b^2+b^2c^2+c^2a^2)$
$$=5^2-2\times16$$
$$=25-32$$
$$=-7$$

0063

STEP A $ab+bc+ca$의 값 구하기

$a^2+b^2+c^2=(a+b+c)^2-2(ab+bc+ca)$이므로
$9=1^2-2(ab+bc+ca)$, $2(ab+bc+ca)=-8$
$\therefore ab+bc+ca=-4$

STEP B abc의 값 구하기

$\dfrac{1}{a}+\dfrac{1}{b}+\dfrac{1}{c}=\dfrac{ab+bc+ca}{abc}=\dfrac{-4}{abc}=2$, $2abc=-4$
따라서 $abc=-2$

0064

STEP A $(x+y)(y+z)(z+x)$의 값 구하기

$x+y+z=1$에서 $x+y=1-z$, $y+z=1-x$, $z+x=1-y$
$(x+y)(y+z)(z+x)=(1-z)(1-x)(1-y)$
$$=1^3-(x+y+z)\times1^2+(xy+yz+zx)\times1-xyz$$
$$=1-1+2-5$$
$$=-3$$

+α | 다음과 같은 공식을 이용하여 풀 수도 있어!

$(x+y)(y+z)(z+x)=(x+y+z)(xy+yz+zx)-xyz$
$$=1\times2-5=-3$$

$a+b+c=1$, $ab+bc+ac=-10$, $abc=-20$일 때,
$(a+b)(b+c)(c+a)$의 값은?

① 8   ② 10   ③ 12
④ 14   ⑤ 16

STEP A $(a+b)(b+c)(c+a)$의 값 구하기

$a+b+c=1$에서 $a+b=1-c$, $b+c=1-a$, $c+a=1-b$
$(a+b)(b+c)(c+a)=(1-a)(1-b)(1-c)$
$$=1^3-(a+b+c)\times1^2+(ab+bc+ca)\times1-abc$$
$$=1-1+(-10)-(-20)=10$$

+α | 다음과 같은 공식을 이용하여 풀 수도 있어!

$(a+b)(b+c)(c+a)=(a+b+c)(ab+bc+ca)-abc$
$$=1\times(-10)-(-20)=10$$

0065

2024년 06월 고1 학력평가 6번

STEP A 곱셈 공식을 이용하여 계산하기

$(x+y-z)^2=x^2+y^2+z^2+2xy-2yz-2zx$
따라서 $x^2+y^2+z^2=(x+y-z)^2-2(xy-yz-zx)$
$$=5^2-2\times4$$
$$=17$$

$a+2b+3c=12$, $2ab+6bc+3ca=22$일 때, $a^2+4b^2+9c^2$의 값은?

① 96   ② 98   ③ 100
④ 102   ⑤ 104

STEP A 곱셈 공식을 이용하여 계산하기

$(a+b+c)^2=a^2+b^2+c^2+2(ab+bc+ca)$를 이용하면
$a^2+4b^2+9c^2=a^2+(2b)^2+(3c)^2$
$$=(a+2b+3c)^2-2(2ab+6bc+3ca)$$
$$=12^2-2\times22=100$$

0066

STEP A 주어진 조건을 변끼리 더하여 $c-a$의 값 구하기

$a-b=2+\sqrt{3}$ ……… ㉠
$b-c=2-\sqrt{3}$ ……… ㉡
㉠+㉡에서 $a-c=4$ $\therefore c-a=-4$

STEP B $a^2+b^2+c^2-ab-bc-ca$의 값 구하기

따라서 $a^2+b^2+c^2-ab-bc-ca=\dfrac{1}{2}\{(a-b)^2+(b-c)^2+(c-a)^2\}$
$$=\dfrac{1}{2}\{(2+\sqrt{3})^2+(2-\sqrt{3})^2+(-4)^2\}$$
$$=\dfrac{1}{2}(7+4\sqrt{3}+7-4\sqrt{3}+16)$$
$$=\dfrac{1}{2}\times30=15$$

0067

STEP A 주어진 조건을 변끼리 더하여 $c-a$의 값 구하기

$a-b=6$ ...... ㉠

$b-c=4$ ...... ㉡

㉠+㉡에서 $a-c=10$ $\therefore c-a=-10$

STEP B $2a^2+2b^2+2c^2-2ab-2bc-2ca$의 값 구하기

따라서 $2a^2+2b^2+2c^2-2ab-2bc-2ca$

$=(a^2-2ab+b^2)+(b^2-2bc+c^2)+(c^2-2ca+a^2)$

$=(a-b)^2+(b-c)^2+(c-a)^2$

$=6^2+4^2+(-10)^2$

$=36+16+100$

$=152$

0068

STEP A $xy+yz+zx$의 값 구하기

$(x+y+z)^2=x^2+y^2+z^2+2(xy+yz+zx)$이므로

$(\sqrt{6})^2=2+2(xy+yz+zx),\ 2(xy+yz+zx)=4$

$\therefore xy+yz+zx=2$

STEP B xyz의 값 구하기

$x^2+y^2+z^2-xy-yz-zx=2-2=0$이므로

$x^2+y^2+z^2-xy-yz-zx=\dfrac{1}{2}\{(x-y)^2+(y-z)^2+(z-x)^2\}=0$

x, y, z가 실수이므로 $x=y=z$

이때 $x+y+z=\sqrt{6}$에서 $x=y=z=\dfrac{\sqrt{6}}{3}$

따라서 $xyz=\left(\dfrac{\sqrt{6}}{3}\right)^3=\dfrac{2\sqrt{6}}{9}$

0069

STEP A $a^2+b^2+c^2$의 값 구하기

$a^2+b^2+c^2=(a+b+c)^2-2(ab+bc+ca)$

$=2^2-2\times(-1)=6$

STEP B $a^3+b^3+c^3$의 값 구하기

따라서 $a^3+b^3+c^3=(a+b+c)(a^2+b^2+c^2-ab-bc-ca)+3abc$

$=2\times\{6-(-1)\}+3\times(-3)$

$=14-9=5$

0070

STEP A $ab+bc+ca$의 값 구하기

$(a+b+c)^2=a^2+b^2+c^2+2(ab+bc+ca)$이므로

$2^2=3+2(ab+bc+ca),\ 2(ab+bc+ca)=1$

$\therefore ab+bc+ca=\dfrac{1}{2}$

STEP B abc의 값 구하기

$a^3+b^3+c^3-3abc=(a+b+c)(a^2+b^2+c^2-ab-bc-ca)$이므로

$4-3abc=2\times\left(3-\dfrac{1}{2}\right)=5,\ 3abc=-1$

따라서 $abc=-\dfrac{1}{3}$

$x+y+z=-2$, $x^2+y^2+z^2=26$, $x^3+y^3+z^3=-38$일 때, xyz의 값은?

① 8 ② 10 ③ 12

④ 14 ⑤ 16

STEP A $xy+yz+zx$의 값 구하기

$(x+y+z)^2=x^2+y^2+z^2+2(xy+yz+zx)$이므로

$(-2)^2=26+2(xy+yz+zx),\ 2(xy+yz+zx)=-22$

$\therefore xy+yz+zx=-11$

STEP B xyz의 값 구하기

$x^3+y^3+z^3=(x+y+z)(x^2+y^2+z^2-xy-yz-zx)+3xyz$이므로

$-38=-2\times\{26-(-11)\}+3xyz,\ 3xyz=36$

따라서 $xyz=12$

0071

STEP A 곱셈 공식의 변형을 이용하여 $ab+bc+ca$, abc의 값 구하기

$a^2+b^2+c^2=(a+b+c)^2-2(ab+bc+ca)$이므로

$18=6^2-2(ab+bc+ca),\ 2(ab+bc+ca)=18$

$\therefore ab+bc+ca=9$

$\dfrac{1}{a}+\dfrac{1}{b}+\dfrac{1}{c}=\dfrac{9}{4}$에서 $\dfrac{ab+bc+ca}{abc}=\dfrac{9}{4},\ \dfrac{9}{abc}=\dfrac{9}{4}$

$\therefore abc=4$

STEP B $a^3+b^3+c^3$의 값 구하기

따라서 $a^3+b^3+c^3=(a+b+c)(a^2+b^2+c^2-ab-bc-ca)+3abc$

$=6\times(18-9)+3\times4$

$=54+12$

$=66$

0072

STEP A abc의 값 구하기

$a^3+b^3+c^3=(a+b+c)(a^2+b^2+c^2-ab-bc-ca)+3abc$이므로

$9=0+3abc$ $\therefore abc=3$

STEP B $a+b+c=0$을 이용하여 $(a+b)(b+c)(c+a)$의 값 구하기

$a+b+c=0$에서 $a+b=-c,\ b+c=-a,\ c+a=-b$

따라서 $(a+b)(b+c)(c+a)=(-c)\times(-a)\times(-b)$

$=-abc$

$=-3$

0073

STEP A $a^2+b^2+c^2$의 값 구하기

$$a^2+b^2+c^2=(a+b+c)^2-2(ab+bc+ca)$$
$$=2^2-2\times(-4)=12$$

STEP B abc의 값 구하기

$a^3+b^3+c^3=(a+b+c)(a^2+b^2+c^2-ab-bc-ca)+3abc$이므로
$20=2\times\{12-(-4)\}+3abc,\ 3abc=-12$
$\therefore abc=-4$

STEP C $a+b+c=2$임을 이용하여 $ab(a+b)+bc(b+c)+ca(c+a)$의 값 구하기

$a+b+c=2$에서 $a+b=2-c,\ b+c=2-a,\ c+a=2-b$
따라서 $ab(a+b)+bc(b+c)+ca(c+a)=ab(2-c)+bc(2-a)+ca(2-b)$
$$=2(ab+bc+ca)-3abc$$
$$=2\times(-4)-3\times(-4)$$
$$=-8+12$$
$$=4$$

내신연계 출제문항 036

$a+b+c=-2,\ ab+bc+ca=-7,\ a^3+b^3+c^3=-2$일 때, $ab(a+b)+bc(b+c)+ca(c+a)$의 값은?

① -42 ② -40 ③ -38
④ -36 ⑤ -34

STEP A $a^2+b^2+c^2$의 값 구하기

$$a^2+b^2+c^2=(a+b+c)^2-2(ab+bc+ca)$$
$$=(-2)^2-2\times(-7)=18$$

STEP B abc의 값 구하기

$a^3+b^3+c^3=(a+b+c)(a^2+b^2+c^2-ab-bc-ca)+3abc$이므로
$-2=(-2)\times\{18-(-7)\}+3abc,\ 3abc=48$
$\therefore abc=16$

STEP C $a+b+c=-2$임을 이용하여 $ab(a+b)+bc(b+c)+ca(c+a)$의 값 구하기

$a+b+c=-2$에서 $a+b=-2-c,\ b+c=-2-a,\ c+a=-2-b$
따라서 $ab(a+b)+bc(b+c)+ca(c+a)$
$$=ab(-2-c)+bc(-2-a)+ca(-2-b)$$
$$=-2(ab+bc+ca)-3abc$$
$$=-2\times(-7)-3\times16$$
$$=14-48=-34$$

0074

STEP A $ab+bc+ca$의 값 구하기

$a^2+b^2+c^2=(a+b+c)^2-2(ab+bc+ca)$이므로
$10=2^2-2(ab+bc+ca),\ 2(ab+bc+ca)=-6$
$\therefore ab+bc+ca=-3$

STEP B abc의 값 구하기

$a^3+b^3+c^3=(a+b+c)(a^2+b^2+c^2-ab-bc-ca)+3abc$이므로
$4=2\times\{10-(-3)\}+3abc,\ 3abc=-22$
$\therefore abc=-\dfrac{22}{3}$

STEP C $a+b+c=2$임을 이용하여 $ab(a+b)+bc(b+c)+ca(c+a)$의 값 구하기

$a+b+c=2$에서 $a+b=2-c,\ b+c=2-a,\ c+a=2-b$
따라서 $ab(a+b)+bc(b+c)+ca(c+a)=ab(2-c)+bc(2-a)+ca(2-b)$
$$=2(ab+bc+ca)-3abc$$
$$=2\times(-3)-3\times\left(-\dfrac{22}{3}\right)$$
$$=-6+22$$
$$=16$$

0075

STEP A 조건의 정의를 만족하는 $f(a,\,b,\,c)=1$의 식 정리하기

$$f(x,\,y,\,z)=x^3+y^3+z^3-3xyz$$
$$=(x+y+z)(x^2+y^2+z^2-xy-yz-zx)$$
$$=\dfrac{1}{2}(x+y+z)\{(x-y)^2+(y-z)^2+(z-x)^2\}$$

이때 $f(a,\,b,\,c)=1$이므로 $\dfrac{1}{2}(a+b+c)\{(a-b)^2+(b-c)^2+(c-a)^2\}=1$

STEP B $f(b+c-a,\,c+a-b,\,a+b-c)$의 값 구하기

따라서 $f(b+c-a,\,c+a-b,\,a+b-c)$
$$=\dfrac{1}{2}(a+b+c)\{4(b-a)^2+4(c-b)^2+4(a-c)^2\}$$
$$=4\times\dfrac{1}{2}(a+b+c)\{(a-b)^2+(b-c)^2+(c-a)^2\}$$
$$=4\times1$$
$$=4$$

0076

STEP A 직육면체의 겉넓이와 모서리의 길이의 합을 이용하여 $a,\,b,\,c$의 관계식 구하기

직육면체의 겉넓이는 94이므로 $2(ab+bc+ca)=94$
$\therefore ab+bc+ca=47$ ······ ㉠
모서리의 길이의 합이 48이므로 $4(a+b+c)=48$
$\therefore a+b+c=12$ ······ ㉡

STEP B 직육면체의 대각선의 길이 구하기

$a^2+b^2+c^2=(a+b+c)^2-2(ab+bc+ca)$이므로 ㉠, ㉡을 대입하면
$a^2+b^2+c^2=12^2-2\times47=50$
따라서 직육면체의 대각선의 길이는 $\sqrt{a^2+b^2+c^2}=\sqrt{50}=5\sqrt{2}$

0077

STEP A 직육면체의 모서리의 길이의 합과 대각선의 길이를 이용하여 $a,\,b,\,c$의 관계식 구하기

직육면체의 가로의 길이, 세로의 길이, 높이를 각각 $a,\,b,\,c$라 하면
모든 모서리의 길이의 합이 40이므로 $4(a+b+c)=40$
$\therefore a+b+c=10$ ······ ㉠
대각선의 길이가 6이므로 $\sqrt{a^2+b^2+c^2}=6$
$\therefore a^2+b^2+c^2=36$ ······ ㉡

STEP B 직육면체의 겉넓이 구하기

$(a+b+c)^2=a^2+b^2+c^2+2ab+2bc+2ca$이므로 ㉠, ㉡을 대입하면
$10^2=36+2(ab+bc+ca),\ 2(ab+bc+ca)=64$
따라서 구하는 직육면체의 겉넓이는 $2(ab+bc+ca)=64$

0078

STEP A 직육면체의 겉넓이와 대각선의 길이를 이용하여 a, b, c의 관계식 구하기

직육면체의 가로, 세로의 길이와 높이를 각각 a, b, c라고 하면

겉넓이가 38이므로 $2(ab+bc+ca)=38$

$\therefore ab+bc+ca=19$ ······ ㉠

대각선의 길이가 $\sqrt{26}$이므로 $\sqrt{a^2+b^2+c^2}=\sqrt{26}$

$\therefore a^2+b^2+c^2=26$ ······ ㉡

STEP B 직육면체의 모서리의 길이의 합 구하기

$(a+b+c)^2=a^2+b^2+c^2+2(ab+bc+ca)$이므로 ㉠, ㉡을 대입하면

$(a+b+c)^2=26+2\times19=64$ $\therefore a+b+c=8 \ (\because a+b+c>0)$

따라서 모든 모서리의 길이의 합은 $4(a+b+c)=4\times8=32$

내신연계 출제문항 037

오른쪽 그림과 같이 겉넓이가 94이고 대각선의 길이가 $5\sqrt{2}$인 직육면체가 있다. 이 직육면체의 모든 모서리의 길이의 합은?

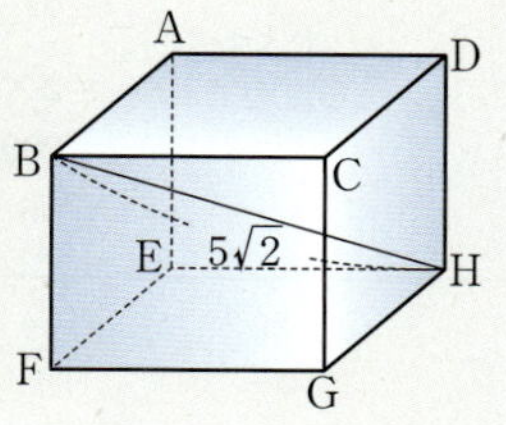

① 40 ② 44
③ 48 ④ 52
⑤ 56

STEP A 직육면체의 겉넓이와 대각선의 길이를 이용하여 a, b, c의 관계식 구하기

직육면체의 가로, 세로의 길이와 높이를 각각 a, b, c라고 하면

겉넓이가 94이므로 $2(ab+bc+ca)=94$

$\therefore ab+bc+ca=47$ ······ ㉠

대각선의 길이가 $5\sqrt{2}$이므로 $\sqrt{a^2+b^2+c^2}=5\sqrt{2}$

$\therefore a^2+b^2+c^2=50$ ······ ㉡

STEP B 직육면체의 모서리의 길이의 합 구하기

$(a+b+c)^2=a^2+b^2+c^2+2(ab+bc+ca)$이므로 ㉠, ㉡을 대입하면

$(a+b+c)^2=50+2\times47=144$ $\therefore a+b+c=12 \ (\because a+b+c>0)$

따라서 모든 모서리의 길이의 합은 $4(a+b+c)=4\times12=48$ 정답 ③

0079

정답 ③

STEP A 직육면체의 겉넓이와 $\overline{BD}^2+\overline{BG}^2+\overline{DG}^2=180$임을 이용하여 관계식 구하기

직육면체의 가로의 길이, 세로의 길이, 높이를 각각 x, y, z라 하면

직육면체의 겉넓이가 54이므로

$2(xy+yz+zx)=54$

$\therefore xy+yz+zx=27$ ······ ㉠

$\overline{BD}^2+\overline{BG}^2+\overline{DG}^2=180$이므로

$(x^2+y^2)+(x^2+z^2)+(y^2+z^2)=180$,

$2(x^2+y^2+z^2)=180$

$\therefore x^2+y^2+z^2=90$ ······ ㉡

+α 피타고라스 정리에 의하여 구할 수 있어!

직각삼각형 BCD에서 피타고라스 정리에 의하여 $\overline{BD}^2=\overline{BC}^2+\overline{CD}^2=x^2+y^2$

직각삼각형 BFG에서 피타고라스 정리에 의하여 $\overline{BG}^2=\overline{BF}^2+\overline{FG}^2=z^2+x^2$

직각삼각형 GHD에서 피타고라스 정리에 의하여 $\overline{GD}^2=\overline{GH}^2+\overline{DH}^2=y^2+z^2$

STEP B 직육면체의 모서리의 길이의 합 구하기

$(x+y+z)^2=x^2+y^2+z^2+2(xy+yz+zx)$이므로 ㉠, ㉡을 대입하면

$(x+y+z)^2=90+2\times27=144$

$\therefore x+y+z=12 \ (\because x+y+z>0)$

따라서 직육면체의 모든 모서리의 길이의 합은 $4(x+y+z)=4\times12=48$

0080

정답 77

STEP A 세 조건을 이용하여 a, b, c의 관계식 구하기

세 모서리 $\overline{OA}=a$, $\overline{OB}=b$, $\overline{OC}=c$라 하면

조건 (나)에 의하여 $a+b+c=15$

조건 (다)에 의하여

$\dfrac{1}{2}ab+\dfrac{1}{2}bc+\dfrac{1}{2}ca=37$

$\therefore ab+bc+ca=74$

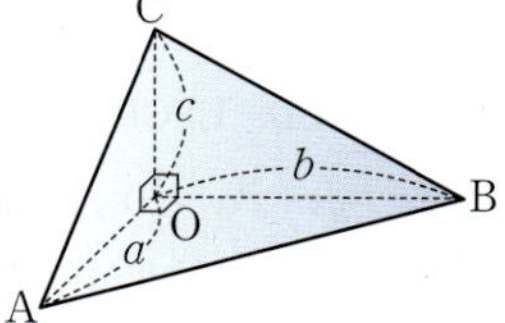

STEP B $\overline{OA}^2+\overline{OB}^2+\overline{OC}^2$의 값 구하기

따라서 $\overline{OA}^2+\overline{OB}^2+\overline{OC}^2=a^2+b^2+c^2$

$=(a+b+c)^2-2(ab+bc+ca)$

$=15^2-2\times74$

$=225-148$

$=77$

내신연계 출제문항 038

그림과 같이 세 모서리 OA, OB, OC가 점 O에서 서로 수직으로 만나는 사면체 OABC가 다음 조건을 만족시킬 때, $\overline{OA}^2+\overline{OB}^2+\overline{OC}^2$의 값을 구하시오.

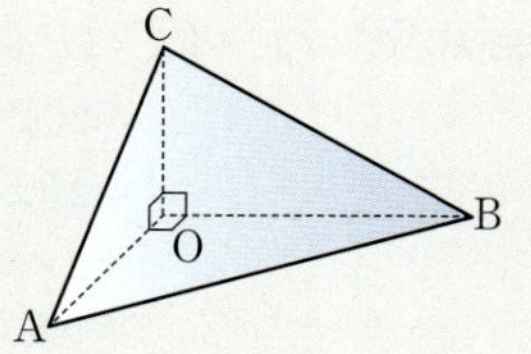

(가) $\overline{OA}+\overline{OB}+\overline{OC}=10$
(나) 세 삼각형 OAB, OBC, OCA의 넓이의 합은 15이다.

STEP A 세 조건을 이용하여 a, b, c의 관계식 구하기

$\overline{OA}=a$, $\overline{OB}=b$, $\overline{OC}=c$라 하면

조건 (가)에 의하여 $a+b+c=10$

조건 (나)에 의하여 $\dfrac{1}{2}ab+\dfrac{1}{2}bc+\dfrac{1}{2}ca=15$

$\therefore ab+bc+ca=30$

STEP B $\overline{OA}^2+\overline{OB}^2+\overline{OC}^2$의 값 구하기

따라서 $\overline{OA}^2+\overline{OB}^2+\overline{OC}^2=a^2+b^2+c^2$

$=(a+b+c)^2-2(ab+bc+ca)$

$=10^2-2\times30$

$=100-60$

$=40$ 정답 40

0081

2023년 11월 고1 학력평가 28번 · 정답 148 

STEP A $l_1-l_2=28$**임을 이용하여** x, y, z**의 관계식 구하기**

$\overline{AB}=x$, $\overline{AD}=y$, $\overline{AE}=z$라 하자.

입체도형 ACD−EFGH의 모든 모서리의 길이의 합을 l_1이라 하면

$l_1=3x+3y+3z+\overline{AC}+\overline{CF}+\overline{FA}$

사면체 F−ABC의 모든 모서리의 길이의 합을 l_2라 하면

$l_2=x+y+z+\overline{AC}+\overline{CF}+\overline{FA}$

이때 $l_1-l_2=28$이므로 $2x+2y+2z=28$

$\therefore x+y+z=14$ ...... ㉠

STEP B $S_1-S_2=61$**임을 이용하여** x, y, z**의 관계식 구하기**

입체도형 ACD−EFGH의 겉넓이를 S_1이라 하면

$S_1=xy+yz+zx+\dfrac{1}{2}xy+\dfrac{1}{2}yz+\dfrac{1}{2}zx+$(삼각형 AFC의 넓이)

사면체 F−ABC의 겉넓이를 S_2라 하면

$S_2=\dfrac{1}{2}xy+\dfrac{1}{2}yz+\dfrac{1}{2}zx+$(삼각형 AFC의 넓이)

이때 $S_1-S_2=61$이므로 $xy+yz+zx=61$ ...... ㉡

STEP C $\overline{AC}^2+\overline{CF}^2+\overline{FA}^2$**의 값 구하기**

직각삼각형 ABC에서 피타고라스 정리에 의하여

$\overline{AC}^2=\overline{AB}^2+\overline{BC}^2=x^2+y^2$

직각삼각형 CBF에서 피타고라스 정리에 의하여

$\overline{CF}^2=\overline{BC}^2+\overline{BF}^2=y^2+z^2$

직각삼각형 ABF에서 피타고라스 정리에 의하여

$\overline{AF}^2=\overline{BF}^2+\overline{AB}^2=z^2+x^2$

따라서 $\overline{AC}^2+\overline{CF}^2+\overline{FA}^2=(x^2+y^2)+(y^2+z^2)+(z^2+x^2)$

$=2(x^2+y^2+z^2)$

$=2\{(x+y+z)^2-2(xy+yz+zx)\}$

$=2\times(14^2-2\times61)$

$=148\ (\because ㉠, ㉡)$

내신 연계 출제문항 039

그림과 같이 직육면체 ABCD−EFGH에서 단면 AFC가 생기도록 사면체 F−ABC를 잘라내었다. 입체도형 ACD−EFGH의 모든 모서리의 길이의 합을 l_1, 겉넓이를 S_1이라 하고, 사면체 F−ABC의 모든 모서리의 길이의 합을 l_2, 겉넓이를 S_2라 하자. $l_1-l_2=20$, $S_1-S_2=26$일 때, $\overline{AC}^2+\overline{CF}^2+\overline{FA}^2$의 값을 구하시오.

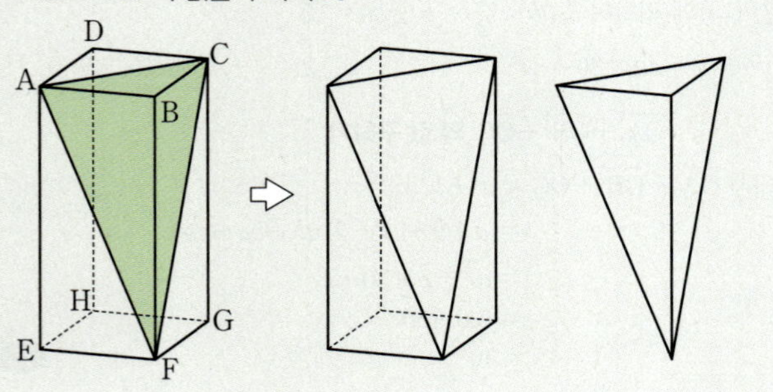

STEP A $l_1-l_2=20$**임을 이용하여** x, y, z**의 관계식 구하기**

$\overline{AB}=x$, $\overline{AD}=y$, $\overline{AE}=z$라 하자.

입체도형 ACD−EFGH의 모든 모서리의 길이의 합을 l_1이라 하면

$l_1=3x+3y+3z+\overline{AC}+\overline{CF}+\overline{FA}$

사면체 F−ABC의 모든 모서리의 길이의 합을 l_2라 하면

$l_2=x+y+z+\overline{AC}+\overline{CF}+\overline{FA}$

이때 $l_1-l_2=20$이므로 $2x+2y+2z=20$

$\therefore x+y+z=10$ ...... ㉠

STEP B $S_1-S_2=26$**임을 이용하여** x, y, z**의 관계식 구하기**

입체도형 ACD−EFGH의 겉넓이를 S_1이라 하면

$S_1=xy+yz+zx+\dfrac{1}{2}xy+\dfrac{1}{2}yz+\dfrac{1}{2}zx+$(삼각형 AFC의 넓이)

사면체 F−ABC의 겉넓이를 S_2라 하면

$S_2=\dfrac{1}{2}xy+\dfrac{1}{2}yz+\dfrac{1}{2}zx+$(삼각형 AFC의 넓이)

이때 $S_1-S_2=26$이므로 $xy+yz+zx=26$ ...... ㉡

STEP C $\overline{AC}^2+\overline{CF}^2+\overline{FA}^2$**의 값 구하기**

직각삼각형 ABC에서 피타고라스 정리에 의하여

$\overline{AC}^2=\overline{AB}^2+\overline{BC}^2=x^2+y^2$

직각삼각형 CBF에서 피타고라스 정리에 의하여

$\overline{CF}^2=\overline{BC}^2+\overline{BF}^2=y^2+z^2$

직각삼각형 ABF에서 피타고라스 정리에 의하여

$\overline{FA}^2=\overline{BF}^2+\overline{AB}^2=z^2+x^2$

따라서 $\overline{AC}^2+\overline{CF}^2+\overline{FA}^2=(x^2+y^2)+(y^2+z^2)+(z^2+x^2)$

$=2(x^2+y^2+z^2)$

$=2\{(x+y+z)^2-2(xy+yz+zx)\}$

$=2\times(10^2-2\times26)$

$=200-104$

$=96\ (\because ㉠, ㉡)$ · 정답 96

0082

2021년 06월 고1 학력평가 7번 · 정답 ④ 

STEP A $\overline{AB}=a$, $\overline{BC}=b$, $\overline{BF}=c$**라 두고** $a+b+c$, $ab+bc+ca$**의 값 구하기**

오른쪽 그림과 같이 $\overline{AB}=a$, $\overline{BC}=b$, $\overline{BF}=c$라 하자.

직육면체의 겉넓이가 148이므로

$2(ab+bc+ca)=148$

$\therefore ab+bc+ca=74$ ...... ㉠

모든 모서리의 길이의 합이 60이므로

$4(a+b+c)=60$

$\therefore a+b+c=15$ ...... ㉡

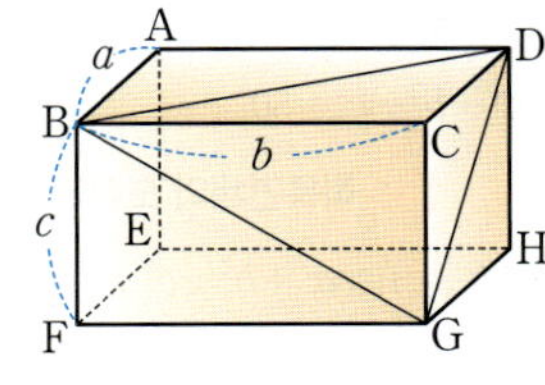

STEP B **곱셈 공식의 변형을 이용하여** $a^2+b^2+c^2$**의 값 구하기**

$a^2+b^2+c^2=(a+b+c)^2-2(ab+bc+ca)$이므로 ㉠, ㉡을 대입하면

$a^2+b^2+c^2=15^2-2\times74=77$

STEP C $\overline{BG}^2+\overline{GD}^2+\overline{DB}^2$**의 값 구하기**

따라서 $\overline{BG}^2+\overline{GD}^2+\overline{DB}^2=(b^2+c^2)+(c^2+a^2)+(b^2+a^2)$

$=2(a^2+b^2+c^2)$

$=2\times77$

$=154$

+α | 피타고라스 정리를 이용하여 $\overline{BG}^2$, $\overline{GD}^2$, $\overline{DB}^2$을 구할 수 있어!

직각삼각형 BFG에서 피타고라스 정리에 의하여 $\overline{BG}^2=\overline{FG}^2+\overline{BF}^2=b^2+c^2$

직각삼각형 CGD에서 피타고라스 정리에 의하여 $\overline{GD}^2=\overline{CG}^2+\overline{CD}^2=c^2+a^2$

직각삼각형 BCD에서 피타고라스 정리에 의하여 $\overline{DB}^2=\overline{BC}^2+\overline{CD}^2=b^2+a^2$

그림과 같이 겉넓이가 62이고 모든 모서리의 길이의 합이 40인 직육면체 ABCD-EFGH가 있다. $\overline{BG}^2+\overline{GD}^2+\overline{DB}^2$의 값은?

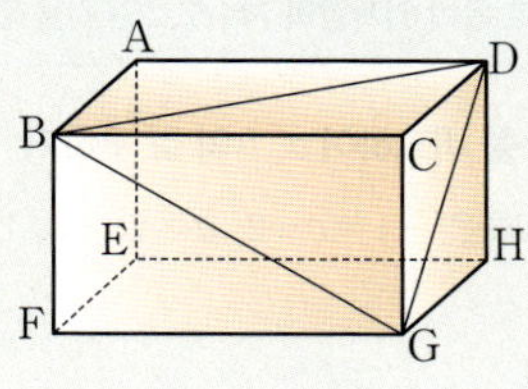

STEP A **직육면체의 겉넓이와 모서리의 길이와 합을 이용하여 a, b, c의 관계식 구하기**

오른쪽 그림과 같이 $\overline{AB}=a$, $\overline{BC}=b$, $\overline{BF}=c$라 하자.

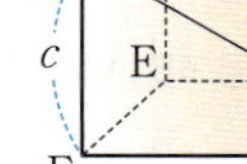

직육면체의 겉넓이가 62이므로
$$2(ab+bc+ca)=62$$
$$\therefore ab+bc+ca=31 \quad\cdots\cdots\ \text{㉠}$$
모든 모서리의 길이의 합이 40이므로
$$4(a+b+c)=40$$
$$\therefore a+b+c=10 \quad\cdots\cdots\ \text{㉡}$$

STEP B **곱셈 공식의 변형을 이용하여 $a^2+b^2+c^2$의 값 구하기**

$a^2+b^2+c^2=(a+b+c)^2-2(ab+bc+ca)$이므로 ㉠, ㉡을 대입하면
$$a^2+b^2+c^2=10^2-2\times31=100-62=38$$

STEP C **$\overline{BG}^2+\overline{GD}^2+\overline{DB}^2$의 값 구하기**

따라서 $\overline{BG}^2+\overline{GD}^2+\overline{DB}^2=(b^2+c^2)+(c^2+a^2)+(b^2+a^2)$
$$=2(a^2+b^2+c^2)$$
$$=2\times38=76$$

+α | 피타고라스 정리를 이용하여 $\overline{BG}^2$, $\overline{GD}^2$, $\overline{DB}^2$을 구할 수 있어!

직각삼각형 BFG에서 피타고라스 정리에 의하여 $\overline{BG}^2=\overline{FG}^2+\overline{BF}^2=b^2+c^2$
직각삼각형 CGD에서 피타고라스 정리에 의하여 $\overline{GD}^2=\overline{CG}^2+\overline{CD}^2=c^2+a^2$
직각삼각형 BCD에서 피타고라스 정리에 의하여 $\overline{DB}^2=\overline{BC}^2+\overline{CD}^2=b^2+a^2$

정답 76

0083

정답 5

STEP A **다항식의 나눗셈 계산과정을 이용하여 a, b의 값 구하기**

다항식 $4x^3-2x^2+3x+5$를 x^2-x+2로 나누는 과정은 다음과 같다.

$$
\begin{array}{r}
\boxed{4}x+2 \quad\leftarrow \text{몫} \\
x^2-x+2\ \overline{)\ 4x^3-2x^2+3x+5} \\
\underline{4x^3-4x^2+8x} \\
2x^2-5x+5 \\
\underline{2x^2-2x+4} \\
-3x+\boxed{1} \quad\leftarrow \text{나머지}
\end{array}
$$

따라서 $a=4$, $b=1$이므로 $a+b=5$

mini해설 | 다항식의 나눗셈의 원리를 이용하여 풀이하기

$(x^2-x+2)\times ax=4x^3-4x^2+8x$이므로 $ax^3-ax^2+2ax=4x^3-4x^2+8x$
$\therefore a=4$
또한, $(2x^2-5x+5)-(2x^2-2x+4)$이므로 $-3x+1=-3x+b$
$\therefore b=1$
따라서 $a=4$, $b=1$이므로 $a+b=5$

0084

정답 ③

STEP A **다항식의 나눗셈 계산과정을 이용하여 a, b, c, d, e의 값 구하기**

다항식 $2x^3+x^2+4x-4$를 $ax+1$로 나누는 과정은 다음과 같다.

$$
\begin{array}{r}
x^2+\boxed{2} \quad\leftarrow \text{몫} \\
\boxed{2}x+1\ \overline{)\ 2x^3\ +x^2+4x\ -4} \\
\underline{\boxed{2}x^3+x^2} \\
4x\ -4 \\
\underline{\boxed{4}x+\boxed{2}} \\
-6 \quad\leftarrow \text{나머지}
\end{array}
$$

따라서 $a=2$, $b=2$, $c=2$, $d=4$, $e=2$이므로 $a+b+c+d+e=12$

mini해설 | 다항식의 나눗셈의 원리를 이용하여 풀이하기

$2x^3-bx^3=0$에서 $b=2$, $4x-dx=0$에서 $d=4$, $-4-e=-6$에서 $e=2$
(i) $(ax+1)\times x^2=bx^3+x^2$
  $ax^3+x^2=2x^3+x^2$이므로 $a=2$
(ii) $(ax+1)\times c=dx+e$
  $2cx+c=4x+2$이므로 $c=e=2$
(i), (ii)에 의하여 $a+b+c+d+e=2+2+2+4+2=12$

0085

정답 ⑤

STEP A **다항식을 직접 나누어서 몫과 나머지 구하기**

$$
\begin{array}{r}
-x-3 \quad\leftarrow \text{몫} \\
x^2+2x+3\ \overline{)\ -x^3-5x^2\ +1} \\
\underline{-x^3-2x^2-3x} \\
-3x^2+3x+1 \\
\underline{-3x^2-6x-9} \\
9x+10 \quad\leftarrow \text{나머지}
\end{array}
$$

STEP B **$ad-bc$의 값 구하기**

이때 몫은 $-x-3$, 나머지는 $9x+10$이므로
$a=-1$, $b=-3$, $c=9$, $d=10$
따라서 $ad-bc=(-1)\times10-(-3)\times9=-10+27=17$

0086

정답 ③

STEP A **다항식의 나눗셈을 이용하여 몫과 나머지 구하기**

$$
\begin{array}{r}
2x-1 \quad\leftarrow \text{몫} \\
x^2-3x+1\ \overline{)\ 2x^3-7x^2\ +1} \\
\underline{2x^3-6x^2+2x} \\
-x^2\ -2x+1 \\
\underline{-x^2\ +3x-1} \\
-5x+2 \quad\leftarrow \text{나머지}
\end{array}
$$

STEP B **$Q(2)+R(1)$의 값 구하기**

따라서 몫은 $Q(x)=2x-1$, 나머지는 $R(x)=-5x+2$이므로
$$Q(2)+R(1)=(2\times2-1)+(-5\times1+2)=0$$

0087

STEP Ⓐ 다항식을 직접 나누어서 몫과 나머지 구하기

$$\begin{array}{r}
2x+5 \quad \leftarrow \text{몫}\\
x^2-x+a\,\overline{)\,2x^3+3x^2-\qquad 2x+5}\\
2x^3-2x^2+\qquad 2ax\\
\hline
5x^2-(2+2a)x+5\\
5x^2-\qquad 5x+5a\\
\hline
(3-2a)x+5-5a \quad \leftarrow \text{나머지}
\end{array}$$

STEP Ⓑ 나머지가 $7x+15$임을 이용하여 a의 값 구하기

나머지가 $(3-2a)x+5-5a=7x+15$이므로 $3-2a=7$, $5-5a=15$
따라서 $a=-2$

다항식 x^3+x^2+ax+6을 다항식 x^2-x+b로 나누었을 때의 나머지가
$-2x+4$일 때, 상수 a, b에 대하여 $a+b$의 값은?

① -3 ② -2 ③ -1
④ 2 ⑤ 3

STEP Ⓐ 다항식을 직접 나누어서 몫과 나머지 구하기

$$\begin{array}{r}
x+2 \quad \leftarrow \text{몫}\\
x^2-x+b\,\overline{)\,x^3+x^2+\qquad ax+6}\\
x^3-x^2+\qquad bx\\
\hline
2x^2+(a-b)x+6\\
2x^2-\qquad 2x+2b\\
\hline
(a-b+2)x+6-2b \quad \leftarrow \text{나머지}
\end{array}$$

STEP Ⓑ 나머지가 $-2x+4$임을 이용하여 a, b의 값 구하기

나머지가 $(a-b+2)x+6-2b=-2x+4$이므로 $a-b+2=-2$, $6-2b=4$
따라서 $a=-3$, $b=1$이므로 $a+b=-3+1=-2$

0088

STEP Ⓐ 다항식을 직접 나누어서 몫과 나머지 구하기

$$\begin{array}{r}
2x+1 \quad \leftarrow \text{몫}\\
x^2-x+b\,\overline{)\,2x^3-x^2+\qquad ax+1}\\
2x^3-2x^2+\qquad 2bx\\
\hline
x^2+(a-2b)x+1\\
x^2-\qquad x+b\\
\hline
(a-2b+1)x+1-b \quad \leftarrow \text{나머지}
\end{array}$$

STEP Ⓑ 나머지가 0임을 이용하여 a, b의 값 구하기

다항식 $2x^3-x^2+ax+1$이 x^2-x+b로 나누어떨어지므로 나머지는 0
즉 $(a-2b+1)x+1-b=0$이므로 $a-2b+1=0$, $1-b=0$
따라서 $a=1$, $b=1$이므로 $a+b=1+1=2$

 항등식의 계수비교법을 이용하여 풀이하기

STEP Ⓐ $A=BQ$ 꼴로 나타내기

다항식 $2x^3-x^2+ax+1$를 x^2-x+b로 나누어떨어질 때의 몫을
$2x+c$ (c는 상수)라 하면
$2x^3-x^2+ax+1=(x^2-x+b)(2x+c)$
$\qquad\qquad\qquad\quad =2x^3+(c-2)x^2+(2b-c)x+bc$

024

삼차식이 이차식으로 나누어떨어지면 (삼차식)=(이차식)×(몫)이고
양변의 차수가 같아야 하므로 몫은 일차식이어야 한다.
이때 x^3의 계수가 2이므로 몫의 일차항의 계수도 2인 것을 알 수 있다.

STEP Ⓑ 양변의 계수를 비교하여 a, b의 값 구하기

이때 양변의 계수를 비교하면 $-1=c-2$, $a=2b-c$, $1=bc$이므로
$c=1$, $b=1$, $a=1$
따라서 $a+b=1+1=2$

다항식 $2x^3-x^2-x+a$가 x^2+x+1로 나누어떨어질 때, 상수 a의 값은?

① -1 ② -2 ③ -3
④ -4 ⑤ -5

STEP Ⓐ 다항식을 직접 나누어서 몫과 나머지 구하기

다항식 $2x^3-x^2-x+a$를 x^2+x+1로 직접 나누면

$$\begin{array}{r}
2x-3 \quad \leftarrow \text{몫}\\
x^2+x+1\,\overline{)\,2x^3-x^2-x+a}\\
2x^3+2x^2+2x\\
\hline
-3x^2-3x+a\\
-3x^2-3x-3\\
\hline
a+3 \quad \leftarrow \text{나머지}
\end{array}$$

STEP Ⓑ 나머지가 0임을 이용하여 a의 값 구하기

다항식 $2x^3-x^2-x+a$가 x^2+x+1로 나누어떨어지므로 나머지는 0
따라서 $a+3=0$이므로 $a=-3$

 항등식의 계수비교법을 이용하여 풀이하기

STEP Ⓐ $A=BQ$ 꼴로 나타내기

다항식 $2x^3-x^2-x+a$를 x^2+x+1로 나누어떨어질 때의 몫을
$2x+c$ (c는 상수)라 하면

삼차식이 이차식으로 나누어떨어지면 (삼차식)=(이차식)×(몫)이고
양변의 차수가 같아야 하므로 몫은 일차식이어야 한다.
이때 x^3의 계수가 2이므로 몫의 일차항의 계수도 2인 것을 알 수 있다.

$2x^3-x^2-x+a=(x^2+x+1)(2x+c)$
$\qquad\qquad\qquad =2x^3+(c+2)x^2+(c+2)x+c$

STEP Ⓑ 양변의 계수를 비교하여 a의 값 구하기

이때 양변의 계수를 비교하면 $-1=c+2$, $a=c$
따라서 $a=c=-3$

0089

2019년 03월 고2 학력평가 나형 25번 　정답 9

STEP A 다항식의 나눗셈을 이용하여 $Q(x)$ 구하기

다항식 $2x^3-x^2+x+3$을 $x+1$로 나누면 다음과 같다.

$$
\begin{array}{r}
2x^2-3x+4 \\
x+1{\overline{\smash{\big)}\,2x^3-x^2+\ x+3}} \\
\underline{2x^3+2x^2} \\
-3x^2+x+3 \\
\underline{-3x^2-3x} \\
4x+3 \\
\underline{4x+4} \\
-1
\end{array}
$$

STEP B $Q(-1)$의 값 구하기

다항식 $2x^3-x^2+x+3$을 $x+1$로 나누었을 때의 몫 $Q(x)$는

$Q(x)=2x^2-3x+4$

따라서 $Q(-1)=2\times(-1)^2-3\times(-1)+4=2+3+4=9$

다른풀이 조립제법을 이용하여 풀이하기

STEP A 조립제법을 이용하여 $Q(x)$ 구하기

조립제법을 이용하여 다항식 $2x^3-x^2+x+3$을 $x+1$로 나누면 다음과 같다.

$$
\begin{array}{r|rrrr}
-1 & 2 & -1 & 1 & 3 \\
   &   & -2 & 3 & -4 \\
\hline
   & 2 & -3 & 4 & \,|\,-1
\end{array}
$$

$2x^3-x^2+x+3=(x+1)\underset{\text{몫 }Q(x)}{(2x^2-3x+4)}\underset{\text{나머지}}{-1}$이므로 $Q(x)=2x^2-3x+4$

STEP B $Q(-1)$의 값 구하기

따라서 $Q(-1)=2\times(-1)^2-3\times(-1)+4=2+3+4=9$

내신 연계 출제문항 043

다항식 $3x^3+4x^2-x-5$를 $x-1$로 나눈 몫을 $Q(x)$라 할 때, $Q(1)$의 값을 구하시오.

STEP A 다항식의 나눗셈을 이용하여 $Q(x)$ 구하기

다항식 $3x^3+4x^2-x-5$를 $x-1$로 나누면 다음과 같다.

$$
\begin{array}{r}
3x^2+7x+6 \\
x-1{\overline{\smash{\big)}\,3x^3+4x^2-\ x-5}} \\
\underline{3x^3-3x^2} \\
7x^2-\ x-5 \\
\underline{7x^2-7x} \\
6x-5 \\
\underline{6x-6} \\
1
\end{array}
$$

STEP B $Q(1)$의 값 구하기

다항식 $3x^3+4x^2-x-5$를 $x-1$로 나누었을 때의 몫 $Q(x)$는

$Q(x)=3x^2+7x+6$

따라서 $Q(1)=3\times1^2+7\times1+6=3+7+6=16$

다른풀이 조립제법을 이용하여 풀이하기

STEP A 조립제법을 이용하여 $Q(x)$ 구하기

조립제법을 이용하여 다항식 $3x^3+4x^2-x-5$를 $x-1$로 나누면 다음과 같다.

$$
\begin{array}{r|rrrr}
1 & 3 & 4 & -1 & -5 \\
  &   & 3 & 7 & 6 \\
\hline
  & 3 & 7 & 6 & \,|\,1
\end{array}
$$

$3x^3+4x^2-x-5=(x-1)\underset{\text{몫 }Q(x)}{(3x^2+7x+6)}\underset{\text{나머지}}{+1}$이므로 $Q(x)=3x^2+7x+6$

STEP B $Q(1)$의 값 구하기

따라서 $Q(1)=3\times1^2+7\times1+6=3+7+6=16$　정답 16

0090

　정답 ②

STEP A 다항식의 나눗셈에서 몫과 나머지의 관계를 이용하여 구하기

x에 대한 다항식 $P(x)$를 x^2+2x-1로 나누었을 때의 몫이 $2x-3$이고 나머지가 $7x+5$가 되는 다항식 $P(x)$를 식으로 나타내면 다음과 같다.

$$P(x)=(x^2+2x-1)(2x-3)+7x+5$$
$$=2x^3+x^2-8x+3+7x+5$$
$$=2x^3+x^2-x+8$$

0091

　정답 ③

STEP A 다항식의 나눗셈에서 몫과 나머지의 관계를 이용하여 구하기

다항식 x^3+x+1을 다항식 $A(x)$로 나누었을 때의 몫이 $x+1$이고 나머지가 $3x+2$이므로

$x^3+x+1=A(x)\times(x+1)+3x+2$

이때 $A(x)\times(x+1)=x^3+x+1-(3x+2)=x^3-2x-1$이므로

x^3-2x-1는 $x+1$로 나누어떨어지고 이때의 몫이 $A(x)$

STEP B 다항식 $A(x)$ 구하기

$$
\begin{array}{r}
x^2-x-1 \quad\leftarrow \text{몫} \\
x+1{\overline{\smash{\big)}\,x^3-2x-1}} \\
\underline{x^3+x^2} \\
-x^2-2x-1 \\
\underline{-x^2-x} \\
-x-1 \\
\underline{-x-1} \\
0 \quad\leftarrow \text{나머지}
\end{array}
$$

따라서 $A(x)=x^2-x-1$

+α 조립제법을 이용하여 구하여 풀 수도 있어!

조립제법을 이용하여 다항식 x^3-2x-1을 $x+1$로 나누면 다음과 같다.

$$
\begin{array}{r|rrrr}
-1 & 1 & 0 & -2 & -1 \\
   &   & -1 & 1 & 1 \\
\hline
   & 1 & -1 & -1 & \,|\,0
\end{array}
$$

따라서 $x^3-2x-1=(x+1)(x^2-x-1)$이므로 $A(x)=x^2-x-1$

0092

STEP A 다항식의 나눗셈에서 몫과 나머지의 관계를 이용하여 구하기

다항식 x^3+4x^2-2x+1을 $P(x)$로 나누었더니 몫이 $x+3$이고
나머지가 $-6x-2$이므로 $x^3+4x^2-2x+1=P(x)\times(x+3)-6x-2$
이때 $P(x)\times(x+3)=x^3+4x^2-2x+1-(-6x-2)=x^3+4x^2+4x+3$이므로
x^3+4x^2+4x+3은 $x+3$으로 나누어떨어지고 이때의 몫이 $P(x)$

STEP B 다항식 $P(x)$ 구하기

$$
\begin{array}{r}
x^2+x+1 \\
x+3{\overline{\smash{\big)}\,x^3+4x^2+4x+3}} \\
\underline{x^3+3x^2} \\
x^2+4x+3 \\
\underline{x^2+3x} \\
x+3 \\
\underline{x+3} \\
0
\end{array}
$$

따라서 $P(x)=x^2+x+1$이므로 $P(2)=2^2+2+1=7$

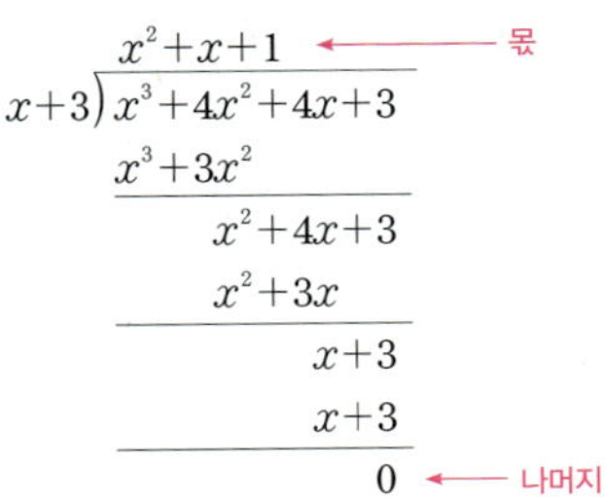

+α | 조립제법을 이용하여 구하여 풀 수도 있어!

조립제법을 이용하여 다항식 x^3+4x^2+4x+3을 $x+3$으로 나누면 다음과 같다.

$$
\begin{array}{r|rrrr}
-3 & 1 & 4 & 4 & 3 \\
   &   & -3 & -3 & -3 \\
\hline
   & 1 & 1 & 1 & 0
\end{array}
$$

$x^3+4x^2+4x+3=(x+3)(x^2+x+1)$이므로 $P(x)=x^2+x+1$
따라서 $P(2)=2^2+2+1=7$

+α | 항등식의 성질을 이용하여 구할 수 있어!

$x^3+4x^2-2x+1=P(x)\times(x+3)-6x-2$
이때 위 식은 x에 관한 항등식이므로 x에 어떤 값을 대입하여도 성립한다.
$x=2$를 대입하면 $2^3+4\times2^2-4+1=\{P(2)\times5\}-14$, $5P(2)=35$
$\therefore P(2)=7$

내/신/연/계/ 출제문항 044

다항식 x^3-3x^2+x+5를 $P(x)$로 나눈 몫이 $x-2$, 나머지가 $x+1$이었다.
이때 $P(3)$의 값은?

① 3   ② 4   ③ 5
④ 6   ⑤ 7

STEP A 다항식의 나눗셈, 몫과 나머지의 관계를 이용하여 구하기

다항식 x^3-3x^2+x+5를 $P(x)$로 나눈 몫이 $x-2$이고 나머지가 $x+1$이므로
$x^3-3x^2+x+5=P(x)\times(x-2)+x+1$
이때 $P(x)\times(x-2)=x^3-3x^2+x+5-(x+1)=x^3-3x^2+4$이므로
x^3-3x^2+4는 $x-2$로 나누어떨어지고 이때의 몫이 $P(x)$

STEP B 다항식 $P(x)$ 구하기

$$
\begin{array}{r}
x^2-x-2 \\
x-2{\overline{\smash{\big)}\,x^3-3x^2+4}} \\
\underline{x^3-2x^2} \\
-x^2+4 \\
\underline{-x^2+2x} \\
-2x+4 \\
\underline{-2x+4} \\
0
\end{array}
$$

따라서 $P(x)=x^2-x-2$이므로 $P(3)=3^2-3-2=4$

+α | 조립제법을 이용하여 구하여 풀 수도 있어!

조립제법을 이용하여 다항식 x^3-3x^2+4를 $x-2$로 나누면 다음과 같다.

$$
\begin{array}{r|rrrr}
2 & 1 & -3 & 0 & 4 \\
  &   & 2 & -2 & -4 \\
\hline
  & 1 & -1 & -2 & 0
\end{array}
$$

$x^3-3x^2+4=(x-2)(x^2-x-2)$이므로 $P(x)=x^2-x-2$
따라서 $P(3)=3^2-3-2=4$

+α | 항등식의 성질을 이용하여 구할 수 있어!

$x^3-3x^2+x+5=P(x)\times(x-2)+x+1$
이때 위 식은 x에 관한 항등식이므로 x에 어떤 값을 대입하여도 성립한다.
$x=3$을 대입하면 $3^3-3\times3^2+3+5=\{P(3)\times1\}+4$
$\therefore P(3)=4$

0093

STEP A 다항식의 나눗셈에서 몫과 나머지의 관계를 이용하여 구하기

$2x^4-5x^3+x-1=A(x)\times(2x^2-3x-5)-x+4$
$A(x)\times(2x^2-3x-5)=2x^4-5x^3+x-1-(-x+4)=2x^4-5x^3+2x-5$
이므로
$2x^4-5x^3+2x-5$는 $2x^2-3x-5$로 나누어떨어지고 이때의 몫이 $A(x)$

STEP B 다항식 $A(x)$ 구하기

$$
\begin{array}{r}
x^2-x+1 \\
2x^2-3x-5{\overline{\smash{\big)}\,2x^4-5x^3+2x-5}} \\
\underline{2x^4-3x^3-5x^2} \\
-2x^3+5x^2+2x-5 \\
\underline{-2x^3+3x^2+5x} \\
2x^2-3x-5 \\
\underline{2x^2-3x-5} \\
0
\end{array}
$$

$\therefore A(x)=x^2-x+1$
따라서 다항식 $A(x)$의 x의 계수는 -1

0094

STEP A 다항식의 나눗셈에서 몫과 나머지의 관계를 이용하여 구하기

다항식 $f(x)$를 $x+1$로 나누었을 때의 몫이 x^2-2이고 나머지가 5이므로
$f(x)=(x+1)(x^2-2)+5=x^3+x^2-2x+3$

STEP B 다항식 $f(x)$를 x^2+1로 나누었을 때의 몫과 나머지 구하기

다항식 $f(x)=x^3+x^2-2x+3$을 x^2+1로 나누면 다음과 같다.

$$
\begin{array}{r}
x+1 \\
x^2+1{\overline{\smash{\big)}\,x^3+x^2-2x+3}} \\
\underline{x^3+x} \\
x^2-3x+3 \\
\underline{x^2+1} \\
-3x+2
\end{array}
$$

따라서 몫은 $Q(x)=x+1$이고 나머지는 $R(x)=-3x+2$이므로
$Q(1)+R(-2)=(1+1)+(6+2)=2+8=10$

">

0095

STEP A 다항식의 나눗셈에서 몫과 나머지의 관계를 이용하여 [보기]의 참, 거짓 판단하기

ㄱ. $f(x)=(x^2-x+1)(x+1)-1$
$\qquad =x^3+1-1=x^3$ [참]

ㄴ.

$$\begin{array}{r} x+2 \\ x^2-2x\,\overline{)\,x^3} \\ \underline{x^3-2x^2} \\ 2x^2 \\ \underline{2x^2-4x} \\ 4x \end{array}$$

즉 $f(x)=x^3$을 x^2-2x로 나누었을 때의 몫은 $x+2$ [참]

ㄷ. $f(x)$를 x^2-2x로 나누었을 때의 나머지를 $R(x)$라 하면
$\qquad R(x)=4x$이므로 $R(-2)=4\times(-2)=-8$ [거짓]

따라서 옳은 것은 ㄱ, ㄴ이다.

0096

정답 5

STEP A 다항식의 나눗셈에서 몫과 나머지의 관계를 이용하여 구하기

직육면체의 높이를 $h(x)$라 하면
$(x-2)(x+1)\times h(x)=(x^2-x-2)\times h(x)=x^3+2x^2-5x-6$
이때 x^3+2x^2-5x-6은 x^2-x-2로 나누어떨어지고 이때의 몫은 $h(x)$

STEP B 다항식 $h(x)$ 구하기

$$\begin{array}{r} x+3 \\ x^2-x-2\,\overline{)\,x^3+2x^2-5x-6} \\ \underline{x^3-x^2-2x} \\ 3x^2-3x-6 \\ \underline{3x^2-3x-6} \\ 0 \end{array}$$

따라서 구하는 직육면체의 높이는 $h(x)=x+3$이므로 $h(2)=2+3=5$

0097

정답 8

STEP A 다항식 $f(x)$를 $A=BQ+R$꼴로 나타내기

$f(x)$를 $3x-1$로 나누었을 때의 몫을 $Q_1(x)$,
나머지는 R (R은 상수)이라 하자.
$f(x)=(3x-1)Q_1(x)+R$
$\therefore f(x)-R=(3x-1)Q_1(x)$ $\quad\cdots\cdots\ \bigcirc$
또한, $f(x)$를 x^2+3으로 나누었을 때의 몫을 $Q_2(x)$라 하면
나머지는 R이므로 $f(x)=(x^2+3)Q_2(x)+R$
$\therefore f(x)-R=(x^2+3)Q_2(x)$ $\quad\cdots\cdots\ \bigcirc$
$\bigcirc$, $\bigcirc$에 의하여 $f(x)-R$은 $3x-1$, x^2+3으로 나누어떨어지므로
$f(x)-R=(3x-1)(x^2+3)$
$\qquad\quad =3x^3-x^2+9x-3$

STEP B a, b의 값 구하기

즉 $f(x)=3x^3-x^2+9x-3+R$는 $3x^3+ax^2+bx-5$와 일치하므로
$-1=a$, $9=b$, $-3+R=-5$
따라서 $a+b=-1+9=8$

다항식 $f(x)=2x^3+ax^2+bx+1$을 x^2+1로 나누었을 때의 나머지와 $2x+3$으로 나누었을 때의 나머지가 서로 같을 때, $a+b$의 값을 구하시오. (단, a, b는 상수이다.)

STEP A 다항식 $f(x)$를 $A=BQ+R$꼴로 나타내기

$f(x)$를 $2x+3$으로 나누었을 때의 몫을 $Q_1(x)$,
나머지는 R (R은 상수)이라 하자.
$f(x)=(2x+3)Q_1(x)+R$
$\therefore f(x)-R=(2x+3)Q_1(x)$ $\quad\cdots\cdots\ \bigcirc$
또한, $f(x)$를 x^2+1로 나누었을 때의 몫을 $Q_2(x)$라 하면
나머지는 R이므로 $f(x)=(x^2+1)Q_2(x)+R$
$\therefore f(x)-R=(x^2+1)Q_2(x)$ $\quad\cdots\cdots\ \bigcirc$
$\bigcirc$, $\bigcirc$에 의하여 $f(x)-R$은 $2x+3$, x^2+1으로 나누어떨어지므로
$f(x)-R=(2x+3)(x^2+1)$
$\qquad\quad =2x^3+3x^2+2x+3$

STEP B a, b의 값 구하기

즉 $f(x)=2x^3+3x^2+2x+3+R$은 $2x^3+ax^2+bx+1$과 일치하므로
$3=a$, $2=b$, $3+R=1$
따라서 $a+b=2+3=5$

정답 5

0098

정답 2

STEP A 다항식의 나눗셈에서 몫과 나머지의 관계를 이용하여 두 다항식 A, B를 결정하고 다항식 $xA+B$ 구하기

$A=(x+1)(x+3)-3=x^2+4x$
$B=(x+1)(x+2)+4=x^2+3x+6$
$\therefore xA+B=x(x^2+4x)+x^2+3x+6$
$\qquad\qquad =x^3+5x^2+3x+6$

STEP B $xA+B$를 x^2-3x-2로 나누었을 때의 몫과 나머지 구하기

다항식 x^3+5x^2+3x+6을 x^2-3x-2로 나누면 다음과 같다.

$$\begin{array}{r} x+8 \\ x^2-3x-2\,\overline{)\,x^3+5x^2+3x+6} \\ \underline{x^3-3x^2-2x} \\ 8x^2+5x+6 \\ \underline{8x^2-24x-16} \\ 29x+22 \end{array}$$

따라서 몫은 $Q(x)=x+8$, 나머지는 $R(x)=29x+22$이므로
$Q(1)+R(-1)=9+(-29+22)=9-7=2$

두 다항식 A, B를 $x-1$로 나누었을 때의 몫이 각각 $x+2$, $x-3$이고 나머지가 3으로 동일할 때, 다항식 $xA+B$를 x^2+4x-2로 나누었을 때의 몫과 나머지를 각각 $Q(x)$, $R(x)$라 하자. 이때 $Q(1)+R(1)$의 값을 구하시오.

STEP A 다항식의 나눗셈에서 몫과 나머지의 관계를 이용하여 두 다항식 A, B를 결정하고 다항식 $xA+B$ 구하기

$A=(x-1)(x+2)+3=x^2+x+1$
$B=(x-1)(x-3)+3=x^2-4x+6$
$\therefore xA+B=x(x^2+x+1)+x^2-4x+6$
$\qquad\quad =x^3+2x^2-3x+6$

STEP B $xA+B$를 x^2+4x-2로 나누었을 때의 몫과 나머지 구하기

다항식 x^3+2x^2-3x+6을 x^2+4x-2로 나누면 다음과 같다.

$$\begin{array}{r}
x-2 \quad\leftarrow\ \text{몫}\\
x^2+4x-2\overline{\smash{)}x^3+2x^2-3x+6}\\
\underline{x^3+4x^2-2x}\\
-2x^2-\ x+6\\
\underline{-2x^2-8x+4}\\
7x+2 \quad\leftarrow\ \text{나머지}
\end{array}$$

따라서 몫은 $Q(x)=x-2$, 나머지는 $R(x)=7x+2$이므로
$Q(1)+R(1)=(1-2)+(7+2)=-1+9=8$

정답 8

0099

2020년 06월 고1 학력평가 7번

정답 ①

해설강의

STEP A 다항식 $f(x)$를 $A=BQ+R$꼴로 나타내기

$f(x)$를 x^2+1로 나누었을 때의 몫을 $Q(x)$라 하면
나머지가 $x+1$이므로
$f(x)=(x^2+1)Q(x)+x+1$ $\qquad$ ……㉠

STEP B 식을 대입하여 나머지 $R(x)$ 구하기

㉠을 $\{f(x)\}^2$에 대입하면

$\{f(x)\}^2=\{(x^2+1)Q(x)+x+1\}^2$
$\qquad =(x^2+1)^2\{Q(x)\}^2+2(x^2+1)(x+1)Q(x)+(x+1)^2$
$\qquad =(x^2+1)\Big[(x^2+1)\{Q(x)\}^2+2(x+1)Q(x)+1\Big]+2x$

$\{f(x)\}^2$을 x^2+1로 나눈 몫은 $(x^2+1)\{Q(x)\}^2+2(x+1)Q(x)+1$, 나머지는 $2x$

(우측 주석) x^2+2x+1
$=(x^2+1)+2x$
$=(x^2+1)\times1+2x$

따라서 $\{f(x)\}^2$을 x^2+1로 나눈 나머지는 $R(x)=2x$이므로 $R(3)=6$

+α | (나머지의 차수)<(나누는 식의 차수)이어야 한다!

$(x+1)^2$은 x^2+1과 차수가 같으므로 $\{f(x)\}^2$을 x^2+1로 나누었을 때의 나머지가 될 수 없다. 즉 $(x+1)^2$을 x^2+1로 한 번 더 나누어 주어야 한다.

다항식 $f(x)$를 x^2+2로 나눈 나머지가 $x+2$이다. $\{f(x)\}^2$을 x^2+2로 나눈 나머지가 $R(x)$일 때, $R(5)$의 값은?

① 18   ② 20   ③ 22
④ 24   ⑤ 26

STEP A 다항식의 나눗셈에서 몫과 나머지의 관계를 이용하여 구하기

$f(x)$를 x^2+2로 나누었을 때의 몫을 $Q(x)$라 하면
나머지가 $x+2$이므로
$f(x)=(x^2+2)Q(x)+x+2$ $\qquad$ ……㉠

STEP B $\{f(x)\}^2$를 이차식으로 나누면 나머지 $R(x)$는 일차 이하의 식임을 이용하기

㉠을 $\{f(x)\}^2$에 대입하여 전개하면
$\{f(x)\}^2=\{(x^2+2)Q(x)+x+2\}^2$
$\qquad =(x^2+2)^2\{Q(x)\}^2+2(x^2+2)(x+2)Q(x)+(x+2)^2$
$\qquad =(x^2+2)\Big\{(x^2+2)\{Q(x)\}^2+2(x+2)Q(x)+1\Big\}+4x+2$

따라서 $\{f(x)\}^2$을 x^2+2로 나눈 나머지는 $R(x)=4x+2$이므로
$R(5)=4\times5+2=22$

+α | (나머지의 차수)<(나누는 식의 차수)이어야 한다!

$(x+2)^2$은 x^2+2와 차수가 같으므로 $\{f(x)\}^2$을 x^2+2로 나누었을 때의 나머지가 될 수 없다. 즉 $(x+2)^2$을 x^2+2로 한 번 더 나누어 주어야 한다.
$(x+2)^2=x^2+4x+4=(x^2+2)\times1+4x+2$

정답 ③

0100

정답 ④

STEP A 다항식의 나눗셈에서 몫과 나머지의 관계를 이용하여 $f(x)$의 식 구하기

다항식 $f(x)$를 $x-\dfrac{2}{3}$로 나누었을 때의 몫이 $Q(x)$, 나머지가 R이므로
$f(x)=\Big(x-\dfrac{2}{3}\Big)Q(x)+R$
$\qquad =\dfrac{1}{3}(3x-2)Q(x)+R$
$\qquad =(3x-2)\Big\{\dfrac{1}{3}Q(x)\Big\}+R$

따라서 $f(x)$를 $3x-2$로 나누었을 때의 몫은 $\dfrac{1}{3}Q(x)$, 나머지는 R

0101

정답 ④

STEP A 다항식의 나눗셈에서 몫과 나머지의 관계를 이용하여 $f(x)$의 식 구하기

다항식 $f(x)$를 $x+\dfrac{1}{2}$로 나누었을 때의 몫이 $2x^2+6x+4$, 나머지가 5이므로
$f(x)=\Big(x+\dfrac{1}{2}\Big)(2x^2+6x+4)+5$
$\qquad =\dfrac{1}{2}(2x+1)(2x^2+6x+4)+5$
$\qquad =(2x+1)(x^2+3x+2)+5$

STEP B $Q(2)$의 값 구하기

다항식 $f(x)$를 $2x+1$로 나누었을 때의 몫은 $Q(x)=x^2+3x+2$
따라서 $Q(2)=4+6+2=12$

0102

정답 ⑤

STEP A 다항식의 나눗셈에서 몫과 나머지의 관계를 이용하여 $f(x)$의 식 구하기

다항식 $f(x)$를 $x+\dfrac{1}{2}$로 나누었을 때의 몫이 $Q_1(x)$, 나머지가 R_1이므로

$$f(x)=\left(x+\dfrac{1}{2}\right)Q_1(x)+R_1$$
$$=\dfrac{1}{6}(6x+3)Q_1(x)+R_1$$
$$=(6x+3)\times\left\{\dfrac{1}{6}Q_1(x)\right\}+R_1$$

즉 다항식 $f(x)$는 $6x+3$으로 나누었을 때의 몫은 $Q_2(x)=\dfrac{1}{6}Q_1(x)$, 나머지는 $R_2=R_1$

STEP B $\dfrac{Q_1(x)}{Q_2(x)}+\dfrac{R_1}{R_2}$의 값 구하기

따라서 $\dfrac{Q_1(x)}{Q_2(x)}+\dfrac{R_1}{R_2}=\dfrac{Q_1(x)}{\dfrac{1}{6}Q_1(x)}+\dfrac{R_1}{R_1}=6+1=7$

내신연계 출제문항 048

다항식 $2x^3+x^2-7x-2$를 $4x-2$로 나누었을 때의 몫이 $Q_1(x)$, 나머지가 R_1이다. $x-\dfrac{1}{2}$로 나누었을 때의 몫이 $Q_2(x)$, 나머지가 R_2라 할 때, $\dfrac{Q_2(x)}{Q_1(x)}+\dfrac{R_2}{R_1}$의 값은? (단, $Q_1(x)\neq0$, $R_1\neq0$)

① -5 ② -3 ③ -1
④ 3 ⑤ 5

STEP A 다항식의 나눗셈에서 몫과 나머지의 관계를 이용하여 구하기

다항식 $2x^3+x^2-7x-2$를 $4x-2$로 나누었을 때의 몫이 $Q_1(x)$, 나머지가 R_1이므로

$$2x^3+x^2-7x-2=(4x-2)Q_1(x)+R_1$$
$$=4\left(x-\dfrac{1}{2}\right)Q_1(x)+R_1$$
$$=\left(x-\dfrac{1}{2}\right)\times\{4Q_1(x)\}+R_1$$

즉 다항식 $2x^3+x^2-7x-2$는 $x-\dfrac{1}{2}$로 나누었을 때의 몫은 $Q_2(x)=4Q_1(x)$, 나머지는 $R_2=R_1$

STEP B $\dfrac{Q_2(x)}{Q_1(x)}+\dfrac{R_2}{R_1}$의 값 구하기

따라서 $\dfrac{Q_2(x)}{Q_1(x)}+\dfrac{R_2}{R_1}=\dfrac{4Q_1(x)}{Q_1(x)}+\dfrac{R_1}{R_1}=4+1=5$

정답 ⑤

0103

정답 ⑤

STEP A 다항식의 나눗셈에서 몫과 나머지의 관계를 이용하여 $P(x)$의 식 구하기

다항식 $P(x)$를 $x-2$로 나누었을 때의 몫이 $Q(x)$, 나머지가 r이므로

$$P(x)=(x-2)Q(x)+r \qquad \cdots\cdots ㉠$$

STEP B $xP(x)$를 $x-2$로 나누었을 때의 몫과 나머지 구하기

㉠의 양변에 x를 곱하면

$$xP(x)=x(x-2)Q(x)+rx$$
$$=x(x-2)Q(x)+r(x-2)+2r \quad \leftarrow rx=r(x-2)+2r$$
$$=(x-2)\{xQ(x)+r\}+2r$$

따라서 구하는 몫은 $xQ(x)+r$, 나머지는 $2r$

P O I N T | 다항식의 나눗셈

다항식 $P(x)$를 일차식 $x-a$로 나누었을 때의 몫을 $Q(x)$, 나머지를 R이라 할 때, $xP(x)$를 $x-a$로 나누었을 때 몫은 $xQ(x)+R$과 나머지는 aR이다.

해설 $P(x)=(x-a)Q(x)+R$
$xP(x)=x(x-a)Q(x)+xR=(x-a)\{xQ(x)+R\}+aR$
따라서 구하는 몫은 $xQ(x)+R$, 나머지는 aR

0104

정답 ③

STEP A 다항식의 나눗셈에서 몫과 나머지의 관계를 이용하여 $P(x)$의 식 구하기

다항식 $P(x)$를 $x+\dfrac{3}{2}$로 나누었을 때의 몫이 $Q(x)$, 나머지가 2이므로

$$P(x)=\left(x+\dfrac{3}{2}\right)Q(x)+2 \qquad \cdots\cdots ㉠$$

STEP B $xP(x)$를 $2x+3$으로 나누었을 때의 몫과 나머지 구하기

㉠의 양변에 x를 곱하면

$$xP(x)=x\left(x+\dfrac{3}{2}\right)Q(x)+2x$$
$$=\dfrac{1}{2}x(2x+3)Q(x)+1\times(2x+3)-3 \quad \leftarrow 2x=1\times(2x+3)-3$$
$$=(2x+3)\left\{\dfrac{1}{2}xQ(x)+1\right\}-3$$

따라서 구하는 몫은 $\dfrac{1}{2}xQ(x)+1$, 나머지는 -3

내신연계 출제문항 049

다항식 $f(x)$를 $x-\dfrac{1}{6}$로 나누었을 때의 몫을 $Q(x)$, 나머지를 R이라 할 때, 다항식 $xf(x)$를 $2x-\dfrac{1}{3}$로 나누었을 때의 몫과 나머지를 $Q(x)$와 R을 사용하여 나타내면?

① $\dfrac{1}{3}xQ(x)$, $\dfrac{1}{3}R$ ② $\dfrac{1}{3}xQ(x)$, $\dfrac{1}{6}R$

③ $\dfrac{1}{3}xQ(x)+\dfrac{1}{3}R$, $\dfrac{1}{3}R$ ④ $\dfrac{1}{2}xQ(x)+\dfrac{1}{2}R$, $\dfrac{1}{6}R$

⑤ $\dfrac{1}{3}xQ(x)+\dfrac{1}{3}R$, $\dfrac{1}{6}R$

STEP A 다항식의 나눗셈에서 몫과 나머지의 관계를 이용하여 $f(x)$의 식 구하기

다항식 $f(x)$를 $x-\dfrac{1}{6}$로 나누었을 때의 몫이 $Q(x)$, 나머지가 R이므로

$$f(x)=\left(x-\dfrac{1}{6}\right)Q(x)+R \qquad \cdots\cdots ㉠$$

STEP B 다항식 $xf(x)$를 $2x-\dfrac{1}{3}$로 나누었을 때의 몫과 나머지 구하기

㉠의 양변에 x를 곱하면

$$xf(x)=x\left(x-\dfrac{1}{6}\right)Q(x)+xR$$
$$=\dfrac{1}{2}x\left(2x-\dfrac{1}{3}\right)Q(x)+\dfrac{1}{2}R\left(2x-\dfrac{1}{3}\right)+\dfrac{1}{6}R \quad \leftarrow xR=\dfrac{1}{2}R\left(2x-\dfrac{1}{3}\right)+\dfrac{1}{6}R$$
$$=\left(2x-\dfrac{1}{3}\right)\times\left\{\dfrac{1}{2}xQ(x)+\dfrac{1}{2}R\right\}+\dfrac{1}{6}R$$

따라서 구하는 몫은 $\dfrac{1}{2}xQ(x)+\dfrac{1}{2}R$, 나머지는 $\dfrac{1}{6}R$

정답 ④

0105

정답 해설참조

1단계 두 다항식을 연립하여 다항식 A를 구한다. **4점**

$2A-B=3x^2-x$ ······ ㉠
$A-2B=3x^2-5x-6$ ······ ㉡
㉠$\times 2-$㉡을 하면
$2(2A-B)-(A-2B)=2(3x^2-x)-(3x^2-5x-6)$
$4A-2B-A+2B=6x^2-2x-3x^2+5x+6$
$3A=3x^2+3x+6$
$\therefore A=x^2+x+2$

2단계 두 다항식을 연립하여 다항식 B를 구한다. **4점**

$A=x^2+x+2$를 ㉠에 대입하면
$2(x^2+x+2)-B=3x^2-x$
$\therefore B=2x^2+2x+4-(3x^2-x)$
$\qquad =-x^2+3x+4$

3단계 다항식의 연산을 이용하여 $2A+B$를 구한다. **2점**

$2A+B=2(x^2+x+2)+(-x^2+3x+4)$
$\qquad =2x^2+2x+4-x^2+3x+4$
$\qquad =x^2+5x+8$
따라서 $a=1$, $b=5$, $c=8$이므로 $a+b+c=1+5+8=14$

0106

정답 해설참조

1단계 x^4의 계수를 구한다. **4점**

$(x^3-ax^2+b)(3x^2+2bx-5)$의 전개식에서 x^4의 항이 나오는 경우는 다음과 같다.
(i) (삼차항)$\times$(일차항)이면 $x^3\times 2bx=2bx^4$
(ii) (이차항)$\times$(이차항)이면 $-ax^2\times 3x^2=-3ax^4$
(i), (ii)에서 x^4의 계수는 $-3a+2b$

2단계 x^2의 계수를 구한다. **4점**

$(x^3-ax^2+b)(3x^2+2bx-5)$의 전개식에서 x^2의 항이 나오는 경우는 다음과 같다.
(iii) (이차항)$\times$(상수항)이면 $-ax^2\times(-5)=5ax^2$
(iv) (상수항)$\times$(이차항)이면 $b\times 3x^2=3bx^2$
(iii), (iv)에서 x^2의 계수는 $5a+3b$

3단계 $a+b$의 값을 구한다. **2점**

x^4의 계수와 x^2의 계수가 모두 -19이므로
$\begin{cases} -3a+2b=-19 & \cdots\cdots ㉠ \\ 5a+3b=-19 & \cdots\cdots ㉡ \end{cases}$
㉠$\times 3-$㉡$\times 2$를 하면
$-19a=-19$ $\therefore a=1$
$a=1$을 ㉠에 대입하면
$-3+2b=-19$, $2b=-16$ $\therefore b=-8$
따라서 $a+b=1+(-8)=-7$

0107

정답 해설참조

1단계 좌변의 $(a+b+c)(a+b-c)$에서 공통부분이 생기도록 묶어 곱셈 공식을 이용하여 전개한다. **4점**

$(a+b+c)(a+b-c)$
$=\{(a+b)+c\}\{(a+b)-c\}$
$=(a+b)^2-c^2$
$=a^2+2ab+b^2-c^2$ ······ ㉠

2단계 우변의 $(a-b+c)(-a+b+c)$에서 공통부분이 생기도록 묶어 곱셈 공식을 이용하여 전개한다. **4점**

$(a-b+c)(-a+b+c)$
$=\{c+(a-b)\}\{c-(a-b)\}$
$=c^2-(a-b)^2$
$=c^2-a^2+2ab-b^2$ ······ ㉡

3단계 a, b, c의 관계식으로부터 삼각형 ABC의 모양을 판단한다. **2점**

㉠, ㉡에 의하여
$a^2+2ab+b^2-c^2=c^2-a^2+2ab-b^2$
$\therefore a^2+b^2=c^2$
따라서 삼각형 ABC는 그림과 같이
$\angle \text{C}=90^\circ$인 직각삼각형이다.

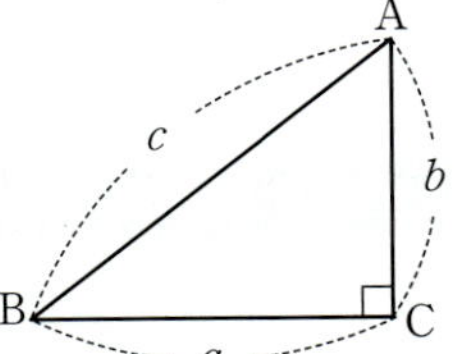

0108

정답 해설참조

1단계 다항식의 나눗셈에서 몫과 나머지의 관계를 이용하여 구한다. **4점**

다항식 x^3+2x-2를 다항식 $f(x)$로 나누었을 때의 몫이 $x-1$이고 나머지가 $4x-3$이므로
$x^3+2x-2=f(x)\times(x-1)+4x-3$

2단계 다항식 $f(x)$를 구한다. **4점**

이때 $f(x)\times(x-1)=x^3+2x-2-(4x-3)=x^3-2x+1$이므로
x^3-2x+1는 $x-1$로 나누어떨어지고 이때의 몫이 $f(x)$

$$
\begin{array}{r}
x^2+x-1 \leftarrow \text{몫} \\
x-1\,\overline{\smash{)}\,x^3-2x+1} \\
\underline{x^3-x^2} \\
x^2-2x+1 \\
\underline{x^2-x} \\
-x+1 \\
\underline{-x+1} \\
0 \quad \leftarrow \text{나머지}
\end{array}
$$

$\therefore f(x)=x^2+x-1$

3단계 $f(3)$의 값을 구한다. **2점**

따라서 $f(3)=3^2+3-1=11$

내/신/연/계/ 출제문항 050

다항식 x^3-x^2+3x+2를 다항식 $A(x)$로 나누었을 때의 몫이 $x-1$이고 나머지가 $2x+3$일 때, $A(-2)$의 값을 구하는 과정을 다음 단계로 서술하시오.

[1단계] 다항식의 나눗셈에서 몫과 나머지의 관계를 이용하여 구한다. [4점]

[2단계] 다항식 $A(x)$를 구한다. [4점]

[3단계] $A(-2)$의 값을 구한다. [2점]

| 1단계 | 다항식의 나눗셈에서 몫과 나머지의 관계를 이용하여 구한다. | 4점 |

다항식 x^3-x^2+3x+2를 다항식 $A(x)$로 나누었을 때의 몫이 $x-1$이고 나머지가 $2x+3$이므로

$$x^3-x^2+3x+2=A(x)\times(x-1)+2x+3$$

| 2단계 | 다항식 $A(x)$를 구한다. | 4점 |

이때 $A(x)\times(x-1)=x^3-x^2+3x+2-(2x+3)=x^3-x^2+x-1$이므로 x^3-x^2+x-1은 $x-1$로 나누어떨어지고 이때의 몫이 $A(x)$이다.

$$
\begin{array}{r}
x^2+1 \quad\leftarrow \text{몫}\\
x-1\,\overline{)\,x^3-x^2+x-1}\\
\underline{x^3-x^2}\\
x-1\\
\underline{x-1}\\
0 \quad\leftarrow \text{나머지}
\end{array}
$$

$$\therefore A(x)=x^2+1$$

| 3단계 | $A(-2)$의 값을 구한다. | 2점 |

따라서 $A(-2)=(-2)^2+1=5$ 정답 해설참조

0109

정답 해설참조

| 1단계 | $x^4-7x^2+1=0$에서 $x^2+\dfrac{1}{x^2}$의 값을 구한다. | 2점 |

$x\neq 0$이므로 $x^4-7x^2+1=0$의 양변을 x^2으로 나누면
$x^4-7x^2+1=0$에 $x=0$을 대입하면 $1\neq 0$이므로 $x\neq 0$

$$x^2-7+\frac{1}{x^2}=0 \quad\therefore x^2+\frac{1}{x^2}=7$$

| 2단계 | 곱셈 공식의 변형을 이용하여 $x+\dfrac{1}{x}$의 값을 구한다. | 3점 |

$$x^2+\frac{1}{x^2}=\left(x+\frac{1}{x}\right)^2-2=7,\ \left(x+\frac{1}{x}\right)^2=9$$

이때 $x>0$이므로 $x+\dfrac{1}{x}=3$

| 3단계 | 곱셈 공식의 변형을 이용하여 $x^3+\dfrac{1}{x^3}$의 값을 구한다. | 3점 |

$$x^3+\frac{1}{x^3}=\left(x+\frac{1}{x}\right)^3-3\left(x+\frac{1}{x}\right)$$
$$=3^3-3\times3=18$$

| 4단계 | $x^3+2x^2+3x+4+\dfrac{3}{x}+\dfrac{2}{x^2}+\dfrac{1}{x^3}$의 값을 구한다. | 2점 |

따라서 $x^3+2x^2+3x+4+\dfrac{3}{x}+\dfrac{2}{x^2}+\dfrac{1}{x^3}$
$$=\left(x^3+\frac{1}{x^3}\right)+2\left(x^2+\frac{1}{x^2}\right)+3\left(x+\frac{1}{x}\right)+4$$
$$=18+2\times7+3\times3+4$$
$$=18+14+9+4$$
$$=45$$

내/신/연/계/ 출제문항 051

$x^2-3x+1=0$일 때, $x^3+3x^2+5x+7+\dfrac{5}{x}+\dfrac{3}{x^2}+\dfrac{1}{x^3}$의 값을 다음 단계로 서술하시오.

[1단계] $x^2-3x+1=0$에서 $x+\dfrac{1}{x}$의 값을 구한다. [2점]

[2단계] 곱셈 공식의 변형을 이용하여 $x^2+\dfrac{1}{x^2}$의 값을 구한다. [3점]

[3단계] 곱셈 공식의 변형을 이용하여 $x^3+\dfrac{1}{x^3}$의 값을 구한다. [3점]

[4단계] $x^3+3x^2+5x+7+\dfrac{5}{x}+\dfrac{3}{x^2}+\dfrac{1}{x^3}$의 값을 구한다. [2점]

| 1단계 | $x^2-3x+1=0$에서 $x+\dfrac{1}{x}$의 값을 구한다. | 2점 |

$x\neq 0$이므로 $x^2-3x+1=0$의 양변을 x로 나누면
$x^2-3x+1=0$에 $x=0$을 대입하면 $1\neq 0$이므로 $x\neq 0$

$$x-3+\frac{1}{x}=0 \quad\therefore x+\frac{1}{x}=3$$

| 2단계 | 곱셈 공식의 변형을 이용하여 $x^2+\dfrac{1}{x^2}$의 값을 구한다. | 3점 |

$$x^2+\frac{1}{x^2}=\left(x+\frac{1}{x}\right)^2-2$$
$$=3^2-2=7$$

| 3단계 | 곱셈 공식의 변형을 이용하여 $x^3+\dfrac{1}{x^3}$의 값을 구한다. | 3점 |

$$x^3+\frac{1}{x^3}=\left(x+\frac{1}{x}\right)^3-3\left(x+\frac{1}{x}\right)$$
$$=3^3-3\times3=18$$

| 4단계 | $x^3+3x^2+5x+7+\dfrac{5}{x}+\dfrac{3}{x^2}+\dfrac{1}{x^3}$의 값을 구한다. | 2점 |

따라서 $x^3+3x^2+5x+7+\dfrac{5}{x}+\dfrac{3}{x^2}+\dfrac{1}{x^3}$
$$=\left(x^3+\frac{1}{x^3}\right)+3\left(x^2+\frac{1}{x^2}\right)+5\left(x+\frac{1}{x}\right)+7$$
$$=18+3\times7+5\times3+7$$
$$=18+21+15+7$$
$$=61$$

정답 해설참조

0110

| 1단계 | $ab+bc+ca$의 값을 구한다. | 4점 |

$a^2+b^2+c^2=(a+b+c)^2-2(ab+bc+ca)$이므로
$10=4^2-2(ab+bc+ca)$, $2(ab+bc+ca)=6$
$\therefore ab+bc+ca=3$

| 2단계 | abc의 값을 구한다. | 6점 |

$a^3+b^3+c^3=(a+b+c)(a^2+b^2+c^2-ab-bc-ca)+3abc$이므로
$34=4\times(10-3)+3abc$, $3abc=6$
따라서 $abc=2$

0111

| 1단계 | 위의 풀이가 틀린 이유를 구한다. | 5점 |

다항식 $2x^3+x^2-3x+7$을 x^2-x+2로 나누었을 때의 나머지는 $-4x+1$
하지만 $2x^3+x^2-3x+7$을 $2x+3$으로 나누었을 때의 나머지는 상수이어야 한다.
즉 다항식 $-4x+1$도 $2x+3$으로 나누어야 한다.

| 2단계 | 몫과 나머지를 바르게 구한다. | 5점 |

$$\begin{aligned}
2x^3+x^2-3x+7 &=(x^2-x+2)(2x+3)-4x+1 \\
&=(2x+3)(x^2-x+2)-4x+1 \quad \leftarrow -4x+1=-2\times(2x+3)+7 \\
&=(2x+3)(x^2-x+2)-2(2x+3)+7 \\
&=(2x+3)(x^2-x)+7
\end{aligned}$$

따라서 다항식 $2x^3+x^2-3x+7$을 $2x+3$으로 나누었을 때의 몫은 x^2-x이고
나머지는 7

0112

| 1단계 | 직사각형의 가로, 세로의 길이를 x, y라 하여 조건을 만족하는 x^2+y^2, xy의 값을 구한다. | 4점 |

$\overline{OC}=x$, $\overline{OE}=y$로 놓으면
직사각형의 넓이가 24이므로
$xy=24 \quad \cdots\cdots \ \text{㉠}$
$\overline{CE}=\overline{OD}=\overline{OB}=11$이 사분원의
반지름이므로
피타고라스 정리에 의하여
$\overline{OD}=\overline{CE}=\sqrt{x^2+y^2}=11$
$\overline{OD}$와 $\overline{CE}$는 직사각형의 대각선의 길이이므로 서로 같고
$\overline{OD}$와 $\overline{CE}$는 원의 반지름이므로 같다.
$\therefore x^2+y^2=121 \quad \cdots\cdots \ \text{㉡}$

| 2단계 | $\overline{OC}+\overline{OE}$의 값을 구한다. | 3점 |

$(x+y)^2=x^2+y^2+2xy$이므로 ㉠, ㉡을 대입하면
$(x+y)^2=121+2\times24=169$
$\therefore x+y=13 \ (\because x+y>0)$
즉 $\overline{OC}+\overline{OE}=x+y=13$

| 3단계 | $\overline{AC}+\overline{CE}+\overline{EB}$의 값을 구한다. | 3점 |

따라서
$$\begin{aligned}
\overline{AC}+\overline{CE}+\overline{EB} &=(11-x)+11+(11-y) \\
&=33-(x+y) \\
&=33-13 \\
&=20
\end{aligned}$$

0113

| 1단계 | 직육면체의 겉넓이가 28임을 이용하여 a, b, c의 관계식을 구한다. | 2점 |

직육면체의 겉넓이가 28이므로 $2(ab+bc+ca)=28$
$\therefore ab+bc+ca=14 \quad \cdots\cdots \ \text{㉠}$

| 2단계 | 직육면체의 대각선의 길이가 $\sqrt{21}$임을 이용하여 a, b, c의 관계식을 구한다. | 2점 |

대각선 AG의 길이가 $\sqrt{21}$이므로 $\sqrt{a^2+b^2+c^2}=\sqrt{21}$
$\therefore a^2+b^2+c^2=21 \quad \cdots\cdots \ \text{㉡}$

| 3단계 | 곱셈 공식의 변형을 이용하여 $a+b+c$의 값을 구한다. | 3점 |

$(a+b+c)^2=a^2+b^2+c^2+2(ab+bc+ca)$이므로 ㉠, ㉡을 대입하면
$(a+b+c)^2=21+2\times14=49$
$\therefore a+b+c=7 \ (\because a+b+c>0)$

| 4단계 | $ab(a+b)+bc(b+c)+ca(a+c)+3abc$의 값을 구한다. | 3점 |

$a+b+c=7$에서
$a+b=7-c$, $b+c=7-a$, $a+c=7-b$
따라서
$$\begin{aligned}
&ab(a+b)+bc(b+c)+ca(a+c)+3abc \\
&=ab(7-c)+bc(7-a)+ca(7-b)+3abc \\
&=7(ab+bc+ca) \\
&=7\times14 \\
&=98
\end{aligned}$$

0114

| 1단계 | $m+n$, mn의 값을 구한다. | 4점 |

$$\begin{aligned}
m+n &=(ax+by)+(bx+ay) \\
&=a(x+y)+b(y+x) \\
&=(x+y)(a+b) \\
&=1\times1=1
\end{aligned}$$
$$\begin{aligned}
mn &=(ax+by)(bx+ay) \\
&=abx^2+a^2xy+b^2xy+aby^2 \\
&=ab(x^2+y^2)+(a^2+b^2)xy \\
&=ab\{(x+y)^2-2xy\}+\{(a+b)^2-2ab\}xy \\
&=1\times\{1^2-2\times(-1)\}+(1^2-2\times1)\times(-1) \\
&=3+1=4
\end{aligned}$$

| 2단계 | m^2+n^2, m^3+n^3의 값을 구한다. | 3점 |

$$\begin{aligned}
m^2+n^2 &=(m+n)^2-2mn \\
&=1^2-2\times4 \\
&=1-8=-7
\end{aligned}$$
$$\begin{aligned}
m^3+n^3 &=(m+n)^3-3mn(m+n) \\
&=1^3-3\times4\times1 \\
&=1-12=-11
\end{aligned}$$

| 3단계 | m^5+n^5의 값을 구한다. | 3점 |

따라서
$$\begin{aligned}
m^5+n^5 &=(m^2+n^2)(m^3+n^3)-(mn)^2(m+n) \\
&=-7\times(-11)-4^2\times1 \\
&=77-16 \\
&=61
\end{aligned}$$

0115

정답 29

STEP A 조건 (가)를 만족하는 상수 a의 값 구하기

$f(x)=(ax-2)^3$이라 하면

$f(x)$의 상수항과 계수들의 총합은 $f(1)$의 값과 같다.

조건 (가)에서 $f(1)=(a-2)^3=27=3^3$, 즉 $a-2=3$이므로 $a=5$

STEP B 곱셈 공식을 이용하여 상수 b, c의 값 구하기

조건 (나)에서

$$(x-1)(x+1)(x^2+1)(x^4+1)=(x^2-1)(x^2+1)(x^4+1)$$
$$=(x^4-1)(x^4+1)$$
$$=x^8-1$$

이때 $x^8=10$이므로 $b=x^8-1=10-1=9$

조건 (다)에서

$$(x-1)(x^9+x^8+x^7+\cdots+x+1)$$
$$=x(x^9+x^8+x^7+\cdots+x+1)-(x^9+x^8+x^7+\cdots+x+1)$$
$$=x^{10}-1$$
$$=(x^5)^2-1$$

이때 $x^5=4$이므로 $c=(x^5)^2-1=4^2-1=15$

STEP C $a+b+c$의 값 구하기

따라서 $a+b+c=5+9+15=29$

0116

정답 -4

STEP A 곱셈 공식의 변형을 이용하여 $y^2z+yz^2+z^2x+zx^2+x^2y+xy^2$ 정리하기

$$y^2z+yz^2+z^2x+zx^2+x^2y+xy^2$$
$$=x^2(y+z)+x(y^2+z^2)+yz(y+z)$$
$$=(y+z)x^2+(y+z)^2x-2xyz+yz(y+z)$$
$$=(y+z)\{x^2+(y+z)x+yz\}-2xyz$$
$$=(y+z)(x+y)(x+z)-2xyz$$

STEP B $x+y+z=1$을 이용하여 $(y+z)(x+y)(x+z)-2xyz$의 값 구하기

$x+y+z=1$에서 $y+z=1-x$, $x+y=1-z$, $x+z=1-y$

따라서 $(y+z)(x+y)(x+z)-2xyz$

$$=(1-x)(1-z)(1-y)-2xyz$$
$$=1^3-(x+y+z)\times1^2+(xy+yz+zx)\times1-3xyz$$
$$=1-1+5-3\times3$$
$$=-4$$

0117

정답 78

STEP A 곱셈 공식의 변형을 이용하여 ab, $a-b$의 값 구하기

$$(a+b+c)(a+b-c)+(a-b+c)(-a+b+c)$$
$$=\{(a+b)+c\}\{(a+b)-c\}+\{c+(a-b)\}\{c-(a-b)\}$$
$$=\{(a+b)^2-c^2\}+\{c^2-(a-b)^2\}$$
$$=(a+b)^2-(a-b)^2$$
$$=4ab$$

즉 $4ab=8$이므로 $ab=2$

$(a-b)^2=(a+b)^2-4ab=3^2-4\times2=1$

이때 $a>b$이므로 $a-b=1$

STEP B 곱셈 공식의 변형을 이용하여 a^4-b^4, a^6-b^6의 값 구하기

$a^2-b^2=(a+b)(a-b)=3\times1=3$

$a^2+b^2=(a+b)^2-2ab=3^2-2\times2=5$

$\therefore a^4-b^4=(a^2+b^2)(a^2-b^2)=3\times5=15$

$a^3-b^3=(a-b)^3+3ab(a-b)=1^3+3\times2\times1=7$

$a^3+b^3=(a+b)^3-3ab(a+b)=3^3-3\times2\times3=9$

$\therefore a^6-b^6=(a^3+b^3)(a^3-b^3)=7\times9=63$

따라서 $a^4+a^6-(b^4+b^6)=(a^4-b^4)+(a^6-b^6)=15+63=78$

0118

정답 136

STEP A 두 조건을 이용하여 $P_{10}(x)$를 정리하기

$$P_{10}(x)=P_9(x+9)$$
$$=P_8(x+9+8)$$
$$=P_7(x+9+8+7)$$
$$\vdots$$
$$=P_1(x+9+8+\cdots+1)$$
$$=P_1(x+45)$$
$$=(x+45)^3+(x+45)^2+(x+45)+1$$

STEP B $P_{10}(x)$의 x^2의 계수 구하기

$(x+45)^3$에서 x^2의 계수는 $3\times1^2\times45=135$이고

$(x+45)^2$에서 x^2의 계수는 1

따라서 $P_{10}(x)$의 x^2의 계수는 $135+1=136$

STEP Ⓐ **삼각형 APS와 삼각형 ABC가 닮음임을 이용하여 $\overline{\mathrm{AP}}$, $\overline{\mathrm{AS}}$의 길이를 x, y로 나타내기**

삼각형 ABC가 $\angle \mathrm{A}=90°$인 직각삼각형이므로 피타고라스의 정리에 의하여

$\overline{\mathrm{AB}}^2+\overline{\mathrm{AC}}^2=\overline{\mathrm{BC}}^2$에서 $x^2+y^2=10$ ······ ㉠

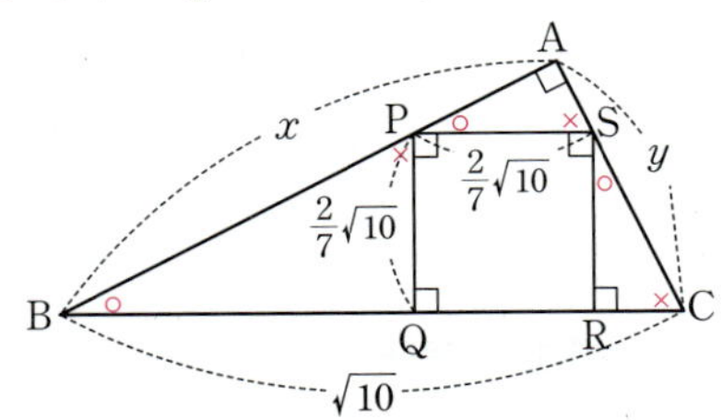

또한, 삼각형 ABC와 삼각형 APS가 서로 닮음이고   ← △ABC ∞ △APS(AA닮음)

닮음비는 $\overline{\mathrm{BC}}:\overline{\mathrm{PS}}=\sqrt{10}:\dfrac{2\sqrt{10}}{7}=7:2$

즉 $\overline{\mathrm{AP}}=\dfrac{2}{7}\times\overline{\mathrm{AB}}$이므로 $\overline{\mathrm{AP}}=\dfrac{2}{7}x$이고

$\overline{\mathrm{AS}}=\dfrac{2}{7}\times\overline{\mathrm{AC}}$이므로 $\overline{\mathrm{AS}}=\dfrac{2}{7}y$

STEP Ⓑ **삼각형 APS와 삼각형 RSC가 닮음임을 이용하여 xy의 값 구하기**

$\overline{\mathrm{AS}}=\dfrac{2}{7}y$이므로 $\overline{\mathrm{SC}}=\overline{\mathrm{AC}}-\overline{\mathrm{AS}}=\dfrac{5}{7}y$

이때 삼각형 APS와 삼각형 RSC가 서로 닮음이므로   ← △APS ∞ △RSC(AA닮음)

$\overline{\mathrm{PS}}:\overline{\mathrm{AP}}=\overline{\mathrm{SC}}:\overline{\mathrm{RS}}$

즉 $\dfrac{2\sqrt{10}}{7}:\dfrac{2}{7}x=\dfrac{5}{7}y:\dfrac{2\sqrt{10}}{7}$이므로 비례식의 성질에 의하여

$\dfrac{10xy}{49}=\dfrac{40}{49}$, $10xy=40$

$\therefore\ xy=4$ ······ ㉡

STEP Ⓒ **곱셈 공식의 변형을 이용하여 x^3-y^3의 값 구하기**

㉠, ㉡에 의하여

$(x-y)^2=x^2+y^2-2xy=10-8=2$

$\therefore\ x-y=\sqrt{2}$ 또는 $x-y=-\sqrt{2}$

이때 $x>y$이므로 $x-y=\sqrt{2}$

따라서 곱셈 공식에 의하여

$x^3-y^3=(x-y)^3+3xy(x-y)=(\sqrt{2})^3+3\times4\times\sqrt{2}=14\sqrt{2}$

내신연계 출제문항 052

그림과 같이 $\angle \mathrm{C}=90°$, $\overline{\mathrm{AB}}=4$, $\overline{\mathrm{BC}}=x$, $\overline{\mathrm{AC}}=y$인 삼각형 ABC가 있다. 선분 AB 위에 점 P, 선분 BC 위에 점 Q, 선분 AC 위에 점 R에 대하여 $\overline{\mathrm{PQ}}=\dfrac{1}{2}\overline{\mathrm{BC}}$, $\overline{\mathrm{PR}}=\dfrac{1}{2}\overline{\mathrm{AC}}$가 되도록 직사각형 PQCR을 만든다.

이때 x^3+y^3의 값은?

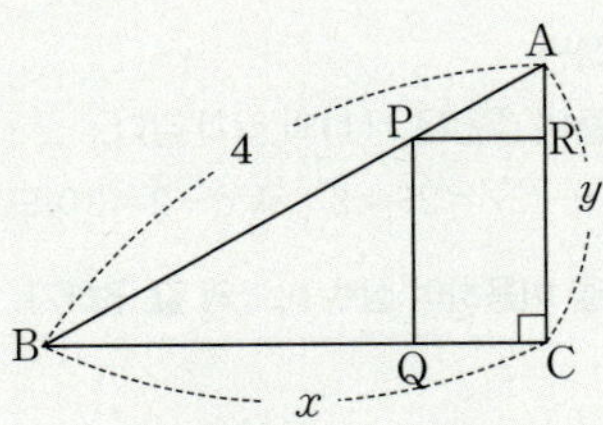

① $24\sqrt{2}$ ② $26\sqrt{2}$ ③ $28\sqrt{2}$
④ $30\sqrt{2}$ ⑤ $32\sqrt{2}$

STEP Ⓐ **피타고라스의 정리와 닮음을 이용하여 x, y의 관계식 구하기**

삼각형 ABC에서 피타고라스의 정리에 의하여

$x^2+y^2=16$ ······ ㉠

이때 $\overline{\mathrm{PQ}}=\dfrac{1}{2}\overline{\mathrm{BC}}=\dfrac{1}{2}x$, $\overline{\mathrm{PR}}=\dfrac{1}{2}\overline{\mathrm{AC}}=\dfrac{1}{2}y$

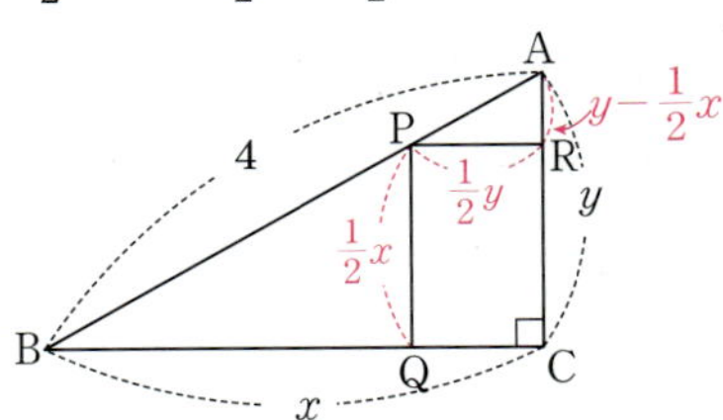

삼각형 APR과 삼각형 ABC는 닮음이므로

$\overline{\mathrm{BC}}:\overline{\mathrm{AC}}=\overline{\mathrm{PR}}:\overline{\mathrm{AR}}$

$x:y=\dfrac{1}{2}y:\left(y-\dfrac{1}{2}x\right)$이고 비례식의 성질을 이용하여 정리하면

$\dfrac{1}{2}y^2=xy-\dfrac{1}{2}x^2$이므로 $\dfrac{1}{2}x^2+\dfrac{1}{2}y^2=xy$

$x^2+y^2=2xy$이고 ㉠의 식을 대입하면

$2xy=16$이므로 $xy=8$ ······ ㉡

STEP Ⓑ **곱셈 공식의 변형을 이용하여 x^3+y^3의 값 구하기**

㉠, ㉡에 의하여 $(x+y)^2=(x^2+y^2)+2xy=16+16=32$이므로

$x+y=4\sqrt{2}$

$x^3+y^3=(x+y)^3-3xy(x+y)$

$\qquad\quad=(4\sqrt{2})^3-3\times8\times4\sqrt{2}$

$\qquad\quad=128\sqrt{2}-96\sqrt{2}$

$\qquad\quad=32\sqrt{2}$

따라서 $x^3+y^3=32\sqrt{2}$ 정답 ⑤

0120

2024년 06월 고1 학력평가 19번 정답 ④

STEP A 닮음과 피타고라스의 정리를 이용하여 a에 관한 방정식 구하기

반원의 중심을 O라 하고 선분 AD와 선분 OC가 만나는 점을 M이라 하자.

두 삼각형 AOC와 DOC에서 $\overline{AC}=\overline{CD}=a-1$이고 $\overline{OA}=\overline{OC}=\overline{OD}=a$이므로 합동이다.

삼각형의 세 변의 길이가 같으므로 SSS합동이다.

또한, 삼각형 AOD는 이등변삼각형이고 원의 중심에서 현에 내린 수선의 발은 현을 수직이등분하므로 $\overline{AM}=\overline{DM}$, $\angle AMC=90°$

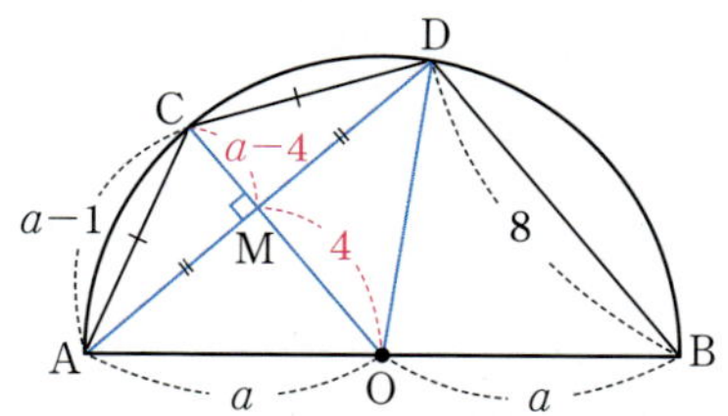

이때 두 삼각형 AMO와 ADB는 닮음이고 닮음비가 $1:2$이므로 $\overline{OM}=4$

$\angle AMO=\angle ADB$, $\angle MAO=\angle DAB$이므로 AA 닮음이다.

직각삼각형 AMC에서 $\overline{AM}^2=\overline{AC}^2-\overline{CM}^2$

직각삼각형 AMO에서 $\overline{AM}^2=\overline{AO}^2-\overline{OM}^2$

$\overline{AC}^2-\overline{CM}^2=\overline{AO}^2-\overline{OM}^2$ ← $\overline{CM}=\overline{OC}-\overline{OM}=a-4$

$(a-1)^2-(a-4)^2=a^2-4^2$

$\therefore a^2-6a-1=0$

> **+α** 삼각형 ADB에서 피타고라스 정리를 이용하여 이차방정식을 구할 수 있어!
>
> 직각삼각형 ACM에서 피타고라스의 정리에 의하여
> $\overline{AM}^2=\overline{AC}^2-\overline{CM}^2$
> $\qquad =(a-1)^2-(a-4)^2$
> $\qquad =(a^2-2a+1)-(a^2-8a+16)$
> $\qquad =6a-15$
> 이므로 $\overline{AM}=\sqrt{6a-15}$ $\therefore \overline{AD}=2\times\overline{AM}=2\sqrt{6a-15}$
> 삼각형 ADB에서 피타고라스의 정리에 의하여
> $\overline{AB}^2=\overline{AD}^2+\overline{BD}^2$
> $4a^2=4(6a-15)+64$, $a^2=6a+1$
> $\therefore a^2-6a-1=0$

STEP B 곱셈 공식을 이용하여 $a^3-\dfrac{1}{a^3}$의 값 구하기

$a^2-6a-1=0$에서 $a>4$이므로 양변을 a로 나누어 정리하면

$a-\dfrac{1}{a}=6$

따라서 $a^3-\dfrac{1}{a^3}=\left(a-\dfrac{1}{a}\right)^3+3\left(a-\dfrac{1}{a}\right)=6^3+3\times6=234$

그림과 같이 길이가 $2a$인 선분 AB를 지름으로 하고 중심이 O인 반원이 있다. 호 AB 위의 점 C에 대하여 중심 O를 지나고 선분 AC와 수직으로 만나는 직선이 원과 만나는 교점을 D라 하자. $\overline{AD}=a-1$, $\overline{BC}=10$일 때, $a^2-\dfrac{1}{a^2}$의 값은? (단, a는 $a>5$인 실수이다.)

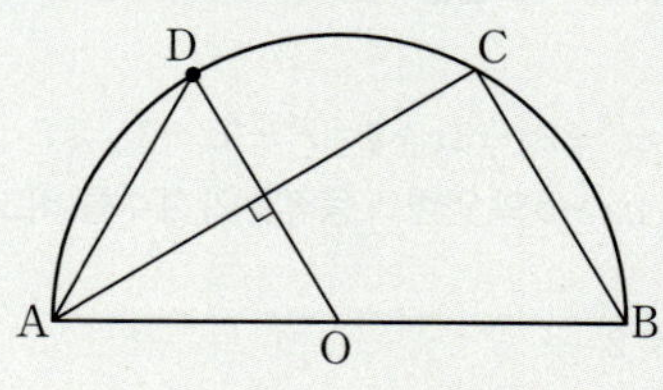

① $16\sqrt{15}$ ② 64 ③ $16\sqrt{17}$
④ $48\sqrt{2}$ ⑤ $32\sqrt{5}$

STEP A 닮음과 피타고라스의 정리를 이용하여 $\overline{AC}$의 길이를 a에 관한 식으로 나타내기

두 선분 AC와 OD가 수직으로 만나는 교점을 M이라 하면

점 M은 원의 중심에서 현에 내린 수선의 발이므로 선분 AC는 수직이등분된다.

즉 $\overline{AM}=\overline{CM}$

또한, 점 C는 원 위의 점이고 $\angle ACB$는 지름에 대한 원주각이므로

$\angle ACB=90°$

즉 두 삼각형 AOM과 ABC는 닮음이고 닮음비가 $1:2$이므로 $\overline{OM}=5$

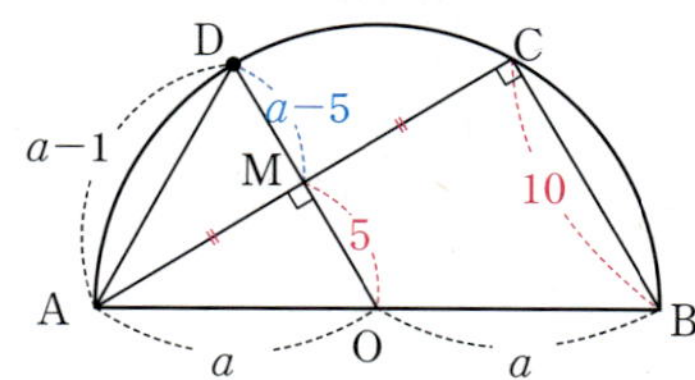

$\overline{DM}=\overline{OD}-\overline{OM}=a-5$

직각삼각형 AMD에서 피타고라스의 정리에 의하여

$\overline{AM}^2=\overline{AD}^2-\overline{DM}^2=(a-1)^2-(a-5)^2=8a-24$

이때 $\overline{AM}=\sqrt{8a-24}$이므로 $\overline{AC}=2\sqrt{8a-24}$

STEP B 직각삼각형 ABC에서 피타고라스의 정리를 이용하여 a에 관한 방정식 구하기

직각삼각형 ABC에서 피타고라스의 정리에 의하여

$\overline{AB}^2=\overline{AC}^2+\overline{BC}^2$

$4a^2=4(8a-24)+100$

$\therefore a^2-8a-1=0$

STEP C 곱셈 공식을 이용하여 $a^2-\dfrac{1}{a^2}$의 값 구하기

$a^2-8a-1=0$에서 $a\neq0$이므로 양변을 a로 나누면

$a-8-\dfrac{1}{a}=0$ $\therefore a-\dfrac{1}{a}=8$

$\left(a+\dfrac{1}{a}\right)^2=\left(a-\dfrac{1}{a}\right)^2+4=68$ $\therefore a+\dfrac{1}{a}=2\sqrt{17}$

따라서 $a^2-\dfrac{1}{a^2}=\left(a+\dfrac{1}{a}\right)\left(a-\dfrac{1}{a}\right)=2\sqrt{17}\times8=16\sqrt{17}$ 정답 ③

0121

정답 2

STEP **A** 항등식의 계수비교법을 이용하여 a, b의 값 구하기

좌변을 전개하면
$x(x+2)+3(x+1)=x^2+2x+3x+3=x^2+5x+3$
즉 $x^2+5x+3=x^2+ax+b$의 양변의 동류항의 계수를 비교하면
$a=5$, $b=3$
따라서 $a-b=5-3=2$

mini해설 | 항등식의 수치대입법을 이용하여 풀이하기

등식 $x(x+2)+3(x+1)=x^2+ax+b$가 x에 대한 항등식이므로
x에 어떤 값을 대입하여도 항상 성립한다.
$x=-1$을 대입하면 $-1\times 1=1-a+b$
따라서 $a-b=2$

0122

정답 ②

STEP **A** 항등식의 계수비교법을 이용하여 a, b의 값 구하기

$x^3-x^2+x+a=(x-2)(x^2+x+b)$에서
우변을 전개하면
$x^3-x^2+x+a=x^3-x^2+(b-2)x-2b$
이 등식은 x에 대한 항등식이므로 양변의 동류항의 계수를 비교하면
$1=b-2$, $a=-2b$
$\therefore a=-6$, $b=3$

$(x-2)(x^2+x+b)=x^3+x^2+bx-2x^2-2x-2b$
$=x^3-x^2+(b-2)x-2b$

STEP **B** $a+b$의 값 구하기

따라서 $a+b=-6+3=-3$

mini해설 | 조립제법을 이용하여 풀이하기

등식 $x^3-x^2+x+a=(x-2)(x^2+x+b)$는 x^3-x^2+x+a를 $x-2$로 나눈 몫이
x^2+x+b이고 나머지가 0이다.
조립제법을 이용하여 계산하면

2	1	-1	1	a
		2	2	6
	1	1	3	$a+6$

몫은 x^2+x+3이고 나머지는 $a+6$이므로 $b=3$, $a+6=0$
따라서 $a=-6$, $b=3$ 이므로 $a+b=-6+3=-3$

0123

정답 5

STEP **A** 주어진 등식을 전개하기

좌변을 전개하면
$(3x+2)(x-2)+6=3x^2-6x+2x-4+6$
$\qquad\qquad\qquad\qquad =3x^2-4x+2 \quad\cdots\cdots ㉠$
우변을 전개하면
$ax(x-2)+b(x-2)+cx=ax^2-2ax+bx-2b+cx$
$\qquad\qquad\qquad\qquad =ax^2+(-2a+b+c)x-2b \ \cdots\cdots ㉡$

STEP **B** 항등식의 계수비교법을 이용하여 a, b, c의 값 구하기

㉠, ㉡의 동류항의 계수를 비교하면
$a=3$, $-2a+b+c=-4$, $-2b=2$이므로 $a=3$, $b=-1$, $c=3$
따라서 $a+b+c=3+(-1)+3=5$

다른풀이 항등식의 수치대입법을 이용하여 풀이하기

STEP **A** 항등식의 수치대입법을 이용하여 a, b, c의 값 구하기

$(3x+2)(x-2)+6=ax(x-2)+b(x-2)+cx \quad\cdots\cdots ㉠$
㉠이 x에 대한 항등식이므로 이 식의 양변에
$x=0$을 대입하면 $2\times(-2)+6=0-2b+0$ $\therefore b=-1$
$x=2$를 대입하면 $0+6=0+0+2c$ $\therefore c=3$
㉠의 등식에서 좌변의 이차항은 $3x^2$, 우변의 이차항은 ax^2이므로
이차항의 계수를 비교하면 $a=3$

+α | $x=1$을 대입하여 a의 값을 구할 수 있어!

등식 $(3x+2)(x-2)+6=ax(x-2)-(x-2)+3x$에서
$x=1$을 양변에 대입하면
$5\times(-1)+6=a\times(-1)+1+3$, $1=-a+4$
$\therefore a=3$

STEP **B** $a+b+c$의 값 구하기

따라서 $a+b+c=3+(-1)+3=5$

0124

정답 ②

STEP **A** 항등식의 계수비교법을 이용하여 $a+b$, ab의 값 구하기

우변을 전개한 후 x에 대하여 정리하면
$2x^2-x+3=ab(x+1)^2+(a+b)(x-1)-4$
$\qquad\qquad =ab(x^2+2x+1)+(a+b)(x-1)-4$
$\qquad\qquad =abx^2+(2ab+a+b)x+ab-(a+b)-4$
이 등식은 x에 대한 항등식이므로 양변의 계수를 비교하면
$2=ab$, $-1=2ab+a+b$, $3=ab-(a+b)-4$
연립하여 풀면 $ab=2$, $a+b=-5$

STEP **B** 곱셈 공식의 변형을 이용하여 a^3+b^3의 값 구하기

따라서 $a^3+b^3=(a+b)^3-3ab(a+b)$
$\qquad\qquad\quad =(-5)^3-3\times 2\times(-5)$
$\qquad\qquad\quad =-95$

다른풀이 항등식의 수치대입법을 이용하여 풀이하기

STEP **A** 항등식의 수치대입법을 이용하여 $a+b$, ab의 값 구하기

$2x^2-x+3=ab(x+1)^2+(a+b)(x-1)-4$가 x에 대한 항등식이므로
이 식의 양변에
$x=1$을 대입하면 $4=4ab-4$ $\therefore ab=2$
$x=-1$을 대입하면 $6=-2(a+b)-4$ $\therefore a+b=-5$

STEP **B** 곱셈 공식의 변형을 이용하여 a^3+b^3의 값 구하기

따라서 $a^3+b^3=(a+b)^3-3ab(a+b)$
$\qquad\qquad\quad =(-5)^3-3\times 2\times(-5)$
$\qquad\qquad\quad =-95$

0125

정답 ⑤

STEP Ⓐ 다항식 $Q(x)$의 식 작성하기

$x^3+3x+a=(x^2-3x+1)Q(x)+bx+5$

이 등식은 x에 관한 항등식이므로 $Q(x)$는 x에 대한 일차식이어야 한다.

좌변이 삼차식으로 우변도 삼차식이어야 한다.

이때 좌변의 최고차항의 계수가 1이므로 $Q(x)=x+c$ (c는 상수)라 하면

$x^3+3x+a=(x^2-3x+1)(x+c)+bx+5$

$\quad\quad\quad\quad\quad=x^3+(c-3)x^2+(-3c+1+b)x+c+5$

STEP Ⓑ 항등식의 계수비교법을 이용하여 a, b, c의 값 구하기

양변의 동류항의 계수를 비교하면

$c-3=0,\ -3c+1+b=3,\ a=c+5$

$c-3=0$에서 $c=3$

$b=3c+2$에서 $b=3\times3+2=11$

$a=c+5$에서 $a=3+5=8$

$\therefore\ a=8,\ b=11,\ c=3$

STEP Ⓒ $a+b+Q(2)$의 값 구하기

$Q(x)=x+3$이므로 $Q(2)=2+3=5$

따라서 $a+b+Q(2)=8+11+5=24$

내신 연계 출제문항 054

임의의 실수 x에 대하여

$$2x^3-2x^2+a=(2x^2+4x-1)Q(x)+bx+2$$

가 성립할 때, 상수 a, b에 대하여 $abQ(2)$의 값은?

(단, $Q(x)$는 x에 대한 다항식이다.)

① -65 ② -60 ③ -30
④ -20 ⑤ -10

STEP Ⓐ 다항식 $Q(x)$의 식 작성하기

$2x^3-2x^2+a=(2x^2+4x-1)Q(x)+bx+2$

이 등식은 x에 관한 항등식이므로 $Q(x)$는 x에 대한 일차식이어야 한다.

좌변이 삼차식으로 우변도 삼차식이어야 한다.

이때 좌변의 최고차항의 계수가 2이므로 $Q(x)=x+c$ (c는 상수)라 하면

$2x^3-2x^2+a=(2x^2+4x-1)(x+c)+bx+2$

$\quad\quad\quad\quad\quad\quad=2x^3+(2c+4)x^2+(4c-1+b)x-c+2$

STEP Ⓑ 항등식의 계수비교법을 이용하여 a, b, c의 값 구하기

양변의 동류항의 계수를 비교하면

$-2=2c+4$에서 $2c=-6$ $\quad\therefore\ c=-3$

$0=4c-1+b$에서 $b=-4c+1=-4\times(-3)+1=13$

$a=-c+2$에서 $a=3+2=5$

$\therefore\ a=5,\ b=13,\ c=-3$

STEP Ⓒ $abQ(2)$의 값 구하기

$Q(x)=x-3$이므로 $Q(2)=2-3=-1$

따라서 $abQ(2)=5\times13\times(-1)=-65$

정답 ①

0126

정답 10

STEP Ⓐ 이차식 $f(x)$를 정한 후 $\{f(x)\}^2=f(x^2)+2x^2$에 대입하여 정리하기

상수항이 1인 이차식 $f(x)$를 $f(x)=ax^2+bx+1$ (a, b는 상수, $a\neq0$)이라 하자.

$\{f(x)\}^2=f(x^2)+2x^2$에 대입하면

$\{f(x)\}^2=(ax^2+bx+1)^2$ $\longleftarrow$ $(a+b+c)^2=a^2+b^2+c^2+2(ab+bc+ca)$

$\quad\quad\quad=a^2x^4+b^2x^2+1+2(abx^3+bx+ax^2)$

$\quad\quad\quad=a^2x^4+2abx^3+(b^2+2a)x^2+2bx+1$

$f(x^2)+2x^2=a(x^2)^2+bx^2+1+2x^2$

$\quad\quad\quad\quad=ax^4+(b+2)x^2+1$

STEP Ⓑ 항등식의 계수비교법을 이용하여 a, b의 값 구하기

$\{f(x)\}^2=f(x^2)+2x^2$에서

$a^2x^4+2abx^3+(b^2+2a)x^2+2bx+1=ax^4+(b+2)x^2+1$

이 등식은 x에 관한 항등식이므로 양변의 동류항의 계수를 비교하면

$a^2=a$에서 $a^2-a=0$, $a(a-1)=0$

$\therefore\ a=1\ (\because\ a\neq0)$

$2ab=0$에서 $b=0$

$\therefore\ f(x)=x^2+1$

STEP Ⓒ $f(3)$의 값 구하기

따라서 $f(3)=3^2+1=10$

내신 연계 출제문항 055

상수항이 2인 이차식 $f(x)$가 모든 실수 x에 대하여

$$\{f(x)\}^2=f(x^2)+4x^2+2$$

를 만족시킬 때, 다항식 $f(x)$를 $x-2$로 나눈 나머지는?

① 2 ② 4 ③ 6
④ 8 ⑤ 10

STEP Ⓐ 이차식 $f(x)$를 정한 후 $\{f(x)\}^2=f(x^2)+4x^2+2$에 대입하여 정리하기

상수항이 2인 이차식 $f(x)$를 $f(x)=ax^2+bx+2$ (a, b는 상수, $a\neq0$)이라 하자.

$\{f(x)\}^2=f(x^2)+4x^2+2$에 대입하면

$\{f(x)\}^2=(ax^2+bx+2)^2$ $\longleftarrow$ $(a+b+c)^2=a^2+b^2+c^2+2(ab+bc+ca)$

$\quad\quad\quad=a^2x^4+b^2x^2+4+2(abx^3+2bx+2ax^2)$

$\quad\quad\quad=a^2x^4+2abx^3+(b^2+4a)x^2+4bx+4$

$f(x^2)+4x^2+2=a(x^2)^2+bx^2+2+4x^2+2$

$\quad\quad\quad\quad\quad=ax^4+(b+4)x^2+4$

STEP Ⓑ 항등식의 계수비교법을 이용하여 a, b의 값 구하기

$\{f(x)\}^2=f(x^2)+4x^2+2$에서

$a^2x^4+2abx^3+(b^2+4a)x^2+4bx+4=ax^4+(b+4)x^2+4$

이 등식은 x에 관한 항등식이므로 양변의 동류항의 계수를 비교하면

$a^2=a$에서 $a^2-a=0$, $a(a-1)=0$

$\therefore\ a=1\ (\because\ a\neq0)$

$2ab=0$에서 $b=0$

$\therefore\ f(x)=x^2+2$

STEP Ⓒ 다항식 $f(x)$를 $x-2$로 나눈 나머지 구하기

따라서 다항식 $f(x)$를 $x-2$로 나눈 나머지는 나머지정리에 의하여

$f(2)=2^2+2=6$

정답 ③

0127

　　정답 ③

STEP A **항등식의 계수비교법을 이용하여 $a+b$의 값 구하기**

등식 $x^2+(a+2)x=x^2+4x+(b-1)$이 x에 대한 항등식이므로
양변의 동류항의 계수를 비교하면 $a+2=4$, $b-1=0$
$\therefore a=2$, $b=1$
따라서 $a+b=2+1=3$

---

mini 해설 | 항등식의 수치대입법을 이용하여 풀이하기

등식 $x^2+(a+2)x=x^2+4x+(b-1)$이 x에 대한 항등식이므로
x에 어떤 값을 대입하여도 성립한다.
양변에 $x=0$을 대입하면 $0=b-1$ $\therefore b=1$
양변에 $x=1$을 대입하면 $1+a+2=1+4+b-1$, $a+3=5$ $\therefore a=2$
따라서 $a+b=2+1=3$

등식 $x^2+(a+1)x=x^2+6x+(b-3)$이 x에 대한 항등식일 때, 두 상수
a, b에 대하여 ab의 값은?

① 6　　　　② 9　　　　③ 12
④ 15　　　⑤ 18

STEP A **항등식의 계수비교법을 이용하여 ab의 값 구하기**

등식 $x^2+(a+1)x=x^2+6x+(b-3)$이 x에 대한 항등식이므로
양변의 동류항의 계수를 비교하면 $a+1=6$, $b-3=0$
$\therefore a=5$, $b=3$
따라서 $ab=5\times3=15$

---

mini 해설 | 항등식의 수치대입법을 이용하여 풀이하기

등식 $x^2+(a+1)x=x^2+6x+(b-3)$이 x에 대한 항등식이므로
x에 어떤 값을 대입하여도 성립한다.
양변에 $x=0$을 대입하면 $0=b-3$ $\therefore b=3$
양변에 $x=1$을 대입하면 $1+a+1=1+6+b-3$, $a+2=7$ $\therefore a=5$
따라서 $ab=5\times3=15$

정답 ④

0128

　　정답 ①

STEP A **$f(x+a)$ 구하기**

$f(x)=x^3+9x^2+4x-45$에서　← $f(x)$에서 x대신 $x+a$를 대입한다.
$f(x+a)=(x+a)^3+9(x+a)^2+4(x+a)-45$
　　　$(a+b)^3=a^3+3a^2b+3ab^2+b^3$
　　　$=(x^3+3ax^2+3a^2x+a^3)+(9x^2+18ax+9a^2)+4x+4a-45$
　　　$=x^3+(3a+9)x^2+(3a^2+18a+4)x+a^3+9a^2+4a-45$

STEP B **항등식의 계수비교법을 이용하여 a, b의 값 구하기**

$f(x+a)=x^3+bx-3$에서
$x^3+(3a+9)x^2+(3a^2+18a+4)x+a^3+9a^2+4a-45=x^3+bx-3$
이 등식은 x에 대한 항등식이므로 양변의 동류항의 계수를 비교하면
$3a+9=0$에서 $a=-3$
$3a^2+18a+4=b$에서 $27-54+4=b$이므로 $b=-23$
따라서 $a+b=-3+(-23)=-26$

다항식 $f(x)=x^2-x+2$에 대하여 등식 $f(x+a)=x^2+bx+8$이 x에
어떤 값을 대입하여도 항상 성립한다. 이때 두 상수 a, b에 대하여 $a+b$의
값은? (단, $a>0$)

① 4　　　　② 5　　　　③ 6
④ 7　　　　⑤ 8

STEP A **$f(x+a)$ 구하기**

$f(x)=x^2-x+2$에서　← $f(x)$에서 x대신 $x+a$를 대입한다.
$f(x+a)=(x+a)^2-(x+a)+2$
　　　$=(x^2+2ax+a^2)-x-a+2$
　　　$=x^2+(2a-1)x+a^2-a+2$

STEP B **항등식의 계수비교법을 이용하여 a, b의 값 구하기**

$f(x+a)=x^2+bx+8$에서 $x^2+(2a-1)x+a^2-a+2=x^2+bx+8$
이 등식은 x에 대한 항등식이므로 양변의 동류항의 계수를 비교하면
$a^2-a+2=8$에서 $a^2-a-6=0$, $(a-3)(a+2)=0$ $\therefore a=3(\because a>0)$
또한, $2a-1=b$이므로 $b=2\times3-1=5$
따라서 $a+b=3+5=8$

---

mini 해설 | 항등식의 수치대입법을 이용하여 풀이하기

$f(x+a)=(x+a)^2-(x+a)+2$이므로 $f(x+a)=x^2+bx+8$에서
$(x+a)^2-(x+a)+2=x^2+bx+8$ ······ ㉠
이 x에 대한 항등식이므로 x에 어떤 값을 대입하여도 항상 성립한다.
㉠의 양변에 $x=0$을 대입하면 $a^2-a+2=8$에서 $a^2-a-6=0$, $(a-3)(a+2)=0$
$\therefore a=3(\because a>0)$
㉠의 양변에 $x=-a$를 대입하면 $2=a^2-ab+8$
$a=3$을 대입하면 $2=9-3b+8$ $\therefore b=5$
따라서 $a+b=3+5=8$

정답 ⑤

0129　　정답 ⑤

STEP A **항등식의 수치대입법을 이용하여 a, b, c의 값 구하기**

$(3x+1)(x-4)+6=ax(x-1)+b(x-1)+cx$ ······ ㉠
㉠이 x에 대한 항등식이므로 이 식의 양변에
$x=0$을 대입하면 $1\times(-4)+6=0-b+0$ $\therefore b=-2$
$x=1$을 대입하면 $4\times(-3)+6=0+0+c$ $\therefore c=-6$
㉠의 등식에서 좌변의 이차항은 $3x^2$, 우변의 이차항은 ax^2이므로
이차항의 계수를 비교하면 $a=3$
따라서 $a+b+c=3+(-2)+(-6)=-5$

다른풀이 항등식의 계수비교법을 이용하여 풀이하기

STEP A **주어진 등식을 전개하기**

좌변을 전개하면
$(3x+1)(x-4)+6=3x^2-12x+x-4+6$
　　　　　$=3x^2-11x+2$ ······ ㉠
우변을 전개하면
$ax(x-1)+b(x-1)+cx=ax^2-ax+bx-b+cx$
　　　　　$=ax^2+(-a+b+c)x-b$ ······ ㉡

STEP B **항등식의 계수비교법을 이용하여 a, b, c의 값 구하기**

㉠, ㉡의 동류항의 계수를 비교하면 $3=a$, $-11=-a+b+c$, $2=-b$
$\therefore a=3$, $b=-2$, $c=-6$
따라서 $a+b+c=3+(-2)+(-6)=-5$

0130

STEP **A**   **항등식의 수치대입법을 이용하여 a, b, c의 값 구하기**

$6x^2-x-3=ax(x-1)+bx(x+1)+c(x-1)(x+1)$이
x에 대한 항등식이므로 이 식의 양변에
$x=0$을 대입하면 $-3=-c$에서 $c=3$
$x=1$을 대입하면 $2=2b$에서 $b=1$
$x=-1$을 대입하면 $4=2a$에서 $a=2$
따라서 $a+b+c=2+1+3=6$

다른풀이   항등식의 계수비교법을 이용하여 풀이하기

STEP **A**   **우변을 전개하여 정리하기**

우변을 전개한 후 x에 대하여 정리하면
$$6x^2-x-3=ax(x-1)+bx(x+1)+c(x-1)(x+1)$$
$$=(a+b+c)x^2+(-a+b)x-c$$

STEP **B**   **항등식의 계수비교법을 이용하여 a, b, c의 값 구하기**

이 등식은 x에 대한 항등식이므로 양변의 동류항의 계수를 비교하면
$a+b+c=6$, $-1=-a+b$, $-3=-c$
연립하여 풀면 $a=2$, $b=1$, $c=3$
따라서 $a+b+c=2+1+3=6$

등식 $x^3+6x^2-3x+5=x(x+1)^2+a(x-1)^2+b(x-1)+c$가 x에 대한
항등식이 되도록 상수 a, b, c의 값을 정할 때, abc의 값을 구하시오.

STEP **A**   **항등식의 수치대입법을 이용하여 a, b, c의 값 구하기**

$x^3+6x^2-3x+5=x(x+1)^2+a(x-1)^2+b(x-1)+c$가
x에 대한 항등식이므로 이 식의 양변에
$x=1$을 대입하면 $9=4+c$에서 $c=5$
$x=-1$을 대입하면 $13=4a-2b+5$
$\therefore 2a-b=4$ ······ ㉠
$x=0$을 대입하면 $5=a-b+5$
$\therefore a=b$ ······ ㉡
㉠, ㉡을 연립하면 $a=b=4$
따라서 $abc=4\times4\times5=80$

다른풀이   항등식의 계수비교법을 이용하여 풀이하기

STEP **A**   **우변을 전개하여 정리하기**

우변을 전개한 후 x에 대하여 정리하면
$$x^3+6x^2-3x+5=x(x+1)^2+a(x-1)^2+b(x-1)+c$$
$$=x^3+(a+2)x^2+(1-2a+b)x+(a-b+c)$$

STEP **B**   **항등식의 계수비교법을 이용하여 a, b, c의 값 구하기**

이 등식은 x에 대한 항등식이므로 양변의 동류항의 계수를 비교하면
$a+2=6$, $1-2a+b=-3$, $a-b+c=5$
연립하여 풀면 $a=4$, $b=4$, $c=5$
따라서 $abc=4\times4\times5=80$

0131

STEP **A**   **주어진 식에 $x=0$, $x=1$을 대입하기**

$x^3+ax^2+2x+b=x(x-1)Q(x)+x+5$가 x에 대한 항등식이므로
이 식의 양변에
$x=0$을 대입하면 $b=5$ ······ ㉠
$x=1$을 대입하면 $3+a+b=6$, $a+b=3$ ······ ㉡

STEP **B**   **$abQ(2)$의 값 구하기**

㉠, ㉡을 연립하여 풀면 $a=-2$, $b=5$
$x^3-2x^2+2x+5=x(x-1)Q(x)+x+5$ ······ ㉢
㉢의 양변에 $x=2$를 대입하면 $8-8+4+5=2Q(2)+2+5$
$2Q(2)=2$ $\therefore Q(2)=1$
따라서 $abQ(2)=-2\times5\times1=-10$

0132

STEP **A**   **주어진 식에 $x=2$, $x=-1$을 대입하기**

$(x+1)(x-2)f(x)=-x^3+ax^2+bx$가 x에 대한 항등식이므로
이 식의 양변에
$x=2$를 대입하면 $0=-8+4a+2b$ $\therefore 2a+b=4$ ······ ㉠
$x=-1$을 대입하면 $0=1+a-b$ $\therefore a-b=-1$ ······ ㉡

STEP **B**   **$a+b+f(3)$의 값 구하기**

㉠, ㉡을 연립하여 풀면 $a=1$, $b=2$

㉠+㉡을 하면 $3a=3$ $\therefore a=1$
$a=1$을 ㉠에 대입하면 $2+b=4$ $\therefore b=2$
$\therefore (x+1)(x-2)f(x)=-x^3+x^2+2x$ ······ ㉢
㉢의 양변에 $x=3$을 대입하면 $4\times1\times f(3)=-27+9+6$
$4f(3)=-12$ $\therefore f(3)=-3$
따라서 $a+b+f(3)=1+2+(-3)=0$

0133

STEP **A**   **주어진 식에 $x=1$, $x^2=2$를 대입하기**

$(x+1)(x^2-2)f(x)=x^4+ax^2+b$가 x에 대한 항등식이므로
이 식의 양변에
$x=-1$을 대입하면 $0=1+a+b$ $\therefore a+b=-1$ ······ ㉠
$x^2=2$를 대입하면 $0=4+2a+b$ $\therefore 2a+b=-4$ ······ ㉡

STEP **B**   **$abf(3)$의 값 구하기**

㉠, ㉡을 연립하여 풀면 $a=-3$, $b=2$

㉠-㉡을 하면 $-a=3$ $\therefore a=-3$
$a=-3$을 ㉠에 대입하면 $-3+b=-1$ $\therefore b=2$
$\therefore (x+1)(x^2-2)f(x)=x^4-3x^2+2$ ······ ㉢
㉢의 양변에 $x=3$을 대입하면 $4\times7\times f(3)=81-27+2$
즉 $28f(3)=56$이므로 $f(3)=2$
따라서 $abf(3)=-3\times2\times2=-12$

다항식 $P(x)$에 대하여 x의 값에 관계없이 등식
$$(x-1)(x^2-2)P(x)=x^4+ax^2+b$$
가 항상 성립할 때, 상수 a, b에 대하여 $b-a+P(3)$의 값은?

① 3 　　　　② 6 　　　　③ 9
④ 12 　　　　⑤ 15

STEP Ⓐ 주어진 식에 $x=1$, $x^2=2$를 대입하기

$(x-1)(x^2-2)P(x)=x^4+ax^2+b$가 x에 대한 항등식이므로
이 식의 양변에
$x=1$을 대입하면 $0=1+a+b$ $\therefore a+b=-1$ …… ㉠
$x^2=2$를 대입하면 $0=4+2a+b$ $\therefore 2a+b=-4$ …… ㉡

STEP Ⓑ $b-a+P(3)$의 값 구하기

㉠, ㉡을 연립하여 풀면 $a=-3$, $b=2$
㉠$-$㉡을 하면 $-a=3$ $\therefore a=-3$
$a=-3$을 ㉠에 대입하면 $-3+b=-1$ $\therefore b=2$
$(x-1)(x^2-2)P(x)=x^4-3x^2+2$ …… ㉢
㉢의 양변에 $x=3$을 대입하면 $2\times 7\times P(3)=81-27+2$
즉 $14P(3)=56$이므로 $P(3)=4$
따라서 $b-a+P(3)=2-(-3)+4=9$

정답 ③

0134

2021년 06월 고1 학력평가 5번　　정답 ③

STEP Ⓐ 항등식의 수치대입법을 이용하여 a, b, c의 값 구하기

$3x^2+ax+4=bx(x-1)+c(x-1)(x-2)$가 x에 대한 항등식이므로
이 식의 양변에
$x=0$을 대입하면 $4=2c$ $\therefore c=2$
$x=1$을 대입하면 $3+a+4=0$ $\therefore a=-7$
$x=2$를 대입하면 $12+2a+4=2b$, $2=2b$ $\therefore b=1$
따라서 $a+b+c=-7+1+2=-4$

다른풀이 항등식의 계수비교법을 이용하여 풀이하기

STEP Ⓐ 우변을 x에 대한 내림차순으로 정리하기

주어진 등식의 우변을 x에 대한 내림차순으로 정리하면
$$3x^2+ax+4=bx(x-1)+c(x-1)(x-2)$$
$$=bx^2-bx+c(x^2-3x+2)$$
$$=(b+c)x^2-(b+3c)x+2c$$

STEP Ⓑ 항등식의 계수비교법을 이용하여 a, b, c의 값 구하기

위의 등식이 x에 대한 항등식이므로 양변의 동류항의 계수를 비교하면
$3=b+c$, $a=-(b+3c)$, $4=2c$
$\therefore c=2$, $b=1$, $a=-7$
따라서 $a+b+c=-7+1+2=-4$

mini 해설 | 조립제법을 이용하여 풀이하기

$bx(x-1)+c(x-1)(x-2)$를 공통인수인 $(x-1)$로 묶으면
$(x-1)\{bx+c(x-2)\}=(x-1)\{(b+c)x-2c\}$ …… ㉠
주어진 등식에서 우변이 $(x-1)$을 인수로 가지므로
좌변도 $(x-1)$을 인수로 가진다.
그러므로 조립제법을 이용하면
나머지가 0이어야 하므로 $a+7=0$, $a=-7$
$a=-7$을 주어진 식의 좌변에 대입하면
$3x^2-7x+4=(x-1)(3x-4)$ …… ㉡
㉠, ㉡에서 $(b+c)x-2c=3x-4$이므로 $b+c=3$, $2c=4$
따라서 $b=1$, $c=2$이므로 $a+b+c=-7+1+2=-4$

$$\begin{array}{r|rrr} 1 & 3 & a & 4 \\ & & 3 & a+3 \\ \hline & 3 & a+3 & a+7 \end{array}$$

다항식 $f(x)=3x^2+ax+4$가 $(x-1)$을 인수로 가지면
인수정리에 의하여 $f(1)=0$이 성립한다.
다항식 $f(x)$가 $x-a$를 인수로 갖는다. $\Longleftrightarrow$ $f(a)=0$
즉 $f(1)=3+a+4=a+7=0$이므로 $a=-7$

x의 값에 관계없이 등식
$$2x^2+ax+6=bx(x-1)+c(x-1)(x-2)$$
가 항상 성립할 때, $a+b+c$의 값은? (단, a, b, c는 상수이다.)

① -6 　　　　② -5 　　　　③ -4
④ -3 　　　　⑤ -2

STEP Ⓐ 항등식의 수치대입법을 이용하여 a, b, c의 값 구하기

$2x^2+ax+6=bx(x-1)+c(x-1)(x-2)$가 x에 대한 항등식이므로
이 식의 양변에
$x=1$을 대입하면 $2+a+6=0$, $8+a=0$ $\therefore a=-8$
$x=0$을 대입하면 $6=2c$ $\therefore c=3$
$x=2$를 대입하면 $8+2a+6=2b$, $8-16+6=2b$ $\therefore b=-1$
따라서 $a+b+c=-8+(-1)+3=-6$

다른풀이 항등식의 계수비교법을 이용하여 풀이하기

STEP Ⓐ 우변을 x에 대한 내림차순으로 정리하기

주어진 등식의 우변을 x에 대한 내림차순으로 정리하면
$$2x^2+ax+6=bx(x-1)+c(x-1)(x-2)$$
$$=(b+c)x^2-(b+3c)x+2c$$

STEP Ⓑ 항등식의 계수비교법을 이용하여 a, b, c의 값 구하기

위의 등식이 x에 대한 항등식이므로 양변의 동류항의 계수를 비교하면
$2=b+c$, $a=-(b+3c)$, $6=2c$
$\therefore c=3$, $b=-1$, $a=-8$
따라서 $a+b+c=-8+(-1)+3=-6$

정답 ①

0135

2022년 06월 고1 학력평가 8번 

정답 ①

STEP A 항등식의 수치대입법을 이용하여 a의 값 구하기

$x^3-5x^2+ax+1=(x-1)Q(x)-1$이 x에 대한 항등식이므로

이 식의 양변에 $x=1$을 대입하면 $1-5+a+1=-1$

$\therefore a=2$

STEP B $Q(2)$의 값 구하기

$x^3-5x^2+2x+1=(x-1)Q(x)-1$의 양변에 $x=2$를 대입하면

$2^3-5\times2^2+2\times2+1=(2-1)\times Q(2)-1$

$8-20+4+1=Q(2)-1$

따라서 $Q(a)=Q(2)=-6$

다른풀이 직접 나눗셈을 이용하여 풀이하기

STEP A 나눗셈을 이용하여 a의 값 구하기

x^3-5x^2+ax+1을 $x-1$로 직접 나누면

몫은 $x^2-4x+(a-4)$이고

나머지는 $a-3$이므로

$a-3=-1$ $\therefore a=2$

$$\begin{array}{r}x^2-4x+(a-4)\\x-1{\overline{\smash{\big)}\,x^3-5x^2+ax+1}}\\\underline{x^3-x^2}\\-4x^2+ax+1\\\underline{-4x^2+4x}\\(a-4)x+1\\\underline{(a-4)x-(a-4)}\\a-3\end{array}$$

STEP B $Q(2)$의 값 구하기

따라서 x^3-5x^2+ax+1을 $x-1$로 나눈 몫이

$Q(x)=x^2-4x+(a-4)=x^2-4x-2$이므로 양변에 $x=2$를 대입하면

$Q(2)=2^2-4\times2-2=4-8-2=-6$

다항식 $Q(x)$에 대하여 등식

$$x^3-4x^2+ax-1=(x-1)Q(x)-2$$

이 x에 대한 항등식일 때, $Q(a)$의 값은? (단, a는 상수이다.)

① -6 ② -5 ③ -4

④ -3 ⑤ -2

STEP A 항등식의 수치대입법을 이용하여 a의 값 구하기

등식 $x^3-4x^2+ax-1=(x-1)Q(x)-2$가 x에 대한 항등식이므로

이 식의 양변에 $x=1$을 대입하면 $1-4+a-1=-2$

x에 어떤 값을 대입하여도 항상 성립하므로 $(x-1)Q(x)$가 0이 되는 $x=1$의 값을 대입한다.

$\therefore a=2$

STEP B $Q(2)$의 값 구하기

$x^3-4x^2+2x-1=(x-1)Q(x)-2$의 양변에 $x=2$를 대입하면

$8-16+4-1=(2-1)\times Q(2)-2$, $-5=Q(2)-2$

따라서 $Q(2)=-3$

다른풀이 직접 나눗셈을 이용하여 풀이하기

STEP A 나눗셈을 이용하여 a의 값 구하기

x^3-4x^2+ax-1을 $x-1$로 직접 나누면

몫은 $x^2-3x+(a-3)$이고

나머지는 $a-4$이므로

$a-4=-2$ $\therefore a=2$

$$\begin{array}{r}x^2-3x+(a-3)\\x-1{\overline{\smash{\big)}\,x^3-4x^2+ax-1}}\\\underline{x^3-x^2}\\-3x^2+ax-1\\\underline{-3x^2+3x}\\(a-3)x-1\\\underline{(a-3)x-(a-3)}\\a-4\end{array}$$

0136

2020년 03월 고2 학력평가 10번 

정답 ③

STEP A 항등식의 수치대입법을 이용하여 a, b의 값 구하기

$x(x+1)(x+2)=(x+1)(x-1)P(x)+ax+b$가 x에 대한 항등식이므로

이 식의 양변에 $x=-1$을 대입하면

$(-1)\times0\times1=0\times(-2)\times P(-1)+a\times(-1)+b$

$\therefore 0=-a+b$ ······ ㉠

$x=1$을 대입하면

$1\times2\times3=2\times0\times P(1)+a\times1+b$

$\therefore 6=a+b$ ······ ㉡

㉠+㉡을 하면 $6=2b$ $\therefore b=3$

$b=3$을 ㉠에 대입하면 $0=-a+3$ $\therefore a=3$

STEP B $P(a-b)$의 값 구하기

즉 주어진 등식은

$x(x+1)(x+2)=(x+1)(x-1)P(x)+3x+3$이고

$a-b=0$이므로 이 식의 양변에 $x=0$을 대입하면

$P(a-b)$, 즉 $P(0)$의 값을 구해야 하므로 $x=0$을 대입한다.

$0\times1\times2=1\times(-1)\times P(0)+3\times0+3$, $0=-P(0)+3$

따라서 $P(a-b)=P(0)=3$

다른풀이 직접 나눗셈을 이용하여 풀이하기

STEP A 나눗셈을 이용하여 a, b의 값 구하기

등식 $\underline{x(x+1)(x+2)}=\underline{(x+1)(x-1)}P(x)+ax+b$에서

$\quad x(x+1)(x+2)\qquad x^2-1$
$\quad =(x^2+x)(x+2)$
$\quad =x^3+3x^2+2x$

$x^3+3x^2+2x=(x^2-1)P(x)+ax+b$

이므로 다항식 x^3+3x^2+2x를

x^2-1로 나눈 몫이 $P(x)$이고

나머지가 $ax+b$이다.

이때 x^3+3x^2+2x를 x^2-1로 직접 나누면

$P(x)=x+3$이고 $ax+b=3x+3$이므로

$a=3$, $b=3$

$$\begin{array}{r}x+3\\x^2-1{\overline{\smash{\big)}\,x^3+3x^2+2x}}\\\underline{x^3+-x}\\3x^2+3x\\\underline{3x^2+-3}\\3x+3\end{array}$$

STEP B $P(a-b)$의 값 구하기

$a-b=0$이므로

$P(x)=x+3$에 $x=0$을 대입하면 $P(0)=0+3=3$

따라서 $P(a-b)=P(0)=3$

다항식 $P(x)$가 모든 실수 x에 대하여 등식
$$x(x+1)(x+3)=(x+1)(x-1)P(x)+ax+b$$
를 만족시킬 때, $P(a-b)$의 값은? (단, a, b는 상수이다.)

① 2　　　　② 3　　　　③ 4
④ 5　　　　⑤ 6

STEP A 항등식의 수치대입법을 이용하여 a, b의 값 구하기

$x(x+1)(x+3)=(x+1)(x-1)P(x)+ax+b$가 x에 대한 항등식이므로
이 식의 양변에 $x=-1$을 대입하면
$(-1)\times0\times2=0\times(-2)\times P(-1)+a\times(-1)+b$
$\therefore 0=-a+b$　　　　……㉠
$x=1$을 대입하면 $1\times2\times4=2\times0\times P(1)+a\times1+b$
$\therefore 8=a+b$　　　　……㉡
㉠, ㉡을 연립하여 풀면 $a=4$, $b=4$
　㉠+㉡을 하면 $8=2b$ $\therefore b=4$
　$b=4$를 ㉠에 대입하면 $0=-a+4$ $\therefore a=4$

STEP B $P(a-b)$의 값 구하기

즉 주어진 등식은
$x(x+1)(x+3)=(x+1)(x-1)P(x)+4x+4$이고
$a-b=0$이므로 위 등식의 양변에 $x=0$을 대입하면
　$P(a-b)$, 즉 $P(0)$의 값을 구해야 하므로 $x=0$을 대입한다.
$0\times1\times3=1\times(-1)\times P(0)+4\times0+4$, $0=-P(0)+4$
$\therefore P(0)=4$
따라서 $P(a-b)=P(0)=4$

다른풀이 직접 나눗셈을 이용하여 풀이하기

STEP A 나눗셈을 이용하여 a, b의 값 구하기

등식 $x(x+1)(x+3)=(x+1)(x-1)P(x)+ax+b$에서
　$x(x+1)(x+3)$　　x^2-1
　$=(x^2+x)(x+3)$
　$=x^3+4x^2+3x$

$$x^2-1\overline{\smash{\big)}\,x^3+4x^2+3x}$$
$$\underline{x^3+-x}$$
$$4x^2+4x$$
$$\underline{4x^2+-4}$$
$$4x+4$$

$x^3+4x^2+3x=(x^2-1)P(x)+ax+b$이므로
다항식 x^3+4x^2+3x를
x^2-1로 나눈 몫이 $P(x)$이고
나머지가 $ax+b$이다.
즉 $P(x)=x+4$이고 $ax+b=4x+4$이므로
$a=4$, $b=4$

STEP B $P(a-b)$의 값 구하기

$a-b=0$이므로
$P(x)=x+4$에 $x=0$을 대입하면 $P(0)=0+4=4$
따라서 $P(a-b)=P(0)=4$

정답 ③

0137

정답 5

STEP A 좌변을 k에 대하여 정리하기

$(k+1)x-(2k-1)y+3=0$이 k에 대한 항등식이므로
k에 관하여 정리하면 $(x-2y)k+x+y+3=0$

STEP B 항등식의 계수비교법을 이용하여 x, y의 값 구하기

양변의 동류항의 계수를 비교하면
$x-2y=0$, $x+y+3=0$
연립하여 풀면 $x=-2$, $y=-1$
따라서 $x^2+y^2=5$

$(k+1)x-(2k-1)y+3=0$이 k에 대한 항등식이므로 이 식의 양변에
$k=-1$을 대입하면 $3y+3=0$ $\therefore y=-1$
$k=\dfrac{1}{2}$을 대입하면 $\dfrac{3}{2}x+3=0$ $\therefore x=-2$
따라서 $x^2+y^2=5$

0138

정답 ③

STEP A 좌변을 x, y에 대하여 정리하기

$a(x+2)+b(x-y)-3=3x-2y+c$가 x, y에 대한 항등식이므로
x, y에 관하여 정리하면
$(a+b)x-by+2a-3=3x-2y+c$

STEP B 항등식의 계수비교법을 이용하여 a, b, c의 값 구하기

양변의 동류항의 계수를 비교하면 $a+b=3$, $b=2$, $2a-3=c$
연립하여 풀면 $a=1$, $b=2$, $c=-1$
따라서 $a+b+c=2$

0139

정답 ④

STEP A 주어진 식을 k로 놓고 x, y에 대하여 정리하기

x, y의 값에 관계없이 일정한 값을 가지므로 x, y에 대한 항등식이다.
$\dfrac{ax-by+10}{2x-y+2}=k$ (k는 상수)라 하면
$ax-by+10=k(2x-y+2)$
$(a-2k)x-(b-k)y+(10-2k)=0$

STEP B 항등식의 계수비교법을 이용하여 a, b의 값 구하기

양변의 동류항의 계수를 비교하면 $a-2k=0$, $b-k=0$, $10-2k=0$
$k=5$이므로 $a=10$, $b=5$
따라서 $a+b=10+5=15$

x, y가 어떤 값을 갖더라도 $\dfrac{ax+3by-9}{x-3y-3}$의 값이 항상 일정할 때,
상수 a, b에 대하여 ab의 값은? (단, $x-3y-3\neq0$)

① -9　　　　② -6　　　　③ -4
④ 6　　　　⑤ 9

STEP A 주어진 식을 k로 놓고 x, y에 대하여 정리하기

$\dfrac{ax+3by-9}{x-3y-3}=k$ (k는 상수)라 하면
$ax+3by-9=k(x-3y-3)$
$(a-k)x+(3b+3k)y-9+3k=0$

STEP B 항등식의 계수비교법을 이용하여 a, b의 값 구하기

양변의 동류항의 계수를 비교하면 $a-k=0$, $3b+3k=0$, $-9+3k=0$
$k=3$이므로 $a=3$, $b=-3$
따라서 $ab=-9$

정답 ①

0140

STEP A $x=1$을 대입한 후 k에 대하여 정리하기

이차방정식 $ax^2+b(k+1)x+a(k-2)=6$이 1을 근으로 가지므로
$x=1$을 대입하면 $a+b(k+1)+a(k-2)=6$
$(a+b)k-a+b-6=0$

STEP B 항등식의 계수비교법을 이용하여 a, b의 값 구하기

이 등식이 k에 대한 항등식이므로 양변의 동류항의 계수를 비교하면
$a+b=0$, $-a+b-6=0$
두 식을 연립하여 풀면 $a=-3$, $b=3$
따라서 $ab=-9$

x에 대한 이차방정식
$$x^2+k(2m+3)x-(m^2-2)k+n-6=0$$
이 실수 k의 값에 관계없이 항상 -1을 근으로 가질 때,
두 상수 m, n에 대하여 $m+n$의 값은?

① 2 　　　　② 4 　　　　③ 5
④ 7 　　　　⑤ 9

STEP A $x=-1$을 대입한 후 k에 대하여 정리하기

이차방정식 $x^2+k(2m+3)x-(m^2-2)k+n-6=0$이 -1을 근으로 가지므로
$x=-1$을 대입하면
$(-1)^2-k(2m+3)-(m^2-2)k+n-6=0$
$-(m^2+2m+1)k+n-5=0$

STEP B 항등식의 계수비교법을 이용하여 m, n의 값 구하기

이 등식이 k에 대한 항등식이므로 양변의 동류항의 계수를 비교하면
$m^2+2m+1=0$, $(m+1)^2=0$에서 $m=-1$
$n-5=0$에서 $n=5$
따라서 $m+n=-1+5=4$

0141

STEP A $y=2-x$를 대입한 후 x에 대하여 정리하기

$x+y=2$에서 $y=2-x$를 주어진 식에 대입하면
$ax+3(2-x)+b-4=0$
$(a-3)x+b+2=0$

STEP B 항등식의 계수비교법을 이용하여 a, b의 값 구하기

이 등식이 x에 대한 항등식이므로 양변의 동류항의 계수를 비교하면
$a-3=0$, $b+2=0$ ∴ $a=3$, $b=-2$
따라서 $ab=-6$

0142

STEP A $y=1-x$를 대입한 후 x에 대하여 정리하기

$x+y=1$에서 $y=1-x$를 등식 $ax^2+bxy+cy^2=2$에 대입하면
$ax^2+bx(1-x)+c(1-x)^2=2$
$(a-b+c)x^2+(b-2c)x+(c-2)=0$

STEP B 항등식의 계수비교법을 이용하여 a, b, c의 값 구하기

이 등식이 x에 대한 항등식이므로 양변의 동류항의 계수를 비교하면
$a-b+c=0$, $b-2c=0$, $c-2=0$
연립하여 풀면 $a=2$, $b=4$, $c=2$
따라서 $a+b+c=2+4+2=8$

$x+y=2$를 만족시키는 모든 실수 x, y에 대하여 등식
$$ax^2+xy+by^2+x+y-4=0$$
이 항상 성립하도록 상수 a, b에 대하여 $a+b$의 값을 구하시오.

STEP A $y=2-x$를 대입한 후 x에 대하여 정리하기

$y=2-x$를 등식 $ax^2+xy+by^2+x+y-4=0$에 대입하면
$ax^2+x(2-x)+b(2-x)^2+x+(2-x)-4=0$
$(a-1+b)x^2+(2-4b)x+(4b-2)=0$

STEP B 항등식의 계수비교법을 이용하여 a, b의 값 구하기

이 등식은 x에 대한 항등식이므로 계수를 비교하면
$a-1+b=0$, $4b-2=0$
연립하여 풀면 $a=\dfrac{1}{2}$, $b=\dfrac{1}{2}$
따라서 $a+b=\dfrac{1}{2}+\dfrac{1}{2}=1$

0143

STEP A 주어진 식에 $x=1$, $x=-1$을 대입하기

$(x^2-2x-1)^5=a_0+a_1x+a_2x^2+a_3x^3+\cdots+a_{10}x^{10}$ ⋯⋯ ㉠
조건 (가)에서 ㉠의 양변에 $x=1$을 대입하면
$a_0+a_1+a_2+\cdots+a_9+a_{10}=-2^5=-32$ ⋯⋯ ㉡
∴ $p=-32$
조건 (나)에서 ㉠의 양변에 $x=-1$을 대입하면
$a_0-a_1+a_2-\cdots-a_9+a_{10}=2^5=32$ ⋯⋯ ㉢
∴ $q=32$

STEP B $a_0+a_2+a_4+a_6+a_8+a_{10}$의 값 구하기

조건 (다)에서 ㉡+㉢을 하면
$2a_0+2a_2+2a_4+2a_6+2a_8+2a_{10}=0$
즉 $a_0+a_2+a_4+a_6+a_8+a_{10}=0$
∴ $r=0$

STEP C $a_1+a_3+a_5+a_7+a_9$의 값 구하기

조건 (라)에서 ㉡−㉢을 하면
$2a_1+2a_3+2a_5+2a_7+2a_9=-64$
즉 $a_1+a_3+a_5+a_7+a_9=-32$
∴ $s=-32$

STEP D a_0-a_{10}의 값 구하기

㉠의 양변에 $x=0$을 대입하면 $a_0=(-1)^5=-1$
$(x^2-2x-1)^5$의 상수항과 같으므로
$(x^2-2x-1)^5=a_0+a_1x+a_2x^2+a_3x^3+\cdots+a_{10}x^{10}$의
양변에 $x=0$을 대입하면 $a_0=-1$

a_{10}은 $(x^2-2x-1)^5$의 x^{10}의 계수와 같으므로 $a_{10}=1$
조건 (마)에서 $a_0-a_{10}=-1-1=-2$
∴ $t=-2$
따라서 $p+q+r+s+t=-32+32+0+(-32)+(-2)=-34$

0144
정답 ①

STEP A 상수항 a_0의 값 구하기

$(x^2-x+2)^5=a_0+a_1x+a_2x^2+\cdots+a_{10}x^{10}$ ...... ㉠

이 등식은 x에 대한 항등식이다.

a_0은 $(x^2-x+2)^5$의 상수항과 같으므로

㉠의 양변에 $x=0$을 대입하면 $a_0=2^5=32$ ...... ㉡

STEP B $a_0+a_1+a_2+\cdots+a_{10}$의 값 구하기

㉠의 양변에 $x=1$을 대입하면 $a_0+a_1+a_2+\cdots+a_{10}=2^5=32$ ...... ㉢

STEP C $a_1+a_2+\cdots+a_{10}$의 값 구하기

㉡, ㉢에서 $a_1+a_2+\cdots+a_{10}=32-a_0=32-32=0$

상수 a_0, a_1, $\cdots$, a_8에 대하여 등식
$$(2x^2-x+1)^4=a_0+a_1x+a_2x^2+\cdots+a_8x^8$$
이 x에 대한 항등일 때, $a_1+a_2+a_3+\cdots+a_8$의 값을 구하시오.

STEP A 상수항 a_0의 값 구하기

$(2x^2-x+1)^4=a_0+a_1x+a_2x^2+\cdots+a_8x^8$ ...... ㉠

이 등식은 x에 대한 항등식이다.

a_0은 $(2x^2-x+1)^4$의 상수항과 같으므로

㉠의 양변에 $x=0$을 대입하면 $a_0=1$ ...... ㉡

STEP B $a_0+a_1+a_2+a_3+\cdots+a_8$의 값 구하기

㉠의 양변에 $x=1$을 대입하면 $a_0+a_1+a_2+\cdots+a_8=2^4=16$ ...... ㉢

STEP C $a_1+a_2+a_3+\cdots+a_8$의 값 구하기

㉡, ㉢에서 $a_1+a_2+a_3+\cdots+a_8=16-a_0=16-1=15$

정답 15

0145
정답 ⑤

STEP A 주어진 식에 $x=1$, $x=-1$을 대입하기

$(x^2+x-2)^5=a_0+a_1x+a_2x^2+\cdots+a_{10}x^{10}$

이 등식이 x에 대한 항등식이므로 이 식의 양변에

$x=1$을 대입하면 $a_0+a_1+a_2+\cdots+a_{10}=0$ ...... ㉠

$x=-1$을 대입하면 $a_0-a_1+a_2-\cdots+a_{10}=(-2)^5=-32$ ...... ㉡

STEP B $a_1+a_3+a_5+a_7+a_9$의 값 구하기

㉠-㉡을 하면 $2(a_1+a_3+a_5+a_7+a_9)=32$

따라서 $a_1+a_3+a_5+a_7+a_9=16$

0146
정답 ③

STEP A a_0의 값 구하기

$(x^2-x+1)^5=a_0+a_1(x-1)+a_2(x-1)^2+\cdots+a_{10}(x-1)^{10}$ ...... ㉠

이 등식은 x에 대한 항등식이다.

a_0은 $(x^2-x+1)^5$의 상수항과 같으므로

㉠의 양변에 $x=1$을 대입하면 $a_0=1$

$(1-1+1)^5=a_0$ $\therefore a_0=1$ ...... ㉡

STEP B $a_0+a_1+a_2+\cdots+a_{10}$의 값 구하기

㉠의 양변에 $x=2$를 대입하면 $a_0+a_1+a_2+\cdots+a_{10}=3^5=243$ ...... ㉢

STEP C $a_1+a_2+\cdots+a_{10}$의 값 구하기

㉡, ㉢에서 $a_1+a_2+\cdots+a_{10}=243-a_0=243-1=242$

0147
정답 ③

STEP A 주어진 식에 $x=2$, $x=0$을 대입하기

$(x^3-2x+3)^2=a_0+a_1(x-1)+a_2(x-1)^2+a_3(x-1)^3$
$\qquad\qquad +a_4(x-1)^4+a_5(x-1)^5+a_6(x-1)^6$

이 등식은 x에 대한 항등식이므로 이 식의 양변에

$x=2$를 대입하면 $a_0+a_1+a_2+a_3+\cdots+a_6=7^2=49$ ...... ㉠

$x=0$을 대입하면 $a_0-a_1+a_2-a_3+a_4-a_5+a_6=3^2=9$ ...... ㉡

STEP B $a_0+a_2+a_4+a_6$의 값 구하기

㉠+㉡을 하면 $2(a_0+a_2+a_4+a_6)=58$

따라서 $a_0+a_2+a_4+a_6=\dfrac{1}{2}\times 58=29$

0148
정답 ⑤

STEP A 주어진 식에 $x=-1$, $x=-3$을 대입하기

$x^{10}+1=a_{10}(x+2)^{10}+a_9(x+2)^9+\cdots+a_1(x+2)+a_0$

이 등식은 x에 대한 항등식이므로 이 식의 양변에

$x=-1$을 대입하면 $a_{10}+a_9+\cdots+a_1+a_0=(-1)^{10}+1=2$ ...... ㉠

$x=-3$을 대입하면 $a_{10}-a_9+\cdots-a_1+a_0=(-3)^{10}+1=3^{10}+1$ ...... ㉡

STEP B $a_{10}+a_8+a_6+a_4+a_2+a_0$의 값 구하기

㉠+㉡을 하면 $2(a_{10}+a_8+a_6+a_4+a_2+a_0)=3^{10}+3$

따라서 $a_{10}+a_8+a_6+a_4+a_2+a_0=\dfrac{3^{10}+3}{2}$

모든 실수 x에 대하여 등식
$$x^{10}+1=a_{10}(x-2)^{10}+a_9(x-2)^9+\cdots+a_1(x-2)+a_0$$
이 성립할 때, $a_{10}+a_8+a_6+a_4+a_2+a_0$의 값은?
(단, a_0, a_1, a_2, $\cdots$, a_{10}은 상수이다.)

① $\dfrac{3^{10}-3}{2}$ ② $\dfrac{3^{10}-1}{2}$ ③ $\dfrac{3^{10}}{2}$

④ $\dfrac{3^{10}+1}{2}$ ⑤ $\dfrac{3^{10}+3}{2}$

STEP A 주어진 식에 $x=3$, $x=1$을 대입하기

$x^{10}+1=a_{10}(x-2)^{10}+a_9(x-2)^9+\cdots+a_1(x-2)+a_0$

이 등식은 x에 대한 항등식이므로 이 식의 양변에

$x=3$을 대입하면 $a_{10}+a_9+\cdots+a_1+a_0=3^{10}+1$ ...... ㉠

$x=1$을 대입하면 $a_{10}-a_9+\cdots-a_1+a_0=1^{10}+1=2$ ...... ㉡

STEP B $a_{10}+a_8+a_6+a_4+a_2+a_0$의 값 구하기

㉠+㉡을 하면 $2(a_{10}+a_8+a_6+a_4+a_2+a_0)=3^{10}+3$

따라서 $a_{10}+a_8+a_6+a_4+a_2+a_0=\dfrac{3^{10}+3}{2}$

정답 ⑤

0149 · 2020년 11월 고1 학력평가 6번 · 정답 ③

STEP A 항등식의 수치대입법을 이용하여 $a+b+c+d$의 값 구하기

등식 $(x+2)^3=ax^3+bx^2+cx+d$가 x에 대한 항등식이므로

이 식의 양변에 $x=1$을 대입하면 $(1+2)^3=a\times1^3+b\times1^2+c\times1+d$

따라서 $a+b+c+d=27$

mini 해설 | 항등식의 계수비교법을 이용하여 풀이하기

주어진 등식의 좌변을 전개하면

$(x+2)^3=x^3+3\times2\times x^2+3\times2^2\times x+2^3$ ← $(a+b)^3=a^3+3a^2b+3ab^2+b^3$

$\qquad\quad=x^3+6x^2+12x+8$

$\qquad\quad=ax^3+bx^2+cx+d$

위의 등식이 x에 대한 항등식이므로 양변의 동류항의 계수를 비교하면

$a=1,\ b=6,\ c=12,\ d=8$

따라서 $a+b+c+d=1+6+12+8=27$

내신 연계 출제문항 068

모든 실수 x에 대하여 등식 $(x+3)^3=ax^3+bx^2+cx+d$가 성립할 때, $a+b+c+d$의 값은? (단, a, b, c, d는 상수이다.)

① 14 　　　② 28 　　　③ 40

④ 52 　　　⑤ 64

STEP A 항등식의 수치대입법을 이용하여 $a+b+c+d$의 값 구하기

등식 $(x+3)^3=ax^3+bx^2+cx+d$가 x에 대한 항등식이므로

이 식의 양변에 $x=1$을 대입하면 $(1+3)^3=a\times1^3+b\times1^2+c\times1+d$

따라서 $a+b+c+d=64$

mini 해설 | 항등식의 계수비교법을 이용하여 풀이하기

주어진 등식의 좌변을 전개하면

$(x+3)^3=x^3+3\times3\times x^2+3\times3^2\times x+3^3$ ← $(a+b)^3=a^3+3a^2b+3ab^2+b^3$

$\qquad\quad=x^3+9x^2+27x+27$

$\qquad\quad=ax^3+bx^2+cx+d$

위의 등식이 x에 대한 항등식이므로 양변의 동류항의 계수를 비교하면

$a=1,\ b=9,\ c=27,\ d=27$

따라서 $a+b+c+d=1+9+27+27=64$

정답 ⑤

0150 · 정답 ③

STEP A 주어진 식을 $A=BQ+R$꼴로 나타내기

다항식 x^3-ax+b를 x^2-x+1로 나누었을 때 몫을 $Q(x)=x+c$ (단, c는 상수)라 하면 이때의 나머지가 $3x+2$이므로

$x^3-ax+b=(x^2-x+1)(x+c)+3x+2$

$\qquad\qquad=x^3+(c-1)x^2+(-c+4)x+c+2$

+α | 몫이 $x+c$인 이유!

삼차식을 이차식으로 나누었을 때 (삼차식)=(이차식)×(몫)+(나머지)이고 양변의 차수가 같아야 하므로 몫은 일차식이어야 한다.

이때 x^3의 계수가 1이므로 몫의 일차항의 계수도 1인 것을 알 수 있다.

STEP B 항등식의 계수비교법을 이용하여 a, b의 값 구하기

이 등식은 x에 대한 항등식이므로 양변의 동류항의 계수를 비교하면

$0=c-1,\ -a=-c+4,\ b=c+2$

$\therefore\ c=1,\ a=-3,\ b=3$

따라서 $a+b=0$

---

mini 해설 | 직접 나누어 나머지를 비교하여 풀이하기

다항식 x^3-ax+b를 x^2-x+1로 직접 나누면 다음과 같다.

$$\begin{array}{r}x+1 \quad\longleftarrow\ 몫\\ x^2-x+1\overline{\smash{)}\,x^3\qquad\quad -ax+b}\\ \underline{x^3-x^2\qquad +x}\\ x^2-(a+1)x+b\\ \underline{x^2-x+1}\\ -ax+b-1 \quad\longleftarrow\ 나머지\end{array}$$

이때 나머지가 $-ax+b-1=3x+2$, 즉 $a=-3,\ b-1=2$

따라서 $a=-3,\ b=3$이므로 $a+b=0$

0151 · 정답 ③

STEP A 주어진 식을 $A=BQ+R$꼴로 나타내기

x^3+ax^2+bx+3을 x^2-x+1로 나누었을 때,

몫을 $x+p$ (단, p는 상수)라 하면 이때의 나머지가 0이므로

$x^3+ax^2+bx+3=(x^2-x+1)(x+p)$

$\qquad\qquad\qquad\quad=x^3+(p-1)x^2+(1-p)x+p$

STEP B 항등식의 계수비교법을 이용하여 a, b의 값 구하기

이 등식은 x에 대한 항등식이므로 양변의 동류항의 계수를 비교하면

$p-1=a,\ 1-p=b,\ p=3$

$\therefore\ p=3,\ a=2,\ b=-2$

즉 몫은 $Q(x)=x+3,\ ab=2\times(-2)=-4$

따라서 $Q(ab)=Q(-4)=-4+3=-1$

다른풀이 직접 나누어 나머지를 비교하여 풀이하기

STEP A 나머지를 구하여 계수를 비교하기

다항식 x^3+ax^2+bx+3을 x^2-x+1로 직접 나누면 다음과 같다.

$$\begin{array}{r}x+(a+1) \quad\longleftarrow\ 몫\\ x^2-x+1\overline{\smash{)}\,x^3+\quad ax^2+\quad\ bx+3}\\ \underline{x^3-\quad x^2+\qquad x}\\ (a+1)x^2+(b-1)x+3\\ \underline{(a+1)x^2-(a+1)x+(a+1)}\\ (a+b)x-a+2 \quad\longleftarrow\ 나머지\end{array}$$

이때 나머지가 $(a+b)x-a+2=0$

즉 $a+b=0,\ -a+2=0$ $\therefore\ a=2,\ b=-2$

STEP B $Q(ab)$의 값 구하기

몫은 $Q(x)=x+3,\ ab=2\times(-2)=-4$

따라서 $Q(ab)=Q(-4)=-4+3=-1$

내신 연계 출제문항 069

다항식 x^3+ax+b가 x^2-x-4로 나누어떨어질 때, 몫을 $Q(x)$라 하자. 상수 a, b에 대하여 $Q(ab)$의 값은?

① -21 　　　② -20 　　　③ -11

④ 20 　　　⑤ 21

STEP A 주어진 식을 $A=BQ+R$꼴로 나타내기

x^3+ax+b를 x^2-x-4로 나누었을 때,

몫을 $Q(x)=x+c$ (단, c는 상수)라 하면 이때의 나머지가 0이므로

$x^3+ax+b=(x^2-x-4)(x+c)$

$\qquad\qquad=x^3+(c-1)x^2+(-c-4)x-4c$

이 등식은 x에 대한 항등식이므로 양변의 동류항의 계수를 비교하면
$c-1=0$, $a=-c-4$, $b=-4c$ $\therefore c=1$, $a=-5$, $b=-4$
즉 몫은 $Q(x)=x+1$이고 $ab=(-5)\times(-4)=20$
따라서 $Q(ab)=Q(20)=20+1=21$

다른풀이 직접 나누어 나머지를 비교하여 풀이하기

STEP A 나머지를 구하여 계수를 비교하기

다항식 x^3+ax+b를 x^2-x-4로 직접 나누면 다음과 같다.

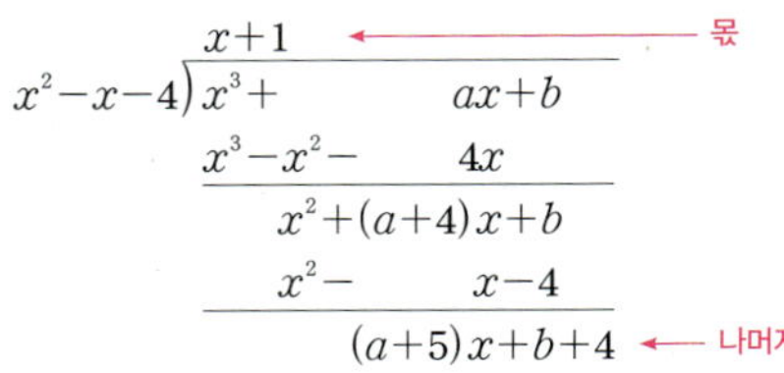

이때 나머지가 $(a+5)x+b+4=0$, 즉 $a+5=0$, $b+4=0$
$\therefore a=-5$, $b=-4$

STEP B $Q(ab)$의 값 구하기

몫은 $Q(x)=x+1$이고 $ab=(-5)\times(-4)=20$
따라서 $Q(ab)=Q(20)=20+1=21$

정답 ⑤

0152

정답 ③

STEP A 주어진 식을 $A=BQ+R$꼴로 나타내기

x^3+ax+b를 x^2-3x+2로 나누었을 때의 몫을 $Q(x)$라 하면
이때의 나머지가 $2x+1$이므로
$$x^3+ax+b=(x^2-3x+2)Q(x)+2x+1$$
$$=(x-1)(x-2)Q(x)+2x+1 \qquad \cdots\cdots \text{㉠}$$

STEP B 항등식의 수치대입법을 이용하여 a, b의 값 구하기

이 등식은 x에 대한 항등식이므로 수치대입법에 의하여
몫 $Q(x)$ 앞의 인수 $x(x-1)$이 0이 되는 $x=0$, $x=1$을 대입한다.
㉠의 양변에 $x=1$을 대입하면 $a+b=2$  $\cdots\cdots \text{㉡}$
㉠의 양변에 $x=2$을 대입하면 $2a+b=-3$  $\cdots\cdots \text{㉢}$
㉡, ㉢을 연립하여 풀면 $a=-5$, $b=7$
㉢-㉡을 하면 $a=-5$이고 $a=-5$를 ㉡에 대입하면 $b=7$
따라서 $b-a=7-(-5)=12$

mini해설 직접 나누어 나머지를 비교하여 풀이하기

다항식 x^3+ax+b를 x^2-3x+2로 직접 나누면 다음과 같다.

$$
\begin{array}{r}
x+3 \\
x^2-3x+2\,\overline{)\,x^3+\qquad\quad ax+b} \\
\underline{x^3-3x^2+\quad 2x}\quad\ \ \ \\
3x^2+(a-2)x+b \\
\underline{3x^2-\quad\ 9x+6} \\
(a+7)x+b-6
\end{array}
$$

이때 나머지가 $(a+7)x+b-6=2x+1$, 즉 $a+7=2$, $b-6=1$ $\therefore a=-5$, $b=7$
따라서 $b-a=7-(-5)=12$

내신 연계 출제문항 **070**

x에 대한 다항식 x^3+x^2-ax-b를 x^2-x로 나누었을 때의 나머지가 $x+2$일 때, 상수 a, b에 대하여 $2a+b$의 값은?

① 0 ② 2 ③ 3
④ 4 ⑤ 5

STEP A 주어진 식을 $A=BQ+R$꼴로 나타내기

x^3+x^2-ax-b를 x^2-x로 나누었을 때의 몫을 $Q(x)$라 하면
이때의 나머지가 $x+2$이므로
$$x^3+x^2-ax-b=(x^2-x)Q(x)+x+2$$
$$=x(x-1)Q(x)+x+2 \qquad \cdots\cdots \text{㉠}$$

STEP B 항등식의 수치대입법을 이용하여 a, b의 값 구하기

이 등식은 x에 대한 항등식이므로 수치대입법에 의하여
몫 $Q(x)$ 앞의 인수 $x(x-1)$이 0이 되는 $x=0$, $x=1$을 대입한다.
㉠의 양변에 $x=0$을 대입하면 $-b=2$ $\therefore b=-2$
㉠의 양변에 $x=1$을 대입하면 $2-a-b=3$ $\therefore a=1\ (\because b=-2)$
따라서 $2a+b=0$

mini해설 직접 나누어 나머지를 비교하여 풀이하기

다항식 x^3+x^2-ax-b를 x^2-x로 직접 나누면 다음과 같다.

$$
\begin{array}{r}
x+2 \\
x^2-x\,\overline{)\,x^3+x^2-ax-b} \\
\underline{x^3-x^2}\qquad\qquad \\
2x^2-ax-b \\
\underline{2x^2-2x}\qquad \\
(-a+2)x-b
\end{array}
$$

이때 나머지가 $(-a+2)x-b=x+2$, 즉 $-a+2=1$, $-b=2$
따라서 $a=1$, $b=-2$이므로 $2a+b=0$

정답 ①

0153

정답 ②

STEP A 주어진 식을 $A=BQ+R$꼴로 나타내기

x^3+ax^2+bx-8을 x^2-3x-4로 나누었을 때의 몫을 $Q(x)$라 하면
이때의 나머지가 0이므로
$$x^3+ax^2+bx-8=(x^2-3x-4)Q(x)$$
$$=(x+1)(x-4)Q(x) \qquad \cdots\cdots \text{㉠}$$

STEP B 항등식의 수치대입법을 이용하여 a, b의 값 구하기

㉠은 x에 대한 항등식이므로 수치대입법에 의하여
㉠의 양변에 $x=-1$을 대입하면 $-1+a-b-8=0$
$\therefore a-b=9$  $\cdots\cdots \text{㉡}$
㉠의 양변에 $x=4$를 대입하면 $64+16a+4b-8=0$
$\therefore 4a+b=-14$ $\cdots\cdots \text{㉢}$
㉡, ㉢을 연립하여 풀면 $a=-1$, $b=-10$
따라서 $a+b=-1+(-10)=-11$

mini해설 직접 나누어 나머지를 비교하여 풀이하기

다항식 x^3+ax^2+bx-8을 x^2-3x-4로 직접 나누면 다음과 같다.

$$
\begin{array}{r}
x+(a+3) \\
x^2-3x-4\,\overline{)\,x^3+\ \ ax^2+\quad\ \ bx-8} \\
\underline{x^3-\ \ 3x^2-\qquad 4x}\quad\ \ \ \\
(a+3)x^2+\quad (b+4)x-8 \\
\underline{(a+3)x^2-\ 3(a+3)x-4(a+3)} \\
(3a+b+13)x+4a+4
\end{array}
$$

이때 나머지가 $(3a+b+13)x+4a+4=0$, 즉 $3a+b+13=0$, $4a+4=0$
따라서 $a=-1$, $b=-10$이므로 $a+b=-1+(-10)=-11$

0154

STEP A 주어진 식을 $A=BQ+R$꼴로 나타내기

x^3+2x^2+ax+b를 x^2-x+1로 나누었을 때,

몫을 $x+p$ (단, p는 상수)라 하면 이때의 나머지가 0이므로

$x^3+2x^2+ax+b=(x^2-x+1)(x+p)$

$\qquad\qquad\qquad=x^3+(p-1)x^2+(1-p)x+p$

STEP B 항등식의 계수비교법을 이용하여 a, b의 값 구하기

이 등식은 x에 대한 항등식이므로 양변의 동류항의 계수를 비교하면

$2=p-1$, $a=1-p$, $b=p$

$\therefore p=3$, $a=-2$, $b=3$

$\therefore f(x)=x^3+2x^2-2x+3$

> **+α** | 다항식 x^3+2x^2+ax+b를 x^2-x+1로 직접 나누면 다음과 같아!
>
> $$\begin{array}{r} x+3 \\ x^2-x+1{\overline{\smash{\big)}\,x^3+2x^2+\quad ax+b}} \\ \underline{x^3-x^2+\quad\; x} \\ 3x^2+(a-1)x+b \\ \underline{3x^2\quad\;-3x+3} \\ (a+2)x+b-3 \end{array}$$
>
> 이때 나머지가 $(a+2)x+b-3=0$
>
> 즉 $a+2=0$, $b-3=0$ $\therefore a=-2$, $b=3$

STEP C 다항식 $f(x)$를 x^2-2로 나누었을 때의 나머지 구하기

다항식 x^3+2x^2-2x+3을 x^2-2로 직접 나누면 다음과 같다.

$$\begin{array}{r} x+2 \quad\leftarrow \text{몫}\\ x^2-2{\overline{\smash{\big)}\,x^3+2x^2-2x+3}} \\ \underline{x^3\qquad-2x} \\ 2x^2\qquad+3 \\ \underline{2x^2\qquad-4} \\ 7 \quad\leftarrow \text{나머지} \end{array}$$

따라서 나머지는 7

0155

STEP A 주어진 식을 $A=BQ+R$꼴로 나타내기

다항식 $(x+2)(x-1)(x+a)+b(x-1)$을

x^2+4x+5로 나누었을 때의 몫을 $Q(x)=x+c$ (단, c는 상수)라 하면
　　　　　좌변이 최고차항의 계수가 1인 삼차식이므로 몫을 $x+c$라 한다.

이때의 나머지가 0이므로

$(x+2)(x-1)(x+a)+b(x-1)=(x^2+4x+5)(x+c)$

STEP B 항등식의 수치대입법을 이용하여 c의 값 구하기

위의 등식이 x에 대한 항등식이므로 양변에 $x=1$을 대입하면
　　　　　　좌변이 0이 되도록 $x=1$을 대입한다.

$0=10(1+c)$, $1+c=0$

$\therefore c=-1$

STEP C 항등식의 계수비교법을 이용하여 a, b의 값 구하기

$(x+2)(x-1)(x+a)+b(x-1)=(x^2+4x+5)(x-1)$에서

$(x-1)\{(x+2)(x+a)+b\}=(x^2+4x+5)(x-1)$

$(x-1)\{x^2+(2+a)x+2a+b\}=(x-1)(x^2+4x+5)$

이 등식이 x에 대한 항등식이므로 양변의 동류항의 계수를 비교하면

$a+2=4$, $2a+b=5$

$\therefore a=2$, $b=1$

따라서 $a+b=2+1=3$

다른풀이 주어진 식의 인수를 비교하여 풀이하기

STEP A 주어진 식을 $A=BQ+R$꼴로 나타내기

다항식 $(x+2)(x-1)(x+a)+b(x-1)$을 x^2+4x+5로 나누었을 때의

몫을 $Q(x)$라 하면 이때의 나머지가 0이므로

$(x+2)(x-1)(x+a)+b(x-1)=(x^2+4x+5)Q(x)$

$(x-1)\{(x+2)(x+a)+b\}=(x^2+4x+5)Q(x)$ $\qquad$ …… ㉠

STEP B ㉠의 양변을 비교하여 $Q(x)$ 구하기

x^2+4x+5는 $x-1$을 인수로 갖지 않고

> **+α** | x^2+4x+5가 $x-1$을 인수로 갖지 않는 이유!
>
> $f(x)=x^2+4x+5$라 하자.
>
> 인수정리에 의하여 $f(x)$가 $x-1$을 인수로 가지면 $f(1)=0$이 성립해야 한다.
>
> 그런데 $f(1)=1+4+5=10$이므로 $f(x)$는 $x-1$을 인수로 갖지 않는다.

좌변은 최고차항의 계수가 1인 삼차식이므로

$Q(x)$는 $x-1$을 인수로 갖는 일차식이어야 한다.

　　㉠의 양변에 $x=1$을 대입하면 $0=(1+4+5)Q(1)$에서 $Q(1)=0$

즉 $Q(x)=x-1$

STEP C 항등식의 계수비교법을 이용하여 a, b의 값 구하기

㉠에서 $x^2+4x+5=(x+2)(x+a)+b$

$\qquad\qquad\qquad=x^2+(2+a)x+2a+b$

는 x에 대한 항등식이므로 양변의 동류항의 계수를 비교하면

$4=2+a$, $5=2a+b$ $\therefore a=2$, $b=1$

따라서 $a+b=2+1=3$

다항식 $(x+2)(x-1)(x+a)+b(x-1)$이 x^2+3x+4로 나누어떨어질 때, 상수 a, b에 대하여 $a+b$의 값을 구하시오.

STEP A 주어진 식을 $A=BQ+R$꼴로 나타내기

다항식 $(x+2)(x-1)(x+a)+b(x-1)$을 x^2+3x+4로 나누었을 때의

몫을 $Q(x)=x+c$ (단, c는 상수)라 하면
　　좌변의 삼차식이고 계수가 1이므로 몫을 $x+c$라 한다.

이때의 나머지가 0이므로

$(x+2)(x-1)(x+a)+b(x-1)=(x^2+3x+4)(x+c)$

STEP B 항등식의 수치대입법을 이용하여 c의 값 구하기

위의 등식이 x에 대한 항등식이므로 양변에 $x=1$을 대입하면

$0=8(1+c)$, $1+c=0$ $\therefore c=-1$

STEP C 항등식의 계수비교법을 이용하여 a, b의 값 구하기

$(x+2)(x-1)(x+a)+b(x-1)=(x^2+3x+4)(x-1)$에서

$(x-1)\{(x+2)(x+a)+b\}=(x^2+3x+4)(x-1)$

$(x-1)\{x^2+(a+2)x+2a+b\}=(x-1)(x^2+3x+4)$

이 등식이 x에 대한 항등식이므로 양변의 동류항의 계수를 비교하면

$a+2=3$, $2a+b=4$ $\therefore a=1$, $b=2$

따라서 $a+b=1+2=3$

다른풀이 주어진 식의 인수를 비교하여 풀이하기

STEP A 주어진 식을 $A=BQ+R$꼴로 나타내기

다항식 $(x+2)(x-1)(x+a)+b(x-1)$을 x^2+3x+4로 나누었을 때의

몫을 $Q(x)$라 하면 이때의 나머지가 0이므로

$(x+2)(x-1)(x+a)+b(x-1)=(x^2+3x+4)Q(x)$

$(x-1)\{(x+2)(x+a)+b\}=(x^2+3x+4)Q(x)$

양변에 $x=1$을 대입하면 $0=(1+3+4)Q(1)$에서 $Q(1)=0$이므로 $Q(x)=x-1$

x^2+3x+4는 $x-1$을 인수로 갖지 않고

좌변은 최고차항의 계수가 1인 삼차식이므로

$Q(x)=x-1$ ← 나누었을 때의 몫이 $Q(x)$이므로 일차식이고 $x-1$을 인수로 갖는다.

$x^2+3x+4=(x+2)(x+a)+b$
$\qquad\quad =x^2+(2+a)x+2a+b$

는 x에 대한 항등식이므로 양변의 동류항의 계수를 비교하면

$3=2+a$, $4=2a+b$ $\therefore a=1$, $b=2$

따라서 $a+b=1+2=3$

정답 3

0156

2021년 06월 고1 학력평가 16번 정답 ⑤

STEP Ⓐ 조건 (가), (나)를 이용하여 $f(x)$의 식 작성하기

삼차다항식 $f(x)$의 최고차항의 계수는 1이고

조건 (나)에 의하여 $f(x)$를 $(x-2)^2$으로 나눈 나머지가 $2(x-2)$이므로

몫을 $x+c$ (단, c는 상수)라 하면

$f(x)=(x-2)^2(x+c)+2(x-2)$

이때 조건 (가)에 의하여 $f(0)=4c-4=0$이므로 $c=1$

$x=0$을 $f(x)=(x-2)^2(x+c)+2(x-2)$에 대입한다.

$\therefore f(x)=(x-2)^2(x+1)+2(x-2)$

> **+α** | 몫이 $x+c$인 이유!
>
> 삼차식 $f(x)$를 이차식 $(x-2)^2$으로 나누었으므로 이때의 몫은 일차식이고
> $f(x)$와 $(x-2)^2$의 최고차항의 계수가 1이므로 몫의 최고차항의 계수도 1이어야 한다.
> 즉 $Q(x)=x+c$ (c는 상수)라 놓을 수 있다.

STEP Ⓑ $f(x)$를 $x-1$로 나눈 몫 $Q(x)$ 구하기

$f(x)=(x-2)^2(x+1)+2(x-2)$
$\qquad =(x^2-4x+4)(x+1)+2(x-2)$
$\qquad =x^3-3x^2+2x$ ← $f(x)=x^3-3x^2+2x$에서 $f(1)=0$
$\qquad =(x-1)(x^2-2x)$

이므로 조립제법을 이용한다.

$$
\begin{array}{r|rrrr}
1 & 1 & -3 & 2 & 0 \\
  &   & 1 & -2 & 0 \\
\hline
  & 1 & -2 & 0 & 0
\end{array}
$$

이므로

$f(x)$를 $x-1$로 나눈 몫은 $Q(x)=x^2-2x$

따라서 $Q(5)=5^2-2\times5=15$

> **+α** | $f(x)$를 공통인수로 묶어서 인수분해할 수도 있어!
>
> $f(x)=(x-2)^2(x+1)+2(x-2)$
> $\qquad =(x-2)\{(x-2)(x+1)+2\}$
> $\qquad =(x-2)(x^2-x)$
> $\qquad =(x-1)\{x(x-2)\}$
> 이므로 $f(x)$를 $x-1$로 나눈 몫은 $Q(x)=x(x-2)$
> 따라서 $Q(5)=5\times3=15$

다른풀이 $f(x)=x^3+ax^2+bx$라 두고 풀이하기

STEP Ⓐ 조건 (가), (나)를 이용하여 $f(x)$의 식 작성하기

삼차다항식 $f(x)$의 최고차항의 계수가 1이므로

조건 (가)에 의하여 $f(x)=x^3+ax^2+bx$ (a, b는 상수)로 놓을 수 있다.

$f(0)=0$이므로 삼차다항식의 상수항이 0이다.

조건 (나)에서 $f(x)$를 $(x-2)^2$으로 나눈 몫을 $P(x)$라 하면

나머지가 $2(x-2)$이므로

$f(x)=(x-2)^2P(x)+2(x-2)$

또한, $f(x)=x^3+ax^2+bx$이므로

$x(x^2+ax+b)=(x-2)^2P(x)+2(x-2)$ …… ㉠

$x=2$를 ㉠에 대입하면 $2(4+2a+b)=0$에서

우변이 0이 되도록 하는 $x=2$를 대입한다.

048

$b=-2a-4$ …… ㉡

㉡을 ㉠에 대입하면

$x(x^2+ax-2a-4)=(x-2)^2P(x)+2(x-2)$

$x(x-2)(x+a+2)=(x-2)\{(x-2)P(x)+2\}$

$\therefore x(x+a+2)=(x-2)P(x)+2$ …… ㉢

$x=2$를 ㉢에 대입하면

$2(2+a+2)=2$에서 $a=-3$

$a=-3$을 ㉡에 대입하면 $b=2$

$f(x)=x^3-3x^2+2x=x(x-1)(x-2)$

STEP Ⓑ $f(x)$를 $x-1$로 나눈 몫 $Q(x)$ 구하기

즉 $f(x)$를 $x-1$로 나눈 몫은 $Q(x)=x(x-2)$

$f(x)=x(x-1)(x-2)=(x-1)\{x(x-2)\}$

따라서 $Q(5)=5\times(5-2)=15$

최고차항의 계수가 1인 삼차다항식 $f(x)$가 다음 조건을 만족시킨다.

> (가) $f(0)=0$
>
> (나) $f(x)$를 $(x-1)^2$으로 나눈 나머지가 $2(x-1)$이다.

$f(x)$를 $x+1$로 나눈 몫을 $Q(x)$라 할 때, $Q(6)$의 값은?

① 20　　　② 25　　　③ 30
④ 35　　　⑤ 40

STEP Ⓐ 다항식의 나눗셈을 이용하여 $f(x)$의 식 작성하기

삼차다항식 $f(x)$의 최고차항의 계수가 1이고

조건 (나)에 의하여 $f(x)$를 $(x-1)^2$으로 나눈 나머지가 $2(x-1)$이므로

몫을 $x+c$ (단, c는 상수)라 하면

$f(x)=(x-1)^2(x+c)+2(x-1)$

이때 조건 (가)에 의하여 $f(0)=c-2=0$이므로 $c=2$

$x=0$을 $f(x)=(x-1)^2(x+c)+2(x-1)$에 대입한다.

$\therefore f(x)=(x-1)^2(x+2)+2(x-1)$

> **+α** | 몫이 $x+c$인 이유!
>
> 삼차식 $f(x)$를 이차식 $(x-2)^2$으로 나누었으므로 이때의 몫은 일차식이고
> $f(x)$의 최고차항의 계수가 1이므로 몫의 최고차항의 계수도 1이어야 한다.
> 즉 $Q(x)=x+c$

STEP Ⓑ $f(x)$를 $x+1$로 나눈 몫 $Q(x)$ 구하기

$f(x)=(x-1)^2(x+2)+2(x-1)$
$\qquad =(x^2-2x+1)(x+2)+2(x-1)$
$\qquad =x^3-x$
$\qquad =x(x-1)(x+1)$

이므로

$f(x)$를 $x+1$로 나눈 몫은 $Q(x)=x(x-1)$

따라서 $Q(6)=6\times5=30$

> **+α** | $f(x)$를 공통인수로 묶어서 인수분해할 수도 있어!
>
> $f(x)=(x-1)^2(x+2)+2(x-1)$
> $\qquad =(x-1)\{(x-1)(x+2)+2\}$
> $\qquad =(x-1)(x^2+x)$
> $\qquad =(x-1)x(x+1)$
> 이므로 $f(x)$를 $x+1$로 나눈 몫은 $Q(x)=x(x-1)$
> 따라서 $Q(6)=6\times5=30$

다른풀이 $f(x)=x^3+ax^2+bx$라 두고 풀이하기

STEP Ⓐ **조건 (가), (나)를 이용하여 $f(x)$의 식 작성하기**

삼차다항식 $f(x)$의 최고차항의 계수가 1이고

조건 (가)에 의하여 $f(x)=x^3+ax^2+bx$ (a, b는 상수)로 놓을 수 있다.
$f(0)=0$이므로 삼차다항식의 상수항이 0이다.

조건 (나)에서 $f(x)$를 $(x-1)^2$으로 나눈 몫을 $P(x)$라 하면

나머지가 $2(x-1)$이므로

$f(x)=(x-1)^2P(x)+2(x-1)$

또한, $f(x)=x^3+ax^2+bx$이므로

$x(x^2+ax+b)=(x-1)^2P(x)+2(x-1)$ …… ㉠

$x=1$을 ㉠에 대입하면 $(1+a+b)=0$에서
우변이 0이 되도록 하는 $x=1$을 대입한다.

$b=-a-1$ …… ㉡

㉡을 ㉠에 대입하면

$x(x^2+ax-a-1)=(x-1)^2P(x)+2(x-1)$

$x(x-1)(x+a+1)=(x-1)\{(x-1)P(x)+2\}$

$\therefore\ x(x+a+1)=(x-1)P(x)+2$ …… ㉢

$x=1$을 ㉢에 대입하면 $1+a+1=2$에서 $a=0$

$a=0$을 ㉡에 대입하면 $b=-1$

$f(x)=x^3-x=x(x-1)(x+1)$

STEP Ⓑ **$f(x)$를 $x+1$로 나눈 몫 $Q(x)$ 구하기**

즉 $f(x)$를 $x+1$로 나눈 몫을 $Q(x)$라 할 때, $Q(x)=x(x-1)$
$f(x)=x(x-1)(x+1)=(x+1)\{x(x-1)\}$

따라서 $Q(6)=6\times(6-1)=30$

정답 ③

0157

정답 26

STEP Ⓐ **나머지정리를 이용하여 $f(4)$의 값 구하기**

다항식 $f(x)$를 $x-4$로 나누었을 때의 나머지가 13이므로

나머지정리에 의하여 $f(4)=13$
다항식 $f(x)$를 일차식 $x-\alpha$로 나눈 나머지는 $f(\alpha)$이다.

STEP Ⓑ **$(x-2)f(x)$를 $x-4$로 나누었을 때의 나머지 구하기**

따라서 $g(x)=(x-2)f(x)$라 하면 다항식 $g(x)$를 $x-4$로 나누었을 때의

나머지는 나머지정리에 의하여 $g(4)=(4-2)f(4)=2f(4)=2\times13=26$

0158

정답 ②

STEP Ⓐ **주어진 식을 $A=BQ+R$꼴로 나타내기**

다항식 $f(x)$를 x^2-1로 나누었을 때의 몫을 $Q(x)$라 하면

이때의 나머지가 $x+3$이므로

$f(x)=(x^2-1)Q(x)+x+3$ …… ㉠

STEP Ⓑ **$(x-1)f(x)$를 $x+1$로 나누었을 때의 나머지 구하기**

㉠의 양변에 $x=-1$을 대입하면 $f(-1)=-1+3=2$

따라서 $g(x)=(x-1)f(x)$라 하면 다항식 $g(x)$를 $x+1$로 나누었을 때의

나머지는 나머지정리에 의하여 $g(-1)=(-1-1)f(-1)=-2\times2=-4$

0159

정답 ②

STEP Ⓐ **나머지정리를 이용하여 $f(-2)$, $g(-2)$의 값 구하기**

두 다항식 $f(x)$, $g(x)$를 $x+2$로 나누었을 때의 나머지가 각각 5, -6이므로

나머지정리에 의하여 $f(-2)=5$, $g(-2)=-6$ …… ㉠

STEP Ⓑ **$3f(x)+2g(x)$를 $x+2$로 나누었을 때의 나머지 구하기**

따라서 $3f(x)+2g(x)$를 $x+2$로 나누었을 때의 나머지는 나머지정리에 의하여

$3f(-2)+2g(-2)=3\times5+2\times(-6)=3$ ($\therefore$ ㉠)

0160

정답 ②

STEP Ⓐ **나머지정리를 이용하여 자연수 n의 값 구하기**

$P(x)=2x^2+x+2$를 $2x+n$으로 나누었을 때의 나머지가 12이므로

나머지정리에 의하여 $P\left(-\dfrac{n}{2}\right)=12$

$2\times\dfrac{n^2}{4}-\dfrac{n}{2}+2=12$, $n^2-n-20=0$, $(n-5)(n+4)=0$

$\therefore\ n=5$ 또는 $n=-4$

이때 n은 자연수이므로 $n=5$

STEP Ⓑ **$P(x)$를 $2x-n$으로 나누었을 때의 나머지 구하기**

따라서 $P(x)=2x^2+x+2$를 $2x-n$, 즉 $2x-5$로 나누었을 때의 나머지는

나머지정리에 의하여 $P\left(\dfrac{5}{2}\right)=2\times\left(\dfrac{5}{2}\right)^2+\dfrac{5}{2}+2=\dfrac{25}{2}+\dfrac{5}{2}+2=17$

내신연계 출제문항 073

자연수 n에 대하여 다항식 $P(x)=3x^2+x+2$를 $3x+n$으로 나누었을 때의

나머지가 6일 때, $P(x)$를 $3x-2n$으로 나누었을 때의 나머지는?

① 24 ② 25 ③ 26

④ 27 ⑤ 28

STEP Ⓐ **나머지정리를 이용하여 자연수 n의 값 구하기**

$P(x)=3x^2+x+2$를 $3x+n$으로 나누었을 때의 나머지가 6이므로

나머지정리에 의하여 $P\left(-\dfrac{n}{3}\right)=6$

$3\times\dfrac{n^2}{9}-\dfrac{n}{3}+2=6$, $n^2-n-12=0$, $(n-4)(n+3)=0$

$\therefore\ n=4$ 또는 $n=-3$

이때 n은 자연수이므로 $n=4$

STEP Ⓑ **$P(x)$를 $3x-2n$으로 나누었을 때의 나머지 구하기**

따라서 $P(x)$를 $3x-2n$, 즉 $3x-8$로 나누었을 때의 나머지는 나머지정리에

의하여 $P\left(\dfrac{8}{3}\right)=3\times\left(\dfrac{8}{3}\right)^2+\dfrac{8}{3}+2=\dfrac{64}{3}+\dfrac{8}{3}+2=26$

정답 ③

0161

정답 2

STEP Ⓐ **나머지정리를 이용하여 R의 값 구하기**

$x^{10}+1$을 $x-1$로 나누었을 때의 나머지는 나머지정리에 의하여

$1^{10}+1=R$ $\therefore\ R=2$

STEP Ⓑ **$Q(-1)$의 값 구하기**

$x^{10}+1$을 $x-1$로 나누었을 때의 몫이 $Q(x)$이므로

$x^{10}+1=(x-1)Q(x)+2$

이 등식의 양변에 $x=-1$을 대입하면 $(-1)^{10}+1=(-1-1)Q(-1)+2$

$\therefore\ Q(-1)=0$

STEP Ⓒ **$Q(-1)+R$의 값 구하기**

따라서 $Q(-1)+R=0+2=2$

다항식 $x^{20}+1$을 $x+1$로 나누었을 때의 몫을 $Q(x)$, 나머지를 R이라 할 때, $Q(1)+R$의 값은?

① 2 　　　　② 3 　　　　③ 4
④ 5 　　　　⑤ 6

STEP A **나머지정리를 이용하여 R의 값 구하기**

$x^{20}+1$을 $x+1$로 나누었을 때의 나머지는 나머지정리에 의하여
$(-1)^{20}+1=R$ 　 $\therefore R=2$

STEP B **$Q(1)$의 값 구하기**

$x^{20}+1$을 $x+1$로 나누었을 때의 몫이 $Q(x)$이므로
$x^{20}+1=(x+1)Q(x)+2$
이 등식의 양변에 $x=1$을 대입하면 $1^{20}+1=(1+1)Q(1)+2$
$\therefore Q(1)=0$

STEP C **$Q(1)+R$의 값 구하기**

따라서 $Q(1)+R=0+2=2$ 　　　　정답 ①

0162 　2023년 06월 고1 학력평가 11번 　정답 ②

STEP A **나머지정리를 이용하여 a, b의 관계식 구하기**

이차다항식 $P(x)$는 최고차항의 계수가 1이므로
$P(x)=x^2+ax+b$ (단, a, b는 상수)라 하자.
조건 (가)에서 $x-1$로 나누었을 때의 나머지가 1이므로
나머지정리에 의하여 $P(1)=1$
$P(1)=1+a+b=1$ 　 $\therefore a+b=0$ 　　…… ㉠
조건 (나)에서 $x-2$로 나누었을 때의 나머지가 2이므로
나머지정리에 의하여 $2P(2)=2$, $P(2)=1$
$P(2)=4+2a+b=1$ 　 $\therefore 2a+b=-3$ 　　…… ㉡

STEP B **두 일차방정식을 연립하여 a, b의 값 구하기**

㉡-㉠을 하면 $a=-3$
$a=-3$을 ㉠에 대입하면 $-3+b=0$ 　 $\therefore b=3$

STEP C **$P(4)$의 값 구하기**

따라서 $P(x)=x^2-3x+3$이므로 $P(4)=4^2-3\times4+3=16-12+3=7$

최고차항의 계수가 1인 이차다항식 $P(x)$가 다음 조건을 만족시킬 때, $P(x)$를 $x-4$로 나눈 나머지는?

> (가) $P(x)$를 $x-1$로 나누었을 때의 나머지는 1이다.
> (나) $xP(x)$를 $x-3$으로 나누었을 때의 나머지는 3이다.

① 3 　　　　② 4 　　　　③ 5
④ 6 　　　　⑤ 7

STEP A **나머지정리를 이용하여 a, b의 관계식 구하기**

이차다항식 $P(x)$는 최고차항의 계수가 1이므로
$P(x)=x^2+ax+b$ (단, a, b는 상수)라 하자.
조건 (가)에서 $x-1$로 나누었을 때의 나머지가 1이므로
나머지정리에 의하여 $P(1)=1$
$P(1)=1+a+b=1$ 　 $\therefore a+b=0$ 　　…… ㉠

조건 (나)에서 $x-3$으로 나누었을 때의 나머지가 3이므로
나머지정리에 의하여 $3P(3)=3$, $P(3)=1$
$P(3)=9+3a+b=1$ 　 $\therefore 3a+b=-8$ 　　…… ㉡

STEP B **두 일차방정식을 연립하여 a, b의 값 구하기**

㉡-㉠을 하면 $a=-4$
$a=-4$를 ㉠에 대입하면 $-4+b=0$ 　 $\therefore b=4$
$\therefore P(x)=x^2-4x+4$

STEP C **$P(4)$의 값 구하기**

따라서 $P(x)$를 $x-4$로 나눈 나머지는 나머지정리에 의하여
$P(4)=4^2-4\times4+4=16-16+4=4$ 　　　　정답 ②

0163 　2021년 11월 고1 학력평가 7번 　정답 ①

STEP A **나머지정리를 이용하여 $f(1)$의 값 구하기**

다항식 $(x+3)\{f(x)-2\}$를 $x-1$로 나눈 나머지가 16이므로
나머지정리에 의하여 $4\times\{f(1)-2\}=16$
다항식 $f(x)$를 일차식 $x-\alpha$로 나눈 나머지는 $f(\alpha)$이다.
$f(1)-2=4$ 　 $\therefore f(1)=6$ 　　…… ㉠

STEP B **다항식 $f(x)$를 $x-1$로 나눈 나머지 구하기**

따라서 다항식 $f(x)$를 일차식 $x-1$로 나눈 나머지는 나머지정리에 의하여
$f(1)=6$ ($\because$ ㉠)

다항식 $f(x)$에 대하여 다항식 $(x+4)\{f(x)-2\}$를 $x-1$로 나눈 나머지가 15일 때, 다항식 $f(x)$를 $x-1$로 나눈 나머지는?

① 5 　　　　② 6 　　　　③ 7
④ 8 　　　　⑤ 9

STEP A **나머지정리를 이용하여 $f(1)$의 값 구하기**

다항식 $(x+4)\{f(x)-2\}$를 $x-1$로 나눈 나머지가 15이므로
나머지정리에 의하여 $5\times\{f(1)-2\}=15$
다항식 $f(x)$를 일차식 $x-\alpha$로 나눈 나머지는 $f(\alpha)$이다.
$f(1)-2=3$ 　 $\therefore f(1)=5$ 　　…… ㉠

STEP B **다항식 $f(x)$를 $x-1$로 나눈 나머지 구하기**

따라서 다항식 $f(x)$를 $x-1$로 나눈 나머지는 나머지정리에 의하여
$f(1)=5$ ($\because$ ㉠) 　　　　정답 ①

0164 　정답 ⑤

STEP A **주어진 식을 $A=BQ+R$꼴로 나타내기**

다항식 $P(x)$를 x^2-3x-4으로 나눈 나머지가 $2x+1$일 때, 몫을 $Q(x)$라 하면
$P(x)=(x^2-3x-4)Q(x)+2x+1$
　　　$=(x+1)(x-4)Q(x)+2x+1$

STEP B **$P(x)$를 $x+1$로 나눈 나머지 구하기**

따라서 다항식 $P(x)$를 $x+1$로 나눈 나머지는 나머지정리에 의하여
다항식 $f(x)$를 일차식 $x-\alpha$로 나눈 나머지는 $f(\alpha)$이다.
$P(-1)=0\times Q(-1)-2+1=-1$

0165

STEP A 주어진 식을 $A=BQ+R$꼴로 나타내기

다항식 $P(x)$를 $x-3$으로 나눈 몫은 x^2+3x-2이고
나머지가 5이므로
$$P(x)=(x-3)(x^2+3x-2)+5 \qquad \cdots\cdots \text{㉠}$$

STEP B $P(x)$를 $x+2$로 나눈 나머지 구하기

따라서 다항식 $P(x)$를 $x+2$로 나눈 나머지는 나머지정리에 의하여
$$P(-2)=(-2-3)(4-6-2)+5=-5\times(-4)+5=25$$

0166

STEP A 주어진 식을 $A=BQ+R$꼴로 나타내기

다항식 $P(x)$를 x^3-8로 나누었을 때의 몫을 $Q_1(x)$,
다항식 $G(x)$를 x^2+x-6으로 나누었을 때의 몫을 $Q_2(x)$라 하면
$$\begin{aligned}
P(x)&=(x^3-8)Q_1(x)+x^2+x+1\\
&=(x-2)(x^2+2x+4)Q_1(x)+x^2+x+1 \qquad \cdots\cdots \text{㉠}\\
G(x)&=(x^2+x-6)Q_2(x)+2x-1\\
&=(x-2)(x+3)Q_2(x)+2x-1 \qquad \cdots\cdots \text{㉡}
\end{aligned}$$

STEP B $2P(x)-3G(x)$를 $x-2$로 나누었을 때의 나머지 구하기

이때 ㉠, ㉡에 각각 $x=2$를 대입하면 $P(2)=7$, $G(2)=3$
따라서 다항식 $2P(x)-3G(x)$를 $x-2$로 나누었을 때의 나머지는 나머지정리에
의하여 $2P(2)-3G(2)=2\times7-3\times3=5$

0167

STEP A 나머지정리를 이용하여 $P(-2)$, $Q(-2)$의 관계식 구하기

$P(x)-Q(x)$를 $x+2$로 나누었을 때의 나머지가 -3이므로
나머지정리에 의하여 $P(-2)-Q(-2)=-3$ $\qquad \cdots\cdots \text{㉠}$
$P(x)+Q(x)$를 $x+2$로 나누었을 때의 나머지가 7이므로
나머지정리에 의하여 $P(-2)+Q(-2)=7$ $\qquad \cdots\cdots \text{㉡}$

STEP B $P(x)Q(x)$를 $x+2$로 나누었을 때의 나머지 구하기

㉠, ㉡을 연립하여 풀면 $P(-2)=2$, $Q(-2)=5$
㉠+㉡을 하면 $2P(-2)=4$ $\therefore P(-2)=2$
$P(-2)=2$를 ㉠에 대입하면 $Q(-2)=5$
따라서 $P(x)Q(x)$를 $x+2$로 나누었을 때의 나머지는
$$P(-2)Q(-2)=2\times5=10$$

두 다항식 $P(x)$, $Q(x)$에 대하여 $2P(x)-Q(x)$를 $x-3$으로 나누었을 때
의 나머지가 2이고 $3P(x)+Q(x)$를 $x-3$으로 나누었을 때의 나머지가 8
일 때, $P(x)Q(x)$를 $x-3$으로 나누었을 때의 나머지는?

① 4   ② 6   ③ 8
④ 10   ⑤ 12

STEP A 나머지정리를 이용하여 $P(3)$, $Q(3)$의 관계식 구하기

$2P(x)-Q(x)$를 $x-3$으로 나누었을 때의 나머지가 2이므로
나머지정리에 의하여 $2P(3)-Q(3)=2$ $\qquad \cdots\cdots \text{㉠}$
$3P(x)+Q(x)$를 $x-3$으로 나누었을 때의 나머지가 8이므로
나머지정리에 의하여 $3P(3)+Q(3)=8$ $\qquad \cdots\cdots \text{㉡}$

STEP B $P(x)Q(x)$를 $x-3$으로 나누었을 때의 나머지 구하기

㉠, ㉡을 연립하여 풀면 $P(3)=2$, $Q(3)=2$
㉠+㉡을 하면 $5P(3)=10$ $\therefore P(3)=2$
$P(3)=2$를 ㉠에 대입하면 $Q(3)=2$
따라서 $P(x)Q(x)$를 $x-3$으로 나누었을 때의 나머지는
$$P(3)Q(3)=2\times2=4$$

0168

2023년 03월 고2 학력평가 24번

STEP A 주어진 식을 $A=BQ+R$꼴로 나타내기

다항식 $P(x)$를 x^2+3으로 나눈 몫이 $3x+1$, 나머지가 $x+5$이므로
$$P(x)=(x^2+3)(3x+1)+x+5$$

STEP B $P(x)$를 $x-1$로 나눈 나머지 구하기

따라서 $P(x)$를 $x-1$로 나눈 나머지는 나머지정리에 의하여
$$P(1)=4\times4+6=22$$

> 다항식 $f(x)$를 일차식 $x-\alpha$로 나누었을 때의
> 나머지는 $f(\alpha)$이다.

다항식 $P(x)$를 x^2+2x+4로 나눈 몫이 $2x+1$, 나머지가 $x+3$일 때,
$P(x)$를 $x-2$로 나눈 나머지를 구하시오.

STEP A 주어진 식을 $A=BQ+R$꼴로 나타내기

다항식 $P(x)$를 x^2+2x+4로 나눈 몫이 $2x+1$, 나머지가 $x+3$이므로
$$P(x)=(x^2+2x+4)(2x+1)+x+3$$

STEP B $P(x)$를 $x-2$로 나눈 나머지 구하기

따라서 $P(x)$를 $x-2$로 나눈 나머지는 나머지정리에 의하여
$$P(2)=12\times5+2+3=65$$

> 다항식 $f(x)$를 일차식 $x-\alpha$로 나누었을 때의
> 나머지는 $f(\alpha)$이다.

0169

2019년 03월 고2 학력평가 나형 13번

STEP A 주어진 식을 $A=BQ+R$꼴로 나타내기

다항식 $f(x)$를 $(x-3)(2x-a)$로 나눈 몫이 $x+1$이고 나머지는 6이므로
$$f(x)=(x-3)(2x-a)(x+1)+6$$

STEP B 나머지정리를 이용하여 a의 값 구하기

다항식 $f(x)$를 $x-1$로 나눈 나머지가 6이므로 나머지정리에 의하여
$$\begin{aligned}
f(1)&=(1-3)(2-a)\times2+6\\
&=-4(2-a)+6\\
&=-8+4a+6\\
&=4a-2=6
\end{aligned}$$
따라서 $a=2$

> 다항식 $f(x)$를 일차식 $x-\alpha$로 나누었을
> 때의 나머지는 $R=f(\alpha)$이다.

mini 해설 | 항등식의 수치대입법을 이용하여 풀이하기

다항식 $f(x)$를 $(x-3)(2x-a)$로 나눈 몫은 $x+1$이고 나머지는 6이므로
$$f(x)=(x-3)(2x-a)(x+1)+6 \qquad \cdots\cdots \text{㉠}$$
다항식 $f(x)$를 $x-1$로 나눈 몫을 $Q(x)$라 하면 나머지가 6이므로
$$f(x)=(x-1)Q(x)+6 \qquad \cdots\cdots \text{㉡}$$
㉠, ㉡에서 $(x-3)(2x-a)(x+1)+6=(x-1)Q(x)+6$이고
이 등식은 x에 대한 항등식이므로 양변에 $x=1$을 대입하면
$$(1-3)(2\times1-a)(1+1)+6=6,\ -4(2-a)=0$$
따라서 $a=2$

내/신/연/계 출제문항 079

다항식 $f(x)$를 $(x-2)(3x-a)$로 나눈 몫은 $x+1$이고 나머지는 8이다.
다항식 $f(x)$를 $x-1$로 나눈 나머지가 8일 때, 상수 a의 값은?

① 3 　　② 5 　　③ 7
④ 9 　　⑤ 11

STEP A **주어진 식을 $A=BQ+R$꼴로 나타내기**

다항식 $f(x)$를 $(x-2)(3x-a)$로 나눈 몫이 $x+1$, 나머지가 8이므로
$$f(x)=(x-2)(3x-a)(x+1)+8 \qquad \cdots\cdots \bigcirc$$

STEP B **나머지정리를 이용하여 a의 값 구하기**

다항식 $f(x)$를 $x-1$로 나눈 나머지가 8이므로 나머지정리에 의하여
$$\begin{aligned}f(1)&=(1-2)(3-a)\times 2+8\\&=-6+2a+8\\&=2a+2=8\end{aligned}$$
따라서 $a=3$

mini해설 | 항등식의 수치대입법을 이용하여 풀이하기

다항식 $f(x)$를 $(x-2)(3x-a)$로 나눈 몫은 $x+1$이고 나머지는 8이므로
$$f(x)=(x-2)(3x-a)(x+1)+8 \qquad \cdots\cdots \bigcirc$$
다항식 $f(x)$를 $x-1$로 나눈 몫을 $Q(x)$라 하면 나머지가 8이므로
$$f(x)=(x-1)Q(x)+8 \qquad \cdots\cdots \bigcirc\!\bigcirc$$
$\bigcirc$, $\bigcirc\!\bigcirc$에서 $(x-2)(3x-a)(x+1)+8=(x-1)Q(x)+8$이고,
이 등식은 x에 대한 항등식이므로 양변에 $x=1$을 대입하면
$(1-2)(3\times 1-a)(1+1)+8=8,\ -2(3-a)=0$
따라서 $a=3$

정답 ①

0170
2019년 09월 고1 학력평가 11번　　정답 ⑤

STEP A **나머지정리를 이용하여 이차다항식 $f(x)$ 구하기**

최고차항의 계수가 1인 이차다항식 $f(x)$를 $f(x)=x^2+ax+b$ (a, b는 상수)
라 하자.
$f(x)$를 $x-1$로 나누었을 때의 나머지와 $x-3$으로 나누었을 때의 나머지가
6으로 같으므로 나머지정리에 의하여

다항식 $f(x)$를 일차식 $x-\alpha$로 나눈 나머지는 $f(\alpha)$이다.

$$\underline{f(1)}=1+a+b=6 \quad \therefore a+b=5 \qquad \cdots\cdots \bigcirc$$
$f(x)$를 $x-1$로 나누었을 때의 나머지
$$\underline{f(3)}=9+3a+b=6 \quad \therefore 3a+b=-3 \qquad \cdots\cdots \bigcirc\!\bigcirc$$
$f(x)$를 $x-3$으로 나누었을 때의 나머지

$\bigcirc$, $\bigcirc\!\bigcirc$을 연립하여 풀면 $a=-4$, $b=9$
$$\therefore f(x)=x^2-4x+9$$

$\begin{array}{r} a+b=5\\ -\ \underline{3a+b=-3}\\ -2a=8 \ \ \therefore a=-4\end{array}$

$\bigcirc$에 $a=-4$를 대입하면 $b=9$

STEP B **$f(x)$를 $x-4$로 나눈 나머지 구하기**

따라서 $f(x)$를 $x-4$로 나누었을 때의 나머지는 나머지정리에 의하여
$$f(4)=16-16+9=9$$

mini해설 | $f(x)-6$은 $x-1$과 $x-3$으로 나누어떨어짐을 이용하여 풀이하기

다항식 $f(x)$를 $x-1$로 나누었을 때의 나머지와 $x-3$으로 나누었을 때의 나머지가
6으로 같으므로 $f(x)-6$은 $x-1$과 $x-3$으로 나누어떨어진다.
$$f(x)=(x-1)Q_1(x)+6에서 f(x)-6=(x-1)Q_1(x)$$
$$f(x)=(x-3)Q_2(x)+6에서 f(x)-6=(x-3)Q_2(x)$$
$\therefore f(x)-6=(x-1)(x-3)$ ← $f(x)$의 최고차항의 계수가 1이다.
양변에 $x=4$를 대입하면 $f(4)-6=(4-1)(4-3)=3$
따라서 $f(x)$를 $x-4$로 나누었을 때의 나머지는 나머지정리에 의하여 $f(4)=9$

내/신/연/계 출제문항 080

최고차항의 계수가 1인 이차다항식 $f(x)$를 $x-1$로 나누었을 때의 나머지
와 $x-2$로 나누었을 때의 나머지가 5로 같다.
이차다항식 $f(x)$를 $x+2$로 나눈 나머지는?

① 13 　　② 15 　　③ 17
④ 19 　　⑤ 21

STEP A **나머지정리를 이용하여 이차다항식 $f(x)$ 구하기**

최고차항의 계수가 1인 이차다항식 $f(x)$를 $f(x)=x^2+ax+b$ (a, b는 상수)
라 하자.
$f(x)$를 $x-1$로 나누었을 때의 나머지와 $x-2$로 나누었을 때의
나머지가 5로 같으므로 나머지정리에 의하여

다항식 $f(x)$를 일차식 $x-\alpha$로 나눈 나머지는 $f(\alpha)$이다.

$$\underline{f(1)}=1+a+b=5 \quad \therefore a+b=4 \qquad \cdots\cdots \bigcirc$$
$f(x)$를 $x-1$로 나누었을 때의 나머지
$$\underline{f(2)}=4+2a+b=5 \quad \therefore 2a+b=1 \qquad \cdots\cdots \bigcirc\!\bigcirc$$
$f(x)$를 $x-2$로 나누었을 때의 나머지

$\bigcirc$, $\bigcirc\!\bigcirc$을 연립하면 $a=-3$, $b=7$ $\quad \therefore f(x)=x^2-3x+7$

STEP B **$f(x)$를 $x+2$로 나눈 나머지 구하기**

따라서 $f(x)$를 $x+2$로 나눈 나머지는 $f(-2)=4+6+7=17$

mini해설 | $f(x)-5$는 $x-1$과 $x-2$로 나누어떨어짐을 이용하여 풀이하기

다항식 $f(x)$를 $x-1$로 나누었을 때의 나머지와 $x-2$로 나누었을 때의 나머지가 5로
같으므로 $f(x)-5$는 $x-1$과 $x-2$로 나누어떨어진다.
$$f(x)=(x-1)Q_1(x)+5에서 f(x)-5=(x-1)Q_1(x)$$
$$f(x)=(x-2)Q_2(x)+5에서 f(x)-5=(x-2)Q_2(x)$$
$\therefore f(x)-5=(x-1)(x-2)$ ← $f(x)$의 최고차항의 계수가 1이다.
양변에 $x=-2$를 대입하면 $f(-2)-5=(-2-1)(-2-2)=12$
따라서 $f(x)$를 $x+2$로 나누었을 때의 나머지는 나머지정리에 의하여 $f(-2)=17$

정답 ③

0171
정답 21

STEP A **나머지정리를 이용하여 $f(2)$, $g(2)$의 관계식 구하기**

$f(x)+g(x)$를 $x-2$로 나누었을 때의 나머지가 10이므로
나머지정리에 의하여 $f(2)+g(2)=10$ $\qquad \cdots\cdots \bigcirc$
$\{f(x)\}^2+\{g(x)\}^2$을 $x-2$로 나누었을 때의 나머지가 58이므로
나머지정리에 의하여 $\{f(2)\}^2+\{g(2)\}^2=58$ $\cdots\cdots \bigcirc\!\bigcirc$

STEP B **$f(x)g(x)$를 $x-2$로 나누었을 때의 나머지 구하기**

$\{f(2)\}^2+\{g(2)\}^2=\{f(2)+g(2)\}^2-2f(2)g(2)$ ← $a^2+b^2=(a+b)^2-2ab$
이므로 $\bigcirc$, $\bigcirc\!\bigcirc$에 의하여 $58=10^2-2f(2)g(2)$
따라서 다항식 $f(x)g(x)$를 $x-2$로 나누었을 때의 나머지는 나머지정리에
의하여 $f(2)g(2)=21$

0172

STEP Ⓐ 나머지정리를 이용하여 $f(2)$, $g(2)$의 관계식 구하기

$f(x)-g(x)$를 $x-2$로 나누었을 때의 나머지가 5이므로

나머지정리에 의하여 $f(2)-g(2)=5$ ······ ㉠

$\{f(x)\}^2+\{g(x)\}^2$을 $x-2$로 나누었을 때의 나머지가 9이므로

나머지정리에 의하여 $\{f(2)\}^2+\{g(2)\}^2=9$ ······ ㉡

STEP Ⓑ $\{f(2)\}^3-\{g(2)\}^3$을 $x-2$로 나누었을 때의 나머지 구하기

$\{f(2)\}^2+\{g(2)\}^2=\{f(2)-g(2)\}^2+2f(2)g(2)$ ← $a^2+b^2=(a-b)^2+2ab$

이므로 ㉠, ㉡에 의하여 $9=5^2+2f(2)g(2)$

$\therefore f(2)g(2)=-8$

따라서 다항식 $\{f(x)\}^3-\{g(x)\}^3$을 $x-2$로 나누었을 때의 나머지는

$\{f(2)\}^3-\{g(2)\}^3=\{f(2)-g(2)\}^3+3f(2)g(2)\{f(2)-g(2)\}$

$a^3-b^3=(a-b)^3+3ab(a-b)$

$$=5^3+3\times(-8)\times5$$
$$=125-120$$
$$=5$$

0173

STEP Ⓐ 나머지정리를 이용하여 $P(2)$, $Q(2)$의 관계식 구하기

$P(x)+Q(x)$를 $x-2$로 나누었을 때의 나머지가 4이므로

나머지정리에 의하여 $P(2)+Q(2)=4$ ······ ㉠

$\{P(x)\}^3+\{Q(x)\}^3$을 $x-2$로 나누었을 때의 나머지가 40이므로

나머지정리에 의하여 $\{P(2)\}^3+\{Q(2)\}^3=40$ ······ ㉡

STEP Ⓑ $\{P(x)\}^2Q(x)+P(x)\{Q(x)\}^2$을 $x-2$로 나누었을 때의 나머지 구하기

$\{P(2)\}^3+\{Q(2)\}^3=\{P(2)+Q(2)\}^3-3P(2)Q(2)\{P(2)+Q(2)\}$이므로

㉠, ㉡에 의하여 $40=4^3-3P(2)Q(2)\times4$

$\therefore P(2)Q(2)=2$ ······ ㉢

따라서 $\{P(x)\}^2Q(x)+P(x)\{Q(x)\}^2$을 $x-2$로 나누었을 때의 나머지는

나머지정리에 의하여 ㉠, ㉢에서

$\{P(2)\}^2Q(2)+P(2)\{Q(2)\}^2=P(2)Q(2)\{P(2)+Q(2)\}$

$$=2\times4=8$$

두 다항식 $P(x)$, $Q(x)$에 대하여 $P(x)+Q(x)$를 $x+2$로 나누었을 때의
나머지가 5이고 $\{P(x)\}^3+\{Q(x)\}^3$을 $x+2$로 나누었을 때의 나머지가 50
이다. $\{P(x)\}^2Q(x)+P(x)\{Q(x)\}^2$을 $x+2$로 나누었을 때의 나머지는?

① 20　　　② 25　　　③ 30

④ 35　　　⑤ 40

STEP Ⓐ 나머지정리를 이용하여 $P(-2)$, $Q(-2)$의 관계식 구하기

$P(x)+Q(x)$를 $x+2$로 나누었을 때의 나머지가 5이므로

나머지정리에 의하여 $P(-2)+Q(-2)=5$ ······ ㉠

$\{P(x)\}^3+\{Q(x)\}^3$을 $x+2$로 나누었을 때의 나머지가 50이므로

나머지정리에 의하여 $\{P(-2)\}^3+\{Q(-2)\}^3=50$ ······ ㉡

STEP Ⓑ $\{P(x)\}^2Q(x)+P(x)\{Q(x)\}^2$을 $x+2$로 나누었을 때의 나머지 구하기

$\{P(-2)\}^3+\{Q(-2)\}^3$

$=\{P(-2)+Q(-2)\}^3-3P(-2)Q(-2)\{P(-2)+Q(-2)\}$

이므로 ㉠, ㉡에 의하여 $50=5^3-3P(-2)Q(-2)\times5$

$\therefore P(-2)Q(-2)=5$ ······ ㉢

따라서 $\{P(x)\}^2Q(x)+P(x)\{Q(x)\}^2$을 $x+2$로 나누었을 때의 나머지는

나머지정리에 의하여 ㉠, ㉢에서

$\{P(-2)\}^2Q(-2)+P(-2)\{Q(-2)\}^2=P(-2)Q(-2)\{P(-2)+Q(-2)\}$

$$=5\times5=25$$

0174

STEP Ⓐ 나머지정리를 이용하여 a의 값 구하기

다항식 $f(x)=x^3+ax^2+2x-5$를 $x+1$로 나누었을 때의 나머지가 1이므로

나머지정리에 의하여 $f(-1)=1$

$-1+a-2-5=1$ $\therefore a=9$

STEP Ⓑ $f(x)$를 $x-1$로 나누었을 때의 나머지 구하기

따라서 $f(x)=x^3+9x^2+2x-5$를 $x-1$로 나누었을 때의 나머지는

나머지정리에 의하여 $f(1)=1+9+2-5=7$

0175

STEP Ⓐ 나머지정리를 이용하여 a의 값 구하기

다항식 $f(x)=x^3+ax+9$를 $x-3$으로 나누었을 때의 나머지는 30이므로

나머지정리에 의하여 $f(3)=3^3+a\times3+9=30$

$\therefore a=-2$

STEP Ⓑ $f(a)$의 값 구하기

따라서 $f(x)=x^3-2x+9$이므로 $f(-2)=5$

0176

STEP Ⓐ 나머지정리를 이용하여 $f(2)$, $f(-1)$ 구하기

$f(x)=x^3+ax^2+8x+2$라 하면

다항식 $f(x)$를 $x-2$로 나누었을 때의 나머지와 $x+1$로 나누었을 때의
나머지는 나머지정리에 의하여

$f(2)=8+4a+16+2=26+4a$

$f(-1)=-1+a-8+2=-7+a$

STEP Ⓑ 나머지가 같을 때, 상수 a의 값 구하기

이때 나머지가 같으므로 $f(2)=f(-1)$에서 $26+4a=-7+a$

즉 $3a=-33$이므로 $a=-11$

STEP Ⓒ $f(x)$를 $x-3$으로 나누었을 때의 나머지 구하기

따라서 $f(x)=x^3-11x^2+8x+2$를 $x-3$으로 나누었을때의 나머지는

나머지정리에 의하여 $f(3)=27-99+24+2=-46$

다항식 x^3-ax+2를 $x-1$로 나누었을 때의 나머지와 $x-2$로 나누었을 때의 나머지가 서로 같을 때, 이 다항식을 $x+3$으로 나눈 나머지는?
(단, a는 상수이다.)

① -5 ② -4 ③ -3
④ 3 ⑤ 5

STEP A 나머지정리를 이용하여 $f(1)$, $f(2)$ 구하기

$f(x)=x^3-ax+2$라 하면

다항식 $f(x)$를 $x-1$로 나누었을 때의 나머지와 $x-2$로 나누었을 때의 나머지는 나머지정리에 의하여

$f(1)=1-a+2=3-a$

$f(2)=8-2a+2=10-2a$

STEP B 나머지가 같을 때, 상수 a의 값 구하기

이때 나머지가 같으므로 $f(1)=f(2)$에서 $3-a=10-2a$

$\therefore a=7$

STEP C $f(x)$를 $x+3$으로 나누었을 때의 나머지 구하기

따라서 $f(x)=x^3-7x+2$를 $x+3$으로 나누었을때의 나머지는 나머지정리에 의하여 $f(-3)=-27+21+2=-4$

정답 ②

0177

정답 ④

STEP A 나머지정리를 이용하여 $f(-1)$, $f(1)$ 구하기

다항식 $f(x)=x^3+ax^2-5x+6$을 $x+1$로 나누었을 때의 나머지와 $x-1$로 나누었을 때의 나머지는 나머지정리에 의하여

$f(-1)=a+10$

$f(1)=a+2$

STEP B $f(-1)=3f(1)$을 이용하여 a의 값 구하기

$x+1$로 나누었을 때의 나머지가 $x-1$로 나누었을 때의 나머지의 3배이므로

$f(-1)=3f(1)$

즉 $a+10=3(a+2)$에서 $a=2$

STEP C $f(x)$를 $x+2$로 나누었을 때의 나머지 구하기

따라서 $f(x)=x^3+2x^2-5x+6$을 $x+2$로 나누었을 때의 나머지는 나머지정리에 의하여 $f(-2)=-8+8+10+6=16$

0178

정답 ②

STEP A 나머지정리를 이용하여 a, b의 값 구하기

$f(x)=x^3-2ax^2+bx-3$이라 하면

$f(x)$는 $x-1$로 나누어떨어지고 $x+1$로 나누면 나머지가 2이므로 나머지정리에 의하여

$f(1)=1-2a+b-3=0$에서 $-2a+b=2$ ...... ㉠

$f(-1)=-1-2a-b-3=2$에서 $-2a-b=6$ ...... ㉡

㉠, ㉡을 연립하여 풀면 $a=-2$, $b=-2$

따라서 $ab=4$

0179

정답 ③

STEP A 나머지정리를 이용하여 a, b의 값 구하기

$f(x)=x^3+ax^2+bx+3$이라 하면

$x-1$로 나누었을 때의 나머지가 6, $x+1$로 나누었을 때의 나머지가 -6이므로 나머지정리에 의하여

$f(1)=4+a+b=6$

$\therefore a+b=2$ ...... ㉠

$f(-1)=2+a-b=-6$

$\therefore a-b=-8$ ...... ㉡

㉠, ㉡을 연립하여 풀면 $a=-3$, $b=5$

㉠+㉡을 하면 $2a=-6$ $\therefore a=-3$

$a=-3$을 ㉠에 대입하면 $-3+b=2$ $\therefore b=5$

STEP B $f(x)$를 $x-3$으로 나누었을 때의 나머지 구하기

따라서 $f(x)=x^3-3x^2+5x+3$을 $x-3$으로 나누었을 때의 나머지는 나머지정리에 의하여 $f(3)=27-27+15+3=18$

다항식 $f(x)=x^3+mx^2+nx+2$를 $x-1$로 나눈 나머지는 1이고 $x-2$로 나눈 나머지는 2이다. 다항식 $f(x)$를 $x-3$으로 나누었을 때의 나머지는?
(단, m, n은 상수이다.)

① 4 ② 7 ③ 9
④ 10 ⑤ 11

STEP A 나머지정리를 이용하여 m, n의 값 구하기

다항식 $f(x)=x^3+mx^2+nx+2$를 $x-1$로 나눈 나머지는 1, $x-2$로 나눈 나머지는 2이므로 나머지정리에 의하여

$f(1)=1+m+n+2=1$에서

$m+n=-2$ ...... ㉠

$f(2)=8+4m+2n+2=2$에서

$2m+n=-4$ ...... ㉡

㉠, ㉡을 연립하여 풀면 $m=-2$, $n=0$

㉡-㉠을 하면 $m=-2$

$m=-2$를 ㉠에 대입하면 $-2+n=-2$ $\therefore n=0$

STEP B $f(x)$를 $x-3$으로 나누었을 때의 나머지 구하기

따라서 $f(x)=x^3-2x^2+2$를 $x-3$으로 나누었을 때의 나머지는 나머지정리에 의하여 $f(3)=27-18+2=11$

정답 ⑤

0180

STEP A 직접 나누어 나머지 구하기

$$\begin{array}{r} 2x-1 \quad\leftarrow\text{몫} \\ x^2+x-1{\overline{\smash{\big)}\,2x^3+\ x^2-3x+5}} \\ \underline{2x^3+2x^2-2x} \\ -x^2-\ x+5 \\ \underline{-x^2-\ x+1} \\ 4\ \leftarrow\text{나머지} \end{array}$$

즉 $2x^3+x^2-3x+5=(x^2+x-1)(2x-1)+4$이므로
$2x^3+x^2-3x+5$를 x^2+x-1로 나눈 나머지는 4

STEP B 나머지정리를 이용하여 a의 값의 합 구하기

$f(x)=x^3+2ax^2+a^2$이라 하면
다항식 $f(x)$를 $x-1$로 나누었을 때의 나머지는 나머지정리에 의하여
$f(1)=a^2+2a+1$
이때 $f(1)=4$이므로 $a^2+2a+1=4$, $a^2+2a-3=0$, $(a+3)(a-1)=0$
$\therefore a=-3$ 또는 $a=1$
따라서 a의 값의 합은 $-3+1=-2$

0181

정답 ①

STEP A 나머지정리를 이용하여 a, b의 값 구하기

$f(x)$를 $x-1$로 나누었을 때의 나머지와 $x-3$으로 나누었을 때의 나머지가
-5로 같으므로 나머지정리에 의하여
$f(1)=f(3)=-5$
$f(x)=x^2+ax+b$ (a, b는 상수)라 하면
$f(1)=1+a+b=-5$
$\therefore a+b=-6$ $\qquad$ …… ㉠
$f(3)=9+3a+b=-5$
$\therefore 3a+b=-14$ $\qquad$ …… ㉡
㉠, ㉡을 연립하여 풀면 $a=-4$, $b=-2$

STEP B $f(x)$를 $x-2$로 나누었을 때의 나머지 구하기

따라서 $f(x)=x^2-4x-2$를 $x-2$로 나누었을 때의 나머지는 나머지정리에
의하여 $f(2)=4-8-2=-6$

0182

정답 ④

STEP A 나머지정리를 이용하여 a, b의 값 구하기

$(x+1)f(x)$를 $x-3$으로 나누었을 때의 나머지가 8이므로 나머지정리에 의하여
$4f(3)=8$ $\quad\therefore f(3)=2$
$xf(x)$를 $x+1$로 나누었을 때의 나머지가 -10이므로 나머지정리에 의하여
$-f(-1)=-10$ $\quad\therefore f(-1)=10$
$f(x)=x^2+ax+b$에서 $f(3)=9+3a+b=2$
$\therefore 3a+b=-7$ $\qquad$ …… ㉠
$f(-1)=1-a+b=10$
$\therefore -a+b=9$ $\qquad$ …… ㉡
㉠, ㉡을 연립하여 풀면 $a=-4$, $b=5$
㉠$-$㉡을 하면 $4a=-16$ $\quad\therefore a=-4$
$a=-4$를 ㉠에 대입하면 $-12+b=-7$ $\quad\therefore b=5$

STEP B $f(x)$를 $x-1$로 나누었을 때의 나머지 구하기

따라서 $f(x)=x^2-4x+5$를 $x-1$로 나누었을 때의 나머지는 나머지정리에 의
하여 $f(1)=1-4+5=2$

0183

정답 ②

STEP A 나머지정리를 이용하여 R_1, R_2 구하기

다항식 $f(x)=x^2-ax+5$를 $x-1$로 나누었을 때의 나머지를 R_1,
$x+1$로 나누었을 때의 나머지를 R_2라 하면
나머지정리에 의하여
$R_1=f(1)=6-a$, $R_2=f(-1)=6+a$

STEP B $R_1-R_2=14$를 만족하는 a의 값 구하기

$R_1-R_2=-2a=14$이므로 $a=-7$

STEP C $f(x)$를 $x+2$로 나눈 나머지 구하기

따라서 $f(x)=x^2+7x+5$를 $x+2$로 나누었을 때의 나머지는 나머지정리에
의하여 $f(-2)=4-14+5=-5$

내신연계 출제문항 084

다항식 $f(x)=x^2-ax+3$을 $x-1$로 나누었을 때의 나머지를 R_1, $x+1$로
나누었을 때의 나머지를 R_2라고 하자. $R_1-R_2=38$일 때, $f(x)$를 $x-3$으
로 나누었을 때의 나머지는? (단, a는 상수이다.)

① 63 $\qquad$ ② 65 $\qquad$ ③ 67
④ 69 $\qquad$ ⑤ 71

STEP A 나머지정리를 이용하여 R_1, R_2 구하기

다항식 $f(x)=x^2-ax+3$을 $x-1$로 나누었을 때의 나머지를 R_1,
$x+1$로 나누었을 때의 나머지를 R_2라 하면
나머지정리에 의하여
$R_1=f(1)=4-a$, $R_2=f(-1)=4+a$

STEP B $R_1-R_2=38$을 만족하는 a의 값 구하기

$R_1-R_2=-2a=38$이므로 $a=-19$

STEP C $f(x)$를 $x-3$으로 나눈 나머지 구하기

따라서 $f(x)=x^2+19x+3$을 $x-3$으로 나누었을 때의 나머지는 나머지정리
에 의하여 $f(3)=9+19\times3+3=69$ $\qquad$ 정답 ④

0184

정답 ③

STEP A 나머지정리를 이용하여 R_1, R_2 구하기

다항식 $f(x)=2x^2+ax-3$을 $x+2$로 나누었을 때의 나머지를 R_1,
$x-2$로 나누었을 때의 나머지를 R_2라 하면
나머지정리에 의하여
$R_1=f(-2)=8-2a-3=-2a+5$
$R_2=f(2)=8+2a-3=2a+5$

STEP B $R_1R_2=9$를 만족하는 a의 값 구하기

$R_1R_2=9$이므로
$(-2a+5)(2a+5)=9$, $25-4a^2=9$, $4a^2=16$, $a^2=4$
$\therefore a=2(\because a>0)$

STEP C $f(x)$를 $x+5$로 나눈 나머지 구하기

따라서 $f(x)=2x^2+2x-3$을 $x+5$로 나누었을 때의 나머지는
$f(-5)=2\times25+2\times(-5)-3=50-10-3=37$

0185

STEP A 나머지정리를 이용하여 R_1, R_2 구하기

다항식 $f(x)=x^3+x^2+2x+1$을 $x-a$로 나눈 나머지를 R_1,
$x+a$로 나눈 나머지를 R_2라 하면
나머지정리에 의하여
$R_1=f(a)=a^3+a^2+2a+1$
$R_2=f(-a)=-a^3+a^2-2a+1$

STEP B $R_1+R_2=6$을 만족하는 a^2의 값 구하기

$R_1+R_2=2a^2+2=6$
$\therefore a^2=2$

STEP C $f(x)$를 $x-a^2$으로 나눈 나머지 구하기

따라서 $f(x)$를 $x-a^2$으로 나눈 나머지는 $f(a^2)=f(2)=8+4+4+1=17$

0186

STEP A 나머지정리를 이용하여 a의 값 구하기

$f(x)=x^3-x^2-ax+5$라 하면
다항식 $f(x)$를 $x-2$로 나누었을 때의 나머지는 5이므로
<u>나머지정리에 의하여 $f(2)=2^3-2^2-2a+5=5$</u>
다항식 $f(x)$를 일차식 $x-\alpha$로 나눈 나머지는 $f(\alpha)$이다.
$8-4-2a+5=5$, $-2a=-4$
$\therefore a=2$

STEP B 조립제법을 이용하여 $Q(x)$를 구한 후 $Q(a)$의 값 구하기

조립제법을 이용하여 다항식 x^3-x^2-2x+5를 $x-2$로 나누면

$$
\begin{array}{r|rrrr}
2 & 1 & -1 & -2 & 5 \\
  &   & 2 & 2 & 0 \\
\hline
  & 1 & 1 & 0 & 5 \\
\end{array}
$$

$x^3-x^2-2x+5=(x-2)(x^2+x)+5$
$(x-2)Q(x)$이므로 $Q(x)=x^2+x$
따라서 $Q(x)=x^2+x$이므로 $Q(a)=Q(2)=4+2=6$

> **+α** | 인수분해를 이용하여 $Q(x)$를 구할 수도 있어!
>
> $x^3-x^2-2x+5=(x-2)Q(x)+5$에서
> $x^3-x^2-2x=(x-2)Q(x)$이므로
> $x(x^2-x-2)=x(x-2)(x+1)=(x-2)Q(x)$
> 즉 $Q(x)=x(x+1)$

내신 연계 출제문항 085

x에 대한 다항식 x^3-x^2-ax+6을 $x-2$로 나누었을 때의 몫은 $Q(x)$,
나머지는 6이다. $Q(a)$의 값은? (단, a는 상수이다.)

① 4   ② 5   ③ 6
④ 7   ⑤ 8

STEP A 나머지정리를 이용하여 a의 값 구하기

$f(x)=x^3-x^2-ax+6$이라 하면
다항식 $f(x)$를 $x-2$로 나누었을 때의 나머지는 6이므로
나머지정리에 의하여 $f(2)=2^3-2^2-2a+6=6$
$8-4-2a+6=6$, $-2a=-4$
$\therefore a=2$

STEP B 조립제법을 이용하여 $Q(x)$를 구한 후 $Q(a)$의 값 구하기

다항식 x^3-x^2-2x+6을 $x-2$로 나누었을 때, 조립제법을 이용하면

$$
\begin{array}{r|rrrr}
2 & 1 & -1 & -2 & 6 \\
  &   & 2 & 2 & 0 \\
\hline
  & 1 & 1 & 0 & 6 \\
\end{array}
$$

$x^3-x^2-2x+6=(x-2)(x^2+x)+6$
$(x-2)Q(x)$이므로 $Q(x)=x^2+x$
따라서 $Q(x)=x^2+x$이므로 $Q(a)=Q(2)=4+2=6$

> **+α** | 인수분해를 이용하여 $Q(x)$를 구할 수 있어!
>
> $x^3-x^2-2x+6=(x-2)Q(x)+6$에서
> $x^3-x^2-2x=(x-2)Q(x)$이므로
> $x(x^2-x-2)=x(x-2)(x+1)=(x-2)Q(x)$
> 즉 $Q(x)=x(x+1)$

0187

STEP A 조건 (가)의 식을 조건 (나)의 식에 대입하여 정리하기

조건 (가)에서 $g(x)=x^2f(x)$를 조건 (나)에 대입하면
$x^2f(x)+(3x^2+4x)f(x)=x^3+ax^2+2x+b$
$(x^2+3x^2+4x)f(x)=x^3+ax^2+2x+b$
$4x(x+1)f(x)=x^3+ax^2+2x+b$ …… ㉠

STEP B 항등식의 수치대입법을 이용하여 a, b의 값 구하기

㉠은 모든 실수 x에 대하여 성립하므로
㉠의 양변에
$x=0$을 대입하면 $0=0+b$ $\therefore b=0$
$x=-1$을 대입하면 $-1+a-2+b=0$ $\therefore a=3$

STEP C $f(4)$의 값 구하기

즉 ㉠에서
$4x(x+1)f(x)=x^3+3x^2+2x$
$\qquad\qquad\qquad =x(x^2+3x+2)$
$\qquad\qquad\qquad =x(x+1)(x+2)$
이므로 양변에 $x=4$를 대입하면 $80f(4)=120$
$\therefore f(4)=\dfrac{3}{2}$ ← $4\times4\times5\times f(4)=4\times5\times6$

STEP D $g(x)$를 $x-4$로 나눈 나머지 구하기

따라서 $g(x)=x^2f(x)$를 $x-4$로 나눈 나머지는 나머지정리에 의하여
$g(4)=4^2\times f(4)=16\times\dfrac{3}{2}=24$
다항식 $f(x)$를 일차식 $x-\alpha$로 나누었을 때의 나머지는 $f(\alpha)$이다.

> **+α** | 두 다항식 $f(x)$, $g(x)$를 직접 구하여 풀 수도 있어!
>
> $4x(x+1)f(x)=x^3+3x^2+2x=x(x+1)(x+2)$이므로
> 항등식의 성질에 의하여 $f(x)=\dfrac{1}{4}x+\dfrac{1}{2}$
> 이때 조건 (가)에 의하여 $g(x)=x^2f(x)=\dfrac{1}{4}x^3+\dfrac{1}{2}x^2$
> 따라서 $g(x)$를 $x-4$로 나눈 나머지는 $g(4)=\dfrac{1}{4}\times4^3\times\dfrac{1}{2}\times4^2=24$

두 다항식 $f(x)$, $g(x)$가 모든 실수 x에 대하여 다음 조건을 만족시킬 때, $g(x)$를 $x-2$로 나눈 나머지는?

> (가) $g(x)=x^2 f(x)$
> (나) $g(x)+(x^2+6x)f(x)=x^3+ax^2-3x+b$ (단, a, b는 상수이다.)

① -4 ② -2 ③ -1
④ 2 ⑤ 4

STEP A 조건 (가)의 식을 조건 (나)의 식에 대입하여 정리하기

조건 (가)에서 $g(x)=x^2 f(x)$를 조건 (나)에 대입하면
$x^2 f(x)+(x^2+6x)f(x)=x^3+ax^2-3x+b$
$(x^2+x^2+6x)f(x)=x^3+ax^2-3x+b$
$2x(x+3)f(x)=x^3+ax^2-3x+b$ ⋯⋯ ㉠

STEP B 항등식의 수치대입법을 이용하여 a, b의 값 구하기

㉠이 모든 실수 x에 대하여 성립하므로 ㉠의 양변에
$x=0$을 대입하면 $b=0$
$x=-3$을 대입하면 $0=-27+9a+9+b$, $-18+9a=0$ ∴ $a=2$

STEP C $f(2)$의 값 구하기

즉 ㉠에서
$2x(x+3)f(x)=x^3+2x^2-3x$
$\qquad\qquad =x(x^2+2x-3)$
$\qquad\qquad =x(x+3)(x-1)$
이므로 양변에 $x=2$를 대입하면 $20f(2)=10$
∴ $f(2)=\dfrac{1}{2}$

STEP D $g(x)$를 $x-2$로 나눈 나머지 구하기

따라서 $g(x)=x^2 f(x)$를 $x-2$로 나눈 나머지는 나머지정리에 의하여
$g(2)=2^2\times f(2)=4\times\dfrac{1}{2}=2$

다항식 $f(x)$를 일차식 $x-\alpha$로 나누었을 때의 나머지는 $f(\alpha)$이다.

+α 두 다항식 $f(x)$, $g(x)$를 직접 구하여 풀 수도 있어!

$2x(x+3)f(x)=x(x+3)(x-1)$이므로
항등식의 성질에 의하여 $f(x)=\dfrac{1}{2}x-\dfrac{1}{2}$
이때 조건 (가)에 의해 $g(x)=x^2 f(x)=\dfrac{1}{2}x^3-\dfrac{1}{2}x^2$
따라서 $g(x)$를 $x-2$로 나눈 나머지는 $g(2)=\dfrac{1}{2}\times 2^3-\dfrac{1}{2}\times 2^2=2$

정답 ④

0188

정답 15

STEP A 나머지정리를 이용하여 $f(2)$의 값 구하기

$f(x)$를 $x-2$로 나누었을 때의 나머지가 3이므로
나머지정리에 의하여 $f(2)=3$

STEP B $(x^2+1)f(x^2-2)$를 $x+2$로 나누었을 때의 나머지 구하기

따라서 $(x^2+1)f(x^2-2)$를 $x+2$로 나누었을 때의 나머지는 나머지정리에 의하여
$\{(-2)^2+1\}f((-2)^2-2)=5f(2)=5\times 3=15$

0189

정답 ③

STEP A 나머지정리를 이용하여 $f(1)$, $f(2)$의 값 구하기

다항식 $f(x)$를 $x-1$로 나눈 나머지가 25이고 $x-2$로 나눈 나머지가 18이므로
나머지정리에 의하여 $f(1)=25$, $f(2)=18$

STEP B $f(2x-5)+f(x-1)$을 $x-3$으로 나누었을 때의 나머지 구하기

따라서 $f(2x-5)+f(x-1)$을 $x-3$으로 나누었을 때의 나머지는 나머지정리에 의하여 $f(2\times 3-5)+f(3-1)=f(1)+f(2)=25+18=43$

0190

정답 ①

STEP A 나머지정리를 이용하여 $f(2)$, $g(2)$의 관계식 구하기

$f(x)+g(x)$를 $x-2$로 나누었을 때의 나머지가 7이므로
나머지정리에 의하여 $f(2)+g(2)=7$ ⋯⋯ ㉠
$3f(x)-2g(x)$를 $x-2$로 나누었을 때의 나머지가 6이므로
나머지정리에 의하여 $3f(2)-2g(2)=6$ ⋯⋯ ㉡

STEP B $g(5x-8)$을 $x-2$로 나누었을 때의 나머지 구하기

㉠, ㉡을 연립하여 풀면 $f(2)=4$, $g(2)=3$
$2\times$㉠$+$㉡을 하면 $5f(2)=20$ ∴ $f(2)=4$
$f(2)=4$를 ㉠에 대입하면 $4+g(2)=7$ ∴ $g(2)=3$
따라서 다항식 $g(5x-8)$을 $x-2$로 나누었을 때의 나머지는 나머지정리에 의하여
$g(5\times 2-8)=g(2)=3$

0191

정답 20

STEP A 주어진 식을 $A=BQ+R$꼴로 나타내기

$P(x)$를 x^2-2x-8로 나누었을 때의 몫을 $Q(x)$라고 하면
나머지가 $3x+2$이므로
$P(x)=(x^2-2x-8)Q(x)+3x+2$
$\qquad =(x+2)(x-4)Q(x)+3x+2$ ⋯⋯ ㉠

STEP B $(2x-3)P(2x)$를 $x+1$로 나누었을 때의 나머지 구하기

$(2x-3)P(2x)$를 $x+1$로 나누었을 때의 나머지는 나머지정리에 의하여
$\{2\times(-1)-3\}P(-2\times 1)=-5P(-2)$
㉠의 양변에 $x=-2$를 대입하면
$P(-2)=3\times(-2)+2=-4$
따라서 $(2x-3)P(2x)$를 $x+1$로 나누었을 때의 나머지는
$-5P(-2)=-5\times(-4)=20$

다항식 $P(x)$를 x^2-5x+6으로 나눈 나머지가 $2x+3$일 때, 다항식 $(2x^2+x-3)P(2x-1)$을 $2x-3$으로 나눈 나머지는?

① 17   ② 19   ③ 21
④ 23   ⑤ 25

STEP A 주어진 식을 $A=BQ+R$꼴로 나타내기

$P(x)$를 x^2-5x+6으로 나누었을 때의 몫을 $Q(x)$라고 하면
나머지가 $2x+3$이므로
$$P(x)=(x^2-5x+6)Q(x)+2x+3$$
$$\qquad =(x-2)(x-3)Q(x)+2x+3 \qquad \cdots\cdots ㉠$$

STEP B $(2x^2+x-3)P(2x-1)$을 $2x-3$으로 나누었을 때의 나머지 구하기

$(2x^2+x-3)P(2x-1)$을 $2x-3$으로 나누었을 때의 나머지는
나머지정리에 의하여
$$\left\{2\times\left(\frac{3}{2}\right)^2+\frac{3}{2}-3\right\}P\left(2\times\frac{3}{2}-1\right)=3P(2)$$
㉠의 양변에 $x=2$를 대입하면 $P(2)=2\times2+3=7$
따라서 $(2x^2+x-3)P(2x-1)$을 $2x-3$으로 나누었을 때의 나머지는
$$3P(2)=3\times7=21$$

정답 ③

0192

정답 18

STEP A 나머지정리를 이용하여 a, b의 값 구하기

$(x+1)f(2x-1)$을 $x-1$로 나누었을 때의 나머지가 12이므로
$(1+1)f(2-1)=12$, $2f(1)=12$ $\therefore f(1)=6$
$(x-3)f(x)$를 $x+2$로 나누었을 때의 나머지가 -15이므로
$(-2-3)f(-2)=-15$, $-5f(-2)=-15$ $\therefore f(-2)=3$
$f(x)=x^2+ax+b$에서
$f(1)=1+a+b=6$ $\therefore a+b=5$ $\cdots\cdots ㉠$
$f(-2)=4-2a+b=3$ $\therefore -2a+b=-1$ $\cdots\cdots ㉡$
㉠, ㉡을 연립하여 풀면 $a=2$, $b=3$

STEP B $(2x^2-x+6)f(3x+2)$를 $x+1$로 나누었을 때의 나머지 구하기

따라서 $f(x)=x^2+2x+3$이므로 다항식 $(2x^2-x+6)f(3x+2)$를 $x+1$로
나누었을 때의 나머지는 나머지정리에 의하여
$$(2+1+6)f(-3+2)=9\times f(-1)$$
$$\qquad\qquad\qquad\qquad =9\times(1-2+3)$$
$$\qquad\qquad\qquad\qquad =9\times2=18$$

0193

2020년 11월 고1 학력평가 13번   정답 ①

STEP A 주어진 식을 $A=BQ+R$꼴로 나타내기

다항식 $f(x+3)$을 $(x+2)(x-1)$로 나눈 몫을 $Q(x)$라 하면
나머지가 $3x+8$이므로
$$f(x+3)=(x+2)(x-1)Q(x)+3x+8 \qquad \cdots\cdots ㉠$$

STEP B $f(x^2)$을 $x+2$로 나눈 나머지 구하기

이때 다항식 $f(x^2)$을 $x+2$로 나눈 나머지는 나머지정리에 의하여
$$f\{(-2)^2\}=f(4)$$
 다항식 $f(x)$를 일차식 $x-\alpha$로 나누었을 때의 나머지는 $f(\alpha)$이다.
㉠은 x에 대한 항등식이므로 ㉠의 양변에 $x=1$을 대입하면 $f(4)=11$

+α $f(x^2)$을 $x+2$로 나눈 나머지를 다음과 같이 알 수 있어!

다항식 $f(x^2)$을 $x+2$로 나눈 몫을 $Q'(x)$, 나머지를 R이라 하면
$$f(x^2)=(x+2)Q'(x)+R$$
위의 식에 $x=-2$를 대입하면 $f\{(-2)^2\}=(-2+2)Q'(-2)+R$
즉 $f(4)=R$

다항식 $f(x+3)$을 $(x+2)(x-1)$로 나눈 몫을 $Q(x)$라 하면
나머지가 $3x+8$이므로 $f(x+3)=(x+2)(x-1)Q(x)+3x+8$
$x+3=t$로 치환하면 $x=t-3$이므로
$$f(t)=(t-3+2)(t-3-1)Q(t-3)+3(t-3)+8$$
$$\qquad =(t-1)(t-4)Q(t-3)+3t-1$$
다시 t 대신 x^2을 대입하면
$$f(x^2)=(x^2-1)(x^2-4)Q(x^2-3)+3x^2-1$$
$$\qquad =(x^2-1)(x^2-4)Q(x^2-3)+3(x^2-4)+11$$
$$\qquad =(x^2-1)(x+2)(x-2)Q(x^2-3)+3(x+2)(x-2)+11$$
$$\qquad =(x+2)\{(x^2-1)(x-2)Q(x^2-3)+3(x-2)\}+11$$
$f(x^2)$을 $x+2$로 나눈 몫은 $(x^2-1)(x-2)Q(x^2-3)+3(x-2)$, 나머지는 11
따라서 다항식 $f(x^2)$을 $x+2$로 나눈 나머지는 11

다항식 $f(x+5)$를 $(x+2)(x-4)$로 나눈 나머지가 $3x+3$일 때, 다항식 $f(x^2)$을 $x+3$으로 나눈 나머지는?

① 11   ② 12   ③ 13
④ 14   ⑤ 15

STEP A 주어진 식을 $A=BQ+R$꼴로 나타내기

다항식 $f(x+5)$를 $(x+2)(x-4)$로 나눈 몫을 $Q(x)$라 하면
나머지가 $3x+3$이므로
$$f(x+5)=(x+2)(x-4)Q(x)+3x+3 \qquad \cdots\cdots ㉠$$

STEP B $f(x^2)$을 $x+3$으로 나머지 구하기

이때 다항식 $f(x^2)$을 $x+3$으로 나눈 나머지는 나머지정리에 의하여
$$f\{(-3)^2\}=f(9)$$
 다항식 $f(x)$를 일차식 $x-\alpha$로 나누었을 때의 나머지는 $f(\alpha)$이다.
㉠은 x에 대한 항등식이므로 ㉠의 양변에 $x=4$를 대입하면 $f(9)=15$

+α $f(x^2)$을 $x+3$으로 나눈 나머지를 다음과 같이 알 수 있어!

다항식 $f(x^2)$을 $x+3$으로 나눈 몫을 $Q'(x)$, 나머지를 R이라 하면
$$f(x^2)=(x+3)Q'(x)+R$$
위의 식에 $x=-3$을 대입하면 $f\{(-3)^2\}=(-3+3)Q'(-3)+R$
즉 $f(9)=R$

다항식 $f(x+5)$를 $(x+2)(x-4)$로 나눈 몫을 $Q(x)$라 하면
나머지가 $3x+3$이므로
$$f(x+5)=(x+2)(x-4)Q(x)+3x+3$$
$x+5=t$로 치환하면 $x=t-5$이므로
$$f(t)=(t-5+2)(t-5-4)Q(t-5)+3(t-5)+3$$
$$\qquad =(t-3)(t-9)Q(t-5)+3t-12$$
다시 t 대신 x^2을 대입하면
$$f(x^2)=(x^2-3)(x^2-9)Q(x^2-5)+3x^2-12$$
$$\qquad =(x^2-3)(x^2-9)Q(x^2-5)+3(x^2-9)+15$$
$$\qquad =(x^2-3)(x+3)(x-3)Q(x^2-5)+3(x+3)(x-3)+15$$
$$\qquad =(x+3)\{(x^2-3)(x-3)Q(x^2-5)+3(x-3)\}+15$$
$f(x^2)$을 $x+3$으로 나눈 몫은 $(x^2-3)(x-3)Q(x^2-5)+3(x-3)$, 나머지는 15
따라서 다항식 $f(x^2)$를 $x+3$으로 나눈 나머지는 15

 정답 ⑤

0194

2019년 11월 고1 학력평가 15번

정답 ③ 

STEP A 주어진 식을 $A=BQ+R$꼴로 나타내기

다항식 $f(x)$를 x^2-x로 나눈 몫을 $Q(x)$라 하면
나머지가 $ax+a$이므로
$$f(x)=(x^2-x)Q(x)+ax+a$$
$$=x(x-1)Q(x)+a(x+1) \quad \cdots\cdots \ \text{㉠}$$

STEP B 나머지정리를 이용하여 a의 값 구하기

다항식 $f(x+1)$을 x로 나눈 나머지가 6이므로 나머지정리에 의하여
$$f(0+1)=f(1)=6 \qquad \text{다항식 } f(x)\text{를 일차식 } x-\alpha\text{로 나누었을 때의 나머지는 } f(\alpha)\text{이다.}$$
이때 ㉠은 x에 대한 항등식이므로 ㉠의 양변에 $x=1$을 대입하면
$$f(1)=2a=6$$
따라서 $a=3$

---

mini해설 $f(x+1)$을 직접 구하여 풀이하기

다항식 $f(x)$를 x^2-x로 나눈 몫을 $Q(x)$라 하면 나머지가 $ax+a$이므로
$$f(x)=(x^2-x)Q(x)+ax+a$$
$$=x(x-1)Q(x)+a(x+1)$$
x 대신 $x+1$을 대입하면
$$f(x+1)=(x+1)xQ(x+1)+a(x+2)$$
$$=(x+1)xQ(x+1)+ax+2a$$
$$=x\{(x+1)Q(x+1)+a\}+2a$$
$\qquad f(x+1)$을 x로 나눈 몫은 $(x+1)Q(x+1)+a$, 나머지는 $2a$
따라서 $f(x+1)$을 x로 나눈 나머지가 6이므로 $2a=6$ $\therefore a=3$

내·신·연·계 출제문항 089

다항식 $f(x)$를 x^2-3x로 나눈 나머지가 $ax+a$이고 다항식 $f(x+1)$을
$x-2$로 나눈 나머지는 12일 때, 상수 a의 값은?

① 1   ② 2   ③ 3
④ 4   ⑤ 5

STEP A $A=BQ+R$로 나타내기

다항식 $f(x)$를 x^2-3x로 나눈 몫을 $Q(x)$라 하면
나머지가 $ax+a$이므로
$$f(x)=(x^2-3x)Q(x)+ax+a$$
$$=x(x-3)Q(x)+a(x+1) \quad \cdots\cdots \ \text{㉠}$$

STEP B 나머지정리를 이용하여 상수 a의 값 구하기

다항식 $f(x+1)$을 $x-2$로 나눈 나머지가 12이므로 나머지정리에 의하여
$$f(2+1)=f(3)=12 \qquad \text{다항식 } f(x)\text{를 일차식 } x-\alpha\text{로 나누었을 때의 나머지는 } f(\alpha)\text{이다.}$$
이때 ㉠은 x에 대한 항등식이므로 ㉠의 양변에 $x=3$을 대입하면
$$f(3)=4a=12$$
따라서 $a=3$

---

mini해설 $f(x+1)$을 직접 구하여 풀이하기

다항식 $f(x)$를 x^2-3x로 나눈 몫을 $Q(x)$라 하면 나머지가 $ax+a$이므로
$$f(x)=(x^2-3x)Q(x)+ax+a$$
$$=x(x-3)Q(x)+a(x+1)$$
x 대신 $x+1$을 대입하면
$$f(x+1)=(x+1)(x-2)Q(x+1)+a(x+2)$$
$$=(x+1)(x-2)Q(x+1)+a(x-2)+4a$$
$$=(x-2)\{(x+1)Q(x+1)+a\}+4a$$
$\qquad f(x+1)$을 $x-2$로 나눈 몫은 $(x+1)Q(x+1)+a$, 나머지는 $4a$
따라서 $f(x+1)$을 $x-2$로 나눈 나머지가 12이므로 $4a=12$ $\therefore a=3$

정답 ③

0195

정답 1

STEP A $2026=x$로 치환하여 식 세우기

$2026=x$라 하면 $2026^{10}=x^{10}$이고 $2025=x-1$
$\qquad 2025=x$라 하고 $2026^{10}=(x+1)^{10}$으로 나타낼 수도 있다.
다항식 x^{10}을 $x-1$로 나누었을 때의 몫을 $Q(x)$, 나머지를 R이라 하면
$$x^{10}=(x-1)Q(x)+R \quad \cdots\cdots \ \text{㉠}$$

STEP B 2026^{10}을 2025로 나누었을 때의 나머지 구하기

㉠의 양변에 $x=1$을 대입하면 $1^{10}=(1-1)Q(1)+R$에서 $R=1$
㉠의 양변에 $x=2026$을 대입하면 $2026^{10}=2025\times Q(2026)+1$
따라서 2026^{10}을 2025로 나누었을 때의 나머지는 1

+α $Q(2026)$이 자연수임을 다음과 같이 알 수 있어!

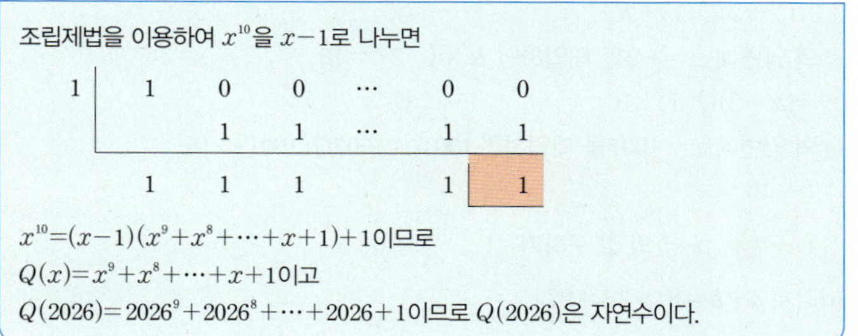

조립제법을 이용하여 x^{10}을 $x-1$로 나누면

$x^{10}=(x-1)(x^9+x^8+\cdots+x+1)+1$이므로
$Q(x)=x^9+x^8+\cdots+x+1$이고
$Q(2026)=2026^9+2026^8+\cdots+2026+1$이므로 $Q(2026)$은 자연수이다.

0196

정답 ③

STEP A $327=x$로 치환하여 식 세우기

$327=x$라 하면 $326=x-1$
$x^{20}+x^{19}+1$을 $x-1$로 나누었을 때의 몫을 $Q(x)$, 나머지를 R이라 하면
$$x^{20}+x^{19}+1=(x-1)Q(x)+R \quad \cdots\cdots \ \text{㉠}$$

STEP B $327^{20}+327^{19}+1$을 326으로 나누었을 때의 나머지 구하기

㉠의 양변에 $x=1$을 대입하면 $1+1+1=R$
$\therefore R=3$
따라서 $327^{20}+327^{19}+1$을 326으로 나누었을 때의 나머지는 3

내·신·연·계 출제문항 090

$9^{81}+9^{82}+9^{83}$을 10으로 나누었을 때의 나머지는?

① 5   ② 6   ③ 7
④ 8   ⑤ 9

STEP A $9=x$로 치환하여 식 세우기

$9=x$라 하면 $10=x+1$
$x^{81}+x^{82}+x^{83}$을 $x+1$로 나누었을 때의 몫을 $Q(x)$, 나머지를 R이라 하면
$$x^{81}+x^{82}+x^{83}=(x+1)Q(x)+R \quad \cdots\cdots \ \text{㉠}$$

STEP B $9^{81}+9^{82}+9^{83}$을 10으로 나누었을 때의 나머지 구하기

㉠의 양변에 $x=-1$을 대입하면 $-1+1-1=R$
$\therefore R=-1$
㉠의 양변에 $x=9$를 대입하면 $9^{81}+9^{82}+9^{83}=10Q(9)-1=10\{Q(9)-1\}+9$
따라서 $9^{81}+9^{82}+9^{83}$을 10으로 나누었을 때의 나머지는 9

정답 ⑤

0197

STEP A 1001^4을 1004로 나눈 나머지 구하기

$1001=x$라 하자.
조건 (가)에서 x^4을 $x+3$으로 나누었을 때의 몫을 $Q(x)$, 나머지를 R이라 하면
$x^4=(x+3)Q(x)+R$ ...... ㉠
㉠의 양변에 $x=-3$을 대입하면 $R=(-3)^4$
$x^4=(x+3)Q(x)+81$ ...... ㉡
㉡의 양변에 $x=1001$을 대입하면 $1001^4=1004Q(1001)+81$
$\therefore a=81$

STEP B 1001^4을 1003으로 나눈 나머지 구하기

조건 (나)에서 x^4을 $x+2$로 나누었을 때의 몫을 $Q(x)$, 나머지를 R'이라 하면
$x^4=(x+2)Q(x)+R'$ ...... ㉢
㉢의 양변에 $x=-2$를 대입하면 $R'=(-2)^4=16$
$x^4=(x+2)Q(x)+16$ ...... ㉣
㉣의 양변에 $x=1001$을 대입하면 $1001^4=1003Q(1001)+16$
$\therefore b=16$

STEP C $a+b$의 값 구하기

따라서 $a+b=81+16=97$

0198

STEP A 17^{15}을 16으로 나누었을 때의 나머지 구하기

$17=x$라 하자.
x^{15}을 $x-1$로 나누었을 때의 몫을 $Q_1(x)$, 나머지를 R_1이라 하면
$x^{15}=(x-1)Q_1(x)+R_1$ ...... ㉠
㉠의 양변에 $x=1$을 대입하면 $R_1=1$
$x^{15}=(x-1)Q_1(x)+1$ ...... ㉡
㉡의 양변에 $x=17$을 대입하면 $17^{15}=16\times Q_1(17)+1$
$\therefore r_1=1$

STEP B 18^{13}을 19로 나누었을 때의 나머지 구하기

x^{13}을 $x+1$로 나누었을 때의 몫을 $Q_2(x)$, 나머지를 R_2라 하면
$x^{13}=(x+1)Q_2(x)+R_2$ ...... ㉢
㉢의 양변에 $x=-1$을 대입하면 $R_2=-1$
$x^{13}=(x+1)Q_2(x)-1$ ...... ㉣
㉣의 양변에 $x=18$을 대입하면 $18^{13}=19\times Q_2(18)-1=19\{Q_2(18)-1\}+18$
$\therefore r_2=18$

STEP C r_1+r_2의 값 구하기

따라서 $r_1+r_2=1+18=19$

0199

2024년 06월 고1 학력평가 8번

STEP A $2024=x$로 치환하여 나머지 구하기

$2024=x$로 치환하면 ← $2022=x-2$
x^4+x^2+1을 $x-2$로 나누었을 때 몫을 $Q(x)$, 나머지를 R이라 하면
나머지정리에 의하여 나머지는 $R=2^4+2^2+1=21$
즉 $x^4+x^2+1=(x-2)Q(x)+21$
$x=2024$를 대입하면 $2024^4+2024^2+1=2022\times Q(2024)+21$
따라서 나머지는 21

$(2026+1)(2026^2-2026+1)$을 2024로 나눈 나머지는?

① 9 ② 16 ③ 21
④ 24 ⑤ 28

STEP A $2026=x$로 치환하여 식을 세우고 나머지정리를 이용하기

$2026=x$라 하면 $(2026+1)(2026^2-2026+1)=(x+1)(x^2-x+1)=x^3+1$
이때 $f(x)=x^3+1$이라 하면 $2024=x-2$이므로
x^3+1을 $x-2$로 나누었을 때, 나머지는 $f(2)$이다.
나머지정리에 의하여 $x=2$를 대입한다.
따라서 $f(2)=2^3+1=9$이므로 구하는 값은 9

0200

2020년 06월 고1 학력평가 24번

STEP A $2020=x$로 치환하고 나머지정리를 이용하여 나머지 구하기

$2020=x$라 하면 $(2020+1)(2020^2-2020+1)=(x+1)(x^2-x+1)=x^3+1$
$(a+b)(a^2-ab+b^2)=a^3+b^3$
이때 $f(x)=x^3+1$이라 하면 $2017=x-3$이므로
$f(x)$를 $x-3$으로 나누었을 때의 나머지는 나머지정리에 의하여 $f(3)$이다.
따라서 구하는 나머지는 $f(3)=3^3+1=28$

mini해설 | 치환하지 않고 풀이하기

$(2020+1)(2020^2-2020+1)=2020^3+1$
이때 2020을 2017로 나눈 나머지가 3이므로 2020^3을 2017로 나눈 나머지는 3^3
따라서 2020^3+1을 2017로 나눈 나머지는 $3^3+1=27+1=28$

$(2025+1)(2025^2-2025+1)$을 2022로 나눈 나머지는?

① 9 ② 16 ③ 21
④ 24 ⑤ 28

STEP A $2025=x$로 치환하고 나머지정리를 이용하여 나머지 구하기

$2025=x$라 하면 $(2025+1)(2025^2-2025+1)=(x+1)(x^2-x+1)=x^3+1$
이때 $f(x)=x^3+1$이라 하면 $2022=x-3$이므로
$f(x)$를 $x-3$으로 나누었을 때의 나머지는 나머지정리에 의하여 $f(3)$이다.
따라서 구하는 나머지는 $f(3)=3^3+1=28$

mini해설 | 치환하지 않고 풀이하기

$(2025+1)(2025^2-2025+1)=2025^3+1$
이때 2025를 2022로 나눈 나머지가 3이므로 2025^3을 2022로 나눈 나머지는 3^3
따라서 2025^3+1을 2022로 나눈 나머지는 $3^3+1=27+1=28$

0201

2021년 06월 고1 학력평가 18번

정답 ②

STEP A 항등식의 성질을 이용하여 빈칸 추론하기

다항식 $(4x+2)^{10}$을 x로 나누었을 때의 몫을 $Q(x)$, 나머지를 R이라 하면
$(4x+2)^{10}=xQ(x)+R$이다. ← x에 대한 항등식이므로 수치대입법을 이용한다.

이때 양변에 $x=0$을 대입하면 $R=\boxed{1024}$ 이다. ← $2^{10}=1024$

등식 $(4x+2)^{10}=xQ(x)+\boxed{1024}$ 에 $x=505$를 대입하면

$2022^{10}=505\times Q(505)+\boxed{1024}$

그런데 나머지는 505보다 작은 수이어야 하므로

$2022^{10}=505\times Q(505)+\boxed{1024}$

$\qquad =505\times Q(505)+505\times 2+14$ ← $1024=505\times 2+14$

$\qquad =505\times\{Q(505)+\boxed{2}\}+\boxed{14}$ 이다.

즉 2022^{10}을 505로 나누었을 때의 나머지는 $\boxed{14}$ 이다.

STEP B $a+b+c$의 값 구하기

따라서 $a=1024$, $b=2$, $c=14$이므로 $a+b+c=1024+2+14=1040$

내신 연계 출제문항 093

다음은 2026^{10}을 506으로 나누었을 때의 나머지를 구하는 과정이다.

> 다항식 $(4x+2)^{10}$을 x로 나누었을 때의 몫을 $Q(x)$,
> 나머지를 R이라 하면 $(4x+2)^{10}=xQ(x)+R$이다.
> 이때 $R=\boxed{(가)}$ 이다.
> 등식 $(4x+2)^{10}=xQ(x)+\boxed{(가)}$ 에 $x=506$을 대입하면
> $2026^{10}=506\times Q(506)+\boxed{(가)}$
> $\qquad =506\times\{Q(506)+\boxed{(나)}\}+\boxed{(다)}$ 이다.
> 따라서 2026^{10}을 506으로 나누었을 때의 나머지는 $\boxed{(다)}$ 이다.

위의 (가), (나), (다)에 알맞은 수를 각각 a, b, c라 할 때, $a+b+c$의 값은?

① 1038 ② 1040 ③ 1042
④ 1044 ⑤ 1046

STEP A 항등식의 성질을 이용하여 빈칸 추론하기

다항식 $(4x+2)^{10}$을 x로 나누었을 때의 몫을 $Q(x)$, 나머지를 R이라 하면
$(4x+2)^{10}=xQ(x)+R$이다. ← x에 대한 항등식이므로 수치대입법을 이용한다.

이때 양변에 $x=0$을 대입하면 $R=\boxed{1024}$ 이다.

등식 $(4x+2)^{10}=xQ(x)+\boxed{1024}$ 에 $x=506$을 대입하면

$2026^{10}=506\times Q(506)+\boxed{1024}$

그런데 나머지는 506보다 작은 수이어야 하므로

$2026^{10}=506\times Q(506)+\boxed{1024}$

$\qquad =506\times Q(506)+506\times 2+12$ ← $1024=506\times 2+12$

$\qquad =506\times\{Q(506)+\boxed{2}\}+\boxed{12}$ 이다.

즉 2026^{10}을 506으로 나누었을 때의 나머지는 $\boxed{12}$ 이다.

STEP B $a+b+c$의 값 구하기

따라서 $a=1024$, $b=2$, $c=12$이므로 $a+b+c=1024+2+12=1038$

정답 ①

0202

정답 32

STEP A 나머지정리를 이용하여 a의 값 구하기

$f(x)=x^3-ax+9$라 하면 $f(x)$를 $x-2$로 나누었을 때, 나머지가 3이므로
나머지정리에 의하여 $f(2)=3$

$f(2)=2^3-2a+9=3$ $\quad\therefore a=7$

STEP B $Q(x)$를 $x-5$로 나누었을 때의 나머지 구하기

x^3-7x+9를 $x-2$로 나눈 몫은 $Q(x)$, 나머지는 3이므로

$x^3-7x+9=(x-2)Q(x)+3$ $\quad\cdots\cdots$ ㉠

$Q(x)$를 $x-5$로 나눈 나머지는 나머지정리에 의하여 $Q(5)$이므로

㉠의 양변에 $x=5$를 대입하면 $125-35+9=(5-2)Q(5)+3$, $3Q(5)=96$

$\therefore Q(5)=32$

따라서 $Q(x)$를 $x-5$로 나누었을 때의 나머지는 $Q(5)=32$

+α | 조립제법을 이용하여 구할 수 있어!

조립제법을 이용하여 $f(x)=x^3-7x+9$를
$x-2$로 나눌 때의 몫 $Q(x)$를 구하면
$x^3-7x+9=(x-2)(x^2+2x-3)+3$
$\therefore Q(x)=x^2+2x-3$
따라서 $Q(5)=5^2+2\times 5-3=32$

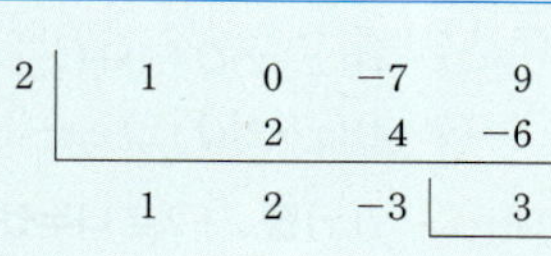

0203

정답 ②

STEP A 주어진 식을 $A=BQ+R$꼴로 나타내기

다항식 $x^{2018}+x^{2017}+x^2$을 x^2+x+1로 나누었을 때의 몫이 $Q(x)$,
나머지가 $-x-2$이므로

$x^{2018}+x^{2017}+x^2=(x^2+x+1)Q(x)-x-2$ $\quad\cdots\cdots$ ㉠

STEP B $Q(x)$를 $x+1$로 나눈 나머지 구하기

$Q(x)$를 $x+1$로 나눈 나머지는 나머지정리에 의하여 $Q(-1)$이므로

㉠의 양변에 $x=-1$을 대입하면 $1-1+1=(1-1+1)Q(-1)+1-2$

따라서 $Q(-1)=2$

0204

정답 ④

STEP A 주어진 식을 $A=BQ+R$꼴로 나타내기

x^3+x^2+ax+3을 $x+1$로 나누었을 때, 몫은 $Q(x)$, 나머지가 1이므로

$x^3+x^2+ax+3=(x+1)Q(x)+1$

STEP B 항등식의 수치대입법을 이용하여 a의 값 구하기

위의 식의 양변에 $x=-1$을 대입하면 $-1+1-a+3=1$ $\quad\therefore a=2$

즉 $x^3+x^2+2x+3=(x+1)Q(x)+1$ $\quad\cdots\cdots$ ㉠

STEP C $Q(x)$를 $x-2$로 나누었을 때의 나머지 구하기

$Q(x)$를 $x-2$로 나누었을 때의 나머지는 나머지정리에 의하여 $Q(2)$이므로

㉠의 양변에 $x=2$를 대입하면 $8+4+4+3=3Q(2)+1$, $18=3Q(2)$

$\therefore Q(2)=6$

따라서 $Q(x)$를 $x-2$로 나누었을 때의 나머지는 6

0205

정답 ④

STEP A 주어진 식을 $A=BQ+R$꼴로 나타내기

다항식 $f(x)$를 $x-4$로 나누었을 때의 몫은 $Q(x)$, 나머지는 3이므로

$f(x)=(x-4)Q(x)+3$ $\quad\cdots\cdots$ ㉠

STEP B 나머지정리를 이용하여 $Q(-2)$의 값 구하기

다항식 $Q(x)$를 $x+2$로 나누었을 때의 나머지가 1이므로
나머지정리에 의하여 $Q(-2)=1$　　　　……ⓛ

STEP C $f(x)$를 $x+2$로 나누었을 때의 나머지 구하기

따라서 $f(x)$를 $x+2$로 나누었을 때의 나머지는 나머지정리에 의하여 $f(-2)$
이므로 ㉠, ⓛ에서 $f(-2)=(-2-4)Q(-2)+3=-6\times1+3=-3$

다른풀이 다항식의 나눗셈을 이용하여 풀이하기

STEP A 주어진 식을 $A=BQ+R$꼴로 나타내기

다항식 $f(x)$를 $x-4$로 나누었을 때의 몫은 $Q(x)$, 나머지는 3이므로
$f(x)=(x-4)Q(x)+3$　　　　……㉠
$Q(x)$를 $x+2$로 나누었을 때의 몫을 $Q'(x)$라 하면 나머지가 1이므로
$Q(x)=(x+2)Q'(x)+1$　　　　……ⓛ
ⓛ을 ㉠에 대입하면
$f(x)=(x-4)\{(x+2)Q'(x)+1\}+3$
$\quad=(x-4)(x+2)Q'(x)+(x-4)+3$
$\quad=(x-4)(x+2)Q'(x)+x-1$　　　　……ⓒ

STEP B $f(x)$를 $x+2$로 나누었을 때의 나머지 구하기

따라서 $f(x)$를 $x+2$로 나누었을 때의 나머지는 나머지정리에 의하여
$f(-2)$이므로 ⓒ의 양변에 $x=-2$를 대입하면 $f(-2)=-3$

내/신/연/계 출제문항 094

다항식 $f(x)$를 $x-3$으로 나누었을 때의 몫은 $Q(x)$이고 나머지가 6이다.
$Q(x)$를 $x-2$로 나누었을 때의 나머지가 3일 때, $f(x)$를 $x-2$로 나누었을
때의 나머지는?

① 1　　　　　② 2　　　　　③ 3
④ 4　　　　　⑤ 5

STEP A 주어진 식을 $A=BQ+R$꼴로 나타내기

다항식 $f(x)$를 $x-3$으로 나누었을 때의 몫은 $Q(x)$, 나머지가 6이므로
$f(x)=(x-3)Q(x)+6$　　　　……㉠

STEP B 나머지정리를 이용하여 $Q(2)$의 값 구하기

다항식 $Q(x)$를 $x-2$로 나누었을 때의 나머지가 3이므로
나머지정리에 의하여 $Q(2)=3$　　　　……ⓛ

STEP C $f(x)$를 $x-2$로 나누었을 때의 나머지 구하기

따라서 $f(x)$를 $x-2$로 나누었을 때의 나머지는 나머지정리에 의하여
$f(2)$이므로 ㉠, ⓛ에서 $f(2)=(2-3)Q(2)+6=-1\times3+6=3$

다른풀이 다항식의 나눗셈을 이용하여 풀이하기

STEP A 주어진 식을 $A=BQ+R$꼴로 나타내기

다항식 $f(x)$를 $x-3$으로 나누었을 때의 몫은 $Q(x)$, 나머지는 6이므로
$f(x)=(x-3)Q(x)+6$　　　　……㉠
$Q(x)$를 $x-2$로 나누었을 때의 몫을 $Q'(x)$라 하면 나머지가 3이므로
$Q(x)=(x-2)Q'(x)+3$　　　　……ⓛ
ⓛ을 ㉠에 대입하면
$f(x)=(x-3)\{(x-2)Q'(x)+3\}+6$
$\quad=(x-3)(x-2)Q'(x)+3(x-3)+6$
$\quad=(x-3)(x-2)Q'(x)+3x-3$　　　　……ⓒ

STEP B $f(x)$를 $x-2$로 나누었을 때의 나머지 구하기

따라서 $f(x)$를 $x-2$로 나누었을 때의 나머지는 나머지정리에 의하여
$f(2)$이므로 ⓒ의 양변에 $x=2$를 대입하면 $f(2)=3\times2-3=3$　　정답 ③

0206　　　　정답 ④

STEP A 주어진 식을 $A=BQ+R$꼴로 나타내기

$P(x)$를 $(x-1)(x-2)$로 나누면 몫이 $Q(x)$, 나머지가 $x+1$이므로
$P(x)=(x-1)(x-2)Q(x)+x+1$　　　　……㉠

STEP B $Q(x)$를 $x-3$으로 나누었을 때의 나머지 구하기

$P(x)$를 $x-3$으로 나눈 나머지가 12이므로 나머지정리에 의하여 $P(3)=12$
$Q(x)$를 $x-3$으로 나누었을 때의 나머지는 나머지정리에 의하여 $Q(3)$이므로
㉠의 양변에 $x=3$을 대입하면 $P(3)=2Q(3)+4=12$
$\therefore Q(3)=4$
따라서 $Q(x)$를 $x-3$으로 나눈 나머지는 4

0207　　　　정답 ①

STEP A 주어진 식을 $A=BQ+R$꼴로 나타내기

다항식 x^3-3x^2+ax+3을 $x-2$로 나누었을 때의 몫이 $Q(x)$,
나머지가 R이므로 나머지정리에 의하여
$R=2^3-3\times2^2+2a+3=2a-1$
$\therefore x^3-3x^2+ax+3=(x-2)Q(x)+2a-1$ ……㉠

STEP B 몫의 계수의 합이 -3임을 이용하여 a의 값 구하기

몫 $Q(x)$의 상수항을 포함한 모든 계수의 합이 -3이므로 $Q(1)=-3$
다항식 $Q(x)$의 상수항을 포함한 계수의 합은 $Q(1)$
㉠의 양변에 $x=1$을 대입하면 $1-3+a+3=-Q(1)+2a-1$,
$a+1=3+2a-1$　　$\therefore a=-1$

STEP C 나머지 R의 값 구하기

따라서 나머지 R의 값은 $R=2a-1=2\times(-1)-1=-3$

내/신/연/계 출제문항 095

다항식 x^3-2x^2+ax+6을 $x+1$로 나누었을 때의 몫을 $Q(x)$, 나머지를
R이라 하자. 몫 $Q(x)$의 상수항을 포함한 모든 계수의 합이 -6일 때,
나머지 R의 값은? (단, a는 상수이다.)

① 7　　　　　② 8　　　　　③ 9
④ 10　　　　　⑤ 11

STEP A 주어진 식을 $A=BQ+R$꼴로 나타내기

다항식 x^3-2x^2+ax+6을 $x+1$로 나누었을 때의 몫이 $Q(x)$,
나머지가 R이므로 나머지정리에 의하여
$R=(-1)^3-2\times(-1)^2-a+6=-a+3$
$\therefore x^3-2x^2+ax+6=(x+1)Q(x)-a+3$　　……㉠

STEP B 몫의 계수의 합이 -6임을 이용하여 a의 값 구하기

몫 $Q(x)$의 상수항을 포함한 모든 계수의 합이 -6이므로 $Q(1)=-6$
다항식 $Q(x)$의 상수항을 포함한 계수의 합은 $Q(1)$
㉠의 양변에 $x=1$을 대입하면 $1-2+a+6=2Q(1)-a+3$,
$a+5=2\times(-6)-a+3$　　$\therefore a=-7$

STEP C 나머지 R의 값 구하기

따라서 나머지 R의 값은 $R=-a+3=7+3=10$　　정답 ④

0208

STEP A 주어진 식을 $A=BQ+R$꼴로 나타내기

$f(x)$를 x^2+x+1로 나누었을 때의 몫이 $Q(x)$, 나머지가 $3x+2$이므로

$f(x)=(x^2+x+1)Q(x)+3x+2$ $\qquad$ …… ㉠

$Q(x)$를 $x-1$로 나누었을 때의 몫을 $Q'(x)$라 하면 나머지가 2이므로

$Q(x)=(x-1)Q'(x)+2$ $\qquad$ …… ㉡

STEP B 다항식 $f(x)$를 x^3-1로 나누었을 때의 나머지 $R(x)$ 구하기

㉡을 ㉠에 대입하면

$\begin{aligned}
f(x)&=(x^2+x+1)\{(x-1)Q'(x)+2\}+3x+2\\
&=(x-1)(x^2+x+1)Q'(x)+2(x^2+x+1)+3x+2\\
&=(x^3-1)Q'(x)+2x^2+5x+4
\end{aligned}$

따라서 $f(x)$를 x^3-1로 나누었을 때의 나머지가 $R(x)=2x^2+5x+4$이므로

$R(1)=2+5+4=11$

내/신/연/계/ 출제문항 096

다항식 $f(x)$를 x^2-x+1로 나누었을 때의 몫을 $Q(x)$, 나머지를 $4x+2$라고 할 때, $Q(x)$를 $x+1$로 나누었을 때의 나머지는 2이다. $f(x)$를 x^3+1로 나누었을 때의 나머지를 $R(x)$라고 할 때, $R(-1)$의 값은?

① 1 $\qquad$ ② 2 $\qquad$ ③ 3
④ 4 $\qquad$ ⑤ 5

STEP A 주어진 식을 $A=BQ+R$꼴로 나타내기

다항식 $f(x)$를 x^2-x+1로 나누었을 때의 몫이 $Q(x)$, 나머지가 $4x+2$이므로

$f(x)=(x^2-x+1)Q(x)+4x+2$ $\qquad$ …… ㉠

$Q(x)$를 $x+1$로 나누었을 때의 몫을 $Q'(x)$라고 하면 나머지가 2이므로

$Q(x)=(x+1)Q'(x)+2$ $\qquad$ …… ㉡

STEP B 다항식 $f(x)$를 x^3+1로 나누었을 때의 나머지 $R(x)$ 구하기

㉡을 ㉠에 대입하면

$\begin{aligned}
\therefore f(x)&=(x^2-x+1)\{(x+1)Q'(x)+2\}+4x+2\\
&=(x+1)(x^2-x+1)Q'(x)+2(x^2-x+1)+4x+2\\
&=(x^3+1)Q'(x)+2x^2+2x+4
\end{aligned}$

따라서 $f(x)$를 x^3+1로 나누었을 때의 나머지가 $R(x)=2x^2+2x+4$이므로

$R(-1)=2-2+4=4$

0209

STEP A 나머지정리를 이용하여 a의 값 구하기

$x^5+ax^2+(a+1)x+2$를 $x-1$로 나누었을 때의 몫은 $Q(x)$이고 나머지는 6이므로

$x^5+ax^2+(a+1)x+2=(x-1)Q(x)+6$ $\quad$ …… ㉠

㉠의 양변에 $x=1$을 대입하면 $1+a+a+1+2=6$, $2a+4=6$이므로

$a=1$

STEP B 양변에 $x=2$를 대입하여 $Q(2)$의 값 구하기

㉠에 $a=1$을 대입하면

$x^5+x^2+2x+2=(x-1)Q(x)+6$ $\qquad$ …… ㉡

㉡의 양변에 $x=2$를 대입하면 $32+4+4+2=Q(2)+6$이므로

$Q(2)=36$

> **+α** 조립제법을 이용하여 $Q(2)$를 구할 수도 있어!
>
> x^5+x^2+2x+2를 $x-1$로 나누었을 때의 몫은 $Q(x)$이므로 조립제법을 이용하여 $Q(x)$를 구하면
>
> 
>
> $\begin{array}{r|rrrrrr}
> 1 & 1 & 0 & 0 & 1 & 2 & 2\\
>   &   & 1 & 1 & 1 & 2 & 4\\
> \hline
>   & 1 & 1 & 1 & 2 & 4 & \,6\,
> \end{array}$
>
> $Q(x)=x^4+x^3+x^2+2x+4$이므로 $x=2$를 대입하면
>
> $Q(2)=2^4+2^3+2^2+2\times2+4=16+8+3\times4=36$

STEP C $a+Q(2)$의 값 구하기

따라서 $a+Q(2)=1+36=37$

내/신/연/계/ 출제문항 097

다항식 $x^3-2x^2+(a+1)x+3$을 $x+1$로 나누었을 때의 몫이 $Q(x)$이고 나머지가 8이다. $Q(x)$를 $x-1$로 나누었을 때의 나머지를 R이라 할 때, $a+R$의 값은? (단, a는 상수이다.)

① -18 $\qquad$ ② -16 $\qquad$ ③ -14
④ -12 $\qquad$ ⑤ -10

STEP A 나머지정리를 이용하여 a의 값 구하기

$x^3-2x^2+(a+1)x+3$을 $x+1$로 나누었을 때의 몫이 $Q(x)$, 나머지가 8이므로

$x^3-2x^2+(a+1)x+3=(x+1)Q(x)+8$ $\quad$ …… ㉠

㉠의 양변에 $x=-1$을 대입하면

$-1-2-a-1+3=8$ $\quad\therefore a=-9$

STEP B $Q(x)$를 $x-1$로 나누었을 때의 나머지 R의 값 구하기

㉠에 $a=-9$를 대입하면

$x^3-2x^2-8x+3=(x+1)Q(x)+8$ $\qquad$ …… ㉡

$Q(x)$를 $x-1$로 나누었을 때의 나머지는 나머지정리에 의하여 $Q(1)$이므로

㉡의 양변에 $x=1$을 대입하면

$1-2-8+3=2Q(1)+8$, $-6=2Q(1)+8$, $2Q(1)=-14$

$\therefore R=Q(1)=-7$

STEP C $a+R$의 값 구하기

따라서 $a+R=-9+(-7)=-16$

0210

2015년 03월 고2 학력평가 가형 15번 · 정답 ①

STEP A 주어진 식을 $A=BQ+R$꼴로 나타내기

다항식 $P(x)$를 $x-2$로 나누었을 때 몫이 $Q(x)$, 나머지가 3이므로

$P(x)=(x-2)Q(x)+3$ ······ ㉠

다항식 $Q(x)$를 $x-1$로 나누었을 때의 몫을 $Q'(x)$라 하면

나머지가 2이므로

$Q(x)=(x-1)Q'(x)+2$ ······ ㉡

㉡을 ㉠에 대입하여 정리하면

$P(x)=(x-2)\{(x-1)Q'(x)+2\}+3$

$\quad=(x-2)(x-1)Q'(x)+2(x-2)+3$

$\quad=(x-1)(x-2)Q'(x)+2x-1$

STEP B $P(x)$를 $(x-1)(x-2)$로 나누었을 때 나머지 $R(x)$ 구하기

즉 $P(x)$를 $(x-1)(x-2)$로 나누었을 때의 나머지는 $R(x)=2x-1$

이차식 $(x-1)(x-2)$로 나눈 것이므로 나머지는 일차식이어야 한다.

따라서 $R(3)=2\times3-1=5$

다른풀이 $R(x)=ax+b$라 두고 풀이하기

STEP A $P(1)$, $P(2)$의 값 구하기

다항식 $P(x)$를 $x-2$로 나누었을 때 몫이 $Q(x)$, 나머지가 3이므로

$P(x)=(x-2)Q(x)+3$ ······ ㉠

㉠의 양변에 $x=2$를 대입하면 $P(2)=3$

다항식 $Q(x)$를 $x-1$로 나눈 나머지는 2이므로 나머지정리에 의하여 $Q(1)=2$

㉠의 양변에 $x=1$을 대입하면

$P(1)=(1-2)Q(1)+3=-2+3=1$

다항식 $f(x)$를 일차식 $x-\alpha$로 나누었을 때의 나머지는 $f(\alpha)$이다.

STEP B $P(x)$를 $(x-1)(x-2)$로 나누었을 때의 나머지 $R(x)$ 구하기

다항식 $P(x)$를 $(x-1)(x-2)$로 나누었을 때 몫을 $Q'(x)$라 하면

나머지 $R(x)$는 일차 이하의 다항식이다. ◀ $\{P(x)$의 차수$\}>\{R(x)$의 차수$\}$

$R(x)=ax+b$ (a, b는 상수)라 하면

$P(x)=(x-1)(x-2)Q'(x)+ax+b$

이 등식은 x에 대한 항등식이므로 양변에 $x=1$을 대입하면

$P(1)=a+b=1$ ······ ㉡

$x=2$를 대입하면

$P(2)=2a+b=3$ ······ ㉢

㉡, ㉢을 연립하여 풀면 $a=2$, $b=-1$ ◀ ㉡에 $a=2$를 대입하면 $b=-1$

$\begin{aligned} & a+b=1 \\ -\ & 2a+b=3 \\ \hline & -a=-2 \quad \therefore\ a=2 \end{aligned}$

따라서 $R(x)=2x-1$이므로 $R(3)=2\times3-1=5$

내신 연계 출제문항 098

다항식 $P(x)$를 $x+3$으로 나누었을 때의 몫이 $Q(x)$, 나머지는 2이고 다항식 $Q(x)$를 $x-1$로 나누었을 때의 나머지는 2이다. $P(x)$를 $(x+3)(x-1)$로 나누었을 때의 나머지를 $R(x)$라 하자. $R(3)$의 값은?

① 8　　　② 9　　　③ 10

④ 14　　　⑤ 15

STEP A 주어진 식을 $A=BQ+R$꼴로 나타내기

다항식 $P(x)$를 $x+3$으로 나누었을 때의 몫이 $Q(x)$, 나머지가 2이므로

$P(x)=(x+3)Q(x)+2$ ······ ㉠

다항식 $Q(x)$를 $x-1$로 나누었을 때의 몫을 $Q_1(x)$라 하면

나머지가 2이므로 $Q(x)=(x-1)Q_1(x)+2$ ······ ㉡

㉡을 ㉠에 대입하여 정리하면

$P(x)=(x+3)\{(x-1)Q_1(x)+2\}+2$

$\quad=(x+3)(x-1)Q_1(x)+2(x+3)+2$

$\quad=(x+3)(x-1)Q_1(x)+2x+8$

STEP B $P(x)$를 $(x+3)(x-1)$로 나누었을 때의 나머지 $R(x)$ 구하기

즉 $P(x)$를 $(x+3)(x-1)$로 나누었을 때의 나머지는 $R(x)=2x+8$

이차식 $(x+3)(x-1)$로 나눈 것이므로 나머지는 일차식이어야 한다.

따라서 $R(3)=2\times3+8=14$

다른풀이 $R(x)=ax+b$라 두고 풀이하기

STEP A $P(-3)$, $P(1)$의 값 구하기

다항식 $P(x)$를 $x+3$로 나누었을 때의 몫이 $Q(x)$, 나머지가 2이므로

$P(x)=(x+3)Q(x)+2$ ······ ㉠

㉠의 양변에 $x=-3$을 대입하면 $P(-3)=2$

다항식 $Q(x)$를 $x-1$로 나누었을 때의 나머지가 2이므로

나머지정리에 의하여 $Q(1)=2$

㉠의 양변에 $x=1$을 대입하면 $P(1)=(1+3)Q(1)+2=4\times2+2=10$

STEP B $P(x)$를 $(x+3)(x-1)$로 나누었을 때의 나머지 $R(x)$ 구하기

$P(x)$를 $(x+3)(x-1)$로 나누었을 때의 몫을 $Q_1(x)$라 하면

나머지 $R(x)$는 일차 이하의 다항식이다. ◀ $\{P(x)$의 차수$\}>\{R(x)$의 차수$\}$

$R(x)=ax+b$ (단, a, b는 상수)라 하면

$P(x)=(x+3)(x-1)Q_1(x)+ax+b$

이 등식은 x에 대한 항등식이므로 양변에 $x=-3$을 대입하면

$P(-3)=-3a+b=2$ ······ ㉡

$x=1$을 대입하면 $P(1)=a+b=10$ ······ ㉢

㉡, ㉢을 연립하여 풀면 $a=2$, $b=8$

따라서 $R(x)=2x+8$이므로 $R(3)=2\times3+8=14$ · 정답 ④

0211

정답 ③

STEP A 나머지정리를 이용하여 $f(1)$, $f(3)$의 값 구하기

다항식 $f(x)$를 $x-1$로 나누었을 때의 나머지는 3이므로

나머지정리에 의하여 $f(1)=3$

다항식 $f(x)$를 $x-3$으로 나누었을 때의 나머지는 5이므로

나머지정리에 의하여 $f(3)=5$

STEP B 다항식의 나눗셈을 이용하여 $f(x)$의 식을 세운 후 나머지 구하기

다항식 $f(x)$를 x^2-4x+3으로 나누었을 때의 몫을 $Q(x)$,

나머지를 $ax+b$ (a, b는 상수)라 하면

다항식을 이차식으로 나눌 때는 나머지를 일차식 꼴로 나타낸다.

$f(x)=(x^2-4x+3)Q(x)+ax+b$

$\quad=(x-1)(x-3)Q(x)+ax+b$ ······ ㉠

이므로 ㉠의 양변에 $x=1$을 대입하면

$f(1)=a+b=3$ ······ ㉡

㉠의 양변에 $x=3$을 대입하면

$f(3)=3a+b=5$ ······ ㉢

㉡, ㉢을 연립하여 풀면 $a=1$, $b=2$

㉢-㉡을 하면 $2a=2$ ∴ $a=1$

$a=1$을 ㉡에 대입하면 $1+b=3$ ∴ $b=2$

따라서 구하는 나머지는 $x+2$

0212

STEP Ⓐ **나머지정리를 이용하여 $P(1)$, $P(-2)$의 값 구하기**

다항식 $P(x)$를 $x-1$로 나누었을 때의 나머지가 3이므로

나머지정리에 의하여 $P(1)=3$

다항식 $P(x)$를 $x+2$로 나누었을 때의 나머지가 -3이므로

나머지정리에 의하여 $P(-2)=-3$

STEP Ⓑ **다항식의 나눗셈을 이용하여 $P(x)$의 식을 세운 후 나머지 구하기**

$P(x)$를 x^2+x-2로 나누었을 때의 몫을 $Q(x)$,

나머지를 $ax+b$ (a, b는 상수)라 하면

$P(x)=(x^2+x-2)Q(x)+ax+b$

$\quad=(x-1)(x+2)Q(x)+ax+b$ $\quad$ …… ㉠

이므로 ㉠의 양변에 $x=1$을 대입하면

$P(1)=a+b=3$ $\quad$ …… ㉡

㉠의 양변에 $x=-2$를 대입하면

$P(-2)=-2a+b=-3$ $\quad$ …… ㉢

㉡, ㉢을 연립하여 풀면 $a=2$, $b=1$

따라서 $R(x)=2x+1$이므로 $R(2)=5$

다항식 $f(x)$를 $x+1$로 나누었을 때의 나머지는 3이고 $2x-1$로 나누었을 때의 나머지는 $\dfrac{3}{2}$이다. $f(x)$를 $2x^2+x-1$로 나누었을 때의 나머지를 $R(x)$라 할 때, $R(-4)$의 값을 구하시오.

STEP Ⓐ **나머지정리를 이용하여 $f(-1)$, $f\left(\dfrac{1}{2}\right)$의 값 구하기**

다항식 $f(x)$를 $x+1$로 나누었을 때의 나머지가 3이므로

나머지정리에 의하여 $f(-1)=3$

다항식 $f(x)$를 $2x-1$로 나누었을 때의 나머지가 $\dfrac{3}{2}$이므로

나머지정리에 의하여 $f\left(\dfrac{1}{2}\right)=\dfrac{3}{2}$

STEP Ⓑ **다항식의 나눗셈을 이용하여 $f(x)$의 식을 세운 후 나머지 구하기**

$f(x)$를 $2x^2+x-1$로 나누었을 때의 몫을 $Q(x)$,

나머지를 $ax+b$ (a, b는 상수)라 하면

$f(x)=(2x^2+x-1)Q(x)+ax+b$

$\quad=(x+1)(2x-1)Q(x)+ax+b$ $\quad$ …… ㉠

이므로 ㉠의 양변에 $x=-1$을 대입하면

$f(-1)=-a+b=3$ $\quad$ …… ㉡

㉠의 양변에 $x=\dfrac{1}{2}$을 대입하면

$f\left(\dfrac{1}{2}\right)=\dfrac{1}{2}a+b=\dfrac{3}{2}$ $\quad$ …… ㉢

㉡, ㉢을 연립하여 풀면 $a=-1$, $b=2$

따라서 $R(x)=-x+2$이므로 $R(-4)=-(-4)+2=6$

0213

STEP Ⓐ **나머지정리를 이용하여 $f(-1)$, $f(2)$의 값 구하기**

다항식 $f(x)$를 $x+1$로 나누었을 때의 나머지가 -5이므로

나머지정리에 의하여 $f(-1)=-5$

다항식 $f(x)$를 $x-2$로 나누었을 때의 나머지가 1이므로

나머지정리에 의하여 $f(2)=1$

STEP Ⓑ **다항식의 나눗셈을 이용하여 $f(x)$의 식을 세운 후 나머지 구하기**

$f(x)$를 x^2-x-2로 나눈 몫과 나머지를 각각

$ax+b$, $ax+b$ (a, b는 상수)라 하면

$f(x)=(x^2-x-2)(ax+b)+ax+b$

$\quad=(x+1)(x-2)(ax+b)+ax+b$ $\quad$ …… ㉠

㉠의 양변에 $x=-1$을 대입하면

$f(-1)=-a+b=-5$ $\quad$ …… ㉡

㉠의 양변에 $x=2$를 대입하면

$f(2)=2a+b=1$ $\quad$ …… ㉢

㉡, ㉢을 연립하여 풀면 $a=2$, $b=-3$

㉢$-$㉡을 하면 $3a=6$ $\therefore a=2$

$a=2$를 ㉡에 대입하면 $-2+b=-5$ $\therefore b=-3$

$\therefore f(x)=(x+1)(x-2)(2x-3)+2x-3$

STEP Ⓒ **$f(x)$를 $x-3$으로 나눈 나머지 구하기**

따라서 $f(x)$를 $x-3$으로 나눈 나머지는 나머지정리에 의하여

$f(3)=(3+1)(3-2)(6-3)+6-3=15$

다항식 $f(x)$를 $x+4$로 나누었을 때의 나머지가 -1이고 $x-2$로 나누었을 때의 나머지가 11이다. 다항식 $f(x)$를 $(x+4)(x-2)$로 나누었을 때의 몫과 나머지가 서로 같을 때, $f(x)$를 $x+2$로 나눈 나머지는?

① -27 $\qquad$ ② -25 $\qquad$ ③ -23

④ -21 $\qquad$ ⑤ -19

STEP Ⓐ **나머지정리를 이용하여 $f(-4)$, $f(2)$의 값 구하기**

다항식 $f(x)$를 $x+4$로 나누었을 때의 나머지가 -1이므로

나머지정리에 의하여 $f(-4)=-1$

다항식 $f(x)$를 $x-2$로 나누었을 때의 나머지가 11이므로

나머지정리에 의하여 $f(2)=11$

STEP Ⓑ **다항식의 나눗셈을 이용하여 $f(x)$의 식을 세운 후 나머지 구하기**

$f(x)$를 $(x+4)(x-2)$로 나눈 몫과 나머지를 각각

$ax+b$, $ax+b$ (a, b는 상수)라 하면

$f(x)=(x+4)(x-2)(ax+b)+ax+b$ $\quad$ …… ㉠

㉠의 양변에 $x=-4$를 대입하면

$f(-4)=-4a+b=-1$ $\quad$ …… ㉡

㉠의 양변에 $x=2$를 대입하면

$f(2)=2a+b=11$ $\quad$ …… ㉢

㉡, ㉢을 연립하여 풀면 $a=2$, $b=7$

㉢$-$㉡을 하면 $6a=12$ $\therefore a=2$

$a=2$를 ㉡에 대입하면 $-8+b=-1$ $\therefore b=7$

$\therefore f(x)=(x+4)(x-2)(2x+7)+2x+7$

STEP Ⓒ **$f(x)$를 $x+2$로 나눈 나머지 구하기**

따라서 $f(x)$를 $x+2$로 나눈 나머지는 나머지정리에 의하여

$f(-2)=(-2+4)(-2-2)(-4+7)-4+7=-21$

0214

정답 ⑤

STEP A 주어진 식을 $A=BQ+R$꼴로 나타내고 $f(1)$, $f(2)$의 값 구하기

$f(x)$를 x^2-3x+2로 나누었을 때의 몫을 $Q(x)$라 하면
나머지가 $2x-1$이므로

$$f(x)=(x^2-3x+2)Q(x)+2x-1$$
$$=(x-1)(x-2)Q(x)+2x-1 \quad\quad \cdots\cdots ㉠$$

㉠의 양변에 $x=1$, $x=2$를 각각 대입하면 $f(1)=1$, $f(2)=3$

STEP B $xf(x-1)$을 x^2-5x+6으로 나누었을 때 나머지 구하기

$xf(x-1)$을 x^2-5x+6으로 나누었을 때의 몫을 $Q_1(x)$,
나머지를 $ax+b$ (a, b는 상수)라 하면

$$xf(x-1)=(x^2-5x+6)Q_1(x)+ax+b$$
$$=(x-2)(x-3)Q_1(x)+ax+b \quad\quad \cdots\cdots ㉡$$

㉡의 양변에 $x=2$, $x=3$을 각각 대입하면 $2f(1)=2a+b$, $3f(2)=3a+b$

$\therefore 2a+b=2$, $3a+b=9$

두 식을 연립하여 풀면 $a=7$, $b=-12$

STEP C $R(3)$의 값 구하기

따라서 구하는 나머지는 $R(x)=7x-12$이므로 $R(3)=21-12=9$

0215

정답 ④

STEP A 나머지정리를 이용하여 $f(4)$, $f(2)$의 값 구하기

다항식 $f(x)$를 $x-4$로 나누었을 때의 나머지가 3이므로
나머지정리에 의하여 $f(4)=3$

$f(3+x)=f(3-x)$에 $x=1$을 대입하면 $f(4)=f(2)$이므로 $f(2)=3$

STEP B 다항식의 나눗셈을 이용하여 $f(x)$의 식을 세운 후 나머지 구하기

$f(x)$를 x^2-6x+8으로 나눈 몫을 $Q(x)$, 나머지를 $ax+b$ (a, b는 상수)라 하면

$$f(x)=(x^2-6x+8)Q(x)+ax+b$$
$$=(x-2)(x-4)Q(x)+ax+b \quad\quad \cdots\cdots ㉠$$

㉠의 양변에 $x=2$를 대입하면 $f(2)=2a+b=3 \quad\quad \cdots\cdots ㉡$
㉠의 양변에 $x=4$를 대입하면 $f(4)=4a+b=3 \quad\quad \cdots\cdots ㉢$
㉡, ㉢을 연립하여 풀면 $a=0$, $b=3$
따라서 나머지는 $R(x)=3$

모든 실수 x에 대하여 $f(1+x)=f(1-x)$를 만족시키는 다항식 $f(x)$를
$x-5$로 나누었을 때의 나머지가 -3이다. $f(x)$를 $x^2-2x-15$로 나누었을
때의 나머지는?

① -5 ② -3 ③ -1
④ 3 ⑤ 5

STEP A 나머지정리를 이용하여 $f(5)$, $f(-3)$의 값 구하기

다항식 $f(x)$를 $x-5$로 나누었을 때의 나머지가 -3이므로
나머지정리에 의하여 $f(5)=-3$

$f(1+x)=f(1-x)$에 $x=4$를 대입하면 $f(5)=f(-3)$이므로 $f(-3)=-3$

STEP B 다항식의 나눗셈을 이용하여 $f(x)$의 식을 세운 후 나머지 구하기

$f(x)$를 $x^2-2x-15$로 나눈 몫을 $Q(x)$, 나머지를 $ax+b$ (a, b는 상수)라 하면

$$f(x)=(x^2-2x-15)Q(x)+ax+b$$
$$=(x+3)(x-5)Q(x)+ax+b \quad\quad \cdots\cdots ㉠$$

㉠의 양변에 $x=-3$을 대입하면 $f(-3)=-3a+b=-3 \cdots\cdots ㉡$

㉠의 양변에 $x=5$를 대입하면 $f(5)=5a+b=-3 \quad\quad \cdots\cdots ㉢$
㉡, ㉢을 연립하여 풀면 $a=0$, $b=-3$
따라서 나머지는 $R(x)=-3$

정답 ②

0216

정답 1

STEP A 주어진 식을 $A=BQ+R$꼴로 나타내기

$P(x)$를 x^2-x-2로 나누었을 때의 몫을 $Q(x)$,
나머지를 $ax+b$ (a, b는 상수)라 하면

$$P(x)=(x^2-x-2)Q(x)+ax+b$$
$$=(x+1)(x-2)Q(x)+ax+b \quad\quad \cdots\cdots ㉠$$

STEP B 조건 (가), (나)를 이용하여 $P(2)$, $P(-1)$의 값 구하기

조건 (가)에서
등식 $P(x)+P(4-x)=8$의 양변에 $x=2$를 대입하면 $P(2)+P(2)=8$,
$2P(2)=8 \quad \therefore P(2)=4$

조건 (가)에서
등식 $P(x)+P(4-x)=8$의 양변에 $x=-1$을 대입하면 $P(-1)+P(5)=8$
조건 (나)에서
$P(5)=-5$이므로 $P(-1)-5=8 \quad \therefore P(-1)=13$

STEP C $R(3)$의 값 구하기

㉠의 양변에 $x=-1$을 대입하면 $P(-1)=-a+b=13 \cdots\cdots ㉡$
㉠의 양변에 $x=2$를 대입하면 $P(2)=2a+b=4 \quad\quad \cdots\cdots ㉢$
㉡, ㉢을 연립하여 풀면 $a=-3$, $b=10$

$㉡-㉢$을 하면 $-3a=9 \quad \therefore a=-3$
$a=-3$을 ㉢에 대입하면 $3+b=13 \quad \therefore b=10$

따라서 $R(x)=-3x+10$이므로 $R(3)=-9+10=1$

0217

2017년 06월 고1 학력평가 26번   정답 46

STEP A 주어진 식을 $A=BQ+R$꼴로 나타내기

$$P(x)=(x^2-x-1)(ax+b)+2 \quad\quad \cdots\cdots ㉠$$

$P(x+1)$을 x^2-4로 나눈 몫을 $Q(x)$라 하면 나머지가 -3이므로

$$P(x+1)=(x^2-4)Q(x)-3$$
$$=(x-2)(x+2)Q(x)-3 \quad\quad \cdots\cdots ㉡$$

STEP B 항등식의 수치대입법을 이용하여 a, b의 값 구하기

㉡은 x에 대한 항등식이므로 ㉡의 양변에
$x=2$를 대입하면 $P(3)=-3$
$x=-2$를 대입하면 $P(-1)=-3$
이때 ㉠의 양변에 $x=3$을 대입하면
$P(3)=(9-3-1)(3a+b)+2=5(3a+b)+2$이므로
$5(3a+b)+2=-3$, $5(3a+b)=-5$
$\therefore 3a+b=-1 \quad\quad \cdots\cdots ㉢$
㉠의 양변에 $x=-1$을 대입하면
$P(-1)=(1+1-1)(-a+b)+2=-a+b+2$이므로
$-a+b+2=-3$
$\therefore -a+b=-5 \quad\quad \cdots\cdots ㉣$
㉢, ㉣을 연립하여 풀면 $a=1$, $b=-4$
따라서 $50a+b=50-4=46$

$$\begin{array}{r} 3a+b=-1 \\ -)\ -a+b=-5 \\ \hline 4a=4 \quad \therefore a=1 \end{array}$$

㉣에 $a=1$를 대입하면 $b=-4$

x에 대한 삼차다항식 $P(x)=(x^2-x-1)(ax+b)+2$에 대하여 $P(x+1)$을 x^2-1로 나눈 나머지가 -2일 때, $b-a$의 값을 구하시오. (단, a, b는 상수이다.)

STEP A 주어진 식을 $A=BQ+R$꼴로 나타내기

$P(x)=(x^2-x-1)(ax+b)+2$ ······ ㉠
$P(x+1)$을 x^2-1로 나눈 몫을 $Q(x)$라 하면
나머지가 -2이므로
$P(x+1)=(x^2-1)Q(x)-2$
$\qquad\quad =(x-1)(x+1)Q(x)-2$ ······ ㉡

STEP B 항등식의 수치대입법을 이용하여 a, b의 값 구하기

㉡은 x에 대한 항등식이므로 ㉡의 양변에
$x=1$을 대입하면 $P(2)=-2$
$x=-1$을 대입하면 $P(0)=-2$
이때 ㉠의 양변에 $x=2$를 대입하면
$P(2)=(4-2-1)(2a+b)+2=(2a+b)+2$이므로
$-2=2a+b+2$ $\therefore 2a+b=-4$ ······ ㉢
㉠의 양변에 $x=0$을 대입하면 $P(0)=-b+2$이므로
$-2=+b+2$ $\therefore b=4$ ······ ㉣
㉢, ㉣을 연립하여 풀면 $a=-4$, $b=4$
따라서 $b-a=4-(-4)=8$ **정답** 8

0218

정답 9

STEP A 나머지정리를 이용하여 $f(1)$, $f(-1)$의 값 구하기

$f(x)$에 대하여 $(x+2)f(x)$를 $x-1$로 나눈 나머지가 3이므로
나머지정리에 의하여 $(1+2)f(1)=3$
$\therefore f(1)=1$
또한, $(2x-3)f(2x-5)$를 $x-2$로 나눈 나머지가 -7이므로
나머지정리에 의하여 $(2\times2-3)f(2\times2-5)=-7$
$\therefore f(-1)=-7$

STEP B 다항식의 나눗셈을 이용하여 $f(x)$의 식을 세운 후 나머지 구하기

$f(x)$를 $(x+1)(x-1)$로 나누었을 때의 몫을 $Q(x)$,
나머지를 $ax+b$ (a, b는 상수)라 하면
$f(x)=(x+1)(x-1)Q(x)+ax+b$ ······ ㉠
㉠의 양변에 $x=1$을 대입하면 $f(1)=a+b$
$\therefore a+b=1$  ······ ㉡
㉠의 양변에 $x=-1$을 대입하면 $f(-1)=-a+b$
$\therefore -a+b=-7$  ······ ㉢
㉡, ㉢을 연립하여 풀면 $a=4$, $b=-3$
따라서 $R(x)=4x-3$이고 $R(3)=9$

0219

정답 ⑤

STEP A 다항식의 나눗셈을 이용하여 $f(-2)$, $g(-2)$의 값 구하기

$f(x)$를 x^2-4로 나누었을 때의 몫을 $Q_1(x)$라 하면
나머지가 3이므로
$f(x)=(x^2-4)Q_1(x)+3$
$\qquad =(x+2)(x-2)Q_1(x)+3$ ······ ㉠
㉠의 양변에 $x=-2$를 대입하면 $f(-2)=3$

$g(x)$를 x^2+x-2로 나누었을 때의 몫을 $Q_2(x)$라 하면
나머지가 $2x+5$이므로
$g(x)=(x^2+x-2)Q_2(x)+2x+5$
$\qquad =(x-1)(x+2)Q_2(x)+2x+5$ ······ ㉡
㉡의 양변에 $x=-2$를 대입하면 $g(-2)=1$

STEP B $2f(x)+3g(x)$를 $x+2$로 나누었을 때의 나머지 구하기

따라서 다항식 $2f(x)+3g(x)$를 $x+2$로 나누었을 때의 나머지는 나머지정리에 의하여 $2f(-2)+3g(-2)=2\times3+3\times1=9$

0220

정답 ①

STEP A 다항식의 나눗셈을 이용하여 $f(-6)$, $f(2)$의 값 구하기

$f(x)$를 x^2+5x-6으로 나누었을 때의 몫을 $Q_1(x)$라 하면
나머지가 $2x+2$이므로
$f(x)=(x^2+5x-6)Q_1(x)+2x+2$
$\qquad =(x+6)(x-1)Q_1(x)+2x+2$ ······ ㉠
㉠의 양변에 $x=-6$, $x=1$을 각각 대입하면 $f(-6)=-10$, $f(1)=4$
$f(x)$를 x^2-6x+8로 나누었을 때의 몫을 $Q_2(x)$라 하면
나머지는 $x-4$이므로
$f(x)=(x^2-6x+8)Q_2(x)+x-4$
$\qquad =(x-2)(x-4)Q_2(x)+x-4$ ······ ㉡
㉡의 양변에 $x=2$, $x=4$를 각각 대입하면 $f(2)=-2$, $f(4)=0$

STEP B $f(x)$를 $x^2+4x-12$로 나누었을 때의 나머지 구하기

$f(x)$를 $x^2+4x-12$로 나누었을 때의 몫을 $Q(x)$,
나머지를 $ax+b$ (a, b는 상수)라 하면
$f(x)=(x^2+4x-12)Q(x)+ax+b$
$\qquad =(x+6)(x-2)Q(x)+ax+b$ ······ ㉢
㉢의 양변에 $x=-6$, $x=2$를 각각 대입하면
$f(-6)=-6a+b$, $f(2)=2a+b$
$\therefore -6a+b=-10$, $2a+b=-2$  $f(-6)=-10$, $f(2)=-2$
두 식을 연립하여 풀면 $a=1$, $b=-4$
따라서 구하는 나머지는 $x-4$

다항식 $f(x)$를 x^2+x로 나누었을 때의 나머지가 $x+3$이고 x^2-x-2로 나누었을 때의 나머지가 $-\dfrac{1}{3}x+\dfrac{5}{3}$일 때, $f(x)$를 x^2-2x로 나누었을 때의 나머지는?

① $x+3$ ② $x-3$ ③ $2x-3$
④ $-x+3$ ⑤ $-x+2$

STEP A 다항식의 나눗셈을 이용하여 $f(0)$, $f(2)$의 값 구하기

$f(x)$를 x^2+x로 나누었을 때의 몫을 $Q_1(x)$라 하면
나머지가 $x+3$이므로
$f(x)=(x^2+x)Q_1(x)+x+3$
$\qquad =x(x+1)Q_1(x)+x+3$ ······ ㉠
㉠의 양변에 $x=0$, $x=-1$을 각각 대입하면 $f(0)=3$, $f(-1)=2$
$f(x)$를 x^2-x-2로 나누었을 때의 몫을 $Q_2(x)$라 하면
나머지가 $2x-3$이므로
$f(x)=(x^2-x-2)Q_2(x)-\dfrac{1}{3}x+\dfrac{5}{3}$
$\qquad =(x+1)(x-2)Q_2(x)-\dfrac{1}{3}x+\dfrac{5}{3}$ ······ ㉡
㉡의 양변에 $x=-1$, $x=2$를 각각 대입하면 $f(-1)=2$, $f(2)=1$

$f(x)$를 x^2-2x로 나누었을 때의 몫을 $Q(x)$,
나머지를 $ax+b$ $(a, b$는 상수)라 하면
$f(x)=(x^2-2x)Q(x)+ax+b$
　　　$=x(x-2)Q(x)+ax+b$　　　……ⓒ
ⓒ의 양변에 $x=0$, $x=2$를 각각 대입하면 $f(0)=b$, $f(2)=2a+b$
∴ $b=3$, $2a+b=1$　←　$f(0)=3,\ f(2)=1$
두 식을 연립하여 풀면 $a=-1$, $b=3$
따라서 구하는 나머지는 $-x+3$　　　　　정답 ④

0221

정답 ④

STEP A 다항식 $f(x)$를 $(x^2+1)(x-1)$로 나누었을 때의 나머지를 구하는
과정을 빈칸 추론하기

$f(x)$를 $(x^2+1)(x-1)$로 나누었을 때의 몫을 $Q(x)$로 놓고
나머지를 ax^2+bx+c $(a, b, c$는 상수)라 하면
$f(x)=(x^2+1)(x-1)Q(x)+ax^2+bx+c$
이때 $(x^2+1)(x-1)Q(x)$는 x^2+1로 나누어떨어지므로
$f(x)$를 x^2+1로 나누었을 때의 나머지는 ax^2+bx+c를 x^2+1로
나누었을 때의 나머지와 같다.
즉 $f(x)$를 x^2+1로 나누면 나머지가 $\boxed{x-5}$이므로
$f(x)=(x^2+1)(x-1)Q(x)+a\times\boxed{(x^2+1)}+\boxed{x-5}$　……㉠
또, $f(x)$를 $x-1$로 나눈 나머지는 4이므로
㉠의 양변에 $x=1$을 대입하면 $f(1)=2a-4=4$에서 $a=4$
구하는 나머지는
$ax^2+bx+c=4(x^2+1)+x-5=\boxed{4x^2+x-1}$

STEP B $\dfrac{g(1)h(1)}{r(1)}$의 값 구하기

따라서 $g(x)=x-5$, $h(x)=x^2+1$, $r(x)=4x^2+x-1$이므로
$\dfrac{g(1)h(1)}{r(1)}=\dfrac{(-4)\times 2}{4}=-2$

내·신·연·계 출제문항 104

다항식 $f(x)$는 $(x-1)^2$으로 나누었을 때의 나머지가 $2x+1$이고 $x+2$로
나눈 나머지는 6이다.
다항식 $f(x)$를 $(x-1)^2(x+2)$로 나누었을 때의 나머지를 구하는 과정이다.

> 다항식 $f(x)$를 $(x-1)^2(x+2)$로 나누었을 때의 몫을 $Q(x)$로 놓고
> 삼차식으로 나눈 나머지는 이차 이하의 식이므로
> $f(x)=(x-1)^2(x+2)Q(x)+ax^2+bx+c$ $(a, b, c$는 상수)라 하면
> $f(x)$를 $(x-1)^2$으로 나눌 때의 나머지가 $\boxed{(가)}$이므로
> $f(x)=(x-1)^2(x+2)Q(x)+a\times\boxed{(나)}+\boxed{(가)}$
> 또, $f(x)$를 $x+2$로 나눈 나머지는 6이므로
> 나머지는 $ax^2+bx+c=\boxed{(다)}$이다.

위의 (가), (나), (다)에 들어갈 식을 $g(x)$, $h(x)$, $r(x)$라 할 때, $\dfrac{g(2)h(2)}{r(2)}$
의 값은?

① $\dfrac{1}{2}$　　　② $\dfrac{2}{3}$　　　③ $\dfrac{5}{6}$

④ $\dfrac{6}{5}$　　　⑤ $\dfrac{3}{2}$

STEP A 다항식 $f(x)$를 $(x-1)^2(x+2)$로 나누었을 때의 나머지를 구하는
과정을 빈칸 추론하기

$f(x)$를 $(x-1)^2(x+2)$로 나누었을 때의 몫을 $Q(x)$로 놓고
나머지를 ax^2+bx+c $(a, b, c$는 상수)라 하면
$f(x)=(x-1)^2(x+2)Q(x)+ax^2+bx+c$
이때 $(x-1)^2(x+2)Q(x)$는 $(x-1)^2$으로 나누어떨어지므로
$f(x)$를 $(x-1)^2$으로 나누었을 때의 나머지는 ax^2+bx+c를 $(x-1)^2$으로
나누었을 때의 나머지와 같다.
즉 $f(x)$를 $(x-1)^2$으로 나누었을 때의 나머지가 $\boxed{2x+1}$이므로
$f(x)=(x-1)^2(x+2)Q(x)+a\times\boxed{(x-1)^2}+\boxed{2x+1}$　……㉠
또, $f(x)$를 $x+2$로 나눈 나머지는 6이므로
㉠의 양변에 $x=-2$를 대입하면 $f(-2)=9a-3=6$에서 $a=1$
구하는 나머지는
$ax^2+bx+c=1\times(x-1)^2+2x+1=\boxed{x^2+2}$

STEP B $\dfrac{g(2)h(2)}{r(2)}$의 값 구하기

따라서 $g(x)=2x+1$, $h(x)=(x-1)^2$, $r(x)=x^2+2$이므로
$\dfrac{g(2)h(2)}{r(2)}=\dfrac{5\times 1}{6}=\dfrac{5}{6}$　　　정답 ③

0222

정답 12

STEP A 다항식의 나눗셈을 이용하여 $f(x)$의 식 세우기

$f(x)$를 $(x+1)(x+2)(x-3)$으로 나누었을 때의 몫을 $Q_1(x)$,
나머지를 $R(x)=ax^2+bx+c$ $(a, b, c$는 상수)라 하면
$f(x)=(x+1)(x+2)(x-3)Q_1(x)+ax^2+bx+c$　……㉠

STEP B 나머지정리를 이용하여 a의 값 구하기

이때 $f(x)$를 $(x+1)(x-3)$으로 나누어떨어지므로
ax^2+bx+c를 $(x+1)(x-3)$으로 나누었을 때의 나머지는 0이 되어야 한다.
∴ $ax^2+bx+c=a(x+1)(x-3)$　　　……ⓒ

> **+α** | $ax^2+bx+c=a(x+1)(x-3)$인 이유!
>
> 다항식 $f(x)=(x+1)(x+2)(x-3)Q_1(x)+ax^2+bx+c$를 $(x+1)(x-3)$으로
> 나누었을 때, $(x+1)(x+2)(x-3)Q(x)$는 $(x+1)(x-3)$으로 나누어떨어지므로
> ax^2+bx+c를 $(x+1)(x-3)$으로 나누었을 때의 나머지는 0이다.

ⓒ을 ㉠에 대입하면
$f(x)=(x+1)(x+2)(x-3)Q_1(x)+a(x+1)(x-3)$　……ⓒ
한편 $f(x)$를 $(x+1)(x+2)$로 나누었을 때 몫을 $Q_2(x)$라 하면
나머지가 $15x+15$이므로
$f(x)=(x+1)(x+2)Q_2(x)+15x+15$　　　……ⓔ
ⓒ의 양변에 $x=-2$를 대입하면 $f(-2)=5a$
ⓔ의 양변에 $x=-2$를 대입하면 $f(-2)=-15$
즉 $5a=-15$이므로 $a=-3$

STEP C 나머지 $R(x)$ 구하기

$a=-3$을 ⓒ에 대입하면 $R(x)=-3(x+1)(x-3)=-3x^2+6x+9$
따라서 $a=-3$, $b=6$, $c=9$이므로 $a+b+c=-3+6+9=12$

0223

STEP A 주어진 식을 $A=BQ+R$꼴로 나타내기

$x^{25}-x^{20}+x^{15}-1$을 x^3-x로 나누었을 때의 몫을 $Q(x)$,
나머지를 $R(x)=ax^2+bx+c$ (단, a, b, c는 상수)라 하면
삼차식으로 나누었을때의 나머지는 이차 이하의 다항식이다.

$x^{25}-x^{20}+x^{15}-1$
$=(x^3-x)Q(x)+ax^2+bx+c$
$=x(x-1)(x+1)Q(x)+ax^2+bx+c$ ······ ㉠

STEP B 항등식의 수치대입법을 이용하여 $R(x)$ 구하기

㉠은 x에 대한 항등식이므로 ㉠의 양변에
$x=0$을 대입하면 $-1=c$
$x=-1$을 대입하면 $-4=a-b+c$
$\therefore a-b=-3$ ······ ㉡
$x=1$을 대입하면 $0=a+b+c$
$\therefore a+b=1$ ······ ㉢
㉡, ㉢을 연립하여 풀면 $a=-1$, $b=2$
따라서 $R(x)=-x^2+2x-1$이므로 $R(2)=-4+4-1=-1$

내 신 연 계 출제문항 105

다항식 $x^{20}+x^{15}+x^{10}+x^5-3$을 x^3-x로 나누었을 때의 나머지를 $R(x)$라
할 때, 다항식 $R(x)$를 $x+3$으로 나눈 나머지는?

① -9　　　② -4　　　③ -3
④ 4　　　⑤ 9

STEP A 주어진 식을 $A=BQ+R$꼴로 나타내기

$x^{20}+x^{15}+x^{10}+x^5-3$을 x^3-x로 나누었을 때의 몫을 $Q(x)$,
나머지를 $R(x)=ax^2+bx+c$ (단, a, b, c는 상수)라 하면
삼차식으로 나누었을때의 나머지는 이차 이하의 다항식이다.

$x^{20}+x^{15}+x^{10}+x^5-3$
$=(x^3-x)Q(x)+ax^2+bx+c$
$=x(x-1)(x+1)Q(x)+ax^2+bx+c$ ······ ㉠

STEP B 항등식의 수치대입법을 이용하여 $R(x)$ 구하기

㉠은 x에 대한 항등식이므로 ㉠의 양변에
$x=0$을 대입하면 $-3=c$
$x=-1$을 대입하면 $-3=a-b+c$
$\therefore a-b=0$ ······ ㉡
$x=1$을 대입하면 $1=a+b+c$
$\therefore a+b=4$ ······ ㉢
㉡, ㉢을 연립하여 풀면 $a=2$, $b=2$
$\therefore R(x)=2x^2+2x-3$

STEP C $R(x)$를 $x+3$으로 나눈 나머지 구하기

따라서 다항식 $R(x)$를 $x+3$으로 나눈 나머지는 나머지정리에 의하여
$R(-3)=18-6-3=9$

0224

STEP A 다항식의 나눗셈을 이용하여 $f(x)$의 식 세우기

다항식 $f(x)$를 $(x-1)^2(x-3)$으로 나누었을 때의 몫을 $Q(x)$,
나머지를 $R(x)=ax^2+bx+c$ (a, b, c는 상수)라 하면
다항식의 나눗셈에서 나머지는 나누는 식보다 항상 차수가 낮아야 한다.
$f(x)=(x-1)^2(x-3)Q(x)+ax^2+bx+c$ ······ ㉠

STEP B 나머지정리를 이용하여 a의 값 구하기

다항식 $f(x)$를 $(x-1)^2$으로 나누면 나머지가 $2x+1$이므로
ax^2+bx+c를 다시 $(x-1)^2$로 나누면 몫은 a이고
나머지는 $2x+1$이 되어야 한다.
$ax^2+bx+c=a(x-1)^2+2x+1$ ······ ㉡

> **+α** | $ax^2+bx+c=a(x-1)^2+2x+1$인 이유!
>
> 다항식 $f(x)=(x-1)^2(x-3)Q(x)+ax^2+bx+c$를 $(x-1)^2$으로 나누었을 때,
> $(x-1)^2(x-3)Q(x)$는 $(x-1)^2$으로 나누어떨어지므로 ax^2+bx+c를 $(x-1)^2$으로
> 나누었을 때의 나머지는 $2x+1$

㉡을 ㉠에 대입하면
$f(x)=(x-1)^2(x-3)Q(x)+a(x-1)^2+2x+1$ ······ ㉢
한편 $f(x)$를 $x-3$으로 나누었을 때의 나머지가 3이므로 나머지정리에 의하여
$f(3)=3$
㉢의 양변에 $x=3$을 대입하면 $f(3)=4a+7=3$ $\therefore a=-1$

STEP C $R(2)$의 값 구하기

$a=-1$을 ㉡에 대입하면 나머지 $R(x)=-(x-1)^2+2x+1$
따라서 $R(2)=-1^2+2\times2+1=4$

0225

STEP A 다항식의 나눗셈을 이용하여 $f(x)$의 식 세우기

다항식 $f(x)$를 x^3+1로 나누었을 때의 몫을 $Q(x)$,
나머지를 $R(x)=ax^2+bx+c$ (a, b, c는 상수)라 하면
다항식의 나눗셈에서 나머지는 나누는 식보다 항상 차수가 낮아야 한다.
$f(x)=(x^3+1)Q(x)+ax^2+bx+c$
$\quad\;=(x+1)(x^2-x+1)Q(x)+ax^2+bx+c$ ······ ㉠

STEP B 나머지정리를 이용하여 a의 값 구하기

다항식 $f(x)$를 x^2-x+1로 나누면 나머지가 $3x-1$이므로
ax^2+bx+c를 다시 x^2-x+1로 나누면 몫은 a이고
나머지는 $3x-1$이 되어야 한다.
$ax^2+bx+c=a(x^2-x+1)+3x-1$ ······ ㉡

> **+α** | $ax^2+bx+c=a(x^2-x+1)+3x-1$인 이유!
>
> 다항식 $f(x)=(x+1)(x^2-x+1)Q(x)+ax^2+bx+c$를 x^2-x+1로 나누었을 때,
> $(x+1)(x^2-x+1)Q(x)$는 x^2-x+1로 나누어떨어지므로
> ax^2+bx+c를 x^2-x+1로 나누었을 때의 나머지는 $3x-1$

㉡을 ㉠에 대입하면
$f(x)=(x+1)(x^2-x+1)Q(x)+a(x^2-x+1)+3x-1$ ······ ㉢
한편 $f(x)$를 $x+1$로 나누었을 때, 나머지가 2이므로
나머지정리에 의하여 $f(-1)=2$
㉢의 양변에 $x=-1$을 대입하면 $f(-1)=3a-4=2$ $\therefore a=2$

STEP C 나머지 $R(x)$ 구하여 $a+b+c$의 값 구하기

$a=2$를 ㉡에 대입하여 $R(x)=2(x^2-x+1)+3x-1=2x^2+x+1$
따라서 $a=2$, $b=1$, $c=1$이므로 $a+b+c=2+1+1=4$

다항식 $f(x)$를 $x+1$로 나누었을 때의 나머지가 6이고 x^2-x+1로 나누었을 때의 나머지가 $2x-1$이다. $f(x)$를 $(x+1)(x^2-x+1)$로 나누었을 때의 나머지를 $R(x)$라 할 때, $R(2)$의 값을 구하시오.

STEP A 다항식의 나눗셈을 이용하여 $f(x)$의 식 세우기

$f(x)$를 $(x+1)(x^2-x+1)$로 나누었을 때의 몫을 $Q(x)$,
나머지 $R(x)=ax^2+bx+c$ (a, b, c는 상수)라 하면
$$f(x)=(x+1)(x^2-x+1)Q(x)+ax^2+bx+c \quad \cdots\cdots ㉠$$

STEP B 나머지정리를 이용하여 a의 값 구하기

$f(x)$를 x^2-x+1로 나누었을 때의 나머지 $2x-1$은
ax^2+bx+c를 x^2-x+1로 나누었을 때의 나머지와 같으므로
$$ax^2+bx+c=a(x^2-x+1)+2x-1 \quad \cdots\cdots ㉡$$

> **+α** | $ax^2+bx+c=a(x^2-x+1)+2x-1$인 이유!
>
> 다항식 $f(x)=(x+1)(x^2-x+1)Q(x)+ax^2+bx+c$를 x^2-x+1로 나누었을 때,
> $(x+1)(x^2-x+1)Q(x)$는 x^2-x+1으로 나누어떨어지므로
> ax^2+bx+c를 x^2-x+1으로 나누었을 때의 나머지는 $2x-1$

㉡을 ㉠에 대입하면
$$f(x)=(x+1)(x^2-x+1)Q(x)+a(x^2-x+1)+2x-1 \cdots\cdots ㉢$$
한편 $f(x)$를 $x+1$로 나누었을 때의 나머지가 6이므로
나머지정리에 의하여 $f(-1)=6$
㉢의 양변에 $x=-1$을 대입하면 $f(-1)=3a-3=6$ $\therefore a=3$

STEP C $R(2)$의 값 구하기

$a=3$을 ㉡에 대입하면 $R(x)=3(x^2-x+1)+2x-1=3x^2-x+2$이므로
$$R(2)=3\times 2^2-2+2=12$$

0226

STEP A 인수정리를 이용하여 a의 값 구하기

$f(x)=x^3-2x-a$가 $x-2$로 나누어떨어지므로 인수정리에 의하여
인수정리에 의하여 $f(2)=0$
$f(2)=8-4-a=0$, $4-a=0$
$\therefore a=4$

> **+α** | 조립제법을 이용하여 상수 a를 구할 수 있어!
>
> 다항식 $f(x)=x^3-2x-a$가 $x-2$로 나누어떨어지므로
> 조립제법을 이용하여 계산하면
> 
>
> 즉 $-a+4=0$이므로 $a=4$

STEP B $f(x)$를 $x+1$로 나누었을 때의 나머지 구하기

따라서 $f(x)=x^3-2x-4$이므로 $f(x)$를 $x+1$로 나누었을 때의 나머지는
나머지정리에 의하여 $f(-1)=-1+2-4=-3$

0227

STEP A 인수정리를 이용하여 a의 값 구하기

$P(x)=x^3-x^2-10x+a$가 $x-1$로 나누어떨어지므로 인수정리에 의하여
$P(1)=1^3-1^2-10\times 1+a=-10+a=0$
$\therefore a=10$

> **+α** | 조립제법을 이용하여 상수 a를 구할 수 있어!
>
> 다항식 $P(x)=x^3-x^2-10x+a$가 $x-1$로 나누어떨어지므로
> 조립제법을 이용하여 계산하면
> 
>
> 즉 $a-10=0$이므로 $a=10$

STEP B $P(x)$를 $x+1$로 나누었을 때의 나머지 구하기

$P(x)=x^3-x^2-10x+10$이므로 $P(x)$를 $x+1$로 나누었을 때의 나머지는
나머지정리에 의하여 $P(-1)=-1-1+10+10=18$
따라서 $a=10$, $R=18$이므로 $a+R=10+18=28$

0228

STEP A 인수정리를 이용하여 a의 값 구하기

$f(x)=x^3-4x^2+x+a$가 $x-3$으로 나누어떨어지므로 인수정리에 의하여
$f(3)=27-36+3+a=0$, $-6+a=0$
$\therefore a=6$

> **+α** | 조립제법을 이용하여 상수 a를 구할 수 있어!
>
> 다항식 $f(x)=x^3-4x^2+x+a$가 $x-3$으로 나누어떨어지므로
> 조립제법을 이용하여 계산하면
> 
>
> 즉 $a-6=0$이므로 $a=6$

STEP B $xf(x)$를 $x+2$로 나누었을 때의 나머지 구하기

따라서 $xf(x)$를 $x+2$로 나누었을 때의 나머지는 나머지정리에 의하여
$-2f(-2)=-2(-8-16-2+6)=40$

0229

STEP A 인수정리를 이용하여 a, b의 값 구하기

두 다항식 $3x^3+ax^2+bx+10$, $x^3-2ax^2+3bx+12$를
$f(x)=3x^3+ax^2+bx+10$, $g(x)=x^3-2ax^2+3bx+12$라 하자.
$f(x)$는 $x+1$로 나누어떨어지므로 인수정리에 의하여
$f(-1)=-3+a-b+10=0$
$\therefore a-b=-7 \quad \cdots\cdots ㉠$
또한 $g(x)$는 $x+1$로 나누어떨어지므로 인수정리에 의하여
$g(-1)=-1-2a-3b+12=0$
$\therefore 2a+3b=11 \quad \cdots\cdots ㉡$
㉠, ㉡을 연립하여 풀면 $a=-2$, $b=5$
따라서 $a+b=3$

두 다항식 $2x^3+ax^2+bx-30$과 $x^3-3ax^2+2bx+4$는 모두 $x-2$로
나누어떨어질 때, 상수 a, b에 대하여 $a+b$의 값을 구하시오.

STEP A 인수정리를 이용하여 a, b의 값 구하기

두 다항식 $2x^3+ax^2+bx-30$, $x^3-3ax^2+2bx+4$를
$f(x)=2x^3+ax^2+bx-30$, $g(x)=x^3-3ax^2+2bx+4$라 하자.
$f(x)$는 $x-2$로 나누어떨어지므로 인수정리에 의하여
$f(2)=16+4a+2b-30=0$ $\therefore 2a+b=7$ $\cdots\cdots$ ㉠
또한, $g(x)$는 $x-2$로 나누어떨어지므로 인수정리에 의하여
$g(2)=8-12a+4b+4=0$ $\therefore 3a-b=3$ $\cdots\cdots$ ㉡
㉠, ㉡을 연립하여 풀면 $a=2$, $b=3$
따라서 $a+b=5$

 정답 5

0230

정답 ③

STEP A 인수정리를 이용하여 a, b의 값 구하기

다항식 $f(x)$가 $x-1$로 나누어떨어지므로 인수정리에 의하여
$f(1)=1+a+b+3=0$ $\therefore a+b=-4$ $\cdots\cdots$ ㉠
다항식 $f(x)$가 $x+3$으로 나누어떨어지므로 인수정리에 의하여
$f(-3)=-27+9a-3b+3=0$ $\therefore 3a-b=8$ $\cdots\cdots$ ㉡
㉠, ㉡을 연립하여 풀면 $a=1$, $b=-5$

STEP B $f(x)$를 $x-2$로 나눈 나머지 구하기

따라서 $f(x)=x^3+x^2-5x+3$을 $x-2$로 나눈 나머지는 나머지정리에 의하여
$f(2)=8+4-10+3=5$

0231

정답 ③

STEP A 인수정리를 이용하여 a, b의 값 구하기

$f(x)=x^3-5x^2+ax+b$라 하면
다항식 $f(x)$가 $x-1$로 나누어떨어지므로 인수정리에 의하여
$f(1)=1-5+a+b=0$ $\therefore a+b=4$ $\cdots\cdots$ ㉠
다항식 $f(x)$가 $x-2$로 나누어떨어지므로 인수정리에 의하여
$f(2)=8-20+2a+b=0$ $\therefore 2a+b=12$ $\cdots\cdots$ ㉡
㉠, ㉡을 연립하여 풀면 $a=8$, $b=-4$

STEP B x^2-ax-b를 $x-3$으로 나눈 나머지 구하기

따라서 x^2-8x+4를 $x-3$으로 나눈 나머지는 나머지정리에 의하여
$9-24+4=-11$

0232

정답 11

STEP A 인수정리를 이용하여 상수 a, b의 값 구하기

$f(x-1)$이 $x-3$으로 나누어떨어지므로 인수정리에 의하여
$f(3-1)=f(2)=8+2a+b=0$
$\therefore 2a+b=-8$ $\cdots\cdots$ ㉠
$f(x+1)$이 $x+2$로 나누어떨어지므로 인수정리에 의하여
$f(-2+1)=f(-1)=-1-a+b=0$
$\therefore a-b=-1$ $\cdots\cdots$ ㉡
㉠, ㉡을 연립하여 풀면 $a=-3$, $b=-2$

STEP B $f(x)$를 $x-3$으로 나누었을 때의 나머지 구하기

$f(x)=x^3-3x-2$를 $x-3$으로 나누었을 때의 나머지는 나머지정리에 의하여
$f(3)=27-9-2=16$
따라서 $a+b+R=-3+(-2)+16=11$

이차항의 계수가 1인 이차다항식 $f(x)$에 대하여 $f(x+2)$는 $x+1$로 나누
어떨어지고 $f(x-2)$는 $x-4$로 나누어떨어질 때, $f(x)$를 $x-3$으로 나누
었을때의 나머지는?

① -3 ② -1 ③ 2
④ 3 ⑤ 4

STEP A 인수정리를 이용하여 a, b의 값 구하기

이차항의 계수가 1인 이차다항식 $f(x)$를 $f(x)=x^2+ax+b$ (단, a, b는 상수)
라 하면
다항식 $f(x+2)$가 $x+1$로 나누어떨어지므로 인수정리에 의하여
$f(-1+2)=f(1)=1+a+b=0$
$\therefore a+b=-1$ $\cdots\cdots$ ㉠
다항식 $f(x-2)$가 $x-4$로 나누어떨어지므로 인수정리에 의하여
$f(4-2)=f(2)=4+2a+b=0$
$\therefore 2a+b=-4$ $\cdots\cdots$ ㉡
㉠, ㉡을 연립하여 풀면 $a=-3$, $b=2$

STEP B $f(x)$를 $x-3$으로 나누었을 때의 나머지 구하기

따라서 $f(x)=x^2-3x+2$를 $x-3$으로 나누었을 때의 나머지는 나머지정리에
의하여 $f(3)=9-9+2=2$

 정답 ③

0233

정답 6

STEP A 인수정리를 이용하여 a의 값 구하기

다항식 x^4-3x^2+a가 $x-1$로 나누어떨어지므로
인수정리에 의하여 $1-3+a=0$에서 $a=2$
즉 주어진 다항식은 x^4-3x^2+2

STEP B $Q(2)$의 값 구하기

다항식 x^4-3x^2+2를 $x-1$로 나눈 몫이 $Q(x)$이므로
$x^4-3x^2+2=(x-1)Q(x)$
$x=2$를 양변에 대입하면 $2^4-3\times2^2+2=Q(2)$
$\therefore Q(2)=6$
따라서 $Q(a)=Q(2)=6$

mini해설 | 조립제법을 이용하여 풀이하기

다항식 x^4-3x^2+a가 $x-1$로 나누어떨어지므로 조립제법을 이용하여 계산하면

$$
\begin{array}{r|rrrrr}
1 & 1 & 0 & -3 & 0 & a \\
  &   & 1 & 1 & -2 & -2 \\
\hline
  & 1 & 1 & -2 & -2 & \,|\,a-2 \\
\end{array}
$$

이때 나머지가 0이어야 하므로 $a-2=0$ $\therefore a=2$
그러므로 $x^4-3x^2+2=(x-1)(x^3+x^2-2x-2)$이고
$Q(x)=x^3+x^2-2x-2$
따라서 $Q(2)=2^3+2^2-2\times2-2=6$

0234

  정답 ③

STEP A 나머지정리를 이용하여 a, b의 관계식 구하기

다항식 x^3+ax^2+bx-4를 $x+1$로 나누었을 때의 몫을 $Q(x)$,
나머지는 3이므로
$$x^3+ax^2+bx-4=(x+1)Q(x)+3 \quad\cdots\cdots ㉠$$
나머지정리에 의하여
㉠의 식에 $x=-1$을 대입하면 $-1+a-b-4=3$
$$\therefore a-b=8 \quad\cdots\cdots ㉡$$

STEP B 인수정리를 이용하여 a, b의 값 구하기

다항식 $(x^2+a)Q(x-2)$가 $x-2$로 나누어떨어지므로
인수정리에 의하여 $x=2$를 대입하면 $(4+a)Q(0)=0$
이때 ㉠의 식에 $x=0$을 대입하면 $-4=Q(0)+3$, $Q(0)=-7$
즉 $(4+a)Q(0)=0$에서 $4+a=0$ $\therefore a=-4$
$a=-4$를 ㉡에 대입하면 $b=-12$

STEP C $Q(1)$의 값 구하기

$a=-4$, $b=-12$를 ㉠의 식에 대입하면
$$x^3-4x^2-12x-4=(x+1)Q(x)+3$$
주어진 식은 항등식이므로 양변에 $x=1$을 대입하면
$$1-4-12-4=2Q(1)+3,\ 2Q(1)=-22$$
따라서 $Q(1)=-11$

내신연계 출제문항 109

x에 대한 다항식 x^3+ax^2+bx+3를 $x-2$로 나누었을 때의 몫을 $Q(x)$이
고 나머지는 5이다. $(x^2+a)Q(x-4)$가 $x-4$로 나누어떨어질 때, $Q(1)$의
값은? (단, a, b는 상수이다.)

① -14 ② -13 ③ -12
④ -11 ⑤ -10

STEP A 나머지정리를 이용하여 a, b의 관계식 구하기

다항식 x^3+ax^2+bx+3를 $x-2$로 나누었을 때의 몫을 $Q(x)$,
나머지는 5이므로
$$x^3+ax^2+bx+3=(x-2)Q(x)+5 \quad\cdots\cdots ㉠$$
나머지정리에 의하여 ㉠의 식에 $x=2$를 대입하면 $8+4a+2b+3=5$
$$\therefore 2a+b=-3 \quad\cdots\cdots ㉡$$

STEP B 인수정리를 이용하여 a, b의 값 구하기

다항식 $(x^2+a)Q(x-4)$가 $x-4$로 나누어떨어지므로
인수정리에 의하여
㉠의 식에 $x=4$를 대입하면 $(16+a)Q(0)=0$
이때 ㉠의 식에 $x=0$을 대입하면 $3=(-2)\times Q(0)+5$, $Q(0)=1$
즉 $(16+a)Q(0)=0$에서 $16+a=0$ $\therefore a=-16$
$a=-16$을 ㉡에 대입하면 $b=29$

STEP C $Q(1)$의 값 구하기

$a=-16$, $b=29$를 ㉠의 식에 대입하면
$$x^3-16x^2+29x+3=(x-2)Q(x)+5$$
주어진 식은 항등식이므로 양변에 $x=1$을 대입하면
$$1-16+29+3=-Q(1)+5,\ 17=-Q(1)+5$$
따라서 $Q(1)=-12$ 정답 ③

0235

  정답 ②

STEP A 나머지정리를 이용하여 a, b의 관계식 구하기

다항식 $f(x)$를 $x-1$로 나눈 나머지가 4이므로
나머지정리에 의하여 $f(1)=1+a+b+6=4$
다항식 $f(x)$를 $x-\alpha$로 나눈 나머지는 $f(\alpha)$이다.
$$\therefore a+b=-3 \quad\cdots\cdots ㉠$$

STEP B 인수정리를 이용하여 a, b의 관계식 구하기

$f(x+2)$가 $x-1$로 나누어떨어지므로
인수정리에 의하여 $f(3)=27+9a+3b+6=0$
다항식 $f(x)$가 일차식 $x-\alpha$로 나누어떨어진다.
$\iff$ 다항식 $f(x)$가 $x-\alpha$를 인수로 갖는다. $\iff$ $f(\alpha)=0$
$$\therefore 3a+b=-11 \quad\cdots\cdots ㉡$$

STEP C $b-a$의 값 구하기

㉠, ㉡을 연립하여 풀면 $a=-4$, $b=1$ 
따라서 $b-a=1-(-4)=5$

$$\begin{array}{r} a+b=-3 \\ -\ \underline{3a+b=-11} \\ -2a=8 \quad \therefore a=-4 \end{array}$$
㉠에 $a=-4$를 대입하면 $b=1$

내신연계 출제문항 110

다항식 $f(x)=x^3+ax^2-bx+10$을 $x-1$로 나누었을 때의 나머지는 6이
다. $f(x+1)$이 $x-1$로 나누어떨어진다. $f(x)$를 $x-3$으로 나누었을 때의
나머지를 R이라 할 때, $a+b+R$의 값은? (단, a, b는 상수이다.)

① -11 ② -9 ③ -7
④ -5 ⑤ -3

STEP A 나머지정리를 이용하여 a, b의 관계식 구하기

다항식 $f(x)$를 $x-1$로 나눈 나머지가 6이므로 나머지정리에 의하여
$$f(1)=1+a-b+10=6$$
$$\therefore a-b=-5 \quad\cdots\cdots ㉠$$

STEP B 인수정리를 이용하여 a, b의 관계식 구하기

$f(x+1)$이 $x-1$로 나누어떨어지므로 인수정리에 의하여
$$f(2)=8+4a-2b+10=0,\ 4a-2b=-18$$
$$\therefore 2a-b=-9 \quad\cdots\cdots ㉡$$

STEP C $a+b+R$의 값 구하기

㉠, ㉡을 연립하여 풀면 $a=-4$, $b=1$
이때 $f(x)=x^3-4x^2-x+10$을 $x-3$으로 나누었을 때의 나머지는
나머지정리에 의하여 $R=f(3)=27-36-3+10=-2$
따라서 $a+b+R=-4+1+(-2)=-5$ 정답 ④

0236

STEP A　인수정리를 이용하여 이차다항식 $f(x)$ 구하기

$f(x)$는 이차항의 계수가 1인 이차다항식이므로

$f(x)=x^2+ax+b$ (단, a, b는 상수)라 하자.

$f(x)+2$는 $x+2$로 나누어떨어지고 $f(x)-2$는 $x-2$로 나누어떨어지므로 인수정리에 의하여

다항식 $f(x)$가 일차식 $x-\alpha$로 나누어떨어진다.
$\iff$ 다항식 $f(x)$가 $x-\alpha$를 인수로 갖는다. $\iff f(\alpha)=0$

$f(-2)+2=0$　∴ $f(-2)=4-2a+b=-2$　……　㉠

$f(2)-2=0$　∴ $f(2)=4+2a+b=2$　……　㉡

㉠, ㉡을 연립하여 풀면 $a=1$, $b=-4$

$$\begin{array}{r} -2a+b=-6 \\ +\quad 2a+b=-2 \\ \hline 2b=-8 \quad ∴ b=-4 \end{array}$$
㉡에 $b=-4$를 대입하면 $a=1$

∴ $f(x)=x^2+x-4$

STEP B　$f(10)$의 값 구하기

따라서 $f(10)=10^2+10-4=106$

> **다른풀이**　다항식 $f(x)+2$, $f(x)-2$의 인수를 이용하여 풀이하기

STEP A　인수정리를 이용하여 이차다항식 $f(x)$ 구하기

이차항의 계수가 1인 이차다항식 $f(x)$에 대하여

$f(x)+2$는 $x+2$로 나누어떨어지고 $f(x)-2$는 $x-2$로 나누어떨어지므로 인수정리에 의하여

$f(x)+2=(x+2)(x+k)$ (단, k는 상수)　…… ㉠

$f(x)-2=(x-2)(x-p)$ (단, p는 상수)

즉 $(x+2)(x+k)-2=(x-2)(x-p)+2$이므로

$x^2+(k+2)x+2k-2=x^2-(p+2)x+2p+2$

양변의 동류항의 계수를 비교하면

$k+2=-(p+2)$에서 $k+p=-4$　…… ㉡

$2k-2=2p+2$에서 $k-p=2$　…… ㉢

㉡, ㉢을 연립하여 풀면 $k=-1$, $p=-3$

$$\begin{array}{r} k+p=-4 \\ -\quad k-p=2 \\ \hline 2k=-2 \quad ∴ k=-1 \end{array}$$
㉡에 $k=-1$를 대입하면 $p=-3$

∴ $f(x)=(x+2)(x-1)-2$

STEP B　$f(10)$의 값 구하기

따라서 $f(10)=12\times9-2=106$

> **내신연계 출제문항 111**
>
> 다항식 $f(x)=ax^2+bx+3$에 대하여 $f(x)-1$은 $x-1$로 나누어떨어지고 $f(x)+1$은 $x+1$로 나누어떨어진다. $f(x)$를 $x-2$로 나누었을 때의 나머지를 R이라 할 때, $a+b+R$의 값은? (단, a, b는 상수이다.)
>
> ① -1　　② -3　　③ -5
> ④ -7　　⑤ -9

STEP A　인수정리를 이용하여 a, b의 값 구하기

다항식 $f(x)-1$이 $x-1$로 나누어떨어지므로 인수정리에 의하여

$f(1)-1=0$　∴ $f(1)=1$

$f(1)=a+b+3=1$

∴ $a+b=-2$　…… ㉠

다항식 $f(x)+1$이 $x+1$로 나누어떨어지므로 인수정리에 의하여

$f(-1)+1=0$　∴ $f(-1)=-1$

$f(-1)=a-b+3=-1$

∴ $a-b=-4$　…… ㉡

㉠, ㉡을 연립하여 풀면 $a=-3$, $b=1$

STEP B　$a+b+R$의 값 구하기

이때 $f(x)=-3x^2+x+3$이므로 $x-2$로 나누었을 때의 나머지는 나머지정리에 의하여 $R=f(2)=-12+2+3=-7$

따라서 $a+b+R=-3+1+(-7)=-9$　　정답 ⑤

0237

　정답 40

STEP A　인수정리를 이용하여 상수 a, b의 값 구하기

$f(x)=x^3+ax^2+bx+4$라 하자.

$f(x)$가 x^2+3x+2, 즉 $(x+1)(x+2)$로 나누어떨어지므로

$f(x)$는 $x+1$과 $x+2$로 각각 나누어떨어진다.

인수정리에 의하여

$f(-1)=0$이므로 $-1+a-b+4=0$

∴ $a-b=-3$　…… ㉠

$f(-2)=0$이므로 $-8+4a-2b+4=0$

∴ $2a-b=2$　…… ㉡

㉠, ㉡을 연립하여 풀면 $a=5$, $b=8$

따라서 $ab=5\times8=40$

> **+α**　조립제법을 이용하여 a, b의 값을 구할 수 있어!
>
> 조립제법을 이용하여 x^3+ax^2+bx+4를 $(x+1)(x+2)$로 나누면 다음과 같다.
>
> | -1 | 1 | a | b | 4 |
> |---|---|---|---|---|
> | | | -1 | $-a+1$ | $a-b-1$ |
> | -2 | 1 | $a-1$ | $-a+b+1$ | $a-b+3$ |
> | | | -2 | $-2a+6$ | |
> | | 1 | $a-3$ | $-3a+b+7$ | |
>
> x^3+ax^2+bx+4는 $x+1$과 $x+2$로 각각 나누어떨어지므로
> $a-b+3=0$, $-3a+b+7=0$　∴ $a=5$, $b=8$

0238

　정답 ③

STEP A　인수정리를 이용하여 상수 a, b의 값 구하기

$f(x)=x^3+ax+b$라 하자.

$f(x)$가 x^2-3x+2, 즉 $(x-1)(x-2)$로 나누어떨어지므로

$f(x)$는 $x-1$과 $x-2$로 각각 나누어떨어진다.

인수정리에 의하여

$f(1)=0$이므로 $1+a+b=0$

∴ $a+b=-1$　…… ㉠

$f(2)=0$이므로 $8+2a+b=0$

∴ $2a+b=-8$　…… ㉡

㉠, ㉡을 연립하여 풀면 $a=-7$, $b=6$

∴ $f(x)=x^3-7x+6$

> **+α**　조립제법을 이용하여 a, b의 값을 구할 수 있어!
>
> 조립제법을 이용하여 x^3+ax+b를 $(x-1)(x-2)$로 나누면 다음과 같다.
>
> | 1 | 1 | 0 | a | b |
> |---|---|---|---|---|
> | | | 1 | 1 | $a+1$ |
> | 2 | 1 | 1 | $a+1$ | $a+b+1$ |
> | | | 2 | 6 | |
> | | 1 | 3 | $a+7$ | |
>
> x^3+ax+b는 $x-1$과 $x-2$로 각각 나누어떨어지므로
> $a+b+1=0$, $a+7=0$　∴ $a=-7$, $b=6$

따라서 $f(x)=x^3-7x+6$을 $x+1$로 나누었을 때의 나머지는 나머지정리에
의하여 $f(-1)=-1+7+6=12$

0239
정답 ⑤

STEP Ⓐ 인수정리를 이용하여 상수 a, b의 값 구하기

$P(x)$가 x^2-x-6, 즉 $(x+2)(x-3)$으로 나누어떨어지므로
$P(x)$는 $x+2$와 $x-3$으로 각각 나누어떨어진다.
인수정리에 의하여
$f(-2)=0$이므로 $-16+4a-2b-6=0$
$\therefore 2a-b=11$ ┄┄┄ ㉠
$f(3)=0$이므로 $54+9a+3b-6=0$
$\therefore 3a+b=-16$ ┄┄┄ ㉡
㉠, ㉡을 연립하여 풀면 $a=-1$, $b=-13$
$\therefore P(x)=2x^3-x^2-13x-6$

+α 조립제법을 이용하여 a, b의 값을 구할 수 있어!

조립제법을 이용하여 $P(x)=2x^3+ax^2+bx-6$을 $(x+2)(x-3)$으로 나누면 다음과
같다.

$P(x)$는 $x+2$와 $x-3$으로 각각 나누어떨어지므로
$4a-2b-22=0$, $a+b+14=0$ $\therefore a=-1$, $b=-13$

STEP Ⓑ $P(x)$를 $x+1$로 나누었을 때의 나머지 구하기

따라서 $P(x)=2x^3-x^2-13x-6$을 $x+1$로 나누었을 때의 나머지는
나머지정리에 의하여 $P(-1)=-2-1+13-6=4$

0240
정답 ①

STEP Ⓐ 인수정리를 이용하여 $f(2)$, $f(-1)$의 값 구하기

$f(x)-1$은 $x-2$로 나누어떨어지므로 인수정리에 의하여
$f(2)-1=0$ $\therefore f(2)=1$
$f(x)+2$는 $x+1$로 나누어떨어지므로 인수정리에 의하여
$f(-1)+2=0$ $\therefore f(-1)=-2$

STEP Ⓑ 항등식의 수치대입법을 이용하여 $R(x)$ 구하기

$f(x)$를 $(x-2)(x+1)$로 나눈 몫을 $Q(x)$,
나머지를 $ax+b$ (a, b는 상수)라 하면
$f(x)=(x-2)(x+1)Q(x)+ax+b$ ┄┄┄ ㉠
㉠의 양변에 $x=-1$을 대입하면
$f(-1)=-a+b=-2$ ┄┄┄ ㉡
㉠의 양변에 $x=2$를 대입하면
$f(2)=2a+b=1$ ┄┄┄ ㉢
㉡, ㉢을 연립하여 풀면 $a=1$, $b=-1$
따라서 $R(x)=x-1$이므로 $R(3)=2$

다항식 $f(x)$에 대하여 $f(x)+2x$는 $x+2$로 나누어떨어지고 $f(x)-7$은
$x-1$로 나누어떨어진다. 다항식 $f(x)$를 x^2+x-2로 나누었을 때의 나머
지를 $R(x)$라고 할 때, $R(1)$의 값은?

① 3   ② 5   ③ 7
④ 9   ⑤ 11

STEP Ⓐ 인수정리를 이용하여 $f(-2)$, $f(1)$의 값 구하기

$f(x)+2x$는 $x+2$로 나누어떨어지므로 인수정리에 의하여
$f(-2)-4=0$ $\therefore f(-2)=4$
$f(x)-7$은 $x-1$로 나누어떨어지므로 인수정리에 의하여
$f(1)-7=0$ $\therefore f(1)=7$

STEP Ⓑ 항등식의 수치대입법을 이용하여 $R(x)$ 구하기

$f(x)$를 $x^2+x-2=(x+2)(x-1)$로 나눈 몫을 $Q(x)$,
나머지를 $ax+b$ (a, b는 상수)라 하면
$f(x)=(x+2)(x-1)Q(x)+ax+b$ ┄┄┄ ㉠
㉠의 양변에 $x=-2$를 대입하면
$f(-2)=-2a+b=4$ ┄┄┄ ㉡
㉠의 양변에 $x=1$을 대입하면
$f(1)=a+b=7$ ┄┄┄ ㉢
㉠, ㉡을 연립하여 풀면 $a=1$, $b=6$
따라서 $R(x)=x+6$이므로 $R(1)=7$
정답 ③

0241
정답 ④

STEP Ⓐ 인수정리를 이용하여 $P(2)$, $P(-2)$의 값 구하기

$1-P(x)$가 x^2-4, 즉 $(x+2)(x-2)$로 나누어떨어지므로
$1-P(x)$는 $x+2$와 $x-2$로 각각 나누어떨어진다.
인수정리에 의하여 $1-P(2)=0$, $1-P(-2)=0$
$\therefore P(2)=1$, $P(-2)=1$

STEP Ⓑ 항등식의 수치대입법을 이용하여 $P(x)$ 구하기

$P(x)+8$을 $(x-1)^2$으로 나누었을 때의 몫을 $ax+b$(a, b는 상수)라 하면
$P(x)+8=(x-1)^2(ax+b)$ ┄┄┄ ㉠
㉠의 양변에 $x=2$를 대입하면 $P(2)+8=(2-1)^2(2a+b)$에서
$2a+b=9$ ┄┄┄ ㉡
㉠의 양변에 $x=-2$를 대입하면 $P(-2)+8=(-2-1)^2(-2a+b)$에서
$-2a+b=1$ ┄┄┄ ㉢
㉡, ㉢을 연립하여 풀면 $a=2$, $b=5$
㉠에서 $P(x)+8=(x-1)^2(2x+5)$이므로
$P(x)=(x-1)^2(2x+5)-8$

STEP Ⓒ $P(x)$를 $x-3$으로 나눈 나머지 구하기

따라서 $P(x)$를 $x-3$으로 나누었을 때의 나머지는 나머지정리에 의하여
$P(3)=(3-1)^2(2\times3+5)-8=36$

삼차식 $P(x)$에 대하여 $P(x)+4$는 $(x+1)^2$으로 나누어떨어지고 $5-P(x)$는 x^2-4로 나누어떨어질 때, $P(x)$를 $x+2$로 나누었을 때의 나머지는?

① 2 　　　　② 3 　　　　③ 4
④ 5 　　　　⑤ 6

STEP A 인수정리를 이용하여 $P(2)$, $P(-2)$의 값 구하기

$5-P(x)$가 x^2-4, 즉 $(x+2)(x-2)$로 나누어떨어지므로
$5-P(x)$는 $x+2$와 $x-2$로 각각 나누어떨어진다.
인수정리에 의하여 $5-P(2)=0$, $5-P(-2)=0$
$\therefore P(2)=5$, $P(-2)=5$

STEP B 항등식의 수치대입법을 이용하여 삼차식 $P(x)$ 구하기

$P(x)+4$를 $(x+1)^2$으로 나누었을 때의 몫을 $ax+b$ $(a, b$는 상수)라 하면
$P(x)+4=(x+1)^2(ax+b)$　　　　…… ㉠
㉠의 양변에 $x=2$를 대입하면 $P(2)+4=(2+1)^2(2a+b)$에서
$2a+b=1$　　　　…… ㉡
㉠의 양변에 $x=-2$를 대입하면 $P(-2)+4=(-2+1)^2(-2a+b)$에서
$-2a+b=9$　　　　…… ㉢
㉡, ㉢을 연립하여 풀면 $a=-2$, $b=5$
㉠에서 $P(x)+4=(x+1)^2(-2x+5)$이므로 $P(x)=(x+1)^2(-2x+5)-4$

STEP C $P(x)$를 $x+2$로 나눈 나머지 구하기

따라서 $P(x)$를 $x+2$로 나누었을 때의 나머지는 나머지정리에 의하여
$P(-2)=(-2+1)^2(4+5)-4=5$

정답 ④

0242

정답 ①

STEP A 인수정리를 이용하여 $f(-1)$, $f(-3)$의 값 구하기

다항식 $1-f(x)$가 x^2+4x+3, 즉 $(x+1)(x+3)$으로 나누어떨어지므로
인수정리에 의하여 $1-f(-1)=0$, $1-f(-3)=0$
$\therefore f(-1)=1$, $f(-3)=1$

STEP B 항등식의 수치대입법을 이용하여 삼차식 $f(x)$ 구하기

$f(x)-2x$는 삼차식이므로 $(x+2)^2$로 나눌 때, 몫을 $ax+b$ $(a, b$는 상수)라 하면
$f(x)-2x=(x+2)^2(ax+b)$
$\therefore f(x)=(x+2)^2(ax+b)+2x$　　　　…… ㉠
㉠의 양변에 $x=-1$을 대입하면 $f(-1)=-a+b-2=1$에서
$-a+b=3$　　　　…… ㉡
㉠의 양변에 $x=-3$을 대입하면 $f(-3)=-3a+b-6=1$에서
$-3a+b=7$　　　　…… ㉢
㉡, ㉢을 연립하여 풀면 $a=-2$, $b=1$
따라서 $f(x)=(x+2)^2(-2x+1)+2x$이므로 $f(1)=3^2\times(-1)+2=-7$

0243

정답 15

STEP A 인수정리를 이용하여 a, b의 값 구하기

조건 (가), (나)에서 $x-3$, x^2-3은 $f(x)$의 인수이므로
$f(x)$를 $(x-3)(x^2-3)$으로 나누었을 때의 몫을 $Q(x)$라 하면
$x^4+ax^2+b=(x-3)(x^2-3)Q(x)$　　　　…… ㉠
㉠의 양변에 $x=3$, $x^2=3$을 각각 대입하면 $81+9a+b=0$, $9+3a+b=0$
$\therefore 9a+b=-81$, $3a+b=-9$
두 식을 연립하여 풀면 $a=-12$, $b=27$
따라서 $a+b=-12+27=15$

0244

2019년 06월 고1 학력평가 28번　　정답 24

STEP A 조건 (가), (나)를 만족하는 $\{P(x)\}^2$의 식 구하기

조건 (가)에서 $Q(x)=-2P(x)$이므로
조건 (나)에서 $P(x)Q(x)=P(x)\times\{-2P(x)\}=-2\{P(x)\}^2$
$-2\{P(x)\}^2$을 x^2-3x+2로 나누었을 때의 몫을 $A(x)$라 하면
$-2\{P(x)\}^2=(x^2-3x+2)A(x)$
$\{P(x)\}^2=(x-1)(x-2)\left\{-\dfrac{1}{2}A(x)\right\}$

STEP B $P(0)=-4$를 이용하여 $P(x)$, $Q(x)$의 식 구하기

$P(x)$는 이차다항식이고
$\{P(x)\}^2$이 $x-1$과 $x-2$를 인수로 가지므로
$P(x)$도 $x-1$과 $x-2$를 인수로 가진다.
$P(x)=a(x-1)(x-2)$, $Q(x)=-2a(x-1)(x-2)$ $(a\neq0$인 실수)라 하자.

+α │ $P(x)$, $Q(x)$가 $x-1$과 $x-2$를 인수로 가지는 이유!

$\{P(x)\}^2$이 $x-1$과 $x-2$를 인수로 가질 때,
$P(x)$는 $x-1$과 $x-2$를 인수로 갖지 않는다고 가정하자.
그러면 $P(x)=a(x-b)(x-c)$ (단, a, b, c는 $a\neq0$, b, $c\neq1$, 2인 실수)라 할 수 있다.
이때 $\{P(x)\}^2=a^2(x-b)^2(x-c)^2$이고 $\{P(x)\}^2$이 $x-1$과 $x-2$를 인수로 가지므로
$x-b=x-1$, $x-c=x-2$ 또는 $x-b=x-2$, $x-c=x-1$이다.
이는 b, $c\neq1$, 2라는 조건에 모순이다.
그러므로 $\{P(x)\}^2$이 $x-1$과 $x-2$를 인수로 가지면 $P(x)$도 $x-1$과 $x-2$를 인수로 가진다.
또한, 조건 (가)에서 $Q(x)=-2P(x)$이므로 다항식 $P(x)$와 $Q(x)$의 x에 대한 인수는 같다.

$P(0)=-4$이므로 $P(0)=a(0-1)(0-2)=2a=-4$
$\therefore a=-2$
따라서 $P(x)=-2(x-1)(x-2)$, $Q(x)=4(x-1)(x-2)$이므로
$Q(4)=4\times3\times2=24$

두 이차다항식 $P(x)$, $Q(x)$가 다음 조건을 만족시킨다.

> (가) 모든 실수 x에 대하여 $2P(x)+Q(x)=0$이다.
> (나) $P(x)Q(x)$는 x^2-4x+3으로 나누어떨어진다.

$P(0)=-9$일 때, $Q(5)$의 값을 구하시오.

STEP A 조건 (가), (나)를 만족하는 $\{P(x)\}^2$의 식 구하기

조건 (가)에서 $Q(x)=-2P(x)$이므로
조건 (나)에서 $P(x)Q(x)=P(x)\times\{-2P(x)\}=-2\{P(x)\}^2$
$-2\{P(x)\}^2$을 x^2-4x+3으로 나누었을 때의 몫을 $A(x)$라 하면
$-2\{P(x)\}^2=(x^2-4x+3)A(x)$
$\{P(x)\}^2=(x-1)(x-3)\left\{-\dfrac{1}{2}A(x)\right\}$

STEP B $P(0)=-9$를 이용하여 $P(x)$, $Q(x)$의 식 구하기

$P(x)$는 이차다항식이고 $\{P(x)\}^2$이 $x-1$과 $x-3$을 인수로 가지므로
$P(x)$도 $x-1$과 $x-3$을 인수로 가진다.
즉 $P(x)=a(x-1)(x-3)$, $Q(x)=-2a(x-1)(x-3)$ $(a\neq0$인 실수)라 하자.
$P(0)=-9$이므로 $P(0)=a(0-1)(0-3)=3a=-9$
$\therefore a=-3$
따라서 $P(x)=-3(x-1)(x-3)$, $Q(x)=6(x-1)(x-3)$이므로
$Q(5)=6\times4\times2=48$

정답 48

0245 · 2017년 11월 고1 학력평가 14번 · 정답 ④ · 

STEP Ⓐ $h(x)=(x-1)f(x)=(x-2)g(x)$라 하고 $h(x)$의 식 구하기

$h(x)=(x-1)f(x)=(x-2)g(x)$라 하자.

$f(x)$, $g(x)$는 모두 최고차항의 계수가 1인 이차식이므로

$h(x)$는 최고차항의 계수가 1인 삼차식이다.

이때 $h(1)=0$, $h(2)=0$이므로 인수정리에 의하여

> 다항식 $f(x)$가 일차식 $x-\alpha$로 나누어떨어진다.
> $\iff$ 다항식 $f(x)$가 $x-\alpha$를 인수로 갖는다. $\iff$ $f(\alpha)=0$

$h(x)$는 $x-1$, $x-2$를 인수로 가진다.

즉 $h(x)=(x-1)(x-2)(x+a)$ (단, a는 상수)라 놓을 수 있다.

STEP Ⓑ $f(1)=-2$임을 이용하여 a의 값 구하기

$h(x)=(x-1)(x-2)(x+a)=(x-1)f(x)$에서

$f(x)=(x-2)(x+a)$

> **+α** $(x-1)f(x)=(x-2)g(x)$를 이용하여 $f(x)$를 구할 수도 있어!
>
> $(x-1)f(x)=(x-2)g(x)$가 성립하려면 $f(x)$는 우변의 $x-2$를 인수로 가져야 하고 $g(x)$는 좌변의 $x-1$을 인수로 가져야 한다.
> 이때 $f(x)$는 최고차항의 계수가 1인 이차식이므로
> $f(x)=(x-2)(x+a)$ (단, a는 상수)라 둘 수 있다.

이때 $f(1)=-2$이므로 $f(1)=(1-2)(1+a)=-1-a=-2$

$\therefore a=1$

STEP Ⓒ $g(2)$의 값 구하기

$h(x)=(x-1)(x-2)(x+1)$에서 $h(x)=(x-2)g(x)$이므로

$g(x)=(x-1)(x+1)$

따라서 $g(2)=(2-1)(2+1)=1\times3=3$

내신연계 출제문항 115

최고차항의 계수가 1인 두 이차식 $f(x)$, $g(x)$에 대하여

$$(x-3)f(x)=(x-4)g(x)$$

가 항상 성립한다. $f(2)=-6$일 때, 이차식 $g(x)$를 $x+2$로 나누었을 때의 나머지는?

① -7 ② -5 ③ 1

④ 5 ⑤ 7

STEP Ⓐ $h(x)=(x-3)f(x)=(x-4)g(x)$라 하고 $h(x)$의 식 구하기

$h(x)=(x-3)f(x)=(x-4)g(x)$라 하자.

$f(x)$, $g(x)$는 모두 최고차항의 계수가 1인 이차식이므로

$h(x)$는 최고차항의 계수가 1인 삼차식이다.

이때 $h(3)=0$, $h(4)=0$이므로 인수정리에 의하여

> 다항식 $f(x)$가 일차식 $x-\alpha$로 나누어떨어진다.
> $\iff$ 다항식 $f(x)$가 $x-\alpha$를 인수로 갖는다. $\iff$ $f(\alpha)=0$

$h(x)$는 $x-3$, $x-4$를 인수로 가진다.

즉 $h(x)=(x-3)(x-4)(x+a)$ (단, a는 상수)라 놓을 수 있다.

STEP Ⓑ $f(2)=-6$임을 이용하여 a의 값 구하기

$h(x)=(x-3)(x-4)(x+a)=(x-3)f(x)$에서

$f(x)=(x-4)(x+a)$

> **+α** $(x-3)f(x)=(x-4)g(x)$를 이용하여 $f(x)$를 구할 수도 있어!
>
> $(x-3)f(x)=(x-4)g(x)$가 성립하려면 $f(x)$는 우변의 $x-4$를 인수로 가져야 하고 $g(x)$는 좌변의 $x-3$을 인수로 가져야 한다.
> 이때 $f(x)$는 최고차항의 계수가 1인 이차식이므로
> $f(x)=(x-4)(x+a)$ (단, a는 상수)라 둘 수 있다.

이때 $f(2)=-6$이므로 $f(2)=(2-4)(2+a)=-6$, $2+a=3$

$\therefore a=1$

STEP Ⓒ $g(x)$를 $x+2$로 나누었을 때의 나머지 구하기

$h(x)=(x-3)(x-4)(x+1)$에서 $h(x)=(x-4)g(x)$이므로

$g(x)=(x-3)(x+1)$

따라서 이차식 $g(x)$를 $x+2$로 나누었을 때의 나머지는 나머지정리에 의하여

$g(-2)=(-2-3)(-2+1)=5$ · 정답 ④

0246 · 2018년 11월 고1 학력평가 18번 · 정답 ②

STEP Ⓐ 조건 (가), (나)를 이용하여 $f(1)$, $g(1)$의 값 구하기

조건 (가)에 의해 $f(x)-g(x)$를 $x-2$로 나눈 몫과 나머지를 a라 하면

> 일차식으로 나누면 그 나머지는 실수이다.

$f(x)-g(x)=(x-2)a+a=a(x-1)$

$x=1$을 대입하면 $f(1)-g(1)=0$ ······ ㉠

조건 (나)에 의해 $f(x)g(x)$를 x^2-1로 나누었을 때의 몫을 $Q(x)$라 하면

$f(x)g(x)=(x^2-1)Q(x)=(x+1)(x-1)Q(x)$

$x=1$을 대입하면 $f(1)g(1)=0$ ······ ㉡

㉠, ㉡에 의해 $f(1)=g(1)=0$이다. ← $A=B$이고 $AB=0$이면 $A=0$, $B=0$이다.

STEP Ⓑ $g(4)=3$임을 이용하여 $f(2)$, $g(2)$의 값 구하기

이때 $f(1)=0$, $g(1)=0$이므로 인수정리에 의하여

> 다항식 $f(x)$가 일차식 $x-\alpha$로 나누어떨어진다.
> $\iff$ 다항식 $f(x)$가 $x-\alpha$를 인수로 갖는다. $\iff$ $f(\alpha)=0$

$f(x)$와 $g(x)$는 각각 $x-1$을 인수로 가진다. ← $x-1$은 $f(x)$, $g(x)$의 공통 인수이다.

$f(x)=(x-1)(x+p)$, $g(x)=(x-1)(x+q)$라 하자.

$g(4)=(4-1)(4+q)=3$이므로 $q=-3$ ← $3(4+q)=3$, $4+q=1$

$\therefore g(x)=(x-1)(x-3)$

이때 $f(x)g(x)=(x-1)(x+p)\times(x-1)(x-3)$

$\qquad\qquad =(x-1)^2(x-3)(x+p)$

이므로

$(x-1)^2(x-3)(x+p)=(x^2-1)Q(x)$ ······ ㉢

㉢에 $x=-1$을 대입하면

$(-2)^2\times(-4)\times(-1+p)=0$에서 $p=1$

$\therefore f(x)=(x-1)(x+1)$ ← $f(x)g(x)$가 $x+1$을 인수로 가지므로 $x+p=x+1$

> **+α** $f(x)$가 $x+1$을 인수로 가지는 이유!
>
> $g(x)=(x-1)(x-3)$이므로 조건 (나)에서 $f(x)g(x)$는 $(x-1)(x+1)$을 인수로 가진다. 그런데 $g(x)$가 $x+1$을 인수로 갖지 않으므로 $f(x)$는 $x+1$을 인수로 가진다.

따라서 $f(2)+g(2)=3+(-1)=2$

내 / 신 / 연 / 계 / 출제문항 116

최고차항의 계수가 1인 두 이차다항식 $f(x)$, $g(x)$가 다음 조건을 만족시킨다.

> (가) $f(x)-g(x)$를 $x-3$으로 나눈 몫과 나머지가 서로 같다.
> (나) $f(x)g(x)$는 x^2-4로 나누어떨어진다.

$g(5)=3$일 때, $f(3)+g(3)$의 값을 구하시오.

STEP A 조건 (가), (나)를 이용하여 $f(2)$, $g(2)$의 값 구하기

조건 (가)에 의해
$f(x)-g(x)$를 $x-3$으로 나눈 몫과 나머지를 a라 하면

일차식을 일차식으로 나누면 그 나머지는 실수가 된다.

$f(x)-g(x)=(x-3)a+a=a(x-2)$
$x=2$를 대입하면 $f(2)-g(2)=0$ ...... ㉠
조건 (나)에 의해 $f(x)g(x)$를 x^2-4로 나누었을 때의 몫을 $Q(x)$라 하면
$f(x)g(x)=(x^2-4)Q(x)=(x+2)(x-2)Q(x)$
$x=2$를 대입하면 $f(2)g(2)=0$ ...... ㉡
㉠, ㉡에 의해 $f(2)=g(2)=0$이다. ← $A=B$이고 $AB=0$이면 $A=0$, $B=0$이다.

STEP B $g(5)=3$임을 이용하여 $f(3)$, $g(3)$의 값 구하기

이때 $f(2)=0$, $g(2)=0$이므로 인수정리에 의하여

다항식 $f(x)$가 일차식 $x-\alpha$로 나누어떨어진다.
⟺ 다항식 $f(x)$가 $x-\alpha$를 인수로 갖는다. ⟺ $f(\alpha)=0$

$f(x)$와 $g(x)$는 각각 $x-2$를 인수로 가진다. ← $x-2$는 $f(x)$, $g(x)$의 공통 인수이다.
$f(x)=(x-2)(x+p)$, $g(x)=(x-2)(x+q)$라 하자.
$g(5)=(5-2)(5+q)=3$, $3(5+q)=3$ ∴ $q=-4$
∴ $g(x)=(x-2)(x-4)$
이때 $f(x)g(x)=(x-2)(x+p)\times(x-2)(x-4)$
$\qquad\qquad\quad =(x-2)^2(x-4)(x+p)$
이므로
$(x-2)^2(x-4)(x+p)=(x^2-4)Q(x)$ ...... ㉢
㉢에 $x=-2$를 대입하면 $(-4)^2\times(-6)\times(-2+p)=0$에서 $p=2$
∴ $f(x)=(x-2)(x+2)$ ← $f(x)g(x)$가 $x+2$를 인수로 가지므로 $x+p=x+2$

+α $f(x)$가 $x+2$를 인수로 가지는 이유!

> $g(x)=(x-2)(x-4)$이므로 조건 (나)에서 $f(x)g(x)$가 $(x-2)(x+2)$를 인수로 가진다. 그런데 $g(x)$가 $x+2$를 인수로 갖지 않으므로 $f(x)$는 $x+2$를 인수로 가진다.

따라서 $f(x)=(x-2)(x+2)$, $g(x)=(x-2)(x-4)$이므로
$f(3)+g(3)=1\times5+1\times(-1)=5-1=4$

 정답 4

0247

정답 ⑤

STEP A 나머지정리를 이용하여 $P(0)$의 값 구하기

$P(1-x)$를 $x-1$로 나누었을 때의 나머지는 4이므로 나머지정리에 의하여
$P(1-1)=4$, 즉 $P(0)=4$

STEP B $xP(x)$는 $(x-1)(x-4)$로 나누어떨어짐을 이용하여 $P(x)$ 구하기

$xP(x)$를 $(x-1)(x-4)$로 나누어떨어지므로 몫을 $Q(x)$라 하면
$xP(x)=(x-1)(x-4)Q(x)$ ...... ㉠
㉠의 양변에 $x=1$을 대입하면 $P(1)=0$
㉠의 양변에 $x=4$를 대입하면 $P(4)=0$
즉 $P(x)$는 $x-1$, $x-4$를 인수로 갖는 이차식이다.
$P(x)=a(x-1)(x-4)$ (a는 상수)로 놓으면 $P(0)=4$이므로
$P(0)=a\times(-1)\times(-4)=4a=4$ ∴ $a=1$
∴ $P(x)=(x-1)(x-4)$

STEP C $P(x)$를 $x-6$으로 나눈 나머지 구하기

따라서 $P(x)$를 $x-6$으로 나누었을 때의 나머지는 나머지정리에 의하여
$P(6)=(6-1)(6-4)=5\times2=10$

0248

정답 6

STEP A 나머지정리와 인수정리를 이용하여 $f(x)$ 구하기

이차다항식 $f(x)$를 $f(x)=ax^2+bx+c$ (단, a, b, c는 상수)라 하면
$f(x+3)$을 $x+3$으로 나누었을 때의 나머지가 5이므로
나머지정리에 의하여 $f(-3+3)=f(0)=5$
즉 $f(0)=c=5$이므로 $f(x)=ax^2+bx+5$
$(x+2)f(x)-2x$가 x^2-x-2, 즉 $(x+1)(x-2)$로 나누어떨어지므로
$(x+2)f(x)-2x$는 $x+1$과 $x-2$로 각각 나누어떨어진다.
인수정리에 의하여 $f(-1)+2=0$, $4f(2)-4=0$
∴ $f(-1)=-2$, $f(2)=1$
$f(-1)=a-b+5=-2$에서 $a-b=-7$ ...... ㉠
$f(2)=4a+2b+5=1$에서 $2a+b=-2$ ...... ㉡
㉠, ㉡을 연립하여 풀면 $a=-3$, $b=4$
∴ $f(x)=-3x^2+4x+5$

STEP B $f(x)$를 $x-1$로 나누었을 때의 나머지 구하기

따라서 $f(x)=-3x^2+4x+5$를 $x-1$로 나누었을 때의 나머지는 나머지정리에
의하여 $f(1)=-3+4+5=6$

내 / 신 / 연 / 계 / 출제문항 117

이차다항식 $f(x)$에 대하여 $f(x+2)$를 $x+2$로 나누었을 때의 나머지가
8이고 $(x-1)f(x)+4x$는 x^2-x-2로 나누어떨어질 때, $f(x)$를 $x-1$로
나눈 나머지는?

① 2 　　　　② 4 　　　　③ 6
④ 8 　　　　⑤ 10

STEP A 나머지정리와 인수정리를 이용하여 이차식 $f(x)$ 구하기

이차다항식 $f(x)$를 $f(x)=ax^2+bx+c$ (단, a, b, c는 상수)라 하면
$f(x+2)$를 $x+2$로 나누었을 때의 나머지가 8이므로
나머지정리에 의하여 $f(-2+2)=f(0)=8$
즉 $f(0)=c=8$이므로 $f(x)=ax^2+bx+8$
$(x-1)f(x)+4x$가 x^2-x-2, 즉 $(x+1)(x-2)$로 나누어떨어지므로
$(x-1)f(x)+4x$는 $x+1$과 $x-2$로 각각 나누어떨어진다.
인수정리에 의하여 $-2f(-1)-4=0$, $f(2)+8=0$
∴ $f(-1)=-2$, $f(2)=-8$
$f(-1)=a-b+8=-2$에서 $a-b=-10$ ...... ㉠
$f(2)=4a+2b+8=-8$에서 $2a+b=-8$ ...... ㉡
㉠, ㉡을 연립하여 풀면 $a=-6$, $b=4$
∴ $f(x)=-6x^2+4x+8$

STEP B $f(x)$를 $x-1$로 나누었을 때의 나머지 구하기

따라서 $f(x)=-6x^2+4x+8$을 $x-1$로 나누었을 때의 나머지는 나머지정리에
의하여 $f(1)=-6+4+8=6$ 정답 ③

문항 분석

주어진 다항식을 정리하면 $\{Q(x+1)\}^2+\{Q(x)\}^2=x(x-1)P(x)$이므로
$x=0$, $x=1$을 대입하고 인수정리를 이용하여 삼차다항식 $Q(x)$를 구한다.
또한, $P(x)$를 삼차식으로 나눈 나머지는 이차식 이하가 됨을 이용하여 나머지를 구한다.

STEP A 항등식의 수치대입법을 이용하여 $Q(x)$의 식 구하기

모든 실수 x에 대하여
$\{Q(x+1)\}^2+\{Q(x)\}^2=x(x-1)P(x)$ ...... ㉠
㉠에 $x=0$을 대입하면 $\{Q(1)\}^2+\{Q(0)\}^2=0$이므로

실수 a, b에 대하여 $a^2+b^2=0$이면 $a=0$, $b=0$이다.

$Q(1)=Q(0)=0$
㉠에 $x=1$을 대입하면 $\{Q(2)\}^2+\{Q(1)\}^2=0$이므로
$Q(2)=Q(1)=0$
즉 $Q(0)=Q(1)=Q(2)=0$이므로 인수정리에 의하여

다항식 $f(x)$가 일차식 $x-\alpha$로 나누어떨어진다.
$\iff$ 다항식 $f(x)$가 $x-\alpha$를 인수로 갖는다. $\iff f(\alpha)=0$

다항식 $Q(x)$는 x, $x-1$, $x-2$를 인수로 갖는다.
이때 다항식 $Q(x)$는 최고차항의 계수가 1인 삼차다항식이므로
$Q(x)=x(x-1)(x-2)$ ...... ㉡

STEP B $Q(x)$를 주어진 식에 대입하여 $P(x)$ 구하기

㉡을 ㉠에 대입하면
$\{(x+1)x(x-1)\}^2+\{x(x-1)(x-2)\}^2=x(x-1)P(x)$
$Q(x+1)=(x+1)(x+1-1)(x+1-2)=(x+1)x(x-1)$
$P(x)=x(x-1)\{(x+1)^2+(x-2)^2\}$
$\quad=x(x-1)(2x^2-2x+5)$

STEP C $P(x)$를 $Q(x)$로 나눈 나머지 $R(x)$ 구하기

이때 $P(x)$를 $Q(x)$로 나눈 나머지가 $R(x)$이므로
몫을 $A(x)$, 나머지를 $R(x)=ax^2+bx+c$ (단, a, b, c는 상수)라 하면

삼차식으로 나눈 나머지는 이차식 이하이다.

$x(x-1)(2x^2-2x+5)$ ← $P(x)=Q(x)A(x)+R(x)$꼴로 정리한다.
$=x(x-1)(x-2)A(x)+ax^2+bx+c$ ...... ㉢
㉢에 $x=0$을 대입하면 $0=c$
㉢에 $x=1$을 대입하면 $0=a+b+c$
㉢에 $x=2$를 대입하면 $18=4a+2b+c$
위의 식을 연립하여 풀면 $a=9$, $b=-9$, $c=0$

$c=0$이므로 $a+b=0$ ...... ㉣, $4a+2b=18$ ...... ㉤
㉣에서 $a=-b$를 ㉤에 대입하면 $-2b=18$ ∴ $a=9$, $b=-9$

따라서 $R(x)=9x^2-9x$이므로 $R(3)=9\times3^2-9\times3=54$

+α $P(x)$에서 직접 몫 $Q(x)$과 나머지 $R(x)$를 구할 수 있어!

$P(x)=x(x-1)\{(x+1)^2+(x-2)^2\}$
$\quad=x(x-1)(2x^2-2x+5)$
$\quad=x(x-1)\{2(x-2)(x+1)+9\}$
$\quad=2x(x-1)(x-2)(x+1)+9x(x-1)$
$\quad=2(x+1)Q(x)+9x(x-1)$ ← $Q(x)=x(x-1)(x-2)$
따라서 $R(x)=9x(x-1)$이므로 $R(3)=9\times3\times2=54$

다항식 $P(x)$와 최고차항의 계수가 1인 삼차다항식 $Q(x)$가 모든 실수 x에
대하여 $\{Q(x+2)\}^2+\{Q(x)\}^2=(x^2-2x)P(x)$를 만족시킨다. $P(x)$를
$Q(x)$로 나눈 나머지를 $R(x)$라 할 때, $R(3)$의 값을 구하시오.
(단, 다항식 $Q(x)$의 계수는 실수이다.)

STEP A 항등식의 수치대입법을 이용하여 $Q(x)$의 식 구하기

모든 실수 x에 대하여
$\{Q(x+2)\}^2+\{Q(x)\}^2=x(x-2)P(x)$ ...... ㉠
㉠에 $x=0$을 대입하면 $\{Q(2)\}^2+\{Q(0)\}^2=0$이므로

실수 a, b에 대하여 $a^2+b^2=0$이면 $a=0$, $b=0$이다.

$Q(2)=Q(0)=0$
㉠에 $x=2$를 대입하면 $\{Q(4)\}^2+\{Q(2)\}^2=0$이므로
$Q(4)=Q(2)=0$
즉 $Q(0)=Q(2)=Q(4)=0$이므로 인수정리에 의하여

다항식 $f(x)$가 일차식 $x-\alpha$로 나누어떨어진다.
$\iff$ 다항식 $f(x)$가 $x-\alpha$를 인수로 갖는다. $\iff f(\alpha)=0$

다항식 $Q(x)$는 x, $x-2$, $x-4$를 인수로 갖는다.
이때 다항식 $Q(x)$는 최고차항의 계수가 1인 삼차다항식이므로
$Q(x)=x(x-2)(x-4)$ ...... ㉡

STEP B 삼차다항식 $Q(x)$를 이용하여 $P(x)$ 구하기

㉡을 ㉠에 대입하면
$\{(x+2)x(x-2)\}^2+\{x(x-2)(x-4)\}^2=x(x-2)P(x)$
$Q(x+2)=(x+2)(x+2-2)(x+2-4)=(x+2)x(x-2)$
$P(x)=x(x-2)\{(x+2)^2+(x-4)^2\}$
$\quad=x(x-2)(2x^2-4x+20)$

STEP C $P(x)$를 $Q(x)$로 나눈 나머지 $R(x)$ 구하기

이때, $P(x)$를 $Q(x)$로 나눈 나머지가 $R(x)$이므로
몫을 $A(x)$, 나머지를 $R(x)=ax^2+bx+c$ (단, a, b, c는 상수)라 하면

삼차식으로 나눈 나머지는 이차식 이하이다.

$x(x-2)(2x^2-4x+20)$ ← $P(x)=Q(x)A(x)+R(x)$꼴로 정리한다.
$=x(x-2)(x-4)A(x)+ax^2+bx+c$ ...... ㉢
㉢에 $x=0$을 대입하면 $0=c$
㉢에 $x=2$를 대입하면 $0=4a+2b+c$
㉢에 $x=4$를 대입하면 $288=16a+4b+c$
위의 식을 연립하면 $a=36$, $b=-72$, $c=0$
따라서 $R(x)=36x^2-72x$이므로 $R(3)=36\times3^2-72\times3=108$

+α $P(x)$에서 직접 몫 $Q(x)$와 나머지 $R(x)$를 구할 수 있어!

$P(x)=x(x-2)\{(x+2)^2+(x-4)^2\}$
$\quad=x(x-2)(2x^2-4x+20)$
$\quad=x(x-2)\{2(x-4)(x+2)+36\}$
$\quad=2x(x-2)(x-4)(x+2)+36x(x-2)$
$\quad=2(x+2)Q(x)+36x(x-2)$ ← $Q(x)=x(x-2)(x-4)$
따라서 $R(x)=36x(x-2)$이므로 $R(3)=36\times3\times1=108$

정답 108

0250

STEP A 인수정리를 이용하여 $f(x)$ 구하기

$f(-1)=f(1)=f(2)=3$에서

$f(-1)-3=f(1)-3=f(2)-3=0$이므로

인수정리에 의하여 $f(x)-3$은 $x+1$, $x-1$, $x-2$를 인수로 갖는다.

$f(x)$의 삼차항의 계수가 1이므로

$f(x)-3=(x+1)(x-1)(x-2)$

$\therefore f(x)=(x+1)(x-1)(x-2)+3$

STEP B $f(x)$를 $x+2$로 나누었을 때의 나머지 구하기

따라서 다항식 $f(x)$를 $x+2$로 나누었을 때의 나머지는 나머지정리에 의하여

$f(-2)=-1\times(-3)\times(-4)+3=-9$

0251

정답 ④

STEP A 인수정리를 이용하여 $f(x)$ 구하기

$f(1)=1$, $f(2)=2$, $f(3)=3$에서

$f(1)-1=f(2)-2=f(3)-3=0$이므로

인수정리에 의하여 $f(x)-x$는 $x-1$, $x-2$, $x-3$을 인수로 갖는다.

$f(x)$의 삼차항의 계수가 1이므로

$f(x)-x=(x-1)(x-2)(x-3)$

$\therefore f(x)=(x-1)(x-2)(x-3)+x$

STEP B $f(x)$를 $x-5$로 나누었을 때의 나머지 구하기

따라서 $f(x)$를 $x-5$로 나누었을 때의 나머지는 나머지정리에 의하여

$f(5)=4\times3\times2+5=24+5=29$

0252

정답 ⑤

STEP A 인수정리를 이용하여 $f(x)$ 구하기

조건 (가)에서 $f(-3)=f(0)=f(3)=k$ (k는 상수)라 하면

$f(-3)-k=0$, $f(0)-k=0$, $f(3)-k=0$이므로

인수정리에 의하여 $f(x)-k$는 $x+3$, x, $x-3$을 인수로 갖는다.

$f(x)$의 삼차항의 계수가 1이므로

$f(x)-k=(x+3)x(x-3)$ $\cdots\cdots$ ㉠

조건 (나)에서 $f(x)$는 $x-1$로 나누어떨어지므로

인수정리에 의하여 $f(1)=0$

㉠의 양변에 $x=1$을 대입하면 $f(1)-k=(1+3)\times1\times(1-3)=-8$

$\therefore k=8$

$\therefore f(x)=(x+3)x(x-3)+8$

STEP B $f(-2)$의 값 구하기

따라서 $f(-2)=1\times(-2)\times(-5)+8=18$

내신 연계 출제문항 119

최고차항의 계수가 2인 삼차다항식 $f(x)$가 다음 조건을 만족할 때, $f(x)$를 $x+2$로 나누었을 때의 나머지는?

> (가) $f(1)=f(2)=f(3)$
> (나) 다항식 $f(x)$는 $x+1$로 나누어떨어진다.

① -81 ② -72 ③ -64

④ 54 ⑤ 64

STEP A 인수정리를 이용하여 $f(x)$ 구하기

조건 (가)에서 $f(1)=f(2)=f(3)=k$ (k는 상수)라 하면

$f(1)-k=0$, $f(2)-k=0$, $f(3)-k=0$이므로

인수정리에 의하여 $f(x)-k$는 $x-1$, $x-2$, $x-3$을 인수로 갖는다.

$f(x)$의 삼차항의 계수가 2이므로

$f(x)-k=2(x-1)(x-2)(x-3)$ $\cdots\cdots$ ㉠

조건 (나)에서 $f(x)$는 $x+1$로 나누어떨어지므로

인수정리에 의하여 $f(-1)=0$

㉠의 양변에 $x=-1$을 대입하면 $f(-1)-k=2\times(-2)\times(-3)\times(-4)=-48$

$\therefore k=48$

$\therefore f(x)=2(x-1)(x-2)(x-3)+48$

STEP B $f(x)$를 $x+2$로 나누었을 때의 나머지 구하기

따라서 $f(x)$를 $x+2$로 나누었을 때의 나머지는 나머지정리에 의하여

$f(-2)=2\times(-3)\times(-4)\times(-5)+48=-72$

정답 ②

0253

정답 ①

STEP A 인수정리를 이용하여 $f(x)$ 구하기

조건 (가)에서 $f(1)-1=f(2)-2=f(3)-3=k$ (k는 상수)라 하면

$f(1)-1-k=0$, $f(2)-2-k=0$, $f(3)-3-k=0$이므로

인수정리에 의하여 $f(x)-x-k$는 $x-1$, $x-2$, $x-3$을 인수로 갖는다.

$f(x)-x-k=a(x-1)(x-2)(x-3)$ (a는 상수)

$\therefore f(x)=a(x-1)(x-2)(x-3)+x+k$ $\cdots\cdots$ ㉠

STEP B 항등식의 수치대입법을 이용하여 $f(0)$, $f(-1)$의 값 구하기

조건 (나)에서 다항식 $f(x)$를 $x(x+1)$로 나누었을 때의 몫을 $Q(x)$라 하면 나머지가 $-17x-10$이므로

$f(x)=x(x+1)Q(x)-17x-10$ $\cdots\cdots$ ㉡

㉡의 양변에 $x=0$을 대입하면 $f(0)=-10$

㉡의 양변에 $x=-1$을 대입하면 $f(-1)=7$

STEP C $f(4)$의 값 구하기

㉠의 양변에 $x=0$을 대입하면 $f(0)=-6a+k$에서 $-6a+k=-10$

㉠의 양변에 $x=-1$을 대입하면 $f(-1)=-24a+(-1)+k$에서 $-24a+k=8$

두 식을 연립하여 풀면 $a=-1$, $k=-16$

따라서 $f(x)=-(x-1)(x-2)(x-3)+x-16$이므로

$f(4)=-3\times2\times1+4-16=-18$

0254

STEP A 인수정리를 이용하여 $P(x)$의 식 작성하기

$P(a)=P(b)=P(c)=0$이므로 인수정리에 의하여

다항식 $f(x)$가 일차식 $x-\alpha$로 나누어떨어진다.
$\iff$ 다항식 $f(x)$가 $x-\alpha$를 인수로 갖는다. $\iff f(\alpha)=0$

$P(x)$는 $x-a$, $x-b$, $x-c$를 인수로 갖는다.

이때, $P(x)$는 최고차항의 계수가 1인 삼차식이므로

$P(x)=(x-a)(x-b)(x-c)$

STEP B $P(0)=-30$임을 이용하여 세 자연수 a, b, c의 값 구하기

$P(0)=-abc=-30$

$\therefore abc=30$ ← $30=2\times3\times5$

그러므로 서로 다른 세 자연수 a, b, c는 2, 3, 5 중 하나의 값을 갖는다.

임의로 $a=2$, $b=3$, $c=5$라고 놓을 수 있다.

$\therefore P(x)=(x-2)(x-3)(x-5)$

STEP C $P(x)$를 $x-6$으로 나누었을 때의 나머지 구하기

따라서 다항식 $P(x)$를 $x-6$으로 나눈 나머지는 나머지정리에 의하여

$P(6)=(6-2)(6-3)(6-5)=4\times3\times1=12$

다항식 $f(x)$를 $x-\alpha$로 나누었을때의 나머지는 $f(\alpha)$이다.

내·신·연·계 출제문항 120

최고차항의 계수가 1인 x에 대한 이차식 $f(x)$가 서로 다른 두 자연수 a, b에 대하여 $f(a)=f(b)=0$, $f(0)=5$을 만족시킨다. $f(x)$를 $x-3$으로 나누었을 때의 나머지는?

① -4　　　② -3　　　③ 1
④ 3　　　⑤ 4

STEP A 인수정리를 이용하여 $f(x)$의 식 작성하기

$f(a)=f(b)=0$이므로 인수정리에 의하여

$f(x)$는 $x-a$, $x-b$를 인수로 갖는다.

이때 $f(x)$는 최고차항의 계수가 1인 이차식이므로

$f(x)=(x-a)(x-b)$

STEP B $f(0)=5$임을 이용하여 두 자연수 a, b의 값 구하기

$f(0)=ab$　$\therefore ab=5$

이때 a, b는 자연수이므로 $ab=5$를 만족시키는 순서쌍 (a, b)는

$(1, 5)$, $(5, 1)$

$\therefore f(x)=(x-1)(x-5)$

STEP C $f(x)$를 $x-3$으로 나누었을 때의 나머지 구하기

따라서 $f(x)$를 $x-3$으로 나누었을 때의 나머지는 나머지정리에 의하여

$f(3)=2\times(-2)=-4$

정답 ①

0255

2022년 11월 고1 학력평가 18번

정답 ①

해설강의

문항분석

조건 (가)에서 인수정리에 의하여 $f(-2)=f(1)=f(4)$임을 보인다.
이때 $f(-2)=f(1)=f(4)=k$라 하면 $f(x)=(x+2)(x-1)(x-4)+k$이므로
조건(나)를 이용하여 $f(x)$의 식을 완성한다.

STEP A 조건 (가)에서 인수정리를 이용하여 $f(-2)=f(1)=f(4)$임을 보이기

조건 (가)에서 다항식 $f(x+3)-f(x)$는 $(x-1)(x+2)$로 나누어떨어지므로 몫을 $Q(x)$라 하면

$f(x+3)-f(x)=(x-1)(x+2)Q(x)$

이때 인수정리에 의하여

다항식 $f(x)$가 일차식 $x-\alpha$로 나누어떨어진다.
$\iff$ 다항식 $f(x)$가 $x-\alpha$를 인수로 갖는다. $\iff f(\alpha)=0$

$x=1$을 대입하면 $f(4)-f(1)=0$　$\therefore f(4)=f(1)$

$x=-2$를 대입하면 $f(1)-f(-2)=0$　$\therefore f(1)=f(-2)$

즉 $f(-2)=f(1)=f(4)$

STEP B 나머지정리를 이용하여 삼차다항식 $f(x)$의 식 작성하기

$f(-2)=f(1)=f(4)=k$ (단, k는 상수)라 하면

$f(-2)-k=0$, $f(1)-k=0$, $f(4)-k=0$이므로 인수정리에 의하여
다항식 $f(x)-k$는 $x+2$, $x-1$, $x-4$를 인수로 가진다.

최고차항의 계수가 1인 삼차다항식 $f(x)$에 대하여

$f(x)-k=(x+2)(x-1)(x-4)$이므로

$f(x)=(x+2)(x-1)(x-4)+k$　　　…… ㉠

조건 (나)에서 다항식 $f(x)$를 $x-2$로 나누었을 때의 나머지가 -3이므로 나머지정리에 의하여 $f(2)=-3$

다항식 $f(x)$를 $x-\alpha$로 나눈 나머지는 $f(\alpha)$이다.

㉠에 $x=2$를 대입하면 $f(2)=4\times1\times(-2)+k=-8+k=-3$　$\therefore k=5$

따라서 $f(x)=(x+2)(x-1)(x-4)+5$이므로

$f(0)=2\times(-1)\times(-4)+5=13$

내·신·연·계 출제문항 121

최고차항의 계수가 1인 삼차다항식 $f(x)$가 다음 조건을 만족시킬 때, $f(0)$의 값은?

> (가) 다항식 $f(x+4)-f(x)$는 $(x-1)(x+3)$으로 나누어떨어진다.
> (나) 다항식 $f(x)$를 $x-3$으로 나누었을 때의 나머지는 -20이다.

① 15　　　② 16　　　③ 17
④ 18　　　⑤ 19

STEP A 조건 (가)에서 인수정리를 이용하여 $f(-3)=f(1)=f(5)$임을 보이기

조건 (가)에서 다항식 $f(x+4)-f(x)$는 $(x-1)(x+3)$으로 나누어떨어지므로 몫을 $Q(x)$라 하면

$f(x+4)-f(x)=(x-1)(x+3)Q(x)$

이때 인수정리에 의하여

$x=1$을 대입하면 $f(5)-f(1)=0$　$\therefore f(5)=f(1)$

$x=-3$을 대입하면 $f(1)-f(-3)=0$　$\therefore f(1)=f(-3)$

즉 $f(-3)=f(1)=f(5)$

STEP B 나머지정리를 이용하여 삼차다항식 $f(x)$의 식 작성하기

$f(-3)=f(1)=f(5)=k$ (단, k는 상수)라 하면

$f(-3)-k=0$, $f(1)-k=0$, $f(5)-k=0$이므로 인수정리에 의하여
다항식 $f(x)-k$는 $x+3$, $x-1$, $x-5$를 인수로 가진다.

최고차항의 계수가 1인 삼차다항식 $f(x)$에 대하여

$f(x)-k=(x+3)(x-1)(x-5)$이므로

$f(x)=(x+3)(x-1)(x-5)+k$　　　…… ㉠

조건 (나)에서 다항식 $f(x)$를 $x-3$으로 나누었을 때의 나머지가 -20이므로 나머지정리에 의하여 $f(3)=-20$

다항식 $f(x)$를 $x-\alpha$로 나눈 나머지는 $f(\alpha)$이다.

㉠에 $x=3$을 대입하면 $f(3)=6\times2\times(-2)+k=-24+k=-20$　$\therefore k=4$

따라서 $f(x)=(x+3)(x-1)(x-5)+4$이므로

$f(0)=3\times(-1)\times(-5)+4=19$

정답 ⑤

0256

 정답 ③ 

STEP A 조건 (가)에서 $f(x)$를 $A=BQ+R$꼴로 나타내기

조건 (가)에서 $f(x)$를 $x+1$, x^2-3으로 나눈 몫을 각각 $Q_1(x)$, $Q_2(x)$라 하고 나눈 나머지를 R이라 하자.

$f(x)$를 일차식 $x+1$로 나눈 나머지는 상수이므로 x^2-3으로 나눈 나머지도 상수가 된다.

$f(x)=(x+1)Q_1(x)+R$에서 $f(x)-R=(x+1)Q_1(x)$이고

$f(x)=(x^2-3)Q_2(x)+R$에서 $f(x)-R=(x^2-3)Q_2(x)$이므로

사차다항식 $f(x)-R$은 $x+1$과 x^2-3을 인수로 갖는다.

즉 $f(x)-R=(x+1)(x^2-3)(x+a)$ (단, a는 상수) …… ㉠

라 놓을 수 있다.

STEP B 조건 (나)에서 수치대입법을 이용하여 $f(x)$ 구하기

조건 (나)에서 $f(x+1)-5$를 x^2+x로 나눈 몫을 $Q_3(x)$라 하면

$f(x+1)-5=(x^2+x)Q_3(x)=x(x+1)Q_3(x)$ …… ㉡

㉡은 x에 대한 항등식이므로 ㉡의 양변에 $x=-1$, $x=0$을 각각 대입하면

$f(0)-5=0$, $f(1)-5=0$

$\therefore f(0)=5$, $f(1)=5$

또한, ㉠의 양변에 $x=0$, $x=1$을 각각 대입하면

$f(0)-R=-3a$, $f(1)-R=-4-4a$

$\therefore f(0)=-3a+R$, $f(1)=-4-4a+R$

즉 연립방정식 $\begin{cases} -3a+R=5 \\ -4a+R=9 \end{cases}$에서 $a=-4$, $R=-7$이므로

㉠에서 $f(x)=(x+1)(x^2-3)(x-4)-7$

STEP C $f(4)$의 값 구하기

따라서 $f(4)=5\times13\times0-7=-7$

최고차항의 계수가 1인 사차다항식 $f(x)$가 다음 조건을 만족시킬 때, $f(2)$의 값은?

> (가) $f(x)$를 $x+2$로 나눈 나머지와 $f(x)$를 x^2-5로 나눈 나머지는 서로 같다.
> (나) $f(x-2)-3$은 x^2-2x로 나누어떨어진다.

① -9 ② -8 ③ -7

④ -6 ⑤ -5

STEP A 조건 (가)에서 $f(x)$를 $A=BQ+R$꼴로 나타내기

조건 (가)에서 $f(x)$를 $x+2$, x^2-5로 나눈 몫을 각각 $Q_1(x)$, $Q_2(x)$라 하고 나눈 나머지를 R이라 하자.

$f(x)=(x+2)Q_1(x)+R$에서 $f(x)-R=(x+2)Q_1(x)$이고

$f(x)=(x^2-5)Q_2(x)+R$에서 $f(x)-R=(x^2-5)Q_2(x)$이므로

즉 $f(x)-R=(x+2)(x^2-5)(x+a)$ (단, a는 상수) …… ㉠

라 놓을 수 있다.

STEP B 조건 (나)에서 수치대입법을 이용하여 $f(x)$ 구하기

조건 (나)에서 $f(x-2)-3$을 x^2-2x로 나눈 몫을 $Q_3(x)$라 하면

$f(x-2)-3=(x^2-2x)Q_3(x)=x(x-2)Q_3(x)$ …… ㉡

㉡은 x에 대한 항등식이므로 ㉡의 양변에 $x=0$, $x=2$를 각각 대입하면

$f(-2)-3=0$, $f(0)-3=0$

$\therefore f(-2)=3$, $f(0)=3$

또한, ㉠의 양변에 $x=-2$, $x=0$을 각각 대입하면

$f(-2)-R=3-R=0$, $f(0)-R=3-R=-10a$ $\therefore R=3$, $a=0$

㉠에 $R=3$, $a=0$을 대입하면 $f(x)=x(x+2)(x^2-5)+3$

STEP C $f(2)$의 값 구하기

따라서 $f(2)=2\times4\times(-1)+3=-5$ 정답 ⑤

0257

정답 ② 

STEP A 조립제법의 과정을 이용하여 a, b, c, d의 값 구하기

다항식 $2x^3-6x^2+2x+d$를 일차식 $x-a$로 나누었을 때의 몫과 나머지를 구하는 과정은 다음과 같다.

a	2	-6	2	d
		$2a$	c	$\square$
	2	b	$\square$	-5

문제의 조건에서 $2a=4$ $\therefore a=2$

즉 다음과 같이 조립제법을 이용하여 다항식 $2x^3-6x^2+2x+d$를 일차식 $x-2$로 나누면 $b=-2$, $c=-4$, $d=-1$

2	2	-6	2	-1
		4	-4	-4
	2	-2	-2	-5

따라서 $a+b+c+d=2+(-2)+(-4)+(-1)=-5$

0258

정답 8

STEP A 조립제법을 이용하여 다항식을 $A=BQ+R$꼴로 나타내기

$f(x)=ax^3+bx^2+cx+d$라 하자.

주어진 조립제법의 과정에서 $f(x)$를 $x-2$로 나눈 몫은 x^2+2x-3, 나머지는 -4이다.

$\therefore f(x)=(x-2)(x^2+2x-3)-4$

STEP B 나머지정리를 이용하여 $f(x)$를 $x+2$로 나눈 나머지 구하기

따라서 나머지정리에 의하여 $f(x)$를 $x+2$로 나눈 나머지는

다항식 $f(x)$를 $x-\alpha$로 나누었을 때의 나머지는 $f(\alpha)$이다.

$f(-2)=(-2-2)(4-4-3)-4=-4\times(-3)-4=8$

다른풀이 조립제법을 이용하여 풀이하기

STEP A 조립제법을 이용하여 주어진 다항식 구하기

조립제법을 이용하여 빈칸을 채우면 다음과 같다.

2	a	b	c	d
		2	4	-6
	1	2	-3	-4

이때 $a=1$, $b+2=2$, $c+4=-3$, $d-6=-4$이므로

$a=1$, $b=0$, $c=-7$, $d=2$

$\therefore ax^3+bx^2+cx+d=x^3-7x+2$

STEP B ax^3+bx^2+cx+d를 $x+2$로 나눈 나머지 구하기

따라서 $f(x)=x^3-7x+2$라 하면 다항식 $f(x)$를 $x+2$로 나누었을 때의 나머지는 나머지정리에 의하여 $f(-2)=-8+14+2=8$

다항식 $f(x)$를 $x-\alpha$로 나누었을 때의 나머지는 $f(\alpha)$이다.

다음은 조립제법을 이용하여 다항식 ax^3+bx^2+cx+d를 $x+2$로 나누었을 때의 몫과 나머지를 구하는 과정이다.

이때 다항식 ax^3+bx^2+cx+d를 $x-3$으로 나누었을 때의 나머지는?

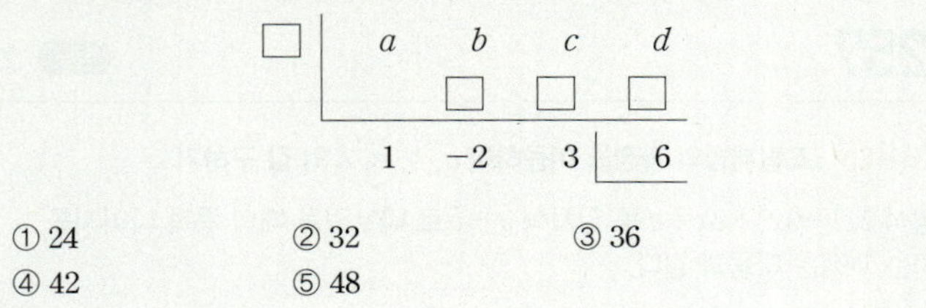

① 24   ② 32   ③ 36
④ 42   ⑤ 48

STEP A   조립제법을 이용하여 다항식을 $A=BQ+R$꼴로 나타내기

$f(x)=ax^3+bx^2+cx+d$라 하자.

주어진 조립제법의 과정에서 $f(x)$를 $x+2$로 나눈 몫은 x^2-2x+3,
나머지는 6이다.

$\therefore f(x)=(x+2)(x^2-2x+3)+6$

STEP B   나머지정리를 이용하여 $f(x)$를 $x-3$으로 나눈 나머지 구하기

따라서 나머지정리에 의하여 $f(x)$를 $x-3$으로 나눈 나머지는
다항식 $f(x)$를 $x-\alpha$로 나누었을 때의 나머지는 $f(\alpha)$이다.

$f(3)=(3+2)(9-6+3)+6=5\times6+6=36$

다른풀이   조립제법을 이용하여 풀이하기

STEP A   조립제법을 이용하여 주어진 다항식 구하기

조립제법을 이용하여 빈칸을 채우면
오른쪽과 같다.
이때

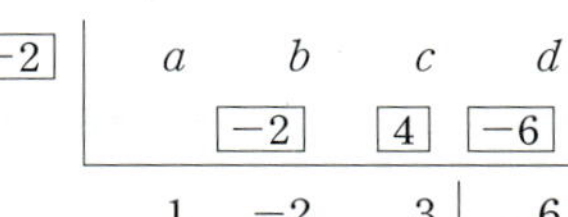

$a=1$, $b-2=-2$, $c+4=3$, $d-6=6$

이므로 $a=1$, $b=0$, $c=-1$, $d=12$

$\therefore ax^3+bx^2+cx+d=x^3-x+12$

STEP B ax^3+bx^2+cx+d를 $x-3$으로 나눈 나머지 구하기

따라서 $f(x)=x^3-x+12$라 하면 다항식 $f(x)$를 $x-3$으로 나누었을 때의
나머지는 나머지정리에 의하여 $f(3)=27-3+12=36$ 정답 ③

0259   2023년 06월 고1 학력평가 26번   정답 23

STEP A $P(x)$를 $A=BQ+R$꼴로 나타내기

주어진 조립제법의 과정에서 $P(x)$를 $x-3$으로 나눈 몫은 x^2+x-2,
나머지는 5이다.

$\therefore P(x)=ax^3+bx^2+cx+11$
$\qquad =(x-3)(x^2+x-2)+5$

STEP B   나머지정리를 이용하여 $P(x)$를 $x-4$로 나눈 나머지 구하기

따라서 다항식 $P(x)$를 $x-4$로 나누었을 때의 나머지는 나머지정리에 의하여
다항식 $f(x)$를 $x-\alpha$로 나누었을 때의 나머지는 $f(\alpha)$이다.

$P(4)=1\times(4^2+4-2)+5=18+5=23$

다른풀이   조립제법을 이용하여 풀이하기

STEP A   조립제법을 이용하여 주어진 다항식 구하기

조립제법을 이용하여 빈칸을 채우면
오른쪽과 같다.
이때

$a=1$, $b+3=1$, $c+3=-2$이므로
$a=1$, $b=-2$, $c=-5$

$\therefore P(x)=ax^3+bx^2+cx+11=x^3-2x^2-5x+11$

STEP B $P(x)$를 $x-4$로 나눈 나머지 구하기

따라서 다항식 $P(x)$를 $x-4$로 나누었을 때의 나머지는 나머지정리에 의하여
$P(4)=4^3-2\times4^2-5\times4+11=64-32-20+11=23$

다음은 삼차다항식 $P(x)=ax^3+bx^2+cx+13$을 $x-2$로 나누었을 때의
몫과 나머지를 조립제법을 이용하여 구하는 과정의 일부를 나타낸 것이다.

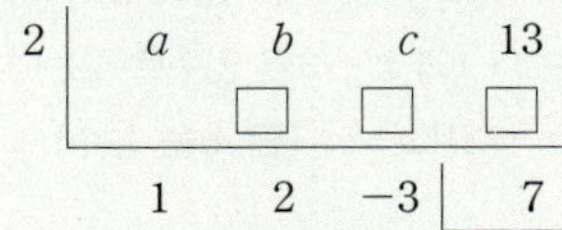

$P(x)$를 $x-3$으로 나누었을 때의 나머지를 R이라 할 때, $a+b+c+R$의
값을 구하시오. (단, a, b, c는 상수이다.)

STEP A   조립제법을 이용하여 a, b, c의 값 구하기

주어진 조립제법의 과정에서 $P(x)$를 $x-2$로 나눈 몫은 x^2+2x-3,
나머지는 7이다.

$P(x)=ax^3+bx^2+cx+13$
$\qquad =(x-2)(x^2+2x-3)+7$
$\qquad =x^3-7x+13$
이므로 $a=1$, $b=0$, $c=-7$

+α | 조립제법을 이용하여 구할 수 있어!

조립제법을 이용하여 빈칸을 채우면 다음과 같다.

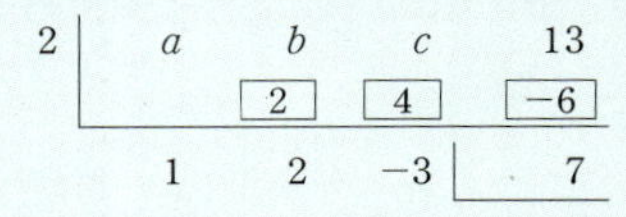

이때 $a=1$, $b+2=2$, $c+4=-3$이므로 $a=1$, $b=0$, $c=-7$

STEP B   나머지정리를 이용하여 R의 값 구하기

또한, 다항식 $P(x)$를 $x-3$으로 나누었을 때의 나머지는 나머지정리에 의하여
$R=P(3)=3^3-7\times3+13=19$

따라서 $a+b+c+R=1+0+(-7)+19=13$ 정답 13

0260   2023년 09월 고1 학력평가 7번   정답 ④

STEP A   인수정리와 조립제법을 이용하여 인수분해하기

$f(x)=x^3+3x^2-x-3$이라 하면 $f(1)=1+3-1-3=0$이므로

인수정리에 의하여 다항식 $f(x)$는 $x-1$을 인수로 갖는다.

조립제법을 이용하여 $f(x)$를 인수분해하면

$x^3+3x^2-x-3=(x-1)(x^2+4x+3)$
$\qquad =(x-1)(x+1)(x+3)$
$\qquad =(x^2-1)(x+3)$

STEP B $P(1)$의 값 구하기

$(x^2-1)(x+3)=(x^2-1)P(x)$가 x에 대한 항등식이므로 $P(x)=x+3$

따라서 $P(1)=1+3=4$

mini해설 | 항등식의 계수비교법을 이용하여 풀이하기

$x^3+3x^2-x-3=(x^2-1)P(x)$가 x에 대한 항등식이므로
우변도 최고차항의 계수가 1인 삼차식이 되어야 한다.
그러므로 $P(x)=x+k$ (단, k는 상수)라 놓을 수 있다.
$x^3+3x^2-x-3=(x^2-1)(x+k)=x^3+kx^2-x-k$
에서 양변의 동류항의 계수를 비교하면 $k=3$이므로 $P(x)=x+3$
따라서 $P(1)=1+3=4$

다항식 $P(x)$와 상수 a에 대하여 등식
$$x^3-2x^2-3x+6=(x-1)P(x)+ax$$
가 x에 대한 항등식일 때, $P(-3)$의 값은?

① 6   ② 8   ③ 10
④ 12   ⑤ 14

STEP A 항등식의 성질을 이용하여 a의 값 구하기

항등식의 수치대입법을 이용하여 주어진 항등식의 양변에 $x=1$을 대입하면
$1-2-3+6=a$ ∴ $a=2$

STEP B 조립제법을 이용하여 $Q(x)$를 인수분해하기

$x^3-2x^2-3x+6=(x-1)P(x)+2x$에서
$(x-1)P(x)=x^3-2x^2-5x+6$
$Q(x)=x^3-2x^2-5x+6$이라 하면
$Q(1)=0$이므로 $Q(x)$는 $x-1$을 인수로 갖는다.
이때 조립제법을 이용하여
$Q(x)$를 인수분해하면

$$\begin{array}{r|rrrr} 1 & 1 & -2 & -5 & 6 \\ & & 1 & -1 & -6 \\ \hline & 1 & -1 & -6 & 0 \end{array}$$

$Q(x)=x^3-2x^2-5x+6$
$\quad=(x-1)(x^2-x-6)$
$\quad=(x-1)(x+2)(x-3)$

STEP C $P(-3)$의 값 구하기

$(x-1)P(x)=(x-1)(x+2)(x-3)$
이 등식이 x에 대한 항등식이고 $P(x)$가 다항식이므로 $P(x)=(x+2)(x-3)$
따라서 $P(-3)=(-3+2)(-3-3)=6$

정답 ①

0261

2019년 03월 고2 학력평가 나형 25번   정답 9

STEP A 조립제법을 이용하여 $Q(x)$ 구하기

조립제법을 이용하여 다항식
$2x^3-x^2+x+3$을 $x+1$로 나누면
다음과 같다.

$$\begin{array}{r|rrrr} -1 & 2 & -1 & 1 & 3 \\ & & -2 & 3 & -4 \\ \hline & 2 & -3 & 4 & -1 \end{array}$$

$2x^3-x^2+x+3=(x+1)(2x^2-3x+4)-1$이므로
$Q(x)=2x^2-3x+4$
몫 $Q(x)$ 나머지

STEP B $Q(-1)$의 값 구하기

따라서 $Q(-1)=2\times(-1)^2-3\times(-1)+4=2+3+4=9$

다른풀이 다항식의 나눗셈을 이용하여 풀이하기

STEP A 다항식의 나눗셈을 이용하여 $Q(x)$ 구하기

다항식 $2x^3-x^2+x+3$을 $x+1$로 나누면
오른쪽과 같다.
다항식 $2x^3-x^2+x+3$을 $x+1$로
나누었을 때의 몫 $Q(x)$는
$Q(x)=2x^2-3x+4$

$$\begin{array}{r} 2x^2-3x+4 \\ x+1\overline{)2x^3-\ x^2+\ x+3} \\ \underline{2x^3+2x^2}\qquad\quad \\ -3x^2+\ x+3 \\ \underline{-3x^2-3x}\quad \\ 4x+3 \\ \underline{4x+4} \\ -1 \end{array}$$

STEP B $Q(-1)$의 값 구하기

따라서 $Q(-1)=2\times(-1)^2-3\times(-1)+4=2+3+4=9$

다항식 $2x^3-3x^2+x+2$를 $x+1$로 나눈 몫을 $Q(x)$라 할 때,
$Q(x)$를 $x+1$로 나누었을 때, 나머지를 구하시오.

STEP A 조립제법을 이용하여 몫 $Q(x)$ 구하기

다항식 $2x^3-3x^2+x+2$를 $x+1$로
나눈 몫과 나머지를 조립제법을 이용하여
구하면 다음과 같다.

$$\begin{array}{r|rrrr} -1 & 2 & -3 & 1 & 2 \\ & & -2 & 5 & -6 \\ \hline & 2 & -5 & 6 & -4 \end{array}$$

$2x^3-3x^2+x+2=(x+1)(2x^2-5x+6)-4$이므로
$Q(x)=2x^2-5x+6$
몫 $Q(x)$ 나머지

STEP B $Q(x)$를 $x+1$로 나누었을 때의 나머지 구하기

따라서 $Q(x)$를 $x+1$로 나누었을 때의 나머지는 나머지정리에 의하여
$Q(-1)=2+5+6=13$

다른풀이 다항식의 나눗셈을 이용하여 풀이하기

STEP A 다항식의 나눗셈을 이용하여 $Q(x)$ 구하기

다항식 $2x^3-3x^2+x+2$를 $x+1$로 나누면 다음과 같다.

$$\begin{array}{r} 2x^2-5x+6 \quad\leftarrow 몫 \\ x+1\overline{)2x^3-3x^2+\ x+2} \\ \underline{2x^3+2x^2}\qquad\quad \\ -5x^2+\ x+2 \\ \underline{-5x^2-5x}\quad \\ 6x+2 \\ \underline{6x+6} \\ -4 \quad\leftarrow 나머지 \end{array}$$

다항식 $2x^3-3x^2+x+2$를 $x+1$로 나누었을 때의 몫 $Q(x)$는
$Q(x)=2x^2-5x+6$

STEP B $Q(x)$를 $x+1$로 나누었을 때 나머지 구하기

따라서 $Q(x)$를 $x+1$로 나누었을 때 나머지는 나머지정리에 의하여
$Q(-1)=2+5+6=13$ 정답 13

0262

정답 ②

STEP A 조립제법을 이용하여 몫과 나머지 구하기

조립제법을 이용하면 다항식 $2x^3-3x^2-x+2$를 $x+\dfrac{3}{2}$으로 나누었을 때의
몫과 나머지를 구하는 과정은 다음과 같다.

$$\begin{array}{r|rrrr} -\dfrac{3}{2} & 2 & -3 & -1 & 2 \\ & & -3 & 9 & -12 \\ \hline & 2 & -6 & 8 & -10 \end{array}$$

STEP B $Q(1)+R$의 값 구하기

$2x^3-3x^2-x+2=\left(x+\dfrac{3}{2}\right)(2x^2-6x+8)-10$
$\qquad\qquad\qquad =(2x+3)(x^2-3x+4)-10$
다항식 $2x^3-3x^2-x+2$를 $2x+3$으로 나눈 몫은 $Q(x)=x^2-3x+4$,
나머지는 $R=-10$
따라서 $Q(1)+R=(1-3+4)+(-10)=-8$

0263

STEP A 조립제법을 이용하여 몫과 나머지 구하기

$$\begin{array}{c|cccc} \frac{1}{2} & 2 & 5 & -b=-1 & 1 \\ & & b=1 & & 3 & e=1 \\ \hline & 2 & c=6 & d=2 & f=2 \end{array}$$

$$\therefore 2x^3+5x^2-x+1=\left(x-\frac{1}{2}\right)(2x^2+6x+2)+2$$
$$=(2x-1)(x^2+3x+1)+2$$

STEP B [보기]의 참, 거짓 판단하기

ㄱ. $d=2$, $f=2$이므로 $d+f=2+2=4$ [참]

ㄴ. 나머지는 2이다. [거짓]

ㄷ. 몫은 x^2+3x+1이다. [참]

따라서 옳은 것은 ㄱ, ㄷ이다.

내·신·연·계 출제문항 127

조립제법을 이용하여 다항식 $3x^3+5x^2-8x+3$을 $3x-1$로 나누었을 때의 몫과 나머지를 구하는 과정이 다음과 같다.

$$\begin{array}{c|cccc} a & 3 & 5 & -8 & 3 \\ & & & b & 2 & e \\ \hline & 3 & c & d & f \end{array}$$

[보기]에서 옳은 것만을 있는 대로 고른 것은?
(단, a, b, c, d, e, f는 상수이다.)

ㄱ. $d+f=-5$
ㄴ. 나머지는 1이다.
ㄷ. 몫은 $3x^2+6x-6$이다.

① ㄱ ② ㄴ ③ ㄱ, ㄴ
④ ㄴ, ㄷ ⑤ ㄱ, ㄴ, ㄷ

STEP A 조립제법을 이용하여 몫과 나머지 구하기

$$\begin{array}{c|cccc} \frac{1}{3} & 3 & 5 & -8 & 3 \\ & & b=1 & & 2 & e=-2 \\ \hline & 3 & c=6 & d=-6 & f=1 \end{array}$$

$$\therefore 3x^3+5x^2-8x+3=\left(x-\frac{1}{3}\right)(3x^2+6x-6)+1$$
$$=(3x-1)(x^2+2x-2)+1$$

STEP B [보기]의 참, 거짓 판단하기

ㄱ. $d=-6$, $f=1$이므로 $d+f=-6+1=-5$ [참]

ㄴ. 나머지는 1이다. [참]

ㄷ. 몫은 x^2+2x-2이다. [거짓]

따라서 옳은 것은 ㄱ, ㄴ이다.

0264

STEP A 조립제법을 이용하여 몫과 나머지 구하기

$3x^3+5x^2-11x+2$를 $x-\frac{1}{3}$로 나눈 몫과 나머지를 조립제법을 이용하여 구하면 다음과 같다.

$$\begin{array}{c|cccc} \frac{1}{3} & 3 & 5 & -11 & 2 \\ & & & 1 & 2 & -3 \\ \hline & 3 & 6 & -9 & -1 \end{array}$$

$$\therefore 3x^3+5x^2-11x+2=\left(x-\frac{1}{3}\right)(3x^2+6x-9)-1$$
$$=(3x-1)(x^2+2x-3)-1$$

즉 $Q_1(x)=3x^2+6x-9$, $R_1=-1$, $Q_2(x)=x^2+2x-3$, $R_2=-1$

$$\therefore Q_1(x)R_2+Q_2(x)R_1=-4x^2-8x+12$$

따라서 $Q_1(2)R_2+Q_2(2)R_1=-4\times4-8\times2+12=-20$

0265

STEP A 몫을 $x-\frac{2}{3}$로 나누었을 때의 나머지가 -3인 관계식 구하기

삼차식 $f(x)$를 $x-\frac{2}{3}$로 나누었을 때의 몫을 $Q_1(x)$라 하면

다항식 $Q_1(x)$를 $x-\frac{2}{3}$로 나누었을 때의 몫은 $9x-27$, 나머지는 -3이므로

$$Q_1(x)=\left(x-\frac{2}{3}\right)(9x-27)-3$$

STEP B $f(x)$를 $x-\frac{2}{3}$로 나누었을 때의 나머지가 5인 관계식 구하기

이때 삼차식 $f(x)$를 $x-\frac{2}{3}$로 나누었을 때의 나머지는 5이므로

$$f(x)=\left(x-\frac{2}{3}\right)Q_1(x)+5$$
$$=\left(x-\frac{2}{3}\right)\left\{\left(x-\frac{2}{3}\right)(9x-27)-3\right\}+5$$
$$=\left(x-\frac{2}{3}\right)^2(9x-27)-3\left(x-\frac{2}{3}\right)+5$$
$$=(3x-2)^2(x-3)-(3x-2)+5$$
$$=\underbrace{(3x-2)^2(x-3)}_{몫\,Q(x)}\ \underbrace{-3x+7}_{나머지\,R(x)}$$

STEP C $Q(5)+R(2)$의 값 구하기

따라서 $Q(x)=x-3$, $R(x)=-3x+7$이므로 $Q(5)+R(2)=2+1=3$

0266

2020년 06월 고1 학력평가 10번

STEP A 조립제법을 이용하여 빈칸 (가), (나)에 들어갈 식 구하기

다항식 $3x^3-7x^2+5x+1$을 $3x-1$로 나눈 몫과 나머지를 구하기 위하여 조립제법을 이용하면

$$\begin{array}{c|cccc} \frac{1}{3} & 3 & -7 & 5 & 1 \\ & & & 1 & -2 & 1 \\ \hline & 3 & -6 & 3 & 2 \end{array}$$

$3x-1=0$을 만족하는 $x=\frac{1}{3}$을 이용한다.

이므로

$$3x^3-7x^2+5x+1=\left(x-\frac{1}{3}\right)\boxed{(3x^2-6x+3)}+2$$
$$=(3x-1)\boxed{(x^2-2x+1)}+2$$

즉 몫은 $\boxed{x^2-2x+1}$이고 나머지는 2이다.

STEP B $f(2)+g(2)$의 값 구하기

$f(x)=3x^2-6x+3$, $g(x)=x^2-2x+1$이므로

$f(2)=3\times2^2-6\times2+3=12-12+3=3$

$g(2)=2^2-2\times2+1=4-4+1=1$

따라서 $f(2)+g(2)=3+1=4$

다음은 다항식 $2x^3-7x^2+5x+2$를 $2x-1$로 나눈 몫과 나머지를 구하기 위하여 조립제법을 이용하는 과정이다.

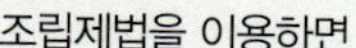

조립제법을 이용하면

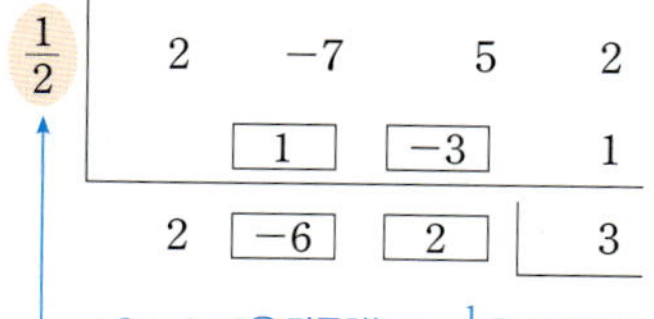

이므로

$$2x^3-7x^2+5x+2=\left(x-\frac{1}{2}\right)(\ \boxed{(가)}\ )+3$$
$$=(2x-1)(\ \boxed{(나)}\ )+3$$

이다. 따라서 몫은 $\boxed{(나)}$ 이고 나머지는 3이다.

위의 (가), (나)에 들어갈 식을 각각 $f(x)$, $g(x)$라 할 때, $f(2)+g(2)$의 값은?

① -5 ② -3 ③ -1
④ 3 ⑤ 5

STEP ⓐ 조립제법을 이용하여 빈칸 (가), (나)에 들어갈 식 구하기

다항식 $2x^3-7x^2+5x+2$를 $2x-1$로 나눈 몫과 나머지를 구하기 위하여 조립제법을 이용하면

$2x-1=0$을 만족하는 $x=\frac{1}{2}$을 이용한다.

이므로

$$2x^3-7x^2+5x+2=\left(x-\frac{1}{2}\right)\boxed{(2x^2-6x+2)}+3$$
$$=(2x-1)\boxed{(x^2-3x+1)}+3$$

즉 몫은 $\boxed{x^2-3x+1}$이고 나머지는 3이다.

STEP ⓑ $f(2)+g(2)$의 값 구하기

$f(x)=2x^2-6x+2$, $g(x)=x^2-3x+1$이므로
$f(2)=8-12+2=-2$, $g(2)=4-6+1=-1$
따라서 $f(2)+g(2)=-2+(-1)=-3$

정답 ②

0267

정답 60

STEP ⓐ 조립제법을 연속으로 이용하여 미정계수 구하기

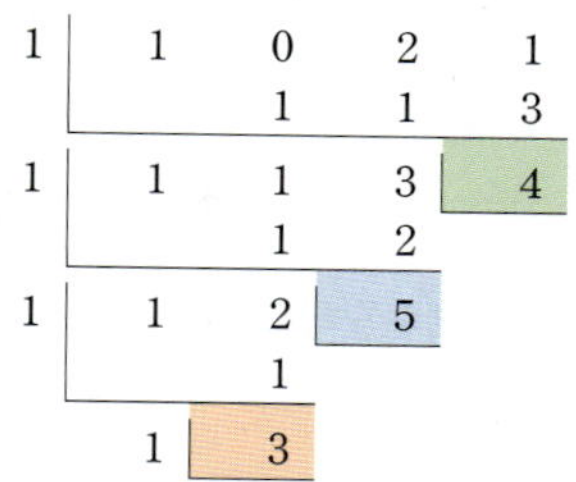

즉 x^3+2x+1을 $x-1$에 대하여 내림차순으로 정리하면
$$x^3+2x+1=(x-1)\underset{(x-1)(x+2)+5}{(x^2+x+3)}+4$$
$$=(x-1)\{(x-1)\underset{(x-1)\times1+3}{(x+2)}+5\}+4$$
$$=(x-1)[(x-1)\{(x-1)+3\}+5]+4$$
$$=(x-1)^3+3(x-1)^2+5(x-1)+4$$
따라서 $a=3$, $b=5$, $c=4$이므로 $abc=3\times5\times4=60$

mini해설 | 항등식의 수치대입법을 이용하여 풀이하기

$x^3+2x+1=(x-1)^3+a(x-1)^2+b(x-1)+c$ $\cdots\cdots$ ㉠
가 x에 대한 항등식이므로 x에 어떤 값을 대입하여도 항상 성립한다.
㉠의 양변에 $x=1$을 대입하면 $4=c$
㉠의 양변에 $x=0$을 대입하면 $1=-1+a-b+c$
$\therefore a-b=-2$ $\cdots\cdots$ ㉡
㉠의 양변에 $x=2$를 대입하면 $13=1+a+b+c$
$\therefore a+b=8$ $\cdots\cdots$ ㉢
㉡, ㉢을 연립하여 풀면 $a=3$, $b=5$
㉡+㉢에서 $2a=6$ $\therefore a=3$
$a=3$을 ㉡에 대입하면 $3-b=-2$ $\therefore b=5$
따라서 $abc=3\times5\times4=60$

0268

정답 3

STEP ⓐ 조립제법을 연속으로 이용하여 미정계수 구하기

$8x^3-8x^2+4x+1$
$$=\left(x-\frac{1}{2}\right)(8x^2-4x+2)+2$$
$$=\left(x-\frac{1}{2}\right)\left\{\left(x-\frac{1}{2}\right)(8x+0)+2\right\}+2$$
$$=\left(x-\frac{1}{2}\right)\left[\left(x-\frac{1}{2}\right)\left\{\left(x-\frac{1}{2}\right)\times8+4\right\}+2\right]+2$$
$$=8\left(x-\frac{1}{2}\right)^3+4\left(x-\frac{1}{2}\right)^2+2\left(x-\frac{1}{2}\right)+2$$
$$=(2x-1)^3+(2x-1)^2+(2x-1)+2$$
따라서 $a=1$, $b=1$, $c=1$, $d=2$이므로 $ad+bc=1\times2+1\times1=3$

x의 값에 관계없이 다음 등식이 항상 성립할 때, 상수 a, b, c, d에 대하여 $ad+bc$의 값을 구하시오.

$$16x^3-8x^2-4x+8=a(2x-1)^3+b(2x-1)^2+c(2x-1)+d$$

STEP A 조립제법을 연속으로 이용하여 미정계수 구하기

$16x^3-8x^2-4x+8$
$=\left(x-\dfrac{1}{2}\right)(16x^2-4)+6$
$=\left(x-\dfrac{1}{2}\right)\left\{\left(x-\dfrac{1}{2}\right)\times(16x+8)+0\right\}+6$
$=\left(x-\dfrac{1}{2}\right)\left[\left(x-\dfrac{1}{2}\right)\left\{\left(x-\dfrac{1}{2}\right)\times16+16\right\}+0\right]+6$
$=16\left(x-\dfrac{1}{2}\right)^3+16\left(x-\dfrac{1}{2}\right)^2+0\left(x-\dfrac{1}{2}\right)+6$
$=2(2x-1)^3+4(2x-1)^2+0(2x-1)+6$
따라서 $a=2$, $b=4$, $c=0$, $d=6$이므로 $ad+bc=2\times6+4\times0=12$

정답 12

0269

정답 ④

STEP A 조립제법을 연속으로 이용하여 미정계수 구하기

즉 x^3-2x^2+4x+1을 $x-2$에 대하여 내림차순으로 정리하면
$x^3-2x^2+4x+1=(x-2)(x^2+4)+9$
$\qquad\qquad\qquad=(x-2)\{(x-2)(x+2)+8\}+9$
$\qquad\qquad\qquad=(x-2)[(x-2)\{(x-2)+4\}+8]+9$
$\qquad\qquad\qquad=(x-2)^3+4(x-2)^2+8(x-2)+9$

STEP B $x=2.1$을 대입하여 식의 값 구하기

따라서 $(x-2)^3+4(x-2)^2+8(x-2)+9$에 $x=2.1$을 대입하면
$(0.1)^3+4\times(0.1)^2+8\times0.1+9=0.001+0.04+0.8+9=9.841$

조립제법을 이용하여 다항식 $f(x)=x^3-7x^2+10x+8$을 다음과 같이 변형하였다.
$$f(x)=(x-3)^3+a(x-3)^2+b(x-3)+c$$
이때 $abcf(3.1)$의 값은? (단, a, b, c는 상수이다.)

① -15.21 ② -20.42 ③ -30.42
④ -40.42 ⑤ -60.42

STEP A 조립제법을 연속으로 이용하여 미정계수 구하기

$f(x)=(x-3)^3+2(x-3)^2-5(x-3)+2$
$\therefore a=2$, $b=-5$, $c=2$

STEP B $abcf(3.1)$의 값 구하기

$f(3.1)=(3.1-3)^3+2(3.1-3)^2-5(3.1-3)+2$
$\qquad=(0.1)^3+2\times(0.1)^2-5\times0.1+2$
$\qquad=0.001+0.02-0.5+2$
$\qquad=1.521$
따라서 $abcf(3.1)=2\times(-5)\times2\times1.521=-30.42$

정답 ③

0270

정답 (1) 6 (2) $a=-1$, $b=2$ (3) $a=1$, $b=0$

다음 물음에 답하시오.

(1) 다항식 x^3+2x^2-ax+3이 $x-1$로 나누어떨어질 때, 상수 a의 값을 구하시오.

STEP A 인수정리를 이용하여 a의 값 구하기

다항식 $f(x)=x^3+2x^2-ax+3$이라 하면
$f(x)$는 $x-1$로 나누어떨어지므로 인수정리에 의하여 $f(1)=0$
따라서 $f(1)=1+2-a+3=0$ $\therefore a=6$

(2) 다항식 x^3-2x^2+ax+b가 x^2-1로 나누어떨어질 때, 상수 a, b의 값을 구하시오.

STEP A 인수정리를 이용하여 a, b의 값 구하기

$f(x)=x^3-2x^2+ax+b$라 하면
다항식 $f(x)$가 x^2-1, 즉 $(x+1)(x-1)$로 나누어떨어지므로
$f(x)$는 $x+1$과 $x-1$로 각각 나누어떨어진다.
인수정리에 의하여 $f(-1)=0$, $f(1)=0$이므로
$f(-1)=-1-2-a+b=0$
$\therefore -a+b=3$ $\cdots\cdots$ ㉠
$f(1)=1-2+a+b=0$
$\therefore a+b=1$ $\cdots\cdots$ ㉡
㉠, ㉡을 연립하여 풀면 $a=-1$, $b=2$

(3) 다항식 x^3-2x^2+ax+b가 $(x-1)^2$으로 나누어떨어질 때, 상수 a, b의 값을 구하시오.

STEP A 항등식의 수치대입법을 이용하여 a, b의 값 구하기

x^3-2x^2+ax+b가 $(x-1)^2$로 나누어떨어지므로 몫을 $Q(x)$라 하면
$x^3-2x^2+ax+b=(x-1)^2Q(x)$ …… ㉠
㉠이 x에 대한 항등식이므로
양변에 $x=1$을 대입하면 $-1+a+b=0$
$\therefore b=-a+1$ …… ㉡
㉡을 ㉠에 대입하면
$x^3-2x^2+ax-a+1=(x-1)^2Q(x)$
$(x-1)(x^2-x+a-1)=(x-1)^2Q(x)$
$\therefore x^2-x+a-1=(x-1)Q(x)$

$$\begin{array}{r|rrrr} 1 & 1 & -2 & a & -a+1 \\ & & 1 & -1 & a-1 \\ \hline & 1 & -1 & a-1 & 0 \end{array}$$

위의 식의 양변에 $x=1$을 대입하면 $1-1+a-1=0$ $\therefore a=1$
이를 ㉡에 대입하면 $b=0$
따라서 $a=1$, $b=0$

다항식 x^3-2x^2+ax+b는 $(x-1)^2$로 나누어떨어지므로
몫을 $x+p$ (p는 상수)라 하면
삼차항의 최고차항의 계수가 1이므로 몫의 일차항의 계수가 1이다.
$x^3-2x^2+ax+b=(x-1)^2(x+p)$
$\qquad =(x^2-2x+1)(x+p)$
$\qquad =x^3+(p-2)x^2+(-2p+1)x+p$
이 등식이 x에 대한 항등식이므로 양변의 동류항의 계수를 비교하면
$-2=p-2$, $a=-2p+1$, $b=p$
따라서 $p=0$이므로 $a=1$, $b=0$

$$\begin{array}{r|rrrr} 1 & 1 & -2 & a & b \\ & & 1 & -1 & a-1 \\ \hline 1 & 1 & -1 & a-1 & \boxed{a+b-1} \\ & & 1 & 0 & \\ \hline & 1 & 0 & \boxed{a-1} & \end{array}$$

즉 주어진 다항식을 $x-1$로 나눈 나머지가 0이므로
$a+b-1=0$ …… ㉠
또, 몫을 다시 $x-1$로 나눈 나머지도 0이므로
$a-1=0$ …… ㉡
㉠, ㉡을 연립하여 풀면 $a=1$, $b=0$

0271

STEP A 항등식의 수치대입법을 이용하여 a, b의 값 구하기

x^3+ax^2-7x+b를 $(x-1)^2$으로 나누어떨어지므로 몫을 $Q(x)$라 하면
$x^3+ax^2-7x+b=(x-1)^2Q(x)$ …… ㉠
㉠이 x에 대한 항등식이므로
양변에 $x=1$을 대입하면 $1+a-7+b=0$
$\therefore b=-a+6$ …… ㉡
㉡을 ㉠에 대입하면
$x^3+ax^2-7x-a+6=(x-1)^2Q(x)$

$$\begin{array}{r|rrrr} 1 & 1 & a & -7 & -a+6 \\ & & 1 & a+1 & a-6 \\ \hline & 1 & a+1 & a-6 & 0 \end{array}$$

$(x-1)\{x^2+(a+1)x+a-6\}=(x-1)^2Q(x)$
$\therefore x^2+(a+1)x+a-6=(x-1)Q(x)$
위의 식의 양변에 $x=1$을 대입하면 $1+a+1+a-6=0$ $\therefore a=2$
이를 ㉡에 대입하면 $b=4$
따라서 $ab=2\times4=8$

다항식 x^3+ax^2-7x+b를 $(x-1)^2$으로 나누어떨어지므로
몫을 $x+k$ (k는 상수)라 하면
$x^3+ax^2-7x+b=(x-1)^2(x+k)$
$\qquad =(x^2-2x+1)(x+k)$
$\qquad =x^3+(k-2)x^2-(2k-1)x+k$
이 등식이 x에 대한 항등식이므로 양변의 동류항의 계수를 비교하면
$a=k-2$, $-7=-(2k-1)$, $b=k$ $\therefore k=4$
따라서 $a=2$, $b=4$이므로 $ab=2\times4=8$

$$\begin{array}{r|rrrr} 1 & 1 & a & -7 & b \\ & & 1 & a+1 & a-6 \\ \hline 1 & 1 & a+1 & a-6 & \boxed{a+b-6} \\ & & 1 & a+2 & \\ \hline & 1 & a+2 & \boxed{2a-4} & \end{array}$$

즉 주어진 다항식을 $x-1$로 나눈 나머지가 0이므로
$a+b-6=0$ …… ㉠
또, 몫을 다시 $x-1$로 나눈 나머지도 0이므로
$2a-4=0$ …… ㉡
㉠, ㉡을 연립하여 풀면 $a=2$, $b=4$
따라서 $ab=4\times2=8$

0272

STEP A 조립제법을 이용하여 a, b의 값 구하기

다항식 x^4+ax+b가 $(x-2)^2$으로 나누어떨어질 때의 몫이 $Q(x)$이므로
$x^4+ax+b=(x-2)^2Q(x)$

$$\begin{array}{r|rrrrr} 2 & 1 & 0 & 0 & a & b \\ & & 2 & 4 & 8 & 2a+16 \\ \hline 2 & 1 & 2 & 4 & a+8 & \boxed{b+2a+16} \\ & & 2 & 8 & 24 & \\ \hline & 1 & 4 & 12 & \boxed{a+32} & \end{array}$$

즉 주어진 다항식을 $x-2$로 나눈 나머지가 0이므로
$b+2a+16=0$ …… ㉠
또, 몫을 다시 $x-2$로 나눈 나머지도 0이므로
$a+32=0$ …… ㉡
㉠, ㉡을 연립하여 풀면 $a=-32$, $b=48$

STEP B $Q(a+b)$의 값 구하기

$x^4-32x+48=(x-2)^2(x^2+4x+12)$이므로 $Q(x)=x^2+4x+12$
따라서 $Q(a+b)=Q(-32+48)=Q(16)$
$\qquad =16^2+4\times16+12$
$\qquad =256+64+12$
$\qquad =332$

STEP A 항등식의 계수비교법을 이용하여 a, b의 값 구하기

x^4+ax+b를 $(x-2)^2$으로 나누어떨어지므로
몫을 $Q(x)=x^2+px+q$ (p, q는 상수)라 하면
$x^4+ax+b=(x-2)^2(x^2+px+q)$
$\qquad =(x^2-4x+4)(x^2+px+q)$
$\qquad =x^4+(p-4)x^3+(q+4-4p)x^2+(-4q+4p)x+4q$
이 등식이 x에 대한 항등식이므로 양변의 동류항의 계수를 비교하면
$p-4=0$, $q+4-4p=0$, $a=-4q+4p$, $b=4q$
$\therefore p=4$, $q=12$, $a=-32$, $b=48$

따라서 $Q(x)=x^2+4x+12$이므로 $Q(a+b)=Q(-32+48)=Q(16)$
$$=16^2+4\times16+12$$
$$=256+64+12$$
$$=332$$

다른풀이 항등식의 수치대입법을 이용하여 풀이하기

STEP **A** **항등식의 수치대입법을 이용하여** a, b**의 값 구하기**

x^4+ax+b를 $(x-2)^2$으로 나누어떨어질 때의 몫이 $Q(x)$이므로
$x^4+ax+b=(x-2)^2Q(x)$ $\quad\cdots\cdots$ ㉠
㉠이 x에 대한 항등식이므로
양변에 $x=2$를 대입하면 $16+2a+b=0$
$\therefore b=-2a-16$ $\quad\cdots\cdots$ ㉡
㉡을 ㉠에 대입하면 $x^4+ax-2a-16=(x-2)^2Q(x)$
이때 $x^4+ax-2a-16$을 조립제법을 이용하여 인수분해하면

2	1	0	0	a	$-2a-16$
		2	4	8	$2a+16$
	1	2	4	$a+8$	0

$(x-2)(x^3+2x^2+4x+a+8)=(x-2)^2Q(x)$
즉 $x^3+2x^2+4x+a+8=(x-2)Q(x)$ $\quad\cdots\cdots$ ㉢
㉢의 양변에 $x=2$를 대입하면 $a+32=0$
$\therefore a=-32$
이를 ㉡에 대입하면 $b=-2\times(-32)-16=48$

STEP **B** $Q(a+b)$**의 값 구하기**

$Q(a+b)=Q(-32+48)=Q(16)$
㉠에서 $x^4-32x+48=(x-2)^2Q(x)$이므로
$x=16$을 대입하면 $16^4-32\times16+48=14^2\times Q(16)$
따라서 $65072=196Q(16)$이므로 $Q(16)=332$

다항식 x^4+ax^2+b가 $(x+1)^2f(x)$로 인수분해될 때, $f(a-b)$의 값은?
(단, a, b는 상수이다.)

① 12　　　② 14　　　③ 16
④ 18　　　⑤ 20

STEP **A** **조립제법을 이용하여** a, b**의 값 구하기**

-1	1	0	a	0	b
		-1	1	$-a-1$	$a+1$
-1	1	-1	$a+1$	$-a-1$	$a+b+1$
		-1	2	$-a-3$	
	1	-2	$a+3$	$-2a-4$	

즉 주어진 다항식을 $x+1$로 나눈 나머지가 0이므로
$a+b+1=0$ $\quad\cdots\cdots$ ㉠
또, 몫을 다시 $x+1$로 나눈 나머지도 0이므로
$-2a-4=0$ $\quad\cdots\cdots$ ㉡
㉠, ㉡을 연립하여 풀면 $a=-2$, $b=1$

STEP **B** $f(a-b)$**의 값 구하기**

이때 $x^4+ax^2+b=(x+1)^2\{x^2-2x+(a+3)\}$이므로
$x^4-2x^2+1=(x+1)^2(x^2-2x+1)$
$\therefore f(x)=x^2-2x+1$
따라서 $f(a-b)=f(-2-1)=f(-3)=9+6+1=16$

다른풀이 항등식의 계수비교법을 이용하여 풀이하기

STEP **A** **항등식의 계수비교법을 이용하여** a, b**의 값 구하기**

x^4+ax^2+b를 $(x+1)^2$으로 나누어떨어지므로
몫을 $f(x)=x^2+px+q$ (p, q는 상수)라 하면
$x^4+ax^2+b=(x+1)^2(x^2+px+q)$
$$=(x^2+2x+1)(x^2+px+q)$$
$$=x^4+(p+2)x^3+(2p+q+1)x^2+(p+2q)x+q$$
이 등식이 x에 대한 항등식이므로 양변의 동류항의 계수를 비교하면
$0=p+2$, $a=2p+q+1$, $p+2q=0$, $b=q$
$\therefore p=-2$, $q=1$, $a=-2$, $b=1$

STEP **B** $f(a-b)$**의 값 구하기**

따라서 $x^4-2x^2+1=(x+1)^2(x^2-2x+1)$이므로 $f(x)=x^2-2x+1$
$\therefore f(a-b)=f(-2-1)=f(-3)=9+6+1=16$

다른풀이 항등식의 수치대입법을 이용하여 풀이하기

STEP **A** **항등식의 수치대입법을 이용하여** a, b**의 값 구하기**

x^4+ax^2+b가 $(x+1)^2$으로 나누어떨어질 때의 몫이 $f(x)$이므로
$x^4+ax^2+b=(x+1)^2f(x)$ $\quad\cdots\cdots$ ㉠
㉠이 x에 대한 항등식이므로
양변에 $x=-1$을 대입하면 $1+a+b=0$
$\therefore b=-a-1$ $\quad\cdots\cdots$ ㉡
㉡을 ㉠에 대입하면 $x^4+ax^2-a-1=(x+1)^2f(x)$
이때 x^4+ax^2-a-1을 조립제법을 이용하여 인수분해하면

-1	1	0	a	0	$-a-1$
		-1	1	$-a-1$	$a+1$
	1	-1	$a+1$	$-a-1$	0

$(x+1)\{x^3-x^2+(a+1)x-a-1\}=(x+1)^2f(x)$
$\therefore x^3-x^2+(a+1)x-a-1=(x+1)f(x)$ $\quad\cdots\cdots$ ㉢
㉢의 양변에 $x=-1$을 대입하면 $-1-1-a-1-a-1=0$
$\therefore a=-2$
이를 ㉡에 대입하면 $b=1$

STEP **B** $f(a-b)$**의 값 구하기**

$f(a-b)=f(-2-1)=f(-3)$
㉠에서 $x^4-2x^2+1=(x+1)^2f(x)$이므로
$x=-3$을 대입하면 $81-18+1=4f(-3)$
따라서 $4f(-3)=64$이므로 $f(-3)=16$

정답 ③

0273

STEP Ⓐ **조립제법을 이용하여 a, b의 값 구하기**

$$
\begin{array}{c|ccccc}
-1 & 1 & 0 & a & 0 & b \\
   &   & -1 & 1 & -a-1 & a+1 \\
\hline
-1 & 1 & -1 & a+1 & -a-1 & \boxed{a+b+1} \\
   &   & -1 & 2 & -a-3 & \\
\hline
   & 1 & -2 & a+3 & \boxed{-2a-4} &
\end{array}
$$

즉 주어진 다항식을 $x+1$로 나눈 나머지가 0이므로

$a+b+1=0$ …… ㉠

또, 몫을 다시 $x+1$로 나눈 나머지도 0이므로

$-2a-4=0$ …… ㉡

㉠, ㉡을 연립하여 풀면 $a=-2$, $b=1$

STEP Ⓑ **$P(x)$를 $x+2$로 나누었을 때의 나머지 구하기**

따라서 다항식 $P(x)=x^4-2x^2+1$을 $x+2$로 나누었을 때의 나머지는
나머지정리에 의하여 $P(-2)=16-8+1=9$

> **다른풀이**   항등식의 계수비교법을 이용하여 풀이하기

STEP Ⓐ **항등식의 계수비교법을 이용하여 a, b의 값 구하기**

x^4+ax^2+b를 $(x+1)^2$으로 나누어떨어지므로
몫을 x^2+px+q $(p, q$는 상수$)$라 하면

$$
\begin{aligned}
x^4+ax^2+b&=(x+1)^2(x^2+px+q) \\
&=(x^2+2x+1)(x^2+px+q) \\
&=x^4+(p+2)x^3+(2p+q+1)x^2+(p+2q)x+q
\end{aligned}
$$

이 등식이 x에 대한 항등식이므로 양변의 동류항의 계수를 비교하면
$0=p+2$, $a=2p+q+1$, $p+2q=0$, $b=q$

$\therefore p=-2$, $q=1$, $a=-2$, $b=1$

STEP Ⓑ **$P(x)$를 $x+2$로 나누었을 때의 나머지 구하기**

따라서 다항식 $P(x)=x^4-2x^2+1$을 $x+2$로 나누었을 때의 나머지는
나머지정리에 의하여 $P(-2)=16-8+1=9$

> **다른풀이**   항등식의 수치대입법을 이용하여 풀이하기

STEP Ⓐ **항등식의 수치대입법을 이용하여 a, b의 값 구하기**

x^4+ax^2+b를 $(x+1)^2$으로 나누어떨어질 때의, 몫이 $Q(x)$이므로
$x^4+ax^2+b=(x+1)^2Q(x)$ …… ㉠
㉠이 x에 대한 항등식이므로
양변에 $x=-1$을 대입하면 $1+a+b=0$
$\therefore b=-a-1$ …… ㉡
㉡을 ㉠에 대입하면 $x^4+ax^2-a-1=(x+1)^2Q(x)$
이때 x^4+ax^2-a-1을 조립제법을 이용하여 인수분해하면

$$
\begin{array}{c|ccccc}
-1 & 1 & 0 & a & 0 & -a-1 \\
   &   & -1 & 1 & -a-1 & a+1 \\
\hline
   & 1 & -1 & a+1 & -a-1 & \boxed{0}
\end{array}
$$

$(x+1)\{x^3-x^2+(a+1)x-a-1\}=(x+1)^2Q(x)$
$\therefore x^3-x^2+(a+1)x-a-1=(x+1)Q(x)$ …… ㉢
㉢의 양변에 $x=-1$을 대입하면 $-1-1-a-1-a-1=0$
$\therefore a=-2$
이를 ㉡에 대입하면 $b=1$

STEP Ⓑ **$P(x)$를 $x+2$로 나누었을 때의 나머지 구하기**

따라서 다항식 $P(x)=x^4-2x^2+1$을 $x+2$로 나누었을 때의 나머지는
나머지정리에 의하여 $P(-2)=16-8+1=9$

0274

STEP Ⓐ **조건 (가)에서 이차식 $f(x)-g(x)$의 식 작성하기**

$f(x)$는 이차식, $g(x)$는 일차식이므로
$f(x)-g(x)$는 이차다항식이다.

이차식 $f(x)$의 이차항은 일차식 $g(x)$에 동류항이 없으므로 다항식의 뺄셈을 해도 없어지지 않는다.

조건 (가)에 의해 다항식 $f(x)-g(x)$가 $(x-2)^2$을 인수로 가지므로
$f(x)-g(x)=a(x-2)^2$ $(a$는 상수$)$ …… ㉠
으로 놓을 수 있다.

STEP Ⓑ **나머지정리를 이용하여 이차식 $f(x)-g(x)$ 구하기**

조건 (나)에 의해 두 다항식 $f(x)$, $g(x)$를 $x-1$로 나누었을 때의 나머지는
각각 3, 7이므로 나머지정리에 의하여 $f(1)=3$, $g(1)=7$

나머지정리에 의하여 $x=1$을 대입한다.

㉠의 양변에 $x=1$을 대입하면 $f(1)-g(1)=a(1-2)^2=a$
즉 $3-7=-4=a$
$\therefore f(x)-g(x)=-4(x-2)^2$

STEP Ⓒ **다항식 $f(x)-g(x)$를 $x-5$로 나누었을 때의 나머지 구하기**

따라서 다항식 $f(x)-g(x)$를 $x-5$로 나누었을 때의 나머지는 나머지정리에
의하여 $f(5)-g(5)=-4(5-2)^2=-4\times9=-36$

0275

STEP Ⓐ **조립제법을 이용하여 a, b의 값 구하기**

x에 대한 다항식 x^3+x^2+ax+b가 $(x-1)^2$으로 나누어떨어질 때의 몫이
$Q(x)$이므로
$x^3+x^2+ax+b=(x-1)^2Q(x)$

$$
\begin{array}{c|cccc}
1 & 1 & 1 & a & b \\
  &   & 1 & 2 & a+2 \\
\hline
1 & 1 & 2 & a+2 & \boxed{a+b+2} \\
  &   & 1 & 3 & \\
\hline
  & 1 & 3 & \boxed{a+5} &
\end{array}
$$

주어진 다항식을 $x-1$로 나눈 나머지가 0이므로
$a+b+2=0$ …… ㉠
또, 몫을 다시 $x-1$로 나눈 나머지도 0이므로
$a+5=0$ …… ㉡
㉠, ㉡을 연립하여 풀면 $a=-5$, $b=3$

STEP Ⓑ **$Q(ab)$의 값 구하기**

따라서 $Q(x)=x+3$이므로 $Q(ab)=Q(-5\times3)=Q(-15)$
$$=-15+3=-12$$

> **다른풀이**   항등식의 계수비교법을 이용하여 풀이하기

STEP Ⓐ **항등식의 계수비교법을 이용하여 a, b의 값 구하기**

x^3+x^2+ax+b를 $(x-1)^2$으로 나누어떨어지므로
몫을 $x+b$ $(b$는 상수$)$라 하면

$$
\begin{aligned}
x^3+x^2+ax+b&=(x-1)^2(x+b) \\
&=(x^2-2x+1)(x+b) \\
&=x^3+(b-2)x^2+(-2b+1)x+b
\end{aligned}
$$

이 등식이 x에 대한 항등식이므로 양변의 동류항의 계수를 비교하면
$1=b-2$, $a=-2b+1$
$b=3$이므로 $a=-5$

STEP Ⓑ **$Q(ab)$의 값 구하기**

따라서 $Q(x)=x+3$이므로 $Q(ab)=Q(-5\times3)=Q(-15)$
$$=-15+3=-12$$

STEP A 항등식의 수치대입법을 이용하여 a, b의 값 구하기

x^3+x^2+ax+b를 $(x-1)^2$으로 나누어떨어질 때의 몫을 $Q(x)$라 하면

$x^3+x^2+ax+b=(x-1)^2Q(x)$ ...... ㉠

㉠이 x에 대한 항등식이므로

양변에 $x=1$을 대입하면 $2+a+b=0$

$\therefore b=-a-2$ ...... ㉡

㉡을 ㉠에 대입하면 $x^3+x^2+ax-a-2=(x-1)^2Q(x)$

이때 $x^3+x^2+ax-a-2$를 조립제법을 이용하여 인수분해하면

$$
\begin{array}{r|rrrr}
1 & 1 & 1 & a & -a-2 \\
  &   & 1 & 2 & a+2 \\
\hline
  & 1 & 2 & a+2 & 0
\end{array}
$$

$(x-1)(x^2+2x+a+2)=(x-1)^2Q(x)$

즉 $x^2+2x+a+2=(x-1)Q(x)$ ...... ㉢

㉢의 양변에 $x=1$을 대입하면 $1+2+a+2=0$

$\therefore a=-5$

이를 ㉡에 대입하면 $b=-(-5)-2=3$

STEP B $Q(ab)$의 값 구하기

$Q(ab)=Q(-5\times3)Q(-15)$

㉠에서 $x^3+x^2-5x+3=(x-1)^2Q(x)$이므로

$x=-15$를 대입하면 $(-15)^3+(-15)^2-5\times(-15)+3=(-16)^2\times Q(-15)$

따라서 $-3072=256Q(-15)$이므로 $Q(-15)=-12$

---

x에 대한 다항식 x^3+x^2+ax+b가 $(x-2)^2$으로 나누어떨어질 때의 몫을 $Q(x)$라 하자. 두 상수 a, b에 대하여 $Q(a+b)$의 값은?

① 5   ② 7   ③ 9

④ 11   ⑤ 13

STEP A 조립제법을 이용하여 a, b의 값 구하기

x에 대한 다항식 x^3+x^2+ax+b가 $(x-2)^2$로 나누어떨어질 때의 몫이 $Q(x)$이므로

$x^3+x^2+ax+b=(x-2)^2Q(x)$

$$
\begin{array}{r|rrrr}
2 & 1 & 1 & a & b \\
  &   & 2 & 6 & 2a+12 \\
\hline
2 & 1 & 3 & a+6 & \boxed{2a+b+12} \\
  &   & 2 & 10 & \\
\hline
  & 1 & 5 & \boxed{a+16} &
\end{array}
$$

주어진 다항식을 $x-2$로 나눈 나머지가 0이므로

$2a+b+12=0$ ...... ㉠

또, 몫을 다시 $x-2$로 나눈 나머지도 0이므로

$a+16=0$ ...... ㉡

㉠, ㉡을 연립하여 풀면 $a=-16$, $b=20$

STEP B $Q(a+b)$의 값 구하기

따라서 $Q(x)=x+5$이므로 $Q(a+b)=Q(-16+20)=Q(4)=4+5=9$

STEP A 항등식의 계수비교법을 이용하여 a, b의 값 구하기

x^3+x^2+ax+b를 $(x-2)^2$으로 나누어떨어지므로

몫을 $x+p$ (p는 상수)라 하면

$x^3+x^2+ax+b=(x-2)^2(x+p)$

$\qquad\qquad=(x^2-4x+4)(x+p)$

$\qquad\qquad=x^3+(p-4)x^2+(-4p+4)x+4p$

이 등식이 x에 대한 항등식이므로 양변의 동류항의 계수를 비교하면

$1=p-4$, $a=-4p+4$, $b=4p$

$\therefore p=5$, $a=-16$, $b=20$

STEP B $Q(a-b)$의 값 구하기

따라서 $Q(x)=x+5$이므로 $Q(a-b)=Q(-16+20)=Q(4)=4+5=9$

STEP A 항등식의 수치대입법을 이용하여 a, b의 값 구하기

x^3+x^2+ax+b를 $(x-2)^2$으로 나누어떨어질 때의 몫을 $Q(x)$라 하면

$x^3+x^2+ax+b=(x-2)^2Q(x)$ ...... ㉠

㉠이 x에 대한 항등식이므로

양변에 $x=2$를 대입하면 $8+4+2a+b=0$

$\therefore b=-2a-12$ ...... ㉡

㉡을 ㉠에 대입하면 $x^3+x^2+ax-2a-12=(x-2)^2Q(x)$

이때 $x^3+x^2+ax-a-2$를 조립제법을 이용하여 인수분해하면

$$
\begin{array}{r|rrrr}
2 & 1 & 1 & a & -2a-12 \\
  &   & 2 & 6 & 2a+12 \\
\hline
  & 1 & 3 & a+6 & \boxed{0}
\end{array}
$$

$(x-2)(x^2+3x+a+6)=(x-2)^2Q(x)$

즉 $x^2+3x+a+6=(x-2)Q(x)$ ...... ㉢

㉢의 양변에 $x=2$를 대입하면 $4+6+a+6=0$

$\therefore a=-16$

이를 ㉡에 대입하면 $b=-2\times(-16)-12=20$

STEP B $Q(a+b)$의 값 구하기

$Q(a+b)=Q(-16+20)=Q(4)$

㉠에서 $x^3+x^2-16x+20=(x-2)^2Q(x)$이므로

$x=4$를 대입하면 $4^3+4^2-16\times4+20=2^2\times Q(4)$

따라서 $36=4Q(4)$이므로 $Q(4)=9$

정답 ③

STEP 2 　　　　서술형문제

0276

정답 해설참조

| 1단계 | 상수 a, b의 값을 구한다. | 8점 |

다항식 $f(x)$를 x^2+x+1로 나누었을 때의 몫을 $Q_1(x)$,
나머지는 $-x+4$이므로
$$f(x)=(x^2+x+1)Q_1(x)-x+4 \qquad \cdots\cdots ㉠$$
또한, $f(x)$를 x^3-1로 나누었을 때의 몫을 $Q_2(x)$라 하면
나머지가 ax^2+b이므로
$$f(x)=(x^3-1)Q_2(x)+ax^2+b$$
$$=(x-1)(x^2+x+1)Q_2(x)+ax^2+b \quad \cdots\cdots ㉡$$
㉠에서 x^2+x+1로 나누었을 때의 나머지가 $-x+4$이므로
$$ax^2+b=a(x^2+x+1)-x+4 \quad \longleftarrow \begin{array}{l} f(x)=(x^2+x+1)\{(x-1)Q_2(x)+a\}-x+4 \\ =(x^2+x+1)(x-1)Q_2(x)+a(x^2+x+1)-x+4 \end{array}$$
즉 $ax^2+b=ax^2+(a-1)x+a+4$가 성립하므로
$$a-1=0, \ b=a+4 \quad \therefore \ a=1, \ b=5$$

| 2단계 | $f(x)$를 $x-1$로 나누었을 때의 나머지를 구한다. | 2점 |

㉡에서 $f(x)=(x^3-1)Q_2(x)+x^2+5$이므로 $f(x)$를 $x-1$로 나누었을 때의
나머지는 나머지정리에 의하여 $f(1)=1+5=6$

0277

정답 해설참조

| 1단계 | 상수 a, b의 값을 구한다. | 5점 |

다항식 $P(x)$를 x^2-x-2로 나누었을 때의 몫은 $Q(x)$, 나머지는 $x+1$이므로
$$P(x)=x^3+ax^2+bx+7$$
$$=(x^2-x-2)Q(x)+x+1$$
$$=(x+1)(x-2)Q(x)+x+1 \quad \cdots\cdots ㉠$$
㉠에 $x=-1$을 대입하면 $P(-1)=0$이므로
$$P(-1)=(-1)^3+a\times(-1)^2+b\times(-1)+7=0$$
$$\therefore \ a-b=-6 \qquad \cdots\cdots ㉡$$
㉠에 $x=2$를 대입하면 $P(2)=3$이므로
$$P(2)=2^3+a\times 2^2+b\times 2+7=3$$
$$\therefore \ 2a+b=-6 \qquad \cdots\cdots ㉢$$
㉡, ㉢을 연립하면 $a=-4$, $b=2$

| 2단계 | 몫 $Q(x)$를 구한다. | 3점 |

㉠에서 $x^3-4x^2+2x+7=(x+1)(x-2)Q(x)+x+1$
$(x+1)(x-2)Q(x)=x^3-4x^2+x+6=(x+1)(x-2)(x-3)$
즉 $Q(x)=x-3$

> **+α** ｜ 조립제법을 이용하여 인수분해할 수 있어!
>
> x^3-4x^2+x+6을 조립제법을 이용하여 인수분해하면 다음과 같다.
>
> 
>
> | -1 | 1 | -4 | 1 | 6 |
> |---|---|---|---|---|
> | | | -1 | 5 | -6 |
> | 2 | 1 | -5 | 6 | 0 |
> | | | | 2 | -6 |
> | | 1 | -3 | 0 | |
>
> $x^3-4x^2+x+6=(x+1)(x-2)(x-3)$

| 3단계 | $Q(-2x+1)$을 $x-1$로 나누었을 때의 나머지를 구한다. | 2점 |

따라서 $Q(-2x+1)$을 $x-1$로 나눈 나머지는 나머지정리에 의하여
$$Q(-2\times 1+1)=Q(-1)=-1-3=-4$$

다항식 $P(x)=x^3+ax^2+bx+8$을 x^2-x-2로 나누면 나누어떨어지고
몫을 $Q(x)$라 할 때, $Q(-4x+5)$를 $x-2$로 나누었을 때의 나머지를 구하는
과정을 다음 단계로 서술하시오. (단, a, b는 상수이다.)

[1단계] 상수 a, b의 값을 구한다. [5점]
[2단계] 몫 $Q(x)$를 구한다. [3점]
[3단계] $Q(-4x+5)$를 $x-2$로 나누었을 때의 나머지를 구한다. [2점]

| 1단계 | 상수 a, b의 값을 구한다. | 5점 |

다항식 $P(x)$가 x^2-x-2로 나누어떨어지므로 몫을 $Q(x)$라 할 때
$$P(x)=x^3+ax^2+bx+8$$
$$=(x^2-x-2)Q(x)$$
$$=(x+1)(x-2)Q(x) \qquad \cdots\cdots ㉠$$
㉠에 $x=-1$을 대입하면 $P(-1)=0$이므로
$$P(-1)=(-1)^3+a\times(-1)^2+b\times(-1)+8=0$$
$$\therefore \ a-b=-7 \qquad \cdots\cdots ㉡$$
㉠에 $x=2$를 대입하면 $P(2)=0$이므로
$$P(2)=2^3+a\times 2^2+b\times 2+8=0$$
$$\therefore \ 2a+b=-8 \qquad \cdots\cdots ㉢$$
㉡, ㉢을 연립하면 $a=-5$, $b=2$

| 2단계 | 몫 $Q(x)$를 구한다. | 3점 |

$P(x)=x^3-5x^2+2x+8$이므로
$(x+1)(x-2)Q(x)=x^3-5x^2+2x+8=(x+1)(x-2)(x-4)$
즉 $Q(x)=x-4$

> **+α** ｜ 조립제법을 이용하여 인수분해할 수 있어!
>
> 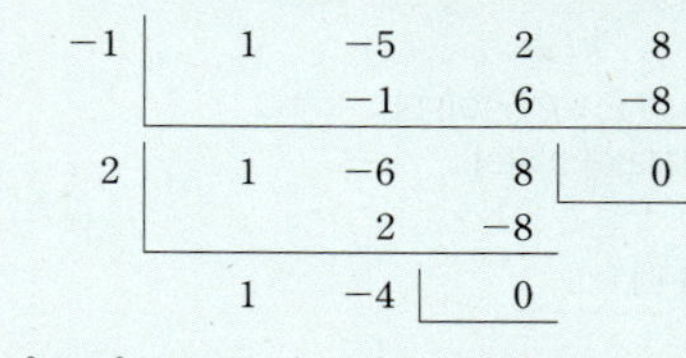
>
> x^3-5x^2+2x+8을 조립제법을 이용하여 인수분해하면 다음과 같다.
>
> | -1 | 1 | -5 | 2 | 8 |
> |---|---|---|---|---|
> | | | -1 | 6 | -8 |
> | 2 | 1 | -6 | 8 | 0 |
> | | | | 2 | -8 |
> | | 1 | -4 | 0 | |
>
> $x^3-5x^2+2x+8=(x+1)(x-2)(x-4)$

| 3단계 | $Q(-4x+5)$를 $x-2$로 나누었을 때의 나머지를 구한다. | 2점 |

따라서 $Q(-4x+5)$를 $x-2$로 나눈 나머지는 나머지정리에 의하여
$$Q(-4\times 2+5)=Q(-3)=-3-4=-7$$

정답 해설참조

0278

| 1단계 | 다항식 $f(x)=x^3-x^2+ax+b$를 다항식 x^2-2x-2로 나누었을 때의 몫 $Q(x)$와 나머지 $R(x)$를 구한다. | 5점 |

$f(x)=x^3-x^2+ax+b$를 x^2-2x-2로 나누면

$$
\begin{array}{r}
x+1 \quad\leftarrow\ \text{몫} \\
x^2-2x-2\,)\,\overline{x^3-\ x^2+\quad ax+b} \\
\underline{x^3-2x^2-\quad 2x}\ \ \\
x^2+(a+2)x+b \\
\underline{x^2\quad\ -2x-2} \\
(a+4)x+b+2 \quad\leftarrow\ \text{나머지}
\end{array}
$$

이므로 $Q(x)=x+1$, $R(x)=(a+4)x+b+2$

| 2단계 | $R(2)=9$와 $f(x)$는 $Q(x)$로 나누어떨어짐을 이용하여 상수 a, b의 값을 구한다. | 3점 |

$R(2)=9$이므로 $R(2)=2(a+4)+b+2=9$

$\therefore 2a+b=-1$ $\qquad\cdots\cdots$ ㉠

$f(x)$가 $x+1$로 나누어떨어지므로 인수정리에 의하여

$f(-1)=-1-1-a+b=0$

$\therefore a-b=-2$ $\qquad\cdots\cdots$ ㉡

㉠, ㉡을 연립하여 풀면 $a=-1$, $b=1$

| 3단계 | $f(x)$를 $x-4$로 나누었을 때의 나머지를 구한다. | 2점 |

따라서 $f(x)=x^3-x^2-x+1$을 $x-4$로 나누었을 때의 나머지는 나머지정리에 의하여 $f(4)=64-16-4+1=45$

> **mini해설** | $R(x)$가 $Q(x)$로 나누어떨어짐을 이용하여 풀이하기
>
> $f(x)=x^3-x^2+ax+b$를 x^2-2x-2로 나누었을 때의 몫이 $Q(x)=x+1$이므로 $R(x)$가 $x+1$로 나누어떨어진다.
>
> $\therefore R(x)=k(x+1)$ (k는 상수)
>
> 이때 $R(2)=9$에서 $3k=9$이므로 $k=3$ $\quad\therefore R(x)=3(x+1)$
>
> $g(x)=x^2-2x-2$라 하면 $f(x)=g(x)Q(x)+R(x)$이므로 $x-4$로 나누었을 때의 나머지는 나머지정리에 의하여
>
> $f(4)=g(4)Q(4)+R(4)$
> $\qquad =(4^2-2\times4-2)\times(4+1)+3\times(4+1)$
> $\qquad =6\times5+3\times5=45$

0279

| 1단계 | 다항식 $A(x)$, $B(x)$, $C(x)$, $D(x)$의 관계식을 구한다. | 2점 |

그림에서 다항식 $A(x)$, $B(x)$, $C(x)$, $D(x)$에 대하여

$A(x)(x-1)=C(x)$, $(x-1)B(x)=D(x)$,

$C(x)D(x)=2x^4+x^3-6x^2+x+2$

$\therefore C(x)D(x)=A(x)(x-1)\times(x-1)B(x)$
$\qquad\qquad\quad =A(x)B(x)(x-1)^2$

| 2단계 | 조립제법을 이용하여 두 일차다항식 $A(x)$, $B(x)$를 구한다. | 5점 |

즉 $2x^4+x^3-6x^2+x+2$는 $(x-1)^2$으로 나누어떨어지므로 조립제법을 이용하여 인수분해하면

$$
\begin{array}{r|rrrrr}
1 & 2 & 1 & -6 & 1 & 2 \\
  &   & 2 & 3 & -3 & -2 \\
\hline
1 & 2 & 3 & -3 & -2 & 0 \\
  &   & 2 & 5 & 2 & \\
\hline
-2 & 2 & 5 & 2 & 0 & \\
   &   & -4 & -2 & & \\
\hline
   & 2 & 1 & 0 & &
\end{array}
$$

$\therefore 2x^4+x^3-6x^2+x+2=(x-1)^2(x+2)(2x+1)$

다항식 $A(x)$, $B(x)$는 일차식이므로

$A(x)=x+2$, $B(x)=2x+1$ 또는 $A(x)=2x+1$, $B(x)=x+2$

| 3단계 | 두 다항식 $C(x)$, $D(x)$에 대하여 $C(x)+D(x)$를 구한다. | 3점 |

따라서 $C(x)+D(x)=A(x)(x-1)+(x-1)B(x)$
$\qquad\qquad\qquad\ =(x-1)\{A(x)+B(x)\}$
$\qquad\qquad\qquad\ =(x-1)(3x+3)$
$\qquad\qquad\qquad\ =3x^2-3$

0280

| 1단계 | a_0+a_{12}의 값을 구한다. | 2점 |

$(x^3-2x-3)^4=a_0+a_1x+a_2x^2+\cdots+a_{12}x^{12}$ $\qquad\cdots\cdots$ ㉠

㉠은 x에 대한 항등식이다.

a_0은 $(x^3-2x-3)^4$의 상수항과 같으므로

㉠의 양변에 $x=0$을 대입하면 $a_0=81$

a_{12}는 $(x^3-2x-3)^4$의 x^{12}의 계수와 같으므로 $a_{12}=1$

$\therefore a_0+a_{12}=81+1=82$

| 2단계 | $a_0+a_2+a_4+a_6+a_8+a_{10}+a_{12}$의 값을 구한다. | 4점 |

㉠의 양변에 $x=1$을 대입하면

$256=a_0+a_1+a_2+a_3+\cdots+a_{11}+a_{12}$ $\qquad\cdots\cdots$ ㉡

㉠의 양변에 $x=-1$을 대입하면

$16=a_0-a_1+a_2-a_3+\cdots-a_{11}+a_{12}$ $\qquad\cdots\cdots$ ㉢

㉡+㉢을 하면 $2(a_0+a_2+a_4+a_6+a_8+a_{10}+a_{12})=272$

$\therefore a_0+a_2+a_4+a_6+a_8+a_{10}+a_{12}=136$

| 3단계 | $a_1+a_3+a_5+a_7+a_9+a_{11}$의 값을 구한다. | 4점 |

㉡-㉢을 하면 $2(a_1+a_3+a_5+a_7+a_9+a_{11})=240$

따라서 $a_1+a_3+a_5+a_7+a_9+a_{11}=120$

0281

| 1단계 | a, b, c의 값을 구한다. | 4점 |

다항식 $3x^3+4x^2+10x+5$를 $3x+1$로 나눈 몫과 나머지를 구하기 위하여 조립제법을 이용하면 다음과 같다.

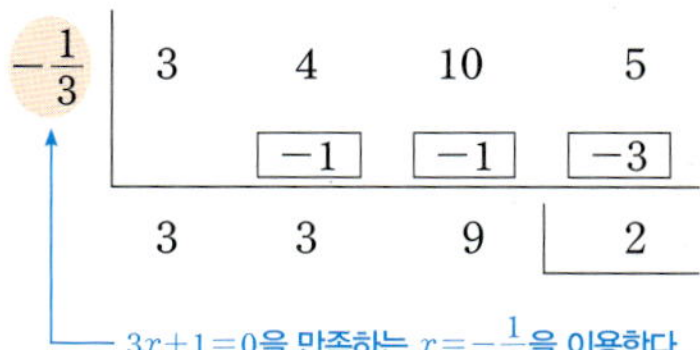

$$
\begin{array}{r|rrrr}
-\frac{1}{3} & 3 & 4 & 10 & 5 \\
   &   & -1 & -1 & -3 \\
\hline
   & 3 & 3 & 9 & 2
\end{array}
$$

$3x+1=0$을 만족하는 $x=-\dfrac{1}{3}$을 이용한다.

즉 $a=-\dfrac{1}{3}$, $b=3$, $c=2$

| 2단계 | 몫 $Q(x)$와 나머지 R을 구한다. | 4점 |

$3x^3+4x^2+10x+5=\left(x+\dfrac{1}{3}\right)(3x^2+3x+9)+2$
$\qquad\qquad\qquad\qquad\quad =(3x+1)(x^2+x+3)+2$

즉 몫은 $Q(x)=x^2+x+3$이고 나머지는 $R=2$

| 3단계 | 몫 $Q(x)$를 $x-2$로 나누었을 때의 나머지를 구한다. | 2점 |

따라서 $Q(x)=x^2+x+3$을 $x-2$로 나누었을 때의 나머지는 나머지정리에 의하여 $Q(2)=4+2+3=9$

STEP 3   일등급문제

0282

 정답 1

STEP Ⓐ   다항식의 나눗셈을 이용하여 식 작성하기

$x^n(x^2+ax+b)$를 $(x-3)^2$으로 나누었을 때의 몫을 $Q(x)$라 하면
나머지가 $3^n(x-3)$이므로
$$x^n(x^2+ax+b)=(x-3)^2Q(x)+3^n(x-3)$$
$$=(x-3)\{(x-3)Q(x)+3^n\} \quad\cdots\cdots ㉠$$

STEP Ⓑ   항등식의 수치대입법을 이용하여 a, b의 관계식 구하기

㉠이 x에 대한 항등식이므로
양변에 $x=3$을 대입하면 $3^n(9+3a+b)=0$
$$\therefore b=-3a-9 \ (\because 3^n>0) \quad\cdots\cdots ㉡$$

STEP Ⓒ   항등식의 수치대입법을 이용하여 a, b의 값 구하기

㉡을 ㉠에 대입하면
$$x^n(x^2+ax-3a-9)=(x-3)\{(x-3)Q(x)+3^n\}$$
$$x^n(x-3)(x+3+a)=(x-3)\{(x-3)Q(x)+3^n\}$$
$$\therefore x^n(x+3+a)=(x-3)Q(x)+3^n \quad\cdots\cdots ㉢$$
㉢의 양변에 $x=3$을 대입하면 $3^n(6+a)=3^n$에서 $3^n\neq 0$이므로
3^n으로 나누면 $6+a=1$ $\quad\therefore a=-5$
$a=-5$를 ㉡에 대입하면 $b=-3\times(-5)-9=6$
따라서 $a+b=-5+6=1$

다항식 $x^n(x^2+ax+b)$를 $(x-2)^2$으로 나누었을 때, 나머지가 $2^n(x-2)$이다. 이때 실수 a, b에 대하여 $a+b$의 값을 구하시오. (단, n은 자연수이다.)

STEP Ⓐ   다항식의 나눗셈을 이용하여 식 작성하기

$x^n(x^2+ax+b)$를 $(x-2)^2$으로 나눈 몫을 $Q(x)$라 하면
나머지가 $2^n(x-2)$이므로
$$x^n(x^2+ax+b)=(x-2)^2Q(x)+2^n(x-2)$$
$$=(x-2)\{(x-2)Q(x)+2^n\} \quad\cdots\cdots ㉠$$

STEP Ⓑ   항등식의 수치대입법을 이용하여 a, b의 관계식 구하기

㉠이 x에 대한 항등식이므로
양변에 $x=2$를 대입하면 $2^n(4+2a+b)=0$
$$\therefore b=-2a-4 \ (\because 2^n>0) \quad\cdots\cdots ㉡$$

STEP Ⓒ   항등식의 수치대입법을 이용하여 a, b의 값 구하기

㉡을 ㉠에 대입하면
$$x^n(x^2+ax-2a-4)=(x-2)\{(x-2)Q(x)+2^n\}$$
$$x^n(x-2)(x+a+2)=(x-2)\{(x-2)Q(x)+2^n\}$$
$$\therefore x^n(x+a+2)=(x-2)Q(x)+2^n \quad\cdots\cdots ㉢$$
㉢의 양변에 $x=2$를 대입하면 $2^n(4+a)=2^n$에서 $2^n\neq 0$이므로
2^n으로 나누면 $4+a=1$ $\quad\therefore a=-3$
$a=-3$을 ㉡에 대입하면 $b=-2\times(-3)-4=2$
따라서 $a+b=-3+2=-1$

 정답 -1

0283

정답 5

STEP Ⓐ   몫과 나머지를 이용하여 $f(x)$의 식 구하기

삼차식 $f(x)$를 x^2-3x+2로 나눈 몫을 $Q(x)$라 하고
나머지를 $R(x)=ax+b$ (a, b는 상수)라 하면
$$f(x)=(x^2-3x+2)Q(x)+ax+b$$
$$=(x-1)(x-2)Q(x)+ax+b \quad\cdots\cdots ㉠$$

STEP Ⓑ   조건을 만족하는 $f(x)$의 나머지 구하기

조건 (나)에서 $f(x+1)=f(x)+x^2$이므로
(i) $x=0$을 대입하면 $f(1)=f(0)+0=3$ $(\because f(0)=3)$
(ii) $x=1$을 대입하면 $f(2)=f(1)+1=4$ $(\because f(1)=3)$
(i), (ii)의 결과를 ㉠에 각각 대입하면
$$f(1)=a+b=3 \quad\cdots\cdots ㉡$$
$$f(2)=2a+b=4 \quad\cdots\cdots ㉢$$
㉡, ㉢을 연립하여 풀면 $a=1$, $b=2$
따라서 $f(x)$를 x^2-3x+2로 나눈 나머지는 $R(x)=x+2$이므로 $R(3)=5$

0284

정답 12

STEP Ⓐ   다항식 $f(x)$의 차수를 결정하고 식 세우기

$f(x)$를 n차 다항식이라 하면 (n은 자연수)
$$x^2f(x)+3x^3+2=f(x^2)+5x^2 \quad\cdots\cdots ㉠$$
㉠의 좌변의 최고차항은 $x^2x^n=x^{n+2}$이고
우변의 최고차항은 x^{2n}이므로
최고차항의 차수를 비교하면 $n+2=2n$에서 $n=2$
즉 $f(x)$는 이차다항식이므로 $f(x)=x^2+ax+b$ (a, b는 상수)라 하자.

STEP Ⓑ   항등식의 계수비교법을 이용하여 a, b의 값 구하기

다항식 $f(x)$를 ㉠에 대입하면
$$x^2(x^2+ax+b)+3x^3+2=(x^4+ax^2+b)+5x^2$$
$$x^4+(a+3)x^3+bx^2+2=x^4+(a+5)x^2+b$$
이 등식은 x에 대한 항등식이므로 양변의 동류항의 계수를 비교하면
$a+3=0$, $b=a+5$, $2=b$ $\quad\therefore a=-3$, $b=2$

STEP Ⓒ $f(x)$를 $x-5$로 나눈 나머지 구하기

따라서 $f(x)=x^2-3x+2$를 $x-5$로 나눈 나머지는 나머지정리에 의하여
$f(5)=25-15+2=12$

다항식 $f(x)$가 모든 실수 x에 대하여
$$f(x^2+1)-f(x^2-1)=pxf(x)+12x+4$$
를 만족시킬 때, $f(x)$를 $x-p$로 나눈 나머지를 구하시오.
(단, p는 0이 아닌 상수이다.)

STEP Ⓐ   다항식 $f(x)$의 차수를 결정하고 식 세우기

$f(x)$를 n차 다항식이라 하면 (n은 자연수)
$$f(x^2+1)-f(x^2-1)=pxf(x)+12x+4 \quad\cdots\cdots ㉠$$
㉠의 좌변의 최고차항은 x^{2n-2}이고
$$f(x^2+1)-f(x^2-1)=a(x^2+1)^n+b(x^2+1)^{n-1}+\cdots-\{a(x^2-1)^n+b(x^2-1)^{n-1}+\cdots\}$$
우변의 최고차항은 x^{n+1}이므로
최고차항의 차수를 비교하면 $2n-2=n+1$에서 $n=3$
즉 $f(x)$는 삼차다항식이므로
$f(x)=ax^3+bx^2+cx+d$ (a, b, c, d는 상수)라 하자.

다항식 $f(x)$를 ㉠에 대입하면

$\{a(x^2+1)^3+b(x^2+1)^2+c(x^2+1)+d\}$
$-\{a(x^2-1)^3+b(x^2-1)^2+c(x^2-1)+d\}$
$=px(ax^3+bx^2+cx+d)+12x+4$

$6ax^4+4bx^2+2a+2c=apx^4+bpx^3+cpx^2+(dp+12)x+4$

이 등식은 x에 대한 항등식이므로 양변의 동류항의 계수를 비교하면

$6a=ap$, $0=bp$, $4b=cp$, $0=dp+12$, $2a+2c=4$이므로

$p=6$, $b=0$, $c=0$, $d=-2$, $a=2$

STEP C $f(x)$를 $x-p$로 나눈 나머지 구하기

따라서 $f(x)=2x^3-2$를 $x-6$으로 나눈 나머지는 나머지정리에 의하여

$f(6)=2\times 6^3-2=430$

정답 430

0285

정답 150

STEP A $x^{100}-1$을 $A=BQ+R$꼴로 나타내기

$x^{100}-1$을 $(x-1)^2$으로 나누었을 때의 몫을 $Q(x)$,

나머지를 $R(x)=ax+b$ (a, b는 상수)라 하면

$x^{100}-1=(x-1)^2Q(x)+ax+b$ ...... ㉠

STEP B $Q(-1)+R(2)$의 값 구하기

$x=1$을 ㉠에 대입하면 $a+b=0$

$\therefore b=-a$

$b=-a$를 ㉠에 대입하면 $x^{100}-1=(x-1)^2Q(x)+a(x-1)$

이때 $x^{100}-1=(x-1)(x^{99}+x^{98}+\cdots+x+1)$이므로

$(x-1)(x^{99}+x^{98}+\cdots+x+1)=(x-1)^2Q(x)+a(x-1)$

$\therefore x^{99}+x^{98}+\cdots+1=(x-1)Q(x)+a$ ...... ㉡

$x=1$을 ㉡에 대입하면 $a=100$

이때 $R(x)=100x-100$이므로 $R(2)=200-100=100$

$x=-1$을 ㉡에 대입하면 $0=-2Q(-1)+100$

$\therefore Q(-1)=50$

따라서 $Q(-1)+R(2)=50+100=150$

> **+α** | $x^{100}-1=(x-1)(x^{99}+x^{98}+\cdots+x+1)$인 이유!
>
> [방법1] 조립제법을 이용하여 $x^{100}-1$을 $x-1$로 나누면
>
> | 1 | 1 | 0 | 0 | $\cdots$ | 0 | -1 |
> |---|---|---|---|---|---|---|
> | | 1 | 1 | 1 | $\cdots$ | 1 | 1 |
> | 1 | 1 | 1 | 1 | $\cdots$ | 1 | 0 |
>
> 즉 $x^{100}-1$을 $x-1$로 나누었을 때의 몫은 $x^{99}+x^{98}+\cdots+x+1$이므로
> $x^{100}-1=(x-1)(x^{99}+x^{98}+\cdots+x+1)$
>
> [방법2] $(x-1)(x^{99}+x^{98}+\cdots+x+1)$
> $=x(x^{99}+x^{98}+\cdots+x+1)-(x^{99}+x^{98}+\cdots+x+1)$
> $=x^{100}+x^{99}+\cdots+x^2+x-(x^{99}+x^{98}+\cdots+x+1)$
> $=x^{100}-1$

다항식 $x^{20}-1$을 $(x-1)^2$으로 나누었을 때의 몫을 $Q(x)$, 나머지를 $R(x)$라 할 때, $Q(-1)+R(5)$의 값을 구하시오.

STEP A $x^{20}-1$을 $A=BQ+R$꼴로 나타내기

$x^{20}-1$을 $(x-1)^2$으로 나누었을 때의 몫을 $Q(x)$,

나머지를 $R(x)=ax+b$ (a, b는 상수)라 하면

$x^{20}-1=(x-1)^2Q(x)+ax+b$ ...... ㉠

STEP B $Q(-1)+R(5)$의 값 구하기

$x=1$을 ㉠에 대입하면 $0=a+b$

$\therefore b=-a$

$b=-a$를 ㉠에 대입하면 $x^{20}-1=(x-1)^2Q(x)+ax-a$

이때 $x^{20}-1=(x-1)(x^{19}+x^{18}+\cdots+x+1)$이므로

$(x-1)(x^{19}+x^{18}+\cdots+x+1)=(x-1)^2Q(x)+a(x-1)$

$(x-1)(x^{19}+x^{18}+\cdots+x+1)$
$=x(x^{19}+x^{18}+\cdots+x+1)-(x^{19}+x^{18}+\cdots+x+1)$
$=(x^{20}+x^{19}+\cdots+x^2+x)-(x^{19}+x^{18}+\cdots+x+1)$
$=x^{20}-1$

$\therefore x^{19}+x^{18}+\cdots+x+1=(x-1)Q(x)+a$ ...... ㉡

$x=1$을 ㉡에 대입하면 $a=20$

이때 $R(x)=20x-20$이므로 $R(5)=20\times 5-20=80$

$x=-1$을 ㉡에 대입하면 $0=-2Q(-1)+20$

$\therefore Q(-1)=10$

따라서 $Q(-1)+R(5)=10+80=90$

정답 90

0286

정답 $-\dfrac{2}{3}$

STEP A 인수정리를 이용하여 $xP(x)$의 식 작성하기

$P(1)=1$, $P(2)=\dfrac{1}{2}$, $P(3)=\dfrac{1}{3}$, $P(4)=\dfrac{1}{4}$에서

$P(1)=1$, $2P(2)=1$, $3P(3)=1$, $4P(4)=1$

$P(1)-1=0$, $2P(2)-1=0$, $3P(3)-1=0$, $4P(4)-1=0$

$x=1$, $x=2$, $x=3$, $x=4$일 때,

$xP(x)-1=0$이므로 인수정리에 의하여

$xP(x)-1$은 $x-1$, $x-2$, $x-3$, $x-4$를 인수로 가진다.

이때 $P(x)$는 삼차식이므로 $xP(x)-1$은 사차식이다.

$xP(x)-1=a(x-1)(x-2)(x-3)(x-4)$ $(a\neq 0)$라 하자. ...... ㉠

STEP B $x=0$을 대입하여 최고차항의 계수 구하기

㉠이 x에 대한 항등식이므로

양변에 $x=0$을 대입하면 $-1=24a$ $\therefore a=-\dfrac{1}{24}$

$\therefore xP(x)-1=-\dfrac{1}{24}(x-1)(x-2)(x-3)(x-4)$ ...... ㉡

STEP C $P(x)$를 $x-6$으로 나누었을 때의 나머지 구하기

$P(x)$를 $x-6$으로 나누었을 때의 나머지는 나머지정리에 의하여 $P(6)$

㉡의 양변에 $x=6$을 대입하면

$6P(6)-1=-\dfrac{1}{24}\times 5\times 4\times 3\times 2$, $6P(6)=-4$

따라서 $P(6)=-\dfrac{2}{3}$

0287  2024년 06월 고1 학력평가 28번 ｜정답｜ 20 

문 항 분 석

다항식 나눗셈에서 $f(x)-2x^2$의 차수보다 $f(x)+xg(x)$의 차수가 낮아야 하므로 항등식의 성질을 이용하여 $f(x)$의 이차항의 계수를 구하고 식을 가정하여 관계식에 대입하여 계수비교법으로 문제를 해결할 수 있다.

STEP A 다항식 나눗셈의 관계식을 이용하여 $f(x)$, $g(x)$의 식 세우기

이차다항식 $f(x)$와 일차다항식 $g(x)$에 대하여
$f(x)g(x)$를 $f(x)-2x^2$으로 나누었을 때 몫이 x^2-3x+3이고
나머지가 $f(x)+xg(x)$이므로
$$f(x)g(x)=\{f(x)-2x^2\}(x^2-3x+3)+f(x)+xg(x) \quad \cdots\cdots ㉠$$
삼차다항식　　（일차다항식）×（이차다항식）

이때 $f(x)g(x)$는 삼차다항식이므로 우변도 삼차다항식이어야 한다.
즉 $\{f(x)-2x^2\}(x^2-3x+3)$이 삼차다항식이므로 $f(x)-2x^2$은 일차다항식,
즉 $f(x)-2x^2=ax+b$ (a, b는 실수)라 놓을 수 있다.
$$\therefore f(x)=2x^2+ax+b$$

또한, $f(x)-2x^2$이 일차다항식이므로 나머지 $f(x)+xg(x)$는 상수이다.
즉 $(2x^2+ax+b)+xg(x)=b$라 놓을 수 있다.
$$\therefore g(x)=-2x-a$$

STEP B 항등식의 성질을 이용하여 $f(x)$의 식 구하기

$f(x)=2x^2+ax+b$, $g(x)=-2x-a$를 ㉠의 식에 대입하면
$$(2x^2+ax+b)(-2x-a)=(ax+b)(x^2-3x+3)+b \quad \cdots\cdots ㉡$$
좌변을 전개하면
$$(2x^2+ax+b)(-2x-a)=-4x^3-4ax^2-(a^2+2b)x-ab$$
우변을 전개하면
$$(ax+b)(x^2-3x+3)+b=ax^3+(-3a+b)x^2+(3a-3b)x+4b$$
㉡의 식이 항등식이므로 양변의 동류항의 계수를 비교하면
$$a=-4,\ -4a=-3a+b,\ -a^2-2b=3a-3b,\ -ab=4b$$
$$\therefore a=-4,\ b=4$$
따라서 $f(x)=2x^2-4x+4$이므로 $f(-2)=8+8+4=20$

내 신 연 계 / 출제문항 137

이차다항식 $f(x)$와 일차다항식 $g(x)$에 대하여 $f(x)g(x)+2x^2-3x+4$를 $f(x)-x^2$으로 나누었을 때의 몫은 x^2-2x+2이고 나머지는 $f(x)+xg(x)$이다. $f(2)+g(3)$의 값을 구하시오.

STEP A 다항식 나눗셈의 관계식을 이용하여 $f(x)$, $g(x)$의 식 세우기

이차다항식 $f(x)$와 일차다항식 $g(x)$에 대하여
$f(x)g(x)+2x^2-3x+4$를 $f(x)-x^2$으로 나누었을 때 몫이 x^2-2x+2이고
나머지가 $f(x)+xg(x)$이므로 다항식 나눗셈의 관계식에 의하여
$$f(x)g(x)+2x^2-3x+4=\{f(x)-x^2\}(x^2-2x+2)+f(x)+xg(x) \quad \cdots\cdots ㉠$$
삼차다항식　　（일차다항식）×（이차다항식）

이때 $f(x)g(x)+2x^2-3x+4$는 삼차다항식이므로 우변도 삼차다항식이다.
즉 $\{f(x)-x^2\}(x^2-2x+2)$가 삼차다항식이므로 $f(x)-x^2$은 일차다항식,
즉 $f(x)-x^2=ax+b$ (a, b는 실수)라 놓을 수 있다.
$$\therefore f(x)=x^2+ax+b$$

또한, $f(x)-x^2$이 일차다항식이므로 나머지 $f(x)+xg(x)$는 상수이다.
즉 $(x^2+ax+b)+xg(x)$가 상수이므로
$$g(x)=-x-a$$

STEP B 항등식의 성질을 이용하여 $f(x)$의 식 구하기

$f(x)=x^2+ax+b$, $g(x)=-x-a$를
㉠의 식에 대입하면
$$(x^2+ax+b)(-x-a)+2x^2-3x+4=(ax+b)(x^2-2x+2)+b \quad \cdots\cdots ㉡$$
좌변을 전개하면
$$(x^2+ax+b)(-x-a)+2x^2-3x+4$$
$$=-x^3-(2a-2)x^2-(a^2+b+3)x-ab+4$$
우변을 전개하면
$$(ax+b)(x^2-2x+2)+b=ax^3+(-2a+b)x^2+(2a-2b)x+3b$$
㉡의 식이 항등식이므로 양변의 동류항의 계수를 비교하면
$$a=-1,\ -2a+2=-2a+b,\ -a^2-b-3=2a-2b,\ -ab+4=3b$$
$$\therefore a=-1,\ b=2$$
$$f(x)=x^2-x+2,\ g(x)=-x+1$$
따라서 $f(2)=4-2+2=4$, $g(3)=-2$이므로 $f(2)+g(3)=2$ ｜정답｜ 2

0288  2024년 03월 고2 학력평가 29번 ｜정답｜ 5 

문 항 분 석

조건 (나)에서 다항식 $f(x)$가 두 이차다항식 $g(x)$, $h(x)$를 인수로 가지므로
$f(x)=g(x)h(x)$이고 $h(x)=g(x)\times1-4x-1$로 정리되므로
$f(x)=g(x)\{g(x)\times1-4x-1\}$에서 계수를 비교하여 만족하는 상수 a, b의 값을
구한다.
특히 실근을 갖지 않도록 하는 a, b를 구하는 것에 주의한다.

STEP A 조건 (가), (나)를 이용하여 $g(x)$, $h(x)$의 차수 결정하기

조건 (나)에서 다항식 $f(x)$가 두 다항식 $g(x)$, $h(x)$를 인수로 갖고 있고
조건 (가)에서 방정식 $f(x)=0$은 실근을 갖지 않으므로
$g(x)$, $h(x)$는 일차식이 될 수 없다.
일차식을 인수로 가지는 경우
$f(x)=0$은 실근을 가진다.
즉 $g(x)$, $h(x)$는 이차식 또는 사차식이 되어야 한다.
삼차식이 되는 경우 나머지 다항식은 일차식이 되어야 하므로
두 다항식 모두 삼차식은 아니다.
$h(x)$가 사차식이 되는 경우 $h(x)$는 최고차항의 계수가 1이므로
$f(x)=h(x)$이다. 이때 $g(x)$는 상수가 되므로 $h(x)$를 $g(x)$로 나눈 나머지가
$-4x-1$이 될 수 없다.
즉 $g(x)$, $h(x)$는 모두 최고차항의 계수가 1이 이차식이어야 한다.

+α ｜ $g(x)$, $h(x)$는 모두 최고차항의 계수가 1인 이차식인 이유!

사차방정식 $f(x)=g(x)h(x)=0$이 실근을 갖지 않고 계수와 상수항이 모두 실수
이므로 한 근이 허근을 가지면 다른 한 근은 그 근의 켤레수이어야 한다.
즉 사차방정식의 근이 모두 허근을 가지려면 두 이차방정식의 두 근의 관계가 켤레수
관계이어야 하므로 두 다항식 $g(x)$, $h(x)$는 이차식이어야 한다.

STEP B $g(x)=x^2+px+q$라 하고 $f(x)=g(x)h(x)$의 식 나타내기

$g(x)=x^2+px+q$ (p, q는 상수)라고 할 때,
$h(x)$는 최고항의 계수가 1인 이차식이므로
$$h(x)=(x^2+px+q)\times1-4x-1=x^2+(p-4)x+q-1$$이라 할 수 있다.
$h(x)=g(x)Q(x)-4x-1$에서 $g(x)$와 $h(x)$ 모두 최고차항의 계수가 1인 이차식이므로 $Q(x)=1$
이때 $f(x)$는 $g(x)$와 $h(x)$를 인수로 가지므로 $f(x)=g(x)h(x)$
식에 대입하면
$$x^4+(a+2)x^3+bx^2+ax+6=(x^2+px+q)\{x^2+(p-4)x+q-1\} \quad \cdots\cdots ㉠$$

STEP C ㉠의 식에서 항등식의 성질을 이용하여 a, b의 값 구하기

㉠의 우변을 전개하면
$$(x^2+px+q)\{x^2+(p-4)x+q-1\}$$
$$=x^4+(2p-4)x^3+(p^2-4p+2q-1)x^2+(2pq-p-4q)x+(q^2-q)$$

㉠의 식에서 양변의 동류항의 계수를 비교하면

$a+2=2p-4$ …… ㉡

$b=p^2-4p+2q-1$ …… ㉢

$a=2pq-p-4q$ …… ㉣

$6=q^2-q$ …… ㉤

㉤에서 $q^2-q-6=(q-3)(q+2)=0$이므로

$q=3$ 또는 $q=-2$

(ⅰ) $q=3$인 경우

     $q=3$을 ㉣의 식에 대입하면 $a=5p-12$이고

     ㉡의 식에서 $a=2p-6$이므로

     연립하면 $p=2$이고 $a=-2$

     $q=3$, $p=2$를 ㉢의 식에 대입하면 $b=1$

     즉 $f(x)=x^4+x^2-2x+6=(x^2+2x+3)(x^2-2x+2)$

     이때 $x^2+2x+3=0$에서 판별식을 D_1이라 하면

     $\dfrac{D_1}{4}=1-3<0$

     즉 $f(x)=x^2-2x+2=0$에서 판별식을 D_2라 하면

     $\dfrac{D_2}{4}=1-2<0$

     즉 $f(x)=0$은 실근을 갖지 않으므로 조건을 만족시킨다.

(ⅱ) $q=-2$인 경우

     $q=-2$를 ㉣의 식에 대입하면 $a=-5p+8$이고

     ㉡의 식에서 $a=2p-6$이므로

     연립하면 $p=2$이고 $a=-2$

     $q=-2$, $p=2$를 ㉢의 식에 대입하면 $b=-9$

     즉 $f(x)=x^4-9x^2-2x+6=(x^2+2x-2)(x^2-2x-3)$

     이때 $x^2+2x-2=0$에서 판별식을 D_3라 하면 $\dfrac{D_3}{4}=1+2>0$

     $x^2-2x-3=0$에서 판별식을 D_4라 하면 $\dfrac{D_4}{4}=1+3>0$

     즉 $f(x)=0$은 서로 다른 네 실근을 가지므로 조건을 만족시키지 않는다.

(ⅰ), (ⅱ)에서 $a=-2$, $b=1$이므로 $a^2+b^2=4+1=5$

다항식 $f(x)=x^4+(a+1)x^3+(b+2)x^2+ax+6$과 최고차항의 계수가 1
이고 계수와 상수항이 모두 실수인 두 다항식 $g(x)$, $h(x)$가 다음 조건을
만족시킨다.

> (가) 방정식 $f(x)=0$은 실근을 갖지 않는다.
> (나) 다항식 $f(x)$는 두 다항식 $g(x)$, $h(x)$를 인수로 갖고,
> $h(x)$를 $g(x)$로 나눈 나머지는 $-2x-1$이다.

이때 $f(x)=0$의 모든 허근의 곱을 구하시오. (단, a, b는 상수이다.)

문항분석

다항식 $f(x)$가 (이차식)×(이차식)으로 인수분해될 때 두 이차식 모두 실근을
갖지 않아야 하므로 (판별식)<0임을 이용한다.
동시에 $g(x)$, $h(x)$의 식을 가정하고 항등식의 성질에서 계수비교를 이용하여
미정계수를 결정하면 된다.

STEP A 조건 (가), (나)를 이용하여 $g(x)$, $h(x)$의 차수 결정하기

다항식 $f(x)$가 두 다항식 $g(x)$, $h(x)$를 인수로 갖고 있고

조건 (가)에서 $f(x)=0$이 서로 다른 두 실근과 서로 다른 두 허근을 가지므로

$g(x)$, $h(x)$는 최고차항의 계수가 1인 이차식이 된다.

STEP B $g(x)=x^2+px+q$라 하고 $f(x)=g(x)h(x)$의 식 나타내기

조건 (나)에서 $h(x)$를 $g(x)$로 나눈 나머지가 $-2x-1$이므로

$h(x)=g(x)\times 1-2x-1$이 된다.

이때 $g(x)=x^2+px+q$라고 하면

$h(x)=(x^2+px+q)-2x-1=x^2+(p-2)x+q-1$

$f(x)=g(x)h(x)$이므로

주어진 식을 대입하면

$x^4+(a+1)x^3+(b+2)x^2+ax+6$
$=(x^2+px+q)\{x^2+(p-2)x+q-1\}$
$=x^4+(2p-2)x^3+(p^2-2p+2q-1)x^2+(2pq-p-2q)x+(q^2-q)$ …… ㉠

STEP C ㉠의 식에서 항등식의 성질을 이용하여 a, b의 값 구하기

㉠의 식에서 항등식의 성질에 의하여

$a+1=2p-2$ …… ㉡

$b+2=p^2-2p+2q-1$ …… ㉢

$a=2pq-p-2q$ …… ㉣

$6=q^2-q$ …… ㉤

㉤의 식에서 $q^2-q-6=(q-3)(q+2)=0$이므로

$q=3$ 또는 $q=-2$

(ⅰ) $q=3$인 경우

     $q=3$을 ㉣의 식에 대입하면 $a=5p-6$이고

     ㉡의 식에서 $a=2p-3$이므로

     연립하면 $p=1$이고 $a=-1$

     $p=1$, $q=3$을 ㉢의 식에 대입하면 $b+2=1-2+6-1$이므로 $b=2$

     즉 $f(x)=x^4+4x^2-x+6=(x^2+x+3)(x^2-x+2)$

     이때 $x^2+x+3=0$에서 판별식을 D_1이라 하면

     $D_1=1-12<0$이므로 서로 다른 두 허근을 가지고

     $x^2-x+2=0$에서 판별식을 D_2라 하면

     $D_2=1-8<0$이므로 서로 다른 두 허근을 가진다.

     즉 조건 (가)를 만족시킨다.

(ⅱ) $q=-2$인 경우

     $q=-2$를 ㉣의 식에 대입하면 $a=-5p+4$이고

     ㉡의 식에서 $a=2p-3$이므로

     연립하면 $p=1$이고 $a=-1$

     $p=1$, $q=-2$를 ㉢의 식에 대입하면 $b+2=1-2-4-1$이므로 $b=-8$

     즉 $f(x)=x^4-6x^2-x+6=(x^2+x-2)(x^2-x-3)$

     이때 $x^2+x-2=0$에서 판별식을 D_3이라 하면

     $D_3=1+8>0$이므로 서로 다른 두 실근을 가진다.

     또한, $x^2-x-3=0$에서 판별식을 D_4라 하면

     $D_4=1+12>0$이므로 서로 다른 두 실근을 가진다.

     즉 조건 (가)를 만족시키지 않는다.

STEP D $f(x)=0$의 모든 허근의 곱 구하기

$f(x)=x^4+4x^2-x+6=(x^2+x+3)(x^2-x+2)$에서

$f(x)=0$의 허근은 $x^2+x+3=0$, $x^2-x+2=0$의 네 근과 같다.

이때 $x^2+x+3=0$에서 서로 다른 두 허근의 곱은 3

$x^2-x+2=0$에서 서로 다른 두 허근의 곱은 2

따라서 모든 허근의 곱은 $3\times 2=6$

정답 6

0289

2017년 11월 고1 학력평가 20번 정답 ③

문항 분석

이차식 $f(x)$를 일차식 $x-1$, $x-2$로 나누었을 때 몫은 일차식, 나머지는 상수항이 됨을 이용하여 각각의 식을 세운 후 조건 (가), (나)를 이용하여 $f(x)$의 식을 구한다.

STEP A 다항식의 나눗셈을 이용하여 식 작성하기

$f(x)$를 $x-1$로 나누었을 조건 때의 몫을 $Q_1(x)$, 나머지를 R_1이라 하면

$f(x)=(x-1)Q_1(x)+R_1$ ⋯⋯ ㉠ ← x에 대한 항등식

$f(x)$를 $x-2$로 나누었을 때의 몫을 $Q_2(x)$, 나머지를 R_2라 하면

$f(x)=(x-2)Q_2(x)+R_2$ ⋯⋯ ㉡ ← x에 대한 항등식

STEP B 조건 (가)를 이용하여 $f(x)$의 식 나타내기

㉡에 $x=2$를 대입하면 조건 (가)에 의하여

$R_2=f(2)=Q_2(1)$

$f(x)=(x-2)Q_2(x)+Q_2(1)$에 $x=1$을 대입하면

㉡에 $R_2=Q_2(1)$ 대입

$f(1)=-Q_2(1)+Q_2(1)=0$

즉 인수정리에 의하여 $f(x)$는 $x-1$을 인수로 갖는다.

다항식 $f(x)$가 일차식 $x-\alpha$로 나누어떨어진다.
⟺ 다항식 $f(x)$가 $x-\alpha$를 인수로 갖는다. ⟺ $f(\alpha)=0$

한편 ㉠에 $x=1$을 대입하면 $f(1)=R_1=0$이고

$f(x)$는 최고차항의 계수가 1인 이차식이므로

$Q_1(x)=x+a$ (단, a는 상수)라 하면

$f(x)=(x-1)(x+a)$ ← $R_1=0$

STEP C 조건 (나)를 이용하여 $f(x)$ 구하기

$Q_1(1)=1+a$, $f(2)=2+a=Q_2(1)$이므로

조건 (나)에 의하여

$Q_1(1)+Q_2(1)=(1+a)+(2+a)=2a+3=6$ ∴ $a=\dfrac{3}{2}$

∴ $f(x)=(x-1)\left(x+\dfrac{3}{2}\right)$

STEP D $f(3)$의 값 구하기

따라서 $f(3)=(3-1)\left(3+\dfrac{3}{2}\right)=9$

다른풀이 $Q_1(x)=x+a$, $Q_2(x)=x+b$라 두고 풀이하기

STEP A 다항식의 나눗셈을 이용하여 식 작성하기

$f(x)$는 최고차항의 계수가 1인 이차식이므로

$f(x)$를 $x-1$로 나누었을 때의 몫을 $Q_1(x)=x+a$ (단, a는 상수),

나머지를 R_1이라 하면

$f(x)=(x-1)(x+a)+R_1$ ⋯⋯ ㉠

$f(x)$를 $x-2$로 나누었을 때의 몫을 $Q_2(x)=x+b$ (단, b는 상수),

나머지를 R_2라 하면

$f(x)=(x-2)(x+b)+R_2$ ⋯⋯ ㉡

STEP B 작성한 식에 $x=1$, $x=2$를 대입하고 조건 (나)를 이용하여 a, b의 값 구하기

㉠, ㉡의 양변에 $x=1$, $x=2$를 각각 대입하면

$f(1)=R_1$, $f(2)=2+a+R_1$

$f(1)=-1-b+R_2$, $f(2)=R_2$이므로

$f(1)=R_1=-1-b+R_2$, $R_1-R_2=-1-b$

$f(2)=2+a+R_1=R_2$, $R_1-R_2=-2-a$에서 $-1-b=-2-a$

∴ $a-b=-1$ ⋯⋯ ㉢

또한, 조건 (나)에 의하여

$Q_1(1)+Q_2(1)=(1+a)+(1+b)=6$

∴ $a+b=4$ ⋯⋯ ㉣

㉢, ㉣을 연립하여 풀면 $a=\dfrac{3}{2}$, $b=\dfrac{5}{2}$ ←

$\begin{array}{r} a-b=-1 \\ +\quad a+b=4 \\ \hline 2a=3 \quad ∴ a=\dfrac{3}{2} \end{array}$

㉣에 $a=\dfrac{3}{2}$을 대입하면 $b=\dfrac{5}{2}$

STEP C 조건 (가)를 이용하여 $f(x)$ 구하기

조건 (가)에 의하여

$1+b=R_2$이므로 $R_2=1+\dfrac{5}{2}=\dfrac{7}{2}$

따라서 $f(x)=(x-2)\left(x+\dfrac{5}{2}\right)+\dfrac{7}{2}$이므로 $f(3)=(3-2)\left(3+\dfrac{5}{2}\right)+\dfrac{7}{2}=9$

㉡에서 $f(x)=(x-2)(x+b)+R_2$

최고차항의 계수가 1인 이차식 $f(x)$를 $x-2$로 나누었을 때의 몫을 $Q_1(x)$라 하고 $f(x)$를 $x-4$로 나누었을 때의 몫을 $Q_2(x)$라 하면 $Q_1(x)$, $Q_2(x)$는 다음 조건을 만족시킨다.

> (가) $Q_2(2)=f(4)$
> (나) $Q_1(2)+Q_2(2)=8$

$f(4)$의 값은?

① 4 ② 5 ③ 6
④ 7 ⑤ 8

STEP A 다항식의 나눗셈을 이용하여 식 작성하기

$f(x)$를 $x-2$로 나누었을 때의 몫을 $Q_1(x)$, 나머지를 R_1이라 하면

$f(x)=(x-2)Q_1(x)+R_1$ ⋯⋯ ㉠ ← x에 대한 항등식

$f(x)$를 $x-4$로 나누었을 때의 몫을 $Q_2(x)$, 나머지를 R_2라 하면

$f(x)=(x-4)Q_2(x)+R_2$ ⋯⋯ ㉡ ← x에 대한 항등식

STEP B 조건 (가)를 이용하여 $f(x)$의 식 나타내기

㉡에 $x=4$를 대입하면 조건 (가)에 의하여

$R_2=f(4)=Q_2(2)$

$f(x)=(x-4)Q_2(x)+Q_2(2)$에 $x=2$를 대입하면

㉡에 $R_2=Q_2(2)$ 대입

$f(2)=-2Q_2(2)+Q_2(2)=-Q_2(2)$

한편 ㉠에 $x=2$를 대입하면 $f(2)=R_1=-Q_2(2)$이고

$f(x)$는 최고차항의 계수가 1인 이차식이므로

$Q_1(x)=x+a$ (단, a는 상수)라 하면

$f(x)=(x-2)(x+a)-Q_2(2)$ ← $R_1=-Q_2(2)$

STEP C 조건 (나)를 이용하여 $f(x)$ 구하기

$Q_1(2)=2+a$, $f(4)=8+2a-Q_2(2)=Q_2(2)$이므로 $Q_2(2)=4+a$

조건 (나)에 의하여

$Q_1(2)+Q_2(2)=(2+a)+(4+a)=2a+6=8$ ∴ $a=1$

∴ $f(x)=(x-2)(x+1)-5$ ← $Q_2(2)=4+a=5$

STEP D $f(4)$의 값 구하기

따라서 $f(4)=(4-2)(4+1)-5=5$ 정답 ②

문항분석

삼차다항식 $P(x)$와 일차다항식 $Q(x)$에 대하여 $P(x)Q(x)$는 $(x^2-3x+3)(x-1)$로 나누어떨어지므로 $Q(x)$가 $x-1$을 인수로 갖는 경우와 그렇지 않은 경우로 나누어 $P(x)$, $Q(x)$의 식을 구한다.

STEP A 인수정리를 이용하여 다항식 추론하기

조건 (가)에서 사차다항식 $P(x)Q(x)$는 삼차다항식 $(x^2-3x+3)(x-1)$로 나누어떨어지므로 몫을 $a(x-k)$ (단, a, k는 상수)라 하면
$P(x)Q(x)=(x^2-3x+3)(x-1)a(x-k)$이므로
일차다항식 $Q(x)$가 $x-1$을 인수로 갖는 경우와 $x-k$를 인수로 갖는 경우,
이차식 x^2-3x+3은 일차식의 곱으로 인수분해되지 않는다.
($\because$ 판별식 D는 $D=9-12=-3<0$이므로 두 허근을 가진다.)
즉 $Q(1)=0$인 경우와 $Q(1)\neq0$인 경우로 나눌 수 있다.

(i) $Q(1)=0$인 경우
$Q(x)=a(x-1)$ $(a\neq0)$라 하면
조건 (나)에 의해
$$P(x)=x^3-10x+13-\{Q(x)\}^2$$
$$=x^3-10x+13-a^2x^2+2a^2x-a^2$$
$$=x^3-a^2x^2+(2a^2-10)x+13-a^2$$
조건 (가)에 의해
$x^3-a^2x^2+(2a^2-10)x+13-a^2$이 x^2-3x+3으로
나누어떨어져야 하므로 다음과 같이 직접 나눗셈을 하면
나머지 $(-a^2-4)x+4+2a^2=0$을 만족시키는 a는 존재하지 않는다.
$-a^2-4=0$, $4+2a^2=0$을 만족시키는 a는 존재하지 않는다.

$$
\begin{array}{r}
x+(-a^2+3) \\
x^2-3x+3\,\overline{)\,x^3-\quad a^2x^2+(2a^2-10)x+13-a^2} \\
\underline{x^3-\quad 3x^2+\qquad 3x} \\
(-a^2+3)x^2+(2a^2-13)x+13-a^2 \\
\underline{(-a^2+3)x^2-3(-a^2+3)x+3(-a^2+3)} \\
(-a^2-4)x+4+2a^2
\end{array}
$$

+α 계수비교법을 이용하여 a가 존재하지 않음을 보일 수 있어!

조건 (가)에 의해 $P(x)Q(x)$는 사차다항식이므로
$P(x)Q(x)=(x^2-3x+3)(x-1)\times a(x-k)(a\neq0)$로 둘 수 있다.
(i) $Q(1)=0$인 경우
$Q(x)=a(x-1)(a\neq0)$라 하면
이때 조건 (나)에 의해
$$P(x)=x^3-10x+13-\{Q(x)\}^2$$
$$=x^3-10x+13-a^2x^2+2a^2x-a^2$$
$$=x^3-a^2x^2+(2a^2-10)x+13-a^2 \quad\cdots\cdots\text{⊙}$$
조건 (나)에 의해
$x^3-10x+13-P(x)$는 이차식이 되어야 하므로 $P(x)$는 최고차항의
계수가 1이고 이차식 x^2-3x+3과 일차식 $x-k$를 인수로 가지므로
$$P(x)=(x^2-3x+3)(x-k)$$
$$=x^3+(-k-3)x^2+(3k+3)x-3k \quad\cdots\cdots\text{ⓒ}$$
⊙과 ⓒ에 의하여 $-a^2=-k-3$, $2a^2-10=3k+3$, $13-a^2=-3k$를
만족시키는 a와 k는 존재하지 않는다.

STEP B 인수정리를 이용하여 $P(x)$, $Q(x)$의 식 구하기

(ii) $Q(1)\neq0$인 경우   ← $Q(x)=a(x-k)$인 경우
$P(x)$는 x^2-3x+3과 $x-1$을 인수로 가지고
조건 (나)에 의해
$x^3-10x+13-P(x)$는 이차식이 되어야 하므로
$P(x)$는 최고차항의 계수가 1이어야 한다.
$x^3-10x+13-P(x)=\{Q(x)\}^2$에서 $Q(x)$가 일차식이므로 $\{Q(x)\}^2$은 이차식이다.
$x^3-10x+13-P(x)$도 이차식이어야 하므로 삼차다항식 $P(x)$의 최고차항의 계수는 1이다.
즉 $P(x)=(x^2-3x+3)(x-1)$
$$=x^3-4x^2+6x-3 \quad\cdots\cdots\text{⊙}$$

조건 (나)에 의해
$$\{Q(x)\}^2=x^3-10x+13-P(x)$$
$$=x^3-10x+13-(x^3-4x^2+6x-3)$$
$$=4x^2-16x+16$$
$\{Q(x)\}^2=(2x-4)^2$이므로 $Q(x)=2x-4$ 또는 $Q(x)=-2x+4$
이때 $Q(0)<0$이므로 $Q(x)=2x-4$ $\cdots\cdots$ⓒ
⊙, ⓒ에서 $P(2)+P(8)=(8-16+12-3)+(16-4)=1+12=13$

내/신/연/계 출제문항 140

삼차다항식 $P(x)$와 일차다항식 $Q(x)$가 다음 조건을 만족시킨다.

> (가) $P(x)Q(x)$는 $(x^2-x+1)(x-1)$로 나누어떨어진다.
>
> (나) 모든 실수 x에 대하여 $P(x)-x^3+3x^2+2=\{Q(x)\}^2$이다.

$Q(0)<0$일 때, $P(3)Q(3)$의 값을 구하시오.

STEP A 인수정리를 이용하여 다항식 추론하기

조건 (가)에서 사차다항식 $P(x)Q(x)$는 삼차다항식 $(x^2-x+1)(x-1)$로 나누어떨어지므로 몫을 $a(x-k)$ (단, a, k는 상수)라 하면
$P(x)Q(x)=(x^2-x+1)(x-1)a(x-k)$이므로
일차다항식 $Q(x)$가 $x-1$을 인수로 갖는 경우와 $x-k$를 인수로 갖는 경우,
이차식 x^2-x+1은 일차식의 곱으로 인수분해되지 않는다.
($\because$ 판별식 D는 $D=1-4=-3<0$이므로 두 허근을 가진다.)
즉 $Q(1)=0$인 경우와 $Q(1)\neq0$인 경우로 나눌 수 있다.

(i) $Q(1)=0$인 경우
$Q(x)=a(x-1)$ $(a\neq0$인 실수)라 하면
조건 (나)에 의해
$$P(x)=x^3-3x^2-2+\{Q(x)\}^2$$
$$=x^3-3x^2-2+a^2x^2-2a^2x+a^2$$
$$=x^3+(a^2-3)x^2-2a^2x+a^2-2$$
조건 (가)에 의해
$x^3+(a^2-3)x^2-2a^2x+a^2-2$가 x^2-x+1로
나누어떨어져야 하므로 다음과 같이 직접 나눗셈을 하면
나머지 $(-a^2-3)x=0$을 만족시키는 실수 a는 존재하지 않는다.
$-a^2-3=0$을 만족시키는 실수 a는 존재하지 않는다.

$$
\begin{array}{r}
x+(a^2-2) \\
x^2-x+1\,\overline{)\,x^3+(a^2-3)x^2-\quad 2a^2x+a^2-2} \\
\underline{x^3-\quad x^2+\qquad x} \\
(a^2-2)x^2-(2a^2+1)x+a^2-2 \\
\underline{(a^2-2)x^2-(a^2-2)x+(a^2-2)} \\
(-a^2-3)x
\end{array}
$$

STEP B 인수정리를 이용하여 $P(x)$, $Q(x)$의 식 구하기

(ii) $Q(1)\neq0$인 경우   ← $Q(x)=a(x-k)$인 경우
$P(x)$는 x^2-x+1과 $x-1$을 인수로 가지고
조건 (나)에 의해
$P(x)-x^3+3x^2+2$는 이차식이 되어야 하므로
$P(x)$는 최고차항의 계수가 1이어야 한다.
$P(x)-x^3+3x^2+2=\{Q(x)\}^2$에서 $Q(x)$가 일차식이므로 $\{Q(x)\}^2$은 이차식이다.
$P(x)-x^3+3x^2+2$도 이차식이어야 하므로 삼차다항식 $P(x)$의 최고차항의 계수는 1이다.
즉 $P(x)=(x^2-x+1)(x-1)$
$$=x^3-2x^2+2x-1 \quad\cdots\cdots\text{⊙}$$
조건 (나)에 의해
$$\{Q(x)\}^2=x^3-2x^2+2x-1-x^3+3x^2+2$$
$$=x^2+2x+1$$
$\{Q(x)\}^2=(x+1)^2$이므로 $Q(x)=x+1$ 또는 $Q(x)=-x-1$
이때 $Q(0)<0$이므로 $Q(x)=-x-1$ $\cdots\cdots$ⓒ
⊙, ⓒ에서 $P(3)Q(3)=(27-18+6-1)(-3-1)=14\times(-4)=-56$

0291

2020년 06월 고1 학력평가 21번 정답 ④ 

문 항 분 석

조건 (가)에 의하여 $f(x)=(x+2)(x^2+4)(x+a)+3p^2$임을 보인 후
조건 (나)에서 $f(1)=f(-1)$, 조건 (다)에서 인수정리에 의하여 $f(\sqrt{p})=0$임을
이용하여 $f(x)$의 식을 완성한다.

STEP A 조건 (가), (나)를 만족하는 최고차항의 계수가 1인 사차다항식 $f(x)$ 구하기

조건 (가)에서 $f(x)$를 $x+2$, x^2+4로 나누었을 때의 몫을 각각
$Q_1(x)$, $Q_2(x)$라 하면 나머지가 $3p^2$으로 같으므로

$$f(x)=(x+2)Q_1(x)+3p^2$$
$$=(x^2+4)Q_2(x)+3p^2$$

이때 사차항의 계수가 1인 $f(x)$에서 $Q_1(x)$는 x^2+4를 인수로 갖고
$Q_2(x)$는 $x+2$를 인수로 가져야 하므로
$Q_1(x)$와 $Q_2(x)$의 공통인수를 $x+a$ (단, a는 상수)라 하면
$$f(x)=(x+2)(x^2+4)(x+a)+3p^2$$

+α | 조건 (가)를 만족하는 사차다항식 $f(x)$를 다음과 같이 나타낼 수 있어!

조건 (가)에 의하여 $f(x)$를 $x+2$, x^2+4로 나눈 나머지가 모두 $3p^2$이고
$f(x)$는 최고차항의 계수가 1인 사차다항식이므로
$f(x)-3p^2=(x+2)(x^2+4)(x+a)$ (단, a는 상수)라 할 수 있다.
이때 $3p^2$이 상수이므로 $f(x)-3p^2$도 최고차항의 계수가 1인 사차다항식이다.

$f(1)=3\times5\times(1+a)+3p^2=15(1+a)+3p^2$
$f(-1)=1\times5\times(-1+a)+3p^2=5(-1+a)+3p^2$
조건 (나)에서 $f(1)=f(-1)$이므로
$15(1+a)+3p^2=5(-1+a)+3p^2$
$15(1+a)=5(-1+a)$, $15+15a=-5+5a$ ∴ $a=-2$
∴ $f(x)=(x+2)(x^2+4)(x-2)+3p^2$
$\qquad=(x^2-4)(x^2+4)+3p^2$
$\qquad=x^4-16+3p^2$

STEP B 조건 (다)를 만족하는 양수 p의 값 구하기

조건 (다)에 의하여 $f(\sqrt{p})=0$이므로 $p^2+3p^2-16=0$, $4p^2=16$ ∴ $p^2=4$
$f(x)$는 $x-\alpha$를 인수로 갖는다. $\Longleftrightarrow f(\alpha)=0$
따라서 p는 양수이므로 $p=2$

내 신 연 계 출제문항 141

최고차항의 계수가 1인 사차다항식 $f(x)$가 다음 조건을 만족시킬 때,
양수 p의 값은?

> (가) $f(x)$를 $x+1$, x^2+1로 나눈 나머지는 모두 $3p^2$이다.
> (나) $f(2)=f(-2)$
> (다) $x-\sqrt{p}$는 $f(x)$의 인수이다.

① $\dfrac{1}{2}$ ② 1 ③ $\dfrac{3}{2}$
④ 2 ⑤ $\dfrac{5}{2}$

STEP A 조건 (가), (나)를 만족하는 최고차항의 계수가 1인 사차다항식 $f(x)$ 구하기

조건 (가)에서 $f(x)$를 $x+1$, x^2+1로 나누었을 때의 몫을 각각
$Q_1(x)$, $Q_2(x)$라 하면 나머지가 $3p^2$으로 같으므로
← 다항식 $f(x)$를 일차식 $x-\alpha$로 나눈 나머지는 $f(\alpha)$이다.

$$f(x)=(x+1)Q_1(x)+3p^2$$
$$=(x^2+1)Q_2(x)+3p^2$$

이때 사차항의 계수가 1인 $f(x)$에서 $Q_1(x)$는 x^2+1을 인수로 갖고
$Q_2(x)$는 $x+1$을 인수로 가져야 하므로
$Q_1(x)$와 $Q_2(x)$의 공통인수를 $x+a$ (단, a는 상수)라 하면
$$f(x)=(x+1)(x^2+1)(x+a)+3p^2$$

+α | 조건 (가)를 만족하는 사차다항식 $f(x)$를 다음과 같이 나타낼 수 있어!

조건 (가)에 의하여 $f(x)$를 $x+1$, x^2+1로 나눈 나머지가 모두 $3p^2$이고
$f(x)$는 최고차항의 계수가 1인 사차다항식이므로
$f(x)-3p^2=(x+1)(x^2+1)(x+a)$ (단, a는 상수)라 할 수 있다.
이때 $3p^2$이 상수이므로 $f(x)-3p^2$도 최고차항의 계수가 1인 사차다항식이다.

$f(2)=3\times5\times(2+a)+3p^2=15(2+a)+3p^2$
$f(-2)=-1\times5\times(-2+a)+3p^2=-5(-2+a)+3p^2$
조건 (나)에서 $f(2)=f(-2)$이므로
$15(2+a)+3p^2=-5(-2+a)+3p^2$
$15(2+a)=-5(-2+a)$, $30+15a=10-5a$ ∴ $a=-1$
∴ $f(x)=(x+1)(x^2+1)(x-1)+3p^2=x^4-1+3p^2$

STEP B 조건 (다)를 만족하는 양수 p의 값 구하기

조건 (다)에 의하여 $f(\sqrt{p})=0$이므로 $p^2+3p^2-1=0$, $4p^2=1$ ∴ $p^2=\dfrac{1}{4}$

따라서 p는 양수이므로 $p=\dfrac{1}{2}$ 정답 ①

0292

2017년 09월 고1 학력평가 17번 정답 ④ 

문 항 분 석

조건 (나)의 식을 정리하고 조건 (가)를 이용하여 다항식 $f(x)$를 구한다.
또한, $f(x+a)=g(x)$라 할 때, 나머지정리에 의하여 $g(x)$를 $x-2$로 나눈 나머지는
$g(2)=-6$임을 이용하여 a의 값을 구한다.

STEP A 조건 (가), (나)에서 다항식 $f(x)$ 구하기

$\{f(x+1)\}^2-9=(x-1)(x+1)(x^2+5)$에서
$\{f(x+1)\}^2=(x-1)(x+1)(x^2+5)+9$
위의 식에 x 대신에 $x-1$을 대입하면
$\{f(x)\}^2=(x-1-1)(x-1+1)\{(x-1)^2+5\}+9$
$\qquad=x(x-2)(x^2-2x+6)+9$
$\qquad=(x^2-2x)(x^2-2x+6)+9$
$\qquad=(x^2-2x)^2+6(x^2-2x)+9$
$\qquad=(x^2-2x+3)^2$ ← $a^2+6a+9=(a+3)^2$에서 $a=x^2-2x$
∴ $f(x)=x^2-2x+3$ 또는 $f(x)=-x^2+2x-3$
조건 (가)에서 $f(x)<0$이므로 $f(x)=-x^2+2x-3$
모든 실수 x에 대하여
$f(x)=-(x^2-2x)-3=-(x^2-2x+1)+1-3=-(x-1)^2-2<0$

STEP B $f(x+a)$를 $x-2$로 나눈 나머지가 -6이 되도록 하는 모든 상수 a의 값의 곱 구하기

$f(x+a)=-(x+a)^2+2(x+a)-3$에 대하여 $f(x+a)=g(x)$라 하면
$f(x)=-x^2+2x-3$에서 x대신 $x+a$ 대입
$g(x)$를 $x-2$로 나눈 나머지가 -6이 되기 위해서는 나머지정리에 의해
$g(2)=-6$이어야 한다.
다항식 $p(x)$를 $x-\alpha$로 나눈 나머지는 $p(\alpha)$이다.
$g(2)=-(2+a)^2+2(2+a)-3$ ← $g(2)=f(2+a)$
$\qquad=-(a^2+4a+4)+4+2a-3$
$\qquad=-a^2-2a-3=-6$
따라서 $a^2+2a-3=0$이므로 이차방정식의 근과 계수의 관계에 의하여
모든 상수 a의 값의 곱은 -3

STEP A　조건 (가), (나)에서 다항식 $f(x+1)$ 구하기

$$\{f(x+1)\}^2=(x-1)(x+1)(x^2+5)+9$$
$$=(x^2-1)(x^2+5)+9$$
$$=x^4+4x^2+4$$
$$=(x^2+2)^2$$

$\therefore\ f(x+1)=x^2+2$ 또는 $f(x+1)=-x^2-2$

조건 (가)에서 $f(x)<0$　◀ 모든 x에 대하여 $f(x)<0$이므로 $f(x+1)<0$ 역시 성립한다.

이므로 $f(x+1)=-x^2-2$　◀ 모든 실수 x에 대하여 $-x^2\leq0$이므로 $-x^2-2<0$

STEP B　$x+1=t$로 치환하여 다항식 $f(t)$ 구하기

$f(x+1)=-x^2-2$에서 $x+1=t$로 치환하면 $x=t-1$이므로

$f(t)=-(t-1)^2-2=-t^2+2t-3$

STEP C　항등식의 수치대입법을 이용하여 a의 값의 곱 구하기

$f(x+a)$를 $x-2$로 나눌 때의 몫을 $Q(x)$라 하면 나머지가 -6이므로

$f(x+a)=(x-2)Q(x)-6$

$\underline{-(x+a)^2+2(x+a)-3=(x-2)Q(x)-6}$

$f(t)=-t^2+2t-3$의 양변에 $t=x+a$ 대입

양변에 $x=2$를 대입하면

$-(2+a)^2+2(2+a)-3=-6$

$-(a^2+4a+4)+4+2a-3=-6$

$-a^2-2a-3=-6,\ a^2+2a-3=0,\ (a+3)(a-1)=0$

$\therefore\ a=-3$ 또는 $a=1$

따라서 모든 상수 a의 값의 곱은 $(-3)\times1=-3$

모든 실수 x에 대하여 다항식 $f(x)$가 다음 조건을 만족시킨다.

> (가) $f(x)<0$
> (나) $\{f(x+1)\}^2-16=(x-1)(x+1)(x^2+7)$

다항식 $f(x+a)$를 $x-3$으로 나눈 나머지가 -5가 되도록 하는 모든 상수 a의 값의 곱은?

① 1　　　　② 2　　　　③ 3
④ 4　　　　⑤ 5

STEP A　조건 (가), (나)에서 다항식 $f(x)$ 구하기

$\{f(x+1)\}^2-16=(x-1)(x+1)(x^2+7)$에서

$\{f(x+1)\}^2=(x-1)(x+1)(x^2+7)+16$

위의 식에 x 대신에 $x-1$을 대입하면

$\{f(x)\}^2=(x-1-1)(x-1+1)\{(x-1)^2+7\}+16$

$=x(x-2)(x^2-2x+8)+16$

$=(x^2-2x)(x^2-2x+8)+16$

$=(x^2-2x)^2+8(x^2-2x)+16$

$=(x^2-2x+4)^2$　◀ $a^2+8a+16=(a+4)^2$에서 $a=x^2-2x$

$\therefore\ f(x)=x^2-2x+4$ 또는 $f(x)=-x^2+2x-4$

조건 (가)에서 $f(x)<0$이므로 $f(x)=-x^2+2x-4$

모든 실수 x에 대하여

$f(x)=-(x^2-2x)-4=-(x^2-2x+1)+1-4=-(x-1)^2-3<0$

STEP B　$f(x+a)$를 $x-3$으로 나눈 나머지가 -5가 되도록 하는 모든 상수 a의 값의 곱 구하기

$f(x+a)=-(x+a)^2+2(x+a)-4$에 대하여 $f(x+a)=g(x)$라 하면

$f(x)=-x^2+2x-4$에서 x 대신 $x+a$ 대입

$g(x)$를 $x-3$으로 나눈 나머지가 -5가 되기 위해서는 나머지정리에 의해

$g(3)=-5$이어야 한다.

$g(3)=-(3+a)^2+2(3+a)-4$　◀ $g(3)=f(3+a)$

$=-(a^2+6a+9)+6+2a-4$

$=-a^2-4a-7=-5$

따라서 $a^2+4a+2=0$이므로 이차방정식의 근과 계수의 관계에 의하여 모든 상수 a의 값의 곱은 2

STEP A　조건 (가), (나)에서 다항식 $f(x+1)$ 구하기

$$\{f(x+1)\}^2=(x-1)(x+1)(x^2+7)+16$$
$$=(x^2-1)(x^2+7)+16$$
$$=x^4+6x^2+9$$
$$=(x^2+3)^2$$

$\therefore\ f(x+1)=x^2+3$ 또는 $f(x+1)=-x^2-3$

조건 (가)에서 $f(x)<0$　◀ 모든 x에 대하여 $f(x)<0$이므로 $f(x+1)<0$ 역시 성립한다.

이므로 $f(x+1)=-x^2-3$　◀ 모든 실수 x에 대하여 $-x^2\leq0$이므로 $-x^2-3<0$

STEP B　$x+1=t$로 치환하여 다항식 $f(t)$ 구하기

$f(x+1)=-x^2-3$에서 $x+1=t$로 치환하면 $x=t-1$이므로

$f(t)=-(t-1)^2-3=-t^2+2t-4$

STEP C　항등식의 수치대입법을 이용하여 a의 값의 곱 구하기

$f(x+a)$를 $x-3$으로 나눌 때의 몫을 $Q(x)$라 하면

나머지가 -5이므로 $f(x+a)=(x-3)Q(x)-5$

$\underline{-(x+a)^2+2(x+a)-4=(x-3)Q(x)-5}$

$f(t)=-t^2+2t-4$의 양변에 $t=x+a$ 대입

양변에 $x=3$을 대입하면 $-(3+a)^2+2(3+a)-4=-5$

$-(a^2+6a+9)+6+2a-4=-5,\ -a^2-4a-7=-5,\ a^2+4a+2=0$

따라서 이차방정식 $a^2+4a+2=0$의 근과 계수의 관계에 의하여 모든 상수 a의 값의 곱은 2　　　정답 ②

0293　2022년 03월 고2 학력평가 29번　　정답 33

문항분석

나눗셈의 관계식에서 나머지의 차수를 이용하여 $\{g(x)\}^2-x^2$가 일차식이어야 함을 파악하고 나머지정리와 $f(0)\neq0$임을 이용하여 다항식 $f(x)$를 구한다.

STEP A　조건 (가)를 만족하는 다항식 $f(x)$ 구하기

다항식 $f(x)$를 $x^2+g(x)$로 나눈 몫은 $x+2$이고

나머지는 $\{g(x)\}^2-x^2$이므로

$f(x)=\{x^2+g(x)\}(x+2)+\{g(x)\}^2-x^2$　……… ㉠

다항식 $f(x)$를 다항식 $B(B\neq0)$로 나누었을 때의 몫을 Q, 나머지를 R이라 하면 $f(x)=BQ+R$로 나타낼 수 있고, 이때 $(R$의 차수$)<(B$의 차수$)$이다.

이때 $\{g(x)\}^2-x^2$의 차수는 $x^2+g(x)$의 차수보다 작아야 한다.

$g(x)$의 차수는 1이어야 하므로 $x^2+g(x)$는 이차식이고

$\{g(x)\}^2-x^2$은 일차식 또는 상수이어야 한다.

+α　$g(x)$의 차수가 1인 이유!

> (i) $g(x)$의 차수가 $n(n\geq2)$이면　◀ $g(x)$가 이차 이상의 다항식일 때
> 　　$\{g(x)\}^2-x^2$의 차수가 $2n$으로 $x^2+g(x)$의 차수인 n보다 크게 되어 조건을 만족시키지 않는다.
> (ii) $g(x)$가 상수이면
> 　　$x^2+g(x)$의 차수와 $\{g(x)\}^2-x^2$의 차수가 2로 같게 되어 조건을 만족시키지 않는다.
> (i), (ii)에서 $g(x)$의 차수는 1이다.

그런데 $g(x)$의 일차항의 계수가 양수이므로

$g(x)=x+a$ (단, a는 상수)로 놓을 수 있다.

㉠에서
$$f(x)=(x^2+x+a)(x+2)+(x+a)^2-x^2$$
$$=(x^2+x+a)(x+2)+2ax+a^2 \quad\cdots\cdots ㉡$$

STEP B 조건 (나)에서 나머지정리를 이용하여 a의 값 구하기

조건 (나)에서
$f(x)$가 $g(x)=x+a$로 나누어떨어지므로 $f(-a)=0$이다.

[나머지정리] 다항식 $p(x)$를 $x-\alpha$로 나눈 나머지는 $p(\alpha)$

$$f(-a)=(a^2-a+a)(-a+2)-2a^2+a^2$$
$$=-a^3+a^2=0$$
$a^2(a-1)=0$에서 $a=0$ 또는 $a=1$

STEP C $f(0)\neq0$를 만족하는 다항식 $f(x)$를 구하여 $f(2)$의 값 구하기

$a=0$을 ㉡에 대입하면 $f(x)=(x^2+x)(x+2)$에서
$f(0)=0$이 되어 조건을 만족시키지 않는다.
$a=1$을 ㉡에 대입하면 $f(x)=(x^2+x+1)(x+2)+2x+1$에서
$f(0)\neq0$이므로 조건을 만족시킨다.
따라서 $f(x)=(x^2+x+1)(x+2)+2x+1$이고 $f(2)=7\times4+4+1=33$

다른풀이 다항식 $g(x)$가 일차식임을 이용하여 풀이하기

STEP A 조건 (가)를 만족하는 다항식 $f(x)$를 $g(x)$로 묶어 나타내기

다항식 $f(x)$를 $x^2+g(x)$로 나눈 몫이 $x+2$이고
나머지가 $\{g(x)\}^2-x^2$이므로
$$f(x)=\{x^2+g(x)\}(x+2)+\{g(x)\}^2-x^2$$
$$=x^2(x+2)+(x+2)g(x)+\{g(x)\}^2-x^2$$
$$=(x+2)g(x)+\{g(x)\}^2+x^2(x+2)-x^2 \quad\leftarrow g(x)로 묶어 정리한다.$$
$$=g(x)\{x+2+g(x)\}+x^3+x^2$$
$$=g(x)\{x+2+g(x)\}+x^2(x+1)$$

STEP B 조건 (나)와 $f(0)\neq0$을 이용하여 최고차항이 양수인 다항식 $g(x)$ 구하기

이때 $f(x)$는 $g(x)$로 나누어떨어지므로
$x^2(x+1)$도 $g(x)$로 나누어떨어져야 한다. $\quad\cdots\cdots ㉠$
또한, $f(0)\neq0$이므로 $f(0)=g(0)\{2+g(0)\}\neq0$
$\therefore g(0)\neq0$이고 $g(0)\neq-2$ $\quad\cdots\cdots ㉡$
$g(x)$의 최고차항의 계수가 양수이고 ㉠, ㉡에 의하여
$g(x)=k(x+1)(k>0)$라 할 수 있다.
한편 $x^2+g(x)$로 나눈 나머지가 $\{g(x)\}^2-x^2$이므로
$\{g(x)\}^2-x^2$의 차수가 $x^2+g(x)$의 차수보다 작아야 한다.

다항식 $f(x)$를 다항식 $B(B\neq0)$로 나누었을 때의 몫을 Q, 나머지를 R이라 하면 $f(x)=BQ+R$로 나타낼 수 있고, $(R$의 차수$)<(B$의 차수$)$이다.

$x^2+g(x)=x^2+k(x+1)=x^2+kx+k$
$\{g(x)\}^2-x^2=\{k(x+1)\}^2-x^2=(k^2-1)x^2+2k^2x+k^2$
즉 $\{g(x)\}^2-x^2$의 차수가 $x^2+g(x)$의 차수보다 작으려면 $\leftarrow \{g(x)\}^2-x^2$은 일차식 또는 상수
$k^2-1=0$이어야 한다.
$k>0$이므로 $k=1$
$\therefore g(x)=x+1$

STEP C 다항식 $f(x)$를 구하여 $f(2)$의 값 구하기

$f(x)=(x+1)\{x+2+(x+1)\}+x^2(x+1)$ $\leftarrow f(x)=g(x)\{x+2+g(x)\}+x^2(x+1)$
$=(x+1)(2x+3)+x^2(x+1)$ 에 $g(x)=x+1$을 대입한다.
따라서 $f(2)=(2+1)(2\times2+3)+2^2\times(2+1)=3\times7+4\times3=33$

내·신·연·계 출제문항 143

최고차항의 계수가 양수인 두 다항식 $f(x)$, $g(x)$가 다음 조건을 만족시킨다.

> (가) $f(x)$를 $x^2+g(x)$로 나눈 몫은 $x+3$이고 나머지는 $\{g(x)\}^2-x^2$이다.
> (나) $f(x)$는 $g(x)$로 나누어떨어진다.

$f(0)\neq0$일 때, $f(1)$의 값을 구하시오.

STEP A 조건 (가)를 만족하는 다항식 $f(x)$ 구하기

다항식 $f(x)$를 $x^2+g(x)$로 나눈 몫은 $x+3$이고
나머지는 $\{g(x)\}^2-x^2$이므로
$f(x)=\{x^2+g(x)\}(x+3)+\{g(x)\}^2-x^2 \quad\cdots\cdots ㉠$
다항식 $f(x)$를 다항식 $B(B\neq0)$로 나누었을 때의 몫을 Q, 나머지를 R이라 하면 $f(x)=BQ+R$로 나타낼 수 있고, 이때 $(R$의 차수$)<(B$의 차수$)$이다.
이때 $\{g(x)\}^2-x^2$의 차수는 $x^2+g(x)$의 차수보다 작아야 한다.
$g(x)$의 차수는 1이어야 하므로 $x^2+g(x)$는 이차식이고
$\{g(x)\}^2-x^2$은 일차식 또는 상수이어야 한다.
그런데 $g(x)$의 일차항의 계수가 양수이므로
$g(x)=x+a$ (단, a는 상수)로 놓을 수 있다.
㉠에서
$f(x)=(x^2+x+a)(x+3)+(x+a)^2-x^2$
$=(x^2+x+a)(x+3)+2ax+a^2 \quad\cdots\cdots ㉡$

STEP B 조건 (나)에서 나머지정리를 이용하여 a의 값 구하기

조건 (나)에서
$f(x)$가 $g(x)=x+a$로 나누어떨어지므로 $f(-a)=0$이다.

[나머지정리] 다항식 $p(x)$를 $x-\alpha$로 나눈 나머지는 $p(\alpha)$

$f(-a)=(a^2-a+a)(-a+3)-2a^2+a^2$
$=-a^3+2a^2=0$
$a^2(a-2)=0$에서 $a=0$ 또는 $a=2$

STEP C $f(0)\neq0$를 만족하는 다항식 $f(x)$를 구하여 $f(1)$의 값 구하기

$a=0$을 ㉡에 대입하면 $f(x)=(x^2+x)(x+3)$에서
$f(0)=0$이 되어 조건을 만족시키지 않는다.
$a=2$를 ㉡에 대입하면 $f(x)=(x^2+x+2)(x+3)+4x+4$에서
$f(0)\neq0$이므로 조건을 만족시킨다.
따라서 $f(x)=(x^2+x+2)(x+3)+4x+4$이고 $f(1)=4\times4+4+4=24$

 정답 24

0294

정답 ②

STEP A $a^3+b^3=(a+b)(a^2-ab+b^2)$**을 이용하여 인수분해하기**

$$x^3+8y^3-3xy(x+2y)=x^3+(2y)^3-3xy(x+2y)$$
$$=(x+2y)(x^2-2xy+4y^2)-3xy(x+2y)$$
$$=(x+2y)(x^2-2xy+4y^2-3xy)$$
$$=(x+2y)(x^2-5xy+4y^2)$$
$$=(x+2y)(x-y)(x-4y)$$

STEP B $a+b$**의 값 구하기**

이때 $(x-y)(x+2y)(x-4y)=(x-y)(x+ay)(x+by)$이므로
$a=2$, $b=-4$ 또는 $a=-4$, $b=2$
따라서 $a+b=2+(-4)=-2$

0295

정답 ④

STEP A **인수분해 공식을 이용하여 옳지 않은 것 구하기**

① $a^2+b^2-c^2-2ab=(a^2-2ab+b^2)-c^2$
$$=(a-b)^2-c^2$$
$$=(a-b-c)(a-b+c)$$
② $x^6-y^6=(x^3)^2-(y^3)^2$
$$=(x^3+y^3)(x^3-y^3)$$
$$=(x+y)(x^2-xy+y^2)(x-y)(x^2+xy+y^2)$$

> **+α** | 다음과 같이 인수분해할 수도 있어!
>
> $x^6-y^6=(x^2)^3-(y^2)^3$
> $\quad=(x^2-y^2)\{(x^2)^2+x^2y^2+(y^2)^2\}$
> $\quad=(x+y)(x-y)(x^4+x^2y^2+y^4)$
> $\quad=(x+y)(x-y)(x^2+xy+y^2)(x^2-xy+y^2)$

③ $x^4-8x^2-9=(x^2)^2-8x^2-9$
$$=(x^2+1)(x^2-9)$$
$$=(x^2+1)(x+3)(x-3)$$
④ $a^2+bc-ca-b^2=a^2-b^2+bc-ca$
$$=(a+b)(a-b)-c(a-b)$$
$$=(a-b)(a+b-c)$$
⑤ $(a+b)^3-b^3=\{(a+b)-b\}\{(a+b)^2+(a+b)b+b^2\}$
$$=a(a^2+2ab+b^2+ab+b^2+b^2)$$
$$=a(a^2+3ab+3b^2)$$

따라서 옳지 않은 것은 ④이다.

0296

정답 ③

STEP A **인수분해 공식을 이용하여 옳지 않은 것 구하기**

① $8x^3-36x^2+54x-27=(2x-3)^3$
② $x^4-18x^2+81=(x^2-9)^2=(x+3)^2(x-3)^2$
③ $x^3-8y^3=x^3-(2y)^3=(x-2y)(x^2+2xy+4y^2)$
④ $x^4-81y^4=(x^2)^2-(9y^2)^2=(x^2+9y^2)(x^2-9y^2)$
$$=(x^2+9y^2)(x+3y)(x-3y)$$
⑤ $4x^2+y^2+9z^2+4xy+6yz+12zx=(2x)^2+y^2+(3z)^2+2(2xy+3yz+6zx)$
$$=(2x+y+3z)^2$$

따라서 옳지 않은 것은 ③이다.

다음 중 인수분해한 것이 옳지 않은 것은?

① $x^3-9x^2+27x-27=(x-3)^3$
② $x^3+8y^3=(x+2y)(x^2-2xy+2y^2)$
③ $(a+b)^2-2(a+b)-3=(a+b+1)(a+b-3)$
④ $a^2+4b^2+c^2+4ab-4bc-2ca=(a+2b-c)^2$
⑤ $a^4b+a^3b^2-2a^2b^3=a^2b(a+2b)(a-b)$

STEP A **인수분해 공식을 이용하여 옳지 않은 것 구하기**

① $x^3-9x^2+27x-27=(x-3)^3$
② $x^3+8y^3=x^3+(2y)^3=(x+2y)(x^2-2xy+4y^2)$
③ $(a+b)^2-2(a+b)-3=(a+b+1)(a+b-3)$
④ $a^2+4b^2+c^2+4ab-4bc-2ca=a^2+(2b)^2+(-c)^2+2(2ab-2bc-ca)$
$$=(a+2b-c)^2$$
⑤ $a^4b+a^3b^2-2a^2b^3=a^2b(a^2+ab-2b^2)$
$$=a^2b(a+2b)(a-b)$$

따라서 옳지 않은 것은 ②이다.

정답 ②

0297

정답 ③

STEP A **인수분해 공식을 이용하여 인수 구하기**

$$x^6-y^6=(x^3)^2-(y^3)^2$$
$$=(x^3+y^3)(x^3-y^3)$$
$$=(x+y)(x-y)(x^2-xy+y^2)(x^2+xy+y^2)$$

따라서 인수인 것은 ㄱ, ㄴ, ㄷ, ㅂ이므로 4개이다.

> **+α** | 인수를 직접 구할 수 있어!
>
> $x^6-y^6=(x+y)(x-y)(x^2-xy+y^2)(x^2+xy+y^2)$에서 인수는
> 인수가 1개인 경우
> $x+y$, $x-y$, x^2+xy+y^2, x^2-xy+y^2
> 인수가 2개인 경우
> $(x+y)(x-y)$, $(x+y)(x^2+xy+y^2)$, $(x+y)(x^2-xy+y^2)$
> $(x-y)(x^2-xy+y^2)$, $(x-y)(x^2+xy+y^2)$, $(x^2+xy+y^2)(x^2-xy+y^2)$
> 인수가 3개인 경우
> $(x+y)(x-y)(x^2-xy+y^2)$, $(x+y)(x-y)(x^2+xy+y^2)$
> $(x+y)(x^2-xy+y^2)(x^2+xy+y^2)$, $(x-y)(x^2-xy+y^2)(x^2+xy+y^2)$
> 인수가 4개인 경우
> $(x+y)(x-y)(x^2-xy+y^2)(x^2+xy+y^2)$

0298

정답 ①

STEP A $a^4+a^2b^2+b^4=(a^2+ab+b^2)(a^2-ab+b^2)$**임을 이용하여 구하기**

$$16x^4+36x^2+81=(2x)^4+(2x)^2\times3^2+3^4$$
$$=(4x^2+6x+9)(4x^2-6x+9)$$

이때 $(4x^2+6x+9)(4x^2-6x+9)=(4x^2+ax+9)(4x^2+bx+9)$이므로
$a=6$, $b=-6$ 또는 $a=-6$, $b=6$
따라서 $ab=-36$

0299

2017년 03월 고2 학력평가 가형 14번  

정답 ⑤

STEP Ⓐ 주어진 식의 좌변을 인수분해하여 $h(x)$ 구하기

세 다항식 $f(x)$, $g(x)$, $h(x)$에 대하여

$\{f(x)\}^3+\{g(x)\}^3=(2x^2-x-1)h(x)$에서

좌변을 인수분해하면

$\underline{\{f(x)\}^3+\{g(x)\}^3=\{f(x)+g(x)\}[\{f(x)\}^2-f(x)g(x)+\{g(x)\}^2]}$
$a^3+b^3=(a+b)(a^2-ab+b^2)$

$\qquad\qquad\qquad =\underline{(2x^2-x-1)}[\{f(x)\}^2-f(x)g(x)+\{g(x)\}^2]$
$f(x)+g(x)=x^2+x+x^2-2x-1=2x^2-x-1$

이므로

$(2x^2-x-1)h(x)=(2x^2-x-1)[\{f(x)\}^2-f(x)g(x)+\{g(x)\}^2]$

$\therefore h(x)=\{f(x)\}^2-f(x)g(x)+\{g(x)\}^2$

STEP Ⓑ 나머지정리를 이용하여 나머지 구하기

따라서 $f(1)=1+1=2$, $g(1)=1-2-1=-2$이므로

$h(x)$를 $x-1$로 나누었을 때의 나머지는 나머지정리에 의하여
다항식 $f(x)$를 $x-\alpha$로 나누었을 때의 나머지는 $f(\alpha)$이다.

$h(1)=\{f(1)\}^2-f(1)g(1)+\{g(1)\}^2$
$\qquad =2^2-2\times(-2)+(-2)^2$
$\qquad =12$

내신 연계 출제문항 145

세 다항식 $f(x)=x^2-3x$, $g(x)=x^2-2x-3$, $h(x)$에 대하여
$\{f(x)\}^2-\{g(x)\}^2=(2x^2-5x-3)h(x)$가 모든 실수 x에 대하여
성립할 때, $h(3)$의 값은?

①-2 ②-1 ③$0$
④$1$ ⑤$2$

STEP Ⓐ 주어진 식의 좌변을 인수분해하여 $h(x)$ 구하기

세 다항식 $f(x)$, $g(x)$, $h(x)$에 대하여

$\{f(x)\}^2-\{g(x)\}^2=(2x^2-5x-3)h(x)$에서

좌변을 인수분해하면

$\{f(x)\}^2-\{g(x)\}^2=\{f(x)+g(x)\}\{f(x)-g(x)\}$
$\qquad\qquad\qquad =(2x^2-5x-3)\{f(x)-g(x)\}$

이므로

$(2x^2-5x-3)h(x)=(2x^2-5x-3)\{f(x)-g(x)\}$

$\therefore h(x)=f(x)-g(x)$
$\qquad =(x^2-3x)-(x^2-2x-3)$
$\qquad =-x+3$

STEP Ⓑ $h(3)$의 값 구하기

따라서 $h(3)=-3+3=0$

정답 ③

0300

정답 ②

STEP Ⓐ 공통부분을 치환하여 인수분해하기

$(x+1)(x+2)(x-3)(x-4)+6=\{(x+1)(x-3)\}\{(x+2)(x-4)\}+6$
$\qquad\qquad =(x^2-2x-3)(x^2-2x+\boxed{-8})+6$

$x^2-2x=X$로 놓으면

$(x^2-2x-3)(x^2-2x+\boxed{-8})+6=(X-3)(X+\boxed{-8})+6$
$\qquad\qquad =X^2+\boxed{-11}X+30$
$\qquad\qquad =(X+\boxed{-5})(X-6)$
$\qquad\qquad =(x^2-2x+\boxed{-5})(x^2-2x-6)$

STEP Ⓑ $p+q+r$의 값 구하기

따라서 $p=-8$, $q=-11$, $r=-5$이므로

$p+q+r=(-8)+(-11)+(-5)=-24$

0301

정답 ②

STEP Ⓐ 공통부분을 한 문자로 치환하여 인수분해하기

다항식 $(x^2-3x)^2-2x^2+6x-8=(x^2-3x)^2-2(x^2-3x)-8$에서

$x^2-3x=X$라 하면

$X^2-2X-8=(X+2)(X-4)$
$\qquad =(x^2-3x+2)(x^2-3x-4)$ ← $X=x^2-3x$
$\qquad =(x-1)(x-2)(x-4)(x+1)$

STEP Ⓑ 인수분해한 결과를 이용하여 계수를 비교하여 a, b, c, d의 값 구하기

$(x-1)(x-2)(x-4)(x+1)=(x-a)(x-b)(x-c)(x-d)$에서

$a<b<c<d$이므로 $a=-1$, $b=1$, $c=2$, $d=4$

따라서 $ac+bd=(-1)\times2+1\times4=-2+4=2$

0302

정답 ④

STEP Ⓐ 공통부분을 한 문자로 치환하여 인수분해하기

다항식 $(x^2-4x+4)(x^2-4x-7)+18$에서

$x^2-4x=X$라 하면

$(x^2-4x+4)(x^2-4x-7)+18=(X+4)(X-7)+18$
$\qquad\qquad =X^2-3X-10$
$\qquad\qquad =(X-5)(X+2)$
$\qquad\qquad =(x^2-4x-5)(x^2-4x+2)$ ← $X=x^2-4x$
$\qquad\qquad =(x+1)(x-5)(x^2-4x+2)$

STEP Ⓑ $f(3)+g(3)+h(3)$의 값 구하기

따라서 $f(x)=x+1$, $g(x)=x-5$, $h(x)=x^2-4x+2$ 또는
$f(x)=x-5$, $g(x)=x+1$, $h(x)=x^2-4x+2$이므로

$f(3)+g(3)+h(3)=4-2-1=1$

0303

정답 ④

STEP Ⓐ 공통부분이 생기도록 상수의 합이 같은 두 일차식끼리 짝을 지어 각각 전개하기

주어진 식을 변형하면

$(x^2+3x+2)(x^2+9x+20)-10=(x+1)(x+2)(x+4)(x+5)-10$
$\qquad\qquad =\{(x+1)(x+5)\}\{(x+2)(x+4)\}-10$
$\qquad\qquad =(x^2+6x+5)(x^2+6x+8)-10$

STEP Ⓑ 공통부분을 한 문자로 치환하여 인수분해한 후 원래의 식 대입하기

$x^2+6x=X$라 하면

$(x^2+6x+5)(x^2+6x+8)-10=(X+5)(X+8)-10$
$\qquad\qquad =X^2+13X+30$
$\qquad\qquad =(X+3)(X+10)$
$\qquad\qquad =(x^2+6x+3)(x^2+6x+10)$ ← $x^2+6x=X$

즉 $(x^2+ax+b)(x^2+cx+d)=(x^2+6x+3)(x^2+6x+10)$

따라서 $a+b+c+d=6+3+6+10=25$

다항식 $(x^2-5x+6)(x^2+7x+12)-16$을 인수분해하면
$$(x^2+ax-b)(x^2+cx-d)$$
가 될 때, 상수 a, b, c, d에 대하여 $a+b+c+d$의 값은?

① 12   ② 16   ③ 20
④ 24   ⑤ 28

STEP Ⓐ 공통부분이 생기도록 상수의 합이 같은 두 일차식끼리 짝을 지어 각각 전개하기

주어진 식을 변형하면
$$(x^2-5x+6)(x^2+7x+12)-16=(x-2)(x-3)(x+3)(x+4)-16$$
$$=\{(x-2)(x+3)\}\{(x-3)(x+4)\}-16$$
$$=(x^2+x-6)(x^2+x-12)-16$$

STEP Ⓑ 공통부분을 한 문자로 치환하여 인수분해한 후 원래의 식 대입하기

$x^2+x=X$라 하면
$$(x^2+x-6)(x^2+x-12)-16=(X-6)(X-12)-16$$
$$=X^2-18X+56$$
$$=(X-4)(X-14)$$
$$=(x^2+x-4)(x^2+x-14) \quad \leftarrow x^2+x=X$$
즉 $(x^2+ax-b)(x^2+cx-d)=(x^2+x-4)(x^2+x-14)$
따라서 $a+b+c+d=1+4+1+14=20$ 정답 ③

0304
정답 ④

STEP Ⓐ 공통부분이 생기도록 상수의 합이 같은 두 일차식끼리 짝을 지어 각각 전개하기

주어진 식을 변형하면
$$(x+1)(x+2)(x+3)(x+4)-12x^2-60x-48$$
$$=\{(x+1)(x+4)\}\{(x+2)(x+3)\}-12x^2-60x-48$$
$$=(x^2+5x+4)(x^2+5x+6)-12(x^2+5x)-48$$

STEP Ⓑ 공통부분을 한 문자로 치환하여 인수분해한 후 원래의 식을 대입하기

$x^2+5x=X$라 하면
$$(x^2+5x+4)(x^2+5x+6)-12(x^2+5x)-48=(X+4)(X+6)-12X-48$$
$$=X^2+10X+24-12X-48$$
$$=X^2-2X-24$$
$$=(X+4)(X-6)$$
$$x^2+5x=X \longrightarrow =(x^2+5x+4)(x^2+5x-6)$$
$$=(x+1)(x+4)(x-1)(x+6)$$

따라서 인수가 아닌 것은 $x+5$

다항식 $x(x+1)(x+2)(x+3)-10x^2-30x-20$을 인수분해하면
$$(x+a)(x+b)(x+c)(x+d)$$
일 때, 상수 a, b, c, d에 대하여 $a<b<c<d$일 때, $ac+bd$의 값은?

① 1   ② 2   ③ 3
④ 4   ⑤ 5

STEP Ⓐ 공통부분이 생기도록 상수의 합이 같은 두 일차식끼리 짝을 지어 각각 전개하기

주어진 식을 변형하면
$$x(x+1)(x+2)(x+3)-10x^2-30x-20$$
$$=\{x(x+3)\}\{(x+1)(x+2)\}-10(x^2+3x)-20$$
$$=(x^2+3x)(x^2+3x+2)-10(x^2+3x)-20$$

STEP Ⓑ 공통부분을 한 문자로 치환하여 인수분해한 후 원래의 식을 대입하기

$x^2+3x=X$라 하면
$$(x^2+3x)(x^2+3x+2)-10(x^2+3x)-20=X(X+2)-10X-20$$
$$=X^2+2X-10X-20$$
$$=X^2-8X-20$$
$$=(X+2)(X-10)$$
$$x^2+3x=X \longrightarrow =(x^2+3x+2)(x^2+3x-10)$$
$$=(x+1)(x+2)(x-2)(x+5)$$

STEP Ⓒ $ac+bd$의 값 구하기

$(x+a)(x+b)(x+c)(x+d)=(x-2)(x+1)(x+2)(x+5)$에서
$a<b<c<d$이므로 $a=-2$, $b=1$, $c=2$, $d=5$
따라서 $ac+bd=(-2)\times2+1\times5=-4+5=1$ 정답 ①

0305
2023년 11월 고1 학력평가 10번   정답 ①

STEP Ⓐ $x^2+4=t$로 치환하여 인수분해하기

다항식 $(x^2+4)^2-3x(x^2+4)-4x^2$에서 $x^2+4=t$로 치환하면
$$t^2-3xt-4x^2=(t-4x)(t+x)$$
$$=(x^2-4x+4)(x^2+x+4) \quad \leftarrow t=x^2+4$$
$$=(x-2)^2(x^2+x+4)$$
에서 $a=-2$, $b=1$, $c=4$
따라서 $a+b+c=(-2)+1+4=3$

두 자연수 a, $b(a<b)$와 모든 실수 x에 대하여 등식
$$(x^2-x)(x^2-x+4)+k(x^2-x)+10=(x^2-x+a)(x^2-x+b)$$
를 만족시키는 모든 상수 k의 값의 합은?

① 8   ② 9   ③ 10
④ 11   ⑤ 12

STEP Ⓐ 공통인수 x^2-x를 치환하여 주어진 식을 정리하여 항등식의 계수를 비교하기

$x^2-x=X$라 하면
$(x^2-x)(x^2-x+4)+k(x^2-x)+10=(x^2-x+a)(x^2-x+b)$에서
$$X(X+4)+kX+10=(X+a)(X+b)$$
$$X^2+(k+4)X+10=X^2+(a+b)X+ab$$
양변의 계수를 각각 비교하면 $k+4=a+b$, $ab=10$

STEP Ⓑ a, b가 자연수임을 이용하여 모든 상수 k의 값의 합 구하기

이때 a, $b(a<b)$가 자연수이므로 $ab=10$에서
$a=1$, $b=10$ 또는 $a=2$, $b=5$ $\leftarrow$ $ab=10$이 되는 두 자연수 a, b는 10의 양의 약수이다.
$k=a+b-4$에서 $k=7$ 또는 $k=3$ $\leftarrow$ $k=1+10-4=7$ 또는 $k=2+5-4=3$
따라서 모든 상수 k의 값의 합은 $7+3=10$ 정답 ③

0306

STEP A 연속한 네 개의 정수의 곱에 1을 더한 수를 N이라 하면 N은 어떤 홀수의 제곱이 됨을 빈칸 추론하기

$$N=n(n+1)(n+2)(n+3)+1$$
$$=n(n+3)(n+1)(n+2)+1$$
$$=\{n^2+\boxed{3n}\}\{n^2+\boxed{3n}+2\}+1$$
$$=(n^2+3n)^2+2(n^2+3n)+1 \quad \leftarrow A^2+2A+1=(A+1)^2$$
$$=\{n^2+3n+\boxed{1}\}^2$$

이때 $\sqrt{10\times11\times12\times13+1}=\sqrt{(10^2+3\times10+1)^2}=\boxed{131}$

따라서 (가) $3n$, (나) 1, (다) 131

0307

정답 461

STEP A $x=20$으로 치환하여 자연수 k의 값 구하기

$x=20$으로 놓으면
$$20\times21\times22\times23+1=x(x+1)(x+2)(x+3)+1$$
$$=x(x+3)(x+1)(x+2)+1$$
$$=(x^2+3x)(x^2+3x+2)+1$$
$$=(x^2+3x)^2+2(x^2+3x)+1 \quad \leftarrow A^2+2A+1=(A+1)^2$$
$$=(x^2+3x+1)^2$$
$$=(20^2+3\times20+1)^2$$
$$=461^2$$

따라서 $k=461$

0308

2019년 03월 고2 학력평가 가형 26번

정답 176

STEP A 인수분해를 이용하여 큰 수의 제곱근의 값 구하기

$x=10$이라 하고 근호 안의 식을 정리하면
$$10\times13\times14\times17+36=x(x+3)(x+4)(x+7)+36$$
$$=\{x(x+7)\}\{(x+3)(x+4)\}+36$$
$$=(x^2+7x)(x^2+7x+12)+36$$

이때 $x^2+7x=X$로 치환하면
$$(x^2+7x)(x^2+7x+12)+36=X(X+12)+36$$
$$=X^2+12X+36$$
$$=(X+6)^2$$
$$=(x^2+7x+6)^2 \quad \leftarrow X=x^2+7x\ 대입$$
$$=(10^2+7\times10+6)^2 \quad \leftarrow x=10\ 대입$$
$$=176^2$$

STEP B 주어진 식의 값 구하기

따라서 $\sqrt{10\times13\times14\times17+36}=\sqrt{176^2}=176$

$\sqrt{16\times17\times18\times19+1}$ 의 값을 구하시오.

STEP A 연속한 네 자연수의 곱에 1을 더한 수를 나타낸 식을 인수분해하기

$x=16$이라 하고 근호 안의 식을 정리하면
$$16\times17\times18\times19+1=x(x+1)(x+2)(x+3)+1$$
$$=x(x+3)(x+1)(x+2)+1$$
$$=(x^2+3x)(x^2+3x+2)+1$$
$$=(x^2+3x)^2+2(x^2+3x)+1$$
$$=(x^2+3x+1)^2$$

STEP B $\sqrt{16\times17\times18\times19+1}$ 의 값 구하기

따라서 $\sqrt{16\times17\times18\times19+1}=\sqrt{(16^2+3\times16+1)^2}$
$$=256+48+1$$
$$=305$$

정답 305

0309

정답 1

STEP A 공통부분이 생기도록 상수의 합이 같은 두 일차식끼리 짝을 지어 각각 전개하기

$$(x-1)(x-2)(x-3)(x-4)+k=\{(x-1)(x-4)\}\{(x-2)(x-3)\}+k$$
$$=(x^2-5x+4)(x^2-5x+6)+k$$

이때 $x^2-5x=X$로 놓으면
$$(x^2-5x+4)(x^2-5x+6)+k=(X+4)(X+6)+k$$
$$=X^2+10X+24+k$$

STEP B 완전제곱식의 꼴로 인수분해되기 위한 k의 값 구하기

이 식이 이차식의 완전제곱식의 꼴로 인수분해되기 위해서는
$X^2+10X+24+k=(X+5)^2$을 만족하므로 $24+k=25$
$X=x^2-5x$로 이차식이므로 $X^2+10X+24+k$가 완전제곱식이 되면 이차식의 완전제곱식으로 만들어진다.
따라서 $k=1$

+α $k=1$인 이유!

x에 대한 이차식의 완전제곱식의 꼴로 인수분해되려면
$X^2+10X+24+k$의 일차식의 완전제곱식의 꼴로 인수분해되어야 한다.
즉 $24+k=\left(\dfrac{10}{2}\right)^2$이므로 $24+k=25$ $\therefore k=1$

mini해설 $x^2-5x+4=X$로 치환하여 풀이하기

$$(x-1)(x-2)(x-3)(x-4)+k=\{(x-1)(x-4)\}\{(x-2)(x-3)\}+k$$
$$=(x^2-5x+4)(x^2-5x+6)+k$$

$x^2-5x+4=X$로 놓으면
$X(X+2)+k=X^2+2X+k$
따라서 이 식이 이차식의 완전제곱식의 꼴로 인수분해되기 위해서는
$X^2+2X+k=(X+1)^2$을 만족하므로 $k=1$
$(X+1)^2=(x^2-5x+5)^2$이므로 이차식의 완전제곱식의 꼴로 인수분해된다.

0310

STEP A 공통부분이 생기도록 상수의 합이 같은 두 일차식끼리 짝을 지어 각각 전개하기

$$(x+1)(x+3)(x+5)(x+7)+k=(x+1)(x+7)(x+3)(x+5)+k$$
$$=(x^2+8x+7)(x^2+8x+15)+k$$

이때 $x^2+8x=X$로 놓으면

$$(x^2+8x+7)(x^2+8x+15)+k=(X+7)(X+15)+k$$
$$=X^2+22X+105+k$$

STEP B 완전제곱식의 꼴로 인수분해되기 위한 k의 값 구하기

이 식이 이차식의 완전제곱식의 꼴로 인수분해되기 위해서는
$X^2+22X+105+k=(X+11)^2$을 만족시켜야 하므로 $105+k=11^2$
$$\therefore k=121-105=16 \qquad \cdots\cdots ㉠$$

> **+α** | $x^2+8x+7=X$로 치환하여 구할 수 있어!
>
> $$(x+1)(x+3)(x+5)(x+7)+k=(x+1)(x+7)(x+3)(x+5)+k$$
> $$=(x^2+8x+7)(x^2+8x+15)+k$$
> $x^2+8x+7=X$로 놓으면
> $X(X+8)+k=X^2+8X+k$
> 이 식이 이차식의 완전제곱식의 꼴로 인수분해되기 위해서는
> $X^2+8X+k=(X+4)^2$을 만족시켜야 하므로 $k=16$

STEP C 완전제곱식의 꼴로 인수분해하여 a, b, c의 값 구하기

$$(x+1)(x+3)(x+5)(x+7)+16=(X+11)^2$$
$$=(x^2+8x+11)^2$$

즉 $(x^2+8x+11)^2=(ax^2+bx+c)$이므로
$$a=1, \ b=8, \ c=11 \qquad \cdots\cdots ㉡$$
㉠, ㉡에서 $a+b+c+k=1+8+11+16=36$

내신연계 출제문항 150

다항식 $(x^2-1)(x^2-6x+8)-k$를 인수분해했더니 $(ax^2+bx+c)^2$이 되었을 때, $a+b+c+k$의 값은?(단, a, b, c, k는 상수이다.)

① -12 ② -11 ③ -10
④ -9 ⑤ -8

STEP A 공통부분이 생기도록 상수의 합이 같은 두 일차식끼리 짝을 지어 각각 전개하기

$$(x^2-1)(x^2-6x+8)-k=(x+1)(x-1)(x-2)(x-4)-k$$
$$=\{(x+1)(x-4)\}\{(x-1)(x-2)\}-k$$
$$=(x^2-3x-4)(x^2-3x+2)-k$$

이때 $x^2-3x=X$로 놓으면
$$(x^2-3x-4)(x^2-3x+2)-k=(X-4)(X+2)-k$$
$$=X^2-2X-8-k$$

STEP B 완전제곱식의 꼴로 인수분해되기 위한 k의 값 구하기

이 식이 이차식의 완전제곱식이 되려면
$X^2-2X-8-k=(X-1)^2$을 만족시켜야 하므로
$X=x^2-3x$로 이차식이므로 $X^2-2X-8-k$가 완전제곱식이 되면 이차식의 완전제곱식으로 만들어진다.
$$-8-k=1 \quad \therefore k=-9 \qquad \cdots\cdots ㉠$$

STEP C 완전제곱식의 꼴로 인수분해하여 a, b, c의 값 구하기

$$(x+1)(x-1)(x-2)(x-4)+9=(X-1)^2$$
$$=(x^2-3x-1)^2$$

즉 $(x^2-3x-1)^2=(ax^2+bx+c)^2$이므로
$$a=1, \ b=-3, \ c=-1 \qquad \cdots\cdots ㉡$$
㉠, ㉡에서 $a+b+c+k=1+(-3)+(-1)+(-9)=-12$ 정답 ①

0311

STEP A 주어진 식이 완전제곱식이 되기 위한 k의 값 구하기

$$(x+2)(x+3)(x+4)(x+5)+k=(x+2)(x+5)(x+3)(x+4)+k$$
$$=(x^2+7x+10)(x^2+7x+12)+k$$

$x^2+7x=X$라 하면
$$(x^2+7x+10)(x^2+7x+12)+k=(X+10)(X+12)+k$$
$$=X^2+22X+120+k$$

주어진 식이 이차식의 완전제곱식으로 인수분해되기 위해서는
$X^2+22X+120+k$가 완전제곱식이어야 한다.
즉 $X^2+22X+120+k=(X+11)^2$이므로 $120+k=121$
$$\therefore k=1$$

> **+α** | 판별식을 이용하여 구할 수 있어!
>
> 이차식 $X^2+22X+120+k$가 완전제곱식이므로
> 이차방정식 $X^2+22X+120+k=0$은 중근을 가진다.
> 즉 이차방정식의 판별식을 D라 하면 $D=0$이어야 한다.
> $\dfrac{D}{4}=11^2-(120+k)=0, \ 1-k=0 \quad \therefore k=1$

STEP B 항등식의 성질을 이용하여 a, b의 값 구하기

$X=x^2+7x$이므로 $(X+11)^2=(x^2+7x+11)^2$
즉 $(x^2+7x+11)^2=(x^2+ax+b)^2$이므로 $a=7$, $b=11$
따라서 $a+b+k=7+11+1=19$

내신연계 출제문항 151

x에 대한 다항식 $(x-1)(x-3)(x-5)(x-7)+k$가 $(x^2-ax+b)^2$으로 인수분해되도록 하는 세 실수 a, b, k에 대하여 $a+b+k$의 값은?

① 33   ② 34   ③ 35
④ 36   ⑤ 37

STEP A 두 일차식의 상수항의 합이 같아지도록 찍을 지어 전개한 후 공통부분을 한 문자로 치환하기

$$(x-1)(x-3)(x-5)(x-7)+k=\{(x-1)(x-7)\}\{(x-3)(x-5)\}+k$$
$$=(x^2-8x+7)(x^2-8x+15)+k$$

$x^2-8x=X$로 놓으면
$$(주어진 식)=(X+7)(X+15)+k=X^2+22X+105+k \qquad \cdots\cdots ㉠$$

STEP B x^2+ax+b가 완전제곱식이 되려면 $b=\left(\dfrac{a}{2}\right)^2$임을 이용하기

주어진 식이 x에 대한 이차식의 완전제곱식으로 인수분해되려면
㉠이 에 대한 완전제곱식으로 인수분해되어야 한다.
즉 $X^2+22X+105+k=(X+11)^2$이어야 하므로 $105+k=11^2$
$$\therefore k=16$$

> **+α** | 판별식을 이용하여 구할 수 있어!
>
> 이차식 $X^2+22X+105+k$가 완전제곱식이므로
> 이차방정식 $X^2+22X+105+k=0$은 중근을 가진다.
> 즉 이차방정식의 판별식을 D라 하면 $D=0$이어야 한다.
> $\dfrac{D}{4}=11^2-(105+k)=0, \ 16-a=0$
> $\therefore a=16$

STEP C 항등식의 성질을 이용하여 a, b의 값 구하기

$X=x^2-8x$이므로 $(X+11)^2=(x^2-8x+11)^2$
즉 $(x^2-8x+11)^2=(x^2-ax+b)^2$이므로 $a=8$, $b=11$
따라서 $a+b+k=8+11+16=35$ 정답 ③

0312

2022년 11월 고1 학력평가 16번 　　정답 ⑤

STEP Ⓐ 주어진 식을 전개하여 완전제곱식이 되도록 a의 값 구하기

$(x-1)(x-4)(x-5)(x-8)+a$

$=\{(x-1)(x-8)\}\{(x-4)(x-5)\}+a$ ← 상수항끼리의 합이 같도록 2개씩 묶으면 반복되는 식이 나온다.

$=(x^2-9x+8)(x^2-9x+20)+a$

이때 $x^2-9x=X$라 하면

$(X+8)(X+20)+a=X^2+28X+160+a$ ⋯⋯ ㉠

주어진 식이 x에 대한 이차식의 완전제곱식의 꼴로 인수분해되려면

㉠이 X에 대한 일차식의 완전제곱식의 꼴로 인수분해되어야 한다.

　　x^2+ax+b가 완전제곱 꼴이려면 $b=\left(\dfrac{a}{2}\right)^2$이어야 한다.

　　즉 $(X+14)^2$꼴로 인수분해되어야 하므로 상수항은 $160+a=196$이 나온다.

$160+a=\left(\dfrac{28}{2}\right)^2=196$ ∴ $a=36$

STEP Ⓑ 다항식을 인수분해하여 b, c의 값 구하기

$X^2+28X+196=(X+14)^2$

$\qquad\qquad\qquad=(x^2-9x+14)^2$

$\qquad\qquad\qquad=\{(x-2)(x-7)\}^2$

$\qquad\qquad\qquad=(x-2)^2(x-7)^2$

즉 $(x+b)^2(x+c)^2=(x-2)^2(x-7)^2$이므로

$b=-2$, $c=-7$ 또는 $b=-7$, $c=-2$

따라서 $a+b+c=36+(-2)+(-7)=27$

내신 연계 / 출제문항 152

x에 대한 다항식 $(x-3)(x-6)(x-7)(x-10)+a$가 $(x+b)^2(x+c)^2$으로 인수분해될 때, 세 정수 a, b, c에 대하여 $a+b+c$의 값은?

① 19　　　　② 21　　　　③ 23
④ 25　　　　⑤ 27

STEP Ⓐ 주어진 식을 전개하여 완전제곱식이 되도록 a의 값 구하기

$(x-3)(x-6)(x-7)(x-10)+a$

$=\{(x-3)(x-10)\}\{(x-6)(x-7)\}+a$ ← 상수항끼리의 합이 같도록 2개씩 묶으면 반복되는 식이 나온다.

$=(x^2-13x+30)(x^2-13x+42)+a$

이때 $x^2-13x=X$라 하면

$(X+30)(X+42)+a=X^2+72X+1260+a$ ⋯⋯ ㉠

주어진 식이 x에 대한 이차식의 완전제곱식의 꼴로 인수분해되려면

㉠이 X에 대한 일차식의 완전제곱식의 꼴로 인수분해되어야 한다.

　　x^2+ax+b가 완전제곱 꼴이려면 $b=\left(\dfrac{a}{2}\right)^2$이어야 한다.

　　즉 $(X+36)^2$꼴로 인수분해되어야 하므로 상수항은 $1260+a=1296$이 나온다.

$1260+a=\left(\dfrac{72}{2}\right)^2=1296$ ∴ $a=36$

STEP Ⓑ 다항식을 인수분해하여 b, c의 값 구하기

$X^2+72X+1296=(X+36)^2$

$\qquad\qquad\qquad=(x^2-13x+36)^2$

$\qquad\qquad\qquad=\{(x-4)(x-9)\}^2$

$\qquad\qquad\qquad=(x-4)^2(x-9)^2$

즉 $(x+b)^2(x+c)^2=(x-4)^2(x-9)^2$이므로

$b=-4$, $c=-9$ 또는 $b=-9$, $c=-4$

따라서 $a+b+c=36+(-4)+(-9)=23$  　정답 ③

0313

정답 ②

STEP Ⓐ $x^2=X$로 치환하여 인수분해하기

$x^2=X$라 하면

$x^4-13x^2+36=X^2-13X+36$

$\qquad\qquad\qquad\quad=(X-4)(X-9)$

$\qquad\qquad\qquad\quad=(x^2-4)(x^2-9)$

$\qquad\qquad\qquad\quad=(x-2)(x+2)(x-3)(x+3)$

즉 $(x+a)(x+b)(x+c)(x+d)=(x+3)(x+2)(x-2)(x-3)$에서

$a<b<c<d$이므로 $a=-3$, $b=-2$, $c=2$, $d=3$

따라서 $ad-bc=-3\times3-(-2)\times2=-9+4=-5$

0314

정답 ③

STEP Ⓐ $-x^2y^2=8x^2y^2-9x^2y^2$으로 분리하여 A^2-B^2꼴로 만들어 인수분해하기

$x^4-x^2y^2+16y^4=(x^4+8x^2y^2+16y^4)-9x^2y^2$

$\qquad\qquad\qquad\qquad=(x^2+4y^2)^2-(3xy)^2$

$\qquad\qquad\qquad\qquad=(x^2+3xy+4y^2)(x^2-3xy+4y^2)$

즉 $(x^2+3xy+ay^2)(x^2+bxy+cy^2)=(x^2+3xy+4y^2)(x^2-3xy+4y^2)$

이므로 $a=4$, $b=-3$, $c=4$

따라서 $abc=4\times(-3)\times4=-48$

내신 연계 / 출제문항 153

다항식 $x^4+3x^2y^2+4y^4$이 $(x^2+xy+ay^2)(x^2+bxy+cy^2)$으로 인수분해될 때, 상수 a, b, c에 대하여 $a+b+c$의 값은?

① 2　　　　② 3　　　　③ 4
④ 5　　　　⑤ 6

STEP Ⓐ $3x^2y^2=4x^2y^2-x^2y^2$으로 분리하여 A^2-B^2꼴로 만들어 인수분해하기

$x^4+3x^2y^2+4y^4=(x^4+4x^2y^2+4y^4)-x^2y^2$

$\qquad\qquad\qquad\qquad=(x^2+2y^2)^2-(xy)^2$

$\qquad\qquad\qquad\qquad=(x^2+xy+2y^2)(x^2-xy+2y^2)$

즉 $(x^2+xy+ay^2)(x^2+bxy+cy^2)=(x^2+xy+2y^2)(x^2-xy+2y^2)$이므로

$a=2$, $b=-1$, $c=2$

따라서 $a+b+c=2+(-1)+2=3$ 　정답 ②

0315

STEP A $x+1=X$로 치환하고 A^2-B^2꼴로 만들어 인수분해하기

$x+1=X$로 놓으면
$(x+1)^4-7(x+1)^2+9=X^4-7X^2+9$

$-7X^2=-6X^2-X^2$로 분리하여 A^2-B^2꼴로 만든다.

$$=(X^4-6X^2+9)-X^2$$
$$=(X^2-3)^2-X^2$$
$$=(X^2-X-3)(X^2+X-3)$$

STEP B $a-b-c$의 값 구하기

$(X^2-X-3)(X^2+X-3)$
$=\{(x+1)^2-(x+1)-3\}\{(x+1)^2+(x+1)-3\}$
$=(x^2+x-3)(x^2+3x-1)$
즉 $(x^2+x-3)(x^2+3x-1)=(x^2+ax+b)(x^2+3x+c)$에서
$a=1$, $b=-3$, $c=-1$
따라서 $a-b-c=1+3+1=5$

0316

2022년 09월 고1 학력평가 7번 · 정답 ②

STEP A 공통부분을 한 문자로 치환하여 인수분해하기

$x^2=X$라 하면
$x^4-x^2-12=X^2-X-12$ ← $x^4=(x^2)^2=X^2$
$$=(X-4)(X+3)$$
$$=(x^2-4)(x^2+3)$$
$$=(x-2)(x+2)(x^2+3)$$ ← $a^2-b^2=(a-b)(a+b)$

STEP B 양변의 계수를 비교하여 a, b의 값 구하기

즉 $(x-2)(x+2)(x^2+3)=(x-a)(x+a)(x^2+b)$에서
a, b가 양수이므로 $a=2$, $b=3$
따라서 $a+b=2+3=5$

내/신/연/계 출제문항 154

다항식 x^4+x^2-20이 $(x-a)(x+a)(x^2+b)$로 인수분해될 때,
두 양수 a, b에 대하여 $a+b$의 값은?

① 4 　　　② 5 　　　③ 6
④ 7 　　　⑤ 8

STEP A $x^2=X$로 치환하여 인수분해하기

$x^2=X$라고 하면
$x^4+x^2-20=X^2+X-20$
$$=(X-4)(X+5)$$
$$=(x^2-4)(x^2+5)$$
$$=(x-2)(x+2)(x^2+5)$$

STEP B 양변의 계수를 비교하여 a, b의 값 구하기

즉 $(x-2)(x+2)(x^2+5)=(x-a)(x+a)(x^2+b)$에서 a, b가 양수이므로
$a=2$, $b=5$
따라서 $a+b=2+5=7$

mini해설 | 조립제법을 이용하여 풀이하기

$f(x)=x^4+x^2-20$로 놓으면
$f(2)=2^4+2^2-20=0$이므로 $f(x)$는 $(x-2)$를 인수로 가진다.
또한, $f(-2)=(-2)^4+(-2)^2-20=0$이므로 $f(x)$는 $(x+2)$도 인수로 가진다.

이때 조립제법을 이용하면
$f(x)=(x-2)(x+2)(x^2+5)$
a가 양수이므로 $a=2$, $b=5$
따라서 $a+b=2+5=7$

2	1	0	1	0	−20
		2	4	10	20
−2	1	2	5	10	0
		−2	0	−10	
	1	0	5	0	

정답 ④

0317

정답 ③

STEP A y에 대한 내림차순으로 정리하고 인수분해하기

y에 대하여 정리하면
$y-(xy+1)x+x^3=-(x^2-1)y+x^3-x$ ← x에 대한 삼차식, y에 대한 일차식
$$=-(x+1)(x-1)y+x(x+1)(x-1)$$
$$=(x+1)(x-1)(x-y)$$
따라서 인수인 것은 ㄱ, ㄴ, ㄷ이다.

0318

정답 ④

STEP A c에 대한 내림차순으로 정리하고 인수분해하기

c에 대하여 정리하면
$a^3-b^2c-ab^2+a^2c=(a^2-b^2)c+a^3-ab^2$ ← a에 대한 삼차식, b에 대한 이차식, c에 대한 일차식
$$=(a^2-b^2)c+(a^2-b^2)a$$
$$=(a^2-b^2)(c+a)$$
$$=(a+b)(a-b)(c+a)$$
따라서 인수인 것은 ㄱ, ㄴ, ㄹ이다.

+α | 공통부분이 있는 다항식으로 인수분해할 수 있어!

$a^3-b^2c-ab^2+a^2c=(a^3+a^2c)-(b^2c+ab^2)$
$$=a^2(a+c)-b^2(a+c)$$
$$=(a+c)(a^2-b^2)$$
$$=(a+c)(a-b)(a+b)$$

내/신/연/계 출제문항 155

다음 중 $b^2-abc+ab-a^2c$의 인수인 것은?

① $b-a$ 　　　② $b-c$ 　　　③ $c-a$
④ $a+b-c$ 　　　⑤ $b-ac$

STEP A c에 대한 내림차순으로 정리하고 인수분해하기

c에 대하여 정리하면
$b^2-abc+ab-a^2c=-(a^2+ab)c+b^2+ab$
$$=-(a+b)ac+b(a+b)$$
$$=(a+b)(b-ac)$$
따라서 인수인 것은 ⑤이다.

+α | 공통부분이 있는 다항식으로 인수분해할 수 있어!

$b^3-abc+ab-a^2c=(b^2-abc)+(ab-a^2c)$
$$=b(b-ac)+a(b-ac)$$
$$=(b-ac)(a+b)$$

정답 ⑤

0319

정답 ⑤

STEP A a에 대한 내림차순으로 정리하고 인수분해하기

a에 대하여 정리하면
$x^3+(2a+1)x^2+(a^2+2a-1)x+a^2-1$
$=(x+1)a^2+(2x^2+2x)a+x^3+x^2-x-1$
$=(x+1)a^2+2x(x+1)a+(x-1)(x+1)^2$
$=(x+1)\{a^2+2ax+(x+1)(x-1)\}$

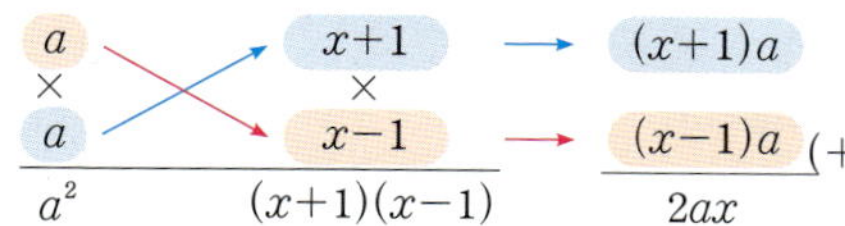

$=(x+1)(a+x+1)(a+x-1)$
따라서 인수인 것은 ㄴ, ㄷ, ㄹ이다.

> **+α** | 조립제법을 이용하여 인수분해할 수 있어!
>
> $x^3+(2a+1)x^2+(a^2+2a-1)x+a^2-1$을 조립제법으로 인수분해하면
>
> | -1 | 1 | $2a+1$ | a^2+2a-1 | a^2-1 |
> |---|---|---|---|---|
> | | | -1 | $-2a$ | $-a^2+1$ |
> | | 1 | $2a$ | a^2-1 | 0 |
>
> $x^3+(2a+1)x^2+(a^2+2a-1)x+a^2-1=(x+1)(x^2+2ax+a^2-1)$
> $\qquad\qquad\qquad\qquad\qquad\qquad =(x+1)\{x^2+2ax+(a+1)(a-1)\}$
> $\qquad\qquad\qquad\qquad\qquad\qquad =(x+1)(x+a+1)(x+a-1)$

0320

정답 2

STEP A x에 대한 내림차순으로 정리하고 인수분해하기

x에 대하여 정리하면
$x^2+4xy+3y^2-x-5y-2$
$=x^2+(4y-1)x+3y^2-5y-2$
$=x^2+(4y-1)x+(y-2)(3y+1)$

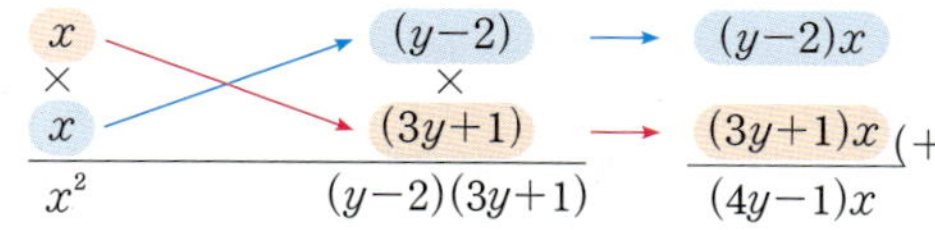

$=(x+y-2)(x+3y+1)$
즉 $(x+ay+b)(x+cy+1)=(x+y-2)(x+3y+1)$이므로
$a=1$, $b=-2$, $c=3$
따라서 $a+b+c=2$

> **mini 해설** | 항등식의 성질을 이용하여 풀이하기
>
> $x^2+4xy+3y^2-x-5y-2$를 인수분해하면 $(x+ay+b)(x+cy+1)$이므로
> $x^2+4xy+3y^2-x-5y-2=(x+ay+b)(x+cy+1)$은 x, y에 대한 항등식이다.
> 우변을 전개하여 계수를 비교하면
> $(x+ay+b)(x+cy+1)=x^2+(a+c)xy+acy^2+(b+1)x+(a+bc)y+b$
> $\qquad\qquad\qquad\qquad\quad =x^2+4xy+3y^2-x-5y-2$
> $\therefore a+c=4$, $ac=3$, $b+1=-1$, $a+bc=-5$, $b=-2$
> 따라서 $a=1$, $b=-2$, $c=3$이므로 $a+b+c=2$

0321

정답 ④

STEP A x에 대한 내림차순으로 정리하기

x에 대하여 내림차순으로 정리하면
$x^2+2xy+y^2+kx+5y+4=x^2+(2y+k)x+y^2+5y+4$
$\qquad\qquad\qquad\qquad\qquad\quad =x^2+(2y+k)x+(y+1)(y+4)$

STEP B y에 대한 두 일차식의 합을 이용하여 k의 값 구하기

주어진 식이 x, y에 대한 일차식의 곱으로 인수분해되려면
x의 계수 $2y+k$는 y에 대한 두 일차식의 합이므로
$2y+k=(y+1)+(y+4)$이어야 한다.
따라서 $k=5$

> **다른풀이** 판별식의 값이 완전제곱수가 됨을 이용하여 풀이하기

STEP A x에 대한 내림차순으로 정리한 이차방정식의 근을 이용하여 인수분해하기

주어진 이차식을 x에 대한 내림차순으로 정리하면
$x^2+2xy+y^2+kx+5y+4=x^2+(2y+k)x+y^2+5y+4$
이때 주어진 식을 x에 대한 이차방정식이라고 하면
$x^2+(2y+k)x+y^2+5y+4=0$이므로 근의 공식에 의하여

이차방정식 $ax^2+bx+c=0$에서 근의 공식 $x=\dfrac{-b\pm\sqrt{b^2-4ac}}{2a}$

$x=\dfrac{-(2y+k)\pm\sqrt{(2y+k)^2-4(y^2+5y+4)}}{2}$

이때 근호 안의 식 $(2y+k)^2-4(y^2+5y+4)=A$라 하고
근을 이용하여 인수분해하면
$x^2+(2y+k)x+y^2+5y+4$
$=\left\{x-\dfrac{-(2y+k)+\sqrt{A}}{2}\right\}\left\{x-\dfrac{-(2y+k)-\sqrt{A}}{2}\right\}$
으로 인수분해된다.

이차방정식 $x^2+ax+b=0$의 두 근이 α, β이면 $(x-\alpha)(x-\beta)$로 인수분해한다.

STEP B y에 대한 이차방정식의 판별식을 이용하여 구하기

이때 x, y에 대한 일차식이 되려면
A가 완전제곱식 또는 완전제곱수이어야 하므로
$\sqrt{A}=\sqrt{(\ )^2}$
$A=(2y+k)^2-4(y^2+5y+4)=(4k-20)y+(k^2-16)$
이때 A는 이차식이 아니므로 완전제곱식이 될 수 없고
완전제곱수가 되어야 한다.
따라서 $A=(4k-20)y+(k^2-16)$에서 y의 계수인 $4k-20=0$이어야 하므로
$k=5$

0322

정답 ⑤

STEP A x에 대한 내림차순으로 정리하기

x에 대하여 내림차순으로 정리하면
$2x^2-7xy+x+(ky-1)(y+1)=2x^2-(7y-1)x+(ky-1)(y+1)$

STEP B y에 대한 두 일차식의 합을 이용하여 k의 값 구하기

주어진 식이 x, y에 대한 두 일차식의 곱으로 인수분해되려면
x의 계수는 $-(7y-1)=-2(ky-1)-(y+1)$이므로
계수를 비교하면 $-7=-2k-1$
$\therefore k=3$

STEP C 두 일차식의 곱으로 인수분해하기

$2x^2-(7y-1)x+(3y-1)(y+1)$

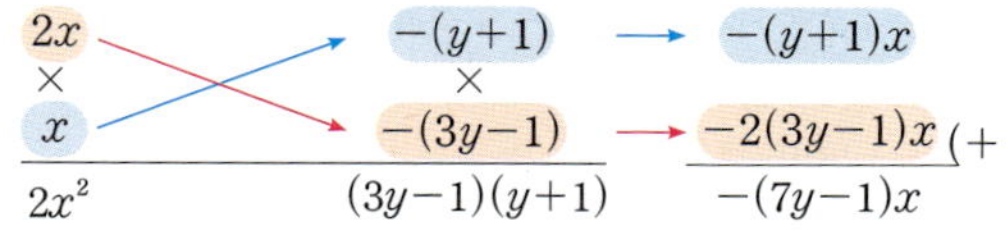

$=\{2x-(y+1)\}\{x-(3y-1)\}$
$=(2x-y-1)(x-3y+1)$
$=(-2x+y+1)(-x+3y-1)$
따라서 주어진 식의 인수가 아닌 것은 ⑤이다.

다항식 $x^2+xy-2y^2+ax-y+6$이 x, y에 대한 두 일차식의 곱으로 인수분해될 때, 이 다항식의 인수가 아닌 것은? (단, a는 정수이다.)

① $x-y-2$ ② $x+2y-3$ ③ $x+3y-1$
④ $-x+y+2$ ⑤ $-x-2y+3$

STEP Ⓐ x에 대한 내림차순으로 정리하기

x에 대하여 내림차순으로 정리하면
$x^2+xy-2y^2+ax-y+6=x^2+(y+a)x+(-y-2)(2y-3)$

STEP Ⓑ y에 대한 두 일차식의 합을 이용하여 a의 값 구하기

주어진 식이 x, y에 대한 일차식의 곱으로 인수분해되려면
x의 계수는 $y+a$는 y에 대한 두 일차식의 합이므로
$y+a=(-y-2)+(2y-3)$이어야 한다.
$\therefore a=-5$

STEP Ⓒ 두 일차식의 곱으로 인수분해하기

$x^2+(y-5)x-(y+2)(2y-3)$

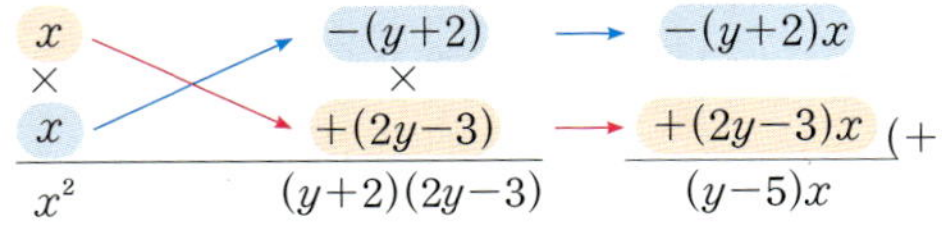

$=\{x-(y+2)\}\{x+(2y-3)\}$
$=(x-y-2)(x+2y-3)$
$=(-x+y+2)(-x-2y+3)$
따라서 주어진 식의 인수가 아닌 것은 ③이다.

정답 ③

0323

정답 ③

STEP Ⓐ 조건 (가)에서 완전제곱식의 꼴로 인수분해되기 위한 a의 값 구하기

$(x^2-2x)(x^2-10x+24)+a=x(x-2)(x-4)(x-6)+a$
$\qquad =\{x(x-6)\}\{(x-2)(x-4)\}+a$
$\qquad =(x^2-6x)(x^2-6x+8)+a$

이때 $x^2-6x=X$로 놓으면
$(x^2-6x)(x^2-6x+8)+a=X(X+8)+a$
$\qquad =X^2+8X+a$
$\qquad =(X+4)^2+a-16$

이 식이 이차식의 완전제곱식의 꼴로 인수분해되기 위해서는
$a-16=0$이어야 하므로 $a=16$

STEP Ⓑ 조건 (나)에서 두 일차식의 곱으로 인수분해되도록 하는 상수 b의 값 구하기

주어진 식을 x에 대하여 내림차순으로 정리하여 인수분해하면
$x^2-xy-6y^2+bx-2y+4=x^2-(y-b)x-2(3y^2+y-2)$
$\qquad\qquad =x^2-(y-b)x-2(3y-2)(y+1)$

이므로 이 식이 x, y에 대한 두 일차식의 곱으로 인수분해되려면
$2(y+1)-(3y-2)=-(y-b)$이어야 한다.
즉 $-y+4=-y+b$이므로 $b=4$

+α | 판별식이 0임을 이용하여 계산할 수 있어!

주어진 이차식을 x에 대한 내림차순으로 정리하면
$x^2-xy-6y^2+bx-2y+4=x^2-(y-b)x-2(3y^2+y-2)$
이때 주어진 식을 x에 대한 이차방정식이라고 하면
$x^2-(y-b)x-2(3y^2+y-2)=0$이므로 근의 공식에 의하여
$$x=\frac{(y-b)\pm\sqrt{(y-b)^2+8(3y^2+y-2)}}{2}$$

이때 근호 안의 식 $(y-b)^2+8(3y^2+y-2)=A$라 하고 근을 이용하여 인수분해하면
$$x^2-(y-b)x-2(3y^2+y-2)=\left\{x-\frac{(y-b)+\sqrt{A}}{2}\right\}\left\{x-\frac{(y-b)-\sqrt{A}}{2}\right\}$$이다.
이때 x, y에 대한 일차식이 되려면 A가 완전제곱식이어야 하므로
$A=(y-b)^2+8(3y^2+y-2)$가 완전제곱식이 되어야 하므로
판별식을 D라 하면 $D=0$이어야 한다.
y에 대한 이차방정식 $25y^2-2(b-4)y+b^2-16=0$에서
$\dfrac{D}{4}=(b-4)^2-25(b^2-16)$
$\quad =-24b^2-8b+416$
$\quad =-8(3b^2+b-52)$
$\quad =-8(3b+13)(b-4)=0$
즉 b는 정수이므로 $b=4$

STEP Ⓒ $a+b$의 값 구하기

따라서 $a=16$, $b=4$이므로 $a+b=16+4=20$

0324

정답 ⑤

STEP Ⓐ 여러 가지 식의 인수분해 계산하기

ㄱ. $x^4-6x^2+25=(x^4+10x^2+25)-16x^2$ $\quad\leftarrow -6x^2=10x^2-16x^2$
$\qquad =(x^2+5)^2-(4x)^2$
$\qquad =(x^2+4x+5)(x^2-4x+5)$
$\qquad =(x^2+ax+b)(x^2+cx+d)$
즉 $a+b+c+d=4+5+(-4)+5=10$ [참]

ㄴ. $(x+2)(x+4)(x+6)(x+8)+k=\{(x+2)(x+8)\}\{(x+4)(x+6)\}+k$
$\qquad =(x^2+10x+16)(x^2+10x+24)+k$

$x^2+10x=X$로 놓으면 $(X+16)(X+24)+k=X^2+40X+384+k$
이 식이 이차식의 완전제곱식의 꼴로 인수분해되기 위해서는
$X^2+40X+384+k=(X+20)^2$을 만족시켜야 하므로
$384+k=400$ $\therefore k=16$ ……… ㉠

+α | $x^2+10x+16=X$로 치환하여 구할 수 있어!

$(x+2)(x+4)(x+6)(x+8)+k=(x+2)(x+8)(x+4)(x+6)+k$
$\qquad =(x^2+10x+16)(x^2+10x+24)+k$
$x^2+10x+16=X$라 하면 $X(X+8)+k=X^2+8X+k$
이 식이 이차식의 완전제곱식의 꼴로 인수분해되기 위해서는
$X^2+8X+k=(X+4)^2$을 만족시켜야 하므로 $k=16$

$(x+2)(x+4)(x+6)(x+8)+16=(X+20)^2=(x^2+10x+20)^2$
즉 $(x^2+10x+20)^2=(ax^2+bx+c)^2$이므로
$a=1$, $b=10$, $c=20$ ……… ㉡
㉠, ㉡에서 $a+b+c+k=1+10+20+16=47$ [참]

ㄷ. x에 대하여 정리하면
$2x^2-5xy+2y^2+x+y-1=2x^2+(-5y+1)x+2y^2+y-1$
$\qquad =2x^2+(-5y+1)x+(2y-1)(y+1)$
$\qquad =(2x-y-1)(x-2y+1)$
$a=-1$, $b=-1$, $c=-2$, $d=1$이므로 $a+b+c+d=-3$ [참]
따라서 옳은 것은 ㄱ, ㄴ, ㄷ이다.

[보기]에서 다항식을 인수분해한 것으로 옳은 것만을 있는 대로 고른 것은?

> ㄱ. $x^2+3xy+2y^2-x-3y-2=(x+2y+1)(x+y-2)$
> ㄴ. $2a^2+5ab+2b^2+3a+3b+1=(a+2b+1)(2a+b+1)$
> ㄷ. $4x^4+y^4=(2x^2+2xy+y^2)(2x^2-2xy+y^2)$

① ㄱ ② ㄷ ③ ㄱ, ㄴ
④ ㄴ, ㄷ ⑤ ㄱ, ㄴ, ㄷ

STEP Ⓐ 차수가 낮은 문자에 대하여 내림차순으로 정리해서 인수분해하기

ㄱ. x에 대하여 내림차순으로 정리하여 인수분해하면
$$x^2+3xy+2y^2-x-3y-2=x^2+(3y-1)x+2y^2-3y-2$$
$$=x^2+(3y-1)x+(2y+1)(y-2)$$
$$=(x+2y+1)(x+y-2) \text{ [참]}$$

ㄴ. a에 대하여 내림차순으로 정리하여 인수분해하면
$$2a^2+5ab+2b^2+3a+3b+1=2a^2+(5b+3)a+2b^2+3b+1$$
$$=2a^2+(5b+3)a+(2b+1)(b+1)$$
$$=(a+2b+1)(2a+b+1) \text{ [참]}$$

ㄷ. 주어진 식을 A^2-B^2꼴이 나오도록 변형해서 인수분해하면
$$4x^4+y^4=4x^4+4x^2y^2+y^4-4x^2y^2$$
$$=(2x^2+y^2)^2-(2xy)^2$$
$$=(2x^2+2xy+y^2)(2x^2-2xy+y^2) \text{ [참]}$$

따라서 옳은 것은 ㄱ, ㄴ, ㄷ이다.   정답 ⑤

0325

2021년 06월 고1 학력평가 25번   정답 2   해설강의

STEP Ⓐ x에 대한 내림차순으로 정리하기

x에 대하여 내림차순으로 정리하면
$$x^2+kxy-3y^2+x+11y-6=x^2+(ky+1)x-(3y^2-11y+6)$$
$$=x^2+(ky+1)x-(3y-2)(y-3)$$

STEP Ⓑ y에 대한 두 일차식의 합을 이용하여 k의 값 구하기

x, y에 대한 두 일차식의 곱으로 인수분해되려면
$ky+1$은 y에 대한 두 일차식의 합이므로 $(3y-2)-(y-3)=ky+1$이어야 한다.

따라서 y의 계수를 비교하면 $k=2$ ← $(3y-2)-(y-3)=2y+1=ky+1$

다른풀이 판별식이 0임을 이용하여 풀이하기

STEP Ⓐ 이차방정식의 근의 공식을 이용하여 인수분해하기

주어진 이차식을 x에 대한 내림차순으로 정리한 이차방정식은
$x^2+(ky+1)x-3y^2+11y-6=0$이므로 근의 공식에 의하여

이차방정식 $ax^2+bx+c=0$에서 근의 공식 $x=\dfrac{-b\pm\sqrt{b^2-4ac}}{2a}$

$$x=\frac{-(ky+1)\pm\sqrt{(ky+1)^2-4(-3y^2+11y-6)}}{2}$$

이때 $(ky+1)^2-4(-3y^2+11y-6)=A$라 하면
$$x^2+(ky+1)x-3y^2+11y-6$$
$$=\left\{x-\frac{-(ky+1)+\sqrt{A}}{2}\right\}\left\{x-\frac{-(ky+1)-\sqrt{A}}{2}\right\}$$
로 인수분해된다.

이차방정식 $x^2+ax+b=0$의 두 근이 α, β이면 $(x-\alpha)(x-\beta)$로 인수분해된다.

STEP Ⓑ y에 대한 이차방정식의 판별식을 이용하여 k의 값 구하기

이때 x, y에 대한 일차식이 되려면 A가 완전제곱식이어야 하므로
$\sqrt{A}=\sqrt{(\quad)^2}$
이차방정식 $A=0$의 판별식을 D라 하면 $D=0$이어야 한다.
y에 대한 이차방정식 $A=(k^2+12)y^2+2(k-22)y+25=0$에서
$$\frac{D}{4}=(k-22)^2-25(k^2+12)$$
$$=-24k^2-44k+184$$
$$=-4(6k^2+11k-46)$$
$$=-4(k-2)(6k+23)=0$$
$$\therefore k=2 \text{ 또는 } k=-\frac{23}{6}$$

따라서 자연수 k의 값은 2

내신연계 출제문항 158

x, y에 대한 이차식 $x^2+kxy-8y^2+2x+38y-35$가 x, y에 대한 두 일차식의 곱으로 인수분해되도록 하는 자연수 k의 값을 구하시오.

STEP Ⓐ x에 대한 내림차순으로 정리하기

x에 대하여 내림차순으로 정리하면
$$x^2+kxy-8y^2+2x+38y-35=x^2+(ky+2)x-(8y^2-38y+35)$$
$$=x^2+(ky+2)x-(4y-5)(2y-7)$$

STEP Ⓑ y에 대한 두 일차식의 합을 이용하여 k의 값 구하기

x, y에 대한 두 일차식의 곱으로 인수분해되려면
$ky+2$는 y에 대한 두 일차식의 합이므로

$(4y-5)-(2y-7)=ky+2$이어야 한다.
따라서 y의 계수를 비교하면 $k=2$ 정답 2

0326

정답 ②

STEP Ⓐ a에 대한 내림차순으로 정리하고 인수분해하기

a에 대하여 내림차순으로 정리하면
$$ab(a+b)-bc(b+c)-ca(c-a)=a^2b+ab^2-b^2c-bc^2-c^2a+ca^2$$
$$=(b+c)a^2+(b^2-c^2)a-bc(b+c)$$
$$=(b+c)a^2+(b+c)(b-c)a-bc(b+c)$$
$$=(b+c)\{a^2+(b-c)a-bc\}$$
$$=(a+b)(b+c)(a-c)$$

0327

정답 ②

STEP Ⓐ a에 대한 내림차순으로 정리하고 인수분해하기

a에 대하여 내림차순으로 정리하면
$$ab(a+b)-bc(b+c)-ca(c-a)$$
$$=a^2b+ab^2-b^2c-bc^2-c^2a+ca^2$$
$$=(b+c)a^2+(b^2-c^2)a-b^2c-bc^2$$
$$=(b+c)a^2+(b+c)(b-c)a-bc(b+c)$$ ← 공통인수 $b+c$로 묶는다.
$$=(b+c)\{a^2+(b-c)a-bc\}$$
$$=(b+c)(a+b)(a-c)$$ $x^2+(a+b)x+ab=(x+a)(x+b)$를 이용한다.
따라서 인수인 것은 $a-c$

내신연계 출제문항 159

$a^2b-a^2c+b^2c-b^2a+c^2a-c^2b$를 인수분해하면?

① $(a^2-b)(b-c^2)$
② $(b^2-a)(a-c^2)$
③ $(a-b)(b-c)(a-c)$
④ $(a-b)(b+c)(a-c)$
⑤ $(a-b)(b-c)(c-a)$

STEP Ⓐ a에 대한 내림차순으로 정리하고 인수분해하기

a에 대하여 내림차순으로 정리하면
$$a^2b-a^2c+b^2c-b^2a+c^2a-c^2b$$
$$=(b-c)a^2-(b^2-c^2)a+b^2c-bc^2$$
$$=(b-c)a^2-(b-c)(b+c)a+bc(b-c)$$ ← 공통인수 $b-c$로 묶는다.
$$=(b-c)\{a^2-(b+c)a+bc\}$$
$$=(b-c)(a-b)(a-c)$$ $x^2+(a+b)x+ab=(x+a)(x+b)$를 이용한다.   정답 ③

0328

STEP A 조건 (가)에서 a에 대한 내림차순으로 정리하여 p의 값 구하기

a에 대하여 내림차순으로 정리하면
$$ab(a-b)+bc(b-c)+ca(c-a)$$
$$=a^2b-ab^2+b^2c-bc^2+c^2a-ca^2$$
$$=(b-c)a^2-(b^2-c^2)a+b^2c-bc^2$$
$$=(b-c)a^2-(b-c)(b+c)a+bc(b-c) \quad \leftarrow \text{공통인수 } b-c \text{로 묶는다.}$$
$$=(b-c)\{a^2-(b+c)a+bc\}$$
$$=(b-c)(a-b)(a-c) \quad \leftarrow x^2+(a+b)x+ab=(x+a)(x+b)\text{를 이용한다.}$$
$$=-(a-b)(b-c)(c-a)$$
$$\therefore p=\frac{ab(a-b)+bc(b-c)+ca(c-a)}{(a-b)(b-c)(c-a)}=\frac{-(a-b)(b-c)(c-a)}{(a-b)(b-c)(c-a)}=-1$$

STEP B 조건 (나)에서 a에 대한 내림차순으로 정리하여 q의 값 구하기

a에 대하여 내림차순으로 정리하면
$$a(b^2-c^2)+b(c^2-a^2)+c(a^2-b^2)$$
$$=ab^2-ac^2+bc^2-a^2b+a^2c-b^2c$$
$$=-(b-c)a^2+(b^2-c^2)a-bc(b-c)$$
$$=-(b-c)a^2+(b-c)(b+c)a-bc(b-c) \quad \leftarrow \text{공통인수 } b-c \text{로 묶는다.}$$
$$=-(b-c)\{a^2-(b+c)a+bc\}$$
$$=-(b-c)(a-b)(a-c) \quad \leftarrow x^2+(a+b)x+ab=(x+a)(x+b)\text{를 이용한다.}$$
$$=(a-b)(b-c)(c-a)$$
$$\therefore q=\frac{a(b^2-c^2)+b(c^2-a^2)+c(a^2-b^2)}{(a-b)(b-c)(c-a)}=\frac{(a-b)(b-c)(c-a)}{(a-b)(b-c)(c-a)}=1$$

STEP C $p+q$의 값 구하기

따라서 $p+q=-1+1=0$

서로 다른 세 실수 a, b, c에 대하여 다음 조건을 만족하는 상수 p, q에 대하여 $p+q$의 값은?

> (가) $\dfrac{a^2(b-c)+b^2(c-a)+c^2(a-b)}{(a-b)(b-c)(c-a)}=p$
>
> (나) $\dfrac{(a-b)^3+(b-c)^3+(c-a)^3}{(a-b)(b-c)(c-a)}=q$

① -2 ② -1 ③ 0
④ 2 ⑤ 3

STEP A 조건 (가)에서 a에 대한 내림차순으로 정리하여 p의 값 구하기

a에 대하여 내림차순으로 정리하면
$$a^2(b-c)+b^2(c-a)+c^2(a-b)$$
$$=(b-c)a^2-(b^2-c^2)a+bc(b-c)$$
$$=(b-c)a^2-(b-c)(b+c)a+bc(b-c)$$
$$=(b-c)\{a^2-(b+c)a+bc\}$$
$$=(b-c)(a-b)(a-c)$$
$$=-(a-b)(b-c)(c-a)$$
$$\therefore p=\frac{a^2(b-c)+b^2(c-a)+c^2(a-b)}{(a-b)(b-c)(c-a)}=\frac{-(a-b)(b-c)(c-a)}{(a-b)(b-c)(c-a)}=-1$$

STEP B 조건 (나)에서 a에 대한 내림차순으로 정리하여 q의 값 구하기

a에 대하여 내림차순으로 정리하면
$$(a-b)^3+(b-c)^3+(c-a)^3$$
$$=a^3-3a^2b+3ab^2-b^3+b^3-3b^2c+3bc^2-c^3+c^3-3c^2a+3ca^2-a^3$$
$$=-3a^2b+3ab^2-3b^2c+3bc^2-3c^2a+3ca^2$$

$$=-3(b-c)a^2+3(b^2-c^2)a-3b^2c+3bc^2$$
$$=-3(b-c)a^2+3(b-c)(b+c)a-3bc(b-c) \quad \leftarrow \text{공통인수 } -3(b-c) \text{로 묶는다.}$$
$$=-3(b-c)\{a^2-(b+c)a+bc\}$$
$$=-3(b-c)(a-b)(a-c) \quad \leftarrow x^2+(a+b)x+ab=(x+a)(x+b)\text{를 이용한다.}$$
$$=3(a-b)(b-c)(c-a)$$
$$\therefore q=\frac{(a-b)^3+(b-c)^3+(c-a)^3}{(a-b)(b-c)(c-a)}=\frac{3(a-b)(b-c)(c-a)}{(a-b)(b-c)(c-a)}=3$$

STEP C $p+q$의 값 구하기

따라서 $p+q=-1+3=2$

0329

STEP A 각 항을 x^2으로 묶어서 정리하기

$$x^4-5x^3+8x^2-5x+1=x^2\left(x^2-5x+8-\frac{5}{x}+\frac{1}{x^2}\right)$$

STEP B $x+\dfrac{1}{x}$에 대한 식으로 변형하여 인수분해하기

$$x^2\left(x^2-5x+8-\frac{5}{x}+\frac{1}{x^2}\right)$$
$$=x^2\left(x^2+\frac{1}{x^2}-5x-\frac{5}{x}+8\right)$$
$$=x^2\left\{\left(x+\frac{1}{x}\right)^2-2-5\left(x+\frac{1}{x}\right)+8\right\}$$
$$=x^2\left\{\left(x+\frac{1}{x}\right)^2-5\left(x+\frac{1}{x}\right)+6\right\} \quad \leftarrow x+\frac{1}{x}=A\text{라 하면} \atop A^2-5A+6=(A-2)(A-3)$$
$$=x^2\left(x+\frac{1}{x}-2\right)\left(x+\frac{1}{x}-3\right) \quad \leftarrow x\left(x+\frac{1}{x}-2\right)\times x\left(x+\frac{1}{x}-3\right) \atop =(x^2+1-2x)(x^2+1-3x)$$
$$=(x^2-2x+1)(x^2-3x+1)$$

STEP C $a+b+c$의 값 구하기

즉 $(x^2-2x+1)(x^2-3x+1)=(x^2-2x+a)(x^2+bx+c)$이므로
$a=1$, $b=-3$, $c=1$
따라서 $a+b+c=1+(-3)+1=-1$

0330

STEP A 각 항을 x^2으로 묶어서 정리하기

$$x^4-5x^3+6x^2-5x+1=x^2\left(x^2-5x+6-\frac{5}{x}+\frac{1}{x^2}\right)$$

STEP B $x+\dfrac{1}{x}$에 대한 식으로 변형하여 인수분해하기

$$x^2\left(x^2-5x+6-\frac{5}{x}+\frac{1}{x^2}\right)$$
$$=x^2\left(x^2+\frac{1}{x^2}-5x-\frac{5}{x}+6\right)$$
$$=x^2\left\{\left(x+\frac{1}{x}\right)^2-2-5\left(x+\frac{1}{x}\right)+6\right\}$$
$$=x^2\left\{\left(x+\frac{1}{x}\right)^2-5\left(x+\frac{1}{x}\right)+4\right\} \quad \leftarrow x+\frac{1}{x}=A\text{라 하면} \atop A^2-5A+4=(A-1)(A-4)$$
$$=x^2\left(x+\frac{1}{x}-1\right)\left(x+\frac{1}{x}-4\right) \quad \leftarrow x\left(x+\frac{1}{x}-1\right)\times x\left(x+\frac{1}{x}-4\right) \atop =(x^2+1-x)(x^2+1-4x)$$
$$=(x^2-x+1)(x^2-4x+1)$$

STEP C 두 이차식의 합 구하기

따라서 두 이차식의 합은 $(x^2-x+1)+(x^2-4x+1)=2x^2-5x+2$

0331

정답 ①

STEP A 각 항을 x^2으로 묶어서 정리하기

$$x^4-4x^3-7x^2+4x+1=x^2\left(x^2-4x-7+\frac{4}{x}+\frac{1}{x^2}\right)$$

STEP B $x-\dfrac{1}{x}$에 대한 식으로 변형하여 인수분해하기

$$x^2\left(x^2-4x-7+\frac{4}{x}+\frac{1}{x^2}\right)$$
$$=x^2\left(x^2+\frac{1}{x^2}-4x+\frac{4}{x}-7\right)$$
$$=x^2\left\{\left(x-\frac{1}{x}\right)^2+2-4\left(x-\frac{1}{x}\right)-7\right\}$$
$$=x^2\left\{\left(x-\frac{1}{x}\right)^2-4\left(x-\frac{1}{x}\right)-5\right\}\quad\leftarrow x-\frac{1}{x}=A\text{라 하면 } A^2-4A-5=(A+1)(A-5)$$
$$=x^2\left(x-\frac{1}{x}+1\right)\left(x-\frac{1}{x}-5\right)\quad\leftarrow x\left(x-\frac{1}{x}+1\right)\times x\left(x-\frac{1}{x}-5\right)$$
$$=(x^2+x-1)(x^2-5x-1)\qquad\qquad\qquad =(x^2-1+x)(x^2-1-5x)$$

STEP C $f(2)+g(2)$의 값 구하기

따라서 $f(x)=x^2+x-1$, $g(x)=x^2-5x-1$ 또는
$f(x)=x^2-5x-1$, $g(x)=x^2+x-1$이므로
$$f(2)+g(2)=(2^2+2-1)+(2^2-5\times2-1)=5+(-7)=-2$$

내·신·연·계 출제문항 161

최고차항의 계수가 1인 두 이차식 $f(x)$, $g(x)$에 대하여
$$x^4+2x^3-x^2+2x+1=f(x)g(x)$$
가 성립할 때, $f(2)+g(2)$의 값은?

① 12　　　② 13　　　③ 14
④ 15　　　⑤ 16

STEP A 각 항을 x^2으로 묶어서 정리하기

$$x^4+2x^3-x^2+2x+1=x^2\left(x^2+2x-1+\frac{2}{x}+\frac{1}{x^2}\right)$$

STEP B $x+\dfrac{1}{x}$에 대한 식으로 변형하여 인수분해하기

$$x^2\left(x^2+2x-1+\frac{2}{x}+\frac{1}{x^2}\right)$$
$$=x^2\left(x^2+\frac{1}{x^2}+2x+\frac{2}{x}-1\right)$$
$$=x^2\left\{\left(x+\frac{1}{x}\right)^2-2+2\left(x+\frac{1}{x}\right)-1\right\}$$
$$=x^2\left\{\left(x+\frac{1}{x}\right)^2+2\left(x+\frac{1}{x}\right)-3\right\}\quad\leftarrow x+\frac{1}{x}=A\text{라 하면 } A^2+2A-3=(A+3)(A-1)$$
$$=x^2\left(x+\frac{1}{x}+3\right)\left(x+\frac{1}{x}-1\right)\quad\leftarrow x\left(x+\frac{1}{x}+3\right)\times x\left(x+\frac{1}{x}-1\right)$$
$$=(x^2+3x+1)(x^2-x+1)\qquad\qquad\qquad =(x^2+3x+1)(x^2-x+1)$$

STEP C $f(2)+g(2)$의 값 구하기

따라서 $f(x)=x^2+3x+1$, $g(x)=x^2-x+1$ 또는
$f(x)=x^2-x+1$, $g(x)=x^2+3x+1$이므로
$$f(2)+g(2)=(2^2+3\times2+1)+(2^2-2+1)=11+3=14$$

정답 ③

0332

정답 ⑤

STEP A 차수가 가장 낮은 문자에 대하여 내림차순으로 정리하여 인수분해하기

주어진 식의 좌변을 b에 대하여 내림차순으로 정리하여 인수분해하면

$$a^3+ab^2+b^2c+a^2c-c^3-ac^2=(a+c)b^2+a^2(a+c)-c^2(a+c)$$
$$=(a+c)(b^2+a^2-c^2)=0$$

이때 a, b, c는 삼각형의 길이로 $a+c\neq0$이므로
$b^2+a^2-c^2=0$, 즉 $a^2+b^2=c^2$
따라서 조건을 만족시키는 삼각형은 빗변의 길이가 c인 직각삼각형이다.

0333

정답 ⑤

STEP A 차수가 가장 낮은 문자에 대하여 내림차순으로 정리하여 인수분해하기

주어진 식의 좌변을 b에 대하여 내림차순으로 정리하여 인수분해하면
$$a^3-ab^2-b^2c+a^2c+c^3+ac^2=-(a+c)b^2+a^2(a+c)+c^2(a+c)$$
$$=(a+c)(-b^2+a^2+c^2)=0$$
이때 a, b, c는 삼각형의 길이로 $a+c\neq0$이므로
$a^2-b^2+c^2=0$, 즉 $b^2=a^2+c^2$
따라서 조건을 만족시키는 삼각형은 빗변의 길이가 b인 직각삼각형이다.

> **mini해설** | 곱셈 공식의 변형을 이용하여 풀이하기
>
> $$a^3+c^3+a^2c+ac^2-ab^2-b^2c=(a+c)(a^2-ac+c^2)+ac(a+c)-b^2(a+c)$$
> $$=(a+c)\{(a^2-ac+c^2)+ac-b^2\}$$
> $$=(a+c)(a^2+c^2-b^2)=0$$
> $a+c\neq0$이므로 $a^2+c^2-b^2=0$, 즉 $a^2+c^2=b^2$
> 따라서 주어진 조건을 만족하는 삼각형은 빗변의 길이가 b인 직각삼각형이다.

내·신·연·계 출제문항 162

삼각형 ABC의 세 변의 길이 a, b, c에 대하여
$$a^3+a^2b+ab^2+b^3=ac^2+bc^2$$
인 관계가 성립할 때, 삼각형 ABC는 어떤 삼각형인가?

① $a=c$인 이등변삼각형　　　② $b=c$인 이등변삼각형
③ 빗변의 길이가 a인 직각삼각형　　　④ 빗변의 길이가 b인 직각삼각형
⑤ 빗변의 길이가 c인 직각삼각형

STEP A 차수가 가장 낮은 문자에 대하여 내림차순으로 정리하여 인수분해하기

$a^3+a^2b+ab^2+b^3=ac^2+bc^2$에서 $ac^2+bc^2-a^3-a^2b-ab^2-b^3=0$
위 식의 좌변을 c에 대하여 내림차순으로 정리하여 인수분해하면
$$ac^2+bc^2-a^3-a^2b-ab^2-b^3=(a+b)c^2-(a^3+a^2b+ab^2+b^3)$$
$$=(a+b)c^2-\{a^2(a+b)+b^2(a+b)\}$$
$$=(a+b)c^2-(a+b)(a^2+b^2)$$
$$=(a+b)(c^2-a^2-b^2)=0$$

STEP B 삼각형의 세 변 사이의 관계식 구하기

이때 a, b, c는 삼각형의 세 변의 길이이므로 양수이다.
곧 $a+b>0$이 되어 $c^2-a^2-b^2=0$　∴ $c^2=a^2+b^2$
따라서 삼각형 ABC는 빗변의 길이가 c인 직각삼각형이다.

> **mini해설** | 곱셈 공식의 변형을 이용하여 풀이하기
>
> $$a^3+a^2b+ab^2+b^3=ac^2+bc^2\text{에서 } ac^2+bc^2-a^3-a^2b-ab^2-b^3=0$$
> $$-(a^3+b^3)+ac^2+bc^2-a^2b-ab^2=-(a+b)(a^2-ab+b^2)+c^2(a+b)-ab(a+b)$$
> $$=(a+b)\{-(a^2-ab+b^2)+c^2-ab\}$$
> $$=(a+b)(-a^2+c^2-b^2)=0$$
> $a+b\neq0$이므로 $-a^2+c^2-b^2=0$, 즉 $a^2+b^2=c^2$
> 따라서 주어진 조건을 만족하는 삼각형은 빗변의 길이가 c인 직각삼각형이다.

정답 ⑤

0334

STEP A 인수정리를 이용하기

다항식 $f(x)$가 $x-c$로 나누어떨어졌으므로

인수정리에 의하여 $f(c)=0$

다항식 $f(x)$가 $x-\alpha$로 나누어떨어질 때, $f(x)$는 $x-\alpha$를 인수로 가지고 $f(\alpha)=0$

$\therefore f(c)=c^3-(a+b)c^2-(a^2+b^2)c+a^3+b^3+a^2b+ab^2=0$

STEP B c에 대한 내림차순으로 정리하여 인수분해하기

위 등식의 좌변을 c에 대하여 내림차순으로 정리한 후 인수분해하면

$c^3-(a+b)c^2-(a^2+b^2)c+a^3+b^3+a^2b+ab^2$

$=c^3-(a+b)c^2-(a^2+b^2)c+a^2(a+b)+b^2(a+b)$

$=c^3-(a+b)c^2-(a^2+b^2)c+(a+b)(a^2+b^2)$

$=c^2(c-a-b)-(a^2+b^2)(c-a-b)$

$=(c-a-b)(c^2-a^2-b^2)=0$

$\therefore c=a+b$ 또는 $c^2=a^2+b^2$

STEP C 삼각형의 세 변 사이의 관계식 구하기

이때 삼각형의 두 변의 길이의 합은 나머지 한 변의 길이보다 커야 하므로

삼각형의 결정 조건

$c<a+b$, 즉 $c\neq a+b$이므로 $c^2=a^2+b^2$

따라서 주어진 조건을 만족시키는 삼각형은 빗변의 길이가 c인 직각삼각형이다.

0335

STEP A 주어진 식 정리하고 공통인수를 이용하여 인수분해하기

$c^2(a^2+b^2-c^2)=b^2(c^2+a^2-b^2)$을 전개하면

$c^2a^2+c^2b^2-c^4=b^2c^2+b^2a^2-b^4$

$b^4-c^4-(b^2-c^2)a^2=0$

$(b^2-c^2)(b^2+c^2)-(b^2-c^2)a^2=0$

$(b^2-c^2)(b^2+c^2-a^2)=0$

$(b-c)(b+c)(b^2+c^2-a^2)=0$

$\therefore b=c$ 또는 $a^2=b^2+c^2$ $(\because b>0,\ c>0)$

STEP B 삼각형의 세 변 사이의 관계식 구하기

따라서 $b=c$인 이등변삼각형 또는 빗변의 길이가 a인 직각삼각형이다.

0336

STEP A 차수가 가장 낮은 문자에 대하여 내림차순으로 정리하여 인수분해하기

주어진 등식의 좌변을 a에 대하여 내림차순으로 정리한 후 인수분해하면

$c(b^2+a^2)+b(a^2-c^2)+b^3-c^3=cb^2+ca^2+ba^2-bc^2+b^3-c^3$

$=(b+c)a^2+b^3+cb^2-bc^2-c^3$

$=(b+c)a^2+b^2(b+c)-c^2(b+c)$

$=(b+c)(a^2+b^2-c^2)$

$+\alpha$ | $b^3-c^3=(b-c)(b^2+bc+c^2)$을 이용하여 인수분해를 할 수 있어!

$c(b^2+a^2)+b(a^2-c^2)+b^3-c^3=cb^2+ca^2+ba^2-bc^2+b^3-c^3$

$=bc(b-c)+a^2(b+c)+(b-c)(b^2+bc+c^2)$

$=(b-c)(b^2+2bc+c^2)+a^2(b+c)$

$=(b-c)(b+c)^2+a^2(b+c)$

$=(b+c)\{(b-c)(b+c)+a^2\}$

$=(b+c)(b^2-c^2+a^2)$

STEP B 삼각형의 세 변 사이의 관계식을 이용하여 ab의 값 구하기

이때 $(b+c)(a^2+b^2-c^2)=0$에서 $b+c\neq 0$이므로

$a^2+b^2-c^2=0$ $\therefore a^2+b^2=c^2$

즉 삼각형 ABC는 빗변의 길이가 c인 직각삼각형이고

나머지 두 변의 길이가 a, b가 밑변의 길이와

높이이므로 이 직각삼각형의 넓이는 $\frac{1}{2}ab$이다.

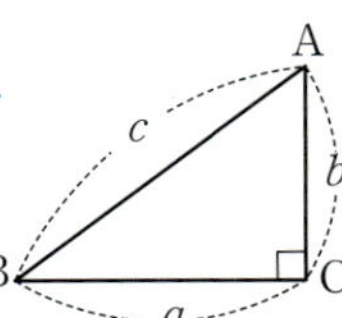

그 넓이가 10이므로 $\frac{1}{2}ab=10$

따라서 $ab=20$

삼각형 ABC의 세 변의 길이를 a, b, c에 대하여

$$a^3-ab^2+a^2c-ac^2-b^2c-c^3=0$$

이 성립할 때, 이 삼각형의 넓이가 20일 때, bc의 값은?

① 10   ② 20   ③ 30

④ 40   ⑤ 50

STEP A 차수가 가장 낮은 문자에 대하여 내림차순으로 정리하여 인수분해하기

주어진 등식의 좌변을 b에 대하여 내림차순으로 정리한 후 인수분해하면

$a^3-ab^2+a^2c-ac^2-b^2c-c^3=-(a+c)b^2+a^3+a^2c-ac^2-c^3$

$=-(a+c)b^2+a^2(a+c)-c^2(a+c)$

$=(a+c)(-b^2+a^2-c^2)$

$+\alpha$ | $a^3-c^3=(a-c)(a^2+ac+c^2)$을 이용하여 인수분해를 할 수 있어!

$a^3-ab^2+a^2c-ac^2-b^2c-c^3=a^2c-ac^2-ab^2-b^2c+a^3-c^3$

$=ac(a-c)-b^2(a+c)+(a-c)(a^2+ac+c^2)$

$=(a-c)(a^2+2ac+c^2)-b^2(a+c)$

$=(a-c)(a+c)^2-b^2(a+c)$

$=(a+c)\{(a-c)(a+c)-b^2\}$

$=(a+c)(a^2-c^2-b^2)$

STEP B 삼각형의 세 변 사이의 관계식을 이용하여 bc의 값 구하기

이때 $(a+c)(-b^2+a^2-c^2)=0$에서 $a+c\neq 0$이므로

$-b^2+a^2-c^2=0$ $\therefore a^2=b^2+c^2$

즉 삼각형 ABC는 빗변의 길이가 a인 직각삼각형이고

나머지 두 변의 길이가 b, c가 밑변의 길이와

높이이므로 이 직각삼각형의 넓이는 $\frac{1}{2}bc$이다.

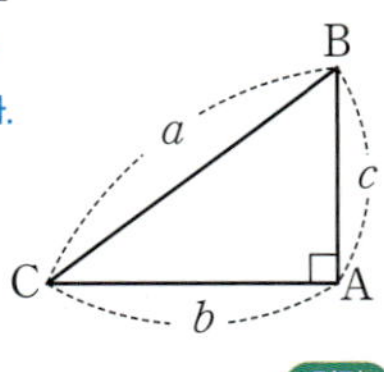

그 넓이가 20이므로 $\frac{1}{2}bc=20$

따라서 $bc=40$

0337

STEP A $a^3+b^3+c^3-3abc$의 식 인수분해하기

$a^3+b^3+c^3=3abc$에서 $a^3+b^3+c^3-3abc=0$이므로

$a^3+b^3+c^3-3abc$

$=(a+b+c)(a^2+b^2+c^2-ab-bc-ca)$ ← $a^2+b^2+c^2-ab-bc-ca$

$=\dfrac{1}{2}(a+b+c)\{(a-b)^2+(b-c)^2+(c-a)^2\}$ $=\dfrac{1}{2}\{(a-b)^2+(b-c)^2+(c-a)^2\}$

STEP B 삼각형의 세 변 사이의 관계식을 이용하여 넓이 구하기

$\dfrac{1}{2}(a+b+c)\{(a-b)^2+(b-c)^2+(c-a)^2\}=0$에서

a, b, c는 삼각형의 세 변의 길이이므로 $a+b+c\neq0$

즉 $(a-b)^2+(b-c)^2+(c-a)^2=0$이므로

$(a-b)^2=0$, $(b-c)^2=0$, $(c-a)^2=0$

$a=b=c$ ······ ㉠

이때 세 변의 길이가 같은 정삼각형이고 정삼각형의 둘레의 길이가 18이므로

$a+b+c=18$ ······ ㉡

㉠, ㉡에서 $a=b=c=6$ ← 한 변의 길이는 6

따라서 정삼각형의 넓이는 $\dfrac{\sqrt{3}}{4}\times6^2=9\sqrt{3}$

└ 한 변의 길이가 a인 정삼각형의 넓이는 $\dfrac{\sqrt{3}}{4}\times a^2$

내/신/연/계/ 출제문항 164

삼각형 ABC의 세 변의 길이를 a, b, c에 대하여 $a^3+b^3+c^3=3abc$가 성립할 때, 이 삼각형의 둘레의 길이가 6일 때, 이 삼각형의 넓이는?

① $\sqrt{3}$ ② $2\sqrt{3}$ ③ $4\sqrt{3}$
④ $6\sqrt{3}$ ⑤ $8\sqrt{3}$

STEP A $a^3+b^3+c^3-3abc$의 식 인수분해하기

$a^3+b^3+c^3=3abc$에서 $a^3+b^3+c^3-3abc=0$이므로

$a^3+b^3+c^3-3abc=(a+b+c)(a^2+b^2+c^2-ab-bc-ca)$

$\qquad\qquad=\dfrac{1}{2}(a+b+c)\{(a-b)^2+(b-c)^2+(c-a)^2\}$

STEP B 삼각형의 세 변 사이의 관계식을 이용하여 넓이 구하기

$\dfrac{1}{2}(a+b+c)\{(a-b)^2+(b-c)^2+(c-a)^2\}=0$에서

a, b, c는 삼각형의 세 변의 길이이므로 $a+b+c\neq0$

즉 $(a-b)^2+(b-c)^2+(c-a)^2=0$이므로

$(a-b)^2=0$, $(b-c)^2=0$, $(c-a)^2=0$

$a=b=c$ ······ ㉠

이때 세 변의 길이가 같은 정삼각형이고 정삼각형의 둘레의 길이가 6이므로

$a+b+c=6$ ······ ㉡

㉠, ㉡에서 $a=b=c=2$ ← 한 변의 길이는 2

따라서 정삼각형의 넓이는 $\dfrac{\sqrt{3}}{4}\times2^2=\sqrt{3}$

└ 한 변의 길이가 a인 정삼각형의 넓이는 $\dfrac{\sqrt{3}}{4}\times a^2$

0338

STEP A 공통인수를 이용하여 조건 (가)의 식 인수분해하기

조건 (가)에서

$a^2+bc-b^2-ca=a^2-b^2-c(a-b)$

$\qquad\qquad=(a+b)(a-b)-c(a-b)$

$\qquad\qquad=(a-b)(a+b-c)=0$

이므로 $a-b=0$ 또는 $a+b-c=0$

이때 삼각형 두 변의 길이의 합은 나머지의 길이보다 크므로

$a+b-c\neq0$

즉 $a-b=0$이므로 $a=b$인 이등변삼각형이다.

STEP B 조건 (나), (다)를 만족하는 a, b, c의 값 구하기

조건 (나)에서

$b=a$이므로 $8a=5c$ ······ ㉠

또한, 조건 (다)에서 $a+b+c=36$이고

$b=a$이므로 $2a+c=36$ ······ ㉡

㉠, ㉡을 연립하여 풀면 $a=10$, $b=10$, $c=16$

STEP C $a+b-c$의 값 구하기

따라서 $a=10$, $b=10$, $c=16$이므로 $a+b-c=10+10-16=4$

내/신/연/계/ 출제문항 165

삼각형의 세 변의 길이 a, b, c가 다음 조건을 모두 만족시킬 때, 상수 a, b, c에 대하여 $a+b+c$의 값은?

> (가) $a^2+bc-b^2-ca=0$
> (나) $2a+4b=9c$
> (다) 삼각형의 둘레의 길이가 40이다.

① 20 ② 25 ③ 30
④ 35 ⑤ 40

STEP A 공통인수를 이용하여 조건 (가)의 식 인수분해하기

조건 (가)에서

$a^2+bc-b^2-ca=a^2-b^2-c(a-b)$

$\qquad\qquad=(a+b)(a-b)-c(a-b)$

$\qquad\qquad=(a-b)(a+b-c)$

이므로 $a-b=0$ 또는 $a+b-c=0$

이때 삼각형 두 변의 길이의 합은 나머지 한 변의 길이보다 크므로

$a+b-c\neq0$

즉 $a-b=0$이어야 하므로 $a=b$인 이등변삼각형이다.

STEP B 조건 (나), (다)를 만족하는 a, b, c의 값 구하기

조건 (나)에서

$a=b$이므로 $6a=9c$ ······ ㉠

또한, 조건 (다)에서 $a+b+c=40$이고

$a=b$이므로 $2a+c=40$ ······ ㉡

㉠, ㉡을 연립하여 풀면 $a=15$, $b=15$, $c=10$

STEP C $a+b+c$의 값 구하기

따라서 $a=15$, $b=15$, $c=10$이므로 $a+b+c=15+15+10=40$

0339

STEP A 인수정리와 조립제법을 이용하여 인수분해하기

$f(x)=2x^3-x^2-7x+6$이라 하면 $f(1)=2-1-7+6=0$이므로

조립제법을 이용하여 인수분해하면

$2x^3-x^2-7x+6=(x-1)(2x^2+x-6)$

$\qquad\qquad=(x-1)(x+2)(2x-3)$

$$
\begin{array}{r|rrrr}
1 & 2 & -1 & -7 & 6 \\
  &   & 2 & 1 & -6 \\
\hline
  & 2 & 1 & -6 & 0
\end{array}
$$

STEP B $a-b$의 값 구하기

따라서 $(x-1)(x+2)(2x-3)=(x-1)(x+2)(ax+b)$에서

$a=2$, $b=-3$이므로 $a-b=5$

0340

STEP A $P(x)$를 인수정리와 조립제법을 이용하여 인수분해하기

$P(x)=x^3+2x^2-x-2$에서 $P(1)=1+2-1-2=0$이므로
조립제법을 이용하여 인수분해하면

$$
\begin{array}{r|rrrr}
1 & 1 & 2 & -1 & -2 \\
  &   & 1 & 3 & 2 \\
\hline
  & 1 & 3 & 2 & 0
\end{array}
$$

$$
\begin{aligned}
P(x)&=x^3+2x^2-x-2 \\
&=(x-1)(x^2+3x+2) \\
&=(x-1)(x+1)(x+2)
\end{aligned}
$$

STEP B $Q(x)$를 인수정리와 조립제법을 이용하여 인수분해하기

$Q(x)=x^3-4x^2+x+6$에서 $Q(-1)=-1-4-1+6=0$이므로
조립제법을 이용하여 인수분해하면

$$
\begin{array}{r|rrrr}
-1 & 1 & -4 & 1 & 6 \\
   &   & -1 & 5 & -6 \\
\hline
   & 1 & -5 & 6 & 0
\end{array}
$$

$$
\begin{aligned}
Q(x)&=x^3-4x^2+x+6 \\
&=(x+1)(x^2-5x+6) \\
&=(x+1)(x-2)(x-3)
\end{aligned}
$$

따라서 $P(x)$와 $Q(x)$의 공통인수는 $x+1$

0341

STEP A 인수정리와 조립제법을 이용하여 인수분해하기

$f(x)=x^4-3x^3-2x^2+3x+1$이라 하면 $f(-1)=0$, $f(1)=0$이므로
조립제법을 이용하여 $f(x)$를 인수분해하면

$$
\begin{array}{r|rrrrr}
-1 & 1 & -3 & -2 & 3 & 1 \\
   &   & -1 & 4 & -2 & -1 \\
\hline
1 & 1 & -4 & 2 & 1 & 0 \\
  &   & 1 & -3 & -1 & \\
\hline
  & 1 & -3 & -1 & 0 &
\end{array}
$$

$x^4-3x^3-2x^2+3x+1=(x+1)(x-1)(x^2-3x-1)$

STEP B $a+b+c$의 값 구하기

즉 $(x+1)(x-1)(x^2-3x-1)=(x+1)(x+a)(x^2+bx+c)$이므로
$a=-1$, $b=-3$, $c=-1$
따라서 $a+b+c=(-1)+(-3)+(-1)=-5$

0342

STEP A 인수정리와 조립제법을 이용하여 인수분해하기

$f(x)=x^4-2x^3-7x^2+8x+12$라 하면 $f(-1)=0$, $f(2)=0$이므로
조립제법을 이용하여 $f(x)$를 인수분해하면

$$
\begin{array}{r|rrrrr}
-1 & 1 & -2 & -7 & 8 & 12 \\
   &   & -1 & 3 & 4 & -12 \\
\hline
2 & 1 & -3 & -4 & 12 & 0 \\
  &   & 2 & -2 & -12 & \\
\hline
  & 1 & -1 & -6 & 0 &
\end{array}
$$

$$
\begin{aligned}
x^4-2x^3-7x^2+8x+12&=(x+1)(x-2)(x^2-x+6) \\
&=(x+1)(x-2)(x+2)(x-3)
\end{aligned}
$$

STEP B $ac+bd$의 값 구하기

즉 $(x-3)(x-2)(x+1)(x+2)=(x+a)(x+b)(x+c)(x+d)$에서
$a<b<c<d$이므로 $a=-3$, $b=-2$, $c=1$, $d=2$
따라서 $ac+bd=(-3)\times1+(-2)\times2=-3-4=-7$

다음 중 다항식 $x^4-4x^3-x^2+16x-12$의 인수가 아닌 것은?

① $x-2$ ② $x-1$ ③ $x-3$
④ $x+1$ ⑤ $x+2$

STEP A 인수정리와 조립제법을 이용하여 인수분해하기

$f(x)=x^4-4x^3-x^2+16x-12$라 하면 $f(1)=0$, $f(2)=0$이므로
조립제법을 이용하면 $f(x)$를 인수분해하면

$$
\begin{array}{r|rrrrr}
1 & 1 & -4 & -1 & 16 & -12 \\
  &   & 1 & -3 & -4 & 12 \\
\hline
2 & 1 & -3 & -4 & 12 & 0 \\
  &   & 2 & -2 & -12 & \\
\hline
  & 1 & -1 & -6 & 0 &
\end{array}
$$

$$
\begin{aligned}
x^4-4x^3-x^2+16x-12&=(x-1)(x-2)(x^2-x-6) \\
&=(x-1)(x-2)(x-3)(x+2)
\end{aligned}
$$

따라서 보기 중 인수가 아닌 것은 ④이다.

0343

STEP A 인수정리와 조립제법을 이용하여 인수분해하기

$h(x)=x^4+3x^3-3x^2-11x-6$이라 하면 $h(-1)=0$이므로
조립제법을 이용하여 $h(x)$를 인수분해하면

$$
\begin{array}{r|rrrrr}
-1 & 1 & 3 & -3 & -11 & -6 \\
   &   & -1 & -2 & 5 & 6 \\
\hline
-1 & 1 & 2 & -5 & -6 & 0 \\
   &   & -1 & -1 & 6 & \\
\hline
   & 1 & 1 & -6 & 0 &
\end{array}
$$

$$
\begin{aligned}
x^4+3x^3-3x^2-11x-6&=(x+1)^2(x^2+x-6) \\
&=(x+1)^2(x+3)(x-2)
\end{aligned}
$$

STEP B $f(-3)\neq0$, $g(2)\neq0$를 만족하는 이차식 $f(x)$, $g(x)$ 구하기

$f(x)$, $g(x)$는 각각 x^2의 계수가 1인 이차식이고
$f(-3)\neq0$, $g(2)\neq0$이므로
$f(x)$는 $x+3$을 인수로 갖지 못하고 $g(x)$는 $x-2$를 인수로 갖지 못한다.
$f(x)=(x+1)(x-2)$, $g(x)=(x+1)(x+3)$

STEP C $f(1)\times g(2)$의 값 구하기

따라서 $f(1)=2\times(-1)=-2$, $g(2)=3\times5=15$이므로
$f(1)\times g(2)=-2\times15=-30$

x^2의 계수가 1인 두 이차식 $f(x)$, $g(x)$에 대하여
$$f(x)g(x)=x^4+x^3-3x^2-x+2,$$
$$f(-2)\neq0,\ g(-1)\neq0$$
일 때, $f(3)\times g(3)$의 값은?

① 50 　　　② 60 　　　③ 70
④ 80 　　　⑤ 90

STEP A 인수정리와 조립제법을 이용하여 인수분해하기

$P(x)=x^4+x^3-3x^2-x+2$라 하면 $P(1)=0$이므로
조립제법을 이용하여 $P(x)$를 인수분해하면

1	1	1	-3	-1	2
		1	2	-1	-2
1	1	2	-1	-2	0
		1	3	2	
	1	3	2	0	

$$x^4+x^3-3x^2-x+2=(x-1)^2(x^2+3x+2)$$
$$=(x-1)^2(x+1)(x+2)$$

STEP B $f(-2)\neq0$, $g(-1)\neq0$를 만족하는 이차식 $f(x)$, $g(x)$ 구하기

$f(x)$, $g(x)$는 각각 x^2의 계수가 1인 이차식이고
$f(-2)\neq0$, $g(-1)\neq0$이므로
$f(x)$는 $x+2$를 인수로 갖지 못하고 $g(x)$는 $x+1$을 인수로 갖지 못한다.
$$f(x)=(x-1)(x+1),\ g(x)=(x-1)(x+2)$$

STEP C $f(3)\times g(3)$의 값 구하기

따라서 $f(3)=2\times4=8$, $g(3)=2\times5=10$이므로 $f(3)\times g(3)=8\times10=80$

정답 ④

0344

2020년 11월 고1 학력평가 15번　　정답 ③

해설강의

STEP A 항등식의 수치대입법을 이용하여 $f(-1)$의 값 구하기

다항식 $x^3+1-f(x)$가 $(x+1)(x+a)^2$으로 인수분해되므로
등식 $x^3+1-f(x)=(x+1)(x+a)^2$ ······ ㉠
㉠은 x에 대한 항등식이므로
양변에 $x=-1$을 대입하면 $(-1)^3+1-f(-1)=0$
$\therefore\ f(-1)=0$

STEP B 일차식 $f(x)$의 식을 작성하여 $f(7)$의 값 구하기

즉 인수정리에 의하여 일차식 $f(x)$는 $x+1$을 인수로 갖는다.
$f(x)=k(x+1)$ (k는 0이 아닌 상수)이라 하면
조립제법을 이용하여 인수분해하면
$$x^3+1-f(x)=x^3+1-k(x+1)$$
$$=x^3-kx+1-k$$
$$=(x+1)(x^2-x+1-k)$$

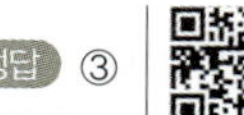

-1	1	0	$-k$	$1-k$
		-1	1	$-1+k$
	1	-1	$1-k$	0

$x^3-kx+1-k=(x+1)(x^2-x+1-k)$

+α $x^3+1=(x+1)(x^2-x+1)$임을 이용하여 구할 수도 있어!

$$x^3+1-f(x)=x^3+1-k(x+1)$$
$$=(x+1)(x^2-x+1)-k(x+1)$$
$$=(x+1)(x^2-x+1-k)$$

이때 ㉠에서 $(x+1)(x^2-x+1-k)=(x+1)(x+a)^2$
공통되는 부분을 제외하고 나머지 부분을 비교한다.

$$x^2-x+1-k=(x+a)^2$$
$$=x^2+2ax+a^2$$
이 등식은 x에 대한 항등식이므로 계수를 비교하면
$2a=-1$에서 $a=-\dfrac{1}{2}$
$a^2=1-k$에서 $k=\dfrac{3}{4}$
따라서 $f(x)=\dfrac{3}{4}(x+1)$이므로 $f(7)=\dfrac{3}{4}\times8=6$

mini해설 항등식의 계수비교법을 이용하여 풀이하기

다항식 $x^3+1-f(x)$가 $(x+1)(x+a)^2$으로 인수분해되므로
$$x^3+1-f(x)=(x+1)(x+a)^2$$
$$f(x)=x^3+1-(x+1)(x+a)^2$$
$$=x^3+1-\{x^3+(2a+1)x^2+(a^2+2a)x+a^2\}$$
$$=-(2a+1)x^2-(a^2+2a)x-a^2+1\ \ \cdots\cdots\ ㉠$$
이때 $f(x)$가 일차식이므로
$-(2a+1)=0$이고 $a^2+2a\neq0$이어야 한다.
$-(2a+1)=0$에서
$a=-\dfrac{1}{2}$이므로 ㉠에 대입하면 　$a^2+2a=\left(-\dfrac{1}{2}\right)^2+2\left(-\dfrac{1}{2}\right)=-\dfrac{3}{4}\neq0$
$$f(x)=-0\times x^2-\left\{\left(-\dfrac{1}{2}\right)^2+2\times\left(-\dfrac{1}{2}\right)\right\}x-\left(-\dfrac{1}{2}\right)^2+1$$
$$=\dfrac{3}{4}x+\dfrac{3}{4}$$
따라서 $f(7)=\dfrac{3}{4}\times7+\dfrac{3}{4}=6$

다른풀이 이차함수의 그래프와 x축의 위치 관계를 이용하여 풀이하기

STEP A 항등식의 수치대입법을 이용하여 $f(-1)$의 값 구하기

다항식 $x^3+1-f(x)$가 $(x+1)(x+a)^2$으로 인수분해되므로
$x^3+1-f(x)=(x+1)(x+a)^2$ ······ ㉠
㉠의 양변에 $x=-1$을 대입하면 $-1+1-f(-1)=0$
$\therefore\ f(-1)=0$

STEP B 조립제법을 이용하여 인수분해하기

즉 일차식 $f(x)$는 $x+1$을 인수로 가지므로
$f(x)=m(x+1)$ (m은 0이 아닌 상수)이라 하면
$$x^3+1-f(x)=x^3+1-m(x+1)$$
$$=x^3-mx+1-m$$
$x^3-mx+1-m$을 조립제법을 이용하여 인수분해하면
$\therefore\ x^3+1-f(x)=(x+1)(x^2-x+1-m)$ ······ ㉡

STEP C 이차함수의 그래프와 x축의 위치 관계를 이용하여 구하기

㉠, ㉡에서
$(x+1)(x+a)^2=(x+1)(x^2-x+1-m)$
양변을 $x+1$로 나누면
$(x+a)^2=x^2-x+1-m$
이때 이차함수 $y=(x+a)^2$의 그래프는
오른쪽 그림과 같이 x축과 $x=-a$에서만
만나므로 이차함수 $y=x^2-x+1-m$의
그래프 또한 x축과 한 점에서 만난다.

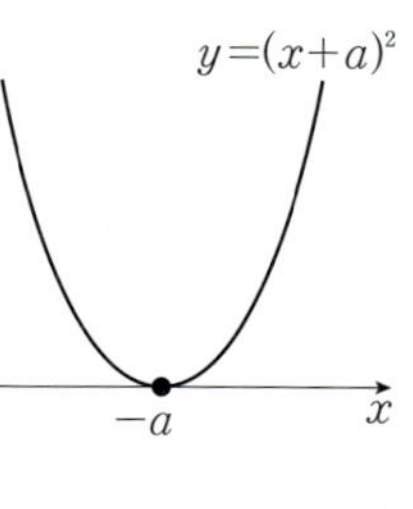

즉 이차방정식 $x^2-x+1-m=0$이 중근을 가져야 하므로
이차방정식의 판별식을 D라 하면
$$D=(-1)^2-4\times1\times(1-m)=0$$
$4m-3=0$　$\therefore\ m=\dfrac{3}{4}$

따라서 $f(x)=\dfrac{3}{4}(x+1)$이므로 $f(7)=\dfrac{3}{4}\times(7+1)=6$

일차식 $f(x)$에 대하여 다항식 $x^3-1-f(x)$가 $(x-1)(x+a)^2$으로 인수분해될 때, $af(9)$의 값은? (단, a는 상수이다.)

① 2 ② 3 ③ 6
④ 8 ⑤ 10

STEP A 인수분해와 인수정리를 이용하여 $f(1)$의 값 구하기

다항식 $x^3-1-f(x)$가 $(x-1)(x+a)^2$으로 인수분해되므로

등식 $x^3-1-f(x)=(x-1)(x+a)^2$ $\cdots\cdots$ ㉠

다항식 $x^3-1-f(x)$가 일차식 $x-1$로 나누어떨어지므로

인수정리에 의하여 양변에 $x=1$을 대입하면 $1-1-f(1)=0$

$\therefore f(1)=0$

STEP B 일차식 $f(x)$의 식을 작성하여 $f(9)$의 값 구하기

$f(1)=0$이므로 일차식 $f(x)$는 $x-1$을 인수로 갖는다.

$f(x)=k(x-1)$ (k는 0이 아닌 상수)이라 하면

$x^3-1-f(x)=x^3-1-k(x-1)$

$\qquad\qquad\quad =x^3-kx-1+k$

$\qquad\qquad\quad =(x-1)(x^2+x+1-k)$

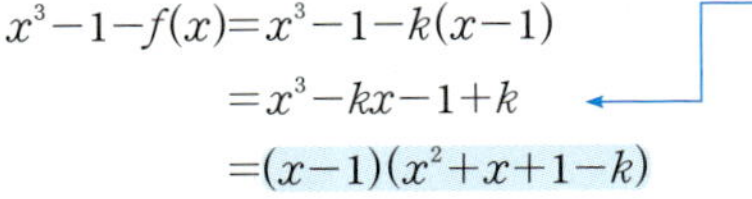

+α $x^3-1=(x-1)(x^2+x+1)$임을 이용하여 구할 수도 있어!

$x^3-1-f(x)=x^3-1-k(x-1)$

$\qquad\qquad\quad =(x-1)(x^2+x+1)-k(x-1)$

$\qquad\qquad\quad =(x-1)(x^2+x+1-k)$

이때 ㉠에서 $(x-1)(x^2+x+1-k)=(x-1)(x+a)^2$

두 식은 모두 $x-1$을 인수로 가지므로 나머지 부분을 비교한다.

$x^2+x+1-k=(x+a)^2=x^2+2ax+a^2$

이 등식은 x에 대한 항등식이므로 양변의 동류항의 계수를 비교하면

$2a=1$에서 $a=\dfrac{1}{2}$

$a^2=1-k$에서 $k=\dfrac{3}{4}$

즉 $f(x)=\dfrac{3}{4}(x-1)$이므로 $f(9)=\dfrac{3}{4}\times 8=6$

따라서 $a\times f(9)=\dfrac{1}{2}\times 6=3$

정답 ②

0345

정답 5

STEP A $x-2$가 주어진 식의 인수임을 이용하여 k의 값 구하기

$P(x)=x^3+5x^2+kx-24$로 놓으면

$P(x)=(x-2)(x+a)(x+b)$이므로 $P(x)$는 $x-2$를 인수로 갖는다.

즉 $P(2)=8+20+2k-24=0$이므로 $k=-2$

$P(x)=x^3+5x^2-2x-24$

STEP B 조립제법을 이용하여 인수분해하기

$P(x)$를 조립제법을 이용하여 인수분해하면

$x^3+5x^2-2x-24=(x-2)(x^2+7x+12)$

$\qquad\qquad\qquad\quad =(x-2)(x+3)(x+4)$

즉 $(x-2)(x+3)(x+4)$

$\quad =(x-2)(x+a)(x+b)$

이므로 $a=3$, $b=4$ 또는 $a=4$, $b=3$

따라서 $k+a+b=-2+3+4=5$

2	1	5	-2	-24
		2	14	24
	1	7	12	0

0346

정답 ③

STEP A $x-1$이 주어진 식의 인수임을 이용하여 k의 값 구하기

$P(x)=x^3-2x^2+4x+k$로 놓으면

$P(x)=(x-1)(x^2+ax+b)$이므로 $P(x)$는 $x-1$을 인수로 갖는다.

즉 $P(1)=1-2+4+k=0$이므로 $k=-3$

$P(x)=x^3-2x^2+4x-3$

STEP B 인수정리를 이용하여 인수분해하기

$P(x)$를 조립제법을 이용하여 인수분해하면

$x^3-2x^2+4x-3=(x-1)(x^2-x+3)$

즉 $(x-1)(x^2-x+3)=(x-1)(x^2+ax+b)$

이므로 $a=-1$, $b=3$

따라서 $a+b+k=-1+3+(-3)=-1$

1	1	-2	4	-3
		1	-1	3
	1	-1	3	0

mini 해설 항등식의 성질을 이용하여 풀이하기

인수분해는 x에 대한 항등식이므로

$x^3-2x^2+4x+k=(x-1)(x^2+ax+b)=x^3+(a-1)x^2+(b-a)x-b$

이 등식이 항등식이므로 양변의 동류항의 계수를 비교하면

$-2=a-1$, $4=b-a$, $k=-b$

따라서 $a=-1$, $b=3$, $k=-3$이므로 $a+b+k=-1$

0347

정답 ①

STEP A $x-1$이 주어진 식의 인수임을 이용하여 a의 값 구하기

x^3-2x^2+ax+6이 $x-1$로 나누어떨어지므로 인수정리에 의하여

$x=1$을 대입하면 $1-2+a+6=0$이므로 $a=-5$

STEP B 조립제법을 이용하여 인수분해하기

x^3-2x^2-5x+6을 조립제법을 이용하여 인수분해하면

$x^3-2x^2-5x+6=(x-1)(x^2-x-6)$

$\qquad\qquad\qquad\quad =(x-1)(x+2)(x-3)$

즉 $(x-1)(x+2)(x-3)$

$\quad =(x-1)(x+b)(x+c)$

이므로 $b=2$, $c=-3$ 또는 $b=-3$, $c=2$

따라서 $a+b+c=-6$

1	1	-2	-5	6
		1	-1	-6
	1	-1	-6	0

다항식 $2x^3-x^2+ax-2$가 $x+1$로 나누어떨어지고 $(x+1)(x+b)(2x+c)$로 인수분해될 때, 상수 a, b, c에 대하여 $a+b+c$의 값은?

① -6 ② -4 ③ -2
④ 4 ⑤ 6

STEP A $x+1$이 주어진 식의 인수임을 이용하여 a의 값 구하기

$2x^3-x^2+ax-2$가 $x+1$로 나누어떨어지므로 인수정리에 의하여

$x=-1$을 대입하면 $-2-1-a-2=0$이므로 $a=-5$

STEP B 조립제법을 이용하여 인수분해하기

$2x^3-x^2-5x-2$를 조립제법을 이용하여 인수분해하면

$2x^3-x^2-5x-2=(x+1)(2x^2-3x-2)$

$\qquad\qquad\qquad\quad =(x+1)(x-2)(2x+1)$

즉 $(x+1)(x-2)(2x+1)$

$\quad =(x+1)(x+b)(2x+c)$

이므로 $b=-2$, $c=1$

따라서 $a+b+c=-5+(-2)+1=-6$

정답 ①

-1	2	-1	-5	-2
		-2	3	2
	2	-3	-2	0

0348

정답 ④

STEP A $x+a$가 주어진 식의 인수임을 이용하여 정수 a의 값 구하기

$P(x)$가 $x+a$를 인수로 가지므로 $P(-a)=0$

$$P(-a)=-a^3+a^3+6a^2-4a-a-11$$
$$=6a^2-5a-11$$
$$=(a+1)(6a-11)$$

즉 $(a+1)(6a-11)=0$이므로 정수 a는 $a=-1$

STEP B 조립제법을 이용하여 인수분해하기

$P(x)=x^3+5x^2+4x-10$에서 $P(1)=0$이므로
조립제법을 이용하여 $P(x)$를 인수분해하면

$$P(x)=x^3+5x^2+4x-10$$
$$=(x-1)(x^2+6x+10)$$

1	1	5	4	-10
		1	6	10
	1	6	10	0

STEP C $f(a)$의 값 구하기

즉 $(x-1)(x^2+6x+10)=(x-1)f(x)$이므로 $f(x)=x^2+6x+10$

따라서 $f(-1)=1-6+10=5$

0349

정답 ⑤

STEP A 조립제법을 이용하여 인수분해하기

$f(x)=x^3-3ax^2-a^2x+3a^3$라 하면 $f(a)=a^3-3a^3-a^3+3a^3=0$이므로
조립제법을 이용하여 $f(x)$를 인수분해하면

$$x^3-3ax^2-a^2x+3a^3$$
$$=(x-a)(x^2-2ax-3a^2)$$
$$=(x-a)(x+a)(x-3a)$$

a	1	$-3a$	$-a^2$	$3a^3$
		a	$-2a^2$	$-3a^3$
	1	$-2a$	$-3a^2$	0

STEP B 세 일차식의 합이 $3x-12$를 만족하는 상수 a의 값 구하기

따라서 세 일차식의 합은 $(x-a)+(x+a)+(x-3a)=3x-3a=3x-12$이므로
$a=4$

다항식 $x^3-(3a+1)x^2+(3a-2)x+6a$가 x의 계수가 1인 세 일차식의
곱으로 인수분해될 때, 세 일차식의 합을 $f(x)$라 하자.
이때 $f(x)$를 $x-4$로 나눈 나머지가 -4일 때, 상수 a의 값을 구하시오.

STEP A 조립제법을 이용하여 인수분해하기

$P(x)=x^3-(3a+1)x^2+(3a-2)x+6a$라 하면
$P(-1)=-1-3a-1-3a+2+6a=0$이므로
조립제법을 이용하여 $P(x)$를 인수분해하면

-1	1	$-3a-1$	$3a-2$	$6a$
		-1	$3a+2$	$-6a$
	1	$-3a-2$	$6a$	0

$$P(x)=x^3-(3a+1)x^2+(3a-2)x+6a$$
$$=(x+1)\{x^2-(3a+2)x+6a\}$$
$$=(x+1)(x-2)(x-3a)$$

STEP B $f(4)=-4$임을 이용하여 a의 값 구하기

이때 세 일차식의 합이 $f(x)$이므로
$$f(x)=(x+1)+(x-2)+(x-3a)=3x-1-3a$$
$f(x)$를 $x-4$로 나눈 나머지가 -4이므로 나머지정리에 의하여 $f(4)=-4$
따라서 $f(4)=12-1-3a=-4$이므로 $a=5$

정답 5

0350

정답 ④

STEP A 인수정리와 나머지정리를 이용하여 a, b의 값 구하기

$P(x)=x^4+x^3-6x^2+ax+b$로 놓으면
$x+1$로 나누어떨어지고 $x-1$로 나누면 나머지가 -2이므로
$P(-1)=-a+b-6=0$에서 $-a+b=6$ …… ㉠
$P(1)=-4+a+b=-2$에서 $a+b=2$ …… ㉡
㉠, ㉡을 연립하여 풀면 $a=-2$, $b=4$

STEP B 조립제법을 이용하여 인수분해하기

$P(x)=x^4+x^3-6x^2-2x+4$에서 $P(-1)=1-1-6+2+4=0$
$P(2)=16+8-24-4+4=0$이므로
조립제법을 이용하여 $P(x)$를 인수분해하면

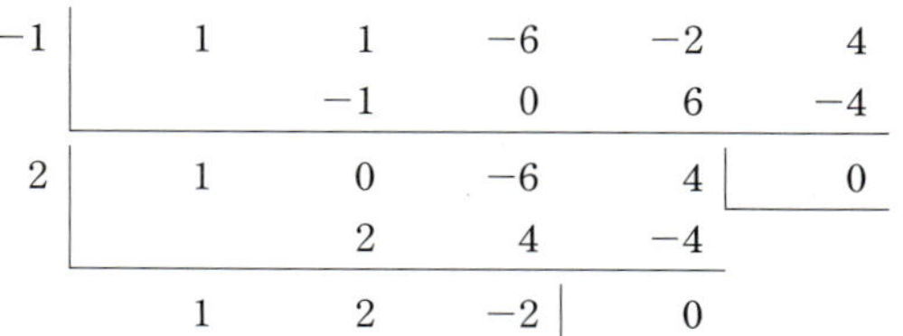

-1	1	1	-6	-2	4
		-1	0	6	-4
2	1	0	-6	4	0
		2	4	-4	
	1	2	-2	0	

$$x^4+x^3-6x^2-2x+4=(x+1)(x-2)(x^2+2x-2)$$

즉 $(x+1)(x-2)(x^2+2x-2)=(x+1)(x-p)(x^2+qx+r)$이므로
$p=2$, $q=2$, $r=-2$

따라서 $p+q+r=2+2+(-2)=2$

0351

정답 ⑤

STEP A 인수정리를 이용하여 a, b의 값 구하기

$P(x)=x^4-3x^3+ax^2+bx-6$이라 하면
$P(x)$가 $x+1$, $x-2$를 인수로 가지므로 $P(-1)=0$, $P(2)=0$
$P(-1)=0$에서 $1+3+a-b-6=0$
$\therefore a-b=2$ …… ㉠
$P(2)=0$에서 $16-24+4a+2b-6=0$
$\therefore 2a+b=7$ …… ㉡
㉠, ㉡을 연립하여 풀면 $a=3$, $b=1$

STEP B 조립제법을 이용하여 인수분해하기

$P(x)=x^4-3x^3+3x^2+x-6$이므로
조립제법을 이용하여 $P(x)$를 인수분해하면

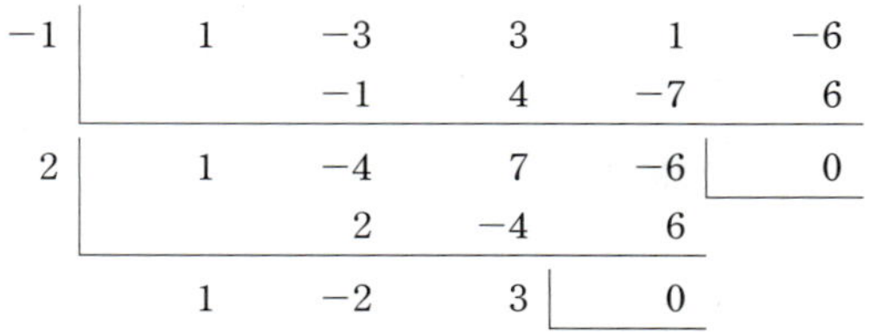

-1	1	-3	3	1	-6
		-1	4	-7	6
2	1	-4	7	-6	0
		2	-4	6	
	1	-2	3	0	

$$P(x)=x^4-3x^3+3x^2+x-6=(x+1)(x-2)(x^2-2x+3)$$

STEP C $a+b+Q(3)$의 값 구하기

즉 $(x+1)(x-2)(x^2-2x+3)=(x+1)(x-2)Q(x)$이므로
$Q(x)=x^2-2x+3$

따라서 $a+b+Q(3)=3+1+(9-6+3)=10$

다항식 $x^4-2x^3+2x^2+ax+b$가 $(x+1)(x-2)Q(x)$로 인수분해될 때,
상수 a, b에 대하여 $a+b+Q(3)$의 값은?

① -2 ② -1 ③ 0
④ 1 ⑤ 2

STEP ⓐ 인수정리를 이용하여 a, b의 값 구하기

$P(x)=x^4-2x^3+2x^2+ax+b$라 하면
$P(x)$가 $x+1$, $x-2$를 인수로 가지므로 $P(-1)=0$, $P(2)=0$
$P(-1)=0$에서 $1+2+2-a+b=0$
$\therefore\ -a+b=-5$ …… ㉠
$P(2)=0$에서 $16-16+8+2a+b=0$
$\therefore\ 2a+b=-8$ …… ㉡
㉠, ㉡을 연립하여 풀면 $a=-1$, $b=-6$

STEP Ⓑ 조립제법을 이용하여 인수분해하기

$P(x)=x^4-2x^3+2x^2-x-6$이므로
조립제법을 이용하여 $P(x)$를 인수분해하면

-1	1	-2	2	-1	-6
		-1	3	-5	6
2	1	-3	5	-6	0
		2	-2	6	
	1	-1	3	0	

$P(x)=x^4-2x^3+2x^2-x-6=(x+1)(x-2)(x^2-x+3)$

STEP Ⓒ $a+b+Q(3)$의 값 구하기

즉 $(x+1)(x-2)(x^2-x+3)=(x+1)(x-2)Q(x)$이므로 $Q(x)=x^2-x+3$
따라서 $a+b+Q(3)=-1-6+(9-3+3)=2$ 정답 ⑤

0352

정답 8

STEP ⓐ 인수정리를 이용하여 m, n의 관계식 구하기

$P(x)$가 일차식이므로 $P(x)=mx+n$ ($m\neq0$인 상수)
$x^3-x^2+5P(x)=x^3-x^2+5(mx+n)$
$\qquad\qquad\qquad\quad =x^3-x^2+5mx+5n$
$x^3-x^2+5P(x)$가 $x-1$을 인수로 가지므로 $x=1$을 대입하면
$1-1+5m+5n=0$
즉 $m+n=0$이므로 $n=-m$ …… ㉠

STEP Ⓑ 조립제법을 이용하여 $P(-3)$의 값 구하기

$x^3-x^2+5P(x)=x^3-x^2+5mx-5m$을
조립제법을 이용하여 인수분해하면
$\therefore\ x^3-x^2+5mx-5m$
$\quad =(x-1)(x^2+5m)$

1	1	-1	$5m$	$-5m$
		1	0	$5m$
	1	0	$5m$	0

즉 $(x-1)(x^2+5m)=(x-1)(x-a)(x-b)$
이므로
$x^2+5m=(x-a)(x-b)=x^2-(a+b)x+ab$에서 계수를 비교하면
$a+b=0$, $ab=5m$
이때 $ab=-10$이므로 $ab=5m=10$에서 $m=-2$이고
이를 ㉠에 대입하면 $n=2$
따라서 $P(x)=-2x+2$이므로 $P(-3)=-2\times(-3)+2=8$

0353

     정답 ②

STEP ⓐ 조립제법을 이용하여 삼차식 인수분해하기

$f(x)=x^3+2x^2+3x+6$이라 하면
$f(-2)=-8+8-6+6=0$이므로
조립제법을 이용하여 $f(x)$를 인수분해하면
$f(x)=(x+2)(x^2+3)$

-2	1	2	3	6
		-2	0	-6
	1	0	3	0

+α | 공통인수를 이용하여 인수분해할 수 있어!

$x^3+2x^2+3x+6=x^2(x+2)+3(x+2)=(x+2)(x^2+3)$

STEP Ⓑ 공통인수가 $x+b$임을 이용하여 a, b의 값 구하기

두 다항식 x^3+2x^2+3x+6, x^3+x+a가 모두 $x+b$로
나누어떨어지므로 $x+b$는 두 다항식의 공통인수다.
이때 $x+b$가 일차식이므로
x^3+2x^2+3x+6의 인수 중 일차식은 $x+2$
$\therefore\ b=2$
x^3+x+a도 $x+2$를 인수로 가지므로 인수정리에 의하여
$x=-2$를 대입하면 $-8-2+a=0$
$\therefore\ a=10$
따라서 $a+b=10+2=12$

x에 대한 두 다항식 x^3-4x^2+4x-3과 x^3+x^2-2x+a가 모두 $x-b$로
나누어 떨어질 때 $a+b$의 값은? (단, a, b는 실수이다.)

① -27 ② -30 ③ -32
④ -36 ⑤ -40

STEP ⓐ 조립제법을 이용하여 x^3-4x^2+4x-3의 식 인수분해하기

$f(x)=x^3-4x^2+4x-3$이라 하면
$f(3)=27-36+12-3=0$이므로
조립제법을 이용하여 인수분해하면
$x^3-4x^2+4x-3=(x-3)(x^2-x+1)$

3	1	-4	4	-3
		3	-3	3
	1	-1	1	0

STEP Ⓑ 공통인수가 $x-b$임을 이용하여 a, b의 값 구하기

두 다항식 x^3-4x^2+4x-3과 x^3+x^2-2x+a가 모두 $x-b$로
나누어떨어지므로 $x-b$는 두 다항식의 공통인수이다.
이때 $x-b$가 일차식이므로
x^3-4x^2+4x-3의 인수 중 일차식은 $x-3$
$\therefore\ b=3$
x^3+x^2-2x+a도 $x-3$을 인수로 가지므로 인수정리에 의하여
$x=3$을 대입하면 $27+9-6+a=0$
$\therefore\ a=-30$
따라서 $a+b=-30+3=-27$ 정답 ①

0354

   정답 ①

STEP Ⓐ 항등식의 성질을 이용하여 a의 값 구하기

$x^3-x^2+3x-2=(x+2)P(x)+ax$의 양변에 $x=-2$를 대입하면

$-8-4-6-2=0-2a$에서 $2a=20$이므로 $a=10$

STEP Ⓑ 조립제법을 이용하여 인수분해하기

$x^3-x^2+3x-2=(x+2)P(x)+10x$에서

$(x+2)P(x)=x^3-x^2-7x-2$

$Q(x)=x^3-x^2-7x-2$라 하면

$Q(-2)=-8-4+14-2=0$이므로 $Q(x)$는 $x+2$를 인수로 갖는다.

이때 조립제법을 이용하여 $Q(x)$를 인수분해하면

$Q(x)=x^3-x^2-7x-2$

$\quad =(x+2)(x^2-3x-1)$

$$
\begin{array}{r|rrrr}
-2 & 1 & -1 & -7 & -2 \\
   &   & -2 & 6 & 2 \\
\hline
   & 1 & -3 & -1 & 0 \\
\end{array}
$$

STEP Ⓒ $P(-2)$의 값 구하기

$(x+2)P(x)=(x+2)(x^2-3x-1)$

이 등식이 x에 대한 항등식이고 $P(x)$가 다항식이므로 $P(x)=x^2-3x-1$

따라서 $P(-2)=4+6-1=9$

내/신/연/계/ 출제문항 173

다항식 $P(x)$와 상수 a에 대하여 등식

$$2x^3+5x^2+3x+6=(x+2)P(x)+ax$$

가 x에 대한 항등식일 때, $P(a)$의 값은?

① 7　　　　② 9　　　　③ 11

④ 13　　　　⑤ 15

STEP Ⓐ 항등식의 성질을 이용하여 a의 값 구하기

$2x^3+5x^2+3x+6=(x+2)P(x)+ax$의 양변에 $x=-2$를 대입하면

$-16+20-6+6=0-2a$에서 $2a=-4$이므로 $a=-2$

STEP Ⓑ 조립제법을 이용하여 $Q(x)$를 인수분해하기

$2x^3+5x^2+3x+6=(x+2)P(x)-2x$에서

$(x+2)P(x)=2x^3+5x^2+5x+6$

$Q(x)=2x^3+5x^2+5x+6$이라 하면

$Q(-2)=-16+20-10+6=0$이므로 $Q(x)$는 $x+2$를 인수로 갖는다.

이때 조립제법을 이용하여 $Q(x)$를 인수분해하면

$Q(x)=2x^3+5x^2+5x+6$

$\quad =(x+2)(2x^2+x+3)$

$$
\begin{array}{r|rrrr}
-2 & 2 & 5 & 5 & 6 \\
   &   & -4 & -2 & -6 \\
\hline
   & 2 & 1 & 3 & 0 \\
\end{array}
$$

STEP Ⓒ $P(a)$의 값 구하기

$(x+2)P(x)=(x+2)(2x^2+x+3)$

이 등식이 x에 대한 항등식이고 $P(x)$가 다항식이므로 $P(x)=2x^2+x+3$

따라서 $P(a)=P(-2)=8-2+3=9$　　정답 ②

0355

정답 3

STEP Ⓐ 공통인수를 이용하여 인수분해하기

$x^3-x^2y-xy^2+y^3=x^2(x-y)-y^2(x-y)$

$\qquad\qquad =(x-y)(x^2-y^2)$

$\qquad\qquad =(x-y)(x-y)(x+y)$

$\qquad\qquad =(x-y)^2(x+y)$

STEP Ⓑ 곱셈 공식의 변형을 이용하여 식의 값 구하기

이때 $x+y=3$, $xy=2$이므로 $(x-y)^2=(x+y)^2-4xy=9-8=1$

따라서 $(x-y)^2(x+y)=1\times3=3$

0356

정답 ④

STEP Ⓐ $x^2y^2=2x^2y^2-x^2y^2$을 이용하여 주어진 식 인수분해하기

$x^4+x^2y^2+y^4=x^4+2x^2y^2+y^4-x^2y^2$

$\qquad\qquad =(x^2+y^2)^2-(xy)^2$

$\qquad\qquad =(x^2+y^2-xy)(x^2+y^2+xy)$

STEP Ⓑ 곱셈 공식을 이용하여 식의 값 구하기

이때 $x^2+y^2=(x+y)^2-2xy=3^2-2\times(-1)=11$

따라서 $(x^2+y^2-xy)(x^2+y^2+xy)=\{11-(-1)\}\{11+(-1)\}=120$

0357

정답 ③

STEP Ⓐ a에 대한 내림차순으로 정리하기

a에 대하여 내림차순으로 정리하면

$a^2b-ab^2-a^2c+ac^2+b^2c-bc^2$

$=(b-c)a^2-(b^2-c^2)a+bc(b-c)$

$=(b-c)a^2-(b+c)(b-c)a+bc(b-c)$　　← 공통인수 $b-c$로 묶는다.

$=(b-c)\{a^2-(b+c)a+bc\}$

$=(b-c)(a-b)(a-c)$　　$x^2-(a+b)x+ab=(x-a)(x-b)$를 이용한다.

STEP Ⓑ $a-c$를 구하여 주어진 값 구하기

이때 $a-b=3+\sqrt{5}$, $b-c=3-\sqrt{5}$의 두 식에서

$a-c=(a-b)+(b-c)=6$

따라서 $(b-c)(a-b)(a-c)=(3-\sqrt{5})\times(3+\sqrt{5})\times6=24$

내/신/연/계/ 출제문항 174

서로 다른 세 실수 a, b, c에 대하여

$$a-b=3+2\sqrt{2},\ b-c=3-2\sqrt{2}$$

을 만족할 때, $ab^2-a^2b+bc^2-b^2c+a^2c-ac^2$의 값은?

① -6　　　　② -4　　　　③ -2

④ 4　　　　⑤ 6

STEP Ⓐ a에 대한 내림차순으로 정리하기

a에 대하여 내림차순으로 정리하면

$ab^2-a^2b+bc^2-b^2c+a^2c-ac^2$

$=(-b+c)a^2+(b^2-c^2)a-bc(b-c)$

$=-(b-c)a^2+(b+c)(b-c)a-bc(b-c)$　　← 공통인수 $b-c$로 묶는다.

$=(b-c)\{-a^2+(b+c)a-bc\}$

$=-(b-c)(a-b)(a-c)$　　$x^2-(a+b)x+ab=(x-a)(x-b)$를 이용한다.

$=(a-b)(b-c)(c-a)$

STEP Ⓑ $a-c$를 구하여 주어진 값 구하기

이때 $a-b=3+2\sqrt{2}$, $b-c=3-2\sqrt{2}$의 두 식에서

$a-c=(a-b)+(b-c)=6$이므로 $c-a=-6$

따라서 $(a-b)(b-c)(c-a)=(3+2\sqrt{2})\times(3-2\sqrt{2})\times(-6)=-6$　　정답 ①

0358

STEP Ⓐ x에 대한 내림차순으로 정리하기

x에 대하여 내림차순으로 정리하면

$x(y^2-z^2)+y(z^2-x^2)+z(x^2-y^2)$
$=xy^2-xz^2+yz^2-yx^2+zx^2-zy^2$
$=(-y+z)x^2+(y^2-z^2)x+yz(z-y)$
$=-(y-z)x^2+(y-z)(y+z)x-yz(y-z)$ ← 공통인수 $y-z$로 묶는다.
$=-(y-z)\{x^2-(y+z)x+yz\}$
$=-(y-z)(x-y)(x-z)$
$=(x-y)(y-z)(z-x)$

STEP Ⓑ $x-z$를 구하여 주어진 값 구하기

$x-y=2+\sqrt{3}$, $y-z=-2\sqrt{3}$의 두 식에서

$x-z=(x-y)+(y-z)=2-\sqrt{3}$

따라서 $(x-y)(y-z)(z-x)=(2+\sqrt{3})(-2\sqrt{3})(-2+\sqrt{3})=2\sqrt{3}$

0359

STEP Ⓐ $a^3+b^3+c^3-3abc$의 식 인수분해하기

$a^3+b^3+c^3=3abc$에서 $a^3+b^3+c^3-3abc=0$이므로
$a^3+b^3+c^3-3abc=(a+b+c)(a^2+b^2+c^2-ab-bc-ca)$
$=\dfrac{1}{2}(a+b+c)\{(a-b)^2+(b-c)^2+(c-a)^2\}$

STEP Ⓑ 주어진 식의 값 계산하기

$\dfrac{1}{2}(a+b+c)\{(a-b)^2+(b-c)^2+(c-a)^2\}=0$에서

a, b, c는 양수이므로 $a+b+c\neq0$

즉 $(a-b)^2+(b-c)^2+(c-a)^2=0$이어야 한다.

$(a-b)^2=0$, $(b-c)^2=0$, $(c-a)^2=0$이므로 $a=b=c$

따라서 $\dfrac{3a}{b}+\dfrac{2b}{c}+\dfrac{5c}{a}=3+2+5=10$

세 양수 a, b, c에 대하여 $a^3+b^3+c^3=3abc$이 성립할 때,

$\dfrac{a}{b}+\dfrac{3c}{b}+\dfrac{5a}{c}$의 값은?

① 9 ② 10 ③ 11
④ 12 ⑤ 13

STEP Ⓐ $a^3+b^3+c^3-3abc$의 식 인수분해하기

$a^3+b^3+c^3=3abc$에서 $a^3+b^3+c^3-3abc=0$이므로
$a^3+b^3+c^3-3abc=(a+b+c)(a^2+b^2+c^2-ab-bc-ca)$
$=\dfrac{1}{2}(a+b+c)\{(a-b)^2+(b-c)^2+(c-a)^2\}$

STEP Ⓑ 주어진 식의 값 계산하기

$\dfrac{1}{2}(a+b+c)\{(a-b)^2+(b-c)^2+(c-a)^2\}=0$에서

a, b, c는 양수이므로 $a+b+c\neq0$

즉 $(a-b)^2+(b-c)^2+(c-a)^2=0$이어야 한다.

$(a-b)^2=0$, $(b-c)^2=0$, $(c-a)^2=0$이므로 $a=b=c$

따라서 $\dfrac{a}{b}+\dfrac{3c}{b}+\dfrac{5a}{c}=1+3+5=9$ 정답 ①

0360

STEP Ⓐ 공통인수를 이용하여 주어진 식 정리하기

$x^2y+xy^2+x+y=xy(x+y)+(x+y)$ ← 공통인수 $x+y$로 묶는다.
$=(x+y)(xy+1)$

STEP Ⓑ x^2y+xy^2+x+y의 값 구하기

$x=\sqrt{3}+\sqrt{2}$, $y=\sqrt{3}-\sqrt{2}$에서 $x+y=2\sqrt{3}$, $xy=1$

$xy=(\sqrt{3}+\sqrt{2})(\sqrt{3}-\sqrt{2})=\sqrt{3}^2-\sqrt{2}^2=3-2=1$

따라서 $x^2y+xy^2+x+y=2\sqrt{3}\times(1+1)=4\sqrt{3}$

$x=2+\sqrt{3}$, $y=2-\sqrt{3}$일 때, x^2y+xy^2+x+y의 값은?

① 1 ② 4 ③ 8
④ 16 ⑤ 32

STEP Ⓐ 공통인수를 이용하여 주어진 식 정리하기

$x^2y+xy^2+x+y=xy(x+y)+(x+y)$ ← 공통인수 $x+y$로 묶는다.
$=(x+y)(xy+1)$

STEP Ⓑ x^2y+xy^2+x+y의 값 구하기

$x=2+\sqrt{3}$, $y=2-\sqrt{3}$에서 $x+y=4$, $xy=1$

$xy=(2+\sqrt{3})(2-\sqrt{3})=4-3=1$

따라서 $x^2y+xy^2+x+y=(x+y)(xy+1)=4\times(1+1)=8$ 정답 ③

0361

해설강의

STEP Ⓐ b에 대한 내림차순으로 정리하기

b에 대하여 내림차순으로 정리하면
$a^2b+2ab+a^2+2a+b+1=(a^2+2a+1)b+a^2+2a+1$
$(a+1)^2b+(a+1)^2$에서 공통인수 $(a+1)^2$으로 묶는다.
$=(a+1)^2(b+1)$

STEP Ⓑ 245를 소인수분해하여 $a+b$의 값 구하기

245를 소인수분해하면 $245=7^2\times5$이므로
$(a+1)^2(b+1)=245=7^2\times5$
이때 a, b는 자연수이므로 $a+1=7$, $b+1=5$
따라서 $a=6$, $b=4$이므로 $a+b=10$

두 자연수 a, b에 대하여

$ab^2+2ab+3b^2+a+6b+3$

의 값이 63일 때, $a+b$의 값은?

① 6 ② 7 ③ 8
④ 9 ⑤ 10

STEP Ⓐ a에 대한 내림차순으로 정리하기

a에 대하여 내림차순으로 정리하면
$ab^2+2ab+3b^2+a+6b+3=(b^2+2b+1)a+3b^2+6b+3$
$=(b^2+2a+1)a+3(b^2+2b+1)$
$=(b^2+2b+1)(a+3)$
$=(b+1)^2(a+3)$

STEP B 63을 소인수분해하여 $a+b$의 값 구하기

63을 소인수분해하면 $63=7\times3^2$이므로 $(b+1)^2(a+3)=63=3^2\times7$

이때 a, b는 자연수이므로 $b+1=3$, $a+3=7$

따라서 $a=4$, $b=2$이므로 $a+b=6$　　　정답 ①

0362　　　정답 ③

STEP A $2025=x$로 치환하고 식 정리하여 계산하기

$2025=x$로 놓으면

$$\frac{2025^3-1}{2025\times2026+1}=\frac{x^3-1}{x(x+1)+1}\quad\leftarrow\ x^3-1=(x-1)(x^2+x+1)$$
$$=\frac{(x-1)(x^2+x+1)}{x^2+x+1}$$
$$=x-1$$
$$=2025-1$$
$$=2024$$

STEP B $a^3-3a^2b+3ab^2-b^3=(a-b)^3$임을 이용하여 구하기

$$13^3-9\times13^2+27\times13-27=\underbrace{13^3-3\times13^2\times3+3\times13\times3^2-3^3}_{a^3-3a^2b+3ab^2-b^3=(a-b)^3}$$
$$=(13-3)^3$$
$$=1000$$

따라서 구하는 값은 $2024-1000=1024$

0363　　　정답 ④

STEP A $997=x$로 치환하고 식 정리하여 계산하기

$x=997$로 놓으면

$$997\times999+1=x(x+2)+1$$
$$=x^2+2x+1$$
$$=(x+1)^2$$
$$997^3-3\times997-2=x^3-3x-2$$
$$=(x+1)(x^2-x-2)$$
$$=(x+1)(x+1)(x-2)$$
$$=(x-2)(x+1)^2$$

이므로

$$\frac{997^3-3\times997-2}{997\times999+1}=\frac{(x-2)(x+1)^2}{(x+1)^2}=x-2$$

STEP B $x=997$을 대입하여 구하기

따라서 $x=997$을 위의 등식에 대입하면 $\dfrac{997^3-3\times997-2}{997\times999+1}=997-2=995$

0364　　　정답 ②

STEP A $21=x$로 치환하고 인수정리와 조립제법을 이용하여 인수분해하기

$21=x$로 놓으면

$$21^3+7\times21^2-17\times21+9=x^3+7x^2-17x+9$$

$f(x)=x^3+7x^2-17x+9$라 하면

$f(1)=1+7-17+9=0$

$f(x)$는 $x-1$을 인수로 가지므로
조립제법을 이용하여 인수분해하면

$$x^3+7x^2-17x+9=(x-1)(x^2+8x-9)$$
$$=(x-1)(x-1)(x+9)$$
$$=(x-1)^2(x+9)$$

STEP B $x=21$을 대입하여 $a+b+c$의 값 구하기

$x=21$을 위의 등식에 대입하면

$$21^3+7\times21^2-17\times21+9=(21-1)^2(21+9)$$
$$=20^2\times30$$
$$=(2^2\times5)^2\times2\times3\times5$$
$$=2^5\times3\times5^3$$

따라서 $a=5$, $b=1$, $c=3$이므로 $a+b+c=5+1+3=9$

내신연계 출제문항 178

인수분해 공식을 이용하여 자연수 $19^3-2\times19^2-5\times19+6$을 소인수분해
하면 $2^a\times3^b\times7^c$일 때, 자연수 a, b, c에 대하여 $ab+c$의 값은?

① 14　　　② 15　　　③ 16
④ 17　　　⑤ 18

STEP A $19=x$로 치환하고 인수정리와 조립제법을 이용하여 인수분해하기

$19=x$라 하면

$$19^3-2\times19^2-5\times19+6=x^3-2x^2-5x+6$$

$f(x)=x^3-2x^2-5x+6$라 하면

$f(1)=1-2-5+6=0$

$f(x)$는 $x-1$을 인수로 가지므로
조립제법을 이용하여 인수분해하면

$$x^3-2x^2-5x+6=(x-1)(x^2-x-6)$$
$$=(x-1)(x+2)(x-3)$$

STEP B $x=19$를 대입하여 $ab+c$의 값 구하기

$x=19$를 위의 등식에 대입하면

$$19^3-2\times19^2-5\times19+6=(19-1)(19+2)(19-3)$$
$$=18\times21\times16$$
$$=2\times3^2\times3\times7\times2^4$$
$$=2^5\times3^3\times7$$

따라서 $a=5$, $b=3$, $c=1$이므로 $ab+c=5\times3+1=16$　　　정답 ③

0365　　　정답 2022

STEP A $a=2025$, $b=3$으로 치환하고 인수분해하기

$a=2025$, $b=3$이라 하면

$$2025\times2028+9=a(a+b)+b^2=a^2+ab+b^2$$
$$2025^3-27=a^3-b^3\quad\leftarrow\ a^3-b^3=(a-b)(a^2+ab+b^2)$$
$$=(a-b)(a^2+ab+b^2)$$
$$=(2025-3)\times(2025\times2028+9)$$

따라서 **몫은 2022**　　$\leftarrow$ 몫은 $a-b$이므로 $2025-3=2022$

+α │ 다음과 같이 풀 수도 있어!

a^3-b^3을 a^2+ab+b^2로 나누었을 때의 몫은 $a-b$
따라서 $a-b$에 $a=2025$, $b=3$를 대입하면 구하는 몫은 $2025-3=2022$

2025^3-1을 $2025\times2026+1$로 나누었을 때의 몫은?

① 2022　　② 2023　　③ 2024
④ 2025　　⑤ 2026

STEP Ⓐ $a=2025$로 치환하고 인수분해하기

$a=2025$라 하면
$2025\times2026+1=a(a+1)+1=a^2+a+1$
$2025^3-1=a^3-1$
$\qquad\quad=(a-1)(a^2+a+1)$
$\qquad\quad=(2025-1)(2025\times2026+1)$

따라서 몫은 2024
몫은 $a-1$이므로 $2025-1=2024$　　정답 ③

0366
2021년 11월 고1 학력평가 16번　　정답 ③ 

STEP Ⓐ $14=x$로 치환하여 인수분해하기

$14=x$라 하면
$(14^2+2\times14)^2-18\times(14^2+2\times14)+45$
$=(x^2+2x)^2-18(x^2+2x)+45$
　$x^2+2x=t$로 놓으면 $t^2-18t+45=(t-3)(t-15)$
$=(x^2+2x-3)(x^2+2x-15)$
$=(x-1)(x+3)(x-3)(x+5)$

STEP Ⓑ $a+b+c+d$의 값 구하기

$x=14$를 대입하면
$(14-1)\times(14+3)\times(14-3)\times(14+5)=13\times17\times11\times19$
따라서 $a+b+c+d=13+17+11+19=60$

2 이상의 네 자연수 a, b, c, d에 대하여
$$(15^2-3\times15)^2-2\times(15^2-3\times15)-8=a\times b\times c\times d$$
일 때, $a+b+c+d$의 값은?

① 54　　② 56　　③ 58
④ 60　　⑤ 62

STEP Ⓐ $15=X$로 치환하여 인수분해하기

$15=X$라 하고
$(15^2-3\times15)^2-2\times(15^2-3\times15)-8$
$=(X^2-3X)^2-2(X^2-3X)-8$
　$X^2-3X=t$로 놓으면 $t^2-2t-8=(t+2)(t-4)$
$=(X^2-3X+2)(X^2-3X-4)$
$=(X-1)(X-2)(X-4)(X+1)$

STEP Ⓑ $a+b+c+d$의 값 구하기

$X=15$를 대입하면
$(15-1)\times(15-2)\times(15-4)\times(15+1)=11\times13\times14\times16$
따라서 $a=11$, $b=13$, $c=14$, $d=16$이므로
$a+b+c+d=11+13+14+16=54$　　정답 ①

0367
2018년 11월 고1 학력평가 16번　　정답 ① 

STEP Ⓐ $42=x$로 치환하여 인수분해하기

$42=x$라 하면
$42\times(42-1)\times(42+6)+5\times42-5$
$=x(x-1)(x+6)+5x-5$
$=x(x-1)(x+6)+5(x-1)$
$=(x-1)\{x(x+6)+5\}$　← 공통인수인 $(x-1)$로 묶는다.
$=(x-1)(x^2+6x+5)$　← $x^2+(a+b)x+ab=(x+a)(x+b)$
$=(x-1)(x+1)(x+5)$

STEP Ⓑ $p+q+r$의 값 구하기

$x=42$를 대입하면
$(42-1)(42+1)(42+5)=41\times43\times47$
즉 $41\times43\times47=p\times q\times r$에서 $p=41$, $q=43$, $r=47$
따라서 $p+q+r=41+43+47=131$

다섯 개의 소수 a, b, c, d, $e(a<b<c<d<e)$에 대하여
$$51\times(51-2)\times(51+7)+6\times51-12=a^2\times b\times c^2\times d\times e$$
일 때, $a+d+e$의 값은?

① 32　　② 33　　③ 34
④ 35　　⑤ 36

STEP Ⓐ $51=A$로 치환하여 인수분해하기

$51=A$라 하면
$51\times(51-2)\times(51+7)+6\times51-12$
$=A(A-2)(A+7)+6A-12$
$=A(A-2)(A+7)+6(A-2)$
$=(A-2)\{A(A+7)+6\}$　← 공통인수인 $(A-2)$로 묶는다.
$=(A-2)(A^2+7A+6)$　← $x^2+(a+b)x+ab=(x+a)(x+b)$
$=(A-2)(A+1)(A+6)$

STEP Ⓑ $a+d+e$의 값 구하기

$A=51$을 대입하면
$(51-2)(51+1)(51+6)=49\times52\times57$　← $49=7^2,\ 52=2^2\times13,\ 57=3\times19$
즉 $2^2\times3\times7^2\times13\times19=a^2\times b\times c^2\times d\times e$이므로
$a=2$, $b=3$, $c=7$, $d=13$, $e=19$
따라서 $a+d+e=2+13+19=34$　　정답 ③

0368
정답 5

STEP Ⓐ 인수정리와 조립제법을 이용하여 인수분해하기

$f(x)=x^3+x^2-5x+3$이라 하면
$f(1)=1+1-5+3=0$이므로
조립제법을 이용하여 $f(x)$를 인수분해하면
$x^3+x^2-5x+3=(x-1)(x^2+2x-3)$
$\qquad\qquad\qquad=(x-1)(x-1)(x+3)$
$\qquad\qquad\qquad=(x-1)^2(x+3)$

1	1	1	-5	3
		1	2	-3
	1	2	-3	0

STEP Ⓑ 원기둥의 밑면의 반지름의 길이, 높이 구하기

원기둥의 부피는 $(x^3+x^2-5x+3)\pi=(x-1)^2(x+3)\pi$이므로
원기둥의 밑면의 반지름의 길이는 $x-1$, 높이는 $x+3$이다.
원기둥의 부피는 πr^2h이므로 $\pi r^2h=(x-1)^2(x+3)\pi$

STEP C 원기둥의 겉넓이 구하기

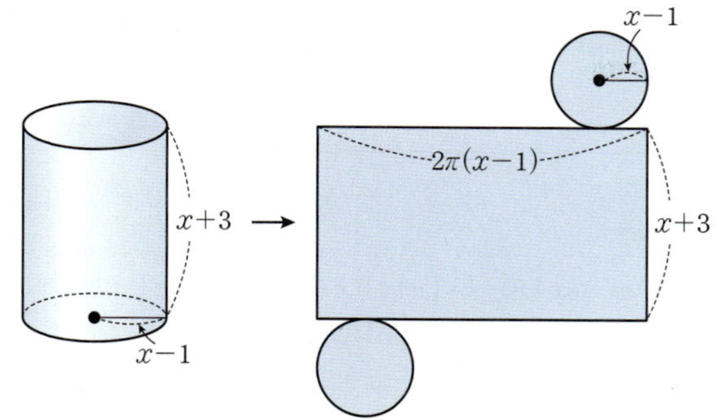

원기둥의 겉넓이는
$2\pi(x-1)(x+3)+2\pi(x-1)^2$ ← 원기둥의 겉넓이 $2\pi r \times r + \pi r^2$
$=2\pi(x-1)\{x+3+(x-1)\}$
$=2\pi(x-1)(2x+2)$
$=4\pi(x-1)(x+1)$
$=4\pi(x^2-1)$
즉 $a\pi(x^2+b)=4\pi(x^2-1)$이므로 $a=4$, $b=-1$
따라서 $a-b=4-(-1)=5$

0369

정답 20

STEP A 인수정리를 이용하여 c의 값 구하기

직육면체의 부피를 $P(x)=x^3+7x^2+cx+8$이라 하면
직육면체의 가로가 $x+1$이므로 $P(x)$는 $x+1$을 인수로 가진다.
인수정리에 의하여 $P(-1)=-1+7-c+8=0$
$\therefore c=14$

STEP B 조립제법을 이용하여 a, b의 값 구하기

$P(x)=x^3+7x^2+14x+8$을
조립제법을 이용하여 인수분해하면
$P(x)=(x+1)(x^2+6x+8)$
$\qquad=(x+1)(x+2)(x+4)$

-1	1	7	14	8
		-1	-6	-8
	1	6	8	0

이므로
직육면체의 가로, 세로, 높이가 각각 $x+1$, $x+a$, $x+b$이므로
$a=2$, $b=4$ 또는 $a=4$, $b=2$

STEP C $a+b+c$의 값 구하기

따라서 $a+b+c=2+4+14=20$

다음 그림과 같이 직육면체의 밑면의 가로와 세로의 길이는 각각 $x-2$과 $x-a$이고 높이가 $x-b$이다. 이 직육면체의 부피가 $x^3-9x^2+cx-24$일 때, 상수 a, b, c에 대하여 $a+b+c$의 값은? (단, $x>4$)

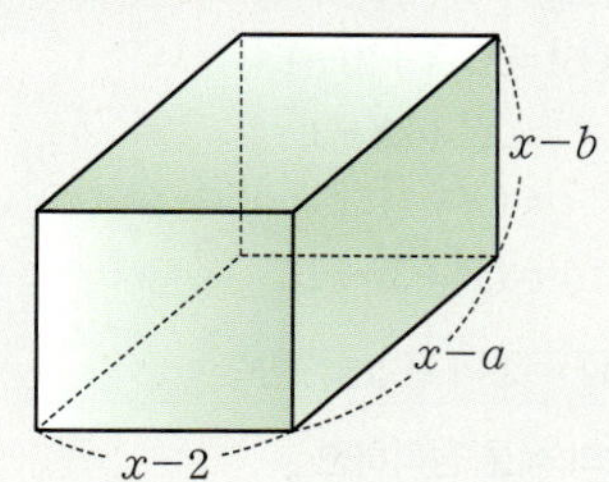

① 33 ② 34 ③ 35
④ 36 ⑤ 37

STEP A 인수정리를 이용하여 c의 값 구하기

직육면체의 부피를 $P(x)=x^3-9x^2+cx-24$라 하면
직육면체의 가로가 $x-2$이므로 $P(x)$는 $x-2$를 인수로 가진다.
인수정리에 의하여 $P(2)=8-36+2c-24=0$
$\therefore c=26$

STEP B 조립제법을 이용하여 a, b의 값 구하기

$P(x)=x^3-9x^2+26x-24$를
조립제법을 이용하여 인수분해하면
$P(x)=(x-2)(x^2-7x+12)$
$\qquad=(x-2)(x-3)(x-4)$

2	1	-9	26	-24
		2	-14	24
	1	-7	12	0

이므로
직육면체의 가로, 세로, 높이가 각각 $x-2$, $x-a$, $x-b$이므로
$a=3$, $b=4$ 또는 $a=4$, $b=3$

STEP C $a+b+c$의 값 구하기

따라서 $a+b+c=3+4+26=33$ 정답 ①

0370

2019년 06월 고1 학력평가 7번 정답 ④

STEP A 인수분해를 이용하여 오려낸 후 남아 있는 색종이의 넓이 구하기

한 변의 길이가 $a+6$인 정사각형 모양의 색종이 넓이는 $(a+6)^2$
한 변의 길이가 a인 정사각형 모양의 색종이 넓이는 a^2이므로
색종이를 오려낸 후 남아 있는 □ 모양의 색종이의 넓이는
$(a+6)^2-a^2=(a+6+a)(a+6-a)$ ← $x^2-y^2=(x+y)(x-y)$
$\qquad\qquad=6(2a+6)$
$\qquad\qquad=12(a+3)$
따라서 $12(a+3)=k(a+3)$이므로 $k=12$

그림과 같이 한 변의 길이가 $a+8$인 정사각형 모양의 색종이에서 한 변의 길이가 a인 정사각형 모양의 색종이를 오려내었다. 오려낸 후 남아 있는 □ 모양의 색종이의 넓이가 $k(a+4)$일 때, 상수 k의 값은?

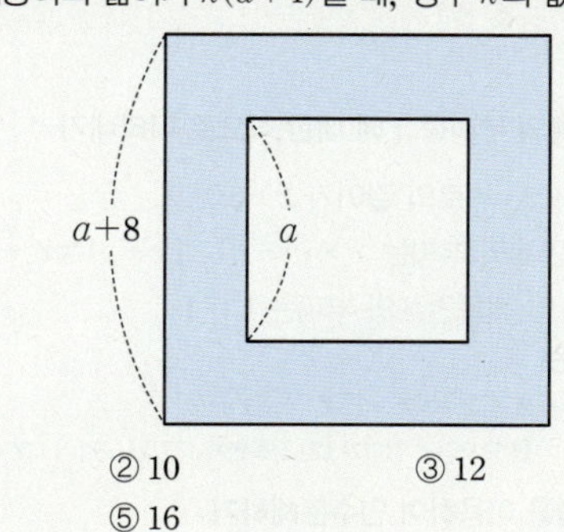

① 8 ② 10 ③ 12
④ 14 ⑤ 16

STEP A 인수분해를 이용하여 오려낸 후 남아있는 색종이의 넓이 구하기

한 변의 길이가 $a+8$인 정사각형 모양의 색종이의 넓이는 $(a+8)^2$
한 변의 길이가 a인 정사각형 모양의 색종이의 넓이는 a^2이다.
이때 색종이를 오려낸 후 남아 있는 모양의 색종이의 넓이는
$(a+8)^2-a^2=(a+8+a)(a+8-a)$ ← $x^2-y^2=(x+y)(x-y)$
$\qquad\qquad=8(2a+8)$
$\qquad\qquad=16(a+4)$
따라서 $16(a+4)=k(a+4)$이므로 $k=16$ 정답 ⑤

0371

  <정답> ②

STEP A 나무 블록의 부피를 x에 대한 식으로 나타내기

밑면의 가로의 길이가 $x+3$, 세로의 길이가 x이고

높이가 x인 직육면체의 부피는 $(x+3) \times x \times x = x^2(x+3)$

한 모서리의 길이가 1인 직육면체의 부피는 $1^3 = 1$

즉 나무 블록의 부피는

$x \times x \times (x+3) - 2 \times 1^3 = x^3 + 3x^2 - 2$

한 모서리의 길이가 1인 정육면체 모양의 구멍이 2개

STEP B 조립제법을 이용하여 인수분해하기

$f(x) = x^3 + 3x^2 - 2$라 하면

$f(-1) = -1 + 3 - 2 = 0$이므로

조립제법을 이용하여 인수분해하면

$x^3 + 3x^2 - 2 = (x+1)(x^2 + 2x - 2)$

-1	1	3	0	-2
		-1	-2	2
	1	2	-2	0

STEP C $a \times b \times c$의 값 구하기

즉 $(x+1)(x^2 + 2x - 2) = (x+a)(x^2 + bx + c)$이므로 $a=1$, $b=2$, $c=-2$

따라서 $a \times b \times c = 1 \times 2 \times (-2) = -4$

내신연계 출제문항 184

그림과 같이 세 모서리의 길이가 각각 x, $x-2$, $x-3$인 직육면체 모양에 한 모서리의 길이가 1인 정육면체 모양의 구멍이 두 개 있는 나무 블록이 있다. 세 정수 a, b, c에 대하여 이 나무 블록의 부피를 $(x+a)(x^2 + bx + c)$로 나타낼 때, $a+b+c$의 값은? (단, $x>4$)

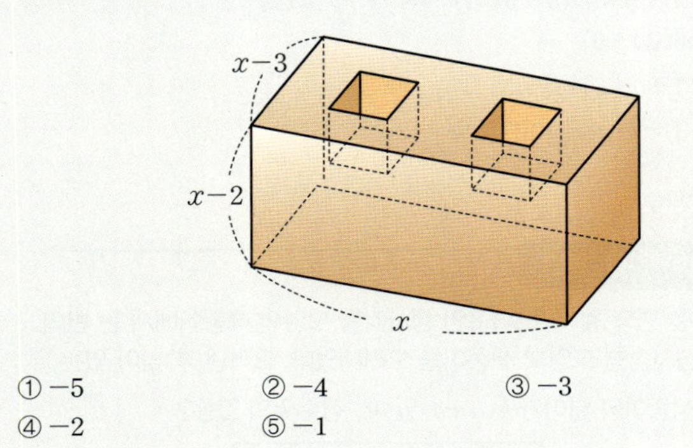

① -5　　② -4　　③ -3

④ -2　　⑤ -1

STEP A 나무 블록의 부피를 x에 대한 식으로 나타내기

밑면의 가로의 길이가 x, 세로의 길이가 $x-3$이고

높이가 $x-2$인 직육면체의 부피는 $x \times (x-3) \times (x-2) = x^3 - 5x^2 + 6x$

한 모서리의 길이가 1인 직육면체의 부피는 $1^3 = 1$

즉 나무 블록의 부피는

$x \times (x-2) \times (x-3) - 2 \times 1^3 = x^3 - 5x^2 + 6x - 2$

한 모서리의 길이가 1인 정육면체 모양의 구멍이 2개

STEP B 조립제법을 이용하여 인수분해하기

$f(x) = x^3 - 5x^2 + 6x - 2$라 하면

$f(1) = 1 - 5 + 6 - 2 = 0$이므로

조립제법을 이용하여 인수분해하면

$x^3 - 5x^2 + 6x - 2 = (x-1)(x^2 - 4x + 2)$

1	1	-5	6	-2
		1	-4	2
	1	-4	2	0

STEP C $a+b+c$의 값 구하기

즉 $(x-1)(x^2 - 4x + 2) = (x+a)(x^2 + bx + c)$이므로 $a=-1$, $b=-4$, $c=2$

따라서 $a+b+c = (-1) + (-4) + 2 = -3$　　<정답> ③

　　서술형문제

0372

<정답> 해설참조

1단계	$(x^2+4x+3)(x^2-6x+8)+k$를 전개하고 공통부분을 치환하여 식을 구한다.	4점

$(x^2+4x+3)(x^2-6x+8)+k = (x+1)(x+3)(x-2)(x-4)+k$

$\qquad = \{(x+1)(x-2)\}\{(x+3)(x-4)\}+k$

$\qquad = (x^2-x-2)(x^2-x-12)+k$

이때 $x^2-x=X$로 놓으면

$(x^2-x-2)(x^2-x-12)+k = (X-2)(X-12)+k$

$\qquad = X^2 - 14X + 24 + k$

2단계	완전제곱식의 꼴로 인수분해되기 위한 상수 k의 값을 구한다.	4점

이 식이 이차식의 완전제곱식의 꼴로 인수분해되기 위해서는

$X^2 - 14X + 24 + k = (X-7)^2$을 만족해야 하므로

$X=x^2-x$로 이차식이므로 $X^2-14X+24+k$가 완전제곱식이 되면 이차식의 완전제곱식으로 만들어 진다.

$24 + k = \left(\dfrac{14}{2}\right)^2 = 49$

$\therefore k = 25$

3단계	완전제곱식인 다항식을 구한다.	2점

따라서 $X^2 - 14X + 49 = (X-7)^2 = (x^2-x-7)^2$

0373

<정답> 해설참조

1단계	두 일차식으로 인수분해가 되도록 하는 자연수 a, b의 값을 구한다.	6점

x에 대하여 내림차순으로 정리하면

$x^2 + axy + bx + y^2 + 3y + 2 = x^2 + (ay+b)x + (y+1)(y+2)$

주어진 식이 x, y에 대한 두 일차식의 곱으로 인수분해되므로

x의 계수 $ay+b$는 y에 대한 두 일차식의 합이다.

$(ay+b) = (y+1) + (y+2) = 2y+3$

$\therefore a=2$, $b=3$

2단계	두 일차식으로 인수분해한 식을 구한다.	4점

따라서 $x^2 + (2y+3)x + (y+1)(y+2) = (x+y+1)(x+y+2)$

0374

<정답> 해설참조

1단계	$x(x+1)(x+2)(x+3)+1$에서 치환을 이용하여 인수분해한 식을 구한다.	3점

$x(x+1)(x+2)(x+3)+1 = \{x(x+3)\}\{(x+1)(x+2)\}+1$

$\qquad = (x^2+3x)(x^2+3x+2)+1$

이때 $x^2+3x=X$로 놓으면

$(x^2+3x)(x^2+3x+2)+1 = X(X+2)+1$

$\qquad = X^2 + 2X + 1$

$\qquad = (X+1)^2$

$\qquad = (x^2+3x+1)^2$　　$\leftarrow X=x^2+3x$ 대입

2단계	$\sqrt{10 \times 11 \times 12 \times 13 + 1}$의 값을 구한다.	3점

$10=x$라 하고 근호 안의 식을 정리하면

$10 \times 11 \times 12 \times 13 + 1 = x(x+1)(x+2)(x+3)+1$

[1단계]에 의하여 $(x^2+3x+1)^2$이므로

$x=10$을 대입하면 $(100+30+1)^2 = 131^2$

즉 $\sqrt{10 \times 11 \times 12 \times 13 + 1} = \sqrt{131^2} = 131$

| 3단계 | $a+b=3+2\sqrt{2}$, $b+c=3-2\sqrt{2}$, $c+a=5$일 때, $(a+b+c)(ab+bc+ca)-abc$의 값을 구한다. | 4점 |

주어진 식을 전개하여 a에 대하여 내림차순으로 정리하면

$(a+b+c)(ab+bc+ca)-abc$
$=a^2b+abc+a^2c+ab^2+b^2c+abc+abc+bc^2+ac^2-abc$
$=(b+c)a^2+(b^2+2bc+c^2)a+b^2c+bc^2$
$=(b+c)a^2+(b+c)^2a+bc(b+c)$
$=(b+c)\{a^2+(b+c)a+bc\}$ ← 공통인수 $b+c$로 묶는다.
$=(b+c)(a+b)(a+c)$ ← $x^2+(a+b)x+ab=(x+a)(x+b)$를 이용한다.
$=(a+b)(b+c)(c+a)$

따라서 $a+b=3+2\sqrt{2}$, $b+c=3-2\sqrt{2}$, $c+a=5$이므로

$(a+b+c)(ab+bc+ca)-abc=(a+b)(b+c)(c+a)$
$\qquad\qquad\qquad\qquad =(3+2\sqrt{2})\times(3-2\sqrt{2})\times5$
$\qquad\qquad\qquad\qquad =(9-8)\times5=5$

0375

정답 해설참조

| 1단계 | $a^3+b^3+c^3-3abc$를 인수분해와 곱셈 공식을 이용하여 변형하고 삼각형의 모양을 구한다. | 4점 |

$a^3+b^3+c^3=3abc$에서 $a^3+b^3+c^3-3abc=0$이므로

$a^3+b^3+c^3-3abc=(a+b+c)(a^2+b^2+c^2-ab-bc-ca)$
$\qquad\qquad\qquad\qquad =\dfrac{1}{2}(a+b+c)\{(a-b)^2+(b-c)^2+(c-a)^2\}=0$

이때 $a+b+c\neq0$이므로 $(a-b)^2+(b-c)^2+(c-a)^2=0$
$a-b=0$, $b-c=0$, $c-a=0$ $\therefore a=b=c$
즉 주어진 조건을 만족시키는 삼각형은 정삼각형이다.

| 2단계 | $\dfrac{6a}{b}-\dfrac{3c}{a}+\dfrac{2b}{c}$의 값을 구한다. | 3점 |

[1단계]에서 $a=b=c$이므로 $\dfrac{6a}{b}-\dfrac{3c}{a}+\dfrac{2b}{c}=\dfrac{6a}{a}-\dfrac{3c}{c}+\dfrac{2b}{b}=6-3+2=5$

| 3단계 | 둘레의 길이가 12인 삼각형의 넓이를 구한다. | 3점 |

세 변의 길이가 같은 정삼각형이고 정삼각형의 둘레의 길이가 12이므로

한 변의 길이는 $\dfrac{12}{3}=4$

따라서 정삼각형의 넓이는 $\dfrac{\sqrt{3}}{4}\times4^2=4\sqrt{3}$

한 변의 길이가 a인 정삼각형의 넓이는 $\dfrac{1}{2}\times a\times a\times\sin60°=\dfrac{\sqrt{3}}{4}\times a^2$

0376

정답 해설참조

| 1단계 | 인수정리를 이용하여 a의 값을 구한다. | 3점 |

직육면체의 부피를 $P(x)=x^3+x^2+ax+3$이라 하면
직육면체의 높이가 $x+3$이므로 $P(x)$는 $x+3$을 인수로 가진다.
인수정리에 의하여 $P(-3)=-27+9-3a+3=0$ $\therefore a=-5$

| 2단계 | 직육면체의 밑면인 정사각형의 넓이를 $S(x)$라 할 때, $S(6)$의 값을 구한다. | 4점 |

$P(x)=x^3+x^2-5x+3$을 조립제법을 이용하여 인수분해하면

$P(x)=(x+3)(x^2-2x+1)$
$\quad =(x+3)(x-1)^2$

이므로 밑면인 정사각형의 넓이는
$S(x)=(x-1)^2$ $\therefore S(6)=(6-1)^2=25$

$$\begin{array}{r|rrrr} -3 & 1 & 1 & -5 & 3 \\ & & -3 & 6 & -3 \\ \hline & 1 & -2 & 1 & 0 \end{array}$$

| 3단계 | 직육면체의 모든 모서리의 길이의 합을 구한다. | 3점 |

따라서 직육면체의 가로, 세로, 높이가 각각 $x-1$, $x-1$, $x+3$이므로
직육면체의 모든 모서리의 길이의 합은
$4\{(x-1)+(x-1)+(x+3)\}=4(3x+1)=12x+4$

높이가 $x-2$이고 밑면이 정사각형인
직육면체의 부피가 x^3+ax-2일 때,
다음 단계로 서술하시오.
(단, $x>2$이고 a는 상수이다.)

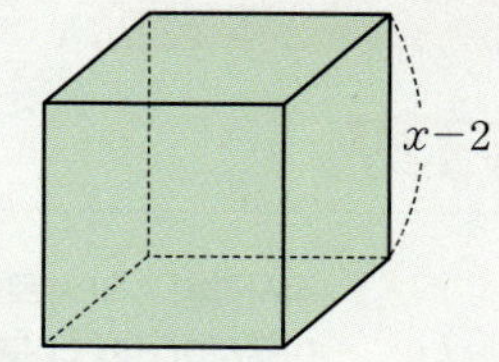

[1단계] 인수정리를 이용하여 a의 값을 구한다. [3점]
[2단계] 직육면체의 밑면인 정사각형의 넓이를 $S(x)$라 할 때, $S(6)$의 값을 구한다. [4점]
[3단계] 직육면체의 모든 모서리의 길이를 구한다. [3점]

| 1단계 | 인수정리를 이용하여 a의 값을 구한다. | 3점 |

직육면체의 부피를 $P(x)=x^3+ax-2$라 하면
직육면체의 높이가 $x-2$이므로 $P(x)$는 $x-2$를 인수로 가진다.
인수정리에 의하여 $P(2)=8+2a-2=0$
$\therefore a=-3$

| 2단계 | 직육면체의 밑면인 정사각형의 넓이를 $S(x)$라 할 때, $S(6)$의 값을 구한다. | 4점 |

$P(x)=x^3-3x-2$를 조립제법을
이용하여 인수분해하면
$P(x)=(x-2)(x^2+2x+1)$
$\quad =(x-2)(x+1)^2$

$$\begin{array}{r|rrrr} 2 & 1 & 0 & -3 & -2 \\ & & 2 & 4 & 2 \\ \hline & 1 & 2 & 1 & 0 \end{array}$$

이므로 밑면인 정사각형의 넓이는 $S(x)=(x+1)^2$
따라서 $S(6)=(6+1)^2=49$

| 3단계 | 직육면체의 모든 모서리의 길이의 합을 구한다. | 3점 |

따라서 직육면체의 가로, 세로, 높이가 각각 $x+1$, $x+1$, $x-2$이므로
직육면체의 모든 모서리의 길이의 합은
$4\{(x+1)+(x+1)+(x-2)\}=4\times3x=12x$

정답 해설참조

0377

정답 15

STEP A　직사각형 A의 세로의 길이 $(x+1)^2$과 넓이 x^3+5x^2+7x+a를 이용하여 a의 값 구하기

세 직사각형 A, B, C의 넓이를 각각

$f(x)=x^3+5x^2+7x+a$, $g(x)=x^2+5x+2a$, $h(x)=x^3+8x^2+18x+4a$

이때 직사각형 A의 세로의 길이가 $(x+1)^2$이므로

가로의 길이를 $Q(x)$라 하면

$f(x)=x^3+5x^2+7x+a=(x+1)^2 Q(x)$

인수정리에 의하여 $f(-1)=-1+5-7+a=0$ ∴ $a=3$

양변에 $x=-1$을 대입한다.

STEP B　두 직사각형 A, B의 넓이를 각각 인수분해하여 직사각형 A의 가로의 길이와 직사각형 B의 세로의 길이 구하기

$a=3$을 세 다항식 $f(x)$, $g(x)$, $h(x)$에 대입하면

$f(x)=x^3+5x^2+7x+3$, $g(x)=x^2+5x+6$, $h(x)=x^3+8x^2+18x+12$

이때 $f(x)$를 다음과 같이 조립제법을 이용하여 인수분해하면

$$\begin{array}{r|rrrr} -1 & 1 & 5 & 7 & 3 \\ & & -1 & -4 & -3 \\ \hline & 1 & 4 & 3 & 0 \end{array}$$

$f(x)=x^3+5x^2+7x+3$
$\quad=(x+1)(x^2+4x+3)$
$\quad=(x+1)^2(x+3)$

이므로 직사각형 A의 가로의 길이는 $x+3$

$g(x)=x^2+5x+6=(x+2)(x+3)$

이므로 직사각형 B의 세로의 길이는 $x+2$

STEP C　직사각형 C의 넓이를 인수분해하여 가로의 길이 구하기

$h(x)=x^3+8x^2+18x+12$에서 $h(-2)=-8+32-36+12=0$이므로

$h(x)$는 $x+2$를 인수로 갖는다.

다음과 같이 조립제법을 이용하여 인수분해하면

$$\begin{array}{r|rrrr} -2 & 1 & 8 & 18 & 12 \\ & & -2 & -12 & -12 \\ \hline & 1 & 6 & 6 & 0 \end{array}$$

$h(x)=x^3+8x^2+18x+12$
$\quad=(x+2)(x^2+6x+6)$

직사각형 C의 가로의 길이는 x^2+6x+6이므로 $b=6$, $c=6$

따라서 구하는 값은 $a+b+c=3+6+6=15$

오른쪽 그림과 같이 직사각형 A의 세로의 길이는 $(x+2)^2$이고 세 직사각형 A, B, C의 넓이는 각각 x^3+ax^2-4, x^2+ax-4, $2x^3+3ax^2+2ax+8$이다. 직사각형 C의 가로의 길이가 bx^2+cx+2일 때, 상수 a, b, c에 대하여 $a+b+c$의 값을 구하시오. (단, $x>1$)

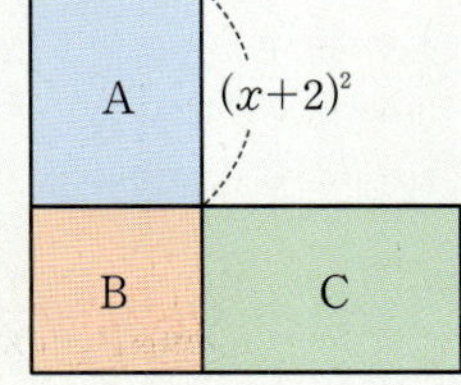

STEP A　직사각형 A의 세로의 길이 $(x+2)^2$과 넓이 x^3+ax^2-4를 이용하여 a의 값 구하기

세 직사각형 A, B, C의 넓이를 각각

$f(x)=x^3+ax^2-4$, $g(x)=x^2+ax-4$, $h(x)=2x^3+3ax^2+2ax+8$

이때 직사각형 A의 세로의 길이가 $(x+2)^2$이므로

가로의 길이를 $Q(x)$라 하면 $f(x)=x^3+ax^2-4=(x+2)^2 Q(x)$

인수정리에 의하여 $f(-2)=-8+4a-4=0$ ∴ $a=3$

양변에 $x=-2$를 대입한다.

STEP B　두 직사각형 A, B의 넓이를 각각 인수분해하여 직사각형 A의 가로의 길이와 직사각형 B의 세로의 길이 구하기

$a=3$을 세 다항식 $f(x)$, $g(x)$, $h(x)$에 대입하면

$f(x)=x^3+3x^2-4$, $g(x)=x^2+3x-4$, $h(x)=2x^3+9x^2+6x+8$

이때 $f(x)$를 오른쪽과 같이 조립제법을 이용하여 인수분해하면

$$\begin{array}{r|rrrr} -2 & 1 & 3 & 0 & -4 \\ & & -2 & -2 & 4 \\ \hline & 1 & 1 & -2 & 0 \end{array}$$

$f(x)=x^3+3x^2-4$
$\quad=(x+2)(x^2+x-2)$
$\quad=(x+2)^2(x-1)$

이므로 직사각형 A의 가로의 길이는 $x-1$

$g(x)=x^2+3x-4=(x-1)(x+4)$

이므로 직사각형 B의 세로의 길이는 $x+4$

STEP C　직사각형 C의 넓이를 인수분해하여 가로의 길이 구하기

$h(x)=2x^3+9x^2+6x+8$에서 $h(-4)=-128+144-24+8=0$이므로

$h(x)$는 $x+4$를 인수로 갖는다.

오른쪽과 같이 조립제법을 이용하여 인수분해하면

$$\begin{array}{r|rrrr} -4 & 2 & 9 & 6 & 8 \\ & & -8 & -4 & -8 \\ \hline & 2 & 1 & 2 & 0 \end{array}$$

$h(x)=2x^3+9x^2+6x+8$
$\quad=(x+4)(2x^2+x+2)$

직사각형 C의 가로의 길이는 $2x^2+x+2$이므로 $b=2$, $c=1$

따라서 구하는 값은 $a+b+c=3+2+1=6$

정답 6

0378

정답 (1) 9 (2) 30 (3) 6

다음 물음에 답하시오.

(1) 100개의 다항식 x^2+x-1, x^2+x-2, x^2+x-3, $\cdots$, $x^2+x-100$이 있다. 이 중에서 자연수 a, b에 대하여 $(x+a)(x-b)$의 꼴로 인수분해되는 것은 모두 몇 개인지 구하시오.

STEP A　항등식의 성질을 이용하여 a, b, n의 관계식 구하기

$x^2+x-n=(x+a)(x-b)$ (a, b는 자연수)라 하면

$x^2+x-n=x^2+(a-b)x-ab$이므로

$a-b=1$, $ab=n$ ($1\le n\le 100$인 자연수)

STEP B　$a-b=1$인 a, b의 값 구하기

즉 두 자연수의 곱이 100 이하인 수 중에서

$a-b=1$, $ab=n$인 a, b의 값을 구해보면

a	2	3	4	$\cdots$	9	10
b	1	2	3	$\cdots$	8	9
ab	2	6	12	$\cdots$	72	90

따라서 두 일차식의 곱으로 인수분해되는 것의 개수는 9

(2) 1000 이하의 자연수 n에 대하여 $f(x)=x^2+2x-n$이 $(x+a)(x-b)$로 인수분해되도록 하는 두 자연수 a, b가 존재할 때, 다항식 $f(x)$의 개수를 구하시오.

STEP A　항등식의 성질을 이용하여 a, b, n의 관계식 구하기

$f(x)=x^2+2x-n=(x+a)(x-b)$ (a, b는 자연수)라 하면

$x^2+2x-n=x^2+(a-b)x-ab$이므로

$a-b=2$, $ab=n$ ($1\le n\le 1000$인 자연수)

STEP B　$a-b=2$인 a, b의 값 구하기

즉 두 자연수의 곱이 1000 이하인 수 중에서

$a-b=2$, $ab=n$인 a, b의 값을 구해보면

a	3	4	5	$\cdots$	31	32
b	1	2	3	$\cdots$	29	30
ab	3	8	15	$\cdots$	899	960

따라서 다항식 $f(x)$의 개수는 30

+α 부등식을 이용하여 구할 수 있어!

즉 $n=ab=b(b+2)<1000$이고
$b=30$이면 $b(b+2)=30\times32=960<1000$
$b=31$이면 $b(b+2)=31\times33=1023>1000$
이므로 조건을 만족시키는 자연수 b는 $b=1, 2, 3, 4, \cdots, 30$
따라서 구하는 다항식 $f(x)$의 개수는 30

---

(3) a, b가 정수이고, n이 50 이하의 자연수일 때, 다항식
$x^3+(ab-1)x-n$ 중에서 $(x+1)(x-a)(x-b)$의 꼴로 인수분해되는 서로 다른 다항식의 개수를 구하시오.

STEP A 항등식의 성질을 이용하여 a, b, n의 관계식 구하기

다항식 $x^3+(ab-1)x-n$이 $(x+1)(x-a)(x-b)$의 꼴로 인수분해될 때
$(x+1)(x-a)(x-b)=x^3+(1-a-b)x^2+(ab-a-b)x+ab$이므로
항등식에서 계수비교법에 의하여
$1-a-b=0$, $ab-a-b=ab-1$, $ab=-n$에서 $a+b=1$이고 $ab=-n$
이때 $b=1-a$이므로 $a(a-1)=-n$

STEP B 조건을 만족시키는 정수 a, b의 값 구하기

a, b는 정수이고 n은 50이하의 자연수이므로

a	-1	-2	-3	-4	-5	-6
$a-1(=b)$	2	3	4	5	6	7
n	2	6	12	20	30	42

a	2	3	4	5	6	7
$1-a(=b)$	-1	-2	-3	-4	-5	-6
n	2	6	12	20	30	42

STEP C 서로 다른 다항식의 개수 구하기

순서쌍 (a, b)에서
$(-1, 2)$ 또는 $(2, -1)$일 때 다항식은 x^3-3x-2
$(-2, 3)$ 또는 $(3, -2)$일 때 다항식은 x^3-7x-6
$(-3, 4)$ 또는 $(4, -3)$일 때 다항식은 $x^3-13x-12$
$(-4, 5)$ 또는 $(5, -4)$일 때 다항식은 $x^3-21x-20$
$(-5, 6)$ 또는 $(6, -5)$일 때 다항식은 $x^3-31x-30$
$(-6, 7)$ 또는 $(7, -6)$일 때 다항식은 $x^3-43x-42$
따라서 서로 다른 다항식의 개수는 6

0379
정답 41

STEP A 조립제법을 이용하여 일차 이상의 두 다항식 $f(x)$, $g(x)$ 구하기

조건 (가)에서 $f(x)g(x)=x^4-3x^3+4x=x(x^3-3x^2+4)$
$P(x)=x^3-3x^2+4$라 하면
$P(-1)=-1-3+4=0$, $P(2)=8-12+4=0$
조립제법을 이용하여 $P(x)$를 인수분해하면

```
-1 |  1   -3    0    4
   |      -1    4   -4
 2 |  1   -4    4 |  0
   |       2   -4
      1   -2  |  0
```

$P(x)=x^3-3x^2+4=(x+1)(x-2)(x-2)$
$\therefore f(x)g(x)=x(x+1)(x-2)^2$
조건 (나)에서 $f(0)\neq0$이므로 $f(x)$는 x를 인수로 가지지 않는다.
조건 (다)에서 $g(x)$는 $f(x)$로 나누어떨어지므로
$f(x)$, $g(x)$는 공통 인수를 가지고 있어야 한다.
$\therefore f(x)=x-2$, $g(x)=x(x+1)(x-2)$

STEP B $f(3)+g(4)$의 값 구하기

따라서 $f(3)=3-2=1$, $g(4)=4\times5\times2=40$이므로
$f(3)+g(4)=1+40=41$

최고차항의 계수가 1인 일차 이상의 두 다항식 $f(x)$, $g(x)$에 대하여 다음 조건을 만족시킬 때, $f(5)+g(4)$의 값을 구하시오.

(가) $f(x)g(x)=x^4-7x^3+15x^2-9x$
(나) $f(0)\neq0$
(다) $g(x)$는 $f(x)$로 나누어떨어진다.

STEP A 조립제법을 이용하여 일차 이상의 두 다항식 $f(x)$, $g(x)$ 구하기

조건 (가)에서 $f(x)g(x)=x^4-7x^3+15x^2-9x=x(x^3-7x^2+15x-9)$
$P(x)=x^3-7x^2+15x-9$라 하면
$P(1)=1-7+15-9=0$, $P(3)=27-63+45-9=0$
조립제법을 이용하여 $P(x)$를 인수분해하면

```
1 |  1   -7   15   -9
  |       1   -6    9
3 |  1   -6    9 |  0
  |       3   -9
     1   -3  |  0
```

$P(x)=x^3-7x^2+15x-9=(x-1)(x-3)(x-3)$
$\therefore f(x)g(x)=x(x-1)(x-3)^2$
조건 (나)에서 $f(0)\neq0$이므로 $f(x)$는 x를 인수로 가지지 않는다.
조건 (다)에서 $g(x)$는 $f(x)$로 나누어떨어지므로
$f(x)$, $g(x)$는 공통 인수를 가지고 있어야 한다.
$\therefore f(x)=x-3$, $g(x)=x(x-1)(x-3)$

STEP B $f(5)+g(4)$의 값 구하기

따라서 $f(5)=5-3=2$, $g(4)=4\times3\times1=12$이므로
$f(5)+g(4)=2+12=14$
정답 14

0380
2018년 06월 고1 학력평가 21번
정답 ⑤
해설강의

STEP A 곱셈 공식을 이용하여 조건 (나)를 변형하기

$\{P(x)\}^3+\{Q(x)\}^3=12x^4+24x^3+12x^2+16$에서
$\{P(x)+Q(x)\}^3-3P(x)Q(x)\{P(x)+Q(x)\}$ ←  $a^3+b^3=(a+b)^3-3ab(a+b)$
$=12x^4+24x^3+12x^2+16$
이때 조건 (가)에서 $P(x)+Q(x)=4$이므로
$64-12P(x)Q(x)=12x^4+24x^3+12x^2+16$
$-12P(x)Q(x)=12x^4+24x^3+12x^2-48$
$-P(x)Q(x)=x^4+2x^3+x^2-4$ ←  조립제법에 의하여
$\qquad=(x-1)(x+2)(x^2+x+2)$
$\qquad=(x^2+x-2)(x^2+x+2)$
$\therefore P(x)Q(x)=-(x^2+x-2)(x^2+x+2)$

```
 1 |  1    2    1    0   -4
   |       1    3    4    4
-2 |  1    3    4    4 |  0
   |      -2   -2   -4
      1    1    2  |  0
```

STEP B 두 이차다항식 $P(x)$, $Q(x)$를 구하여 $P(2)+Q(3)$의 값 구하기

$P(x)+Q(x)=4$이고 $P(x)$의 최고차항의 계수가 음수이므로
조건 (가), (나)를 만족시키는 두 이차다항식 $P(x)$, $Q(x)$는
$P(x)=-x^2-x+2$, $Q(x)=x^2+x+2$
← $P(x)$의 이차항의 계수가 음수이고 $P(x)+Q(x)=4$를 만족하는 경우는 한 가지 밖에 없다.
따라서 $P(2)+Q(3)=(-2^2-2+2)+(3^2+3+2)=10$

STEP A $Q(x)=4-P(x)$임을 이용하기

조건 (가)의 $P(x)+Q(x)=4$에 대하여 $Q(x)=4-P(x)$

$\{P(x)\}^3+\{Q(x)\}^3$

$=\{P(x)\}^3+\{4-P(x)\}^3$ ← $(a-b)^3=a^3-3a^2b+3ab^2-b^3$

$=\{P(x)\}^3+4^3-3\times4^2\times P(x)+3\times4\times\{P(x)\}^2-\{P(x)\}^3$

$=12\{P(x)\}^2-48P(x)+64$

즉 $12\{P(x)\}^2-48P(x)+64=12x^4+24x^3+12x^2+16$ …… ㉠

STEP B $P(x)=ax^2+bx+c$로 놓고 계수 비교를 이용하여 a, b, c의 값 구하기

$P(x)$는 최고차항의 계수가 음수인 이차다항식이므로

$P(x)=ax^2+bx+c$ ($a<0$, a, b, c는 상수)라 하자.

㉠에 대입하면

$12(ax^2+bx+c)^2-48(ax^2+bx+c)+64=12x^4+24x^3+12x^2+16$

+α 곱셈 공식의 변형을 이용하여 구할 수 있어!

$12\underline{(ax^2+bx+c)^2}=12\{(ax^2)^2+(bx)^2+c^2+2(ax^2)(bx)+2(bx)c+2c(ax^2)\}$

$\quad(x+y+z)^2=x^2+y^2+z^2+2xy+2yz+2zx$

이므로

$12(ax^2+bx+c)^2-48(ax^2+bx+c)+64$

$=12a^2x^4+24abx^3+(12b^2+24ac-48a)x^2+(24bc-48b)x+12c^2-48c+64$

즉 사차항의 계수는 $12a^2$, 삼차항의 계수는 $24ab$, 상수항의 계수는 $12c^2-48c+64$

사차항의 계수를 비교하면 $12a^2=12$ ∴ $a=-1$ (∵ $a<0$)

삼차항의 계수를 비교하면 $24ab=24$ ∴ $b=-1$ (∵ $a=-1$)

상수항의 계수를 비교하면 $12c^2-48c+64=16$, $c^2-4c+4=0$, $(c-2)^2=0$

∴ $c=2$

STEP C $P(2)+Q(3)$의 값 구하기

따라서 $P(x)=-x^2-x+2$, $Q(x)=4-P(x)=4-(-x^2-x+2)=x^2+x+2$

이므로 $P(2)+Q(3)=-4+14=10$

내 신 연 계 출제문항 188

모든 실수 x에 대하여 두 이차다항식 $P(x)$, $Q(x)$가 다음 조건을 만족시킨다.

> (가) $P(x)+Q(x)=6$
> (나) $\{P(x)\}^3+\{Q(x)\}^3=18x^4+72x^3+72x^2+54$

$P(x)$의 최고차항의 계수가 음수일 때, $P(3)+Q(1)$의 값은?

① -6 ② -3 ③ 0
④ 3 ⑤ 6

STEP A 곱셈 공식을 이용하여 조건 (나)를 변형하기

$\{P(x)\}^3+\{Q(x)\}^3=18x^4+72x^3+72x^2+54$에서

$\{P(x)+Q(x)\}^3-3P(x)Q(x)\{P(x)+Q(x)\}$ ← $a^3+b^3=(a+b)^3-3ab(a+b)$

$=18x^4+72x^3+72x^2+54$

이때 조건 (가)에서 $P(x)+Q(x)=6$이므로

$216-18P(x)Q(x)=18x^4+72x^3+72x^2+54$

$-18P(x)Q(x)=18x^4+72x^3+72x^2-162$

$-P(x)Q(x)=x^4+4x^3+4x^2-9$ ← 조립제법에 의하여

$\qquad=(x-1)(x+3)(x^2+2x+3)$

$\qquad=(x^2+2x-3)(x^2+2x+3)$

∴ $P(x)Q(x)$

$\quad=-(x^2+2x-3)(x^2+2x+3)$

1	1	4	4	0	−9
		1	5	9	9
−3	1	5	9	9	0
		−3	−6	−9	
	1	2	3	0	

STEP B 두 이차다항식 $P(x)$, $Q(x)$를 구하여 $P(3)+Q(1)$의 값 구하기

$P(x)+Q(x)=6$이고 $P(x)$의 최고차항의 계수가 음수이므로

조건 (가), (나)를 만족시키는 두 이차다항식 $P(x)$, $Q(x)$는

$P(x)=-x^2-2x+3$, $Q(x)=x^2+2x+3$

← $P(x)$의 이차항의 계수가 음수이고 $P(x)+Q(x)=6$을 만족하는 경우는 한 가지 밖에 없다.

따라서 $P(3)+Q(1)=(-3^2-2\times3+3)+(1^2+2\times1+3)=-6$ **정답** ①

0381  2022년 11월 고1 학력평가 29번 정답 126

문 항 분 석

두 정사각뿔의 부피의 합이 $2\sqrt{2}$임을 이용하여 a^3+b^3의 값을 구하고
피타고라스 정리와 선분 AF의 길이가 2임을 이용하여 $a+b$, $a-b$의 값을 구한다.
또한, 구하고자 하는 넓이 $S=\dfrac{\sqrt{3}}{4}a^2-\dfrac{\sqrt{3}}{4}b^2=\dfrac{\sqrt{3}}{4}(a+b)(a-b)$임을 이용한다.

STEP A 두 정사각뿔의 부피의 합이 $2\sqrt{2}$임을 이용하여 a^3+b^3의 값 구하기

정사각뿔 O$-$ABCD의 부피는 ← $\dfrac{1}{3}\times$(밑넓이)$\times$(높이)

$\dfrac{1}{3}\times a^2\times\sqrt{a^2-\left(\dfrac{\sqrt{2}}{2}a\right)^2}=\dfrac{\sqrt{2}}{6}a^3$

정사각뿔 O$-$EFGH의 부피는

$\dfrac{1}{3}\times b^2\times\sqrt{b^2-\left(\dfrac{\sqrt{2}}{2}b\right)^2}=\dfrac{\sqrt{2}}{6}b^3$

두 정사각뿔 O$-$ABCD, O$-$EFGH의 부피의 합이 $2\sqrt{2}$이므로

$\dfrac{\sqrt{2}}{6}(a^3+b^3)=2\sqrt{2}$ ∴ $a^3+b^3=12$ …… ㉠

+α 정사각뿔 O$-$ABCD의 높이는 다음과 같이 구할 수 있어!

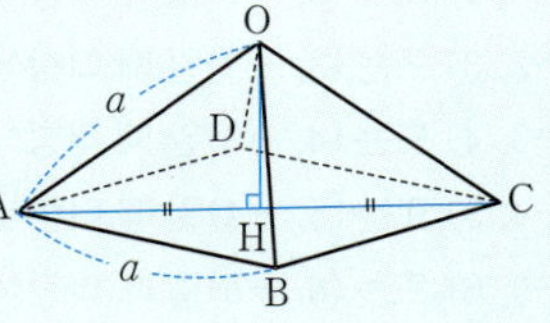

점 O에서 밑면에 내린 수선의 발을 H라 하자.
모든 모서리의 길이가 a인 정사각뿔의 높이는
피타고라스 정리에 의하여

$\overline{OH}=\sqrt{\overline{OA}^2-\overline{AH}^2}=\sqrt{a^2-\left(\dfrac{\sqrt{2}}{2}a\right)^2}=\dfrac{\sqrt{2}}{2}a$

STEP B 곱셈 공식의 변형을 이용하여 $a+b$, $a-b$의 값 구하기

점 F에서 선분 AB에 내린 수선의 발을 I라 하면
삼각형 BFI는 $\angle$FBI$=60°$인 직각삼각형이므로

$\overline{FI}=\dfrac{\sqrt{3}}{2}\overline{FB}=\dfrac{\sqrt{3}}{2}(a-b)$, $\overline{BI}=\dfrac{1}{2}\overline{FB}=\dfrac{1}{2}(a-b)$에서

$\overline{FI}=\sin60°\overline{FB}$ $\quad\overline{BI}=\cos60°\overline{FB}$

$\overline{AI}=\overline{AB}-\overline{BI}=a-\dfrac{1}{2}(a-b)=\dfrac{1}{2}(a+b)$

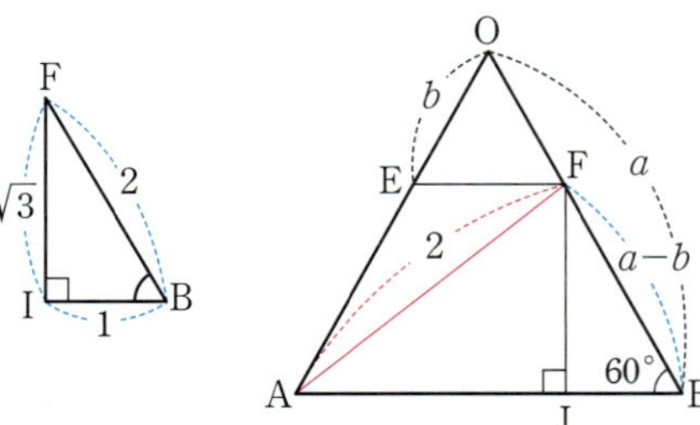

삼각형 FAI는 직각삼각형이므로 피타고라스 정리에 의하여

$\overline{AF}^2=\overline{FI}^2+\overline{AI}^2=\left\{\dfrac{\sqrt{3}}{2}(a-b)\right\}^2+\left\{\dfrac{1}{2}(a+b)\right\}^2$

$=\dfrac{3}{4}(a^2-2ab+b^2)+\dfrac{1}{4}(a^2+2ab+b^2)$

$=a^2-ab+b^2=4$ ← $\overline{AF}=2$

이때 $a^3+b^3=(a+b)(a^2-ab+b^2)=(a+b)\times4=12$ $(\because \text{㉠})$

$\therefore a+b=3$ ...... ㉡

또한, $a^2-ab+b^2=(a+b)^2-3ab=3^2-3ab=4$

$\therefore ab=\dfrac{5}{3}$ ...... ㉢

㉡, ㉢에서 $(a-b)^2=(a+b)^2-4ab=3^2-4\times\dfrac{5}{3}=\dfrac{7}{3}$ 이므로

$a-b=\dfrac{\sqrt{21}}{3}$ ...... ㉣

STEP C $32\times S^2$**의 값 구하기**

사각형 ABFE의 넓이 S는
정삼각형 OAB의 넓이에서 정삼각형 OEF의 넓이를 뺀 것과 같으므로

$S=\dfrac{\sqrt{3}}{4}a^2-\dfrac{\sqrt{3}}{4}b^2$ ← 한 변의 길이가 k인 정삼각형의 넓이는 $\dfrac{\sqrt{3}}{4}k^2$

$=\dfrac{\sqrt{3}}{4}(a^2-b^2)$

$=\dfrac{\sqrt{3}}{4}(a+b)(a-b)$

$=\dfrac{\sqrt{3}}{4}\times3\times\dfrac{\sqrt{21}}{3}$ $(\because \text{㉡, ㉣})$

$=\dfrac{3\sqrt{7}}{4}$

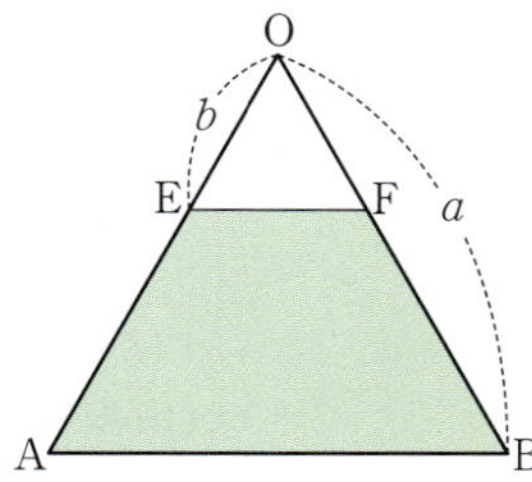

따라서 $32\times S^2=32\times\dfrac{63}{16}=126$

> **+α** 등변사다리꼴 ABFE의 넓이는 다음과 같이 구할 수도 있어!
>
> $S=\dfrac{1}{2}(\overline{EF}+\overline{AB})\times\overline{FI}$ ← $\dfrac{1}{2}\times(\text{윗변})+(\text{아랫변}\times\text{높이})$
>
> $=\dfrac{1}{2}(a+b)\times\dfrac{\sqrt{3}}{2}(a-b)$ ← $\overline{FI}=\dfrac{\sqrt{3}}{2}\overline{FB}=\dfrac{\sqrt{3}}{2}(a-b)$
>
> $=\dfrac{\sqrt{3}}{4}(a+b)(a-b)$
>
> $=\dfrac{3\sqrt{7}}{4}$
>
> 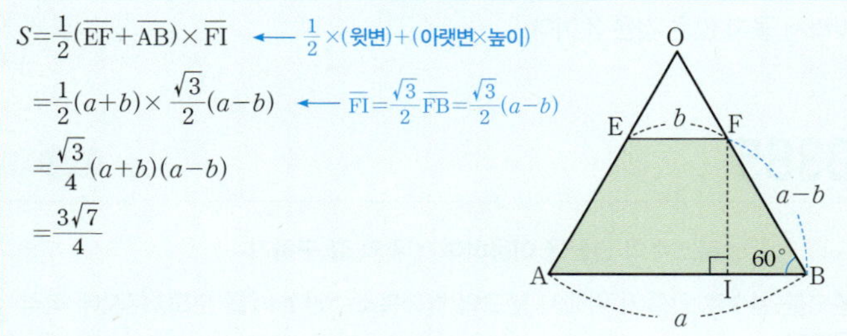

그림과 같이 모든 모서리의 길이가 a인 정사각뿔 O−ABCD가 있다.
네 선분 OA, OB, OC, OD 위의 네 점 E, F, G, H를
$\overline{OE}=\overline{OF}=\overline{OG}=\overline{OH}=b$가 되도록 잡는다.

두 정사각뿔 O−ABCD, O−EFGH의 부피의 합이 $\dfrac{3\sqrt{2}}{2}$이고

선분 AF의 길이가 $\sqrt{3}$일 때, 사각형 ABFE의 넓이를 S라 하자.
$16\times S^2$의 값을 구하시오. (단, a, b는 $a>b>0$인 상수이다.)

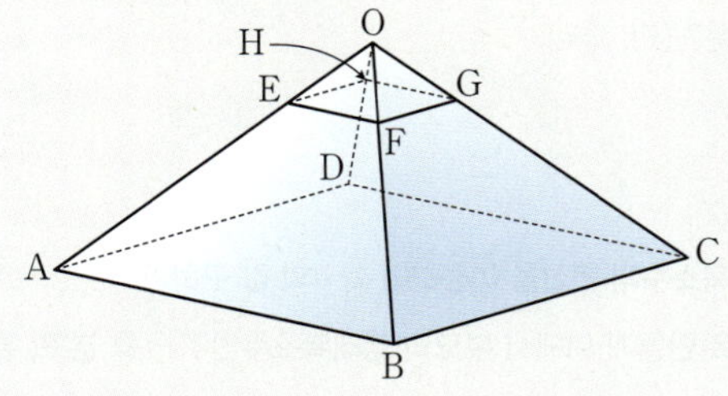

STEP A 두 정사각뿔의 부피의 합이 $\dfrac{3\sqrt{2}}{2}$임을 이용하기

정사각뿔 O−ABCD의 부피는 ← 부피 $V=\dfrac{1}{3}\times(\text{밑넓이})\times(\text{높이})$

$\dfrac{1}{3}\times a^2\times\sqrt{a^2-\left(\dfrac{\sqrt{2}}{2}a\right)^2}=\dfrac{\sqrt{2}}{6}a^3$

정사각뿔 O−EFGH의 부피는

$\dfrac{1}{3}\times b^2\times\sqrt{b^2-\left(\dfrac{\sqrt{2}}{2}b\right)^2}=\dfrac{\sqrt{2}}{6}b^3$

두 정사각뿔 O−ABCD, O−EFGH의 부피의 합이 $\dfrac{3\sqrt{2}}{2}$이므로

$\dfrac{\sqrt{2}}{6}(a^3+b^3)=\dfrac{3\sqrt{2}}{2}$

$\therefore a^3+b^3=9$ ...... ㉠

STEP B 곱셈 공식의 변형을 이용하여 $a+b$, $a-b$의 값 구하기

점 F에서 선분 AB에 내린 수선의 발을 I라 하면
삼각형 BFI는 $\angle FBI=60°$인 직각삼각형이므로

$\overline{FI}=\dfrac{\sqrt{3}}{2}\overline{FB}=\dfrac{\sqrt{3}}{2}(a-b)$, $\overline{BI}=\dfrac{1}{2}\overline{FB}=\dfrac{1}{2}(a-b)$에서

$\overline{AI}=\overline{AB}-\overline{BI}=a-\dfrac{1}{2}(a-b)=\dfrac{1}{2}(a+b)$

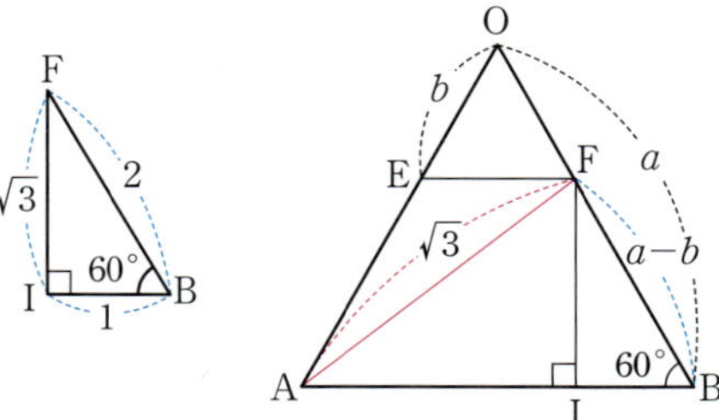

삼각형 FAI는 직각삼각형이므로 피타고라스 정리에 의하여

$\overline{AF}^2=\overline{FI}^2+\overline{AI}^2=\left\{\dfrac{\sqrt{3}}{2}(a-b)\right\}^2+\left\{\dfrac{1}{2}(a+b)\right\}^2$

$=\dfrac{3}{4}(a^2-2ab+b^2)+\dfrac{1}{4}(a^2+2ab+b^2)$

$=a^2-ab+b^2=3$ ← $\overline{AF}=\sqrt{3}$

이때 $a^3+b^3=(a+b)(a^2-ab+b^2)=(a+b)\times3=9$

$\therefore a+b=3$ ...... ㉡

또한, $a^2-ab+b^2=(a+b)^2-3ab=3^2-3ab=3$

$\therefore ab=2$ ...... ㉢

㉡, ㉢에서 $(a-b)^2=(a+b)^2-4ab=3^2-4\times2=1$이므로
$a-b=1$ ...... ㉣

STEP C $16\times S^2$**의 값 구하기**

사각형 ABFE의 넓이 S는
정삼각형 OAB의 넓이에서 정삼각형 OEF의 넓이를 뺀 것과 같으므로

$S=\dfrac{\sqrt{3}}{4}a^2-\dfrac{\sqrt{3}}{4}b^2$ ← 한 변의 길이가 k인 정삼각형의 넓이는 $\dfrac{\sqrt{3}}{4}k^2$

$=\dfrac{\sqrt{3}}{4}(a^2-b^2)$

$=\dfrac{\sqrt{3}}{4}(a+b)(a-b)$

$=\dfrac{\sqrt{3}}{4}\times3\times1$ $(\because \text{㉡, ㉣})$

$=\dfrac{3\sqrt{3}}{4}$

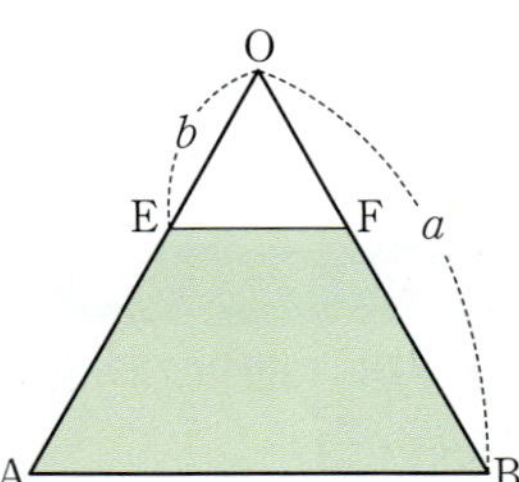

따라서 $16\times S^2=16\times\dfrac{27}{16}=27$

> **+α** 등변사다리꼴 ABFE의 넓이는 다음과 같이 구할 수도 있어!
>
> $S=\dfrac{1}{2}(\overline{EF}+\overline{AB})\times\overline{FI}$ ← $\dfrac{1}{2}\times(\text{윗변}+\text{아랫변})\times(\text{높이})$
>
> $=\dfrac{1}{2}(a+b)\times\dfrac{\sqrt{3}}{2}(a-b)$ ← $\overline{FI}=\dfrac{\sqrt{3}}{2}\overline{FB}=\dfrac{\sqrt{3}}{2}(a-b)$
>
> $=\dfrac{\sqrt{3}}{4}(a+b)(a-b)$
>
> $=\dfrac{3\sqrt{3}}{4}$
>
> 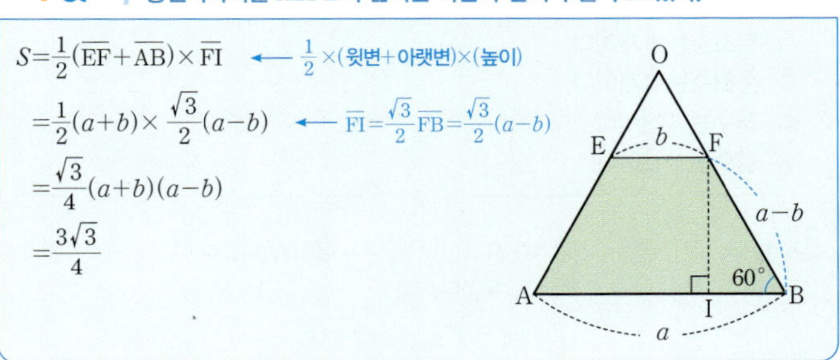

01 복소수

0382
정답 ② 

STEP A 허수단위와 복소수를 이해하여 참, 거짓 판단하기

① $-2=-2+0i$꼴이므로 실수이면서 복소수이다. [거짓]
② 제곱하여 -1이 되는 수를 기호 i로 나타낸다. [참]
③ -2의 제곱근은 $\pm\sqrt{2}\,i$이다. [거짓]
  $x^2=-2$인 x가 -2의 제곱근이므로 $x=\pm\sqrt{-2}=\pm\sqrt{2}\,i$
④ 복소수 $3-2i$의 허수부분은 $-2i$이다. [거짓]
⑤ $(-2i)^2=-4$이다. [거짓]
따라서 옳은 것은 ②이다.

0383
정답 ③

STEP A 순허수, 실수, 복소수의 정의를 이용하여 개수 구하기

$\sqrt{-8}=2\sqrt{2}\,i$, $-i^2=-(-1)=1$, $3+\sqrt{-2}=3+\sqrt{2}\,i$, $1+i^2=1+(-1)=0$

$\dfrac{1+i}{1-i}=\dfrac{(1+i)(1+i)}{(1-i)(1+i)}=\dfrac{1+2i+i^2}{1+1}=i$

순허수는 $\sqrt{-8}$, $\dfrac{1+i}{1-i}$의 2개이므로 $a=2$

실수는 $-i^2$, $1+i^2$의 2개이므로 $b=2$

복소수 $a+bi$ (a, b는 실수)꼴이면 되므로
순허수, 순허수가 아닌 허수, 실수를 모두 포함되어 개수는 5이다.
즉 $c=5$
따라서 $a-b+c=2-2+5=5$

다음 수들에 대한 [보기]의 설명 중 옳은 것만을 있는 대로 고르면?
(단, $i=\sqrt{-1}$)

$$\sqrt{-2},\ 0,\ (\sqrt{2}+\sqrt{-2})^2,\ \sqrt{5}+3i,\ \dfrac{1-i}{1+i},\ -2i^2,\ 2\pi,\ 5-i^2$$

ㄱ. 복소수는 6개이다.
ㄴ. 순허수는 3개이다.
ㄷ. 허수는 4개이다.
ㄹ. 실수는 3개이다.

① ㄱ, ㄹ   ② ㄴ, ㄷ   ③ ㄱ, ㄴ, ㄷ
④ ㄴ, ㄷ, ㄹ   ⑤ ㄱ, ㄴ, ㄷ, ㄹ

STEP A 순허수, 실수, 허수, 복소수의 정의를 이용하여 개수 구하기

$\sqrt{-2}=\sqrt{2}\,i$, $(\sqrt{2}+\sqrt{-2})^2=(\sqrt{2})^2(1+i)^2=2(1+2i+i^2)=2\times 2i=4i$

$\dfrac{1-i}{1+i}=\dfrac{(1-i)(1-i)}{(1+i)(1-i)}=\dfrac{1-2i+i^2}{1+1}=-i,$

$-2i^2=-2\times(-1)=2$, $5-i^2=5-(-1)=6$

ㄱ. 복소수 $a+bi$ (a, b는 실수)꼴이면 되므로 주어진 수 모두 복소수이다.
  즉 복소수는 8개이다. [거짓]

ㄴ. 순허수는 $\sqrt{-2}$, $(\sqrt{2}+\sqrt{-2})^2$, $\dfrac{1-i}{1+i}$이므로 3개이다. [참]

ㄷ. 허수는 $\sqrt{-2}$, $(\sqrt{2}+\sqrt{-2})^2$, $\sqrt{5}+3i$, $\dfrac{1-i}{1+i}$이므로 4개이다. [참]

ㄹ. 실수는 0, $-2i^2$, 2π, $5-i^2$이므로 모두 4개이다. [거짓]
따라서 옳은 것은 ㄴ, ㄷ이다.
정답 ②

0384
정답 ④

STEP A 복소수의 연산을 이용하여 참, 거짓 판단하기

① $(3-2i)+(1-3i)=4-5i$ [참]
② $(6+3i)-(3-i)=3+4i$ [참]
③ $(\sqrt{3}+\sqrt{-3})^2=(\sqrt{3}+\sqrt{3}\,i)^2$
  $=(\sqrt{3})^2(1+i)^2$
  $=3\times(1+2i+i^2)$
  $=3\times 2i=6i$ [참]
④ $(3+i)(3-i)=3^2-i^2=9-(-1)=10$ [거짓]
⑤ $\dfrac{1}{1-i}+\dfrac{1}{1+i}=\dfrac{(1+i)+(1-i)}{(1-i)(1+i)}=\dfrac{2}{2}=1$ [참]
따라서 옳지 않은 것은 ④이다.

0385
정답 ②

STEP A 복소수의 연산을 이용하여 a, b의 값 구하기

분모를 실수로 만들기 위해서 분모의 켤레복소수인 $1+i$를 분모, 분자에 각각 곱한다.

$\dfrac{1+i}{1-i}=\dfrac{(1+i)(1+i)}{(1-i)(1+i)}=\dfrac{1+2i+i^2}{2}=i$

$(4+3i)(3i-4)=12i-16+9i^2-12i=-25$

즉 $\dfrac{1+i}{1-i}+(4+3i)(3i-4)=-25+i$

따라서 $a=-25$, $b=1$이므로 $a+b=-25+1=-24$

등식 $\dfrac{1-i}{1+i}+(2+5i)(5i-2)=a+bi$를 만족시키는 두 실수 a, b에 대하여 $a+b$의 값은? (단, $i=\sqrt{-1}$)

① -30 ② -28 ③ -26
④ -24 ⑤ -22

STEP A 복소수의 연산을 이용하여 a, b의 값 구하기

분모를 실수로 만들기 위해서 분모의 켤레복소수인 $1-i$를 분모, 분자에 각각 곱한다.

$\dfrac{1-i}{1+i}=\dfrac{(1-i)(1-i)}{(1+i)(1-i)}=\dfrac{1-2i+i^2}{2}=-i$

$(2+5i)(5i-2)=10i-4+25i^2-10i=-29$

즉 $\dfrac{1+i}{1-i}+(2+5i)(5i-2)=-29-i$

따라서 $a=-29$, $b=-1$이므로 $a+b=-29+(-1)=-30$
정답 ①

0386

STEP A 복소수의 연산을 이용하여 a, b의 값 구하기

$$(2-\sqrt{-9})(3+\sqrt{-4})=(2-3i)(3+2i)$$
$$=6-5i-6i^2$$
$$=12-5i$$

따라서 $a=12$, $b=-5$이므로 $a-b=12-(-5)=17$

0387

정답 ⑤

STEP A 복소수의 연산을 이용하여 a, b의 값 구하기

분모를 실수로 만들기 위해서 분모의 켤레복소수인 $1-i$를 분모, 분자에 각각 곱한다.

$$\frac{(2-3i)+(5i-1)}{1+i}=\frac{1+2i}{1+i}=\frac{(1+2i)(1-i)}{(1+i)(1-i)}$$
$$=\frac{1+i-2i^2}{2}$$
$$=\frac{3}{2}+\frac{1}{2}i$$

따라서 $a=\dfrac{3}{2}$, $b=\dfrac{1}{2}$이므로 $a+b=2$

0388

정답 ⑤

STEP A 복소수의 연산을 이용하여 a, b의 값 구하기

분모를 실수로 만들기 위해서 분모의 켤레복소수를 분모, 분자에 각각 곱한다.

$$\frac{(1-\sqrt{-1})(-3+\sqrt{-4})}{2+\sqrt{-9}}=\frac{(1-i)(-3+2i)}{2+3i}$$
$$=\frac{-3+5i-2i^2}{2+3i}$$
$$=\frac{(-1+5i)(2-3i)}{(2+3i)(2-3i)}$$
$$=\frac{13+13i}{13}$$
$$=1+i$$

따라서 $a=1$, $b=1$이므로 $a+b=2$

$\dfrac{1+\sqrt{-3}}{1-\sqrt{-3}}$ 을 $a+bi$ (a, b는 실수)꼴로 나타내었을 때, a^2+b^2의 값은?

(단, $i=\sqrt{-1}$)

① 1 　　② 2 　　③ 3
④ 4 　　⑤ 5

STEP A 복소수의 연산을 이용하여 a, b의 값 구하기

분모를 실수로 만들기 위해서 분모의 켤레복소수를 분모, 분자에 각각 곱한다.

$$\frac{1+\sqrt{-3}}{1-\sqrt{-3}}=\frac{1+\sqrt{3}i}{1-\sqrt{3}i}=\frac{(1+\sqrt{3}i)(1+\sqrt{3}i)}{(1-\sqrt{3}i)(1+\sqrt{3}i)}$$
$$=\frac{-2+2\sqrt{3}i}{4}$$
$$=-\frac{1}{2}+\frac{\sqrt{3}}{2}i$$

따라서 $a=-\dfrac{1}{2}$, $b=\dfrac{\sqrt{3}}{2}$이므로 $a^2+b^2=\dfrac{1}{4}+\dfrac{3}{4}=1$

정답 ①

0389

정답 ④

STEP A 분모를 실수로 고친 후 연산 ★의 정의를 이용하여 허수부분 구하기

분모를 실수로 만들기 위해서 분모의 켤레복소수를 분모, 분자에 각각 곱한다.

$$\frac{2-i}{1+2i}=\frac{(2-i)(1-2i)}{(1+2i)(1-2i)}=\frac{2-5i+2i^2}{5}=\frac{-5i}{5}=-i$$
$$\frac{2i}{1-i}=\frac{2i(1+i)}{(1-i)(1+i)}=\frac{2i+2i^2}{2}=i-1$$
$$\frac{2-i}{1+2i}\star\frac{2i}{1-i}=-i\star(i-1)$$
$$=-i+(i-1)+(-i)\times(i-1)$$
$$=-1+1+i$$
$$=i$$

따라서 허수부분은 1

0390

정답 14

STEP A $f(a, 2a)$에서 분모를 실수화하기

$f(a, b)=\dfrac{a+bi}{a-bi}$ 에서 $b=2a$라 하면

$$f(a, 2a)=\frac{a+2ai}{a-2ai}=\frac{1+2i}{1-2i}=\frac{(1+2i)(1+2i)}{(1-2i)(1+2i)}$$

 $1-2i$의 켤레복소수는 $1+2i$이므로 분모와 분자에 $1+2i$를 곱해서 분모를 실수로 나타낸다.

$$=\frac{1+4i+4i^2}{1-4i^2}$$
$$=\frac{-3+4i}{5}$$

STEP B $f(1, 2)+f(2, 4)+f(3, 6)+\cdots+f(10, 20)$의 값 구하기

$f(1, 2)=f(2, 4)=f(3, 6)=\cdots=f(10, 20)=\dfrac{-3+4i}{5}$ 이므로

$$f(1, 2)+f(2, 4)+f(3, 6)+\cdots+f(10, 20)=\frac{-3+4i}{5}\times10=-6+8i$$

따라서 $p=-6$, $q=8$이므로 $q-p=8-(-6)=14$

0391

2019년 06월 고1 학력평가 13번　정답 ⑤

STEP A 두 복소수 α, β의 분모를 실수화 하기

분모를 실수로 만들기 위해서 분모의 켤레복소수를 분모와 분자에 각각 곱한다.

$$\alpha=\frac{1-i}{1+i}=\frac{(1-i)^2}{(1+i)(1-i)}=\frac{-2i}{2}=-i \quad\longleftarrow i^2=-1$$
$$\beta=\frac{1+i}{1-i}=\frac{(1+i)^2}{(1-i)(1+i)}=\frac{2i}{2}=i$$

STEP B $(1-2\alpha)(1-2\beta)$의 값 구하기

따라서 $(1-2\alpha)(1-2\beta)=(1+2i)(1-2i) \quad\longleftarrow (a+b)(a-b)=a^2-b^2$
$$=1-4i^2=5 \quad\longleftarrow i^2=-1$$

+α ｜ $\alpha+\beta$, $\alpha\beta$의 값을 직접 구하여 풀 수 있어!

$\alpha=-i$, $\beta=i$이므로 $\alpha+\beta=0$, $\alpha\beta=-i^2=1$
$(1-2\alpha)(1-2\beta)=1-2(\alpha+\beta)+4\alpha\beta$
$$=1+4=5$$

두 복소수

$$\alpha=\frac{1-i}{1+i},\ \beta=\frac{1+i}{1-i}$$

에 대하여 $(1-3\alpha)(1-3\beta)$의 값은? (단, $i=\sqrt{-1}$)

① 6   ② 7   ③ 8
④ 9   ⑤ 10

STEP A 두 복소수 α, β의 분모를 실수화 하기

분모를 실수로 만들기 위해서 분모의 켤레복소수를 분모와 분자에 각각 곱한다.

$$\alpha=\frac{1-i}{1+i}=\frac{(1-i)^2}{(1+i)(1-i)}=\frac{-2i}{2}=-i$$

$$\beta=\frac{1+i}{1-i}=\frac{(1+i)^2}{(1-i)(1+i)}=\frac{2i}{2}=i$$

STEP B $(1-3\alpha)(1-3\beta)$의 값 구하기

따라서 $(1-3\alpha)(1-3\beta)=(1+3i)(1-3i)$
$$=1-9i^2$$
$$=1-(-9)$$
$$=10$$

+α | $\alpha+\beta$, $\alpha\beta$의 값을 직접 구하여 풀 수 있어!

$\alpha=-i$, $\beta=i$이므로 $\alpha+\beta=0$, $\alpha\beta=-i^2=1$
$(1-3\alpha)(1-3\beta)=1-3(\alpha+\beta)+9\alpha\beta$
$$=1+9=10$$

정답 ⑤

0392   2022년 03월 고2 학력평가 6번   정답 ④

STEP A 주어진 복소수의 분모를 실수화 하기

분모를 실수로 만들기 위해서 분모의 켤레복소수인 $2+i$를 분모, 분자에 각각 곱한다.

$$\frac{a+3i}{2-i}=\frac{(a+3i)(2+i)}{(2-i)(2+i)} \quad \leftarrow (a-bi)(a+bi)=a^2+b^2$$

$$=\frac{2a+ai+6i+3i^2}{5} \quad \leftarrow i^2=-1$$
$$=\frac{(2a-3)+(a+6)i}{5} \quad \leftarrow (\ )+(\ )i 꼴로 정리$$

$$=\frac{2a-3}{5}+\frac{a+6}{5}i$$

STEP B 복소수의 실수부분과 허수부분의 합이 3임을 이용하여 a의 값 구하기

복소수 $\dfrac{a+3i}{2-i}$의 실수부분은 $\dfrac{2a-3}{5}$이고 허수부분은 $\dfrac{a+6}{5}$

주어진 조건에서 실수부분과 허수부분의 합이 3이므로

$$\frac{2a-3}{5}+\frac{a+6}{5}=\frac{3a+3}{5}=3$$

따라서 $3a+3=15$, $3a=12$이므로 $a=4$

복소수 $\dfrac{a+5i}{3-i}$의 실수부분과 허수부분의 합이 3일 때, 실수 a의 값은?
(단, $i=\sqrt{-1}$)

① 1   ② 2   ③ 3
④ 4   ⑤ 5

STEP A 주어진 복소수의 분모를 실수화 하기

분모를 실수로 만들기 위해서 분모의 켤레복소수인 $3+i$를 분모, 분자에 각각 곱한다.

$$\frac{a+5i}{3-i}=\frac{(a+5i)(3+i)}{(3-i)(3+i)}$$
$$=\frac{3a+ai+15i+5i^2}{9-i^2}$$
$$=\frac{(3a-5)+(a+15)i}{10}$$
$$=\frac{3a-5}{10}+\frac{a+15}{10}i$$

STEP B 복소수의 실수부분과 허수부분의 합이 3임을 이용하여 a의 값 구하기

복소수 $\dfrac{a+5i}{3-i}$의 실수부분은 $\dfrac{3a-5}{10}$이고 허수부분은 $\dfrac{a+15}{10}$

주어진 조건에서 실수부분과 허수부분의 합이 3이므로

$$\frac{3a-5}{10}+\frac{a+15}{10}=\frac{4a+10}{10}=3$$

따라서 $4a+10=30$, $4a=20$이므로 $a=5$

정답 ⑤

0393   2018년 09월 고1 학력평가 11번   정답 ③

STEP A 서로 다른 두 개의 복소수의 곱 구하기

주어진 세 개의 공 중에서 두 개를 선택하여 적힌 수의 곱을 각각 구한다.

(i) $2-3i$, $1+2i$를 선택했을 때,
$$(2-3i)(1+2i)=2+4i-3i-6i^2 \quad \leftarrow i^2=-1$$
$$=8+i$$
선택된 수의 곱이 자연수가 아니다.

(ii) $1+2i$, $6+9i$를 선택했을 때,
$$(1+2i)(6+9i)=6+9i+12i+18i^2$$
$$=-12+21i$$
선택된 수의 곱이 자연수가 아니다.

(iii) $2-3i$, $6+9i$를 선택했을 때,
$$(2-3i)(6+9i)=12+18i-18i-27i^2$$
$$=39$$
선택된 수의 곱이 자연수이다.

(i)~(iii)에 의하여 $a=39$

mini 해설 | 켤레복소수를 이용하여 풀이하기

복소수 $z=x+yi$ (x, y는 실수)라 하면 켤레복소수 $\overline{z}=x-yi$
이때 $z\overline{z}=x^2-(-y^2)=x^2+y^2$이므로 실수가 된다.
그러므로 $2-3i$, $1+2i$, $6+9i$에서 $6+9i=3(2+3i)$이고
$2-3i$의 켤레복소수는 $2+3i$이므로 두 복소수 $2-3i$, $6+9i$를 곱하면 자연수가 된다.
즉 $(2-3i)(6+9i)=3(2-3i)(2+3i)=3\{2^2+(-3)^2\}=39$
따라서 $a=39$

버튼을 한 번 누르면 복소수가 하나씩 적힌 세 개의 구슬이 굴러 나오는
구슬 뽑기 기계가 있다.

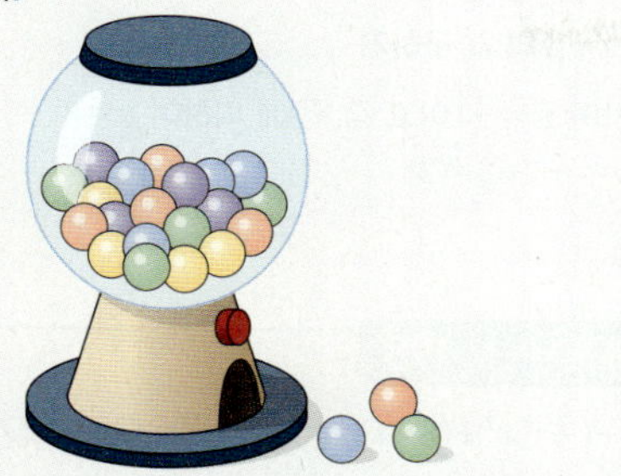

어느 상점에서 이 기계를 이용한 사람에게 굴러 나온 세 개의 구슬 중 두 개
를 선택하게 하여 적힌 수의 곱이 자연수가 될 때, 그 자연수만큼 초콜릿으로
교환해 준다고 한다.
한 학생이 버튼을 한 번 눌렀더니 세 복소수 $1-3i$, $3-2i$, $15+10i$가 각각
적힌 세 개의 구슬이 굴러 나왔다. 이 학생이 a개의 초콜릿으로 교환해 갔을
때, 자연수 a의 값은? (단, $i=\sqrt{-1}$)

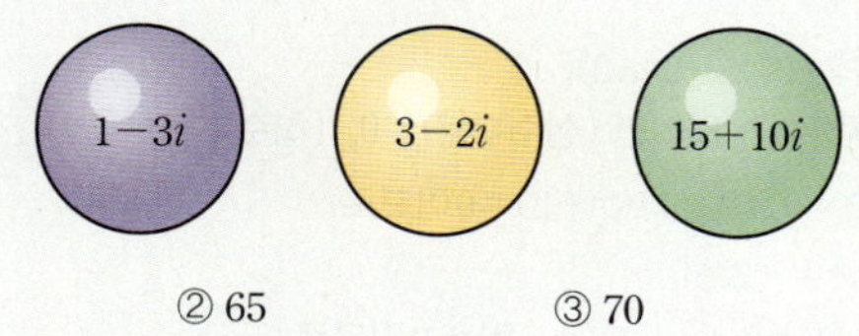

① 60 　　② 65 　　③ 70
④ 75 　　⑤ 80

STEP Ⓐ 서로 다른 두 개의 복소수의 곱 구하기

주어진 세 개의 공 중에서 두 개를 선택하여 적힌 수의 곱을 각각 구한다.
(i) $1-3i$, $3-2i$를 선택했을 때,

$$(1-3i)(3-2i)=3-11i+6i^2=-3-11i$$

선택된 수의 곱이 자연수가 아니다.

(ii) $3-2i$, $15+10i$를 선택했을 때,

$$(3-2i)(15+10i)=45-20i^2=65$$

선택된 수의 곱이 자연수이다.

(iii) $1-3i$, $15+10i$를 선택했을 때,

$$(1-3i)(15+10i)=15-35i-30i^2=45-35i$$

선택된 수의 곱이 자연수가 아니다.

(i)~(iii)에 의하여 $a=65$

---

mini 해설 ｜ 켤레복소수를 이용하여 풀이하기

복소수 $z=x+yi$ (x, y는 실수)라 하면 켤레복소수 $\bar{z}=x-yi$
이때 $z\bar{z}=x^2-(-y^2)=x^2+y^2$이므로 실수가 된다.
그러므로 $1-3i$, $3-2i$, $15+10i$에서 $15+10i=5(3+2i)$이고
$3-2i$의 켤레복소수는 $3+2i$이므로 두 복소수 $3-2i$, $15+10i$를 곱하면 자연수가 된다.
즉 $(3-2i)(15+10i)=5(3-2i)(3+2i)=5\{3^2-(2i)^2\}=5\times13=65$
따라서 $a=65$

정답 ②

0394

정답 ①

STEP Ⓐ 복소수의 성질을 이용하여 $2z^2-2z-3$의 값 구하기

분모를 실수로 만들기 위해서 분모의 켤레복소수인 $1+i$를 분모, 분자에 각각
곱한다.

$$z=\frac{1}{1-i}=\frac{1+i}{(1-i)(1+i)}=\frac{1+i}{2}$$에서 $2z-1=i$

위의 식의 양변을 제곱하면 $4z^2-4z+1=-1$, $2z^2-2z+1=0$, $2z^2-2z=-1$
따라서 $2z^2-2z-3=-1-3=-4$

0395

정답 ⑤

**STEP Ⓐ $x^2+1=2i$의 양변을 제곱하여 $x^4+x^3+5x^2+2x+\dfrac{5}{x}$의 값
구하기**

$x^2=-1+2i$에서 $x^2+1=2i$
위의 식의 양변을 제곱하면 $x^4+2x^2+1=-4$
$\therefore x^4+2x^2+5=0$
위의 식의 양변을 x로 나누면 $x^3+2x+\dfrac{5}{x}=0$

따라서 $x^4+x^3+5x^2+2x+\dfrac{5}{x}=x^4+5x^2+\left(x^3+2x+\dfrac{5}{x}\right)$

$$=x^4+5x^2$$
$$=(x^4+2x^2+5)+3x^2-5$$
$$=3x^2-5$$
$$=3(-1+2i)-5$$
$$=-8+6i$$

$x^2=-3+2i$일 때, $x^4+x^3+8x^2+6x+\dfrac{13}{x}$의 값은? (단, $i=\sqrt{-1}$)

① $-19+4i$ 　　② $-19-4i$ 　　③ $-4+19i$
④ $19-4i$ 　　⑤ $4-19i$

**STEP Ⓐ $x^2+3=2i$의 양변을 제곱하여 $x^4+x^3+8x^2+6x+\dfrac{13}{x}$의 값
구하기**

$x^2=-3+2i$에서 $x^2+3=2i$
위의 식의 양변을 제곱하면 $x^4+6x^2+9=-4$
$\therefore x^4+6x^2+13=0$
위의 식의 양변을 x로 나누면 $x^3+6x+\dfrac{13}{x}=0$

따라서 $x^4+x^3+8x^2+6x+\dfrac{13}{x}=x^4+8x^2+\left(x^3+6x+\dfrac{13}{x}\right)$

$$=x^4+8x^2$$
$$=(x^4+6x^2+13)+2x^2-13$$
$$=2x^2-13$$
$$=2(-3+2i)-13$$
$$=-19+4i$$

정답 ①

0396

2021년 06월 고1 학력평가 9번

정답 ①

STEP Ⓐ 공통부분이 있는 인수분해를 이용하여 식을 간단히 정리하기

$$x^3+x^2y-xy^2-y^3=x^2(x+y)-y^2(x+y)$$
$$=(x+y)(x^2-y^2)$$
$$=(x+y)(x+y)(x-y)$$
$$=(x+y)^2(x-y)$$

STEP Ⓑ $x+y$, $x-y$의 값을 이용하여 주어진 식의 값 구하기

$x=-2+3i$, $y=2+3i$에서
$x+y=(-2+3i)+(2+3i)=6i$
$x-y=(-2+3i)-(2+3i)=-4$
따라서 $(x+y)^2(x-y)=(6i)^2\times(-4)=(-36)\times(-4)=144$ 　←— $i^2=-1$

$x=-1+4i$, $y=1+4i$일 때, $x^3+x^2y-xy^2-y^3$의 값은? (단, $i=\sqrt{-1}$)

① 128　　② 162　　③ 192
④ 200　　⑤ 243

STEP A　공통부분이 있는 인수분해를 이용하여 식을 간단히 정리하기

$$x^3+x^2y-xy^2-y^3=x^2(x+y)-y^2(x+y)$$
$$=(x+y)(x^2-y^2)$$
$$=(x+y)(x+y)(x-y)$$
$$=(x+y)^2(x-y)$$

STEP B　$x+y$, $x-y$의 값을 이용하여 $(x+y)^2(x-y)$의 값 구하기

$x+y=(-1+4i)+(1+4i)=8i$
$x-y=(-1+4i)-(1+4i)=-2$
따라서 $(x+y)^2(x-y)=(8i)^2\times(-2)=(-64)\times(-2)=128$　　정답 ①

0397

정답 4

STEP A　복소수 z가 실수가 되는 조건을 이용하여 x의 값 구하기

$z=(1+i)x^2-4xi-25-5i$
$\quad=(x^2-25)+(x^2-4x-5)i$
복소수 z가 실수이려면 (허수부분)$=0$
즉 $x^2-4x-5=0$, $(x+1)(x-5)=0$
$\therefore x=-1$ 또는 $x=5$
따라서 x의 값의 합은 $-1+5=4$

0398

정답 ③

STEP A　복소수 z가 순허수가 되는 조건을 이용하여 α의 값 구하기

$z=i(x+2i)^2=-4x+(x^2-4)i$
$\quad\underline{x^2+4xi-4}$
복소수 z가 순허수가 되려면 (실수부분)$=0$, (허수부분)$\neq0$
즉 $-4x=0$이므로 $x=0$이고
$x^2-4\neq0$이므로 $x\neq\pm2$
$\therefore \alpha=0$

STEP B　$\alpha^2-\beta^2$의 값 구하기

이때 $z=-4i$이므로 $\beta=-4i$
따라서 $\alpha^2-\beta^2=0-(-4i)^2=16$

0399

정답 ④

STEP A　복소수 z_1이 순허수가 되는 조건 구하기

복소수 z_1이 순허수가 되려면 (실수부분)$=0$, (허수부분)$\neq0$
즉 $x^2-2x-3=0$, $(x+1)(x-3)=0$이므로
$x=-1$ 또는 $x=3$　　　……㉠
또한, $y^2-3y+2\neq0$, $(y-1)(y-2)\neq0$이므로
$y\neq1$, $y\neq2$　　　……㉡

STEP B　복소수 iz_2가 순허수가 되는 조건 구하기

$iz_2=-(y^2-4y+3)+(x^2-7x+12)i$
복소수 iz_2가 순허수가 되려면 (실수부분)$=0$, (허수부분)$\neq0$
즉 $-(y^2-4y+3)=0$, $(y-1)(y-3)=0$이므로

$y=1$ 또는 $y=3$　　　……㉢
또한, $x^2-7x+12\neq0$, $(x-3)(x-4)\neq0$이므로
$x\neq3$, $x\neq4$　　　……㉣

STEP C　$x+y$의 값 구하기

㉠, ㉣에 의하여 $x=-1$이고 ㉡, ㉢에 의하여 $y=3$
따라서 $x+y=-1+3=2$

복소수 $z=(1+i)x^2+(3-i)x+2(1-i)$에 대하여 z가 순허수가 되도록 하는 실수 x의 값은? (단, $i=\sqrt{-1}$)

① -3　　② -2　　③ -1
④ 2　　⑤ 3

STEP A　복소수 z가 순허수가 되는 조건을 이용하여 x의 값 구하기

$z=(1+i)x^2+(3-i)x+2(1-i)$
$\quad=(x^2+3x+2)+(x^2-x-2)i$
복소수 z가 순허수가 되려면 (실수부분)$=0$, (허수부분)$\neq0$
즉 $x^2+3x+2=0$, $(x+1)(x+2)=0$이므로
$x=-1$ 또는 $x=-2$　　　……㉠
또한, $x^2-x-2\neq0$, $(x+1)(x-2)\neq0$이므로
$x\neq-1$이고 $x\neq2$　　　……㉡
따라서 ㉠, ㉡에 의하여 $x=-2$　　정답 ②

0400

정답 ②

STEP A　복소수 z에 대하여 z^2이 음의 실수가 되는 조건 구하기

$z=x^2+(9+i)x+20+5i$
$\quad=(x^2+9x+20)+(x+5)i$
$\quad=(x+4)(x+5)+(x+5)i$
이때, z^2이 음의 실수가 되려면 z는 순허수이어야 한다.
즉 (실수부분)$=0$, (허수부분)$\neq0$

STEP B　z^2이 음의 실수가 되도록 하는 x의 값 구하기

(ⅰ) 실수부분 $(x+4)(x+5)=0$에서 $x=-4$ 또는 $x=-5$
(ⅱ) 허수부분 $x+5\neq0$에서 $x\neq-5$
(ⅰ), (ⅱ)에 의해 $x=-4$

0401

정답 ③

STEP A　복소수 z에 대하여 z^2이 음의 실수가 되도록 하는 x의 값 구하기

$z=x(1+i)-1=(x-1)+xi$
이때 z^2이 음의 실수가 되려면 z는 순허수이어야 한다.
즉 (실수부분)$=0$, (허수부분)$\neq0$이므로
$x-1=0$, $x\neq0$　　$\therefore x=1$

STEP B　$z+z^2+z^3+z^4$의 값 구하기

따라서 $z=i$이므로 $z+z^2+z^3+z^4=i+i^2+i^3+i^4=i-1-i+1=0$

0402

STEP A 복소수 z에 대하여 z^2이 실수가 되도록 하는 k의 값 구하기

$z=k(2+i)-4+i$
$\ =(2k-4)+(k+1)i$

이때 z^2이 실수가 되려면 z는 실수 또는 순허수이어야 한다.

$2k-4=0$ 또는 $k+1=0$

$\therefore k=2$ 또는 $k=-1$

따라서 구하는 모든 실수 k의 값의 합은 $2+(-1)=1$

내신연계 출제문항 199

복소수 $z=ix^2+(1+i)x-3-2i$에 대하여 z^2이 실수가 되도록 하는 모든 실수 x의 값의 합은? (단, $i=\sqrt{-1}$)

① 1　　　　② 2　　　　③ 3
④ 4　　　　⑤ 5

STEP A 복소수 z에 대하여 z^2이 실수가 되는 조건 구하기

$z=ix^2+(1+i)x-3-2i$
$\ =(x-3)+(x^2+x-2)i$
$\ =(x-3)+(x+2)(x-1)i$

이때 z^2이 실수가 되려면 z는 실수 또는 순허수이어야 한다.

STEP B z^2이 실수가 되도록 하는 x의 값 구하기

(i) 복소수 z가 실수일 때,
　　허수부분 $(x+2)(x-1)=0$에서 $x=-2$ 또는 $x=1$
(ii) 복소수 z가 순허수일 때,
　　실수부분 $x-3=0$에서 $x=3$
(i), (ii)를 만족하는 x의 값은 -2, 1, 3이므로 구하는 모든 실수 x의 값의 합은 $-2+1+3=2$

0403

STEP A 복소수 z에 대하여 z^2이 실수가 되도록 하는 x의 값 구하기

$z=(1+i)x^2-3(2+i)x+8+2i$
$\ =(x^2-6x+8)+(x^2-3x+2)i$
$\ =(x-2)(x-4)+(x-1)(x-2)i$

이때 z^2이 실수가 되려면 z는 실수 또는 순허수이어야 한다.

(i) 복소수 z가 실수일 때,
　　허수부분 $(x-1)(x-2)=0$에서 $x=1$ 또는 $x=2$
(ii) 복소수 z가 순허수일 때,
　　실수부분 $(x-2)(x-4)=0$에서 $x=2$ 또는 $x=4$
(i), (ii)에 의하여 z^2이 실수가 되도록 하는 x의 값은 1, 2, 4　　……　㉠

STEP B 복소수 z에 대하여 $z-6i$이 실수가 되도록 하는 x의 값 구하기

$z-6i=(1+i)x^2-3(2+i)x+8+2i-6i$
$\qquad =(x^2-6x+8)+(x^2-3x-4)i$
$\qquad =(x-2)(x-4)+(x+1)(x-4)i$

이때 $z-6i$가 실수가 되려면 (허수부분)$=0$

즉 $(x+1)(x-4)=0$이므로 $x=-1$ 또는 $x=4$　　……　㉡

따라서 ㉠, ㉡에 의하여 조건을 만족하는 x의 값은 4

0404

STEP A 복소수 z에 대하여 z^2이 양의 실수일 조건 구하기

$z=(i+1)x^2-(3i+5)x+(6+2i)$
$\ =(x^2-5x+6)+(x^2-3x+2)i$
$\ =(x-2)(x-3)+(x-1)(x-2)i$

이때 z^2이 양의 실수가 되려면 z는 0이 아닌 실수이어야 한다.

STEP B z^2이 양의 실수가 되도록 하는 x의 값 구하기

(i) 실수부분 $(x-2)(x-3)\neq 0$에서 $x\neq 2$이고 $x\neq 3$
(ii) 허수부분 $(x-1)(x-2)=0$에서 $x=1$ 또는 $x=2$
(i), (ii)를 만족하는 x의 값은 1

내신연계 출제문항 200

복소수 $z=(1+i)x^2-(7-i)x+10-6i$에 대하여 z^2이 양의 실수가 되도록 하는 실수 x의 값은? (단, $i=\sqrt{-1}$)

① -3　　　　② -2　　　　③ 2
④ 3　　　　⑤ 4

STEP A 복소수 z에 대하여 z^2이 양의 실수일 조건 구하기

$z=(1+i)x^2-(7-i)x+10-6i$
$\ =(x^2-7x+10)+(x^2+x-6)i$
$\ =(x-2)(x-5)+(x+3)(x-2)i$

이때 z^2이 양의 실수가 되려면 z는 0이 아닌 실수이어야 한다.

STEP B z^2이 양의 실수가 되도록 하는 x의 값 구하기

(i) 실수부분 $(x-2)(x-5)\neq 0$에서 $x\neq 2$이고 $x\neq 5$
(ii) 허수부분 $(x+3)(x-2)=0$에서 $x=-3$ 또는 $x=2$
(i), (ii)를 만족하는 x의 값은 -3

0405

STEP A 조건 (가)를 만족하는 조건 구하기

$z=a+bi$ (a, b는 실수)라 하면
$\overline{z}=a-bi$

조건 (가)에서 $z+(1-2i)=a+1+(b-2)i$는 양의 실수이므로
$a+1>0$, $b-2=0$

$\therefore a>-1$, $b=2$

STEP B 조건 (나)를 만족하는 복소수 z 구하기

조건 (나)에서 $z\overline{z}=(a+bi)(a-bi)=13$
$a^2+b^2=13$　　……　㉠
$b=2$를 ㉠에 대입하면 $a^2+4=13$, $a^2=9$
$a=3$ 또는 $a=-3$
그런데 $a>-1$이므로 $a=3$
즉 $z=3+2i$이므로 $\overline{z}=3-2i$

STEP C $\dfrac{1}{2}(z+\overline{z})$의 값 구하기

따라서 $\dfrac{1}{2}(z+\overline{z})=\dfrac{1}{2}(3+2i+3-2i)=3$

0406

2022년 11월 고1 학력평가 14번 · 정답 ② 

STEP A 복소수 z에 대하여 z^2이 실수가 되는 조건 구하기

복소수 $z=(m-n)+(m+n-4)i$에 대하여

z^2이 실수가 되려면 z는 실수 또는 순허수이어야 한다.

> 복소수 z에 대하여
> ① z가 실수이면 ➡ z^2은 실수
> ② z가 순허수이면 ➡ z^2은 음의 실수

(i) 복소수 z가 실수일 때,

　복소수 z가 실수이려면 허수부분이 0이어야 하므로

　$m+n-4=0$

　즉 $m+n=4$를 만족시키는 5 이하의 두 자연수 m, n의 모든 순서쌍은

　$(1, 3), (2, 2), (3, 1)$

(ii) 복소수 z가 순허수일 때,

　복소수 z가 순허수이려면 실수부분이 0이어야 하므로

　$m-n=0$

　즉 $m=n$을 만족시키는 5 이하의 두 자연수 m, n의 모든 순서쌍은

　$(1, 1), (2, 2), (3, 3), (4, 4), (5, 5)$

STEP B 순서쌍 (m, n)의 개수 구하기

(i), (ii)에서 $(2, 2)$는 중복되므로 z^2이 실수가 되도록 하는 5 이하의 두 자연수 m, n의 모든 순서쌍 (m, n)의 개수는 $3+5-1=7$

> **P O I N T** | 복소수 z^2이 실수가 되기 위한 조건
>
> 복소수 $z=a+bi$ (단, a, b는 실수)에 대하여
> (1) z^2이 실수이면 ➡ z는 실수 또는 순허수
> 　　　　　　　 ➡ $a=0$ 또는 $b=0$
> (2) z^2이 양의 실수이면 ➡ z는 0이 아닌 실수
> 　　　　　　　　 ➡ $a \neq 0$이고 $b=0$
> (3) z^2이 음의 실수이면 ➡ z는 순허수
> 　　　　　　　　 ➡ $a=0$이고 $b \neq 0$

내신연계 출제문항 201

10 이하의 두 자연수 m, n에 대하여 복소수 z를 $z=(1+i)m-(1-i)n-6i$라 하자. z^2이 실수가 되도록 하는 m, n의 모든 순서쌍 (m, n)의 개수는? (단, $i=\sqrt{-1}$)

① 8　　　　② 10　　　　③ 12
④ 14　　　　⑤ 16

STEP A 복소수 z에 대하여 z^2이 실수가 되는 조건 구하기

$z=(1+i)m-(1-i)n-6i$
　$=(m-n)+(m+n-6)i$

이때 z^2이 실수가 되려면 z는 실수 또는 순허수이어야 한다.

(i) 복소수 z가 실수일 때,

　복소수 z가 실수이려면 허수부분이 0이어야 하므로

　$m+n-6=0$

　즉 $m+n=6$을 만족시키는 10 이하의 두 자연수 m, n의 모든 순서쌍은

　$(1, 5), (2, 4), (3, 3), (4, 2), (5, 1)$

(ii) 복소수 z가 순허수일 때,

　복소수 z가 순허수이려면 실수부분이 0이어야 하므로

　$m-n=0$

　즉 $m=n$을 만족시키는 10 이하의 두 자연수 m, n의 모든 순서쌍은

　$(1, 1), (2, 2), (3, 3), (4, 4), (5, 5), \cdots, (10, 10)$

STEP B 순서쌍 (m, n)의 개수 구하기

(i), (ii)에서 $(3, 3)$은 중복되므로 z^2이 실수가 되도록 하는 10 이하의 두 자연수 m, n의 모든 순서쌍 (m, n)의 개수는 $5+10-1=14$ · 정답 ④ 

0407

정답 3 

STEP A 주어진 식의 좌변을 (실수부분)+(허수부분)i꼴로 정리하기

등식 $(1+i)x+(1-i)y=4+2i$에서 좌변을 정리하면
$(x+y)+(x-y)i=4+2i$

STEP B 복소수가 서로 같을 조건을 이용하여 x, y의 값 구하기

x, y가 실수이므로 $x+y$, $x-y$도 실수이다.
복소수가 서로 같을 조건에 의하여 $x+y=4$, $x-y=2$
위의 두 식을 연립하면 $x=3$, $y=1$
따라서 $xy=3$

0408

정답 ② 

STEP A 복소수가 서로 같을 조건을 이용하여 x, y의 관계식 구하기

등식 $x-2xyi-2=6i-y$에서 $(x-2)-2xyi=-y+6i$
x, y가 실수이므로 $x-2$, $2xy$도 실수이다.
복소수가 서로 같을 조건에서 $x-2=-y$, $-2xy=6$
$\therefore x+y=2$, $xy=-3$

STEP B 곱셈공식을 이용하여 x^3+y^3의 값 구하기

따라서 $x^3+y^3=(x+y)^3-3xy(x+y)=2^3-3\times(-3)\times 2=26$

0409

정답 ③ 

STEP A 복소수가 서로 같을 조건을 이용하여 x, y의 값 구하기

등식 $|x-y|+(x-1)i=4-3i$에서 x, y가 실수이므로
$x-y$, $x-1$도 실수이다.
복소수가 서로 같을 조건에 의하여 $|x-y|=4$, $x-1=-3$
즉 $x-1=-3$에서 $x=-2$이고
$|x-y|=4$에서 $|-2-y|=4$, $-2-y=\pm 4$
$\therefore y=-6$ 또는 $y=2$

STEP B $xy<0$임을 이용하여 $x+y$의 값 구하기

$xy<0$에서 $x=-2$이므로 $y>0$
따라서 $x=-2$, $y=2$이므로 $x+y=0$

0410

정답 ①

STEP A 주어진 식의 좌변을 (실수부분)+(허수부분)i꼴로 정리하기

분모를 실수로 만들기 위해서 분모의 켤레복소수인 $1-i$를 분모, 분자에 각각 곱한다.
$$\frac{1-i}{1+i}=\frac{(1-i)^2}{(1+i)(1-i)}=\frac{-2i}{2}=-i$$
$(1-2i)(a+i)=(a+2)+(1-2a)i$이므로
등식 $\dfrac{1-i}{1+i}+(1-2i)(a+i)=6+bi$에서 좌변을 정리하면
$(a+2)-2ai=6+bi$

STEP B 복소수가 서로 같을 조건을 이용하여 a, b의 값 구하기

a, b가 실수이므로 $a+2$, $-2a$도 실수이다.
복소수가 서로 같을 조건에 의하여 $a+2=6$, $-2a=b$
$\therefore a=4$, $b=-2\times 4=-8$
따라서 $ab=4\times(-8)=-32$

0411

정답 ③

STEP A 분모를 통분하여 정리하기

$$\frac{x}{1+2i}+\frac{y}{1-2i}=\frac{x(1-2i)+y(1+2i)}{(1+2i)(1-2i)}=\frac{x+y-2(x-y)i}{5}$$
$$=\frac{x+y}{5}-\frac{2(x-y)}{5}i$$

등식 $\dfrac{x}{1+2i}+\dfrac{y}{1-2i}=3-2i$에서 좌변을 정리하면

$$\frac{x+y}{5}-\frac{2(x-y)}{5}=3-2i$$

STEP B 복소수가 서로 같을 조건을 이용하여 x, y의 값 구하기

x, y가 실수이므로 $\dfrac{x+y}{5}$, $\dfrac{2(x-y)}{5}$도 실수이다.

복소수가 서로 같을 조건에 의하여 $\dfrac{x+y}{5}=3$, $-\dfrac{2(x-y)}{5}=-2$

즉 $x+y=15$, $x-y=5$

위의 두 식을 연립하여 풀면 $x=10$, $y=5$

따라서 $xy=10\times5=50$

두 실수 x, y에 대하여 등식 $\dfrac{x}{1+i}+\dfrac{y}{1-i}=4+2i$가 성립할 때,

xy의 값은? (단, $i=\sqrt{-1}$)

① 8   ② 10   ③ 12

④ 14   ⑤ 16

STEP A 분모를 통분하여 정리하기

$$\frac{x}{1+i}+\frac{y}{1-i}=\frac{x(1-i)+y(1+i)}{(1+i)(1-i)}=\frac{(x+y)+(-x+y)i}{2}$$
$$=\frac{x+y}{2}+\frac{-x+y}{2}i$$

등식 $\dfrac{x}{1+i}+\dfrac{y}{1-i}=4+2i$에서 좌변을 정리하면

$$\frac{x+y}{2}+\frac{-x+y}{2}i=4+2i$$

STEP B 복소수가 서로 같을 조건을 이용하여 x, y의 관계식 구하기

x, y가 실수이므로 $\dfrac{x+y}{2}$, $\dfrac{-x+y}{2}$도 실수이다.

복소수가 서로 같을 조건에 의하여 $\dfrac{x+y}{2}=4$, $\dfrac{-x+y}{2}=2$

즉 $x+y=8$, $-x+y=4$

위의 두 식을 연립하여 풀면 $x=2$, $y=6$

따라서 $xy=2\times6=12$

정답 ③

0412

정답 ④

STEP A 주어진 식의 우변을 (실수부분)+(허수부분)i꼴로 정리하기

분모를 실수로 만들기 위해서 분모의 켤레복소수인 $1-ai$를 분모, 분자에 각각 곱한다.

$$\frac{1}{1+ai}=\frac{1-ai}{(1+ai)(1-ai)}=\frac{1}{1+a^2}-\frac{a}{1+a^2}i$$

등식 $x+yi=\dfrac{1}{1+ai}$에서 우변을 정리하면

$$x+yi=\frac{1}{1+a^2}-\frac{a}{1+a^2}i$$

STEP B 복소수가 서로 같을 조건을 이용하여 x, y의 값 구하기

a가 실수이므로 $\dfrac{1}{1+a^2}$, $\dfrac{a}{1+a^2}$도 실수이다.

복소수가 서로 같을 조건에 의하여 $x=\dfrac{1}{1+a^2}$, $y=-\dfrac{a}{1+a^2}$

STEP C $x-5y=1$임을 이용하여 양수 a의 값 구하기

이때 $x-5y=1$이므로 $\dfrac{1}{1+a^2}+\dfrac{5a}{1+a^2}=1$

$1+5a=1+a^2$, $a^2-5a=0$, $a(a-5)=0$

$\therefore a=0$ 또는 $a=5$

따라서 양수 a는 5

$2x-7y=1$을 만족하는 두 실수 x, y에 대하여 등식 $x+yi=\dfrac{1}{2+ai}$가

성립할 때, 양수 a의 값은? (단, $i=\sqrt{-1}$)

① 3   ② 5   ③ 7

④ 9   ⑤ 11

STEP A 주어진 식의 우변을 (실수부분)+(허수부분)i꼴로 정리하기

분모를 실수로 만들기 위해서 분모의 켤레복소수인 $2-ai$를 분모, 분자에 각각 곱한다.

$$\frac{1}{2+ai}=\frac{2-ai}{(2+ai)(2-ai)}=\frac{2}{4+a^2}-\frac{a}{4+a^2}i$$

$x+yi=\dfrac{1}{2+ai}$에서 우변을 정리하면

$$x+yi=\frac{2}{4+a^2}-\frac{a}{4+a^2}i$$

STEP B 복소수가 서로 같을 조건을 이용하여 x, y의 값 구하기

a가 실수이므로 $\dfrac{2}{4+a^2}$, $\dfrac{a}{4+a^2}$도 실수이다.

복소수가 서로 같을 조건에 의하여 $x=\dfrac{2}{4+a^2}$, $y=-\dfrac{a}{4+a^2}$

STEP C $2x-7y=1$임을 이용하여 양수 a의 값 구하기

이때 $2x-7y=1$이므로 $\dfrac{4}{4+a^2}+\dfrac{7a}{4+a^2}=1$

$4+7a=4+a^2$, $a^2-7a=0$, $a(a-7)=0$

$\therefore a=0$ 또는 $a=7$

따라서 양수 a는 7

정답 ③

0413

정답 ⑤

STEP A 복소수가 서로 같을 조건을 이용하여 x, y의 값 구하기

등식 $(x^2-2x)+(y+2)i=3+(y^2-4)i$에서 x, y가 실수이므로

x^2-2x, $y+2$, y^2-4도 실수이다.

복소수가 서로 같을 조건에 의하여 $x^2-2x=3$, $y+2=y^2-4$

즉 $x^2-2x-3=0$, $(x+1)(x-3)=0$이므로 $x=-1$ 또는 $x=3$

$y^2-y-6=0$, $(y+2)(y-3)=0$이므로 $y=-2$ 또는 $y=3$

STEP B $x+y$의 최댓값 구하기

따라서 $x+y$의 값은 -3, 1, 2, 6이므로 최댓값은 6

0414

STEP Ⓐ **복소수가 서로 같을 조건을 이용하여 a, b, c의 관계식 구하기**

$a(\sqrt{2}+3i)+b(1-2\sqrt{2}i)+c(\sqrt{2}+i)=\{b+(a+c)\sqrt{2}\}+\{(3a+c)-2b\sqrt{2}\}i$

등식 $a(\sqrt{2}+3i)+b(1-2\sqrt{2}i)+c(\sqrt{2}+i)=1+2\sqrt{2}-2\sqrt{2}i$에서

좌변을 정리하면

$\{b+(a+c)\sqrt{2}\}+\{(3a+c)-2b\sqrt{2}\}i=(1+2\sqrt{2})-2\sqrt{2}i$

a, b, c가 유리수이므로 $b+(a+c)\sqrt{2}$, $(3a+c)-2b\sqrt{2}$도 실수이다.

복소수가 서로 같을 조건에 의하여

$b+(a+c)\sqrt{2}=1+2\sqrt{2}$이므로 $b=1$, $a+c=2$ ······ ㉠

$3a+c-2b\sqrt{2}=-2\sqrt{2}$이므로 $3a+c=0$, $b=1$ ······ ㉡

STEP Ⓑ **$a+b+c$의 값 구하기**

㉠, ㉡을 연립하여 풀면 $a=-1$, $b=1$, $c=3$

따라서 $a+b+c=-1+1+3=3$

0415

STEP Ⓐ **주어진 등식의 좌변을 변형하기**

$\dfrac{2}{1-i}=\dfrac{2(1+i)}{(1-i)(1+i)}$ ← 분모가 실수가 되도록 분모의 켤레복소수 $(1+i)$를 분모와 분자에 곱한다.

$\phantom{\dfrac{2}{1-i}}=\dfrac{2(1+i)}{1-i^2}$ ← $i^2=-1$

$\phantom{\dfrac{2}{1-i}}=1+i$

STEP Ⓑ **복소수가 서로 같을 조건을 이용하여 $a+b$의 값 구하기**

등식 $1+i=a+bi$에서 a, b가 실수이므로 복소수가 서로 같을 조건에 의하여

$a=1$, $b=1$

따라서 $a+b=1+1=2$

등식 $\dfrac{5}{1+2i}=a+bi$를 만족시키는 두 실수 a, b에 대하여 $a+b$의 값은?

(단, $i=\sqrt{-1}$)

① -2 ② -1 ③ 0

④ 1 ⑤ 2

STEP Ⓐ **주어진 등식의 좌변을 변형하기**

분모를 실수로 만들기 위해서 분모의 켤레복소수인 $1-2i$를 분모, 분자에 각각 곱한다.

$\dfrac{5}{1+2i}=\dfrac{5(1-2i)}{(1+2i)(1-2i)}$

$\phantom{\dfrac{5}{1+2i}}=\dfrac{5(1-2i)}{1-4i^2}$

$\phantom{\dfrac{5}{1+2i}}=1-2i$

STEP Ⓑ **복소수가 서로 같을 조건을 이용하여 $a+b$의 값 구하기**

등식 $1-2i=a+bi$에서 a, b가 실수이므로 복소수가 서로 같을 조건에 의하여

$a=1$, $b=-2$

따라서 $a+b=1+(-2)=-1$ 정답 ②

0416

STEP Ⓐ **복소수가 서로 같을 조건을 이용하여 a, b의 값 구하기**

주어진 등식의 좌변을 정리하면

$(3+ai)(2-i)=(6+a)+(2a-3)i$ ← $i^2=-1$

즉 $(6+a)+(2a-3)i=13+bi$에서 a, b가 실수이므로

복소수가 서로 같을 조건에 의하여

a, b, c, d가 실수일 때, $a+bi=c+di$이면 $a=c$, $b=d$

$6+a=13$에서 $a=7$ ← 실수부분

$2a-3=b$에서 $b=14-3=11$ ← 허수부분

따라서 $a+b=7+11=18$

$(3+ai)(4-i)=14+bi$를 만족시키는 두 실수 a, b에 대하여 $a+b$의 값은? (단, $i=\sqrt{-1}$)

① 5 ② 6 ③ 7

④ 8 ⑤ 9

STEP Ⓐ **주어진 식의 좌변을 (실수부분)+(허수부분)i꼴로 정리하기**

$(3+ai)(4-i)=12-3i+4ai-ai^2=(12+a)+(4a-3)i$

등식 $(3+ai)(4-i)=14+bi$에서 좌변을 정리하면

$(12+a)+(4a-3)i=14+bi$

STEP Ⓑ **복소수가 서로 같을 조건을 이용하여 계산하기**

a, b가 실수이므로 $12+a$, $4a-3$이 실수이다.

복소수가 서로 같을 조건에 의하여 $12+a=14$, $4a-3=b$

위의 두 식을 연립하여 풀면 $a=2$, $b=5$

따라서 $a+b=2+5=7$ 정답 ③

0417

STEP Ⓐ **켤레복소수의 정의를 이용하여 계산하기**

① $z=2+3i$에서 $\bar{z}=2-3i$이므로

$z+\bar{z}=(2+3i)+(2-3i)=4$ [참]

② $z=3+2i$에서 $\bar{z}=3-2i$이므로

$z-\bar{z}=(3+2i)-(3-2i)=4i$ [참]

③ $z=1+2i$에서 $\bar{z}=1-2i$이므로

$z\times\bar{z}=(1+2i)\times(1-2i)=1+4=5$ [참]

④ $\bar{z}=2-i$에서 $z=2+i$이므로

$z+\bar{z}=(2+i)+(2-i)=4$ [거짓]

⑤ $z=\dfrac{5}{2-i}=\dfrac{5(2+i)}{(2-i)(2+i)}=\dfrac{5(2+i)}{5}=2+i$이므로 $\bar{z}=2-i$

$z+\bar{z}+z\bar{z}=(2+i)+(2-i)+(2+i)(2-i)=4+5=9$ [참]

따라서 옳지 않은 것은 ④이다.

0418

정답 ①

STEP A 켤레복소수의 정의를 이용하여 $\dfrac{z-1}{z}+\dfrac{\overline{z}-1}{\overline{z}}$ 의 값 구하기

$z=1-i$에서 $\overline{z}=1+i$

따라서 $\dfrac{z-1}{z}+\dfrac{\overline{z}-1}{\overline{z}}=\dfrac{(1-i)-1}{1-i}+\dfrac{(1+i)-1}{1+i}$

$$=\dfrac{-i}{1-i}+\dfrac{i}{1+i}$$
$$=\dfrac{-i(1+i)+i(1-i)}{(1-i)(1+i)}$$
$$=\dfrac{1+1}{1+1}=1$$

mini 해설 | $z+\overline{z},\ z\overline{z}$ 의 값을 구하여 풀이하기

$z=1-i$에서 $\overline{z}=1+i$이므로
$z+\overline{z}=(1-i)+(1+i)=2,\ z\overline{z}=(1-i)(1+i)=1-(-1)=2$
따라서 $\dfrac{z-1}{z}+\dfrac{\overline{z}-1}{\overline{z}}=1-\dfrac{1}{z}+1-\dfrac{1}{\overline{z}}$

$$=2-\dfrac{z+\overline{z}}{z\overline{z}}$$
$$=2-\dfrac{2}{2}=1$$

내 신 연 계 출제문항 206

복소수 $z=\dfrac{2}{1+i}$에 대하여 $\dfrac{z-1}{z}+\dfrac{\overline{z}-1}{\overline{z}}$ 의 값은?

(단, $i=\sqrt{-1}$ 이고 $\overline{z}$는 z의 켤레복소수이다.)

① -3 ② -2 ③ -1

④ 1 ⑤ 2

STEP A 켤레복소수의 정의를 이용하여 $\overline{z}$ 의 값 구하기

분모를 실수로 만들기 위해서 분모의 켤레복소수인 $1-i$를 분모, 분자에 각각 곱한다.

$z=\dfrac{2}{1+i}=\dfrac{2(1-i)}{(1+i)(1-i)}=\dfrac{2(1-i)}{1+1}=1-i$이므로 $\overline{z}=1+i$

STEP B $\dfrac{z-1}{z}+\dfrac{\overline{z}-1}{\overline{z}}$ 의 값 구하기

따라서 $\dfrac{z-1}{z}+\dfrac{\overline{z}-1}{\overline{z}}=\dfrac{(1-i)-1}{1-i}+\dfrac{(1+i)-1}{1+i}$

$$=\dfrac{-i}{1-i}+\dfrac{i}{1+i}$$
$$=\dfrac{-i(1+i)+i(1-i)}{(1-i)(1+i)}$$
$$=\dfrac{1+1}{1+1}=1$$

+α | $z+\overline{z},\ z\overline{z}$ 의 값을 이용하여 구할 수 있어!

$z+\overline{z}=(1-i)+(1+i)=2,\ z\overline{z}=(1-i)(1+i)=1-(-1)=2$
따라서 $\dfrac{z-1}{z}+\dfrac{\overline{z}-1}{\overline{z}}=1-\dfrac{1}{z}+1-\dfrac{1}{\overline{z}}$

$$=2-\dfrac{z+\overline{z}}{z\overline{z}}$$
$$=2-\dfrac{2}{2}=1$$

정답 ④

0419

STEP A 켤레복소수의 정의를 이용하여 $\dfrac{1}{z}+\dfrac{1}{\overline{z}}$ 의 값 구하기

$z=1+3i$에서 $\overline{z}=1-3i$
$z+\overline{z}=(1+3i)+(1-3i)=2,\ z\overline{z}=(1+3i)(1-3i)=1-(-9)=10$

따라서 $\dfrac{1}{z}+\dfrac{1}{\overline{z}}=\dfrac{z+\overline{z}}{z\overline{z}}=\dfrac{2}{10}=\dfrac{1}{5}$

0420

STEP A z의 값 구하기

$\alpha=1+i$에서 $z=\dfrac{2\alpha+1}{\alpha-1}=\dfrac{2(1+i)+1}{(1+i)-1}=\dfrac{3+2i}{i}=2-3i$

STEP B 켤레복소수의 정의를 이용하여 $z\overline{z}$ 의 값 구하기

따라서 $\overline{z}=\overline{2-3i}=2+3i$이므로 $z\overline{z}=(2-3i)(2+3i)=4-(-9)=13$

0421

STEP A 복소수 z에 $1+i$를 곱하면 실수가 됨을 이용하기

$z=a+bi$ (a, b는 실수)라 하면 $\overline{z}=a-bi$
$(1+i)(a+bi)=(a-b)+(a+b)i$가 실수이므로 (허수부분)$=0$
즉 $a+b=0$이므로 $a=-b$ …… ㉠

STEP B 켤레복소수 $\overline{z}$ 에 $1-2i$를 더하여도 실수가 됨을 이용하기

$(a-bi)+(1-2i)=(a+1)-(b+2)i$가 실수이므로 (허수부분)$=0$
즉 $-(b+2)=0$이므로 $b=-2$ …… ㉡
㉠, ㉡에 의하여 $z=2-2i,\ \overline{z}=2+2i$
따라서 $(1+i)\overline{z}=(1+i)(2+2i)=2+4i+2i^2=4i$

0422 2022년 11월 고1 학력평가 3번

정답 ⑤

STEP A 켤레복소수 정의를 이용하여 계산하기

$z=2+i$에 대하여 $\overline{z}=2-i$이므로

복소수 $a+bi$의 켤레복소수는 $a-bi$로 허수부분의 부호를 바꿔준다.

$z+i\overline{z}=(2+i)+i(2-i)$ ← $i^2=-1$
$\qquad=(2+i)+(2i+1)$ ← $(\ )+(\ )i$꼴로 정리
$\qquad=3+3i$

내 신 연 계 출제문항 207

복소수 $z=3-i$의 켤레복소수가 $\overline{z}$ 일 때, $z+i\overline{z}$ 의 값은? (단, $i=\sqrt{-1}$)

① $1-2i$ ② $1+i$ ③ $1+2i$

④ $2-i$ ⑤ $2+2i$

STEP A 켤레복소수의 정의를 이용하여 $z+i\overline{z}$ 의 값 구하기

복소수 $z=3-i$에서 $\overline{z}=3+i$

따라서 $z+i\overline{z}=(3-i)+i(3+i)=(3-i)+(3i-1)$
$\qquad=(3-1)+(-1+3)i$
$\qquad=2+2i$

정답 ⑤

0423 2023년 11월 고1 학력평가 8번  정답 ⑤

STEP Ⓐ 복소수의 연산을 이용하여 $z\bar{z}$ 의 값 구하기

복소수 $z=a+bi$ 에서 실수부분이 1이므로 $z=1+bi$ (b는 실수)라 하자.

$$\frac{z}{2+i}+\frac{\bar{z}}{2-i}=\frac{1+bi}{2+i}+\frac{1-bi}{2-i} \quad \leftarrow z=a+bi \text{에 대한 켤레복소수 } \bar{z}=a-bi$$

$$=\frac{(1+bi)(2-i)+(1-bi)(2+i)}{(2+i)(2-i)}$$

$$=\frac{(2-i+2bi-bi^2)+(2+i-2bi-bi^2)}{5} \quad \leftarrow i^2=-1$$

$$=\frac{2b+4}{5}=2$$

에서 $2b=6$, $b=3$

따라서 $z\bar{z}=(1+3i)(1-3i)=1^2+3^2=10$

mini해설 | 켤레복소수를 이용하여 풀이하기

두 복소수 $\dfrac{z}{2+i}$, $\dfrac{\bar{z}}{2-i}$ 는 서로 켤레복소수 관계이므로

$\dfrac{z}{2+i}=c+di$ (c, d는 실수)라 하면 $\dfrac{\bar{z}}{2-i}=c-di$

주어진 조건에서 $\dfrac{z}{2+i}+\dfrac{\bar{z}}{2-i}=2$이므로 $(c+di)+(c-di)=2$, $2c=2$ $\therefore c=1$

이때 $\dfrac{z}{2+i}=1+di$에서 $z=(2+i)(1+di)=(2-d)+(2d+1)i$

복소수 z의 실수부분이 1이므로 $2-d=1$에서 $d=1$ $\therefore z=1+3i$

따라서 $z\bar{z}=1^2+3^2=10$

내·신·연·계 출제문항 208

실수부분이 2인 복소수 z에 대하여 $\dfrac{z}{3+i}+\dfrac{\bar{z}}{3-i}=2$일 때, $z\bar{z}$ 의 값은?

(단, $i=\sqrt{-1}$ 이고 $\bar{z}$ 는 z의 켤레복소수이다.)

① 16 ② 20 ③ 24
④ 28 ⑤ 32

STEP Ⓐ 복소수의 연산을 이용하여 $z\bar{z}$ 의 값 구하기

복소수 $z=a+bi$ 에서 실수부분이 2이므로 $z=2+bi$ (b는 실수)라 하자.

$$\frac{z}{3+i}+\frac{\bar{z}}{3-i}=\frac{2+bi}{3+i}+\frac{2-bi}{3-i}$$

$$=\frac{(2+bi)(3-i)+(2-bi)(3+i)}{(3+i)(3-i)}$$

$$=\frac{(6-2i+3bi-bi^2)+(6+2i-3bi-bi^2)}{10} \quad \leftarrow i^2=-1$$

$$=\frac{12+2b}{10}=2$$

즉 $12+2b=20$, $2b=8$ $\therefore b=4$

따라서 $z\bar{z}=(2+4i)(2-4i)=2^2+4^2=20$

mini해설 | 켤레복소수의 정의를 이용하여 풀이하기

두 복소수 $\dfrac{z}{3+i}$, $\dfrac{\bar{z}}{3-i}$ 는 서로 켤레복소수 관계이므로

$\dfrac{z}{3+i}=c+di$ (c, d는 실수)라 하면 $\dfrac{\bar{z}}{3-i}=c-di$

주어진 조건에서 $\dfrac{z}{3+i}+\dfrac{\bar{z}}{3-i}=2$이므로 $(c+di)+(c-di)=2$, $2c=2$ $\therefore c=1$

이때 $\dfrac{z}{3+i}=1+di$에서 $z=(3+i)(1+di)=(3-d)+(3d+1)i$

복소수 z의 실수부분이 2이므로 $3-d=2$, $d=1$ $\therefore z=2+4i$

따라서 $z\bar{z}=2^2+4^2=20$

정답 ②

0424 정답 144

STEP Ⓐ 두 켤레복소수의 합과 곱 구하기

α, β가 서로 켤레복소수 관계이므로 합과 곱은 실수이다.

$\alpha+\beta=(2+i)+(2-i)=4$, $\alpha\beta=(2+i)(2-i)=4-(-1)=5$

STEP Ⓑ 곱셈공식의 변형을 이용하여 a, b, c의 값 구하기

조건 (가)에서 $\alpha^2+\beta^2=(\alpha+\beta)^2-2\alpha\beta=4^2-2\times5=6$ $\therefore a=6$

조건 (나)에서 $\alpha^2\beta+\alpha\beta^2=\alpha\beta(\alpha+\beta)=5\times4=20$ $\therefore b=20$

조건 (다)에서 $\dfrac{\beta}{\alpha}+\dfrac{\alpha}{\beta}=\dfrac{\alpha^2+\beta^2}{\alpha\beta}=\dfrac{(\alpha+\beta)^2-2\alpha\beta}{\alpha\beta}=\dfrac{4^2-2\times5}{5}=\dfrac{6}{5}$ $\therefore c=\dfrac{6}{5}$

따라서 $abc=6\times20\times\dfrac{6}{5}=144$

0425 정답 ③

STEP Ⓐ 두 켤레복소수의 합과 곱 구하기

분모를 실수로 만들기 위해서 분모의 켤레복소수를 분모, 분자에 각각 곱한다.

$$x=\frac{2}{1+i}=\frac{2(1-i)}{(1+i)(1-i)}=\frac{2(1-i)}{2}=1-i$$

$$y=\frac{2}{1-i}=\frac{2(1+i)}{(1-i)(1+i)}=\frac{2(1+i)}{2}=1+i$$

즉 $x+y=(1-i)+(1+i)=2$, $xy=(1-i)(1+i)=1-(-1)=2$

STEP Ⓑ 곱셈공식의 변형을 이용하여 값 구하기

따라서 $x^3+y^3=(x+y)^3-3xy(x+y)=2^3-3\times2\times2=8-12=-4$

+α | 거듭제곱의 값을 직접 구하여 구할 수 있어!

$x=1-i$이므로 $x^3=(1-i)^3=1^3-3i+3i^2-i^3=-2-2i$
$y=1+i$이므로 $y^3=(1+i)^3=1^3+3i+3i^2+i^3=-2+2i$
따라서 $x^3+y^3=(-2-2i)+(-2+2i)=-4$

0426 정답 ①

STEP Ⓐ 두 켤레복소수의 합과 곱 구하기

x, y가 서로 켤레복소수 관계이므로 합과 곱은 실수이다.

$$x+y=\frac{1+\sqrt{3}i}{2}+\frac{1-\sqrt{3}i}{2}=\frac{2}{2}=1$$

$$xy=\frac{1+\sqrt{3}i}{2}\times\frac{1-\sqrt{3}i}{2}=\frac{1+3}{4}=1$$

STEP Ⓑ 곱셈 공식의 변형을 이용하여 $\dfrac{x^2}{y}+\dfrac{y^2}{x}+x^4+x^2y^2+y^4$ 의 값 구하기

$$\frac{x^2}{y}+\frac{y^2}{x}=\frac{x^3+y^3}{xy}=\frac{(x+y)^3-3xy(x+y)}{xy}=\frac{1^3-3\times1\times1}{1}=-2$$

또한, $x^2+y^2=(x+y)^2-2xy=1^2-2\times1=-1$

$x^4+x^2y^2+y^4=x^4+2x^2y^2+y^4-x^2y^2=(x^2+y^2)^2-(xy)^2$
$$=(-1)^2-1^2=0$$

따라서 $\dfrac{x^2}{y}+\dfrac{y^2}{x}+x^4+x^2y^2+y^4=-2+0=-2$

+α | 곱셈 공식을 이용하여 구할 수 있어!

$x^4+x^2y^2+y^4=x^4+2x^2y^2+y^4-x^2y^2$
$$=(x^2+y^2)^2-(xy)^2$$
$$=\{(x^2+y^2)+xy\}\{(x^2+y^2)-xy\}$$
$$=\{(x+y)^2-xy\}\{(x+y)^2-3xy\}$$
$$=(1^2-1)(1^2-3)=0$$

$x=\sqrt{3}+\sqrt{2}i$, $y=\sqrt{3}-\sqrt{2}i$일 때, $x^4+x^2y^2+y^4$의 값은? (단, $i=\sqrt{-1}$)

① -25 ② -23 ③ -21
④ -19 ⑤ -17

STEP A 두 켤레복소수의 합과 곱 구하기

x, y가 서로 켤레복소수 관계이므로 합과 곱은 실수이다.

$x+y=(\sqrt{3}+\sqrt{2}i)+(\sqrt{3}-\sqrt{2}i)=2\sqrt{3}$

$xy=(\sqrt{3}+\sqrt{2}i)(\sqrt{3}-\sqrt{2}i)=3-(-2)=5$

STEP B 곱셈 공식의 변형을 이용하여 $x^4+x^2y^2+y^4$의 값 구하기

$x^2+y^2=(x+y)^2-2xy=(2\sqrt{3})^2-2\times5=2$

따라서 $x^4+x^2y^2+y^4=(x^2+y^2)^2-(xy)^2=2^2-5^2=-21$

+α | 곱셈 공식을 이용하여 구할 수 있어!

$$\begin{aligned}
x^4+x^2y^2+y^4&=x^4+2x^2y^2+y^4-x^2y^2\\
&=(x^2+y^2)^2-(xy)^2\\
&=\{(x^2+y^2)+xy\}\{(x^2+y^2)-xy\}\\
&=\{(x+y)^2-xy\}\{(x+y)^2-3xy\}\\
&=\{(2\sqrt{3})^2-5\}\times\{(2\sqrt{3})^2-3\times5\}\\
&=7\times(-3)=-21
\end{aligned}$$

정답 ③

0427

정답 ③

STEP A 두 켤레복소수의 합과 차 구하기

α, β가 서로 켤레복소수 관계이고 합과 차를 구하면

$\alpha+\beta=(2+3i)+(2-3i)=4$, $\alpha-\beta=(2+3i)-(2-3i)=6i$

STEP B $\alpha^3-\alpha^2\beta-\alpha\beta^2+\beta^3$의 값 구하기

따라서
$$\begin{aligned}
\alpha^3-\alpha^2\beta-\alpha\beta^2+\beta^3&=\alpha^2(\alpha-\beta)-\beta^2(\alpha-\beta)\\
&=(\alpha^2-\beta^2)(\alpha-\beta)\\
&=(\alpha+\beta)(\alpha-\beta)^2\\
&=4\times(6i)^2\\
&=4\times(-36)=-144
\end{aligned}$$

0428

정답 ①

STEP A 두 켤레복소수의 합과 차 구하기

분모를 실수로 만들기 위해서 분모의 켤레복소수를 분모, 분자에 각각 곱한다.

$x=\dfrac{5}{1-2i}=\dfrac{5(1+2i)}{(1-2i)(1+2i)}=\dfrac{5(1+2i)}{5}=1+2i$

$y=\dfrac{5}{1+2i}=\dfrac{5(1-2i)}{(1+2i)(1-2i)}=\dfrac{5(1-2i)}{5}=1-2i$

x, y가 서로 켤레복소수 관계이고 합과 차를 구하면

$x+y=(1+2i)+(1-2i)=2$, $x-y=(1+2i)-(1-2i)=4i$

STEP B $x^3-x^2y-xy^2+y^3$의 값 구하기

따라서
$$\begin{aligned}
x^3-x^2y-xy^2+y^3&=x^2(x-y)-y^2(x-y)\\
&=(x^2-y^2)(x-y)\\
&=(x+y)(x-y)^2\\
&=2\times(4i)^2\\
&=2\times(-16)=-32
\end{aligned}$$

복소수 $x=\dfrac{10}{1-3i}$, $y=\dfrac{10}{1+3i}$에 대하여 $x^3+x^2y+xy^2+y^3$의 값은?
(단, $i=\sqrt{-1}$)

① -36 ② -32 ③ -28
④ 32 ⑤ 36

STEP A 두 켤레복소수의 합과 곱 구하기

분모를 실수로 만들기 위해서 분모의 켤레복소수를 분모, 분자에 각각 곱한다.

$x=\dfrac{10}{1-3i}=\dfrac{10(1+3i)}{(1-3i)(1+3i)}=\dfrac{10(1+3i)}{10}=1+3i$

$y=\dfrac{10}{1+3i}=\dfrac{10(1-3i)}{(1+3i)(1-3i)}=\dfrac{10(1-3i)}{10}=1-3i$

x, y가 서로 켤레복소수 관계이고 합과 곱을 구하면

$x+y=(1+3i)+(1-3i)=2$, $xy=(1+3i)(1-3i)=1-(-9)=10$

STEP B 곱셈 공식의 변형을 이용하여 값 구하기

$x^2+y^2=(x+y)^2-2xy=2^2-2\times10=-16$

따라서
$$\begin{aligned}
x^3+x^2y+xy^2+y^3&=x^2(x+y)+y^2(x+y)\\
&=(x+y)(x^2+y^2)\\
&=2\times(-16)=-32
\end{aligned}$$

정답 ②

0429

  정답 ①

STEP A 주어진 식을 공통부분으로 묶어 인수분해하기

$x^3y+xy^3-x^2-y^2=xy(x^2+y^2)-(x^2+y^2)$ ← 공통부분 x^2+y^2으로 묶는다.

$\hspace{5cm}=(xy-1)(x^2+y^2)$

STEP B $x+y$, xy, x^2+y^2의 값 구하기

$x=1-2i$, $y=1+2i$에서 $x+y=(1-2i)+(1+2i)=2$이고

$xy=(1-2i)(1+2i)=1-(2i)^2=1-(-4)=5$ ← $i^2=-1$

$x^2+y^2=(x+y)^2-2xy$ ← $(x+y)^2=x^2+2xy+y^2$

$\hspace{2.5cm}=2^2-2\times5=-6$

STEP C $(xy-1)(x^2+y^2)$의 값 구하기

따라서 $(xy-1)(x^2+y^2)=(5-1)\times(-6)=-24$

두 복소수 $x=2+3i$, $y=2-3i$일 때, $x^3y+xy^3+x^2+y^2$의 값은?
(단, $i=\sqrt{-1}$)

① -160 ② -155 ③ -150
④ -145 ⑤ -140

STEP A 두 켤레복소수의 합과 곱 구하기

x, y가 서로 켤레복소수 관계이므로 합과 곱은 실수이다.

$x+y=(2+3i)+(2-3i)=4$, $xy=(2+3i)(2-3i)=4-(-9)=13$

STEP B $x^3y+xy^3+x^2+y^2$의 값 구하기

$x^2+y^2=(x+y)^2-2xy=4^2-2\times13=-10$

따라서
$$\begin{aligned}
x^3y+xy^3+x^2+y^2&=xy(x^2+y^2)+(x^2+y^2)\\
&=(xy+1)(x^2+y^2)\\
&=(13+1)\times(-10)\\
&=-140
\end{aligned}$$

정답 ⑤

0430

    정답 ③

STEP A 두 복소수의 합과 곱 구하기

x, y가 서로 켤레복소수 관계이므로 합과 곱은 실수이다.

$x+y=(2+i)+(2-i)=4$

$xy=(2+i)(2-i)=4-i^2=4-(-1)=5$ ← $i^2=-1$

STEP B 곱셈 공식을 이용하여 주어진 식의 값 구하기

$x^2+y^2=(x+y)^2-2xy=4^2-2\times5=6$

따라서 $x^4+x^2y^2+y^4=x^4+2x^2y^2+y^4-x^2y^2$ ← $(x^2+y^2)^2=x^4+2x^2y^2+y^4$

$\qquad=(x^2+y^2)^2-(xy)^2$

$\qquad=6^2-5^2=11$

+α | 곱셈 공식을 이용하여 풀 수도 있어!

$x^4+x^2y^2+y^4=x^4+2x^2y^2+y^4-x^2y^2$

$\qquad=(x^2+y^2)^2-(xy)^2$

$\qquad=\{(x^2+y^2)+xy\}\{(x^2+y^2)-xy\}$ ← $(a+b)(a-b)=a^2-b^2$

$\qquad=\{(x+y)^2-xy\}\{(x+y)^2-3xy\}$ ← $a^2+b^2=(a+b)^2-2ab$

$\qquad=(16-5)\times(16-15)=11$ ← $x+y=4$, $xy=5$

내신연계 출제문항 212

$x=3+2i$, $y=3-2i$일 때, $x^4+x^2y^2+y^4$의 값은? (단, $i=\sqrt{-1}$)

① -44 ② -51 ③ -57

④ -63 ⑤ -69

STEP A 두 켤레복소수의 합과 곱 구하기

x, y가 서로 켤레복소수 관계이므로 합과 곱은 실수이다.

$x+y=(3+2i)+(3-2i)=6$, $xy=(3+2i)(3-2i)=9-(-4)=13$

STEP B $x^4+x^2y^2+y^4$의 값 구하기

$x^2+y^2=(x+y)^2-2xy=6^2-2\times13=10$

따라서 $x^4+x^2y^2+y^4=x^4+2x^2y^2+y^4-x^2y^2$

$\qquad=(x^2+y^2)^2-(xy)^2$

$\qquad=10^2-13^2=-69$

+α | 곱셈 공식을 이용하여 구할 수 있어!

$x^4+x^2y^2+y^4=x^4+2x^2y^2+y^4-x^2y^2$

$\qquad=(x^2+y^2)^2-(xy)^2$

$\qquad=\{(x^2+y^2)+xy\}\{(x^2+y^2)-xy\}$

$\qquad=\{(x+y)^2-xy\}\{(x+y)^2-3xy\}$

$\qquad=(6^2-13)\times(6^2-3\times13)$

$\qquad=23\times(-3)=-69$

정답 ⑤

0431

정답 10

STEP A 켤레복소수의 성질을 이용하여 $(\alpha-\beta)(\overline{\alpha}-\overline{\beta})$의 값 구하기

$\alpha-\beta=(3+2i)-(2-i)=1+3i$

$\overline{\alpha}-\overline{\beta}=\overline{\alpha-\beta}=\overline{1+3i}=1-3i$

따라서 $(\alpha-\beta)(\overline{\alpha}-\overline{\beta})=(1+3i)(1-3i)$

$\qquad=1^2-(3i)^2$

$\qquad=1+9=10$

0432

정답 ①

STEP A 켤레복소수의 성질을 이용하여 $\dfrac{1}{\alpha}+\dfrac{1}{\beta}$의 값 구하기

$\alpha+\beta=3+2i$이므로 $\overline{\alpha+\beta}=3-2i$

$\alpha\beta=2-3i$이므로 $\overline{\alpha\beta}=2+3i$

따라서 $\dfrac{1}{\alpha}+\dfrac{1}{\beta}=\dfrac{\overline{\alpha}+\overline{\beta}}{\overline{\alpha}\times\overline{\beta}}=\dfrac{\overline{\alpha+\beta}}{\overline{\alpha\beta}}=\dfrac{3-2i}{2+3i}$

$\qquad=\dfrac{(3-2i)(2-3i)}{(2+3i)(2-3i)}$

$\qquad=\dfrac{6-13i+6i^2}{4-(-9)}$

$\qquad=\dfrac{-13i}{13}=-i$

0433

정답 ⑤

STEP A 켤레복소수의 성질을 이용하여 $\beta+\dfrac{1}{\beta}$의 값 구하기

$\alpha\overline{\beta}=1$에서 $\dfrac{1}{\overline{\beta}}=\alpha$

또한, $\alpha\overline{\beta}=1$에서 $\overline{\alpha\overline{\beta}}=\overline{\alpha}\beta=1$이므로 $\beta=\dfrac{1}{\overline{\alpha}}$

따라서 $\beta+\dfrac{1}{\overline{\beta}}=\dfrac{1}{\overline{\alpha}}+\alpha=3i$

0434

정답 ①

STEP A 켤레복소수의 성질을 이용하여 a, b의 값 구하기

$\overline{\alpha}+\overline{\beta}=\overline{\alpha+\beta}=\alpha+\beta$이므로 $\alpha+\beta$는 실수이다.

$\alpha+\beta=(a-2)+i+3+(b+1)i=(a+1)+(b+2)i$

즉 허수부분 $b+2=0$이므로 $b=-2$

$\overline{\alpha}\times\overline{\beta}=\overline{\alpha\times\beta}=\alpha\times\beta$이므로 $\alpha\beta$는 실수이다.

$\alpha\beta=\{(a-2)+i\}(3-i)=(3a-5)+(-a+5)i$

즉 허수부분 $-a+5=0$이므로 $a=5$

따라서 $a=5$, $b=-2$이므로 $a+b=5+(-2)=3$

내신연계 출제문항 213

두 복소수 $\alpha=(a+3)+i$, $\beta=6+(b-2)i$에 대하여

$$\overline{\alpha}+\overline{\beta}=\alpha+\beta,\ \overline{\alpha}\times\overline{\beta}=\alpha\times\beta$$

일 때, $a+b$의 값은?

(단, a, b는 실수, $i=\sqrt{-1}$이고 $\overline{\alpha}$, $\overline{\beta}$는 각각 α, β의 켤레복소수이다.)

① 3 ② 4 ③ 5

④ 6 ⑤ 7

STEP A 켤레복소수의 성질을 이용하여 a, b의 값 구하기

$\overline{\alpha}+\overline{\beta}=\overline{\alpha+\beta}=\alpha+\beta$이므로 $\alpha+\beta$는 실수이다.

$\alpha+\beta=(a+3)+i+6+(b-2)i=(a+9)+(b-1)i$

즉 허수부분 $b-1=0$이므로 $b=1$

$\overline{\alpha}\times\overline{\beta}=\overline{\alpha\times\beta}=\alpha\times\beta$이므로 $\alpha\beta$는 실수이다.

$\alpha\beta=\{(a+3)+i\}(6-i)=(6a+19)+(-a+3)i$

즉 허수부분 $-a+3=0$이므로 $a=3$

따라서 $a=3$, $b=1$이므로 $a+b=3+1=4$

정답 ②

0435

정답 ②

STEP A 켤레복소수의 성질을 이용하여 $\alpha+\beta$, $\alpha\beta$의 값 구하기

$\overline{\alpha}+\overline{\beta}=\overline{\alpha+\beta}=-4+2i$이고 $\alpha+\beta$는 $\overline{\alpha+\beta}$의 켤레복소수

즉 $\alpha+\beta=-4-2i$

$\overline{\alpha}\times\overline{\beta}=\overline{\alpha\beta}=2-3i$이고 $\alpha\beta$는 $\overline{\alpha\beta}$의 켤레복소수

즉 $\alpha\beta=2+3i$

STEP B $(\alpha+3)(\beta+3)$의 값 구하기

따라서 $(\alpha+3)(\beta+3)=\alpha\beta+3(\alpha+\beta)+9$
$$=(2+3i)+3(-4-2i)+9$$
$$=-1-3i$$

0436

정답 ①

STEP A 켤레복소수의 성질을 이용하여 α, β의 관계식 구하기

$\alpha\overline{\alpha}=\beta\overline{\beta}=10$에서 $\overline{\alpha}=\dfrac{10}{\alpha}$, $\overline{\beta}=\dfrac{10}{\beta}$

$\alpha+\beta=2i$이므로 $\dfrac{10}{\alpha}+\dfrac{10}{\beta}=2i$, $\dfrac{10(\overline{\alpha}+\overline{\beta})}{\alpha\beta}=2i$

$\therefore 5\overline{(\alpha+\beta)}=i\overline{\alpha\beta}$

STEP B $\alpha\beta$의 값 구하기

이때 $\alpha+\beta=2i$에서 $\overline{\alpha+\beta}=-2i$이므로 $5\times(-2i)=i\overline{\alpha\beta}$

따라서 $\overline{\alpha\beta}=-10$이므로 $\alpha\beta=-10$

두 복소수 α, β에 대하여 $\alpha\overline{\alpha}=\beta\overline{\beta}=5$, $\alpha+\beta=i$일 때, $\alpha\beta$의 값은?
(단, $i=\sqrt{-1}$이고 $\overline{\alpha}$, $\overline{\beta}$는 각각 α, β의 켤레복소수이다.)

① -5 ② -4 ③ -3
④ -2 ⑤ -1

STEP A 켤레복소수의 성질을 이용하여 α, β의 관계식 구하기

$\alpha\overline{\alpha}=\beta\overline{\beta}=5$에서 $\overline{\alpha}=\dfrac{5}{\alpha}$, $\overline{\beta}=\dfrac{5}{\beta}$

$\alpha+\beta=i$이므로 $\dfrac{5}{\alpha}+\dfrac{5}{\beta}=i$, $\dfrac{5(\overline{\alpha}+\overline{\beta})}{\alpha\times\beta}=i$, $\dfrac{5\overline{(\alpha+\beta)}}{\overline{\alpha\beta}}=i$

$\therefore 5\overline{(\alpha+\beta)}=i\overline{\alpha\beta}$

STEP B $\alpha\beta$의 값 구하기

이때 $\alpha+\beta=i$에서 $\overline{\alpha+\beta}=-i$이므로 $5\times(-i)=i\overline{\alpha\beta}$

따라서 $\overline{\alpha\beta}=-5$이므로 $\alpha\beta=-5$

정답 ①

0437

정답 ②

STEP A 켤레복소수의 성질을 이용하여 $\alpha\overline{\alpha}+\beta\overline{\beta}-\overline{\alpha}\beta-\alpha\overline{\beta}$의 값 구하기

$\alpha-\beta=3+2i$에서 $\overline{\alpha-\beta}=3-2i$

따라서 $\alpha\overline{\alpha}-\overline{\alpha}\beta-\alpha\overline{\beta}+\beta\overline{\beta}=\overline{\alpha}(\alpha-\beta)-\beta(\overline{\alpha}-\overline{\beta})$
$$=(\alpha-\beta)(\overline{\alpha}-\overline{\beta})$$
$$=(\alpha-\beta)\overline{(\alpha-\beta)}$$
$$=(3+2i)(3-2i)$$
$$=9-(-4)=13$$

0438

정답 ①

STEP A 켤레복소수의 성질을 이용하여 $\alpha\overline{\alpha}+\overline{\alpha}\beta+\alpha\overline{\beta}+\beta\overline{\beta}$의 값 구하기

$\alpha+\beta=(2+i)+(-1+2i)=1+3i$에서 $\overline{\alpha}+\overline{\beta}=\overline{\alpha+\beta}=1-3i$

따라서 $\alpha\overline{\alpha}+\overline{\alpha}\beta+\alpha\overline{\beta}+\beta\overline{\beta}=\overline{\alpha}(\alpha+\beta)+\overline{\beta}(\alpha+\beta)$
$$=(\alpha+\beta)(\overline{\alpha}+\overline{\beta})$$
$$=(\alpha+\beta)\overline{(\alpha+\beta)}$$
$$=(1+3i)(1-3i)$$
$$=1-(-9)=10$$

두 복소수 $\alpha=3-2i$와 $\beta=-2+i$에 대하여 $\alpha\overline{\alpha}+\overline{\alpha}\beta+\alpha\overline{\beta}+\beta\overline{\beta}$의 값을 구하시오. (단, $\overline{\alpha}$와 $\overline{\beta}$는 각각 α와 β의 켤레복소수이다.)

STEP A 켤레복소수의 성질을 이용하여 $\alpha\overline{\alpha}+\overline{\alpha}\beta+\alpha\overline{\beta}+\beta\overline{\beta}$의 값 구하기

$\alpha=3-2i$, $\beta=-2+i$에서 $\alpha+\beta=(3-2i)+(-2+i)=1-i$

$\overline{\alpha}+\overline{\beta}=\overline{\alpha+\beta}=1+i$

따라서 $\alpha\overline{\alpha}+\overline{\alpha}\beta+\alpha\overline{\beta}+\beta\overline{\beta}=\overline{\alpha}(\alpha+\beta)+\overline{\beta}(\alpha+\beta)$
$$=(\alpha+\beta)(\overline{\alpha}+\overline{\beta})$$
$$=(\alpha+\beta)\overline{(\alpha+\beta)}$$
$$=(1-i)(1+i)=2$$

정답 2

0439

정답 ①

STEP A $\dfrac{1+z}{z}$가 실수임을 이용하여 a의 값 구하기

$\dfrac{1+z}{z}$가 실수이므로 $\dfrac{1+z}{z}=\overline{\left(\dfrac{1+z}{z}\right)}=\dfrac{1+\overline{z}}{\overline{z}}$

즉 $\overline{z}+z\overline{z}=\overline{z}+z\overline{z}$ ... $z+z^2=\overline{z}+\overline{z}^2$, $z-\overline{z}+z^2-\overline{z}^2=0$, $(z-\overline{z})+(z-\overline{z})(z+\overline{z})=0$

$\therefore (z-\overline{z})(z+\overline{z}+1)=0$

이때 $z=a+bi$에서 $a<0$, $b>0$이므로 $z-\overline{z}\neq0$

$z-\overline{z}=0$이려면 z가 실수이다. 그런데 $z=a+bi$에서 $a<0$, $b>0$이므로 $z-\overline{z}\neq0$

$\therefore z+\overline{z}+1=0$

$z=a+bi$에서 $\overline{z}=a-bi$이므로 $(a+bi)+(a-bi)+1=0$, $2a+1=0$

$\therefore a=-\dfrac{1}{2}$ ...... ㉠

STEP B $\dfrac{z}{z^2+1}$가 실수임을 이용하여 a, b의 관계식 구하기

$\dfrac{z}{z^2+1}$가 실수이므로 $\dfrac{z}{z^2+1}=\overline{\left(\dfrac{z}{z^2+1}\right)}=\dfrac{\overline{z}}{\overline{z}^2+1}$

즉 $z\overline{z}^2+z=z^2\overline{z}+\overline{z}$, $z\overline{z}^2-z^2\overline{z}+z-\overline{z}=0$, $z\overline{z}(\overline{z}-z)-(\overline{z}-z)=0$

$\therefore (\overline{z}-z)(z\overline{z}-1)=0$

이때 $z=a+bi$에서 $a<0$, $b>0$이므로 $\overline{z}-z\neq0$

$\therefore z\overline{z}=1$

$z=a+bi$에서 $\overline{z}=a-bi$이므로 $(a+bi)(a-bi)=1$

$\therefore a^2+b^2=1$ ...... ㉡

STEP C $\dfrac{b}{a}$의 값 구하기

㉠을 ㉡에 대입하면 $\dfrac{1}{4}+b^2=1$, $b^2=\dfrac{3}{4}$ $\therefore b=\dfrac{\sqrt{3}}{2}(\because b>0)$

따라서 $\dfrac{b}{a}=\dfrac{\sqrt{3}}{2}\times(-2)=-\sqrt{3}$

0440

STEP Ⓐ 복소수 $z=a+bi$를 주어진 식에 대입하기

$z=a+bi$ (a, b는 자연수)이므로 $\overline{z}=a-bi$

복소수 $a+bi$의 켤레복소수는 $a-bi$로 허수부분의 부호를 바꿔준다.

$$\frac{\overline{z}}{z}=\frac{a+bi}{a-bi}=\frac{(a+bi)^2}{(a-bi)(a+bi)} \quad \leftarrow \text{분모를 실수로 만들기 위해 분모, 분자에 } a+bi \text{를 곱한다.}$$

$$=\frac{a^2-b^2+2abi}{a^2+b^2} \quad \leftarrow (\ )+(\ )i\text{꼴로 정리}$$

$$=\frac{a^2-b^2}{a^2+b^2}+\frac{2ab}{a^2+b^2}i$$

$\dfrac{\overline{z}}{z}$의 실수부분 $\dfrac{a^2-b^2}{a^2+b^2}$이 0이 되기 위해서는 $a^2-b^2=0$

a, b가 자연수이므로 $\dfrac{a^2-b^2}{a^2+b^2}=0$에서 $a^2+b^2>0$이므로 $a^2=b^2$

STEP Ⓑ 조건을 만족시키는 모든 복소수 z의 개수 구하기

$a^2-b^2=0$에서 a, b가 자연수이므로 $a=b$　$\leftarrow z=a+ai$

a, b가 5 이하의 자연수이므로 복소수 z에 대하여

$z=1+i$, $z=2+2i$, $z=3+3i$, $z=4+4i$, $z=5+5i$

따라서 조건을 만족하는 모든 복소수 z의 개수는 5

내신연계 출제문항 216

4 이하의 두 자연수 a, b에 대하여 복소수 z를 $z=a+bi$라 할 때, $\dfrac{\overline{z}}{z}$의 실수부분이 0이 되게 하는 모든 복소수 z의 실수부분의 합은? (단, $i=\sqrt{-1}$이고 $\overline{z}$는 z의 켤레복소수이다.)

① 10　　　② 12　　　③ 14
④ 16　　　⑤ 18

STEP Ⓐ $\dfrac{\overline{z}}{z}$의 실수부분이 0이 되게 하는 a, b의 관계식 구하기

$z=a+bi$ (a, b는 자연수)이므로 $\overline{z}=a-bi$

분모를 실수로 만들기 위해서 분모의 켤레복소수인 $a-bi$를 분모, 분자에 각각 곱한다.

$$\frac{\overline{z}}{z}=\frac{a-bi}{a+bi}=\frac{(a-bi)(a-bi)}{(a+bi)(a-bi)}=\frac{a^2-2abi+b^2i^2}{a^2+b^2}$$

$$=\frac{a^2-b^2}{a^2+b^2}-\frac{2ab}{a^2+b^2}i$$

$\dfrac{\overline{z}}{z}$의 실수부분 $\dfrac{a^2-b^2}{a^2+b^2}$이 0이 되기 위해서는 $\dfrac{a^2-b^2}{a^2+b^2}=0$

$\therefore a^2-b^2=0$

STEP Ⓑ 모든 복소수 z의 실수부분의 합 구하기

$a^2-b^2=0$에서 $a^2=b^2$

이때 a, b가 자연수이므로 $a=b$

a, b가 4 이하의 자연수이므로 복소수 z에 대하여

$z=1+i$, $z=2+2i$, $z=3+3i$, $z=4+4i$

따라서 모든 복소수 z의 실수부분의 합은 $1+2+3+4=10$　　　정답 ①

0441

정답 13

STEP Ⓐ $z=a+bi$라 놓고 주어진 식에 대입하기

$z=a+bi$ (a, b는 실수)라 하면 $\overline{z}=a-bi$이므로

$(1-i)(a-bi)+(1+2i)(a+bi)=5-2i$

$a-bi-ai-b+a+bi+2ai-2b=5-2i$

$\therefore (2a-3b)+ai=5-2i$

0442

정답 ④

STEP Ⓐ $z=a+bi$라 놓고 주어진 식에 대입하기

$z=a+bi$ (a, b는 실수)라 하면 $\overline{z}=a-bi$이므로

$(1-i)(a+bi)+i(a-bi)=2+4i$

$a-ai+bi+b+ai+b=2+4i$

$\therefore (a+2b)+bi=2+4i$

STEP Ⓑ 복소수가 서로 같을 조건을 이용하여 a, b의 값 구하기

a, b가 실수이므로 $a+2b$도 실수이다.

복소수가 서로 같을 조건에 의하여 $a+2b=2$, $b=4$

위의 두 식을 연립하면 $a=-6$, $b=4$

따라서 $z+\overline{z}=(-6+4i)+(-6-4i)=-12$

내신연계 출제문항 217

등식 $(2-i)z+2i\overline{z}=7+i$를 만족시키는 복소수 z에 대하여 $z+\overline{z}$의 값을 구하시오. (단, $\overline{z}$는 z의 켤레복소수이다.)

STEP Ⓐ $z=a+bi$라 놓고 주어진 식에 대입하여 정리하기

$z=a+bi$ (a, b는 실수)라 하면 $\overline{z}=a-bi$

$(2-i)z+2i\overline{z}=(2-i)(a+bi)+2i(a-bi)$

$\qquad\qquad =(2a+2bi-ai+b)+(2ai+2b)$

$\qquad\qquad =(2a+3b)+(a+2b)i$

즉 $(2a+3b)+(a+2b)i=7+i$

STEP Ⓑ 복소수가 서로 같을 조건을 이용하여 a, b의 값 구하기

$(2a+3b)+(a+2b)i=7+i$

a, b는 실수이므로 $2a+3b$, $a+2b$도 실수이다.

복소수가 서로 같을 조건에 의하여

$2a+3b=7$ 　　　…… ㉠
$a+2b=1$ 　　　…… ㉡

㉠, ㉡을 연립하면 $a=11$, $b=-5$이므로 복소수 $z=11-5i$

따라서 $z+\overline{z}=(11-5i)+(11+5i)=22$　　　정답 22

0443

정답 ④

STEP Ⓐ $z=a+bi$라 놓고 주어진 식에 대입하기

$z=a+bi$ (a, b는 실수)라 하면 $\overline{z}=a-bi$이므로

$(1-i)(a+bi)+(1+i)(a-bi)=8$

$a+bi-ai+b+a-bi+ai+b=8$, $2a+2b=8$

$\therefore a+b=4$

STEP Ⓑ $a+b=4$를 만족시키는 복소수 z가 될 수 있는 것 구하기

이때 $a+b=4$, 즉 (실수부분)+(허수부분)$=4$인 경우는

$7-3i$, $-1+5i$, $8-4i$

따라서 복소수 z가 될 수 있는 것은 ㄱ, ㄴ, ㄹ이다.

0444

STEP A 켤레복소수 성질을 이용하여 $\overline{z+iz}$의 값 구하기

$z=a+bi$에서 $zi=-b+ai$

$z+iz=(a+bi)+(-b+ai)=(a-b)+(a+b)i$이므로

$\overline{z+iz}=(a-b)-(a+b)i$

$\therefore (a-b)-(a+b)i=5-3i$

STEP B 복소수가 서로 같을 조건을 이용하여 a, b의 값 구하기

a, b가 실수이므로 $a-b$, $a+b$도 실수이다.

복소수가 서로 같을 조건에 의하여 $a-b=5$, $a+b=3$

위의 두 식을 연립하여 풀면 $a=4$, $b=-1$

따라서 $a^2+b^2=4^2+(-1)^2=17$

> **mini 해설** | 켤레복소수를 이용하여 풀이하기
>
> $\overline{z(1+i)}=5-3i$에서 $z(1+i)=\overline{\overline{z(1+i)}}=\overline{5-3i}=5-3i$ 
>
> 이때 $z=\dfrac{5+3i}{1+i}=\dfrac{(5+3i)(1-i)}{(1+i)(1-i)}=\dfrac{5-2i+3}{1+1}=4-i$
>
> 따라서 $a=4$, $b=-1$이므로 $a^2+b^2=4^2+(-1)^2=17$

0445

정답 ③

STEP A $z=a+bi$라 놓고 $z+\overline{z}=z\overline{z}=2$를 만족하는 a, b의 값 구하기

$z=a+bi$ (a, b는 실수, $b>0$)라 하면 $\overline{z}=a-bi$

$z+\overline{z}=(a+bi)+(a-bi)=2a=2$이므로 $a=1$

$z\overline{z}=(1+bi)(1-bi)=1+b^2=2$이므로 $b^2=1$

$\therefore b=1 (\because b>0)$

STEP B z^{16}의 값 구하기

따라서 $z=1+i$이므로 $z^{16}=(1+i)^{16}=\{(1+i)^2\}^8=(2i)^8=256$

내·신·연·계 출제문항 218

복소수 $z=a+bi$ ($a>0$, $b<0$인 실수)에 대하여 $z+\overline{z}=6$, $z\overline{z}=25$를 만족할 때, b^2-a^2의 값은? (단, $i=\sqrt{-1}$ 이고 $\overline{z}$는 z의 켤레복소수이다.)

① 5   ② 7   ③ 9

④ 11   ⑤ 13

STEP A 복소수 z를 $z+\overline{z}=6$, $z\overline{z}=25$에 대입하여 a, b의 값 구하기

$z=a+bi$ ($a>0$, $b<0$인 실수)이므로 $\overline{z}=a-bi$

$z+\overline{z}=(a+bi)+(a-bi)=2a=6$이므로 $a=3$

$z\overline{z}=(3+bi)(3-bi)=9+b^2=25$이므로 $b^2=16$

$\therefore b=-4 (\because b<0)$

STEP B b^2-a^2의 값 구하기

따라서 $a=3$, $b=-4$이므로 $b^2-a^2=16-9=7$ 

정답 ②

0446

정답 ①

STEP A $z=a+bi$라 놓고 $z-\overline{z}=2i$, $z\overline{z}=10$을 만족하는 a, b의 값 구하기

$z=a+bi$ (a, b는 실수, $a>0$)라 하면 $\overline{z}=a-bi$

$z-\overline{z}=(a+bi)-(a-bi)=2bi=2i$이므로 $b=1$

$z\overline{z}=(a+i)(a-i)=a^2+1=10$이므로 $a^2=9$

$\therefore a=3 (\because a>0)$

STEP B $z^3-6z^2+12z-5$의 값 구하기

이때 $z=3+i$에서 $z-3=i$

위 식의 양변을 제곱하면 $z^2-6z+9=-1$

$\therefore z^2-6z+10=0$

따라서 $z^3-6z^2+12z-5=z(z^2-6z+10)+2z-5$

$\qquad\qquad =2z-5$

$\qquad\qquad =2(3+i)-5$

$\qquad\qquad =1+2i$

0447

정답 -2

STEP A 복소수 z를 주어진 식에 대입하여 정리하기

$z=a+ai$이므로 $\overline{z}=a-ai$

$z+\overline{z}=(a+ai)+(a-ai)=2a$, $z\overline{z}=(a+ai)(a-ai)=a^2-(-a^2)=2a^2$

$\overline{(z+2)(\overline{z}-1)}+3\overline{z}+2=(\overline{z}+2)(z-1)+3\overline{z}+2$

$\qquad\qquad =(\overline{z}+2)(z-1)+3\overline{z}+2$

$\qquad\qquad =z\overline{z}-\overline{z}+2z-2+3\overline{z}+2$

$\qquad\qquad =z\overline{z}+2(z+\overline{z})$

$\qquad\qquad =2a^2+4a$

STEP B 실수 a의 값 구하기

$2a^2+4a=0$이므로 $2a(a+2)=0$

$\therefore a=-2$ 또는 $a=0$

따라서 복소수 z는 0이 아니므로 $a=-2$

내·신·연·계 출제문항 219

0이 아닌 복소수 z와 그 켤레복소수 $\overline{z}$에 대하여 $\overline{(z+5)(\overline{z}-2)}+7\overline{z}+10=0$을 만족시키는 복소수 z는 $2a+ai$일 때, 실수 a의 값은? (단, $i=\sqrt{-1}$)

① -5 ② -4 ③ -3

④ -2 ⑤ -1

STEP A 복소수 z를 주어진 식에 대입하여 정리하기

$z=2a+ai$이므로 $\overline{z}=2a-ai$

$z+\overline{z}=(2a+ai)+(2a-ai)=4a$, $z\overline{z}=(2a+ai)(2a-ai)=4a^2-(-a^2)=5a^2$

$\overline{(z+5)(\overline{z}-2)}+7\overline{z}+10=(\overline{z}+5)(z-2)+7\overline{z}+10$

$\qquad\qquad =(\overline{z}+5)(z-2)+7\overline{z}+10$

$\qquad\qquad =z\overline{z}-2\overline{z}+5z-10+7\overline{z}+10$

$\qquad\qquad =z\overline{z}+5(z+\overline{z})$

$\qquad\qquad =5a^2+20a$

STEP B 실수 a의 값 구하기

$5a^2+20a=0$이므로 $5a(a+4)=0$

$\therefore a=-4$ 또는 $a=0$

따라서 복소수 z는 0이 아니므로 $a=-4$

정답 ②

0448

STEP A 조건 (가)를 만족하는 복소수 z의 조건 구하기

$z=a+bi$ (a, b는 실수)라 하면 $\overline{z}=a-bi$

조건 (가)에서

$z-(1-3i)=(a+bi)-(1-3i)=(a-1)+(b+3)i$가 양의 실수이므로

$a-1>0$, $b+3=0$

$\therefore a>1$, $b=-3$

STEP B 조건 (나)를 만족하는 복소수 z 구하기

조건 (나)에서 $z\overline{z}=(a-3i)(a+3i)=a^2-(-9)=25$이므로 $a^2=16$

$\therefore a=4(\because a>1)$

따라서 $z+\overline{z}=(4-3i)+(4+3i)=8$

0449

STEP A $z=a+bi$로 놓고 주어진 식에 대입하여 a, b의 값 구하기

복소수 z를 $z=a+bi$ (단 a, b는 실수)라 하면 $\overline{z}=a-bi$

$3z-2\overline{z}=3(a+bi)-2(a-bi)=a+5bi$

이때 $a+5bi=5+10i$이므로 두 복소수가 같을 조건에 의하여 $a=5$, $b=2$

$\therefore z=5+2i$

STEP B $z\overline{z}$의 값 계산하기

따라서 $z\overline{z}=(5+2i)(5-2i)=5^2+2^2=29$

복소수 z의 켤레복소수를 $\overline{z}$라고 할 때, 등식 $(2+i)z+3i\overline{z}=2+8i$를 만족하는 복소수 z에 대하여 $z\overline{z}$의 값은? (단, $i=\sqrt{-1}$)

① 5　　　② 7　　　③ 9
④ 11　　　⑤ 13

STEP A $z=a+bi$로 놓고 주어진 식에 대입하기

$z=a+bi$(a, b는 실수)라 하면 $\overline{z}=a-bi$이므로

이를 주어진 식에 대입하면 $(2+i)(a+bi)+3i(a-bi)=2+8i$

STEP B 복소수가 서로 같을 조건을 이용하여 a, b의 값 구하기

$(2+i)(a+bi)+3i(a-bi)=2a+2bi+ai-b+3ai+3b$
$\qquad\qquad\qquad\qquad\qquad =(2a+2b)+(4a+2b)i$

$(2a+2b)+(4a+2b)i=2+8i$

a, b가 실수에서 $2a+2b$, $4a+2b$도 실수이므로

복소수가 서로 같을 조건에 의하여 $2a+2b=2$, $4a+2b=8$

 a, b, c, d가 실수일 때, $a+bi=c+di$이면 $a=c$, $b=d$

두 식을 연립하여 풀면 $a=3$, $b=-2$

$$\begin{array}{r} 2a+2b=2 \quad \therefore a=3 \\ -\underline{\quad 4a+2b=8 \quad} \\ -2a=-6 \end{array}$$
$a=3$를 $2a+2b=2$에 대입하면 $6+2b=2$에서 $b=-2$

따라서 $z=3-2i$이므로 $z\overline{z}=(3-2i)(3+2i)=3^2-(2i)^2=9+4=13$

0450

STEP A 주어진 등식의 좌변 정리하기

$z=a+bi$에 대하여 $\overline{z}=a-bi$이므로

복소수 $a+bi$의 켤레복소수는 $a-bi$로 허수부분의 부호를 바꿔준다.

주어진 등식의 좌변에 대입하면 $2(a+bi)+(a-bi)=3a+bi$

STEP B 복소수가 서로 같을 조건을 이용하여 a, b의 값 구하기

$3a+bi=3+5i$에서 $3a$, b가 실수이므로

복소수가 서로 같을 조건에 의하여 $3a=3$, $b=5$

a, b, c, d가 실수일 때, $a+bi=c+di$이면 $a=c$, $b=d$

따라서 $a=1$, $b=5$이므로 $a+b=1+5=6$　　←　$z=1+5i$

복소수 $z=a+bi$ (a, b는 실수)에 대하여 등식 $3z+\overline{z}=8+4i$가 성립할 때, $z\overline{z}$의 값은? (단, $i=\sqrt{-1}$이고 $\overline{z}$는 z의 켤레복소수이다.)

① 4　　　② 6　　　③ 8
④ 10　　　⑤ 12

STEP A 복소수 $z=a+bi$를 주어진 식에 대입하여 정리하기

$z=a+bi$ (a, b는 실수)이므로 $\overline{z}=a-bi$

$3z+\overline{z}=3(a+bi)+(a-bi)=4a+2bi$

등식 $3z+\overline{z}=8+4i$에서 좌변을 정리하면 $4a+2bi=8+4i$

STEP B 복소수가 서로 같을 조건을 이용하여 $z\overline{z}$의 값 구하기

a, b가 실수이므로 복소수가 서로 같을 조건에 의하여 $4a=8$, $2b=4$

$\therefore a=2$, $b=2$

따라서 $z\overline{z}=(2+2i)(2-2i)=4-(-4)=8$

0451

STEP A 복소수 $z=a+2i$를 주어진 식에 대입하기

복소수 $z=a+2i$ (a는 실수)이므로 $\overline{z}=a-2i$

복소수 $a+bi$의 켤레복소수는 $a-bi$로 허수부분의 부호를 바꿔준다.

$\overline{z}=\dfrac{z^2}{4i}$에서 $4i\overline{z}=z^2$

즉 $4i(a-2i)=(a+2i)^2$, $4ai+8=a^2+4ai-4$　　←　$i^2=-1$

$\therefore 8+4ai=(a^2-4)+4ai$

STEP B 복소수가 서로 같을 조건을 이용하여 a^2의 값 구하기

a가 실수이므로 복소수가 서로 같을 조건에 의하여 $8=a^2-4$

a, b, c, d가 실수일 때, $a+bi=c+di$이면 $a=c$, $b=d$

따라서 $a^2=12$

실수 a에 대하여 복소수 $z=a+3i$가 $\overline{z}=\dfrac{z^2}{6i}$을 만족시킬 때, a^2의 값을 구하시오. (단, $i=\sqrt{-1}$이고 $\overline{z}$는 z의 켤레복소수이다.)

STEP A 복소수 $z=a+3i$를 주어진 식에 대입하여 정리하기

$z=a+3i$ (a는 실수)이므로 $\overline{z}=a-3i$

$\overline{z}=\dfrac{z^2}{6i}$에서 $6i\overline{z}=z^2$

즉 $6i(a-3i)=(a+3i)^2$, $6ai-(-18)=a^2+6ai+(-9)$

$\therefore 18+6ai=(a^2-9)+6ai$

a가 실수이므로 복소수가 서로 같을 조건에 의하여 $18=a^2-9$

따라서 $a^2=27$
정답 27

0452
정답 ⑤

STEP **A** $z=a+bi$라 놓고 주어진 조건에 대입하여 참, 거짓 판단하기

$z=a+bi$ (a, b는 실수)라 놓으면 $\overline{z}=a-bi$

① $z+\overline{z}=(a+bi)+(a-bi)=2a$이므로 실수이다. [참]

② $z\overline{z}=(a+bi)(a-bi)=a^2+b^2$이므로 실수이다. [참]

③ $z-\overline{z}=(a+bi)-(a-bi)=2bi=0$이므로 $b=0$,

　즉 $z=a$이므로 실수이다. [참]

④ $\overline{z}=a-bi$가 순허수이면 $a=0$, $b\neq 0$이므로 $z=bi$,

　즉 z는 순허수이다. [참]

⑤ $\dfrac{1}{z}-\dfrac{1}{\overline{z}}=\dfrac{\overline{z}-z}{z\overline{z}}=\dfrac{(a-bi)-(a+bi)}{(a+bi)(a-bi)}=-\dfrac{2bi}{a^2+b^2}$이므로 0 또는 순허수이다.

따라서 옳지 않은 것은 ⑤이다.

0453
정답 ③

STEP **A** $z=a+bi$라 놓고 주어진 조건을 만족하는 복소수 z 구하기

$z=a+bi$ (a, b는 실수)라 하면 $\overline{z}=a-bi$

$z=-\overline{z}$에서 $z+\overline{z}=0$이므로 $z+\overline{z}=(a+bi)+(a-bi)=2a=0$

$\therefore a=0$

즉 z는 0 또는 순허수이다.

① -9는 실수

② $i(1-i)=1+i$이므로 순허수가 아닌 허수

③ $(3-\sqrt{2})i$는 순허수

④ $-3i+1$는 순허수가 아닌 허수

⑤ $(2+\sqrt{5})i^2=-(2+\sqrt{5})$이므로 실수

따라서 $z=-\overline{z}$를 만족시키는 복소수는 ③이다.

다음 중 $z=\overline{z}$를 만족시키는 복소수 z는? (단, $\overline{z}$는 z의 켤레복소수이다.)

① $2i$　　　② $(2+i)i$　　　③ $(2-\sqrt{5})i$

④ $(2+\sqrt{3})i^2$　　　⑤ $-4i-3$

STEP **A** $z=a+bi$라 놓고 주어진 조건을 만족하는 복소수 z 구하기

$z=a+bi$ (a, b는 실수)라 하면 $\overline{z}=a-bi$

$z=\overline{z}$에서 $z-\overline{z}=0$이므로 $z-\overline{z}=(a+bi)-(a-bi)=2bi=0$

$\therefore b=0$

즉 z는 실수이다.

① $2i$는 순허수

② $(2+i)i=-1+2i$이므로 순허수가 아닌 허수

③ $(2-\sqrt{5})i$는 순허수

④ $(2+\sqrt{3})i^2=-2-\sqrt{3}$이므로 실수

⑤ $-4i-3$는 순허수가 아닌 허수

따라서 $z=\overline{z}$를 만족시키는 복소수는 ④이다.
정답 ④

0454
정답 ⑤

STEP **A** $z=a+bi$라 놓고 항상 실수가 아닌 복소수 구하기

$z=a+bi$ ($a\neq 0$ 또는 $b\neq 0$인 실수)라 놓으면 $\overline{z}=a-bi$

① $z+\overline{z}=(a+bi)+(a-bi)=2a$이므로 실수이다.

② $z\overline{z}=(a+bi)(a-bi)=a^2+b^2$이므로 실수이다.

③ $\dfrac{1}{z}+\dfrac{1}{\overline{z}}=\dfrac{z+\overline{z}}{z\overline{z}}=\dfrac{(a+bi)+(a-bi)}{(a+bi)(a-bi)}=\dfrac{2a}{a^2+b^2}$이므로 실수이다.

④ $(z+3)(\overline{z}+3)=(a+bi+3)(a-bi+3)$

$\qquad\qquad =(a+3+bi)(a+3-bi)$

$\qquad\qquad =(a+3)^2+b^2$

　이므로 실수이다.

⑤ $\dfrac{z}{\overline{z}}=\dfrac{a+bi}{a-bi}=\dfrac{(a+bi)(a+bi)}{(a-bi)(a+bi)}=\dfrac{a^2-b^2}{a^2+b^2}+\dfrac{2ab}{a^2+b^2}i$

　즉 $ab\neq 0$이면 실수가 아니다.

따라서 항상 실수가 아닌 것은 ⑤이다.

0이 아닌 복소수 z와 그 켤레복소수 $\overline{z}$에 대하여 다음 중 항상 실수가 아닌 것은?

① $\dfrac{1}{z}+\dfrac{1}{\overline{z}}$　　　② $z^3+\overline{z}^3$　　　③ $(z+1)^2-(\overline{z}+1)^2$

④ $(3z+1)(\overline{z}+1)-2z$　　　⑤ $(z^2+\overline{z}+1)+(\overline{z}^2+z+1)$

STEP **A** $z=a+bi$라 놓고 항상 실수가 아닌 복소수 구하기

$z=a+bi$ ($a\neq 0$ 또는 $b\neq 0$인 실수)라 놓으면 $\overline{z}=a-bi$

$z+\overline{z}=(a+bi)+(a-bi)=2a$이므로 실수이다.

$z\overline{z}=(a+bi)(a-bi)=a^2+b^2$이므로 실수이다.

① $\dfrac{1}{z}+\dfrac{1}{\overline{z}}=\dfrac{\overline{z}+z}{z\overline{z}}=\dfrac{2a}{a^2+b^2}$이므로 실수이다.

② $z^3+\overline{z}^3=(z+\overline{z})^3-3z\overline{z}(z+\overline{z})$

$\qquad\qquad =(2a)^3-3\times(a^2+b^2)\times 2a$

$\qquad\qquad =2a^3-6ab^2$

　이므로 실수이다.

③ $(z+1)^2-(\overline{z}+1)^2=\{(z+1)+(\overline{z}+1)\}\{(z+1)-(\overline{z}+1)\}$

$\qquad\qquad =(z+\overline{z}+2)(z-\overline{z})$

$\qquad\qquad =(2a+2)\times 2bi$

$\qquad\qquad =4b(a+1)i$

　즉 주어진 식은 순허수 또는 0이다.

④ $(3z+1)(\overline{z}+1)-2z=3z\overline{z}+(z+\overline{z})+1$

$\qquad\qquad =3a^2+2a+3b^2+1$

　이므로 실수이다.

⑤ 두 복소수 $z^2+\overline{z}+1$, $\overline{z}^2+z+1$는 서로 켤레복소수 관계이므로

　합은 실수이다.

따라서 실수가 아닌 것은 ③이다.
정답 ③

0455

정답 ①

$z=a+bi$ ($a\neq0$ 또는 $b\neq0$인 실수)라 놓으면 $\bar{z}=a-bi$

ㄱ. $z\bar{z}=(a+bi)(a-bi)=a^2+b^2$이므로 양의 실수이다. [참]

ㄴ. $z-\dfrac{1}{z}=a+bi-\dfrac{1}{a+bi}=a+bi-\dfrac{a-bi}{a^2+b^2}$

$\qquad\qquad=\left(a-\dfrac{a}{a^2+b^2}\right)+\left(b+\dfrac{b}{a^2+b^2}\right)i$

즉 $z-\dfrac{1}{z}$이 순허수이므로 $a-\dfrac{a}{a^2+b^2}=0$, $a\left(1-\dfrac{1}{a^2+b^2}\right)=0$

$\therefore a^2+b^2=1$ 또는 $a=0$

이때 $z\bar{z}=(a+bi)(a-bi)=a^2+b^2$

$\therefore z\bar{z}=1$ 또는 $z\bar{z}=b^2$ [거짓]

ㄷ. $z+\bar{z}=(a+bi)+(a-bi)=2a$, $z-\bar{z}=(a+bi)-(a-bi)=2bi$

$(z+\bar{z})(z-\bar{z})=2a\times2bi=4abi$

이때 $a=0$, $b\neq0$ 또는 $a\neq0$, $b=0$인 경우 $4abi=0$ [거짓]

따라서 옳은 것은 ㄱ이다.

0456

정답 ③

$z=a+bi$ (a, b는 실수)라 놓으면 $\bar{z}=a-bi$

$z+\bar{z}=(a+bi)+(a-bi)=2a$, $z\bar{z}=(a+bi)(a-bi)=a^2+b^2$

ㄱ. $z+\bar{z}=2a$이므로 항상 실수이다. [참]

ㄴ. 반례 $z=i$일 때, $z^2=-1$ [거짓]

ㄷ. $z\bar{z}=a^2+b^2=0$이면 a, b는 실수이므로 $a=0$, $b=0$

즉 $z=0$ [참]

따라서 옳은 것은 ㄱ, ㄷ이다.

내 신 연 계 출제문항 225

임의의 복소수 z에 대하여 [보기]에서 옳은 것만을 있는 대로 고른 것은?
(단, $\bar{z}$는 z의 켤레복소수이다.)

> ㄱ. $z=\bar{z}$이면 z는 실수이다.
>
> ㄴ. $(z-\bar{z})^2\leq0$
>
> ㄷ. $z\neq0$일 때, $\dfrac{z^2-\bar{z}^2}{z\bar{z}}$의 값은 허수이다.

① ㄱ　　　　② ㄴ　　　　③ ㄱ, ㄴ
④ ㄴ, ㄷ　　　⑤ ㄱ, ㄴ, ㄷ

$z=a+bi$ (a, b는 실수)로 놓으면 $\bar{z}=a-bi$

$z+\bar{z}=(a+bi)+(a-bi)=2a$, $z-\bar{z}=(a+bi)-(a-bi)=2bi$

$z^2-\bar{z}^2=(z-\bar{z})(z+\bar{z})=2a\times2bi=4abi$

$z\bar{z}=(a+bi)(a-bi)=a^2+b^2$

ㄱ. $z=\bar{z}$에서 $a+bi=a-bi$이므로 $b=0$, 즉 z는 실수이다. [참]

ㄴ. $z-\bar{z}=2bi$이므로 $(z-\bar{z})^2=(2bi)^2=-4b^2\leq0$ [참]

ㄷ. $\dfrac{z^2-\bar{z}^2}{z\bar{z}}=\dfrac{4abi}{a^2+b^2}$이므로 $a=0$ 또는 $b=0$이면

$\dfrac{z^2-\bar{z}^2}{z\bar{z}}=0$이므로 허수가 아니다. [거짓]

따라서 옳은 것은 ㄱ, ㄴ이다.

정답 ③

0457

정답 ③

$\alpha=a+bi$ (a, b는 실수, $i=\sqrt{-1}$)라 하면 $\bar{\alpha}=a-bi$

ㄱ. $\alpha=\bar{\alpha}$에서 $a+bi=a-bi$이므로 $b=0$
　　즉 α는 실수이다. [참]

ㄴ. $\alpha\bar{\alpha}=(a+bi)(a-bi)=a^2+b^2=0$이면 $a=0$, $b=0$
　　즉 $\alpha=a+bi=0+0i=0$ [참]

ㄷ. 반례 $\alpha=1$, $\beta=i$이면 $\alpha^2+\beta^2=1+(-1)=0$이지만
　　　　　$\alpha\neq0$, $\beta\neq0$ [거짓]

ㄹ. $\alpha=a+bi$, $\beta=c+di$ (a, b, c, d는 실수)라 하면
　　$\alpha\beta=(a+bi)(c+di)=0$의 양변에 켤레복소수 $(a-bi)(c-di)$를 곱하면
　　$(a^2+b^2)(c^2+d^2)=0$
　　$a^2+b^2=0$에서 $a=0$이고 $b=0$
　　$\therefore \alpha=a+bi=0+0i=0$
　　$c^2+d^2=0$에서 $c=0$이고 $d=0$
　　$\therefore \beta=c+di=0+0i=0$
　　즉 $\alpha=0$ 또는 $\beta=0$ [참]

따라서 옳은 것은 ㄱ, ㄴ, ㄹ이다.

0458

정답 ②

$\alpha=a+bi$ (a, b는 실수)라 놓으면 $\bar{\alpha}=a-bi$

ㄱ. $\alpha^2+(\bar{\alpha})^2=(a+bi)^2+(a-bi)^2=2a^2-2b^2=0$
　　$\therefore a=b$ 또는 $a=-b$
　　즉 $\alpha=a(1\pm i)$이므로 $\alpha=0$이라 할 수 없다. [거짓]

ㄴ. $\bar{\alpha}=-\alpha$에서 $a-bi=-(a+bi)=-a-bi$
　　복소수가 서로 같은 조건에 의하여 $a=-a$
　　즉 $2a=0$에서 $a=0$　　$\therefore z=bi$
　　(i) $b\neq0$이면 복소수 α는 순허수이다.
　　(ii) $b=0$이면 복소수 α는 0이다.
　　(i), (ii)에서 $\bar{\alpha}=-\alpha$를 만족시키는 복소수 α는 순허수 또는 0이다. [거짓]

ㄷ. 반례 $\alpha=1$, $\beta=i$이면
　　　　$\alpha+\beta i=1+(-1)=0$이지만 $\alpha\neq0$, $\beta\neq0$이다. [거짓]

ㄹ. $\alpha=a+bi$ ($a\neq0$ 또는 $b\neq0$인 실수)로 놓으면 $\bar{\alpha}=a-bi$
　　$\alpha i=\bar{\alpha}$에서 $(a+bi)i=-b+ai=a-bi$
　　복소수가 서로 같은 조건에 의하여 $-b=a$, $a+b=0$
　　즉 $\alpha+\bar{\alpha}i=(a+bi)+(a-bi)i$
　　$\qquad\qquad=(a+b)+(b+a)i$
　　$\qquad\qquad=0+0i=0$ [참]

ㅁ. $\alpha\bar{\beta}=1$이면 $\bar{\beta}=\dfrac{1}{\alpha}$이고 $\overline{\alpha\bar{\beta}}=\bar{\alpha}\beta=1$이므로 $\bar{\alpha}=\dfrac{1}{\beta}$

　　즉 $\bar{\alpha}+\dfrac{1}{\alpha}=\bar{\beta}+\dfrac{1}{\beta}$ [참]

ㅂ. 반례 $\alpha=2+i$이면
　　　　$-\bar{\alpha}=-(2-i)=-2+i$이므로 $\alpha\neq-\bar{\alpha}$ [거짓]

따라서 옳은 것은 ㄹ, ㅁ이므로 2개이다.

실수부분이 서로 같은 두 복소수 z_1, z_2에 대하여 [보기] 중에서 옳은 것을 모두 고른 것은? (단, 두 복소수의 실수부분은 0이 아니다.)

> ㄱ. z_1+z_2가 실수이면 z_1은 z_2의 켤레복소수이다.
> ㄴ. z_1z_2가 실수이면 z_1은 z_2의 켤레복소수이다.
> ㄷ. $z_1{}^2+z_2{}^2$이 실수이면 z_1은 z_2의 켤레복소수이다.

① ㄱ ② ㄴ ③ ㄱ, ㄷ
④ ㄴ, ㄷ ⑤ ㄱ, ㄴ, ㄷ

STEP A 켤레복소수의 성질을 이용하여 [보기]에서 참, 거짓 판단하기

$z_1=a+bi$, $z_2=a+ci\,(a, b, c$는 실수, $a \neq 0)$라 하자.

ㄱ. $z_1+z_2=(a+bi)+(a+ci)=2a+(b+c)i$가 실수이려면 $b+c=0$

$\therefore c=-b$

이때 $z_1=a+bi$, $z_2=a-bi$이므로 z_1과 z_2는 서로 켤레복소수이다. [참]

ㄴ. $z_1z_2=(a+bi)(a+ci)=(a^2-bc)+(ab+ac)i$가 실수이려면

$ab+ac=a(b+c)=0$

$\therefore a=0$ 또는 $b=-c$

그런데 주어진 가정에 의해서 $a \neq 0$이므로 $b=-c$

이때 $z_1=a-ci$, $z_2=a+ci$이므로 z_1과 z_2는 서로 켤레복소수이다. [참]

ㄷ. $z_1{}^2+z_2{}^2=(a+bi)^2+(a+ci)^2=(2a^2-b^2-c^2)+2(ab+ac)i$가 실수이려면

$ab+ac=a(b+c)=0$

$\therefore a=0$ 또는 $b=-c$

그런데 주어진 가정에 의해서 $a \neq 0$이므로 $b=-c$

이때 $z_1=a-ci$, $z_2=a+ci$이므로 z_1과 z_2는 서로 켤레복소수이다. [참]

따라서 옳은 것은 ㄱ, ㄴ, ㄷ이다. 정답 ⑤

0459
정답 ②

STEP A $z=a+bi$라 놓고 $z+\overline{w}=0$에 대입하여 w 구하기

$z=a+bi\,(a$는 실수, $b \neq 0$인 실수$)$라 하면

$z+\overline{w}=0$에서 $\overline{w}=-z=-a-bi$이므로 $w=-a+bi$

STEP B 켤레복소수의 성질을 이용하여 항상 실수인 복소수 구하기

ㄱ. $w-\overline{z}=(-a+bi)-(a-bi)=-2a+2bi$이므로 항상 허수이다.

ㄴ. $i(z+w)=i\{(a+bi)+(-a+bi)\}=-2b$이므로 항상 실수이다.

ㄷ. $z\overline{w}=(a+bi)(-a-bi)=-a^2+b^2-2abi$에서

$a=0$일 때 실수, $a \neq 0$일 때 허수이므로 항상 실수인 것은 아니다.

ㄹ. $\dfrac{\overline{z}}{w}=\dfrac{a-bi}{-a+bi}=-1$이므로 항상 실수이다.

따라서 항상 실수인 것은 ㄴ, ㄹ이다.

0460
2016년 06월 고1 학력평가 17번  정답 ⑤

STEP A z^2-z가 실수임을 이용하여 [보기]의 참, 거짓 판별하기

ㄱ. z^2-z는 실수이므로 z^2-z의 켤레복소수인 $\overline{z^2-z}$도 실수이다. [참]

켤레복소수는 허수부분의 부호가 바뀌므로 z^2-z가 실수라 하면 $z^2-z=\overline{z^2-z}$

ㄴ. $z=a+bi\,(a \neq 0, b \neq 0$인 실수$)$에 대하여

$z^2-z=(a+bi)^2-(a+bi)$

$\qquad=a^2+2abi-b^2-a-bi$ ← $(\ )+(\ )i$꼴로 정리

$\qquad=(a^2-a-b^2)+(2a-1)bi$

이때 z^2-z가 실수이므로 $(2a-1)b=0$ $\therefore a=\dfrac{1}{2}\,(\because b \neq 0)$

(허수부분)$=0$

즉 $z=\dfrac{1}{2}+bi$이고 $\overline{z}=\dfrac{1}{2}-bi$이므로

복소수 $a+bi$의 켤레복소수는 $a-bi$로 허수부분의 부호를 바꿔준다.

$z+\overline{z}=\left(\dfrac{1}{2}+bi\right)+\left(\dfrac{1}{2}-bi\right)=1$ [참] ← $z+\overline{z}=2 \times \dfrac{1}{2}=1$

ㄷ. ㄴ에서 $z=\dfrac{1}{2}+bi$이고 $\overline{z}=\dfrac{1}{2}-bi$이므로

$z\overline{z}=\left(\dfrac{1}{2}+bi\right)\left(\dfrac{1}{2}-bi\right)=\dfrac{1}{4}+b^2$ ← $(a+b)(a-b)=a^2-b^2$

이때 $b \neq 0$이므로 $b^2>0$ $\therefore z\overline{z}=\dfrac{1}{4}+b^2>\dfrac{1}{4}$ [참]

따라서 옳은 것은 ㄱ, ㄴ, ㄷ이다.

복소수 $z=a+bi\,(a, b$는 0이 아닌 실수$)$에 대하여 z^2+z가 실수일 때, [보기]에서 옳은 것만을 있는 대로 고른 것은?

(단, $i=\sqrt{-1}$이고 $\overline{z}$는 z의 켤레복소수이다.)

> ㄱ. $\overline{z^2+z}$는 실수이다.
> ㄴ. $z+\overline{z}=1$
> ㄷ. $z\overline{z}>\dfrac{1}{4}$

① ㄱ ② ㄷ ③ ㄱ, ㄷ
④ ㄴ, ㄷ ⑤ ㄱ, ㄴ, ㄷ

STEP A z^2+z가 실수임을 이용하여 [보기]의 참, 거짓 판단하기

ㄱ. z^2+z는 실수이므로 z^2+z의 켤레복소수인 $\overline{z^2+z}$도 실수이다. [참]

ㄴ. $z=a+bi\,(a \neq 0, b \neq 0$인 실수$)$에 대하여

$z^2+z=(a+bi)^2+(a+bi)$

$\qquad=a^2+2abi-b^2+a+bi$

$\qquad=(a^2+a-b^2)+(2a+1)bi$

이때 z^2+z가 실수이므로 $(2a+1)b=0$ $\therefore a=-\dfrac{1}{2}\,(\because b \neq 0)$

즉 $z=-\dfrac{1}{2}+bi$이고 $\overline{z}=-\dfrac{1}{2}-bi$이므로

$z+\overline{z}=\left(-\dfrac{1}{2}+bi\right)+\left(-\dfrac{1}{2}-bi\right)=-1$ [거짓]

ㄷ. ㄴ에서 $z=-\dfrac{1}{2}+bi$이고 $\overline{z}=-\dfrac{1}{2}-bi$이므로

$z\overline{z}=\left(-\dfrac{1}{2}+bi\right)\left(-\dfrac{1}{2}-bi\right)=\dfrac{1}{4}+b^2$

이때 $b \neq 0$이므로 $z\overline{z}=\dfrac{1}{4}+b^2>\dfrac{1}{4}$ [참] ← $b^2>0$

따라서 옳은 것은 ㄱ, ㄷ이다. 정답 ③

0461
정답 ⑤

STEP A 켤레복소수의 성질을 이용하여 참, 거짓 판단하기

$z=a+bi\,(a, b$는 실수$)$라 하면 $\overline{z}=a-bi$

① $z\overline{z}=(a+bi)(a-bi)=a^2+b^2=0$이므로 $a=0$, $b=0$

즉 $z=0$ [참]

② $\dfrac{1}{z}+\dfrac{1}{\overline{z}}=\dfrac{1}{a+bi}+\dfrac{1}{a-bi}=\dfrac{(a-bi)+(a+bi)}{(a+bi)(a-bi)}=\dfrac{2a}{a^2+b^2}$

이므로 실수이다. [참]

③ $\overline{z}=a-bi$가 순허수이면 $a=0$, $b \neq 0$

즉 $\dfrac{1}{z}=\dfrac{1}{bi}=-\dfrac{1}{b}i$이므로 $\dfrac{1}{z}$도 순허수이다. [참]

④ $z=\overline{z}$에서 $a+bi=a-bi$이므로 $b=0$, 즉 z는 실수이다. [참]

⑤ 반례 $z=0$일 때, $z=-\overline{z}$이므로 z는 순허수가 아니다. [거짓]

따라서 옳지 않은 것은 ⑤이다.

0462

STEP A 복소수 z를 (실수부분)+(허수부분)i꼴로 정리하기

$z=x^2 i+(1+2i)x-4-24i$
$\quad=(x-4)+(x^2+2x-24)i$
$\quad=(x-4)+(x-4)(x+6)i$

STEP B $z=\bar{z}$를 만족하는 실수 x의 값 구하기

$z\neq0$, $z=\bar{z}$를 만족시키는 복소수 z는 실수이므로
(실수부분)$\neq0$, (허수부분)$=0$이어야 한다.
즉 $x-4\neq0$이므로 $x\neq4$
$(x-4)(x+6)=0$이므로 $x=4$ 또는 $x=-6$
따라서 $x=-6$

0463

STEP A 복소수 z를 (실수부분)+(허수부분)i꼴로 정리하기

$z=(1+2i)a^2+(-2+6i)a-3+4i$
$\quad=(a^2-2a-3)+(2a^2+6a+4)i$
$\quad=(a+1)(a-3)+2(a+1)(a+2)i$

STEP B $iz+\overline{iz}=0$을 만족하는 실수 a의 값 구하기

$iz+\overline{iz}=0$에서 $iz+\overline{iz}=iz-i\bar{z}=(z-\bar{z})i=0$
$\therefore z-\bar{z}=0$
이때 $z\neq0$, $z=\bar{z}$를 만족시키는 복소수 z는 실수이므로
(실수부분)$\neq0$, (허수부분)$=0$이어야 한다.
즉 $(a+1)(a-3)\neq0$이므로 $a\neq-1$이고 $a\neq3$
$2(a+1)(a+2)=0$이므로 $a=-1$ 또는 $a=-2$
따라서 $a=-2$

0464

STEP A 복소수 z를 (실수부분)+(허수부분)i꼴로 정리하기

$z=(1+i)x^2-(3+5i)x+2+6i$
$\quad=(x^2-3x+2)+(x^2-5x+6)i$
$\quad=(x-1)(x-2)+(x-2)(x-3)i$

STEP B $z+\bar{z}=0$을 만족하는 실수 x의 값 구하기

$z\neq0$, $z+\bar{z}=0$을 만족시키는 복소수 z가 순허수이므로
(실수부분)$=0$, (허수부분)$\neq0$이어야 한다.
즉 $(x-1)(x-2)=0$이므로 $x=1$ 또는 $x=2$
$(x-2)(x-3)\neq0$이므로 $x\neq2$이고 $x\neq3$
따라서 $x=1$

0이 아닌 복소수 $z=(i-1)x^2-3xi-4i+16$에 대하여 $z+\bar{z}=0$를 만족시킬 때, 실수 x의 값은? (단, $i=\sqrt{-1}$이고 $\bar{z}$는 z의 켤레복소수이다.)

① -4 ② -1 ③ 1
④ 3 ⑤ 4

STEP A 복소수 z를 (실수부분)+(허수부분)i꼴로 정리하기

$z=(i-1)x^2-3xi-4i+16$
$\quad=(-x^2+16)+(x^2-3x-4)i$
$\quad=-(x+4)(x-4)+(x+1)(x-4)i$

STEP B $z+\bar{z}=0$을 만족하는 실수 x의 값 구하기

$z\neq0$, $z+\bar{z}=0$을 만족시키는 복소수 z가 순허수이므로
(실수부분)$=0$, (허수부분)$\neq0$이어야 한다.
즉 $-(x+4)(x-4)=0$이므로 $x=-4$ 또는 $x=4$
$(x+1)(x-4)\neq0$이므로 $x\neq-1$이고 $x\neq4$
따라서 $x=-4$

0465

STEP A 복소수 z를 (실수부분)+(허수부분)i꼴로 정리하기

$z=(x^2-25)+(5x^2-24x-5)i$
$\quad=(x+5)(x-5)+(5x+1)(x-5)i$

STEP B $z=\bar{z}$를 만족하는 α의 값 구하기

$z\neq0$, $z=\bar{z}$를 만족시키는 복소수 z가 실수이므로
(실수부분)$\neq0$, (허수부분)$=0$이어야 한다.
즉 $(x+5)(x-5)\neq0$이므로 $x\neq-5$이고 $x\neq5$
$(5x+1)(x-5)=0$이므로 $x=-\dfrac{1}{5}$ 또는 $x=5$
$\therefore \alpha=-\dfrac{1}{5}$

STEP C $z=-\bar{z}$를 만족하는 β의 값 구하기

$z\neq0$, $z=-\bar{z}$를 만족시키는 복소수 z가 순허수이므로
(실수부분)$=0$, (허수부분)$\neq0$이어야 한다.
즉 $(x+5)(x-5)=0$이므로 $x=-5$ 또는 $x=5$
$(5x+1)(x-5)\neq0$이므로 $x\neq-\dfrac{1}{5}$이고 $x\neq5$
$\therefore \beta=-5$
따라서 $\alpha\beta=-\dfrac{1}{5}\times(-5)=1$

0466

2020년 06월 고1 학력평가 9번

STEP A 복소수 z를 (실수부분)+(허수부분)i꼴로 정리하기

$z=x^2-(5-i)x+4-2i$
$\quad=(x^2-5x+4)+(x-2)i$

STEP B (실수부분)$=0$임을 이용하여 x의 값 구하기

이때 $\bar{z}=-z$, 즉 $\bar{z}+z=0$이므로 복소수 z의 (실수부분)$=0$
즉 $x^2-5x+4=0$, $(x-1)(x-4)=0$
$\therefore x=1$ 또는 $x=4$
따라서 모든 실수 x값의 합은 $1+4=5$

복소수 $z=(1+i)a^2-2(2+i)a+3+i$에 대하여 $z+\overline{z}=0$을 만족시킬 때, 실수 a의 값의 합은? (단, $i=\sqrt{-1}$이고 $\overline{z}$는 z의 켤레복소수이다.)

① 1   ② 2   ③ 3
④ 4   ⑤ 5

STEP A 복소수 z를 (실수부분)+(허수부분)i꼴로 정리하기

$z=(1+i)a^2-2(2+i)a+3+i$
$\quad =(a^2-4a+3)+(a^2-2a+1)i$
$\quad =(a-1)(a-3)+(a-1)^2i$

STEP B $z+\overline{z}=0$을 만족시키는 실수 a의 값 구하기

이때 $z+\overline{z}=0$이므로 복소수 z의 (실수부분)$=0$
즉 $(a-1)(a-3)=0$이므로 $a=1$ 또는 $a=3$
따라서 실수 a의 값의 합은 $1+3=4$

정답 ④

0467

2017년 06월 고1 학력평가 18번   정답 ⑤

STEP A $i\overline{z}=\overline{z}$를 이용하여 z의 값 구하기

복소수 $z=a+bi$ ($a\neq 0$, $b\neq 0$인 실수)이므로 $\overline{z}=a-bi$
복소수 $a+bi$의 켤레복소수는 $a-bi$로 허수부분의 부호를 바꿔준다.
$i\overline{z}=i(a+bi)=-b+ai$ ← $i^2=-1$
즉 $-b+ai=a-bi$에서 a, b는 실수이므로
복소수가 서로 같을 조건에 의하여 $a=-b$
a, b, c, d가 실수일 때, $a+bi=c+di$이면 $a=c$, $b=d$
$\therefore z=a-ai$ ← $z=-b+bi$

STEP B 켤레복소수의 성질을 이용하여 [보기]의 참, 거짓 판단하기

ㄱ. $z+\overline{z}=(a-ai)+(\overline{a-ai})$
$\qquad =a-ai+a+ai$ ← $a=-b$
$\qquad =2a=-2b$
$\quad \therefore z+\overline{z}=-2b$ [참]
ㄴ. $i\overline{z}=i(\overline{a-ai})=i(a+ai)$
$\qquad\qquad =-a+ai$
$\qquad\qquad =-(a-ai)$
$\qquad\qquad =-z$ [참]
ㄷ. $iz=\overline{z}$에서 $\dfrac{\overline{z}}{z}=i$, $\dfrac{z}{\overline{z}}=\dfrac{1}{i}$

$\quad \therefore \dfrac{\overline{z}}{z}+\dfrac{z}{\overline{z}}=i+\dfrac{1}{i}=i-i=0$ [참]

따라서 옳은 것은 ㄱ, ㄴ, ㄷ이다.

+α $z=-b+bi$임을 이용하여 참, 거짓을 판별할 수 있어!

ㄱ. $z+\overline{z}=(-b+bi)+(\overline{-b+bi})=-b+bi-b-bi=-2b$ [참]
ㄴ. $i\overline{z}=i(\overline{-b+bi})=i(-b-bi)=-(-b+bi)=-z$ [참]

복소수 $z=a+bi$ (a, b는 0이 아닌 실수)에 대하여 $iz=-\overline{z}$일 때, [보기]에서 옳은 것만을 있는 대로 고른 것은?
(단, $i=\sqrt{-1}$이고 $\overline{z}$는 z의 켤레복소수이다.)

ㄱ. $z+\overline{z}=2b$
ㄴ. $i\overline{z}=z$
ㄷ. $\dfrac{\overline{z}}{z}+\dfrac{z}{\overline{z}}=0$

① ㄱ   ② ㄷ   ③ ㄱ, ㄴ
④ ㄴ, ㄷ   ⑤ ㄱ, ㄴ, ㄷ

STEP A $iz=-\overline{z}$를 이용하여 z의 값 구하기

$z=a+bi$ ($a\neq 0$, $b\neq 0$인 실수)이므로 $\overline{z}=a-bi$
$iz=i(a+bi)=-b+ai$
$iz=-\overline{z}$에서 $-b+ai=-a+bi$
a, b가 실수이므로 복소수가 서로 같을 조건에 의하여 $a=b$
$\therefore z=a+ai$

STEP B 켤레복소수의 성질을 이용하여 [보기]의 참, 거짓 판단하기

ㄱ. $z+\overline{z}=(a+ai)+(\overline{a+ai})$
$\qquad =a+ai+a-ai$
$\qquad =2a=2b$
$\quad \therefore z+\overline{z}=2b$ [참]
ㄴ. $i\overline{z}=i(\overline{a+ai})=i(a-ai)=a+ai$
$\quad \therefore i\overline{z}=z$ [참]
ㄷ. $iz=-\overline{z}$에서 $\dfrac{\overline{z}}{z}=-i$, $\dfrac{z}{\overline{z}}=-\dfrac{1}{i}$

$\quad \therefore \dfrac{\overline{z}}{z}+\dfrac{z}{\overline{z}}=-i-\dfrac{1}{i}=-i+i=0$ [참]

따라서 옳은 것은 ㄱ, ㄴ, ㄷ이다.

정답 ⑤

0468

정답 ⑤

STEP A i의 거듭제곱의 주기성을 이용하여 [보기]의 참, 거짓 판단하기

ㄱ. $i+i^2+i^3+i^4=i-1-i+1=0$이므로
$\quad i+i^2+i^3+i^4+\cdots+i^{100}$
$\quad =(i+i^2+i^3+i^4)+i^4(i+i^2+i^3+i^4)+\cdots+i^{96}(i+i^2+i^3+i^4)$
$\quad =0+0+\cdots+0=0$ [참] ← 전체 항이 100개이므로 4개씩 묶으면 25묶음이다.
ㄴ. $-i+i^2-i^3+i^4=-i-1+i+1=0$이므로
$\quad 1-i+i^2-i^3+i^4-\cdots+i^{100}$
$\quad =1+(-i+i^2-i^3+i^4)+i^4(-i+i^2-i^3+i^4)+\cdots+i^{96}(-i+i^2-i^3+i^4)$
$\quad =1+0+0+\cdots+0=1$ [참]
ㄷ. $\dfrac{1}{i}+\dfrac{1}{i^2}+\dfrac{1}{i^3}+\dfrac{1}{i^4}=-i-1+i+1=0$이므로

$\quad \dfrac{1}{i}+\dfrac{1}{i^2}+\dfrac{1}{i^3}+\dfrac{1}{i^4}+\cdots+\dfrac{1}{i^{100}}$

$\quad =\left(\dfrac{1}{i}+\dfrac{1}{i^2}+\dfrac{1}{i^3}+\dfrac{1}{i^4}\right)+\dfrac{1}{i^4}\left(\dfrac{1}{i}+\dfrac{1}{i^2}+\dfrac{1}{i^3}+\dfrac{1}{i^4}\right)+\cdots$

$\qquad\qquad +\dfrac{1}{i^{96}}\left(\dfrac{1}{i}+\dfrac{1}{i^2}+\dfrac{1}{i^3}+\dfrac{1}{i^4}\right)$

$\quad =0+0+\cdots+0=0$ [참]
따라서 옳은 것은 ㄱ, ㄴ, ㄷ이다.

0469

STEP A i의 거듭제곱의 주기성을 이용하여 [보기]의 참, 거짓 판단하기

ㄱ. $i+2i^2+3i^3+4i^4+\cdots+100i^{100}$
$=(i-2-3i+4)+(5i-6-7i+8)+\cdots+(97i-98-99i+100)$
$=(2-2i)+(2-2i)+\cdots+(2-2i)$ ← 전체 항이 100개이므로 4개씩 묶으면 25묶음이다.
$=25(2-2i)$
$=50-50i$ [참]

ㄴ. $i+3i^2+5i^3+7i^4+\cdots+199i^{100}$
$=(i-3-5i+7)+(9i-11-13i+15)+\cdots+(193i-195-197i+199)$
$=(4-4i)+(4-4i)+\cdots+(4-4i)$
$=25(4-4i)$
$=100-100i$ [참]

ㄷ. $\dfrac{1}{i}+\dfrac{2}{i^2}+\dfrac{3}{i^3}+\dfrac{4}{i^4}+\cdots+\dfrac{100}{i^{100}}$
$=(-i-2+3i+4)+(-5i-6+7i+8)+\cdots+(-97i-98+99i+100)$
$=(2+2i)+(2+2i)+\cdots+(2+2i)$
$=25(2+2i)$
$=50+50i$ [참]

따라서 옳은 것은 ㄱ, ㄴ, ㄷ이다.

0470

STEP A i의 거듭제곱의 주기성을 이용하여 자연수 k의 개수 구하기

$i^{4m-3}=i$, $i^{4m-2}=-1$, $i^{4m-1}=-i$, $i^{4m}=1$ (m은 자연수)이므로
$i^{4m-3}+i^{4m-2}+i^{4m-1}+i^{4m}=0$
$f(4)=i+i^2+i^3+i^4=0$
$f(8)=(i+i^2+i^3+i^4)+(i^5+i^6+i^7+i^8)=0$
$f(12)=(i+i^2+i^3+i^4)+\cdots+(i^9+i^{10}+i^{11}+i^{12})=0$
$\qquad\qquad\vdots$
$f(4l)=0$ (단, l은 자연수)
따라서 k는 100 이하의 4의 배수이므로 구하는 자연수 k의 개수는 25

0471

STEP A $z=a+bi$라 놓고 복소수 z 구하기

$z=a+bi$ (a, b는 실수)라 하면 $\overline{z}=a-bi$
$(1+i)z+i\overline{z}=(1+i)(a+bi)+i(a-bi)$
$\qquad\qquad\quad=a+(2a+b)i$
$(1+i)z+i\overline{z}=1+i$에서 좌변을 정리하면 $a+(2a+b)i=1+i$
이때 a, b가 실수이므로 $2a+b$도 실수이다.
복소수가 서로 같을 조건에 의하여 $a=1$, $2a+b=1$
위의 두 식을 연립하면 $a=1$, $b=-1$
$\therefore z=1-i$

STEP B i의 거듭제곱의 주기성을 이용하여 자연수 n의 개수 구하기

$z^2=(1-i)^2=-2i$, $z^4=(z^2)^2=(-2i)^2=-4$
$\therefore z^8=(z^4)^2=(-4)^2=16$
따라서 z^n이 양수가 되도록 하는 100 이하의 자연수 n은
8, 16, 24, 32, 40, 48, 56, 64, 72, 80, 88, 96이므로 12

복소수 z와 그 켤레복소수 $\overline{z}$에 대하여 등식 $(1+i)z+i\overline{z}=1+3i$가 성립할 때, z^n이 양수가 되도록 하는 50 이하의 자연수 n의 개수는?

① 3   ② 6   ③ 9
④ 12   ⑤ 15

STEP A $z=a+bi$로 놓고 복소수 z 구하기

$z=a+bi$ (a, b는 실수)라 하면 $\overline{z}=a-bi$
$(1+i)z+i\overline{z}=(1+i)(a+bi)+i(a-bi)$
$\qquad\qquad\quad=a+(2a+b)i$
$(1+i)z+i\overline{z}=1+3i$에서 좌변을 정리하면 $a+(2a+b)i=1+3i$
이때 a, b가 실수이므로 $2a+b$도 실수이다.
복소수가 서로 같을 조건에 의하여 $a=1$, $2a+b=3$
위의 두 식을 연립하면 $a=1$, $b=1$
$\therefore z=1+i$

STEP B i의 거듭제곱의 주기성을 이용하여 자연수 n의 개수 구하기

$z^2=(1+i)^2=2i$, $z^4=(z^2)^2=(2i)^2=-4$
$\therefore z^8=(z^4)^2=(-4)^2=16$
따라서 z^n이 양수가 되도록 하는 50 이하의 자연수 n은 8, 16, 24, 32, 40, 48 이므로 6

0472

STEP A $(1+i)^2=2i$를 이용하여 n, a의 값 구하기

$(1+i)^2=2i$이므로 $(1+i)^8=\{(1+i)^2\}^4=(2i)^4=16$
양의 실수가 되도록 하는 최소의 자연수 n의 값은 8이고
그때의 a의 값은 16
따라서 $n+a=8+16=24$

0473

STEP A i의 거듭제곱의 주기성을 이용하여 a, b의 값 구하기

조건 (가)에서
$i^{101}+i^{102}+i^{103}+i^{104}=i+i^2+i^3+i^4=i+(-1)+(-i)+1=0$
$\therefore a=0$
조건 (나)에서
$\left(\dfrac{1-i}{i}\right)^2=\dfrac{-2i}{-1}=2i$이므로 $\left(\dfrac{1-i}{i}\right)^4=\left\{\left(\dfrac{1-i}{i}\right)^2\right\}^2=(2i)^2=-4$
$\left(\dfrac{1+i}{i}\right)^2=\dfrac{2i}{-1}=-2i$이므로 $\left(\dfrac{1+i}{i}\right)^4=\left\{\left(\dfrac{1+i}{i}\right)^2\right\}^2=(-2i)^2=-4$
$\therefore b=-4+(-4)=-8$
따라서 $a+b=0+(-8)=-8$

0474

STEP A i의 거듭제곱의 주기성을 이용하여 $f(n)$의 값 구하기

자연수 k에 대하여
(i) $n=4k-3$일 때,
$\quad i^{4k-3}=i$, $(-i)^{4k-3}=-i$이므로 $f(n)=i+(-i)=0$
(ii) $n=4k-2$일 때,
$\quad i^{4k-2}=-1$, $(-i)^{4k-2}=-1$이므로 $f(n)=-1+(-1)=-2$

(iii) $n=4k-1$일 때,
$i^{4k-1}=-i$, $(-i)^{4k-1}=i$이므로 $f(n)=-i+i=0$
(iv) $n=4k$일 때,
$i^{4k}=1$, $(-i)^{4k}=1$이므로 $f(n)=1+1=2$
(i)~(iv)에서 자연수 n에 대하여 $f(n)$의 값은 $0, -2, 0, 2$가 반복된다.

STEP **B** [보기]의 참, 거짓 판단하기

ㄱ. $f(n)=-2$를 만족시키는 자연수 n은 $n=4k-2$ (k는 자연수)
즉 100 이하의 자연수은 $2, 6, 10, 14, \cdots, 98$이므로 25개이다. [참]
    $4k-2\leq100$에서 $4k\leq102$, $k\leq25.5$이므로 자연수 k의 개수는 25

ㄴ. $f(n)=1$을 만족시키는 자연수 n은 존재하지 않는다. [거짓]

ㄷ. $100=4\times25$이므로
$f(100)=2$, $102=4\times26-2$에서 $f(102)=-2$
$\therefore f(100)+f(102)=2+(-2)=0$ [참]

ㄹ. 임의의 자연수 n에 대하여 $f(n)$은 실수이므로 $f(n)=\overline{f(n)}$이다. [참]

+α | 모든 자연수 n에 대하여 $f(n)$은 실수인 이유!

$f(1)=i+(-i)=0$
$f(2)=i^2+(-i)^2=-1+(-1)=-2$
$f(3)=i^3+(-i)^3=-i+i=0$
$f(4)=i^4+(-i)^4=1+1=2$
$f(5)=i^5+(-i)^5=i+(-i)=0$
$f(6)=i^6+(-i)^6=-1+(-1)=-2$
$\vdots$
임의의 자연수 n에 대하여 $f(n)$은 실수이다.

따라서 옳은 것은 ㄱ, ㄷ, ㄹ이다.

0475

2020년 06월 고1 학력평가 22번   정답 12

STEP **A** i의 거듭제곱의 성질을 이용하여 $3a+2b$의 값 구하기

$i+2i^2+3i^3+4i^4+5i^5=i-2-3i+4+5i$ $i^2=-1, i^3=-i, i^4=1, i^5=i$
$\qquad\qquad\qquad\qquad\qquad =2+3i$

즉 $2+3i=a+bi$에서 a, b가 실수이므로
복소수가 서로 같을 조건에 의하여 $a=2, b=3$
a, b, c, d가 실수일 때, $a+bi=c+di$이면 $a=c, b=d$
따라서 $3a+2b=6+6=12$

내신연계 출제문항 232

두 실수 a, b에 대하여 등식 $i+2i^2+3i^3+\cdots+12i^{12}+13i^{13}=a+bi$일 때,
$a-b$의 값은? (단, $i=\sqrt{-1}$)

① -2 ② -1 ③ 0
④ 1 ⑤ 2

STEP **A** i의 거듭제곱의 성질을 이용하여 주어진 등식의 좌변 정리하기

$i+2i^2+3i^3+\cdots+12i^{12}+13i^{13}$
$=(i-2-3i+4)+(5i-6-7i+8)+(9i-10-11i+12)+13i$
$=\underbrace{(2-2i)+(2-2i)+(2-2i)}_{3개}+13i$
$=3(2-2i)+13i$
$=6+7i$

STEP **B** 복소수가 서로 같을 조건을 이용하여 $a-b$의 값 구하기

$6+7i=a+bi$에서 a, b가 실수이므로
복소수가 서로 같을 조건에 의하여 $a=6, b=7$
따라서 $a-b=6-7=-1$  정답 ②

0476

2022년 06월 고1 학력평가 27번   정답 25

STEP **A** i의 거듭제곱의 주기성을 이용하여 자연수 n의 개수 구하기

$(1-i)^{2n}=\{(1-i)^2\}^n=(1-2i-1)^n=(-2i)^n=2^n(-i)^n$
$2^n(-i)^n=2^ni$에서 $(-i)^n=i$를 만족시키는 자연수 n은
$n=4k+3$ (k는 음이 아닌 정수)꼴   ← $(-i)^3=(-i)^7=(-i)^{11}=\cdots=(-i)^{4n}=i$
이때 n이 100 이하의 자연수이므로 $1\leq4k+3\leq100$
즉 $0\leq4k\leq97$ $\therefore 0\leq k\leq\dfrac{97}{4}=24.25$
따라서 조건을 만족하는 k의 값은 $0, 1, 2, 3, \cdots, 24$이므로 구하는 자연수 n의
개수는 $24-0+1=25$ ← 자연수 n의 값은 $3, 7, 11, 15, \cdots, 99$

내신연계 출제문항 233

복소수 z와 그 켤레복소수 $\bar{z}$에 대하여 등식 $(1+i)z+i\bar{z}=1+i$가 성립할
때, $z^{2n}=2^ni$를 만족시키는 50 이하의 자연수 n의 개수는? (단, $i=\sqrt{-1}$)

① 10   ② 11   ③ 12
④ 13   ⑤ 14

STEP **A** $z=a+bi$라 놓고 복소수 z 구하기

$z=a+bi$ (a, b는 실수)라 하면 $\bar{z}=a-bi$
$(1+i)z+i\bar{z}=(1+i)(a+bi)+i(a-bi)$
$\qquad\qquad\qquad =a+(2a+b)i$
$(1+i)z+i\bar{z}=1+i$에서 좌변을 정리하면 $a+(2a+b)i=1+i$
이때 a, b가 실수이므로 $2a+b$도 실수이다.
복소수가 서로 같을 조건에 의하여 $a=1, 2a+b=1$
위의 두 식을 연립하면 $a=1, b=-1$
$\therefore z=1-i$

STEP **B** $(1-i)^{2n}=2^ni$를 만족하는 자연수 n의 개수 구하기

$z^{2n}=(1-i)^{2n}=\{(1-i)^2\}^n=(-2i)^n=2^n(-i)^n$
$2^n(-i)^n=2^ni$에서 $(-i)^n=i$를 만족시키는 자연수 n은
$n=4k+3$ (k는 음이 아닌 정수)꼴
이때 n이 50 이하의 자연수이므로 $1\leq4k+3\leq50$, $0\leq4k\leq47$
$\therefore 0\leq k\leq\dfrac{47}{4}=11.75$
따라서 조건을 만족하는 k의 값은 $0, 1, 2, 3, \cdots, 11$이므로 구하는 자연수 n의
개수는 $11-0+1=12$ ← 자연수 n의 값은 $3, 7, 11, 15, \cdots, 47$ 정답 ③

0477

정답 -2

STEP **A** i의 거듭제곱의 성질을 이용하여 $f\left(\dfrac{1-i}{1+i}\right)$의 값 구하기

분모를 실수로 만들기 위해서 분모의 켤레복소수인 $1-i$를 분모, 분자에 각각
곱한다.
$$\dfrac{1-i}{1+i}=\dfrac{(1-i)^2}{(1+i)(1-i)}=\dfrac{1-2i+i^2}{1+1}=\dfrac{-2i}{2}=-i$$이므로
$(-i)^{50}=i^{50}=i^2=-1$
따라서 $f\left(\dfrac{1-i}{1+i}\right)=f(-i)=(-i)^{50}+\dfrac{1}{(-i)^{50}}=-1+(-1)=-2$

0478

STEP A 분모를 실수화하여 $f(n)$ 정리하기

분모를 실수로 만들기 위해서 분모의 켤레복소수인 $1+i$를 분모, 분자에 각각 곱한다.

$$\frac{1+i}{1-i}=\frac{(1+i)^2}{(1-i)(1+i)}=\frac{1+2i+i^2}{1+1}=i \text{이므로 } f(n)=\left(\frac{1+i}{1-i}\right)^n=i^n$$

STEP B [보기]의 참, 거짓 판단하기

ㄱ. $f(2025)=f(4\times506+1)=f(1)=i$, $f(17)=f(4\times4+1)=f(1)=i$이므로
  $f(2025)=f(17)=i$ [참]

ㄴ. $f(15)=f(4\times3+3)=f(3)=i^3=-i$이므로 $\overline{f(15)}=i$
  $\therefore \overline{f(15)}=-f(15)$ [참]

ㄷ. $1+f(1)+f(2)+f(3)+f(4)+\cdots+f(100)$
  $=1+i+i^2+i^3+i^4+\cdots+i^{100}$
  $=1+(i-1-i+1)+\cdots+(i-1-i+1)=1$ [참]

따라서 옳은 것은 ㄱ, ㄴ, ㄷ이다.

0479

STEP A 분모를 실수화하여 z^n 구하기

분모를 실수로 만들기 위해서 분모의 켤레복소수인 $1-i$를 분모, 분자에 각각 곱한다.

$$z=\frac{1-i}{1+i}=\frac{(1-i)^2}{(1+i)(1-i)}=\frac{1-2i+i^2}{1+1}=\frac{-2i}{2}=-i \text{이므로 } z^n=(-i)^n$$

STEP B $z^n=-1$을 만족하는 100 이하의 자연수 n의 개수 구하기

$z^n=(-i)^n=-1$를 만족시키는 자연수 n은 $n=4k+2$ (k는 음이 아닌 정수)꼴
이때 n이 100 이하의 자연수이므로 $1\le 4k+2\le 100$, $0\le 4k\le 98$

$$\therefore 0\le k\le \frac{98}{4}=24.5$$

따라서 조건을 만족하는 k의 값은 $0, 1, 2, 3, \cdots, 24$이므로 구하는 자연수 n의
개수는 $24-0+1=25$ ← 자연수 n의 값은 $2, 6, 10, 14, \cdots, 98$

0480

STEP A i의 거듭제곱의 성질을 이용하여 주어진 등식의 좌변 정리하기

분모를 실수로 만들기 위해서 분모의 켤레복소수인 $1-i$를 분모, 분자에 각각 곱한다.

$$\frac{1-i}{1+i}=\frac{(1-i)^2}{(1+i)(1-i)}=\frac{1-2i+i^2}{1+1}=\frac{-2i}{2}=-i \text{이므로}$$

$$\left(\frac{1-i}{1+i}\right)^{10}=(-i)^{10}=i^{10}=i^2=-1$$

즉 $\left(\frac{1-i}{1+i}\right)^{10}(a+2bi)=3+10i$에서 좌변을 정리하면 $-a-2bi=3+10i$

STEP B 복소수가 서로 같을 조건을 이용하여 a, b의 값 구하기

a, b가 실수이므로 복소수 서로 같을 조건에 의하여
$-a=3$, $-2b=10$에서 $a=-3$, $b=-5$
따라서 $a-b=-3-(-5)=2$

0481

STEP A 분모를 실수화하여 $z+z^2+z^3+z^4$의 값 구하기

분모를 실수로 만들기 위해서 분모의 켤레복소수인 $1-i$를 분모, 분자에 각각
곱한다.

$$z=\frac{1-i}{1+i}=\frac{(1-i)^2}{(1+i)(1-i)}=\frac{1-2i+i^2}{1+1}=\frac{-2i}{2}=-i$$

$$\therefore z+z^2+z^3+z^4=(-i)+(-i)^2+(-i)^3+(-i)^4=-i+(-1)+i+1=0$$

STEP B i의 거듭제곱의 주기성을 이용하여 $1+z+z^2+z^3+\cdots+z^{2026}$의 값 구하기

따라서 $1+z+z^2+z^3+\cdots+z^{2026}$
  $=1+(-i)+(-i)^2+(-i)^3+(-i)^4+\cdots+(-i)^{2026}$ ← $2026=4\times506+2$
  $=1+(0+0+\cdots+0)+(-i)+(-i)^2$
  $=1+(-i)+(-1)=-i$

0482

STEP A 분모를 실수화하여 $f(n)$ 구하기

분모를 실수로 만들기 위해서 분모의 켤레복소수를 분모, 분자에 각각 곱한다.

$$\frac{1-i}{1+i}=\frac{(1-i)^2}{(1+i)(1-i)}=\frac{1-2i+i^2}{1+1}=\frac{-2i}{2}=-i$$

$$\frac{1+i}{1-i}=\frac{(1+i)^2}{(1-i)(1+i)}=\frac{1+2i+i^2}{1+1}=\frac{2i}{2}=i$$

$$\therefore f(n)=(-i)^n+i^n$$

STEP B $f(n)$에 $1, 2, 3, 4, \cdots$를 차례대로 구하여 규칙성 구하기

$n=1$일 때, $f(1)=-i+i=0$
$n=2$일 때, $f(2)=(-i^2)+i^2=-1+(-1)=-2$
$n=3$일 때, $f(3)=(-i)^3+i^3=i-i=0$
$n=4$일 때, $f(4)=(-i)^4+i^4=1+1=2$
  $\vdots$

이므로 $f(n)=\begin{cases} 0 & (n=4k+1\text{일 때}) \\ -2 & (n=4k+2\text{일 때}) \\ 0 & (n=4k+3\text{일 때}) \\ 2 & (n=4k+4\text{일 때}) \end{cases}$ (단, k는 음이 아닌 정수)

STEP C $f(1)+f(2)+f(3)+\cdots+f(102)$의 값 구하기

따라서 $f(1)+f(2)+f(3)+f(4)+\cdots+f(102)$
  $=\{0+(-2)+0+2\}+\cdots+\{0+(-2)+0+2\}+\{0+(-2)\}$
  $=(25\times0)+0+(-2)=-2$

자연수 n에 대하여 $f(n)$은 $f(n)=\left(\frac{1-i}{1+i}\right)^{4n}+\left(\frac{1+i}{1-i}\right)^{2n}$ 으로 정의할 때,
$f(1)+f(2)+f(3)+\cdots+f(100)$의 값은? (단, $i=\sqrt{-1}$)

STEP A 분모를 실수화하여 $f(n)$ 구하기

분모를 실수로 만들기 위해서 분모의 켤레복소수를 분모, 분자에 각각 곱한다.

$$\frac{1-i}{1+i}=\frac{(1-i)^2}{(1+i)(1-i)}=\frac{1-2i+i^2}{1+1}=\frac{-2i}{2}=-i$$

$$\frac{1+i}{1-i}=\frac{(1+i)^2}{(1-i)(1+i)}=\frac{1+2i+i^2}{1+1}=\frac{2i}{2}=i$$

$$\therefore f(n)=(-i)^{4n}+i^{2n}=1+(-1)^n$$

STEP B $f(1)+f(2)+f(3)+\cdots+f(100)$의 값 구하기

따라서 $f(1)+f(2)+f(3)+\cdots+f(100)$
  $=(1-1)+(1+1)+(1-1)+(1+1)+\cdots+(1-1)+(1+1)$
  $=0+2+0+2+\cdots+0+2$
  $=2\times50$
  $=100$

0483

STEP A 분모를 실수화하여 w 정리하기

$$z=\frac{2-\sqrt{5}\,i}{\sqrt{5}+2i}=\frac{(2-\sqrt{5}\,i)(\sqrt{5}-2i)}{(\sqrt{5}+2i)(\sqrt{5}-2i)}=\frac{2\sqrt{5}-4i-5i-2\sqrt{5}}{5+4}=\frac{-9i}{9}=-i$$

즉 $z=-i$, $\overline{z}=i$이므로

$$w=\frac{1+\overline{z}}{1+z}=\frac{1-i}{1+i}=\frac{(1-i)^2}{(1+i)(1-i)}=\frac{1-2i+i^2}{1+1}=\frac{-2i}{2}=-i$$

STEP B $w+w^2+w^3+w^4+\cdots+w^{100}$ 의 값 구하기

$$w+w^2+w^3+w^4=(-i)+(-i)^2+(-i)^3+(-i)^4$$
$$=-i-1+i+1=0$$

따라서 $1+w+w^2+w^3+w^4+\cdots+w^{100}$

$$=1+(w+w^2+w^3+w^4)+\cdots+(w^{97}+w^{98}+w^{99}+w^{100})$$
$$=1+(0\times25)$$
$$=1$$

0484

STEP A i의 거듭제곱의 성질을 이용하여 $f(n)$ 정리하기

$\left(\dfrac{1+i}{\sqrt{2}}\right)^2=\dfrac{2i}{2}=i$, $\left(\dfrac{1-i}{\sqrt{2}}\right)^2=\dfrac{-2i}{2}=-i$이므로

$$f(n)=\left(\frac{1+i}{\sqrt{2}}\right)^{2n}+\left(\frac{1-i}{\sqrt{2}}\right)^{2n}=\left\{\left(\frac{1+i}{\sqrt{2}}\right)^2\right\}^n+\left\{\left(\frac{1-i}{\sqrt{2}}\right)^2\right\}^n=i^n+(-i)^n$$

STEP B $f(n)$에 1, 2, 3, 4, …를 차례대로 구하여 규칙성 구하기

$n=1$일 때, $f(1)=i+(-i)=0$

$n=2$일 때, $f(2)=i^2+(-i)^2=-1+(-1)=-2$

$n=3$일 때, $f(3)=i^3+(-i)^3=-i+i=0$

$n=4$일 때, $f(4)=i^4+(-i)^4=1+1=2$

$$\vdots$$

이므로 $f(n)=\begin{cases}0 & (n=4k+1\text{일 때})\\-2 & (n=4k+2\text{일 때})\\0 & (n=4k+3\text{일 때})\\2 & (n=4k+4\text{일 때})\end{cases}$ (단, k는 음이 아닌 정수)

STEP C $f(n)$의 값으로 가능한 모든 수의 합 구하기

따라서 $f(n)$의 값으로 가능한 모든 수의 합은 $0+(-2)+2=0$

0485

STEP A 복소수 z를 거듭제곱하여 z^2, $(\overline{z})^2$의 값 구하기

$$z^2=\left(\frac{1-i}{\sqrt{2}}\right)^2=\frac{1-2i+i^2}{2}=\frac{-2i}{2}=-i$$

$$(\overline{z})^2=\left(\frac{1+i}{\sqrt{2}}\right)^2=\frac{1+2i+i^2}{2}=\frac{2i}{2}=i$$

STEP B i의 거듭제곱의 주기성을 이용하여 $z^{84}+(\overline{z})^{84}$의 값 구하기

따라서 $z^{84}+(\overline{z})^{84}=(z^2)^{42}+\{(\overline{z})^2\}^{42}$

$$=(-i)^{42}+i^{42}$$
$$=i^{42}\times i^{42}$$
$$=2\times(i^4)^{10}\times i^2$$
$$=-2$$

복소수 $z=\dfrac{1-i}{\sqrt{2}}$에 대하여 $z^{100}+\overline{z}^{100}$의 값을 구하시오.

(단, $\overline{z}$는 z의 켤레복소수이다.)

STEP A 복소수의 거듭제곱을 하여 i, $-i$의 값으로 변형하기

$$z^2=\left(\frac{1-i}{\sqrt{2}}\right)^2=\frac{(1-i)^2}{2}=\frac{1-2i-1}{2}=\frac{-2i}{2}=-i$$

$$(\overline{z})^2=\left(\frac{1+i}{\sqrt{2}}\right)^2=\frac{(1+i)^2}{2}=\frac{1+2i-1}{2}=\frac{2i}{2}=i$$

STEP B i의 거듭제곱의 4주기성을 이용하여 구하기

따라서 $z^{100}+\overline{z}^{100}=(z^2)^{50}+(\overline{z}^2)^{50}=(-i)^{50}+i^{50}=-1-1=-2$

0486

STEP A 복소수 z를 거듭제곱하여 z^2, z^4, z^6, z^8의 값 구하기

$$z^2=\left(\frac{1+i}{\sqrt{2}}\right)^2=\frac{1+2i+i^2}{2}=\frac{2i}{2}=i$$

$$z^4=(z^2)^2=i^2=-1$$

$$z^6=(z^2)^3=i^3=-i$$

$$z^8=(z^4)^2=(-1)^2=1$$

STEP B 100 이하의 자연수 n의 개수 구하기

$z^2+z^4+z^6+z^8=i+(-1)+(-i)+1=0$

$z^2+z^4+z^6+z^8+z^{10}+z^{12}+z^{14}+z^{16}=z^{18}+z^{20}+z^{22}+z^{24}+\cdots=0$

이때 100 이하의 자연수 $n=4k$ (k는 자연수)이므로 $4k\leq100$

$\therefore k\leq25$

따라서 $z^2+z^4+z^6+\cdots+z^{2n}=0$을 만족하는 자연수 n의 개수는 25

$z=\dfrac{1-i}{\sqrt{2}}$일 때, $z^2+z^4+z^6+z^8+z^{10}$의 값을 구하시오.

STEP A $z^2=-i$임을 구하기

$$z^2=\left(\frac{1-i}{\sqrt{2}}\right)^2=-i$$

$$z^4=(z^2)^2=(-i)^2=-1$$

$$z^6=(z^2)^3=(-i)^3=i$$

$$z^8=(z^2)^4=(-i)^4=1$$

$$z^{10}=(z^2)^5=(-i)^5=-i$$

STEP B 주어진 값 계산하기

따라서 $z^2+z^4+z^6+z^8+z^{10}=(-i)+(-1)+i+1+(-i)=-i$

0487

STEP A 두 복소수 z, ω의 거듭제곱 구하기

$$z^2 = \left(\frac{1+i}{\sqrt{2}}\right)^2 = \frac{1+2i+i^2}{2} = \frac{2i}{2} = i.$$

$$z^4 = (z^2)^2 = i^2 = -1$$
$$z^6 = (z^2)^3 = i^3 = -i$$
$$z^8 = (z^4)^2 = (-1)^2 = 1$$

또한, $\omega^2 = \left(\frac{-1+\sqrt{3}i}{2}\right)^2 = \frac{1-2\sqrt{3}i+3i^2}{4} = \frac{-1-\sqrt{3}i}{2}$

$$\omega^3 = \omega \times \omega^2 = \frac{-1+\sqrt{3}i}{2} \times \frac{-1-\sqrt{3}i}{2} = \frac{1-3i^2}{4} = 1$$

STEP B $z^n = \omega^n$ 만족시키는 100 이하의 자연수 n의 개수 구하기

$z^n = \omega^n$이 성립하려면 n은 8과 3의 공배수, 즉 24의 배수이어야 한다.
따라서 100 이하의 n은 자연수 24, 48, 72, 96이므로 개수는 4

두 복소수 $z_1 = \dfrac{\sqrt{2}i}{1-i}$, $z_2 = \dfrac{-1+\sqrt{3}i}{2}$에 대하여 $z_1{}^n = z_2{}^n$을 만족시키는 자연수 n의 최솟값을 구하시오. (단, $i = \sqrt{-1}$)

STEP A 두 복소수 z_1, z_2의 거듭제곱 구하기

$$z_1{}^2 = \left(\frac{\sqrt{2}i}{1-i}\right)^2 = \frac{2i^2}{1-2i+i^2} = \frac{1}{i} = -i$$
$$z_1{}^4 = (z_1{}^2)^2 = (-i)^2 = -1$$
$$z_1{}^8 = (z_1{}^4)^2 = (-1)^2 = 1$$

또한, $z_2{}^2 = \left(\frac{-1+\sqrt{3}i}{2}\right)^2 = \frac{1-2\sqrt{3}i+3i^2}{4} = \frac{-1-\sqrt{3}i}{2}$

$$z_2{}^3 = z_2{}^2 \times z_2 = \left(\frac{-1-\sqrt{3}i}{2}\right) \times \left(\frac{-1+\sqrt{3}i}{2}\right) = \frac{1-3i^2}{4} = 1$$

STEP B $z_1{}^n = z_2{}^n$을 만족시키는 자연수 n의 최솟값 구하기

$z_1{}^n = z_2{}^n$이 성립하려면 n은 8과 3의 공배수, 즉 24의 배수이어야 한다.
따라서 자연수 n의 최솟값은 24

0488

STEP A 분모를 실수화하여 복소수 z 정리하기

분모를 실수로 만들기 위해서 분모의 켤레복소수인 $\sqrt{2}+3i$를 분모, 분자에 각각 곱한다.
$$z = \frac{3+\sqrt{2}i}{\sqrt{2}-3i} = \frac{(3+\sqrt{2}i)(\sqrt{2}+3i)}{(\sqrt{2}-3i)(\sqrt{2}+3i)} = \frac{3\sqrt{2}+11i+3\sqrt{2}i^2}{2+9} = \frac{11i}{11} = i$$

STEP B 복소수 ω의 거듭제곱 구하기

$\omega = \dfrac{\sqrt{2}z}{1-z} = \dfrac{\sqrt{2}i}{1-i}$이므로

$$\omega^2 = \left(\frac{\sqrt{2}i}{1-i}\right)^2 = \frac{2i^2}{1-2i+i^2} = \frac{1}{i} = -i$$
$$\omega^4 = (\omega^2)^2 = (-i)^2 = -1$$
$$\omega^8 = (\omega^4)^2 = (-1)^2 = 1$$

STEP C $\omega^n = 1$을 만족시키는 100 이하의 자연수 n의 개수 구하기

$\omega^n = 1$이 성립하려면 n은 8의 배수이어야 한다.
따라서 100 이하의 자연수 n은 8, 16, 24, $\cdots$, 96이므로 개수는 12

복소수 $z = \dfrac{3+\sqrt{2}i}{\sqrt{2}-3i}$에 대하여 $\omega = \dfrac{\sqrt{3}+z}{2}$라 할 때, $\omega^n = 1$을 만족시키는 100 이하의 자연수 n의 개수는? (단, $i = \sqrt{-1}$이고 $\bar{z}$는 z의 켤레복소수이다.)

① 6   ② 8   ③ 12
④ 18   ⑤ 25

STEP A 분모를 실수화하여 복소수 z 정리하기

분모를 실수로 만들기 위해서 분모의 켤레복소수인 $\sqrt{2}+3i$를 분모, 분자에 각각 곱한다.
$$z = \frac{3+\sqrt{2}i}{\sqrt{2}-3i} = \frac{(3+\sqrt{2}i)(\sqrt{2}+3i)}{(\sqrt{2}-3i)(\sqrt{2}+3i)} = \frac{3\sqrt{2}+11i+3\sqrt{2}i^2}{2+9} = \frac{11i}{11} = i$$

STEP B 복소수 ω의 거듭제곱 구하기

$$\omega = \frac{\sqrt{3}+z}{2} = \frac{\sqrt{3}+i}{2}$$
$$\omega^2 = \left(\frac{\sqrt{3}+i}{2}\right)^2 = \frac{3+2\sqrt{3}i+i^2}{4} = \frac{1+\sqrt{3}i}{2}$$
$$\omega^3 = \omega^2 \times \omega = \frac{1+\sqrt{3}i}{2} \times \frac{\sqrt{3}+i}{2} = \frac{\sqrt{3}+4i+\sqrt{3}i^2}{4} = \frac{4i}{4} = i$$
$$\omega^6 = (\omega^3)^2 = i^2 = -1$$
$$\omega^{12} = (\omega^6)^2 = (-1)^2 = 1$$

STEP C $\omega^n = 1$을 만족시키는 100 이하의 자연수 n의 개수 구하기

$\omega^n = 1$이 성립하려면 n은 12의 배수이어야 한다.
따라서 100 이하의 자연수 n은 12, 24, 36, 48, 60, 72, 84, 96이므로 개수는 8

0489

STEP A i의 거듭제곱의 성질을 이용하여 [보기]의 참, 거짓 판단하기

ㄱ. $z^2 = \left(\dfrac{\sqrt{2}i}{1-i}\right)^2 = \dfrac{2i^2}{1-2i+i^2} = \dfrac{1}{i} = -i$이므로
     $z^4 = (z^2)^2 = (-i)^2 = -1$ [거짓]

ㄴ. $z^2 = -i$, $z^4 = -1$이므로
     $z^6 = z^4 \times z^2 = -1 \times (-i) = i$, 즉 $z^6 \neq z^2$ [거짓]

ㄷ. $z^4 = -1$이므로 $z^8 = (z^4)^2 = (-1)^2 = 1$
     $z^{n+8} = \left(\dfrac{\sqrt{2}i}{1-i}\right)^{n+8} = \left(\dfrac{\sqrt{2}i}{1-i}\right)^n \times \left(\dfrac{\sqrt{2}i}{1-i}\right)^8 = z^n \times z^8 = z^n$, 즉 $z^{n+8} = z^n$ [참]

ㄹ. $z^2 + z^4 + z^6 + z^8 = -i + (-1) + i + 1 = 0$이므로
     $z^2 + z^4 + z^6 + z^8 + z^{10} + z^{12} + z^{14} + z^{16}$
     $= z^2 + z^4 + z^6 + z^8 + z^8(z^2 + z^4 + z^6 + z^8)$
     $= 0 + 0 = 0$ [참]
따라서 옳은 것은 ㄷ, ㄹ이다.

STEP Ⓐ 복소수 z에 대하여 z^2이 음수가 되기 위한 조건을 이용하여 a의 값 구하기

복소수 $z=a^2-1+(a-1)i$에 대하여 z^2이 음의 실수가 되려면
z는 순허수이어야 하므로 (실수부분)$=0$, (허수부분)$\neq0$
실수부분 $a^2-1=0$, $(a-1)(a+1)=0$
$\therefore a=1$ 또는 $a=-1$ 　　　…… ㉠
허수부분 $a-1\neq0$
$\therefore a\neq1$ 　　　…… ㉡
㉠, ㉡에 의하여 $a=-1$

STEP Ⓑ 복소수의 거듭제곱의 규칙성을 이용하여 자연수 n의 개수 구하기

$a=-1$이므로 복소수 $z=-2i$이고 켤레복소수 $\overline{z}=2i$

$\left(\dfrac{1-i}{\sqrt{2}}\right)^n=\dfrac{(z-\overline{z})i}{4}$ 에서 우변을 정리하면

$\dfrac{(z-\overline{z})i}{4}=\dfrac{(-2i-2i)i}{4}=\dfrac{4}{4}=1$

즉 $\left(\dfrac{1-i}{\sqrt{2}}\right)^n=1$

이때 $\left(\dfrac{1-i}{\sqrt{2}}\right)^n$에서 n의 값에 $n=1,\,2,\,3,\,\cdots$을 대입하면

$n=1$일 때, $\dfrac{1-i}{\sqrt{2}}$

$n=2$일 때, $\left(\dfrac{1-i}{\sqrt{2}}\right)^2=\dfrac{-2i}{2}=-i$

$n=3$일 때, $\left(\dfrac{1-i}{\sqrt{2}}\right)^3=\left(\dfrac{1-i}{\sqrt{2}}\right)^2\left(\dfrac{1-i}{\sqrt{2}}\right)=-i\times\dfrac{1-i}{\sqrt{2}}=\dfrac{-1-i}{\sqrt{2}}$

$n=4$일 때, $\left(\dfrac{1-i}{\sqrt{2}}\right)^4=\left\{\left(\dfrac{1-i}{\sqrt{2}}\right)^2\right\}^2=(-i)^2=-1$

$n=5$일 때, $\left(\dfrac{1-i}{\sqrt{2}}\right)^5=\left(\dfrac{1-i}{\sqrt{2}}\right)^4\left(\dfrac{1-i}{\sqrt{2}}\right)=-1\times\dfrac{1-i}{\sqrt{2}}=\dfrac{-1+i}{\sqrt{2}}$

$n=6$일 때, $\left(\dfrac{1-i}{\sqrt{2}}\right)^6=\left(\dfrac{1-i}{\sqrt{2}}\right)^4\left(\dfrac{1-i}{\sqrt{2}}\right)^2=-1\times(-i)=i$

$n=7$일 때, $\left(\dfrac{1-i}{\sqrt{2}}\right)^7=\left(\dfrac{1-i}{\sqrt{2}}\right)^4\left(\dfrac{1-i}{\sqrt{2}}\right)^3=-1\times\dfrac{-1-i}{\sqrt{2}}=\dfrac{1+i}{\sqrt{2}}$

$n=8$일 때, $\left(\dfrac{1-i}{\sqrt{2}}\right)^8=\left\{\left(\dfrac{1-i}{\sqrt{2}}\right)^4\right\}^2=(-1)^2=1$

$\vdots$

즉 $\left(\dfrac{1-i}{\sqrt{2}}\right)^n$의 값은 8을 주기로 위의 값이 반복된다.

따라서 $\left(\dfrac{1-i}{\sqrt{2}}\right)^n=1$이 되는 100 이하의 자연수 n은 $\underline{8,\,16,\,24,\,\cdots,\,96}$이므로
개수는 12
　　　$8=8\times0+8$, $96=8\times11+8$이므로 개수는 12

실수 a에 대하여 복소수 z를 $z=a^2+(1+i)a+i-2$라 하자.
z^2이 양의 실수일 때, $\left(\dfrac{1+i}{\sqrt{2}}\right)^n=\dfrac{(z+\overline{z})i}{4}$가 되도록 하는 100 이하의 자연수
n의 개수는? (단, $\overline{z}$는 z의 켤레복소수이고 $i=\sqrt{-1}$)

① 8　　　　② 9　　　　③ 10
④ 11　　　⑤ 12

STEP Ⓐ 복소수 z에 대하여 z^2이 양의 실수가 되기 위한 조건을 이용하여 z의 값 구하기

복소수 $z=a^2+(1+i)a+i-2=(a^2+a-2)+(a+1)i$에 대하여
z^2이 양의 실수가 되기 위해서 z는 0이 아닌 실수여야 하므로
(실수부분)$\neq0$, (허수부분)$=0$
실수부분 $a^2+a-2\neq0$, $(a-1)(a+2)\neq0$
$\therefore a\neq1$이고 $a\neq-2$ 　　　…… ㉠
허수부분 $a+1=0$
$\therefore a=-1$ 　　　…… ㉡
㉠, ㉡에 의하여 $a=-1$

STEP Ⓑ 복소수의 거듭제곱의 규칙성을 이용하여 자연수 n의 개수 구하기

$a=-1$이므로 복소수 $z=\overline{z}=-2$

$\left(\dfrac{1+i}{\sqrt{2}}\right)^n=\dfrac{(z+\overline{z})i}{4}$ 에서 우변을 정리하면

$\dfrac{(z+\overline{z})i}{4}=\dfrac{-4i}{4}=-i$

즉 $\left(\dfrac{1+i}{\sqrt{2}}\right)^n=-i$

이때 $\left(\dfrac{1+i}{\sqrt{2}}\right)^n$의 식에 $n=1,\,2,\,3,\,\cdots$을 대입하면

$n=1$일 때, $\dfrac{1+i}{\sqrt{2}}$

$n=2$일 때, $\left(\dfrac{1+i}{\sqrt{2}}\right)^2=\dfrac{2i}{2}=i$

$n=3$일 때, $\left(\dfrac{1+i}{\sqrt{2}}\right)^3=\left(\dfrac{1+i}{\sqrt{2}}\right)^2\left(\dfrac{1+i}{\sqrt{2}}\right)=i\times\dfrac{1+i}{\sqrt{2}}=\dfrac{-1+i}{\sqrt{2}}$

$n=4$일 때, $\left(\dfrac{1+i}{\sqrt{2}}\right)^4=\left\{\left(\dfrac{1+i}{\sqrt{2}}\right)^2\right\}^2=i^2=-1$

$n=5$일 때, $\left(\dfrac{1+i}{\sqrt{2}}\right)^5=\left(\dfrac{1+i}{\sqrt{2}}\right)^4\left(\dfrac{1+i}{\sqrt{2}}\right)^1=(-1)\times\dfrac{1+i}{\sqrt{2}}=\dfrac{-1-i}{2}$

$n=6$일 때, $\left(\dfrac{1+i}{\sqrt{2}}\right)^6=\left(\dfrac{1+i}{\sqrt{2}}\right)^4\left(\dfrac{1+i}{\sqrt{2}}\right)^2=(-1)\times i=-i$

$n=7$일 때, $\left(\dfrac{1+i}{\sqrt{2}}\right)^7=\left(\dfrac{1+i}{\sqrt{2}}\right)^4\left(\dfrac{1+i}{\sqrt{2}}\right)^3=(-1)\times\dfrac{-1+i}{\sqrt{2}}=\dfrac{1-i}{\sqrt{2}}$

$n=8$일 때, $\left(\dfrac{1+i}{\sqrt{2}}\right)^8=\left\{\left(\dfrac{1+i}{\sqrt{2}}\right)^4\right\}^2=(-1)^2=1$

$\vdots$

즉 $\left(\dfrac{1+i}{\sqrt{2}}\right)^n$의 값은 8을 주기로 위의 값이 반복된다.

따라서 $\left(\dfrac{1+i}{\sqrt{2}}\right)^n=-i$가 되는 100 이하의 자연수 n은 $\underline{6,\,14,\,22,\,\cdots,\,94}$이므로
개수는 12
　　　$6=8\times0+6$, $94=8\times11+6$이므로 개수는 12

　　　정답 ⑤

문항분석

$\dfrac{1+i}{\sqrt{2}}$ 와 i를 각각 거듭제곱하여 값이 반복되는 주기를 파악한다.

이때 $\left\{\left(\dfrac{1+i}{\sqrt{2}}\right)^{m}-i^{n}\right\}^{2}=4$이려면 $\left(\dfrac{1+i}{\sqrt{2}}\right)^{m}-i^{n}=2$ 또는 $\left(\dfrac{1+i}{\sqrt{2}}\right)^{m}-i^{n}=-2$

이어야 하므로 각각의 경우를 나누어 $m+n$의 최댓값을 구한다.

STEP Ⓐ i의 거듭제곱의 성질을 이용하여 규칙성 구하기

$z=\dfrac{1+i}{\sqrt{2}}$ 라고 하면

$z^2=\left(\dfrac{1+i}{\sqrt{2}}\right)^2=\dfrac{1+2i-1}{2}=\dfrac{2i}{2}=i$　← $i^2=-1$

$z^3=z^2\times z=\dfrac{i+i^2}{\sqrt{2}}=\dfrac{-1+i}{\sqrt{2}}$

$z^4=(z^2)^2=i^2=-1$

$z^5=z^4\times z=\dfrac{-1-i}{\sqrt{2}}$

$z^6=z^4\times z^2=-i$

$z^7=z^4\times z^3=\dfrac{1-i}{\sqrt{2}}$

$z^8=(z^4)^2=(-1)^2=1$

$\vdots$

즉 $\left(\dfrac{1+i}{\sqrt{2}}\right)^{m}$ 은 주기가 8이고 위의 값이 반복된다.

+α | 49 이하의 자연수 m은 8개를 주기로 나누어 구할 수 있어!

49 이하의 자연수 m에 대하여 $\left(\dfrac{1+i}{\sqrt{2}}\right)^{m}$의 값은 다음과 같다.

$m=1,\ 9,\ 17,\ \cdots,\ 49$일 때, $\left(\dfrac{1+i}{\sqrt{2}}\right)^{m}=\dfrac{1+i}{\sqrt{2}}$

$m=2,\ 10,\ 18,\ \cdots,\ 42$일 때, $\left(\dfrac{1+i}{\sqrt{2}}\right)^{m}=i$

$m=3,\ 11,\ 19,\ \cdots,\ 43$일 때, $\left(\dfrac{1+i}{\sqrt{2}}\right)^{m}=\dfrac{-1+i}{\sqrt{2}}$

$m=4,\ 12,\ 20,\ \cdots,\ 44$일 때, $\left(\dfrac{1+i}{\sqrt{2}}\right)^{m}=-1$

$m=5,\ 13,\ 21,\ \cdots,\ 45$일 때, $\left(\dfrac{1+i}{\sqrt{2}}\right)^{m}=\dfrac{-1-i}{\sqrt{2}}$

$m=6,\ 14,\ 22,\ \cdots,\ 46$일 때, $\left(\dfrac{1+i}{\sqrt{2}}\right)^{m}=-i$

$m=7,\ 15,\ 23,\ \cdots,\ 47$일 때, $\left(\dfrac{1+i}{\sqrt{2}}\right)^{m}=\dfrac{1-i}{\sqrt{2}}$

$m=8,\ 16,\ 24,\ \cdots,\ 48$일 때, $\left(\dfrac{1+i}{\sqrt{2}}\right)^{m}=1$

또한, 음이 아닌 정수 k에 대하여

$$i^{n}=\begin{cases}i & (n=4k+1)\\ -1 & (n=4k+2)\\ -i & (n=4k+3)\\ 1 & (n=4k)\end{cases}$$

즉 i^{n}은 주기가 4이고 위의 값이 반복된다.

+α | 49 이하의 자연수 n은 4개를 주기로 나누어 구할 수 있어!

49 이하의 자연수 n에 대하여 i^{n}의 값은 다음과 같다.
$n=1,\ 5,\ 9,\ \cdots,\ 49$일 때, $i^{n}=i$
$n=2,\ 6,\ 10,\ \cdots,\ 46$일 때, $i^{n}=-1$
$n=3,\ 7,\ 11,\ \cdots,\ 47$일 때, $i^{n}=-i$
$n=4,\ 8,\ 12,\ \cdots,\ 48$일 때, $i^{n}=1$

STEP Ⓑ 주어진 식이 성립하는 $m+n$의 최댓값 구하기

$\left\{\left(\dfrac{1+i}{\sqrt{2}}\right)^{m}-i^{n}\right\}^{2}=4$이므로 $\left(\dfrac{1+i}{\sqrt{2}}\right)^{m}-i^{n}=2$ 또는 $\left(\dfrac{1+i}{\sqrt{2}}\right)^{m}-i^{n}=-2$이어야 한다.

(ⅰ) $\left(\dfrac{1+i}{\sqrt{2}}\right)^{m}-i^{n}=2$인 경우

$\left(\dfrac{1+i}{\sqrt{2}}\right)^{m}=1,\ i^{n}=-1$이어야 한다.

즉 49 이하의 두 자연수 m, n에 대하여

$m=8,\ 16,\ 24,\ \cdots,\ 48$일 때, $\left(\dfrac{1+i}{\sqrt{2}}\right)^{m}=1$이고

$n=2,\ 6,\ 10,\ \cdots,\ 46$일 때, $i^{n}=-1$

이때 $m=48,\ n=46$인 경우 $m+n$은 최댓값 94를 갖는다.

(ⅱ) $\left(\dfrac{1+i}{\sqrt{2}}\right)^{m}-i^{n}=-2$인 경우

$\left(\dfrac{1+i}{\sqrt{2}}\right)^{m}=-1,\ i^{n}=1$이어야 한다.

즉 49 이하의 두 자연수 m, n에 대하여

$m=4,\ 12,\ 20,\ \cdots,\ 44$일 때, $\left(\dfrac{1+i}{\sqrt{2}}\right)^{m}=-1$이고

$n=4,\ 8,\ 12,\ \cdots,\ 48$일 때, $i^{n}=1$

이때 $m=44,\ n=48$인 경우 $m+n$은 최댓값 92를 갖는다.

(ⅰ), (ⅱ)에 의해 $m+n$의 최댓값은 94

POINT | 암기해야 할 복소수의 값

다음은 복소수의 거듭제곱을 하여 i, $-i$의 값으로 변형되는 기본 식이므로 반드시 암기한다.

① $\left(\dfrac{1+i}{\sqrt{2}}\right)^{2}=i$, $\left(\dfrac{1-i}{\sqrt{2}}\right)^{2}=-i$

② $\left(\dfrac{\sqrt{2}}{1-i}\right)^{2}=i$, $\left(\dfrac{\sqrt{2}}{1+i}\right)^{2}=-i$

③ $\dfrac{1+i}{1-i}=i$, $\dfrac{1-i}{1+i}=-i$

내신연계 출제문항 240

100 이하의 두 자연수 m, n이 $\left\{\left(\dfrac{1-i}{\sqrt{2}}\right)^{m}-i^{n}\right\}^{2}=-4$를 만족시킬 때, $m+n$의 최댓값을 구하시오. (단, $i=\sqrt{-1}$)

문항분석

$\dfrac{1-i}{\sqrt{2}}$ 와 i를 각각 거듭제곱하여 값이 반복되는 주기를 파악한다.

이때 $\left\{\left(\dfrac{1-i}{\sqrt{2}}\right)^{m}-i^{n}\right\}^{2}=-4$이려면 $\left(\dfrac{1-i}{\sqrt{2}}\right)^{m}-i^{n}=2i$ 또는 $\left(\dfrac{1-i}{\sqrt{2}}\right)^{m}-i^{n}=-2i$

이어야 하므로 각각의 경우를 나누어 $m+n$의 최댓값을 구한다.

STEP Ⓐ i의 거듭제곱의 성질을 이용하여 규칙성 구하기

$z=\dfrac{1-i}{\sqrt{2}}$ 라고 하면

$z^2=\left(\dfrac{1-i}{\sqrt{2}}\right)^2=\dfrac{1-2i+i^2}{2}=\dfrac{-2i}{2}=-i$

$z^3=z^2\times z=\dfrac{-i+i^2}{\sqrt{2}}=\dfrac{-1-i}{\sqrt{2}}$

$z^4=(z^2)^2=(-i)^2=-1$

$z^5=z^4\times z=\dfrac{-1+i}{\sqrt{2}}$

$z^6=z^4\times z^2=-1\times(-i)=i$

$z^7=z^4\times z^3=\dfrac{1+i}{\sqrt{2}}$

$z^8=(z^4)^2=(-1)^2=1$

$\vdots$

즉 $\left(\dfrac{1-i}{\sqrt{2}}\right)^{m}$ 은 주기가 8이고 위의 값이 반복된다.

+α | 100 이하의 자연수 m은 8개를 주기로 나누어 구할 수 있어!

100 이하의 자연수 m에 대하여 $\left(\dfrac{1-i}{\sqrt{2}}\right)^m$의 값은 다음과 같다.

$m=1, 9, 17, \cdots, 97$일 때, $\left(\dfrac{1-i}{\sqrt{2}}\right)^m=\dfrac{1-i}{\sqrt{2}}$

$m=2, 10, 18, \cdots, 98$일 때, $\left(\dfrac{1-i}{\sqrt{2}}\right)^m=-i$

$m=3, 11, 19, \cdots, 99$일 때, $\left(\dfrac{1-i}{\sqrt{2}}\right)^m=\dfrac{-1-i}{\sqrt{2}}$

$m=4, 12, 20, \cdots, 100$일 때, $\left(\dfrac{1-i}{\sqrt{2}}\right)^m=-1$

$m=5, 13, 21, \cdots, 93$일 때, $\left(\dfrac{1-i}{\sqrt{2}}\right)^m=\dfrac{-1+i}{\sqrt{2}}$

$m=6, 14, 22, \cdots, 94$일 때, $\left(\dfrac{1-i}{\sqrt{2}}\right)^m=i$

$m=7, 15, 23, \cdots, 95$일 때, $\left(\dfrac{1-i}{\sqrt{2}}\right)^m=\dfrac{1+i}{\sqrt{2}}$

$m=8, 16, 24, \cdots, 96$일 때, $\left(\dfrac{1-i}{\sqrt{2}}\right)^m=1$

또한, 음이 아닌 정수 k에 대하여

$$i^n=\begin{cases} i & (n=4k+1) \\ -1 & (n=4k+2) \\ -i & (n=4k+3) \\ 1 & (n=4k) \end{cases}$$

즉 i^n은 주기가 4이고 위의 값이 반복된다.

+α | 100 이하의 자연수 n은 4개를 주기로 나누어 구할 수 있어!

100 이하의 자연수 n에 대하여 i^n의 값은 다음과 같다.
$n=1, 5, 9, \cdots, 97$일 때, $i^n=i$
$n=2, 6, 10, \cdots, 98$일 때, $i^n=-1$
$n=3, 7, 11, \cdots, 99$일 때, $i^n=-i$
$n=4, 8, 12, \cdots, 100$일 때, $i^n=1$

STEP B $\left\{\left(\dfrac{1-i}{\sqrt{2}}\right)^m-i^n\right\}^2=-4$가 성립하는 $m+n$의 최댓값 구하기

$\left\{\left(\dfrac{1-i}{\sqrt{2}}\right)^m-i^n\right\}^2=-4$이므로 $\left(\dfrac{1-i}{\sqrt{2}}\right)^m-i^n=2i$ 또는 $\left(\dfrac{1-i}{\sqrt{2}}\right)^m-i^n=-2i$이어야 한다.

(i) $\left(\dfrac{1-i}{\sqrt{2}}\right)^m-i^n=2i$인 경우

$\left(\dfrac{1-i}{\sqrt{2}}\right)^m=i$, $i^n=-i$이어야 한다.

즉 100 이하의 두 자연수 m, n에 대하여

$m=6, 14, 22, \cdots, 94$일 때, $\left(\dfrac{1-i}{\sqrt{2}}\right)^m=i$이고

$n=3, 7, 11, \cdots, 99$일 때, $i^n=-i$

이때 $m=94$, $n=99$인 경우 $m+n$은 최댓값 193을 갖는다.

(ii) $\left(\dfrac{1-i}{\sqrt{2}}\right)^m-i^n=-2i$인 경우

$\left(\dfrac{1-i}{\sqrt{2}}\right)^m=-i$, $i^n=i$이어야 한다.

즉 100 이하의 두 자연수 m, n에 대하여

$m=2, 10, 18, \cdots, 98$일 때, $\left(\dfrac{1-i}{\sqrt{2}}\right)^m=-i$이고

$n=1, 5, 9, \cdots, 97$일 때, $i^n=i$

이때 $m=98$, $n=97$인 경우 $m+n$은 최댓값 195를 갖는다.

(i), (ii)에 의해 $m+n$의 최댓값은 195

 **정답** 195

0492 **정답** 24 

문 항 분 석

$\left(\dfrac{\sqrt{2}}{1+i}\right)^n+\left(\dfrac{\sqrt{3}+i}{2}\right)^n=2$를 만족시키기 위해서는 $\left(\dfrac{\sqrt{2}}{1+i}\right)^n=1$과 $\left(\dfrac{\sqrt{3}+i}{2}\right)^n=1$이어야 한다.

그러므로 $\left(\dfrac{\sqrt{2}}{1+i}\right)^n=\left(\dfrac{\sqrt{3}+i}{2}\right)^n=1$을 만족시키는 자연수 n의 최솟값은 두 자연수 n의 최소공배수를 이용하여 구한다.

STEP A i의 거듭제곱의 성질을 이용하여 $z_1{}^n=1$이 되는 자연수 n의 값 구하기

$z_1=\dfrac{\sqrt{2}}{1+i}$라 하면

$z_1{}^2=\left(\dfrac{\sqrt{2}}{1+i}\right)^2=\dfrac{2}{1+2i-1}=\dfrac{1}{i}=-i$ ← $i^2=-1$

$z_1{}^3=z_1{}^2\times z_1=-\dfrac{\sqrt{2}\,i}{1+i}$

$z_1{}^4=(z_1{}^2)^2=(-i)^2=-1$

$\vdots$

$z_1{}^8=(z_1{}^4)^2=(-1)^2=1$

즉 $z_1{}^8=1$이므로 n이 8의 배수일 때, $z_1{}^n=1$

STEP B i의 거듭제곱의 성질을 이용하여 $z_2{}^n=1$이 되는 자연수 n의 값 구하기

$z_2=\dfrac{\sqrt{3}+i}{2}$라 하면

$z_2{}^2=\left(\dfrac{\sqrt{3}+i}{2}\right)^2=\dfrac{3+2\sqrt{3}i-1}{4}=\dfrac{1+\sqrt{3}i}{2}$

$z_2{}^3=z_2{}^2\times z_2=\dfrac{1+\sqrt{3}i}{2}\times\dfrac{\sqrt{3}+i}{2}=\dfrac{\sqrt{3}+i+3i-\sqrt{3}}{4}=i$

$z_2{}^6=(z_2{}^3)^2=i^2=-1$

$\vdots$

$z_2{}^{12}=(z_2{}^6)^2=(-1)^2=1$

즉 $z_2{}^{12}=1$이므로 n이 12의 배수일 때, $z_2{}^n=1$

STEP C $z_1{}^n+z_2{}^n=2$를 만족시키는 자연수 n의 최솟값 구하기

$z_1{}^n+z_2{}^n=2$를 만족시키려면 $z_1{}^n=1$과 $z_2{}^n=1$을 동시에 만족시키는 자연수 n을 구해야 한다.

즉 $z_1{}^8=1$이고 $z_2{}^{12}=1$이므로 $z_1{}^n=z_2{}^n=1$을 만족시키는 자연수 n은 8과 12의 공배수이다.

따라서 자연수 n의 최솟값은 8과 12의 최소공배수인 24 ← $z_1{}^{24}=(z_1{}^8)^3=1$
$z_2{}^{24}=(z_2{}^{12})^2=1$

$\left(\dfrac{\sqrt{2}\,i}{1-i}\right)^n+\left(\dfrac{1+\sqrt{3}}{2}\right)^n=2$를 만족시키는 50 이하의 자연수 n의 개수를 구하시오. (단, $i=\sqrt{-1}$)

STEP A i의 거듭제곱의 성질을 이용하여 조건을 만족하는 자연수 n의 값 구하기

$\left(\dfrac{\sqrt{2}\,i}{1-i}\right)^n+\left(\dfrac{1+\sqrt{3}}{2}\right)^n=2$를 만족시키려면 $\left(\dfrac{\sqrt{2}\,i}{1-i}\right)^n=1$과 $\left(\dfrac{1+\sqrt{3}\,i}{2}\right)^n=1$을 동시에 만족시키는 자연수 n을 찾아야 한다.

$z_1=\dfrac{\sqrt{2}\,i}{1-i}$라 하자.

$z_1{}^2=\left(\dfrac{\sqrt{2}\,i}{1-i}\right)^2=\dfrac{2i^2}{1-2i+i^2}=\dfrac{1}{i}=-i$

$z_1{}^4=(z_1{}^2)^2=(-i)^2=-1,\ z_1{}^8=(z_1{}^4)^2=(-1)^2=1$

즉 $z_1{}^8=1$이므로 n이 8의 배수일 때, $z_1{}^n=1$

또한, $z_2=\dfrac{1+\sqrt{3}\,i}{2}$라 하자.

$z_2{}^2=\left(\dfrac{1+\sqrt{3}\,i}{2}\right)^2=\dfrac{1+2\sqrt{3}\,i+3i^2}{4}=\dfrac{-1+\sqrt{3}\,i}{2}$

$z_2{}^3=z_2{}^2\times z_2=\dfrac{-1+\sqrt{3}\,i}{2}\times\dfrac{1+\sqrt{3}\,i}{2}=\dfrac{3i^2-1}{4}=-1$

$z_2{}^6=(z_2{}^3)^2=(-1)^2=1$

즉 $z_2{}^6=1$이므로 n이 6의 배수일 때, $z_2{}^n=1$

STEP B $\left(\dfrac{\sqrt{2}\,i}{1-i}\right)^n+\left(\dfrac{1+\sqrt{3}}{2}\right)^n=2$를 만족시키는 50 이하의 자연수 n의 개수 구하기

자연수 n의 최솟값은 8과 6의 공배수, 즉 24의 배수이어야 한다.
따라서 50 이하의 자연수 n은 24, 48이므로 개수는 2

정답 **2**

0493

2021년 09월 고1 학력평가 20번 · 정답 ③ · 해설강의

문항분석

복소수 z의 거듭제곱에 의하여 $z^2=\bar{z}$, $z^3=1$이므로 자연수 k에 대하여 $n=3k-2$, $n=3k-1$, $n=3k$일 때로 경우를 나누어 [보기]의 참, 거짓을 판별한다.

STEP A i의 거듭제곱의 성질을 이용하여 [보기]의 참, 거짓 판단하기

ㄱ. $z=\dfrac{-1+\sqrt{3}\,i}{2}$이므로 $z^2=\left(\dfrac{-1+\sqrt{3}\,i}{2}\right)^2=\dfrac{1-2\sqrt{3}\,i-3}{4}=\dfrac{-1-\sqrt{3}\,i}{2}=\bar{z}$

$z^3=z^2\times z=\left(\dfrac{-1-\sqrt{3}\,i}{2}\right)\left(\dfrac{-1+\sqrt{3}\,i}{2}\right)=\dfrac{1+3}{4}=1$ [참]

+α | 복소수 z의 식을 변형하여 판별할 수 있어!

> $z=\dfrac{-1+\sqrt{3}\,i}{2}$에서 $2z=-1+\sqrt{3}\,i$, $2z+1=\sqrt{3}\,i$
> 양변을 제곱하면 $4z^2+4z+1=-3$ $\therefore z^2+z+1=0$
> 위의 식의 양변에 $z-1$을 곱하면 $(z-1)(z^2+z+1)=0$, $z^3-1=0$
> $\therefore z^3=1$

ㄴ. ㄱ에 의하여 $z^3=1$이므로

$z^4+z^5=z^3\times z+z^3\times z^2\quad\leftarrow a^m\times a^n=a^{m+n}$
$\qquad=z+z^2$
$\qquad=\dfrac{-1+\sqrt{3}\,i}{2}+\dfrac{-1-\sqrt{3}\,i}{2}$
$\qquad=-1$ [참]

STEP B $n=3k-2$, $n=3k-1$, $n=3k$ (k는 자연수)로 경우를 나누어 참, 거짓 판별하기

ㄷ. ㄱ에 의하여 $z^3=1$이므로 자연수 k에 대하여

$z=z^4=z^7=\cdots=z^{3k-2}=\dfrac{-1+\sqrt{3}\,i}{2}$

$z^2=z^5=z^8=\cdots=z^{3k-1}=\dfrac{-1-\sqrt{3}\,i}{2}$

$z^3=z^6=z^9=\cdots=z^{3k}=1$

(i) $n=3k-2$ (k는 자연수)일 때,

$z^n=z^{3k-2}=\dfrac{-1+\sqrt{3}\,i}{2}$

$z^{2n}=z^{3(2k-1)-1}=\dfrac{-1-\sqrt{3}\,i}{2}\quad\leftarrow 2n=2(3k-2)=6k-4=3(2k-1)-1$

$z^{3n}=z^{3(3k-2)}=1\quad\leftarrow 3n=3(3k-2)=9k-6=3(3k-2)$

$z^{4n}=z^{3(4k-2)-2}=\dfrac{-1+\sqrt{3}\,i}{2}\quad\leftarrow 4n=4(3k-2)=12k-8=3(4k-2)-2$

$z^{5n}=z^{3(5k-3)-1}=\dfrac{-1-\sqrt{3}\,i}{2}\quad\leftarrow 5n=5(3k-2)=15k-10=3(5k-3)-1$

이때  $z^n+z^{2n}+z^{3n}+z^{4n}+z^{5n}$
$=\dfrac{-1+\sqrt{3}\,i}{2}+\dfrac{-1-\sqrt{3}\,i}{2}+1+\dfrac{-1+\sqrt{3}\,i}{2}+\dfrac{-1-\sqrt{3}\,i}{2}$
$=-1$

을 만족시키는 n이 100 이하의 자연수이므로
$1\le 3k-2\le 100,\ 3\le 3k\le 102$ $\therefore 1\le k\le 34$
즉 조건을 만족하는 k의 값은 $k=1,\,2,\,3,\,\cdots,\,34$이므로
구하는 자연수 n의 개수는 34 $\leftarrow$ 자연수 n의 값은 1, 4, 7, …, 100

+α | $n=1$일 때, $z^n+z^{2n}+z^{3n}+z^{4n}+z^{5n}$의 값을 구할 수 있어!

> $n=1$을 대입하면 $z^n+z^{2n}+z^{3n}+z^{4n}+z^{5n}=z+z^2+z^3+z^4+z^5\quad\leftarrow z^3=1$
> $\qquad=z+z^2+1+z+z^2\quad\leftarrow z+z^2=-1$
> $\qquad=-1$

(ii) $n=3k-1$ (k는 자연수)일 때,

$z^n=z^{3k-1}=\dfrac{-1-\sqrt{3}\,i}{2}$

$z^{2n}=z^{3(2k)-2}=\dfrac{-1+\sqrt{3}\,i}{2}\quad\leftarrow 2n=2(3k-1)=6k-2=3(2k)-2$

$z^{3n}=z^{3(3k-1)}=1\quad\leftarrow 3n=3(3k-1)=9k-3=3(3k-1)$

$z^{4n}=z^{3(4k-1)-1}=\dfrac{-1-\sqrt{3}\,i}{2}\quad\leftarrow 4n=4(3k-1)=12k-4=3(4k-1)-1$

$z^{5n}=z^{3(5k-1)-2}=\dfrac{-1+\sqrt{3}\,i}{2}\quad\leftarrow 5n=5(3k-1)=15k-5=3(5k-1)-2$

이때  $z^n+z^{2n}+z^{3n}+z^{4n}+z^{5n}$
$=\dfrac{-1-\sqrt{3}\,i}{2}+\dfrac{-1+\sqrt{3}\,i}{2}+1+\dfrac{-1-\sqrt{3}\,i}{2}+\dfrac{-1+\sqrt{3}\,i}{2}$
$=-1$

을 만족시키는 n이 100 이하의 자연수이므로
$1\le 3k-1\le 100,\ 2\le 3k\le 101$ $\therefore \dfrac{2}{3}\le k\le\dfrac{101}{3}=33.6\cdots$
즉 조건을 만족하는 k의 값은 $k=1,\,2,\,3,\,\cdots,\,33$이므로
구하는 자연수 n의 개수는 33 $\leftarrow$ 자연수 n의 값은 2, 5, 8, …, 98

+α | $n=2$일 때, $z^n+z^{2n}+z^{3n}+z^{4n}+z^{5n}$의 값을 구할 수 있어!

> $n=2$를 대입하면 $z^n+z^{2n}+z^{3n}+z^{4n}+z^{5n}=z^2+z^4+z^6+z^8+z^{10}\quad\leftarrow z^3=1$
> $\qquad=z^2+z+1+z^2+z\quad\leftarrow z+z^2=-1$
> $\qquad=-1$

(iii) $n=3k$ (k는 자연수)일 때,

$z^n=z^{2n}=z^{3n}=z^{4n}=z^{5n}=1$

이때 $z^n+z^{2n}+z^{3n}+z^{4n}+z^{5n}=1+1+1+1+1=5$이므로
$z^n+z^{2n}+z^{3n}+z^{4n}+z^{5n}=-1$
을 만족시키는 100 이하의 자연수 n은 존재하지 않는다.

(i)~(iii)에 의해 모든 자연수 n의 개수는 $34+33=67$ [거짓]
100 이하의 자연수 중 3의 배수를 제외해야 하므로
$100-(3$의 배수의 개수$)=100-33=67$

따라서 옳은 것은 ㄱ, ㄴ이다.

복소수 $z=\dfrac{-1-\sqrt{3}\,i}{2}$ 에 대하여 [보기]에서 옳은 것만을 있는 대로 고른 것은? (단, $i=\sqrt{-1}$)

> ㄱ. $z^3=1$
> ㄴ. $z^7+z^8=-1$
> ㄷ. $z^n+z^{2n}+z^{3n}+z^{4n}+z^{5n}=-1$을 만족시키는 100 이하의 모든 자연수 n의 개수는 67이다.

① ㄱ   ② ㄴ   ③ ㄱ, ㄴ
④ ㄱ, ㄷ   ⑤ ㄱ, ㄴ, ㄷ

STEP A 삼차방정식의 해를 이용하여 참, 거짓 판별하기

ㄱ. $z=\dfrac{-1-\sqrt{3}\,i}{2}$

$$z^2=\left(\dfrac{-1-\sqrt{3}\,i}{2}\right)^2=\dfrac{1+2\sqrt{3}\,i+3i^2}{4}=\dfrac{-1+\sqrt{3}\,i}{2}=\bar{z}$$

$$z^3=z^2\times z=\left(\dfrac{-1-\sqrt{3}\,i}{2}\right)\times\left(\dfrac{-1+\sqrt{3}\,i}{2}\right)=\dfrac{1-3i^2}{4}=\dfrac{4}{4}=1\ [참]$$

+α 복소수 z의 식을 변형하여 판별할 수 있어!

> $z=\dfrac{-1-\sqrt{3}\,i}{2}$에서 $2z=-1-\sqrt{3}\,i$, $2z+1=-\sqrt{3}\,i$
> 양변을 제곱하면 $4z^2+4z+1=-3$ $\therefore z^2+z+1=0$
> 위의 식의 양변에 $z-1$을 곱하면 $(z-1)(z^2+z+1)=0$, $z^3-1=0$
> $\therefore z^3=1$

ㄴ. ㄱ에 의하여 $z^3=1$

$$z^7+z^8=z^6\times z+z^6\times z^2$$
$$=z+z^2$$
$$=\dfrac{-1-\sqrt{3}\,i}{2}+\dfrac{-1+\sqrt{3}\,i}{2}$$
$$=-1\ [참]$$

STEP B $n=3k-2$, $n=3k-1$, $n=3k$ (k는 자연수)로 경우를 나누어 참, 거짓 판단하기

ㄷ. $z^3=1$이므로 자연수 k에 대하여

$$z=z^4=z^7=\cdots=z^{3k-2}=\dfrac{-1-\sqrt{3}\,i}{2}$$
$$z^2=z^5=z^8=\cdots=z^{3k-1}=\dfrac{-1+\sqrt{3}\,i}{2}$$
$$z^3=z^6=z^9=\cdots=z^{3k}=1$$

(i) $n=3k-2$ (k는 자연수)일 때,

$$z^n=z^{3k-2}=\dfrac{-1-\sqrt{3}\,i}{2}$$
$$z^{2n}=z^{3(2k-1)-1}=\dfrac{-1+\sqrt{3}\,i}{2} \qquad \longleftarrow 2n=2(3k-2)=6k-4=3(2k-1)-1$$
$$z^{3n}=z^{3(3k-2)}=1 \qquad \longleftarrow 3n=3(3k-2)=9k-6=3(3k-2)$$
$$z^{4n}=z^{3(4k-2)-2}=\dfrac{-1-\sqrt{3}\,i}{2} \qquad \longleftarrow 4n=4(3k-2)=12k-8=3(4k-2)-2$$
$$z^{5n}=z^{3(5k-3)-1}=\dfrac{-1+\sqrt{3}\,i}{2} \qquad \longleftarrow 5n=5(3k-2)=15k-10=3(5k-3)-1$$

$z^n+z^{2n}+z^{3n}+z^{4n}+z^{5n}=-1$을 만족시킨다.
즉 100 이하의 모든 자연수 n은 1, 4, 7, $\cdots$, 100이고 그 개수는 34
$n=3k-2$에서 $k=1, 2, 3, \cdots, 34$

+α $n=1$일 때, $z^n+z^{2n}+z^{3n}+z^{4n}+z^{5n}$의 값을 구할 수 있어!

> $n=1$을 대입하면 $z^n+z^{2n}+z^{3n}+z^{4n}+z^{5n}=z+z^2+z^3+z^4+z^5$
> $=z+z^2+1+z+z^2 \quad \longleftarrow z^2+z=-1$
> $=-1$

(ii) $n=3k-1$ (k는 자연수)일 때,

$$z^n=z^{3k-1}=\dfrac{-1+\sqrt{3}\,i}{2}$$
$$z^{2n}=z^{3(2k)-2}=\dfrac{-1-\sqrt{3}\,i}{2} \qquad \longleftarrow 2n=2(3k-1)=6k-2=3(2k)-2$$

$$z^{3n}=z^{3(3k-1)}=1 \qquad \longleftarrow 3n=3(3k-1)=9k-3=3(3k-1)$$
$$z^{4n}=z^{3(4k-1)-1}=\dfrac{-1+\sqrt{3}\,i}{2} \qquad \longleftarrow 4n=4(3k-1)=12k-4=3(4k-1)-1$$

$$z^{5n}=z^{3(5k-1)-2}=\dfrac{-1-\sqrt{3}\,i}{2} \qquad \longleftarrow 5n=5(3k-1)=15k-5=3(5k-1)-2$$

$z^n+z^{2n}+z^{3n}+z^{4n}+z^{5n}=-1$을 만족시킨다.
즉 100 이하의 모든 자연수 n은 2, 5, 8, $\cdots$, 98이고 그 개수는 33
$n=3k-1$에서 $k=1, 2, 3, \cdots, 33$

+α $n=2$일 때, $z^n+z^{2n}+z^{3n}+z^{4n}+z^{5n}$의 값을 구할 수 있어!

> $n=2$를 대입하면 $z^n+z^{2n}+z^{3n}+z^{4n}+z^{5n}=z^2+z^4+z^6+z^8+z^{10}$
> $=z+z^2+1+z^2+z \quad \longleftarrow z^2+z=-1$
> $=-1$

(iii) $n=3k$ (k는 자연수)일 때,
$z^n=z^{2n}=z^{3n}=z^{4n}=z^{5n}=1$이므로 $z^n+z^{2n}+z^{3n}+z^{4n}+z^{5n}=5$
즉 $z^n+z^{2n}+z^{3n}+z^{4n}+z^{5n}=-1$을 만족시키는 100 이하의 자연수는 없다.
(i)$\sim$(iii)에 의해 모든 자연수 n의 개수는 $34+33=67$ [참]
100이하의 자연수 중 3의 배수를 제외해야 하므로
$100-(3의\ 배수의\ 개수)=100-33=67$

따라서 옳은 것은 ㄱ, ㄴ, ㄷ이다. 정답 ⑤

0494
정답 ⑤

STEP A 음수의 제곱근의 성질을 이용하여 참, 거짓 판단하기

① $\dfrac{\sqrt{-9}}{\sqrt{-3}}=\dfrac{\sqrt{9}\,i}{\sqrt{3}\,i}=\dfrac{\sqrt{9}}{\sqrt{3}}=\sqrt{3}$ [참]

② $\dfrac{\sqrt{-4}}{\sqrt{2}}=\dfrac{\sqrt{4}\,i}{\sqrt{2}}=\sqrt{2}\,i$ [참]

③ $\sqrt{-2}\sqrt{-8}=\sqrt{2}\,i\times 2\sqrt{2}\,i=-4$ [참]

④ $\sqrt{-8}-\sqrt{-2}=2\sqrt{2}\,i-\sqrt{2}\,i=\sqrt{2}\,i$ [참]

⑤ $\dfrac{\sqrt{64}}{\sqrt{-4}}=\dfrac{\sqrt{64}}{\sqrt{4}\,i}=\dfrac{\sqrt{16}}{i}=-4i$ [거짓]

따라서 옳지 않은 것은 ⑤이다.

0495
정답 ②

STEP A 음수의 제곱근의 성질을 이용하여 z 구하기

$$z=\sqrt{-3}\sqrt{-27}+\dfrac{\sqrt{12}}{\sqrt{-3}}-\sqrt{-5}\sqrt{-20}$$
$$=\sqrt{3}\,i\times 3\sqrt{3}\,i+\dfrac{2\sqrt{3}}{\sqrt{3}\,i}-\sqrt{5}\,i\times 2\sqrt{5}\,i$$
$$=-9+\dfrac{2}{i}-(-10)$$
$$=1-2i$$

STEP B $z\bar{z}$의 값 구하기

따라서 $z\bar{z}=(1-2i)(1+2i)=1-(-4)=5$

0496

STEP A 음수의 제곱근의 성질을 이용하여 z 구하기

$z=(\sqrt{3}+\sqrt{-3})(2\sqrt{3}-\sqrt{-3})+\sqrt{-3}\sqrt{-12}+\dfrac{\sqrt{28}}{\sqrt{-7}}$

$=2\sqrt{9}-\sqrt{-9}+2\sqrt{-9}-(-\sqrt{9})+(-\sqrt{36})+(-\sqrt{-4})$

$=6-3i+6i+3-6-2i$

$=3+i$

STEP B $z\bar{z}$ 의 값 구하기

따라서 $z\bar{z}=(3+i)(3-i)=9-(-1)=10$

내·신·연·계 출제문항 243

복소수 $z=(\sqrt{6}+\sqrt{-6})(2\sqrt{6}-\sqrt{-6})+\sqrt{-3}\sqrt{-12}+\dfrac{\sqrt{27}}{\sqrt{-3}}$ 에 대하여

$z\bar{z}$ 의 값은?

① 151 ② 153 ③ 155
④ 157 ⑤ 159

STEP A 음수의 제곱근의 성질을 이용하여 z 구하기

$z=(\sqrt{6}+\sqrt{-6})(2\sqrt{6}-\sqrt{-6})+\sqrt{-3}\sqrt{-12}+\dfrac{\sqrt{27}}{\sqrt{-3}}$

$=2\sqrt{36}-\sqrt{-36}+2\sqrt{-36}-(-\sqrt{36})+(-\sqrt{36})+(-\sqrt{-9})$

$=12-6i+12i+6-6-3i$

$=12+3i$

STEP B $z\bar{z}$ 의 값 구하기

따라서 $z\bar{z}=(12+3i)(12-3i)=144-(-9)=153$

0497

STEP A 음수의 제곱근의 성질을 이용하여 주어진 식의 값 구하기

$a>0$이므로

$\dfrac{\sqrt{a}\sqrt{-a}+\sqrt{-a}\sqrt{-a}}{\sqrt{(-a)^2}}+\dfrac{\sqrt{a}}{\sqrt{-a}}+\dfrac{\sqrt{a^2}}{\sqrt{(-a)^2}}$

$=\dfrac{\sqrt{-a^2}+(-\sqrt{a^2})}{\sqrt{a^2}}+(-\sqrt{-1})+\dfrac{\sqrt{a^2}}{\sqrt{a^2}}$

$=\dfrac{ai-a}{a}-i+1$

$=(i-1)-i+1$

$=0$

내·신·연·계 출제문항 244

$a>0$일 때, 다음을 간단히 하면? (단, $i=\sqrt{-1}$)

$$\dfrac{\sqrt{3a}\sqrt{-3a}+\sqrt{-3a}\sqrt{-3a}}{3a}+\dfrac{\sqrt{a}}{\sqrt{-a}}+\dfrac{\sqrt{a^2}}{\sqrt{(-a)^2}}$$

① $-3ai$ ② $-3a$ ③ 0
④ $3a$ ⑤ $3ai$

STEP A 음수의 제곱근의 성질을 이용하여 주어진 식의 값 구하기

$a>0$이므로

$\dfrac{\sqrt{3a}\sqrt{-3a}+\sqrt{-3a}\sqrt{-3a}}{3a}+\dfrac{\sqrt{a}}{\sqrt{-a}}+\dfrac{\sqrt{a^2}}{\sqrt{(-a)^2}}$

$=\dfrac{\sqrt{-9a^2}+(-\sqrt{9a^2})}{3a}+(-\sqrt{-1})+\dfrac{\sqrt{a^2}}{\sqrt{a^2}}$

$=\dfrac{3ai-3a}{3a}-i+1$

$=(i-1)-i+1$

$=0$

0498

STEP A 음수의 제곱근의 성질을 이용하여 주어진 식의 값 구하기

$-1<x<1$일 때, $x+1>0$, $x-1<0$, $1-x>0$, $-x-1<0$이므로

$\sqrt{x+1}\times\sqrt{x-1}\times\sqrt{1-x}\times\sqrt{-x-1}$

$=\sqrt{x+1}\times\sqrt{1-x}\,i\times\sqrt{1-x}\times\sqrt{x+1}\,i$

$=\sqrt{(x+1)(1-x)}\,i\times\sqrt{(1-x)(x+1)}\,i$

$=\sqrt{1-x^2}\,i\times\sqrt{1-x^2}\,i$ ← $1-x^2>0$

$=-(1-x^2)$

$=x^2-1$

0499

2014년 06월 고1 학력평가 7번

STEP A 음수의 제곱근의 계산을 이용하여 주어진 식의 값 구하기

$\sqrt{-2}\sqrt{-18}+\dfrac{\sqrt{12}}{\sqrt{-3}}$ ← $a<0,\ b<0$일 때, $\sqrt{a}\sqrt{b}=-\sqrt{ab}$
$a>0,\ b<0$일 때, $\dfrac{\sqrt{a}}{\sqrt{b}}=-\sqrt{\dfrac{a}{b}}$

$=-\sqrt{36}-\sqrt{-4}$

$=-6-2i$

> **mini 해설** ｜ $a>0$일 때, $\sqrt{-a}=\sqrt{a}\,i$임을 이용하여 풀이하기
>
> $\sqrt{-2}\sqrt{-18}+\dfrac{\sqrt{12}}{\sqrt{-3}}$ ← $a>0$일 때, $\sqrt{-a}=\sqrt{a}\,i$
>
> $=\sqrt{2}\,i\times3\sqrt{2}\,i+\dfrac{2\sqrt{3}}{\sqrt{3}\,i}$
>
> $=6i^2+\dfrac{2}{i}$ ← $\dfrac{2}{i}=-2i$
>
> $=-6-2i$

내·신·연·계 출제문항 245

복소수 $z=\sqrt{-3}\sqrt{-12}+\sqrt{-2}\sqrt{2}+\dfrac{\sqrt{12}}{\sqrt{-3}}+\dfrac{\sqrt{-50}}{\sqrt{-2}}$ 에 대하여 $\bar{z}$ 의 값은?

(단, $i=\sqrt{-1}$ 이고 $\bar{z}$ 는 z의 켤레복소수이다.)

① $1-i$ ② $1+i$ ③ i
④ $-i$ ⑤ -1

STEP A 음수의 제곱근의 계산을 이용하여 z 구하기

$z=\sqrt{-3}\sqrt{-12}+\sqrt{-2}\sqrt{2}+\dfrac{\sqrt{12}}{\sqrt{-3}}+\dfrac{\sqrt{-50}}{\sqrt{-2}}$

$=\sqrt{3}\,i\times\sqrt{12}\,i+\sqrt{2}\,i\times\sqrt{2}+\dfrac{\sqrt{12}}{\sqrt{3}\,i}+\dfrac{\sqrt{50}\,i}{\sqrt{2}\,i}$

$=\sqrt{36}\,i^2+\sqrt{4}\,i+\dfrac{\sqrt{4}}{i}+\sqrt{25}$

$=-6+2i-2i+5=-1$

따라서 $\bar{z}=-1$

$$z=\sqrt{-3}\sqrt{-12}+\sqrt{-2}\sqrt{2}+\dfrac{\sqrt{12}}{\sqrt{-3}}+\dfrac{\sqrt{-50}}{\sqrt{-2}}$$
$$=-\sqrt{36}+\sqrt{-4}+(-\sqrt{-4})+\sqrt{25}$$
$$=-6+5=-1$$

따라서 $\overline{z}=-1$

정답 ⑤

0500

정답 ④

STEP A 음수의 제곱근의 성질을 이용하여 참, 거짓 판단하기

$\sqrt{a}\sqrt{b}=-\sqrt{ab}$ 이면 $a<0,\ b<0\ (\because a\neq 0,\ b\neq 0)$

① $-a>0,\ -b>0$이므로 $\sqrt{-a}\sqrt{-b}=\sqrt{(-a)(-b)}=\sqrt{ab}$ [참]

② $-a>0,\ b<0$이므로 $\dfrac{\sqrt{-a}}{\sqrt{b}}=\dfrac{\sqrt{-a}}{\sqrt{-b}\,i}=-\sqrt{\dfrac{a}{b}}\,i=-\sqrt{-\dfrac{a}{b}}$ [참]

③ $\sqrt{a^2 b}=\sqrt{a^2}\times\sqrt{b}=|a|\times\sqrt{b}=-a\sqrt{b}$ [참]

④ $\dfrac{\sqrt{b}}{\sqrt{a}}=\dfrac{\sqrt{-b}\,i}{\sqrt{-a}\,i}=\sqrt{\dfrac{-b}{-a}}=\sqrt{\dfrac{b}{a}}$ [거짓]

⑤ $\sqrt{a^2}\sqrt{b^2}=|a|\times|b|=(-a)\times(-b)=ab$ [참]

따라서 옳지 않은 것은 ④이다.

0501

정답 ④

STEP A 음수의 제곱근의 성질을 이용하여 a, b의 부호 결정하기

$\dfrac{\sqrt{a}}{\sqrt{b}}=-\sqrt{\dfrac{a}{b}}$ 이려면 $a>0,\ b<0\ (\because a\neq 0,\ b\neq 0)$

STEP B $\sqrt{a}+\sqrt{b}$의 켤레복소수 구하기

따라서 $\sqrt{a}+\sqrt{b}=\sqrt{a}+\sqrt{-b}\,i$이므로 켤레복소수는 $\sqrt{a}-\sqrt{-b}\,i=\sqrt{a}-\sqrt{b}$

0502

정답 ④

STEP A 음수의 제곱근의 성질을 이용하여 정수 x의 개수 구하기

$\sqrt{\dfrac{x+1}{x-6}}=-\dfrac{\sqrt{x+1}}{\sqrt{x-6}}$ 이려면 $x+1\geq 0,\ x-6<0$

$\therefore -1\leq x<6$

따라서 정수 x는 $-1,\ 0,\ 1,\ 2,\ 3,\ 4,\ 5$이므로 개수는 $6-(-1)=7$

0503

정답 ④

STEP A 음수의 제곱근의 성질을 이용하여 a의 값의 범위 구하기

$\dfrac{\sqrt{a-3}}{\sqrt{a-5}}=-\sqrt{\dfrac{a-3}{a-5}}$ 이려면 $a-3\geq 0,\ a-5<0$

$\therefore 3\leq a<5$

STEP B $|a-1|+|a-3|+|a-5|+|a-7|$의 값 구하기

따라서 $|a-1|+|a-3|+|a-5|+|a-7|$
$$=a-1+a-3-(a-5)-(a-7)$$
$$=-1-3+5+7$$
$$=8$$

등식 $\dfrac{\sqrt{a-6}}{\sqrt{a-7}}=-\sqrt{\dfrac{a-6}{a-7}}$ 을 만족시키는 실수 a에 대하여
$|a-3|+|a-6|+|a-9|+|a-11|$를 간단히 하면? (단, $a\neq 7$)

① 5 ② 7 ③ 9
④ 11 ⑤ 13

STEP A 음수의 제곱근의 성질을 이용하여 a의 값의 범위 구하기

$\dfrac{\sqrt{a-6}}{\sqrt{a-7}}=-\sqrt{\dfrac{a-6}{a-7}}$ 이려면 $a-6\geq 0,\ a-7<0$

$\therefore 6\leq a<7$

STEP B $|a-3|+|a-6|+|a-9|+|a-11|$의 값 구하기

따라서 $|a-3|+|a-6|+|a-9|+|a-11|$
$$=a-3+a-6-(a-9)-(a-11)$$
$$=-3-6+9+11$$
$$=11$$

정답 ④

0504

정답 ①

STEP A 음수의 제곱근의 성질을 이용하여 a, b, c의 부호 결정하기

$\sqrt{a}\sqrt{b}=-\sqrt{ab}$ 이면 $a<0,\ b<0$

$\dfrac{\sqrt{c}}{\sqrt{b}}=-\sqrt{\dfrac{c}{b}}$ 이면 $b<0,\ c>0$이므로 $a-c<0,\ b<0,\ a+b<0$

STEP B $\sqrt{(a-c)^2}+|b|-\sqrt{(a+b)^2}$의 값 구하기

따라서 $\sqrt{(a-c)^2}+|b|-\sqrt{(a+b)^2}=|a-c|+|b|-|a+b|$
$$=-(a-c)-b-\{-(a+b)\}$$
$$=-a+c-b+a+b$$
$$=c$$

0505

정답 10

STEP A 음수의 제곱근의 성질을 이용하여 x, y의 부호 결정하기

$\sqrt{x}\sqrt{y}=-\sqrt{xy}$ 이려면 $x<0,\ y<0\ (\because x\neq 0,\ y\neq 0)$

STEP B $z^2=-9$를 만족하는 두 실수 x, y의 값 구하기

$z=x^2+3x-yi-10+i$
$$=(x^2+3x-10)+(1-y)i$$
$$=(x+5)(x-2)+(1-y)i$$

또한, $z^2=-9$에서 $z=\pm 3i$

$\therefore (x+5)(x-2)+(1-y)i=\pm 3i$

이때 x, y가 실수이므로 $x^2+3x-10$, $1-y$도 실수이다.

이때 복소수가 서로 같을 조건에 의하여
$(x+5)(x-2)=0,\ 1-y=\pm 3$

즉 $(x+5)(x-2)=0$에서 $x=-5$ 또는 $x=2$

$1-y=\pm 3$에서 $y=-2$ 또는 $y=4$

이때 $x<0,\ y<0$이므로 $x=-5,\ y=-2$

따라서 $xy=-5\times(-2)=10$

0506
  정답 ④

STEP A $\sqrt{x}\sqrt{y}=-\sqrt{xy}$ 이기 위한 조건 구하기

$\sqrt{x}\sqrt{y}=-\sqrt{xy}$ 이면 $x<0,\ y<0$ 또는 $(x=0$ 또는 $y=0)$

STEP B 복소수가 서로 같을 조건을 이용하여 $x,\ y$의 값 구하기

등식 $x^2+2x-(y+3)i=15+4i$ 에서 $x^2+2x-15-(y+7)i=0$

$\therefore (x-3)(x+5)-(y+7)i=0$

$x,\ y$가 실수이므로 $x^2+2x-15,\ y+7$이 실수이다.

복소수가 서로 같을 조건에 의하여

$a,\ b$가 실수일 때, $a+bi=0$이면 $a=0,\ b=0$

$(x-3)(x+5)=0$에서 $x=3$ 또는 $x=-5$

$y+7=0$에서 $y=-7$

이때 $x<0,\ y<0$이므로 $x=-5,\ y=-7$

따라서 $xy=35$

두 실수 $x,\ y$에 대하여 $\sqrt{x}\sqrt{y}=-\sqrt{xy}$가 성립하고 등식 $x^2+x-(y+1)i=12+5i$를 만족한다. 두 실수 $x,\ y$에 대하여 $x+y$의 값은? (단, $i=\sqrt{-1}$)

① -12 ② -10 ③ -8
④ -6 ⑤ -4

STEP A $\sqrt{x}\sqrt{y}=-\sqrt{xy}$ 이기 위한 조건 구하기

$\sqrt{x}\sqrt{y}=-\sqrt{xy}$ 이려면 $x<0,\ y<0$ 또는 $(x=0$ 또는 $y=0)$

STEP B 복소수가 서로 같을 조건을 이용하여 $x,\ y$의 값 구하기

등식 $x^2+x-(y+1)i=12+5i$에서 $(x^2+x-12)-(y+6)i=0$

$\therefore (x-3)(x+4)-(y+6)i=0$

$x,\ y$가 실수이므로 $x^2+x-12,\ y+6$이 실수이다.

복소수가 서로 같을 조건에 의하여 $(x-3)(x+4)=0,\ y+6=0$

$a,\ b$가 실수일 때, $a+bi=0$이면 $a=0,\ b=0$

즉 $(x-3)(x+4)=0$에서 $x=3$ 또는 $x=-4$

$y+6=0$에서 $y=-6$

이때 $x<0,\ y<0$이므로 $x=-4,\ y=-6$

따라서 $x+y=-4+(-6)=-10$ 정답 ②

0507
  정답 ①

STEP A x에 대한 항등식임을 이용하여 $a,\ b$의 관계식 구하기

등식 $(a+b+3)x+(ab-1)=0$이 x에 대한 항등식이므로

$a+b+3=0,\ ab-1=0$　　$Ax+B=0$일 때, $A=0,\ B=0$

$\therefore a+b=-3,\ ab=1$

STEP B 음수의 제곱근의 성질을 이용하여 주어진 식의 값 구하기

이때 $a+b<0,\ ab>0$이므로 $a<0,\ b<0$

따라서 $(\sqrt{a}+\sqrt{b})^2=(\sqrt{a}+\sqrt{b})(\sqrt{a}+\sqrt{b})$

$\qquad =-\sqrt{a^2}-2\sqrt{ab}-\sqrt{b^2}$

$\qquad =-|a|-|b|-2\sqrt{ab}$

$\qquad =a+b-2\sqrt{ab}$

$\qquad =-3-2=-5$

실수 $a,\ b$에 대하여 등식 $(a+b+5)x+ab-4=0$이 x의 값에 관계없이 항상 성립할 때, $(\sqrt{a}+\sqrt{b})^2$의 값은?

① -12 ② -11 ③ -10
④ -9 ⑤ -8

STEP A x에 대한 항등식임을 이용하여 $a,\ b$의 관계식 구하기

등식 $(a+b+5)x+ab-4=0$이 x에 대한 항등식이므로

$a+b+5=0,\ ab-4=0$　　$\therefore a+b=-5,\ ab=4$

STEP B 음수의 제곱근의 성질을 이용하여 $(\sqrt{a}+\sqrt{b})^2$의 값 구하기

이때 $a+b<0,\ ab>0$이므로 $a<0,\ b<0$

따라서 $(\sqrt{a}+\sqrt{b})^2=(\sqrt{a}+\sqrt{b})(\sqrt{a}+\sqrt{b})=-\sqrt{a^2}-2\sqrt{ab}-\sqrt{b^2}$

$\qquad =-|a|-|b|-2\sqrt{ab}=a+b-2\sqrt{ab}$

$\qquad =-5-4=-9$ 정답 ④

0508
  정답 ①

STEP A $\dfrac{\sqrt{a}}{\sqrt{b}}=-\sqrt{\dfrac{a}{b}}$ 이기 위한 조건을 이용하여 $a,\ b$의 부호 결정하기

조건 (가)에서 $\dfrac{\sqrt{b}}{\sqrt{a}}=-\sqrt{\dfrac{b}{a}}$ 이고 $a\neq 0,\ b\neq 0$이므로

$a<0,\ b>0$　　$\therefore a<b$

STEP B 실수 $A,\ B$에 대하여 $|A|+|B|=0$이면 $A=0,\ B=0$임을 이용하기

조건 (나)에서 $|a+b|+|a+c-1|=0$이므로 $a+b=0,\ a+c-1=0$

$a+b=0$에서 $b=-a$이므로 $a+c-1=0$에서 $c=-a+1=b+1$

따라서 $b<c$이므로 $a<b<c$

0이 아닌 세 실수 $a,\ b,\ c$가 다음 조건을 만족시킨다.

> (가) $\dfrac{\sqrt{b}}{\sqrt{a}}=-\sqrt{\dfrac{b}{a}}$
>
> (나) $(1+i)a+(c-1)i+b=0$

세 수 $a,\ b,\ c$의 대소 관계로 옳은 것은?

① $a<b<c$ ② $a<c<b$ ③ $b<c<a$
④ $c<a<b$ ⑤ $c<b<a$

STEP A 음수의 제곱근의 성질을 이용하여 $a,\ b$의 부호 결정하기

조건 (가)에서 $\dfrac{\sqrt{b}}{\sqrt{a}}=-\sqrt{\dfrac{b}{a}}$ 이므로 $a<0,\ b>0$ $(\because a\neq 0,\ b\neq 0)$

$\therefore a<b$　　……㉠

STEP B 복소수가 같을 조건을 이용하여 $a,\ b,\ c$의 대소 관계 구하기

조건 (나)에서 $(1+i)a+(c-1)i+b=0$이므로 $(a+b)+(a+c-1)i=0$

$a,\ b$가 실수이므로 $a+b,\ a+c-1$도 실수이다.

이때 복소수가 같을 조건에 의하여 $a+b=0,\ a+c-1=0$

즉 $a+b=0$에서 $b=-a$이므로 $a+c-1=0$에서 $c=-a+1=b+1$

$\therefore b<c$　　……㉡

㉠, ㉡에 의하여 $a<b<c$ 정답 ①

STEP 2   서술형문제

0509

정답 해설참조

1단계 z^2이 음의 실수가 되도록 하는 실수 x의 값을 구한다.   3점

$z=(1+i)x^2-(3+2i)x-4-3i$
$\quad =(x^2-3x-4)+(x^2-2x-3)i$
$\quad =(x+1)(x-4)+(x+1)(x-3)i$

$z^2<0$이려면 z는 순허수이므로
z의 (실수부분)$=0$, (허수부분)$\neq 0$이어야 한다.
(ⅰ) $(x+1)(x-4)=0$에서 $x=-1$ 또는 $x=4$
(ⅱ) $(x+1)(x-3)\neq 0$에서 $x\neq -1$이고 $x\neq 3$
(ⅰ), (ⅱ)에서 $x=4$

2단계 z^2이 양의 실수가 되도록 하는 실수 x의 값을 구한다.   3점

$z^2>0$이려면 z는 0이 아닌 실수이므로
z의 (실수부분)$\neq 0$, (허수부분)$=0$이어야 한다.
(ⅲ) $(x+1)(x-4)\neq 0$에서 $x\neq -1$이고 $x\neq 4$
(ⅳ) $(x+1)(x-3)=0$에서 $x=-1$ 또는 $x=3$
(ⅲ), (ⅳ)에서 $x=3$

3단계 z^2이 실수가 되도록 하는 실수 x의 값의 합을 구한다.   4점

$z=(1+i)x^2-(3+2i)x-4-3i$
$\quad =(x^2-3x-4)+(x^2-2x-3)i$

z^2이 실수이려면 z는 실수 또는 순허수이므로
z의 (허수부분)$=0$이거나 (실수부분)$=0$이어야 한다.
(ⅴ) $(x+1)(x-3)=0$에서 $x=-1$ 또는 $x=3$
(ⅵ) $(x+1)(x-4)=0$에서 $x=-1$ 또는 $x=4$
(ⅴ), (ⅵ)에서 $x=-1$ 또는 $x=3$ 또는 $x=4$
따라서 z^2이 실수가 되도록 하는 실수 x의 값의 합은 $-1+3+4=6$

0510

정답 해설참조

1단계 $z+\overline{z}=0$을 만족하는 실수 x의 값을 구한다.   5점

$z=(i-2)x^2-3xi-4i+32$
$\quad =(-2x^2+32)+(x^2-3x-4)i$
$\quad =-2(x-4)(x+4)+(x+1)(x-4)i$

이때 $z\neq 0$, $z+\overline{z}=0$을 만족시키는 z가 순허수이므로
z의 (실수부분)$=0$, (허수부분)$\neq 0$이어야 한다.
(ⅰ) $(x-4)(x+4)=0$에서 $x=-4$ 또는 $x=4$
(ⅱ) $(x+1)(x-4)\neq 0$에서 $x\neq -1$이고 $x\neq 4$
(ⅰ), (ⅱ)에서 $x=-4$

2단계 $z=\overline{z}$를 만족하는 실수 x의 값을 구한다.   4점

$z\neq 0$, $z=\overline{z}$를 만족시키는 z가 실수이므로
z의 (실수부분)$\neq 0$, (허수부분)$=0$이어야 한다.
(ⅲ) $(x-4)(x+4)\neq 0$에서 $x\neq -4$이고 $x\neq 4$
(ⅳ) $(x+1)(x-4)=0$에서 $x=-1$이고 $x=4$
(ⅲ), (ⅳ)에서 $x=-1$

3단계 $\alpha+\beta$의 값을 구한다.   1점

따라서 $\alpha=-4$, $\beta=-1$이므로 $\alpha+\beta=-4+(-1)=-5$

0511

정답 해설참조

1단계 $z=a+bi$라 놓고 주어진 등식에 대입하여 정리한다.   3점

$z=a+bi$ (a, b는 실수)이므로 $\overline{z}=a-bi$
$2(1+i)z-3i\overline{z}=2(1+i)(a+bi)-3i(a-bi)$
$\qquad\qquad\qquad\quad =2\{a+(a+b)i+bi^2\}-3ai+3bi^2$
$\qquad\qquad\qquad\quad =(2a-5b)+(-a+2b)i$

등식 $2(1+i)z-3i\overline{z}=1-i$에서 좌변을 정리하면
$(2a-5b)+(-a+2b)i=1-i$

2단계 복소수가 서로 같을 조건을 이용하여 z를 구한다.   3점

a, b가 실수이므로 $2a-5b$, $-a+2b$도 실수이다.
복소수가 서로 같을 조건에 의하여 $2a-5b=1$, $-a+2b=-1$
위의 두 식을 연립하여 풀면 $a=3$, $b=1$
$\therefore z=3+i$

3단계 $z^2-6z+12$의 값을 구한다.   4점

$z=3+i$에서 $z-3=i$
양변을 제곱하면 $z^2-6z+9=-1$ $\therefore z^2-6z+10=0$
따라서 $z^2-6z+12=(z^2-6z+10)+2=2$

0512

정답 해설참조

1단계 분모를 실수화하여 복소수 z를 정리한다.   2점

분모를 실수로 만들기 위해서 분모의 켤레복소수인 $\sqrt{5}-2i$를 분모, 분자에 각각 곱한다.
$$z=\frac{2-\sqrt{5}\,i}{\sqrt{5}+2i}=\frac{(2-\sqrt{5}\,i)(\sqrt{5}-2i)}{(\sqrt{5}+2i)(\sqrt{5}-2i)}=\frac{2\sqrt{5}-9i+2\sqrt{5}\,i^2}{5+4}=\frac{-9i}{9}=-i$$
즉 $z=-i$이므로 $\overline{z}=i$

2단계 $w^n=-1$을 만족시키는 100 이하의 자연수 n의 개수를 구한다.   4점

분모를 실수로 만들기 위해서 분모의 켤레복소수인 $1-i$를 분모, 분자에 각각 곱한다.
$$w=\frac{1-\overline{z}}{1-z}=\frac{1-i}{1+i}=\frac{(1-i)^2}{(1+i)(1-i)}=\frac{1-2i+i^2}{1+1}=\frac{-2i}{2}=-i$$
$w^2=(-i)^2=-1$, $w^3=(-i)^3=i$, $w^4=(w^2)^2=(-1)^2=1$
이므로 $w^n=(-i)^n=-1$을 만족시키는 자연수 $n=4k+2$ (k는 음이 아닌 정수)
이때 n이 100 이하의 자연수이므로 $1\leq 4k+2\leq 100$, $0\leq 4k<98$
$\therefore 0\leq k\leq \dfrac{98}{4}=24.5$
조건을 만족시키는 k의 값은 0, 1, 2, 3, $\cdots$, 24이므로
구하는 자연수 n의 개수는 $24-0+1=25$ ← 자연수 n의 값은 2, 6, 10, 14, $\cdots$, 98

3단계 $w+w^2+w^3+\cdots+w^n=-1$을 만족시키는 300 이하의 자연수 n의 개수를 구한다.   4점

$w=-i$
$w+w^2=-i+(-1)=-i-1$
$w+w^2+w^3=-i+(-1)+i=-1$
$w+w^2+w^3+w^4=-i+(-1)+i+1=0$
$w+w^2+w^3+w^4+w^5=-i+(-1)+i+1+(-i)=-i$
$\qquad\qquad\qquad\vdots$
이므로 $w+w^2+w^3+\cdots+w^n=-1$을 만족시키는
자연수 $n=4k+3$ (k는 음이 아닌 정수)
이때 n이 300 이하의 자연수이므로 $1\leq 4k+3\leq 300$, $0\leq 4k\leq 297$
$\therefore 0\leq k\leq \dfrac{297}{4}=74.25$
따라서 조건을 만족시키는 k의 값은 0, 1, 2, 3, $\cdots$, 74이므로
구하는 자연수 n의 개수는 $74-0+1=75$ ← 자연수 n의 값은 3, 7, 11, 15, $\cdots$, 299

복소수 $z=\dfrac{3+\sqrt{7}i}{\sqrt{7}-3i}$ 에 대하여 $w=\dfrac{1+\bar{z}}{1+z}$ 라고 할 때, 다음 식의 값을 구하는 과정을 다음 단계로 서술하시오.
(단, $i=\sqrt{-1}$ 이고 $\bar{z}$ 는 z의 켤레복소수이다.)

[1단계] 분모를 실수화하여 복소수 z를 정리한다. [2점]
[2단계] $1+w+w^2+w^3+\cdots+w^{100}$의 값을 구한다. [4점]
[3단계] $1+\dfrac{1}{w}+\dfrac{1}{w^2}+\dfrac{1}{w^3}+\cdots+\dfrac{1}{w^{100}}$ 의 값을 구한다. [4점]

1단계 분모를 실수화하여 복소수 z를 정리한다. 2점

분모를 실수로 만들기 위해서 분모의 켤레복소수인 $\sqrt{7}+3i$를 분모, 분자에 각각 곱한다.
$$z=\frac{3+\sqrt{7}i}{\sqrt{7}-3i}=\frac{(3+\sqrt{7}i)(\sqrt{7}+3i)}{(\sqrt{7}-3i)(\sqrt{7}+3i)}=\frac{3\sqrt{7}+16i+3\sqrt{7}i^2}{7+9}=\frac{16i}{16}=i$$
즉 $z=i$이므로 $\bar{z}=-i$

2단계 $1+w+w^2+w^3+\cdots+w^{100}$의 값을 구한다. 4점

$$w=\frac{1+\bar{z}}{1+z}=\frac{1-i}{1+i}=\frac{(1-i)^2}{(1+i)(1-i)}=\frac{1-2i+i^2}{1+1}=\frac{-2i}{2}=-i$$이므로
$w^2=(-i)^2=-1,\ w^3=(-i)^3=i,\ w^4=(w^2)^2=(-1)^2=1$
이때 $w+w^2+w^3+w^4=-i+(-1)+i+1=0$이므로
$$1+w+w^2+w^3+\cdots+w^{100}$$
$$=1+(-i)+(-i)^2+(-i)^3+(-i)^4+\cdots+(-i)^{100}$$
$$=1+25\times0$$
$$=1$$

3단계 $1+\dfrac{1}{w}+\dfrac{1}{w^2}+\dfrac{1}{w^3}+\cdots+\dfrac{1}{w^{100}}$ 의 값을 구한다. 4점

이때 $\dfrac{1}{w}+\dfrac{1}{w^2}+\dfrac{1}{w^3}+\dfrac{1}{w^4}=\dfrac{1}{-i}+(-1)+\dfrac{1}{i}+1=0$이므로
$$1+\frac{1}{w}+\frac{1}{w^2}+\frac{1}{w^3}+\cdots+\frac{1}{w^{100}}$$
$$=1+\frac{1}{-i}+\frac{1}{(-i)^2}+\frac{1}{(-i)^3}+\frac{1}{(-i)^4}+\cdots+\frac{1}{(-i)^{100}}$$
$$=1+25\times0$$
$$=1$$

0513

1단계 복소수가 서로 같을 조건을 이용하여 a, b의 값을 구한다. 3점

$$\frac{a}{1+i}+\frac{b}{1-i}=\frac{a(1-i)+b(1+i)}{(1+i)(1-i)}$$
$$=\frac{(a+b)+(-a+b)i}{2}$$
$$=\frac{a+b}{2}+\frac{-a+b}{2}i$$

등식 $\dfrac{a}{1+i}+\dfrac{b}{1-i}=-10+8i$에서 좌변을 정리하면
$$\frac{a+b}{2}+\frac{-a+b}{2}i=-10+8i$$
a, b가 실수이므로 $a+b$, $-a+b$가 실수이다.
복소수가 서로 같을 조건에 의하여 $\dfrac{a+b}{2}=-10,\ \dfrac{-a+b}{2}=8$
위의 두 식을 연립하면 $a=-18,\ b=-2$

2단계 음수의 제곱근의 성질을 이용하여 z의 값을 구한다. 4점

$$z=\sqrt{a}\sqrt{b}+\frac{\sqrt{-a}}{\sqrt{b}}$$
$$=\sqrt{-18}\sqrt{-2}+\frac{\sqrt{18}}{\sqrt{-2}}$$
$$=-\sqrt{36}+(-\sqrt{-9})$$
$$=-6-3i$$

3단계 $z\bar{z}$의 값을 구한다. 3점

따라서 $z\bar{z}=(-6-3i)(-6+3i)=36-(-9)=45$

0514

1단계 실수 x의 값의 범위를 구한다. 5점

조건 (가)에서 $\sqrt{x-7}\sqrt{4-x}=-\sqrt{(x-7)(4-x)}$이려면
$x-7<0,\ 4-x<0$ 또는 $(x-7=0$ 또는 $4-x=0)$
즉 $4<x<7$ 또는 $(x=7$ 또는 $x=4)$
$\therefore\ 4\le x\le 7$ ...... ㉠
조건 (나)에서 $\dfrac{\sqrt{x+2}}{\sqrt{x-6}}=-\sqrt{\dfrac{x+2}{x-6}}$이려면
$x+2\ge 0,\ x-6<0$
$\therefore\ -2\le x<6$ ...... ㉡
㉠, ㉡에서 $4\le x<6$

2단계 $|1-5x|+5\sqrt{(x-9)^2}$의 값을 구한다. 5점

따라서 $|1-5x|+5\sqrt{(x-9)^2}=|1-5x|+5|x-9|$
$$=-(1-5x)-5(x-9)$$
$$=-1+45$$
$$=44$$

0515

STEP A i의 거듭제곱의 성질을 이용하여 x의 값 구하기

분모를 실수로 만들기 위해서 분모의 켤레복소수인 $1+i$를 분모, 분자에 각각 곱한다.

$$\frac{1+i}{1-i}=\frac{(1+i)^2}{(1-i)(1+i)}=\frac{1+2i+i^2}{1+1}=\frac{2i}{2}=i$$ 이므로 $\left(\frac{1+i}{1-i}\right)^3=i^3=-i$

$i^{4n}+i^{4n+1}+i^{4n+2}+i^{4n+3}=0$ (n은 자연수)이므로

$1+i+i^2+i^3+\cdots+i^{100}=1+25\times0=1$

이때 $\dfrac{1+i+i^2+i^3+\cdots+i^{100}}{1-i}=\dfrac{1}{1-i}=\dfrac{1+i}{(1-i)(1+i)}=\dfrac{1+i}{2}$

$\therefore x=(-i)+\dfrac{1+i}{2}=\dfrac{1-i}{2}$

STEP B $4x^2-4x$의 값 구하기

$x=\dfrac{1-i}{2}$ 에서 $2x-1=-i$

양변을 제곱하면 $4x^2-4x+1=-1$

따라서 $4x^2-4x=-2$

0516

STEP A $z=a+bi$로 놓고 $z\bar{z}+\dfrac{z}{\bar{z}}=7$을 정리하기

$z=a+bi$ (a, b는 실수, $b\neq0$)라 하면 $\bar{z}=a-bi$

$$z\bar{z}+\frac{z}{\bar{z}}=(a+bi)(a-bi)+\frac{a+bi}{a-bi}$$

$$=(a^2+b^2)+\frac{(a+bi)^2}{(a-bi)(a+bi)}$$

$$=\left(a^2+b^2+\frac{a^2-b^2}{a^2+b^2}\right)+\frac{2ab}{a^2+b^2}i$$

이때 $\left(a^2+b^2+\dfrac{a^2-b^2}{a^2+b^2}\right)+\dfrac{2ab}{a^2+b^2}i=7$에서

복소수가 서로 같을 조건에 의하여 $a^2+b^2+\dfrac{a^2-b^2}{a^2+b^2}=7$, $\dfrac{2ab}{a^2+b^2}=0$

즉 $\dfrac{2ab}{a^2+b^2}=0$에서 $a=0$ ($\because b\neq0$)

$a=0$을 $a^2+b^2+\dfrac{a^2-b^2}{a^2+b^2}=7$에 대입하면 $b^2-1=7$

$\therefore b^2=8$

STEP B $(z-\bar{z})^2$의 값 구하기

따라서 $(z-\bar{z})^2=\{(a+bi)-(a-bi)\}^2=(2bi)^2=-4b^2=-4\times8=-32$

0517

STEP A $z^2=9$를 만족시키는 x, y의 관계식 구하기

$z=(2-3i)x+(1-i)y$

$\quad=(2x+y)+(-3x-y)i$ …… ㉠

$z^2=9$인 양의 실수이려면 z가 0이 아닌 실수이므로

z는 (실수부분)$\neq0$, (허수부분)$=0$이어야 한다.

즉 $2x+y\neq0$, $-3x-y=0$

$\therefore y=-3x$ …… ㉡

STEP B xy의 값 구하기

㉡을 ㉠에 대입하면 $z=2x+(-3x)+0i=-x$이므로 $z^2=x^2=9$

$\therefore x=-3$ ($\because x<0$)

$x=-3$을 ㉡에 대입하면 $y=-3\times(-3)=9$

따라서 $xy=-3\times9=-27$

0518

STEP A $z=a+bi$라 놓고 $z^4<0$을 만족시키는 a, b의 관계식 구하기

$z=a+bi$ (a, b는 실수, $b\neq0$)라 하면

$z^2=(a+bi)^2=(a^2-b^2)+2abi=(a+b)(a-b)+2abi$

$z^4<0$인 음의 실수이려면 z^2이 순허수이므로

z^2은 (실수부분)$=0$, (허수부분)$\neq0$이어야 한다.

즉 $(a+b)(a-b)=0$에서 $a+b=0$ 또는 $a-b=0$

$2ab\neq0$에서 $a\neq0$이고 $b\neq0$

STEP B   조건을 만족하는 실수 x의 값의 합 구하기

$z=(2+i)x^2+(3i-2)x-4+2i$

$\quad=(2x^2-2x-4)+(x^2+3x+2)i$

$\quad=2(x-2)(x+1)+(x+1)(x+2)i$

$z=a+bi$에서 $a=2(x-2)(x+1)$, $b=(x+1)(x-2)$

(ⅰ) $a+b=0$ 또는 $a-b=0$인 경우

$\quad$① $a+b=2(x-2)(x+1)+(x+1)(x+2)$

$\qquad\quad=(x+1)(3x-2)=0$

$\qquad\therefore x=-1$ 또는 $x=\dfrac{2}{3}$

$\quad$② $a-b=2(x-2)(x+1)-(x+1)(x+2)$

$\qquad\quad=(x+1)(x-6)=0$

$\qquad\therefore x=-1$또는 $x=6$

$\quad$①, ②에서 $x=-1$ 또는 $x=\dfrac{2}{3}$ 또는 $x=6$

(ⅱ) $a\neq0$이고 $b\neq0$인 경우

$\quad a=2(x-2)(x+1)\neq0$이므로 $x\neq2$이고 $x\neq-1$

$\quad b=(x+1)(x+2)\neq0$이므로 $x\neq-1$이고 $x\neq-2$

$\quad\therefore x\neq-2$이고 $x\neq-1$이고 $x\neq2$

(ⅰ), (ⅱ)에서 주어진 조건을 만족하는 $x=\dfrac{2}{3}$ 또는 $x=6$

따라서 모든 실수 x의 값의 합은 $\dfrac{2}{3}+6=\dfrac{20}{3}$

0519

정답 ⑤

STEP A $f(n)$을 정리하기

$$f(n)=\frac{1}{i}-\frac{1}{i^2}+\frac{1}{i^3}-\frac{1}{i^4}+\cdots+\frac{(-1)^{n+1}}{i^n}$$
$$=-i+1+i-1+\cdots+\frac{(-1)^{n+1}}{i^n}$$
$$=\begin{cases} -i & (n=4k-3\text{일 때}) \\ 1-i & (n=4k-2\text{일 때}) \\ 1 & (n=4k-1\text{일 때}) \\ 0 & (n=4k\text{일 때}) \end{cases}$$

STEP B [보기]의 참, 거짓 판단하기

ㄱ. $f(3)=\frac{1}{i}-\frac{1}{i^2}+\frac{1}{i^3}=-i+1+i=1$ [참]

ㄴ. $f(4)=f(8)=f(12)=\cdots=f(4k)=0$이므로 n은 4의 배수이다. [참]

ㄷ. $f(n)=-i+1+i-1+\cdots+\frac{(-1)^{n+1}}{i^n}$
$$=\begin{cases} -i & (n=4k-3\text{일 때}) \\ 1-i & (n=4k-2\text{일 때}) \\ 1 & (n=4k-1\text{일 때}) \\ 0 & (n=4k\text{일 때}) \end{cases}$$

이므로 $f(n)=f(n+4)$이다. [참]

따라서 옳은 것은 ㄱ, ㄴ, ㄷ이다.

0520

정답 4

STEP A -1의 개수를 x, i의 개수를 y, $1+i$의 개수를 z라 하여 조건을 만족하는 x, y, z의 관계식 구하기

a_1, a_2, a_3, $\cdots$, a_{30} 중에서
-1의 개수를 x, i의 개수를 y, $1+i$의 개수를 z라 하면
$x+y+z=30$ $\qquad$ …… ㉠
$(-1)^2=1$, $i^2=-1$, $(1+i)^2=2i$이므로
$(a_1)^2+(a_2)^2+(a_3)^2+\cdots+(a_{30})^2=1\times x+(-1)\times y+2i\times z$
$$=x-y+2zi$$
이때 $(x-y)+2zi=8+12i$에서 복소수가 서로 같을 조건에 의하여
$x-y=8$, $2z=12$ $\qquad$ …… ㉡
㉠, ㉡을 연립하여 풀면 $x=16$, $y=8$, $z=6$

STEP B $a_1+a_2+a_3+\cdots+a_{30}$의 값 구하기

$a_1+a_2+a_3+\cdots+a_{30}=(-1)\times x+i\times y+(1+i)\times z$
$$=(-1)\times16+i\times8+(1+i)\times6$$
$$=-10+14i$$

따라서 실수부분은 -10, 허수부분은 14이므로 그 합은 $-10+14=4$

0521

정답 ③

STEP A 복소수 z의 분모를 실수로 바꾸기

$$z=\frac{3+\sqrt{2}\,i}{\sqrt{2}-3i}=\frac{(3+\sqrt{2}\,i)(\sqrt{2}+3i)}{(\sqrt{2}-3i)(\sqrt{2}+3i)}=\frac{3\sqrt{2}+9i+2i-3\sqrt{2}}{2+9}=\frac{11i}{11}=i$$

STEP B $z=i$, $\overline{z}=-i$를 대입하여 정리하기

$$\omega=\frac{z(1-\overline{z})}{\sqrt{2}}=\frac{i\{1-(-i)\}}{\sqrt{2}}=\frac{i(1+i)}{\sqrt{2}}=\frac{i-1}{\sqrt{2}}\text{이므로}$$

$$\omega^2=\left(\frac{i-1}{\sqrt{2}}\right)^2=\frac{-1-2i+1}{2}=-i$$

$$\omega^4=(\omega^2)^2=(-i)^2=-1$$

$$\omega^8=(\omega^4)^2=(-1)^2=1$$

STEP C $\omega^n=1$을 만족하는 100 이하의 자연수 n의 개수 구하기

따라서 n이 8의 배수일 때, $\omega^n=1$이므로 100 이하의 자연수 n은
8, 16, 24, $\cdots$, 96이므로 개수는 12

복소수 $z=\dfrac{2+i}{1-2i}$에 대하여 $\omega=\dfrac{z(1-\overline{z})}{\sqrt{2}}$라 할 때, $\omega^n=1$을 만족시키는 200 이하의 자연수 n의 개수는? (단, $i=\sqrt{-1}$이고 $\overline{z}$는 z의 켤레복소수이다.)

① 6 $\qquad\qquad$ ② 8 $\qquad\qquad$ ③ 12
④ 18 $\qquad\qquad$ ⑤ 25

STEP A 복소수 z의 분모를 실수로 바꾸기

$$z=\frac{2-i}{1+2i}=\frac{(2-i)(1-2i)}{(1+2i)(1-2i)}=\frac{2-4i-i-2}{1+4}=-i$$

STEP B $z=-i$, $\overline{z}=i$를 대입하여 정리하기

$$\omega=\frac{z(1-\overline{z})}{\sqrt{2}}=\frac{-i(1-i)}{\sqrt{2}}=\frac{-1-i}{\sqrt{2}}\text{이므로}$$

$$\omega^2=\left(\frac{-1-i}{\sqrt{2}}\right)^2=\frac{1+2i-1}{2}=i$$

$$\omega^4=(\omega^2)^2=i^2=-1$$

$$\omega^8=(\omega^4)^2=(-1)^2=1$$

STEP C $\omega^n=1$을 만족하는 200 이하의 자연수 n의 개수 구하기

$\omega^n=1$이 성립하려면 n은 8의 배수이어야 한다.
따라서 200 이하의 자연수 n은 8, 16, 24, $\cdots$, 200이므로 개수는 25 정답 ⑤

0522

2024년 03월 고2 학력평가 15번 정답 ① 

STEP A 복소수 $z=a+bi$라고 하고 조건 (가), (나)를 이용하여 방정식 작성하기

복소수 z를 $z=a+bi$ (a, b는 실수)라 하자.
조건 (가)에서 $\overline{z}=-z$이므로 대입하면 $a-bi=-a-bi$이므로 $a=0$
즉 $z=bi$ (b는 실수)
조건 (나)에 $z=bi$를 대입하면 $-b^2+(k^2-3k-4)bi+(k^2+2k-8)=0$이고
$\underset{\underline{(bi)^2=b^2i^2=-b^2}}{}$
실수부분, 허수부분을 정리하면
$k^2+2k-8-b^2+(k^2-3k-4)bi=0$이므로
실수부분 $-b^2+(k^2+2k-8)$이고 허수부분 $(k^2-3k-4)b$
$k^2+2k-8-b^2=0$ $\qquad$ …… ㉠
$(k^2-3k-4)b=0$ $\qquad$ …… ㉡

STEP B ㉠, ㉡의 방정식을 이용하여 k의 값 구하기

㉡의 $(k^2-3k-4)b=0$에서 $b=0$ 또는 $k^2-3k-4=0$
(i) $b=0$인 경우
$\quad b=0$을 ㉠의 식에 대입하면 $k^2+2k-8=0$, $(k+4)(k-2)=0$이므로
$\quad k=-4$ 또는 $k=2$
(ii) $k^2-3k-4=0$인 경우
$\quad k^2-3k-4=0$, $(k+1)(k-4)=0$이므로 $k=-1$ 또는 $k=4$
$\quad k=-1$을 ㉠의 식에 대입하면 $-9-b^2=0$에서 $b^2=-9$인 실수 b가
$\quad$ 존재하지 않으므로 조건을 만족시키지 않는다.
$\quad k=4$를 ㉠의 식에 대입하면 $16-b^2=0$에서 $b=4$ 또는 $b=-4$이므로
$\quad k=4$는 조건을 만족시킨다.
(i), (ii)에서 조건을 만족시키는 실수 k는 -4, 2, 4이고 모든 실수 k의 값의
곱은 $-4\times2\times4=-32$

$z=a+bi$ (a, b는 실수)라고 하고
조건 (가)에서 $\overline{z}=-z$이므로 $a-bi=-a-bi$ ∴ $a=0$
$z=bi$ (b는 실수)
조건 (나)에서 z는 이차방정식 $x^2+(k^2-3k-4)x+(k^2+2k-8)=0$의 근이 된다.
(i) z가 실수일 때,
　　$b=0$이어야 하므로 $z=0$
　　이차방정식에 $x=0$을 대입하면 $k^2+2k-8=0$이므로
　　$(k+4)(k-2)=0$에서 $k=2$ 또는 $k=-4$
(ii) z가 순허수일 때,
　　이차방정식이 허근을 가지면 계수가 실수이므로 $\overline{z}$도 이차방정식의 근이 된다.
　　즉 이차방정식의 두 근은 bi, $-bi$이므로 두 근의 합은 0이고 두 근의 곱은 b^2,
　　두 근의 합은 $k^2-3k-4=0$이므로 $(k+1)(k-4)=0$에서 $k=-1$ 또는 $k=4$
　　이때 $k=-1$이면 $x^2-9=0$이므로 실근을 가지게 되어서 허근을 가진다는
　　조건을 만족시키지 않는다.
　　$k=4$이면 $x^2+16=0$이므로 $x=4i$ 또는 $x=-4i$로 $b=4$로 존재하므로
　　조건을 만족시킨다.
따라서 실수 k의 값은 -4, 2, 4이므로 모든 실수 k의 곱은 -32

내신연계 출제문항 252

다음 조건을 만족시키는 허수부분이 양수이고 순허수가 아닌 복소수 z에
대하여 다음 조건을 만족시키는 모든 복소수 z의 제곱의 합은?
(단, $\overline{z}$는 z의 켤레복소수이다.)

> (가) $(z-\overline{z})^2=-16$
> (나) $z\overline{z}+(k^2-3k-4)(z+1)+5k-7=0$ (k는 실수)

① 6　　　　② 8　　　　③ 10
④ 12　　　　⑤ 14

STEP A 복소수 $z=a+bi$라고 하고 조건 (가)를 이용하여 b의 값 구하기

복소수 z를 $z=a+bi$ (a, b는 실수이고 $a\neq0$, $b>0$)라 하자.
조건 (가)에서 $(z-\overline{z})^2=(2bi)^2=-4b^2=-16$에서 $b^2=4$이고
$b>0$이므로 $b=2$

STEP B 조건 (나)에 $z=a+2i$를 대입하여 복소수 z 구하기

$z=a+2i$ (a는 0이 아닌 실수)에 대하여 $\overline{z}=a-2i$
$z\overline{z}+(k^2-3k-4)(z+1)+5k-7=0$에 대입하면
$(a+2i)(a-2i)+(k^2-3k-4)(a+2i+1)+5k-7=0$
$a^2+4+(a+1)(k^2-3k-4)+2(k^2-3k-4)i+5k-7=0$
실수부분은 $a^2+4+(a+1)(k^2-3k-4)+5k-7=0$ …… ㉠
허수부분 $2(k^2-3k-4)=0$ …… ㉡
㉡에서 $k^2-3k-4=(k-4)(k+1)=0$이므로 $k=4$ 또는 $k=-1$
$k=4$일 때, ㉠의 식에 대입하면
$a^2+17=0$에서 실수 a의 값이 존재하지 않는다.
$k=-1$일 때, ㉠의 식에 대입하면
$a^2-8=0$이므로 $a=2\sqrt{2}$ 또는 $a=-2\sqrt{2}$
∴ $z=2\sqrt{2}+2i$ 또는 $z=-2\sqrt{2}+2i$

STEP C 복소수 z의 제곱의 합 구하기

$z=2\sqrt{2}+2i$일 때, $z^2=(2\sqrt{2}+2i)^2=8+8\sqrt{2}i-4=4+8\sqrt{2}i$
$z=-2\sqrt{2}+2i$일 때, $z^2=(-2\sqrt{2}+2i)^2=8-8\sqrt{2}i-4=4-8\sqrt{2}i$이므로
합은 $(4+8\sqrt{2}i)+(4-8\sqrt{2}i)=8$

정답 ②

0523

2015년 06월 고1 학력평가 27번　　정답 16

STEP A i의 거듭제곱의 주기성을 이용하여 복소수 계산하기

$(i+i^2)+(i^2+i^3)+\cdots+(i^{18}+i^{19})$
$=i(1+i)+i^2(1+i)+\cdots+i^{18}(1+i)$ ← $(1+i)$로 묶는다.
$=(1+i)(i+i^2+i^3+i^4+\cdots+i^{18})$
$=(1+i)\{(i+i^2+i^3+i^4)+i^4(i+i^2+i^3+i^4)+i^8(i+i^2+i^3+i^4)$
$\qquad\qquad +i^{12}(i+i^2+i^3+i^4)+i^{17}+i^{18}\}$ ← $i+i^2+i^3+i^4=0$
$=(1+i)(0+0+0+0+i^{17}+i^{18})$ ← $i^{17}=(i^4)^4\times i=i$, $i^{18}=(i^4)^4\times i^2=-1$
$=(i+1)(i-1)$ ← $(a+b)(a-b)=a^2-b^2$
$=i^2-1=-2$

+α | $i+i^2+i^3+i^4=0$임을 이용하여 풀 수 있어!

$i+i^2+i^3+i^4=0$, $i^2+i^3+i^4+i^5=0$이므로
$(i+i^2)+(i^2+i^3)+\cdots+(i^{18}+i^{19})$
$=(i+i^2+\cdots+i^{18})+(i^2+i^3+\cdots+i^{19})$
$=\{(i+i^2+i^3+i^4)+\cdots+i^{12}(i+i^2+i^3+i^4)+i^{17}+i^{18}\}$
$\qquad +\{(i^2+i^3+i^4+i^5)+\cdots+i^{12}(i^2+i^3+i^4+i^5)+i^{18}+i^{19}\}$
$=(0+\cdots+0+i^{17}+i^{18})+(0+\cdots+0+i^{18}+i^{19})$ ← $i^{19}=(i^4)^4\times i^3=-i$
$=(i-1)+(-1-i)=-2$

STEP B 복소수가 서로 같을 조건을 이용하여 a, b의 값 구하기

$-2=a+bi$에서 a, b가 실수이므로 복소수가 서로 같을 조건에 의하여
$a=-2$, $b=0$　　a, b, c, d가 실수일 때, $a+bi=c+di$이면 $a=c$, $b=d$
따라서 $4(a+b)^2=4\times(-2)^2=16$

내신연계 출제문항 253

등식 $\left(\dfrac{1}{i}+\dfrac{1}{i^2}\right)+\left(\dfrac{1}{i^2}+\dfrac{1}{i^3}\right)+\left(\dfrac{1}{i^3}+\dfrac{1}{i^4}\right)+\cdots+\left(\dfrac{1}{i^{25}}+\dfrac{1}{i^{26}}\right)=a+bi$를 만족

시키는 실수 a, b에 대하여 $3(a+b)^2$의 값을 구하시오. (단, $i=\sqrt{-1}$)

STEP A i의 거듭제곱의 주기성을 이용하여 주어진 식 계산하기

$\left(\dfrac{1}{i}+\dfrac{1}{i^2}\right)+\left(\dfrac{1}{i^2}+\dfrac{1}{i^3}\right)+\left(\dfrac{1}{i^3}+\dfrac{1}{i^4}\right)+\cdots+\left(\dfrac{1}{i^{25}}+\dfrac{1}{i^{26}}\right)$
$=\dfrac{1}{i}\left(1+\dfrac{1}{i}\right)+\dfrac{1}{i^2}\left(1+\dfrac{1}{i}\right)+\dfrac{1}{i^3}\left(1+\dfrac{1}{i}\right)+\cdots+\dfrac{1}{i^{25}}\left(1+\dfrac{1}{i}\right)$
$=\left(1+\dfrac{1}{i}\right)\left(\dfrac{1}{i}+\dfrac{1}{i^2}+\dfrac{1}{i^3}+\dfrac{1}{i^4}+\cdots+\dfrac{1}{i^{25}}\right)$
$=\left(1+\dfrac{1}{i}\right)\left\{\left(\dfrac{1}{i}+\dfrac{1}{i^2}+\dfrac{1}{i^3}+\dfrac{1}{i^4}\right)+\dfrac{1}{i^4}\left(\dfrac{1}{i}+\dfrac{1}{i^2}+\dfrac{1}{i^3}+\dfrac{1}{i^4}\right)+\cdots\right.$
$\qquad\qquad\left. +\dfrac{1}{i^{20}}\left(\dfrac{1}{i}+\dfrac{1}{i^2}+\dfrac{1}{i^3}+\dfrac{1}{i^4}\right)+\dfrac{1}{i^{25}}\right\}$
$=(1-i)\left(0+0+0+0+0+0+\dfrac{1}{i^{25}}\right)$
$=(1-i)\times(-i)=-1-i$

+α | $\dfrac{1}{i}+\dfrac{1}{i^2}+\dfrac{1}{i^3}+\dfrac{1}{i^4}=0$임을 이용하여 풀 수 있어!

$\dfrac{1}{i}+\dfrac{1}{i^2}+\dfrac{1}{i^3}+\dfrac{1}{i^4}=0$, $\dfrac{1}{i^2}+\dfrac{1}{i^3}+\dfrac{1}{i^4}+\dfrac{1}{i^5}=0$이므로
$\left(\dfrac{1}{i}+\dfrac{1}{i^2}\right)+\left(\dfrac{1}{i^2}+\dfrac{1}{i^3}\right)+\left(\dfrac{1}{i^3}+\dfrac{1}{i^4}\right)+\cdots+\left(\dfrac{1}{i^{25}}+\dfrac{1}{i^{26}}\right)$
$=\left(\dfrac{1}{i}+\dfrac{1}{i^2}+\cdots+\dfrac{1}{i^{25}}\right)+\left(\dfrac{1}{i^2}+\dfrac{1}{i^3}+\cdots+\dfrac{1}{i^{26}}\right)$
$=\left\{\left(\dfrac{1}{i}+\dfrac{1}{i^2}+\dfrac{1}{i^3}+\dfrac{1}{i^4}\right)+\cdots+\dfrac{1}{i^{20}}\left(\dfrac{1}{i}+\dfrac{1}{i^2}+\dfrac{1}{i^3}+\dfrac{1}{i^4}\right)+\dfrac{1}{i^{25}}\right\}$
$\qquad +\left\{\left(\dfrac{1}{i^2}+\dfrac{1}{i^3}+\dfrac{1}{i^4}+\dfrac{1}{i^5}\right)+\cdots+\dfrac{1}{i^{20}}\left(\dfrac{1}{i^2}+\dfrac{1}{i^3}+\dfrac{1}{i^4}+\dfrac{1}{i^5}\right)+\dfrac{1}{i^{26}}\right\}$
$=\left(0+\cdots+0+\dfrac{1}{i^{25}}\right)+\left(0+\cdots+0+\dfrac{1}{i^{26}}\right)$
$=-1-i$

$-1-i=a+bi$에서 a, b가 실수이므로 복소수가 서로 같을 조건에 의하여

$a=-1$, $b=-1$

따라서 $3(a+b)^2=3\times(-2)^2=12$　　　　　정답 12

0524

2020년 11월 고1 학력평가 28번　　　정답 6

문항분석

복소수 z^n, $(z+\sqrt{2})^n$에서 $n=1$, 2, 3, $\cdots$을 차례대로 대입하여 복소수의 거듭제곱의 값이 반복되는 규칙을 구하여 등식 $z^n+(z+\sqrt{2})^n=0$이 성립하는 25 이하의 자연수 n의 개수를 구한다.

STEP A i의 거듭제곱의 성질을 이용하여 $z^n=1$이 되는 자연수 n의 값 구하기

$z^2=\left(\dfrac{i-1}{\sqrt{2}}\right)^2=\dfrac{-1-2i+1}{2}=-i$　　　← $i^2=-1$

$z^4=(z^2)^2=(-i)^2=-1$

$z^6=z^4\times z^2=i$

$z^8=(z^4)^2=(-1)^2=1$

즉 $z^8=1$이므로 n이 8의 배수일 때, $z^n=1$

STEP B i의 거듭제곱의 성질을 이용하여 $(z+\sqrt{2})^n=1$이 되는 자연수 n의 값 구하기

$z+\sqrt{2}=\dfrac{i-1}{\sqrt{2}}+\sqrt{2}=\dfrac{i-1+2}{\sqrt{2}}=\dfrac{i+1}{\sqrt{2}}$이므로

$(z+\sqrt{2})^2=\left(\dfrac{i+1}{\sqrt{2}}\right)^2=\dfrac{-1+2i+1}{2}=i$

$(z+\sqrt{2})^4=\{(z+\sqrt{2})^2\}^2=i^2=-1$

$(z+\sqrt{2})^6=(z+\sqrt{2})^4\times(z+\sqrt{2})^2=-i$

$(z+\sqrt{2})^8=\{(z+\sqrt{2})^4\}^2=(-1)^2=1$

즉 $(z+\sqrt{2})^8=1$이므로 n이 8의 배수일 때, $(z+\sqrt{2})^n=1$

STEP C $z^n+(z+\sqrt{2})^n=0$을 만족시키는 25 이하의 자연수 n의 개수 구하기

n	z^n	$(z+\sqrt{2})^n$	$z^n+(z+\sqrt{2})^n$
1	$\dfrac{i-1}{\sqrt{2}}$	$\dfrac{i+1}{\sqrt{2}}$	$\sqrt{2}i$
2	$-i$	i	0
3	$\dfrac{i+1}{\sqrt{2}}$	$\dfrac{i-1}{\sqrt{2}}$	$\sqrt{2}i$
4	-1	-1	-2
5	$-\dfrac{i-1}{\sqrt{2}}$	$-\dfrac{i+1}{\sqrt{2}}$	$-\sqrt{2}i$
6	i	$-i$	0
7	$-\dfrac{i+1}{\sqrt{2}}$	$-\dfrac{i-1}{\sqrt{2}}$	$-\sqrt{2}i$
8	1	1	2

$n=2$일 때, $z^2+(z+\sqrt{2})^2=-i+i=0$

$n=6$일 때, $z^6+(z+\sqrt{2})^6=i-i=0$

이때 $z^8=1$, $(z+\sqrt{2})^8=1$이므로 8을 주기로 반복되므로

$z^2=z^{10}=z^{18}=-i$, $z^6=z^{14}=z^{22}=i$이고

$(z+\sqrt{2})^2=(z+\sqrt{2})^{10}=(z+\sqrt{2})^{18}=i$,

$(z+\sqrt{2})^6=(z+\sqrt{2})^{14}=(z+\sqrt{2})^{22}=-i$

따라서 $z^n+(z+\sqrt{2})^n=0$을 만족시키는 25 이하의 자연수 n은

2, 6, 10, 14, 18, 22이므로 개수는 6

내신연계 출제문항 254

복소수 $z=\dfrac{i+1}{\sqrt{2}}$에 대하여 $z^n+(z-\sqrt{2})^n=0$을 만족시키는 100 이하의 자연수 n의 개수를 구하시오. (단, $i=\sqrt{-1}$)

STEP A i의 거듭제곱의 성질을 이용하여 $z^n=1$이 되는 자연수 n의 값 구하기

$z^2=\left(\dfrac{i+1}{\sqrt{2}}\right)^2=\dfrac{i^2+2i+1}{2}=\dfrac{2i}{2}=i$

$z^4=(z^2)^2=i^2=-1$, $z^6=(z^2)^3=i^3=-i$, $z^8=(z^4)^2=(-1)^2=1$

즉 $z^8=1$이므로 n이 8의 배수일 때, $z^n=1$

STEP B i의 거듭제곱의 성질을 이용하여 $(z-\sqrt{2})^n=1$이 되는 자연수 n의 값 구하기

$z-\sqrt{2}=\dfrac{i+1}{\sqrt{2}}-\sqrt{2}=\dfrac{i+1-2}{\sqrt{2}}=\dfrac{i-1}{\sqrt{2}}$이므로

$(z-\sqrt{2})^2=\left(\dfrac{i-1}{\sqrt{2}}\right)^2=\dfrac{i^2-2i+1}{2}=\dfrac{-2i}{2}=-i$

$(z-\sqrt{2})^4=\{(z-\sqrt{2})^2\}^2=(-i)^2=-1$

$(z-\sqrt{2})^6=\{(z-\sqrt{2})^2\}^3=(-i)^3=i$

$(z-\sqrt{2})^8=\{(z-\sqrt{2})^4\}^2=(-1)^2=1$

즉 $(z-\sqrt{2})^8=1$이므로 n이 8의 배수일 때, $(z-\sqrt{2})^n=1$

STEP C $z^n+(z-\sqrt{2})^n=0$을 만족시키는 100 이하의 자연수 n의 개수 구하기

n	z^n	$(z-\sqrt{2})^n$	$z^n+(z-\sqrt{2})^n$
1	$\dfrac{i+1}{\sqrt{2}}$	$\dfrac{i-1}{\sqrt{2}}$	$\sqrt{2}i$
2	i	$-i$	0
3	$\dfrac{i-1}{\sqrt{2}}$	$\dfrac{i+1}{\sqrt{2}}$	$\sqrt{2}i$
4	-1	-1	-2
5	$-\dfrac{i+1}{\sqrt{2}}$	$-\dfrac{i-1}{\sqrt{2}}$	$-\sqrt{2}i$
6	$-i$	i	0
7	$-\dfrac{i-1}{\sqrt{2}}$	$-\dfrac{i+1}{\sqrt{2}}$	$-\sqrt{2}i$
8	1	1	2

$n=2$일 때, $z^2+(z-\sqrt{2})^2=i+(-i)=0$

$n=6$일 때, $z^6+(z-\sqrt{2})^6=-i+i=0$

이때 $z^8=1$, $(z-\sqrt{2})^8=1$이므로 8을 주기로 반복되므로

따라서 $z^n+(z-\sqrt{2})^n=0$을 만족시키는 100 이하의 자연수 n은

2, 6, 10, 14, 18, 22, 26, 30, $\cdots$, 98이므로 개수는 25　　　정답 25

문항 분석

복소수의 성질을 이용하여 $\left\{i^n+\left(\dfrac{1}{i}\right)^{2n}\right\}^m=\{i^n+(-1)^n\}^m$으로 정리한 후

$f(n)=i^n+(-1)^n$이 4를 주기로 값이 반복되므로 자연수 k에 대하여 $n=4k-3$, $n=4k-1$, $n=4k-2$, $n=4k$로 경우를 나누어 순서쌍 (m, n)의 개수를 구한다.

STEP A i의 거듭제곱의 성질을 이용하여 주어진 식을 간단히 하기

$$\left\{i^n+\left(\dfrac{1}{i}\right)^{2n}\right\}^m=\{i^n+(-i)^{2n}\}^m \quad \longleftarrow \dfrac{1}{i}=\dfrac{i}{i^2}=-i$$
$$=\{i^n+\{(-i)^2\}^n\}^m=\{i^n+(-1)^n\}^m$$

$f(n)=i^n+(-1)^n$이라 하자.

+α $f(n)=i^n+(-1)^n$은 $i-1$, 0, $-i-1$, 2가 반복되는 이유!

> $f(n)=i^n+(-1)^n$에 대하여 자연수 n을 대입하면
> $f(1)=i-1$
> $f(2)=i^2+(-1)^2=(-1)+1=0$
> $f(3)=i^3+(-1)^3=-i-1$
> $f(4)=i^4+(-1)^4=1+1=2$
> $f(5)=i^5+(-1)^5=i-1=f(1)$
> $f(6)=i^6+(-1)^6=-1+1=0=f(2)$
> $\vdots$
> $f(n)$의 값은 4를 주기로 갖고 $i-1$, 0, $-i-1$, 2의 값이 반복된다.

STEP B $n=4k-3$, $n=4k-1$, $n=4k-2$, $n=4k$ (k는 자연수)로 경우를 나누어 음의 실수인 순서쌍 (m, n)의 개수 구하기

4를 주기로 $f(n)$의 값이 반복되므로 자연수 n의 값을
$n=4k-3$, $n=4k-1$, $n=4k-2$, $n=4k$인 경우로 나누어 구한다.

(ⅰ) $n=4k-3$ (k는 자연수)일 때,

$f(n)=i-1$이므로 $\longleftarrow i^{4k-3}=i$이고 $4k-3$은 홀수이므로 $(-1)^{4k-3}=-1$
$\{f(n)\}^2=(i-1)^2=i^2-2i+1=-2i$ $\longleftarrow i^2=-1$
$\{f(n)\}^4=(-2i)^2=4i^2=-2^2$
$\{f(n)\}^{12}=[\{f(n)\}^4]^3=(-2^2)^3=-2^6$
$\{f(n)\}^{20}=[\{f(n)\}^4]^5=(-2^2)^5=-2^{10}$
$\vdots$

이때 조건을 만족하는 m은 4, 12, 20, 28, 36, 44의 6개이고
순서쌍 (m, n)은 $(4, n)$, $(12, n)$, $(20, n)$, $(28, n)$, $(36, n)$, $(44, n)$
50 이하의 자연수 n은 1, 5, 9, $\cdots$, 45, 49의 13개이므로
순서쌍 (m, n)의 개수는 $6\times13=78$

(ⅱ) $n=4k-1$ (k는 자연수)일 때,

$f(n)=-i-1$이므로 $\longleftarrow i^{4k-1}=-i$이고 $4k-1$은 홀수이므로 $(-1)^{4k-1}=-1$
$\{f(n)\}^2=(-i-1)^2=i^2+2i+1=2i$
$\{f(n)\}^4=(2i)^2=4i^2=-2^2$
$\{f(n)\}^{12}=[\{f(n)\}^4]^3=(-2^2)^3=-2^6$
$\{f(n)\}^{20}=[\{f(n)\}^4]^5=(-2^2)^5=-2^{10}$
$\vdots$

이때 조건을 만족하는 m은 4, 12, 20, 28, 36, 44의 6개이고
순서쌍 (m, n)은 $(4, n)$, $(12, n)$, $(20, n)$, $(28, n)$, $(36, n)$, $(44, n)$
50 이하의 자연수 n은 3, 7, 11, $\cdots$, 47의 12개이므로
순서쌍 (m, n)의 개수는 $6\times12=72$

(ⅲ) $n=4k-2$, $n=4k$ (k는 자연수)일 때,

$f(n)=0$ 또는 $f(n)=2$이므로 $\longleftarrow i^{4k-2}=-1$이고 $4k-2$은 짝수이므로 $(-1)^{4k-2}=1$
$\{f(n)\}^m\geq0$ $\longleftarrow 0^m=0$이고 2^m은 양의 실수 $i^{4k}=1$이고 $4k$는 짝수이므로 $(-1)^{4k}=1$
주어진 조건을 만족하는 순서쌍 (m, n)은 존재하지 않는다.

(ⅰ)~(ⅲ)에서 50 이하의 자연수 m, n에 대하여 $\left\{i^n+\left(\dfrac{1}{i}\right)^{2n}\right\}^m$이 음의 실수인

순서쌍 (m, n)의 개수는 $78+72=150$

---

100 이하의 두 자연수 m, n에 대하여 $\left\{i^{2n}+\left(\dfrac{1}{i}\right)^n\right\}^m$의 값이 음의 실수가

되도록 하는 순서쌍 (m, n)의 개수를 구하시오. (단, $i=\sqrt{-1}$)

STEP A i의 거듭제곱의 성질을 이용하여 $\left\{i^{2n}+\left(\dfrac{1}{i}\right)^n\right\}^m$ 정리하기

$$\left\{i^{2n}+\left(\dfrac{1}{i}\right)^n\right\}^m=\{(i^2)^n+(-i)^n\}^m$$
$$=\{(-1)^n+(-i)^n\}^m$$

$f(n)=(-1)^n+(-i)^n$이라 하자.

+α $f(n)$의 값이 4를 주기로 반복되는 이유!

> $f(n)=(-1)^n+(-i)^n$에 대하여 자연수 $n=1, 2, 3, 4, \cdots$를 대입하면
> $f(1)=-1-i$
> $f(2)=(-1)^2+(-i)^2=1+(-1)=0$
> $f(3)=(-1)^3+(-i)^3=-1+i$
> $f(4)=(-1)^4+(-i)^4=1+1=2$
> $f(5)=(-1)^5+(-i)^5=-1-i=f(1)$
> $f(6)=(-1)^6+(-i)^6=1+(-1)=0=f(2)$
> $\vdots$
> $f(n)$의 값은 4를 주기로 갖고 $-1-i$, 0, $-1+i$, 2의 값이 반복된다.

STEP B 음의 실수인 순서쌍 (m, n)의 개수 구하기

4를 주기로 $f(n)$의 값이 반복되므로 자연수 n의 값을
$n=4k-3$, $n=4k-1$, $n=4k-2$, $n=4k$ (k는 자연수)인 경우로 나누어 구한다.

(ⅰ) $n=4k-3$ (k는 자연수)일 때,

$f(n)=-1-i$이므로
$\{f(n)\}^2=(-1-i)^2=1+2i+i^2=2i$
$\{f(n)\}^4=[\{f(n)\}^2]^2=(2i)^2=-2^2$
$\{f(n)\}^{12}=[\{f(n)\}^4]^3=(-2^2)^3=-2^6$
$\{f(n)\}^{20}=[\{f(n)\}^4]^5=(-2^2)^5=-2^{10}$
$\vdots$

이때 조건을 만족하는 m은
4, 12, 20, 28, 36, 44, 52, 60, 68, 76, 84, 92, 100의 13개이고
순서쌍 (m, n)은 $(4, n)$, $(12, n)$, $(20, n)$, $(28, n)$, $\cdots$, $(100, n)$
100 이하의 자연수 n은 1, 5, 9, $\cdots$, 93, 97의 25개이므로
순서쌍 (m, n)의 개수는 $13\times25=325$

(ⅱ) $n=4k-1$ (k는 자연수)일 때,

$f(n)=-1+i$이므로
$\{f(n)\}^2=(-1+i)^2=1-2i+i^2=-2i$
$\{f(n)\}^4=[\{f(n)\}^2]^2=(-2i)^2=-2^2$
$\{f(n)\}^{12}=[\{f(n)\}^4]^3=(-2^2)^3=-2^6$
$\{f(n)\}^{20}=[\{f(n)\}^4]^5=(-2^2)^5=-2^{10}$
$\vdots$

이때 조건을 만족하는 m은
4, 12, 20, 28, 36, 44, 52, 60, 68, 76, 84, 92, 100의 13개이고
순서쌍 (m, n)은 $(4, n)$, $(12, n)$, $(20, n)$, $(28, n)$, $\cdots$, $(100, n)$
100 이하의 자연수 n은 3, 7, 11, $\cdots$, 99의 25개이므로
순서쌍 (m, n)의 개수는 $13\times25=325$

(ⅲ) $n=4k-2$, $n=4k$ (k는 자연수)일 때,

$f(n)=0$ 또는 $f(n)=2$이므로 $\{f(n)\}^m\geq0$

주어진 조건을 만족하는 순서쌍 (m, n)은 존재하지 않는다.

(ⅰ)~(ⅲ)에서 100 이하의 자연수 m, n에 대하여 $\left\{i^{2n}+\left(\dfrac{1}{i}\right)^n\right\}^m$이 음의 실수인

순서쌍 (m, n)의 개수는 $325+325=650$ 정답 650

STEP A 복소수의 성질을 이용하여 추론하기

ㄱ. 두 복소수가 $z_1=a+bi$, $z_2=c+di$이므로

$z_1\overline{z_1}=10$에서

$z_1\overline{z_1}=(a+bi)(a-bi)$

$\qquad =a^2-(bi)^2$ ……… $(bi)^2=b^2i^2=-b^2$

$\qquad =a^2-(-b^2)$

$\qquad =a^2+b^2=10$ [참]

ㄴ. $a^2+b^2=10$에서 a, b, c, d가 자연수이므로

　$a=1$이면 $b=3$이다.
　$a=2$이면 $b^2=6$인 자연수 b는 존재하지 않는다.
　$a=3$이면 $b=1$이다.
　$a \geq 4$이면 $a^2 \geq 16$이므로 자연수 b는 존재하지 않는다.

$z_1+\overline{z_2}=(a+bi)+(c-di)=(a+c)+(b-d)i=3$이므로

$a+c=3$, $b-d=0$

$a+c=3$에서 $a<3$이므로

$a=1$일 때, $c=2$

　$a=1$이면 $b=3$이고 $a=2$이면 $b^2=6$인 자연수 b는 존재하지 않는다.

또한, $b=d=3$이 되므로 $c+d=2+3=5$ [참]

ㄷ. $(z_1+z_2)\overline{(z_1+z_2)}=\{(a+c)+(b+d)i\}\{(a+c)-(b+d)i\}$

$\qquad =(a+c)^2-\{(b+d)i\}^2$

$\qquad =(a+c)^2+(b+d)^2$

$\qquad =41$

a, b, c, d가 자연수이므로

　a, c가 자연수이므로 $a+c \geq 2$이다.
　$a+c=2$이면 $(b+d)^2=37$인 자연수 $b+d$는 존재하지 않는다.
　$a+c=3$이면 $(b+d)^2=32$인 자연수 $b+d$는 존재하지 않는다.
　$a+c=4$이면 $(b+d)^2=25$인 자연수 $b+d=5$이다.
　$a+c=5$이면 $(b+d)^2=16$인 자연수 $b+d=4$이다.
　$a+c=6$이면 $(b+d)^2=5$인 자연수 $b+d$는 존재하지 않는다.
　$a+c \geq 7$이면 $(a+c)^2 \geq 49$이므로 자연수 $b+d$는 존재하지 않는다.

（ⅰ） $a+c=4$일 때,

　a, c가 자연수이므로 $a<4$, 즉 $a=1$, 2, 3일 수 있다.
　이때 $a^2+b^2=10$이어야 하므로 $a=2$이면 $b^2=6$인 자연수 b는 존재하지 않는다.

$b+d=5$이므로

$a=1$이면 $c=3$이고 $b=3$에서 $d=2$

$a=3$이면 $c=1$이고 $b=1$에서 $d=4$

（ⅱ） $a+c=5$일 때,

　a, c가 자연수이므로 $a<5$, 즉 $a=1$, 2, 3, 4일 수 있다.
　이때 $a^2+b^2=10$이어야 하므로
　$a=2$이면 $b^2=6$인 자연수 b는 존재하지 않는다.
　$a \geq 4$이면 $a^2 \geq 16$이므로 자연수 b는 존재하지 않는다.

$b+d=4$이므로

$a=1$이면 $c=4$이고 $b=3$에서 $d=1$

$a=3$이면 $c=2$이고 $b=1$에서 $d=3$

（ⅰ）, （ⅱ）에 의하여 $z_2\overline{z_2}=(c+di)(c-di)=c^2+d^2$의 값은

13 또는 17이므로 $z_2\overline{z_2}$의 최댓값은 17 [참]

　$c=3$, $d=2$ 또는 $c=1$, $d=4$일 때, $c^2+d^2=13$, $c^2+d^2=17$
　$c=4$, $d=1$ 또는 $c=2$, $d=3$일 때, $c^2+d^2=17$, $c^2+d^2=13$

따라서 옳은 것은 ㄱ, ㄴ, ㄷ이다.

내/신/연/계/ 출제문항 256

두 복소수

$$z_1=a+bi, \ z_2=c+di$$

에 대하여 a, b, c, d는 자연수이고 $z_1\overline{z_1}=20$일 때, [보기]에서 옳은 것만을 있는 대로 고른 것은? (단, $i=\sqrt{-1}$ 이고 $\overline{z}$는 복소수 z의 켤레복소수이다.)

> ㄱ. $a^2+b^2=20$
> ㄴ. $z_1-\overline{z_2}=4i$이면 $c+d=6$이다.
> ㄷ. $(z_1+z_2)\overline{(z_1+z_2)}=45$이면 $z_2\overline{z_2}$의 값은 5이다.

① ㄱ　　　　② ㄱ, ㄴ　　　　③ ㄱ, ㄷ
④ ㄴ, ㄷ　　　⑤ ㄱ, ㄴ, ㄷ

STEP A 켤레복소수의 성질을 이용하여 [보기]의 참, 거짓 판단하기

ㄱ. $z_1\overline{z_1}=20$에서 $z_1\overline{z_1}=(a+bi)(a-bi)=a^2+b^2=20$ [참]

ㄴ. $z_1-\overline{z_2}=4i$에서 $z_1-\overline{z_2}=(a+bi)-(c-di)=(a-c)+(b+d)i=4i$이므로
복소수가 서로 같을 조건에 의하여 $a-c=0$, $b+d=4$

이때 $b+d=4$에서 $b<4$이고 ㄱ에 의하여 $a^2+b^2=20$이므로

$b=1$일 때, $d=3$이고 $a^2=19$이므로 자연수 a는 존재하지 않는다.

$b=2$일 때, $d=2$이고 $a^2=16$이므로 자연수 $a=4$

$b=3$일 때, $d=1$이고 $a^2=11$이므로 자연수 a는 존재하지 않는다.

또한, $a=c=4$이므로 $c+d=4+2=6$ [참]

ㄷ. $(z_1+z_2)\overline{(z_1+z_2)}=45$에서

$(z_1+z_2)\overline{(z_1+z_2)}=\{(a+c)+(b+d)i\}\{(a+c)-(b+d)i\}$

$\qquad =(a+c)^2+(b+d)^2=45$

a, b, c, d가 자연수이므로 $2 \leq a+c<7$

（ⅰ） $a+c=2$일 때,

$\qquad (b+d)^2=41$이므로 자연수 $b+d$는 존재하지 않는다.

（ⅱ） $a+c=3$일 때,

$\qquad (b+d)^2=36$이므로 자연수 $b+d=6$

또한, a, c가 자연수이므로 $a<3$이고 ㄱ에 의하여 $a^2+b^2=20$

$\qquad$① $a=1$일 때, $c=2$이고 $b^2=19$이므로 자연수 b는 존재하지 않는다.

$\qquad$② $a=2$일 때, $c=1$이고 $b^2=16$이므로 자연수 $b=4$

$\qquad\quad$ 이를 $b+d=6$에 대입하면 $d=2$

（ⅲ） $a+c=4$일 때,

$\qquad (b+d)^2=29$이므로 자연수 $b+d$는 존재하지 않는다.

（ⅳ） $a+c=5$일 때,

$\qquad (b+d)^2=20$이므로 자연수 $b+d$는 존재하지 않는다.

（ⅴ） $a+c=6$일 때,

$\qquad (b+d)^2=9$이므로 자연수 $b+d=3$

또한, a, c가 자연수이므로 $a<6$이고 ㄱ에 의하여 $a^2+b^2=20$

$\qquad$① $a=1$일 때, $c=5$이고 $b^2=19$이므로 자연수 b는 존재하지 않는다.

$\qquad$② $a=2$일 때, $c=4$이고 $b^2=16$이므로 자연수 $b=4$

$\qquad\quad$ 그런데 $b+d=3$이므로 자연수 d는 존재하지 않는다.

$\qquad$③ $a=3$일 때, $c=3$이고 $b^2=11$이므로 자연수 b는 존재하지 않는다.

$\qquad$④ $a=4$일 때, $c=2$이고 $b^2=4$이므로 자연수 $b=2$

$\qquad\quad$ 이를 $b+d=3$에 대입하면 $d=1$

$\qquad$⑤ $a=5$일 때, $c=1$이지만 자연수 b는 존재하지 않는다.

（ⅰ）~（ⅴ）에 의하여 조건의 만족시키는 자연수 a, b, c, d의 값은

$a=2$, $b=4$, $c=1$, $d=2$ 또는 $a=4$, $b=2$, $c=2$, $d=1$

$z_2\overline{z_2}=(c+di)(c-di)=c^2+d^2=5$ [참]

따라서 옳은 것은 ㄱ, ㄴ, ㄷ이다. 　정답 ⑤

0527

STEP **A** **(일차식)²=(상수)의 꼴로 만들어서 근의 공식 유도하기**

$ax^2+bx+c=0$에서 $x^2+\dfrac{b}{a}x=-\dfrac{c}{a}$이므로

양변에 $\boxed{\dfrac{b^2}{4a^2}}$을 더하여 정리하면 ← $\left(\dfrac{b}{2a}\right)^2$을 양변에 더하면 된다.

$x^2+\dfrac{b}{a}x+\dfrac{b^2}{4a^2}=-\dfrac{c}{a}+\dfrac{b^2}{4a^2}$

$\left(x+\dfrac{b}{2a}\right)^2=\boxed{\dfrac{b^2-4ac}{4a^2}}$이므로

$x+\dfrac{b}{2a}=\pm\sqrt{\dfrac{b^2-4ac}{4a^2}}$

$x=-\dfrac{b}{2a}\pm\dfrac{\sqrt{b^2-4ac}}{2a}$

따라서 $x=\boxed{\dfrac{-b\pm\sqrt{b^2-4ac}}{2a}}$

(가), (나), (다)에 알맞은 것은 $\dfrac{b^2}{4a^2}$, $\dfrac{b^2-4ac}{4a^2}$, $\dfrac{-b\pm\sqrt{b^2-4ac}}{2a}$

0528

STEP **A** **이차방정식의 근의 공식을 이용하여 해 구하기**

이차방정식 $(2-x)^2=2x-7$에서 $x^2-4x+4=2x-7$

$\therefore x^2-6x+11=0$

이때 근의 공식을 이용하면

일차항의 계수가 짝수일 때, $ax^2+2b'x+c=0$의 근은 $x=\dfrac{-b'\pm\sqrt{b'^2-4ac}}{a}$

$x=\dfrac{3\pm\sqrt{3^2-1\times 11}}{1}=3\pm\sqrt{2}\,i$

따라서 $a=3$, $b=2$이므로 $a+b=5$

mini해설 **근과 계수의 관계를 이용하여 풀이하기**

계수가 실수인 이차방정식 $ax^2+bx+c=0$에서 한 근이 $p+qi\,(p,\ q$는 실수$)$이면
반드시 다른 한 근은 $p-qi$이고 두 근의 합은 $-\dfrac{b}{a}$, 두 근의 곱은 $\dfrac{c}{a}$
즉 이차방정식 $(2-x)^2=2x-7$에서 $x^2-6x+11=0$의 근이
$x=a+\sqrt{b}\,i$ 또는 $x=a-\sqrt{b}\,i$
두 근의 합은 $(a+\sqrt{b}\,i)+(a-\sqrt{b}\,i)=2a=6$이므로 $a=3$
두 근의 곱은 $(a+\sqrt{b}\,i)(a-\sqrt{b}\,i)=a^2+b=11$에서 $a=3$이므로 $b=2$
따라서 $a+b=3+2=5$

0529

STEP **A** **이차방정식의 근의 공식을 이용하여 해 구하기**

이차방정식 $x^2-6x+9=0$에서 $(x-3)^2=0$

$\therefore x=3$

이차방정식 $x^2+6x-9=0$에서 근의 공식을 이용하면

일차항의 계수가 짝수일 때, $ax^2+2b'x+c=0$의 근은 $x=\dfrac{-b'\pm\sqrt{b'^2-4ac}}{a}$

$x=\dfrac{-3\pm\sqrt{3^2-1\times(-9)}}{1}=-3\pm 3\sqrt{2}$

즉 양의 실근은 $x=-3+3\sqrt{2}$

따라서 구하는 합은 $3+(-3+3\sqrt{2})=3\sqrt{2}$

0530

STEP **A** **이차항의 계수를 유리수로 바꾸어 인수분해를 이용하여 해 구하기**

이차방정식 $(\sqrt{3}-2)x^2+x+3-\sqrt{3}=0$의 양변에 $\sqrt{3}+2$를 곱하면

$(\sqrt{3}+2)(\sqrt{3}-2)x^2+(\sqrt{3}+2)x+(3-\sqrt{3})(\sqrt{3}+2)=0$이므로

$x^2-(\sqrt{3}+2)x-(3+\sqrt{3})=0$

인수분해를 이용하면 $(x+1)\{x-(3+\sqrt{3})\}=0$

$\therefore x=-1$ 또는 $x=3+\sqrt{3}$

STEP **B** **$\beta+3\alpha$의 값 구하기**

따라서 $\alpha=-1$, $\beta=3+\sqrt{3}$이므로 $\beta+3\alpha=3+\sqrt{3}+3\times(-1)=\sqrt{3}$

내·신·연·계 출제문항 **257**

이차방정식 $\sqrt{2}\,(x^2+x)=x^2+4x+3$의 두 근을 α, β라 할 때, $\beta+3\alpha$의 값은? (단, $\alpha<\beta$)

① $-3\sqrt{2}$ ② $-\sqrt{2}$ ③ 1
④ $\sqrt{2}$ ⑤ $3\sqrt{2}$

STEP **A** **이차항의 계수를 유리수로 바꾸어 인수분해를 이용하여 해 구하기**

이차방정식 $\sqrt{2}\,(x^2+x)=x^2+4x+3$에서

$(\sqrt{2}-1)x^2-(4-\sqrt{2})x-3=0$이므로 양변에 $\sqrt{2}+1$을 곱하면

$(\sqrt{2}-1)(\sqrt{2}+1)x^2-(4-\sqrt{2})(\sqrt{2}+1)x-3(\sqrt{2}+1)=0$이므로

$x^2-(2+3\sqrt{2})x-3-3\sqrt{2}=0$

인수분해를 이용하면 $(x+1)(x-3-3\sqrt{2})=0$

$\therefore x=-1$ 또는 $x=3+3\sqrt{2}$

STEP **B** **$\beta+3\alpha$의 값 구하기**

따라서 $\alpha=-1$, $\beta=3+3\sqrt{2}$이므로 $\beta+3\alpha=3+3\sqrt{2}+3\times(-1)=3\sqrt{2}$

0531

STEP **A** **주어진 조건을 이용하여 이차방정식을 구하고 인수분해를 이용하여 해 구하기**

$x\star x=(x+x)-2\times x\times x=-2x^2+2x$

$x\star(-2)=\{x+(-2)\}-2\times x\times(-2)=5x-2$

$(x\star x)+\{x\star(-2)\}+6=0$에서

$-2x^2+2x+5x-2+6=0,\ 2x^2-7x-4=0,\ (2x+1)(x-4)=0$

$\therefore x=-\dfrac{1}{2}$ 또는 $x=4$

따라서 두 근 중 자연수 $x=4$

0532

STEP **A** **이차방정식의 한 근이 1이므로 대입하여 양수 a의 값 구하기**

$x^2+ax-2a^2=0$에 $x=1$을 대입하면

$1+a-2a^2=0,\ 2a^2-a-1=0,\ (2a+1)(a-1)=0$

$\therefore a=1\ (\because a>0)$

STEP **B** **이차방정식의 다른 한 근을 구하고 $a+\alpha$의 값 구하기**

주어진 이차방정식은 $x^2+x-2=0,\ (x+2)(x-1)=0$

$\therefore x=-2$ 또는 $x=1$, 즉 다른 한 근은 $\alpha=-2$

따라서 $a+\alpha=1+(-2)=-1$

0533

STEP A 주어진 이차방정식의 근을 대입하여 a, b의 값 구하기

이차방정식 $ax^2-2x+b=0$의 한 근이 -1이므로

$x=-1$을 대입하면 $a+2+b=0$

$\therefore a+b=-2$ $\qquad$ …… ㉠

이차방정식 $bx^2-2x+a=0$의 한 근이 $\dfrac{1}{3}$이므로

$x=\dfrac{1}{3}$을 대입하면 $\dfrac{b}{9}-\dfrac{2}{3}+a=0$

$\therefore 9a+b=6$ $\qquad$ …… ㉡

㉠, ㉡을 연립하여 풀면 $a=1$, $b=-3$

STEP B 이차방정식의 각각의 나머지 근 m, n 구하기

$a=1$, $b=-3$을 $ax^2-2x+b=0$에 대입하면

$x^2-2x-3=0$에서 $(x+1)(x-3)=0$

$\therefore x=-1$ 또는 $x=3$

즉 이차방정식은 다른 한 근은 3이므로 $m=3$

$a=1$, $b=-3$을 $bx^2-2x+a=0$에 대입하면

$-3x^2-2x+1=0$에서 $(3x-1)(x+1)=0$

$\therefore x=\dfrac{1}{3}$ 또는 $x=-1$

즉 이차방정식은 다른 한 근은 -1이므로 $n=-1$

STEP C mn의 값 구하기

따라서 $mn=3\times(-1)=-3$

0534

STEP A 이차방정식의 한 근 -1이므로 대입하여 k의 값 구하기

이차방정식 $3(k-1)x^2+2x-k^3+3=0$의 한 근이 -1이므로

$x=-1$을 대입하면 $3(k-1)-2-k^2+3=0$이고

$k^2-3k+2=0$에서 $(k-1)(k-2)=0$

$\therefore k=1$ 또는 $k=2$

그런데 주어진 방정식이 이차방정식이어야 하므로 $k-1\neq0$

x^2항의 계수 $k-1\neq0$이어야 한다.

즉 $k\neq1$이므로 $k=2$

STEP B k의 값을 주어진 이차방정식에 대입하여 다른 한 근 구하기

$k=2$를 주어진 이차방정식에 대입하면 $3x^2+2x-1=(x+1)(3x-1)=0$

$\therefore x=-1$ 또는 $x=\dfrac{1}{3}$

따라서 다른 근은 $\alpha=\dfrac{1}{3}$이므로 $3k\alpha=3\times2\times\dfrac{1}{3}=2$

---

x에 대한 이차방정식 $(k-1)x^2-(k^2+1)x+2(k+1)=0$의 한 근이 2일 때, 상수 k의 값과 다른 한 근을 α라 하자. $k+\alpha$의 값은?

① 3 $\qquad$ ② 4 $\qquad$ ③ 5

④ 6 $\qquad$ ⑤ 7

STEP A 이차방정식의 한 근이 -1이므로 대입하여 k의 값 구하기

이차방정식의 한 근이 2이므로 $x=2$를 대입하면

$4(k-1)-2(k^2+1)+2(k+1)=0$

$k^2-3k+2=0$, $(k-1)(k-2)=0$

$\therefore k=1$ 또는 $k=2$

주어진 방정식이 이차방정식이어야 하므로 $k-1\neq0$

x^2항의 계수 $k-1\neq0$이어야 한다.

즉 $k\neq1$이므로 $k=2$

STEP B k의 값을 주어진 이차방정식에 대입하여 다른 한 근 구하기

$k=2$를 주어진 이차방정식에 대입하면 $x^2-5x+6=0$

$(x-2)(x-3)=0$ $\quad$ $\therefore x=2$ 또는 $x=3$

따라서 다른 한 근은 $\alpha=3$이므로 $k+\alpha=2+3=5$

0535

STEP A 이차방정식의 한 근이 3이므로 대입하여 a의 값 구하기

이차방정식 $x^2-(3a+1)x+5a+2=0$의 한 근이 3이므로

$x=3$을 대입하면 $9-3(3a+1)+5a+2=0$

$8-4a=0$ $\quad$ $\therefore a=2$

STEP B a의 값을 주어진 이차방정식에 대입하여 해 구하기

$a=2$이므로 이차방정식 $x^2+(5a-2)x+a^2-9a-6=0$에 대입하면

$x^2+8x-20=(x-2)(x+10)=0$

따라서 $x=2$ 또는 $x=-10$

0536

STEP A 방정식의 한 근이 1이므로 대입하여 k에 관하여 정리하기

이차방정식 $kx^2+ax+(k-1)b=0$의 한 근이 $x=1$이므로 대입하면

$k\times1^2+a\times1+(k-1)b=0$이므로 $k+a+(k-1)b=0$

이 식이 k의 값에 관계없이 성립하므로 k에 관해 정리하면

$(a-b)+(1+b)k=0$

[k의 값에 관계 없이 항상 성립하는 등식]

k에 관한 항등식

$ak+b=0$꼴 정리하여 계수를 비교하면 $a=0$, $b=0$

STEP B k에 대한 항등식을 이용하여 a, b의 값 구하기

이 식이 k에 대한 항등식이므로 $a-b=0$, $1+b=0$

따라서 $a=-1$, $b=-1$이므로 $ab=(-1)\times(-1)=1$

> **P O I N T | 항등식의 성질**
>
> ① $ax+b=0$이 x에 대한 항등식이면 $a=0$, $b=0$
> ② $ax+b=a'x+b'$이 x에 대한 항등식이면 $a=a'$, $b=b'$

---

x에 대한 이차방정식 $x^2-(k-2)x-ak-2b+2=0$이 실수 k의 값에 관계없이 항상 -2를 근으로 가질 때, 상수 a, b의 합 $a+b$의 값을 구하시오.

STEP A 방정식의 한 근이 -2이므로 대입하여 k에 관하여 정리하기

이차방정식 $x^2-(k-2)x-ak-2b+2=0$의 한 근이 $x=-2$이므로

대입하면 $4+(k-2)\times2-ak-2b+2=0$

이 식이 k의 값에 관계없이 성립하므로 k에 관해 정리하면

$(2-a)k-2b+2=0$

STEP B k에 대한 항등식을 이용하여 a, b의 값 구하기

이 식이 k에 대한 항등식이므로 $2-a=0$, $-2b+2=0$

따라서 $a=2$, $b=1$이므로 $a+b=2+1=3$

0537 · 2022년 06월 고1 학력평가 11번 · 정답 ②

STEP A 이차방정식의 한 근이 1이므로 대입한 후 k에 대하여 정리하기

이차방정식 $x^2+k(2p-3)x-(p^2-2)k+q+2=0$의 한 근이 1이므로
$x=1$을 대입하면
$1+k(2p-3)-(p^2-2)k+q+2=0$
이 식을 k에 대하여 정리하면 ← ( )$k+$( )$=0$꼴로 정리
$-(p^2-2p+1)k+(q+3)=0$ ······ ㉠

STEP B k에 대한 항등식임을 이용하여 p, q의 값 구하기

㉠이 k의 값에 관계없이 항상 성립하므로 항등식의 성질에 의하여
k에 대한 항등식이므로 ( )$k+$( )$=0$꼴의 계수비교법을 이용한다.
$p^2-2p+1=0$, $q+3=0$
즉 $p^2-2p+1=(p-1)^2=0$이므로
$p=1$, $q=-3$
따라서 $p+q=1+(-3)=-2$

내/신/연/계 출제문항 260

x에 대한 이차방정식 $x^2+k(4p-1)x+(p^2+3)k+q-4=0$이 실수 k의 값에 관계없이 항상 -1을 근으로 가질 때, 두 상수 p, q에 대하여 $p+q$의 값은?

① 5 ② 2 ③ -1
④ -4 ⑤ -7

STEP A 이차방정식의 한 근이 -1이므로 대입한 후 k에 대하여 정리하기

이차방정식 $x^2+k(4p-1)x+(p^2+3)k+q-4=0$의 한 근이 -1이므로
$x=-1$을 대입하면
$1-k(4p-1)+(p^2+3)k+q-4=0$
이 식을 k에 대하여 정리하면 ← ( )$k+$( )$=0$꼴로 정리
$(p^2-4p+4)k+(q-3)=0$ ······ ㉠

STEP B k에 대한 항등식임을 이용하여 p, q의 값 구하기

㉠이 k의 값에 관계없이 항상 성립하므로 항등식의 성질에 의하여
k에 대한 항등식이므로 ( )$k+$( )$=0$꼴의 계수비교법을 이용한다.
$p^2-4p+4=0$, $(p-2)^2=0$에서 $p=2$ ← (k의 일차항)$=0$
$q-3=0$에서 $q=3$ ← (상수항)$=0$
따라서 $p+q=2+3=5$ · 정답 ①

0538 · 2020년 06월 고1 학력평가 8번 · 정답 ①

STEP A 이차방정식의 근의 공식을 이용하여 두 근 구하기

이차방정식 $2x^2-2x+1=0$에서 근의 공식에 의하여
$x=\dfrac{-(-1)\pm\sqrt{(-1)^2-2\times1}}{2}=\dfrac{1\pm i}{2}$
$\therefore x=\dfrac{1+i}{2}$ 또는 $x=\dfrac{1-i}{2}$

STEP B i의 거듭제곱의 계산을 이용하여 $\alpha^4-\alpha^2+\alpha$의 값 구하기

이차방정식 $2x^2-2x+1=0$의 한 근이 $\alpha=\dfrac{1+i}{2}$라 하면
$\alpha^2=\left(\dfrac{1+i}{2}\right)^2=\dfrac{1+2i-1}{4}=\dfrac{1}{2}i$ ← $i^2=-1$
$\alpha^4=(\alpha^2)^2=\left(\dfrac{1}{2}i\right)^2=-\dfrac{1}{4}$
따라서  $\alpha^4-\alpha^2+\alpha=-\dfrac{1}{4}-\dfrac{1}{2}i+\dfrac{1+i}{2}=\dfrac{1}{4}$

+α | $\alpha^4-\alpha^2+\alpha$의 값을 다음과 같이 구할 수 있어!

이차방정식 $2x^2-2x+1=0$의 한 근이 $\alpha=\dfrac{1-i}{2}$라 하면
$\alpha^2=\left(\dfrac{1-i}{2}\right)^2=\dfrac{1-2i-1}{4}=-\dfrac{1}{2}i$
$\alpha^4=(\alpha^2)^2=\left(-\dfrac{1}{2}i\right)^2=-\dfrac{1}{4}$
$\therefore \alpha^4-\alpha^2+\alpha=-\dfrac{1}{4}-\left(-\dfrac{1}{2}i\right)+\dfrac{1-i}{2}=\dfrac{1}{4}$

mini해설 | 주어진 방정식에 $x=\alpha$를 대입하여 풀이하기

이차방정식 $2x^2-2x+1=0$의 한 근이 α이므로
$x=\alpha$를 대입하면 $2\alpha^2-2\alpha+1=0$
$\therefore \alpha^2=\alpha-\dfrac{1}{2}$
이때 $\alpha^4=(\alpha^2)^2=\left(\alpha-\dfrac{1}{2}\right)^2=\alpha^2-\alpha+\dfrac{1}{4}$
따라서 $\alpha^4-\alpha^2+\alpha=\dfrac{1}{4}$

내/신/연/계 출제문항 261

이차방정식 $x^2-2x+2=0$의 한 근을 α라 할 때, $\alpha^4-\alpha^2+2\alpha$의 값은?

① -3 ② -2 ③ -1
④ 1 ⑤ 2

STEP A 이차방정식의 근 구하기

이차방정식 $x^2-2x+2=0$의 근의 공식을 이용하여
$x=-(-1)\pm\sqrt{(-1)^2-2\times1}=1\pm i$

STEP B 복소수의 연산을 이용하여 $\alpha^4-\alpha^2+2\alpha$의 값 구하기

이차방정식 $x^2-2x+2=0$의 한 근이 α에 대하여 $\alpha=1+i$라 하면
$\alpha^2=(1+i)^2=1+2i-1=2i$
$\alpha^4=(2i)^2=-4$
따라서 $\alpha^4-\alpha^2+2\alpha=-4-2i+2+2i=-2$

+α | $\alpha^4-\alpha^2+2\alpha$의 값을 다음과 같이 구할 수 있어!

$\alpha=1-i$인 경우
$\alpha^2=(1-i)^2=1-2i+i^2=-2i$, $\alpha^4=(-2i)^2=-4$
따라서 $\alpha^4-\alpha^2+2\alpha=-4+2i+2-2i=-2$

mini해설 | 주어진 방정식에 $x=\alpha$를 대입하여 풀이하기

이차방정식 $x^2-2x+2=0$의 한 근이 α이므로
$\alpha^2-2\alpha+2=0$ $\therefore \alpha^2=2\alpha-2$
위의 식의 양변을 제곱하면
이때 $\alpha^4=(\alpha^2)^2$이므로 $\alpha^4=(2\alpha-2)^2=4\alpha^2-8\alpha+4$
$\alpha^4-\alpha^2+2\alpha=3\alpha^2-6\alpha+4=3(\alpha^2-2\alpha)+4=3\times(-2)+4=-2$

· 정답 ②

0539

STEP A $x=1$을 기준으로 범위를 나누어 이차방정식의 해를 구하기

$x^2-3|x-1|-2x-3=0$에서
절댓값 안의 값이 0이 되는 $x=1$의 값을 기준으로 구간을 나눈다.
(i) $x \geq 1$일 때, $x^2-3(x-1)-2x-3=0$, $x(x-5)=0$
　　$\therefore x=0$ 또는 $x=5$
　　이때 $x \geq 1$이므로 $x=5$
(ii) $x<1$일 때, $x^2+3(x-1)-2x-3=0$, $(x+3)(x-2)=0$
　　$\therefore x=-3$ 또는 $x=2$
　　이때 $x<1$이므로 $x=-3$
(i), (ii)에서 두 근의 합은 $5+(-3)=2$

0540

STEP A $|x+1|=t$로 치환하여 t의 근 구하기

방정식 $|x+1|^2+|x+1|-6=0$에서 $|x+1|=t\,(t \geq 0)$라 하면
$t^2+t-6=(t+2)(t-3)=0$이므로 $t=2$ 또는 $t=-3$
이때 $t \geq 0$이므로 $t=2$

STEP B 방정식의 두 근 α, β의 값 구하기

$t=2$에서 $|x+1|=2$이므로
$x+1=2$ 또는 $x+1=-2$에서 $x=1$ 또는 $x=-3$
따라서 $\alpha=1$, $\beta=-3$이므로 $\alpha-\beta=1-(-3)=4$

---

mini해설 | 범위를 나누어 풀이하기

방정식 $|x+1|^2+|x+1|-6=0$에서
절댓값 안의 값이 0이 되는 $x=-1$의 값을 기준으로 구간으로 나눈다.
(i) $x<-1$일 때, $\{-(x+1)\}^2-(x+1)-6=0$, $x^2+x-6=0$, $(x+3)(x-2)=0$
　　$\therefore x=-3$ 또는 $x=2$
　　이때 $x<-1$이므로 $x=-3$
(ii) $x \geq -1$일 때, $(x+1)^2+(x+1)-6=0$, $x^2+3x-4=0$, $(x+4)(x-1)=0$
　　$\therefore x=-4$ 또는 $x=1$
　　이때 $x \geq -1$이므로 $x=1$
(i), (ii)에 의하여 주어진 방정식의 해는 $x=-3$ 또는 $x=1$
이때 $\alpha>\beta$이므로 $\alpha=1$, $\beta=-3$
따라서 $\alpha-\beta=1-(-3)=4$

0541

STEP A $\sqrt{a^2}=|a|$임을 이용하여 식을 정리한 후 절댓값 안의 부호에 따라 세 가지 경우로 나누어 구하기

$x^2-\sqrt{x^2}=\sqrt{(x-1)^2}+3$에서
$x^2-|x|=|x-1|+3$이므로
절댓값 안의 값이 0이 되는 $x=0$, $x=1$의
값을 기준으로 구간을 나눈다.
(i) $x<0$일 때, $x^2-(-x)=-(x-1)+3$에서 $x^2+2x-4=0$
　　근의 공식에 의하여 $x=-1 \pm \sqrt{5}$
　　$\therefore x=-1-\sqrt{5}$ 또는 $x=-1+\sqrt{5}$
　　이때 $x<0$이므로 $x=-1-\sqrt{5}$
(ii) $0 \leq x<1$일 때, $x^2-x=-(x-1)+3$에서 $x^2-4=(x+2)(x-2)=0$
　　$\therefore x=-2$ 또는 $x=2$
　　이때 $0 \leq x<1$에 속하는 근이 없으므로 해가 존재하지 않는다.
(iii) $x \geq 1$일 때, $x^2-x=x-1+3$에서 $x^2-2x-2=0$
　　근의 공식에 의하여 $x=1 \pm \sqrt{3}$
　　$\therefore x=1+\sqrt{3}$ 또는 $x=1-\sqrt{3}$
　　이때 $x \geq 1$이므로 $x=1+\sqrt{3}$

STEP B 모든 근의 합 구하기

(i)~(iii)에서 모든 근의 합은 $(-1-\sqrt{5})+(1+\sqrt{3})=\sqrt{3}-\sqrt{5}$

내신연계 출제문항 262

방정식 $x^2=\sqrt{x^2}+\sqrt{(x-1)^2}+2$의 모든 근의 합은?

① $-2+\sqrt{2}$　　② $-1-\sqrt{2}$　　③ $1+\sqrt{2}$
④ $\sqrt{3}-\sqrt{5}$　　⑤ $\sqrt{5}+\sqrt{3}$

STEP A $\sqrt{a^2}=|a|$임을 이용하여 식을 정리한 후 절댓값 안의 부호에 따라 세 가지 경우로 나누어 구하기

$x^2=\sqrt{x^2}+\sqrt{(x-1)^2}+2$에서
$x^2-|x|-|x-1|-2=0$이므로
절댓값 안의 값이 0이 되는 $x=0$, $x=1$의
값을 기준으로 구간을 나눈다.
(i) $x<0$일 때, $x^2+x+(x-1)-2=0$에서 $x^2+2x-3=(x+3)(x-1)=0$
　　$\therefore x=-3$ 또는 $x=1$
　　이때 $x<0$이므로 $x=-3$
(ii) $0 \leq x<1$일 때, $x^2-x+(x-1)-2=0$, $x^2-3=0$, $x^2=3$
　　$\therefore x=\pm\sqrt{3}$
　　이때 $0 \leq x<1$에 속하는 근이 없으므로 해가 존재하지 않는다.
(iii) $x \geq 1$일 때, $x^2-x-(x-1)-2=0$에서 $x^2-2x-1=0$
　　근의 공식에 의하여 $x=1 \pm \sqrt{2}$
　　$\therefore x=1+\sqrt{2}$ 또는 $x=1-\sqrt{2}$
　　이때 $x \geq 1$이므로 $x=1+\sqrt{2}$
(i)~(iii)에 의하여 주어진 방정식의 해는 $x=-3$ 또는 $x=1+\sqrt{2}$

STEP B 모든 근의 합 구하기

따라서 모든 근의 합은 $-3+(1+\sqrt{2})=-2+\sqrt{2}$　　

0542

STEP A 주어진 조건을 이용하여 방정식 작성하기

$a \odot b=(a+b)-ab$이므로
$x \odot x=|2 \odot x|$에서 $x \odot x=(x+x)-x \times x=2x-x^2$
$|2 \odot x|=|(2+x)-2x|=|2-x|$이므로
$2x-x^2=|2-x|$

STEP B 절댓값 안의 값이 0이 되는 x값을 기준으로 범위를 나누어 방정식의 근 구하기

절댓값 안의 값이 0이 되는 $x=2$의 값을 기준으로 구간을 나눈다.
(i) $x \leq 2$일 때, $-x^2+2x=-x+2$이므로
　　이차방정식 $x^2-3x+2=0$, $(x-1)(x-2)=0$
　　$\therefore x=1$ 또는 $x=2$
(ii) $x>2$일 때, $-x^2+2x=-(-x+2)$이므로
　　이차방정식 $x^2-x-2=0$, $(x+1)(x-2)=0$
　　$\therefore x=-1$ 또는 $x=2$
　　그런데 $x>2$이므로 해는 존재하지 않는다.
(i), (ii)에 의하여 모든 실수 x의 값의 합은 $1+2=3$

0543

STEP A 길의 폭을 xm로 놓고 이차방정식 세우기

길의 폭을 xm$(0<x<8)$라 하면
길의 폭이 되므로 $x>0$이고 가로의 길이 8보다는 작아야 하므로 $x<8$, 즉 $0<x<8$
길을 제외한 땅의 넓이가 55m^{2}이므로
$(14-x)(8-x)=55$

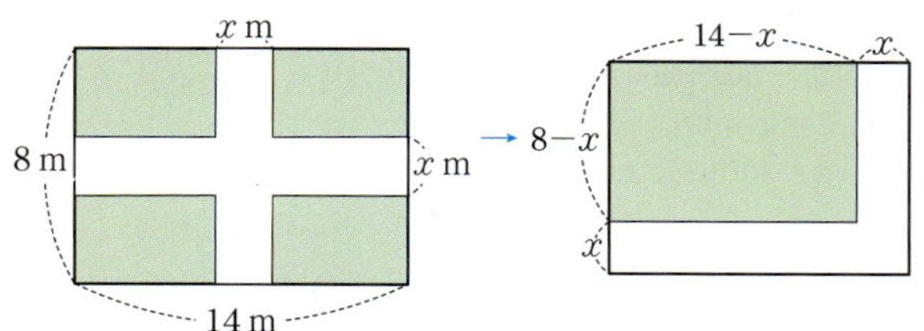

STEP B 이차방정식의 해를 구하기

$x^2-22x+57=0$에서 $(x-3)(x-19)=0$
$\therefore x=3$ 또는 $x=19$
따라서 $0<x<8$이므로 $x=3$

다른풀이 길의 넓이를 구하여 풀이하기

STEP A 길의 폭을 xm로 놓고 이차방정식 세우기

길의 폭을 x라 하면
길의 넓이는 두 직사각형의 넓이의 합에서 겹쳐진 정사각형의 넓이를
뺀 것이므로 $8x+14x-x^2=22x-x^2$
길을 제외한 땅의 넓이가 55m^{2}이므로
$8\times14-(22x-x^2)=55$

STEP B 이차방정식의 해를 구하기

$x^2-22x+57=0,\ (x-3)(x-19)=0$
$\therefore x=3$ 또는 $x=19$
따라서 $0<x<8$이므로 $x=3$

0544

STEP A 처음 종이의 세로의 길이를 x로 놓고 이차방정식 세우기

처음 종이의 세로의 길이를 $x$cm라 하면
가로의 길이는 $2x$cm,
직육면체의 모양의 상자의 밑면의 가로의 길이는 $(2x-4)$cm,
세로의 길이는 $(x-4)$cm, 높이는 2cm인 상자의 부피가 192cm^{3}이므로
$(2x-4)(x-4)\times2=192$
즉 $(x-2)(x-4)=48$에서 $x^2-6x+8=48$
$\therefore x^2-6x-40=0$

STEP B 이차방정식의 해를 구하기

$x^2-6x-40=(x+4)(x-10)=0$
$\therefore x=-4$ 또는 $x=10$
이때 $x>0$이므로 $x=10$
따라서 처음 종이의 가로의 길이는 $2\times10=20\,(\text{cm})$

그림과 같이 가로의 길이가 세로의 길이의 3배인 직사각형 모양의 종이가
있다. 이 종이의 네 모퉁이에서 한 변의 길이가 3cm인 정사각형을 잘라내
고, 남아 있는 부분으로 직육면체 모양의 뚜껑이 없는 상자를 만들었더니
부피가 189cm^{3}가 되었다. 처음 종이의 가로의 길이는?
(단, 종이의 두께는 생각하지 않는다.)

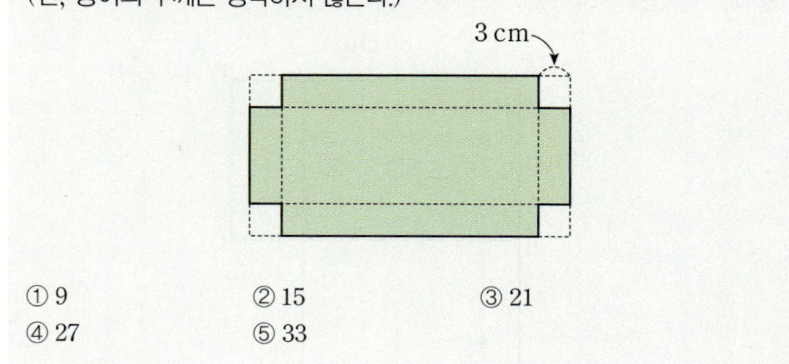

① 9 ② 15 ③ 21
④ 27 ⑤ 33

STEP A 처음 종이의 세로의 길이를 x로 놓고 이차방정식 세우기

처음 종이의 세로의 길이를 $x$cm라 하면
가로의 길이는 $3x$cm,
직육면체의 모양의 상자의 밑면의 가로의 길이는 $(3x-6)$cm,
세로의 길이는 $(x-6)$cm, 높이는 3cm인 상자의 부피가 189cm^{3}이므로
$(3x-6)(x-6)\times3=189$
즉 $(x-2)(x-6)=21$에서 $x^2-8x+12=21$
$\therefore x^2-8x-9=0$

STEP B 이차방정식의 해를 구하기

$x^2-8x-9=0,\ (x+1)(x-9)=0$
$\therefore x=-1$ 또는 $x=9$
그런데 $x>0$이므로 $x=9$
따라서 처음 종이의 가로의 길이는 $3\times9=27\,(\text{cm})$

0545

STEP A 직사각형의 넓이를 t에 대하여 나타내고 이차방정식 작성하기

가로의 길이는 매초 2cm씩 줄어들고 세로의 길이는 매초 3cm씩 늘어나므로
시각 t에 대하여 줄어들고 있으므로 $-2t$ 시각 t에 대하여 늘어나고 있으므로 $+3t$
$t\,(t>0)$초가 지난 후의 직사각형의 넓이는
$(60-2t)(30+3t)\text{cm}^2$ ← (가로의 길이)×(세로의 길이)

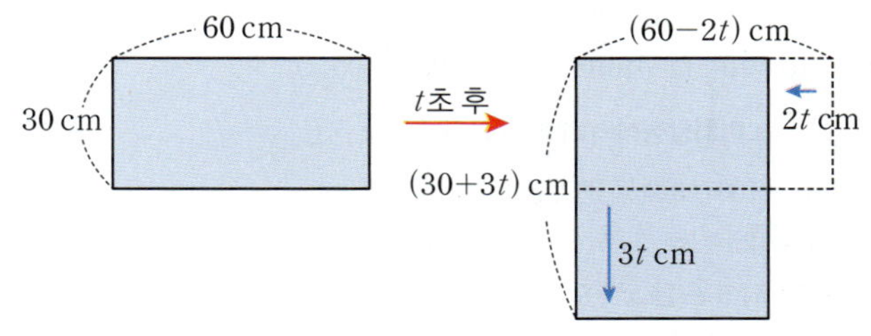

처음 직사각형의 넓이가 $60\times30=1800$cm^2
이때 $t\,(t>0)$초가 지난 후와 처음 직사각형의 넓이가 같으므로
$(60-2t)(30+3t)=1800$

STEP B 이차방정식의 해 구하기

$(60-2t)(30+3t)=1800$에서 $6t^2-120t=0,\ 6t(t-20)=0$
$\therefore t=0$ 또는 $t=20$
따라서 $t>0$이므로 $t=20$

그림과 같이 가로와 세로의 길이가 각각 60cm, 33cm인 직사각형 ABCD가 있다. 이 직사각형의 가로의 길이는 매초 2cm씩 줄어들고, 세로의 길이는 매초 3cm씩 늘어난다고 하자. 가로와 세로의 길이가 동시에 변하기 시작하여 t초가 지난 후의 직사각형의 넓이가 처음 직사각형의 넓이와 같아진다고 할 때, t의 값을 구하시오.

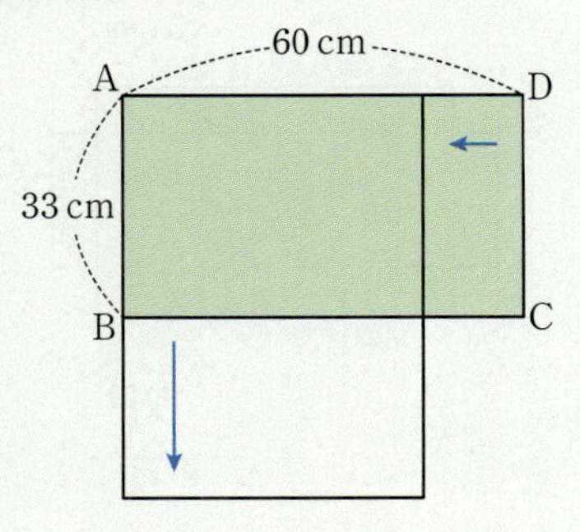

STEP A 직사각형의 넓이를 이용하여 이차방정식 작성하기

가로의 길이는 매초 2cm씩 줄어들고 세로의 길이는 매초 3cm씩 늘어나므로

시각 t에 대하여 줄어들고 있으므로 $-2t$　　시각 t에 대하여 늘어나고 있으므로 $+3t$

$t\,(t>0)$초가 지난 후의 직사각형의 넓이는
$(60-2t)\times(33+3t)\,\text{cm}^2$
처음 직사각형의 넓이가 $60\times33=1980\,\text{cm}^2$
이때 $t\,(t>0)$초가 지난 후와 처음 직사각형의 넓이가 같으므로
즉 $(60-2t)(33+3t)=1980$에서 $(30-t)(11+t)=330$
$\therefore t^2-19t=0$

STEP B 이차방정식의 해 구하기

$t^2-19t=t(t-19)=0$
$\therefore t=0$ 또는 $t=19$
따라서 $t>0$이므로 $t=19$　　　정답 19

0546　　정답 ③

STEP A 두 사각형 ABCD와 EDCF가 닮은 도형임을 이용하여 이차방정식 세우기

$\overline{\text{FC}}=x-10\,(x>10)$이고

$\overline{\text{AD}}>\overline{\text{BF}}$이므로 $x>10$

사각형 ABCD와 사각형 EDCF는 닮은 도형이므로
$\overline{\text{AD}}:\overline{\text{EF}}=\overline{\text{AB}}:\overline{\text{ED}}$이 성립한다.
즉 $x:10=10:(x-10)$이므로 $x^2-10x-100=0$

STEP B 이차방정식의 해를 구하기

$x^2-10x-100=0$에서 근의 공식에 의하여
$x=5\pm\sqrt{125}=5\pm5\sqrt{5}$
$\therefore x=5+5\sqrt{5}$ 또는 $x=5-5\sqrt{5}$
이때 $x-10>0$이므로 $x>10$
따라서 구하는 x의 값은 $5+5\sqrt{5}$

0547　　정답 10

STEP A 하루 판매액은 (기름값)×(판매액)임을 이용하여 이차방정식 작성하기

기름값을 $x\%$ 내리면 기름값은 1L당 $a\left(1-\dfrac{x}{100}\right)$원이 되고

하루 판매량이 $2x\%$ 증가하면 하루에 $b\left(1+\dfrac{2x}{100}\right)$L를 판매하므로

하루 판매액은
$a\left(1-\dfrac{x}{100}\right)\times b\left(1+\dfrac{2x}{100}\right)=ab\left(1-\dfrac{x}{100}\right)\left(1+\dfrac{2x}{100}\right)$원　$\leftarrow$ (기름값)×(판매액)

이때 하루 판매액은 ab에서 8% 증가하였으므로 $ab\left(1+\dfrac{8}{100}\right)$원

즉 $ab\left(1-\dfrac{x}{100}\right)\left(1+\dfrac{2x}{100}\right)=ab\left(1+\dfrac{8}{100}\right)$에서 $\dfrac{x}{100}-\dfrac{x^2}{5000}=\dfrac{2}{25}$

$\therefore x^2-50x+400=0$

STEP B 이차방정식의 해 구하기

이차방정식 $x^2-50x+400=(x-10)(x-40)=0$
$\therefore x=10$ 또는 $x=40$
따라서 $0<x<30$이므로 $x=10$

0548　　2022년 06월 고1 학력평가 7번　　정답 ①

STEP A 밭의 총넓이를 이용하여 이차방정식 작성하기

올해 늘어난  모양의 밭의 넓이가 $500\,\text{m}^2$이므로
밭의 총넓이는 $(10\times10)+500=600\,\text{m}^2$　　　……㉠
직사각형 모양의 밭의 가로의 길이는 $(10+x)\,\text{m}$이고
세로의 길이는 $10+(x-10)=x\,\text{m}$
직사각형 모양의 밭의 총넓이는
$(10+x)\times x=(10x+x^2)\,\text{m}^2$　　　……㉡

STEP B 이차방정식의 해 구하기

㉠, ㉡의 값이 같으므로 $x^2+10x=600$
$x^2+10x-600=(x+30)(x-20)=0$
$\therefore x=-30$ 또는 $x=20$
따라서 $x>10$이므로 $x=20$

어느 가족이 작년까지 한 변의 길이가 10m인 정사각형 모양의 밭을 가꾸었다. 올해는 그림과 같이 가로의 길이를 xm만큼, 세로의 길이를 $(x-10)$m 만큼 늘여서 새로운 직사각형 모양의 밭을 가꾸었다. 올해 늘어난  모양의 밭의 넓이가 $1100\,\text{m}^2$일 때, x의 값은? (단, $x>10$)

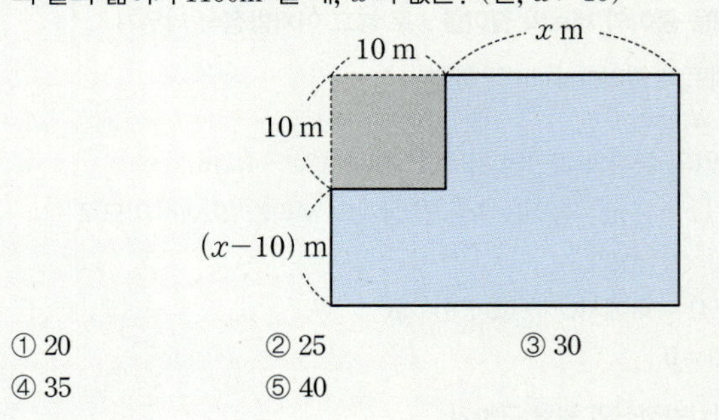

① 20　　② 25　　③ 30
④ 35　　⑤ 40

STEP A 밭의 총넓이를 이용하여 이차방정식 작성하기

올해 늘어난 모양의 밭의 넓이가 1100이므로
올해 밭의 총넓이는 $(10\times10)+1100=1200$　　　……㉠
직사각형 모양의 밭의 가로의 길이는 $(10+x)\,\text{m}$이고
세로의 길이는 $10+(x-10)=x\,(\text{m})$
직사각형 모양의 넓이는 $(10+x)\times x=10x+x^2\,(\text{m}^2)$　　　……㉡

STEP B 이차방정식의 해를 구하여 x의 값 구하기

㉠, ㉡의 값이 같으므로 $10x+x^2=1200$
$x^2+10x-1200=(x+40)(x-30)=0$
$\therefore x=-40$ 또는 $x=30$
따라서 $x>10$이므로 $x=30$　　　정답 ③

STEP A $\overline{\text{AP}}=x$라 하고 두 삼각형의 닮음비를 이용하여 선분의 길이를 x에 관하여 나타내기

삼각형 ABD와 삼각형 SOD는 서로 닮음이므로 $\overline{\text{AB}}:\overline{\text{AD}}=\overline{\text{SO}}:\overline{\text{SD}}$

∠DAB = ∠DSO = 90°, ∠D는 공통이므로 △ABD ∽ △SOD(AA닮음)

이때 $\overline{\text{AB}}=2$, $\overline{\text{BC}}=\overline{\text{AD}}=4$이므로 $\overline{\text{SO}}:\overline{\text{SD}}=1:2$ ← $\overline{\text{AB}}:\overline{\text{AD}}=1:2$

$\overline{\text{AP}}=x\,(x>0)$라 하면

$\overline{\text{SO}}=\overline{\text{AP}}=x$, $\overline{\text{SD}}=2\overline{\text{SO}}=2x$

STEP B 두 사각형의 넓이의 합을 이용하여 이차방정식 작성하기

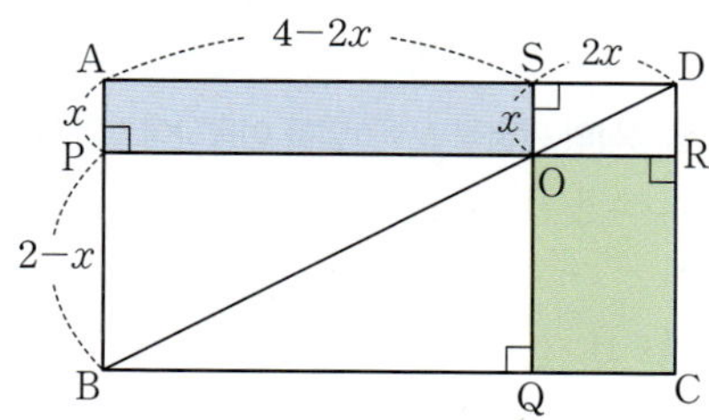

사각형 APOS의 넓이는

$\overline{\text{AP}}\times\overline{\text{AS}}=\overline{\text{AP}}\times(\overline{\text{AD}}-\overline{\text{SD}})=x\times(4-2x)=4x-2x^2$

사각형 OQCR의 넓이는

$\overline{\text{OQ}}\times\overline{\text{OR}}=(\overline{\text{AB}}-\overline{\text{AP}})\times\overline{\text{SD}}=(2-x)\times2x=4x-2x^2$

이때 사각형 APOS의 넓이와 사각형 OQCR의 넓이의 합이 3이므로

$(4x-2x^2)+(4x-2x^2)=3$

∴ $4x^2-8x+3=0$

+α 두 직사각형 PBQO와 SORD의 넓이를 이용하여 구할 수 있어!

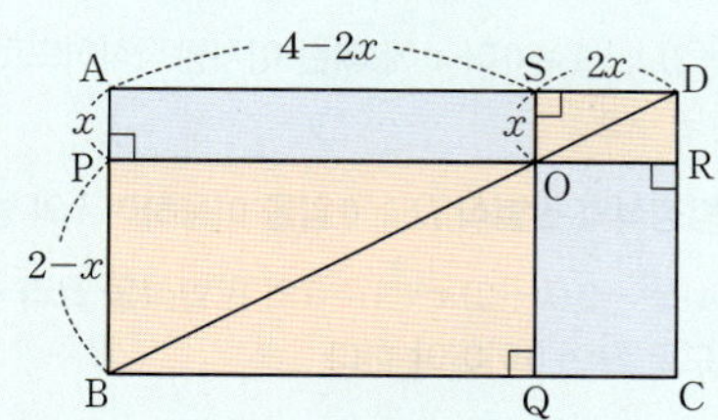

직사각형 PBQO의 넓이는

$\overline{\text{PB}}\times\overline{\text{PO}}=(\overline{\text{AB}}-\overline{\text{AP}})\times(\overline{\text{AD}}-\overline{\text{SD}})=(2-x)(4-2x)=2x^2-8x+8$

직사각형 SORD의 넓이는

$\overline{\text{SO}}\times\overline{\text{SD}}=x\times2x=2x^2$

조건에서 사각형 APOS의 넓이와 사각형 OQCR의 넓이의 합은 직사각형 ABCD의 넓이에서 직사각형 PBQO의 넓이와 직사각형 SORD의 넓이를 뺀 것과 같다.

즉 $2\times4-(2x^2-8x+8)-2x^2=3$

∴ $4x^2-8x+3=0$

STEP C 이차방정식의 해 구하기

이차방정식 $4x^2-8x+3=(2x-3)(2x-1)=0$

∴ $x=\dfrac{3}{2}$ 또는 $x=\dfrac{1}{2}$

이때 $x<2-x$에서 $x<1$이므로 $x=\dfrac{1}{2}$ ← $\overline{\text{AP}}<\overline{\text{PB}}$

따라서 $\overline{\text{AP}}=\dfrac{1}{2}$

내신연계 출제문항 266

그림과 같이 $\overline{\text{AB}}=3$, $\overline{\text{BC}}=9$인 직사각형 ABCD가 있다. 대각선 BD 위에 한 점 O를 잡고, 점 O에서 네 변 AB, BC, CD, DA에 내린 수선의 발을 각각 P, Q, R, S라 하자. 사각형 APOS와 사각형 OQCR의 넓이의 합이 12이고 $\overline{\text{AP}}<\overline{\text{PB}}$일 때, 선분 AP의 길이는?

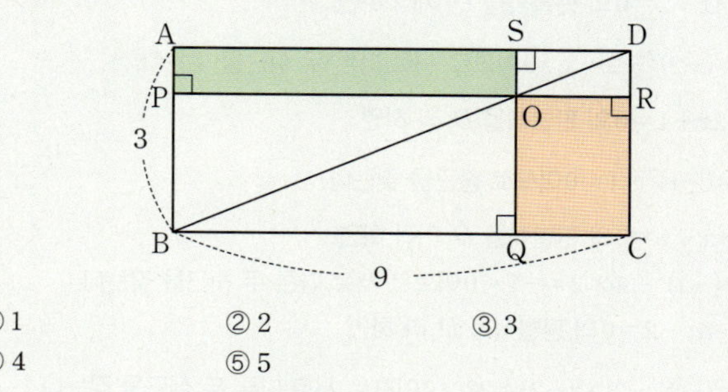

① 1 ② 2 ③ 3

④ 4 ⑤ 5

STEP A $\overline{\text{AP}}=x$라 하고 삼각형의 닮음비를 이용하여 선분의 길이를 x에 관하여 나타내기

삼각형 ABD와 삼각형 SOD는 서로 닮음이므로 $\overline{\text{AB}}:\overline{\text{AD}}=\overline{\text{SO}}:\overline{\text{SD}}$

∠DAB = ∠DSO = 90°, ∠D는 공통이므로 △ABD ∽ △SOD(AA닮음)

이때 $\overline{\text{AB}}=3$, $\overline{\text{BC}}=\overline{\text{AD}}=9$이므로 $\overline{\text{SO}}:\overline{\text{SD}}=1:3$ ← $\overline{\text{AB}}:\overline{\text{AD}}=1:3$

$\overline{\text{AP}}=x\,(x>0)$라 하면

$\overline{\text{SO}}=\overline{\text{AP}}=x$, $\overline{\text{SD}}=3\overline{\text{SO}}=3x$

STEP B 두 사각형의 넓이를 이용하여 이차방정식 작성하기

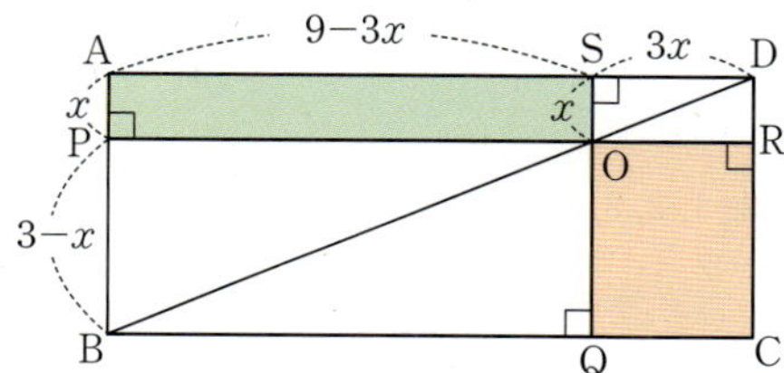

사각형 APOS의 넓이는

$\overline{\text{AP}}\times\overline{\text{AS}}=\overline{\text{AP}}\times(\overline{\text{AD}}-\overline{\text{SD}})=x\times(9-3x)=9x-3x^2$

사각형 OQCR의 넓이는

$\overline{\text{OQ}}\times\overline{\text{OR}}=(\overline{\text{AB}}-\overline{\text{AP}})\times\overline{\text{SD}}=(3-x)\times3x=9x-3x^2$

이때 사각형 APOS의 넓이와 사각형 OQCR의 넓이의 합이 12이므로

$(9x-3x^2)+(9x-3x^2)=12$, $-6x^2+18x-12=0$ ∴ $x^2-3x+2=0$

+α 두 직사각형 PBQO와 SORD의 넓이를 이용하여 구할 수 있어!

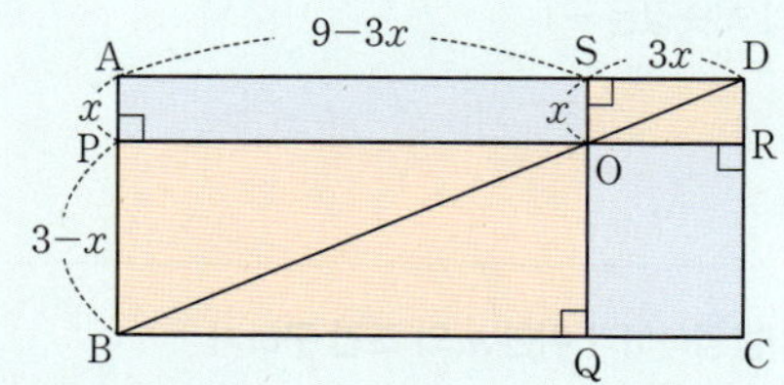

직사각형 PBQO의 넓이는

$\overline{\text{PB}}\times\overline{\text{PO}}=(\overline{\text{AB}}-\overline{\text{AP}})\times(\overline{\text{AD}}-\overline{\text{SD}})=(3-x)(9-3x)=3x^2-18x+27$

직사각형 SORD의 넓이는

$\overline{\text{SO}}\times\overline{\text{SD}}=x\times3x=3x^2$

조건에서 사각형 APOS의 넓이와 사각형 OQCR의 넓이의 합은 직사각형 ABCD의 넓이에서 직사각형 PBQO의 넓이와 직사각형 SORD의 넓이를 뺀 것과 같다.

즉 $3\times9-(3x^2-18x+27)-3x^2=12$ ∴ $x^2-3x+2=0$

STEP C 이차방정식의 해 구하기

이차방정식 $x^2-3x+2=(x-1)(x-2)=0$ ∴ $x=1$ 또는 $x=2$

이때 $x<3-x$에서 $x<\dfrac{3}{2}$이므로 $x=1$ ← $\overline{\text{AP}}<\overline{\text{PB}}$

따라서 $\overline{\text{AP}}=1$

정답 ①

0550

STEP A 이차방정식의 판별식 $D>0$을 이용하여 서로 다른 두 실근이 존재하는 이차방정식 구하기

이차방정식이 서로 다른 두 실근을 가지므로 판별식 $D>0$이면 된다.

ㄱ. $x^2-4x+2=0$의 판별식을 D_1이라 하면

$\dfrac{D_1}{4}=(-2)^2-2=2>0$이므로 서로 다른 두 실근을 갖는다.

ㄴ. $x^2-2x+1=0$의 판별식을 D_2라 하면

$\dfrac{D_2}{4}=(-1)^2-1=0$이므로 중근을 갖는다.

ㄷ. $2x^2-x+1=0$의 판별식을 D_3이라 하면

$D_3=(-1)^2-4\times2=-7<0$이므로 서로 다른 두 허근을 갖는다.

ㄹ. $3x^2-8x-2=0$의 판별식을 D_4라 하면

$\dfrac{D_4}{4}=(-4)^2-3\times(-2)=22>0$이므로 서로 다른 두 실근을 갖는다.

따라서 서로 다른 두 실근을 갖는 것은 ㄱ, ㄹ이다.

0551
정답 ③

STEP A 이차방정식의 판별식 $D>0$임을 이용하여 k의 범위 구하기

이차방정식 $x^2+2(k-1)x+k^2-20=0$의 판별식을 D라 하면
서로 다른 두 실근을 가져야 하므로 $D>0$이어야 한다.

$\dfrac{D}{4}=(k-1)^2-(k^2-20)>0$

$-2k+21>0$

$\therefore\ k<\dfrac{21}{2}=10.5$

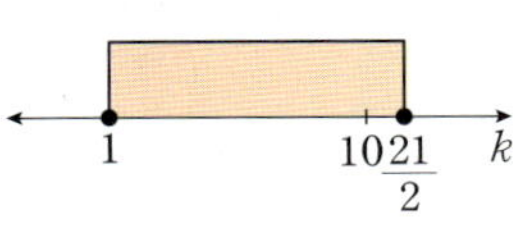

따라서 자연수 k는 $1,\ 2,\ 3,\ ,\ \cdots,\ 10$이므로 개수는 10

0552
정답 ②

STEP A 이차방정식의 판별식 $D\geq0$임을 이용하여 m의 범위 구하기

이차방정식 $x^2-2(m+3)x+m^2=0$의 판별식을 D라 할 때,
실근을 가져야 하므로 $D\geq0$이어야 한다.

$\dfrac{D}{4}=(m+3)^2-m^2\geq0$

$6m+9\geq0$ $\therefore\ m\geq-\dfrac{3}{2}$

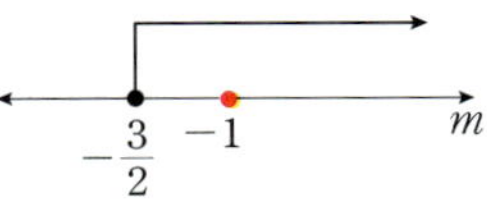

따라서 정수 m의 최솟값은 -1

0553
정답 ④

STEP A 이차방정식이기 위한 m의 조건 구하기

주어진 방정식이 x에 대한 이차방정식이어야 하므로
$m\neq-4$ $\cdots\cdots$ ㉠

STEP B 이차방정식의 판별식 $D>0$임을 이용하여 m의 범위 구하기

이차방정식 $(m+4)x^2-4x+2=0$의 판별식을 D라 할 때,
서로 다른 두 실근을 가지려면

$\dfrac{D}{4}=(-2)^2-(m+4)\times2>0$에서

$m<-2$ $\cdots\cdots$ ㉡

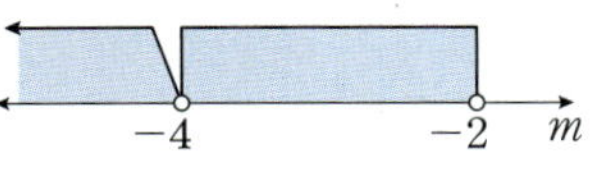

따라서 ㉠, ㉡에서 $m<-4$ 또는 $-4<m<-2$

> **+α** | 이차항의 계수가 미지수인 이차방정식에서 주의 사항!
>
> 판별식은 주어진 방정식이 이차방정식일 때만 의미가 있으므로
> 이차항의 계수는 0이 아니어야 한다.

---

x에 대한 이차방정식 $(k+3)x^2+2kx+k+1=0$이 서로 다른 두 실근을
가질 때, 실수 k의 값의 범위는?

① $k<-\dfrac{3}{4}$　　　　　② $k<-\dfrac{2}{3}$

③ $k<-2$　　　　　④ $k<-2$ 또는 $-2<k<-\dfrac{2}{3}$

⑤ $k<-3$ 또는 $-3<k<-\dfrac{3}{4}$

STEP A 이차방정식이기 위한 k의 조건 구하기

$(k+3)x^2+2kx+k+1=0$이 이차방정식이므로
$k+3\neq0$ $\therefore\ k\neq-3$ $\cdots\cdots$ ㉠

STEP B 이차방정식의 판별식 $D>0$임을 이용하여 k의 범위 구하기

이차방정식 $(k+3)x^2+2kx+k+1=0$의 판별식을 D라 하면
$D>0$이어야 한다.

$\dfrac{D}{4}=k^2-(k+3)(k+1)>0$

$-4k-3>0$ $\therefore\ k<-\dfrac{3}{4}$ $\cdots\cdots$ ㉡

따라서 ㉠, ㉡을 동시에 만족시키는 실수 k의 값의 범위는

$k<-3$ 또는 $-3<k<-\dfrac{3}{4}$
정답 ⑤

0554
정답 ④

STEP A 이차방정식이기 위한 k의 조건 구하기

$(k^2-4)x^2-2(k-2)x+1=0$이 x에 대한 이차방정식이므로
$k^2-4\neq0$ $\therefore\ k\neq\pm2$ $\cdots\cdots$ ㉠

STEP B 이차방정식의 판별식 $D\geq0$임을 이용하여 k의 범위 구하기

이차방정식 $(k^2-4)x^2-2(k-2)x+1=0$의 판별식을 D라 하면
실근을 가져야 하므로 $D\geq0$이어야 한다.

$\dfrac{D}{4}=\{-(k-2)\}^2-(k^2-4)\geq0$

$-4k+8\geq0$ $\therefore\ k\leq2$ $\cdots\cdots$ ㉡

㉠, ㉡에서 $k<-2$이고 $-2<k<2$
따라서 정수 k의 최댓값은 1

> **+α** | 최댓값이 2가 아닌 이유!
>
> x에 대한 이차방정식에서 (x^2의 계수) $\neq0$임을 반드시 확인한다.
> $k\neq\pm2$이고 $k\leq2$이므로 정수 k의 최댓값은 2가 아니고 1임에 주의한다.

0555
정답 ④

STEP A 주어진 식을 정리하여 전개하기

방정식 $(x+2)^2+(2x+a)^2=0$을 전개하면
$x^2+4x+4+4x^2+4ax+a^2=0,\ 5x^2+(4+4a)x+a^2+4=0$

STEP B 이차방정식의 판별식 $D\geq0$임을 이용하여 a의 범위 구하기

이차방정식 $5x^2+(4+4a)x+a^2+4=0$의 판별식을 D라 하면
이 이차방정식이 실근을 가지므로 $D\geq0$이어야 한다.

$\dfrac{D}{4}=(2+2a)^2-5(a^2+4)\geq0,\ -a^2+8a-16\geq0$

즉 $a^2-8a+16\leq0$이므로 $(a-4)^2\leq0$

이때 모든 실수 a에 대하여 $(a-4)^2\geq0$이므로
$(a-4)^2\leq0$을 만족시키는 경우는 $(a-4)^2=0$

따라서 $a-4=0$이므로 $a=4$

0556

STEP A 두 이차방정식의 판별식을 각각 구하기

두 이차방정식 $x^2-2x+a=0$, $x^2-4x+2a-6=0$의 판별식을
D_1, D_2라 하면
$$\frac{D_1}{4}=1-a,\quad \frac{D_2}{4}=(-2)^2-1\times(2a-6)=-2a+10$$

STEP B 한 개의 방정식만 실근을 갖도록 하는 a의 값 구하기

한 개의 방정식만 실근을 갖도록 하는 a의 범위는

(i) $\dfrac{D_1}{4}=1-a\geq 0$, $\dfrac{D_2}{4}=-2a+10<0$인 경우는

　$a\leq 1$, $a>5$이므로 동시에 만족시키는 a의 값은 존재하지 않는다.

(ii) $\dfrac{D_1}{4}=1-a<0$, $\dfrac{D_2}{4}=-2a+10\geq 0$인 경우는

　$1<a$이고 $a\leq 5$이므로 $1<a\leq 5$

(i), (ii)에서 $1<a\leq 5$

따라서 정수 a는 2, 3, 4, 5이므로 개수는 4

0557

STEP A 이차방정식이 실근을 가질 조건 구하기

이차방정식 $x^2-2(a+k)x-a+6=0$의 판별식을 D_1이라 하면
이 이차방정식이 실근을 갖기 위해서는 $D_1\geq 0$이어야 한다.
$$\frac{D_1}{4}=\{-(a+k)\}^2-(-a+6)\geq 0,\ k^2+2ak+a^2+a-6\geq 0$$
즉 모든 실수 k에 대하여
$$k^2+2ak+a^2+a-6\geq 0 \qquad \cdots\cdots\ \text{㉠}$$

STEP B 실수 a의 최솟값 구하기

㉠에서 모든 실수 k에 대하여 성립해야 하므로
k에 대한 이차방정식 $k^2+2ak+a^2+a-6=0$에서
중근을 가지거나 허근을 가져야 한다.
k에 대한 이차방정식 $k^2+2ak+a^2+a-6=0$의 판별식을 D_2라 하면
$$\frac{D_2}{4}=a^2-a^2-a+6\leq 0,\ -a+6\leq 0$$
$$\therefore a\geq 6$$
따라서 실수 a의 최솟값은 6

+α | 판별식 D_1에서 a의 최솟값을 구할 수 있어!

이차방정식 $x^2-2(a+k)x-a+6=0$의 판별식을 D_1이라 하면
실근을 가져야 하므로 $D_1\geq 0$
$$\frac{D_1}{4}=\{-(a+k)\}^2-(-a+6)=(a+k)^2+a-6$$
즉 모든 실수 k에 대하여 $(a+k)^2+a-6\geq 0$
이때 모든 실수 k에 대하여 $(a+k)^2\geq 0$이므로 $a-6\geq 0$
따라서 $a\geq 6$이므로 실수 a의 최솟값은 6

0558

2023년 09월 고1 학력평가 24번　　

STEP A 이차방정식이 실근을 가질 자연수 a의 개수 구하기

이차방정식 $x^2+2ax+a^2+4a-28=0$의 <u>판별식을 D라 하면</u>

이차방정식 $ax^2+2bx+c=0$의 판별식을 D라 하면 $\dfrac{D}{4}=(b')^2-ac\left(b'=\dfrac{b}{2}\right)$

주어진 이차방정식이 실근을 갖기 위해서는 $D\geq 0$이어야 한다.
$$\frac{D}{4}=a^2-(a^2+4a-28)\geq 0,\ -4a+28\geq 0$$
$$\therefore a\leq 7$$
따라서 자연수 a는 1, 2, 3, 4, 5, 6, 7이므로 개수는 7

x에 대한 이차방정식 $x^2-2ax+a^2+3a-20=0$이 실근을 갖도록 하는
모든 자연수 a의 개수를 구하시오.

STEP A 이차방정식이 실근을 가질 자연수 a의 개수 구하기

이차방정식 $x^2-2ax+a^2+3a-20=0$의 판별식을 D라 하면
주어진 이차방정식이 실근을 갖기 위해서는 $D\geq 0$이어야 한다.
$$\frac{D}{4}=(-a)^2-(a^2+3a-20)\geq 0,\ -3a+20\geq 0$$
$$\therefore a\leq \frac{20}{3}$$
따라서 자연수 a는 1, 2, 3, 4, 5, 6이므로 개수는 6　　

0559

2021년 09월 고1 학력평가 24번　　　

STEP A 이차방정식이 서로 다른 두 실근을 가질 자연수 k의 개수 구하기

이차방정식 $x^2+2(k-2)x+k^2-24=0$의 서로 다른 두 실근을 가지기 위해서는
판별식을 D라 하면 $D>0$이어야 한다.

이차방정식 $ax^2+2b'x+c=0$의 판별식을 D라 하면 $\dfrac{D}{4}=(b')^2-ac\left(b'=\dfrac{b}{2}\right)$
$$\frac{D}{4}=(k-2)^2-(k^2-24)>0,\ -4k+28>0$$
$$\therefore k<7$$
따라서 모든 자연수 k는 1, 2, 3, 4, 5, 6이므로 개수는 6

x에 대한 이차방정식 $x^2+2(k-2)x+k^2-32=0$이 서로 다른 두 실근을
갖도록 하는 모든 자연수 k의 개수는?

① 6　　　　　② 7　　　　　③ 8
④ 9　　　　　⑤ 10

STEP A 이차방정식이 서로 다른 두 실근을 가질 조건 구하기

이차방정식 $x^2+2(k-2)x+k^2-32=0$의 판별식을 D라 하면

이차방정식 $ax^2+2b'x+c=0$의 판별식을 D라 하면 $\dfrac{D}{4}=(b')^2-ac>0$
서로 다른 두 실근을 갖기 위해서는 $D>0$이어야 한다.
$$\frac{D}{4}=(k-2)^2-(k^2-32)>0,\ -4k+36>0$$
$$\therefore k<9$$
따라서 모든 자연수 k는 1, 2, 3, 4, 5, 6, 7, 8이므로 개수는 8　　

0560

2018년 03월 고2 학력평가 가형 8번 · 정답 ④

STEP A 주어진 이차방정식을 간단히 정리하기

이차방정식 $(a^2-9)x^2=a+3$ ← $a^2-b^2=(a+b)(a-b)$

$(a+3)(a-3)x^2=a+3$

a는 10보다 작은 자연수이므로 $a+3>0$

즉 양변을 $a+3$으로 나누면 $(a-3)x^2=1$ ∴ $(a-3)x^2-1=0$

STEP B 이차방정식이 서로 다른 두 실근을 가질 자연수 a의 개수 구하기

x에 대한 이차방정식이므로 $a-3\neq0$

∴ $a\neq3$ ······ ㉠

이차방정식 $(a-3)x^2-1=0$이 서로 다른 두 실근을 가지기 위해서는
판별식을 D라 하면 $D>0$이어야 한다.

이차방정식 $ax^2+bx+c=0$의 판별식을 D라 하면 $D=b^2-4ac$

$D=0^2-4\times(a-3)\times(-1)>0$, $4(a-3)>0$

∴ $a>3$ ······ ㉡

㉠, ㉡에 의하여 $a>3$

따라서 10보다 작은 자연수 a는 4, 5, 6, 7, 8, 9이므로 개수는 6

> **+α 이차방정식을 $x^2=k$의 꼴로 정리하여 풀 수도 있어!**
>
> 이차방정식 $(a-3)x^2-1=0$에서 $x^2=\dfrac{1}{a-3}$ $(∵a\neq3)$
>
> 이때 주어진 이차방정식이 서로 다른 두 실근을 가지므로
>
> $\dfrac{1}{a-3}>0$ ← $x^2=k$에서
> ① $k>0$일 때, $x=\pm\sqrt{k}$로 서로 다른 두 실근을 가진다.
> ② $k=0$일 때, $x=0$으로 1개를 가진다.
> ③ $k<0$일 때, 실근은 존재하지 않는다.
>
> 즉 $a-3>0$이므로 $a>3$
> 따라서 10보다 작은 자연수 a는 4, 5, 6, 7, 8, 9이므로 개수는 6

내/신/연/계 출제문항 270

x에 대한 이차방정식 $(a^2-4)x^2=a+2$이 서로 다른 두 실근을 갖도록
하는 10보다 작은 자연수 a의 개수는?

① 4 ② 5 ③ 6
④ 7 ⑤ 8

STEP A 주어진 식을 간단히 정리하기

이차방정식 $(a^2-4)x^2=a+2$에서 $(a+2)(a-2)x^2=a+2$

a는 10보다 작은 자연수이므로 $a+2>0$

즉 양변을 $a+2$로 나누면 $(a-2)x^2=1$ ∴ $(a-2)x^2-1=0$

STEP B 이차방정식의 판별식을 이용하여 자연수 a의 개수 구하기

주어진 식이 x에 대한 이차방정식이므로

$a-2\neq0$ ∴ $a\neq2$ ······ ㉠

이차방정식 $(a-2)x^2-1=0$의 판별식을 D라 하면

이 이차방정식이 서로 다른 두 실근을 가지므로 $D>0$이어야 한다.

$D=0^2-4(a-2)(-1)>0$, $4(a-2)>0$

$a-2>0$ ∴ $a>2$ ······ ㉡

㉠, ㉡에서 $a>2$

따라서 10보다 작은 자연수 a는 3, 4, 5, 6, 7, 8, 9이므로 개수는 7

> **+α 이차방정식을 $x^2=k$의 꼴로 정리하여 풀 수도 있어!**
>
> $(a-2)x^2-1=0$에서 $x^2=\dfrac{1}{a-2}$
>
> 이때 주어진 이차방정식이 서로 다른 두 실근을 가지므로 $\dfrac{1}{a-2}>0$
>
> 즉 $a-2>0$이므로 $a>2$
> 따라서 10보다 작은 자연수 a는 3, 4, 5, 6, 7, 8, 9이므로 a의 개수는 7

정답 ④

0561

정답 ②

STEP A 이차방정식이 중근을 가질 조건을 이용하여 k의 값 구하기

이차방정식 $x^2+2x+5-k^2-3k=0$의 판별식을 D라 하면
중근을 가져야 하므로 $D=0$이어야 한다.

$\dfrac{D}{4}=1^2-(5-k^2-3k)=0$, $k^2+3k-4=0$, $(k+4)(k-1)=0$

∴ $k=-4$ 또는 $k=1$

STEP B 상수 k의 값의 합 구하기

따라서 모든 상수 k의 값의 합은 $-4+1=-3$

0562

정답 ④

STEP A 이차방정식의 판별식이 0임을 이용하여 상수 a의 값 구하기

이차방정식 $x^2-2kx+2k-1=0$이 중근을 가지므로
판별식을 D라 하면 $D=0$이어야 한다.

$\dfrac{D}{4}=(-k)^2-(2k-1)=0$, $k^2-2k+1=0$, $(k-1)^2=0$

∴ $k=1$

STEP B 중근 α를 구하여 $\alpha+k$의 값 구하기

$k=1$을 방정식 $x^2-2kx+2k-1=0$에 대입하면

$x^2-2x+1=(x-1)^2=0$이므로 $x=1$

따라서 $k=1$, $\alpha=1$이므로 $k+\alpha=1+1=2$

0563

정답 ①

STEP A 이차방정식이기 위한 m의 조건 구하기

방정식이 x에 대한 이차방정식이어야 하므로 $m\neq0$ ······ ㉠

STEP B 이차방정식의 판별식 $D=0$임을 이용하여 m의 값 구하기

이차방정식 $2mx^2-4mx+m-1=0$의 판별식을 D라 하면
중근을 가져야 하므로 $D=0$이어야 한다.

$\dfrac{D}{4}=4m^2-2m(m-1)=0$, $2m^2+2m=0$, $2m(m+1)=0$

∴ $m=0$ 또는 $m=-1$

이때 ㉠에 의하여 $m=-1$

STEP C 중근 α를 구하여 $m+\alpha$의 값 구하기

이차방정식 $2mx^2-4mx+m-1=0$에 $m=-1$을 대입하면

$-2x^2+4x-2=0$이므로 $x^2-2x+1=0$

즉 $(x-1)^2=0$에서 $x=1=\alpha$

따라서 $m+\alpha=-1+1=0$

0564

정답 ①

STEP A 이차방정식이기 위한 m의 조건 구하기

방정식 $(m^2-1)x^2+2(m-1)x+2=0$이 이차방정식이어야 하므로 $m^2-1\neq0$

즉 $(m+1)(m-1)\neq0$이므로 $m\neq-1$, $m\neq1$ ······ ㉠

STEP B 이차방정식의 판별식 $D=0$임을 이용하여 m의 값 구하기

이차방정식 $(m^2-1)x^2+2(m-1)x+2=0$의 판별식을 D라 하면
중근을 가져야 하므로 $D=0$이어야 한다.

$\dfrac{D}{4}=(m-1)^2-2(m^2-1)=0$, $-m^2-2m+3=0$, $(m+3)(m-1)=0$

∴ $m=-3$ 또는 $m=1$

따라서 ㉠에 의하여 $m=-3$

0565

STEP A 이차방정식이 실근을 가질 조건 구하기

이차방정식 $x^2+6x+5k-1=0$이 실근을 가져야 하므로
판별식을 D_1이라 하면 $D_1 \geq 0$이어야 한다.

$$\frac{D_1}{4}=3^2-(5k-1)\geq 0,\ 10-5k\geq 0$$

$$\therefore k\leq 2 \qquad \cdots\cdots\ \bigcirc$$

STEP B 이차방정식이 중근을 가질 조건 구하기

이차방정식 $x^2+2kx-k^2+7k-5=0$이 중근을 가져야 하므로
판별식을 D_2라 하면 $D_2=0$이어야 한다.

$$\frac{D_2}{4}=k^2-(-k^2+7k-5)=0,\ 2k^2-7k+5=0$$

$$(k-1)(2k-5)=0$$

$$\therefore k=1\ \text{또는}\ k=\frac{5}{2} \qquad \cdots\cdots\ \bigcirc$$

따라서 $\bigcirc$, $\bigcirc$을 동시에 만족시키는 상수 $k=1$

내신연계 출제문항 271

이차방정식 $x^2-8x-3k+7=0$이 실근을 가지고 x에 대한 이차방정식
$x^2+4kx+k^2-16k-20=0$이 중근을 갖도록 하는 상수 k의 값은?

① -2 ② -1 ③ 0
④ 1 ⑤ 2

STEP A 이차방정식이 실근을 가질 조건 구하기

이차방정식 $x^2-8x-3k+7=0$이 실근을 가져야 하므로
판별식을 D_1이라 하면 $D_1 \geq 0$이어야 한다.

$$\frac{D_1}{4}=(-4)^2-(-3k+7)\geq 0,\ 3k+9\geq 0$$

$$\therefore k\geq -3 \qquad \cdots\cdots\ \bigcirc$$

STEP B 이차방정식이 중근을 가질 조건 구하기

이차방정식 $x^2+4kx+k^2-16k-20=0$이 중근을 가져야 하므로
판별식을 D_2라 하면 $D_2=0$이어야 한다.

$$\frac{D_2}{4}=(2k)^2-(k^2-16k-20)=0,\ 3k^2+16k+20=0$$

$$(k+2)(3k+10)=0$$

$$\therefore k=-2\ \text{또는}\ k=-\frac{10}{3} \qquad \cdots\cdots\ \bigcirc$$

따라서 $\bigcirc$, $\bigcirc$을 동시에 만족시키는 상수 $k=-2$

0566

STEP A 이차방정식이 실근을 가질 조건 구하기

x에 대한 이차방정식 $x^2+2ax+6a-k=0$의 판별식을 D_1이라 하면
중근을 가져야 하므로 $D_1=0$이다.

$$\frac{D_1}{4}=a^2-(6a-k)=0$$

$$a^2-6a+k=0 \qquad \cdots\cdots\ \bigcirc$$

STEP B a에 대한 이차방정식이 서로 다른 두 실근을 가질 조건 구하기

이때 $\bigcirc$에서 서로 다른 실수 a의 값이 2개이므로
a에 대한 이차방정식 $a^2-6a+k=0$이 서로 다른 두 실근을 갖는다.
판별식을 D_2라 하면 $D_2>0$이다.

$$\frac{D_2}{4}=(-3)^2-k>0,\ 9-k>0 \quad \therefore k<9$$

따라서 자연수 k는 1, 2, 3, 4, 5, 6, 7, 8이므로 개수는 8

내신연계 출제문항 272

이차방정식 $x^2+ax+5a-k=0$이 중근을 갖도록 하는 서로 다른 두 실수
a가 존재할 때, 자연수 k의 개수는?

① 20 ② 22 ③ 24
④ 26 ⑤ 28

STEP A 이차방정식이 중근을 가질 조건 구하기

x에 대한 이차방정식 $x^2+ax+5a-k=0$의 판별식을 D_1이라 하면
중근을 가져야 하므로 $D_1=0$이다.

$$D=a^2-4(5a-k)=0$$

$$\therefore a^2-20a+4k=0 \qquad \cdots\cdots\ \bigcirc$$

STEP B a에 대한 이차방정식이 서로 다른 두 실근을 가질 조건 구하기

이때 $\bigcirc$에서 서로 다른 실수 a의 값이 2개이므로
a에 대한 이차방정식 $a^2-20a+4k=0$의 판별식을 D_2라 하면 $D_2>0$이다.

$$\frac{D_2}{4}=(-10)^2-4k>0,\ 100-4k>0$$

$$\therefore k<25$$

따라서 자연수 k는 1, 2, 3, $\cdots$, 24이므로 개수는 24

0567

2023년 11월 고1 학력평가 22번

STEP A 이차방정식의 판별식을 이용하여 a의 값 구하기

이차방정식 $x^2+10x+a=0$이 중근을 가지기 위해서 판별식을 D라 하면

이차방정식 $ax^2+bx+c=0$의 판별식을 D라 하면 $\dfrac{D}{4}=(b')^2-ac\ \left(b'=\dfrac{b}{2}\right)$

$D=0$이어야 한다.

$$\frac{D}{4}=5^2-1\times a=0,\ 25-a=0$$

따라서 $a=25$

---

mini해설 | 완전제곱식을 이용하여 풀이하기

이차방정식 $x^2+10x+a=0$이 중근을 가지기 위해서는
$x^2+10x+a$가 완전제곱식이 되어야 한다. ← (일차식)^2
$x^2+10x+a=(x^2+10x+25-25)+a$
$\qquad\qquad\ =(x-5)^2+a-25$
따라서 $a-25=0$이므로 $a=25$

x에 대한 이차방정식 $x^2-14x+a=0$이 중근을 갖도록 하는 상수 a의 값을 구하시오.

STEP A 이차방정식의 판별식을 이용하여 a의 값 구하기

이차방정식 $x^2-14x+a=0$이 중근을 가지기 위해서 판별식을 D라 하면

이차방정식 $ax^2+2b'x+c=0$의 판별식을 D라 하면 $\dfrac{D}{4}=(b')^2-ac$

$D=0$이어야 한다.

$\dfrac{D}{4}=(-7)^2-1\times a=0,\ 49-a=0$

따라서 $a=49$

mini해설 | 완전제곱식을 이용하여 풀이하기

이차방정식 $x^2-14x+a=0$이 중근을 가지기 위해서는
$x^2-14x+a$가 완전제곱식이 되어야 한다. ← (일차식)²
$x^2-14x+a=(x^2-14x+49-49)+a=(x-7)^2+a-49$
따라서 $a-49=0$이므로 $a=49$

 정답 49

0568

정답 ③

STEP A 이차식이 완전제곱식이 되기 위한 조건 구하기

x에 대한 이차식 $2ax^2-4ax+a-1$이 완전제곱식이 되려면
이차방정식 $2ax^2-4ax+a-1=0$이 중근을 가져야 한다.
이때 이차식이므로 $a\neq 0$ ······ ㉠

STEP B 이차방정식의 판별식 $D=0$임을 이용하여 a의 값 구하기

이차방정식의 판별식을 D라 하면 중근을 가져야 하므로 $D=0$이어야 한다.

$\dfrac{D}{4}=4a^2-2a(a-1)=0,\ 2a^2+2a=0,\ 2a(a+1)=0$

$\therefore\ a=-1$ 또는 $a=0$

따라서 ㉠에서 $a=-1$

0569

정답 ②

STEP A 이차식이 완전제곱식이 되기 위한 조건 구하기

$(k-1)x^2+(6k-6)x+(5k+3)$이 x에 대한 이차식이므로
$k-1\neq 0$ $\therefore\ k\neq 1$ ······ ㉠
이차식 $(k-1)x^2+(6k-6)x+(5k+3)$이 완전제곱식이 되므로
이차방정식 $(k-1)x^2+(6k-6)x+(5k+3)=0$이 중근을 가져야 한다.

STEP B 이차방정식의 판별식 $D=0$임을 이용하여 k의 값 구하기

이차방정식의 판별식을 D라 하면 중근을 가져야 하므로 $D=0$이어야 한다.

$\dfrac{D}{4}=(3k-3)^2-(k-1)(5k+3)=0,\ 4k^2-16k+12=0,\ 4(k-1)(k-3)=0$

$\therefore\ k=1$ 또는 $k=3$

따라서 ㉠에 의하여 조건을 만족시키는 실수 $k=3$

0570

정답 ③

STEP A 이차식이 완전제곱식이 되기 위한 조건 구하기

$(k-3)x^2-4(k-3)x+3k-7$은 x에 대한 이차식이므로
$k-3\neq 0$이므로 $k\neq 3$ ······ ㉠
또한, x에 대한 이차식 $(k-3)x^2-4(k-3)x+3k-7$이 $(k-3)(x-\alpha)^2$으로
인수분해되므로 완전제곱식이 된다.
즉 이차방정식 $(k-3)x^2-4(k-3)x+3k-7=0$은 중근을 가져야 한다.

STEP B 이차방정식의 판별식 $D=0$임을 이용하여 k의 값 구하기

이차방정식의 판별식을 D라 하면 중근을 가져야 하므로 $D=0$

$\dfrac{D}{4}=\{-2(k-3)\}^2-(k-3)(3k-7)=0$

$k^2-8k+15=0,\ (k-3)(k-5)=0$

$\therefore\ k=3$ 또는 $k=5$

㉠에서 $k\neq 3$이므로 완전제곱식이 되기 위한 $k=5$

STEP C 완전제곱식으로 인수분해하여 α의 값 구하기

$k=5$를 $(k-3)x^2-4(k-3)x+3k-7$에 대입하면
$2x^2-8x+8=2(x^2-4x+4)=2(x-2)^2$이므로 $\alpha=2$
따라서 ㉠, ㉡에서 $k+\alpha=5+2=7$

x에 대한 이차식 $x^2-(k-3)x-(k-2)$이 $(x-\alpha)^2$으로 인수분해될 때,
실수 k, α에 대하여 $k-\alpha$의 값은?

① -2 ② -1 ③ 0
④ 1 ⑤ 2

STEP A 이차식이 완전제곱식이 되기 위한 조건 구하기

x에 대한 이차식 $x^2-(k-3)x-(k-2)$가 $(x-\alpha)^2$으로
완전제곱식으로 인수분해되려면
이차식이 완전제곱식이면 (이차식)=0은 중근을 가져야 한다.
이차방정식 $x^2-(k+3)x+k+2=0$이 중근을 가져야 한다.

STEP B 이차방정식의 판별식 $D=0$임을 이용하여 k의 값 구하기

이차방정식의 판별식을 D라 하면 중근을 가져야 하므로 $D=0$이어야 한다.

$D=\{-(k-3)\}^2+4(k-2)=0,\ k^2-2k+1=0,\ (k-1)^2=0$

$\therefore\ k=1$

STEP C 완전제곱식으로 인수분해하여 α의 값 구하기

$k=1$를 $x^2-(k-3)x-(k-2)$에 대입하면
$x^2+2x+1=(x+1)^2$
이때 $(x+1)^2=(x-\alpha)^2$이므로 $\alpha=-1$
따라서 $k=1,\ \alpha=-1$에서 $k-\alpha=1-(-1)=2$

정답 ⑤

0571

정답 ⑤

STEP A 이차식이 완전제곱식이 되기 위한 조건 구하기

x에 대한 이차식 $x^2+2(k+2)x+2k^2-a+5$가 완전제곱식이려면
이차방정식 $x^2+2(k+2)x+2k^2-a+5=0$이 중근을 가져야 한다.

STEP B 이차방정식의 판별식 $D=0$임을 이용하여 방정식 구하기

이 이차방정식의 판별식을 D_1이라 하면 중근을 가져야 하므로
$D_1=0$이어야 한다.

$\dfrac{D_1}{4}=(k+2)^2-(2k^2-a+5)=0,\ -k^2+4k+a-1=0$

$\therefore\ k^2-4k-a+1=0$

STEP C 실수 k의 값이 오직 한 개일 조건을 이용하여 a의 값 구하기

k에 대한 이차방정식 $k^2-4k-a+1=0$을 만족시키는 실수 k의 값이
오직 한 개뿐이면 이차방정식은 중근을 가져야 한다.
이차방정식 $k^2-4k-a+1=0$의 판별식을 D_2라 하면 $D_2=0$이어야 한다.

$\dfrac{D_2}{4}=(-2)^2-(-a+1)=0,\ a+3=0$

따라서 $a=-3$

㉠을 만족시키는 실수 k의 값이 오직 한 개뿐이므로
k에 대한 이차식 $k^2-4k-a+1$이 완전제곱식이어야 한다.
$k^2-4k-a+1=(k^2-4k+4-4)-a+1=(k-2)^2-a-3$
따라서 $-a-3=0$이므로 $a=-3$

0572

2022년 06월 고1 학력평가 20번 정답 ② 

STEP A $(x-a)(x-2a)+4$**가 완전제곱식이 되기 위한 조건 구하기**

$\{P(x)+2\}^2=(x-a)(x-2a)+4$에서 좌변이 완전제곱식이므로
우변 $(x-a)(x-2a)+4$도 완전제곱식이어야 한다.
즉 이차방정식 $(x-a)(x-2a)+4=0$이 중근을 가진다.

STEP B **이차방정식의 판별식** $D=0$**임을 이용하여** a**의 값 구하기**

$(x-a)(x-2a)+4=x^2-3ax+2a^2+4$이고
이차방정식 $x^2-3ax+2a^2+4=0$의 판별식을 D라 하면
중근을 가져야 하므로 $D=0$이다.
$D=(3a)^2-4(2a^2+4)=0$, $a^2-16=0$, $(a+4)(a-4)=0$
$\therefore a=-4$ 또는 $a=4$

STEP C a**의 값에 따른** $P(x)$**의 식 작성하고** $P(1)$**의 값 구하기**

(i) $a=4$인 경우   ← $x^2-3ax+2a^2+4=0$에 $a=4$를 대입
  $\{P(x)+2\}^2=x^2-12x+36=(x-6)^2$
  두 다항식 $f(x)$, $g(x)$에 대하여 $\{f(x)\}^2=\{g(x)\}^2$이면 $f(x)=\pm g(x)$
  $P(x)+2=x-6$ 또는 $P(x)+2=-(x-6)=-x+6$
  $\therefore P(x)=x-8$ 또는 $P(x)=-x+4$
(ii) $a=-4$인 경우   ← $x^2-3ax+2a^2+4=0$에 $a=-4$를 대입
  $\{P(x)+2\}^2=x^2+12x+36=(x+6)^2$
  $P(x)+2=x+6$ 또는 $P(x)+2=-(x+6)=-x-6$
  $\therefore P(x)=x+4$ 또는 $P(x)=-x-8$
(i), (ii)에 의하여 조건을 만족시키는 모든 $P(1)$의 값은
$P(1)=1-8=-7$, $P(1)=-1+4=3$,
$P(1)=1+4=5$, $P(1)=-1-8=-9$
따라서 모든 $P(1)$의 값의 합은 $(-7)+3+5+(-9)=-8$

다른풀이 항등식의 계수비교법을 이용하여 풀이하기

STEP A $P(x)=px+q$**로 놓고 주어진 식 정리하기**

$\{P(x)+2\}^2=(x-a)(x-2a)+4=x^2-3ax+2a^2+4$
다항식 $P(x)$는 일차식이므로 $P(x)=px+q\,(p\neq0)$라 하자.
$(px+q+2)^2=p^2x^2+(2pq+4p)x+q^2+4q+4$이므로
$(a+b+c)^2=a^2+b^2+c^2+2(ab+bc+ca)$
$p^2x^2+(2pq+4p)x+q^2+4q+4=x^2-3ax+2a^2+4$ …… ㉠

STEP B p**의 값의 경우를 나누어** $P(x)$**의 식 구하기**

이 등식이 x에 대한 항등식이므로
㉠에서 이차항의 계수를 비교하면 $p^2=1$ $\therefore p=\pm1$
㉠에서 일차항의 계수를 비교하면 $2pq+4p=-3a$ …… ㉡
㉠에서 상수항을 비교하면 $q^2+4q+4=2a^2+4$
$\therefore q^2+4q=2a^2$ …… ㉢
(i) $p=1$인 경우
  이를 ㉡에 대입하면 $2q+4=-3a$
  a에 대하여 정리하면 $a=-\dfrac{2}{3}(q+2)$이므로 $a^2=\dfrac{4}{9}(q+2)^2$
  a^2의 값을 ㉢에 대입하면 $q^2+4q=\dfrac{8}{9}(q+2)^2$
  $q^2+4q-32=0$, $(q-4)(q+8)=0$이므로 $q=4$ 또는 $q=-8$
  $\therefore P(x)=x+4$ 또는 $P(x)=x-8$

(ii) $p=-1$인 경우
  이를 ㉡에 대입하면 $-2q-4=-3a$
  a에 대하여 정리하면 $a=\dfrac{2}{3}(q+2)$이므로 $a^2=\dfrac{4}{9}(q+2)^2$
  a^2의 값을 ㉢에 대입하면 $q^2+4q=\dfrac{8}{9}(q+2)^2$
  $q^2+4q-32=0$, $(q-4)(q+8)=0$이므로 $q=4$ 또는 $q=-8$
  $\therefore P(x)=-x+4$ 또는 $P(x)=-x-8$

STEP C **모든** $P(1)$**의 값의 합 구하기**

(i), (ii)에 의하여 조건을 만족시키는 모든 $P(1)$의 값은
$P(1)=1+4=5$, $P(1)=1-8=-7$,
$P(1)=-1+4=3$, $P(1)=-1-8=-9$
따라서 모든 $P(1)$의 값의 합은 $5+(-7)+3+(-9)=-8$

내·신·연·계 출제문항 275

모든 실수 x에 대하여 다항식 $P(x)$가 $\{P(x)+3\}^2=(x+a)(x+4a)+9$를
만족시킬 때, 모든 $P(4)$의 값의 합은? (단, a는 실수이다.)

① -11 ② -12 ③ -13
④ -14 ⑤ -15

STEP A $(x+a)(x+4a)+9$**가 완전제곱식이 되기 위한 조건 구하기**

$\{P(x)+3\}^2=(x+a)(x+4a)+9$에서 좌변이 완전제곱식이므로
우변 $(x+a)(x+4a)+9$도 완전제곱식이어야 한다.
즉 이차방정식 $(x+a)(x+4a)+9=0$이 중근을 가진다.

STEP B **이차방정식의 판별식** $D=0$**임을 이용하여** a**의 값 구하기**

$(x+a)(x+4a)+9=x^2+5ax+4a^2+9$이고
이차방정식 $x^2+5ax+4a^2+9=0$의 판별식을 D라 하면
중근을 가져야 하므로 $D=0$이다.
$D=(5a)^2-4(4a^2+9)=0$
$9a^2-36=0$, $9(a+2)(a-2)=0$
$\therefore a=-2$ 또는 $a=2$

STEP C a**의 값에 따른** $P(x)$**의 식 작성하고** $P(4)$**의 값 구하기**

(i) $a=2$인 경우   ← $x^2+5ax+4a^2+9$에 $a=2$를 대입
  $\{P(x)+3\}^2=x^2+10x+25=(x+5)^2$
  두 다항식 $f(x)$, $g(x)$에 대하여 $\{f(x)\}^2=\{g(x)\}^2$이면 $f(x)=\pm g(x)$
  $P(x)+3=x+5$ 또는 $P(x)+3=-(x+5)=-x-5$
  $\therefore P(x)=x+2$ 또는 $P(x)=-x-8$
(ii) $a=-2$인 경우   ← $x^2+5ax+4a^2+9$에 $a=-2$를 대입
  $\{P(x)+3\}^2=x^2-10x+25=(x-5)^2$
  $P(x)+3=x-5$ 또는 $P(x)+3=-(x-5)=-x+5$
  $\therefore P(x)=x-8$ 또는 $P(x)=-x+2$
(i), (ii)에 의하여 조건을 만족시키는 모든 $P(4)$의 값은
$P(4)=4+2=6$, $P(4)=-4-8=-12$,
$P(4)=4-8=-4$, $P(4)=-4+2=-2$
따라서 모든 $P(4)$의 값의 합은 $6+(-12)+(-4)+(-2)=-12$

다른풀이 항등식의 계수비교법을 이용하여 풀이하기

STEP A $P(x)=px+q$**로 놓고 주어진 식 정리하기**

$\{P(x)+3\}^2=(x+a)(x+4a)+9=x^2+5ax+4a^2+9$
다항식 $P(x)$는 일차식이므로 $P(x)=px+q\,(p\neq0)$라 하자.
$(px+q+3)^2=p^2x^2+(2pq+6p)x+q^2+6q+9$
$(a+b+c)^2=a^2+b^2+c^2+2(ab+bc+ca)$
이므로
$p^2x^2+(2pq+6p)x+q^2+6q+9=x^2+5ax+4a^2+9$ …… ㉠

이 등식이 x에 대한 항등식이므로
㉠에서 이차항의 계수를 비교하면 $p^2=1$ $\therefore p=\pm1$
㉠에서 일차항의 계수를 비교하면 $2pq+6p=5a$ ······ ㉡
㉠에서 상수항을 비교하면 $q^2+6q+9=4a^2+9$
$\therefore q^2+6q=4a^2$ ······ ㉢
(i) $p=1$인 경우
　　이를 ㉡에 대입하면 $2q+6=5a$
　　a에 대하여 정리하면 $a=\dfrac{2}{5}(q+3)$이므로 $a^2=\dfrac{4}{25}(q+3)^2$
　　a^2의 값을 ㉢에 대입하면 $q^2+6q=\dfrac{16}{25}(q+3)^2$
　　$q^2+6q-16=0$, $(q-2)(q+8)=0$이므로 $q=2$ 또는 $q=-8$
　　$\therefore P(x)=x+2$ 또는 $P(x)=x-8$
(ii) $p=-1$인 경우
　　이를 ㉡에 대입하면 $-2q-6=5a$
　　a에 대하여 정리하면 $a=-\dfrac{2}{5}(q+3)$이므로 $a^2=\dfrac{4}{25}(q+3)^2$
　　a^2의 값을 ㉢에 대입하면 $q^2+6q=\dfrac{16}{25}(q+3)^2$
　　$q^2+6q-16=0$, $(q-2)(q+8)=0$이므로 $q=2$ 또는 $q=-8$
　　$\therefore P(x)=-x+2$ 또는 $P(x)=-x-8$

STEP C 모든 $P(4)$의 값의 합 구하기

(i), (ii)에 의하여 조건을 만족시키는 모든 $P(4)$의 값은
$P(4)=4+2=6$, $P(4)=-4-8=-12$,
$P(4)=4-8=-4$, $P(4)=-4+2=-2$
따라서 모든 $P(4)$의 값의 합은 $6+(-12)+(-4)+(-2)=-12$　　정답 ②

0573
2018년 06월 고1 학력평가 29번　　정답 16

STEP A $(x-a)(x+a)(x^2+5)+9$가 완전제곱식이 되기 위한 조건 구하기

$\{P(x)+x\}^2=(x-a)(x+a)(x^2+5)+9$에서 좌변이 완전제곱식이므로
우변의 $(x-a)(x+a)(x^2+5)+9$도 완전제곱식이어야 한다.
즉 $(x-a)(x+a)(x^2+5)+9$는 이차식의 완전제곱식이다.

STEP B 이차방정식의 판별식 $D=0$임을 이용하여 a의 값 구하기

$(x-a)(x+a)(x^2+5)+9=(x^2-a^2)(x^2+5)+9$
$\qquad\qquad\qquad\qquad\qquad =x^4+(5-a^2)x^2-5a^2+9$
즉 $x^4+(5-a^2)x^2-5a^2+9$는 이차식의 완전제곱식이어야 한다.
이때 $x^2=t\,(t\geq0)$로 치환하면 $t^2+(5-a^2)t-5a^2+9=0$이고
완전제곱식이 되어야 하므로 t에 대한 이차방정식의 판별식을 D라 하면
$D=0$이어야 한다.
$D=(5-a^2)^2-4(-5a^2+9)=0$
$a^4+10a^2-11=0$, $(a^2-1)(a^2+11)=0$
$a^2\geq0$이므로 $a^2=1$
이때 $a>0$이므로 $a=1$

STEP C $P(x)$의 식 구하고 $P(a)$의 값 계산하기

$a=1$을 주어진 등식에 대입하면
$\{P(x)+x\}^2=(x-1)(x+1)(x^2+5)+9$
$\qquad\qquad\quad =(x^2-1)(x^2+5)+9$
$\qquad\qquad\quad =x^4+4x^2+4=(x^2+2)^2$
즉 $\{P(x)+x\}^2=(x^2+2)^2$이므로
$P(x)+x=x^2+2$에서 $P(x)=x^2-x+2$ 또는 $P(x)=-x^2-x-2$
이때 이차다항식 $P(x)$의 최고차항의 계수가 음수이므로
$P(x)=-x^2-x-2$
따라서 $P(a)=P(1)=-1-1-2=-4$이므로 $\{P(a)\}^2=(-4)^2=16$

STEP A $P(x)+x=-x^2+px+q$로 놓고 주어진 식 정리하기

$\{P(x)+x\}^2=(x-a)(x+a)(x^2+5)+9$
$\qquad\qquad\qquad =(x^2-a^2)(x^2+5)+9$
$\qquad\qquad\qquad =x^4+(5-a^2)x^2-5a^2+9$
$P(x)$의 최고차항의 계수가 음수이므로
$P(x)+x$를 제곱하여 나온 사차식에서 사차항의 계수가 1이려면 $P(x)$의 최고차항의 계수가 1 또는 -1이어야 하고 $P(x)$의 최고차항의 계수가 음수이므로 -1이다.
$P(x)+x=-x^2+px+q$ (p, q는 상수)라 하자.
$(-x^2+px+q)^2=x^4-2px^3+(p^2-2q)x^2+2pqx+q^2$이므로
$(a+b+c)^2=a^2+b^2+c^2+2(ab+bc+ca)$
$x^4-2px^3+(p^2-2q)x^2+2pqx+q^2=x^4+(5-a^2)x^2-5a^2+9$ ······ ㉠

STEP B x에 대한 항등식에서 양변의 동류항의 계수를 비교하여 a의 값 구하기

이 등식이 x에 대한 항등식이므로
㉠에서 삼차항의 계수를 비교하면 $-2p=0$ $\therefore p=0$
㉠에서 이차항의 계수를 비교하면 $p^2-2q=5-a^2$
$\therefore a^2=2q+5\,(\because p=0)$ ······ ㉡
㉠에서 일차항의 계수를 비교하면 $2pq=0$
㉠에서 상수항을 비교하면 $q^2=-5a^2+9$ ······ ㉢
㉡을 ㉢에 대입하면 $q^2=-5(2q+5)+9$, $q^2+10q+16=0$
$(q+8)(q+2)=0$ $\therefore q=-8$ 또는 $q=-2$
이때 $q=-2$　← $q=-8$이면 $a^2=-11<0$이므로 모순이다.
$q=-2$를 ㉡에 대입하면 $a^2=2\times(-2)+5=1$이므로 $a=\pm1$
$\therefore a=1\,(\because a>0)$

STEP C $\{P(a)\}^2$의 값 구하기

따라서 $P(x)+x=-x^2-2$에서　← $-x^2+px+q$에 $p=0$, $q=-2$를 대입
$P(x)=-x^2-x-2$이므로 $\{P(a)\}^2=\{P(1)\}^2=(-4)^2=16$

최고차항의 계수가 음수인 이차다항식 $P(x)$가 모든 실수 x에 대하여
$\{P(x)-x\}^2=(x-a)(x+a)(x^2-3)+4$를 만족시킨다. $P(a^2)$의 값은?
(단, $a>0$)

① -38　　　　② -37　　　　③ -36
④ -35　　　　⑤ -34

STEP A $(x-a)(x+a)(x^2-3)+4$가 완전제곱식이 되기 위한 조건 구하기

$\{P(x)-x\}^2=(x-a)(x+a)(x^2-3)+4$에서 좌변이 완전제곱식이므로
우변 $(x-a)(x+a)(x^2-3)+4$도 완전제곱식이어야 한다.
즉 $(x-a)(x+a)(x^2-3)+4$는 이차식의 완전제곱식이다.

STEP B 이차방정식의 판별식 $D=0$임을 이용하여 a의 값 구하기

$(x-a)(x+a)(x^2-3)+4=(x^2-a^2)(x^2-3)+4$
$\qquad\qquad\qquad\qquad\qquad =x^4-(a^2+3)x^2+3a^2+4$
즉 $x^4-(a^2+3)x^2+3a^2+4$는 이차식의 완전제곱식이어야 한다.
이때 $x^2=t\,(t\geq0)$로 치환하면 $t^2-(a^2+3)t+3a^2+4$이고
완전제곱식이 되어야 하므로 t에 대한 이차방정식의 판별식을 D라 하면
$D=0$이어야 한다.
$D=(a^2+3)^2-4(3a^2+4)=0$
$a^4-6a^2-7=0$
즉 $a^4-6a^2-7=(a^2+1)(a^2-7)=0$이고
$a^2\geq0$이므로 $a^2=7$
이때 $a>0$이므로 $a=\sqrt{7}$

STEP C $P(x)$**의 식 구하고** $P(a^2)$**의 값 계산하기**

$a=\sqrt{7}$을 주어진 등식에 대입하면

$$\{P(x)-x\}^2=(x-\sqrt{7})(x+\sqrt{7})(x^2-3)+4$$
$$=(x^2-7)(x^2-3)+4$$
$$=x^4-10x^2+25$$
$$=(x^2-5)^2$$

즉 $\{P(x)-x\}^2=(x^2-5)^2$이므로 $P(x)-x=x^2-5$에서 $P(x)=x^2+x-5$

또는 $P(x)-x=-x^2+5$에서 $P(x)=-x^2+x+5$

이때 이차다항식 $P(x)$의 최고차항의 계수가 음수이므로 $P(x)=-x^2+x+5$

따라서 $P(a^2)=P(7)=-49+7+5=-37$

다른풀이 항등식의 계수비교법을 이용하여 풀이하기

STEP A $P(x)-x=-x^2+px+q$**로 놓고 주어진 식 정리하기**

$$\{P(x)-x\}^2=(x-a)(x+a)(x^2-3)+4$$
$$=x^4-(a^2+3)x^2+3a^2+4$$

$P(x)$의 최고차항의 계수가 음수이므로

$P(x)-x$를 제곱하여 나온 사차식에서 사차항의 계수가 1이려면 $P(x)$의 최고차항의 계수가 1 또는 -1이어야 하고 $P(x)$의 최고차항의 계수가 음수이므로 -1이다.

$P(x)-x=-x^2+px+q$ $(p, q$는 상수$)$라 하자.

$(-x^2+px+q)^2=x^4-2px^3+(p^2-2q)x^2+2pqx+q^2$이므로

$(a+b+c)^2=a^2+b^2+c^2+2(ab+bc+ca)$

$x^4-2px^3+(p^2-2q)x^2+2pqx+q^2=x^4-(a^2+3)x^2+3a^2+4$ ...... ㉠

STEP B x**에 대한 항등식에서 양변의 동류항의 계수를 비교하여** a**의 값 구하기**

이 등식이 x에 대한 항등식이므로

㉠에서 삼차항의 계수를 비교하면 $-2p=0$ $\therefore p=0$

㉠에서 이차항의 계수를 비교하면 $p^2-2q=-a^2-3$

$\therefore a^2=2q-3$ ...... ㉡

㉠에서 일차항의 계수를 비교하면 $2pq=0$

㉠에서 상수항을 비교하면 $q^2=3a^2+4$ ...... ㉢

㉡을 ㉢에 대입하면 $q^2=3(2q-3)+4$, $q^2-6q+5=0$, $(q-1)(q-5)=0$

$\therefore q=1$ 또는 $q=5$

이때 $q=1$이면 $a^2=-1<0$이 되어 모순이다.

즉 $q=5$이면 $a^2=7$이므로 $a=\sqrt{7}(\because a>0)$

STEP C $P(a^2)$**의 값 구하기**

따라서 $P(x)-x=-x^2+5$에서 ← $-x^2+px+q$에 $p=0$, $q=5$를 대입

$P(x)=-x^2+x+5$이므로 $P(a^2)=P(7)=-49+7+5=-37$ 정답 ②

0574

정답 ④

STEP A **이차방정식의 판별식** $D<0$**을 이용하여 허근을 갖는 이차방정식 구하기**

이차방정식이 서로 다른 두 허근을 갖기 위해서 판별식 $D<0$이면 된다.

ㄱ. $x^2+3x-1=0$에서 판별식을 D_1이라 하면

$D_1=9-4(-1)>0$이므로 서로 다른 두 실근을 갖는다.

ㄴ. $x^2+4x+5=0$에서 판별식을 D_2라 하면

$\dfrac{D_2}{4}=4-5<0$이므로 서로 다른 두 허근을 갖는다.

ㄷ. $4x^2-12x+9=0$에서 판별식을 D_3이라 하면

$\dfrac{D_3}{4}=36-36=0$이므로 서로 같은 두 중근을 갖는다.

ㄹ. $2x^2-5x+7=0$에서 판별식을 D_4라 하면

$D_4=25-56<0$이므로 서로 다른 두 허근을 갖는다.

따라서 서로 다른 두 허근을 갖는 이차방정식은 ㄴ, ㄹ이다.

0575

정답 ④

STEP A **이차방정식의 판별식** $D<0$**임을 이용하여** k**의 범위 구하기**

이차방정식 $x^2-2(k+1)x+k^2+10=0$의 판별식을 D라 하면

서로 다른 두 허근을 가져야 하므로 $D<0$이어야 한다.

$\dfrac{D}{4}=\{-(k+1)\}^2-(k^2+10)<0$, $2k-9<0$

$\therefore k<\dfrac{9}{2}$

따라서 자연수 k는 1, 2, 3, 4이므로 개수는 4

0576

정답 ⑤

STEP A $x^2-4x+k+2=0$**에서 서로 다른 두 실근을 갖기 위한** k**의 범위 구하기**

이차방정식 $x^2-4x+k+2=0$의 판별식을 D_1이라 하면

서로 다른 두 실근을 가져야 하므로 $D_1>0$이어야 한다.

$\dfrac{D_1}{4}=(-2)^2-(k+2)>0$, $-k+2>0$

$\therefore k<2$ ...... ㉠

STEP B $kx^2-4x+4=0$**에서 허근을 갖기 위한** k**의 범위 구하기**

이차방정식 $kx^2-4x+4=0$의 판별식을 D_2라 하면

허근을 가져야 하므로 $D_2<0$이어야 한다.

또한, 이차방정식이므로 $k\neq0$

$\dfrac{D_2}{4}=(-2)^2-4k<0$, $4-4k<0$

$\therefore k>1$ ...... ㉡

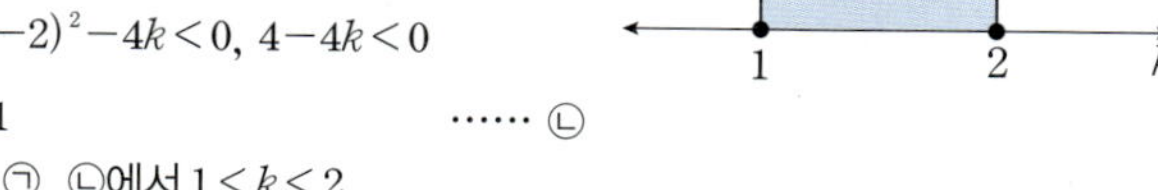

따라서 ㉠, ㉡에서 $1<k<2$

이차방정식 $2x^2-4x-3k=0$이 허근을 가지고 이차방정식 $x^2+5x-2k=0$이 실근을 가지도록 하는 정수 k의 개수는?

① 1 ② 2 ③ 3
④ 4 ⑤ 5

STEP A $2x^2-4x-3k=0$**에서 허근을 갖기 위한** k**의 범위 구하기**

이차방정식 $2x^2-4x-3k=0$의 판별식을 D_1이라 하면

허근을 가져야 하므로 $D_1<0$이어야 한다.

$D_1=4-2\times(-3k)<0$, $4+6k<0$

$\therefore k<-\dfrac{2}{3}$ ...... ㉠

STEP B $x^2+5x-2k=0$**에서 실근을 갖기 위한** k**의 범위 구하기**

이차방정식 $x^2+5x-2k=0$의 판별식을 D_2라 하면

실근을 가져야 하므로 $D_2\geq0$이어야 한다.

$D_2=5^2-4\times1\times(-2k)\geq0$, $25+8k\geq0$

$\therefore k\geq-\dfrac{25}{8}$ ...... ㉡

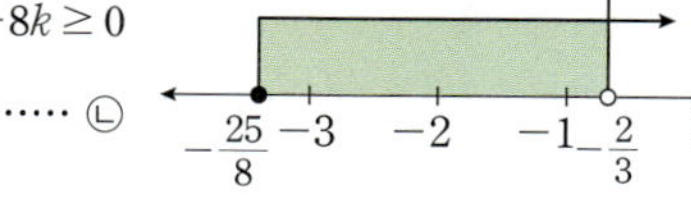

㉠, ㉡에서 $-\dfrac{25}{8}\leq k<-\dfrac{2}{3}$

따라서 정수 k는 $-3, -2, -1$의 개수는 3 정답 ③

0577

정답 ③

STEP A 이차방정식의 판별식 $D<0$임을 이용하여 a의 범위 구하기

이차방정식 $x^2-2x+4a=0$의 판별식을 D_1이라 하면
허근을 가져야 하므로 $D_1<0$이어야 한다.

$$\frac{D_1}{4}=1-4a<0$$

$$\therefore a>\frac{1}{4} \qquad \cdots\cdots\ \text{㉠}$$

이차방정식 $x^2-4x-2a+6=0$의 판별식을 D_2라 하면
허근을 가져야 하므로 $D_2<0$이어야 한다.

$$\frac{D_2}{4}=(-2)^2-(-2a+6)<0,\ 2a-2<0$$

$$\therefore a<1 \qquad \cdots\cdots\ \text{㉡}$$

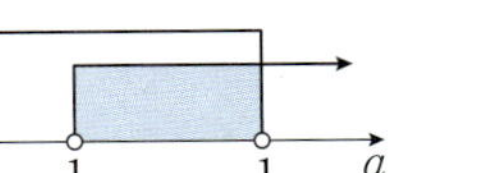

따라서 ㉠, ㉡의 공통범위는 $\dfrac{1}{4}<a<1$

0578

정답 5

STEP A $2x^2-(k-1)x+2=0$에서 중근을 갖기 위한 k의 값 구하기

이차방정식 $2x^2-(k-1)x+2=0$이 중근을 가지므로
판별식을 D_1이라 하면 $D_1=0$이어야 한다.

$$D_1=\{-(k-1)\}^2-4\times2\times2=0$$

$$(k-5)(k+3)=0$$

$$\therefore k=5 \ \text{또는}\ k=-3 \qquad \cdots\cdots\ \text{㉠}$$

STEP B $x^2-2kx+k^2+k-1=0$에서 허근을 갖기 위한 k의 범위 구하기

이차방정식 $x^2-2kx+k^2+k-1=0$이 허근을 가지므로
판별식을 D_2라 하면 $D_2<0$이어야 한다.

$$\frac{D_2}{4}=(-k)^2-(k^2+k-1)<0,\ -k+1<0$$

$$\therefore k>1 \qquad \cdots\cdots\ \text{㉡}$$

따라서 ㉠, ㉡을 동시에 만족하는 상수 k의 값은 $k=5$

내/신/연/계 출제문항 278

x에 대한 이차방정식 $x^2+2(k-4)x+4=0$이 중근을 가지고 x에 대한
이차방정식 $x^2+2kx+k^2+k-5=0$이 허근을 갖도록 하는 상수 k의 값
은?

① 0 　　　　② 2 　　　　③ 4
④ 6 　　　　⑤ 8

STEP A $x^2+2(k-4)x+4=0$에서 중근을 갖기 위한 k의 값 구하기

이차방정식 $x^2+2(k-4)x+4=0$이 중근을 가지므로
판별식을 D_1이라 하면 $D_1=0$이어야 한다.

$$\frac{D_1}{4}=(k-4)^2-1\times4=0$$

$$(k-2)(k-6)=0$$

$$\therefore k=2 \ \text{또는}\ k=6 \qquad \cdots\cdots\ \text{㉠}$$

STEP B $x^2+2kx+k^2+k-5=0$에서 허근을 갖기 위한 k의 범위 구하기

이차방정식 $x^2+2kx+k^2+k-5=0$이 허근을 가지므로
판별식을 D_2라 하면 $D_2<0$이어야 한다.

$$\frac{D_2}{4}=k^2-(k^2+k-5)<0,\ -k+5<0$$

$$\therefore k>5 \qquad \cdots\cdots\ \text{㉡}$$

따라서 ㉠, ㉡을 동시에 만족시키는 상수 k의 값은 $k=6$

정답 ④

0579

2022년 09월 고1 학력평가 24번

정답 7

STEP A 이차방정식이 서로 다른 두 허근을 가질 k의 범위 구하기

이차방정식 $x^2-(k+2)x+k+5=0$이 서로 다른 두 허근을 가지므로
판별식을 D라 하면 $D<0$이어야 한다.

$$D=\{-(k+2)\}^2-4(k+5)<0,\ k^2-16<0$$

$$\therefore -4<k<4$$

따라서 정수 k는 $-3,\ -2,\ -1,\ 0,\ 1,\ 2,\ 3$이므로 개수는 7

내/신/연/계 출제문항 279

x에 대한 이차방정식 $x^2+2(k+1)x+2k+10=0$이 서로 다른 두 허근을
갖도록 하는 모든 정수 k의 개수를 구하시오.

STEP A 이차방정식이 서로 다른 두 허근을 가질 k의 범위 구하기

이차방정식 $x^2+2(k+1)x+2k+10=0$이 서로 다른 두 허근을 가지므로
판별식을 D라 하면 $D<0$이어야 한다.

$$\frac{D}{4}=(k+1)^2-(2k+10)<0,\ k^2-9<0$$

$$\therefore -3<k<3$$

따라서 정수 k는 $-2,\ -1,\ 0,\ 1,\ 2$이므로 개수는 5

정답 5

0580

2021년 03월 고2 학력평가 5번

정답 ④

STEP A 이차방정식이 허근을 가질 a의 범위 구하기

이차방정식 $x^2+ax+16=0$이 허근을 가지므로
판별식을 D라 하면 $D<0$이어야 한다.

$$D=a^2-4\times16<0,\ a^2-64<0$$

$$\therefore -8<a<8$$

따라서 자연수 a의 최댓값은 7

내/신/연/계 출제문항 280

이차방정식 $x^2-2ax+16=0$이 허근을 갖도록 하는 자연수 a의 최댓값은?

① 1 　　　　② 3 　　　　③ 5
④ 7 　　　　⑤ 9

STEP A 이차방정식이 허근을 가질 a의 범위 구하기

이차방정식 $x^2-2ax+16=0$이 허근을 가지므로
판별식을 D라 하면 $D<0$이어야 한다.

$$\frac{D}{4}=(-a)^2-1\times16<0,\ a^2-16<0$$

$$\therefore -4<a<4$$

따라서 자연수 a의 최댓값은 3

정답 ②

0581

STEP A 이차방정식의 판별식 $D=0$임을 이용하여 k에 관한 식 구하기

$x^2-2kx+k^2+ak+2x+b-1=0$에서 x에 대하여 정리하면
$x^2+2(1-k)x+k^2+ak+b-1=0$
이때 x에 대한 이차방정식의 판별식을 D라 하면
중근을 가져야 하므로 $D=0$이어야 한다.
$$\frac{D}{4}=(1-k)^2-(k^2+ak+b-1)=0$$
$$(k^2-2k+1)-(k^2+ak+b-1)=0$$
$$\therefore -(a+2)k+2-b=0$$

STEP B k에 관한 항등식을 이용하여 a, b의 값 구하기

$-(a+2)k+2-b=0$이 k의 값에 관계없이 항상 성립하므로
k에 대한 항등식이다.
즉 $a+2=0$, $2-b=0$
따라서 $a=-2$, $b=2$이므로 $a+b=(-2)+2=0$

> **POINT** | k에 대한 항등식의 같은 표현
>
> (1) k에 대한 항등식의 같은 표현
> ① k의 값에 관계없이 항상 성립하는 등식
> ② 모든 (임의의) k에 대하여 성립하는 등식
> ③ k가 어떤 값을 갖더라도 항상 성립하는 등식
> (2) 항등식의 계수비교법
> ① $ak+b=0$이 k에 대한 항등식 ➡ $a=0$, $b=0$
> ② $ak+b=a'k+b'$이 k에 대한 항등식 ➡ $a=a'$, $b=b'$

0582

STEP A 이차식이 완전제곱식이 되기 위한 조건을 이용하여 k에 관한 식 구하기

x에 대한 이차식 $x^2+2(ak+b)x+k^2+3ck+9$가 완전제곱식이 되려면
이차방정식 $x^2+2(ak+b)x+k^2+3ck+9=0$이 중근을 가져야 하므로
판별식을 D라 하면 $D=0$이어야 한다.
$$\frac{D}{4}=(ak+b)^2-(k^2+3ck+9)=0$$
$$(a^2k^2+2abk+b^2)-(k^2+3ck+9)=0$$
$$\therefore (a^2-1)k^2+(2ab-3c)k+b^2-9=0$$

STEP B k에 관한 항등식임을 이용하여 a, b, c의 값 구하기

$(a^2-1)k^2+(2ab-3c)k+b^2-9=0$이 k의 값에 관계없이 항상 성립하므로
k에 대한 항등식이다.
즉 $a^2-1=0$, $2ab-3c=0$, $b^2-9=0$
$a^2-1=0$에서 $a>0$이므로 $a=1$
$b^2-9=0$에서 $b>0$이므로 $b=3$
$a=1$, $b=3$를 $2ab-3c=0$에 대입하면 $6-3c=0$이므로 $c=2$
따라서 $a+b+c=1+3+2=6$

내 신 연 계 출제문항 281

x에 대한 이차식 $ax^2+(2k-b)x-k^2+(c-2)k-4$가 실수 k의 값에 관계
없이 항상 완전제곱식이 될 때, 실수 a, b, c에 대하여 $a^2+b^2+c^2$의 값은?
(단, b는 음의 실수이다.)

① 21   ② 22   ③ 23
④ 24   ⑤ 25

STEP A 이차식이 완전제곱식이 되기 위한 조건을 이용하여 k에 관한 식 구하기

---

x에 대한 이차식 $ax^2+(2k-b)x-k^2+(c-2)k-4$가 완전제곱식이 되려면
이차방정식 $ax^2+(2k-b)x-k^2+(c-2)k-4=0$이 중근을 가져야 하므로
판별식을 D라 하면 $D=0$이어야 한다.
$$D=(2k-b)^2-4a\{-k^2+(c-2)k-4\}=0$$
$$(4k^2-4bk+b^2)+4ak^2-(4ac-8a)k+16a=0$$
$$\therefore (4+4a)k^2+(-4b-4ac+8a)k+b^2+16a=0$$

STEP B k에 관한 항등식임을 이용하여 a, b, c의 값 구하기

$(4+4a)k^2+(-4b-4ac+8a)k+b^2+16a=0$이 k의 값에 관계없이
항상 성립하므로 k에 대한 항등식이다.
즉 $4+4a=0$, $4b+4ac-8a=0$, $b^2+16a=0$
$4+4a=0$에서 $a=-1$
$b^2+16a=0$에서 $a=-1$을 대입하면 $b^2-16=0$이고 $b<0$이므로 $b=-4$
$4b+4ac-8a=0$에서 $a=-1$, $b=-4$를 대입하면 $-16-4c+8=0$이므로
$c=-2$
따라서 $a=-1$, $b=-4$, $c=-2$이므로 $a^2+b^2+c^2=1+16+4=21$

0583

2021년 06월 고1 학력평가 11번

STEP A 이차방정식이 중근을 가질 조건 구하기

이차방정식 $x^2-2(m+a)x+m^2+m+b=0$이 중근을 가지기 위해서는
판별식을 D라 하면 $D=0$이어야 한다.
 이차방정식 $ax^2+bx+c=0$의 판별식을 D라 하면 $\frac{D}{4}=(b')^2-ac\left(b'=\frac{b}{2}\right)$
$$\frac{D}{4}=\{-(m+a)\}^2-(m^2+m+b)=0$$
$$(m^2+2am+a^2)-m^2-m-b=0$$
$$\therefore (2a-1)m+a^2-b=0$$

STEP B m에 관한 항등식을 이용하여 a, b의 값 구하기

$(2a-1)m+a^2-b=0$이 m의 값에 관계없이 성립하므로 m에 대한 항등식이다.
즉 $2a-1=0$, $a^2-b=0$  $2a-1=0$이므로 $a=\frac{1}{2}$
$a^2-b=0$에 $a=\frac{1}{2}$을 대입하면 $\frac{1}{4}-b=0$이므로 $b=\frac{1}{4}$
따라서 $a=\frac{1}{2}$, $b=\frac{1}{4}$이므로 $12(a+b)=12\times\left(\frac{1}{2}+\frac{1}{4}\right)=12\times\frac{3}{4}=9$

내 신 연 계 출제문항 282

x에 대한 이차방정식 $x^2+(2k-m)x+k^2-2k+6n=0$이 실수 k의 값에
관계없이 중근을 가질 때, mn의 값은? (단, m, n은 실수이다.)

① $-\frac{2}{3}$ ② $-\frac{1}{3}$ ③ 0
④ $\frac{1}{3}$ ⑤ $\frac{2}{3}$

STEP A 이차방정식의 판별식 $D=0$임을 이용하여 k에 관한 식 구하기

이차방정식 $x^2+(2k-m)x+k^2-2k+6n=0$이 중근을 가지기 위해서는
판별식을 D라 하면 $D=0$이어야 한다.
$$D=(2k-m)^2-4(k^2-2k+6n)=0$$
$$(4k^2-4mk+m^2)-4k^2+8k-24n=0$$
$$\therefore (8-4m)k+m^2-24n=0$$

STEP B k에 관한 항등식을 이용하여 m, n의 값 구하기

$(8-4m)k+m^2-24n=0$이 k의 값에 관계없이 성립하므로 k에 대한 항등식이다.
즉 $8-4m=0$, $m^2-24n=0$ $8-4m=0$이므로 $m=2$
$m^2-24n=0$에 $m=2$를 대입하면 $4-24n=0$이므로 $n=\frac{1}{6}$
따라서 $m=2$, $n=\frac{1}{6}$이므로 $mn=2\times\frac{1}{6}=\frac{1}{3}$

0584

정답 ①

STEP A x에 대한 이차방정식으로 보고 근을 이용하여 인수분해하여 식 구하기

$x^2-2xy+ky^2+6x-18y+5$를 x에 대하여 내림차순으로 정리하면

$x^2-2(y-3)x+ky^2-18y+5$

이때 $x^2-2(y-3)x+ky^2-18y+5=0$을 x에 대한 이차방정식으로 보고 근의 공식에 의하여

$$x=(y-3)\pm\sqrt{(y-3)^2-(ky^2-18y+5)}$$
$$=(y-3)\pm\sqrt{(1-k)y^2+12y+4}$$

즉 $x^2-2(y-3)x+ky^2-18y+5$를 인수분해하면

$$\{x-(y-3)-\sqrt{(1-k)y^2+12y+4}\}\{x-(y-3)+\sqrt{(1-k)y^2+12y+4}\}$$

이차방정식 $ax^2+bc+x=0$의 두 근을 α, β라 할 때, $ax^2+bc+c=a(x-\alpha)(x-\beta)$

STEP B 근호 안의 식이 완전제곱식임을 이용하여 k의 값 구하기

이때 주어진 이차식이 두 일차식의 곱으로 인수분해되려면 근호 안의 식이 $(1-k)y^2+12y+4$가 완전제곱식이어야 한다.

즉 이차방정식 $(1-k)y^2+12y+4=0$의 판별식을 D라 하면 중근을 가져야 하므로 $D=0$이어야 한다.

$$\frac{D}{4}=36-4(1-k)=0,\ 4k+32=0$$

따라서 $k=-8$

---

mini 해설 | y에 대하여 내림차순으로 정리하여 풀이하기

$x^2-2xy+ky^2+6x-18y+5$를 y에 대하여 내림차순으로 정리하면
$ky^2-2(x+9)y+x^2+6x+5$이고 y에 관한 이차식이므로 $k\neq0$이다.
이때 $ky^2-2(x+9)y+x^2+6x+5=0$을 y에 대한 이차방정식으로 보고 근의 공식에 의하여

$$y=\frac{(x-9)\pm\sqrt{(x+9)^2-k(x^2+6x+5)}}{k}$$
$$=\frac{(x-9)\pm\sqrt{(1-k)x^2-2(3k-9)x+81-5k}}{k}$$

이때 주어진 이차식이 두 일차식의 곱으로 인수분해되려면 근호 안의 식이 완전제곱식이어야 한다.
즉 x에 대한 이차식 $(1-k)x^2-2(3k-9)x+81-5k$가 완전제곱식이어야 한다.
이차방정식 $(1-k)x^2-2(3k-9)x+81-5k=0$의 판별식을 D라 하면 중근을 가져야 하므로 $D=0$이어야 한다.

$$\frac{D}{4}=\{-(3k-9)\}^2-(1-k)(81-5k)=0,\ 4k(k+8)=0$$

따라서 $k\neq0$이므로 $k=-8$

0585

정답 ④

STEP A x에 대한 이차방정식으로 나타내어 근의 공식을 이용하여 x의 값 구하기

$x^2+ky^2-xy+x+7y-6$을 x에 대하여 내림차순으로 정리하면

$x^2+(1-y)x+ky^2+7y-6$

이때 $x^2+(1-y)x+ky^2+7y-6=0$을 x에 대한 이차방정식으로 보고 근의 공식에 의하여

$$x=\frac{-(1-y)\pm\sqrt{(1-y)^2-4(ky^2+7y-6)}}{2\times1}$$
$$=\frac{y-1\pm\sqrt{(1-4k)y^2-30y+25}}{2}$$

즉 $x^2+(1-y)x+ky^2+7y-6$을 인수분해하면

$$\left\{x-\frac{y-1+\sqrt{(1-4k)y^2-30y+25}}{2}\right\}\left\{x-\frac{y-1-\sqrt{(1-4k)y^2-30y+25}}{2}\right\}$$

이차방정식 $ax^2+bc+x=0$의 두 근을 α, β라 할 때, $ax^2+bc+c=a(x-\alpha)(x-\beta)$

STEP B 근호 안의 식이 완전제곱식임을 이용하여 k의 값 구하기

이때 주어진 이차식이 두 일차식의 곱으로 인수분해되려면 근호 안의 식 $(1-4k)y^2-30y+25$가 완전제곱식이어야 한다.

즉 이차방정식 $(1-4k)y^2-30y+25=0$의 판별식을 D라 하면 중근을 가져야 하므로 $D=0$이어야 한다.

$$\frac{D}{4}=(-15)^2-(1-4k)\times25=0,\ 100k+200=0$$

따라서 $k=-2$

---

mini 해설 | 항등식의 계수비교법을 이용하여 풀이하기

이차식이 두 일차식의 곱으로 인수분해되므로 x^2의 계수가 1이므로
$x^2+ky^2-xy+x+7y-6=(x+ay+b)(x+cy+d)\ (b>d)$라 하면
$x^2+ky^2-xy+x+7y-6=x^2+acy^2+(a+c)xy+(b+d)x+(ad+bc)y+bd$
이므로 양변의 동류항의 계수를 비교하면
$ac=k,\ a+c=-1,\ b+d=1,\ ad+bc=7,\ bd=-6$
이때 b, d를 두 근으로 하는 최고차항의 계수가 1인 이차방정식은
$x^2-x-6=0,\ (x+2)(x-3)=0$
$\therefore\ x=-2$ 또는 $x=3$
즉 두 근 b, d는 $b>d$이므로 $b=3$, $d=-2$
여기서 $a+c=-1$, $-2a+3c=7$을 연립하여 풀면
$a=-2$, $c=1$이므로 $k=ac=-2$

0586

정답 ③

STEP A x에 대한 이차방정식으로 보고 근을 이용하여 인수분해하여 식 구하기

$2x^2+7xy+3y^2+3x-y+k$를 x에 대하여 내림차순으로 정리하면

$2x^2+(7y+3)x+3y^2-y+k$ $\quad$ …… ㉠

이때 $2x^2+(7y+3)x+3y^2-y+k=0$을 x에 대한 이차방정식으로 보고 근의 공식에 의하여

$$x=\frac{-(7y+3)\pm\sqrt{(7y+3)^2-4\times2(3y^2-y+k)}}{4}$$
$$=\frac{-(7y+3)\pm\sqrt{25y^2+50y+9-8k}}{4}$$

즉 $2x^2+(7y+3)x+3y^2-y+k$를 인수분해하면

$$2\left\{x-\frac{-(7y+3)+\sqrt{25y^2+50y+9-8k}}{4}\right\}\left\{x-\frac{-(7y+3)-\sqrt{25y^2+50y+9-8k}}{4}\right\}$$

이차방정식 $ax^2+bc+x=0$의 두 근을 α, β라 할 때, $ax^2+bc+c=a(x-\alpha)(x-\beta)$

STEP B 근호 안의 식이 완전제곱식임을 이용하여 k의 값 구하기

이때 주어진 이차식이 두 일차식의 곱으로 인수분해되려면 근호 안의 식 $25y^2+50y+9-8k$이 완전제곱식이어야 한다.

즉 이차방정식 $25y^2+50y+9-8k=0$의 판별식을 D라 하면 중근을 가져야 하므로 $D=0$이어야 한다.

$$\frac{D}{4}=25^2-25(9-8k)=0,\ 400+200k=0$$

$$\therefore\ k=-2$$

STEP C 두 일차식의 합 구하기

$k=-2$를 ㉠에 대입하면
$2x^2+(7y+3)x+3y^2-y-2=2x^2+(7y+3)x+(3y+2)(y-1)$
$\qquad\qquad=(2x+y-1)(x+3y+2)$
따라서 두 일차식은 $2x+y-1$, $x+3y+2$이므로 두 일차식의 합은
$(2x+y-1)+(x+3y+2)=3x+4y+1$

이차식 $x^2-3y^2-2xy-4x+8y+6-k$가 x와 y에 대한 두 일차식으로 인수분해될 때, 두 일차식의 합은? (단, k는 실수이다.)

① $2x-2y-4$ ② $2x-2y+1$ ③ $2x+4y+4$
④ $2x+2y+4$ ⑤ $2x+3y+2$

STEP Ⓐ x에 대한 이차방정식으로 보고 근을 이용하여 인수분해하여 식 구하기

$x^2-3y^2-2xy-4x+8y+6-k$를 x에 대하여 내림차순으로 정리하면
$x^2-2(y+2)x-3y^2+8y+6-k$ $\cdots\cdots$ ㉠
이때 $x^2-2(y+2)x-3y^2+8y+6-k=0$을 x에 대한 이차방정식으로 보고 근의 공식에 의하여
$x=(y+2)\pm\sqrt{(y+2)^2-(-3y^2+8y+6-k)}$
$\quad=(y+2)\pm\sqrt{4y^2-4y-2+k}$
즉 $x^2-2(y+2)x-3y^2+8y+6-k$를 인수분해하면
$\{x-(y+2)+\sqrt{4y^2-4y-2+k}\}\{x-(y+2)-\sqrt{4y^2-4y-2+k}\}$

이차방정식 $ax^2+bc+x=0$의 두 근을 α, β라 할 때, $ax^2+bc+c=a(x-\alpha)(x-\beta)$

STEP Ⓑ 근호 안의 식이 완전제곱식임을 이용하여 k의 값 구하기

이때 주어진 이차식이 두 일차식의 곱으로 인수분해되려면
근호 안의 식 $4y^2-4y-2+k$가 완전제곱식이어야 한다.
즉 이차방정식 $4y^2-4y-2+k=0$의 판별식을 D라 하면
중근을 가져야 하므로 $D=0$이어야 한다.
$\dfrac{D}{4}=(-2)^2-4(-2+k)=0,\ -4k+12=0$
$\therefore k=3$

STEP Ⓒ 두 일차식의 합 구하기

$k=3$을 ㉠에 대입하면
$x^2-2(y+2)x-3y^2+8y+3=x^2-2(y+2)x-(3y+1)(y-3)$
$\qquad\qquad\qquad\qquad\qquad\qquad\quad=(x-3y-1)(x+y-3)$
따라서 두 일차식은 $x-3y-1$, $x+y-3$이므로 두 일차식의 합은
$(x-3y-1)+(x+y-3)=2x-2y-4$

정답 ①

0587

정답 ④

STEP Ⓐ 음의 제곱근의 성질을 이용하여 a, b의 부호 구하기

0이 아닌 두 실수 a, b에 대하여 $\sqrt{a}\sqrt{b}=-\sqrt{ab}$이므로
$a<0,\ b<0(\because a\neq 0,\ b\neq 0)$

STEP Ⓑ 근을 판별하여 서로 다른 두 실근을 갖는 이차방정식 고르기

ㄱ. 이차방정식 $x^2+bx-a=0$의 판별식을 D_1이라 하면
$\quad D_1=b^2+4a$이고 b^2+4a의 부호는 알 수 없으므로 근을 판별할 수 없다.
ㄴ. 이차방정식 $ax^2-x-b=0$의 판별식을 D_2라 하면
$\quad D_2=1+4ab$에서 $a<0,\ b<0$이므로 $1+4ab>0$
$\quad$ 즉 $D_2>0$이므로 서로 다른 두 실근을 갖는다.
ㄷ. 이차방정식 $x^2-ax+b=0$의 판별식을 D_3이라 하면
$\quad D_3=(-a)^2-4b=a^2-4b$에서 $a<0,\ b<0$이므로 $a^2-4b>0$
$\quad$ 즉 $D_3>0$이므로 서로 다른 두 실근을 갖는다.
따라서 서로 다른 두 실근을 갖는 이차방정식은 ㄴ, ㄷ이다.

0588

정답 ③ 

STEP Ⓐ $x^2+2ax-a+6=0$이 중근을 가짐을 이용하여 a의 값 구하기

이차방정식 $x^2+2ax-a+6=0$에서 판별식을 D_1이라 하면
중근을 가져야 하므로 $D_1=0$이어야 한다.
$D_1=4a^2-4(-a+6)=0$
$a^2+a-6=0,\ (a+3)(a-2)=0$
$\therefore a=-3$ 또는 $a=2$

STEP Ⓑ 이차방정식 $ax^2-5x+a+1=0$의 근을 판별하기

이차방정식 $ax^2-5x+a+1=0$의 판별식을 D_2라 하면
$D_2=25-4a(a+1)=-4a^2-4a+25$
$a=-3$일 때, $-36+12+25>0$
$a=2$일 때, $-16-8+25>0$
따라서 이차방정식 $ax^2-5x+a+1=0$은 서로 다른 두 실근을 갖는다.

이차방정식 $x^2+2ax+2b=0$이 중근을 가질 때, x에 대한 이차방정식 $x^2-2ax+b^2+2=0$의 근을 판별하면? (단, a, b는 실수이다.)

① 실근을 갖는다. ② 중근을 가진다.
③ 서로 다른 두 실근을 갖는다. ④ 서로 다른 두 허근을 갖는다.
⑤ 판별할 수 없다.

STEP Ⓐ $x^2+2ax+2b=0$이 중근을 가짐을 이용하여 a, b의 관계식 구하기

이차방정식 $x^2+2ax+2b=0$이 중근을 가지므로
이 이차방정식의 판별식을 D_1이라 하면 $D_1=0$
$\dfrac{D_1}{4}=a^2-2b=0$
$\therefore a^2=2b$ $\cdots\cdots$ ㉠

STEP Ⓑ 이차방정식 $x^2-2ax+b^2+2=0$의 근을 판별하기

이차방정식 $x^2-2ax+b^2+2=0$의 판별식을 D_2라 하면
$\dfrac{D_2}{4}=a^2-(b^2+2)$
이때 ㉠에서 $a^2=2b$이므로 판별식에 대입하면
$2b-(b^2+2)=-b^2+2b-2$
따라서 $-b^2+2b+2=-(b-1)^2-1<0$이므로
이차방정식 $x^2-2ax+b^2+2=0$은 서로 다른 두 허근을 가진다. 정답 ④

0589

정답 ⑤ 

STEP Ⓐ 이차방정식의 근과 계수의 관계, 이차방정식의 판별식을 이용하여 [보기]의 참, 거짓 판단하기

ㄱ. 이차방정식 $ax^2+bx+c=0$의 두 근을 α_1, β_1이라 하면
$\quad$ 근과 계수의 관계에 의하여 $\alpha_1\beta_1=\dfrac{c}{a}$
$\quad$ 이차방정식 $ax^2+2bx+c=0$의 두 근을 α_2, β_2라 하면
$\quad$ 근과 계수의 관계에 의하여 $\alpha_2\beta_2=\dfrac{c}{a}$
$\quad$ 즉 두 이차방정식에서 두 근의 곱은 서로 같다. [참]
ㄴ. $ab\leq 0$이면 $a\geq 0$, $b\leq 0$ 또는 $a\leq 0$, $b\geq 0$이다.
$\quad$ (i) $a\geq 0$, $b\leq 0$일 때, 이차방정식 $ax^2+bx+c=0$의 판별식을
$\qquad D_1$이라 하면 $D_1=a^2-4b\geq 0$
$\quad$ (ii) $a\leq 0$, $b\geq 0$일 때, 이차방정식 $ax^2+bx+c=0$의 판별식을
$\qquad D_2$라 하면 $D_2=b^2-4a\geq 0$
$\quad$ (i), (ii)에서 두 이차방정식 중 적어도 하나는 실근을 가진다. [참]

ㄷ. 이차방정식 $ax^2+2bx+c=0$의 판별식을 D_3이라 하면
서로 다른 두 허근을 가지므로

$$\frac{D_3}{4}=b^2-ac<0$$ 이므로 $b^2<ac$이고 $ac>0$

$b^2-ac<0$에서 $b^2\geq0$이므로 $ac<0$이면 $b^2-ac>0$

이차방정식 $ax^2+bx+c=0$의 판별식을 D_4라 하면
$D_4=b^2-4ac$이므로 $b^2<ac$에서 $b^2-4ac<ac-4ac=-3ac$
이때 $ac>0$이므로 $D_2=b^2-4ac<0$
즉 이차방정식 $ax^2+bx+c=0$도 서로 다른 두 허근을 가진다. [참]
따라서 옳은 것은 ㄱ, ㄴ, ㄷ이다.

계수가 실수인 x에 대한 이차방정식의 근에 대한 설명이다. [보기]에서 옳은 것만을 있는 대로 고른 것은?

> ㄱ. $b=a-c$일 때, 이차방정식 $ax^2-bx-c=0$의 근은 실근을 가진다.
> ㄴ. $a>2$일 때, 이차방정식 $x^2-2ax+a^2+4a-8=0$의 근은 서로 다른 두 허근을 가진다.
> ㄷ. 이차방정식 $ax^2-2bx+c=0$이 중근을 가지면 이차방정식 $ax^2-bx+c=0$는 서로 다른 두 허근을 가진다.

① ㄱ   ② ㄷ   ③ ㄱ, ㄴ
④ ㄴ, ㄷ   ⑤ ㄱ, ㄴ, ㄷ

STEP A 이차방정식의 근과 계수의 관계, 이차방정식의 판별식을 이용하여 [보기]의 참, 거짓 판단하기

ㄱ. 이차방정식 $ax^2-bx-c=0$의 판별식을 D_1이라 하면
$D_1=(-b)^2+4ac=b^2+4ac$ …… ㉠
$b=a-c$를 ㉠에 대입하면 $D_1=(a-c)^2+4ac=(a+c)^2\geq0$
즉 이차방정식 $ax^2+bx-c=0$은 실근을 갖는다. [참]

ㄴ. 이차방정식 $x^2-2ax+a^2+4a-8=0$의 판별식을 D_2라 하면

$$\frac{D_2}{4}=(-a)^2-(a^2+4a-8)=-4a+8=-4(a-2)$$

이때 $a>2$에서 $-4(a-2)<0$이므로 $\dfrac{D_2}{4}<0$

즉 이차방정식 $x^2-2ax+a^2+4a-8=0$은 서로 다른 두 허근을 갖는다. [참]

ㄷ. 이차방정식 $ax^2-2bx+c=0$의 판별식을 D_3이라 하면 중근을 가지므로

$$\frac{D_3}{4}=b^2-ac=0$$ 이므로 $b^2=ac$

이차방정식 $ax^2-bx+c=0$의 판별식을 D_4라 하면
$D_4=b^2-4ac$이므로 $b^2=ac$에서 $b^2-4ac=b^2-4b^2=-3b^2$
이때 $b^2\geq0$이므로 $D_4=b^2-4ac\leq0$
즉 이차방정식 $ax^2-bx+c=0$는 중근 또는 서로 다른 두 허근을 가진다. [거짓]
따라서 옳은 것은 ㄱ, ㄴ이다.   정답 ③

0590

정답 ④

STEP A 완전제곱식이 되기 위한 조건을 이용하여 a, b, c 관계식 구하기

a, b, c가 삼각형의 세 변의 길이이므로 $a>0$, $b>0$, $c>0$
이차식 $(a+b)x^2+2cx+a-b$가 완전제곱식이 되려면
이차방정식 $(a+b)x^2+2cx+a-b=0$이 중근을 가져야 하므로
이차방정식의 판별식을 D라 하면 $D=0$이어야 한다.

$$\frac{D}{4}=c^2-(a+b)(a-b)=0,\ c^2-a^2+b^2=0$$

$\therefore a^2=b^2+c^2$

STEP B 삼각형의 모양 결정하기

따라서 $a^2=b^2+c^2$이므로 삼각형 ABC는 빗변의 길이가 a인 직각삼각형이다.

0591

정답 ③

STEP A 이차방정식이 중근을 가질 조건 구하기

a, b, c가 삼각형의 세 변의 길이이므로 $a>0$, $b>0$, $c>0$
또한, x에 대한 이차방정식 $x^2-2(a+b)x+(a+c)^2=0$을 판별식을 D라 하면 중근을 가지므로 $D=0$이어야 한다.

$$\frac{D}{4}=(a+b)^2-(a+c)^2=0,\ (2a+b+c)(b-c)=0$$
합차공식을 이용하여 $\{(a+b)+(a+b)\}\{(a+b)-(a+c)\}=(2a+b+c)(b-c)$

$\therefore b=c$ ← $a>0$, $b>0$, $c>0$이므로 $2a+b+c>0$

STEP B 삼각형의 모양 결정하기

따라서 삼각형 ABC는 $b=c$인 이등변삼각형이다.

이차방정식 $x^2+2(a+c)x+(b+c)^2=0$이 중근을 가질 때, 실수 a, b, c를 세 변의 길이로 하는 삼각형은 어떤 삼각형인가?

① $a=b$인 이등변삼각형   ② $b=c$인 이등변삼각형
③ 빗변의 길이가 a인 직각삼각형   ④ 빗변의 길이가 b인 직각삼각형
⑤ 빗변의 길이가 c인 직각삼각형

STEP A 이차방정식의 중근을 가질 조건 구하기

a, b, c가 삼각형의 세 변의 길이이므로 $a>0$, $b>0$, $c>0$
x에 대한 이차방정식 $x^2+2(a+c)x+(b+c)^2=0$의 판별식을 D라 하면 중근을 가져야 하므로 $D=0$이어야 한다.

$$\frac{D}{4}=(a+c)^2-(b+c)^2=0,\ (a-b+2c)(a-b)=0$$
합차공식을 이용하여 $\{(a+c)+(b+c)\}\{(a+c)-(b+c)\}=(a+b+2c)(a-b)$

$\therefore a=b$ ← $a+c>b$이므로 $a-b+2c>0$

STEP B 삼각형의 모양 결정하기

따라서 구하는 삼각형은 $a=b$인 이등변삼각형이다.   정답 ①

0592

정답 ③

STEP A 이차방정식의 서로 다른 두 허근을 가질 조건 구하기

a, b, c가 삼각형의 세 변의 길이이므로 $a>0$, $b>0$, $c>0$
x에 대한 이차방정식 $b(x^2-1)+2ax+c(x^2+1)=0$의 식을 정리하면
$(b+c)x^2+2ax-(b-c)=0$이고 판별식을 D라 하면
서로 다른 두 허근을 가지므로 $D<0$이어야 한다.

$$\frac{D}{4}=a^2+(b+c)(b-c)<0,\ a^2+b^2-c^2<0$$

$\therefore a^2+b^2<c^2$

STEP B 삼각형의 모양 결정하기

따라서 삼각형 ABC는 $\angle$C가 둔각인 둔각삼각형이다.

0593

정답 6

STEP A 완전제곱식이 되기 위한 조건을 이용하여 a, b, c의 관계식 구하기

조건 (가)에서 x에 대한 이차식 $a(1+x^2)-2bx+c(1-x^2)$의 식을 정리하면
$(a-c)x^2-2bx+a+c$

이때 이차식 $(a-c)x^2-2bx+a+c$가 완전제곱식이므로

이차방정식 $(a-c)x^2-2bx+a+c=0$의 판별식을 D라고 할 때,
중근을 가져야 하므로 $D=0$이어야 한다.

$$\frac{D}{4}=b^2-(a-c)(a+c)=0$$

$$b^2-a^2+c^2=0$$

$$\therefore a^2=b^2+c^2 \qquad \cdots\cdots \ ㉠$$

STEP B 조건 (나)를 만족하는 자연수 a, b, c의 값 구하기

㉠에서 $a^2=b^2+c^2$이므로 삼각형 ABC는 빗변이 a가 되는 직각삼각형이다.

조건 (나)에서 $a^2+b^2+c^2=50$이고 $b^2+c^2=a^2$이므로

주어진 식에 대입하면 $a^2+b^2+c^2=2a^2=50$이므로 $a^2=25$

즉 a는 자연수이므로 $a=5$

또한, $b^2+c^2=25$이고 b, c는 자연수이므로

$b=3$이면 $c=4$ 또는 $b=4$이면 $c=3$

$\therefore a=5$, $b=4$, $c=3$ 또는 $a=5$, $b=3$, $c=4 \qquad \cdots\cdots \ ㉡$

STEP C 삼각형의 넓이 구하기

㉡의 길이를 이용하면 삼각형 ABC는 다음과 같다.

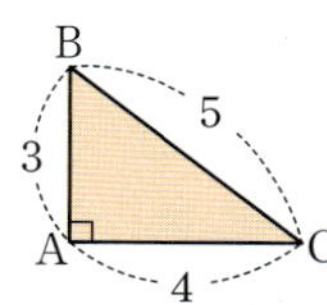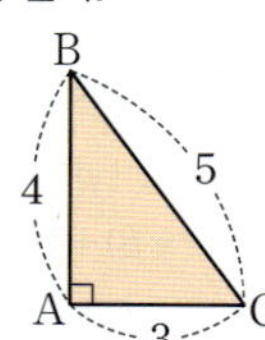

따라서 삼각형 ABC의 넓이는 $\dfrac{1}{2}bc=\dfrac{1}{2}\times4\times3=6$

삼각형 ABC의 세 변의 길이 a, b, c가 다음 조건을 만족할 때, 이 삼각형의 넓이를 구하여라. (단, a, b, c는 자연수이다.)

> (가) x에 대한 이차식 $c(x^2+1)+2bx+a(x^2-1)$이 완전제곱식이다.
> (나) $a^2+b^2+c^2=200$

STEP A 완전제곱식이 되기 위한 조건을 이용하여 a, b, c의 관계식 구하기

조건 (가)에서 x에 대한 이차식 $c(x^2+1)+2bx+a(x^2-1)$의 식을 정리하면
$(a+c)x^2+2bx-(a-c)$

이때 이차식 $(a+c)x^2+2bx-(a-c)$가 완전제곱식이므로

이차방정식 $(a+c)x^2+2bx-(a-c)=0$의 판별식을 D라고 할 때,
중근을 가져야 하므로 $D=0$이어야 한다.

$$\frac{D}{4}=b^2-(a+c)(a-c)=0$$

$$b^2-a^2+c^2=0$$

$$\therefore b^2+c^2=a^2 \qquad \cdots\cdots \ ㉠$$

STEP B 조건 (나)를 만족하는 자연수 a, b, c의 값 구하기

㉠에서 $a^2+b^2=c^2$이므로 삼각형 ABC는 빗변이 a가 되는 직각삼각형이다.

조건 (나)에서 $a^2+b^2+c^2=200$이고 $b^2+c^2=a^2$이므로

주어진 식에 대입하면 $a^2+b^2+c^2=2a^2=200$이므로 $a^2=100$

즉 a는 자연수이므로 $a=10$

또한, $b^2+c^2=100$이고 b, c는 자연수이므로

$b=6$이면 $c=8$ 또는 $b=8$이면 $c=6$

$\therefore a=10$, $b=8$, $c=6$ 또는 $a=10$, $b=6$, $c=8 \qquad \cdots\cdots \ ㉡$

STEP C 삼각형의 넓이 구하기

㉡의 길이를 이용하면 삼각형 ABC는 다음과 같다.

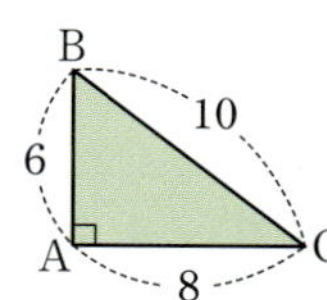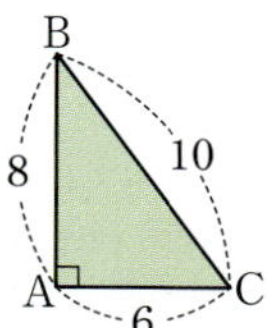

따라서 삼각형 ABC의 넓이는 $\dfrac{1}{2}bc=\dfrac{1}{2}\times8\times6=24$

정답 24

0594

정답 ⑤

STEP A 두 이차방정식이 중근을 가질 조건을 이용하여 a, b, c의 관계식 구하기

이차방정식 $x^2+(a+b)x+ab=0$이 중근을 가지므로
판별식을 D_1이라 하면 $D_1=0$이어야 한다.

$$D_1=(a+b)^2-4ab=0$$

$$(a-b)^2=0$$

$$\therefore a=b \qquad \cdots\cdots \ ㉠$$

이차방정식 $(a-c)x^2+2bx-(a+c)=0$이 중근을 가지므로
판별식을 D_2라 하면 $D_2=0$이어야 한다.

$$\frac{D_2}{4}=b^2+(a-c)(a+c)=0$$

$$b^2+a^2-c^2=0$$

$$\therefore c^2=a^2+b^2 \qquad \cdots\cdots \ ㉡$$

STEP B 삼각형의 모양 결정하기

㉠에서 $a=b$인 이등변삼각형이고 ㉡에서 빗변이 c인 직각이등변삼각형이다.
따라서 구하는 삼각형은 $a=b$이고 빗변의 길이가 c인 직각이등변삼각형이다.

0595

정답 ⑤

STEP A 곱셈 공식을 이용하여 이차방정식의 판별식 정리하기

이차방정식 $x^2+2(a+b+c)x+3(ab+bc+ca)=0$의 판별식을 D라 하면

$$\begin{aligned}
\frac{D}{4}&=(a+b+c)^2-3(ab+bc+ca)\\
&=a^2+b^2+c^2+2(ab+bc+ca)-3(ab+bc+ca)\\
&=a^2+b^2+c^2-ab-bc-ca\\
&=\frac{1}{2}(2a^2+2b^2+2c^2-2ab-2bc-2ca)\\
&=\frac{1}{2}\{(a-b)^2+(b-c)^2+(c-a)^2\}
\end{aligned}$$

STEP B [보기]의 참, 거짓 판단하기

ㄱ. 이차방정식이 중근을 가지려면 $D=0$이어야 한다.
　　a, b, c가 실수이므로
　　$\dfrac{D}{4}=\dfrac{1}{2}\{(a-b)^2+(b-c)^2+(c-a)^2\}=0$에서 $a=b$, $b=c$, $c=a$
　　즉 $a=b=c$ [참]

ㄴ. 이차방정식이 서로 다른 두 실근을 가지려면 $D>0$이어야 한다.
　　$\dfrac{D}{4}=\dfrac{1}{2}\{(a-b)^2+(b-c)^2+(c-a)^2\}>0$
　　즉 $a\neq b$ 또는 $b\neq c$ 또는 $c\neq a$ [참]

ㄷ. $\dfrac{D}{4}=\dfrac{1}{2}\{(a-b)^2+(b-c)^2+(c-a)^2\}\geq0$이므로
　　이차방정식은 반드시 실근을 가지므로 서로 다른 두 허근을 가질 수 없다.
　　[참]

따라서 옳은 것은 ㄱ, ㄴ, ㄷ이다.

x에 대한 이차방정식 $(x+a)(x+b)+(x+b)(x+c)+(x+c)(x+a)=0$
에 대하여 다음 중 옳은 것을 있는 대로 모두 고른 것은?
(단, a, b, c는 실수이다.)

> ㄱ. 이차방정식이 서로 다른 두 실근을 가지면
> $a \neq b$ 또는 $b \neq c$ 또는 $c \neq a$이다.
> ㄴ. 이차방정식이 중근을 가지면 $a=b=c$이다.
> ㄷ. 이차방정식이 서로 다른 두 허근을 가질 수 없다.

① ㄱ   ② ㄴ   ③ ㄷ
④ ㄱ, ㄴ   ⑤ ㄱ, ㄴ, ㄷ

STEP A 곱셈 공식을 이용하여 이차방정식의 판별식 정리하기

$(x+a)(x+b)+(x+b)(x+c)+(x+c)(x+a)=0$에서 식을 정리하면
$\{x^2+(a+b)x+ab\}+\{x^2+(b+c)x+bc\}+\{x^2+(c+a)x+ca\}$
$=3x^2+2(a+b+c)x+ab+bc+ca$
이차방정식 $3x^2+2(a+b+c)x+ab+bc+ca=0$의 판별식을 D라 하면

$$\frac{D}{4}=(a+b+c)^2-3(ab+bc+ca)$$
$$=a^2+b^2+c^2+2(ab+bc+ca)-3(ab+bc+ca)$$
$$=a^2+b^2+c^2-ab-bc-ca$$
$$=\frac{1}{2}(2a^2+2b^2+2c^2-2ab-2bc-2ca)$$
$$=\frac{1}{2}\{(a-b)^2+(b-c)^2+(c-a)^2\}$$

STEP B [보기]의 참, 거짓 판단하기

ㄱ. 이차방정식이 서로 다른 두 실근을 가지려면 $D>0$이어야 하므로
$$\frac{D}{4}=\frac{1}{2}\{(a-b)^2+(b-c)^2+(c-a)^2\}>0$$
  즉 $a \neq b$ 또는 $b \neq c$ 또는 $c \neq a$ [참]
ㄴ. 이차방정식이 중근을 가지려면 $D=0$이어야 하므로
$$\frac{D}{4}=\frac{1}{2}\{(a-b)^2+(b-c)^2+(c-a)^2\}=0$$
  a, b, c가 실수이므로 $a=b=c$ [참]
ㄷ. $\dfrac{D}{4}=\dfrac{1}{2}\{(a+b)^2+(b+c)^2+(c+a)^2\}\geq 0$이므로
  이차방정식은 반드시 실근을 가지므로 서로 다른 두 허근을 가질 수 없다.
  [참]
따라서 옳은 것은 ㄱ, ㄴ, ㄷ이다.   정답 ⑤

0596

정답 ⑤

STEP A 이차방정식의 근과 계수의 관계를 구하기

이차방정식 $x^2-2x+3=0$의 두 근이 α, β이므로
근과 계수의 관계에 의하여 $\alpha+\beta=2$, $\alpha\beta=3$

STEP B 곱셈 공식을 이용하여 값 구하기

① $(\alpha-1)(\beta-1)=\alpha\beta-(\alpha+\beta)+1=3-2+1=2$
② $(\alpha-\beta)^2=(\alpha+\beta)^2-4\alpha\beta=2^2-4\times 3=-8$
③ $\alpha^3+\beta^3=(\alpha+\beta)^3-3\alpha\beta(\alpha+\beta)=2^3-3\times 3\times 2=-10$
④ $\alpha^2+\beta^2-3\alpha\beta=(\alpha+\beta)^2-5\alpha\beta=2^2-5\times 3=-11$
⑤ $\dfrac{\alpha}{\beta}+\dfrac{\beta}{\alpha}=\dfrac{\alpha^2+\beta^2}{\alpha\beta}=\dfrac{(\alpha+\beta)^2-2\alpha\beta}{\alpha\beta}=\dfrac{2^2-2\times 3}{3}=-\dfrac{2}{3}$
따라서 옳지 않은 것은 ⑤이다.

0597

 정답 ③

STEP A 이차방정식의 근과 계수의 관계를 구하기

이차방정식 $x^2+2x+4=0$의 두 근이 α, β이므로
근과 계수의 관계에 의하여 $\alpha+\beta=2$, $\alpha\beta=4$

STEP B 곱셈 공식을 이용하여 값 구하기

따라서 $\dfrac{\beta}{\alpha-1}+\dfrac{\alpha}{\beta-1}=\dfrac{\beta(\beta-1)+\alpha(\alpha-1)}{(\alpha-1)(\beta-1)}$
$$=\frac{\alpha^2+\beta^2-(\alpha+\beta)}{\alpha\beta-(\alpha+\beta)+1}$$
$$=\frac{(\alpha+\beta)^2-2\alpha\beta-(\alpha+\beta)}{\alpha\beta-(\alpha+\beta)+1}$$
$$=\frac{2^2-2\times 4-2}{4-2+1}$$
$$=\frac{-6}{3}=-2$$

0598

 정답 ①

STEP A 이차방정식의 근과 계수의 관계를 구하기

이차방정식 $x^2-2x+5=0$의 두 근이 α, β이므로
근과 계수의 관계에 의하여 $\alpha+\beta=2$, $\alpha\beta=5$

STEP B 곱셈 공식을 이용하여 값 구하기

$\alpha^3+\beta^3=(\alpha+\beta)^3-3\alpha\beta(\alpha+\beta)=2^3-3\times 5\times 2=-22$
$(\alpha-1)(\beta-1)=\alpha\beta-(\alpha+\beta)+1=5-2+1=4$
따라서 $\dfrac{\alpha^3+\beta^3+2}{(\alpha-1)(\beta-1)}=\dfrac{-22+2}{4}=-5$

이차방정식 $x^2-3x-1=0$의 두 근을 α, β라 할 때,
$\dfrac{\alpha^3+\beta^3}{(\alpha+1)(\beta+1)}$의 값은?

① 10   ② 12   ③ 14
④ 16   ⑤ 18

STEP A 이차방정식의 근과 계수의 관계를 구하기

이차방정식 $x^2-3x-1=0$의 두 근이 α, β이므로
근과 계수의 관계에 의하여 $\alpha+\beta=3$, $\alpha\beta=-1$

STEP B 곱셈 공식을 이용하여 값 구하기

$\alpha^3+\beta^3=(\alpha+\beta)^3-3\alpha\beta(\alpha+\beta)=3^3-3\times(-1)\times 3=36$
$(\alpha+1)(\beta+1)=\alpha\beta+\alpha+\beta+1=-1+3+1=3$
따라서 $\dfrac{\alpha^3+\beta^3}{(\alpha+1)(\beta+1)}=\dfrac{36}{3}=12$ 정답 ②

0599

정답 ②

STEP A 이차방정식의 근과 계수의 관계를 이용하여 $\alpha+\beta$, $\alpha\beta$의 값 구하기

이차방정식 $x^2+3x-1=0$의 두 근이 α, β이므로
근과 계수의 관계에 의하여 $\alpha+\beta=-3$, $\alpha\beta=-1$

STEP B 곱셈 공식을 이용하여 $\alpha^3-\beta^3$의 값 구하기

$(\alpha-\beta)^2=(\alpha+\beta)^2-4\alpha\beta$
$\qquad\qquad =(-3)^2-4\times(-1)=13$
이때 $\alpha-\beta>0$이므로 $\alpha-\beta=\sqrt{13}$
따라서 $\alpha^3-\beta^3=(\alpha-\beta)^3+3\alpha\beta(\alpha-\beta)$
$\qquad\qquad\quad =(\sqrt{13})^3+3\times(-1)\times\sqrt{13}$
$\qquad\qquad\quad =13\sqrt{13}-3\sqrt{13}=10\sqrt{13}$

$+\alpha$ | 공식을 이용하여 두 근의 차를 구할 수 있어!

이차방정식 $ax^2+bx+c=0$의 두 근이
$\alpha=\dfrac{-b+\sqrt{b^2-4ac}}{2a}$, $\beta=\dfrac{-b-\sqrt{b^2-4ac}}{2a}$이므로
$|\alpha-\beta|=\left|\dfrac{-b+\sqrt{b^2-4ac}-(-b-\sqrt{b^2-4ac})}{2a}\right|=\dfrac{\sqrt{b^2-4ac}}{|a|}$ (단, α, β는 실근)
따라서 위 식에 $a=1$, $b=3$, $c=-1$을 대입하면 $|\alpha-\beta|=\dfrac{\sqrt{3^2-4\times1\times(-1)}}{1}=\sqrt{13}$

$+\alpha$ | $\alpha^3-\beta^3=(\alpha-\beta)(\alpha^2+\alpha\beta+\beta^2)$임을 이용하여 구할 수 있어!

$\alpha+\beta=-3$, $\alpha\beta=-1$이므로 $\alpha^2+\beta^2=(\alpha+\beta)^2-2\alpha\beta=(-3)^2-2\times(-1)=11$
$\alpha^3-\beta^3=(\alpha-\beta)(\alpha^2+\alpha\beta+\beta^2)=\sqrt{13}\times(11-1)=10\sqrt{13}$

0600

정답 ③

STEP A 이차방정식의 근과 계수의 관계 구하기

$|x^2-5x|=3$에서 $x^2-5x=3$ 또는 $x^2-5x=-3$
(ⅰ) $x^2-5x=3$일 때,
　　이차방정식 $x^2-5x-3=0$의 두 근을 α, β라 하면
　　근과 계수의 관계에 의하여 $\alpha+\beta=5$, $\alpha\beta=-3$
(ⅱ) $x^2-5x=-3$일 때,
　　이차방정식 $x^2-5x+3=0$의 두 근을 γ, δ라 하면
　　근과 계수의 관계에 의하여 $\gamma+\delta=5$, $\gamma\delta=3$

STEP B 곱셈 공식을 이용하여 주어진 식의 값 구하기

(ⅰ), (ⅱ)에 의하여 $\dfrac{1}{\alpha}+\dfrac{1}{\beta}+\dfrac{1}{\gamma}+\dfrac{1}{\delta}=\dfrac{\alpha+\beta}{\alpha\beta}+\dfrac{\gamma+\delta}{\gamma\delta}=-\dfrac{5}{3}+\dfrac{5}{3}=0$

0601

정답 ③

STEP A 이차방정식의 근과 계수의 관계 구하기

이차방정식 $x^2-x+2=0$의 두 근이 α, β이므로
근과 계수의 관계에 의하여 $\alpha+\beta=1$, $\alpha\beta=2$

STEP B 곱셈 공식을 이용하여 값 구하기

$\alpha^2+\beta^2=(\alpha+\beta)^2-2\alpha\beta=1^2-2\times2=-3$
$\alpha^3+\beta^3=(\alpha+\beta)^3-3\alpha\beta(\alpha+\beta)=1^3-3\times2\times1=-5$
$(\alpha^2+\beta^2)(\alpha^3+\beta^3)=\alpha^5+\alpha^2\beta^3+\alpha^3\beta^2+\beta^5=\alpha^5+\beta^5+\alpha^2\beta^2(\alpha+\beta)$
이므로
$\alpha^5+\beta^5=(\alpha^2+\beta^2)(\alpha^3+\beta^3)-\alpha^2\beta^2(\alpha+\beta)=-3\times(-5)-2^2\times1=11$
따라서 $\dfrac{\beta^3}{\alpha^2}+\dfrac{\alpha^3}{\beta^2}=\dfrac{\alpha^5+\beta^5}{\alpha^2\beta^2}=\dfrac{11}{4}$

0602

정답 ②

STEP A 이차방정식의 근과 계수의 관계 구하기

이차방정식 $x^2-3x+1=0$의 두 근이 α, β이므로
근과 계수의 관계에 의하여 $\alpha+\beta=3$, $\alpha\beta=1$ ㆍㆍㆍㆍㆍㆍ ㉠
판별식을 D라 하면 $D=(-3)^2-4=5>0$ ㆍㆍㆍㆍㆍㆍ ㉡
㉠, ㉡에서 서로 다른 두 실근을 가지고
두 근의 합이 양수, 두 근의 곱이 양이므로 두 근은 $\alpha>0$, $\beta>0$

STEP B 곱셈 공식을 이용하여 주어진 식의 값 구하기

$(\sqrt{\alpha}+\sqrt{\beta})^2=(\sqrt{\alpha})^2+(\sqrt{\beta})^2+2\sqrt{\alpha}\sqrt{\beta}$
$\qquad\qquad\quad =\alpha+\beta+2\sqrt{\alpha\beta}$ ← $\alpha>0$, $\beta>0$이므로 $\sqrt{\alpha}\sqrt{\beta}=\sqrt{\alpha\beta}$
$\qquad\qquad\quad =3+2\sqrt{1}=5$
따라서 $(\sqrt{\alpha}+\sqrt{\beta})^2=5$이고 $\sqrt{\alpha}+\sqrt{\beta}>0$이므로 $\sqrt{\alpha}+\sqrt{\beta}=\sqrt{5}$

내신 연계 출제문항 290

이차방정식 $x^2-6x+4=0$의 두 근을 α, β라 할 때, $\sqrt{\alpha}+\sqrt{\beta}$의 값은?

① $2\sqrt{2}$　　　　② $\sqrt{10}$　　　　③ $2\sqrt{3}$
④ 4　　　　⑤ 5

STEP A 이차방정식의 근과 계수의 관계를 구하기

이차방정식 $x^2-6x+4=0$의 두 근이 α, β이므로
근과 계수의 관계에 의하여
$\alpha+\beta=6$, $\alpha\beta=4$ ㆍㆍㆍㆍㆍㆍ ㉠
판별식을 D라 하면 $\dfrac{D}{4}=(-3)^2-1\times4=5>0$ ㆍㆍㆍㆍㆍㆍ ㉡
㉠, ㉡에서 서로 다른 두 실근을 가지고
두 근의 합이 양수, 두 근의 곱이 양이므로 두 근 $\alpha>0$, $\beta>0$

STEP B 곱셈 공식을 이용하여 값 구하기

$(\sqrt{\alpha}+\sqrt{\beta})^2=\alpha+\beta+2\sqrt{\alpha}\sqrt{\beta}$
$\qquad\qquad\quad =\alpha+\beta+2\sqrt{\alpha\beta}$ ← $\alpha>0$, $\beta>0$이므로 $\sqrt{\alpha}\sqrt{\beta}=\sqrt{\alpha\beta}$
$\qquad\qquad\quad =6+2\sqrt{4}$
$\qquad\qquad\quad =10$
따라서 $(\sqrt{\alpha}+\sqrt{\beta})^2=10$이고 $\sqrt{\alpha}+\sqrt{\beta}>0$이므로 $\sqrt{\alpha}+\sqrt{\beta}=\sqrt{10}$

정답 ②

0603

정답 ⑤

STEP A 이차방정식의 두 근 α, β의 부호 구하기

이차방정식 $x^2+7x+4=0$의 두 근이 α, β이므로 근과 계수의 관계에 의하여
$\alpha+\beta=-7$, $\alpha\beta=4$ ㆍㆍㆍㆍㆍㆍ ㉠
이차방정식 $x^2+7x+4=0$의 판별식을 D라 하면
$D=7^2-4\times4=33>0$ ㆍㆍㆍㆍㆍㆍ ㉡
㉠, ㉡에서 서로 다른 두 실근을 가지고
두 근의 합이 음수, 두 근의 곱이 양수이므로 두 근은 $\alpha<0$, $\beta<0$

STEP B 곱셈 공식의 변형을 이용하여 $(\sqrt{\alpha}-\sqrt{\beta})^2$의 값 구하기

$(\sqrt{\alpha}-\sqrt{\beta})^2=(\sqrt{\alpha}-\sqrt{\beta})(\sqrt{\alpha}-\sqrt{\beta})$
$\qquad\qquad\quad =\sqrt{\alpha}\sqrt{\alpha}-2\sqrt{\alpha}\sqrt{\beta}+\sqrt{\beta}\sqrt{\beta}$ ← $a<0$, $b<0$일 때, $\sqrt{a}\sqrt{b}=-\sqrt{ab}$
$\qquad\qquad\quad =-\sqrt{\alpha^2}+2\sqrt{\alpha\beta}-\sqrt{\beta^2}$ ← $\sqrt{a^2}=|a|$이고
$\qquad\qquad\quad =-|\alpha|+2\sqrt{\alpha\beta}-|\beta|$ ← $a\geq0$일 때 $|a|=a$, $a<0$일 때 $|a|=-a$
$\qquad\qquad\quad =\alpha+\beta+2\sqrt{\alpha\beta}$ ← α, β는 모두 음수이므로 $|\alpha|=-\alpha$, $|\beta|=-\beta$
따라서 $(\sqrt{\alpha}-\sqrt{\beta})^2=\alpha+\beta+2\sqrt{\alpha\beta}=-7+4=-3$

STEP A　이차방정식의 근과 계수의 관계를 이용하여 $\alpha+\beta$, $\alpha\beta$의 값 구하기

이차방정식 $x^2+2x+7=0$의 서로 다른
두 근이 α, β이므로
이차방정식의 근과 계수의 관계에 의하여
$\alpha+\beta=-2$, $\alpha\beta=7$

> [이차방정식의 근과 계수의 관계]
> 이차방정식 $ax^2+bx+c=0$에서
> (두 근의 합)$=-\dfrac{b}{a}$, (두 근의 곱)$=\dfrac{c}{a}$

STEP B　곱셈 공식의 변형을 이용하여 $\alpha^2+\alpha\beta+\beta^2$의 값 구하기

따라서 $\alpha^2+\alpha\beta+\beta^2=(\alpha+\beta)^2-\alpha\beta$　←　$(\alpha+\beta)^2=\alpha^2+2\alpha\beta+\beta^2$
$\qquad\qquad\qquad\qquad=(-2)^2-7=-3$

+α　｜　이차방정식에 근을 대입하여 구할 수 있어!

이차방정식 $x^2+2x+7=0$의 두 근이 α, β이므로
$x=\alpha$를 대입하면 $\alpha^2+2\alpha+7=0$　∴ $\alpha^2=-2\alpha-7$
$x=\beta$를 대입하면 $\beta^2+2\beta+7=0$　∴ $\beta^2=-2\beta-7$
$\alpha^2+\alpha\beta+\beta^2=(-2\alpha-7)+\alpha\beta+(-2\beta-7)$
$\qquad\qquad\qquad=-2(\alpha+\beta)-14+\alpha\beta$
$\qquad\qquad\qquad=-2\times(-2)-14+7=-3$

내신연계 출제문항 **291**

이차방정식 $x^2-4x+5=0$의 서로 다른 두 근을 α, β라 할 때,
$\alpha^2-\alpha\beta+\beta^2$의 값은?

① -3　　　② -1　　　③ 1
④ 3　　　⑤ 5

STEP A　이차방정식의 근과 계수의 관계를 이용하여 $\alpha+\beta$, $\alpha\beta$의 값 구하기

이차방정식 $x^2-4x+5=0$의 서로 다른 두 근이 α, β이므로
근과 계수의 관계에 의하여 $\alpha+\beta=4$, $\alpha\beta=5$

STEP B　곱셈 공식의 변형을 이용하여 $\alpha^2-\alpha\beta+\beta^2$의 값 구하기

따라서 $\alpha^2-\alpha\beta+\beta^2=(\alpha+\beta)^2-3\alpha\beta$　←　$(\alpha+\beta)^2=\alpha^2+2\alpha\beta+\beta^2$
$\qquad\qquad\qquad\qquad=4^2-3\times5=1$

+α　｜　이차방정식에 근을 대입하여 구할 수 있어!

이차방정식 $x^2-4x+5=0$의 두 근이 α, β이므로
$x=\alpha$를 대입하면 $\alpha^2-4\alpha+5=0$　∴ $\alpha^2=4\alpha-5$
$x=\beta$를 대입하면 $\beta^2-4\beta+5=0$　∴ $\beta^2=4\beta-5$
$\alpha^2-\alpha\beta+\beta^2=(4\alpha-5)-\alpha\beta+(4\beta-5)$
$\qquad\qquad\qquad=4(\alpha+\beta)-10-\alpha\beta$
$\qquad\qquad\qquad=4\times4-10-5=1$

정답 ③

0605　2013년 03월 고2 학력평가 B형 19번　　　정답 ④

해설강의

STEP A　이차방정식의 근과 계수의 관계 구하기

이차방정식 $x^2-ax-3a=0$의 두 근이 α, $\beta\,(\alpha<\beta)$이므로
근과 계수의 관계에 의하여 $\alpha+\beta=a$, $\alpha\beta=-3a$
이차방정식 $ax^2+bx+c=0$의 두 근이 α, β이면 $\alpha+\beta=-a$, $\alpha\beta=b$

STEP B　두 근 α, β의 부호를 구한 후 a의 값 구하기

$a>0$이므로 $\alpha+\beta>0$, $\alpha\beta<0$
즉 부호가 다른 두 근의 합은 양수이므로
양수인 근의 절댓값이 음수인 근의 절댓값보다 크다.
∴ $\alpha<0<\beta$

이때 $|\alpha|+|\beta|=8$에서 양변을 제곱하면
$(|\alpha|+|\beta|)^2=(-\alpha+\beta)^2=(\alpha+\beta)^2-4\alpha\beta=a^2+12a=8^2$
즉 $a^2+12a-64=0$, $(a+16)(a-4)=0$
∴ $a=-16$ 또는 $a=4$
그런데 $a>0$이므로 $a=4$

STEP C　곱셈 공식을 이용하여 주어진 식의 값 구하기

따라서 $\alpha+\beta=a=4$, $\alpha\beta=-3a=-12$이므로
$\alpha^2+\beta^2=(\alpha+\beta)^2-2\alpha\beta=4^2-2\times(-12)=40$

내신연계 출제문항 **292**

x에 대한 이차방정식 $x^2+ax-3a=0$의 두 실근 α, β에 대하여
$|\alpha|+|\beta|=2\sqrt{7}$일 때, $\alpha^2\beta+\alpha\beta^2+\alpha+\beta$의 값은? (단, $a>0$)

① 10　　　② 12　　　③ 14
④ 16　　　⑤ 18

STEP A　이차방정식의 근과 계수의 관계 구하기

이차방정식 $x^2+ax-3a=0$의 두 실근을 α, β라 하면
근과 계수의 관계에 의하여
두 근의 합 $\alpha+\beta=-a$　　……㉠
두 근의 곱 $\alpha\beta=-3a$　　……㉡

STEP B　$|\alpha|+|\beta|=2\sqrt{7}$의 식을 제곱하여 양수 a의 값 구하기

$|\alpha|+|\beta|=2\sqrt{7}$에서 양변을 제곱하면
$(|\alpha|+|\beta|)^2=|\alpha|^2+2|\alpha||\beta|+|\beta|^2$
$\qquad\qquad\quad=\alpha^2+2|\alpha\beta|+\beta^2$
$\qquad\qquad\quad=(\alpha+\beta)^2-2\alpha\beta+2|\alpha\beta|$
즉 $(\alpha+\beta)^2-2\alpha\beta+2|\alpha\beta|=28$에서 ㉠, ㉡의 값을 대입하면
$a^2+6a+2|-3a|=28$에서 $a>0$이므로 $a^2+12a=28$
$a^2+12a-28=(a+14)(a-2)=0$이므로 $a=2$

STEP C　$\alpha^2\beta+\alpha\beta^2+\alpha+\beta$의 값 구하기

$a=2$이므로 ㉠, ㉡에 대입하면 $\alpha+\beta=-2$, $\alpha\beta=-6$
또한, $\alpha^2\beta+\alpha\beta^2+\alpha+\beta=\alpha\beta(\alpha+\beta)+(\alpha+\beta)=(\alpha\beta+1)(\alpha+\beta)$
따라서 $\alpha^2\beta+\alpha\beta^2+\alpha+\beta=(\alpha\beta+1)(\alpha+\beta)=(-6+1)\times(-2)=10$　정답 ①

0606　　　정답 ③

STEP A　이차방정식의 근과 계수의 관계를 이용하여 a, b의 값 구하기

이차방정식 $x^2+ax-b=0$의 두 근이 -3, 6이므로 근과 계수의 관계에 의하여
두 근의 합 $-3+6=-a$이므로 $a=-3$
두 근의 곱 $-3\times6=-b$이므로 $b=18$
∴ $a=-3$, $b=18$

+α　｜　이차방정식의 식을 작성하고 구할 수 있어!

이차방정식 $x^2+ax-b=0$의 두 근이 -3, 6이므로 이차방정식을 작성하면
$x^2+ax-b=(x+3)(x-6)=x^2-3x-18$이므로 $a=-3$, $b=18$

STEP B　이차방정식 $ax^2+2x+b=0$의 두 근의 곱 구하기

따라서 이차방정식 $ax^2+2x+b=0$에서 근과 계수의 관계에 의하여
두 근의 곱은 $\dfrac{b}{a}=\dfrac{18}{-3}=-6$

0607

STEP Ⓐ **이차방정식의 근과 계수의 관계를 이용하기**

이차방정식 $x^2+ax+b=0$의 두 근이 2, -4이므로 근과 계수의 관계에 의하여

두 근의 합 $2+(-4)=-a$이므로 $a=2$

두 근의 곱 $2\times(-4)=b$이므로 $b=-8$

$\therefore a=2$, $b=-8$

> **+α** 이차방정식의 식을 작성하고 구할 수 있어!
>
> 이차방정식 $x^2+ax-b=0$의 두 근이 2, -4이므로 이차방정식을 작성하면
> $x^2+ax+b=(x-2)(x+4)=x^2+2x-8$이므로 $a=2$, $b=-8$

STEP Ⓑ **두 근의 합 구하기**

따라서 이차방정식 $ax^2+(a-b)x+ab=0$의 두 근의 합은

$$-\frac{a-b}{a}=-\frac{2-(-8)}{2}=-5$$

0608

2024년 06월 고1 학력평가 23번

STEP Ⓐ **이차방정식의 근과 계수의 관계를 이용하여 a, b의 값 구하기**

이차방정식 $x^2-3x+a=0$에서 근과 계수의 관계에 의하여

두 근의 합 $1+b=3$ $\therefore b=2$

두 근의 곱 $1\times b=a$ $\therefore a=2$

따라서 $a=2$, $b=2$이므로 $ab=4$

내신연계 출제문항 293

이차방정식 $x^2+5x+a=0$의 두 근이 -2, b일 때, 두 상수 a, b에 대하여 $a+b$의 값은?

① 5 ② 3 ③ 1
④ -1 ⑤ -3

STEP Ⓐ **이차방정식의 근과 계수의 관계를 이용하여 a, b의 값 구하기**

이차방정식 $x^2+5x+a=0$의 두 근이 -2, b이므로

이차방정식의 근과 계수의 관계에 의하여

이차방정식 $ax^2+bx+c=0$에서 두 근의 합 $-\frac{b}{a}$, 두 근의 곱 $\frac{c}{a}$

두 근의 합 $-2+b=-5$이므로 $b=-3$

두 근의 곱 $(-2)\times b=a$이므로 $a=6$

STEP Ⓑ **$a+b$의 값 구하기**

따라서 $a+b=6+(-3)=3$

> **mini 해설** | 이차방정식의 한 근을 대입하여 풀이하기
>
> 이차방정식 $x^2+5x+a=0$의 두 근이 -2, b이므로 $x=-2$를 대입하면
> $(-2)^2+5\times(-2)+a=0$, $-6+a=0$ $\therefore a=6$
> 이차방정식 $x^2+5x+6=0$이므로 $(x+2)(x+3)=0$ $\therefore x=-2$ 또는 $x=-3$
> 이때 -2가 아닌 다른 한 근 b이므로 $b=-3$
> 따라서 $a+b=6+(-3)=3$

> **mini 해설** | 두 근을 이용하여 이차방정식을 작성하여 풀이하기
>
> 이차항의 계수가 1이고 두 근이 -2, b인 이차방정식은
> 이차항의 계수가 a이고 두 근이 α, β인 이차방정식은 $a(x-\alpha)(x-\beta)=0$, 즉 $a\{x^2-(\alpha+\beta)x+\alpha\beta\}=0$
> $(x+2)(x-b)=0$, $x^2+(2-b)x-2b=0$이므로 $x^2+5x+a=0$과 같아야 한다.
> $2-b=5$에서 $b=-3$이고 $a=-2b$에서 $a=6$ $\therefore a+b=6+(-3)=3$

0609

2021년 06월 고1 학력평가 23번

STEP Ⓐ **이차방정식의 근과 계수의 관계를 이용하여 a, b의 값 구하기**

이차방정식 $x^2+ax-4=0$의 두 근이 -4, b이므로

근과 계수의 관계에 의하여

이차방정식 $x^2+ax+b=0$의 두 근이 α, β이면 $\alpha+\beta=-a$, $\alpha\beta=b$

두 근의 합 $-4+b=-a$이므로 $a=-b+4$

두 근의 곱 $-4\times b=-4$이므로 $b=1$

$b=1$을 $a=-b+4$에 대입하면 $a=3$

따라서 $a+b=3+1=4$

> **mini 해설** | 이차방정식의 한 근을 대입하여 풀이하기
>
> 이차방정식 $x^2+ax-4=0$의 한 근이 -4이므로 $x=-4$를 대입하면
> $(-4)^2-4a-4=0$, $-4a+12=0$ $\therefore a=3$
> $a=3$을 주어진 이차방정식에 대입하면 $x^2+3x-4=0$, $(x+4)(x-1)=0$
> $\therefore x=-4$ 또는 $x=1$
> 따라서 -4가 아닌 다른 한 근 $b=1$이므로 $a+b=3+1=4$

> **mini 해설** | 두 근을 이용하여 이차방정식을 작성하여 풀이하기
>
> 이차항의 계수가 1이고 두 근이 -4, b인 이차방정식은
> 이차항의 계수가 a이고 두 근이 α, β인 이차방정식은 $a(x-\alpha)(x-\beta)=0$, 즉 $a\{x^2-(\alpha+\beta)x+\alpha\beta\}=0$
> $(x+4)(x-b)=0$, $x^2-(b-4)x-4b=0$
> 이 이차방정식이 $x^2+ax-4=0$과 일치해야 하므로
> 일차항의 계수를 비교하면 $-b+4=a$ $\therefore a+b=4$

내신연계 출제문항 294

x에 대한 이차방정식 $x^2+ax-6=0$의 두 근이 -3, b일 때, 두 상수 a, b에 대하여 $a+b$의 값은?

① 1 ② 2 ③ 3
④ 4 ⑤ 5

STEP Ⓐ **근과 계수의 관계에서 두 근의 합과 곱 구하기**

이차방정식 $x^2+ax-6=0$의 두 근이 -3, b이므로

근과 계수의 관계에 의하여

이차방정식 $ax^2+bx+c=0$에서 두 근의 합 $-\frac{b}{a}$, 두 근의 곱 $\frac{c}{a}$

두 근의 합 $-3+b=-a$이므로 $a=-b+3$

두 근의 곱 $-3\times b=-6$이므로 $b=2$

따라서 $b=2$, $a=1$이므로 $a+b=3$
$a=-b+4=-1+4=3$

> **mini 해설** | 이차방정식의 한 근을 대입하여 풀이하기
>
> 이차방정식 $x^2+ax-6=0$의 한 근이 -3이므로
> $x=-3$을 대입하면 $(-3)^2-3a-6=0$이므로 $a=1$
> $a=1$을 주어진 이차방정식에 대입하면 $x^2+ax-6=(x+3)(x-2)=0$
> $\therefore x=-3$ 또는 $x=2$
> 따라서 -3이 아닌 다른 한 근 $b=2$이므로 $a+b=1+2=3$

0610

STEP A 이차방정식에 $x=\alpha$, $x=\beta$를 각각 대입하여 식 세우기

이차방정식 $x^2-6x+1=0$의 두 근이 α, β이고
$\alpha\neq0$, $\beta\neq0$
이때 이차방정식에 $x=\alpha$를 대입하면 $\alpha^2-6\alpha+1=0$이고
양변을 α로 나누면 $\alpha-6+\dfrac{1}{\alpha}=0$

$\therefore \alpha+\dfrac{1}{\alpha}=6 \qquad \cdots\cdots$ ㉠

또한, 이차방정식에 $x=\beta$를 대입하면 $\beta^2-6\beta+1=0$이고
양변을 β로 나누면 $\beta-6+\dfrac{1}{\beta}=0$

$\therefore \beta+\dfrac{1}{\beta}=6 \qquad \cdots\cdots$ ㉡

STEP B $3\alpha+\beta+\dfrac{3}{\alpha}+\dfrac{1}{\beta}$의 값 구하기

따라서 ㉠, ㉡에 의하여 $3\alpha+\beta+\dfrac{3}{\alpha}+\dfrac{1}{\beta}=3\left(\alpha+\dfrac{1}{\alpha}\right)+\left(\beta+\dfrac{1}{\beta}\right)$
$\qquad\qquad\qquad\qquad\qquad =3\times6+6=24$

0611

STEP A 이차방정식에 $x=\alpha$를 대입하여 식 세우기

이차방정식 $x^2+3x+7=0$의 한 근이 α이므로
이차방정식에 $x=\alpha$를 대입하면 $\alpha^2+3\alpha+7=0$
$\therefore \alpha^2+3\alpha=-7 \qquad \cdots\cdots$ ㉠

STEP B $\dfrac{\alpha^2+4\alpha}{\alpha-7}+\dfrac{\alpha-7}{\alpha^2+4\alpha}$의 값 구하기

따라서 ㉠에 의하여 $\alpha^2+4\alpha=(\alpha^2+3\alpha)+\alpha=\alpha-7$

$\dfrac{\alpha^2+4\alpha}{\alpha-7}+\dfrac{\alpha-7}{\alpha^2+4\alpha}=\dfrac{\alpha-7}{\alpha-7}+\dfrac{\alpha-7}{\alpha-7}=1+1=2$

내/신/연/계/ 출제문항 295

이차방정식 $x^2+2x-6=0$의 한 근을 α라 할 때, $\dfrac{\alpha^2+\alpha}{\alpha-6}+\dfrac{\alpha-6}{\alpha^2+\alpha}$의 값은?

① -2 　② -1 　③ 0
④ 1 　⑤ 2

STEP A 이차방정식에 $x=\alpha$를 대입하여 식 세우기

이차방정식 $x^2+2x-6=0$의 한 근이 α이므로
이차방정식에 $x=\alpha$를 대입하면 $\alpha^2+2\alpha-6=0$
$\therefore \alpha^2+2\alpha=6 \qquad \cdots\cdots$ ㉠

STEP B $\dfrac{\alpha^2+\alpha}{\alpha-6}+\dfrac{\alpha-6}{\alpha^2+\alpha}$의 값 구하기

따라서 ㉠에 의하여 $\alpha^2+\alpha=(\alpha^2+2\alpha)-\alpha=6-\alpha$

$\dfrac{\alpha^2+\alpha}{\alpha-6}+\dfrac{\alpha-6}{\alpha^2+\alpha}=\dfrac{6-\alpha}{\alpha-6}+\dfrac{\alpha-6}{6-\alpha}=\dfrac{-(\alpha-6)}{\alpha-6}+\dfrac{\alpha-6}{-(\alpha-6)}$
$\qquad\qquad\qquad\qquad\qquad =-1+(-1)=-2$

0612

2018년 06월 고1 학력평가 25번　　해설강의 

STEP A $x=\alpha$를 대입하여 식을 작성하고 근과 계수의 관계를 이용하여 값 구하기

이차방정식 $2x^2+6x-9=0$의 한 근이 α이므로
$x=\alpha$를 대입하면 $2\alpha^2+6\alpha-9=0 \quad \therefore 2\alpha^2+6\alpha=9$
이차방정식 근과 계수의 관계에 의하여
두 근의 합 $\alpha+\beta=-\dfrac{6}{2}=-3$

두 근의 곱 $\alpha\beta=-\dfrac{9}{2}$

이때 $\alpha^2+\beta^2=(\alpha+\beta)^2-2\alpha\beta=9+9=18$

STEP B 주어진 식 정리하고 값 구하기

따라서 $2(2\alpha^2+\beta^2)+6(2\alpha+\beta)=4\alpha^2+2\beta^2+12\alpha+6\beta$
$\qquad\qquad\qquad\qquad\qquad\qquad =2(\alpha^2+\beta^2)+6(\alpha+\beta)+2\alpha^2+6\alpha$
$\qquad\qquad\qquad\qquad\qquad\qquad =2\times18+6\times(-3)+9$
$\qquad\qquad\qquad\qquad\qquad\qquad =27$

mini해설 | α, β를 이차방정식에 대입하여 풀이하기

이차방정식 $2x^2+6x-9=0$의 두 근이 α, β이므로
$x=\alpha$를 대입하면 $2\alpha^2+6\alpha-9=0 \quad \therefore 2\alpha^2+6\alpha=9$
$x=\beta$를 대입하면 $2\beta^2+6\beta-9=0 \quad \therefore 2\beta^2+6\beta=9$
따라서 $2(2\alpha^2+\beta^2)+6(2\alpha+\beta)=4\alpha^2+2\beta^2+12\alpha+6\beta$
$\qquad\qquad\qquad\qquad\qquad =2(2\alpha^2+6\alpha)+(2\beta^2+6\beta)$
$\qquad\qquad\qquad\qquad\qquad =2\times9+9=27$

내/신/연/계/ 출제문항 296

이차방정식 $2x^2+6x-5=0$의 두 근을 α, β라 할 때,
$2(2\alpha^2+\beta^2)+6(2\alpha+\beta)$의 값은?

① 12 　② 15 　③ 18
④ 21 　⑤ 24

STEP A 이차방정식에 $x=\alpha$, $x=\beta$를 대입하여 식 세우기

이차방정식 $2x^2+6x-5=0$의 두 근이 α, β이므로
　　　　　이차방정식에 $x=\alpha$, $x=\beta$를 각각 대입한다.
$2\alpha^2+6\alpha-5=0$, $2\beta^2+6\beta-5=0$
$\therefore 2\alpha^2+6\alpha=5$, $2\beta^2+6\beta=5$

STEP B $2(2\alpha^2+\beta^2)+6(2\alpha+\beta)$의 값 구하기

따라서 $2(2\alpha^2+\beta^2)+6(2\alpha+\beta)=4\alpha^2+2\beta^2+12\alpha+6\beta$
$\qquad\qquad\qquad\qquad\qquad\qquad =2(2\alpha^2+6\alpha)+(2\beta^2+6\beta)$
$\qquad\qquad\qquad\qquad\qquad\qquad =2\times5+5=15$

0613

STEP A 이차방정식에 $x=\alpha$, $x=\beta$를 대입하여 주어진 식 정리하기

이차방정식 $x^2-2x+4=0$의 두 근이 α, β이므로 방정식에 대입하면
$\alpha^2-2\alpha+4=0$에서 $\alpha^2-\alpha+1=\alpha-3$
$\beta^2-2\beta+4=0$에서 $\beta^2-\beta+1=\beta-3$
즉 $(\alpha^2-\alpha+1)(\beta^2-\beta+1)=(\alpha-3)(\beta-3)$
$\qquad\qquad\qquad\qquad\qquad\qquad =\alpha\beta-3(\alpha+\beta)+9 \qquad \cdots\cdots$ ㉠

STEP B 이차방정식의 근과 계수의 관계를 이용하여 주어진 식 계산하기

이차방정식 $x^2-2x+4=0$의 두 근이 α, β이므로 근과 계수의 관계에 의하여
두 근의 합 $\alpha+\beta=2$
두 근의 곱 $\alpha\beta=4$
따라서 ㉠의 식에 대입하면 $(\alpha^2-\alpha+1)(\beta^2-\beta+1)=\alpha\beta-3(\alpha+\beta)+9$
$\qquad\qquad\qquad\qquad\qquad\qquad\qquad =4-3\times2+9$
$\qquad\qquad\qquad\qquad\qquad\qquad\qquad =7$

0614

STEP A 이차방정식에 $x=\alpha$를 대입하여 주어진 식 정리하고 계산하기

이차방정식 $x^2+5x-1=0$의 근이 α이므로 방정식에 대입하면

$\alpha^2+5\alpha-1=0$이고 $\alpha^2=-5\alpha+1$

즉 $\alpha^2-5\beta=(-5\alpha+1)-5\beta=-5(\alpha+\beta)+1$ $\cdots\cdots$ ㉠

이때 이차방정식의 근과 계수의 관계에 의하여

두 근의 합 $\alpha+\beta=-5$

따라서 ㉠의 식에 대입하면 $\alpha^2-5\beta=-5(\alpha+\beta)+1=(-5)\times(-5)+1=26$

0615

STEP A 이차방정식에 $x=\alpha$, $x=\beta$를 대입하여 주어진 식 정리하기

이차방정식 $x^2-3x+1=0$의 두 근이 α, β이므로 방정식에 각각 대입하면

$\alpha^2-3\alpha+1=0$에서 $\alpha^2-2\alpha+1=\alpha$

$\beta^2-3\beta+1=0$에서 $\beta^2-2\beta+1=\beta$

주어진 식 대입하면

$\dfrac{\beta}{\alpha^2-2\alpha+1}+\dfrac{\alpha}{\beta^2-2\beta+1}=\dfrac{\beta}{\alpha}+\dfrac{\alpha}{\beta}=\dfrac{\alpha^2+\beta^2}{\alpha\beta}$ $\cdots\cdots$ ㉠

STEP B 이차방정식의 근과 계수의 관계를 이용하여 계산하기

이차방정식 $x^2-3x+1=0$의 두 근이 α, β이므로 근과 계수의 관계에 의하여

두 근의 합 $\alpha+\beta=3$

두 근의 곱 $\alpha\beta=1$

이때 $\alpha^2+\beta^2=(\alpha+\beta)^2-2\alpha\beta=9-2=7$

따라서 ㉠의 식에 대입하면

$\dfrac{\beta}{\alpha^2-2\alpha+1}+\dfrac{\alpha}{\beta^2-2\beta+1}=\dfrac{\alpha^2+\beta^2}{\alpha\beta}=\dfrac{(\alpha+\beta)^2-2\alpha\beta}{\alpha\beta}=\dfrac{3^2-2\times1}{1}=7$

내신 연계 출제문항 297

이차방정식 $x^2-5x+1=0$의 두 근을 α, β라 할 때,

$\dfrac{\beta}{\alpha^2-4\alpha+1}+\dfrac{\alpha}{\beta^2-4\beta+1}$의 값은?

① 14　　　② 23　　　③ 32

④ 41　　　⑤ 50

STEP A 이차방정식에 $x=\alpha$, $x=\beta$를 대입하여 주어진 식 정리하기

이차방정식 $x^2-5x+1=0$의 두 근이 α, β이므로 방정식에 각각 대입하면

$\alpha^2-5\alpha+1=0$에서 $\alpha^2-4\alpha+1=\alpha$

$\beta^2-5\beta+1=0$에서 $\beta^2-4\beta+1=\beta$

주어진 식에 대입하면

$\dfrac{\beta}{\alpha^2-4\alpha+1}+\dfrac{\alpha}{\beta^2-4\beta+1}=\dfrac{\beta}{\alpha}+\dfrac{\alpha}{\beta}=\dfrac{\alpha^2+\beta^2}{\alpha\beta}$ $\cdots\cdots$ ㉠

STEP B 이차방정식의 근과 계수의 관계를 이용하여 계산하기

이차방정식 $x^2-5x+1=0$의 두 근이 α, β이므로 근과 계수의 관계에 의하여

두 근의 합 $\alpha+\beta=5$

두 근의 곱 $\alpha\beta=1$

이때 $\alpha^2+\beta^2=(\alpha+\beta)^2-2\alpha\beta=25-2=23$

따라서 ㉠의 식에 대입하면

$\dfrac{\beta}{\alpha^2-4\alpha+1}+\dfrac{\alpha}{\beta^2-4\beta+1}=\dfrac{\alpha^2+\beta^2}{\alpha\beta}=\dfrac{(\alpha+\beta)^2-2\alpha\beta}{\alpha\beta}=\dfrac{5^2-2\times1}{1}=23$

0616

STEP A 이차방정식의 근을 이용하여 주어진 식 정리하기

이차방정식 $x^2-9x+1=0$의 두 근이 α, β이므로 방정식에 대입하면

$\alpha^2-9\alpha+1=0$에서 $\alpha^2+1=9\alpha$

$\beta^2-9\beta+1=0$에서 $\beta^2+1=9\beta$

즉 $\sqrt{\alpha^2+1}+\sqrt{\beta^2+1}=\sqrt{9\alpha}+\sqrt{9\beta}$ $\cdots\cdots$ ㉠

STEP B 근의 부호를 구하고 식의 값 계산하기

주어진 이차방정식의 판별식을 D라 하면

$\dfrac{D}{4}=(-9)^2-1=80>0$이므로 α, β는 모두 실근이다.

또한, 근과 계수의 관계에 의하여

두 근의 합 $\alpha+\beta=9$

두 근의 곱 $\alpha\beta=1$이므로 $\alpha>0$, $\beta>0$

㉠의 식에서 $(\sqrt{\alpha^2+1}+\sqrt{\beta^2+1})^2=(\sqrt{9\alpha}+\sqrt{9\beta})^2$

$\qquad=9\alpha+2\sqrt{81\alpha\beta}+9\beta$

$\qquad=9(\alpha+\beta)+18\sqrt{\alpha\beta}$

$\qquad=9\times9+18\times1=99$

따라서 $(\sqrt{\alpha^2+1}+\sqrt{\beta^2+1})=99$이므로 $\sqrt{\alpha^2+1}+\sqrt{\beta^2+1}=\sqrt{99}=3\sqrt{11}$

0617

STEP A $\alpha^3-3\alpha^2$의 값 구하고 주어진 식을 정리하기

이차방정식 $x^2-3x-2=0$의 근이 $x=\alpha$이므로 방정식에 대입하면

$\alpha^2-3\alpha-2=0$이므로 $\alpha^2-3\alpha=2$

이때 양변에 α를 곱하고 정리하면 $\alpha^3-3\alpha^2=2\alpha$

$\alpha^3-3\alpha^2+\alpha\beta+2\beta=2\alpha+\alpha\beta+2\beta=2(\alpha+\beta)+\alpha\beta$

즉 $\alpha^3-3\alpha^2+\alpha\beta+2\beta=2(\alpha+\beta)+\alpha\beta$ $\cdots\cdots$ ㉠

STEP B 이차방정식의 근과 계수의 관계를 이용하여 값 계산하기

이차방정식 $x^2-3x-2=0$의 근과 계수의 관계에 의하여

두 근의 합 $\alpha+\beta=3$, 두 근의 곱 $\alpha\beta=-2$

따라서 ㉠의 식에 대입하면 $\alpha^3-3\alpha^2+\alpha\beta+2\beta=2(\alpha+\beta)+\alpha\beta=6-2=4$

0618

STEP A 이차방정식의 근을 이용하여 주어진 식 정리하기

이차방정식 $x^2+x+3=0$의 두 근이 α, β이므로 방정식에 대입하면

$\alpha^2+\alpha+3=0$에서 $\alpha^2+\alpha=-3$

이때 양변에 α를 곱하면 $\alpha^3+\alpha^2=-3\alpha$ $\cdots\cdots$ ㉠

$\beta^2+\beta+3=0$에서 $\beta^2+\beta=-3$

이때 양변에 β를 곱하면 $\beta^3+\beta^2=-3\beta$ $\cdots\cdots$ ㉡

㉠, ㉡을 이용하여 주어진 식을 정리하면

$(1+\alpha+\alpha^2+\alpha^3)(1+\beta+\beta^2+\beta^3)=(1+\alpha-3\alpha)(1+\beta-3\beta)$

$\qquad=(-2\alpha+1)(-2\beta+1)$

$\qquad=4\alpha\beta-2(\alpha+\beta)+1$ $\cdots\cdots$ ㉢

STEP B 이차방정식의 근과 계수의 관계를 이용하여 식의 값 계산하기

이차방정식 $x^2+x+3=0$의 두 근이 α, β이므로 근과 계수의 관계에 의하여

두 근의 합 $\alpha+\beta=-1$

두 근의 곱 $\alpha\beta=3$

따라서 ㉢의 식에 대입하면 $(1+\alpha+\alpha^2+\alpha^3)(1+\beta+\beta^2+\beta^3)$

$\qquad=4\alpha\beta-2(\alpha+\beta)+1$

$\qquad=4\times3-2\times(-1)+1=15$

0619

 정답 ③

STEP A 이차방정식의 근을 이용하여 주어진 식 정리하기

이차방정식 $x^2+x-3=0$의 두 근이 α, β이므로 방정식에 대입하면

$\alpha^2+\alpha-3=0$에서 $\alpha^2+\alpha=3$ ······ ㉠

$\beta^2+\beta-3=0$에서 $\beta^2+\beta=3$ ······ ㉡

이때 ㉠, ㉡을 이용하여 주어진 식을 정리하면

$\alpha^5+\alpha^4-\alpha^3+\beta^5+\beta^4-\beta^3=\alpha^3(\alpha^2+\alpha-1)+\beta^3(\beta^2+\beta-1)$

$\qquad\qquad =\alpha^3(3-1)+\beta^3(3-1)$

$\qquad\qquad =2(\alpha^3+\beta^3)$

STEP B 이차방정식의 근과 계수의 관계를 이용하여 구하기

이차방정식 $x^2+x-3=0$의 두 근이 α, β이므로 근과 계수의 관계에 의하여

두 근의 합 $\alpha+\beta=-1$

두 근의 곱 $\alpha\beta=-3$

$\alpha^3+\beta^3=(\alpha+\beta)^3-3\alpha\beta(\alpha+\beta)$

$\qquad =(-1)^3-3\times(-3)\times(-1)$

$\qquad =-1-9=-10$

따라서 $\alpha^5+\alpha^4-\alpha^3+\beta^5+\beta^4-\beta^3=2(\alpha^3+\beta^3)=-20$

0620

정답 3

STEP A $x^2+3x-1=0$의 근과 계수의 관계를 이용하여 주어진 식 정리하기

이차방정식 $x^2+3x-1=0$의 두 근이 α, β이므로 근과 계수의 관계에 의하여

두 근의 합 $\alpha+\beta=-3$

두 근의 곱 $\alpha\beta=-1$

이때 위의 값을 이용하여 식을 정리하면

$(m+\alpha)(m+\beta)(n+\alpha)(n+\beta)$

$=\{m^2+(\alpha+\beta)m+\alpha\beta\}\{n^2+(\alpha+\beta)n+\alpha\beta\}$

$=(m^2-3m-1)(n^2-3n-1)$ ······ ㉠

STEP B $x^2-5x-2=0$의 근을 이용하여 식의 값 구하기

이차방정식 $x^2-5x-2=0$의 두 근이 m, n이므로 방정식에 대입하면

$m^2-5m-2=0$에서 $m^2-3m-1=2m+1$

$n^2-5n-2=0$에서 $n^2-3n-1=2n+1$

이므로 ㉠의 식에 대입하면

$(m^2-3m-1)(n^2-3n-1)$

$=(2m+1)(2n+1)$

$=4mn+2(m+n)+1$ ······ ㉡

$x^2-5x-2=0$에서 근과 계수의 관계에 의하여

두 근의 합 $m+n=5$

두 근의 곱 $mn=-2$

따라서 ㉡의 식에 대입하면 $4mn+2(m+n)+1=4\times(-2)+2\times5+1=3$

이므로 $(m+\alpha)(m+\beta)(n+\alpha)(n+\beta)=3$

0621

정답 6

STEP A $x=\alpha$, $x=\beta$를 이차방정식에 각각 대입하여 식 구하기

이차방정식 $x^2-6x+3=0$의 서로 다른 두 근이 α, β이므로

$x=\alpha$를 대입하면 $\alpha^2-6\alpha+3=0$

$x=\beta$를 대입하면 $\beta^2-6\beta+3=0$

$\sqrt{2\alpha^3-13\alpha^2+6\alpha}+\sqrt{2\beta^3-13\beta^2+6\beta}$

$=\sqrt{2\alpha(\alpha^2-6\alpha+3)+\alpha^2}+\sqrt{2\beta(\beta^2-6\beta+3)+\beta^2}$

$=\sqrt{\alpha^2}+\sqrt{\beta^2}$

$=|\alpha|+|\beta|$

STEP B 이차방정식의 근과 계수의 관계를 이용하여 주어진 식의 값 구하기

이때 α, β는 실수이고 이차방정식 $x^2-6x+3=0$의 근과 계수의 관계에 대하여

$\alpha+\beta=6$, $\alpha\beta=3$이므로 $\alpha>0$, $\beta>0$

따라서 $|\alpha|+|\beta|=\alpha+\beta=6$

0622

2021년 09월 고1 학력평가 14번 정답 ③

STEP A 이차방정식의 근을 이용하여 주어진 식 정리하기

이차방정식 $x^2+2x+3=0$의 두 실근이 α, β이므로 방정식에 대입하면

$\alpha^2+2\alpha+3=0$ ∴ $\alpha^2+3\alpha+3=\alpha$

$\beta^2+2\beta+3=0$ ∴ $\beta^2+3\beta+3=\beta$

위의 값으로 주어진 식을 정리하면

$\dfrac{1}{\alpha^2+3\alpha+3}+\dfrac{1}{\beta^2+3\beta+3}=\dfrac{1}{\alpha}+\dfrac{1}{\beta}=\dfrac{\alpha+\beta}{\alpha\beta}$ ······ ㉠

STEP B 이차방정식의 근과 계수의 관계를 이용하여 주어진 식의 값 구하기

이차방정식 $x^2+2x+3=0$의 두 실근이 α, β이므로

근과 계수의 관계에 의하여

이차방정식 $ax^2+bx+c=0$의 두 근이 α, β이면 $\alpha+\beta=-\dfrac{b}{a}$, $\alpha\beta=\dfrac{c}{a}$

두 근의 합 $\alpha+\beta=-2$

두 근의 곱 $\alpha\beta=3$

따라서 ㉠의 식에 대입하면 $\dfrac{1}{\alpha^2+3\alpha+3}+\dfrac{1}{\beta^2+3\beta+3}=\dfrac{\alpha+\beta}{\alpha\beta}=-\dfrac{2}{3}$

내신 연계 출제문항 298

이차방정식 $x^2+3x+3=0$의 서로 다른 두 근을 α, β라 할 때,

$\dfrac{1}{\alpha^2+4\alpha+3}+\dfrac{1}{\beta^2+4\beta+3}$의 값은?

① $-\dfrac{1}{2}$ ② $-\dfrac{2}{3}$ ③ $-\dfrac{5}{6}$

④ -1 ⑤ -2

STEP A 이차방정식의 근을 이용하여 주어진 식 정리하기

이차방정식 $x^2+3x+3=0$의 서로 다른 두 근이 α, β이므로 방정식에 대입하면

$\alpha^2+3\alpha+3=0$에서 $\alpha^2+4\alpha+3=\alpha$

$\beta^2+3\beta+3=0$에서 $\beta^2+4\beta+3=\beta$

위의 값으로 주어진 식을 정리하면

$\dfrac{1}{\alpha^2+4\alpha+3}+\dfrac{1}{\beta^2+4\beta+3}=\dfrac{1}{\alpha}+\dfrac{1}{\beta}=\dfrac{\alpha+\beta}{\alpha\beta}$ ······ ㉠

STEP B 이차방정식의 근과 계수의 관계와 두 근을 대입하여 관계식 구하기

이차방정식 $x^2+3x+3=0$의 서로 다른 두 근이 α, β이므로

이차방정식의 근과 계수의 관계에 의하여 $\alpha+\beta=-3$, $\alpha\beta=3$

이차방정식 $ax^2+bx+c=0$의 두 근이 α, β이면 $\alpha+\beta=-\dfrac{b}{a}$, $\alpha\beta=\dfrac{c}{a}$

따라서 ㉠의 식에 대입하면 $\dfrac{1}{\alpha^2+4\alpha+3}+\dfrac{1}{\beta^2+4\beta+3}=\dfrac{\alpha+\beta}{\alpha\beta}=-\dfrac{3}{3}=-1$

정답 ④

0623

STEP A　이차방정식을 이용하여 $P(\alpha)$, $P(\beta)$의 식 정리하기

이차방정식 $x^2+x-1=0$의 서로 다른 두 근이 α, β이므로 방정식에 대입하면
$\alpha^2+\alpha-1=0$에서 $\alpha^2=-\alpha+1$　……　㉠
$\beta^2+\beta-1=0$에서 $\beta^2=-\beta+1$　……　㉡
또한, $P(x)=2x^2-3x$에서 $x=\alpha$, $x=\beta$를 대입하면
$P(\alpha)=2\alpha^2-3\alpha$에서 ㉠의 식을 이용하여 정리하면
$2(-\alpha+1)-3\alpha=-5\alpha+2$이므로 $P(\alpha)=-5\alpha+2$
$P(\beta)=2\beta^2-3\beta$에서 ㉡의 식을 이용하여 정리하면
$2(-\beta+1)-3\beta=-5\beta+2$이므로 $P(\beta)=-5\beta+2$

STEP B　$\beta P(\alpha)+\alpha P(\beta)$의 값 구하기

주어진 식을 정리하면
$\beta P(\alpha)+\alpha P(\beta)=\beta(-5\alpha+2)+\alpha(-5\beta+2)$
$\qquad\qquad\qquad\quad=2(\alpha+\beta)-10\alpha\beta$　……　㉢
이차방정식 $x^2+x-1=0$에서 근과 계수의 관계에 의하여
두 근의 합 $\alpha+\beta=-1$이고 두 근의 곱 $\alpha\beta=-1$
따라서 ㉢의 식에 대입하면
$\beta P(\alpha)+\alpha P(\beta)=2(\alpha+\beta)-10\alpha\beta=2\times(-1)-10\times(-1)=8$

> **+α ｜ 공통부분으로 묶어 구할 수 있어!**
>
> $\beta P(\alpha)+\alpha P(\beta)=\beta(2\alpha^2-3\alpha)+\alpha(2\beta^2-3\beta)=2\alpha\beta(\alpha+\beta)-6\alpha\beta$
> $\qquad\qquad\qquad\quad=2\alpha\beta(\alpha+\beta-3)=-2\times(-4)=8$

내신 연계 출제문항 299

이차방정식 $x^2+x-1=0$의 서로 다른 두 근을 α, β라 하자.
다항식 $P(x)=2x^2-5x$에 대하여 $\beta P(\alpha)+\alpha P(\beta)$의 값은?

① 7　　　　② 9　　　　③ 12
④ 14　　　⑤ 16

STEP A　이차방정식을 이용하여 $P(\alpha)$, $P(\beta)$의 식 정리하기

이차방정식 $x^2+x-1=0$의 서로 다른 두 근이 α, β이므로 방정식에 대입하면
$\alpha^2+\alpha-1=0$에서 $\alpha^2=-\alpha+1$　……　㉠
$\beta^2+\beta-1=0$에서 $\beta^2=-\beta+1$　……　㉡
또한, $P(x)=2x^2-5x$에서 $x=\alpha$, $x=\beta$를 대입하면
$P(\alpha)=2\alpha^2-5\alpha$에서 ㉠의 식을 이용하여 정리하면
$2(-\alpha+1)-5\alpha=-7\alpha+2$이므로 $P(\alpha)=-7\alpha+2$
$P(\beta)=2\beta^2-5\beta$에서 ㉡의 식을 이용하여 정리하면
$2(-\beta+1)-5\beta=-7\beta+2$이므로 $P(\beta)=-7\beta+2$

STEP B　$\beta P(\alpha)+\alpha P(\beta)$ 값 구하기

주어진 식을 정리하면
$\beta P(\alpha)+\alpha P(\beta)=\beta(-7\alpha+2)+\alpha(-7\beta+2)$
$\qquad\qquad\qquad\quad=2(\alpha+\beta)-14\alpha\beta$　……　㉢
이차방정식 $x^2+x-1=0$에서 근과 계수의 관계에 의하여
두 근의 합 $\alpha+\beta=-1$이고 두 근의 곱 $\alpha\beta=-1$
따라서 ㉢의 식에 대입하면
$\beta P(\alpha)+\alpha P(\beta)=2(\alpha+\beta)-14\alpha\beta=2\times(-1)-14\times(-1)=12$

> **+α ｜ $\beta P(\alpha)+\alpha P(\beta)$의 값을 다음과 같이 구할 수 있어!**
>
> $\beta P(\alpha)+\alpha P(\beta)=\beta(2\alpha^2-5\alpha)+\alpha(2\beta^2-5\beta)=2\alpha\beta(\alpha+\beta)-10\alpha\beta$
> $\qquad\qquad\qquad\quad=2\alpha\beta(\alpha+\beta-5)=2\times(-1)\times(-1-5)=12$

 　정답 ③

0624

　정답 20

STEP A　두 근의 비를 이용하여 두 근을 정하고 근과 계수의 관계 이용하기

두 근의 비가 $2:3$이므로 이차방정식의 두 근을 2α, $3\alpha\,(\alpha\neq0)$라 하면
이차방정식 $x^2-10x+k+4=0$에서 근과 계수의 관계에 의하여
$2\alpha+3\alpha=10$　　　　……　㉠
$2\alpha\times3\alpha=k+4$　　　……　㉡

STEP B　k의 값 구하기

㉠에서 $5\alpha=10$　$\therefore \alpha=2$
따라서 ㉡에 대입하면 $k=6\alpha^2-4=6\times4-4=20$

0625

 　정답 ①

STEP A　근과 계수의 관계에서 두 근의 합과 곱을 이용하여 k 구하기

이차방정식 $2x^2+3x+k=0$의 두 근을 α, $2\alpha\,(\alpha\neq0)$라 하면
근과 계수의 관계에 의하여
두 근의 합 $\alpha+2\alpha=-\dfrac{3}{2}$에서 $\alpha=-\dfrac{1}{2}$
두 근의 곱 $\alpha\times2\alpha=\dfrac{k}{2}$에서 $\alpha^2=\dfrac{k}{4}$　　　……　㉠
$\alpha=-\dfrac{1}{2}$을 ㉠에 대입하면 $\left(-\dfrac{1}{2}\right)^2=\dfrac{k}{4}$
$\therefore k=1$

STEP B　이차방정식의 두 근의 합 구하기

$k=1$을 이차방정식 $x^2-4kx-3k+1=0$에 대입하면 $x^2-4x-2=0$
따라서 이차방정식의 두 근의 합은 4

내신 연계 출제문항 300

이차방정식 $x^2-(2k+1)x+(k^2+1)=0$의 한 근이 다른 근의 2배일 때,
모든 실수 k의 값의 합은?

① 8　　　　② 9　　　　③ 10
④ 13　　　⑤ 14

STEP A　두 근을 α, 2α로 놓고 근과 계수의 관계를 이용하여 합과 곱의 식 구하기

한 근이 다른 근의 2배이므로 두 근을 α, $2\alpha\,(\alpha\neq0)$라 하면
이차방정식 $x^2-(2k+1)x+(k^2+1)=0$에서 근과 계수의 관계에 의하여
두 근의 합 $\alpha+2\alpha=2k+1$에서 $\alpha=\dfrac{2k+1}{3}$　……　㉠
두 근의 곱 $\alpha\times2\alpha=k^2+1$에서 $2\alpha^2=k^2+1$　……　㉡

STEP B　실수 k의 값 구하기

㉠을 ㉡의 식에 대입하면 $2\left(\dfrac{2k+1}{3}\right)^2=k^2+1$이고 식을 정리하면
$2(2k+1)^2=9(k^2+1)$
$k^2-8k+7=(k-1)(k-7)=0$
$\therefore k=1$ 또는 $k=7$
따라서 구하는 모든 실수 k의 합은 $1+7=8$　　　정답 ①

0626

정답 ④

STEP A 두 근을 α, α^2으로 놓고 근과 계수의 관계를 이용하여 k의 값 구하기

한 실근이 다른 근의 제곱이므로 두 실근을 α, $\alpha^2(\alpha \neq 0)$라 하면
이차방정식 $x^2-2kx+8=0$에서 근과 계수의 관계에 의하여
두 근의 합 $\alpha+\alpha^2=2k$ …… ㉠
두 근의 곱 $\alpha \times \alpha^2=8$에서 $\alpha^3=8$
이때 $\alpha^3-8=(\alpha-2)(\alpha^2+2\alpha+4)=0$이고
α는 실수이므로 $\alpha=2$
㉠의 식에 대입하면 $2+4=2k$이므로 $k=3$

STEP B 두 근의 합 구하기

$k=3$을 이차방정식 $x^2-3kx-2k-4=0$에 대입하면 $x^2-9x-10=0$
따라서 두 근의 합은 9

0627

정답 ②

STEP A 두 근을 α, $\alpha+4$로 놓고 근과 계수의 관계를 이용하여 식 구하기

두 근의 차가 4이므로 이차방정식의 두 근을 α, $\alpha+4$라 하면
이차방정식 $x^2+(1-3m)x+2m^2-4m-8=0$에서
근과 계수의 관계에 의하여
두 근의 합 $\alpha+(\alpha+4)=-(1-3m)$에서 $2\alpha+4=3m-1$ …… ㉠
두 근의 곱 $\alpha(\alpha+4)=2m^2-4m-8$ …… ㉡

STEP B m의 값의 곱 구하기

㉠에서 $\alpha=\dfrac{3m-5}{2}$이므로 ㉡의 식에 대입하면
$\left(\dfrac{3m-5}{2}\right)\left(\dfrac{3m-5}{2}+4\right)=2m^2-4m-8$
$\left(\dfrac{3m-5}{2}\right)\left(\dfrac{3m+3}{2}\right)=\dfrac{9m^2-6m-15}{4}$ 이므로 식으로 정리하면
$\dfrac{9m^2-6m-15}{4}=2m^2-4m-8$
$9m^2-6m-15=8m^2-16m-32$, $m^2+10m+17=0$
이차방정식 $m^2+10m+17=0$에서 판별식을 D라고 하면
$\dfrac{D}{4}=25-17>0$이므로 서로 다른 두 실근을 가진다.
따라서 모든 실수 m의 모든 값의 곱은 근과 계수의 관계에 의하여 17

다른풀이 $(\alpha-\beta)^2=(\alpha+\beta)^2-4\alpha\beta$를 이용하여 풀이하기

STEP A 이차방정식의 근과 계수의 관계 구하기

이차방정식 $x^2+(1-3m)x+2m^2-4m-8=0$의 두 근을 α, β라 하면
근과 계수의 관계에 의하여 $\alpha+\beta=3m-1$, $\alpha\beta=2m^2-4m-8$

STEP B 곱셈 공식을 이용하여 실수 m의 값의 곱 구하기

이차방정식의 두 근의 차가 4이므로 $|\alpha-\beta|=4$에서 $(\alpha-\beta)^2=16$
이때 $(\alpha-\beta)^2=(\alpha+\beta)^2-4\alpha\beta$이므로
$16=(3m-1)^2-4(2m^2-4m-8)$
즉 $m^2+10m+33=16$, $m^2+10m+17=0$
따라서 이차방정식의 근과 계수의 관계에 의하여 실수 m의 모든 값의 곱은 17

0628

정답 ④

STEP A 두 근을 α, $\alpha+2$로 놓고 근과 계수의 관계를 이용하여 k의 값 구하기

두 근의 차가 2이므로 이차방정식의 두 근을 α, $\alpha+2$라 하면
이차방정식 $x^2-(k+3)x+3k-1=0$에서 근과 계수의 관계에 의하여
$\alpha+(\alpha+2)=k+3$에서 $k=2\alpha-1$ …… ㉠
$\alpha(\alpha+2)=3k-1$ …… ㉡
㉠을 ㉡에 대입하면 $\alpha^2+2\alpha=3(2\alpha-1)-1$이고 식을 정리하면
$\alpha^2-4\alpha+4=(\alpha-2)^2=0$이므로 $\alpha=2$
이를 ㉠에 대입하면 $k=2\times2-1=3$

+α $(\alpha-\beta)^2=(\alpha+\beta)^2-4\alpha\beta$를 이용하여 풀 수도 있어!

> 이차방정식 $x^2-(k+3)x+3k-1=0$의 두 근을 α, β라 하면
> 근과 계수의 관계에 의하여 $\alpha+\beta=k+3$, $\alpha\beta=3k-1$
> 이차방정식의 두 근의 차가 2이므로 $|\alpha-\beta|=2$
> 양변을 제곱하면 $(\alpha-\beta)^2=4$, $(\alpha+\beta)^2-4\alpha\beta=4$
> $(k+3)^2-4(3k-1)=4$, $k^2-6k+13=4$, $(k-3)^2=0$
> $\therefore k=3$

STEP B 이차방정식 $x^2+2kx+2k+1=0$의 두 근의 합 구하기

$k=3$을 이차방정식 $x^2+2kx+2k+1=0$에 대입하면 $x^2+6x+7=0$
따라서 이차방정식 $x^2+6x+7=0$에서 근과 계수의 관계에 의하여
두 근의 합은 -6

내신 연계 출제문항 301

이차방정식 $x^2-(k+6)x+5k+1=0$의 두 근의 차가 4일 때,
이차방정식 $x^2-3kx+7k-1=0$의 두 근의 합은? (단, k는 실수이다.)

① 10   ② 11   ③ 12
④ 13   ⑤ 14

STEP A 두 근을 α, $\alpha+4$로 놓고 근과 계수의 관계를 이용하여 k의 값 구하기

두 근의 차가 4이므로 이차방정식의 두 근을 α, $\alpha+4$라 하면
이차방정식 $x^2-(k+6)x+5k+1=0$에서 근과 계수의 관계에 의하여
두 근의 합 $\alpha+(\alpha+4)=k+6$에서 $k=2\alpha-2$ …… ㉠
두 근의 곱 $\alpha(\alpha+4)=5k+1$ …… ㉡
㉠을 ㉡에 대입하면 $\alpha^2+4\alpha=5(2\alpha-2)+1$이고 식을 정리하면
$\alpha^2-6\alpha+9=(\alpha-3)^2=0$이므로 $\alpha=3$
이를 ㉠에 대입하면 $k=2\times3-2=4$

+α $(\alpha-\beta)^2=(\alpha+\beta)^2-4\alpha\beta$를 이용하여 풀 수도 있어!

> 이차방정식 $x^2-(k+6)x+5k+1=0$의 두 근을 α, β라 하면
> 근과 계수의 관계에 의하여 $\alpha+\beta=k+6$, $\alpha\beta=5k+1$
> 이차방정식의 두 근의 차가 4이므로 $|\alpha-\beta|=4$
> 양변을 제곱하면 $(\alpha-\beta)^2=16$, $(\alpha+\beta)^2-4\alpha\beta=16$
> $(k+6)^2-4(5k+1)=16$, $k^2-8k+32=16$, $(k-4)^2=0$
> $\therefore k=4$

STEP B 이차방정식 $x^2-3kx+7k-1=0$의 두 근의 합 구하기

$k=4$를 이차방정식 $x^2-3kx+7k-1=0$에 대입하면 $x^2-12x+27=0$
따라서 이차방정식 $x^2-12x+27=0$에서 근과 계수의 관계에 의하여
두 근의 합은 12
정답 ③

0629

STEP A 두 근을 α, $\alpha+1$로 놓고 근과 계수의 관계 구하기

이차방정식의 연속인 정수의 두 근을 α, $\alpha+1$ (α는 정수)라 하면

이차방정식 $x^2-(2k-3)x+k-1=0$에서 근과 계수의 관계에 의하여

두 근의 합 $\alpha+(\alpha+1)=2k-3$에서 $2\alpha+1=2k-3$이므로

$\alpha=k-2$ …… ㉠

두 근의 곱 $\alpha(\alpha+1)=k-1$ …… ㉡

㉠을 ㉡에 대입하면 $(k-2)(k-1)=k-1$이고 식을 정리하면

$k^2-4k+3=0$, $(k-1)(k-3)=0$ ∴ $k=1$ 또는 $k=3$

따라서 모든 실수 k의 값의 합은 $1+3=4$

> **다른풀이** $(\alpha-\beta)^2=(\alpha+\beta)^2-4\alpha\beta$를 이용하여 풀이하기

STEP A 이차방정식의 근과 계수의 관계 구하기

이차방정식 $x^2-(2k-3)x+k-1=0$의 두 근을 α, β라 하면

근과 계수의 관계에 의하여

$\alpha+\beta=2k-3$, $\alpha\beta=k-1$ …… ㉠

STEP B 곱셈 공식을 이용하여 실수 k의 값의 합 구하기

두 근이 연속인 정수이면 두 근의 차는 1이므로 $|\alpha-\beta|=1$

양변을 제곱하면 $(\alpha-\beta)^2=1$, $(\alpha+\beta)^2-4\alpha\beta=1$

㉠을 대입하면 $(2k-3)^2-4\times(k-1)=1$, $4k^2-16k+12=0$

따라서 이차방정식의 근과 계수의 관계에 의하여 두 근의 합은 4

내신연계 출제문항 302

이차방정식 $x^2-(k+5)x+6k=0$의 두 근이 연속인 정수일 때, 상수 k의 값의 합은?

① 10   ② 12   ③ 14

④ 16   ⑤ 18

STEP A 두 근을 α, $\alpha+1$로 놓고 근과 계수의 관계 구하기

이차방정식 $x^2-(k+5)x+6k=0$의 두 근을 α, $\alpha+1$ (α는 정수)이라 하면

근과 계수의 관계에 의하여

두 근의 합 $\alpha+(\alpha+1)=k+5$에서 $2\alpha+1=k+5$이므로

$k=2\alpha-4$ …… ㉠

두 근의 곱 $\alpha(\alpha+1)=6k$ …… ㉡

㉠을 ㉡에 대입하면 $\alpha(\alpha+1)=6(2\alpha-4)$이고 식을 정리하면

$\alpha^2-11\alpha+24=0$, $(\alpha-3)(\alpha-8)=0$이므로 $\alpha=3$ 또는 $\alpha=8$

㉠의 식에 대입하면

$\alpha=3$일 때, $k=2$

$\alpha=8$일 때, $k=12$

따라서 상수 k의 값의 합은 $2+12=14$

> **다른풀이** $(\alpha-\beta)^2=(\alpha+\beta)^2-4\alpha\beta$를 이용하여 풀이하기

STEP A 이차방정식의 근과 계수의 관계 구하기

이차방정식 $x^2-(k+5)x+6k=0$의 두 근을 α, β라 하면

근과 계수의 관계에 의하여

$\alpha+\beta=k+5$, $\alpha\beta=6k$ …… ㉠

STEP B 곱셈 공식을 이용하여 상수 k의 값의 합 구하기

두 근이 연속인 정수이면 두 근의 차는 1이므로 $|\alpha-\beta|=1$

양변을 제곱하면 $(\alpha-\beta)^2=1$, $(\alpha+\beta)^2-4\alpha\beta=1$

㉠을 대입하면 $(k+5)^2-4\times6k=1$, $k^2-14k+24=0$, $(k-2)(k-12)=0$

∴ $k=2$ 또는 $k=12$

따라서 k의 값의 합은 $2+12=14$

0630

STEP A 두 근을 α, $\alpha+2$로 놓고 근과 계수의 관계 구하기

이차방정식의 연속인 두 근을 α, $\alpha+2$ (α는 홀수)라 하면

이차방정식 $x^2-2kx+k^2-2k+7=0$에서 근과 계수의 관계에 의하여

두 근의 합 $\alpha+(\alpha+2)=2k$에서 $2\alpha+2=2k$이므로

$\alpha=k-1$ …… ㉠

두 근의 곱 $\alpha(\alpha+2)=k^2-2k+7$ …… ㉡

㉠을 ㉡에 대입하면 $(k-1)(k+1)=k^2-2k+7$이고

식을 정리하면 $2k=8$

따라서 $k=4$

> **다른풀이**   두 근을 $2\alpha-1$, $2\alpha+1$로 놓고 풀이하기

STEP A 두 근을 $2\alpha-1$, $2\alpha+1$로 놓고 근과 계수의 관계 구하기

이차방정식의 연속인 홀수인 두 근을 $2\alpha-1$, $2\alpha+1$ (α는 자연수)라 하면

이차방정식 $x^2-2kx+k^2-2k+7=0$에서 근과 계수의 관계에 의하여

$2\alpha-1+2\alpha+1=2k$ ∴ $2\alpha=k$ …… ㉠

$(2\alpha-1)(2\alpha+1)=k^2-2k+7$ …… ㉡

STEP B 실수 k의 값 구하기

㉠을 ㉡에 대입하면 $(k-1)(k+1)=k^2-2k+7$

$k^2-1=k^2-2k+7$, $2k=8$

따라서 $k=4$

0631

STEP A 이차방정식의 근과 계수의 관계 구하기

이차방정식 $x^2-7x+a=0$의 두 근이 α, β이므로 근과 계수의 관계에 의하여

두 근의 합 $\alpha+\beta=7$ …… ㉠

두 근의 곱 $\alpha\beta=a$ …… ㉡

STEP B 주어진 식을 제곱하여 상수 a 구하기

이때 $|\alpha|+|\beta|=9$의 양변을 제곱하면

$$(|\alpha|+|\beta|)^2=|\alpha|^2+2|\alpha\beta|+|\beta|^2$$
$$=\alpha^2+2|\alpha\beta|+\beta^2$$
$$=(\alpha+\beta)^2-2\alpha\beta+2|\alpha\beta|$$

즉 $(\alpha+\beta)^2-2\alpha\beta+2|\alpha\beta|=81$에서 ㉠, ㉡의 값을 대입하면

$7^2-2a+2|a|=81$이므로 $-a+|a|=16$

(i) $a\geq0$일 때, $|a|=a$이므로 $-a+a=16$에서 a의 값은 존재하지 않는다.

(ii) $a<0$일 때, $|a|=-a$이므로 $-a-a=16$에서 $a=-8$

(i), (ii)에서 $a=-8$

STEP C $(\alpha-1)(\beta-1)$의 값 구하기

$a=-8$이므로 이차방정식은 $x^2-7x-8=0$

㉠, ㉡에서 $\alpha+\beta=7$, $\alpha\beta=-8$

따라서 $(\alpha-1)(\beta-1)=\alpha\beta-(\alpha+\beta)+1=-8-7+1=-14$

> **+α**  $\alpha>0$, $\beta<0$임을 이용하여 구할 수 있어!
>
> $\alpha+\beta=7$, $|\alpha|+|\beta|=9$이므로 $\alpha\beta<0$이다.
> $\alpha>0$, $\beta<0$이라 하면 $\alpha+\beta=7$, $\alpha-\beta=9$
> 두 식을 연립하여 풀면 $\alpha=8$, $\beta=-1$
> 따라서 $(\alpha-1)(\beta-1)=(8-1)(-1-1)=-14$

x에 대한 이차방정식 $x^2-2x+k=0$의 두 실근 α, β에 대하여
$|\alpha|+|\beta|=2\sqrt{5}$일 때, $(\alpha-1)(\beta-1)$값을 구하시오. (단, k는 상수이다.)

STEP Ⓐ 이차방정식의 근과 계수의 관계 구하기

이차방정식 $x^2-2x+k=0$의 두 실근을 α, β라 하면
근과 계수의 관계에 의하여
두 근의 합 $\alpha+\beta=2$ ...... ㉠
두 근의 곱 $\alpha\beta=k$ ...... ㉡

STEP Ⓑ 주어진 식을 제곱하여 상수 k의 값 구하기

$|\alpha|+|\beta|=2\sqrt{5}$에서 양변을 제곱하면
$(|\alpha|+|\beta|)^2=|\alpha|^2+2|\alpha||\beta|+|\beta|^2$
$=\alpha^2+2|\alpha\beta|+\beta^2$
$=(\alpha+\beta)^2-2\alpha\beta+2|\alpha\beta|$
즉 $(\alpha+\beta)^2-2\alpha\beta+2|\alpha\beta|=20$에서 ㉠, ㉡의 값을 대입하면
$2^2-2k+2|k|=20$이므로 $-k+|k|=8$
(ⅰ) $k\geq 0$일 때, $|k|=k$이므로 $-k+k=8$에서 k의 값은 존재하지 않는다.
(ⅱ) $k<0$일 때, $|k|=-k$이므로 $-k-k=8$에서 $k=-4$
(ⅰ), (ⅱ)에서 $k=-4$

STEP Ⓒ $(\alpha-1)(\beta-1)$의 값 구하기

$k=-4$이므로 이차방정식은 $x^2-2x-4=0$
㉠, ㉡에서 $\alpha+\beta=2$, $\alpha\beta=-4$
따라서 $(\alpha-1)(\beta-1)=\alpha\beta-(\alpha+\beta)+1=-4-2+1=-5$

정답 -5

0632

정답 208

STEP Ⓐ 이차방정식의 근과 계수의 관계 구하기

이차방정식 $x^2-ax-3a=0$의 두 근이 α, β이므로 근과 계수의 관계에 의하여
두 근의 합 $\alpha+\beta=a$ ...... ㉠
두 근의 곱 $\alpha\beta=-3a$ ...... ㉡

STEP Ⓑ $|\alpha|+|\beta|=8$에서 양변을 제곱하면서 a의 값 구하기

$|\alpha|+|\beta|=8$에서 양변을 제곱하면
$(|\alpha|+|\beta|)^2=|\alpha|^2+2|\alpha||\beta|+|\beta|^2$
$=\alpha^2+2|\alpha\beta|+\beta^2$
$=(\alpha+\beta)^2-2\alpha\beta+2|\alpha\beta|$
즉 $(\alpha+\beta)^2-2\alpha\beta+2|\alpha\beta|=64$에서 ㉠, ㉡의 값을 대입하면
$a^2+6a+2|-3a|=64$
이때 $a>0$이므로 $a^2+12a=64$에서
$a^2+12a-64=(a+16)(a-4)=0$이므로 $a=4$

STEP Ⓒ 곱셈 공식을 이용하여 주어진 식의 값 구하기

$a=4$를 ㉠, ㉡의 식에 대입하면 $\alpha+\beta=a=4$, $\alpha\beta=-3a=-12$
따라서 $\alpha^3+\beta^3=(\alpha+\beta)^3-3\alpha\beta(\alpha+\beta)=4^3-3\times(-12)\times4=64+144=208$

➕α | $\alpha<0<\beta$임을 이용하여 풀 수 있어!

$\alpha+\beta=a$, $\alpha\beta=-3a$이므로 $\alpha\beta=-3(\alpha+\beta)$
이때 두 근의 곱이 음수이므로 $\alpha<0<\beta$라 하면 $|\alpha|+|\beta|=8$에서
$-\alpha+\beta=8$, $\alpha=\beta-8$
이를 $\alpha\beta=-3(\alpha+\beta)$에 대입하면 $(\beta-8)\beta=-3(\beta-8+\beta)$
$\beta^2-2\beta-24=0$, $(\beta-6)(\beta+4)=0$ ∴ $\beta=6$ 또는 $\beta=-4$
그런데 $\beta>0$이므로 $\beta=6$
이를 $\alpha=\beta-8$에 대입하면 $\alpha=-2$
∴ $\alpha^3+\beta^3=-8+216=208$

0633

2021년 06월 고1 학력평가 28번 정답 120

STEP Ⓐ 이차방정식의 근과 계수의 관계와 곱셈 공식의 변형을 이용하기

이차방정식 $x^2+2ax-b=0$의 두 근이 α, β이므로
근과 계수의 관계에 의하여 $\alpha+\beta=-2a$, $\alpha\beta=-b$
이차방정식 $x^2+ax+b=0$의 두 근이 α, β이면 $\alpha+\beta=-a$, $\alpha\beta=b$
$(\alpha-\beta)^2=(\alpha+\beta)^2-4\alpha\beta=4a^2+4b$
∴ $|\alpha-\beta|=\sqrt{4a^2+4b}=2\sqrt{a^2+b}$ ($\because a$, b는 자연수)

STEP Ⓑ $|\alpha-\beta|<12$를 만족시키는 두 자연수 a, b의 모든 순서쌍 (a, b)의 개수 구하기

$|\alpha-\beta|<12$에서 $2\sqrt{a^2+b}<12$, $\sqrt{a^2+b}<6$
양변을 제곱하면 $a^2+b<36$
이때 a, b가 자연수이므로 $a\geq 1$, $b\geq 1$
등식 $a^2+b<36$이 성립하기 위해서는 $a^2<36$에서 $1\leq a\leq 5$
(ⅰ) $a=1$일 때, ← $a^2=1$
  $b<35$이므로 $1\leq b<35$ ← 이 범위에서 자연수 b의 개수는 $35-1=34$
  순서쌍 (a, b)는 $(1, 1)$, $(1, 2)$, $\cdots$, $(1, 34)$이므로 개수는 34
(ⅱ) $a=2$일 때, ← $a^2=4$
  $b<32$이므로 $1\leq b<32$ ← 이 범위에서 자연수 b의 개수는 $32-1=31$
  순서쌍 (a, b)는 $(2, 1)$, $(2, 2)$, $\cdots$, $(2, 31)$이므로 개수는 31
(ⅲ) $a=3$일 때, ← $a^2=9$
  $b<27$이므로 $1\leq b<27$ ← 이 범위에서 자연수 b의 개수는 $27-1=26$
  순서쌍 (a, b)는 $(3, 1)$, $(3, 2)$, $\cdots$, $(3, 26)$이므로 개수는 26
(ⅳ) $a=4$일 때, ← $a^2=16$
  $b<20$이므로 $1\leq b<20$ ← 이 범위에서 자연수 b의 개수는 $20-1=19$
  순서쌍 (a, b)는 $(4, 1)$, $(4, 2)$, $\cdots$, $(4, 19)$이므로 개수는 19
(ⅴ) $a=5$일 때, ← $a^2=25$
  $b<11$이므로 $1\leq b<11$ ← 이 범위에서 자연수 b의 개수는 $11-1=10$
  순서쌍 (a, b)는 $(5, 1)$, $(5, 2)$, $\cdots$, $(5, 10)$이므로 개수는 10
(ⅰ)~(ⅴ)에서 구하는 순서쌍 (a, b)의 개수는 $34+31+26+19+10=120$

x에 대한 이차방정식 $x^2+2ax-b=0$의 두 근을 α, β라 할 때, $|\alpha-\beta|<10$
를 만족시키는 두 자연수 a, b의 모든 순서쌍 (a, b)의 개수를 구하시오.

STEP Ⓐ 이차방정식의 근과 계수의 관계와 곱셈 공식의 변형을 이용하기

이차방정식 $x^2+2ax-b=0$에서 두 근이 α, β이므로
근과 계수의 관계에 의하여 $\alpha+\beta=-2a$, $\alpha\beta=-b$이므로
이차방정식 $ax^2+bx+c=0$에서 두 근의 합 $-\dfrac{b}{a}$, 두 근의 곱 $\dfrac{c}{a}$
$(\alpha-\beta)^2=(\alpha+\beta)^2-4\alpha\beta=(-2a)^2+4b=4a^2+4b$
∴ $|\alpha-\beta|=\sqrt{4a^2+4b}=2\sqrt{a^2+b}$ ($\because a$, b는 자연수)

STEP Ⓑ $|\alpha-\beta|<10$를 만족시키는 두 자연수 a, b의 모든 순서쌍 (a, b)의 개수 구하기

$|\alpha-\beta|=2\sqrt{a^2+b}<10\,(a, b$는 자연수)에서 $\sqrt{a^2+b}<5$
즉 $a^2+b<25$를 만족해야 한다.
자연수 a의 값의 범위는 $1\leq a\leq 4$이므로 a의 값에 따라 경우를 나누어 순서쌍 (a, b)의 개수 구하기
(ⅰ) $a=1$일 때, $b<24$이므로
  순서쌍 (a, b)는 $(1, 1)$, $(1, 2)$, $\cdots$, $(1, 23)$로 개수는 23
(ⅱ) $a=2$일 때, $b<21$이므로
  순서쌍 (a, b)는 $(2, 1)$, $(2, 2)$, $\cdots$, $(2, 20)$로 개수는 20
(ⅲ) $a=3$일 때, $b<16$이므로
  순서쌍 (a, b)는 $(3, 1)$, $(3, 2)$, $\cdots$, $(3, 15)$으로 개수는 15
(ⅳ) $a=4$일 때, $b<9$이므로
  순서쌍 (a, b)는 $(4, 1)$, $(4, 2)$, $\cdots$, $(4, 8)$로 개수는 8

(ⅰ)~(ⅳ)에서 구하는 순서쌍 (a, b)의 총 개수는 $23+20+15+8=66$

정답 66

0634

정답 5

STEP Ⓐ 이차방정식의 근과 계수의 관계 구하기

이차방정식 $x^2+(a^2-4a-5)x-a+3=0$의 두 근을 α, β라 하면
근과 계수의 관계에 의하여
두 근의 합 $\alpha+\beta=-(a^2-4a-5)$ ...... ㉠
두 근의 곱 $\alpha\beta=-a+3$ ...... ㉡

STEP Ⓑ 두 실근의 절댓값이 같고 부호가 서로 다를 때 상수 a의 값 구하기

이차방정식의 두 실근의 절댓값이 같고 부호가 서로 다르므로
$\alpha+\beta=0$, $\alpha\beta<0$
㉠에서 $\alpha+\beta=-(a^2-4a-5)=0$, $(a-5)(a+1)=0$
$\therefore\ a=5$ 또는 $a=-1$ ...... ㉢
두 근의 곱이 음수이고 ㉡에서 $-a+3<0$이므로
$a>3$ ...... ㉣
따라서 ㉢, ㉣에서 $a=5$

0635

정답 ③

STEP Ⓐ 이차방정식의 근과 계수의 관계에서 두 근의 합과 곱 구하기

이차방정식 $x^2+(k^2-4k+3)x-k+2=0$의 두 근을 α, β라 하면
이차방정식의 근과 계수의 관계에 의하여
두 근의 합 $\alpha+\beta=-(k^2-4k+3)$ ...... ㉠
두 근의 곱 $\alpha\beta=-k+2$ ...... ㉡

STEP Ⓑ 두 실근의 절댓값이 같고 부호가 서로 다를 때 상수 k의 값 구하기

이차방정식 $x^2+(k^2-4k+3)x-k+2=0$의 두 근이 절댓값은 같고
부호가 서로 다르므로
㉠에서 $\alpha+\beta=0$
즉 $x^2-4k+3=(k-1)(k-3)=0$이므로
$k=1$ 또는 $k=3$ ...... ㉢
또한, 두 근의 곱이 음수이므로 ㉡에서
$-k+2<0$, $k>2$ ...... ㉣
㉢, ㉣에서 $k=3$

STEP Ⓒ 이차방정식 $x^2+(k+2)x+5=0$의 두 근의 합 구하기

$k=3$이므로
이차방정식 $x^2+(k+2)x+5=0$에 대입하면 $x^2+5x+5=0$
따라서 근과 계수의 관계에 의하여 두 근의 합은 -5

---

x에 대한 이차방정식 $x^2+(k^2-5k+4)x-k+2=0$의 두 실근의 절댓값이
같고 부호가 서로 다를 때, 이차방정식 $x^2+(k-1)x+2=0$의 두 근의 합
은? (단, k는 상수이다.)

① -7 ② -6 ③ -5
④ -4 ⑤ -3

STEP Ⓐ 이차방정식의 근과 계수의 관계에서 두 근의 합과 곱 구하기

이차방정식 $x^2+(k^2-5k+4)x-k+2=0$의 두 근을 α, β라 하면
근과 계수의 관계에 의하여
두 근의 합 $\alpha+\beta=-(k^2-5k+4)$ ...... ㉠
두 근의 곱 $\alpha\beta=-k+2$ ...... ㉡

STEP Ⓑ 두 실근의 절댓값이 같고 부호가 서로 다를 때 상수 k의 값 구하기

이차방정식 $x^2+(k^2-5k+4)x-k+2=0$에서 두 근이 절댓값은 같고
부호가 서로 다르므로
㉠에서 $\alpha+\beta=0$
즉 $k^2-5k+4=(k-1)(k-4)=0$이므로
$k=1$ 또는 $k=4$ ...... ㉢
또한, 두 근의 곱이 음수이므로
㉡에서 $-k+2<0$, $k>2$ ...... ㉣
㉢, ㉣에서 $k=4$

STEP Ⓒ 이차방정식 $x^2+(k-1)x+2=0$의 두 근의 합 구하기

$k=4$이므로 이차방정식 $x^2+(k-1)x+2=0$에 대입하면 $x^2+3x+2=0$
따라서 근과 계수의 관계에 의하여 두 근의 합은 -3

정답 ⑤

0636

정답 ⑤

STEP Ⓐ 이차방정식의 두 근을 α, β라 할 때, α, β의 관계 구하기

이차방정식 $x^2-2(k-3)x-12=0$에서 두 근을 α, β라고 할 때,
근과 계수의 관계에 의하여
(두 근의 곱)$=-12<0$이므로 두 근의 부호는 서로 다르다.
이때 두 근의 절댓값의 비가 $3:1$이고 부호가 서로 다르므로
$\beta=-3\alpha$라 할 수 있다.

STEP Ⓑ 근과 계수의 관계를 이용하여 k의 값 구하기

이차방정식 $x^2-2(k-3)x-12=0$의 두 근을 α, $-3\alpha\ (\alpha\neq0)$라 하면
근과 계수의 관계에 의하여
두 근의 합 $\alpha+(-3\alpha)=2(k-3)$이므로
$\alpha=-k+3$ ...... ㉠
두 근의 곱 $\alpha\times(-3\alpha)=-12$이므로 $\alpha^2=4$
$\alpha=2$ 또는 $\alpha=-2$
㉠의 식에 대입하면
$\alpha=2$일 때, $2=-k+3$ $\therefore\ k=1$
$\alpha=-2$일 때, $-2=-k+3$ $\therefore\ k=5$
따라서 모든 실수 k의 값의 합은 $1+5=6$

0637

정답 ③

STEP Ⓐ 이차방정식의 근과 계수의 관계 구하기

이차방정식 $3x^2-6x+k=0$의 두 근이 α, β이므로 근과 계수의 관계에 의하여
두 근의 합 $\alpha+\beta=2$ ...... ㉠
두 근의 곱 $\alpha\beta=\dfrac{k}{3}$ ...... ㉡

STEP Ⓑ 곱셈 공식을 이용하여 k의 값 구하기

곱셈 공식을 이용하여 ㉠, ㉡의 값을 대입하면
$$\alpha^3+\beta^3=(\alpha+\beta)^3-3\alpha\beta(\alpha+\beta)$$
$$=2^3-3\times\dfrac{k}{3}\times2$$
$$=8-2k$$
따라서 $\alpha^3+\beta^3=8-2k=10$이므로 $k=-1$

> **+α** | 다음과 같은 방법으로 k의 값을 구할 수 있어!
>
> $\alpha^2+\beta^2=(\alpha+\beta)^2-2\alpha\beta=4-\dfrac{2}{3}k$
>
> $\alpha^3+\beta^3=(\alpha+\beta)(\alpha^2-\alpha\beta+\beta^2)=2\times\left(4-\dfrac{2}{3}k-\dfrac{k}{3}\right)=10$
>
> 따라서 $4-k=5$이므로 $k=-1$

0638

정답 ⑤

STEP A 이차방정식의 근과 계수의 관계 구하기

이차방정식 $x^2-(k+1)x+k+3=0$의 두 근이 α, β이므로
근과 계수의 관계에 의하여
두 근의 합 $\alpha+\beta=k+1$ ...... ㉠
두 근의 곱 $\alpha\beta=k+3$ ...... ㉡

STEP B 곱셈 공식을 이용하여 k의 값 구하기

곱셈 공식을 이용하여 ㉠, ㉡의 값을 대입하면
$$(\alpha-\beta)^2=(\alpha+\beta)^2-4\alpha\beta$$
$$=(k+1)^2-4(k+3)$$
$$=k^2+2k+1-4k-12$$
$$=k^2-2k-11$$
즉 $(\alpha-\beta)^2=k^2-2k-11=13$, $k^2-2k-24=0$, $(k+4)(k-6)=0$이므로
$k=-4$ 또는 $k=6$
따라서 양수 k의 값은 6

0639

정답 ⑤

STEP A 이차방정식의 근과 계수의 관계 구하기

이차방정식 $x^2-(2k-1)x+k+3=0$의 두 근이 α, β이므로
근과 계수의 관계에 의하여
두 근의 합 $\alpha+\beta=2k-1$
두 근의 곱 $\alpha\beta=k+3$

STEP B 곱셈 공식을 이용하여 정수 k의 값 구하기

$\alpha^2(1-\beta)+\beta^2(1-\alpha)+2\alpha\beta=0$에서 좌변을 정리하면
$$\alpha^2-\alpha^2\beta+\beta^2-\alpha\beta^2+2\alpha\beta=(\alpha+\beta)^2-\alpha\beta(\alpha+\beta)$$
$$=(\alpha+\beta)(\alpha+\beta-\alpha\beta)$$
$$=(2k-1)(k-4)$$
즉 $(2k-1)(k-4)=0$이므로 $k=\dfrac{1}{2}$ 또는 $k=4$
따라서 정수 k의 값은 4

0640

정답 ①

STEP A 이차방정식의 근과 계수의 관계에서 두 근의 합과 곱 구하기

이차방정식 $x^2-2ax+8a-1=0$의 두 근이 α, β이므로
근과 계수의 관계에 의하여
두 근의 합 $\alpha+\beta=2a$ ...... ㉠
두 근의 곱 $\alpha\beta=8a-1$ ...... ㉡

STEP B 곱셈 공식을 이용하여 a의 값 구하기

곱셈 공식을 이용하여 ㉠, ㉡의 값을 대입하면
$$\alpha^2+\alpha\beta+\beta^2=(\alpha+\beta)^2-\alpha\beta=4a^2-(8a-1)$$
즉 $4a^2-8a+1=13$, $a^2-2a-3=0$, $(a-3)(a+1)=0$이므로
$a=3$ 또는 $a=-1$
따라서 모든 상수 a의 값의 곱은 $-1\times3=-3$

---

x에 대한 이차방정식 $x^2-(3k-1)x+k=0$의 두 근을 α, β라 할 때,
$\alpha^2\beta+\alpha\beta^2+\alpha+\beta=15$를 만족시키는 정수 k의 값은?

① -3 ② -2 ③ -1
④ 2 ⑤ 3

STEP A 이차방정식의 근과 계수의 관계에서 두 근의 합과 곱 구하기

이차방정식 $x^2-(3k-1)x+k=0$의 두 근이 α, β이므로
근과 계수의 관계에 의하여
두 근의 합 $\alpha+\beta=3k-1$ ...... ㉠
두 근의 곱 $\alpha\beta=k$ ...... ㉡

STEP B $\alpha+\beta$, $\alpha\beta$에 대한 식으로 변형하여 정수 k 구하기

$\alpha^2\beta+\alpha\beta^2+\alpha+\beta=15$에서 좌변의 식을 정리하고 ㉠, ㉡의 값을 대입하면
$$\alpha^2\beta+\alpha\beta^2+\alpha+\beta=\alpha\beta(\alpha+\beta)+(\alpha+\beta)$$
$$=(\alpha\beta+1)(\alpha+\beta)$$
$$=(k+1)(3k-1)$$
$$=3k^2+2k-1$$
즉 $3k^2+2k-1=15$, $3k^2+2k-16=0$, $(k-2)(3k+8)=0$이므로
$k=-\dfrac{8}{3}$ 또는 $k=2$
따라서 k는 정수이므로 $k=2$

정답 ④

0641

정답 ③

STEP A 이차방정식의 근과 계수의 관계 구하기

이차방정식 $x^2+ax+b=0$의 두 근이 α, β이므로 근과 계수의 관계에 의하여
두 근의 합 $\alpha+\beta=-a$ ...... ㉠
두 근의 곱 $\alpha\beta=b$ ...... ㉡

STEP B 주어진 조건을 이용하여 a, b의 값 구하기

$(\alpha+1)(\beta+1)=2$에서 식을 전개하고 ㉠, ㉡의 값을 대입하면
$(\alpha+1)(\beta+1)=\alpha\beta+(\alpha+\beta)+1=b-a+1=2$이므로
$a-b=-1$ ...... ㉢
또한, $2\alpha\beta=-5$에서 $2b=-5$이므로 $b=-\dfrac{5}{2}$
$b=-\dfrac{5}{2}$를 ㉢의 식에 대입하면 $a+\dfrac{5}{2}=-10$이므로 $a=-\dfrac{7}{2}$
따라서 $a+b=\left(-\dfrac{7}{2}\right)+\left(-\dfrac{5}{2}\right)=-\dfrac{12}{2}=-6$

0642

정답 ②

STEP A 이차방정식의 근과 계수의 관계 구하기

이차방정식 $x^2+ax+b=0$의 두 근이 α, β이므로 근과 계수의 관계에 의하여
두 근의 합 $\alpha+\beta=-a$ ...... ㉠
두 근의 곱 $\alpha\beta=b$ ...... ㉡

STEP B 주어진 조건의 식을 이용하여 a, b의 값 구하기

$(\alpha+1)(\beta+1)=2$에서 ㉠, ㉡의 값을 대입하면
$\alpha\beta+\alpha+\beta+1=b-a+1=2$ $\therefore b-a=1$ ...... ㉢
$(2\alpha+1)(2\beta+1)=-2$에서 ㉠, ㉡의 값을 대입하면
$4\alpha\beta+2(\alpha+\beta)+1=4b-2a+1=-2$ $\therefore 4b-2a=-3$ ...... ㉣
㉢, ㉣을 연립하여 풀면 $a=-\dfrac{7}{2}$, $b=-\dfrac{5}{2}$
따라서 $a+b=-\dfrac{12}{2}=-6$

이차방정식 $x^2+ax-b=0$의 두 근을 α, β라고 할 때,
$$(\alpha-1)(\beta-1)=5, \quad (2\alpha-1)(2\beta-1)=7$$
가 성립한다. 이때 상수 a, b에 대하여 $a+b$의 값은?

① 2 ② 4 ③ 6
④ 8 ⑤ 10

STEP A 이차방정식의 근과 계수의 관계 구하기

이차방정식 $x^2+ax-b=0$의 두 근이 α, β이므로 근과 계수의 관계에 의하여
두 근의 합 $\alpha+\beta=-a$ ⋯⋯ ㉠
두 근의 곱 $\alpha\beta=-b$ ⋯⋯ ㉡

STEP B 주어진 조건을 이용하여 a, b의 값 구하기

$(\alpha-1)(\beta-1)=5$에서 ㉠, ㉡의 값을 대입하면
$\alpha\beta-(\alpha+\beta)+1=-b+a+1=5$ ∴ $a-b=4$ ⋯⋯ ㉢
$(2\alpha-1)(2\beta-1)=7$에서 ㉠, ㉡의 값을 대입하면
$4\alpha\beta-2(\alpha+\beta)+1=-4b+2a+1=7$ ∴ $a-2b=3$ ⋯⋯ ㉣
㉢, ㉣을 연립하여 풀면 $b=1$, $a=5$
따라서 $a+b=5+1=6$

정답 ③

0643

정답 2

STEP A 이차방정식의 근과 계수의 관계 구하기

이차방정식 $x^2+ax-b=0$의 두 근이 α, β이므로 근과 계수의 관계에 의하여
두 근의 합 $\alpha+\beta=-a$ ⋯⋯ ㉠
두 근의 곱 $\alpha\beta=-b$ ⋯⋯ ㉡

STEP B 주어진 식을 정리하고 a, b의 값 구하기

$(1+\alpha)(1+\beta)=5$에서 ㉠, ㉡의 값을 대입하면
$1+(\alpha+\beta)+\alpha\beta=1-a-b=5$ ∴ $a+b=-4$ ⋯⋯ ㉢
$\dfrac{1}{\alpha}+\dfrac{1}{\beta}=\dfrac{1}{3}$ 에서 $\dfrac{\alpha+\beta}{\alpha\beta}=\dfrac{-a}{-b}=\dfrac{a}{b}=\dfrac{1}{3}$ ∴ $b=3a$ ⋯⋯ ㉣
㉣을 ㉢의 식에 대입하면 $a+3a=-4$이므로 $a=-1$, $b=-3$
따라서 $a-b=-1-(-3)=2$

0644

2019년 06월 고1 학력평가 24번

정답 20

STEP A 이차방정식의 근과 계수의 관계를 이용하여 k의 값 구하기

이차방정식 $x^2-kx+4=0$의 두 근이 α, β이므로
근과 계수의 관계에 의하여

두 근의 합 $\alpha+\beta=k$
두 근의 곱 $\alpha\beta=4$

이때 주어진 식을 정리하면 $\dfrac{1}{\alpha}+\dfrac{1}{\beta}=\dfrac{\alpha+\beta}{\alpha\beta}=\dfrac{k}{4}=5$
따라서 $k=20$

x에 대한 이차방정식 $x^2-kx+6=0$의 두 근을 α, β라 할 때,
$\dfrac{1}{\alpha}+\dfrac{1}{\beta}=7$이다. 상수 k의 값을 구하시오.

STEP A 이차방정식의 근과 계수의 관계 구하기

이차방정식 $x^2-kx+6=0$의 두 근이 α, β이므로 근과 계수의 관계에 의하여
두 근의 합 $\alpha+\beta=k$
두 근의 곱 $\alpha\beta=6$

이때 주어진 식을 정리하면 $\dfrac{1}{\alpha}+\dfrac{1}{\beta}=\dfrac{\alpha+\beta}{\alpha\beta}=\dfrac{k}{6}=7$
따라서 $k=42$

정답 42

0645

2022년 09월 고1 학력평가 8번

정답 ④

STEP A 이차방정식의 근과 계수의 관계 구하기

이차방정식 $x^2+2x+k=0$의 서로 다른 두 근이 α, β이므로
이차방정식의 근과 계수의 관계에 의하여

두 근의 합 $\alpha+\beta=-2$
두 근의 곱 $\alpha\beta=k$

STEP B 곱셈 공식을 이용하여 k의 값 구하기

$\alpha^2+\beta^2=(\alpha+\beta)^2-2\alpha\beta=4-2k$
따라서 $4-2k=8$이므로 $k=-2$

+α 이차방정식의 근을 대입하여 k의 값을 구할 수 있어!

이차방정식 $x^2+2x+k=0$의 서로 다른 두 근이 α, β이므로
$x=\alpha$를 대입하면 $\alpha^2+2\alpha+k=0$ ∴ $\alpha^2=-2\alpha-k$ ⋯⋯ ㉠
$x=\beta$를 대입하면 $\beta^2+2\beta+k=0$ ∴ $\beta^2=-2\beta-k$ ⋯⋯ ㉡
㉠+㉡에서 $\alpha^2+\beta^2=-2(\alpha+\beta)-2k$이고 $\alpha^2+\beta^2=8$이므로
$2(\alpha+\beta)+2k=-8$, $\alpha+\beta+k=-4$
따라서 $k=-4-(\alpha+\beta)=-4-(-2)=-2$

이차방정식 $x^2+2x+k=0$의 서로 다른 두 근을 α, β라 할 때,
$\alpha^2+\beta^2=12$이다. 상수 k의 값은?

① -5 ② -4 ③ -3
④ -2 ⑤ -1

STEP A 이차방정식의 근과 계수의 관계 구하기

이차방정식 $x^2+2x+k=0$의 서로 다른 두 근이 α, β이므로
이차방정식의 근과 계수의 관계에 의하여

두 근의 합 $\alpha+\beta=-2$
두 근의 곱 $\alpha\beta=k$

STEP B 곱셈 공식을 이용하여 k의 값 구하기

$\alpha^2+\beta^2=(\alpha+\beta)^2-2\alpha\beta=(-2)^2-2k$
따라서 $4-2k=12$이므로 $k=-4$

+α 이차방정식의 해를 이용하여 k의 값을 구할 수 있어!

이차방정식 $x^2+2x+k=0$의 서로 다른 두 근이 α, β이므로
$x=\alpha$를 대입하면 $\alpha^2+2\alpha+k=0$, $\alpha^2=-2\alpha-k$ ⋯⋯ ㉠
$x=\beta$를 대입하면 $\beta^2+2\beta+k=0$, $\beta^2=-2\beta-k$ ⋯⋯ ㉡
$\alpha^2+\beta^2=12$이고 ㉠+㉡에서 $\alpha^2+\beta^2=-2(\alpha+\beta)-2k$이므로
$2(\alpha+\beta)+2k=-12$, $\alpha+\beta+k=-6$
따라서 $k=-6-(\alpha+\beta)=-6-(-2)=-4$

정답 ②

STEP Ⓐ　이차방정식의 근과 계수의 관계 구하기

이차방정식 $x^2-ax-4=0$의 두 근이 α, β이므로

근과 계수의 관계에 의하여

이차방정식 $x^2+ax+b=0$의 두 근이 α, β이면 $\alpha+\beta=-a$, $\alpha\beta=b$

두 근의 합 $\alpha+\beta=a$

두 근의 곱 $\alpha\beta=-4$

STEP Ⓑ　주어진 식 정리하고 양수 a의 값 구하기

$$\frac{\alpha}{\beta}+\frac{\beta}{\alpha}=\frac{\alpha^2+\beta^2}{\alpha\beta}=\frac{(\alpha+\beta)^2-2\alpha\beta}{\alpha\beta}=\frac{a^2+8}{-4}=-6$$

즉 $a^2+8=24$에서 $a^2=16$　∴ $a=-4$ 또는 $a=4$

따라서 a가 양수이므로 $a=4$

내신연계 출제문항 310

x에 대한 이차방정식 $x^2-ax-4=0$의 두 근을 α, β라 하자.

$\dfrac{\alpha}{\beta}+\dfrac{\beta}{\alpha}=-11$일 때, 양수 a의 값은?

① 3　　　　② 4　　　　③ 5

④ 6　　　　⑤ 7

STEP Ⓐ　이차방정식의 근과 계수의 관계 구하기

이차방정식 $x^2-ax-4=0$의 두 근이 α, β이므로

근과 계수의 관계에 의하여

이차방정식 $ax^2+bx+c=0$의 두 근이 α, β이면 $\alpha+\beta=-\dfrac{b}{a}$, $\alpha\beta=\dfrac{c}{a}$

두 근의 합 $\alpha+\beta=a$

두 근의 곱 $\alpha\beta=-4$

STEP Ⓑ　주어진 식을 정리하고 양수 a 구하기

$$\frac{\alpha}{\beta}+\frac{\beta}{\alpha}=\frac{\alpha^2+\beta^2}{\alpha\beta}=\frac{(\alpha+\beta)^2-2\alpha\beta}{\alpha\beta}=\frac{a^2+8}{-4}=-11$$

즉 $a^2+8=44$에서 $a^2=36$　∴ $a=-6$ 또는 $a=6$

따라서 a가 양수이므로 $a=6$　　　　정답 ④

0647　2022년 06월 고1 학력평가 25번　　　정답 6

해설강의 

STEP Ⓐ　이차방정식의 근을 이용하여 주어진 식 간단히 정리하기

이차방정식 $x^2-3x+k=0$의 두 실근이 α, β이므로

$x=\alpha$를 대입하면 $\alpha^2-3\alpha+k=0$

∴ $\alpha^2-\alpha+k=2\alpha$

$x=\beta$를 대입하면 $\beta^2-3\beta+k=0$

∴ $\beta^2-\beta+k=2\beta$

$$\frac{1}{\alpha^2-\alpha+k}+\frac{1}{\beta^2-\beta+k}=\frac{1}{2\alpha}+\frac{1}{2\beta}=\frac{\alpha+\beta}{2\alpha\beta}$$이므로

$$\frac{\alpha+\beta}{2\alpha\beta}=\frac{1}{4}$$　　　　　…… ㉠

STEP Ⓑ　이차방정식의 근과 계수의 관계를 이용하여 k의 값 구하기

이차방정식 $x^2-3x+k=0$의 두 근이 α, β이므로 근과 계수의 관계에 의하여

두 근의 합 $\alpha+\beta=3$

두 근의 곱 $\alpha\beta=k$

이므로 ㉠의 식에 대입하면 $\dfrac{\alpha+\beta}{2\alpha\beta}=\dfrac{3}{2k}=\dfrac{1}{4}$

따라서 $2k=12$이므로 $k=6$

내신연계 출제문항 311

x에 대한 이차방정식 $x^2-4x+k=0$의 두 근을 α, β라 할 때,

$\dfrac{1}{\alpha^2-\alpha+k}+\dfrac{1}{\beta^2-\beta+k}=\dfrac{2}{3}$을 만족시키는 실수 k의 값을 구하시오.

STEP Ⓐ　이차방정식에 $x=\alpha$, $x=\beta$를 대입하여 주어진 식 간단히 하기

이차방정식 $x^2-4x+k=0$의 두 근이 α, β이므로

$x=\alpha$를 대입하면 $\alpha^2-4\alpha+k=0$　∴ $\alpha^2-\alpha+k=3\alpha$

$x=\beta$를 대입하면 $\beta^2-4\beta+k=0$　∴ $\beta^2-\beta+k=3\beta$

$$\frac{1}{\alpha^2-\alpha+k}+\frac{1}{\beta^2-\beta+k}=\frac{1}{3\alpha}+\frac{1}{3\beta}=\frac{\alpha+\beta}{3\alpha\beta}$$이므로

$$\frac{\alpha+\beta}{3\alpha\beta}=\frac{2}{3}$$　　　　　…… ㉠

STEP Ⓑ　이차방정식의 근과 계수의 관계를 이용하여 구하기

이차방정식 $x^2-3x+k=0$의 두 근이 α, β이므로 근과 계수의 관계에 의하여

두 근의 합 $\alpha+\beta=4$

두 근의 곱 $\alpha\beta=k$

이므로 ㉠의 식에 대입하면 $\dfrac{\alpha+\beta}{3\alpha\beta}=\dfrac{4}{3k}=\dfrac{2}{3}$

따라서 $k=2$　　　　정답 2

0648　　　　　정답 ②

STEP Ⓐ　$x^2-ax+b=0$에서 근과 계수의 관계 나타내기

이차방정식 $x^2-ax+b=0$의 두 근이 α, β이므로 근과 계수의 관계에 의하여

두 근의 합 $\alpha+\beta=a$　　　　…… ㉠

두 근의 곱 $\alpha\beta=b$　　　　…… ㉡

STEP Ⓑ　$x^2-(a-2)x+a+6=0$에서 근과 계수의 관계를 이용하여 a, b 의 값 구하기

이차방정식 $x^2-(a-2)x+a+6=0$의 두 근이 $\alpha+\beta$, $\alpha\beta$이므로

근과 계수의 관계에 의하여

두 근의 합 $(\alpha+\beta)+\alpha\beta=a-2$이므로 ㉠, ㉡의 식을 대입하면

$a+b=a-2$　∴ $b=-2$

두 근의 곱 $(\alpha+\beta)\alpha\beta=a+6$이므로 ㉠, ㉡의 식을 대입하면

$ab=a+6$　∴ $a=-2$

따라서 $a+b=(-2)+(-2)=-4$

0649　　　　　정답 ②

STEP Ⓐ　$x^2+4x+a=0$에서 근과 계수의 관계 나타내기

이차방정식 $x^2+4x+a=0$의 두 근이 α, β이므로 근과 계수의 관계에 의하여

두 근의 합 $\alpha+\beta=-4$　　　　…… ㉠

두 근의 곱 $\alpha\beta=a$　　　　…… ㉡

STEP Ⓑ　$x^2-bx-7=0$에서 근과 계수의 관계를 이용하여 a, b의 값 구하기

이차방정식 $x^2-bx-7=0$의 두 근이 $2\alpha-1$, $2\beta-1$이므로

근과 계수의 관계에 의하여

두 근의 합 $(2\alpha-1)+(2\beta-1)=2(\alpha+\beta)-2=b$에서 ㉠의 값을 대입하면

$2\times(-4)-2=b$　∴ $b=-10$

두 근의 곱 $(2\alpha-1)(2\beta-1)=4\alpha\beta-2(\alpha+\beta)+1=-7$에서

㉠, ㉡의 값을 대입하면 $4a-2\times(-4)+1=-7$　∴ $a=-4$

따라서 $a+b=-10+(-4)=-14$

0650

정답 ④

STEP A $x^2-ax+12=0$에서 근과 계수의 관계 나타내기

이차방정식 $x^2-ax+12=0$의 두 근이 α, β이므로 근과 계수의 관계에 의하여
두 근의 합 $\alpha+\beta=a$ …… ㉠
두 근의 곱 $\alpha\beta=12$ …… ㉡

STEP B $x^2+bx+21=0$에서 근과 계수의 관계를 이용하여 a, b의 값 구하기

이차방정식 $x^2+bx+21=0$의 두 근이 $\alpha+1$, $\beta+1$이므로
근과 계수의 관계에 의하여
두 근의 합 $(\alpha+1)+(\beta+1)=(\alpha+\beta)+2=-b$에서 ㉠의 값을 대입하면
$a+2=-b$ …… ㉢
두 근의 곱 $(\alpha+1)(\beta+1)=\alpha\beta+(\alpha+\beta)+1=21$에서 ㉠, ㉡의 값을 대입하면
$12+a+1=21$ $\therefore a=8$
$a=8$을 ㉢에 대입하면 $b=-10$
따라서 $a+b=8+(-10)=-2$

내신연계 출제문항 312

이차방정식 $x^2-kx+l=0$의 두 근이 α, β이고 이차방정식 $x^2-3x+3=0$의 두 근이 $\alpha+1$, $\beta+1$일 때, $k+l$의 값은?

① 1   ② 2   ③ 4
④ 8   ⑤ 16

STEP A $x^2-kx+l=0$에서 근과 계수의 관계 나타내기

이차방정식 $x^2-kx+l=0$의 두 근이 α, β이므로 근과 계수의 관계에 의하여
두 근의 합 $\alpha+\beta=k$ …… ㉠
두 근의 곱 $\alpha\beta=l$ …… ㉡

STEP B $x^2-3x+3=0$에서 근과 계수의 관계를 이용하여 k, l의 값 구하기

이차방정식 $x^2-3x+3=0$의 두 근이 $\alpha+1$, $\beta+1$이므로
근과 계수의 관계에 의하여
두 근의 합 $(\alpha+1)+(\beta+1)=(\alpha+\beta)+2=3$에서 ㉠의 값을 대입하면
$k+2=3$ $\therefore k=1$
두 근의 곱 $(\alpha+1)(\beta+1)=\alpha\beta+(\alpha+\beta)+1=3$에서 ㉠, ㉡의 값을 대입하면
$l+k+1=3$이고 $k=1$이므로 $l+2=3$ $\therefore l=1$
따라서 $k+l=1+1=2$

정답 ②

0651

정답 ④

STEP A $x^2+ax+b=0$에서 근과 계수의 관계 나타내기

이차방정식 $x^2+ax+b=0$의 두 근이 α, β이므로 근과 계수의 관계에 의하여
두 근의 합 $\alpha+\beta=-a$ …… ㉠
두 근의 곱 $\alpha\beta=b$ …… ㉡

STEP B $x^2+bx+a=0$에서 근과 계수의 관계를 이용하여 a, b의 값 구하기

이차방정식 $x^2+bx+a=0$의 두 근이 $\dfrac{1}{\alpha}$, $\dfrac{1}{\beta}$이므로 근과 계수의 관계에 의하여

두 근의 합 $\dfrac{1}{\alpha}+\dfrac{1}{\beta}=\dfrac{\alpha+\beta}{\alpha\beta}=-b$에서 ㉠, ㉡의 값을 대입하면

$\dfrac{-a}{b}=-b$이므로 $a=b^2$ …… ㉢

두 근의 곱 $\dfrac{1}{\alpha}\times\dfrac{1}{\beta}=\dfrac{1}{\alpha\beta}=a$에서 ㉡의 값을 대입하면

$\dfrac{1}{b}=a$이므로 $ab=1$

㉢을 대입하면 $b^3=1$이므로 $b=1$, $a=1$
따라서 $a+b=2$

0652

정답 8

STEP A 이차방정식의 근과 계수의 관계를 구하기

이차방정식 $x^2+px+q=0$의 두 근이 α, β이므로 근과 계수의 관계에 의하여
두 근의 합 $\alpha+\beta=-p$ …… ㉠
두 근의 곱 $\alpha\beta=q$ …… ㉡

이차방정식 $x^2+rx+p=0$의 두 근이 2α, 2β이므로 근과 계수의 관계에 의하여
두 근의 합 $2\alpha+2\beta=2(\alpha+\beta)=-r$에서 ㉠의 식을 대입하면
$-2p=-r$이므로 $r=2p$ …… ㉢
두 근의 곱 $4\alpha\beta=p$에서 ㉡의 식을 대입하면
$4q=p$이므로 $q=\dfrac{1}{4}p$ …… ㉣

STEP B $\dfrac{r}{q}$의 값 구하기

따라서 ㉢, ㉣에서 $r=2p$, $q=\dfrac{1}{4}p$이므로 $\dfrac{r}{q}=\dfrac{2p}{\frac{1}{4}p}=8$

0653

2019년 11월 고1 학력평가 18번   정답 ②

STEP A 두 복소수가 서로 같을 조건을 이용하여 실수 p, q의 관계식 구하기

등식 $(p+2qi)^2=-16i$에서 $p^2+4pqi-4q^2+16i=0$ ← ( )+( )i꼴로 정리
$\therefore (p^2-4q^2)+(4pq+16)i=0$
p, q가 실수이므로 p^2-4q^2, $4pq+16$도 실수이다.
복소수가 서로 같을 조건에 의하여
a, b, c, d가 실수일 때, $a+bi=c+di$이면 $a=c$, $b=d$
실수부분 $p^2-4q^2=0$에서 $(p-2q)(p+2q)=0$
$\therefore p=2q$ 또는 $p=-2q$
허수부분 $4pq+16=0$에서 $pq=-4$

STEP B p, q의 값 구하기

(ⅰ) $p=2q$일 때,
이를 $pq=-4$에 대입하면 $2q^2=-4$, $q^2=-2$ ← q가 실수이므로
만족하는 실수 q의 값은 존재하지 않는다. $q^2\geq0$이어야 한다.

(ⅱ) $p=-2q$일 때,
이를 $pq=-4$에 대입하면 $-2q^2=-4$, $q^2=2$
$\therefore q=\sqrt{2}$ 또는 $q=-\sqrt{2}$
$p>0$이므로 $p=2\sqrt{2}$, $q=-\sqrt{2}$ ← $p=-2q$이므로 $q<0$이어야 한다.

STEP C 이차방정식의 근과 계수의 관계를 이용하여 a, b의 값 구하기

(ⅰ), (ⅱ)에 의하여 이차방정식 $x^2+ax+b=0$의 두 실근이 $2\sqrt{2}$, $-\sqrt{2}$이므로
근과 계수의 관계에 의하여
이차방정식 $x^2+ax+b=0$의 두 근이 α, β이면 $\alpha+\beta=-a$, $\alpha\beta=b$
$2\sqrt{2}+(-\sqrt{2})=-a$에서 $a=-\sqrt{2}$
$2\sqrt{2}\times(-\sqrt{2})=b$에서 $b=-4$
따라서 $a^2+b^2=(-\sqrt{2})^2+(-4)^2=18$

+α 이차방정식의 근을 대입하여 구할 수 있어!

이차방정식 $x^2+ax+b=0$의 두 근이 $2\sqrt{2}$, $-\sqrt{2}$이므로
$x=2\sqrt{2}$를 대입하면 $(2\sqrt{2})^2+2\sqrt{2}a+b=0$
$\therefore 2\sqrt{2}a+b=-8$ …… ㉠
$x=-\sqrt{2}$를 대입하면 $(-\sqrt{2})^2-\sqrt{2}a+b=0$
$\therefore -\sqrt{2}a+b=-2$ …… ㉡
㉠-㉡을 하면 $3\sqrt{2}a=-6$, $\sqrt{2}a=-2$이므로 $a=-\sqrt{2}$
$a=-\sqrt{2}$를 ㉡에 대입하면 $2+b=-2$이므로 $b=-4$
따라서 $a^2+b^2=(-\sqrt{2})^2+(-4)^2=18$

등식 $(p+3qi)^2=-36i$를 만족시키는 두 실수 p, q는 x에 대한 이차방정식 $x^2+ax+b=0$의 두 실근이다. 두 상수 a, b에 대하여 a^2+b^2의 값은? (단, $p>0$이고 $i=\sqrt{-1}$)

① 36   ② 42   ③ 44
④ 46   ⑤ 52

STEP A 두 복소수가 서로 같을 조건을 이용하여 실수 p, q의 값 구하기

$(p+3qi)^2=-36i$에서 좌변을 전개하면
$(p+3qi)^2=(p^2-9q^2)+6pqi=-36i$
실수부분 $p^2-9q^2=0$, $(p-3q)(p+3q)=0$
$\therefore p=3q$ 또는 $p=-3q$ …… ㉠
허수부분 $6pq=-36$에서 $pq=-6$ …… ㉡
㉡에서 $p>0$이므로 $q<0$이어야 한다.
즉 ㉠에서 $p=-3q$이고 ㉡의 식에 대입하면
$-3q^2=-6$, $q^2=2$
$\therefore q<0$이므로 $q=-\sqrt{2}$
$q=-\sqrt{2}$이므로 $p=3\sqrt{2}$

STEP B 이차방정식의 근과 계수의 관계를 이용하여 a, b의 값 구하기

이차방정식 $x^2+ax+b=0$의 두 실근이 $p=3\sqrt{2}$, $q=-\sqrt{2}$이므로
이차방정식의 근과 계수의 관계에 의하여
두 근의 합 $3\sqrt{2}-\sqrt{2}=-a$이므로 $a=-2\sqrt{2}$
두 근의 곱 $3\sqrt{2}\times(-\sqrt{2})=b$이므로 $b=-6$
따라서 $a^2+b^2=(-2\sqrt{2})^2+(-6)^2=44$ 정답 ③

0654

정답 20

STEP A 잘못 보고 푼 경우에서 올바르게 푼 것을 확인하여 올바른 이차방정식 구하기

예빈이는 이차방정식 $x^2+ax+b=0$에서 b를 바르게 보고 풀었으므로
두 근의 곱 $-2\times4=b$ $\therefore b=-8$
도훈이는 이차방정식 $x^2+ax+b=0$에서 a를 바르게 보고 풀었으므로
두 근의 합 $(-1-2\sqrt{3}i)+(-1+2\sqrt{3}i)=-a$ $\therefore a=2$

STEP B $\alpha^2+\beta^2$의 값 구하기

원래의 이차방정식은 $x^2+2x-8=0$에서 두 근이 α, β이므로
근과 계수의 관계에 의하여 $(x+4)(x-2)=0$ $\therefore x=-4$ 또는 $x=2$
두 근의 합 $\alpha+\beta=-2$
두 근의 곱 $\alpha\beta=-8$
따라서 $\alpha^2+\beta^2=(\alpha+\beta)^2-2\alpha\beta=(-2)^2-2\times(-8)=20$

0655

정답 ③

STEP A 잘못 보고 푼 경우에서 올바르게 푼 것을 확인하여 올바른 이차방정식 구하기

송이는 이차항의 계수 a와 상수항 c를 바르게 보고 풀었으므로
두 근의 곱 $(2+3i)(2-3i)=\dfrac{c}{a}$ $\therefore c=13a$ …… ㉠
수지는 이차항의 계수 a와 일차항의 계수 b를 바르게 보고 풀었으므로
두 근의 합 $(1+i)+(1-i)=-\dfrac{b}{a}$ $\therefore b=-2a$ …… ㉡

STEP B 원래의 이차방정식의 두 근을 α, β라 할 때, $\alpha^2+\beta^2$의 값 구하기

㉠, ㉡을 $ax^2+bx+c=0$에 대입하여 방정식을 구하면

$ax^2-2ax+13a=0$이고 양변을 a로 나누면 $x^2-2x+13=0$
두 근이 α, β이므로 근과 계수의 관계에 의하여
두 근의 합 $\alpha+\beta=2$
두 근의 곱 $\alpha\beta=13$
따라서 $\alpha^2+\beta^2=(\alpha+\beta)^2-2\alpha\beta=4-26=-22$

희옥이와 이안이가 이차방정식 $x^2+ax+b=0$을 푸는데 희옥이는 a를 잘못 보고 풀어 두 근 2, 3을 얻었고, 이안이는 b를 잘못 보고 풀어 두 근 $2+\sqrt{2}i$, $2-\sqrt{2}i$를 얻었다. 이 이차방정식의 올바른 두 근을 α, β라 할 때, $\alpha^3+\beta^3$의 값은? (단, $i=\sqrt{-1}$)

① -10 ② -8 ③ -6
④ 6   ⑤ 8

STEP A 잘못 보고 푼 경우에서 올바르게 푼 것을 확인하여 올바른 이차방정식 구하기

희옥이는 상수항 b는 바르게 보고 풀었으므로
두 근의 곱 $2\times3=b$ $\therefore b=6$
이안이는 일차항의 계수 a를 바르게 보고 풀었으므로
두 근의 합 $(2+\sqrt{2}i)+(2-\sqrt{2}i)=-a$ $\therefore a=-4$
즉 이차방정식 $x^2+ax+b=0$에서 $a=-4$, $b=6$을 대입하면 $x^2-4x+6=0$

STEP B 원래의 이차방정식의 두 근을 α, β라 할 때, $\alpha^3+\beta^3$의 값 구하기

이차방정식 $x^2-4x+6=0$의 두 근이 α, β이므로 근과 계수의 관계에 의하여
두 근의 합 $\alpha+\beta=4$
두 근의 곱 $\alpha\beta=6$
따라서 $\alpha^3+\beta^3=(\alpha+\beta)^3-3\alpha\beta(\alpha+\beta)=4^3-3\times6\times4=-8$ 정답 ②

0656

정답 ②

STEP A 잘못 적용한 근의 공식에서 두 근의 합과 두 근의 곱을 이용하여 a, b, c의 관계식 구하기

이차방정식 $ax^2+bx+c=0$의 근을 구하는 데 근의 공식을
$x=\dfrac{-b\pm\sqrt{b^2-ac}}{2a}$로 잘못 적용하여 얻은 두 근이 -2, 3이므로
$\dfrac{-b+\sqrt{b^2-ac}}{2a}+\dfrac{-b-\sqrt{b^2-ac}}{2a}=-2+3=1$
$\dfrac{-2b}{2a}=1$ $\therefore b=-a$ …… ㉠
$\dfrac{-b+\sqrt{b^2-ac}}{2a}\times\dfrac{-b-\sqrt{b^2-ac}}{2a}=-2\times3$
$\dfrac{b^2-(b^2-ac)}{4a^2}=\dfrac{c}{4a}=-6$ $\therefore c=-24a$ …… ㉡

STEP B 원래의 이차방정식의 두 근 α, β에 대하여 $(\alpha+1)(\beta+1)$의 값 구하기

㉠, ㉡을 $ax^2+bx+c=0$에 대입하면 $ax^2-ax-24a=0$
양변을 a로 나누면 $x^2-x-24=0$
두 근이 α, β이므로 근과 계수의 관계에 의하여
두 근의 합 $\alpha+\beta=1$
두 근의 곱 $\alpha\beta=-24$
따라서 $(\alpha+1)(\beta+1)=\alpha\beta+(\alpha+\beta)+1=-24+1+1=-22$

이차방정식 $ax^2+bx+c=0$의 근을 구하는 데 근의 공식을
$x=\dfrac{-b\pm\sqrt{b^2-ac}}{2a}$로 잘못 적용하여 두 근 -1, -2를 얻었다.
원래의 이차방정식의 두 근을 α, β라 할 때, $\alpha^2+\beta^2$의 값은?
(단, $a\neq0$인 실수이고 b, c는 실수이다.)

① -9 ② -7 ③ -5
④ -3 ⑤ -1

STEP A 잘못 적용한 근의 공식에서 두 근의 합과 두 근의 곱을 이용하여 a, b, c의 관계식 구하기

이차방정식 $ax^2+bx+c=0$의 근을 구하는 데 근의 공식을
$x=\dfrac{-b\pm\sqrt{b^2-ac}}{2a}$로 잘못 적용하여 얻은 두 근이 -1, -2이므로

$$\dfrac{-b+\sqrt{b^2-ac}}{2a}+\dfrac{-b-\sqrt{b^2-ac}}{2a}=-1+(-2)=-3$$

$$\dfrac{-2b}{2a}=-3 \quad \therefore b=3a \qquad \cdots\cdots ㉠$$

$$\dfrac{-b+\sqrt{b^2-ac}}{2a}\times\dfrac{-b-\sqrt{b^2-ac}}{2a}=-1\times(-2)=2$$

$$\dfrac{b^2-(b^2-ac)}{4a^2}=\dfrac{c}{4a}=2 \quad \therefore c=8a \qquad \cdots\cdots ㉡$$

STEP B 원래의 이차방정식의 두 근 α, β에 대하여 $\alpha^2+\beta^2$의 값 구하기

㉠, ㉡을 $ax^2+bx+c=0$에 대입하면 $ax^2+3ax+8a=0$
양변을 a로 나누면 $x^2+3x+8=0$
두 근이 α, β이므로 근과 계수의 관계에 의하여
두 근의 합 $\alpha+\beta=-3$
두 근의 곱 $\alpha\beta=8$
따라서 $\alpha^2+\beta^2=(\alpha+\beta)^2-2\alpha\beta=(-3)^2-2\times8=-7$

정답 ②

0657

정답 ③

STEP A 이차방정식의 근의 공식을 이용하여 해 구하기

이차방정식 $x^2-4x+6=0$에서 근의 공식을 이용하면
$x=-(-2)\pm\sqrt{(-2)^2-1\times6}=2\pm\sqrt{2}\,i$
$\therefore x=2+\sqrt{2}\,i$ 또는 $x=2-\sqrt{2}\,i$

STEP B 복소수 범위에서 인수분해하기

따라서 복소수 범위에서 인수분해하면
$x^2-4x+6=\{x-(2+\sqrt{2}\,i)\}\{x-(2-\sqrt{2}\,i)\}=(x-2-\sqrt{2}\,i)(x-2+\sqrt{2}\,i)$

0658

정답 ③

STEP A 이차방정식의 근의 공식을 이용하여 해 구하기

이차방정식 $3x^2-4x+2=0$에서 근의 공식을 이용하면
$x=\dfrac{-(-2)\pm\sqrt{(-2)^2-3\times2}}{3}=\dfrac{2\pm\sqrt{2}\,i}{3}$
$\therefore x=\dfrac{2+\sqrt{2}\,i}{3}$ 또는 $x=\dfrac{2-\sqrt{2}\,i}{3}$

STEP B 복소수 범위에서 인수분해하기

복소수 범위에서 인수분해하면
$$3x^2-4x+2=3\left\{x-\left(\dfrac{2+\sqrt{2}\,i}{3}\right)\right\}\left\{x-\left(\dfrac{2-\sqrt{2}\,i}{3}\right)\right\}$$
$$=\dfrac{1}{3}(3x-2-\sqrt{2}\,i)(3x-2+\sqrt{2}\,i)$$
따라서 인수인 것은 ③이다.

다음 중 이차식 $4x^2-2x+1$의 인수인 것은?

① $4x-\sqrt{3}\,i$ ② $4x+1-\sqrt{3}\,i$ ③ $4x-1+\sqrt{3}\,i$
④ $4x+1-3\sqrt{2}\,i$ ⑤ $4x-1-3\sqrt{2}\,i$

STEP A 이차방정식의 근의 공식을 이용하여 해 구하기

이차방정식 $4x^2-2x+1=0$에서 근의 공식을 이용하면
$$x=\dfrac{-(-1)\pm\sqrt{(-1)^2-4\times1}}{4}=\dfrac{1\pm\sqrt{3}\,i}{4}$$
$$\therefore x=\dfrac{1+\sqrt{3}\,i}{4} \text{ 또는 } x=\dfrac{1-\sqrt{3}\,i}{4}$$

STEP B 복소수 범위에서 인수분해하기

복소수 범위에서 인수분해하면
$$4x^2-2x+1=4\left\{x-\left(\dfrac{1+\sqrt{3}\,i}{4}\right)\right\}\left\{x-\left(\dfrac{1-\sqrt{3}\,i}{4}\right)\right\}$$
$$=\dfrac{1}{4}(4x-1-\sqrt{3}\,i)(4x-1+\sqrt{3}\,i)$$
따라서 인수인 것은 ③이다.

정답 ③

0659

정답 ②

STEP A 이차방정식의 근의 공식을 이용하여 해 구하기

이차방정식 $x^2+2x+2=0$에서 근의 공식을 이용하여 근을 구하면
$x=-1\pm\sqrt{1-1\times2}=-1\pm i$
$x=-1-i$ 또는 $x=-1+i$

STEP B 복소수 범위에서 인수분해하기

복소수 범위에서 인수분해하면
$x^2+2x+2=(x+1+i)(x+1-i)$
따라서 두 일차식의 합은 $(x+1+i)+(x+1-i)=2x+2$

0660

정답 2

STEP A $f(x)=0$의 식을 이용하여 $f(4x-2)=0$의 식 작성하기

$f(x)=0$의 두 근이 α, β이므로
최고차항의 계수가 a가 되는 이차방정식을 작성하면
$a(x-\alpha)(x-\beta)=0$
이때 $f(4x-2)=0$을 x대신에 $4x-2$를 대입하므로
$f(4x-2)=a(4x-2-\alpha)(4x-2-\beta)$

STEP B 방정식 $f(4x-2)=0$의 두 근의 합 구하기

이차방정식 $a(4x-2-\alpha)(4x-2-\beta)=0$의 근을 구하면
$x=\dfrac{2+\alpha}{4}$, $x=\dfrac{2+\beta}{4}$이고 두 근의 합은 $\dfrac{4+(\alpha+\beta)}{4}$
따라서 $\alpha+\beta=4$이므로 두 근의 합은 2

mini해설 | 식의 관계를 이용하여 풀이하기

$f(x)=0$의 두 근이 α, β이므로 $f(\alpha)=0$, $f(\beta)=0$
이때 $f(4x-2)=0$이 되는 근은 $4x-2=\alpha$, $4x-2=\beta$가 되면 된다.
즉 $x=\dfrac{2+\alpha}{4}$, $x=\dfrac{2+\beta}{4}$이므로 두 근의 합은 $\dfrac{4+(\alpha+\beta)}{4}$
따라서 $\alpha+\beta=4$이므로 두 근의 합은 2

0661

STEP Ⓐ 방정식 $f(x)=0$의 근이 3인 것을 구하기

방정식 $f(x)=0$의 한 근이 $x=-2$이므로 $f(x)$는 $x+2$를 인수로 가지므로
$f(x)=(x+2)g(x)$ ($g(x)$는 다항식)이라고 할 수 있다.

① $f(x+3)=(x+5)g(x+3)=0$이므로 $x=-5$를 반드시 근으로 가진다.

② $f(x-5)=(x-3)g(x-5)=0$이므로 $x=3$을 반드시 근으로 가진다.

③ $f(x^2-6)=(x^2-4)g(x^2-6)=0$이므로 $x=2$ 또는 $x=-2$를 반드시
   근으로 가진다.

④ $f(8-2x)=(10-2x)g(8-2x)=0$이므로 $x=5$를 반드시 근으로 가진다.

⑤ $f(-x+2)=(-x+4)g(-x+2)=0$이므로 $x=4$를 반드시 근으로 가진다.

따라서 $x=3$을 반드시 근으로 갖는 것은 방정식 $f(x-5)=0$

---

mini해설 | 주어진 식에 $x=3$을 대입하여 구할 수 있어!

주어진 식에 $x=3$을 대입하여 $f(-2)$인 것을 찾으면 된다.
① $f(3+3)=f(6)$
② $f(3-5)=f(-2)$
③ $f(3^2-6)=f(3)$
④ $f(8-2\times3)=f(2)$
⑤ $f(-3+2)=f(-1)$
따라서 $x=3$를 반드시 근으로 갖는 것은 방정식 $f(x-5)=0$

0662

STEP Ⓐ $f(x)=0$의 식을 이용하여 $f(3x-5)=0$의 식 구하기

이차방정식 $f(x)=0$의 두 근이 α, β이므로 최고차항의 계수를 a라고 하면
$f(x)=a(x-\alpha)(x-\beta)=0$이라 할 수 있다.

이때 $f(x)$에서 x대신에 $3x-5$를 대입하면
$f(3x-5)=a(3x-5-\alpha)(3x-5-\beta)$

STEP Ⓑ $f(3x-5)=0$의 두 근의 곱 구하기

이차방정식 $a(3x-5-\alpha)(3x-5-\beta)=0$의 근을 구하면
$x=\dfrac{5+\alpha}{3}$, $x=\dfrac{5+\beta}{3}$이므로

두 근의 곱 $\dfrac{(5+\alpha)(5+\beta)}{9}=\dfrac{\alpha\beta+5(\alpha+\beta)+25}{9}$

따라서 $\alpha+\beta=5$, $\alpha\beta=4$를 대입하면 두 근의 곱은 $\dfrac{4+25+25}{9}=6$

---

mini해설 | 식의 관계를 이용하여 풀이하기

이차방정식 $f(x)=0$의 두 근이 α, β이므로 $f(\alpha)=0$, $f(\beta)=0$
이때 $f(3x-5)=0$이 되는 근은 $3x-5=\alpha$, $3x-5=\beta$가 되면 된다.
즉 $x=\dfrac{\alpha+5}{3}$, $x=\dfrac{\beta+5}{3}$이므로 두 근의 곱은 $\dfrac{(\alpha+5)(\beta+5)}{9}=\dfrac{\alpha\beta+5(\alpha+\beta)+25}{9}$
따라서 $\alpha+\beta=5$, $\alpha\beta=4$를 대입하면 두 근의 곱은 $\dfrac{4+25+25}{9}=6$

이차방정식 $f(x)=0$의 두 근 α, β에 대하여 $\alpha+\beta=2$, $\alpha\beta=5$일 때,
이차방정식 $f(2x-3)=0$의 두 근의 곱은?

① 3   ② 4   ③ 5
④ 6   ⑤ 7

STEP Ⓐ 이차방정식 $f(2x-3)=0$의 식 구하기

이차방정식 $f(x)=0$의 두 근이 α, β이므로 최고차항의 계수를 a라고 하면
$f(x)=a(x-\alpha)(x-\beta)=0$이라 할 수 있다.

이때 $f(x)$에서 x대신에 $2x-3$을 대입하면
$f(2x-3)=a(2x-3-\alpha)(2x-3-\beta)$

STEP Ⓑ $f(2x-3)=0$의 두 근의 곱 구하기

이차방정식 $a(2x-3-\alpha)(2x-3-\beta)=0$의 근을 구하면
$x=\dfrac{3+\alpha}{2}$, $x=\dfrac{3+\beta}{2}$이므로

두 근의 곱 $\dfrac{(3+\alpha)(3+\beta)}{4}=\dfrac{\alpha\beta+3(\alpha+\beta)+9}{4}$

따라서 $\alpha+\beta=2$, $\alpha\beta=5$를 대입하면 두 근의 곱은 $\dfrac{5+6+9}{4}=5$

---

mini해설 | 식의 관계를 이용하여 풀이하기

이차방정식 $f(x)=0$의 두 근이 α, β이므로 $f(\alpha)=0$, $f(\beta)=0$
이때 $f(2x-3)=0$이 되는 근은 $2x-3=\alpha$, $2x-3=\beta$가 되면 된다.
즉 $x=\dfrac{\alpha+3}{2}$, $x=\dfrac{\beta+3}{2}$이므로 두 근의 곱은 $\dfrac{(3+\alpha)(3+\beta)}{4}=\dfrac{\alpha\beta+3(\alpha+\beta)+9}{4}$
따라서 $\alpha+\beta=2$, $\alpha\beta=5$를 대입하면 두 근의 곱은 $\dfrac{5+6+9}{4}=5$

0663

STEP Ⓐ 이차방정식 $f(x)=0$의 두 근 구하기

이차방정식 $f(3x-2)=0$의 두 근이 α, β이므로 $f(3\alpha-2)=0$, $f(3\beta-2)=0$
이때 $f(x)=0$의 두 근은 $x=3\alpha-2$ 또는 $x=3\beta-2$

STEP Ⓑ $f(x)=0$의 두 근의 합 구하기

따라서 이차방정식 $f(x)=0$의 두 근의 합은
$(3\alpha-2)+(3\beta-2)=3(\alpha+\beta)-4=3\times4-4=8$

이차방정식 $f(2x-3)=0$의 두 근의 합이 4일 때, 이차방정식 $f(x)=0$의
두 근의 합은?

① -4 ② -2 ③ 0
④ 2   ⑤ 4

STEP Ⓐ 이차방정식 $f(x)=0$의 두 근 구하기

이차방정식 $f(2x-3)=0$의 두 근을 α, β라 하면 $\alpha+\beta=4$
   $f(2x-3)=0$의 두 근이 α, β이므로 $f(2\alpha-3)=0$, $f(2\beta-3)=0$이다.
이차방정식 $f(x)=0$의 두 근은 $x=2\alpha-3$ 또는 $x=2\beta-3$

STEP Ⓑ $f(x)=0$의 두 근의 합 구하기

따라서 이차방정식 $f(x)=0$의 두 근의 합은
$(2\alpha-3)+(2\beta-3)=2(\alpha+\beta)-6=2\times4-6=2$

0664

STEP A 이차방정식 $f(x-3)=0$의 두 근 구하기

이차방정식 $f(x+1)=0$의 두 근이 α, β이므로 $f(\alpha+1)=0$, $f(\beta+1)=0$

이때 $f(x-3)=0$의 두 근은 $x-3=\alpha+1$ 또는 $x-3=\beta+1$

$\therefore x=\alpha+4$ 또는 $x=\beta+4$

STEP B $f(x-3)=0$의 두 근의 합과 곱 구하기

이차방정식 $f(x-3)=0$에서 근과 계수의 관계에 의하여

두 근의 합 $p=(\alpha+4)+(\beta+4)=\alpha+\beta+8=2+8=10$

두 근의 곱 $q=(\alpha+4)\times(\beta+4)=\alpha\beta+4(\alpha+\beta)+16=3+4\times2+16=27$

따라서 $q-p=27-10=17$

0665

정답 ①

STEP A 방정식 $f(2x+1)=0$의 두 근 구하기

이차방정식 $f(x)=x^2-2x-2=0$의 두 근이 α, β라 하면

근과 계수의 관계에 의하여 $\alpha+\beta=2$, $\alpha\beta=-2$

이때 $f(\alpha)=0$, $f(\beta)=0$에서 $f(2x+1)=0$의 두 근은

$2x+1=\alpha$ 또는 $2x+1=\beta$

$\therefore x=\dfrac{\alpha-1}{2}$ 또는 $x=\dfrac{\beta-1}{2}$

STEP B 방정식 $f(2x+1)=0$의 두 근의 차 구하기

$(\alpha-\beta)^2=(\alpha+\beta)^2-4\alpha\beta=2^2-4\times(-2)=12$, 즉 $|\alpha-\beta|=2\sqrt{3}$

따라서 이차방정식 $f(2x+1)=0$의 두 근의 차는

$\left|\dfrac{\alpha-1}{2}-\dfrac{\beta-1}{2}\right|=\dfrac{|\alpha-\beta|}{2}=\dfrac{2\sqrt{3}}{2}=\sqrt{3}$

0666

2020년 06월 고1 학력평가 26번

정답 503

STEP A $f(x)=0$의 식을 이용하여 $f(2020-8x)=0$의 식 작성하기

x에 대한 이차방정식 $f(x)=0$의 두 근을 α, β라 하고

최고차항의 계수가 a인 이차방정식을 작성하면

$f(x)=a(x-\alpha)(x-\beta)=0$

이때 $f(x)=0$에서 x대신에 $2020-8x$를 대입하면

$f(2020-8x)=a(2020-\alpha-8x)(2020-\beta-8x)$

STEP B 이차방정식 $f(2020-8x)=0$의 두 근의 합 구하기

이차방정식 $a(2020-\alpha-8x)(2020-\beta-8x)=0$의 근을 구하면

$x=\dfrac{2020-\alpha}{8}$, $x=\dfrac{2020-\beta}{8}$이고 두 근의 합은 $\dfrac{4040-(\alpha+\beta)}{8}$

따라서 $\alpha+\beta=16$이므로 대입하면 $\dfrac{4040-16}{8}=503$

mini 해설 | 식의 관계를 이용하여 풀이하기

이차방정식 $f(x)=0$의 두 근이 α, β이므로 $f(\alpha)=0$, $f(\beta)=0$

이때 $f(2020-8x)=0$이 되는 근은 $2020-8x=\alpha$, $2020-8x=\beta$가 되면 된다.

즉 $x=\dfrac{2020-\alpha}{8}$, $x=\dfrac{2020-\beta}{8}$이므로 두 근의 합은 $\dfrac{4040-(\alpha+\beta)}{8}$

따라서 $\alpha+\beta=16$이므로 대입하면 $\dfrac{4040-16}{8}=503$

x에 대한 이차방정식 $f(x)=0$의 두 근의 합이 20일 때, x에 대한 이차방정식 $f(2025-5x)=0$의 두 근의 합을 구하시오.

STEP A $f(x)=0$의 식을 이용하여 $f(2025-5x)=0$의 식 작성하기

x에 대한 이차방정식 $f(x)=0$의 두 근을 α, β라 하고

최고차항의 계수가 a인 이차방정식을 작성하면

$f(x)=a(x-\alpha)(x-\beta)=0$

이때 $f(x)=0$에서 x대신에 $2025-5x$를 대입하면

$f(2025-5x)=a(2025-\alpha-5x)(2025-\beta-5x)$

STEP B 방정식 $f(2025-5x)=0$의 두 근의 합 구하기

이차방정식 $a(2025-\alpha-5x)(2025-\beta-5x)=0$의 두 근을 구하면

$x=\dfrac{2025-\alpha}{5}$, $x=\dfrac{2025-\beta}{5}$이고 두 근의 합은 $\dfrac{4050-(\alpha+\beta)}{5}$

따라서 $\alpha+\beta=20$이므로 대입하면 $\dfrac{4050-20}{5}=806$

mini 해설 | 식의 관계를 이용하여 풀이하기

이차방정식 $f(x)=0$의 두 근이 α, β이므로 $f(\alpha)=0$, $f(\beta)=0$

이때 $f(2025-5x)=0$이 되는 근은 $2025-5x=\alpha$, $2025-5x=\beta$가 되면 된다.

즉 $x=\dfrac{2025-\alpha}{5}$, $x=\dfrac{2025-\beta}{5}$이므로 두 근의 합은 $\dfrac{4050-(\alpha+\beta)}{5}$

따라서 $\alpha+\beta=20$이므로 대입하면 $\dfrac{4050-20}{5}=806$

정답 806

0667

정답 16

STEP A 두 근이 $x=\alpha$, $x=\beta$가 되는 이차방정식 구하기

이차식 $f(x)=x^2-6x+7$에 대하여 $f(\alpha)-5=0$, $f(\beta)-5=0$이므로

이차방정식 $f(x)-5=0$의 두 근이 α, β이다.

이때 $f(x)-5=(x-\alpha)(x-\beta)=x^2-6x+2$

즉 $x=\alpha$, $x=\beta$는 이차방정식 $x^2-6x+2=0$의 두 근이 된다.

STEP B 이차방정식의 근과 계수의 관계를 이용하여 주어진 식의 값 구하기

이차방정식 $x^2-6x+2=0$의 두 근이 α, β이므로 근과 계수의 관계에 의하여

두 근의 합 $\alpha+\beta=6$

두 근의 곱 $\alpha\beta=2$

또한, $\alpha^2+\beta^2=(\alpha+\beta)^2-2\alpha\beta=36-4=32$

$x=\alpha$를 대입하면 $\alpha^2-6\alpha+2=0$에서

$\alpha^2-5\alpha+2=\alpha$ ······ ㉠

$x=\beta$를 대입하면 $\beta^2-6\beta+2=0$에서

$\beta^2-5\beta+2=\beta$ ······ ㉡

따라서 ㉠, ㉡을 이용하여 주어진 식을 정리하면

$\dfrac{\beta}{\alpha^2-5\alpha+2}+\dfrac{\alpha}{\beta^2-5\beta+2}=\dfrac{\beta}{\alpha}+\dfrac{\alpha}{\beta}=\dfrac{\beta^2+\alpha^2}{\alpha\beta}=\dfrac{32}{2}=16$

0668

STEP A 이차방정식의 근과 계수의 관계 구하기

이차방정식 $x^2-2x-4=0$의 두 근이 α, β이므로 근과 계수의 관계에 의하여

두 근의 합 $\alpha+\beta=2$ ······ ㉠

두 근의 곱 $\alpha\beta=-4$ ······ ㉡

STEP B $f(\alpha)=f(\beta)=-3$, $f(1)=-2$를 만족하는 이차식 $f(x)$ 작성하기

$f(\alpha)=f(\beta)=3$이므로 $f(x)=3$이 되는 근이 $x=\alpha$, $x=\beta$

즉 $f(x)$의 최고차항의 계수를 a라고 하면

이차방정식 $f(x)-3=a(x-\alpha)(x-\beta)=a\{x^2-(\alpha+\beta)x+\alpha\beta\}$이므로

㉠, ㉡을 대입하면 $f(x)=a(x^2-2x-4)+3$

또한, $f(1)=-5a+3=-2$이므로 $a=1$

즉 $f(x)=x^2-2x-1$

STEP C p^3+q^3의 값 구하기

$f(x)=x^2-2x-1=0$의 두 근이 p, q이므로 근과 계수의 관계에 의하여

두 근의 합 $p+q=2$

두 근의 곱 $pq=-1$

따라서 $p^3+q^3=(p+q)^3-3pq(p+q)=2^3-3\times(-1)\times2=8+6=14$

내신연계 출제문항 320

이차방정식 $2x^2+4x-5=0$의 두 근을 α, β라 할 때,

$$f(\alpha)-3=0, \quad f(\beta)-3=0$$

을 만족시키고 x^2의 계수가 2인 이차식 $f(x)$의 상수항은?

① -3 ② -2 ③ -1

④ 2 ⑤ 3

STEP A 이차방정식의 근과 계수의 관계 구하기

이차방정식 $2x^2+4x-5=0$의 두 근이 α, β이므로 근과 계수의 관계에 의하여

두 근의 합 $\alpha+\beta=-2$ ······ ㉠

두 근의 곱 $\alpha\beta=-\dfrac{5}{2}$ ······ ㉡

STEP B $f(x)-3=0$의 두 근이 α, β인 이차식 $f(x)$ 구하기

$f(\alpha)-3=f(\beta)-3=0$이므로

$f(x)-3=0$의 근이 $x=\alpha$, $x=\beta$

즉 $f(x)$의 최고차항의 계수가 2이므로

$f(x)-3=2(x-\alpha)(x-\beta)=2\{x^2-(\alpha+\beta)x+\alpha\beta\}$

이때 ㉠, ㉡을 대입하면 $f(x)=2\left(x^2+2x-\dfrac{5}{2}\right)+3=2x^2+4x-2$

따라서 이차식 $f(x)$의 상수항은 -2

0669

STEP A 이차방정식의 근과 계수의 관계 구하기

이차방정식 $x^2-7x-3=0$의 두 근이 α, β이므로 근과 계수의 관계에 의하여

두 근의 합 $\alpha+\beta=7$ ······ ㉠

두 근의 곱 $\alpha\beta=-3$ ······ ㉡

STEP B 주어진 조건을 이용하여 $f(x)$의 식 구하기

$f(\alpha)=f(\beta)=\alpha+\beta$에서 $f(\alpha)=f(\beta)=7$이므로

$f(\alpha)-7=0, \quad f(\beta)-7=0$

즉 이차방정식 $f(x)-7=0$의 두 근이 $x=\alpha$, $x=\beta$

$f(x)-7=a(x-\alpha)(x-\beta)=a\{x^2-(\alpha+\beta)x+\alpha\beta\}$이고

㉠, ㉡의 값을 대입하면 $f(x)=a(x^2-7x-3)+7$

또한, $f(0)=-3a+7=-3$ ∴ $a=3$

즉 $f(x)=3x^2-21x-2$

STEP C $f(2)$의 값 구하기

따라서 $f(2)=12-42-2=-32$

0670

STEP A $f(\alpha)=-5$, $f(\beta)=-5$의 두 근이 α, β인 이차식 작성하기

$f(\alpha)=-5$, $f(\beta)=-5$에서 $f(\alpha)+5=0$, $f(\beta)+5=0$이므로

α, β는 이차방정식 $f(x)+5=0$의 두 근이다.

이때 $f(x)+5=(x^2+2x-6)+5=x^2+2x-1$

STEP B 이차방정식의 근과 계수의 관계를 이용하여 $\dfrac{\alpha^2}{\beta}+\dfrac{\beta^2}{\alpha}$의 값 구하기

이차방정식 $x^2+2x-1=0$의 두 근이 α, β이므로 근과 계수의 관계에 의하여

$\alpha+\beta=-2$, $\alpha\beta=-1$

따라서 $\dfrac{\alpha^2}{\beta}+\dfrac{\beta^2}{\alpha}=\dfrac{\alpha^3+\beta^3}{\alpha\beta}=\dfrac{(\alpha+\beta)^3-3\alpha\beta(\alpha+\beta)}{\alpha\beta}$

$$=\dfrac{(-2)^3-3\times(-1)\times(-2)}{-1}$$

$$=14$$

내신연계 출제문항 321

이차식 $f(x)=x^2-6x+4$에 대하여 $f(\alpha)=2$, $f(\beta)=2$일 때,

$\dfrac{\alpha}{\beta}+\dfrac{\beta}{\alpha}$의 값은?

① 10 ② 12 ③ 14

④ 16 ⑤ 18

STEP A $f(\alpha)=2$, $f(\beta)=2$의 두 근이 α, β인 이차식 작성하기

$f(\alpha)=2$, $f(\beta)=2$에서 $f(\alpha)-2=0$, $f(\beta)-2=0$이므로

α, β는 이차방정식 $f(x)-2=0$의 두 근이다.

이때 $f(x)-2=(x^2-6x+4)-2=x^2-6x+2$

STEP B 이차방정식의 근과 계수의 관계를 이용하여 $\dfrac{\alpha}{\beta}+\dfrac{\beta}{\alpha}$의 값 구하기

이차방정식 $x^2-6x+2=0$의 두 근이 α, β이므로 근과 계수의 관계에 의하여

$\alpha+\beta=6$, $\alpha\beta=2$

따라서 $\dfrac{\alpha}{\beta}+\dfrac{\beta}{\alpha}=\dfrac{\alpha^2+\beta^2}{\alpha\beta}=\dfrac{(\alpha+\beta)^2-2\alpha\beta}{\alpha\beta}=\dfrac{6^2-2\times2}{2}=16$

0671

STEP A 이차방정식의 근과 계수의 관계 구하기

이차방정식 $x^2-x+1=0$의 두 근이 α, β이므로 근과 계수의 관계에 의하여

두 근의 합 $\alpha+\beta=1$

두 근의 곱 $\alpha\beta=1$

STEP B $f(\alpha)=\beta$, $f(\beta)=\alpha$의 두 근이 α, β인 식 작성하기

이차식 $f(x)$에 대하여 $f(\alpha)=\beta$, $f(\beta)=\alpha$이므로

$f(\alpha)=1-\alpha$, $f(\beta)=1-\beta$ ← $\alpha+\beta=1$

α, β는 이차방정식 $f(x)+x-1=0$의 두 근이다.
이때 $f(x)$의 이차항의 계수를 a라 하면
$$f(x)+x-1=a(x-\alpha)(x-\beta)=a(x^2-x+1)$$
$$\therefore f(x)=ax^2-(a+1)x+a+1$$

STEP **C** **$f(1)=1$을 만족하는 이차식 $f(x)$에 대하여 $f(2)$의 값 구하기**

$f(1)=a-a-1+a+1=1$에서 $a=1$
즉 $f(x)=x^2-2x+2$
따라서 $f(2)=4-4+2=2$

0672

정답 5

STEP **A** **이차방정식의 근과 계수의 관계 구하기**

이차방정식 $x^2-2x-1=0$의 두 근이 α, β이므로 근과 계수의 관계에 의하여
두 근의 합 $\alpha+\beta=2$
두 근의 곱 $\alpha\beta=-1$
또한, 이차방정식 $x^2-2x-1=0$의 $x=\alpha$, β를 각각 대입하면
$\alpha^2-2\alpha-1=0$ $\therefore 2\alpha=\alpha^2-1$
$\beta^2-2\beta-1=0$ $\therefore 2\beta=\beta^2-1$

STEP **B** **$f(\alpha^2)=2\beta$, $f(\beta^2)=2\beta$의 두 근이 α^2, β^2인 식 작성하기**

$f(\alpha^2)=2\beta$ ← $\alpha+\beta=2$
$\qquad =2(2-\alpha)=4-2\alpha$
$\qquad =4-(\alpha^2-1)=-\alpha^2+5$
$f(\beta^2)=2\alpha$ ← $\alpha+\beta=2$
$\qquad =2(2-\beta)=4-2\beta$
$\qquad =4-(\beta^2-1)=-\beta^2+5$
$\therefore f(\alpha^2)+\alpha^2-5=0$, $f(\beta^2)+\beta^2-5=0$
즉 α^2, β^2은 이차방정식 $f(x)+x-5=0$의 두 근이다.

STEP **C** **이차식 $f(x)=x^2+mx+n$에서 m, n의 값 구하기**

$f(x)+x-5=0$의 두 근이 α^2, β^2이므로
$f(x)+x-5=(x-\alpha^2)(x-\beta^2)=x^2-(\alpha^2+\beta^2)x+\alpha^2\beta^2$
$\alpha^2+\beta^2=(\alpha+\beta)^2-2\alpha\beta=4+2=6$
$\alpha^2\beta^2=(\alpha\beta)^2=1$이므로 대입하면 $f(x)+x-5=x^2-6x+1$
즉 $f(x)=x^2-7x+6$
따라서 $x^2-7x+6=x^2+mx+n$에서 $m=-7$, $n=6$이므로 $m+2n=5$

0673

2006년 11월 고1 학력평가 16번

정답 ①

STEP **A** **이차방정식의 근과 계수의 관계 구하기**

이차방정식 $x^2+x-3=0$의 서로 다른 두 근이 α, β이므로
근과 계수의 관계에 의하여
두 근의 합 $\alpha+\beta=-1$
두 근의 곱 $\alpha\beta=-3$

STEP **B** **$f(x)-1=0$의 두 근이 α, β인 이차식 $f(x)$ 구하기**

이차식 $f(x)$에 대하여 $f(\alpha)=f(\beta)=1$이므로 $f(\alpha)-1=0$, $f(\beta)-1=0$
이때 $f(x)$의 x^2의 계수는 1인 이차식이고
α, β는 이차방정식 $f(x)-1=0$의 두 근이다.
$f(x)-1=(x-\alpha)(x-\beta)$ ← 이차항의 계수가 a이고 두 근이 α, β인 이차방정식은
$\qquad =x^2-(\alpha+\beta)x+\alpha\beta$ $a(x-\alpha)(x-\beta)=0$, 즉 $a\{x^2-(\alpha+\beta)x+\alpha\beta\}=0$
$\qquad =x^2+x-3$
따라서 $f(x)-1=x^2+x-3$이므로 $\boxed{f(x)=x^2+x-2}$

+α | $f(x)=x^2+ax+b$로 놓고 a, b의 값을 구할 수 있어!

$f(x)=x^2+ax+b$ (a, b는 상수)라 하면
$f(\alpha)=1$이므로 $f(\alpha)=\alpha^2+a\alpha+b=1$ ……㉠
$f(\beta)=1$이므로 $f(\beta)=\beta^2+a\beta+b=1$ ……㉡
㉠$-$㉡을 하면 $\alpha^2-\beta^2+a(\alpha-\beta)=0$ ← $a^2-b^2=(a+b)(a-b)$
$(\alpha+\beta)(\alpha-\beta)+a(\alpha-\beta)=0$, $(\alpha-\beta)(\alpha+\beta+a)=0$
$\therefore \alpha-\beta=0$ 또는 $\alpha+\beta+a=0$
그런데 $\alpha\neq\beta$이므로 $\alpha+\beta+a=0$, $a=-(\alpha+\beta)$, $a=1$
$a=1$을 ㉠에 대입하면 $\alpha^2+\alpha+b=1$ ……㉢
이차방정식 $x^2+x-3=0$의 한 근이 α이므로
$x=\alpha$를 대입하면 $\alpha^2+\alpha-3=0$ $\therefore \alpha^2+\alpha=3$
㉢에서 $b=1-(\alpha^2+\alpha)=1-3=-2$
따라서 $a=1$, $b=-2$이므로 $f(x)=x^2+x-2$

내 신 연 계 출제문항 322

이차방정식 $x^2+x-3=0$의 서로 다른 두 근을 α, β라 할 때,
$f(\alpha)=f(\beta)=1$을 만족하는 이차식 $f(x)$에 대하여 $f(3)$의 값은?
(단, $f(x)$의 x^2의 계수는 1이다.)

① 10 ② 12 ③ 14
④ 16 ⑤ 18

STEP **A** **이차방정식의 근과 계수의 관계 구하기**

이차방정식 $x^2+x-3=0$의 서로 다른 두 근이 α, β이므로
근과 계수의 관계에 의하여
두 근의 합 $\alpha+\beta=-1$
두 근의 곱 $\alpha\beta=-3$

STEP **B** **$f(x)-1=0$의 두 근이 α, β인 이차식 $f(x)$ 구하기**

이차식 $f(x)$에 대하여 $f(\alpha)=1$, $f(\beta)=1$이므로 $f(\alpha)-1=f(\beta)-1=0$
이때 α, β는 이차방정식 $f(x)-1=0$의 두 근이다.
$f(x)$의 x^2의 계수는 1이므로
$f(x)-1=(x-\alpha)(x-\beta)=x^2-(\alpha+\beta)x+\alpha\beta=x^2+x-3$
$\therefore f(x)=x^2+x-2$
따라서 $f(3)=3^2+3-2=10$

다른풀이 | $f(x)=x^2+ax+b$로 놓고 풀이하기

STEP **A** **이차방정식의 근과 계수의 관계 구하기**

이차방정식 $x^2+x-3=0$의 두 근이 α, β이므로
근과 계수의 관계에 의하여 $\alpha+\beta=-1$, $\alpha\beta=-3$

STEP **B** **$f(x)=x^2+ax+b$로 놓고 a, b의 값 구하기**

$f(x)=x^2+ax+b$ (a, b는 상수)라 하면
$f(\alpha)=f(\beta)=1$이므로 $f(\alpha)=\alpha^2+a\alpha+b=1$ ……㉠
$f(\beta)=\beta^2+a\beta+b=1$ ……㉡
㉠$-$㉡을 하면 $\alpha^2-\beta^2+a(\alpha-\beta)=0$
$(\alpha+\beta)(\alpha-\beta)+a(\alpha-\beta)=0$, $(\alpha-\beta)(\alpha+\beta+a)=0$
$\therefore \alpha-\beta=0$ 또는 $\alpha+\beta+a=0$
그런데 $\alpha\neq\beta$이므로 $\alpha+\beta+a=0$
$\therefore a=-(\alpha+\beta)=-(-1)=1$
$a=1$을 ㉠에 대입하면 $\alpha^2+\alpha+b=1$ ……㉢
이때 α가 이차방정식 $x^2+x-3=0$의 근이므로
$\alpha^2+\alpha-3=0$ $\therefore \alpha^2+\alpha=3$
㉢에서 $b=1-(\alpha^2+\alpha)=1-3=-2$ $\therefore f(x)=x^2+x-2$
따라서 $f(3)=3^2+3-2=10$

정답 ①

0674

STEP A 계수가 유리수인 이차방정식의 한 근이 주어질 때 다른 한 근 구하기

이차방정식 $x^2+ax+b=0$의 모든 계수가 유리수이므로
한 근이 $1+\sqrt{5}$이면 다른 한 근은 $1-\sqrt{5}$

STEP B 이차방정식의 근과 계수의 관계를 이용하여 $a-b$의 값 구하기

이차방정식의 근과 계수의 관계에 의하여
두 근의 합 $(1+\sqrt{5})+(1-\sqrt{5})=-a$ $\quad\therefore a=-2$
두 근의 곱 $(1+\sqrt{5})(1-\sqrt{5})=b$ $\quad\therefore b=-4$
따라서 $a-b=-2-(-4)=2$

---

mini 해설 | 무리수가 서로 같을 조건을 이용하여 풀이하기

이차방정식 $x^2+ax+b=0$의 한 근 $1+\sqrt{5}$이므로 $x=1+\sqrt{5}$를 대입하면
$(1+\sqrt{5})^2+a(1+\sqrt{5})+b=0$ ← $(\ )+(\ )\sqrt{5}$꼴로 정리
$\therefore (a+b+6)+(a+2)\sqrt{5}=0$
이때 a, b가 유리수이므로 $a+b+6=0$, $a+2=0$
위의 식을 연립하여 풀면 $a=-2$, $b=-4$
따라서 $a-b=-2-(-4)=2$

---

mini 해설 | 양변을 제곱하여 이차방정식 유도하여 풀이하기

$x=1+\sqrt{5}$에서 $x-1=\sqrt{5}$의 양변을 제곱하면 $(x-1)^2=5$, $x^2-2x-4=0$
즉 $x^2+ax+b=x^2-2x-4$에서 $a=-2$, $b=-4$
따라서 $a-b=-2-(-4)=2$

0675

STEP A 계수가 유리수인 이차방정식의 한 근이 주어질 때, 다른 한 근 구하기

이차방정식 $x^2+ax+b=0$의 모든 계수가 유리수이므로
한 근이 $1+\sqrt{2}$이면 다른 한 근은 $1-\sqrt{2}$

STEP B 이차방정식의 근과 계수의 관계를 이용하여 a, b의 값 구하기

이차방정식의 근과 계수의 관계에 의하여
두 근의 합 $(1+\sqrt{2})+(1-\sqrt{2})=-a$ $\quad\therefore a=-2$
두 근의 곱 $(1+\sqrt{2})(1-\sqrt{2})=b$ $\quad\therefore b=-1$

+α | 무리수가 서로 같을 조건을 이용하여 풀 수 있어!

이차방정식 $x^2+ax+b=0$의 한 근이 $1+\sqrt{2}$이므로 $x=1+\sqrt{2}$를 대입하면
$(1+\sqrt{2})^2+a(1+\sqrt{2})+b=0$ ← $(\ )+(\ )\sqrt{2}$꼴로 정리
$\therefore (a+b+3)+(a+2)\sqrt{2}=0$
이때 a, b가 유리수이므로 $a+b+3=0$, $a+2=0$
위의 식을 연립하여 풀면 $a=-2$, $b=-1$

+α | 양변을 제곱하여 이차방정식 유도하여 풀 수 있어!

$x=1+\sqrt{2}$에서 $x-1=\sqrt{2}$의 양변을 제곱하면 $(x-1)^2=2$, $x^2-2x-1=0$
즉 $x^2+ax+b=x^2-2x-1$에서 $a=-2$, $b=-1$

STEP C $\dfrac{\alpha^2}{\beta}+\dfrac{\beta^2}{\alpha}$의 값 구하기

이차방정식 $x^2+bx+a=0$에 $a=-2$, $b=-1$을 대입하면 $x^2-x-2=0$
이 이차방정식의 두 근이 α, β이므로 근과 계수의 관계에 의하여
두 근의 합 $\alpha+\beta=1$
두 근의 곱 $\alpha\beta=-2$
따라서 $\dfrac{\alpha^2}{\beta}+\dfrac{\beta^2}{\alpha}=\dfrac{\alpha^3+\beta^3}{\alpha\beta}=\dfrac{(\alpha+\beta)^3-3\alpha\beta(\alpha+\beta)}{\alpha\beta}=\dfrac{1-3\times(-2)\times1}{-2}=-\dfrac{7}{2}$

0676

STEP A 계수가 실수인 이차방정식의 한 근이 주어질 때, 다른 한 근 구하기

$\dfrac{5}{2+i}$에서 분모를 실수화하면 $\dfrac{5}{2+i}=\dfrac{5(2-i)}{(2+i)(2-i)}=\dfrac{5(2-i)}{5}=2-i$
즉 이차방정식 $x^2-(a+b)x+2ab=0$의 모든 계수가 실수이고
한 근이 $2-i$이면 다른 한 근은 $2+i$

STEP B 이차방정식의 근과 계수의 관계를 이용하여 a^3+b^3의 값 구하기

이차방정식의 근과 계수의 관계에 의하여
두 근의 합 $a+b=(2-i)+(2+i)=4$ $\quad\therefore a+b=4$
두 근의 곱 $2ab=(2-i)(2+i)=2^2-i^2=4-(-1)=5$
따라서 $a+b=4$, $ab=\dfrac{5}{2}$이므로 $a^3+b^3=(a+b)^3-3ab(a+b)$

$$=4^3-3\times\dfrac{5}{2}\times4$$
$$=64-30=34$$

0677

STEP A 계수가 실수인 이차방정식의 한 근이 주어질 때 다른 한 근 구하기

$\dfrac{b-i}{3+i}$에서 분모를 실수화하면 $\dfrac{b-i}{3+i}=\dfrac{(b-i)(3-i)}{(3+i)(3-i)}=\dfrac{(3b-1)-(b+3)i}{10}$
이차방정식 $x^2-4x+a=0$의 모든 계수가 실수이므로
한 근이 $\dfrac{(3b-1)-(b+3)i}{10}$이면 다른 한 근은 $\dfrac{(3b-1)+(b+3)i}{10}$이다.

STEP B 이차방정식의 근과 계수의 관계를 이용하여 $a+b$의 값 구하기

이차방정식의 근과 계수의 관계에 의하여
두 근의 합 $4=\dfrac{(3b-1)-(b+3)i}{10}+\dfrac{(3b-1)+(b+3)i}{10}=\dfrac{3b-1}{5}$이므로
$20=3b-1$ $\quad\therefore b=7$
즉 두 근은 $2-i$, $2+i$이므로
$b=7$을 $\dfrac{(3b-1)\pm(b+3)i}{10}$에 대입하면 $\dfrac{20\pm10i}{10}=2\pm i$
두 근의 곱 $a=(2-i)(2+i)=2^2-i^2=4+1=5$
따라서 $a=5$, $b=7$이므로 $a+b=12$

내신 연계 출제문항 323

이차방정식 $x^2-10x+a=0$의 한 근이 $\dfrac{b+i}{2-i}$일 때, 실수 a, b에 대하여
$a-b$의 값은? (단, $b\ne-2$이고 $i=\sqrt{-1}$)

① 20 　　② 21 　　③ 22
④ 23 　　⑤ 24

STEP A 계수가 실수인 이차방정식의 한 근이 주어질 때, 다른 한 근 구하기

$\dfrac{b+i}{2-i}$에서 분모를 실수화하면 $\dfrac{b+i}{2-i}=\dfrac{(b+i)(2+i)}{(2-i)(2+i)}=\dfrac{(2b-1)+(b+2)i}{5}$
a가 실수이므로 이차방정식 $x^2-10x+a=0$의 한 근이
$\dfrac{(2b-1)+(b+2)i}{5}$이면 다른 한 근은 $\dfrac{(2b-1)-(b+2)i}{5}$

STEP B 이차방정식의 근과 계수의 관계를 이용하여 $a-b$의 값 구하기

이차방정식의 근과 계수의 관계에 의하여
두 근의 합 $\dfrac{(2b-1)+(b+2)i}{5}+\dfrac{(2b-1)-(b+2)i}{5}=\dfrac{4b-2}{5}=10$
즉 $4b-2=50$ $\quad\therefore b=13$
$b=13$이므로 두 근은 $5+3i$, $5-3i$이므로
두 근의 곱 $a=(5+3i)(5-3i)=34$ $\quad\therefore a=34$
따라서 $a-b=34-13=21$

0678

STEP A 계수가 실수인 이차방정식의 한 근이 주어질 때 다른 한 근 구하기

이차방정식 $x^2+ax+b=0$의 모든 계수가 실수이므로
한 근이 $3+i$이면 다른 한 근은 $3-i$이다.

STEP B 이차방정식의 근과 계수의 관계를 이용하여 a, b의 값 구하기

이차방정식의 근과 계수의 관계에 의하여
두 근의 합 $-a=(3+i)+(3-i)=6$ $\therefore a=-6$
두 근의 곱 $b=(3+i)(3-i)=3^2-i^2=9-(-1)=10$ $\therefore b=10$

STEP C 주어진 값 구하기

이차방정식 $x^2-bx+a=0$에 $a=-6$, $b=10$을 대입하면
$x^2-10x-6=0$
이 이차방정식의 두 근이 α, β이므로 근과 계수의 관계에 의하여
두 근의 합 $\alpha+\beta=10$ ······ ㉠
두 근의 곱 $\alpha\beta=-6$ ······ ㉡
따라서 $\dfrac{\beta+2}{2\alpha}+\dfrac{\alpha+2}{2\beta}=\dfrac{\beta^2+2\beta+\alpha^2+2\alpha}{2\alpha\beta}$
$=\dfrac{(\alpha+\beta)^2+2(\alpha+\beta)-2\alpha\beta}{2\alpha\beta}$
이므로 ㉠, ㉡을 대입하면
$\dfrac{10^2+2\times10-2\times(-6)}{2\times(-6)}=\dfrac{100+20+12}{-12}=\dfrac{132}{-12}=-11$

다른풀이 복소수가 서로 같을 조건으로 풀이하기

STEP A 주어진 이차방정식에 $x=3+i$를 대입하여 $a+bi$꼴로 정리하기

a, b가 실수이므로 이차방정식 $x^2+ax+b=0$의 한 근이 $3+i$이므로
$x=3+i$를 대입하면
$(3+i)^2+a(3+i)+b=0$, $(8+3a+b)+(6+a)i=0$
a, b는 실수이므로 복소수가 서로 같을 조건에 의하여
$8+3a+b=0$, $6+a=0$
위의 두 식을 연립하여 풀면 $a=-6$, $b=10$

STEP B $x^2-bx+a=0$의 두 근이 α, β일 때, 주어진 값 구하기

이차방정식 $x^2-bx+a=0$에 $a=-6$, $b=10$을 대입하면
$x^2-10x-6=0$
이차방정식의 두 근이 α, β이므로 근과 계수의 관계에 의하여
$\alpha+\beta=10$, $\alpha\beta=-6$
따라서 $\dfrac{\beta+2}{2\alpha}+\dfrac{\alpha+2}{2\beta}=\dfrac{\beta^2+2\beta+\alpha^2+2\alpha}{2\alpha\beta}$
$=\dfrac{(\alpha+\beta)^2+2(\alpha+\beta)-2\alpha\beta}{2\alpha\beta}$
$=\dfrac{10^2+2\times10-2\times(-6)}{2\times(-6)}$
$=\dfrac{100+20+12}{-12}$
$=-11$

내신연계 출제문항 324

이차방정식 $ax^2+bx+c=0$의 한 근이 $\dfrac{1+\sqrt{2}i}{3}$일 때, 이차방정식
$cx^2+bx+a=0$의 두 근이 α, β일 때, $(\beta-\alpha)^2$의 값은?
(단, a, b, c는 실수, $i=\sqrt{-1}$)

① -10 ② -8 ③ -6
④ -4 ⑤ -2

STEP A 계수가 실수인 이차방정식의 켤레근의 성질 이해하기

계수 a, b, c가 실수이므로 이차방정식 $ax^2+bx+c=0$의
한 근이 $\dfrac{1+\sqrt{2}i}{3}$이면 다른 한 근은 $\dfrac{1-\sqrt{2}i}{3}$이다.

STEP B 이차방정식의 근과 계수의 관계를 이용하여 a, b의 값 구하기

이때 이차방정식의 근과 계수의 관계에 의하여
두 근의 합 $-\dfrac{b}{a}=\dfrac{1+\sqrt{2}i}{3}+\dfrac{1-\sqrt{2}i}{3}=\dfrac{2}{3}$ $\therefore b=-\dfrac{2}{3}a$
두 근의 곱 $\dfrac{c}{a}=\left(\dfrac{1+\sqrt{2}i}{3}\right)\times\left(\dfrac{1-\sqrt{2}i}{3}\right)=\dfrac{1}{3}$ $\therefore c=\dfrac{1}{3}a$

STEP C $(\beta-\alpha)^2$의 값 구하기

$b=-\dfrac{2}{3}a$, $c=\dfrac{1}{3}a$를 이차방정식 $cx^2+bx+a=0$에 대입하면
$\dfrac{1}{3}ax^2-\dfrac{2}{3}ax+a=0$에서 $x^2-2x+3=0$의 두 근이 α, β이므로
$a\neq0$이므로 양변을 $\dfrac{3}{a}$을 곱한다.
근과 계수의 관계에 의하여
두 근의 합 $\alpha+\beta=2$
두 근의 곱 $\alpha\beta=3$
따라서 $(\beta-\alpha)^2=(\alpha+\beta)^2-4\alpha\beta=2^2-4\times3=-8$

0679

STEP A 이차방정식의 판별식을 이용하여 α, β의 관계 구하기

이차방정식 $x^2-2x+3=0$의 판별식을 D라 하면
$\dfrac{D}{4}=1-3<0$이므로 서로 다른 두 허근을 가진다.
이때 계수가 실수이고 허근을 가지므로 두 근은 서로 켤레복소수 관계이다.
즉 $\overline{\alpha}=\beta$, $\overline{\beta}=\alpha$
또한, 두 근이 α, β이므로 근과 계수의 관계에 의하여
두 근의 합 $\alpha+\beta=2$
두 근의 곱 $\alpha\beta=3$

STEP B $\alpha^2\overline{\beta}+\overline{\alpha}\beta^2$의 값 구하기

$\overline{\alpha}=\beta$, $\overline{\beta}=\alpha$이므로 $\alpha^2\overline{\beta}+\overline{\alpha}\beta^2=\alpha^3+\beta^3$
따라서 $\alpha^3+\beta^3=(\alpha+\beta)^3-3\alpha\beta(\alpha+\beta)=8-18=-10$

POINT | 이차방정식의 켤레근

계수가 실수인 이차방정식의 두 근이 허수일 때,
두 근은 서로 켤레복소수이므로 그 합과 곱은 모두 실수이다.
즉 계수가 실수인 이차방정식의 두 근의 합과 곱은 항상 실수이다.

0680

STEP A 계수가 실수인 이차방정식의 한 근이 주어질 때 다른 한 근 구하기

이차방정식 $x^2+ax+b=0$의 모든 계수가 실수이므로

한 근이 $2+\sqrt{3}i$이면 다른 한 근은 $2-\sqrt{3}i$

이차방정식의 근과 계수의 관계에 의하여

두 근의 합 $(2+\sqrt{3}i)+(2-\sqrt{3}i)=-a$ $\quad \therefore a=-4$

두 근의 곱 $(2+\sqrt{3}i)(2-\sqrt{3}i)=b$ $\quad \therefore b=7$

+α | 복소수가 서로 같을 조건을 이용하여 구할 수 있어!

> 이차방정식 $x^2+ax+b=0$의 한 근이 $2+\sqrt{3}i$이므로
> $x=2+\sqrt{3}i$를 대입하면 $(2+\sqrt{3}i)^2+a(2+\sqrt{3}i)+b=0$ ← ( )+( )꼴로 정리
> $\therefore (2a+b+1)+(a+4)\sqrt{3}i=0$
> 이때 a, b가 실수이므로 $2a+b+1=0$, $a+4=0$
> 위의 식을 연립하여 풀면 $a=-4$, $b=7$

+α | 양변을 제곱하여 이차방정식을 유도하여 구할 수 있어!

> $x=2+\sqrt{3}i$에서 $x-2=\sqrt{3}i$의 양변을 제곱하면
> $(x-2)^2=-3$, $x^2-4x+7=0$
> 즉 $x^2+ax+b=x^2-4x+7$에서 $a=-4$, $b=7$

STEP B 다항식 $f(x)$를 $x-3$으로 나눈 나머지 구하기

다항식 $f(x)=x^2+(a-1)x+b-3$에 $a=-4$, $b=7$을 대입하면

$f(x)=x^2-5x+4$

따라서 다항식 $f(x)$를 $x-3$으로 나눈 나머지는 나머지정리에 의하여

$f(3)=9-15+4=-2$

내신연계 출제문항 325

실수 a, b에 대하여 이차방정식 $x^2+ax+b=0$의 한 근이 $1-\sqrt{2}i$일 때,
다항식 $f(x)=x^2+(a+4)x-2b+1$을 $x-2$로 나누었을 때의 나머지는?
(단, $i=\sqrt{-1}$)

① -5　　② -3　　③ 1
④ 3　　⑤ 5

STEP A 계수가 실수인 이차방정식의 한 근이 주어질 때, 다른 한 근 구하기

이차방정식 $x^2+ax+b=0$의 모든 계수가 실수이므로

한 근이 $1-\sqrt{2}i$이면 다른 한 근은 $1+\sqrt{2}i$

이차방정식의 근과 계수의 관계에 의하여

두 근의 합 $(1-\sqrt{2}i)+(1+\sqrt{2}i)=-a$ $\quad \therefore a=-2$

두 근의 곱 $(1-\sqrt{2}i)(1+\sqrt{2}i)=b$ $\quad \therefore b=3$

+α | 복소수가 서로 같을 조건을 이용하여 구할 수 있어!

> 이차방정식 $x^2+ax+b=0$의 한 근이 $1-\sqrt{2}i$이므로
> $x=1-\sqrt{2}i$를 대입하면 $(1-\sqrt{2}i)^2+a(1-\sqrt{2}i)+b=0$ ← ( )+( )i꼴로 정리
> $\therefore (a+b-1)-(a+2)\sqrt{2}i=0$
> 이때 a, b가 실수이므로 $a+b-1=0$, $a+2=0$
> 위의 식을 연립하여 풀면 $a=-2$, $b=3$

+α | 양변을 제곱하여 이차방정식을 유도하여 구할 수 있어!

> $x=1-\sqrt{2}i$에서 $x-1=-\sqrt{2}i$의 양변을 제곱하면
> $(x-1)^2=-2$, $x^2-2x+3=0$
> 즉 $x^2+ax+b=x^2-2x+3$에서 $a=-2$, $b=3$

STEP B 다항식 $f(x)$를 $x-2$로 나눈 나머지 구하기

다항식 $f(x)=x^2+(a+4)x-2b+1$에 $a=-2$, $b=3$을 대입하면

$f(x)=x^2+2x-5$

따라서 다항식 $f(x)$를 $x-2$로 나눈 나머지는 나머지정리에 의하여

$f(2)=4+4-5=3$

0681

STEP A 이차방정식의 켤레근의 성질을 이용하여 α, β의 관계 구하기

이차방정식 $x^2-6x+11=0$에서 근의 공식에 의하여 $x=3\pm\sqrt{2}i$이므로

$\alpha=3+\sqrt{2}i$, $\beta=3-\sqrt{2}i$라 하면

β는 α의 켤레복소수이다.

즉 $\beta=\overline{\alpha}$이고 $\alpha=\overline{\beta}$

STEP B 이차방정식의 근과 계수의 관계를 이용하여 주어진 식의 값 구하기

이차방정식의 근과 계수의 관계에 의해 $\alpha+\beta=6$, $\alpha\beta=11$

> 이차방정식 $ax^2+bx+c=0$의 두 근이 α, β이면 $\alpha+\beta=-\dfrac{b}{a}$, $\alpha\beta=\dfrac{c}{a}$

따라서 $11\left(\dfrac{\overline{\alpha}}{\alpha}+\dfrac{\overline{\beta}}{\beta}\right)=11\left(\dfrac{\beta}{\alpha}+\dfrac{\alpha}{\beta}\right)$ ← $\overline{\alpha}=\beta$, $\overline{\beta}=\alpha$

$=11\left(\dfrac{\alpha^2+\beta^2}{\alpha\beta}\right)$ ← $\alpha^2+\beta^2=(\alpha+\beta)^2-2\alpha\beta$

$=11\left\{\dfrac{(\alpha+\beta)^2-2\alpha\beta}{\alpha\beta}\right\}$ ← $\alpha+\beta=6$, $\alpha\beta=11$

$=11\times\dfrac{36-22}{11}$

$=14$

내신연계 출제문항 326

이차방정식 $x^2-2x+6=0$의 서로 다른 두 허근을 α, β라 할 때,
$9\left(\dfrac{\overline{\alpha}}{\alpha^2}+\dfrac{\overline{\beta}}{\beta^2}\right)$의 값은? (단, $\overline{\alpha}$, $\overline{\beta}$는 각각 α, β의 켤레복소수이다.)

① -7　　② -6　　③ -5
④ -4　　⑤ -3

STEP A 이차방정식의 켤레근의 성질을 이용하여 α, β의 값 구하기

이차방정식 $x^2-2x+6=0$에서 근의 공식에 의하여

$x=-(-1)\pm\sqrt{(-1)^2-6}=1\pm\sqrt{5}i$이므로

$\alpha=1+\sqrt{5}i$, $\beta=1-\sqrt{5}i$라 하면

β는 α의 켤레복소수이다.

즉 $\beta=\overline{\alpha}$이고 $\alpha=\overline{\beta}$

STEP B 이차방정식의 근과 계수의 관계를 이용하여 주어진 식의 값 구하기

이차방정식의 근과 계수의 관계에 의해 $\alpha+\beta=2$, $\alpha\beta=6$

따라서 $9\left(\dfrac{\overline{\alpha}}{\alpha^2}+\dfrac{\overline{\beta}}{\beta^2}\right)=9\left(\dfrac{\beta}{\alpha^2}+\dfrac{\alpha}{\beta^2}\right)$

$=9\left(\dfrac{\alpha^3+\beta^3}{\alpha^2\beta^2}\right)$

$=9\left\{\dfrac{(\alpha+\beta)^3-3\alpha\beta(\alpha+\beta)}{(\alpha\beta)^2}\right\}$

$=9\times\dfrac{8-3\times6\times2}{36}$

$=-7$

STEP B 다항식 $f(x)$를 $x-2$로 나눈 나머지 구하기

0682 2023년 09월 고1 학력평가 25번　　　정답 10　

STEP A 계수가 실수인 이차방정식의 한 근이 주어질 때 다른 한 근 구하기

이차방정식 $x^2-px+p+19=0$의 모든 계수가 실수이므로

한 허근을 $\alpha=a+2i$ (a는 실수, $i=\sqrt{-1}$)이라 하면

다른 한 근은 켤레복소수인 $\bar{\alpha}=a-2i$
　　복소수 $a+bi$의 켤레복소수는 $a-bi$로 허수부분의 부호를 바꿔준다.

STEP B 이차방정식의 근과 계수의 관계를 이용하여 양의 실수 p의 값 구하기

이차방정식의 근과 계수의 관계에 의하여
이차방정식 $x^2+ax+b=0$의 두 근이 $\alpha,\ \beta$이면 $\alpha+\beta=-a,\ \alpha\beta=b$

두 근의 합 $(a+2i)+(a-2i)=p$

$\therefore\ p=2a$ 　　　　……　㉠

두 근의 곱 $(a+2i)(a-2i)=p+19$

$\therefore\ p=a^2-15$ 　　　　……　㉡

㉠에서 $a=\dfrac{p}{2}$를 ㉡에 대입하면

$p^2-4p-60=0,\ (p+6)(p-10)=0$　←　$\dfrac{p^2}{4}+4=p+19,\ \dfrac{p^2}{4}-p-15=0,$ $\ p^2-4p-60=0$

$p=-6$ 또는 $p=10$

따라서 양의 실수 p의 값은 10

내신 연계 출제문항 327

x에 대한 이차방정식 $x^2-px+p+19=0$이 서로 다른 두 허근을 갖는다. 한 허근의 허수부분이 4일 때, 양의 실수 p의 값을 구하시오.

STEP A 계수가 실수인 이차방정식의 한 근이 주어질 때, 다른 한 근 구하기

이차방정식 $x^2-px+p+19=0$의 모든 계수가 실수이므로

한 허근을 $\alpha=a+4i$ (a는 실수, $i=\sqrt{-1}$)이라 하면

다른 한 근은 켤레복소수인 $\bar{\alpha}=a-4i$
　　복소수 $a+bi$의 켤레복소수는 $a-bi$로 허수부분의 부호를 바꿔준다.

STEP B 이차방정식의 근과 계수의 관계를 이용하여 양의 실수 p의 값 구하기

이차방정식의 근과 계수의 관계에 의하여
이차방정식 $x^2+ax+b=0$의 두 근이 $\alpha,\ \beta$이면 $\alpha+\beta=-a,\ \alpha\beta=b$

두 근의 합 $(a+4i)+(a-4i)=p$　$\therefore\ p=2a$　……　㉠

두 근의 곱 $(a+4i)(a-4i)=p+19$　$\therefore\ p=a^2-3$　……　㉡

㉠에서 $a=\dfrac{p}{2}$를 ㉡에 대입하면

$p^2-4p-12=0,\ (p+2)(p-6)=0$　←　$\dfrac{p^2}{4}+16=p+19,\ \dfrac{p^2}{4}-p-3=0,$ $\ p^2-4p-12=0$

$p=-2$ 또는 $p=6$

따라서 양의 실수 p의 값은 6　　　정답 6

0683 2021년 09월 고1 학력평가 12번　　　정답 ①

STEP A 계수가 실수인 이차방정식의 한 근이 주어질 때, 다른 한 근 구하기

이차방정식 계수가 실수이므로

한 근이 $2-3i$이면 다른 한 근은 켤레복소수인 $\alpha=2+3i$

STEP B 복소수가 서로 같을 조건을 이용하여 a, b의 값 구하기

$\dfrac{1}{\alpha}=\dfrac{1}{2+3i}=\dfrac{2-3i}{(2+3i)(2-3i)}=\dfrac{2}{13}-\dfrac{3}{13}i$

즉 $\dfrac{2}{13}-\dfrac{3}{13}i=a+bi$에서 a, b가 실수이므로

복소수가 서로 같을 조건에 의하여 $a=\dfrac{2}{13},\ b=-\dfrac{3}{13}$
　　— a, b, c, d가 실수일 때, $a+bi=c+di$이면 $a=c,\ b=d$

따라서 $a+b=\dfrac{2}{13}+\left(-\dfrac{3}{13}\right)=-\dfrac{1}{13}$

내신 연계 출제문항 328

계수가 실수인 이차방정식의 한 근이 $3-2i$이고 다른 한 근을 α라 하자. 두 실수 a, b에 대하여 $\dfrac{1}{\alpha}=a+bi$일 때, $a+b$의 값은? (단, $i=\sqrt{-1}$)

① $-\dfrac{3}{13}$　　② $-\dfrac{2}{13}$　　③ $-\dfrac{1}{13}$

④ $\dfrac{1}{13}$　　⑤ $\dfrac{2}{13}$

STEP A 계수가 실수인 이차방정식의 한 근이 주어질 때 다른 한 근 구하기

이차방정식 계수가 실수이므로

한 근이 $3-2i$ 이면 다른 한 근은 $\alpha=3+2i$이다.

STEP B 분모를 실수화하여 a, b의 값 구하기

$\dfrac{1}{\alpha}=\dfrac{1}{3+2i}=\dfrac{3-2i}{(3+2i)(3-2i)}$　←　분모, 분자에 $3-2i$를 곱한다.

$=\dfrac{3-2i}{13}=\dfrac{3}{13}-\dfrac{2}{13}i$

따라서 $a=\dfrac{3}{13},\ b=-\dfrac{2}{13}$이므로 $a+b=\dfrac{3}{13}+\left(-\dfrac{2}{13}\right)=\dfrac{1}{13}$　　　정답 ④

0684 2023년 03월 고2 학력평가 17번　　　정답 ④　

STEP A 이차방정식의 근과 계수의 관계를 이용하여 m의 값 구하기

조건 (가)에서 허수 z는 x에 대한 이차방정식 $x^2+mx+n=0$의 한 근이다.

이때 m, n이 정수이고 z가 허수이므로

방정식 $x^2+mx+n=0$은 켤레복소수인 $x=\bar{z}$도 근으로 갖는다.

조건 (나)에서 $z+\bar{z}=8$이고 이차방정식의 근과 계수의 관계에 의하여

두 근의 합 $z+\bar{z}=-m$이므로 $m=-8$

STEP B 이차방정식의 판별식을 이용하여 정수 n의 최솟값 구하기

x에 대한 이차방정식 $x^2-8x+n=0$이 허근을 갖기 위해서는

이 이차방정식의 판별식을 D라 할 때, $D<0$이어야 한다.

$\dfrac{D}{4}=(-4)^2-n<0,\ 16-n<0$

이때 $n>16$이므로 정수 n의 최솟값은 17

따라서 $m+n$의 최솟값은 $-8+17=9$

다른풀이　$z=a+bi$로 놓고 풀이하기

STEP A 조건 (나)를 이용하여 a의 값 구하기

z는 허수이므로 $z=a+bi$ (a, b는 실수, $b\neq0$)으로 놓을 수 있다.

조건 (나)에서 $z+\bar{z}=(a+bi)+(a-bi)=2a=8$이므로 $a=4$

$\therefore\ z=4+bi$

STEP B 복소수가 서로 같을 조건을 이용하여 m, n의 값 구하기

조건 (가)에서

$z^2+mz+n=(4+bi)^2+m(4+bi)+n$

$=(16+8bi+b^2i^2)+(4m+mbi)+n$　←　$i^2=-1$

$=(16+8bi-b^2)+(4m+mbi)+n$　←　( )+( )$i=0$꼴로 정리

$=(16-b^2+4m+n)+b(8+m)i$

$=0$

이때 $b(8+m)=0$에서 $b\neq0$이므로 $m=-8$

이를 $16-b^2+4m+n=0$에 대입하면 $n=16+b^2$

$b\neq0$이므로 $n>16$

그러므로 정수 n의 최솟값은 17

따라서 $m+n$의 최솟값은 $-8+17=9$

다음 조건을 만족시키는 허수 z가 존재하도록 하는 두 정수 m, n에 대하여 $m+n$의 최솟값은? (단, $\overline{z}$는 z의 켤레복소수이다.)

(가) $z^2+mz+n=0$
(나) $z+\overline{z}=4$

① 1   ② 3   ③ 5
④ 7   ⑤ 9

STEP A 이차방정식의 근과 계수의 관계를 이용하여 m의 값 구하기

조건 (가)에서 허수 z는 x에 대한 이차방정식 $x^2+mx+n=0$의 한 근이다.
이때 m, n이 정수이고 z가 허수이므로
방정식 $x^2+mx+n=0$은 켤레복소수인 $x=\overline{z}$도 근으로 갖는다.
조건 (나)에서 $z+\overline{z}=4$이므로 이차방정식의 근과 계수의 관계에 의하여
두 근의 합 $z+\overline{z}=-m$이므로 $m=-4$

STEP B 이차방정식의 판별식을 이용하여 정수 n의 최솟값 구하기

x에 대한 이차방정식 $x^2-4x+n=0$이 허근을 갖기 위해서는
이 이차방정식의 판별식을 D라 할 때, $D<0$이어야 한다.
$\dfrac{D}{4}=(-2)^2-n<0$, $4-n<0$
이때 $n>4$이므로 정수 n의 최솟값은 5
따라서 $m+n$의 최솟값은 $-4+5=1$

다른풀이 $z=a+bi$로 놓고 풀이하기

STEP A 조건 (나)를 이용하여 a의 값 구하기

z는 허수이므로 $z=a+bi$ (a, b는 실수, $b\neq0$)으로 놓을 수 있다.
조건 (나)에서 $z+\overline{z}=(a+bi)+(a-bi)=2a=4$이므로 $a=2$
$\therefore z=2+bi$

STEP B 복소수가 서로 같을 조건을 이용하여 m, n의 값 구하기

조건 (가)에서
$$\begin{aligned}
z^2+mz+n&=(2+bi)^2+m(2+bi)+n\\
&=(4+4bi+b^2i^2)+(2m+mbi)+n \quad \leftarrow i^2=-1\\
&=(4+4bi-b^2)+(2m+mbi)+n \quad \leftarrow (\ )+(\ )i=0\text{꼴로 정리}\\
&=(4-b^2+2m+n)+b(4+m)i\\
&=0
\end{aligned}$$
이때 $b(4+m)=0$에서 $b\neq0$이므로 $m=-4$
이를 $4-b^2+2m+n=0$에 대입하면 $n=4+b^2$
$b\neq0$이므로 $n>4$
그러므로 정수 n의 최솟값은 5
따라서 $m+n$의 최솟값은 $-4+5=1$ **정답** ①

0685   2014년 09월 고1 학력평가 8번   **정답** ①

STEP A 나머지정리를 이용하여 p, q의 관계식 구하기

조건 (가)에서 나머지정리에 의하여 $f(1)=1+p+q=1$
다항식 $f(x)$를 $x-\alpha$로 나눈 나머지는 $f(\alpha)$이다.
즉 $p+q=0$이므로 $q=-p$

STEP B 이차방정식의 근과 계수의 관계를 이용하여 p, q의 값 구하기

$q=-p$이므로 $f(x)=x^2+px-p$
조건 (나)에 의하여 이차방정식 $x^2+px+q=0$의 모든 계수가 실수이므로
한 근이 $a+i$이면 다른 한 근은 켤레복소수인 $a-i$
이차방정식의 근과 계수의 관계에 의하여
두 근의 합 $(a+i)+(a-i)=-p$ $\therefore p=-2a$ …… ㉠

두 근의 곱 $(a+i)(a-i)=-p$ $\therefore p=-a^2-1$ …… ㉡
㉠의 식을 ㉡에 대입하면 $-2a=-a^2-1$이고
$a^2-2a+1=0$, $(a-1)^2=0$이므로 $a=1$
$a=1$을 ㉠의 식에 대입하면 $p=-2$, $q=2$
따라서 $p+2q=-2+2\times2=2$

+α | 복소수가 서로 같을 조건을 이용하여 $p+2q$의 값을 구할 수 있어!

조건 (가)에서 나머지정리에 의하여
$f(1)=1+p+q=1$ $\therefore p+q=0$ …… ㉠
조건 (나)에 의하여 이차방정식 $x^2+px+q=0$의 한 근이 $a+i$이므로
$x=a+i$를 대입하면 $a^2+2ai-1+pa+pi+q=0$ $\leftarrow (\ )+(\ )i=0$꼴로 정리
$\therefore (a^2+pa+q-1)+(2a+p)i=0$
이때 a, p, q가 실수이므로 복소수가 서로 같을 조건에 의하여
a, b, c, d가 실수일 때, $a+bi=c+di$이면 $a=c$, $b=d$
$2a+p=0$에서 $p=-2a$ …… ㉡   ← 허수부분
$a^2+pa+q-1=0$에서 $a^2-2a^2+q-1=-a^2+q-1=0$이므로   ← 실수부분
$q=a^2+1$ …… ㉢
㉡, ㉢을 ㉠에 대입하면 $-2a+a^2+1=0$ $\therefore a=1$
따라서 $p=-2$, $q=2$이므로 $p+2q=2$

+α | 양변을 제곱하여 이차방정식을 유도하여 $p+2q$의 값을 구할 수 있어!

조건 (가)에서 나머지정리에 의하여
$f(1)=1+p+q=1$ $\therefore p+q=0$ …… ㉠
조건 (나)에 의하여 이차방정식 $x^2+px+q=0$의 한 근이 $a+i$이므로 $x=a+i$
$x-a=i$에서 양변을 제곱하면 $x^2-2ax+a^2=-1$ ← $i^2=-1$
$\therefore x^2-2ax+a^2+1=0$
이때 이차방정식 $x^2+px+q=0$과 일치하므로 동류항끼리 계수를 비교하면
$p=-2a$ …… ㉡
$q=a^2+1$ …… ㉢
㉡, ㉢을 ㉠에 대입하면 $-2a+a^2+1=0$ $\therefore a=1$
따라서 $p=-2$, $q=2$이므로 $p+2q=2$

다항식 $f(x)=x^2+px+q$ (p, q는 실수)가 다음 두 조건을 만족시킨다.

(가) 다항식 $f(x)$를 $x-3$으로 나눈 나머지는 9이다.
(나) 실수 a에 대하여 이차방정식 $f(x)=0$의 한 근은 $a+3i$이다.

$q-p$의 값은? (단, $i=\sqrt{-1}$)

① 15   ② 17   ③ 19
④ 21   ⑤ 24

STEP A 나머지정리를 이용하여 p, q의 관계식 구하기

조건 (가)에서 다항식 $f(x)$를 $x-3$으로 나눈 나머지는 9이므로
나머지정리에 의하여 $f(3)=9+3p+q=9$, 즉 $3p+q=0$이므로 $q=-3p$

STEP B 이차방정식의 근과 계수의 관계를 이용하여 p, q의 값 구하기

$q=-3p$이므로 $f(x)=x^2+px-3p$
이차방정식 $x^2+px-3p=0$의 모든 계수가 실수이므로
한 근이 $a+3i$이면 다른 한 근은 켤레복소수인 $a-3i$
이차방정식의 근과 계수의 관계에 의하여
두 근의 합 $(a+3i)+(a-3i)=-p$에서 $p=-2a$ …… ㉠
두 근의 곱 $(a+3i)(a-3i)=-3p$에서 $p=-\dfrac{1}{3}a^2-3$ …… ㉡

㉠의 식을 ㉡에 대입하면 $-2a=-\dfrac{1}{3}a^2-3$이고
$a^2-6a+9=0$, $(a-3)^2=0$이므로 $a=3$
$a=3$을 ㉠의 식에 대입하면 $p=-6$이고 $q=18$
따라서 $q-p=18-(-6)=24$ **정답** ⑤

0686

정답 7

STEP A 이차방정식의 근과 계수의 관계 구하기

이차방정식 $x^2-3x+5=0$의 두 근 α, β이므로

근과 계수의 관계에 의하여 $\alpha+\beta=3$, $\alpha\beta=5$

STEP B $\alpha+\beta$, $\alpha\beta$를 두 근으로 하는 이차방정식 작성하기

$(\alpha+\beta)+\alpha\beta=3+5=8$, $(\alpha+\beta)\times(\alpha\beta)=3\times5=15$

이때 $\alpha+\beta$, $\alpha\beta$를 두 근으로 하고 x^2의 계수가 1인 이차방정식은

두 근의 합이 8, 두 근의 곱이 15이므로 $x^2-8x+15=0$

즉 $x^2+ax+b=x^2-8x+15$이므로 $a=-8$, $b=15$

따라서 $a+b=7$

0687

정답 ②

STEP A 이차방정식의 근과 계수의 관계를 구하기

이차방정식 $x^2-4x-1=0$의 두 근이 α, β이므로

근과 계수의 관계에 의하여 $\alpha+\beta=4$, $\alpha\beta=-1$

STEP B $\alpha^2+\dfrac{1}{\beta}$, $\beta^2+\dfrac{1}{\alpha}$을 두 근으로 하는 이차방정식 작성하기

두 근 $\alpha^2+\dfrac{1}{\beta}$, $\beta^2+\dfrac{1}{\alpha}$의 합과 곱을 구하면

$\alpha^2+\dfrac{1}{\beta}+\beta^2+\dfrac{1}{\alpha}=(\alpha+\beta)^2-2\alpha\beta+\dfrac{\alpha+\beta}{\alpha\beta}=16+2-4=14$

$\left(\alpha^2+\dfrac{1}{\beta}\right)\left(\beta^2+\dfrac{1}{\alpha}\right)=(\alpha\beta)^2+\alpha+\beta+\dfrac{1}{\alpha\beta}=1+4-1=4$

$\alpha^2+\dfrac{1}{\beta}$, $\beta^2+\dfrac{1}{\alpha}$을 두 근으로 하고 x^2의 계수가 1인 이차방정식은

두 근의 합이 14, 두 근의 곱이 4이므로 $x^2-14x+4=0$

즉 $x^2+ax+b=x^2-14x+4$에서 $a=-14$, $b=4$

따라서 $a+b=-14+4=-10$

0688

정답 ⑤

STEP A 이차방정식의 근과 계수의 관계 구하기

이차방정식 $x^2-2x+\dfrac{2}{3}=0$의 두 근 α, β이므로

근과 계수의 관계에 의하여 $\alpha+\beta=2$, $\alpha\beta=\dfrac{2}{3}$

STEP B $\alpha^2-\alpha\beta+\beta^2$, $\dfrac{\beta^2}{\alpha}+\dfrac{\alpha^2}{\beta}$를 두 근으로 하는 이차방정식 작성하기

$\alpha^2-\alpha\beta+\beta^2=(\alpha+\beta)^2-3\alpha\beta=2^2-3\times\dfrac{2}{3}=2$

$\dfrac{\beta^2}{\alpha}+\dfrac{\alpha^2}{\beta}=\dfrac{\alpha^3+\beta^3}{\alpha\beta}=\dfrac{(\alpha+\beta)^3-3\alpha\beta(\alpha+\beta)}{\alpha\beta}=\left(8-3\times\dfrac{2}{3}\times2\right)\times\dfrac{3}{2}=6$

(두 근의 합)$=2+6=8$

(두 근의 곱)$=2\times6=12$

이때 $\alpha^2-\alpha\beta+\beta^2$, $\dfrac{\beta^2}{\alpha}+\dfrac{\alpha^2}{\beta}$을 두 근으로 하고 x^2의 계수가 1인 이차방정식은

$x^2-8x+12=0$

즉 $x^2+ax+b=x^2-8x+12$이므로 $a=-8$, $b=12$

따라서 $a+b=4$

0689

정답 ①

STEP A 이차방정식의 근과 계수의 관계 구하기

이차방정식 $x^2+(p-1)x+p=0$의 두 근이 α, β이므로

근과 계수의 관계에 의하여 $\alpha+\beta=-(p-1)$, $\alpha\beta=p$

STEP B $\alpha+\beta$, $\alpha\beta$를 두 근으로 하는 이차방정식 작성하기

두 근이 $\alpha+\beta$, $\alpha\beta$이므로

두 근의 합 $(\alpha+\beta)+\alpha\beta=-(p-1)+p=1$

두 근의 곱 $(\alpha+\beta)\alpha\beta=-(p-1)p=-p^2+p$

이때 $\alpha+\beta$, $\alpha\beta$를 두 근으로 하고 x^2의 계수가 1인 이차방정식은

두 근의 합이 1, 두 근의 곱이 $-p^2+p$이므로 $x^2-x-p^2+p=0$

STEP C 이차방정식이 중근을 가질 때, p의 값 구하기

이차방정식 $x^2-x-p^2+p=0$이 중근을 가지므로 판별식을 D라 하면

$D=0$이어야 한다.

$D=1^2-4(-p^2+p)=0$

따라서 $(2p-1)^2=0$이므로 $p=\dfrac{1}{2}$

+α 판별식을 쓰지 않고 p의 값 풀 수도 있어!

> $\alpha+\beta=1-p$, $\alpha\beta=p$를 두 근으로 하는 이차방정식이 중근을 갖는다는 것은
> 두 근이 서로 같다는 의미이다.
> 즉 $\alpha+\beta=\alpha\beta$, $1-p=p$, $2p=1$
> 따라서 $p=\dfrac{1}{2}$

0690

정답 ⑤

STEP A 이차방정식의 켤레근을 이용하여 a, b의 값 구하기

a, b가 실수이므로 이차방정식 $x^2+ax+b=0$의 한 근이 $-2+i$이면

다른 한 근은 $-2-i$

근과 계수의 관계에 의하여

두 근의 합 $(-2+i)+(-2-i)=-a$ $\therefore a=4$

두 근의 곱 $(-2+i)(-2-i)=b$ $\therefore b=5$

STEP B 두 수를 두 근으로 하는 이차방정식 작성하기

두 근이 $\dfrac{1}{a}$, $\dfrac{1}{b}$인 이차방정식이므로 근과 계수의 관계에 의하여

두 근의 합 $\dfrac{1}{a}+\dfrac{1}{b}=\dfrac{1}{4}+\dfrac{1}{5}=\dfrac{9}{20}$

두 근의 곱 $\dfrac{1}{a}\times\dfrac{1}{b}=\dfrac{1}{4}\times\dfrac{1}{5}=\dfrac{1}{20}$

따라서 $\dfrac{1}{a}$, $\dfrac{1}{b}$을 두 근으로 하는 이차방정식은 $x^2-\dfrac{9}{20}x+\dfrac{1}{20}=0$

$\therefore 20x^2-9x+1=0$

0691

STEP A 계수가 실수인 이차방정식의 한 근이 주어질 때, 다른 한 근 구하기

$\dfrac{4}{1+\sqrt{3}\,i}$에서 분모의 실수화를 하면

$\dfrac{4}{1+\sqrt{3}\,i}=\dfrac{4(1-\sqrt{3}\,i)}{(1+\sqrt{3}\,i)(1-\sqrt{3}\,i)}=\dfrac{4(1-\sqrt{3}\,i)}{4}=1-\sqrt{3}\,i$

이차방정식 $x^2+ax+b=0$의 모든 계수가 실수이므로

한 근이 $1-\sqrt{3}\,i$이면 다른 한 근은 $1+\sqrt{3}\,i$

STEP B 이차방정식의 근과 계수의 관계를 이용하여 a, b의 값 구하기

이차방정식 $x^2-ax+b=0$의 근과 계수의 관계에 의하여

두 근의 합 $(1-\sqrt{3}\,i)+(1+\sqrt{3}\,i)=a$ $\therefore a=2$

두 근의 곱 $(1-\sqrt{3}\,i)(1+\sqrt{3}\,i)=b$ $\therefore b=4$

STEP C $\dfrac{1}{a}$, $\dfrac{1}{b}$을 두 근으로 하는 이차방정식 작성하기

$\dfrac{1}{a}$, $\dfrac{1}{b}$을 두 근으로 하고 최고차항의 계수가 8인 이차방정식에서

두 근의 합 $\dfrac{1}{a}+\dfrac{1}{b}=\dfrac{1}{2}+\dfrac{1}{4}=\dfrac{3}{4}$

두 근의 곱 $\dfrac{1}{a}\times\dfrac{1}{b}=\dfrac{1}{2}\times\dfrac{1}{4}=\dfrac{1}{8}$

즉 $8\left(x^2-\dfrac{3}{4}x+\dfrac{1}{8}\right)=0$이므로 $8x^2-6x+1=0$

따라서 $8x^2+mx+n=8x^2-6x+1$에서 $m=-6$, $n=1$이므로

$mn=-6-(2\times1)=-8$

내신연계 출제문항 331

실수 m, n에 대하여 이차방정식 $x^2+mx+n=0$의 한 근이 $-1+3i$이다.

$\dfrac{1}{m}$, $\dfrac{1}{n}$을 두 근으로 하는 이차방정식이 $x^2+ax+b=0$일 때,

상수 a, b에 대하여 $a+b$의 값은? (단, $i=\sqrt{-1}$)

① $-\dfrac{13}{20}$ ② $-\dfrac{11}{20}$ ③ $-\dfrac{7}{20}$

④ $-\dfrac{4}{5}$ ⑤ $-\dfrac{1}{10}$

STEP A 계수가 실수인 이차방정식의 한 근이 주어질 때, 다른 한 근 구하기

이차방정식 $x^2+mx+n=0$의 모든 계수가 실수이므로

한 근이 $-1+3i$이면 다른 한 근은 $-1-3i$이다.

STEP B 이차방정식의 근과 계수의 관계를 이용하여 m, n의 값 구하기

이차방정식 $x^2+mx+n=0$에서 근과 계수의 관계에 의하여

두 근의 합 $(-1+3i)+(-1-3i)=-m$ $\therefore m=2$

두 근의 곱 $(-1+3i)(-1-3i)=n$ $\therefore n=10$

STEP C $\dfrac{1}{m}$, $\dfrac{1}{n}$을 두 근으로 하는 이차방정식 작성하기

이차방정식 $x^2+ax+b=0$의 두 근이 $\dfrac{1}{m}$, $\dfrac{1}{n}$이므로 근과 계수의 관계에 의하여

두 근의 합 $\dfrac{1}{m}+\dfrac{1}{n}=\dfrac{1}{2}+\dfrac{1}{10}=\dfrac{3}{5}$

두 근의 곱 $\dfrac{1}{m}\times\dfrac{1}{n}=\dfrac{1}{2}\times\dfrac{1}{10}=\dfrac{1}{20}$

따라서 $x^2+ax+b=x^2-\dfrac{3}{5}x+\dfrac{1}{20}$에서 $a=-\dfrac{3}{5}$, $b=\dfrac{1}{20}$이므로

$a+b=-\dfrac{3}{5}+\dfrac{1}{20}=-\dfrac{11}{20}$

 정답 ②

0692

STEP A 이차방정식의 근과 계수의 관계를 구하기

이차방정식 $x^2-2x+3=0$의 두 근을 a, b라 하면

근과 계수의 관계에 의하여 $a+b=2$, $ab=3$

STEP B $a+k$, $b+k$를 두 근으로 하는 이차방정식을 작성하여 k 구하기

$a+k$, $b+k$를 두 근으로 하고 x^2의 계수가 1인 이차방정식에서

두 근의 합 $(a+k)+(b+k)=(a+b)+2k=2+2k$

두 근의 곱 $(a+k)(b+k)=ab+k(a+b)+k^2=3+2k+k^2$

즉 이차방정식은 $x^2-(2+2k)x+k^2+2k+3=0$

이때 일차항이 없으므로 $2+2k=0$

$\therefore k=-1$

STEP C $\dfrac{1}{\alpha}+\dfrac{1}{\beta}$의 값 구하기

$k=-1$이므로 식에 대입하면 $x^2-3x-1=0$

이때 이차방정식의 두 근이 α, β이므로 근과 계수의 관계에 의하여

$\alpha+\beta=3$, $\alpha\beta=-1$

따라서 $\dfrac{1}{\alpha}+\dfrac{1}{\beta}=\dfrac{\alpha+\beta}{\alpha\beta}=\dfrac{3}{-1}=-3$

0693

STEP A 이차방정식에 근을 대입하여 a, b의 값 구하기

이차방정식 $x^2+ax+b=0$의 한 근이 -1이므로

$1-a+b=0$ $\therefore a-b=1$ …… ㉠

이차방정식 $x^2+(b-3)x-4a=0$의 한 근이 2이므로

$4+2b-6-4a=0$ $\therefore 2a-b=-1$ …… ㉡

㉠, ㉡을 연립하면 $a=-2$, $b=-3$

STEP B 나머지 두 근 α, β의 값 구하기

이차방정식 $x^2-2x-3=0$에서 $(x+1)(x-3)=0$ $\therefore \alpha=3$

이차방정식 $x^2-6x+8=0$에서 $(x-2)(x-4)=0$ $\therefore \beta=4$

+α | α, β의 값을 다음과 같이 풀 수도 있어!

이차방정식 $x^2+ax+b=0$의 두 근이 -1, α이므로 근과 계수의 관계에 의하여

$-1+\alpha=-a$, $-\alpha=b$ …… ㉢

이차방정식 $x^2+(b-3)x-4a=0$의 두 근이 2, β이므로 근과 계수의 관계에 의하여

$2+\beta=-b+3$, $2\beta=-4a$ …… ㉣

㉢을 ㉣에 대입하면

$2+\beta=\alpha+3$, $\alpha-\beta+1=0$ …… ㉤

$2\beta=4(-1+\alpha)$, $2\alpha-\beta-2=0$ …… ㉥

㉤, ㉥을 연립하여 풀면 $\alpha=3$, $\beta=4$

STEP C α, β를 두 근으로 하는 이차방정식 작성하기

α, β를 두 근으로 하고

x^2의 계수가 1인 이차방정식에서 근과 계수의 관계에 의하여

두 근의 합 $\alpha+\beta=3+4=7$

두 근의 곱 $\alpha\beta=3\times4=12$

즉 이차방정식은 $x^2-7x+12=0$

따라서 $x^2-7x+12=x^2+mx+n$이므로 $m=-7$, $n=12$ $\therefore m+n=5$

이차방정식 $x^2+ax-3b=0$의 두 근이 2, α이고 이차방정식
$x^2+(2b-1)x-4a=0$의 두 근이 -4, β일 때, α, β를 두 근으로 하는
이차방정식은 $x^2+mx-n=0$이다. 상수 m, n에 대하여 $m+n$의 값은?
(단, a, b는 상수이다.)

① 3 　　　　　② 5 　　　　　③ 7
④ 9 　　　　　⑤ 11

STEP A 이차방정식에 근을 대입하여 a, b의 값 구하기

이차방정식 $x^2+ax-3b=0$의 한 근이 2이므로
$4+2a-3b=0$ $\therefore 2a-3b=-4$ ······ ㉠
이차방정식 $x^2+(2b-1)x-4a=0$의 한 근이 -4이므로
$16-8b+4-4a=0$ $\therefore a+2b=5$ ······ ㉡
㉠, ㉡을 연립하면 $a=1$, $b=2$

STEP B 나머지 두 근 α, β의 값 구하기

이차방정식 $x^2+x-6=0$에서 $(x+3)(x-2)=0$
$\therefore \alpha=-3$
이차방정식 $x^2+3x-4=0$에서 $(x+4)(x-1)=0$
$\therefore \beta=1$

STEP C α, β를 두 근으로 하는 이차방정식 작성하기

α, β를 두 근으로 하고
x^2의 계수가 1인 이차방정식에서 근과 계수의 관계에 의하여
두 근의 합 $\alpha+\beta=-3+1=-2$
두 근의 곱 $\alpha\beta=(-3)\times1=-3$
즉 이차방정식은 $x^2+2x-3=0$
따라서 $x^2+mx-n=x^2+2x-3$에서 $m=2$, $n=3$ $\therefore m+n=5$ 　정답 ②

이차방정식 $x^2+7x+1=0$의 두 근을 α, β라 할 때, 다음 [보기] 중 옳은
것을 모두 고른 것은?

> ㄱ. $\alpha<0$, $\beta<0$
> ㄴ. $\sqrt{\alpha}+\sqrt{\beta}=-3$
> ㄷ. $\alpha-1$, $\beta-1$을 두 근으로 하고 x^2의 항의 계수가 1인 이차방정식은
> 　$x^2+9x+9=0$

① ㄱ 　　　　　② ㄴ 　　　　　③ ㄱ, ㄴ
④ ㄱ, ㄷ 　　　　　⑤ ㄱ, ㄴ, ㄷ

STEP A 이차방정식의 근과 계수의 관계를 이용하여 [보기]의 참, 거짓 판단하기

ㄱ. 이차방정식 $x^2+7x+1=0$의 근의 공식에 의하여
　$x=\dfrac{-7\pm\sqrt{45}}{2}$이므로 두 근은 $\alpha<0$, $\beta<0$이다. [참]
ㄴ. $(\sqrt{\alpha}+\sqrt{\beta})^2=\alpha+\beta+2\sqrt{\alpha}\sqrt{\beta}$
　　　　$=\alpha+\beta-2\sqrt{\alpha\beta}$  ← $\alpha<0$, $\beta<0$이면 $\sqrt{\alpha}\sqrt{\beta}=-\sqrt{\alpha\beta}$
　　　　$=-7-2=-9$
　$\therefore \sqrt{\alpha}+\sqrt{\beta}=3i$ [거짓]
ㄷ. 이차방정식 $x^2+7x+1=0$의 두 근이 α, β이므로
　근과 계수의 관계에 의하여 $\alpha+\beta=-7$, $\alpha\beta=1$
　두 근 $\alpha-1$, $\beta-1$의 합과 곱을 구하면
　$\alpha-1+\beta-1=(\alpha+\beta)-2=-7-2=-9$
　$(\alpha-1)(\beta-1)=\alpha\beta-(\alpha+\beta)+1=1-(-7)+1=9$
　즉 두 근의 합이 -9, 곱이 9이므로 구하는 이차방정식은 $x^2+9x+9=0$ [참]
따라서 옳은 것은 ㄱ, ㄷ이다. 　정답 ④

0694
정답 ⑤

STEP A 이차방정식의 근과 계수의 관계를 이용하여 [보기]의 참, 거짓 판단하기

ㄱ. 이차방정식 $x^2-6x+4=0$에서 근과 계수의 관계에 의하여
　두 근의 합 $\alpha+\beta=6$
　두 근의 곱 $\alpha\beta=4$
　합과 곱이 모두 양수이므로 $\alpha>0$, $\beta>0$ [참]
ㄴ. $(\sqrt{\alpha}+\sqrt{\beta})^2=\alpha+\beta+2\sqrt{\alpha}\sqrt{\beta}=6+4=10$
　즉 $(\sqrt{\alpha}+\sqrt{\beta})^2=10$이므로 $\sqrt{\alpha}+\sqrt{\beta}=\sqrt{10}$ [참]
ㄷ. α^2, β^2이 두 근이 되는 이차방정식에서 근과 계수의 관계에 의하여
　두 근의 합 $\alpha^2+\beta^2=(\alpha+\beta)^2-2\alpha\beta=36-8=28$
　두 근의 곱 $\alpha^2\beta^2=(\alpha\beta)^2=16$
　즉 x^2의 계수가 1인 이차방정식은 $x^2-28x+16=0$ [참]
따라서 옳은 것은 ㄱ, ㄴ, ㄷ이다.

0695
정답 6

STEP A 이차방정식의 근과 계수의 관계 구하기

이차방정식 $x^2+ax-2b=0$의 두 근을 α, $\beta(\alpha<0<\beta)$라 하면  α, β의 부호는 반대
근과 계수의 관계에 의하여
$\alpha+\beta=-a$ 　　　　　······ ㉠
$\alpha\beta=-2b$ 　　　　　······ ㉡

STEP B 근과 계수의 관계를 이용하여 a, b의 값 구하기

이차방정식 $x^2-(3a+2b)x+12b=0$의 두 근이 $|\alpha|+|\beta|$, $|\alpha\beta|$이므로
근과 계수의 관계에 의하여
$(|\alpha|+|\beta|)+|\alpha\beta|=3a+2b$, $(-\alpha+\beta)-\underset{\alpha\beta=-2b}{\alpha\beta}=3a+2b$

$\therefore -\alpha+\beta=3a$ 　　　　　······ ㉢
$(|\alpha|+|\beta|)\times|\alpha\beta|=12b$, $(-\alpha+\beta)\times\underset{\alpha\beta=-2b}{(-\alpha\beta)}=12b$

$\therefore -\alpha+\beta=6$ 　　　　　······ ㉣
㉢, ㉣을 연립하여 풀면 $a=2$
㉠, ㉣을 연립하여 풀면 $\alpha=-4$, $\beta=2$
㉡에서 $b=4$
따라서 $a=2$, $b=4$이므로 $a+b=6$

0696

STEP A 이차방정식의 근과 계수의 관계 구하기

이차방정식 $ax^2+bx+c=0\,(c\neq 0)$의 두 근이 α, β이므로

근과 계수의 관계에 의하여 $\alpha+\beta=-\dfrac{b}{a}$, $\alpha\beta=\dfrac{c}{a}$

STEP B $\dfrac{1}{\alpha}$, $\dfrac{1}{\beta}$을 두 근으로 하는 이차방정식 작성하기

두 근 $\dfrac{1}{\alpha}$, $\dfrac{1}{\beta}$이 되는 이차방정식에서 근과 계수의 관계에 의하여

두 근의 합 $\dfrac{1}{\alpha}+\dfrac{1}{\beta}=\dfrac{\alpha+\beta}{\alpha\beta}=\left(-\dfrac{b}{a}\right)\div\dfrac{c}{a}=-\dfrac{b}{c}$

두 근의 곱 $\dfrac{1}{\alpha}\times\dfrac{1}{\beta}=\dfrac{1}{\alpha\beta}=\dfrac{a}{c}$

따라서 $\dfrac{1}{\alpha}$, $\dfrac{1}{\beta}$을 두 근으로 하고 x^2의 계수가 c인 이차방정식

$c\left\{x^2-\left(-\dfrac{b}{c}\right)x+\dfrac{a}{c}\right\}=0$ $\therefore cx^2+bx+a=0$

> **+α** | 역수를 두 근을 가지는 이차방정식의 계수 관계
>
> 이차방정식 $ax^2+bx+c=0$의 두 근 α, β에 대하여
> $\dfrac{1}{\alpha}$, $\dfrac{1}{\beta}$을 두 근으로 하는 이차방정식은 $cx^2+bx+a=0$이다.

0697

STEP A 이차방정식 $5x^2-4x+3=0$의 근과 계수의 관계 구하기

이차방정식 $5x^2-4x+3=0$의 두 근이 $\dfrac{1}{\alpha}$, $\dfrac{1}{\beta}$이므로 근과 계수의 관계에 의하여

두 근의 합 $\dfrac{1}{\alpha}+\dfrac{1}{\beta}=\dfrac{4}{5}$, $\dfrac{\alpha+\beta}{\alpha\beta}=\dfrac{4}{5}$ $\therefore \alpha+\beta=\dfrac{4}{5}\alpha\beta$ ······ ㉠

두 근의 곱 $\dfrac{1}{\alpha}\times\dfrac{1}{\beta}=\dfrac{3}{5}$에서 $\alpha\beta=\dfrac{5}{3}$ ······ ㉡

㉡의 값을 ㉠에 대입하면 $\alpha+\beta=\dfrac{4}{5}\times\dfrac{5}{3}=\dfrac{4}{3}$

STEP B α, β를 두 근으로 하고 x^2의 계수가 3인 이차방정식 작성하기

α, β를 두 근으로 하고 x^2의 계수가 3인 이차방정식에서

$\alpha+\beta=\dfrac{4}{3}$, $\alpha\beta=\dfrac{5}{3}$이므로 $3\left(x^2-\dfrac{4}{3}x+\dfrac{5}{3}\right)=0$

따라서 $3x^2-4x+5=0$

> **mini해설** | 이차방정식의 계수와 두 근과의 관계를 이용하여 풀이하기
>
> 이차방정식 $ax^2+bx+c=0\,(c\neq 0)$의 두 근이 α, β이면
> 이차방정식 $cx^2+bx+a=0$의 두 근은 $\dfrac{1}{\alpha}$, $\dfrac{1}{\beta}$
> 즉 $\dfrac{1}{\alpha}$, $\dfrac{1}{\beta}$을 두 근으로 하는 이차방정식은 $5x^2-4x+3=0$이므로
> α, β를 두 근으로 하는 이차방정식은 $3x^2-4x+5=0$

0698

STEP A 이차방정식의 근과 계수의 관계를 구하기

이차방정식 $5x^2+ax+1=0$의 두 근이 α, β이므로 근과 계수의 관계에 의하여

두 근의 합 $\alpha+\beta=-\dfrac{a}{5}$ ······ ㉠

두 근의 곱 $\alpha\beta=\dfrac{1}{5}$ ······ ㉡

STEP B 이차방정식의 근과 계수의 관계를 이용하여 관계식 구하기

이차방정식 $x^2+3x-b=0$의 두 근이 $\dfrac{1}{\alpha}$, $\dfrac{1}{\beta}$이므로 근과 계수의 관계에 의하여

두 근의 합 $\dfrac{1}{\alpha}+\dfrac{1}{\beta}=\dfrac{\alpha+\beta}{\alpha\beta}=-3$이므로 $\alpha+\beta=-3\alpha\beta$ ······ ㉢

두 근의 곱 $\dfrac{1}{\alpha}\times\dfrac{1}{\beta}=\dfrac{1}{\alpha\beta}=-b$ ······ ㉣

STEP C ab의 값 구하기

㉡의 값을 ㉣에 대입하면 $\dfrac{1}{\alpha\beta}=5=-b$이므로 $b=-5$

㉡의 값을 ㉢에 대입하면 $\alpha+\beta=-\dfrac{3}{5}$이고 ㉠에 대입하면 $a=3$

따라서 $ab=3\times(-5)=-15$

> **+α** | 역수를 두 근을 가지는 이차방정식의 계수 관계
>
> 이차방정식 $ax^2+bx+c=0$의 두 근 α, β에 대하여
> $\dfrac{1}{\alpha}$, $\dfrac{1}{\beta}$을 두 근으로 하는 이차방정식은 $cx^2+bx+a=0$이다.

> **mini해설** | 역수를 두 근을 가지는 이차방정식의 계수 관계를 이용한다.
>
> 이차방정식 $5x^2+ax+1=0$의 두 근이 α, β이므로
> $\dfrac{1}{\alpha}$, $\dfrac{1}{\beta}$을 두 근으로 하는 이차방정식은 $x^2+ax+5=0$
> 이 이차방정식이 $x^2+3x-b=0$과 같으므로 $a=3$, $b=-5$
> 따라서 $ab=3\times(-5)=-15$

내신연계 출제문항 334

이차방정식 $7x^2+ax+1=0$의 두 근이 α, β이고, 이차방정식

$x^2+4x-b=0$의 두 근이 $\dfrac{1}{\alpha}$, $\dfrac{1}{\beta}$일 때, 상수 a, b에 대하여 ab의 값은?

① -22 ② -24 ③ -26
④ -28 ⑤ -30

STEP A 이차방정식의 근과 계수의 관계를 구하기

이차방정식 $7x^2+ax+1=0$의 두 근이 α, β이므로 근과 계수의 관계에 의하여

두 근의 합 $\alpha+\beta=-\dfrac{a}{7}$ ······ ㉠

두 근의 곱 $\alpha\beta=\dfrac{1}{7}$ ······ ㉡

STEP B 이차방정식의 근과 계수의 관계를 이용하여 관계식 구하기

이차방정식 $x^2+4x-b=0$의 두 근이 $\dfrac{1}{\alpha}$, $\dfrac{1}{\beta}$이므로 근과 계수의 관계에 의하여

두 근의 합 $\dfrac{1}{\alpha}+\dfrac{1}{\beta}=\dfrac{\alpha+\beta}{\alpha\beta}=-4$이므로 $\alpha+\beta=-4\alpha\beta$ ······ ㉢

두 근의 곱 $\dfrac{1}{\alpha}\times\dfrac{1}{\beta}=\dfrac{1}{\alpha\beta}=-b$ ······ ㉣

STEP C ab의 값 구하기

㉡의 값을 ㉣에 대입하면 $\dfrac{1}{\alpha\beta}=7=-b$이므로 $b=-7$

㉡의 값을 ㉢에 대입하면 $\alpha+\beta=-\dfrac{4}{7}$이고 ㉠에 대입하면 $a=4$

따라서 $ab=4\times(-7)=-28$

> **mini해설** | 역수를 두 근을 가지는 이차방정식의 계수 관계를 이용한다.
>
> 이차방정식 $7x^2+ax+1=0$의 두 근이 α, β이므로
> $\dfrac{1}{\alpha}$, $\dfrac{1}{\beta}$을 두 근으로 하는 이차방정식은 $x^2+ax+7=0$
> 이 이차방정식이 $x^2+4x-b=0$과 같으므로 $a=4$, $b=-7$
> 따라서 $ab=4\times(-7)=-28$

0699

STEP A 원의 지름과 현의 비례 관계를 이용하여 $\overline{\text{OP}}$ 구하기

오른쪽 그림에서 $\overline{\text{OP}}=a\,(a>0)$라 하면

$\overline{\text{AP}}=11+a$, $\overline{\text{BP}}=11-a$이고

원의 지름과 현의 비례 관계에 의해

$\overline{\text{AP}}\times\overline{\text{BP}}=\overline{\text{CP}}\times\overline{\text{DP}}$이므로

$(11+a)(11-a)=8\times12$

$121-a^2=96$, $a^2=25$

$\therefore a=5\,(\because a>0)$

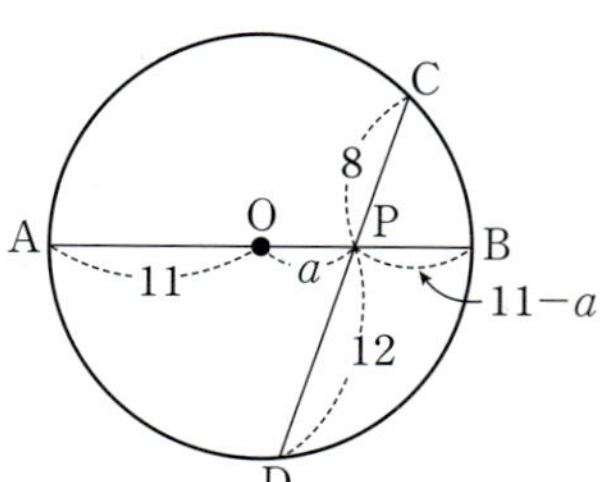

STEP B 두 근을 이용하여 이차방정식 작성하기

따라서 $\overline{\text{OP}}=5$, $\overline{\text{BP}}=6$이므로 이차항의 계수가 1인 x에 대한 이차방정식은

두 근의 합 11, 두 근의 곱 30

$x^2-11x+30=0$

P O I N T │ 원에서의 비례 관계

두 현 AB, CD의 교점 또는 이들의
연장선이 만나는 점을 P라고 하면
$\overline{\text{PA}}\times\overline{\text{PB}}=\overline{\text{PC}}\times\overline{\text{PD}}$

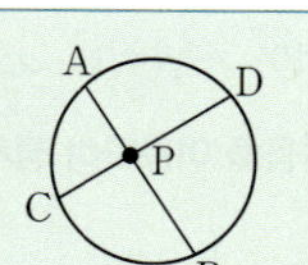 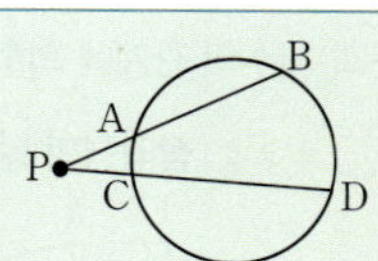

0700

STEP A 직각삼각형의 닮음을 이용하여 합과 곱 구하기

반원의 지름의 길이가 10이므로

$\overline{\text{AH}}+\overline{\text{BH}}=10$

직각삼각형의 닮음에 의하여

$\overline{\text{AH}}\times\overline{\text{BH}}=\overline{\text{PH}}^2=16$

STEP B 두 근을 이용하여 이차방정식 작성하기

따라서 $\overline{\text{AH}}$, $\overline{\text{BH}}$를 두 근으로 하는 이차항의 계수가 1인 x에 대한 이차방정식은

$x^2-(\overline{\text{AH}}+\overline{\text{BH}})x+\overline{\text{AH}}\times\overline{\text{BH}}=0$ $\therefore x^2-10x+16=0$

mini 해설 │ 피타고라스 정리를 이용하여 $\overline{\text{AH}}$, $\overline{\text{BH}}$의 길이 구하기

오른쪽 그림에서 반원의 중심을 O라 하면

$\overline{\text{OP}}=5$

직각삼각형 OHP에서 피타고라스 정리에 의해

$\overline{\text{OH}}=\sqrt{\overline{\text{OP}}^2-\overline{\text{PH}}^2}=\sqrt{5^2-4^2}=3$

이때 반원의 반지름의 길이가 5이므로

$\overline{\text{AH}}=\overline{\text{AO}}+\overline{\text{OH}}=5+3=8$, $\overline{\text{BH}}=\overline{\text{OB}}-\overline{\text{OH}}=5-3=2$

따라서 $\overline{\text{AH}}$, $\overline{\text{BH}}$를 두 근으로 하는 이차항의 계수가 1인 x에 대한 이차방정식은

$x^2-(\overline{\text{AH}}+\overline{\text{BH}})x+\overline{\text{AH}}\times\overline{\text{BH}}=0$ $\therefore x^2-10x+16=0$

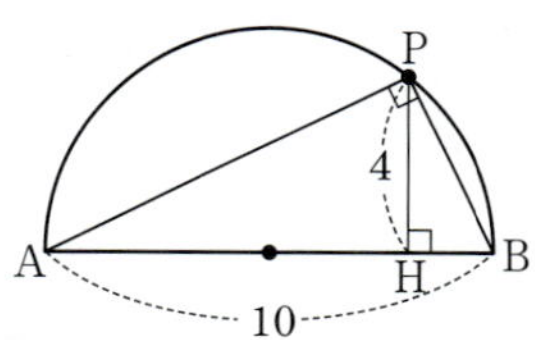

P O I N T │ 직각삼각형의 닮음

$\angle A=90°$인 직각삼각형 ABC의 꼭짓점 A에서
$\overline{\text{BC}}$에 내린 수선의 발을 H라 할 때, 다음이 성립한다.

① $\triangle ABC \backsim \triangle HBA$이므로 $\overline{\text{AB}}:\overline{\text{BC}}=\overline{\text{BH}}:\overline{\text{AB}}$

　즉 $\overline{\text{AB}}^2=\overline{\text{BH}}\times\overline{\text{BC}}$

② $\triangle ABC \backsim \triangle HAC$이므로 $\overline{\text{AC}}:\overline{\text{BC}}=\overline{\text{CH}}:\overline{\text{AC}}$

　즉 $\overline{\text{AC}}^2=\overline{\text{CH}}\times\overline{\text{BC}}$

③ $\triangle ABH \backsim \triangle CAH$이므로 $\overline{\text{AH}}:\overline{\text{BH}}=\overline{\text{CH}}:\overline{\text{AH}}$

　즉 $\overline{\text{AH}}^2=\overline{\text{BH}}\times\overline{\text{CH}}$

★참고 직각삼각형 ABC의 넓이 $\frac{1}{2}\,\overline{\text{BC}}\times\overline{\text{AH}}=\frac{1}{2}\,\overline{\text{AB}}\times\overline{\text{AC}}$이므로

　$\overline{\text{BC}}\times\overline{\text{AH}}=\overline{\text{AB}}\times\overline{\text{AC}}$

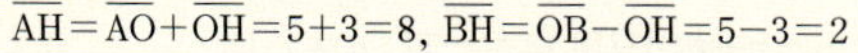

0701

해설강의

STEP A $\overline{\text{AE}}=\alpha$, $\overline{\text{AH}}=\beta$로 놓고 $\alpha+\beta$, $\alpha\beta$의 값 구하기

$\overline{\text{AE}}=\alpha$, $\overline{\text{AH}}=\beta$라 하면

$\overline{\text{PF}}=10-\alpha$, $\overline{\text{PG}}=10-\beta$

직사각형 PFCG의 둘레의 길이가

28이므로 $2(\overline{\text{PF}}+\overline{\text{PG}})=28$

$2\{(10-\alpha)+(10-\beta)\}=28$

$20-(\alpha+\beta)=14$ $\therefore \alpha+\beta=6$

직사각형 PFCG의 넓이가 46이므로

$\overline{\text{PF}}\times\overline{\text{PG}}=46$

$(10-\alpha)(10-\beta)=46$, $10(\alpha+\beta)-\alpha\beta=54$ $\therefore \alpha\beta=6$

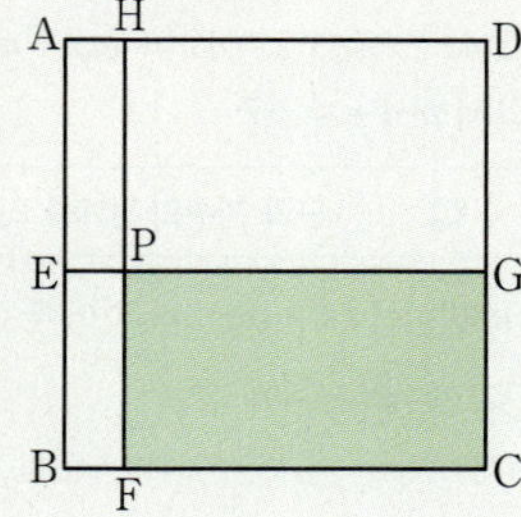

STEP B 두 선분 AE와 AH의 길이를 두 근으로 하는 이차방정식 구하기

따라서 α, β를 두 근으로 하고 이차항의 계수가 1인 이차방정식은

이차항의 계수가 a이고 두 근이 α, β인 이차방정식은 $a(x-\alpha)(x-\beta)=0$,
즉 $a\{x^2-(\alpha+\beta)x+\alpha\beta\}=0$

$x^2-(\alpha+\beta)x+\alpha\beta=0$이므로 $x^2-6x+6=0$

다른풀이 직사각형 PFCG의 가로, 세로의 길이를 구하여 풀이하기

STEP A 직사각형의 둘레의 길이와 넓이를 이용하여 a, b의 값 구하기

직사각형 PFCG에서

$\overline{\text{FC}}=\overline{\text{PG}}=a$, $\overline{\text{PF}}=\overline{\text{GC}}=b\,(a>b)$

라 하자.

직사각형 PFGC의 둘레의 길이가

28이므로

$2(\overline{\text{PF}}+\overline{\text{PG}})=28$, $2(a+b)=28$

$\therefore a+b=14$

직사각형 PFCG의 넓이가 46이므로

$\overline{\text{PF}}\times\overline{\text{PG}}=46$ $\therefore ab=46$

이차항의 계수가 1이고 a, b를 두 근으로 하는 이차방정식은

$x^2-(a+b)x+ab=0$, 즉 $x^2-14x+46=0$

근의 공식에 의하여 $x=7\pm\sqrt{7^2-46}=7\pm\sqrt{3}$

$\therefore a=7+\sqrt{3}$, $b=7-\sqrt{3}$　$\longleftarrow a>b$

STEP B 두 선분 AE와 AH의 길이를 두 근으로 하는 이차방정식 구하기

$\overline{\text{AH}}=10-a$이므로 $\overline{\text{AH}}=10-(7+\sqrt{3})=3-\sqrt{3}$

$\overline{\text{AE}}=10-b$이므로 $\overline{\text{AE}}=10-(7-\sqrt{3})=3+\sqrt{3}$

$\overline{\text{AE}}+\overline{\text{AH}}=(3+\sqrt{3})+(3-\sqrt{3})=6$

$\overline{\text{AE}}\times\overline{\text{AH}}=(3+\sqrt{3})(3-\sqrt{3})=6$

따라서 두 선분 AE와 AH의 길이를 두 근으로 하고 이차항의 계수가 1인

이차방정식은 $x^2-(\overline{\text{AE}}+\overline{\text{AH}})x+\overline{\text{AE}}\times\overline{\text{AH}}=0$ $\therefore x^2-6x+6=0$

내신연계 출제문항 335

한 변의 길이가 12인 정사각형 ABCD가
있다. 그림과 같이 정사각형 ABCD의
내부에 한 점 P를 잡고, 점 P를 지나고
정사각형의 각 변에 평행한 두 직선이
정사각형의 네 변과 만나는 점을 각각
E, F, G, H라 하자.
직사각형 PFCG의 둘레의 길이가 30이고
넓이가 50일 때, 두 선분 AE와 AH의
길이를 두 근으로 하는 이차방정식은?
(단, 이차방정식의 이차항의 계수는 1이다.)

① $x^2-16x+14=0$　② $x^2-12x+16=0$　③ $x^2-14x+9=0$

④ $x^2-9x+14=0$　⑤ $x^2-14x+14=0$

STEP A $\overline{AE}=\alpha$, $\overline{AH}=\beta$로 놓고 $\alpha+\beta$, $\alpha\beta$의 값 구하기

$\overline{AE}=\alpha$, $\overline{AH}=\beta$라 하면

$\overline{PF}=12-\alpha$, $\overline{PG}=12-\beta$

직사각형 PFCG의 둘레의 길이가

30이므로 $2\{(12-\alpha)+(12-\beta)\}=30$

$\therefore \alpha+\beta=9$

직사각형 PFCG의 넓이가 50이므로

$(12-\alpha)(12-\beta)=50$

$144-12(\alpha+\beta)+\alpha\beta=50$

$\therefore \alpha\beta=14$ ← $\alpha+\beta=9$

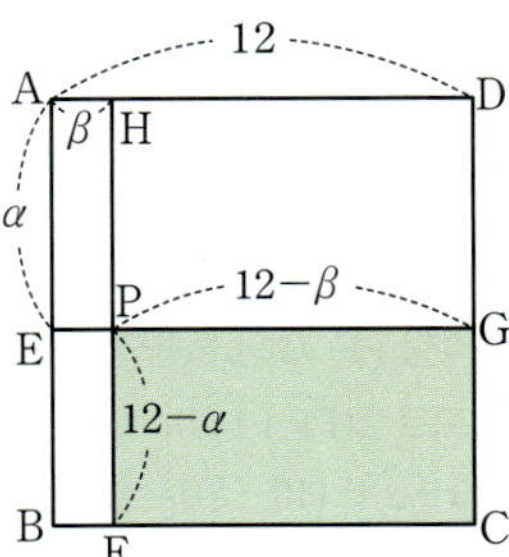

STEP B 두 선분 AE와 AH의 길이를 두 근으로 하는 이차방정식 작성하기

따라서 α, β를 두 근으로 하고 이차항의 계수가 1인 이차방정식은

$x^2-(\alpha+\beta)x+\alpha\beta=0$이므로 $x^2-9x+14=0$
$\alpha+\beta=9,\ \alpha\beta=14$

정답 ④

0702 2017년 06월 고1 학력평가 19번   정답 ⑤

STEP A 이차방정식 $x^2-4x+2=0$에서 근과 계수의 관계 구하기

이차방정식 $x^2-4x+2=0$의 두 실근이 α, β이므로

근과 계수의 관계에 의하여 $\alpha+\beta=4$, $\alpha\beta=2$
이차방정식 $x^2+ax+b=0$의 두 근이 α, β이면 $\alpha+\beta=-a$, $\alpha\beta=b$

STEP B 삼각형의 닮음을 이용하여 정사각형의 한 변의 길이 구하기

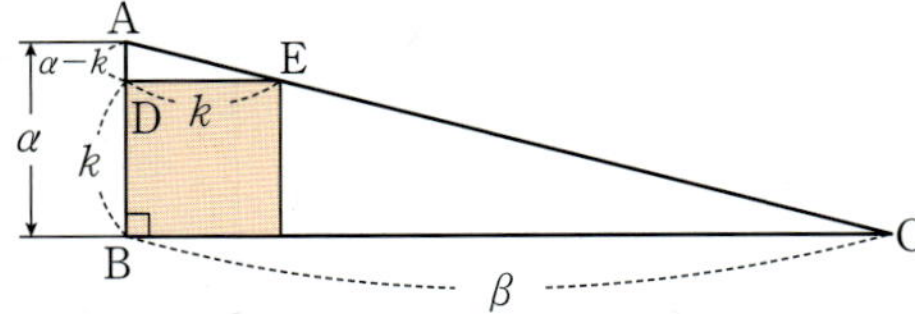

직각삼각형 ABC에 내접하는 정사각형의 한 변의 길이를 k라 하자.

이때 두 직각삼각형 ABC, ADE가 닮음이므로
∠A는 공통, ∠ABC=∠ADE=$90°$이므로 $\triangle ABC \backsim \triangle ADE$(AA닮음)

$\overline{AB}:\overline{BC}=\overline{AD}:\overline{DE}$, 즉 $(\alpha-k):k=\alpha:\beta$이므로

$\alpha k=\beta(\alpha-k)$, $(\alpha+\beta)k=\alpha\beta$

$\therefore k=\dfrac{\alpha\beta}{\alpha+\beta}=\dfrac{2}{4}=\dfrac{1}{2}$

STEP C 정사각형의 넓이와 둘레의 길이를 두 근으로 하는 이차방정식 구하기

정사각형의 한 변의 길이가 $k=\dfrac{1}{2}$이므로 그 넓이는 $k^2=\left(\dfrac{1}{2}\right)^2=\dfrac{1}{4}$이고

둘레의 길이는 $4k=4\times\dfrac{1}{2}=2$

이때 $\dfrac{1}{4}$, 2를 두 근으로 하고 이차항의 계수가 4인 이차방정식은
이차항의 계수가 a이고 두 근이 α, β인 이차방정식은 $a(x-\alpha)(x-\beta)=0$,
즉 $a\{x^2-(\alpha+\beta)x+\alpha\beta\}=0$

$4\left(x-\dfrac{1}{4}\right)(x-2)=0$, $(4x-1)(x-2)=0$ $\therefore 4x^2-9x+2=0$

이때 $4x^2-9x+2=4x^2+mx+n$이므로 $m=-9$, $n=2$

따라서 $m+n=-7$

+α 근과 계수의 관계를 이용하여 구할 수 있어!

이차방정식 $4x^2+mx+n=0$의 두 근이 $\dfrac{1}{4}$, 2이므로

근과 계수의 관계에 의하여
이차방정식 $ax^2+bx+c=0$에서 두 근의 합 $-\dfrac{b}{a}$, 두 근의 곱 $\dfrac{c}{a}$

$\dfrac{1}{4}+2=-\dfrac{m}{4}$이므로 $m=-9$

$\dfrac{1}{4}\times2=\dfrac{n}{4}$이므로 $n=2$

따라서 $m+n=-7$

228

이차방정식 $x^2-16x+4=0$의 두 실근을 α, $\beta(\alpha<\beta)$라 하자. 그림과 같이 $\overline{AB}=\alpha$, $\overline{BC}=\beta$인 직각삼각형 ABC에 내접하는 정사각형의 넓이와 둘레의 길이를 두 근으로 하는 x에 대한 이차방정식이 $16x^2+mx+n=0$일 때, 두 상수 m, n에 대하여 $m+n$의 값은?
(단, 정사각형의 두 변은 선분 AB와 선분 BC 위에 있다.)

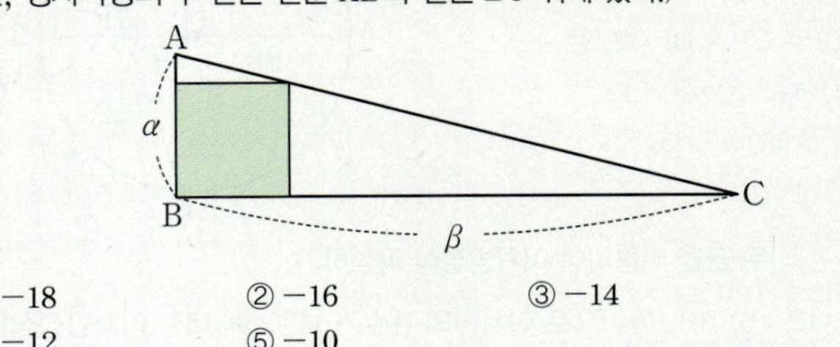

① -18 ② -16 ③ -14
④ -12 ⑤ -10

STEP A 이차방정식 $x^2-16x+4=0$에서 근과 계수의 관계 구하기

이차방정식 $x^2-16x+4=0$의 두 실근이 α, β이므로

근과 계수의 관계에 의하여 $\alpha+\beta=16$, $\alpha\beta=4$

STEP B 삼각형의 닮음을 이용하여 정사각형의 한 변의 길이 구하기

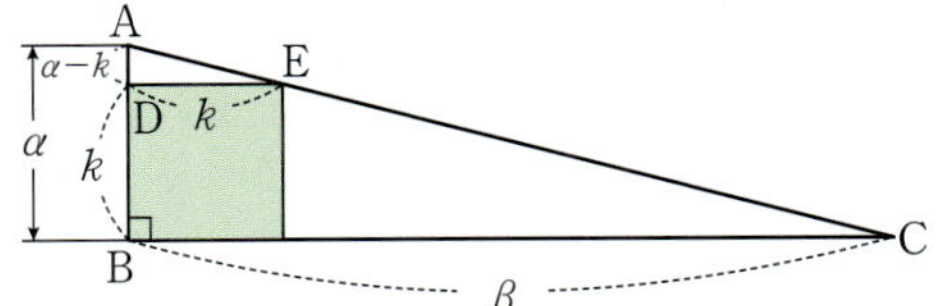

직각삼각형 ABC에 내접하는 정사각형의 한 변의 길이를 k라 하자.

이때 두 직각삼각형 ABC, ADE가 닮음이므로
∠A는 공통, ∠ABC=∠ADE=$90°$이므로 $\triangle ABC \backsim \triangle ADE$(AA닮음)

$\overline{AB}:\overline{BC}=\overline{AD}:\overline{DE}$, 즉 $\alpha:\beta=(\alpha-k):k$이므로

$\alpha k=\beta(\alpha-k)$, $(\alpha+\beta)k=\alpha\beta$

$\therefore k=\dfrac{\alpha\beta}{\alpha+\beta}=\dfrac{4}{16}=\dfrac{1}{4}$

STEP C 정사각형의 넓이와 둘레의 길이를 두 근으로 하는 이차방정식 구하기

정사각형의 한 변의 길이가 $k=\dfrac{1}{4}$이므로 그 넓이는 $k^2=\left(\dfrac{1}{4}\right)^2=\dfrac{1}{16}$이고

둘레의 길이는 $4k=4\times\dfrac{1}{4}=1$

$\dfrac{1}{16}$, 1을 두 근으로 하고 이차항의 계수가 16인 이차방정식은
이차항의 계수가 a이고 두 근이 α, β인 이차방정식은 $a(x-\alpha)(x-\beta)=0$,
즉 $a\{x^2-(\alpha+\beta)x+\alpha\beta\}=0$

$16\left(x-\dfrac{1}{16}\right)(x-1)=0$, $(16x-1)(x-1)=0$

$\therefore 16x^2-17x+1=0$

이때 $16x^2-17x+1=16x^2+mx+n$이므로 $m=-17$, $n=1$

따라서 $m+n=-16$

+α 근과 계수의 관계를 이용하여 구할 수 있어!

이차방정식 $16x^2+mx+n=0$의 두 근이 $\dfrac{1}{16}$, 1이므로

근과 계수의 관계에 의하여
이차방정식 $ax^2+bx+c=0$에서 두 근의 합 $-\dfrac{b}{a}$, 두 근의 곱 $\dfrac{c}{a}$

$\dfrac{1}{16}+1=-\dfrac{m}{16}$이므로 $m=-17$

$\dfrac{1}{16}\times1=\dfrac{n}{16}$이므로 $n=1$

따라서 $m+n=-16$

정답 ②

0703

정답 해설참조

| 1단계 | 두 이차방정식에 각각 $x=-1$, $x=\dfrac{1}{3}$ 을 대입하여 a, b의 값을 구한다. | 3점 |

이차방정식 $ax^2-2x+b=0$의 한 해가 -1이므로
$x=-1$을 대입하면 $a+2+b=0$
$\therefore a+b=-2$ $\qquad$ …… ㉠
이차방정식 $bx^2-2x+a=0$의 한 해가 $\dfrac{1}{3}$이므로
$x=\dfrac{1}{3}$을 대입하면 $\dfrac{1}{9}b-\dfrac{2}{3}+a=0$
$\therefore 9a+b=6$ $\qquad$ …… ㉡
㉠, ㉡을 연립하여 풀면 $a=1$, $b=-3$

| 2단계 | 이차방정식 $ax^2-2x+b=0$에 a, b의 값을 대입하여 m의 값을 구한다. | 3점 |

이차방정식 $ax^2-2x+b=0$에 $a=1$, $b=-3$을 대입하면
$x^2-2x-3=0$에서 $(x+1)(x-3)=0$
즉 $x=-1$ 또는 $x=3$에서 다른 한 근은 $x=3$이므로
$m=3$

| 3단계 | 이차방정식 $bx^2-2x+a=0$에 a, b의 값을 대입하여 n의 값을 구한다. | 3점 |

이차방정식 $bx^2-2x+a=0$에 $a=1$, $b=-3$을 대입하면
$-3x^2-2x+1=0$에서 $3x^2+2x-1=0$, $(x+1)(3x-1)=0$
즉 $x=-1$ 또는 $x=\dfrac{1}{3}$에서 다른 한 근은 $x=-1$이므로
$n=-1$

| 4단계 | mn의 값을 구한다. | 1점 |

따라서 $m=3$, $n=-1$이므로 $mn=3\times(-1)=-3$

0704

정답 해설참조

| 1단계 | x에 대한 이차방정식이 중근을 가질 조건을 이용하여 a에 관한 식을 구한다. | 3점 |

이차방정식 $x^2-2(m+a)x+a^2+4a+n=0$의 판별식을 D라 하면
중근을 가지므로 $D=0$이어야 한다.
$\dfrac{D}{4}=\{-(m+a)\}^2-1\times(a^2+4a+n)=0$
$m^2+2am+a^2-a^2-4a-n=0$이고 a에 대하여 정리하면
$(2m-4)a+m^2-n=0$ $\qquad$ …… ㉠

| 2단계 | a에 관한 항등식에서 계수비교법을 이용하여 상수 m, n을 구한다. | 3점 |

㉠에서 a에 관계없이 항상 성립하므로 a에 대한 항등식이다.
즉 $(2m-4)a+m^2-n=0$이므로 $2m-4=0$, $m^2-n=0$
$\therefore m=2$, $n=4$

| 3단계 | 이차방정식 $(m+1)x^2+nx+1=0$의 두 근의 차를 구한다. | 4점 |

$m=2$, $n=4$를 이차방정식 $(m+1)x^2+nx+1=0$에 대입하면
$3x^2+4x+1=0$, $(3x+1)(x+1)=0$
$\therefore x=-\dfrac{1}{3}$ 또는 $x=-1$
따라서 두 근의 차는 $\left|-\dfrac{1}{3}-(-1)\right|=\dfrac{2}{3}$

0705

정답 해설참조

| 1단계 | 이차방정식 $x^2+6x+a=0$이 실근을 갖도록 하는 정수 a의 최댓값 M의 값을 구한다. | 4점 |

이차방정식 $x^2+6x+a=0$이 실근을 가져야 하므로
판별식을 D_1이라 할 때, $D_1\geq0$이어야 한다.
$\dfrac{D_1}{4}=3^2-1\times a\geq0$, $9-a\geq0$
즉 $a\leq9$이므로 정수 a의 최댓값은 $M=9$

| 2단계 | 이차방정식 $x^2+2bx+b^2+3b-6=0$이 허근을 갖도록 하는 정수 b의 최솟값 m의 값을 구한다. | 4점 |

이차방정식 $x^2+2bx+b^2+3b-6=0$이 허근을 가져야 하므로
판별식을 D_2라 할 때, $D_2<0$이어야 한다.
$\dfrac{D_2}{4}=b^2-(b^2+3b-6)<0$, $-3b+6<0$
즉 $b>2$이므로 정수 b의 최솟값은 $m=3$

| 3단계 | $M+m$의 값을 구한다. | 2점 |

따라서 $M+m=9+3=12$

0706

정답 해설참조

| 1단계 | 이차방정식의 근과 계수의 관계를 이용하여 $\alpha^3+\beta^3$의 값을 구한다. | 3점 |

이차방정식 $x^2+3x+5=0$의 두 근이 α, β이므로
근과 계수의 관계에 의하여 $\alpha+\beta=-3$, $\alpha\beta=5$
$\alpha^3+\beta^3=(\alpha+\beta)^3-3\alpha\beta(\alpha+\beta)$
$\qquad\quad=(-3)^3-3\times5\times(-3)$
$\qquad\quad=18$

| 2단계 | 이차방정식 $x^2+3x+5=0$에 $x=\alpha$, $x=\beta$를 각각 대입하여 $(\alpha^2+4\alpha+6)(\beta^2+2\beta+4)$의 값을 구한다. | 5점 |

이차방정식 $x^2+3x+5=0$의 두 근이 α, β이므로
이차방정식에 $x=\alpha$를 대입하면 $\alpha^2+3\alpha+5=0$
$\alpha^2+4\alpha+6=\alpha+1$
이차방정식에 $x=\beta$를 대입하면 $\beta^2+3\beta+5=0$
$\beta^2+2\beta+4=-\beta-1$
이때
$(\alpha^2+4\alpha+6)(\beta^2+2\beta+4)=(\alpha+1)(-\beta-1)$
$\qquad\qquad\qquad\qquad\qquad=-(\alpha+1)(\beta+1)$
$\qquad\qquad\qquad\qquad\qquad=-\alpha\beta-(\alpha+\beta)-1$
$\qquad\qquad\qquad\qquad\qquad=-5-(-3)-1$
$\qquad\qquad\qquad\qquad\qquad=-3$

| 3단계 | $\dfrac{\alpha^3+\beta^3}{(\alpha^2+4\alpha+6)(\beta^2+2\beta+4)}$의 값을 구한다. | 2점 |

따라서 $\dfrac{\alpha^3+\beta^3}{(\alpha^2+4\alpha+6)(\beta^2+2\beta+4)}=\dfrac{18}{-3}=-6$

0707

| 1단계 | 이차방정식이 중근을 가질 실수 a의 값을 구한다. | 6점 |

방정식이 x에 대한 이차방정식이어야 하므로 $a^2-1 \neq 0$
$\therefore a \neq 1$이고 $a \neq -1$ ······ ㉠
이차방정식 $(a^2-1)x^2+(a+1)x+1=0$이 중근을 가지므로
판별식을 D라 하면 $D=0$이어야 한다.
$D=(a+1)^2-4(a^2-1)=0,\ -(3a-5)(a+1)=0$
$\therefore a=\dfrac{5}{3}$ 또는 $a=-1$ ······ ㉡

㉠, ㉡에 의하여 $a=\dfrac{5}{3}$

| 2단계 | 이차방정식 $(a^2-1)x^2+(a+1)x+1=0$의 중근을 구한다. | 4점 |

이차방정식 $(a^2-1)x^2+(a+1)x+1=0$에 $a=\dfrac{5}{3}$를 대입하면
$\left(\dfrac{25}{9}-1\right)x^2+\dfrac{8}{3}x+1=0$에서 $16x^2+24x+9=0,\ (4x+3)^2=0$
따라서 이차방정식의 중근은 $x=-\dfrac{3}{4}$

0708

| 1단계 | 이차방정식 $x^2+2x-1=0$의 두 근이 α, β일 때, 근과 계수의 관계를 이용하여 $\alpha+\beta$, $\alpha\beta$의 값을 구한다. | 2점 |

이차방정식 $x^2+2x-1=0$의 두 근을 α, β이므로
근과 계수의 관계에 의하여 $\alpha+\beta=-2,\ \alpha\beta=-1$

| 2단계 | 두 근 $\dfrac{\alpha^2}{1+\beta}$, $\dfrac{\beta^2}{1+\alpha}$의 합과 곱을 구한다. | 5점 |

두 근 $\dfrac{\alpha^2}{1+\beta}$, $\dfrac{\beta^2}{1+\alpha}$의 합과 곱을 구하면
$$\dfrac{\alpha^2}{1+\beta}+\dfrac{\beta^2}{1+\alpha}=\dfrac{\alpha^2(1+\alpha)+\beta^2(1+\beta)}{(1+\beta)(1+\alpha)}$$
$$=\dfrac{\alpha^3+\beta^3+\alpha^2+\beta^2}{1+(\alpha+\beta)+\alpha\beta}$$
$$=\dfrac{(\alpha+\beta)^3-3\alpha\beta(\alpha+\beta)+(\alpha+\beta)^2-2\alpha\beta}{1+(\alpha+\beta)+\alpha\beta}$$
$$=\dfrac{(-2)^3-3\times(-1)\times(-2)+(-2)^2-2\times(-1)}{1+(-2)+(-1)}$$
$$=4$$
$$\dfrac{\alpha^2}{1+\beta}\times\dfrac{\beta^2}{1+\alpha}=\dfrac{\alpha^2\beta^2}{(1+\beta)(1+\alpha)}$$
$$=\dfrac{(\alpha\beta)^2}{1+(\alpha+\beta)+\alpha\beta}$$
$$=\dfrac{(-1)^2}{1+(-2)+(-1)}$$
$$=-\dfrac{1}{2}$$
즉 두 근의 합 $\dfrac{\alpha^2}{1+\beta}+\dfrac{\beta^2}{1+\alpha}=4$, 두 근의 곱 $\dfrac{\alpha^2}{1+\beta}\times\dfrac{\beta^2}{1+\alpha}=-\dfrac{1}{2}$

| 3단계 | $\dfrac{\alpha^2}{1+\beta}$, $\dfrac{\beta^2}{1+\alpha}$을 두 근으로 하고 x^2의 계수가 2인 이차방정식을 구한다. | 3점 |

x^2의 계수가 2이고 두 근의 합이 4, 두 근의 곱이 $-\dfrac{1}{2}$인 이차방정식은
$2\left(x^2-4x-\dfrac{1}{2}\right)=0$
따라서 $2x^2-8x-1=0$

0709

| 1단계 | a와 c를 바르게 보고 풀었을 때, a, c의 관계식을 구한다. | 3점 |

이차방정식 $ax^2+bx+c=0$에서
a와 c를 바르게 보고 풀었을 때의 두 근이 $1+\sqrt{3}$, $1-\sqrt{3}$이므로
근과 계수의 관계에 의하여
두 근의 곱 $\dfrac{c}{a}=(1+\sqrt{3})(1-\sqrt{3})=-2$
$\therefore c=-2a$ ······ ㉠

| 2단계 | a와 b를 바르게 보고 풀었을 때, a, b의 관계식을 구한다. | 3점 |

이차방정식 $ax^2+bx+c=0$에서 a와 b를 바르게 보고 풀었을 때의
두 근이 -3, 4이므로 근과 계수의 관계에 의하여
두 근의 합 $-\dfrac{b}{a}=-3+4=1$
$\therefore b=-a$ ······ ㉡

| 3단계 | 주어진 이차방정식의 해를 바르게 구한다. | 4점 |

이차방정식 $ax^2+bx+c=0$에 ㉠, ㉡을 대입하면
$ax^2-ax-2a=0$
이때 $a \neq 0$이므로 양변을 나누면 이차방정식 $x^2-x-2=0$이다.
따라서 $x^2-x-2=(x-2)(x+1)=0$이므로 $x=-1$ 또는 $x=2$

0710

| 1단계 | 이차방정식 $x^2+ax+b=0$의 켤레근의 성질을 이용하여 실수 a, b의 값을 구한다. | 3점 |

a, b가 실수이고 이차방정식 $x^2+ax+b=0$의 한 근이 $-1+3i$이므로
켤레복소수인 $-1-3i$도 이차방정식의 다른 한 근이다.
이때 이차방정식의 근과 계수의 관계에 의하여
두 근의 합 $-a=(-1+3i)+(-1-3i)=-2$
두 근의 곱 $b=(-1+3i)(-1-3i)=1+9=10$
$\therefore a=2,\ b=10$

| 2단계 | 이차방정식 $x^2-(a+1)x+b-6=0$의 근과 계수의 관계를 이용하여 $\alpha+\beta$, $\alpha\beta$의 값을 구한다. | 3점 |

이차방정식 $x^2-(a+1)x+b-6=0$에 $a=2$, $b=10$을 대입하면
$x^2-3x+4=0$
이때 이차방정식 $x^2-3x+4=0$의 두 근이 α, β이므로
근과 계수의 관계에 의하여 $\alpha+\beta=3,\ \alpha\beta=4$

| 3단계 | $\dfrac{\alpha^2}{\beta}+\dfrac{\beta^2}{\alpha}$의 값을 구한다. | 4점 |

따라서 $\dfrac{\alpha^2}{\beta}+\dfrac{\beta^2}{\alpha}=\dfrac{\alpha^3+\beta^3}{\alpha\beta}$
$$=\dfrac{(\alpha+\beta)^3-3\alpha\beta(\alpha+\beta)}{\alpha\beta}$$
$$=\dfrac{3^3-3\times4\times3}{4}$$
$$=-\dfrac{9}{4}$$

0711

| 1단계 | 조건 (가)를 만족하는 두 실수 p, q의 관계식을 구한다. | 3점 |

조건 (가)에서 다항식 $f(x)$를 $x-2$로 나눈 나머지는 9이므로
다항식 $f(x)$를 $x-\alpha$로 나눈 나머지는 $f(\alpha)$이다.
나머지 정리에 의하여 $f(2)=4+2p+q=9$
$\therefore 2p+q=5$ ······ ㉠

">

| 2단계 | 조건 (나)에서 이차방정식 $x^2+px+q=0$의 켤레근의 성질을 이용하여 a의 값을 구한다. | 4점 |

조건 (나)에 의하여 이차방정식 $x^2+px+q=0$의 모든 계수가 실수이므로
한 근이 $a+3i$이면 다른 한 근은 켤레복소수인 $a-3i$
근과 계수의 관계에 의하여

이차방정식 $x^2+ax+b=0$의 두 근이 α, β이면 $\alpha+\beta=-a$, $\alpha\beta=b$

두 근의 합 $(a-3i)+(a+3i)=-p$에서 $p=-2a$ ...... ⓒ
두 근의 곱 $(a+3i)(a-3i)=q$에서 $q=a^2+9$ ← $i^2=-1$ ...... ⓒ
ⓒ, ⓒ을 ㉠에 대입하면 $-4a+a^2+9=5$
$a^2-4a+4=(a-2)^2=0$
$\therefore a=2$

| 3단계 | 두 실수 $p+q$의 값을 구한다. | 3점 |

$a=2$를 ⓒ, ⓒ에 각각 대입하면 $p=-4$, $q=13$
따라서 $p+q=-4+13=9$

0712

정답 해설참조

| 1단계 | $f(\alpha)=0$, $f(\beta)=0$을 만족하는 $\alpha+\beta$, $\alpha\beta$의 값을 구한다. | 2점 |

이차함수 $f(x)=x^2-4x+7$에서 이차방정식 $f(x)=0$,
즉 $x^2-4x+7=0$의 두 근이 α, β이므로
근과 계수의 관계에 의하여 $\alpha+\beta=4$, $\alpha\beta=7$

| 2단계 | $f(2x+1)=0$의 두 근 p, q에 대하여 $p+q$, pq의 값을 각각 구한다. | 3점 |

이차방정식 $f(2x+1)=0$의 두 근은 $2x+1=\alpha$ 또는 $2x+1=\beta$
$\therefore x=\dfrac{\alpha-1}{2}$ 또는 $x=\dfrac{\beta-1}{2}$

이때 이차방정식 $f(2x+1)=0$의 두 근이 p, q이므로
$p=\dfrac{\alpha-1}{2}$, $q=\dfrac{\beta-1}{2}$
$p+q=\dfrac{\alpha+\beta-2}{2}=\dfrac{4-2}{2}=1$
$pq=\left(\dfrac{\alpha-1}{2}\right)\left(\dfrac{\beta-1}{2}\right)=\dfrac{\alpha\beta-(\alpha+\beta)+1}{4}=\dfrac{7-4+1}{4}=1$

| 3단계 | $(p^5+q^5)+(p^4+q^4)+(p^3+q^3)+(p^2+q^2)+(p+q)$의 값을 구한다. | 5점 |

$p^2+q^2=(p+q)^2-2pq=1-2=-1$
$p^3+q^3=(p+q)^3-3pq(p+q)=1-3=-2$
$p^4+q^4=(p^2+q^2)^2-2p^2q^2=(-1)^2-2=-1$
$p^5+q^5=(p^2+q^2)(p^3+q^3)-p^2q^2(p+q)=-1\times(-2)-1=1$
따라서 $(p^5+q^5)+(p^4+q^4)+(p^3+q^3)+(p^2+q^2)+(p+q)$
$\quad=1+(-1)+(-2)+(-1)+1$
$\quad=-2$

+α | 두 근이 p, q인 이차방정식을 이용하여 계산하기

두 근 p, q에 대하여 $p+q=1$, $pq=1$이므로
최고차항의 계수가 1인 t에 대한 이차방정식은 $t^2-t+1=0$
이때 $t+1$을 곱해서 정리하면 $t^3+1=0$이므로 $t^3=-1$
즉 $p^3=-1$, $q^3=-1$
$p^2+q^2=(p+q)^2-2pq=1-2=-1$
$p^3+q^3=-1-1=-2$
$p^4+q^4=p\times p^3+q\times q^3=-p-q=-1$
$p^5+q^5=p^2\times p^3+q^2\times q^3=-p^2-q^2=-(p^2+q^2)=1$
따라서 $(p^5+q^5)+(p^4+q^4)+(p^3+q^3)+(p^2+q^2)+(p+q)$
$\quad=1+(-1)+(-2)+(-1)+1$
$\quad=-2$

0713

정답 4

STEP A 이차방정식이 서로 다른 두 허근을 가질 조건 구하기

이차방정식 $x^2+x+1=0$의 판별식을 D라 하면
$\dfrac{D}{4}=1-4<0$이므로 서로 다른 두 허근을 가진다.

STEP B 이차방정식의 켤레근인 두 근의 근과 계수의 관계 구하기

계수가 실수인 이차방정식 $x^2+x+1=0$의 두 근이 α, β이므로
$\overline{\alpha}=\beta$, $\overline{\beta}=\alpha$
또한, 두 근이 α, β이므로 근과 계수의 관계에 의하여
$\alpha+\beta=-1$, $\alpha\beta=1$
또한, 이차방정식 $x^2+x+1=0$의 두 근이 α, β이므로
$\alpha^2+\alpha+1=0$, $\beta^2+\beta+1=0$

STEP C $(1-\overline{\alpha}+\beta^2)(1-\overline{\beta}+\alpha^2)$의 값 구하기

따라서 $(1-\overline{\alpha}+\beta^2)(1-\overline{\beta}+\alpha^2)=(1-\beta+\beta^2)(1-\alpha+\alpha^2)$
$\quad=(-\beta-\beta)(-\alpha-\alpha)$　$\alpha^2+\alpha+1=0$에서 $\alpha^2+1=-\alpha$
$\quad=-2\beta\times(-2\alpha)$　$\beta^2+\beta+1=0$에서 $\beta^2+1=-\beta$
$\quad=4\alpha\beta$
$\quad=4\times1=4$

내신 연계 출제문항 337

이차방정식 $x^2-x+1=0$의 두 근을 α, β라 할 때,
$$(1+\overline{\alpha}+\beta^2)(1+\overline{\beta}+\alpha^2)$$
의 값은? (단, $\overline{\alpha}$, $\overline{\beta}$는 각각 α, β의 켤레복소수이다.)

① -4　　② -2　　③ -1
④ 2　　⑤ 4

STEP A 이차방정식이 서로 다른 두 허근을 가질 조건 구하기

이차방정식 $x^2-x+1=0$의 판별식을 D라 하면
$\dfrac{D}{4}=(-1)^2-4=-3<0$이므로 서로 다른 두 허근을 가진다.

STEP B 이차방정식의 켤레근인 두 근의 근과 계수의 관계 구하기

α, β는 모든 계수가 실수인 이차방정식 $x^2-x+1=0$의 두 근이므로
$\alpha=\overline{\beta}$, $\beta=\overline{\alpha}$ ...... ㉠
또한, 근과 계수의 관계에 의하여
$\alpha+\beta=1$, $\alpha\beta=1$ ...... ⓒ
또, $x^2-x+1=0$에 $x=\alpha$, $x=\beta$를 각각 대입하면
$\alpha^2-\alpha+1=0$, $\beta^2-\beta+1=0$ ...... ⓒ

STEP C $(1+\overline{\alpha}+\beta^2)(1+\overline{\beta}+\alpha^2)$의 값 구하기

따라서 $(1+\overline{\alpha}+\beta^2)(1+\overline{\beta}+\alpha^2)=(1+\beta+\beta^2)(1+\alpha+\alpha^2)$ (∵ ㉠)
$\quad=2\beta\times2\alpha$ (∵ ⓒ)　$\alpha^2-\alpha+1=0$에서 $\alpha^2+1=\alpha$
$\quad=4\alpha\beta$　$\beta^2-\beta+1=0$에서 $\beta^2+1=\beta$
$\quad=4$

정답 ⑤

0714

<정답> 20

STEP A 이차부등식의 근 $x=\alpha$, $x=\beta$를 이용하여 인수분해하기

$x^2-2x-1=0$의 두 근이 α, β이므로 근을 이용하여 인수분해하면

$$x^2-2x-1=(x-\alpha)(x-\beta) \qquad \cdots\cdots \text{㉠}$$

STEP B 주어진 식의 값 구하기

㉠의 양변에 $x=1$을 대입하면 $(1-\alpha)(1-\beta)=1^2-2\times1-1=-2$

같은 방법으로 ㉠의 양변에 $x=2$, $x=3$, $x=4$, $x=5$를 차례로 대입하면

$(2-\alpha)(2-\beta)=2^2-2\times2-1=-1$

$(3-\alpha)(3-\beta)=3^2-2\times3-1=2$

$(4-\alpha)(4-\beta)=4^2-2\times4-1=7$

$(5-\alpha)(5-\beta)=5^2-2\times5-1=14$

따라서 $(1-\alpha)(1-\beta)+(2-\alpha)(2-\beta)+(3-\alpha)(3-\beta)+(4-\alpha)(4-\beta)$
$$\qquad\qquad\qquad\qquad\qquad\qquad +(5-\alpha)(5-\beta)$$
$$=(-2)+(-1)+2+7+14=20$$

0715

<정답> $\dfrac{34}{9}$

STEP A 두 근을 3α, -2α로 놓고 근과 계수의 관계를 이용하여 식 구하기

이차방정식 $mx^2+(3m-5)x-24=0\,(m>0)$의 두 근의 곱이 $-\dfrac{24}{m}<0$이므로

두 근을 3α와 -2α라 하면

이차방정식 $mx^2+(3m-5)x-24=0$의 근과 계수의 관계에 의하여

두 근의 합 $3\alpha+(-2\alpha)=-\dfrac{3m-5}{m}$에서 $\alpha=-\dfrac{3m-5}{m}$ $\cdots\cdots$ ㉠

두 근의 곱 $3\alpha\times(-2\alpha)=-\dfrac{24}{m}$에서 $6\alpha^2=\dfrac{24}{m}$ $\qquad\cdots\cdots$ ㉡

㉠을 ㉡에 대입하면 $6\times\left(-\dfrac{3m-5}{m}\right)^2=\dfrac{24}{m}$

$$9m^2-34m+25=0$$

STEP B 실수 m의 값의 합 구하기

이차방정식 $9m^2-34m+25=0$에서 판별식을 D라 하면

$\dfrac{D}{4}=17^2-9\times25>0$이므로 서로 다른 두 실근을 가진다.

따라서 이차방정식 $9m^2-34m+25=0$에서 근과 계수의 관계에 의하여

실수 m의 값의 합은 $\dfrac{34}{9}$

0716

<정답> 3

STEP A 이차방정식의 근과 계수의 관계를 구하기

이차방정식 $x^2-2x+2=0$의 두 근이 α, β이므로

근과 계수의 관계에 의하여 $\alpha+\beta=2$, $\alpha\beta=2$

STEP B 조건을 만족하는 $f(x)$의 식 구하기

이때 $\alpha+\beta=2$에서 $\beta=-\alpha+2$이고 $\alpha=-\beta+2$

주어진 식에 대입하면

$f(\alpha)=\beta-1$에서 $f(\alpha)=-\alpha+1$

$f(\beta)=\alpha-1$에서 $f(\beta)=-\beta+1$

즉 $f(x)+x-1=0$의 근이 $x=\alpha$, $x=\beta$이므로 $f(x)+x-1=(x-\alpha)(x-\beta)$

이때 $f(x)=(x^2-2x+2)-x+1$

$\therefore f(x)=x^2-3x+3$

STEP C 이차방정식 $f(x)=0$의 두 근의 합 구하기

따라서 $f(x)=x^2-3x+3$에서 이차방정식 $f(x)=0$의 근과 계수의 관계에 의하여 두 근의 합은 3

0717

<정답> 96

STEP A 이차방정식의 판별식 $D=0$임을 이용하여 a, b의 관계식 구하기

이차방정식의 판별식 D라 하면

중근을 가지므로 $D=0$이다.

$\dfrac{D}{4}=(a+b)^2-\{(a-b)^2+3ab-5a-3b-2\}=0$

이 식을 전개하여 정리하면 $ab+5a+3b+2=0$

$a(b+5)+3(b+5)=13$

$\therefore (a+3)(b+5)=13$

STEP B 정수조건을 만족하는 a, b의 값 구하기

이때 a, b는 정수이므로 ab의 값을 다음 네 가지 경우로 나누어 구할 수 있다.

(i) $a+3=1$, $b+5=13$인 경우

　　$a=-2$, $b=8$이므로 $ab=-16$

(ii) $a+3=13$, $b+5=1$인 경우

　　$a=10$, $b=-4$이므로 $ab=-40$

(iii) $a+3=-1$, $b+5=-13$인 경우

　　$a=-4$, $b=-18$이므로 $ab=72$

(iv) $a+3=-13$, $b+5=-1$인 경우

　　$a=-16$, $b=-6$이므로 $ab=96$

(i)~(iv)에서 ab의 값 중 가장 큰 값은 96

<참고>

$a+3$, $b+5$의 곱이 13인 경우를 표로 나타내어 정수 a, b의 값을 구하면 다음과 같다.

$a+3$	1	13	-1	-13		a	-2	10	-4	-16
$b+5$	13	1	-13	-1		b	8	-4	-18	-6

0718

2015년 09월 고1 학력평가 29번 <정답> 10

STEP A 이차방정식의 근과 계수의 관계를 이용하여 α, β에 대한 관계식 구하기

이차방정식 $x^2+x+1=0$의 두 근이 α, β이므로

$x=\alpha$를 대입하면 $\alpha^2+\alpha+1=0$

$\therefore \alpha+1=-\alpha^2$ $\qquad\cdots\cdots$ ㉠

$x=\beta$를 대입하면 $\beta^2+\beta+1=0$

$\therefore \beta+1=-\beta^2$ $\qquad\cdots\cdots$ ㉡

근과 계수의 관계에 의하여 $\alpha+\beta=-1$

이차방정식 $x^2+ax+b=0$의 두 근이 α, β이면 $\alpha+\beta=-a$, $\alpha\beta=b$

$\alpha+1=-\beta$를 ㉠에 대입하면 $\alpha^2=\beta$

$\beta+1=-\alpha$를 ㉡에 대입하면 $\beta^2=\alpha$

STEP B $f(\alpha^2)=-4\alpha$와 $f(\beta^2)=-4\beta$를 만족하는 p, q의 값 구하기

$f(\alpha^2)=-4\alpha$에서 $f(\alpha^2)=f(\beta)=-4\alpha=4(\beta+1)=4\beta+4$이므로

$f(\beta)-4\beta-4=0$ $\qquad\cdots\cdots$ ㉢

$f(\beta^2)=-4\beta$에서 $f(\beta^2)=f(\alpha)=-4\beta=4(\alpha+1)=4\alpha+4$이므로

$f(\alpha)-4\alpha-4=0$ $\qquad\cdots\cdots$ ㉣

㉢, ㉣에 의하여 이차방정식 $f(x)-4x-4=0$의 두 근이 α, β이고

이차항의 계수가 a이고 두 근이 α, β인 이차방정식은
$a(x-\alpha)(x-\beta)=0$, 즉 $a\{x^2-(\alpha+\beta)x+\alpha\beta\}=0$

$f(x)$의 최고차항의 계수가 1이므로 $f(x)-4x-4=(x-\alpha)(x-\beta)$

이때 이차방정식 $x^2+x+1=0$의 두 근이 α, β이므로

$x^2+x+1=(x-\alpha)(x-\beta)$

즉 $x^2+x+1=f(x)-4x-4$이므로 $f(x)=x^2+5x+5$

이차방정식 $f(x)=x^2+px+q$와 일치하므로 동류항의 계수를 비교하면

$p=5$, $q=5$

따라서 $p+q=10$

이차방정식 $x^2+x+1=0$에서 양변에 $x-1$을 곱하면
$(x-1)(x^2+x+1)=0$이므로 $x^3-1=0$
이때 α, β는 $x^3-1=0$의 근이므로 $\alpha^3=1$, $\beta^3=1$
이차함수 $f(x)=x^2+px+q$에서
x대신에 α^2을 대입하면 $f(\alpha^2)=\alpha^4+p\alpha^2+q=-4\alpha$이므로   ← $f(\alpha^2)=-4\alpha$
$\alpha+p\beta+q=-4\alpha$ ← $\alpha^4=\alpha^3\times\alpha,\ \alpha^2=\beta$
$\therefore p\beta+q=-5\alpha$ ...... ㉢
x대신에 β^2을 대입하면 $f(\beta^2)=\beta^4+p\beta^2+q=-4\beta$이므로   ← $f(\beta^2)=-4\beta$
$\beta+p\alpha+q=-4\beta$ ← $\beta^4=\beta^3\times\beta,\ \beta^2=\alpha$
$\therefore p\alpha+q=-5\beta$ ...... ㉣
㉢$-$㉣을 하면 $p(\beta-\alpha)=-5(\alpha-\beta)=5(\beta-\alpha)$이므로 $p=5(\because \alpha\neq\beta)$
㉢$+$㉣을 하면 $p(\beta+\alpha)+2q=-5(\alpha+\beta)$이므로   ← $\alpha+\beta=-1$
$-p+2q=5,\ 2q=10$ $\therefore q=5$
따라서 $p+q=10$

다른풀이 | 곱셈공식을 이용하여 풀이하기

STEP A 이차방정식의 근과 계수의 관계 이용하기

이차방정식의 근과 계수의 관계에 의하여 $\alpha+\beta=-1$, $\alpha\beta=1$
$f(\alpha^2)=-4\alpha$, $f(\beta^2)=-4\beta$이므로
$\alpha^4+p\alpha^2+q=-4\alpha$ ...... ㉠
$\beta^4+p\beta^2+q=-4\beta$ ...... ㉡

STEP B $f(\alpha^2)=-4\alpha$, $f(\beta^2)=-4\beta$**를 만족하는** p, q**의 값 구하기**

㉠$+$㉡을 하면
$\alpha^4+\beta^4+p(\alpha^2+\beta^2)+2q=-4(\alpha+\beta)$ ...... ㉢
이때 $\alpha^2+\beta^2=(\alpha+\beta)^2-2\alpha\beta=(-1)^2-2\times1=-1$,
$\alpha^4+\beta^4=(\alpha^2+\beta^2)^2-2\alpha^2\beta^2=(-1)^2-2\times1^2=-1$
이므로 이것을 ㉢에 대입하면 $-1-p+2q=4$
$\therefore p-2q=-5$ ...... ㉣
㉠$-$㉡을 하면
$\alpha^4-\beta^4+p(\alpha^2-\beta^2)=-4(\alpha-\beta)$
$(\alpha^2-\beta^2)(\alpha^2+\beta^2)+p(\alpha^2-\beta^2)=-4(\alpha-\beta)$
$(\alpha+\beta)(\alpha-\beta)(\alpha^2+\beta^2)+p(\alpha+\beta)(\alpha-\beta)+4(\alpha-\beta)=0$
$(-1)\times(\alpha-\beta)\times(-1)+p\times(-1)\times(\alpha-\beta)+4(\alpha-\beta)=0$
$\alpha-\beta-p(\alpha-\beta)+4(\alpha-\beta)=0$
$5(\alpha-\beta)-p(\alpha-\beta)=0,\ (\alpha-\beta)(5-p)=0$
$\therefore p=5(\because \alpha\neq\beta)$

← $x^2+x+1=0$의 판별식을 D라 하면 $D=1^2-4=-3<0$
따라서 서로 다른 두 허근을 갖는다.

$p=5$를 ㉣에 대입하면
$5-2q=-5,\ -2q=-10$ $\therefore q=5$
따라서 $p+q=5+5=10$

---

mini해설 | 직접 나누어 p, q의 값 풀이하기

$f(\alpha^2)=-4\alpha$, $f(\beta^2)=-4\beta$에서 $f(\alpha^2)+4\alpha=0$, $f(\beta^2)+4\beta=0$이므로
방정식 $f(x^2)+4x=0$의 두 근이 α, β이다.
즉 $f(x^2)+4x=x^4+px^2+4x+q$가 $(x-\alpha)(x-\beta)=x^2+x+1$로 나누어떨어진다.

$$
\begin{array}{r}
x^2-x+p \\
x^2+x+1\,\overline{)\,x^4\qquad\ \ -px^2+4x+q} \\
\underline{x^4+x^3\ \ +x^2} \\
-x^3+(p-1)x^2+4x+q \\
\underline{-x^3\quad -x^2-\ x} \\
px^2+5x+q \\
\underline{px^2+px+p} \\
(5-p)x+q-p
\end{array}
$$

즉 $(5-p)x+q-p=0$이므로 $5-p=0,\ q-p=0$
따라서 $p=5,\ q=5$이므로 $p+q=5+5=10$

이차방정식 $x^2+x+1=0$의 두 근 α, β에 대하여 이차함수
$f(x)=x^2+px+q$가 $f(\alpha^2)=3\alpha$와 $f(\beta^2)=3\beta$를 만족시킬 때,
두 상수 p, q에 대하여 $p-q$의 값을 구하시오.

STEP A 이차방정식의 근과 계수의 관계를 이용하여 α, β에 대한 관계식 구하기

이차방정식 $x^2+x+1=0$의 두 근이 α, β이므로
$x=\alpha$를 대입하면 $\alpha^2+\alpha+1=0$
$\therefore \alpha+1=-\alpha^2$ ...... ㉠
$x=\beta$를 대입하면 $\beta^2+\beta+1=0$
$\therefore \beta+1=-\beta^2$ ...... ㉡
이차방정식 $x^2+x+1=0$의 근과 계수의 관계에 의하여 $\alpha+\beta=-1$
$\alpha+1=-\beta$를 ㉠에 대입하면 $\alpha^2=\beta$
$\beta+1=-\alpha$를 ㉡에 대입하면 $\beta^2=\alpha$

STEP B $f(\alpha^2)=3\alpha$와 $f(\beta^2)=3\beta$를 만족하는 p, q의 값 구하기

$f(\alpha^2)=3\alpha$에서
$f(\alpha^2)=f(\beta)=3\alpha=3(-\beta-1)=-3\beta-3$이므로
$f(\beta)+3\beta+3=0$ ...... ㉢
$f(\beta^2)=3\beta$에서
$f(\beta^2)=f(\alpha)=3\beta=3(-\alpha-1)=-3\alpha-3$이므로
$f(\alpha)+3\alpha+3=0$ ...... ㉣
㉢, ㉣에 의하여 이차방정식 $f(x)+3x+3=0$의 두 근이 α, β이고
$f(x)$의 최고차항의 계수가 1이므로 $f(x)+3x+3=(x-\alpha)(x-\beta)$
이때 이차방정식 $x^2+x+1=0$의 두 근이 α, β이므로
$x^2+x+1=(x-\alpha)(x-\beta)$
즉 $x^2+x+1=f(x)+3x+3$이므로 $f(x)=x^2-2x-2$
이차방정식 $f(x)=x^2+px+q$와 일치하므로 동류항의 계수를 비교하면
$p=-2,\ q=-2$
따라서 $p-q=0$

이차방정식 $x^2+x+1=0$에서 양변에 $x-1$을 곱하면
$(x-1)(x^2+x+1)=0$이므로 $x^3-1=0$
이때 α, β는 $x^3-1=0$의 근이므로 $\alpha^3=1$, $\beta^3=1$
이차함수 $f(x)=x^2+px+q$에서 x대신에 α^2을 대입하면
$f(\alpha^2)=\alpha^4+p\alpha^2+q=3\alpha$이므로 $\alpha+p\beta+q=3\alpha$
$\therefore p\beta+q=2\alpha$ ...... ㉤
x대신에 β^2을 대입하면 $f(\beta^2)=\beta^4+p\beta^2+q=3\beta$이므로
$\beta+p\alpha+q=3\beta$ $\therefore p\alpha+q=2\beta$ ...... ㉥
㉤$-$㉥을 하면 $p(\beta-\alpha)=2(\alpha-\beta)=-2(\beta-\alpha)$이므로
$p=-2(\because \alpha\neq\beta)$
㉤$+$㉥을 하면 $p(\beta+\alpha)+2q=2(\alpha+\beta)$이므로
$-p+2q=-2,\ 2q=-4$ $\therefore q=-2$
따라서 $p-q=-2-(-2)=0$

정답 0

0719
2014년 03월 고2 학력평가 B형 12번 · 정답 ④ 

STEP A 이차방정식 $(x-a)(x-b)+(x-b)(x-c)+(x-c)(x-a)=0$의 근과 계수의 관계 구하기

이차방정식 $(x-a)(x-b)+(x-b)(x-c)+(x-c)(x-a)=0$에서
좌변을 전개하여 정리하면 $3x^2-2(a+b+c)x+ab+bc+ca=0$
근과 계수의 관계에 의하여

이차방정식 $ax^2+bx+c=0$에서 두 근의 합 $-\dfrac{b}{a}$, 두 근의 곱 $\dfrac{c}{a}$

(두 근의 합)$=\dfrac{2(a+b+c)}{3}=4$에서 $a+b+c=6$

(두 근의 곱)$=\dfrac{ab+bc+ca}{3}=-3$에서 $ab+bc+ca=-9$

이때 $a^2+b^2+c^2=(a+b+c)^2-2(ab+bc+ca)$
$$=6^2-2\times(-9)$$
$$=54$$

STEP B 이차방정식 $(x-a)^2+(x-b)^2+(x-c)^2=0$의 두 근의 곱 구하기

이차방정식 $(x-a)^2+(x-b)^2+(x-c)^2=0$에서 좌변을 전개하여 정리하면
$3x^2-2(a+b+c)x+a^2+b^2+c^2=0$
$a+b+c=6$, $a^2+b^2+c^2=54$이므로 $3x^2-12x+54=0$
$\therefore\ x^2-4x+18=0$
따라서 이차방정식 $x^2-4x+18=0$의 근과 계수의 관계에 의하여
두 근의 곱은 18

내/신/연/계 출제문항 339

이차방정식
$$(x-a)(x-b)+(x-b)(x-c)+(x-c)(x-a)=0$$
의 두 근의 합과 곱이 각각 2, -2일 때, 이차방정식
$(x-a)^2+(x-b)^2+(x-c)^2=0$의 두 근의 곱은? (단, a, b, c는 상수이다.)

① 5 　　　　② 7 　　　　③ 9
④ 11 　　　　⑤ 13

STEP A 이차방정식의 근과 계수의 관계를 구하기

이차방정식 $(x-a)(x-b)+(x-b)(x-c)+(x-c)(x-a)=0$에서
$3x^2-2(a+b+c)x+ab+bc+ca=0$
이차방정식의 근과 계수의 관계에 의하여

이차방정식 $ax^2+bx+c=0$의 두 근이 α, β이면 $\alpha+\beta=-\dfrac{b}{a}$, $\alpha\beta=\dfrac{c}{a}$

(두 근의 합)$=\dfrac{2(a+b+c)}{3}=2$에서 $a+b+c=3$ 　　…… ㉠

(두 근의 곱)$=\dfrac{ab+bc+ca}{3}=-2$에서 $ab+bc+ca=-6$

이때 $a^2+b^2+c^2=(a+b+c)^2-2(ab+bc+ca)$
$$=9+12=21$$ 　　…… ㉡

STEP B 이차방정식 $(x-a)^2+(x-b)^2+(x-c)^2=0$의 두 근의 곱 구하기

이차방정식 $(x-a)^2+(x-b)^2+(x-c)^2=0$에서
좌변을 전개하고 정리하면 $3x^2-2(a+b+c)x+a^2+b^2+c^2=0$이고
㉠, ㉡을 $3x^2-2(a+b+c)x+a^2+b^2+c^2=0$에 대입하면
$3x^2-6x+21=0$이므로 $x^2-2x+7=0$
따라서 이 이차방정식의 두 근의 곱은 7 · 정답 ② 

0720
2014년 03월 고2 학력평가 A형 19번 · 정답 ⑤ 

STEP A 이차방정식의 근과 계수의 관계를 구하기

이차방정식 $f(x)=0$의 이차항의 계수가 1이고 두 근의 곱이 7이므로
$f(x)=x^2+kx+7$ (k는 상수)이라 하자.
조건 (나)에서 이차방정식 $x^2-3x+1=0$의 두 근이 α, β이므로
근과 계수의 관계에 의하여
$\alpha+\beta=3$, $\alpha\beta=1$ 　　…… ㉠

STEP B $f(\alpha)+f(\beta)=3$을 이용하여 k의 값을 구하고 $f(7)$의 값 계산하기

한편 $f(\alpha)+f(\beta)=3$에서
$(\alpha^2+k\alpha+7)+(\beta^2+k\beta+7)=3$
$(\alpha^2+\beta^2)+k(\alpha+\beta)+14=3$
$(\alpha+\beta)^2-2\alpha\beta+k(\alpha+\beta)+14=3$에서 ㉠의 값을 대입하면
$9-2+3k+14=3$이므로 $k=-6$
따라서 $f(x)=x^2-6x+7$이므로 $f(7)=49-42+7=14$

내/신/연/계 출제문항 340

이차항의 계수가 1인 이차식 $f(x)$는 다음 조건을 만족시킨다.

(가) 이차방정식 $f(x)=0$의 두 근의 곱은 5이다.
(나) 이차방정식 $x^2-3x+1=0$의 두 근 α, β에 대하여
$f(\alpha)+f(\beta)=5$이다.

$f(x)$를 $x-3$으로 나누었을 때, 나머지를 구하시오.

STEP A 이차방정식의 근과 계수의 관계를 이용하기

$f(x)$의 이차항의 계수가 1이고
조건 (가)에서 이차방정식 $f(x)=0$의 두 근의 곱이 5이므로
$f(x)=x^2+ax+5$ (a는 상수)로 놓을 수 있다.
조건 (나)에서 이차방정식 $x^2-3x+1=0$의 두 근이 α, β이므로
근과 계수의 관계에 의하여
$\alpha+\beta=3$, $\alpha\beta=1$ 　　…… ㉠

STEP B $f(\alpha)+f(\beta)=5$를 이용하여 a의 값 구하기

한편 $f(\alpha)+f(\beta)=5$에서
$(\alpha^2+a\alpha+5)+(\beta^2+a\beta+5)=5$
$(\alpha^2+\beta^2)+a(\alpha+\beta)+10=5$
$(\alpha+\beta)^2-2\alpha\beta+a(\alpha+\beta)+10=5$에서 ㉠의 값을 대입하면
$9-2+3a+10=5$이므로 $a=-4$
따라서 $f(x)=x^2-4x+5$이므로 $x-3$으로 나누었을 때 나머지는
나머지정리에 의하여 $f(3)=9-12+5=2$ · 정답 2 

0721

STEP A 무리함수가 서로 같을 조건을 이용하여 a, b, c에 대한 관계식 구하기

이차방정식 $ax^2+\sqrt{3}\,bx+c=0$의 한 근이 $2+\sqrt{3}$이므로
$x=2+\sqrt{3}$을 대입하면 $a(2+\sqrt{3})^2+\sqrt{3}\,b(2+\sqrt{3})+c=0$
$a(7+4\sqrt{3})+2\sqrt{3}\,b+3b+c=0$ ← $(\ )+(\ )\sqrt{3}$꼴로 정리
$\therefore (7a+3b+c)+(4a+2b)\sqrt{3}=0$
a, b, c가 유리수이므로 $7a+3b+c=0$, $4a+2b=0$
$2b=-4a$에서 $b=-2a$
$b=-2a$를 $7a+3b+c=0$에 대입하면 $c=6a-7a=-a$
$\therefore b=-2a$, $c=-a$

STEP B 근의 공식을 이용하여 이차방정식의 다른 한 근 β의 값 구하기

이차방정식 $ax^2+\sqrt{3}\,bx+c=0$에 $b=-2a$, $c=-a$를 대입하면
$a(x^2-2\sqrt{3}\,x-1)=0$
$a\neq0$이므로 양변을 a로 나누면 $x^2-2\sqrt{3}\,x-1=0$
근의 공식에 의하여 $x=\sqrt{3}\pm\sqrt{(\sqrt{3})^2-1\times(-1)}=\sqrt{3}\pm2$
이때 $2+\sqrt{3}$이 아닌 다른 한 근 $\beta=-2+\sqrt{3}$
따라서 $\alpha+\dfrac{1}{\beta}=2+\sqrt{3}+\dfrac{1}{-2+\sqrt{3}}$ ← 분모를 유리화해주기 위해서 분모, 분자에 $-2-\sqrt{3}$을 곱한다.
$\qquad =2+\sqrt{3}+\dfrac{-2-\sqrt{3}}{(-2+\sqrt{3})(-2-\sqrt{3})}$ ← $(a+b)(a-b)=a^2-b^2$
$\qquad =2+\sqrt{3}-2-\sqrt{3}$
$\qquad =0$

---

mini 해설 | 이차방정식의 근과 계수의 관계를 이용하여 풀이하기

이차방정식 $ax^2+\sqrt{3}\,bx+c=0$의 한 근이 $2+\sqrt{3}$이므로 $\alpha=2+\sqrt{3}$
$\alpha-\sqrt{3}=2$에서 양변을 제곱하면 $\alpha^2-2\sqrt{3}\,\alpha+3=4$
$\therefore \alpha^2-2\sqrt{3}\,\alpha-1=0$
이차방정식 $a(x^2-2\sqrt{3}\,x-1)=0$의 두 근이 $2+\sqrt{3}$, β이므로
근과 계수의 관계에 의하여 $(2+\sqrt{3})+\beta=2\sqrt{3}$
이차방정식 $ax^2+bx+c=0$에서 두 근의 합은 $-\dfrac{b}{a}$
$\therefore \beta=-2+\sqrt{3}$
따라서 $\alpha+\dfrac{1}{\beta}=2+\sqrt{3}+\dfrac{1}{-2+\sqrt{3}}=2+\sqrt{3}+(-2-\sqrt{3})=0$

내신연계 출제문항 341

x에 대한 이차방정식 $x^2+(a+i)x+2b=0$의 한 근이 $\alpha=2+i$이다.
다른 한 근을 β라 할 때 $2\alpha+\beta$의 값을 구하시오.
(단, a, b는 실수이고 $i=\sqrt{-1}$)

STEP A 두 복소수가 같을 조건을 이용하여 a, b의 값 구하기

이차방정식 $x^2+(a+i)x+2b=0$의 한 근 $\alpha=2+i$이므로 대입하면
이차방정식의 계수가 실수가 아니므로 켤레근을 사용하지 않는 것에 주의한다.
$(2+i)^2+(a+i)(2+i)+2b=0$
$(3+4i)+(2a+ai+2i-1)+2b=0$
$(2a+2b+2)+(a+6)i=0$
이때 a, b가 실수이므로 $2a+2b+2$, $a+6$도 실수이다.
두 복소수가 같을 조건에 의하여
$2a+2b+2=0$ …… ㉠
$a+6=0$ …… ㉡
㉠, ㉡을 연립하면 $a=-6$, $b=5$

STEP B 두 근의 합을 이용하여 β의 값 구하기

$a=-6$, $b=5$를 대입하면 $x^2+(-6+i)x+10=0$
한 근이 $\alpha=2+i$이고 다른 한 근이 β이므로 근과 계수의 관계에 의하여
$\alpha+\beta=6-i$, $(2+i)+\beta=6-i$
$\therefore \beta=4-2i$

STEP C $2\alpha+\beta$의 값 구하기

따라서 $\alpha=2+i$, $\beta=4-2i$이므로 $2\alpha+\beta=4+2i+4-2i=8$ · 정답 8

0722

STEP A 복소수 α가 근이면 켤레복소수 $\bar{\alpha}$도 근임을 이용하여 p에 대한 관계식 구하기

p가 실수인 이차방정식 $x^2-px+p+3=0$의 한 허근을
$\alpha=a+bi$ (a, b는 실수, $b\neq0$)라 하면 $\bar{\alpha}=a-bi$
복소수 $a+bi$의 켤레복소수는 $a-bi$로 허수부분의 부호를 바꿔준다.
근과 계수의 관계에 의하여
이차방정식 $x^2+ax+b=0$의 두 근이 α, β이면 $\alpha+\beta=-a$, $\alpha\beta=b$
$(a+bi)+(a-bi)=p$에서 $a=\dfrac{p}{2}$
$(a+bi)(a-bi)=p+3$에서 $a^2+b^2=p+3$
$a^2=\dfrac{p^2}{4}$을 $a^2+b^2=p+3$에 대입하면
$b^2=-\dfrac{p^2}{4}+p+3$ …… ㉠

STEP B $\alpha=a+bi$를 전개하여 p에 대한 이차방정식 구하기

$\alpha^3=(a+bi)^3$ ← $i^2=-1$, $i^3=-i$
$\qquad =a^3+3a^2bi-3ab^2-b^3i$ ← $(\ )+(\ )i$꼴로 정리
$\qquad =(a^3-3ab^2)+(3a^2b-b^3)i$
이때 α^3이 실수이므로 허수부분인 $3a^2b-b^3=0$, $b(3a^2-b^2)=0$
그런데 $b\neq0$이므로 $b^2=3a^2$
$\therefore b^2=\dfrac{3}{4}p^2$ …… ㉡

㉠, ㉡을 연립하면 $\dfrac{3p^2}{4}=-\dfrac{p^2}{4}+p+3$
$\therefore p^2-p-3=0$
따라서 이차방정식의 근과 계수의 관계에 의하여 모든 실수 p의 값의 곱은 -3

다른풀이 α^3을 구하여 풀이하기

STEP A 이차방정식에 $x=\alpha$를 대입하여 정리하기

이차방정식 $x^2-px+p+3=0$의 한 근이 α이므로
$x=\alpha$를 대입하면 $\alpha^2-p\alpha+p+3=0$
$\alpha^2=p\alpha-p-3$에서 양변에 α를 곱하면
$\alpha^3=p\alpha^2-p\alpha-3\alpha$
$\qquad =p(p\alpha-p-3)-p\alpha-3\alpha$
$\qquad =p^2\alpha-p^2-3p-p\alpha-3\alpha$ ← $(\ )+(\ )\alpha$꼴로 정리
$\qquad =(-p^2-3p)+(p^2-p-3)\alpha$

STEP B α^3이 실수임을 이용하여 모든 실수 p의 값의 곱 구하기

α^3이 실수가 되려면 허수부분이 0이어야 하므로 $p^2-p-3=0$
따라서 이차방정식의 근과 계수의 관계에 의하여 모든 실수 p의 값의 곱은 -3

다른풀이 α^3이 실수임을 이용하여 풀이하기

STEP A 이차방정식이 허근을 가지므로 실수 p의 범위 구하기

이차방정식 $x^2-px+p+3=0$이 허근 α를 가지므로
판별식을 D라 하면 $D<0$이어야 한다.
이차방정식 $ax^2+bx+c=0$의 판별식을 D라 하면 $D=b^2-4ac$

$$D=(-p)^2-4\times1\times(p+3)$$
$$=p^2-4p-12$$
$$=(p+2)(p-6)<0 \quad \leftarrow \text{(x-\alpha)(x-\beta)<0(\alpha<\beta)이면 }\alpha<x<\beta$$
$$\therefore -2<p<6$$

STEP B $x=\alpha$를 주어진 이차방정식에 대입하고 α^3이 실수임을 이용하여 모든 실수 p의 값의 곱 구하기

이차방정식 $x^2-px+p+3=0$의 한 근이 α이므로
$x=\alpha$를 대입하면 $\alpha^2-p\alpha+p+3=0$에서 $\alpha^2-p\alpha=-p-3$
$\alpha^2-p\alpha+p^2=p^2-p-3$에서 양변에 $\alpha+p$를 곱하면
$(\alpha+p)(\alpha^2-p\alpha+p^2)=(\alpha+p)(p^2-p-3) \quad \leftarrow (a+b)(a^2-ab+b^2)=a^3+b^3$
$\alpha^3+p^3=(\alpha+p)(p^2-p-3)$
$\qquad =\alpha p^2-\alpha p-3\alpha+p^3-p^2-3p \quad \leftarrow (\ )\alpha+(\ )$꼴로 정리
$\therefore \alpha^3=(p^2-p-3)\alpha-p(p+3)$

이때 α^3이 실수이므로 허수부분이 0이어야 하므로 $p^2-p-3=0$
따라서 이차방정식의 근과 계수의 관계에 의하여 모든 실수 p의 값의 곱은 -3

+α | $-2<p<6$인 범위에서 두 실근이 존재함을 알 수 있어!

이차방정식 $p^2-p-3=0$의 두 실근이
p의 범위 $-2<p<6$에 속한다.
$f(p)=p^2-p-3$이라 하면
$f(p)=\left(p^2-p+\dfrac{1}{4}-\dfrac{1}{4}\right)-3$
$\qquad =\left(p-\dfrac{1}{2}\right)^2-\dfrac{13}{4}$

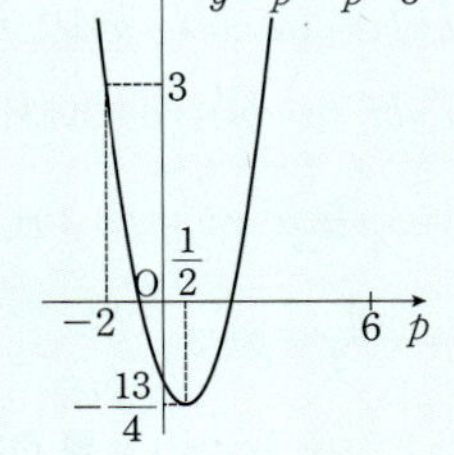

이때 대칭축 $p=\dfrac{1}{2}$은 $-2<p<6$에 포함되므로
$f\left(\dfrac{1}{2}\right)=-\dfrac{13}{4}<0$
즉 방정식 $f(p)=0$은 두 실근을 갖는다.
또한, $f(-2)>0$, $f(6)>0$이므로 이차방정식 $p^2-p-3=0$의 두 실근은 모두 -2와
6 사이에 존재한다.

내/신/연/계 출제문항 342

이차방정식 $x^2+ax+a^2-a+1=0$의 한 허근을 z라고 할 때, z^3은 실수가
된다. 이때 $1+z+z^2+z^3+z^4+z^5+z^6$의 값을 구하시오. (단, a는 실수)

STEP A $x=z$를 대입하여 z^3이 실수가 되기 위한 a의 값 구하기

이차방정식 $x^2+ax+a^2-a+1=0$의 한 허근이 z이므로
대입하면 $z^2+az+a^2-a+1=0$에서
$z^2=-az-a^2+a-1$이고 양변에 z를 곱하면
$z^3=-az^2-(a^2-a+1)z$
$z^3=-a(-az-a^2+a-1)-(a^2-a+1)z$에서 식을 정리하면
$z^3=(a-1)z+a^3-a^2+a$
이때 $z^3=(a-1)z+a^3-a^2+a$가 실수이므로 $a-1=0$
$\therefore a=1$

STEP B $1+z+z^2+z^3+z^4+z^5+z^6$의 값 구하기

$a=1$이므로 대입하면 $x^2+x+1=0$의 한 허근이 z이므로
$z^2+z+1=0$
이때 양변에 $z-1$을 곱하면
$(z-1)(z^2+z+1)=z^3-1=0$이므로 $z^3=1$
$z^4=z\times z^3=z$
$z^5=z^2\times z^3=z^2$
$z^6=z^4\times z^3=1$
따라서 $1+z+z^2+z^3+z^4+z^5+z^6=1+z+z^2+1+z+z^2+1=1$

정답 1

STEP A 두 삼각형 AKJ와 EJI의 넓이를 이용하여 선분 EL의 길이 구하기

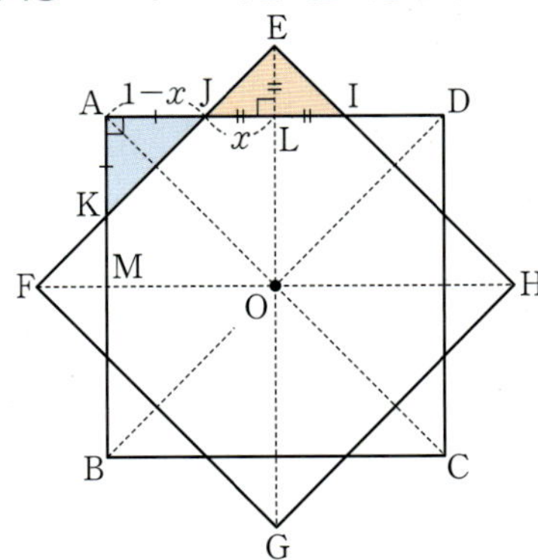

꼭짓점 E에서 변 AD에 내린 수선의 발을 L이라 하고 $\overline{JL}=x\,(x>0)$라 하자.
두 삼각형 EJL과 EIL은 직각이등변삼각형이므로 $\overline{EL}=x$
삼각형 EJI의 넓이는 $\dfrac{1}{2}\times\overline{JI}\times\overline{EL}=\dfrac{1}{2}\times2x\times x=x^2$
$\qquad \leftarrow$ 삼각형 EJI는 $\overline{EJ}=\overline{EI}$인 직각이등변삼각형
$\overline{AL}=\dfrac{1}{2}\times\overline{AD}=1$이므로 $\overline{AJ}=\overline{AL}-\overline{JL}=1-x$
삼각형 AKJ의 넓이는 $\dfrac{1}{2}\times\overline{AJ}\times\overline{AK}=\dfrac{1}{2}\times(1-x)^2$
$\qquad \leftarrow$ 삼각형 AKJ는 $\overline{AJ}=\overline{AK}=1-x$인 직각이등변삼각형
이때 삼각형 AKJ의 넓이가 삼각형 EJI의 넓이의 $\dfrac{3}{2}$배이므로
$\dfrac{1}{2}(1-x)^2=\dfrac{3}{2}x^2$, $2x^2+2x-1=0$
근의 공식에 의하여 $x=\dfrac{-1\pm\sqrt{1-(-2)}}{2}=\dfrac{-1\pm\sqrt{3}}{2}$
$\therefore x=\dfrac{-1+\sqrt{3}}{2}\,(\because x>0)$

+α | 대각선 EG는 변 AD의 수직이등분임을 알 수 있어!

대각선 FH가 변 AB를 이등분하는 점을 M이라 하면 $\leftarrow \overline{AM}=\overline{BM}$
$\triangle AMO\equiv\triangle BMO$ (SSS합동) $\leftarrow \overline{AM}=\overline{BM}$, $\overline{AO}=\overline{BO}$, $\overline{MO}$은 공통
대각선 FH는 변 AB를 수직이등분하므로
대각선 EG도 변 AD를 수직이등분함을 알 수 있다.
그러므로 두 삼각형 EJI와 AKJ는 직각이등변삼각형이다.

STEP B $\overline{OE}=\overline{OL}+\overline{EL}$임을 이용하여 k의 값 구하기

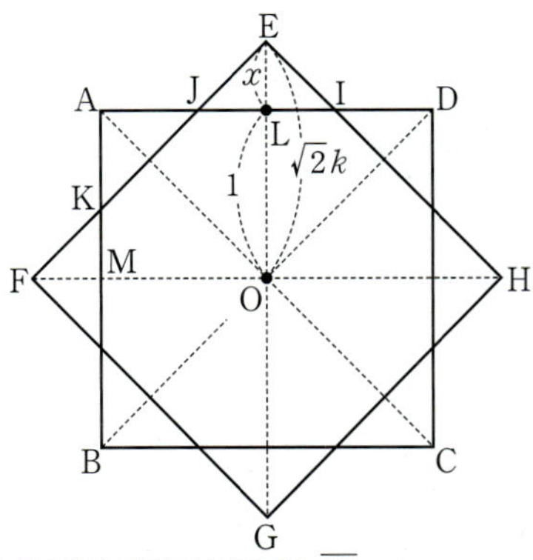

정사각형 ABCD의 한 변의 길이가 2이므로 $\overline{OL}=1$
직각이등변삼각형 EFG에서 피타고라스 정리에 의하여
$\overline{EG}=\sqrt{\overline{EF}^2+\overline{FG}^2}=\sqrt{2\times4k^2}=2\sqrt{2}k \quad \leftarrow$ 정사각형 EFGH의 한 변의 길이가 $2k$
정사각형의 두 대각선으로 서로 다른 것을 수직이등분하므로
$\overline{OE}=\dfrac{1}{2}\times\overline{EG}=\sqrt{2}k$
이때 $\overline{OE}=\overline{OL}+\overline{EL}$, 즉 $\sqrt{2}k=1+\left(\dfrac{-1+\sqrt{3}}{2}\right)=\dfrac{1+\sqrt{3}}{2}$
$\therefore k=\dfrac{1}{4}\sqrt{2}+\dfrac{1}{4}\sqrt{6}$
따라서 $p=\dfrac{1}{4}$, $q=\dfrac{1}{4}$이므로 $100(p+q)=100\times\dfrac{1}{2}=50$

$\dfrac{\sqrt{2}}{2}<k<\sqrt{2}$인 실수 k에 대하여 그림과 같이 한 변의 길이가 각각 4, $4k$인 두 정사각형 ABCD, EFGH가 있다. 두 정사각형의 대각선이 모두 한 점 O에서 만나고, 대각선 FH가 변 AB를 이등분한다. 변 AD와 EH의 교점을 I, 변 AD와 EF의 교점을 J, 변 AB와 EF의 교점을 K라 하자. 삼각형 AKJ의 넓이가 삼각형 EJI의 넓이의 $\dfrac{5}{2}$배가 되도록 하는 k의 값이 $p\sqrt{2}+q\sqrt{10}$일 때, $10(p+q)$의 값을 구하시오. (단, p, q는 유리수이다.)

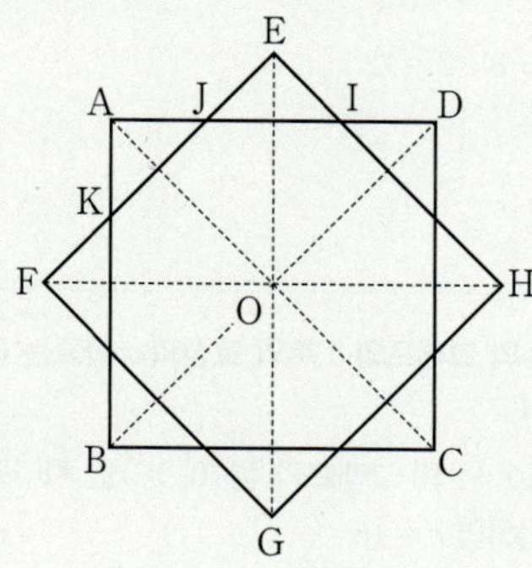

STEP Ⓐ 삼각형 AKJ의 넓이가 삼각형 EJI의 넓이의 $\dfrac{5}{2}$배임을 이용하기

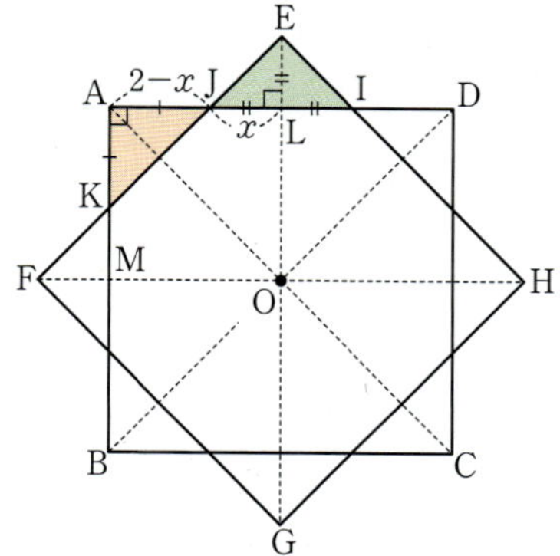

꼭짓점 E에서 변 AD에 내린 수선의 발을 L이라 하고 $\overline{JL}=x\,(x>0)$라 하자.

삼각형 EJL과 삼각형 EIL은 직각이등변삼각형이므로 $\overline{EL}=x$

삼각형 EJI의 넓이는 $2\times\dfrac{1}{2}x^2=x^2$

$\overline{AL}=2$에서 $\overline{AJ}=2-x$이므로 삼각형 AKJ의 넓이는 $\dfrac{1}{2}(2-x)^2$

↳ 삼각형 AKJ도 직각이등변삼각형이다.

이때 삼각형 AKJ의 넓이가 삼각형 EJI의 넓이의 $\dfrac{5}{2}$배이므로

$\dfrac{1}{2}(2-x)^2=\dfrac{5}{2}x^2$, $x^2+x-1=0$

$\therefore x=\dfrac{-1+\sqrt{5}}{2}\,(x>0)$

STEP Ⓑ $\overline{OE}=\overline{OL}+\overline{EL}$임을 이용하여 k의 값 구하기

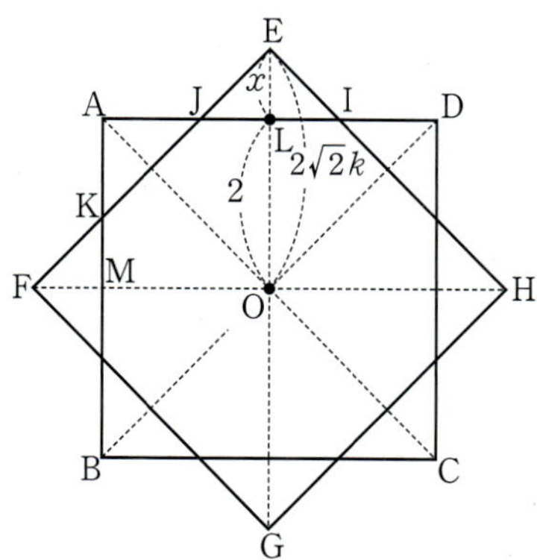

두 정사각형 ABCD, EFGH의 한 변의 길이가 4, $4k$이므로

$\overline{OL}=2$, $\overline{OE}=2\sqrt{2}k$ ← 삼각형 EFG에서 피타고라스 정리에 의해

$\overline{EG}=4\sqrt{2}k$이므로 $\overline{OE}=\dfrac{1}{2}\overline{EG}=2\sqrt{2}k$

이때 $\overline{OE}=\overline{OL}+\overline{EL}$에서

$\overline{OE}=2+\dfrac{-1+\sqrt{5}}{2}=\dfrac{3+\sqrt{5}}{2}$이므로 $2\sqrt{2}k=\dfrac{3+\sqrt{5}}{2}$

$\therefore k=\dfrac{3\sqrt{2}+\sqrt{10}}{8}$ ← $k=\dfrac{3+\sqrt{5}}{4\sqrt{2}}=\dfrac{(3+\sqrt{5})\times\sqrt{2}}{4\sqrt{2}\times\sqrt{2}}$

따라서 $p=\dfrac{3}{8}$, $q=\dfrac{1}{8}$이므로 $10(p+q)=10\times\dfrac{1}{2}=5$

정답 5

0724

STEP A 이차함수의 그래프와 x축의 교점의 x좌표는 이차방정식의 근임을 이해하기

이차함수 $y=x^2+ax+b$의 그래프와 x축과의 교점의 x좌표가 -1, 3이므로
-1, 3은 이차방정식 $x^2+ax+b=0$의 두 근이다.

STEP B 이차방정식의 근과 계수의 관계를 이용하여 a, b의 값 구하기

이차방정식 $x^2+ax+b=0$의 근과 계수의 관계에 의하여
두 근의 합 $-1+3=2=-a$ $\quad\therefore a=-2$
두 근의 곱 $-1\times3=-3=b$ $\quad\therefore b=-3$
따라서 $a+b=-5$

> **mini 해설** | 두 근이 주어진 이차방정식을 작성하여 풀이하기
>
> x^2의 계수가 1이고 그래프가 두 점 $(-1, 0)$, $(3, 0)$을 지나는 이차함수의 식은
> $y=(x+1)(x-3)=x^2-2x-3$
> 이 식이 $y=x^2+ax+b$와 일치해야 하므로 $a=-2$, $b=-3$
> $\therefore a+b=-2+(-3)=-5$

> **mini 해설** | 두 근을 대입하여 풀이하기
>
> 이차방정식 $x^2+ax+b=0$의 두 근을 -1, 3이므로
> $x=-1$을 대입하면 $1-a+b=0$
> $x=3$을 대입하면 $9+3a+b=0$
> 두 식을 연립하여 풀면 $a=-2$, $b=-3$
> 따라서 $a+b=-5$

0725

STEP A 이차함수의 그래프와 x축의 교점의 x좌표는 이차방정식의 근임을 이해하기

이차함수 $y=2x^2+ax-b$의 그래프가 x축의 교점의 x좌표가 -3, 2이므로
-3, 2는 이차방정식 $2x^2+ax-b=0$의 두 실근과 같다.

STEP B 이차방정식의 근과 계수의 관계를 이용하여 a, b의 값 구하기

이차방정식 $2x^2+ax-b=0$의 근과 계수의 관계에 의하여
$-3+2=-\dfrac{a}{2}$, $-3\times2=-\dfrac{b}{2}$
$\therefore a=2$, $b=12$
따라서 $a+b=2+12=14$

> **+α** | 이차방정식을 작성하여 a, b의 값을 구할 수 있어!
>
> 이차방정식 $2x^2+ax-b=0$의 두 근이 -3, 2이므로
> $2x^2+ax-b=2(x+3)(x-2)=2x^2+2x-12$
> 따라서 계수를 비교하면 $a=2$, $b=12$

0726

STEP A 이차함수의 그래프와 x축의 교점의 x좌표는 이차방정식의 근임을 이해하기

이차함수 $y=ax^2+bx+c$의 그래프가 점 $(0, 2)$를 지나므로 $c=2$
$x=0$, $y=2$를 대입하면 $2=c$

이차함수 $y=ax^2+bx+2$의 그래프와 x축과 만나는 x좌표가 $-2-\sqrt{3}$이므로
$-2-\sqrt{3}$은 이차방정식 $ax^2+bx+2=0$의 근이다.

STEP B 이차방정식의 켤레근을 이용하여 a, b의 값 구하기

이차방정식 $ax^2+bx+2=0$의 계수가 유리수이므로
한 근이 $-2-\sqrt{3}$이면 다른 한 근은 $-2+\sqrt{3}$
a, b가 유리수 조건에 의하여 다른 한 근은 켤레근이 된다.

근과 계수의 관계에 의하여
$(-2+\sqrt{3})+(-2-\sqrt{3})=-4=-\dfrac{b}{a}$
$(-2+\sqrt{3})(-2-\sqrt{3})=1=\dfrac{2}{a}$
$\therefore a=2$, $b=8$
따라서 $a+b+c=2+8+2=12$

0727

STEP A 이차함수의 그래프와 x축의 교점의 x좌표는 이차방정식의 근임을 이해하기

이차함수 $y=ax^2+bx+c$의 그래프가 점 $(0, 16)$을 지나므로
$x=0$, $y=16$을 대입하면 $c=16$
이차함수 $y=ax^2+bx+16$의 그래프가 x축의 두 교점의 x좌표가
-4, 2이므로 -4, 2는 이차방정식 $ax^2+bx+16=0$의 두 실근과 같다.

STEP B 이차방정식의 근과 계수의 관계를 이용하여 a, b의 값 구하기

이차방정식 $ax^2+bx+16=0$의 근과 계수의 관계에 의하여
$-4+2=-\dfrac{b}{a}$, $-4\times2=\dfrac{16}{a}$
$\therefore a=-2$, $b=-4$
따라서 $a+b+c=(-2)+(-4)+16=10$

> **+α** | $x=2$, $x=-4$를 직접 대입하여 a, b의 값을 구할 수 있어!
>
> 이차방정식 $ax^2+bx+16=0$의 두 근이 -4, 2이므로
> $x=-4$를 대입하면 $4a-b=-4$ $\quad\cdots\cdots$ ㉠
> $x=2$를 대입하면 $2a+b=-8$ $\quad\cdots\cdots$ ㉡
> ㉠+㉡을 하면 $a=-2$
> 이를 ㉡에 대입하면 $b=-4$

> **mini 해설** | 세 점을 지나는 이차함수의 그래프를 직접 구하여 풀이하기
>
> 이차함수의 그래프가 x축과 두 점 $(-4, 0)$, $(2, 0)$에서 만나고
> x^2의 계수가 a이므로 이 이차함수의 식은 $y=a(x+4)(x-2)$
> 이 함수의 그래프가 점 $(0, 16)$을 지나므로
> $y=a(x+4)(x-2)$에 $x=0$, $y=16$을 대입하면 $16=-8a$ $\quad\therefore a=-2$
> 즉 $-2(x+4)(x-2)=-2x^2-4x+16$
> 따라서 $a=-2$, $b=-4$, $c=16$이므로 $a+b+c=(-2)+(-4)+16=10$

이차함수 $y=ax^2+bx+c$의 그래프가 x축과 만나는 두 점의 좌표가
$(-2, 0)$, $(5, 0)$이고 y축과 만나는 점의 좌표가 $(0, -20)$일 때,
상수 a, b, c에 대하여 $5a+5b-c$의 값은?

① -4 ② -2 ③ 0
④ 2 ⑤ 4

STEP A 이차함수의 그래프와 x축의 교점의 x좌표는 이차방정식의 근임을 이해하기

이차함수 $y=ax^2+bx+c$의 그래프가 점 $(0, -20)$을 지나므로
$x=0$, $y=-20$을 대입하면 $c=-20$
이차함수 $y=ax^2+bx-20$의 그래프가 x축의 두 교점의 x좌표가
-2, 5이므로 -2, 5는 이차방정식 $ax^2+bx-20=0$의 두 실근과 같다.

STEP B 이차방정식의 근과 계수의 관계를 이용하여 a, b의 값 구하기

이차방정식 $ax^2+bx-20=0$의 근과 계수의 관계에 의하여

$-2+5=-\dfrac{b}{a}$, $-2\times5=\dfrac{-20}{a}$

$\therefore a=2,\ b=-6$

따라서 $5a+5b-c=5\times2+5\times(-6)-(-20)=0$

+α | $x=-2$, $x=5$를 직접 대입하여 a, b의 값을 구할 수 있어!

이차방정식 $ax^2+bx-20=0$의 두 근이 -2, 5이므로
$x=-2$를 대입하면 $2a-b=10$ ...... ㉠
$x=5$를 대입하면 $5a+b=4$ ...... ㉡
㉠+㉡을 하면 $a=2$
이를 ㉡에 대입하면 $b=-6$

mini해설 | 세 점을 지나는 이차함수의 그래프를 직접 구하여 풀이하기

이차함수의 그래프가 x축과 두 점 $(-2, 0)$, $(5, 0)$에서 만나고
x^2의 계수가 a이므로 이 이차함수의 식은 $y=a(x+2)(x-5)$
이 함수의 그래프가 점 $(0, -20)$을 지나므로
$y=a(x+2)(x-5)$에 $x=0$, $y=-20$을 대입하면 $-20=-10a$ $\therefore a=2$
즉 $2(x+2)(x-5)=2x^2-6x-20$
따라서 $a=2$, $b=-6$, $c=-20$이므로 $5a+5b-c=10+(-30)-(-20)=0$

정답 ③

0728
2019년 03월 고2 학력평가 나형 9번　　정답 ⑤

STEP A 이차방정식과 이차함수의 관계를 이해하기

이차함수 $y=2x^2+ax-1$의 그래프가
x축과 만나는 두 점의 x좌표를 각각
α, β라 하면
α, β는 이차방정식 $2x^2+ax-1=0$의
두 실근이 된다.

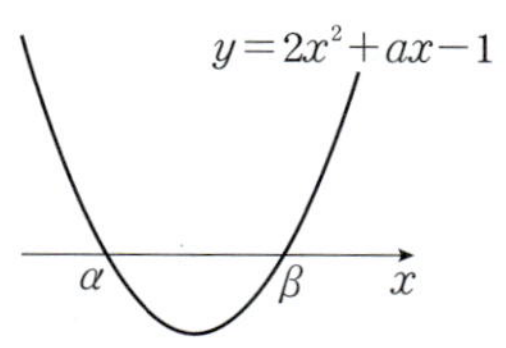

STEP B 이차방정식의 근과 계수의 관계를 이용하여 두 근의 합 구하기

이차방정식 $2x^2+ax-1=0$의 근과 계수의 관계에 의하여

이차방정식 $ax^2+bx+c=0$에서 두 근의 합 $-\dfrac{b}{a}$, 두 근의 곱 $\dfrac{c}{a}$

두 근의 합은 $\alpha+\beta=-\dfrac{a}{2}$

따라서 $-\dfrac{a}{2}=-1$에서 $a=2$

+α | 두 실근의 의미!

이차함수 $y=2x^2+ax-1$의 그래프가 x축과 만나는 두 점의 x좌표는
이차방정식 $2x^2+ax-1=0$의 두 실근과 같다.

내신연계 출제문항 345

이차함수 $y=2x^2+ax-1$의 그래프가 x축과 만나는 두 점의 x좌표의
합이 -3일 때, 상수 a의 값은?

① -6　　② -3　　③ 0
④ 3　　⑤ 6

STEP A 이차방정식과 이차함수의 관계를 이해하기

이차함수 $y=2x^2+ax-1$의 그래프가
x축과 만나는 두 점의 x좌표를 각각
α, β라 하면
α, β는 이차방정식 $2x^2+ax-1=0$의
두 실근이 된다.

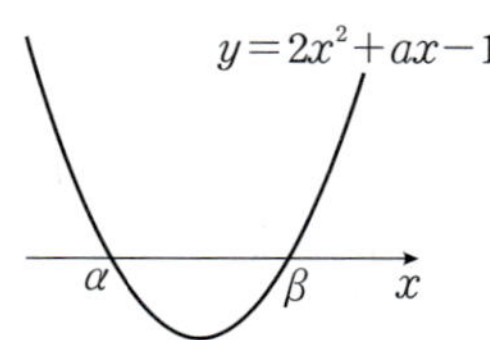

STEP B 이차방정식의 근과 계수의 관계를 이용하여 두 근의 합 구하기

이차방정식 $2x^2+ax-1=0$의 근과 계수의 관계에 의하여

두 근의 합은 $\alpha+\beta=-\dfrac{a}{2}$

이차방정식 $ax^2+bx+c=0$에서 두 근의 합 $-\dfrac{b}{a}$, 두 근의 곱 $\dfrac{c}{a}$

따라서 $-\dfrac{a}{2}=-3$에서 $a=6$

+α | 두 실근의 의미!

이차함수 $y=2x^2+ax-1$의 그래프가 x축과 만나는 두 점의 x좌표는
이차방정식 $2x^2+ax-1=0$의 두 실근과 같다.

정답 ⑤

0729
2016년 09월 고1 학력평가 25번　　정답 8

STEP A 두 근이 α, β이고 최고차항의 계수가 1인 이차식 작성하기

최고차항의 계수가 1인 이차방정식 $f(x)=0$의 두 근이 α, β이므로
$$f(x)=(x-\alpha)(x-\beta)$$
$$=x^2-(\alpha+\beta)x+\alpha\beta \quad \leftarrow \alpha+\beta=6$$
$$=x^2-6x+\alpha\beta$$
$$=(x-3)^2-9+\alpha\beta$$

STEP B 이차함수 $y=f(x)$의 꼭짓점의 좌표를 구한 후 직선 $y=2x-7$에 대입하여 $f(0)$의 값 구하기

이차함수 $y=f(x)$의 그래프의 꼭짓점의 좌표는 $(3, -9+\alpha\beta)$
이때 점 $(3, -9+\alpha\beta)$가 직선 $y=2x-7$ 위에 있으므로
$-9+\alpha\beta=2\times3-7=-1$ $\therefore \alpha\beta=8$
따라서 $f(x)=x^2-6x+8$이므로 $f(0)=8$

다른풀이 | 이차방정식의 근과 계수의 관계를 이용하여 풀이하기

STEP A 이차방정식의 근과 계수의 관계를 이용하여 이차함수 $f(x)$의 식 구하기

이차방정식 $f(x)=0$의 두 근의 합이 6이고 이차함수 $f(x)$의 최고차항의
계수가 1이므로 이차방정식의 근과 계수의 관계에 의하여

이차방정식 $ax^2+bx+c=0$에서 두 근의 합 $-\dfrac{b}{a}$, 두 근의 곱 $\dfrac{c}{a}$

$f(x)=x^2-6x+k$ (k는 상수)로 놓을 수 있다.

STEP B 이차함수 $y=f(x)$의 그래프의 꼭짓점의 좌표를 이용하여 $f(0)$의 값 구하기

$f(x)=x^2-6x+k=(x^2-6x+9-9)+k=(x-3)^2+k-9$이므로
이차함수 $y=f(x)$의 그래프의
꼭짓점의 좌표는 $(3, k-9)$
이때 꼭짓점이 직선 $y=2x-7$ 위에
있으므로
$k-9=2\times3-7=-1$ $\therefore k=8$
따라서 $f(x)=x^2-6x+8$이므로
$f(0)=8$

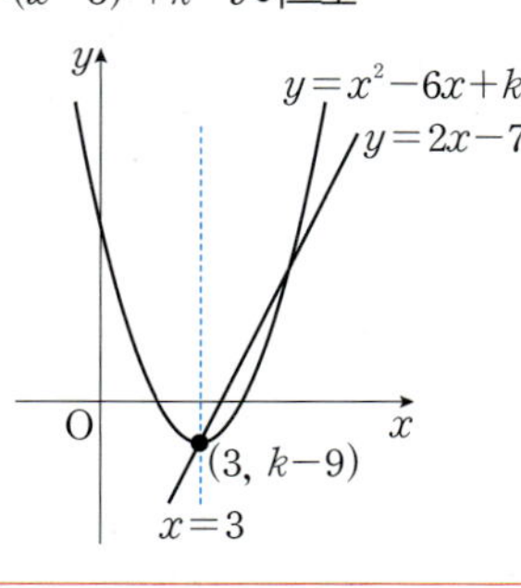

mini해설 | 이차함수가 축에 대하여 대칭임을 이용하여 풀이하기

이차함수의 그래프는 축에 대하여 대칭이고 $\dfrac{\alpha+\beta}{2}=3$이므로
이차함수 $y=f(x)$의 그래프의 꼭짓점의 x좌표는 3이다.
이차함수의 그래프의 꼭짓점이 직선 $y=2x-7$ 위에 있으므로 $\quad \leftarrow x=3$을 대입
꼭짓점의 좌표는 $(3, -1)$
이차함수의 그래프의 최고차항의 계수가 1이므로 $f(x)=(x-3)^2-1$
따라서 $f(0)=9-1=8$

최고차항의 계수가 1인 이차방정식 $f(x)=0$의 두 근을 α, β라 하자.
$\alpha+\beta=8$이고 이차함수 $y=f(x)$의 그래프의 꼭짓점이 직선 $y=-3x+2$
위에 있을 때, $f(0)$의 값을 구하시오.

STEP Ⓐ 두 근이 α, β이고 최고차항의 계수가 1인 이차식 작성하기

최고차항의 계수가 1인 이차방정식 $f(x)=0$의 두 근이 α, β이므로
$$f(x)=(x-\alpha)(x-\beta)$$
$$=x^2-(\alpha+\beta)x+\alpha\beta \quad \leftarrow \alpha+\beta=8$$
$$=x^2-8x+\alpha\beta$$
$$=(x-4)^2-16+\alpha\beta$$

STEP Ⓑ 이차함수 $y=f(x)$의 꼭짓점의 좌표를 구한 후 직선 $y=-3x+2$
에 대입하여 $f(0)$의 값 구하기

이차함수 $y=f(x)$의 그래프의 꼭짓점의 좌표는 $(4,\ -16+\alpha\beta)$
이때 점 $(4,\ -16+\alpha\beta)$가 직선 $y=-3x+2$ 위에 있으므로
$-16+\alpha\beta=-3\times4+2=-10$ $\quad\therefore \alpha\beta=6$
따라서 $f(x)=x^2-8x+6$이므로 $f(0)=6$

mini 해설 | 이차함수가 축에 대하여 대칭임을 이용하여 풀이하기

이차함수의 그래프는 축에 대하여 대칭이고 $\dfrac{\alpha+\beta}{2}=4$이므로
이차함수 $y=f(x)$의 그래프의 꼭짓점의 x좌표는 4이다.
이차함수의 그래프의 꼭짓점이 직선 $y=-3x+2$ 위에 있으므로 $\quad\leftarrow x=4$를 대입
꼭짓점의 좌표는 $(4,\ -10)$
이차함수 $y=f(x)$의 최고차항의 계수가 1이므로 $f(x)=(x-4)^2-10$
따라서 $f(0)=16-10=6$

정답 6

0730

정답 ⑤

STEP Ⓐ 이차함수의 그래프가 x축과 만나지 않으려면 이차방정식의 판별식
이 $D<0$임을 이용하기

ㄱ. $2x^2+5x+1=0$에서 판별식을 D_1이라 하면
$D_1=5^2-4\times2\times1>0$이므로 x축과 서로 다른 두 점에서 만난다.
ㄴ. $-x^2+6x+9=0$에서 판별식을 D_2라 하면
$\dfrac{D_2}{4}=3^2-(-1)\times9>0$이므로 x축과 서로 다른 두 점에서 만난다.
ㄷ. $x^2+x+1=0$에서 판별식을 D_3이라 하면
$D_3=1^2-4\times1\times1<0$이므로 x축과 만나지 않는다.
ㄹ. $-3x^2+x-1=0$에서 판별식을 D_4라 하면
$D_4=1-4\times(-3)\times(-1)<0$이므로 x축과 만나지 않는다.
따라서 x축과 만나지 않는 것은 ㄷ, ㄹ이다.

0731

정답 ③

STEP Ⓐ 주어진 이차함수의 그래프가 x축과 서로 다른 두 점에서 만나도록
하는 a의 값의 범위 구하기

이차함수 $y=x^2-4x+a$의 그래프가
x축과 서로 다른 두 점에서 만나려면
이차방정식 $x^2-4x+a=0$이 서로 다른
두 실근을 가져야 한다.

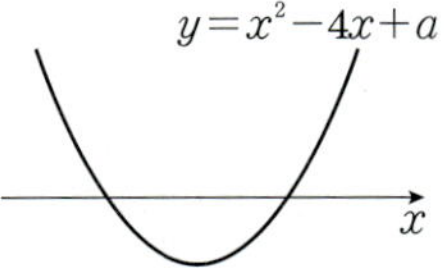

즉 이차방정식 $x^2-4x+a=0$의 판별식을 D라 하면 $D>0$이어야 한다.
$\dfrac{D}{4}=(-2)^2-a>0$
따라서 $a<4$

0732

정답 ②

STEP Ⓐ 주어진 이차함수의 그래프가 x축과 만나도록 하는 k의 값의 범위
구하기

이차함수 $y=x^2-2kx+k^2-3k+12$의 그래프가 x축과 만나려면
이차방정식 $x^2-2kx+k^2-3k+12=0$가 실근을 가져야 한다.
즉 판별식을 D라 하면 $D\geq0$이어야 한다.
$\dfrac{D}{4}=(-k)^2-(k^2-3k+12)\geq0$
$3k-12\geq0$ $\quad\therefore k\geq4$
따라서 실수 k의 최솟값은 4

이차함수 $y=2x^2+x+k$의 그래프와 x축과 만나도록 하는 실수 k의
최댓값은?

① $\dfrac{1}{16}$ ② $\dfrac{1}{8}$ ③ $\dfrac{3}{16}$
④ $\dfrac{1}{4}$ ⑤ $\dfrac{5}{16}$

STEP Ⓐ 이차함수의 그래프가 x축과 만나도록 하는 조건 구하기

이차함수 $y=2x^2+x+k$의 그래프가 x축과 만나려면
이차방정식 $2x^2+x+k=0$이 실근을 가져야 한다.

STEP Ⓑ 이차방정식의 판별식을 이용하여 k의 값의 범위 구하기

이차방정식 $2x^2+x+k=0$의 판별식을 D라 하면 $D\geq0$이어야 한다.
$D=1^2-4\times2\times k=1-8k\geq0$
$\therefore k\leq\dfrac{1}{8}$

따라서 실수 k의 최댓값은 $\dfrac{1}{8}$

정답 ②

0733

정답 ⑤

STEP Ⓐ 이차함수의 그래프가 x축에 접하도록 하는 a의 값의 합 구하기

이차함수 $y=x^2-ax+a+2$의 그래프가 x축과 접하려면
이차방정식 $x^2-ax+a+2=0$이 중근을 가져야 한다.
즉 판별식을 D라 하면 $D=0$이어야 한다.
$D=(-a)^2-4(a+2)=0$
$\therefore a^2-4a-8=0$
따라서 근과 계수의 관계에 의하여 a의 값의 합은 4

0734

정답 ③

STEP Ⓐ 이차함수의 그래프가 x축과 한 점에서 만나려면 이차방정식의
판별식이 $D=0$임을 이용하기

이차함수 $y=x^2-2ax+a+3$의 그래프가 x축과 한 점에서 만나려면
이차방정식 $x^2-2ax+a+3=0$이 중근을 가져야 한다.
즉 이차방정식 $x^2-2ax+a+3=0$의 판별식을 D라 하면 $D=0$이어야 한다.
$\dfrac{D}{4}=(-a)^2-(a+3)=0$
$\therefore a^2-a-3=0$

STEP Ⓑ 이차방정식의 근과 계수의 관계를 이용하여 모든 a의 값의 합 구하기

따라서 이차방정식 $a^2-a-3=0$의 근과 계수의 관계에 의하여 모든 상수 a의
값의 합은 1

0735

STEP A 이차함수에 점 $(1, 8)$을 대입하여 a, b의 관계식 구하기

이차함수 $y=2x^2+ax+b$의 그래프가 점 $(1, 8)$을 지나므로 대입하면
$8=2+a+b$ $\therefore b=-a+6$ ······ ㉠

STEP B 이차방정식의 판별식이 $D=0$임을 이용하여 a, b의 값 구하기

이차함수 $y=2x^2+ax+b$의 그래프가 x축에 접하므로
이차방정식 $2x^2+ax+b=0$의 판별식을 D라 하면 $D=0$이어야 한다.
$D=a^2-8b=0$ ······ ㉡
㉠을 ㉡에 대입하면 $a^2-8(-a+6)=0$, $a^2+8a-48=0$, $(a+12)(a-4)=0$
$\therefore a=4\ (\because a>0)$
이를 ㉠에 대입하면 $b=2$
따라서 $ab=4\times 2=8$

내신 연계 출제문항 348

이차함수 $y=4x^2+2ax+b$의 그래프가 점 $(1, 9)$을 지나고 x축과 접할 때,
상수 a, b에 대하여 $a+b$의 값은? (단, $a>0$)

① 1 　　　② 2 　　　③ 3
④ 4 　　　⑤ 5

STEP A 이차함수에 점 $(1, 9)$를 대입하여 a, b의 관계식 구하기

이차함수 $y=4x^2+2ax+b$의 그래프가 점 $(1, 9)$를 지나므로 대입하면
$9=4+2a+b$ $\therefore b=-2a+5$ ······ ㉠

STEP B 이차방정식의 판별식이 $D=0$임을 이용하여 a, b의 값 구하기

이차함수 $y=4x^2+2ax+b$의 그래프가 x축에 접하므로
이차방정식 $4x^2+2ax+b=0$의 판별식을 D라 하면 $D=0$이어야 한다.
$\dfrac{D}{4}=a^2-4b=0$ ······ ㉡
㉠을 ㉡에 대입하면 $a^2-4(-2a+5)=0$, $a^2+8a-20=0$
$(a+10)(a-2)=0$ $\therefore a=2\ (\because a>0)$
이를 ㉠에 대입하면 $b=1$
따라서 $a+b=2+1=3$

정답 ③

0736

정답 ②

STEP A 이차함수의 그래프가 x축과 서로 다른 두 점에서 만나도록 하는 조건 구하기

이차함수 $y=x^2-2ax+12-2a^2$의 그래프가 x축과 서로 다른 두 점에서
만나므로 이차방정식 $x^2-2ax+12-2a^2=0$의 판별식을 D라 하면
$D>0$이어야 한다.
$\dfrac{D}{4}=(-a)^2-(12-2a^2)>0$, $3(a^2-4)>0$
$\therefore a>2\ (\because a$는 자연수$)$ ······ ㉠

STEP B $\alpha^2+\beta^2$의 최솟값 구하기

이때 α, β는 이차방정식 $x^2-2ax+12-2a^2=0$의 두 근이므로
근과 계수의 관계에 의하여 $\alpha+\beta=2a$, $\alpha\beta=12-2a^2$
$\alpha^2+\beta^2=(\alpha+\beta)^2-2\alpha\beta$
$\qquad\quad =(2a)^2-2(12-2a^2)$
$\qquad\quad =8a^2-24$
따라서 a는 ㉠을 만족시키는 자연수이므로 $\alpha^2+\beta^2$의 최솟값은 $a=3$일 때,
$8\times 3^2-24=48$

0737

정답 ③

STEP A 이차방정식의 판별식이 $D_1=0$임을 이용하여 구하기

이차함수 $y=x^2-2kx+k+2$의 그래프가 x축과 한 점에서 만나므로
이차방정식 $x^2-2kx+k+2=0$의 판별식을 D_1이라 하면 $D_1=0$이어야 한다.
$\dfrac{D_1}{4}=(-k)^2-1\times(k+2)=0$
$k^2-k-2=0$, $(k+1)(k-2)=0$
$\therefore k=-1$ 또는 $k=2$ ······ ㉠

STEP B 이차방정식의 판별식이 $D_2>0$임을 이용하여 구하기

이차함수 $y=-x^2+x+k$의 그래프가 x축과 서로 다른 두 점에서 만나므로
이차방정식 $-x^2+x+k=0$의 판별식 D_2라 하면 $D_2>0$이어야 한다.
$D_2=1^2-4\times(-1)\times k>0$, $1+4k>0$
$\therefore k>-\dfrac{1}{4}$ ······ ㉡
㉠, ㉡에서 $k=2$

0738

정답 2

STEP A 이차방정식이 중근을 가질 조건 구하기

이차함수 $y=x^2-2(a+k)x+k^2+2k+b$가 x축에 접하므로
이차방정식 $x^2-2(a+k)x+k^2+2k+b=0$이 중근을 가진다.
이차방정식의 판별식을 D라 하면 $D=0$이어야 한다.
$\dfrac{D}{4}=(a+k)^2-(k^2+2k+b)=0$
$\therefore (2a-2)k+a^2-b=0$ ······ ㉠

STEP B k에 대한 항등식의 성질을 이용하여 a, b의 값 구하기

㉠이 실수 k의 값에 관계없이 항상 성립하므로
$\underset{\text{$k$에 대한 항등식}}{\qquad}$
$2a-2=0$, $a^2-b=0$
$\therefore a=1, b=1$
따라서 $a+b=1+1=2$

P O I N T | 이차함수의 그래프와 항등식의 성질

이차함수 $y=ax^2+bx+c$의 그래프가 x축에 접하면
이차방정식 $ax^2+bx+c=0$이 중근을 가져야 한다. 즉 판별식 $D=0$
실수 k의 값에 관계없이 성립하는 등식은 k에 관한 항등식의 성질에서
계수비교법을 이용하여 미지수를 구한다.

 k의 값에 관계없이 항상 성립하는 등식은 k에 대한 항등식을 나타내므로
$(\quad)k+(\quad)=0$꼴로 정리해야 한다.

이차함수 $y=x^2-6ax+ak-2k+b$의 그래프가 실수 k의 값에 관계없이 항상 x축에 접할 때, 실수 a, b에 대하여 $a+b$의 값은?

① 30 ② 32 ③ 34
④ 36 ⑤ 38

STEP A | 이차방정식이 중근을 가질 조건 구하기

이차함수 $y=x^2-6ax+ak-2k+b$가 x축에 접하므로
이차방정식 $x^2-6ax+ak-2k+b=0$이 중근을 가진다.
이차방정식의 판별식을 D라 하면 $D=0$이어야 한다.

$\dfrac{D}{4}=(-3a)^2-(ak-2k+b)=0$

$\therefore (-a+2)k+9a^2-b=0$ ······ ㉠

STEP B | k에 대한 항등식의 성질을 이용하여 a, b의 값 구하기

㉠이 실수 k의 값에 관계없이 항상 성립하므로

$-a+2=0$, $9a^2-b=0$

$\therefore a=2$, $b=36$

따라서 $a+b=2+36=38$

정답 ⑤

0739
2018년 06월 고1 학력평가 9번

정답 ②

STEP A | 이차함수의 그래프가 x축과 서로 다른 두 점에서 만나도록 하는 조건 구하기

이차함수 $y=x^2-5x+k$의 그래프가
x축과 서로 다른 두 점에서 만나려면
이차방정식 $x^2-5x+k=0$이
서로 다른 두 실근을 가져야 한다.

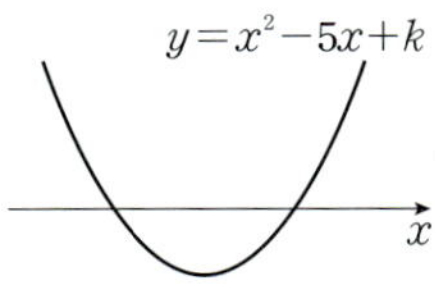

STEP B | 이차방정식의 판별식을 이용하여 k의 범위 구하기

이차방정식 $x^2-5x+k=0$의 판별식을 D라 하면 $D>0$이어야 한다.

$\dfrac{D}{4}=(-5)^2-4k>0$

$\therefore k<\dfrac{25}{4}=6.25$

따라서 자연수 k의 최댓값은 6

---

mini해설 | 이차함수의 꼭짓점의 좌표를 이용하여 풀이하기

아래로 볼록인 이차함수의 그래프에서 꼭짓점의 y좌표가 0보다 작으면
이차함수의 그래프가 x축과 서로 다른 두 점에서 만나므로

$y=\left(x-\dfrac{5}{2}\right)^2+k-\dfrac{25}{4}$에서 $k-\dfrac{25}{4}<0$

$\therefore k<\dfrac{25}{4}=6.25$

따라서 자연수 k의 최댓값은 6이다.

이차함수 $y=x^2+5x+2k$의 그래프와 x축이 서로 다른 두 점에서 만나도록 하는 자연수 k의 최댓값은?

① 3 ② 5 ③ 7
④ 9 ⑤ 11

STEP A | 이차함수의 그래프가 x축과 서로 다른 두 점에서 만나도록 하는 조건 구하기

이차함수 $y=x^2+5x+2k$의 그래프가
x축과 서로 다른 두 점에서 만나려면
이차방정식 $x^2+5x+2k=0$이
서로 다른 두 실근을 가져야 한다.

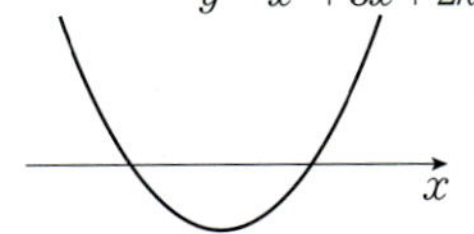

STEP B | 이차방정식의 판별식을 이용하여 k의 범위 구하기

이차방정식 $x^2+5x+2k=0$의 판별식을 D라 하면 $D>0$이어야 한다.

$D=5^2-4\times1\times2k>0$, $25-8k>0$

$\therefore k<\dfrac{25}{8}$

따라서 자연수 k의 최댓값은 3

정답 ①

0740
2021년 06월 고1 학력평가 3번

정답 ①

STEP A | 이차함수의 그래프와 이차방정식의 관계를 이해하여 상수 a의 값 구하기

이차함수 $y=x^2+4x+a$의 그래프가 x축과 접하려면
이차방정식 $x^2+4x+a=0$이 중근을 가져야 하므로
판별식을 D라 하면 $D=0$이어야 한다.

$\dfrac{D}{4}=4-a=0$

따라서 $a=4$

이차함수 $y=x^2-6x+a$의 그래프가 x축과 접할 때, 상수 a의 값은?

① 1 ② 3 ③ 5
④ 7 ⑤ 9

STEP A | 이차함수의 그래프와 이차방정식의 관계를 이해하여 상수 a의 값 구하기

이차함수 $y=x^2-6x+a$의 그래프가 x축과 접하려면
이차방정식 $x^2-6x+a=0$이 중근을 가져야 한다.
이차방정식 $x^2-6x+a=0$의 판별식을 D라 하면 $D=0$이어야 한다.

$\dfrac{D}{4}=(-3)^2-a=0$

따라서 $a=9$

정답 ⑤

0741

STEP A 이차함수의 그래프가 x축과 만나지 않으려면 이차방정식의 판별식이 $D<0$임을 이용하기

이차함수 $y=3x^2-2x+m+2$의 그래프와 x축과 만나지 않으려면
이차방정식 $3x^2-2x+m+2=0$이 허근을 가져야 한다.
즉 이차방정식 $3x^2-2x+m+2=0$의 판별식을 D라 하면 $D<0$이어야 한다.
$$\frac{D}{4}=(-1)^2-3(m+2)<0, \quad -3m-5<0$$
$$\therefore m>-\frac{5}{3}$$
따라서 정수 m의 최솟값은 -1

0742

정답 ③

STEP A 이차방정식의 판별식이 $D_1=0$임을 이용하여 구하기

이차함수 $y=x^2-2kx+k+6$의 그래프가 x축과 한 점에서 만나야 하므로
$x^2-2kx+k+6=0$의 판별식을 D_1이라 하면 $D_1=0$이어야 한다.
$$\frac{D_1}{4}=(-k)^2-(k+6)=0, \quad k^2-k-6=0, \quad (k+2)(k-3)=0$$
$$\therefore k=-2 \text{ 또는 } k=3 \qquad \cdots\cdots \text{ⓘ}$$

STEP B 이차방정식의 판별식이 $D_2<0$임을 이용하여 구하기

이차함수 $y=-2x^2+x+k-2$의 그래프가 x축과 만나지 않아야 하므로
$-2x^2+x+k-2=0$의 판별식 D_2라 하면 $D_2<0$이어야 한다.
$$D_2=1^2-4\times(-2)\times(k-2)<0, \quad 8k-15<0$$
$$k<\frac{15}{8} \qquad \cdots\cdots \text{ⓛ}$$

ⓘ, ⓛ에서 $k=-2$

이차함수 $y=x^2-kx+k$의 그래프는 x축과 한 점에서 만나고, 이차함수
$y=-2x^2+3x-k$의 그래프는 x축과 만나지 않도록 하는 실수 k의 값은?

① 2 ② 3 ③ 4
④ 5 ⑤ 6

STEP A 이차방정식의 판별식이 $D_1=0$임을 이용하여 구하기

이차함수 $y=x^2-kx+k$의 그래프가 x축과 한 점에서 만나야 하므로
$x^2-kx+k=0$의 판별식을 D_1이라 하면 $D_1=0$이어야 한다.
$$D_1=(-k)^2-4k=0, \quad k^2-4k=0, \quad k(k-4)=0$$
$$\therefore k=0 \text{ 또는 } k=4 \qquad \cdots\cdots \text{ⓘ}$$

STEP B 이차방정식의 판별식이 $D_2<0$임을 이용하여 구하기

이차함수 $y=-2x^2+3x-k$의 그래프가 x축과 만나지 않아야 하므로
$-2x^2+3x-k=0$의 판별식 D_2라 하면 $D_2<0$이어야 한다.
$$D_2=3^2-4\times(-2)\times(-k)<0, \quad 9-8k<0$$
$$\therefore k>\frac{9}{8} \qquad \cdots\cdots \text{ⓛ}$$

ⓘ, ⓛ에서 $k=4$

정답 ③

0743

정답 ⑤

STEP A 최고차항이 양수인 이차함수의 그래프를 이용하여 [보기]의 참, 거짓 판단하기

이차함수 $f(x)=x^2+ax+b$의 그래프가 x축과 만나지 않으므로
그래프의 개형은 다음 그림과 같고 모든 실수 x에 대하여 $f(x)>0$

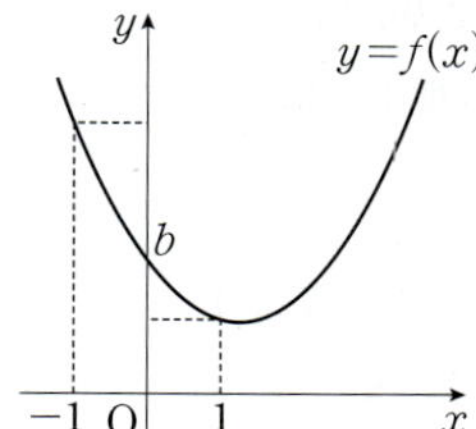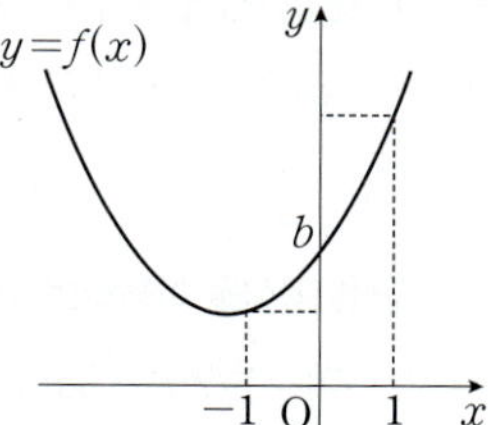

ㄱ. $f(0)=b>0$ [거짓]
ㄴ. $f(1)=1+a+b>0$ $\therefore a+b>-1$ [참]
ㄷ. $f(-1)=1-a+b>0$ $\therefore a-b<1$ [참]
따라서 옳은 것은 ㄴ, ㄷ이다.

0744

2020년 06월 고1 학력평가 5번 정답 ②

STEP A 이차함수의 그래프와 x축의 위치 관계 이해하기

이차함수의 그래프와 x축이 만나지 않으려면
이차방정식 $x^2-6x+a=0$이 서로 다른 두 허근을 가져야 한다.
실근이 존재하지 않는다.

STEP B 이차방정식의 판별식을 이용하여 정수 a의 최솟값 구하기

이차방정식 $x^2-6x+a=0$의 판별식을 D라 하면 $D<0$이어야 한다.
$$\frac{D}{4}=(-3)^2-1\times a<0, \quad 9-a<0$$
$$\therefore a>9$$
따라서 정수 a의 최솟값 10

이차함수 $y=x^2-8x+a$의 그래프가 x축과 만나지 않도록 하는 정수 a의
최솟값은?

① 14 ② 15 ③ 16
④ 17 ⑤ 18

STEP A 이차함수의 그래프와 x축의 위치 관계 이해하기

이차함수의 그래프와 x축이 만나지 않으려면
이차방정식 $x^2-8x+a=0$이 서로 다른 두 허근을 가져야 한다.
실근이 존재하지 않는다.

STEP B 이차방정식의 판별식을 이용하기

이차방정식 $x^2-8x+a=0$의 판별식을 D라 하면 $D<0$이어야 한다.
$$\frac{D}{4}=(-4)^2-1\times a<0, \quad 16-a<0$$
$$\therefore a>16$$
따라서 정수 a의 최솟값은 17

정답 ④

0745

STEP A 이차함수와 이차방정식의 관계를 이해하기

이차함수 $y=x^2+ax+\dfrac{a}{2}$ 의 그래프와 x축의 두 교점의 x좌표 α, β는

이차방정식 $x^2+ax+\dfrac{a}{2}=0$의 두 실근이다.

STEP B 이차방정식의 근과 계수의 관계를 이용하기

이차방정식 $x^2+ax+\dfrac{a}{2}=0$의 근과 계수 관계에 의하여

$\alpha+\beta=-a,\ \alpha\beta=\dfrac{a}{2}$　　……　㉠

STEP C 곱셈 공식을 이용하여 모든 a의 값의 곱 구하기

이때 $|\alpha-\beta|=3$에서 양변을 제곱하면 $(\alpha-\beta)^2=9$

$(\alpha-\beta)^2=(\alpha+\beta)^2-4\alpha\beta=9$　　……　㉡

㉠을 ㉡에 대입하면 $a^2-2a=9$

$\therefore\ a^2-2a-9=0$

따라서 이차방정식 $a^2-2a-9=0$의 근과 계수 관계에 의하여 실수 a의 값의 곱은 -9

+α　그래프를 그려 두 점 사이의 의미를 파악할 수 있어!

이차방정식 $ax^2+bx+c=0$의 두 실근을
α, β라 하면 $|\alpha-\beta|$는 이차함수
$y=ax^2+bx+c$의 그래프가 x축과 만나는
두 점 사이의 거리를 의미한다.

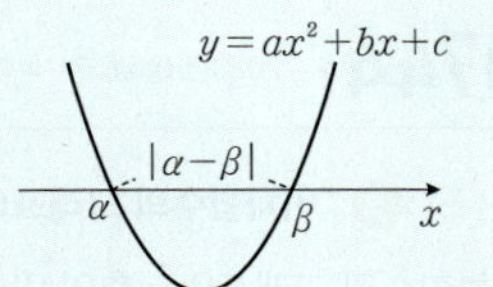

0746

STEP A 이차함수와 이차방정식의 관계를 이해하기

이차함수 $y=x^2+ax+a$의 그래프가 x축과 두 점에서 만나고 x좌표는

이차방정식 $x^2+ax+a=0$의 두 실근이므로

이차방정식 $x^2+ax+a=0$의 두 실근을 α, β라 하면

근과 계수 관계에 의하여

$\alpha+\beta=-a,\ \alpha\beta=a$　　……　㉠

STEP B 곱셈 공식을 이용하여 a의 값의 합 구하기

이때 두 점 사이의 거리가 5이므로 $|\alpha-\beta|=5$

양변을 제곱하면

$(\alpha-\beta)^2=25$

$(\alpha-\beta)^2=(\alpha+\beta)^2-4\alpha\beta=25$　　……　㉡

㉠을 ㉡에 대입하면 $a^2-4a-25=0$

따라서 실수 a의 값의 합은 근과 계수 관계에 의하여 4

내신연계 출제문항 354

이차함수 $y=x^2-ax+3$의 그래프가 x축과 만나는 두 점 사이의 거리가
$2\sqrt{6}$일 때, 양의 실수 a의 값은?

① 4　　　　　② 5　　　　　③ 6

④ 7　　　　　⑤ 9

STEP A 이차함수와 이차방정식의 관계를 이해하기

이차함수 $y=x^2-ax+3$의 그래프가 x축과 두 점에서 만나고 x좌표는

이차방정식 $x^2-ax+3=0$의 두 실근이므로

이차방정식 $x^2-ax+3=0$의 두 실근을 α, β라 하면

근과 계수 관계에 의하여

$\alpha+\beta=a,\ \alpha\beta=3$　　……　㉠

STEP B 곱셈 공식을 이용하여 a의 값 구하기

이때 두 점 사이의 거리가 $2\sqrt{6}$이므로 $|\alpha-\beta|=2\sqrt{6}$

양변을 제곱하면 $(\alpha-\beta)^2=24$

$(\alpha-\beta)^2=(\alpha+\beta)^2-4\alpha\beta=24$　　……　㉡

㉠을 ㉡에 대입하면 $a^2-4\times3=24$

$a^2=36$　$\therefore\ a=\pm6$

따라서 $a=6\ (\because\ a>0)$

0747

STEP A $\overline{AB}=6$이므로 A$(a,\ 0)$, B$(a+6,\ 0)$으로 놓기

이차함수 $y=x^2+4x+k$의 그래프가 x축과 만나는 두 점 A, B에 대하여

$\overline{AB}=6$이므로 두 점 A, B의 좌표를 각각 A$(a,\ 0)$, B$(a+6,\ 0)$으로 놓을 수
있다.

STEP B 이차방정식의 근과 계수의 관계를 이용하기

이차방정식 $x^2+4x+k=0$의 두 실근이 a, $a+6$이므로

근과 계수의 관계에 의하여

두 근의 합 $a+(a+6)=-4$에서 $a=-5$　　……　㉠

두 근의 곱 $a(a+6)=k$　　……　㉡

따라서 ㉠을 ㉡에 대입하면 $k=-5\times1=-5$

다른풀이　두 근의 차를 이용하여 풀이하기

STEP A 두 점 A, B의 x좌표가 이차방정식 $x^2+4x+k=0$의 두 근임을
이해하기

이차함수 $y=x^2+4x+k$의 그래프가 x축과 두 점 A, B에서 만나고

두 점 A, B의 좌표를 각각 $(\alpha,\ 0)$, $(\beta,\ 0)$라 하면

이차방정식 $x^2+4x+k=0$의 두 실근이 α, β이므로

근과 계수 관계에 의하여 $\alpha+\beta=-4,\ \alpha\beta=k$　　……　㉠

STEP B 곱셈 공식을 이용하여 k의 값 구하기

$\overline{AB}=6$이므로 $|\alpha-\beta|=6$

양변을 제곱하면 $(\alpha-\beta)^2=36$

$(\alpha-\beta)^2=(\alpha+\beta)^2-4\alpha\beta=36$　　……　㉡

따라서 ㉠을 ㉡에 대입하면 $(-4)^2-4k=36$　$\therefore\ k=-5$

다른풀이　이차함수의 축의 방정식을 이용하여 풀이하기

STEP A 이차함수의 축의 방정식을 이용하여 A, B의 좌표 구하기

$y=x^2+4x+k=(x+2)^2+k-4$에서

축의 방정식은 $x=-2$이고

$\overline{AB}=6$이므로 두 점 A, B의 좌표는

각각 A$(-5,\ 0)$, B$(1,\ 0)$

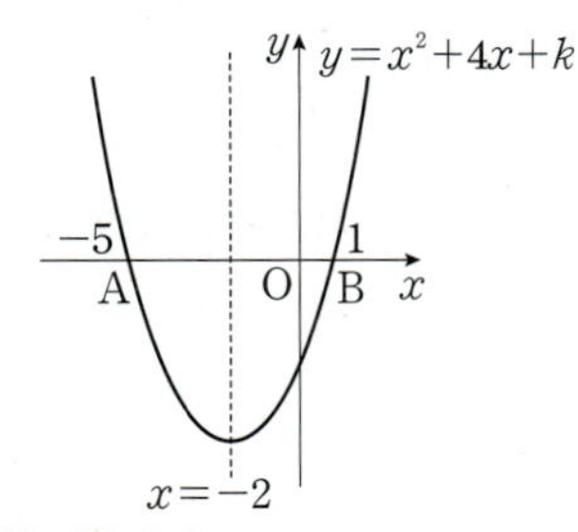

STEP B 이차방정식의 근과 계수의 관계를 이용하기

따라서 이차방정식 $x^2+4x+k=0$의 두 근이 -5, 1이므로 근과 계수의 관계에
의하여 두 근의 곱은 $k=-5\times1=-5$

0748

정답 ③

STEP A 근과 계수의 관계를 이용하여 a, b의 값 구하기

이차방정식 $x^2+ax+b=0$의 두 근이 -5, 1이므로
근과 계수의 관계에 의하여 $-5+1=-a$, $-5\times1=b$
$\therefore a=4$, $b=-5$

STEP B 이차함수 $y=x^2+bx+a$의 그래프와 x축과의 두 교점 사이의 거리 구하기

이때 이차함수 $y=x^2+bx+a$, 즉 $y=x^2-5x+4$의 그래프와
x축의 두 교점의 x좌표는 이차방정식 $x^2-5x+4=0$의 근이므로
$x^2-5x+4=0$, $(x-1)(x-4)=0$
$\therefore x=1$ 또는 $x=4$
따라서 이차함수 $y=x^2-bx+a$의 그래프와 x축과의 두 교점 사이의 거리는
$4-1=3$

0749

정답 ⑤

STEP A 이차함수의 x축과의 교점의 좌표를 구하여 식 작성하기

이차함수 $y=ax^2+bx+c$의 꼭짓점의 좌표가
$(1, 8)$이고 $\overline{AB}=4$
대칭축은 $x=1$이므로 두 점 A, B의 좌표는
각각 $(-1, 0)$, $(3, 0)$
즉 이차함수의 그래프 오른쪽 그림과 같고
$y=a(x+1)(x-3)$
$\quad =ax^2-2ax-3a$ $\qquad$ ...... ㉠

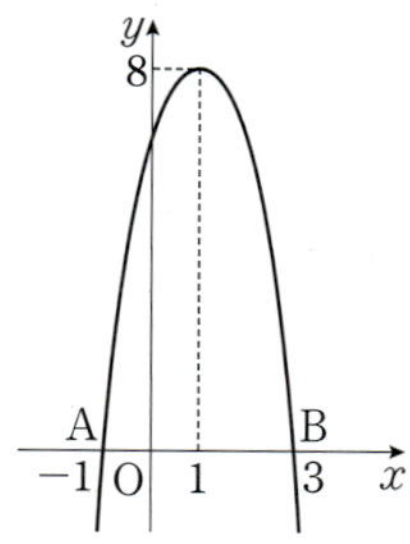

STEP B 꼭짓점의 좌표 $(1, 8)$을 대입하여 a, b, c의 값 구하기

이때 꼭짓점의 좌표가 $(1, 8)$이므로 ㉠에 대입하면
$a-2a-3a=8$ $\quad \therefore a=-2$
즉 $y=-2x^2+4x+6$이므로 $a=-2$, $b=4$, $c=6$
따라서 $abc=-2\times4\times6=-48$

다른풀이 두 근의 차를 이용하여 풀이하기

STEP A 꼭짓점의 좌표가 $(1, 8)$인 이차함수의 식 작성하기

꼭짓점의 좌표가 $(1, 8)$이므로 이차함수의 식은
$y=a(x-1)^2+8$
$\quad =ax^2-2ax+a+8$
$\quad =ax^2+bx+c\,(a<0)$
$\therefore b=-2a$, $c=a+8$ $\qquad$ ...... ㉠

STEP B $\overline{AB}=4$를 이용하여 a, b, c의 값 구하기

이차방정식 $ax^2+bx+c=0$의 두 근을 α, β라고 하면
근과 계수의 관계에 의하여 $\alpha+\beta=-\dfrac{b}{a}$, $\alpha\beta=\dfrac{c}{a}$
또한, $|\alpha-\beta|=4$이므로 양변을 제곱하면 $(\alpha-\beta)^2=16$
$(\alpha-\beta)^2=(\alpha+\beta)^2-4\alpha\beta=\left(-\dfrac{b}{a}\right)^2-\dfrac{4c}{a}=16$
$\therefore b^2-4ac=16a^2$ $\qquad$ ...... ㉡
㉠을 ㉡에 대입하면 $(-2a)^2-4a(a+8)=16a^2$
$16a(a+2)=0$ $\quad \therefore a=-2\,(\because a<0)$
이를 ㉠에 대입하면 $b=4$, $c=6$
따라서 $abc=-2\times4\times6=-48$

0750

정답 0

STEP A 두 조건 (가), (나)를 이용하여 이차함수의 식 작성하기

조건 (가)에 의하여 함수 $y=f(x)$의 그래프의 축의 방정식은
$x=\dfrac{0+6}{2}$, 즉 $x=3$
조건 (나)에 의하여 $y=f(x)$의 그래프의 꼭짓점의 y좌표는 -4이므로
$f(x)=a(x-3)^2-4$
$\qquad =ax^2-6ax+9a-4$ $\qquad$ ...... ㉠

STEP B 조건 (다)를 이용하여 a의 값 구하기

조건 (다)에 의하여 두 점 A, B의 x좌표를 각각 α, β라 하면
α, β는 이차방정식 $ax^2-6ax+9a-4=0$의 두 근이므로
이차방정식의 근과 계수의 관계에 의하여
$\alpha+\beta=6$, $\alpha\beta=\dfrac{9a-4}{a}$
이때 $\overline{AB}=4$이므로 $|\alpha-\beta|=4$
양변을 제곱하면 $(\alpha-\beta)^2=16$
$(\alpha-\beta)^2=(\alpha+\beta)^2-4\alpha\beta=6^2-4\times\dfrac{9a-4}{a}=16$
즉 $5=\dfrac{9a-4}{a}$, $4a=4$이므로 $a=1$

STEP C $f(5)$의 값 구하기

$a=1$을 ㉠에 대입하면 $f(x)=(x-3)^2-4$
따라서 $f(5)=2^2-4=0$

다른풀이 이차함수의 x축과의 교점의 좌표를 이용하여 풀이하기

STEP A 이차함수의 x축과의 교점의 좌표를 구하여 식 작성하기

조건 (가)에 의하여
함수 $y=f(x)$의 그래프의 축의 방정식은 $x=\dfrac{0+6}{2}=3$,
즉 대칭축은 $x=3$이고
조건 (다)에 의하여
$\overline{AB}=4$이므로 두 점 A, B의 좌표는 각각 $(1, 0)$, $(5, 0)$
$f(x)=a(x-1)(x-5)$
$\qquad =ax^2-6ax+5a$ $\qquad$ ...... ㉠

STEP B 두 조건 (가), (나)를 이용하여 이차함수의 식 작성하기

두 조건 (가), (나)에 의하여 꼭짓점의 좌표가 $(3, -4)$인 이차함수의 식은
$f(x)=a(x-3)^2-4$
$\qquad =ax^2-6ax+9a-4$ $\qquad$ ...... ㉡
㉠, ㉡에 의하여 $ax^2-6ax+9a-4=ax^2-6ax+5a$이므로
$9a-4=5a$에서 $a=1$
이를 ㉠에 대입하면 $f(x)=x^2-6x+5$
따라서 $f(5)=25-30+5=0$

0751 · 2022년 09월 고1 학력평가 12번 · 정답 ③ 

STEP Ⓐ 이차방정식을 이용하여 a, b의 값 구하기

이차함수 $y=x^2+ax+b$의 그래프가 점 $(1, 0)$에서 x축과 접하므로
이차방정식 $x^2+ax+b=0$은 중근 $x=1$을 갖는다.
<u>최고차항의 계수는 1이다.</u>

즉 이차방정식 $(x-1)^2=x^2-2x+1=0$이므로
$x^2+ax+b=x^2-2x+1$에서 계수를 비교하면
<u>x에 대한 항등식이다.</u>

$a=-2$, $b=1$

+α | 상수 a, b의 값을 다음과 같이 구할 수 있어!

> 이차함수 $y=x^2+ax+b$의 그래프가 점 $(1, 0)$을 지나므로
> $x=1$, $y=0$을 이차함수의 식에 대입하면 $0=1+a+b$
> $\therefore b=-a-1$ ...... ㉠
> 또, 이차함수 $y=x^2+ax+b$의 그래프가 점 $(1, 0)$에서 x축과 접하므로
> 이차방정식 $x^2+ax+b=0$이 중근을 가져야 한다.
> 이 이차방정식의 판별식을 D라 하면 $D=0$이어야 한다.
> $D=a^2-4b=0$ $\therefore a^2-4b=0$ ...... ㉡
> ㉠을 ㉡에 대입하면 $a^2-4(-a-1)=0$, $a^2+4a+4=0$, $(a+2)^2=0$
> 즉 $a=-2$, $b=-(-2)-1=1$

STEP Ⓑ x축과 만나는 두 점 사이의 거리 구하기

이차함수 $y=x^2+bx+a$에 $a=-2$, $b=1$을 대입하면
$y=x^2+x-2=(x+2)(x-1)$의 그래프가 x축과 만나는 x좌표는
$x^2+x-2=0$, $(x+2)(x-1)=0$
$\therefore x=-2$ 또는 $x=1$
따라서 x축의 두 점 사이의 거리는
<u>x축 위에 있는 두 점이므로 x좌표의 차를 이용한다.</u>
$(-2, 0)$, $(1, 0)$이므로
$1-(-2)=3$

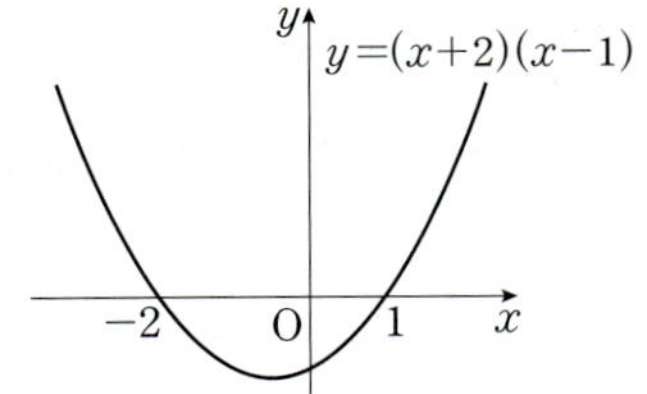

+α | 서로 다른 두 실근을 곱셈 공식을 이용하여 다음과 같이 구할 수 있어!

> $a=-2$, $b=1$이므로 이차함수 $y=x^2+bx+a$에 대입하면 $y=x^2+x-2$
> 이때 이차함수의 그래프가 x축과 만나는 두 점을 $(\alpha, 0)$, $(\beta, 0)$이라 하자.
> α, β는 이차방정식 $x^2+x-2=0$의 서로 다른 두 실근이므로
> $\alpha+\beta=-1$, $\alpha\beta=-2$
> 이차방정식 $ax^2+bx+c=0$에서 두 근의 합 $-\dfrac{b}{a}$, 두 근의 곱 $\dfrac{c}{a}$
> 곱셈 공식을 이용하면
> $(\alpha-\beta)^2=(\alpha+\beta)^2-4\alpha\beta=(-1)^2-4\times(-2)=1+8=9$에서
> 구하고자 하는 값은 $|\alpha-\beta|$이므로 $\alpha-\beta=3$ 또는 $\alpha-\beta=-3$
> 따라서 $|\alpha-\beta|=3$이므로 이차함수 $y=x^2+x-2$의 그래프가 x축과 만나는 두 점 사이의 거리는 3

내·신·연·계 출제문항 355

두 상수 a, b에 대하여 이차함수 $y=x^2+ax+b$의 그래프가 점 $(4, 0)$에서 x축과 접할 때, 이차함수 $y=x^2-bx-6a$의 그래프가 x축과 만나는 두 점 사이의 거리는?

① 2　　　　② 4　　　　③ 6
④ 8　　　　⑤ 10

STEP Ⓐ 이차방정식이 $x=4$에서 중근을 가짐을 이용하여 a, b의 값 구하기

이차함수 $y=x^2+ax+b$의 그래프가 점 $(4, 0)$에서 x축과 접하므로
이차방정식 $x^2+ax+b=0$은 중근 $x=4$를 갖는다.
즉 이차방정식 $(x-4)^2=x^2-8x+16=0$이므로
$x^2+ax+b=x^2-8x+16$에서 계수를 비교하면
$a=-8$, $b=16$

+α | 이차방정식의 판별식을 이용하여 a, b의 값을 구할 수 있어!

> 이차함수 $y=x^2+ax+b$의 그래프가 점 $(4, 0)$을 지나므로
> $x=4$, $y=0$을 이차함수의 식에 대입하면 $0=16+4a+b$
> $\therefore b=-4a-16$ ...... ㉠
> 또한, 이차함수 $y=x^2+ax+b$의 그래프가 점 $(4, 0)$에서 x축과 접하므로
> 이차방정식 $x^2+ax+b=0$은 중근을 가져야 한다.
> 이차방정식 $x^2+ax+b=0$의 판별식을 D라 하면 $D=0$이어야 한다.
> $D=a^2-4b=0$ ...... ㉡
> ㉠을 ㉡에 대입하면 $a^2-4(-4a-16)=0$, $a^2+16a+64=0$, $(a+8)^2=0$
> $\therefore a=-8$
> 이를 ㉠에 대입하면 $b=32-16=16$

STEP Ⓑ x축과 만나는 두 점 사이의 거리 구하기

이차함수 $y=x^2-bx-6a$에 $a=-8$, $b=16$을 대입하면
$y=x^2-16x+48=(x-4)(x-12)$의 그래프가 x축과 만나는 x좌표는
$\therefore x=4$ 또는 $x=12$
따라서 x축의 두 점 사이의 거리는 $(4, 0)$, $(12, 0)$이므로 $12-4=8$

+α | 이차방정식의 근과 계수의 관계를 이용하여 구할 수 있어!

> 이차함수 $y=x^2-bx-6a$에 $a=-8$, $b=16$을 대입하면 $y=x^2-16x+48$
> 이때 이차함수의 그래프가 x축과 만나는 두 점을 $(\alpha, 0)$, $(\beta, 0)$이라 하자.
> α, β는 이차방정식 $x^2-16x+48=0$의 서로 다른 두 실근이므로
> 이차방정식의 근과 계수의 관계에 의하여 $\alpha+\beta=16$, $\alpha\beta=48$
> $(\alpha-\beta)^2=(\alpha+\beta)^2-4\alpha\beta$
> $=16^2-4\times48=64$
> $\therefore |\alpha-\beta|=8$
> 따라서 이차함수 $y=x^2-16x+48$의 그래프가 x축과 만나는 두 점 사이의 거리는 8

정답 ④ 

0752 · 정답 ⑤

STEP Ⓐ $f(x)=a(x+3)(x-2)\,(a\neq0)$라 하고 $f(2x+3)=0$의 식 구하기

이차함수 $y=f(x)$의 그래프가 x축과 서로 다른 두 점 $(-3, 0)$, $(2, 0)$에서
만나므로 $f(x)=a(x+3)(x-2)\,(a<0)$
이차방정식 $f(x)=0$에 x 대신 $2x+3$을 대입하면
$f(2x+3)=a(2x+3+3)(2x+3-2)$
$=a(2x+6)(2x+1)$

STEP Ⓑ 방정식 $f(2x+3)=0$의 두 근의 합 구하기

$f(2x+3)=0$의 두 근은 $x=-3$ 또는 $x=-\dfrac{1}{2}$
따라서 $f(2x+3)=0$의 두 근의 합은 $-\dfrac{7}{2}$

mini해설 | $f(2x+3)=0$의 두 근을 구하여 풀이하기

> $f(x)=0$의 두 근이 -3, 2이므로 $f(-3)=0$, $f(2)=0$
> $f(2x+3)=0$을 만족하는 x는 $2x+3=-3$, $2x+3=2$
> $\therefore x=-3$ 또는 $x=-\dfrac{1}{2}$
> 따라서 방정식 $f(2x+3)=0$의 두 근의 합은 $-3+\left(-\dfrac{1}{2}\right)=-\dfrac{7}{2}$

0753

STEP Ⓐ 방정식 $f(kx-3)=0$의 두 근 구하기

이차함수 $y=f(x)$의 그래프와 x축의 두 교점의 x좌표가 -1, 5이므로
-1, 5는 이차방정식 $f(x)=0$의 두 근이다.
즉 $f(-1)=0$, $f(5)=0$이므로 $f(kx-3)=0$이려면
$kx-3=-1$ 또는 $kx-3=5$
$\therefore x=\dfrac{2}{k}$ 또는 $x=\dfrac{8}{k}$

STEP Ⓑ 방정식 $f(kx-3)=0$의 두 근의 곱을 이용하여 양수 k의 값 구하기

이차방정식 $f(kx-3)=0$의 두 근의 곱이 $\dfrac{4}{9}$이므로

$\dfrac{2}{k}\times\dfrac{8}{k}=\dfrac{16}{k^2}=\dfrac{4}{9}$, $k^2=36$

따라서 $k>0$이므로 $k=6$

다른풀이 $f(kx-3)=0$의 식을 구하여 풀이하기

STEP Ⓐ 이차방정식 $f(kx-3)=0$의 식 구하기

이차함수 $y=f(x)$의 그래프가 x축과 서로 다른 두 점 $(-1, 0)$, $(5, 0)$에서
만나므로 $f(x)=a(x+1)(x-5)\,(a>0)$이라 하자.
이차방정식 $f(x)=0$에 x대신 $kx-3$을 대입하면
$$\begin{aligned}
f(kx-3)&=a(kx-3+1)(kx-3-5)\\
&=a(kx-2)(kx-8)\\
&=ak^2x^2-10akx+16a\,(a>0)
\end{aligned}$$

STEP Ⓑ 방정식 $f(kx-3)=0$의 두 근의 곱이 $\dfrac{4}{9}$일 때, 양수 k의 값 구하기

이차방정식 $ak^2x^2-10akx+16a=0$의 근과 계수의 관계에 의하여
(두 근의 곱)$=\dfrac{16a}{ak^2}=\dfrac{16}{k^2}=\dfrac{4}{9}$, $k^2=36$
따라서 $k=6\,(\because k>0)$

이차함수 $y=f(x)$의 그래프가 오른쪽 그림
과 같을 때, 이차방정식 $f(kx+4)=0$의
두 근의 곱이 $-\dfrac{4}{3}$가 되도록 하는
양수 k의 값을 구하시오.

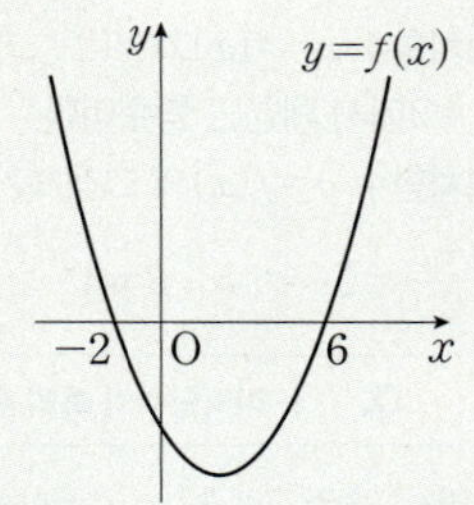

STEP Ⓐ 방정식 $f(kx+4)=0$의 두 근 구하기

이차함수 $y=f(x)$의 그래프와 x축의 두 교점의 x좌표가 -2, 6이므로
-2, 6은 이차방정식 $f(x)=0$의 두 근이다.
즉 $f(-2)=0$, $f(6)=0$이므로 $f(kx+4)=0$이려면
$kx+4=-2$ 또는 $kx+4=6$
$\therefore x=-\dfrac{6}{k}$ 또는 $x=\dfrac{2}{k}$

STEP Ⓑ 방정식 $f(kx+4)=0$의 두 근의 곱을 이용하여 양수 k의 값 구하기

이차방정식 $f(kx+4)=0$의 두 근의 곱이 $-\dfrac{4}{3}$이므로

$-\dfrac{6}{k}\times\dfrac{2}{k}=-\dfrac{12}{k^2}=-\dfrac{4}{3}$, $k^2=9$

따라서 $k>0$이므로 $k=3$

다른풀이 $f(kx+4)=0$의 식을 구하여 풀이하기

STEP Ⓐ 이차방정식 $f(kx+4)=0$의 식 구하기

이차함수 $y=f(x)$의 그래프가 x축과 서로 다른 두 점 $(-2, 0)$, $(6, 0)$에서
만나므로 $f(x)=a(x+2)(x-6)\,(a>0)$이라 하자.
이차방정식 $f(x)=0$에 x대신 $kx+4$를 대입하면
$$\begin{aligned}
f(kx+4)&=a(kx+4+2)(kx+4-6)\\
&=a(kx+6)(kx-2)\\
&=ak^2x^2+4akx-12a\,(a>0)
\end{aligned}$$

STEP Ⓑ 방정식 $f(kx+4)=0$의 두 근의 곱이 $-\dfrac{4}{3}$일 때, 양수 k의 값 구하기

이차방정식 $ak^2x^2+4akx-12a=0$의 근과 계수의 관계에 의하여
(두 근의 곱)$=\dfrac{-12a}{ak^2}=-\dfrac{12}{k^2}=-\dfrac{4}{3}$, $k^2=9$
따라서 $k>0$이므로 $k=3$

0754

STEP Ⓐ $f(x)=k(x+2)(x-4)\,(k>0)$라 하고 $f(3x+a)=0$의 식 구하기

이차함수 $y=f(x)$의 그래프가 x축과 서로 다른 두 점 $(-2, 0)$, $(4, 0)$에서
만나므로 $f(x)=k(x+2)(x-4)\,(k>0)$이라 하자.
이차방정식 $f(x)=0$에 x대신 $3x+a$를 대입하면
$f(3x+a)=k(3x+a+2)(3x+a-4)\,(k>0)$

STEP Ⓑ 방정식 $f(3x+a)=0$의 두 근의 합이 4일 때, a의 값 구하기

$f(3x+a)=0$의 두 근은 $x=\dfrac{-2-a}{3}$ 또는 $x=\dfrac{4-a}{3}$
이때 $f(3x+a)=0$의 두 근의 합이 4이므로
$\dfrac{-2-a}{3}+\dfrac{4-a}{3}=4$
$\dfrac{2-2a}{3}=4$, $2-2a=12$
$\therefore a=-5$
따라서 이차방정식 $f(3x-5)$의 두 근이 1, 3이므로 두 근의 곱은 $1\times3=3$

다른풀이 $f(3x+a)=0$의 두 근을 구하여 풀이하기

STEP Ⓐ 방정식 $f(3x+a)=0$의 두 근 구하기

$f(x)=0$의 두 근이 -2, 4이므로 $f(-2)=0$, $f(4)=0$
$f(3x+a)=0$을 만족하는 x는 $3x+a=-2$, $3x+a=4$에서
$x=\dfrac{-2-a}{3}$ 또는 $x=\dfrac{4-a}{3}$

STEP Ⓑ 방정식 $f(3x+a)=0$의 두 근의 합을 이용하여 a의 값 구하기

방정식 $f(3x+a)=0$의 두 근의 합이 4이므로
$\dfrac{-2-a}{3}+\dfrac{4-a}{3}=\dfrac{2-2a}{3}=4$, $2-2a=12$
$\therefore a=-5$
따라서 이차방정식 $f(3x-5)$의 두 근이 1, 3이므로 두 근의 곱은 $1\times3=3$

0755

정답 ②

STEP A $f(x)=a(x-\alpha)(x-\beta)\,(a\neq0)$**라 하고** $f(2x-5)=0$**의 식 구하기**

이차함수 $y=f(x)$의 그래프가 x축과 서로 다른 두 점 $(\alpha,\ 0)$, $(\beta,\ 0)$에서 만나므로 $f(x)=a(x-\alpha)(x-\beta)$ (단, $a\neq0$인 상수)이라 하자.

이차방정식 $f(x)=0$에 x대신 $2x-5$를 대입하면

$$f(2x-5)=a(2x-5-\alpha)(2x-5-\beta)=0$$
$$=4a\left(x-\frac{5+\alpha}{2}\right)\left(x-\frac{5+\beta}{2}\right)$$

STEP B **방정식** $f(2x-5)=0$**의 두 근의 합 구하기**

방정식 $f(2x-5)=0$의 실근은 $x=\dfrac{5+\alpha}{2}$ 또는 $x=\dfrac{5+\beta}{2}$

따라서 $\alpha+\beta=20$이므로 $f(2x-5)=0$의 모든 실근의 합은

$$\frac{5+\alpha}{2}+\frac{5+\beta}{2}=\frac{10+\alpha+\beta}{2}=\frac{10+20}{2}=15$$

다른풀이 $f(2x-5)=0$의 두 근을 구하여 풀이하기

STEP A **방정식** $f(2x-5)=0$**의 두 근 구하기**

$f(x)=0$의 두 근이 α, β이므로 $f(\alpha)=0$, $f(\beta)=0$

$f(2x-5)=0$을 만족하는 x는 $2x-5=\alpha$, $2x-5=\beta$

$$\therefore\ x=\frac{\alpha+5}{2}\ \text{또는}\ x=\frac{\beta+5}{2}$$

STEP B **방정식** $f(2x-5)=0$**의 두 근의 합 구하기**

따라서 방정식 $f(2x-5)=0$의 두 근의 합은

$$\frac{\alpha+5}{2}+\frac{\beta+5}{2}=\frac{\alpha+\beta+10}{2}=\frac{20+10}{2}=15 \quad \leftarrow \alpha+\beta=20$$

0756

정답 ②

STEP A $f(x)=a(x-\alpha)(x-\beta)\,(a\neq0)$**라 하고** $f(3x-2)=0$**의 식 구하기**

이차함수 $y=f(x)$의 그래프가 x축과 서로 다른 두 점 $(\alpha,\ 0)$, $(\beta,\ 0)$에서 만난다고 하면 $f(x)=a(x-\alpha)(x-\beta)$ (단, $a\neq0$인 상수)이고

이차함수 $y=f(x)$의 그래프의 축이 직선 $x=4$이므로

$$\frac{\alpha+\beta}{2}=4\text{에서}\ \alpha+\beta=8 \qquad \cdots\cdots\ \bigcirc$$

이차방정식 $f(x)=0$에 x대신 $3x-2$를 대입하면

$$f(3x-2)=a(3x-2-\alpha)(3x-2-\beta)=0$$

STEP B **방정식** $f(3x-2)=0$**의 두 근의 합 구하기**

방정식 $f(3x-2)=0$의 실근은 $x=\dfrac{2+\alpha}{3}$ 또는 $x=\dfrac{2+\beta}{3}$

따라서 $\alpha+\beta=8$이므로 $f(3x-2)=0$의 모든 실근의 합은

$$\frac{2+\alpha}{3}+\frac{2+\beta}{3}=\frac{4+\alpha+\beta}{3}=\frac{4+8}{3}=4$$

이차함수 $y=f(x)$의 그래프가 x축과 서로 다른 두 점 $(\alpha,\ 0)$, $(\beta,\ 0)$에서 만나고 직선 $x=5$에 대하여 대칭일 때, 이차방정식 $f(-2x+3)=0$의 모든 실근의 합은?

① -4 ② -2 ③ 0
④ 2 ⑤ 4

STEP A **방정식** $f(-2x+3)=0$**의 두 근 구하기**

이차함수 $y=f(x)$의 그래프가 직선 $x=5$에 대하여 대칭이므로

$$\frac{\alpha+\beta}{2}=5 \quad \therefore\ \alpha+\beta=10$$

이차함수 $y=f(x)$의 그래프와 x축의 두 교점의 x좌표가 α, β이므로 α, β는 이차방정식 $f(x)=0$의 두 근이다.

즉 $f(\alpha)=0$, $f(\beta)=0$이므로 $f(-2x+3)=0$이려면

$$-2x+3=\alpha\ \text{또는}\ -2x+3=\beta$$
$$\therefore\ x=\frac{3-\alpha}{2}\ \text{또는}\ x=\frac{3-\beta}{2}$$

STEP B **방정식** $f(-2x+3)=0$**의 두 근의 합 구하기**

따라서 이차방정식 $f(-2x+3)=0$의 두 근의 합은

$$\frac{3-\alpha}{2}+\frac{3-\beta}{2}=\frac{6-(\alpha+\beta)}{2}=\frac{6-10}{2}=-2$$

+α | 이차함수의 축의 특징!

이차함수의 그래프는 x축에 대하여 선대칭 그래프이므로 축에서 이차함수 $y=f(x)$의 그래프와 x축의 두 교점까지의 거리가 서로 같다.
즉 (두 근의 합)=(대칭축)×2

정답 ②

0757

정답 6

STEP A **이차함수의 대칭축이** $x=2$**임을 이해하기**

이차함수 $y=f(x)$가 $f(2+x)=f(2-x)$를 만족하므로 $x=2$에서 대칭인 함수이다.

이차함수 $y=f(x)$의 그래프가 x축과 만나는 점의 x좌표를 α, β라 하면

$$\frac{\alpha+\beta}{2}=2 \quad \therefore\ \alpha+\beta=4$$

+α | 이차함수의 축의 특징!

이차함수의 그래프가 $f(a+x)=f(a-x)$를 만족하면 이차함수의 축의 방정식은 $x=a$이다.

STEP B $f(x)=a(x-\alpha)(x-\beta)\,(a\neq0)$**라 하고** $f(2x-4)=0$**의 식 구하기**

이차함수 $f(x)=a(x-\alpha)(x-\beta)\,(a\neq0)$이므로 x대신 $2x-4$를 대입하면

$$f(2x-4)=a(2x-4-\alpha)(2x-4-\beta)=0$$

STEP C **방정식** $f(2x-4)=0$**의 두 근의 합 구하기**

방정식 $f(2x-4)=0$의 실근은 $x=\dfrac{4+\alpha}{2}$ 또는 $x=\dfrac{4+\beta}{2}$

따라서 $\alpha+\beta=4$이므로 $f(2x-4)=0$의 모든 실근의 합은

$$\frac{4+\alpha}{2}+\frac{4+\beta}{2}=\frac{8+(\alpha+\beta)}{2}=\frac{8+4}{2}=6$$

0758
2013년 11월 고1 학력평가 13번   정답 ②

STEP A **최고차항의 계수가 1인 이차함수 $f(x)$의 식 구하기**

최고차항의 계수가 1이고 이차함수 $y=f(x)$의 그래프가 x축과 서로 다른
두 점 $(-2,\ 0)$, $(4,\ 0)$에서 만나므로 $f(x)=(x+2)(x-4)$

STEP B **방정식 $f(2x-1)=0$의 두 근의 합 구하기**

이차방정식 $f(x)=0$에 x대신 $2x-1$을 대입하면
$$f(2x-1)=(2x-1+2)(2x-1-4)$$
$$=(2x+1)(2x-5)=0$$

$f(2x-1)=0$의 두 근은 $x=-\dfrac{1}{2}$ 또는 $x=\dfrac{5}{2}$

따라서 $f(2x-1)=0$의 두 근의 합은 $-\dfrac{1}{2}+\dfrac{5}{2}=2$

$f(2x-1)=(2x+1)(2x-5)=4x^2-8x-5$에서
근과 계수의 관계에 의하여 (두 근의 합)$=\dfrac{8}{4}=2$

다른풀이 $f(2x-1)=0$의 두 근을 구하여 풀이하기

STEP A **방정식 $f(2x-1)=0$의 두 근 구하기**

$f(x)=0$의 두 근이 -2, 4이므로 $f(-2)=0$, $f(4)=0$
$f(2x-1)=0$을 만족하는 x는 $2x-1=-2$, $2x-1=4$에서
$x=-\dfrac{1}{2}$ 또는 $x=\dfrac{5}{2}$

STEP B **방정식 $f(2x-1)=0$의 두 근의 합 구하기**

따라서 방정식 $f(2x-1)=0$의 두 근의 합은 $-\dfrac{1}{2}+\dfrac{5}{2}=2$

내신연계 출제문항 **358**

오른쪽 그림은 최고차항의 계수가 1이고
$f(-1)=f(3)=0$인 이차함수 $y=f(x)$의
그래프이다.
방정식 $f(2x+1)=0$의 두 근의 합은?

① -2 ② -1
③ 0 ④ 1
⑤ 2

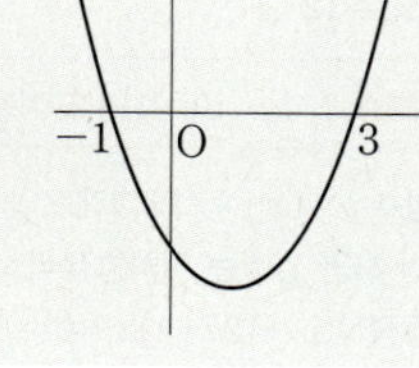

STEP A **최고차항의 계수가 1인 이차함수 $f(x)$의 식 구하기**

이차함수 $y=f(x)$의 그래프가 x축과 서로 다른 두 점 $(-1,\ 0)$, $(3,\ 0)$에서
만나므로 $f(x)=(x+1)(x-3)$
이차함수 $y=f(x)$에 x대신 $2x+1$을 대입하면
$$f(2x+1)=(2x+1+1)(2x+1-3)$$
$$=(2x+2)(2x-2)$$

STEP B **방정식 $f(2x+1)=0$의 두 근의 합 구하기**

$f(2x+1)=0$의 두 근은 $x=-1$ 또는 $x=1$
따라서 $f(2x+1)=0$의 두 근의 합은 $-1+1=0$

다른풀이 $f(2x+1)=0$의 두 근을 구하여 풀이하기

STEP A **방정식 $f(2x+1)=0$의 두 근 구하기**

$f(x)=0$의 두 근이 -1, 3이므로 $f(-1)=0$, $f(3)=0$
$f(2x+1)=0$을 만족하는 x는 $2x+1=-1$, $2x+1=3$에서
$x=-1$ 또는 $x=1$

STEP B **방정식 $f(2x+1)=0$의 두 근의 합 구하기**

따라서 방정식 $f(2x+1)=0$의 두 근의 합은 $-1+1=0$ 정답 ③

0759
정답 ②

STEP A **이차함수와 직선의 교점의 x좌표가 연립한 이차방정식의 실근과
같음을 이해하기**

이차함수 $y=x^2+2kx+5$의 그래프와 직선 $y=-x+1$의 교점의 x좌표는
이차방정식 $x^2+2kx+5=-x+1$
즉 $x^2+(2k+1)x+4=0$ $\cdots\cdots$ ㉠
의 실근이므로 $x=1$은 이차방정식 근이다.

STEP B **상수 k의 값 구하기**

$x=1$을 ㉠에 대입하면 $1+2k+1+4=0$
따라서 $k=-3$

0760
정답 4

STEP A **이차함수와 직선의 교점의 x좌표가 연립한 이차방정식의 실근과
같음을 이해하기**

이차함수 $y=-2x^2+3x+k$의 그래프와 직선 $y=-x-2$의 교점의 x좌표는
이차방정식 $-2x^2+3x+k=-x-2$
즉 $2x^2-4x-2-k=0$ $\cdots\cdots$ ㉠
의 실근이므로 $x=3$은 이차방정식 근이다.

STEP B **점 B의 x좌표 구하기**

$x=3$을 ㉠에 대입하면 $18-12-2-k=0$
$\therefore k=4$
$k=4$를 ㉠에 대입하여 정리하면 $2x^2-4x-6=0$, $2(x+1)(x-3)=0$
$\therefore x=-1$ 또는 $x=3$
즉 점 B의 좌표는 -1

STEP C **두 점 A, B의 y좌표의 차 구하기**

$x=-1$을 $y=-x-2$에 대입하면 $y=-1$
$x=3$을 $y=-x-2$에 대입하면 $y=-5$

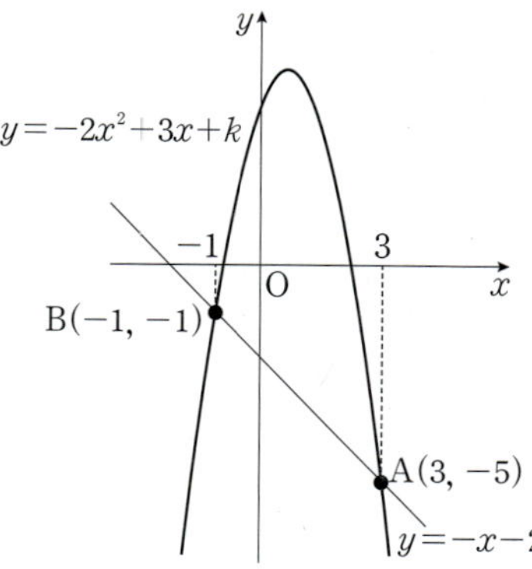

따라서 두 점 A$(3,\ -5)$, B$(-1,\ -1)$이므로 두 점 A, B의 y좌표의 차는
$-1-(-5)=4$

0761

2022년 09월 고1 학력평가 16번 정답 ②

STEP A   네 점 A, B, C, D의 좌표 구하기

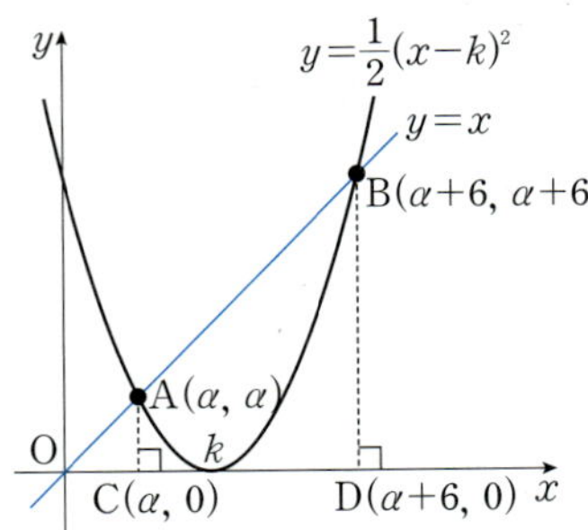

점 C의 좌표를 $(\alpha, 0)$이라 하면

선분 CD의 길이는 6이므로 점 D의 좌표는 $(\alpha+6, 0)$

두 점 A, B는 직선 $y=x$ 위의 점이므로 A(α, α), B($\alpha+6$, $\alpha+6$)

STEP B   이차방정식의 근과 계수의 관계를 이용하여 k의 값 구하기

두 점 A, B는 이차함수 $y=\frac{1}{2}(x-k)^2$의 그래프와 직선 $y=x$의 교점이므로

이차함수와 직선의 식을 연립한 이차방정식의 서로 다른 두 실근이 α, $\alpha+6$

$\frac{1}{2}(x-k)^2=x$에서 $x^2-2kx+k^2=2x$

$\therefore x^2-2(k+1)x+k^2=0$ ······ ㉠

이차방정식 ㉠의 두 근은 α, $\alpha+6$이므로 근과 계수의 관계에 의하여

$\alpha+(\alpha+6)=2(k+1)$, $\alpha=k-2$ ······ ㉡

$\alpha(\alpha+6)=k^2$ ······ ㉢

㉡을 ㉢에 대입하면 $(k-2)(k+4)=k^2$, $2k-8=0$

따라서 $k=4$

---

mini해설 | $|\alpha-\beta|=6$임을 이용하여 풀이하기

이차함수 $y=\frac{1}{2}(x-k)^2$의 그래프와 직선 $y=x$의 두 교점 A, B의 x좌표를 각각 α, β라 하면 두 점 C, D의 x좌표도 각각 α, β이다.

이때 선분 CD의 길이가 6이므로 $|\alpha-\beta|=6$

양변을 제곱하면 $(\alpha-\beta)^2=36$이므로

$(\alpha-\beta)^2=(\alpha+\beta)^2-4\alpha\beta=36$ ······ ㉠

이차함수와 직선의 식을 연립한 이차방정식 $x^2-2(k+1)x+k^2=0$의 두 근이 α, β이므로 근과 계수의 관계에 의하여

$\alpha+\beta=2(k+1)$, $\alpha\beta=k^2$ ······ ㉡

㉡을 ㉠에 대입하면 $\{2(k+1)\}^2-4k^2=36$, $4k^2+8k+4-4k^2=36$

$8k=32$ $\therefore k=4$

이차함수 $y=(x+k)^2$의 그래프와 직선 $y=-x$가 서로 다른 두 점 A, B에서 만난다. 두 점 A, B에서 x축에 내린 수선의 발을 각각 C, D라 하자.

선분 CD의 길이가 7일 때, 상수 k의 값은?

① 11 ② $\frac{23}{2}$ ③ 12

④ $\frac{25}{2}$ ⑤ 13

STEP A   네 점 A, B, C, D의 좌표 구하기

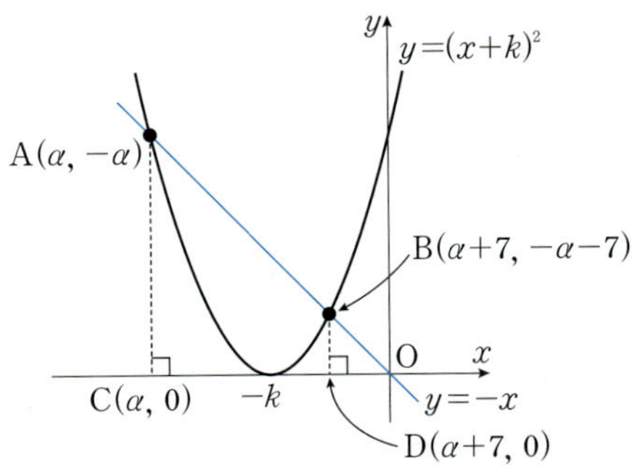

점 C의 좌표를 $(\alpha, 0)$이라 하면

선분 CD의 길이는 7이므로 점 D의 좌표는 $(\alpha+7, 0)$

두 점 A, B는 직선 $y=-x$ 위의 점이므로 A(α, $-\alpha$), B($\alpha+7$, $-(\alpha+7)$)

STEP B   이차방정식의 근과 계수의 관계를 이용하여 k의 값 구하기

두 점 A, B는 이차함수 $y=(x+k)^2$의 그래프와 직선 $y=-x$의 교점이므로

이차방정식 $(x+k)^2=-x$, 즉 $x^2+(2k+1)x+k^2=0$의 두 실근이 α, $\alpha+7$

근과 계수의 관계에 의하여

$\alpha+(\alpha+7)=-(2k+1)$ $\therefore \alpha=-k-4$ ······ ㉠

$\alpha\times(\alpha+7)=k^2$ ······ ㉡

㉠을 ㉡에 대입하면 $(-k-4)(-k+3)=k^2$, $k-12=0$

따라서 $k=12$

---

mini해설 | $|\alpha-\beta|=7$임을 이용하여 풀이하기

이차함수 $y=(x+k)^2$의 그래프와 직선 $y=-x$의 두 교점 A, B의 x좌표를 각각 α, β라 하면 α, β는 이차방정식 $x^2+(2k+1)x+k^2=0$의 두 근이다.

이차방정식 $x^2+(2k+1)x+k^2=0$의 근과 계수의 관계에 의하여

$\alpha+\beta=-(2k+1)$, $\alpha\beta=k^2$

두 점 C, D의 x좌표도 각각 α, β이고 선분 CD의 길이가 7이므로 $|\alpha-\beta|=7$

이때 양변을 제곱하면 $(\alpha-\beta)^2=49$

$(\alpha-\beta)^2=(\alpha+\beta)^2-4\alpha\beta=\{-(2k+1)\}^2-4k^2=4k+1=49$

$\therefore k=12$

정답 ③

0762

정답 4

STEP A 이차함수 $y=f(x)$의 그래프와 직선 $y=g(x)$의 두 교점의 x좌표는 이차방정식 $f(x)=g(x)$의 두 근임을 이해하기

이차함수 $y=x^2+ax+1$의 그래프와 직선 $y=2x+b$가 만나는 두 교점 1, 3은 이차방정식 $x^2+ax+1=2x+b$, 즉 $x^2+(a-2)x+(1-b)=0$의 두 근이다.

STEP B 이차방정식의 근과 계수의 관계를 이용하여 a, b의 값 구하기

이차방정식 $x^2+(a-2)x+(1-b)=0$의 두 근이 1, 3이므로
이차방정식의 근과 계수의 관계에 의하여
두 근의 합 $1+3=-(a-2)$ $\therefore a=-2$
두 근의 곱 $1\times3=1-b$ $\therefore b=-2$
따라서 $a=-2$, $b=-2$이므로 $ab=4$

0763

정답 ⑤

STEP A 이차함수 $y=f(x)$의 그래프와 직선 $y=g(x)$의 두 교점의 x좌표는 이차방정식 $f(x)=g(x)$의 두 근임을 이해하기

이차함수 $y=x^2$의 그래프와 직선 $y=ax+b$의 두 교점의 x좌표는
이차방정식 $x^2=ax+b$, 즉 $x^2-ax-b=0$의 서로 다른 두 실근과 같다.

STEP B 이차방정식의 근과 계수의 관계를 이용하여 a, b의 값 구하기

이차방정식 $x^2-ax-b=0$의 두 근이 -1, 2이므로
근과 계수의 관계에 의하여
두 근의 합 $-1+2=-(-a)$ $\therefore a=1$
두 근의 곱 $-1\times2=-b$ $\therefore b=2$
따라서 $ab=1\times2=2$

0764

정답 2

STEP A 이차함수와 직선의 교점의 x좌표가 연립한 이차방정식의 실근과 같음을 이해하기

이차함수 $y=x^2+(4k-5)x+k-2$의 그래프와 직선 $y=kx+1$의 서로 다른 두 교점의 x좌표가 α, β이므로
α, β는 이차방정식 $x^2+(4k-5)x+k-2=kx+1$의 두 근이다.

STEP B 이차방정식의 근과 계수의 관계를 이용하여 k의 값 구하기

이차방정식 $x^2+(3k-5)x+k-3=0$의 두 근이 α, β이므로
근과 계수의 관계에 의하여 $\alpha+\beta=-(3k-5)$, $\alpha\beta=k-3$
이때 $\alpha+\beta=-10$이므로 $3k-5=10$, $3k=15$에서 $k=5$
따라서 $\alpha\beta=k-3=2$

0765

정답 ③

STEP A 이차함수와 직선의 교점의 x좌표가 연립한 이차방정식의 실근과 같음을 이해하기

이차함수 $f(x)=x^2-3x-1$의 그래프가 직선 $y=-x+k$과 서로 다른 두 점 $A(\alpha, f(\alpha))$, $B(\beta, f(\beta))$에서 만나므로
α, β는 이차방정식 $x^2-3x-1=-x+k$의 두 근이다.

STEP B 이차방정식의 근과 계수의 관계를 이용하여 k의 값 구하기

이차방정식 $x^2-2x-k-1=0$의 두 근이 α, β이므로
근과 계수의 관계에 의하여 $\alpha+\beta=2$, $\alpha\beta=-k-1$
이때 $\alpha^2+\beta^2=16$이므로 $(\alpha+\beta)^2-2\alpha\beta=16$, $2^2-2(-k-1)=16$
따라서 $2k=10$이므로 $k=5$

이차함수 $f(x)=x^2-4x+3$의 그래프가 직선 $y=-2x+k$와 서로 다른 두 점 $A(\alpha, f(\alpha))$, $B(\beta, f(\beta))$에서 만난다. $\alpha^3+\beta^3=8$일 때, 실수 k의 값은?

① 1   ② 3   ③ 5
④ 7   ⑤ 9

STEP A 이차함수와 직선의 교점의 x좌표가 연립한 이차방정식의 실근과 같음을 이해하기

이차함수 $f(x)=x^2-4x+3$의 그래프가 직선 $y=-2x+k$와 서로 다른 두 점 $A(\alpha, f(\alpha))$, $B(\beta, f(\beta))$에서 만나므로
α, β는 이차방정식 $x^2-4x+3=-2x+k$의 두 근이다.

STEP B 이차방정식의 근과 계수의 관계를 이용하여 k의 값 구하기

이차방정식 $x^2-2x+3-k=0$의 두 근이 α, β이므로
근과 계수의 관계에 의하여 $\alpha+\beta=2$, $\alpha\beta=3-k$
이때 $\alpha^3+\beta^3=8$이므로 $(\alpha+\beta)^3-3\alpha\beta(\alpha+\beta)=8$, $2^3-3\times2\times(3-k)=8$
따라서 $6k=18$이므로 $k=3$
정답 ②

0766

정답 ③

STEP A 이차함수와 직선의 교점의 x좌표가 연립한 이차방정식의 실근과 같음을 이해하기

이차함수 $y=x^2-2x+3$의 그래프와 직선 $y=-x+k$의 교점의 x좌표는
이차방정식 $x^2-2x+3=-x+k$, 즉 $x^2-x+3-k=0$의 두 실근과 같다.

STEP B 이차방정식의 근과 계수의 관계를 이용하여 k의 값 구하기

이차방정식 $x^2-x+3-k=0$의 두 근을 α, β라 하면
근과 계수의 관계에 의하여 $\alpha+\beta=1$, $\alpha\beta=3-k$
이때 곡선과 직선의 두 교점의 x좌표의 곱이 -5이므로 $\alpha\beta=-5$
즉 $\alpha\beta=3-k=-5$ $\therefore k=8$

STEP C 두 점의 y좌표의 합 구하기

두 교점이 직선 $y=-x+8$ 위의 점이므로
두 교점의 y좌표는 각각 $-\alpha+8$, $-\beta+8$
따라서 y좌표의 합은 $(-\alpha+8)+(-\beta+8)=-(\alpha+\beta)+16=-1+16=15$

0767

정답 ③

STEP A 이차함수와 직선의 교점의 x좌표가 연립한 이차방정식의 실근과 같음을 이해하기

이차함수 $y=x^2-(a+1)x-2$의 그래프와 직선 $y=-2x+1$의 교점의
x좌표 α, β는 이차방정식 $x^2-(a+1)x-2=-2x+1$,
즉 $x^2-(a-1)x-3=0$의 두 근이다.

STEP B 이차방정식의 근과 계수의 관계를 이용하여 양수 a의 값 구하기

이차방정식 $x^2-(a-1)x-3=0$의 두 근이 α, β이므로
근과 계수의 관계에 의하여 $\alpha+\beta=a-1$, $\alpha\beta=-3$
이때 $|\alpha-\beta|=4$에서 양변을 제곱하면 $(\alpha-\beta)^2=16$
$(\alpha+\beta)^2-4\alpha\beta=16$, $(a-1)^2-4\times(-3)=16$
$a^2-2a-3=0$, $(a+1)(a-3)=0$
$\therefore a=-1$ 또는 $a=3$
따라서 $a>0$이므로 $a=3$

0768

STEP A 이차함수와 직선의 교점의 x좌표가 연립한 이차방정식의 실근과 같음을 이해하기

이차함수 $y=x^2-(m^2-4)x+2m$의 그래프와 직선 $y=3mx-3$의 교점의 x좌표를 α, $-\alpha$라 하면

α, $-\alpha$는 이차방정식 $x^2-(m^2-4)x+2m=3mx-3$,

즉 $x^2-(m^2+3m-4)x+2m+3=0$의 두 실근이다.

이차함수 $y=f(x)$의 그래프와 직선 $y=g(x)$의
교점의 x좌표인 α, $-\alpha$는 실수이므로
$\alpha^2 \geq 0$이어야 한다.

STEP B 이차방정식의 근과 계수의 관계를 이용하기

이차방정식 $x^2-(m^2+3m-4)x+2m+3=0$의 두 근이 α, $-\alpha$이므로 근과 계수의 관계에 의하여

$\alpha+(-\alpha)=m^2+3m-4$ ······ ㉠

$\alpha\times(-\alpha)=2m+3$ ······ ㉡

STEP C m의 값 구하기

㉠에서 $m^2+3m-4=0$, $(m+4)(m-1)=0$

$\therefore m=-4$ 또는 $m=1$

이때 $m=-4$를 ㉡에 대입하면 $-\alpha^2=-5$

$\therefore \alpha^2=5$

$m=1$을 ㉡에 대입하면 $-\alpha^2=5$

$\therefore \alpha^2=-5$ ← α가 실수이므로 $\alpha^2 \geq 0$이어야 한다.

따라서 α는 실수이므로 $m=-4$

0769

STEP A 이차함수와 이차방정식의 관계를 이용하여 [보기]의 참, 거짓 판단하기

ㄱ. 이차함수 $y=ax^2+bx+c$의 그래프가 x축과 만나지 않으므로
이차방정식 $ax^2+bx+c=0$이 허근을 가져야 한다.
판별식을 D_1이라 하면 $D_1=b^2-4ac<0$ [거짓]

ㄴ. 이차함수 $y=ax^2+bx+c$의 그래프와 직선 $y=mx+n$이 서로 다른
두 점에서 만나므로 이차방정식 $ax^2+bx+c=mx+n$,
즉 $ax^2+(b-m)x+c-n=0$이 서로 다른 두 실근을 가져야 한다.
판별식을 D_2라 하면 $D_2=(b-m)^2-4a(c-n)>0$ [참]

ㄷ. 이차함수 $y=ax^2+bx+c$의 그래프와 직선 $y=mx+n$의 두 교점의
x좌표가 α, β이므로 이차방정식 $ax^2+(b-m)x+c-n=0$의 서로 다른
두 실근 α, β이다.
이차방정식 $ax^2+(b-m)x+c-n=0$의 근과 계수의 관계에 의하여
$\alpha+\beta=-\dfrac{b-m}{a}$, $\alpha\beta=\dfrac{c-n}{a}$ [참]

따라서 옳은 것은 ㄴ, ㄷ이다.

이차함수 $y=ax^2+bx+c$의 그래프와 직선 $y=mx+n$이 그림과 같고
이차함수 $y=ax^2+bx+c$의 그래프와 직선 $y=mx+n$의 두 교점의
x좌표가 각각 α, β이다. [보기]에서 옳은 것만을 있는 대로 고른 것은?
(단, a, b, c, m, n은 실수이고 $a\neq0$, $m\neq0$)

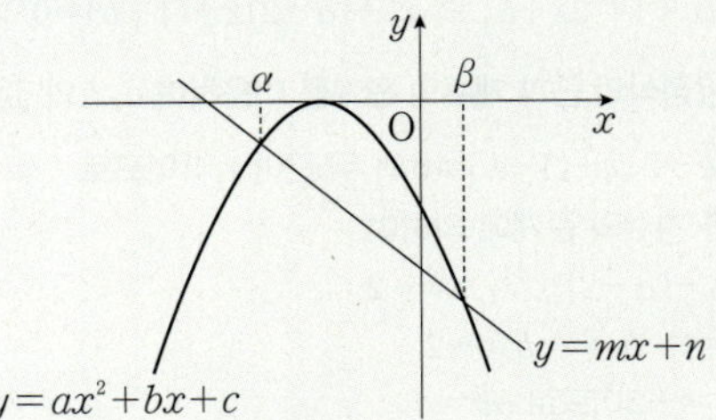

> ㄱ. $b^2-4ac<0$
>
> ㄴ. $(m-b)^2+4a(n-c)>0$
>
> ㄷ. $\alpha+\beta=\dfrac{m-b}{a}$, $\alpha\beta=\dfrac{c-n}{a}$

① ㄱ ② ㄱ, ㄴ ③ ㄱ, ㄷ
④ ㄴ, ㄷ ⑤ ㄱ, ㄴ, ㄷ

STEP A 이차함수와 이차방정식의 관계를 이용하여 [보기]의 참, 거짓 판단하기

ㄱ. 이차함수 $y=ax^2+bx+c$의 그래프가 x축과 접하므로
이차방정식 $ax^2+bx+c=0$이 중근을 가져야 한다.
이차방정식 $ax^2+bx+c=0$의 판별식을 D_1이라 하면
$D_1=0$이어야 한다.
$D_1=b^2-4ac=0$ [거짓]

ㄴ. 이차함수 $y=ax^2+bx+c$의 그래프와 직선 $y=mx+n$이 서로 다른
두 점에서 만나므로 이차방정식 $ax^2+bx+c=mx+n$,
즉 $ax^2+(b-m)x+c-n=0$이 서로 다른 두 실근을 가져야 한다.
이차방정식 $ax^2+(b-m)x+c-n=0$의 판별식을 D_2라 하면
$D_2>0$이어야 한다.
$D_2=(b-m)^2-4a(c-n)>0$, $(m-b)^2+4a(n-c)>0$ [참]

ㄷ. 이차함수 $y=ax^2+bx+c$의 그래프와 직선 $y=mx+n$의 두 교점의
x좌표가 α, β이므로 이차방정식 $ax^2+(b-m)x+c-n=0$의 서로 다른
두 실근 α, β이다.
이차방정식 $ax^2+(b-m)x+c-n=0$의 근과 계수의 관계에 의하여
$\alpha+\beta=-\dfrac{b-m}{a}=\dfrac{m-b}{a}$, $\alpha\beta=\dfrac{c-n}{a}$ [참]

따라서 옳은 것은 ㄴ, ㄷ이다.

0770

STEP A 이차함수와 직선의 교점의 x좌표는 연립한 이차방정식의 실근과 같음을 이해하기

이차함수 $y=x^2-3x+2$의 그래프와 직선 $y=ax+b$의 교점의 x좌표는
이차방정식 $x^2-3x+2=ax+b$, 즉 $x^2-(3+a)x+2-b=0$의 실근과 같다.

STEP B 계수가 유리수인 이차방정식의 한 근이 $2-\sqrt{3}$이면 다른 한 근이 $2+\sqrt{3}$임을 이용하여 a, b의 값 구하기

a, b가 유리수이고 이차방정식 $x^2-(3+a)x+2-b=0$의 한 근이 $2-\sqrt{3}$이면
나머지 한 근은 $2+\sqrt{3}$이므로 근과 계수의 관계에 의하여

두 근의 합 $(2-\sqrt{3})+(2+\sqrt{3})=4=3+a$ $\therefore a=1$

두 근의 곱 $(2-\sqrt{3})\times(2+\sqrt{3})=1=2-b$ $\therefore b=1$

따라서 $a+b=1+1=2$

0771

STEP A 이차함수와 직선의 교점의 x좌표는 연립한 이차방정식의 실근과 같음을 이해하기

이차함수 $y=x^2+ax+b$의 그래프와 직선 $y=2x+1$의 교점의 x좌표는
이차방정식 $x^2+ax+b=2x+1$, 즉 $x^2+(a-2)x+b-1=0$의 실근과 같다.

STEP B 계수가 유리수인 이차방정식의 한 근이 $3+\sqrt{5}$이면 다른 한 근이 $3-\sqrt{5}$임을 이용하여 a, b의 값 구하기

a, b가 유리수이고
이차방정식 $x^2+(a-2)x+b-1=0$의 한 근이 $3+\sqrt{5}$이면
나머지 한 근은 $3-\sqrt{5}$이므로 근과 계수의 관계에 의하여
두 근의 합 $(3+\sqrt{5})+(3-\sqrt{5})=-a+2$ $\therefore a=-4$
두 근의 곱 $(3+\sqrt{5})\times(3-\sqrt{5})=b-1$ $\therefore b=5$
따라서 $ab=-20$

내신 연계 출제문항 362

오른쪽 그림과 같이
이차함수 $y=x^2-a$의 그래프와 직선
$y=bx+1$이 두 점 A, B에서 만난다.
점 A의 x좌표가 $2+\sqrt{3}$일 때,
유리수 a, b에 대하여 $a+b$의 값은?

① -4 ② -2
③ -1 ④ 2
⑤ 4

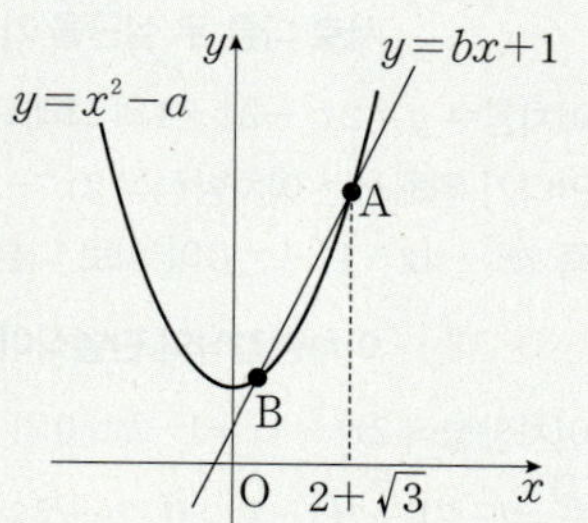

STEP A 이차함수와 직선의 교점의 x좌표는 연립한 이차방정식의 실근과 같음을 이해하기

이차함수 $y=x^2-a$의 그래프와 직선 $y=bx+1$의 교점의 x좌표는
이차방정식 $x^2-a=bx+1$, 즉 $x^2-bx-a-1=0$의 실근과 같다.

STEP B 계수가 유리수인 이차방정식의 한 근이 $2+\sqrt{3}$이면 다른 한 근이 $2-\sqrt{3}$임을 이용하여 a, b의 값 구하기

a, b가 유리수이고
이차방정식 $x^2-bx-a-1=0$의 한 근이 $2+\sqrt{3}$이면
나머지 한 근은 $2-\sqrt{3}$이므로 근과 계수의 관계에 의하여
두 근의 합 $(2+\sqrt{3})+(2-\sqrt{3})=b$ $\therefore b=4$
두 근의 곱 $(2+\sqrt{3})(2-\sqrt{3})=-a-1$ $\therefore a=-2$
따라서 $a+b=-2+4=2$

0772

STEP A 곡선과 직선의 교점의 x좌표를 구하기 위해 연립하여 식 세우기

곡선 $y=2x^2-5x+a$와 직선 $y=x+12$가 만나는 두 점의 x좌표를 각각
α, β라 하면 이차방정식 
$2x^2-5x+a=x+12$, $2x^2-6x+a-12=0$ ⋯⋯ ㉠
의 두 근이다.

STEP B 이차방정식의 근과 계수의 관계를 이용하여 a의 값 구하기

이 이차방정식 $2x^2-6x+a-12=0$의 두 근이 α, β이므로
근과 계수의 관계에 의하여
두 근의 곱 $\alpha\beta=\dfrac{a-12}{2}$

따라서 $\dfrac{a-12}{2}=-4$이므로 $a=4$

$a=4$를 ㉠에 대입하여 정리하면 $x^2-3x-4=0$, $(x-4)(x+1)=0$
따라서 곡선 $y=2x^2-5x+a$와 직선 $y=x+12$는 서로 다른 두 점에서 만나고
두 점의 x좌표는 각각 4, -1

내신 연계 출제문항 363

곡선 $y=2x^2-3x+a$와 직선 $y=x+10$가 서로 다른 두 점에서 만나고
두 교점의 x좌표의 곱이 -3일 때, 상수 a의 값은?

① 3 ② 4 ③ 5
④ 6 ⑤ 7

STEP A 곡선과 직선의 교점의 x좌표를 구하기 위해 연립하여 식 세우기

곡선 $y=2x^2-3x+a$와 직선 $y=x+10$가 만나는 두 점의 x좌표를 각각
α, β라 하면 이차방정식의 해
이차방정식 $2x^2-3x+a=x+10$, 즉 $2x^2-4x+a-10=0$의 두 실근이다.

STEP B 이차방정식의 근과 계수의 관계를 이용하여 a의 값 구하기

이 이차방정식 $2x^2-4x+a-10=0$의 두 근이 α, β이므로
근과 계수의 관계에 의하여
두 근의 곱 $\alpha\beta=\dfrac{a-10}{2}$
이때 곡선과 직선의 의 두 교점의 x좌표의 곱이 -3이므로 $\alpha\beta=-3$
따라서 $\dfrac{a-10}{2}=-3$이므로 $a=4$

$a=4$를 ㉠에 대입하여 정리하면 $2x^2-4x-6=0$, $x^2-2x-3=0$, $(x-3)(x+1)=0$
따라서 곡선 $y=2x^2-3x+a$와 직선 $y=x+10$는 서로 다른 두 점에서 만나고
두 점의 x좌표는 각각 3, -1이다.

0773

STEP A 세 점 A, B, C의 좌표 구하기

두 점 A, B는 직선 $y=x+6$ 위의 점이므로 $A(\alpha,\ \alpha+6)$, $B(\beta,\ \beta+6)$
점 A에서 선분 BH에 내린 수선의 발이 C이므로 $C(\beta,\ \alpha+6)$

STEP B $\overline{BC}=\dfrac{7}{2}$과 이차방정식의 근과 계수의 관계를 이용하여 α, β의 관계식 구하기

$\overline{BC}=(\beta+6)-(\alpha+6)=\beta-\alpha$이고
$\overline{BC}=\dfrac{7}{2}$이므로 $\beta-\alpha=\dfrac{7}{2}$ ⋯⋯ ㉠

$\overline{CA}=\beta-\alpha$이고 직선 $y=x+6$의 기울기가 1이므로
$\dfrac{\overline{BC}}{\overline{CA}}=\dfrac{\overline{BC}}{\beta-\alpha}=1$에서 $\beta-\alpha=\overline{BC}=\dfrac{7}{2}$

한편 이차함수 $y=ax^2$ $(a>0)$의 그래프와 직선 $y=x+6$이 만나는 두 점의
x좌표가 각각 α, β이므로
$ax^2=x+6$에서 이차방정식 $ax^2-x-6=0$의 두 근이 α, β이다.
이차방정식의 근과 계수의 관계에 의하여
이차방정식 $ax^2+bx+c=0$에서 (두 근의 합)$=-\dfrac{b}{a}$, (두 근의 곱)$=\dfrac{c}{a}$
$\alpha+\beta=\dfrac{1}{a}$, $\alpha\beta=-\dfrac{6}{a}$ ⋯⋯ ㉡

STEP C $(\beta-\alpha)^2=(\alpha+\beta)^2-4\alpha\beta$임을 이용하여 a의 값 구하기

$(\beta-\alpha)^2=(\alpha+\beta)^2-4\alpha\beta$이므로 ㉠, ㉡을 대입하면

$\left(\dfrac{7}{2}\right)^2=\left(\dfrac{1}{a}\right)^2-4\times\left(-\dfrac{6}{a}\right),\ \dfrac{49}{4}=\dfrac{1}{a^2}+\dfrac{24}{a}$

양변에 $4a^2$을 곱하면 ← $a>0$이므로 $4a^2\neq0$

$49a^2=4+96a,\ 49a^2-96a-4=0,\ (a-2)(49a+2)=0$

$\therefore a=2\ (\because a>0)$

STEP D $\alpha^2+\beta^2$의 값 구하기

따라서 $\alpha^2+\beta^2=(\alpha+\beta)^2-2\alpha\beta$

$\qquad=\left(\dfrac{1}{2}\right)^2-2\times(-3)$ ← ㉡에서 $\alpha+\beta=\dfrac{1}{2},\ \alpha\beta=-3$

$\qquad=\dfrac{1}{4}+6=\dfrac{25}{4}$

그림과 같이 이차함수 $y=ax^2\ (a>0)$의 그래프와 직선 $y=x+3$이 만나는 두 점 A, B의 x좌표를 각각 α, β라 하자. 점 B에서 x축에 내린 수선의 발을 H, 점 A에서 선분 BH에 내린 수선의 발을 C라 하자. $\overline{BC}=\dfrac{5}{2}$일 때, $\alpha^2+\beta^2$의 값은? (단, $\alpha<\beta$)

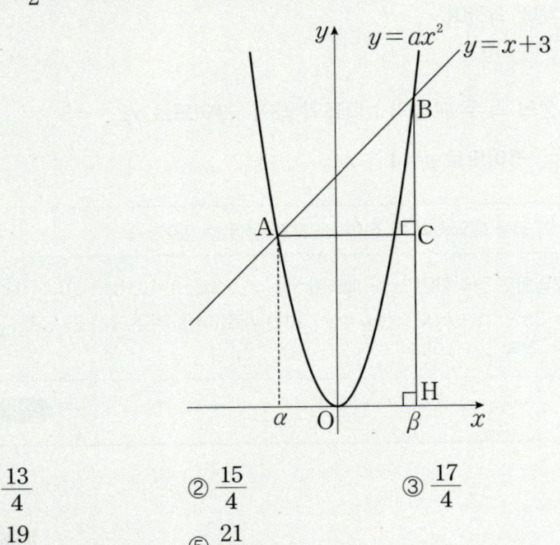

① $\dfrac{13}{4}$ ② $\dfrac{15}{4}$ ③ $\dfrac{17}{4}$

④ $\dfrac{19}{4}$ ⑤ $\dfrac{21}{4}$

STEP A 세 점 A, B, C의 좌표 구하기

두 점 A, B는 직선 $y=x+3$ 위의 점이므로 $A(\alpha,\ \alpha+3)$, $B(\beta,\ \beta+3)$
점 A에서 선분 BH에 내린 수선의 발이 C이므로 $C(\beta,\ \alpha+3)$

STEP B $\overline{BC}=\dfrac{5}{2}$와 이차방정식의 근과 계수의 관계를 이용하여 α, β의 관계식 구하기

$\overline{BC}=(\beta+3)-(\alpha+3)=\beta-\alpha$이고

$\overline{BC}=\dfrac{5}{2}$이므로 $\beta-\alpha=\dfrac{5}{2}$ ……… ㉠

> **+α** 직선의 기울기를 이용하여 $\beta-\alpha$를 구할 수도 있어!
>
> $\overline{CA}=\beta-\alpha$이고 직선 $y=x+3$의 기울기가 1이므로
>
> $\dfrac{\overline{BC}}{\overline{CA}}=\dfrac{\overline{BC}}{\beta-\alpha}=1$에서 $\beta-\alpha=\overline{BC}=\dfrac{5}{2}$

한편 이차함수 $y=ax^2\ (a>0)$의 그래프와 직선 $y=x+3$이 만나는 두 점의 x좌표가 각각 α, β이므로

$ax^2=x+3$에서 이차방정식 $ax^2-x-3=0$의 두 근이 α, β이다.
이차방정식의 근과 계수의 관계에 의하여
이차방정식 $ax^2+bx+c=0$에서 (두 근의 합)$=-\dfrac{b}{a}$, (두 근의 곱)$=\dfrac{c}{a}$

$\alpha+\beta=\dfrac{1}{a},\ \alpha\beta=-\dfrac{3}{a}$ ……… ㉡

STEP C $(\beta-\alpha)^2=(\alpha+\beta)^2-4\alpha\beta$임을 이용하여 a의 값 구하기

$(\beta-\alpha)^2=(\alpha+\beta)^2-4\alpha\beta$이므로 ㉠, ㉡을 대입하면

$\left(\dfrac{5}{2}\right)^2=\left(\dfrac{1}{a}\right)^2-4\times\left(-\dfrac{3}{a}\right),\ \dfrac{25}{4}=\dfrac{1}{a^2}+\dfrac{12}{a}$

양변에 $4a^2$을 곱하면 ← $a>0$이므로 $4a^2\neq0$

$25a^2=4+48a,\ 25a^2-48a-4=0,\ (a-2)(25a+2)=0$

$\therefore a=2\ (\because a>0)$

STEP D $\alpha^2+\beta^2$의 값 구하기

따라서 $\alpha^2+\beta^2=(\alpha+\beta)^2-2\alpha\beta$

$\qquad=\left(\dfrac{1}{2}\right)^2-2\times\left(-\dfrac{3}{2}\right)$ ← ㉡에서 $\alpha+\beta=\dfrac{1}{2},\ \alpha\beta=-\dfrac{3}{2}$

$\qquad=\dfrac{1}{4}+3=\dfrac{13}{4}$

정답 ①

0774

정답 ①

STEP A 이차함수의 식과 직선의 방정식을 연립하여 얻은 이차방정식이 서로 다른 두 실근을 가짐을 이해하기

이차함수 $y=2x^2-3x+1$의 그래프와 직선 $y=x+k$가 서로 다른 두 점에서 만나기 위해서는 이차방정식 $2x^2-3x+1=x+k$,
즉 $2x^2-4x+1-k=0$이 서로 다른 두 실근을 가져야 한다.

STEP B 이차방정식의 판별식이 $D>0$임을 이용하여 k의 범위 구하기

이차방정식 $2x^2-4x+1-k=0$의 판별식을 D라 하면 $D>0$이어야 한다.
$\dfrac{D}{4}=(-2)^2-2(1-k)>0,\ 2k+2>0$
따라서 $k>-1$

0775

정답 ④

STEP A 이차함수의 식과 직선의 방정식을 연립하여 얻은 이차방정식이 실근을 가짐을 이해하기

이차함수 $y=x^2+2mx+m^2$의 그래프와 직선 $y=2x-2$가 적어도 한 점에서 만나기 위해서는 이차방정식 $x^2+2mx+m^2=2x-2$,
즉 $x^2+2(m-1)x+m^2+2=0$이 실근을 가져야 한다.

STEP B 이차방정식의 판별식이 $D\geq0$임을 이용하여 m의 범위 구하기

이차방정식 $x^2+2(m-1)x+m^2+2=0$의 판별식을 D라 하면 $D\geq0$이어야 한다.
$\dfrac{D}{4}=(m-1)^2-(m^2+2)\geq0$
$m^2-2m+1-m^2-2\geq0,\ -2m-1\geq0$
따라서 $m\leq-\dfrac{1}{2}$

0776

2022년 11월 고1 학력평가 23번  정답 9

STEP A 이차함수의 식과 직선의 방정식을 연립하여 얻은 이차방정식이 서로 다른 두 실근을 가짐을 이해하기

이차함수 $y=x^2+4x+k$의 그래프와 직선 $y=-2x+1$이 서로 다른 두 점에서 만나려면 이차방정식 $x^2+4x+k=-2x+1$,
즉 $x^2+6x+k-1=0$이 이 서로 다른 두 실근을 가져야 한다.

STEP B 이차방정식의 판별식이 $D>0$임을 이용하여 k의 범위 구하기

이차방정식 $x^2+6x+k-1=0$의 판별식을 D라 하면 $D>0$이어야 한다.
$$\frac{D}{4}=3^2-(k-1)>0,\ -k+10>0\text{에서 } k<10$$
이차방정식 $ax^2+2b'x+c=0$에서 $\frac{D}{4}=(b')^2-ac>0$

따라서 자연수 k의 최댓값은 9

내신 연계 출제문항 365

이차함수 $y=x^2+3x+k$의 그래프와 직선 $y=-3x+2$가 서로 다른 두 점에서 만나도록 하는 자연수 k의 최댓값을 구하시오.

STEP A 이차함수의 식과 직선의 방정식을 연립하여 얻은 이차방정식이 서로 다른 두 실근을 가짐을 이해하기

이차함수 $y=x^2+3x+k$의 그래프와 직선 $y=-3x+2$가 서로 다른 두 점에서 만나려면 이차방정식 $x^2+3x+k=-3x+2$,
즉 $x^2+6x+k-2=0$이 서로 다른 두 실근을 가져야 한다.

STEP B 이차방정식의 판별식이 $D>0$임을 이용하여 k의 범위 구하기

이차방정식 $x^2+6x+k-2=0$의 판별식을 D라 하면 $D>0$이어야 한다.
$$\frac{D}{4}=3^2-(k-2)>0,\ -k+11>0$$
이차방정식 $ax^2+2b'x+c=0$에서 $\frac{D}{4}=(b')^2-ac>0$

$$\therefore k<11$$
따라서 자연수 k의 최댓값은 10

정답 10

0777

2017년 06월 고1 학력평가 10번 정답 ③

STEP A 이차함수의 식과 직선의 방정식을 연립하여 얻은 이차방정식이 실근을 가짐을 이해하기

이차함수 $y=-2x^2+5x$의 그래프와 직선 $y=2x+k$가 적어도 한 점에서 만나려면 이차방정식 $y=-2x^2+5x=2x+k$,
즉 $2x^2-3x+k=0$이 실근을 가져야 한다.

STEP B 이차방정식의 판별식이 $D\geq0$임을 이용하여 k의 범위 구하기

이 이차방정식의 판별식을 D라 하면 $D\geq0$이어야 한다.
$$D=(-3)^2-4\times2\times k\geq0,\ 9-8k\geq0$$
$$\therefore k\leq\frac{9}{8}$$

따라서 실수 k의 최댓값은 $\frac{9}{8}$

내신 연계 출제문항 366

이차함수 $y=-2x^2+6x$의 그래프와 직선 $y=2x+k$가 적어도 한 점에서 만나도록 하는 실수 k의 최댓값은?

① $\frac{2}{5}$ ② $\frac{3}{4}$ ③ 1

④ 2   ⑤ $\frac{5}{2}$

STEP A 이차함수와 직선의 방정식을 연립하여 얻은 이차방정식이 실근을 가짐을 이해하기

이차함수 $y=-2x^2+6x$의 그래프와 직선 $y=2x+k$가 적어도 한 점에서 만나기 위해서는 이차방정식 $-2x^2+6x=2x+k$,
즉 $2x^2-4x+k=0$이 실근을 가져야 한다.

STEP B 이차방정식의 판별식이 $D\geq0$임을 이용하여 k의 범위 구하기

이 이차방정식 $2x^2-4x+k=0$의 판별식을 D라 하면 $D\geq0$이어야 한다.
$$\frac{D}{4}=(-2)^2-2k\geq0$$
$$\therefore k\leq2$$
따라서 실수 k의 최댓값은 2

정답 ④

0778

정답 4

STEP A 이차함수의 식과 직선의 방정식을 연립하여 얻은 이차방정식이 중근을 가짐을 이해하기

이차함수 $y=x^2-ax+1$과 직선 $y=-2x-3$이 한 점에서 만나므로
이차방정식 $x^2-ax+1=-2x-3$, 즉 $x^2-(a-2)x+4=0$이 중근을 가진다.

STEP B 이차방정식의 판별식이 $D=0$임을 이용하여 a의 값 구하기

방정식 $x^2-(a-2)x+4=0$의 판별식을 D라 하면 $D=0$이어야 한다.
$$D=(a-2)^2-16=0$$
$$a^2-4a-12=0,\ (a+2)(a-6)=0$$
$$\therefore a=-2 \text{ 또는 } a=6$$
따라서 상수 a의 모든 값의 합은 $-2+6=4$

0779

정답 ①

STEP A 이차함수의 식과 직선의 방정식을 연립하여 얻은 이차방정식이 중근을 가짐을 이해하기

이차함수 $y=x^2-1$의 그래프가 직선 $y=2x+a$와 접하면
이차방정식 $x^2-1=2x+a$, 즉 $x^2-2x-(a+1)=0$이 중근을 가져야 한다.

STEP B 이차방정식의 판별식이 $D=0$임을 이용하여 a의 값 구하기

이차방정식 $x^2-2x-(a+1)=0$의 판별식을 D라 하면 $D=0$이어야 한다.
$$\frac{D}{4}=(-1)^2+(a+1)=0,\ a+2=0$$
따라서 $a=-2$

0780

2023년 03월 고2 학력평가 8번 정답 ②

STEP A 이차함수의 식과 직선의 방정식을 연립하여 얻은 이차방정식이 중근을 가짐을 이해하기

이차함수 $y=x^2+ax+a^2$의 그래프가 직선 $y=-x$에 접하므로
두 함수를 연립하면 $x^2+ax+a^2=-x$,
즉 이차방정식 $x^2+(a+1)x+a^2=0$이 중근을 가진다.

STEP B 이차방정식의 판별식이 $D=0$임을 이용하여 a의 값 구하기

이차방정식 $x^2+(a+1)x+a^2=0$의 판별식을 D라 하면 $D=0$이어야 한다.
$$D=(a+1)^2-4a^2=0$$
$$-3a^2+2a+1=0,\ -(3a+1)(a-1)=0$$
$$\therefore a=-\frac{1}{3} \text{ 또는 } a=1$$
따라서 $a>0$이므로 $a=1$

이차함수 $y=x^2+3ax+2a^2$의 그래프가 직선 $y=x-7$에 접하도록 하는 양수 a의 값은?

① -9 ② -3 ③ 3
④ 6 ⑤ 9

STEP Ⓐ **이차함수의 식과 직선의 방정식을 연립하여 얻은 이차방정식이 중근을 가짐을 이해하기**

이차함수 $y=x^2+3ax+2a^2$의 그래프가 직선 $y=x-7$에 접하므로
이차방정식 $x^2+3ax+2a^2=x-7$,
즉 $x^2+(3a-1)x+2a^2+7=0$이 중근을 가져야 한다.

STEP Ⓑ **이차방정식의 판별식이 $D=0$임을 이용하여 a의 값 구하기**

이차방정식 $x^2+(3a-1)x+2a^2+7=0$의 판별식을 D라 하면
$D=0$이어야 한다.
$D=(3a-1)^2-4(2a^2+7)=0$, $a^2-6a-27=0$, $(a+3)(a-9)=0$
$\therefore a=-3$ 또는 $a=9$
따라서 $a>0$이므로 $a=9$ 정답 ⑤

0781

2024년 06월 고1 학력평가 14번   정답 ④

STEP Ⓐ **이차함수와 직선이 한 점에서 만남을 이용하여 a의 값과 점 A의 좌표 구하기**

이차함수 $y=-x^2+4x+5$의 그래프와 직선 $y=2x+a$가 한 점 A에서 만나므로 이차방정식 $-x^2+4x+5=2x+a$는 중근을 가진다.
즉 $x^2-2x+a-5=0$의 판별식을 D라 하면 $D=0$이어야 한다.
$\dfrac{D}{4}=1-(a-5)=0$
$\therefore a=6$
$a=6$을 $x^2-2x+a-5=0$에 대입하면 $x^2-2x+1=0$, $(x-1)^2=0$
$\therefore x=1$
$x=1$을 직선 $y=2x+6$에 대입하면 $y=8$
$\therefore$ A$(1, 8)$

STEP Ⓑ **이차함수가 x축과 만나는 두 점 B, C의 좌표 구하기**

이차함수 $y=-x^2+4x+5$가 x축과 만나는 두 점 B, C의 좌표를 구하면
$-x^2+4x+5=0$, $x^2-4x-5=0$, $(x+1)(x-5)=0$
$\therefore x=-1$ 또는 $x=5$
즉 B$(-1, 0)$, C$(5, 0)$

STEP Ⓒ **삼각형 ABC의 넓이 구하기**

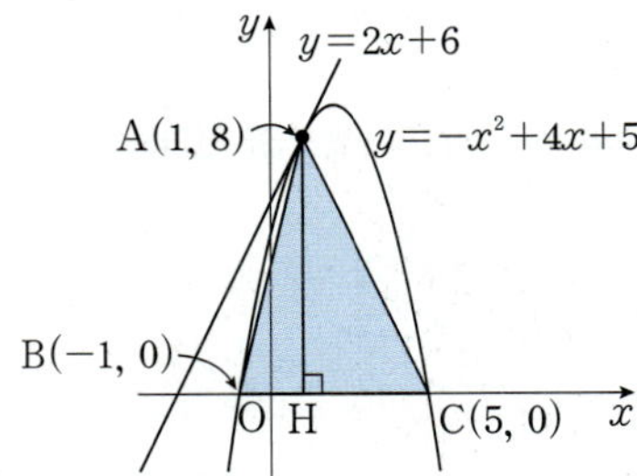

점 A에서 x축에 내린 수선의 발을 H라 하자.
$\overline{BC}=5-(-1)=6$, $\overline{AH}=$(점 A의 y좌표)$=8$
따라서 삼각형 ABC의 넓이는 $\dfrac{1}{2}\times\overline{BC}\times\overline{AH}=\dfrac{1}{2}\times6\times8=24$

그림과 같이 이차함수 $y=-x^2+5x+6$의 그래프와 직선 $y=x+a$가 한 점 A에서만 만난다. 이차함수 $y=-x^2+4x+5$의 그래프가 x축과 만나는 두 점을 B, C라 하고 직선 $y=x+a$가 x축과 만나는 점을 D라 하자.
삼각형 ABC의 넓이를 S, 삼각형 ADB의 넓이를 T라 할 때 $T-S$의 값을 구하시오. (단, a는 상수이다.)

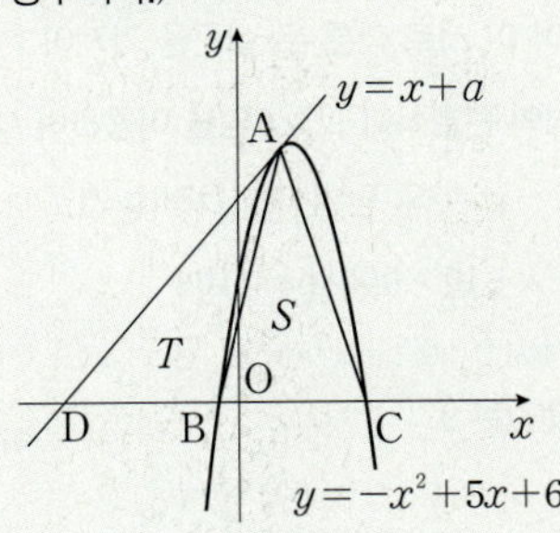

STEP Ⓐ **이차함수와 직선이 한 점에서 만남을 이용하여 a의 값과 점 A의 좌표 구하기**

이차함수 $y=-x^2+5x+6$의 그래프와 직선 $y=x+a$가 한 점 A에서 만나므로 이차방정식 $-x^2+5x+6=x+a$는 중근을 가진다.
즉 $x^2-4x+a-6=0$의 판별식을 D라 하면 $D=0$이어야 한다.
$\dfrac{D}{4}=4-(a-6)=0$
$\therefore a=10$
$a=10$을 $x^2-4x+a-6=0$에 대입하면 $x^2-4x+4=0$, $(x-2)^2=0$
$\therefore x=2$
$x=2$를 직선 $y=x+10$에 대입하면 $y=12$
$\therefore$ A$(2, 12)$

STEP Ⓑ **이차함수가 x축과 만나는 두 점 B, C의 좌표 구하기**

이차함수 $y=-x^2+5x+6$이 x축과 만나는 두 점 B, C의 좌표를 구하면
$-x^2+5x+6=0$, $x^2-5x-6=0$, $(x+1)(x-6)=0$
$\therefore x=-1$ 또는 $x=6$
즉 B$(-1, 0)$, C$(6, 0)$

STEP Ⓒ **두 삼각형의 넓이 S, T의 값 구하기**

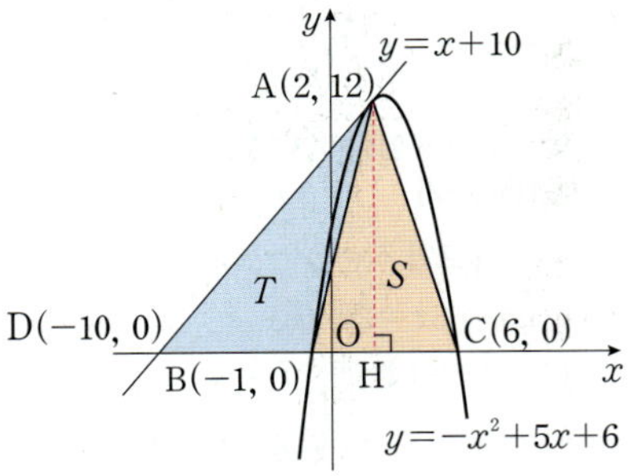

점 A에서 x축에 내린 수선의 발을 H라 하자.
$\overline{BC}=6-(-1)=7$, $\overline{AH}=$(점 A의 y좌표)$=12$
즉 삼각형 ABC의 넓이는 $S=\dfrac{1}{2}\times\overline{BC}\times\overline{AH}=\dfrac{1}{2}\times7\times12=42$
직선 $y=x+10$의 x절편이 -10이므로 점 D의 좌표는 D$(-10, 0)$
$\overline{BD}=(-1)-(-10)=9$
즉 삼각형 ADB의 넓이는 $T=\dfrac{1}{2}\times\overline{BD}\times\overline{AH}=\dfrac{1}{2}\times9\times12=54$
따라서 $T-S=54-42=12$ 정답 12

0782

STEP A 이차함수의 식과 직선의 방정식을 연립하여 얻은 이차방정식이 허근을 가짐을 이해하기

이차함수 $y=x^2+9x+2$의 그래프가 직선 $y=3x-k$와 만나지 않기 위해서는
이차방정식 $x^2+9x+2=3x-k$, 즉 $x^2+6x+2+k=0$이 허근을 가져야 한다.

STEP B 이차방정식의 판별식이 $D<0$임을 이용하여 정수 k의 최솟값 구하기

이차방정식 $x^2+6x+2+k=0$의 판별식을 D라 하면 $D<0$이어야 한다.
$$\frac{D}{4}=3^2-(2+k)<0,\ 7-k<0$$
$$\therefore k>7$$
따라서 정수 k의 최솟값은 8

0783

정답 5

STEP A 이차함수의 식과 직선의 방정식을 연립하여 얻은 이차방정식이 허근을 가짐을 이해하기

이차함수 $y=x^2-2kx+k^2$의 그래프가 직선 $y=-6x+15$보다 항상 위쪽에
있으려면 이차함수의 그래프와 직선이 만나지 않아야 하므로
이차방정식 $x^2-2kx+k^2=-6x+15$,
즉 $x^2+2(3-k)x+k^2-15=0$이 허근을 가져야 한다.

STEP B 이차방정식의 판별식이 $D<0$임을 이용하여 정수 k의 최솟값 구하기

이차방정식 $x^2+2(3-k)x+k^2-15=0$의 판별식을 D라 하면
$D<0$이어야 한다.
$$\frac{D}{4}=(3-k)^2-(k^2-15)<0,\ 24-6k<0$$
$$\therefore k>4$$
따라서 정수 k의 최솟값은 5

내 신 연 계 출제문항 369

이차함수 $y=x^2+4kx+5$의 그래프가 직선 $y=x-4k^2$보다 항상 위쪽에
있도록 하는 정수 k의 최솟값은?

① -2 ② -4 ③ -6
④ -8 ⑤ -10

STEP A 이차함수의 식과 직선의 방정식을 연립하여 얻은 이차방정식이 허근을 가짐을 이해하기

이차함수 $y=x^2+4kx+5$의 그래프가 직선 $y=x-4k^2$보다 항상 위쪽에
있으려면 이차함수의 그래프와 직선이 만나지 않아야 하므로
이차방정식 $x^2+4kx+5=x-4k^2$,
즉 $x^2+(4k-1)x+4k^2+5=0$이 허근을 가져야 한다.

STEP B 이차방정식의 판별식이 $D<0$임을 이용하여 정수 k의 최솟값 구하기

이차방정식 $x^2+(4k-1)x+4k^2+5=0$의 판별식을 D라 하면
$D<0$이어야 한다.
$$D=(4k-1)^2-4(4k^2+5)<0,\ -8k-19<0$$
$$\therefore k>-\frac{19}{8}$$
따라서 정수 k의 최솟값은 -2

정답 ①

0784

2023년 06월 고1 학력평가 6번 정답 ④

STEP A 이차함수의 식과 직선의 방정식을 연립하여 얻은 이차방정식이 중근을 가짐을 이해하기

이차함수 $y=x^2+5x+9$의 그래프와
직선 $y=x+k$가 만나지 않도록 하려면
이차방정식 $x^2+5x+9=x+k$,
즉 $x^2+4x+9-k=0$이 허근을 가져야
한다.

STEP B 이차방정식의 판별식이 $D<0$임을 이용하여 자연수의 k의 개수 구하기

$x^2+4x+9-k=0$의 판별식을 D라 하면 $D<0$이어야 한다.
$$\frac{D}{4}=2^2-(9-k)<0,\ k-5<0\quad\therefore k<5$$
따라서 부등식 $k<5$를 만족하는 자연수 k는 1, 2, 3, 4이므로 개수는 4

내 신 연 계 출제문항 370

이차함수 $y=x^2-4x+15$의 그래프와 직선 $y=2x+k$가 만나지 않도록
하는 자연수 k의 개수는?

① 1 ② 2 ③ 3
④ 4 ⑤ 5

STEP A 이차함수의 식과 직선의 방정식을 연립하여 얻은 이차방정식이 허근을 가짐을 이해하기

이차함수 $y=x^2-4x+15$의 그래프가 직선 $y=2x+k$와 만나지 않기 위해서는
이차방정식 $x^2-4x+15=2x+k$, 즉 $x^2-6x+15-k=0$이 허근을 가져야 한다.

STEP B 이차방정식의 판별식이 $D<0$임을 이용하여 정수 k의 최솟값 구하기

이차방정식 $x^2-6x+15-k=0$의 판별식을 D라 하면 $D<0$이어야 한다.
$$\frac{D}{4}=(-3)^2-(15-k)<0,\ k-6<0\quad\therefore k<6$$
따라서 자연수 k는 1, 2, 3, 4, 5이므로 개수는 5

정답 ⑤

0785

정답 20

STEP A 이차함수의 식과 직선의 방정식을 연립하여 얻은 이차방정식이 중근을 가짐을 이용하여 k의 값 구하기

이차함수 $y=x^2-x-3$이 직선 $y=x+k$와 접하기 위해서는
이차방정식 $x^2-x-3=x+k$, 즉 $x^2-2x-(k+3)=0$이 중근을 가져야 한다.
이차방정식 $x^2-2x-(k+3)=0$의 판별식을 D_1이라 하면 $D_1=0$이어야 한다.
$$\frac{D_1}{4}=(-1)^2+(k+3)=0,\ k+4=0$$
$$\therefore k=-4\qquad\cdots\cdots\ \bigcirc$$

STEP B 이차함수의 식과 직선의 방정식을 연립하여 얻은 이차방정식이 중근을 가짐을 이용하여 m의 값 구하기

이차함수 $y=-x^2+3x+m$이 직선 $y=x+k$와 접하기 위해서는
이차방정식 $-x^2+3x+m=x+k$,
즉 $x^2-2x+k-m=0$이 중근을 가져야 한다.
이차방정식 $x^2-2x+k-m=0$의 판별식을 D_2라 하면 $D_2=0$이어야 한다.
$$\frac{D_2}{4}=(-1)^2-(k-m)=0$$
$$\therefore k-m=1\qquad\cdots\cdots\ \bigcirc\!\!\bigcirc$$

$\bigcirc$을 $\bigcirc\!\!\bigcirc$에 대입하면 $-4-m=1$, $m=-5$
따라서 $k=-4$, $m=-5$이므로 $km=20$

0786

STEP A 이차함수 $y=x^2+ax+a+2$가 직선 $y=-x+1$이 접하는 상수 a의 값 구하기

$y=x^2+ax+a+2$와 $y=-x+1$을 연립한 이차방정식은

$x^2+ax+a+2=-x+1$

$\therefore x^2+(a+1)x+a+1=0$

이 이차방정식의 판별식을 D_1이라 하면 $D_1=0$이어야 한다.

$D_1=(a+1)^2-4(a+1)=0$

$a^2-2a-3=0,\ (a+1)(a-3)=0$

$\therefore a=-1$ 또는 $a=3$ …… ㉠

STEP B 이차함수 $y=x^2+ax+a+2$가 직선 $y=5x+4$와 접하는 상수 a의 값 구하기

$y=x^2+ax+a+2$와 $y=5x+4$를 연립한 이차방정식은

$x^2+ax+a+2=5x+4$

$\therefore x^2+(a-5)x+a-2=0$

이 이차방정식의 판별식을 D_2라 하면 $D_2=0$이어야 한다.

$D_2=(a-5)^2-4(a-2)=0$

$a^2-14a+33=0,\ (a-3)(a-11)=0$

$\therefore a=3$ 또는 $a=11$ …… ㉡

STEP C 동시에 접하는 상수 a의 값 구하기

㉠, ㉡에서 $a=3$

0787

STEP A 이차함수의 식과 직선의 방정식을 연립하여 얻은 이차방정식이 서로 다른 두 실근을 가짐을 이용하여 k의 범위 구하기

직선 $y=x+k$가 이차함수 $y=x^2-2x+2$의 그래프와 서로 다른 두 점에서 만나므로 이차방정식 $x^2-2x+2=x+k$,

즉 $x^2-3x+2-k=0$이 서로 다른 두 실근을 갖는다.

이차방정식 $x^2-3x+2-k=0$의 판별식을 D_1이라 하면 $D_1>0$이어야 한다.

$D_1=(-3)^2-4\times1\times(2-k)>0,\ 1+4k>0$

$\therefore k>-\dfrac{1}{4}$ …… ㉠

STEP B 이차함수의 식과 직선의 방정식을 연립하여 얻은 이차방정식이 허근을 가짐을 이용하여 k의 범위 구하기

직선 $y=x+k$가 이차함수 $y=x^2+2x+3$의 그래프와 만나지 않으므로

이차방정식 $x^2+2x+3=x+k$, 즉 $x^2+x+3-k=0$은 실근을 갖지 않는다.

이차방정식 $x^2+x+3-k=0$의 판별식 D_2라 하면 $D_2<0$이어야 한다.

$D_2=1^2-4\times1\times(3-k)<0,\ -11+4k<0$

$\therefore k<\dfrac{11}{4}$ …… ㉡

㉠, ㉡에 의하여 실수 k의 값의 범위는 $-\dfrac{1}{4}<k<\dfrac{11}{4}$

따라서 $\alpha=-\dfrac{1}{4},\ \beta=\dfrac{11}{4}$이므로 $\beta-\alpha=\dfrac{11}{4}-\left(-\dfrac{1}{4}\right)=\dfrac{12}{4}=3$

직선 $y=-x+3$이 이차함수 $y=x^2-3x+2a$의 그래프와 서로 만나지 않고 이차함수 $y=-ax^2+5x+1$의 그래프와 서로 다른 두 점에서 만나도록 하는 정수 a의 값의 합은?

① 7 ② 8 ③ 9
④ 10 ⑤ 11

0787 (우단)

STEP A 이차함수의 식과 직선의 방정식을 연립하여 얻은 이차방정식이 허근을 가짐을 이용하여 a의 범위 구하기

직선 $y=-x+3$이 이차함수 $y=x^2-3x+2a$의 그래프와 서로 만나지 않으려면 이차방정식 $x^2-3x+2a=-x+3$,

즉 $x^2-2x+2a-3=0$이 허근을 가진다.

이차방정식 $x^2-2x+2a-3=0$의 판별식을 D_1이라 하면 $D_1<0$이어야 한다.

$\dfrac{D_1}{4}=(-1)^2-(2a-3)<0,\ -2a+4<0$

$\therefore a>2$ …… ㉠

STEP B 이차함수의 식과 직선의 방정식을 연립하여 얻은 이차방정식이 서로 다른 두 실근을 가짐을 이용하여 a의 범위 구하기

직선 $y=-x+3$이 이차함수 $y=-ax^2+5x+1$의 그래프와 서로 다른 두 점에서 만나려면 이차방정식 $-ax^2+5x+1=-x+3$,

즉 $ax^2-6x+2=0$이 서로 다른 두 실근을 가진다.

이차방정식 $ax^2-6x+2=0$의 판별식을 D_2라 하면 $D_2>0$이어야 한다.

$\dfrac{D_2}{4}=(-3)^2-2a>0,\ 9-2a>0$

$\therefore a<\dfrac{9}{2}$ …… ㉡

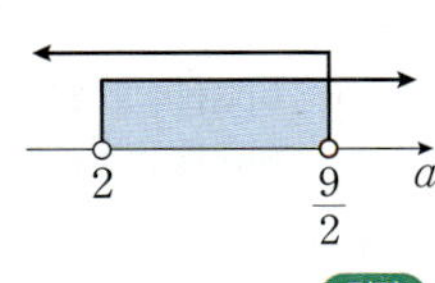

㉠, ㉡에 의하여 공통범위는 $2<a<\dfrac{9}{2}$

따라서 정수 a는 3, 4이므로 합은 $3+4=7$

0788

STEP A 이차함수가 x축에 접함을 이용하여 a, b의 관계식 구하기

이차함수 $y=x^2+2ax+b$가 x축에 접하므로

이차방정식 $x^2+2ax+b=0$의 판별식을 D_1이라 하면 $D_1=0$이어야 한다.

$\dfrac{D_1}{4}=a^2-b=0$에서 $b=a^2$ …… ㉠

STEP B 이차함수와 직선이 접함을 이용하여 a, b의 값 구하기

또, 직선 $y=2x+1$과 접하므로 이차방정식 $x^2+2ax+b=2x+1$,

즉 $x^2+2(a-1)x+b-1=0$이 중근을 갖는다.

$x^2+2(a-1)x+b-1=0$의 판별식을 D_2라 하면 $D_2=0$이어야 한다.

$\dfrac{D_2}{4}=(a-1)^2-(b-1)=0$ …… ㉡

㉠을 ㉡에 대입하면 $a^2-2a+1-a^2+1=0$

$-2a+2=0$ $\therefore a=1$

㉠에서 $b=1$

따라서 $a+b=1+1=2$

이차함수 $y=x^2+2(m+4)x+4$의 그래프가 x축과 직선 $y=mx+3$에 동시에 접할 때, 실수 m의 값은?

① -10 ② -8 ③ -6
④ -4 ⑤ -2

STEP A 이차함수가 x축에 접함을 이용하여 m의 값 구하기

이차함수 $y=x^2+2(m+4)x+4$가 x축에 접하므로

이차방정식 $x^2+2(m+4)x+4=0$의 판별식을 D_1이라 하면

$D_1=0$이어야 한다.

$\dfrac{D_1}{4}=(m+4)^2-4=0$

$m^2+8m+12=0,\ (m+2)(m+6)=0$

$\therefore m=-2$ 또는 $m=-6$ …… ㉠

STEP **B** 이차함수와 직선이 접함을 이용하여 m의 값 구하기

이차함수 $y=x^2+2(m+4)x+4$의 그래프가 직선 $y=mx+3$과 접하므로

이차방정식 $x^2+2(m+4)x+4=mx+3$,

즉 $x^2+(m+8)x+1=0$이 중근을 갖는다.

이차방정식 $x^2+(m+8)x+1=0$의 판별식을 D_2라 하면 $D_2=0$이어야 한다.

$D_2=(m+8)^2-4=0$

$m^2+16m+60=0$, $(m+6)(m+10)=0$

$\therefore m=-10$ 또는 $m=-6$ $\quad\cdots\cdots$ ㉡

㉠, ㉡에서 구하는 실수 m의 값은 -6

정답 ③

0789

정답 ①

STEP **A** 이차함수가 x축에 접함을 이용하여 m, n의 관계식 구하기

이차함수 $y=x^2+2mx+n$의 그래프가 x축과 접하려면

이차방정식 $x^2+2mx+n=0$이 중근을 가져야 한다.

즉 이차방정식 $x^2+2mx+n=0$의 판별식을 D_1이라 하면 $D_1=0$이어야 한다.

$\dfrac{D_1}{4}=m^2-n=0$ $\quad\therefore n=m^2$ $\quad\cdots\cdots$ ㉠ 

+α | 이차함수의 꼭짓점의 좌표를 이용하여 구할 수 있어!

아래로 볼록인 이차함수의 그래프에서 꼭짓점의 y좌표가 0이면
이차함수의 그래프가 x축과 접하므로
$y=x^2+2mx+n=(x+m)^2-m^2+n$에서 $-m^2+n=0$ $\quad\therefore n=m^2$

STEP **B** 이차함수의 식과 직선의 방정식을 연립하여 얻은 이차방정식이
서로 다른 두 실근을 가짐을 이용하여 m의 범위 구하기

이차함수 $y=x^2+2mx+n$이 직선 $y=3x$와 서로 다른 두 점에서 만나므로

이차방정식 $x^2+2mx+n=3x$,

즉 $x^2+(2m-3)x+n=0$이 서로 다른 두 실근을 가진다.

이차방정식 $x^2+(2m-3)x+n=0$의 판별식을 D_2라 하면 $D_2>0$이어야 한다.

$D_2=(2m-3)^2-4n>0$ $\quad\cdots\cdots$ ㉡

㉠을 ㉡에 대입하면 $4m^2-12m+9-4m^2>0$, $3(3-4m)>0$, $4m<3$

따라서 $m<\dfrac{3}{4}$

0790

정답 ⑤

STEP **A** 이차함수의 식과 직선의 방정식을 연립하여 얻은 이차방정식의
근을 판별하여 [보기]의 참, 거짓 판단하기

ㄱ. 이차함수 $y=x^2-2x-3=(x-3)(x+1)=0$의 그래프와 x축이 만나는
두 점 사이의 거리는 $|3-(-1)|=4$ [참]

ㄴ. $n=5$일 때,
이차함수 $y=x^2-2x-3$과 직선 $y=2x+5$의 교점의 개수는 실근의
개수와 같다.
이차방정식 $x^2-2x-3=2x+5$, 즉 $x^2-4x-8=0$의 판별식을 D_1이라
하면 $\dfrac{D_1}{4}=(-2)^2-(-8)=12>0$이므로 서로 다른 두 점에서 만난다. [참]

ㄷ. 이차함수 $y=x^2-2x-3$과 직선 $y=2x+n$이 접하므로
이차방정식 $x^2-2x-3=2x+n$, 즉 $x^2-4x-3-n=0$이 중근을 가진다.
이차방정식 $x^2-4x-3-n=0$의 판별식을 D_2라 하면 $D_2=0$이어야 한다.
$\dfrac{D_2}{4}=(-2)^2-(-3-n)=7+n=0$
$\therefore n=-7$ [참]

따라서 옳은 것은 ㄱ, ㄴ, ㄷ이다.

0791

정답 16

STEP **A** 이차함수에 점 $(-2, 5)$를 대입하여 b의 값 구하기

이차함수 $y=-2x^2-3x+b$가 점 $(-2, 5)$를 지나므로 대입하면

$5=-8+6+b$ $\quad\therefore b=7$

STEP **B** 이차함수의 식과 직선의 방정식을 연립하여 얻은 이차방정식이
중근을 가짐을 이용하여 a의 값 구하기

이차함수 $y=-2x^2-3x+7$과 직선 $y=x+a$가 접하므로 이차방정식

$-2x^2-3x+7=x+a$, 즉 $2x^2+4x+a-7=0$이 중근을 가져야 한다.

이차방정식 $2x^2+4x+a-7=0$의 판별식을 D라 하면 $D=0$이어야 한다.

$\dfrac{D}{4}=4-2(a-7)=0$, $-2a+18=0$ $\quad\therefore a=9$

따라서 $a=9$, $b=7$이므로 $a+b=16$

0792

정답 ③

STEP **A** 이차함수에 점 $(2, 3)$을 대입하여 a, b의 관계식 구하기

이차함수 $y=x^2+2ax+b$가 점 $(2, 3)$을 지나므로 $3=4+4a+b$ 
$x=2$, $y=3$을 대입한다.

$\therefore b=-4a-1$ $\quad\cdots\cdots$ ㉠

STEP **B** 이차방정식의 판별식이 $D=0$임을 이용하여 a, b의 값 구하기

이차함수 $y=x^2+2ax+b$와 직선 $y=x+1$이 접하므로

이차방정식 $x^2+2ax+b=x+1$,

즉 $x^2+(2a-1)x+b-1=0$이 중근을 가져야 한다.

이 이차방정식의 판별식을 D라 하면 $D=0$이어야 한다.

$D=(2a-1)^2-4(b-1)=0$ $\quad\cdots\cdots$ ㉡

㉠을 ㉡에 대입하면 $4a^2-4a+1-4(-4a-1-1)=0$

$4a^2+12a+9=0$, $(2a+3)^2=0$ $\quad\therefore a=-\dfrac{3}{2}$

$a=-\dfrac{3}{2}$을 ㉠에 대입하면 $b=-4\times\left(-\dfrac{3}{2}\right)-1=5$

따라서 $a+b=-\dfrac{3}{2}+5=\dfrac{7}{2}$

내신연계 출제문항 **373**

이차함수 $y=x^2+(a+1)x+b-1$의 그래프가 직선 $y=2x-1$과
점 $(1, 1)$에서 접할 때, 실수 a, b에 대하여 $a+b$의 값은?

① -2 ② -1 ③ 0

④ 1 ⑤ 2

STEP **A** 이차함수에 점 $(1, 1)$을 대입하여 a, b의 관계식 구하기

$y=x^2+(a+1)x+b-1$의 그래프가 점 $(1, 1)$을 지나므로 
$x=1$, $y=1$을 대입한다.

$1=1+a+1+b-1$ $\quad\therefore b=-a$ $\cdots\cdots$ ㉠

STEP **B** 이차방정식의 판별식이 $D=0$임을 이용하여 a, b의 값 구하기

이차함수 $y=x^2+(a+1)x-a-1$과 직선 $y=2x-1$이 접하므로

이차방정식 $x^2+(a+1)x-a-1=2x-1$,

즉 $x^2+(a-1)x-a=0$이 중근을 가져야 한다.

이 이차방정식의 판별식을 D라 하면 $D=0$이어야 한다.

$D=(a-1)^2-4\times1\times(-a)=0$, $(a+1)^2=0$

$\therefore a=-1$

㉠에 $a=-1$을 대입하면 $b=1$

따라서 $a+b=0$

정답 ③

0793

STEP A 두 직선이 평행함을 이용하여 a의 값 구하기

직선 $y=ax+b$가 직선 $y=4x+1$에 평행하므로 $a=4$

두 직선의 기울기가 같다.

STEP B 이차함수의 식과 직선의 방정식을 연립하여 얻은 이차방정식이 중근을 가짐을 이용하여 b의 값 구하기

직선 $y=4x+b$가 이차함수 $y=-x^2+1$에 접하므로

이차방정식 $4x+b=-x^2+1$, 즉 $x^2+4x+b-1=0$이 중근을 가져야 한다.

이차방정식 $x^2+4x+b-1=0$의 판별식을 D라 하면 $D=0$이어야 한다.

$\dfrac{D}{4}=2^2-(b-1)=0, \ 5-b=0$

$\therefore b=5$

따라서 직선의 방정식이 $y=4x+5$이므로 $a+b=4+5=9$

0794

정답 ③

STEP A 원점을 지나는 직선의 방정식 세우기

원점을 지나는 직선의 방정식을 $y=ax$ (a는 실수)라 하자.

STEP B 이차함수의 식과 직선의 방정식을 연립하여 얻은 이차방정식이 중근을 가짐을 이용하여 두 직선의 기울기의 곱 구하기

직선 $y=ax$가 이차함수 $y=x^2+4$에 접하므로

이차방정식 $ax=x^2+4$, 즉 $x^2-ax+4=0$이 중근을 가진다.

이차방정식 $x^2-ax+4=0$의 판별식을 D라 하면 $D=0$이어야 한다.

$D=(-a)^2-4\times4=0, \ a^2-16=0$

$\therefore a=4$ 또는 $a=-4$

따라서 두 직선의 기울기는 -4, 4이므로 그 곱은 $-4\times4=-16$

0795

정답 3

STEP A 기울기가 2인 직선의 방정식 세우기

기울기가 2인 직선의 y절편을 n이라 하면
직선의 방정식은 $y=2x+n$

STEP B 직선의 방정식과 이차함수를 연립한 이차방정식이 중근을 가짐을 이용하여 n의 값 구하기

이차함수 $y=x^2$의 그래프와 직선 $y=2x+n$이 접하므로

이차방정식 $x^2=2x+n$, 즉 $x^2-2x-n=0$이 중근을 가져야 한다.

이차방정식 $x^2-2x-n=0$의 판별식을 D_1이라 하면 $D_1=0$이어야 한다.

$\dfrac{D_1}{4}=(-1)^2-1\times(-n)=0$

$\therefore n=-1$

STEP C 직선의 방정식과 이차함수를 연립한 이차방정식이 중근을 가짐을 이용하여 k의 값 구하기

이차함수 $y=-2x^2+(k+3)x-k$의 그래프와 직선 $y=2x-1$이 접하므로

이차방정식 $-2x^2+(k+3)x-k=2x-1$,

즉 $2x^2-(k+1)x+k-1=0$이 중근을 가진다.

이차방정식 $2x^2-(k+1)x+k-1=0$의 판별식을 D_2라 하면

$D_2=0$이어야 한다.

$D_2=\{-(k+1)\}^2-8(k-1)=0, \ (k-3)^2=0$

따라서 $k=3$

0796

2022년 03월 고2 학력평가 10번

정답 ④

STEP A 한 점을 지나고 직선의 기울기가 주어진 직선의 방정식 구하기

점 $(-1, 0)$을 지나고 기울기가 m인 직선의 방정식은
기울기가 m이고 점 (a, b)를 지나는 직선의 방정식은 $y=m(x-a)+b$

$y=m\{x-(-1)\}$ $\therefore y=mx+m$

STEP B 직선의 방정식과 이차함수를 연립한 이차방정식의 (판별식)$=0$임을 이용하여 m의 값 구하기

직선 $y=mx+m$과 곡선 $y=x^2+x+4$에 접하므로

이차방정식 $mx+m=x^2+x+4$에서

즉 $x^2+(1-m)x+4-m=0$이 중근을 가져야 한다.

이 이차방정식의 판별식을 D라 하면 $D=0$이어야 한다.
이차방정식 $ax^2+bx+c=0$의 판별식을 D라 하면 $D=b^2-4ac$

$D=(1-m)^2-4(4-m)=0, \ m^2+2m-15=0, \ (m+5)(m-3)=0$

$\therefore m=-5$ 또는 $m=3$

따라서 양수 m의 값은 $m=3$

+α | 오직 한 점에서 만나므로 중근을 가짐을 알 수 있어!

이차함수 $y=x^2+x+4$의 그래프에 직선 $y=mx+m$이 접하므로
이차함수와 직선이 오직 한 점에서만 만나야 한다.
즉 이차방정식 $x^2+(1-m)x+4-m=0$이 중근을 가져야 한다.

내신연계 출제문항 374

점 $(-2, 0)$을 지나고 기울기가 m인 직선이 곡선 $y=x^2+2x+4$에 접할 때, 음수 m의 값은?

① -8　　② -6　　③ -4
④ -2　　⑤ -1

STEP A 한 점을 지나고 직선의 기울기가 주어진 직선의 방정식 구하기

점 $(-2, 0)$을 지나고 기울기가 m인 직선의 방정식은

$y=m\{x-(-2)\}$ $\therefore y=mx+2m$

STEP B 직선의 방정식과 이차함수를 연립한 이차방정식의 (판별식)$=0$임을 이용하여 m의 값 구하기

직선 $y=mx+2m$과 곡선 $y=x^2+2x+4$에 접하므로

이차방정식 $mx+2m=x^2+2x+4$에서

즉 $x^2+(2-m)x+4-2m=0$ ……㉠

이 중근을 가져야 한다.

이차방정식 ㉠의 판별식을 D라 하면 $D=0$이어야 한다.

$D=(2-m)^2-4(4-2m)=0$

$m^2+4m-12=0, \ (m+6)(m-2)=0$

$\therefore m=-6$ 또는 $m=2$

따라서 음수 m의 값은 $m=-6$

+α | 오직 한 점에서 만나므로 중근을 가짐을 알 수 있어!

이차함수 $y=x^2+2x+4$의 그래프에 직선 $y=mx+2m$이 접하므로
이차함수와 직선이 오직 한 점에서만 만나야 한다.
즉 이차방정식 $x^2+(2-m)x+4-2m=0$이 중근을 가져야 한다.

정답 ②

0797

2019년 09월 고1 학력평가 9번

정답 ①

STEP A 기울기가 5인 직선의 방정식 세우기

기울기가 5인 직선의 y절편을 k라 하면 직선의 방정식은 $y=5x+k$

기울기가 m이고 점 (a, b)를 지나는 직선의 방정식은 $y=m(x-a)+b$

STEP B 이차함수와 일차함수를 연립한 이차방정식의 (판별식)$=0$임을 이용하여 k의 값 구하기

이차함수 $f(x)=x^2-3x+17$의 그래프와 직선 $y=5x+k$가 접하므로

이차방정식 $x^2-3x+17=5x+k$,

즉 $x^2-8x+17-k=0$이 중근을 가져야 한다.

이차방정식의 판별식을 D라 하면 $D=0$이어야 한다.

이차방정식 $ax^2+bx+c=0$의 판별식을 D라 하면

$D=b^2-4ac$ 또는 $\dfrac{D}{4}=b'^2-ac\left(b'=\dfrac{b}{2}\right)$

$\dfrac{D}{4}=(-4)^2-1\times(17-k)=0$

$16-17+k=0, \ -1+k=0$

$\therefore k=1$

따라서 직선의 y절편은 1

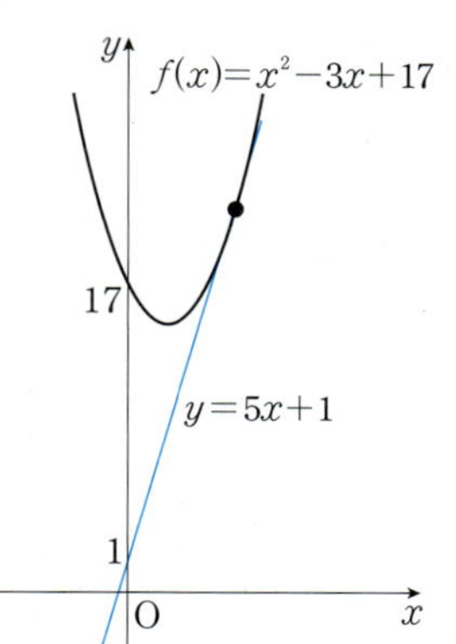

기울기가 5인 직선이 이차함수 $f(x)=x^2-3x+15$의 그래프에 접할 때, 이 직선의 y절편은?

① $-\dfrac{1}{2}$　　② -1　　③ $-\dfrac{3}{2}$

④ -2　　⑤ $-\dfrac{5}{2}$

STEP A 기울기가 5인 직선의 방정식 세우기

기울기가 5인 직선의 y절편을 k라 하면 직선의 방정식은 $y=5x+k$

STEP B 직선의 방정식과 이차함수를 연립한 이차방정식의 (판별식)$=0$임을 이용하여 k의 값 구하기

이차함수 $f(x)=x^2-3x+15$의 그래프와 직선 $y=5x+k$가 접하므로

이차방정식 $x^2-3x+15=5x+k$,

즉 $x^2-8x+15-k=0$이 중근을 가져야 한다.

이 이차방정식의 판별식을 D라 하면 $D=0$이어야 한다.

이차방정식 $ax^2+bx+c=0$의 판별식을 D라 하면

$D=b^2-4ac$ 또는 $\dfrac{D}{4}=b'^2-ac\left(b'=\dfrac{b}{2}\right)$

$\dfrac{D}{4}=(-4)^2-1\times(15-k)=0$

$16-15+k=0, \ 1+k=0$

$\therefore k=-1$

따라서 직선의 y절편은 -1

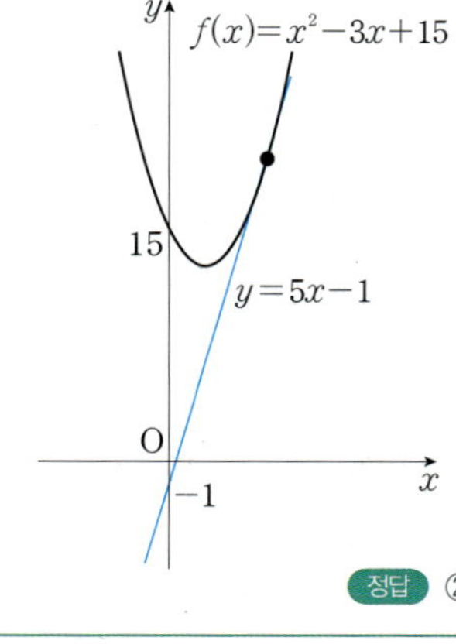

정답 ②

0798

정답 0

STEP A 이차방정식이 중근을 가질 조건 구하기

이차함수 $y=x^2-2ax+a^2+2a-1$과 직선 $y=mx+n$이 접하므로

방정식 $x^2-2ax+a^2+2a-1=mx+n$,

즉 $x^2-(2a+m)x+a^2+2a-1-n=0$이 중근을 가져야 한다.

판별식을 D라 하면 $D=0$이어야 한다.

$D=(2a+m)^2-4\times1\times(a^2+2a-1-n)=0$

$\therefore (4m-8)a+(m^2+4n+4)=0 \quad \cdots\cdots \ \bigcirc$

STEP B a에 대한 항등식의 성질을 이용하여 m, n의 값 구하기

$\bigcirc$이 실수 a의 값에 관계없이 성립하므로 항등식의 성질에 의하여

a에 대한 항등식

$4m-8=0, \ m^2+4n+4=0$

$4m-8=0$에서 $m=2$

이를 $m^2+4n+4=0$에 대입하면 $2^2+4n+4=0$

$\therefore n=-2$

따라서 $m=2, \ n=-2$이므로 $m+n=0$

0799

정답 3

STEP A 이차방정식이 중근을 가질 조건 구하기

이차함수 $y=x^2-2kx+k^2+k$와 직선 $y=-2ax-a^2+b-1$이 접하므로

이차방정식 $x^2-2kx+k^2+k=-2ax-a^2+b-1$,

즉 $x^2+(2a-2k)x+k^2+k+a^2-b+1=0$이 중근을 가져야 한다.

이차방정식 $x^2+2(a-k)x+k^2+k+a^2-b+1=0$의 판별식을 D라 하면 $D=0$이어야 한다.

$\dfrac{D}{4}=(a-k)^2-(k^2+k+a^2-b+1)=0$

$\therefore -2ak-k+b-1=0 \quad \cdots\cdots \ \bigcirc$

STEP B k에 대한 항등식의 성질을 이용하여 a, b의 값 구하기

$\bigcirc$이 실수 k의 값에 관계없이 성립하므로 항등식의 성질에 의하여

$(-2a-1)k+b-1=0$ ← k에 대한 항등식

$-2a-1=0$에서 $a=-\dfrac{1}{2}$

$b-1=0$에서 $b=1$

따라서 $2(b-a)=2\left(1+\dfrac{1}{2}\right)=3$

0800

2018년 09월 고1 학력평가 14번

정답 ②

해설강의

STEP A 이차방정식이 중근을 가질 조건 구하기

x에 대한 이차함수 $y=x^2-4kx+4k^2+k$의 그래프와

직선 $y=2ax+b$가 접하려면 ← $D=0$일 때, 두 그래프는 한 점에서 만난다. (접한다.)

이차방정식 $x^2-4kx+4k^2+k=2ax+b$가 중근을 가져야 한다.

즉 $x^2-2(2k+a)x+4k^2+k-b=0$의 판별식을 D라 하면 $D=0$이어야 한다.

$\dfrac{D}{4}=(2k+a)^2-4k^2-k+b=0$

이차방정식 $ax^2+bx+c=0$의 판별식을 D라 하면

$D=b^2-4ac$ 또는 $\dfrac{D}{4}=b'^2-ac\left(b'=\dfrac{b}{2}\right)$

$\therefore (4a-1)k+a^2+b=0 \quad \cdots\cdots \ \bigcirc$

STEP B k에 대한 항등식의 성질을 이용하여 a, b의 값 구하기

k의 값에 관계없이 성립하므로 $\bigcirc$은 k에 관한 항등식이다.

k에 대한 항등식이므로 각각의 계수가 0이어야 한다.

$4a-1=0$에서 $a=\dfrac{1}{4}$

$a^2+b=0$에서 $b=-a^2=-\dfrac{1}{16}$

따라서 $a+b=\dfrac{1}{4}+\left(-\dfrac{1}{16}\right)=\dfrac{3}{16}$

x에 대한 이차함수 $y=2x^2+4kx+2k^2+k$의 그래프와 직선 $y=ax-b$가 실수 k의 값에 관계없이 항상 접할 때, $a+b$의 값은? (단, a, b는 상수이다.)

① $-\dfrac{1}{8}$ 　　② $-\dfrac{3}{8}$ 　　③ $-\dfrac{5}{8}$

④ $-\dfrac{7}{8}$ 　　⑤ $-\dfrac{9}{8}$

STEP A 이차함수의 그래프와 직선의 위치 관계를 이용하기

이차함수 $y=2x^2+4kx+2k^2+k$의 그래프와 직선 $y=ax-b$가 접하므로
이차방정식 $2x^2+4kx+2k^2+k=ax-b$,
즉 $2x^2+(4k-a)x+(2k^2+k+b)=0$이 중근을 가져야 한다.
이차방정식 $2x^2+(4k-a)x+(2k^2+k+b)=0$의 판별식을 D라 하면
$D=0$이어야 한다.
$$D=(4k-a)^2-4\times2\times(2k^2+k+b)=0$$
$$\therefore (-8a-8)k+(a^2-8b)=0 \qquad \cdots\cdots ㉠$$

STEP B k에 대한 항등식의 성질을 이용하여 a, b의 값 구하기

㉠이 실수 k의 값에 관계없이 성립하므로 항등식의 성질에 의하여
$-8a-8=0$에서 $a=-1$
$a^2-8b=0$에서 $1-8b=0$이므로 $b=\dfrac{1}{8}$

따라서 $a+b=-1+\dfrac{1}{8}=-\dfrac{7}{8}$　　정답 ④

0801　정답 2

STEP A $\overline{OA}:\overline{OB}=1:2$를 만족하는 이차방정식의 두 근 구하기

$\overline{OA}:\overline{OB}=1:2$이므로 두 점 A, B의 x좌표를 각각 α, $-2\alpha\,(\alpha>0)$라 하면
α, -2α는 이차방정식 $8-x^2=kx$, 즉 $x^2+kx-8=0$의 두 근이다.

STEP B 이차방정식의 근과 계수의 관계를 이용하여 양수 k의 값 구하기

이차방정식 $x^2+kx-8=0$의 근과 계수의 관계에 의하여
$\alpha+(-2\alpha)=-k$ $\therefore k=\alpha$ 　　$\cdots\cdots ㉠$
$\alpha\times(-2\alpha)=-8$ $\therefore \alpha^2=4$ 　　$\cdots\cdots ㉡$
㉠을 ㉡에 대입하면 $k^2=4$이므로 양수 k는 $k=2$

0802　정답 5

STEP A 이차함수와 직선의 교점의 x좌표는 연립한 이차방정식의 실근과 같음을 이해하기

원점을 지나고 기울기가 m인
직선의 방정식은 $y=mx$
두 점 A', B'의 x좌표를 각각
α, $\beta\,(\alpha<0<\beta)$라 하면
α, β가 이차방정식 $x^2-5=mx$,
즉 $x^2-mx-5=0$의 두 근이
α, β이므로 근과 계수의 관계에서
$\alpha+\beta=m$, $\alpha\beta=-5$

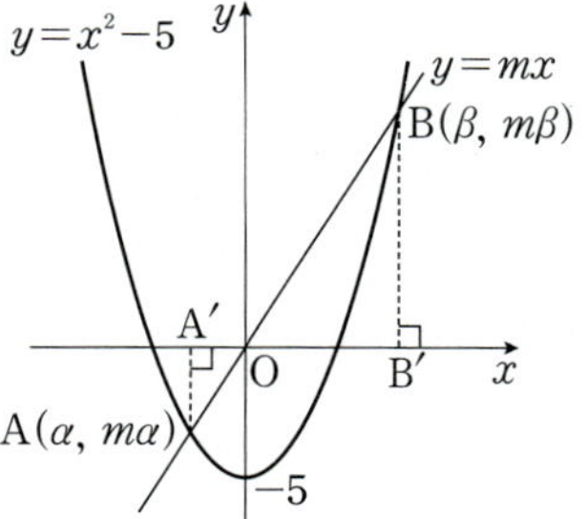

STEP B 두 점 A, B의 좌표로부터 $|\overline{AA'}-\overline{BB'}|=25$를 만족하는 m의 값 구하기

두 점 A, B의 좌표는 각각 A$(\alpha, m\alpha)$, B$(\beta, m\beta)$이므로
$$\overline{AA'}=|m\alpha|=-m\alpha, \quad \overline{BB'}=|m\beta|=m\beta$$
$m>0$, $\alpha<0$이므로 $m\alpha<0$, 즉 선분의 길이는 양수이어야 한다.
두 선분의 길이의 차가 25이므로

$$|\overline{AA'}-\overline{BB'}|=|-m\alpha-m\beta|$$
$$=|m(\alpha+\beta)| \quad \leftarrow \alpha+\beta=m$$
$$=|m\times m|=|m^2|=m^2=25$$
따라서 $m=5\ (\because m>0)$

0803　 2020년 06월 고1 학력평가 27번　정답 13 

STEP A 이차함수와 직선의 교점의 x좌표을 이용하여 삼각형의 넓이 구하기

점 A의 x좌표를 α, 점 B의 x좌표를 β라고 하자.
α, β는 이차함수 $y=x^2$과 직선 $y=x+k$의 교점의 x좌표와 같다.
즉 $x^2-x-k=0$의 두 근이므로 근과 계수의 관계에 의하여
$\alpha+\beta=1$, $\alpha\beta=-k$ 　이차방정식 $ax^2+bx+c=0$에서 두 근의 합 $-\dfrac{b}{a}$, 두 근의 곱 $\dfrac{c}{a}$
또한, 삼각형의 넓이를 각각 구하면
$\alpha>0$, $\beta<0$이므로 $S_1=\dfrac{1}{2}\alpha^3$, $S_2=-\dfrac{1}{2}\beta^3$
$\beta<0$이고 삼각형의 넓이 $S_2>0$이므로 부호를 주의해야 한다.
$$S_1-S_2=\dfrac{1}{2}\alpha^3-\left(-\dfrac{1}{2}\beta^3\right)=\dfrac{1}{2}(\alpha^3+\beta^3)=20$$
$$\therefore \alpha^3+\beta^3=40$$

STEP B 곱셈 공식의 변형을 이용하여 양수 k의 값 구하기

$$\alpha^3+\beta^3=(\alpha+\beta)^3-3\alpha\beta(\alpha+\beta) \quad \leftarrow (a+b)^3=a^3+3a^2b+3ab^2+b^3$$
$$=1^3+3k\times1 \quad \leftarrow \alpha+\beta=1,\ \alpha\beta=-k \quad a^3+b^3=(a+b)^3-3ab(a+b)$$
$$=3k+1=40$$
따라서 $k=13$

+α $\ \alpha^3+\beta^3=(\alpha+\beta)(\alpha^2-\alpha\beta+\beta^2)$을 이용하여 k의 값을 구할 수 있어!

$$\alpha^3+\beta^3=(\alpha+\beta)(\alpha^2-\alpha\beta+\beta^2)$$
$$=(\alpha+\beta)\{(\alpha+\beta)^2-3\alpha\beta\}$$
$$=1\times\{1^2-3\times(-k)\}$$
$$=1+3k=40$$
$$\therefore k=13$$

그림과 같이 이차함수 $y=x^2$의 그래프와 직선 $y=3x+k$가 만나는 두 점을 각각 A, B라 하고, 점 A와 B에서 x축에 내린 수선의 발을 각각 C, D라 하자. 삼각형 AOC의 넓이를 S_1, 삼각형 DOB의 넓이를 S_2라 할 때, $S_1-S_2=27$을 만족시키는 양수 k의 값을 구하시오. (단, O는 원점이고, 두 점 A, B는 각각 제1사분면과 제2사분면 위에 있다.)

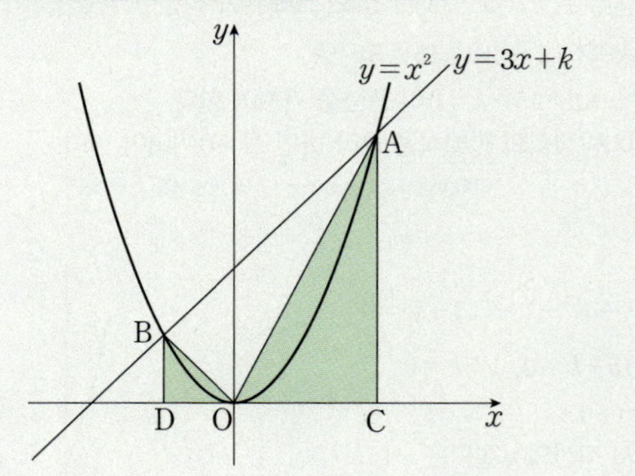

STEP A 이차함수와 직선의 교점의 x좌표을 이용하여 삼각형의 넓이 구하기

점 A의 x좌표를 $\alpha\,(\alpha>0)$, 점 B의 x좌표를 $\beta\,(\beta<0)$라고 하자.
α, β는 이차함수 $y=x^2$와 직선 $y=3x+k$의 교점의 x좌표와 같으므로
이차방정식 $x^2=3x+k$, 즉 $x^2-3x-k=0$의 두 근이 α, β이다.
삼각형 AOC의 넓이를 S_1이라 하면 $S_1=\dfrac{1}{2}\alpha^3$
삼각형 DOB의 넓이를 S_2라 하면 $S_2=-\dfrac{1}{2}\beta^3$

STEP B 곱셈 공식의 변형을 이용하여 양수 k의 값 구하기

$$S_1-S_2=\frac{1}{2}\alpha^3-\left(-\frac{1}{2}\beta^3\right)$$
$$=\frac{1}{2}(\alpha^3+\beta^3)=27$$

$\therefore \alpha^3+\beta^3=54$

이차방정식 $x^2-3x-k=0$의 근과 계수의 관계에 의하여

$\alpha+\beta=3,\ \alpha\beta=-k$

$$\alpha^3+\beta^3=(\alpha+\beta)^3-3\alpha\beta(\alpha+\beta)$$
$$=3^3-3\times(-k)\times3$$
$$=27+9k=54$$

따라서 $9k=27$이므로 $k=3$

+α | $\alpha^3+\beta^3=(\alpha+\beta)(\alpha^2-\alpha\beta+\beta^2)$을 이용하여 k의 값을 구할 수 있어!

이차방정식 $x^2-3x-k=0$의 근과 계수의 관계에 의하여

$\alpha+\beta=3,\ \alpha\beta=-k$

$$\alpha^3+\beta^3=(\alpha+\beta)(\alpha^2-\alpha\beta+\beta^2)$$
$$=(\alpha+\beta)\{(\alpha+\beta)^2-3\alpha\beta\}$$
$$=3\times\{3^2-3\times(-k)\}$$
$$=27+9k=54$$

$\therefore k=3$

> 정답 3

0804

> 정답 5

STEP A 두 이차함수의 교점의 x좌표가 연립한 이차방정식의 실근과 같음을 이용하기

두 이차함수 $f(x)=x^2-x+3$, $g(x)=-x^2+kx+1$의 그래프가 서로 다른

두 점 $A(\alpha,\ f(\alpha))$, $B(\beta,\ f(\beta))$에서 만나므로

α, β는 이차방정식 $x^2-x+3=-x^2+kx+1$,

즉 $2x^2-(1+k)x+2=0$의 두 근이다.

STEP B 이차방정식의 근과 계수의 관계를 이용하여 k의 값 구하기

이차방정식 $2x^2-(1+k)x+2=0$의 두 근이 α, β이므로

근과 계수의 관계에 의하여

$\alpha+\beta=\dfrac{1+k}{2},\ \alpha\beta=1$

이때 $\alpha^2+\beta^2=7$이므로 $(\alpha+\beta)^2-2\alpha\beta=7$

$\left(\dfrac{1+k}{2}\right)^2-2=7$

$1+2k+k^2=36,\ k^2+2k-35=0,\ (k+7)(k-5)=0$

따라서 양수 k는 $k=5$

0805

> 정답 ④

STEP A 두 이차함수의 교점의 x좌표가 연립한 이차방정식의 실근과 같음을 이용하기

두 이차함수 $f(x)=x^2-ax+2$, $g(x)=-x^2+3x+b$의 그래프의 두 교점의

x좌표가 2, 4이므로

2, 4는 이차방정식 $x^2-ax+2=-x^2+3x+b$,

즉 $2x^2-(a+3)x+2-b=0$의 두 근이다.

STEP B 이차방정식의 근과 계수의 관계를 이용하여 a, b의 값 구하기

이차방정식 $2x^2-(a+3)x+2-b=0$의 근과 계수의 관계에 의하여

$2+4=\dfrac{a+3}{2},\ 2\times4=\dfrac{2-b}{2}$

따라서 $a=9,\ b=-14$이므로 $a+b=-5$

0806

> 정답 ②

STEP A 두 이차함수의 교점의 x좌표가 연립한 이차방정식의 실근과 같음을 이용하기

두 이차함수 $y=2x^2+x+k$, $y=-2x^2+9x-8$의 그래프의 두 교점의

x좌표 α, β는 이차방정식 $2x^2+x+k=-2x^2+9x-8$,

즉 $4x^2-8x+k+8=0$의 두 근이다.

이차방정식 $4x^2-8x+k+8=0$의 근과 계수의 관계에 의하여

$\alpha+\beta=-\dfrac{-8}{4}=2,\ \alpha\beta=\dfrac{k+8}{4}$ …… ㉠

STEP B $|\alpha-\beta|=2$를 만족하는 실수 k의 값 구하기

이때 $|\alpha-\beta|=2$이므로 양변을 제곱하면 $(\alpha-\beta)^2=4$

$(\alpha+\beta)^2-4\alpha\beta=4$ …… ㉡

㉠을 ㉡에 대입하면 $2^2-4\times\dfrac{k+8}{4}=4,\ 4-(k+8)=4$

따라서 $k=-8$

0807

> 정답 ⑤

STEP A 두 이차함수의 교점의 x좌표가 연립한 이차방정식의 실근과 같음을 이용하기

이차함수 $y=-x^2+ax+b$의 그래프와 이차함수 $y=x^2-3x+1$의 그래프의

교점의 x좌표는 이차방정식 $-x^2+ax+b=x^2-3x+1$,

즉 $2x^2-(3+a)x+1-b=0$의 두 실근이다.

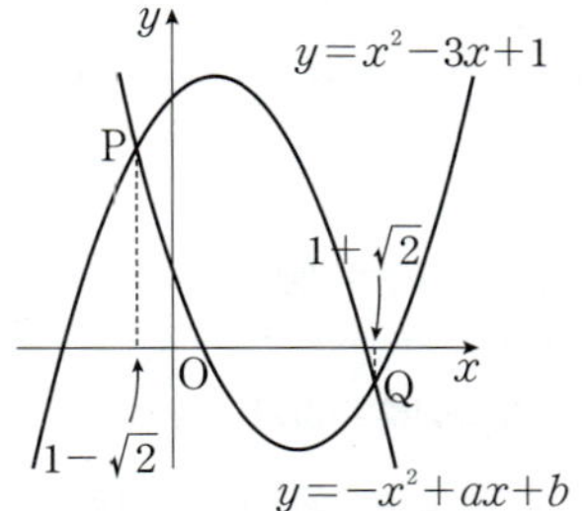

STEP B 이차방정식의 켤레근을 이용하여 a, b의 값 구하기

a, b는 유리수이므로 한 근이 $1-\sqrt{2}$이면

나머지 한 근은 $1+\sqrt{2}$

이차방정식 $2x^2-(3+a)x+1-b=0$의

두 근이 $1-\sqrt{2}$, $1+\sqrt{2}$이므로

근과 계수의 관계에 의하여

두 근의 합 $1-\sqrt{2}+(1+\sqrt{2})=\dfrac{3+a}{2},\ 2=\dfrac{3+a}{2}\quad\therefore a=1$

두 근의 곱 $(1-\sqrt{2})(1+\sqrt{2})=\dfrac{1-b}{2},\ -1=\dfrac{1-b}{2}\quad\therefore b=3$

따라서 $a+3b=1+3\times3=10$

> [이차방정식의 켤레근]
> 계수가 유리수인 이차방정식의 한 근이
> $p+q\sqrt{m}$이면 다른 한 근은 $p-q\sqrt{m}$이다.
> (단, p, q는 유리수, $q\neq0$, $\sqrt{m}$은 무리수)

+α | $1-\sqrt{2}$를 연립한 방정식에 대입하여 구할 수 있어!

$1-\sqrt{2}$이 연립한 이차방정식의 근이므로

이차방정식 $2x^2-(3+a)x+1-b=0$에 $x=1-\sqrt{2}$를 대입하면

$2(1-\sqrt{2})^2-(3+a)(1-\sqrt{2})+1-b=0$

$6-4\sqrt{2}-3-a+3\sqrt{2}+a\sqrt{2}+1-b=0$ ← ( )+( )$\sqrt{2}$꼴로 정리

$\therefore (4-a-b)+(-1+a)\sqrt{2}=0$

이때 a, b가 유리수이므로 $4-a-b=0,\ -1+a=0$

연립하여 풀면 $a=1,\ b=3$

따라서 $a+3b=1+9=10$

오른쪽 그림과 같이 유리수 a, b에 대하여 두 이차함수 $y=x^2-x+4$과 $y=-x^2+ax+b$의 그래프가 만나는 두 점을 각각 P, Q라 하자. 점 P의 x좌표가 $2-\sqrt{3}$일 때, $a-2b$의 값은?

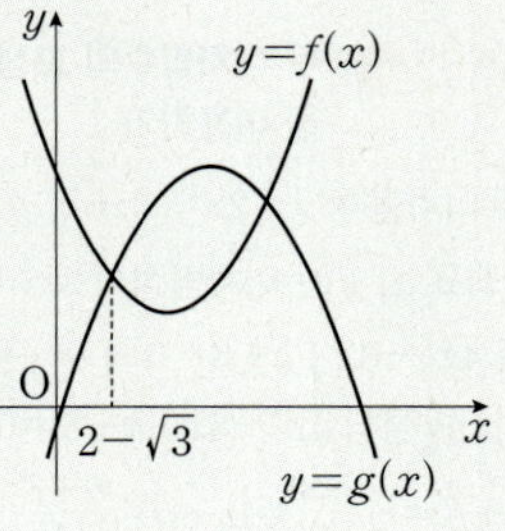

① 2 　　② 3
③ 4 　　④ 9
⑤ 10

STEP A　**이차방정식의 켤레근을 이용하기**

두 이차함수 $y=x^2-x+4$, $y=-x^2+ax+b$의 그래프가 만나는 점 P의 x좌표가 $2-\sqrt{3}$이므로 이차방정식 $x^2-x+4=-x^2+ax+b$, 즉 $2x^2-(a+1)x+4-b=0$ ⋯⋯ ㉠ 의 한 실근이 $2-\sqrt{3}$임을 알 수 있다.

이때 이차방정식 $2x^2-(a+1)x+4-b=0$의 계수가 모두 유리수이므로 이차방정식의 다른 한 실근은 $2+\sqrt{3}$이다.

STEP B　**이차방정식의 근과 계수의 관계를 이용하여 a, b의 값 구하기**

이차방정식 $2x^2-(a+1)x+4-b=0$의 두 근이 $2-\sqrt{3}$, $2+\sqrt{3}$이므로 근과 계수의 관계에 의하여

두 근의 합 $2-\sqrt{3}+(2+\sqrt{3})=\dfrac{a+1}{2}$, $4=\dfrac{a+1}{2}$ ∴ $a=7$

두 근의 곱 $(2-\sqrt{3})(2+\sqrt{3})=\dfrac{4-b}{2}$, $1=\dfrac{4-b}{2}$ ∴ $b=2$

따라서 $a-2b=7-2\times2=3$

정답 ②

0808

2018년 09월 고1 학력평가 12번　　정답 ⑤

STEP A　**두 이차함수의 대칭축 구하기**

두 이차함수 $y=-(x-1)^2+a$, $y=2(x-1)^2-1$의 그래프의 축의 방정식은 $x=1$로 서로 같다.
이차함수 $y=a(x-m)^2+n$의 그래프의 축의 방정식은 $x=m$

STEP B　**두 점 사이의 거리가 4임을 이용하여 두 점 A, B의 x좌표 구하기**

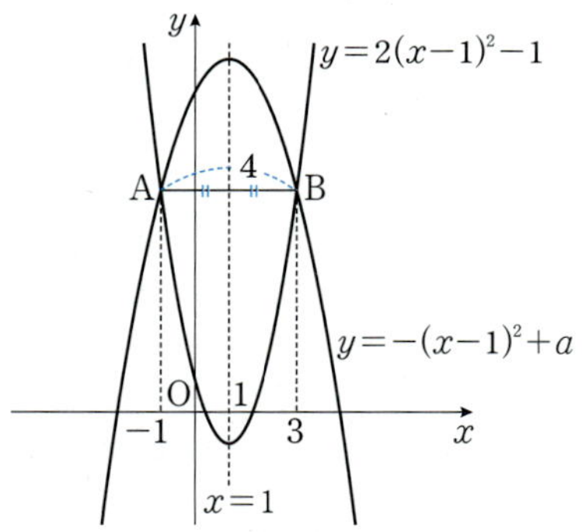

그림과 같이 두 이차함수의 그래프의 교점을 각각 A, B라 하면
두 점 A, B 사이의 거리가 4이므로
두 점 A, B의 x좌표는 각각 -1, 3
　$\overline{AB}=4$이므로 대칭축 $x=1$로부터 2만큼 떨어져 있다.
　즉 점 A의 x좌표는 $x=1-2=-1$, 점 B의 x좌표는 $x=1+2=3$

STEP C　$x=3$**일 때, 두 이차함수의 함숫값이 같음을 이용하여 a의 값 구하기**

$x=3$일 때, 두 이차함수의 함숫값이 같으므로
$x=-1$일 때의 두 이차함수의 함숫값이 같음을 이용할 수도 있다.
$-(3-1)^2+a=2(3-1)^2-1$
따라서 $a=11$

두 이차함수 $y=-(x-2)^2+a$, $y=3(x-2)^2-17$의 그래프가 서로 다른 두 점에서 만난다. 이 두 점 사이의 거리가 6일 때, 상수 a의 값은?

① 11 　　② 13 　　③ 15
④ 17 　　⑤ 19

STEP A　**두 이차함수의 대칭축 구하기**

두 이차함수 $y=-(x-2)^2+a$, $y=3(x-2)^2-17$의 그래프의 축의 방정식은 $x=2$로 서로 같다.

STEP B　**두 점 사이의 거리가 6임을 이용하여 두 점 A, B의 x좌표 구하기**

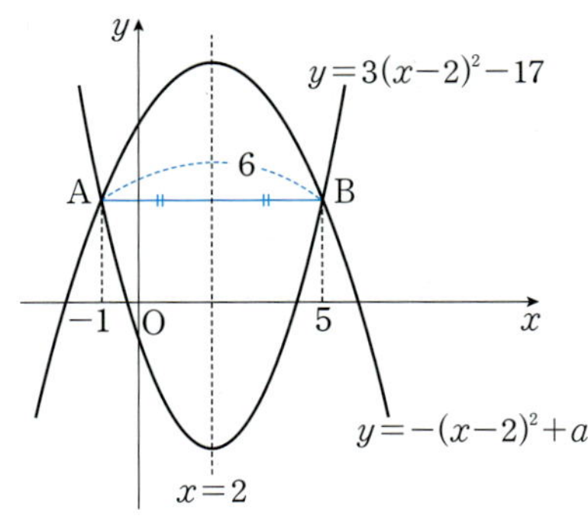

그림과 같이 두 이차함수의 그래프의 교점을 각각 A, B라 하면
두 점 A, B 사이의 거리가 6이므로
점 A의 x좌표는 $2-3=-1$
점 B의 x좌표는 $2+3=5$

STEP C　$x=5$**일 때, 두 이차함수의 함숫값이 같음을 이용하여 a의 값 구하기**

$x=5$일 때, 두 이차함수의 함숫값이 같으므로
$x=-1$일 때의 두 이차함수의 함숫값이 같음을 이용할 수도 있다.
$-(5-2)^2+a=3(5-2)^2-17$, $-9+a=10$
따라서 $a=19$

정답 ⑤

0809

2021년 09월 고1 학력평가 15번　　정답 ④

STEP A　**주어진 그래프를 이용하여 세 이차함수의 식을 각각 구하기**

세 이차함수 $y=f(x)$, $y=g(x)$, $y=h(x)$의 최고차항의 계수의 절댓값이 같으므로 $f(x)$의 최고차항의 계수를 a $(a>0)$이라 하면

$f(x)=a(x+1)(x-1)$ ← 함수 $y=f(x)$의 그래프와 x축의 교점의 x좌표가 -1, 1

$g(x)=-a(x+2)(x-1)$ ← 함수 $y=g(x)$의 그래프와 x축의 교점의 x좌표가 -2, 1

$h(x)=a(x-1)(x-2)$ ← 함수 $y=h(x)$의 그래프와 x축의 교점의 x좌표가 1, 2

STEP B　**방정식 $f(x)+g(x)+h(x)=0$의 모든 근의 합 구하기**

$f(x)+g(x)+h(x)=a(x+1)(x-1)-a(x+2)(x-1)+a(x-1)(x-2)$
$\qquad=a(x-1)\{(x+1)-(x+2)+(x-2)\}$
$\qquad=a(x-1)(x-3)$

방정식 $f(x)+g(x)+h(x)=0$에서 $a(x-1)(x-3)=0$
∴ $x=1$ 또는 $x=3$
따라서 모든 근의 합은 $1+3=4$

그림과 같이 최고차항의 계수의 절댓값이 같은 세 이차함수
$y=f(x)$, $y=g(x)$, $y=h(x)$의 그래프가 있다.
방정식 $f(x)+g(x)+h(x)=0$의 모든 근의 합은?

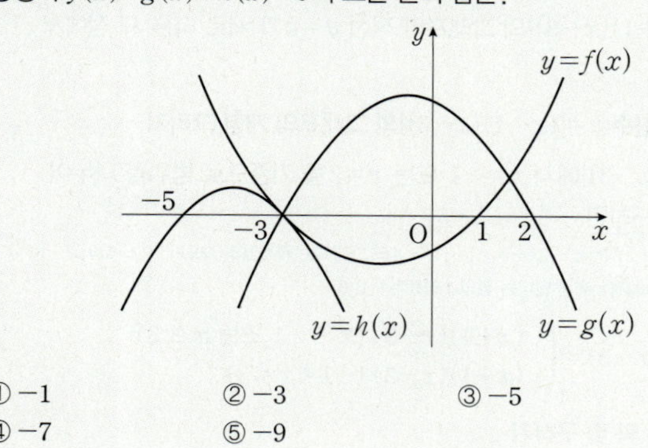

① -1 ② -3 ③ -5
④ -7 ⑤ -9

STEP A 주어진 그래프를 이용하여 세 이차함수의 식을 각각 구하기

세 이차함수 $y=f(x)$, $y=g(x)$, $y=h(x)$의 최고차항의 계수의 절댓값이
같으므로 $f(x)$의 최고차항의 계수를 $a(a>0)$이라 하면
$f(x)=a(x+3)(x-1)$ ← 함수 $y=f(x)$의 그래프와 x축의 교점의 x좌표가 -3, 1
$g(x)=-a(x+3)(x-2)$ ← 함수 $y=g(x)$의 그래프와 x축의 교점의 x좌표가 -3, 2
$h(x)=-a(x+5)(x+3)$ ← 함수 $y=h(x)$의 그래프와 x축의 교점의 x좌표가 -5, -3

STEP B 방정식 $f(x)+g(x)+h(x)=0$의 모든 근의 합 구하기

$$f(x)+g(x)+h(x)=a(x+3)(x-1)-a(x+3)(x-2)-a(x+5)(x+3)$$
$$=a(x+3)\{(x-1)-(x-2)-(x+5)\}$$
$$=-a(x+3)(x+4)$$

방정식 $f(x)+g(x)+h(x)=0$에서 $-a(x+3)(x+4)=0$
$\therefore x=-3$ 또는 $x=-4$
따라서 모든 근의 합은 $-3+(-4)=-7$

정답 ④

0810

2020년 06월 고1 학력평가 16번   정답 ⑤

STEP A 이차함수와 이차방정식의 관계 추론하기

ㄱ. 이차함수 $f(x)=x^2+ax+b$에 대하여 함수 $y=f(x)$의 그래프가 x축에
접하므로 이차방정식 $x^2+ax+b=0$이 중근을 가져야 한다.
이차방정식의 판별식을 D라 하면 $D=0$이어야 한다.
    이차방정식 $ax^2+bx+c=0$의 판별식을 D라 하면
$$D=b^2-4ac \ \text{또는} \ \frac{D}{4}=b'^2-ac\left(b'=\frac{b}{2}\right)$$
$D=a^2-4b=0$ [참]

STEP B 함수의 그래프를 이용하여 $b<d$임을 파악하여 참, 거짓 판단하기

ㄴ. 다음 그림과 같이 함수 $y=f(x)$의 그래프와 y축과 만나는 점 $(0, b)$가
함수 $y=g(x)$의 그래프와 y축과 만나는 점 $(0, d)$보다 아래쪽에 있으므로
$b<d$ $\therefore b-d<0$

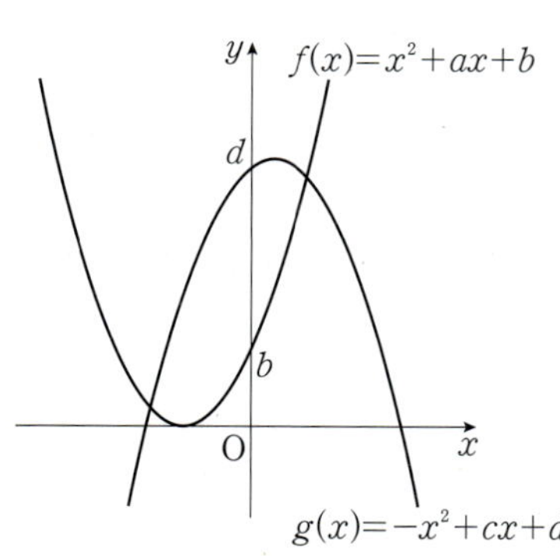

ㄱ에 의하여 $a^2-4b=0$이므로 $a^2=4b$
$a^2-4d=4b-4d=4(b-d)<0$ [참]

+α | 근과 계수의 관계를 이용하여 참, 거짓을 판단할 수 있어!

두 함수 $y=f(x)$와 $y=g(x)$의 그래프가 제1사분면과 제2사분면에서 만나므로
두 함수를 연립한 이차방정식은 부호가 다른 서로 다른 두 실근을 갖는다.
이차방정식 $x^2+ax+b=-x^2+cx+d$,
$2x^2+(a-c)x+b-d=0$의 두 실근의 부호가 다르므로
이차방정식의 근과 계수의 관계에 의하여
    이차방정식 $ax^2+bx+c=0$의 두 근이 α, β이면
    $\alpha+\beta=-\dfrac{b}{a}$, $\alpha\beta=\dfrac{c}{a}$
(두 근의 곱)$=\dfrac{b-d}{2}<0$이므로 $b-d<0$ ← 부호가 다른 두 실근의 곱은 0보다 작다.
$a^2-4b=0$이므로 $b=\dfrac{a^2}{4}$을 $b-d<0$에 대입하면
$\dfrac{a^2}{4}-d<0$ $\therefore a^2-4d<0$ [참]

STEP C 두 함수 $y=f(x)$, $y=g(x)$의 그래프가 서로 다른 두 점에서 만남
을 이용하여 참, 거짓 판단하기

ㄷ. 두 함수 $y=f(x)$, $y=g(x)$의 그래프가 서로 다른 두 점에서 만나므로
이차방정식 $f(x)=g(x)$는 서로 다른 두 실근을 갖는다.
즉 $x^2+ax+b=-x^2+cx+d$, $2x^2+(a-c)x+b-d=0$
이차방정식의 판별식을 D라 하면 $D>0$이어야 한다.
$D=(a-c)^2-8(b-d)>0$ [참]
따라서 옳은 것은 ㄱ, ㄴ, ㄷ이다.

두 이차함수 $f(x)=x^2+2ax+b$, $g(x)=-x^2+2cx+d$에 대하여 그림과
같이 함수 $y=f(x)$의 그래프는 x축에 접하고, 두 함수 $y=f(x)$와
$y=g(x)$의 그래프는 제1사분면과 제2사분면에서 만난다. [보기]에서
옳은 것만을 있는 대로 고른 것은?

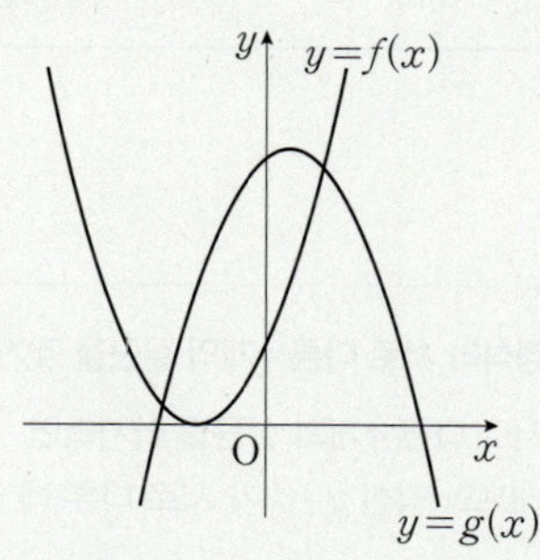

ㄱ. $a^2-b=0$
ㄴ. $a^2-d<0$
ㄷ. $(c^2-b)+2(d-ac)>0$

① ㄱ   ② ㄱ, ㄴ   ③ ㄱ, ㄷ
④ ㄴ, ㄷ   ⑤ ㄱ, ㄴ, ㄷ

STEP A 이차함수와 이차방정식의 관계를 이용하여 참, 거짓 판단하기

ㄱ. 이차함수 $f(x)=x^2+2ax+b$에 대하여 함수 $y=f(x)$의 그래프가 x축에
접하므로 이차방정식 $x^2+2ax+b=0$이 중근을 가져야 한다.
이차방정식 $x^2+2ax+b=0$의 판별식을 D_1이라 하면 $D_1=0$이어야 한다.
$\dfrac{D_1}{4}=a^2-b=0$ [참]

STEP B 두 함수의 그래프를 이용하여 참, 거짓 판단하기

ㄴ. 함수 $y=f(x)$의 그래프와 y축과 만나는 점 $(0, b)$가 함수 $y=g(x)$의
그래프와 y축과 만나는 점 $(0, d)$보다 아래쪽에 있으므로
$b<d$ $\therefore b-d<0$

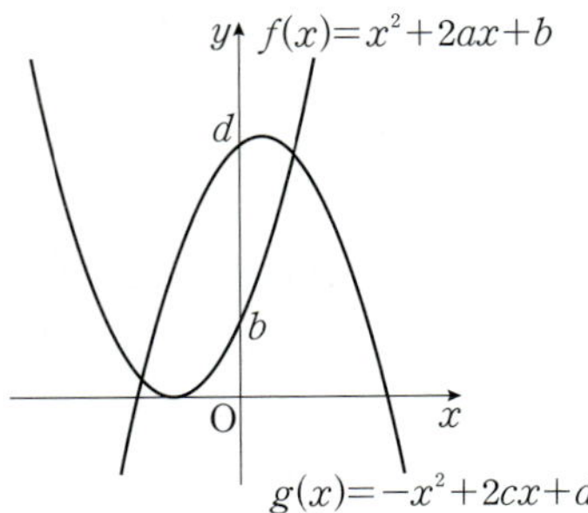

ㄱ에 의하여 $a^2-b=0$이므로 $a^2=b$

$a^2-d=b-d<0$ [참]

> **+α** 근과 계수의 관계를 이용하여 참, 거짓을 판단할 수 있어!
>
> 두 함수 $y=f(x)$와 $y=g(x)$의 그래프가 제1사분면과 제2사분면에서 만나므로
> 두 함수를 연립한 이차방정식은 부호가 다른 서로 다른 두 실근을 갖는다.
> 이차방정식 $x^2+2ax+b=-x^2+2cx+d$, 즉 $2x^2+2(a-c)x+b-d=0$
> 이차방정식 $2x^2+2(a-c)x+b-d=0$의 두 실근의 부호가 다르므로
> 근과 계수의 관계에 의하여
> (두 근의 곱)$=\dfrac{b-d}{2}<0$이므로 $b-d<0$
> ㄱ에 의하여 $a^2-b=0$이므로 $a^2=b$ ∴ $a^2-d<0$ [참]

STEP C **두 함수 $y=f(x)$, $y=g(x)$의 그래프가 서로 다른 두 점에서 만남을 이용하여 참, 거짓 판단하기**

ㄷ. 두 함수 $y=f(x)$, $y=g(x)$의 그래프가 서로 다른 두 점에서 만나므로
이차방정식 $f(x)=g(x)$는 서로 다른 두 실근을 갖는다.

즉 $x^2+2ax+b=-x^2+2cx+d$에서 $2x^2+2(a-c)x+b-d=0$
이차방정식의 판별식을 D_2라 하면 $D_2>0$이어야 한다.

$$\dfrac{D_2}{4}=(a-c)^2-2(b-d)$$
$$=a^2-2ac+c^2-2b-2d \quad \longleftarrow \text{ㄱ에 의하여 } a^2=b$$
$$\therefore (c^2-b)+2(d-ac)>0 \text{ [참]}$$

따라서 옳은 것은 ㄱ, ㄴ, ㄷ이다.

정답 ⑤

0811

정답 3

STEP A **주어진 방정식이 서로 다른 4개의 실근을 갖기 위한 조건 구하기**

방정식 $|x^2-4|=k$가 서로 다른 4개의 실근을 가지려면
함수 $y=|x^2-4|$의 그래프와 직선 $y=k$가 서로 다른 네 점에서 만나야 한다.

STEP B **함수 $y=|x^2-4|$의 그래프의 개형 그리기**

$y=|x^2-4|$에서 $x=-2$ 또는 $x=2$를 기준으로 범위를 나누어
함수의 식을 구하면

함수 $y=x^2-4$의 그래프는 꼭짓점의 좌표가 $(0,-4)$이고 $x^2-4=0$에서 $(x+2)(x-2)=0$, 즉 x축과 만나는 점의 x좌표가 -2, 2

$$y=|x^2-4|=\begin{cases} x^2-4 & (x\le-2 \text{ 또는 } x\ge2) \\ -(x^2-4) & (-2<x<2) \end{cases}$$

STEP C **정수 k의 개수 구하기**

이때 교점이 4개이려면 다음 그림과 같이 직선 $y=k$가 $y=0$과 $y=4$ 사이에 있어야 한다.

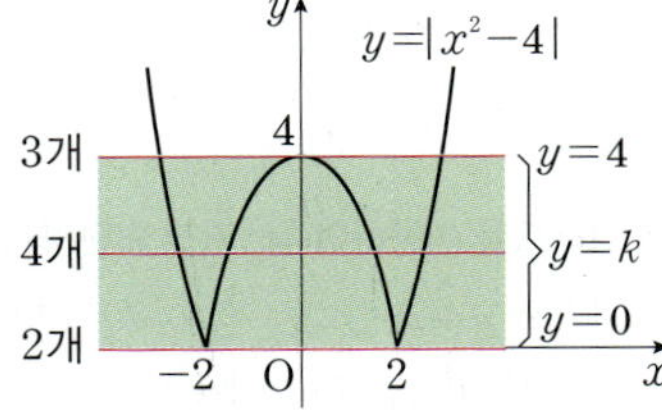

따라서 $0<k<4$이므로 정수 k는 1, 2, 3이고 개수는 3

0812

정답 ⑤

STEP A **주어진 방정식이 서로 다른 3개의 실근을 갖기 위한 조건 구하기**

방정식 $|(x+1)(x-3)|=k$가 서로 다른 3개의 실근을 가지려면
함수 $y=|(x+1)(x-3)|$의 그래프와 직선 $y=k$가 서로 다른 세 점에서 만나야 한다.

STEP B **함수 $y=|(x+1)(x-3)|$의 그래프의 개형 그리기**

$y=|(x+1)(x-3)|$에서 $x=-1$ 또는 $x=3$을 기준으로 범위를 나누어
함수의 식을 구하면

함수 $y=(x+1)(x-3)=x^2-2x-3=(x-1)^2-4$의 그래프는 꼭짓점의 좌표가 $(1,-4)$이고 $(x+1)(x-3)=0$에서 x축과 만나는 점의 x좌표가 -1, 3

$$y=|(x+1)(x-3)|=\begin{cases} (x+1)(x-3) & (x\le-1 \text{ 또는 } x\ge3) \\ -(x+1)(x-3) & (-1<x<3) \end{cases}$$

STEP C **k의 값 구하기**

이때 교점이 3개이려면 다음 그림과 같이 직선 $y=k$가 꼭짓점 $(1,4)$를 지나야 한다.

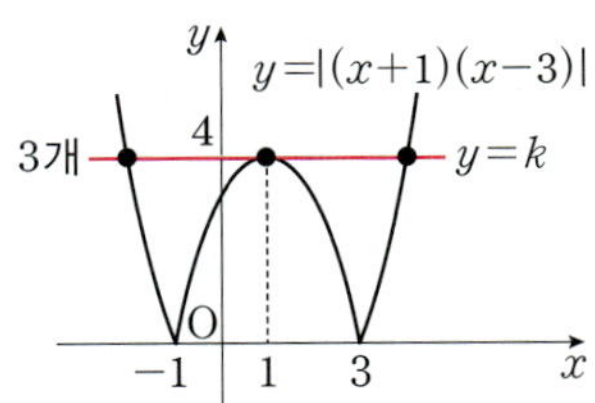

따라서 $k=4$

0813

정답 ④

STEP A **주어진 방정식이 서로 다른 4개의 실근을 갖기 위한 조건 구하기**

방정식 $|x^2-6x|=k+2$가 서로 다른 네 개의 실근을 가지려면
함수 $y=|x^2-6x|$의 그래프와 직선 $y=k$가 서로 다른 네 점에서 만나야 한다.

STEP B **함수 $y=|x^2-6x|$의 그래프의 개형 그리기**

$y=|x^2-6x|$에서 $x=0$ 또는 $x=6$를 기준으로 범위를 나누어
함수의 식을 구하면

함수 $y=x^2-6x=(x-3)^2-9$의 그래프는 꼭짓점의 좌표가 $(3,-9)$이고 $x(x-6)=0$에서 x축과 만나는 점의 x좌표가 0, 6이다.

$$y=|x^2-6x|=\begin{cases} x^2-6x & (x\le0 \text{ 또는 } x\ge6) \\ -x^2+6x & (0<x<6) \end{cases}$$

STEP C **정수 k의 개수 구하기**

이때 교점이 4개이려면 다음 그림과 같이 직선 $y=k+2$가 $y=0$과 $y=9$ 사이에 있어야 한다.

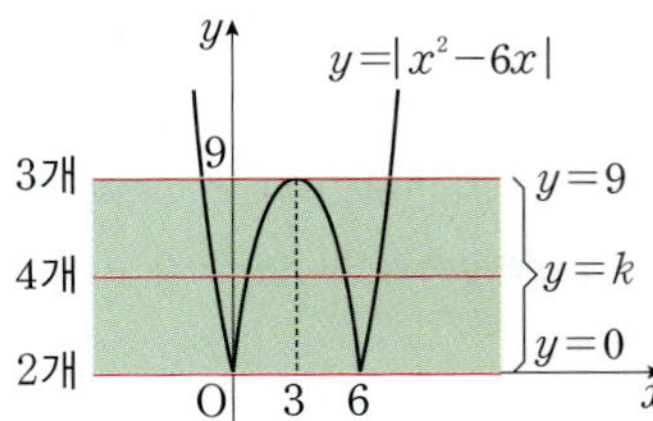

즉 $0<k+2<9$
따라서 $-2<k<7$이므로 정수 k는 -1, 0, 1, 2, 3, 4, 5, 6이고 개수는 8

x에 대한 방정식 $|x^2-4x-5|=k+2$가 서로 다른 3개의 실근을 갖도록 하는 상수 k의 값은?

① 3 　　② 4 　　③ 5
④ 6 　　⑤ 7

STEP A 주어진 방정식이 서로 다른 3개의 실근을 갖기 위한 조건 구하기

방정식 $|x^2-4x-5|=k+2$가 서로 다른 3개의 실근을 가지려면
함수 $y=|x^2-4x-5|$의 그래프와 직선 $y=k+2$가 서로 다른 세 점에서
만나야 한다.

STEP B 함수 $y=|x^2-4x-5|$의 그래프의 개형 그리기

$y=|x^2-4x-5|$에서 $x=-1$ 또는 $x=5$를 기준으로 범위를 나누어
함수의 식을 구하면

함수 $y=x^2-4x-5=(x-2)^2-9$의 그래프는 꼭짓점의 좌표가 $(2, -9)$이고
$x^2-4x-5=(x+1)(x-5)=0$에서 x축과 만나는 점의 x좌표가 $-1, 5$

$$y=|x^2-4x-5|=\begin{cases} x^2-4x-5 \ (x\le -1 \text{ 또는 } x\ge 5) \\ -x^2+4x+5 \ (-1<x<5) \end{cases}$$

STEP C k의 값 구하기

이때 교점이 3개이려면 다음 그림과 같이 직선 $y=k+2$가 꼭짓점 $(2, 9)$를
지나야 한다.

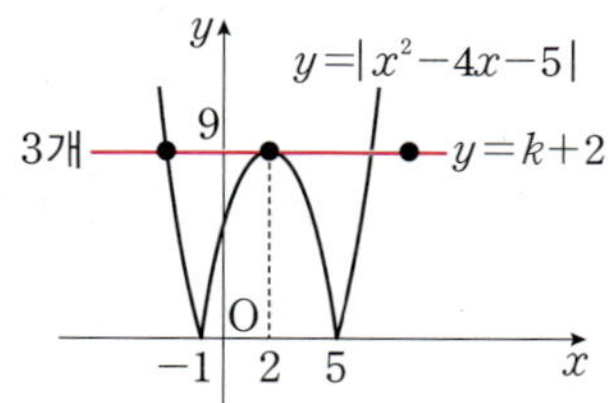

따라서 $k+2=9$이므로 $k=7$

정답 ⑤

0814

정답 ①

STEP A 두 함수의 그래프가 서로 다른 네 점에서 만날 때, 실수 t의 범위 구하기

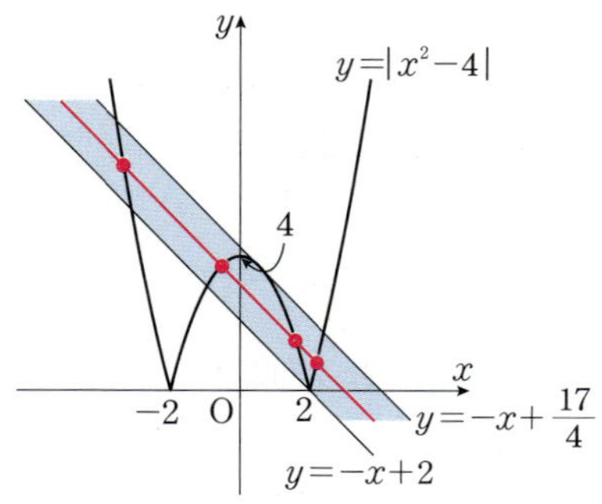

(i) 직선 $y=-x+t$가 점 $(2, 0)$을 지나는 경우 　←　$x=2, y=0$을 대입
　　$0=-2+t$이므로 $t=2$
(ii) 두 함수 $y=-x^2+4$, $y=-x+t$의 그래프가 접하는 경우
　　　$y=-(x^2-4)=-x^2+4$
　　두 식을 연립하면 $-x^2+4=-x+t$
　　즉 이차방정식 $x^2-x+t-4=0$이 중근을 가지므로 판별식 D라 하면
　　$D=0$이어야 한다.
　　$D=(-1)^2-4(t-4)=0$
　　$\therefore t=\dfrac{17}{4}$
(i), (ii)에 의하여 실수 t의 범위는 $2<t<\dfrac{17}{4}$

0815

정답 2

STEP A $x_4-x_1=5$임을 이용하여 x_1, x_4와 t의 값 구하기

$$f(x)=|x^2-3|-2x=\begin{cases} x^2-2x-3 \ (x\le -\sqrt{3} \text{ 또는 } x\ge\sqrt{3}) \\ -x^2-2x+3 \ (-\sqrt{3}<x<\sqrt{3}) \end{cases}$$

x_1, x_4는 이차방정식 $x^2-2x-3=-x+t$, 즉 $x^2-x-t-3=0$의 두 근이므로
근과 계수의 관계에 의하여

이차방정식 $ax^2+bx+c=0$에서 두 근의 합 $-\dfrac{b}{a}$, 두 근의 곱 $\dfrac{c}{a}$

$x_1+x_4=1$, $x_1x_4=-t-3$
이때 주어진 조건에서 $x_4-x_1=5$이므로 $x_1+x_4=1$과 연립하면
$x_1=-2$, $x_4=3$
이때 $x_1x_4=-6$이므로 $t=3$

STEP B 두 식을 연립하여 x_2, x_3의 값 구하기

마찬가지로 x_2, x_3는 이차방정식
$-x^2-2x+3=-x+3$의 두 근
이므로
$x^2+x=0$, $x(x+1)=0$
$\therefore x_2=-1$, $x_3=0$
따라서 $x_1\times x_2=-2\times(-1)=2$

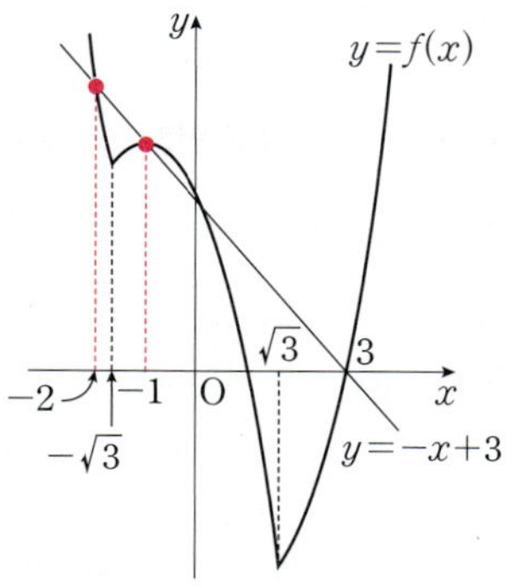

0816

2023년 03월 고2 학력평가 28번

해설강의

정답 12

STEP A 두 함수를 연립하여 두 점의 x좌표인 x_1, x_2 구하기

직선 $y=n$이 이차함수 $y=x^2-4x+4$와
만나는 점의 x좌표는
이차방정식 $x^2-4x+4=n$의 실근과 같다.
$x^2-4x+4=n$, $(x-2)^2=n$,
$x-2=\pm\sqrt{n}$
$\therefore x=2-\sqrt{n}$ 또는 $x=2+\sqrt{n}$
x_1, x_2 중 작은 것을 α, 큰 것을 β라 하면
$\alpha=2-\sqrt{n}$, $\beta=2+\sqrt{n}$

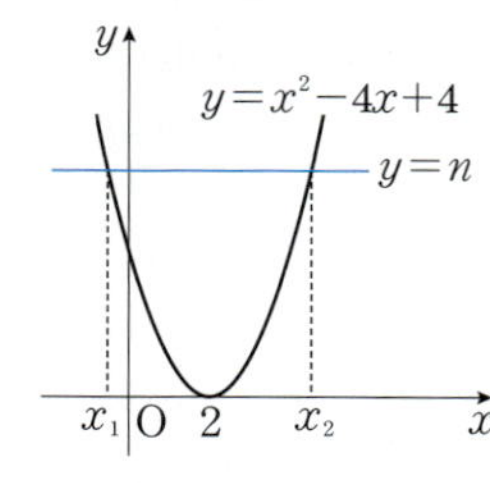

STEP B n의 범위를 나누어 자연수 n의 값 구하기

이차함수 $y=x^2-4x+4$의 y절편이 4이므로
직선 $y=n$에서 자연수 n의 값을 다음과 같이 나눈다.
(i) $1\le n\le 4$인 경우
　　$\alpha\ge 0$, $\beta>0$이므로
$$\frac{|x_1|+|x_2|}{2}=\frac{\alpha+\beta}{2}$$
$$=\frac{(2-\sqrt{n})+(2+\sqrt{n})}{2}$$
$$=\frac{4}{2}=2$$
　　즉 $\dfrac{|x_1|+|x_2|}{2}$의 값이 자연수가 되는
　　n의 값은 1, 2, 3, 4이므로 개수는 4
(ii) $4<n\le 100$인 경우
　　$\alpha<0<\beta$이므로
$$\frac{|x_1|+|x_2|}{2}=\frac{-\alpha+\beta}{2}$$
$$=\frac{(\sqrt{n}-2)+(2+\sqrt{n})}{2}$$
$$=\frac{2\sqrt{n}}{2}=\sqrt{n}$$

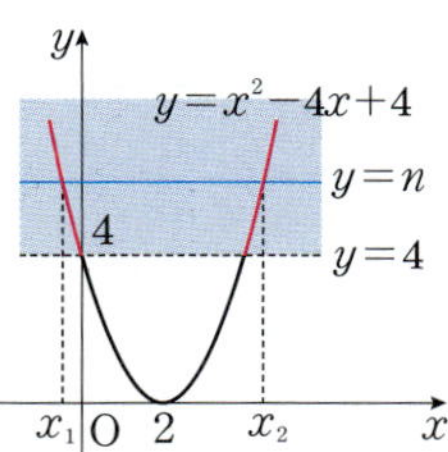

즉 $\dfrac{|x_1|+|x_2|}{2}$ 의 값이 자연수가 되는

n의 값은 9, 16, 25, 36, 49, 64, 81, 100이므로 개수는 8

$\sqrt{9}=3,\ \sqrt{16}=4,\ \sqrt{25}=5,\ \sqrt{36}=6,\ \sqrt{49}=7,\ \sqrt{64}=8,\ \sqrt{81}=9,\ \sqrt{100}=10$

(i), (ii)에서 $\dfrac{|x_1|+|x_2|}{2}$ 의 값이 자연수가 되도록 하는 100 이하의 자연수

n의 개수는 $4+8=12$

내신 연계 출제문항 383

자연수 n에 대하여 직선 $y=n$이 이차함수 $y=x^2-6x+9$의 그래프와
만나는 두 점의 x좌표를 각각 x_1, x_2라 하자.

$\dfrac{|x_1|+|x_2|}{2}$ 의 값이 자연수가 되도록 하는 100 이하의 자연수 n의 개수를
구하시오.

STEP A 두 함수를 연립하여 두 점의 x좌표인 x_1, x_2 구하기

직선 $y=n$이 이차함수 $y=x^2-6x+9$와
만나는 점의 x좌표는
이차방정식 $x^2-6x+9=n$의 실근과 같다.
$x^2-6x+9=n$, $(x-3)^2=n$,
$x-3=\pm\sqrt{n}$
$\therefore x=3-\sqrt{n}$ 또는 $x=3+\sqrt{n}$
x_1, x_2 중 작은 것을 α, 큰 것을 β라 하면
$\alpha=3-\sqrt{n},\ \beta=3+\sqrt{n}$

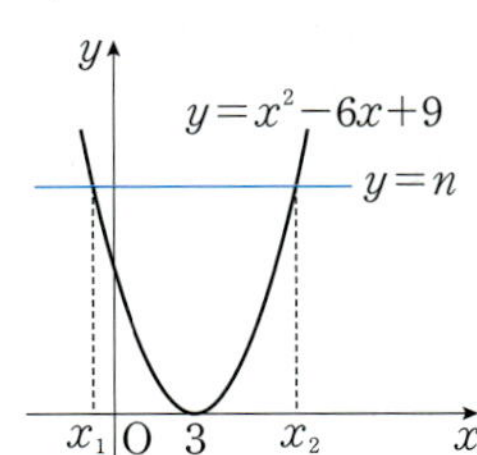

STEP B n의 범위를 나누어 자연수 n의 값 구하기

이차함수 $y=x^2-6x+9$의 y절편이 9이므로
직선 $y=n$에서 자연수 n의 값을 다음과 같이 나눈다.
(i) $1\le n\le 9$인 경우
　$\alpha\ge 0$, $\beta>0$이므로

$$\dfrac{|x_1|+|x_2|}{2}=\dfrac{\alpha+\beta}{2}$$
$$=\dfrac{(3-\sqrt{n})+(3+\sqrt{n})}{2}$$
$$=\dfrac{6}{2}=3$$

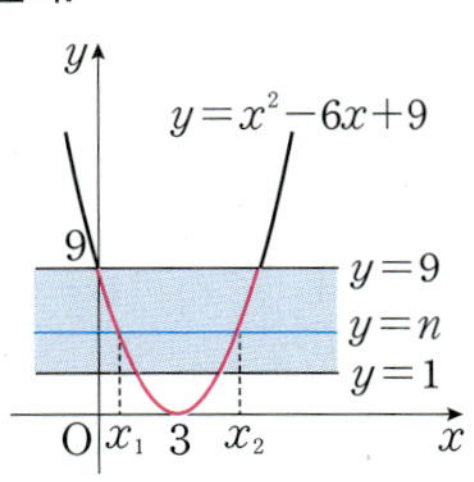

즉 $\dfrac{|x_1|+|x_2|}{2}$ 의 값이 자연수가 되는

n의 값은 1, 2, 3, 4, 5, 6, 7, 8, 9이므로 개수는 9
(ii) $9<n\le 100$인 경우
　$\alpha<0<\beta$이므로

$$\dfrac{|x_1|+|x_2|}{2}=\dfrac{-\alpha+\beta}{2}$$
$$=\dfrac{(\sqrt{n}-3)+(3+\sqrt{n})}{2}$$
$$=\dfrac{2\sqrt{n}}{2}=\sqrt{n}$$

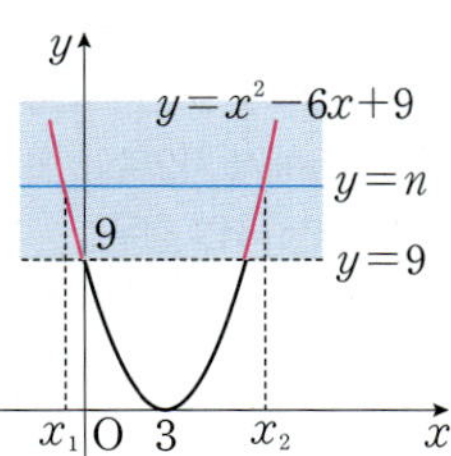

즉 $\dfrac{|x_1|+|x_2|}{2}$ 의 값이 자연수가 되는

100 이하의 자연수 n의 값은 16, 25, 36, 49, 64, 81, 100이므로 개수는 7

$\sqrt{16}=4,\ \sqrt{25}=5,\ \sqrt{36}=6,\ \sqrt{49}=7,\ \sqrt{64}=8,\ \sqrt{81}=9,\ \sqrt{100}=10$

(i), (ii)에서 $\dfrac{|x_1|+|x_2|}{2}$ 의 값이 자연수가 되도록 하는 100 이하의 자연수

n의 개수는 $9+7=16$

정답 16

0817

STEP A 이차함수의 식을 $y=a(x-p)^2+q$의 꼴로 변형하여 최댓값 구하기

$y=-2x^2-4x+5$
　$=-2(x^2+2x+1)+2+5$
　$=-2(x+1)^2+7$
이므로 $x=-1$에서 최댓값 $M=7$

STEP B 이차함수의 식을 $y=a(x-p)^2+q$의 꼴로 변형하여 최솟값 구하기

$y=3x^2+6x-1$
　$=3(x^2+2x+1)-3-1$
　$=3(x+1)^2-4$
이므로 $x=-1$에서 최솟값 $m=-4$

STEP C $M+m$의 값 구하기

따라서 $M+m=7+(-4)=3$

0818

STEP A 점 $(-2,\ -4)$를 이차함수에 대입하여 a의 값 구하기

이차함수 $y=x^2+ax+4$가 점 $(-2,\ -4)$를 지나므로
$-4=4-2a+4$
$\therefore a=6$

STEP B 이차함수의 최댓값을 구하여 $a+m$의 값 구하기

$a=6$을 이차함수에 대입하여
완전제곱식으로 바꾸면
$y=x^2+6x+4=(x+3)^2-5$
따라서 $x=-3$일 때, 최솟값은
$m=-5$이므로 $a+m=6+(-5)=1$

0819

STEP A 이차함수를 변형하여 최댓값 구하기

$y=-x^2+4x+a$
　$=-(x^2-4x+4-4)+a$
　$=-(x-2)^2+4+a$
이므로 $x=2$에서 최댓값은 $4+a$를 갖는다.

STEP B 실수 a의 최댓값 구하기

$f(x)$가 모든 실수 x에 대하여
$f(x)\le 6$를 만족시키므로
$4+a\le 6$　$\therefore a\le 2$
따라서 실수 a의 최댓값은 2

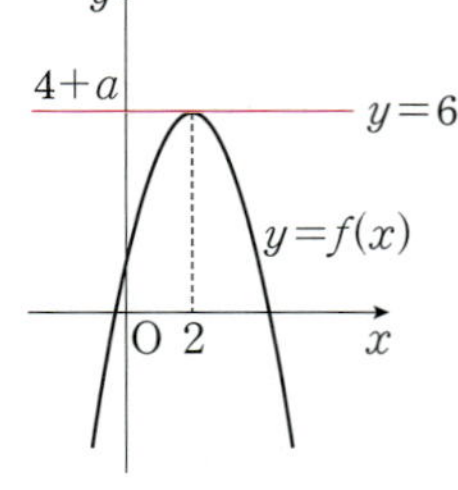

이차함수 $f(x)=x^2+4x+2k-1$가 모든 실수 x에 대하여 $f(x)\geq 3$를 만족시킬 때, 실수 k의 최솟값은?

① 2   ② 3   ③ 4
④ 5   ⑤ 6

STEP A 이차함수를 변형하여 최솟값 구하기

$f(x)=x^2+4x+2k-1$
$\quad=x^2+4x+4-4+2k-1$
$\quad=(x+2)^2+2k-5$

이므로 $x=-2$에서 최솟값은 $2k-5$를 갖는다.

STEP B 실수 k의 최솟값 구하기

$f(x)$가 모든 실수 x에 대하여
$f(x)\geq 3$를 만족시키므로
$2k-5\geq 3$ $\therefore k\geq 4$
따라서 실수 k의 최솟값은 4

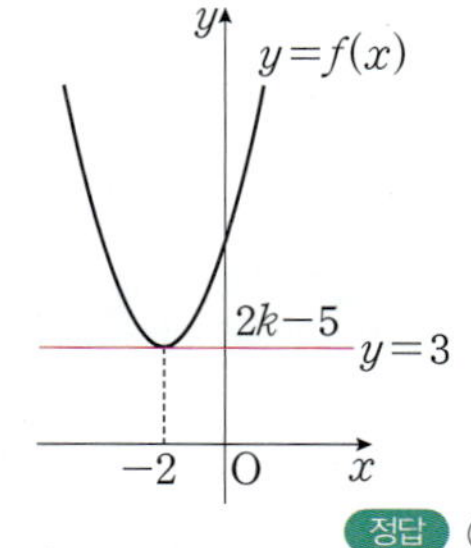

정답 ③

0820

정답 ②

STEP A $y=a(x-m)^2+n$꼴로 변형하기

$y=x^2+2ax+2a-4$
$\quad=(x^2+2ax+a^2)-a^2+2a-4$
$\quad=(x+a)^2-a^2+2a-4$

이므로 $x=-a$에서 최솟값 $-a^2+2a-4$를 갖는다.
$\therefore g(a)=-a^2+2a-4$

STEP B $g(a)$의 최댓값 구하기

$g(a)=-a^2+2a-4=-(a-1)^2-3$
따라서 이차함수 $g(a)$는 $a=1$에서 최댓값 -3을 갖는다.

0821

정답 ②

STEP A 이차함수와 이차방정식의 관계를 이해하기

이차함수 $f(x)=x^2-ax+5$의 그래프가 x축과 두 점 A, B에서 만나고
두 점 A, B의 좌표를 각각 $(\alpha,\ 0)$, $(\beta,\ 0)$이라 하면
이차방정식 $x^2-ax+5=0$의 두 실근이 α, β이므로 근과 계수 관계에 의하여
$\alpha+\beta=a$, $\alpha\beta=5$ ······ ㉠

STEP B 곱셈 공식을 이용하여 a의 값 구하기

이때 두 점 사이의 거리는 $|\alpha-\beta|$이므로 $|\alpha-\beta|=4$
양변을 제곱하면 $(\alpha-\beta)^2=16$
$(\alpha-\beta)^2=(\alpha+\beta)^2-4\alpha\beta$이므로
㉠을 대입하면 $16=a^2-4\times 5$, $a^2=36$
$\therefore a=6\ (\because a>0)$

STEP C $f(x)$의 최솟값 구하기

$f(x)=x^2-6x+5=(x-3)^2-4$
따라서 $f(x)$는 $x=3$에서 최솟값 -4를 갖는다.

0822

정답 ⑤

STEP A 이차방정식의 켤레근의 성질을 이용하여 a, b의 값 구하기

이차방정식 $x^2+ax+b=0$의 한 근이 $2-\sqrt{3}$이고
a, b가 유리수이므로 나머지 한 근은 $2+\sqrt{3}$
이때 이차방정식의 근과 계수의 관계에서
두 근의 합 $(2-\sqrt{3})+(2+\sqrt{3})=-a$ $\therefore a=-4$
두 근의 곱 $(2-\sqrt{3})\times(2+\sqrt{3})=b$ $\therefore b=1$

STEP B 이차함수 $f(x)$의 최솟값 구하기

$f(x)=x^2+ax+b=x^2-4x+1=(x-2)^2-3$
따라서 이차함수 $f(x)$는 $x=2$에서 최솟값 -3을 갖는다.

0823

정답 4

STEP A 이차함수의 그래프와 직선의 교점의 x좌표가 연립한 이차방정식의 두 근임을 이해하기

이차함수 $y=f(x)$의 그래프와 직선 $y=g(x)$의 두 교점의 x좌표 1, 5는
이차방정식 $f(x)=g(x)$, 즉 $f(x)-g(x)=0$의 두 근이다.

STEP B 이차함수 $y=f(x)-g(x)$의 최댓값 구하기

함수 $f(x)$는 이차항의 계수가 -1인 이차함수이므로
$f(x)-g(x)=-(x-1)(x-5)$
$\qquad\qquad\quad=-(x^2-6x+5)$
$\qquad\qquad\quad=-(x-3)^2+4$
따라서 $x=3$일 때, 최댓값은 4

 두 근이 주어진 이차함수의 식 작성하여 풀이하기

STEP A 이차함수의 그래프와 직선의 위치 관계를 이용하여 함수 $f(x)-g(x)$의 식을 세우기

두 함수 $f(x)$, $g(x)$가 $x=1$과 $x=5$에서 만나므로
이차방정식 $-x^2+ax+b=mx+n$,
즉 $x^2-(a-m)x+(n-b)=0$의 x값의 두 근이 1, 5이므로
두 근의 합 $1+5=a-m$ $\therefore a-m=6$
두 근의 곱 $1\times 5=n-b$ $\therefore n-b=5$
$y=f(x)-g(x)$
$\quad=-x^2+(a-m)x-(n-b)$
$\quad=-x^2+6x-5$

STEP B 이차함수 $y=f(x)-g(x)$의 최댓값 구하기

$y=-x^2+6x-5=-(x-3)^2+4$
따라서 $x=3$에서 최댓값은 4

이차항의 계수가 각각 1과 -1인 두 이차함수 $y=f(x)$, $y=g(x)$의 그래프가 오른쪽 그림과 같다. 함수 $h(x)$를 $h(x)=f(x)-g(x)$라 하자. 함수 $h(x)$의 최솟값은?

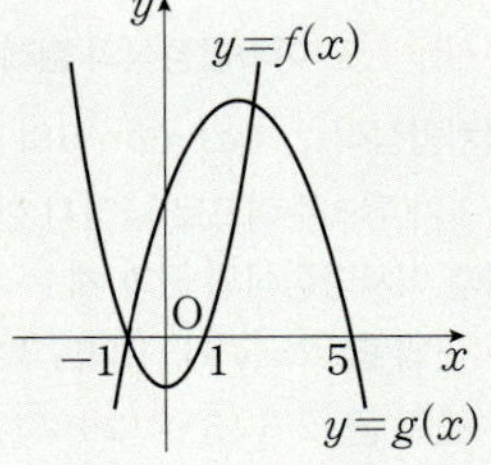

① -10 ② -9
③ -8 ④ -7
⑤ -5

STEP A 이차함수 $f(x)$, $g(x)$의 식 작성하기

이차항의 계수가 각각 1과 -1인 두 이차함수 $y=f(x)$, $y=g(x)$의 그래프에서
$f(x)=(x+1)(x-1)$, $g(x)=-(x+1)(x-5)$

STEP B 이차함수 $h(x)=f(x)-g(x)$의 최솟값 구하기

$h(x)=f(x)-g(x)=(x+1)(x-1)+(x+1)(x-5)$
$\qquad=(x+1)(2x-6)=2x^2-4x-6$
$\qquad=2(x-1)^2-8$

따라서 함수 $y=h(x)$는 $x=1$일 때, 최솟값 -8

정답 ③

0824

2013년 03월 고1 학력평가 25번

정답 18

STEP A 점 $(1, 13)$을 이차함수에 대입하여 a의 값 구하기

이차함수 $y=-x^2+ax+10$가 점 $(1, 13)$을 지나므로
$13=-1+a+10$ ∴ $a=4$

STEP B 이차함수의 식을 $y=(x-p)^2+q$로 변형하여 최댓값 구하기

$a=4$를 이차함수에 대입하여
완전제곱식으로 바꾸면
$y=-x^2+4x+10$
$\quad=-(x^2-4x+4-4)+10$
$\quad=-(x-2)^2+14$

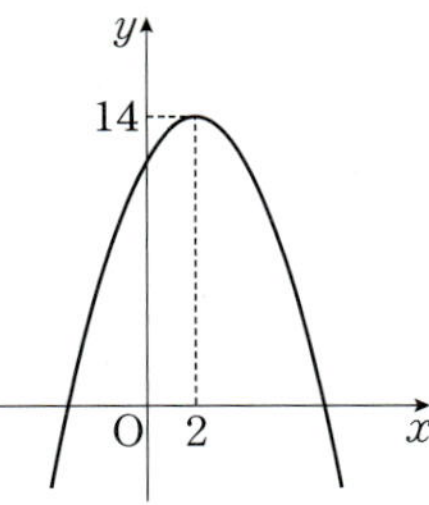

따라서 이차함수 $y=-x^2+4x+10$은
$x=2$일 때, 최댓값은 $M=14$이므로
$a+M=4+14=18$

좌표평면에서 점 $(1, 15)$를 지나는 이차함수 $y=-x^2+ax+12$의 최댓값을 M이라 할 때, $a+M$의 값은?

① 16 ② 18 ③ 20
④ 22 ⑤ 24

STEP A 점 $(1, 15)$를 이차함수에 대입하여 a의 값 구하기

이차함수 $y=-x^2+ax+12$가 점 $(1, 15)$를 지나므로
$15=-1+a+12$ ∴ $a=4$

STEP B 이차함수의 식을 $y=(x-p)^2+q$로 변형하여 최댓값 구하기

$a=4$를 이차함수에 대입하여
완전제곱식으로 바꾸면
$y=-x^2+4x+12$
$\quad=-(x-2)^2+16$

따라서 $x=2$일 때, 최댓값은 $M=16$
이므로 $a+M=4+16=20$

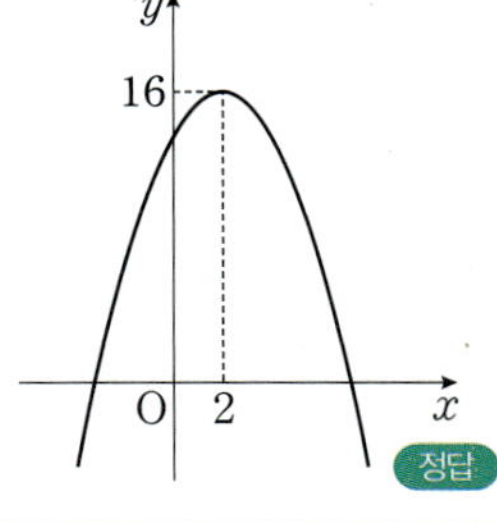

정답 ③

0825

2020년 06월 고1 학력평가 12번

정답 ③

STEP A 이차함수의 식과 직선의 방정식을 연립하여 얻은 이차방정식이 중근을 가짐을 이해하기

직선 $y=-x+a$가 이차함수 $y=x^2+bx+3$의 그래프에 접하므로
이차방정식 $x^2+bx+3=-x+a$
즉 $x^2+(b+1)x+3-a=0$이 중근을 갖는다.
이차방정식의 판별식을 D라 하면 $D=0$이어야 한다.

> 직선과 이차함수의 그래프의 교점이 하나이므로 실근이 1개이다.

> 이차방정식 $ax^2+bx+c=0$의 판별식을 D라 하면
> $D=b^2-4ac$ 또는 $\dfrac{D}{4}=b'^2-ac\left(b'=\dfrac{b}{2}\right)$

STEP B 이차방정식의 판별식이 $D=0$임을 이용하여 a의 최댓값 구하기

$D=(b+1)^2-4(3-a)=0$
a를 b에 대하여 정리하면
$a=-\dfrac{1}{4}(b+1)^2+3$ ← $(b+1)^2=4(3-a)$에서 $a=-\dfrac{1}{4}(b+1)^2+3$

따라서 $b=-1$일 때, 실수 a의 최댓값은 3

직선 $y=-x+a$가 이차함수 $y=x^2+bx+5$의 그래프에 접하도록 하는 a의 최댓값은? (단, a, b는 실수이다.)

① 1 ② 2 ③ 3
④ 4 ⑤ 5

STEP A 이차함수의 식과 직선의 방정식을 연립하여 얻은 이차방정식이 중근을 가짐을 이해하기

직선 $y=-x+a$가 이차함수 $y=x^2+bx+5$의 그래프에 접하므로
이차방정식 $x^2+bx+5=-x+a$,
즉 $x^2+(b+1)x+5-a=0$이 중근을 갖는다.
이차방정식의 판별식을 D라 하면 $D=0$이어야 한다.

> 직선과 이차함수의 그래프의 교점이 하나이므로 실근이 1개이다.

> 이차방정식 $ax^2+bx+c=0$의 판별식을 D라 하면
> $D=b^2-4ac$ 또는 $\dfrac{D}{4}=b'^2-ac\left(b'=\dfrac{b}{2}\right)$

STEP B 이차방정식의 판별식이 $D=0$임을 이용하여 a의 최댓값 구하기

$D=(b+1)^2-4(5-a)=0$
a를 b에 대하여 정리하면
$a=-\dfrac{1}{4}(b+1)^2+5$ ← $(b+1)^2=4(5-a)$에서 $a=-\dfrac{1}{4}(b+1)^2+5$

따라서 $b=-1$일 때, 실수 a의 최댓값은 5

정답 ⑤

0826

정답 7

STEP A 점 $(1, 3)$을 대입하여 a, b의 관계식 구하기

이차함수 $y=ax^2-4ax+b$의 그래프가 점 $(1, 3)$을 지나므로
대입하면 $3=a-4a+b$
∴ $-3a+b=3$ ⋯⋯ ㉠

STEP B 이차함수의 최댓값이 8임을 이용하여 a, b의 관계식 구하기

이차함수 $y=ax^2-4ax+b=a(x-2)^2-4a+b$에서
최댓값이 8이므로 $a<0$
∴ $-4a+b=8$ ⋯⋯ ㉡

STEP C $a-b$의 값 구하기

㉠, ㉡을 연립하여 풀면 $a=-5$, $b=-12$
따라서 $a-b=-5-(-12)=7$

0827

STEP A 이차함수 $y=-(x-2)(x+4)-k$의 최댓값 구하기

$y=-(x-2)(x+4)-k$
$\ =-x^2-2x+8-k$
$\ =-(x+1)^2+9-k$

이므로 $x=-1$에서 최댓값은 $9-k$ …… ㉠

STEP B 이차함수 $y=2x^2-8x+5+2k$의 최솟값 구하기

$y=2x^2-8x+5+2k$
$\ =2(x^2-4x+4-4)+5+2k$
$\ =2(x-2)^2-3+2k$

이므로 $x=2$에서 최솟값은 $-3+2k$ …… ㉡

STEP C k의 값 구하기

㉠, ㉡에서 $9-k=-3+2k$, $3k=12$
따라서 $k=4$

0828

STEP A 이차함수 $y=-x^2+6x+a$의 최댓값을 이용하여 a의 값 구하기

$y=-x^2+6x+a$
$\ =-(x^2-6x+9-9)+a$
$\ =-(x-3)^2+9+a$
이므로 $x=3$에서 최댓값은 $9+a=11$
$\therefore a=2$ …… ㉠

STEP B 이차함수 $y=x^2-2ax+b$의 최솟값을 이용하여 b의 값 구하기

$y=x^2-2ax+b$
$\ =x^2-2ax+a^2-a^2+b$
$\ =(x-a)^2-a^2+b$
이므로 $x=a$에서 최솟값은 $-a^2+b$
$-a^2+b=5$ …… ㉡
㉠을 ㉡에 대입하면 $-4+b=5$ $\therefore b=9$

STEP C ab의 값 구하기

따라서 $ab=2\times9=18$

0829

STEP A 이차함수의 최댓값과 함숫값을 이용하여 a의 값 구하기

이차함수 $f(x)=ax^2+bx+c$가 $x=1$에서 최댓값 5를 가지므로
$f(x)=a(x-1)^2+5\,(a<0)$ …… ㉠
$f(3)=-3$이므로 $-3=4a+5$ $\therefore a=-2$

STEP B $a+b-c$의 값 구하기

이를 ㉠에 대입하면 $f(x)=-2(x-1)^2+5=-2x^2+4x+3$
따라서 $a=-2$, $b=4$, $c=3$이므로 $a+b-c=-2+4-3=-1$

0830

STEP A 함수 $f(x)$의 최솟값을 이용하여 a, k의 관계식 구하기

$y=x^2-2kx+k^2+2k-a$
$\ =(x-k)^2+2k-a$
이므로 $x=k$에서 최솟값은 $2k-a$
조건 (가)에서 $2k-a=3$ …… ㉠

STEP B 조건 (나)를 이용하여 a, k의 값 구하기

꼭짓점 $(k, 2k-a)$가 직선 $y=2x+5$ 위의 점이므로
$2k-a=2k+5$ $\therefore a=-5$
이를 ㉠에 대입하면 $2k+5=3$ $\therefore k=-1$
따라서 $a+2k=-5+2\times(-1)=-7$

0831

2019년 09월 고1 학력평가 23번

STEP A 이차함수 $f(x)$의 최댓값이 20임을 이용하여 상수 k의 값 구하기

$f(x)=-x^2-4x+k$
$\qquad =-(x^2+4x+4-4)+k$
$\qquad =-(x+2)^2+k+4$
이차함수 $f(x)$는 $x=-2$일 때, 최댓값 $k+4$를 가지므로 $k+4=20$
따라서 $k=16$

이차함수 $f(x)=-x^2-6x+k$의 최댓값이 15일 때, 상수 k의 값은?

① 4 　　　② 5 　　　③ 6
④ 7 　　　⑤ 8

STEP A 이차함수 $f(x)$의 최댓값이 15임을 이용하여 상수 k의 값 구하기

$f(x)=-x^2-6x+k$
$\qquad =-(x^2+6x+9-9)+k$
$\qquad =-(x+3)^2+k+9$
이차함수 $f(x)$는 $x=-3$일 때, 최댓값 $k+9$를 가지므로 $k+9=15$
따라서 $k=6$

0832

STEP A 이차함수를 변형하여 최솟값 구하기

$y=x^2-ax+2=\left(x-\dfrac{a}{2}\right)^2-\dfrac{a^2}{4}+2$이므로 $x=1$에서 최솟값 b를 가진다.

즉 $\dfrac{a}{2}=1$에서 $a=2$이고 $-\dfrac{a^2}{4}+2=b$에서 $b=-1+2=1$
따라서 $a+b=3$

mini 해설 | 이차함수의 꼭짓점의 좌표를 이용하여 풀이하기

이차함수 $y=x^2-ax+2$가 $x=1$에서 최솟값이 b이므로
$y=(x-1)^2+b=x^2-2x+1+b=x^2-ax+2$
즉 $a=2$, $1+b=2$에서 $a=2$, $b=1$ $\therefore a+b=3$

0833

STEP A 조건 (가)를 이용하여 $y=a(x-m)^2+n$으로 나타내기

조건 (가)에서 이차함수 $f(x)$가 $x=-2$일 때, 최솟값 -3을 가지므로
$f(x)=a(x+2)^2-3\,(a>0)$

STEP B 조건 (나)를 이용하여 $f(2)$의 값 구하기

조건 (나)에서 $f(1)=9a-3=6$ $\therefore a=1$
따라서 이차함수 $f(x)=x^2+4x+1$이므로 $f(2)=13$

이차함수 $y=f(x)$의 그래프가 점 $(1, -2)$를 지나고 $x=-1$에서 최댓값 2를 가질 때, $f(0)$의 값은?

① 1　　　② 2　　　③ 3
④ 4　　　⑤ 5

STEP A $y=a(x-m)^2+n$ 꼴로 나타내기

이차함수 $y=f(x)$가 $x=-1$에서 최댓값 2를 가지므로
$$f(x)=a(x+1)^2+2 \, (a<0)$$

STEP B 점 $(1, -2)$를 대입하여 $f(0)$의 값 구하기

이차함수 $y=f(x)$의 그래프가 점 $(1, -2)$를 지나므로
$y=a(x+1)^2+2$에 대입하면 $-2=a\times2^2+2$, $4a=-4$　∴ $a=-1$
따라서 $f(x)=-(x+1)^2+2$이므로 $f(0)=1$　　　정답 ①

0834
정답 ⑤

STEP A $f(-1)=f(3)$을 이용하여 a의 값 구하기

$f(x)=-x^2+ax+b$에서 $f(-1)=f(3)$이므로 $-1-a+b=-9+3a+b$
$4a=8$　∴ $a=2$

STEP B $f(x)$의 최댓값이 6임을 이용하여 b의 값 구하기

$a=2$를 이차함수에 대입하면 $f(x)=-x^2+2x+b=-(x-1)^2+1+b$이므로
$x=1$에서 최댓값은 $1+b$, 즉 최댓값이 6이므로
$1+b=6$　∴ $b=5$

STEP C $f(0)$의 값 구하기

따라서 $f(x)=-x^2+2x+5$이므로 $f(0)=5$

+α 꼭짓점의 좌표를 이용하여 $f(0)$의 값을 구할 수 있어!

이차함수 $y=f(x)$의 그래프의 꼭짓점의 x좌표를 p라 하면
이차함수 $y=f(x)$의 그래프는 직선 $x=p$에 대하여 대칭이다.
$f(-1)=f(3)$이므로 꼭짓점의 x좌표는
$$p=\frac{-1+3}{2}=1$$
이때 함수 $f(x)$의 최댓값이 6이므로
$f(x)$는 $x=1$에서 최댓값 6을 가진다.
이차함수의 꼭짓점의 좌표는 $(1, 6)$

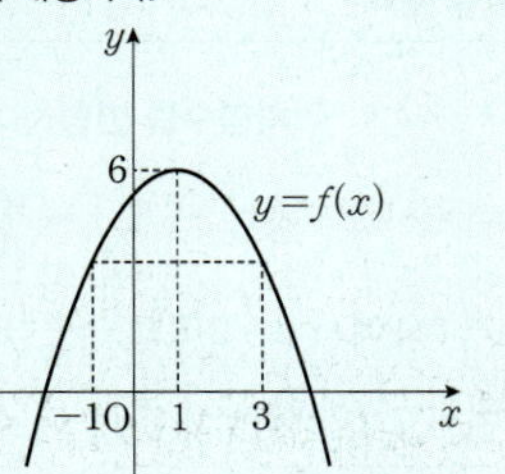

∴ $f(x)=-(x-1)^2+6=-x^2+2x+5$
따라서 $f(0)=5$

이차함수 $f(x)=x^2+ax+b$에 대하여 $f(-3)=f(5)$이고 최솟값이 5일 때, 이차함수 $y=-x^2+bx+a$의 최댓값은?

① 3　　　② 4　　　③ 5
④ 6　　　⑤ 7

STEP A $f(-3)=f(5)$를 이용하여 a의 값 구하기

$f(x)=x^2+ax+b$에서 $f(-3)=f(5)$이므로 $9-3a+b=25+5a+b$
$-8a=16$　∴ $a=-2$

STEP B 최솟값이 5임을 이용하여 b의 값 구하기

$a=-2$를 이차함수에 대입하면 $f(x)=x^2-2x+b=(x-1)^2+b-1$이므로
$x=1$에서 최솟값 $b-1$
$b-1=5$　∴ $b=6$

+α 꼭짓점의 좌표를 이용하여 a, b의 값을 구할 수 있어!

이차함수 $y=f(x)$의 그래프의 꼭짓점의 x좌표를 p라 하면
이차함수 $y=f(x)$의 그래프는 직선 $x=p$에 대하여 대칭이다.
$f(-3)=f(5)$이므로 꼭짓점의 x좌표는
$$p=\frac{-3+5}{2}=1$$
이때 함수 $f(x)$의 최솟값이 5이므로
$f(x)$는 $x=1$에서 최솟값 5를 가진다.
이차함수의 꼭짓점의 좌표는 $(1, 5)$

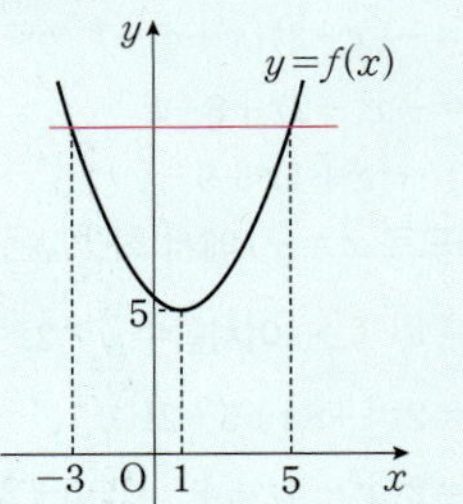

∴ $f(x)=(x-1)^2+5=x^2-2x+6$
즉 $a=-2, b=6$

STEP C 이차함수 $y=-x^2+6x-2$의 최댓값 구하기

따라서 $y=-x^2+6x-2=-(x-3)^2+7$이므로 $x=3$에서 최댓값은 7　　　정답 ⑤

0835
정답 ②

STEP A $y=a(x-m)^2+n$ 꼴로 나타내기

이차함수 $f(x)$가 $x=1$에서 최댓값 3을 가지므로
$$f(x)=a(x-1)^2+3 \, (a<0)$$

STEP B 이차함수의 식과 직선의 방정식을 연립하여 얻은 이차방정식이 중근을 가짐을 이용하여 a의 값 구하기

함수 $f(x)=a(x-1)^2+3=ax^2-2ax+a+3$의 그래프가 직선 $y=4x+3$과 한 점에서 만나므로 이차방정식 $ax^2-2ax+a+3=4x+3$,
즉 $ax^2-2(a+2)x+a=0$이 중근을 가져야 한다.
이차방정식 $ax^2-2(a+2)x+a=0$의 판별식을 D라 하면 $D=0$이어야 한다.
$$\frac{D}{4}=(a+2)^2-a^2=0, \; 4(a+1)=0$$
∴ $a=-1$

STEP C $f(2)$의 값 구하기

따라서 $f(x)=-(x-1)^2+3$이므로 $f(2)=-1+3=2$

0836
정답 4

STEP A 두 조건 (가), (나)를 만족하는 함수 $f(x)=a(x-m)^2+n$ 꼴로 나타내기

조건 (나)에 의하여 $f(x)=a(x-m)^2+15 \, (a<0)$이라 하자.
조건 (가)에 의하여 $f(2)=a(2-m)^2+15=10$
∴ $a(2-m)^2=-5$　　　……㉠

STEP B 이차방정식의 근과 계수의 관계를 이용하여 이차함수 $f(x)$의 식 작성하기

조건 (다)에서 방정식 $f(x)-3=a(x-m)^2+15-3=0$,
즉 이차방정식 $ax^2-2amx+am^2+12=0$의 근과 계수의 관계에 의하여
두 근의 합 $-\dfrac{-2am}{a}=2m=8$　∴ $m=4$
이를 ㉠에 대입하면 $4a=-5$
∴ $a=-\dfrac{5}{4}$

STEP C 이차방정식의 근과 계수의 관계를 이용하여 두 실근의 곱 구하기

따라서 이차함수 $f(x)=-\dfrac{5}{4}(x-4)^2+15$이므로 방정식 $-\dfrac{5}{4}(x-4)^2+15=0$,
즉 이차방정식 $x^2-8x+4=0$의 근과 계수의 관계에 의하여 두 실근의 곱은 4

0837

STEP A 조건 (가), (나)를 만족하는 이차함수와 직선의 식 작성하기

조건 (가)에 의해
이차함수 $y=f(x)$의 그래프의 꼭짓점의 좌표가 $(1, 9)$이므로
$f(x)=a(x-1)^2+9$ $(a<0)$로 놓을 수 있다.
> 이차함수가 최댓값을 가질 때, 최고차항의 계수는 음수이다.

조건 (나)에서 직선 $2x-y+1=0$,
즉 $y=2x+1$의 기울기가 2이므로
이 직선과 평행한 직선의 기울기는
2이다.
즉 기울기가 2이고 y절편이 9인 직선은
> 기울기가 m이고 y절편이 n인 직선의 기울기는
> $y=mx+n$

$y=2x+9$

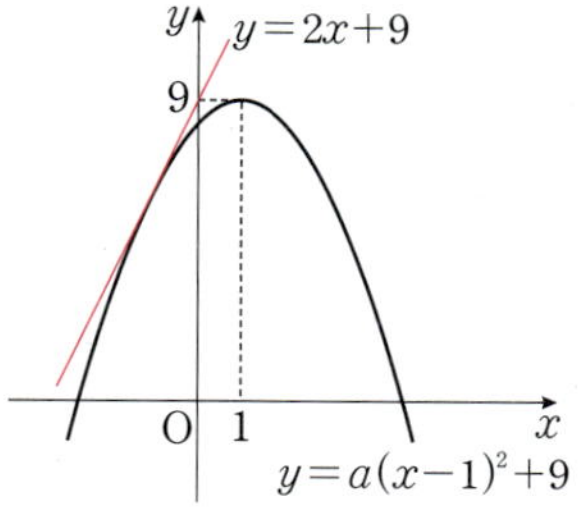

STEP B 직선이 이차함수에 접함을 이용하여 $f(x)$ 구하기

곡선 $y=f(x)$와 직선 $y=2x+9$가 접하므로
이차방정식 $a(x-1)^2+9=2x+9$,
즉 $ax^2-2(a+1)x+a=0$이 중근을 가져야 하므로
이 이차방정식의 판별식을 D라 할 때, $D=0$이어야 한다.
$$\frac{D}{4}=\{-(a+1)\}^2-a\times a=0$$
$$2a+1=0$$
$$\therefore a=-\frac{1}{2}$$

STEP C $f(2)$의 값 구하기

따라서 $f(x)=-\frac{1}{2}(x-1)^2+9$이므로 $f(2)=-\frac{1}{2}(2-1)^2+9=\frac{17}{2}$

내신연계 출제문항 391

이차함수 $f(x)$가 다음 조건을 만족시킬 때, $f(3)$의 값은?

> (가) 함수 $f(x)$는 $x=-2$에서 최솟값 7을 갖는다.
> (나) 이차함수 $y=f(x)$의 그래프가 직선 $y=-2x+2$와 한 점에서 만난다.

① 28 ② 29 ③ 30
④ 31 ⑤ 32

STEP A 조건 (가), (나)를 만족하는 이차함수와 직선의 식 작성하기

조건 (가)에 의해
이차함수 $y=f(x)$의 그래프의 꼭짓점의 좌표가 $(-2, 7)$이므로
$f(x)=a(x+2)^2+7$ $(a>0)$로 놓을 수 있다.

STEP B 직선이 이차함수에 접함을 이용하여 $f(x)$ 구하기

곡선 $y=f(x)$와 직선 $y=-2x+2$가 한점에서 만나므로
이차방정식 $a(x+2)^2+7=-2x+2$,
즉 $ax^2+2(2a+1)x+4a+5=0$이 중근을 가져야 한다.
이 이차방정식의 판별식을 D라 할 때, $D=0$이어야 한다.
$$\frac{D}{4}=\{(2a+1)\}^2-a\times(4a+5)=0$$
$$4a^2+4a+1-4a^2-5a=0, \ -a+1=0$$
$$\therefore a=1$$

STEP C $f(3)$의 값 구하기

따라서 $f(x)=(x+2)^2+7$이므로 $f(3)=(3+2)^2+7=32$ · 정답 ⑤

0838

STEP A 조건 (가)를 만족하는 상수 a의 값 구하기

$$f(x)=x^2+ax-(b-7)^2=\left(x+\frac{a}{2}\right)^2-\frac{a^2}{4}-(b-7)^2$$
조건 (가)에서 $f(x)$는 $x=-1$에서 최솟값을 가지므로
> 이차함수 $y=(x-p)^2+q$는 $x=p$에서 최솟값을 가진다.

$$-\frac{a}{2}=-1 \quad \therefore a=2$$

STEP B 조건 (나)에서 판별식을 이용하여 b, c의 값 구하기

이차함수 $y=f(x)$의 그래프와 직선 $y=cx$가 한 점에서 만나므로
이차방정식 $x^2+ax-(b-7)^2=cx$,
즉 $x^2+(a-c)x-(b-7)^2=0$은 중근을 가져야 한다.
이 이차방정식의 판별식을 D라 하면 $D=0$이어야 한다.
$$D=(a-c)^2+4(b-7)^2=0$$
$$(a-c)^2\geq 0, \ 4(b-7)^2\geq 0이므로 \ (a-c)^2=0, \ 4(b-7)^2=0$$
> 두 실수 A, B에 대하여 $A^2+B^2=0$이면 $A=0$, $B=0$
> $|A|+|B|=0$이면 $A=0$, $B=0$

$$\therefore a=c, \ b=7$$
따라서 $a=c=2$, $b=7$이므로 $a+b+c=11$

내신연계 출제문항 392

이차함수 $f(x)=x^2+2ax-(b-5)^2$이 다음 조건을 만족시킨다.

> (가) $x=3$에서 최솟값을 가진다.
> (나) 이차함수 $y=f(x)$의 그래프와 직선 $y=6cx$가 한 점에서만 만난다.

세 상수 a, b, c에 대하여 $a+b+c$의 값을 구하시오.

STEP A 조건 (가)를 만족하는 상수 a의 값 구하기

$$f(x)=x^2+2ax-(b-5)^2=(x+a)^2-a^2-(b-5)^2$$
조건 (가)에서 $f(x)$는 $x=2$에서 최솟값을 가지므로
> 이차함수 $y=(x-p)^2+q$는 $x=p$에서 최솟값을 가진다.

$$-a=3 \quad \therefore a=-3$$

STEP B 조건 (나)에서 판별식을 이용하여 b, c의 값 구하기

이차함수 $y=f(x)$의 그래프와 직선 $y=6cx$가 한 점에서 만나므로
이차방정식 $x^2+2ax-(b-5)^2=6cx$,
즉 $x^2+2(a-3c)x-(b-5)^2=0$은 중근을 가져야 한다.
이 이차방정식의 판별식을 D라 하면 $D=0$이어야 한다.
> 이차방정식 $ax^2+bx+c=0$의 판별식 $D=0$일 때, 중근을 가진다.

$$\frac{D}{4}=(a-3c)^2+(b-5)^2=0$$
$$(a-3c)^2\geq 0, \ (b-5)^2\geq 0이므로 \ (a-3c)^2=0, \ (b-5)^2=0$$
> 두 실수 A, B에 대하여 $A^2+B^2=0$이면 $A=0$, $B=0$
> $|A|+|B|=0$이면 $A=0$, $B=0$

$$\therefore a=3c, \ b=5$$
따라서 $a=-3$, $c=-1$, $b=5$이므로 $a+b+c=(-3)+(-1)+5=1$ · 정답 1

0839

STEP A 제한된 범위에서 이차함수의 최댓값과 최솟값 구하기

$-1 \leq x \leq 4$에서 이차함수
$y=x^2-4x+3=(x-2)^2-1$의
그래프는 오른쪽 그림과 같다.
$x=2$일 때, 최솟값 $m=-1$
$x=-1$일 때, 최댓값 $M=8$
따라서 $M+m=8+(-1)=7$

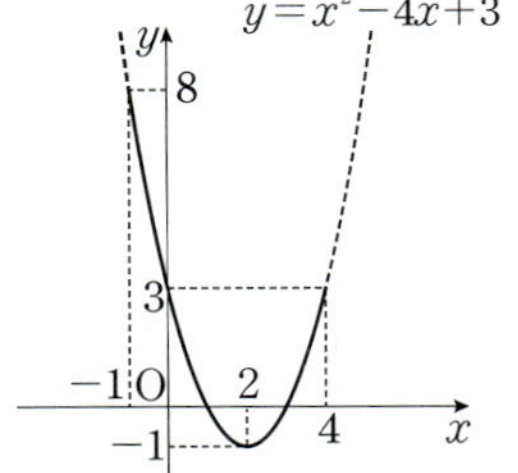

0840

STEP A $-2 \leq x \leq 4$에서 함수 $f(x)$의 그래프의 개형 그리기

$y=x^2-2|x|-1 \ (-2 \leq x \leq 4)$에서 $x=0$을 기준으로 범위를 나누어
함수의 식을 구하면
$$y=\begin{cases} x^2+2x-1=(x+1)^2-2 & (-2 \leq x<0) \\ x^2-2x-1=(x-1)^2-2 & (0 \leq x \leq 4) \end{cases}$$

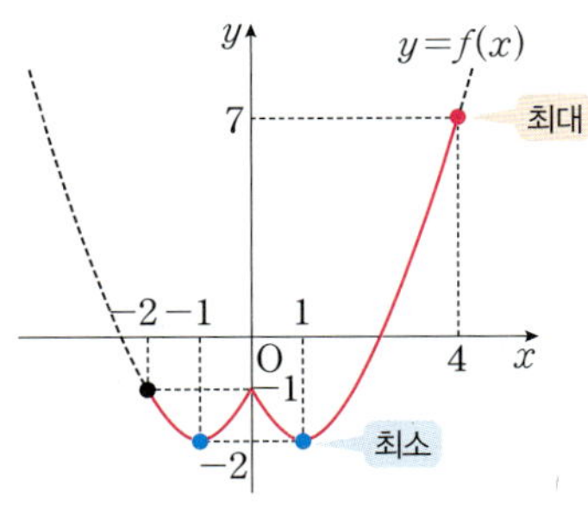

STEP B $M+m$의 값 구하기

이때 주어진 함수의 그래프는 $x=4$일 때, 최댓값 $M=f(4)=7$
$x=-1$ 또는 $x=1$일 때, 최솟값 $m=f(-1)=f(1)=-2$
따라서 $M+m=7+(-2)=5$

0841

STEP A 최솟값 $g(a)$의 식 구하기

$y=2x^2-4ax+a^2-4a+1$
$\quad =2(x-a)^2-a^2-4a+1$
$x=a$에서 최솟값 $g(a)=-a^2-4a+1$

STEP B $-4 \leq a \leq 4$에서 $g(a)$의 최댓값과 최솟값 구하기

$g(a)=-a^2-4a+1=-(a+2)^2+5$이므로
$-4 \leq a \leq 4$에서 함수 $y=g(a)$의 그래프는
오른쪽 그림과 같다.
$g(a)$는 $a=-2$일 때, 최댓값 $g(-2)=5$
$a=4$일 때, 최솟값 $g(4)=-31$을 갖는다.
따라서 $M+m=-31+5=-26$

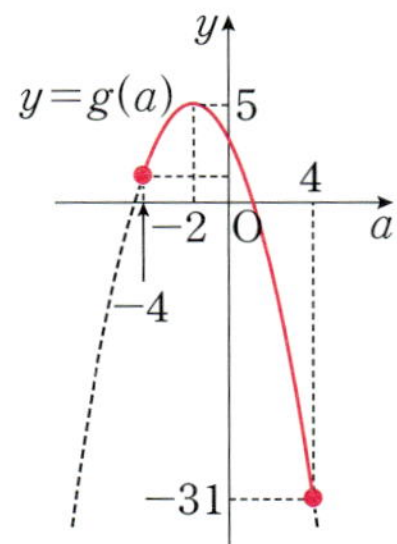

0842

STEP A $\dfrac{\sqrt{b}}{\sqrt{a}}=-\sqrt{\dfrac{b}{a}}$이면 $a<0, b \geq 0$임을 이용하여 x의 범위 구하기

$\dfrac{\sqrt{x+4}}{\sqrt{x-2}}=-\sqrt{\dfrac{x+4}{x-2}}$에서 $x-2<0, \ x+4 \geq 0$이므로 $-4 \leq x<2$

STEP B 주어진 범위에서 이차함수의 최솟값과 최댓값 구하기

$y=-x^2+2x+9=-(x-1)^2+10$이므로
$-4 \leq x<2$일 때, 함수 $y=f(x)$의 그래프는
오른쪽 그림과 같다.
$x=1$일 때, 최댓값 10
$x=-4$일 때, 최솟값 -15
따라서 최댓값과 최솟값의 합은
$10+(-15)=-5$

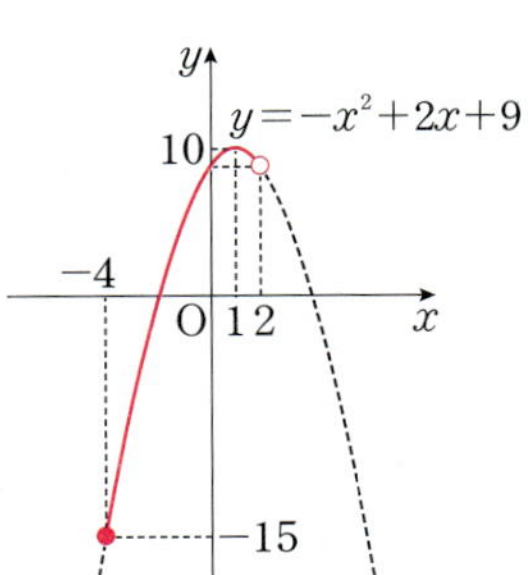

0843

STEP A 조건을 만족하는 함수 $f(x)$의 식 구하기

조건 (나)에서 $f(0)=-2$이므로
구하는 이차함수를 $f(x)=ax^2+bx-2$라 하면
조건 (가)에서 $f(x+1)-f(x)=2x$이므로
$a(x+1)^2+b(x+1)-2-(ax^2+bx-2)=2x$
$2ax+(a+b)=2x$
이 식은 x에 대한 항등식이므로 $2a=2, \ a+b=0$ $\quad \therefore a=1, \ b=-1$
$\therefore f(x)=x^2-x-2$

STEP B $-1 \leq x \leq 3$에서의 최댓값과 최솟값 구하기

$f(x)=x^2-x-2=\left(x-\dfrac{1}{2}\right)^2-\dfrac{9}{4}$이므로
$-1 \leq x \leq 3$에서 함수 $y=f(x)$의
그래프는 오른쪽 그림과 같다.
$x=3$일 때, 최댓값은 4
$x=\dfrac{1}{2}$일 때, 최솟값은 $-\dfrac{9}{4}$
따라서 $Mm=4 \times \left(-\dfrac{9}{4}\right)=-9$

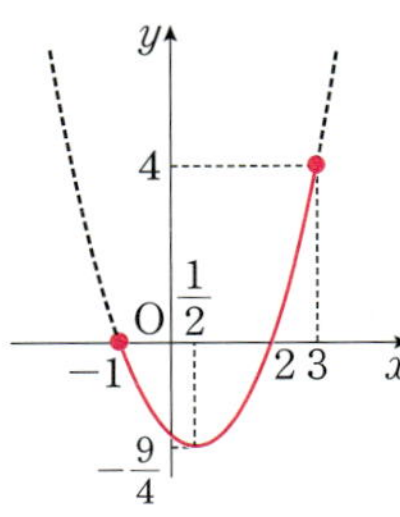

> **내신 연계 출제문항 393**
>
> 이차함수 $y=f(x)$가 다음 두 조건을 만족시킨다.
>
> (가) $f(x+2)-f(x)=4x$
> (나) $f(0)=-3$
>
> 이때 $-2 \leq x \leq 2$에서 최댓값을 M, 최솟값을 m이라 할 때, $M+m$의 값을 구하시오.

STEP A 조건을 만족하는 함수 $f(x)$의 식 작성하기

조건 (나)에서 $f(0)=-3$이므로
구하는 이차함수를 $f(x)=ax^2+bx-3$이라 하면
조건 (가)에서
$f(x+2)-f(x)=a(x+2)^2+b(x+2)-3-(ax^2+bx-3)$
$\qquad\qquad\qquad =4ax+4a+2b=4x$
이 식은 x에 대한 항등식이므로 $4a=4, \ 4a+2b=0$ $\quad \therefore a=1, \ b=-2$
$\therefore f(x)=x^2-2x-3$

$f(x)=x^2-2x-3=(x-1)^2-4$

$-2 \leq x \leq 2$에서 이차함수의 그래프는
오른쪽 그림과 같다.

$x=-2$일 때, 최댓값 $M=f(-2)=5$

$x=1$일 때, 최솟값 $m=f(1)=-4$

따라서 $M+m=5+(-4)=1$

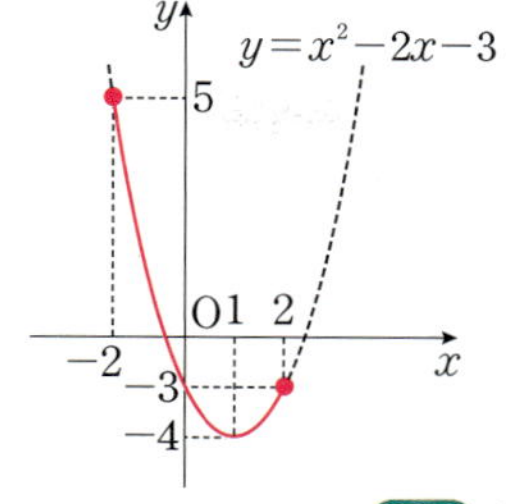

정답 1

0844

2022년 11월 고1 학력평가 17번

정답 ③

해설강의

STEP Ⓐ 주어진 범위에서 이차함수의 최대, 최소 구하기

$x<2$일 때, $|x-2|=-(x-2)$이고

$x \geq 2$일 때, $|x-2|=x-2$임을 이용하여 다음과 같은 범위로 나누어
최대와 최소를 구한다.

(i) $-1 \leq x < 2$일 때,

$f(x) \times f(|x-2|)$

$=f(x) \times f(-x+2)$

$\quad f(-x+2)=(-x+2)-3=-x-1$

$=(x-3)(-x-1)$

$=-x^2+2x+3$

$=-(x-1)^2+4$

이므로 함수 $f(x) \times f(|x-2|)$는

$x=1$일 때 최댓값 4, $x=-1$일 때 최솟값 0을 갖는다.

(ii) $2 \leq x \leq 5$일 때,

$f(x) \times f(|x-2|)$

$=f(x) \times f(x-2)$

$\quad f(x-2)=(x-2)-3=x-5$

$=(x-3)(x-5)$

$=x^2-8x+15$

$=(x-4)^2-1$

이므로 함수 $f(x) \times f(|x-2|)$는

$x=2$일 때 최댓값 3, $x=4$일 때 최솟값 -1을 갖는다.

STEP Ⓑ 함수 $f(x) \times f(|x-2|)$의 최댓값과 최솟값의 합 구하기

(i), (ii)에 의하여 $-1 \leq x \leq 5$에서 함수 $f(x) \times f(|x-2|)$의 최댓값과
최솟값의 합은 $4+(-1)=3$

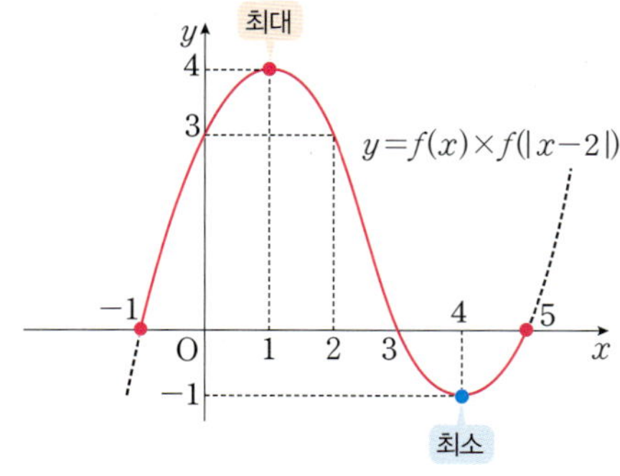

함수 $f(x)=x-4$에 대하여 $-2 \leq x \leq 6$에서 함수 $f(x) \times f(|x-2|)$의
최댓값을 M, 최솟값을 m이라 할 때, $M+m$의 값은?

① 5   ② 6   ③ 7

④ 8   ⑤ 9

STEP Ⓐ 주어진 범위에서 이차함수의 최대와 최소 구하기

$x<2$일 때, $|x-2|=-(x-2)$이고 $x \geq 2$일 때, $|x-2|=x-2$임을 이용하여
다음과 같은 범위로 나누어 최대와 최소를 구한다.

(i) $-1 \leq x < 2$일 때,

$f(x) \times f(|x-2|)$

$=f(x) \times f(-x+2)$

$\quad f(-x+2)=(-x+2)-4=-x-2$

$=(x-4)(-x-2)$

$=-x^2+2x+8$

$=-(x-1)^2+9$

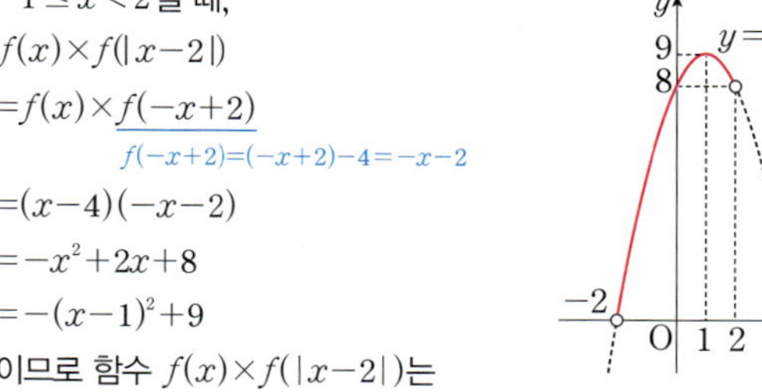

이므로 함수 $f(x) \times f(|x-2|)$는

$x=1$일 때 최댓값 9, $x=-2$일 때 최솟값 0을 갖는다.

(ii) $2 \leq x \leq 6$일 때,

$f(x) \times f(|x-2|)$

$=f(x) \times f(x-2)$

$\quad f(x-2)=(x-2)-4=x-6$

$=(x-4)(x-6)$

$=x^2-10x+24$

$=(x-5)^2-1$

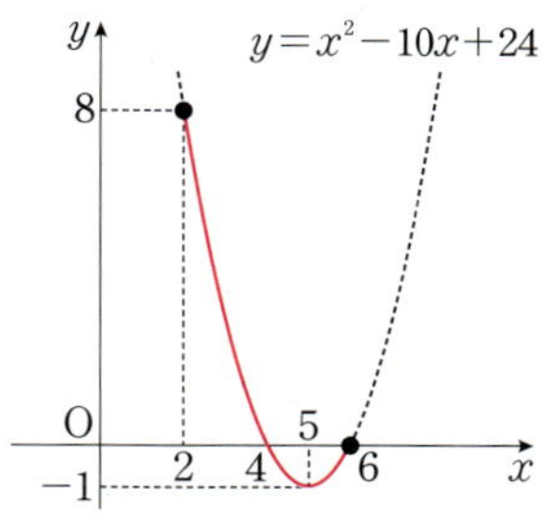

이므로 함수 $f(x) \times f(|x-2|)$는

$x=2$일 때 최댓값 8, $x=5$일 때 최솟값 -1을 갖는다.

STEP Ⓑ 함수 $f(x) \times f(|x-2|)$의 최댓값과 최솟값의 합 구하기

(i), (ii)에 의하여 $2 \leq x \leq 6$에서 함수 $f(x) \times f(|x-2|)$의 최댓값 $M=9$,
최솟값 $m=-1$이므로 그 합은 $M+m=9+(-1)=8$

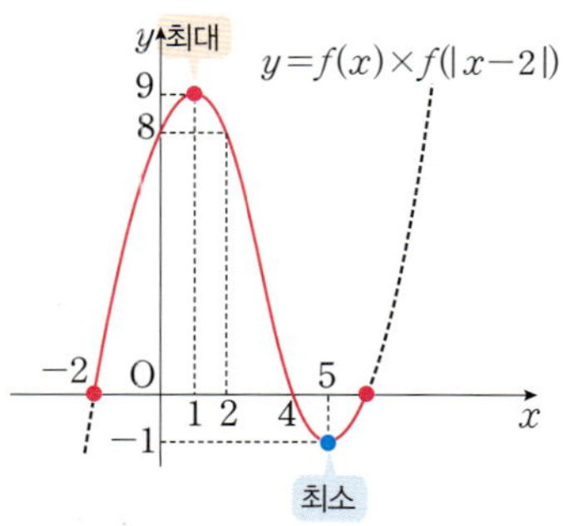

정답 ④

0845

정답 9

STEP Ⓐ $0 \leq x \leq 3$에서 이차함수 $y=f(x)$의 그래프 개형 그리기

$y=2x^2-4x+m$

$=2(x-1)^2+m-2$

$0 \leq x \leq 3$에서 이차함수의 그래프는
오른쪽 그림과 같다.

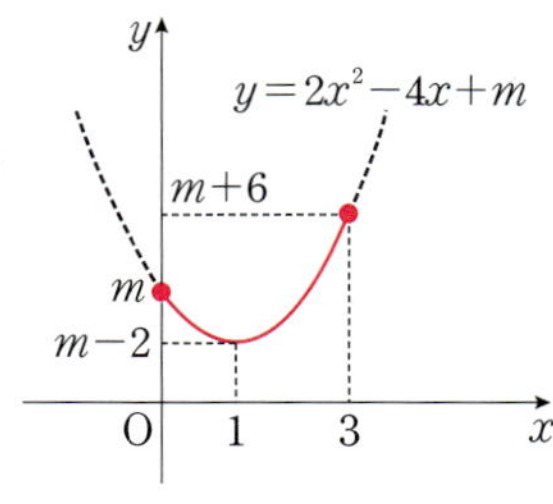

STEP Ⓑ $0 \leq x \leq 3$에서 최솟값이 1임을 이용하여 최댓값 구하기

이때 $x=1$일 때, 최솟값 $-2+m=1$ ∴ $m=3$

따라서 $y=2x^2-4x+3$은 $x=3$일 때, 최댓값 $6+3=9$

0846

STEP A $0 \le x \le 3$에서 이차함수 $y=f(x)$의 그래프 개형 그리기

$y=-2x^2+4x+k$
$\quad =-2(x-1)^2+k+2$

$0 \le x \le 3$에서 이차함수의 그래프는
오른쪽 그림과 같다.

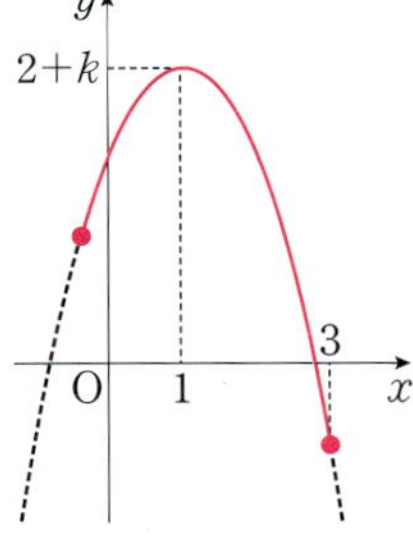

STEP B $0 \le x \le 3$에서 최댓값이 5임을 이용하여 최솟값 구하기

이때 $x=1$일 때, 최댓값 $k+2=5$
$\therefore k=3$
따라서 $y=-2x^2+4x+3$은 $x=3$일 때, 최솟값 $-6+3=-3$

0847

STEP A $2 \le x \le 5$에서 이차함수 $y=f(x)$의 그래프 개형 그리기

$2 \le x \le 5$에서 이차함수
$y=ax^2-6ax+b$
$\quad =a(x-3)^2-9a+b$
의 그래프는 오른쪽 그림과 같다.
$x=3$일 때,
최솟값 $-9a+b=-7$ $\quad$ …… ㉠
$x=5$일 때,
최댓값 $-5a+b=5$ $\quad$ …… ㉡

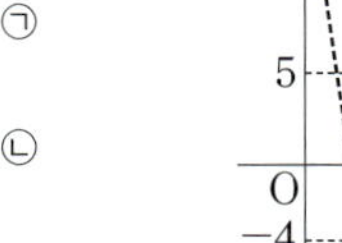

STEP B 최댓값과 최솟값을 이용하여 a, b의 값 구하기

㉠, ㉡을 연립하면 $a=3$, $b=20$
따라서 $a+b=3+20=23$

내신연계 출제문항 395

$-7 \le x \le -2$에서 이차함수 $y=ax^2+10ax+b$의 최댓값이 16, 최솟값이 -20일 때, 양수 a, b에 대하여 $\dfrac{b}{a}$의 값은?

① 12 　　② 14 　　③ 16
④ 18 　　⑤ 20

STEP A $-7 \le x \le -2$에서 이차함수 $y=f(x)$의 그래프 개형 그리기

$-7 \le x \le -2$에서 이차함수
$y=ax^2+10ax+b$
$\quad =a(x+5)^2-25a+b$
의 그래프는 오른쪽 그림과 같다.
$x=-5$일 때,
최솟값 $-25a+b=-20$ $\quad$ …… ㉠
$x=-2$일 때,
최댓값 $-16a+b=16$ $\quad$ …… ㉡

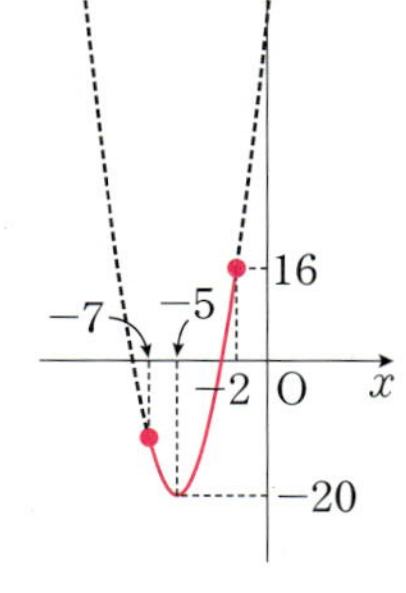

STEP B 최댓값과 최솟값을 이용하여 a, b의 값 구하기

㉠, ㉡을 연립하면 $a=4$, $b=80$
따라서 $\dfrac{b}{a}=\dfrac{80}{4}=20$

0848

STEP A $0 \le x \le 5$에서 $f(x)$의 최솟값을 이용하여 a의 값 구하기

$f(x)=x^2-2x+a$
$\qquad =(x-1)^2+a-1$

$0 \le x \le 5$에서 이차함수 $y=f(x)$의
그래프는 오른쪽 그림과 같다.
함수 $f(x)$는 $x=1$에서
최솟값 $f(1)=a-1$을 가지므로
$a-1=5$ $\quad \therefore a=6$

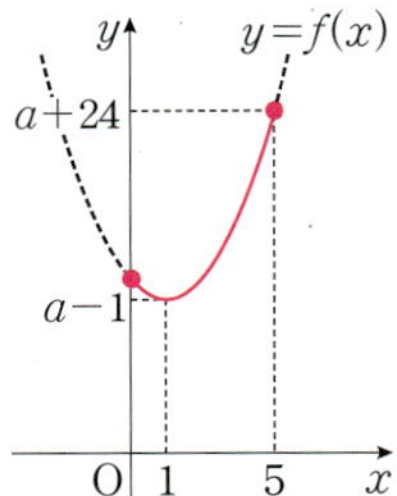

STEP B $0 \le x \le 5$에서 $g(x)$의 최댓값과 최솟값 구하기

$g(x)=-x^2+6x+3$
$\qquad =-(x-3)^2+12$

$0 \le x \le 5$에서 함수 $y=g(x)$의
그래프는 오른쪽 그림과 같다.
$g(x)$는
$x=3$일 때, 최댓값 $g(3)=12$
$x=0$일 때, 최솟값 $g(0)=3$
따라서 $g(x)$의 최댓값과 최솟값의 합은
$12+3=15$

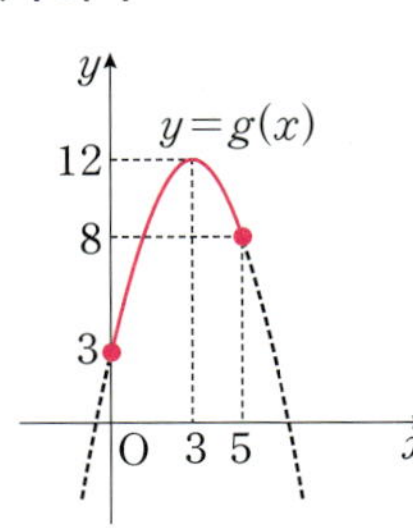

0849

STEP A 조건 (가)를 이용하여 a의 값 구하기

조건 (가)에서 $f(-3)=f(5)$이므로
$f(x)=x^2+ax+b$에서 $9-3a+b=25+5a+b$
$8a=-16$ $\quad \therefore a=-2$

+α | 축의 방정식을 이용하여 a의 값을 구할 수 있어!

> 이차함수 $y=f(x)$의 그래프가 $x=\dfrac{-3+5}{2}=1$에 대하여 대칭이므로
> 꼭짓점의 x좌표가 1이다. 즉 $a=-2$

STEP B $-3 \le x \le 2$에서 $f(x)$의 최댓값이 10임을 이용하여 b의 값 구하기

$f(x)=x^2-2x+b=(x-1)^2-1+b$
이므로
$-3 \le x \le 2$일 때, 함수 $y=f(x)$의
그래프는 오른쪽 그림과 같다.
이때 $x=-3$일 때, 최댓값을 갖는다.
즉 $f(-3)=9+6+b=10$ $\quad \therefore b=-5$
$\therefore f(x)=x^2-2x-5$

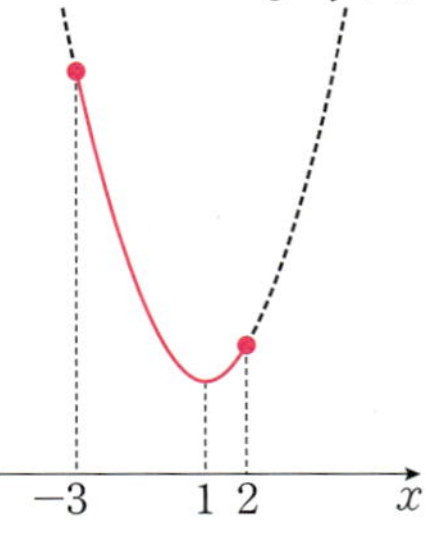

STEP C $f(4)$의 값 구하기

따라서 $f(x)=x^2-2x-5$이므로 $f(4)=16-8-5=3$

내·신·연·계 출제문항 396

이차함수 $f(x)=-x^2+ax+b$가 다음 두 조건을 모두 만족시킨다.

> (가) $f(-1)=f(5)$
> (나) 함수 $f(x)$의 최댓값은 10이다.

이때 $0 \leq x \leq 5$에서 함수 $f(x)$의 최솟값을 구하시오.

STEP A 조건 (가)를 이용하여 a의 값 구하기

조건 (가)에서 $f(-1)=f(5)$이므로
$f(x)=-x^2+ax+b$에서 $-1-a+b=-25+5a+b$
$6a=24$ $\therefore a=4$

+α | 축의 방정식을 이용하여 a의 값을 구할 수 있어!

이차함수 $y=f(x)$의 그래프가 $x=\dfrac{-1+5}{2}=2$에 대하여 대칭이므로
꼭짓점의 x좌표가 2이다.
즉 $a=4$

STEP B $0 \leq x \leq 5$에서 $f(x)$의 최댓값이 10임을 이용하여 b의 값 구하기

$f(x)=-x^2+4x+b=-(x-2)^2+4+b$
이므로
$0 \leq x \leq 5$일 때, 함수 $y=f(x)$의
그래프는 오른쪽 그림과 같다.
이때 $x=2$일 때, 최댓값을 갖는다.
즉 $f(2)=-4+8+b=10$ $\therefore b=6$
$\therefore f(x)=-x^2+4x+6$

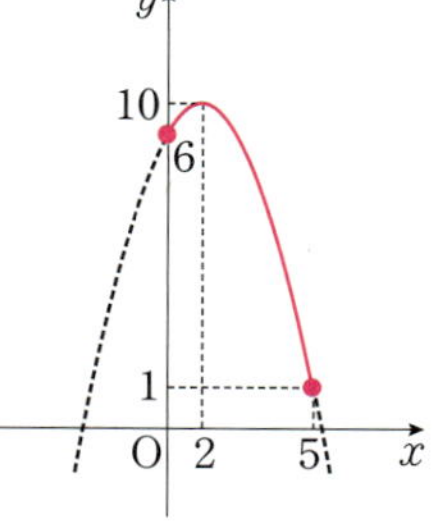

STEP C $0 \leq x \leq 5$에서 $f(x)$의 최솟값 구하기

따라서 $x=5$에서 최솟값 $f(5)=-9+10=1$

정답 1

0850

정답 4

STEP A 이차함수 $y=f(x)$의 그래프가 $x=2$에 대하여 대칭임을 이용하여 a의 값 구하기

이차함수 $f(x)$를 완전제곱식이 되도록 변형하면
$f(x)=x^2+ax+b$
$\qquad=x^2+ax+\left(\dfrac{a}{2}\right)^2+b-\left(\dfrac{a}{2}\right)^2$
$\qquad=\left(x+\dfrac{a}{2}\right)^2+b-\dfrac{a^2}{4}$

이때 함수 $y=f(x)$의 그래프는 직선 $x=2$에서 대칭이므로 $-\dfrac{a}{2}=2$
$\therefore a=-4$

STEP B 함수 $f(x)$의 최댓값을 이용하여 $a+b$의 값 구하기

함수 $y=f(x)$의 그래프는 나타내면
오른쪽 그림과 같고 $0 \leq x \leq 3$에서
함수 $f(x)$의 최댓값은 $f(0)$이므로
$f(0)=b=8$
따라서 $a+b=-4+8=4$

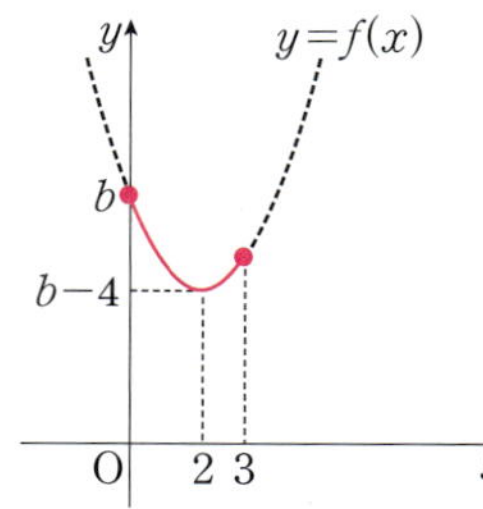

 2024년 06월 고1 학력평가 18번   정답 ①

STEP A 이차함수의 최솟값을 이용하여 a, b의 관계식 구하기

이차함수 $y=f(x)$는 이차항의 계수가 1이므로 아래로 볼록한 함수이고
조건 (가)에서 $x=1$에서 최솟값을 가진다.
이때 $x=1$이 주어진 구간 $-2 \leq x \leq 2$에 포함되므로
꼭짓점의 x좌표가 $x=1$
$f(x)=\left(x-\dfrac{2a-b}{2}\right)^2+a^2-4b-\left(\dfrac{2a-b}{2}\right)^2$에서 $\dfrac{2a-b}{2}=1$
$\therefore b=2a-2$ $\cdots\cdots$ ㉠
$f(x)=x^2-2x+a^2-8a+8$

STEP B 이차함수의 최댓값을 이용하여 a, b의 값 구하기

$-2 \leq x \leq 2$에서 이차함수
$f(x)=x^2-2x+a^2-8a+8$의
그래프는 오른쪽 그림과 같다.
이때 최댓값은 $x=-2$일 때,
$f(-2)=4+4+a^2-8a+8=0$
$a^2-8a+16=0$, $(a-4)^2=0$ $\therefore a=4$
$a=4$를 ㉠에 대입하면 $b=6$
따라서 $a+b=4+6=10$

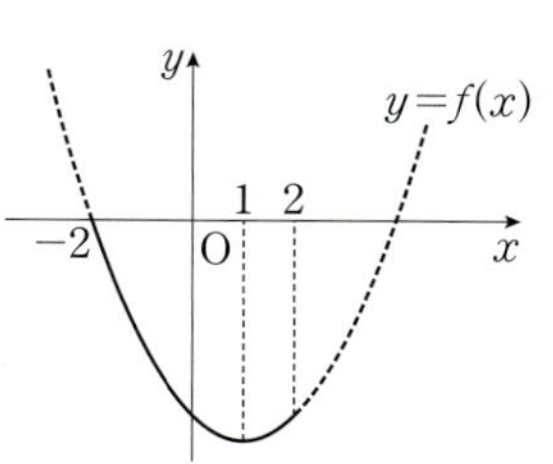

내·신·연·계 출제문항 397

$-4 \leq x \leq 1$에서 이차함수 $f(x)=x^2-2(a-b)x+a^2-2b$가 다음 조건을 만족시킨다.

> (가) 함수 $f(x)$는 $x=-1$에서 최솟값을 가진다.
> (나) 함수 $f(x)$의 최댓값은 5이다.

함수 $y=f(x)$의 최솟값을 m이라 할 때, $a+b-m$의 값을 구하시오.
(단, a, b는 상수이다.)

STEP A 이차함수의 최솟값을 이용하여 a, b의 관계식 구하기

이차함수 $y=f(x)$는 이차항의 계수가 1이므로 아래로 볼록한 함수이고
조건 (가)에서 $x=-1$에서 최솟값을 가진다.
이때 $x=-1$이 주어진 구간 $-4 \leq x \leq 1$에 포함되므로
꼭짓점의 x좌표가 $x=-1$
$f(x)=\{x-(a-b)\}^2-b^2+2ab-2b$에서 $a-b=-1$
$\therefore b=a+1$ $\cdots\cdots$ ㉠
$f(x)=x^2+2x+a^2-2a-2$

STEP B 이차함수의 최댓값을 이용하여 a, b의 값 구하기

$-4 \leq x \leq 1$에서 이차함수 $f(x)=x^2+2x+a^2-2a-2$의 그래프는
다음과 같다.

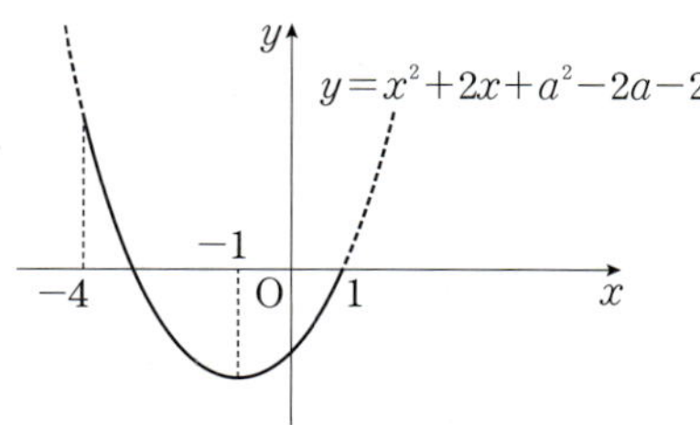

이때 최댓값은 $x=-4$일 때, $f(-4)=16-8+a^2-2a-2=5$
즉 $a^2-2a+6=5$, $a^2-2a+1=0$, $(a-1)^2=0$ $\therefore a=1$
$a=1$을 ㉠의 식에 대입하면 $b=2$
$\therefore f(x)=x^2+2x-3$
함수 $f(x)$의 최솟값은 $x=-1$일 때, $f(-1)=1-2-3=-4$ $\therefore m=-4$
따라서 $a+b-m=1+2-(-4)=7$

정답 7

0852 2016년 06월 고1 학력평가 27번   정답 54

STEP A 조건 (가)를 이용하여 이차함수 $f(x)$의 식 세우기

조건 (가)에서 x에 대한 방정식 $f(x)=0$의 두 근이 -2, 4이므로

$f(x)=a(x+2)(x-4)\,(a\neq0)$라 하면

$f(x)=a(x^2-2x-8)$

$\quad=a(x^2-2x+1-1-8)$

$\quad=a(x-1)^2-9a$

STEP B 조건 (나)를 이용하여 a의 값 구하기

이차함수 $f(x)$에서 a가 양수 또는 음수일 때로 경우를 나누어 구하면

(i) $a>0$일 때,

이차함수의 그래프는 아래로 볼록이고
꼭짓점의 x좌표는 $x=1$이므로
오른쪽 그림과 같이 $x=8$에서
최댓값 80을 갖는다.

$f(8)=80$이므로

$f(8)=a\times7^2-9a=40a=80$

$\therefore a=2$

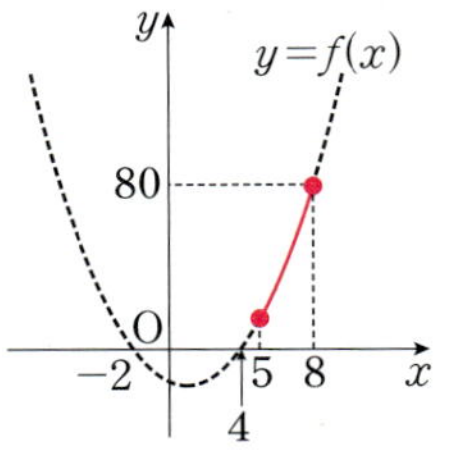

(ii) $a<0$일 때,

이차함수의 그래프는 위로 볼록이고
꼭짓점의 x좌표는 $x=1$이므로
오른쪽 그림과 같이 $x=5$에서
최댓값을 갖는다.

$f(x)=a(x-1)^2-9a$에 $x=5$를 대입하면

$f(5)=a\times4^2-9a=7a<0\,(\because a<0)$

이므로 최댓값이 80이 될 수 없다.

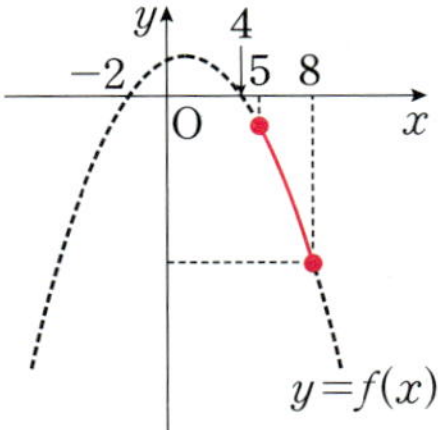

(i), (ii)에서 $a=2$이므로 $f(x)=2(x+2)(x-4)$

STEP C $f(-5)$의 값 구하기

따라서 $f(x)=2(x+2)(x-4)$에서 $x=-5$를 대입하면

$f(-5)=2\times(-3)\times(-9)=54$

내·신·연·계 출제문항 398

이차함수 $f(x)$가 다음 조건을 만족시킨다.

> (가) x에 대한 방정식 $f(x)=0$의 두 근은 -7과 -3이다.
> (나) $-2\le x\le0$에서 이차함수 $f(x)$의 최솟값은 -21이다.

$f(-6)$의 값을 구하시오.

STEP A 조건 (가)를 이용하여 이차함수 $f(x)$의 식 세우기

조건 (가)에서 이차함수 $f(x)$의 이차항의 계수를 a라 하면

$f(x)=a(x+7)(x+3)\,(a\neq0)$라 하면

$f(x)=a(x^2+10x+21)=a(x+5)^2-4a$

**STEP B 조건 (나)에서 a가 양수 또는 음수일 때로 나누어 최솟값이 -21이
되게 하는 a의 값 구하기**

(i) $a>0$일 때,

이차함수의 그래프는 아래로 볼록이고
꼭짓점의 x좌표는 $x=-5$이므로
오른쪽 그림과 같이 $x=-2$에서
최솟값 $f(-2)=5a$를 갖는다.

즉 $5a=-21$이므로 $a=-\dfrac{21}{5}$

그런데 $a>0$이므로 조건을 만족시키는
a는 존재하지 않는다.

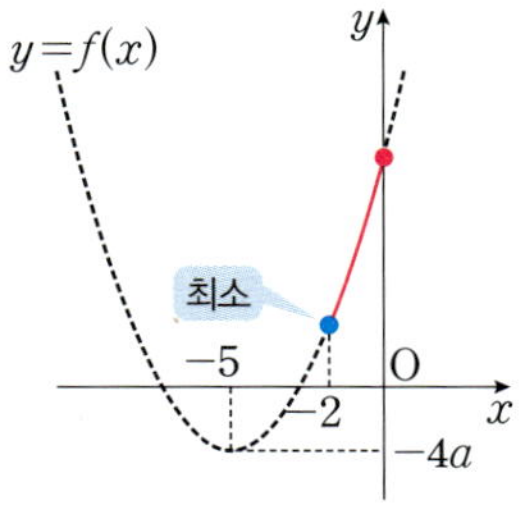

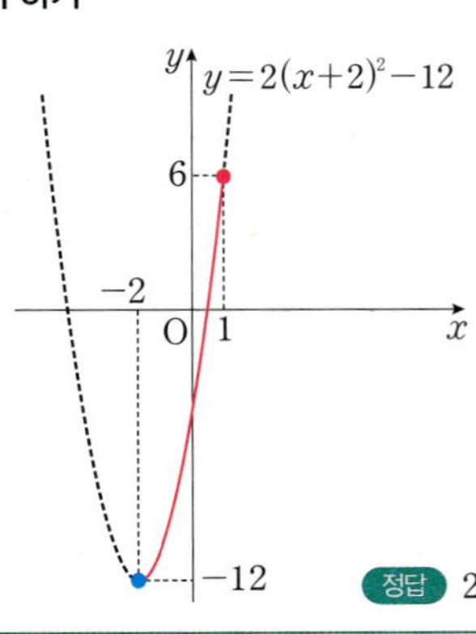

(ii) $a<0$일 때,

이차함수의 그래프는 위로 볼록이고

꼭짓점의 x좌표는 $x=-5$이므로
오른쪽 그림과 같이 $x=0$에서
최솟값 $f(0)=21a$를 갖는다.

즉 $21a=-21$이므로 $a=-1$

(i), (ii)에서 $a=-1$이므로

$f(x)=-(x+7)(x+3)=-x^2-10x-21$

따라서 $f(-6)=-36+60-21=3$

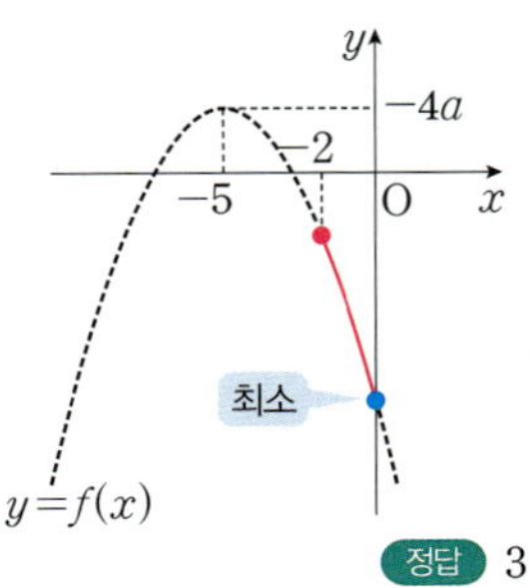

정답 3

0853 2017년 06월 고1 학력평가 27번   정답 50

STEP A 조건 (가)를 만족하는 이차함수 $f(x)$의 식 세우기

조건 (가)에 의하여 이차방정식 $f(x)=4ax-10$,

즉 이차방정식 $f(x)-4ax+10=0$의 두 실근은 1, 5

$f(x)$의 최고차항의 계수가 a이므로

$f(x)-4ax+10=a(x-1)(x-5)=a(x^2-6x+5)$

STEP B 조건 (나)를 이용하여 a의 값 구하기

$f(x)=a(x^2-6x+5)+4ax-10$

$\quad=ax^2-2ax+5a-10$

$\quad=a(x^2-2x+1)+4a-10$

$\quad=a(x-1)^2+4a-10$

한편 $a>0$이고 이차함수 $f(x)$의
그래프는 오른쪽 그림과 같다.

$1\le x\le5$에서 $x=1$일 때,

최솟값이 -8 $\therefore f(1)=-8$

$4a=2$ $\therefore a=\dfrac{1}{2}$

따라서 $100a=100\times\dfrac{1}{2}=50$

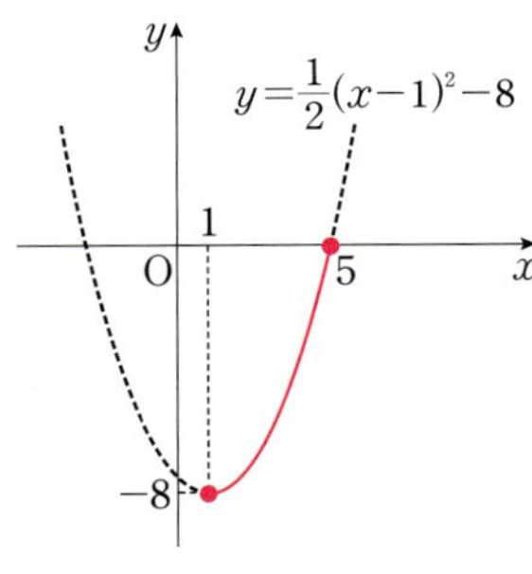

내·신·연·계 출제문항 399

최고차항의 계수가 $a(a>0)$인 이차함수 $f(x)$가 다음 조건을 만족시킨다.

> (가) 직선 $y=8ax+20$과 함수 $y=f(x)$의 그래프가 만나는 두 점의
> x좌표는 -2와 6이다.
> (나) $-2\le x\le1$에서 $f(x)$의 최솟값은 -12이다.

$10a$의 값을 구하시오.

STEP A 조건 (가)를 만족하는 이차함수 $f(x)$의 식 세우기

조건 (가)에 의하여 이차방정식 $f(x)=8ax+20$,

즉 $f(x)-8ax-20=0$의 두 실근은 -2, 6

이때 $f(x)$의 최고차항의 계수가 $a(a>0)$이므로

$f(x)-8ax-20=a(x+2)(x-6)=a(x^2-4x-12)$

STEP B 조건 (나)를 이용하여 a의 값 구하기

$f(x)=a(x^2-4x-12)+8ax+20$

$\quad=ax^2+4ax-12a+20$

$\quad=a(x+2)^2-16a+20$

한편 $a>0$이고 이차함수 $f(x)$의
그래프는 오른쪽 그림과 같다.

$-2\le x\le1$에서 $x=-2$일 때,

최솟값은 -12

$f(-2)=-16a+20=-12$

$-16a=-32$ $\therefore a=2$

따라서 $10a=10\times2=20$

정답 20

0854

2023년 11월 고1 학력평가 17번 · 정답 ①

STEP A 이차함수 $y=f(x)$의 꼭짓점의 좌표와 그래프 개형 파악하기

$f(x)=-x^2+4x+k+3$
$\quad=-(x^2-4x+4)+4+k+3$ ← 완전제곱식으로 바꾸어준다.
$\quad=-(x-2)^2+k+7$

$f(x)=-(x-2)^2+k+7$의 그래프의
꼭짓점의 좌표는 $(2,\ k+7)$이고
함수 $y=f(x)$의 대칭축
직선 $y=2x+3$은 점 $(2, 7)$을 지난다.
$f(2)=k+7>7$이므로
함수 $y=f(x)$의 그래프와 직선
$y=2x+3$은 오른쪽 그림과 같다.

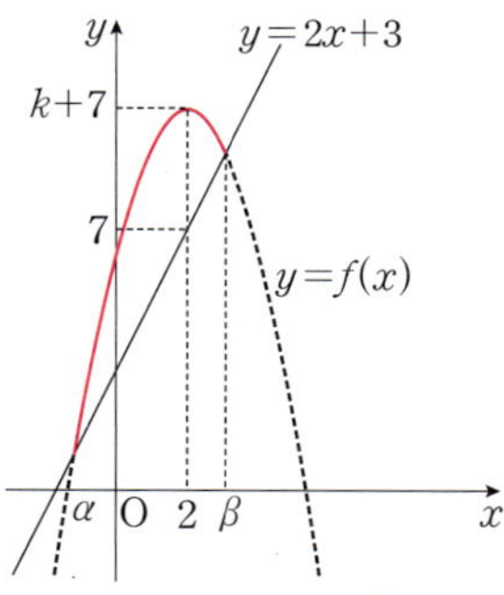

STEP B 이차함수의 식과 직선의 방정식을 연립하여 α, β의 값 구하기

$\alpha<2<\beta$이므로 $\alpha\le x\le\beta$에서
함수 $f(x)$의 최댓값은 $f(2)$, 최솟값은 $f(\alpha)$
함수 $f(x)$의 최댓값이 10이므로
$f(2)=k+7=10$에서 $k=3$ ← $y=-(x-2)^2+k+7$에 $x=2$를 대입
$-x^2+4x+6=2x+3$에서 $x^2-2x-3=0$, $(x+1)(x-3)=0$이므로
$\alpha=-1$, $\beta=3$

STEP C 함수 $f(x)$의 최솟값 구하기

따라서 $-1\le x\le3$에서 함수 $f(x)$의 최솟값은
$f(-1)=-(-1)^2+4\times(-1)+6=1$ ← $y=-x^2+4x+6$에 $x=-1$을 대입

내 신 연 계 출제문항 400

양수 k에 대하여 이차함수 $f(x)=-2x^2+4x+k+7$의 그래프와 직선
$y=6x-1$이 서로 다른 두 점 $(\alpha,\ f(\alpha))$, $(\beta,\ f(\beta))$에서 만난다.
$\alpha\le x\le\beta$에서 함수 $f(x)$의 최댓값이 13일 때, $\alpha\le x\le\beta$에서 함수
$f(x)$의 최솟값은? (단, $\alpha<\beta$)

① -19 ② -17 ③ -15
④ -13 ⑤ -11

STEP A 이차함수 $y=f(x)$의 꼭짓점의 좌표와 그래프 개형 파악하기

$f(x)=-2x^2+4x+k+7$
$\quad=-2(x-1)^2+k+9$
이므로 꼭짓점의 좌표는 $(1,\ k+9)$
직선 $y=6x-1$은 점 $(1, 5)$를 지난다.
이때 이차함수 $y=f(x)$와
직선 $y=6x-1$이 서로 다른 두 점에서
만나므로 $f(1)=k+9>5$

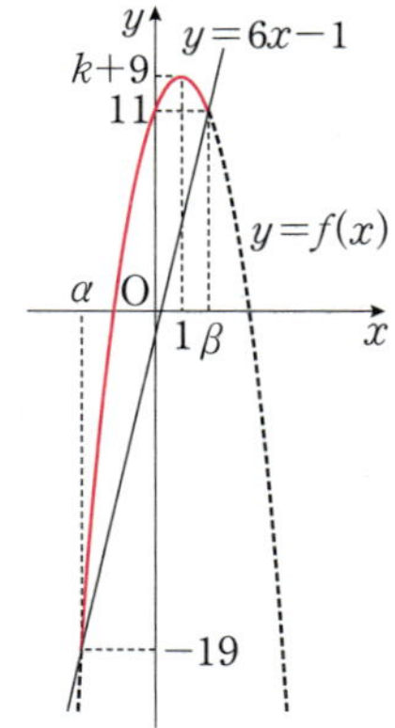

STEP B 이차함수의 식과 직선의 방정식을 연립하여 α, β의 값 구하기

이차함수 $f(x)=-2(x-1)^2+k+9$에서 꼭짓점의 x좌표 1이 $\alpha\le x\le\beta$에
포함되므로 $x=1$일 때, 최댓값 13을 갖는다.
즉 $f(1)=k+9=13$에서 $k=4$
또한, $-2x^2+4x+11=6x-1$에서 $2(x^2+x-6)=0$, $2(x+3)(x-2)=0$
$\therefore \alpha=-3$, $\beta=2$

STEP C 이차함수 $y=f(x)$의 최솟값 구하기

이차함수 $f(x)=-2(x-1)^2+13$은 $-3\le x\le2$에서
$x=-3$일 때, 최솟값을 갖는다.
따라서 $f(-3)=-2\times(-3)^2+4\times(-3)+11=-19$ · 정답 ①

0855

· 정답 ①

STEP A $f(x)=-(x-p)^2+q$의 꼴로 변형하여 꼭짓점의 좌표 구하기

이차함수 $f(x)=-2x^2+8x+7=-2(x-2)^2+15$이므로
꼭짓점의 좌표는 $(2, 15)$

STEP B $a\le2$, $a>2$로 나누어 이차함수 $f(x)$의 최댓값을 이용하여 a의
값 구하기

(i) $a\le2$일 때,
$a\le x\le6$에서 함수 $f(x)$의
최댓값은 $f(2)=15$이므로
조건을 만족시키지 않는다.
(ii) $a>2$일 때,
$a\le x\le6$에서 함수 $f(x)$의
최댓값은 $f(a)=13$
즉 $-2a^2+8a+7=13$
$a^2-4a+3=0$, $(a-1)(a-3)=0$
$\therefore a=3\ (\because a>2)$
(i), (ii)에 의하여 $a=3$

STEP C 이차함수 $f(x)$의 최솟값 구하기

이때 $3\le x\le6$에서 이차함수 $f(x)$의 최솟값은 $f(6)=-2\times4^2+15=-17$
따라서 $a=3$, $b=-17$이므로 $a+b=-14$

0856

· 정답 ①

STEP A $f(x)=(x-p)^2+q$의 꼴로 변형하여 주어진 범위가 축의 위치를
포함하는지 아닌지 확인하기

이차함수 $f(x)=x^2-4x+5=(x-2)^2+1$의 그래프는 꼭짓점의 좌표가 $(2, 1)$
$a\ge2$이면 최솟값이 1이 되어 조건을 만족시키지 않는다.
$\therefore -1<a<2$

+α | a의 범위가 $-1<a<2$인 이유!

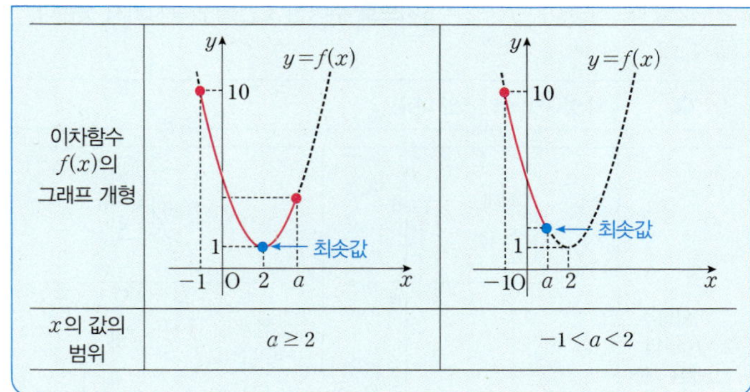

이차함수 $f(x)$의 그래프 개형		
x의 값의 범위	$a\ge2$	$-1<a<2$

STEP B 최솟값이 2임을 이용하여 실수 a의 값 구하기

$x=a$에서 최솟값 2를 가지므로 $f(a)=a^2-4a+5=2$, $a^2-4a+3=0$
$(a-1)(a-3)=0$
따라서 $a=1\ (-1<a<2)$

0857

STEP A $f(x)=(x-p)^2+q$의 꼴로 변형하여 주어진 범위가 축의 위치를 포함하는지 아닌지 확인하기

$y=-x^2+10x-14=-(x-5)^2+11$

$a \geq 5$일 때, 최댓값은 $f(5)=11$이므로 주어진 조건을 만족시키지 못한다.

$\therefore a < 5$

+α a의 범위가 $a<5$인 이유!

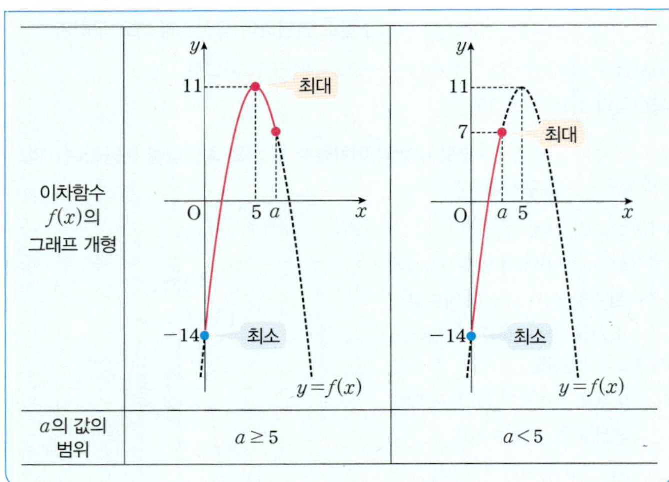

이차함수 $f(x)$의 그래프 개형		
a의 값의 범위	$a \geq 5$	$a < 5$

STEP B 최댓값이 7이 되도록 하는 상수 a의 값 구하기

$0 \leq x \leq a$에서 함수 $f(x)$는 $x=a$에서 최댓값이 7이므로

$f(a)=-a^2+10a-14=7$, $a^2-10a+21=0$, $(a-3)(a-7)=0$

따라서 $a=3\,(\because a<5)$

$-7 \leq x \leq a$에서 이차함수 $y=-x^2-4x+2$의 최댓값은 -3, 최솟값은 -19일 때, 상수 a의 값은?

① -5 ② -4 ③ -3
④ -2 ⑤ -1

STEP A $f(x)=(x-p)^2+q$의 꼴로 변형하여 주어진 범위가 축의 위치를 포함하는지 아닌지 확인하기

$y=-x^2-4x+2=-(x+2)^2+6$

$a \geq -2$일 때, 최댓값은 $f(-2)=6$이므로 주어진 조건을 만족시키지 못한다.

$\therefore a < -2$

+α a의 범위가 $a<-2$인 이유!

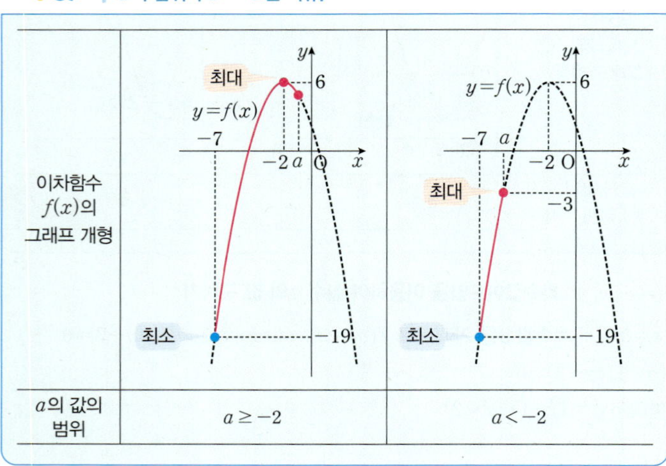

이차함수 $f(x)$의 그래프 개형		
a의 값의 범위	$a \geq -2$	$a < -2$

STEP B 최댓값이 -3이 되도록 하는 상수 a의 값 구하기

$-7 \leq x \leq a$에서 함수 $f(x)$는 $x=a$에서 최댓값이 -3이므로

$f(a)=-a^2-4a+2=-3$, $a^2+4a-5=0$, $(a+5)(a-1)=0$

따라서 $a=-5\,(\because a<-2)$

0858

STEP A 주어진 이차함수를 $y=(x-p)^2+q$의 꼴로 변형하여 꼭짓점의 x좌표 구하기

주어진 이차함수의 식을 변형하면

$$f(x)=x^2-2ax+2a^2$$
$$=x^2-2ax+a^2+a^2$$
$$=(x-a)^2+a^2$$

즉 함수 $y=f(x)$의 그래프의 꼭짓점은 (a, a^2)

STEP B a의 범위를 나누어 이차함수의 최솟값이 10이 되도록 하는 a의 값 구하기

대칭축 $x=a$의 값이 범위 $0 \leq x \leq 2$에 축을 포함할 때와 포함하지 않을 때로 나누어 구한다.

(i) $0 < a \leq 2$일 때,

함수 $y=f(x)$는 $x=a$에서 최솟값은 $f(a)=a^2$

이때 $0 < a^2 < 4$이므로 $f(x)$의 최솟값이 10이 되도록 하는 실수 a의 값은

함수 $f(x)$의 최솟값은 $f(a)=a^2=10$이므로 $a=\sqrt{10}$, 즉 $0<a<2$를 만족하지 않는다.

존재하지 않는다.

(ii) $a > 2$일 때,

함수 $y=f(x)$는 $x=2$에서 $f(x)$의 최솟값이 10이므로

$f(2)=2a^2-4a+4=10$

$a^2-2a-3=0$, $(a-3)(a+1)=0$에서 $a=3\,(\because a>2)$

함수 $f(x)$의 최댓값은 $f(0)=2a^2=18$

(i), (ii)에 의하여 함수 $f(x)$의 최댓값은 18

+α 이차함수 $y=f(x)$의 그래프의 개형을 확인할 수 있어!

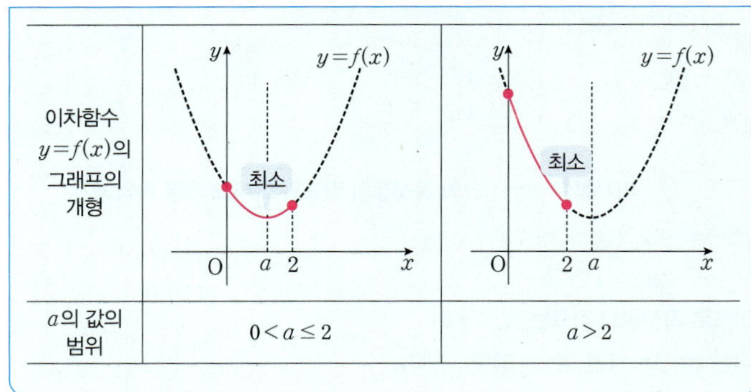

이차함수 $y=f(x)$의 그래프의 개형		
a의 값의 범위	$0 < a \leq 2$	$a > 2$

$0 \leq x \leq 2$에서 정의된 이차함수 $f(x)=x^2-2ax+2a^2$의 최솟값이 20일 때, 함수 $f(x)$의 최댓값을 구하시오. (단, a는 양수이다.)

STEP A 주어진 이차함수를 $y=(x-p)^2+q$의 꼴로 변형하여 꼭짓점의 x좌표 구하기

주어진 이차함수의 식을 변형하면

$$f(x)=x^2-2ax+2a^2$$
$$=x^2-2ax+a^2+a^2$$
$$=(x-a)^2+a^2$$

즉 함수 $y=f(x)$의 그래프의 꼭짓점은 (a, a^2)

STEP **B** a의 범위를 나누어 이차함수의 최솟값이 20이 되도록 하는 a의 값 구하기

대칭축인 a의 값이 범위 $0 \leq x \leq 2$에 축을 포함할 때와 포함하지 않을 때로 나누어 구한다.
(i) $0 < a \leq 2$일 때, 함수 $y=f(x)$는 $x=a$에서 최솟값은 $f(a)=a^2$
　　이때 $0 < a^2 < 4$이므로 $f(x)$의 최솟값이 20이 되도록 하는 실수 a의 값은
　　함수 $f(x)$의 최솟값은 $f(a)=a^2=20$이므로 $a=2\sqrt{5}$, 즉 $0<a<2$를 만족하지 않는다.
　　존재하지 않는다.
(ii) $a > 2$일 때, 함수 $y=f(x)$는 $x=2$에서 $f(x)$의 최솟값이 20이므로
　　$f(2)=2a^2-4a+4=20$
　　$a^2-2a-8=0,\ (a-4)(a+2)=0$에서 $a=4\,(\because a>2)$
　　이때 함수 $f(x)$의 최댓값은 $f(0)=2a^2=2 \times 16=32$
(i), (ii)에 의하여 함수 $f(x)$의 최댓값은 32

+α 이차함수 $y=f(x)$의 그래프의 개형을 확인할 수 있어!

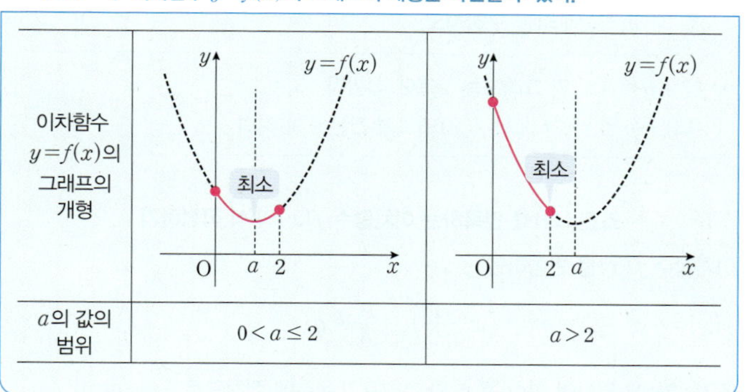

이차함수 $y=f(x)$의 그래프의 개형		
	최소	최소
a의 값의 범위	$0 < a \leq 2$	$a > 2$

정답 32

0859

2019년 09월 고1 학력평가 17번　정답 ①

STEP **A** $f(x)=(x-p)^2+q$의 꼴로 변형하여 꼭짓점의 좌표 구하기

주어진 이차함수의 식을 변형하면
$f(x)=x^2-8x+a+6=(x-4)^2+a-10$
이므로 그래프의 꼭짓점의 좌표는 $(4,\ a-10)$

STEP **B** 최솟값이 0이 되도록 하는 모든 a의 값의 합 구하기

a의 값에 따른 $y=f(x)$의 그래프의 개형은 다음과 같다.

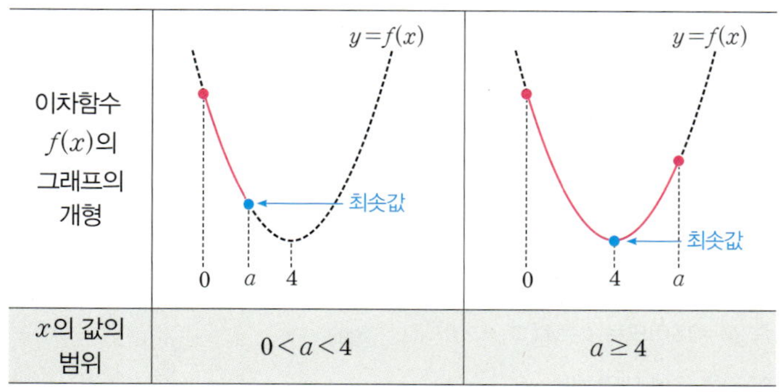

이차함수 $f(x)$의 그래프의 개형		
	최솟값	최솟값
x의 값의 범위	$0 < a < 4$	$a \geq 4$

(i) $0 < a < 4$일 때,
　　$0 \leq x \leq a$에서 이차함수 $f(x)$는 $x=a$일 때, 최솟값은 0이므로
　　$f(a)=a^2-7a+6=0,\ (a-1)(a-6)=0$
　　$\therefore a=1$ 또는 $a=6$
　　이때 $0 < a < 4$이므로 $a=1$
(ii) $a \geq 4$일 때,
　　$0 \leq x \leq a$에서 이차함수 $f(x)$는 $x=4$일 때, 최솟값은 0이므로
　　$f(4)=a-10=0,\ a=10$　← $a \geq 4$를 만족한다.
(i), (ii)에서 $f(x)$의 최솟값이 0이 되도록 하는 모든 a의 값의 합은
$1+10=11$

양수 a에 대하여 $0 \leq x \leq a$에서 이차함수 $f(x)=x^2-4x+a+2$의 최솟값이 0이 되도록 하는 모든 a의 값의 합은?

① 3　　　　② 4　　　　③ 5
④ 6　　　　⑤ 7

STEP **A** $f(x)=(x-p)^2+q$의 꼴로 변형하여 꼭짓점의 좌표 구하기

$f(x)=x^2-4x+a+2=(x-2)^2+a-2$의 꼭짓점의 좌표는 $(2,\ a-2)$

STEP **B** 최솟값이 0이 되도록 하는 모든 a의 값의 합 구하기

a의 값에 따른 $y=f(x)$의 그래프의 개형은 다음과 같다.

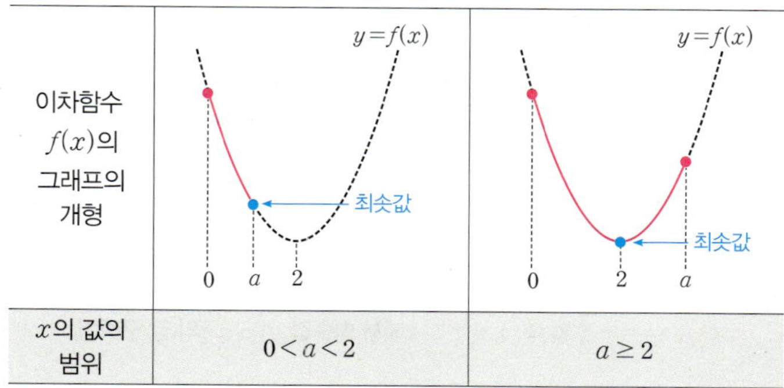

이차함수 $f(x)$의 그래프의 개형		
	최솟값	최솟값
x의 값의 범위	$0 < a < 2$	$a \geq 2$

(i) $0 < a < 2$일 때,
　　$0 \leq x \leq a$에서 이차함수 $f(x)$는 $x=a$일 때, 최솟값은 0이므로
　　$f(a)=a^2-3a+2=0,\ (a-1)(a-2)=0$
　　이때 $0 < a < 2$이므로 $a=1$
(ii) $a \geq 2$일 때,
　　$0 \leq x \leq a$에서 이차함수 $f(x)$는 $x=2$일 때, 최솟값은 0이므로
　　$f(2)=a-2=0 \quad \therefore a=2$
(i), (ii)에서 $f(x)$의 최솟값이 0이 되도록 하는 모든 a의 값의 합은
$1+2=3$

정답 ①

0860

2020년 06월 고1 학력평가 14번　정답 ③

STEP **A** $p=-1$일 때, $0 \leq x \leq 2$에서 최솟값 $g(-1)$의 값 구하기

$p=-1$일 때, 이차함수는
$f(x)=x^2+4x=(x+2)^2-4$
이므로
$0 \leq x \leq 2$에서 최솟값은
$g(-1)=f(0)=0$
$f(x)=(x+2)^2-4$이므로 $x=0$일 때, 최솟값은 0

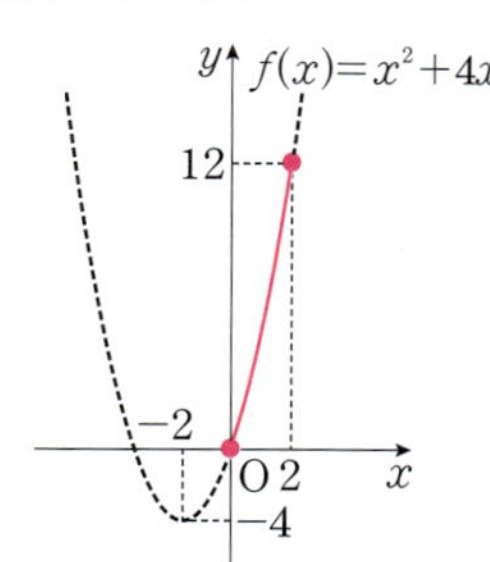

STEP **B** $p=\dfrac{1}{2}$일 때, $0 \leq x \leq 2$에서 최솟값 $g\left(\dfrac{1}{2}\right)$의 값 구하기

$p=\dfrac{1}{2}$일 때, 이차함수는
$f(x)=x^2-2x=(x-1)^2-1$
이므로
$0 \leq x \leq 2$에서 최솟값은
$g\left(\dfrac{1}{2}\right)=f(1)=-1$
$f(x)=(x-1)^2-1$이므로 $x=1$일 때, 최솟값은 -1
따라서 $g(-1)+g\left(\dfrac{1}{2}\right)=0+(-1)=-1$

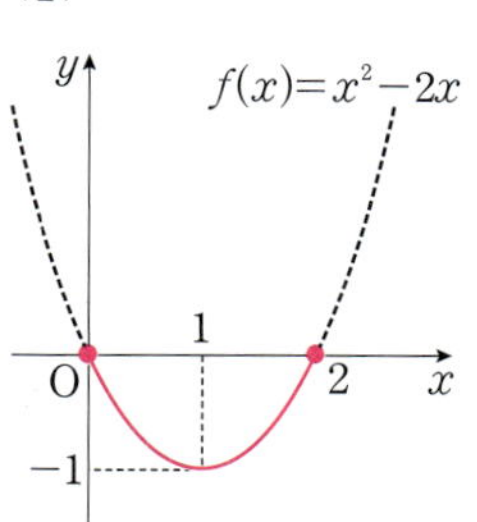

실수 p에 대하여 $1 \leq x \leq 4$에서 이차함수 $f(x)=x^2-3px$의 최솟값을 $g(p)$라 하자. $g(2)+g\left(-\dfrac{2}{3}\right)$의 값은?

① -6 ② -3 ③ 0
④ 3 ⑤ 6

STEP A $p=2$일 때, $1 \leq x \leq 4$에서 최솟값 $g(2)$의 값 구하기

$p=2$일 때, 이차함수는

$f(x)=x^2-6x=(x-3)^2-9$

$x=3$일 때,

최솟값 $g(2)=f(3)=-9$

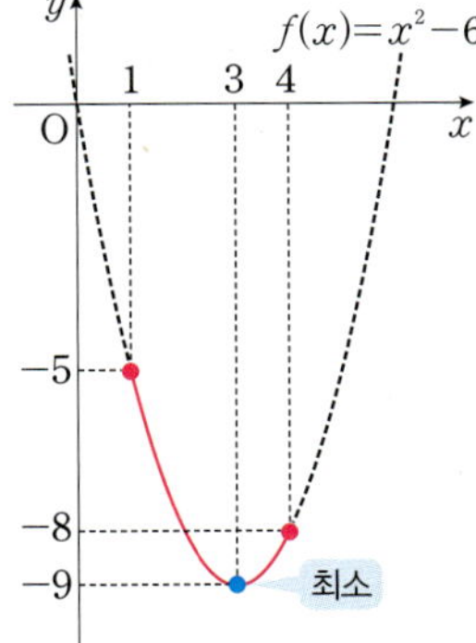

STEP B $p=-\dfrac{2}{3}$일 때, $1 \leq x \leq 4$에서 최솟값 $g\left(-\dfrac{2}{3}\right)$의 값 구하기

$p=-\dfrac{2}{3}$일 때, 이차함수는

$f(x)=x^2+2x=(x+1)^2-1$

$x=1$일 때,

최솟값 $g\left(-\dfrac{2}{3}\right)=f(1)=3$

따라서 $g(2)+g\left(-\dfrac{2}{3}\right)=-9+3=-6$

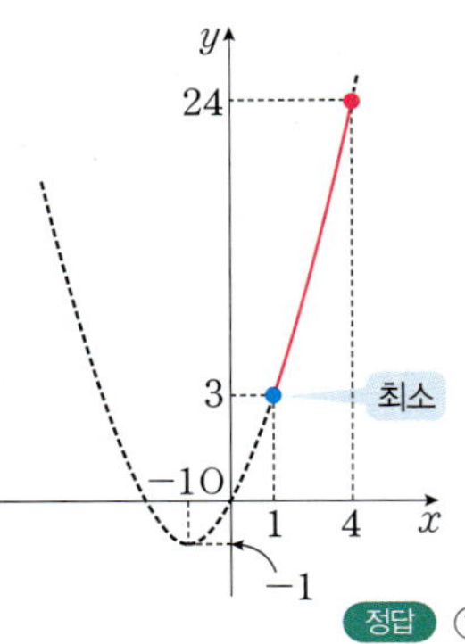

정답 ①

0861

2020년 06월 고1 학력평가 28번   정답 60

STEP A 조건 (가)를 만족하는 이차함수 $f(x)$의 식 작성하기

이차함수 $f(x)$를 변형하면

$f(x)=-x^2+px-q=-\left(x-\dfrac{p}{2}\right)^2+\dfrac{p^2}{4}-q$ ← 꼭짓점의 좌표 $\left(\dfrac{p}{2}, \dfrac{p^2}{4}-q\right)$

조건 (가)에 의하여 함수 $f(x)$의 그래프가 x축에 접하므로 $\dfrac{p^2}{4}-q=0$

y좌표는 0이다.

$\therefore q=\dfrac{p^2}{4}$ ······ ㉠

+α 판별식을 이용하여 q를 구할 수 있어!

$f(x)=-x^2+px-q$의 그래프는 x축에 접하므로

이차방정식 $x^2-px+q=0$이 중근을 가진다.

이때 판별식 D라 하면 $D=p^2-4q=0$ $\therefore q=\dfrac{p^2}{4}$

$\therefore f(x)=-\left(x-\dfrac{p}{2}\right)^2$

STEP B 조건 (나)를 만족하는 p^2+q^2의 값 구하기

이차함수 $y=f(x)$의 그래프의 꼭짓점의 x좌표가 $\dfrac{p}{2}$이고 최고차항의 계수가 -1이므로 $y=f(x)$의 그래프는 위로 볼록하다.

이때 $-p \leq x \leq p$에서 $f(x)$의 최솟값은 $f(-p)$이다.
위로 볼록한 이차함수의 함숫값은 x의 값이 축에서 멀어질수록 함숫값은 점점 작아진다.

조건 (나)에 의하여

$f(-p)=-\left(-p-\dfrac{p}{2}\right)^2$

$\qquad =-\dfrac{9p^2}{4}=-54$

$\therefore p^2=24$

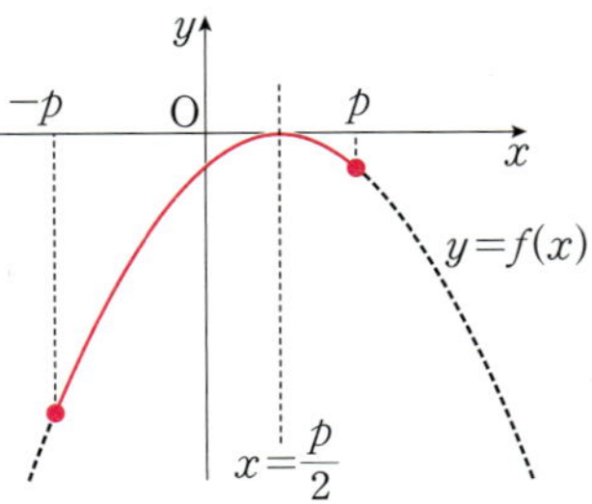

이 값을 ㉠에 대입하면 $q=\dfrac{24}{4}=6$

따라서 $p^2+q^2=24+36=60$

두 양수 p, q에 대하여 이차함수 $f(x)=-x^2+px-q$가 다음 조건을 만족시킬 때, $p+q$의 값을 구하시오.

(가) $y=f(x)$의 그래프는 x축에 접한다.
(나) $-p \leq x \leq p$에서 $f(x)$의 최솟값은 -36이다.

STEP A 조건 (가)를 만족하는 이차함수 $f(x)$의 식 작성하기

이차함수 $f(x)$를 변형하면

$f(x)=-x^2+px-q=-\left(x-\dfrac{p}{2}\right)^2+\dfrac{p^2}{4}-q$

조건 (가)에 의하여 함수 $f(x)$의 그래프가 x축에 접하므로 $\dfrac{p^2}{4}-q=0$

$\therefore q=\dfrac{p^2}{4}$ ······ ㉠

+α 판별식을 이용하여 q를 구할 수 있어!

$f(x)=-x^2+px-q$의 그래프는 x축에 접하므로

이차방정식 $x^2-px+q=0$이 중근을 가진다.

이때 판별식 D라 하면 $D=p^2-4q=0$ $\therefore q=\dfrac{p^2}{4}$

$\therefore f(x)=-\left(x-\dfrac{p}{2}\right)^2$

STEP B 조건 (나)를 만족하는 p, q의 값 구하기

이차함수 $y=f(x)$의 그래프의 꼭짓점의 x좌표가 $\dfrac{p}{2}$이고 최고차항의 계수가 -1이므로 $y=f(x)$의 그래프는 위로 볼록하다.

이때 $-p \leq x \leq p$에서 $f(x)$의 최솟값은 $f(-p)$이다.
위로 볼록한 이차함수의 함숫값은 x의 값이 축에서 멀어질수록 함숫값은 점점 작아진다.

조건 (나)에 의하여

$f(-p)=-\left(-p-\dfrac{p}{2}\right)^2$

$\qquad =-\dfrac{9p^2}{4}=-36$

즉 $p^2=16$이므로 $p=4\,(\because p>0)$

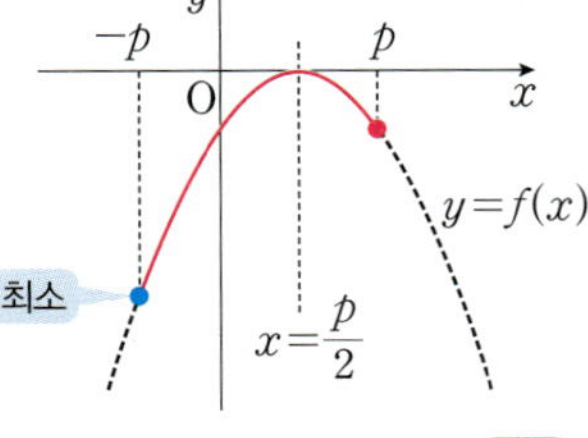

이 값을 ㉠에 대입하면 $q=\dfrac{16}{4}=4$

따라서 $p+q=4+4=8$
정답 8

0862

정답 6

STEP Ⓐ $-x^2+4x=t$로 치환하여 t의 값의 범위 구하기

$-x^2+4x=t$로 놓으면

$t=-x^2+4x=-(x-2)^2+4$

즉 t의 값은 $x=2$에서 최댓값 4를 가지므로 $t\le 4$

STEP Ⓑ t의 값의 범위를 이용하여 최댓값 구하기

$y=-(-x^2+4x)^2+2(-x^2+4x)+5$

$\quad=-t^2+2t+5$

$\quad=-(t-1)^2+6\,(t\le 4)$

따라서 $t=1$일 때, 최댓값은 6

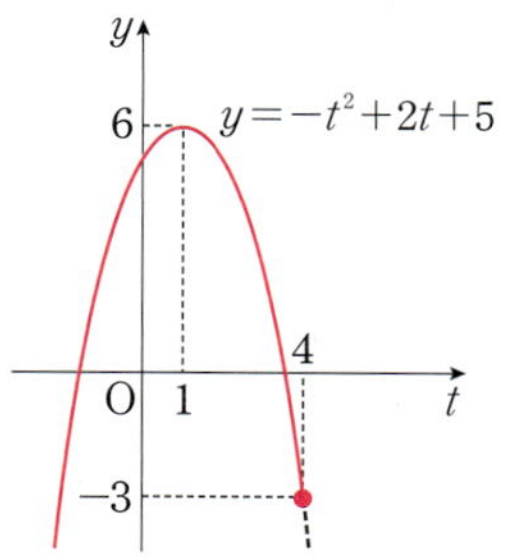

0863

정답 ④

STEP Ⓐ $x^2-2x+3=t$로 치환하여 t의 값의 범위 구하기

$x^2-2x+3=t$로 놓으면

$t=x^2-2x+3=(x-1)^2+2$

즉 t의 값은 $x=1$에서 최솟값 2를 가지므로 $t\ge 2$

STEP Ⓑ t의 값의 범위를 이용하여 k의 값 구하기

$y=-2(x^2-2x+3)^2+12(x^2-2x)+k-16$

$\quad=-2t^2+12(t-3)+k-16$

$\quad=-2t^2+12t+k-52$

$\quad=-2(t-3)^2+k-34\,(t\ge 2)$

즉 $t=3$일 때, 최댓값은 $k-34=6$

따라서 $k=40$

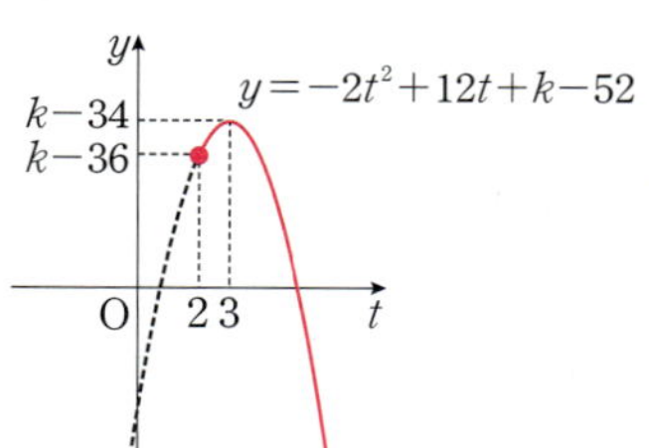

0864

정답 ④

STEP Ⓐ $x^2-2x=t$로 치환하고 t의 값의 범위 구하기

$x^2-2x=t$로 놓으면

$t=x^2-2x=(x-1)^2-1\ge -1$이므로

t의 값의 범위는 $t\ge -1$

STEP Ⓑ t의 값의 범위를 이용하여 최솟값 구하기

주어진 함수는

$y=(x^2-2x)^2+4(x^2-2x+1)+5$

$\quad=t^2+4t+9$

$\quad=(t+2)^2+5\,(t\ge -1)$

이므로

$t=-1$일 때, 최솟값은 6이다.

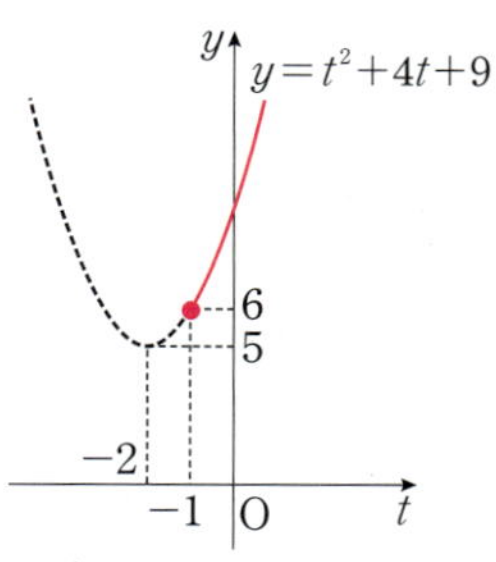

꼭짓점 t의 좌표가 제한된 범위에 속하지 않는다.

$t=x^2-2x=-1$에서 $x^2-2x+1=0$

$(x-1)^2=0$ ∴ $x=1$

따라서 $\alpha=1$, $\beta=6$이므로 $\alpha+\beta=7$

0865

정답 ④

STEP Ⓐ $x^2+2x-1=t$로 치환하여 t의 값의 범위 구하기

$x^2+2x-1=t$로 놓으면

$t=(x+1)^2-2$에서 $-2\le x\le 1$이므로

$x=-1$일 때, 최솟값은 -2

$x=1$일 때, 최댓값은 2

∴ $-2\le t\le 2$

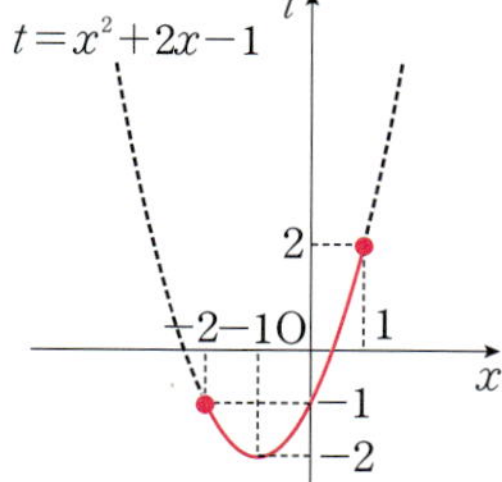

STEP Ⓑ $-2\le t\le 2$에서 함수 $y=t^2-2t+4$의 최댓값 M과 최솟값 m 구하기

$y=(x^2+2x-1)^2-2(x^2+2x-2)+2$

$\quad=t^2-2(t-1)+2$

$\quad=t^2-2t+4$

이므로

함수 $y=t^2-2t+4=(t-1)^2+3$은

$-2\le t\le 2$에서

$t=1$일 때, 최솟값은 $m=3$

$t=-2$일 때, 최댓값 $M=12$

따라서 $M+m=15$

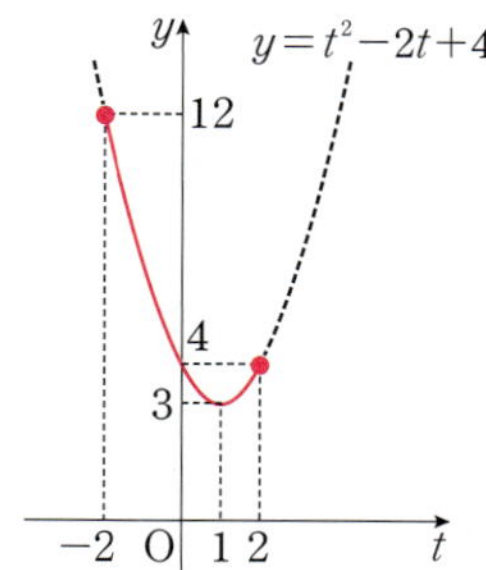

0866

정답 29

STEP Ⓐ $x^2-4x=t$로 치환하고 t의 값의 범위 구하기

$x^2-4x=t$로 놓으면

$t=x^2-4x=(x-2)^2-4$

$-1\le x\le 3$에서 $-4\le t\le 5$

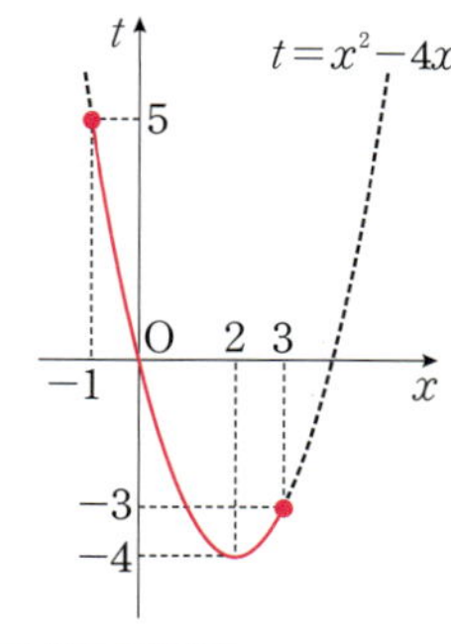

STEP Ⓑ t의 값의 범위를 이용하여 최댓값과 최솟값 구하기

$y=(x^2-4x+1)^2-2(x^2-4x+3)+7$

$\quad=(t+1)^2-2(t+3)+7$

$\quad=t^2+2$

$t=0$일 때, 최솟값은 2

$t=5$일 때, 최댓값은 $5^2+2=27$

따라서 최댓값과 최솟값의 합은 $27+2=29$

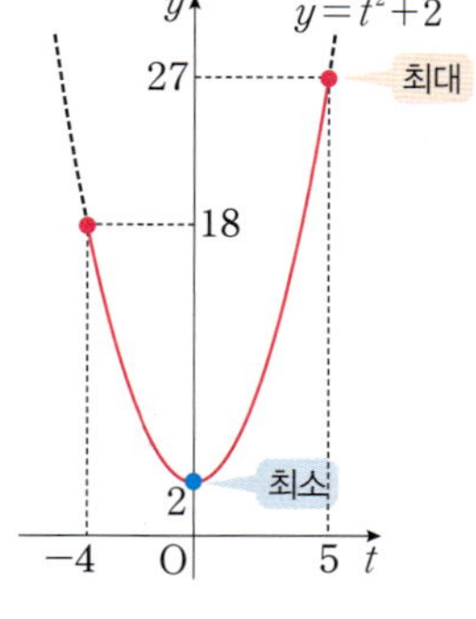

0867

STEP A $x^2-6x+12=t$로 치환하고 t의 값의 범위 구하기

$x^2-6x+12=t$로 놓으면
$t=x^2-6x+12=(x-3)^2+3$
$1\le x\le 3$에서 $3\le t\le 7$

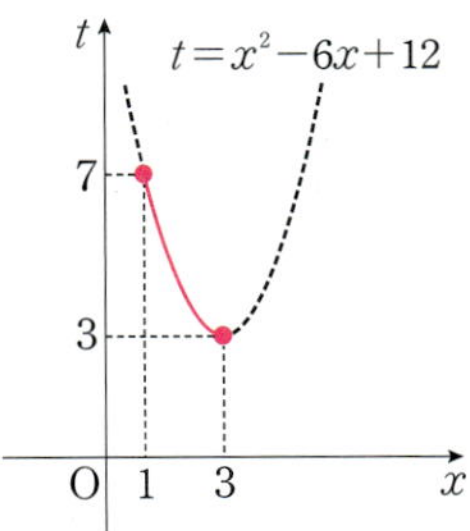

STEP B t의 값의 범위를 이용하여 k의 값 구하기

$y=-2(x^2-6x+12)^2+4(x^2-6x+12)+k$
$\quad=-2t^2+4t+k$
$\quad=-2(t-1)^2+k+2\ (3\le t\le 7)$
즉 $t=3$일 때, 최댓값은 $k-6=10$
따라서 $k=16$

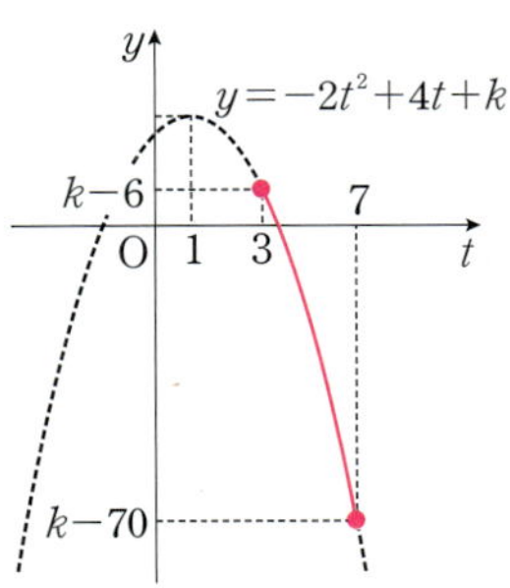

$1\le x\le 4$에서 함수 $y=-(x^2-8x+21)^2+8(x^2-8x+21)+k$의 최댓값이 20일 때, 상수 k의 값은?

① 3 　② 5 　③ 7
④ 9 　⑤ 11

STEP A $x^2-8x+21=t$로 치환하고 t의 값의 범위 구하기

$x^2-8x+21=t$로 놓으면
$t=x^2-8x+21=(x-4)^2+5$
$1\le x\le 4$에서 $5\le t\le 14$

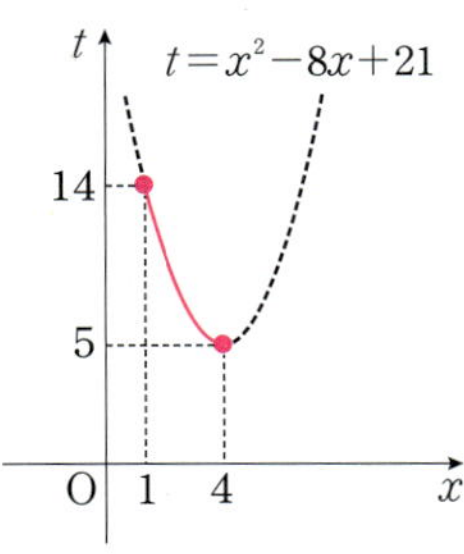

STEP B t의 값의 범위를 이용하여 k의 값 구하기

$y=-(x^2-8x+21)^2+8(x^2-8x+21)+k$
$\quad=-t^2+8t+k$
$\quad=-(t-4)^2+k+16\ (5\le t\le 14)$
즉 $t=5$일 때, 최댓값은 $k+15=20$
따라서 $k=5$

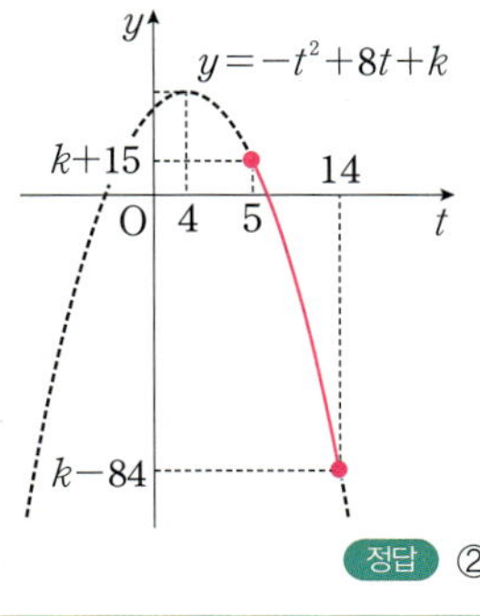

0868

2014년 11월 고1 학력평가 25번 　

STEP A $2x-1=t$로 치환하고 주어진 함수를 t에 대하여 나타내기

$y=(2x-1)^2-4(2x-1)+3$에서 $t=2x-1$로 놓으면
주어진 범위는 $1\le x\le 4$이므로 $1\le 2x-1\le 7$
$\therefore 1\le t\le 7$　← $x=1$에서 최솟값은 1, $x=4$에서 최댓값은 7
이때 주어진 함수는
$y=(2x-1)^2-4(2x-1)+3$
$\quad=t^2-4t+3$
$\quad=(t-2)^2-1\ (1\le t\le 7)$

STEP B t의 값의 범위를 이용하여 최댓값과 최솟값 구하기

이차함수 $y=(t-2)^2-1$에서
$1\le t\le 7$이므로
$t=2$일 때, 최솟값 $m=-1$,
$t=7$일 때, 최댓값 $M=25-1=24$
$t=1$과 $t=7$ 중 대칭축 $t=2$로부터
더 멀리 떨어진 $t=7$에서 최댓값을 가진다.

따라서 $M-m=24-(-1)=25$

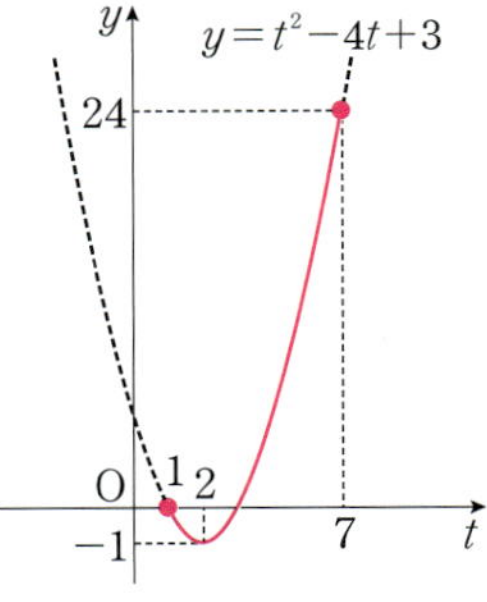

$2\le x\le 4$에서 이차함수 $y=(3x-4)^2-6(3x-4)+6$의 최댓값을 M, 최솟값을 m이라 할 때, $M-m$의 값을 구하시오.

STEP A $3x-4=t$로 치환하고 t의 값의 범위 구하기

$t=3x-4$로 놓으면
주어진 범위 $2\le x\le 4$에서 $3\times2-4\le 3x-4\le 3\times4-4$
$\therefore 2\le t\le 8$

STEP B t의 값의 범위를 이용하여 최댓값과 최솟값 구하기

$2\le t\le 8$에서 이차함수
$y=(3x-4)^2-6(3x-4)+6$
$\quad=t^2-6t+6$
$\quad=(t-3)^2-3\ (2\le t\le 8)$
$2\le t\le 8$에서
$t=3$일 때, 최솟값 $m=-3$
$t=8$일 때, 최댓값 $M=5^2-3=22$
따라서 $M-m=22-(-3)=25$

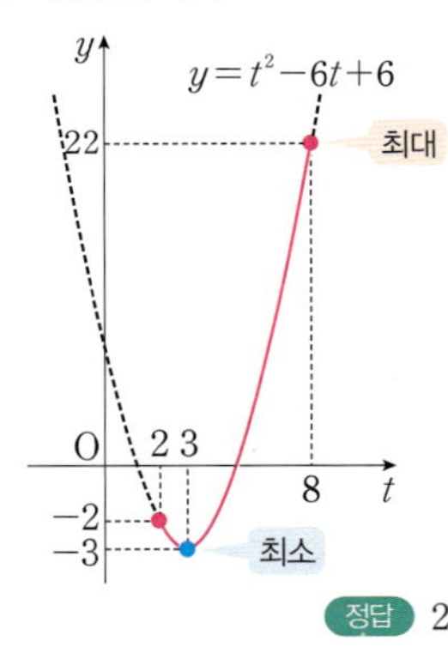

0869

STEP A 주어진 식을 $p(x-m)^2+q(y-n)^2+r$꼴로 변형하기

$-x^2-3y^2+4x+6y+k=-(x^2-4x+4)-3(y^2-2y+1)+k+7$
$\qquad\qquad\qquad\qquad\quad=-(x-2)^2-3(y-1)^2+k+7$

STEP B $(실수)^2\ge 0$임을 이용하여 $a+b+k$의 값 구하기

$(x-2)^2\ge 0,\ (y-1)^2\ge 0$이므로　← $(실수)^2\ge 0$
$-x^2-3y^2+4x+6y+k\le k+7$
즉 $x=2$, $y=1$일 때, 최댓값이 4이므로 $a=2$, $b=1$, $k+7=4$
따라서 $a=2$, $b=1$, $k=-3$이므로 $a+b+k=2+1+(-3)=0$

0870

STEP A 주어진 식을 $a(x-p)^2+b(y-q)^2+c(z-r)^2+k$꼴로 변형하기

$x^2+y^2+3z^2-2x+4y+6z+13$
$=(x^2-2x+1)+(y^2+4y+4)+3(z^2+2z+1)+5$
$=(x-1)^2+(y+2)^2+3(z+1)^2+5$

STEP B (실수)$^2\geq0$임을 이용하여 최솟값 구하기

이때 x, y, z가 실수이므로
$(x-1)^2\geq0$, $(y+2)^2\geq0$, $(z+1)^2\geq0$
$\therefore\ x^2+y^2+3z^2-2x+4y+6z+13\geq5$
따라서 $x=1$, $y=-2$, $z=-1$일 때, 최솟값은 5

0871

STEP A 주어진 식을 $a(x-p)^2+b(y-q)^2+c(z-r)^2+k$꼴로 변형하기

$-2x^2-y^2-z^2+8x-6y+2z+k$
$=-2(x^2-4x+4)-(y^2+6y+9)-(z^2-2z+1)+18+k$
$=-2(x-2)^2-(y+3)^2-(z-1)^2+18+k$

STEP B (실수)$^2\geq0$임을 이용하여 $a+b+c+k$의 값 구하기

이때 x, y, z가 실수이므로
$(x-2)^2\geq0$, $(y+3)^2\geq0$, $(z-1)^2\geq0$
$-2x^2-y^2-z^2+8x-6y+2z+k\leq18+k$
즉 $x=2$, $y=-3$, $z=1$에서 최댓값이 8이므로
$a=2$, $b=-3$, $c=1$, $18+k=8$
따라서 $a+b+c+k=2+(-3)+1+(-10)=-10$

실수 x, y, z에 대하여 $-x^2-4y^2-z^2-6x+4y+8z+k$는
$x=a$, $y=b$, $x=c$일 때, 최댓값 14를 가진다. 상수 a, b, c, k에 대하여
$\dfrac{k}{abc}$의 값은? (단, $abc\neq0$)

① 1   ② 2   ③ 3
④ 4   ⑤ 5

STEP A 주어진 식을 $a(x-p)^2+b(y-q)^2+c(z-r)^2+k$꼴로 변형하기

$-x^2-4y^2-z^2-6x+4y+8z+k$
$=-(x^2+6x+9)-4\left(y^2-y+\dfrac{1}{4}\right)-(z^2-8z+16)+26+k$
$=-(x+3)^2-4\left(y-\dfrac{1}{2}\right)^2-(z-4)^2+26+k$

STEP B (실수)$^2\geq0$임을 이용하여 a, b, c, k의 값 구하기

이때 x, y, z가 실수이므로
$(x+3)^2\geq0$, $\left(y-\dfrac{1}{2}\right)^2\geq0$, $(z-4)^2\geq0$

$-(x+3)^2-4\left(y-\dfrac{1}{2}\right)^2-(z-4)^2+26+k\leq26+k$

즉 $x=-3$, $y=\dfrac{1}{2}$, $z=4$에서 최댓값이 14이므로

$a=-3$, $b=\dfrac{1}{2}$, $c=4$, $26+k=14$

따라서 $\dfrac{k}{abc}=\dfrac{-12}{-3\times\dfrac{1}{2}\times4}=\dfrac{12}{6}=2$

0872

STEP A x^2+y^2의 최솟값 구하기

$x+y+3=0$에서 $y=-x-3$ …… ㉠
㉠을 x^2+y^2에 대입하면
$x^2+y^2=x^2+(-x-3)^2$
$\qquad\quad=2x^2+6x+9$
$\qquad\quad=2\left(x+\dfrac{3}{2}\right)^2+\dfrac{9}{2}$
따라서 $x=-\dfrac{3}{2}$일 때, 최솟값은 $\dfrac{9}{2}$

0873

STEP A 점 (a, b)를 이차함수에 대입하여 a, b의 관계식 구하기

점 (a, b)가 이차함수 $y=x^2-2x-2$의 그래프 위의 점이므로
$x=a$, $y=b$를 대입하면
$b=a^2-2a-2$ …… ㉠

STEP B $2a^2-b+4$의 최솟값 구하기

㉠을 $2a^2-b+4$에 대입하면
$2a^2-b+4=2a^2-(a^2-2a-2)+4$
$\qquad\qquad=a^2+2a+6$
$\qquad\qquad=(a+1)^2+5$
따라서 $a=-1$일 때, 최솟값 5

이차함수 $y=x^2+12x-8$의 그래프 위를 움직이는 점 (a, b)에 대하여
$3a^2-b+17$의 최솟값은?

① 5   ② 6   ③ 7
④ 8   ⑤ 9

STEP A 점 (a, b)를 이차함수에 대입하여 a, b의 관계식 구하기

점 (a, b)가 이차함수 $y=x^2+12x-8$의 그래프 위의 점이므로
$x=a$, $y=b$를 대입하면
$b=a^2+12a-8$ …… ㉠

STEP B $3a^2-b+17$의 최솟값 구하기

㉠을 $3a^2-b+17$에 대입하면
$3a^2-b+17=3a^2-(a^2+12a-8)+17$
$\qquad\qquad=2a^2-12a+25$
$\qquad\qquad=2(a-3)^2+7$
따라서 $a=3$일 때, 최솟값은 7

">

0874

정답 ②

STEP A 조건식을 한 문자에 대하여 정리하고 이차식에 대입하여 x에 관한 이차함수로 고치기

$x+y=3$에서 $y=3-x$ ...... ㉠

이때 $x\geq0$, $y\geq0$에서 $3-x\geq0$이므로 $0\leq x\leq3$

㉠을 $2x^2+y^2$에 대입하면

$2x^2+y^2=2x^2+(3-x)^2=3(x-1)^2+6$

STEP B $0\leq x\leq3$에서 최댓값과 최솟값 구하기

$f(x)=3(x-1)^2+6$이라 하면

$0\leq x\leq3$에서 함수 $y=f(x)$의 그래프는

오른쪽 그림과 같으므로

$x=3$일 때, 최댓값 $f(3)=18$

$x=1$일 때, 최솟값 $f(1)=6$

따라서 $M+m=18+6=24$

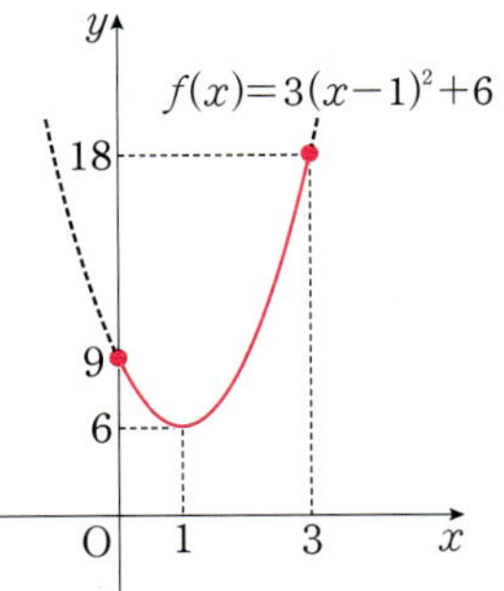

0875

정답 ④

STEP A $y=-2x+3$으로 놓고 주어진 식을 x에 관한 이차식으로 변형하고 x의 범위 구하기

$2x+y=3$에서 $y=-2x+3$ ...... ㉠

㉠을 y^2-x^2에 대입하면

$y^2-x^2=(-2x+3)^2-x^2$

$\qquad=3x^2-12x+9$

$\qquad=3(x-2)^2-3$

STEP B Mm의 값 구하기

$1\leq x\leq4$에서

$f(x)=3(x-2)^2-3$이라 하면

$x=4$일 때, 최댓값 $M=9$

$x=2$일 때, 최솟값 $m=-3$

따라서 $M=9$, $m=-3$이므로 $Mm=-27$

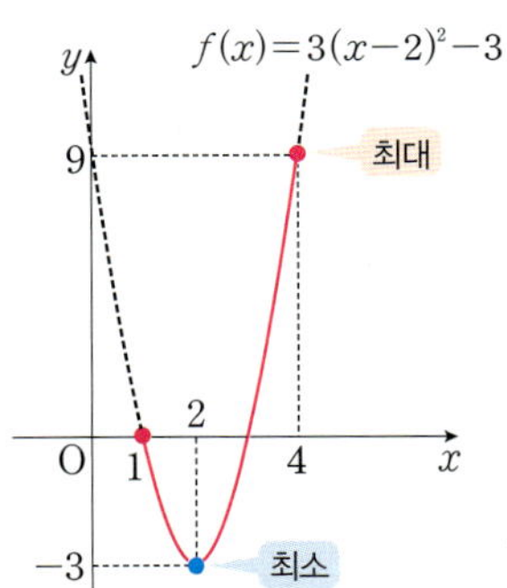

0876

정답 ④

STEP A 조건식을 한 문자에 대하여 정리하고 이차식에 대입하여 x에 관한 이차함수로 고치기

두 수를 각각 x, y라 하면

$x+y=10$에서 $y=10-x$ ...... ㉠

㉠을 두 수의 곱 xy에 대입하면

$xy=x(10-x)$

$\qquad=-x^2+10x$

$\qquad=-(x-5)^2+25$

STEP B $0<x<10$에서 최댓값 구하기

이때 x, y가 모두 양수이므로 $y=10-x>0$

$\therefore\ 0<x<10$

$f(x)=-(x-5)^2+25$로 놓으면

함수 $y=f(x)$의 그래프는

오른쪽 그림과 같으므로

$x=5$일 때, 최댓값 $f(5)=25$

따라서 두 수의 곱의 최댓값은 25

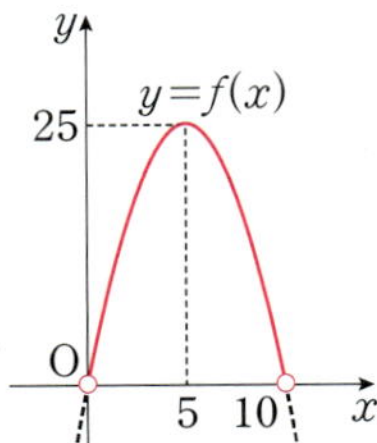

mini해설 | 산술평균과 기하평균을 이용하여 풀이하기

두 양수를 각각 $x>0$, $y>0$라 하면

$x+y=10$이므로 산술평균과 기하평균을 이용하면

$\dfrac{x+y}{2}\geq\sqrt{xy}$에서 $\dfrac{10}{2}\geq\sqrt{xy}$ (단, 등호는 $x=y$)

따라서 $xy\leq25$이므로 두 수의 곱의 최댓값은 25

0877

정답 ④

STEP A 주어진 조건을 이용하여 b를 a에 대한 식으로 나타내기

점 A는 이차함수 $y=x^2-5x+4$의 그래프와 y축의 교점이므로 A$(0,\ 4)$

또, 두 점 B, C는 이차함수 $y=x^2-5x+4$의 그래프와 x축의 교점이므로

$x^2-5x+4=0$에서 $(x-1)(x-4)=0$ $\quad\therefore\ x=1$ 또는 $x=4$

$\therefore$ B$(1,\ 0)$, C$(4,\ 0)$

이때 점 P는 점 A$(0,\ 4)$에서 C$(4,\ 0)$까지 움직이므로 $0\leq a\leq4$

점 P$(a,\ b)$는 곡선 $y=x^2-5x+4$ 위의 점이므로

$b=a^2-5a+4$ ...... ㉠

STEP B $0\leq a\leq4$에서 최댓값과 최솟값 구하기

㉠을 $3a+b$에 대입하면

$3a+b=3a+(a^2-5a+4)$

$\qquad=a^2-2a+4$

$\qquad=(a-1)^2+3$

$f(a)=(a-1)^2+3$이라 하면

$0\leq a\leq4$에서 함수 $y=f(a)$의 그래프는

오른쪽 그림과 같다.

$a=4$에서 최댓값 $f(4)=12$

$a=1$에서 최솟값 $f(1)=3$

따라서 최댓값과 최솟값의 합은 $12+3=15$

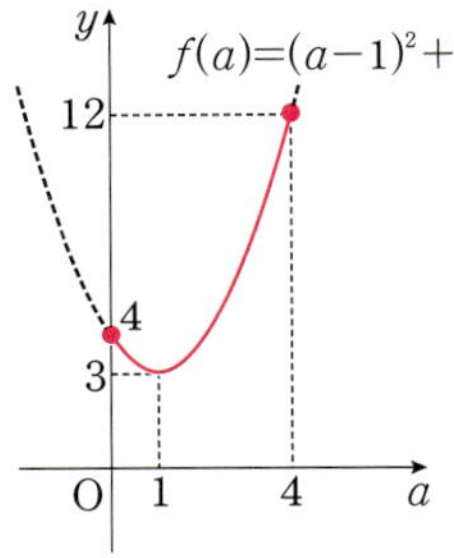

내신연계 출제문항 410

오른쪽 그림과 같이 이차함수

$y=-x^2+4x-3$의 그래프는 y축과

점 A에서 만나고 x축과 두 점 B, C에서

만난다. 점 P$(a,\ b)$가 점 A에서 점 C까지

이 그래프 위를 움직일 때, $12a-4b+5$의

최댓값과 최솟값을 각각 M, m이라 하자.

이때 $M+m$의 값을 구하시오.

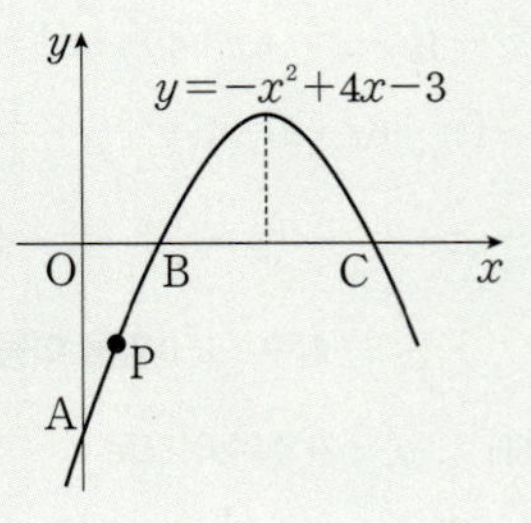

STEP A 주어진 조건을 이용하여 b를 a에 대한 식으로 나타내기

점 A는 이차함수 $y=-x^2+4x-3$의 그래프와 y축의 교점이므로 A$(0,\ -3)$

또, 두 점 B, C는 이차함수 $y=-x^2+4x-3$의 그래프와 x축의 교점이므로

$-x^2+4x-3=0$에서 $(x-1)(x-3)=0$ $\quad\therefore\ x=1$ 또는 $x=3$

$\therefore$ B$(1,\ 0)$, C$(3,\ 0)$

이때 점 P는 점 A$(0,\ -3)$에서 C$(3,\ 0)$까지 움직이므로 $0\leq a\leq3$

점 P$(a,\ b)$는 곡선 $y=-x^2+4x-3$ 위의 점이므로

$b=-a^2+4a-3$ ...... ㉠

STEP B $0 \leq a \leq 3$에서 최댓값과 최솟값 구하기

㉠을 $12a-4b+5$에 대입하면
$$12a-4b+5=12a-4(-a^2+4a-3)$$
$$=4a^2-4a+17$$
$$=4\left(a-\frac{1}{2}\right)^2+16$$

$f(a)=4\left(a-\frac{1}{2}\right)^2+16$이라 하면

$0 \leq a \leq 3$에서 함수 $y=f(a)$의 그래프는
오른쪽 그림과 같다.

$a=3$에서 최댓값 $M=f(3)=41$

$a=\frac{1}{2}$에서 최솟값 $m=f\left(\frac{1}{2}\right)=16$

따라서 최댓값과 최솟값의 합은 $M+m=41+16=57$

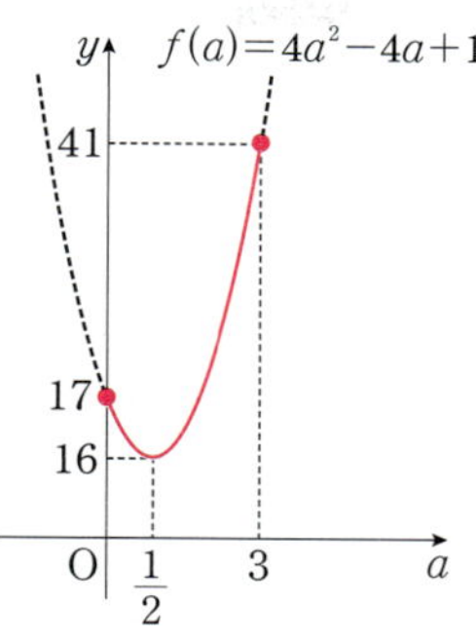

[정답] 57

0878

[정답] 7

STEP A 조건식을 한 문자에 대하여 정리하고 이차식에 대입하여 x에 관한 이차함수로 고치기

$x^2+y^2=4$에서 $y^2=4-x^2$ ······ ㉠

㉠을 $2x+y^2+3$에 대입하면
$$2x+y^2+3=2x+(4-x^2)+3$$
$$=-x^2+2x+7$$
$$=-(x-1)^2+8$$

이때 y가 실수이므로 $y^2=4-x^2 \geq 0$, $(x+2)(x-2) \leq 0$

$\therefore -2 \leq x \leq 2$

STEP B $-2 \leq x \leq 2$에서 최댓값과 최솟값 구하기

$f(x)=-(x-1)^2+8$이라 하면

$-2 \leq x \leq 2$에서 함수 $y=f(x)$의
그래프는 오른쪽 그림과 같다.

$x=1$에서 최댓값 $f(1)=8$

$x=-2$에서 최솟값 $f(-2)=-1$

따라서 $M+m=8+(-1)=7$

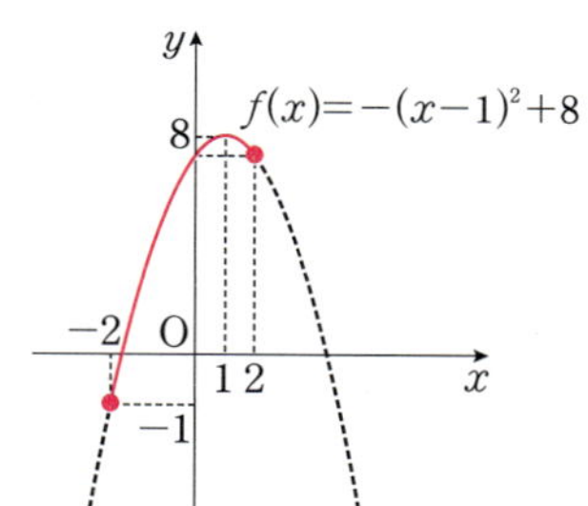

0879

2017년 06월 고1 학력평가 16번

[정답] ④

해설강의

STEP A 주어진 조건을 이용하여 b를 a에 대한 식으로 나타내기

두 점 A, B의 좌표가 각각 $(0, 1)$, $(4, 0)$이다.

점 A는 y축 위의 점이므로 점 A의 x좌표는 0이다.

또한, 점 B의 x좌표는 $y=-\frac{1}{4}x+1$에 $y=0$을 대입하면 $0=-\frac{1}{4}x+1$ $\therefore x=4$

이때 점 $P(a, b)$는 직선 $y=-\frac{1}{4}x+1$ 위의 점이고

선분 AB 위의 점이므로 $0 \leq a \leq 4$

$\therefore b=-\frac{1}{4}a+1 (0 \leq a \leq 4)$ ······ ㉠

STEP B a^2+8b의 최솟값 구하기

㉠을 a^2+8b에 대입하면
$$a^2+8b=a^2+8\left(-\frac{1}{4}a+1\right)$$
$$=a^2-2a+8$$
$$=(a-1)^2+7 (0 \leq a \leq 4)$$

따라서 $a=1$일 때, a^2+8b의 최솟값은 7

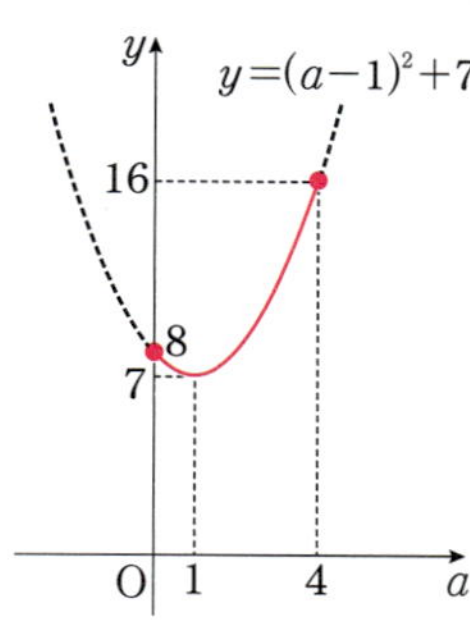

점 $P(x, y)$가 두 점 $A(0, 1)$, $B(4, 0)$을 이은 선분 AB 위를 움직일 때,
x^2+8y의 최댓값을 M, 최솟값을 m이라 할 때, $M+m$의 값은?

① 20　　② 21　　③ 22
④ 23　　⑤ 24

STEP A 두 점 A, B를 지나는 직선의 방정식 구하기

두 점 $A(0, 1)$, $B(4, 0)$을 잇는 선분을
나타내는 방정식은
$$y-0=\frac{0-1}{4-0}(x-4)$$
$$\therefore y=-\frac{1}{4}x+1 (0 \leq x \leq 4) \quad ······ ㉠$$

점 P가 선분 AB 위를 움직이므로 x의 값의 범위가 제한된다.

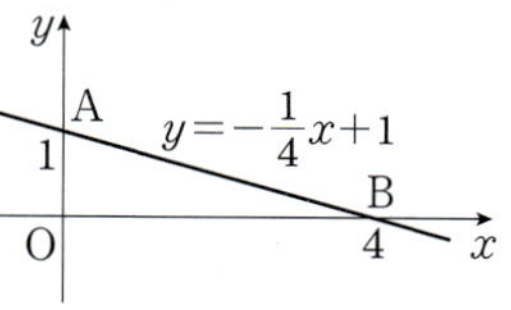

STEP B x^2+8y의 최댓값 M, 최솟값 m 구하기

㉠을 x^2+8y에 대입하면
$$x^2+8y=x^2+8\left(-\frac{1}{4}x+1\right)$$
$$=x^2-2x+8$$
$$=(x-1)^2+7$$

따라서 $0 \leq x \leq 4$에서

$x=1$일 때, 최솟값은 $m=7$,

$x=4$일 때, 최댓값은 $M=16$

$M+m=16+7=23$

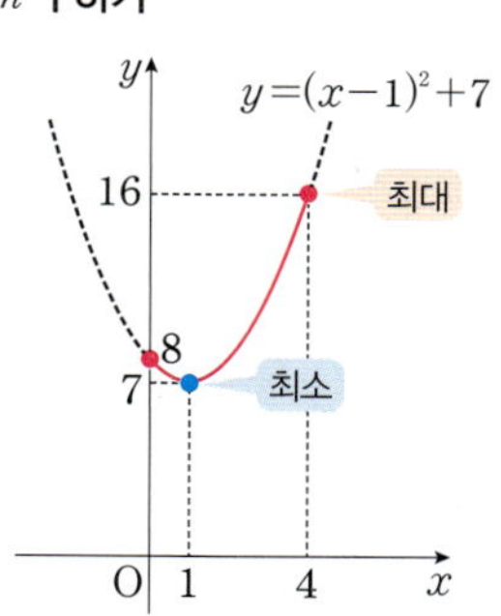

[정답] ④

0880

2016년 06월 고1 학력평가 14번

[정답] ⑤

해설강의

STEP A $\overline{OB}+\overline{AB}$를 a에 대한 이차함수로 나타내기

$y=x^2-2ax+5a=(x-a)^2-a^2+5a$

이므로 $A(a, -a^2+5a)$

즉 $0 < a < 5$이므로

$\overline{OB}=a$, $\overline{AB}=-a^2+5a$

$\overline{OB}+\overline{AB}=g(a)$라 하면

$g(a)=a+(-a^2+5a)=-a^2+6a$

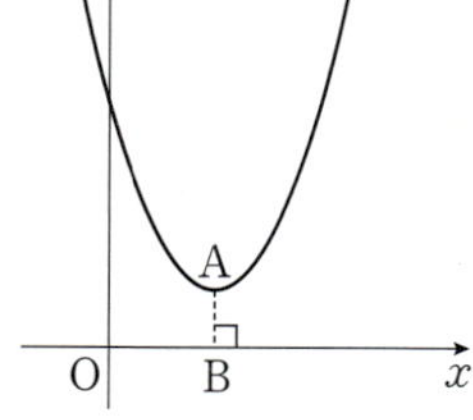

STEP B $0 < a < 5$일 때, $g(a)=-a^2+6a$의 최댓값 구하기

$g(a)=-a^2+6a=\underline{-(a-3)^2+9}$이므로

꼭짓점의 좌표는 $(3, 9)$

$0 < a < 5$에서 함수 $y=f(x)$의 그래프는
오른쪽 그림과 같다.

따라서 $\overline{OB}+\overline{AB}$는 $a=3$일 때, 최댓값은 9

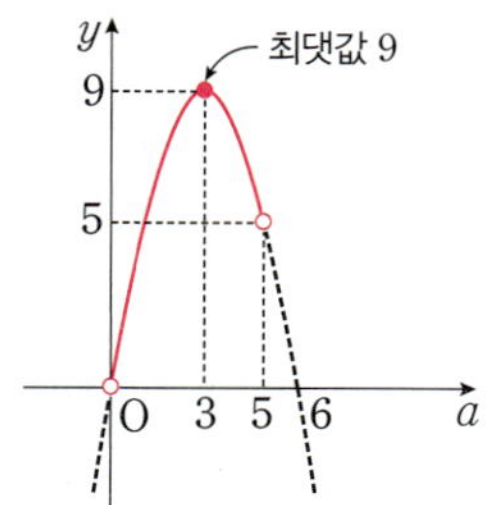

함수 $f(x)=x^2-4ax+6a$의 그래프의 꼭짓점을 A라 하고, 점 A에서 x축에 내린 수선의 발을 B라 하자.
$0<a<2$일 때, $\overline{OB}+\overline{AB}$의 최댓값은?
(단, O는 원점이고, a는 $a\ne 0$, $a\ne 2$인 실수이다.)

① 3   ② 4
③ 5   ④ 6
⑤ 7

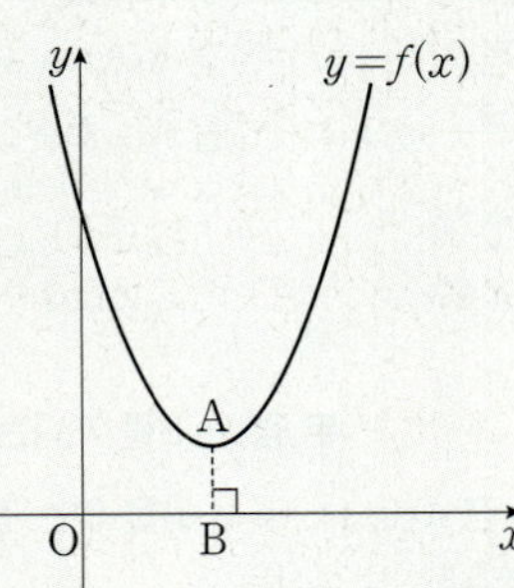

STEP A $\overline{OB}+\overline{AB}$를 a에 대한 이차함수로 나타내기

$y=x^2-4ax+6a=(x-2a)^2-4a^2+6a$

이므로 $A(2a,\ -4a^2+6a)$

즉 $0<a<2$이므로

$\overline{OB}=2a$, $\overline{AB}=-4a^2+6a$

$\overline{OB}+\overline{AB}=2a+(-4a^2+6a)$

$\qquad\qquad\quad =-4a^2+8a$

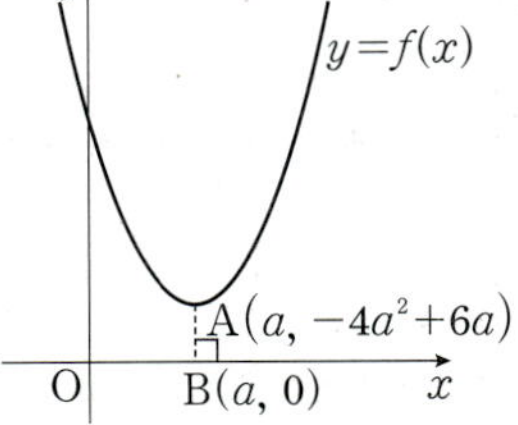

STEP B $0<a<2$일 때, $g(a)=-4a^2+8a$의 최댓값 구하기

$g(a)=-4a^2+8a=-4(a-1)^2+4$라 하면

$0<a<5$에서 함수 $y=f(x)$의 그래프는 오른쪽 그림과 같다.

따라서 $\overline{OB}+\overline{AB}$의 최댓값은 4

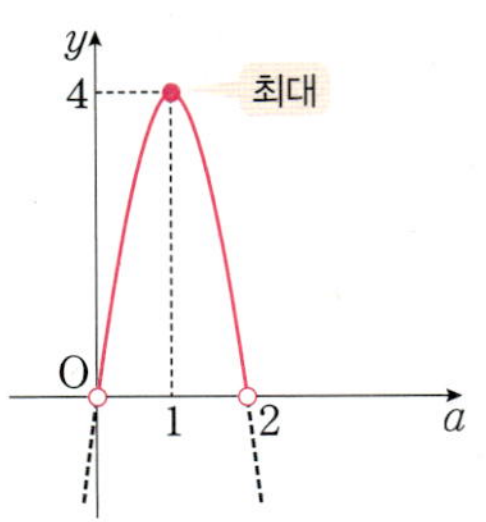

정답 ②

0881

2018년 06월 고1 학력평가 16번   정답 ③

STEP A $z^2+(\overline{z})^2=0$임을 이용하여 a, b의 관계식 구하기

$z^2=(a+2bi)^2=(a^2-4b^2)+4abi$

$(\overline{z})^2=(a-2bi)^2=(a^2-4b^2)-4abi$

$z=a+bi$에 대하여 켤레복소수 $\overline{z}$를 구하면 $\overline{z}=a-bi$

$z^2+(\overline{z})^2=0$이므로 $2(a^2-4b^2)=0$, $a^2=4b^2$

$\therefore b^2=\dfrac{a^2}{4}$ …… ㉠

STEP B 이차함수의 최솟값 구하기

㉠을 $6a+12b^2+11$에 대입하면

$6a+12b^2+11=6a+12\times\dfrac{a^2}{4}+11$ ← $b^2=\dfrac{a^2}{4}$ 대입

$\qquad\qquad\qquad =3a^2+6a+11$

$\qquad\qquad\qquad =3(a+1)^2+8$ ← 꼭짓점의 좌표는 $(-1,\ 8)$

따라서 $a=-1$일 때, **최솟값은 8**

+α | 최솟값을 다음과 같이 구할 수도 있어!

$a^2=4b^2$에서 $a=\pm 2b$

(ⅰ) $a=-2b$를 $6a+12b^2+11$에 대입하면

$\quad 12b^2-12b+11=12(b^2-b)+11=12\left(b-\dfrac{1}{2}\right)^2+8\ge 8$

(ⅱ) $a=2b$를 $6a+12b^2+11$에 대입하면

$\quad 12b^2+12b+11=12(b^2+b)+11=12\left(b+\dfrac{1}{2}\right)^2+8\ge 8$

(ⅰ), (ⅱ)에 의하여 최솟값은 8

두 실수 a, b에 대하여 복소수 $z=a+3bi$가 $z^2+(\overline{z})^2=0$을 만족시킬 때, $4a+18b^2+15$의 최솟값은? (단, $i=\sqrt{-1}$이고 $\overline{z}$는 z의 켤레복소수이다.)

① 10   ② 11   ③ 12
④ 13   ⑤ 14

STEP A $z^2+(\overline{z})^2=0$임을 이용하여 a, b의 관계식 구하기

$z^2=(a+3bi)^2=(a^2-9b^2)+6abi$

$(\overline{z})^2=(a-3bi)^2=(a^2-9b^2)-9abi$

$z=a+bi$에 대하여 켤레복소수 $\overline{z}$를 구하면 $\overline{z}=a-bi$

$z^2+(\overline{z})^2=0$이므로 $2(a^2-9b^2)=0$

즉 $a^2=9b^2$ $\therefore b^2=\dfrac{a^2}{9}$ …… ㉠

STEP B 이차함수의 최솟값 구하기

㉠을 $4a+18b^2+15$에 대입하면

$4a+18b^2+15=4a+18\times\dfrac{a^2}{9}+15$ ← $b^2=\dfrac{a^2}{9}$ 대입

$\qquad\qquad\qquad =2a^2+4a+15$

$\qquad\qquad\qquad =2(a+1)^2+13$

따라서 $a=-1$일 때, **최솟값은 13**

+α | 최솟값을 다음과 같이 구할 수도 있어!

$a^2=9b^2$에서 $a=\pm 3b$

(ⅰ) $a=-3b$를 $4a+18b^2+15$에 대입하면

$\quad 18b^2-12b+15=18\left(b-\dfrac{1}{3}\right)^2+13\ge 13$

(ⅱ) $a=3b$를 $4a+18b^2+15$에 대입하면

$\quad 18b^2+12b+15=18\left(b+\dfrac{1}{3}\right)^2+13\ge 13$

(ⅰ), (ⅱ)에 의하여 최솟값은 13

정답 ④

0882

정답 1

STEP A 실수 a의 값의 범위 구하기

이차방정식 $x^2-ax+a-1=0$의 판별식을 D라 하면

$D=(-a)^2-4(a-1)$

$\quad =a^2-4a+4$

$\quad =(a-2)^2\ge 0$

즉 이차방정식 $x^2-ax+a-1=0$은 항상 두 실근을 가진다.

STEP B 곱셈 공식을 이용하여 $\alpha^2+\beta^2$의 최솟값 구하기

이차방정식 $x^2-ax+a-1=0$의 두 실근이 α, β이므로 근과 계수의 관계에 의하여 $\alpha+\beta=a$, $\alpha\beta=a-1$

$\alpha^2+\beta^2=(\alpha+\beta)^2-2\alpha\beta$

$\qquad\quad =a^2-2(a-1)$

$\qquad\quad =a^2-2a+2$

$\qquad\quad =(a-1)^2+1$

따라서 $a=1$일 때, 최솟값 1을 갖는다.

0883

STEP A **실수 m의 값의 범위 구하기**

이차방정식 $x^2+2mx+m-2=0$의 판별식을 D라 하면

$$\frac{D}{4}=m^2-(m-2)$$
$$=m^2-m+2$$
$$=\left(m-\frac{1}{2}\right)^2+\frac{7}{4}>0$$

즉 이차방정식 $x^2+2mx+m-2=0$은 항상 서로 다른 두 실근을 가진다.

STEP B **곱셈 공식을 이용하여 $\alpha^2+\beta^2$의 최솟값 구하기**

이차방정식 $x^2+2mx+m-2=0$의 두 실근이 α, β이므로

근과 계수의 관계에 의하여 $\alpha+\beta=-2m$, $\alpha\beta=m-2$

$$\alpha^2+\beta^2=(\alpha+\beta)^2-2\alpha\beta$$
$$=(-2m)^2-2(m-2)$$
$$=4m^2-2m+4$$
$$=4\left(m-\frac{1}{4}\right)^2+\frac{15}{4}$$

따라서 $m=\frac{1}{4}$일 때, 최솟값 $\frac{15}{4}$를 갖는다.

0884

STEP A **실근을 가지도록 하는 실수 a의 범위 구하기**

이차방정식 $x^2+2(a-2)x+a^2+a-1=0$이 서로 다른 두 실근 α, β을 가지므로 판별식을 D라 하면 $D>0$이어야 한다.

$$\frac{D}{4}=(a-2)^2-(a^2+a-1)>0,\ a^2-4a+4-a^2-a+1>0,\ -5a+5>0$$
$$\therefore a<1$$

STEP B **$(\alpha+1)(\beta+1)$를 a에 관한 식으로 나타내기**

이차방정식 $x^2+2(a-2)x+a^2+a-1=0$의 두 실근이 α, β이므로

근과 계수의 관계에 의하여 $\alpha+\beta=-2(a-2)$, $\alpha\beta=a^2+a-1$

$$\therefore (\alpha+1)(\beta+1)=\alpha\beta+(\alpha+\beta)+1$$
$$=a^2+a-1-2a+4+1$$
$$=a^2-a+4$$
$$=\left(a-\frac{1}{2}\right)^2+\frac{15}{4}$$

STEP C **$(\alpha+1)(\beta+1)$의 최솟값 구하기**

$f(a)=\left(a-\frac{1}{2}\right)^2+\frac{15}{4}$라 하면

$a<1$에서 함수 $y=f(x)$의 그래프는 오른쪽 그림과 같다.

따라서 $a=\frac{1}{2}$일 때, 최솟값 $\frac{15}{4}$를 갖는다.

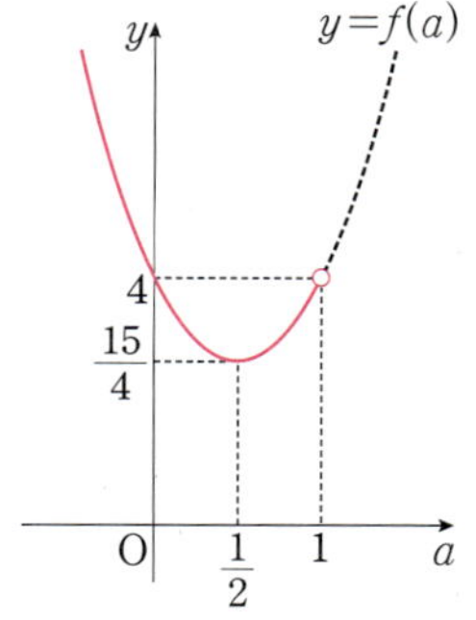

x에 대한 이차방정식 $x^2-2(a-2)x+a^2-2a-2=0$의 서로 다른 실근을 α, β라고 할 때, $(\alpha-1)(\beta-1)$의 최솟값은? (단, a는 실수이다.)

① -2 ② -1 ③ 0
④ 1 ⑤ 2

STEP A **실근을 가지도록 하는 실수 a의 범위 구하기**

이차방정식 $x^2-2(a-2)x+a^2-2a-2=0$이 서로 다른 두 실근 α, β를 가지므로 판별식을 D라 하면 $D>0$이어야 한다.

$$\frac{D}{4}=\{-(a-2)\}^2-(a^2-2a-2)>0,$$
$$a^2-4a+4-a^2+2a+2>0,\ -2a+6>0$$
$$\therefore a<3$$

STEP B **$(\alpha-1)(\beta-1)$를 a에 관한 식으로 나타내기**

이차방정식 $x^2-2(a-2)x+a^2-2a-2=0$의 두 실근이 α, β이므로

근과 계수의 관계에 의하여 $\alpha+\beta=2(a-2)$, $\alpha\beta=a^2-2a-2$

$$\therefore (\alpha-1)(\beta-1)=\alpha\beta-(\alpha+\beta)+1$$
$$=a^2-2a-2-2a+4+1$$
$$=a^2-4a+3$$
$$=(a-2)^2-1$$

STEP C **$(\alpha-1)(\beta-1)$의 최솟값 구하기**

$f(a)=(a-2)^2-1$이라 하면

$a<3$에서 함수 $y=f(a)$의 그래프는 오른쪽 그림과 같다.

따라서 $a=2$일 때, 최솟값 -1을 갖는다.

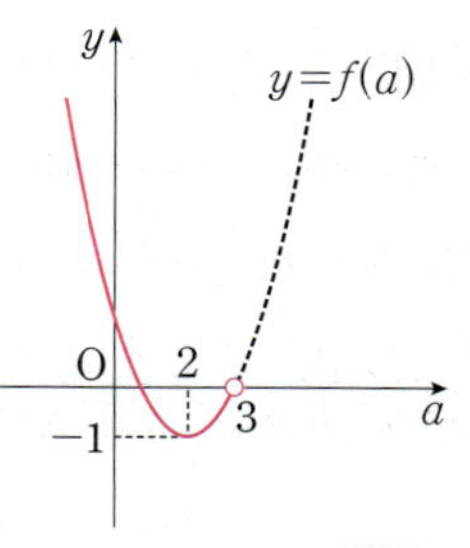

0885

STEP A **$f(x)=-a(x-p)^2+q$의 꼴로 변형하여 풀이하기**

$$y=-2t^2+12t$$
$$=-2(t^2-6t+9)+18$$
$$=-2(t-3)^2+18$$

에서 $t=3$일 때, 공의 높이가 $18(\text{m})$로 가장 높이 올라가게 된다.

따라서 $a=3$, $b=18$이므로

$a+b=3+18=21$

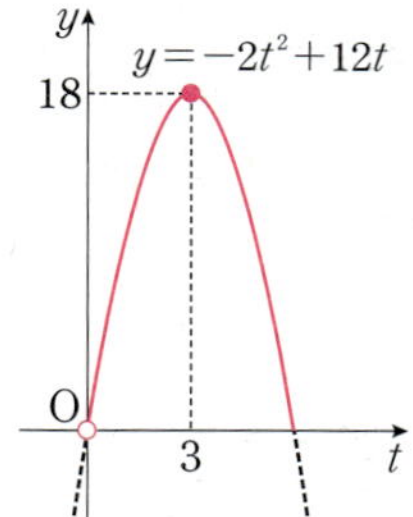

0886

STEP A **$f(x)=-a(x-p)^2+q$의 꼴로 변형하여 풀이하기**

$$y=-5x^2+80x-200$$
$$=-5(x-8)^2+120$$

$6\le x\le 9$에서

$x=8$일 때, 최댓값 120

따라서 이익금의 최댓값은 $120(\text{만 원})$

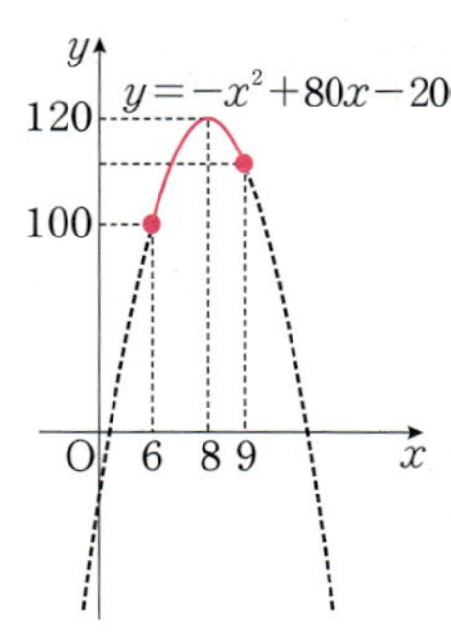

"""

0887

2021년 06월 고1 학력평가 15번 · 정답 ③ · 해설강의

STEP A 주어진 조건에 $h=10$을 대입하여 이차함수의 식 작성하기

b^2의 최댓값을 구하기 위해 $f(a)=4a(10-a)$라 하면

h대신 $h=10$을 대입하면 $b^2=(\sqrt{4a(10-a)})^2=4a(10-a)$

$$f(a)=4a(10-a)\,(0<a<10)$$
$$=-4(a^2-10a)$$
$$=-4(a^2-10a+25)+100$$
$$=-4(a-5)^2+100 \quad \longleftarrow \text{꼭짓점의 좌표는 }(5, 100)$$

STEP B b^2의 최댓값 구하기

즉 $f(a)$는 $0<a<10$에서
$a=5$일 때, 최댓값 100을 갖는다.
따라서 b^2의 최댓값은 100

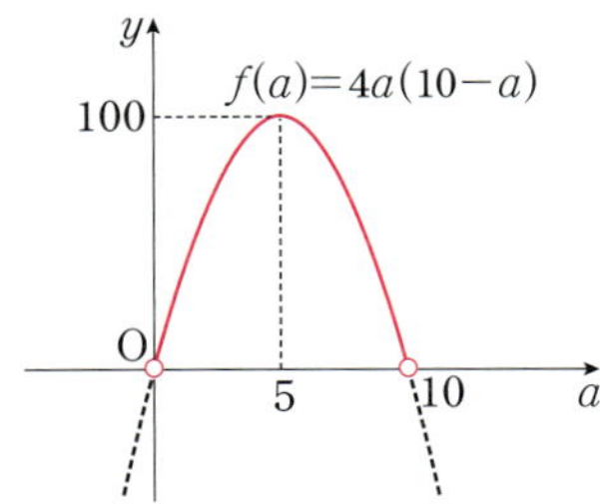

내·신·연·계 출제문항 415

그림과 같이 윗면이 개방된 원통형 용기에 높이가 h인 지점까지 물이 채워져 있다. 용기에 충분히 작은 구멍을 뚫어 물을 흘려보내는 동시에 물을 공급하여 물의 높이를 h로 유지한다. 구멍의 높이를 a, 구멍으로부터 물이 바닥에 떨어지는 지점까지의 수평거리를 b라 하면 다음과 같은 관계식이 성립한다.

$$b=\sqrt{5a(h-a)} \ (단, 0<a<h)$$

$h=8$일 때, b^2의 최댓값은?

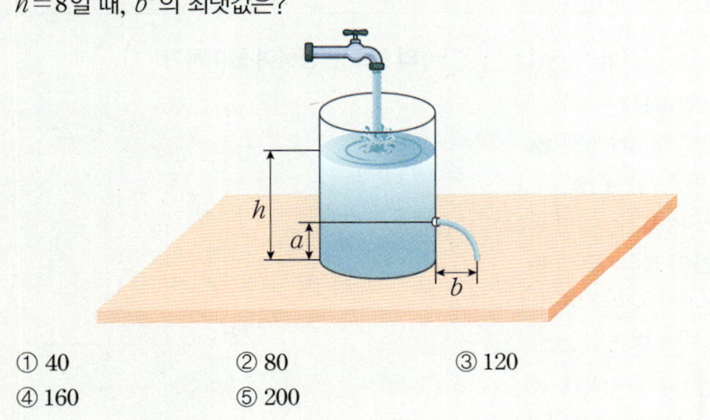

① 40 ② 80 ③ 120
④ 160 ⑤ 200

STEP A 주어진 조건에 $h=8$을 대입하여 이차함수의 식 작성하기

b^2의 최댓값을 구하기 위해 $f(a)=5a(8-a)$라 하면

$$f(a)=5a(8-a)$$
$$=-5(a^2-8a)$$
$$=-5(a^2-8a+16)+80$$
$$=-5(a-4)^2+80\,(0<a<8)$$

STEP B b^2의 최댓값 구하기

이차함수 $f(a)=-5(a-4)^2+80$의
그래프는 $0<a<8$에서
오른쪽 그림과 같다.
$a=4$일 때, 최댓값 80
따라서 b^2의 최댓값은 80

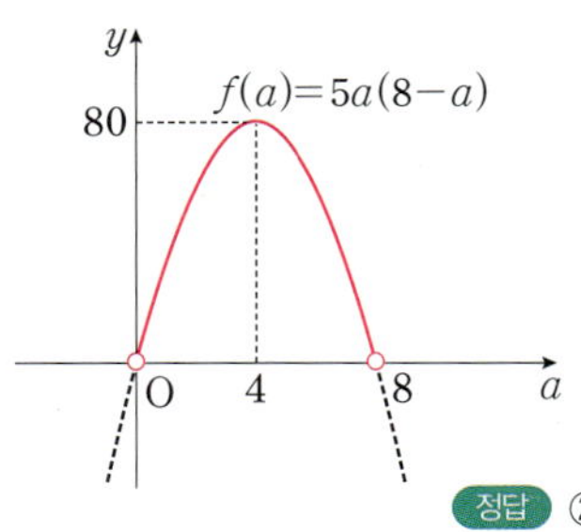

정답 ②

0888

정답 2250(원)

STEP A (총 판매액)=(1인당 입장료)×(하루 입장객의 수)

입장료를 50원 올릴 때 마다 하루 입장객의 수가 10명씩 감소하므로
이 수영장의 1인당 입장료를 $(2000+50x)$원이라 하면
하루 입장객의 수는 $(500-10x)$명이다.
하루 입장료의 총 판매액은

$$(2000+50x)(500-10x)=-500x^2+5000x+1000000$$
$$=-500(x-5)^2+1012500$$

STEP B 총 판매액이 최대가 될 때, 1인당 입장료 구하기

따라서 $x=5$일 때, 최대이므로 하루 입장료의 총 판매액이 최대가 되도록 하는
이 수영장의 1인당 입장료는 2250(원)

0889

정답 ④

STEP A 판매 총액은 (한 대당 가격)×(판매 대수)임을 이용하여 식 작성하기

가격을 x만 원 인하할 때의 판매 총액을 y만 원이라고 하면
가격을 1만 원씩 인하할 때 마다 판매량이 10대씩 증가하므로
한 대당 가격은 $100-x$(만 원), 판매 대수는 $600+10x$(대)이므로
판매 총액은

$$y=(100-x)(600+10x)$$
$$=10(100-x)(60+x)$$
$$=-10x^2+400x+60000$$
$$=-10(x-20)^2+64000$$

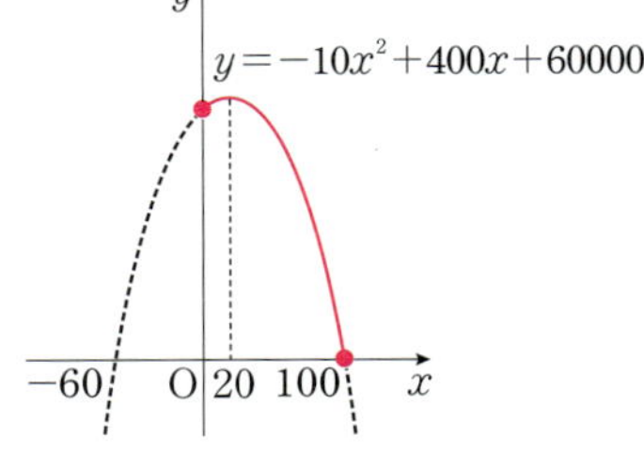

STEP B 한 대당 이익 구하기

$0\leq x\leq 100$이므로 $x=20$일 때, y의 값은 최대가 된다.
따라서 태블릿 PC의 판매 총액이 최대가 되는 한 대당 가격은
$100-20=80$(만 원)

내·신·연·계 출제문항 416

노트북 생산 업체에서 신제품을 개발한 후 가격을 결정하기 위해 소비자를 대상으로 시장 조사를 하여 다음과 같은 결과를 얻었다.

> (가) 가격을 140만 원으로 하면 1600대가 팔릴 것이다.
> (나) 가격을 1만 원씩 인하할 때마다 판매량이 20대씩 늘어날 것이다.

위의 두 결과에 의해서 판매 총액이 최대가 되는 노트북의 한 대당 가격은 얼마인가?

① 70만 원 ② 80만 원 ③ 90만 원
④ 100만 원 ⑤ 110만 원

STEP A 판매 총액은 (한 대당 가격)×(판매 대수)임을 이용하여 식 작성하기

가격을 x만 원 인하할 때의 판매 총액을 y만 원이라고 하면
가격을 1만 원씩 인하할 때 마다 판매량이 20대씩 증가하므로
한 대당 가격은 $140-x$(만 원), 판매 대수는 $1600+20x$(대)이므로
판매 총액은

$$y=(140-x)(1600+20x)$$
$$=20(140-x)(80+x)$$
$$=-20x^2+1200x+224000$$
$$=-20(x-30)^2+242000$$

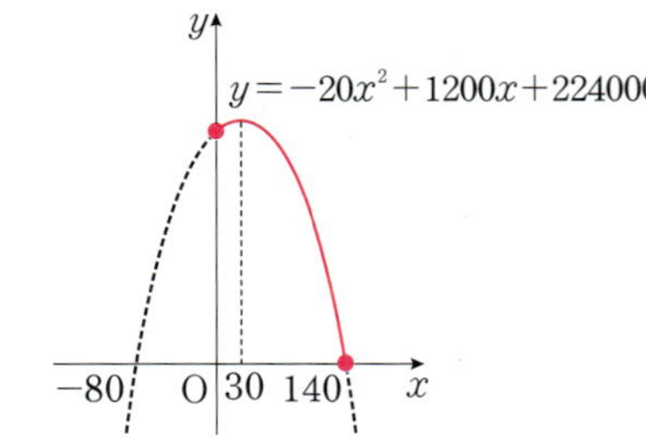

$0 \leq x \leq 140$이므로 $x=30$일 때, y의 값은 최대가 된다.
따라서 노트북의 판매 총액이 최대가 되는 한 대당 가격은
$140-30=110$(만 원)　　　정답 ⑤

0890

정답 ②

STEP **A**　(이윤)=(제품의 총 가격)−(원자재의 총 가격)임을 이용하여 식
작성하기

(이윤)=(제품의 총 가격)−(원자재의 총 가격)이므로
$$\begin{aligned}(이윤)&=y \times 1-10x\\&=x(24-x)-10x\\&=-x^2+14x\\&=-(x-7)^2+49 \ (0 \leq x \leq 12)\end{aligned}$$
즉 $x=7$일 때, 최댓값 49를 갖는다.
따라서 B회사로부터 7톤의 원자재를 공급받을 때, A회사의 최대 이윤은
49(만 원)

0891

정답 12

STEP **A**　점 $P(a, b)$라 하고 a의 범위 구하기

제 1사분면 위의 점 P의 좌표를 (a, b)라 하면
$a>0, b>0$
또한, 점 P는 직선 $y=-3x+12$ 위의 점이므로
$b=-3a+12$
즉 $b=-3a+12>0$이므로 $a<4$
$\therefore 0<a<4$

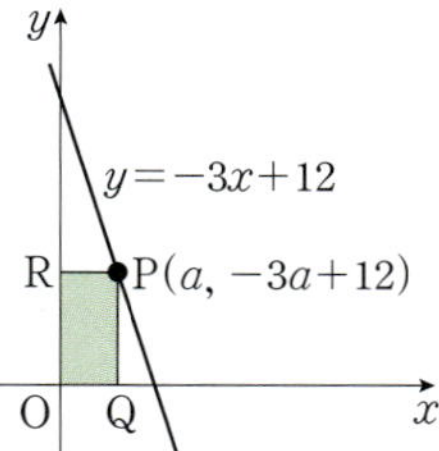

STEP **B**　직사각형 $OQPR$의 넓이의 최댓값 구하기

이때 $\overline{OQ}=a$, $\overline{PQ}=b=-3a+12$
직사각형 $OQPR$의 넓이를 S라 하면
$$\begin{aligned}S&=\overline{OQ} \times \overline{PQ}\\&=a(-3a+12)\\&=-3a^2+12a\\&=-3(a-2)^2+12\end{aligned}$$
즉 S는 $a=2$일 때, 최댓값 12를 갖는다.
따라서 직사각형 $OQPR$의 넓이의 최댓값은 12

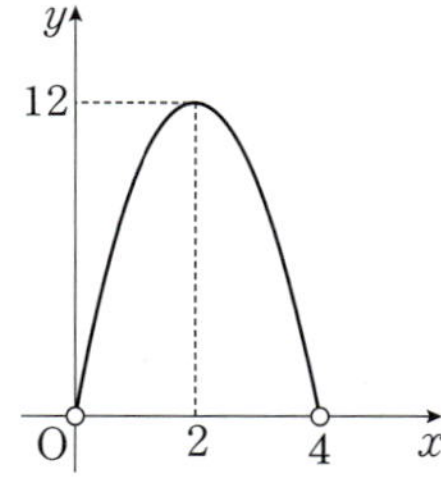

0892

정답 ④

STEP **A**　이차함수의 최대, 최소를 이용하여 직사각형의 둘레의 길이가
최대일 때를 구하기

이차함수 $y=4-x^2$의 그래프가 x축과
만나는 점의 x좌표는 -2, 2이므로
직사각형의 꼭짓점 중 제 1사분면에
있는 꼭짓점의 좌표를 B의 x좌표를
a라 하면
$A(a, 0)(0<a<2)$에서 $B(a, 4-a^2)$
직사각형 $ABCD$의 둘레의 길이를
l이라 하면
$$\begin{aligned}l&=2(\overline{AD}+\overline{AB})\\&=2\{2a+(-a^2+4)\}\\&=-2a^2+4a+8\\&=-2(a^2-2a+1)+10\\&=-2(a-1)^2+10\end{aligned}$$
$0<a<2$이므로 $a=1$일 때, l의 값이
최대가 된다. ◀── 둘레의 길이의 최댓값은 10

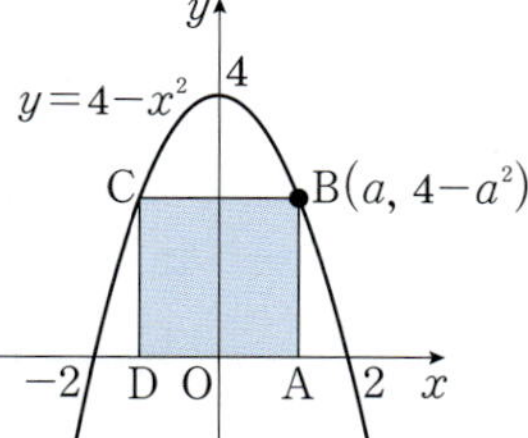
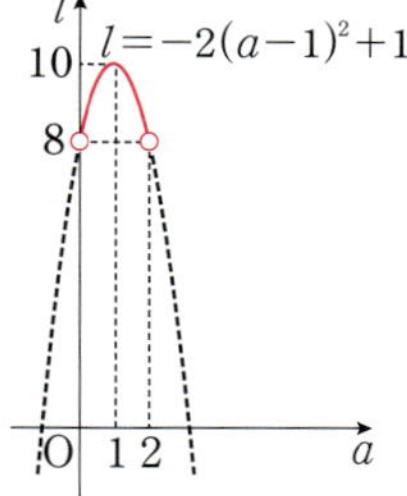

STEP **B**　$a=1$일 때, 직사각형의 넓이 구하기

$a=1$일 때, $\overline{AD}=2$, $\overline{AB}=4-1^2=3$
따라서 둘레의 길이가 최대일 때, 직사각형의 넓이는 $2 \times 3=6$

내신 연계 출제문항 **417**

오른쪽 그림과 같이 직사각형
$ABCD$에서 점 A, B는 x축, 두 점
C, D는 이차함수 $y=-x^2+4x$의
그래프 위의 점이다. 이때 직사각형
$ABCD$의 둘레의 길이의 최댓값은?

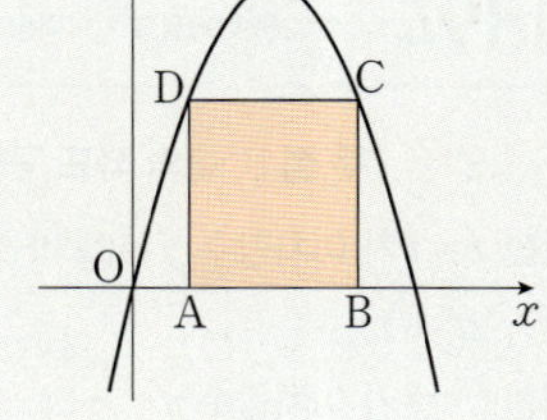

① 8　　　　② 10
③ 12　　　④ 13
⑤ 15

STEP **A**　점 A의 좌표를 $(a, 0)$으로 놓고 $\overline{AB}$, $\overline{AD}$의 길이를 구하기

이차함수 $y=-x^2+4x$의 그래프가
x축과 만나는 점의 x좌표는 0, 4이므로
점 A의 좌표를 $(a, 0)(0<a<2)$라 하면
$B(4-a, 0)$, $D(a, -a^2+4a)$
이므로
$\overline{AB}=2(2-a)$, $\overline{AD}=-a^2+4a$

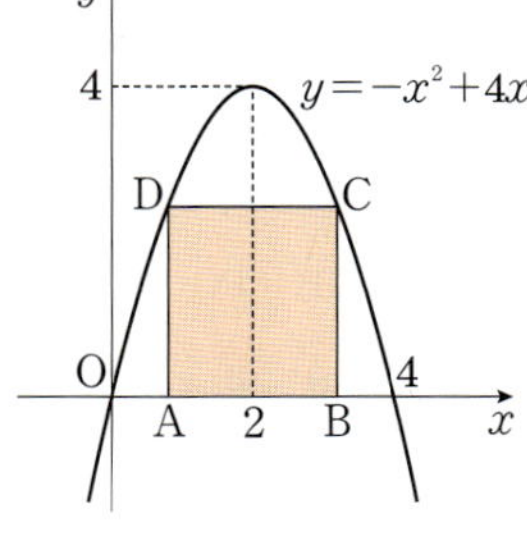

STEP **B**　직사각형 $ABCD$의 둘레를 a에 대한 식으로 나타내기

직사각형 $ABCD$의 둘레의 길이를 l이라 하면
$$\begin{aligned}l&=2(\overline{AB}+\overline{AD})\\&=2(4-2a-a^2+4a)\\&=-2(a^2-2a-4)\\&=-2(a-1)^2+10\end{aligned}$$

STEP **C**　직사각형 $ABCD$의 둘레의 길이의 최댓값 구하기

따라서 $0<a<2$에서 직사각형 $ABCD$의 둘레의 길이는 $a=1$일 때,
최댓값은 10　　　정답 ②

0893

STEP A 직사각형 ABCD의 각 변의 길이 구하기

$f(x)=x^2-7$, $g(x)=-2x^2+5$는 y축에 대하여 대칭인 함수이므로

$\overline{AD}=\overline{BC}=a-(-a)=2a$

$\overline{BA}=\overline{CD}=g(a)-f(a)$

$\qquad\quad=(-2a^2+5)-(a^2-7)$

$\qquad\quad=-3a^2+12$

STEP B $0<a<\dfrac{3}{2}$ 에서 직사각형 ABCD의 둘레의 길이의 최댓값 구하기

직사각형 ABCD의 둘레의 길이를 $l(a)$라 하면

$l(a)=\overline{AD}+\overline{BC}+\overline{BA}+\overline{CD}$

$\qquad=2(\overline{AD}+\overline{BA})$

$\qquad=2(2a-3a^2+12)$

$\qquad=-6a^2+4a+24$

$\qquad=-6\left(a-\dfrac{1}{3}\right)^2+\dfrac{74}{3}\ \left(0<a<\dfrac{3}{2}\right)$

이때 $a=\dfrac{1}{3}$일 때, 직사각형 ABCD의 둘레의 길이가 최대이다.

STEP C 직사각형 ABDC의 넓이 구하기

따라서 직사각형 ABDC의 둘레의 길이가 최대일 때, $a=\dfrac{1}{3}$이므로

이때의 직사각형 ABDC의 넓이는

$\overline{AD}\times\overline{BA}=2a\times\{-3a^2+12\}$

$\overline{AD}\times\overline{BA}=2\times\dfrac{1}{3}\times\left\{-3\times\left(\dfrac{1}{3}\right)^2+12\right\}=\dfrac{2}{3}\times\dfrac{35}{3}=\dfrac{70}{9}$

0894

2023년 06월 고1 학력평가 15번

해설강의

STEP A 두 점 P, Q의 좌표 구하기

직선 $x=t$가 이차함수 $y=2x^2+1$의 그래프와 만나는 점의 좌표는

P$(t,\ 2t^2+1)$

직선 $x=t$가 이차함수 $y=-(x-3)^2+1$의 그래프와 만나는 점의 좌표는

Q$(t,\ -(t-3)^2+1)$

이때 $\overline{PQ}=2t^2+1+(t-3)^2-1=3t^2-6t+9$

STEP B 사각형 PAQB의 넓이의 최솟값 구하기

$\overline{AB}=3$ ← 두 점 A, B의 y좌표가 같으므로 $\overline{AB}=$(B의 x좌표)$-$(A의 x좌표)$=3$

$\overline{AB}\perp\overline{PQ}$이므로 사각형 PAQB의 넓이를 $S(t)$라 하면

$S(t)=\dfrac{1}{2}\times\overline{AB}\times\overline{PQ}$

$\qquad=\dfrac{3}{2}\times(3t^2-6t+9)$

$\qquad=\dfrac{9}{2}\times\{(t-1)^2+2\}$

$\qquad\quad \underset{t^2-2t+3=(t-1)^2+2}{}$

$\qquad=\dfrac{9}{2}(t-1)^2+9$

이때 $S(t)$는 $t=1$일 때,
최솟값 9를 갖는다.
따라서 사각형 PAQB의 넓이의
최솟값은 9

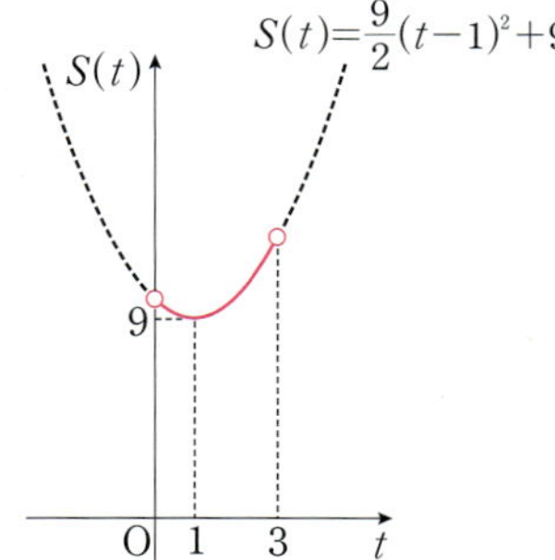

그림과 같이 직선 $x=t\ (0<t<4)$가 두 이차함수
$y=\dfrac{1}{4}x^2+2$, $y=-\dfrac{3}{4}(x-4)^2+2$의 그래프와 만나는 점을 각각 P, Q라 하
자. 두 점 A$(0,\ 2)$, B$(4,\ 2)$에 대하여 사각형 PAQB의 넓이의 최솟값은?

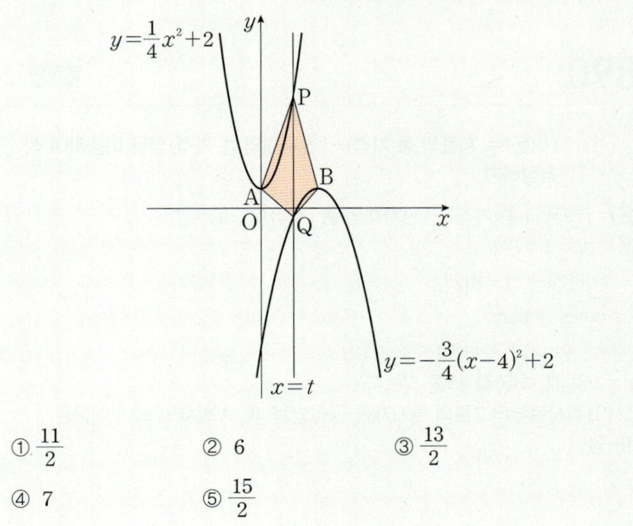

① $\dfrac{11}{2}$ ② 6   ③ $\dfrac{13}{2}$

④ 7   ⑤ $\dfrac{15}{2}$

STEP A 두 점 P, Q의 좌표 구하기

직선 $x=t$가 이차함수 $y=\dfrac{1}{4}x^2+2$의 그래프와 만나는 점 P의 좌표는

P$\left(t,\ \dfrac{1}{4}t^2+2\right)$

직선 $x=t$가 이차함수 $y=-\dfrac{3}{4}(x-4)^2+2$의 그래프와 만나는 점 Q의 좌표는

Q$\left(t,\ -\dfrac{3}{4}(t-4)^2+2\right)$

이때 $\overline{PQ}=\left(\dfrac{1}{4}t^2+2\right)-\left\{-\dfrac{3}{4}(t-4)^2+2\right\}=t^2-6t+12$

STEP B 사각형 PAQB의 넓이의 최솟값 구하기

$\overline{AB}=4-0=4$, $\overline{AB}\perp\overline{PQ}$이므로

사각형 PAQB의 넓이를 $S(t)$라 하면

$S(t)=\dfrac{1}{2}\times\overline{AB}\times\overline{PQ}$

$\qquad=\dfrac{1}{2}\times4\times(t^2-6t+12)$

$\qquad=2\times\{(t-3)^2+3\}$

$\qquad=2(t-3)^2+6$

즉 꼭짓점의 t좌표 3이 $0<t<4$에 포함되므로
$t=3$일 때, 최솟값 6을 갖는다.
따라서 사각형 PAQB의 넓이의 최솟값은 6

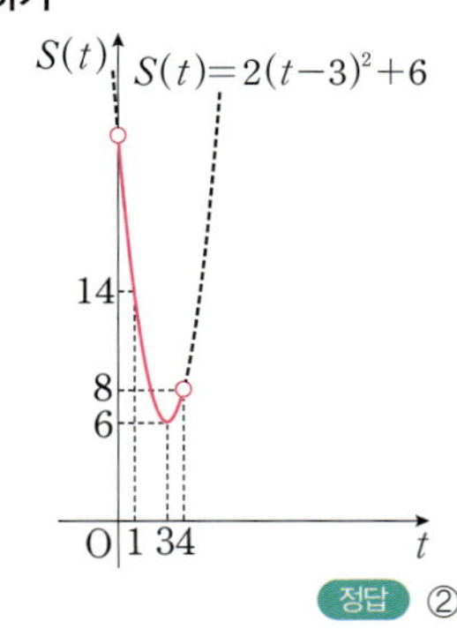

0895

2021년 09월 고1 학력평가 16번

해설강의

STEP A 직사각형의 높이와 가로의 길이를 미지수에 대한 식으로 나타내기

그림과 같이 직사각형의 꼭짓점 중 두 직선 l_1, l_2 위에 있는 점을 각각 A, D라
하고 직사각형의 꼭짓점 중 x축 위에 있는 두 점을 각각 B, C라 하자.

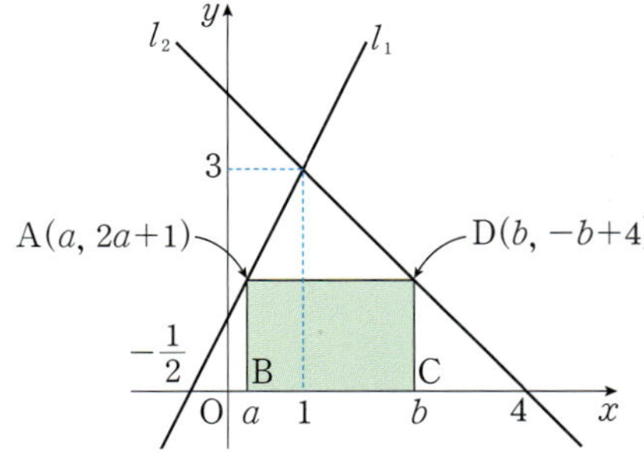

두 직선 l_1, l_2의 교점의 좌표는 $(1, 3)$이고

$l_1 : y=2x+1$, $l_2 : y=-x+4$ 두 식을 연립하면 $2x+1=-x+4$, $3x=3$이므로 $x=1$

$x=1$을 l_1에 대입하면 $y=2\times1+1=2+1=3$이므로 l_1, l_2의 교점의 좌표는 $(1, 3)$

각각의 x절편이 $-\dfrac{1}{2}$, 4이므로 x축 위에 있는 직사각형의 두 꼭짓점 B, C의

x좌표를 각각 a, $b\left(-\dfrac{1}{2}<a<1,\ 1<b<4\right)$라 하면

두 직선 l_1, l_2의 x절편은 각각 $-\dfrac{1}{2}$, 4이고 두 직선의 교점의 x좌표는 1이다.

즉 두 점 B, C의 x좌표는 $-\dfrac{1}{2}<a<1$, $1<b<4$이어야 한다.

나머지 두 꼭짓점의 좌표는 $\mathrm{A}(a, 2a+1)$, $\mathrm{B}(b, -b+4)$

두 꼭짓점의 y좌표가 같으므로

$2a+1=-b+4$ $\therefore b=-2a+3$

STEP B 직사각형의 넓이의 최댓값 구하기

직사각형 ABCD의 넓이는

$$\overline{\mathrm{AB}}\times\overline{\mathrm{BC}}=(2a+1)(b-a)$$
$$=(2a+1)(-2a+3-a)$$
$$=-3(2a^2-a-1)$$

이므로 직사각형의 넓이를 $S(a)$라 하면

$-\dfrac{1}{2}<a<1$에서

$$S(a)=-3(2a^2-a-1)$$
$$=-6a^2+3a+3$$
$$=-6\left(a^2-\dfrac{1}{2}a+\dfrac{1}{16}-\dfrac{1}{16}\right)+3$$
$$=-6\left(a-\dfrac{1}{4}\right)^2+\dfrac{3}{8}+3$$
$$=-6\left(a-\dfrac{1}{4}\right)^2+\dfrac{27}{8}$$

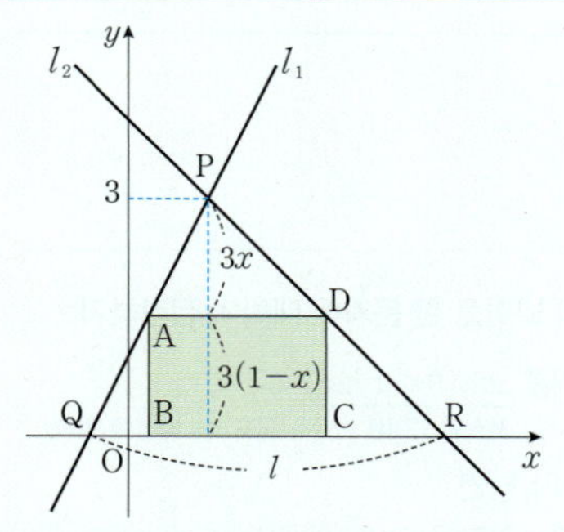

따라서 **직사각형의 넓이의 최댓값은 $\dfrac{27}{8}$**

+α | 두 삼각형의 닮음을 이용하여 구할 수 있어!

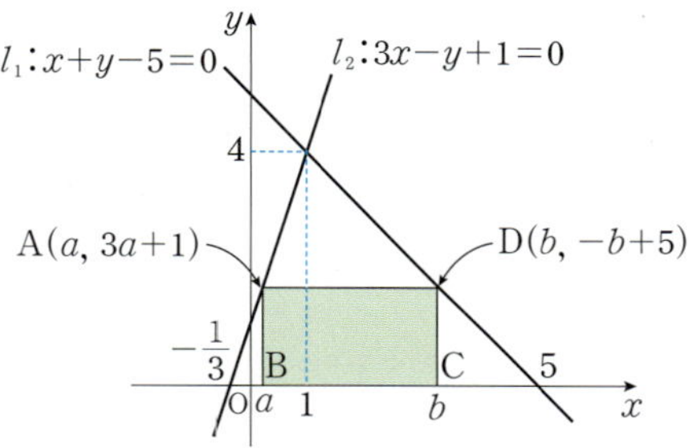

위의 그래프와 같이 삼각형 PAD와 삼각형 PQR은
두 삼각형의 밑변이 서로 평행하고 한 각이 같은 서로 닮은 삼각형이다.

AA닮음

삼각형 PQR의 높이가 3이고 밑변을 l이라 할 때,
삼각형 PAD의 높이를 $3x$라 하면 직사각형의 높이는 $3(1-x)$이다.
직사각형의 밑변의 길이는 $3x : \overline{\mathrm{AD}}=3 : l$이므로

$\overline{\mathrm{AD}}=xl$ ← 3(밑변)$=3xl$

직사각형의 넓이는 $3(1-x)\times xl$이고 l은 상수이므로
$x(1-x)$가 최대가 되는 x값을 찾는다.

그러므로 $x=\dfrac{1}{2}$일 때, 직사각형의 넓이가 최대가 되므로

$x(1-x)=-x^2+x=-\left(x^2-x+\dfrac{1}{4}\right)+\dfrac{1}{4}=-\left(x-\dfrac{1}{2}\right)^2+\dfrac{1}{4}$

$l=4-\left(-\dfrac{1}{2}\right)=\dfrac{9}{2}$

따라서 직사각형의 넓이의 최댓값은 $\dfrac{1}{2}\times\left(1-\dfrac{1}{2}\right)\times3\times\dfrac{9}{2}=\dfrac{27}{8}$

그림과 같이 두 직선

$$l_1 : 3x-y+1=0,\ l_2 : x+y-5=0$$

과 x축으로 둘러싸인 부분에 직사각형이 있다.
이 직사각형의 한 변은 x축 위에 있고 두 꼭짓점은 각각 직선 l_1, l_2 위에 있을 때, 직사각형의 넓이의 최댓값은?

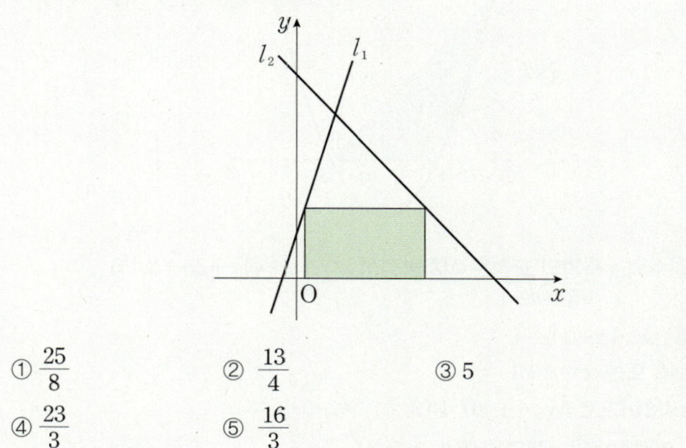

① $\dfrac{25}{8}$　　② $\dfrac{13}{4}$　　③ 5

④ $\dfrac{23}{3}$　　⑤ $\dfrac{16}{3}$

STEP A 직사각형의 높이와 가로의 길이를 미지수에 대한 식으로 나타내기

그림과 같이 직사각형의 꼭짓점 중 두 직선 l_1, l_2 위에 있는 점을 각각 A, D라 하고 직사각형의 꼭짓점 중 x축 위에 있는 두 점을 각각 B, C라 하자.

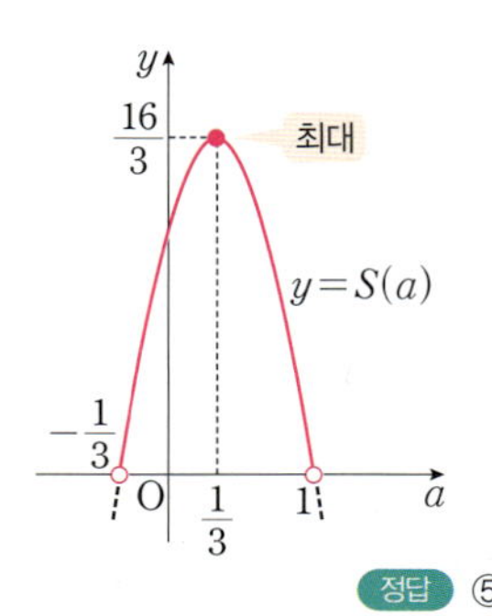

두 직선 l_1, l_2의 교점의 좌표는 $(1, 4)$이고

$l_1 : y=3x+1$, $l_2 : y=-x+5$ 두 식을 연립하면 $3x+1=-x+5$, $4x=4$이므로 $x=1$

$x=1$을 l_1에 대입하면 $y=3\times1+1=3+1=4$이므로 l_1, l_2의 교점의 좌표는 $(1, 4)$

각각의 x절편이 $-\dfrac{1}{3}$, 5이므로 x축 위에 있는 직사각형의 두 꼭짓점 B, C의

x좌표를 각각 a, $b\left(-\dfrac{1}{3}<a<1,\ 1<b<5\right)$라 하면

두 직선 l_1, l_2의 x절편은 각각 $-\dfrac{1}{3}$, 5이고 두 직선의 교점의 x좌표는 1이다.

즉 두 점 B, C의 x좌표는 $-\dfrac{1}{3}<a<1$, $1<b<5$이어야 한다.

나머지 두 꼭짓점의 좌표는 $\mathrm{A}(a, 3a+1)$, $\mathrm{B}(b, -b+5)$
두 꼭짓점의 y좌표가 같으므로

$3a+1=-b+5$ $\therefore b=-3a+4$

STEP B 직사각형의 넓이의 최댓값 구하기

직사각형 ABCD의 넓이를 $S(a)$라 하면

$$S(a)=\overline{\mathrm{AB}}\times\overline{\mathrm{BC}}$$
$$=(3a+1)(b-a)$$
$$=(3a+1)(-3a+4-a)$$
$$=-12a^2+8a+4$$
$$=-12\left(a-\dfrac{1}{3}\right)^2+\dfrac{16}{3}$$

따라서 함수 $S(a)$는 $a=\dfrac{1}{3}$일 때,

직사각형의 넓이의 최댓값은 $\dfrac{16}{3}$

정답 ⑤

0896

STEP A　이차함수의 세 점 A, B, C의 좌표 구하기

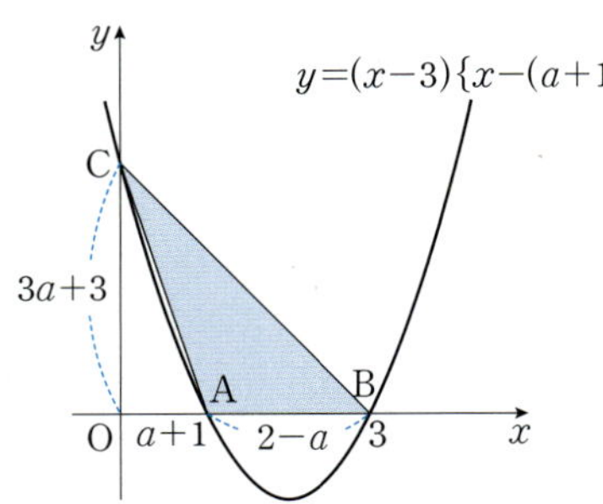

이차함수의 x축과의 교점은 이차방정식 $x^2-(a+4)x+3a+3=0$
　　$y=0$을 대입한다.

$(x-3)\{x-(a+1)\}=0$

$\therefore x=3$ 또는 $x=a+1$

$0<a<2$이므로 A$(a+1,\,0)$, B$(3,\,0)$　←　$a+1<3$

또한, 이차함수의 y절편은 C$(0,\,3a+3)$

STEP B　삼각형 ABC의 넓이의 최댓값 구하기

삼각형 ABC의 밑변의 길이는 $\overline{AB}=2-a$, 높이는 $\overline{OC}=3a+3$이므로
삼각형 ABC의 넓이는

$\dfrac{1}{2}(2-a)(3a+3)=-\dfrac{3}{2}(a-2)(a+1)$

$\qquad=-\dfrac{3}{2}(a^2-a-2)$　←　$-\dfrac{3}{2}\left(a^2-a+\dfrac{1}{4}-\dfrac{9}{4}\right)=-\dfrac{3}{2}\left(a-\dfrac{1}{2}\right)^2+\dfrac{27}{8}$

$\qquad=-\dfrac{3}{2}\left(a-\dfrac{1}{2}\right)^2+\dfrac{27}{8}$

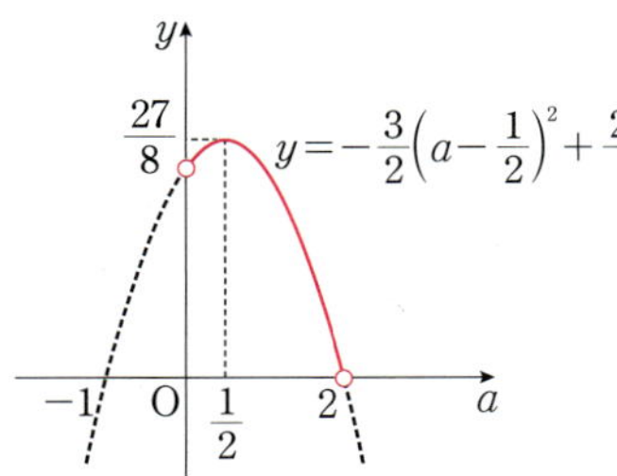

따라서 $0<a<2$에서 삼각형 ABC의 넓이의 최댓값은 $a=\dfrac{1}{2}$일 때, $\dfrac{27}{8}$

내신연계 출제문항 420

그림과 같이 이차함수 $y=x^2-(a+5)x+4a+4$의 그래프가 x축과 만나는
서로 다른 두 점을 각각 A, B라 하고, y축과 만나는 점을 C라 하자.

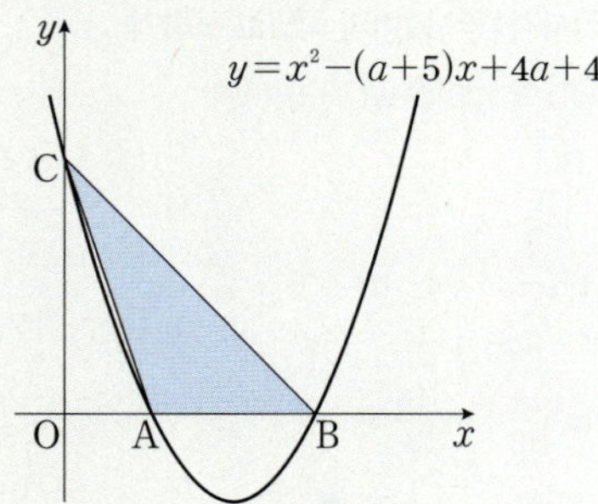

삼각형 ABC의 넓이의 최댓값은? (단, $0<a<3$)

① 4　　　　② 6　　　　③ 8
④ 10　　　⑤ 12

STEP A　이차함수의 세 점 A, B, C의 좌표 구하기

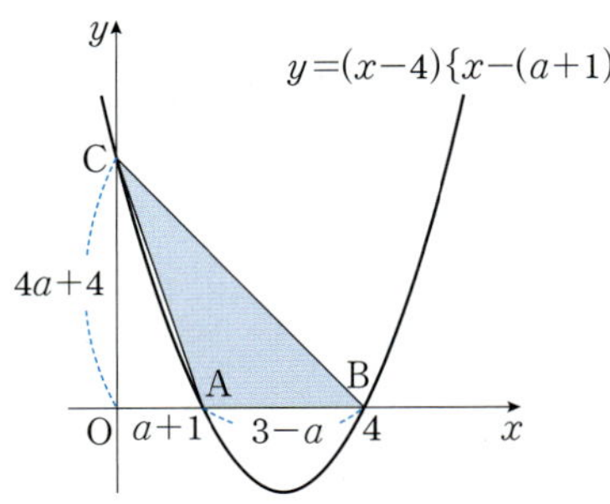

이차함수의 x축과의 교점은 이차방정식 $x^2-(a+5)x+4a+4=0$
　　$y=0$을 대입한다.

$(x-4)\{x-(a+1)\}=0$

$\therefore x=4$ 또는 $x=a+1$

$0<a<3$이므로 A$(a+1,\,0)$, B$(3,\,0)$　←　$a+1<4$

또한, 이차함수의 y절편은 C$(0,\,4a+4)$

STEP B　삼각형 ABC의 넓이의 최댓값 구하기

삼각형 ABC의 밑변의 길이는 $\overline{AB}=3-a$, 높이는 $\overline{OC}=4a+4$이므로
삼각형 ABC의 넓이를 $f(a)$라 하면

$f(a)=\dfrac{1}{2}(3-a)(4a+4)$

$\qquad=-2(a-3)(a+1)$

$\qquad=-2(a^2-2a-3)$　$-2(a^2-2a+1-4)=-2(a-1)^2+8$

$\qquad=-2(a-1)^2+8$

따라서 $0<a<3$에서
삼각형 ABC의 넓이의 최댓값은
$a=1$일 때, 8

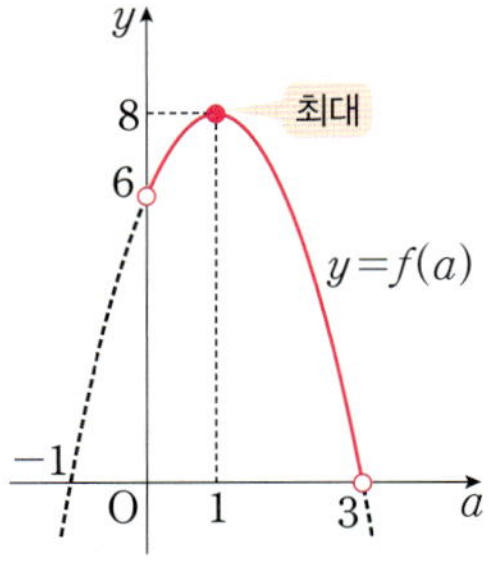

0897

STEP A　꽃밭의 넓이를 한 문자에 대하여 정리하기

꽃밭의 세로의 길이를 xm$(0<x<6)$
　　세로의 길이를 최대로 해도 6을 넘을 수 없다.

가로의 길이를 ym라 하면
울타리의 길이가 12m이므로 $2x+y=12$
　　꽃밭과 벽면이 만나는 부분은 제외됨을 주의 한다.

$\therefore y=12-2x$

꽃밭의 넓이는

$xy=x(12-2x)$

$\qquad=-2x^2+12x$

$\qquad=-2(x^2-6x)$

$\qquad=-2(x-3)^2+18$

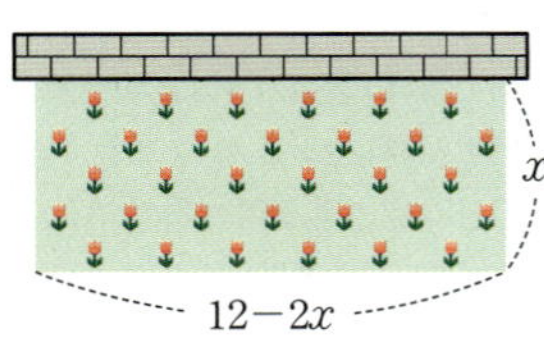

STEP B　$0<x<6$에서 넓이의 최댓값 구하기

이때 꼭짓점의 x좌표 3이
범위 $0<x<6$에 포함되므로
$x=3$일 때, 최댓값은 18
따라서 구하는 꽃밭의 넓이의
최댓값은 18m^2

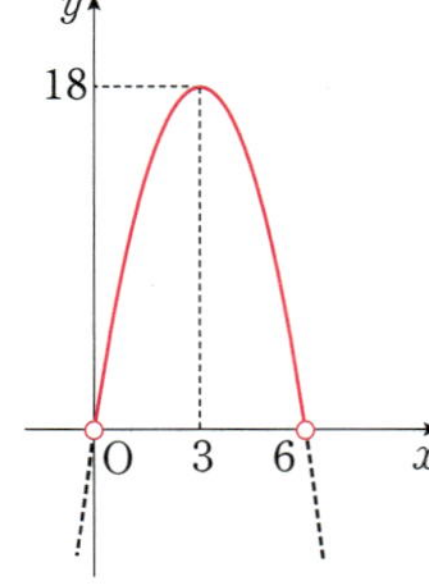

0898

STEP A 두 정사각형의 넓이의 합을 x에 대한 이차함수로 나타내기

$\overline{AC}=x$라 하면 $\overline{CB}=6-x$이므로 두 정사각형의 넓이의 합을 S라 하자.
$$S=x^2+(6-x)^2=2x^2-12x+36$$
$$=2(x-3)^2+18$$
이때 $x>0$, $6-x>0$이므로 $0<x<6$

STEP B x의 값의 범위에서 이차함수의 최솟값 구하기

이차함수 $S=2(x-3)^2+18$의 그래프는
$0<x<6$에서 오른쪽 그림과 같다.
$x=3$일 때, 최솟값 18을 갖는다.
즉 두 정사각형의 넓이의 합이 최소가
되도록 하는 선분 AC의 길이 $a=3$
이때 넓이의 합은 $b=18$
따라서 $a+b=21$

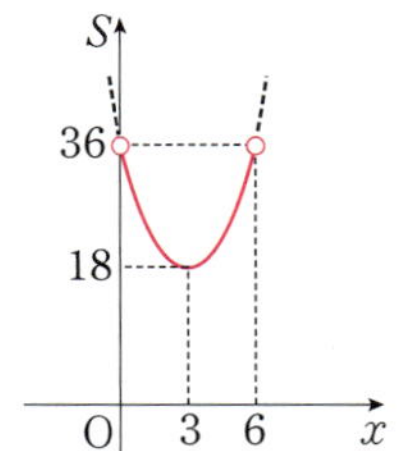

0899

STEP A 단면의 넓이를 이차함수로 나타내기

단면의 세로의 길이를 $x$cm라 하면
가로의 길이는 $20-2x$
단면의 넓이 $y$cm^{2}라 하면
$$y=x(20-2x)$$
$$=-2x^2+20x$$
$$=-2(x-5)^2+50$$

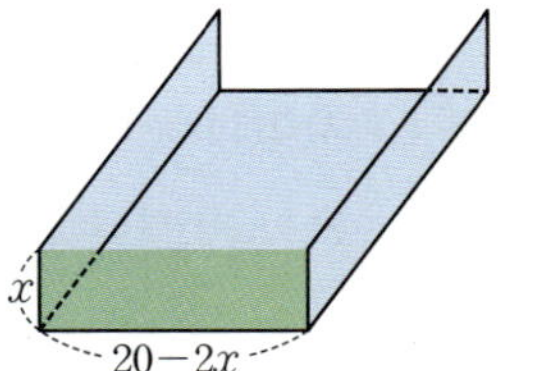

STEP B $0<x<10$에서 넓이의 최댓값 구하기

이때 $x>0$, $20-2x>0$에서 $0<x<10$이므로 단면의 넓이 y가 최대이려면
$x=5(\text{cm})$이어야 한다.

0900

STEP A 새로 만든 직사각형의 넓이 구하기

새로 만든 직사각형의 가로의 길이가 $16+2x$,
세로의 길이가 $16-x(0<x<16)$이므로 직사각형의 넓이를 $f(x)$라 하면
$$f(x)=(16+2x)(16-x)$$
$$=-2x^2+16x+256$$
$$=-2(x-4)^2+288$$

STEP B 직사각형의 넓이가 최대일 때의 가로의 길이 구하기

이차함수 $f(x)=-2(x-4)^2+288$
꼭짓점의 x좌표 4가 $0<x<16$에 포함되므로 $x=4$일 때, 최댓값 288을 갖는다.
따라서 새로 만든 직사각형의 넓이가 최대일 때의 가로의 길이는
$16+2\times4=24$

오른쪽 그림과 같이 한 변의 길이가
15인 정사각형을 가로의 길이는 $3x$
만큼 늘이고, 세로의 길이는 x만큼
줄여서 직사각형을 만들려고 한다.
이때 새로 만든 직사각형의 넓이가
최대일 때의 가로의 길이는?

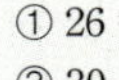

① 26　　　② 28
③ 30　　　④ 32
⑤ 34

STEP A 새로 만든 직사각형의 넓이 구하기

새로 만든 직사각형의 가로의 길이가 $15+3x$,
세로의 길이가 $15-x(0<x<15)$이므로 직사각형의 넓이를 $f(x)$라 하면
$$f(x)=(15+3x)(15-x)$$
$$=-3x^2+30x+225$$
$$=-3(x-5)^2+300$$

STEP B 직사각형의 넓이가 최대일 때의 가로의 길이 구하기

이차함수 $f(x)=-3(x-5)^2+300$
꼭짓점의 x좌표 5가 $0<x<15$에 포함되므로 $x=5$일 때, 최댓값 300을 갖는다.
따라서 새로 만든 직사각형의 넓이가 최대일 때의 가로의 길이는
$15+3\times5=30$

0901

STEP A 닮음을 이용하여 x, y의 관계식과 x의 범위 구하기

$\overline{BF}=x$, $\overline{EB}=y$라고 하면
삼각형 ABC, 삼각형 AED와는 닮음이므로
$$\overline{AB}:\overline{BC}=\overline{AE}:\overline{ED}$$
$$8:6=(8-y):x$$
$$\therefore y=-\frac{4}{3}x+8$$
이때 변의 길이는 양수이므로
$x>0$, $y=-\frac{4}{3}x+8>0$
$$\therefore 0<x<6$$

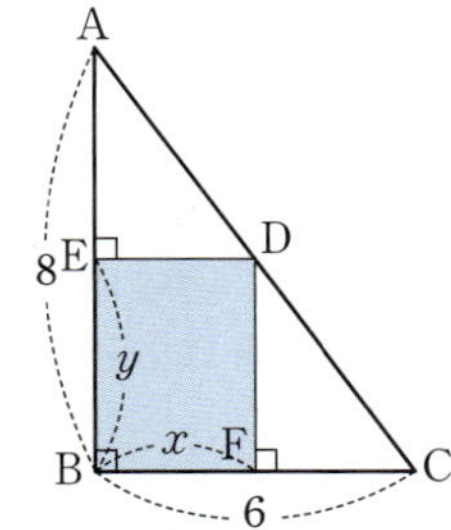

STEP B 직사각형 DEBF의 넓이의 최댓값 구하기

한편 직사각형 DEBF의 넓이를 S라 하면
$$S=xy=x\left(-\frac{4}{3}x+8\right)=-\frac{4}{3}(x-3)^2+12$$
따라서 $0<x<6$이므로 $x=3$일 때, 넓이의 최댓값은 12

0902

STEP A 출입구의 높이를 x라 하고 x에 관한 식 구하기

오른쪽 그림과 같이 출입구를 만들려는
면을 삼각형 ABC, 출입구의 높이를 xm,
넓이를 ym^{2}이라 하자.
삼각형 ABC는 이등변삼각형이므로
꼭짓점 A에서 $\overline{BC}$에 내린 수선의 발을
H라고 하면 $\overline{BH}=\overline{CH}=2(\text{m})$
삼각형 ABH와 삼각형 DBE가 모두 직각이등변삼각형이므로
$$\overline{DE}=\overline{BE}=x(\text{m})$$
$\overline{DG}=\overline{EF}=\overline{BC}-2\overline{BE}$이므로 $\overline{DG}=4-2x$
이때 $x>0$, $4-2x>0$이므로 $0<x<2$
출입구의 넓이는 $y=x(4-2x)=-2(x-1)^2+2$

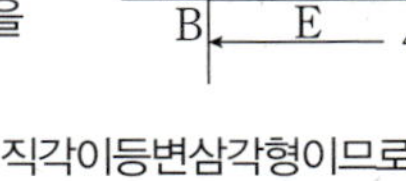

STEP B 출입구의 넓이가 최대가 될 때의 출입구의 높이 구하기

$0<x<2$에서 이차함수
$y=-2(x-1)^2+2$의 그래프는
오른쪽 그림과 같으므로
y는 $x=1$일 때, 최댓값 2를 갖는다.
따라서 출입구의 넓이가 최대가 될 때의
출입구의 높이는 1m

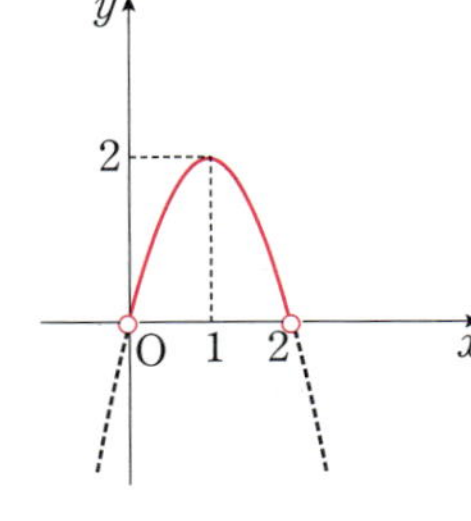

STEP Ⓐ **사각형 PQRS의 넓이를 이차함수로 나타내기**

$\overline{AP}=\overline{BQ}=\overline{CR}=\overline{DS}=x$라 하면
$\overline{PB}=\overline{RD}=12-x$,
$\overline{QC}=\overline{SA}=16-x$
이때 $x>0$, $12-x>0$, $16-x>0$
이므로 $0<x<12$
두 삼각형 PBQ, RDS는 합동이므로
넓이가 같고
두 삼각형 QCR, SAP도 합동이므로
넓이가 같다.
사각형 PQRS의 넓이를 $f(x)$라 하면
$f(x)=$(직사각형 ABCD의 넓이)$-2\times$(삼각형 PBQ의 넓이)
$\qquad\qquad -2\times$(삼각형 QCR의 넓이)

$$=12\times16-2\left\{\frac{1}{2}\times x\times(12-x)\right\}-2\left\{\frac{1}{2}\times x\times(16-x)\right\}$$
$$=2x^2-28x+192$$
$$=2(x-7)^2+94$$

STEP Ⓑ **사각형 PQRS의 넓이의 최솟값 구하기**

이차함수 $f(x)=2(x-7)^2+94$에서 꼭짓점의 x좌표 7이 $0<x<12$에
포함되므로 $x=7$일 때, 최솟값 94를 갖는다.
따라서 사각형 PQRS의 넓이의 최솟값은 94

내·신·연·계 출제문항 422

다음 그림과 같이 $\overline{AB}=5$, $\overline{BC}=7$인
직사각형 ABCD에서
$\overline{AP}=\overline{BQ}=\overline{CR}=\overline{DS}$가 되도록 하는
네 점을 각각 P, Q, R, S
라 할 때, 사각형 PQRS의 넓이의
최솟값을 구하시오.

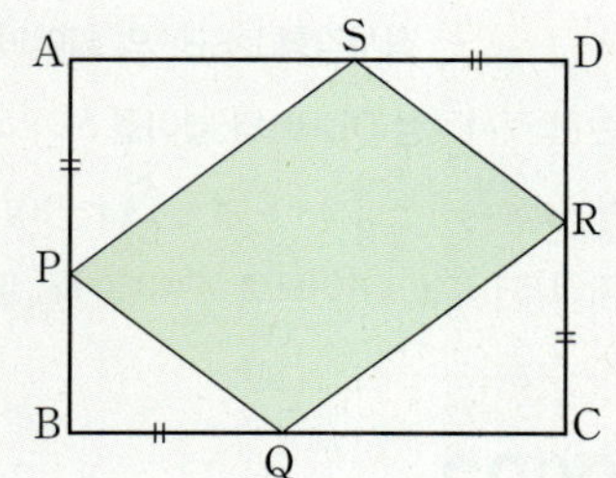

STEP Ⓐ **사각형 PQRS의 넓이를 이차함수로 나타내기**

$\overline{AP}=\overline{BQ}=\overline{CR}=\overline{DS}=x$라 하면
$\overline{PB}=\overline{RD}=5-x$,
$\overline{QC}=\overline{SA}=7-x$
이때 $x>0$, $5-x>0$, $7-x>0$
이므로 $0<x<5$
두 삼각형 PBQ, RDS는 합동이므로
넓이가 같고
두 삼각형 QCR, SAP도 합동이므로
넓이가 같다.
사각형 PQRS의 넓이를 $f(x)$라 하면
$f(x)=$(직사각형 ABCD의 넓이)$-2\times$(삼각형 PBQ의 넓이)
$\qquad\qquad -2\times$(삼각형 QCR의 넓이)

$$=5\times7-2\left\{\frac{1}{2}\times x\times(7-x)+\frac{1}{2}\times x\times(5-x)\right\}$$
$$=2x^2-12x+35$$
$$=2(x-3)^2+17$$

STEP Ⓑ **사각형 PQRS의 넓이의 최솟값 구하기**

이차함수 $f(x)=2(x-3)^2+17$에서 꼭짓점의 x좌표 3이 $0<x<5$에
포함되므로 $x=3$일 때, 최솟값 17를 갖는다.
따라서 사각형 PQRS의 넓이의 최솟값은 17   정답 17

STEP Ⓐ **$\overline{BQ}=x$라 하고 사각형 PQCR의 넓이를 x에 대한 식으로 나타내기**

$\overline{BQ}=\overline{PQ}=x\,(0<x<3\sqrt{2})$라 하면
삼각형 ABC는 직각이등변삼각형이므로 $\overline{BC}=6\sqrt{2}$
또한, 점 A에서 변 BC에 내린 수선의 발을 M이라 하면
$\overline{BM}=\overline{CM}=\frac{1}{2}\times\overline{BC}=3\sqrt{2}$

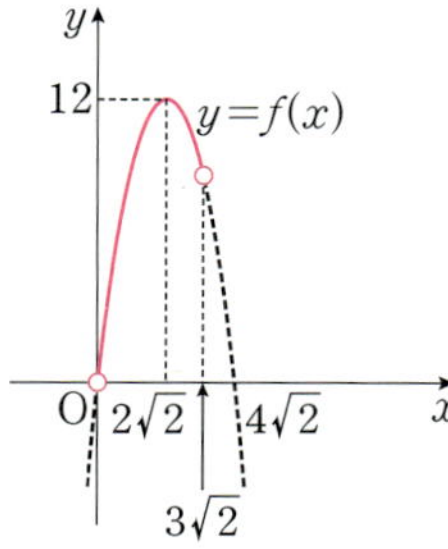

삼각형 PBQ는
직각이등변삼각형이므로
$\overline{BP}=\sqrt{2}x$
$\overline{AP}=\overline{AB}-\overline{BP}=6-\sqrt{2}x$이므로
삼각형 APR에서 $\overline{AP}=\overline{AR}=6-\sqrt{2}x$인 직각이등변삼각형이다.
이를 이용하여 사각형 PQCR의 넓이를 구하면
(사각형 PQCR의 넓이)$=$(삼각형 ABC의 넓이)$-$(삼각형 PBQ의 넓이)
$\qquad\qquad\qquad\qquad\qquad -$(삼각형 APR의 넓이)
이므로
$$\frac{1}{2}\times6\times6-\frac{1}{2}\times x\times x-\frac{1}{2}\times(6-\sqrt{2}x)^2$$
$$=18-\frac{1}{2}x^2-\frac{1}{2}(36-12\sqrt{2}x+2x^2)$$
$$=18-\frac{1}{2}x^2-18+6\sqrt{2}x-x^2$$
$$=-\frac{3}{2}x^2+6\sqrt{2}x$$

STEP Ⓑ **사각형 PQCR의 넓이의 최댓값 구하기**

$f(x)=-\frac{3}{2}x^2+6\sqrt{2}x\,(0<x<3\sqrt{2})$
라 하면
$f(x)=-\frac{3}{2}(x^2-4\sqrt{2}x+8-8)$
$\qquad=-\frac{3}{2}(x-2\sqrt{2})^2+12\,(0<x<3\sqrt{2})$
따라서 $x=2\sqrt{2}$, 즉 $\overline{BQ}=2\sqrt{2}$일 때,
사각형 PQCR의 넓이의 최댓값은 12

다른풀이 사다리꼴의 넓이 공식을 이용하여 풀이하기

STEP Ⓐ **$\overline{BQ}=x$라 하고 사다리꼴 PQCR의 각 변의 길이 구하기**

오른쪽 그림에서 $\overline{BQ}=\overline{PQ}=x$라 하면
삼각형 PBQ는 직각이등변삼각형이므로
$\overline{BP}=\sqrt{2}x$ ← $\overline{BQ}:\overline{PQ}:\overline{BP}=1:1:\sqrt{2}$
이때 $\overline{AB}=6$이므로
$0<\sqrt{2}x<6$에서 $0<x<3\sqrt{2}$
삼각형 APR는
$\overline{AR}=\overline{AP}=\overline{AB}-\overline{BP}=6-\sqrt{2}x$인
직각이등변삼각형이므로
$\overline{PR}=\sqrt{2}(6-\sqrt{2}x)=6\sqrt{2}-2x$ ← $\overline{AP}:\overline{AR}:\overline{PR}=1:1:\sqrt{2}$
또, $\triangle ABC$는 $\overline{AB}=\overline{AC}=6$인 직각이등변삼각형이므로 $\overline{BC}=6\sqrt{2}$
$\qquad\qquad\overline{AB}:\overline{CA}:\overline{BC}=1:1:\sqrt{2}$
$\therefore \overline{QC}=\overline{BC}-\overline{BQ}=6\sqrt{2}-x$

STEP Ⓑ **사각형 PQCR의 넓이의 최댓값 구하기**

사다리꼴 PQCR의 넓이는   ← (사다리꼴의 넓이)$=\frac{1}{2}\times$(밑변+아랫변)$\times$(높이)

$$\frac{1}{2}\times(\overline{PR}+\overline{QC})\times\overline{PQ}=\frac{1}{2}\times\{(6\sqrt{2}-2x)+(6\sqrt{2}-x)\}\times x$$
$$=6\sqrt{2}x-\frac{3}{2}x^2$$
$$=-\frac{3}{2}(x^2-4\sqrt{2}+8-8)$$
$$=-\frac{3}{2}(x-2\sqrt{2})^2+12\,(0<x<3\sqrt{2})$$

따라서 $x=2\sqrt{2}$, 즉 $\overline{BQ}=2\sqrt{2}$일 때, 사각형 PQCR의 넓이의 최댓값은 12

STEP Ⓐ 두 삼각형 PBQ와 PBQ의 넓이 구하기

$\overline{PA}=2x$라 하면 $\overline{AB}=6$이므로
$0<2x<6$에서 $0<x<3$
삼각형 APR은
직각이등변삼각형이므로 넓이는
$\dfrac{1}{2}\times(2x)^2=2x^2$ ······ ㉠

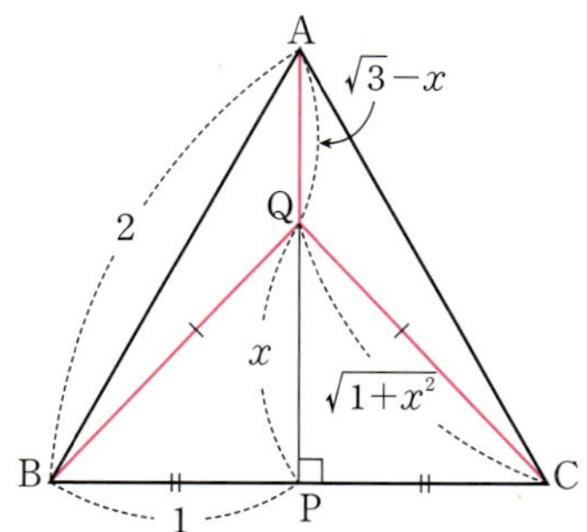

$\overline{BP}=\overline{AB}-\overline{AP}=6-2x$이고
삼각형 PBQ는 직각이등변삼각형이므로
$\overline{BQ}=\overline{PQ}=\dfrac{1}{\sqrt{2}}(6-2x)=3\sqrt{2}-\sqrt{2}\,x$

삼각형 PBQ의 넓이는
$\dfrac{1}{2}\times(3\sqrt{2}-\sqrt{2}\,x)^2=9-6x+x^2$ ······ ㉡

STEP Ⓑ 사각형 PQCR의 넓이의 최댓값 구하기

사각형 PQCR의 넓이가 최대가 되기 위해서는 두 삼각형 APR과 PBQ의 넓이의 합이 최소가 되어야 한다.
㉠, ㉡에 의하여 두 삼각형 APR과 PBQ의 넓이의 합은
$2x^2+9-6x+x^2=3x^2-6x+9$
$\qquad\qquad\qquad\qquad=3(x-1)^2+6\ (0<x<3)$
$x=1$일 때, 두 삼각형 APR과 PBQ의 넓이의 합이 최솟값 6을 가진다.

이때 직각이등변삼각형 ABC의 넓이가 $\dfrac{1}{2}\times36=18$
따라서 사각형 PQCR의 넓이의 최댓값은 $18-6=12$

0905
2022년 06월 고1 학력평가 16번 정답 ③

STEP Ⓐ 삼각형의 성질을 이용하여 $\overline{AQ}^2$, $\overline{BQ}^2$, $\overline{CQ}^2$의 값 구하기

변 BC의 중점이 P이므로 $\overline{BP}=\overline{CP}=1$이고 $\overline{PQ}=x$이므로
두 직각삼각형 BPQ, CQP에서 피타고라스 정리에 의하여
$\overline{AP}는\ \overline{BC}의\ 수직이등분선$
$\overline{BQ}^2=\overline{BP}^2+\overline{PQ}^2$, $\overline{CQ}^2=\overline{CP}^2+\overline{PQ}^2$이므로
$\overline{BQ}^2=\overline{CQ}^2=1^2+x^2$
선분 AP는 정삼각형 ABC의 높이이므로
$한\ 변의\ 길이가\ a인\ 정삼각형의\ 높이는\ \dfrac{\sqrt{3}}{2}\times a$
$\overline{AP}=\dfrac{\sqrt{3}}{2}\times2=\sqrt{3}$, $\overline{AQ}=\overline{AP}-\overline{PQ}=\sqrt{3}-x$, $\overline{AQ}^2=(\sqrt{3}-x)^2$

STEP Ⓑ 이차함수 $\overline{AQ}^2$, $\overline{BQ}^2$, $\overline{CQ}^2$의 최솟값 구하기

$\overline{AQ}^2+\overline{BQ}^2+\overline{CQ}^2=(\sqrt{3}-x)^2+(1+x^2)+(1+x^2)$
$\qquad\qquad\qquad\qquad=3x^2-2\sqrt{3}x+5$
$\qquad\qquad\qquad\qquad=3\left(x^2-\dfrac{2}{3}\sqrt{3}x\right)+5$
$\qquad\qquad\qquad\qquad=3\left(x^2-\dfrac{2}{3}\sqrt{3}x+\dfrac{1}{3}-\dfrac{1}{3}\right)+5$
$\qquad\qquad\qquad\qquad=3\left(x-\dfrac{\sqrt{3}}{3}\right)^2+4$

$\overline{AQ}^2+\overline{BQ}^2+\overline{CQ}^2$은 $x=\dfrac{\sqrt{3}}{3}$에서 최솟값 4를 가진다.

이차함수 $f(x)=ax^2+bx+c\,(a>0)$에서 축의 방정식은 $x=-\dfrac{b}{2a}$이고
이때 최솟값을 가지므로 $f(x)=3x^2-2\sqrt{3}x+5$에서 축의 방정식은 $x=-\dfrac{(-2\sqrt{3})}{6}=\dfrac{\sqrt{3}}{3}$

따라서 $a=\dfrac{\sqrt{3}}{3}$, $m=4$이므로 $\dfrac{m}{a}=\dfrac{4}{\dfrac{\sqrt{3}}{3}}=4\sqrt{3}$

내신연계 출제문항 423

그림과 같이 한 변의 길이가 6인 정삼각형 ABC에 대하여 변 BC의 중점을 P라 하고, 선분 AP 위의 점 Q에 대하여 선분 PQ의 길이를 x라 하자.
$\overline{AQ}^2+\overline{BQ}^2+\overline{CQ}^2$은 $x=a$에서 최솟값 m을 가진다. $\dfrac{m}{a}$의 값은?
(단, $0<x<3\sqrt{3}$이고 a는 실수이다.)

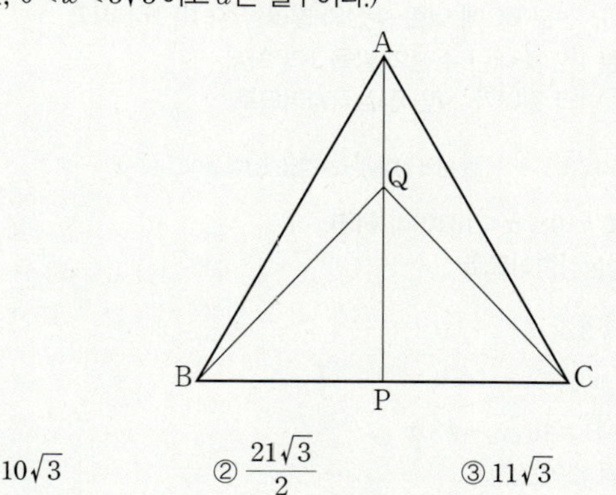

① $10\sqrt{3}$ ② $\dfrac{21\sqrt{3}}{2}$ ③ $11\sqrt{3}$
④ $\dfrac{23\sqrt{3}}{2}$ ⑤ $12\sqrt{3}$

STEP Ⓐ 삼각형의 성질을 이용하여 $\overline{AQ}^2$, $\overline{BQ}^2$, $\overline{CQ}^2$의 값 구하기

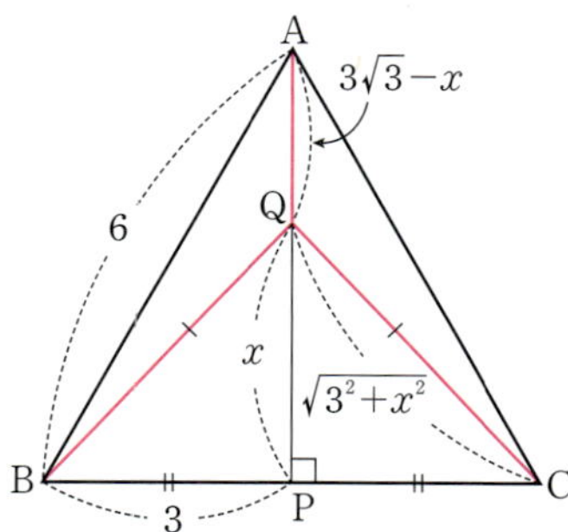

변 BC의 중점이 P이므로
$\overline{BP}=\overline{CP}=3$이고 $\overline{PQ}=x$이므로
두 직각삼각형 BPQ, CQP에서 피타고라스 정리에 의하여
$\overline{BQ}^2=\overline{BP}^2+\overline{PQ}^2$, $\overline{CQ}^2=\overline{CP}^2+\overline{PQ}^2$이므로
$\therefore\ \overline{BQ}^2=\overline{CQ}^2=3^2+x^2$

선분 AP는 정삼각형 ABC의 높이이므로 $\overline{AP}=\dfrac{\sqrt{3}}{2}\times6=3\sqrt{3}$
$\overline{AQ}=\overline{AP}-\overline{PQ}=3\sqrt{3}-x$이므로 $\overline{AQ}^2=(3\sqrt{3}-x)^2$

STEP Ⓑ 이차함수 $\overline{AQ}^2+\overline{BQ}^2+\overline{CQ}^2$의 최솟값 구하기

$\overline{AQ}^2+\overline{BQ}^2+\overline{CQ}^2=(3\sqrt{3}-x)^2+(3^2+x^2)+(3^2+x^2)$
$\qquad\qquad\qquad\qquad=3x^2-6\sqrt{3}x+45$
$\qquad\qquad\qquad\qquad=3(x-\sqrt{3})^2+36$
즉 $\overline{AQ}^2+\overline{BQ}^2+\overline{CQ}^2$의 꼭짓점 x좌표 $\sqrt{3}$이 $0<x<3\sqrt{3}$에 포함되므로
$x=\sqrt{3}$일 때, 최솟값 36을 갖는다.
따라서 $a=\sqrt{3}$, $m=36$이므로 $\dfrac{m}{a}=\dfrac{36}{\sqrt{3}}=12\sqrt{3}$ 정답 ⑤

STEP A $\overline{\text{DH}}=a$로 놓고 직사각형 DEFG의 넓이를 a에 관한 식으로 나타내어 최대가 되는 a의 값 구하기

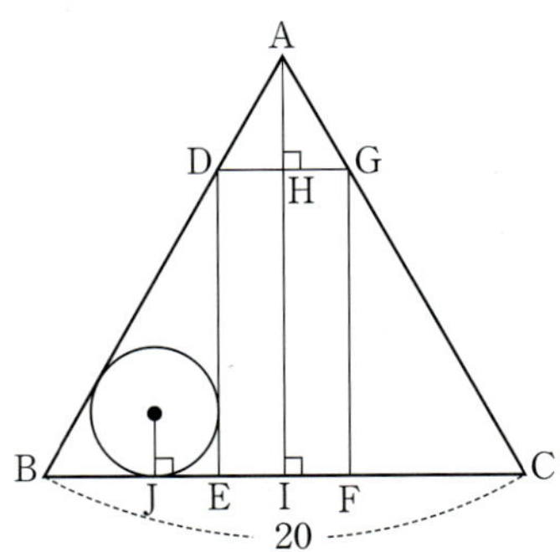

점 A에서 선분 DG, 선분 BC에 내린 수선의 발을 각각 H, I라 하고 원의 중심에서 선분 BE에 내린 수선의 발을 J라 하자.
삼각형 ABC는 한 변의 길이가 20인 정삼각형이므로

$$\overline{\text{AI}}=\frac{\sqrt{3}}{2}\times 20=10\sqrt{3}$$ ← 한 변의 길이가 a인 정삼각형의 높이는 $\frac{\sqrt{3}}{2}a$

선분 DH의 길이를 $a\,(0<a<10)$이라 하면
삼각형 ADG는 정삼각형이므로

$$\overline{\text{AH}}=\frac{\sqrt{3}}{2}\times 2a=\sqrt{3}\,a$$

이때 선분 DE의 길이는

$$\overline{\text{DE}}=\overline{\text{HI}}=\overline{\text{AI}}-\overline{\text{AH}}=10\sqrt{3}-\sqrt{3}\,a$$

직사각형 DEFG의 넓이는

$$\overline{\text{DE}}\times\overline{\text{EF}}=2a(10\sqrt{3}-\sqrt{3}\,a)$$
$$=-2\sqrt{3}(a-5)^2+50\sqrt{3}$$

즉 $a=5$일 때, 직사각형 DEFG의 넓이가 최대가 된다.

STEP B 삼각형 DBE에 내접하는 원의 반지름의 길이 구하기

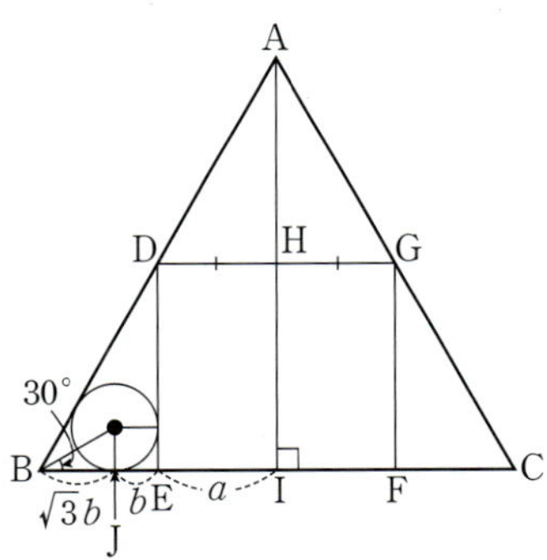

원의 반지름의 길이를 b라 하면
$\overline{\text{EI}}=a$, $\overline{\text{JE}}=b$, $\overline{\text{BJ}}=\sqrt{3}\,b$이므로

+α 삼각비를 이용하여 $\overline{\text{BJ}}$를 구할 수 있어!

원의 반지름의 길이가 b이고 정삼각형 ABC의 한 각의 크기는 60°일 때, 원의 중심에서 ∠B를 이등분하는 선을 그으면 30°이므로 삼각비에 의해
$$\overline{\text{BJ}}=b\times\frac{1}{\tan 30\degree}=\sqrt{3}\,b$$

$a+(1+\sqrt{3})b=10$에서

$a=5$일 때, $b=\dfrac{5(\sqrt{3}-1)}{2}$

삼각형 DBE에 내접하는 원의 둘레의 길이는
반지름이 r인 원의 둘레의 길이는 $2\pi r$

$$2\pi b=2\pi\times\frac{5(\sqrt{3}-1)}{2}=(5\sqrt{3}-5)\pi$$

따라서 $p=5$, $q=-5$이므로 $p^2+q^2=50$

---

mini해설 | 삼각형 DBE의 넓이를 이용하여 내접원의 반지름을 구한 후 풀이하기

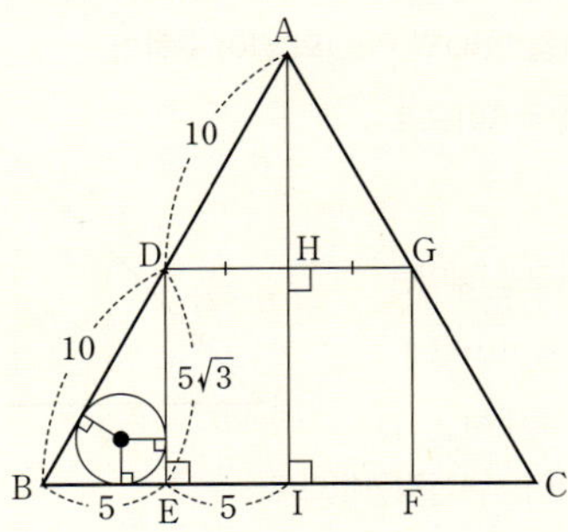

$\overline{\text{DH}}=5$일 때, $\overline{\text{BE}}=5$, $\overline{\text{BD}}=10$, $\overline{\text{DE}}=5\sqrt{3}$이므로
삼각형 DBE에 내접하는 원의 반지름의 길이를 r이라 하면 삼각형 DBE의 넓이는

$$\frac{1}{2}\times\overline{\text{BE}}\times\overline{\text{DE}}=\frac{1}{2}\times r\times(\overline{\text{BE}}+\overline{\text{BD}}+\overline{\text{DE}})$$
$$\frac{1}{2}\times 5\times 5\sqrt{3}=\frac{1}{2}\times r\times(5+10+5\sqrt{3})$$
$$\frac{25\sqrt{3}}{2}=\frac{15+5\sqrt{3}}{2}r$$
$$\therefore r=\frac{25\sqrt{3}}{15+5\sqrt{3}}=\frac{5\sqrt{3}}{3+\sqrt{3}}=\frac{5\sqrt{3}(3-\sqrt{3})}{(3+\sqrt{3})(3-\sqrt{3})}=\frac{15\sqrt{3}-15}{6}=\frac{5\sqrt{3}-5}{2}$$

삼각형 DBE에 내접하는 원의 둘레의 길이는

$$2\pi r=2\pi\times\frac{5\sqrt{3}-5}{2}=(5\sqrt{3}-5)\pi$$

따라서 $p=5$, $q=-5$이므로 $p^2+q^2=50$

내신연계 출제문항 424

그림과 같이 한 변의 길이가 24인 정삼각형 ABC에 대하여 변 AB 위의 점 D, 변 AC 위의 점 G, 변 BC 위의 두 점 E, F를 꼭짓점으로 하는 직사각형 DEFG가 있다. 직사각형 DEFG의 넓이가 최대일 때, 삼각형 DBE에 내접하는 원의 둘레의 길이는 $(p\sqrt{3}+q)\pi$이다. p^2+q^2의 값은?
(단, p, q는 유리수이다.)

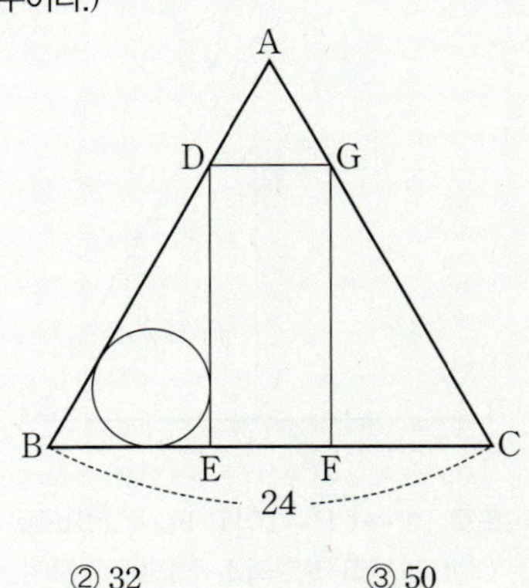

① 18 　　② 32 　　③ 50
④ 72 　　⑤ 128

STEP A $\overline{\text{DH}}=a$로 놓고 직사각형 DEFG의 넓이를 a에 관한 식으로 나타내어 최대가 되는 a의 값 구하기

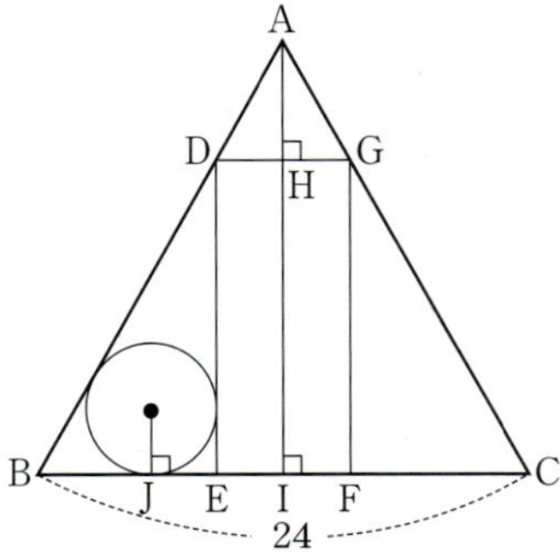

점 A에서 두 선분 DG, BC에 내린 수선의 발을 각각 H, I라 하고 원의 중심에서 선분 BE에 내린 수선의 발을 J라 하자.

삼각형 ABC는 한 변의 길이가 24인 정삼각형이므로

$$\overline{AI}=\frac{\sqrt{3}}{2}\times24=12\sqrt{3}$$

선분 DH의 길이를 $a\,(0<a<12)$라 하면
삼각형 ADG는 정삼각형이므로

$$\overline{DG}=\overline{EF}=2a,\ \overline{AH}=\frac{\sqrt{3}}{2}\times2a=\sqrt{3}\,a$$

이때 선분 DE의 길이는

$$\overline{DE}=\overline{HI}=\overline{AI}-\overline{AH}=12\sqrt{3}-\sqrt{3}\,a$$

직사각형 DEFG의 넓이는

$$\overline{DE}\times\overline{EF}=2a(12\sqrt{3}-\sqrt{3}\,a)$$
$$=-2\sqrt{3}(a-6)^2+72\sqrt{3}$$

즉 $\overline{DE}\times\overline{EF}$의 꼭짓점 a좌표 6이 $0<a<12$에 포함되므로
$a=6$일 때, 직사각형 DEFG의 넓이가 최대가 된다.

STEP B 삼각형 DBE에 내접하는 원의 반지름의 길이 구하기

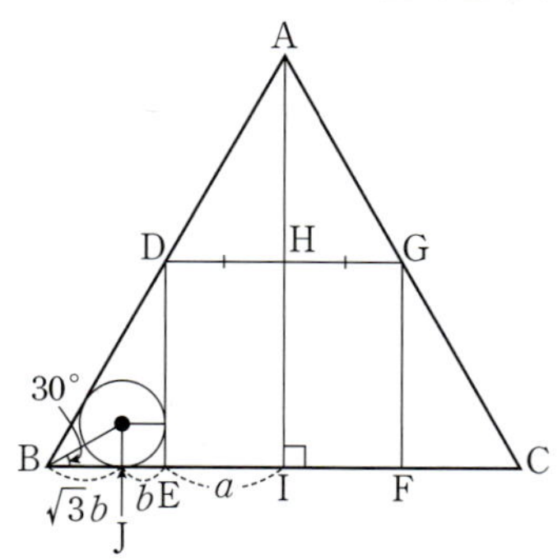

원의 반지름의 길이를 b라 하면

$$\overline{JE}=b,\ \overline{BJ}=\frac{b}{\tan30^\circ}=\sqrt{3}\,b$$

이때 $\overline{DH}=\overline{EI}=a$, $\overline{BI}=12$이므로

$$\overline{BI}=\overline{BJ}+\overline{JE}+\overline{EI},\ (\sqrt{3}+1)b+a=12$$

$a=6$일 때, $b=\dfrac{6}{\sqrt{3}+1}=3\sqrt{3}-3$

삼각형 DBE에 내접하는 원의 둘레의 길이는

$$2\pi b=2\pi\times(3\sqrt{3}-3)=(6\sqrt{3}-6)\pi$$

따라서 $p=6$, $q=-6$이므로 $p^2+q^2=72$

---

mini 해설 | 삼각형 DBE의 넓이를 이용하여 내접원의 반지름을 구한 후 풀이하기

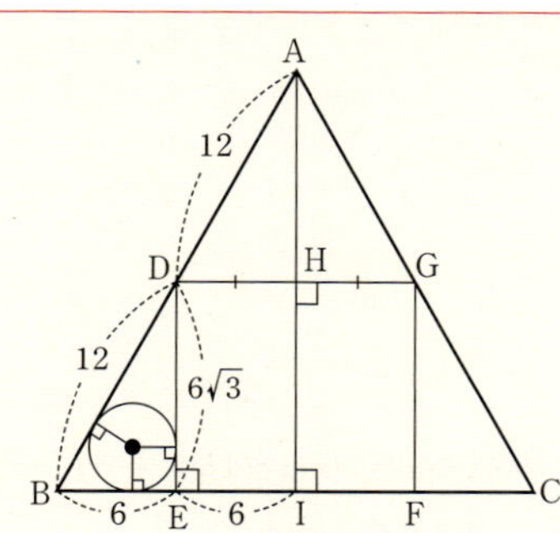

$\overline{DH}=\overline{EI}=6$일 때, $\overline{BE}=6$, $\overline{BD}=12$, $\overline{DE}=6\sqrt{3}$이므로
삼각형 DBE에 내접하는 원의 반지름의 길이를 r이라 하면
삼각형 DBE의 넓이는

$$\frac{1}{2}\times\overline{BE}\times\overline{DE}=\frac{1}{2}\times r\times(\overline{BE}+\overline{BD}+\overline{DE})$$

$$\frac{1}{2}\times6\times6\sqrt{3}=\frac{1}{2}\times r\times(6+12+6\sqrt{3}),\ 18\sqrt{3}=(9+3\sqrt{3})r$$

$$\therefore r=\frac{18\sqrt{3}}{9+3\sqrt{3}}=3\sqrt{3}-3$$

삼각형 DBE에 내접하는 원의 둘레의 길이는
$$2\pi r=2\pi\times(3\sqrt{3}-3)=(6\sqrt{3}-6)\pi$$
따라서 $p=6$, $q=-6$이므로 $p^2+q^2=72$

정답 ④

0907
정답 해설참조

1단계 이차함수의 그래프가 x축에 접할 조건을 구한다. 5점

이차함수 $y=x^2-2(a+k)x+k^2-2k+b$의 그래프가 x축에 접하므로
이차방정식 $x^2-2(a+k)x+k^2-2k+b=0$이 중근을 가져야 한다.
이 이차방정식의 판별식을 D라 하면 $D=0$이어야 한다.

$$\frac{D}{4}=(a+k)^2-(k^2-2k+b)=0$$
$$a^2+2ak+2k-b=0\ \cdots\cdots\ \bigcirc$$

2단계 k에 대한 항등식의 성질을 이용하여 $a+b$의 값을 구한다. 5점

$\bigcirc$을 k에 대하여 정리하면 $(2a+2)k+(a^2-b)=0$
이 식이 실수 k의 값에 관계없이 항상 성립하므로
$2a+2=0$, $a^2-b=0$
즉 $2a+2=0$에서 $a=-1$
$a^2-b=0$에서 $b=(-1)^2=1$
따라서 $a+b=0$

0908
정답 해설참조

1단계 이차함수의 그래프와 직선이 접하는 조건을 구한다. 5점

이차함수 $y=x^2-2kx+k^2-1$과 직선 $y=ax+b$가 접하므로
두 식을 연립하면 이차방정식 $x^2-2kx+k^2-1=ax+b$,
즉 $x^2-(2k+a)x+k^2-1-b=0$이 중근을 가져야 한다.
이차방정식 $x^2-(2k+a)x+k^2-1-b=0$의 판별식을 D라 하면
$D=0$이어야 한다.
$$D=\{-(2k+a)\}^2-4(k^2-1-b)=0$$
$$4ak+a^2+4+4b=0\ \cdots\cdots\ \bigcirc$$

2단계 k에 대한 항등식의 성질을 이용하여 $a+b$의 값을 구한다. 5점

$\bigcirc$을 k에 대하여 정리하면 $4ak+(a^2+4+4b)=0$
이 식이 실수 k의 값에 관계없이 항상 성립하므로
$4a=0$, $a^2+4+4b=0$
$$\therefore a=0,\ b=-1$$
따라서 $a+b=-1$

0909
정답 해설참조

1단계 이차함수의 그래프와 직선의 두 교점의 x좌표가 두 근인 이차방정식을 구한다. 5점

이차함수 $y=x^2+ax+2$의 그래프와 직선 $y=-3x+b$의 두 교점의 x좌표는
두 식을 연립하여 얻은 이차방정식 $x^2+ax+2=-3x+b$,
즉 $x^2+(a+3)x+2-b=0$의 서로 다른 두 실근과 같다.

2단계 이차방정식 근과 계수의 관계를 이용하여 a, b의 값을 구한다. 5점

이차방정식 $x^2+(a+3)x+2-b=0$의 두 근의 합이 4이고 곱이 3이므로
근과 계수의 관계에 의하여 $-a-3=4$, $2-b=3$
따라서 $a=-7$, $b=-1$

0910

1단계 이차함수 $y=x^2+4x+k$와 직선 $y=2x+2$가 만나도록 하는 k의 범위를 구한다. **4점**

이차함수 $y=x^2+4x+k$와 직선 $y=2x+2$가 만나기 위해서는
두 식을 연립하여 얻은 이차방정식 $x^2+4x+k=2x+2$,
즉 $x^2+2x+k-2=0$이 실근을 가져야 한다.
이 이차방정식의 판별식을 D_1이라 하면 $D_1 \geq 0$이어야 한다.
$$\frac{D_1}{4}=1^2-(k-2) \geq 0, \ -k+3 \geq 0$$
$$\therefore k \leq 3 \qquad \cdots\cdots \ \bigcirc$$

2단계 이차함수 $y=x^2+4x+k$와 직선 $y=2x-3$이 만나지 않도록 하는 k의 범위를 구한다. **4점**

이차함수 $y=x^2+4x+k$와 직선 $y=2x-3$이 만나지 않기 위해서는
두 식을 연립하여 얻은 이차방정식 $x^2+4x+k=2x-3$,
즉 $x^2+2x+k+3=0$이 허근을 가져야 한다.
이 이차방정식의 판별식을 D_2라 하면 $D_2<0$이어야 한다.
$$\frac{D_2}{4}=1^2-(k+3)<0, \ -k-2<0$$
$$\therefore k>-2 \qquad \cdots\cdots \ \bigcirc$$

3단계 조건을 만족하는 k의 범위를 구한다. **2점**

$\bigcirc$, $\bigcirc$의 공통부분을 구하면 $-2<k\leq 3$

0911

1단계 두 이차함수가 만나는 두 점 P, Q의 x좌표를 근으로 갖는 이차방정식을 구한다. **3점**

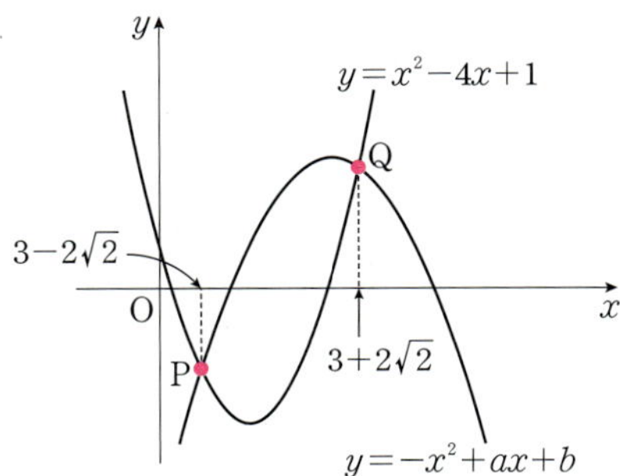

이차함수 $y=-x^2+ax+b$의 그래프와 이차함수 $y=x^2-4x+1$의 그래프의
교점 P, Q의 x좌표는 이차방정식 $-x^2+ax+b=x^2-4x+1$,
즉 $2x^2-(4+a)x+1-b=0$의 서로 다른 두 실근이다.

2단계 점 Q의 x좌표를 구한다. **2점**

a, b는 유리수이므로
한 근이 $3-2\sqrt{2}$이면 나머지 한 근, 즉 점 Q의 x좌표는 $3+2\sqrt{2}$

3단계 이차방정식의 근과 계수의 관계에 의하여 $a+b$의 값을 구한다. **5점**

이차방정식 $2x^2-(4+a)x+1-b=0$의 두 근이 $3-2\sqrt{2}$, $3+2\sqrt{2}$이므로
근과 계수의 관계에 의하여
(두 근의 합)$=(3-2\sqrt{2})+(3+2\sqrt{2})=6=\dfrac{4+a}{2}$에서 $a+4=12$
$$\therefore a=8$$
(두 근의 곱)$=(3-2\sqrt{2})(3+2\sqrt{2})=1=\dfrac{1-b}{2}$에서 $1-b=2$
$$\therefore b=-1$$
따라서 $a+b=8+(-1)=7$

0912

1단계 조건 (가)를 이용하여 a의 값을 구한다. **3점**

조건 (가)에서 $f(-1)=f(5)$이므로
$-1-a+b=-25+5a+b, \ 6a=24$
$$\therefore a=4$$

2단계 조건 (나)를 이용하여 b의 값을 구한다. **3점**

$f(x)=-x^2+4x+b=-(x-2)^2+4+b$
조건 (나)에서 최댓값이 9이므로 $4+b=9$
$$\therefore b=5$$

+α 조건을 만족하는 상수 a, b의 값을 다음과 같이 구할 수 있어!

조건 (가)에서 이차함수 $f(x)$가 -1, 5의 중점이 축이므로
$$x=\frac{-1+5}{2}=2$$
조건 (나)에서 최댓값이 9이므로 이차함수의 꼭짓점이 $(2, 9)$이므로
$$f(x)=-(x-2)^2+9=-x^2+4x+5 \quad \therefore a=4, \ b=5$$

3단계 방정식 $f(2x+1)=0$의 실근의 합을 구한다. **4점**

$f(x)=-x^2+4x+5$이므로
$$\begin{aligned} f(2x+1)&=-(2x+1)^2+4(2x+1)+5 \\ &=-4x^2+4x+8 \\ &=-4(x^2-x-2) \\ &=-4(x-2)(x+1) \end{aligned}$$
즉 $f(2x+1)=0$에서 $x=2$ 또는 $x=-1$
따라서 실근의 합은 $2+(-1)=1$

+α 실근의 합을 다음과 같이 구할 수 있어!

이차함수 $y=f(x)$의 그래프가 직선 $x=2$에 대하여 대칭이므로
$$\frac{\alpha+\beta}{2}=2 \quad \therefore \alpha+\beta=4 \qquad \cdots\cdots \ \bigcirc$$
이차함수 $y=f(x)$의 그래프와 x축의 두 교점의 x좌표가 α, β이므로
α, β는 이차방정식 $f(x)=0$의 두 근이다.
즉 $f(\alpha)=0$, $f(\beta)=0$이므로 $f(2x+1)=0$이려면
$2x+1=\alpha$ 또는 $2x+1=\beta$
$$\therefore x=\frac{\alpha-1}{2} \ \text{또는} \ x=\frac{\beta-1}{2}$$
따라서 이차방정식 $f(2x+1)=0$의 두 근의 합은
$$\frac{\alpha-1}{2}+\frac{\beta-1}{2}=\frac{(\alpha+\beta)-2}{2}=\frac{4-2}{2} \ (\because \bigcirc)$$
$$=1$$

0913

1단계 조형물의 단면이 나타내는 이차함수의 식을 구한다. **4점**

오른쪽 그림과 같이 좌표평면 위에 지면과
가로등을 각각 x축, y축으로 놓으면
포물선의 꼭짓점의 좌표가 $(2, 4)$이므로
포물선의 식을
$y=a(x-2)^2+4 \ (a<0)$로 놓으면
이때 이 포물선이 원점 $(0, 0)$을 지나므로
$0=a(0-2)^2+4 \quad \therefore a=-1$
즉 구하는 포물선의 방정식은 $y=-(x-2)^2+4 \qquad \cdots\cdots \ \bigcirc$

2단계 조형물의 단면이 나타내는 이차함수와 가로등의 불빛이 접할 때, 직선의 방정식을 구한다. **4점**

가로등의 불빛이 나타내는 직선의 기울기를 m이라 하면
직선의 방정식은 $y=mx+9 \ (m<0) \qquad \cdots\cdots \ \bigcirc$

㉠, ㉡을 연립한 이차방정식은
$$-(x-2)^2+4=mx+9$$
$$\therefore x^2+(m-4)x+9=0$$
이 이차방정식의 판별식을 D라 하면
$D=0$이어야 하므로
$$D=(m-4)^2-4\times9=0,$$
$$m^2-8m-20=0,\ (m-10)(m+2)=0$$
$$\therefore m=10\ \text{또는}\ m=-2$$
그런데 $m<0$이므로 구하는 직선의 방정식은 $y=-2x+9$

| 지면에 닿은 빛의 가로등으로부터 떨어진 거리를 구한다. | 2점 |

따라서 이 직선의 x절편이 $\left(\dfrac{9}{2},\,0\right)$이므로 그림자의 길이는 $\dfrac{9}{2}$ m

---

내신연계 출제문항 425

그림과 같이 폭이 4m, 높이가 4m인 포물선 모양의 조형물이 지면과 만나는 두 지점을 각각 A, B라 하자. 지점 A에 높이가 $\dfrac{25}{4}$ m인 가로등이 지면과 수직으로 설치되어 있고 이 가로등의 물빛에 의하여 생기는 조형물의 그림자의 끝을 C라 할 때, 두 지점 A, C 사이의 거리를 다음 단계로 서술하시오. (단, 그림자의 길이는 점 A에서부터 생긴다.)

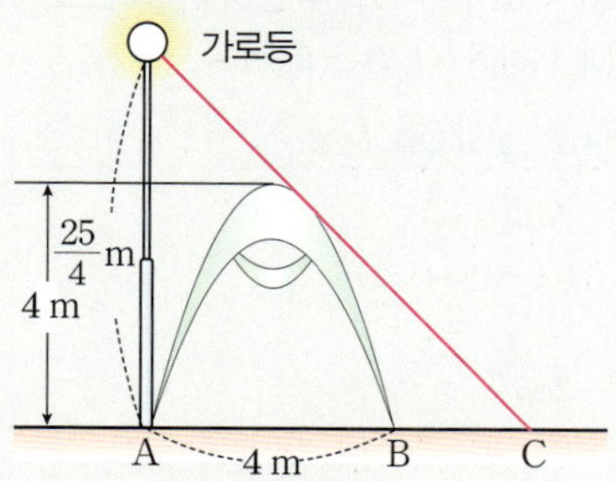

[1단계] 조형물의 단면이 나타내는 이차함수의 식을 구한다. [4점]
[2단계] 조형물의 단면이 나타내는 이차함수와 가로등의 불빛이 접할 때, 직선의 방정식을 구한다. [4점]
[3단계] 지면에 닿은 빛의 가로등으로부터 떨어진 거리를 구한다. [2점]

| **1단계** 조형물의 단면이 나타내는 이차함수의 식을 구한다. | 4점 |

오른쪽 그림과 같이 좌표평면 위에 지면과 가로등을 각각 x축, y축으로 놓으면 지점 A는 원점이 된다.
이때 포물선의 방정식을
$y=ax(x-4)\ (a<0)$로 놓으면
이 포물선이 점 $(2,\,4)$를 지나므로
$4=2a(2-4)\quad\therefore a=-1$
즉 포물선의 방정식은
$$y=-x(x-4)=-x^2+4x\quad\cdots\cdots㉠$$

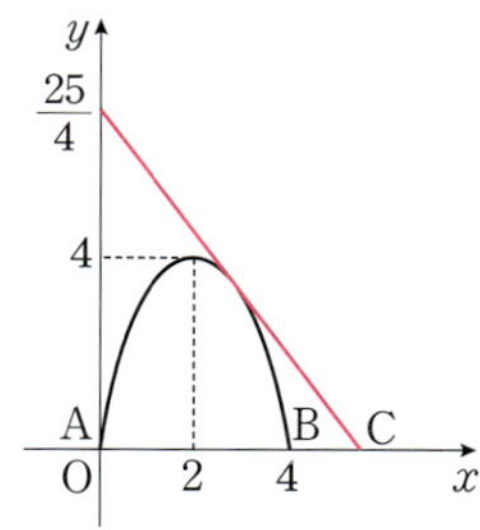

| **2단계** 조형물의 단면이 나타내는 이차함수와 가로등의 불빛이 접할 때, 직선의 방정식을 구한다. | 4점 |

또, 가로등의 불빛이 나타내는 직선의 기울기를 m이라 하면 직선의 방정식은
$$y=mx+\frac{25}{4}\ (m<0)\quad\cdots\cdots㉡$$
㉠, ㉡을 연립한 이차방정식은 $-x^2+4x=mx+\dfrac{25}{4}$
$$\therefore x^2+(m-4)x+\frac{25}{4}=0$$
이 이차방정식의 판별식을 D라 하면 $D=0$이어야 하므로
$$D=(m-4)^2-4\times\frac{25}{4}=0,\ m^2-8m-9=0,\ (m+1)(m-9)=0$$
$$\therefore m=-1\ \text{또는}\ m=9$$
그런데 $m<0$이므로 $m=-1$

| 지면에 닿은 빛의 가로등으로부터 떨어진 거리를 구한다. | 2점 |

$y=-x+\dfrac{25}{4}$이므로 $\mathrm{C}\left(\dfrac{25}{4},\,0\right)$
따라서 두 점 A, C 사이의 거리는 $\dfrac{25}{4}$ m

정답 해설참조

0914

정답 해설참조

| **1단계** $a<0$일 때, a의 값을 구한다. | 4점 |

$$y=ax^2+4ax+a^2+7a=a(x+2)^2+a^2+3a$$
$a<0$일 때, 이차함수 $y=a(x+2)^2+a^2+3a$의 그래프의 꼭짓점의 x좌표 -2가 $-3\leq x\leq0$에 포함되므로
$x=-2$일 때, 최댓값 a^2+3a를 갖는다.
즉 $a^2+3a=18,\ a^2+3a-18=0,\ (a+6)(a-3)=0$
$\therefore a=-6\ \text{또는}\ a=3$
그런데 $a<0$이므로 $a=-6\quad\cdots\cdots㉠$

| **2단계** $a>0$일 때, a의 값을 구한다. | 4점 |

$a>0$일 때, 이차함수 $y=a(x+2)^2+a^2+3a$의 그래프에서 $x=-3$과 $x=0$ 중 대칭축 $x=-2$로부터 더 멀리 떨어진 $x=0$일 때,
최댓값 a^2+7a를 갖는다.
즉 $a^2+7a=18,\ a^2+7a-18=0,\ (a+9)(a-2)=0$
$\therefore a=-9\ \text{또는}\ a=2$
그런데 $a>0$이므로 $a=2\quad\cdots\cdots㉡$

| **3단계** 모든 상수 a의 값의 합을 구한다. | 2점 |

㉠, ㉡에 의하여 모든 상수 a의 값의 합은 $-6+2=-4$

0915

정답 해설참조

| **1단계** 이차함수 $y=-2x^2-2ax-3$의 최댓값을 이용하여 a의 값을 구한다. | 4점 |

$$y=-2x^2-2ax-3=-2\left(x+\frac{a}{2}\right)^2+\frac{a^2}{2}-3$$
즉 $x=-\dfrac{a}{2}$일 때, 최댓값은 $\dfrac{a^2}{2}-3=-1,\ a^2=4$
그런데 $a>0$이므로 $a=2$

| **2단계** $-3\leq x\leq0$에서 이차함수 $y=-2x^2-2ax-3$의 m의 값을 구한다. | 4점 |

이차함수 $y=-2x^2-2ax-3$에 $a=2$를 대입하면
$$y=-2x^2-4x-3=-2(x+1)^2-1$$
$x=-3$과 $x=0$ 중에서 대칭축 $x=-1$로부터 더 멀리 떨어진 $x=-3$일 때,
최솟값을 갖는다.
$\therefore m=-9$

| **3단계** am의 값을 구한다. | 2점 |

따라서 $am=2\times(-9)=-18$

0916

| 1단계 | y의 값의 범위를 구한다. | 3점 |

$x+2y=2$에서 $x=2-2y$ $\qquad$ …… ㉠
$x \geq 0$이므로 $2-2y \geq 0$, $-2y \geq -2$
$\therefore 0 \leq y \leq 1$

| 2단계 | $10x+4y^2$을 y에 대한 식으로 나타낸다. | 3점 |

㉠을 $10x+4y^2$에 대입하면
$10(2-2y)+4y^2=4y^2-20y+20$
$\qquad\qquad\qquad = 4\left(y-\dfrac{5}{2}\right)^2-5$

| 3단계 | 제한된 범위에서 $10x+4y^2$의 최댓값과 최솟값을 구한다. | 4점 |

이차함수 $10x+4y^2=4\left(y-\dfrac{5}{2}\right)^2-5$의 그래프에서 꼭짓점의 y좌표 $\dfrac{5}{2}$ 가
$0 \leq y \leq 1$에 포함되지 않는다.
따라서 $y=0$일 때, 최댓값은 20, $y=1$일 때, 최솟값은 4를 갖는다.

0917

| 1단계 | 이차함수 $y=g(x)-f(x)$의 식을 구한다. | 3점 |

직선 $y=g(x)$가 일차식이고 이차함수 $y=f(x)$는 최고차항의 계수가 2인
이차식이므로 $y=g(x)-f(x)$는 최고차항의 계수가 -2인 이차식이다.
이때 함수 $y=g(x)-f(x)$가 $x=2$에서 최댓값 4를 가지므로
$g(x)-f(x)=-2(x-2)^2+4$
$\qquad\qquad\quad =-2x^2+8x-4$

| 2단계 | 근과 계수의 관계를 이용하여 $\alpha+\beta$, $\alpha\beta$의 값을 구한다. | 3점 |

두 함수 $y=f(x)$, $y=g(x)$의 그래프가 $x=\alpha$, $y=\beta$에서 만나므로
방정식 $g(x)-f(x)=0$의 두 근이 α, β이다.
즉 이차방정식 $-2x^2+8x-4=0$의 두 근이 α, β이므로
근과 계수의 관계에 의하여 $\alpha+\beta=4$, $\alpha\beta=2$

| 3단계 | $\alpha^3+\beta^3+\alpha^2+\beta^2$의 값을 구한다. | 4점 |

$\alpha^3+\beta^3=(\alpha+\beta)^3-3\alpha\beta(\alpha+\beta)$
$\qquad\qquad =4^3-3\times 2\times 4=40$
$\alpha^2+\beta^2=(\alpha+\beta)^2-2\alpha\beta$
$\qquad\qquad =4^2-2\times 2=12$
따라서 $\alpha^3+\beta^3+\alpha^2+\beta^2=40+12=52$

최고차항의 계수가 3인 이차함수 $y=f(x)$의 그래프와 직선 $y=g(x)$가
두 점 $(\alpha, \ f(\alpha))$, $(\beta, \ f(\beta))$에서 만난다. 함수 $y=g(x)-f(x)$가 $x=-1$에
서 최댓값 12를 가질 때, $\alpha^3+\beta^3+\alpha^2+\beta^2$의 값을 구하는 과정을 다음 단계
로 서술하시오.

[1단계] 이차함수 $y=g(x)-f(x)$의 식을 구한다. [3점]
[2단계] 근과 계수의 관계를 이용하여 $\alpha+\beta$, $\alpha\beta$의 값을 구한다. [3점]
[3단계] $\alpha^3+\beta^3+\alpha^2+\beta^2$의 값을 구한다. [4점]

| 1단계 | 이차함수 $y=g(x)-f(x)$의 식을 구한다. | 3점 |

직선 $y=g(x)$가 일차식이고 이차함수 $y=f(x)$는 최고차항의 계수가 3인
이차식이므로 $y=g(x)-f(x)$는 최고차항의 계수가 -3인 이차식이다.
이때 함수 $y=g(x)-f(x)$가 $x=-1$에서 최댓값 12를 가지므로
$g(x)-f(x)=-3(x+1)^2+12$
$\qquad\qquad\quad =-3x^2-6x+9$

| 2단계 | 근과 계수의 관계를 이용하여 $\alpha+\beta$, $\alpha\beta$의 값을 구한다. | 3점 |

두 함수 $y=f(x)$, $y=g(x)$의 그래프가 $x=\alpha$, $y=\beta$에서 만나므로
방정식 $g(x)-f(x)=0$의 두 근이 α, β이다.
즉 이차방정식 $-3x^2-6x+9=0$의 두 근이 α, β이므로
근과 계수의 관계에 의하여 $\alpha+\beta=-2$, $\alpha\beta=-3$

| 3단계 | $\alpha^3+\beta^3+\alpha^2+\beta^2$의 값을 구한다. | 4점 |

$\alpha^3+\beta^3=(\alpha+\beta)^3-3\alpha\beta(\alpha+\beta)$
$\qquad\qquad =(-2)^3-3\times(-3)\times(-2)$
$\qquad\qquad =-26$
$\alpha^2+\beta^2=(\alpha+\beta)^2-2\alpha\beta$
$\qquad\qquad =(-2)^2-2\times(-3)$
$\qquad\qquad =10$
따라서 $\alpha^3+\beta^3+\alpha^2+\beta^2=-26+10=-16$

0918

| 1단계 | 이차함수 $y=x^2-2mx+2m-5$의 최솟값을 구한다. | 5점 |

$y=x^2-2mx+2m-5$
$\ =(x-m)^2-m^2+2m-5$
이므로 $x=m$일 때, 최솟값은 $-m^2+2m-5$를 갖는다.
즉 $f(m)=-m^2+2m-5=-(m-1)^2-4$

| 2단계 | $-1 \leq m \leq 4$에서 $f(m)$의 최댓값과 최솟값의 합을 구한다. | 5점 |

$-1 \leq m \leq 4$에서 $y=f(m)$의 그래프는
오른쪽 그림과 같으므로
$m=1$일 때, 최댓값은 $f(1)=-4$
$m=4$일 때, 최솟값은 $f(4)=-13$
따라서 최댓값과 최솟값의 합은
$(-4)+(-13)=-17$

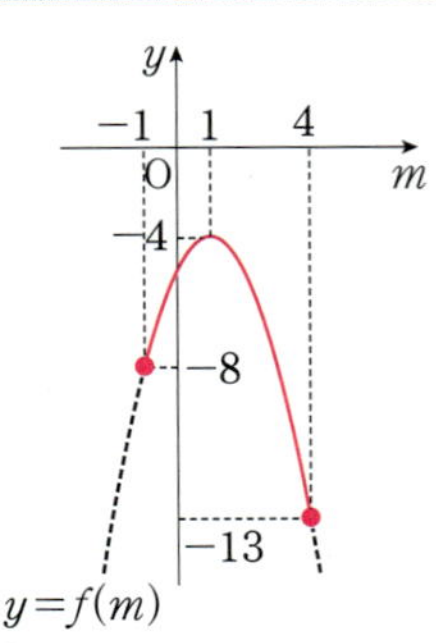

실수 m에 대하여 이차함수 $y=x^2-6mx+10m^2+4m-1$의 최솟값을
$f(m)$이라 하자. $-3\le m\le 1$에서 함수 $f(m)$의 최댓값과 최솟값의 합을
구하는 과정을 다음 단계로 서술하시오.

[1단계] 이차함수 $y=x^2-6mx+10m^2+4m-1$의 최솟값을 구한다. [5점]
[2단계] $-3\le m\le 1$에서 $f(m)$의 최댓값과 최솟값의 합을 구한다. [5점]

1단계 이차함수 $y=x^2-6mx+10m^2+4m-1$의 최솟값을 구한다. **5점**

$y=x^2-6mx+10m^2+4m-1$
$=(x-3m)^2+m^2+4m-1$

이므로 $x=3m$에서 최솟값 m^2+4m-1을 가진다.

$f(m)=m^2+4m-1=(m+2)^2-5$

2단계 $-3\le m\le 1$에서 $f(m)$의 최댓값과 최솟값의 합을 구한다. **5점**

$-3\le m\le 1$에서 이차함수 $y=f(m)$의
그래프는 그림과 같다.
$m=1$일 때, 최댓값은 $f(1)=4$
$m=-2$일 때, 최솟값은 $f(2)=-5$
따라서 최댓값과 최솟값의 합은
$4+(-5)=-1$

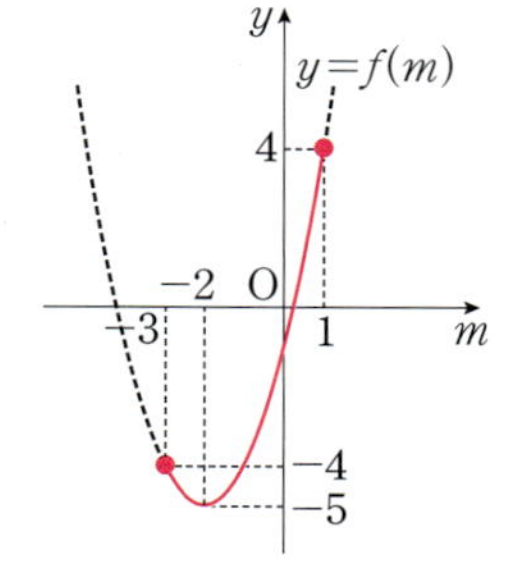

0919

1단계 세 점 A, B, C의 좌표를 구하고 실수 a의 범위를 구한다. **4점**

점 A는 이차함수 $y=x^2-5x+4$의 그래프와 y축의 교점이므로 A$(0,\,4)$
$x^2-5x+4=0,\ (x-1)(x-4)=0$ $\therefore x=1$ 또는 $x=4$
$\therefore$ B$(1,\,0)$, C$(4,\,0)$
이때 점 P가 점 A$(0,\,4)$에서 점 C$(4,\,0)$까지 움직이므로 $0\le a\le 4$

2단계 $a,\,b$의 관계식을 구한다. **2점**

점 P$(a,\,b)$는 이차함수 $y=x^2-5x+4$의 그래프 위의 점이므로
$b=a^2-5a+4$ $\cdots\cdots$ ㉠

3단계 $a+b+10$의 최댓값과 최솟값을 구한다. **4점**

$a+b+10$에 ㉠을 대입하면
$a+b+10=a+(a^2-5a+4)+10$
$\quad\quad\quad\quad\ =a^2-4a+14$
$\quad\quad\quad\quad\ =(a-2)^2+10$
$a=2$에서 최솟값은 10이고
$a=0$ 또는 $a=4$에서 최댓값은 14
따라서 최댓값과 최솟값의 합은
$10+14=24$

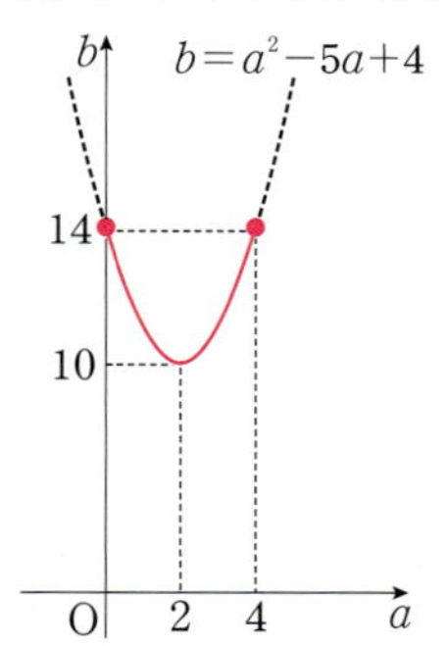

0920

1단계 $x^2+2x-1=t$로 치환하고 $-3\le x\le 0$에서 t의 최댓값과 최솟값을 구한다. **4점**

$x^2+2x-1=t$로 치환하면
$t=x^2+2x-1=(x+1)^2-2$
이때 이차함수 $t=(x+1)^2-2$의
꼭짓점의 x좌표 -1이
$-3\le x\le 0$에 포함되므로
$x=-1$일 때, 최솟값은 -2,
$x=-3$일 때, 최댓값은 2를 갖는다.
$\therefore -2\le t\le 2$

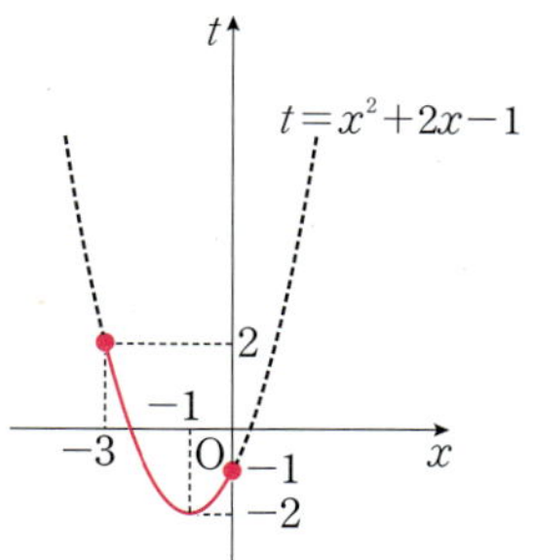

2단계 t의 값의 범위에서 이차함수의 최솟값과 최댓값을 구한다. **6점**

$y=-3(x^2+2x-1)^2+6(x^2+2x)$
$\quad =-3(x^2+2x-1)^2+6(x^2+2x-1+1)$
$\quad =-3t^2+6(t+1)$
$\quad =-3t^2+6t+6$
$\quad =-3(t-1)^2+9$
이때 $-2\le t\le 2$에서 이차함수
$y=-3(t-1)^2+9$의 그래프는 오른쪽 그림
과 같다. $t=1$일 때, 최댓값은 9, $t=-2$일
때, 최솟값 -18을 갖는다.

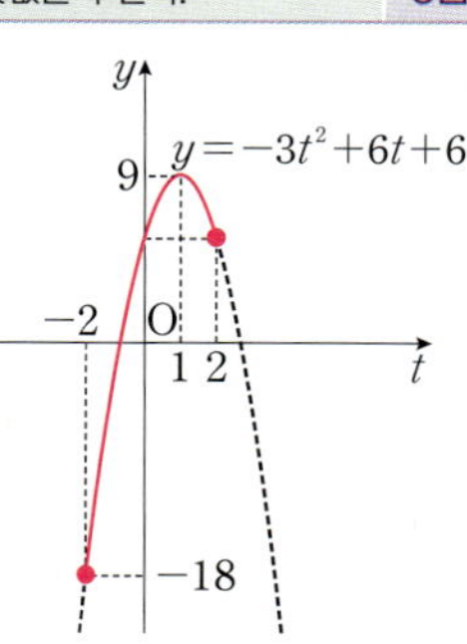

0921

1단계 물체가 가장 높이 올라갔을 때의 높이를 구한다. **3점**

$y=-5t^2+40t=-5(t-4)^2+80$의
그래프에서 $t=4$일 때,
최댓값은 80을 갖는다.
즉 물체가 도달하는 최대 높이는 80m

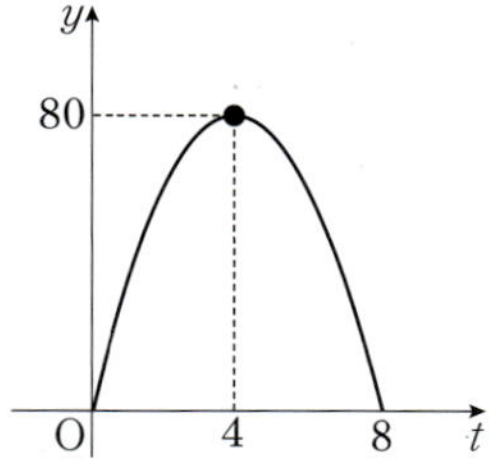

2단계 물체가 가장 높이 올라갔을 때부터 다시 지면에 떨어질 때까지 걸리는 시간을 구한다. **3점**

물체가 가장 높이 올라갔을 때는 쏘아 올린지 $t=4$초 후이다.
물체가 지면에 떨어질 때의 높이는 0m이므로
$0=40t-5t^2,\ t(t-8)=0$
$\therefore t=8\ (\because t>0)$
즉 쏘아 올린 지 8초 후에 다시 떨어지므로 구하는 시간은 4초이다.

3단계 물체를 쏘아 올린 후 3초 이상 6초 이하에서 이 물체의 최소 높이를 구한다. **4점**

$t=3$초 후의 물체의 높이는
$y=-5\times 3^2+40\times 3=75\,(\text{m})$
$t=6$초 후의 물체의 높이는
$y=-5\times 6^2+40\times 6=60\,(\text{m})$
따라서 3초 이상 6초 이하에서
이 물체의 최소 높이는 $60\,(\text{m})$

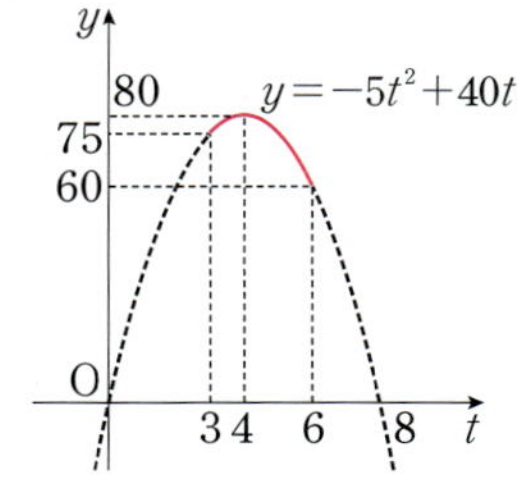

0922

| 1단계 | 두 함수의 그래프가 서로 다른 세 점에서 만날 때, 모든 실수 t의 값의 곱을 구한다. | 5점 |

$$f(x)=|x^2-4|=\begin{cases} x^2-4 & (x\le -2 \text{ 또는 } x\ge 2) \\ -x^2+4 & (-2<x<2) \end{cases}$$

이므로 두 함수 $f(x)=|x^2-4|$, $g(x)=x+t$의 교점이 3개가 되도록 직선 $y=x+t$를 움직이면 된다.

(i) 직선 $y=x+t$가 점 $(-2, 0)$를 지나는 경우

직선 $y=x+t$에 $x=-2$, $y=0$을 대입하면

$0=-2+t$이므로 $t=2$

(ii) 두 함수 $y=-x^2+4$, $y=x+t$의 그래프가 접하는 경우

두 식을 연립하면 이차방정식 $-x^2+4=x+t$,

즉 $x^2+x+t-4=0$

이 이차방정식이 중근을 가지므로 판별식 D라 하면 $D=0$이어야 한다.

$D=1^2-4(t-4)=0$, $-4t+17=0$

$\therefore t=\dfrac{17}{4}$

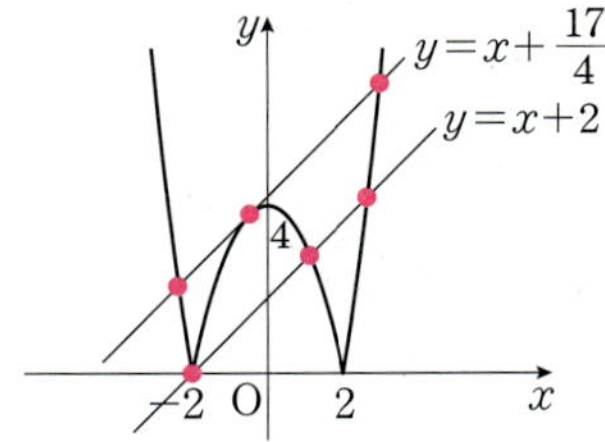

(i), (ii)에 의하여 교점을 3개 가지는 t의 값의 곱은 $2\times\dfrac{17}{4}=\dfrac{17}{2}$

| 2단계 | 두 함수의 그래프가 서로 다른 네 점에서 만날 때, 실수 t의 값의 범위를 구한다. | 3점 |

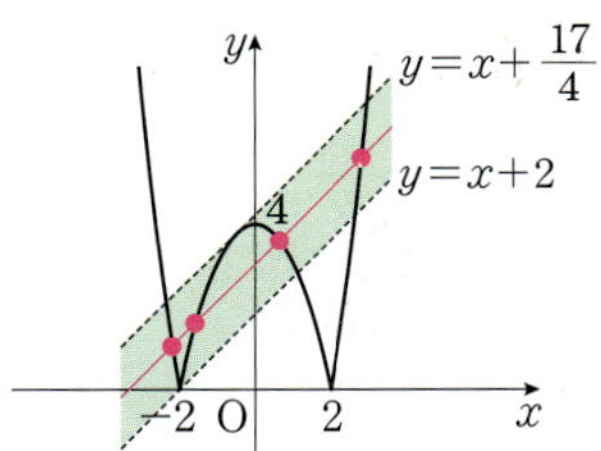

(i), (ii)에 의하여 교점을 4개 가지려면 t의 값의 범위는 $2<t<\dfrac{17}{4}$

| 3단계 | 그래프가 서로 다른 두 점에서 만날 때 t의 값의 범위를 구한다. | 2점 |

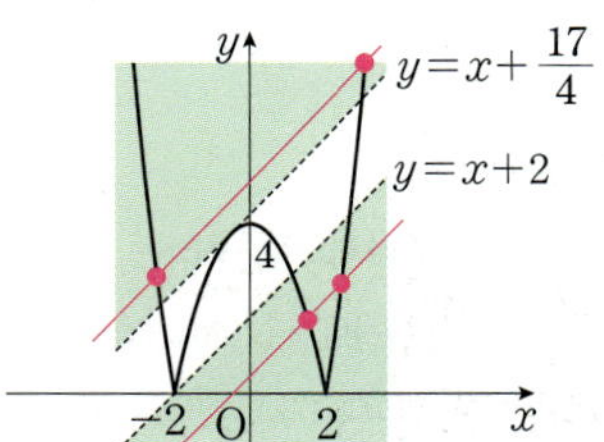

(i), (ii)에 의하여 교점을 2개 가지려면 t의 값의 범위는

$-2<t<2$ 또는 $t>\dfrac{17}{4}$

0923

| 1단계 | 직사각형 ABCD의 둘레의 길이는 a에 대한 이차함수로 나타낸다. | 4점 |

$f(x)=-x^2-9$, $g(x)=2x^2-21$은 y축에 대하여 대칭인 함수이므로

$\overline{AD}=\overline{BC}=a-(-a)=2a$

$\overline{BA}=\overline{CD}=f(a)-g(a)$

$\qquad\quad =(-a^2+9)-(2a^2-21)$

$\qquad\quad =-3a^2+30$

직사각형 ABCD의 둘레의 길이를 l이라 하면

$l=2(\overline{AC}+\overline{CD})$

$\ =2(2a-3a^2+30)$

$\ =-6a^2+4a+60$

| 2단계 | 직사각형 ABCD의 둘레의 길이가 최대가 되도록 하는 a의 값과 그때의 최댓값을 구한다. | 3점 |

$l=-6\left(a-\dfrac{1}{3}\right)^2+\dfrac{182}{3}$

이때 $0<a<3$이므로 $a=\dfrac{1}{3}$일 때, 최댓값은 $\dfrac{182}{3}$

| 3단계 | 그때의 직사각형 ABCD의 넓이를 구한다. | 3점 |

따라서 직사각형 ABCD의 둘레의 길이가 최대일 때, $a=\dfrac{1}{3}$이므로

이때의 직사각형 ABCD의 넓이는

$\overline{AC}\times\overline{CD}=2a\times(-3a^2+30)$

$\qquad\qquad =\dfrac{2}{3}\times\left\{-3\times\left(\dfrac{1}{3}\right)^2+30\right\}$

$\qquad\qquad =\dfrac{2}{3}\times\dfrac{89}{3}=\dfrac{178}{9}$

0924

정답 2

STEP A　a에 관한 항등식의 성질을 이용하여 일정한 점 구하기

주어진 이차함수의 식을 a에 대하여 정리하면
$(x-1)a+(x^2-y-2)=0$
이때 $x-1=0$, $x^2-y-2=0$이므로 $x=1$, $y=-1$
즉 이차함수의 그래프는 a의 값에 관계없이 항상 점 $(1,\,-1)$을 지난다.

STEP B　최고차항의 계수가 1인 이차함수의 식 구하기

점 $(1,\,-1)$이 꼭짓점이고 x^2의 계수가 1이므로 구하는 이차함수는
$y=(x-1)^2-1=x^2-2x$

STEP C　x축과 만나는 점 사이의 거리 구하기

따라서 이 이차함수의 그래프가 x축과 만나는 점의 x좌표는 0, 2이므로
거리는 2

0925

정답 240

STEP A　철수는 상수항을 바르게 보았음을 이용하여 b의 값 구하기

함수 $y=f(x)$에서 이차방정식 $x^2+ax+b=0$의 두 근이 -3, 8이고
철수는 상수항을 바르게 보았으므로 근과 계수의 관계에 의하여 두 근의 곱은
$b=(-3)\times 8=-24$

STEP B　영희는 일차항의 계수를 바르게 보았음을 이용하여 a의 값 구하기

함수 $y=g(x)$의 그래프의 축의 방정식은 $x=\dfrac{(-7)+(-3)}{2}=-5$이므로
$x^2+ax+b=0$의 두 근은 $-5-k$, $-5+k$
영희는 일차항의 계수를 바르게 보았으므로 근과 계수의 관계에 의하여
두 근의 합은
$-a=(-5-k)+(-5+k)$　∴ $a=10$

STEP C　$\alpha^2\beta+\alpha\beta^2$의 값 구하기

즉 $x^2+10x-24=0$에서 $(x+12)(x-2)=0$
∴ $x=-12$ 또는 $x=2$
따라서 $\alpha^2\beta+\alpha\beta^2=\alpha\beta(\alpha+\beta)=-24\times(-10)=240$

> **+α**　| 이차방정식의 근과 계수의 관계를 이용하여 구할 수 있어!
>
> $x^2+ax+b=0$일 때, 이차방정식의 근과 계수의 관계에 의하여
> $\alpha^2\beta+\alpha\beta^2=\alpha\beta(\alpha+\beta)=b\times(-a)=-24\times(-10)=240$

내/신/연/계/ 출제문항 428

이차함수 $y=x^2+ax+b$의 그래프를 그리는데 철수는 일차항의 계수를
잘못 보고 함수 $y=f(x)$의 그래프를, 영희는 상수항을 잘못 보고 함수
$y=g(x)$의 그래프를 그렸을 때, $x^2+ax+b=0$의 두 근이 α, β일 때,
$\alpha^2\beta+\alpha\beta^2$의 값을 구하시오. (단, a, b는 상수이다.)

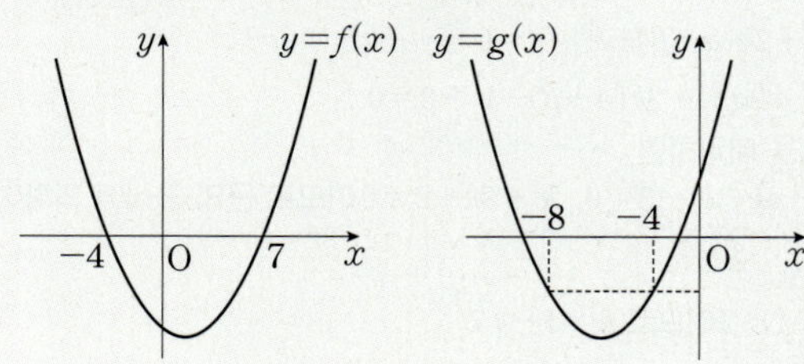

STEP A　철수는 상수항을 바르게 보았음을 이용하여 b의 값 구하기

함수 $y=f(x)$에서 이차방정식 $x^2+ax+b=0$의 두 근이 -4, 7이고
철수는 상수항을 바르게 보았으므로 근과 계수의 관계에 의하여 두 근의 합은
$b=(-4)\times 7=-28$

STEP B　영희는 일차항의 계수를 바르게 보았음을 이용하여 a의 값 구하기

함수 $y=g(x)$의 그래프의 축의 방정식은 $x=\dfrac{(-8)+(-4)}{2}=-6$이므로
$x^2+ax+b=0$의 두 근은 $-6-k$, $-6+k$
영희는 일차항의 계수를 바르게 보았으므로
근과 계수의 합에 의하여 두 근의 합은 $-a=(-6-k)+(-6+k)$
∴ $a=12$

STEP C　$\alpha^2\beta+\alpha\beta^2$의 값 구하기

즉 $x^2+12x-28=0$에서 $(x+14)(x-2)=0$
∴ $x=-14$ 또는 $x=2$
따라서 $\alpha^2\beta+\alpha\beta^2=\alpha\beta(\alpha+\beta)=-28\times(-12)=336$

> **+α**　| 이차방정식의 근과 계수의 관계를 이용하여 구할 수 있어!
>
> $x^2+ax+b=0$일 때, 이차방정식의 근과 계수의 관계에 의하여
> $\alpha^2\beta+\alpha\beta^2=\alpha\beta(\alpha+\beta)=b\times(-a)=-28\times(-12)=336$

정답 336

0926

정답 4

STEP A　이차방정식의 근과 계수의 관계를 이용하여 각각의 두 근의 합 구하기

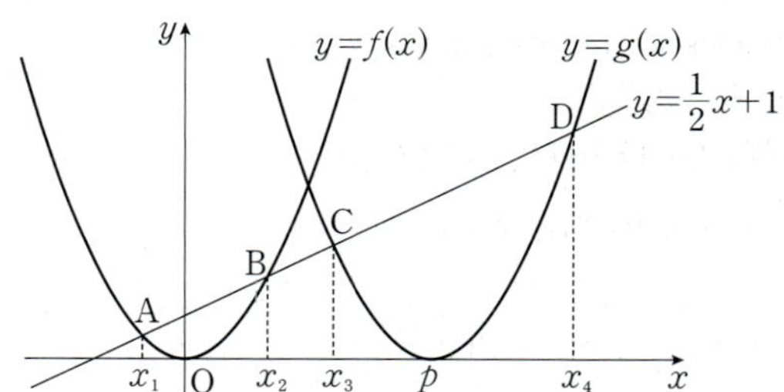

함수 $y=g(x)$의 그래프는 함수 $y=f(x)$의 그래프를 x축의 방향으로
p만큼 평행이동한 것이므로 $g(x)=(x-p)^2$이 된다.

이차함수 $y=x^2$의 그래프와 직선 $y=\dfrac{1}{2}x+1$의 두 교점 A, B의 x좌표를 각각
x_1, x_2라 하면 x_1, x_2는 방정식 $x^2=\dfrac{1}{2}x+1$의 근이 된다.

즉 이차방정식 $2x^2-x-2=0$의 두 근의 합은
$x_1+x_2=\dfrac{1}{2}$　……… ㉠

같은 방법으로 이차함수 $y=(x-p)^2$의 그래프와 직선 $y=\dfrac{1}{2}x+1$의
두 교점 C, D의 x좌표를 x_3, x_4라 하면
x_3, x_4는 방정식 $(x-p)^2=\dfrac{1}{2}x+1$의 근이 된다.

즉 이차방정식 $2x^2-(4p+1)x+2p^2-2=0$의 두 근의 합은
$x_3+x_4=2p+\dfrac{1}{2}$　……… ㉡

STEP B　직선과 두 이차함수의 그래프의 서로 다른 네 교점의 x좌표의 합을
이용하여 p의 값 구하기

㉠, ㉡에서 $x_1+x_2+x_3+x_4=\dfrac{1}{2}+2p+\dfrac{1}{2}=1+2p$
따라서 $1+2p=9$이므로 $p=4$

STEP A   **이차함수와 이차방정식의 관계를 이용하여 $\alpha+\beta$, $\alpha\beta$로 나타내기**

이차항의 계수가 1인 이차함수 $y=f(x)$의 그래프의 꼭짓점이
직선 $y=kx$ 위에 있으므로 꼭짓점의 좌표를 $(a,\ ka)$라 하면
$$f(x)=(x-a)^2+ka$$

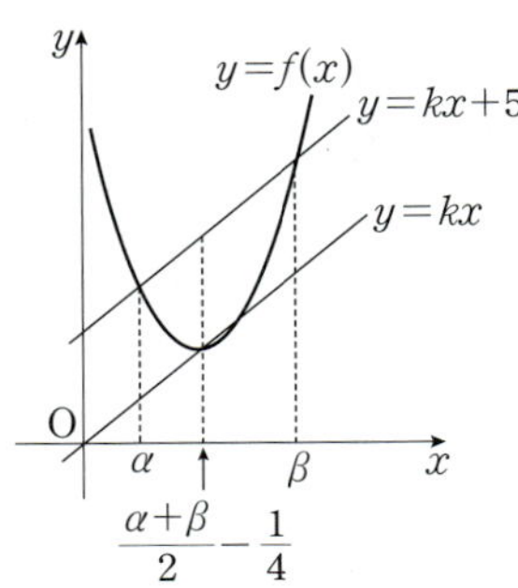

이차함수 $y=f(x)$의 그래프와 직선 $y=kx+5$가 만나는 서로 다른 두 점의
x좌표 α, β는 방정식 $(x-a)^2+ka=kx+5$이므로
$x^2-(2a+k)x+a^2+ka-5=0$의 근이다.
이차방정식의 근과 계수의 관계에 의하여
$$\alpha+\beta=2a+k \qquad \cdots\cdots\ \text{㉠}$$
$$\alpha\beta=a^2+ka-5 \qquad \cdots\cdots\ \text{㉡}$$

STEP B   **이차함수의 그래프의 축이 직선 $x=\dfrac{\alpha+\beta}{2}-\dfrac{1}{4}$ 임을 이용하여 $|\alpha-\beta|$의 값 구하기**

이차함수 $y=f(x)$의 그래프의 축이 직선 $x=\dfrac{\alpha+\beta}{2}-\dfrac{1}{4}$이므로
$$a=\frac{\alpha+\beta}{2}-\frac{1}{4},\ 2(\alpha+\beta)=4a+1$$
$$\therefore \alpha+\beta=\frac{4a+1}{2}=2a+\frac{1}{2} \qquad \cdots\cdots\ \text{㉢}$$
㉠, ㉢에서 $2a+k=2a+\dfrac{1}{2}$ $\therefore k=\dfrac{1}{2}$

$k=\dfrac{1}{2}$을 ㉡에 대입하면 $\alpha\beta=a^2+\dfrac{1}{2}a-5$
$$\therefore |\alpha-\beta|=\sqrt{(\alpha+\beta)^2-4\alpha\beta} \quad \leftarrow\ |\alpha-\beta|=\sqrt{(\alpha-\beta)^2}$$
$$=\sqrt{\left(2a+\frac{1}{2}\right)^2-4\times\left(a^2+\frac{1}{2}a-5\right)}$$
$$=\sqrt{4a^2+2a+\frac{1}{4}-4a^2-2a+20}$$
$$=\sqrt{\frac{1}{4}+20}=\sqrt{\frac{81}{4}}=\frac{9}{2}$$
따라서 $p=9$, $q=2$이므로 $p+q=11$

STEP A   **다섯개의 점 A, B, A_1, B_1, C의 좌표 구하기**

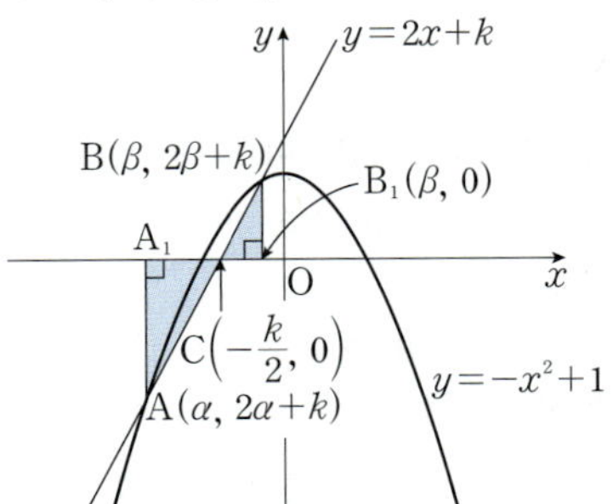

두 점 A, B의 x좌표를 각각 α, β라 하면
두 점 A, B는 직선 $y=2x+k$ 위의 점이므로 $A(\alpha,\ 2\alpha+k)$, $B(\beta,\ 2\beta+k)$
또, 두 점 A, B에서 각각 x축에 내린 수선의 발인 A_1, B_1의 좌표는
$A_1(\alpha,\ 0)$, $B_1(\beta,\ 0)$

직선 $y=2x+k$와 x축의 교점인 C의 좌표는 $C\left(-\dfrac{k}{2},\ 0\right)$
   직선 $y=2x+k$와 x축의 교점이므로 y에 0을 대입

STEP B   **이차방정식의 근과 계수의 관계를 이용하여 α, β, k 사이의 관계식 구하기**

α, β는 이차방정식 $-x^2+1=2x+k$,
즉 $x^2+2x+k-1=0$의 두 근이므로 근과 계수의 관계에 의하여
$$\alpha+\beta=-2,\ \alpha\beta=k-1 \qquad \cdots\cdots\ \text{㉠}$$

STEP C   **각 점의 좌표를 이용하여 두 삼각형 ACA_1과 BCB_1의 넓이를 구한 후 k의 값 구하기**

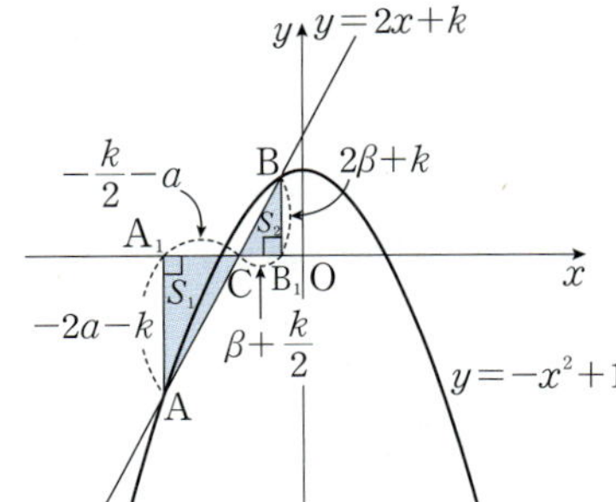

삼각형 ACA_1의 넓이를 S_1이라 하면 $\leftarrow\ S_1=\dfrac{1}{2}\times\overline{AA_1}\times\overline{CA_1}$
$$S_1=\frac{1}{2}(-2a-k)\left(-\frac{k}{2}-a\right)=\left(\frac{k}{2}+a\right)^2$$
$$=\left(-a-\frac{k}{2}\right)$$

삼각형 BCB_1의 넓이를 S_2이라 하면 $\leftarrow\ S_2=\dfrac{1}{2}\times\overline{BB_1}\times\overline{B_1C}$
$$S_2=\frac{1}{2}(2\beta+k)\left(\beta+\frac{k}{2}\right)=\left(\frac{k}{2}+\beta\right)^2$$
$$=\left(\beta+\frac{k}{2}\right)$$

두 삼각형 ACA_1과 BCB_1의 넓이의 합은 $\dfrac{3}{2}$이므로
$$\left(\frac{k}{2}+\alpha\right)^2+\left(\frac{k}{2}+\beta\right)^2=\frac{3}{2}$$
$$\frac{k^2}{4}+\alpha k+\alpha^2+\frac{k^2}{4}+\beta k+\beta^2=\frac{3}{2}$$
$$(\alpha^2+\beta^2)+k(\alpha+\beta)+\frac{k^2}{2}=\frac{3}{2}$$
$$2(\alpha^2+\beta^2)+2k(\alpha+\beta)+k^2-3=0 \quad \leftarrow\ a^2+b^2=(a+b)^2-2ab$$
$$2\{(\alpha+\beta)^2-2\alpha\beta\}+2k(\alpha+\beta)+k^2-3=0$$
이 식에 ㉠을 대입하면 $\leftarrow\ \alpha+\beta=-2,\ \alpha\beta=k-1$
$2(6-2k)-4k+k^2-3=0$, $k^2-8k+9=0$이므로 근의 공식에 의하여
$$k=4\pm\sqrt{7}$$
이때 $-2<k<2$이므로 $k=4-\sqrt{7}$
따라서 $p=4$, $q=-1$이므로 $10p+q=10\times4+(-1)=39$

STEP A   삼각형 ABC에서 $\overline{AB}:\overline{BC}=1:\sqrt{3}$임을 이용하기

그림과 같이 점 P에서 변 BC에 내린 수선의 발을 D,
변 AB에 내린 수선의 발을 E라 하고 $\overline{PD}=a$라 하자.
$\triangle CPD \varpropto \triangle CAB(AA닮음)$이므로
$\angle CDP=\angle CBA=90°$, $\angle C$는 공통이므로 AA닮음이다.

$\overline{CD}=\sqrt{3}\,a$, $\overline{BD}=\sqrt{3}(2-a)$

피타고라스 정리에 의하여
직각삼각형 세 변의 길이가 a, b, c일 때 빗변을 c라 하면
피타고라스 정리에 의하여 $b=\sqrt{a^2+b^2}$

$\overline{PB}^2=a^2+3(2-a)^2=4a^2-12a+12$

$\overline{PC}^2=a^2+3a^2=4a^2$

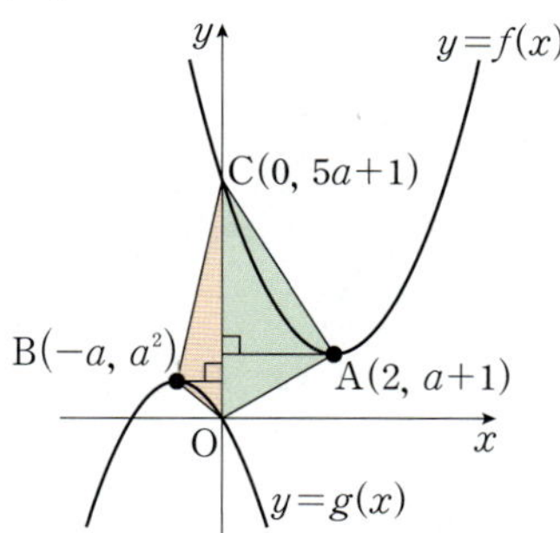

STEP B $\overline{PB}^2+\overline{PC}^2$의 최솟값 구하기

$$\begin{aligned}\overline{PB}^2+\overline{PC}^2&=4a^2-12a+12+4a^2\\&=8a^2-12a+12\\&=8\left(a-\frac{3}{4}\right)^2+\frac{15}{2}\end{aligned}$$

따라서 $a=\dfrac{3}{4}$일 때, 최솟값은 $\dfrac{15}{2}$

다른풀이   좌표평면을 이용하여 풀이하기

STEP A   세 점 A, B, C의 좌표를 이용하기

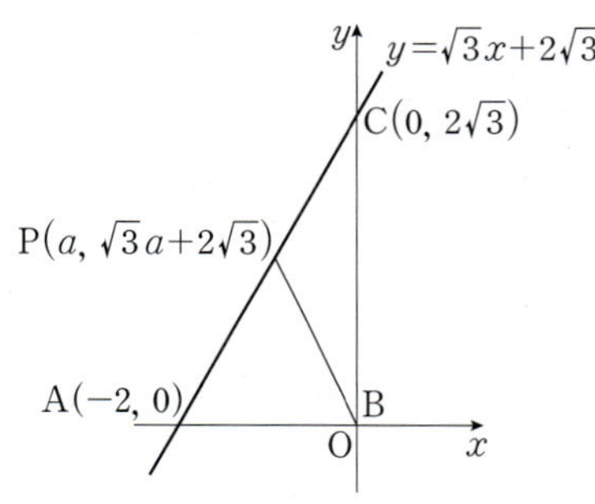

점 B를 원점으로 $\overline{AB}$, $\overline{BC}$를 각각 x축, y축으로 하는 좌표평면에서
$A(-2, 0)$, $B(0, 0)$, $C(0, 2\sqrt{3})$

이때 직선 AC의 방정식은 $y=\dfrac{0-2\sqrt{3}}{-2-0}x+2\sqrt{3}=\sqrt{3}x+2\sqrt{3}$
두 점 (x_1, y_1), (x_2, y_2)를 지나는 직선의 방정식 $y-y_1=\dfrac{y_2-y_1}{x_2-x_1}(x-x_1)$

이므로
점 P의 좌표를 $(a, \sqrt{3}\,a+2\sqrt{3})$ $(-2\le a\le 0)$이라 하면

$$\begin{aligned}\overline{PB}^2&=(a-0)^2+(\sqrt{3}\,a+2\sqrt{3}-0)^2\\&=4a^2+12a+12\end{aligned}$$

$$\begin{aligned}\overline{PC}^2&=(a-0)^2+(\sqrt{3}\,a+2\sqrt{3}-2\sqrt{3})^2\\&=4a^2\end{aligned}$$

STEP B $\overline{PB}^2+\overline{PC}^2$의 최솟값 구하기

$$\begin{aligned}\overline{PB}^2+\overline{PC}^2&=4a^2+12a+12+4a^2\\&=8a^2+12a+12\\&=8\left(a+\frac{3}{4}\right)^2+\frac{15}{2}\end{aligned}$$

따라서 $a=-\dfrac{3}{4}$일 때, 최솟값은 $\dfrac{15}{2}$

STEP A   세 점 A, B, C의 좌표 구하기

$f(x)=ax^2-4ax+5a+1=a(x^2-4x+4+1)+1=a(x-2)^2+a+1$
이므로 점 A의 좌표는 $(2, a+1)$

$g(x)=-x^2-2ax=-(x^2+2ax+a^2-a^2)=-(x+a)^2+a^2$
이므로 점 B의 좌표는 $(-a, a^2)$

$f(x)=ax^2-4ax+5a+1$에 $x=0$을 대입하면
$f(0)=a\times 0^2-4a\times 0+5a+1=5a+1$이므로
이차함수 $y=f(x)$가 y축과 만나는 점 C의 좌표는 $(0, 5a+1)$ ← y절편

STEP B   사각형 OACB의 넓이를 이용하여 양수 a의 값 구하기

$$\begin{aligned}(삼각형\ OAC의\ 넓이)&=\frac{1}{2}\times\overline{OC}\times|A의\ x좌표|\\&=\frac{1}{2}\times(5a+1)\times 2=\frac{2(5a+1)}{2}\end{aligned}$$

$$\begin{aligned}(삼각형\ OCB의\ 넓이)&=\frac{1}{2}\times\overline{OC}\times|B의\ x좌표|\\&=\frac{1}{2}\times(5a+1)\times a=\frac{a(5a+1)}{2}\end{aligned}$$

사각형 OACB의 넓이가 7이므로
$$\begin{aligned}(사각형\ OACB의\ 넓이)&=(삼각형\ OAC의\ 넓이)+(삼각형\ OCB의\ 넓이)\\&=\frac{(5a+1)\times 2}{2}+\frac{(5a+1)\times a}{2}\\&=\frac{(5a+1)(2+a)}{2}=7\end{aligned}$$

$(5a+1)(2+a)=14$, $5a^2+11a-12=0$, $(5a-4)(a+3)=0$

$\therefore a=\dfrac{4}{5}$ 또는 $a=-3$

따라서 주어진 조건에서 a는 양수이므로 $a=\dfrac{4}{5}$

내신연계 출제문항 429

두 이차함수 $f(x)=ax^2-6ax+10a+5$, $g(x)=-x^2-4ax$의 그래프의
꼭짓점을 각각 A, B라 하자. 이차함수 $y=f(x)$의 그래프가 y축과 만나는
점 C에 대하여 사각형 OACB의 넓이가 20일 때, 양수 a의 값은?
(단, O는 원점이다.)

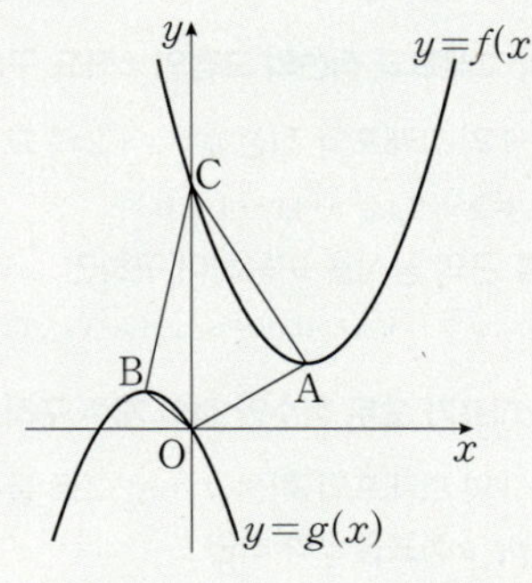

① $\dfrac{1}{10}$ ② $\dfrac{1}{5}$ ③ $\dfrac{3}{10}$

④ $\dfrac{2}{5}$ ⑤ $\dfrac{1}{2}$

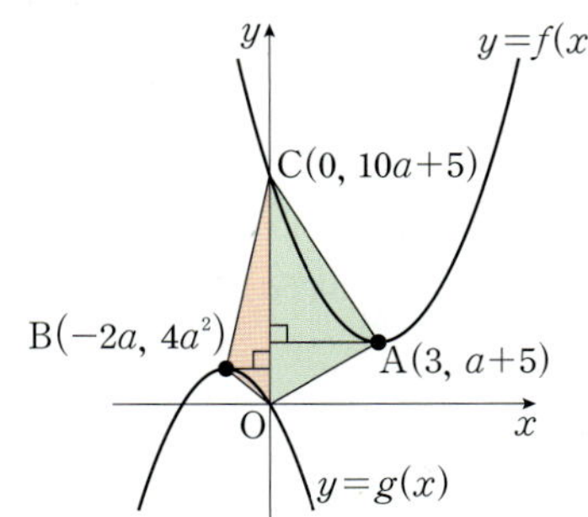

$$f(x)=ax^2-6ax+10a+5$$
$$=a(x^2-6x+9-9)+10a+5$$
$$=a(x-3)^2+a+5$$

이므로 점 A의 좌표는 $A(3,\ a+5)$

$$g(x)=-x^2-4ax$$
$$=-(x^2+4ax+4a^2-4a^2)$$
$$=-(x+2a)^2+4a^2$$

이므로 점 B의 좌표는 $B(-2a,\ 4a^2)$

$f(x)=ax^2-6ax+10a+5$에 $x=0$을 대입하면

$f(0)=a\times 0^2-6a\times 0+10a+5=10a+5$이므로

이차함수 $y=f(x)$가 y축과 만나는 점 C의 좌표는 $C(0,\ 10a+5)$ ← y절편

STEP B 사각형 OACB의 넓이를 이용하여 양수 a의 값 구하기

$$(삼각형\ OAC의\ 넓이)=\frac{1}{2}\times\overline{OC}\times|A의\ x좌표|$$
$$=\frac{1}{2}\times(10a+5)\times 3=\frac{30a+15}{2}$$

$$(삼각형\ OCB의\ 넓이)=\frac{1}{2}\times\overline{OC}\times|B의\ x좌표|$$
$$=\frac{1}{2}\times(10a+5)\times 2a=\frac{20a^2+10a}{2}$$

사각형 OACB의 넓이가 20이므로

$$(사각형\ OACB의\ 넓이)=(삼각형\ OAC의\ 넓이)+(삼각형\ OCB의\ 넓이)$$
$$=\frac{30a+15}{2}+\frac{20a^2+10a}{2}$$
$$=\frac{5(4a^2+8a+3)}{2}$$
$$=\frac{5(2a+1)(2a+3)}{2}=20$$

$5(2a+1)(2a+3)=40$, $4a^2+8a-5=0$, $(2a-1)(2a+5)=0$

$\therefore a=\dfrac{1}{2}$ 또는 $a=-5$

따라서 주어진 조건에서 a는 양수이므로 $a=\dfrac{1}{2}$　　　정답 ⑤

0931

2022년 06월 고1 학력평가 19번　　　정답 ⑤　[해설강의]

STEP A 이차함수의 그래프와 직선의 교점의 x좌표 구하기

이차함수 $y=x^2-3x+1$의 그래프와 직선 $y=x+2$의 교점의 x좌표는

이차방정식 $x^2-3x+1=x+2$, $x^2-4x-1=0$

이때 이차방정식의 해를 근의 공식을 이용하여 구하면

$x=2+\sqrt{5}$ 또는 $x=2-\sqrt{5}$ ← 이차방정식 $ax^2+bx+c=0$의 근은 $x=\dfrac{-b\pm\sqrt{b^2-4ac}}{2a}$

STEP B x좌표와 y좌표가 모두 정수인 점의 개수 구하기

이차함수 $y=x^2-3x+1$의 그래프와 직선 $y=x+2$로 둘러싸인 도형의 내부

에 있는 점의 x좌표를 p, y좌표를 q라 하면

$\therefore 2-\sqrt{5}<p<2+\sqrt{5}$

이때 $2-\sqrt{5}<p<2+\sqrt{5}$를 만족시키는 정수 p의 값은 0, 1, 2, 3, 4

$-1<2-\sqrt{5}<0$이고 $4<2+\sqrt{5}<5$이므로 정수 p의 값은 0, 1, 2, 3, 4

STEP C 도형 내부에 있는 x좌표가 정수인 0, 1, 2, 3, 4일 때, y의 좌표가 정수인 값을 구하여 개수 구하기

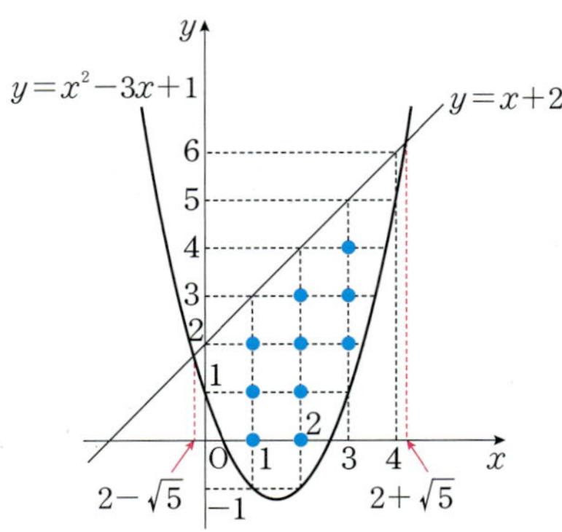

내부에 있는 점들은

$y=x+2$ 아래, $y=x^2-3x+1$ 위에 위치하므로

$p^2-3p+1<q<p+2\ (2-\sqrt{5}<x<2+\sqrt{5})$

x좌표와 y좌표가 모두 정수인 점 $(p,\ q)$는 다음과 같다.

(ⅰ) $p=0$일 때, $1<q<2$이므로 정수인 점은 존재하지 않는다.

(ⅱ) $p=1$일 때, $-1<q<3$이므로 $(1,\ 0),\ (1,\ 1),\ (1,\ 2)$
　　　x좌표와 y좌표가 모두 정수인 점의 개수는 3개

(ⅲ) $p=2$일 때, $-1<q<4$이므로 $(2,\ 0),\ (2,\ 1),\ (2,\ 2),\ (2,\ 3)$
　　　x좌표와 y좌표가 모두 정수인 점의 개수는 4개

(ⅳ) $p=3$일 때, $1<q<5$이므로 $(3,\ 2),\ (3,\ 3),\ (3,\ 4)$
　　　x좌표와 y좌표가 모두 정수인 점의 개수는 3개

(ⅴ) $p=4$일 때, $5<q<6$이므로 존재하지 않는다.

(ⅰ)~(ⅴ)에서 x좌표와 y좌표가 모두 정수인 점의 개수는 $3+4+3=10$

내신연계 출제문항 430

이차함수 $y=x^2-4x+5$의 그래프와 직선 $y=2x+2$로 둘러싸인 도형의 내부에 있는 점 중에서 x좌표와 y좌표가 모두 정수인 점의 개수는?

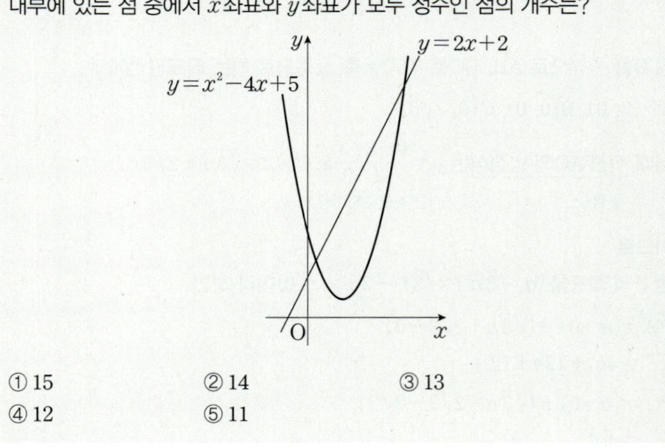

① 15　　　② 14　　　③ 13
④ 12　　　⑤ 11

STEP A 이차함수의 그래프와 직선의 교점의 x좌표 구하기

이차함수 $y=x^2-4x+5$의 그래프와 직선 $y=2x+2$의 교점의 x좌표는

이차방정식 $x^2-4x+5=2x+2$, 즉 $x^2-6x+3=0$의 해와 같다.

이차방정식 $x^2-6x+3=0$의 근의 공식에 의하여

$x=3\pm\sqrt{6}$

STEP B x좌표와 y좌표가 모두 정수인 점의 개수 구하기

이차함수 $y=x^2-4x+5$의 그래프와 직선 $y=2x+2$로 둘러싸인 도형의

내부에 있는 점의 x좌표를 p, y좌표를 q라 하자.

$\therefore 3-\sqrt{6}<p<3+\sqrt{6}$

이때 $0<3-\sqrt{6}<1$, $5<3+\sqrt{6}<6$이므로 $3-\sqrt{6}<p<3+\sqrt{6}$을 만족시키는

정수 p의 값은 1, 2, 3, 4, 5

STEP C 도형 내부에 있는 x좌표가 정수인 1, 2, 3, 4, 5일 때, y의 좌표가 정수인 값을 구하여 개수 구하기

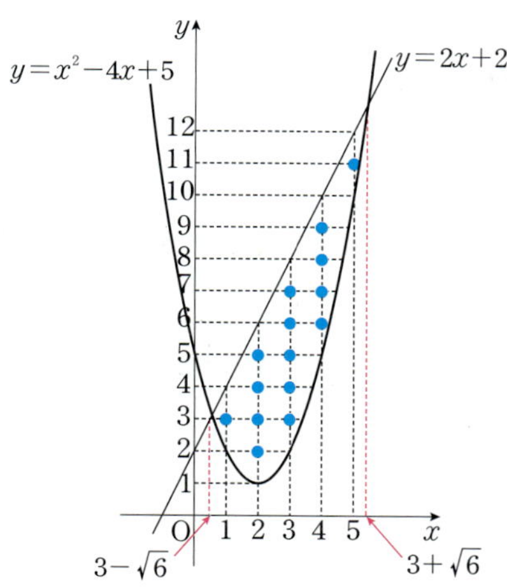

내부에 있는 점들은

직선 $y=2x+2$ 아래, 이차함수 $y=x^2-4x+5$ 위에 위치하므로

$p^2-4p+5<q<2p+2\,(3-\sqrt{6}<p<3+\sqrt{6})$

x좌표와 y좌표가 모두 정수인 점 $(p,\,q)$는 다음과 같다.

(i) $p=1$일 때, $2<q<4$이므로 $(1,\,3)$

　　즉 x좌표와 y좌표가 모두 정수인 점의 개수는 1개

(ii) $p=2$일 때, $1<q<6$이므로 $(2,\,2),\,(2,\,3),\,(2,\,4),\,(2,\,5)$

　　즉 x좌표와 y좌표가 모두 정수인 점의 개수는 4개

(iii) $p=3$일 때, $2<q<8$이므로 $(3,\,3),\,(3,\,4),\,(3,\,5),\,(3,\,6),\,(3,\,7)$

　　즉 x좌표와 y좌표가 모두 정수인 점의 개수는 5개

(iv) $p=4$일 때, $5<q<10$이므로 $(4,\,6),\,(4,\,7),\,(4,\,8),\,(4,\,9)$

　　즉 x좌표와 y좌표가 모두 정수인 점의 개수는 4개

(v) $p=5$일 때, $10<q<12$이므로 $(5,\,11)$

　　즉 x좌표와 y좌표가 모두 정수인 점의 개수는 1개

(i)~(v)에서 x좌표와 y좌표가 모두 정수인 점의 개수는

$1+4+5+4+1=15$

정답 ①

0932

2023년 06월 고1 학력평가 21번　　정답 ⑤

해설강의

STEP A 네 점 A, B, C, D의 좌표 구하기

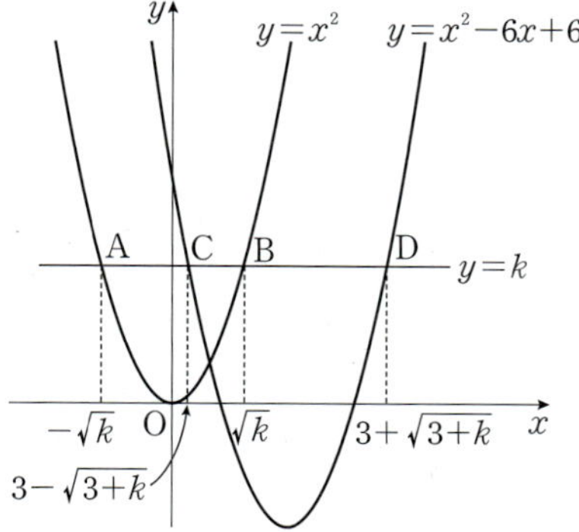

이차방정식 $x^2=k$의 해는 $x=\pm\sqrt{k}$이므로

직선 $y=k$와 이차함수 $y=x^2$의 그래프가 만나는 두 점의 좌표는

$A\left(-\sqrt{k},\,k\right),\ B\left(\sqrt{k},\,k\right)$　← A, B는 직선 $y=k$ 위의 점이므로 y좌표는 모두 k이다.

$\therefore\ \overline{AB}=\sqrt{k}-\left(-\sqrt{k}\right)=2\sqrt{k}$

또한, 이차방정식 $x^2-6x+6=k$에서 $x^2-6x+(6-k)=0$

이므로 근의 공식에 의해

$$x=\frac{6\pm\sqrt{6^2-4(6-k)}}{2}=3\pm\sqrt{9-(6-k)}$$

$$=3\pm\sqrt{3+k}$$

즉 직선 $y=k$와 이차함수 $y=x^2-6x+6$의 그래프가 만나는 두 점의 좌표는

$C\left(3-\sqrt{3+k},\,k\right),\ D\left(3+\sqrt{3+k},\,k\right)$　← C, D는 직선 $y=k$ 위의 점이므로 y좌표는 모두 k이다.

$\therefore\ \overline{CD}=(3+\sqrt{k+3})-(3-\sqrt{k+3})=2\sqrt{k+3}$

STEP B [보기]의 참, 거짓 판단하기

ㄱ. $k=6$일 때, $\overline{CD}=2\sqrt{6+3}=2\times3=6$ [참]

+α　$k=6$일 때, $\overline{CD}=6$임을 다음과 같이 구할 수도 있어!

$k=6$일 때, 이차방정식 $x^2-6x+6=6$에서 $x^2-6x=0$, $x(x-6)=0$
$\therefore\ x=0$ 또는 $x=6$
즉 직선 $y=6$과 이차함수 $y=x^2-6x+6$의 그래프가 만나는 두 점의 좌표는
$C(0,\,6),\ D(6,\,6)$이므로 $\overline{CD}=6$
두 점은 직선 $y=6$ 위의 점이므로 y좌표는 모두 6이다.

ㄴ. $\overline{CD}^2-\overline{AB}^2=(2\sqrt{k+3})^2-(2\sqrt{k})^2$

$\qquad\qquad\quad=4(k+3)-4k$

$\qquad\qquad\quad=4k+12-4k=12$

즉 k의 값에 관계없이 $\overline{CD}^2-\overline{AB}^2=12$로 일정하다. [참]

+α　근과 계수의 관계를 이용하여 $\overline{CD}^2-\overline{AB}^2$의 값을 구할 수도 있어!

두 점 C, D의 x좌표를 각각 $\alpha,\ \beta$라 하면
이차방정식 $x^2-6x+6=k$에서 근과 계수의 관계에 의해
　　이차방정식 $ax^2+bx+c=0$에서 (두 근의 합)$=-\dfrac{b}{a}$, (두 근의 곱)$=\dfrac{c}{a}$
$\alpha+\beta=6,\ \alpha\beta=6-k$
$\overline{CD}^2=(\beta-\alpha)^2=(\alpha+\beta)^2-4\alpha\beta=12+4k$
즉 $\overline{CD}^2-\overline{AB}^2=(12+4k)-(2\sqrt{k})^2=12$로 일정하다.

ㄷ. $\overline{CD}^2-\overline{AB}^2=(\overline{CD}+\overline{AB})(\overline{CD}-\overline{AB})=12$에서　← $a^2-b^2=(a+b)(a-b)$

$\overline{CD}+\overline{AB}=4$이므로　　…… ㉠

$\overline{CD}-\overline{AB}=3$　　…… ㉡

㉠+㉡을 하면 $2\overline{CD}=7$　$\therefore\ \overline{CD}=\dfrac{7}{2}$

㉠-㉡을 하면 $2\overline{AB}=1$　$\therefore\ \overline{AB}=\dfrac{1}{2}$

이때 $\overline{AB}=2\sqrt{k}=\dfrac{1}{2}$에서 $k=\dfrac{1}{16}$이므로

$B\left(\dfrac{1}{4},\,\dfrac{1}{16}\right),\ C\left(\dfrac{5}{4},\,\dfrac{1}{16}\right)$　← $B(\sqrt{k},\,k),\ C(3-\sqrt{3+k},\,k)$에 $k=\dfrac{1}{16}$을 대입한다.

$\therefore\ \overline{BC}=\dfrac{5}{4}-\dfrac{1}{4}=1$

즉 $k+\overline{BC}=\dfrac{1}{16}+1=\dfrac{17}{16}$ [참]

+α　$k+\overline{BC}$의 값을 다음과 같이 구할 수도 있어!

$k=\dfrac{1}{16}$이므로 점 B의 x좌표는 $\dfrac{1}{4}$이고　← $B(\sqrt{k},\,k)$에 $k=\dfrac{1}{16}$을 대입한다.
방정식 $x^2-6x+6=\dfrac{1}{16}$에서 $16x^2-96x+95=0$, $(4x-5)(4x-19)=0$
$\therefore\ x=\dfrac{5}{4}$ 또는 $x=\dfrac{19}{4}$
이때 점 C의 x좌표는 점 D의 x좌표보다 작으므로 점 C의 x좌표는 $\dfrac{5}{4}$이고
$\overline{BC}=\dfrac{5}{4}-\dfrac{1}{4}=1$, 즉 $k+\overline{BC}=\dfrac{1}{16}+1=\dfrac{17}{16}$

따라서 옳은 것은 ㄱ, ㄴ, ㄷ이다.

1이 아닌 양수 k에 대하여 직선 $y=k$와 이차함수 $y=x^2$의 그래프가 만나는 두 점을 각각 A, B라 하고, 직선 $y=k$와 이차함수 $y=x^2-8x+10$의 그래프가 만나는 두 점을 각각 C, D라 할 때, [보기]에서 옳은 것만을 있는 대로 고른 것은? (단, 점 A의 x좌표는 점 B의 x좌표보다 작고, 점 C의 x좌표는 점 D의 x좌표보다 작다.)

> ㄱ. $k=3$일 때, $\overline{CD}=6$이다.
> ㄴ. k의 값에 관계없이 $\overline{CD}^2-\overline{AB}^2$의 값은 일정하다.
> ㄷ. $\overline{CD}+\overline{AB}=6$일 때, $k+\overline{BC}=\dfrac{5}{4}$이다.

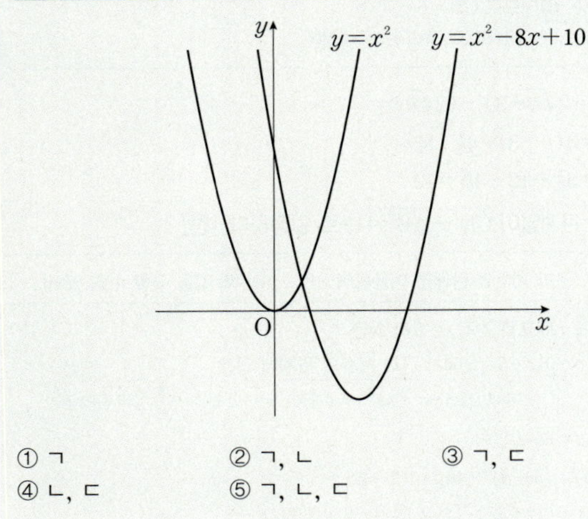

① ㄱ 　② ㄱ, ㄴ 　③ ㄱ, ㄷ
④ ㄴ, ㄷ 　⑤ ㄱ, ㄴ, ㄷ

STEP A 네 점 A, B, C, D의 좌표 구하기

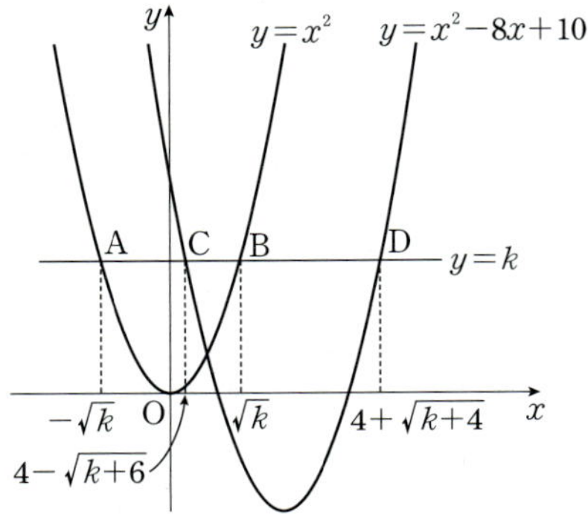

이차방정식 $x^2=k$의 해는 $x=\pm\sqrt{k}$

즉 직선 $y=k$와 이차함수 $y=x^2$의 그래프가 만나는 두 점 A, B의 좌표는
$A(-\sqrt{k}, k)$, $B(\sqrt{k}, k)$

$\therefore \overline{AB}=\sqrt{k}-(-\sqrt{k})=2\sqrt{k}$

이차방정식 $x^2-8x+10=k$, 즉 $x^2-8x+(10-k)=0$의 해는
$x=-(-4)\pm\sqrt{(-4)^2-(10-k)}=4\pm\sqrt{k+6}$

즉 직선 $y=k$와 이차함수 $y=x^2-6x+6$의 그래프가 만나는 두 점 C, D의
좌표는 $C(4-\sqrt{k+6}, k)$, $D(4+\sqrt{k+6}, k)$

$\therefore \overline{CD}=(4+\sqrt{k+6})-(4-\sqrt{k+6})=2\sqrt{k+6}$

STEP B [보기]의 참, 거짓 판단하기

ㄱ. $k=3$일 때, $\overline{CD}=2\sqrt{3+6}=2\times3=6$ [참]

> **+α** ｜ $k=6$일 때, $\overline{CD}=6$임을 다음과 같이 구할 수도 있어!
>
> $k=3$일 때,
> 이차방정식 $x^2-8x+10=3$에서 $x^2-8x+7=0$, $(x-1)(x-7)=0$
> $\therefore x=1$ 또는 $x=7$
> 즉 직선 $y=3$과 이차함수 $y=x^2-8x+10$의 그래프가 만나는 두 점 C, D의
> 좌표는 $C(1, 3)$, $D(7, 3)$이므로 $\overline{CD}=7-1=6$ [참]

ㄴ. $\overline{CD}^2-\overline{AB}^2=(2\sqrt{k+6})^2-(2\sqrt{k})^2$
$=4(k+6)-4k=24$

즉 k의 값에 관계없이 $\overline{CD}^2-\overline{AB}^2=24$로 일정하다. [참]

> **+α** ｜ 근과 계수의 관계를 이용하여 $\overline{CD}^2-\overline{AB}^2$의 값을 구할 수도 있어!
>
> 두 점 C, D의 x좌표를 각각 α, β라 하면
> $\overline{CD}^2=(\beta-\alpha)^2=(\alpha+\beta)^2-4\alpha\beta$
> 이차방정식 $x^2-8x+10=k$, 즉 $x^2-8x+10-k=0$에서
> 근과 계수의 관계에 의하여 $\alpha+\beta=8$, $\alpha\beta=10-k$
> $\overline{CD}^2=(\alpha+\beta)^2-4\alpha\beta=8^2-4(10-k)=24+4k$
> 즉 $\overline{CD}^2-\overline{AB}^2=(24+4k)-(2\sqrt{k})^2=24$로 일정하다. [참]

ㄷ. $\overline{CD}^2-\overline{AB}^2=(\overline{CD}+\overline{AB})(\overline{CD}-\overline{AB})=24$에서
$\overline{CD}+\overline{AB}=6$이므로　　……　㉠
$\overline{CD}-\overline{AB}=4$　　……　㉡
㉠+㉡을 하면 $2\overline{CD}=10$　$\therefore \overline{CD}=5$
㉠−㉡을 하면 $2\overline{AB}=2$　$\therefore \overline{AB}=1$
이때 $\overline{AB}=2\sqrt{k}=1$에서 $k=\dfrac{1}{4}$이므로 $B\left(\dfrac{1}{2}, \dfrac{1}{4}\right)$, $C\left(\dfrac{3}{2}, \dfrac{1}{4}\right)$
$\therefore \overline{BC}=\dfrac{3}{2}-\dfrac{1}{2}=1$
즉 $k+\overline{BC}=\dfrac{1}{4}+1=\dfrac{5}{4}$ [참]

> **+α** ｜ $k+\overline{BC}$의 값을 다음과 같이 구할 수도 있어!
>
> $k=\dfrac{1}{4}$이므로 점 B의 x좌표는 $\dfrac{1}{2}$이고
> 이차방정식 $x^2-8x+10=\dfrac{1}{4}$, 즉 $4x^2-32x+39=0$, $(2x-3)(2x-13)$
> $\therefore x=\dfrac{3}{2}$ 또는 $x=\dfrac{13}{2}$
> 이때 점 C의 x좌표는 점 D의 x좌표보다 작으므로 점 C의 x좌표는 $\dfrac{3}{2}$이고
> $\overline{BC}=\dfrac{3}{2}-\dfrac{1}{2}=1$
> 즉 $k+\overline{BC}=\dfrac{1}{4}+1=\dfrac{5}{4}$ [참]

따라서 옳은 것은 ㄱ, ㄴ, ㄷ이다.　　　　　정답 ⑤

0933

2020년 11월 고1 학력평가 27번 · 정답 17

STEP A 두 이차함수의 꼭짓점의 좌표 구하기

이차함수 $y=\frac{1}{2}x^2+3$의 그래프는 아래로 볼록이고 꼭짓점의 좌표가 $(0, 3)$
최솟값은 3이고 대칭축은 y축이다.

이차함수 $y=-\frac{1}{2}x^2+x+5$

$\qquad =-\frac{1}{2}(x^2-2x+1-1)+5$

$\qquad =-\frac{1}{2}(x^2-2x+1)+\frac{1}{2}+5$

$\qquad =-\frac{1}{2}(x-1)^2+\frac{11}{2}$

의 즉 위로 볼록이고 꼭짓점의 좌표가 $\left(1, \dfrac{11}{2}\right)$인 이차함수다.

STEP B 두 이차함수의 그래프의 교점의 좌표 구하기

두 이차함수를 연립하면 $\frac{1}{2}x^2+3=-\frac{1}{2}x^2+x+5$에서

$x^2-x-2=0,\ (x+1)(x-2)=0$

$\therefore x=-1$ 또는 $x=2$

두 함수의 그래프는 두 점 $\left(-1, \dfrac{7}{2}\right)$, $(2, 5)$에서 만난다.

이차함수 $y=\frac{1}{2}x^2+3$에 $x=-1$, $x=2$를 각각 대입하면 $y=\frac{7}{2}$, $y=5$

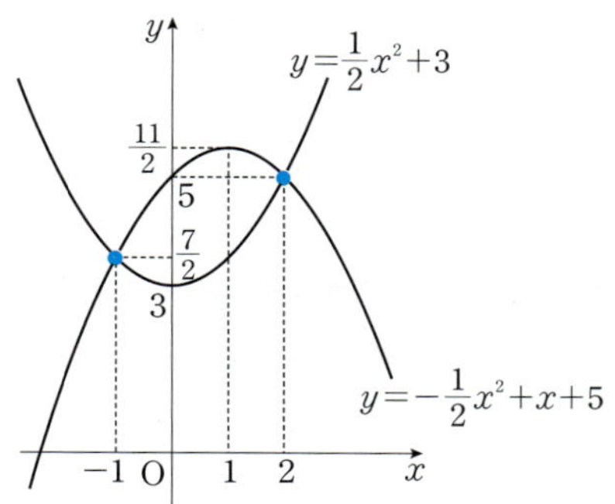

STEP C 직선 $y=t$가 두 이차함수의 그래프와 만나는 서로 다른 점의 개수
가 3이 되도록 하는 t의 값 구하기

직선 $y=t$가 두 이차함수 $y=\frac{1}{2}x^2+3$, $y=-\frac{1}{2}x^2+x+5$의 그래프와 만나는
서로 다른 점의 개수가 3개인 경우는 직선 $y=t$가

(i) 이차함수의 그래프의 꼭짓점을 지날 때,

$\qquad y=\frac{1}{2}x^2+3$의 꼭짓점의 좌표가 $(0, 3)$이므로 $t=3$

$\qquad y=-\frac{1}{2}x^2+x+5$의 꼭짓점의 좌표가 $\left(1, \dfrac{11}{2}\right)$이므로 $t=\dfrac{11}{2}$

(ii) 두 이차함수의 그래프의 교점을 지날 때,

$\qquad$ 두 이차함수의 그래프의 교점의 좌표가 $\left(-1, \dfrac{7}{2}\right)$, $(2, 5)$이므로

$\qquad y=t$가 점 $\left(-1, \dfrac{7}{2}\right)$을 지날 때, $t=\dfrac{7}{2}$

$\qquad y=t$가 점 $(2, 5)$을 지날 때, $t=5$

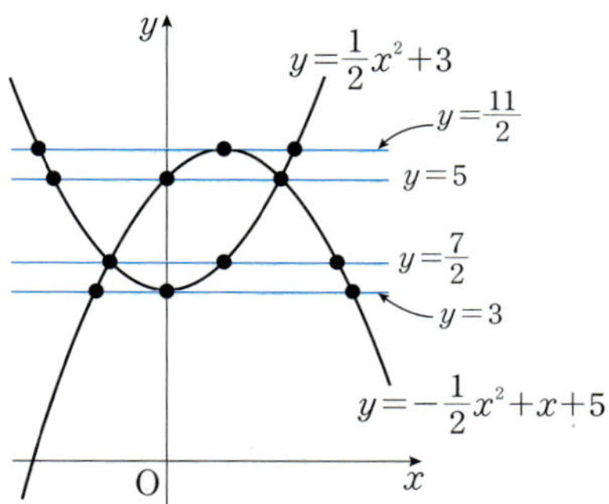

(i), (ii)에 의하여 모든 실수 t의 값의 합은 $3+\dfrac{7}{2}+5+\dfrac{11}{2}=17$

좌표평면에서 직선 $y=t$가 두 이차함수 $y=x^2-4x-7$, $y=-x^2+9$의
그래프와 만날 때, 만나는 서로 다른 점의 개수가 3인 모든 실수 t의 값의
합은?

① -11 ② -9 ③ -7

④ -4 ⑤ -2

STEP A 두 이차함수의 꼭짓점의 좌표 구하기

이차함수 $y=-x^2+9$의 그래프는 위로 볼록이고 꼭짓점의 좌표가 $(0, 9)$

이차함수 $y=x^2-4x-7=(x-2)^2-11$의 그래프는 아래로 볼록이고
꼭짓점의 좌표가 $(2, -11)$

STEP B 두 이차함수의 그래프의 교점의 좌표 구하기

두 이차함수를 연립하면 이차방정식 $x^2-4x-7=-x^2+9$

$2(x^2+2x-8)=0,\ 2(x+4)(x-2)=0$

$\therefore x=-4$ 또는 $x=2$

$x=-4$, $x=2$를 $y=-x^2+9$에 각각 대입하면

$y=-7$, $y=5$

STEP C 직선 $y=t$가 두 이차함수의 그래프와 만나는 서로 다른 점의 개수
가 3이 되도록 하는 모든 실수 t의 값 구하기

직선 $y=t$가 두 이차함수 $y=x^2-4x-7$, $y=-x^2+9$의 그래프와 만나는
서로 다른 점의 개수가 3개인 경우는 직선 $y=t$가 두 이차함수의 그래프의
꼭짓점을 지나거나 교점을 지나야 한다.

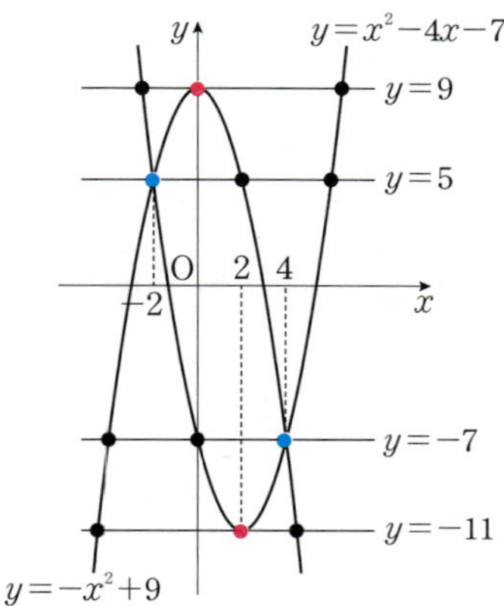

(i) 직선 $y=t$가 두 이차함수의 그래프의 꼭짓점을 지날 때,

$\qquad y=x^2-4x-7$의 꼭짓점의 좌표가 $(2, -11)$이므로 $t=-11$

$\qquad y=-x^2+9$의 꼭짓점의 좌표가 $(0, 9)$이므로 $t=9$

(ii) 직선 $y=t$가 두 이차함수의 그래프의 교점을 지날 때,

$\qquad$ 두 이차함수의 그래프의 교점의 좌표가 $(-4, -7)$, $(-2, 5)$이므로

$\qquad t=-7$, $t=5$

(i), (ii)에 의하여 모든 실수 t의 값의 합은 $-11+9+(-7)+5=-4$

정답 ④

0934   2020년 06월 고1 학력평가 19번   정답 ①

STEP A   이차함수의 그래프와 직선의 교점의 x좌표 구하기

이차함수 $f(x)=x^2-x+k$와 직선 $y=x+1$의 교점의 x좌표가 α, β이므로
이차방정식 $x^2-x+k=x+1$에서 $x^2-2x+k-1=0$
이때 이차방정식 $x^2-2x+k-1=0$의 두 실근이 α, β이므로
근과 계수의 관계에 의하여

이차방정식 $ax^2+bx+c=0$에서 두 근의 합 $-\dfrac{b}{a}$, 두 근의 곱 $\dfrac{c}{a}$

$$\alpha+\beta=-\frac{-2}{1}=2 \qquad \cdots\cdots \text{㉠}$$

또한, 두 함수의 그래프는 다음 그림과 같이 두 점 $A(\alpha,\ f(\alpha))$, $C(\beta,\ f(\beta))$에서 만난다.

두 점 모두 함수 $y=f(x)$의 그래프 위의 점이다.

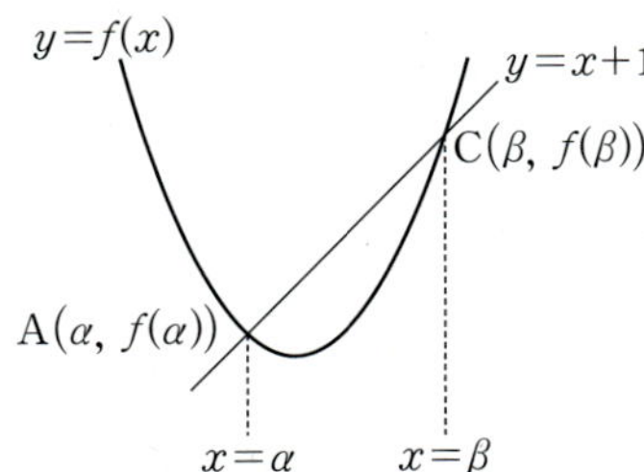

STEP B   삼각형 ABC의 넓이를 이용하여 α, β의 값 구하기

직선 $y=x+1$의 기울기는 1이므로 다음 그림과 같이 점 $B(\beta,\ f(\alpha))$에 대하여 삼각형 ABC는 직각이등변삼각형이다.

(기울기)$=\dfrac{\overline{BC}}{\overline{AB}}=1$에서 $\overline{AB}=\overline{BC}$

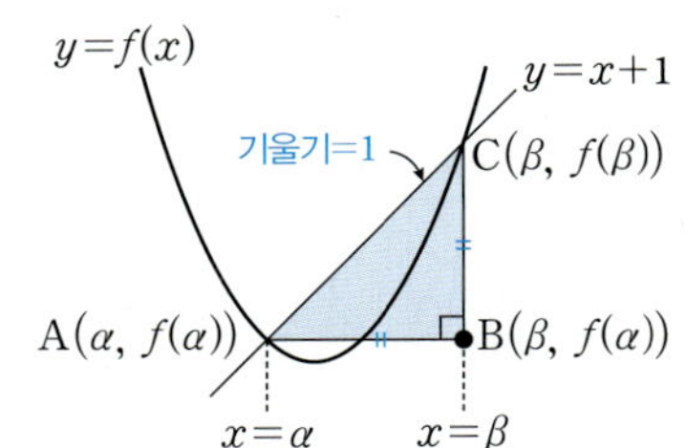

이때 $f(\alpha)=\alpha+1$, $f(\beta)=\beta+1$이므로 $f(\beta)-f(\alpha)=\beta-\alpha$
삼각형 ABC의 넓이가 8이므로

$$\frac{1}{2}\times\overline{AB}\times\overline{BC}=\frac{1}{2}\times(\beta-\alpha)\times(\beta-\alpha)=8$$

$$(\beta-\alpha)^2=16$$

$$\therefore \beta-\alpha=4 \ (\because \alpha<\beta) \qquad \cdots\cdots \text{㉡}$$

㉠, ㉡을 연립하면 $\alpha=-1$, $\beta=3$

STEP C $f(6)$의 값 구하기

이차방정식 $x^2-2x+k-1=0$의 두 실근이 -1, 3이므로
$x=-1$을 대입하면 $(-1)^2-2\times(-1)+k-1=0$

$$\therefore k=-2$$

따라서 $f(x)=x^2-x-2$이므로 $f(6)=6^2-6-2=28$

+α $(\beta-\alpha)^2=(\alpha+\beta)^2-4\alpha\beta$를 이용하여 k의 값을 구할 수 있어!

삼각형 ABC의 넓이가 8이므로
$\dfrac{1}{2}\times(\beta-\alpha)^2=8$에서 $(\beta-\alpha)^2=16$
이차방정식 $x^2-2x+k-1=0$의 두 실근이 α, β이므로
근과 계수의 관계에 의하여 $\alpha+\beta=2$, $\alpha\beta=k-1$
$(\beta-\alpha)^2=(\alpha+\beta)^2-4\alpha\beta$
$16=2^2-4(k-1)$, $16=4-4k+4$
$4k=-8$ $\therefore k=-2$

내신연계 출제문항 433

이차함수 $f(x)=x^2-3x+k$의 그래프와 직선 $y=x+2$이 두 점에서 만날 때, 그 교점의 x좌표를 각각 α, β $(\alpha<\beta)$라 하자.
세 점 $A(\alpha,\ f(\alpha))$, $B(\beta,\ f(\alpha))$, $C(\beta,\ f(\beta))$를 꼭짓점으로 하는 삼각형 ABC의 넓이가 18일 때, $f(5)$의 값은? (단, k는 상수이다.)

① 6   ② 7   ③ 8
④ 9   ⑤ 9

STEP A   이차함수의 그래프와 직선의 교점의 x좌표 구하기

이차함수 $f(x)=x^2-3x+k$와 직선 $y=x+2$의 교점의 x좌표가 α, β이므로
이차방정식 $x^2-3x+k=x+2$, 즉 $x^2-4x+k-2=0$
이차방정식 $x^2-4x+k-2=0$의 두 실근이 α, β이므로
근과 계수의 관계에 의하여 $\alpha+\beta=4$ $\cdots\cdots$ ㉠
또한, 두 함수의 그래프는 다음 그림과 같이 두 점 $A(\alpha,\ f(\alpha))$, $C(\beta,\ f(\beta))$에서 만난다.

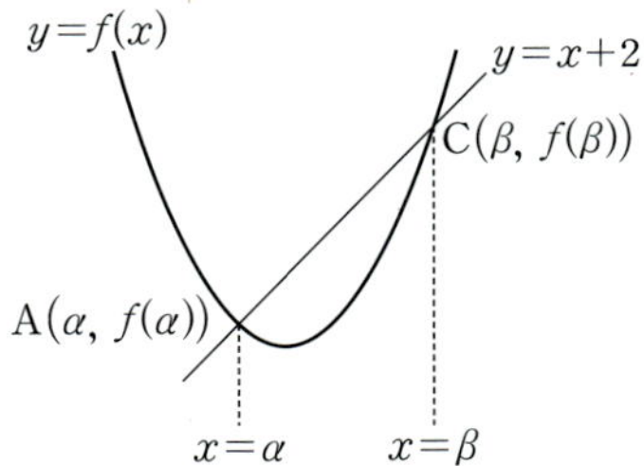

STEP B   삼각형 ABC의 넓이를 이용하여 α, β의 값 구하기

직선 $y=x+2$의 기울기는 1이므로 다음 그림과 같이 점 $B(\beta,\ f(\alpha))$에 대하여 삼각형 ABC는 직각이등변삼각형이다.

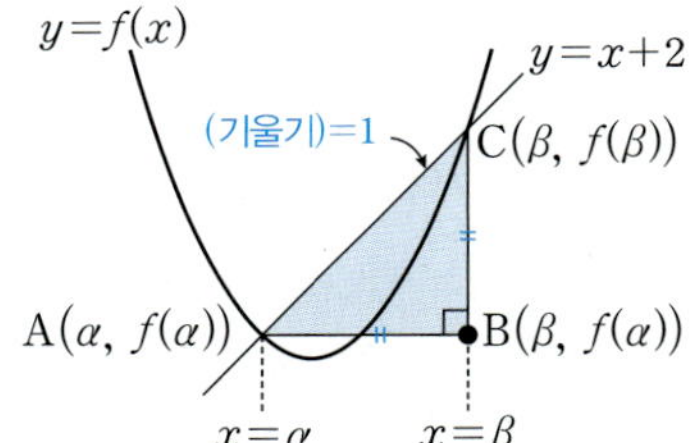

이때 $f(\alpha)=\alpha+2$, $f(\beta)=\beta+2$이므로 $f(\beta)-f(\alpha)=\beta-\alpha$
삼각형 ABC의 넓이가 18이므로

$$\frac{1}{2}\times\overline{AB}\times\overline{BC}=\frac{1}{2}\times(\beta-\alpha)\times(\beta-\alpha)=18$$

$$(\beta-\alpha)^2=36$$

$$\therefore \beta-\alpha=6 \ (\because \alpha<\beta) \qquad \cdots\cdots \text{㉡}$$

㉠, ㉡을 연립하면 $\alpha=-1$, $\beta=5$

STEP C $f(5)$의 값 구하기

이차방정식 $x^2-4x+k-2=0$의 두 실근이 -1, 5이므로
근과 계수의 관계에 의하여 $-1\times5=k-2$

$$\therefore k=-3$$

따라서 $f(x)=x^2-3x-3$이므로 $f(5)=5^2-3\times5-3=7$

+α $(\beta-\alpha)^2=(\alpha+\beta)^2-4\alpha\beta$를 이용하여 k의 값을 구할 수 있어!

삼각형 ABC의 넓이가 18이므로
$\dfrac{1}{2}\times(\beta-\alpha)^2=18$에서 $(\beta-\alpha)^2=36$
이차방정식 $x^2-4x+k-2=0$의 두 실근이 α, β이므로
근과 계수의 관계에 의하여 $\alpha+\beta=4$, $\alpha\beta=k-2$
$(\beta-\alpha)^2=(\alpha+\beta)^2-4\alpha\beta=4^2-4(k-2)=24-4k=36$
즉 $4k=-12$이므로 $k=-3$

정답 ②

0935

2024년 06월 고1 학력평가 29번 · 정답 **13**

문항 분석

삼각형 OCB가 이등변삼각형이고 선분 BC의 중점이 원의 중심임을 이용하여 수선의 발을 내리고 닮음을 이용하여 길이를 구할 수 있다.
원의 중심에서 점 P까지의 거리는 원의 반지름의 길이와 같음을 이용하여 삼각형의 높이를 구하고 넓이 $S(x)$의 식을 구하도록 한다.

STEP A 선분 OM의 길이를 x에 관한 식으로 나타내기

선분 BC의 중점을 M이라 하면 점 M은 선분 BC를 지름으로 하는 원의 중심이 된다.
이때 삼각형 OCB는 이등변삼각형이므로 두 선분 OM과 BC는 서로 수직으로 만난다. $\leftarrow$ $\overline{BM}=\overline{CM}$

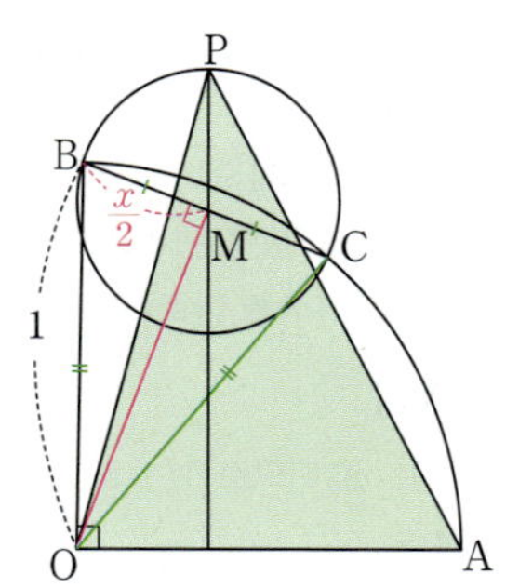

이때 $\overline{BM}=\dfrac{x}{2}$ 이므로 직각삼각형 OMB에서 피타고라스의 정리에 의하여

$$\overline{OM}^2=\overline{OB}^2-\overline{BM}^2=1-\dfrac{x^2}{4} \quad \therefore \overline{OM}=\sqrt{1-\dfrac{x^2}{4}}$$

STEP B 삼각형의 닮음을 이용하여 삼각형 OAP의 높이 구하기

점 M을 지나고 선분 OB에 평행한 직선이 선분 OA와 만나는 점을 H라 하자.

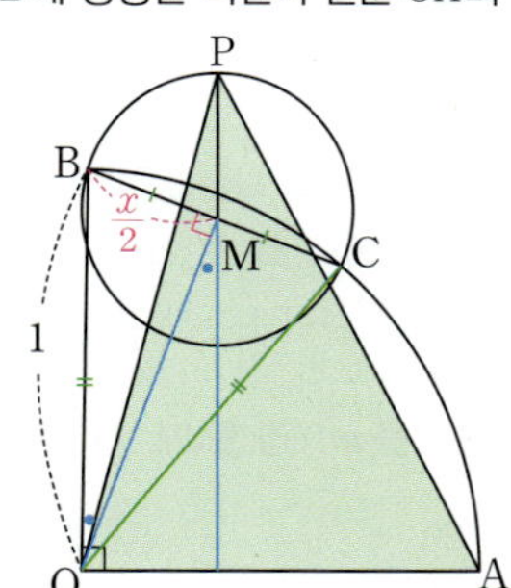

즉 두 직각삼각형 BOM과 삼각형 OMH는 닮음이다.
두 삼각형은 직각삼각형이고 ∠BOM과 ∠OMH는 엇각으로 크기가 같으므로 AA닮음이다.

$$\overline{OB}:\overline{OM}=\overline{OM}:\overline{MH}, \quad 1:\sqrt{1-\dfrac{x^2}{4}}=\sqrt{1-\dfrac{x^2}{4}}:\overline{MH}$$

$$\therefore \overline{MH}=1-\dfrac{x^2}{4}$$

삼각형 OAP의 높이는

$$\overline{PM}+\overline{MH}=\dfrac{x}{2}+\left(1-\dfrac{x^2}{4}\right)=-\dfrac{x^2}{4}+\dfrac{x}{2}+1 \quad \leftarrow \overline{PM}=\overline{BM}=\dfrac{x}{2}$$

STEP C 삼각형 OAP의 넓이의 최댓값 구하기

삼각형 OAP의 넓이 $S(x)$는

$$S(x)=\dfrac{1}{2}\times\overline{OA}\times\overline{PH}$$
$$=\dfrac{1}{2}\times 1\times\left(-\dfrac{x^2}{4}+\dfrac{x}{2}+1\right)$$
$$=-\dfrac{x^2}{8}+\dfrac{x}{4}+\dfrac{1}{2}$$
$$=-\dfrac{1}{8}(x-1)^2+\dfrac{5}{8}$$

$0<x<\sqrt{2}$ 에서 $S(x)$의 최댓값은 $x=1$일 때, $\dfrac{5}{8}$
따라서 $p=8$, $q=5$이므로 $p+q=13$

그림과 같이 반지름의 길이가 2이고 중심각의 크기가 $90°$인 부채꼴 OAB가 있다. 호 AB 위의 점 C에 대하여 선분 BC를 지름으로 하는 원을 그린다. 선분 BC의 중점을 지나고 직선 OB에 평행한 직선이 선분 OA와 만나는 점을 H, 원과 만나는 두 점을 P, Q라 하자. $\overline{BC}=2x$일 때, 삼각형 POA의 넓이를 $S(x)$, 삼각형 QOA의 넓이를 $T(x)$라 할 때, $2S(x)+T(x)$의 넓이의 최댓값이 $\dfrac{q}{p}$일 때, $p+q$의 값을 구하시오. (단, $\overline{PH}>\overline{QH}$, $0<x<\sqrt{2}$이고, p와 q는 서로소인 자연수이다.)

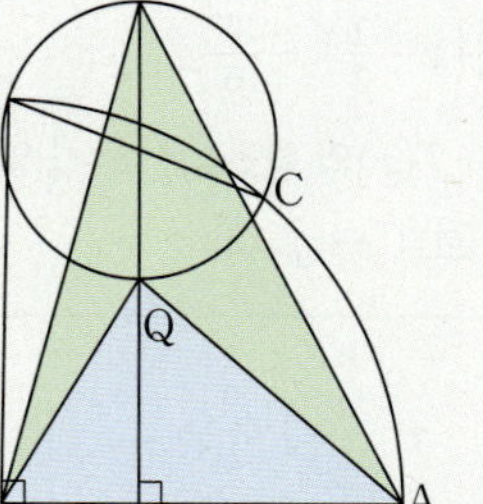

STEP A 선분 OM의 길이를 x에 관한 식으로 나타내기

선분 BC의 중점을 M이라 하면 점 M은 선분 BC를 지름으로 하는 원의 중심이 된다.
이때 삼각형 OCB는 이등변삼각형이므로 두 선분 OM과 BC는 서로 수직으로 만난다. $\leftarrow$ $\overline{BM}=\overline{CM}$

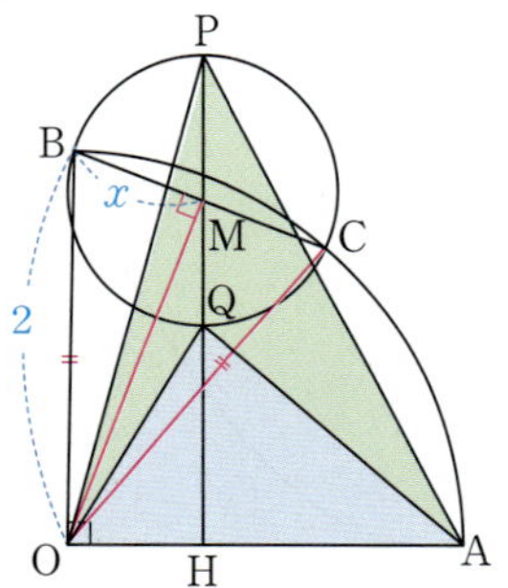

이때 $\overline{BM}=x$ 이므로 직각삼각형 OMB에서 피타고라스의 정리에 의하여
$$\overline{OM}^2=\overline{OB}^2-\overline{BM}^2=4-x^2 \quad \therefore \overline{OM}=\sqrt{4-x^2}$$

STEP B 삼각형의 닮음을 이용하여 $\overline{MH}$의 길이를 x에 관한 식으로 나타내기

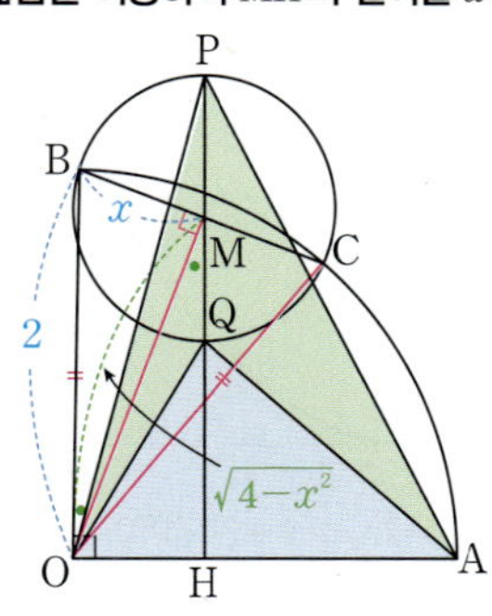

$\overline{OB}\parallel\overline{MH}$ 이므로 두 직각삼각형 BOM과 OMH는 닮음이다.
두 삼각형은 직각삼각형이고 ∠BOM과 ∠OMH는 엇각으로 크기가 같으므로 AA닮음이다.

$$\overline{OB}:\overline{OM}=\overline{OM}:\overline{MH}, \quad 2:\sqrt{4-x^2}=\sqrt{4-x^2}:\overline{MH}$$

$$\therefore \overline{MH}=2-\dfrac{1}{2}x^2$$

STEP C $2S(x)+T(x)$의 최댓값 구하기

삼각형 POA의 넓이 $S(x)$는
$$S(x)=\dfrac{1}{2}\times\overline{OA}\times\overline{PH}$$
$$=\dfrac{1}{2}\times\overline{OA}\times(\overline{PM}+\overline{MH}) \quad \leftarrow \overline{PM}=\overline{BM}=x$$
$$=\dfrac{1}{2}\times 2\times\left(x+2-\dfrac{1}{2}x^2\right)=-\dfrac{1}{2}x^2+x+2$$

삼각형 OAQ의 넓이 $T(x)$는
$$T(x)=\frac{1}{2}\times\overline{\rm OA}\times\overline{\rm QH}$$
$$=\frac{1}{2}\times\overline{\rm OA}\times(\overline{\rm MH}-\overline{\rm MQ}) \quad \longleftarrow \ \overline{\rm MH}=\overline{\rm BM}=x$$
$$=\frac{1}{2}\times 2\times\left(2-\frac{1}{2}x^2-x\right)$$
$$=-\frac{1}{2}x^2-x+2$$

즉 $2S(x)+T(x)=(-x^2+2x+4)+\left(-\frac{1}{2}x^2-x+2\right)$
$$=-\frac{3}{2}x^2+x+6$$
$$=-\frac{3}{2}\left(x-\frac{1}{3}\right)^2+\frac{37}{6}$$

$0<x<\sqrt{2}$에서 $2S(x)+T(x)$의 최댓값은 $x=\frac{1}{3}$일 때, $\frac{37}{6}$

따라서 $p=6$, $q=37$이므로 $p+q=43$

0936

STEP A a**의 값을 기준으로 경우를 나누어** $f(-1)$**의 범위 구하기**

이차함수 $f(x)=(x-a)^2$의 그래프의 꼭짓점의 좌표는 $(a,\,0)$이므로
조건 (가)에 의해 $2\le a\le 10$
$a=2$, $2<a\le 6$, $6<a\le 10$인 경우로 나누어 $f(-1)$의 범위를 구하면
다음과 같다.
(i) $a=2$인 경우

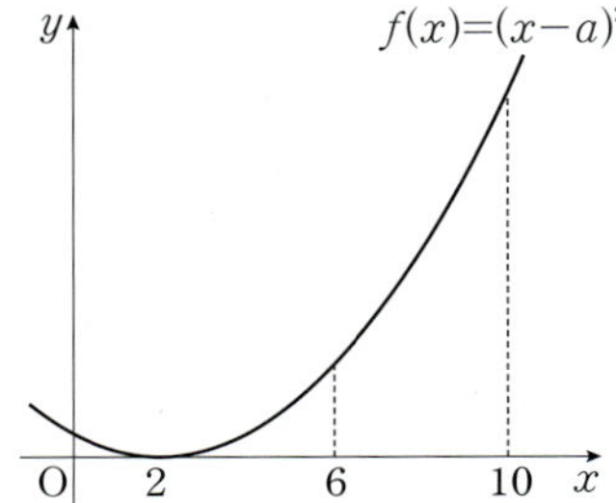

$2\le x\le 6$에서 함수 $f(x)$의 최댓값과 $6\le x\le 10$에서 함수 $f(x)$의
최솟값은 $f(6)$으로 같으므로 조건 (나)를 만족시킨다.

그러므로 $f(-1)=(-1-2)^2=9$ $\quad\longleftarrow$ $f(x)=(x-2)^2$의 양변에 $x=-1$ 대입

(ii) $2<a\le 6$인 경우

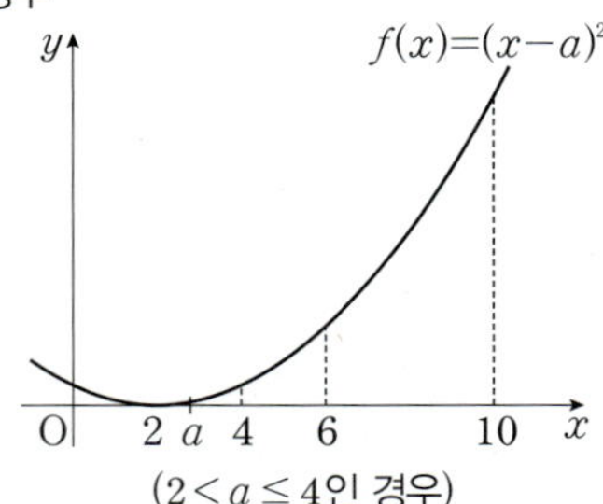

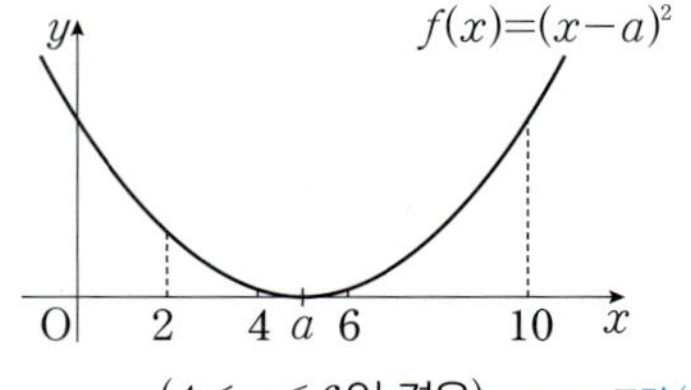

$\longleftarrow$ 조건 (나)를 만족시키지 않는다.

$2\le x\le 6$에서 함수 $f(x)$의 최댓값은 $f(2)$ 또는 $f(6)$이고
$6\le x\le 10$에서 함수 $f(x)$의 최솟값은 $f(6)$이므로
조건 (나)에 의해 $f(2)\le f(6)$이다.

즉 $(2-a)^2\le(6-a)^2$에서 $a^2-4a+4\le a^2-12a+36$
$8a\le 32 \quad \therefore a\le 4$
그런데 $2<a\le 6$이므로 $2<a\le 4$
$f(-1)=(-1-a)^2$이므로 $9<f(-1)\le 25$

(iii) $6<a\le 10$인 경우

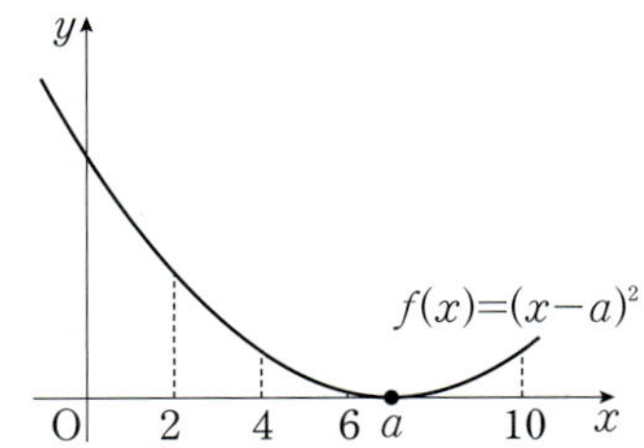

$2\le x\le 6$에서 함수 $f(x)$의 최댓값은 $f(2)$이고
$6\le x\le 10$에서 함수 $f(x)$의 최솟값은 0이다.
그런데 $f(2)>0$이므로 조건 (나)를 만족시키지 않는다.

STEP B $M+m$**의 값 구하기**

(i)~(iii)에 의해 $9\le f(-1)\le 25$이므로 $M=25$, $m=9$
따라서 $M+m=25+9=34$

실수 a에 대하여 이차함수 $f(x)=(x-a)^2+3$이 다음 조건을 만족시킨다.

> (가) $3\le x\le 15$에서 함수 $f(x)$의 최솟값은 3이다.
> (나) $3\le x\le 9$에서 함수 $f(x)$의 최댓값과
> $\quad\quad 9\le x\le 15$에서 함수 $f(x)$의 최솟값은 같다.

$f(2)$의 최댓값을 M, 최솟값을 m이라 할 때, $M+m$의 값은?

① 19　　　② 20　　　③ 21
④ 22　　　⑤ 23

STEP A a**의 값을 기준으로 경우를 나누어** $f(2)$**의 범위 구하기**

이차함수 $f(x)=(x-a)^2+3$의 그래프의 꼭짓점의 좌표는 $(a,\,3)$이므로
조건 (가)에 의해 $3\le a\le 15$
$a=3$, $3<a\le 9$, $9<a\le 15$인 경우로 나누어 $f(2)$의 범위를 구하면
다음과 같다.
(i) $a=3$인 경우

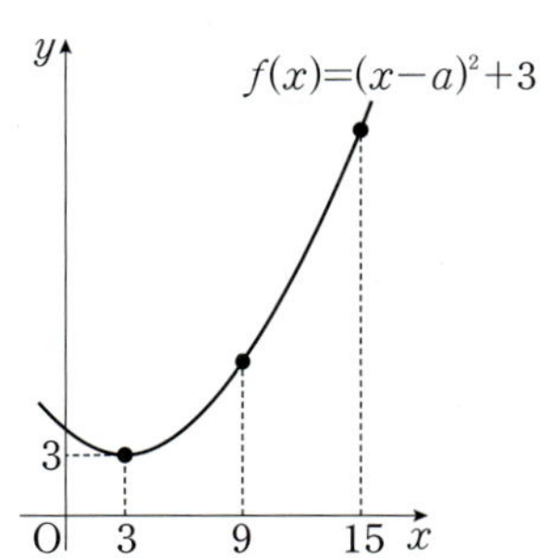

$3\le x\le 9$에서 함수 $f(x)$의 최댓값은 $f(9)$
$9\le x\le 15$에서 함수 $f(x)$의 최솟값은 $f(9)$이므로
조건 (나)를 만족시킨다.
이때 $f(2)=(2-3)^2+3=4$

（ⅱ） $3<a\le9$인 경우

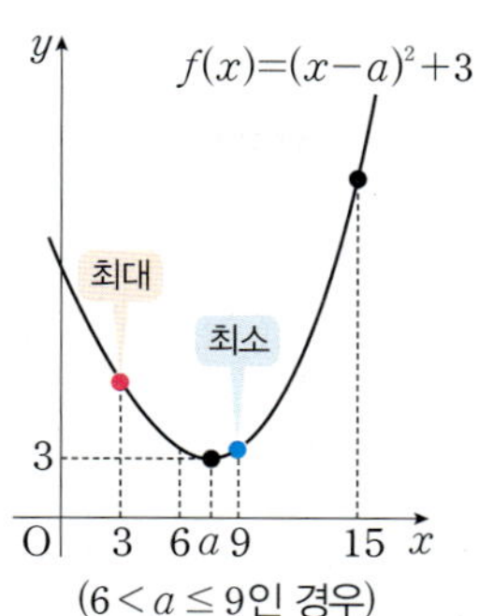

$3\le x\le9$에서 함수 $f(x)$의 최댓값은 $f(3)$ 또는 $f(9)$

$9\le x\le15$에서 함수 $f(x)$의 최솟값은 $f(9)$이므로

조건 (나)에 의해 $f(3)\le f(9)$

즉 $(3-a)^2+3\le(9-a)^2+3$, $a^2-6a+12\le a^2-18a+84$, $12a\le72$

$\therefore a\le6$

그런데 $3<a\le9$이므로 $3<a\le6$

$f(2)=(2-a)^2+3$이므로 $4<f(2)\le19$

（ⅲ） $9<a\le15$인 경우

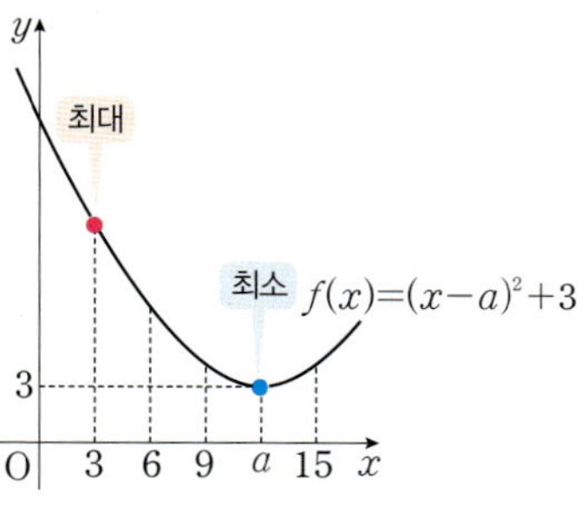

$3\le x\le9$에서 함수 $f(x)$의 최댓값은 $f(3)$

$9\le x\le15$에서 함수 $f(x)$의 최솟값은 $f(a)=3$

그런데 $f(3)>3$이므로 조건 (나)를 만족시키지 않는다.

 $M+m$의 값 구하기

（ⅰ）～（ⅲ）에 의해 $4\le f(2)\le19$이므로 $M=19$, $m=4$

따라서 $M+m=23$

정답 ⑤

STEP A 점 E의 좌표를 k로 나타내기

사각형 OABC의 넓이는 $\dfrac{1}{2}\times(1+2)\times1=\dfrac{3}{2}$

두 점 O, B를 지나는 직선의 방정식은 $y=2x$

두 점 $(x_1,\,y_1)$, $(x_2,\,y_2)$를 지나는 직선의 방정식은 $y-y_1=\dfrac{y_2-y_1}{x_2-x_1}(x-x_1)$

직선 $y=k$와 선분 OB의 교점 E는 두 직선 $y=k$, $y=2x$의 교점이다.

즉 점 E의 좌표는 $\left(\dfrac{k}{2},\ k\right)$

STEP B S_1, S_2, S_3, S_4의 값을 각각 구하기

삼각형 OED의 넓이가 S_1이므로

$S_1=\dfrac{1}{2}\times\dfrac{k}{2}\times k=\dfrac{k^2}{4}$

사각형 OAFE의 넓이가 S_2이고

$S_1+S_2=k$이므로 $S_2=k-\dfrac{k^2}{4}$

$S_1+S_2=\square\text{OAFD}=\overline{\text{OA}}\times\overline{\text{AF}}=1\times k=k$

삼각형 EFB의 넓이가 S_3이므로

$S_3=\dfrac{1}{2}\times\left(1-\dfrac{k}{2}\right)\times(2-k)=\dfrac{(2-k)^2}{4}$

사각형 DEBC의 넓이가 S_4이고

$S_1+S_4=\dfrac{1}{2}$이므로 $S_4=\dfrac{1}{2}-\dfrac{k^2}{4}$

$S_1+S_4=(\text{삼각형 OBC의 넓이})=\dfrac{1}{2}\times\overline{\text{OC}}\times(\text{점 B의 }x\text{좌표})=\dfrac{1}{2}\times1\times1=\dfrac{1}{2}$

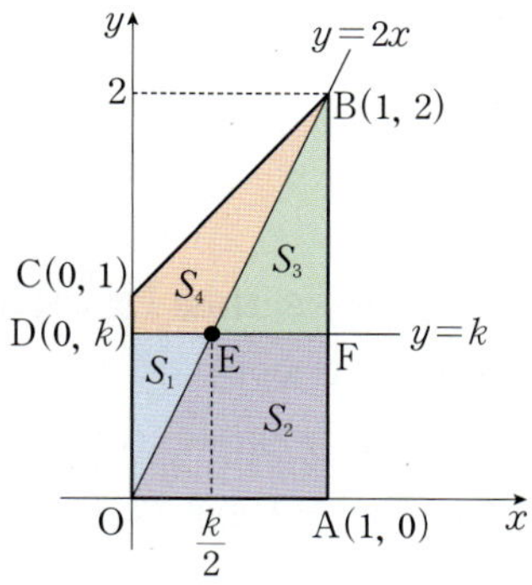

STEP C $(S_1-S_3)^2+(S_2-S_4)^2$의 최솟값 구하기

$S_1-S_3=\dfrac{k^2}{4}-\dfrac{(2-k)^2}{4}=k-1$

$S_2-S_4=\left(k-\dfrac{k^2}{4}\right)-\left(\dfrac{1}{2}-\dfrac{k^2}{4}\right)=k-\dfrac{1}{2}$

이므로

$(S_1-S_3)^2+(S_2-S_4)^2$

$=(k-1)^2+\left(k-\dfrac{1}{2}\right)^2$

$=k^2-2k+1+k^2-k+\dfrac{1}{4}$

$=2k^2-3k+\dfrac{5}{4}$ $\leftarrow 2\left(k^2-\dfrac{3}{2}k+\dfrac{9}{16}\right)-\dfrac{9}{8}+\dfrac{5}{4}$

$=2\left(k-\dfrac{3}{4}\right)^2+\dfrac{1}{8}$ $(0<k<1)$

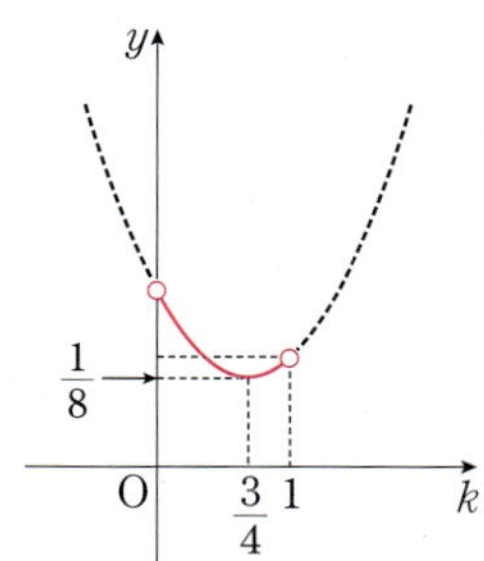

따라서 $k=\dfrac{3}{4}$일 때, 최솟값 $\dfrac{1}{8}$을 갖는다.

+α $S_1+S_2=k$로 놓고 주어진 최솟값을 구할 수 있어!

사각형 OABC의 넓이는 $\dfrac{1}{2}\times(1+2)\times1=\dfrac{3}{2}$

$S_1+S_2=k$ ······ ㉠

이므로 $S_3+S_4=\dfrac{3}{2}-k$

$S_2+S_3=1$ ······ ㉡

이므로 $S_1+S_4=\dfrac{1}{2}$ ······ ㉢

㉠과 ㉡에서 $S_1-S_3=k-1$이고 ㉠과 ㉢에서 $S_2-S_4=k-\dfrac{1}{2}$이다.

그러므로

$(S_1-S_3)^2+(S_2-S_4)^2=(k-1)^2+\left(k-\dfrac{1}{2}\right)^2$

$=2k^2-3k+\dfrac{5}{4}$ $\leftarrow 2\left(k^2-\dfrac{3}{2}k+\dfrac{9}{16}\right)-\dfrac{9}{8}+\dfrac{5}{4}$

$=2\left(k-\dfrac{3}{4}\right)^2+\dfrac{1}{8}$ $(0<k<1)$

따라서 $(S_1-S_3)^2+(S_2-S_4)^2$은 $k=\dfrac{3}{4}$일 때, 최솟값 $\dfrac{1}{8}$을 갖는다.

그림과 같이 좌표평면 위의 네 점
$O(0, 0)$, $A(2, 0)$, $B(2, 6)$, $C(0, 2)$를
꼭짓점으로 하는 사각형 OABC가 있다.
실수 k $(0 < k \le 2)$에 대하여
직선 $y = k$가 세 선분 OC, OB, AB와
만나는 점을 각각 D, E, F라 하자.
삼각형 OED의 넓이를 S_1, 사각형
OAFE의 넓이를 S_2, 사각형 DEBC의
넓이를 S_3, 삼각형 EFB의 넓이를 S_4라
할 때, $(S_1 + S_4)^2 - (S_2 + S_3)^2$의 최솟값은?

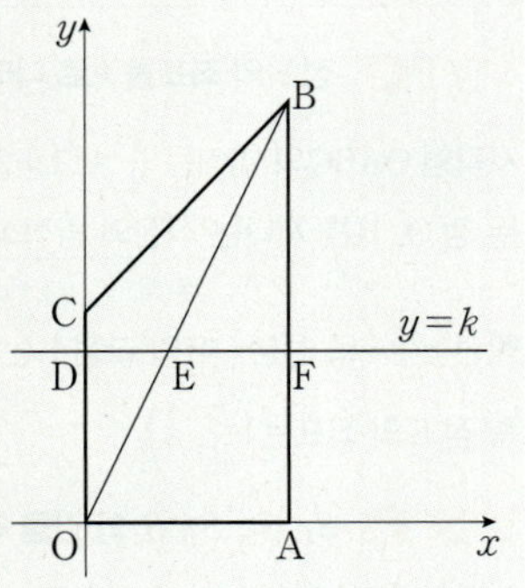

① -2 ② $-\dfrac{5}{3}$ ③ $-\dfrac{4}{3}$

④ -1 ⑤ $-\dfrac{2}{3}$

STEP A 점 E의 좌표를 k로 나타내기

사각형 OABC의 넓이는
$$\frac{1}{2} \times (\overline{OC} + \overline{AB}) \times \overline{OA} = \frac{1}{2} \times (2 + 6) \times 2 = 8$$
두 점 $O(0, 0)$, $B(2, 6)$를 지나는 직선의 방정식은
$$y - 0 = \frac{6 - 0}{2 - 0}(x - 0), \ \text{즉} \ y = 3x$$
직선 $y = k$와 선분 OB의 교점 E는 두 직선 $y = k$, $y = 3x$의 교점이다.

즉 점 E의 좌표는 $E\left(\dfrac{k}{3}, k\right)$

STEP B S_1, S_2, S_3, S_4의 값 각각 구하기

삼각형 OED의 넓이가 S_1이므로
$$S_1 = \frac{1}{2} \times (\text{점 E의 } x\text{좌표}) \times \overline{OD}$$
$$= \frac{1}{2} \times \frac{k}{3} \times k = \frac{k^2}{6}$$
사각형 OAFE의 넓이가 S_2이고
사각형 OAFD의 넓이는 $S_1 + S_2$이므로
$$S_1 + S_2 = \overline{OA} \times \overline{OD} = 2k$$
$$\therefore S_2 = 2k - \frac{k^2}{6}$$
사각형 DEBC의 넓이가 S_3이고
삼각형 OBC의 넓이는 $S_1 + S_3$이므로
$$S_1 + S_3 = \frac{1}{2} \times \overline{OC} \times (\text{점 B의 } x\text{좌표}) = \frac{1}{2} \times 2 \times 2 = 2$$
$$\therefore S_3 = 2 - \frac{k^2}{6}$$
삼각형 EFB의 넓이가 S_4이므로
$$S_4 = \frac{1}{2} \times \overline{EF} \times \overline{BF} = \frac{1}{2} \times \left(2 - \frac{k}{3}\right) \times (6 - k) = \frac{(6 - k)^2}{6}$$

STEP C $(S_1 + S_4) - (S_2 + S_3)$의 최솟값 구하기

$$S_1 + S_4 = \frac{k^2}{6} + \frac{(6 - k)^2}{6} = \frac{1}{3}k^2 - 2k + 6$$
$$S_2 + S_3 = \left(2k - \frac{k^2}{6}\right) + \left(2 - \frac{k^2}{6}\right) = -\frac{1}{3}k^2 + 2k + 2 \ \text{이므로}$$
$$(S_1 + S_4) - (S_2 + S_3) = \left(\frac{1}{3}k^2 - 2k + 6\right) - \left(-\frac{1}{3}k^2 + 2k + 2\right)$$
$$= \frac{2}{3}k^2 - 4k + 4$$
$$= \frac{2}{3}(k - 3)^2 - 2$$
따라서 꼭짓점의 k좌표 3이 $0 < k \le 2$에 포함되지 않으므로
$k = 2$일 때, 최솟값 $\dfrac{2}{3} \times (-1)^2 - 2 = -\dfrac{4}{3}$를 갖는다.

정답 ③

STEP A 두 함수 $f(x)$, $g(x)$와 두 직선 $y = ax$, $y = 4a$를 각각 연립하여
교점의 좌표 구하기

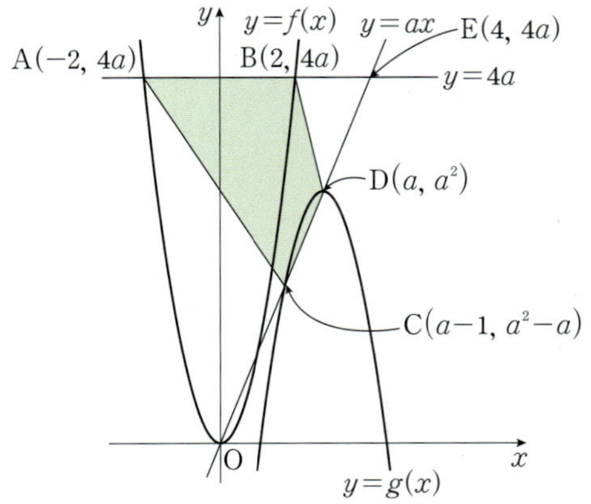

두 점 A, B는 직선 $y = 4a$와 함수 $f(x) = ax^2$의 그래프가 만나는 점이므로
두 식을 연립하면 $4a = ax^2$, $x^2 = 4$
$\therefore x = -2 \ \text{또는} \ x = 2$
즉 두 점 A, B의 좌표는 각각 $A(-2, 4a)$, $B(2, 4a)$
두 점 C, D는 직선 $y = ax$와 함수 $g(x) = -a(x - a)^2 + a^2$의 그래프가 만나는
점이므로 두 식을 연립하면
$$ax = -a(x - a)^2 + a^2$$
$$x^2 - (2a - 1)x + a(a - 1) = 0$$
$$(x - a + 1)(x - a) = 0$$
$\therefore x = a - 1 \ \text{또는} \ x = a$ ← $x = a - 1$ 또는 $x = a$를 $y = ax$에 대입하면
$\quad\quad y = a^2 - a$ 또는 $y = a^2$

즉 두 점 C, D의 좌표는 각각 $C(a - 1, a^2 - a)$, $D(a, a^2)$
직선 $y = 4a$와 직선 $y = ax$가 만나는 점을 E라 하고
두 식을 연립하면 $4a = ax$, $x = 4$
즉 점 E의 좌표는 $E(4, 4a)$

STEP B 두 삼각형 ACE, BDE의 넓이 구하기

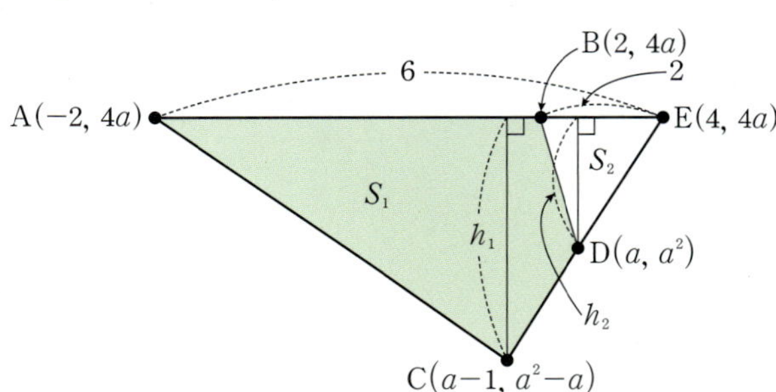

점 $C(a - 1, a^2 - a)$와 직선 $y = 4a$ 사이의 거리를 h_1이라 하면
$$h_1 = |4a - (a^2 - a)| = -a^2 + 5a$$
삼각형 ACE의 넓이를 S_1이라 하면
$$S_1 = \frac{1}{2} \times \overline{AE} \times h_1 \quad ← \overline{AE} = |4 - (-2)| = 6$$
$$= \frac{1}{2} \times 6 \times (-a^2 + 5a)$$
$$= -3a^2 + 15a$$
점 $D(a, a^2)$과 직선 $y = 4a$ 사이의 거리를 h_2라 하면
$$h_2 = |4a - a^2| = -a^2 + 4a$$
삼각형 BDE의 넓이를 S_2라 하면
$$S_2 = \frac{1}{2} \times \overline{BE} \times h_2 \quad ← \overline{BE} = |4 - 2| = 2$$
$$= \frac{1}{2} \times 2 \times (-a^2 + 4a)$$
$$= -a^2 + 4a$$

STEP C 사각형 ACDB의 최댓값 구하기

사각형 ACDB의 넓이를 S라 하면

$$S = S_1 - S_2$$
$$= (-3a^2 + 15a) - (-a^2 + 4a)$$
$$= -2a^2 + 11a$$
$$= -2\left(a - \frac{11}{4}\right)^2 + \frac{121}{8}$$

사각형 ACDB의 넓이는 $a = \frac{11}{4}$일 때,

최댓값 $M = \frac{121}{8}$을 갖는다.

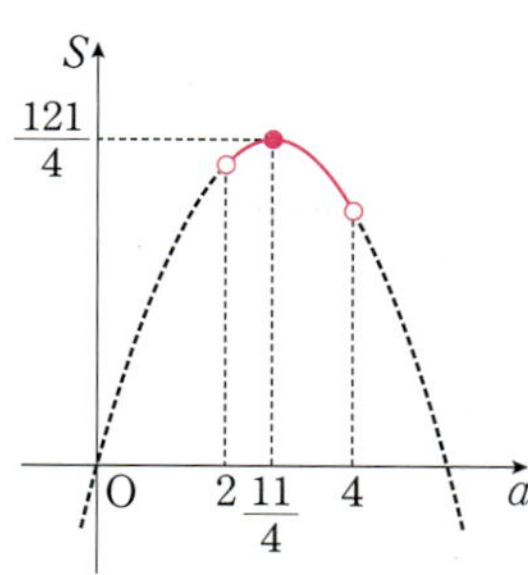

따라서 $8 \times M = 8 \times \frac{121}{8} = 121$

그림과 같이 $2 < a < 5$인 실수 a에 대하여 두 함수 $f(x) = ax^2$, $g(x) = -a(x-2a)^2 + 2a^2$의 그래프가 있다. 직선 $y = 9a$와 함수 $y = f(x)$의 그래프가 만나는 점을 각각 A, B라 하고, 직선 $y = ax$와 함수 $y = g(x)$의 그래프가 만나는 점을 각각 C, D라 하자. 사각형 ACDB의 넓이의 최댓값을 M이라 할 때, $8 \times M$의 값을 구하시오. (단, 점 A의 x좌표는 점 B의 x좌표보다 작고, 점 C의 x좌표는 점 D의 x좌표보다 작다.)

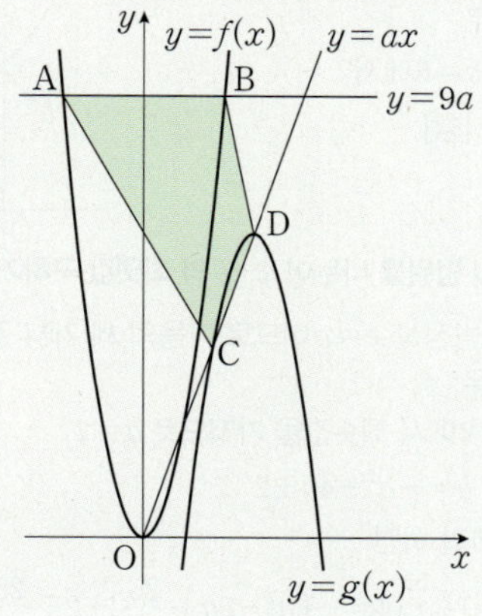

STEP A 두 함수 $f(x)$, $g(x)$와 두 직선 $y = ax$, $y = 9a$를 각각 연립하여 교점의 좌표 구하기

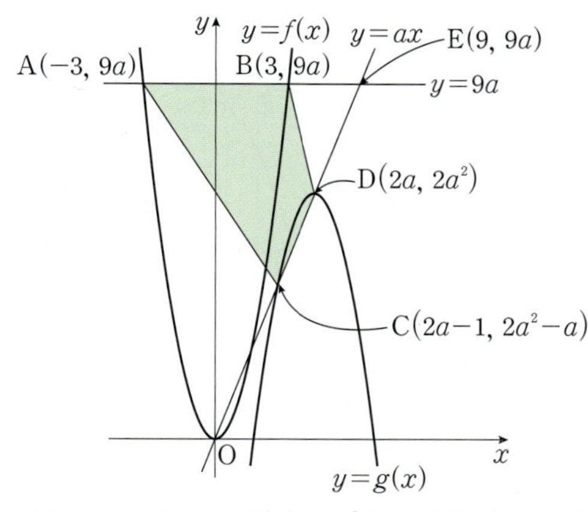

두 점 A, B는 직선 $y = 9a$와 함수 $f(x) = ax^2$의 그래프가 만나는 점이므로

두 식을 연립하면 $9a = ax^2$, $x^2 = 9$

$\therefore x = -3$ 또는 $x = 3$

즉 두 점 A, B의 좌표는 각각 A$(-3, 9a)$, B$(3, 9a)$

두 점 C, D는 직선 $y = ax$와 함수 $g(x) = -a(x-2a)^2 + 2a^2$의 그래프가 만나는 점이므로 두 식을 연립하면

$$ax = -a(x-2a)^2 + 2a^2$$
$$x^2 - (4a-1)x + 2a(a-1) = 0$$
$$(x - 2a + 1)(x - 2a) = 0$$

$\therefore x = 2a - 1$ 또는 $x = 2a$

즉 두 점 C, D의 좌표는 각각 C$(2a-1, 2a^2 - a)$, D$(2a, 2a^2)$

점 E는 직선 $y = 9a$와 직선 $y = ax$가 만나는 점이므로

두 식을 연립하면 $9a = ax$, $x = 9$

즉 점 E의 좌표는 E$(9, 9a)$

STEP B 두 삼각형 ACE, BDE의 넓이 구하기

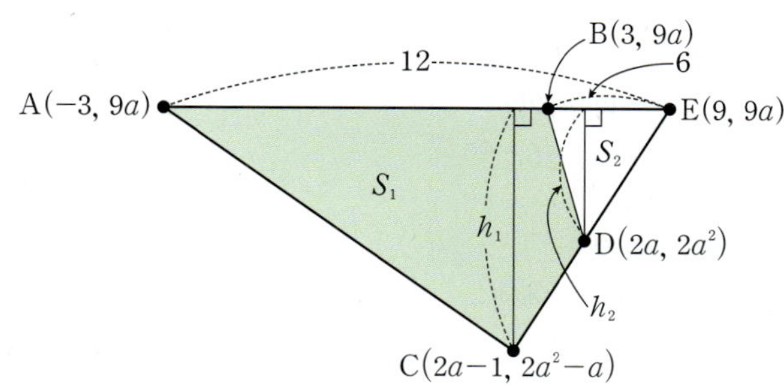

점 C$(2a-1, 2a^2 - a)$와 직선 $y = 9a$ 사이의 거리를 h_1이라 하면

$$h_1 = |9a - (2a^2 - a)| = -2a^2 + 10a$$

삼각형 ACE의 넓이를 S_1이라 하면

$$S_1 = \frac{1}{2} \times \overline{\text{AE}} \times h_1$$
$$= \frac{1}{2} \times \{9 - (-3)\} \times (-2a^2 + 10a)$$
$$= -12a^2 + 60a$$

점 D$(2a, 2a^2)$과 직선 $y = 9a$ 사이의 거리를 h_2라 하면

$$h_2 = |9a - 2a^2| = -2a^2 + 9a$$

삼각형 BDE의 넓이를 S_2라 하면

$$S_2 = \frac{1}{2} \times \overline{\text{BE}} \times h_2$$
$$= \frac{1}{2} \times (9 - 3) \times (-2a^2 + 9a)$$
$$= -6a^2 + 27a$$

STEP C 사각형 ACDB의 최댓값 구하기

사각형 ACDB의 넓이를 S라 하면

$$S = S_1 - S_2$$
$$= (-12a^2 + 60a) - (-6a^2 + 27a)$$
$$= -6a^2 + 33a$$
$$= -6\left(a - \frac{11}{4}\right)^2 + \frac{363}{8}$$

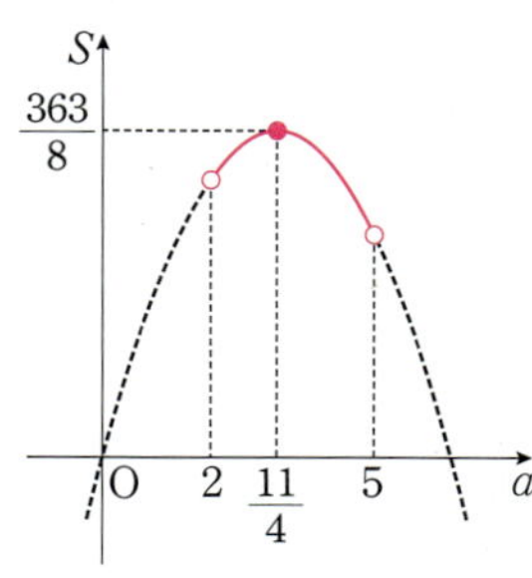

이때 꼭짓점의 a좌표 $\frac{11}{4}$이

범위 $2 < a < 5$에 포함되므로

사각형 ACDB의 넓이는 $a = \frac{11}{4}$일 때,

최댓값 $M = \frac{363}{8}$을 갖는다.

따라서 $8 \times M = 8 \times \frac{363}{8} = 363$

정답 363

STEP A　$a=\dfrac{3}{2}$일 때, **최솟값이 5임을 이용하여 b의 값 구하기**

ㄱ. $a=\dfrac{3}{2}$일 때, $f(x)=\left(x-\dfrac{3}{2}\right)^2+b$이고

$1\le x\le 2$에서 $x=\dfrac{3}{2}$일 때, 최솟값 5를 가지므로 $f\left(\dfrac{3}{2}\right)=b=5$ [참]

STEP B　$a\le 1$일 때, $f(1)$에서 **최솟값을 가짐을 이용하여 b를 a에 대한 식으로 나타내기**

ㄴ. $a\le 1$일 때, $1\le x\le 2$이고
$f(x)$는 $x=1$에서
최솟값을 가지므로
$f(1)=(1-a)^2+b=5$에서
$b=-a^2+2a+4$ [참]

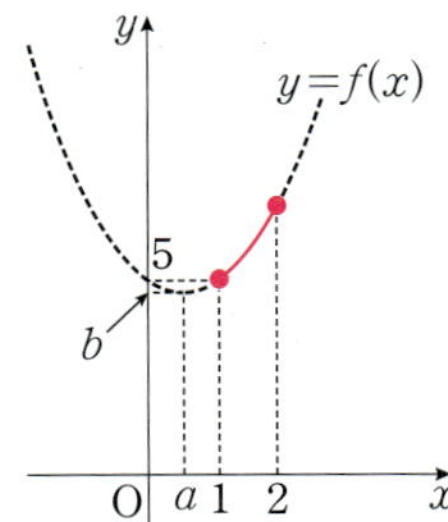

STEP B　a의 값의 범위를 나누어 $a+b$의 **최댓값 구하기**

ㄷ. 이차함수의 축의 방정식 $x=a$이므로 다음의 세 가지 경우로 나눈다.
　(i) $a\le 1$인 경우
　　　　$f(x)$는 $x=1$에서 최솟값을 가지므로 $a=1$
　　　　$f(1)=(1-a)^2+b=5$에서 $b=-a^2+2a+4$이므로
　　　　$p(a)=a+b$라 하면
　　　　$p(a)=-a^2+3a+4=-\left(a^2-3a+\dfrac{9}{4}\right)+4+\dfrac{9}{4}=-\left(a-\dfrac{3}{2}\right)^2+\dfrac{25}{4}$
　　　　즉 $p(a)$는 $a=1$에서 최댓값 6을 가진다.

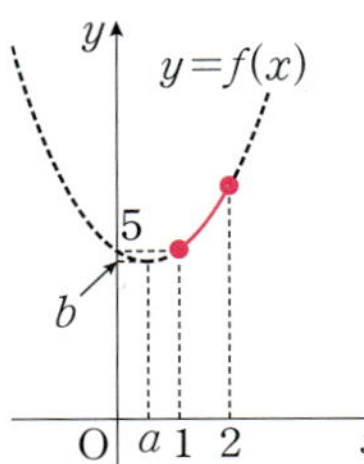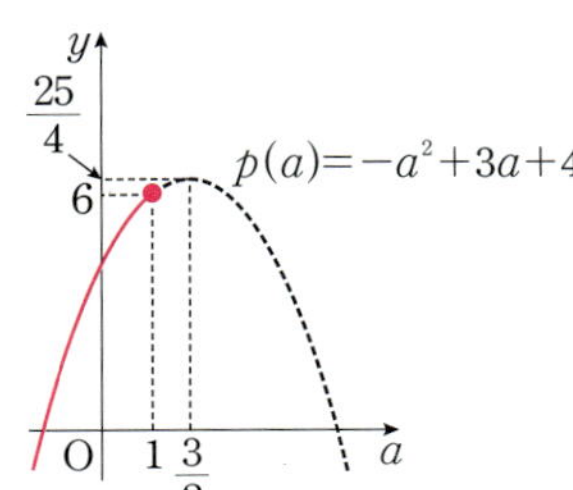

　(ii) $1<a\le 2$인 경우
　　　　$f(x)$는 $x=a$에서 최솟값 $b=5$이므로
　　　　$6<a+b\le 7$이고 $a+b$는 $a=2$에서 최댓값 7을 가진다.
　　　　$1<a\le 2$에서 $b=5$이므로 양변에 5를 더하면 $6<a+b\le 7$
　(iii) $a>2$인 경우
　　　　$1\le x\le 2$에서 함수 $f(x)$는 감소하는 그래프이고
　　　　$f(x)$는 $x=2$에서 최솟값을 가지므로 $a=2$
　　　　$f(2)=(2-a)^2+b=5$, $b=-a^2+4a+1$이므로
　　　　$g(a)=a+b$라 하면
　　　　$g(a)=-a^2+5a+1=-\left(a^2-5a+\dfrac{25}{4}\right)+1+\dfrac{25}{4}$
　　　　　　　$=-\left(a-\dfrac{5}{2}\right)^2+\dfrac{29}{4}$
　　　　즉 $g(a)$는 $a=\dfrac{5}{2}$에서 최댓값 $\dfrac{29}{4}$를 가진다.

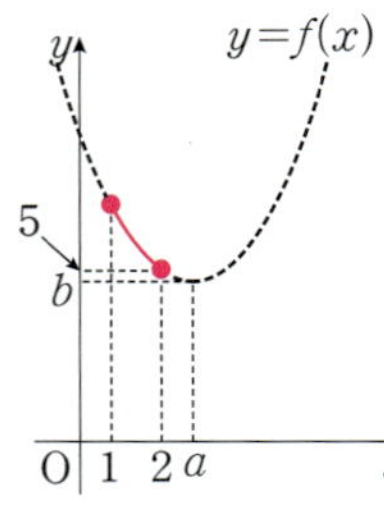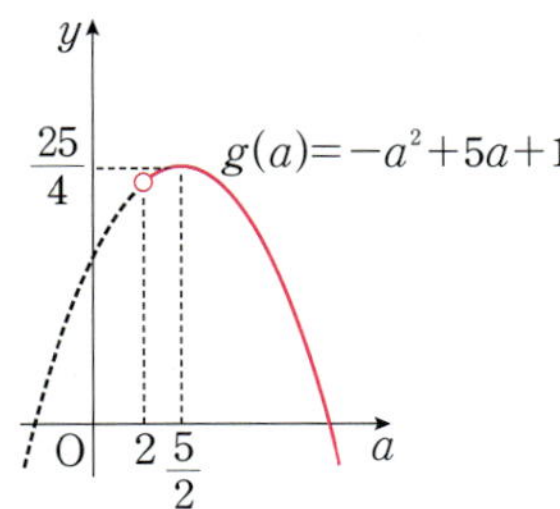

　(i)～(iii)에 의하여 $a+b$의 최댓값은 $\dfrac{29}{4}$ [참]
따라서 옳은 것은 ㄱ, ㄴ, ㄷ이다.

$2\le x\le 3$에서 이차함수 $f(x)=(x-a)^2+b$의 최솟값이 6일 때, 두 실수 a, b에 대하여 옳은 것만을 [보기]에서 있는 대로 고른 것은?

> ㄱ. $a=\dfrac{7}{3}$일 때, $b=6$이다.
>
> ㄴ. $a\le 2$일 때, $b=-a^2+4a+2$이다.
>
> ㄷ. $a+b$의 최댓값은 $\dfrac{37}{4}$이다.

① ㄱ　　　　　② ㄱ, ㄴ　　　　　③ ㄱ, ㄷ
④ ㄴ, ㄷ　　　　⑤ ㄱ, ㄴ, ㄷ

STEP A　$a=\dfrac{7}{3}$일 때 **최솟값이 6임을 이용하여 b의 값 구하기**

ㄱ. $a=\dfrac{7}{3}$일 때, $f(x)=\left(x-\dfrac{7}{3}\right)^2+b$이고

$2\le x\le 3$에서 $x=\dfrac{7}{3}$일 때, 최솟값 6을 가지므로 $f\left(\dfrac{7}{3}\right)=b=6$ [참]

STEP B　$a\le 2$일 때, $f(2)$에서 **최솟값을 가짐을 이용하여 b를 a에 대한 식으로 나타내기**

ㄴ. $a\le 2$일 때, $2\le x\le 3$이고
$f(x)$는 $x=2$에서
최솟값을 가지므로
$f(2)=(2-a)^2+b=6$에서
$b=-a^2+4a+2$ [참]

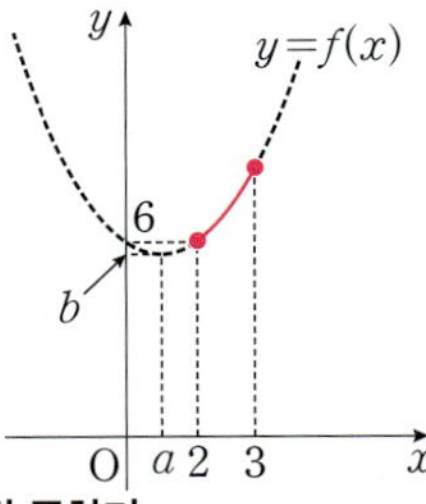

STEP C　a의 값의 범위를 나누어 $a+b$의 **최댓값 구하기**

ㄷ. 이차함수의 축의 방정식 $x=a$이므로 다음의 세 가지 경우로 나눈다.
　(i) $a\le 2$인 경우
　　　　$f(x)$는 $x=2$에서 최솟값을 가지므로 $a=2$
　　　　ㄴ에 의하여 $b=-a^2+4a+2$
　　　　$p(a)=a+b$라 하면
　　　　$p(a)=-a^2+5a+2=-\left(a^2-5a+\dfrac{25}{4}\right)+2+\dfrac{25}{4}$
　　　　　　　$=-\left(a-\dfrac{5}{2}\right)^2+\dfrac{33}{4}$
　　　　즉 $p(a)$는 $a=2$에서 최댓값 8을 가진다.

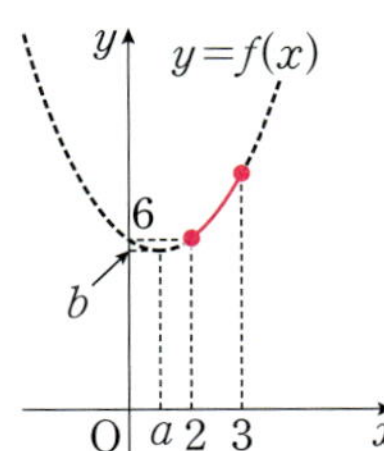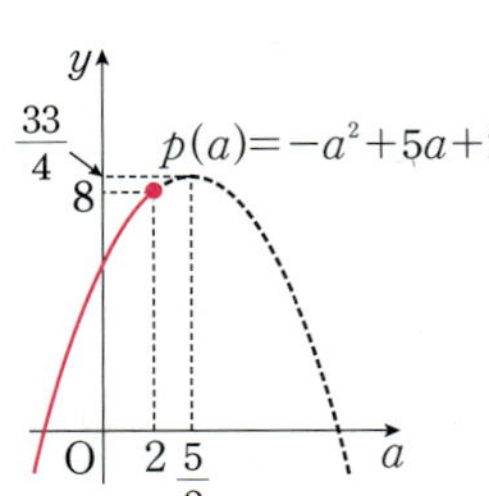

　(ii) $2<a\le 3$인 경우
　　　　$f(x)$는 $x=a$에서 최솟값 $b=6$이므로
　　　　$8<a+b\le 9$이고 $a+b$는 $a=3$에서 최댓값 9를 가진다.
　　　　$2<a\le 3$에서 $b=6$이므로 양변에 6을 더하면 $8<a+b\le 9$
　(iii) $a>3$인 경우
　　　　$2\le x\le 3$에서 함수 $f(x)$는 감소하는 그래프이고
　　　　$f(x)$는 $x=3$에서 최솟값을 가지므로 $a=3$
　　　　$f(3)=(3-a)^2+b=6$, $b=-a^2+6a-3$이므로
　　　　$g(a)=a+b$라 하면
　　　　$g(a)=-a^2+7a-3=-\left(a^2-7a+\dfrac{49}{4}\right)-3+\dfrac{49}{4}$
　　　　　　　$=-\left(a-\dfrac{7}{2}\right)^2+\dfrac{37}{4}$
　　　　즉 $g(a)$는 $a=\dfrac{7}{2}$에서 최댓값 $\dfrac{37}{4}$를 가진다.

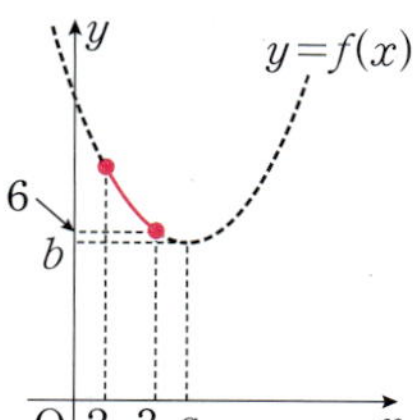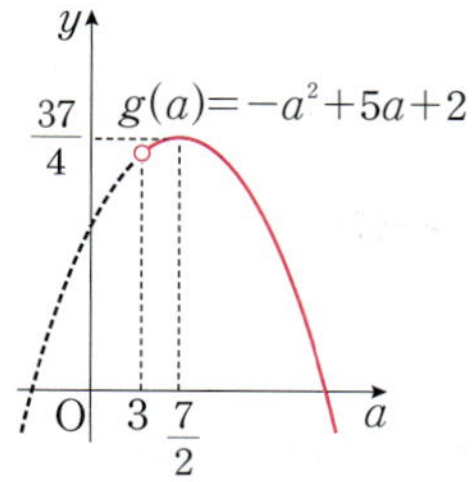

(ⅰ)~(ⅲ)에 의하여 $a+b$의 최댓값은 $\dfrac{37}{4}$ [참]

따라서 옳은 것은 ㄱ, ㄴ, ㄷ이다. (정답) ⑤

0940 2018년 06월 고1 학력평가 18번 (정답) ⑤

STEP A 이차함수를 평행이동하여 함수 $y=f(x)$의 식 작성하기

$y=x^2$의 꼭짓점은 $(0,\ 0)$이고 $y=x^2$의 그래프를 x축의 방향으로
n (n은 자연수)만큼, y축의 방향으로 3만큼 평행이동한 그래프를 나타내는
함수 $y=f(x)$의 꼭짓점은 $(n,\ 3)$
즉 함수 $f(x)=(x-n)^2+3$

STEP B ㄱ, ㄴ의 참, 거짓 판단하기

ㄱ. $f(x)=(x-n)^2+3$이므로
　함수 $f(x)$의 최솟값은 3이다. [참]
　이차항의 계수가 양수이므로 최솟값은 3이고 최댓값은 존재하지 않는다.

ㄴ. $n=3$일 때, $f(x)=(x-3)^2+3$
　방정식 $f(x)=10$에서 $(x-3)^2+3=10$
　$x^2-6x+9+3=10$, $x^2-6x+2=0$이므로
　이차방정식의 근과 계수의 관계에 의해 서로 다른 두 실근의 합은 6이다.
　이차방정식 $ax^2+bx+c=0$의 두 근이 α, β이면 $\alpha+\beta=-\dfrac{b}{a}$, $\alpha\beta=\dfrac{c}{a}$
　[참]

> **+α** | 대칭축을 이용하여 구할 수 있어!
>
> $n=3$일 때, $f(x)=(x-3)^2+3$이므로 $y=f(x)$의 대칭축은 $x=3$
> 　이차함수 $y=a(x-p)^2+q$의 그래프의 대칭축은 $x=p$
> 즉 방정식 $f(x)=10$의 서로 다른
> 두 실근을 α, β라 하면
> 오른쪽 그림과 같이
> $\dfrac{\alpha+\beta}{2}=3$이므로 $\alpha+\beta=6$
> 따라서 실근의 합은 6
>
> 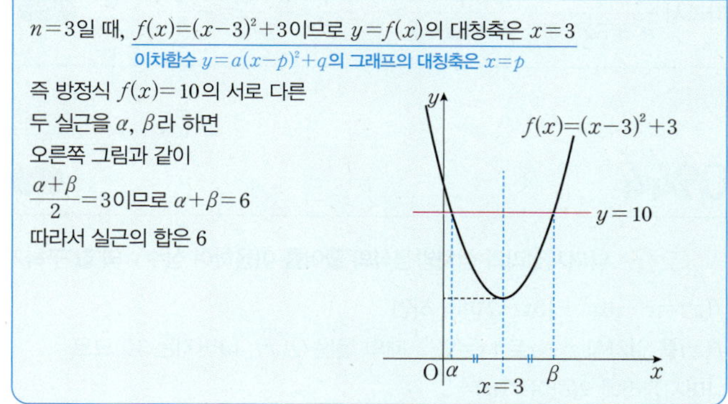

STEP C 이차방정식의 판별식을 이용하여 참임을 추론하기

ㄷ. 함수 $y=f(x)$의 그래프와 직선 $y=x-\dfrac{3n-4}{2}$ 가 만나지 않으므로

$(x-n)^2+3=x-\dfrac{3n-4}{2}$에서 $x^2-(2n+1)x+n^2+\dfrac{3}{2}n+1=0$

이차방정식 $x^2-(2n+1)x+n^2+\dfrac{3}{2}n+1=0$의 판별식을 D라 하면

$D<0$이어야 한다. ← 서로 다른 두 허근을 가진다.

$D=(2n+1)^2-4\left(n^2+\dfrac{3}{2}n+1\right)=-2n-3$

이때 n이 자연수이므로 $-2n-3<0$

∴ $D<0$

즉 함수 $y=f(x)$의 그래프와 직선 $y=x-\dfrac{3n-4}{2}$ 는 만나지 않는다. [참]

따라서 옳은 것은 ㄱ, ㄴ, ㄷ이다.

자연수 n에 대하여 그림과 같이 함수 $y=-x^2$의 그래프를 x축의 방향으로
n만큼, y축의 방향으로 5만큼 평행이동한 그래프를 나타내는 함수를
$y=f(x)$라 하자. 함수 $f(x)$에 대하여 [보기]에서 옳은 것만을 있는 대로 고
른 것은?

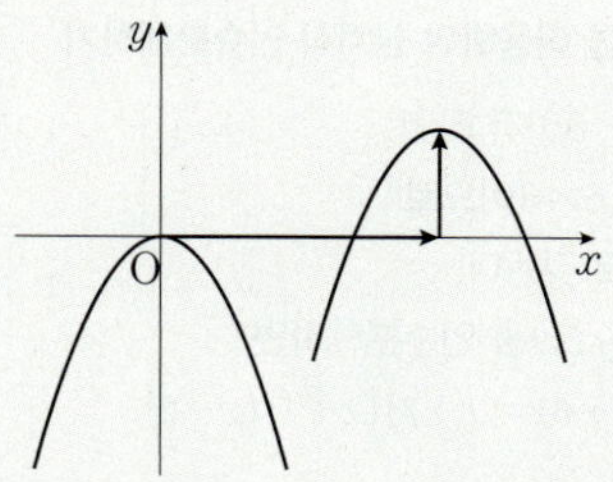

> ㄱ. 함수 $f(x)$의 최댓값은 5이다.
> ㄴ. $n=5$일 때, 방정식 $f(x)=-4$의 서로 다른 두 실근의 합은 10이다.
> ㄷ. 함수 $y=f(x)$의 그래프는 직선 $y=x-\dfrac{3n-4}{2}$와 만난다.

① ㄱ　　　　② ㄷ　　　　③ ㄱ, ㄴ
④ ㄴ, ㄷ　　　⑤ ㄱ, ㄴ, ㄷ

STEP A 이차함수를 평행이동하여 함수 $y=f(x)$의 식 작성하기

$y=-x^2$의 꼭짓점은 $(0,\ 0)$이고 $y=x^2$의 그래프를 x축의 방향으로
n (n은 자연수)만큼, y축의 방향으로 5만큼 평행이동한 그래프를 나타낸
함수 $y=f(x)$의 꼭짓점은 $(n,\ 5)$, 즉 함수 $f(x)=-(x-n)^2+5$

STEP B ㄱ, ㄴ의 참, 거짓 판단하기

ㄱ. $f(x)=-(x-n)^2+5$이므로
　함수 $f(x)$의 최댓값은 5이다. [참]
　이차항의 계수가 음수이므로 최댓값은 5이고 최솟값은 존재하지 않는다.

ㄴ. $n=5$일 때, $f(x)=-(x-5)^2+5$
　방정식 $f(x)=-4$에서 $-(x-5)^2+5=-4$
　$-x^2+10x-25+5=-4$, $x^2-10x+16=0$이므로
　이차방정식의 근과 계수의 관계에 의해 서로 다른 두 실근의 합은 10이다. [참]
　이차방정식 $ax^2+bx+c=0$의 두 근이 α, β이면 $\alpha+\beta=-\dfrac{b}{a}$, $\alpha\beta=\dfrac{c}{a}$

> **+α** | 대칭축을 이용하여 구할 수 있어!
>
> $n=5$일 때, $f(x)=-(x-5)^2+5$이므로 $y=f(x)$의 대칭축은 $x=5$
> 　이차함수 $y=a(x-p)^2+q$의 그래프의 대칭축은 $x=p$
> 즉 방정식 $f(x)=-4$의 서로 다른
> 두 실근을 α, β라 하면
> 오른쪽 그림과 같이
> $\dfrac{\alpha+\beta}{2}=5$이므로 $\alpha+\beta=10$
> 이때 실근의 합은 10
>
> 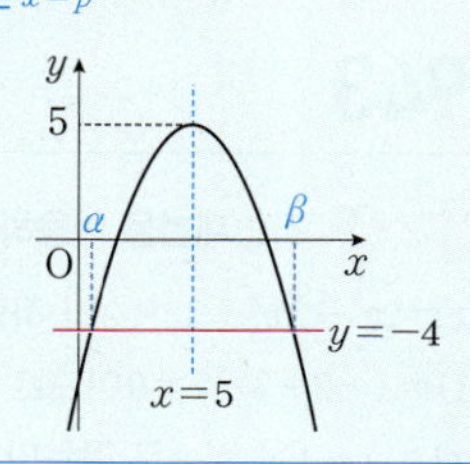

STEP C 이차방정식의 판별식을 이용하여 참임을 추론하기

ㄷ. 함수 $y=f(x)$의 그래프와 직선 $y=x-\dfrac{3n-4}{2}$ 가 만나므로

$-(x-n)^2+5=x-\dfrac{3n-4}{2}$에서 $x^2-(2n-1)x+n^2-\dfrac{3}{2}n-3=0$

이차방정식 $x^2-(2n-1)x+n^2-\dfrac{3}{2}n-3=0$의 판별식을 D라 하면

$D>0$이어야 한다. ← 서로 다른 두 실근을 가진다.

$D=(2n-1)^2-4\left(n^2-\dfrac{3}{2}n-3\right)=2n+13$

이때 n이 자연수이므로 $2n+13>0$　∴ $D>0$

즉 함수 $y=f(x)$의 그래프와 직선 $y=x-\dfrac{3n-4}{2}$ 는 만난다. [참]

따라서 옳은 것은 ㄱ, ㄴ, ㄷ이다. (정답) ⑤

0941

정답 5

STEP A 조립제법을 이용하여 삼차식 인수분해하기

$f(x)=x^3+2x^2-5x-6$이라 하면
$f(-1)=-1+2+5-6=0$이므로
$f(x)$는 $x+1$을 인수로 갖는다.

$$\begin{array}{r|rrrr} -1 & 1 & 2 & -5 & -6 \\ & & -1 & -1 & 6 \\ \hline & 1 & 1 & -6 & 0 \end{array}$$

조립제법을 이용하여 $f(x)$를 인수분해하면
$f(x)=(x+1)(x^2+x-6)=(x+3)(x+1)(x-2)$

STEP B $\alpha-\beta$의 값 구하기

주어진 방정식은 $(x+3)(x+1)(x-2)=0$
$\therefore x=-3$ 또는 $x=-1$ 또는 $x=2$
따라서 $\alpha=2$, $\beta=-3$이므로 $\alpha-\beta=5$

0942

정답 ①

STEP A 조립제법을 이용하여 삼차식 인수분해하기

$f(x)=x^3+x^2+x-3$이라 하면
$f(1)=1+1+1-3=0$이므로
$f(x)$는 $x-1$을 인수로 갖는다.

$$\begin{array}{r|rrrr} 1 & 1 & 1 & 1 & -3 \\ & & 1 & 2 & 3 \\ \hline & 1 & 2 & 3 & 0 \end{array}$$

조립제법을 이용하여 $f(x)$를 인수분해하면
$f(x)=(x-1)(x^2+2x+3)$

STEP B 이차방정식의 근과 계수의 관계를 이용하여 주어진 식의 값 구하기

주어진 방정식은 $(x-1)(x^2+2x+3)=0$
$\therefore x=1$ 또는 $x^2+2x+3=0$
이때 $x^2+2x+3=0$의 판별식을 D라 하면
$\dfrac{D}{4}=1-3<0$이므로 이 식의 근은 모두 허근이다.
이차방정식 $x^2+2x+3=0$의 두 허근이 α, β이므로
이차방정식의 근과 계수의 관계에 의하여 $\alpha+\beta=-2$, $\alpha\beta=3$
따라서 $(\alpha-1)(\beta-1)=\alpha\beta-(\alpha+\beta)+1$
$=3-(-2)+1=6$

0943

정답 ②

STEP A 조립제법을 이용하여 삼차식 인수분해하기

$f(x)=x^3-2x^2+3x-2$라 하면
$f(1)=1-2+3-2=0$이므로
$f(x)$는 $x-1$을 인수로 갖는다.

$$\begin{array}{r|rrrr} 1 & 1 & -2 & 3 & -2 \\ & & 1 & -1 & 2 \\ \hline & 1 & -1 & 2 & 0 \end{array}$$

조립제법을 이용하여 $f(x)$를 인수분해하면
$f(x)=(x-1)(x^2-x+2)$

STEP B 이차방정식의 근과 계수의 관계를 이용하여 주어진 식의 값 구하기

주어진 방정식은 $(x-1)(x^2-x+2)=0$
$\therefore x=1$ 또는 $x^2-x+2=0$
이때 $x^2-x+2=0$의 판별식을 D라 하면
$D=1-8<0$이므로 이 식의 근은 모두 허근이다.
이차방정식 $x^2-x+2=0$의 두 허근이 α, β이므로
$\alpha^2-\alpha+2=0$, $\beta^2-\beta+2=0$
$\therefore \alpha^2=\alpha-2$, $\beta^2=\beta-2$
또한, 이차방정식의 근과 계수의 관계에 의하여 $\alpha+\beta=1$, $\alpha\beta=2$

따라서 $(\alpha^2-2\alpha+1)(\beta^2-2\beta+1)=(\alpha-2-2\alpha+1)(\beta-2-2\beta+1)$
$=(-\alpha-1)(-\beta-1)$
$=(\alpha+1)(\beta+1)$
$=\alpha\beta+(\alpha+\beta)+1$
$=1+2+1=4$

삼차방정식 $x^3+2x^2-3x-10=0$의 서로 다른 두 허근을 α, β라 할 때,
$\dfrac{1}{\alpha^2+5\alpha+5}+\dfrac{1}{\beta^2+5\beta+5}$의 값은?

① $-\dfrac{2}{3}$　　② $-\dfrac{3}{4}$　　③ $-\dfrac{4}{5}$

④ $-\dfrac{5}{6}$　　⑤ $-\dfrac{6}{7}$

STEP A 조립제법을 이용하여 삼차식 인수분해하기

$f(x)=x^3+2x^2-3x-10$이라 하면
$f(2)=8+8-6-10=0$이므로
$f(x)$는 $x-2$를 인수로 갖는다.

$$\begin{array}{r|rrrr} 2 & 1 & 2 & -3 & -10 \\ & & 2 & 8 & 10 \\ \hline & 1 & 4 & 5 & 0 \end{array}$$

조립제법을 이용하여 $f(x)$를 인수분해하면
$f(x)=(x-2)(x^2+4x+5)$

STEP B 이차방정식의 근과 계수의 관계를 이용하여 주어진 식의 값 구하기

주어진 방정식은 $(x-2)(x^2+4x+5)=0$
$\therefore x=2$ 또는 $x^2+4x+5=0$
이때 $x^2+4x+5=0$의 판별식을 D라 하면
$\dfrac{D}{4}=4-5<0$이므로 이 식의 근은 모두 허근이다.
이차방정식 $x^2+4x+5=0$의 두 허근이 α, β이므로
$\alpha^2+4\alpha+5=0$, $\beta^2+4\beta+5=0$
$\therefore \alpha^2+5\alpha+5=\alpha$, $\beta^2+5\beta+5=\beta$
또한, 이차방정식의 근과 계수의 관계에 의하여 $\alpha+\beta=-4$, $\alpha\beta=5$
따라서 $\dfrac{1}{\alpha^2+5\alpha+5}+\dfrac{1}{\beta^2+5\beta+5}=\dfrac{1}{\alpha}+\dfrac{1}{\beta}=\dfrac{\alpha+\beta}{\alpha\beta}=-\dfrac{4}{5}$

정답 ③

0944

정답 1

STEP A 나머지정리와 삼차방정식의 풀이를 이용하여 상수 a의 값 구하기

$f(x)=x^3-6x^2+13x-7$이라 하면
$f(x)$를 일차식 $x-a$로 나누었을 때의 몫을 $Q(x)$, 나머지는 3이므로
나머지정리에 의하여 $f(a)=3$
다항식 $f(x)$를 $x-a$로 나눈 나머지는 $f(a)$이다.
$a^3-6a^2+13a-7=3$, $a^3-6a^2+13a-10=0$
$(a-2)(a^2-4a+5)=0$ ← 조립제법에 의하여
$\therefore a=2$ 또는 $a^2-4a+5=0$

$$\begin{array}{r|rrrr} 2 & 1 & -6 & 13 & -10 \\ & & 2 & -8 & 10 \\ \hline & 1 & -4 & 5 & 0 \end{array}$$

이때 이차방정식 $a^2-4a+5=0$의
판별식을 D라 하면 $\dfrac{D}{4}=4-5<0$이므로
이차방정식 $a^2-4a+5=0$은 실근을 갖지 않는다.
$\therefore a=2$

STEP B $Q(a)$의 값 구하기

조립제법을 이용하여
$x^3-6x^2+13x-7$을 일차식 $x-2$로 나누면
$x^3-6x^2+13x-7=(x-2)(x^2-4x+5)+3$
따라서 $Q(x)=x^2-4x+5$이므로
$Q(a)=Q(2)=4-8+5=1$

$$\begin{array}{r|rrrr} 2 & 1 & -6 & 13 & -7 \\ & & 2 & -8 & 10 \\ \hline & 1 & -4 & 5 & 3 \end{array}$$

0945   2023년 03월 고2 학력평가 10번   정답 ①

STEP A   조립제법을 이용하여 삼차식 인수분해하기

$f(x)=x^3+2x-3$이라 하면

$f(1)=1+2-3=0$이므로

$f(x)$는 $x-1$을 인수로 갖는다.

1	1	0	2	−3
		1	1	3
	1	1	3	0

조립제법을 이용하여 $f(x)$를 인수분해하면

$f(x)=(x-1)(x^2+x+3)$

STEP B   이차방정식의 근의 공식을 이용하여 a, b의 값 구하기

주어진 방정식은 $(x-1)(x^2+x+3)=0$

$\therefore x=1$ 또는 $x^2+x+3=0$

이때 $x^2+x+3=0$의 판별식을 D라 하면

$D=1-12<0$이므로 이 식의 두 근은 모두 허근이다.

이차방정식 $x^2+x+3=0$에서 근의 공식에 의하여

$x=\dfrac{-1\pm\sqrt{1^2-4\times1\times3}}{2}=\dfrac{-1\pm\sqrt{11}\,i}{2}$이므로

$a=-\dfrac{1}{2},\ b=\dfrac{\sqrt{11}}{2}$ 또는 $a=-\dfrac{1}{2},\ b=-\dfrac{\sqrt{11}}{2}$

따라서 $a^2b^2=\dfrac{1}{4}\times\dfrac{11}{4}=\dfrac{11}{16}$

+α | 삼차방정식의 근과 계수의 관계를 이용하여 구할 수 있어!

주어진 삼차방정식의 계수가 실수이므로 한 근이 $a+bi$이면 $a-bi$도 근이다.
삼차방정식 $x^3+2x-3=0$의 나머지 한 근은 1이므로
삼차방정식의 근과 계수의 관계에 의하여   ← 삼차방정식 $ax^3+bx^2+cx+d=0\,(a\neq0)$의

세 근의 합 :   세 근을 α, β, γ라 하면 $\alpha+\beta+\gamma=-\dfrac{b}{a}$,

$(a+bi)+(a-bi)+1=2a+1=0$ …… ㉠ $\alpha\beta+\beta\gamma+\gamma\alpha=\dfrac{c}{a}$, $\alpha\beta\gamma=-\dfrac{d}{a}$

세 근의 곱 :

$(a+bi)\times(a-bi)\times1=a^2+b^2=3$ …… ㉡

㉠에서 $a=-\dfrac{1}{2}$

이를 ㉡에 대입하면 $\dfrac{1}{4}+b^2=3$, $b^2=\dfrac{11}{4}$ $\therefore a^2b^2=\dfrac{1}{4}\times\dfrac{11}{4}=\dfrac{11}{16}$

내신 연계 출제문항 441

삼차방정식 $x^3-x^2-2x+8=0$의 한 허근을 $a+bi$라 할 때, a^2b^2의 값은?
(단, a, b는 실수이고 $i=\sqrt{-1}$)

① $\dfrac{17}{16}$ ② $\dfrac{9}{8}$ ③ $\dfrac{31}{16}$

④ $\dfrac{27}{8}$ ⑤ $\dfrac{63}{16}$

STEP A   조립제법을 이용하여 삼차식 인수분해하기

$f(x)=x^3-x^2-2x+8$이라 하면

$f(-2)=-8-4+4+8=0$이므로

$f(x)$는 $x+2$를 인수로 갖는다.

−2	1	−1	−2	8
		−2	6	−8
	1	−3	4	0

조립제법을 이용하여 $f(x)$를 인수분해하면

$f(x)=(x+2)(x^2-3x+4)$

STEP B   이차방정식의 근의 공식을 이용하여 a, b의 값 구하기

주어진 방정식은 $(x+2)(x^2-3x+4)=0$

$\therefore x=-2$ 또는 $x^2-3x+4=0$

이때 $x^2-3x+4=0$의 판별식을 D라 하면

$D=9-16<0$이므로 이 식의 두 근은 모두 허근이다.

이차방정식 $x^2-3x+4=0$에서 근의 공식에 의하여

$x=\dfrac{3\pm\sqrt{3^2-4\times1\times4}}{2}=\dfrac{3\pm\sqrt{7}\,i}{2}$이므로

$a=\dfrac{3}{2},\ b=\dfrac{\sqrt{7}}{2}$ 또는 $a=\dfrac{3}{2},\ b=-\dfrac{\sqrt{7}}{2}$

따라서 $a^2b^2=\dfrac{9}{4}\times\dfrac{7}{4}=\dfrac{63}{16}$

+α | 삼차방정식의 근과 계수의 관계를 이용하여 구할 수 있어!

주어진 삼차방정식의 계수가 실수이므로 한 근이 $a+bi$이면 $a-bi$도 근이다.
삼차방정식 $x^3-x^2-2x+8=0$의 나머지 한 근은 -2이므로
삼차방정식의 근과 계수의 관계에 의하여   ← 삼차방정식 $ax^3+bx^2+cx+d=0\,(a\neq0)$의

세 근의 합 :   세 근을 α, β, γ라 하면 $\alpha+\beta+\gamma=-\dfrac{b}{a}$,

$(a+bi)+(a-bi)+(-2)=2a-2=1$ …… ㉠ $\alpha\beta+\beta\gamma+\gamma\alpha=\dfrac{c}{a}$, $\alpha\beta\gamma=-\dfrac{d}{a}$

세 근의 곱 :

$(a+bi)\times(a-bi)\times(-2)=-2a^2-2b^2=-8$

$\therefore a^2+b^2=4$ …… ㉡

㉠에서 $a=\dfrac{3}{2}$

이를 ㉡에 대입하면 $\dfrac{9}{4}+b^2=4$, $b^2=\dfrac{7}{4}$ $\therefore a^2b^2=\dfrac{9}{4}\times\dfrac{7}{4}=\dfrac{63}{16}$

정답 ⑤

0946   2022년 06월 고1 학력평가 13번   정답 ③

STEP A   조립제법을 이용하여 삼차식 인수분해하기

$f(x)=x^3+2x^2-3x-10$이라 하면

$f(2)=8+8-6-10=0$이므로

$f(x)$는 $x-2$를 인수로 갖는다.

2	1	2	−3	−10
		2	8	10
	1	4	5	0

조립제법을 이용하여 $f(x)$를 인수분해하면

$f(x)=(x-2)(x^2+4x+5)$

STEP B   이차방정식의 근과 계수의 관계를 이용하여 주어진 식의 값 구하기

주어진 방정식은 $(x-2)(x^2+4x+5)=0$

$\therefore x=2$ 또는 $x^2+4x+5=0$

이때 $x^2+4x+5=0$의 판별식을 D라 하면

$\dfrac{D}{4}=4-5<0$이므로 이 식의 근은 모두 허근이다.

이차방정식 $x^2+4x+5=0$의 두 허근이 α, β이므로

이차방정식의 근과 계수의 관계에 의하여 $\alpha+\beta=-4$, $\alpha\beta=5$

따라서 $\alpha^3+\beta^3=(\alpha+\beta)^3-3\alpha\beta(\alpha+\beta)$ ← $(\alpha+\beta)^3=\alpha^3+3\alpha^2\beta+3\alpha\beta^2+\beta^3$

$\qquad\qquad =(-4)^3-3\times5\times(-4)=-64+60=-4$

내신 연계 출제문항 442

삼차방정식 $x^3-2x^2+3x-2=0$의 두 허근을 α, β라 할 때, $\alpha^3+\beta^3$의 값은?

① -6 ② -5 ③ -4

④ -3 ⑤ -2

STEP A   조립제법을 이용하여 삼차식 인수분해하기

$f(x)=x^3-2x^2+3x-2$이라 하면

$f(1)=1-2+3-2=0$이므로

$f(x)$는 $x-1$을 인수로 갖는다.

1	1	−2	3	−2
		1	−1	2
	1	−1	2	0

조립제법을 이용하여 $f(x)$를 인수분해하면

$f(x)=(x-1)(x^2-x+2)$

STEP B   이차방정식의 근과 계수의 관계를 이용하여 주어진 식의 값 구하기

주어진 방정식은 $(x-1)(x^2-x+2)=0$

$\therefore x=1$ 또는 $x^2-x+2=0$

이때 $x^2-x+2=0$의 판별식을 D라 하면

$D=1-8<0$이므로 이 식의 근은 모두 허근이다.

이차방정식 $x^2-x+2=0$의 두 허근이 α, β이므로

이차방정식의 근과 계수의 관계에 의하여 $\alpha+\beta=1$, $\alpha\beta=2$

따라서 $\alpha^3+\beta^3=(\alpha+\beta)^3-3\alpha\beta(\alpha+\beta)$ ← $(\alpha+\beta)^3=\alpha^3+3\alpha^2\beta+3\alpha\beta^2+\beta^3$

$\qquad\qquad =1^3-3\times2\times1=1-6=-5$

정답 ②

0947

2024년 06월 고1 학력평가 12번   정답 ⑤

STEP Ⓐ 조립제법을 이용하여 삼차식 인수분해하기

$f(x)=x^3+x^2+x-3$이라 하면
$f(1)=1+1+1-3=0$이므로
$f(x)$는 $x-1$을 인수로 갖는다.

$$\begin{array}{r|rrrr} 1 & 1 & 1 & 1 & -3 \\ & & 1 & 2 & 3 \\ \hline & 1 & 2 & 3 & 0 \end{array}$$

조립제법을 이용하여 $f(x)$를 인수분해하면
$f(x)=(x-1)(x^2+2x+3)$

STEP Ⓑ 이차방정식을 이용하여 주어진 식의 값 계산하기

주어진 방정식은 $(x-1)(x^2+2x+3)=0$
$\therefore\ x=1$ 또는 $x^2+2x+3=0$
이차방정식 $x^2+2x+3=0$의 판별식을 D라 하면
$\dfrac{D}{4}=1-3<0$이므로 서로 다른 두 허근 $\alpha,\ \beta$를 가진다.

$x=\alpha$를 대입하면 $\alpha^2+2\alpha+3=0$ $\therefore\ \alpha^2+2\alpha=-3$
$x=\beta$를 대입하면 $\beta^2+2\beta+3=0$ $\therefore\ \beta^2+2\beta=-3$
따라서 $(\alpha^2+2\alpha+6)(\beta^2+2\beta+8)=(-3+6)(-3+8)=3\times5=15$

내신연계 출제문항 443

삼차방정식 $x^3+x^2+x-3=0$의 두 허근을 $\alpha,\ \beta$라 할 때,
$\dfrac{\alpha^2}{\beta}+\dfrac{\beta^2}{\alpha}$의 값은?

① 2   ② $\dfrac{8}{3}$ ③ $\dfrac{10}{3}$

④ 4   ⑤ $\dfrac{14}{3}$

STEP Ⓐ 조립제법을 이용하여 삼차식 인수분해하기

$f(x)=x^3+x^2+x-3$이라 하면
$f(1)=1+1+1-3=0$이므로
$f(x)$는 $x-1$을 인수로 갖는다.

$$\begin{array}{r|rrrr} 1 & 1 & 1 & 1 & -3 \\ & & 1 & 2 & 3 \\ \hline & 1 & 2 & 3 & 0 \end{array}$$

조립제법을 이용하여 $f(x)$를 인수분해하면
$f(x)=(x-1)(x^2+2x+3)$

STEP Ⓑ 이차방정식의 근과 계수의 관계를 이용하여 주어진 식의 값 구하기

주어진 방정식은 $(x-1)(x^2+2x+3)=0$
$\therefore\ x=1$ 또는 $x^2+2x+3=0$
이때 $x^2+2x+3=0$의 판별식을 D라 하면
$\dfrac{D}{4}=1-3<0$이므로 이 식의 근은 모두 허근이다.
이차방정식 $x^2+2x+3=0$의 두 허근이 $\alpha,\ \beta$이므로
이차방정식의 근과 계수의 관계에 의하여 $\alpha+\beta=-2,\ \alpha\beta=3$

따라서 $\dfrac{\alpha^2}{\beta}+\dfrac{\beta^2}{\alpha}=\dfrac{\alpha^3+\beta^3}{\alpha\beta}=\dfrac{(\alpha+\beta)^3-3\alpha\beta(\alpha+\beta)}{\alpha\beta}$

$\qquad=\dfrac{(-2)^3-3\times3\times(-2)}{3}$

$\qquad=\dfrac{10}{3}$

정답 ③

0948

정답 ③

STEP Ⓐ 삼차방정식의 근 구하기

$x^3+8=0$의 좌변을 인수분해하면
$(x+2)(x^2-2x+4)=0$
$\therefore\ x=-2$ 또는 $x^2-2x+4=0$
이차방정식 $x^2-2x+4=0$에서 근의 공식에 의하여 $x=1\pm\sqrt{3}\,i$
즉 방정식 $x^3+8=0$의 근은
$x=-2$ 또는 $x=1+\sqrt{3}\,i$ 또는 $x=1-\sqrt{3}\,i$

STEP Ⓑ [보기]의 참, 거짓 판단하기

ㄱ. 복소수 범위에서 실근 1개와 허근 2개를 가지므로 근의 개수는 3이다. [참]
ㄴ. 두 허근이 $x=1+\sqrt{3}\,i$, $x=1-\sqrt{3}\,i$이므로
 곱은 $(1+\sqrt{3}\,i)(1-\sqrt{3}\,i)=1+3=4$ [참]
ㄷ. 허수부분이 양수인 근은 $1+\sqrt{3}\,i$이므로 $\alpha=1+\sqrt{3}\,i$, $\overline{\alpha}=1-\sqrt{3}\,i$
  $x=1+\sqrt{3}\,i$의 허수부분은 $\sqrt{3}$

  $\alpha-\overline{\alpha}=1+\sqrt{3}\,i-(1-\sqrt{3}\,i)=2\sqrt{3}\,i$ [거짓]
따라서 옳은 것은 ㄱ, ㄴ이다.

+α   **켤레복소수의 성질을 이용하여 구할 수 있어!** 

> $x^3+8=0$의 좌변을 인수분해하면 $(x+2)(x^2-2x+4)=0$
> α가 이차방정식 $x^2-2x+4=0$의 한 근이면 켤레복소수 $\overline{\alpha}$도 근이 되므로
> 이차방정식의 근과 계수의 관계에 의하여 $\alpha+\overline{\alpha}=2,\ \alpha\overline{\alpha}=4$
> 이때 $\alpha=a+bi\,(a$는 실수, $b>0)$라 하면 $\overline{\alpha}=a-bi$이므로
> $\alpha+\overline{\alpha}=2a,\ 2a=2$ $\therefore\ a=1$
> $\alpha\overline{\alpha}=(a+bi)(a-bi)=1+b^2,\ 1+b^2=4,\ b^2=3$
> $\therefore\ b=\sqrt{3}\,(\because b>0)$
> 즉 $\alpha-\overline{\alpha}=1+\sqrt{3}\,i-(1-\sqrt{3}\,i)=2\sqrt{3}\,i$

0949

정답 ③

STEP Ⓐ 조립제법을 이용하여 삼차식 인수분해하기

$f(x)=x^3-5x^2+8x-6$이라 하면
$f(3)=27-45+24-6=0$이므로
$f(x)$는 $x-3$을 인수로 갖는다.

$$\begin{array}{r|rrrr} 3 & 1 & -5 & 8 & -6 \\ & & 3 & -6 & 6 \\ \hline & 1 & -2 & 2 & 0 \end{array}$$

조립제법을 이용하여 $f(x)$를 인수분해하면
$f(x)=(x-3)(x^2-2x+2)$

STEP Ⓑ 이차방정식의 근과 계수의 관계를 이용하여 주어진 식의 값 구하기

주어진 방정식은 $(x-3)(x^2-2x+2)=0$
$\therefore\ x=3$ 또는 $x^2-2x+2=0$
이차방정식 $x^2-2x+2=0$의 판별식을 D라 하면
$\dfrac{D}{4}=1-2<0$이므로 이 식의 근은 모두 허근이다.
이때 $x^2-2x+2=0$의 한 허근이 α이므로 다른 한 근은 $\overline{\alpha}$이다.
즉 $\alpha,\ \overline{\alpha}$는 $x^2-2x+2=0$의 근이므로
이차방정식의 근과 계수의 관계에 의하여 $\alpha+\overline{\alpha}=2,\ \alpha\overline{\alpha}=2$

따라서 $\dfrac{\overline{\alpha}}{\alpha}+\dfrac{\alpha}{\overline{\alpha}}=\dfrac{(\overline{\alpha})^2+\alpha^2}{\alpha\overline{\alpha}}$

$\qquad=\dfrac{(\alpha+\overline{\alpha})^2-2\alpha\overline{\alpha}}{\alpha\overline{\alpha}}$

$\qquad=\dfrac{2^2-2\times2}{2}=0$

삼차방정식 $x^3-x^2+x-6=0$의 한 허근을 α라 할 때, $\dfrac{\overline{\alpha}}{\alpha}+\dfrac{\alpha}{\overline{\alpha}}$의 값은?

(단, $\overline{\alpha}$는 α의 켤레복소수이다.)

① $-\dfrac{7}{3}$ ② $-\dfrac{5}{3}$ ③ -1

④ $\dfrac{5}{3}$ ⑤ $\dfrac{7}{3}$

STEP A 조립제법을 이용하여 삼차식 인수분해하기

$f(x)=x^3-x^2+x-6$이라 하면
$f(2)=8-4+2-6=0$이므로
$f(x)$는 $x-2$를 인수로 갖는다.
조립제법을 이용하여 $f(x)$를 인수분해하면
$f(x)=(x-2)(x^2+x+3)$

$$\begin{array}{c|cccc} 2 & 1 & -1 & 1 & -6 \\ & & 2 & 2 & 6 \\ \hline & 1 & 1 & 3 & 0 \end{array}$$

STEP B 이차방정식의 근과 계수의 관계를 이용하여 주어진 식의 값 구하기

주어진 방정식은 $(x-2)(x^2+x+3)=0$
$\therefore\ x=2$ 또는 $x^2+x+3=0$
이차방정식 $x^2+x+3=0$의 판별식을 D라 하면
$D=1-12<0$이므로 이 식의 근은 모두 허근이다.
이때 $x^2+x+3=0$의 한 허근이 α이므로 다른 한 근은 $\overline{\alpha}$이다.
즉 α, $\overline{\alpha}$는 $x^2+x+3=0$의 근이므로
이차방정식의 근과 계수의 관계에 의하여 $\alpha+\overline{\alpha}=-1$, $\alpha\overline{\alpha}=3$

따라서 $\dfrac{\overline{\alpha}}{\alpha}+\dfrac{\alpha}{\overline{\alpha}}=\dfrac{(\overline{\alpha})^2+\alpha^2}{\alpha\overline{\alpha}}=\dfrac{(\alpha+\overline{\alpha})^2-2\alpha\overline{\alpha}}{3}=\dfrac{(-1)^2-2\times3}{3}=-\dfrac{5}{3}$ 정답 ②

0950 정답 6

STEP A 조립제법을 이용하여 삼차식 인수분해하기

$f(x)=x^3-5x^2+9x-9$라 하면
$f(3)=27-45+27-9=0$
조립제법을 이용하여 $f(x)$를 인수분해하면
$f(x)=(x-3)(x^2-2x+3)$

$$\begin{array}{c|cccc} 3 & 1 & -5 & 9 & -9 \\ & & 3 & -6 & 9 \\ \hline & 1 & -2 & 3 & 0 \end{array}$$

STEP B 이차방정식의 근과 계수의 관계를 이용하여 주어진 식의 값 구하기

주어진 방정식은 $(x-3)(x^2-2x+3)$
$\therefore\ x=3$ 또는 $x^2-2x+3=0$
이때 $x^2-2x+3=0$의 판별식을 D라 하면
$\dfrac{D}{4}=1-3<0$이므로 이 식의 근은 모두 허근이다.
이차방정식 $x^2-2x+3=0$의 두 허근이 z_1, z_2이므로
이차방정식이 근과 계수의 관계에 의하여 $z_1z_2=3$
또한, 두 허근이 켤레근이므로 $z_1=\overline{z_2}$, $z_2=\overline{z_1}$
따라서 $z_1\overline{z_1}+z_2\overline{z_2}=2z_1z_2=6$

+α 근의 공식을 이용하여 허근을 구하여 $z_1\overline{z_1}+z_2\overline{z_2}$의 값을 구할 수 있어!

z_1, z_2는 이차방정식 $x^2-2x+3=0$의 두 허근이므로 근의 공식을 이용하면
$x=1\pm\sqrt{2}i$
따라서 $z_1=1-\sqrt{2}i$, $z_2=1+\sqrt{2}i$라 하면
$z_1\overline{z_1}+z_2\overline{z_2}=(1-\sqrt{2}i)(1+\sqrt{2}i)+(1+\sqrt{2}i)(1-\sqrt{2}i)=3+3=6$

삼차방정식 $x^3-4x^2+8x-8=0$의 두 허근을 각각 α, β라 할 때, $\alpha\overline{\alpha}+\beta\overline{\beta}$의 값은? (단, $\overline{\alpha}$, $\overline{\beta}$는 각각 α, β의 켤레복소수이다.)

① 2 ② 4 ③ 6
④ 8 ⑤ 10

STEP A 조립제법을 이용하여 삼차식 인수분해하기

$f(x)=x^3-4x^2+8x-8$이라 하면
$f(2)=8-16+16-8=0$이므로
$f(x)$는 $x-2$를 인수로 갖는다.
조립제법을 이용하여 $f(x)$를 인수분해하면
$f(x)=(x-2)(x^2-2x+4)$

$$\begin{array}{c|cccc} 2 & 1 & -4 & 8 & -8 \\ & & 2 & -4 & 8 \\ \hline & 1 & -2 & 4 & 0 \end{array}$$

STEP B 이차방정식의 근과 계수의 관계를 이용하여 주어진 식의 값 구하기

주어진 방정식은 $(x-2)(x^2-2x+4)=0$
$\therefore\ x=2$ 또는 $x^2-2x+4=0$
이때 $x^2-2x+4=0$의 판별식을 D라 하면
$\dfrac{D}{4}=1-4<0$이므로 이 식의 근은 모두 허근이다.
이차방정식 $x^2-2x+4=0$의 두 근이 α, β이므로
이차방정식의 근과 계수의 관계에 의하여 $\alpha\beta=4$
또한, 두 허근이 켤레근이므로 $\alpha=\overline{\beta}$, $\beta=\overline{\alpha}$
따라서 $\alpha\overline{\alpha}+\beta\overline{\beta}=2\alpha\beta=2\times4=8$

+α 근의 공식을 이용하여 허근을 구하여 $\alpha\overline{\alpha}+\beta\overline{\beta}$의 값을 구할 수 있어!

α, β는 이차방정식 $x^2-2x+4=0$의 두 허근이므로 근의 공식을 이용하면
$x=1\pm\sqrt{3}i$
따라서 $\alpha=1-\sqrt{3}i$, $\beta=1+\sqrt{3}i$라 하면
$\alpha\overline{\alpha}+\beta\overline{\beta}=(1-\sqrt{3}i)(1+\sqrt{3}i)+(1+\sqrt{3}i)(1-\sqrt{3}i)=4+4=8$

정답 ④

0951 2020년 09월 고1 학력평가 15번 정답 ②

STEP A 조립제법을 이용하여 삼차식 인수분해하기

$f(x)=x^3+(k-1)x^2-k$라 하면
$f(1)=1+k-1-k=0$이므로
$f(x)$는 $x-1$을 인수로 갖는다.
조립제법을 이용하여 $f(x)$를 인수분해하면
$f(x)=(x-1)(x^2+kx+k)$

$$\begin{array}{c|cccc} 1 & 1 & k-1 & 0 & -k \\ & & 1 & k & k \\ \hline & 1 & k & k & 0 \end{array}$$

STEP B 이차방정식의 근과 계수의 관계를 이용하여 k의 값 구하기

주어진 방정식은 $(x-1)(x^2+kx+k)=0$
$\therefore\ x=1$ 또는 $x^2+kx+k=0$
이때 $x^2+kx+k=0$의 한 허근이 z이므로 다른 한 근은 $\overline{z}$이다.
즉 z, $\overline{z}$는 $x^2+kx+k=0$의 근이므로 이차방정식의 근과 계수의 관계에 의하여
$z+\overline{z}=\dfrac{-k}{1}$에서 $-2=-k$
따라서 $k=2$

x에 대한 삼차방정식 $x^3-(k-1)x^2+k=0$의 한 허근을 z라 할 때, $z+\overline{z}=5$이다. 실수 k의 값은? (단, $\overline{z}$는 z의 켤레복소수이다.)

① -5 ② -3 ③ $-\dfrac{5}{2}$

④ 3 ⑤ 5

STEP Ⓐ 조립제법을 이용하여 삼차식 인수분해하기

$f(x)=x^3-(k-1)x^2+k$라 하면

$f(-1)=-1-k+1+k=0$이므로

$f(x)$는 $x+1$을 인수로 갖는다.

-1	1	$-k+1$	0	k
		-1	k	$-k$
	1	$-k$	k	0

조립제법을 이용하여 $f(x)$를 인수분해하면

$f(x)=(x+1)(x^2-kx+k)$

STEP Ⓑ 이차방정식의 근과 계수의 관계를 이용하여 k의 값 구하기

주어진 방정식은 $(x+1)(x^2-kx+k)=0$

$\therefore x=-1$ 또는 $x^2-kx+k=0$

이때 $x^2-kx+k=0$의 한 허근이 z이므로 다른 한 근은 $\overline{z}$이다.

즉 z, $\overline{z}$는 $x^2-kx+k=0$의 근이므로

이차방정식의 근과 계수의 관계에 의하여 $z+\overline{z}=k$

따라서 $k=5$

정답 ⑤

0952

2019년 03월 고2 학력평가 나형 14번   정답 ②

STEP Ⓐ 조립제법을 이용하여 삼차식 인수분해하기

조건 (가)에서

$f(x)=x^3-3x^2+9x+13$이라 하면

$f(-1)=-1-3-9+13=0$이므로

$f(x)$는 $x+1$을 인수로 갖는다.

-1	1	-3	9	13
		-1	4	-13
	1	-4	13	0

조립제법을 이용하여 $f(x)$를 인수분해하면

$f(x)=(x+1)(x^2-4x+13)$

STEP Ⓑ 삼차방정식의 해 구하기

주어진 방정식은 $(x+1)(x^2-4x+13)=0$

$\therefore x=-1$ 또는 $x^2-4x+13=0$

이차방정식 $x^2-4x+13=0$에서 근의 공식에 의하여

$x=\dfrac{-(-2)\pm\sqrt{(-2)^2-13}}{1}=2\pm3i$

즉 삼차방정식의 세 근은 $x=-1$ 또는 $x=2+3i$ 또는 $x=2-3i$

> **+α** | $z\neq-1$인 이유!
>
> $z=-1$이면 $\overline{z}=-1$에서 $\dfrac{z-\overline{z}}{i}=\dfrac{-1-(-1)}{i}=0$이므로
> 조건 (나)를 만족하지 않는다.
> 즉 방정식 $x^3-3x^2+9x+13=(x+1)(x^2-4x+13)=0$의 근 중 $z\neq-1$이므로
> z는 이차방정식 $x^2-4x+13=0$의 근이다.

STEP Ⓒ 조건 (나)를 이용하여 a, b의 값 구하기

조건 (나)에서

$\dfrac{z-\overline{z}}{i}=\dfrac{(a+bi)-(a-bi)}{i}=\dfrac{2bi}{i}=2b$ ← 복소수의 뺄셈은 실수부분과 허수부분을 각각 계산한다.

$\dfrac{z-\overline{z}}{i}$ 가 음의 실수이므로 b는 음수이다.

$(a+bi)-(a-bi)=(a-a)+(b+b)i$
$=2bi$

조건 (가)의 세 근 중 조건 (나)를 만족하는 z는 $z=2-3i$이므로

$a=2$, $b=-3$

따라서 $a+b=2+(-3)=-1$

복소수 $z=a+bi$ (a, b는 실수)가 다음 조건을 만족시킬 때, ab의 값은? (단, $i=\sqrt{-1}$이고 $\overline{z}$는 z의 켤레복소수이다.)

> (가) z는 방정식 $x^3+x^2+2x-4=0$의 근이다.
> (나) $\dfrac{z-\overline{z}}{i}$ 는 음의 실수이다.

① $-\sqrt{3}$ ② $-\sqrt{2}$ ③ -1

④ $\sqrt{2}$ ⑤ $\sqrt{3}$

STEP Ⓐ 조립제법을 이용하여 삼차식 인수분해하기

조건 (가)에서

$f(x)=x^3+x^2+2x-4$라 하면

$f(1)=1+1+2-4=0$이므로

$f(x)$는 $x-1$을 인수로 갖는다.

1	1	1	2	-4
		1	2	4
	1	2	4	0

조립제법을 이용하여 $f(x)$를 인수분해하면

$f(x)=(x-1)(x^2+2x+4)$

STEP Ⓑ 삼차방정식의 해 구하기

주어진 방정식은 $(x-1)(x^2+2x+4)=0$

$\therefore x=1$ 또는 $x^2+2x+4=0$

이차방정식 $x^2+2x+4=0$에서 근의 공식에 의하여

$x=\dfrac{-1\pm\sqrt{(-1)^2-4}}{1}=-1\pm\sqrt{3}\,i$

즉 삼차방정식의 세 근은 $x=1$ 또는 $x=-1+\sqrt{3}\,i$ 또는 $x=-1-\sqrt{3}\,i$

STEP Ⓒ 조건 (나)를 이용하여 a, b의 값 구하기

조건 (나)에서

$\dfrac{z-\overline{z}}{i}=\dfrac{(a+bi)-(a-bi)}{i}=\dfrac{2bi}{i}=2b$ ← 복소수의 뺄셈은 실수부분과 허수부분을 각각 계산한다.

$\dfrac{z-\overline{z}}{i}$ 가 음의 실수이므로 b는 음수이다.

$(a+bi)-(a-bi)=(a-a)+(b+b)i$
$=2bi$

조건 (가)의 세 근 중 조건 (나)를 만족하는 z는 $z=-1-\sqrt{3}\,i$이므로

$a=-1$, $b=-\sqrt{3}$

따라서 $ab=-1\times(-\sqrt{3})=\sqrt{3}$

정답 ⑤

0953

2023년 11월 고1 학력평가 27번   정답 16

STEP Ⓐ 조립제법을 이용하여 삼차식 인수분해하기

$f(x)=x^3-3x^2+4x-2$로 놓으면

$f(1)=1-3+4-2=0$이므로

$f(x)$는 $x-1$을 인수로 갖는다.

1	1	-3	4	-2
		1	-2	2
	1	-2	2	0

조립제법을 이용하여 $f(x)$를 인수분해하면

$f(x)=(x-1)(x^2-2x+2)$

STEP Ⓑ 이차방정식의 근과 계수의 관계를 이용하여 자연수 n의 값 구하기

주어진 방정식은 $(x-1)(x^2-2x+2)=0$

$\therefore x=1$ 또는 $x^2-2x+2=0$

$\omega\neq1$이므로 이차방정식 $x^2-2x+2=0$의 두 허근은 ω, $\overline{\omega}$

이차방정식의 근과 계수의 관계에 의하여

$\omega+\overline{\omega}=2$, $\omega\overline{\omega}=2$에서 $\omega\overline{\omega}-\omega=\overline{\omega}$

두 허근의 곱과 합의 값이 같으므로 $\omega+\overline{\omega}=\omega\overline{\omega}$, $\omega\overline{\omega}-\omega=\overline{\omega}$

그러므로 $\{\omega(\overline{\omega}-1)\}^n=(\omega\overline{\omega}-\omega)^n=\overline{\omega}^n$

이차방정식 $x^2-2x+2=0$에서 근의 공식에 의하여

$x=\dfrac{1\pm\sqrt{1-2}}{1}=\dfrac{2\pm2i}{2}=1\pm i$ ← $i=\sqrt{-1}$

즉 두 근은 $1+i$, $1-i$

$\omega=1+i$, $\overline{\omega}=1-i$일 때,

$\overline{\omega}^2=(1-i)^2=1-2i+i^2=-2i$ $\leftarrow i^2=-1$

$\overline{\omega}^4=(\overline{\omega}^2)^2=(-2i)^2=-4$

$\overline{\omega}^8=(\overline{\omega}^4)^2=(-4)^2=16$

$\overline{\omega}^{16}=(\overline{\omega}^8)^2=16^2=256$

마찬가지로 $\omega=1-i$, $\overline{\omega}=1+i$일 때도 $\overline{\omega}^{16}=256$

따라서 $n=16$

삼차방정식 $x^3-x^2+2=0$의 한 허근을 ω라 할 때, $\{\omega(\overline{\omega}-1)\}^n=-1024$ 를 만족시키는 자연수 n의 값을 구하시오. (단, $\overline{\omega}$는 ω의 켤레복소수이다.)

STEP A 조립제법을 이용하여 삼차식 인수분해하기

$f(x)=x^3-x^2+2$로 놓으면

$f(-1)=-1-1+2=0$이므로

$f(x)$는 $x+1$을 인수로 갖는다.

조립제법을 이용하여 $f(x)$를 인수분해하면

$f(x)=(x+1)(x^2-2x+2)$

-1	1	-1	0	2
		-1	2	-2
	1	-2	2	0

STEP B 이차방정식의 근과 계수의 관계를 이용하여 자연수 n의 값 구하기

주어진 방정식은 $(x+1)(x^2-2x+2)=0$

$\therefore x=-1$ 또는 $x^2-2x+2=0$

$\omega \ne -1$이므로 이차방정식 $x^2-2x+2=0$의 두 허근은 ω, $\overline{\omega}$

이차방정식의 근과 계수의 관계에 의하여

$\omega+\overline{\omega}=2$, $\omega\overline{\omega}=2$에서 $\omega\overline{\omega}-\omega=\overline{\omega}$

그러므로 $\{\omega(\overline{\omega}-1)\}^n=(\omega\overline{\omega}-\omega)^n=\overline{\omega}^n$

이차방정식 $x^2-2x+2=0$에서 근의 공식에 의하여

$x=\dfrac{1\pm\sqrt{1-2}}{1}=1\pm i$ $\leftarrow i=\sqrt{-1}$

즉 두 근은 $1+i$, $1-i$

$\omega=1+i$, $\overline{\omega}=1-i$일 때,

$\overline{\omega}^2=(1-i)^2=1-2i+i^2=-2i$ $\leftarrow i^2=-1$

$\overline{\omega}^4=(\overline{\omega}^2)^2=(-2i)^2=-4$

$\overline{\omega}^8=(\overline{\omega}^4)^2=(-4)^2=16$

$\overline{\omega}^{16}=(\overline{\omega}^8)^2=16^2=256$

$\overline{\omega}^{20}=\overline{\omega}^{16}\times\overline{\omega}^4=256\times(-4)=-1024$

마찬가지로 $\omega=1-i$, $\overline{\omega}=1+i$일 때도 $\overline{\omega}^{20}=-1024$

따라서 $n=20$

0954

STEP A 삼차방정식에 $x=1$을 대입하여 a의 값 구하기

$x^3+x^2-8x+a=0$에 $x=1$을 대입하면 $1+1-8+a=0$

$\therefore a=6$

STEP B 이차방정식의 근과 계수의 관계를 이용하여 나머지 두 근의 곱 구하기

주어진 방정식은 $x^3+x^2-8x+6=0$

조립제법을 이용하여 좌변을 인수분해하면

$(x-1)(x^2+2x-6)=0$

$\therefore x=1$ 또는 $x^2+2x-6=0$

1	1	1	-8	6
		1	2	-6
	1	2	-6	0

따라서 1이 아닌 나머지 두 근은 이차방정식 $x^2+2x-6=0$의 근이므로

이차방정식의 근과 계수와의 관계에 의하여 두 근의 곱은 -6

0955

STEP A 삼차방정식에 $x=1$을 대입하여 k의 값 구하기

$x^3+kx^2-(3k+2)x-5=0$에 $x=1$을 대입하면

$1+k-(3k+2)-5=0$, $2k+6=0$ $\therefore k=-3$

STEP B 이차방정식의 근과 계수의 관계를 이용하여 $\alpha^3+\beta^3$의 값 구하기

주어진 방정식은 $x^3-3x^2+7x-5=0$

조립제법을 이용하여 좌변을 인수분해하면

$(x-1)(x^2-2x+5)=0$

$\therefore x=1$ 또는 $x^2-2x+5=0$

1	1	-3	7	-5
		1	-2	5
	1	-2	5	0

즉 1이 아닌 나머지 두 근 α, β는 이차방정식 $x^2-2x+5=0$의 근이므로

이차방정식의 근과 계수의 관계에 의하여 $\alpha+\beta=2$, $\alpha\beta=5$

따라서 $\alpha^3+\beta^3=(\alpha+\beta)^3-3\alpha\beta(\alpha+\beta)$

$=2^3-3\times5\times2=-22$

+α 두 근 α, β를 직접 구하여 $\alpha^3+\beta^3$의 값을 구할 수 있어!

이차방정식 $x^2-2x+5=0$에서 근의 공식에 의하여 $x=1\pm2i$
따라서 $\alpha=1-2i$, $\beta=1+2i$ 또는 $\alpha=1+2i$, $\beta=1-2i$이므로
$\alpha^3+\beta^3=(1-2i)^3+(1+2i)^3=-22$

삼차방정식 $x^3-ax^2+3x+2=0$의 한 근이 1이고 나머지 두 근을 α, β라 할 때, $\alpha^2+\beta^2$의 값은? (단, a는 실수이다.)

① 25   ② 27   ③ 29

④ 31   ⑤ 33

STEP A 삼차방정식에 $x=1$을 대입하여 a의 값 구하기

$x^3-ax^2+3x+2=0$에 $x=1$을 대입하면 $1-a+3+2=0$

$\therefore a=6$

STEP B 이차방정식의 근과 계수의 관계를 이용하여 $\alpha^2+\beta^2$의 값 구하기

주어진 방정식은 $x^3-6x^2+3x+2=0$

조립제법을 이용하여 좌변을 인수분해하면

$(x-1)(x^2-5x-2)=0$

$\therefore x=1$ 또는 $x^2-5x-2=0$

1	1	-6	3	2
		1	-5	-2
	1	-5	-2	0

즉 1이 아닌 나머지 두 근 α, β는 이차방정식 $x^2-5x-2=0$의 근이므로

이차방정식의 근과 계수의 관계에 의하여 $\alpha+\beta=5$, $\alpha\beta=-2$

따라서 $\alpha^2+\beta^2=(\alpha+\beta)^2-2\alpha\beta=5^2-2\times(-2)=29$

0956

STEP A 삼차방정식에 $x=-1$을 대입하여 a, b의 관계식 구하기

$x^3+ax^2+bx-3=0$에 $x=-1$을 대입하면 $-1+a-b-3=0$

$\therefore b=a-4$

STEP B 이차방정식의 근과 계수의 관계를 이용하여 $\alpha+\beta$, $\alpha\beta$의 값 구하기

주어진 방정식은
$x^3+ax^2+(a-4)x-3=0$
조립제법을 이용하여 좌변을 인수분해하면
$(x+1)\{x^2+(a-1)x-3\}=0$

$$\begin{array}{r|rrrr} -1 & 1 & a & a-4 & -3 \\ & & -1 & -a+1 & 3 \\ \hline & 1 & a-1 & -3 & 0 \end{array}$$

$\therefore x=-1$ 또는 $x^2+(a-1)x-3=0$

즉 -1이 아닌 나머지 두 근 α, β는 이차방정식 $x^2+(a-1)x-3=0$의 근이므로

이차방정식의 근과 계수의 관계에 의하여 $\alpha+\beta=-(a-1)$, $\alpha\beta=-3$

STEP C $\alpha^2+\beta^2=6$을 이용하여 a^2+b^2의 값 구하기

이때 $\alpha^2+\beta^2=6$에서 $(\alpha+\beta)^2-2\alpha\beta=6$, $(a-1)^2+6=6$, $(a-1)^2=0$

$\therefore a=1$

따라서 $a=1$, $b=-3$이므로 $a^2+b^2=10$

내 신 연 계 출제문항 450

삼차방정식 $x^3-ax^2+bx-4=0$의 한 근이 -1이고 나머지 두 근의 제곱의 합이 8일 때, 실수 a와 b에 대하여 a^2+b^2의 값은?

① 16 ② 17 ③ 18
④ 19 ⑤ 20

STEP A 삼차방정식에 $x=-1$을 대입하여 a, b의 관계식 구하기

$x^3-ax^2+bx-4=0$에 $x=-1$을 대입하면
$-1+a-b-4=0$ $\therefore b=-a-5$

STEP B 이차방정식의 근과 계수의 관계를 이용하여 $\alpha+\beta$, $\alpha\beta$의 값 구하기

주어진 방정식은
$x^3-ax^2-(a+5)x-4=0$
조립제법을 이용하여 좌변을 인수분해하면
$(x+1)\{x^2-(a+1)x-4\}=0$

$$\begin{array}{r|rrrr} -1 & 1 & -a & -a-5 & -4 \\ & & -1 & a+1 & 4 \\ \hline & 1 & -a-1 & -4 & 0 \end{array}$$

$\therefore x=-1$ 또는 $x^2-(a+1)x-4=0$

즉 -1이 아닌 나머지 두 근 α, β는 이차방정식 $x^2-(a+1)x-4=0$의 근이므로

이차방정식의 근과 계수의 관계에 의하여 $\alpha+\beta=a+1$, $\alpha\beta=-4$

STEP C $\alpha^2+\beta^2=8$을 이용하여 a^2+b^2의 값 구하기

이때 $\alpha^2+\beta^2=8$에서 $(\alpha+\beta)^2-2\alpha\beta=8$, $(a-1)^2+8=8$, $(a+1)^2=0$

$\therefore a=-1$

따라서 $a=-1$, $b=-4$이므로 $a^2+b^2=17$

0957

STEP A 조건을 만족하는 삼차식 $f(x)$ 구하기

삼차다항식 $f(x)$가 x^2-3x+2로 나누어떨어지므로
몫을 $ax+b$ (단 a, b는 상수)라 하면
$f(x)=(x^2-3x+2)(ax+b)$
$\qquad =(x-1)(x-2)(ax+b)$ ······ ㉠

또, $f(x)-12$는 x^2+3x+2로 나누어떨어지므로 몫을 $Q(x)$라 하면
$f(x)-12=(x^2+3x+2)Q(x)=(x+1)(x+2)Q(x)$ (단, $Q(x)$는 일차식)
$f(x)=(x+1)(x+2)Q(x)+12$ ······ ㉡

㉠, ㉡에서
$f(-1)=(-2)\times(-3)\times(-a+b)=12$
$\therefore -a+b=2$ ······ ㉢
$f(-2)=(-3)\times(-4)\times(-2a+b)=12$
$\therefore -2a+b=1$ ······ ㉣

㉢, ㉣을 연립하여 풀면 $a=1$, $b=3$
$f(x)=(x-1)(x-2)(x+3)$

STEP B 삼차방정식 $f(x)=0$의 세 근의 합 구하기

따라서 $(x-1)(x-2)(x+3)=0$의 세 근은 1, 2, -3이므로 세 근의 합은
$\alpha+\beta+\gamma=1+2+(-3)=0$

0958

STEP A 조립제법을 이용하여 삼차식 인수분해하기

$f(a)=0$이므로 인수정리에 의하여
$f(x)$는 $x-a$를 인수로 가진다.
조립제법을 이용하여
$f(x)$를 인수분해하면
$f(x)=(x-a)(x^2-2x-3)$
$\qquad =(x-a)(x+1)(x-3)$

$$\begin{array}{r|rrrr} a & 1 & -a-2 & 2a-3 & 3a \\ & & a & -2a & -3a \\ \hline & 1 & -2 & -3 & 0 \end{array}$$

STEP B $f(a)=f(a+2)=0$을 만족하는 실수 a의 값 구하기

주어진 식은 $(x-a)(x+1)(x-3)=0$
$\therefore x=a$ 또는 $x=-1$ 또는 $x=3$
$f(a+2)=0$에서 $a+2=-1$ 또는 $a+2=3$이므로 $a=-3$ 또는 $a=1$
따라서 실수 a의 값의 합은 $-3+1=-2$

다른풀이 다항식에 $x=a+2$를 대입하여 풀이하기

STEP A 다항식 $f(x)$에 $x=a+2$를 대입하여 정리하기

다항식 $f(x)$에 $x=a+2$를 대입하면
$f(x)=x^3-(a+2)x^2+(2a-3)x+3a$
$f(a+2)=(a+2)^3-(a+2)(a+2)^2+(2a-3)(a+2)+3a$
$\qquad =2a^2+4a-6$
$\qquad =2(a^2+2a-3)$
$\qquad =2(a-1)(a+3)$
즉 $2(a-1)(a+3)=0$에서 $a=-3$ 또는 $a=1$

STEP B $f(a)=0$을 만족시키는 a의 값 구하기

$a=-3$일 때, $f(x)=x^3+x^2-9x-9$이므로 $f(-3)=0$
$a=1$일 때, $f(x)=x^3-3x^2-x+3$이므로 $f(1)=0$
따라서 $a=-3$, $a=1$는 조건을 만족시키므로 실수 a의 값의 합은
$(-3)+1=-2$

0959

2019년 06월 고1 학력평가 26번 · 정답 10

STEP Ⓐ 인수분해를 이용하여 $k+\alpha$의 값 구하기

$f(x)=x^3-x^2+kx-k$라 하면

$$f(x)=x^3-x^2+kx-k$$
$$=x^2(x-1)+k(x-1)$$
$$=(x-1)(x^2+k)$$

삼차방정식 $(x-1)(x^2+k)=0$에서
실근 $\alpha=1$이고 허근 $3i$는 $x^2+k=0$의
근이므로 $(3i)^2+k=0$ ∴ $k=9$
따라서 $k+\alpha=9+1=10$

$f(1)=1-1+k-k=0$이므로
$f(x)$는 $x-1$을 인수로 갖는다.
조립제법을 이용하여 $f(x)$를 인수분해하면

1	1	-1	k	$-k$
		1	0	k
	1	0	k	0

$f(x)=x^3-x^2+kx-k=(x-1)(x^2+k)$

다른풀이 허근을 직접 대입하여 풀이하기

STEP Ⓐ 허근을 주어진 식에 대입하여 k의 값 구하기

삼차방정식 $x^3-x^2+kx-k=0$의 허근이 $3i$이므로
$(3i)^3-(3i)^2+3ki-k=0$
∴ $(9-k)+(3k-27)i=0$
두 복소수가 서로 같을 조건에 의하여
$a,\ b,\ c,\ d$가 실수일 때, $a+bi=0$이면 $a=0$, $b=0$이고 $a+bi=c+di$이면 $a=c$, $b=d$
실수부분과 허수부분을 각각 비교하면
$9-k=0$, $3k-27=0$이므로 $k=9$

STEP Ⓑ $k+\alpha$의 값 구하기

방정식 $x^3-x^2+9x-9=0$의 좌변을 인수분해하면
$x^2(x-1)+9(x-1)=0$, $(x^2+9)(x-1)=0$
실근이 1이므로 $\alpha=1$
따라서 $k+\alpha=9+1=10$

mini 해설 | 삼차방정식의 근과 계수의 관계를 이용하여 풀이하기

삼차방정식 $x^3-x^2+kx-k=0$ (k는 실수)의 허근이 $3i$이므로 $-3i$도 근으로 가진다.
계수가 실수일 때, $a+bi$가 한 근이면 다른 한 근은 $a-bi$이다.
삼차방정식의 근과 계수의 관계에 의하여
삼차방정식 $ax^3+bx^2+cx+d=0$의 세 근이 α, β, γ일 때,
$\alpha+\beta+\gamma=-\dfrac{b}{a}$, $\alpha\beta+\beta\gamma+\gamma\alpha=\dfrac{c}{a}$, $\alpha\beta\gamma=-\dfrac{d}{a}$
$3i+(-3i)+\alpha=1$ ∴ $\alpha=1$
$3i\times(-3i)\times\alpha=-9i^2\times1=9=k$
따라서 $k+\alpha=9+1=10$

내신연계 출제문항 451

x에 대한 삼차방정식 $x^3+ax^2+bx-5=0$의 한근이 $2-i$일 때,
두 실수 a, b에 대하여 $a+b$의 값을 구하시오.

STEP Ⓐ 허근을 주어진 식에 대입하여 a, b 사이의 관계식 구하기

삼차방정식 $x^3+ax^2+bx-5=0$의 한 근이 $2-i$이므로
$(2-i)^3+a(2-i)^2+b(2-i)-5=0$
∴ $(3a+2b-3)+(-4a-b-11)i=0$
두 복소수가 서로 같을 조건에 의하여
$a,\ b,\ c,\ d$가 실수일 때,
$a+bi=0$이면 $a=0$, $b=0$
$a+bi=c+di$이면 $a=c$, $b=d$
실수부분과 허수부분을 각각 비교하면
$3a+2b-3=0$ ······ ㉠
$-4a-b-11=0$ ······ ㉡

STEP Ⓑ $a+b$의 값 구하기

㉠$+2\times$㉡을 하면 $-5a-25=0$ ∴ $a=-5$
$a=-5$를 ㉠에 대입하면 $-15+2b-3=0$ ∴ $b=9$
따라서 $a+b=9+(-5)=4$

---

mini 해설 | 삼차방정식의 근과 계수의 관계를 이용하여 풀이하기

삼차방정식 $x^3+ax^2+bx-5=0$의 한 근이 $2-i$이므로 다른 한 근은 $2+i$이다.
계수가 실수일 때, $a+bi$가 한 근이면 다른 한 근은 $a-bi$이다.
나머지 한 근을 α라 하면 삼차방정식의 근과 계수의 관계에 의하여
삼차방정식 $ax^3+bx^2+cx+d=0$의 세 근이 α, β, γ일 때,
$\alpha+\beta+\gamma=-\dfrac{b}{a}$, $\alpha\beta+\beta\gamma+\gamma\alpha=\dfrac{c}{a}$, $\alpha\beta\gamma=-\dfrac{d}{a}$
$(2-i)\times(2-i)\times\alpha=5$ ∴ $\alpha=1$
$(2-i)+(2+i)+\alpha=-a$ ∴ $a=-5$
$(2-i)\times(2+i)+(2-i)\times\alpha+(2+i)\times\alpha=b$ ∴ $b=9$
따라서 $a+b=9+(-5)=4$

· 정답 4

0960

2022년 11월 고1 학력평가 11번 · 정답 ①

STEP Ⓐ 삼차방정식에 $x=1$을 대입하여 k의 값 구하기

$x^3+(k+1)x^2+(4k-3)x+k+7=0$에 $x=1$을 대입하면
$1+(k+1)+(4k-3)+k+7=0$, $6k+6=0$
∴ $k=-1$

STEP Ⓑ 조립제법을 이용하여 나머지 두 근 α, β 구하기

주어진 방정식은 $x^3-7x+6=0$
조립제법을 이용하여 좌변을 인수분해하면

1	1	0	-7	6
		1	1	-6
	1	1	-6	0

주어진 방정식이 1을 근으로 가지므로 주어진 삼차식은 $x-1$을 인수로 가진다.

$(x-1)(x^2+x-6)=0$
$(x-1)(x-2)(x+3)=0$
∴ $x=1$ 또는 $x=2$ 또는 $x=-3$
따라서 $|\alpha-\beta|=|2-(-3)|=|-3-2|=5$ ← $\alpha=2$, $\beta=-3$ 또는 $\alpha=-3$, $\beta=2$

+α | 근과 계수의 관계를 이용하여 풀 수도 있어!

삼차방정식 $x^3-7x+6=0$의 나머지 두 근 α, β는 이차방정식 $x^2+x-6=0$의
두 근이므로 근과 계수의 관계에 의하여 $\alpha+\beta=-1$, $\alpha\beta=-6$
이차방정식 $ax^2+bx+c=0$에서 두 근을 α, β라 할 때,
두 근의 합 $\alpha+\beta=-\dfrac{b}{a}$, 두 근의 곱 $\alpha\beta=\dfrac{c}{a}$
따라서 $|\alpha-\beta|=\sqrt{(\alpha-\beta)^2}=\sqrt{(\alpha+\beta)^2-4\alpha\beta}$
$=\sqrt{(-1)^2-4\times(-6)}=\sqrt{25}=5$

내신연계 출제문항 452

삼차방정식 $x^3+(k+1)x^2+(2k-3)x+k+5=0$은 서로 다른 세 실근
1, α, β를 갖는다. $|\alpha-\beta|$의 값은? (단, k는 상수이다.)

① $\sqrt{15}$ ② 4 ③ $\sqrt{17}$
④ $3\sqrt{2}$ ⑤ $2\sqrt{5}$

STEP Ⓐ 삼차방정식에 $x=1$을 대입하여 k의 값 구하기

$x^3+(k+1)x^2+(2k-3)x+k+5=0$에 $x=1$을 대입하면
$1+(k+1)+(2k-3)+k+5=0$, $4k+4=0$
∴ $k=-1$

STEP Ⓑ 조립제법을 이용하여 나머지 두 근 α, β 구하기

주어진 방정식은 $x^3-5x+4=0$
조립제법을 이용하여 좌변을 인수분해하면

$$\begin{array}{r|rrrr} 1 & 1 & 0 & -5 & 4 \\ & & 1 & 1 & -4 \\ \hline & 1 & 1 & -4 & 0 \end{array}$$

$(x-1)(x^2+x-4)=0$
나머지 두 근 α, β는 이차방정식 $x^2+x-4=0$의 근이므로
이차방정식의 근과 계수의 관계에 의하여 $\alpha+\beta=-1$, $\alpha\beta=-4$
$(\alpha-\beta)^2=(\alpha+\beta)^2-4\alpha\beta=(-1)^2-4\times(-4)=17$
따라서 $|\alpha-\beta|=\sqrt{17}$

정답 ③

0961

2023년 06월 고1 학력평가 16번 · 정답 ③

STEP A **1이 $x-a=0$의 근인 경우와 $x^2+(1-3a)x+4=0$의 근인 경우로 나누어 $\alpha\beta$의 값 구하기**

삼차방정식 $(x-a)\{x^2+(1-3a)x+4\}=0$의 한 실근 1이 $x-a=0$의 근인 경우와 $x^2+(1-3a)x+4=0$의 근인 경우로 나누어 보자.

(i) 1이 $x-a=0$의 근인 경우

　$x-a=0$의 좌변에 $x=1$을 대입하면 $1-a=0$ ∴ $a=1$
　즉 주어진 삼차방정식은 $(x-1)(x^2-2x+4)=0$
　이때 이차방정식 $x^2-2x+4=0$의 판별식을 D라 하면
　$\dfrac{D}{4}=1-4<0$이므로 이차방정식 $x^2-2x+4=0$은 실근을 갖지 않는다.
　그러므로 삼차방정식은 서로 다른 세 실근을 갖지 않는다.

(ii) 1이 $x^2+(1-3a)x+4=0$의 근인 경우

　$x^2+(1-3a)x+4=0$의 좌변에 $x=1$을 대입하면
　$1+1-3a+4=0$, $6-3a=0$ ∴ $a=2$
　즉 주어진 삼차방정식은 $(x-2)(x^2-5x+4)=0$
　$(x-2)(x-1)(x-4)=0$이므로 1이 아닌 두 실근은 2, 4

(i), (ii)에 의하여 $\alpha=2$, $\beta=4$ (또는 $\alpha=4$, $\beta=2$)이므로 $\alpha\beta=8$

내신 연계 출제문항 453

x에 대한 삼차방정식 $(x-a)\{x^2+(1-2a)x+10\}=0$이 서로 다른 세 실근 2, α, β를 가질 때, $\alpha\beta$의 값은? (단, a는 상수이다.)

① 16　　　　② 18　　　　③ 20
④ 22　　　　⑤ 24

STEP A **2가 $x-a=0$의 근인 경우와 $x^2+(1-2a)x+10=0$의 근인 경우로 나누어 $\alpha\beta$의 값 구하기**

삼차방정식 $(x-a)\{x^2+(1-2a)x+10\}=0$의 한 실근 2가 $x-a=0$의 근인 경우와 $x^2+(1-2a)x+10=0$의 근인 경우로 나누어 보자.

(i) 2가 $x-a=0$의 근인 경우

　$x-a=0$의 좌변에 $x=2$를 대입하면
　$2-a=0$ ∴ $a=2$
　즉 주어진 삼차방정식은 $(x-2)(x^2-3x+10)=0$
　이때 이차방정식 $x^2-3x+10=0$의 판별식을 D라 하면
　$D=9-40<0$이므로 이차방정식 $x^2-3x+10=0$은 실근을 갖지 않는다.
　그러므로 삼차방정식은 서로 다른 세 실근을 갖지 않는다.

(ii) 2가 $x^2+(1-2a)x+10=0$의 근인 경우

　$x^2+(1-2a)x+10=0$의 좌변에 $x=2$를 대입하면
　$4+2-4a+10=0$, $16-4a=0$ ∴ $a=4$
　즉 주어진 삼차방정식은 $(x-4)(x^2-7x+10)=0$
　$(x-4)(x-2)(x-5)=0$이므로 2가 아닌 두 실근은 4, 5

(i), (ii)에 의하여 $\alpha=4$, $\beta=5$(또는 $\alpha=4$, $\beta=5$)이므로 $\alpha\beta=20$ 정답 ③

0962

2023년 06월 고1 학력평가 12번 · 정답 ②

STEP A **조립제법을 이용하여 삼차식 인수분해하기**

$f(x)=x^3-(2a+1)x^2+(a+1)^2x-(a^2+1)$이라 하자.
$f(1)=1-2a-1+a^2+2a+1-a^2-1=0$이므로
$f(x)$는 $x-1$을 인수로 갖는다.
조립제법을 이용하여 $f(x)$를 인수분해하면

$$\begin{array}{r|rrrr} 1 & 1 & -(2a+1) & (a+1)^2 & -(a^2+1) \\ & & 1 & -2a & a^2+1 \\ \hline & 1 & -2a & a^2+1 & 0 \end{array}$$

$f(x)=(x-1)(x^2-2ax+a^2+1)$

STEP B **이차방정식의 근과 계수의 관계를 이용하여 주어진 식의 값 구하기**

이차방정식 $x^2-2ax+a^2+1=0$의 판별식을 D라 하면
$\dfrac{D}{4}=a^2-(a^2+1)<0$이므로 삼차방정식
$x^3-(2a+1)x^2+(a+1)^2x-(a^2+1)=0$의 서로 다른 두 허근 α, β는
이차방정식 $x^2-2ax+a^2+1=0$의 서로 다른 두 허근과 같다.
이때 이차방정식의 근과 계수의 관계에 의하여 $\alpha+\beta=2a=8$, $a=4$
따라서 $\alpha\beta=a^2+1=17$

> **mini해설** | 삼차방정식의 근과 계수의 관계를 이용하여 풀이하기
>
> $f(x)=x^3-(2a+1)x^2+(a+1)^2x-(a^2+1)$이라 하자.
> $f(1)=0$이므로 $x=1$은 삼차방정식 $f(x)=0$의 한 근이다.
> 즉 삼차방정식 $f(x)=0$의 세 근이 α, β, 1이므로
> 삼차방정식의 근과 계수의 관계에 의하여
> 삼차방정식 $ax^3+bx^2+cx+d=0$의 세 근이 α, β, γ일 때,
> $\alpha+\beta+\gamma=-\dfrac{b}{a}$, $\alpha\beta+\beta\gamma+\gamma\alpha=\dfrac{c}{a}$, $\alpha\beta\gamma=-\dfrac{d}{a}$
> (세 근의 합)$=\alpha+\beta+1=2a+1$, $9=2a+1$ ∴ $a=4$
> (세 근의 곱)$=\alpha\times\beta\times1=a^2+1=4^2+1=17$
> 따라서 $\alpha\beta=17$

내신 연계 출제문항 454

x에 대한 삼차방정식 $x^3-(4a+1)x^2+(2a+1)^2x-(4a^2+1)=0$의 서로 다른 두 허근을 α, β라 하자. $\alpha+\beta=20$일 때, $\alpha\beta$의 값을 구하시오. (단, a는 실수이다.)

STEP A **조립제법을 이용하여 삼차식 인수분해하기**

$f(x)=x^3-(4a+1)x^2+(2a+1)^2x-(4a^2+1)$이라 하자.
$f(1)=1-4a-1+4a^2+4a+1-4a^2-1=0$이므로
$f(x)$는 $x-1$을 인수로 갖는다.
조립제법을 이용하여 $f(x)$를 인수분해하면

$$\begin{array}{r|rrrr} 1 & 1 & -(4a+1) & (2a+1)^2 & -(4a^2+1) \\ & & 1 & -4a & 4a^2+1 \\ \hline & 1 & -4a & 4a^2+1 & 0 \end{array}$$

$f(x)=(x-1)(x^2-4ax+4a^2+1)$

STEP B **이차방정식의 근과 계수의 관계를 이용하여 주어진 식의 값 구하기**

이차방정식 $x^2-4ax+4a^2+1=0$의 판별식을 D라 하면
$\dfrac{D}{4}=4a^2-(4a^2+1)<0$이므로 삼차방정식
$x^3-(4a+1)x^2+(2a+1)^2x-(4a^2+1)=0$의 서로 다른 두 허근 α, β는
이차방정식 $x^2-4ax+4a^2+1=0$의 서로 다른 두 허근과 같다.
이때 이차방정식의 근과 계수의 관계에 의하여 $\alpha+\beta=4a=20$, $a=5$
따라서 $\alpha\beta=4a^2+1=4\times5^2+1=101$ 정답 101

0963

  정답 ⑤

STEP A 삼차방정식의 근에 대한 조건을 이용하여 β, γ^2의 값 구하기

$x^3-x^2-kx+k=0$에서 $x^2(x-1)-k(x-1)=0$

$(x-1)(x^2-k)=0$ ← 공통인수로 묶어 인수분해한다.

$\therefore$ $x=1$ 또는 $x^2=k$

0이 아닌 실수 k에 대하여 $k>0$이면 주어진 방정식의 모든 근이 실수이므로 α, β 중 실수는 하나뿐이란 조건을 만족시키지 않는다.

$k<0$이면 주어진 방정식의 실근은 $x=1$뿐이고 α, β 중에서 실수가 존재하므로 $\alpha=1$이거나 $\beta=1$이다.

+α $k<0$인 이유!

> α, β 중에서 실수는 하나뿐이므로
> 삼차방정식 $x^3-x^2-kx+k=0$은 허근을 가져야 한다.
> $x^2=k$에서 $k\geq 0$이면 주어진 방정식은 허근을 가질 수 없으므로 $k<0$
> 즉 주어진 방정식은 하나의 실근과 서로 다른 두 허근을 가진다.

(i) $\alpha=1$일 때,

$\alpha^2=-2\beta$에서 $\beta=-\dfrac{1}{2}\alpha^2=-\dfrac{1}{2}$이므로 ($\beta$는 실수)

α, β 중 실수는 하나뿐이란 조건을 만족시키지 않는다.

(ii) $\beta=1$일 때,

$\alpha^2=-2\beta$에서 $\alpha^2=-2$ (α는 허수)

이때 α, γ는 방정식 $x^2=k$의 근이므로 $k=\alpha^2=-2$이고 $\gamma^2=k=-2$

(i), (ii)에서 $\beta=1$, $\gamma^2=-2$

STEP B $\beta^2+\gamma^2$의 값 구하기

따라서 $\beta^2+\gamma^2=1^2+(-2)=-1$

삼차방정식 $x^3-2x^2-kx+2k=0$의 세 근을 α, β, γ라 하자. α, β 중 실수는 하나뿐이고 $\alpha^2=-2\beta$일 때, $\beta^2+\gamma^2$의 값은? (단, k는 0이 아닌 실수이다.)

① -2 ② -1 ③ 0
④ 1 ⑤ 2

STEP A 삼차방정식의 근에 대한 조건을 이용하여 β, γ^2의 값 구하기

$x^3-2x^2-kx+2k=0$에서 $x^2(x-2)-k(x-2)=0$

$(x-2)(x^2-k)=0$ ← 공통인수로 묶어 인수분해한다.

$\therefore$ $x=2$ 또는 $x^2=k$

0이 아닌 실수 k에 대하여 $k>0$이면 주어진 방정식의 모든 근이 실수이므로 α, β 중 실수는 하나뿐이란 조건을 만족시키지 않는다.

$k<0$이면 주어진 방정식의 실근은 $x=2$뿐이고 α, β 중에서 실수가 존재하므로 $\alpha=2$이거나 $\beta=2$이다.

+α $k<0$인 이유!

> α, β 중에서 실수는 하나뿐이므로
> 삼차방정식 $x^3-2x^2-kx+2k=0$은 허근을 가져야 한다.
> $x^2=k$에서 $k\geq 0$이면 주어진 방정식은 허근을 가질 수 없으므로 $k<0$
> 즉 주어진 방정식은 하나의 실근과 서로 다른 두 허근을 가진다.

(i) $\alpha=2$일 때,

$\alpha^2=-2\beta$에서 $\beta=-\dfrac{1}{2}\alpha^2=-2$이므로 ($\beta$는 실수)

α, β 중 실수는 하나뿐이란 조건을 만족시키지 않는다.

(ii) $\beta=2$일 때,

$\alpha^2=-2\beta$에서 $\alpha^2=-4$ (α는 허수)

이때 α, γ는 방정식 $x^2=k$의 근이므로 $k=\alpha^2=-4$이고 $\gamma^2=k=-4$

(i), (ii)에서 $\beta=2$, $\gamma^2=-4$

STEP B $\beta^2+\gamma^2$의 값 구하기

따라서 $\beta^2+\gamma^2=2^2+(-4)=0$ 정답 ③

0964

정답 ③

STEP A 조립제법을 이용하여 삼차식 인수분해하기

$f(x)=x^3+3x^2+(k-4)x-k$로 놓으면

$f(1)=1+3+k-4-k=0$이므로

$f(x)$는 $x-1$을 인수로 갖는다.

	1	3	$k-4$	$-k$
		1	4	k
	1	4	k	0

조립제법을 이용하여 $f(x)$를 인수분해하면

$f(x)=(x-1)(x^2+4x+k)$

STEP B 삼차방정식의 근이 모두 실근일 조건 구하기

삼차방정식 $(x-1)(x^2+4x+k)=0$의 근이 모두 실수가 되려면 이차방정식 $x^2+4x+k=0$이 실근을 가져야 한다.

이 이차방정식의 판별식을 D라 하면 $D\geq 0$이어야 한다.

$\dfrac{D}{4}=2^2-k\geq 0$

따라서 $k\leq 4$

0965

정답 ①

STEP A 조립제법을 이용하여 삼차식 인수분해하기

$f(x)=x^3+(2a-4)x^2+(a^2-2a+3)x-a^2$으로 놓으면

$f(1)=1+2a-4+a^2-2a+3-a^2=0$이므로

$f(x)$는 $x-1$을 인수로 갖는다.

조립제법을 이용하여 $f(x)$를 인수분해하면

	1	$2a-4$	a^2-2a+3	$-a^2$
		1	$2a-3$	a^2
	1	$2a-3$	a^2	0

$f(x)=(x-1)\{x^2+(2a-3)x+a^2\}$

STEP B 삼차방정식이 한 개의 실근과 두 허근을 가질 조건 구하기

삼차방정식 $(x-1)\{x^2+(2a-3)x+a^2\}=0$이 한 개의 실근과 두 개의 허근을 가지려면 이차방정식 $x^2+(2a-3)x+a^2=0$이 허근을 가져야 한다.

이 이차방정식의 판별식을 D라 하면 $D<0$이어야 한다.

$D=(2a-3)^2-4a^2<0$, $-12a+9<0$, $12a>9$

$\therefore a>\dfrac{3}{4}$

따라서 정수 a의 최솟값은 1

0966

STEP A 조립제법을 이용하여 삼차식 인수분해하기

$f(x)=x^3+(2-a)x^2-3ax+a^2$으로 놓으면

$f(a)=a^3+(2-a)a^2-3a^2+a^2=0$이므로 $f(x)$는 $x-a$를 인수로 갖는다.

조립제법을 이용하여 $f(x)$를 인수분해하면

$f(x)=(x-a)(x^2+2x-a)$

$$
\begin{array}{r|rrrr}
a & 1 & 2-a & -3a & a^2 \\
& & a & 2a & -a^2 \\
\hline
& 1 & 2 & -a & 0
\end{array}
$$

STEP B 삼차방정식이 오직 하나의 실근을 가질 조건 구하기

삼차방정식 $(x-a)(x^2+2x-a)=0$ $\quad\cdots\cdots\ \bigcirc$

이 오직 한 개의 실근을 갖도록 하려면

이차방정식 $x^2+2x-a=0$이 허근을 갖거나 a를 중근으로 가져야 한다.

(i) 이차방정식 $x^2+2x-a=0$이 허근을 갖는 경우

이 이차방정식의 판별식을 D라 하면 $D<0$이어야 한다.

$\dfrac{D}{4}=1+a<0$ $\quad\therefore a<-1$

(ii) 이차방정식 $x^2+2x-a=0$이 a를 중근으로 갖는 경우

$x=a$를 대입하면 $a^2+2a-a=0$ $\quad\leftarrow$ $f(x)=0$이 $x=a$를 삼중근으로 가지는 경우

$a(a+1)=0$ $\quad\therefore a=0$ 또는 $a=-1$

그런데 $a=0$이면 $\bigcirc$에서 $x(x^2+2x)=0$

즉 $x=0$ 또는 $x=-2$이므로 오직 한 개의 실근을 가진다는 것에 모순이다.

$a=-1$이면 $\bigcirc$에서 $(x+1)(x^2+2x+1)=0$, $(x+1)^3=0$

오직 한 개의 실근 $x=-1$을 가진다.

(i), (ii)에서 삼차방정식 $f(x)=0$이 오직 한 개의 실근을 갖도록 하는

실수 a의 값의 범위는 $a\le -1$

내/신/연/계 출제문항 456

삼차방정식 $x^3-6x^2+(k+8)x-2k=0$이 오직 한 개의 실근을 가질 때,
실수 k의 최솟값은? (단, 중근은 하나의 실근으로 본다.)

① 2 　　　　② 3 　　　　③ 4
④ 5 　　　　⑤ 6

STEP A 조립제법을 이용하여 삼차식 인수분해하기

$f(x)=x^3-6x^2+(k+8)x-2k$라 하면

$f(2)=8-24+2k+16-2k=0$이므로

$f(x)$는 $x-2$를 인수로 갖는다.

조립제법을 이용하여 $f(x)$를 인수분해하면

$f(x)=(x-2)(x^2-4x+k)$

$$
\begin{array}{r|rrrr}
2 & 1 & -6 & k+8 & -2k \\
& & 2 & -8 & 2k \\
\hline
& 1 & -4 & k & 0
\end{array}
$$

STEP B 삼차방정식이 오직 하나의 실근을 가질 조건 구하기

삼차방정식 $(x-2)(x^2-4x+k)=0$이 오직 한 개의 실근을 가지려면

이차방정식 $x^2-4x+k=0$이 $x=2$를 중근으로 갖거나 허근을 가져야 한다.

(i) 이차방정식 $x^2-4x+k=0$이 $x=2$를 중근으로 갖는 경우

$x=2$를 대입하면 $4-8+k=0$ $\quad\therefore k=4$

(ii) 이차방정식 $x^2-4x+k=0$이 허근을 갖는 경우

이 이차방정식의 판별식을 D라 하면

$\dfrac{D}{4}=4-k<0$ $\quad\therefore k>4$

(i), (ii)에 의하여 k의 값의 범위는 $k\ge 4$

따라서 k의 최솟값은 4

0967

STEP A 조립제법을 이용하여 삼차식 인수분해하기

$f(x)=x^3+(k-6)x-k+5$라 하면

$f(1)=1+k-6-k+5=0$이므로 $f(x)$는 $x-1$을 인수로 갖는다.

조립제법을 이용하여 $f(x)$를 인수분해하면

$$
\begin{array}{r|rrrr}
1 & 1 & 0 & k-6 & -k+5 \\
& & 1 & 1 & k-5 \\
\hline
& 1 & 1 & k-5 & 0
\end{array}
$$

$f(x)=(x-1)(x^2+x+k-5)$

STEP B 삼차방정식이 서로 다른 세 실근을 갖도록 하는 자연수 k의 값
　　　구하기

삼차방정식 $(x-1)(x^2+x+k-5)=0$이 서로 다른 세 실근을 가지려면

$x=1$이 이차방정식 $x^2+x+k-5=0$의 근이 아니어야 하고

이차방정식 $x^2+x+k-5=0$이 서로 다른 두 실근을 가져야 한다.

(i) $x=1$이 이차방정식 $x^2+x+k-5=0$의 근이 아닌 경우

$1+1+k-5\ne 0$ $\quad\therefore k\ne 3$

(ii) 이차방정식 $x^2+x+k-5=0$이 서로 다른 두 실근을 갖는 경우

이 이차방정식의 판별식을 D라 하면

$D=1^2-4\times(k-5)>0$, $-4k+21>0$

$\quad\therefore k<\dfrac{21}{4}$

(i), (ii)에서 자연수 k의 값은 1, 2, 4, 5이므로 모든 자연수 k의 값의 합은

$1+2+4+5=12$

0968

STEP A 조립제법을 이용하여 삼차식 인수분해하기

$f(x)=x^3-(2a+1)x+2a$라 하면

$f(1)=1-(2a+1)+2a=0$이므로 $f(x)$는 $x-1$을 인수로 갖는다.

조립제법을 이용하여 $f(x)$를 인수분해하면

$$
\begin{array}{r|rrrr}
1 & 1 & 0 & -(2a+1) & 2a \\
& & 1 & 1 & -2a \\
\hline
& 1 & 1 & -2a & 0
\end{array}
$$

$f(x)=(x-1)(x^2+x-2a)$

STEP B 삼차방정식이 중근을 가질 조건 구하기

삼차방정식 $(x-1)(x^2+x-2a)=0$이 중근을 갖는 경우는 다음과 같다.

(i) 이차방정식 $x^2+x-2a=0$이 중근을 가질 경우

판별식을 D라 하면 $D=0$이어야 한다.

$D=1+8a=0$

$\quad\therefore a=-\dfrac{1}{8}$

(ii) 이차방정식 $x^2+x-2a=0$이 $x=1$을 근으로 갖는 경우

$x=1$을 대입하면 $1+1-2a=0$

$\quad\therefore a=1$

(i), (ii)에서 $a=-\dfrac{1}{8}$ 또는 $a=1$

따라서 a의 값의 합은 $-\dfrac{1}{8}+1=\dfrac{7}{8}$

삼차방정식 $x^3-ax^2+a-1=0$이 중근을 가질 때, 모든 실수 a의 값의 합은?

① $-\dfrac{5}{2}$ ② $-\dfrac{3}{2}$ ③ $-\dfrac{1}{2}$

④ $\dfrac{3}{2}$ ⑤ $\dfrac{5}{2}$

STEP A 조립제법을 이용하여 삼차식 인수분해하기

$f(x)=x^3-ax^2+a-1$이라 하면

$f(1)=1-a+a-1=0$이므로 $f(x)$는 $x-1$을 인수로 갖는다.

조립제법을 이용하여 $f(x)$를 인수분해하면

$$
\begin{array}{r|rrrr}
1 & 1 & -a & 0 & a-1 \\
  &   & 1 & -a+1 & -a+1 \\
\hline
  & 1 & -a+1 & -a+1 & 0
\end{array}
$$

$f(x)=(x-1)\{x^2+(-a+1)x-a+1\}$

STEP B 삼차방정식이 중근을 가질 조건 구하기

삼차방정식 $(x-1)\{x^2+(-a+1)x-a+1\}=0$이 중근을 갖는 경우는 다음과 같다.

(i) 이차방정식 $x^2+(-a+1)x-a+1=0$이 중근을 가질 경우

판별식을 D라 하면 $D=0$이어야 한다.

$D=(-a+1)^2-4(-a+1)=0$, $a^2+2a-3=0$, $(a-1)(a+3)=0$

$\therefore a=1$ 또는 $a=-3$

(ii) 이차방정식 $x^2+(-a+1)x-a+1=0$이 $x=1$을 근으로 갖는 경우

$x=1$을 대입하면 $1+(-a+1)-a+1=0$

$\therefore a=\dfrac{3}{2}$

(i), (ii)에서 구하는 실수 a의 합은 $\dfrac{3}{2}+1+(-3)=-\dfrac{1}{2}$

정답 ③

0969

정답 ③

STEP A 조립제법을 이용하여 삼차식 인수분해하기

$f(x)=x^3+6x^2+(k+5)x+k$로 놓으면

$f(-1)=-1+6-k-5+k=0$이므로

$f(x)$는 $x+1$을 인수로 갖는다.

$$
\begin{array}{r|rrrr}
-1 & 1 & 6 & k+5 & k \\
   &   & -1 & -5 & -k \\
\hline
   & 1 & 5 & k & 0
\end{array}
$$

조립제법을 이용하여 $f(x)$를 인수분해하면

$f(x)=(x+1)(x^2+5x+k)$

STEP B 세 근이 음수가 되도록 하는 실수 k의 값의 범위 구하기

삼차방정식 $(x+1)(x^2+5x+k)=0$이 $x=-1$을 근으로 가지므로

세 근이 음수가 되기 위해서

이차방정식 $x^2+5x+k=0$의 두 근이 음수가 되어야 한다.

이차방정식 $x^2+5x+k=0$의 판별식을 D라 하면 $D\geq 0$이어야 한다.

(i) $D=25-4k\geq 0$ $\therefore k\leq \dfrac{25}{4}$

(ii) (두 근의 합)$=-5<0$

(iii) (두 근의 곱)$=k>0$

(i)~(iii)에서 $0<k\leq \dfrac{25}{4}$

0970

정답 48

STEP A 두 조건을 이용하여 삼차다항식 $f(x)$ 구하기

최고차항의 계수가 1인 삼차다항식 $f(x)$는

조건 (가)에 의하여 $x-3$을 인수로 가지므로

$f(x)=(x-3)(x^2+ax+b)$라 하자. (단, a, b는 상수)

조건 (나)에 의하여 $-6(9-3a+b)=-3b$이므로 $b=6a-18$

$\therefore f(x)=(x-3)(x^2+ax+6a-18)$

STEP B 삼차방정식 $f(x)=0$의 서로 다른 실근의 합이 -1이 되도록 하는 $f(x)$ 구하기

삼차방정식 $f(x)=0$의 하나의 실근이 3이므로 서로 다른 실근의 합이 -1이 되기 위하여 이차방정식 $x^2+ax+6a-18=0$이 가질 수 있는 근의 경우는 다음과 같다.

(i) 이차방정식 $x^2+ax+6a-18=0$이 3이 아닌 서로 다른 두 실근을 갖는 경우

이차방정식 $x^2+ax+6a-18=0$의 두 근을 α, β라 하면

이차방정식의 근과 계수의 관계에 의하여 $\alpha+\beta=-a$

삼차방정식 $f(x)=0$의 서로 다른 실근의 합은

$3+\alpha+\beta=3+(-a)=-1$

$\therefore a=4$

그런데 이차방정식 $x^2+4x+6=0$의 판별식을 D_1이라 하면

$\dfrac{D_1}{4}=2^2-6<0$

즉 실근을 갖지 않으므로 모순이다. ← 허근을 갖는다.

(ii) 이차방정식 $x^2+ax+6a-18=0$이 중근을 갖는 경우

이차방정식 $x^2+ax+6a-18=0$의 두 근을 α, α라 하면

이차방정식의 근과 계수의 관계에 의하여 $\alpha+\alpha=-a$, $\alpha=-\dfrac{a}{2}$

삼차방정식 $f(x)=0$의 서로 다른 실근의 합은 $3+\left(-\dfrac{a}{2}\right)=-1$

$\therefore a=8$

그런데 이차방정식 $x^2+8x+30=0$의 판별식을 D_2라 하면

$\dfrac{D_2}{4}=4^2-30<0$

즉 중근을 갖지 않으므로 모순이다. ← 허근을 갖는다.

(iii) 이차방정식 $x^2+ax+6a-18=0$이 3과 -4를 실근으로 갖는 경우

한 실근이 3이므로 서로 다른 근의 합이 -1이려면 -4를 근으로 가져야 한다.

이차방정식의 근과 계수의 관계에 의하여

$3+(-4)=-a$이므로 $a=1$

$\therefore f(x)=(x-3)(x^2+x-12)=(x-3)^2(x+4)$

삼차방정식 $f(x)=0$의 서로 다른 실근의 합은 $3+(-4)=-1$이므로

조건을 만족시킨다.

(i)~(iii)에 의하여 $f(x)=(x-3)^2(x+4)$

따라서 $f(-1)=(-4)^2\times 3=48$

0971

2021년 03월 고2 학력평가 26번

정답 7

해설강의

STEP A 조립제법을 이용하여 삼차식 인수분해하기

$f(x)=x^3-5x^2+(a+4)x-a$라 하면

$f(1)=1-5+a+4-a=0$이므로

$f(x)$는 $x-1$을 인수로 갖는다.

$$
\begin{array}{r|rrrr}
1 & 1 & -5 & a+4 & -a \\
  &   & 1 & -4 & a \\
\hline
  & 1 & -4 & a & 0
\end{array}
$$

조립제법을 이용하여 $f(x)$를 인수분해하면

$f(x)=(x-1)(x^2-4x+a)$

STEP B 삼차방정식의 서로 다른 실근의 개수가 2가 되는 실수 a의 값 구하기

$(x-1)(x^2-4x+a)=0$이므로 $x=1$ 또는 $x^2-4x+a=0$

이때 주어진 삼차방정식의 서로 다른 실근의 개수가 2인 경우는 다음과 같다.

(ⅰ) 방정식 $x^2-4x+a=0$의 해가 $x=1$ 또는 $x=(1$이 아닌 실근$)$인 경우

이차방정식 $x^2-4x+a=0$이 1을 근으로 가지므로 $x=1$을 대입하면

$1-4+a=0$ $\therefore a=3$

이때 $x^2-4x+3=0$, $(x-1)(x-3)=0$이므로 $x=1$ 또는 $x=3$

즉 $x^3-5x^2+7x-3=0$의 실근은 $\longleftarrow (x-1)^2(x-3)=0$꼴이다.

$x=1$(중근) 또는 $x=3$

이므로 $a=3$은 주어진 조건을 만족시킨다.

(ⅱ) 방정식 $x^2-4x+a=0$이 1이 아닌 실수를 중근으로 갖는 경우

이차방정식 $x^2-4x+a=0$의 판별식을 D라 하면 $D=0$

$\dfrac{D}{4}=(-2)^2-1\times a=0$ $\therefore a=4$

이때 $x^2-4x+4=0$, $(x-2)^2=0$에서 $x=2$

즉 $x^3-5x^2+8x-4=0$의 실근은 $\longleftarrow (x-1)(x-2)^2=0$꼴이다.

$x=1$ 또는 $x=2$(중근)

이므로 $a=4$는 주어진 조건을 만족시킨다.

(ⅰ), (ⅱ)에서 구하는 모든 실수 a의 값의 합은 $3+4=7$

내신 연계 출제문항 **458**

삼차방정식 $x^3+(3k-1)x-3k=0$의 서로 다른 실근의 개수가 2가 되도록 하는 모든 실수 k의 값의 합은?

① $-\dfrac{3}{4}$　　　② $-\dfrac{7}{12}$　　　③ $-\dfrac{5}{12}$

④ $-\dfrac{1}{4}$　　　⑤ $-\dfrac{1}{6}$

STEP A　조립제법을 이용하여 삼차식 인수분해하기

$f(x)=x^3+(3k-1)x-3k$라 하면

$f(1)=1+3k-1-3k=0$이므로

$f(x)$는 $x-1$을 인수로 갖는다.

조립제법을 이용하여 $f(x)$를 인수분해하면

$$
\begin{array}{c|cccc}
1 & 1 & 0 & 3k-1 & -3k \\
  &   & 1 & 1 & 3k \\
\hline
  & 1 & 1 & 3k & 0
\end{array}
$$

$f(x)=(x-1)(x^2+x+3k)$

STEP B　삼차방정식의 서로 다른 실근의 개수가 2가 되는 실수 k의 값 구하기

$(x-1)(x^2+x+3k)=0$이므로 $x=1$ 또는 $x^2+x+3k=0$

이때 주어진 삼차방정식의 서로 다른 실근의 개수가 2인 경우는 다음과 같다.

(ⅰ) 방정식 $x^2+x+3k=0$의 해가 $x=1$ 또는 $x=(1$이 아닌 실근$)$인 경우

이차방정식 $x^2+x+3k=0$이 1을 근으로 가지므로 $x=1$을 대입하면

$1+1+3k=0$ $\therefore k=-\dfrac{2}{3}$

이때 $x^2+x-2=0$, $(x-1)(x+2)=0$이므로 $x=1$ 또는 $x=-2$

즉 $x^3-3x+2=0$의 실근은 $\longleftarrow (x-1)^2(x+2)=0$꼴이다.

$x=1$(중근) 또는 $x=-2$

이므로 $k=-\dfrac{2}{3}$는 주어진 조건을 만족시킨다.

(ⅱ) 방정식 $x^2+x+3k=0$이 1이 아닌 실수를 중근으로 갖는 경우

이차방정식 $x^2+x+3k=0$의 판별식을 D라 하면 $D=0$이어야 한다.

$D=1^2-4\times 3k=0$ $\therefore k=\dfrac{1}{12}$

이때 $x^2+x+\dfrac{1}{4}=0$, $\left(x+\dfrac{1}{2}\right)^2=0$에서 $x=-\dfrac{1}{2}$

즉 $x^3-\dfrac{3}{4}x-\dfrac{1}{4}=0$의 실근은 $\longleftarrow (x-1)\left(x+\dfrac{1}{2}\right)^2=0$꼴이다.

$x=1$ 또는 $x=-\dfrac{1}{2}$(중근)

이므로 $k=\dfrac{1}{12}$은 주어진 조건을 만족시킨다.

(ⅰ), (ⅱ)에서 구하는 모든 실수 k의 값의 합은 $-\dfrac{2}{3}+\dfrac{1}{12}=-\dfrac{7}{12}$ 정답 ②

0972

2019년 03월 고2 학력평가 가형 20번　　정답 ⑤

STEP A　인수정리를 이용하여 참, 거짓 판단하기

ㄱ. $f(1)=1+(2a-1)+(b^2-2a)-b^2=0$이므로

인수정리에 의하여 $f(x)$는 $x-1$을 인수로 갖는다. [참]

다항식 $P(x)$에 대하여 $P(\alpha)=0$이면 $P(x)$는 $x-\alpha$를 인수로 갖는다.

STEP B　$f(x)$를 인수분해한 후 이차방정식의 판별식을 이용하여 참, 거짓 판단하기

ㄴ. ㄱ에 의하여 $f(x)$는 $x-1$을 인수로 가지므로

조립제법을 이용하여 $f(x)$를 인수분해하면

$$
\begin{array}{c|cccc}
1 & 1 & 2a-1 & b^2-2a & -b^2 \\
  &   & 1 & 2a & b^2 \\
\hline
  & 1 & 2a & b^2 & 0
\end{array}
$$

$\therefore f(x)=(x-1)(x^2+2ax+b^2)$

방정식 $f(x)=0$에서 $(x-1)(x^2+2ax+b^2)=0$

이차방정식 $x^2+2ax+b^2=0$의 판별식을 D라 하면

$\dfrac{D}{4}=a^2-b^2=(a-b)(a+b)$

이때 $a<b<0$이면 $a-b<0$, $a+b<0$이므로 $D>0$가 되어

이차방정식 $x^2+2ax+b^2=0$은 항상 서로 다른 두 실근을 갖는다.

한편 삼차방정식 $f(x)=0$이 서로 다른 두 실근을 가지려면

이차방정식 $x^2+2ax+b^2=0$이 $x=1$을 근으로 가져야 하므로

$x-1=0$에서도 $x=1$이 실근이 되므로 세 근 중 두 근은 중근을 가진다.

$1+2a+b^2=0$을 만족하는 어떤 두 실수 a, b에 대하여

조건을 만족하는 a, b가 하나라도 만족하면 성립한다.

방정식 $f(x)=0$의 서로 다른 실근의 개수는 2이다. [참]

> **+α**　예를 들어 서로 다른 실근의 개수가 2임을 확인할 수 있어!
>
> 예를 들어 $a=-2$, $b=-\sqrt{3}$이면
> $a<b<0$이고 $1+2a+b^2=0$이며
> $f(x)=(x-1)(x^2-4x+3)=(x-1)^2(x-3)$이므로
> 방정식 $f(x)=0$의 서로 다른 실근의 개수는 2이다.

STEP C　이차방정식의 근과 계수의 관계를 이용하여 참, 거짓 판단하기

ㄷ. 방정식 $f(x)=0$

즉 $(x-1)(x^2+2ax+b^2)=0$이 서로 다른 세 실근을 가지므로

이차방정식 $x^2+2ax+b^2=0$이 1이 아닌 서로 다른 두 실근을 가져야 한다.

이차방정식 $x^2+2ax+b^2=0$의 근과 계수의 관계에 의하여

서로 다른 두 실근의 합이 $-2a$이므로

방정식 $f(x)=0$의 서로 다른 세 실근의 합이 7이 되려면

이미 한 근이 1임을 알고 있으므로 나머지 두 근의 합이 6이 되어야 한다.

$1+(-2a)=7$에서 $a=-3$ …… ㉠

이차방정식 $x^2+2ax+b^2=0$의 판별식을 D라 하면 $D>0$이어야 한다.

즉 $\dfrac{D}{4}=a^2-b^2>0$이어야 하므로 $b^2<a^2$

$b^2-9<0$, $(b+3)(b-3)<0$

$\therefore -3<b<3$ …… ㉡

또, $x=1$이 방정식 $x^2+2ax+b^2=0$의 근이 아니어야 하므로

$f(x)=0$이 서로 다른 세 실근을 가지려면 $x=1$이 $f(x)=0$의 실근이 되면 안 된다.

$1+2a+b^2\neq 0$, 즉 $b^2\neq 5$ …… ㉢

㉠, ㉡, ㉢에서 두 정수 a, b의 순서쌍 (a, b)는

$(-3, -2)$, $(-3, -1)$, $(-3, 0)$, $(-3, 1)$, $(-3, 2)$이므로 개수는 5이다. [참]

따라서 옳은 것은 ㄱ, ㄴ, ㄷ이다.

x에 대한 삼차식 $f(x)=x^3-2(a+1)x^2+(b^2+4a)x-2b^2$에 대하여 [보기]에서 옳은 것만을 있는 대로 고른 것은?

ㄱ. $f(x)$는 $x-2$를 인수로 갖는다.
ㄴ. $a<b<0$인 어떤 두 실수 a, b에 대하여 방정식 $f(x)=0$의 서로 다른 실근의 개수는 2이다.
ㄷ. 방정식 $f(x)=0$이 서로 다른 세 실근을 갖고 세 근의 합이 6이 되도록 하는 두 정수 a, b의 모든 순서쌍 (a, b)의 개수는 3이다.

① ㄱ　　　　② ㄱ, ㄴ　　　　③ ㄱ, ㄷ
④ ㄴ, ㄷ　　　　⑤ ㄱ, ㄴ, ㄷ

STEP A 인수정리를 이용하여 참, 거짓 판단하기

ㄱ. $f(2)=8-8a-8+2b^2+8a-2b^2=0$이므로
　인수정리에 의하여 $f(x)$는 $x-2$를 인수로 갖는다. [참]
　다항식 $P(x)$에 대하여 $P(\alpha)=0$이면 $P(x)$는 $x-\alpha$를 인수로 갖는다.

STEP B $f(x)$를 인수분해한 후 이차방정식의 판별식을 이용하여 참, 거짓 판단하기

ㄴ. ㄱ에 의하여 $f(x)$는 $x-2$를 인수로 가지므로
　조립제법을 이용하여 $f(x)$를 인수분해하면

$$\begin{array}{c|ccccc}
2 & 1 & -2a-2 & b^2+4a & -2b^2 \\
& & 2 & -4a & 2b^2 \\
\hline
& 1 & -2a & b^2 & 0
\end{array}$$

　$\therefore f(x)=(x-2)(x^2-2ax+b^2)$
　방정식 $f(x)=0$에서 $(x-2)(x^2-2ax+b^2)=0$
　이차방정식 $x^2-2ax+b^2=0$의 판별식을 D라 하면
　$\dfrac{D}{4}=a^2-b^2=(a-b)(a+b)$
　이때 $a<b<0$이면 $a-b<0$, $a+b<0$이므로 $D>0$가 되어
　이차방정식 $x^2-2ax+b^2=0$은 항상 서로 다른 두 실근을 갖는다.
　한편 삼차방정식 $f(x)=0$이 서로 다른 두 실근을 가지려면
　이차방정식 $x^2-2ax+b^2=0$이 $x=2$를 근으로 가져야 한다.
　$x-2=0$에서도 $x=2$가 실근이 되므로 세 근 중 두 근은 중근을 가진다.
　그런데 $a<b<0$인 모든 실수 a, b에 대하여 $f(2)=4-4a+b^2>0$이므로
　방정식 $f(x)=0$의 서로 다른 실근의 개수는 3이다. [거짓]

STEP C 이차방정식의 근과 계수의 관계를 이용하여 참, 거짓 판단하기

ㄷ. 방정식 $f(x)=0$
　즉 $(x-2)(x^2-2ax+b^2)=0$이 서로 다른 세 실근을 가지므로
　이차방정식 $x^2-2ax+b^2=0$이 2가 아닌 서로 다른 두 실근을 가져야 한다.
　이차방정식 $x^2-2ax+b^2=0$의 근과 계수의 관계에 의하여
　서로 다른 두 실근의 합은 $2a$이므로
　방정식 $f(x)=0$의 서로 다른 세 실근의 합이 6이 되려면
　이미 한 근이 2임을 알고 있으므로 나머지 두 근의 합이 4가 되어야 한다.
　$2+2a=6$에서 $a=2$ $\quad\cdots\cdots\ \bigcirc$
　이차방정식 $x^2-2ax+b^2=0$의 판별식을 D라 하면 $D>0$이어야 한다.
　즉 $\dfrac{D}{4}=a^2-b^2>0$이어야 하므로 $b^2<a^2$
　$b^2-4<0$, $(b+2)(b-2)<0$
　$\therefore -2<b<2$ $\quad\cdots\cdots\ \bigcirc$
　또, $x=2$가 방정식 $x^2-2ax+b^2=0$의 근이 아니어야 하므로
　$f(x)=0$이 서로 다른 세 실근을 가지려면 $x=2$가 $f(x)=0$의 실근이 되면 안 된다.
　$4-4a+b^2\neq0$, 즉 $b^2\neq4$ $\quad\cdots\cdots\ \bigcirc$
　$\bigcirc$, $\bigcirc$, $\bigcirc$에서 두 정수 a, b의 순서쌍 (a, b)는
　$(2, -1)$, $(2, 0)$, $(2, 1)$이므로 개수는 3이다. [참]

따라서 옳은 것은 ㄱ, ㄷ이다.

정답 ③

0973

정답 ①

STEP A 조립제법을 이용하여 사차식 인수분해하기

$f(x)=x^4-2x^3+2x^2+2x-3$이라 하면
$f(-1)=1+2+2-2-3=0$, $f(1)=1-2+2+2-3=0$이므로
$f(x)$는 $x+1$, $x-1$을 인수로 갖는다.
조립제법을 이용하여 $f(x)$를 인수분해하면

$$\begin{array}{c|ccccc}
-1 & 1 & -2 & 2 & 2 & -3 \\
& & -1 & 3 & -5 & 3 \\
\hline
1 & 1 & -3 & 5 & -3 & 0 \\
& & 1 & -2 & 3 & \\
\hline
& 1 & -2 & 3 & 0 &
\end{array}$$

$f(x)=(x+1)(x-1)(x^2-2x+3)$

STEP B $\alpha^3+\beta^3$의 값 구하기

주어진 방정식은 $(x+1)(x-1)(x^2-2x+3)=0$
이 방정식의 두 허근 α, β는 이차방정식 $x^2-2x+3=0$의 두 근이므로
이차방정식 $x^2-2x+3=0$의 판별식 $\dfrac{D}{4}=(-1)^2-3<0$이므로 허근을 갖는다.
근과 계수의 관계에 의하여 $\alpha+\beta=2$, $\alpha\beta=3$
따라서 $\alpha^3+\beta^3=(\alpha+\beta)^3-3\alpha\beta(\alpha+\beta)=2^3-3\times3\times2=-10$

0974

정답 ④

STEP A 조립제법을 이용하여 사차식 인수분해하기

$f(x)=x^4+2x^3+x^2-2x-2$라 하면
$f(1)=1+2+1-2-2=0$, $f(-1)=1-2+1+2-2=0$이므로
$f(x)$는 $x-1$, $x+1$을 인수로 갖는다.
조립제법을 이용하여 $f(x)$를 인수분해하면

$$\begin{array}{c|ccccc}
-1 & 1 & 2 & 1 & -2 & -2 \\
& & -1 & -1 & 0 & 2 \\
\hline
1 & 1 & 1 & 0 & -2 & 0 \\
& & 1 & 2 & 2 & \\
\hline
& 1 & 2 & 2 & 0 &
\end{array}$$

$f(x)=(x+1)(x-1)(x^2+2x+2)$

STEP B $a+b$의 값 구하기

주어진 방정식은 $(x+1)(x-1)(x^2+2x+2)=0$
두 실근은 $x=-1$ 또는 $x=1$이므로 두 실근의 곱은
$a=-1\times1=-1$
두 허근은 $x^2+2x+2=0$의 두 근이므로 근과 계수의 관계에 의하여
이차방정식 $x^2+2x+2=0$의 판별식 $\dfrac{D}{4}=1-2<0$이므로 허근을 갖는다.
두 허근의 곱은 $b=2$
따라서 $a+b=-1+2=1$

사차방정식 $x^4-3x^3-x^2+5x+2=0$의 모든 실근의 합은?

① -3　　　　② -2　　　　③ -1
④ 1　　　　⑤ 3

STEP A 조립제법을 이용하여 사차식 인수분해하기

$f(x)=x^4-3x^3-x^2+5x+2$라 하면
$f(-1)=1+3-1-5+2=0$, $f(2)=16-24-4+10+2=0$이므로
$f(x)$는 $x+1$, $x-2$를 인수로 갖는다.

조립제법을 이용하여 $f(x)$를 인수분해하면

-1	1	-3	-1	5	2
		-1	4	-3	-2
2	1	-4	3	2	0
		2	-4	-2	
	1	-2	-1	0	

$f(x)=(x+1)(x-2)(x^2-2x-1)$

STEP B 사차방정식의 모든 실근의 합 구하기

주어진 방정식은 $(x+1)(x-2)(x^2-2x-1)=0$
$\therefore x=-1$ 또는 $x=2$ 또는 $x=1+\sqrt{2}$ 또는 $x=1-\sqrt{2}$
따라서 모든 실근의 합은 $-1+2+1+\sqrt{2}+1-\sqrt{2}=3$ 　　정답 ⑤

0975
정답 ②

STEP A 조립제법을 이용하여 사차식 인수분해하기

$f(x)=x^4+4x^3-x^2-16x-12$라 하면
$f(-1)=1-4-1+16-12=0$, $f(2)=16+32-4-32-12=0$이므로
$f(x)$는 $x+1$, $x-2$를 인수로 갖는다.
조립제법을 이용하여 $f(x)$를 인수분해하면

-1	1	4	-1	-16	-12
		-1	-3	4	12
2	1	3	-4	-12	0
		2	10	12	
	1	5	6	0	

$f(x)=(x+1)(x-2)(x^2+5x+6)$

STEP B $(1-\alpha)(1-\beta)(1-\gamma)(1-\delta)$의 값 구하기

주어진 방정식은 $(x+1)(x-2)(x+2)(x+3)=0$
$\therefore x=-3$ 또는 $x=-2$ 또는 $x=-1$ 또는 $x=2$
따라서 $(1-\alpha)(1-\beta)(1-\gamma)(1-\delta)=(1+3)(1+2)(1+1)(1-2)=-24$

mini 해설 | 인수정리를 이용하여 풀이하기

사차방정식 $x^4+4x^3-x^2-16x-12$의 네 근이 α, β, γ, δ이므로
$x^4+4x^3-x^2-16x-12=(x-\alpha)(x-\beta)(x-\gamma)(x-\delta)$
위 식의 양변에 $x=1$을 대입하면
$(1-\alpha)(1-\beta)(1-\gamma)(1-\delta)=1+4-1-16-12=-24$

0976
정답 5

STEP A $x=1$, $x=-2$를 각각 대입하여 a, b의 값 구하기

사차방정식 $x^4+ax^2+b=0$에 $x=1$, $x=-2$를 각각 대입하면
$1+a+b=0$에서 $a+b=-1$ 　　$\cdots\cdots$ ㉠
$16+4a+b=0$에서 $4a+b=-16$ 　　$\cdots\cdots$ ㉡
㉠, ㉡을 연립하여 풀면 $a=-5$, $b=4$

STEP B 이차방정식의 두 근의 합 구하기

따라서 이차방정식 $x^2-5x+4=0$의 두 근의 합은 근과 계수의 관계에 의하여 5

다른풀이 조립제법을 이용하여 풀이하기

STEP A 조립제법을 이용하여 a, b의 값 구하기

$f(x)=x^4+ax^2+b$로 놓으면 $f(1)=0$, $f(-2)=0$이므로
조립제법을 이용하여 $f(x)$를 인수분해하면

1	1	0	a	0	b
		1	1	$a+1$	$a+1$
-2	1	1	$a+1$	$a+1$	$a+b+1$
		-2	2	$-2a-6$	
	1	-1	$a+3$	$-a-5$	

나머지가 모두 0 이어야 하므로 $-a-5=0$, $a+b+1=0$
$\therefore a=-5$, $b=4$

STEP B 이차방정식의 두 근의 합 구하기

따라서 이차방정식 $x^2-5x+4=0$의 두 근의 합은 근과 계수의 관계에 의하여 5

0977
정답 6

STEP A $x=1$, $x=2$를 각각 대입하여 a, b의 값 구하기

사차방정식 $x^4+2x^3+ax^2+bx+12=0$에 $x=1$, $x=2$를 각각 대입하면
$1+2+a+b+12=0$에서 $a+b=-15$ 　　$\cdots\cdots$ ㉠
$16+16+4a+2b+12=0$에서 $2a+b=-22$ 　　$\cdots\cdots$ ㉡
㉠, ㉡을 연립하여 풀면 $a=-7$, $b=-8$

STEP B 사차방정식의 나머지 두 근의 곱 구하기

$f(x)=x^4+2x^3-7x^2-8x+12$로 놓으면 $f(1)=0$, $f(2)=0$이므로
조립제법을 이용하여 $f(x)$를 인수분해하면

1	1	2	-7	-8	12
		1	3	-4	-12
2	1	3	-4	-12	0
		2	10	12	
	1	5	6	0	

$\therefore f(x)=(x-1)(x-2)(x^2+5x+6)$
즉 주어진 방정식은 $(x-1)(x-2)(x^2+5x+6)=0$
따라서 나머지 두 근은 이차방정식 $x^2+5x+6=0$의 근이므로
이차방정식의 근과 계수의 관계에 의하여 두 근의 곱은 6

내신 연계 출제문항 461

사차방정식 $x^4+ax^3+ax^2+11x+b=0$의 두 근이 -1, 1일 때,
나머지 두 근의 합은? (단, a, b는 상수이다.)

① 7　　　　② 9　　　　③ 11
④ 13　　　　⑤ 15

STEP A $x=-1$, $x=1$을 각각 대입하여 a, b의 값 구하기

사차방정식 $x^4+ax^3+ax^2+11x+b=0$에 $x=-1$, $x=1$을 각각 대입하면
$1-a+a-11+b=0$ 　$\therefore b=10$
$1+a+a+11+b=0$, $2a+22=0$ 　$\therefore a=-11$

STEP B 조립제법을 이용하여 사차식 인수분해하기

$f(x)=x^4-11x^3-11x^2+11x+10$으로 놓으면 $f(-1)=0$, $f(1)=0$이므로
조립제법을 이용하여 $f(x)$를 인수분해하면

-1	1	-11	-11	11	10
		-1	12	-1	-10
1	1	-12	1	10	0
		1	-11	-10	
	1	-11	-10	0	

주어진 방정식은 $(x+1)(x-1)(x^2-11x-10)=0$
따라서 나머지 두 근은 이차방정식 $x^2-11x-10=0$의 근이므로
이차방정식의 근과 계수의 관계에 의하여 두 근의 합은 11 　　정답 ③

0978 2017년 06월 고1 학력평가 13번 · 정답 ④

STEP A $x=-2$를 대입하여 a의 값 구하기

사차방정식 $x^4-x^3+ax^2+x+6=0$에 $x=-2$를 대입하면
$16+8+4a-2+6=0$, $4a+28=0$
$\therefore a=-7$

STEP B 조립제법을 이용하여 사차식 인수분해하기

$f(x)=x^4-x^3-7x^2+x+6$이라 하면
$f(-2)=0$, $f(-1)=0$이므로 $f(x)$는 $x+2$, $x+1$을 인수로 갖는다.
조립제법을 이용하여 $f(x)$를 인수분해하면

-2	1	-1	-7	1	6
		-2	6	2	-6
-1	1	-3	-1	3	0
		-1	4	-3	
	1	-4	3	0	

$f(x)=(x+2)(x+1)(x^2-4x+3)$

STEP C $a+b$의 값 구하기

주어진 방정식은 $(x+2)(x+1)(x-1)(x-3)=0$
$\therefore x=-2$ 또는 $x=-1$ 또는 $x=1$ 또는 $x=3$
이때 네 실근 중 가장 큰 것이 b이므로 $b=3$
따라서 $a+b=-7+3=-4$

내 신 연 계 출제문항 462

x에 대한 사차방정식 $x^4-3x^3-ax^2+12x+16=0$의 한 근이 -1일 때,
네 실근 중 가장 작은 근을 b, 가장 큰 근을 c라 하자. abc의 값은?
(단, a는 상수이다.)

① -64 ② -60 ③ -54
④ -56 ⑤ -49

STEP A $x=-1$을 대입하여 a의 값 구하기

사차방정식 $x^4-3x^3-ax^2+12x+16=0$에 $x=-1$을 대입하면
$1+3-a-12+16=0$, $-a+8=0$
$\therefore a=8$

STEP B 조립제법을 이용하여 사차식 인수분해하기

$f(x)=x^4-3x^3-8x^2+12x+16$이라 하면
$f(-1)=0$, $f(-2)=0$이므로 $f(x)$는 $x+1$, $x+2$를 인수로 갖는다.
조립제법을 이용하여 $f(x)$를 인수분해하면

-1	1	-3	-8	12	16
		-1	4	4	-16
-2	1	-4	-4	16	0
		-2	12	-16	
	1	-6	8	0	

$f(x)=(x+1)(x+2)(x^2-6x+8)$

STEP C abc의 값 구하기

주어진 방정식은 $(x+1)(x+2)(x-2)(x-4)=0$
$\therefore x=-2$ 또는 $x=-1$ 또는 $x=2$ 또는 $x=4$
이때 네 실근 중 가장 작은 근이 b이므로 $b=-2$
또한 네 실근 중 가장 큰 근이 c이므로 $c=4$
따라서 $abc=8\times(-2)\times4=-64$

· 정답 ①

0979 2022년 09월 고1 학력평가 27번 · 정답 12

STEP A 조립제법을 이용하여 사차식 인수분해하기

$f(x)=x^4+(2a+1)x^3+(3a+2)x^2+(a+2)x$라 하면
$f(-1)=1-2a-1+3a+2-a-2=0$이므로
$f(x)$는 $x+1$을 인수로 갖는다.
조립제법을 이용하여 $f(x)$를 인수분해하면

-1	1	$2a+1$	$3a+2$	$a+2$	0
		-1	$-2a$	$-a-2$	0
	1	$2a$	$a+2$	0	0

$f(x)=(x+1)\{x^3+2ax^2+(a+2)x\}$
$\quad\ =x(x+1)(x^2+2ax+a+2)$ ⋯⋯ ㉠

STEP B 중근을 가질 경우를 나누어 실수 a의 값 구하기

이때 사차방정식 $x(x+1)(x^2+2ax+a+2)=0$이 서로 다른 실근의 개수가
3이 되려면 사차방정식은 한 개의 중근을 가져야 한다.
(i) $x=0$이 사차방정식의 중근인 경우
  $x=0$은 이차방정식 $x^2+2ax+a+2=0$의 해이므로
  $0^2+2a\times0+a+2=0$ $\therefore a=-2$
  ㉠에 $a=-2$를 대입하면
  $f(x)=x(x+1)(x^2-4x)=x^2(x+1)(x-4)$
  사차방정식 $x^2(x+1)(x-4)=0$의 서로 다른 세 실근은
  $x=-1$, $x=0$(중근), $x=4$
(ii) $x=-1$이 사차방정식의 중근인 경우
  $x=-1$은 이차방정식 $x^2+2ax+a+2=0$의 해이므로
  $(-1)^2+2a\times(-1)+a+2=0$ $\therefore a=3$
  ㉠에 $a=3$를 대입하면
  $f(x)=x(x+1)(x^2+6x+5)=x(x+1)^2(x+5)$
  사차방정식의 $x(x+1)^2(x+5)=0$서로 다른 세 실근은
  $x=-5$, $x=-1$(중근), $x=0$
(iii) 사차방정식이 $x\neq0$이고 $x\neq-1$인 중근을 갖는 경우
  이차방정식 $x^2+2ax+a+2=0$이 중근을 가져야 하므로
  이차방정식 $x^2+2ax+a+2=0$의 판별식을 D라 하면
  $D=0$이어야 한다.
  $\dfrac{D}{4}=a^2-a-2=0$, $(a-2)(a+1)=0$
  $\therefore a=-1$ 또는 $a=2$
  ① $a=-1$인 경우
    ㉠에 $a=-1$을 대입하면
    $f(x)=x(x+1)(x^2-2x+1)=x(x+1)(x-1)^2$
    사차방정식 $x(x+1)(x-1)^2=0$의 서로 다른 세 실근은
    $x=-1$, $x=0$, $x=1$(중근)
  ② $a=2$인 경우
    ㉠에 $a=2$를 대입하면
    $f(x)=x(x+1)(x^2+4x+4)=x(x+1)(x+2)^2$
    사차방정식 $x(x+1)(x+2)^2=0$의 서로 다른 세 실근은
    $x=-2$(중근), $x=-1$, $x=0$
(i)~(iii)에 의하여 실수 a는 -2, -1, 2, 3

STEP C 모든 실수 a의 값의 곱 구하기

따라서 모든 실수 a의 값의 곱은 $(-2)\times(-1)\times2\times3=12$

x에 대한 사차방정식
$$x^4+(2a+1)x^3+(4a+3)x^2+(2a+3)x=0$$
의 서로 다른 실근의 개수가 3이 되도록 하는 모든 실수 a의 값의 합은?

① $-\dfrac{3}{2}$ ② $-\dfrac{1}{2}$ ③ -1

④ $\dfrac{1}{2}$ ⑤ $\dfrac{3}{2}$

STEP A 조립제법을 이용하여 사차식 인수분해하기

$f(x)=x^4+(2a+1)x^3+(4a+3)x^2+(2a+3)x$라 하면

$f(-1)=1-2a-1+4a+3-2a-3=0$이므로

$f(x)$는 $x+1$을 인수로 갖는다.

조립제법을 이용하여 $f(x)$를 인수분해하면

$$
\begin{array}{r|rrrrr}
-1 & 1 & 2a+1 & 4a+3 & 2a+3 & 0 \\
   &   & -1   & -2a & -2a-3 & 0 \\
\hline
   & 1 & 2a   & 2a+3 & 0 & 0 \\
\end{array}
$$

$f(x)=(x+1)\{x^3+2ax^2+(2a+3)x\}$

$\qquad=x(x+1)(x^2+2ax+2a+3)$ ⋯⋯ ㉠

STEP B 중근을 가질 경우를 나누어 실수 a의 값 구하기

이때 사차방정식 $x(x+1)(x^2+2ax+2a+3)=0$이 서로 다른 실근의 개수가 3이 되려면 사차방정식은 한 개의 중근을 가져야 한다.

(i) $x=0$이 사차방정식의 중근인 경우

$x=0$은 이차방정식 $x^2+2ax+2a+3=0$의 해이므로

$0^2+2a\times0+2a+3=0$ $\therefore a=-\dfrac{3}{2}$

㉠에 $a=-\dfrac{3}{2}$을 대입하면

$f(x)=x(x+1)(x^2-3x)=x^2(x+1)(x-3)$

사차방정식 $x^2(x+1)(x-3)=0$의 서로 다른 세 실근은

$x=-1,\ x=0(\text{중근}),\ x=3$

(ii) $x=-1$이 사차방정식의 중근인 경우

$x=-1$은 이차방정식 $x^2+2ax+2a+3=0$의 해이므로

$(-1)^2+2a\times(-1)+2a+3=0,\ 4\neq0$이므로

$x=-1$을 중근을 가지지 않는다.

(iii) 사차방정식이 $x\neq0$이고 $x\neq-1$인 중근을 갖는 경우

이차방정식 $x^2+2ax+2a+3=0$이 중근을 가져야 하므로

이차방정식 $x^2+2ax+2a+3=0$의 판별식을 D라 하면

$D=0$이어야 한다.

$\dfrac{D}{4}=a^2-2a-3=0,\ (a+1)(a-3)=0$

$\therefore a=-1$ 또는 $a=3$

① $a=-1$인 경우

㉠에 $a=-1$을 대입하면

$f(x)=x(x+1)(x^2-2x+1)=x(x+1)(x-1)^2$

사차방정식 $x(x+1)(x-1)^2=0$의 서로 다른 세 실근은

$x=-1,\ x=0,\ x=1(\text{중근})$

② $a=3$인 경우

㉠에 $a=3$을 대입하면

$f(x)=x(x+1)(x^2+6x+9)=x(x+1)(x+3)^2$

사차방정식 $x(x+1)(x+3)^2=0$의 서로 다른 세 실근은

$x=-3(\text{중근}),\ x=-1,\ x=0$

(i)~(iii)에 의하여 실수 a는 $-\dfrac{3}{2},\ -1,\ 3$

STEP C 모든 실수 a의 값의 합 구하기

따라서 모든 실수 a의 값의 합은 $-\dfrac{3}{2}+(-1)+3=\dfrac{1}{2}$

 정답 ④

0980

 정답 6

STEP A $x^2-5x=X$로 치환하여 인수분해하기

$(x^2-5x)(x^2-5x+13)+42=0$에서 $x^2-5x=X$로 놓으면

$X(X+13)+42=0,\ X^2+13X+42=0,\ (X+6)(X+7)=0$

$\therefore X=-6$ 또는 $X=-7$

STEP B X의 값에 따라 경우를 나누어 사차방정식의 모든 실근의 곱 구하기

(i) $X=-6$일 때,

$\qquad x^2-5x=-6,\ x^2-5x+6=0,\ (x-2)(x-3)=0$

$\qquad \therefore x=2$ 또는 $x=3$

(ii) $X=-7$일 때,

$\qquad x^2-5x=-7,\ x^2-5x+7=0$

$\qquad$ 이차방정식 $x^2-5x+7=0$의 판별식을 D라 하면

$\qquad D=25-28<0$이므로 이차방정식 $x^2-5x+7=0$은 두 허근을 갖는다.

(i), (ii)에서 주어진 방정식의 모든 실근의 곱은 $2\times3=6$

0981

정답 ①

STEP A $x^2-2x=X$로 치환하여 인수분해하기

$(x^2-2x)^2-2(x^2-2x)-15=0$에서 $x^2-2x=X$로 놓으면

$X^2-2X-15=0,\ (X+3)(X-5)=0$

$\therefore X=-3$ 또는 $X=5$

STEP B X의 값에 따라 경우를 나누어 사차방정식의 모든 실근의 곱 구하기

(i) $X=-3$일 때, $x^2-2x=-3,\ x^2-2x+3=0$

$\qquad$ 이차방정식 $x^2-2x+3=0$의 판별식을 D_1이라 하면

$\qquad \dfrac{D_1}{4}=1-3<0$이므로 이차방정식 $x^2-2x+3=0$은 두 허근을 갖는다.

(ii) $X=5$일 때, $x^2-2x=5,\ x^2-2x-5=0$

$\qquad$ 이차방정식 $x^2-2x-5=0$의 판별식을 D_2라 하면

$\qquad \dfrac{D_2}{4}=1+5>0$이므로 이차방정식 $x^2-2x-5=0$은 두 실근을 갖는다.

(i), (ii)에서 주어진 방정식의 모든 실근은 $x^2-2x-5=0$의 두 근이다.

따라서 이차방정식의 근과 계수의 관계에 의하여 두 실근의 곱은 -5

> 이차방정식 $x^2-2x-5=0$의 두 실근은 근의 공식에 의하여
> $x=1\pm\sqrt{1+5}=1\pm\sqrt6$, 즉 두 근의 곱은 $(1+\sqrt6)(1-\sqrt6)=1-6=-5$

0982

 정답 ③

STEP A $x^2+2x=X$로 치환하여 인수분해하기

$\{(x-1)(x+3)\}\{(x-2)(x+4)\}=84$에서 $(x^2+2x-3)(x^2+2x-8)=84$

$x^2+2x=X$로 놓으면

$(X-3)(X-8)=84,\ X^2-11X-60=0,\ (X+4)(X-15)=0$

$\therefore X=-4$ 또는 $X=15$

STEP B X의 값에 따라 경우를 나누어 사차방정식의 모든 실근의 합 구하기

(i) $X=-4$일 때, $x^2+2x=-4,\ x^2+2x+4=0$

$\qquad$ 이차방정식 $x^2+2x+4=0$의 판별식을 D라 하면

$\qquad \dfrac{D}{4}=1-4<0$이므로 이차방정식 $x^2+2x+4=0$은 두 허근을 갖는다.

(ii) $X=15$일 때, $x^2+2x=15,\ x^2+2x-15=0,\ (x+5)(x-3)=0$

$\qquad \therefore x=-5$ 또는 $x=3$

(i), (ii)에서 두 실근의 합은 $-5+3=-2$

사차방정식 $(x+1)(x+2)(x+3)(x+4)-8=0$의 모든 실근의 곱은?

① -3 ② -2 ③ -1
④ 1 ⑤ 2

STEP A $x^2+5x=t$로 치환하여 인수분해하기

$\{(x+1)(x+4)\}\{(x+2)(x+3)\}-8=0$에서 $(x^2+5x+4)(x^2+5x+6)-8=0$
$x^2+5x=t$로 놓으면
$(t+4)(t+6)-8=0,\ t^2+10t+16=0,\ (t+8)(t+2)=0$
$\therefore t=-8$ 또는 $t=-2$

STEP B t의 값에 따라 경우를 나누어 모든 실근의 곱 구하기

(i) $t=-8$일 때, $x^2+5x=-8,\ x^2+5x+8=0$
이차방정식 $x^2+5x+8=0$의 판별식을 D_1이라 하면
$D_1=5^2-4\times8<0$이므로
이차방정식 $x^2+5x+8=0$은 두 허근을 갖는다.

(ii) $t=-2$일 때, $x^2+5x=-2,\ x^2+5x+2=0$
이차방정식 $x^2+5x+2=0$의 판별식을 D_2라 하면
$D_2=5^2-4\times2>0$이므로
이차방정식 $x^2+5x+2=0$은 두 실근을 갖는다.

(i), (ii)에 의하여 주어진 방정식의 모든 실근은 $x^2+5x+2=0$의 두 근이다.
따라서 이차방정식의 근과 계수의 관계에 의하여 두 근의 곱은 2 **정답** ⑤

0983

정답 ②

STEP A $x^2-x=X$로 치환하여 인수분해하기

$(x^2-1)(x^2-2x)=15$에서
$(x+1)(x-1)x(x-2)=15,\ \{x(x-1)\}\{(x+1)(x-2)\}=15$
$(x^2-x)(x^2-x-2)=15$
$x^2-x=X$로 놓으면
$X(X-2)=15,\ X^2-2X-15=0,\ (X+3)(X-5)=0$
$\therefore X=-3$ 또는 $X=5$

STEP B X의 값에 따라 경우를 나누어 사차방정식의 모든 실근의 곱 구하기

(i) $X=-3$일 때, $x^2-x=-3,\ x^2-x+3=0$
이차방정식 $x^2-x+3=0$의 판별식을 D_1이라 하면
$D_1=1-12<0$이므로 이차방정식 $x^2-x+3=0$은 두 허근을 갖는다.

(ii) $X=5$일 때, $x^2-x=5,\ x^2-x-5=0$
이차방정식 $x^2-x-5=0$의 판별식을 D_2라 하면
$D_2=1+20>0$이므로 이차방정식 $x^2-x-5=0$은 두 실근을 갖는다.

(i), (ii)에서 주어진 방정식의 모든 실근은 $x^2-x-5=0$의 두 근이므로
이차방정식의 근과 계수의 관계에 의하여 두 근의 곱은 $a=-5$
또한, 주어진 방정식의 모든 허근은 $x^2-x+3=0$의 두 근이므로
이차방정식의 근과 계수의 관계에 의하여 두 근의 합은 $b=1$
따라서 $a+b=-5+1=-4$

0984

정답 ③

STEP A $x^2-3x=X$로 치환하여 인수분해하기

$(x^2-3x)^2+5(x^2-3x)+6=0$에서 $x^2-3x=X$로 놓으면
$X^2+5X+6=0,\ (X+3)(X+2)=0$
$x^2-3x=X$이므로
$(x^2-3x+3)(x^2-3x+2)=0,\ (x^2-3x+3)(x-1)(x-2)=0$
$\therefore x^2-3x+3=0$ 또는 $x=1$ 또는 $x=2$

STEP B $\alpha\bar{\alpha}+\beta\bar{\beta}$의 값 구하기

이차방정식 $x^2-3x+3=0$의 판별식을 D라 하면
$D=9-12<0$이므로
이차방정식 $x^2-3x+3=0$은 서로 다른 두 허근 α, β를 갖는다.
이차방정식의 근과 계수의 관계에 의하여 $\alpha\beta=3$
따라서 $\bar{\alpha}=\beta$, $\bar{\beta}=\alpha$이므로 $\alpha\bar{\alpha}+\beta\bar{\beta}=2\alpha\beta=2\times3=6$
이차방정식 $x^2-3x+3=0$의 모든 항의 계수가 실수이므로 한 근이 α이면 나머지 한 근은 $\bar{\alpha}$

 **근의 공식을 이용하여 $\alpha\bar{\alpha}+\beta\bar{\beta}$의 값을 구할 수 있어!**

이차방정식 $x^2-3x+3=0$의 근은 근의 공식에 의하여
$x=\dfrac{3\pm\sqrt{9-12}}{2}=\dfrac{3\pm\sqrt{3}i}{2}$
이때 $\alpha=\dfrac{3+\sqrt{3}i}{2},\ \beta=\dfrac{3-\sqrt{3}i}{2}$라 하면 $\bar{\alpha}=\dfrac{3-\sqrt{3}i}{2},\ \bar{\beta}=\dfrac{3+\sqrt{3}i}{2}$
따라서 $\alpha\bar{\alpha}+\beta\bar{\beta}=\dfrac{3+\sqrt{3}i}{2}\times\dfrac{3-\sqrt{3}i}{2}+\dfrac{3-\sqrt{3}i}{2}\times\dfrac{3+\sqrt{3}i}{2}=3+3=6$

사차방정식 $(x+1)(x+2)^2(x+3)=20$의 서로 다른 두 허근을 α, β라 할 때, $\alpha\bar{\alpha}+\beta\bar{\beta}$의 값은? (단, $\bar{\alpha}$, $\bar{\beta}$는 각각 α, β의 켤레복소수이다.)

① 10 ② 12 ③ 14
④ 16 ⑤ 18

STEP A $x^2+4x=t$로 치환하여 인수분해하기

$\{(x+1)(x+3)\}(x+2)^2=20$에서 $(x^2+4x+3)(x^2+4x+4)=20$
$x^2+4x=t$로 놓으면
$(t+3)(t+4)=20,\ t^2+7t-8=0,\ (t-1)(t+8)=0$
$\therefore t=1$ 또는 $t=-8$

STEP B t의 값에 따라 경우를 나누어 $\alpha\bar{\alpha}+\beta\bar{\beta}$의 값 구하기

(i) $t=1$일 때, $x^2+4x=1,\ x^2+4x-1=0$
이차방정식 $x^2+4x-1=0$의 판별식을 D_1이라 하면
$\dfrac{D_1}{4}=4+1>0$이므로
이차방정식 $x^2+4x-1=0$은 서로 다른 두 실근을 가진다.

(ii) $t=-8$일 때, $x^2+4x=-8,\ x^2+4x+8=0$
이차방정식 $x^2+4x+8=0$의 판별식을 D_2라 하면
$\dfrac{D_2}{4}=4-8<0$이므로
이차방정식 $x^2+4x+8=0$은 서로 다른 두 허근을 가진다.

(i), (ii)에 의하여 이차방정식 $x^2+4x+8=0$의 서로 다른 두 허근 α, β를
가지므로 이차방정식의 근과 계수의 관계에 의하여 $\alpha\beta=8$
따라서 $\bar{\alpha}=\beta$, $\bar{\beta}=\alpha$이므로 $\alpha\bar{\alpha}+\beta\bar{\beta}=2\alpha\beta=2\times8=16$
이차방정식 $x^2+4x+8=0$의 모든 항의 계수가 실수이므로 한 근이 α이면 나머지 한 근은 $\bar{\alpha}$

 **근의 공식을 이용하여 $\alpha\bar{\alpha}+\beta\bar{\beta}$의 값을 구할 수 있어!**

이차방정식 $x^2+4x+8=0$의 근은 근의 공식에 의하여
$x=-2\pm\sqrt{4-8}=-2\pm2i$
이때 $\alpha=-2+2i,\ \beta=-2-2i$라 하면 $\bar{\alpha}=-2-2i,\ \bar{\beta}=-2+2i$
따라서 $\alpha\bar{\alpha}+\beta\bar{\beta}=(-2+2i)(-2-2i)+(-2-2i)(-2+2i)=8+8=16$

정답 ④ 

0985

STEP A $x^2-5x=X$로 **치환하여 인수분해하기**

$(x^2-4x+3)(x^2-6x+8)=120$에서
$(x-1)(x-3)(x-2)(x-4)=120,\ (x^2-5x+4)(x^2-5x+6)=120$
$x^2-5x=X$로 놓으면
$(X+4)(X+6)=120,\ X^2+10X-96=0,\ (X-6)(X+16)=0$
$x^2-5x=X$이므로
$(x^2-5x-6)(x^2-5x+16)=0,\ (x+1)(x-6)(x^2-5x+16)=0$

STEP B **사차방정식의 실근을 구하고 $\omega^2-5\omega$의 값 구하기**

사차방정식 $(x+1)(x-6)(x^2-5x+16)=0$은 -1, 6을 실근으로 갖는다.
이차방정식 $x^2-5x+16=0$이 ω를 허근으로 가지므로 $\omega^2-5\omega+16=0$
따라서 $\omega^2-5\omega=-16$

0986

2024년 06월 고1 학력평가 10번

정답 ①

STEP A $x^2-3x=X$로 **치환하여 X에 대한 방정식의 근 구하기**

$x^2-3x=X$라 하면
$X(X+6)+5=0,\ X^2+6X+5=0,\ (X+1)(X+5)=0$
$\therefore X=-1$ 또는 $X=-5$

STEP B **이차방정식의 판별식과 근과 계수의 관계를 이용하여 실근 α, β의 곱 구하기**

(i) $X=-5$일 때, $x^2-3x=-5,\ x^2-3x+5=0$
이때 이차방정식 $x^2-3x+5=0$의 판별식을 D_1이라 하면
$D_1=9-20<0$이므로 서로 다른 두 허근을 가진다.
(ii) $X=-1$일 때, $x^2-3x=-1,\ x^2-3x+1=0$
이때 이차방정식 $x^2-3x+1=0$의 판별식을 D_2라 하면
$D_2=9-4>0$이므로 서로 다른 두 실근을 가진다.
$x^2-3x+1=0$의 서로 다른 두 실근을 α, β라 하면
근과 계수의 관계에 의하여 두 근의 곱 $\alpha\beta=1$
(i), (ii)에 의하여 사차방정식의 서로 다른 두 실근의 곱 $\alpha\beta=1$

사차방정식 $(x^2-x-1)^2-2(x^2-x)-13=0$의 모든 실근의 곱과 모든 허근의 곱의 합은?

① -5　　　② -4　　　③ -1
④ 4　　　⑤ 5

STEP A $x^2-x=t$로 **치환하여 인수분해하기**

$(x^2-x-1)^2-2(x^2-x)-13=0$에서 $x^2-x=t$로 놓으면
$(t-1)^2-2t-13=0,\ t^2-4t-12=0,\ (t+2)(t-6)=0$
$\therefore t=-2$ 또는 $t=6$

STEP B **경우를 나누어 사차방정식의 모든 실근의 곱과 허근의 합 구하기**

(i) $t=-2$일 때, $x^2-x+2=0$
이 이차방정식의 판별식을 D_1이라 하면
$D_1=1-8=-7<0$
이차방정식은 허근을 가지고 근과 계수의 관계에 의하여 허근의 곱은 2
(ii) $t=6$일 때, $x^2-x-6=0$
이 이차방정식의 판별식을 D_2라 하면
$D_2=1-4\times(-6)=25>0$
이차방정식은 실근을 가지고 근과 계수의 관계에 의하여 실근의 곱은 -6
(i), (ii)에 의하여 주어진 방정식의 모든 실근의 곱과 모든 허근의 곱의 합은
$2+(-6)=-4$

정답 ②

0987

정답 81

STEP A $x^2=t$로 **치환하여 t의 값 구하기**

$x^4-5x^2-36=0$에서 $x^2=t$로 치환하면
$t^2-5t-36=0,\ (t+4)(t-9)=0$
$\therefore t=-4$ 또는 $t=9$

STEP B $\alpha^2\beta^2$의 값 구하기

그런데 $x^2=-4$일 때, 만족하는 실근은 존재하지 않는다.
$x^2=9$에서 $x=3$ 또는 $x=-3$
따라서 $\alpha^2\beta^2=3^2\times(-3)^2=81$

0988

정답 ④

STEP A A^2-B^2의 꼴로 변형하여 인수분해하기

$x^4-3x^2+1=0$에서 $(x^4-2x^2+1)-x^2=0$
$(x^2-1)^2-x^2=0,\ (x^2-x-1)(x^2+x-1)=0$
$\therefore x^2-x-1=0$ 또는 $x^2+x-1=0$

STEP B **이차방정식의 근과 계수와 관계를 이용하여 $\alpha\beta\gamma\delta$의 값 구하기**

이때 두 이차방정식 $x^2-x-1=0,\ x^2+x-1=0$의 각각의 근이 α, β, γ, δ
이므로 근과 계수의 관계에 의하여 $\alpha\beta=-1,\ \gamma\delta=-1$
따라서 $\alpha\beta\gamma\delta=(-1)\times(-1)=1$

x에 대한 방정식 $x^4-8x^2+4=0$의 네 근을 α, β, γ, δ라 할 때, $\alpha^2+\beta^2+\gamma^2+\delta^2$의 값은?

① 10　　　② 12　　　③ 14
④ 16　　　⑤ 18

STEP A A^2-B^2꼴로 변형하여 인수분해하기

$x^4-8x^2+4=0$에서 $(x^4-4x^2+4)-4x^2=0$
$(x^2-2)^2-(2x)^2=0,\ (x^2+2x-2)(x^2-2x-2)=0$
$\therefore x^2+2x-2=0$ 또는 $x^2-2x-2=0$

STEP B **이차방정식의 근과 계수의 관계를 이용하여 $\alpha^2+\beta^2+\gamma^2+\delta^2$의 값 구하기**

이때 두 이차방정식 $x^2+2x-2=0,\ x^2-2x-2=0$의 각각의 근이
α, β, γ, δ이므로 근과 계수의 관계에 의하여
$\alpha+\beta=-2,\ \alpha\beta=-2,\ \gamma+\delta=2,\ \gamma\delta=-2$
따라서 $\alpha^2+\beta^2+\gamma^2+\delta^2=(\alpha+\beta)^2-2\alpha\beta+(\gamma+\delta)^2-2\gamma\delta$
$=(-2)^2-2\times(-2)+2^2-2\times(-2)$
$=16$

정답 ④

0989

STEP A A^2-B^2의 꼴로 변형하여 인수분해하기

$x^4+2x^2+9=0$에서 $(x^4+6x^2+9)-4x^2=0$

$(x^2+3)^2-(2x)^2=0$, $(x^2+2x+3)(x^2-2x+3)=0$

$\therefore\ x^2+2x+3=0$ 또는 $x^2-2x+3=0$

STEP B 이차방정식의 근과 계수의 관계를 이용하여 $\dfrac{1}{\alpha}+\dfrac{1}{\beta}+\dfrac{1}{\gamma}+\dfrac{1}{\delta}$의 값 구하기

이때 두 이차방정식 $x^2+2x+3=0$, $x^2-2x+3=0$의 각각의 근이 α, β, γ, δ이므로 근과 계수의 관계에 의하여

$\alpha+\beta=-2$, $\alpha\beta=3$, $\gamma+\delta=2$, $\gamma\delta=3$

따라서 $\dfrac{1}{\alpha}+\dfrac{1}{\beta}+\dfrac{1}{\gamma}+\dfrac{1}{\delta}=\dfrac{\alpha+\beta}{\alpha\beta}+\dfrac{\gamma+\delta}{\gamma\delta}=\dfrac{-2}{3}+\dfrac{2}{3}=0$

0990

정답 ⑤

STEP A A^2-B^2의 꼴로 변형하여 인수분해하기

$x^4-7x^2+9=0$에서 $(x^4-6x^2+9)-x^2=0$

$(x^2-3)^2-x^2=0$, $(x^2+x-3)(x^2-x-3)=0$

$\therefore\ x^2+x-3=0$ 또는 $x^2-x-3=0$

즉 $x=\dfrac{-1\pm\sqrt{13}}{2}$ 또는 $x=\dfrac{1\pm\sqrt{13}}{2}$

또한, 한 근이 α이므로 $\alpha^2+\alpha-3=0$ 또는 $\alpha^2-\alpha-3=0$

STEP B [보기]의 참, 거짓 판단하기

ㄱ. $x^2+x-3=0$이므로 $\alpha^2+\alpha-3=0$

　즉 $\alpha^2+\alpha=3$을 만족시키는 α가 존재한다. [참]

ㄴ. $\alpha^2-\alpha-3=0$에서 $\alpha\neq0$이므로 양변을 α로 나누면

　$\alpha-1-\dfrac{3}{\alpha}=0$

　즉 $\alpha-\dfrac{3}{\alpha}=1$을 만족시키는 α가 존재한다. [참]

ㄷ. 사차방정식 $x^4-7x^2+9=0$에서 두 음의 근은 $\dfrac{-1-\sqrt{13}}{2}$, $\dfrac{1-\sqrt{13}}{2}$

　이므로 $p+q=\dfrac{-1-\sqrt{13}}{2}+\dfrac{1-\sqrt{13}}{2}=-\sqrt{13}$ [참]

따라서 옳은 것은 ㄱ, ㄴ, ㄷ이다.

0991

2019년 09월 고1 학력평가 20번 정답 ⑤

STEP A 인수분해를 이용하여 [보기]의 참, 거짓 판단하기

ㄱ. $P(\sqrt{n})=(\sqrt{n})^4+(\sqrt{n})^2-n^2-n$ ←  $(\sqrt{n})^4=n^2, (\sqrt{n})^2=n$

　　$=n^2+n-n^2-n=0$ [참]

ㄴ. $P(x)=x^4+x^2-n^2-n=(x^2-n)(x^2+n+1)$이므로

$$x^4+x^2-n^2-n=(x^2)^2+x^2-n(n+1)$$
$$=(x^2-n)(x^2+n+1)$$

방정식 $P(x)=0$은 $x=\sqrt{n}$, $x=-\sqrt{n}$만을 실근으로 가진다.

자연수 n에 대하여 $x^2+n+1=0$을 만족시키는 실수 x는 존재하지 않는다.

즉 실근의 개수는 2이다. [참]

ㄷ. 모든 정수 k에 대하여 $P(k)=(k^2-n)(k^2+n+1)$에서

　$k^2+n+1>0$이고 $P(k)\neq0$을 만족시키려면 $n\neq k^2$이어야 하므로

$k^2\geq0$이고 n은 9 이하의 자연수이므로 $k^2+n+1>0$

n은 완전제곱수가 아닌 9 이하의 자연수이다.

9 이하의 자연수에서 $1^2=1$, $2^2=4$, $3^2=9$를 제외한 수이다.

　즉 n의 값은 2, 3, 5, 6, 7, 8이므로

　모든 n의 값의 합은 $2+3+5+6+7+8=31$ [참]

따라서 옳은 것은 ㄱ, ㄴ, ㄷ이다.

9 이하의 자연수 n에 대하여 다항식 $P(x)$가 $P(x)=x^4+x^2-n^2-n$일 때, [보기]에서 옳은 것만을 있는 대로 고른 것은?

> ㄱ. $P(-\sqrt{n})=0$
>
> ㄴ. 방정식 $P(x)=0$의 실근의 개수는 2이다.
>
> ㄷ. 어떤 정수 k에 대하여 $P(k)=0$이 되도록 하는 모든 n의 값의 합은 14이다.

① ㄱ　　　② ㄷ　　　③ ㄱ, ㄴ

④ ㄴ, ㄷ　　　⑤ ㄱ, ㄴ, ㄷ

STEP A 인수분해를 이용하여 [보기]의 참, 거짓 판단하기

ㄱ. $P(-\sqrt{n})=(-\sqrt{n})^4+(-\sqrt{n})^2-n^2-n$ ←  $(-\sqrt{n})^4=n^2, (-\sqrt{n})^2=n$

　　$=n^2+n-n^2-n=0$ [참]

ㄴ. $P(x)=x^4+x^2-n^2-n=(x^2-n)(x^2+n+1)$이므로

$$x^4+x^2-n^2-n=(x^2)^2+x^2-n(n+1)$$
$$=(x^2-n)(x^2+n+1)$$

방정식 $P(x)=0$은 $x=\sqrt{n}$, $x=-\sqrt{n}$만을 실근으로 가진다.

자연수 n에 대하여 $x^2+n+1=0$을 만족시키는 실수 x는 존재하지 않는다.

즉 실근의 개수는 2이다. [참]

ㄷ. 어떤 정수 k에 대하여 $P(k)=(k^2-n)(k^2+n+1)$에서

　$k^2+n+1>0$이고 $P(k)=0$을 만족시키려면 $n=k^2$이어야 하므로

　n은 완전제곱수인 9 이하의 자연수이다.

$1^2=1$, $2^2=4$, $3^2=9$

　즉 n의 값은 1, 4, 9이므로 모든 n의 값의 합은 $1+4+9=14$ [참]

따라서 옳은 것은 ㄱ, ㄴ, ㄷ이다. 　정답 ⑤

0992

2020년 03월 고2 학력평가 20번 정답 ⑤ 

STEP A 인수분해를 이용하여 사차방정식의 근 구하기

$x^4+(3-2a)x^2+a^2-3a-10=0$에서 $x^2=X$라 하면

$X^2+(3-2a)X+a^2-3a-10=0$

$X^2+(3-2a)X+(a+2)(a-5)=0$

$\{X-(a+2)\}\{X-(a-5)\}=0$ ← $X=x^2$

$(x^2-a-2)(x^2-a+5)=0$

$\therefore\ x^2=a+2$ 또는 $x^2=a-5$

STEP B [보기]의 참, 거짓 판단하기

ㄱ. 사차방정식이 실근과 허근을 모두 가져야 하므로

$x^2=m$에서

① $m\geq0$이면 실근 $x=\sqrt{m}$, $x=-\sqrt{m}$

② $m<0$이면 허근 $x=\sqrt{-m}\,i$, $x=-\sqrt{-m}\,i$

$x^2=a+2$에서 $a+2\geq0$이면 실근을 갖고

$x^2=a-5$에서 $a-5<0$이면 허근을 갖는다.

즉 $-2\leq a<5$에서 구하는 사차방정식은 두 실근 $\sqrt{a+2}$, $-\sqrt{a+2}$와

두 허근 $\sqrt{-a+5}\,i$, $-\sqrt{-a+5}\,i$를 가지므로 $a=1$일 때

두 실근 $\sqrt{3}$, $-\sqrt{3}$의 곱은 -3이다.. [참]

+α 조건을 만족하는 a의 범위가 $-2\leq a<5$인 이유!

> $x^2=a-5$에서 $a-5\geq0$이면 실근을 갖고
>
> $x^2=a+2$에서 $a+2<0$이면 허근을 갖지만
>
> $a\geq5$, $a<-2$를 동시에 만족하는 a의 범위는 존재하지 않는다.
>
> 즉 $-2\leq a<5$이어야 한다.

ㄴ. 모든 실근의 곱이 -4이면

$(-\sqrt{a+2})\times\sqrt{a+2}=-(a+2)=-4$에서 $a=2$

즉 방정식의 허근은 $x=-\sqrt{3}\,i$ 또는 $x=\sqrt{3}\,i$이므로

모든 허근의 곱은 $(-\sqrt{3}\,i)\times\sqrt{3}\,i=3$ [참]

ㄷ. 주어진 사차방정식이 정수인 근을 갖도록 하려면
실근 $x=\pm\sqrt{a+2}$가 정수이어야 한다.
$-2\le a<5$에서 $0\le\sqrt{a+2}<\sqrt{7}$이므로　　← $\sqrt{7}=2.\times\times$
방정식이 가질 수 있는 정수인 근은 $\sqrt{a+2}$의 값이 0, 1, 2일 때이다.
$\sqrt{a+2}=0$일 때, $a=-2$
$\sqrt{a+2}=1$일 때, $a=-1$
$\sqrt{a+2}=2$일 때, $a=2$
즉 정수인 근을 갖도록 하는 실수 a의 값이 -2, -1, 2이므로
그 합은 $(-2)+(-1)+2=-1$ [참]
따라서 옳은 것은 ㄱ, ㄴ, ㄷ이다.

내신연계 출제문항 469

x에 대한 사차방정식 $x^4-2ax^2+a^2-9=0$이 실근과 허근을 모두 가질 때, 이 사차방정식에 대하여 [보기]에서 옳은 것만을 있는 대로 고른 것은? (단, a는 실수이다.)

> ㄱ. 방정식이 실근과 허근을 가지는 a의 범위는 $-3\le a<3$이다.
> ㄴ. 모든 실근의 곱이 -4이면 모든 허근의 곱은 4이다.
> ㄷ. 정수인 근을 갖도록 하는 모든 실수 a의 값의 곱은 6이다.

① ㄱ　　　　② ㄱ, ㄴ　　　　③ ㄱ, ㄷ
④ ㄴ, ㄷ　　　　⑤ ㄱ, ㄴ, ㄷ

STEP A　인수분해를 이용하여 사차방정식의 근 구하기

$x^4-2ax^2+a^2-9=0$에서 $x^2=X$라 하면
$X^2-2aX+a^2-9=0$
$X^2-2aX+(a+3)(a-3)=0$
$\{X-(a+3)\}\{X-(a-3)\}=0$　　← $X=x^2$
$(x^2-a-3)(x^2-a+3)=0$
$\therefore x^2=a+3$ 또는 $x^2=a-3$

STEP B　[보기]의 참, 거짓 판단하기

ㄱ. 사차방정식이 실근과 허근을 모두 가져야 하므로
> $x^2=m$에서
> ① $m\ge0$이면 실근 $x=\sqrt{m}$, $x=-\sqrt{m}$
> ② $m<0$이면 허근 $x=\sqrt{-m}\,i$, $x=-\sqrt{-m}\,i$

$x^2=a+3$에서 $a+3\ge0$이면 실근을 갖고
$x^2=a-3$에서 $a-3<0$이면 허근을 갖는다.
즉 $-3\le a<3$에서 구하는 사차방정식은 두 실근 $\sqrt{a+3}$, $-\sqrt{a+3}$과 두 허근 $\sqrt{-a+3}\,i$, $-\sqrt{-a+3}\,i$를 갖는다. [참]

+α　조건을 만족하는 a의 범위가 $-3\le a<3$인 이유!

$x^2=a-3$에서 $a-3\ge0$이면 실근을 갖고
$x^2=a+3$에서 $a+3<0$이면 허근을 갖지만
$a\ge3$, $a<-3$을 동시에 만족하는 a의 범위는 존재하지 않는다.
즉 $-3\le a<3$이어야 한다.

ㄴ. 모든 실근의 곱이 -4이면
$(-\sqrt{a+3})\times\sqrt{a+3}=-(a+3)=-4$에서 $a=1$
즉 방정식의 허근은 $x=-\sqrt{2}\,i$ 또는 $x=\sqrt{2}\,i$이므로
모든 허근의 곱은 $(-\sqrt{2}\,i)\times\sqrt{2}\,i=2$ [거짓]

ㄷ. 주어진 사차방정식이 정수인 근을 갖도록 하려면
실근 $x=\pm\sqrt{a+3}$이 정수이어야 한다.
$-3\le a<3$에서 $0\le\sqrt{a+3}<\sqrt{6}$이므로　　← $\sqrt{6}=2.\times\times$
방정식이 가질 수 있는 정수인 근은 $\sqrt{a+3}$의 값이 0, 1, 2일 때이다.
$\sqrt{a+3}=0$일 때, $a=-3$
$\sqrt{a+3}=1$일 때, $a=-2$
$\sqrt{a+3}=2$일 때, $a=1$

340

즉 정수인 근을 갖도록 하는 실수 a의 값이 -3, -2, 1이므로
그 곱은 $(-3)\times(-2)\times1=6$ [참]
따라서 옳은 것은 ㄱ, ㄷ이다.　　　　정답 ③

0993
정답 ④ 

STEP A　사차방정식의 양변을 x^2으로 나누어 정리하기

$x^4-4x^3-10x^2-4x+1=0$의 양변을 x^2으로 나누면
$x^2-4x-10-\dfrac{4}{x}+\dfrac{1}{x^2}=0$　　$x=0$은 이 방정식의 근이 아니므로 양변을 x^2으로 나누어도 된다.
$x^2+\dfrac{1}{x^2}-4\left(x+\dfrac{1}{x}\right)-10=0$　　← $x^2+\dfrac{1}{x^2}=\left(x+\dfrac{1}{x}\right)^2-2$
$\left(x+\dfrac{1}{x}\right)^2-4\left(x+\dfrac{1}{x}\right)-12=0$

STEP B　$x+\dfrac{1}{x}=X$로 치환하여 주어진 X에 대한 방정식의 근 구하기

$x+\dfrac{1}{x}=X$로 놓으면
$X^2-4X-12=0$, $(X+2)(X-6)=0$
$\therefore X=-2$ 또는 $X=6$

+α　다음에 주의한다!

$x+\dfrac{1}{x}=X$로 치환할 때, $x^2+\dfrac{1}{x^2}=X^2$으로 치환하지 않도록 주의한다.
반드시 $x^2+\dfrac{1}{x^2}=\left(x+\dfrac{1}{x}\right)^2-2$로 변형한 후 치환한다.

STEP C　X의 값에서 x의 값 구하기

(i) $X=-2$일 때,
$x+\dfrac{1}{x}=-2$에서 $x^2+2x+1=0$, $(x+1)^2=0$
$\therefore x=-1$
(ii) $X=6$일 때,
$x+\dfrac{1}{x}=6$에서 $x^2-6x+1=0$
$\therefore x=3\pm2\sqrt{2}$
(i), (ii)에서 $x=-1$ 또는 $x=3\pm2\sqrt{2}$
따라서 가장 큰 근은 $\alpha=3+2\sqrt{2}$, 가장 작은 근은 $\beta=-1$이므로
$\qquad\qquad -1<3-2\sqrt{2}$
$\alpha+\beta=3+2\sqrt{2}-1=2+2\sqrt{2}$

0994

STEP A 사차방정식의 양변을 x^2으로 나누어 정리하기

$x^4-3x^3-2x^2-3x+1=0$의 양변을 x^2으로 나누면

$x^2-3x-2-\dfrac{3}{x}+\dfrac{1}{x^2}=0$ $x=0$은 이 방정식의 근이 아니므로 양변을 x^2으로 나누어도 된다.

$x^2+\dfrac{1}{x^2}-3\left(x+\dfrac{1}{x}\right)-2=0$ ← $x^2+\dfrac{1}{x^2}=\left(x+\dfrac{1}{x}\right)^2-2$

$\left(x+\dfrac{1}{x}\right)^2-3\left(x+\dfrac{1}{x}\right)-4=0$

STEP B $x+\dfrac{1}{x}=X$로 치환하여 주어진 X에 대한 방정식의 근 구하기

$x+\dfrac{1}{x}=X$로 놓으면

$X^2-3X-4=0,\ (X+1)(X-4)=0$

$\therefore X=-1$ 또는 $X=4$

STEP C 한 실근 α에 대하여 $\alpha+\dfrac{1}{\alpha}$의 값 구하기

(i) $X=-1$일 때,

$x+\dfrac{1}{x}=-1$에서 $x^2+x+1=0$

이차방정식 $x^2+x+1=0$의 판별식을 D_1이라 하면

$D_1=1^2-4\times1\times1<0$이므로

이차방정식 $x^2+x+1=0$은 서로 다른 두 허근을 갖는다.

(ii) $X=4$일 때,

$x+\dfrac{1}{x}=4$에서 $x^2-4x+1=0$

이차방정식 $x^2-4x+1=0$의 판별식을 D_2라 하면

$\dfrac{D_2}{4}=(-2)^2-1\times1>0$이므로

이차방정식 $x^2-4x+1=0$은 서로 다른 두 실근을 갖는다.

(i), (ii)에서 α는 방정식 $x^2-4x+1=0$, 즉 $x+\dfrac{1}{x}=4$의 한 실근이므로

$\alpha+\dfrac{1}{\alpha}=4$

POINT | 상반방정식 (교육과정 外)

① 짝수 차수의 상반방정식 $ax^4+bx^3+cx^2+bx+a=0$의 계산 방법

[1단계] 양변을 x^2으로 나눈다.

[2단계] $x^2+\dfrac{1}{x^2}=\left(x+\dfrac{1}{x}\right)^2-2$임을 이용하여 좌변을 정리한 후

$x+\dfrac{1}{x}=X$로 치환하여 주어진 방정식을 X에 대한 방정식으로 나타낸다.

[3단계] 인수분해하여 X를 구한다.

[4단계] X의 값을 구한 후 $x+\dfrac{1}{x}=X$에 대입하여 x의 값을 구한다.

② 홀수 차수의 상반방정식 $ax^5+bx^4+cx^3+cx^2+bx+a=0$의 계산 방법

[1단계] $x=-1$일 때, 주어진 방정식이 성립하므로

조립제법을 이용하여 $(x+1)f(x)=0$꼴로 변형한다.

[2단계] $f(x)=0$은 짝수 차수의 상반방정식이므로

①의 방정식을 이용하여 해를 구한다.

내신연계 출제문항 470

사차방정식 $x^4+5x^3-4x^2+5x+1=0$의 한 허근을 α라 할 때, $\alpha+\dfrac{1}{\alpha}$의 값은?

① -6 ② -3 ③ -1

④ 1 ⑤ 3

STEP A 사차방정식의 양변을 x^2으로 나누어 정리하기

$x^4+5x^3-4x^2+5x+1=0$의 양변을 x^2으로 나누면

$x^2+5x-4+\dfrac{5}{x}+\dfrac{1}{x^2}=0$ $x=0$은 이 방정식의 근이 아니므로 양변을 x^2으로 나누어도 된다.

$x^2+\dfrac{1}{x^2}+5\left(x+\dfrac{1}{x}\right)-4=0$ ← $x^2+\dfrac{1}{x^2}=\left(x+\dfrac{1}{x}\right)^2-2$

$\left(x+\dfrac{1}{x}\right)^2+5\left(x+\dfrac{1}{x}\right)-6=0$

STEP B $x+\dfrac{1}{x}=X$로 치환하여 주어진 X에 대한 방정식의 근 구하기

$x+\dfrac{1}{x}=X$로 놓으면

$X^2+5X-6=0,\ (X+6)(X-1)=0$

$\therefore X=-6$ 또는 $X=1$

STEP C 한 허근 α에 대하여 $\alpha+\dfrac{1}{\alpha}$의 값 구하기

(i) $X=-6$일 때,

$x+\dfrac{1}{x}=-6$에서 $x^2+6x+1=0$

이차방정식 $x^2+6x+1=0$의 판별식을 D_1이라 하면

$\dfrac{D_1}{4}=3^2-1\times1>0$이므로

이차방정식 $x^2+6x+1=0$은 서로 다른 두 실근을 가진다.

(ii) $X=1$일 때,

$x+\dfrac{1}{x}=1$에서 $x^2-x+1=0$

이차방정식 $x^2-x+1=0$의 판별식을 D_2라 하면

$D_2=(-1)^2-4\times1\times1<0$이므로

이차방정식 $x^2-x+1=0$은 서로 다른 두 허근을 가진다.

(i), (ii)에서 α는 방정식 $x^2-x+1=0$, 즉 $x+\dfrac{1}{x}=1$의 한 허근이므로

$\alpha+\dfrac{1}{\alpha}=1$  정답 ④

0995

STEP A 사차방정식의 양변을 x^2으로 나누어 정리하기

$x^4-5x^3-4x^2-5x+1=0$의 양변을 x^2으로 나누면

$x^2-5x-4-\dfrac{5}{x}+\dfrac{1}{x^2}=0$ $x=0$은 이 방정식의 근이 아니므로 양변을 x^2으로 나누어도 된다.

$x^2+\dfrac{1}{x^2}-5\left(x+\dfrac{1}{x}\right)-4=0$ ← $x^2+\dfrac{1}{x^2}=\left(x+\dfrac{1}{x}\right)^2-2$

$\left(x+\dfrac{1}{x}\right)^2-5\left(x+\dfrac{1}{x}\right)-6=0$

STEP B $x+\dfrac{1}{x}=X$로 치환하여 X에 대한 방정식의 근 구하기

$x+\dfrac{1}{x}=X$로 놓으면

$X^2-5X-6=0,\ (X+1)(X-6)=0$

$\therefore X=-1$ 또는 $X=6$

STEP C 두 실근 α, β에 대하여 $(\alpha-\beta)^2$의 값 구하기

(i) $X=-1$일 때,

$x+\dfrac{1}{x}=-1$에서 $x^2+x+1=0$

이차방정식 $x^2+x+1=0$의 판별식을 D_1이라 하면

$D_1=1^2-4\times1\times1<0$이므로

이차방정식 $x^2+x+1=0$은 서로 다른 두 허근을 가진다.

(ii) $X=6$일 때,

$x+\dfrac{1}{x}=6$에서 $x^2-6x+1=0$

이차방정식 $x^2-6x+1=0$의 판별식을 D_2라 하면

$\dfrac{D_2}{4}=(-3)^2-1\times1>0$

이차방정식 $x^2-6x+1=0$은 서로 다른 두 실근을 가진다.

(i), (ii)에서 α, β는 $x^2-6x+1=0$의 두 실근이므로

이차방정식의 근과 계수의 관계에 의하여 $\alpha+\beta=6$, $\alpha\beta=1$

따라서 $(\alpha-\beta)^2=(\alpha+\beta)^2-4\alpha\beta=6^2-4\times1=32$

0996

STEP A 삼차방정식의 근과 계수의 관계를 이용하여 식 작성하기

삼차방정식 $x^3-2x^2-x+2=0$의 세 근이 α, β, γ이므로
삼차방정식의 근과 계수의 관계에 의하여
$\alpha+\beta+\gamma=2$, $\alpha\beta+\beta\gamma+\gamma\alpha=-1$, $\alpha\beta\gamma=-2$

STEP B 곱셈 공식의 변형을 이용하여 $\alpha^3+\beta^3+\gamma^3$의 값 구하기

$\alpha^2+\beta^2+\gamma^2=(\alpha+\beta+\gamma)^2-2(\alpha\beta+\beta\gamma+\gamma\alpha)$
$\qquad\qquad\quad =2^2-2\times(-1)=6$
따라서 $\alpha^3+\beta^3+\gamma^3=(\alpha+\beta+\gamma)(\alpha^2+\beta^2+\gamma^2-\alpha\beta-\beta\gamma-\gamma\alpha)+3\alpha\beta\gamma$
$\qquad\qquad\qquad\qquad =2\{6-(-1)\}+3\times(-2)$
$\qquad\qquad\qquad\qquad =14-6=8$

mini 해설 | 삼차방정식을 인수분해하고 직접 근을 구하여 풀이하기

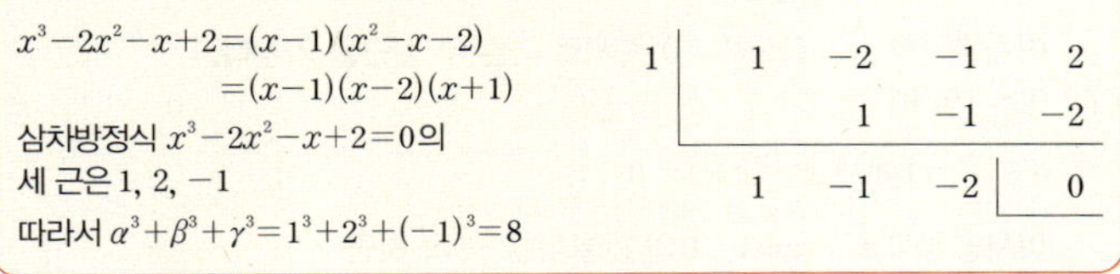

$x^3-2x^2-x+2=(x-1)(x^2-x-2)$
$\qquad\qquad\qquad =(x-1)(x-2)(x+1)$
삼차방정식 $x^3-2x^2-x+2=0$의
세 근은 1, 2, -1
따라서 $\alpha^3+\beta^3+\gamma^3=1^3+2^3+(-1)^3=8$

	1	-2	-1	2
1		1	-1	-2
	1	-1	-2	0

0997

STEP A 삼차방정식의 근과 계수의 관계를 이용하여 식 작성하기

삼차방정식 $x^3+ax^2+x-4=0$의 세 근이 α, β, γ이므로
삼차방정식의 근과 계수의 관계에 의하여
$\alpha+\beta+\gamma=-a$, $\alpha\beta+\beta\gamma+\gamma\alpha=1$, $\alpha\beta\gamma=4$ $\cdots\cdots$ ㉠

STEP B $(\alpha+1)(\beta+1)(\gamma+1)=2$를 만족하는 상수 a의 값 구하기

$(\alpha+1)(\beta+1)(\gamma+1)=2$에서 $\alpha\beta\gamma+(\alpha\beta+\beta\gamma+\gamma\alpha)+(\alpha+\beta+\gamma)+1=2$
이 식에 ㉠을 대입하면 $4+1-a+1=2$ $\quad\therefore a=4$
즉 $\alpha+\beta+\gamma=-4$

STEP C $\alpha^2+\beta^2+\gamma^2$의 값 구하기

따라서 $\alpha^2+\beta^2+\gamma^2=(\alpha+\beta+\gamma)^2-2(\alpha\beta+\beta\gamma+\gamma\alpha)$
$\qquad\qquad\qquad\quad =(-4)^2-2\times1=14$

0998

STEP A 삼차방정식의 근과 계수의 관계를 이용하여 식 작성하기

삼차방정식 $x^3-3x^2-x+6=0$의 세 근이 α, β, γ이므로
삼차방정식의 근과 계수의 관계에 의하여
$\alpha+\beta+\gamma=3$, $\alpha\beta+\beta\gamma+\gamma\alpha=-1$, $\alpha\beta\gamma=-6$

STEP B 곱셈 공식을 이용하여 $(\alpha+\beta)(\beta+\gamma)(\gamma+\alpha)$의 값 구하기

$\alpha+\beta+\gamma=3$에서 $\alpha+\beta=3-\gamma$, $\beta+\gamma=3-\alpha$, $\gamma+\alpha=3-\beta$
따라서 $(\alpha+\beta)(\beta+\gamma)(\gamma+\alpha)=(3-\gamma)(3-\alpha)(3-\beta)$
$\qquad\qquad\qquad\qquad\qquad =27-9(\alpha+\beta+\gamma)+3(\alpha\beta+\beta\gamma+\gamma\alpha)-\alpha\beta\gamma$
$\qquad\qquad\qquad\qquad\qquad =27-27-3+6=3$

+α | 인수정리를 이용하여 구할 수 있어!

$x^3-3x^2-x+6=(x-\alpha)(x-\beta)(x-\gamma)$
양변에 $x=3$을 대입하면 $27-27-3+6=(3-\alpha)(3-\beta)(3-\gamma)$
따라서 $(\alpha+\beta)(\beta+\gamma)(\gamma+\alpha)=(3-\alpha)(3-\beta)(3-\gamma)=3$

삼차방정식 $x^3-x^2-3x+6=0$의 세 근을 α, β, γ라 할 때,
$(\alpha+\beta)(\beta+\gamma)(\gamma+\alpha)$의 값은?

① -3 $\qquad$ ② -2 $\qquad$ ③ -1
④ 2 $\qquad$ ⑤ 3

STEP A 삼차방정식의 근과 계수의 관계를 이용하여 식 작성하기

삼차방정식 $x^3-x^2-3x+6=0$의 세 근이 α, β, γ이므로
삼차방정식의 근과 계수의 관계에 의하여
$\alpha+\beta+\gamma=1$, $\alpha\beta+\beta\gamma+\gamma\alpha=-3$, $\alpha\beta\gamma=-6$

STEP B 곱셈 공식을 이용하여 $(\alpha+\beta)(\beta+\gamma)(\gamma+\alpha)$의 값 구하기

$\alpha+\beta+\gamma=1$에서 $\alpha+\beta=1-\gamma$, $\beta+\gamma=1-\alpha$, $\gamma+\alpha=1-\beta$
따라서 $(\alpha+\beta)(\beta+\gamma)(\gamma+\alpha)=(1-\gamma)(1-\alpha)(1-\beta)$
$\qquad\qquad\qquad\qquad\qquad =1-(\alpha+\beta+\gamma)+(\alpha\beta+\beta\gamma+\gamma\alpha)-\alpha\beta\gamma$
$\qquad\qquad\qquad\qquad\qquad =1-1+(-3)-(-6)=3$

+α | 인수정리를 이용하여 구할 수 있어!

$x^3-x^2-3x+6=(x-\alpha)(x-\beta)(x-\gamma)$
양변에 $x=1$을 대입하면 $1-1-3+6=(1-\alpha)(1-\beta)(1-\gamma)$
따라서 $(\alpha+\beta)(\beta+\gamma)(\gamma+\alpha)=(1-\alpha)(1-\beta)(1-\gamma)=3$

0999

STEP A 삼차방정식의 근과 계수의 관계를 이용하여 식 작성하기

삼차방정식 $x^3-2x^2+mx-3=0$의 세 근이 α, β, γ이므로
삼차방정식의 근과 계수의 관계에 의하여
$\alpha+\beta+\gamma=2$, $\alpha\beta+\beta\gamma+\gamma\alpha=m$, $\alpha\beta\gamma=3$

STEP B $(\alpha+\beta)(\beta+\gamma)(\gamma+\alpha)=7$임을 이용하여 m의 값 구하기

$\alpha+\beta+\gamma=2$에서 $\alpha+\beta=2-\gamma$, $\beta+\gamma=2-\alpha$, $\gamma+\alpha=2-\beta$이므로
$(\alpha+\beta)(\beta+\gamma)(\gamma+\alpha)=(2-\gamma)(2-\alpha)(2-\beta)$
$\qquad\qquad\qquad\qquad\qquad =8-4(\alpha+\beta+\gamma)+2(\alpha\beta+\beta\gamma+\gamma\alpha)-\alpha\beta\gamma$
$\qquad\qquad\qquad\qquad\qquad =8-4\times2+2m-3$
$\qquad\qquad\qquad\qquad\qquad =2m-3$
따라서 $2m-3=7$, $2m=10$이므로 $m=5$

+α | 곱셈 공식의 변형을 이용하여 구할 수 있어!

$(\alpha+\beta)(\beta+\gamma)(\gamma+\alpha)$
$=(\alpha\beta+\alpha\gamma+\beta^2+\beta\gamma)(\gamma+\alpha)$
$=\alpha\beta\gamma+\alpha\gamma^2+\beta^2\gamma+\beta\gamma^2+\alpha^2\beta+\alpha^2\gamma+\alpha\beta^2+\alpha\beta\gamma$
$=\alpha\beta\gamma+\alpha\gamma^2+\beta^2\gamma+\beta\gamma^2+\alpha^2\beta+\alpha^2\gamma+\alpha\beta^2+\alpha\beta\gamma+\alpha\beta\gamma-\alpha\beta\gamma$
$=(\alpha^2\beta+\alpha\beta^2+\alpha\beta\gamma)+(\alpha\beta\gamma+\beta^2\gamma+\beta\gamma^2)+(\gamma\alpha^2+\alpha\beta\gamma+\gamma^2\alpha)-\alpha\beta\gamma$
$=\alpha\beta(\alpha+\beta+\gamma)+\beta\gamma(\alpha+\beta+\gamma)+\gamma\alpha(\alpha+\beta+\gamma)-\alpha\beta\gamma$
$=(\alpha+\beta+\gamma)(\alpha\beta+\beta\gamma+\gamma\alpha)-\alpha\beta\gamma$
이므로
$7=2\times m-3$, $2m=10$ $\quad\therefore m=5$

내신 연계 출제문항 472

삼차방정식 $x^3-3x^2-mx+2=0$의 세 근을 α, β, γ라 할 때,
$(\alpha+\beta)(\beta+\gamma)(\gamma+\alpha)=-7$를 만족시키는 상수 m의 값은?

① 1   ② 2   ③ 3
④ 4   ⑤ 5

STEP A 삼차방정식의 근과 계수의 관계를 이용하여 식 작성하기

삼차방정식 $x^3-3x^2-mx+2=0$의 세 근이 α, β, γ이므로
삼차방정식의 근과 계수의 관계에 의하여
$\alpha+\beta+\gamma=3$, $\alpha\beta+\beta\gamma+\gamma\alpha=-m$, $\alpha\beta\gamma=-2$

STEP B $(\alpha+\beta)(\beta+\gamma)(\gamma+\alpha)=-7$임을 이용하여 m의 값 구하기

$\alpha+\beta+\gamma=3$에서 $\alpha+\beta=3-\gamma$, $\beta+\gamma=3-\alpha$, $\gamma+\alpha=3-\beta$이므로
$$\begin{aligned}(\alpha+\beta)(\beta+\gamma)(\gamma+\alpha)&=(3-\gamma)(3-\alpha)(3-\beta)\\&=27-9(\alpha+\beta+\gamma)+3(\alpha\beta+\beta\gamma+\gamma\alpha)-\alpha\beta\gamma\\&=27-9\times3+3\times(-m)-(-2)\\&=-3m+2\end{aligned}$$
따라서 $-3m+2=-7$, $-3m=-9$이므로 $m=3$ 정답 ③

1000   정답 ③

STEP A 삼차방정식의 근과 계수의 관계를 이용하여 식 작성하기

삼차방정식 $x^3-7x^2+ax+b=0$의 세 근을 α, 2α, $4\alpha\,(\alpha\neq0)$라 하면
삼차방정식의 근과 계수의 관계에 의하여
$\alpha+2\alpha+4\alpha=7$, $7\alpha=7$ $\therefore \alpha=1$
세 근이 1, 2, 4이므로
$1\times2+2\times4+4\times1=a$ $\therefore a=14$
$1\times2\times4=-b$ $\therefore b=-8$

STEP B $a-b$의 값 구하기

따라서 $a-b=14-(-8)=22$

1001   정답 2

STEP A 삼차방정식의 근과 계수의 관계를 이용하여 한 근 구하기

삼차방정식 $2x^3-5x^2-2ax+6=0$의 세 근을 α, β, γ라 하면
삼차방정식의 근과 계수의 관계에 의하여
$\alpha+\beta+\gamma=\dfrac{5}{2}$, $\alpha\beta+\beta\gamma+\gamma\alpha=-a$, $\alpha\beta\gamma=-3$ …… ㉠
이차방정식 $x^2-2x-2b=0$의 두 근을 α, β라 하면
이차방정식의 근과 계수의 관계에 의하여
$\alpha+\beta=2$, $\alpha\beta=-2b$ …… ㉡
㉠, ㉡에서 $\alpha+\beta+\gamma=2+\gamma=\dfrac{5}{2}$이므로 $\gamma=\dfrac{1}{2}$

STEP B a, b의 값 구하기

$x=\dfrac{1}{2}$을 주어진 삼차방정식에 대입하면
$\dfrac{1}{4}-\dfrac{5}{4}-a+6=0$ $\therefore a=5$
㉠, ㉡에서 $\alpha\beta\gamma=-2b\times\dfrac{1}{2}=-3$ $\therefore b=3$
따라서 $a-b=5-3=2$

1002   2018년 06월 고1 학력평가 14번   정답 ②

STEP A 삼차방정식의 근과 계수의 관계를 이용하여 식 작성하기

삼차방정식 $x^3+2x^2-3x+4=0$의 세 근이 α, β, γ이므로
삼차방정식의 근과 계수의 관계에 의하여
$\alpha+\beta+\gamma=-2$, $\alpha\beta+\beta\gamma+\gamma\alpha=-3$, $\alpha\beta\gamma=-4$

STEP B 곱셈 공식을 이용하여 $(3+\alpha)(3+\beta)(3+\gamma)$의 값 구하기

따라서
$$\begin{aligned}(3+\alpha)(3+\beta)(3+\gamma)&=27+9(\alpha+\beta+\gamma)+3(\alpha\beta+\beta\gamma+\gamma\alpha)+\alpha\beta\gamma\\&=27-18-9-4\\&=-4\end{aligned}$$

> **mini 해설** │ 인수정리를 이용하여 풀이하기
>
> $x^3+2x^2-3x+4=(x-\alpha)(x-\beta)(x-\gamma)$
> 양변에 $x=-3$을 대입하면
> $-27+18+9+4=(-3-\alpha)(-3-\beta)(-3-\gamma)$
> $4=-(3+\alpha)(3+\beta)(3+\gamma)$
> 따라서 $(3+\alpha)(3+\beta)(3+\gamma)=-4$

내신 연계 출제문항 473

삼차방정식 $x^3+2x^2+3x+4=0$의 세 근을 α, β, γ라 할 때,
$(3+\alpha)(3+\beta)(3+\gamma)$의 값은?

① 6   ② 8   ③ 10
④ 12   ⑤ 14

STEP A 삼차방정식의 근과 계수의 관계를 이용하여 식 작성하기

삼차방정식 $x^3+2x^2+3x+4=0$의 세 근이 α, β, γ이므로
삼차방정식의 근과 계수의 관계에 의하여
$\alpha+\beta+\gamma=-2$, $\alpha\beta+\beta\gamma+\gamma\alpha=3$, $\alpha\beta\gamma=-4$

STEP B 곱셈 공식을 이용하여 $(3+\alpha)(3+\beta)(3+\gamma)$의 값 구하기

따라서
$$\begin{aligned}(3+\alpha)(3+\beta)(3+\gamma)&=27+9(\alpha+\beta+\gamma)+3(\alpha\beta+\beta\gamma+\gamma\alpha)+\alpha\beta\gamma\\&=27-18+9-4\\&=14\end{aligned}$$

> **mini 해설** │ 인수정리를 이용하여 풀이하기
>
> $x^3+2x^2+3x+4=(x-\alpha)(x-\beta)(x-\gamma)$
> 양변에 $x=-3$을 대입하면
> $-27+18-9+4=(-3-\alpha)(-3-\beta)(-3-\gamma)$
> $-14=-(3+\alpha)(3+\beta)(3+\gamma)$
> 따라서 $(3+\alpha)(3+\beta)(3+\gamma)=14$

정답 ⑤

1003   정답 16

STEP A $f(2x-7)=0$의 세 근을 각각 α, β, γ에 대하여 나타내기

삼차방정식 $f(x)=0$의 세 근이 α, β, γ이므로
방정식 $f(2x-7)=0$의 근은 $2x-7=\alpha$, $2x-7=\beta$, $2x-7=\gamma$에서
$x=\dfrac{\alpha+7}{2}$ 또는 $x=\dfrac{\beta+7}{2}$ 또는 $x=\dfrac{\gamma+7}{2}$

STEP B $f(2x-7)=0$의 세 근의 합 구하기

따라서 방정식 $f(2x-7)=0$의 세 근의 합은
$$\dfrac{\alpha+7}{2}+\dfrac{\beta+7}{2}+\dfrac{\gamma+7}{2}=\dfrac{\alpha+\beta+\gamma+21}{2}=\dfrac{32}{2}=16 \quad \leftarrow \alpha+\beta+\gamma=11$$

1004

STEP A 삼차방정식의 근과 계수의 관계를 이용하여 식 작성하기

삼차방정식 $x^3+3x^2-9x-5=0$의 세 근을 α, β, γ라 하면
삼차방정식의 근과 계수의 관계에 의하여
$\alpha+\beta+\gamma=-3$, $\alpha\beta+\beta\gamma+\gamma\alpha=-9$, $\alpha\beta\gamma=5$

STEP B $f(2x+1)=0$의 세 근을 각각 α, β, γ에 대하여 나타내기

방정식 $f(2x+1)=0$의 세 근을 α', β', γ'라 하면
$2\alpha'+1=\alpha$, $2\beta'+1=\beta$, $2\gamma'+1=\gamma$에서
$$\alpha'=\frac{\alpha-1}{2} \text{ 또는 } \beta'=\frac{\beta-1}{2} \text{ 또는 } \gamma'=\frac{\gamma-1}{2}$$

STEP C $f(2x+1)=0$의 세 근의 곱 구하기

따라서 방정식 $f(2x+1)=0$의 세 근의 곱은
$$\alpha'\beta'\gamma'=\frac{\alpha-1}{2}\times\frac{\beta-1}{2}\times\frac{\gamma-1}{2}$$
$$=\frac{\alpha\beta\gamma-(\alpha\beta+\beta\gamma+\gamma\alpha)+(\alpha+\beta+\gamma)-1}{8}$$
$$=\frac{5-(-9)+(-3)-1}{8}$$
$$=\frac{5}{4}$$

삼차식 $f(x)=x^3+4x^2+3x-5$에 대하여 방정식 $f(3x+1)=0$의 세 근의 곱은?

① $-\dfrac{5}{27}$　　　② $-\dfrac{1}{3}$　　　③ $-\dfrac{1}{9}$

④ $\dfrac{8}{27}$　　　⑤ $\dfrac{5}{9}$

STEP A 삼차방정식의 근과 계수의 관계를 이용하여 식 작성하기

삼차방정식 $x^3+4x^2+3x-5=0$의 세 근을 α, β, γ라 하면
삼차방정식의 근과 계수의 관계에 의하여
$\alpha+\beta+\gamma=-4$, $\alpha\beta+\beta\gamma+\gamma\alpha=3$, $\alpha\beta\gamma=5$

STEP B $f(3x+1)=0$의 세 근을 각각 α, β, γ에 대하여 나타내기

방정식 $f(3x+1)=0$의 세 근을 α', β', γ'라 하면
$3\alpha'+1=\alpha$, $3\beta'+1=\beta$, $3\gamma'+1=\gamma$에서
$$\alpha'=\frac{\alpha-1}{3} \text{ 또는 } \beta'=\frac{\beta-1}{3} \text{ 또는 } \gamma'=\frac{\gamma-1}{3}$$

STEP C $f(3x+1)=0$의 세 근의 곱 구하기

따라서 방정식 $f(3x+1)=0$의 세 근의 곱은
$$\alpha'\beta'\gamma'=\frac{\alpha-1}{3}\times\frac{\beta-1}{3}\times\frac{\gamma-1}{3}$$
$$=\frac{\alpha\beta\gamma-(\alpha\beta+\beta\gamma+\gamma\alpha)+(\alpha+\beta+\gamma)-1}{27}$$
$$=\frac{5-3+(-4)-1}{27}$$
$$=-\frac{1}{9}$$

 정답 ③

1005

STEP A 삼차방정식의 근과 계수의 관계를 이용하여 식 작성하기

$f(a)=f(b)=f(c)=-5$에서 $f(a)+5=f(b)+5=f(c)+5=0$이므로
a, b, c는 삼차방정식 $f(x)+5=0$, 즉 $x^3-2x^2-8x+6=0$의 세 근이다.
삼차방정식의 근과 계수의 관계에 의하여
$a+b+c=2$, $ab+bc+ca=-8$, $abc=-6$

STEP B $a^2+b^2+c^2$의 값 구하기

따라서 $a^2+b^2+c^2=(a+b+c)^2-2(ab+bc+ca)$
$$=2^2-2\times(-8)$$
$$=20$$

서로 다른 세 실수 a, b, c에 대하여 삼차식 $f(x)=x^3-2x^2-5x+1$이 $f(a)=f(b)=f(c)=-3$을 만족시킬 때, $a^3+b^3+c^3$의 값은?

① -28　　　② -26　　　③ -24

④ 26　　　⑤ 28

STEP A 삼차방정식의 근과 계수의 관계를 이용하여 식 작성하기

$f(a)=f(b)=f(c)=-3$에서 $f(a)+3=f(b)+3=f(c)+3=0$이므로
a, b, c는 삼차방정식 $f(x)+3=0$, 즉 $x^3-2x^2-5x+4=0$의 세 근이다.
삼차방정식의 근과 계수의 관계에 의하여
$a+b+c=2$, $ab+bc+ca=-5$, $abc=-4$

STEP B $a^3+b^3+c^3$의 값 구하기

따라서 $a^3+b^3+c^3=(a+b+c)(a^2+b^2+c^2-ab-bc-ca)+3abc$
$$=(a+b+c)\{(a+b+c)^2-3(ab+bc+ca)\}+3abc$$
$$=2\times\{2^2-3\times(-5)\}+3\times(-4)$$
$$=26$$

 정답 ④

1006

STEP A $f(x)-3=0$의 세 근이 -1, 1, 2임을 이용하여 삼차방정식 세우기

$f(-1)=f(1)=f(2)=3$에서
$f(-1)-3=0$, $f(1)-3=0$, $f(2)-3=0$이므로
삼차방정식 $f(x)-3=0$의 세 근이 -1, 1, 2이다.
이때 -1, 1, 2를 세 근으로 하고 x^3의 계수가 1인 삼차방정식은
$f(x)-3$
$=(x+1)(x-1)(x-2)$
$=x^3-(-1+1+2)x^2+\{(-1)\times1+1\times2+2\times(-1)\}x-(-1)\times1\times2$
$=x^3-2x^2-x+2$
$\therefore f(x)=x^3-2x^2-x+5$

STEP B $f(-2)$의 값 구하기

따라서 $f(-2)=-8-8+2+5=-9$

1007

정답 ④

STEP A $f(x)+1=0$의 세 근이 1, 2, 3임을 이용하여 삼차방정식 세우기

$f(1)=f(2)=f(3)=-1$에서

$f(1)+1=f(2)+1=f(3)+1=0$이므로

삼차방정식 $f(x)+1=0$의 세 근이 1, 2, 3이다.

이때 1, 2, 3을 세 근으로 하고 x^3의 계수가 1인 삼차방정식은

$f(x)+1=(x-1)(x-2)(x-3)$
$=x^3-(1+2+3)x^2+(1\times2+2\times3+3\times1)x-1\times2\times3$
$=x^3-6x^2+11x-6$

$\therefore f(x)=x^3-6x^2+11x-7$

STEP B $f(x)=0$의 모든 근의 곱 구하기

따라서 삼차방정식의 근과 계수의 관계에 의하여 방정식 $f(x)=0$의 모든 근의 곱은 7

1008

정답 10

STEP A 삼차식 $f(x)$의 식 작성하기

$f(-2)=f(1)=f(3)=k$ (k는 상수)라 하면

$f(-2)-k=f(1)-k=f(3)-k=0$이므로

삼차방정식 $f(x)-k=0$의 세 근이 -2, 1, 3이다.

$f(x)-k=(x+2)(x-1)(x-3)$ ······ ㉠

STEP B 방정식 $f(x)=0$의 한 근 $x=2$를 대입하여 k의 값 구하기

방정식 $f(x)=0$의 한 근이 $x=2$이므로 $f(2)=0$

㉠에 $x=2$를 대입하면 $f(2)-k=4\times1\times(-1)$

$\therefore k=4$

STEP C $\alpha^2+\beta^2$의 값 구하기

$f(x)=(x+2)(x-1)(x-3)+4$
$=x^3-2x^2-5x+10$
$=x^2(x-2)-5(x-2)$
$=(x-2)(x^2-5)$

따라서 방정식 $f(x)=0$의 2가 아닌 나머지 두 근은 $x=\sqrt{5}$ 또는 $x=-\sqrt{5}$

이므로 $\alpha^2+\beta^2=5+5=10$

내 신 연 계 출제문항 476

삼차항의 계수가 1인 삼차식 $f(x)$가 $f(-1)=f(2)=f(4)$을 만족시킨다.
방정식 $f(x)=0$의 한 근이 $x=3$일 때, 나머지 두 근을 각각 α, β라 하자.
이때 $\alpha^3+\beta^3$의 값은?

① 28 ② 30 ③ 32
④ 34 ⑤ 36

STEP A 삼차식 $f(x)$의 식 작성하기

$f(-1)=f(2)=f(4)=k$ (k는 상수)라 하면

$f(-1)-k=f(2)-k=f(4)-k=0$이므로

삼차방정식 $f(x)-k=0$의 세 근이 -1, 2, 4이다.

$f(x)-k=(x+1)(x-2)(x-4)$ ······ ㉠

STEP B 방정식 $f(x)=0$의 한 근 $x=3$을 대입하여 k의 값 구하기

방정식 $f(x)=0$의 한 근이 $x=3$이므로 $f(3)=0$

㉠에 $x=3$을 대입하면 $f(3)-k=4\times1\times(-1)$

$\therefore k=4$

STEP C $\alpha^3+\beta^3$의 값 구하기

$f(x)=(x+1)(x-2)(x-4)+4$
$=x^3-5x^2+2x+12$
$=(x-3)(x^2-2x-4)$

3	1	-5	2	12
		3	-6	-12
	1	-2	-4	0

방정식 $f(x)=0$의 3이 아닌 나머지 두 근 α, β는
이차방정식 $x^2-2x-4=0$의 근이므로
이차방정식의 근과 계수의 관계에 의하여 $\alpha+\beta=2$, $\alpha\beta=-4$

따라서 $\alpha^3+\beta^3=(\alpha+\beta)^3-3\alpha\beta(\alpha+\beta)$
$=2^3-3\times(-4)\times2$
$=32$

정답 ③

1009

정답 2

STEP A 삼차방정식의 근과 계수의 관계를 이용하여 식 작성하기

삼차방정식 $x^3-6x^2-4x+3=0$의 세 근이 α, β, γ이므로
삼차방정식의 근과 계수의 관계에 의하여
$\alpha+\beta+\gamma=6$, $\alpha\beta+\beta\gamma+\gamma\alpha=-4$, $\alpha\beta\gamma=-3$

STEP B 세 근이 $\alpha+1$, $\beta+1$, $\gamma+1$이고 x^3의 계수가 1인 삼차방정식 구하기

세 근 $\alpha+1$, $\beta+1$, $\gamma+1$의 합은
$(\alpha+1)+(\beta+1)+(\gamma+1)=(\alpha+\beta+\gamma)+3=6+3=9$
세 근 $\alpha+1$, $\beta+1$, $\gamma+1$에서 두 근끼리의 곱의 합은
$(\alpha+1)(\beta+1)+(\beta+1)(\gamma+1)+(\gamma+1)(\alpha+1)$
$=(\alpha\beta+\beta\gamma+\gamma\alpha)+2(\alpha+\beta+\gamma)+3$
$=(-4)+2\times6+3=11$
세 근 $\alpha+1$, $\beta+1$, $\gamma+1$의 곱은
$(\alpha+1)(\beta+1)(\gamma+1)$
$=\alpha\beta\gamma+(\alpha\beta+\beta\gamma+\gamma\alpha)+(\alpha+\beta+\gamma)+1$
$=-3+(-4)+6+1=0$
즉 구하는 삼차방정식은 $x^3-9x^2+11x=0$

STEP C $a+b+c$의 값 구하기

따라서 $a=-9$, $b=11$, $c=0$이므로 $a+b+c=-9+11+0=2$

1010

정답 ②

STEP A 삼차방정식의 근과 계수의 관계를 이용하여 식 작성하기

삼차방정식 $x^3+2x-5=0$의 세 근이 α, β, γ이므로
삼차방정식의 근과 계수의 관계에 의하여
$\alpha+\beta+\gamma=0$, $\alpha\beta+\beta\gamma+\gamma\alpha=2$, $\alpha\beta\gamma=5$

STEP B 세 근이 $\alpha+\beta$, $\beta+\gamma$, $\gamma+\alpha$이고 x^3의 계수가 1인 삼차방정식 구하기

$\alpha+\beta+\gamma=0$에서 $\alpha+\beta=-\gamma$, $\beta+\gamma=-\alpha$, $\gamma+\alpha=-\beta$,
즉 $\alpha+\beta$, $\beta+\gamma$, $\gamma+\alpha$를 세 근으로 하는 삼차방정식은
$-\gamma$, $-\alpha$, $-\beta$를 세 근으로 하는 삼차방정식과 같다.
세 근 $-\alpha$, $-\beta$, $-\gamma$의 합은 $-\alpha+(-\beta)+(-\gamma)=-(\alpha+\beta+\gamma)=0$
세 근 $-\alpha$, $-\beta$, $-\gamma$에서 두 근끼리의 곱의 합은
$(-\alpha)\times(-\beta)+(-\beta)\times(-\gamma)+(-\gamma)\times(-\alpha)=\alpha\beta+\beta\gamma+\gamma\alpha=2$
세 근 $-\alpha$, $-\beta$, $-\gamma$의 곱은 $(-\alpha)\times(-\beta)\times(-\gamma)=-\alpha\beta\gamma=-5$
따라서 구하는 삼차방정식은 $x^3+2x+5=0$

삼차방정식 $x^3+x-4=0$의 세 근을 α, β, γ라 할 때, $\alpha+\beta$, $\beta+\gamma$, $\gamma+\alpha$를 근으로 하고 x^3의 계수가 1인 삼차방정식은?

① $x^3-x-4=0$ 　　　② $x^3+2x+4=0$
③ $x^3+x+4=0$ 　　　④ $x^3-x^2-2x+4=0$
⑤ $x^3+x^2+2x+4=0$

STEP A　삼차방정식의 근과 계수의 관계를 이용하여 식 작성하기

삼차방정식 $x^3+x-4=0$의 세 근이 α, β, γ이므로
삼차방정식의 근과 계수의 관계에 의하여
$\alpha+\beta+\gamma=0$, $\alpha\beta+\beta\gamma+\gamma\alpha=1$, $\alpha\beta\gamma=4$

STEP B　세 근이 $\alpha+\beta$, $\beta+\gamma$, $\gamma+\alpha$이고 x^3의 계수가 1인 삼차방정식 구하기

$\alpha+\beta+\gamma=0$에서 $\alpha+\beta=-\gamma$, $\beta+\gamma=-\alpha$, $\gamma+\alpha=-\beta$
즉 $\alpha+\beta$, $\beta+\gamma$, $\gamma+\alpha$를 세 근으로 하는 삼차방정식은
$-\gamma$, $-\alpha$, $-\beta$를 세 근으로 하는 삼차방정식과 같다.
세 근 $-\alpha$, $-\beta$, $-\gamma$의 합은 $-\alpha+(-\beta)+(-\gamma)=-(\alpha+\beta+\gamma)=0$
세 근 $-\alpha$, $-\beta$, $-\gamma$에서 두 근끼리의 곱의 합은
$(-\alpha)\times(-\beta)+(-\beta)\times(-\gamma)+(-\gamma)\times(-\alpha)=\alpha\beta+\beta\gamma+\gamma\alpha=1$
세 근 $-\alpha$, $-\beta$, $-\gamma$의 곱은 $(-\alpha)\times(-\beta)\times(-\gamma)=-\alpha\beta\gamma=-4$
따라서 구하는 삼차방정식은 $x^3+x+4=0$　　　　정답 ③

1011

2023년 09월 고1 학력평가 18번　　정답 ①

STEP A　주어진 조건을 이용하여 α, β, γ의 관계식 구하기

방정식 $P(x)=0$의 한 실근을 α, 서로 다른 두 허근을 β, γ라 하면
$P(\alpha)=P(\beta)=P(\gamma)=0$
조건 (가)에 의하여
$\beta\gamma=5$　　　　…… ㉠
방정식 $P(3x-1)=0$의 세 근은　←  $P(3\alpha-1)=0$, $P(3\beta-1)=0$, $P(3\gamma-1)=0$으로 착각하지 않는다.
$3x-1=\alpha$, $3x-1=\beta$, $3x-1=\gamma$
$x=\dfrac{\alpha+1}{3}$ 또는 $x=\dfrac{\beta+1}{3}$ 또는 $x=\dfrac{\gamma+1}{3}$
조건 (나)에 의하여
$\dfrac{\alpha+1}{3}=0$이고 $\dfrac{\beta+1}{3}+\dfrac{\gamma+1}{3}=2$이므로
$\alpha=-1$, $\beta+\gamma=4$　　　　…… ㉡

STEP B　세 근이 α, β, γ이고 x^3의 계수가 1인 삼차방정식 구하기

α, β, γ를 세 근으로 하고 삼차항의 계수가 1인 삼차방정식은
$(x-\alpha)(x-\beta)(x-\gamma)=0$
$(x-\alpha)\{x^2-(\beta+\gamma)x+\beta\gamma\}=0$
㉠, ㉡에 의하여 $(x+1)(x^2-4x+5)=0$
$\therefore P(x)=x^3-3x^2+x+5$
삼차다항식 $P(x)=x^3+ax^2+bx+c$와 일치하므로
동류항의 계수를 비교하면 $a=-3$, $b=1$, $c=5$
따라서 $a+b+c=-3+1+5=3$

세 실수 a, b, c에 대하여 삼차다항식 $P(x)=x^3+ax^2+bx+c$가 다음 조건을 만족시킨다.

> (가) x에 대한 삼차방정식 $P(x)=0$은 한 실근과 서로 다른 두 허근을 갖고, 서로 다른 두 허근의 곱은 6이다.
> (나) x에 대한 삼차방정식 $P(2x-1)=0$은 한 근 1과 서로 다른 두 허근을 갖고, 서로 다른 두 허근의 합은 3이다.

이때 $P(x)$를 $x-2$로 나눈 나머지를 R이라 할 때, $a+b+c+R$의 값은?

① -2　　　　② -1　　　　③ 1
④ 2　　　　⑤ 3

STEP A　주어진 조건을 이용하여 α, β, γ의 관계식 구하기

방정식 $P(x)=0$의 한 실근을 α, 서로 다른 두 허근을 β, γ라 하면
$P(\alpha)=P(\beta)=P(\gamma)=0$
조건 (가)에 의하여
$\beta\gamma=6$　　　　…… ㉠
방정식 $P(2x-1)=0$의 세 근은　←  $P(2\alpha-1)=0$, $P(2\beta-1)=0$, $P(2\gamma-1)=0$으로 착각하지 않는다.
$2x-1=\alpha$, $2x-1=\beta$, $2x-1=\gamma$
$x=\dfrac{\alpha+1}{2}$ 또는 $x=\dfrac{\beta+1}{2}$ 또는 $x=\dfrac{\gamma+1}{2}$
조건 (나)에 의하여
$\dfrac{\alpha+1}{2}=1$이고 $\dfrac{\beta+1}{2}+\dfrac{\gamma+1}{2}=3$이므로
$\alpha=1$, $\beta+\gamma=4$　　　　…… ㉡

STEP B　세 근이 α, β, γ이고 x^3의 계수가 1인 삼차방정식 구하기

α, β, γ를 세 근으로 하고 삼차항의 계수가 1인 삼차방정식은
$(x-\alpha)(x-\beta)(x-\gamma)=0$
$(x-\alpha)\{x^2-(\beta+\gamma)x+\beta\gamma\}=0$
㉠, ㉡에 의하여 $(x-1)(x^2-4x+6)=0$
$\therefore P(x)=x^3-5x^2+10x-6$
삼차다항식 $P(x)=x^3+ax^2+bx+c$와 일치하므로
동류항의 계수를 비교하면 $a=-5$, $b=10$, $c=-6$

STEP C　나머지정리를 이용하여 $a+b+c+R$의 값 구하기

$P(x)$를 $x-2$로 나눈 나머지는 나머지정리에 의하여
$R=P(2)=8-20+20-6=2$
따라서 $a+b+c+R=-5+10+(-6)+2=1$　　　　정답 ③

1012

정답 ③

STEP A　이차방정식의 근과 계수의 관계를 이용하여 빈칸 추론하기

이차항의 계수가 c이고 $\dfrac{1}{\alpha}$, $\dfrac{1}{\beta}$을 두 근으로 하는 이차방정식은
$c\left(x-\dfrac{1}{\alpha}\right)\left(x-\dfrac{1}{\beta}\right)=0$
$c\left(x^2-\boxed{\dfrac{\alpha+\beta}{\alpha\beta}}\,x+\dfrac{1}{\alpha\beta}\right)=0$ …… ㉠

한편 $ax^2+bx+c=0$의 두 근이 α, β이므로
이차방정식의 근과 계수의 관계에 의하여
$\alpha+\beta=-\dfrac{b}{a}$　　　　…… ㉡
$\alpha\beta=\dfrac{c}{a}$　　　　…… ㉢

㉡과 ㉢을 위의 식 ㉠에 대입하면 $c\left(x^2-\boxed{\dfrac{b}{c}}\,x+\boxed{\dfrac{a}{c}}\right)=0$
따라서 (가) $\dfrac{\alpha+\beta}{\alpha\beta}$, (나) $-\dfrac{b}{c}$, (다) $\dfrac{a}{c}$

1013

STEP A 이차방정식의 근과 계수의 관계를 이용하여 식 작성하기

이차방정식 $3x^2+ax+1=0$의 두 근이 α, β이므로
근과 계수의 관계에 의하여
$$\alpha+\beta=-\frac{a}{3}, \ \alpha\beta=\frac{1}{3} \qquad \cdots\cdots \ \bigcirc$$

이차방정식 $x^2-2x+b=0$의 두 근이 $\dfrac{1}{\alpha}$, $\dfrac{1}{\beta}$이므로

근과 계수의 관계에 의하여
$$\frac{1}{\alpha}+\frac{1}{\beta}=2, \ \frac{1}{\alpha}\times\frac{1}{\beta}=b$$
$$\frac{\alpha+\beta}{\alpha\beta}=2, \ \frac{1}{\alpha\beta}=b \qquad \cdots\cdots \ \bigcirc\!\bigcirc$$

STEP B a, b의 값 구하기

$\bigcirc$을 $\bigcirc\!\bigcirc$에 대입하면 $\dfrac{-\dfrac{a}{3}}{\dfrac{1}{3}}=-a=2$, $\dfrac{1}{\dfrac{1}{3}}=3=b$

$\therefore a=-2, \ b=3$

따라서 $a+b=-2+3=1$

이차방정식 $ax^2+bx+c=0$의 두 근이 1과 $-\dfrac{2}{5}$이고 이차방정식

$cx^2+bx+a=0$의 두 근이 α와 β일 때, $\dfrac{1}{\alpha}+\dfrac{1}{\beta}$의 값은? (단, a, b, c는

실수이다.)

① $-\dfrac{5}{3}$ 　　　② $-\dfrac{3}{5}$ 　　　③ 1

④ $\dfrac{3}{5}$ 　　　⑤ $\dfrac{5}{3}$

STEP A 이차방정식의 근과 계수의 관계를 이용하여 식 작성하기

이차방정식 $ax^2+bx+c=0$의 두 근이 1과 $-\dfrac{2}{5}$이므로
근과 계수의 관계에 의하여
$$1+\left(-\frac{2}{5}\right)=-\frac{b}{a}, \ 1\times\left(-\frac{2}{5}\right)=\frac{c}{a}$$
$$\frac{3}{5}=-\frac{b}{a}, \ -\frac{2}{5}=\frac{c}{a} \qquad \cdots\cdots \ \bigcirc$$

이차방정식 $cx^2+bx+a=0$의 두 근이 α, β이므로
근과 계수의 관계에 의하여
$$\alpha+\beta=-\frac{b}{c}, \ \alpha\beta=\frac{a}{c} \qquad \cdots\cdots \ \bigcirc\!\bigcirc$$

STEP B $\dfrac{1}{\alpha}+\dfrac{1}{\beta}$의 값 구하기

따라서 $\dfrac{1}{\alpha}+\dfrac{1}{\beta}=\dfrac{\alpha+\beta}{\alpha\beta}$

$\qquad\qquad =-\dfrac{\dfrac{b}{c}}{\dfrac{a}{c}} \ (\because \bigcirc\!\bigcirc)$

$\qquad\qquad =-\dfrac{b}{a}=\dfrac{3}{5} \ (\because \bigcirc)$

1014

STEP A 삼차방정식의 근과 계수의 관계를 이용하여 식 작성하기

삼차방정식 $x^3+x^2-2x+3=0$의 세 근이 α, β, γ이므로
삼차방정식의 근과 계수의 관계에 의하여
$$\alpha+\beta+\gamma=-1, \ \alpha\beta+\beta\gamma+\gamma\alpha=-2, \ \alpha\beta\gamma=-3$$

STEP B 세 근이 $\dfrac{1}{\alpha}$, $\dfrac{1}{\beta}$, $\dfrac{1}{\gamma}$이고 x^3의 계수가 3인 삼차방정식 구하기

세 근 $\dfrac{1}{\alpha}$, $\dfrac{1}{\beta}$, $\dfrac{1}{\gamma}$에 대하여

$$\frac{1}{\alpha}+\frac{1}{\beta}+\frac{1}{\gamma}=\frac{\alpha\beta+\beta\gamma+\gamma\alpha}{\alpha\beta\gamma}=\frac{2}{3}$$
$$\frac{1}{\alpha\beta}+\frac{1}{\beta\gamma}+\frac{1}{\gamma\alpha}=\frac{\alpha+\beta+\gamma}{\alpha\beta\gamma}=\frac{1}{3}$$
$$\frac{1}{\alpha\beta\gamma}=-\frac{1}{3}$$

구하는 삼차방정식은 $3\left(x^3-\dfrac{2}{3}x^2+\dfrac{1}{3}x+\dfrac{1}{3}\right)=0$

따라서 $3x^3-2x^2+x+1=0$

1015

2014년 6월 고1 학력평가 12번　

STEP A 삼차방정식의 근의 성질을 이용하여 빈칸 추론하기

α가 삼차방정식 $x^3+2x^2+3x+1=0$의 한 근이므로
$$\alpha^3+2\alpha^2+3\alpha+1=0$$
α는 0이 아니므로 양변을 α^3으로 나누면
$$1+\frac{2}{\alpha}+\frac{3}{\alpha^2}+\frac{1}{\alpha^3}=0$$
$$\left(\frac{1}{\alpha}\right)^3+\boxed{3}\times\left(\frac{1}{\alpha}\right)^2+2\left(\frac{1}{\alpha}\right)+1=0$$

그러므로 $\dfrac{1}{\alpha}$은 최고차항의 계수가 1인 x에 대한 삼차방정식

$\boxed{x^3+3x^2+2x+1}=0$의 한 근이다.

같은 방법으로
β, γ도 삼차방정식 $x^3+2x^2+3x+1=0$의 근이므로
$\beta^3+2\beta^2+3\beta+1=0$에서 $\left(\dfrac{1}{\beta}\right)^3+3\left(\dfrac{1}{\beta}\right)^2+2\left(\dfrac{1}{\beta}\right)+1=0$

또, $\gamma^3+2\gamma^2+3\gamma+1=0$에서 $\left(\dfrac{1}{\gamma}\right)^3+3\left(\dfrac{1}{\gamma}\right)^2+2\left(\dfrac{1}{\gamma}\right)+1=0$

그러므로 $\dfrac{1}{\beta}$, $\dfrac{1}{\gamma}$은 최고차항의 계수가 1인 x에 대한 삼차방정식
$x^3+3x^2+2x+1=0$의 근이다.

따라서 $\dfrac{1}{\alpha}$, $\dfrac{1}{\beta}$, $\dfrac{1}{\gamma}$을 세 근으로 갖는 최고차항의 계수가 1인

x에 대한 삼차방정식은 $\boxed{x^3+3x^2+2x+1}=0$이다.

STEP B $p+f(2)$의 값 구하기

따라서 $p=3$, $f(x)=x^3+3x^2+2x+1$에서 $f(2)=25$이므로
$$p+f(2)=3+25=28$$

다음은 삼차방정식 $3x^3-2x^2-x+1=0$의 세 근이 α, β, γ일 때, $\dfrac{1}{\alpha}$, $\dfrac{1}{\beta}$, $\dfrac{1}{\gamma}$을 세 근으로 갖는 삼차방정식을 구하는 과정의 일부이다.

α가 삼차방정식 $3x^3-2x^2-x+1=0$의 한 근이므로
$$3\alpha^3-2\alpha^2-\alpha+1=0$$
이다. α는 0이 아니므로 양변을 α^3으로 나누어 정리하면
$$\left(\dfrac{1}{\alpha}\right)^3-\left(\dfrac{1}{\alpha}\right)^2+2\left(\dfrac{1}{\alpha}\right)+\boxed{\text{(가)}}=0$$
이다. 그러므로 $\dfrac{1}{\alpha}$은 최고차항의 계수가 1인 x에 대한 삼차방정식
$$\boxed{\text{(나)}}=0$$
의 한 근이다.
같은 방법으로 β, γ도 삼차방정식 $3x^3-2x^2-x+1=0$의 근이므로
$$\vdots$$
이다.
따라서 $\dfrac{1}{\alpha}$, $\dfrac{1}{\beta}$, $\dfrac{1}{\gamma}$을 세 근으로 갖는 최고차항의 계수가 1인 x에 대한 삼차방정식은
$$\boxed{\text{(나)}}=0$$
이다.

위의 (가)에 알맞은 수를 p, (나)에 알맞은 식을 $f(x)$라 할 때, $f(p)$의 값은?

① 11　　　　② 13　　　　③ 15
④ 17　　　　⑤ 19

STEP Ⓐ **삼차방정식의 근의 성질을 이용하여 빈칸 추론하기**

α가 삼차방정식 $3x^3-2x^2-x+1=0$의 한 근이므로
$$3\alpha^3-2\alpha^2-\alpha+1=0$$
α는 0이 아니므로 양변을 α^3으로 나누면
$$3-\dfrac{2}{\alpha}-\dfrac{1}{\alpha^2}+\dfrac{1}{\alpha^3}=0$$
$$\left(\dfrac{1}{\alpha}\right)^3-\left(\dfrac{1}{\alpha}\right)^2-2\left(\dfrac{1}{\alpha}\right)+\boxed{3}=0$$
그러므로 $\dfrac{1}{\alpha}$은 최고차항의 계수가 1인 x에 대한 삼차방정식
$$\boxed{x^3-x^2-2x+3}=0$$의 한 근이다.
같은 방법으로
β, γ도 삼차방정식 $3x^3-2x^2-x+1=0$의 근이므로
$$3\beta^3-2\beta^2-\beta+1=0\text{에서 }\left(\dfrac{1}{\beta}\right)^3-\left(\dfrac{1}{\beta}\right)^2-2\left(\dfrac{1}{\beta}\right)+3=0$$
또, $3\gamma^3-2\gamma^2-\gamma+1=0$에서 $\left(\dfrac{1}{\gamma}\right)^3-\left(\dfrac{1}{\gamma}\right)^2-2\left(\dfrac{1}{\gamma}\right)+3=0$
그러므로 $\dfrac{1}{\beta}$, $\dfrac{1}{\gamma}$은 최고차항의 계수가 1인 x에 대한 삼차방정식
$$x^3-x^2-2x+3=0\text{의 근이다.}$$
따라서 $\dfrac{1}{\alpha}$, $\dfrac{1}{\beta}$, $\dfrac{1}{\gamma}$을 세 근으로 갖는 최고차항의 계수가 1인
x에 대한 삼차방정식은 $\boxed{x^3-x^2-2x+3}=0$이다.

STEP Ⓑ $f(p)$**의 값 구하기**

따라서 $p=3$, $f(x)=x^3-x^2-2x+3$이므로 $f(3)=27-9-6+3=15$

 정답 ③

1016

 정답 ③

STEP Ⓐ **삼차방정식의 켤레근 구하기**

주어진 삼차방정식의 계수가 모두 유리수이므로
한 근이 $-1+\sqrt{2}$이면 다른 한 근은 $-1-\sqrt{2}$이다.

STEP Ⓑ **삼차방정식의 근과 계수의 관계를 이용하여 a, b의 값 구하기**

나머지 한 근을 α라 하면
삼차방정식 $x^3+ax^2+bx+1=0$의 근과 계수의 관계에 의하여
$$\alpha+(-1+\sqrt{2})+(-1-\sqrt{2})=-a \quad \therefore a=2-\alpha$$
$$\alpha(-1+\sqrt{2})+(-1+\sqrt{2})(-1-\sqrt{2})+\alpha(-1-\sqrt{2})=b \quad \therefore b=-2\alpha-1$$
$$\alpha(-1+\sqrt{2})(-1-\sqrt{2})=-1 \quad \therefore \alpha=1$$
세 식을 연립하여 풀면 $\alpha=1$, $a=1$, $b=-3$
따라서 $a+b=1+(-3)=-2$

다른풀이 인수정리를 이용하여 풀이하기

STEP Ⓐ **삼차방정식의 근의 성질을 이용하여 주어진 식의 인수 구하기**

주어진 삼차방정식의 계수가 모두 유리수이므로
$-1+\sqrt{2}$가 한 근이면 다른 한 근은 $-1-\sqrt{2}$이다.
이때 최고차항의 계수가 1이고 이 두 수를 근으로 하는 이차방정식은
$x^2+2x-1=0$이므로
다항식 x^2+2x-1은 다항식 x^3+ax^2+bx+1의 인수이다.

STEP Ⓑ **항등식의 성질을 이용하여 a, b의 값 구하기**

$x^3+ax^2+bx+1=(x^2+2x-1)(cx+d)$ (c, d는 유리수)로 놓을 수 있다.
이때 좌변의 x^3의 계수가 1이므로 $c=1$
좌변의 상수항이 1이므로 $d=-1$
$$\therefore x^3+ax^2+bx+1=(x^2+2x-1)(x-1)=x^3+x^2-3x+1$$
따라서 $a=1$, $b=-3$이므로 $a+b=1+(-3)=-2$

1017

 정답 ④

STEP Ⓐ **삼차방정식의 켤레근 구하기**

주어진 삼차방정식의 계수가 유리수이므로
한 근이 $1+\sqrt{3}$이면 다른 한 근은 $1-\sqrt{3}$이다.

STEP Ⓑ **삼차방정식의 근과 계수의 관계를 이용하여 a, b, c의 값 구하기**

삼차방정식 $x^3+ax^2+bx+2=0$의 나머지 한 근이 c이므로
삼차방정식의 근과 계수의 관계에 의하여
$$(1+\sqrt{3})(1-\sqrt{3})\times c=-2 \quad \therefore c=1$$
즉 세 근이 $1+\sqrt{3}$, $1-\sqrt{3}$, 1이므로
$$(1+\sqrt{3})+(1-\sqrt{3})+1=-a \quad \therefore a=-3$$
$$(1+\sqrt{3})(1-\sqrt{3})+(1-\sqrt{3})\times1+1\times(1+\sqrt{3})=b \quad \therefore b=0$$
따라서 $a+b+c=-3+0+1=-2$

1018

정답 ③

STEP Ⓐ 삼차방정식의 켤레근 구하기

주어진 삼차방정식의 계수가 실수이므로
한 근이 $2-\sqrt{3}i$이면 다른 한 근은 $2+\sqrt{3}i$이다.

STEP Ⓑ 삼차방정식의 근과 계수의 관계를 이용하여 a, b의 값 구하기

삼차방정식 $x^3+ax^2+bx-7=0$의 나머지 한 근을 α라 하면
삼차방정식의 근과 계수의 관계에 의하여
$(2-\sqrt{3}i)+(2+\sqrt{3}i)+\alpha=-a$
$\therefore a=-4-\alpha$ $\qquad$ ...... ㉠
$(2-\sqrt{3}i)(2+\sqrt{3}i)+\alpha(2-\sqrt{3}i)+\alpha(2+\sqrt{3}i)=b$
$\therefore b=4\alpha+7$ $\qquad$ ...... ㉡
$(2-\sqrt{3}i)(2+\sqrt{3}i)\alpha=7$, $7\alpha=7$ $\therefore \alpha=1$
$\alpha=1$을 ㉠, ㉡에 대입하면 $a=-5$, $b=11$
따라서 $a+b=-5+11=6$

---

mini해설 | $x=2-\sqrt{3}i$를 직접 방정식에 대입하여 풀이하기

$2-\sqrt{3}i$가 주어진 삼차방정식의 근이므로
$(2-\sqrt{3}i)^3+a(2-\sqrt{3}i)^2+b(2-\sqrt{3}i)-7=0$
$(a+2b-17)-(4a+b+9)\sqrt{3}i=0$
a, b가 실수이므로 복소수가 서로 같을 조건에 의하여
$a+2b-17=0$ $\qquad$ ...... ㉠
$4a+b+9=0$ $\qquad$ ...... ㉡
㉠, ㉡을 연립하여 풀면 $a=-5$, $b=11$
따라서 $a+b=-5+11=6$

내신연계 출제문항 481

삼차방정식 $x^3+x^2+(a+5)x+b-6=0$의 한 근이 $-2+i$일 때,
실수 a, b에 대하여 $a+b$의 값은? (단, $i=\sqrt{-1}$)

① -21 ② -12 ③ -10
④ -8 ⑤ -6

STEP Ⓐ 삼차방정식의 켤레근 구하기

주어진 삼차방정식의 계수가 실수이므로
한 근이 $-2+i$이면 다른 한 근은 $-2-i$이다.

STEP Ⓑ 삼차방정식의 근과 계수의 관계를 이용하여 a, b의 값 구하기

삼차방정식 $x^3+x^2+(a+5)x+b-6=0$의 나머지 한 근을 α라 하면
삼차방정식의 근과 계수의 관계에 의하여
$\alpha+(-2+i)+(-2-i)=-1$
$\therefore \alpha=3$ $\qquad$ ...... ㉠
$\alpha(-2+i)+(-2+i)(-2-i)+(-2-i)\alpha=a+5$
$\therefore a=-4\alpha$ $\qquad$ ...... ㉡
$\alpha(-2+i)(-2-i)=-b+6$ $\therefore b=6-5\alpha$
$\alpha=3$을 ㉠, ㉡에 대입하면 $a=-12$, $b=-9$
따라서 $a+b=-21$

---

mini해설 | $x=-2+i$를 직접 방정식에 대입하여 풀이하기

$-2+i$가 주어진 삼차방정식의 근이므로
$(-2+i)^3+(-2+i)^2+(a+5)(-2+i)+b-6=0$
$(-2a+b-15)+(a+12)i=0$
a, b가 실수이므로 복소수가 서로 같을 조건에 의하여
$-2a+b-15=0$, $a+12=0$
따라서 $a=-12$, $b=-9$이므로 $a+b=-21$

정답 ①

1019

정답 ④

STEP Ⓐ 삼차방정식의 켤레근 구하기

주어진 삼차방정식의 계수가 실수이므로
한 근이 $2-i$이면 다른 한근은 $2+i$이다.

STEP Ⓑ 삼차방정식의 근과 계수의 관계를 이용하여 식 작성하기

이때 나머지 한 실근이 α이므로 삼차방정식의 근과 계수의 관계에 의하여
$(2-i)+(2+i)+\alpha=-a$
$\therefore a=-4-\alpha$ $\qquad$ ...... ㉠
$(2-i)(2+i)+(2+i)\alpha+\alpha(2-i)=b$
$\therefore b=5+4\alpha$ $\qquad$ ...... ㉡
$(2-i)(2+i)=15$, $5\alpha=15$ $\therefore \alpha=3$
$\alpha=3$을 ㉠, ㉡에 대입하면 $a=-7$, $b=17$

STEP Ⓒ $a+b+\alpha$의 값 구하기

따라서 $a+b+\alpha=-7+17+3=13$

1020

정답 ⑤

STEP Ⓐ 삼차방정식의 켤레근 구하기

조건 (가)에서 나머지정리에 의하여 $f(4)=0$이므로
삼차방정식 $f(x)=0$의 한 근은 4이다.
조건 (나)에서 주어진 삼차방정식의 계수가 실수이므로
한 근이 $2i$이면 다른 한 근은 $-2i$이다.

STEP Ⓑ $f(2x)=0$의 세 근의 곱 구하기

즉 삼차방정식에 대하여 $f(x)=0$의 근이 4, $2i$, $-2i$이므로
$f(x)=a(x-4)(x-2i)(x+2i)$ (a는 0이 아닌 상수)로 놓을 수 있다.
$\therefore f(2x)=a(2x-4)(2x-2i)(2x+2i)$
$\qquad\quad =8a(x-2)(x-i)(x+i)$
따라서 $f(2x)=0$의 세 근은 2, i, $-i$이므로 $2\times i\times(-i)=2$

내신연계 출제문항 482

실수 a, b, c에 대하여 다항식 $f(x)=x^3+ax^2+bx+c$가 다음 조건을 모두 만족시킬 때, 삼차방정식 $f(2x+1)=0$의 세 근의 곱은? (단, $i=\sqrt{-1}$)

(가) $1+3i$는 삼차방정식 $f(x)=0$의 근이다.
(나) $f(x)$를 $x-1$로 나누었을 때의 나머지는 -90이다.

① $\dfrac{3}{8}$ ② $\dfrac{5}{8}$ ③ $\dfrac{7}{8}$
④ $\dfrac{9}{8}$ ⑤ $\dfrac{4}{3}$

STEP Ⓐ 삼차방정식의 켤레근 구하기

조건 (가)에서 주어진 삼차방정식의 계수가 실수이므로
한 근이 $1+3i$이면 다른 한 근은 $1-3i$이다.

STEP Ⓑ 삼차방정식의 근과 계수의 관계를 이용하여 a, b, c를 α에 대하여 나타내기

나머지 한 근을 α라 하면
$(1-3i)+(1+3i)+\alpha=-a$
$\therefore a=-\alpha-2$ $\qquad$ ...... ㉠
$(1-3i)(1+3i)+(1+3i)\alpha+\alpha(1-3i)=b$
$\therefore b=2\alpha+10$ $\qquad$ ...... ㉡
$(1-3i)(1+3i)\alpha=-c$
$\therefore c=-10\alpha$ $\qquad$ ...... ㉢

조건 (나)에서 나머지정리에 의하여 $f(1)=-9$

$1+a+b+c=-9$

이 식에 ㉠, ㉡, ㉢을 대입하면

$1+(-a-2)+(2a+10)+(-10a)=-9$, $9a=18$

$\therefore a=2$

$f(x)=0$의 세 근이 $1-3i$, $1+3i$, 2이므로

$f(2x+1)=0$에서

$2x+1=1-3i$ 또는 $2x+1=1+3i$ 또는 $2x+1=2$

$\therefore x=-\dfrac{3i}{2}$ 또는 $x=\dfrac{3i}{2}$ 또는 $x=\dfrac{1}{2}$

따라서 세 근의 곱은 $-\dfrac{3i}{2}\times\dfrac{3i}{2}\times\dfrac{1}{2}=\dfrac{9}{8}$ 

1021 

STEP A 삼차방정식의 켤레근 구하기

주어진 삼차방정식의 계수가 실수이므로
한 근이 $3+2i$이면 다른 한 근은 $3-2i$이다.

STEP B 삼차방정식의 근과 계수의 관계를 이용하여 a, b의 값 구하기

$x^3+ax^2+bx=0$, $x(x^2+ax+b)=0$이므로

$x=0$ 또는 $x^2+ax+b=0$

즉 이차 방정식 $x^2+ax+b=0$의 두 근이 $3+2i$, $3-2i$이므로

이차방정식의 근과 계수의 관계에 의하여

$(3+2i)+(3-2i)=-a$, $(3+2i)(3-2i)=b$

$\therefore a=-6$, $b=13$

STEP C a, b를 두 근으로 하고 이차항의 계수가 1인 식 작성하기

따라서 이차항의 계수가 1이고 -6, 13을 두 근으로 하는 이차방정식은

$(x+6)(x-13)=0$이므로 $x^2-7x-78=0$

mini해설 | $x=3+2i$를 직접 방정식에 대입하여 풀이하기

$3+2i$가 방정식 $x^3+ax^2+bx=0$의 근이므로

$(3+2i)^3+a(3+2i)^2+b(3+2i)=0$

$(5a+3b-9)+(12a+2b+46)i=0$

a, b가 실수이므로 복소수가 서로 같을 조건에 의하여

$5a+3b-9=0$, $12a+2b+46=0$

$\therefore a=-6$, $b=13$

따라서 이차항의 계수가 1이고 -6, 13을 두 근으로 하는 이차방정식은

$x^2-7x-78=0$

1022 

STEP A 사차방정식의 근의 성질을 이용하여 주어진 식의 인수 구하기

$x^4-4x^3+4x^2+ax+b=0$의 한 근이 $1+i$이면 다른 한 근은 $1-i$이다.
이때 최고차항의 계수가 1이고 이 두 수를 근으로 하는 이차방정식은

$x^2-2x+2=0$이므로

다항식 x^2-2x+2는 다항식 $x^4-4x^3+4x^2+ax+b=0$의 인수이다.

STEP B 항등식의 성질을 이용하여 a, b의 값 구하기

$x^4-4x^3+4x^2+ax+b=(x^2+mx+n)(x^2-2x+2)$($m$, n은 실수)라 하면

$x^4-4x^3+4x^2+ax+b=x^4+(m-2)x^3+(2-2m+n)x^2+(2m-2n)x+2n$

양변의 동류항의 계수를 비교하면

$-4=m-2$, $4=2-2m+n$, $a=2m-2n$, $b=2n$이므로

$m=-2$, $n=-2$, $a=0$, $b=-4$

따라서 $a+b=-4$

mini해설 | $x=1+i$를 직접 방정식에 대입하여 풀이하기

$1+i$가 주어진 사차방정식의 근이므로

$(1+i)^4-4(1+i)^3+4(1+i)^2+a(1+i)+b=0$

$(4+a+b)+ai=0$

따라서 복소수가 서로 같을 조건에 의하여 $a=0$, $b=-4$이므로 $a+b=-4$

1023 

STEP A 사차방정식의 근의 성질을 이용하여 주어진 식의 인수 구하기

$x^4-4x^3+ax^2+bx-40=0$의 한 근이 $1-2i$이면 다른 한 근은 $1+2i$이다.
이때 최고차항의 계수가 1이고 이 두 수를 근으로 하는 이차방정식은

$x^2-2x+5=0$이므로

다항식 x^2-2x+5는 다항식 $x^4-4x^3+ax^2+bx-40=0$의 인수이다.

STEP B 항등식의 성질을 이용하여 a, b의 값 구하기

$x^4-4x^3+ax^2+bx-40=(x^2-2x+5)(x^2+mx+n)$($m$, n은 실수)이라 하면

$x^4-4x^3+ax^2+bx-40$

$=x^4+(m-2)x^3+(n-2m+5)x^2+(-2n+5m)x+5n$

양변의 동류항의 계수를 비교하면

$-4=m-2$, $a=n-2m+5$, $b=-2n+5m$, $-40=5n$

$\therefore m=-2$, $n=-8$, $a=1$, $b=6$

STEP C 사차방정식의 나머지 세 근 구하기

주어진 방정식은 $(x^2-2x+5)(x^2-2x-8)=0$이므로

$(x^2-2x+5)(x-4)(x+2)=0$

$x^2-2x+5=0$ 또는 $x-4=0$ 또는 $x+2=0$

$\therefore x=1-2i$ 또는 $x=1+2i$ 또는 $x=4$ 또는 $x=-2$

즉 나머지 세 근은 $1+2i$ 또는 4 또는 -2

따라서 나머지 세 근과 a, b의 합은 $1+2i+4+(-2)+1+6=10+2i$

1024 

STEP A 사차방정식의 근의 성질을 이용하여 주어진 식의 인수 구하기

조건 (가)에서

계수가 모두 실수인 사차방정식 $P(x)=0$의 한 근이 $1-\sqrt{3}\,i$이므로
다른 한 근은 $1+\sqrt{3}\,i$이다.

이때 최고차항의 계수가 1이고 이 두 수를 근으로 하는 이차방정식은

$x^2-2x+4=0$이므로

다항식 x^2-2x+4는 다항식 $x^4+2x^3+ax^2+bx+c=0$의 인수이다.

STEP B 항등식의 성질을 이용하여 a, b, c의 값 구하기

$x^4+2x^3+ax^2+bx+c=(x^2-2x+4)(x^2+mx+n)$($m$, n은 실수)라 하자.

이때 좌변의 x^3의 계수가 2이므로 $2=m-2$

$\therefore m=4$

조건 (나)에서 나머지정리에 의하여 $P(1)=18$

$(1-2+4)(1+m+n)=18$, $3n=3$

$\therefore n=1$

$P(x)=(x^2-2x+4)(x^2+4x+1)=x^4+2x^3-3x^2+14x+4$이므로

$a=-3$, $b=14$, $c=4$

따라서 $a+b-c=-3+14-4=7$

세 실수 a, b, c에 대하여 사차식 $P(x)=x^4+x^3+ax^2+bx+c$는 다음 조건을 만족시킨다.

> (가) 사차방정식 $P(x)=0$의 한 근이 $-1+\sqrt{2}i$이다.
> (나) $P(x)$를 $x-1$로 나누었을 때의 나머지가 -18이다.

$a+b-c$의 값은?

① -3 ② -2 ③ -1
④ 1 ⑤ 2

STEP Ⓐ 사차방정식의 근의 성질을 이용하여 주어진 식의 인수 구하기

조건 (가)에서
계수가 모두 실수인 사차방정식 $P(x)=0$의 한 근이 $-1+\sqrt{2}i$이므로
다른 한 근은 $-1-\sqrt{2}i$이다.
이때 최고차항의 계수가 1이고 이 두 수를 근으로 하는 이차방정식은
$x^2+2x+3=0$이므로
다항식 x^2+2x+3은 다항식 $x^4+x^3+ax^2+bx+c=0$의 인수이다.

STEP Ⓑ 항등식의 성질을 이용하여 a, b, c의 값 구하기

$x^4+x^3+ax^2+bx+c=(x^2+2x+3)(x^2+mx+n)$ (m, n은 실수)라 하자.
이때 좌변의 x^3의 계수가 1이므로 $1=m+2$ $\therefore m=-1$
조건 (나)에서 나머지정리에 의하여 $P(1)=-18$
$(1+2+3)(1+m+n)=-18$, $6n=-18$ $\therefore n=-3$
$P(x)=(x^2+2x+3)(x^2-x-3)=x^4+x^3-2x^2-9x-9$이므로
$a=-2$, $b=-9$, $c=-9$
따라서 $a+b-c=-2+(-9)-(-9)=-2$

정답 ②

1025

정답 ⑤

STEP Ⓐ 방정식 $x^3=1$의 허근 ω, $\overline{\omega}$에 대한 식 정리하기

방정식 $x^3=1$의 한 허근이 ω이므로 $\omega^3=1$, $\omega^2+\omega+1=0$
ω가 이차방정식 $x^2+x+1=0$의 근이면 다른 한 근은 $\overline{\omega}$이므로
이차방정식의 근과 계수 관계에 의하여 $\omega+\overline{\omega}=-1$, $\omega\overline{\omega}=1$

$\omega\overline{\omega}=1$에서 $\overline{\omega}=\dfrac{1}{\omega}=\dfrac{\omega^3}{\omega}=\omega^2$

STEP Ⓑ [보기]에서 그 값이 나머지 넷과 다른 것 구하기

① $\omega^{100}+\omega^{50}=\omega+\omega^2=-1$

② $\omega+\overline{\omega}=-1$

③ $\dfrac{\omega}{1-\overline{\omega}}+\dfrac{\overline{\omega}}{1-\omega}=\dfrac{\omega(1-\omega)+\overline{\omega}(1-\overline{\omega})}{(1-\omega)(1-\overline{\omega})}=\dfrac{\omega+\overline{\omega}-2\omega\overline{\omega}}{1-(\omega+\overline{\omega})+\omega\overline{\omega}}$
$=\dfrac{-1-2\times1}{1-(-1)+1}=-1$

④ $\omega^2+\dfrac{1}{\omega^2}=\dfrac{\omega^4+1}{\omega^2}=\dfrac{\omega+1}{\omega^2}=\dfrac{-\omega^2}{\omega^2}=-1$

⑤ $\dfrac{\overline{\omega}}{\omega^2+\omega}+\dfrac{\omega^8}{1+\omega^2}=\dfrac{\overline{\omega}}{-1}+\dfrac{\omega^2}{-\omega}=-\overline{\omega}-\omega=-(\overline{\omega}+\omega)=-(-1)=1$

따라서 그 값이 다른 하나는 ⑤이다.

1026

정답 ⑤

STEP Ⓐ 방정식 $x^3=1$의 허근 ω에 대한 식 정리하기

방정식 $x^3=1$의 한 허근이 ω이므로 $\omega^3=1$, $\omega^2+\omega+1=0$

STEP Ⓑ 조건을 만족하는 a, b의 값 구하기

$1+2\omega+3\omega^2+4\omega^3+5\omega^4+6\omega^5+7\omega^6=1+2\omega+3\omega^2+4+5\omega+6\omega^2+7$
$\qquad=12+7\omega+9\omega^2$
$\qquad=12+7\omega+9(-1-\omega)$
$\qquad=-2\omega+3$

따라서 $a=3$, $b=-2$이므로 $ab=-6$

1027

정답 ②

STEP Ⓐ 방정식 $x^3=1$의 허근 ω에 대한 식 정리하기

방정식 $x^3=1$의 한 허근이 ω이므로 $\omega^3=1$, $\omega^2+\omega+1=0$

STEP Ⓑ 조건을 만족하는 a, b의 값 구하기

조건 (가)에서 $\omega+\omega^3+\omega^5+\omega^7+\omega^9+\omega^{11}+\omega^{13}+\omega^{15}+\omega^{17}$
$\qquad=(\omega+1+\omega^2)+(\omega+1+\omega^2)+(\omega+1+\omega^2)=0$
$\therefore a=0$
조건 (나)에서 $\omega^4+\omega^8+\omega^{12}+\omega^{16}+\omega^{20}=(\omega+\omega^2+1)+\omega+\omega^2=-1$
$\therefore b=-1$
따라서 $a+b=-1$

삼차방정식 $x^3=1$의 한 허근을 ω라 할 때, $1+\omega+\omega^2+\omega^3+\cdots+\omega^{30}$의 값은?

① -2 ② -1 ③ 0
④ 1 ⑤ 2

STEP Ⓐ 방정식 $x^3=1$의 허근 ω에 대한 식 정리하기

방정식 $x^3=1$의 한 허근이 ω이므로 $\omega^3=1$, $\omega^2+\omega+1=0$

STEP Ⓑ 주어진 식의 값 구하기

따라서
$1+\omega+\omega^2+\omega^3+\cdots+\omega^{30}$
$=(1+\omega+\omega^2)+\omega^3(1+\omega+\omega^2)+\omega^6(1+\omega+\omega^2)+\cdots+\omega^{27}(1+\omega+\omega^2)+\omega^{30}$
$=10(1+\omega+\omega^2)+(\omega^3)^{10}$
$=10\times0+1^{10}=1$

정답 ④

1028

정답 ③

STEP Ⓐ 방정식 $x^3=1$의 허근 α, β에 대한 식 정리하기

방정식 $x^3=1$의 두 허근이 α, β이므로 $\alpha^3=1$, $\beta^3=1$
또한, 이차방정식 $x^2+x+1=0$의 서로 다른 두 근이 α, β이므로
이차방정식의 근과 계수의 관계에 의하여 $\alpha+\beta=-1$, $\alpha\beta=1$

STEP Ⓑ 주어진 식의 값 구하기

$f(n)=\alpha^n+\beta^n$에서
$f(1)=\alpha+\beta=-1$
$f(2)=\alpha^2+\beta^2=(\alpha+\beta)^2-2\alpha\beta=(-1)^2-2\times1=-1$
$f(3)=\alpha^3+\beta^3=1+1=2$
$f(4)=\alpha^4+\beta^4=\alpha+\beta=-1$
$\qquad\vdots$
$f(10)=\alpha^{10}+\beta^{10}=\alpha+\beta=-1$
따라서 주어진 식의 값은
$f(1)+f(2)+f(3)+\cdots+f(10)$
$=\{f(1)+f(2)+f(3)\}+\{f(4)+f(5)+f(6)\}+\{f(7)+f(8)+f(9)\}+f(10)$
$=3(-1-1+2)+(-1)=-1$

1029

STEP Ⓐ 방정식 $x^3=1$의 허근 ω에 대한 식 정리하기

방정식 $x^3=1$의 한 허근이 ω이므로 $\omega^3=1$, $\omega^2+\omega+1=0$

STEP Ⓑ 식을 변형하여 주어진 식의 값 구하기

$$f(1)=\frac{\omega^2}{\omega^1+1}=\frac{\omega^2}{-\omega^2}=-1$$

$$f(2)=\frac{\omega^4}{\omega^2+1}=\frac{\omega}{-\omega}=-1$$

$$f(3)=\frac{\omega^6}{\omega^3+1}=\frac{1^2}{1+1}=\frac{1}{2}$$

$$f(4)=\frac{\omega^8}{\omega^4+1}=\frac{\omega^2}{\omega+1}=\frac{\omega^2}{-\omega^2}=-1$$

$$f(5)=\frac{\omega^{10}}{\omega^5+1}=\frac{\omega}{\omega^2+1}=\frac{\omega}{-\omega}=-1$$

$$f(6)=\frac{\omega^{12}}{\omega^6+1}=\frac{1}{1+1}=\frac{1}{2}$$

$$\vdots$$

즉 $f(n)$의 값은 -1, -1, $\frac{1}{2}$의 순서로 반복된다.

따라서 주어진 식의 값은

$f(1)+f(2)+f(3)+f(4)+\cdots+f(12)$

$=\{f(1)+f(2)+f(3)\}+\{f(4)+f(5)+f(6)\}+\{f(7)+f(8)+f(9)\}$
$\qquad\qquad\qquad\qquad\qquad\qquad+\{f(10)+f(11)+f(12)\}$

$=4\left(-1-1+\frac{1}{2}\right)=-6$

내신 연계 출제문항 485

방정식 $x^3=1$의 한 허근을 ω라 할 때, 양의 정수 n에 대하여 $f(n)=\dfrac{\omega^n}{\omega^{2n}+1}$

이라 정의할 때, $f(1)-f(2)+f(3)-f(4)+f(5)+\cdots+f(19)$의 값은?

① -1 ② $-\dfrac{1}{2}$ ③ 0

④ $\dfrac{1}{2}$ ⑤ 1

STEP Ⓐ 방정식 $x^3=1$의 허근 ω에 대한 식 정리하기

방정식 $x^3=1$의 한 허근이 ω이므로 $\omega^3=1$, $\omega^2+\omega+1=0$

STEP Ⓑ 식을 변형하여 주어진 식의 값 구하기

$$f(1)=\frac{\omega^1}{\omega^2+1}=\frac{\omega}{-\omega}=-1$$

$$f(2)=\frac{\omega^2}{\omega^4+1}=\frac{\omega^2}{\omega+1}=\frac{\omega^2}{-\omega^2}=-1$$

$$f(3)=\frac{\omega^3}{\omega^6+1}=\frac{1}{1+1}=\frac{1}{2}$$

$$f(4)=\frac{\omega^4}{\omega^8+1}=\frac{\omega}{\omega^2+1}=\frac{\omega}{-\omega}=-1$$

$$f(5)=\frac{\omega^5}{\omega^{10}+1}=\frac{\omega^2}{\omega+1}=-1$$

$$f(6)=\frac{\omega^6}{\omega^{12}+1}=\frac{1}{1+1}=\frac{1}{2}$$

$$\vdots$$

즉 $f(n)$의 값은 -1, -1, $\frac{1}{2}$의 순서로 반복된다.

따라서 주어진 식의 값은

$f(1)-f(2)+f(3)-f(4)+f(5)+\cdots+f(19)$

$=\{f(1)-f(2)+f(3)\}-\{f(4)-f(5)+f(6)\}$
$\quad+\{f(7)-f(8)+f(9)\}-\{f(10)-f(11)+f(12)\}$
$\quad+\{f(13)-f(14)+f(15)\}-\{f(16)-f(17)+f(18)\}+f(19)$

$=3\left(-1-1+\frac{1}{2}\right)-3\left(-1-1+\frac{1}{2}\right)-1=-1$

1030

STEP Ⓐ 방정식 $x^3=1$의 허근 ω, $\overline{\omega}$에 대한 식 정리하기

방정식 $x^3=1$의 한 허근이 ω이므로 $\omega^3=1$, $\omega^2+\omega+1=0$

ω가 이차방정식 $x^2+x+1=0$의 근이면 다른 한 근은 $\overline{\omega}$이므로

이차방정식의 근과 계수 관계에 의하여 $\omega+\overline{\omega}=-1$, $\omega\overline{\omega}=1$

$\omega\overline{\omega}=1$에서 $\overline{\omega}=\dfrac{1}{\omega}=\dfrac{\omega^3}{\omega}=\omega^2$

STEP Ⓑ [보기]의 참, 거짓 판단하기

ㄱ. $\omega^7+\omega^6=\omega+1=-\omega^2$, $\omega^5+\omega^4=\omega^2+\omega=-1$

$\therefore \dfrac{\omega^2}{\omega^7+\omega^6}+\dfrac{1}{\omega^5+\omega^4}=\dfrac{\omega^2}{-\omega^2}+\dfrac{1}{-1}=-1+(-1)=-2$ [참]

ㄴ. $\omega^{100}=(\omega^3)^{33}\omega=\omega$

$\therefore \omega^{100}+\dfrac{1}{\omega^{100}}=\omega+\dfrac{1}{\omega}=\dfrac{\omega^2+1}{\omega}=\dfrac{-\omega}{\omega}=-1$ [참]

ㄷ. $(1+\omega)^{10}+(1+\overline{\omega})^{10}=(1+\omega)^{10}+(1+\omega^2)^{10}$
$\qquad\qquad\qquad\qquad\quad=(-\omega^2)^{10}+(-\omega)^{10}$
$\qquad\qquad\qquad\qquad\quad=\omega^{20}+\omega^{10}=\omega^2+\omega=-1$ [참]

따라서 옳은 것은 ㄱ, ㄴ, ㄷ이다.

1031

STEP Ⓐ 방정식 $x^3=1$의 허근 ω, $\overline{\omega}$에 대한 식 정리하기

방정식 $x^3=1$의 한 허근이 ω이므로 $\omega^3=1$, $\omega^2+\omega+1=0$

ω가 이차방정식 $x^2+x+1=0$의 근이면 다른 한 근은 $\overline{\omega}$이므로

이차방정식의 근과 계수 관계에 의하여 $\omega+\overline{\omega}=-1$, $\omega\overline{\omega}=1$

$\omega\overline{\omega}=1$에서 $\overline{\omega}=\dfrac{1}{\omega}=\dfrac{\omega^3}{\omega}=\omega^2$

STEP Ⓑ [보기]의 참, 거짓 판단하기

ㄱ. $\omega^6+\omega^5+\omega^4=1+\omega^2+\omega=0$ [참]

ㄴ. $1+\omega=-\omega^2$, $1+\overline{\omega}=-\overline{\omega}^2$이므로

$\dfrac{1+\omega}{\omega^2}+\dfrac{1+\overline{\omega}}{\overline{\omega}^2}=\dfrac{-\omega^2}{\omega^2}+\dfrac{-\overline{\omega}^2}{\overline{\omega}^2}=(-1)+(-1)=-2$ [참]

ㄷ. $\omega^{4n}+(\omega+1)^{4n}+1=(\omega^3\omega)^n+(-\omega^2)^{4n}+1$
$\qquad\qquad\qquad\qquad\quad=(\omega^3)^n\omega^n+(\omega^3)^{2n}\omega^{2n}+1$
$\qquad\qquad\qquad\qquad\quad=\omega^{2n}+\omega^n+1$

(ⅰ) $n=3k\,(k=1,\ 2,\ 3,\ \cdots)$이면
$\qquad \omega^{6k}+\omega^{3k}+1=1+1+1=3$

(ⅱ) $n=3k+1\,(k=0,\ 1,\ 2,\ \cdots)$이면
$\qquad \omega^{6k+2}+\omega^{3k+1}+1=\omega^2+\omega+1=0$

(ⅲ) $n=3k+2\,(k=0,\ 1,\ 2,\ \cdots)$이면
$\qquad \omega^{6k+4}+\omega^{3k+2}+1=\omega^4+\omega^2+1=\omega+\omega^2+1=0$

(ⅰ)~(ⅲ)에서 $\omega^{4n}+(\omega+1)^{4n}+1=0$을 만족시키는 자연수 n은
$n=3k+1$ 또는 $n=3k+2\,(k$는 음이 아닌 정수$)$꼴이다.

즉 90 이하의 양의 정수 n의 개수는
$90-(90\ \text{이하의 3의 배수의 개수})=90-30=60$ [참]

따라서 옳은 것은 ㄱ, ㄴ, ㄷ이다.

내·신·연·계 출제문항 486

방정식 $x^3-1=0$의 한 허근을 ω라 할 때, 옳은 것만을 [보기]에서 있는 대로 고른 것은?

> ㄱ. $1+\omega^2+\omega^4+\omega^6+\omega^8+\omega^{10}+\omega^{12}=1$
>
> ㄴ. $\dfrac{\omega^2}{1+\omega}+\dfrac{\overline{\omega}}{1+\overline{\omega}^2}=-2$ (단, $\overline{\omega}$는 ω의 켤레복소수이다.)
>
> ㄷ. $\omega^{4n}+(\omega+1)^{4n}+1=0$을 만족시키는 30 이하의 양의 정수 n의 개수는 20이다.

① ㄱ   ② ㄷ   ③ ㄱ, ㄴ
④ ㄴ, ㄷ   ⑤ ㄱ, ㄴ, ㄷ

STEP A 방정식 $x^3=1$의 허근 ω, $\overline{\omega}$에 대한 식 정리하기

방정식 $x^3=1$의 한 허근이 ω이므로 $\omega^3=1$, $\omega^2+\omega+1=0$

ω가 이차방정식 $x^2+x+1=0$의 근이면 다른 한 근은 $\overline{\omega}$이므로

이차방정식의 근과 계수 관계에 의하여 $\omega+\overline{\omega}=-1$, $\omega\overline{\omega}=1$

$\omega\overline{\omega}=1$에서 $\overline{\omega}=\dfrac{1}{\omega}=\dfrac{\omega^3}{\omega}=\omega^2$

STEP B [보기]의 참, 거짓 판단하기

ㄱ. $1+\omega^2+\omega^4+\omega^6+\omega^8+\omega^{10}+\omega^{12}$
$\quad=1+(\omega^2+\omega+1)+(\omega^2+\omega+1)$
$\quad=1+0+0=1$ [참]

ㄴ. $\omega^2=-1-\omega$, $\overline{\omega}=-1-\overline{\omega}^2$이므로

$\quad\dfrac{\omega^2}{1+\omega}+\dfrac{\overline{\omega}}{1+\overline{\omega}^2}=\dfrac{-1-\omega}{1+\omega}+\dfrac{-1-\overline{\omega}^2}{1+\overline{\omega}^2}$
$\qquad\qquad\qquad\qquad=(-1)+(-1)=-2$ [참]

ㄷ. $\omega^{4n}+(\omega+1)^{4n}+1=(\omega^3\omega)^n+(-\omega^2)^{4n}+1$
$\qquad\qquad\qquad\qquad\quad=(\omega^3)^n\omega^n+(\omega^3)^{2n}\omega^{2n}+1$
$\qquad\qquad\qquad\qquad\quad=\omega^{2n}+\omega^n+1$

$\quad$(i) $n=3k\,(k=1, 2, 3, \cdots)$이면
$\qquad\omega^{6k}+\omega^{3k}+1=1+1+1=3$

$\quad$(ii) $n=3k+1\,(k=0, 1, 2, \cdots)$이면
$\qquad\omega^{6k+2}+\omega^{3k+1}+1=\omega^2+\omega+1=0$

$\quad$(iii) $n=3k+2\,(k=0, 1, 2, \cdots)$이면
$\qquad\omega^{6k+4}+\omega^{3k+2}+1=\omega^4+\omega^2+1=\omega+\omega^2+1=0$

$\quad$(i)~(iii)에서 $\omega^{4n}+(\omega+1)^{4n}+1=0$을 만족시키는 자연수 n은

$\quad n=3k+1$ 또는 $n=3k+2\,(k$는 음이 아닌 정수)꼴이다.

$\quad$즉 30 이하의 양의 정수 n의 개수는

$\quad 30-(30$ 이하의 3의 배수의 개수$)=30-10=20$ [참]

따라서 옳은 것은 ㄱ, ㄴ, ㄷ이다.

정답 ⑤

1032

2021년 06월 고1 학력평가 19번

정답 ④

STEP A 이차방정식의 근과 계수의 관계를 이용하여 삼차방정식의 허근을 이해하기

$z+\overline{z}=-1$, $z\overline{z}=1$이므로 이차방정식의 근과 계수의 관계에 의하여

z, $\overline{z}$는 이차방정식 $x^2+x+1=0$의 두 근이다.

$(x-z)(x-\overline{z})=0$이므로 $x^2-(z+\overline{z})x+z\overline{z}=0$, $x^2+x+1=0$의 두 근이 z, $\overline{z}$이다.

이차방정식의 양변에 $x-1$을 각각 곱하면

$(x-1)(x^2+x+1)=0$, $x^3-1=0$

$\therefore\ x^3=1$ ← 삼차방정식 $x^3=1$의 세 근이 1, z, $\overline{z}$이므로 대입하면 $z^3=1$, $(\overline{z})^3=1$

즉 $z^3=1$, $(\overline{z})^3=1$

STEP B 주어진 식의 값 구하기

따라서 $\dfrac{\overline{z}}{z^5}+\dfrac{(\overline{z})^2}{z^4}+\dfrac{(\overline{z})^3}{z^3}+\dfrac{(\overline{z})^4}{z^2}+\dfrac{(\overline{z})^5}{z}$

$=\dfrac{\overline{z}}{z^2}+\dfrac{(\overline{z})^2}{z}+\dfrac{1}{1}+\dfrac{\overline{z}}{z^2}+\dfrac{(\overline{z})^2}{z}$ ← $z^5=z^3\times z^2=z^2$, $(\overline{z})^5=(\overline{z})^3\times(\overline{z})^2=(\overline{z})^2$
$\qquad\qquad\qquad\qquad\qquad\qquad\quad z^4=z^3\times z^2=z$, $(\overline{z})^4=(\overline{z})^3\times(\overline{z})=\overline{z}$

$=\dfrac{2\overline{z}}{z^2}+\dfrac{2(\overline{z})^2}{z}+1$ ← 분모, 분자에 z와 z^2을 곱한다.

$=\dfrac{2z\overline{z}}{z^3}+\dfrac{2z^2(\overline{z})^2}{z^3}+1$ ← $z\overline{z}=1$이므로 $z^2(\overline{z})^2=(z\overline{z})^2=1$

$=\dfrac{2}{1}+\dfrac{2}{1}+1=5$

> **+α** | $z\overline{z}=1$임을 이용하여 구할 수도 있어!
>
> $z\overline{z}=1$에서 $\overline{z}=\dfrac{1}{z}$이므로
>
> $\dfrac{\overline{z}}{z^5}+\dfrac{(\overline{z})^2}{z^4}+\dfrac{(\overline{z})^3}{z^3}+\dfrac{(\overline{z})^4}{z^2}+\dfrac{(\overline{z})^5}{z}$ ← $\dfrac{1}{z^5}=(\overline{z})^5$, $\dfrac{1}{z^4}=(\overline{z})^4$, $\dfrac{1}{z^3}=(\overline{z})^3$, $\dfrac{1}{z^2}=(\overline{z})^2$, $\dfrac{1}{z}=\overline{z}$
>
> $=5\times z^6$
> $=5\times 1=5$

내·신·연·계 출제문항 487

복소수 z에 대하여 $z+\overline{z}=-1$, $z\overline{z}=1$일 때, $\dfrac{\overline{z}}{z^5}+\dfrac{(\overline{z})^2}{z^4}+\dfrac{(\overline{z})^3}{z^3}$의 값은?

(단, $\overline{z}$는 z의 켤레복소수이다.)

① 1   ② 2   ③ 3
④ 4   ⑤ 5

STEP A 이차방정식의 근과 계수의 관계를 이용하여 $z^3=1$, $(\overline{z})^3=1$임을 파악하기

$z+\overline{z}=-1$, $z\overline{z}=1$이므로 이차방정식의 근과 계수의 관계에 의하여

z, $\overline{z}$는 이차방정식 $x^2+x+1=0$의 두 근이다.

$(x-z)(x-\overline{z})=0$이므로 $x^2-(z+\overline{z})x+z\overline{z}=0$, $x^2+x+1=0$의 두 근이 z, $\overline{z}$이다.

이차방정식의 양변에 $x-1$을 각각 곱하면

$(x-1)(x^2+x+1)=0$, $x^3-1=0$

$\therefore\ x^3=1$ ← 삼차방정식 $x^3=1$의 세 근이 1, z, $\overline{z}$이므로 대입하면 $z^3=1$, $(\overline{z})^3=1$

즉 $z^3=1$, $(\overline{z})^3=1$

STEP B 주어진 식의 값 구하기

따라서 $\dfrac{\overline{z}}{z^5}+\dfrac{(\overline{z})^2}{z^4}+\dfrac{(\overline{z})^3}{z^3}=\dfrac{\overline{z}}{z^2}+\dfrac{(\overline{z})^2}{z}+\dfrac{1}{1}$

$=\dfrac{\overline{z}}{z^2}+\dfrac{(\overline{z})^2}{z}+1$ ← 분모, 분자에 z와 z^2을 곱한다.

$=\dfrac{z\overline{z}}{z^3}+\dfrac{z^2(\overline{z})^2}{z^3}+1$ ← $z\overline{z}=1$이므로 $z^2(\overline{z})^2=(z\overline{z})^2=1$

$=\dfrac{1}{1}+\dfrac{1}{1}+1=3$

> **+α** | $z\overline{z}=1$임을 이용하여 구할 수도 있어!
>
> $z\overline{z}=1$에서 $\overline{z}=\dfrac{1}{z}$이므로
>
> $\dfrac{\overline{z}}{z^5}+\dfrac{(\overline{z})^2}{z^4}+\dfrac{(\overline{z})^3}{z^3}$ ← $\dfrac{1}{z^3}=(\overline{z})^3$, $\dfrac{1}{z^2}=(\overline{z})^2$, $\dfrac{1}{z}=\overline{z}$
>
> $=3\times z^6$
> $=3\times 1=3$

정답 ③

STEP A 이차방정식의 한 근이 허근일 때, 다른 한 근은 켤레근임을 이용하기

ㄱ. 삼차방정식 $x^3=1$에서 $x^3-1=0$, $(x-1)(x^2+x+1)=0$
  $\therefore x=1$ 또는 $x^2+x+1=0$
  이때 $x^2+x+1=0$의 한 허근이 ω이므로 다른 한 근은 켤레근인 $\overline{\omega}$이다.
  $\therefore \overline{\omega}^3=1$ [참]
  $\overline{\omega}^2+\overline{\omega}+1=0$에서 $(\overline{\omega}-1)(\overline{\omega}^2+\overline{\omega}+1)=0$
  $\overline{\omega}^3-1=0$ $\therefore \overline{\omega}^3=1$

STEP B ω와 $\overline{\omega}$가 이차방정식 $x^2+x+1=0$의 근임을 이용하기

ㄴ. ω와 $\overline{\omega}$가 이차방정식 $x^2+x+1=0$의 근이므로
  $\omega^2+\omega+1=0$에서 $\omega+1=-\omega^2$ ……㉠
  $\overline{\omega}^2+\overline{\omega}+1=0$에서 $\overline{\omega}+1=-\overline{\omega}^2$ ……㉡

$$\frac{1}{\omega}+\left(\frac{1}{\omega}\right)^2=\frac{1}{\omega}+\frac{1}{\omega^2}=\frac{\omega+1}{\omega^2}$$
$$=\frac{-\omega^2}{\omega^2}\;(\because ㉠)$$
$$=-1$$

$$\frac{1}{\overline{\omega}}+\left(\frac{1}{\overline{\omega}}\right)^2=\frac{1}{\overline{\omega}}+\frac{1}{\overline{\omega}^2}=\frac{\overline{\omega}+1}{\overline{\omega}^2}$$
$$=\frac{-\overline{\omega}^2}{\overline{\omega}^2}\;(\because ㉡)$$
$$=-1$$

$$\therefore \frac{1}{\omega}+\left(\frac{1}{\omega}\right)^2=\frac{1}{\overline{\omega}}+\left(\frac{1}{\overline{\omega}}\right)^2 \text{ [참]}$$

STEP C 등식의 양변을 정리하고 주어진 등식이 성립할 n의 조건을 파악하기

ㄷ. (좌변)$=(-\omega-1)^n=\{-(\omega+1)\}^n=\{-(-\omega^2)\}^n=(\omega^2)^n$
  이차방정식 $x^2+x+1=0$의 두 근 ω, $\overline{\omega}$이므로
  이차방정식의 근과 계수의 관계에 의하여 $\omega+\overline{\omega}=-1$, $\omega\overline{\omega}=1$
  (우변)$=\left(\frac{\overline{\omega}}{\omega+\overline{\omega}}\right)^n=(-\overline{\omega})^n=\left(-\frac{1}{\omega}\right)^n=(-1)^n\times\left(\frac{1}{\omega}\right)^n=(-1)^n\times(\omega^2)^n$
  $\overline{\omega}\times\omega=1$에서 $\overline{\omega}=\frac{1}{\omega}$

  즉 $(\omega^2)^n=(-1)^n\times(\omega^2)^n$이므로 $(-1)^n=1$이어야 한다.
  그러므로 자연수 n은 짝수이어야 하고 100 이하의 짝수인 자연수는
  2, 4, 6, 8, …, 98, 100이므로 구하는 자연수 n의 개수는 50이다. [참]
  따라서 옳은 것은 ㄱ, ㄴ, ㄷ이다.

삼차방정식 $x^3=1$의 한 허근을 ω라 할 때, [보기]에서 옳은 것만을 있는 대로 고른 것은? (단, $\overline{\omega}$는 ω의 켤레복소수이다.)

> ㄱ. $(1+\omega)(1+\overline{\omega})=-1$
> ㄴ. $\dfrac{\omega}{1+\omega}+\dfrac{\omega^2}{1+\omega^2}+\dfrac{\omega^3}{1+\omega^3}+\cdots+\dfrac{\omega^{30}}{1+\omega^{30}}=15$
> ㄷ. $\left(\dfrac{\omega^3+2\omega^2+\omega+1}{\omega^3+\omega^4-\omega^7}\right)^n$이 음의 실수가 되는 100 이하의 자연수 n의 개수는 17이다.

① ㄱ   ② ㄷ   ③ ㄱ, ㄴ
④ ㄴ, ㄷ   ⑤ ㄱ, ㄴ, ㄷ

STEP A 방정식 $x^3=1$의 허근 ω, $\overline{\omega}$에 대한 식 정리하기

삼차방정식 $x^3=1$에서 $x^3-1=0$, $(x-1)(x^2+x+1)=0$
$\therefore x=1$ 또는 $x^2+x+1=0$

즉 ω는 두 방정식 $x^2+x+1=0$, $x^3=1$의 근이므로
$\omega^3=1$, $\omega^2+\omega+1=0$
ω의 켤레복소수 $\overline{\omega}$는 $x^3=1$의 다른 한 허근이므로
$\overline{\omega}^3=1$, $\overline{\omega}^2+\overline{\omega}+1=0$, $\omega+\overline{\omega}=-1$, $\omega\overline{\omega}=1$

STEP B [보기]의 참, 거짓 판단하기

ㄱ. $(1+\omega)(1+\overline{\omega})=1+(\omega+\overline{\omega})+\omega\overline{\omega}=1+(-1)+1=1$ [거짓]

ㄴ. $\dfrac{\omega}{1+\omega}=\dfrac{\omega}{-\omega^2}=-\dfrac{1}{\omega}$, $\dfrac{\omega^2}{1+\omega^2}=\dfrac{\omega^2}{-\omega}=-\omega$, $\dfrac{\omega^3}{1+\omega^3}=\dfrac{1}{1+1}=\dfrac{1}{2}$
  이므로
$$\frac{\omega}{1+\omega}+\frac{\omega^2}{1+\omega^2}+\frac{\omega^3}{1+\omega^3}+\cdots+\frac{\omega^{30}}{1+\omega^{30}}$$
$$=\left(-\frac{1}{\omega}-\omega+\frac{1}{2}\right)+\left(-\frac{1}{\omega}-\omega+\frac{1}{2}\right)+\cdots+\left(-\frac{1}{\omega}-\omega+\frac{1}{2}\right)$$
$$=10\times\left(-\frac{1}{\omega}-\omega+\frac{1}{2}\right)$$
$$=10\times\left(-\frac{\omega^2+1}{\omega}+\frac{1}{2}\right)\quad\leftarrow \omega^2+1=-\omega$$
$$=10\times\frac{3}{2}=15 \text{ [참]}$$

ㄷ. $\left(\dfrac{\omega^3+2\omega^2+\omega+1}{\omega^3+\omega^4-\omega^7}\right)^n=\left(\dfrac{\omega^3+\omega^2+\omega+\omega^2+1}{1+\omega-\omega}\right)^n$
$$=\left(\frac{-\omega}{1}\right)^n\quad\leftarrow (\omega^3+\omega^2+\omega)+\omega^2+1=\omega^2+1=-\omega$$
$$=(-1)^n\times\omega^n$$

  의 값이 음의 실수가 되려면 n은 홀수이면서 3의 배수이어야 한다.
  즉 n은 100 이하의 3의 배수 중에서 6의 배수를 제외하면 되므로
  구하는 자연수의 개수는 $33-16=17$ [참]
  따라서 옳은 것은 ㄴ, ㄷ이다. 정답 ④

STEP A $\omega^3=1$임을 이용하여 관계식 구하기

복소수 $\omega=\dfrac{-1-\sqrt{3}\,i}{2}$에 대하여 $\omega^2=\left(\dfrac{-1-\sqrt{3}\,i}{2}\right)^2=\dfrac{-1+\sqrt{3}\,i}{2}$

$\omega^3=\omega^2\times\omega=\left(\dfrac{-1+\sqrt{3}\,i}{2}\right)\left(\dfrac{-1-\sqrt{3}\,i}{2}\right)=\dfrac{1-(-3)}{4}=1$이므로

자연수 n에 대하여 $\omega^n=\omega^{n+3}$

$\omega+\omega^2+\omega^3=\dfrac{-1-\sqrt{3}\,i}{2}+\dfrac{-1+\sqrt{3}\,i}{2}+1=0$

STEP B $\omega^{20}+\omega^{10}$의 값 구하기

따라서 $\omega^{20}+\omega^{10}=\omega^2+\omega=-1$

STEP A $\omega^3=1$임을 이용하여 관계식 구하기

$\omega=\dfrac{-1+\sqrt{-3}}{2}=\dfrac{-1+\sqrt{3}\,i}{2}$라 하면
$\omega^3=1$이므로 $\omega^{100}=\omega$
$\overline{\omega}=\dfrac{-1-\sqrt{-3}}{2}=\dfrac{-1-\sqrt{3}\,i}{2}$라 하면
$\overline{\omega}^3=1$이므로 $(\overline{\omega})^{100}=\overline{\omega}$

STEP B 주어진 식의 값 구하기

따라서 $\left(\dfrac{-1+\sqrt{-3}}{2}\right)^{100}+\left(\dfrac{-1-\sqrt{-3}}{2}\right)^{100}=\omega^{100}+\overline{\omega}^{100}=\omega+\overline{\omega}=-1$

1036

STEP A $z^3=1$임을 이용하여 관계식 구하기

복소수 $z=\dfrac{-1+\sqrt{3}\,i}{2}$에 대하여 $z^2=\left(\dfrac{-1+\sqrt{3}\,i}{2}\right)^2=\dfrac{-1-\sqrt{3}\,i}{2}$

$z^3=z^2\times z=\left(\dfrac{-1-\sqrt{3}\,i}{2}\right)\left(\dfrac{-1+\sqrt{3}\,i}{2}\right)=\dfrac{1-(-3)}{4}=1$이므로

자연수 n에 대하여 $z^n=z^{n+3}$

$z+z^2+z^3=\dfrac{-1+\sqrt{3}\,i}{2}+\dfrac{-1-\sqrt{3}\,i}{2}+1=0$

STEP B z^3+z^2+z+2의 값 구하기

따라서 $z^3+z^2+z+2=0+2=2$

1037

정답 1

STEP A $\alpha^3=1$임을 이용하여 관계식 구하기

$\alpha^2+\alpha+1=\left(\dfrac{-1+\sqrt{3}\,i}{2}\right)^2+\left(\dfrac{-1+\sqrt{3}\,i}{2}\right)+1$

$\qquad=\dfrac{-1-\sqrt{3}\,i}{2}+\left(\dfrac{-1+\sqrt{3}\,i}{2}\right)+1=0$

$\alpha^3=\alpha^2\times\alpha=(-\alpha-1)\alpha=-\alpha^2-\alpha=1$

STEP B $1+\alpha+\alpha^2+\alpha^3+\cdots+\alpha^{98}+\alpha^{99}$의 값 구하기

따라서 $1+\alpha+\alpha^2+\alpha^3+\cdots+\alpha^{98}+\alpha^{99}$

$\quad=(1+\alpha+\alpha^2)+(\alpha^3+\alpha^4+\alpha^5)+\cdots+(\alpha^{96}+\alpha^{97}+\alpha^{98})+\alpha^{99}$

$\quad=(1+\alpha+\alpha^2)+\alpha^3(1+\alpha+\alpha^2)+\cdots+\alpha^{96}(1+\alpha+\alpha^2)+(\alpha^3)^{33}$

$\quad=1$

$\omega=\dfrac{1+\sqrt{3}\,i}{2}$일 때, 다음 [보기] 중 옳은 것만 있는 대로 고른 것은?

> ㄱ. $\omega^6-\omega^5+\omega^4-\omega^3=1$
> ㄴ. $\omega^{99}+\dfrac{1}{\omega^{99}}=-2$
> ㄷ. $\omega+\omega^2+\omega^3+\cdots+\omega^{89}+\omega^{90}=0$

① ㄱ　　　　② ㄷ　　　　③ ㄱ, ㄴ
④ ㄴ, ㄷ　　　⑤ ㄱ, ㄴ, ㄷ

STEP A $\omega^3=-1$임을 이용하여 관계식 구하기

복소수 $\omega=\dfrac{1+\sqrt{3}\,i}{2}$에 대하여

$\omega^2=\left(\dfrac{1+\sqrt{3}\,i}{2}\right)^2=\dfrac{-1+\sqrt{3}\,i}{2}$

$\omega^3=\omega^2\times\omega=\left(\dfrac{-1+\sqrt{3}\,i}{2}\right)\times\left(\dfrac{1+\sqrt{3}\,i}{2}\right)=-1$

$\omega^4=\dfrac{-1-\sqrt{3}\,i}{2},\ \omega^5=\dfrac{1-\sqrt{3}\,i}{2},\ \omega^6=1$

이때 $\omega+\omega^2+\omega^3+\omega^4+\omega^5+\omega^6=0$이고 $\omega^2+\omega^4+\omega^6=0$

STEP B [보기]의 참, 거짓 판단하기

ㄱ. $\omega^6-\omega^5+\omega^4-\omega^3=(\omega^3)^2-\omega^3(\omega^2-\omega+1)=(-1)^2-(-1)\times0=1$ [참]

ㄴ. $\omega^{99}+\dfrac{1}{\omega^{99}}=(\omega^3)^{33}+\dfrac{1}{(\omega^3)^{33}}=-1+(-1)=-2$ [참]

ㄷ. $\omega+\omega^2+\omega^3+\cdots+\omega^{89}+\omega^{90}=15(\omega+\omega^2+\omega^3+\omega^4+\omega^5+\omega^6)=0$ [참]

따라서 옳은 것은 ㄱ, ㄴ, ㄷ이다.

정답 ⑤

1038

정답 ⑤

STEP A 방정식 $x^3=-1$의 허근 $\omega,\ \overline{\omega}$에 대한 식 정리하기

$x^3+1=0$에서 $(x+1)(x^2-x+1)=0$

ω는 $x^3=-1$의 한 허근이므로 $\omega^3=-1,\ \omega^2-\omega+1=0$

이차방정식 $x^2-x+1=0$의 두 허근이 $\omega,\ \overline{\omega}$이므로

이차방정식의 근과 계수의 관계에 의하여 $\omega+\overline{\omega}=1,\ \omega\overline{\omega}=1$

STEP B [보기]의 참, 거짓 판단하기

① $\omega\overline{\omega}=1$에서 $\overline{\omega}=\dfrac{1}{\omega}=\dfrac{-\omega^3}{\omega}=-\omega^2$ [참]

② $\omega^2-\omega+1=0$의 양변을 ω로 나누면

$\qquad\omega-1+\dfrac{1}{\omega}=0\quad\therefore\ \omega+\dfrac{1}{\omega}=1$ [참]

③ $\omega^5-\omega^4-1=\omega^3\times\omega^2-\omega^3\times\omega-1$

$\qquad\qquad=-\omega^2+\omega-1$

$\qquad\qquad=-(\omega^2-\omega+1)=0$ [참]

④ $\dfrac{\omega^{100}+1}{\omega^{101}}=\dfrac{(\omega^3)^{33}\times\omega+1}{(\omega^3)^{33}\times\omega^2}=\dfrac{-\omega+1}{-\omega^2}=\dfrac{-\omega^2}{-\omega^2}=1$ [참]

⑤ $\dfrac{\omega^5}{\omega-1}+\dfrac{1-\omega}{\omega^5}=\dfrac{\omega^5}{\omega^2}+\dfrac{-\omega^2}{\omega^5}=\omega^3-\dfrac{1}{\omega^3}=-1-(-1)=0$ [거짓]

따라서 옳지 않은 것은 ⑤이다.

1039

정답 ③

STEP A 방정식 $x^3=-1$의 허근 ω에 대한 식 정리하기

$x^3+1=0$에서 $(x+1)(x^2-x+1)=0$

ω는 $x^3=-1$의 한 허근이므로 $\omega^3=-1,\ \omega^2-\omega+1=0$

이차방정식 $x^2-x+1=0$의 두 허근이 $\omega,\ \overline{\omega}$이므로

이차방정식의 근과 계수의 관계에 의하여 $\omega+\overline{\omega}=1,\ \omega\overline{\omega}=1$

STEP B 주어진 식의 값 구하기

$\dfrac{1-\omega}{\omega^2}+\dfrac{1+\omega^2}{\omega}=\dfrac{-\omega^2}{\omega^2}+\dfrac{\omega}{\omega}=0$　　 $\omega^2-\omega+1=0$

$\dfrac{1}{1-\omega}+\dfrac{1}{1-\overline{\omega}}=\dfrac{1-\overline{\omega}+1-\omega}{(1-\omega)(1-\overline{\omega})}=\dfrac{2-(\omega+\overline{\omega})}{1-(\omega+\overline{\omega})+\omega\overline{\omega}}=\dfrac{2-1}{1-1+1}=1$

따라서 $\dfrac{1-\omega}{\omega^2}+\dfrac{1+\omega^2}{\omega}+\dfrac{1}{1-\omega}+\dfrac{1}{1-\overline{\omega}}=0+1=1$

1040

정답 ③

STEP A 방정식 $x^3=-1$의 허근 ω에 대한 식 정리하기

$x^3+1=0$에서 $(x+1)(x^2-x+1)=0$

ω는 이차방정식 $x^2-x+1=0$의 한 허근이므로 $\omega^3=-1,\ \omega^2-\omega+1=0$

STEP B 주어진 식의 값 구하기

따라서 $f(1)-f(2)+f(3)-f(4)+\cdots+f(99)$

$\quad=\omega-\omega^2+\omega^3-\omega^4+\cdots+\omega^{99}$

$\quad=(\omega-\omega^2-1)+(\omega-\omega^2-1)+\cdots+(\omega-\omega^2-1)$

$\quad=33(\omega-\omega^2-1)$

$\quad=0$

1041

STEP A **방정식 $x^3=-1$의 허근 ω에 대한 식 정리하기**

$x^3+1=0$에서 $(x+1)(x^2-x+1)=0$

ω는 $x^3=-1$의 한 허근이므로 $\omega^3=-1$, $\omega^2-\omega+1=0$

$x^2-x+1=0$의 두 허근이 ω, $\overline{\omega}$이므로

이차방정식의 근과 계수의 관계에 의하여 $\omega+\overline{\omega}=1$, $\omega\overline{\omega}=1$

STEP B **$z\overline{z}$의 값 구하기**

따라서 $z\overline{z}=\left(\dfrac{\omega+1}{2\overline{\omega}+1}\right)\left(\dfrac{\overline{\omega}+1}{2\omega+1}\right)=\left(\dfrac{\omega+1}{2\overline{\omega}+1}\right)\left(\dfrac{\overline{\omega}+1}{2\omega+1}\right)$

$\qquad\qquad =\dfrac{\omega\overline{\omega}+(\omega+\overline{\omega})+1}{4\omega\overline{\omega}+2(\omega+\overline{\omega})+1}$

$\qquad\qquad =\dfrac{1+1+1}{4+2+1}=\dfrac{3}{7}$

1042

STEP A **방정식 $x^3=-1$의 허근 ω에 대한 식 정리하기**

$x^3+1=0$에서 $(x+1)(x^2-x+1)=0$

ω는 $x^3=-1$의 한 허근이므로 $\omega^3=-1$, $\omega^2-\omega+1=0$

STEP B **[보기]의 참, 거짓 판단하기**

ㄱ. $\omega^4+\omega^2+1=-\omega+\omega^2+1=0$ [참]

ㄴ. $\dfrac{\omega^2}{1-\omega}-\dfrac{\omega}{1+\omega^2}=\dfrac{\omega^2}{-\omega^2}-\dfrac{\omega}{\omega}=-1-1=-2$ [거짓]

ㄷ. $\omega^2-\omega+1=0$이므로 양변을 ω로 나누면

$\quad \omega-1+\dfrac{1}{\omega}=0 \quad \therefore \omega+\dfrac{1}{\omega}=1$

$\quad \omega+\dfrac{1}{\omega}+\omega^3+\dfrac{1}{\omega^3}=1+(-1)+\dfrac{1}{(-1)}=-1$ [거짓]

따라서 옳은 것은 ㄱ이다.

방정식 $x^3+1=0$의 한 허근을 ω라 할 때, 다음 중 옳지 않은 것은?
(단, $\overline{\omega}$는 ω의 켤레복소수이다.)

① $\omega^{101}-\omega^{100}=1$ 　　② $\left(1+\omega+\dfrac{1}{\omega}\right)-\left(1+\omega^2+\dfrac{1}{\omega^2}\right)=2$

③ $\dfrac{1}{1-\omega}+\dfrac{1}{1-\overline{\omega}}=1$ 　　④ $\omega^{100}+\dfrac{1}{\omega^{100}}=1$

⑤ $1+\omega+\omega^2+\omega^3+\cdots+\omega^{90}=1$

STEP A **방정식 $x^3=-1$의 허근 ω, $\overline{\omega}$에 대한 식 정리하기**

$x^3+1=0$에서 $(x+1)(x^2-x+1)=0$

ω는 $x^3=-1$의 한 허근이므로 $\omega^3=-1$, $\omega^2-\omega+1=0$

이차방정식 $x^2-x+1=0$의 두 허근이 ω, $\overline{\omega}$이므로

이차방정식의 근과 계수의 관계에 의하여 $\omega+\overline{\omega}=1$, $\omega\overline{\omega}=1$

STEP B **[보기]의 참, 거짓 판단하기**

① $\omega^{101}-\omega^{100}=(\omega^3)^{33}\times\omega^2-(\omega^3)^{33}\times\omega=-\omega^2+\omega=1$ [참]

② $\left(1+\omega+\dfrac{1}{\omega}\right)-\left(1+\omega^2+\dfrac{1}{\omega^2}\right)=\dfrac{\omega+\omega^2+1}{\omega}-\dfrac{\omega^2+\omega^4+1}{\omega^2}$

$\qquad\qquad =\dfrac{\omega+(\omega^2+1)}{\omega}-\dfrac{\omega^2-\omega+1}{\omega^2}$ 　　$\leftarrow \omega^2+1=\omega$

$\qquad\qquad =\dfrac{\omega+\omega}{\omega}-0=2$ [참]

---

③ $\omega+\overline{\omega}=1$이므로 $1-\omega=\overline{\omega}$, $1-\overline{\omega}=\omega$

$\quad \therefore \dfrac{1}{1-\omega}+\dfrac{1}{1-\overline{\omega}}=\dfrac{1}{\overline{\omega}}+\dfrac{1}{\omega}=\omega+\overline{\omega}=1$ [참]

④ $\omega^{100}=(\omega^3)^{33}\times\omega=-\omega$, $\dfrac{1}{\omega^{100}}=\dfrac{1}{-\omega}=\omega^2$

$\quad \therefore \omega^{100}+\dfrac{1}{\omega^{100}}=-\omega+\omega^2=-1$ [거짓]

⑤ $1+\omega+\omega^2+\omega^3+\cdots+\omega^{90}$

$\quad =(1+\omega+\omega^2+\omega^3+\omega^4+\omega^5)+\omega^6(1+\omega+\omega^2+\omega^3+\omega^4+\omega^5)+\cdots$

$\qquad\qquad +\omega^{84}(1+\omega+\omega^2+\omega^3+\omega^4+\omega^5)+(\omega^6)^{15}$

$\quad =(1+\omega+\omega^2-1-\omega-\omega^2)+\cdots+(1+\omega+\omega^2-1-\omega-\omega^2)+1$

$\quad =1$ [참]

따라서 옳지 않은 것은 ④이다.

1043

STEP A **$x^3=-1$의 한 허근 ω에 대한 식을 정리하기**

$x^3+1=0$에서 $(x+1)(x^2-x+1)=0$

ω는 $x^3=-1$의 한 근이므로 $\omega^3=-1$, $\omega^2-\omega+1=0$

이차방정식 $x^2-x+1=0$의 두 허근이 ω, $\overline{\omega}$이므로

이차방정식의 근과 계수의 관계에 의하여 $\omega+\overline{\omega}=1$, $\omega\overline{\omega}=1$

STEP B **[보기]의 참, 거짓 판단하기**

ㄱ. $(1-\omega)(1-\overline{\omega})=1-(\omega+\overline{\omega})+\omega\overline{\omega}=1-1+1=1$ [참]

ㄴ. $\omega^2-\omega+1=0$의 양변을 ω로 나누면

$\quad \omega-1+\dfrac{1}{\omega}=0 \quad \therefore \omega+\dfrac{1}{\omega}=1$

$\quad \omega^{10}=(\omega^3)^3\times\omega=-\omega$

$\quad \therefore \omega^{10}+\dfrac{1}{\omega^{10}}=-\omega-\dfrac{1}{\omega}=-\left(\omega+\dfrac{1}{\omega}\right)=-1$ [거짓]

ㄷ. $1-\omega+\omega^2-\omega^3+\omega^4-\omega^5+\cdots+\omega^{30}$

$\quad =(1-\omega+\omega^2)-\omega^3(1-\omega+\omega^2)+\cdots-\omega^{27}(1-\omega+\omega^2)+(\omega^3)^{10}$

$\quad =(-1)^{10}=1$ [참]

따라서 옳은 것은 ㄱ, ㄷ이다.

1044

STEP A **방정식 $x^3=-1$의 허근 ω에 대한 식 정리하기**

$x^3+1=0$에서 $(x+1)(x^2-x+1)=0$

ω는 $x^3=-1$의 한 허근이므로 $\omega^3=-1$, $\omega^2-\omega+1=0$

이차방정식 $x^2-x+1=0$의 두 허근이 ω, $\overline{\omega}$이므로

이차방정식의 근과 계수의 관계에 의하여 $\omega+\overline{\omega}=1$, $\omega\overline{\omega}=1$

STEP B **[보기]의 참, 거짓 판단하기**

ㄱ. $(1+\omega)(1+\overline{\omega})=1+(\omega+\overline{\omega})+\omega\overline{\omega}=1+1+1=3$ [참]

ㄴ. $\omega^8=(\omega^3)^2\times\omega^2=\omega^2$이므로 $\dfrac{\omega^8}{1-\omega}=\dfrac{\omega^2}{-\omega^2}=-1$ [거짓]

ㄷ. $\omega^2+\overline{\omega}^4+\omega^6+\overline{\omega}^8+\omega^{10}=\omega^2-\overline{\omega}+1+\overline{\omega}^2-\omega$

$\qquad\qquad =(\omega^2-\omega+1)+(\overline{\omega}^2-\overline{\omega}+1)-1$

$\qquad\qquad =-1$ [참]

따라서 옳은 것은 ㄱ, ㄷ이다.

1045

정답 ④

STEP A 방정식 $x^3=-1$의 허근 ω, $\overline{\omega}$에 대한 식 정리하기

$x^3+1=0$에서 $(x+1)(x^2-x+1)=0$

ω는 $x^3=-1$의 한 허근이므로 $\omega^3=-1$, $\omega^2-\omega+1=0$

이차방정식 $x^2-x+1=0$의 두 허근이 ω, $\overline{\omega}$이므로

이차방정식의 근과 계수의 관계에 의하여 $\omega+\overline{\omega}=1$, $\omega\overline{\omega}=1$

STEP B [보기]의 참, 거짓 판단하기

ㄱ. $\omega^2+\overline{\omega}^2=(\omega+\overline{\omega})^2-2\omega\overline{\omega}=1-2=-1$ [거짓]

ㄴ. $\omega\overline{\omega}=1$에서 $\omega=\dfrac{1}{\overline{\omega}}$, $\overline{\omega}=\dfrac{1}{\omega}$이므로 $\dfrac{1}{\omega}+\dfrac{1}{\overline{\omega}}=\overline{\omega}+\omega=1$ [참]

ㄷ. $\omega\overline{\omega}=1$에서 $\dfrac{1}{\omega}=\overline{\omega}$이므로

$$\dfrac{1}{\omega}+\dfrac{1}{\omega^2}+\dfrac{1}{\omega^3}+\dfrac{1}{\omega^4}+\dfrac{1}{\omega^5}+\dfrac{1}{\omega^6}=\overline{\omega}+\overline{\omega}^2+\overline{\omega}^3+\overline{\omega}^4+\overline{\omega}^5+\overline{\omega}^6=0$$

$$\therefore 1+\dfrac{1}{\omega}+\dfrac{1}{\omega^2}+\dfrac{1}{\omega^3}+\cdots+\dfrac{1}{\omega^{600}}$$

$$=1+100\left(\dfrac{1}{\omega}+\dfrac{1}{\omega^2}+\dfrac{1}{\omega^3}+\dfrac{1}{\omega^4}+\dfrac{1}{\omega^5}+\dfrac{1}{\omega^6}\right)$$

$$=1+0=1 \text{ [참]}$$

따라서 옳은 것은 ㄴ, ㄷ이다.

1046

정답 ③

STEP A $x^2-x+1=0$의 한 근 ω에 대한 식 정리하기

$x^2-x+1=0$의 한 허근이 ω이므로 $\omega^2-\omega+1=0$

양변에 $\omega+1$을 곱하면 $\omega^3+1=0$ $\quad\therefore \omega^3=-1$

$\omega+\dfrac{1}{\omega}=\dfrac{\omega^2+1}{\omega}=\dfrac{\omega}{\omega}=1$

$\omega^2+\dfrac{1}{\omega^2}=\left(\omega+\dfrac{1}{\omega}\right)^2-2=1-2=-1$

$\omega^3+\dfrac{1}{\omega^3}=-1+\dfrac{1}{-1}=-2$

$\omega^4+\dfrac{1}{\omega^4}=-\left(\omega+\dfrac{1}{\omega}\right)=-1$

$\omega^5+\dfrac{1}{\omega^5}=-\left(\omega^2+\dfrac{1}{\omega^2}\right)=1$

$\omega^6+\dfrac{1}{\omega^6}=1+\dfrac{1}{1}=2$

$$\vdots$$

$\omega^{20}+\dfrac{1}{\omega^{20}}=\omega^2+\dfrac{1}{\omega^2}=-1$

STEP B 주어진 식의 값 구하기

따라서 $\left(\omega+\dfrac{1}{\omega}\right)^2+\left(\omega^2+\dfrac{1}{\omega^2}\right)^2+\left(\omega^3+\dfrac{1}{\omega^3}\right)^2+\cdots+\left(\omega^{20}+\dfrac{1}{\omega^{20}}\right)^2$

$=6\left\{\left(\omega+\dfrac{1}{\omega}\right)^2+\left(\omega^2+\dfrac{1}{\omega^2}\right)^2+\left(\omega^3+\dfrac{1}{\omega^3}\right)^2\right\}+\left(\omega+\dfrac{1}{\omega}\right)^2+\left(\omega^2+\dfrac{1}{\omega^2}\right)^2$

$=6\{1^2+(-1)^2+(-2)^2\}+1^2+(-1)^2$

$=36+2=38$

1047

정답 ⑤

STEP A 방정식 $x^3=8$의 허근 ω에 대한 식 정리하기

$x^3-8=0$에서 $(x-2)(x^2+2x+4)=0$

ω는 $x^3=8$의 한 허근이므로 $\omega^3=8$, $\omega^2+2\omega+4=0$

이차방정식 $x^2+2x+4=0$의 두 허근이 ω, $\overline{\omega}$이므로

이차방정식의 근과 계수의 관계에 의하여 $\omega+\overline{\omega}=-2$, $\omega\overline{\omega}=4$

STEP B [보기]의 참, 거짓 판단하기

ㄱ. $\omega^2+2\omega+4=0$ [참]

ㄴ. $\overline{\omega}$도 이차방정식 $x^2+2x+4=0$의 근이므로 $\overline{\omega}^2+2\overline{\omega}+4=0$

이때 $\omega+\overline{\omega}=-2$에서 $\overline{\omega}=-2-\omega$이므로

$\overline{\omega}^2=-2\overline{\omega}-4=-2(-2-\omega)-4=2\omega$ [참]

ㄷ. $\overline{\omega}^2=2\omega$이므로 $\dfrac{\overline{\omega}^2}{\omega^2+4}=\dfrac{2\omega}{-2\omega}=-1$ [참]

ㄹ. $\dfrac{\omega^4}{8}+\dfrac{4}{\omega}=\dfrac{8\omega}{8}+\dfrac{4\omega^2}{\omega^3}$

$\qquad=\omega+\dfrac{\omega^2}{2}$

$\qquad=\dfrac{2\omega+\omega^2}{2}$

$\qquad=\dfrac{-4}{2}=-2$ [참]

따라서 옳은 것은 ㄱ, ㄴ, ㄷ, ㄹ이다.

1048

정답 ①

STEP A 인수분해하여 한 허근 ω에 대한 식을 정리하기

조립제법을 이용하여 주어진 사차식을 인수분해하면

		1	-2	0	-1	2
1			1	-1	-1	-2
2		1	-1	-1	-2	0
			2	2	2	
		1	1	1	0	

$x^4-2x^3-x+2=(x-1)(x-2)(x^2+x+1)$이므로

한 허근 ω는 방정식 $x^2+x+1=0$의 근이다.

$\omega^3=1$, $\omega^2+\omega+1=0$

STEP B 주어진 식의 값 구하기

따라서 $1+\omega+\omega^2+\omega^3+\cdots+\omega^{99}$

$=(1+\omega+\omega^2)+\omega^3(1+\omega+\omega^2)+\omega^6(1+\omega+\omega^2)+\cdots+(\omega^3)^{33}$

$=1$

1049

정답 ②

STEP A 인수분해하여 한 허근 ω에 대한 식을 정리하기

조립제법을 이용하여 삼차식을 인수분해하면

$x^3+x^2+2x-4=(x-1)(x^2+2x+4)$이므로

한 허근 ω는 방정식 $x^2+2x+4=0$의 근이다.

1	1	1	2	-4
		1	2	4
	1	2	4	0

즉 $\omega^2+2\omega+4=0$

양변에 $\omega-2$를 곱하면 $(\omega-2)(\omega^2+2\omega+4)=0$, $\omega^3-8=0$

$\therefore \omega^3=8$

STEP B $\omega+\omega^2+\omega^3+\cdots+\omega^9$의 값 구하기

$\omega+\omega^2+\omega^3+\cdots+\omega^9=\omega(1+\omega+\omega^2)+\omega^4(1+\omega+\omega^2)+\omega^7(1+\omega+\omega^2)$

$\qquad=(1+\omega+\omega^2)(\omega+\omega^4+\omega^7)$

$\qquad=\omega(1+\omega+\omega^2)(1+\omega^3+\omega^6)$ $\quad\leftarrow \omega^2=-2\omega-4,\ \omega^3=8$

$\qquad=\omega(-\omega-3)(1+8+64)$

$\qquad=-(\omega^2+3\omega)\times 73$ $\quad\leftarrow (\omega^2+2\omega)+\omega=-4+\omega$

$\qquad=-(\omega-4)\times 73$

$\qquad=-73\omega+292$

따라서 $a=-73$, $b=292$이므로 $a+b=-73+292=219$

1050

STEP A 그릇에 채워진 물의 부피를 x에 대한 식으로 나타내기

밑면인 원의 반지름의 길이와 높이는 각각 $x$cm이므로

원기둥의 부피는 $\pi \times x^2 \times x = x^3\pi$

그릇의 위에서부터 2cm만큼이 채워지지 않았으므로

그릇에 채워진 물의 부피는 $x^3\pi - 2x^2\pi = 75\pi$

STEP B 조립제법을 이용하여 삼차방정식의 해 구하기

$x^3 - 2x^2 = 75$에서 $x^3 - 2x^2 - 75 = 0$

조립제법을 이용하여 인수분해하면

$(x-5)(x^2+3x+15) = 0$

$\therefore x = 5 \ (\because x > 0)$

따라서 처음 원기둥의 부피는 $x^3\pi = 5^3\pi = 125\pi \, (\text{cm}^3)$

5	1	-2	0	-75
		5	15	75
	1	3	15	0

내신 연계 출제문항 491

오른쪽 그림과 같이 밑면의 반지름의 길이와 높이가 같은 원기둥 모양의 수조에 $50\pi \, \text{m}^3$의 물을 부었더니 수조의 위에서부터 3m를 남기고 물이 채워졌다. 이때 수조의 높이를 구하시오.
(단, 수조의 두께는 생각하지 않는다.)

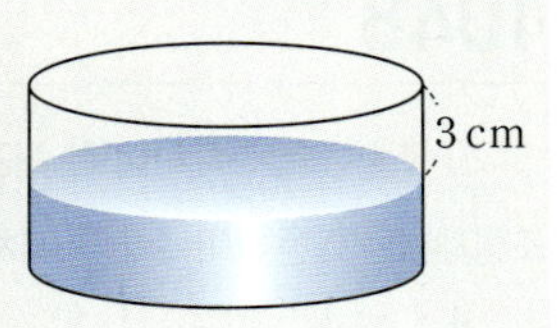

STEP A 그릇에 채워진 물의 부피를 x에 대한 식으로 나타내기

밑면인 원의 반지름의 길이와 높이는 각각 xm이므로

원기둥의 부피는 $\pi \times x^2 \times x = x^3\pi$

그릇의 위에서부터 3m만큼이 채워지지 않았으므로

그릇에 채워진 물의 부피는 $x^3\pi - 3x^2\pi = 50\pi$

STEP B 조립제법을 이용하여 삼차방정식의 해 구하기

$x^3 - 3x^2 = 50$에서 $x^3 - 3x^2 - 50 = 0$

조립제법을 이용하여 인수분해하면

$(x-5)(x^2+2x+10) = 0$

$\therefore x = 5 \ (\because x > 0)$

따라서 수조의 높이는 5(m)

5	1	-3	0	-50
		5	10	50
	1	2	10	0

1051

STEP A 직육면체 모양의 상자의 부피를 x에 대한 식으로 나타내기

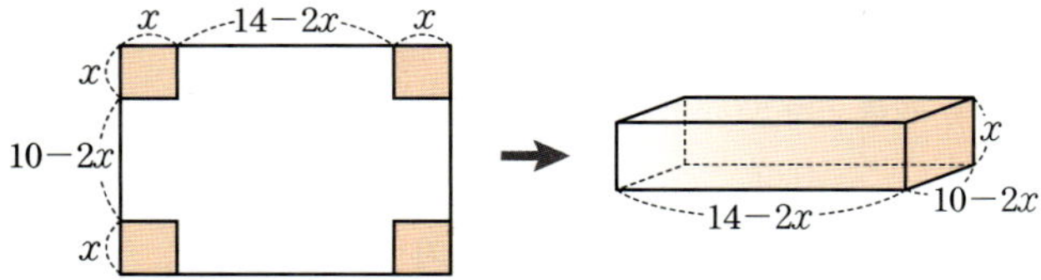

잘라낸 정사각형의 한 변의 길이가 $x$cm이므로

종이의 네 귀퉁이를 잘라낸 후

가로의 길이는 $(14-2x)$cm, 세로의 길이는 $(10-2x)$cm, 높이는 $x$cm이다.

이때 길이는 모두 양수이므로

$14-2x > 0$, $10-2x > 0$, $x > 0$에서 $0 < x < 5$

네 귀퉁이를 잘라내어 만든 상자의 부피가 $96\,\text{cm}^3$이므로

$x(14-2x)(10-2x) = 96$, $x^3 - 12x^2 + 35x - 24 = 0$

STEP B 조립제법을 이용하여 삼차방정식의 해 구하기

$f(x) = x^3 - 12x^2 + 35x - 24$라 하면

$f(1) = 0$이므로 $f(x)$는 $x-1$을 인수로 갖는다.

조립제법을 이용하여 $f(x)$를 인수분해하면

$f(x) = (x-1)(x^2 - 11x + 24)$

즉 주어진 방정식은 $(x-1)(x-3)(x-8) = 0$

$\therefore x = 1$ 또는 $x = 3$ 또는 $x = 8$

그런데 $0 < x < 5$이므로 $x = 1$ 또는 $x = 3$

따라서 모든 x의 값의 합은 $1+3 = 4$

1	1	-12	35	-24
		1	-11	24
	1	-11	24	0

1052

STEP A 오각기둥의 부피를 x에 대한 식으로 나타내기

오각기둥의 밑면의 넓이를 다음 그림과 같이 사다리꼴과 직사각형으로 나누어 구하면

$$(\text{밑면의 넓이}) = x(x+2) + \frac{1}{2} \times \{x + (x+2)\} \times 4$$
$$= x^2 + 2x + 2(2x+2)$$
$$= x^2 + 6x + 4$$

이때 오각기둥의 높이는 $x+2$이고

부피가 155이므로

$(x+2)(x^2 + 6x + 4) = 155$

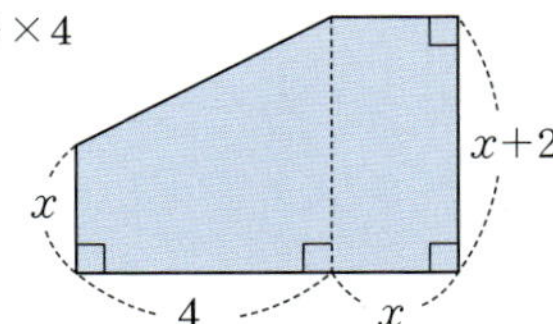

STEP B 조립제법을 이용하여 삼차방정식의 해 구하기

$x^3 + 8x^2 + 16x - 147 = 0$

조립제법을 이용하여 인수분해하면

$(x-3)(x^2 + 11x + 49) = 0$

$\therefore x = 3$ 또는 $x = \dfrac{-11 \pm 5\sqrt{3}\,i}{2}$

따라서 $x > 0$이므로 $x = 3$

3	1	8	16	-147
		3	33	147
	1	11	49	0

내신 연계 출제문항 492

그림은 오각기둥의 전개도이다. 이 전개도의 접선을 따라 접어서 만든 오각기둥의 부피가 51일 때, x의 값은?

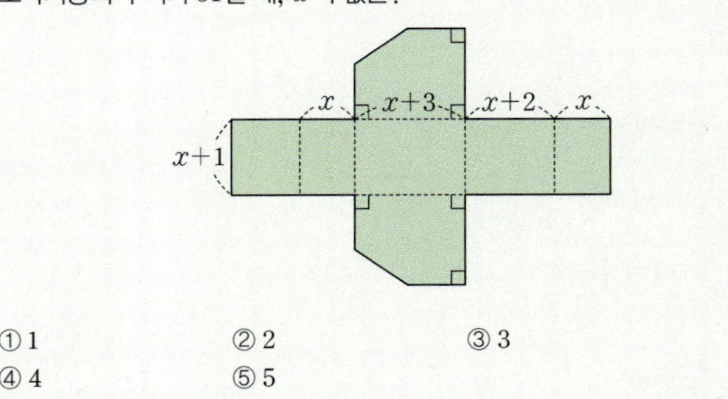

① 1   ② 2   ③ 3
④ 4   ⑤ 5

STEP A 오각기둥의 부피를 x에 대한 식으로 나타내기

오각기둥의 밑면의 넓이를 다음 그림과 같이 사다리꼴과 직사각형으로 나누어 구하면

(사다리꼴의 높이) $= (x+3) - x = 3$

$$(\text{밑면의 넓이}) = x(x+2) + \frac{1}{2} \times \{x + (x+2)\} \times 3$$
$$= x^2 + 2x + \frac{3}{2}(2x+2)$$
$$= x^2 + 5x + 3$$

이때 오각기둥의 높이는 $x+1$이고

부피가 51이므로 $(x^2 + 5x + 3)(x+1) = 51$

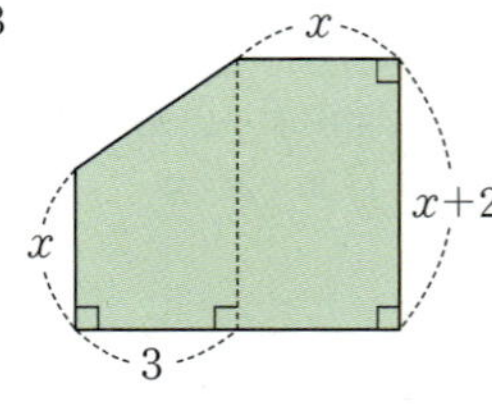

STEP B 조립제법을 이용하여 삼차방정식의 해 구하기

$x^3 + 6x^2 + 8x - 48 = 0$

조립제법을 이용하여 인수분해하면

$(x-2)(x^2 + 8x + 24) = 0$

$\therefore x = 2$ 또는 $x = -4 \pm 2\sqrt{2}\,i$

따라서 $x > 0$이므로 $x = 2$

2	1	6	8	-48
		2	16	48
	1	8	24	0

1053

STEP Ⓐ 입체도형의 부피와 겉넓이를 x에 대한 식으로 나타내기

한 모서리의 길이가 $x\,cm$인 한 개의 정육면체의 부피는 $x^3\,cm^3$
총 4개의 정육면체가 있으므로
$A=($입체도형의 부피$)=4x^3\,(cm^3)$
정육면체의 한 면의 넓이는 $x^2\,cm^2$
정육면체 4개의 24개의 면 중에서 6개의 면이 붙어 있으므로
$B=($입체도형의 겉넓이$)=18x^2\,(cm^2)$

STEP Ⓑ $2A=B+54$임을 이용하여 x의 값 구하기

$2A=B+54$에서 $2\times4x^3=18x^2+54$
$8x^3-18x^2-54=0,\ 4x^3-9x^2-27=0$
조립제법을 이용하여 인수분해하면
$(x-3)(4x^2+3x+9)=0$
$\therefore x=3$ 또는 $x=\dfrac{-3\pm3\sqrt{15}\,i}{8}$

	3	4	-9	0	-27
			12	9	27
		4	3	9	0

따라서 $x>0$이므로 $x=3$

1054

2021년 11월 고1 학력평가 29번 · 정답 164

STEP Ⓐ 등변사다리꼴과 원의 성질을 이용하여 점의 좌표 정하기

선분 AB를 지름으로 하는 원을 C_1이라 하고
선분 CD를 지름으로 하는 원을 C_2라 하자.
두 선분 AB, CD의 중점을 각각 M, N이라 하면
두 점 M, N은 각각 두 원 C_1, C_2의 중심이다.
$\overline{AB}=\overline{CD}$이므로 두 원 C_1, C_2의 반지름의 길이가 서로 같고 원 C_1과 원 C_2는
오직 한 점에서 만나므로 두 원 C_1, C_2가 만나는 점은 선분 MN의 중점이다.
선분 MN의 중점을 P, 점 D에서 선분 BC에 내린 수선의 발을 H,
두 선분 DH, MN이 만나는 점을 Q라 하자.

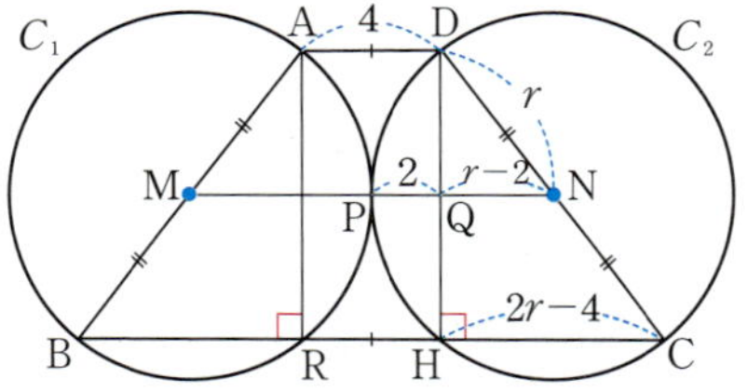

STEP Ⓑ 선분 DH, BC의 길이를 반지름 r로 나타내기

두 원 C_1, C_2의 반지름의 길이를 r이라 하면
$\overline{QN}=\overline{PN}-\overline{PQ}=r-2$에서 $\overline{HC}=2\times\overline{QN}=2r-4$

두 삼각형 DQN과 DHC가 닮음이고 닮음비가 $1:2$이다.

이므로 직각삼각형 DHC에서 피타고라스 정리에 의하여
$$\overline{DH}^2=\overline{CD}^2-\overline{HC}^2=(2r)^2-(2r-4)^2$$
$$=16r-16 \quad\cdots\cdots\ \bigcirc$$
점 A에서 선분 BC에 내린 수선의 발을 R이라 하면
$\overline{BR}=\overline{HC}=2r-4,\ \overline{RH}=4$이므로
$$\overline{BC}=\overline{BR}+\overline{RH}+\overline{HC}=(2r-4)+4+(2r-4)$$
$$=4r-4 \quad\cdots\cdots\ \bigcirc$$

STEP Ⓒ $S^2+8l=6720$을 만족하는 삼차방정식의 해 구하기

$\bigcirc$, $\bigcirc$에서
$$S^2=\left\{\dfrac{1}{2}\times(\overline{BC}+\overline{AD})\times\overline{DH}\right\}^2$$

← 등변사다리꼴의 넓이는 $\dfrac{1}{2}\times($윗변$+$아랫변$)\times($높이$)$

$$=\dfrac{1}{4}\times(\overline{BC}+\overline{AD})^2\times\overline{DH}^2$$
$$=\dfrac{1}{4}\times\{(4r-4)+4\}^2\times(16r-16)$$
$$=64r^2(r-1)$$

$l=\overline{AB}+\overline{BC}+\overline{CD}+\overline{AD}$
$\quad=2r+(4r-4)+2r+4$
$\quad=8r$
$S^2+8l=6720$에서
$64r^2(r-1)+64r=6720,\ 64r^3-64r^2+64r=6720$ ← $6720=64\times105$
$r^3-r^2+r-105=0$
조립제법을 이용하여 인수분해하면
$(r-5)(r^2+4r+21)=0$
$\therefore r=5$ 또는 $r^2+4r+21=0$

	5	1	-1	1	-105
			5	20	105
		1	4	21	0

이차방정식 $x^2+4x+21=0$의 판별식 D가 $D=4^2-4\times1\times21<0$
이므로 $r^2+4r+21=0$을 만족시키는 실수 r의 값은 존재하지 않는다.

직각삼각형 DBH에서 피타고라스 정리에 의하여
$$\overline{BD}^2=\overline{BH}^2+\overline{DH}^2=(2r-4+4)^2+(16r-16)=4r^2+16r-16$$
따라서 $r=5$이므로 $\overline{BD}^2=100+64=164$

내신연계 출제문항 493

그림과 같이 $\overline{AD}=6$인 등변사다리꼴 ABCD에 대하여 선분 AB를 지름으로 하는 원과 선분 CD를 지름으로 하는 원이 오직 한 점에서 만난다.
사각형 ABCD의 넓이와 둘레의 길이를 각각 S, l이라 하면 $S^2+3l=240$
이다. $\overline{BD}^2$의 값을 구하시오. (단, $\overline{AD}<\overline{BC}$, $\overline{AB}=\overline{CD}$)

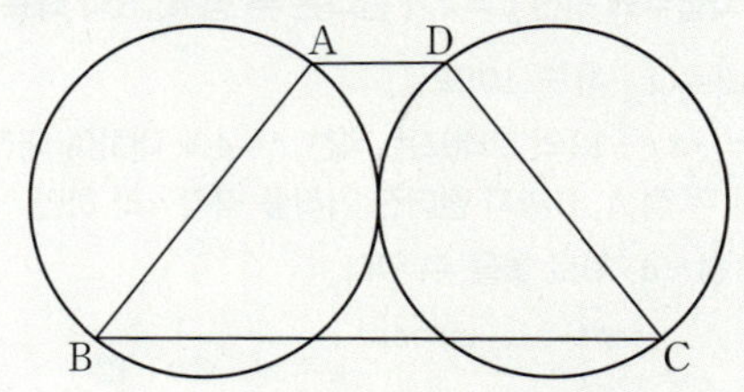

STEP Ⓐ 등변사다리꼴과 원의 성질을 이용하여 점의 좌표 정하기

선분 AB를 지름으로 하는 원을 C_1이라 하고
선분 CD를 지름으로 하는 원을 C_2라 하자.
두 선분 AB, CD의 중점을 각각 M, N이라 하면
두 점 M, N은 각각 두 원 C_1, C_2의 중심이다.
$\overline{AB}=\overline{CD}$이므로 두 원 C_1, C_2의 반지름의 길이가 서로 같고 원 C_1과 원 C_2는
오직 한 점에서 만나므로 두 원 C_1, C_2가 만나는 점은 선분 MN의 중점이다.
선분 MN의 중점을 P, 점 D에서 선분 BC에 내린 수선의 발을 H,
두 선분 DH, MN이 만나는 점을 Q라 하자.

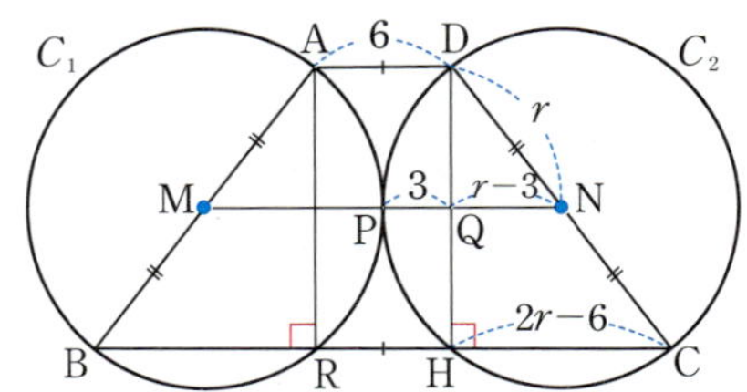

STEP Ⓑ 선분 DH, BC의 길이를 반지름 r로 나타내기

두 원 C_1, C_2의 반지름의 길이를 r이라 하면
$\overline{QN}=\overline{PN}-\overline{PQ}=r-3$에서 $\overline{HC}=2\times\overline{QN}=2r-6$

두 삼각형 DQN과 DHC가 닮음이고 닮음비가 $1:2$이다.

이므로 직각삼각형 DHC에서 피타고라스 정리에 의하여
$$\overline{DH}^2=\overline{CD}^2-\overline{HC}^2=(2r)^2-(2r-6)^2$$
$$=24r-36 \quad\cdots\cdots\ \bigcirc$$
점 A에서 선분 BC에 내린 수선의 발을 R이라 하면
$\overline{BR}=\overline{HC}=2r-6,\ \overline{RH}=6$이므로
$$\overline{BC}=\overline{BR}+\overline{RH}+\overline{HC}=(2r-6)+6+(2r-6)$$
$$=4r-6 \quad\cdots\cdots\ \bigcirc$$

STEP Ⓒ $S^2+3l=240$을 만족하는 삼차방정식의 해 구하기

㉠, ㉡에서

$$S^2=\left\{\frac{1}{2}\times(\overline{BC}+\overline{AD})\times\overline{DH}\right\}^2 \quad\leftarrow \text{등변사다리꼴의 넓이는 } \frac{1}{2}\times(\text{윗변}+\text{아랫변})\times(\text{높이})$$
$$=\frac{1}{4}\times(\overline{BC}+\overline{AD})^2\times\overline{DH}^2$$
$$=\frac{1}{4}\times\{(4r-6)+6\}^2\times(24r-36)=48r^2(2r-3)$$

$l=\overline{AB}+\overline{BC}+\overline{CD}+\overline{AD}=2r+(4r-6)+2r+6=8r$

$S^2+3l=240$에서 $48r^2(2r-3)+24r=240$, $96r^3-144r^2+24r=240$

$4r^3-6r^2+r-10=0$

조립제법을 이용하여 인수분해하면

$(r-2)(4r^2+2r+5)=0$

$\therefore r=2$ 또는 $4r^2+2r+5=0$

<table>
<tr><td>2</td><td>4</td><td>-6</td><td>1</td><td>-10</td></tr>
<tr><td></td><td></td><td>8</td><td>4</td><td>10</td></tr>
<tr><td></td><td>4</td><td>2</td><td>5</td><td>0</td></tr>
</table>

이차방정식 $4x^2+2x+5=0$의 판별식 D가 $D=2^2-4\times4\times5<0$
이므로 $4r^2+2r+5=0$을 만족시키는 실수 r의 값은 존재하지 않는다.

직각삼각형 DBH에서 피타고라스 정리에 의하여

$\overline{BD}^2=\overline{BH}^2+\overline{DH}^2=(2r-6+6)^2+(24r-36)=4r^2+24r-36$

따라서 $r=2$이므로 $\overline{BD}^2=16+48-36=28$

정답 28

1055

2018년 11월 고1 학력평가 27번 　　정답 5

STEP Ⓐ 이차함수와 직선 $y=k$가 만나는 두 점 A, B의 좌표 구하기

$y=x^2-8x+12=(x-4)^2-4$이므로

이차함수 $y=x^2-8x+12$의 그래프는 직선 $x=4$에 대하여 대칭이다.

직선 $x=4$에서 두 점 A, B까지 떨어진 거리를 각각 a라 하면

A$(4-a,\ k)$, B$(4+a,\ k)$로 놓을 수 있다.

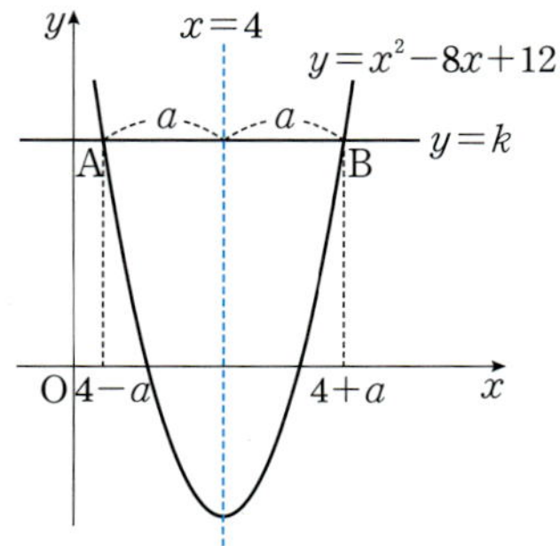

STEP Ⓑ 삼각형 AOB의 넓이가 15임을 이용하여 양수 k의 값 구하기

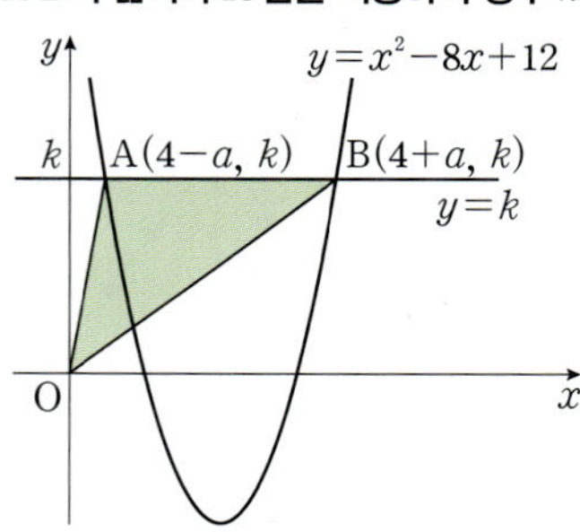

$\overline{AB}=(4+a)-(4-a)=2a$이고

점 A$(4-a,\ k)$가 이차함수 $y=(x-4)^2-4$ 위의 점이므로

$k=a^2-4$ ······ ㉠

$x=4-a,\ y=k$를 이차함수 $y=(x-4)^2-4$에 대입했을 때, 등식이 성립한다.

삼각형 AOB의 넓이가 15이므로

$\frac{1}{2}\times2a\times k=ak=15$ ······ ㉡

㉠, ㉡을 연립하면 $a(a^2-4)=15$, $a^3-4a-15=0$

조립제법을 이용하여 인수분해하면

$(a-3)(a^2+3a+5)=0$

$a^2+3a+5>0$이므로 $a=3$

$a^2+3a+5=\left(a+\frac{3}{2}\right)^2+\frac{11}{4}>0$

<table>
<tr><td>3</td><td>1</td><td>0</td><td>-4</td><td>-15</td></tr>
<tr><td></td><td></td><td>3</td><td>9</td><td>15</td></tr>
<tr><td></td><td>1</td><td>3</td><td>5</td><td>0</td></tr>
</table>

따라서 $a=3$을 ㉠에 대입하면 $k=3^2-4=5$

그림과 같이 이차함수 $y=x^2-6x+6$의 그래프와 직선 $y=k$가 만나는 두 점을 각각 A, B라 하자. 삼각형 AOB의 넓이가 18일 때, 양수 k의 값을 구하시오. (단, O는 원점이다.)

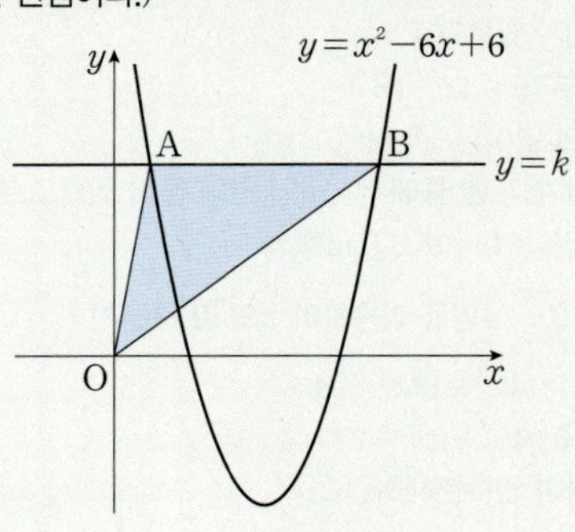

STEP Ⓐ 이차함수와 직선 $y=k$과 만나는 두 점 A, B의 좌표 구하기

$y=x^2-6x+6=(x-3)^2-3$이므로

이차함수 $y=x^2-6x+6$의 그래프는 직선 $x=3$에 대하여 대칭이다.

직선 $x=3$에서 두 점 A, B까지 떨어진 거리를 각각 a라 하면

A$(3-a,\ k)$, B$(3+a,\ k)$로 놓을 수 있다.

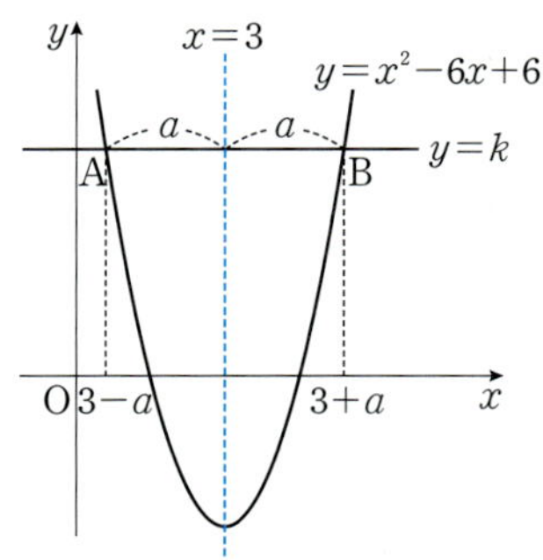

STEP Ⓑ 삼각형 AOB의 넓이가 18임을 이용하여 양수 k의 값 구하기

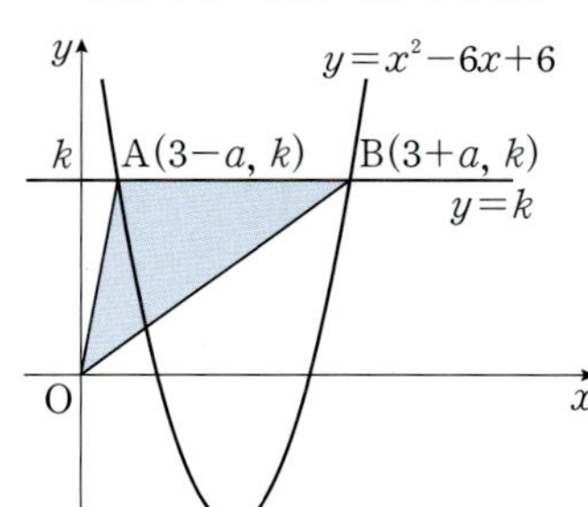

$\overline{AB}=(3+a)-(3-a)=2a$이고

점 A$(3-a,\ k)$가 이차함수 $y=(x-3)^2-3$ 위의 점이므로

$k=a^2-3$ ······ ㉠

$x=3-a,\ y=k$를 이차함수 $y=(x-3)^2-3$에 대입했을 때, 등식이 성립한다.

삼각형 AOB의 넓이가 18이므로

$\frac{1}{2}\times2a\times k=ak=18$ ······ ㉡

㉠, ㉡을 연립하면 $a(a^2-3)=18$, $a^3-3a-18=0$

조립제법을 이용하여 인수분해하면

$(a-3)(a^2+3a+6)=0$

$a^2+3a+6>0$이므로 $a=3$

$a^2+3a+6=\left(a+\frac{3}{2}\right)^2+\frac{15}{4}>0$

<table>
<tr><td>3</td><td>1</td><td>0</td><td>-3</td><td>-18</td></tr>
<tr><td></td><td></td><td>3</td><td>9</td><td>18</td></tr>
<tr><td></td><td>1</td><td>3</td><td>6</td><td>0</td></tr>
</table>

따라서 $a=3$을 ㉠에 대입하면 $k=3^2-3=6$

정답 6

1056

정답 4

STEP Ⓐ 일차식을 이차식에 대입하여 x, y의 값 구하기

$\begin{cases} x+y=-3 & \cdots\cdots \ ㉠ \\ x^2+y^2=5 & \cdots\cdots \ ㉡ \end{cases}$

㉠에서 $y=-x-3$ $\qquad\cdots\cdots\ ㉢$

㉢을 ㉡에 대입하면 $x^2+(-x-3)^2=5$

$x^2+3x+2=0$, $(x+1)(x+2)=0$

$\therefore x=-1$ 또는 $x=-2$

$x=-1$을 ㉢에 대입하면 $y=-2$

$x=-2$를 ㉢에 대입하면 $y=-1$

$\therefore \begin{cases} x=-1 \\ y=-2 \end{cases}$ 또는 $\begin{cases} x=-2 \\ y=-1 \end{cases}$

STEP Ⓑ $\alpha^2\beta^2$의 값 구하기

따라서 $\alpha^2\beta^2=4$

1057

정답 ①

STEP Ⓐ 일차식을 이차식에 대입하여 x, y의 값 구하기

$\begin{cases} 2x-y=5 & \cdots\cdots \ ㉠ \\ x^2-2y=6 & \cdots\cdots \ ㉡ \end{cases}$

㉠에서 $y=2x-5$ $\qquad\cdots\cdots\ ㉢$

㉢을 ㉡에 대입하면 $x^2-2(2x-5)=6$

$x^2-4x+4=0$, $(x-2)^2=0$

$\therefore x=\alpha=2$

$x=2$를 ㉢에 대입하면 $y=\beta=-1$

STEP Ⓑ $\alpha+\beta$의 값 구하기

따라서 $\alpha+\beta=2+(-1)=1$

1058

정답 ①

STEP Ⓐ 일차식을 이차식에 대입하여 x, y의 값 구하기

두 연립방정식 $\begin{cases} ax^2+y^2=13 \\ x-y=-7 \end{cases}$ 과 $\begin{cases} x+2y=b \\ x^2-y^2=-21 \end{cases}$ 의 공통인 해는

연립방정식 $\begin{cases} x-y=-7 & \cdots\cdots \ ㉠ \\ x^2-y^2=-21 & \cdots\cdots \ ㉡ \end{cases}$ 을 만족시킨다.

㉠에서 $x=y-7$ $\qquad\cdots\cdots\ ㉢$

㉢을 ㉡에 대입하면 $(y-7)^2-y^2=-21$, $-14y=-70$

$\therefore y=5$

이를 ㉢에 대입하면 $x=-2$

STEP Ⓑ $a+b$의 값 구하기

$x=-2$, $y=5$를 $\begin{cases} ax^2+y^2=13 & \cdots\cdots \ ㉢ \\ x+2y=b & \cdots\cdots \ ㉣ \end{cases}$ 에 대입하면

㉢에서 $4a+25=13$ $\quad\therefore a=-3$

㉣에서 $-2+10=b$ $\quad\therefore b=8$

따라서 $a+b=-3+8=5$

STEP Ⓐ 일차식을 이차식에 대입하여 x, y의 값 구하기

두 연립방정식 $\begin{cases} ax+y=10 \\ x+2y=5 \end{cases}$ 과 $\begin{cases} 2x+y=b \\ x^2-4y^2=5 \end{cases}$ 의 공통인 해는

연립방정식 $\begin{cases} x+2y=5 & \cdots\cdots \ ㉠ \\ x^2-4y^2=5 & \cdots\cdots \ ㉡ \end{cases}$ 을 만족시킨다.

㉠에서 $x=5-2y$ $\qquad\cdots\cdots\ ㉢$

㉢을 ㉡에 대입하면 $(5-2y)^2-4y^2=5$, $-20y=-20$ $\quad\therefore y=1$

이를 ㉢에 대입하면 $x=3$

STEP Ⓑ $a+b$의 값 구하기

$x=3$, $y=1$을 $\begin{cases} ax+y=10 & \cdots\cdots \ ㉣ \\ 2x+y=b & \cdots\cdots \ ㉤ \end{cases}$ 에 대입하면

㉣에서 $3a+1=10$ $\quad\therefore a=3$

㉤에서 $6+1=b$ $\quad\therefore b=7$

따라서 $a+b=3+7=10$

정답 ④

1059

정답 ①

STEP Ⓐ 일차식을 이차식에 대입하여 x, y의 값 구하기

$\begin{cases} x-y=3 & \cdots\cdots \ ㉠ \\ xy+x+1=0 & \cdots\cdots \ ㉡ \end{cases}$

㉠에서 $y=x-3$ $\qquad\cdots\cdots\ ㉢$

㉢을 ㉡에 대입하면 $x(x-3)+x+1=0$

$x^2-2x+1=0$, $(x-1)^2=0$ $\quad\therefore x=1$

$x=1$을 ㉢에 대입하면 $y=-2$

STEP Ⓑ $a+b$의 값 구하기

따라서 $a=1$, $b=-2$이므로 $a+b=-1$

1060

2023년 11월 고1 학력평가 24번 　　정답 5

STEP Ⓐ 인수분해를 이용하여 $x-2y$의 값 구하기

$\begin{cases} x-y=3 & \cdots\cdots \ ㉠ \\ x^2-3xy+2y^2=6 & \cdots\cdots \ ㉡ \end{cases}$

㉠, ㉡에 의하여 $x^2-3xy+2y^2=(x-y)(x-2y)=3(x-2y)=6$

$\therefore x-2y=2$ $\qquad\cdots\cdots\ ㉢$

STEP Ⓑ 두 일차방정식을 연립하여 $\alpha+\beta$의 값 구하기

㉠-㉢을 하면 $y=1$

이를 ㉠에 대입하면 $x=4$

따라서 $\alpha=4$, $\beta=1$이므로 $\alpha+\beta=5$

---

mini 해설 | 일차식을 이차식에 대입하여 풀이하기

$\begin{cases} x-y=3 & \cdots\cdots \ ㉠ \\ x^2-3xy+2y^2=6 & \cdots\cdots \ ㉡ \end{cases}$

㉠에서 $y=x-3$

이를 ㉡에 대입하면 $x^2-3x(x-3)+2(x-3)^2=6$, $-3x+12=0$ $\quad\therefore x=4$

이를 $y=x-3$에 대입하면 $y=4-3=1$

따라서 $\alpha=4$, $\beta=1$이므로 $\alpha+\beta=5$

---

mini 해설 | 일차식을 제곱하여 풀이하기

$\begin{cases} x-y=3 & \cdots\cdots \ ㉠ \\ x^2-3xy+2y^2=6 & \cdots\cdots \ ㉡ \end{cases}$

㉠의 양변을 제곱하면 $(x-y)^2=3^2$, $x^2-2xy+y^2=9$

이 식을 ㉡에 대입하면

$x^2-3xy+2y^2=(x^2-2xy+y^2)+(-xy+y^2)=9-xy+y^2=6$

즉 $-xy+y^2=-3$, $-y(x-y)=-3$

위 식에 ㉠을 대입하면 $-3y=-3$이므로 $y=1$

이를 ㉠에 대입하면 $x=4$

따라서 $\alpha=4$, $\beta=1$이므로 $\alpha+\beta=5$

연립방정식 $\begin{cases} x+2y=2 \\ x^2-xy-6y^2=-6 \end{cases}$ 의 해가 $x=\alpha$, $y=\beta$일 때, $\alpha+\beta$의 값은?

① 1 ② 2 ③ 3
④ 4 ⑤ 5

STEP A 인수분해를 이용하여 $x-3y$의 값 구하기

$\begin{cases} x+2y=2 & \cdots\cdots \text{㉠} \\ x^2-xy-6y^2=-6 & \cdots\cdots \text{㉡} \end{cases}$

㉠, ㉡에 의하여

$x^2-xy-6y^2=(x+2y)(x-3y)$
$\qquad\qquad\qquad =2(x-3y)=-6$

$\therefore x-3y=-3 \qquad \cdots\cdots \text{㉢}$

STEP B 두 일차방정식을 연립하여 $\alpha+\beta$의 값 구하기

㉠$-$㉢을 하면 $5y=5$ $\therefore y=1$

이를 ㉠에 대입하면 $x=0$

따라서 $\alpha=0$, $\beta=1$이므로 $\alpha+\beta=1$

---

mini해설 | 일차식을 이차식에 대입하여 풀이하기

$\begin{cases} x+2y=2 & \cdots\cdots \text{㉠} \\ x^2-xy-6y^2=-6 & \cdots\cdots \text{㉡} \end{cases}$

㉠에서 $x=2-2y$

이를 ㉡에 대입하면 $(2-2y)^2-(2-2y)y-6y^2=-6$, $10y=10$ $\therefore y=1$
이를 $x=2-2y$에 대입하면 $x=2-2=0$
따라서 $\alpha=0$, $\beta=1$이므로 $\alpha+\beta=1$

---

mini해설 | 일차식을 제곱하여 풀이하기

$\begin{cases} x+2y=2 & \cdots\cdots \text{㉠} \\ x^2-xy-6y^2=-6 & \cdots\cdots \text{㉡} \end{cases}$

㉠의 양변을 제곱하면 $(x+2y)^2=2^2$, $x^2+4xy+4y^2=4$
이 식을 ㉡에 대입하면
$x^2-xy-6y^2=(x^2+4xy+4y^2)+(-5xy-10y^2)=4-5(xy+2y^2)=-6$
즉 $-5(xy+2y^2)=-10$, $y(x+2y)=2$
위 식에 ㉠을 대입하면 $2y=2$이므로 $y=1$
이를 ㉠에 대입하면 $x=0$
따라서 $\alpha=0$, $\beta=1$이므로 $\alpha+\beta=1$

정답 ①

1061

2022년 11월 고1 학력평가 24번 정답 3

STEP A 일차식을 이차식에 대입하여 $\alpha\times\beta$의 값 구하기

$\begin{cases} 2x-y-1=0 & \cdots\cdots \text{㉠} \\ 4x^2-6y+3=0 & \cdots\cdots \text{㉡} \end{cases}$

㉠에서 $y=2x-1 \qquad \cdots\cdots \text{㉢}$
㉢을 ㉡에 대입하면
$4x^2-6(2x-1)+3=0$, $4x^2-12x+9=0$, $(2x-3)^2=0$

$\therefore x=\dfrac{3}{2}$

이를 ㉢에 대입하면 $y=2\times\dfrac{3}{2}-1=2$

따라서 $\alpha\times\beta=\dfrac{3}{2}\times2=3$

연립방정식 $\begin{cases} 2x-y=4 \\ x^2+2xy-2y^2=13 \end{cases}$ 를 만족시키는 x, y에 대하여 $x+y$의 최댓값은?

① 9 ② 10 ③ 11
④ 12 ⑤ 13

STEP A 일차식을 이차식에 대입하여 x, y의 값 구하기

$\begin{cases} 2x-y=4 & \cdots\cdots \text{㉠} \\ x^2+2xy-2y^2=13 & \cdots\cdots \text{㉡} \end{cases}$

㉠에서 $y=2x-4 \qquad \cdots\cdots \text{㉢}$
㉢을 ㉡에 대입하면
$x^2+2x(2x-4)-2(2x-4)^2=13$, $x^2-8x+15=0$
$(x-3)(x-5)=0$
$\therefore x=3$ 또는 $x=5$
이를 각각 ㉢에 대입하면 주어진 연립방정식의 해는
$\begin{cases} x=3 \\ y=2 \end{cases}$ 또는 $\begin{cases} x=5 \\ y=6 \end{cases}$

STEP B $x+y$의 최댓값 구하기

따라서 $x+y=3+2=5$ 또는 $x+y=5+6=11$이므로 $x+y$의 최댓값은 11

정답 ③

1062

2018년 06월 고1 학력평가 11번 정답 ②

STEP A 두 연립이차방정식의 해가 일치함을 이용하여 x, y의 값 구하기

두 연립방정식의 해는 연립방정식   ← 미지수 a, b가 포함되지 않은 두 방정식으로 새로운 연립방정식을 세운다.

$\begin{cases} x^2-y^2=-1 & \cdots\cdots \text{㉠} \\ 2x+2y=1 & \cdots\cdots \text{㉡} \end{cases}$ 의 해와 같다.

㉡에서 $2y=1-2x$, 즉 $y=\dfrac{1}{2}-x$를 ㉠에 대입하면

$x^2-\left(\dfrac{1}{2}-x\right)^2=-1$, $x^2-\left(\dfrac{1}{4}-x+x^2\right)=-1$

$\therefore x=-\dfrac{3}{4}$

이때 $x=-\dfrac{3}{4}$을 $y=\dfrac{1}{2}-x$에 대입하면 $y=\dfrac{1}{2}-\left(-\dfrac{3}{4}\right)=\dfrac{5}{4}$

STEP B ab의 값 구하기

$x=-\dfrac{3}{4}$, $y=\dfrac{5}{4}$를 $\begin{cases} 3x+y=a & \cdots\cdots \text{㉢} \\ x-y=b & \cdots\cdots \text{㉣} \end{cases}$ 에 대입하면

㉢에서 $a=3\times\left(-\dfrac{3}{4}\right)+\dfrac{5}{4}=-\dfrac{4}{4}=-1$

㉣에서 $b=-\dfrac{3}{4}-\dfrac{5}{4}=-\dfrac{8}{4}=-2$

따라서 $ab=-1\times(-2)=2$

두 연립방정식
$$\begin{cases} 2x-y=5 \\ x^2+ay^2=10 \end{cases}, \quad \begin{cases} 2x+by=8 \\ x^2+y^2=10 \end{cases}$$
의 해가 서로 같을 때, 자연수 a, b에 대하여 $a+b$의 값은?

① 1　　　　② 2　　　　③ 3
④ 4　　　　⑤ 5

STEP A 두 연립이차방정식의 해가 일치함을 이용하여 x, y의 값 구하기

두 연립방정식의 해는 연립방정식
$$\begin{cases} 2x-y=5 & \cdots\cdots \ \text{㉠} \\ x^2+y^2=10 & \cdots\cdots \ \text{㉡} \end{cases}$$
의 해와 같다.

㉠에서 $y=2x-5$를 ㉡에 대입하면
$x^2+(2x-5)^2=10$, $x^2-4x+3=0$, $(x-1)(x-3)=0$
$\therefore x=1$ 또는 $x=3$
이를 ㉠에 각각 대입하면 $y=-3$ 또는 $y=1$

STEP B 자연수 a, b에 대하여 $a+b$의 값 구하기

(i) $x=1$, $y=-3$을 $x^2+ay^2=10$, $2x+by=8$에 각각 대입하면
　　$1+9a=10$, $2-3b=8$
　　$\therefore a=1$, $b=-2$

(ii) $x=3$, $y=1$을 $x^2+ay^2=10$, $2x+by=8$에 각각 대입하면
　　$9+a=10$, $6+b=8$
　　$\therefore a=1$, $b=2$

(i), (ii)에서 a, b는 자연수이므로 $a=1$, $b=2$
따라서 $a+b=1+2=3$ 　　　정답 ③

1063

정답 ④

STEP A 일차식을 이차식에 대입하여 x, y의 값 구하기

$$\begin{cases} x+y=7 & \cdots\cdots \ \text{㉠} \\ xy=12 & \cdots\cdots \ \text{㉡} \end{cases}$$

㉠에서 $y=7-x$ 　　　$\cdots\cdots$ ㉢
㉢을 ㉡에 대입하면 $x(7-x)=12$
$x^2-7x+12=0$, $(x-3)(x-4)=0$
$\therefore x=3$ 또는 $x=4$
이를 ㉢에 각각 대입하면 $y=4$ 또는 $y=3$

STEP B $\alpha^2-\beta^2$의 값 구하기

이때 $x=\alpha$, $y=\beta$이고 $\alpha<\beta$이므로 $\alpha=3$, $\beta=4$
따라서 $\alpha^2-\beta^2=3^2-4^2=-7$

> **mini해설** ｜ x, y가 방정식 $t^2-at+b=0$의 두 근임을 이용하여 풀이하기
>
> $x+y=7$, $xy=12$인 x, y를 두 근으로 하는 이차방정식은
> $t^2-(x+y)t+xy=0$이므로 $t^2-7t+12=0$, $(t-3)(t-4)=0$
> $\therefore t=3$ 또는 $t=4$
> 따라서 $\alpha<\beta$이므로 $\alpha=3$, $\beta=4$ 　　$\therefore \alpha^2-\beta^2=3^2-4^2=-7$

1064

정답 ④

STEP A xy의 값 구하기

$$\begin{cases} x+y=4 & \cdots\cdots \ \text{㉠} \\ x^2+xy+y^2=3 & \cdots\cdots \ \text{㉡} \end{cases}$$

㉡에서 $(x+y)^2-xy=3$, $4^2-xy=3$
$\therefore xy=13$

STEP B 곱셈 공식의 변형을 이용하여 $\alpha^2+\beta^2$의 값 구하기

즉 $\begin{cases} x+y=4 \\ xy=13 \end{cases}$의 근이 $x=\alpha$, $y=\beta$이므로 $\begin{cases} \alpha+\beta=4 \\ \alpha\beta=13 \end{cases}$
따라서 $\alpha^2+\beta^2=(\alpha+\beta)^2-2\alpha\beta$
　　　　　$=4^2-2\times13=-10$

1065

정답 ③

STEP A xy, $x+y$의 값 구하기

$$\begin{cases} x+y-3xy=-2 & \cdots\cdots \ \text{㉠} \\ 3(x+y)-2xy=8 & \cdots\cdots \ \text{㉡} \end{cases}$$

$3\times㉠-㉡$을 하면
$-7xy=-14$, $xy=2$ 　　　$\cdots\cdots$ ㉢
㉢을 ㉠에 대입하면 $x+y=4$

STEP B 곱셈 공식의 변형을 이용하여 $\alpha^4+\beta^4$의 값 구하기

즉 $\alpha+\beta=4$, $\alpha\beta=2$이므로 $\alpha^2+\beta^2=(\alpha+\beta)^2-2\alpha\beta=4^2-2\times2=12$
따라서 $\alpha^4+\beta^4=(\alpha^2+\beta^2)^2-2\alpha^2\beta^2$
　　　　　$=12^2-2\times2^2=136$

1066

정답 ④

STEP A 일차식을 이차식에 대입하여 x, y의 값 구하기

두 연립방정식의 해는
$$\begin{cases} x+y=8 & \cdots\cdots \ \text{㉠} \\ x^2+y^2=40 & \cdots\cdots \ \text{㉡} \end{cases}$$
의 해와 같다.

㉠에서 $y=8-x$ 　　　$\cdots\cdots$ ㉢
㉢을 ㉡에 대입하면 $x^2+(8-x)^2=40$
$2x^2-16x+24=0$, $x^2-8x+12=0$, $(x-2)(x-6)=0$
$\therefore x=2$ 또는 $x=6$
이를 ㉢에 각각 대입하면 $y=6$ 또는 $y=2$
그런데 $x>y$이므로 $x=6$, $y=2$

STEP B $m+n$의 값 구하기

즉 $m=xy=6\times2=12$, $n=x-y=6-2=4$
따라서 $m+n=12+4=16$

> **다른풀이** x, y가 방정식 $t^2-at+b=0$의 두 근임을 이용하여 풀이하기

STEP A 곱셈 공식의 변형을 이용하여 xy의 값 구하기

두 연립방정식의 해는
$$\begin{cases} x+y=8 & \cdots\cdots \ \text{㉠} \\ x^2+y^2=40 & \cdots\cdots \ \text{㉡} \end{cases}$$
의 해와 같다.

㉡에서 $(x+y)^2-2xy=40$, $64-2xy=40$
$\therefore xy=12$

STEP B x, y가 방정식 $t^2-at+b=0$의 두 근임을 이용하기

$x+y=8$, $xy=12$인 x, y를 두 근으로 하는 이차방정식은
$t^2-8t+12=0$, $(t-2)(t-6)=0$ 　$\therefore t=2$ 또는 $t=6$
$\therefore x=6$, $y=2$ 또는 $x=2$, $y=6$
그런데 $x>y$이므로 $x=6$, $y=2$
$\therefore m=xy=6\times2=12$, $n=x-y=6-2=4$
따라서 $m+n=12+4=16$

1067

STEP Ⓐ $x+y=a$, $xy=b$**로 놓고** a, b**값 구하기**

$x+y=a$, $xy=b$로 놓으면 주어진 연립방정식은

$$\begin{cases} a+b=5 & \cdots\cdots ㉠ \\ a^2-2b=25 & \cdots\cdots ㉡ \end{cases} \quad \leftarrow x^2+y^2=(x+y)^2-2xy$$

㉠에서 $b=5-a$ $\quad\cdots\cdots ㉢$

㉢을 ㉡에 대입하면

$a^2-2(5-a)=25$, $a^2+2a-35=0$, $(a+7)(a-5)=0$

$\therefore a=-7$ 또는 $a=5$

이를 ㉢에 각각 대입하면 $b=12$ 또는 $b=0$

STEP Ⓑ x, y**가 방정식** $t^2-at+b=0$**의 두 근임을 이용하기**

(i) $a=-7$, $b=12$, 즉 $x+y=-7$, $xy=12$일 때,

$\quad x$, y는 이차방정식 $t^2+7t+12=0$의 두 근이므로

$\quad (t+4)(t+3)=0$ $\quad\therefore t=-4$ 또는 $t=-3$

$\quad\therefore \begin{cases} x=-4 \\ y=-3 \end{cases}$ 또는 $\begin{cases} x=-3 \\ y=-4 \end{cases}$

(ii) $a=5$, $b=0$, 즉 $x+y=5$, $xy=0$일 때,

$\quad x$, y는 이차방정식 $t^2+5t=0$의 두 근이므로

$\quad t(t+5)=0$ $\quad\therefore t=0$ 또는 $t=5$

$\quad\therefore \begin{cases} x=0 \\ y=5 \end{cases}$ 또는 $\begin{cases} x=5 \\ y=0 \end{cases}$

(i), (ii)에서 구하는 해는 $\begin{cases} x=-4 \\ y=-3 \end{cases}$ 또는 $\begin{cases} x=-3 \\ y=-4 \end{cases}$ 또는 $\begin{cases} x=0 \\ y=5 \end{cases}$ 또는 $\begin{cases} x=5 \\ y=0 \end{cases}$

따라서 $\alpha\beta$의 최댓값은 12

연립방정식 $\begin{cases} xy+x+y=-5 \\ x^2+xy+y^2=7 \end{cases}$의 해를 $x=\alpha$, $y=\beta$라 할 때, $\alpha-\beta$의 최댓값은?

① 2 　　　② 3 　　　③ 4

④ 5 　　　⑤ 6

STEP Ⓐ $x+y=a$, $xy=b$**로 놓고** a, b**의 값 구하기**

$x+y=a$, $xy=b$로 놓으면 주어진 연립방정식은

$$\begin{cases} a+b=-5 & \cdots\cdots ㉠ \\ a^2-b=7 & \cdots\cdots ㉡ \end{cases} \quad \leftarrow x^2+xy+y^2=(x+y)^2-xy$$

㉠에서 $b=-a-5$ $\quad\cdots\cdots ㉢$

㉢을 ㉡에 대입하면 $a^2-(-a-5)=7$, $a^2+a-2=0$, $(a+2)(a-1)=0$

$\therefore a=-2$ 또는 $a=1$

이를 ㉢에 각각 대입하면 $b=-3$ 또는 $b=-6$

STEP Ⓑ x, y**가 방정식** $t^2-at+b=0$**의 두 근임을 이용하기**

(i) $a=-2$, $b=-3$, 즉 $x+y=-2$, $xy=-3$일 때,

$\quad x$, y는 이차방정식 $t^2+2t-3=0$의 두 근이므로

$\quad (t+3)(t-1)=0$ $\quad\therefore t=-3$ 또는 $t=1$

$\quad\therefore \begin{cases} x=-3 \\ y=1 \end{cases}$ 또는 $\begin{cases} x=1 \\ y=-3 \end{cases}$

(ii) $a=1$, $b=-6$, 즉 $x+y=1$, $xy=-6$일 때,

$\quad x$, y는 이차방정식 $t^2-t-6=0$의 두 근이므로

$\quad (t+2)(t-3)=0$ $\quad\therefore t=-2$ 또는 $t=3$

$\quad\therefore \begin{cases} x=-2 \\ y=3 \end{cases}$ 또는 $\begin{cases} x=3 \\ y=-2 \end{cases}$

(i), (ii)에서 구하는 해는 $\begin{cases} x=-3 \\ y=1 \end{cases}$ 또는 $\begin{cases} x=1 \\ y=-3 \end{cases}$ 또는 $\begin{cases} x=-2 \\ y=3 \end{cases}$ 또는 $\begin{cases} x=3 \\ y=-2 \end{cases}$

따라서 $\alpha-\beta$의 최댓값은 5

1068

STEP Ⓐ $x+y=u$, $xy=v$**로 놓고** u, v**의 값 구하기**

$x+y=u$, $xy=v$로 놓으면 주어진 연립방정식은

$$\begin{cases} u+v=11 & \cdots\cdots ㉠ \\ uv=30 & \cdots\cdots ㉡ \end{cases} \quad \leftarrow x^2y+xy^2=xy(x+y)$$

㉠에서 $v=-u+11$ $\quad\cdots\cdots ㉢$

㉢을 ㉡에 대입하면 $u(-u+11)=30$, $u^2-11u+30=0$, $(u-5)(u-6)=0$

$\therefore u=5$ 또는 $u=6$

이를 ㉢에 각각 대입하면 $v=6$ 또는 $v=5$

STEP Ⓑ x, y**가 방정식** $t^2-ut+v=0$**의 두 근임을 이용하기**

(i) $u=5$, $v=6$, 즉 $x+y=5$, $xy=6$일 때,

$\quad x$, y는 이차방정식 $t^2-5t+6=0$의 두 근이므로

$\quad (t-2)(t-3)=0$ $\quad\therefore t=2$ 또는 $t=3$

$\quad\therefore \begin{cases} x=2 \\ y=3 \end{cases}$ 또는 $\begin{cases} x=3 \\ y=2 \end{cases}$

(ii) $u=6$, $v=5$, 즉 $x+y=6$, $xy=5$일 때,

$\quad x$, y는 이차방정식 $t^2-6t+5=0$의 두 근이므로

$\quad (t-1)(t-5)=0$ $\quad\therefore t=1$ 또는 $t=5$

$\quad\therefore \begin{cases} x=1 \\ y=5 \end{cases}$ 또는 $\begin{cases} x=5 \\ y=1 \end{cases}$

STEP Ⓒ 다각형의 넓이 구하기

(i), (ii)에서 연립방정식의 해는

$\begin{cases} x=2 \\ y=3 \end{cases}$ 또는 $\begin{cases} x=3 \\ y=2 \end{cases}$ 또는 $\begin{cases} x=1 \\ y=5 \end{cases}$ 또는 $\begin{cases} x=5 \\ y=1 \end{cases}$

따라서 순서쌍 (x, y)는 $(2, 3)$, $(3, 2)$, $(1, 5)$, $(5, 1)$이므로 다각형의 넓이는

$2\times\dfrac{1}{2}\times1\times2+\dfrac{1}{2}\times1\times1=\dfrac{5}{2}$

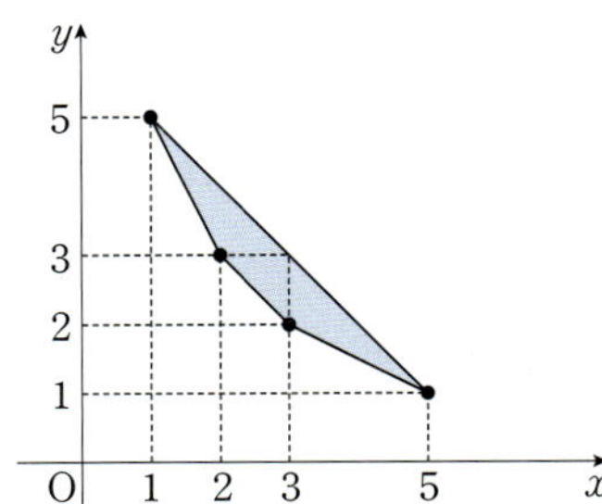

1069

2022년 06월 고1 학력평가 12번

STEP Ⓐ 두 일차식을 연립하여 $\alpha+\beta$, $\alpha\beta$**의 값 구하기**

$$\begin{cases} x+y+xy=8 & \cdots\cdots ㉠ \\ 2x+2y-xy=4 & \cdots\cdots ㉡ \end{cases}$$

㉠+㉡을 하면 $3(x+y)=12$

$\therefore x+y=4$

이를 ㉠에 대입하면 $xy=4$이므로

$\alpha+\beta=4$, $\alpha\beta=4$

STEP Ⓑ 곱셈 공식을 이용하여 $\alpha^2+\beta^2$**의 값 구하기**

따라서 $\alpha^2+\beta^2=(\alpha+\beta)^2-2\alpha\beta=4^2-2\times4=8$

연립방정식 $\begin{cases} x+y+xy=11 \\ 3x+3y-xy=9 \end{cases}$ 의 해를 $x=\alpha$, $y=\beta$라 할 때, $\alpha^2+\beta^2$의 값은?

① 11 ② 12 ③ 13
④ 14 ⑤ 15

STEP A 두 일차식을 연립하여 $\alpha+\beta$, $\alpha\beta$의 값 구하기

$\begin{cases} x+y+xy=11 & \cdots\cdots\ ⊙ \\ 3x+3y-xy=9 & \cdots\cdots\ ⊙ \end{cases}$

⊙+⊙을 하면 $4(x+y)=20$

$\therefore x+y=5$

이를 ⊙에 대입하면 $xy=6$이므로 $\alpha+\beta=5$, $\alpha\beta=6$

STEP B 곱셈 공식을 이용하여 $\alpha^2+\beta^2$의 값 구하기

따라서 $\alpha^2+\beta^2=(\alpha+\beta)^2-2\alpha\beta=5^2-2\times6=13$　　정답 ③

1070　　정답 ①

STEP A 일차식을 이차식에 대입하여 x에 대한 이차방정식 작성하기

$\begin{cases} y+2x=k & \cdots\cdots\ ⊙ \\ 2x^2-y=3 & \cdots\cdots\ ⊙ \end{cases}$

⊙에서 $y=-2x+k$를 ⊙에 대입하면

$2x^2-(-2x+k)=3$

$2x^2+2x-k-3=0$　　$\cdots\cdots\ ⊙$

STEP B 이차방정식의 판별식을 이용하여 k의 값 구하기

주어진 연립방정식이 오직 한 쌍의 해를 가지려면
이차방정식 ⊙의 해가 오직 하나뿐이어야 한다.

+α | 이차방정식이 중근을 갖는 이유!

x의 값이 정해지면 y의 값도 하나로 정해지고 연립방정식이 오직 하나의 해를 가지므로 이차방정식 $2x^2+2x-k-3=0$의 해의 개수도 하나이어야 한다.

즉 이차방정식 ⊙이 중근을 가져야 한다.
⊙의 판별식을 D라 하면 $D=0$이어야 하므로

$\dfrac{D}{4}=1-2(-k-3)=0$, $2k+7=0$

따라서 $k=-\dfrac{7}{2}$

1071　　정답 ②

STEP A 일차식을 이차식에 대입하여 x에 대한 이차방정식 작성하기

$\begin{cases} x+y=2 & \cdots\cdots\ ⊙ \\ x^2+y^2=a & \cdots\cdots\ ⊙ \end{cases}$

⊙에서 $y=2-x$를 ⊙에 대입하면 $x^2+(2-x)^2=a$

$2x^2-4x+4-a=0$　　$\cdots\cdots\ ⊙$

STEP B 이차방정식의 판별식을 이용하여 a의 값의 범위 구하기

주어진 연립방정식이 실근을 가지려면 이차방정식 ⊙이 실근을 가져야 한다.
즉 ⊙의 판별식을 D라 하면 $D\geq0$이어야 하므로

$\dfrac{D}{4}=4-2(4-a)\geq0$, $2a-4\geq0$

$\therefore a\geq2$
따라서 구하는 양의 실수 a의 최솟값은 2

연립방정식 $\begin{cases} x+y=k \\ x^2+y^2=9 \end{cases}$ 를 만족하는 x, y의 값이 실수일 때, 자연수 k의 개수는?

① 1 ② 2 ③ 3
④ 4 ⑤ 5

STEP A 일차식을 이차식에 대입하여 x에 대한 이차방정식 작성하기

$\begin{cases} x+y=k & \cdots\cdots\ ⊙ \\ x^2+y^2=9 & \cdots\cdots\ ⊙ \end{cases}$

⊙에서 $y=-x+k$를 ⊙에 대입하면 $x^2+(-x+k)^2=9$

$2x^2-2kx+k^2-9=0$　　$\cdots\cdots\ ⊙$

STEP B 이차방정식의 판별식을 이용하여 k의 값의 범위 구하기

주어진 연립방정식이 실근을 가지려면 이차방정식 ⊙이 실근을 가져야 한다.
즉 ⊙의 판별식을 D라 하면 $D\geq0$이어야 하므로

$\dfrac{D}{4}=k^2-2(k^2-9)\geq0$, $k^2-18\leq0$

$\therefore -3\sqrt{2}\leq k\leq3\sqrt{2}$

따라서 자연수 k의 값은 1, 2, 3, 4이므로 자연수 k의 개수는 4　　정답 ④

1072　　정답 ⑤

STEP A 일차식을 이차식에 대입하여 x에 대한 이차방정식 작성하기

$\begin{cases} x-y=-2 & \cdots\cdots\ ⊙ \\ xy+x-y+k=0 & \cdots\cdots\ ⊙ \end{cases}$

⊙에서 $y=x+2$를 ⊙에 대입하면 $x(x+2)+x-(x+2)+k=0$

$x^2+2x+k-2=0$　　$\cdots\cdots\ ⊙$

STEP B 이차방정식의 판별식을 이용하여 k의 값의 범위 구하기

주어진 연립방정식이 실수인 해를 갖지 않으려면
이차방정식 ⊙이 실근을 갖지 않아야 한다.
즉 ⊙의 판별식을 D라 하면 $D<0$이어야 한다.

$\dfrac{D}{4}=1^2-(k-2)<0$, $3-k<0$

따라서 $k>3$

연립방정식 $\begin{cases} x+y=2k-1 \\ xy+x+y=k^2-2k \end{cases}$ 이 실근인 해가 존재하지 않도록 하는 실수 k의 값의 범위는?

① $k<-\dfrac{1}{4}$　　② $k<-\dfrac{1}{2}$　　③ $k<-1$

④ $k<\dfrac{1}{4}$　　⑤ $k<\dfrac{1}{2}$

STEP A 일차식을 이차식에 대입하여 x에 대한 이차방정식 작성하기

$\begin{cases} x+y=2k-1 & \cdots\cdots\ ⊙ \\ xy+x+y=k^2-2k & \cdots\cdots\ ⊙ \end{cases}$

⊙에서 $y=-x+2k-1$을 ⊙에 대입하면

$x(-x+2k-1)+x-x+2k-1=k^2-2k$

$x^2-(2k-1)x+k^2-4k+1=0$　　$\cdots\cdots\ ⊙$

STEP B 이차방정식의 판별식을 이용하여 k의 값의 범위 구하기

주어진 연립방정식이 실수인 해를 갖지 않으려면
이차방정식 ⊙이 실근을 갖지 않아야 한다.
즉 ⊙의 판별식을 D라 하면 $D<0$이어야 한다.

$D=(2k-1)^2-4(k^2-4k+1)<0$, $12k-3<0$

따라서 $k<\dfrac{1}{4}$

정답 ④

1073

정답 2

STEP A x, y를 근으로 가지는 t에 대한 이차방정식 구하기

$x+y=2a$, $xy=a^2+2a-4$인 x, y를 근으로 하는 이차항의 계수가 1인
t에 대한 이차방정식은 $t^2-(x+y)t+xy=0$

$\therefore t^2-2at+a^2+2a-4=0$

STEP B   이차방정식의 판별식을 이용하여 a의 값의 범위 구하기

주어진 연립방정식이 실근을 가지려면 이차방정식이 실근을 가져야 한다.
이 이차방정식의 판별식을 D라 하면 $D\geq 0$이어야 하므로

$\dfrac{D}{4}=a^2-(a^2+2a-4)\geq 0$, $-2a+4\geq 0$

$\therefore a\leq 2$

따라서 실수 a의 최댓값은 2

1074

2020년 11월 고1 학력평가 9번

정답 ②

STEP A   일차식을 이차식에 대입하여 x에 대한 이차방정식 작성하기

$\begin{cases} 2x+y=1 & \cdots\cdots\ \text{㉠} \\ x^2-ky=-6 & \cdots\cdots\ \text{㉡} \end{cases}$

㉠에서 $y=1-2x$를 ㉡에 대입하면

$x^2-k(1-2x)=-6$

$\therefore x^2+2kx+6-k=0 \qquad \cdots\cdots\ \text{㉢}$

STEP B   이차방정식의 판별식을 이용하여 양수 k의 값 구하기

주어진 연립방정식이 오직 한 쌍의 해를 가지려면
이차방정식 ㉢의 해가 오직 하나뿐이어야 한다.

> **+α** | 이차방정식이 중근인 이유!
>
> x의 값이 정해지면 y의 값도 하나로 정해지고 연립방정식이 오직 하나의 해를
> 가지므로 이차방정식 $x^2+2kx+6-k=0$의 해의 개수도 하나이어야 한다.

즉 이차방정식 ㉢이 중근을 가져야 한다.
㉢의 판별식을 D라 하면 $D=0$이어야 하므로

$\dfrac{D}{4}=k^2-1\times(6-k)=0$, $k^2+k-6=0$, $(k+3)(k-2)=0$

$\therefore k=-3$ 또는 $k=2$

따라서 k가 양수이므로 $k=2$

연립방정식 $\begin{cases} x+y=k \\ x^2+2x+y=1 \end{cases}$ 이 오직 한 쌍의 해 $x=\alpha$, $y=\beta$를 가질 때,
$k+\alpha-\beta$의 값은? (단, k는 실수이다.)

① -1 ② $-\dfrac{1}{2}$ ③ $-\dfrac{1}{4}$

④ $\dfrac{1}{2}$ ⑤ 1

STEP A   일차식을 이차식에 대입하여 x에 대한 이차방정식 작성하기

$\begin{cases} x+y=k & \cdots\cdots\ \text{㉠} \\ x^2+2x+y=1 & \cdots\cdots\ \text{㉡} \end{cases}$

㉠에서 $y=k-x$를 ㉡에 대입하면 $x^2+2x+(k-x)=1$

$x^2+x+k-1=0 \qquad \cdots\cdots\ \text{㉢}$

STEP B   이차방정식의 판별식을 이용하여 k의 값 구하기

주어진 연립방정식이 오직 한 쌍의 해를 가지려면
이차방정식 ㉢이 중근을 가져야 한다.
즉 ㉢의 판별식을 D라 하면 $D=0$이어야 하므로

$D=1-4(k-1)=0$, $-4k+5=0$

$\therefore k=\dfrac{5}{4}$

STEP C $k+\alpha-\beta$의 값 구하기

이를 ㉢에 대입하면 $x^2+x+\dfrac{1}{4}=0$

$\left(x+\dfrac{1}{2}\right)^2=0 \quad \therefore x=-\dfrac{1}{2}$

$k=\dfrac{5}{4}$, $x=-\dfrac{1}{2}$을 $y=k-x$에 대입하면 $y=\dfrac{5}{4}-\left(-\dfrac{1}{2}\right)=\dfrac{7}{4}$

따라서 $\alpha=-\dfrac{1}{2}$, $\beta=\dfrac{7}{4}$이므로 $k+\alpha-\beta=\dfrac{5}{4}+\left(-\dfrac{1}{2}\right)-\dfrac{7}{4}=-1$

정답 ①

1075

2015년 03월 고2 학력평가 가형 24번

정답 7

STEP A   일차식을 이차식에 대입하여 x에 대한 이차방정식 작성하기

연립방정식 $\begin{cases} 2x-y=5 & \cdots\cdots\ \text{㉠} \\ x^2-2y=k & \cdots\cdots\ \text{㉡} \end{cases}$

㉠에서 $y=2x-5$를 ㉡에 대입하면 $x^2-2(2x-5)=k$

$x^2-4x+10-k=0 \qquad \cdots\cdots\ \text{㉢}$

STEP B   이차방정식의 판별식을 이용하여 k의 값 구하기

주어진 연립방정식이 오직 한 쌍의 해를 가지려면
이차방정식 ㉢의 해가 오직 하나뿐이어야 한다.

> **+α** | 이차방정식이 중근인 이유!
>
> x의 값이 정해지면 y의 값도 하나로 정해지고 연립방정식이 오직 하나의 해를
> 가지므로 이차방정식 $x^2-4x+10-k=0$의 해의 개수도 하나이어야 한다.

즉 이차방정식 ㉢이 중근을 가져야 한다.
㉢의 판별식을 D라 하면 $D=0$이어야 하므로

$\dfrac{D}{4}=(-2)^2-1\times(10-k)=0$, $-6+k=0$

$\therefore k=6$

STEP C $\alpha+\beta+k$의 값 구하기

$k=6$을 ㉢에 대입하면 $x^2-4x+4=0$, $(x-2)^2=0$

$\therefore x=2$

$x=2$를 ㉠에 대입하면 $4-y=5$

$\therefore y=-1$

따라서 $\alpha=2$, $\beta=-1$이므로 $\alpha+\beta+k=2+(-1)+6=7$

연립방정식 $\begin{cases} x^2-2y^2=2 \\ x-y=k \end{cases}$가 오직 한 쌍의 해 $x=\alpha$, $y=\beta$를 가질 때, $\alpha+\beta+k$의 값은? (단, $k>0$)

① 3
② 4
③ 5
④ 6
⑤ 7

STEP A 일차식을 이차식에 대입하여 x에 대한 이차방정식 작성하기

$\begin{cases} x^2-2y^2=2 & \cdots\cdots \ \text{㉠} \\ x-y=k & \cdots\cdots \ \text{㉡} \end{cases}$

㉡에서 $y=x-k$를 ㉠에 대입하면 $x^2-2(x-k)^2=2$

$x^2-4kx+2k^2+2=0 \qquad \cdots\cdots \ \text{㉢}$

STEP B 이차방정식이 중근임을 이용하여 양수 k의 값 구하기

주어진 연립방정식이 오직 한 쌍의 해를 가지려면
이차방정식 ㉢이 중근을 가져야 한다.
즉 ㉢의 판별식을 D라 하면 $D=0$이어야 하므로

$\dfrac{D}{4}=4k^2-(2k^2+2)=0,\ k^2=1$

$\therefore\ k=-1$ 또는 $k=1$

그런데 $k>0$이므로 $k=1$

STEP C $\alpha+\beta+k$의 값 구하기

$k=1$을 ㉢에 대입하면 $x^2-4x+4=0$

$(x-2)^2=0 \quad \therefore\ x=2$

$x=2$, $k=1$을 ㉡에 대입하면 $2-y=1$

$\therefore\ y=1$

따라서 $\alpha=2$, $\beta=1$이므로 $\alpha+\beta+k=2+1+1=4$

정답 ②

1076

2024년 06월 고1 학력평가 13번

정답 ②

STEP A 일차식을 이차식에 대입하여 x에 대한 이차방정식 구하기

$\begin{cases} x-y=3 & \cdots\cdots \ \text{㉠} \\ x^2-xy-y^2=k & \cdots\cdots \ \text{㉡} \end{cases}$

㉠에서 $y=x-3 \qquad \cdots\cdots \ \text{㉢}$

㉢의 식을 ㉡의 식에 대입하면 $x^2-x(x-3)-(x-3)^2=k$

$-x^2+9x-9=k$

$\therefore\ x^2-9x+k+9=0$

STEP B 이차방정식의 판별식을 이용하여 자연수 k의 최댓값 구하기

이차방정식 $x^2-9x+k+9=0$의 근 α, β가 서로 다른 두 실근이 되어야 한다.
즉 이차방정식 $x^2-9x+k+9=0$의 판별식을 D라 하면 $D>0$이어야 한다.

$D=81-4(k+9)>0,\ -4k+45>0$

따라서 $k<\dfrac{45}{4}$이므로 자연수 k의 최댓값은 11

x, y에 대한 연립방정식 $\begin{cases} x-y=4 \\ x^2-xy-y^2=-k^2+k+40 \end{cases}$ 의 해를 $\begin{cases} x=\alpha \\ y=\alpha-4 \end{cases}$

또는 $\begin{cases} x=\beta \\ y=\beta-4 \end{cases}$ 이라 하자. α, β가 실수가 아닌 서로 다른 두 복소수가
되도록 하는 실수 k의 값에 대하여 $g(k)=\alpha^2+\beta^2$으로 정의한다.
이때 $g(k)$의 최솟값을 $\dfrac{q}{p}$ (p, q는 서로소인 자연수)라 할 때, $p+q$의
값을 구하시오.

STEP A 일차식을 이차식에 대입하여 x에 대한 이차방정식 구하기

$\begin{cases} x-y=4 & \cdots\cdots \ \text{㉠} \\ x^2-xy-y^2=-k^2+k+40 & \cdots\cdots \ \text{㉡} \end{cases}$

㉠에서 $y=x-4 \qquad \cdots\cdots \ \text{㉢}$

㉢의 식을 ㉡의 식에 대입하면

$x^2-x(x-4)-(x-4)^2=-k^2+k+40,\ -x^2+12x-16=-k^2+k+40$

$\therefore\ x^2-12x-k^2+k+56=0$

STEP B 이차방정식의 판별식을 이용하여 자연수 k의 범위 구하기

이차방정식 $x^2-12x-k^2+k+56=0$의 두 근 α, β는 서로 다른
두 허근이므로 판별식을 D라 하면 $D<0$이어야 한다.

$\dfrac{D}{4}=36-(-k^2+k+56)<0,\ k^2-k-20<0,\ (k+4)(k-5)<0$

$\therefore\ -4<k<5$

STEP C 이차방정식의 근과 계수의 관계를 이용하여 $g(k)$의 최솟값 구하기

이차방정식 $x^2-12x-k^2+k+56=0$에서 근과 계수의 관계에 의하여
두 근의 합 $\alpha+\beta=12$
두 근의 곱 $\alpha\beta=-k^2+k+56$

$g(k)=\alpha^2+\beta^2=(\alpha+\beta)^2-2\alpha\beta$

$\qquad\qquad =144-2(-k^2+k+56)$

$\qquad\qquad =2k^2-2k+32$

$\therefore\ g(k)=2k^2-2k+32$

$g(k)=2k^2-2k+32=2\left(k-\dfrac{1}{2}\right)^2+\dfrac{63}{2}$

즉 $k=\dfrac{1}{2}$일 때 $g(k)$의 최솟값은 $\dfrac{63}{2}$

따라서 $p=2$, $q=63$이므로 $p+q=65$

정답 65

1077

정답 2

STEP A x, y에 대한 연립방정식 세우기

두 원 C_1, C_2는 서로 외접하고 각각 원 C에 내접하므로
$2x+2y=28$에서 $x+y=14$이고
두 원의 넓이의 합이 100π이므로
$\pi x^2+\pi y^2=100\pi$에서 $x^2+y^2=100$

$\begin{cases} x+y=14 & \cdots\cdots \ \text{㉠} \\ x^2+y^2=100 & \cdots\cdots \ \text{㉡} \end{cases}$

STEP B 일차식과 이차식의 연립방정식의 해 구하기

㉠에서 $y=14-x \qquad \cdots\cdots \ \text{㉢}$

㉢을 ㉡에 대입하면 $x^2+(14-x)^2=100$

$2x^2-28x+96=0,\ x^2-14x+48=0,\ (x-6)(x-8)=0$

$\therefore\ x=6$ 또는 $x=8$

이를 ㉢에 각각 대입하면 $y=8$ 또는 $y=6$

이때 $x>y$이므로 $x=8$, $y=6$

따라서 $x-y=2$

+α 곱셈 공식을 이용하여 구할 수도 있어!

$\begin{cases} x+y=14 \\ x^2+y^2=100 \end{cases}$ 이므로 $x^2+y^2=(x+y)^2-2xy$에서

$100=14^2-2xy,\ 2xy=96 \quad \therefore\ xy=48$

$(x-y)^2=x^2+y^2-2xy=100-2\times48=4$

따라서 $x-y=2\ (\because\ x>y)$

1078

STEP A 처음 직사각형의 가로의 길이와 세로의 길이를 각각 x, y라 하고 연립방정식 세우기

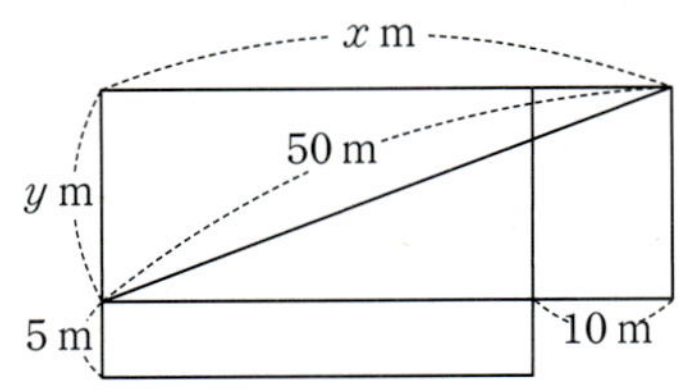

처음 직사각형의 가로의 길이와 세로의 길이를 각각 x, y라 하면
대각선의 길이가 50m이므로 $x^2+y^2=50^2$
이 밭의 세로의 길이를 5m 늘리고 가로의 길이를 10m 줄여서 새로운 밭을 만들었더니 넓이가 50m²만큼 늘어났으므로
$(x-10)(y+5)=xy+50$, $x-2y=20$

$\begin{cases} x^2+y^2=50^2 & \cdots\cdots\ \text{㉠} \\ x-2y=20 & \cdots\cdots\ \text{㉡} \end{cases}$

STEP B 일차식을 이차식에 대입하여 x, y의 값 구하기

㉡에서 $x=2y+20$ $\cdots\cdots$ ㉢
㉢을 ㉠에 대입하면 $(2y+20)^2+y^2=50^2$
$5y^2+80y+20^2-50^2=0$ ← $20^2-50^2=(20-50)(20+50)=-2100$
$y^2+16y-420=0$, $(y-14)(y+30)=0$ $\therefore$ $y=14$ 또는 $y=-30$
그런데 $y>0$이므로 $y=14$
이를 ㉢에 대입하면 $x=48$

STEP C 크기를 바꾸기 전의 밭의 가로, 세로의 길이의 합 구하기

따라서 $x=48$m, $y=14$m이므로 가로, 세로의 길이의 합은 $x+y=62$(m)

내 신 연 계 출제문항 506

오른쪽 그림과 같이 대각선의 길이가 10m인 직사각형 모양의 양식장이 있다. 이 양식장의 가로, 세로의 길이를 각각 2m씩 확장한 양식장의 넓이는 처음 양식장의 넓이보다 32m²만큼 넓다고 한다. 처음 양식장의 넓이를 구하시오.

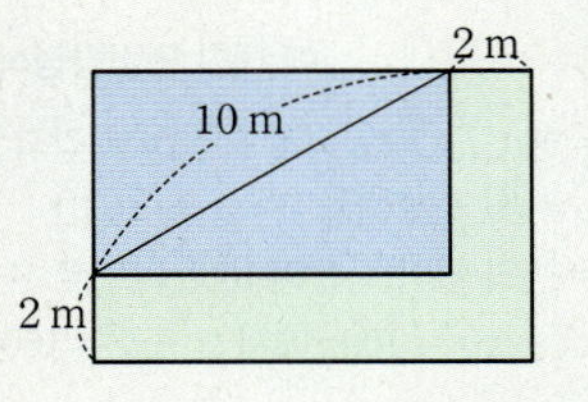

STEP A 처음 직사각형의 가로의 길이와 세로의 길이를 각각 x, y라 하고 연립방정식 세우기

처음 직사각형의 가로의 길이와 세로의 길이를 각각 x, y라 하면
대각선의 길이가 10m이므로 $x^2+y^2=10^2$
이 양식장의 가로, 세로의 길이를 각각 2m씩 확장한 양식장의 넓이는 처음 양식장의 넓이보다 32m²만큼 넓으므로
$(x+2)(y+2)=xy+32$, $x+y=14$

$\begin{cases} x^2+y^2=10^2 & \cdots\cdots\ \text{㉠} \\ x+y=14 & \cdots\cdots\ \text{㉡} \end{cases}$

STEP B 일차식을 이차식에 대입하여 x, y의 값 구하기

㉡에서 $x=-y+14$ $\cdots\cdots$ ㉢
㉢을 ㉠에 대입하면 $(-y+14)^2+y^2=10^2$
$2y^2-28y+96=0$, $y^2-14y+48=0$, $(y-6)(y-8)=0$
$\therefore$ $y=6$ 또는 $y=8$
이를 ㉢에 각각 대입하면 $x=8$ 또는 $x=6$

STEP C 처음 양식장의 넓이 구하기

따라서 처음 양식장의 넓이는 $xy=48$(m²)

1079

STEP A $\overline{AB}=x$, $\overline{BC}=y$라 두고 연립방정식 세우기

$\overline{AB}=x$, $\overline{BC}=y$라 하면 사각형 ABCD의 둘레의 길이가 24이므로
$x+y+6+2=24$ $\therefore$ $x+y=16$
두 직각삼각형 ABD, DCB에서 피타고라스 정리에 의하여
$\overline{AB}^2+\overline{AD}^2=\overline{BC}^2+\overline{CD}^2$에서 $x^2+4=y^2+36$ $\therefore$ $x^2-y^2=32$
즉 $\begin{cases} x+y=16 & \cdots\cdots\ \text{㉠} \\ x^2-y^2=32 & \cdots\cdots\ \text{㉡} \end{cases}$

STEP B 연립방정식의 해 구하기

㉡에서 $(x+y)(x-y)=32$, $16(x-y)=32$
$\therefore$ $x-y=2$ $\cdots\cdots$ ㉢
㉠+㉢을 하면 $2x=18$ $\therefore$ $x=9$
$x=9$를 ㉠에 대입하면 $y=7$
따라서 $\overline{AB}\times\overline{BC}=xy=63$

1080

STEP A 처음 수의 자릿수를 각각 x, y라 두고 연립방정식 세우기

처음 두 자리 자연수의 십의 자리 숫자를 x,
일의 자리 숫자를 $y\,(x<y)$라 하면
$\begin{cases} x^2+y^2=85 & \cdots\cdots\ \text{㉠} \\ (10y+x)+(10x+y)=121 & \cdots\cdots\ \text{㉡} \end{cases}$

STEP B 일차식을 이차식에 대입하여 x, y의 값 구하기

㉡에서 $11x+11y=121$, $x+y=11$
$\therefore$ $y=11-x$ $\cdots\cdots$ ㉢
㉢을 ㉠에 대입하면 $x^2+(11-x)^2=85$
$2x^2-22x+36=0$, $x^2-11x+18=0$, $(x-2)(x-9)=0$
$\therefore$ $x=2$ 또는 $x=9$
이를 ㉢에 각각 대입하면 $y=9$ 또는 $y=2$
이때 $x<y$이므로 $x=2$, $y=9$
따라서 구하는 처음 수는 29

내 신 연 계 출제문항 507

두 자리 자연수에서 각 자리 숫자의 제곱의 합은 10이고 일의 자리 숫자와 십의 자리 숫자를 바꾼 수와 처음 수의 합은 44일 때, 처음 수를 구하시오. (단, 처음 수의 십의 자리 숫자는 일의 자리 숫자보다 크다.)

STEP A 처음 수의 자릿수를 각각 x, y라 두고 연립방정식 세우기

처음 두 자리 자연수의 십의 자리 숫자를 x,
일의 자리 숫자를 $y\,(x>y)$라 하면
$\begin{cases} x^2+y^2=10 & \cdots\cdots\ \text{㉠} \\ (10y+x)+(10x+y)=44 & \cdots\cdots\ \text{㉡} \end{cases}$

STEP B 일차식을 이차식에 대입하여 x, y의 값 구하기

㉡에서 $11x+11y=44$, $x+y=4$
$\therefore$ $y=4-x$ $\cdots\cdots$ ㉢
㉢을 ㉠에 대입하면 $x^2+(4-x)^2=10$
$2x^2-8x+6=0$, $x^2-4x+3=0$, $(x-1)(x-3)=0$
$\therefore$ $x=1$ 또는 $x=3$
이를 ㉢에 각각 대입하면 $y=3$ 또는 $y=1$
이때 $x>y$이므로 $x=3$, $y=1$
따라서 구하는 처음 수는 31

1081

STEP Ⓐ 두 정사각형 A, D의 한 변의 길이를 각각 x, y라 두고 연립방정식 세우기

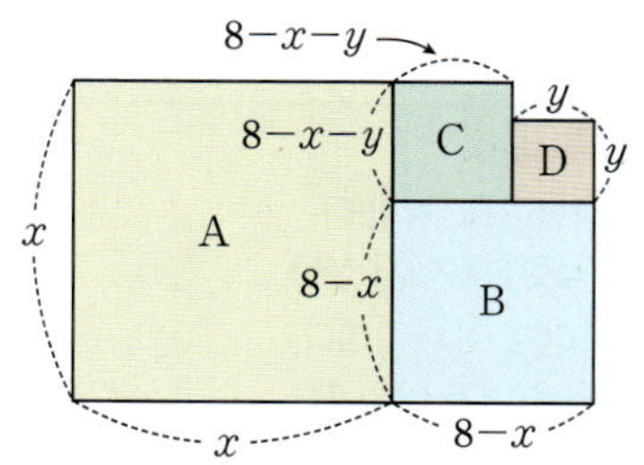

두 정사각형 A, D의 한 변의 길이를 각각 x, y라 하면
정사각형 A와 정사각형 B의 한 변의 길이의 합은 8이므로
정사각형 B의 한 변의 길이는 $8-x$이다.
이때 정사각형 C의 한 변의 길이는 $8-x-y$

+α | 정사각형 C의 한 변의 길이가 $8-x-y$인 이유!

(정사각형 B의 한 변의 길이)
=(정사각형 C의 한 변의 길이)+(정사각형 D의 한 변의 길이)
이므로 $8-x=$(정사각형 C의 한 변의 길이)$+y$
따라서 (정사각형 C의 한 변의 길이)$=8-x-y$

정사각형 B의 한 변의 길이와 정사각형 C의 한 변의 길이의 합이 x이므로
$(8-x)+(8-x-y)=x$ ∴ $y=16-3x$
한편 두 정사각형 A, D의 넓이의 차가 24이므로 $x^2-y^2=24$
즉 $\begin{cases} y=16-3x & \cdots\cdots ㉠ \\ x^2-y^2=24 & \cdots\cdots ㉡ \end{cases}$

STEP Ⓑ 일차식을 이차식에 대입하여 x, y의 값 구하기

㉠을 ㉡에 대입하면 $x^2-(16-3x)^2=24$, $x^2-12x+35=0$, $(x-5)(x-7)=0$
∴ $x=5$ 또는 $x=7$
그런데 $0<x<\dfrac{16}{3}$이므로 $x=5$
㉠에서 $y=16-3x>0$이므로 $0<x<\dfrac{16}{3}$
이를 ㉠에 대입하면 $y=16-3\times5=1$

STEP Ⓒ 정사각형 C의 넓이 구하기

정사각형 C의 한 변의 길이는 $8-x-y=8-5-1=2$
따라서 정사각형 C의 넓이는 $2^2=4$

내신연계 출제문항 508

오른쪽 그림에서 사각형 A, B, C, D
는 모두 정사각형이고 정사각형 A와
B의 한 변의 길이의 합은 13이다.
두 정사각형 A, D의 넓이의 차가 60
일 때, 정사각형 C의 넓이는?
(단, 정사각형 A, B, C, D의 각 변의
길이는 모두 자연수이다.)

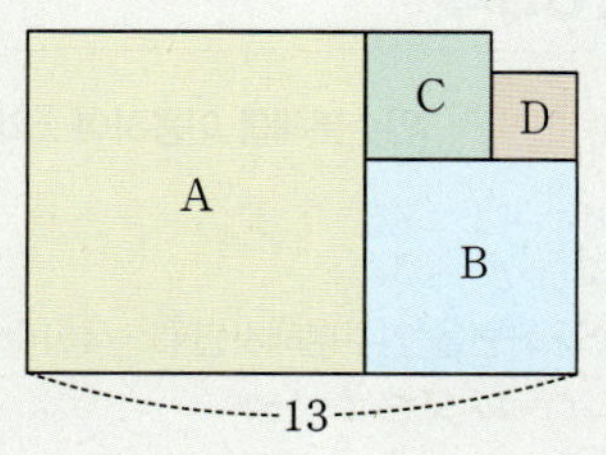

① 9 ② 16 ③ 25
④ 36 ⑤ 47

STEP Ⓐ 두 정사각형 A, D의 한 변의 길이를 각각 x, y라 두고 연립방정식 세우기

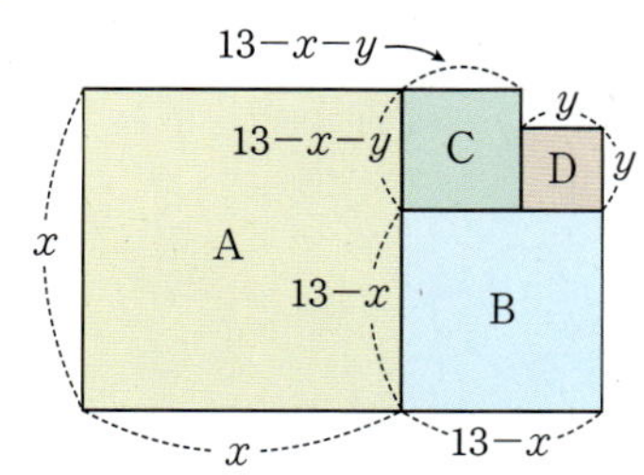

두 정사각형 A, D의 한 변의 길이를 각각 x, y라 하면
정사각형 A와 정사각형 B의 한 변의 길이의 합은 13이므로
정사각형 B의 한 변의 길이는 $13-x$이다.
이때 정사각형 C의 한 변의 길이는 $13-x-y$

+α | 정사각형 C의 한 변의 길이가 $13-x-y$인 이유!

(정사각형 B의 한 변의 길이)
=(정사각형 C의 한 변의 길이)+(정사각형 D의 한 변의 길이)
이므로 $13-x=$(정사각형 C의 한 변의 길이)$+y$
따라서 (정사각형 C의 한 변의 길이)$=13-x-y$

정사각형 B의 한 변의 길이와 정사각형 C의 한 변의 길이의 합이 x이므로
$(13-x)+(13-x-y)=x$ ∴ $y=-3x+26$
한편 두 정사각형 A, D의 넓이의 차가 60이므로 $x^2-y^2=60$
즉 $\begin{cases} y=-3x+26 & \cdots\cdots ㉠ \\ x^2-y^2=60 & \cdots\cdots ㉡ \end{cases}$

STEP Ⓑ 일차식을 이차식에 대입하여 x, y의 값 구하기

㉠을 ㉡에 대입하면 $x^2-(-3x+26)^2=60$, $2x^2-39x+184=0$
$(x-8)(2x-23)=0$
∴ $x=8$ 또는 $x=\dfrac{23}{2}$
그런데 $0<x<\dfrac{26}{3}$이므로 $x=8$
㉠에서 $y=-3x+26>0$이므로 $0<x<\dfrac{26}{3}$
이를 ㉠에 대입하면 $y=-3\times8+26=2$

STEP Ⓒ 정사각형 C의 넓이 구하기

정사각형 C의 한 변의 길이는 $13-x-y=13-8-2=3$
따라서 정사각형 C의 넓이는 $3^2=9$

정답 ①

1082

STEP Ⓐ 일차식을 이차식에 대입하여 r, h의 값 구하기

$\begin{cases} r+2h=8 & \cdots\cdots ㉠ \\ r^2-2h^2=8 & \cdots\cdots ㉡ \end{cases}$
㉠에서 $r=8-2h$ $\cdots\cdots ㉢$
㉢을 ㉡에 대입하면 $(8-2h)^2-2h^2=8$, $h^2-16h+28=0$
$(h-2)(h-14)=0$
∴ $h=2$ 또는 $h=14$
이를 ㉢에 각각 대입하면 $r=4$ 또는 $r=-20$
이때 $r>0$, $h>0$에서 $r=4$, $h=2$
밑면의 반지름의 길이가 r, 높이가 h

STEP Ⓑ 주어진 용기의 부피 구하기

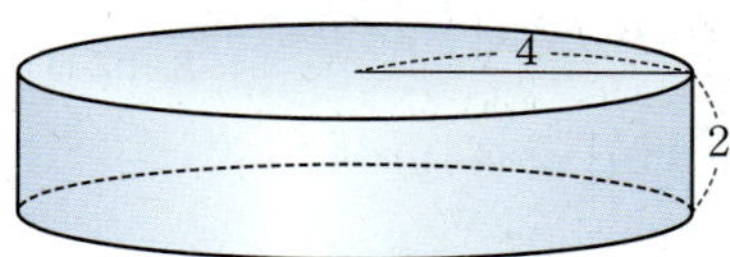

따라서 이 용기의 부피는 $\pi r^2 h=\pi\times4^2\times2=32\pi$
원기둥의 밑면의 반지름의 길이가 r, 높이가 h이면 원기둥의 부피는 $\pi r^2 h$

밑면의 반지름의 길이가 r, 높이가 h인 원기둥 모양의 용기에 대하여
$$r-2h=3,\ r^2+2h^2=99$$
일 때, 이 용기의 부피는? (단, 용기의 두께는 무시한다.)

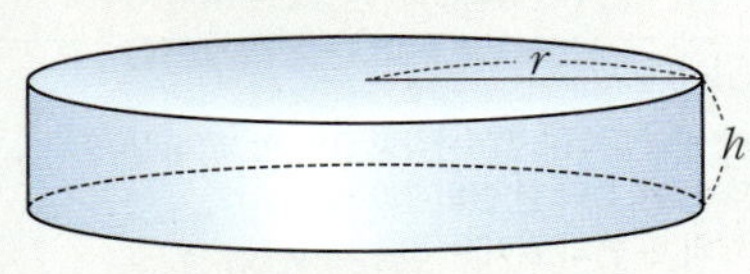

① 147π ② 192π ③ 243π
④ 256π ⑤ 300π

STEP A 일차식을 이차식에 대입하여 r, h의 값 구하기

$\begin{cases} r-2h=3 & \cdots\cdots ㉠ \\ r^2+2h^2=99 & \cdots\cdots ㉡ \end{cases}$

㉠에서 $r=2h+3$ $\cdots\cdots ㉢$

㉢을 ㉡에 대입하면 $(2h+3)^2+2h^2=99$, $h^2+2h-15=0$

$(h+5)(h-3)=0$

$\therefore h=-5$ 또는 $h=3$

이를 ㉢에 각각 대입하면 $r=-7$ 또는 $r=9$

이때 $r>0$, $h>0$에서 $r=9$, $h=3$

<u>밑면의 반지름의 길이가 r, 높이가 h</u>

STEP B 주어진 용기의 부피 구하기

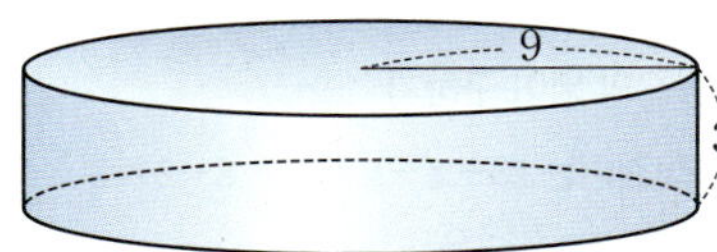

따라서 이 용기의 부피는 $\pi r^2 h=\pi\times 9^2\times 3=243\pi$

<u>원기둥의 밑면의 반지름의 길이가 r, 높이가 h이면 원기둥의 부피는 $\pi r^2 h$</u>

정답 ③

1083

2017년 11월 고1 학력평가 27번   정답 39

STEP A 삼각형의 닮음을 이용하여 $\overline{AB}$, $\overline{CD}$의 길이 사이의 관계식 세우기

두 삼각형 ABC, DBA에서 ∠B는 공통이고

∠BAD＝∠BCA이므로 △ABC ∽ △DBA (AA 닮음)

<u>두 대응각의 크기가 같다.</u>

이때 $\overline{AB}=x$, $\overline{CD}=y$라 하면 $\overline{AC}=y-1$이므로

$\overline{AB}:\overline{AC}=\overline{BD}:\overline{AD}$에서

$x:(y-1)=8:6$

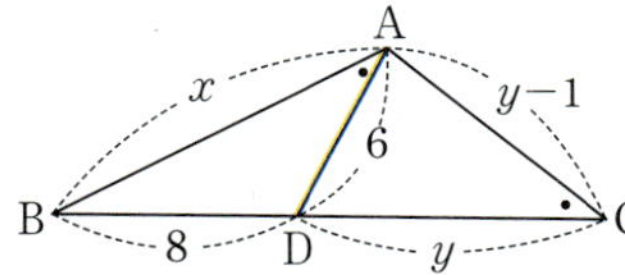

$8(y-1)=6x$

$\therefore x=\dfrac{4}{3}(y-1)$

$\overline{AB}:\overline{BC}=\overline{BD}:\overline{AB}$에서 $x:(8+y)=8:x$

$\therefore x^2=64+8y$

STEP B 일차식을 이차식에 대입하여 x, y의 값 구하기

$\begin{cases} x=\dfrac{4}{3}(y-1) & \cdots\cdots ㉠ \\ x^2=64+8y & \cdots\cdots ㉡ \end{cases}$

㉡에 ㉠을 대입하면

$\left\{\dfrac{4}{3}(y-1)\right\}^2=64+8y$, $\dfrac{16}{9}(y-1)^2=64+8y$

양변에 $\dfrac{9}{8}$를 곱하면 $2(y-1)^2=72+9y$

$2y^2-13y-70=0$, $(2y+7)(y-10)=0$

$\therefore y=10\ (\because y>0)$

이를 ㉠에 대입하면 $x=\dfrac{4}{3}(10-1)=\dfrac{4}{3}\times 9=12$

STEP C 삼각형 ABC의 둘레의 길이 구하기

따라서 $\overline{AB}=x=12$, $\overline{AC}=y-1=9$, $\overline{BC}=8+y=18$이므로

삼각형 ABC의 둘레의 길이는 $\overline{AB}+\overline{AC}+\overline{BC}=12+9+18=39$

∠C＝90°인 직각삼각형 ABC가 있다. 그림과 같이 점 D는 꼭짓점 C에서 선분 AB에 내린 수선의 발이고 $\overline{CD}=2$이다. 삼각형 ABC의 둘레의 길이가 12일 때, 선분 AB의 길이는?

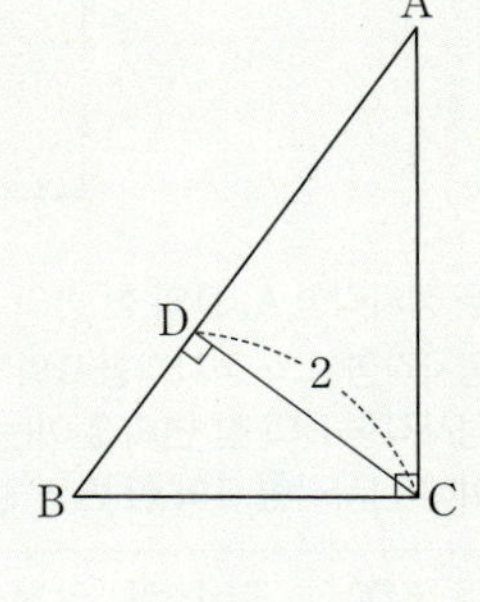

① $\dfrac{32}{7}$ ② $\dfrac{34}{7}$

③ $\dfrac{36}{7}$ ④ $\dfrac{38}{7}$

⑤ $\dfrac{40}{7}$

STEP A $\overline{AB}=x$, $\overline{BC}=a$, $\overline{AC}=b$로 놓고 a, b, x 사이의 관계식 세우기

오른쪽 그림과 같이 $\overline{AB}=x$, $\overline{BC}=a$, $\overline{AC}=b$라 하자.

삼각형 ABC의 넓이는   ← $\dfrac{1}{2}\times$ (밑변의 길이)$\times$(높이)

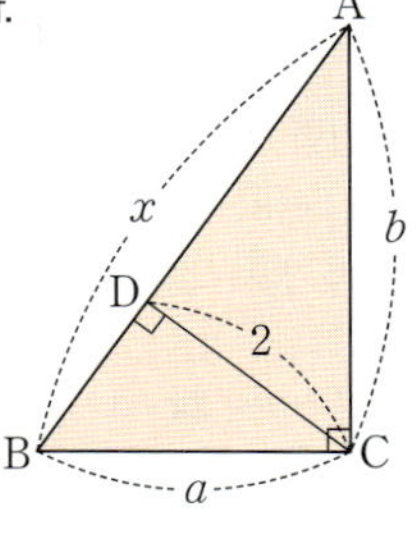

$\dfrac{1}{2}\times\overline{AC}\times\overline{BC}=\dfrac{1}{2}\times\overline{AB}\times\overline{CD}$

$\dfrac{1}{2}ab=x$이므로 양변에 2를 곱하면

$\therefore ab=2x$ $\cdots\cdots ㉠$

삼각형 ABC의 둘레의 길이가 12이므로

$a+b+x=12$

$\therefore a+b=12-x$ $\cdots\cdots ㉡$

STEP B 피타고라스 정리를 이용하여 x의 값 구하기

직각삼각형 ABC에서 피타고라스 정리에 의하여

$\overline{BC}^2+\overline{AC}^2=\overline{AB}^2$이므로

$a^2+b^2=x^2$에서 $x^2=(a+b)^2-2ab$ ← 곱셈 공식의 변형

위 식에 ㉠, ㉡을 대입하면 $x^2=(12-x)^2-4x$

$144-28x=0$

따라서 $x=\dfrac{36}{7}$

정답 ③

1084

정답 4

STEP A 인수분해를 이용하여 x와 y 사이의 관계식 구하기

$\begin{cases} x^2-3xy-4y^2=0 & \cdots\cdots ㉠ \\ 2x^2+y^2=33 & \cdots\cdots ㉡ \end{cases}$

㉠의 좌변을 인수분해하면 $(x-4y)(x+y)=0$

$\therefore x=4y$ 또는 $x=-y$

STEP B 일차식을 이차식에 대입하여 x, y의 값 구하기

(i) $x=4y$를 ㉡에 대입하면 $2(4y)^2+y^2=33$, $33y^2=33$, $y=\pm 1$

$\therefore \begin{cases} x=4 \\ y=1 \end{cases}$ 또는 $\begin{cases} x=-4 \\ y=-1 \end{cases}$

(ii) $x=-y$를 ㉡에 대입하면 $2(-y)^2+y^2=33$, $3y^2=33$, $y=\pm\sqrt{11}$

$\therefore \begin{cases} x=-\sqrt{11} \\ y=\sqrt{11} \end{cases}$ 또는 $\begin{cases} x=\sqrt{11} \\ y=-\sqrt{11} \end{cases}$

따라서 xy의 최댓값은 4

1085

정답 ①

STEP A 인수분해를 이용하여 x와 y 사이의 관계식 구하기

$$\begin{cases} x^2-4xy+3y^2=0 & \cdots\cdots \ \text{㉠} \\ x^2+3xy+2y^2=5 & \cdots\cdots \ \text{㉡} \end{cases}$$

㉠의 좌변을 인수분해하면 $(x-y)(x-3y)=0$

$\therefore x=y$ 또는 $x=3y$

STEP B 일차식을 이차식에 대입하여 xy의 값 구하기

(i) $x=y$를 ㉡에 대입하면 $y^2+3y^2+2y^2=5,\ y^2=\dfrac{5}{6}$

이때 $xy=y^2=\dfrac{5}{6}$

(ii) $x=3y$를 ㉡에 대입하면 $9y^2+9y^2+2y^2=5,\ y^2=\dfrac{1}{4}$

이때 $xy=3y^2=\dfrac{3}{4}$

(i), (ii)에서 xy의 최댓값은 $\dfrac{5}{6}$

1086

정답 ③

STEP A 인수분해를 이용하여 x와 y 사이의 관계식 구하기

$$\begin{cases} x^2+xy-2y^2=0 & \cdots\cdots \ \text{㉠} \\ x^2+y^2=10 & \cdots\cdots \ \text{㉡} \end{cases}$$

㉠의 좌변을 인수분해하면 $(x-y)(x+2y)=0$

$\therefore x=y$ 또는 $x=-2y$

STEP B 일차식을 이차식에 대입하여 $x,\ y$의 값 구하기

(i) $x=y$를 ㉡에 대입하면 $y^2+y^2=10,\ 2y^2=10,\ y=\pm\sqrt{5}$

$\therefore \begin{cases} x=\sqrt{5} \\ y=\sqrt{5} \end{cases}$ 또는 $\begin{cases} x=-\sqrt{5} \\ y=-\sqrt{5} \end{cases}$

(ii) $x=-2y$를 ㉡에 대입하여 풀면 $(-2y)^2+y^2=10,\ 5y^2=10,\ y=\pm\sqrt{2}$

$\therefore \begin{cases} x=2\sqrt{2} \\ y=-\sqrt{2} \end{cases}$ 또는 $\begin{cases} x=-2\sqrt{2} \\ y=\sqrt{2} \end{cases}$

따라서 $a+b$의 값이 될 수 있는 수는 $2\sqrt{5},\ -2\sqrt{5},\ \sqrt{2},\ -\sqrt{2}$이므로
$a+b$의 값이 될 수 없는 것은 ③이다.

1087

정답 ①

STEP A 인수분해를 이용하여 x와 y 사이의 관계식 구하기

$$\begin{cases} x^2+xy=6 & \cdots\cdots \ \text{㉠} \\ x^2+2xy-3y^2=0 & \cdots\cdots \ \text{㉡} \end{cases}$$

㉡의 좌변을 인수분해하면 $(x+3y)(x-y)=0$

$\therefore x=-3y$ 또는 $x=y$

STEP B 일차식을 이차식에 대입하여 $x,\ y$의 값 구하기

(i) $x=-3y$를 ㉠에 대입하면 $(-3y)^2+(-3y)y=6,\ 6y^2=6,\ y=\pm1$

$\therefore \begin{cases} x=3 \\ y=-1 \end{cases}$ 또는 $\begin{cases} x=-3 \\ y=1 \end{cases}$

(ii) $x=y$를 ㉠에 대입하면 $x^2+x^2=6,\ 2x^2=6,\ x=\pm\sqrt{3}$

$\therefore \begin{cases} x=\sqrt{3} \\ y=\sqrt{3} \end{cases}$ 또는 $\begin{cases} x=-\sqrt{3} \\ y=-\sqrt{3} \end{cases}$

(i), (ii)에서 $\begin{cases} x=3 \\ y=-1 \end{cases}$ 또는 $\begin{cases} x=-3 \\ y=1 \end{cases}$ 또는 $\begin{cases} x=\sqrt{3} \\ y=\sqrt{3} \end{cases}$ 또는 $\begin{cases} x=-\sqrt{3} \\ y=-\sqrt{3} \end{cases}$

STEP C $\alpha^2+\beta^2$의 값 구하기

따라서 양수는 $\alpha=\sqrt{3},\ \beta=\sqrt{3}$이므로 $\alpha^2+\beta^2=6$

1088

정답 ②

STEP A 인수분해를 이용하여 x와 y 사이의 관계식 구하기

$$\begin{cases} 2x^2-3xy+y^2=0 & \cdots\cdots \ \text{㉠} \\ x^2+2xy+y^2=4 & \cdots\cdots \ \text{㉡} \end{cases}$$

㉠의 좌변을 인수분해하면 $(2x-y)(x-y)=0$

$\therefore y=2x$ 또는 $y=x$

STEP B 일차식을 이차식에 대입하여 $x,\ y$의 값 구하기

(i) $y=2x$를 ㉡에 대입하면 $x^2+4x^2+4x^2=4,\ 9x^2=4,\ x=\pm\dfrac{2}{3}$

$\therefore \begin{cases} x=-\dfrac{2}{3} \\ y=-\dfrac{4}{3} \end{cases}$ 또는 $\begin{cases} x=\dfrac{2}{3} \\ y=\dfrac{4}{3} \end{cases}$

(ii) $y=x$를 ㉡에 대입하면 $x^2+2x^2+x^2=4,\ 4x^2=4,\ x=\pm1$

$\therefore \begin{cases} x=-1 \\ y=-1 \end{cases}$ 또는 $\begin{cases} x=1 \\ y=1 \end{cases}$

(i), (ii)에서 $\begin{cases} x=-\dfrac{2}{3} \\ y=-\dfrac{4}{3} \end{cases}$ 또는 $\begin{cases} x=\dfrac{2}{3} \\ y=\dfrac{4}{3} \end{cases}$ 또는 $\begin{cases} x=-1 \\ y=-1 \end{cases}$ 또는 $\begin{cases} x=1 \\ y=1 \end{cases}$

STEP C $\alpha+\beta$의 값 구하기

따라서 양수인 정수가 $\alpha=1,\ \beta=1$이므로 $\alpha+\beta=2$

내신 연계 출제문항 511

연립방정식 $\begin{cases} x^2-4xy+3y^2=0 \\ 2x^2+xy+3y^2=24 \end{cases}$ 의 해를 $\begin{cases} x=\alpha_i \\ y=\beta_i \end{cases}(i=1,\ 2,\ 3,\ 4)$라 할 때,

$\alpha_i\beta_i$의 최댓값은?

① 9   ② 8   ③ 6

④ 4   ⑤ 3

STEP A 인수분해를 이용하여 x와 y 사이의 관계식 구하기

$$\begin{cases} x^2-4xy+3y^2=0 & \cdots\cdots \ \text{㉠} \\ 2x^2+xy+3y^2=24 & \cdots\cdots \ \text{㉡} \end{cases}$$

㉠의 좌변을 인수분해하면 $(x-y)(x-3y)=0$

$\therefore x=y$ 또는 $x=3y$

STEP B 일차식을 이차식에 대입하여 $x,\ y$의 값 구하기

(i) $x=y$를 ㉡에 대입하면 $2x^2+x^2+3x^2=24,\ 6x^2=24,\ x=\pm2$

$\therefore \begin{cases} x=2 \\ y=2 \end{cases}$ 또는 $\begin{cases} x=-2 \\ y=-2 \end{cases}$

(ii) $x=3y$를 ㉡에 대입하면 $18y^2+3y^2+3y^2=24,\ 24y^2=24,\ y=\pm1$

$\therefore \begin{cases} x=-1 \\ y=-1 \end{cases}$ 또는 $\begin{cases} x=1 \\ y=1 \end{cases}$

(i), (ii)에서 $\begin{cases} x=2 \\ y=2 \end{cases}$ 또는 $\begin{cases} x=-2 \\ y=-2 \end{cases}$ 또는 $\begin{cases} x=-1 \\ y=-1 \end{cases}$ 또는 $\begin{cases} x=1 \\ y=1 \end{cases}$

STEP C $\alpha_i\beta_i$의 최댓값 구하기

따라서 $\alpha_i\beta_i$의 최댓값은 4 정답 ④

1089

STEP A 인수분해를 이용하여 x와 y 사이의 관계식 구하기

$$\begin{cases} x^2-xy-2y^2=0 & \cdots\cdots\ \text{㉠} \\ x^2+2xy-3y^2=20 & \cdots\cdots\ \text{㉡} \end{cases}$$

㉠의 좌변을 인수분해하면 $(x+y)(x-2y)=0$

$\therefore x=-y$ 또는 $x=2y$

STEP B 일차식을 이차식에 대입하여 $x,\ y$의 값 구하기

(i) $x=-y$를 ㉡에 대입하면 $y^2-2y^2-3y^2=20$, $4y^2=-20$, $y=\pm\sqrt{5}\,i$

$\qquad \therefore \begin{cases} x=\sqrt{5}\,i \\ y=-\sqrt{5}\,i \end{cases}$ 또는 $\begin{cases} x=-\sqrt{5}\,i \\ y=\sqrt{5}\,i \end{cases}$

(ii) $x=2y$를 ㉡에 대입하면 $4y^2+4y^2-3y^2=20$, $5y^2=20$, $y=\pm2$

$\qquad \therefore \begin{cases} x=4 \\ y=2 \end{cases}$ 또는 $\begin{cases} x=-4 \\ y=-2 \end{cases}$

STEP C $\alpha^3+\beta^3$의 값 구하기

(i), (ii)에 의하여 양의 실수 $x,\ y$는 $a=4$, $b=2$이므로

이차방정식 $bx^2+ax+6=0$에 대입하면 $2x^2+4x+6=0$

이차방정식의 근과 계수의 관계에 의하여

$\alpha+\beta=-\dfrac{4}{2}=-2$, $\alpha\beta=\dfrac{6}{2}=3$

따라서 $\alpha^3+\beta^3=(\alpha+\beta)^3-3\alpha\beta(\alpha+\beta)$

$\qquad\qquad\quad =(-2)^3-3\times3\times(-2)$

$\qquad\qquad\quad =-8+18$

$\qquad\qquad\quad =10$

1090

STEP A 인수분해를 이용하여 x와 y 사이의 관계식 구하기

두 연립방정식의 공통인 해는 연립방정식

$$\begin{cases} x^2-y^2=0 & \cdots\cdots\ \text{㉠} \\ x^2-2xy+y^2=16 & \cdots\cdots\ \text{㉡} \end{cases}$$

을 만족시킨다.

㉠의 좌변을 인수분해하면 $(x-y)(x+y)=0$

$\therefore x=y$ 또는 $x=-y$

STEP B 일차식을 이차식에 대입하여 $x,\ y$의 값 구하기

(i) $x=y$를 ㉡에 대입하면 $y^2-2y^2+y^2\neq16$이므로 조건을 만족시키지 않는다.

(ii) $x=-y$를 ㉡에 대입하면 $y^2+2y^2+y^2=16$, $4y^2=16$

$\qquad \therefore y=\pm2$

$\qquad$ 즉 주어진 두 연립방정식의 공통인 해는

$\qquad x=2,\ y=-2$ 또는 $x=-2,\ y=2$

STEP C $a+b$의 값 구하기

$x=2,\ y=-2$를 $x^2+y^2=a$, $ax+by=0$에 각각 대입하면

$4+4=a$, $2a-2b=0$ $\therefore a=8$, $b=8$

$x=-2,\ y=2$를 $x^2+y^2=a$, $ax+by=0$에 각각 대입하면

$4+4=a$, $-2a+2b=0$ $\therefore a=8$, $b=8$

따라서 $a=8$, $b=8$이므로 $a+b=16$

$x,\ y$에 대한 두 연립방정식

$$\begin{cases} x^2+y^2=a \\ x^2+3xy+2y^2=12 \end{cases},\quad \begin{cases} ax+by=20 \\ x^2-xy-2y^2=0 \end{cases}$$

의 공통인 해가 존재할 때, 상수 $a,\ b$에 대하여 $a+b$의 값은? (단, $a<b$)

① -5　　　　② 0　　　　③ 5

④ 10　　　　⑤ 15

STEP A 인수분해를 이용하여 x와 y 사이의 관계식 구하기

두 연립방정식의 공통인 해는 연립방정식

$$\begin{cases} x^2+3xy+2y^2=12 & \cdots\cdots\ \text{㉠} \\ x^2-xy-2y^2=0 & \cdots\cdots\ \text{㉡} \end{cases}$$

을 만족시킨다.

㉡의 좌변을 인수분해하면 $(x+y)(x-2y)=0$

$\therefore x=-y$ 또는 $x=2y$

STEP B 일차식을 이차식에 대입하여 $x,\ y$의 값 구하기

(i) $x=-y$를 ㉠에 대입하면 $y^2-3y^2+2y^2\neq12$이므로 조건을 만족시키지 않는다.

(ii) $x=2y$를 ㉠에 대입하면 $4y^2+6y^2+2y^2=12$, $12y^2=12$

$\qquad \therefore y=\pm1$

$\qquad$ 즉 주어진 두 연립방정식의 공통인 해는

$\qquad x=2,\ y=1$ 또는 $x=-2,\ y=-1$

STEP C $a+b$의 값 구하기

$x=2,\ y=1$을 $x^2+y^2=a$, $ax+by=20$에 각각 대입하면

$4+1=a$, $2a+b=20$ $\therefore a=5$, $b=10$

$x=-2,\ y=-1$을 $x^2+y^2=a$, $ax+by=20$에 각각 대입하면

$4+1=a$, $-2a-b=20$ $\therefore a=5$, $b=-30$

따라서 $a=5$, $b=10\,(\because a<b)$이므로 $a+b=15$

1091

STEP A 인수분해를 이용하여 x와 y 사이의 관계식 구하기

$$\begin{cases} x^2-3xy+2y^2=0 & \cdots\cdots\ \text{㉠} \\ x^2-y^2=9 & \cdots\cdots\ \text{㉡} \end{cases}$$

㉠의 좌변을 인수분해하면 $(x-y)(x-2y)=0$

$\therefore x=y$ 또는 $x=2y$

STEP B 일차식을 이차식에 대입하여 $x,\ y$의 값 구하기

(i) $x=y$를 ㉡에 대입하면 $y^2-y^2\neq9$이므로 조건을 만족시키지 않는다.

(ii) $x=2y$를 ㉡에 대입하면 $4y^2-y^2=9$, $3y^2=9$

$\qquad \therefore y=\sqrt{3}$ 또는 $y=-\sqrt{3}$

$\qquad$ 즉 주어진 두 연립방정식의 공통인 해는

$\qquad x=2\sqrt{3},\ y=\sqrt{3}$ 또는 $x=-2\sqrt{3},\ y=-\sqrt{3}$

STEP C $\alpha_1<\alpha_2$일 때, $\beta_1-\beta_2$의 값 구하기

$\alpha_1<\alpha_2$이므로 $\alpha_1=-2\sqrt{3}$, $\beta_1=-\sqrt{3}$, $\alpha_2=2\sqrt{3}$, $\beta_2=\sqrt{3}$

따라서 $\beta_1-\beta_2=-\sqrt{3}-\sqrt{3}=-2\sqrt{3}$

연립방정식 $\begin{cases} 2x^2-5xy+2y^2=0 \\ x^2-3xy+2y^2=6 \end{cases}$ 의 해를 $\begin{cases} x=\alpha_1 \\ y=\beta_1 \end{cases}$ 또는 $\begin{cases} x=\alpha_2 \\ y=\beta_2 \end{cases}$ 라 하자.
$\alpha_1<\alpha_2$일 때, $\beta_1-\beta_2$의 값은?

① $-4\sqrt{2}$ ② $-2\sqrt{2}$ ③ $2\sqrt{2}$
④ $4\sqrt{2}$ ⑤ 4

STEP A 인수분해를 이용하여 x와 y 사이의 관계식 구하기

$\begin{cases} 2x^2-5xy+2y^2=0 & \cdots\cdots \ \text{㉠} \\ x^2-3xy+2y^2=6 & \cdots\cdots \ \text{㉡} \end{cases}$

㉠의 좌변을 인수분해하면 $(x-2y)(2x-y)=0$
$\therefore x=2y$ 또는 $y=2x$

STEP B 일차식을 이차식에 대입하여 x, y의 값 구하기

(ⅰ) $x=2y$를 ㉡에 대입하면 $4y^2-6y^2+2y^2\ne6$이므로
조건을 만족시키지 않는다.

(ⅱ) $y=2x$를 ㉡에 대입하면 $x^2-6x^2+8x^2=6$, $3x^2=6$
$\therefore x=-\sqrt{2}$ 또는 $x=\sqrt{2}$
즉 주어진 두 연립방정식의 공통인 해는
$x=-\sqrt{2}, \ y=-2\sqrt{2}$ 또는 $x=\sqrt{2}, \ y=2\sqrt{2}$

STEP C $\alpha_1<\alpha_2$일 때, $\beta_1-\beta_2$의 값 구하기

$\alpha_1<\alpha_2$이므로 $\alpha_1=-\sqrt{2}, \ \beta_1=-2\sqrt{2}, \ \alpha_2=\sqrt{2}, \ \beta_2=2\sqrt{2}$
따라서 $\beta_1-\beta_2=-2\sqrt{2}-2\sqrt{2}=-4\sqrt{2}$ 정답 ①

1092

2019년 03월 고2 학력평가 가형 13번 정답 ③

STEP A 인수분해를 이용하여 x와 y 사이의 관계식 구하기

$\begin{cases} x^2-2xy-3y^2=0 & \cdots\cdots \ \text{㉠} \\ x^2+y^2=20 & \cdots\cdots \ \text{㉡} \end{cases}$

㉠의 좌변을 인수분해하면 $(x-3y)(x+y)=0$
$\therefore x=3y$ 또는 $x=-y$
이때 $x>0, \ y>0$이어야 하므로 $x=3y$
$x=-y$이면 두 수의 부호가 다르므로 두 수 모두 양수가 될 수 없다.

STEP B 일차식을 이차식에 대입하여 $a+b$의 값 구하기

$x=3y$를 ㉡에 대입하면 $9y^2+y^2=20$, $10y^2=20$
$\therefore y=\sqrt{2}\,(\because y>0)$
이때 $x=3y=3\sqrt{2}$이므로 $a=3\sqrt{2}, \ b=\sqrt{2}$
따라서 $a+b=3\sqrt{2}+\sqrt{2}=4\sqrt{2}$

연립방정식 $\begin{cases} x^2-3xy+2y^2=0 \\ 2x^2+xy+y^2=8 \end{cases}$ 의 해를 $x=\alpha, \ y=\beta$라 할 때,
$\alpha^2+\beta^2$의 최댓값은?

① 4 ② $\dfrac{9}{2}$ ③ 5
④ $\dfrac{11}{2}$ ⑤ 6

STEP A 인수분해를 이용하여 x와 y 사이의 관계식 구하기

$\begin{cases} x^2-3xy+2y^2=0 & \cdots\cdots \ \text{㉠} \\ 2x^2+xy+y^2=8 & \cdots\cdots \ \text{㉡} \end{cases}$

㉠의 좌변을 인수분해하면 $(x-y)(x-2y)=0$
$y=x$ 또는 $y=\dfrac{1}{2}x$

STEP B 일차식을 이차식에 대입하여 $\alpha^2+\beta^2$의 최댓값 구하기

(ⅰ) $y=x$를 ㉡에 대입하면 $2x^2+x^2+x^2=8$, $4x^2=8$
$\therefore x^2=2$
이때 $y=x$이므로 $y^2=2$
즉 $\alpha^2+\beta^2=2+2=4$

(ⅱ) $y=\dfrac{1}{2}x$를 ㉡에 대입하면 $2x^2+\dfrac{1}{2}x^2+\dfrac{1}{4}x^2=8$, $\dfrac{11}{4}x^2=8$
$\therefore x^2=\dfrac{32}{11}$
이때 $y=\dfrac{1}{2}x$이므로 $y^2=\dfrac{1}{4}\times\dfrac{32}{11}=\dfrac{8}{11}$ $\longleftarrow$ 
즉 $\alpha^2+\beta^2=\dfrac{32}{11}+\dfrac{8}{11}=\dfrac{40}{11}$

(ⅰ), (ⅱ)에서 $\alpha^2+\beta^2$의 최댓값은 4 $\longleftarrow$  정답 ①

1093

정답 ②

STEP A 두 이차방정식의 공통근을 α라 하고 연립하여 관계식 구하기

두 이차방정식의 공통근을 α라 하면
$\alpha^2+a\alpha+b=0 \qquad \cdots\cdots \ \text{㉠}$
$\alpha^2+b\alpha+a=0 \qquad \cdots\cdots \ \text{㉡}$
㉠$-$㉡을 하면
$(a-b)\alpha+b-a=0$이므로 $(a-b)(\alpha-1)=0$
$\therefore a=b$ 또는 $\alpha=1$

STEP B $a+b$의 값 구하기

(ⅰ) $a=b$일 때,
두 이차방정식이 모두 $x^2+ax+a=0$이 되어 일치한다.
즉 두 이차방정식이 두 개의 공통근을 가지므로
오직 하나의 공통인 해를 가진다는 조건에 모순이다.

(ⅱ) $\alpha=1$일 때,
$\alpha=1$을 ㉠에 대입하면 $1+a+b=0$
따라서 $a+b=-1$

1094

정답 ①

STEP A 두 이차방정식의 공통근을 α라 하고 연립하여 $m, \ \alpha$의 관계식 구하기

두 이차방정식의 공통근을 α라 하면
$\alpha^2+m\alpha-3=0 \qquad \cdots\cdots \ \text{㉠}$
$2\alpha^2+(m+2)\alpha-m^2-m=0 \qquad \cdots\cdots \ \text{㉡}$
㉠$\times2-$㉡을 하면 $(m-2)\alpha+m^2+m-6=0$
$(m-2)\alpha+(m-2)(m+3)=0$
$(m-2)(\alpha+m+3)=0$
$\therefore m=2$ 또는 $\alpha=-m-3$

STEP B 오직 하나의 공통근을 갖도록 하는 m의 값과 공통근 구하기

(ⅰ) $m=2$일 때,
두 이차방정식이 모두 $x^2+2x-3=0$이 되어 일치한다.
즉 두 이차방정식이 두 개의 공통근을 가지므로
오직 하나의 공통인 해를 가진다는 조건에 모순이다.

(ⅱ) $\alpha=-m-3$일 때,
$\alpha=-m-3$을 ㉠에 대입하면
$(-m-3)^2+m(-m-3)-3=0$, $3m+6=0$
$\therefore m=-2$
이때 $\alpha=-m-3$이므로 $\alpha=-1$

(ⅰ), (ⅱ)에서 $m=-2$이고 이때의 공통근은 $\alpha=-1$이므로
$m+\alpha=-2+(-1)=-3$

1095

STEP A 두 이차방정식의 공통근을 α라 하고 연립하여 α의 값 구하기

두 이차방정식의 공통근을 α라 하면

$\alpha^2+2m\alpha+9=0$ …… ㉠

$2\alpha^2+m\alpha+3=0$ …… ㉡

㉠$-$㉡$\times 2$를 하면 $-3\alpha^2+3=0$

$\therefore \alpha=\pm 1$

STEP B 양수 m의 값 구하기

(i) $\alpha=1$을 ㉠에 대입하면 $1+2m+9=0$ $\therefore m=-5$

(ii) $\alpha=-1$을 ㉠에 대입하면 $1-2m+9=0$ $\therefore m=5$

따라서 양수 m의 값은 5

내신연계 출제문항 515

x에 대한 두 이차방정식 $x^2+(3m+2)x+1=0$, $x^2+mx-1=0$의
공통근이 존재할 때, 정수 m의 값은?

① -2 ② -1 ③ 0

④ 1   ⑤ 2

STEP A 두 이차방정식의 공통근을 α라 하고 연립하여 α의 값 구하기

두 이차방정식의 공통근을 α라 하면

$\alpha^2+(3m+2)\alpha+1=0$ …… ㉠

$\alpha^2+m\alpha-1=0$ …… ㉡

㉠$-$㉡$\times 3$를 하면 $-2\alpha^2+2\alpha+4=0$, $\alpha^2-\alpha-2=0$, $(\alpha+1)(\alpha-2)=0$

$\therefore \alpha=-1$ 또는 $\alpha=2$

STEP B 정수 m의 값 구하기

(i) $\alpha=-1$을 ㉡에 대입하면 $1-m-1=0$ $\therefore m=0$

(ii) $\alpha=2$를 ㉡에 대입하면 $4+2m-1=0$ $\therefore m=-\dfrac{3}{2}$

(i), (ii)에서 정수 m의 값은 0

1096

STEP A (일차식)$\times$(일차식)$=$(정수)꼴로 변형하기

$xy-2x-2y-1=0$에서 $x(y-2)-2(y-2)=5$

$\therefore (x-2)(y-2)=5$

STEP B x, y의 순서쌍을 구하여 $x+y$의 최댓값 구하기

x, y가 정수이므로 $x-2$, $y-2$도 정수이다.
이때 $x-2$, $y-2$의 곱이 5인 경우를 표로 나타내어 정수 x, y의 값을 구하면
다음과 같다.

$x-2$	1	5	-1	-5
$y-2$	5	1	-5	-1

$\Rightarrow$

x	3	7	1	-3
y	7	3	-3	1

따라서 구하는 정수 x, y에 대하여 $x+y$의 최댓값은 10

1097

STEP A 이차방정식의 근과 계수의 관계를 이용하여 α, β에 대한 식 세우기

이차방정식 $x^2-(m-5)x+m+2=0$의 두 근이 α, β이므로
이차방정식의 근과 계수의 관계에 의하여

$\alpha+\beta=m-5$ …… ㉠

$\alpha\beta=m+2$ …… ㉡

㉡$-$㉠을 하면 $\alpha\beta-\alpha-\beta=7$, $\alpha(\beta-1)-(\beta-1)=8$

$\therefore (\alpha-1)(\beta-1)=8$

STEP B α, β가 모두 자연수가 되는 경우 구하기

α, $\beta(\alpha<\beta)$가 자연수이므로 $(\alpha-1)(\beta-1)=8$을 만족하는 경우를 나누면
다음과 같다.

(i) $\alpha-1=1$, $\beta-1=8$인 경우

     $\alpha=2$, $\beta=9$이므로 $m=\alpha+\beta+5=16$

(ii) $\alpha-1=2$, $\beta-1=4$인 경우

     $\alpha=3$, $\beta=5$이므로 $m=\alpha+\beta+5=13$

(i), (ii)에서 모든 정수 m의 값의 합은 $16+13=29$

> **P O I N T | 두 근이 정수인 이차방정식**
>
> 두 근이 정수인 이차방정식에서 미지수 구하는 순서는 다음과 같다.
> ① 두 근을 α, β로 놓고 이차방정식의 근과 계수와의 관계를 이용한다.
> ② (일차식)$\times$(일차식)$=$(정수)꼴로 변형한 후 약수와 배수의 성질을 이용하여 푼다.

내신연계 출제문항 516

이차방정식 $x^2-(m+1)x-m-4=0$의 두 근이 모두 정수일 때,
모든 정수 m의 값의 합은?

① -8 ② -7 ③ -6

④ -5 ⑤ -4

STEP A 이차방정식의 근과 계수의 관계를 이용하여 α, β에 대한 식 세우기

이차방정식 $x^2-(m+1)x-m-4=0$의 정수인 두 근을 α, $\beta(\alpha\leq\beta)$라 하면
이차방정식의 근과 계수의 관계에 의하여

$\alpha+\beta=m+1$ …… ㉠

$\alpha\beta=-m-4$ …… ㉡

㉠$+$㉡을 하면 $\alpha+\beta+\alpha\beta=-3$, $\alpha(\beta+1)+(\beta+1)=-2$

$\therefore (\alpha+1)(\beta+1)=-2$

STEP B α, β가 모두 정수가 되는 경우 구하기

α, β가 정수이므로 $\alpha+1$, $\beta+1$도 정수이다.

$(\alpha+1)(\beta+1)=-2$를 만족하는 경우를 나누면 다음과 같다.

(i) $\alpha+1=-2$, $\beta+1=1$인 경우

     $\alpha=-3$, $\beta=0$이므로 $m=\alpha+\beta-1=-4$

(ii) $\alpha+1=-1$, $\beta+1=2$인 경우

     $\alpha=-2$, $\beta=1$이므로 $m=\alpha+\beta-1=-2$

(i), (ii)에서 모든 정수 m의 값의 합은 $-4+(-2)=-6$

1098

정답 ③

STEP A 자연수 조건을 만족하는 순서쌍 (x, y) 구하기

$\dfrac{1}{x}+\dfrac{1}{y}=\dfrac{1}{2}$에서 $\dfrac{x+y}{xy}=\dfrac{1}{2}$

$xy-2x-2y=0$, $x(y-2)-2(y-2)=4$

$\therefore (x-2)(y-2)=4$

이때 x, y가 자연수이므로 $x-2$, $y-2$는 $x-2 \geq -1$, $y-2 \geq -1$인 정수이다.

$x-2$	1	2	4
$y-2$	4	2	1

$\Rightarrow$

x	3	4	6
y	6	4	3

이를 만족하는 정수 x, y의 순서쌍 (x, y)는 $(3, 6)$, $(4, 4)$, $(6, 3)$의 3개이다.

STEP B 삼각형의 넓이 구하기

세 점 $A(3, 6)$, $B(4, 4)$, $C(6, 3)$을 꼭짓점으로 하는 삼각형 ABC를 좌표평면 위에 나타내면 오른쪽 그림과 같다.
따라서 삼각형의 넓이는

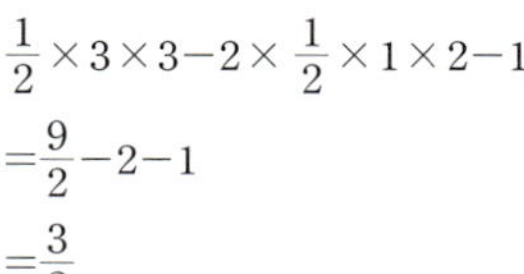

$\dfrac{1}{2} \times 3 \times 3 - 2 \times \dfrac{1}{2} \times 1 \times 2 - 1$

$= \dfrac{9}{2} - 2 - 1$

$= \dfrac{3}{2}$

1099

정답 24

STEP A 피타고라스 정리를 이용하여 방정식 세우기

$\overline{BC}=x$, $\overline{AD}=y$ (x, y는 자연수)라 하자.

삼각형 ABD와 삼각형 CBD는 각각
직각삼각형이고 빗변이 일치하므로
피타고라스 정리에 의하여
$\overline{AB}^2 + \overline{AD}^2 = \overline{BC}^2 + \overline{CD}^2$에서

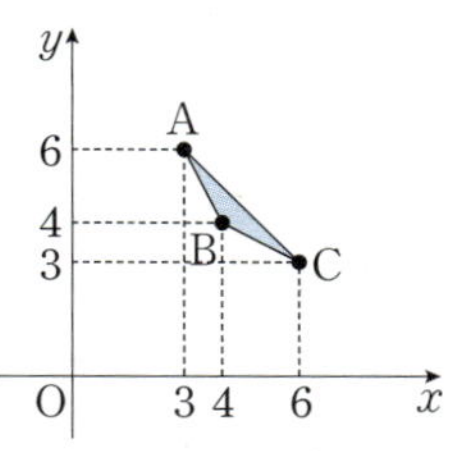

$9^2 + y^2 = x^2 + 7^2$, $x^2 - y^2 = 32$

$\therefore (x+y)(x-y)=32$

STEP B 사각형의 둘레의 길이 구하기

이때 x, y가 자연수이고 $x+y > x-y$이므로

$x+y$	8	16
$x-y$	4	2

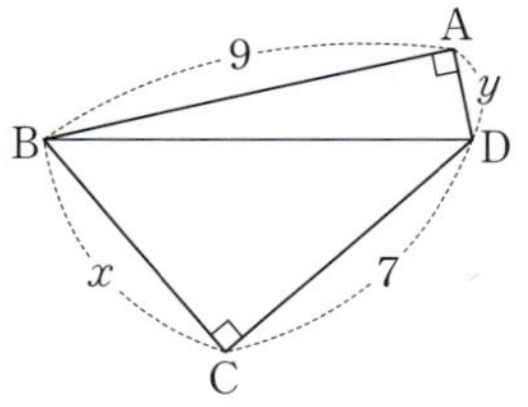

두 식을 연립하여 x, y의 값을 구하면
$x=6$, $y=2$ 또는 $x=9$, $y=7$
그런데 사각형 ABCD의 네 변의 길이가
서로 다르므로 $x=6$, $y=2$
따라서 사각형 ABCD의 둘레의 길이는
$\overline{AB}+\overline{BC}+\overline{CD}+\overline{DA}=9+6+7+2=24$

1100

2019년 06월 고1 학력평가 17번

정답 ②

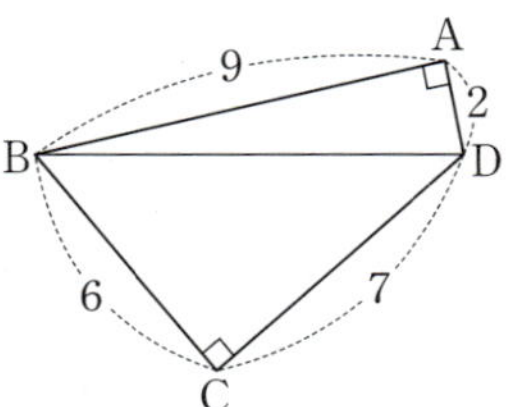

STEP A 모든 실수 x에 대하여 등식이 성립함을 이용하여 반복되는 식을 치환하여 정리하기

$(x^2-x)(x^2-x+3)+k(x^2-x)+8=(x^2-x+a)(x^2-x+b)$에서
$x^2-x=X$로 치환하자.

$X(X+3)+kX+8=(X+a)(X+b)$

$X^2+(k+3)X+8=X^2+(a+b)X+ab$

이것은 X에 대한 항등식이므로 양변의 동류항의 계수를 비교하면
$a+b=k+3$, $ab=8$ ...... ㉠

STEP B $ab=8$인 자연수 a, b를 구한 후 상수 k의 값의 합 구하기

㉠에서 $ab=8$이고 a, $b(a<b)$가 자연수이므로
$a=1$, $b=8$ 또는 $a=2$, $b=4$
(i) $a=1$, $b=8$인 경우
　　$k+3=9$　$\therefore k=6$
(ii) $a=2$, $b=4$인 경우
　　$k+3=6$　$\therefore k=3$
따라서 모든 상수 k의 값의 합은 $6+3=9$

내신연계 출제문항 517

두 자연수 a, $b(a<b)$와 모든 실수 x에 대하여 등식
　　$(x^2+x)(x^2+x+2)-7(x^2+x)+k-1=(x^2+x-a)(x^2+x-b)$
를 만족시키는 모든 상수 k의 값의 합은?

① 11　　　　② 12　　　　③ 13
④ 14　　　　⑤ 15

STEP A 모든 실수 x에 대하여 등식이 성립함을 이용하여 반복되는 식을 치환하여 정리하기

$(x^2+x)(x^2+x+2)-7(x^2+x)+k-1=(x^2+x-a)(x^2+x-b)$에서
$x^2+x=X$로 치환하자.

$X(X+2)-7X+k-1=(X-a)(X-b)$

$X^2-5X+k-1=X^2-(a+b)X+ab$

이것은 X에 대한 항등식이므로 양변의 동류항의 계수를 비교하면
$a+b=5$, $ab=k-1$ ...... ㉠

STEP B $a+b=5$인 자연수 a, b를 구한 후 상수 k의 값의 합 구하기

㉠에서 $a+b=5$이고 a, $b(a<b)$가 자연수이므로
$a=1$, $b=4$ 또는 $a=2$, $b=3$
(i) $a=1$, $b=4$인 경우
　　$k-1=4$　$\therefore k=5$
(ii) $a=2$, $b=3$인 경우
　　$k-1=6$　$\therefore k=7$
따라서 모든 상수 k의 값의 합은 $5+7=12$　　　정답 ②

1101

2013년 09월 고1 학력평가 19번

정답 ①

STEP A 이차방정식의 근과 계수의 관계를 이용하여 α, β에 대한 식 세우기

이차방정식 $x^2+(m+1)x+2m-1=0$의 두 정수근을 α, β라 하면
이차방정식의 근과 계수에 의하여
$\alpha+\beta=-m-1$ ...... ㉠
$\alpha\beta=2m-1$ ...... ㉡

㉠에서 $m=-1-\alpha-\beta$이므로 ㉡에 대입하면
$\alpha\beta=2(-1-\alpha-\beta)-1$, $\alpha\beta+2\alpha+2\beta=-3$
$\alpha(\beta+2)+2\beta=-3$, $\alpha(\beta+2)+2\beta+4=-3+4$, $\alpha(\beta+2)+2(\beta+2)=1$
$\therefore (\alpha+2)(\beta+2)=1$

STEP B α, β가 모두 정수가 되는 경우 구하기

α, β는 정수이므로 $(\alpha+2)(\beta+2)=1$을 만족하는 경우를 나누면 다음과 같다.
(i) $\alpha+2=1$, $\beta+2=1$인 경우
　　$\alpha=-1$, $\beta=-1$이므로 ㉠에서 $m=-1-\alpha-\beta=1$
(ii) $\alpha+2=-1$, $\beta+2=-1$인 경우
　　$\alpha=-3$, $\beta=-3$이므로 ㉠에서 $m=-1-\alpha-\beta=5$
(i), (ii)에서 모든 정수 m의 값의 합은 $1+5=6$

다른풀이 근의 공식을 이용하여 풀이하기

STEP Ⓐ 이차방정식의 두 근이 정수가 되는 조건 구하기

$x^2+(m+1)x+2m-1=0$에서 근의 공식에 의하여

$$x=\frac{-(m+1)\pm\sqrt{(m+1)^2-4(2m-1)}}{2}$$

이때 두 근이 정수가 되기 위해서는
근호 안의 $(m+1)^2-4(2m-1)$이 제곱수이거나 0이어야 한다.

$$(m+1)^2-4(2m-1)=m^2-6m+5$$
$$=(m-3)^2-4$$

그런데 $(m+1)^2-4(2m-1)$이 제곱수가 아니므로 0이어야 한다.

$m^2-6m+5=0$, $(m-1)(m-5)=0$

$\therefore m=1$ 또는 $m=5$

STEP Ⓑ 두 근이 정수가 되도록 하는 정수 m의 값의 합 구하기

(i) $m=1$일 때,
$x^2+2x+1=0$, $(x+1)^2=0$이므로 $x=-1$은 정수이다.

(ii) $m=5$일 때,
$x^2+6x+9=0$, $(x+3)^2=0$이므로 $x=-3$은 정수이다.

(i), (ii)에서 모든 정수 m의 값의 합은 $1+5=6$

내신연계 출제문항 518

x에 대한 이차방정식 $x^2+(m+1)x+2m+1=0$의 두 근이 정수가 되도록 하는 모든 정수 m의 값의 곱은?

① -9 ② -7 ③ -5
④ -3 ⑤ -1

STEP Ⓐ 이차방정식의 근과 계수의 관계를 이용하여 α, β에 대한 식 세우기

이차방정식 $x^2+(m+1)x+2m+1=0$의 두 근을 α, β라 하면
이차방정식의 근과 계수에 의하여

$\alpha+\beta=-m-1$ ...... ㉠
$\alpha\beta=2m+1$ ...... ㉡

$2\times㉠+㉡$을 하면 $2(\alpha+\beta)+\alpha\beta=-1$

$\alpha\beta+2\alpha+2\beta+4=3$, $\alpha(\beta+2)+2(\beta+2)=3$

$\therefore (\alpha+2)(\beta+2)=3$

STEP Ⓑ α, β가 모두 정수가 되는 경우 구하기

α, β는 정수이므로 $(\alpha+2)(\beta+2)=3$을 만족하는 경우를 표로 나타내면
다음과 같다.

$\alpha+2$	1	3	-1	-3
$\beta+2$	3	1	-3	-1

α	-1	1	-3	-5
β	1	-1	-5	-3

이를 만족하는 정수 α, β의 순서쌍 (α, β)는
$(-1, 1)$, $(1, -1)$, $(-3, -5)$, $(-5, -3)$

STEP Ⓒ 모든 정수 m의 값의 곱 구하기

(i) $(-1, 1)$, $(1, -1)$인 경우
㉠에서 $m=-1-(\alpha+\beta)=-1$

(ii) $(-3, -5)$, $(-5, -3)$인 경우
㉠에서 $m=-1-(\alpha+\beta)=7$

(i), (ii)에서 모든 정수 m의 값의 곱은 $-1\times7=-7$

 정답 ②

1102

 정답 ②

STEP Ⓐ $A^2+B^2=0$의 꼴로 변형하기

$x^2-4xy+5y^2+2y+1=0$에서 $(x^2-4xy+4y^2)+(y^2+2y+1)=0$

$\therefore (x-2y)^2+(y+1)^2=0$

STEP Ⓑ x, y가 실수임을 이용하여 $x+y$의 값 구하기

이때 x, y는 실수이므로 $x-2y=0$, $y+1=0$

$\therefore x=-2$, $y=-1$

따라서 $x+y=-3$

다른풀이 판별식을 이용하여 풀이하기

STEP Ⓐ 한 문자에 대하여 내림차순으로 정리한 후 판별식 $D\geq0$임을 이용하기

주어진 방정식의 좌변을 x에 대하여 내림차순으로 정리하면
$x^2-4yx+5y^2+2y+1=0$ ...... ㉠
x가 실수이므로 x에 대한 이차방정식 ㉠의 판별식을 D라 하면
$D\geq0$이어야 한다.

$\dfrac{D}{4}=(2y)^2-(5y^2+2y+1)\geq0$, $y^2+2y+1\leq0$

$\therefore (y+1)^2\leq0$

STEP Ⓑ x, y가 실수임을 이용하여 $x+y$의 값 구하기

y가 실수이므로 $y+1=0$ $\therefore y=-1$

$y=-1$을 ㉠에 대입하면 $x^2+4x+4=0$, $(x+2)^2=0$

$\therefore x=-2$

따라서 $x+y=-2-1=-3$

1103

 정답 ②

STEP Ⓐ $A^2+B^2=0$의 꼴로 변형하기

$x^2-2xy+2y^2-2x+6y+5=0$에서
$\{x^2-2x(y+1)+y^2+2y+1\}+(y^2+4y+4)=0$
$\{x^2-2x(y+1)+(y+1)^2\}+(y^2+4y+4)=0$
$\therefore (x-y-1)^2+(y+2)^2=0$

STEP Ⓑ x, y가 실수임을 이용하여 $x+y$의 값 구하기

x, y가 실수이므로 $x-y-1=0$, $y+2=0$

$\therefore x=-1$, $y=-2$

따라서 $x+y=-1+(-2)=-3$

다른풀이 판별식을 이용하여 풀이하기

STEP Ⓐ 한 문자에 대하여 내림차순으로 정리한 후 판별식 $D\geq0$임을 이용하기

주어진 방정식의 좌변을 x에 대하여 내림차순으로 정리하면
$x^2-2(y+1)x+2y^2+6y+5=0$ ...... ㉠
x가 실수이므로 x에 대한 이차방정식 ㉠의 판별식을 D라 하면
$D\geq0$이어야 한다.

$\dfrac{D}{4}=(y+1)^2-(2y^2+6y+5)\geq0$, $y^2+4y+4\leq0$

$\therefore (y+2)^2\leq0$

STEP Ⓑ x, y가 실수임을 이용하여 $x+y$의 값 구하기

y가 실수이므로 $y+2=0$ $\therefore y=-2$

$y=-2$를 ㉠에 대입하면 $x^2+2x+1=0$, $(x+1)^2=0$

$\therefore x=-1$

따라서 $x+y=-1+(-2)=-3$

방정식 $2x^2+4y^2+4xy-8x-12y+10=0$을 만족하는 두 실수 x, y에 대하여 $x+y$의 값은?

① 1 ② 2 ③ 3
④ 4 ⑤ 5

STEP A $A^2+B^2=0$의 꼴로 변형하기

$2x^2+4y^2+4xy-8x-12y+10=0$에서
$\{x^2+2x(2y-3)+4y^2-12y+9\}+(x^2-2x+1)=0$
$\{x^2+2x(2y-3)+(2y-3)^2\}+(x^2-2x+1)=0$
$\therefore (x+2y-3)^2+(x-1)^2=0$

STEP B x, y가 실수임을 이용하여 $x+y$의 값 구하기

x, y가 실수이므로 $x+2y-3=0$, $x-1=0$
$\therefore x=1$, $y=1$
따라서 $x+y=2$

다른풀이 판별식을 이용하여 풀이하기

STEP A 한 문자에 대하여 내림차순으로 정리한 후 판별식 $D \geq 0$임을 이용하기

주어진 방정식의 좌변을 x에 대하여 내림차순으로 정리하면
$2x^2+4(y-2)x+4y^2-12y+10=0$ ……… ㉠
x가 실수이므로 x에 대한 이차방정식 ㉠의 판별식을 D라 하면
$D \geq 0$이어야 한다.
$\dfrac{D}{4}=4(y-2)^2-2(4y^2-12y+10) \geq 0$, $y^2-2y+1 \leq 0$
$\therefore (y-1)^2 \leq 0$

STEP B x, y가 실수임을 이용하여 $x+y$의 값 구하기

y가 실수이므로 $y-1=0$ $\therefore y=1$
$y=1$을 ㉠에 대입하면 $2x^2-4x+2=0$, $(x-1)^2=0$
$\therefore x=1$
따라서 $x+y=1+1=2$

 ②

1104

정답 3

STEP A 한 문자에 대하여 내림차순으로 정리한 후 판별식 $D \geq 0$임을 이용하기

$(x+y)^2-6x-3=0$에서 $x^2+2xy+y^2-6x-3=0$
$x^2+2(y-3)x+y^2-3=0$ …… ㉠
이를 만족시키는 x, y가 양의 정수이므로
주어진 이차방정식은 실근을 가져야 한다.
x에 대한 이차방정식 ㉠의 판별식을 D라 하면 $D \geq 0$이어야 한다.
$\dfrac{D}{4}=(y-3)^2-(y^2-3) \geq 0$, $-6y+12 \geq 0$
$\therefore y \leq 2$

STEP B x, y가 양의 정수임을 이용하여 $x+y$의 값 구하기

그런데 y는 양의 정수이므로 $y=1$ 또는 $y=2$
(i) $y=1$일 때,
  $x^2-4x-2=0$
  $\therefore x=2\pm\sqrt{6}$
  그런데 이것은 x가 양의 정수라는 조건을 만족시키지 않는다.
(ii) $y=2$일 때,
  $x^2-2x+1=0$, $(x-1)^2=0$
  $\therefore x=1$
(i), (ii)에서 $x=1$, $y=2$이므로 $x+y=1+2=3$

1105

 정답 해설참조

1단계 $x=-1$을 대입하여 실수 a의 값을 구한다. 3점

$x^3-x^2+ax-1=0$에 $x=-1$을 대입하면 $(-1)^3-(-1)^2-a-1=0$
$\therefore a=-3$

2단계 조립제법을 이용하여 삼차식을 인수분해한다. 4점

$f(x)=x^3-x^2-3x-1$이라 하면
$f(-1)=0$이므로
$f(x)$는 $x+1$을 인수로 갖는다.

$$\begin{array}{r|rrrr} -1 & 1 & -1 & -3 & -1 \\ & & -1 & 2 & 1 \\ \hline & 1 & -2 & -1 & 0 \end{array}$$

조립제법을 이용하여 $f(x)$를 인수분해하면
$f(x)=(x+1)(x^2-2x-1)$

3단계 나머지 두 근을 각각 구한다. 3점

주어진 방정식 $(x+1)(x^2-2x-1)=0$에서 $x=-1$ 또는 $x^2-2x-1=0$
$\therefore x=-1$ 또는 $x=1\pm\sqrt{2}$
따라서 나머지 두 근은 $x=1\pm\sqrt{2}$

1106

 정답 해설참조

1단계 $x=2$, $x=-3$을 각각 대입하여 상수 p, q의 값을 구한다. 3점

방정식 $x^4+2x^3-7x^2+px+q=0$에 $x=2$, $x=-3$을 각각 대입하여 정리하면
$2p+q=-4$, $-3p+q=36$
위 식을 연립하면 $p=-8$, $q=12$
$\therefore x^4+2x^3-7x^2-8x+12=0$

2단계 조립제법을 이용하여 사차식을 인수분해한다. 4점

$P(x)=x^4+2x^3-7x^2-8x+12$라 하면
$P(2)=0$, $P(-3)=0$이므로 $P(x)$는 $x-2$, $x+3$을 인수로 갖는다.
조립제법을 이용하여 $P(x)$를 인수분해하면

$$\begin{array}{r|rrrrr} 2 & 1 & 2 & -7 & -8 & 12 \\ & & 2 & 8 & 2 & -12 \\ \hline -3 & 1 & 4 & 1 & -6 & 0 \\ & & -3 & -3 & 6 & \\ \hline & 1 & 1 & -2 & 0 & \end{array}$$

$P(x)=(x-2)(x+3)(x^2+x-2)=(x-2)(x+3)(x-1)(x+2)$

3단계 나머지 두 근을 각각 구한다. 3점

주어진 방정식은 $(x-2)(x+3)(x-1)(x+2)=0$
$\therefore x=2$ 또는 $x=-3$ 또는 $x=1$ 또는 $x=-2$
따라서 나머지 두 근은 $x=1$ 또는 $x=-2$

1107

 정답 해설참조

1단계 조립제법을 이용하여 삼차식을 인수분해한다. 3점

$f(x)=x^3+3x^2+(k+4)x-k-8$라 하면
$f(1)=0$이므로
$f(x)$는 $x-1$을 인수로 갖는다.

$$\begin{array}{r|rrrr} 1 & 1 & 3 & k+4 & -k-8 \\ & & 1 & 4 & k+8 \\ \hline & 1 & 4 & k+8 & 0 \end{array}$$

조립제법을 이용하여 $f(x)$를 인수분해하면
$f(x)=(x-1)(x^2+4x+k+8)$

2단계 삼차방정식이 서로 다른 실근의 개수가 2일 때, 실수 k의 값을 구한다. 5점

주어진 방정식은 $(x-1)(x^2+4x+k+8)=0$
$\therefore x=1$ 또는 $x^2+4x+k+8=0$

이때 주어진 삼차방정식의 서로 다른 실근의 개수가 2인 경우는 다음과 같다.

(i) 방정식 $x^2+4x+k+8=0$의 해가 $x=1$ 또는 $x=$(1이 아닌 실근)인 경우

이차방정식 $x^2+4x+k+8=0$이 1을 근으로 가지므로

$1+4+k+8=0$ $\therefore k=-13$

이때 $x^2+4x-5=0$, $(x+5)(x-1)=0$이므로

$x=-5$ 또는 $x=1$ $\leftarrow f(x)=(x-1)^2(x+5)$

즉 $f(x)=0$의 실근은 $x=1$(중근) 또는 $x=-5$

이므로 $k=-13$은 주어진 조건을 만족시킨다.

(ii) 방정식 $x^2+4x+k+8=0$이 1이 아닌 실수를 중근으로 갖는 경우

이차방정식 $x^2+4x+k+8=0$의 판별식을 D라 할 때, $D=0$이어야 한다.

$\dfrac{D}{4}=2^2-1\times(k+8)=0$ $\therefore k=-4$

이때 $x^2+4x+4=0$, $(x+2)^2=0$이므로

$x=-2$ $\leftarrow f(x)=(x-1)(x+2)^2=0$

즉 $f(x)=0$의 실근은 $x=1$ 또는 $x=-2$(중근)

이므로 $k=-4$는 주어진 조건을 만족시킨다.

(i), (ii)에서 모든 실수 k의 값의 합은 $-13+(-4)=-17$

1108

$f(x)=x^3-(a-3)x^2+ax-4$로 놓으면

$f(1)=0$이므로

$f(x)$는 $x-1$을 인수로 갖는다.

조립제법을 이용하여 $f(x)$를 인수분해하면

$f(x)=(x-1)\{x^2+(4-a)x+4\}$

$$\begin{array}{r|rrrr} 1 & 1 & -(a-3) & a & -4 \\ & & 1 & 4-a & 4 \\ \hline & 1 & 4-a & 4 & 0 \end{array}$$

(i) $x=1$이 이차방정식 $x^2+(4-a)x+4=0$의 한 근일 때,

$x=1$을 대입하면 $1+(4-a)\times1+4=0$

$\therefore a=9$

(ii) 이차방정식 $x^2+(4-a)x+4=0$이 중근을 가질 때,

이 이차방정식의 판별식을 D라 하면 $D=0$이어야 한다.

$D=(4-a)^2-4\times1\times4=0$, $a^2-8a=0$

$\therefore a=0$ 또는 $a=8$

(i), (ii)에서 $a=0$ 또는 $a=8$ 또는 $a=9$

1109

$(x^2+x-1)(x^2+x+3)-5=0$에서 $x^2+x=X$로 놓으면

$(X-1)(X+3)-5=0$, $X^2+2X-8=0$, $(X+4)(X-2)=0$

$x^2+x=X$이므로

$(x^2+x+4)(x^2+x-2)=0$, $(x^2+x+4)(x+2)(x-1)=0$

사차방정식 $(x^2+x+4)(x+2)(x-1)=0$은 1, -2를 실근으로 갖는다.

즉 α, β는 $x^2+x+4=0$의 서로 다른 두 허근 $x=\dfrac{-1\pm\sqrt{15}\,i}{2}$

이차방정식 $x^2+x+4=0$에서 이차방정식의 근과 계수의 관계에 의하여

$\alpha\beta=4$

이때 α의 켤레복소수는 β이고 β의 켤레복소수는 α이므로 $\bar{\alpha}=\beta$, $\bar{\beta}=\alpha$

따라서 $\alpha\bar{\alpha}+\beta\bar{\beta}=2\alpha\beta=2\times4=8$

1110

삼차방정식 $x^3+ax^2+7x+b=0$에 $x=1+2i$를 대입하면

$(1+2i)^3+a(1+2i)^2+7(1+2i)+b=0$

$(-3a+b-4)+(4a+12)i=0$

a, b가 실수이므로 $-3a+b-4$, $4a+12$도 실수이다.

복소수가 서로 같은 조건에 의하여

$-3a+b-4=0$, $4a+12=0$

두 식을 연립하여 풀면 $a=-3$, $b=-5$

$f(x)=x^3-3x^2+7x-5$라 하면

$f(1)=0$이므로

$f(x)$는 $x-1$을 인수로 갖는다.

$$\begin{array}{r|rrrr} 1 & 1 & -3 & 7 & -5 \\ & & 1 & -2 & 5 \\ \hline & 1 & -2 & 5 & 0 \end{array}$$

조립제법을 이용하여 $f(x)$를 인수분해하면

$(x-1)(x^2-2x+5)=0$에서 $x=1$ 또는 $x^2-2x+5=0$

$\therefore x=1$ 또는 $x=1\pm2i$

따라서 나머지 두 근은 1, $1-2i$

1111

$\overline{PB}=x^2-x+6$, $\overline{BC}=2x$, $\overline{PA}=2\sqrt{6}x$이고

$\overline{PC}=\overline{PB}+\overline{BC}$

$\qquad=x^2-x+6+2x$

$\qquad=x^2+x+6$

원과 접선의 성질에 의하여

$\overline{PA}^2=\overline{PB}\times\overline{PC}$이므로

$(2\sqrt{6}x)^2=(x^2-x+6)(x^2+x+6)$

$24x^2=(x^2+6)^2-x^2=x^4+11x^2+36$

즉 $x^4-13x^2+36=0$

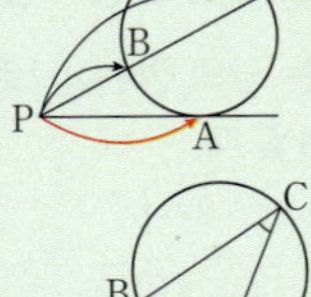

$x^2=X$로 치환하면 $X^2-13X+36=0$, $(X-4)(X-9)=0$

$\therefore X=4$ 또는 $X=9$

이때 $\overline{BC}=2x>0$, $\overline{PA}=2\sqrt{6}x>0$이므로 $x>0$

(i) $X=4$일 때, $x^2=4$에서 $x=2$ ($\because x>0$)

(ii) $X=9$일 때, $x^2=9$에서 $x=3$ ($\because x>0$)

(i), (ii)에 의하여 $x=2$ 또는 $x=3$이므로 모든 x값의 합은 $2+3=5$

원 밖의 한 점 P에서 원에 그은 접선과 할선이
그 원과 만나는 점을 각각 A, B, C라 하면
$\overline{PA}^2=\overline{PB}\times\overline{PC}$가 성립한다.

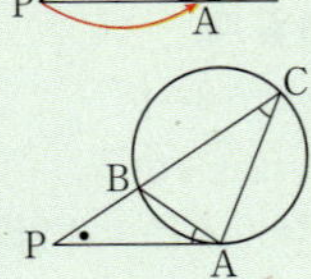

참고 삼각형 PBA와 삼각형 PAC가 닮음이므로

$\overline{PB}:\overline{PA}=\overline{PA}:\overline{PC}$

$\therefore \overline{PA}^2=\overline{PB}\times\overline{PC}$

그림과 같이 원 밖의 점 P에서 원에 그은 접선의 접점을 A라 하고 점 P를
지나는 직선이 원과 만나는 두 점을 B, C라 하자.

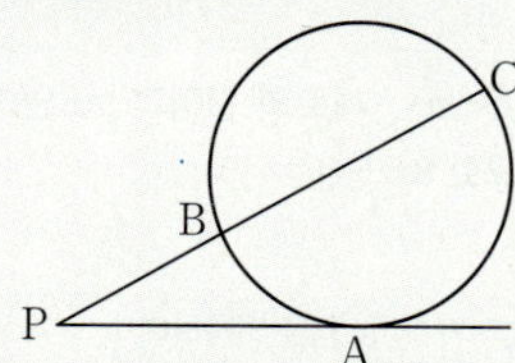

$\overline{PB}=x^2-4x+4$, $\overline{BC}=8x$, $\overline{PA}=3x$가 되도록 하는 모든 x의 값의 합을
구하는 과정을 다음 단계로 서술하여라.

[1단계] 접선과 할선 사이의 성질을 이용하여 사차방정식을 구한다. [4점]
[2단계] $x^2=X$로 치환하여 사차방정식의 해를 구한다. [5점]
[3단계] 모든 x의 값의 합을 구한다. [1점]

1단계 접선과 할선 사이의 성질을 이용하여 사차방정식을 구한다. **4점**

$\overline{PB}=x^2-4x+4$, $\overline{BC}=8x$, $\overline{PA}=3x$이고
$\overline{PC}=\overline{PB}+\overline{BC}$
$\quad=x^2-4x+4+8x$
$\quad=x^2+4x+4$

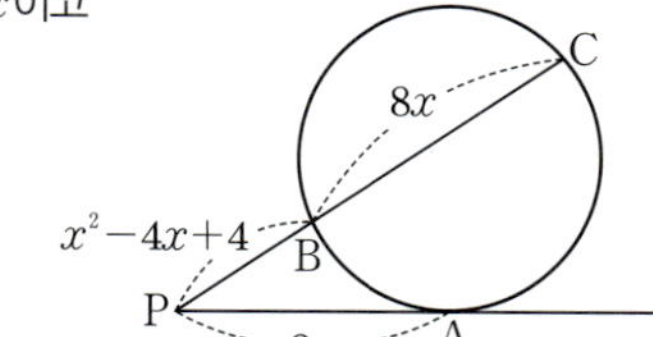

원과 접선의 성질에 의하여
$\overline{PA}^2=\overline{PB}\times\overline{PC}$이므로
$(3x)^2=(x^2-4x+4)(x^2+4x+4)$
$9x^2=(x^2+4)^2-(4x)^2=x^4-8x^2+16$
즉 $x^4-17x^2+16=0$

2단계 $x^2=X$로 치환하여 사차방정식의 해를 구한다. **5점**

$x^2=X$로 치환하면 $X^2-17X+16=0$, $(X-1)(X-16)=0$
$\therefore X=1$ 또는 $X=16$
이때 $\overline{BC}=8x>0$, $\overline{PA}=3x>0$이므로 $x>0$
(i) $X=1$일 때, $x^2=1$에서 $x=1\,(\because x>0)$
(ii) $X=16$일 때, $x^2=16$에서 $x=4\,(\because x>0)$

3단계 모든 x의 값의 합을 구한다. **1점**

(i), (ii)에 의하여 $x=1$ 또는 $x=4$이므로 모든 x값의 합은 $1+4=5$

정답 해설참조

1112

정답 해설참조

1단계 두 연립방정식의 공통인 해를 가지는 연립방정식을 세운다. **2점**

두 연립방정식 $\begin{cases}x-y=1\\x^2-3xy+y^2=a\end{cases}$ 와 $\begin{cases}2x^2-xy=6\\3x+by=1\end{cases}$의 공통인 해는

연립방정식 $\begin{cases}x-y=1 & \cdots\cdots\ \unicode{x24D8}\\2x^2-xy=6 & \cdots\cdots\ \unicode{x24D9}\end{cases}$

을 만족시킨다.

2단계 [1단계]의 연립방정식의 해를 구한다. **5점**

$\unicode{x24D8}$에서 $y=x-1$ $\quad\cdots\cdots\ \unicode{x24D2}$
$\unicode{x24D2}$을 $\unicode{x24D9}$에 대입하면 $2x^2-(x-1)x=6$, $x^2+x-6=0$
$(x+3)(x-2)=0$
$\therefore x=-3$ 또는 $x=2$
이를 $\unicode{x24D2}$에 각각 대입하면 $y=-4$ 또는 $y=1$

3단계 정수 a, b에 대하여 $a+b$의 값을 구한다. **3점**

(i) $x=-3$, $y=-4$를 $x^2-3xy+y^2=a$, $3x+by=1$에 각각 대입하면
$\quad 9-36+16=a$, $-9-4b=1$
$\quad\quad\therefore a=-11$, $b=-\dfrac{5}{2}$

(ii) $x=2$, $y=1$을 $x^2-3xy+y^2=a$, $3x+by=1$에 각각 대입하면
$\quad 4-6+1=a$, $6+b=1$
$\quad\quad\therefore a=-1$, $b=-5$

(i), (ii)에서 a, b는 정수이므로 $a=-1$, $b=-5$
따라서 $a+b=-1+(-5)=-6$

연립방정식 $\begin{cases}x-2y=-6\\3x^2-2xy+y^2=a\end{cases}$ 의 해 중에서 연립방정식

$\begin{cases}x^2-xy+y^2=12\\3x+by=4\end{cases}$을 만족시키는 해가 존재할 때, 정수 a, b에 대하여 $a+b$

의 값을 구하는 과정을 다음 단계로 서술하시오.

[1단계] 두 연립방정식의 공통인 해를 가지는 연립방정식을 세운다. [2점]
[2단계] [1단계]의 연립방정식의 해를 구한다. [5점]
[3단계] 정수 a, b에 대하여 $a+b$의 값을 구한다. [3점]

1단계 두 연립방정식의 공통인 해를 가지는 연립방정식을 세운다. **2점**

두 연립방정식 $\begin{cases}x-2y=-6\\3x^2-2xy+y^2=a\end{cases}$ 와 $\begin{cases}x^2-xy+y^2=12\\3x+by=4\end{cases}$의 공통인 해는

연립방정식 $\begin{cases}x-2y=-6 & \cdots\cdots\ \unicode{x24D8}\\x^2-xy+y^2=12 & \cdots\cdots\ \unicode{x24D9}\end{cases}$

을 만족시킨다.

2단계 [1단계]의 연립방정식의 해를 구한다. **5점**

$\unicode{x24D8}$에서 $x=2y-6$ $\quad\cdots\cdots\ \unicode{x24D2}$
$\unicode{x24D2}$을 $\unicode{x24D9}$에 대입하면 $(2y-6)^2-(2y-6)y+y^2=12$
$y^2-6y+8=0$, $(y-2)(y-4)=0$
$\therefore y=2$ 또는 $y=4$
이를 $\unicode{x24D2}$에 각각 대입하면 $x=-2$ 또는 $x=2$

3단계 정수 a, b에 대하여 $a+b$의 값을 구한다. **3점**

(i) $x=-2$, $y=2$를 $3x^2-2xy+y^2=a$, $3x+by=4$에 각각 대입하면
$\quad 12+8+4=a$, $-6+2b=4$
$\quad\quad\therefore a=24$, $b=5$

(ii) $x=2$, $y=4$를 $3x^2-2xy+y^2=a$, $3x+by=4$에 각각 대입하면
$\quad 12-16+16=a$, $6+4b=4$
$\quad\quad\therefore a=12$, $b=-\dfrac{1}{2}$

(i), (ii)에서 a, b는 정수이므로 $a=24$, $b=5$
따라서 $a+b=24+5=29$

정답 해설참조

1113

정답 해설참조

1단계 $2x^2+3xy-2y^2=0$의 좌변을 인수분해하여 두 일차방정식 구한다. **3점**

$\begin{cases}x^2+xy=12 & \cdots\cdots\ \unicode{x24D8}\\2x^2+3xy-2y^2=0 & \cdots\cdots\ \unicode{x24D9}\end{cases}$

$\unicode{x24D9}$의 좌변을 인수분해하면 $(x+2y)(2x-y)=0$
$\therefore x=-2y$ 또는 $x=\dfrac{1}{2}y$

2단계 연립방정식의 해 구한다. **5점**

(i) $x=-2y$를 $\unicode{x24D8}$에 대입하면 $4y^2-2y^2=12$, $2y^2=12$, $y=\pm\sqrt{6}$
$\quad\therefore \begin{cases}x=2\sqrt{6}\\y=-\sqrt{6}\end{cases}$ 또는 $\begin{cases}x=-2\sqrt{6}\\y=\sqrt{6}\end{cases}$

(ii) $x=\dfrac{1}{2}y$를 $\unicode{x24D8}$에 대입하면 $\dfrac{1}{4}y^2+\dfrac{1}{2}y^2=12$, $3y^2=48$, $y=\pm4$
$\quad\therefore \begin{cases}x=-2\\y=-4\end{cases}$ 또는 $\begin{cases}x=2\\y=4\end{cases}$

따라서 x, y는 자연수이므로 $y-x=4-2=2$

1114

1단계   대나무의 높이가 18자임을 이용하여 일차방정식을 세운다.   3점

대나무의 높이가 18자이므로 $x+y=18$

2단계   부러진 대나무로 만들어진 삼각형이 직각삼각형임을 이용하여 이차방정식을 세운다.   3점

직각삼각형에서 피타고라스 정리에 의하여 $x^2=y^2+6^2$

$\therefore x^2-y^2=36$

3단계   [1, 2단계]에서 구한 방정식을 연립하여 풀어 x, y의 값을 구한다.   4점

$\begin{cases} x+y=18 & \cdots\cdots \ \text{㉠} \\ x^2-y^2=36 & \cdots\cdots \ \text{㉡} \end{cases}$

㉠에서 $y=-x+18$ $\cdots\cdots$ ㉢

㉢을 ㉡에 대입하면 $x^2-(-x+18)^2=36$, $36x=360$

$\therefore x=10$

$x=10$을 ㉢에 대입하면 $y=8$

따라서 $x=10$, $y=8$

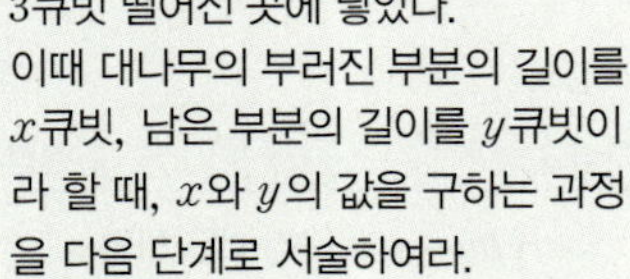

내/신/연/계/ 출제문항 522

오른쪽 그림과 같이 높이가 9큐빗인 대나무가 바람에 부러져서 그 끝이 처음 대나무가 나온 부분으로부터 3큐빗 떨어진 곳에 닿았다. 이때 대나무의 부러진 부분의 길이를 x큐빗, 남은 부분의 길이를 y큐빗이라 할 때, x와 y의 값을 구하는 과정을 다음 단계로 서술하여라.

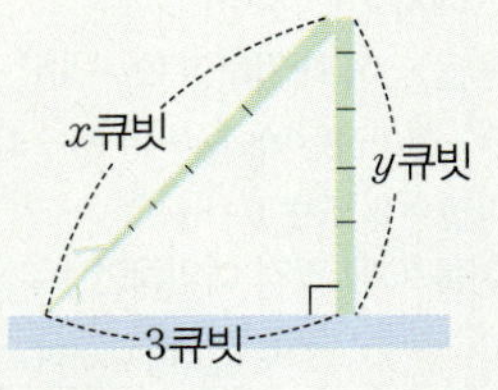

[1단계] 대나무의 높이가 9큐빗임을 이용하여 일차방정식을 세운다. [3점]
[2단계] 부러진 대나무로 만들어진 삼각형이 직각삼각형임을 이용하여 이차방정식을 세운다. [3점]
[3단계] [1, 2단계]에서 구한 방정식을 연립하여 풀어 x, y의 값을 구한다. [4점]

1단계   대나무의 높이가 9큐빗임을 이용하여 일차방정식을 세운다.   3점

대나무의 높이가 9큐빗이므로 $x+y=9$

2단계   부러진 대나무로 만들어진 삼각형이 직각삼각형임을 이용하여 이차방정식을 세운다.   3점

직각삼각형에서 피타고라스 정리에 의하여 $x^2=y^2+3^2$

$\therefore x^2-y^2=9$

3단계   [1, 2단계]에서 구한 방정식을 연립하여 풀어 x, y의 값을 구한다.   4점

$\begin{cases} x+y=9 & \cdots\cdots \ \text{㉠} \\ x^2-y^2=9 & \cdots\cdots \ \text{㉡} \end{cases}$

㉠에서 $y=-x+9$ $\cdots\cdots$ ㉢

㉢을 ㉡에 대입하면 $x^2-(-x+9)^2=9$, $18x=90$

$\therefore x=5$

$x=5$를 ㉢에 대입하면 $y=4$

따라서 $x=5$, $y=4$

1115

1단계   직육면체의 모서리의 길이가 40m임을 이용하여 x, y의 관계식을 세운다.   3점

가로의 길이와 높이가 모두 xm, 세로의 길이가 ym인 직육면체의 모든 모서리의 길이가 40m이므로 $8x+4y=40$

$\therefore 2x+y=10$

2단계   직육면체의 겉넓이가 34m^{2}임을 이용하여 x, y의 관계식을 세운다.   3점

직육면체의 겉넓이가 34m^{2}이므로 $2x^2+4xy=34$

$\therefore x^2+2xy=17$

3단계   가로의 길이 xm, 세로의 길이 ym를 구하고 $x+y$의 값을 구한다.   4점

$\begin{cases} 2x+y=10 & \cdots\cdots \ \text{㉠} \\ x^2+2xy=17 & \cdots\cdots \ \text{㉡} \end{cases}$

㉠에서 $y=10-2x$ $\cdots\cdots$ ㉢

㉢을 ㉡에 대입하면 $x^2+2x(10-2x)=17$, $3x^2-20x+17=0$

$(x-1)(3x-17)=0$

$\therefore x=1$ 또는 $x=\dfrac{17}{3}$

$x=1$을 ㉢에 대입하면 $y=8$

$x=\dfrac{17}{3}$을 ㉢에 대입하면 $y=-\dfrac{4}{3}$

그런데 $y>0$이므로 $x=1$, $y=8$

따라서 $x+y=9$(m)

1116

1단계   처음 자연수의 십의 자리 숫자를 x, 일의 자리 숫자를 y로 놓고 조건을 만족하는 연립방정식을 세운다.   3점

각 자리 숫자의 제곱의 합이 73이므로 $x^2+y^2=73$

일의 자리 숫자와 십의 자리 숫자를 바꾼 자연수와 처음 자연수의 합이 121이므로

$(10y+x)+(10x+y)=121$에서 $11x+11y=121$

$\therefore x+y=11$

$\begin{cases} x^2+y^2=73 & \cdots\cdots \ \text{㉠} \\ x+y=11 & \cdots\cdots \ \text{㉡} \end{cases}$

2단계   연립방정식의 해를 구한다.   5점

㉡에서 $y=-x+11$ $\cdots\cdots$ ㉢

㉢을 ㉠에 대입하면 $x^2+(-x+11)^2=73$

$x^2-11x+24=0$, $(x-3)(x-8)=0$

$\therefore x=3$ 또는 $x=8$

이를 ㉢에 각각 대입하면 $y=8$ 또는 $y=3$

$x=3$일 때 $y=8$, $x=8$일 때 $y=3$

3단계   처음 자연수를 구한다.   2점

따라서 처음 자연수는 38 또는 83

1117

정답 ⑤

STEP Ⓐ 조립제법을 이용하여 삼차식 인수분해하기

$f(x)=x^3+x^2+3(a-2)x-6a$라 하자.
$f(2)=0$이므로 $f(x)$는 $x-2$를 인수로 갖는다.
조립제법을 이용하여 $f(x)$를 인수분해하면

2	1	1	$3(a-2)$	$-6a$
		2	6	$6a$
	1	3	$3a$	0

$f(x)=(x-2)(x^2+3x+3a)$

STEP Ⓑ [보기]의 참, 거짓 판단하기

ㄱ. $f(x)=(x-2)(x^2+3x+3a)=0$에서 $x=2$ 또는 $x^2+3x+3a=0$이므로
적어도 하나의 실근을 갖는다. [참]

ㄴ. $f(x)=(x-2)(x^2+3x+3a)=0$이 오직 하나의 실근을 갖기 위해서는
이차방정식 $x^2+3x+3a=0$이 허근을 가져야 하므로
이차방정식의 판별식을 D라 하면 $D<0$이어야 한다.
$D=9-12a<0$ ∴ $a>\dfrac{3}{4}$ [참]

ㄷ. $f(x)=(x-2)(x^2+3x+3a)=0$이 중근을 갖는 경우는 다음과 같다.
(i) $x^2+3x+3a=0$의 근이 $x=2$일 때,
$4+6+3a=0$ ∴ $a=-\dfrac{10}{3}$
(ii) $x^2+3x+3a=0$이 2가 아닌 중근을 가질 때,
$D=9-12a=0$ ∴ $a=\dfrac{3}{4}$
(i), (ii)에서 실수 a는 2개이다. [참]
따라서 옳은 것은 ㄱ, ㄴ, ㄷ이다.

1118

정답 10

STEP Ⓐ 두 복소수가 서로 같을 조건을 이용하여 연립방정식 세우기

$(2x^2-3xy+y^2)+(x^2+xy-y^2-25)i=0$
두 복소수가 서로 같을 조건에 의하여
$\begin{cases} 2x^2-3xy+y^2=0 & \cdots\cdots\ ㉠ \\ x^2+xy-y^2=25 & \cdots\cdots\ ㉡ \end{cases}$

STEP Ⓑ 연립이차방정식의 실근 x, y의 값 구하기

㉠의 좌변을 인수분해하면 $(x-y)(2x-y)=0$이므로
$y=x$ 또는 $y=2x$
(i) $y=x$를 ㉡에 대입하면 $x^2=25$이므로
$x=-5$ 또는 $x=5$
$x=-5$일 때 $y=-5$, $x=5$일 때 $y=5$
∴ $x+y=-10$ 또는 $x+y=10$
(ii) $y=2x$를 ㉡에 대입하면 $x^2=-25$이므로 x가 실수라는 조건에 모순이다.
(i), (ii)에서 $x+y$의 최댓값은 $5+5=10$

1119

정답 2

STEP Ⓐ 조립제법을 이용하여 사차식 인수분해하기

조건 (가)에서 $f(x)=x^4+2x^3+3x^2-2x-4$이라 하면
$f(1)=0$, $f(-1)=0$이므로 $f(x)$는 $x-1$, $x+1$을 인수로 갖는다.
조립제법을 이용하여 $f(x)$를 인수분해하면

1	1	2	3	-2	-4
		1	3	6	4
-1	1	3	6	4	0
		-1	-2	-4	
	1	2	4	0	

즉 주어진 방정식은 $(x-1)(x+1)(x^2+2x+4)=0$
∴ $x=1$ 또는 $x=-1$ 또는 $x=-1+\sqrt{3}\,i$ 또는 $x=-1-\sqrt{3}\,i$

STEP Ⓑ $a-\sqrt{3}\,b$의 값 구하기

조건 (나)에서
$(z-\bar{z})i=\{(a+bi)-(a-bi)\}i=2bi^2=-2b$
이때 $(z-\bar{z})i$가 양의 실수이므로 $-2b>0$
∴ $b<0$
$z=-1-\sqrt{3}\,i$이므로 $a=-1$, $b=-\sqrt{3}$
따라서 $a-\sqrt{3}\,b=-1-\sqrt{3}\times(-\sqrt{3})=-1+3=2$

내신연계 출제문항 523

복소수 $z=a+bi\,(a,\ b$는 실수$)$가 다음 조건을 만족시킬 때, $a-\sqrt{2}\,b$의
값을 구하시오. (단, $i=\sqrt{-1}$이고 $\bar{z}$는 z의 켤레복소수이다.)

(가) z는 사차방정식 $x^4+3x^3+3x^2-x-6=0$의 근이다.
(나) $(z-\bar{z})i$는 양의 실수이다.

STEP Ⓐ 조립제법을 이용하여 사차식 인수분해하기

조건 (가)에서 $f(x)=x^4+3x^3+3x^2-x-6$이라 하면
$f(1)=0$, $f(-2)=0$이므로 $f(x)$는 $x-1$, $x+2$를 인수로 갖는다.
조립제법을 이용하여 $f(x)$를 인수분해하면

1	1	3	3	-1	-6
		1	4	7	6
-2	1	4	7	6	0
		-2	-4	-6	
	1	2	3	0	

즉 주어진 방정식은 $(x-1)(x+2)(x^2+2x+3)=0$
∴ $x=1$ 또는 $x=-2$ 또는 $x=-1-\sqrt{2}\,i$ 또는 $x=-1+\sqrt{2}\,i$

STEP Ⓑ $a-\sqrt{2}\,b$의 값 구하기

조건 (나)에서
$(z-\bar{z})i=\{(a+bi)-(a-bi)\}i=2bi^2=-2b$
이때 $(z-\bar{z})i$가 양의 실수이므로 $-2b>0$
∴ $b<0$
$z=-1-\sqrt{2}\,i$이므로 $a=-1$, $b=-\sqrt{2}$
따라서 $a-\sqrt{2}\,b=-1-\sqrt{2}\times(-\sqrt{2})=-1+2=1$

정답 1

1120

STEP Ⓐ 조립제법을 이용하여 사차식 인수분해하기

$f(x)=x^4+(k-1)x^3+3x^2-(k-1)x-4$라 하면

$f(1)=0$, $f(-1)=0$이므로 $f(x)$는 $x-1$, $x+1$을 인수로 갖는다.

조립제법을 이용하여 $f(x)$를 인수분해하면

		1	$k-1$	3	$-k+1$	-4
1			1	k	$k+3$	4
-1		1	k	$k+3$	4	0
			-1	$-k+1$	-4	
		1	$k-1$	4	0	

STEP Ⓑ 서로 다른 네 실근을 가질 조건 구하기

주어진 방정식 $(x-1)(x+1)\{x^2+(k-1)x+4\}=0$이 서로 다른 네 실근을 가지려면 이차방정식 $x^2+(k-1)x+4=0$이 1이 아니고 -1도 아닌 서로 다른 두 실근을 가져야 한다.

$Q(x)=x^2+(k-1)x+4$라 하면

(i) $Q(1)\neq 0$이므로 $1+k-1+4\neq 0$

  $\therefore k\neq -4$

(ii) $Q(-1)\neq 0$이므로 $1-k+1+4\neq 0$

  $\therefore k\neq 6$

(iii) $x^2+(k-1)x+4=0$의 판별식을 D라 하면 $D>0$이어야 한다.

  $D=(k-1)^2-16>0$, $k^2-2k-15>0$, $(k-5)(k+3)>0$

  $\therefore k<-3$ 또는 $k>5$

(i)~(iii)에 의하여 k의 값의 범위는

$k<-4$ 또는 $-4<k<-3$ 또는 $5<k<6$ 또는 $k>6$

따라서 10 이하의 자연수 k의 값의 합은 $7+8+9+10=34$

내·신·연·계 출제문항 524

사차방정식 $x^4+x^3+(k-1)x^2-x-k=0$이 서로 다른 네 실근을 가질 때, 실수 k의 값의 범위는?

① $k<-2$ 또는 $-2<k<0$ 또는 $0<k<\dfrac{1}{4}$

② $k<-1$ 또는 $-1<k<0$ 또는 $0<k<\dfrac{1}{2}$

③ $k<-3$ 또는 $-3<k<0$ 또는 $0<k<\dfrac{1}{3}$

④ $k<-5$ 또는 $-4<k<0$ 또는 $0<k<\dfrac{1}{5}$

⑤ $-2<k<0$ 또는 $0<k<\dfrac{1}{4}$

STEP Ⓐ 조립제법을 이용하여 사차식 인수분해하기

$f(x)=x^4+x^3+(k-1)x^2-x-k$라 하면

$f(1)=0$, $f(-1)=0$이므로 $f(x)$는 $x-1$, $x+1$을 인수로 갖는다.

조립제법을 이용하여 $f(x)$를 인수분해하면

		1	1	$k-1$	-1	$-k$
1			1	2	$k+1$	k
-1		1	2	$k+1$	k	0
			-1	-1	$-k$	
		1	1	k	0	

STEP Ⓑ 서로 다른 네 실근을 가질 조건 구하기

주어진 방정식 $(x-1)(x+1)(x^2+x+k)=0$이 서로 다른 네 실근을 가지려면 이차방정식 $x^2+x+k=0$이 1이 아니고 -1도 아닌 서로 다른 두 실근을 가져야 한다.

$Q(x)=x^2+x+k$라 하면

(i) $Q(1)\neq 0$이므로 $1+1+k\neq 0$ $\therefore k\neq -2$

(ii) $Q(-1)\neq 0$이므로 $1-1+k\neq 0$ $\therefore k\neq 0$

(iii) $x^2+x+k=0$의 판별식을 D라 하면 $D>0$이어야 한다.

  $D=1-4k>0$ $\therefore k<\dfrac{1}{4}$

(i)~(iii)에 의하여 k의 값의 범위는 $k<-2$ 또는 $-2<k<0$ 또는 $0<k<\dfrac{1}{4}$

1121

STEP Ⓐ 조건 (가)를 만족하는 상수 a의 값 구하기

삼차방정식 $x^3=1$의 한 허근이 ω이므로

$x^3-1=(x-1)(x^2+x+1)=0$에서

$\omega^3=1$, $\omega^2+\omega+1=0$ ← ω는 허근이므로 $\omega\neq 1$

$\omega^2+\omega+1=0$에서 $\omega+1=-\omega^2$, $\omega^2+1=-\omega$, $\omega^2+\omega=-1$이므로

$$\dfrac{1}{\omega+1}+\dfrac{1}{\omega^2+1}+\dfrac{1}{\omega^3+1}=\dfrac{1}{-\omega^2}+\dfrac{1}{-\omega}+\dfrac{1}{2}$$

$$=-\dfrac{\omega+\omega^2}{\omega^3}+\dfrac{1}{2}$$

$$=-\dfrac{-1}{1}+\dfrac{1}{2}=\dfrac{3}{2}$$

또한, $\omega^3=1$에서 $\omega=\omega^4=\omega^7=\cdots$이고 $\omega^2=\omega^5=\omega^8=\cdots$이므로

$$\dfrac{1}{\omega+1}+\dfrac{1}{\omega^2+1}+\dfrac{1}{\omega^3+1}+\dfrac{1}{\omega^4+1}+\dfrac{1}{\omega^5+1}+\cdots+\dfrac{1}{\omega^{30}+1}$$

$$=\left(\dfrac{1}{\omega+1}+\dfrac{1}{\omega^2+1}+\dfrac{1}{\omega^3+1}\right)+\left(\dfrac{1}{\omega+1}+\dfrac{1}{\omega^2+1}+\dfrac{1}{\omega^3+1}\right)+\cdots+\dfrac{1}{\omega^3+1}$$

$$=10\left(\dfrac{1}{\omega+1}+\dfrac{1}{\omega^2+1}+\dfrac{1}{\omega^3+1}\right)$$ ← 항이 3개씩 세트가 되어 같은 값이 나온다.

$$=10\times\dfrac{3}{2}=15$$

STEP Ⓑ 조건 (나)를 만족하는 상수 b의 값 구하기

ω는 $x^3+1=(x+1)(x^2-x+1)=0$의 한 허근이므로

$\omega^3=-1$, $\omega^2-\omega+1=0$

$\therefore 1+\omega+\omega^2+\cdots+\omega^8$

$\quad =(1+\omega+\omega^2)+\omega^3(1+\omega+\omega^2)+\omega^6(1+\omega+\omega^2)$

$\quad =(1+\omega+\omega^2)-(1+\omega+\omega^2)+(1+\omega+\omega^2)$

$\quad =1+\omega+\omega^2$

$\quad =1+\omega+(\omega-1)$

$\quad =2\omega$

이때 계수가 실수인 이차방정식 $x^2-x+1=0$의 한 허근이 ω이면 $\overline{\omega}$도 이차방정식의 한 근이므로

$\overline{\omega}^3=-1$, $\overline{\omega}^2-\overline{\omega}+1=0$

$\therefore 1+\overline{\omega}+\overline{\omega}^2+\cdots+\overline{\omega}^8$

$\quad =(1+\overline{\omega}+\overline{\omega}^2)+\overline{\omega}^3(1+\overline{\omega}+\overline{\omega}^2)+\overline{\omega}^6(1+\overline{\omega}+\overline{\omega}^2)$

$\quad =(1+\overline{\omega}+\overline{\omega}^2)-(1+\overline{\omega}+\overline{\omega}^2)+(1+\overline{\omega}+\overline{\omega}^2)$

$\quad =1+\overline{\omega}+\overline{\omega}^2$

$\quad =1+\overline{\omega}+(\overline{\omega}-1)$

$\quad =2\overline{\omega}$

$x^2-x+1=0$의 두 허근이 ω, $\overline{\omega}$이므로 근과 계수의 관계에 의하여

$\omega+\overline{\omega}=1$, $\omega\overline{\omega}=1$

$(1+\omega+\omega^2+\cdots+\omega^8)(1+\overline{\omega}+\overline{\omega}^2+\cdots+\overline{\omega}^8)=2\omega\times 2\overline{\omega}=4\omega\overline{\omega}=4$

STEP Ⓒ ab의 값 구하기

따라서 $a=15$, $b=4$이므로 $ab=60$

다음 조건을 만족하는 상수 a, b에 대하여 $a+b$의 값을 구하시오.

> (가) 방정식 $x^3=1$의 한 허근을 ω라 할 때,
> $$\frac{1}{\omega+1}+\frac{1}{\omega^2+1}+\frac{1}{\omega^3+1}+\cdots+\frac{1}{\omega^{90}+1}=a$$
> (나) 방정식 $x^3+1=0$의 한 허근을 ω라 할 때,
> $$(1+\omega+\omega^2+\cdots+\omega^{100})(1+\overline{\omega}+\overline{\omega}^2+\cdots+\overline{\omega}^{100})=b$$

STEP A 조건 (가)를 만족하는 상수 a의 값 구하기

삼차방정식 $x^3=1$의 한 허근이 ω이므로
$x^3-1=(x-1)(x^2+x+1)=0$에서
$\omega^3=1$, $\omega^2+\omega+1=0$ ← ω는 허근이므로 $\omega\neq1$
$\omega^2+\omega+1=0$에서 $\omega+1=-\omega^2$, $\omega^2+1=-\omega$, $\omega^2+\omega=-1$이므로

$$\frac{1}{\omega+1}+\frac{1}{\omega^2+1}+\frac{1}{\omega^3+1}=\frac{1}{-\omega^2}+\frac{1}{-\omega}+\frac{1}{2}$$
$$=\frac{-\omega+\omega^2}{\omega^3}+\frac{1}{2}$$
$$=\frac{-1}{1}+\frac{1}{2}=\frac{3}{2}$$

또한, $\omega^3=1$에서 $\omega=\omega^4=\omega^7=\cdots$이고 $\omega^2=\omega^5=\omega^8=\cdots$이므로

$$\frac{1}{\omega+1}+\frac{1}{\omega^2+1}+\frac{1}{\omega^3+1}+\frac{1}{\omega^4+1}+\frac{1}{\omega^5+1}+\cdots+\frac{1}{\omega^{90}+1}$$
$$=30\left(\frac{1}{\omega+1}+\frac{1}{\omega^2+1}+\frac{1}{\omega^3+1}\right)$$ ← 항이 3개씩 세트가 되어 같은 값이 나온다.
$$=30\times\frac{3}{2}=45$$

STEP B 조건 (나)를 만족하는 상수 b의 값 구하기

ω는 $x^3+1=(x+1)(x^2-x+1)=0$의 한 허근이므로
$\omega^3=-1$, $\omega^2-\omega+1=0$
$\therefore 1+\omega+\omega^2+\cdots+\omega^{100}$
$\quad=(1+\omega+\omega^2)+\omega^3(1+\omega+\omega^2)+\cdots+\omega^{96}(1+\omega+\omega^2)+\omega^{99}+\omega^{100}$
$\quad=(1+\omega+\omega^2)-(1+\omega+\omega^2)+\cdots+(1+\omega+\omega^2)-(1+\omega)$
$\quad=1+\omega+\omega^2-1-\omega$
$\quad=\omega^2$

이때 계수가 실수인 이차방정식 $x^2-x+1=0$의 한 허근이 ω이면
$\overline{\omega}$도 이차방정식의 한 근이므로
$\overline{\omega}^3=-1$, $\overline{\omega}^2-\overline{\omega}+1=0$
$\therefore 1+\overline{\omega}+\overline{\omega}^2+\cdots+\overline{\omega}^{100}$
$\quad=(1+\overline{\omega}+\overline{\omega}^2)+\overline{\omega}^3(1+\overline{\omega}+\overline{\omega}^2)+\cdots+\overline{\omega}^{96}(1+\overline{\omega}+\overline{\omega}^2)+\overline{\omega}^{99}+\overline{\omega}^{100}$
$\quad=(1+\overline{\omega}+\overline{\omega}^2)-(1+\overline{\omega}+\overline{\omega}^2)+\cdots+(1+\overline{\omega}+\overline{\omega}^2)-(1+\overline{\omega})$
$\quad=1+\overline{\omega}+\overline{\omega}^2-1-\overline{\omega}$
$\quad=\overline{\omega}^2$

$x^2-x+1=0$의 두 허근이 ω, $\overline{\omega}$이므로 근과 계수의 관계에 의하여
$\omega+\overline{\omega}=1$, $\omega\overline{\omega}=1$
$(1+\omega+\omega^2+\cdots+\omega^{100})(1+\overline{\omega}+\overline{\omega}^2+\cdots+\overline{\omega}^{100})=\omega^2\times\overline{\omega}^2=(\omega\overline{\omega})^2=1$

STEP C $a+b$의 값 구하기

따라서 $a=45$, $b=1$이므로 $a+b=45+1=46$

 정답 46

1122

 정답 83

STEP A $z^n=1$이 되는 최초의 자연수 n 구하기

$z=\dfrac{1-i}{1+i}=\dfrac{(1-i)^2}{(1+i)(1-i)}=\dfrac{-2i}{2}=-i$이므로 $z^4=(-i)^4=1$

STEP B $\omega^n=1$이 되는 최초의 자연수 n 구하기

복소수 $\omega=\dfrac{1+\sqrt{3}i}{2}$에 대하여

$$\omega^2=\left(\frac{1+\sqrt{3}i}{2}\right)^2=\frac{-1+\sqrt{3}i}{2}$$
$$\omega^3=\omega^2\times\omega=\left(\frac{-1+\sqrt{3}i}{2}\right)\times\left(\frac{1+\sqrt{3}i}{2}\right)=-1$$
$$\omega^3=-1$$이므로 $\omega^6=1$

STEP C 1000 이하의 자연수 n의 개수 구하기

따라서 $z^n+\omega^n=2$를 만족시키는 자연수 n은 4와 6의 공배수인 12의 배수이므로 1000 이하의 자연수 n의 개수는 83

$\dfrac{1000}{12}=83.3\times\times$

복소수 $z=\dfrac{1+i}{1-i}$이고, 방정식 $x^2-x+1=0$의 한 근을 ω라 할 때, $z^n+\omega^n=2$를 만족시키는 100 이하의 자연수 n의 개수를 구하시오.

STEP A $z^n=1$, $\omega^n=1$이 되는 최초의 자연수 n을 각각 구하기

$z=\dfrac{1+i}{1-i}=\dfrac{(1+i)^2}{(1-i)(1+i)}=\dfrac{2i}{2}=i$이므로 $z^4=i^4=1$

방정식 $x^2-x+1=0$의 한 근이 ω이므로 $\omega^2-\omega+1=0$
양변에 $\omega+1$을 곱하면 $(\omega+1)(\omega^2-\omega+1)=0$, $\omega^3+1=0$
즉 $\omega^3=-1$이므로 $\omega^6=1$

STEP B 100 이하의 자연수 n의 개수 구하기

따라서 $z^n+\omega^n=2$를 만족시키는 자연수 n은 4와 6의 공배수인 12의 배수이므로 100 이하의 자연수 n의 개수는 8

정답 8

1123

 정답 0

STEP A 삼차방정식의 근과 계수의 관계를 이용하여 a, b, c의 값 구하기

선미는 a, b를 잘못 보고 풀었으므로
선미가 푼 삼차방정식을 $x^3+a_1x^2+b_1x+c=0$이라 하면
세 근의 곱은 $-c=(-3)\times0\times2=0$ $\therefore c=0$
경래는 b, c를 잘못 보고 풀었으므로
경래가 푼 삼차방정식을 $x^3+ax^2+b_2x+c_2=0$이라 하면
세 근의 합은 $-a=(-2)+(1+i)+(1-i)=0$ $\therefore a=0$
승균이는 a, c를 잘못 보고 풀었으므로
승균이가 푼 삼차방정식을 $x^3+a_3x^2+bx+c_3=0$이라 하면
두 근끼리의 곱의 합은
$b=(-2)\times(-1)+(-1)\times2+2\times(-2)=-4$ $\therefore b=-4$

STEP B 처음의 삼차방정식의 세 근의 합 구하기

즉 처음의 삼차방정식은 $x^3-4x=0$이므로 $x(x+2)(x-2)=0$
$\therefore x=-2$ 또는 $x=0$ 또는 $x=2$
따라서 처음의 삼차방정식의 세 근의 합은 $-2+0+2=0$

1124

2015년 09월 고1 학력평가 15번 　정답 ②

STEP A　삼차방정식의 켤레근 구하기

계수가 실수인 삼차방정식 $x^3+ax^2+bx+c=0$의
한 근이 $1+\sqrt{3}\,i$이므로 $1-\sqrt{3}\,i$도 근이 된다.
계수가 실수이므로 허근에 대한 켤레근이 생긴다.
이때 $1+\sqrt{3}\,i$ 또는 $1-\sqrt{3}\,i$가 이차방정식 $x^2+ax+2=0$의 근이면
a가 실수인 이차방정식은 존재하지 않는다.
즉 주어진 삼차방정식과 이차방정식의 공통근 m은 $m\neq1\pm\sqrt{3}\,i$이다.

> **+α**　| $m\neq1\pm\sqrt{3}\,i$인 이유!
>
> a가 실수이므로 $x^2+ax+2=0$의 한 근이 $1+\sqrt{3}\,i$ 또는 $1-\sqrt{3}\,i$이면
> 두 근의 곱은 $(1+\sqrt{3}\,i)(1-\sqrt{3}\,i)\neq2$
> 즉 $1+\sqrt{3}\,i$ 또는 $1-\sqrt{3}\,i$는 $x^2+ax+2=0$의 근이 아니다.

STEP B　공통인 근 m의 값 구하기

삼차방정식의 세 근은 $1+\sqrt{3}\,i$, $1-\sqrt{3}\,i$, m이므로
삼차방정식의 근과 계수의 관계에 의하여
$(1+\sqrt{3}\,i)+(1-\sqrt{3}\,i)+m=-a$
$\therefore a=-2-m$　　　　……　㉠
$(1+\sqrt{3}\,i)(1-\sqrt{3}\,i)+(1-\sqrt{3}\,i)m+m(1+\sqrt{3}\,i)=b$
$\therefore b=4+2m$
$(1+\sqrt{3}\,i)(1-\sqrt{3}\,i)m=-c$
$\therefore c=-4m$

> **+α**　| 계수비교법을 이용하여 a, b, c를 구할 수 있어!
>
> 두 근 $1+\sqrt{3}\,i$, $1-\sqrt{3}\,i$를 만족하는 이차방정식을 구하면 근과 계수의 관계에 의하여
> 두 근의 합과 곱은 각각 2, 4이므로 $x^2-2x+4=0$이고
> 이차식 x^2-2x+4와 일차식 $x-m$이 주어진 삼차방정식의 인수이므로
> $x^3+ax^2+bx+c=(x^2-2x+4)(x-m)$
> 　　　　　　　　$=x^3+(-m-2)x^2+(2m+4)x-4m$
> 이차항의 계수를 비교하면 $a=-m-2$, $b=2m+4$, $c=-4m$

한편 공통인 근이 m이므로 $x=m$을 $x^2+ax+2=0$에 대입하면
$m^2+am+2=0$
위 식에 ㉠을 대입하면 $m^2+(-m-2)m+2=0$
따라서 $-2m+2=0$이므로 $m=1$

> **+α**　| 좌변을 인수분해하여 m의 값을 구할 수 있어!
>
> 삼차방정식 $x^3+ax^2+bx+c=0$의 세 근은 m, $1+\sqrt{3}\,i$, $1-\sqrt{3}\,i$이므로
> x^3+ax^2+bx+c　　　두 수 $1+\sqrt{3}\,i$, $1-\sqrt{3}\,i$를 근으로 하고
> $=(x-m)\{x-(1+\sqrt{3}\,i)\}\{x-(1-\sqrt{3}\,i)\}$　이차항의 계수가 1인 이차방정식을 구하면
> $=(x-m)(x^2-2x+4)$　　근과 계수의 관계에 의하여
> $=x^3-(2+m)x^2+(4+2m)x-4m$　(두 근의 합)=2, (두 근의 곱)=4
> 양변의 이차항의 계수를 비교하면　이므로 $x^2-2x+4=0$
> $\therefore a=-(2+m)$　　……　㉠
> 또, 이차방정식 $x^2+ax+2=0$도 m을 근으로 가지므로
> $m^2+am+2=0$　　……　㉡
> ㉠을 ㉡에 대입하면 $m^2-(2+m)m+2=0$
> 따라서 $-2m+2=0$이므로 $m=1$

세 실수 a, b, c에 대하여 한 근이 $1+\sqrt{2}\,i$인 방정식 $x^3+ax^2+bx+c=0$
과 이차방정식 $x^2+ax+4=0$이 공통인 근 m을 가질 때, $m+a+b+c$의
값은? (단, $i=\sqrt{-1}$)

① 2　　　　　② 1　　　　　③ 0
④ -1　　　　⑤ -2

STEP A　삼차방정식의 켤레근 구하기

계수가 실수인 삼차방정식 $x^3+ax^2+bx+c=0$의
한 근이 $1+\sqrt{2}\,i$이므로 $1-\sqrt{2}\,i$도 근이 된다.
계수가 실수이므로 허근에 대한 켤레근이 생긴다.
이때 $1+\sqrt{2}\,i$ 또는 $1-\sqrt{2}\,i$가 이차방정식 $x^2+ax+2=0$의 근이면
a가 실수인 이차방정식은 존재하지 않는다.
즉 주어진 삼차방정식과 이차방정식의 공통근 m은 $m\neq1\pm\sqrt{2}\,i$이다.

> **+α**　| $m\neq1\pm\sqrt{2}\,i$인 이유!
>
> a가 실수이므로 $x^2+ax+2=0$의 한 근이 $1+\sqrt{2}\,i$ 또는 $1-\sqrt{2}\,i$이면
> 두 근의 곱은 $(1+\sqrt{2}\,i)(1-\sqrt{2}\,i)\neq2$
> 즉 $1+\sqrt{2}\,i$ 또는 $1-\sqrt{2}\,i$는 $x^2+ax+2=0$의 근이 아니다.

STEP B　공통인 근 m의 값 구하기

삼차방정식의 세 근은 $1+\sqrt{2}\,i$, $1-\sqrt{2}\,i$, m이므로
삼차방정식의 근과 계수의 관계에 의하여
$(1+\sqrt{2}\,i)+(1-\sqrt{2}\,i)+m=-a$
$\therefore a=-2-m$　　　　……　㉠
$(1+\sqrt{2}\,i)(1-\sqrt{2}\,i)+(1-\sqrt{2}\,i)m+m(1+\sqrt{2}\,i)=b$
$\therefore b=3+2m$　　　　……　㉡
$(1+\sqrt{2}\,i)(1-\sqrt{2}\,i)m=-c$
$\therefore c=-3m$　　　　……　㉢

> **+α**　| 계수비교법을 이용하여 a, b, c를 구할 수 있어!
>
> 두 근 $1+\sqrt{2}\,i$, $1-\sqrt{2}\,i$를 만족하는 이차방정식을 구하면 근과 계수의 관계에 의하여
> 두 근의 합과 곱은 각각 2, 3이므로 $x^2-2x+3=0$이고
> 이차식 x^2-2x+3과 일차식 $x-m$이 주어진 삼차방정식의 인수이므로
> $x^3+ax^2+bx+c=(x^2-2x+3)(x-m)$
> 　　　　　　　　$=x^3+(-2-m)x^2+(3+2m)x-3m$
> 이차항의 계수를 비교하면 $a=-2-m$, $b=3+2m$, $c=-3m$

한편 공통인 근이 m이므로 $x=m$을 $x^2+ax+4=0$에 대입하면
$m^2+am+4=0$
위 식에 ㉠을 대입하면 $m^2+(-m-2)m+4=0$
즉 $-2m+4=0$이므로 $m=2$

STEP C　$m+a+b+c$의 값 구하기

$m=2$를 ㉠, ㉡, ㉢에 각각 대입하면 $a=-4$, $b=7$, $c=-6$
따라서 $m+a+b+c=2+(-4)+7+(-6)=-1$　　정답 ④

1125
2018년 03월 고2 학력평가 가형 14번 〔정답〕①

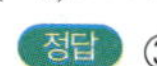

STEP A 주어진 식의 좌변을 전개하여 정리하기

$(1+x)(1+x^2)(1+x^4)=x^7+x^6+x^5+x^4$

좌변을 전개하면

$(1+x)(1+x^2)(1+x^4)=(1+x+x^2+x^3)(1+x^4)$
$\qquad\qquad\qquad\qquad\quad =1+x+x^2+x^3+x^4+x^5+x^6+x^7$

이므로

$1+x+x^2+x^3+x^4+x^5+x^6+x^7=x^7+x^6+x^5+x^4$ ← 공통된 부분 삭제

$\therefore 1+x+x^2+x^3=0$

STEP B 삼차방정식을 인수분해하여 $\alpha+\beta+\gamma$의 값 구하기

$1+x+x^2+x^3=0$에서 인수분해를 이용하면

$(1+x)+x^2(1+x)=0$

$(1+x)(1+x^2)=0$

$\therefore x=-1$ 또는 $x^2=-1$ ← $x=\pm i$

즉, $x=-1$ 또는 $x=i$ 또는 $x=-i$

따라서 주어진 방정식의 세 근은 $-1,\ i,\ -i$ 이므로

$\alpha^4+\beta^4+\gamma^4=(-1)^4+i^4+(-i)^4$
$\qquad\qquad\quad =1+1+1=3$

〔다른풀이〕 인수분해를 이용하여 풀이하기

STEP A 주어진 식의 우변을 인수분해하기

우변을 인수분해하면

$x^7+x^6+x^5+x^4=x^4(x^3+x^2+x+1)$ ← 공통인수인 x^4으로 묶는다.
$\qquad\qquad\qquad\quad =x^4\{x^2(x+1)+x+1\}$
$\qquad\qquad\qquad\quad =x^4(x^2+1)(x+1)$

STEP B 방정식의 우변을 이항하여 정리한 후 $\alpha^4+\beta^4+\gamma^4$의 값 구하기

$(1+x)(1+x^2)(1+x^4)=x^4(1+x)(1+x^2)$

$(1+x)(1+x^2)(1+x^4-x^4)=0$ ← 우변을 이항하여 공통인수로 묶는다.

$(1+x)(1+x^2)=0$

$\therefore x=-1$ 또는 $x^2=-1$

따라서 주어진 방정식의 세 근은 $-1,\ i,\ -i$이므로

$\alpha^4+\beta^4+\gamma^4=-1^4+i^4+(-i)^4=1+1+1=3$

x에 대한 방정식 $(1+x)(1+x^2)(1+x^3)=x^6+x^5+x^4+x^3$의 세 근을
각각 α, β, γ라 할 때, $\alpha\beta\gamma$의 값은?

①-3 　②-2 　③-1
④ 1 　⑤ 2

STEP A 주어진 식의 좌변을 전개하여 정리하기

주어진 식의 좌변을 전개하면

$(1+x)(1+x^2)(1+x^3)=(1+x+x^2+x^3)(1+x^3)$
$\qquad\qquad\qquad\qquad\quad =1+x+x^2+2x^3+x^4+x^5+x^6$

이므로

$1+x+x^2+2x^3+x^4+x^5+x^6=x^6+x^5+x^4+x^3$

$\therefore 1+x+x^2+x^3=0$

STEP B 삼차방정식을 인수분해하여 $\alpha\beta\gamma$의 값 구하기

$(1+x)+x^2(1+x)=0$이므로 $(1+x)(1+x^2)=0$

$x=-1$ 또는 $x^2=-1$

$\therefore x=-1$ 또는 $x=i$ 또는 $x=-i$

따라서 주어진 방정식의 세 근은 $-1,\ i,\ -i$이므로 $\alpha\beta\gamma=-1\times i\times(-i)=-1$

〔다른풀이〕 인수분해를 이용하여 풀이하기

STEP A 주어진 식의 우변을 인수분해하기

주어진 식의 우변을 인수분해하면
$x^6+x^5+x^4+x^3=x^3(x^3+x^2+x+1)$ ← 공통인수인 x^3으로 묶는다.
$\qquad\qquad\qquad\quad =x^3\{x^2(x+1)+x+1\}$
$\qquad\qquad\qquad\quad =x^3(x^2+1)(x+1)$

STEP B 방정식의 우변을 이항하여 정리한 후 $\alpha\beta\gamma$의 값 구하기

$(1+x)(1+x^2)(1+x^3)=x^3(1+x)(1+x^2)$

$(1+x)(1+x^2)(1+x^3-x^3)=0$ ← 우변을 이항하여 공통인수로 묶는다.

$(1+x)(1+x^2)=0$

$\therefore x=-1$ 또는 $x=\pm i$

따라서 주어진 방정식의 세 근은 $-1,\ i,\ -i$이므로 $\alpha\beta\gamma=-1\times i\times(-i)=-1$

〔정답〕③

1126
2024년 06월 고1 학력평가 20번 〔정답〕①

〔문항분석〕

조립제법을 이용하여 삼차방정식의 근을 찾고 α, β, γ가 될 수 있는 값을 경우로 나누어 근을 구한 후 이차방정식의 근과 계수의 관계와 이차방정식의 근을 대입하면서 a의 값을 구하도록 한다.

STEP A 조립제법을 이용하여 삼차식 인수분해하기

삼차방정식 $x^3-(a^2+a-1)x^2-a(a-3)x+4a=0$에서

$x=-1$을 대입하면 $-1-(a^2+a-1)+a(a-3)+4a=0$이므로

조립제법을 이용하여 인수분해하면

-1	1	$-a^2-a+1$	$-a^2+3a$	$4a$
		-1	a^2+a	$-4a$
	1	$-a^2-a$	$4a$	0

$\therefore x^3-(a^2+a-1)x^2-a(a-3)x+4a=(x+1)\{x^2-(a^2+a)x+4a\}$

STEP B α, β, γ의 값을 나누어 실수 a의 값 구하기

삼차방정식의 한 근이 $x=-1$이므로
다음과 같이 나누어 a의 값을 구할 수 있다.

(i) $\alpha=-1$인 경우

　$\alpha=-1$일 때, $\alpha\times\gamma=-4$에서 $\gamma=4$

　이때 $x=\gamma$는 이차방정식 $x^2-(a^2+a)x+4a=0$의 근이므로

　$x=4$를 대입하면 $16-4(a^2+a)+4a=0$, $(a-2)(a+2)=0$

　$\therefore a=2$ 또는 $a=-2$

　① $a=2$일 때,

　　이차방정식 $x^2-6x+8=0$, $(x-2)(x-4)=0$이므로 $\beta=2$

　　$\alpha<\beta<\gamma$를 만족시킨다. ← $-1<2<4$

　② $a=-2$일 때,

　　이차방정식 $x^2-2x-8=0$, $(x-4)(x+2)=0$이므로 $\beta=-2$

　　이때 $\alpha<\beta<\gamma$를 만족시키지 않는다.

(ii) $\beta=-1$인 경우

　$\beta=-1$일 때, α, γ는 이차방정식 $x^2-(a^2+a)x+4a=0$의

　서로 다른 두 실근이다.

　이때 $\alpha\times\gamma=-4$이므로 근과 계수의 관계에 의하여 $4a=-4$

　$a=-1$을 이차방정식 $x^2-(a^2+a)x+4a=0$에 대입하면

　즉 $\alpha=-2$, $\gamma=2$이므로 $\alpha<\beta<\gamma$를 만족시킨다. ← $-2<-1<2$

(iii) $\gamma=-1$인 경우

　$\gamma=-1$일 때, $\alpha\times\gamma=-4$에서 $\alpha=4$

　이때 $\alpha<\beta<\gamma$를 만족시키지 않는다.

(i)∼(iii)에 의해 $a=2$ 또는 $a=-1$이므로 모든 a의 값의 합은 1

x에 대한 삼차방정식 $x^3+(4a+1)x^2+(2a+1)^2x+(4a^2+1)=0$이 서로 다른 세 근 α, β, γ를 가질 때, $\alpha+\gamma=4$가 되도록 하는 실수 a의 값은?

① -1 ② -2 ③ -3
④ -4 ⑤ -5

STEP A 조립제법을 이용하여 삼차식 인수분해하기

삼차방정식 $x^3+(4a+1)x^2+(2a+1)^2x+(4a^2+1)=0$에서
$x=-1$을 대입하면 $-1+(4a+1)-(2a+1)^2+(4a^2+1)=0$이므로

$$
\begin{array}{c|cccc}
-1 & 1 & 4a+1 & 4a^2+4a+1 & 4a^2+1 \\
   &   & -1   & -4a   & -4a^2-1 \\
\hline
   & 1 & 4a   & 4a^2+1   & 0
\end{array}
$$

조립제법을 이용하여 인수분해하면
$\therefore\ x^3+(4a+1)x^2+(2a+1)^2x+(4a^2+1)=(x+1)(x^2+4ax+4a^2+1)$

STEP B α, β, γ의 값을 나누어 실수 a의 값 구하기

삼차방정식의 한 근이 $x=-1$이므로
다음과 같이 나누어 a의 값을 구할 수 있다.
(i) $\alpha=-1$인 경우
　　　$\alpha=-1$일 때, $\alpha+\gamma=4$에서 $\gamma=5$
　　　이때 $x=\gamma$는 이차방정식 $x^2+4ax+4a^2+1=0$의 근이므로
　　　$x=5$를 대입하면 $25+20a+4a^2+1=0$
　　　$2a^2+10a+13=0$
　　　이때 a에 대한 이차방정식 $2a^2+10a+13=0$의 판별식을 D라 하면
　　　$\dfrac{D}{4}=25-26<0$이므로 서로 다른 두 허근을 갖는다.
　　　즉 a가 실수라는 조건을 만족시키지 않는다.
(ii) $\beta=-1$인 경우
　　　$\beta=-1$일 때 α, γ는 이차방정식 $x^2+4ax+4a^2+1=0$의 두 근이다.
　　　$\alpha+\gamma=4$에서 근과 계수의 관계의 의하여
　　　두 근의 합 $-4a=4$이므로 $a=-1$
(iii) $\gamma=-1$인 경우
　　　$\gamma=-1$일 때, $\alpha+\gamma=4$에서 $\alpha=5$
　　　이때 $x=\alpha$는 이차방정식 $x^2+4ax+4a^2+1=0$의 근이므로
　　　$x=5$를 대입하면 $25+20a+4a^2+1=0$
　　　$2a^2+10a+13=0$
　　　이때 a에 대한 이차방정식 $2a^2+10a+13=0$의 판별식을 D하면
　　　$\dfrac{D}{4}=25-26<0$이므로 서로 다른 두 허근을 갖는다.
　　　즉 a가 실수라는 조건을 만족시키지 않는다.
(i)~(iii)에서 실수 a의 값은 -1

정답 ①

1127

2016년 03월 고2 학력평가 가형 30번　　**정답** 46

문항 분석

주어진 삼차방정식을 (일차식)×(이차식)$=0$으로 인수분해한 후 근과 계수의 관계를 이용하여 주어진 조건을 만족하는 순서쌍 (a, b)의 개수를 구한다.

STEP A 주어진 삼차식을 인수분해하기

$ax^3+2bx^2+4bx+8a$
$=a(x^3+8)+2bx(x+2)$
$=a(x+2)(x^2-2x+4)+2bx(x+2)$
$=(x+2)(ax^2-2ax+4a+2bx)$
$=(x+2)\{ax^2-2(a-b)x+4a\}$　　……㉠

+α | 조립제법을 이용하여 주어진 식을 인수분해할 수 있어!

$f(x)=ax^3+2bx^2+4bx+8a$라 하면
$f(-2)=0$이므로 $f(x)$는 $x+2$를 인수로 가진다.
조립제법을 이용하여 $f(x)$를 인수분해하면

$$
\begin{array}{c|cccc}
-2 & a & 2b   & 4b   & 8a \\
   &   & -2a & -4b+4a & -8a \\
\hline
   & a & 2b-2a & 4a   & 0
\end{array}
$$

$f(x)=(x+2)\{ax^2-2(a-b)x+4a\}$

STEP B 삼차방정식의 서로 다른 두 정수인 근 파악하기

주어진 삼차방정식은 $(x+2)\{ax^2-2(a-b)x+4a\}=0$
$\therefore\ x=-2$ 또는 $ax^2-2(a-b)x+4a=0$
즉 삼차방정식이 서로 다른 세 정수를 근으로 가지려면
$ax^2-2(a-b)x+4a=0$이 -2가 아닌 서로 다른 두 정수를 근으로 가져야 한다.
이때 이차방정식 $ax^2-2(a-b)x+4a=0$의 두 근을 α, $\beta(\alpha<\beta)$라 하면

이차방정식의 근과 계수의 관계에 의하여 $\alpha+\beta=\dfrac{2(a-b)}{a}$, $\alpha\beta=\dfrac{4a}{a}=4$

이므로 곱해서 4가 되고 -2가 아닌 서로 다른 두 정수의 근은 다음과 같다.
$$\begin{cases}\alpha=1 \\ \beta=4\end{cases} \text{또는} \begin{cases}\alpha=-4 \\ \beta=-1\end{cases}$$

STEP C 주어진 조건을 만족시키는 순서쌍 (a, b)의 개수 구하기

(i) $\alpha=1$, $\beta=4$일 때,

$$\alpha+\beta=\dfrac{2(a-b)}{a}=5,\ 2(a-b)=5a$$

$\therefore b=-\dfrac{3}{2}a(a\neq0)$　←— $a=0$이면 삼차방정식이 0이 아니다.

$a=32$이면 $b=-\dfrac{3}{2}\times32=-48$이므로

$|a|\leq50$, $|b|\leq50$, $b=-\dfrac{3}{2}a$를 만족하는 최대의 정수 a를 찾는다.

조건을 만족시키는 순서쌍 (a, b)의 개수는
$a, b\,(a\neq0)$가 정수이고 $b=-\dfrac{3}{2}a$를 만족해야 하므로 $a=2k\,(k$는 0이 아닌 정수$)$

$(2, -3)$, $(4, -6)$, $\cdots$, $(32, -48)$,
$(-2, 3)$, $(-4, 6)$, $\cdots$, $(-32, 48)$의 32이다.

+α | 순서쌍의 개수를 다음과 같이 구할 수도 있어!

$|b|\leq50$에 의하여 $\left|-\dfrac{3}{2}a\right|\leq50$, $-50\leq\dfrac{3}{2}a\leq50$, $-\dfrac{100}{3}\leq a\leq\dfrac{100}{3}$
b가 정수가 되려면 a는 0을 제외한 -32부터 32까지의 짝수이어야 하므로
a의 개수는 32이다.

(ii) $\alpha=-4$, $\beta=-1$일 때,

$$\alpha+\beta=\dfrac{2(a-b)}{a}=-5,\ 2(a-b)=-5a$$

$\therefore b=\dfrac{7}{2}a\,(a\neq0)$

$a=14$이면 $b=\dfrac{7}{2}\times14=49$이므로

$|a|\leq50$, $|b|\leq50$, $b=\dfrac{7}{2}a$를 만족하는 최대의 정수 b를 찾는다.

조건을 만족시키는 순서쌍 (a, b)의 개수는
$a, b\,(a\neq0)$가 정수이고 $b=\dfrac{7}{2}a$를 만족해야 하므로 $a=2k\,(k$는 0이 아닌 정수$)$

$(2, 7)$, $(4, 14)$, $\cdots$, $(14, 49)$,
$(-2, -7)$, $(-4, -14)$, $\cdots$, $(-14, -49)$의 14이다.

+α | 순서쌍의 개수를 다음과 같이 구할 수도 있어!

$|b|\leq50$에 의하여 $\left|\dfrac{7}{2}a\right|\leq50$, $-50\leq\dfrac{7}{2}a\leq50$, $-\dfrac{100}{7}\leq a\leq\dfrac{100}{7}$
b가 정수가 되려면 a는 0을 제외한 -14부터 14까지의 짝수이어야 하므로
a의 개수는 14이다.

(i), (ii)에서 조건을 만족시키는 순서쌍 (a, b)의 개수는 $32+14=46$

x에 대한 삼차방정식 $ax^3+3bx^2-9bx-27a=0$이 서로 다른 세 정수를 근으로 갖는다. 두 정수 a, b가 $|a|\le 100$, $|b|\le 100$일 때, 순서쌍 (a, b)의 개수를 구하시오.

STEP A 주어진 삼차식을 인수분해하기

$$ax^3+3bx^2-9bx-27a$$
$$=a(x^3-27)+3bx(x-3)$$
$$=a(x-3)(x^2+3x+9)+3bx(x-3)$$
$$=(x-3)\{ax^2+3(a+b)x+9a\} \quad \cdots\cdots ㉠$$

+α | 조립제법을 이용하여 주어진 식을 인수분해할 수 있어!

$f(x)=ax^3+3bx^2-9bx-27a$라 하면
$f(3)=0$이므로 $f(x)$는 $x-3$을 인수로 가진다.
조립제법을 이용하여 $f(x)$를 인수분해하면

3	a	$3b$	$-9b$	$-27a$
		$3a$	$9a+9b$	$27a$
	a	$3a+3b$	$9a$	0

$f(x)=(x-3)\{ax^2+3(a+b)x+9a\}$

STEP B 삼차방정식의 서로 다른 두 정수인 근 파악하기

주어진 방정식은 $(x-3)\{ax^2+3(a+b)x+9a\}=0$
$\therefore x=3$ 또는 $ax^2+3(a+b)x+9a=0$
즉 삼차방정식이 서로 다른 세 정수를 근으로 가지려면
$ax^2+3(a+b)x+9a=0$이 3이 아닌 서로 다른 두 정수를 근으로 가져야 한다.
이때 이차방정식 $ax^2+3(a+b)x+9a=0$의 두 근을 α, $\beta(\alpha<\beta)$라 하면

이차방정식의 근과 계수의 관계에 의하여 $\alpha+\beta=-\dfrac{3(a+b)}{a}$, $\alpha\beta=\dfrac{9a}{a}=9$

이므로 곱해서 9가 되고 3이 아닌 서로 다른 두 정수의 근은 다음과 같다.

$$\begin{cases} \alpha=1 \\ \beta=9 \end{cases} \text{ 또는 } \begin{cases} \alpha=-9 \\ \beta=-1 \end{cases}$$

STEP C 주어진 조건을 만족시키는 순서쌍 (a, b)의 개수 구하기

(i) $\alpha=1$, $\beta=9$일 때,

$$\alpha+\beta=-\dfrac{3(a+b)}{a}=10, \ -3(a+b)=10a$$

$$\therefore b=-\dfrac{13}{3}a(a\neq 0) \quad \leftarrow a=0\text{이면 삼차방정식이 아니다.}$$

$a=21$이면 $b=-\dfrac{13}{3}\times 21=-91$이므로

조건을 만족시키는 순서쌍 (a, b)의 개수는

$(3, -13)$, $(6, -26)$, $\cdots$, $(21, -91)$,

$(-3, 13)$, $(-6, 26)$, $\cdots$, $(-21, 91)$의 14이다.

(ii) $\alpha=-9$, $\beta=-1$일 때,

$$\alpha+\beta=-\dfrac{3(a+b)}{a}=-10, \ 3(a+b)=10a$$

$$\therefore b=\dfrac{7}{3}a(a\neq 0)$$

$a=42$이면 $b=\dfrac{7}{3}\times 42=98$이므로

조건을 만족시키는 순서쌍 (a, b)의 개수는

$(3, 7)$, $(6, 14)$, $\cdots$, $(42, 98)$,

$(-3, -7)$, $(-6, -14)$, $\cdots$, $(-42, -98)$의 28이다.

(i), (ii)에서 조건을 만족시키는 순서쌍 (a, b)의 개수는 $14+28=42$

정답 42

1128 2021년 06월 고1 학력평가 30번   정답 38

문 항 분 석

다항식 $P_n(x)$가 x^2+x+1로 나누어떨어지므로 그때의 몫을 $A_n(x)$라 하면
$P_n(x)=(x^2+x+1)A_n(x)$가 성립한다.
이때 ω는 $P_n(x)=0$의 근이므로 $P_n(\omega)=0$
따라서 $\omega^2+\omega+1=0$, $\omega^3=1$을 이용하여 5 이상의 자연수 n에 대하여 n의 값의 합을 구한다.

STEP A 방정식 $x^3=1$의 한 허근, 즉 $x^2+x+1=0$의 한 근을 ω라 하면 $\omega^2+\omega+1=0$, $\omega^3=1$임을 이용하기

다항식 $P_n(x)$를 x^2+x+1로 나눌 때의 몫을 $A_n(x)$라 하자.
$P_n(x)$가 x^2+x+1로 나누어떨어지므로
$$P_n(x)=(1+x)(1+x^2)(1+x^3)\cdots(1+x^{n-1})(1+x^n)-64$$
$$=(x^2+x+1)A_n(x)$$
이때 이차방정식 $x^2+x+1=0$의 한 허근을 ω라 하면
$\omega^2+\omega+1=0$, $\omega^3=1$이다.
방정식 $x^2+x+1=0$의 한 허근이 ω이므로 $\omega^2+\omega+1=0$
$\omega^2+\omega+1=0$의 양변에 $\omega-1$을 곱하면 $(\omega-1)(\omega^2+\omega+1)=0$, $\omega^3=1$
즉 ω는 $P_n(x)=0$의 근이므로 $P_n(\omega)=0$이다.
$P_n(x)=(x^2+x+1)A_n(x)$의 양변에 ω를 대입하면 $\omega^2+\omega+1=0$이므로 $P_n(\omega)=0$

STEP B $\omega^2+\omega+1=0$, $\omega^3=1$임을 이용하여 5 이상의 자연수 n에 대하여 n의 값 구하기

$Q_n(x)=(1+x)(1+x^2)(1+x^3)\cdots+(1+x^{n-1})(1+x^n)$이라 하자.
$P_n(\omega)=0$이 되려면 $Q_n(\omega)=64$이어야 한다.
$$Q_5(\omega)=(1+\omega)(1+\omega^2)(1+\omega^3)(1+\omega^4)(1+\omega^5)$$
$$=(-\omega^2)\times(-\omega)\times 2\times(-\omega^2)\times(-\omega) \quad \leftarrow \omega^2+\omega+1=0, \ \omega^3=1\text{에서}$$
$$=2\omega^6=2 \qquad\qquad\qquad\qquad \omega+1=-\omega^2, \ \omega^2+1=-\omega$$
$$\qquad\qquad\qquad\qquad\qquad\qquad \omega^3+1=2$$

$Q_6(\omega)=Q_5(\omega)(1+\omega^6)=Q_5(\omega)\times 2=2\times 2=4 \quad \leftarrow Q_{3\times 2}(\omega)=2^2$
$Q_7(\omega)=Q_6(\omega)(1+\omega^7)=Q_6(\omega)(1+\omega)=4\times(-\omega^2)=-4\omega^2$
$Q_8(\omega)=Q_7(\omega)(1+\omega^8)=Q_7(\omega)(1+\omega^2)=-4\omega^2\times(-\omega)=4\omega^3=4$
$Q_9(\omega)=Q_8(\omega)(1+\omega^9)=Q_8(\omega)(1+1)=4\times 2=8 \quad \leftarrow Q_{3\times 3}(\omega)=2^3$
$Q_{10}(\omega)=Q_9(\omega)(1+\omega^{10})=Q_9(\omega)(1+\omega)=8\times(-\omega^2)=-8\omega^2$
$Q_{11}(\omega)=Q_{10}(\omega)(1+\omega^{11})=Q_{10}(\omega)(1+\omega^2)=-8\omega^2\times(-\omega)=8\omega^3=8$
$$\vdots$$
$Q_{18}(\omega)=64 \quad \leftarrow Q_{3\times 6}(\omega)=2^6$
$Q_{19}(\omega)=-64\omega^2$
$Q_{20}(\omega)=64$
따라서 $Q_n(\omega)=64$를 만족하는 모든 자연수 n은 $n=18$ 또는 $n=20$이므로
모든 자연수 n의 값의 합은 $18+20=38$

5 이상의 자연수 n에 대하여 다항식
$$P_n(x)=(1+x)(1+x^2)(1+x^3)\times\cdots\times(1+x^{n-1})(1+x^n)-16$$
이 x^2+x+1로 나누어떨어지도록 하는 모든 자연수 n의 값의 합을 구하시오.

STEP A 방정식 $x^3=1$의 한 허근, 즉 $x^2+x+1=0$의 한 근을 ω라 하면 $\omega^2+\omega+1=0$, $\omega^3=1$임을 이용하기

다항식 $P_n(x)$를 x^2+x+1로 나눌 때의 몫을 $A_n(x)$라 하면
$P_n(x)$가 x^2+x+1로 나누어떨어지므로
$$P_n(x)=(1+x)(1+x^2)(1+x^3)\cdots(1+x^{n-1})(1+x^n)-16$$
$$=(x^2+x+1)A_n(x)$$
이때 이차방정식 $x^2+x+1=0$의 한 허근을 ω라 하면
$\omega^2+\omega+1=0$, $\omega^3=1$이다.

방정식 $x^2+x+1=0$의 한 허근이 ω이므로 $\omega^2+\omega+1=0$
$\omega^2+\omega+1=0$의 양변에 $\omega-1$을 곱하면 $(\omega-1)(\omega^2+\omega+1)=0$, $\omega^3=1$

즉 ω는 $P_n(x)=0$의 근이므로 $P_n(\omega)=0$이다.

$P_n(x)=(x^2+x+1)A_n(x)$의 양변에 ω를 대입하면 $\omega^2+\omega+1=0$이므로 $P_n(\omega)=0$

STEP B $\omega^2+\omega+1=0$, $\omega^3=1$임을 이용하여 5 이상의 자연수 n에 대하여 n의 값 구하기

$Q_n(x)=(1+x)(1+x^2)(1+x^3)\times\cdots\times(1+x^{n-1})(1+x^n)$이라 하자.
$P_n(\omega)=0$이 되려면 $Q_n(\omega)=16$이어야 한다.
$$Q_5(\omega)=(1+\omega)(1+\omega^2)(1+\omega^3)(1+\omega^4)(1+\omega^5)$$
$$=(-\omega^2)\times(-\omega)\times2\times(-\omega^2)\times(-\omega) \qquad \leftarrow \omega^2+\omega+1=0,\ \omega^3=1\text{에서}$$
$$=2\omega^6=2 \qquad\qquad\qquad\qquad\qquad\quad \omega+1=-\omega^2,\ \omega^2+1=-\omega$$
$$\qquad\qquad\qquad\qquad\qquad\qquad\qquad\qquad \omega^3+1=2$$

$Q_6(\omega)=Q_5(\omega)(1+\omega^6)=Q_5(\omega)\times2=2\times2=4 \qquad \leftarrow Q_{3\times2}(\omega)=2^2$
$Q_7(\omega)=Q_6(\omega)(1+\omega^7)=Q_6(\omega)(1+\omega)=4\times(-\omega^2)=-4\omega^2$
$Q_8(\omega)=Q_7(\omega)(1+\omega^8)=Q_7(\omega)(1+\omega^2)=-4\omega^2\times(-\omega)=4\omega^3=4$
$Q_9(\omega)=Q_8(\omega)(1+\omega^9)=Q_8(\omega)(1+1)=4\times2=8 \qquad \leftarrow Q_{3\times3}(\omega)=2^3$
$Q_{10}(\omega)=Q_9(\omega)(1+\omega^{10})=Q_9(\omega)(1+\omega)=8\times(-\omega^2)=-8\omega^2$
$Q_{11}(\omega)=Q_{10}(\omega)(1+\omega^{11})=Q_{10}(\omega)(1+\omega^2)=-8\omega^2\times(-\omega)=8\omega^3=8$
$Q_{12}(\omega)=Q_{11}(\omega)(1+\omega^{12})=Q_{11}(\omega)(1+1)=8\times2=16$
$Q_{13}(\omega)=Q_{12}(\omega)(1+\omega^{13})=Q_{12}(\omega)(1+\omega)=16\times(-\omega^2)=-16\omega^2$
$Q_{14}(\omega)=Q_{13}(\omega)(1+\omega^{14})=Q_{13}(\omega)(1+\omega^2)=-16\omega^2\times(-\omega)=16\omega^3=16$
$$\vdots$$
따라서 $Q_n(\omega)=16$을 만족하는 모든 자연수 n은 $n=12$ 또는 $n=14$이므로
모든 자연수 n의 값의 합은 $12+14=26$ 　　　정답 26

1129

정답 ⑤

STEP A 부등식의 기본 성질을 이용하여 [보기]의 참, 거짓 판단하기

ㄱ. $a>b$에서 $a-b>0$이므로
$(a-c)-(b-c)=a-b>0$ [참]

ㄴ. $a>b$에서 $a-b>0$이고 $c<0$에서 $\dfrac{1}{c}<0$이므로

$\dfrac{a}{c}-\dfrac{b}{c}=\dfrac{a-b}{c}=(a-b)\times\dfrac{1}{c}<0$ [참]

ㄷ. $a>b>0$, $c>d>0$에서 $ac>bd$이므로 $ac-bd>0$이고

$c>d>0$에서 $\dfrac{1}{cd}>0$이므로

$\dfrac{a}{d}-\dfrac{b}{c}=\dfrac{ac-bd}{cd}=(ac-bd)\times\dfrac{1}{cd}>0$ [참]

따라서 옳은 것은 ㄱ, ㄴ, ㄷ이다.

1130

정답 ③

STEP A 부등식의 기본 성질을 이용하여 [보기]의 참, 거짓 판단하기

ㄱ. [반례] $a=-2$, $b=-3$인 경우
$(-2)^2<(-3)^2$이므로 $a^2<b^2$일 수 있다. [거짓]

ㄴ. [반례] $a=2$, $b=1$인 경우
$\dfrac{1}{2}<\dfrac{1}{1}$이므로 $\dfrac{1}{a}<\dfrac{1}{b}$일 수 있다. [거짓]

ㄷ. $a>b$의 양변에 c를 더하면 $a+c>b+c$ $\qquad\cdots\cdots$ ㉠
$c>d$의 양변에 b를 더하면 $b+c>b+d$ $\qquad\cdots\cdots$ ㉡
㉠, ㉡에서 $a+c>b+c>b+d$이므로 $a+c>b+d$ [참]
따라서 옳은 것은 ㄷ이다.

다음 [보기] 중 옳은 것을 모두 고르면?

> ㄱ. $a>b$, $c>d$이면 $a-d>b-c$
> ㄴ. $ab\neq0$이고, $a<b$이면 $\dfrac{1}{a}>\dfrac{1}{b}$
> ㄷ. $a^2>b^2$이면 $a>b$

① ㄱ 　②ㄴ 　③ㄷ
④ ㄱ, ㄴ 　⑤ ㄱ, ㄴ, ㄷ

STEP A 부등식의 기본 성질을 이용하여 [보기]의 참, 거짓 판단하기

ㄱ. $a>b$의 양변에 d를 빼면 $a-d>b-d$ $\qquad\cdots\cdots$ ㉠
$c>d$의 양변에 -1을 곱하면 $-d>-c$
$-d>-c$의 양변에 b를 더하면 $b-d>b-c$ $\qquad\cdots\cdots$ ㉡
㉠, ㉡에서 $a-d>b-d>b-c$이므로
$a-d>b-c$ [참]

ㄴ. [반례] $a=-2$, $b=1$경우
$-\dfrac{1}{2}<1$이므로 $\dfrac{1}{a}<\dfrac{1}{b}$일 수 있다. [거짓]

ㄷ. [반례] $a=-2$, $b=1$인 경우
$(-2)^2>1^2$이므로 $a^2>b^2$이지만 $a<b$이다. [거짓]
따라서 옳은 것은 ㄱ이다.

---

① $a>b$일 때, a, b의 부호가 다르면 $\dfrac{1}{a}>\dfrac{1}{b}$이다.
　즉 $ab<0$이고 $a>b$이면 $\dfrac{1}{a}>\dfrac{1}{b}$이다.

② $a>b$일 때, a, b의 부호가 서로 같으면 $\dfrac{1}{a}<\dfrac{1}{b}$이다.
　즉 $ab>0$이고 $a>b$이면 $\dfrac{1}{a}<\dfrac{1}{b}$이다.

③ a, b가 모두 양수이면 $a^2<b^2$이면 $a<b$이다.

④ a, b가 모두 음수이면 $a^2<b^2$이면 $a>b$이다.

정답 ①

1131

정답 ③

STEP A a의 범위에 따른 부등식의 해 구하기

$(a-1)x+1>b+2$에서 $(a-1)x>b+1$

ㄱ. $a>1$일 때, $a-1>0$이므로 $x>\dfrac{b+1}{a-1}$ [참]

ㄴ. $a=1$, $b<-1$일 때, $a-1=0$, $b+1<0$이므로
$(a-1)x>b+1$에서 $0\times x>b+1$, 즉 해는 모든 실수이다. [참]

ㄷ. $a=1$, $b=-1$일 때, $a-1=0$, $b+1=0$이므로
$(a-1)x>b+1$에서 $0\times x>0$, 즉 해는 없다. [거짓]
따라서 옳은 것은 ㄱ, ㄴ이다.

1132

정답 ③

STEP A 일차부등식의 해가 $x<1$일 조건 구하기

$(a-b)x+2a-b>0$에서 $(a-b)x>-2a+b$
이 부등식의 해가 $x<1$이므로 $a-b<0$ $\qquad\cdots\cdots$ ㉠

$\therefore x<\dfrac{-2a+b}{a-b}$

$\dfrac{-2a+b}{a-b}=1$이므로 $-2a+b=a-b$ $\quad\therefore b=\dfrac{3}{2}a$

$b=\dfrac{3}{2}a$를 ㉠에 대입하면 $a-\dfrac{3}{2}a<0$에서 $-\dfrac{1}{2}a<0$이므로 $a>0$

STEP B x의 최솟값 구하기

$b=\dfrac{3}{2}a$를 부등식 $(a+2b)x+7a-2b\geq0$에 대입하면

$(a+3a)x+7a-3a\geq0$, $4ax\geq-4a$
$\therefore x\geq-1\,(\because a>0)$
따라서 정수 x의 최솟값은 -1

1133

정답 6

STEP A $3a+b=0$을 이용하여 부등식 정리하기

$3a+b=0$에서 $b=-3a$ $\qquad\cdots\cdots$ ㉠
㉠을 주어진 부등식에 대입하면 $\{3a-(-3a)\}x\leq4a+2\times(-3a)+12$
$\therefore 6ax\leq-2a+12$

STEP B 부등식의 해를 이용하여 a, b의 값 구하기

이 부등식의 해가 $x\geq-1$이므로 $a<0$

$\therefore x\geq\dfrac{-2a+12}{6a}$

이때 $\dfrac{-2a+12}{6a}=-1$이므로 $-2a+12=-6a$, $4a=-12$ $\quad\therefore a=-3$
이를 ㉠에 대입하면 $b=9$
따라서 $a+b=-3+9=6$

내신연계 출제문항 533

x에 대한 부등식 $(3a-b)x \geq a+2b-6$의 해가 $x \leq -7$일 때, $5a-b=0$인 두 실수 a, b에 대하여 $a-b$의 값을 구하시오.

STEP A $5a-b=0$을 이용하여 a, b의 부등식 정리하기

$5a-b=0$에서 $b=5a$ $\qquad$ ······ ㉠

㉠을 주어진 부등식에 대입하면 $(3a-5a)x \leq a+2 \times 5a-6$

$\therefore -2ax \leq 11a-6$

STEP B 부등식의 해를 이용하여 a, b의 값 구하기

이 부등식의 해가 $x \leq -7$이므로 $-2a > 0$, 즉 $a < 0$

$\therefore x \leq \dfrac{11a-6}{-2a}$

이때 $\dfrac{11a-6}{-2a} = -7$이므로 $11a-6 = 14a$

$3a = -6$ $\quad \therefore a = -2$

이를 ㉠에 대입하면 $b = -10$

따라서 $a-b = -2-(-10) = 8$ $\qquad$ 정답 8

1134 정답 ①

STEP A 일차부등식의 해가 존재하지 않을 조건 구하기

$2x-a < bx+5$에서 $(2-b)x < a+5$

이 부등식의 해가 해가 존재하지 않으므로

$2-b = 0$, $a+5 \leq 0$

$\therefore b = 2$, $a \leq -5$

따라서 $ab \leq -10$이므로 ab의 최댓값은 -10

1135 정답 ②

STEP A 일차부등식의 해가 모든 실수일 조건 구하기

$3ax+a > bx+b$에서 $(3a-b)x > -a+b$

이 부등식의 해가 모든 실수이므로 $3a-b = 0$, $-a+b < 0$

$\therefore b = 3a$, $a < 0$

STEP B 주어진 부등식의 해 구하기

$bx-2a < 4b+5ax$에 $b = 3a$를 대입하면 $3ax-2a < 12a+5ax$

$2ax > -14a$

따라서 $2a < 0$이므로 $x < -7$

내신연계 출제문항 534

부등식 $a^2x-a \geq 9x+2$의 해가 모든 실수일 때, 상수 a의 값은?

① -6 $\qquad$ ② -5 $\qquad$ ③ -4

④ -3 $\qquad$ ⑤ -2

STEP A 일차부등식 $ax \geq b$의 해가 모든 실수일 조건 구하기

$a^2x-a \geq 9x+2$에서 $(a^2-9)x \geq a+2$

이 부등식의 해가 모든 실수이므로 $a^2-9 = 0$, $a+2 \leq 0$

해가 모든 실수이려면 일차항의 계수가 0이 됨을 이용한다.

따라서 $a = -3$ $\qquad$ 정답 ④

1136 정답 15

STEP A 두 부등식의 해를 각각 구하기

$3x+9 > x-3$에서 $3x-x > -9-3$

즉 $2x > -12$이므로 $x > -6$ $\qquad$ ······ ㉠

$2(x-2) \leq x+5$에서

$2x-x \leq 5+4$이므로 $x \leq 9$ $\qquad$ ······ ㉡

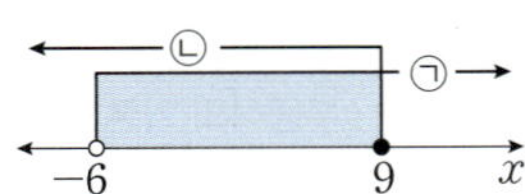

STEP B 두 부등식을 동시에 만족시키는 x의 범위 구하기

㉠, ㉡의 공통범위를 구하면 $-6 < x \leq 9$

따라서 $\alpha = -6$, $\beta = 9$이므로 $\beta-\alpha = 15$

1137 정답 15

STEP A 두 부등식의 해를 각각 구하기

$1.1+0.1x \geq 0.4(x-1)$의 양변에 10을 곱하면

$11+x \geq 4(x-1)$이고 $x-4x \geq -11-4$

즉 $-3x \geq -15$이므로 $x \leq 5$ $\qquad$ ······ ㉠

$\dfrac{x-2}{3} < \dfrac{x+1}{4}$의 양변에 12를 곱하면

$4(x-2) < 3(x+1)$이고 $4x-8 < 3x+3$

즉 $4x-3x < 8+3$이므로 $x < 11$ ······ ㉡

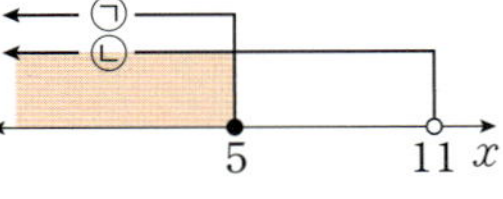

STEP B 두 부등식을 동시에 만족시키는 x의 범위 구하기

㉠, ㉡의 공통범위를 구하면 $x \leq 5$

따라서 모든 자연수 x의 값의 합은 $1+2+3+4+5 = 15$

내신연계 출제문항 535

연립부등식 $\begin{cases} \dfrac{2x+1}{3} \leq \dfrac{3x+2}{2}+1 \\ 0.4x+0.8 > 0.5(x+1) \end{cases}$

를 만족시키는 모든 정수 x의 개수는?

① 1 $\qquad$ ② 2 $\qquad$ ③ 3

④ 4 $\qquad$ ⑤ 5

STEP A 두 부등식의 해를 각각 구하기

$\dfrac{2x+1}{3} \leq \dfrac{3x+2}{2}+1$의 양변에 6을 곱하면

$2(2x+1) \leq 3(3x+2)+6$, $4x+2 \leq 9x+12$, $-5x \leq 10$

$\therefore x \geq -2$ $\qquad$ ······ ㉠

$0.4x+0.8 > 0.5(x+1)$의 양변에

10을 곱하면

$4x+8 > 5(x+1)$, $4x+8 > 5x+5$, $-x > -3$

$\therefore x < 3$ $\qquad$ ······ ㉡

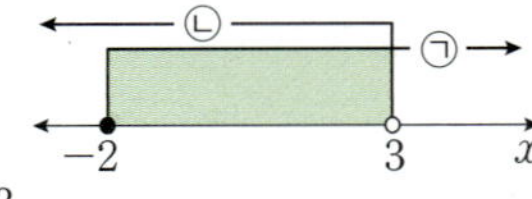

STEP B 두 부등식을 동시에 만족시키는 x의 범위 구하기

㉠, ㉡의 공통범위를 구하면 $-2 \leq x < 3$

따라서 구하는 정수 x는 $-2, -1, 0, 1, 2$이므로 정수 x의 개수는 5 $\qquad$ 정답 ⑤

1138
2023년 11월 고1 학력평가 4번   정답 ②

STEP A 두 부등식의 해를 각각 구하기

$3x \geq 2x+3$에서 $3x-2x \geq 3$
$\therefore x \geq 3$ ……㉠
$x-10 \leq -x$에서 $2x \leq 10$
$\therefore x \leq 5$ ……㉡

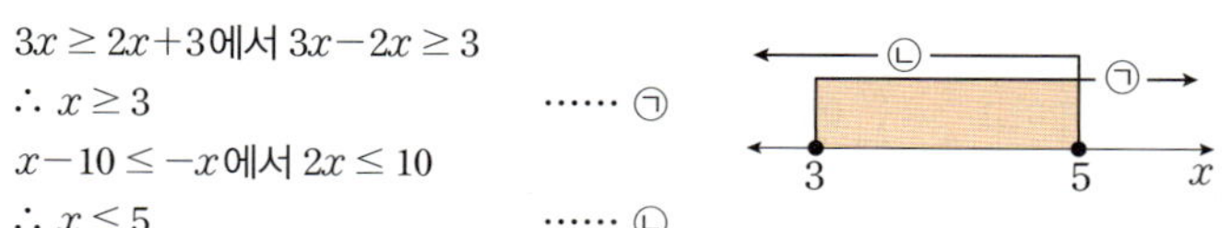

STEP B 두 부등식을 동시에 만족시키는 x의 범위 구하기

㉠, ㉡의 공통범위를 구하면 $3 \leq x \leq 5$
즉 부등식을 만족시키는 모든 정수 x의 값은 3, 4, 5
따라서 모든 정수 x의 값의 합은 $3+4+5=12$

내신연계 출제문항 536

연립부등식
$$\begin{cases} 5x \geq 2x+6 \\ x-16 \leq -3x \end{cases}$$
를 만족시키는 모든 정수 x의 값의 합은?

① 3   ② 5   ③ 7
④ 9   ⑤ 11

STEP A 두 부등식의 해를 각각 구하기

$5x \geq 2x+6$에서 $3x \geq 6$
$\therefore x \geq 2$ ……㉠
$x-16 \leq -3x$에서 $4x \leq 16$
$\therefore x \leq 4$ ……㉡

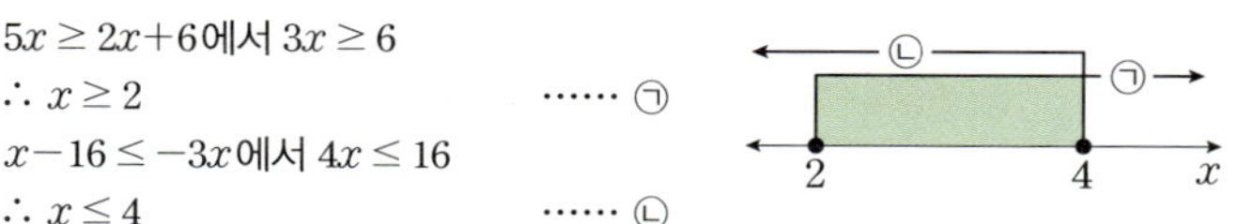

STEP B 두 부등식을 동시에 만족시키는 x의 범위 구하기

㉠, ㉡의 공통범위를 구하면 $2 \leq x \leq 4$
즉 부등식을 만족시키는 모든 정수 x의 값은 2, 3, 4
따라서 모든 정수 x의 값의 합은 $2+3+4=9$ 정답 ④

1139
2023년 09월 고1 학력평가 4번   정답 ④

STEP A 두 부등식의 해를 각각 구하기

$x+6 \leq 4x$에서 $-3x \leq -6$
$\therefore x \geq 2$ ……㉠
$3x+4 < x+16$에서 $2x < 12$
$\therefore x < 6$ ……㉡

STEP B 두 부등식을 동시에 만족시키는 x의 범위 구하기

㉠, ㉡의 공통범위를 구하면 $2 \leq x < 6$
따라서 부등식을 만족시키는 정수 x의 값은 2, 3, 4, 5이므로 모든 정수 x의
개수는 4 ← $6-2=4$

내신연계 출제문항 537

연립부등식
$$\begin{cases} 2x-5 \leq 3x \\ 4x+3 > 6x-1 \end{cases}$$
을 만족시키는 모든 정수 x의 개수는?

① 6   ② 7   ③ 8
④ 9   ⑤ 10

STEP A 두 부등식의 해를 각각 구하기

$2x-5 \leq 3x$에서 $-x \leq 5$
$\therefore x \geq -5$ ……㉠
$4x+3 > 6x-1$에서 $-2x > -4$
$\therefore x < 2$ ……㉡

STEP B 두 부등식을 동시에 만족시키는 x의 범위 구하기

㉠, ㉡의 공통범위를 구하면 $-5 \leq x < 2$
따라서 부등식을 만족시키는 정수 x의 값은 $-5, -4, -3, -2, -1, 0, 1$
이므로 모든 정수 x의 개수는 7   정답 ②

1140
정답 27

STEP A 부등식 $15x-26 \leq 5x+4 \leq 10x-1$의 해 구하기

부등식 $15x-26 \leq 5x+4 \leq 10x-1$은 다음 연립부등식과 같다.
$$\begin{cases} 15x-26 \leq 5x+4 & \cdots\cdots ㉠ \\ \boxed{5x+4} \leq 10x-1 & \cdots\cdots ㉡ \end{cases}$$
㉠에서 $10x \leq 30$ $\therefore x \leq \boxed{3}$
㉡에서 $-5x \leq -5$ $\therefore x \geq \boxed{1}$
따라서 연립부등식의 해는 $\boxed{1} \leq x \leq \boxed{3}$이다.

STEP B $pf(q)$의 값 구하기

따라서 $f(x)=5x+4$이고 $p=3$, $q=1$이므로 $pf(q)=3f(1)=3 \times (5+4)=27$

1141
정답 ④

STEP A 두 부등식의 해를 각각 구하기

$2(x-3) < x+2 \leq 3(x-2)$에서 $\begin{cases} 2(x-3) < x+2 \\ x+2 \leq 3(x-2) \end{cases}$

$2(x-3) < x+2$에서 $2x-6 < x+2$
$\therefore x < 8$ ……㉠
$x+2 \leq 3(x-2)$에서 $x+2 \leq 3x-6$
$-2x \leq -8$ $\therefore x \geq 4$ ……㉡

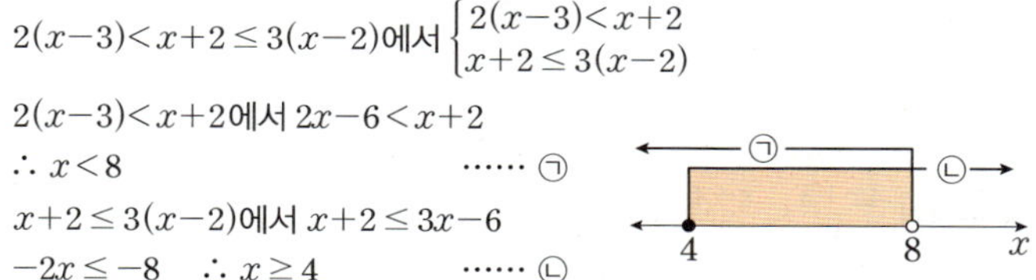

STEP B 두 부등식을 동시에 만족시키는 x의 범위 구하기

㉠, ㉡의 공통범위를 구하면 $4 \leq x < 8$
따라서 구하는 정수 x는 4, 5, 6, 7이므로 모든 정수 x의 값의 합은
$4+5+6+7=22$

1142
정답 ③

STEP A 두 부등식의 해를 각각 구하기

$\dfrac{4x+5}{3} \leq \dfrac{5x+9}{4} \leq 2x$에서 $\begin{cases} \dfrac{4x+5}{3} \leq \dfrac{5x+9}{4} \\ \dfrac{5x+9}{4} \leq 2x \end{cases}$

이때 부등식 $\dfrac{4x+5}{3} \leq \dfrac{5x+9}{4}$의 양변에 12를 곱하면
$4(4x+5) \leq 3(5x+9)$, $16x+20 \leq 15x+27$
$16x-15x \leq 27-20$ $\therefore x \leq 7$ ……㉠
부등식 $\dfrac{5x+9}{4} \leq 2x$의 양변에 4를 곱하면
$5x+9 \leq 8x$, $-3x \leq -9$
$\therefore x \geq 3$ ……㉡

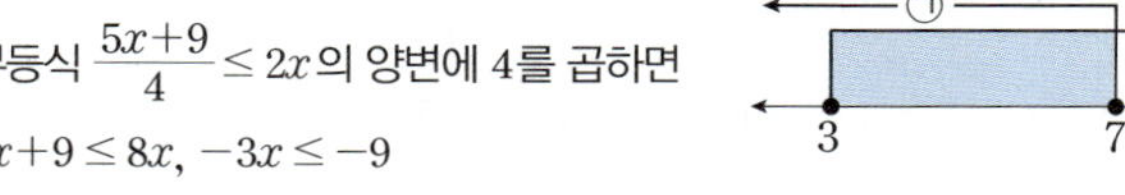

STEP B 두 부등식을 동시에 만족시키는 x의 범위 구하기

㉠, ㉡의 공통범위를 구하면 $3 \leq x \leq 7$
따라서 정수 x의 최댓값은 7, 최솟값은 3이므로 그 차는 $7-3=4$

부등식 $\dfrac{7x-2}{6}\le\dfrac{3x+2}{3}\le 3x$ 를 만족시키는 실수 x의 최댓값과 최솟값의 곱은?

① -3 ② -2 ③ 2

④ 3 ⑤ 4

STEP Ⓐ 두 부등식의 해를 각각 구하기

$$\dfrac{7x-2}{6}\le\dfrac{3x+2}{3}\le 3x \text{에서} \begin{cases} \dfrac{7x-2}{6}\le\dfrac{3x+2}{3} \\ \dfrac{3x+2}{3}\le 3x \end{cases}$$

이때 부등식 $\dfrac{7x-2}{6}\le\dfrac{3x+2}{3}$ 의 양변에 6을 곱하면

$7x-2\le 2(3x+2),\ 7x-2\le 6x+4$

$\therefore x\le 6$ ······ ㉠

부등식 $\dfrac{3x+2}{3}\le 3x$ 의 양변에 3을 곱하면

$3x+2\le 9x,\ 6x\ge 2$ $\therefore x\ge\dfrac{1}{3}$ ······ ㉡

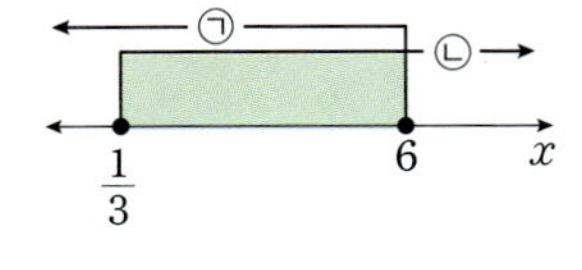

STEP Ⓑ 두 부등식을 동시에 만족시키는 x의 범위 구하기

㉠, ㉡의 공통범위를 구하면 $\dfrac{1}{3}\le x\le 6$

따라서 실수 x의 최댓값은 6, 최솟값은 $\dfrac{1}{3}$ 이므로 그 곱은 $6\times\dfrac{1}{3}=2$ 정답 ③

1143   정답 ④

STEP Ⓐ 두 부등식의 해를 각각 구하기

$$\dfrac{4x+5}{9}<\dfrac{x+4}{3}\le 2x+3 \text{에서} \begin{cases} \dfrac{4x+5}{9}<\dfrac{x+4}{3} \\ \dfrac{x+4}{3}\le 2x+3 \end{cases}$$

이때 부등식 $\dfrac{4x+5}{9}<\dfrac{x+4}{3}$ 의 양변에 9를 곱하면

$4x+5\le 3(x+4),\ 4x+5<3x+12$

$\therefore x<7$ ······ ㉠

부등식 $\dfrac{x+4}{3}\le 2x+3$ 의 양변에 3을 곱하면

$x+4\le 3(2x+3),\ x+4\le 6x+9,\ -5x\le 5$

$\therefore x\ge -1$ ······ ㉡

STEP Ⓑ A의 값의 범위 구하기

㉠, ㉡의 공통범위를 구하면 $-1\le x<7$

$-1\le x<7$ 의 각 변에 -1을 곱하면 $-7<-x\le 1$

$-7<-x\le 1$ 의 각 변에 8을 더하면 $1<-x+8\le 9$

따라서 $1<A\le 9$

1144   정답 ①

STEP Ⓐ 두 부등식의 해를 각각 구하기

$$\dfrac{3}{2}x-1.5<0.4x+0.3\le 0.5x+0.9 \text{에서} \begin{cases} \dfrac{3}{2}x-1.5<0.4x+0.3 \\ 0.4x+0.3\le 0.5x+0.9 \end{cases}$$

이때 부등식 $\dfrac{3}{2}x-1.5<0.4x+0.3$ 의 양변에 10을 곱하면

$15x-15<4x+3,\ 11x<18$

$\therefore x<\dfrac{18}{11}$ ······ ㉠

부등식 $0.4x+0.3\le 0.5x+0.9$ 의 양변에 10을 곱하면 $4x+3\le 5x+9,\ -x\le 6$

$\therefore x\ge -6$ ······ ㉡

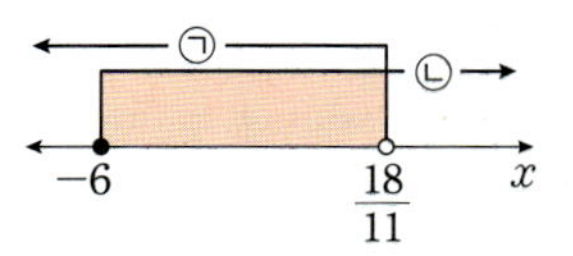

STEP Ⓑ [보기]의 참, 거짓 판단하기

㉠, ㉡의 공통범위를 구하면 $-6\le x<\dfrac{18}{11}$

ㄱ. 정수인 해는 $-6,\ -5,\ -4,\ -3,\ -2,\ -1,\ 0,\ 1$의 8개이다. [참]

ㄴ. 자연수인 해는 1 하나뿐이므로 개수는 1 [거짓]

ㄷ. $\dfrac{18}{11}=\dfrac{72}{44}$ 이고 $\dfrac{7}{4}=\dfrac{77}{44}$ 이므로 $x=\dfrac{7}{4}$ 은 부등식의 해가 아니다. [거짓]

따라서 옳은 것은 ㄱ이다.

1145   2009년 03월 고1 학력평가 3번   정답 ④

STEP Ⓐ 두 부등식의 해를 각각 구하기

$$-2<\dfrac{1}{2}x-3<2 \text{에서} \begin{cases} -2<\dfrac{1}{2}x-3 \\ \dfrac{1}{2}x-3<2 \end{cases}$$

이때 부등식 $-2<\dfrac{1}{2}x-3$ 의 양변에 2를 곱하면 $-4<x-6$

$\therefore x>2$ ······ ㉠

부등식 $\dfrac{1}{2}x-3<2$ 의 양변에 2를 곱하면

$x-6<4$

$\therefore x<10$ ······ ㉡

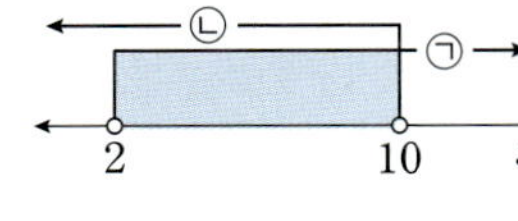

STEP Ⓑ 두 부등식을 동시에 만족시키는 x의 범위 구하기

㉠, ㉡의 공통범위를 구하면 $2<x<10$

따라서 정수 x는 3, 4, 5, 6, 7, 8, 9이므로 개수는 7

> **mini 해설** | 식의 변형을 이용하여 풀이하기
>
> 부등식 $-2<\dfrac{1}{2}x-3<2$ 의 각 변에 3을 더하면 $1<\dfrac{1}{2}x<5$
>
> 부등식 $1<\dfrac{1}{2}x<5$ 의 각 변에 2를 곱하면 $2<x<10$
>
> 따라서 정수 x는 3, 4, 5, 6, 7, 8, 9이므로 개수는 7

부등식 $-1<-\dfrac{1}{3}x+5<1$ 을 만족시키는 정수 x의 개수는?

① 5   ② 6   ③ 7

④ 8   ⑤ 9

STEP Ⓐ 두 부등식의 해를 각각 구하기

$$-1<-\dfrac{1}{3}x+5<1 \text{에서} \begin{cases} -1<-\dfrac{1}{3}x+5 \\ -\dfrac{1}{3}x+5<1 \end{cases}$$

이때 부등식 $-1<-\dfrac{1}{3}x+5$ 의 양변에 3을 곱하면 $-3<-x+15$

$\therefore x<18$ ······ ㉠

부등식 $-\dfrac{1}{3}x+5<1$ 의 양변에 3을 곱하면

$-x+15<3$ $\therefore x>12$ ······ ㉡

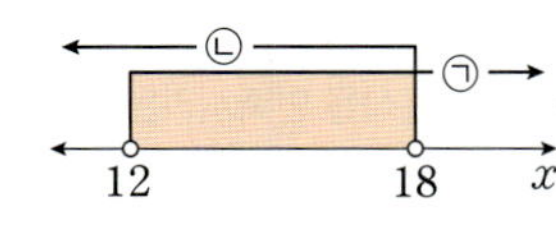

STEP Ⓑ 두 부등식을 동시에 만족시키는 x의 범위 구하기

㉠, ㉡의 공통범위를 구하면 $12<x<18$

따라서 정수 x는 13, 14, 15, 16, 17이므로 개수는 5

> **mini 해설** | 식의 변형을 이용하여 풀이하기
>
> 부등식 $-1<-\dfrac{1}{3}x+5<1$ 의 각 변에 5를 빼면 $-6<-\dfrac{1}{3}x<-4$
>
> 부등식 $-6<-\dfrac{1}{3}x<-4$ 의 각 변에 -3을 곱하면 $12<x<18$
>
> 따라서 정수 x는 13, 14, 15, 16, 17이므로 개수는 5

정답 ①

1146

STEP A 두 부등식의 해를 각각 구하기

$x+5 \leq 4x-1$에서 $-3x \leq -6$
$\therefore x \geq 2$ ...... ㉠
$3x-1 \leq x+3$에서 $2x \leq 4$
$\therefore x \leq 2$ ...... ㉡

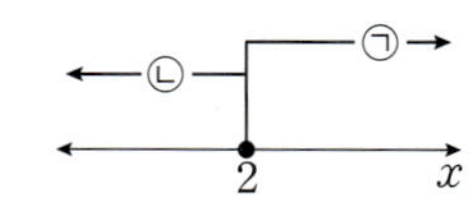

STEP B 두 부등식을 동시에 만족시키는 x의 값 구하기

따라서 ㉠, ㉡의 공통범위를 구하면 $x=2$

1147

STEP A 두 부등식의 해를 각각 구하기

부등식 $\dfrac{3(x+5)}{8}+\dfrac{x+3}{2} \geq \dfrac{3}{4}$의 양변에 8을 곱하면
$3(x+5)+4(x+3) \geq 6$이고 정리하면
$7x+27 \geq 6$
즉 $7x \geq -21$이므로 $x \geq -3$ ...... ㉠

부등식 $\dfrac{x-3}{3} \geq \dfrac{5x+7}{4}$의 양변에 12를 곱하면
$4(x-3) \geq 3(5x+7)$이고 정리하면 $4x-12 \geq 15x+21$
즉 $11x \leq -33$이므로 $x \leq -3$ ...... ㉡

STEP B 두 부등식을 동시에 만족시키는 x의 값 구하기

따라서 ㉠, ㉡의 공통범위를 구하면 $x=-3$

1148

STEP A 두 부등식의 해를 각각 구하기

부등식 $\dfrac{5x-4}{9} < \dfrac{2x+1}{3}$의 양변에 9를 곱하면
$5x-4 < 3(2x+1)$이고 정리하면 $5x-4 < 6x+3$
$\therefore x > -7$ ...... ㉠

부등식 $7x+1 \leq 4(x-5)$에서 $7x+1 \leq 4x-20$
이므로 $3x \leq -21$ $\therefore x \leq -7$ ...... ㉡
따라서 ㉠, ㉡의 공통범위가 존재하지 않으므로 해는 없다.

내 신 연 계 출제문항 540

연립부등식 $\begin{cases} \dfrac{3(x+2)}{10} \leq \dfrac{x+4}{5} \\ \dfrac{x-3}{2} < \dfrac{7x-18}{8} \end{cases}$ 의 해는?

① -4 ② -2 ③ 해는 없다.
④ 2 ⑤ 4

STEP A 두 부등식의 해를 각각 구하기

부등식 $\dfrac{3(x+2)}{10} \leq \dfrac{x+4}{5}$의 양변에 10을 곱하면
$3(x+2) \leq 2(x+4)$, $3x+6 \leq 2x+8$
$\therefore x \leq 2$ ...... ㉠

부등식 $\dfrac{x-3}{2} < \dfrac{7x-18}{8}$의 양변에 8을 곱하면
$4(x-3) < 7x-18$, $4x-12 < 7x-18$, $-3x < -6$
$\therefore x > 2$ ...... ㉡
따라서 ㉠, ㉡의 공통범위가 존재하지 않으므로 해는 없다.

1149

STEP A [보기]에서 해가 없는 연립부등식 찾기

ㄱ. $2x-1 > 3x-5$에서
  $-x > -4$ $\therefore x < 4$ ...... ㉠
  $x+3 < 2x-5$에서
  $-x < -8$ $\therefore x > 8$ ...... ㉡
  ㉠, ㉡을 수직선 위에 나타내면
  오른쪽 그림과 같으므로
  주어진 연립부등식의 해는 없다.

ㄴ. $x-3 < 3x+1$에서
  $-2x < 4$ $\therefore x > -2$ ...... ㉠
  $4x+2 < x-4$에서
  $3x < -6$ $\therefore x < -2$ ...... ㉡
  ㉠, ㉡을 수직선 위에 나타내면
  오른쪽 그림과 같으므로
  주어진 연립부등식의 해는 없다.

ㄷ. $4x+2 \geq 5x+3$에서
  $-x \geq 1$ $\therefore x \leq -1$ ...... ㉠
  $7x+1 \geq 2x-4$에서
  $5x \geq -5$ $\therefore x \geq -1$ ...... ㉡
  ㉠, ㉡을 수직선 위에 나타내면
  오른쪽 그림과 같으므로
  주어진 연립부등식의 해는 $x=-1$

ㄹ. $6x+3 \leq 4x+1$에서
  $2x \leq -2$ $\therefore x \leq -1$ ...... ㉠
  $2x-5 \geq 1-x$에서
  $3x \geq 6$ $\therefore x \geq 2$ ...... ㉡
  ㉠, ㉡을 수직선 위에 나타내면
  오른쪽 그림과 같으므로
  주어진 연립부등식의 해는 없다.
따라서 해가 없는 것은 ㄱ, ㄴ, ㄹ이다.

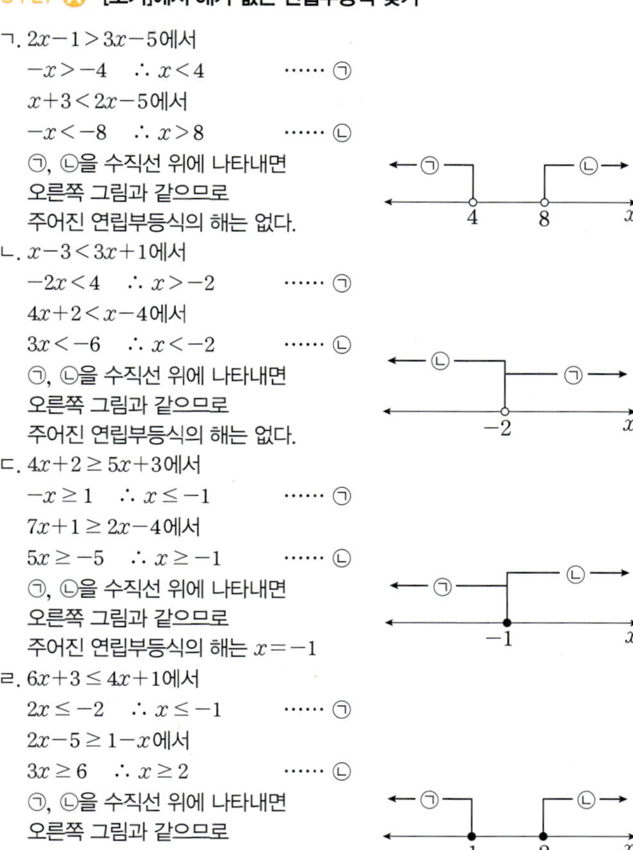

1150

STEP A 두 부등식 의 해를 각각 구하기

$\dfrac{x-3}{3} \leq x+1 \leq \dfrac{x-1}{2}$에서 $\begin{cases} \dfrac{x-3}{3} \leq x+1 \\ x+1 \leq \dfrac{x-1}{2} \end{cases}$

이때 $\dfrac{x-3}{3} \leq x+1$의 양변에 3을 곱하면
$x-3 \leq 3x+3$, $-2x \leq 6$
$\therefore x \geq -3$ ...... ㉠

$x+1 \leq \dfrac{x-1}{2}$의 양변에 2를 곱하면
$2x+2 \leq x-1$
$\therefore x \leq -3$ ...... ㉡

㉠, ㉡을 수직선 위에 나타내면
오른쪽 그림과 같으므로
주어진 연립부등식의 해는 $x=-3$

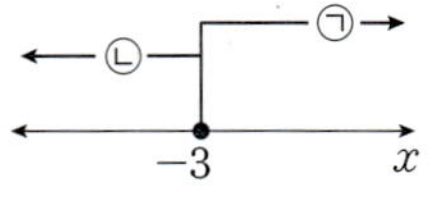

STEP B 이차방정식 $x^2+2ax+a^2=0$의 해와 일치함을 이용하여 실수 a의 값 구하기

$x=-3$을 $x^2+2ax+a^2=0$에 대입하면 $9-6a+a^2=0$, $(a-3)^2=0$
따라서 $a=3$

부등식 $x+5 \le 4x-1 \le 2x+3$의 해가 이차방정식 $x^2+2ax+a^2=0$의 해와 같을 때, 실수 a의 값은?

① -3 ② -2 ③ 1
④ 2 ⑤ 3

STEP A 두 부등식 의 해를 각각 구하기

$x+5 \le 4x-1 \le 2x+3$에서 $\begin{cases} x+5 \le 4x-1 \\ 4x-1 \le 2x+3 \end{cases}$

$x+5 \le 4x-1$, $-3x \le -6$

$\therefore x \ge 2$ ...... ㉠

$4x-1 \le 2x+3$에서 $2x \le 4$

$\therefore x \le 2$ ...... ㉡

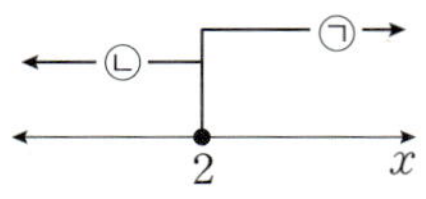

㉠, ㉡을 수직선 위에 나타내면
오른쪽 그림과 같으므로
주어진 연립부등식의 해는 $x=2$

STEP B 이차방정식 $x^2+2ax+a^2=0$의 해와 일치함을 이용하여 실수 a의 값 구하기

$x=2$를 $x^2+2ax+a^2=0$에 대입하면 $4+4a+a^2=0$, $(a+2)^2=0$

따라서 $a=-2$ 정답 ②

1151

정답 ③

STEP A 두 부등식 의 해를 각각 구하기

$7-7x \le -3x-5$에서 $-4x \le -12$

$\therefore x \ge 3$ ...... ㉠

$5x \le 3x+2a$에서 $2x \le 2a$

$\therefore x \le a$ ...... ㉡

STEP B [보기]의 참, 거짓 판단하기

ㄱ. $a=3$이면
연립부등식의 해는 $x=3$ [참]

ㄴ. $a<3$이면
연립부등식의 해는 없다. [참]

ㄷ. $a>3$이면
연립부등식의 해는 $3 \le x \le a$ [거짓]
따라서 옳은 것은 ㄱ, ㄴ이다.

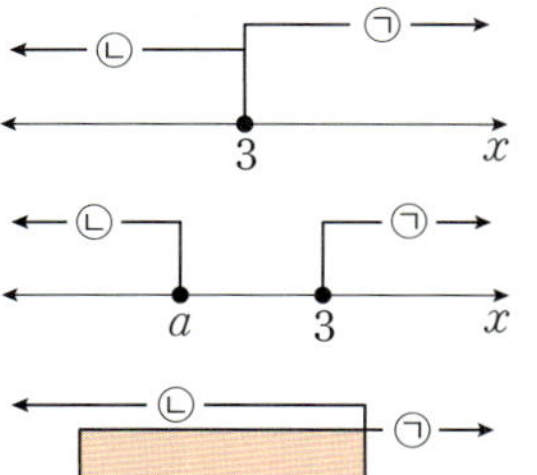

1152

정답 8

STEP A 두 부등식의 해를 각각 구하기

$2x-1 \le x+a$에서 $x \le a+1$ ...... ㉠

$x+1 < 3x+b$에서 $2x > 1-b$이므로

$x > \dfrac{1-b}{2}$ ...... ㉡

STEP B 수직선 위에 나타낸 그림을 부등식으로 바꾼 후 a, b의 값 구하기

주어진 그림에서 연립부등식의 해가 $-3 < x \le 2$이므로

㉠, ㉡에서 공통된 부분이 존재해야 하고 범위로 나타내면

$\dfrac{1-b}{2} < x \le a+1$이므로 $\dfrac{1-b}{2}=-3$, $a+1=2$

따라서 $a=1$, $b=7$이므로 $a+b=1+7=8$

1153

정답 ②

STEP A 두 부등식의 해를 각각 구하기

$4x-a \le 2x+2$에서 $2x \le a+2$이므로 $x \le \dfrac{a+2}{2}$ ...... ㉠

$3x+b < 5x+6$에서 $-2x < 6-b$이므로 $x > \dfrac{b-6}{2}$ ...... ㉡

STEP B ab의 값 계산하기

이때 이 연립부등식의 해가 $-4 < x \le 5$이므로

㉠, ㉡에서 공통된 부분이 존재해야 하고 범위로 나타내면

$\dfrac{b-6}{2} < x \le \dfrac{a+2}{2}$이므로 $\dfrac{b-6}{2}=-4$, $\dfrac{a+2}{2}=5$

따라서 $a=8$, $b=-2$이므로 $ab=-16$

> **mini해설** │ 해를 이용하여 풀이하기
>
> 해가 $-4 < x \le 5$이므로 $x=5$는 방정식 $4x-a=2x+2$의 해이다.
> 즉 $4 \times 5 - a = 2 \times 5 + 2$ $\therefore a=8$
> 또, $x=-4$는 방정식 $3x+b=5x+6$의 해이다.
> $3 \times (-4)+b=5 \times (-4)+6$ $\therefore b=-2$
> $\therefore ab=-16$

1154

정답 ④

STEP A 두 부등식의 해를 각각 구하기

$3x-a < 2x-5 \le 5x-b$에서 $\begin{cases} 3x-a < 2x-5 \\ 2x-5 \le 5x-b \end{cases}$

이때 부등식 $3x-a < 2x-5$에서 $3x-2x < a-5$ $\therefore x < a-5$ ...... ㉠

부등식 $2x-5 \le 5x-b$에서 $-3x \le 5-b$ $\therefore x \ge \dfrac{b-5}{3}$ ...... ㉡

STEP B 해가 $-2 \le x < 3$임을 이용하여 a, b의 값 구하기

부등식의 해가 $-2 \le x < 3$이므로

㉠, ㉡에서 공통부분이 존재해야 하고 범위로 나타내면

$\dfrac{b-5}{3} \le x < a-5$이므로 $\dfrac{b-5}{3}=-2$, $a-5=3$

따라서 $a=8$, $b=-1$이므로 $a-b=8-(-1)=9$

부등식 $5x+a \le 7x+3 < 2(x+2b)$의 해가 $-4 \le x < 5$일 때, 상수 a, b에 대하여 $a+b$의 값은?

① -5 ② -2 ③ 2
④ 5 ⑤ 7

STEP A 두 부등식의 해를 각각 구하기

$5x+a \le 7x+3 < 2(x+2b)$에서 $\begin{cases} 5x+a \le 7x+3 \\ 7x+3 < 2(x+2b) \end{cases}$

이때 부등식 $5x+a \le 7x+3$에서 $-2x \le 3-a$

$\therefore x \ge \dfrac{a-3}{2}$ ...... ㉠

부등식 $7x+3 < 2(x+2b)$에서 $7x+3 < 2x+4b$, $5x < 4b-3$

$\therefore x < \dfrac{4b-3}{5}$ ...... ㉡

STEP B 해가 $-4 \le x < 5$임을 이용하여 a, b의 값 구하기

부등식의 해가 $-4 \le x < 5$이므로

㉠, ㉡에서 공통부분이 존재해야 하고 범위로 나타내면

$\dfrac{a-3}{2} \le x < \dfrac{4b-3}{5}$이므로 $\dfrac{a-3}{2}=-4$, $\dfrac{4b-3}{5}=5$

따라서 $a=-5$, $b=7$이므로 $a+b=-5+7=2$ 정답 ③

1155

STEP A 두 부등식의 해를 각각 구하기

$x+a \le 4x-1 \le 2x+b$에서 $\begin{cases} x+a \le 4x-1 \\ 4x-1 \le 2x+b \end{cases}$

이때 부등식 $x+a \le 4x-1$에서 $-3x \le -1-a$

$\therefore x \ge \dfrac{a+1}{3}$ ······ ㉠

부등식 $4x-1 \le 2x+b$에서 $2x \le b+1$

$\therefore x \le \dfrac{b+1}{2}$ ······ ㉡

STEP B 해가 $x=3$임을 이용하여 a, b의 값 구하기

주어진 연립부등식의 해가 $x=3$이므로

㉠, ㉡에서 $\dfrac{a+1}{3}=3$, $\dfrac{b+1}{2}=3$

따라서 $a=8$, $b=5$이므로 $a+b=13$

1156

STEP A 두 부등식의 해를 각각 구하기

$6x-11 \ge 4x+a$에서 $2x \ge a+11$

$\therefore x \ge \dfrac{a+11}{2}$ ······ ㉠

$2(x-3) \le x+b$에서 $2x-6 \le x+b$

$\therefore x \le b+6$ ······ ㉡

STEP B 해가 $x=5$임을 이용하여 a, b의 값 구하기

주어진 연립부등식의 해가 $x=5$이므로

㉠, ㉡에서 $\dfrac{a+11}{2}=5$, $b+6=5$

따라서 $a=-1$, $b=-1$이므로 $ab=(-1)\times(-1)=1$

내신연계 출제문항 543

x에 대한 연립부등식

$\begin{cases} 2x+a \ge 3x+6 \\ 2x+1 \le 11x+b \end{cases}$

의 해가 $x=-1$일 때, 두 상수 a, b에 대하여 $a+b$의 값은?

① 15　　　　② 17　　　　③ 19
④ 21　　　　⑤ 23

STEP A 두 부등식의 해를 각각 구하기

$2x+a \ge 3x+6$에서 $3x-2x \le a-6$

$\therefore x \le a-6$ ······ ㉠

$2x+1 \le 11x+b$에서 $11x-2x \ge 1-b$, $9x \ge 1-b$

$\therefore x \ge \dfrac{1-b}{9}$ ······ ㉡

STEP B 해가 $x=-1$임을 이용하여 a, b의 값 구하기

주어진 연립부등식의 해가 $x=-1$이므로

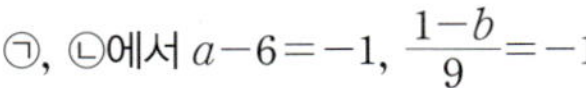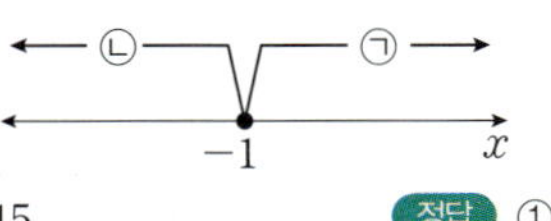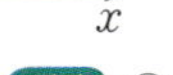

㉠, ㉡에서 $a-6=-1$, $\dfrac{1-b}{9}=-1$

따라서 $a=5$, $b=10$이므로 $a+b=5+10=15$

1157

STEP A 두 부등식의 해를 각각 구하기

$x-1>8$에서 $x>9$ ······ ㉠

$2x-16 \le x+a$에서 $x \le a+16$ ······ ㉡

STEP B 해가 $b<x \le 28$임을 이용하여 a, b의 값 구하기

주어진 연립부등식의 해가 $b<x \le 28$이므로
㉠, ㉡에서 공통된 부분이 존재해야 하고
범위로 나타내면

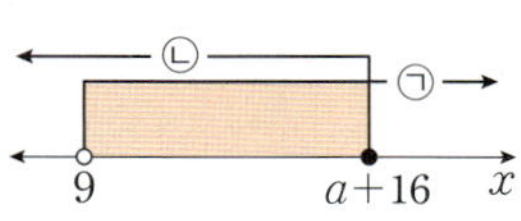

$9<x \le a+16$이므로 $9=b$, $a+16=28$

따라서 $a=12$, $b=9$이므로 $a+b=12+9=21$

내신연계 출제문항 544

x에 대한 연립부등식

$\begin{cases} -x+3>-2 \\ 6x+4 \le 7x+a \end{cases}$

의 해가 $2 \le x<b$일 때, 두 상수 a, b에 대하여 $a+b$의 값을 구하시오.

STEP A 두 부등식의 해를 각각 구하기

$-x+3>-2$에서 $x<5$ ······ ㉠

$6x+4 \le 7x+a$에서 $4-a \le x$ ······ ㉡

STEP B 해가 $2 \le x<b$임을 이용하여 a, b의 값 구하기

주어진 연립부등식의 해가 $2 \le x<b$이므로
㉠, ㉡에서 공통된 부분이 존재해야 하고
범위로 나타내면

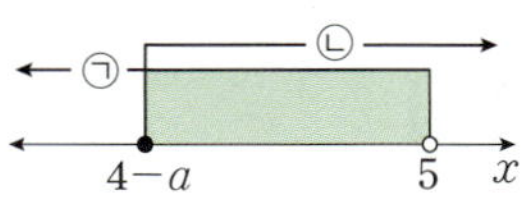

$4-a \le x<5$이므로 $4-a=2$, $b=5$

따라서 $a=2$, $b=5$이므로 $a+b=2+5=7$

1158

STEP A 두 부등식의 해를 각각 구하기

$4x-7 \le 6x-a$에서 $-2x \le 7-a$

$\therefore x \ge \dfrac{a-7}{2}$ ······ ㉠

$5x+2<3x+8$에서 $2x<6$

$\therefore x<3$ ······ ㉡

STEP B 연립부등식이 해를 갖도록 하는 정수 a의 값의 범위 구하기

주어진 연립부등식이 해를 가지려면
㉠, ㉡이 그림과 같아야 한다.

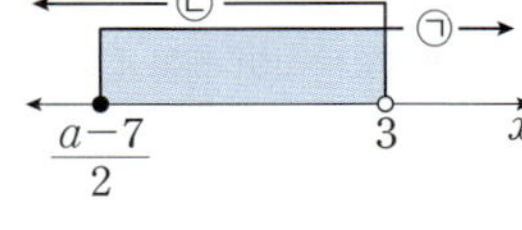

즉 $\dfrac{a-7}{2}<3$, $a-7<6$

$\therefore a<13$

따라서 정수 a의 최댓값은 12

1159

STEP A 두 부등식의 해를 각각 구하기

$8x-3a \le 5(2x-1) \le 6x+11$에서 $\begin{cases} 8x-3a \le 5(2x-1) \\ 5(2x-1) \le 6x+11 \end{cases}$

이때 부등식 $8x-3a \le 5(2x-1)$에서 $8x-3a \le 10x-5$, $-2x \le -5+3a$

$\therefore x \ge \dfrac{5-3a}{2}$ ······ ㉠

부등식 $5(2x-1) \le 6x+11$에서 $10x-5 \le 6x+11$, $4x \le 16$

$\therefore x \le 4$ ······ ㉡

왼쪽 단

STEP B 연립부등식이 해를 갖도록 하는 정수 a의 값의 범위 구하기

주어진 연립부등식이 해를 가지려면
㉠, ㉡이 그림과 같아야 한다.

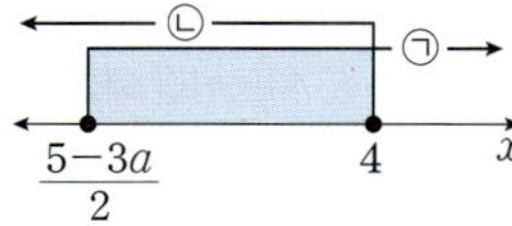

즉 $\dfrac{5-3a}{2} \le 4$, $5-3a \le 8$, $-3a \le 3$

$\therefore a \ge -1$

따라서 정수 a의 최솟값은 -1

1160

정답 ②

STEP A 두 부등식의 해를 각각 구하기

$x-3 < 4x-a$에서 $-3x < 3-a$

$\therefore x > \dfrac{a-3}{3}$ ...... ㉠

$6x+7 \le x+a$에서 $5x \le a-7$

$\therefore x \le \dfrac{a-7}{5}$ ...... ㉡

STEP B 해를 갖지 않도록 하는 실수 a의 값의 범위 구하기

주어진 연립부등식의 해를 갖지 않으려면
㉠, ㉡이 그림과 같아야 한다.

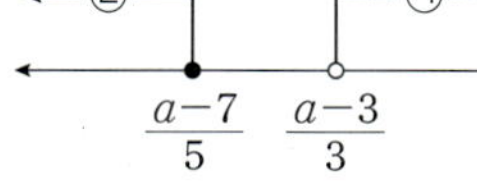

즉 $\dfrac{a-7}{5} \le \dfrac{a-3}{3}$, $3(a-7) \le 5(a-3)$,

$3a-21 \le 5a-15$, $-2a \le 6$ $\therefore a \ge -3$

따라서 실수 a의 최솟값은 -3

1161

정답 ①

STEP A 두 부등식의 해를 각각 구하기

$\dfrac{2x-1}{3} \le \dfrac{5(x+2)}{12} \le \dfrac{3x-k}{4}$에서 $\begin{cases} \dfrac{2x-1}{3} \le \dfrac{5(x+2)}{12} \\ \dfrac{5(x+2)}{12} \le \dfrac{3x-k}{4} \end{cases}$

이때 부등식 $\dfrac{2x-1}{3} \le \dfrac{5(x+2)}{12}$의 양변에 12를 곱하면

$4(2x-1) \le 5(x+2)$, $8x-4 \le 5x+10$, $3x \le 14$

$\therefore x \le \dfrac{14}{3}$ ...... ㉠

부등식 $\dfrac{5(x+2)}{12} \le \dfrac{3x-k}{4}$에서 양변에 12를 곱하면

$5(x+2) \le 3(3x-k)$, $5x+10 \le 9x-3k$, $-4x \le -3k-10$

$\therefore x \ge \dfrac{3k+10}{4}$ ...... ㉡

STEP B 해를 갖지 않도록 하는 정수 k의 값의 범위 구하기

주어진 연립부등식이 해를 갖지 않으려면
㉠, ㉡이 그림과 같아야 한다.

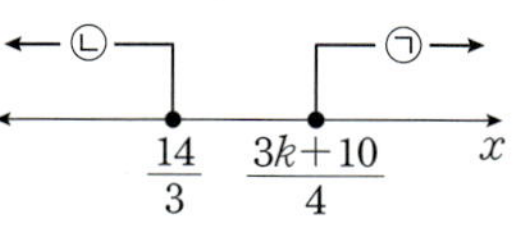

즉 $\dfrac{14}{3} < \dfrac{3k+10}{4}$, $56 < 3(3k+10)$, $26 < 9k$

$\therefore k > \dfrac{26}{9}$

따라서 정수 k의 최솟값은 3

내·신·연·계 출제문항 545

x에 대한 연립부등식

$$\dfrac{x+3}{2} < \dfrac{5x+7}{6} \le \dfrac{2x+k}{3}$$

가 해를 갖지 않도록 하는 자연수 k의 값의 합은?

① 3   ② 6   ③ 10
④ 15   ⑤ 21

STEP A 두 부등식의 해를 각각 구하기

$\dfrac{x+3}{2} < \dfrac{5x+7}{6} \le \dfrac{2x+k}{3}$에서 $\begin{cases} \dfrac{x+3}{2} < \dfrac{5x+7}{6} \\ \dfrac{5x+7}{6} \le \dfrac{2x+k}{3} \end{cases}$

이때 부등식 $\dfrac{x+3}{2} < \dfrac{5x+7}{6}$의 양변에 6을 곱하면

$3(x+3) < 5x+7$, $3x+9 < 5x+7$, $-2x < -2$

$\therefore x > 1$ ...... ㉠

부등식 $\dfrac{5x+7}{6} \le \dfrac{2x+k}{3}$의 양변에 6을 곱하면

$5x+7 \le 2(2x+k)$, $5x+7 \le 4x+2k$

$\therefore x \le 2k-7$ ...... ㉡

STEP B 해를 갖지 않도록 하는 자연수 k의 값의 범위 구하기

주어진 연립부등식이 해를 갖지 않으려면
㉠, ㉡이 그림과 같아야 한다.

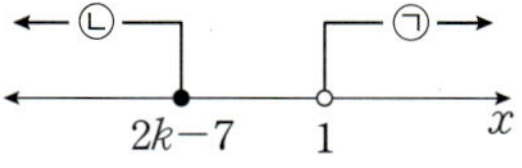

즉 $2k-7 \le 1$, $2k \le 8$ $\therefore k \le 4$

따라서 자연수 k의 값은 1, 2, 3, 4이므로 그 합은 $1+2+3+4=10$ 정답 ③

1162

정답 4

STEP A 두 부등식의 해를 각각 구하기

$3x+a \ge 4x+2$에서 $x \le a-2$ ...... ㉠

$5x+1 > 2x-8$에서 $3x > -9$이므로 $x > -3$ ...... ㉡

STEP B 정수 x의 값이 5개가 되도록 하는 자연수 a의 값 구하기

연립부등식의 해가 존재하므로 공통된 부분이 존재해야 한다.

즉 ㉠, ㉡에서 부등식의 해는 $-3 < x \le a-2$

이때 정수 x의 개수가 5가 되려면 다음과 같아야 한다.

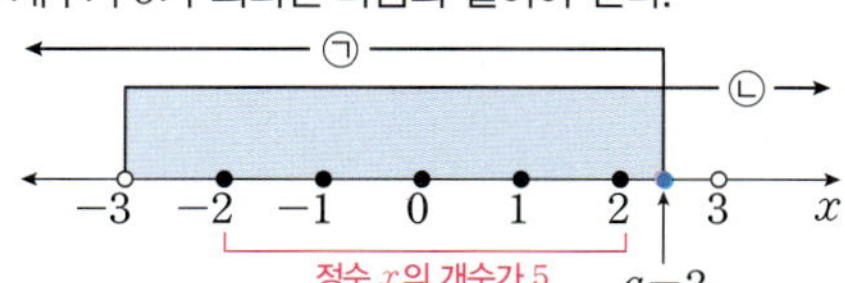

따라서 $2 \le a-2 < 3$에서 $4 \le a < 5$이므로 구하는 자연수 a의 값은 4

1163

정답 ③

STEP A 두 부등식의 해를 각각 구하기

$2(4-x) \ge 6-3x$에서 $8-2x \ge 6-3x$이므로

$x \ge -2$ ...... ㉠

$4x+a > 8(x+1)$에서 $4x+a > 8x+8$이므로

$x < \dfrac{a-8}{4}$ ...... ㉡

STEP B 정수 x의 값이 5개가 되는 a의 범위 구하기

연립부등식의 해가 존재하므로 공통된 부분이 존재해야 한다.

즉 ㉠, ㉡에서 부등식의 해는 $-2 \le x < \dfrac{a-8}{4}$

이때 정수 x가 5개가 되려면 다음과 같아야 한다.

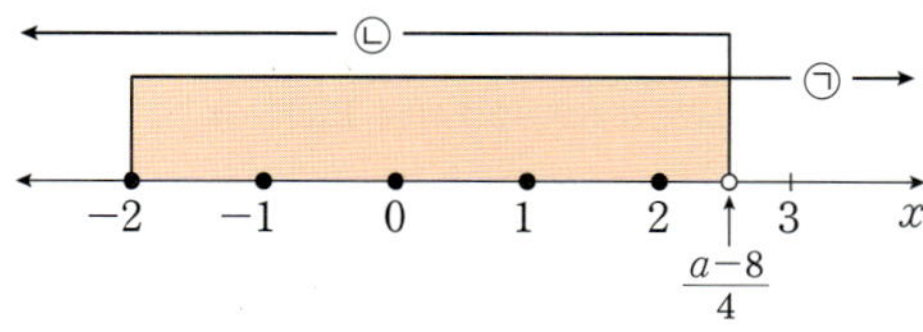

즉 연립부등식을 만족시키는 정수 x는 $-2, -1, 0, 1, 2$의 5개이고

$2 < \dfrac{a-8}{4} \le 3$이어야 한다.

따라서 $16 < a \le 20$에서 정수 a는 17, 18, 19, 20이므로 그 개수는 4

1164

정답 ③

STEP A 두 부등식의 해를 각각 구하기

$3x-7<x+1<4x+a$에서 $\begin{cases} 3x-7<x+1 \\ x+1<4x+a \end{cases}$

이때 부등식 $3x-7<x+1$에서 $2x<8$

$\therefore x<4$ ⠀⠀⠀⠀⠀ ……㉠

부등식 $x+1<4x+a$에서 $-3x<a-1$

$\therefore x>\dfrac{1-a}{3}$ ⠀⠀⠀⠀⠀ ……㉡

STEP B 정수 x가 2와 3뿐이도록 하는 실수 a의 값의 범위 구하기

연립부등식의 해가 존재하므로 공통된 부분이 존재해야한다.

즉 ㉠, ㉡에서

부등식의 해는 $\dfrac{1-a}{3}<x<4$

이때 정수 x가 2와 3뿐이므로
오른쪽 그림과 같아야 한다.

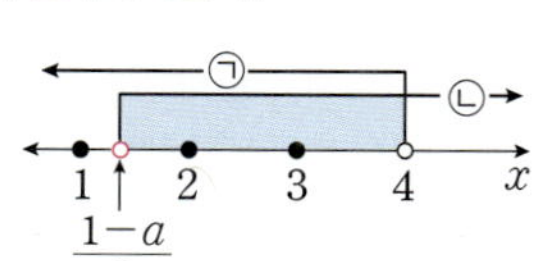

즉 $1\le\dfrac{1-a}{3}<2$, $3\le 1-a<6$, $2\le -a<5$

따라서 $-5<a\le -2$

---

x에 대한 연립부등식

$$\begin{cases} \dfrac{x}{3}-\dfrac{5}{4}\le\dfrac{x}{6}-\dfrac{a}{12} \\ 7x+13\le 3(4x-1) \end{cases}$$

의 정수인 해가 4, 5, 6뿐일 때, 정수 a의 값의 합은?

① 1 ⠀⠀⠀⠀ ② 2 ⠀⠀⠀⠀ ③ 3
④ 4 ⠀⠀⠀⠀ ⑤ 5

STEP A 두 부등식의 해를 각각 구하기

$\dfrac{x}{3}-\dfrac{5}{4}\le\dfrac{x}{6}-\dfrac{a}{12}$ 의 양변에 12를 곱하면

$4x-15\le 2x-a$, $2x\le 15-a$

$\therefore x\le\dfrac{15-a}{2}$ ⠀⠀⠀⠀⠀ ……㉠

$7x+13\le 3(4x-1)$에서 $7x+13\le 12x-3$, $-5x\le -16$

$\therefore x\ge\dfrac{16}{5}$ ⠀⠀⠀⠀⠀ ……㉡

STEP B 정수 x가 4, 5, 6뿐이도록 하는 정수 a의 값의 범위 구하기

연립부등식의 해가 존재하므로 공통된 부분이 존재해야 한다.

즉 ㉠, ㉡에서

부등식의 해는 $\dfrac{16}{5}\le x\le\dfrac{15-a}{2}$

이때 정수 x가 4, 5, 6뿐이므로
오른쪽 그림과 같아야 한다.

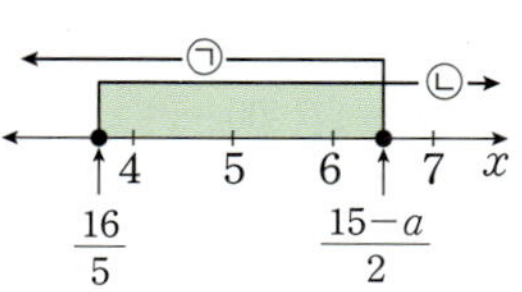

즉 $6\le\dfrac{15-a}{2}<7$, $12\le -a+15<14$

$-3\le -a<-1$ ⠀ $\therefore 1<a\le 3$

따라서 정수 a는 2, 3이므로 그 합은 $2+3=5$

정답 ⑤

1165

정답 2

STEP A 두 부등식의 해를 각각 구하기

$\dfrac{3a-5x}{4}<3-x<\dfrac{5-4x}{3}$에서 $\begin{cases}\dfrac{3a-5x}{4}<3-x \\ 3-x<\dfrac{5-4x}{3}\end{cases}$

이때 부등식 $\dfrac{3a-5x}{4}<3-x$의 양변에 4를 곱하면

$3a-5x<4(3-x)$, $3a-5x<12-4x$, $-x<12-3a$

$\therefore x>3a-12$ ⠀⠀⠀⠀⠀ ……㉠

부등식 $3-x<\dfrac{5-4x}{3}$의 양변에 3을 곱하면

$3(3-x)<5-4x$, $9-3x<5-4x$

$\therefore x<-4$ ⠀⠀⠀⠀⠀ ……㉡

STEP B 정수인 해가 1개가 되도록 하는 정수 a의 값의 범위 구하기

연립부등식의 해가 존재하므로 공통된 부분이 존재해야 한다.

즉 ㉠, ㉡에서
부등식 해는 $3a-12<x<-4$
이때 정수 x가 1개뿐이므로
오른쪽 그림과 같아야 한다.

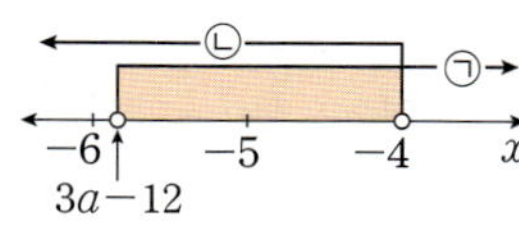

즉 $-6\le 3a-12<-5$, $6\le 3a<7$

$\therefore 2\le a<\dfrac{7}{3}$

따라서 정수 a는 2

1166

2019년 06월 고1 학력평가 15번 ⠀⠀ 정답 ⑤

STEP A 두 부등식의 해를 각각 구하기

$x+2>3$에서 $x>1$ ⠀⠀⠀⠀⠀ ……㉠

$3x<a+1$에서 $x<\dfrac{a+1}{3}$ ⠀⠀⠀⠀⠀ ……㉡

STEP B 조건을 만족시키는 자연수 a의 최댓값 구하기

연립부등식의 해가 존재하므로 공통된 부분이 존재해야 한다.

즉 ㉠, ㉡에서 부등식의 해는 $1<x<\dfrac{a+1}{3}$

이때 연립부등식을 만족시키는 모든 정수 x의 값의 합이 9가 되어야 하므로
모든 정수 x의 값은 2, 3, 4이다. ⠀← $2+3+4=9$

즉 $4<\dfrac{a+1}{3}\le 5$가 되어야 하므로

$12<a+1\le 15$

$\therefore 11<a\le 14$

따라서 자연수 a의 최댓값은 14

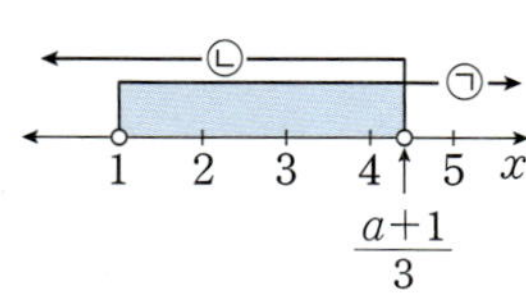

+α 조건을 만족하는 a의 값의 범위가 $4<\dfrac{a+1}{3}\le 5$인 이유!

(i) $\dfrac{a+1}{3}=4$인 경우

⠀연립부등식의 해 $1<x<4$를 만족시키는 정수 x가 2, 3이 되어 문제의 조건을
만족시키지 않는다.

(ii) $\dfrac{a+1}{3}=5$인 경우

⠀연립부등식의 해 $1<x<5$를 만족시키는 정수 x가 2, 3, 4가 되어 문제의 조건
을 만족시킨다.

따라서 조건을 만족하는 a의 값의 범위가 $4<\dfrac{a+1}{3}\le 5$이어야 한다.

x에 대한 연립부등식
$$\begin{cases} x+1>3 \\ 3x<a+2 \end{cases}$$
을 만족시키는 모든 정수 x의 값의 합이 18이 되도록 하는 a의 값의 범위는?

① $15<a\le18$ ② $15\le a<19$ ③ $14<a\le19$
④ $16<a\le19$ ⑤ $16\le a<19$

STEP A 두 부등식의 해를 각각 구하기

$x+1>3$에서 $x>2$ …… ㉠

$3x<a+2$에서 $x<\dfrac{a+2}{3}$ …… ㉡

STEP B 모든 정수 x의 값의 합이 18이 되도록 하는 상수 a의 범위 구하기

연립부등식의 해가 존재하므로 공통된 부분이 존재해야 한다.

즉 ㉠, ㉡에서 부등식의 해는 $2<x<\dfrac{a+2}{3}$

연립부등식을 만족시키는 정수 x는 $3,\ 4,\ 5,\ \cdots$이므로

3 이상의 연속인 정수 x의 값의 합이 18이 되려면

$3+4+5+6=18$이어야 한다.

즉 $6<\dfrac{a+2}{3}\le7$이 되어야 하므로

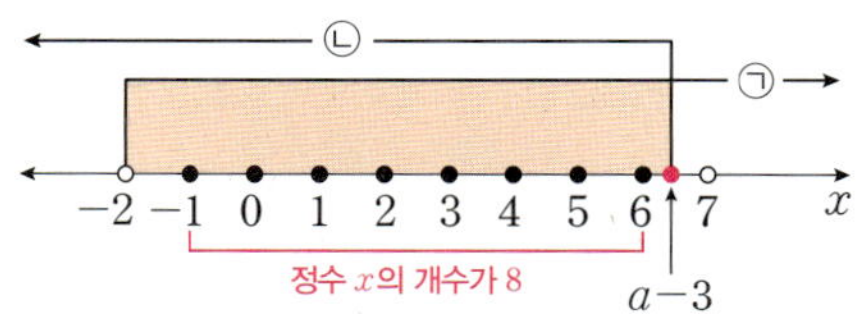

$18<a+2\le21$

따라서 $16<a\le19$

정답 ④

1167

2018년 09월 고1 학력평가 26번   정답 9

STEP A 두 부등식의 해를 각각 구하기

$3x-1<5x+3\le4x+a$에서 $\begin{cases} 3x-1<5x+3 \\ 5x+3\le4x+a \end{cases}$

$3x-1<5x+3$에서 $2x>-4$이므로 $x>-2$ …… ㉠
$5x+3\le4x+a$에서 $x\le a-3$ …… ㉡

STEP B 조건을 만족시키는 자연수 a의 값 구하기

연립부등식의 해가 존재해야 하므로 공통된 부분이 존재해야 한다.

즉 ㉠, ㉡에서 부등식의 해는 $-2<x\le a-3$

이때 정수 x의 개수가 8이 되도록 수직선 위에 나타내면 다음과 같다.

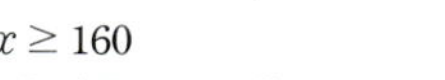

즉 $6\le a-3<7$에서 $9\le a<10$이어야 한다.
따라서 구하는 자연수 a의 값은 9

+α 조건을 만족하는 a의 값의 범위가 $6\le a-3<7$인 이유!

(ⅰ) $a-3=6$인 경우
연립부등식을 만족시키는 정수 x가 $-1,\ 0,\ 1,\ 2,\ 3,\ \cdots,\ 6$의 8개가 되어 문제의 조건을 만족시킨다.
(ⅱ) $a-3=7$인 경우
연립부등식을 만족시키는 정수 x가 $-1,\ 0,\ 1,\ 2,\ 3,\ \cdots,\ 6,\ 7$의 9개가 되어 문제의 조건을 만족시키지 않는다.
따라서 조건을 만족하는 a의 값의 범위가 $6\le a-3<7$이어야 한다.

---

x에 대한 연립부등식 $3x-2<x+4\le2x-a$를 만족시키는 정수 x의 개수가 5가 되도록 하는 정수 a의 값을 구하시오.

STEP A 두 부등식의 해를 각각 구하기

$3x-2<x+4\le2x-a$에서 $\begin{cases} 3x-2<x+4 \\ x+4\le2x-a \end{cases}$

$3x-2<x+4$에서 $2x<6$
$\therefore\ x<3$ …… ㉠
$x+4\le2x-a$에서 $-x\le-a-4$
$\therefore\ x\ge a+4$ …… ㉡

STEP B 정수 x의 개수가 5가 되도록 하는 자연수 a의 값 구하기

연립부등식의 해가 존재해야 하므로 공통된 부분이 존재해야 한다.

즉 ㉠, ㉡에서 부등식의 해는 $a+4\le x<3$
이때 정수 x의 개수가 5가 되려면 다음과 같아야 한다.

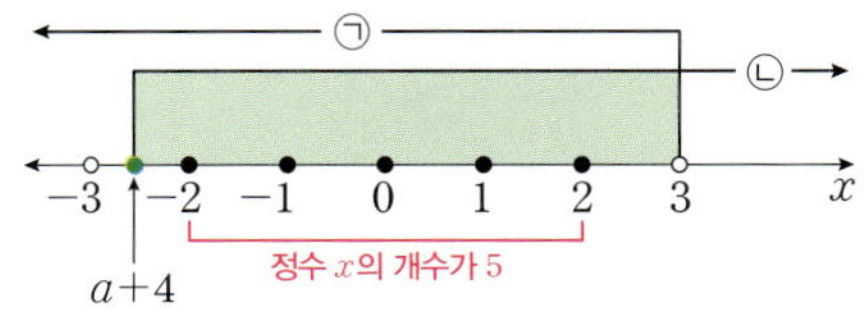

따라서 $-3<a+4\le-2$에서 $-7<a\le-6$이므로 구하는 정수 a의 값은 -6

정답 -6

1168

정답 ④

STEP A 식품 A의 양을 x라 하고 연립부등식 작성하기

두 식품 A, B의 1g당 열량과 단백질의 양은 다음과 같다.

식품	열량 (kcal)	단백질 (g)
A	$\dfrac{90}{100}$	$\dfrac{10}{100}$
B	$\dfrac{170}{100}$	$\dfrac{5}{100}$

섭취해야 하는 식품 A의 양을 $x\,\mathrm{g}$이라 하면
섭취해야 하는 식품 B의 양은 $(200-x)\,\mathrm{g}$이므로

$$\begin{cases} \dfrac{90}{100}x+\dfrac{170}{100}(200-x)\ge196 & \cdots\cdots\ ㉠ \\[2mm] \dfrac{10}{100}x+\dfrac{5}{100}(200-x)\ge18 & \cdots\cdots\ ㉡ \end{cases}$$

STEP B 연립부등식의 해 구하기

㉠에서 $9x+17(200-x)\ge1960$
$-8x+3400\ge1960,\ -8x\ge-1440$
$\therefore\ x\le180$ …… ㉢
㉡에서 $10x+5(200-x)\ge1800$
$5x+1000\ge1800,\ 5x\ge800$
$\therefore\ x\ge160$ …… ㉣

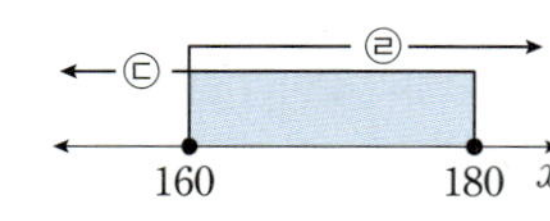

㉢, ㉣의 공통부분은 $160\le x\le180$

STEP C 식품 A의 섭취량의 범위 구하기

따라서 섭취해야 하는 식품 A의 양은 160g 이상 180g 이하이다.

1169

STEP A 체험 B를 활동하는 횟수를 x라 하고 연립부등식 작성하기

체험 B를 활동하는 횟수를 x라 하면
체험 A를 활동하는 횟수는 $8-x$

체험	요금 (원)	소요 시간 (분)
A($8-x$회)	$3000(8-x)$	$12(8-x)$
B(x회)	$5000x$	$8x$
제한량	28000	91

$$\begin{cases} 3000(8-x)+5000x \le 28000 \\ 12(8-x)+8x \le 91 \end{cases}$$

STEP B 연립부등식의 해 구하기

부등식 $3000(8-x)+5000x \le 28000$의 양변을 1000으로 나누면
$3(8-x)+5x \le 28$, $24-3x+5x \le 28$, $2x \le 4$
$\therefore x \le 2$ $\qquad$ ······ ㉠
부등식 $12(8-x)+8x \le 91$에서 $96-12x+8x \le 91$, $4x \ge 5$
$\therefore x \ge \dfrac{5}{4}$ $\qquad$ ······ ㉡

㉠, ㉡의 공통부분을 구하면 $\dfrac{5}{4} \le x \le 2$

STEP C 체험 B를 활동하는 횟수 구하기

이때 x는 자연수이므로 $x=2$
따라서 체험 B를 활동하는 횟수는 2

다음 표는 어느 놀이공원의 두 놀이기구 A, B를 각각 1회씩 체험하는 요금과 소요 시간을 나타낸 것이다. 놀이기구 A, B를 합하여 10회 체험하고, 소요 시간은 95분 이내, 요금은 23000원 이하로 하려고 할 때, 놀이기구 A를 체험하는 횟수를 구하시오. (단, 이동 시간과 기다리는 시간은 생각하지 않는다.)

놀이기구	요금 (원)	소요 시간 (분)
A	2000	10
B	3000	8

STEP A 놀이기구 A를 체험하는 횟수를 x라 하고 연립부등식 작성하기

놀이기구 A를 체험하는 횟수를 x라 하면
놀이기구 B를 체험하는 횟수는 $10-x$

체험	요금 (원)	소요 시간 (분)
A(x회)	$2000x$	$10x$
B($10-x$회)	$3000(10-x)$	$8(10-x)$
제한량	23000	95

$$\begin{cases} 2000x+3000(10-x) \le 23000 \\ 10x+8(10-x) \le 95 \end{cases}$$

STEP B 연립부등식의 해 구하기

부등식 $2000x+3000(10-x) \le 23000$의 양변을 1000으로 나누면
$2x+3(10-x) \le 23$, $2x+30-3x \le 23$, $-x \le -7$
$\therefore x \ge 7$ $\qquad$ ······ ㉠
부등식 $10x+8(10-x) \le 95$에서 $10x+80-8x \le 95$, $2x \le 15$
$\therefore x \le \dfrac{15}{2}$ $\qquad$ ······ ㉡

㉠, ㉡의 공통부분을 구하면 $7 \le x \le \dfrac{15}{2}$

STEP C 놀이기구 A를 체험하는 횟수 구하기

이때 x는 자연수이므로 $x=7$
따라서 놀이기구 A를 체험하는 횟수는 7회이다. $\qquad$

1170

STEP A $(소금의 양)=\dfrac{(소금물의 농도)}{100}\times(소금물의 양)$임을 이용하여 부등식을 세우기

25%의 소금물 200g에 들어있는 소금의 양은 $\dfrac{25}{100}\times 200=50\,(g)$
더 넣어야 하는 10%의 소금물의 양을 $x\,g$이라 하면
$$(200+x)\times\dfrac{15}{100} \le 50+x\times\dfrac{10}{100} \le (200+x)\times\dfrac{20}{100}$$
농도가 15%인 소금의 양 $\qquad$ 농도가 20%인 소금의 양
즉 양변에 100을 곱하고 정리하면
$15x+3000 \le 5000+10x < 4000+20x$

STEP B 연립부등식의 해 구하기

$$\begin{cases} 15x+3000 \le 5000+10x & ······ ㉠ \\ 5000+10x < 4000+20x & ······ ㉡ \end{cases}$$
㉠에서 $15x-10x \le 5000-3000$, $5x \le 2000$
$\therefore x \le 400$ $\qquad$ ······ ㉢
㉡에서 $20x-10x > 5000-4000$, $10x > 1000$
$\therefore x > 100$ $\qquad$ ······ ㉣
㉢, ㉣의 공통범위는 $100 < x \le 400$

> **P O I N T | 소금물의 농도**
>
> ① $(소금물의 농도)=\dfrac{(소금의 양)}{(소금물의 양)}\times 100\,(\%)$
>
> ② $(소금의 양)=\dfrac{(소금물의 농도)}{100}\times(소금물의 양)$

1171

STEP A 세로의 길이를 x라 하고 연립부등식 작성하기

세로의 길이를 x라 하면 가로의 길이는 $\dfrac{1}{2}\times(360-2x)=180-x$
이때 가로의 길이를 세로의 길이보다 40 cm 이상 짧게 하므로
$180-x \le x-40$ $\qquad$ ······ ㉠
또한, 가로의 길이를 세로의 길이의 $\dfrac{1}{3}$ 배보다 길게 하므로
$\dfrac{1}{3}x < 180-x$ $\qquad$ ······ ㉡

STEP B 연립부등식을 풀이하여 세로의 길이의 개수 구하기

㉠의 식에서 $180-x \le x-40$이므로 $220 \le 2x$에서 $110 \le x$
㉡의 식에서 $\dfrac{1}{3}x < 180-x$이므로 $\dfrac{4}{3}x < 180$에서 $x < 135$
즉 자연수 x의 값은 110, 111, 112, $\cdots$, 134
따라서 가능한 세로의 길이의 개수는 25

둘레의 길이가 280cm인 직사각형을 만들려고 한다. 세로의 길이를 가로의 길이보다 60cm 이상 짧게 하고, 가로의 길이의 $\frac{1}{4}$ 배보다 길게 하려고 할 때, 가능한 가로의 길이의 개수는? (단, 가로의 길이는 자연수이다.)

① 12 　　② 14 　　③ 16
④ 18 　　⑤ 20

STEP A 　가로의 길이를 x라 하고 연립부등식 작성하기

가로의 길이를 x라 하면 세로의 길이는 $\frac{1}{2} \times (280-2x) = 140-x$

이때 세로의 길이를 가로의 길이보다 60 cm 이상 짧게 하므로
$$140-x \le x-60 \qquad \cdots\cdots ㉠$$

또한 세로의 길이를 가로의 길이의 $\frac{1}{4}$ 배보다 길게 하므로
$$\frac{1}{4}x < 140-x \qquad \cdots\cdots ㉡$$

STEP B 　연립부등식을 풀이하여 가로의 길이의 개수 구하기

㉠의 식에서 $140-x \le x-60$이므로 $200 \le 2x$에서 $100 \le x$

㉡의 식에서 $\frac{1}{4}x < 140-x$이므로 $\frac{5}{4}x < 140$에서 $x < 112$

즉 자연수 x의 값은 $100, 101, 102, \cdots, 111$

따라서 가능한 가로의 길이의 개수는 12 　　정답 ①

1172

정답 ⑤

STEP A 　$\sqrt{a}\sqrt{b} = -\sqrt{ab}$ 이면 $a<0,\ b<0$ 또는 $a=0,\ b=0$임을 이용하기

(가)에서 $\sqrt{x-7}\sqrt{x-2} = -\sqrt{(x-7)(x-2)}$이므로
$x-7<0,\ x-2<0$ 또는 $x-7=0$ 또는 $x-2=0$
$\therefore x \le 2$ 또는 $x=7$ 　　$\cdots\cdots ㉠$

STEP B 　$\dfrac{\sqrt{a}}{\sqrt{b}} = -\sqrt{\dfrac{a}{b}}$ 이면 $a>0,\ b<0$ 또는 $a=0,\ b \ne 0$임을 이용하기

(나)에서 $\dfrac{\sqrt{x+5}}{\sqrt{x-7}} = -\sqrt{\dfrac{x+5}{x-7}}$ 이므로
$x+5>0,\ x-7<0$ 또는 $x+5=0,\ x-7 \ne 0$
$\therefore -5 \le x < 7$ 　　$\cdots\cdots ㉡$

STEP C 　정수 x의 개수 구하기

㉠, ㉡의 공통부분을 구하면 $-5 \le x \le 2$
따라서 정수 x는 $-5, -4, -3, -2, -1, 0, 1, 2$이므로 개수는 8

1173

2018년 09월 고1 학력평가 18번 　　정답 ②

STEP A 　등변사다리꼴 ACDB에서 선분 CE, AE, AC의 길이를 d에 대한 식으로 나타내기

$\overline{AC} = \overline{BD}$, $\overline{CD} = 20\text{m}$, $\angle BAC = 120°$인 등변사다리꼴 ACDB에서 점 A에서 선분 CD에 내린 수선의 발을 E라 하자.

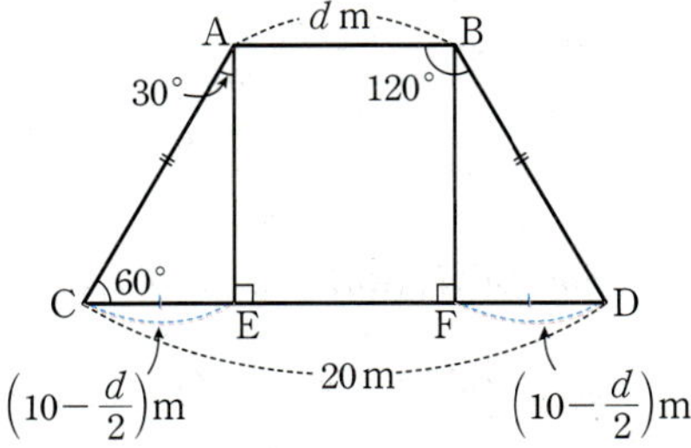

중앙 스크린의 가로인 선분 AB의 길이가 $d(d>0)$이므로
$$\overline{CE} = \frac{1}{2}(20-d) = 10 - \frac{1}{2}d$$
　　← 점 B에서 $\overline{CD}$에 내린 수선의 발을 F라 하면
　　$\overline{CE} + \overline{FD} = \overline{CD} - \overline{EF} = 20-d$
　　$\overline{CE} = \overline{FD}$이므로 $\overline{CE} = \overline{FD} = \frac{1}{2}(20-d)$

이때 직각삼각형 ACE에서
$$\overline{AE} = \overline{CE}\tan 60° = \left(10 - \frac{1}{2}d\right) \times \sqrt{3} = 10\sqrt{3} - \frac{\sqrt{3}}{2}d\,(\text{m})$$
　　← $\tan 60° = \dfrac{\overline{AE}}{\overline{CE}}$

$$\overline{AC} = \frac{\overline{CE}}{\cos 60°} = \frac{10 - \frac{1}{2}d}{\frac{1}{2}} = 20-d\,(\text{m})$$
　　← $\cos 60° = \dfrac{\overline{CE}}{\overline{AC}}$

STEP B 　조건을 만족하는 부등식을 세운 후 d의 값의 범위 구하기

선분 AB의 길이는 선분 AC의 길이의 4배보다 크지 않으므로
　　작거나 같다.
즉 $\overline{AB} \le 4\overline{AC}$이므로
$d \le 4 \times (20-d)$, $d \le 80-4d$
$5d \le 80$
$\therefore d \le 16$ 　　$\cdots\cdots ㉠$

사다리꼴 ACDB의 넓이가 $75\sqrt{3}$ 이하이므로
즉 $\frac{1}{2} \times (\overline{AB} + \overline{CD}) \times \overline{AE} \le 75\sqrt{3}$이므로

$$\frac{1}{2} \times (d+20) \times \left(10\sqrt{3} - \frac{\sqrt{3}}{2}d\right) \le 75\sqrt{3}$$

$$(d+20) \times \left(10\sqrt{3} - \frac{\sqrt{3}}{2}d\right) \le 150\sqrt{3}$$

$$10\sqrt{3}\,d - \frac{\sqrt{3}}{2}d^2 + 200\sqrt{3} - 10\sqrt{3}\,d \le 150\sqrt{3}$$

$$200\sqrt{3} - 150\sqrt{3} \le \frac{\sqrt{3}}{2}d^2$$
　　← 양변을 $\sqrt{3}$으로 나눈다.

$$50 \le \frac{1}{2}d^2$$
　　← $d^2 \ge 100$, $d^2 - 10^2 \ge 0$, $(d-10)(d+10) \ge 0$

$\therefore d \le -10$ 또는 $d \ge 10$ 　　$\cdots\cdots ㉡$

STEP C 　d의 최댓값과 최솟값의 합 구하기

㉠, ㉡의 공통범위를 구하면 $d \le -10$ 또는 $10 \le d \le 16$
이때 $d>0$이므로 $10 \le d \le 16$
　　선분의 길이이므로 항상 양수이다.
따라서 d의 최댓값과 최솟값의 합은 $16+10 = 26$

P O I N T ｜ 특수각의 삼각비

A 삼각비	0°	30°	45°	60°	90°
$\sin A$	0	$\dfrac{1}{2}$	$\dfrac{\sqrt{2}}{2}$	$\dfrac{\sqrt{3}}{2}$	1
$\cos A$	1	$\dfrac{\sqrt{3}}{2}$	$\dfrac{\sqrt{2}}{2}$	$\dfrac{1}{2}$	0
$\tan A$	0	$\dfrac{\sqrt{3}}{3}$	1	$\sqrt{3}$	값이 존재하지 않는다

그림과 같이 어느 행사장에서 바닥면이 등변사다리꼴이 되도록 무대 위에
3개의 직사각형 모양의 스크린을 설치하려고 한다.

양옆 스크린의 하단과 중앙 스크린의 하단이 만나는 지점을 각각 A, B라
하고, 만나지 않는 하단의 끝 지점을 각각 C, D라 하자.
사각형 ACDB는 $\overline{AC}=\overline{BD}$인 등변사다리꼴이고
$\overline{CD}=30\,\text{m}$, $\angle BAC=120°$이다. 선분 AB의 길이는 선분 AC의 길이의 2배
보다 크지 않고, 사다리꼴 ACDB의 넓이는 $144\sqrt{3}\,\text{m}^2$ 이하이다.
중앙 스크린의 가로인 선분 AB의 길이를 $d(\text{m})$라 할 때, d의 최댓값과
최솟값의 합은? (단, 스크린의 두께는 무시한다.)

① 34　　② 35　　③ 36
④ 37　　⑤ 38

STEP A 등변사다리꼴 ACDB에서 선분 CE, AE, AC의 길이를 d에 대한
식으로 나타내기

$\overline{AC}=\overline{BD}$, $\overline{CD}=30\,\text{m}$, $\angle BAC=120°$인 등변사다리꼴 ACDB에서
점 A에서 선분 CD에 내린 수선의 발을 E라 하자.

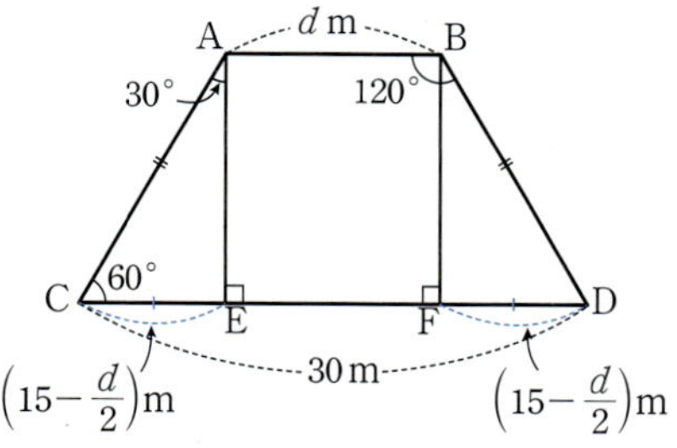

중앙 스크린의 가로인 선분 AB의 길이가 $d(d>0)$이므로
$$\overline{CE}=\frac{1}{2}(30-d)=15-\frac{1}{2}d$$

이때 직각삼각형 ACE에서
$$\overline{AE}=\overline{CE}\tan 60°=\left(15-\frac{1}{2}d\right)\times\sqrt{3}=15\sqrt{3}-\frac{\sqrt{3}}{2}d\,(\text{m})$$

$$\overline{AC}=\frac{\overline{CE}}{\cos 60°}=\frac{15-\frac{1}{2}d}{\frac{1}{2}}=30-d\,(\text{m})$$

STEP B 조건을 만족하는 부등식을 세운 후 d의 값의 범위 구하기

선분 AB의 길이는 선분 AC의 길이의 2배보다 크지 않으므로
즉 $\overline{AB}\leq 2\overline{AC}$이므로 $d\leq 2\times(30-d)$, $d\leq 60-2d$, $3d\leq 60$
$\therefore d\leq 20$ 　　…… ㉠
또한, 사다리꼴 ACDB의 넓이가 $144\sqrt{3}$ 이하이므로
$$(\text{사다리꼴 ACDB의 넓이})=\frac{1}{2}\times(\overline{AB}+\overline{CD})\times\overline{AE}$$
$$=\frac{1}{2}\times(d+30)\times\left(15\sqrt{3}-\frac{\sqrt{3}}{2}d\right)$$
$$=\frac{1}{2}\left(-\frac{\sqrt{3}}{2}d^2+450\sqrt{3}\right)$$

즉 부등식 $\frac{1}{2}\left(-\frac{\sqrt{3}}{2}d^2+450\sqrt{3}\right)\leq 144\sqrt{3}$에서
$$-\frac{\sqrt{3}}{2}d^2+450\sqrt{3}\leq 288\sqrt{3},\ -\frac{\sqrt{3}}{2}d^2\leq -162\sqrt{3},\ d^2\geq 324$$
$\therefore d\leq -18$ 또는 $d\geq 18$ 　　…… ㉡

STEP C d의 최댓값과 최솟값의 합 구하기

㉠, ㉡의 공통범위를 구하면 $d\leq -18$ 또는 $18\leq d\leq 20$
이때 $d>0$이므로 $18\leq d\leq 20$
따라서 d의 최댓값은 20, 최솟값은 18이므로 그 합은 $20+18=38$　정답 ⑤

1174
정답 12

STEP A 의자의 개수를 x라 하고 연립부등식 작성하기

의자의 개수를 x라 할 때,
한 의자에 3명씩 앉으면 학생이 5명 남으므로 전체 학생은 $(3x+5)$명이다.
이때 한 의자에 4명씩 앉으면 의자가 1개 남으므로
그림에서 4명씩 앉은 의자는 $(x-2)$개이고
A의자에는 최소 1명에서 최대 4명까지 앉을 수 있다.

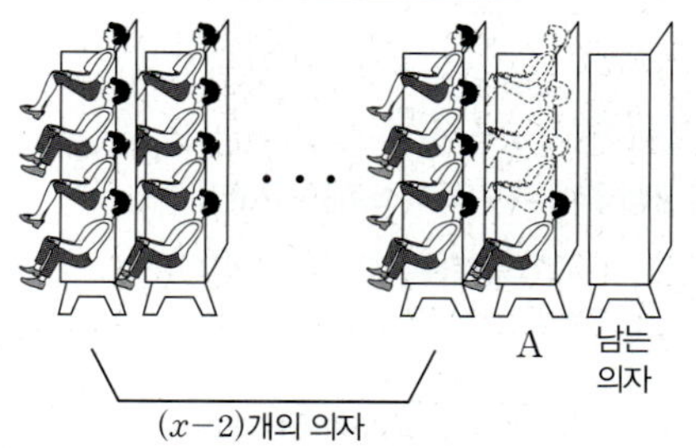

즉 학생 수는 $\{4(x-2)+1\}$명 이상이고 $\{4(x-2)+4\}$명 이하이므로
$$4(x-2)+1\leq 3x+5\leq 4(x-2)+4$$

STEP B 연립부등식의 해 구하기

$$\begin{cases}4(x-2)+1\leq 3x+5 & \cdots\cdots ㉠\\ 3x+5\leq 4(x-2)+4 & \cdots\cdots ㉡\end{cases}$$
㉠에서 $4x-7\leq 3x+5$
$\therefore x\leq 12$ 　　…… ㉢
㉡에서 $3x+5\leq 4x-4$
$\therefore x\geq 9$ 　　…… ㉣
㉢, ㉣의 공통부분은 $9\leq x\leq 12$이므로 가능한 의자의 개수는
9 또는 10 또는 11 또는 12
따라서 의자의 수의 최대 개수는 12

1175
정답 ⑤

STEP A 의자의 개수를 x로 놓고 연립부등식 작성하기

의자의 개수를 x라 할 때,
의자 한 개에 5명씩 앉으면 학생 8명이 남으므로 학생은 $(5x+8)$명이다.
6명씩 앉으면 의자가 1개 남으므로 $(x-2)$개의 의자에 학생이 6명씩 앉고
1개의 의자에 1명 이상 6명 이하의 학생이 앉게 된다.

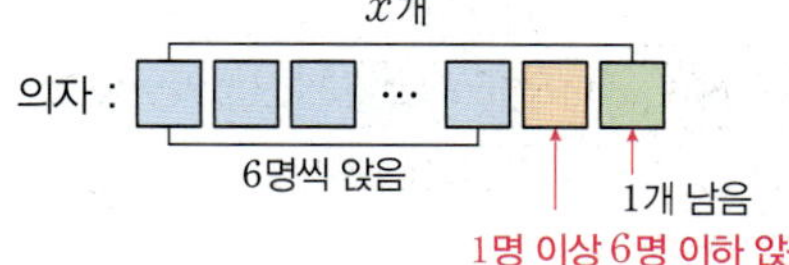

즉 학생 수는 $\{6(x-2)+1\}$명 이상이고 $\{6(x-2)+6\}$명 이하이므로
$$6(x-2)+1\leq 5x+8\leq 6(x-2)+6$$

STEP B 연립부등식의 해 구하기

즉 $$\begin{cases}6(x-2)+1\leq 5x+8 & \cdots\cdots ㉠\\ 5x+8\leq 6(x-2)+6 & \cdots\cdots ㉡\end{cases}$$
㉠에서 $6(x-2)+1\leq 5x+8$
$\therefore x\leq 19$ 　　…… ㉢
㉡에서 $5x+8\leq 6(x-2)+6$
$\therefore x\geq 14$ 　　…… ㉣
따라서 ㉢, ㉣의 공통부분은 $14\leq x\leq 19$이므로 의자의 최대 개수는 19

1176

STEP Ⓐ 주어진 조건을 이용하여 연립부등식 작성하기

땅콩을 하루에 7개씩 x일 동안 먹으면 4개가 남으므로 땅콩의 총 개수는
$7x+4$
8개씩 먹으면 $(x-1)$일 동안 다 먹으므로 $x-2$일 동안은 8개씩 먹고
$x-1$일에 1개 이상 8개 이하를 먹게 된다.
즉 땅콩의 총 개수는 $\{8(x-2)+1\}$개 이상이고 $\{8(x-2)+8\}$개 이하이므로
$8(x-2)+1 \leq 7x+4 \leq 8(x-2)+8$

STEP Ⓑ 부등식의 해 구하기

$\begin{cases} 8(x-2)+1 \leq 7x+4 & \cdots\cdots \ \bigcirc \\ 7x+4 \leq 8(x-2)+8 & \cdots\cdots \ \bigcirc\!\!\bigcirc \end{cases}$
$\bigcirc$에서 $8x-15 \leq 7x+4$
$\therefore x \leq 19$ $\cdots\cdots$ ©
©에서 $7x+4 \leq 8x-8$, $-x \leq -12$
$\therefore x \geq 12$ $\cdots\cdots$ ②
©, ②에서 공통범위는 $12 \leq x \leq 19$

STEP Ⓒ 땅콩의 최대 개수와 최소 개수 구하기

땅콩의 개수는 $7x+4$이므로 부등식 $12 \leq x \leq 19$의
각 변에 7을 곱하면 $84 \leq 7x \leq 133$에서
각 변에 4를 더하면 $88 \leq 7x+4 \leq 137$
따라서 땅콩의 최대 개수는 137, 최소 개수는 88이므로 구하는 합은 225

내신연계 출제문항 552

강인이는 호두 한 통을 사서 먹으려고 한다. 하루에 9개씩 x일 동안 먹으면
6개가 남고, 10개씩 먹으면 $(x-3)$일 동안 다 먹게 된다고 한다.
이때 통 속에 있는 호두의 최대 개수와 최소 개수의 차는?

① 77   ② 79   ③ 81
④ 83   ⑤ 85

STEP Ⓐ 주어진 조건을 이용하여 연립부등식 작성하기

호두를 하루에 9개씩 x일 동안 먹으면 6개가 남으므로 호두의 총 개수는
$9x+6$
10개씩 먹으면 $(x-3)$일 동안 다 먹으므로 $x-4$일 동안은 10개씩 먹고
$x-3$일에 1개 이상 10개 이하를 먹게 된다.
즉 호두의 총 개수는 $\{10(x-4)+1\}$개 이상이고 $\{10(x-4)+10\}$개 이하이므로
$10(x-4)+1 \leq 9x+6 \leq 10(x-4)+10$

STEP Ⓑ 부등식의 해 구하기

$\begin{cases} 10(x-4)+1 \leq 9x+6 & \cdots\cdots \ \bigcirc \\ 9x+6 \leq 10(x-4)+10 & \cdots\cdots \ \bigcirc\!\!\bigcirc \end{cases}$
$\bigcirc$에서 $10x-39 \leq 9x+6$
$\therefore x \leq 45$ $\cdots\cdots$ ©
©에서 $9x+6 \leq 10x-30$
$\therefore x \geq 36$ $\cdots\cdots$ ②
©, ②에서 공통범위는 $36 \leq x \leq 45$

STEP Ⓒ 호두의 최대 개수와 최소 개수 구하기

부등식 $36 \leq x \leq 45$의 각 변에 9를 곱하면 $324 \leq 9x \leq 405$
각 변에 6을 더하면 $330 \leq 9x+6 \leq 411$
따라서 호두의 최대 개수는 411, 최소 개수는 330이므로 구하는 차는 81

1177

STEP Ⓐ 부등식 $|2x-1|<9$의 해 구하기

$|2x-1|<9$에서 $-9<2x-1<9$
즉 $-8<2x<10$에서 $-4<x<5$
따라서 $a=-4$, $b=5$이므로 $a+b=(-4)+5=1$

1178

STEP Ⓐ 부등식 $3<|4x-5|<6$의 해 구하기

$3<|4x-5|<6$에서 $-6<4x-5<-3$ 또는 $3<4x-5<6$
부등식 $-6<4x-5<-3$의 양변에 5를 더하면
$-1<4x<2$이므로 $-\dfrac{1}{4}<x<\dfrac{1}{2}$ $\cdots\cdots$ $\bigcirc$
부등식 $3<4x-5<6$의 양변에 5를 더하면
$8<4x<11$이므로 $2<x<\dfrac{11}{4}$ $\cdots\cdots$ $\bigcirc\!\!\bigcirc$
즉 부등식의 해는 $\bigcirc$, $\bigcirc\!\!\bigcirc$에 의하여
$-\dfrac{1}{4}<x<\dfrac{1}{2}$ 또는 $2<x<\dfrac{11}{4}$
따라서 정수 x는 0뿐이므로 개수는 1

1179

STEP Ⓐ 부등식 $|2x-1|>3$의 해를 이용하여 a의 값 구하기

부등식 $|2x-1|>3$에서 $2x-1<-3$ 또는 $2x-1>3$
즉 $2x<-2$ 또는 $2x>4$이므로 $x<-1$ 또는 $x>2$
$\therefore a=2$

STEP Ⓑ 부등식 $|x-b|<3$의 해를 이용하여 b의 값 구하기

부등식 $|x-b|<3$에서 $-3<x-b<3$
양변에 b를 더하면 $-3+b<x<3+b$
즉 $-3+b=4$이고 $3+b=10$
$\therefore b=7$
따라서 $a=2$, $b=7$이므로 $a+b=9$

1180

STEP Ⓐ 부등식 $|3x-a|<15$의 해 구하기

$|3x-a|<15$에서 $-15<3x-a<15$이고 양변에 a를 더하면
$-15+a<3x<15+a$
$\therefore \dfrac{a-15}{3}<x<\dfrac{a+15}{3}$

STEP Ⓑ 해가 $b<x<4$임을 이용하여 a, b의 값 구하기

이때 부등식의 해가 $b<x<4$이므로
$\dfrac{a+15}{3}=4$에서 $a+15=12$ $\therefore a=-3$
$\dfrac{a-15}{3}=b$에서 $a-15=3b$이므로
$a=-3$을 대입하면 $b=-6$
따라서 $a=-3$, $b=-6$이므로 $a+b=-3+(-6)=-9$

x에 대한 부등식 $|2x-a|<12$의 해가 $-2<x<b$일 때, 두 상수 a, b에 대하여 $b-a$의 값은?

① -6 ② -4 ③ 2
④ 3 ⑤ 4

STEP A 부등식 $|2x-a|<12$의 해 구하기

$|2x-a|<12$에서 $-12<2x-a<12$
$-12+a<2x<12+a$
$\therefore \dfrac{a-12}{2}<x<\dfrac{a+12}{2}$

STEP B 해가 $-2<x<b$임을 이용하여 a, b의 값 구하기

이때 부등식의 해가 $-2<x<b$이므로
$\dfrac{a-12}{2}=-2$에서 $a-12=-4$ $\therefore a=8$
$\dfrac{a+12}{2}=b$에서 $a+12=2b$이므로 $a=8$을 대입하면
$20=2b$ $\therefore b=10$

STEP C $b-a$의 값 구하기

따라서 $a=8$, $b=10$이므로 $b-a=10-8=2$

정답 ③

1181

정답 ④

STEP A 부등식 $|x-a|<7$의 해 구하기

$|x-a|<7$에서 $-7<x-a<7$
$\therefore a-7<x<a+7$ $\cdots\cdots$ ㉠

STEP B 정수 x의 최댓값이 15일 때, 정수 a의 값 구하기

주어진 부등식을 만족시키는 정수 x의 최댓값이 15가 되도록 ㉠을 수직선 위에 나타내면 오른쪽 그림과 같다.

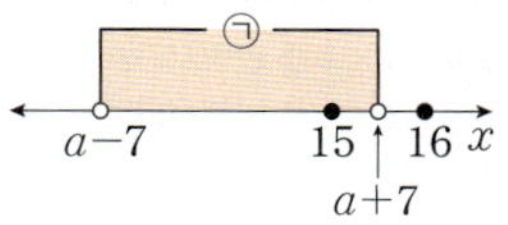

즉 $15<a+7\le16$이므로 $8<a\le9$
따라서 정수 a의 값은 9

---

x에 대한 부등식 $|2x-a|<5$를 만족시키는 정수 x의 최댓값이 10일 때, 모든 정수 a의 값의 합을 구하시오.

STEP A 부등식 $|x-a|<5$의 해 구하기

$|2x-a|<5$에서 $-5<2x-a<5$
$\therefore \dfrac{a-5}{2}<x<\dfrac{a+5}{2}$ $\cdots\cdots$ ㉠

STEP B 정수 x의 최댓값이 10일 때, 정수 a의 값 구하기

주어진 부등식을 만족시키는 정수 x의 최댓값이 10이 되도록 ㉠을 수직선 위에 나타내면 오른쪽 그림과 같다.

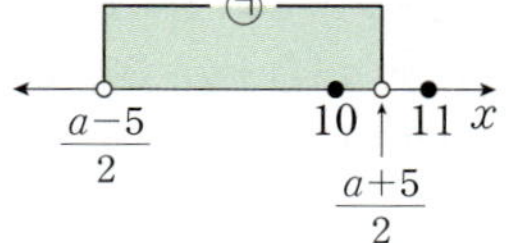

즉 $10<\dfrac{a+5}{2}\le11$
$\therefore 15<a\le17$
따라서 정수 a는 16, 17이므로 모든 정수 a의 값의 합은 $16+17=33$

정답 33

1182

정답 ②

STEP A 조건을 만족하는 a, b의 부호를 결정하기

$b<0$이면
부등식 $|ax-1|\ge b$의 해는 모든 실수가 되므로 $b>0$
이때 $ab>0$이므로 $a>0$

STEP B 부등식 $|ax-1|\ge b$의 해 구하기

$|ax-1|\ge b$에서 $ax-1\le-b$ 또는 $ax-1\ge b$ ← $|x|>a$이면 $x<-a$ 또는 $x>a$
$\therefore x\le\dfrac{-b+1}{a}$ 또는 $x\ge\dfrac{b+1}{a}$ $(\because a>0)$

STEP C 해가 $x\le-2$ 또는 $x\ge6$임을 이용하여 a, b의 값 구하기

주어진 부등식의 해가 $x\le-2$ 또는 $x\ge6$이므로
$\dfrac{-b+1}{a}=-2$에서 $-b+1=-2a$
$\therefore 2a-b=-1$ $\cdots\cdots$ ㉠
$\dfrac{b+1}{a}=6$에서 $b+1=6a$
$\therefore 6a-b=1$ $\cdots\cdots$ ㉡
㉠, ㉡을 연립하면 $a=\dfrac{1}{2}$, $b=2$
따라서 $a+b=\dfrac{1}{2}+2=\dfrac{5}{2}$

1183

정답 9

STEP A 조건을 만족하는 a, b의 부호를 결정하기

$b<0$이면
$|ax-3|\le b$의 해가 존재하지 않으므로 $b>0$
이때 $ab>0$이므로 $a>0$

STEP B 부등식 $|ax-3|\le b$의 해 구하기

부등식 $|ax-3|\le b$에서 $-b\le ax-3\le b$, $3-b\le ax\le3+b$
$\therefore \dfrac{3-b}{a}\le x\le\dfrac{3+b}{a}$ $(\because a>0)$

STEP C 해가 $-2\le x\le5$임을 이용하여 a, b의 값 구하기

주어진 부등식의 해가 $-2\le x\le5$이므로
$\dfrac{3-b}{a}=-2$에서 $2a-b=-3$ $\cdots\cdots$ ㉠
$\dfrac{3+b}{a}=5$에서 $-5a+b=-3$ $\cdots\cdots$ ㉡
㉠, ㉡을 연립하여 풀면 $a=2$, $b=7$
따라서 $a+b=2+7=9$

1184

STEP **A** 부등식 $|2x-3|<5$의 해 구하기

부등식 $|2x-3|<5$에서 $-5<2x-3<5$

$-2<2x<8$, $-1<x<4$

따라서 $a=-1$, $b=4$이므로 $a+b=(-1)+4=3$

다른풀이 x의 값의 범위에 따라 경우를 나누어 풀이하기

STEP **A** x의 값의 범위에 따라 경우를 나누어 부등식 풀기

절댓값 기호 안의 식 $2x-3$이 0이 되는 x의 값인 $x=\dfrac{3}{2}$을 기준으로 구간을 나누면

(i) $x<\dfrac{3}{2}$인 경우

$\quad |2x-3|=-2x+3$이므로 $-2x+3<5$, $-2x<2$

$\quad \therefore x>-1$

(ii) $x\geq\dfrac{3}{2}$인 경우

$\quad |2x-3|=2x-3$이므로 $2x-3<5$, $2x<8$

$\quad \therefore x<4$

STEP **B** $a+b$의 값 구하기

(i), (ii)에 의해 부등식의 해는 $-1<x<4$이므로 $a=-1$, $b=4$

따라서 $a+b=(-1)+4=3$

부등식 $|3x+2|<6$의 해가 $a<x<b$일 때, $b-a$의 값은?

① 3   ② $\dfrac{10}{3}$ ③ 4

④ $\dfrac{14}{3}$ ⑤ 5

STEP **A** 부등식 $|3x+2|<6$의 해 구하기

부등식 $|3x+2|<6$에서 $-6<3x+2<6$, $-8<3x<4$

$\therefore -\dfrac{8}{3}<x<\dfrac{4}{3}$

따라서 $a=-\dfrac{8}{3}$, $b=\dfrac{4}{3}$이므로 $b-a=\dfrac{4}{3}-\left(-\dfrac{8}{3}\right)=4$

다른풀이 x의 값의 범위에 따라 경우를 나누어 풀이하기

STEP **A** x의 값의 범위에 따라 경우를 나누어 부등식 풀기

절댓값 기호 안의 식 $3x+2$이 0이 되는 x의 값인 $x=-\dfrac{2}{3}$를 기준으로 구간을 나누면

(i) $x<-\dfrac{2}{3}$인 경우

$\quad |3x+2|=-3x-2$이므로 $-3x-2<6$, $-3x<8$

$\quad \therefore x>-\dfrac{8}{3}$

(ii) $x\geq-\dfrac{2}{3}$인 경우

$\quad |3x+2|=3x+2$이므로 $3x+2<6$, $3x<4$

$\quad \therefore x<\dfrac{4}{3}$

STEP **B** $b-a$의 값 구하기

(i), (ii)에 의해 부등식의 해는 $-\dfrac{8}{3}<x<\dfrac{4}{3}$이므로 $a=-\dfrac{8}{3}$, $b=\dfrac{4}{3}$

따라서 $b-a=\dfrac{4}{3}-\left(-\dfrac{8}{3}\right)=4$ · 정답 ③

1185

STEP **A** 부등식 $|x-7|\leq a+1$의 해 구하기

a는 자연수이므로 $|x-7|\leq a+1$에서 $-(a+1)\leq x-7\leq a+1$

$\therefore -a+6\leq x\leq a+8$

STEP **B** 조건을 만족시키는 자연수 a의 값 구하기

$-a+6$, $a+8$이 정수이고 부등식을 만족시키는 정수 x의 개수가 9이므로

$(a+8)-(-a+6)+1=9$에서 $2a+3=9$

두 정수 m, $n(m<n)$에 대하여 부등식 $m\leq x\leq n$을 만족시키는 정수 x의 개수는 $n-m+1$

따라서 $2a=6$이므로 $a=3$

---

x에 대한 부등식 $|x-5|\leq a+1$을 만족시키는 모든 정수 x의 개수가 13가 되도록 하는 자연수 a의 값은?

① 3   ② 4   ③ 5

④ 6   ⑤ 7

STEP **A** 부등식 $|x-5|\leq a+1$의 해 구하기

a는 자연수이므로 $|x-5|\leq a+1$에서 $-(a+1)\leq x-5\leq a+1$

$\therefore -a+4\leq x\leq a+6$

STEP **B** 모든 정수 x의 개수가 9개가 되도록 하는 자연수 a의 값 구하기

$-a+4$, $a+6$이 정수이고 부등식을 만족시키는 정수 x의 개수가 13개이므로

$(a+6)-(-a+4)+1=13$에서 $2a+3=13$

두 정수 m, $n(m<n)$에 대하여 부등식 $m\leq x\leq n$을 만족시키는 정수 x의 개수는 $n-m+1$

따라서 $2a=10$이므로 $a=5$

P O I N T | 부등식을 만족시키는 정수의 개수

① $a<x<b$를 만족시키는 정수 x의 개수 ➡ $(b-a)-1$개

② $a\leq x<b$를 만족시키는 정수 x의 개수 ➡ $(b-a)$개

③ $a<x\leq b$를 만족시키는 정수 x의 개수 ➡ $(b-a)$개

④ $a\leq x\leq b$를 만족시키는 정수 x의 개수 ➡ $(b-a)+1$개

· 정답 ③

1186

STEP **A** 부등식 $|x-a|<2$의 해 구하기

x에 대한 부등식 $|x-a|<2$에서 $-2<x-a<2$

$\therefore -2+a<x<2+a$

a가 자연수이므로 부등식을 만족하는 모든 정수 x는

$-1+a$, a, $1+a$

STEP **B** 조건을 만족시키는 자연수 a의 값 구하기

모든 정수 x의 값의 합이 33이므로

$(-1+a)+a+(1+a)=33$, $3a=33$

따라서 $a=11$

x에 대한 부등식 $|x-a|<3$를 만족시키는 모든 정수 x의 값의 합이 50일 때, 자연수 a의 값은?

① 9 ② 10 ③ 11
④ 12 ⑤ 13

STEP A 부등식 $|x-a|<3$의 해 구하기

x에 대한 부등식 $|x-a|<3$에서 $-3<x-a<3$
$\therefore -3+a<x<3+a$ ...... ㉠
a가 자연수이므로 부등식 ㉠을 만족하는 자연수 x는
$-2+a, -1+a, a, 1+a, 2+a$

STEP B 조건을 만족시키는 자연수 a의 값 구하기

모든 정수 x의 값의 합이 50이므로
$(-2+a)+(-1+a)+a+(1+a)+(2+a)=5a, 5a=50$
따라서 $a=10$

정답 ②

1187

2020년 09월 고1 학력평가 26번

정답 7

STEP A 연립부등식의 해 구하기

$2x+5\le 9$에서 $2x\le 4$ $\therefore x\le 2$ ...... ㉠
$|x-3|\le 7$에서 $-7\le x-3\le 7$
$\therefore -4\le x\le 10$ ...... ㉡
㉠, ㉡의 공통범위를 구하면 $-4\le x\le 2$

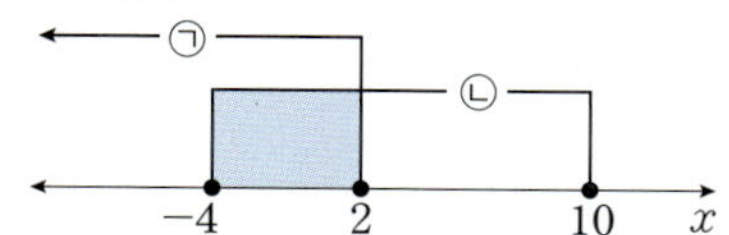

STEP B 부등식을 만족시키는 모든 정수 x의 개수 구하기

따라서 부등식을 만족시키는 정수 x의 값은 $-4, -3, -2, -1, 0, 1, 2$이므로
모든 정수 x의 개수는 7 ← $2-(-4)+1=7$

연립부등식
$$\begin{cases} 2x+3\le 7 \\ |x-3|\le 8 \end{cases}$$
를 만족시키는 정수 x의 개수는?

① 5 ② 6 ③ 7
④ 8 ⑤ 9

STEP A 연립부등식의 해 구하기

$2x+3\le 7$에서 $2x\le 4$ $\therefore x\le 2$ ...... ㉠
$|x-3|\le 8$에서 $-8\le x-3\le 8$
$\therefore -5\le x\le 11$ ...... ㉡
㉠과 ㉡의 공통범위를 구하면 $-5\le x\le 2$

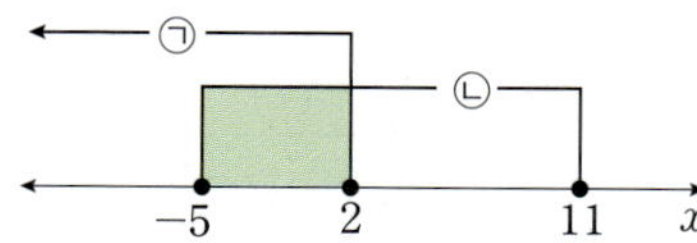

STEP B 부등식을 만족시키는 모든 정수 x의 개수 구하기

따라서 부등식을 만족시키는 정수 x의 값은 $-5, -4, -3, -2, -1, 0, 1, 2$
이므로 모든 정수 x의 개수는 8 ← $2-(-5)+1=8$

정답 ④

1188

정답 4

STEP A x의 값의 범위에 따라 경우를 나누어 각각의 부등식 풀기

부등식 $|4x-5|<2x+4$에서 절댓값 기호 안의 식 $4x-5=0$이 되는 x의 값인 $x=\dfrac{5}{4}$를 기준으로 구간을 나누면 다음과 같다.

(i) $x<\dfrac{5}{4}$인 경우

$|4x-5|=-4x+5$이므로 $-4x+5<2x+4, -6x<-1$

$\therefore x>\dfrac{1}{6}$

그런데 $x<\dfrac{5}{4}$이므로 x의 값의 범위는 $\dfrac{1}{6}<x<\dfrac{5}{4}$

(ii) $x\ge \dfrac{5}{4}$인 경우

$|4x-5|=4x-5$이므로 $4x-5<2x+4, 2x<9$

$\therefore x<\dfrac{9}{2}$

그런데 $x\ge \dfrac{5}{4}$이므로 x의 값의 범위는 $\dfrac{5}{4}\le x<\dfrac{9}{2}$

STEP B 부등식을 만족하는 모든 정수 x의 개수 구하기

(i), (ii)에 의해 부등식을 만족하는 x의 값의 범위는 $\dfrac{1}{6}<x<\dfrac{9}{2}$

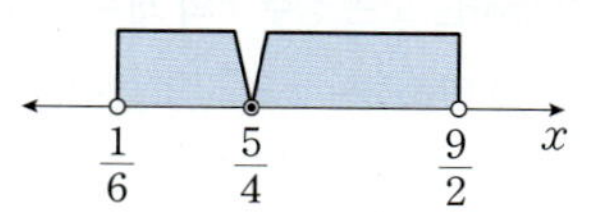

따라서 주어진 부등식을 만족하는 정수 x는 1, 2, 3, 4이므로 그 개수는 4

1189

정답 3

STEP A x의 값의 범위에 따라 경우를 나누어 각각의 부등식 풀기

부등식 $|x-1|+4\ge 2x$에서 절댓값 기호 안의 식 $x-1=0$이 되는 x의 값인 $x=1$을 기준으로 구간을 나누면 다음과 같다.
(i) $x<1$인 경우

$|x-1|+4=-x+5$이므로 $-x+5\ge 2x, -3x\ge -5$

$\therefore x\le \dfrac{5}{3}$

그런데 $x<1$이므로 x의 값의 범위는 $x<1$
(ii) $x\ge 1$인 경우

$|x-1|+4=x+3$이므로 $x+3\ge 2x, -x\ge -3$

$\therefore x\le 3$

그런데 $x\ge 1$이므로 x의 값의 범위는 $1\le x\le 3$

STEP B 부등식을 만족하는 x의 최댓값 구하기

(i), (ii)에 의해 부등식을 만족하는 x의 값의 범위는 $x\le 3$

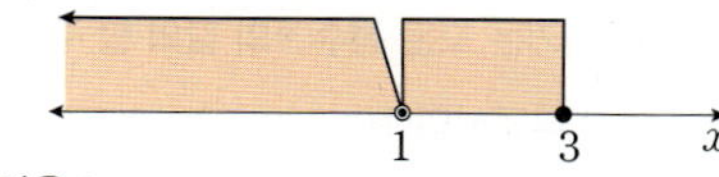

따라서 x의 최댓값은 3

부등식 $|3x-2|-x \le 6$을 만족시키는 모든 정수 x의 개수는?

① 4 ② 5 ③ 6
④ 7 ⑤ 8

STEP A x의 값의 범위에 따라 경우를 나누어 각각의 부등식 풀기

부등식 $|3x-2|-x \le 6$에서 절댓값 기호 안의 식 $3x-2=0$이 되는 x의 값인 $x=\dfrac{2}{3}$를 기준으로 구간을 나누면 다음과 같다.

(i) $x<\dfrac{2}{3}$인 경우

$\qquad |3x-2|-x=-4x+2$이므로 $-4x+2 \le 6$, $-4x \le 4$

$\qquad \therefore x \ge -1$

$\qquad$ 그런데 $x<\dfrac{2}{3}$이므로 x의 값의 범위는 $-1 \le x < \dfrac{2}{3}$

(ii) $x \ge \dfrac{2}{3}$인 경우

$\qquad |3x-2|-x=2x-2$이므로 $2x-2 \le 6$, $2x \le 8$

$\qquad \therefore x \le 4$

$\qquad$ 그런데 $x \ge \dfrac{2}{3}$이므로 x의 값의 범위는 $\dfrac{2}{3} \le x \le 4$

STEP B 부등식을 만족하는 모든 정수 x의 개수 구하기

(i), (ii)에 의해 부등식을 만족하는 x의 값의 범위는 $-1 \le x \le 4$

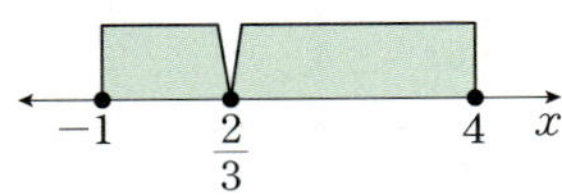

따라서 모든 정수 x는 -1, 0, 1, 2, 3, 4이므로 개수는 6

정답 ③

1190

2019년 11월 고1 학력평가 10번 ｜ 정답 ⑤

STEP A x의 값의 범위에 따라 경우를 나누어 각각의 부등식 풀기

절댓값 기호 안의 식 $3x+1$이 0이 되는 x의 값인 $x=-\dfrac{1}{3}$을 기준으로 구간을 나누면 다음과 같다.

(i) $x<-\dfrac{1}{3}$인 경우 $\quad \leftarrow 3x+1<0$이므로 $|3x+1|=-3x-1$

$\qquad x>-3x-1-7$에서 $4x>-8$ $\quad \therefore x>-2$

$\qquad$ 그런데 $x<-\dfrac{1}{3}$이므로 $-2<x<-\dfrac{1}{3}$

(ii) $x \ge -\dfrac{1}{3}$인 경우 $\quad \leftarrow 3x+1 \ge 0$이므로 $|3x+1|=3x+1$

$\qquad x>3x+1-7$에서 $-2x>-6$ $\quad \therefore x<3$

$\qquad$ 그런데 $x \ge -\dfrac{1}{3}$이므로 $-\dfrac{1}{3} \le x<3$

STEP B 부등식을 만족시키는 모든 정수 x의 값의 합 구하기

(i), (ii)에 의하여 주어진 부등식의 해는 $-2<x<3$

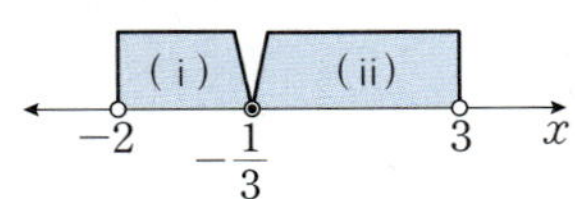

따라서 부등식을 만족시키는 정수 x의 값은 -1, 0, 1, 2이므로 모든 정수 x의 값의 합은 $-1+0+1+2=2$

mini 해설 ｜ $|x|<a$이면 $-a<x<a$임을 이용하여 풀이하기

부등식 $x>|3x+1|-7$에서 $|3x+1|<x+7$ $\quad \leftarrow |x|<a(a>0)$이면 $-a<x<a$
$x+7>0$일 때, $-x-7<3x+1<x+7$
(i) $-x-7<3x+1$에서 $-4x<8$ $\quad \therefore x>-2$
(ii) $3x+1<x+7$에서 $2x<6$ $\quad \therefore x<3$
(i), (ii)에 의하여 주어진 부등식의 해는 $-2<x<3$
따라서 주어진 부등식을 만족하는 정수 x의 값은 -1, 0, 1, 2이므로
모든 정수 x의 값의 합은 $-1+0+1+2=2$

부등식 $x>|2x+1|-7$을 만족시키는 정수 x의 개수는?

① 6 ② 7 ③ 8
④ 9 ⑤ 10

STEP A x의 값의 범위에 따라 경우를 나누어 각각의 부등식 풀기

부등식 $x>|2x+1|-7$의 절댓값 안이 0이 되는 x의 값 $x=-\dfrac{1}{2}$을 기준으로 구간을 나누면 다음과 같다.

(i) $x \ge -\dfrac{1}{2}$일 때, $\quad \leftarrow |3x+1|=3x+1$

$\qquad x>2x+1-7$에서 $-x>-6$ $\quad \therefore x<6$

$\qquad$ 그런데 $x \ge -\dfrac{1}{2}$이므로 x값의 범위는 $-\dfrac{1}{2} \le x<6$

(ii) $x<-\dfrac{1}{2}$일 때, $\quad \leftarrow |3x+1|=-3x-1$

$\qquad x>-2x-1-7$에서 $3x>-8$ $\quad \therefore x>-\dfrac{8}{3}$

$\qquad$ 그런데 $x<-\dfrac{1}{2}$이므로 x값의 범위는 $-\dfrac{8}{3}<x<-\dfrac{1}{2}$

STEP B 부등식을 만족시키는 정수 x의 개수 구하기

(i), (ii)에 의해 부등식을 만족하는 x의 값의 범위는 $-\dfrac{8}{3}<x<6$

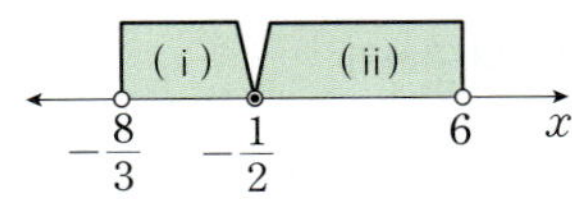

따라서 모든 정수 x는 -2, -1, 0, 1, 2, 3, 4, 5이므로 개수는 8

정답 ③

1191

2018년 11월 고1 학력평가 14번 ｜ 정답 ⑤

STEP A x의 값의 범위에 따라 경우를 나누어 부등식 풀기

절댓값 기호 안의 식 $3x-1$이 0이 되는 x의 값인 $x=\dfrac{1}{3}$을 기준으로 구간을 나누면

(i) $x<\dfrac{1}{3}$인 경우 $\quad \leftarrow 3x-1<0$이므로 $|3x-1|=-(3x-1)$

$\qquad -3x+1<x+a$이므로 $1-a<4x$

$\qquad \therefore \dfrac{1-a}{4}<x$

$\qquad$ 그런데 $x<\dfrac{1}{3}$이고 a가 양수이므로 $\dfrac{1-a}{4}<x<\dfrac{1}{3}$

$\qquad \dfrac{1-a}{4}<\dfrac{1}{3}$

(ii) $x \ge \dfrac{1}{3}$인 경우 $\quad \leftarrow 3x-1 \ge 0$이므로 $|3x-1|=3x-1$

$\qquad 3x-1<x+a$이므로 $2x<a+1$

$\qquad \therefore x<\dfrac{a+1}{2}$

$\qquad$ 그런데 $x \ge \dfrac{1}{3}$이고 a가 양수이므로 $\dfrac{1}{3} \le x<\dfrac{a+1}{2}$

$\qquad \dfrac{1}{3}<\dfrac{a+1}{2}$

(i), (ii)에 의하여 부등식의 해는 $\dfrac{1-a}{4}<x<\dfrac{a+1}{2}$

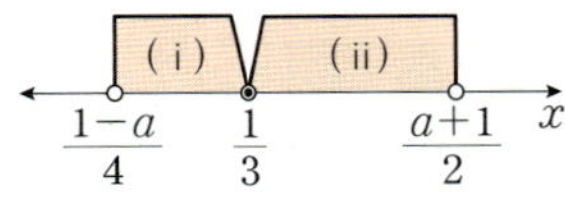

STEP B 주어진 부등식의 해를 이용하여 양수 a의 값 구하기

주어진 부등식의 해가 $-1<x<3$이므로 각 변을 비교하면
$\dfrac{1-a}{4}=-1$, $\dfrac{a+1}{2}=3$
따라서 $a=5$

mini해설 $|x|<a$이면 $-a<x<a$임을 이용하여 풀이하기

부등식 $|3x-1|<x+a$에서 $x+a>0$일 때,
$-x-a<3x-1<x+a$이므로 ← $|x|<a(a>0)$이면 $-a<x<a$
(i) $-x-a<3x-1$에서 $-4x<a-1$ $\therefore x>\dfrac{1-a}{4}$
(ii) $3x-1<x+a$에서 $2x<a+1$ $\therefore x<\dfrac{a+1}{2}$
(i), (ii)에 의하여 주어진 부등식의 해는 $\dfrac{1-a}{4}<x<\dfrac{a+1}{2}$
주어진 부등식의 해가 $-1<x<3$이므로 각 변을 비교하면
$\dfrac{1-a}{4}=-1,\ \dfrac{a+1}{2}=3$
따라서 $a=5$

내신연계 출제문항 561

x에 대한 부등식 $|2x-1|-a<x$의 해가 $-1<x<5$일 때, 양수 a의 값은?

① $\dfrac{15}{4}$　　　② 4　　　③ 5
④ $\dfrac{9}{2}$　　　⑤ 6

STEP A x의 값의 범위에 따라 경우를 나누어 부등식 풀기

부등식 $|2x-1|-a<x$의 절댓값 안이 0이 되는 x의 값 $x=\dfrac{1}{2}$을 기준으로 구간을 나누면 다음과 같다.

(i) $x<\dfrac{1}{2}$일 때, ← $|2x-1|=-(2x-1)$
$-2x+1-a<x$이므로 $1-a<3x$
$\therefore \dfrac{1-a}{3}<x$
그런데 $x<\dfrac{1}{2}$이고 a가 양수이므로 x값의 범위는 $\dfrac{1-a}{3}<x<\dfrac{1}{2}$

　　　　　　　　　　　a가 양수이므로 $\dfrac{1-a}{3}<\dfrac{1}{2}$이다.

(ii) $x\geq\dfrac{1}{2}$일 때, ← $|2x-1|=2x-1$
$2x-1-a<x$이므로 $x<a+1$
그런데 $x\geq\dfrac{1}{2}$이고 a가 양수이므로 x값의 범위는 $\dfrac{1}{2}\leq x<a+1$

　　　　　　　　　　　a가 양수이므로 $\dfrac{1}{2}<a+1$이다.

(i), (ii)에 의해 부등식을 만족하는 x의 값의 범위는 $\dfrac{1-a}{3}<x<a+1$

STEP B 주어진 부등식의 해를 이용하여 양수 a의 값 구하기

부등식 $|2x-1|-a<x$의 해가 $-1<x<5$이므로
$\dfrac{1-a}{3}=-1,\ a+1=5$
따라서 $a=4$

정답 ②

1192

정답 ①

STEP A x의 값의 범위에 따라 경우를 나누어 부등식 풀기

부등식 $|x-1|+|x-2|\leq7$의 절댓값 안이 0이 되는 x의 값은 1, 2이다.
$x=1$, $x=2$를 기준으로 구간을 나누면 다음과 같다.

(i) $x<1$일 때,
$|x-1|=-x+1,\ |x-2|=-x+2$이므로 ← $x-1<0,\ x-2<0$
$-(x-1)-(x-2)\leq7$에서 $-2x\leq4$
$\therefore x\geq-2$
그런데 $x<1$이므로 x의 값의 범위는 $-2\leq x<1$

(ii) $1\leq x<2$일 때,
$|x-1|=x-1,\ |x-2|=-x+2$이므로 ← $x-1\geq0,\ x-2<0$
$(x-1)-(x-2)\leq7$
이때 부등식 $1\leq7$은 항상 성립하므로 해는 모든 실수이다.
그런데 $1\leq x<2$이므로 x의 값의 범위는 $1\leq x<2$

(iii) $x\geq2$일 때,
$|x-1|=x-1,\ |x-2|=x-2$이므로 ← $x-1>0,\ x-2\geq0$
$(x-1)+(x-2)\leq7$에서 $2x\leq10$
$\therefore x\leq5$
그런데 $x\geq2$이므로 x의 값의 범위는 $2\leq x\leq5$

(i)~(iii)에 의해 부등식을 만족하는 x의 값의 범위는 $-2\leq x\leq5$

따라서 $a=-2$, $b=5$이므로 $ab=-10$

+α 두 그래프의 위치 관계를 이용하여 x의 값의 범위 구할 수 있어!

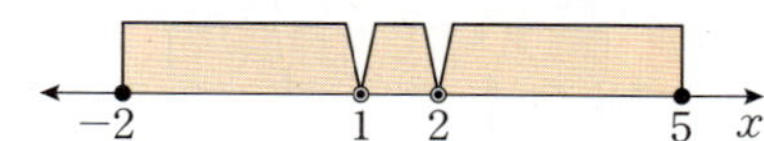

$|x-1|+|x-2|\leq7$의 해는 곡선 $y=|x-1|+|x+1|$의 그래프가 직선 $y=7$보다 아래쪽에 있는 x의 범위와 같다.

(i) $x<1$일 때, $y=|x-1|+|x-2|=-(x-1)-(x-2)=-2x+3$
(ii) $1\leq x<2$일 때, $y=|x-1|+|x-2|=(x-1)-(x-2)=1$
(iii) $x\geq2$일 때, $y=|x-1|+|x-2|=x-1+(x-2)=2x-3$

(i)~(iii)에서 $y=\begin{cases}-2x+3 & (x<1)\\ 1 & (1\leq x<2)\\ 2x-3 & (x\geq2)\end{cases}$

따라서 부등식의 해는 $-2\leq x\leq5$

1193

STEP A x의 값의 범위에 따라 경우를 나누어 부등식 풀기

부등식 $|x-1|+|x+1|<4$의 절댓값 안이 0이 되는 x의 값은 -1, 1이다.
$x=-1$, $x=1$을 기준으로 구간을 나누면 다음과 같다.

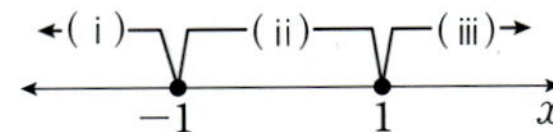

(i) $x<-1$일 때,
　　$|x-1|=-(x-1)$, $|x+1|=-(x+1)$이므로　　← $x-1<0$, $x+1<0$
　　$-(x-1)-(x+1)<4$, $-2x<4$
　　$\therefore x>-2$
　　그런데 $x<-1$이므로 x의 값의 범위는 $-2<x<-1$
(ii) $-1\le x<1$일 때,
　　$|x-1|=-(x-1)$, $|x+1|=x+1$이므로　　← $x-1<0$, $x+1\ge0$
　　$-(x-1)+(x+1)<4$
　　이때 부등식 $2<4$은 항상 성립하므로 해는 모든 실수이다.
　　그런데 $-1\le x<1$이므로 x의 값의 범위는 $-1\le x<1$
(iii) $x\ge1$일 때,
　　$|x-1|=x-1$, $|x+1|=x+1$이므로　　← $x-1\ge0$, $x+1>0$
　　$(x-1)+(x+1)<4$에서 $2x<4$
　　$\therefore x<2$
　　그런데 $x\ge1$이므로 x의 값의 범위는 $1\le x<2$
(i)~(iii)에 의해 부등식을 만족하는 x의 값의 범위는 $-2<x<2$

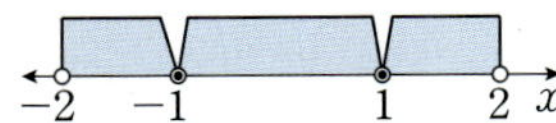

+α | 두 그래프의 위치 관계를 이용하여 x의 값의 범위 구할 수 있어!

$|x-1|+|x+1|<4$의 해는 곡선 $y=|x-1|+|x+1|$의 그래프가 직선 $y=4$보다
아래쪽에 있는 x의 범위와 같다.

(i) $x<-1$일 때, $y=|x-1|+|x+1|=-(x-1)-(x+1)=-2x$
(ii) $-1\le x<1$일 때, $y=|x-1|+|x+1|=-(x-1)+(x+1)=2$
(iii) $x\ge1$일 때, $y=|x-1|+|x+1|=(x-1)+(x+1)=2x$

(i)~(iii)에서 $y=\begin{cases} -2x & (x<-1) \\ 2 & (-1\le x<1) \\ 2x & (x\ge1) \end{cases}$

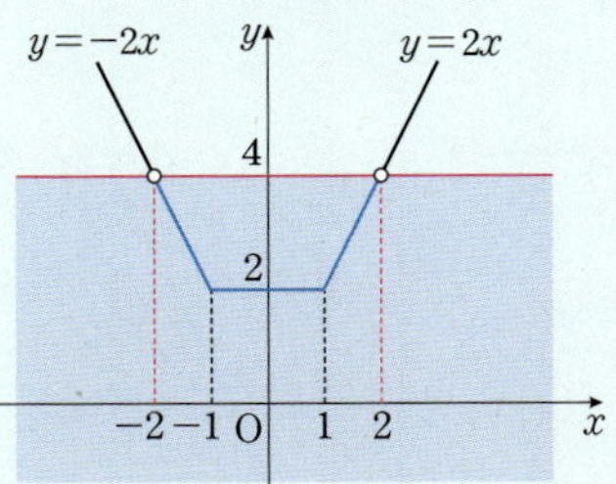

따라서 부등식의 해는 $-2<x<2$

1194

STEP A x의 값의 범위에 따라 경우를 나누어 부등식 풀기

부등식 $2|x+1|-3|x-2|\ge1$에서 절댓값 기호 안의 식 $x+1=0$, $x-2=0$
이 되는 x의 값 $x=-1$, $x=2$를 기준으로 구간을 나누면 다음과 같다.

(i) $x<-1$일 때,
　　$|x+1|=-(x+1)$, $|x-2|=-(x-2)$이므로　　← $x+1<0$, $x-2<0$
　　$-2(x+1)+3(x-2)\ge1$에서 $x-8\ge1$
　　$\therefore x\ge9$
　　그런데 $x<-1$이므로 x의 값의 범위는 없다.
(ii) $-1\le x<2$일 때,
　　$|x+1|=x+1$, $|x-2|=-(x-2)$이므로　　← $x+1\ge0$, $x-2<0$
　　$2(x+1)+3(x-2)\ge1$에서 $5x\ge5$
　　$\therefore x\ge1$
　　그런데 $-1\le x<2$이므로 x의 값의 범위는 $1\le x<2$
(iii) $x\ge2$일 때,
　　$|x+1|=x+1$, $|x-2|=x-2$이므로　　← $x+1>0$, $x-2\ge0$
　　$2(x+1)-3(x-2)\ge1$에서 $-x\ge-7$
　　$\therefore x\le7$
　　그런데 $x\ge2$이므로 x값의 범위는 $2\le x\le7$
(i)~(iii)에 의해 부등식을 만족하는 x의 값의 범위는 $1\le x\le7$

따라서 주어진 부등식을 만족하는 정수 x는 1, 2, 3, 4, 5, 6, 7이므로 개수는 7

내신연계 출제문항 562

부등식 $3|x+2|+|x-1|<6$을 만족시키는 정수 x의 개수는?

① 1　　　　　② 2　　　　　③ 3
④ 4　　　　　⑤ 5

STEP A x의 값의 범위에 따라 경우를 나누어 부등식 풀기

$3|x+2|+|x-1|<6$의 절댓값 안이 0이 되는 x의 값은 -2, 1이다.

(i) $x<-2$일 때,
　　　$-3(x+2)-(x-1)<6$이므로 $x>-\dfrac{11}{4}$
　　이때 $x<-2$이므로 $-\dfrac{11}{4}<x<-2$
(ii) $-2\le x<1$일 때,
　　　$3(x+2)-(x-1)<6$이므로 $x<-\dfrac{1}{2}$
　　이때 $-2\le x<1$이므로 $-2\le x<-\dfrac{1}{2}$
(iii) $x\ge1$일 때,
　　　$3(x+2)+(x-1)<6$이므로 $x<\dfrac{1}{4}$
　　이때 $x\ge1$이므로 이 범위에서 해는 없다.
(i)~(iii)에서 주어진 부등식의 해는 $-\dfrac{11}{4}<x<-\dfrac{1}{2}$
따라서 정수 x는 -2, -1이므로 개수는 2

1195

STEP A 범위를 나누는 기준이 되는 x의 값 구하기

$\sqrt{x^2-4x+4}=\sqrt{(x-2)^2}=|x-2|$이므로

주어진 부등식은 $|x+1|+|x-2|\leq x+3$

절댓값 기호 안의 식 $x+1=0$, $x-2=0$이 되는 x의 값

$x=-1$, $x=2$를 기준으로 구간을 나누면 다음과 같다.

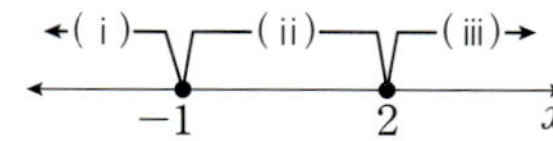

STEP B x의 값의 범위에 따른 부등식의 해 구하기

(i) $x<-1$일 때,

$\quad -(x+1)-(x-2)\leq x+3$, $-3x\leq 2$

$\quad \therefore x\geq -\dfrac{2}{3}$

$\quad$ 그런데 $x<-1$이므로 해는 없다.

(ii) $-1\leq x<2$일 때,

$\quad (x+1)-(x-2)\leq x+3$, $-x\leq 0$

$\quad \therefore x\geq 0$

$\quad$ 그런데 $-1\leq x<2$이므로 $0\leq x<2$

(iii) $x\geq 2$일 때,

$\quad (x+1)+(x-2)\leq x+3$

$\quad \therefore x\leq 4$

$\quad$ 그런데 $x\geq 2$이므로 $2\leq x\leq 4$

(i)~(iii)에 의해 부등식을 만족하는 x의 값의 범위는 $0\leq x\leq 4$

따라서 정수 x는 0, 1, 2, 3, 4이므로 개수는 5

1196

STEP A 범위를 나누는 기준이 되는 x의 값 구하기

$\sqrt{x^2-2x+1}=\sqrt{(x-1)^2}=|x-1|$이므로

주어진 부등식은 $|2x-5|+2|x-1|\leq 9$

절댓값 기호 안의 식 $2x-5=0$, $x-1=0$이 되는 x의 값

$x=1$, $x=\dfrac{5}{2}$를 기준으로 구간을 나누면 다음과 같다.

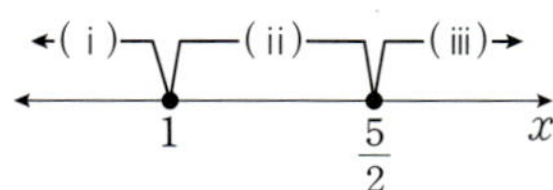

STEP B x의 값의 범위에 따른 부등식의 해 구하기

(i) $x<1$일 때,

$\quad |2x-5|=-(2x-5)$, $|x-1|=-(x-1)$이므로 $\quad\leftarrow 2x-5<0,\ x-1<0$

$\quad -2x+5-2(x-1)\leq 9$에서 $-4x\leq 2$

$\quad \therefore x\geq -\dfrac{1}{2}$

$\quad$ 그런데 $x<1$이므로 x의 값의 범위는 $-\dfrac{1}{2}\leq x<1$

(ii) $1\leq x<\dfrac{5}{2}$일 때,

$\quad |2x-5|=-(2x-5)$, $|x-1|=x-1$이므로 $\quad\leftarrow 2x-5<0,\ x-1\geq 0$

$\quad -2x+5+2(x-1)\leq 9$

$\quad$ 이때 부등식 $3\leq 9$는 항상 성립하므로 x의 값의 범위는 $1\leq x<\dfrac{5}{2}$

(iii) $x\geq \dfrac{5}{2}$일 때,

$\quad |2x-5|=2x-5$, $|x-1|=x-1$이므로 $\quad\leftarrow 2x-5\geq 0,\ x-1>0$

$\quad 2x-5+2(x-1)\leq 9$에서 $4x\leq 16$

$\quad$ 그런데 $x\geq \dfrac{5}{2}$이므로 x의 값의 범위는 $\dfrac{5}{2}\leq x\leq 4$

(i)~(iii)에 의해 부등식을 만족하는 x의 값의 범위는 $-\dfrac{1}{2}\leq x\leq 4$

STEP C 부등식 $2x^2+ax+b\leq 0$의 해와 일치하는 a, b의 값 구하기

해가 $-\dfrac{1}{2}\leq x\leq 4$이고 이차항의 계수가 2인 이차부등식은

$2\left(x+\dfrac{1}{2}\right)(x-4)\leq 0$

즉 $(2x+1)(x-4)\leq 0$, $2x^2-7x-4\leq 0$

$2x^2+ax+b\leq 0$와 일치하므로 $a=-7$, $b=-4$

따라서 $a+b=-11$

부등식 $|x+1|+|x-a|\geq 5$와 $x^2-x-6\geq 0$의 해가 같을 때, a의 값은?
(단, $-1<a<3$)

① 1　　　　② 2　　　　③ 3
④ 4　　　　⑤ 5

STEP A 범위를 나누는 기준이 되는 x의 값 구하기

부등식 $|x+1|+|x-a|\geq 5$를 절댓값 기호 안의 식 $x+1=0$, $x-a=0$이

되는 x의 값 $x=-1$, $x=a$ (단, $-1<a<3$)을 기준으로 구간을 나누면

다음과 같다.

STEP B x의 값의 범위에 따른 부등식의 해 구하기

(i) $x<-1$일 때,

$\quad |x+1|=-(x+1)$, $|x-a|=-(x-a)$이므로 $\quad\leftarrow x+1<0,\ x-a<0$

$\quad -(x+1)-(x-a)\geq 5$에서 $-2x\geq 6-a$

$\quad \therefore x\leq \dfrac{a-6}{2}$

$\quad$ 그런데 $x<-1$이므로 x의 값의 범위는 $x\leq \dfrac{a-6}{2}$

$\qquad\qquad\qquad\qquad -1<a<3$이므로 $\dfrac{a-6}{2}<-1$

(ii) $-1\leq x<a$일 때,

$\quad |x+1|=x+1$, $|x-a|=-(x-a)$이므로 $\quad\leftarrow x+1\geq 0,\ x-a<0$

$\quad (x+1)-(x-a)\geq 5$

$\quad \therefore a\geq 4$

$\quad$ 이때 $-1<a<3$라는 조건에 모순이므로 x의 값의 범위는 없다.

(iii) $x\geq a$일 때,

$\quad |x+1|=x+1$, $|x-a|=x-a$이므로 $\quad\leftarrow x+1>0,\ x-a\geq 0$

$\quad (x+1)+(x-a)\geq 5$에서 $2x\geq a+4$

$\quad \therefore x\geq \dfrac{a+4}{2}$

$\quad$ 그런데 $x\geq a$이므로 x의 값의 범위는 $x\geq \dfrac{a+4}{2}$

$\qquad\qquad\qquad\qquad -1<a<3$이므로 $\dfrac{a+4}{2}>a$

(i)~(iii)에 의해 부등식을 만족하는 x의 값의 범위는

$x\leq \dfrac{a-6}{2}$ 또는 $x\geq \dfrac{a+4}{2}$ $\qquad$ …… ㉠

STEP C 부등식 $x^2-x-6\geq 0$의 해와 일치하는 a의 값 구하기

이때 $x^2-x-6\geq 0$에서 $(x+2)(x-3)\geq 0$

$\therefore x\leq -2$ 또는 $x\geq 3$ $\qquad$ …… ㉡

㉠, ㉡의 해가 같으므로 $\dfrac{a-6}{2}=-2$, $\dfrac{a+4}{2}=3$

따라서 $a=2$  정답 ②

1197

STEP A 범위를 나누는 기준이 되는 x의 값 구하기

$\sqrt{x^2+6x+9}=\sqrt{(x+3)^2}=|x+3|$이므로

$|x-1|+|x+3|\leq x+7$의 절댓값 안이 0이 되는 x의 값은 -3, 1이다.

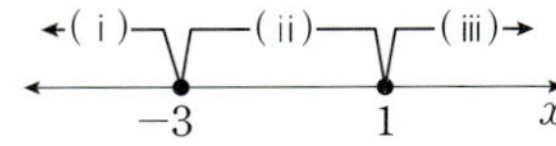

STEP B x의 값의 범위에 따른 부등식의 해 구하기

(i) $x<-3$일 때,

$\quad |x-1|=-(x-1)$, $|x+3|=-(x+3)$이므로 $\leftarrow$ $x-1<0$, $x+3<0$

$\quad -(x-1)-(x+3)\leq x+7$에서 $-2x-2\leq x+7$, $-3x\leq 9$

$\quad \therefore x\geq -3$

$\quad$ 그런데 $x<-3$이므로 해가 없다.

(ii) $-3\leq x<1$일 때,

$\quad |x-1|=-(x-1)$, $|x+3|=x+3$이므로 $\leftarrow$ $x-1<0$, $x+3\geq 0$

$\quad -(x-1)+(x+3)\leq x+7$에서 $4\leq x+7$

$\quad \therefore x\geq -3$

$\quad$ 그런데 $-3\leq x<1$이므로 $-3\leq x<1$

(iii) $x\geq 1$일 때,

$\quad |x-1|=x-1$, $|x+3|=x+3$이므로 $\leftarrow$ $x-1>0$, $x+3\geq 0$

$\quad x-1+x+3\leq x+7$에서 $2x+2\leq x+7$

$\quad \therefore x\leq 5$

$\quad$ 그런데 $x\geq 1$이므로 $1\leq x\leq 5$

(i)$\sim$(iii)에 의해 부등식을 만족하는 x의 값의 범위는

$-3\leq x\leq 5$ $\qquad$ $\cdots\cdots$ ㉠

STEP C 부등식 $|2x-b|\leq a$의 해와 일치하는 a, b의 값 구하기

$|2x-b|\leq a$에서 $-a\leq 2x-b\leq a$, $-a+b\leq 2x\leq a+b$

$\therefore \dfrac{-a+b}{2}\leq x\leq \dfrac{a+b}{2}$ $\qquad$ $\cdots\cdots$ ㉡

㉠, ㉡이 서로 같으므로 $\dfrac{-a+b}{2}=-3$, $\dfrac{a+b}{2}=5$

$-a+b=-6$, $a+b=10$

위의 두 식을 연립하여 풀면 $a=8$, $b=2$

따라서 $ab=16$

1198

STEP A 부등식 $||x-4|+6|\leq 9$의 해 구하기

부등식 $||x-4|+6|\leq 9$에서 $-9\leq |x-4|+6\leq 9$

$\therefore -15\leq |x-4|\leq 3$

그런데 $|x-4|\geq 0$이므로 $0\leq |x-4|\leq 3$, $-3\leq x-4\leq 3$

$\therefore 1\leq x\leq 7$

따라서 $a=1$, $b=7$이므로 $a+b=8$

---

mini 해설 | x의 값의 범위에 따라 경우를 나누어 풀이하기

$|x-4|+6$에서 절댓값 기호 안의 식의 값이 $x-4=0$이 되는 x의 값인 $x=4$를 기준으로 구간을 나누면 다음과 같다.

(i) $x<4$일 때,

$\quad |x-4|+6=-x+10$이므로

$\quad |-x+10|\leq 9$, $-9\leq -x+10\leq 9$, $-19\leq -x\leq -1$

$\quad \therefore 1\leq x\leq 19$

$\quad$ 그런데 $x<4$이므로 $1\leq x<4$

(ii) $x\geq 4$일 때,

$\quad |x-4|+6=x+2$이므로 $|x+2|\leq 9$, $-9\leq x+2\leq 9$

$\quad \therefore -11\leq x\leq 7$

$\quad$ 그런데 $x\geq 4$이므로 $4\leq x\leq 7$

(i), (ii)에 의하여 주어진 부등식의 해는 $1\leq x\leq 7$

따라서 $a=1$, $b=7$이므로 $a+b=8$

부등식 $||x+5|-7|\leq 8$의 해가 $a\leq x\leq b$일 때, $b-a$의 값은?

① -20 $\qquad$ ② -10 $\qquad$ ③ 10

④ 20 $\qquad$ ⑤ 30

STEP A 부등식 $||x+5|-7|\leq 8$의 해 구하기

부등식 $||x+5|-7|\leq 8$에서 $-8\leq |x+5|-7\leq 8$

$\therefore -1\leq |x+5|\leq 15$

그런데 $|x+5|\geq 0$이므로 $0\leq |x+5|\leq 15$, $-15\leq x+5\leq 15$

$\therefore -20\leq x\leq 10$

따라서 $a=-20$, $b=10$이므로 $b-a=10-(-20)=30$

---

mini 해설 | x의 값의 범위에 따라 경우를 나누어 풀이하기

$|x+5|-7$에서 절댓값 기호 안의 식의 값이 $x+5=0$이 되는 x의 값인 $x=-5$를 기준으로 구간을 나누면 다음과 같다.

(i) $x<-5$일 때,

$\quad |x+5|-7=-x-12$이므로

$\quad |-x-12|\leq 8$, $-8\leq -x-12\leq 8$, $4\leq -x\leq 20$

$\quad \therefore -20\leq x\leq -4$

$\quad$ 그런데 $x<-5$이므로 $-20\leq x<-5$

(ii) $x\geq -5$일 때,

$\quad |x+5|-7=x-2$이므로 $|x-2|\leq 8$, $-8\leq x-2\leq 8$

$\quad \therefore -6\leq x\leq 10$

$\quad$ 그런데 $x\geq -5$이므로 $-5\leq x\leq 10$

(i), (ii)에 의하여 주어진 부등식의 해는 $-20\leq x\leq 10$

따라서 $a=-20$, $b=10$이므로 $b-a=10-(-20)=30$

1199

STEP A 부등식의 해가 모든 실수가 되도록 하는 k의 값의 범위 구하기

부등식 $|x+3|-4\geq \dfrac{2}{3}k$에서 $|x+3|\geq \dfrac{2}{3}k+4$

모든 실수 x에 대하여 $|x+3|\geq 0$이므로 부등식의 해가 모든 실수가 되려면

$\dfrac{2}{3}k+4\leq 0$, $\dfrac{2}{3}k\leq -4$

$\therefore k\leq -6$

따라서 정수 k의 최댓값은 -6

1200

STEP A 부등식의 해가 존재하지 않도록 하는 a의 값의 범위 구하기

부등식 $|x-5|\leq \dfrac{2}{3}a-6$에서 모든 실수 x에 대하여 $|x-5|\geq 0$이므로

부등식의 해가 존재하지 않으려면

$\dfrac{2}{3}a-6<0$ $\quad \therefore a<9$ 절댓값은 항상 0보다 크거나 같으므로 절댓값은 음수보다 작을 수 없다.

따라서 양의 정수 a는 1, 2, 3, 4, 5, 6, 7, 8이므로 개수는 8

1201

부등식 $|x-3|+4|x+1|\le k$의 절댓값 안이 0이 되는 x의 값은 -1, 3이다.
$x=-1$, $x=3$을 기준으로 구간을 나누면 다음과 같다.

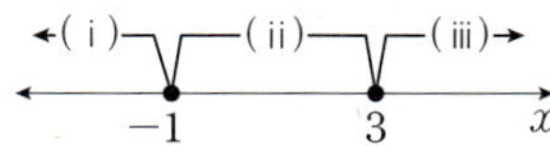

(i) $x<-1$일 때,
$$|x-3|+4|x+1|=-(x-3)-4(x+1)=-5x-1$$
그런데 $x<-1$이므로 $-5x>5$
$$\therefore -5x-1>4$$
즉 $x<-1$에서 $|x-3|+4|x+1|>4$

(ii) $-1\le x<3$일 때,
$$|x-3|+4|x+1|=-(x-3)+4(x+1)=3x+7$$
그런데 $-1\le x<3$이므로 $-3\le 3x<9$
$$\therefore 4\le 3x+7<16$$
즉 $-1\le x<3$에서 $4\le |x-3|+4|x+1|<16$

(iii) $x\ge 3$일 때,
$$|x-3|+4|x+1|=(x-3)+4(x+1)=5x+1$$
그런데 $x\ge 3$이므로 $5x\ge 15$
$$\therefore 5x+1\ge 16$$
즉 $x\ge 3$에서 $|x-3|+4|x+1|\ge 16$

(i)~(iii)에 의하여 $|x-3|+4|x+1|\ge 4$
따라서 주어진 부등식의 해가 존재하려면 $k\ge 4$이므로 **실수 k의 최솟값은 4**

+α 두 그래프의 위치관계를 이용하여 구할 수 있어!

$|x-3|+4|x+1|\le k$의 해는 곡선 $y=|x-3|+4|x+1|$의 그래프가 직선 $y=4$보다 위쪽에 있다.

(i) $x<-1$일 때, $y=|x-3|+4|x+1|=-(x-3)-4(x+1)=-5x-1$
(ii) $-1\le x<3$일 때, $y=|x-3|+4|x+1|=-(x-3)+4(x+1)=3x+7$
(iii) $x\ge 3$일 때, $y=|x-3|+4|x+1|=(x-3)+4(x+1)=5x+1$

(i)~(iii)에서 $y=\begin{cases}-5x-1 & (x<-1)\\ 3x+7 & (-1\le x<3)\\ 5x+1 & (x\ge 3)\end{cases}$

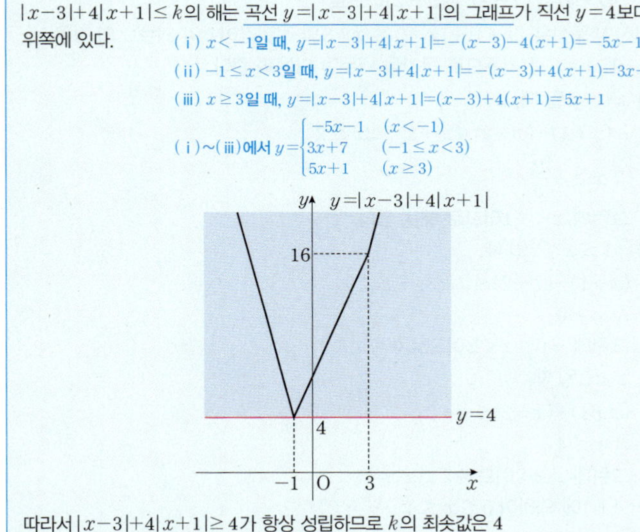

따라서 $|x-3|+4|x+1|\ge 4$가 항상 성립하므로 k의 최솟값은 4

---

x에 대한 부등식 $|x+5|-3|x-4|\le k$의 해가 존재하도록 하는 실수 k의 최댓값은?

① 8 ② 9 ③ 10
④ 11 ⑤ 12

부등식 $|x+5|-3|x-4|\le k$의 절댓값 안이 0이 되는 x의 값은 -5, 4이다.
$x=-5$, $x=4$를 기준으로 구간을 나누면 다음과 같다.

(i) $x<-5$일 때,
$$|x+5|-3|x-4|=-(x+5)+3(x-4)$$
$$=2x-17$$
그런데 $x<-5$이므로 $2x<-10$
$$\therefore 2x-17<-27$$
즉 $x<-5$에서 $|x+5|-3|x-4|<-27$

(ii) $-5\le x<4$일 때,
$$|x+5|-3|x-4|=(x+5)+3(x-4)$$
$$=4x-7$$
그런데 $-5\le x<4$이므로 $-20\le 4x<16$
$$\therefore -27\le 4x-7<9$$
즉 $-5\le x<4$에서 $-27\le |x+5|-3|x-4|<9$

(iii) $x\ge 4$일 때,
$$|x+5|-3|x-4|=(x+5)-3(x-4)$$
$$=-2x+17$$
그런데 $x\ge 4$이므로 $-2x\le -8$
$$\therefore -2x+17\le 9$$
즉 $x\ge 4$에서 $|x+5|-3|x-4|\le 9$

(i)~(iii)에 의해 $|x+5|-3|x-4|\le 9$
따라서 주어진 부등식의 해가 존재하려면 $k\le 9$이므로 **실수 k의 최댓값은 9**

+α 두 그래프의 위치관계를 이용하여 구할 수 있어!

$|x+5|-3|x-4|\le k$의 해는 곡선 $y=|x+5|-3|x-4|$의 그래프가 직선 $y=9$보다 아래쪽에 있다.

(i) $x<-5$일 때, $y=|x+5|-3|x-4|=-(x+5)+3(x-4)=2x-17$
(ii) $-5\le x<4$일 때, $y=|x+5|-3|x-4|=(x+5)+3(x-4)=4x-7$
(iii) $x\ge 4$일 때, $y=|x+5|-3|x-4|=(x+5)-3(x-4)=-2x+17$

(i)~(iii)에서 $y=\begin{cases}2x-17 & (x<-5)\\ 4x-7 & (-5\le x<4)\\ -2x+17 & (x\ge 4)\end{cases}$

따라서 $|x+5|-3|x-4|\le 9$이 항상 성립하므로 k의 최댓값은 9

STEP 2 · 서술형문제

1202

정답 해설참조

1단계 부등식 ㉠의 해를 구한다.   3점

㉠에서 $2x+1 \geq -x-a$, $3x \geq -(a+1)$

$\therefore x \geq -\dfrac{a+1}{3}$

2단계 부등식 ㉡의 해를 구한다.   3점

㉡에서 $-2x+4 \leq -3x-3b$

$\therefore x \leq -3b-4$

3단계 연립부등식의 해를 이용하여 $a+b$의 값을 구한다.   4점

이때 주어진 연립부등식의 해가 $-2 \leq x \leq -1$이므로

㉠, ㉡에서 연립부등식의 해는 $-\dfrac{a+1}{3} \leq x \leq -3b-4$

$-\dfrac{a+1}{3} = -2$, $a+1=6$에서 $a=5$

$-3b-4=-1$, $-3b=3$에서 $b=-1$

따라서 $a+b=5+(-1)=4$

1203

정답 해설참조

1단계 잘못 고쳐서 푼 연립부등식의 해를 이용하여 a, b의 값을 구한다.   4점

연립부등식 $\begin{cases} 3x-b \leq x+2a \\ 3x-b \leq 4x+a \end{cases}$의 해가 $-5 \leq x \leq 3$이므로

부등식 $3x-b \leq x+2a$에서 $2x \leq 2a+b$ $\therefore x \leq \dfrac{2a+b}{2}$

부등식 $3x-b \leq 4x+a$에서 $-x \leq a+b$ $\therefore x \geq -a-b$

연립부등식의 해가 $-5 \leq x \leq 3$이므로

$-a-b \leq x \leq \dfrac{2a+b}{2}$에서 $\dfrac{2a+b}{2}=3$, $-a-b=-5$

두 식을 연립하여 풀면 $a=1$, $b=4$

2단계 처음 부등식의 해를 구한다.   4점

처음 부등식은 $3x-4 \leq x+2 \leq 4x+1$이므로

부등식 $3x-4 \leq x+2$에서 $2x \leq 6$

$\therefore x \leq 3$ ……㉠

부등식 $x+2 \leq 4x+1$에서 $-3x \leq -1$

$\therefore x \geq \dfrac{1}{3}$ ……㉡

㉠, ㉡의 공통부분인 처음 부등식의 해는 $\dfrac{1}{3} \leq x \leq 3$

3단계 Mm의 값을 구한다.   2점

따라서 $M=3$, $m=\dfrac{1}{3}$이므로 $Mm=3 \times \dfrac{1}{3}=1$

내신 연계 출제문항 566

x에 대한 부등식 $4x+b \leq x+5a \leq 5x+a$를 연립부등식

$\begin{cases} 4x+b \leq x+5a \\ 4x+b \leq 5x+a \end{cases}$로 잘못 고쳐서 풀었더니 해가 $-4 \leq x \leq 4$가 되었다.

이때 처음 부등식의 해의 최댓값을 M, 최솟값을 m이라 할 때, Mm의 값을 구하는 과정을 다음 단계로 서술하여라. (단, a, b는 상수이다.)

[1단계] 잘못 고쳐서 푼 연립부등식의 해를 이용하여 a, b의 값을 구한다. [4점]
[2단계] 처음 부등식의 해를 구한다. [4점]
[3단계] Mm의 값을 구한다. [2점]

(오른쪽 열)

1단계 잘못 고쳐서 푼 연립부등식의 해를 이용하여 a, b의 값을 구한다.   4점

연립부등식 $\begin{cases} 4x+b \leq x+5a \\ 4x+b \leq 5x+a \end{cases}$의 해가 $-4 \leq x \leq 4$이므로

부등식 $4x+b \leq x+5a$에서 $3x \leq 5a-b$ $\therefore x \leq \dfrac{5a-b}{3}$

부등식 $4x+b \leq 5x+a$에서 $-x \leq a-b$ $\therefore x \geq -a+b$

연립부등식의 해가 $-4 \leq x \leq 4$이므로

$-a+b \leq x \leq \dfrac{5a-b}{3}$에서 $\dfrac{5a-b}{3}=4$, $-a+b=-4$

두 식을 연립하여 풀면 $a=2$, $b=-2$

2단계 처음 부등식의 해를 구한다.   4점

처음 부등식은 $4x-2 \leq x+10 \leq 5x+2$이므로

부등식 $4x-2 \leq x+10$에서 $3x \leq 12$

$\therefore x \leq 4$ ……㉠

부등식 $x+10 \leq 5x+2$에서 $-4x \leq -8$

$\therefore x \geq 2$ ……㉡

㉠, ㉡의 공통부분인 처음 부등식의 해는 $2 \leq x \leq 4$

3단계 Mm의 값을 구한다.   2점

따라서 $M=4$, $m=2$이므로 $Mm=4 \times 2=8$ 정답 해설참조

1204

정답 해설참조

1단계 부등식 $|x+1|+\sqrt{x^2-4x+4} \leq x+3$의 해를 구한다.   5점

$\sqrt{x^2-4x+4}=\sqrt{(x-2)^2}=|x-2|$이므로

주어진 부등식은 $|x+1|+|x-2| \leq x+3$의 절댓값이 0이 되는 x의 값은 $x=-1$, $x=2$를 기준으로 구간을 나누면 다음과 같다.

(i) $x<-1$일 때,

$\quad -(x+1)-(x-2) \leq x+3$, $-3x \leq 2$

$\quad \therefore x \geq -\dfrac{2}{3}$

$\quad$ 그런데 $x<-1$이므로 해는 없다.

(ii) $-1 \leq x<2$일 때,

$\quad (x+1)-(x-2) \leq x+3$, $-x \leq 0$

$\quad \therefore x \geq 0$

$\quad$ 그런데 $-1 \leq x<2$이므로 $0 \leq x<2$

(iii) $x \geq 2$일 때,

$\quad (x+1)+(x-2) \leq x+3$

$\quad \therefore x \leq 4$

$\quad$ 그런데 $x \geq 2$이므로 $2 \leq x \leq 4$

(i)~(iii)에 의하여 $0 \leq x \leq 4$ ……㉠

2단계 부등식 $|2x-b| \leq a$의 해를 구한다.   3점

부등식 $|2x-b| \leq a$에서 $-a \leq 2x-b \leq a$, $-a+b \leq 2x \leq a+b$

즉 $\dfrac{-a+b}{2} \leq x \leq \dfrac{a+b}{2}$ ……㉡

3단계 두 부등식의 해가 일치할 때, 상수 a, b의 값을 구한다.   2점

㉠, ㉡의 해가 일치하므로 $\dfrac{-a+b}{2}=0$, $\dfrac{a+b}{2}=4$

$-a+b=0$, $a+b=8$

위의 두 식을 연립하면 $a=4$, $b=4$

따라서 $ab=4 \times 4=16$

x에 대한 부등식 $|x-2|+|x+6|\le 14$와 $|3x-b|\le a$의 해가 일치할 때, 두 상수 a, b에 대하여 ab의 값을 구하는 과정을 다음 단계로 서술하시오. (단, $a>0$)

[1단계] 부등식 $|x-2|+|x+6|\le 14$의 해를 구한다. [5점]
[2단계] 부등식 $|3x-b|\le a$의 해를 구한다. [3점]
[3단계] 두 부등식의 해가 일치할 때, 상수 a, b의 값을 구한다. [2점]

1단계 부등식 $|x-2|+|x+6|\le 14$의 해를 구한다. 5점

부등식 $|x-2|+|x+6|\le 14$에서 절댓값 기호 안의 식의 값이 0이 되는 x의 값은 $x-2=0$, $x+6=0$, 즉 $x=2$, $x=-6$
(i) $x<-6$일 때,
$$-(x-2)-(x+6)\le 14,\ -2x\le 18$$
$$\therefore x\ge -9$$
이때 $x<-6$이므로 $-9\le x<-6$
(ii) $-6\le x<2$일 때,
$$-(x-2)+(x+6)\le 14,\ 8\le 14$$이므로 항상 성립한다.
이때 $-6\le x<2$이므로 $-6\le x<2$
(iii) $x\ge 2$일 때,
$$(x-2)+(x+6)\le 14,\ 2x\le 10$$
$$\therefore x\le 5$$
그런데 $x\ge 2$이므로 $2\le x\le 5$
(i)~(iii)에 의하여 $-9\le x\le 5$ …… ㉠

2단계 부등식 $|3x-b|\le a$의 해를 구한다. 3점

부등식 $|3x-b|\le a$에서 $-a\le 3x-b\le a$, $-a+b\le 3x\le a+b$
즉 $\dfrac{-a+b}{3}\le x\le \dfrac{a+b}{3}$ …… ㉡

3단계 두 부등식의 해가 일치할 때, 상수 a, b의 값을 구한다. 2점

㉠, ㉡의 해가 일치하므로 $\dfrac{-a+b}{3}=-9$, $\dfrac{a+b}{3}=5$
$-a+b=-27$, $a+b=15$
위의 두 식을 연립하면 $a=21$, $b=-6$
따라서 $ab=21\times(-6)=-126$

정답 해설참조

1205

정답 해설참조

1단계 각각의 부등식의 해를 구한다. 5점

부등식 $5x+1\le 3x-a$에서 $2x\le -a-1$
$$\therefore x\le \dfrac{-a-1}{2}$$ …… ㉠
부등식 $-4x+a\le 2x-9$에서 $-6x\le -a-9$
$$\therefore x\ge \dfrac{a+9}{6}$$ …… ㉡

2단계 연립부등식이 해를 갖지 않도록 하는 a의 값의 범위를 구한다. 3점

주어진 연립부등식이 해를 갖지 않으려면 그림과 같아야 하므로

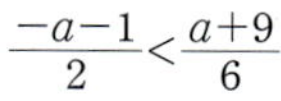
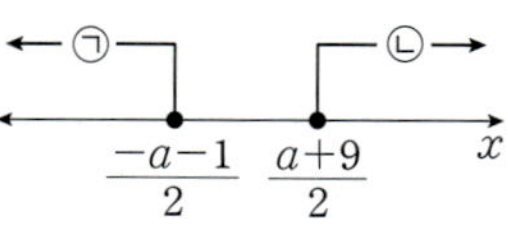

$$\dfrac{-a-1}{2}<\dfrac{a+9}{6}$$
양변에 6을 곱하면
$$-3a-3<a+9,\ -4a<12$$
$$\therefore a>-3$$

3단계 음의 정수 a의 개수를 구한다. 2점

따라서 음의 정수 a는 -2, -1이므로 개수는 2

1206

정답 해설참조

1단계 부등식 $2x+9>3x+2$의 해를 구한다. 3점

부등식 $2x+9>3x+2$에서 $-x>-7$
$$\therefore x<7$$ …… ㉠

2단계 부등식 $3x-a>x-3$의 해를 구한다. 3점

부등식 $3x-a>x-3$에서 $2x>a-3$
$$\therefore x>\dfrac{a-3}{2}$$ …… ㉡

3단계 실수 a의 값의 범위를 구한다. 4점

연립부등식을 만족시키는 정수 x가 1개뿐이려면 오른쪽 그림과 같아야 하므로

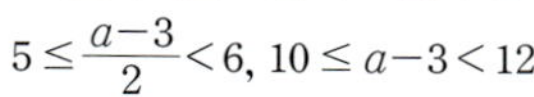
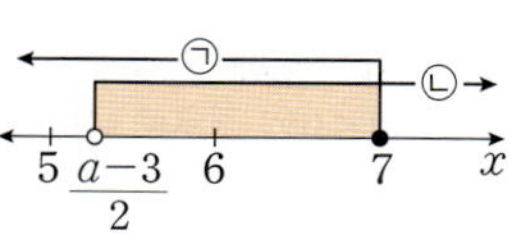

$$5\le \dfrac{a-3}{2}<6,\ 10\le a-3<12$$
따라서 $13\le a<15$

1207

정답 해설참조

1단계 부등식 $||x-a|+2|<3$의 해를 구한다. 3점

부등식 $||x-a|+2|<3$에서 $-3<|x-a|+2<3$
$$\therefore -5<|x-a|<1$$
그런데 $|x-a|\ge 0$이므로 $0\le |x-a|<1$, $-1<x-a<1$
$$\therefore a-1<x<a+1$$

2단계 부등식 $|2x-4|<b$의 해를 구한다. 3점

부등식 $|2x-4|<b$에서 $-b<2x-4<b$, $-b+4<2x<b+4$
$$\therefore \dfrac{-b+4}{2}<x<\dfrac{b+4}{2}$$

3단계 $a+b$의 값을 구한다. 4점

두 부등식의 해가 서로 같으므로 $a-1=\dfrac{-b+4}{2}$, $a+1=\dfrac{b+4}{2}$
즉 $2a+b=6$, $2a-b=2$
위의 두 식을 연립하여 풀면 $a=2$, $b=2$
따라서 $a+b=4$

1208

정답 3

STEP A　절댓값 기호를 없애고 부등식의 해 구하기

$|ax+1|<b$의 해가 존재하므로 $b>0$
$|ax+1|<b$에서 $-b<ax+1<b$
$\therefore -b-1<ax<b-1$　　　……㉠

STEP B　$a>0$, $a<0$인 경우로 나누어 해 구하기

주어진 부등식의 해가 $-3<x<5$이므로 $a\neq0$이다.
즉 $a>0$, $a<0$인 경우로 나누어 해를 구하면
(i) $a>0$일 때,

㉠을 풀면 $\dfrac{-b-1}{a}<x<\dfrac{b-1}{a}$
주어진 부등식의 해가 $-3<x<5$이므로
$\dfrac{-b-1}{a}=-3,\ \dfrac{b-1}{a}=5$
$3a-b=1,\ 5a-b=-1$
두 식을 연립하여 풀면 $a=-1$, $b=-4$
그런데 $a>0$, $b>0$이어야 하므로 조건을 만족시키지 않는다.

(ii) $a<0$일 때,

㉠을 풀면 $\dfrac{b-1}{a}<x<\dfrac{-b-1}{a}$
주어진 부등식의 해가 $-3<x<5$이므로
$\dfrac{b-1}{a}=-3,\ \dfrac{-b-1}{a}=5$
$3a+b=1,\ 5a+b=-1$
두 식을 연립하여 풀면 $a=-1$, $b=4$
이때 $a<0$, $b>0$이므로 조건을 만족시킨다.

STEP C　$a+b$의 값 구하기

(i), (ii)에 의하여 $a+b=-1+4=3$

1209

정답 2

STEP A　각각의 절댓값 부등식의 해 구하기

$|x-a|<2$에서 $-2<x-a<2$
$\therefore a-2<x<a+2$　　　……㉠
$|x-6|\geq a$에서 $a>0$이므로
$x-6\leq-a$ 또는 $x-6\geq a$
$x\leq-a+6$ 또는 $x\geq a+6$　　　……㉡

STEP B　두 부등식의 해의 포함관계를 이용하여 양수 a의 최댓값 구하기

㉠이 ㉡에 포함되려면 다음과 같이 두 가지 경우로 나눌 수 있다.
(i) $a-2<x<a+2$가 $x\leq-a+6$에 포함되는 경우

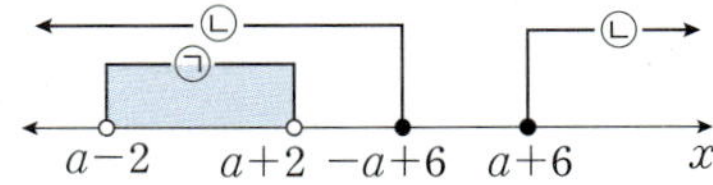

즉 $a+2\leq-a+6$이므로 $2a\leq4$
$\therefore a\leq2$
이때 $a>0$이므로 $0<a\leq2$
(ii) $a-2<x<a+2$가 $x\geq a+6$에 포함되는 경우

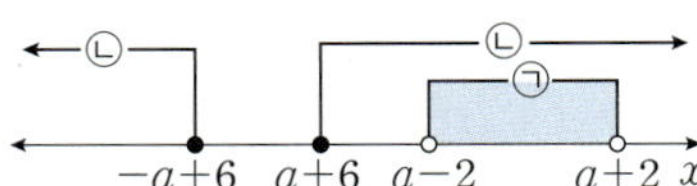

즉 $a+6\leq a-2$이므로 $0\times a\leq-8$
이때 조건을 만족시키는 a는 존재하지 않는다.
(i), (ii)에서 $0<a\leq2$이므로 양수 a의 최댓값은 2

$|x-a|<2$를 만족시키는 모든 실수 x가 부등식 $|x-6|\geq a$를 만족시키려면 $|x-a|<2$가 부등식 $|x-6|\geq a$의 해에 포함되어야 한다.

내신연계 출제문항 568

$-1<x<a$를 만족시키는 모든 실수 x가 부등식 $|x-4|\geq1$을 만족시킬 때, 실수 a의 최댓값을 구하시오.

STEP A　절댓값 부등식의 해 구하기

$|x-4|\geq1$에서 $x-4\leq-1$ 또는 $x-4\geq1$
$\therefore x\leq3$ 또는 $x\geq5$

STEP B　두 부등식의 해의 포함관계를 이용하여 양수 a의 최댓값 구하기

이때 $-1<x<a$가 부등식 $|x-4|\geq1$의 해에 포함되려면
그림과 같아야 한다.

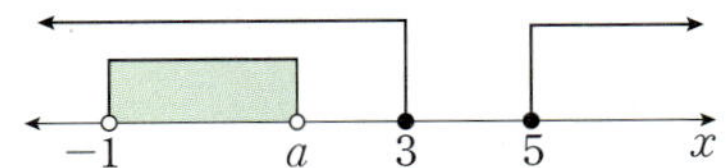

따라서 $-1<a\leq3$이어야 하므로 a의 최댓값은 3　　정답 3

1210

정답 -13

STEP A　두 부등식 $|2x-3|\leq1$, $|y+1|\leq3$의 해 구하기

부등식 $|2x-3|\leq1$에서 $-1\leq2x-3\leq1$, $2\leq2x\leq4$
$\therefore 1\leq x\leq2$　　　……㉠
부등식 $|y+1|\leq3$에서 $-3\leq y+1\leq3$
$\therefore -4\leq y\leq2$　　　……㉡

STEP B　$2y-3x$의 최댓값과 최솟값 구하기

$2\times$㉡$-3\times$㉠을 하면
$-14\leq2y-3x\leq1$　◀　$\begin{array}{r}-8\leq2y\leq4\\ +\ \underline{-6\leq-3x\leq-3}\\ -14\leq2y-3x\leq1\end{array}$

따라서 $2y-3x$의 최댓값은 1, 최솟값은 -14이므로 $1+(-14)=-13$

1211

STEP A 범위를 나누는 기준이 되는 x의 값 구하기

$|x-1|+2|x+1|<k$의 절댓값 안이 0이 되는 x의 값은 -1, 1이다.

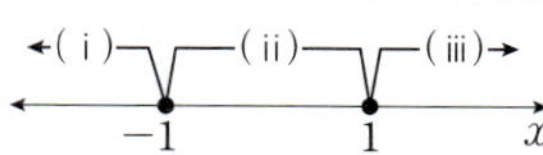

STEP B x의 값의 범위에 따라 부등식이 해를 갖지 않도록 하는 k의 범위 구하기

(i) $x<-1$일 때,

$|x-1|=-(x-1)$, $|x+1|=-(x+1)$이므로 ← $x-1<0$, $x+1<0$

$-x+1-2x-2<k$, $-3x<k+1$

$\therefore x>-\dfrac{k+1}{3}$

그런데 $x<-1$이므로 해를 갖지 않으려면

$-1\le-\dfrac{k+1}{3}$이어야 한다.

부등호에 $=$이 들어가는 것에 주의한다.

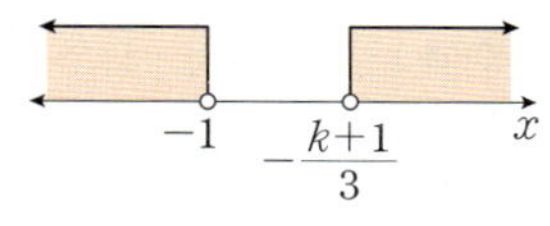

즉 $-3\le-(k+1)$, $-3\le-k-1$

$\therefore k\le2$

(ii) $-1\le x<1$일 때,

$|x-1|=-(x-1)$, $|x+1|=x+1$이므로 ← $x-1<0$, $x+1\ge0$

$-x+1+2x+2<k$ $\therefore x<k-3$

그런데 $-1\le x<1$이므로 해를 갖지 않으려면

$k-3\le-1$이어야 한다.

부등호에 $=$이 들어가는 것에 주의한다.

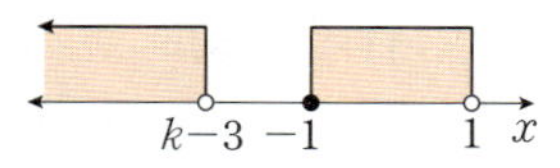

$\therefore k\le2$

(iii) $x\ge1$일 때,

$|x-1|=x-1$, $|x+1|=x+1$이므로 ← $x-1\ge0$, $x+1>0$

$x-1+2x+2<k$, $3x<k-1$

$\therefore x<\dfrac{k-1}{3}$

그런데 $x\ge1$이므로 해를 갖지 않으려면

$\dfrac{k-1}{3}\le1$이어야 한다.

부등호에 $=$이 들어가는 것에 주의한다.

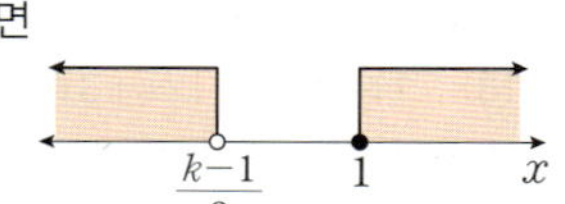

즉 $k-1\le3$ $\therefore k\le4$

STEP C k의 최댓값 구하기

(i)~(iii)에서 구한 해가 없으려면 $k\le2$이어야 하므로 실수 k의 최댓값은 2

주어진 해가 없으려면 (i)~(iii)에서 구한 해가 없기 위한 조건을 모두 만족시켜야 하므로 $k\le2$, $k\le2$, $k\le4$의 공통부분이어야 한다.

+α | 세 구간에서 해를 갖지 않도록 하는 k값의 범위를 각각 구하는 이유!

세 구간 $x<-1$, $-1\le x<1$, $x\ge1$일 때의 부등식이 해를 갖지 않도록 하는 k의 값의 범위를 각각 구하는 이유는 이 세 구간 중 어느 한 구간에서라도 부등식의 해가 존재한다면 주어진 부등식은 해를 갖게 되기 때문이다.
즉 각 구간에서 해가 존재하지 않는 범위를 구하여 공통된 부분을 찾는다.

다른풀이 $|x-1|+2|x+1|<k$를 만족하는 k를 구하여 풀이하기

STEP A 범위를 나누는 기준이 되는 x의 값 구하기

$|x-1|+2|x+1|<k$의 절댓값 안이 0이 되는 x의 값은 -1, 1이다.

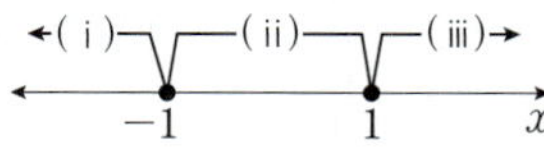

STEP B x의 값의 범위에 따라 부등식의 해가 어느 하나라도 존재하는 범위 구하기

(i) $x<-1$일 때,

$|x-1|=-(x-1)$, $|x+1|=-(x+1)$이므로 ← $x-1<0$, $x+1<0$

$-x+1-2x-2=-3x-1$

이때 $x<-1$에서 $-3x>3$

$\therefore -3x-1>2$ …… ㉠

즉 $|x-1|+2|x+1|>2$

(ii) $-1\le x<1$일 때,

$|x-1|=-(x-1)$, $|x+1|=x+1$이므로 ← $x-1<0$, $x+1\ge0$

$-x+1+2x+2=x+3$

이때 $-1\le x<1$에서 $2\le x+3<4$

즉 $2\le|x-1|+2|x+1|<4$ …… ㉡

(iii) $x\ge1$일 때,

$|x-1|=x-1$, $|x+1|=x+1$이므로 ← $x-1\ge0$, $x+1>0$

$x-1+2x+2=3x+1$

이때 $x\ge1$에서 $3x\ge3$ $\therefore 3x+1\ge4$

즉 $|x-1|+2|x+1|\ge4$ …… ㉢

㉠~㉢에 의해 해가 어느 하나라도 존재하려면
$|x-1|+2|x+1|\ge2$이어야 한다.

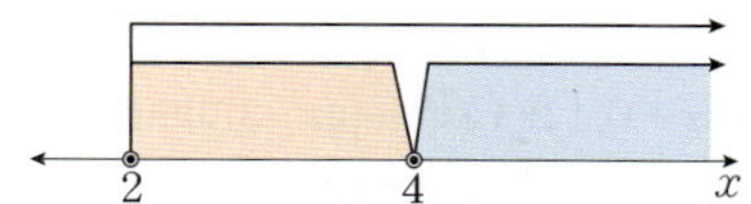

따라서 부등식 $|x-1|+2|x+1|<k$가 해가 없기 위해서는 $k\le2$

+α | 해가 없기 위한 조건이 $k\le2$인 이유!

$|x-1|+2|x+1|=$P라 하면 (i)~(iii)에서 해가 존재하려면
$|x-1|+2|x+1|\ge2$이므로 P≥2이다.
즉 P$<k$의 해가 존재하지 않도록 하려면 $k\le2$이어야 한다.

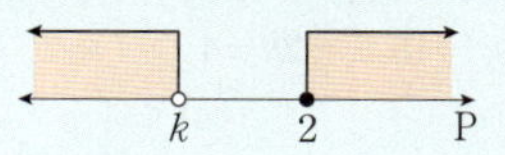

다른풀이 그래프를 이용하여 풀이하기

STEP A 곡선 $y=|x-1|+2|x+1|$의 그래프 그리기

곡선 $y=|x-1|+2|x+1|$의 그래프는 $x=-1$과 $x=1$에서 꺾이는 그래프로 다음과 같다.

(i) $x<-1$일 때, $|x-1|+2|x+1|=-(x-1)-2(x+1)=-3x-1$ ← $x-1<0$, $x+1<0$

(ii) $-1\le x<1$일 때, $|x-1|+2|x+1|=-(x-1)+2(x+1)=x+3$ ← $x-1<0$, $x+1\ge0$

(iii) $x\ge1$일 때, $|x-1|+2|x+1|=(x-1)+2(x+1)=3x+1$ ← $x-1\ge0$, $x+1>0$

(i)~(iii)에서 $y=\begin{cases}-3x-1 & (x<-1)\\ x+3 & (-1\le x<1)\\ 3x+1 & (x\ge1)\end{cases}$

이때 직선 $y=k$의 위치에 따라 해는 다음 그림과 같다.

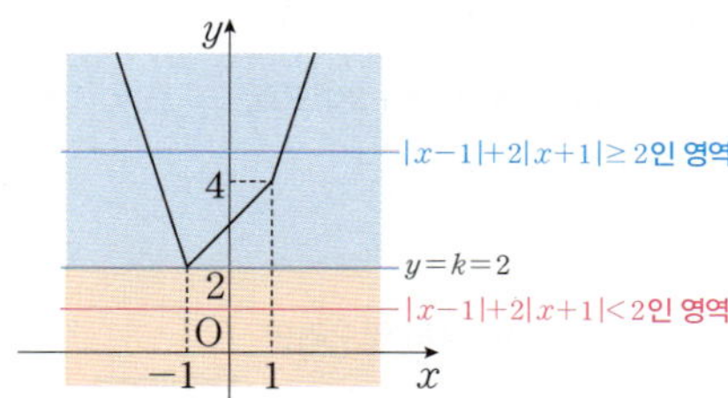

$|x-1|+2|x+1|=2$는 오직 하나의 해 $x=-1$을 가진다.

곡선 $y=|x-1|+2|x+1|$가 직선 $y=2$와 만나는 x의 값

$|x-1|+2|x+1|\ge2$의 해는 모든 실수 x이다.

곡선 $y=|x-1|+2|x+1|$가 직선 $y=2$보다 위쪽에 있는 x의 범위

$|x-1|+2|x+1|<2$는 해가 존재하지 않는다.

곡선 $y=|x-1|+2|x+1|$가 직선 $y=2$보다 아래에 있는 x의 범위

따라서 부등식 $|x-1|+2|x+1|<k$가 해가 존재하지 않도록 하는 k는 $k\le2$

POINT | 두 그래프 $y=f(x)$와 $y=g(x)$의 위치관계

(1) 방정식 $f(x)=g(x)$의 실근
  ➡ 두 함수 $y=f(x)$, $y=g(x)$의 그래프의 교점의 x좌표

(2) 부등식 $f(x)>g(x)$의 해
  ➡ 함수 $y=f(x)$가 $y=g(x)$보다 위쪽에 있는 x값의 범위

(3) 부등식 $f(x)<g(x)$의 해
  ➡ 함수 $y=f(x)$가 $y=g(x)$보다 아래쪽에 있는 x값의 범위

x에 대한 부등식 $|3x-1|+|2x+3|\le k$의 해가 존재하지 않도록 하는 실수 k의 값의 범위를 구하시오.

STEP A 범위를 나누는 기준이 되는 x의 값 구하기

$|3x-1|+|2x+3|\le k$의 절댓값 안이 0이 되는 x의 값은 $-\dfrac{3}{2}$, $\dfrac{1}{3}$이다.

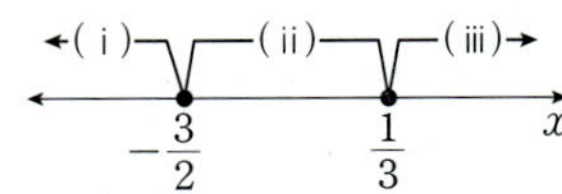

STEP B x의 값의 범위에 따라 부등식이 해를 갖지 않도록 하는 k의 범위 구하기

(i) $x<-\dfrac{3}{2}$일 때,

$|3x-1|=-(3x-1)$, $|2x+3|=-(2x+3)$이므로 ← $3x-1<0$, $2x+3<0$

$-3x+1-2x-3\le k$, $-5x\le k+2$

$\therefore x\ge -\dfrac{k+2}{5}$

그런데 $x<-\dfrac{3}{2}$이므로 해를 갖지 않으려면

$-\dfrac{3}{2}\le -\dfrac{k+2}{5}$이어야 한다.

부등호에 =이 들어가는 것에 주의한다.

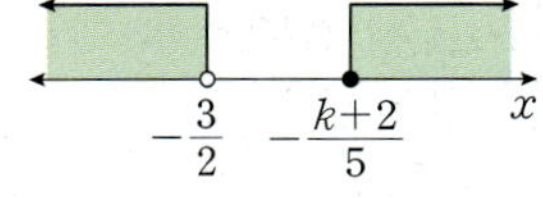

즉 $-15\le -2(k+2)$, $-15\le -2k-4$

$2k\le 11$

$\therefore k\le \dfrac{11}{2}$

(ii) $-\dfrac{3}{2}\le x<\dfrac{1}{3}$일 때,

$|3x-1|=-(3x-1)$, $|2x+3|=2x+3$이므로 ← $3x-1<0$, $2x+3\ge 0$

$-3x+1+(2x+3)\le k$, $-x\le k-4$

$\therefore x\ge 4-k$

그런데 $-\dfrac{3}{2}\le x<\dfrac{1}{3}$이므로 해를 갖지 않으려면

$\dfrac{1}{3}\le 4-k$이어야 한다.

부등호에 =이 들어가는 것에 주의한다.

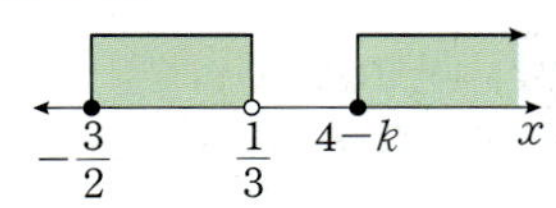

$\therefore k\le \dfrac{11}{3}$

(iii) $x\ge \dfrac{1}{3}$일 때,

$|3x-1|=3x-1$, $|2x+3|=2x+3$이므로 ← $3x-1\ge 0$, $2x+3>0$

$3x-1+2x+3\le k$, $5x\le k-2$

$\therefore x\le \dfrac{k-2}{5}$

그런데 $x\ge \dfrac{1}{3}$이므로 해를 갖지 않으려면

$\dfrac{k-2}{5}<\dfrac{1}{3}$이어야 한다.

부등호에 =이 들어가지 않아야 한다.

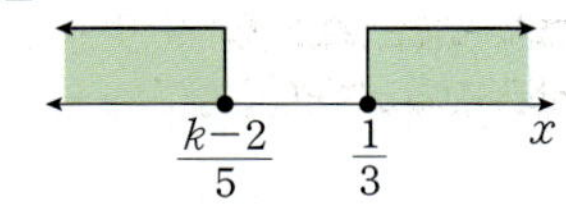

즉 $3k-6<5$ $\therefore k<\dfrac{11}{3}$

STEP C k의 값의 범위 구하기

(i)~(iii)에서 구한 해가 없으려면 $k<\dfrac{11}{3}$이어야 한다.

주어진 해가 없으려면 (i)~(iii)에서 구한 해가 없기 위한 조건을 모두 만족시켜야 하므로 $k\le\dfrac{11}{2}$, $k\le\dfrac{11}{3}$, $k<\dfrac{11}{3}$의 공통부분이어야 한다.

+α | 세 구간에서 해를 갖지 않도록 하는 k값의 범위를 각각 구하는 이유!

세 구간 $x<-\dfrac{3}{2}$, $-\dfrac{3}{2}\le x<\dfrac{1}{3}$, $x\ge\dfrac{1}{3}$일 때의 부등식이 해를 갖지 않도록 하는 k의 값의 범위를 각각 구하는 이유는 이 세 구간 중 어느 한 구간에서라도 부등식의 해가 존재한다면 주어진 부등식은 해를 갖게 되기 때문이다.
즉 각 구간에서 해가 존재하지 않는 범위를 구하여 공통된 부분을 찾는다.

다른풀이 $|3x-1|+|2x+3|>k$를 만족하는 k를 구하여 풀이하기

STEP A 범위를 나누는 기준이 되는 x의 값 구하기

$|3x-1|+|2x+3|\le k$의 절댓값 안이 0이 되는 x의 값은 $-\dfrac{3}{2}$, $\dfrac{1}{3}$이다.

STEP B x의 값의 범위에 따라 부등식의 해가 어느 하나라도 존재하는 범위 구하기

(i) $x<-\dfrac{3}{2}$일 때,

$3x-1=-(3x-1)$, $|2x+3|=-(2x+3)$ ← $3x-1<0$, $2x+3<0$

이므로

$|3x-1|+|2x+3|=-3x+1-2x-3$

$\qquad\qquad\qquad\quad =-5x-2$

이때 $x<-\dfrac{3}{2}$에서 $-5x>\dfrac{15}{2}$이므로

$-5x-2>\dfrac{15}{2}-2=\dfrac{11}{2}$

$\therefore -5x-2>\dfrac{11}{2}$ ······ ㉠

(ii) $-\dfrac{3}{2}\le x<\dfrac{1}{3}$일 때,

$|3x-1|=-(3x-1)$, $|2x+3|=2x+3$ ← $3x-1<0$, $2x+3\ge 0$

이므로

$|3x-1|+|2x+3|=-3x+1+(2x+3)$

$\qquad\qquad\qquad\quad =-x+4$

이때 $-\dfrac{3}{2}\le x<\dfrac{1}{3}$에서 $-\dfrac{1}{3}<-x\le\dfrac{3}{2}$이므로

$-\dfrac{1}{3}+4<-x+4\le\dfrac{3}{2}+4$

$\therefore \dfrac{11}{3}<-x+4\le\dfrac{11}{2}$ ······ ㉡

(iii) $x\ge\dfrac{1}{3}$일 때,

$|3x-1|=3x-1$, $|2x+3|=2x+3$이므로 ← $3x-1\ge 0$, $2x+3>0$

$|3x-1|+|2x+3|=3x-1+2x+3=5x+2$

이때 $x\ge\dfrac{1}{3}$에서 $5x\ge\dfrac{5}{3}$이므로

$5x+2\ge\dfrac{5}{3}+2$

$\therefore 5x+2\ge\dfrac{11}{3}$ ······ ㉢

㉠~㉢에 의해 해가 어느 하나라도 존재하려면 $|3x-1|+|2x+3|\ge\dfrac{11}{3}$이어야 한다.

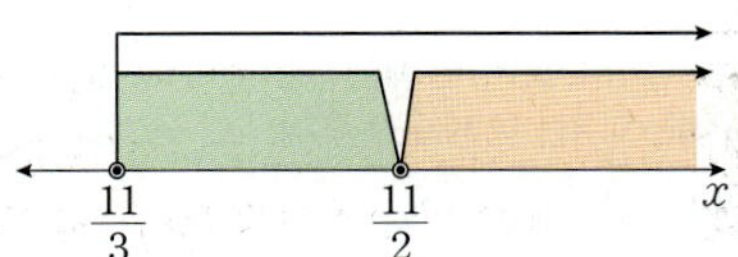

따라서 부등식 $|3x-1|+|2x+3|\le k$가 해가 없기 위해서는 $k<\dfrac{11}{3}$이어야 한다.

+α | 해가 없기 위한 조건이 $k<\dfrac{11}{3}$인 이유!

$|3x-1|+|2x+3|=P$라 하면 (i)~(iii)에서 해가 존재하려면 $|3x-1|+|2x+3|\ge\dfrac{11}{3}$이므로 $P\ge\dfrac{11}{3}$이다.

즉 $P\le k$의 해가 존재하지 않도록 하려면 $k<\dfrac{11}{3}$이어야 한다.

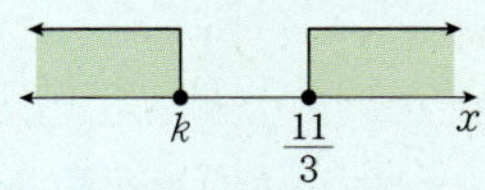

다른풀이 그래프를 이용하여 풀이하기

STEP Ⓐ **곡선 $y=|3x-1|+|2x+3|$의 그래프 그리기**

곡선 $y=|3x-1|+|2x+3|$의 그래프는 $x=-\dfrac{3}{2}$과 $x=\dfrac{1}{3}$에서 꺾이는 그래프로 다음과 같다.

(i) $x<-\dfrac{3}{2}$일 때, $|3x-1|+|2x+3|=-3x+1-2x-3=-5x-2$ ← $3x-1<0,\ 2x+3<0$

(ii) $-\dfrac{3}{2}\le x<\dfrac{1}{3}$일 때, $|3x-1|+|2x+3|=-3x+1+2x+3=-x+4$ ← $3x-1<0,\ 2x+3\ge0$

(iii) $x\ge\dfrac{1}{3}$일 때, $|3x-1|+|2x+3|=3x-1+2x+3=5x+2$ ← $3x-1\ge0,\ 2x+3>0$

(i)$\sim$(iii)에서 $y=\begin{cases}-5x-2 & \left(x<-\dfrac{3}{2}\right)\\ -x+4 & \left(-\dfrac{3}{2}\le x<\dfrac{1}{3}\right)\\ 5x+2 & \left(x\ge\dfrac{1}{3}\right)\end{cases}$

이때 직선 $y=k$의 위치에 따라 해는 다음 그림과 같다.

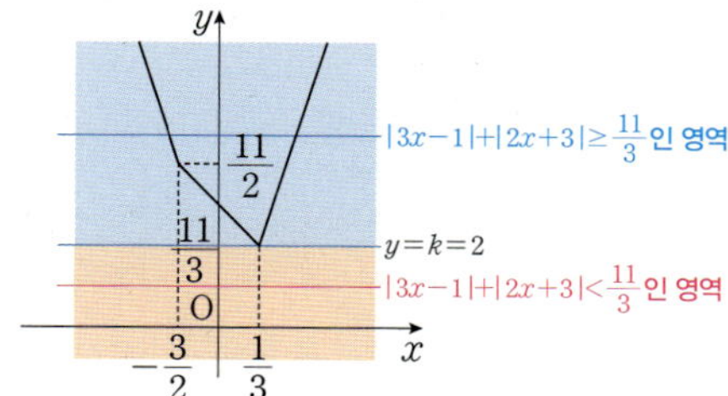

$|3x-1|+|2x+3|=\dfrac{11}{3}$은 오직 하나의 해 $x=\dfrac{1}{3}$을 가진다.

곡선 $y=|3x-1|+|2x+3|$가 직선 $y=\dfrac{11}{3}$와 만나는 x의 값

$|3x-1|+|2x+3|\ge\dfrac{11}{3}$의 해는 모든 실수 x이다.

곡선 $y=|3x-1|+|2x+3|$가 직선 $y=\dfrac{11}{3}$보다 위쪽에 있는 x의 범위

$|3x-1|+|2x+3|<\dfrac{11}{3}$는 해가 존재하지 않는다.

곡선 $y=|3x-1|+|2x+3|$가 직선 $y=\dfrac{11}{3}$보다 아래에 있는 x의 범위

따라서 부등식 $|3x-1|+|2x+3|\le k$가 해가 없기 위해서는 $k<\dfrac{11}{3}$이어야 한다.

> 정답 $k<\dfrac{11}{3}$

1212

> 정답 9

STEP Ⓐ **범위를 나누는 기준이 되는 x의 값 구하기**

$|x-n|+|x+1|\le n+5$의 절댓값 안이 0이 되는 x의 값은 n, -1이다.

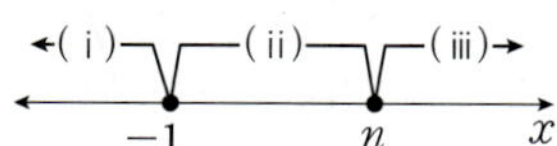

STEP Ⓑ **x의 값의 범위에 따라 경우를 나누어 부등식의 해 구하기**

(i) $x<-1$일 때,

$-(x-n)-(x+1)\le n+5$ ← $|x-n|=-(x-n),\ |x+1|=-(x+1)$

$-x+n-x-1\le n+5,\ -2x\le6$

$\therefore\ x\ge-3$

그런데 $x<-1$이므로 $-3\le x<-1$

(ii) $-1\le x<n$일 때,

$-(x-n)+x+1\le n+5$ ← $|x-n|=-(x-n),\ |x+1|=x+1$

$-x+n+x+1\le n+5$

$\therefore\ 1\le5$

즉 해는 모든 실수 x이다.

그런데 $-1\le x<n$이므로 $-1\le x<n$

(iii) $x\ge n$일 때,

$x-n+x+1\le n+5,\ 2x\le2n+4$ ← $|x-n|=x-n,\ |x+1|=x+1$

$\therefore\ x\le n+2$

그런데 $x\ge n$이므로 $n\le x\le n+2$

(i)$\sim$(iii)에서 $-3\le x\le n+2$

＋α **두 그래프의 위치관계를 이용하여 x의 범위 구하기**

$|x-n|+|x+1|\le n+5$의 해는 곡선 $y=|x-n|+|x+1|$의 그래프가 직선 $y=n+5$보다 아래쪽에 있는 x의 범위는 다음과 같다.

(i) $x<-1$일 때, $y=|x-n|+|x+1|=-(x-n)-(x+1)=-2x+n-1$

(ii) $-1\le x<n$일 때, $y=|x-n|+|x+1|=-(x-n)+(x+1)=n+1$

(iii) $x\ge n$일 때, $y=|x-n|+|x+1|=(x-n)+(x+1)=2x-n+1$

(i)$\sim$(iii)에서 $y=\begin{cases}-2x+n-1 & (x<-1)\\ n+1 & (-1\le x<n)\\ 2x-n+1 & (x\ge n)\end{cases}$

따라서 부등식의 해는 $-3\le x\le n+2$

STEP Ⓒ **부등식을 만족시키는 정수 x의 개수가 15일때의 n의 값 구하기**

$-3\le x\le n+2$를 만족시키는 정수 x의 개수는 $n+2-(-3)+1=n+6$이므로

$n+6=15$

두 정수 m, $n(m<n)$에 대하여 부등식 $m\le x\le n$를 만족시키는 정수 x의 개수는 $n-m+1$

따라서 자연수 n의 값은 $n=9$

P O I N T | a, b가 정수일 때, 정수의 개수

① $a<x<b$의 정수의 개수 ➡ $(b-a)-1$개
② $a\le x<b$의 정수의 개수 ➡ $(b-a)$개
③ $a<x\le b$의 정수의 개수 ➡ $(b-a)$개
④ $a\le x\le b$의 정수의 개수 ➡ $(b-a)+1$개

1213

> 정답 10

STEP Ⓐ **수직선 위의 두 점 사이의 거리를 이용하여 부등식 작성하기**

수직선 위의 세 점 $A(2)$, $B(8)$, $P(x)$에 대하여

$\overline{AP}=|x-2|$, $\overline{BP}=|x-8|$

즉 $\overline{AP}+\overline{BP}\le7$에서 $|x-2|+|x-8|\le7$

STEP Ⓑ **x의 값의 범위에 따라 경우를 나누어 부등식의 해 구하기**

절댓값 기호 안의 식 $x-2=0$, $x-8=0$이 되는 x의 값

$x=2$, $x=8$을 기준으로 구간을 나누면

(i) $x<2$일 때,

$-(x-2)-(x-8)\le7,\ -2x+10\le7$ $\therefore\ x\ge\dfrac{3}{2}$

그런데 $x<2$이므로 $\dfrac{3}{2}\le x<2$

(ii) $2\le x<8$일 때,

$x-2-(x-8)\le7$ $\therefore\ 6\le7$

즉 해는 모든 실수이다.

그런데 $2\le x<8$이므로 $2\le x<8$

(iii) $x\ge8$일 때,

$(x-2)+(x-8)\le7,\ 2x-10\le7$ $\therefore\ x\le\dfrac{17}{2}$

그런데 $x\ge8$이므로 $8\le x\le\dfrac{17}{2}$

STEP Ⓒ **x의 범위가 $a\le x\le b$일 때, $a+b$의 값 구하기**

(i)$\sim$(iii)에서 $\dfrac{3}{2}\le x\le\dfrac{17}{2}$

따라서 $a=\dfrac{3}{2}$, $b=\dfrac{17}{2}$이므로 $a+b=\dfrac{3}{2}+\dfrac{17}{2}=10$

1214

정답 8

STEP Ⓐ   부등식 $f(x) \geq g(x)$의 해 구하기

부등식 $f(x) \geq g(x)$의 해는
$y=f(x)$의 그래프와 직선 $y=g(x)$와
만나거나 위쪽에 있는 부분의 x의 값의
범위이므로 $-6 \leq x \leq 2$
따라서 $\alpha=-6$, $\beta=2$이므로
$\beta-\alpha=2-(-6)=8$

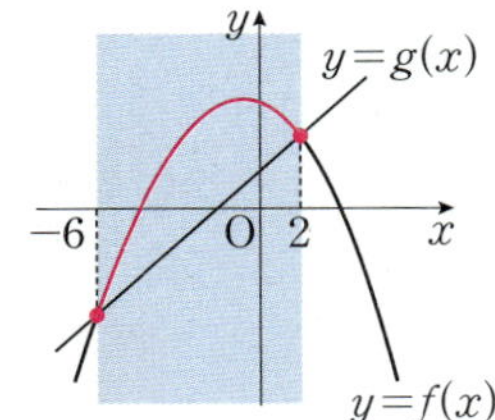

1215

정답 ③

STEP Ⓐ   이차함수의 그래프가 직선과 만나거나 아래쪽에 있는 부분의 x의 범위 구하기

$ax^2+(b-m)x+c-n \leq 0$에서
$ax^2+bx+c \leq mx+n$
즉 주어진 부등식의 해는 이차함수
$y=ax^2+bx+c$의 그래프가
직선 $y=mx+n$과 만나거나 아래쪽에
있는 부분의 x의 값의 범위이므로
$1 \leq x \leq 6$

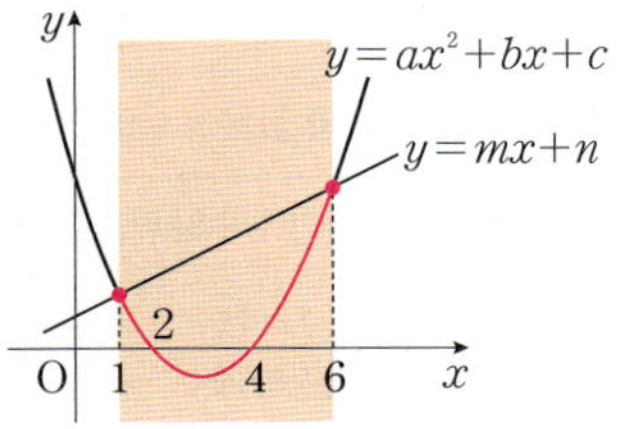

STEP Ⓑ   정수 x의 개수 구하기

따라서 정수 x는 1, 2, 3, 4, 5, 6이므로 개수는 6

내신 연계 출제문항 570

이차함수 $y=ax^2+bx+c$의 그래프와
직선 $y=mx+n$이 그림과 같을 때,
이차부등식 $ax^2+(b-m)x+c-n>0$
의 해는 $\alpha<x<\beta$이다. 이때 $\alpha\beta$의 값은?
(단, a, b, c, $m.n$은 상수이다.)

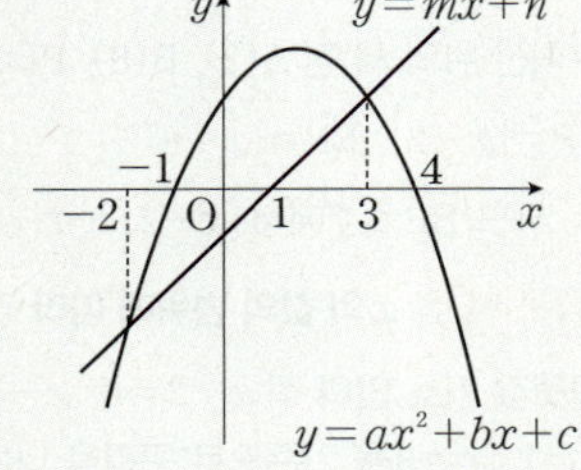

① -8 ② -6
③ -4 ④ -2
⑤ -1

STEP Ⓐ   이차함수의 그래프가 직선보다 위쪽에 있는 부분의 x의 범위 구하기

$ax^2+(b-m)x+c-n>0$에서
$ax^2+bx+c>mx+n$
즉 주어진 부등식의 해는 이차함수
$y=ax^2+bx+c$의 그래프가
직선 $y=mx+n$보다 위쪽에 있는
부분의 x의 값의 범위이므로
$-2<x<3$

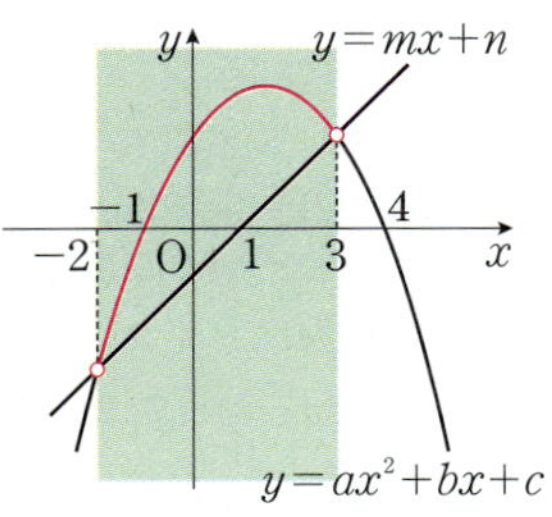

STEP Ⓑ $\alpha\beta$의 값 구하기

따라서 $\alpha=-2$, $\beta=3$이므로 $\alpha\beta=-6$

정답 ②

1216

정답 ①

STEP Ⓐ   부등식 $f(x)>g(x)$의 해 구하기

부등식 $f(x)>g(x)$에서
이차함수 $y=f(x)$의 그래프가
직선 $y=g(x)$보다 위쪽에 있는
부분의 x의 값의 범위이다.
$\therefore x<-1$ 또는 $x>3$

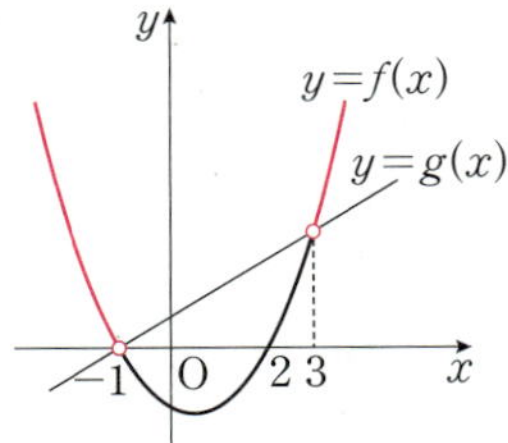

STEP Ⓑ   이차부등식을 작성하여 a, b의 값 구하기

x^2의 계수가 1이고 해가 $x<-1$ 또는 $x>3$인 이차부등식은
$(x+1)(x-3)>0$, 즉 $x^2-2x-3>0$
따라서 $a=-2$, $b=-3$이므로 $a+b=-5$

1217

정답 ④

STEP Ⓐ   이차함수의 그래프와 직선의 위치 관계를 이용하기

이차부등식
$(a-p)x^2+(b-q)x+(c-r) \leq 0$에서
$ax^2+bx+c \leq px^2+qx+r$이므로
이 부등식의 해는 $y=ax^2+bx+c$의
그래프가 $y=px^2+qx+r$의 그래프와
만나거나 아래쪽에 있는 x의 값의 범위
이다.
따라서 만족하는 범위는 $-1 \leq x \leq 3$이므로 $\alpha+\beta=-1+3=2$

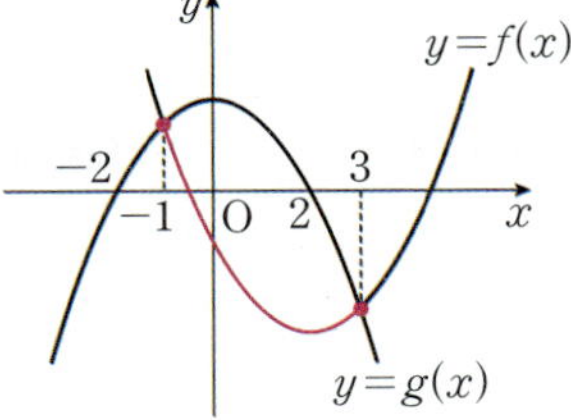

1218

정답 ⑤

STEP Ⓐ   부등식 $0<f(x)<g(x)$의 해 구하기

부등식 $0<f(x)<g(x)$에서 $\begin{cases} 0<f(x) \\ f(x)<g(x) \end{cases}$

(ⅰ) $0<f(x)$을 만족시키는 x의 값의
범위는 $y=f(x)$의 그래프가 x축
보다 위쪽에 있는 부분의 x의 값의
범위이므로 $x<-2$ 또는 $x>5$

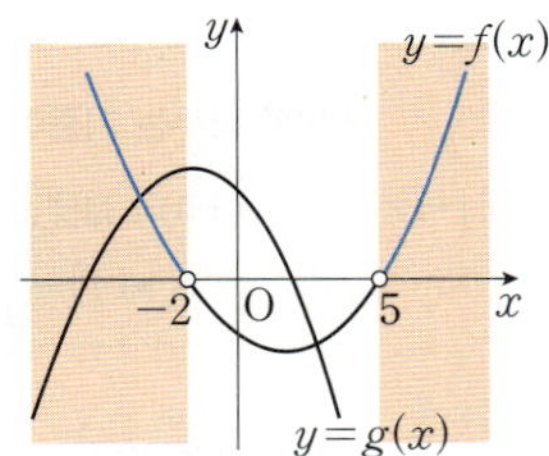

(ⅱ) $f(x)<g(x)$을 만족시키는 x의
값의 범위는 $y=f(x)$의 그래프가
$y=g(x)$의 그래프보다
아래쪽에 있는 x의 값의 범위이므로
$-4<x<3$

(ⅰ), (ⅱ)에서 구하는 해는 $-4<x<-2$

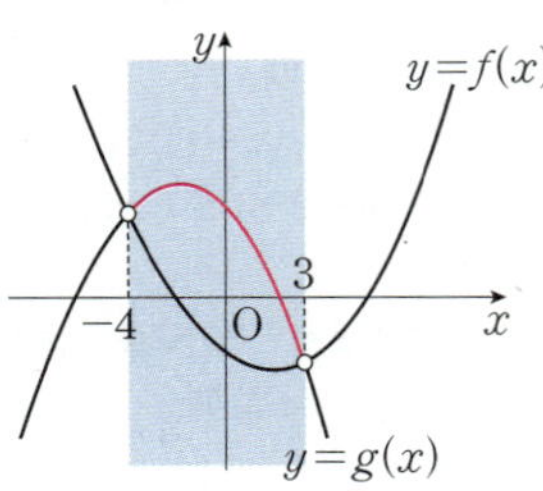

STEP Ⓑ $\alpha\beta$의 값 구하기

따라서 $\alpha=-4$, $\beta=-2$이므로 $\alpha\beta=(-4)\times(-2)=8$

1219
정답 ④

STEP A 부등식 $f(x)g(x)>0$의 해 구하기

부등식 $f(x)g(x)>0$에서 $\begin{cases} f(x)>0 \\ g(x)>0 \end{cases}$ 또는 $\begin{cases} f(x)<0 \\ g(x)<0 \end{cases}$

$ab>0$이면 $(a>0, b>0)$이고 $(a<0, b<0)$이다.

(i) $f(x)>0$, $g(x)>0$일 때,

$f(x)>0$을 만족하는 x의 범위는

$x<-3$ 또는 $x>4$ $\cdots\cdots$ ㉠

$g(x)>0$을 만족하는 x의 범위는

$0<x<6$ $\cdots\cdots$ ㉡

㉠, ㉡의 공통 범위는 $4<x<6$

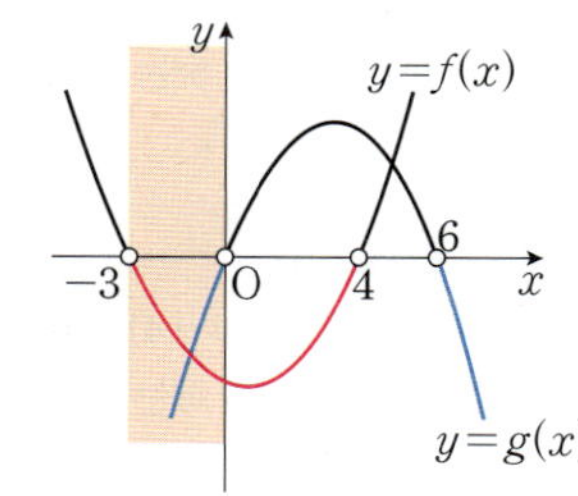

(ii) $f(x)<0$, $g(x)<0$일 때,

$f(x)<0$을 만족하는 x의 범위는

$-3<x<4$ $\cdots\cdots$ ㉢

$g(x)<0$을 만족하는 x의 범위는

$x<0$ 또는 $x>6$ $\cdots\cdots$ ㉣

㉢, ㉣의 공통 범위는 $-3<x<0$

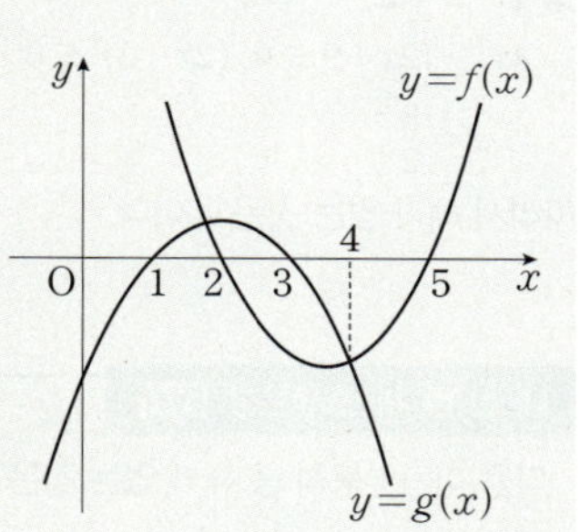

(i), (ii)에서 구하는 해는 $-3<x<0$ 또는 $4<x<6$

내신 연계 출제문항 571

두 이차함수 $y=f(x)$, $y=g(x)$의 그래프가 오른쪽 그림과 같을 때, 부등식 $f(x)g(x)>0$의 해는?

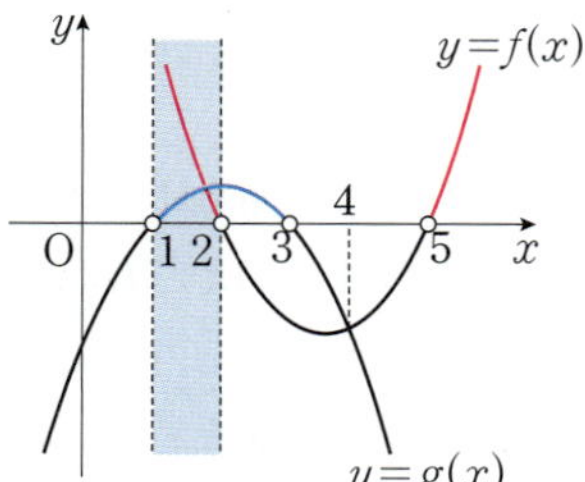

① $1<x<2$ 또는 $x>3$
② $x<1$ 또는 $3<x<4$
③ $2<x<3$ 또는 $x>4$
④ $1<x<2$ 또는 $3<x<5$
⑤ $x<1$ 또는 $x>4$

STEP A 부등식 $f(x)g(x)>0$의 해 구하기

부등식 $f(x)g(x)>0$에서 $\begin{cases} f(x)>0 \\ g(x)>0 \end{cases}$ 또는 $\begin{cases} f(x)<0 \\ g(x)<0 \end{cases}$

$ab>0$이면 $(a>0, b>0)$이고 $(a<0, b<0)$이다.

(i) $f(x)>0$, $g(x)>0$일 때,

$f(x)>0$을 만족하는 x의 범위는

$x<2$ 또는 $x>5$ $\cdots\cdots$ ㉠

$g(x)>0$을 만족하는 x의 범위는

$1<x<3$ $\cdots\cdots$ ㉡

㉠, ㉡의 공통 범위는 $1<x<2$

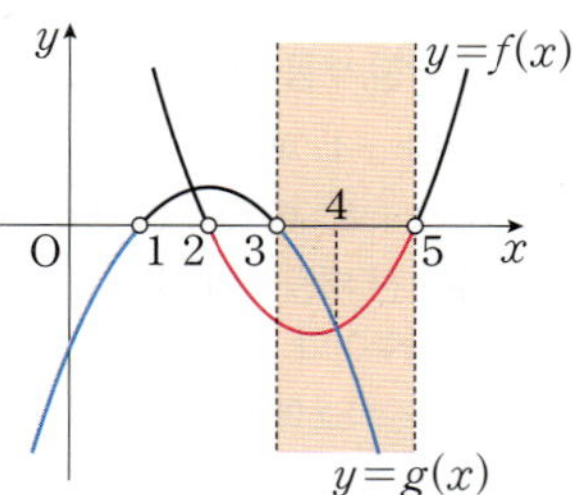

(ii) $f(x)<0$, $g(x)>0$일 때,

$f(x)<0$을 만족하는 x의 범위는

$2<x<5$ $\cdots\cdots$ ㉢

$g(x)<0$을 만족하는 x의 범위는

$x<1$ 또는 $x>3$ $\cdots\cdots$ ㉣

㉢, ㉣의 공통 범위는 $3<x<5$

(i), (ii)에서 구하는 해는 $1<x<2$ 또는 $3<x<5$

정답 ④

1220
정답 9

STEP A 두 함수의 교점의 x좌표를 이용하여 a의 값 구하기

이차함수 $f(x)=x^2-2(a-2)x=\{x-(a-2)\}^2-a^2+4a-4$이므로

꼭짓점의 x좌표는 $a-2$

이차함수 $g(x)=-x^2-2(a+2)x+6a=-\{x+(a+2)\}^2+a^2+10a+4$

이므로 꼭짓점의 x좌표는 $-a-2$

이때 두 이차함수의 교점이 A, B이므로

$f(x)=g(x)$의 해는 $x=a-2$ 또는 $x=-a-2$

즉 $x^2-2(a-2)x=-x^2-2(a+2)x+6a$에서

$2x^2+8x-6a=0$의 두 근이 $x=a-2$ 또는 $x=-a-2$

근과 계수의 관계에 의하여 두 근의 곱은 $(a-2)(-a-2)=-3a$

$-a^2+4=-3a$에서 $a^2-3a-4=(a+1)(a-4)=0$이므로

$a=-1$ 또는 $a=4$

이때 꼭짓점 A의 x좌표 $a-2$가 양수이므로 $a=4$

STEP B 부등식 $f(x)-g(x)\le 0$을 만족시키는 x의 값의 범위 구하기

$a=4$이므로 꼭짓점 A의 x좌표는 2,

꼭짓점 B의 x좌표는 -6

부등식 $f(x)-g(x)\le 0$은 $f(x)\le g(x)$

이므로 $y=g(x)$의 그래프가 $y=f(x)$의

그래프와 만나거나 위에 있는 부분을

의미한다.

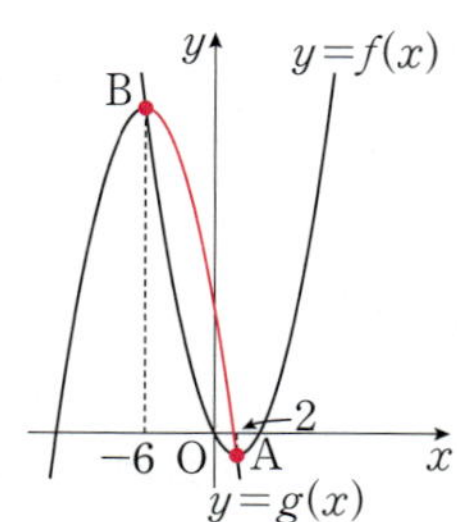

즉 $f(x)-g(x)\le 0$의 해는 $-6\le x\le 2$

따라서 정수 x는

$-6, -5, -4, -3, -2, -1, 0, 1, 2$이므로 개수는 9

1221
정답 9

STEP A 이차부등식을 인수분해하여 해를 구하여 정수 x의 개수 구하기

$(x+3)(x-2)<5x+15$에서 $x^2+x-6<5x+15$, $x^2-4x-21<0$

$(x+3)(x-7)<0$ $\quad \therefore -3<x<7$

따라서 정수 x는 $-2, -1, 0, \cdots, 6, 7$이므로 개수는 $7-(-3)-1=9$

두 정수 $m, n(m<n)$에 대하여 부등식 $m<x<n$를 만족시키는 정수 x의 개수는 $n-m-1$

> **POINT | 부등식을 만족하는 정수의 개수**
>
> 두 정수 $a, b(a<b)$에 대하여 부등식을 만족하는 정수 x의 개수는 다음과 같다.
> ① $a<x<b$ ➡ $b-a-1$(개)
> ② $a\le x<b$ 또는 $a<x\le b$ ➡ $b-a$(개)
> ③ $a\le x\le b$ ➡ $b-a+1$(개)

1222
정답 ③

STEP A 이차부등식의 해와 곱셈 공식의 변형을 이용하여 구하기

이차부등식 $x^2+x-4<0$의 해가 $\alpha<x<\beta$이므로

이차방정식 $x^2+x-4=0$의 두 근이 α, β이다.

이때 근과 계수의 관계에 의하여 $\alpha+\beta=-1$, $\alpha\beta=-4$

따라서 $\alpha^2+\beta^2=(\alpha+\beta)^2-2\alpha\beta=(-1)^2-2\times(-4)=9$

내신 연계 출제문항 572

이차부등식 $x^2-4x+1\ge 0$의 해가 $x\le\alpha$ 또는 $x\ge\beta$일 때, $\beta-\alpha$의 값은?

① $\sqrt{3}$ 　　　 ② 2 　　　 ③ 3

④ $2\sqrt{2}$ 　　　 ⑤ $5\sqrt{3}$

STEP (A) 이차부등식의 해 구하기

$x^2-4x+1=0$이 되는 x의 값을 구하면 $x=2\pm\sqrt{3}$이므로
이차부등식 $x^2-4x+1\geq0$의 해는 $x\leq2-\sqrt{3}$ 또는 $x\geq2+\sqrt{3}$
따라서 $\alpha=2-\sqrt{3}$, $\beta=2+\sqrt{3}$이므로 $\beta-\alpha=(2+\sqrt{3})-(2-\sqrt{3})=2\sqrt{3}$

정답 ⑤

1223

정답 ②

STEP (A) $f(x-1)$을 인수분해하여 해를 구하여 정수 x의 합 구하기

$f(x)=x^2-6x+5$이므로
$f(x-1)=(x-1)^2-6(x-1)+5$
$\qquad\quad=x^2-8x+12$
$\qquad\quad=(x-2)(x-6)$
즉 $f(x-1)<0$을 만족시키는 x의 값의 범위는
$(x-2)(x-6)<0$ $\therefore 2<x<6$
따라서 정수 x는 3, 4, 5이므로 합은 12

1224

정답 ②

STEP (A) $|x|<a$의 해는 $-a<x<a$임을 이용하기

$|2x-3|<1$에서 $-1<2x-3<1$ $\therefore 1<x<2$

STEP (B) 이차부등식의 해 구하기

$x^2-bx+a\leq0$에서 $a=1$, $b=2$이므로 $x^2-2x+1\leq0$, $(x-1)^2\leq0$
따라서 만족하는 해는 $x=1$

내신연계 출제문항 573

부등식 $|2x-1|<5$의 해가 $a<x<b$일 때, $x^2-ax+b\leq0$의 해는?

① 해는 없다.　　② $x=-1$　　③ $x\leq-1$
④ 모든 실수　　⑤ $x\neq-1$인 모든 실수

STEP (A) $|x|<a$의 해는 $-a<x<a$임을 이용하기

$|2x-1|<5$에서 $-5<2x-1<5$ $\therefore -2<x<3$

STEP (B) 이차부등식의 해 구하기

$x^2-ax+b\leq0$에서 $a=-2$, $b=3$이므로
$x^2+2x+3\leq0$, $(x+1)^2+2\leq0$
따라서 만족하는 해는 존재하지 않는다.

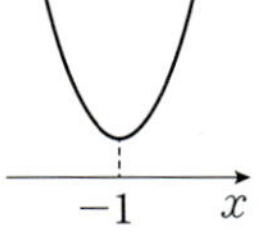

정답 ①

1225

정답 ④

STEP (A) 이차방정식의 판별식을 이용하여 해가 모든 실수인 경우 구하기

ㄱ. $-x^2+4x-5<0$에서 $x^2-4x+5>0$이므로
$(x-2)^2+1\geq1$
즉 주어진 부등식의 해는 모든 실수이다.

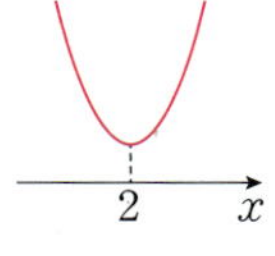

ㄴ. $x^2-8x+16\leq0$에서 $(x-4)^2\leq0$이므로
해는 $x=4$

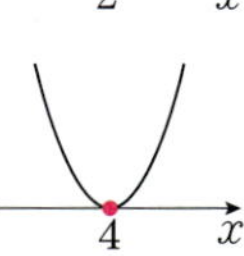

ㄷ. $x^2+3x+5\geq0$에서 $\left(x+\dfrac{3}{2}\right)^2+\dfrac{11}{4}\geq\dfrac{11}{4}$
즉 주어진 부등식의 해는 모든 실수이다.

따라서 해가 모든 실수인 것은 ㄱ, ㄷ이다.

1226

정답 ④

STEP (A) 이차방정식과 이차함수의 관계를 이용하여 해가 없는 경우 구하기

① $x^2+6x+9=(x+3)^2\leq0$
$\quad\therefore x=-3$

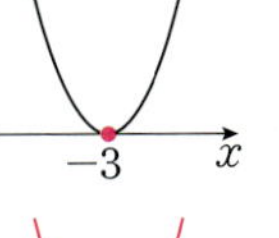

② $x^2-10x+25=(x-5)^2\geq0$
즉 주어진 부등식의 해는 모든 실수이다.

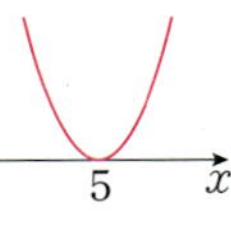

③ $x^2+16>8x$에서
$x^2-8x+16>0$, $(x-4)^2>0$
즉 주어진 부등식의 해는 $x\neq4$인 모든 실수이다.

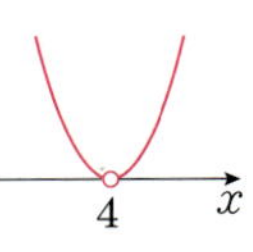

④ $x^2-4x-8>3x^2$에서
$x^2+2x+4<0$, $(x+1)^2+3\geq3$
즉 주어진 부등식의 해는 없다.

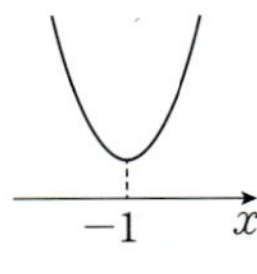

⑤ $4x^2\leq12x-9$에서
$4x^2-12x+9\leq0$, $(2x-3)^2\leq0$
$\quad\therefore x=\dfrac{3}{2}$

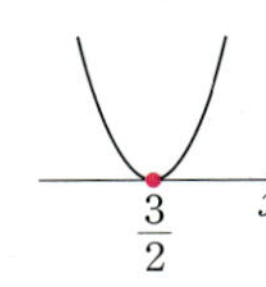

따라서 해가 없는 것은 ④이다.

내신연계 출제문항 574

다음 이차부등식 중 해가 없는 것은?

① $-x^2+2x-1\geq0$　② $-x^2-5x+14>0$　③ $x^2+25<10x$
④ $x^2+4>-4x$　　⑤ $x^2+16\geq8x$

STEP (A) 이차방정식과 이차함수의 관계를 이용하여 해가 없는 경우 구하기

① $-x^2+2x-1\geq0$에서
$x^2-2x+1\leq0$, $(x-1)^2\leq0$
$\quad\therefore x=1$

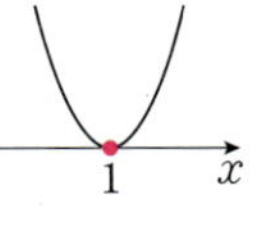

② $-x^2-5x+14>0$에서
$x^2+5x-14<0$, $(x+7)(x-2)<0$
$\quad\therefore -7<x<2$

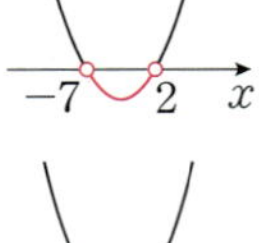

③ $x^2+25<10x$에서
$x^2-10x+25<0$, $(x-5)^2<0$
즉 주어진 부등식의 해는 없다.

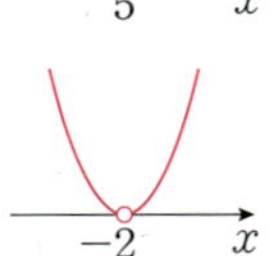

④ $x^2+4>-4x$에서
$x^2+4x+4>0$, $(x+2)^2>0$
즉 주어진 부등식의 해는 $x\neq-2$인
모든 실수이다.

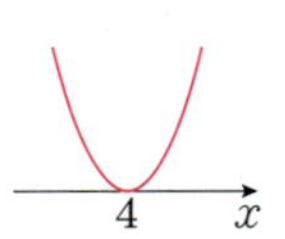

⑤ $x^2+16\geq8x$에서
$x^2-8x+16\geq0$, $(x-4)^2\geq0$
즉 주어진 부등식의 해는 모든 실수이다.
따라서 해가 없는 것은 ③이다.

정답 ③

1227

2020년 09월 고1 학력평가 14번 · 정답 ①

STEP A 조건 (가)를 만족시키는 자연수 a, b의 값 구하기

조건 (가)에 의하여

$f(0)=2ab=6$이므로 $ab=3$

a, b가 자연수이므로 $a=1$, $b=3$ 또는 $a=3$, $b=1$

STEP B 조건 (나)를 만족하는 자연수 a, b의 값 구하기

a, b의 값에 따라 경우를 나누면 다음과 같다.

(i) $a=1$, $b=3$일 때,

함수 $f(x)=(x-2)(x-3)$의 그래프가 다음과 같다.

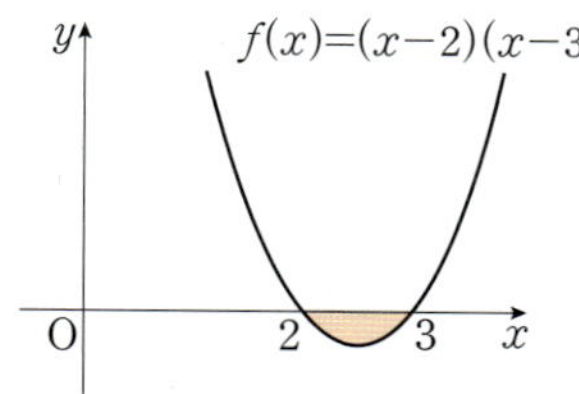

$2<x\le 3$일 때, $f(x)\le 0$이므로 조건 (나)를 만족시키지 않는다.

(ii) $a=3$, $b=1$일 때,

함수 $f(x)=3(x-2)(x-1)$의 그래프가 다음과 같다.

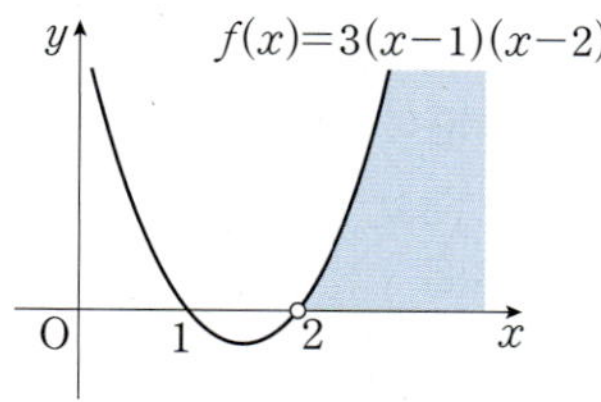

x의 값의 범위가 $x>2$일 때, $f(x)>0$이므로 조건 (나)를 만족시킨다.

(i), (ii)에 의하여 $a=3$, $b=1$

STEP C $f(4)$의 값 구하기

따라서 $f(x)=3(x-2)(x-1)$이므로 $f(4)=3\times 2\times 3=18$

---

mini해설 | b의 값을 먼저 결정하여 풀이하기

조건 (가)에 의하여 $f(0)=2ab=6$이므로 $ab=3$

조건 (나)에서 $a>0$이고 $x>2$

즉 $x-2>0$이므로 $f(x)>0$이 되려면

나머지 인수인 $(x-b)$도 양수이어야 한다.

$$f(x)=a(x-2)(x-b)>0\text{에서 }a>0,\ x-2>0\text{이므로 }x-b>0$$

$\therefore b\le 2$

(i) $b=2$이면 $a=\dfrac{3}{b}=\dfrac{3}{2}$이므로 자연수가 아니다.

(ii) $b=1$이면 $a=3$이 되어야 한다.

따라서 $f(x)=3(x-2)(x-1)$이므로 $f(4)=3\times 2\times 3=18$

내신연계 출제문항 575

두 자연수 a, b에 대하여 이차함수 $f(x)=a(x-b)(x-5)$가 다음 조건을 만족시킬 때, $f(6)$의 값을 구하시오.

(가) $f(0)=10$

(나) x의 값의 범위가 $x<2$일 때, $f(x)>0$이다.

STEP A 조건 (가)를 만족시키는 자연수 a, b의 값 구하기

조건 (가)에 의하여 $f(0)=5ab=10$이므로 $ab=2$

a, b가 자연수이므로 $a=1$, $b=2$ 또는 $a=2$, $b=1$

STEP B 조건 (나)를 만족하는 자연수 a, b의 값 구하기

a, b의 값에 따라 경우를 나누면 다음과 같다.

(i) $a=1$, $b=2$일 때,

함수 $f(x)=(x-2)(x-5)$의 그래프가 다음과 같다.

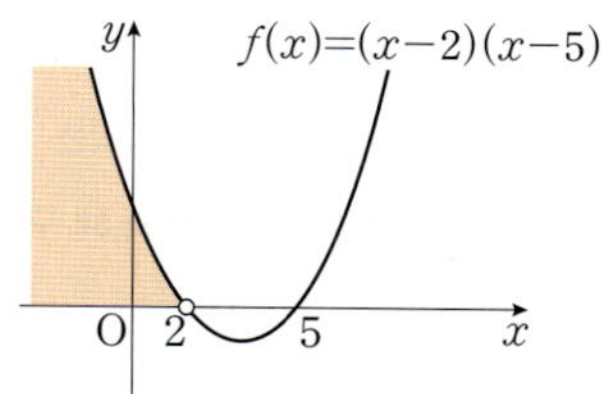

x의 값의 범위가 $x<2$일 때, $f(x)>0$이므로 조건 (나)를 만족시킨다.

(ii) $a=2$, $b=1$일 때,

함수 $f(x)=2(x-1)(x-5)$의 그래프가 다음과 같다.

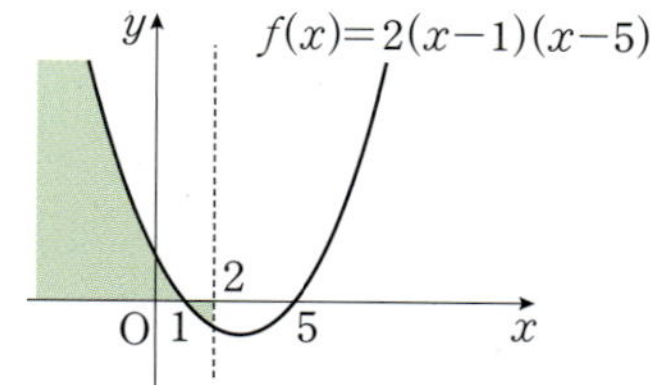

$1\le x<2$일 때, $f(x)\le 0$이므로 조건 (나)를 만족시키지 않는다.

(i), (ii)에 의하여 $a=1$, $b=2$

STEP C $f(6)$의 값 구하기

따라서 $f(x)=(x-2)(x-5)$이므로 $f(6)=4\times 1=4$ · 정답 4

1228

정답 8

STEP A 범위를 나누는 기준이 되는 x의 값 구하기

$x^2-5|x|+4\le 0$의 절댓값 안이 0이 되는 x의 값은 $x=0$이다.

STEP B x의 값의 범위를 나누어 이차부등식의 해 구하기

(i) $x\ge 0$일 때, ← $|x|=x$

$x^2-5x+4\le 0$, $(x-1)(x-4)\le 0$

$\therefore 1\le x\le 4$

그런데 $x\ge 0$이므로 x의 값의 범위는

$1\le x\le 4$ ...... ㉠

(ii) $x<0$일 때, ← $|x|=-x$

$x^2+5x+4\le 0$, $(x+1)(x+4)\le 0$

$\therefore -4\le x\le -1$

그런데 $x<0$이므로 x의 값의 범위는

$-4\le x\le -1$ ...... ㉡

㉠, ㉡에서 주어진 부등식의 해는 $-4\le x\le -1$ 또는 $1\le x\le 4$

STEP C 정수 x의 개수 구하기

따라서 정수 x는 -4, -3, -2, -1, 1, 2, 3, 4이므로 개수는 8

---

mini해설 | $|x|^2=x^2$임을 이용하여 풀이하기

$x^2-5|x|+4\le 0$에서 $|x|^2-5|x|+4\le 0$, $(|x|-1)(|x|-4)\le 0$

$\therefore 1\le |x|\le 4$

따라서 부등식의 해는 $-4\le x\le -1$ 또는 $1\le x\le 4$이므로 정수 x는

-4, -3, -2, -1, 1, 2, 3, 4이므로 개수는 8개이다.

1229

STEP A 범위를 나누는 기준이 되는 x의 값 구하기

부등식 $x^2-6x-6<2|x-3|$의 절댓값 안이 0이 되는 x의 값은 $x=3$이다.

STEP B x의 값의 범위를 나누어 이차부등식의 해 구하기

(i) $x\geq 3$일 때,
  $x^2-6x-6<2(x-3)$이므로   ← $|x-3|=x-3$
  $x^2-8x<0$, $x(x-8)<0$
  $\therefore 0<x<8$
  그런데 $x\geq 3$이므로 x값의 범위는
  $3\leq x<8$ ⋯⋯ ㉠
(ii) $x<3$일 때,
  $x^2-6x-6<-2(x-3)$이므로   ← $|x-3|=-(x-3)$
  $x^2-4x-12<0$, $(x+2)(x-6)<0$
  $\therefore -2<x<6$
  그런데 $x<3$이므로 x값의 범위는
  $-2<x<3$ ⋯⋯ ㉡
㉠, ㉡에서 주어진 부등식의 해는 $-2<x<8$⋯⋯ ㉢

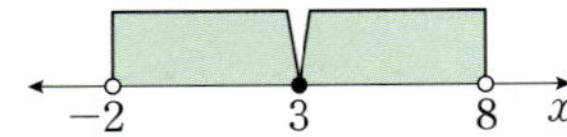

+α $||x-3|^2=(x-3)^2$임을 이용하여 풀 수도 있어!

$x^2-6x-6=x^2-6x+9-15$
$\qquad\qquad =(x-3)^2-15$
$\qquad\qquad =|x-3|^2-15\ (\because |x-3|^2=(x-3)^2)$
$x^2-6x-6<2|x-3|$에 위 식을 대입하면
$|x-3|^2-15<2|x-3|$
$|x-3|=X$ 라 하면
$X^2-15<2X$, $X^2-2X-15<0$, $(X+3)(X-5)<0$
그런데 $X=|x-3|\geq 0$이므로 $X-5<0$ $\therefore X<5$
즉 $|x-3|<5$
$-5<x-3<5$ $\therefore -2<x<8$

STEP C $|x-a|<b$의 해 구하기

$|x-a|<b$에서 $-b<x-a<b$ ← $|x|<a$이면 $-a<x<a$
$\therefore a-b<x<a+b$ ⋯⋯ ㉣

STEP D $a+b$의 값 구하기

㉢, ㉣에서 서로 같으므로 $a-b=-2$, $a+b=8$
두 식을 연립하여 풀면 $a=3$, $b=5$
따라서 $ab=3\times 5=15$

1230

STEP A 범위를 나누는 기준이 되는 x의 값 구하기

부등식 $|x^2-3x+2|\leq x+2$의
절댓값 안이 0이 되는 x의 값은
$x^2-3x+2=0$, $(x-1)(x-2)=0$
$\therefore x=1$ 또는 $x=2$

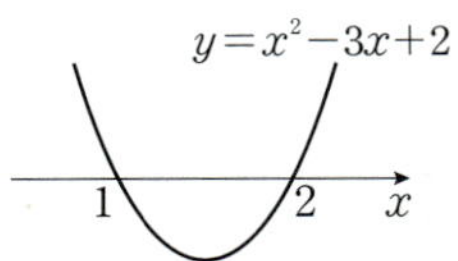

STEP B x의 값의 범위를 나누어 이차부등식의 해 구하기

(i) $1<x<2$일 때,
  $x^2-3x+2<0$이므로 $|x^2-3x+2|=-(x^2-3x+2)$
  즉 $-(x^2-3x+2)\leq x+2$이므로 $x^2-2x+4\geq 0$
  이때 $x^2-2x+4=(x-1)^2+3\geq 3$이므로 해는 모든 실수이다.
  그런데 $1<x<2$이므로 x의 값의 범위는
  $1<x<2$

(ii) $x\leq 1$ 또는 $x\geq 2$일 때,
  $x^2-3x+2\geq 0$이므로 $|x^2-3x+2|=x^2-3x+2$
  즉 $x^2-3x+2\leq x+2$이므로 $x^2-4x\leq 0$, $x(x-4)\leq 0$
  $\therefore 0\leq x\leq 4$

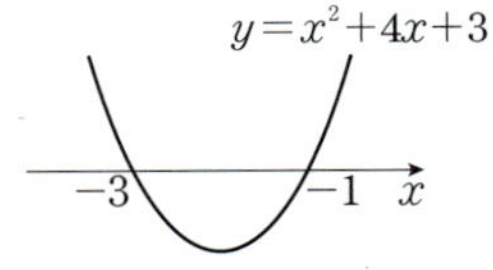

그런데 $x\leq 1$ 또는 $x\geq 2$이므로 x의 값의 범위는
  $0\leq x\leq 1$ 또는 $2\leq x\leq 4$
(i), (ii)에서 주어진 부등식의 해는 $0\leq x\leq 4$

STEP C 정수 x의 개수 구하기

따라서 부등식을 만족시키는 정수 x는 0, 1, 2, 3, 4이므로 그 개수는 5

내신연계 출제문항 576

부등식 $|x^2+4x+3|\leq -2x+3$를 만족시키는 모든 정수 x의 개수는?

① 4   ② 5   ③ 6
④ 7   ⑤ 8

STEP A 범위를 나누는 기준이 되는 x의 값 구하기

부등식 $|x^2+4x+3|\leq -2x+3$의
절댓값 안이 0이 되는 x의 값은
$x^2+4x+3=0$, $(x+1)(x+3)=0$
$\therefore x=-1$ 또는 $x=-3$

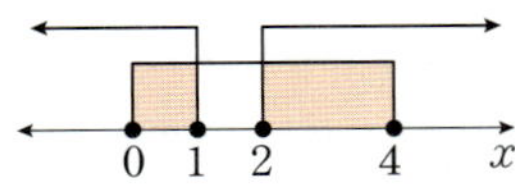

STEP B x의 값의 범위를 나누어 이차부등식의 해 구하기

(i) $-3<x<-1$일 때,
  $x^2+4x+3<0$이므로 $|x^2+4x+3|=-(x^2+4x+3)$
  즉 $-(x^2+4x+3)\leq -2x+3$이므로 $x^2+2x+6\geq 0$
  이때 $x^2+2x+6=(x+1)^2+5\geq 5$이므로 해는 모든 실수이다.
  그런데 $-3<x<-1$이므로 x의 값의 범위는
  $-3<x<-1$
(ii) $x\leq -3$ 또는 $x\geq -1$
  $x^2+4x+3\geq 0$이므로 $|x^2+4x+3|=x^2+4x+3$
  즉 $x^2+4x+3\leq -2x+3$이므로 $x^2+6x\leq 0$, $x(x+6)\leq 0$
  $\therefore -6\leq x\leq 0$

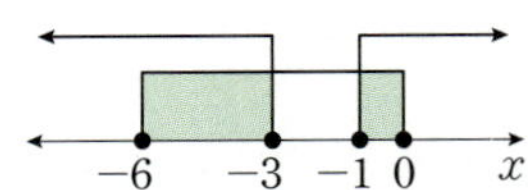

그런데 $x\leq -3$ 또는 $x\geq -1$이므로 x의 값의 범위는
  $-6\leq x\leq -3$ 또는 $-1\leq x\leq 0$
(i), (ii)에서 주어진 부등식의 해는 $-6\leq x\leq 0$

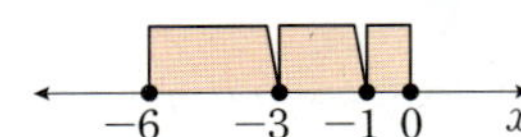

STEP C 정수 x의 개수 구하기

따라서 부등식을 만족시키는 정수 x는 -6, -5, -4, -3, -2, -1, 0이므로
그 개수는 $\{0-(-6)\}+1=7$

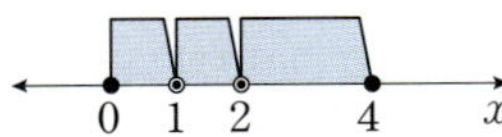

1231

STEP A 범위를 나누는 기준이 되는 x의 값 구하기

부등식 $|x^2-4x+6|-|x+6|\leq0$에서 $x^2-4x+6=(x-2)^2+2>0$이므로

$|x^2-4x+6|=x^2-4x+6$

$\therefore x^2-4x+6-|x+6|\leq0$

절댓값 안이 0이 되는 x의 값은 $x+6=0$, 즉 $x=-6$

STEP B x의 값의 범위를 나누어 이차부등식의 해 구하기

(i) $x<-6$일 때,

$\quad x+6<0$이므로 $|x+6|=-(x+6)$

$\quad x^2-4x+6+(x+6)\leq0$에서 $x^2-3x+12\leq0$

$\quad$ 이때 $x^2-3x+12=\left(x-\dfrac{3}{2}\right)^2+\dfrac{39}{4}>0$이므로 해는 없다.

(ii) $x\geq-6$일 때,

$\quad x+6\geq0$이므로 $|x+6|=x+6$

$\quad x^2-4x+6-(x+6)\leq0$에서 $x^2-5x\leq0$, $x(x-5)\leq0$

$\quad \therefore 0\leq x\leq5$

$\quad$ 그런데 $x\geq-6$이므로 $0\leq x\leq5$

(i), (ii)에서 주어진 부등식의 해는 $0\leq x\leq5$

STEP C 정수 x의 개수 구하기

따라서 부등식을 만족시키는 정수 x는 0, 1, 2, 3, 4, 5이므로 그 개수는 6

내신 연계 출제문항 577

부등식 $|x^2-6x+10|-2|x-1|\leq0$를 만족시키는 모든 정수 x의 개수는?

① 4 　　　② 5 　　　③ 6

④ 7 　　　⑤ 8

STEP A 범위를 나누는 기준이 되는 x의 값 구하기

부등식 $|x^2-6x+10|-2|x-1|\leq0$에서

$x^2-6x+10=(x-3)^2+1>0$이므로 $|x^2-6x+10|=x^2-6x+10$

$\therefore x^2-6x+10-2|x-1|\leq0$

절댓값 안이 0이 되는 x의 값은 $x-1=0$, 즉 $x=1$

STEP B x의 값의 범위를 나누어 이차부등식의 해 구하기

(i) $x<1$일 때,

$\quad x-1<0$이므로 $|x-1|=-(x-1)$

$\quad x^2-6x+10+2(x-1)\leq0$에서 $x^2-4x+8\leq0$

$\quad$ 이때 $x^2-4x+8=(x-2)^2+4>0$이므로 해는 없다.

(ii) $x\geq1$일 때,

$\quad x-1\geq0$이므로 $|x-1|=x-1$

$\quad x^2-6x+10-2(x-1)\leq0$에서 $x^2-8x+12\leq0$, $(x-2)(x-6)\leq0$

$\quad \therefore 2\leq x\leq6$

$\quad$ 그런데 $x\geq1$이므로 $2\leq x\leq6$

(i), (ii)에서 주어진 부등식의 해는 $2\leq x\leq6$

STEP C 정수 x의 개수 구하기

따라서 부등식을 만족시키는 정수 x는 2, 3, 4, 5, 6이므로 그 개수는 5

1232

STEP A 가우스 기호를 포함한 이차부등식의 해 구하기

$[x]^2+[x]-6<0$에서 $([x]+3)([x]-2)<0$

$\therefore -3<[x]<2$

즉 $[x]$는 정수이므로

$[x]=-2$ 또는 $[x]=-1$ 또는 $[x]=0$ 또는 $[x]=1$

STEP B $n\leq x<n+1$이면 $[x]=n$임을 이용하여 범위 구하기

(i) $[x]=-2$에서 $-2\leq x<-1$

(ii) $[x]=-1$에서 $-1\leq x<0$

(iii) $[x]=0$에서 $0\leq x<1$

(iv) $[x]=1$에서 $1\leq x<2$

(i)~(iv)에서 주어진 부등식의 해는 $-2\leq x<2$

따라서 $a=-2$, $b=2$이므로 $ab=-4$

1233

2014년 06월 고1 학력평가 10번

STEP A x의 값의 범위에 따라 경우를 나누어 이차부등식의 해 구하기

절댓값 기호 안의 식 $x-1$이 0이 되는 x의 값인 $x=1$을 기준으로
구간을 나누면

(i) $x\geq1$인 경우　←　$x-1\geq0$이므로 $|x-1|=x-1$

$\quad x^2-2x-5<x-1$이므로 $x^2-3x-4<0$, $(x+1)(x-4)<0$

$\quad \therefore -1<x<4$

$\quad$ 그런데 $x\geq1$이므로 $1\leq x<4$ 　　…… ㉠

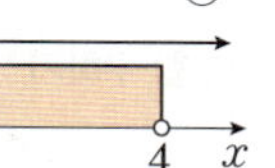

(ii) $x<1$인 경우　←　$x<1$이므로 $|x-1|=-(x-1)$

$\quad x^2-2x-5<-(x-1)$이므로 $x^2-x-6<0$, $(x+2)(x-3)<0$

$\quad \therefore -2<x<3$

$\quad$ 그런데 $x<1$이므로 $-2<x<1$ 　　…… ㉡

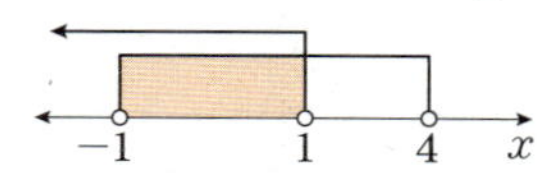

㉠, ㉡의 공통범위를 구하면 $-2<x<4$

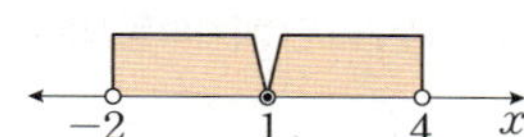

+α | 두 그래프의 위치 관계를 이용하여 x의 값의 범위를 구할 수도 있어!

$y=x^2-2x-5$와 $y=|x-1|$의 그래프는
오른쪽 그림과 같고
부등식 $x^2-2x-5<|x-1|$의 해는
이차함수 $y=x^2-2x-5$의 그래프가
$y=|x-1|$보다 아래쪽에 있는 부분의 x의
값의 범위이므로 $-2<x<4$이다.

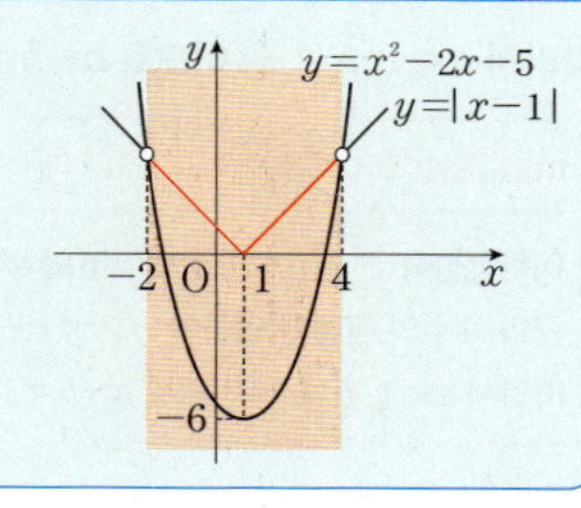

STEP B 부등식을 만족시키는 모든 정수 x의 개수 구하기

따라서 부등식을 만족시키는 정수 x의 값은 -1, 0, 1, 2, 3이므로 모든 정수
x의 개수는 5

---

mini 해설 | $|x-1|^2=(x-1)^2$임을 이용하여 풀이하기

$x^2-2x-5=x^2-2x+1-6$

$\qquad\quad =(x-1)^2-6$

$\qquad\quad =|x-1|^2-6\,(\because|x-1|^2=(x-1)^2)$

주어진 부등식 $x^2-2x-5<|x-1|$에 위 식을 대입하면

$|x-1|^2-6<|x-1|$이므로 $|x-1|^2-|x-1|-6<0$

$(|x-1|-3)(|x-1|+2)<0$

이때 $|x-1|+2>0$이므로 $|x-1|<3$

즉 $-3<x-1<3$　$\therefore -2<x<4$

따라서 부등식을 만족시키는 정수 x의 개수는 -1, 0, 1, 2, 3이므로 5

부등식 $x^2-2x-4<2|x-2|$를 만족시키는 모든 정수 x의 값의 합은?

① -2 ② -1 ③ 0
④ 2 ⑤ 3

STEP **A** x의 값의 범위에 따라 경우를 나누어 이차부등식의 해 구하기

부등식 $x^2-2x-4<2|x-2|$의 절댓값 안이 0이 되는 x의 값은 $x=2$이므로
구간을 나누면
(i) $x\geq2$일 때,
　　$x^2-2x-4<2x-4$이므로 　←$|x-2|=x-2$
　　$x^2-4x<0$, $x(x-4)<0$　∴ $0<x<4$
　　그런데 $x\geq2$이므로 x값의 범위는 $2\leq x<4$　……… ㉠
(ii) $x<2$일 때,
　　$x^2-2x-4<-2(x-2)$이므로 　←$|x-2|=-(x-2)$
　　$x^2-8<0$, $(x+2\sqrt2)(x-2\sqrt2)<0$　∴ $-2\sqrt2<x<2\sqrt2$
　　그런데 $x<2$이므로 x값의 범위는 $-2\sqrt2<x<2$ ……… ㉡
㉠, ㉡에서 주어진 부등식의 해는 $-2\sqrt2<x<4$

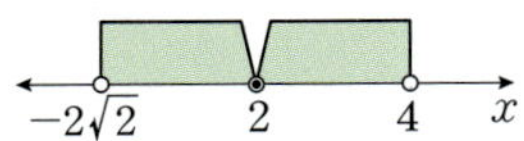

STEP **B** 모든 정수 x의 합 구하기

따라서 정수 x는 $-2, -1, 0, 1, 2, 3$이므로 합은
$(-2)+(-1)+0+1+2+3=3$

정답 ⑤

1234

정답 5

STEP **A** 해가 $-1<x<4$이고 이차항의 계수가 1인 이차부등식 작성하기

해가 $-1<x<4$이고 x^2의 계수가 1인 이차부등식은 $(x+1)(x-4)<0$
∴ $x^2-3x-4<0$

STEP **B** 주어진 이차부등식과 일치함을 이용하여 a, b의 값 구하기

이차부등식 $x^2+(a+b)x+b<0$과 같으므로 $a+b=-3$, $b=-4$
따라서 $a=1$, $b=-4$이므로 $a-b=1-(-4)=5$

mini**해설** | 이차방정식의 근과 계수의 관계를 이용하여 풀이하기

이차방정식 $x^2+(a+b)x+b=0$의 두 근이 -1, 4이므로
근과 계수의 관계에 의하여 $-1+4=-(a+b)$, $-1\times4=b$
따라서 $a=1$, $b=-4$이므로 $a-b=1-(-4)=5$

1235

정답 ②

STEP **A** 해가 $2<x<3$이고 이차항의 계수가 1인 이차부등식 작성하기

해가 $2<x<3$이고 x^2의 계수가 1인 이차부등식은 $(x-2)(x-3)<0$
∴ $x^2-5x+6<0$ 　……… ㉠

STEP **B** 주어진 이차부등식과 일치함을 이용하여 a, b의 값 구하기

㉠과 일차항의 계수를 맞추기 위해 양변에 -1을 곱하면 $-x^2+5x-6>0$
따라서 $a=-1$, $b=-6$이므로 $a+b=-7$

mini**해설** | 이차방정식의 근과 계수의 관계를 이용하여 풀이하기

이차방정식 $ax^2+5x+b=0$의 두 근이 2, 3이므로 근과 계수의 관계에 의하여
$2+3=-\dfrac{5}{a}$, $2\times3=\dfrac{b}{a}$　∴ $a=-1$, $b=-6$
따라서 $a+b=-7$

1236

정답 ②

STEP **A** 해가 $x<-2$ 또는 $x>b$이고 이차항의 계수가 1인 이차부등식
　　작성하기

해가 $x<-2$ 또는 $x>b$이고 이차항의 계수가 1인 이차부등식은
$(x+2)(x-b)>0$
∴ $x^2+(2-b)x-2b>0$ 　……… ㉠

STEP **B** 주어진 이차부등식과 일치함을 이용하여 a, b의 값 구하기

㉠과 $x^2-2x+a>0$이 일치해야 하므로 $2-b=-2$, $-2b=a$
따라서 $a=-8$, $b=4$이므로 $ab=-32$

mini**해설** | 이차방정식의 근과 계수의 관계를 이용하여 풀이하기

부등식 $x^2-2x+a>0$의 해가 $x<-2$ 또는 $x>b$이면
이차방정식 $x^2-2x+a=0$의 두 근이 -2, b이므로 근과 계수의 관계에 의하여
$-2+b=2$, $-2\times b=a$　∴ $a=-8$, $b=4$
따라서 $ab=-8\times4=-32$

1237

정답 ①

STEP **A** 절댓값 기호 안의 식의 부호에 따라 경우를 나누어 부등식의 해
　　구하기

$x^2-5|x|-6<0$에서
(i) $x\geq0$일 때,
　　$x^2-5x-6<0$이므로 $(x+1)(x-6)<0$, $-1<x<6$
　　즉 $x\geq0$이므로 $0\leq x<6$
(ii) $x<0$일 때,
　　$x^2+5x-6<0$이므로 $(x+6)(x-1)<0$, $-6<x<1$
　　즉 $x<0$이므로 $-6<x<0$
(i), (ii)에 의하여 주어진 부등식의 해는 $-6<x<6$ ……… ㉠

STEP **B** 주어진 이차부등식과 일치함을 이용하여 a, b의 값 구하기

㉠을 해로 갖고 x^2의 계수가 1인 이차부등식은 $(x+6)(x-6)<0$, $x^2-36<0$
이차부등식 $x^2+ax+b<0$과 같으므로 $a=0$, $b=-36$
따라서 $a+b=-36$

부등식 $x^2-4|x|-5<0$의 해와 부등식 $x^2-ax+b<0$의 해가 서로 같을
때, 실수 a, b에 대하여 $a-b$의 값은?

① -36 ② -25 ③ -16
④ 25 ⑤ 36

STEP **A** 절댓값 기호 안의 식의 부호에 따라 경우를 나누어 부등식의 해
　　구하기

(i) $x<0$일 때,
　　$x^2+4x-5<0$이므로 $(x+5)(x-1)<0$　∴ $-5<x<1$
　　그런데 $x<0$이므로 $-5<x<0$
(ii) $x\geq0$일 때, $x^2-4x-5<0$이므로 $(x+1)(x-5)<0$　∴ $-1<x<5$
　　그런데 $x\geq0$이므로 $0\leq x<5$
(i), (ii)에 의하여 $-5<x<5$ 　……… ㉠

STEP **B** 주어진 이차부등식과 일치함을 이용하여 a, b의 값 구하기

㉠을 해로 갖고 x^2의 계수가 1인 이차부등식은 $(x+5)(x-5)<0$, $x^2-25<0$
이차부등식 $x^2-ax+b<0$과 같으므로 $a=0$, $b=-25$
따라서 $a-b=0-(-25)=25$

정답 ④

1238   2023년 06월 고1 학력평가 23번   정답 16

STEP A   주어진 부등식의 해를 이용하여 이차부등식 구하기

해가 $-2 \leq x \leq 4$이고 x^2의 계수가 1인 이차부등식은

$(x+2)(x-4) \leq 0$ $\therefore x^2-2x-8 \leq 0$

즉 $x^2+ax+b=x^2-2x-8$이므로 $a=-2$, $b=-8$

따라서 $ab=-2 \times (-8)=16$

> **mini 해설** | 이차방정식의 근과 계수의 관계를 이용하여 풀이하기
>
> 이차방정식 $x^2+ax+b=0$의 두 근이 -2, 4이므로
> 이차방정식의 근과 계수의 관계에 의하여
> (두 근의 합)$=-2+4=-a$
> (두 근의 곱)$=-2 \times 4=b$
> 따라서 $a=-2$, $b=-8$이므로 $ab=16$

내/신/연/계/ 출제문항 580

x에 대한 부등식 $x^2+ax+b \leq 0$의 해가 $-3 \leq x \leq 1$일 때, ab의 값은?
(단, a, b는 상수이다.)

① -7 ② -6 ③ -5
④ -4 ⑤ -3

STEP A   주어진 부등식의 해를 이용하여 이차부등식 구하기

해가 $-3 \leq x \leq 1$이고 x^2의 계수가 1인 이차부등식은

$(x+3)(x-1) \leq 0$

$\therefore x^2+2x-3 \leq 0$

즉 $x^2+ax+b=x^2+2x-3$이므로 $a=2$, $b=-3$

따라서 $ab=-6$

> **mini 해설** | 이차방정식의 근과 계수의 관계를 이용하여 풀이하기
>
> 이차방정식 $x^2+ax+b=0$의 두 근이 -3, 1이므로
> 근과 계수의 관계에 의하여 $-3+1=-a$, $-3 \times 1=b$
> 따라서 $a=2$, $b=-3$이므로 $ab=-6$

정답 ②

1239   2022년 06월 고1 학력평가 4번   정답 ⑤

STEP A   주어진 부등식의 해를 이용하여 이차부등식 구하기

해가 $-4 < x < 3$이므로 x^2의 계수가 1인 이차부등식을 구하면

$(x+4)(x-3) < 0$  해가 $a<x<b(a<b)$이고 이차항의 계수 m이 양수인 이차부등식은 $m(x-a)(x-b)<0$

$\therefore x^2+x-12 < 0$

즉 $x^2+ax+b=x^2+x-12$이므로 $a=1$, $b=-12$

따라서 $a-b=1-(-12)=13$

> **mini 해설** | 이차방정식의 근과 계수의 관계를 이용하여 풀이하기
>
> 이차부등식 $x^2+ax+b<0$의 해가 $-4<x<3$이면
> 이차방정식 $x^2+ax+b=0$의 두 근은 -4, 3이므로
> 이차방정식의 근과 계수의 관계에 의하여
> $-4+3=-a$, $-4 \times 3=b$
> $\therefore a=1$, $b=-12$
> 따라서 $a-b=1-(-12)=13$

내/신/연/계/ 출제문항 581

x에 대한 이차부등식 $x^2+ax+b < 0$의 해가 $-2<x<5$일 때, 두 상수 a, b에 대하여 $a-b$의 값은?

① 1   ② 3   ③ 5
④ 7   ⑤ 11

STEP A   주어진 부등식의 해를 이용하여 이차부등식 구하기

해가 $-2 < x < 5$이고 x^2의 계수가 1인 이차부등식은

$(x+2)(x-5) < 0$ $\therefore x^2-3x-10 < 0$

즉 $x^2+ax+b=x^2-3x-10$이므로 $a=-3$, $b=-10$

따라서 $a-b=-3-(-10)=7$

> **mini 해설** | 이차방정식의 근과 계수의 관계를 이용하여 풀이하기
>
> 이차방정식 $x^2+ax+b<0$의 두 근이 -2, 5이므로
> 근과 계수의 관계에 의하여 $-2+5=-a$, $-2 \times 5=b$
> 따라서 $a=-3$, $b=-10$이므로 $a-b=7$

정답 ④

1240   2019년 03월 고2 학력평가 가형 7번   정답 ①

STEP A   이차부등식의 해를 이용하여 a, b의 값 구하기

해가 $b \leq x \leq 6$이고 x^2의 계수가 1인 이차부등식을 구하면

$(x-b)(x-6) \leq 0$  해가 $a \leq x \leq b(a<b)$이고 이차항의 계수 m이 양수인 이차부등식은 $m(x-a)(x-b) \leq 0$

$\therefore x^2-(b+6)x+6b \leq 0$

즉 $x^2-8x+a=x^2-(b+6)x+6b$이므로

$b+6=8$에서 $b=2$이고 $6b=a$에서 $a=12$

따라서 $a+b=12+2=14$

> **mini 해설** | 이차방정식의 근과 계수의 관계를 이용하여 풀이하기
>
> 이차방정식 $x^2-8x+a=0$의 두 근이 b, 6이므로
> 이차방정식의 근과 계수의 관계에 의하여 $b+6=8$, $6b=a$ $\therefore b=2$, $a=12$
> 따라서 $a+b=12+2=14$

내/신/연/계/ 출제문항 582

이차부등식 $x^2-7x+a \leq 0$의 해가 $b \leq x \leq 5$일 때, $a+b$의 값은?
(단, a, b는 상수이다.)

① 11   ② 12   ③ 13
④ 14   ⑤ 15

STEP A   해가 $b \leq x \leq 5$이고 이차항의 계수가 1인 이차부등식 작성하기

해가 $b \leq x \leq 5$이고 x^2의 계수가 1인 이차부등식은

$(x-b)(x-5) \leq 0$ $\therefore x^2-(b+5)x+5b \leq 0$

즉 $x^2-7x+a=x^2-(b+5)x+5b$이므로 $b+5=7$에서 $b=2$

$a=5b$에서 $a=10$

따라서 $a+b=10+2=12$

> **mini 해설** | 이차방정식의 근과 계수의 관계를 이용하여 풀이하기
>
> 이차방정식 $x^2-7x+a=0$의 두 근이 b, 5이므로
> 근과 계수의 관계에 의하여 $b+5=7$, $5b=a$
> 따라서 $a=10$, $b=2$이므로 $a+b=12$

정답 ②

1241

STEP A 이차부등식의 해가 $x=-1$뿐일 때의 의미 파악하기

이차부등식 $2x^2+ax+b\le 0$의 해가
$x=-1$뿐이기 위해서는
이차함수 $y=2x^2+ax+b$의 그래프의
개형은 오른쪽 그림과 같아야 한다.

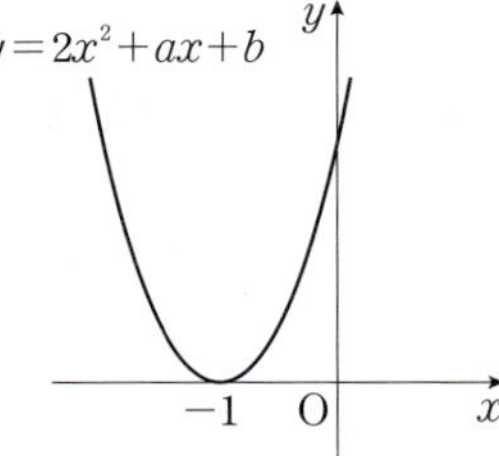

STEP B $y=2(x+1)^2$로 나타내어 a, b의 값 구하기

이차부등식 $2x^2+ax+b\le 0$의 해가 $x=-1$뿐이므로
$2(x+1)^2\le 0$, 즉 $2x^2+4x+2\le 0$이므로 $a=4$, $b=2$
따라서 $a+b=6$

1242

STEP A 이차부등식 $x^2+ax+b\le 0$의 해가 $x=-5$뿐일 때, a, b의 값 구하기

해가 $x=-5$이고 x^2의 계수가 1인 이차부등식은
$(x+5)^2\le 0$
$\therefore\ x^2+10x+25\le 0$
즉 $x^2+ax+b=x^2+10x+25$이므로
$a=10$, $b=25$ $\cdots\cdots$ ㉠

STEP B $bx^2-ax-15<0$의 해 구하기

㉠의 값을 $bx^2-ax-15<0$에 대입하면
$25x^2-10x-15<0$, $5x^2-2x-3<0$
$(5x+3)(x-1)<0$ $\therefore\ -\dfrac{3}{5}<x<1$

따라서 $\alpha=-\dfrac{3}{5}$, $\beta=1$이므로 $\alpha+\beta=-\dfrac{3}{5}+1=\dfrac{2}{5}$

> **+α** 이차방정식 근과 계수의 관계를 이용하여 계산할 수 있어!
>
> $a=10$, $b=25$를 이차부등식에 대입하면
> $25x^2-10x-15<0$이고 양변을 5로 나누어 정리하면
> $5x^2-2x-3<0$의 해가 $\alpha<x<\beta$
> 이때 α, β는 이차방정식 $5x^2-2x-3=0$의 두 근이므로
> 근과 계수의 관계에 의하여 두 근의 합은 $\alpha+\beta=\dfrac{2}{5}$

내신연계 출제문항 583

이차부등식 $x^2+ax+b\le 0$의 해가 $x=-3$일 때, 이차부등식
$bx^2-ax-15<0$을 만족시키는 x의 값의 범위가 $\alpha<x<\beta$이다.
이때 $\alpha+\beta$의 값은? (단, a, b는 상수이다.)

① $-\dfrac{5}{3}$ ② $-\dfrac{4}{3}$ ③ $\dfrac{2}{3}$
④ $\dfrac{4}{3}$ ⑤ $\dfrac{5}{3}$

STEP A 이차부등식 $x^2+ax+b\le 0$의 해가 $x=-3$뿐일 때, a, b의 값 구하기

해가 $x=-3$이고 x^2의 계수가 1인 이차부등식은
$(x+3)^2\le 0$ $\therefore\ x^2+6x+9\le 0$
즉 $x^2+ax+b=x^2+6x+9$이므로
$a=6$, $b=9$ $\cdots\cdots$ ㉠

STEP B $\alpha+\beta$의 값 구하기

㉠의 값을 $bx^2-ax-15<0$에 대입하면
$9x^2-6x-15<0$, $3x^2-2x-5<0$
$(x+1)(3x-5)<0$ $\therefore\ -1<x<\dfrac{5}{3}$

따라서 $\alpha=-1$, $\beta=\dfrac{5}{3}$이므로 $\alpha+\beta=-1+\dfrac{5}{3}=\dfrac{2}{3}$

> **+α** 이차방정식 근과 계수의 관계를 이용하여 계산할 수 있어!
>
> $a=6$, $b=9$를 이차부등식에 대입하면
> $9x^2-6x-15<0$이고 양변을 3으로 나누어 정리하면
> $3x^2-2x-5<0$의 해가 $\alpha<x<\beta$
> 이때 α, β는 이차방정식 $3x^2-2x-5=0$의 두 근이므로
> 근과 계수의 관계에 의하여 두 근의 합은 $\alpha+\beta=\dfrac{2}{3}$

1243

STEP A 이차부등식의 해가 $x=3$뿐일 때, a, b, c의 관계식 구하기

주어진 이차부등식의 해가 $x=3$뿐이려면
이차함수 $y=ax^2+bx+c$의 그래프의
개형은 다음 그림과 같아야 한다.
즉 $a>0$이고 $x=3$에서 x축과 접해야 하므로
이차함수 $y=ax^2+bx+c$는 $y=a(x-3)^2$
으로 나타낼 수 있다.
즉 주어진 부등식은
$a(x-3)^2\le 0$, $ax^2-6ax+9a\le 0$
$\therefore\ a>0$, $b=-6a$, $c=9a$ ← x의 계수와 상수항의 계수 비교

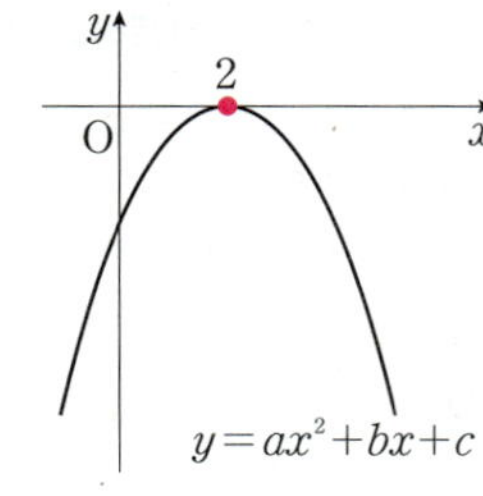

STEP B 부등식 $cx^2-bx-3a<0$의 해 구하기

이때 $cx^2-bx-3a<0$에서 $9ax^2+6ax-3a<0$
$a>0$이므로 $3x^2+2x-1<0$
따라서 $(3x-1)(x+1)<0$이므로 $-1<x<\dfrac{1}{3}$

1244

STEP A 이차부등식의 해가 $x=2$뿐일 때, a, b, c의 관계식 구하기

주어진 이차부등식의 해가 $x=2$뿐이려면
이차함수 $y=ax^2+bx+c$의 그래프는
오른쪽 그림과 같아야 한다.
즉 $a<0$이고 $x=2$에서 x축과 접해야
하므로 이차함수 $y=ax^2+bx+c$는
$y=a(x-2)^2$으로 나타낼 수 있다.
즉 주어진 부등식은
$a(x-2)^2\ge 0$, $ax^2-4ax+4a\ge 0$
$\therefore\ a<0$, $b=-4a$, $c=4a$ $\cdots\cdots$ ㉠

STEP B 부등식 $bx^2+cx+24a<0$의 해 구하기

㉠을 $bx^2+cx+24a<0$에 대입하면
$-4ax^2+4ax+24a<0$
$-4a(x^2-x-6)<0$, $-4a(x-3)(x+2)<0$
$-4a>0$이므로 $(x-3)(x+2)<0$ $\therefore\ -2<x<3$
따라서 부등식 $bx^2+cx+24a<0$을 만족시키는 정수 x는 -1, 0, 1, 2
이므로 그 합은 $-1+0+1+2=2$

1245

STEP A 주어진 이차부등식의 해를 이용하여 a, b, c의 관계식 구하기

x에 대한 이차부등식 $ax^2+bx+c \le 0$의 해가 오직 $x=-\dfrac{1}{2}$뿐이므로

이차함수 $f(x)=ax^2+bx+c$의 그래프는
오른쪽 그림과 같아야 한다.
즉 $a>0$이고 곡선 $y=f(x)$는 x축과
점 $\left(-\dfrac{1}{2},\,0\right)$에서 접해야 하므로

즉 $f(x)=a\left(x+\dfrac{1}{2}\right)^2 (a>0)$로 놓을 수 있다.

$$ax^2+bx+c=a\left(x+\dfrac{1}{2}\right)^2=ax^2+ax+\dfrac{1}{4}a$$

$$\therefore a>0,\ b=a,\ c=\dfrac{1}{4}a \qquad \cdots\cdots \text{㉠}$$

STEP B 부등식 $\dfrac{b}{4}x^2+cx-\dfrac{3}{2}a<0$의 해 구하기

㉠을 $\dfrac{b}{4}x^2+cx-\dfrac{3}{2}a<0$에 대입하면

$$\dfrac{1}{4}ax^2+\dfrac{1}{4}ax-\dfrac{3}{2}a<0$$

$\dfrac{4}{a}>0$이므로 양변에 $\dfrac{4}{a}$를 곱하면

$$x^2+x-6<0,\ (x+3)(x-2)<0$$

$$\therefore -3<x<2$$

따라서 정수 x는 -3, -1, 0, 1이므로 개수는 4

1246

STEP A 조건 (나)를 이용하여 이차함수 $f(x)$의 식 작성하기

조건 (나)에서 이차부등식 $f(x)>0$의 해가
$x \ne 2$인 모든 실수이므로
이차함수 $f(x)$의 이차항의 계수는 양수이고

x^2의 계수가 음수이면 $f(x)<0$인 경우가
항상 생기므로 조건 (나)를 만족하지 않는다.

곡선 $y=f(x)$는 오른쪽 그림과 같이
x축과 점 $(2,\,0)$에서 접한다.
즉 $f(x)=a(x-2)^2 (a>0)$으로
나타낼 수 있다.

STEP B 조건 (가)를 이용하여 $f(5)$의 값 구하기

조건 (가)에서
$f(0)=a(0-2)^2=4a=8 \quad \therefore a=2$
따라서 $f(x)=2(x-2)^2$이므로 $f(5)=2\times 3^2=18$

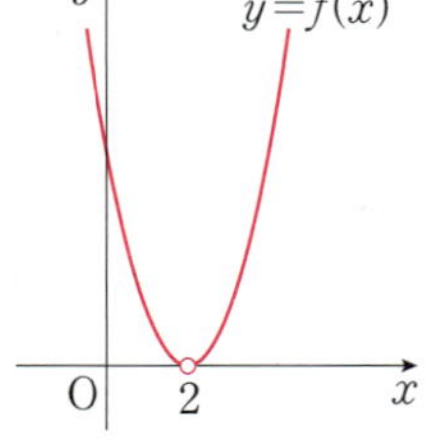

내신연계 출제문항 584

이차함수 $f(x)$가 다음 조건을 만족시킨다.

> (가) $f(0)=18$
> (나) 이차부등식 $f(x)>0$의 해는 $x \ne 3$인 모든 실수이다.

$f(8)$의 값은?

① 25   ② 32   ③ 42
④ 50   ⑤ 60

STEP A 조건 (나)를 이용하여 이차함수 $f(x)$의 식 작성하기

조건 (나)에서 이차부등식 $f(x)>0$의 해가
$x \ne 3$인 모든 실수이므로
이차함수 $f(x)$의 이차항의 계수는 양수이고

x^2의 계수가 음수이면 $f(x)<0$인 경우가
항상 생기므로 조건 (나)를 만족하지 않는다.

곡선 $y=f(x)$는 오른쪽 그림과 같이
x축과 점 $(3,\,0)$에서 접한다.
즉 $f(x)=a(x-3)^2 (a>0)$으로
나타낼 수 있다.

STEP B 조건 (가)를 이용하여 $f(8)$의 값 구하기

조건 (가)에서
$f(0)=a(0-3)^2=9a=18 \quad \therefore a=2$
따라서 $f(x)=2(x-3)^2$이므로 $f(8)=2\times 5^2=50$

1247

STEP A 주어진 이차부등식의 해를 이용하여 a, b, c 사이의 관계식을 구하기

해가 $1<x<3$이고 x^2의 계수가 1인 이차부등식은
$(x-1)(x-3)<0$

$$\therefore x^2-4x+3<0 \qquad \cdots\cdots \text{㉠}$$

부등식 ㉠과 이차부등식 $ax^2+bx+c<0$의 부등호의 방향이 서로 같으므로
$a>0$
부등식 ㉠의 양변에 a를 곱하면 $ax^2-4ax+3a<0$
이 부등식이 이차부등식 $ax^2+bx+c<0$과 같으므로

$$b=-4a,\ c=3a \qquad \cdots\cdots \text{㉡}$$

STEP B $b=-4a$, $c=3a$를 이차부등식 $ax^2-bx+c>0$에 대입하여 해를 구하기

㉡을 $ax^2-bx+c>0$에 대입하면 $ax^2+4ax+3a>0$
$a(x^2+4x+3)>0,\ (x+1)(x+3)>0 (\because a>0)$
따라서 $x<-3$ 또는 $x>-1$

1248

STEP A 주어진 이차부등식의 해를 이용하여 a, b, c 사이의 관계식을 구하기

해가 $-1<x<2$이고 x^2의 계수가 1인 이차부등식은
$(x+1)(x-2)<0$

$$\therefore x^2-x-2<0 \qquad \cdots\cdots \text{㉠}$$

주어진 부등식 $ax^2+bx+c>0$과 부등식 ㉠의 부등호의 방향이 다르므로
$a<0$
㉠의 양변에 a를 곱하면 $ax^2-ax-2a>0$
이 부등식이 $ax^2+bx+c>0$과 같으므로

$$b=-a,\ c=-2a \qquad \cdots\cdots \text{㉡}$$

STEP B $b=-a$, $c=-2a$를 이차부등식 $bx^2-ax-c<0$에 대입하여 해를 구하기

㉡을 부등식 $bx^2-ax-c<0$에 대입하면 $-ax^2-ax+2a<0$
이때 $a<0$이므로 $-a$로 나누면
$x^2+x-2<0,\ (x+2)(x-1)<0$
따라서 구하는 해는 $-2<x<1$

1249

STEP A 주어진 이차부등식의 해를 이용하여 a, b의 값 구하기

해가 $x<-2$ 또는 $x>5$이고 x^2의 계수가 1인 이차부등식은
$(x+2)(x-5)>0$
$\therefore x^2-3x-10>0$ ...... ㉠
주어진 부등식 $ax^2+bx+10<0$과 부등식 ㉠의 부등호의 방향이 다르므로
$a<0$
㉠의 양변에 a를 곱하면 $ax^2-3ax-10a<0$
이 부등식이 $ax^2+bx+10<0$와 같으므로 $-3a=b$, $-10a=10$
$\therefore a=-1$, $b=3$ ...... ㉡

STEP B $a=-1$, $b=3$을 이차부등식 $ax^2-bx+10>0$에 대입하여 해를 구하기

㉡을 부등식 $ax^2-bx+10>0$에 대입하면 $-x^2-3x+10>0$
$x^2+3x-10<0$, $(x+5)(x-2)<0$
$\therefore -5<x<2$
따라서 정수 x는 $x=-4,-3,-2,-1,0,1$이므로 개수는 6

이차부등식 $ax^2+bx+6<0$의 해가 $x<-3$ 또는 $x>2$일 때, 이차부등식 $ax^2-bx+6\geq 0$의 해는?

① $-2\leq x\leq 3$ ② $-1\leq x\leq 3$
③ $1\leq x\leq 4$ ④ $x\leq -2$ 또는 $x\geq 3$
⑤ $x\leq -1$ 또는 $x\geq 2$

STEP A 주어진 이차부등식의 해를 이용하여 a, b, c의 값 구하기

해가 $x<-3$ 또는 $x>2$이고 x^2의 계수가 1인 이차부등식은
$(x+3)(x-2)>0$
$\therefore x^2+x-6>0$ ...... ㉠
주어진 부등식 $ax^2+bx+6<0$과 부등식 ㉠의 부등호의 방향이 다르므로
$a<0$
㉠의 양변에 a를 곱하면 $ax^2+ax-6a<0$
이 부등식이 $ax^2+bx+6<0$과 같으므로 $a=b$, $-6a=6$
$\therefore a=-1$, $b=-1$ ...... ㉡

STEP B $a=-1$, $b=-1$을 이차부등식 $ax^2-bx+6\geq 0$에 대입하여 해를 구하기

㉡을 부등식 $ax^2-bx+6\geq 0$에 대입하면 $-x^2+x+6\geq 0$
$x^2-x-6\leq 0$, $(x+2)(x-3)\leq 0$
따라서 $-2\leq x\leq 3$

1250

2022년 06월 고1 학력평가 15번

STEP A 조건 (가)를 이용하여 $P(x)$의 식 작성하기

조건 (가)의 $P(x)\geq -2x-3$에서 $P(x)+2x+3\geq 0$을 만족하는 해가 $0\leq x\leq 1$이므로 $P(x)+2x+3=ax(x-1)$ (단, $a<0$)
$\therefore P(x)=ax^2-(a+2)x-3\,(a<0)$

+α | $a<0$인 이유!

해가 $0\leq x\leq 1$이고 x^2의 계수가 1인 이차부등식은 $x(x-1)\leq 0$
그런데 조건 (가)의 이차부등식은 $P(x)+2x+3\geq 0$이고
두 부등식의 부등호 방향이 다르므로 $a<0$이다.

(우단)

STEP B 조건 (나)를 이용하여 a의 값 구하기

조건 (나)의 $P(x)=-3x-2$에서 $ax^2-(a+2)x-3=-3x-2$
$ax^2-(a-1)x-1=0$
이 이차방정식이 중근을 가지므로 판별식을 D라 하면
$D=(a-1)^2-4a\times(-1)=0$, $a^2+2a+1=0$, $(a+1)^2=0$
$\therefore a=-1$

STEP C $P(-1)$의 값 구하기

따라서 $P(x)=-x^2-x-3$이므로 $P(-1)=-(-1)^2-(-1)-3=-3$

이차다항식 $P(x)$가 다음 조건을 만족시킬 때, $P(-2)$의 값은?

(가) 부등식 $P(x)\geq -3x-4$의 해는 $0\leq x\leq 1$이다.
(나) 방정식 $P(x)=-4x-3$은 중근을 가진다.

① -3 ② -4 ③ -5
④ -6 ⑤ -7

STEP A 조건 (가)를 이용하여 $P(x)$의 식 구하기

조건 (가)의 $P(x)\geq -3x-4$에서
$P(x)+3x+4\geq 0$을 만족하는 해가 $0\leq x\leq 1$이므로
$P(x)+3x+4=ax(x-1)\,(a<0)$
$\therefore P(x)=ax^2-(a+3)x-4\,(a<0)$

+α | $a<0$인 이유!

해가 $0\leq x\leq 1$이고 x^2의 계수가 1인 이차부등식은 $x(x-1)\leq 0$
그런데 조건 (가)의 이차부등식은 $P(x)+3x+4\geq 0$이고
부등식의 부등호 방향이 다르므로 $a<0$이다.

STEP B 조건 (나)를 이용하여 a의 값 구하기

조건 (나)에 의하여 방정식 $P(x)=-4x-3$
방정식 $ax^2-(a+3)x-4=-4x-3$이 중근을 가지므로
이차방정식 $ax^2-(a-1)x-1=0$의 판별식을 D라 하면 $D=0$이어야 한다.
$D=(a-1)^2-4a\times(-1)=0$
즉 $a^2+2a+1=0$, $(a+1)^2=0$
$\therefore a=-1$

> 이차방정식 $ax^2+bx+c=0$의 판별식을 D라 하면
> $D=b^2-4ac$ 또는 $\dfrac{D}{4}=b'^2-ac\left(b'=\dfrac{b}{2}\right)$

STEP C $P(-2)$의 값 구하기

따라서 $P(x)=-x^2-2x-4$이므로 $P(-2)=-4+4-4=-4$

1251

STEP A 이차함수의 그래프에서 이차식 작성하기

이차함수 $y=f(x)$의 그래프가 x축과 두 점 $(-3,0)$, $(2,0)$에서 만나므로
$f(x)=a(x+3)(x-2)\,(a<0)$라 하면
이 그래프가 점 $(0,3)$을 지나므로 $f(0)=-6a=3$ $\therefore a=-\dfrac{1}{2}$
$\therefore f(x)=-\dfrac{1}{2}(x+3)(x-2)$

STEP B 부등식 $f(x)>-7$의 해 구하기

$f(x)>-7$에서 $-\dfrac{1}{2}(x+3)(x-2)>-7$, $(x+3)(x-2)<14$
$x^2+x-20<0$, $(x+5)(x-4)<0$
$\therefore -5<x<4$
따라서 정수 x는 $-4,-3,-2,-1,0,1,2,3$이므로 개수는 8

1252

STEP A 이차함수의 그래프에서 이차식 작성하기

이차함수 $y=ax^2+bx+c$의 그래프가 x축과 두 점 $(-2, 0)$, $(1, 0)$에서
만나므로 $y=a(x+2)(x-1)\,(a<0)$로 놓을 수 있다.
즉 $y=ax^2+ax-2a$이므로
$b=a$, $c=-2a$　　　　　…… ㉠

STEP B $ax^2-bx+c>0$의 해 구하기

㉠을 $ax^2-bx+c>0$에 대입하면 $ax^2-ax-2a>0$
양변을 $a\,(a<0)$로 나누면 $x^2-x-2<0$, $(x+1)(x-2)<0$
따라서 $-1<x<2$

이차함수 $y=ax^2+bx+c$의 그래프가
오른쪽 그림과 같을 때, 부등식
$ax^2-cx+b<0$를 만족시키는
정수 x의 개수는?

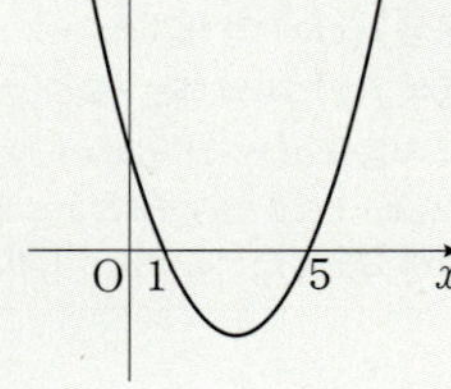

① 3　　　　② 5
③ 6　　　　④ 7
⑤ 8

STEP A 이차함수의 그래프에서 이차식 작성하기

이차함수 $y=ax^2+bx+c$의 그래프가 x축과 두 점 $(1, 0)$, $(5, 0)$에서 만나므
로 $y=a(x-1)(x-5)\,(a>0)$로 놓을 수 있다.
즉 $y=ax^2-6ax+5a$이므로
$b=-6a$, $c=5a$　　　　　…… ㉠

STEP B $ax^2-cx+b\le0$의 해 구하기

㉠을 $ax^2-cx+b\le0$에 대입하면 $ax^2-5ax-6a\le0$
양변을 $a\,(a>0)$로 나누면
$x^2-5x-6\le0$, $(x+1)(x-6)\le0$
$\therefore -1\le x\le6$
따라서 정수 x는 $-1, 0, 1, 2, 3, 4, 5, 6$이므로 개수는 8　　

1253

STEP A 이차함수의 그래프에서 이차식 작성하기

$\overline{BC}=4$이고 삼각형 ABC의 넓이가 6이므로 $\dfrac{1}{2}\times4\times\overline{AO}=6$
$\therefore \overline{AO}=3$
이차함수 $y=f(x)$의 그래프가 x축과 두 점 $(-1, 0)$, $(3, 0)$에서 만나므로
$y=a(x+1)(x-3)\,(a<0)$로 놓을 수 있다.
이때 이 그래프가 점 $(0, 3)$을 지나므로
$3=-3a$　　$\therefore a=-1$
$f(x)=-(x+1)(x-3)=-x^2+2x+3$

STEP B 부등식 $f(x)+12\ge0$의 해 구하기

부등식 $f(x)+12\ge0$에서 $f(x)+12=-x^2+2x+15\ge0$
$x^2-2x-15\le0$, $(x+3)(x-5)\le0$
$\therefore -3\le x\le5$

STEP C 정수 x의 개수 구하기

따라서 정수 x는 $-3, -2, -1, 0, 1, 2, 3, 4, 5$이므로 9

1254

STEP A 주어진 해를 이용하여 $f(x)$를 이차식으로 나타내기

이차부등식 $f(x)<0$의 해가 $3<x<7$이므로
$f(x)=a(x-3)(x-7)\,(a>0)$로 놓을 수 있다.

> **+α** 이차함수의 그래프 개형을 그릴 수 있어!
>
> 이차부등식 $f(x)<0$의 해가 $3<x<7$이려면
> 이차함수 $y=f(x)$의 그래프는 오른쪽 그림과
> 같이 아래로 볼록해야 한다. 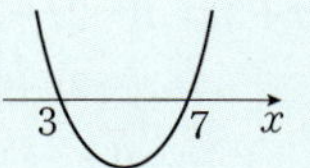
>

STEP B 부등식 $f(2x+1)<0$의 해 구하기

$$\begin{aligned}
f(2x+1)&=a(2x+1-3)(2x+1-7)\\
&=a(2x-2)(2x-6)\\
&=4a(x-1)(x-3)
\end{aligned}$$

이므로 부등식 $f(2x+1)<0$의 해는 $4a(x-1)(x-3)<0$에서
$(x-1)(x-3)<0\,(\because a>0)$　　$\therefore 1<x<3$
따라서 정수 x는 2이므로 개수는 1

> **mini해설** ┃ x대신에 $2x+1$을 대입하여 풀이하기
>
> 이차부등식 $f(x)<0$의 해가 $3<x<7$일 때,
> 부등식 $f(2x+1)<0$의 해는 $3<2x+1<7$
> 즉 $2<2x<6$이므로 $1<x<3$
> 따라서 정수 x는 2이므로 개수는 1

1255

STEP A 주어진 해를 이용하여 $f(x)$를 이차식으로 나타내기

이차부등식 $f(x)\le0$의 해가 $x\le-5$ 또는 $x\ge3$이므로
$f(x)=a(x+5)(x-3)\,(a<0)$로 놓을 수 있다.

> **+α** 이차함수의 그래프 개형을 그릴 수 있어!
>
> 이차부등식 $f(x)\le0$의 해가
> $x\le-5$ 또는 $x\ge3$이려면 이차함수 $y=f(x)$의
> 그래프는 오른쪽 그림과 같이 위로 볼록해야 한다. 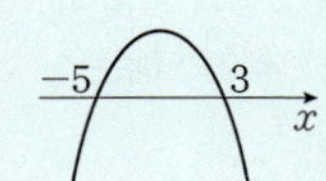
>

STEP B 부등식 $f(-2x+1)\ge0$의 해 구하기

$$\begin{aligned}
f(-2x+1)&=a(-2x+1+5)(-2x+1-3)\\
&=a(-2x+6)(-2x-2)\\
&=4a(x-3)(x+1)
\end{aligned}$$

이므로 부등식 $f(-2x+1)\ge0$의 해는 $4a(x-3)(x+1)\ge0$에서
$(x+1)(x-3)\le0\,(\because a<0)$　　$\therefore -1\le x\le3$
따라서 정수 x는 $-1, 0, 1, 2, 3$이므로 개수는 5

> **mini해설** ┃ x대신에 $-2x+1$을 대입하여 풀이하기
>
> 이차부등식 $f(x)\le0$의 해가 $x\le-5$ 또는 $x\ge3$일 때,
> $f(x)\ge0$의 해는 $-5\le x\le3$
> 부등식 $f(-2x+1)\ge0$의 해는 $-5\le-2x+1\le3$
> 즉 $-6\le-2x\le2$이므로 $-1\le x\le3$
> 따라서 정수 x는 $-1, 0, 1, 2, 3$이므로 개수는 5

1256

STEP A 주어진 해를 이용하여 $f(x)$를 이차식으로 나타내기

주어진 이차함수 $y=f(x)$의 그래프가 x축과 두 점 $(1, 0)$, $(5, 0)$에서
만나므로 $f(x)=a(x-1)(x-5)\,(a<0)$로 놓을 수 있다.

STEP B 부등식 $f(-2x+3)>f(0)$의 해 구하기

$$f(-2x+3)=a(-2x+3-1)(-2x+3-5)$$
$$=a(-2x+2)(-2x-2)$$
$$=4a(x-1)(x+1)$$

이므로 부등식 $f(-2x+1)>f(0)$의 해는 $4a(x-1)(x+1)>5a$에서
$4(x-1)(x+1)<5\,(\because a<0)$
$4x^2-4<5,\ 4x^2-9<0$
$(2x-3)(2x+3)<0$
$\therefore -\dfrac{3}{2}<x<\dfrac{3}{2}$

따라서 정수 x는 -1, 0, 1이므로 개수는 3

---

mini 해설 | 이차함수의 그래프의 대칭성을 이용하여 풀이하기

이차함수 $y=f(x)$의 그래프가 x축과
$(1, 0)$, $(5, 0)$에서 만나므로 대칭축은 $x=2$
이때 직선 $y=f(0)$과 만나는 점의 x좌표는
$x=0$, $x=6$
즉 $f(x)>f(0)$의 이차함수 $y=f(x)$가 직선
$y=f(0)$보다 위에 있는 x의 구간이므로 해는
$0<x<6$
$f(-2x+3)>f(0)$의 해는 $0<-2x+3<6$
즉 $-3<-2x<3$이므로 $-\dfrac{3}{2}<x<\dfrac{3}{2}$
따라서 정수 x는 -1, 0, 1이므로 개수는 3

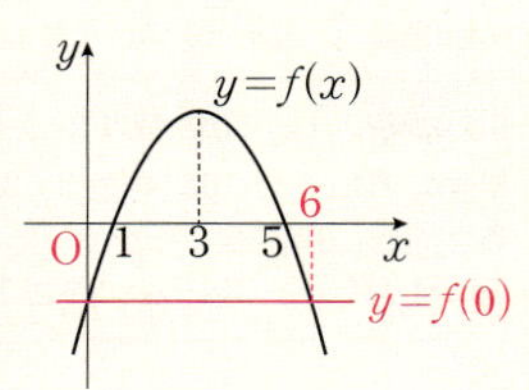

이차함수 $y=f(x)$의 그래프가
오른쪽 그림과 같을 때, 이차부등식
$f(x-1)<0$의 해는?

① $-3<x<1$
② $-2<x<1$
③ $-1<x<2$
④ $-3<x<2$
⑤ $2<x<4$

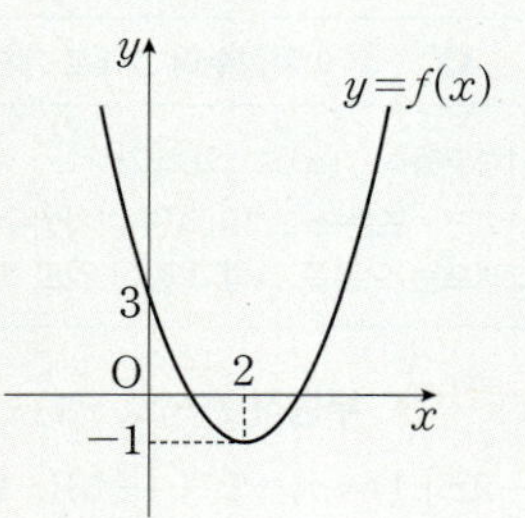

STEP A 이차함수의 그래프에서 이차식 작성하기

꼭짓점의 좌표가 $(2, -1)$이므로 이차함수의 식을
$f(x)=a(x-2)^2-1\,(a>0)$라 하면
곡선 $y=f(x)$가 $(0, 3)$을 지나므로 $3=a(0-2)^2-1$ $\therefore a=1$
$\therefore f(x)=(x-2)^2-1$

STEP B $f(x-1)<0$을 만족하는 해 구하기

$f(x)=(x-2)^2-1$에서  x대신 $x-1$을 대입한다.
$f(x-1)=(x-1-2)^2-1=(x-3)^2-1=x^2-6x+8$
$x^2-6x+8<0,\ (x-2)(x-4)<0$
따라서 $2<x<4$

1257

STEP A 이차함수의 그래프에서 이차식 작성하기

이차함수 $f(x)=ax^2+bx+c$라 하면
부등식 $f(x)>0$의 해가
$x<-2$ 또는 $x>3$이므로
$f(x)=a(x+2)(x-3)\,(a>0)$으로 놓을 수 있다.

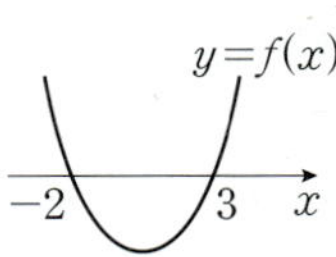

STEP B 부등식 $f(x+1)\le 0$의 해 구하기

부등식 $a(x+1)^2+b(x+1)+c\le 0$, 즉 $f(x+1)\le 0$의 해는
$f(x+1)=a(x+1+2)(x+1-3)\le 0$
$(x+3)(x-2)\le 0\,(\because a>0)$
$\therefore -3\le x\le 2$
따라서 정수 x는 -3, -2, -1, 0, 1, 2이므로 그 개수는 6

---

mini 해설 | $f(x)=ax^2+bx+c$라 두고 풀이하기

이차함수 $f(x)=ax^2+bx+c$라 하면
부등식 $f(x)>0$의 해가 $x<-2$ 또는 $x>3$이므로
부등식 $f(x)\le 0$의 해는 $-2\le x\le 3$
이때 부등식 $a(x+1)^2+b(x+1)+c\le 0$, 즉 $f(x+1)\le 0$의 해는
$-2\le x+1\le 3$ $\therefore -3\le x\le 2$
따라서 정수 x는 -3, -2, -1, 0, 1, 2이므로 그 개수는 6

이차부등식 $ax^2+bx+c>0$의 해가 $x<-1$ 또는 $x>2$일 때,
부등식 $a(x+3)^2+b(x+3)+c\le 0$를 만족시키는 정수 x의 개수는?
(단, a, b, c는 상수이다.)

① 3 ② 4 ③ 5
④ 6 ⑤ 7

STEP A 이차함수의 그래프에서 이차식 작성하기

이차함수 $f(x)=ax^2+bx+c$라 하면
부등식 $f(x)>0$의 해가
$x<-1$ 또는 $x>2$이므로
$f(x)=a(x+1)(x-2)\,(a>0)$으로 놓을 수 있다.

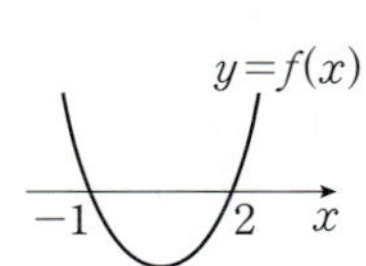

STEP B 부등식 $f(x+3)\le 0$의 해 구하기

부등식 $a(x+3)^2+b(x+3)+c\le 0$, 즉 $f(x+3)\le 0$의 해는
$f(x+3)=a(x+3+1)(x+3-2)\le 0$
$(x+4)(x+1)\le 0\,(\because a>0)$
$\therefore -4\le x\le -1$
따라서 정수 x는 -4, -3, -2, -1이므로 그 개수는 4

---

mini 해설 | $f(x)=ax^2+bx+c$라 두고 풀이하기

이차함수 $f(x)=ax^2+bx+c$라 하면
부등식 $f(x)>0$의 해가 $x<-1$ 또는 $x>2$이므로
부등식 $f(x)\le 0$의 해는 $-1\le x\le 2$
이때 부등식 $a(x+3)^2+b(x+3)+c\le 0$, 즉 $f(x+3)\le 0$의 해는
$-1\le x+3\le 2$ $\therefore -4\le x\le -1$
따라서 정수 x는 -4, -3, -2, -1이므로 그 개수는 4

1258

STEP Ⓐ 이차함수의 그래프에서 이차식 작성하기

이차함수 $f(x)=ax^2+bx+c$라 하면
부등식 $f(x)>0$의 해가 $1<x<3$이므로
$f(x)=a(x-1)(x-3)(a<0)$으로
놓을 수 있다.

STEP Ⓑ 부등식 $f(x-2)\ge 0$의 해 구하기

부등식 $a(x-2)^2+b(x-2)+c\ge 0$, 즉 $f(x-2)\ge 0$의 해는
$f(x-2)=a(x-2-1)(x-2-3)\ge 0$
$(x-3)(x-5)\le 0(\because a<0)$
$\therefore 3\le x\le 5$
따라서 정수 x의 최댓값은 5, 최솟값은 3이므로 그 합은 $3+5=8$

---

mini해설 | $f(x)=ax^2+bx+c$라 두고 풀이하기

이차함수 $f(x)=ax^2+bx+c$라 하면
부등식 $f(x)>0$의 해가 $1<x<3$이므로
부등식 $f(x)\ge 0$의 해는 $1\le x\le 3$
이때 부등식 $a(x-2)^2+b(x-2)+c\ge 0$, 즉 $f(x-2)\ge 0$의 해는
$1\le x-2\le 3$ $\therefore 3\le x\le 5$
따라서 정수 x의 최댓값은 5, 최솟값은 3이므로 그 합은 $3+5=8$

1259

STEP Ⓐ 주어진 해를 이용하여 $f(x)$를 이차식으로 나타내기

$f(x)<0$의 해가 $x<-1$ 또는 $x>5$이므로
$f(x)=a(x+1)(x-5)(a<0)$로 놓을 수 있다.

+α | 이차함수의 그래프 개형을 그릴 수 있어!

이차부등식 $f(x)\le 0$의 해가
$x<-1$ 또는 $x>5$이려면 이차함수 $y=f(x)$의
그래프는 오른쪽 그림과 같이 위로 볼록하다.

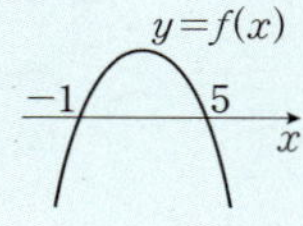

STEP Ⓑ [보기]의 참, 거짓 판단하기

ㄱ. $f(-x)=a(-x+1)(-x-5)$
$\qquad =a(x-1)(x+5)$
부등식 $f(-x)>0$의 해는 $a(x-1)(x+5)>0$에서
$(x-1)(x+5)<0(\because a<0)$
$\therefore -5<x<1$ [참]
ㄴ. $f(2x-1)=a(2x-1+1)(2x-1-5)$
$\qquad =4ax(x-3)$
부등식 $f(2x-1)>0$의 해는 $4ax(x-3)>0$에서
$x(x-3)<0(\because a<0)$
$\therefore 0<x<3$ [거짓]
ㄷ. $f\left(\dfrac{2x-1}{3}\right)=a\left(\dfrac{2x-1}{3}+1\right)\left(\dfrac{2x-1}{3}-5\right)$
$\qquad =\dfrac{1}{9}a(2x-1+3)(2x-1-15)$
$\qquad =\dfrac{4}{9}a(x+1)(x-8)$
부등식 $f\left(\dfrac{2x-1}{3}\right)<0$의 해는 $\dfrac{4}{9}a(x+1)(x-8)<0$에서
$(x+1)(x-8)>0(\because a<0)$
$\therefore x<-1$ 또는 $x>8$ [참]
따라서 옳은 것은 ㄱ, ㄷ이다.

1260

STEP Ⓐ 이차함수의 그래프에서 이차식 작성하기

이차함수 $y=f(x)$의 그래프가 x축과 두 점 $(-2, 0)$, $(3, 0)$에서 만나므로
$f(x)=a(x+2)(x-3)(a>0)$로 놓을 수 있다. …… ㉠

STEP Ⓑ $f\left(\dfrac{x-k}{3}\right)\le 0$의 해가 $-8\le x\le 7$임을 이용하여 k의 값 구하기

$f\left(\dfrac{x-k}{3}\right)=a\left(\dfrac{x-k}{3}+2\right)\left(\dfrac{x-k}{3}-3\right)$
$\qquad =\dfrac{a}{9}(x-k+6)(x-k-9)$
부등식 $f\left(\dfrac{x-k}{3}\right)\le 0$의 해는
$\dfrac{a}{9}(x-k+6)(x-k-9)\le 0$에서 $(x-k+6)(x-k-9)\le 0(\because a>0)$
$k-6\le x\le k+9$ …… ㉡
㉡은 $-8\le x\le 7$과 같으므로 $k-6=-8$, $k+9=7$
$\therefore k=-2$

STEP Ⓒ $f\left(\dfrac{x-k}{2}\right)\le 0$의 해 구하기

$k=-2$이므로 $f\left(\dfrac{x+2}{2}\right)\le 0$의 해는
㉠에서 $f\left(\dfrac{x+2}{2}\right)=a\left(\dfrac{x+2}{2}+2\right)\left(\dfrac{x+2}{2}-3\right)$
$\qquad =\dfrac{a}{4}(x+6)(x-4)$
이때 부등식 $f\left(\dfrac{x+2}{2}\right)\le 0$의 해는 $(x+6)(x-4)\le 0(\because a>0)$
$\therefore -6\le x\le 4$
따라서 $\alpha=-6$, $\beta=4$이므로 $\alpha\beta=-24$

다른풀이 치환하여 풀이하기

STEP Ⓐ $f\left(\dfrac{x-k}{3}\right)\le 0$의 해가 $-8\le x\le 7$일 때, k의 값 구하기

$f\left(\dfrac{x-k}{3}\right)\le 0$에서 $\dfrac{x-k}{3}=t$라 하면
주어진 그래프에서 $f(t)\le 0$을 만족하는 t의 값의 범위는 $-2\le t\le 3$이므로
$-2\le \dfrac{x-k}{3}\le 3$ $\therefore -6+k\le x\le 9+k$
이때 $f\left(\dfrac{x-k}{3}\right)\le 0$의 해가 $-8\le x\le 7$이므로 $-6+k=-8$, $9+k=7$
$\therefore k=-2$

STEP Ⓑ 부등식 $f\left(\dfrac{x-k}{2}\right)\le 0$의 해 구하기

$k=-2$이므로 $f\left(\dfrac{x+2}{2}\right)\le 0$에서 $\dfrac{x+2}{2}=s$라 하면
주어진 그래프에서 $f(s)\le 0$을 만족하는 s의 값의 범위는 $-2\le s\le 3$이므로
$-2\le \dfrac{x+2}{2}\le 3$ $\therefore -6\le x\le 4$
따라서 $\alpha=-6$, $\beta=4$이므로 $\alpha\beta=-24$

내신연계 출제문항 590

오른쪽 그림은 두 점 $(-1, 0)$, $(2, 0)$을
지나는 이차함수 $y=f(x)$의 그래프를
나타낸 것이다.
부등식 $f\left(\dfrac{2x-k}{3}\right)\ge 0$의 해가 $x\le 2$ 또는
$x\ge \dfrac{13}{2}$가 되도록 하는 상수 k의 값이
존재할 때, 부등식 $f\left(\dfrac{-x+k}{2}\right)\le 0$의 해가
$\alpha\le x\le \beta$이다. 이때 $\alpha\beta$의 값은?

① 3 　　　② 7 　　　③ 21
④ 24 　　　⑤ 27

STEP A 이차함수의 그래프에서 이차식 작성하기

이차함수 $y=f(x)$의 그래프가 x축과 두 점 $(-1, 0)$, $(2, 0)$에서 만나므로
$f(x)=a(x+1)(x-2)\,(a>0)$로 놓을 수 있다.

STEP B 부등식 $f\left(\dfrac{2x-k}{3}\right)\geq 0$의 해를 이용하여 k의 값 구하기

$f\left(\dfrac{2x-k}{3}\right)=a\left(\dfrac{2x-k}{3}+1\right)\left(\dfrac{2x-k}{3}-2\right)=\dfrac{a}{9}(2x-k+3)(2x-k-6)$

이때 부등식 $f\left(\dfrac{2x-k}{3}\right)\geq 0$, 즉 $\dfrac{a}{9}(2x-k+3)(2x-k-6)\geq 0$의 해는

$(2x-k+3)(2x-k-6)\geq 0\,(\because a>0)$

$\therefore x\leq \dfrac{k-3}{2}$ 또는 $x\geq \dfrac{k+6}{2}$

즉 $x\leq 2$ 또는 $x\geq \dfrac{13}{2}$와 같으므로 $\dfrac{k-3}{2}=2$, $\dfrac{k+6}{2}=\dfrac{13}{2}$

$\therefore k=7$

STEP C 부등식 $f\left(\dfrac{-x+k}{2}\right)\leq 0$의 해 구하기

$k=7$이므로

$f\left(\dfrac{-x+7}{2}\right)=a\left(\dfrac{-x+7}{2}+1\right)\left(\dfrac{-x+7}{2}-2\right)$

$\qquad\qquad =\dfrac{a}{4}(-x+9)(-x+3)$

$\qquad\qquad =\dfrac{a}{4}(x-9)(x-3)$

이때 부등식 $f\left(\dfrac{-x+7}{2}\right)\leq 0$, 즉 $\dfrac{a}{4}(x-9)(x-3)\leq 0$의 해는

$(x-9)(x-3)\leq 0\,(\because a>0)$ $\therefore 3\leq x\leq 9$

따라서 $\alpha=3$, $\beta=9$이므로 $\alpha\beta=27$

STEP A 부등식 $f\left(\dfrac{2x-k}{3}\right)\geq 0$의 해를 이용하여 k의 값 구하기

부등식 $f\left(\dfrac{2x-k}{3}\right)\geq 0$에서 $\dfrac{2x-k}{3}=t$라 하면

주어진 그래프에서 $f(t)\geq 0$을 만족하는 t의 값의 범위는

$t\leq -1$ 또는 $t\geq 2$이므로 $\dfrac{2x-k}{3}\leq -1$ 또는 $\dfrac{2x-k}{3}\geq 2$

$\therefore x\leq \dfrac{k-3}{2}$ 또는 $x\geq \dfrac{k+6}{2}$

이때 부등식 $f\left(\dfrac{2x-k}{3}\right)\geq 0$의 해가 $x\leq 2$ 또는 $x\geq \dfrac{13}{2}$이므로

$\dfrac{k-3}{2}=2$, $\dfrac{k+6}{2}=\dfrac{13}{2}$

$\therefore k=7$

STEP B 부등식 $f\left(\dfrac{-x+k}{2}\right)\leq 0$의 해 구하기

$k=7$이므로 $f\left(\dfrac{-x+7}{2}\right)\leq 0$에서 $\dfrac{-x+7}{2}=s$라 하면

주어진 그래프에서 $f(s)\leq 0$을 만족하는 s의 값의 범위는 $-1\leq s\leq 2$이므로

$-1\leq \dfrac{-x+7}{2}\leq 2$, $-2\leq -x+7\leq 4$, $-9\leq -x\leq -3$

$\therefore 3\leq x\leq 9$

따라서 $\alpha=3$, $\beta=9$이므로 $\alpha\beta=27$

정답 ⑤

1261

2009년 11월 고1 학력평가 14번　　정답 ②

STEP A 이차함수의 그래프에서 이차식 작성하기

이차함수 $y=f(x)$의 그래프가 x축과 두 점 $(-1, 0)$, $(2, 0)$에서 만나므로
$f(x)=a(x+1)(x-2)\,(a>0)$으로 놓을 수 있다.

STEP B 부등식 $f\left(\dfrac{x+k}{2}\right)\leq 0$의 해를 이용하여 k의 값 구하기

$f\left(\dfrac{x+k}{2}\right)=a\left(\dfrac{x+k}{2}+1\right)\left(\dfrac{x+k}{2}-2\right)=\dfrac{a}{4}(x+k+2)(x+k-4)$

이때 부등식 $f\left(\dfrac{x+k}{2}\right)\leq 0$, 즉 $\dfrac{a}{4}(x+k+2)(x+k-4)\leq 0$의 해는

$(x+k+2)(x+k-4)\leq 0\,(\because a>0)$

$\therefore -k-2\leq x\leq -k+4$

따라서 $-k-2=-3$, $-k+4=3$이므로 $k=1$

STEP A 이차함수의 그래프와 직선의 위치 관계를 이용하여 이차부등식의 해 구하기

주어진 그림에서 이차함수 $y=f(x)$와 x축과의 교점은 $(-1, 0)$, $(2, 0)$이고
이차부등식 $f(x)\leq 0$의 해는 이차함수 $y=f(x)$의 그래프가 x축과 만나거나 아래에 있는 부분의 x의 값의 범위이므로 $-1\leq x\leq 2$

이때 부등식 $f\left(\dfrac{x+k}{2}\right)\leq 0$에서 $\dfrac{x+k}{2}=t$라 하면 $f(t)\leq 0$이고

이차부등식 $f(t)\leq 0$의 해는 $-1\leq t\leq 2$

즉 $-1\leq \dfrac{x+k}{2}\leq 2$에서　←　$t=\dfrac{x+k}{2}$

$-2\leq x+k\leq 4$

$\therefore -2-k\leq x\leq 4-k$　　　……㉠

STEP B 조건을 만족시키는 상수 k의 값 구하기

부등식 $f\left(\dfrac{x+k}{2}\right)\leq 0$의 해가 $-3\leq x\leq 3$이므로

㉠과 각 변을 비교하면 $-2-k=-3$, $4-k=3$

따라서 $k=1$

내/신/연/계/ 출제문항 591

오른쪽 그림은 두 점 $(-1, 0)$, $(3, 0)$을
지나는 이차함수 $y=f(x)$의 그래프를
나타낸 것이다.

부등식 $f\left(\dfrac{x-k}{2}\right)<0$의 해가 $x<2$ 또는
$x>10$이 되도록 하는 상수 k의 값은?

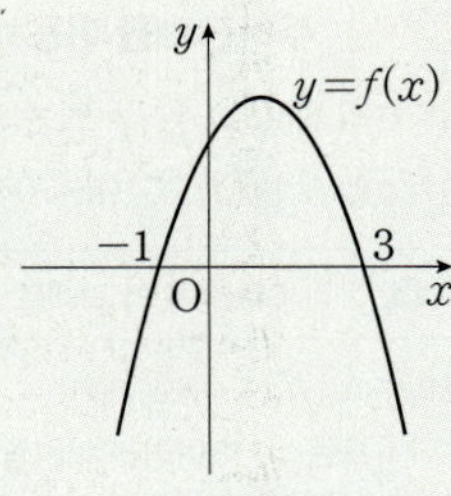

① 1　　② 3
③ 4　　④ 5
⑤ 6

STEP A 이차함수의 그래프에서 이차식 작성하기

이차함수 $y=f(x)$의 그래프가 x축과 두 점 $(-1, 0)$, $(3, 0)$에서 만나므로
$f(x)=a(x+1)(x-3)\,(a<0)$로 놓을 수 있다.

STEP B 부등식 $f\left(\dfrac{x-k}{2}\right)<0$의 해를 이용하여 k의 값 구하기

$f\left(\dfrac{x-k}{2}\right)=a\left(\dfrac{x-k}{2}+1\right)\left(\dfrac{x-k}{2}-3\right)<0$, $\dfrac{a}{4}(x-k+2)(x-k-6)<0$

이 부등식의 해는 $a<0$에서 $x<k-2$ 또는 $x>k+6$

따라서 부등식 $f\left(\dfrac{x-k}{2}\right)<0$의 해가 $x<2$ 또는 $x>10$이므로

$k-2=2$, $k+6=10$에서 구하는 값은 $k=4$

---

mini 해설　$\dfrac{x-k}{2}=t$로 치환하여 풀이하기

$f\left(\dfrac{x-k}{2}\right)\leq 0$에서 $\dfrac{x-k}{2}=t$로 놓으면

주어진 그래프에서 $f(t)<0$을 만족하는 t의 값의 범위는 $t<-1$ 또는 $t>3$이므로

$\dfrac{x-k}{2}<-1$ 또는 $\dfrac{x-k}{2}>3$

$x<k-2$ 또는 $x>k+6$

즉 $f\left(\dfrac{x-k}{2}\right)\leq 0$의 해가 $x<2$ 또는 $x>10$이므로

$k-2=2$, $k+6=10$에서 구하는 값은 $k=4$

정답 ③

1262

STEP A 주어진 이차부등식을 인수분해하여 부등식의 해 구하기

$x^2+6x+9-a^2 \leq 0$에서
$x^2+(3-a+3+a)x+(3-a)(3+a) \leq 0$
$\{x+(3-a)\}\{x+(3+a)\} \leq 0$
$\therefore -3-a \leq x \leq -3+a$

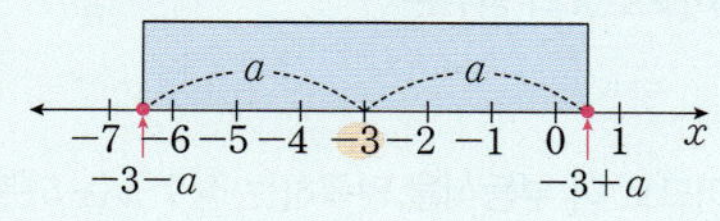

STEP B 정수 x의 개수가 7임을 이용하여 자연수 a의 값 구하기

a가 자연수이므로 정수 x의 개수는 $(-3+a)-(-3-a)+1=2a+1$이므로
정수 a, b에 대하여 $a \leq x \leq b$일 때, 정수의 개수는 $(b-a)+1$

$2a+1=7$
따라서 $2a=6$이므로 $a=3$

+α | 부등식의 해를 수직선상에 나타내어 풀 수도 있어!

$-3-a \leq x \leq -3+a$를 만족시키는 정수 x가 7개이려면 다음 그림에서

$-7<-3-a \leq -6$, $0 \leq -3+a < 1$
즉 $3 \leq a < 4$
따라서 자연수 a의 값은 3

1263

STEP A 주어진 이차부등식 정리하기

이차부등식 $3x^2+4n<3nx+4x$에서 $3x^2-(3n+4)x+4n<0$
$\therefore (x-n)(3x-4)<0$ ...... ㉠

STEP B n의 값의 범위를 나누어 양의 정수 x의 개수가 3이 되도록 하는 정수 n의 값 구하기

(i) $n<\dfrac{4}{3}$일 때,

부등식 ㉠의 해는 $n<x<\dfrac{4}{3}$

이 부등식을 만족시키는 양의 정수 x의 개수는 3이 될 수 없다.

(ii) $n>\dfrac{4}{3}$일 때,

부등식 ㉠의 해는 $\dfrac{4}{3}<x<n$

이 부등식을 만족시키는 양의 정수 x의 개수가 3이므로 그림과 같아야 한다.

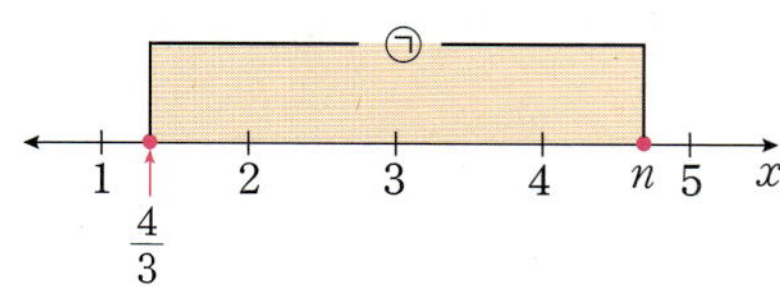

즉 $4<n \leq 5$
(i), (ii)를 만족시키는 정수 n의 값은 5

이차부등식 $3x^2-3nx<5n-5x$를 만족시키는 음의 정수 x의 개수가 2가 되도록 하는 정수 n의 값은?

① -2 ② -3 ③ -4
④ -5 ⑤ -6

STEP A 주어진 이차부등식 정리하기

이차부등식 $3x^2-3nx<5n-5x$에서 $3x^2-(3n-5)x-5n<0$
$\therefore (x-n)(3x+5)<0$ ...... ㉠

STEP B n의 값의 범위를 나누어 음의 정수 x의 개수가 2가 되도록 하는 정수 n의 값 구하기

(i) $n<-\dfrac{5}{3}$일 때,

부등식 ㉠의 해는 $n<x<-\dfrac{5}{3}$

이 부등식을 만족시키는 음의 정수 x의 개수가 2이므로
그림과 같아야 한다.

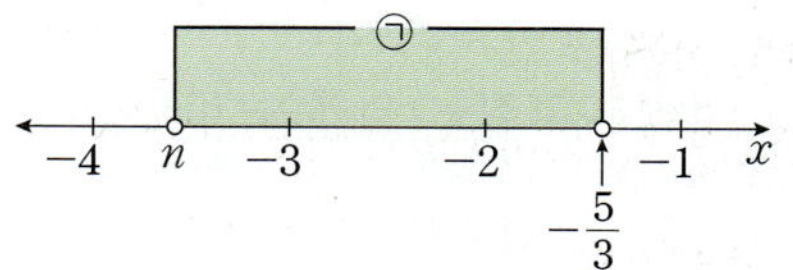

$-4 \leq n < -3$

(ii) $n>-\dfrac{5}{3}$일 때,

부등식 ㉠의 해는 $-\dfrac{5}{3}<x<n$

이 부등식을 만족시키는 음의 정수 x의 개수는 2가 될 수 없다.
(i), (ii)를 만족시키는 정수 n의 값은 -4

1264

STEP A p의 값의 범위를 나누어 정수 x의 개수가 4가 되도록 하는 정수 p의 값의 범위 구하기

이차부등식 $2x^2+px \leq 0$에서 $x(2x+p) \leq 0$ ...... ㉠
(i) $p>0$일 때,

부등식 ㉠의 해는 $-\dfrac{p}{2} \leq x \leq 0$

이 부등식을 만족시키는 정수 x가 4개이므로 그림과 같아야 한다.

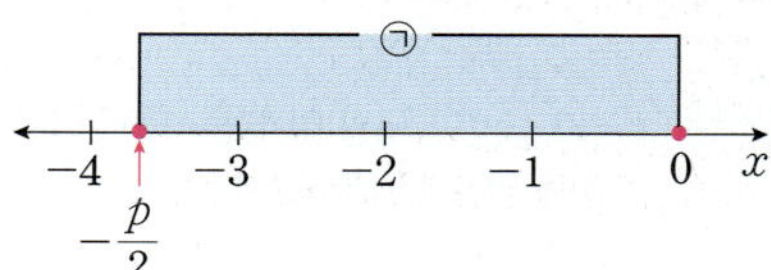

즉 $-4<-\dfrac{p}{2} \leq -3$, $-8<-p \leq -6$ $\therefore 6 \leq p < 8$
이때 정수 p는 6 또는 7

(ii) $p=0$일 때,

부등식 ㉠의 해는 $x^2 \leq 0$

이 부등식을 만족시키는 정수 x는 0뿐이므로 주어진 조건을 만족시키지 않는다.

(iii) $p<0$일 때,

부등식 ㉠의 해는 $0 \leq x \leq -\dfrac{p}{2}$

이 부등식을 만족시키는 정수 x가 4개이므로 그림과 같아야 한다.

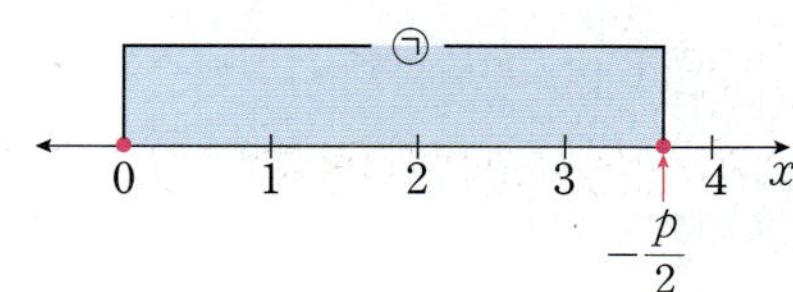

즉 $3 \leq -\dfrac{p}{2} < 4$, $6 \leq -p < 8$ $\therefore -8<p \leq -6$
이때 정수 p는 -7 또는 -6

STEP B 정수 p의 최댓값과 최솟값 구하기

(i)~(iii)을 만족시키는 정수 p의 최댓값 $M=7$, 최솟값 $m=-7$
따라서 $Mm=-49$

1265

2019년 09월 고1 학력평가 14번　　　정답 ③

STEP A 좌변을 인수분해하기

$x^2-(n+5)x+5n \le 0$

$(x-n)(x-5) \le 0$　　　……　㉠

STEP B n과 5의 대소관계에 따라 조건을 만족시키는 자연수 n의 값 구하기

(i) $n<5$인 경우

㉠의 해는 $n \le x \le 5$이고 정수 x의 개수는 $(5-n)+1=6-n$이므로

$6-n=3$　∴ $n=3$　　두 정수 m, $n(m<n)$에 대하여 부등식 $m \le x \le n$을 만족시키는 정수 x의 개수는 $n-m+1$

(ii) $n=5$인 경우

㉠의 식은 $(x-5)^2 \le 0$이 되고 이 부등식의 해는 $x=5$

즉 정수 x의 개수는 1이므로 주어진 조건을 만족시키지 않는다.

(iii) $n>5$인 경우

㉠의 해는 $5 \le x \le n$

정수 x의 개수는 $(n-5)+1=n-4$이므로

$n-4=3$　∴ $n=7$

(i)∼(iii)에 의하여 모든 자연수 n의 값의 합은 $3+7=10$

다른풀이 부등식의 해를 수직선 위에 나타내어 풀이하기

STEP A 좌변을 인수분해하기

$x^2-(n+5)x+5n \le 0$

$(x-n)(x-5) \le 0$

STEP B n과 5의 대소 관계에 따라 조건을 만족시키는 자연수 n의 값 구하기

(i) $n<5$인 경우

해는 $n \le x \le 5$이므로 오른쪽 그림에서

$2<n \le 3$

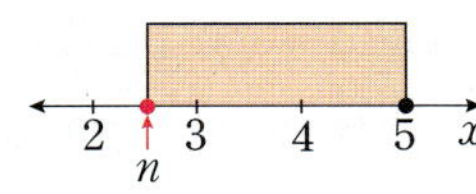

(ii) $n=5$인 경우

주어진 부등식은 $(x-5)^2 \le 0$이 되고 이 부등식을 만족하는 정수 x는 5뿐이므로 주어진 조건을 만족시키지 않는다.

(iii) $n>5$인 경우

해는 $5 \le x \le n$이므로 오른쪽 그림에서

$7 \le n < 8$

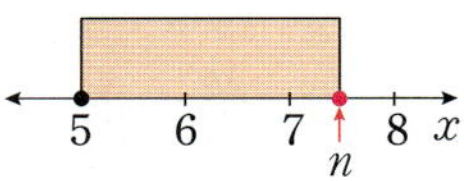

(i)∼(iii)에서 구하는 n의 값의 범위는 $2<n \le 3$ 또는 $7 \le n < 8$

따라서 모든 자연수 n의 값의 합은 $3+7=10$

내신연계 출제문항 593

x에 대한 이차부등식 $x^2-(n+6)x+6n \le 0$을 만족시키는 정수 x의 개수가 3이 되도록 하는 모든 자연수 n의 값의 합은?

① 8　　　　② 9　　　　③ 10
④ 11　　　　⑤ 12

STEP A 좌변을 인수분해하기

이차부등식 $x^2-(n+6)x+6n \le 0$

$\underline{(x-n)(x-6) \le 0}$　　　……　㉠

n과 6의 대소관계에 따라 부등식의 해가 변하므로 6을 기준으로 경우를 구한다.

STEP B n과 6의 대소 관계에 따라 조건을 만족시키는 자연수 n의 값 구하기

(i) $n<6$일 때,

㉠의 해는 $n \le x \le 6$이고 정수 x의 개수는 $(6-n)+1=7-n$이므로

$7-n=3$　∴ $n=4$　　정수 a, b에 대하여 $a \le x \le b$일 때, 정수의 개수는 $(b-a)+1$

(ii) $n=6$일 때,

㉠의 식은 $(x-6)^2 \le 0$의 해는 $x=6$

정수 x의 개수는 1이므로 성립하지 않는다.

정수 x의 개수가 3이라는 조건에 성립하지 않는다.

(iii) $n>6$일 때,

㉠의 해는 $6 \le x \le n$

정수 x의 개수는 $(n-6)+1=n-5$이므로

정수 a, b에 대하여 $a \le x \le b$일 때, 정수의 개수는 $(b-a)+1$

$n-5=3$　∴ $n=8$

(i)∼(iii)에서 모든 자연수 n의 값의 합은 $4+8=12$

다른풀이 부등식의 해를 수직선상에 나타내어 풀이하기

STEP A 좌변을 인수분해하기

이차부등식 $x^2-(n+6)x+6n \le 0$

$(x-n)(x-6) \le 0$

STEP B n과 6의 대소 관계에 따라 조건을 만족시키는 자연수 n의 값 구하기

(i) $n<6$일 때,

$n \le x \le 5$이므로 오른쪽 그림에서

$3<n \le 4$

그런데 $n<6$이므로 n의 범위는

$3<n \le 4$

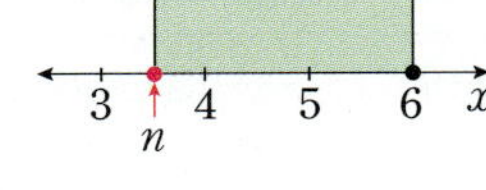

(ii) $n=6$일 때,

$(x-6)^2 \le 0$이므로 이 부등식을 만족하는 정수 x는 5뿐이므로 주어진 조건을 만족시키지 않는다.

(iii) $n>6$일 때,

$5 \le x \le n$이므로 오른쪽 그림에서

$8 \le n < 9$

그런데 $n>6$이므로 n의 범위는

$8 \le n < 9$

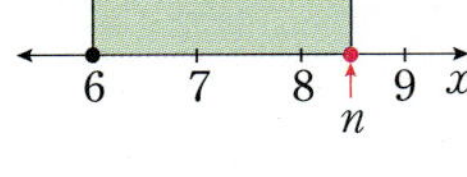

(i)∼(iii)에서 구하는 n의 범위는 $3<n \le 4$ 또는 $8 \le n < 9$

따라서 자연수 n은 4, 8이므로 합은 $4+8=12$　　정답 ⑤

1266

정답 2

STEP A 조건에 맞게 이차부등식 세우기

물체의 높이가 75m 이상이므로

t초 후의 높이는 $h(t)=-5t^2+40t$

$h(t)=-5t^2+40t \ge 75$,　$5t^2-40t+75 \le 0$

$t^2-8t+15 \le 0$,　$(t-3)(t-5) \le 0$

∴ $3 \le t \le 5$

STEP B 물체의 높이가 75m 이상인 시간 구하기

따라서 이 물체의 높이가 지면으로부터 75m 이상인 시간은

$5-3=2$(초)동안이다.

1267

정답 ③

STEP A 조건에 맞게 이차부등식 세우기

인상된 금액을 x만 원이라고 하면

이어폰 한 개의 가격은 $(10+x)$만 원, 팔리는 개수는 $(120-4x)$대이다.

한 달에 총 판매액이 1500만 원 이상이므로

(인상된 이어폰 한 개의 가격)×(줄어든 총 판매량)=(한 달의 총 판매액)

$(10+x)(120-4x) \ge 1500$

STEP B 한 달의 총 판매액이 1500만 원 이상이 되도록 하는 x의 범위 구하기

$4x^2-80x+300 \le 0$,　$x^2-20x+75 \le 0$

$(x-5)(x-15) \le 0$

따라서 $5 \le x \le 15$

1268

정답 ③

STEP A 직사각형의 넓이가 975cm^2 이상인 이차부등식 세우기

새로 만든 직사각형의 가로, 세로의 길이는 각각 $(50-x)\text{cm}$, $(30+x)\text{cm}$

이 직사각형의 넓이가 975cm^2 이상이

되어야 하므로 $(50-x)(30+x)\geq 975$

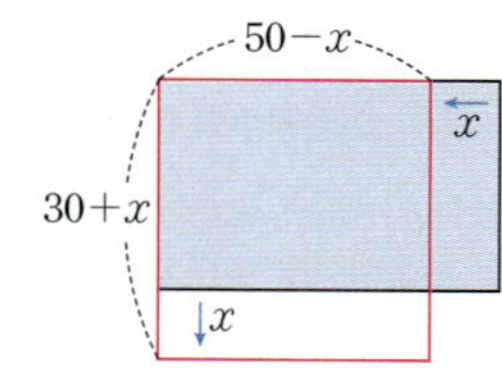

$-x^2+20x+1500 \geq 975$

$x^2-20x-525 \leq 0$

$(x+15)(x-35) \leq 0$

$\therefore -15 \leq x \leq 35$

STEP B x의 최댓값 구하기

그런데 $x>0$이므로 $0<x\leq 35$

따라서 x의 최댓값은 35

1269

정답 ②

STEP A 도로의 폭을 $x\text{m}$로 놓고 땅의 넓이 구하기

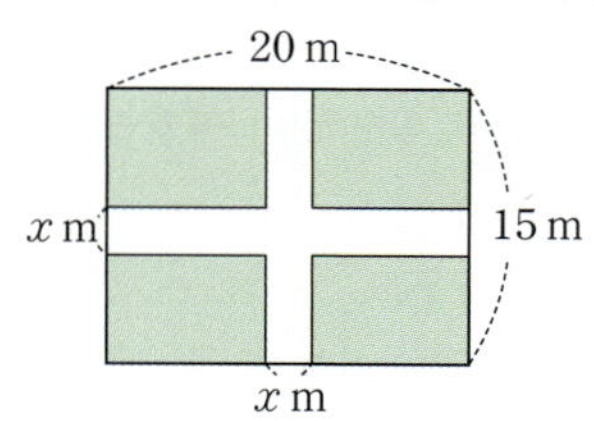 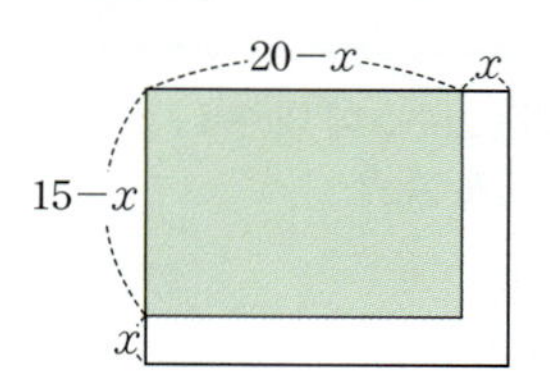

도로의 폭을 $x\text{m}$라고 하면 가로, 세로의 길이는 $(20-x)\text{m}$, $(15-x)\text{m}$이므로

$x>0$, $20-x>0$, $15-x>0$

즉 $0<x<15$ $\qquad\cdots\cdots$ ㉠

도로를 제외한 땅의 넓이가 150m^2 이상이므로

$(20-x)(15-x)\geq 150$, $x^2-35x+150\geq 0$, $(x-5)(x-30)\geq 0$

$\therefore x\leq 5$ 또는 $x\geq 30$ $\qquad\cdots\cdots$ ㉡

STEP B 도로의 폭의 최댓값 구하기

㉠, ㉡의 공통부분은 $0<x\leq 5$

따라서 도로의 폭의 최댓값은 5

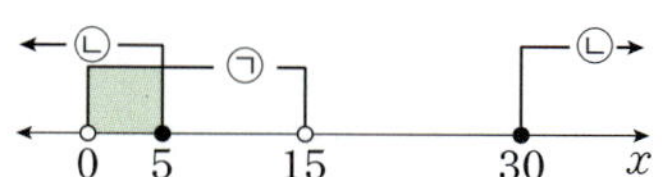

내/신/연/계/ 출제문항 594

오른쪽 그림과 같이 가로, 세로의 길이가 30m인 정사각형 모양의 땅에 같은 폭의 도로를 가로, 세로와 평행한 방향으로 만들었다. 꽃밭의 넓이가 100m^2 이상이 되도록 하는 도로의 폭의 최댓값은? (단, 단위는 m이다.)

① 10 ② 12
③ 14 ④ 16
⑤ 20

STEP A 도로의 폭을 $x\text{m}$로 놓고 꽃밭의 넓이 구하기

도로의 폭을 $x\text{m}$라고 하면

가로, 세로의 길이는

$(30-x)\text{m}$, $(30-x)\text{m}$이므로

$x>0$, $30-x>0$, $30-x>0$

즉 $0<x<30$ $\qquad\cdots\cdots$ ㉠

꽃밭의 넓이가 100m^2 이상이어야 하므로

$(30-x)(30-x)\geq 100$

$x^2-60x+900 \geq 100$

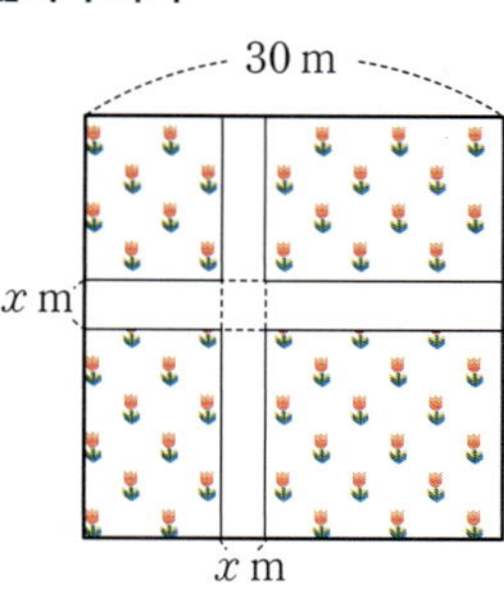

$x^2-60x+800 \geq 0$, $(x-20)(x-40)\geq 0$

$\therefore x\leq 20$ 또는 $x\geq 40$ $\qquad\cdots\cdots$ ㉡

+α 꽃밭의 넓이를 다음과 같이 구할 수 있어!

> 도로의 폭을 $x\text{m}$라고 하면 도로의 넓이는
> $30x+30x-x^2=60x-x^2$
> 꽃밭의 넓이가 100m^2 이상이어야 하므로
> $900-(60x-x^2)\geq 100$

STEP B 도로의 폭의 최댓값 구하기

㉠, ㉡의 공통부분은 $0<x\leq 20$

따라서 도로의 폭의 최댓값은 20

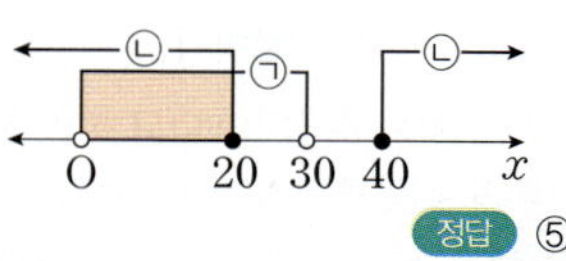

정답 ⑤

1270

정답 ④

STEP A 상품의 원래의 가격을 a, 가격을 올리기 전의 판매량을 b로 놓고 부등식 세우기

상품의 원래의 가격을 a원이라 하면 $x\%$ 올린 가격은

$a+\dfrac{x}{100}a=\left(1+\dfrac{x}{100}\right)a$(원) ← (원래 가격)+(올린 가격)

가격을 올리기 전의 판매량을 b개라 하면 가격을 올린 후의 판매량은

$b-\dfrac{\frac{1}{2}x}{100}b=\left(1-\dfrac{x}{200}\right)b$(개) ← (올리기 전 판매량)−(감소한 판매량)

이때 올린 후의 총 판매금액이 올리기 전의 총 판매 금액 이상이 되어야 하므로

$\left(1+\dfrac{x}{100}\right)a\times\left(1-\dfrac{x}{200}\right)b\geq ab\left(1+\dfrac{8}{100}\right)$

STEP B 부등식의 해 구하기

이때 $a>0$, $b>0$이므로

$\left(1+\dfrac{x}{100}\right)\left(1-\dfrac{x}{200}\right)\geq\left(1+\dfrac{8}{100}\right)(\because ab>0)$

$(100+x)(200-x)\geq 200(100+8)$

$x^2-100x+1600 \leq 0$

$(x-20)(x-80) \leq 0$

따라서 $20 \leq x \leq 80$

1271

2017년 03월 고2 학력평가 나형 13번

정답 ③

STEP A 하루의 라면 판매액의 합계가 442000원 이상이 되는 이차부등식 작성하기

가격을 $100x$원 할인한다고 하면 하루 판매량이 $20x$그릇 늘어나므로

하루의 라면 판매액의 합계는 $(2000-100x)(200+20x)$(원)

하루의 라면 판매액의 합계가 442000원 이상이려면

$(2000-100x)(200+20x)\geq 442000$

$(20-x)(10+x)\geq 221$, $x^2-10x+21\leq 0$, $(x-3)(x-7)\leq 0$

$\therefore 3 \leq x \leq 7$

STEP B 라면 한 그릇의 가격의 최댓값 구하기

이때 $300 \leq 100x \leq 700$, $-700 \leq -100x \leq -300$이므로

$\therefore 1300 \leq 2000-100x \leq 1700$

따라서 라면 한 그릇의 가격의 최댓값은 1700원

어느 우동 전문점에서 우동 한 그릇의 가격이 6000원이면 하루에 120그릇이 판매되고, 우동 한 그릇의 가격을 300원씩 내릴 때마다 하루 판매량이 10그릇씩 늘어난다고 한다. 하루의 우동 판매액의 합계가 756000원 이상이 되기 위한 우동 한 그릇의 가격의 최댓값은?

① 4200원   ② 4600원   ③ 5000원
④ 5400원   ⑤ 5600원

STEP A 하루의 우동 판매액의 합계가 756000원 이상이 되는 이차함수의 식 작성하기

가격을 $300x$원 할인한다고 하면 하루 판매량이 $10x$그릇 늘어나므로
하루의 우동 판매액의 합계는 $(6000-300x)(120+10x)$(원)
하루의 우동 판매액의 합계가 756000원 이상이려면
$(6000-300x)(120+10x) \geq 756000$
$(20-x)(12+x) \geq 252$, $x^2-8x+12 \leq 0$, $(x-2)(x-6) \leq 0$
$\therefore 2 \leq x \leq 6$

STEP B 우동 한 그릇의 가격의 최댓값 구하기

이때 $600 \leq 300x \leq 1800$, $-1800 \leq -300x \leq -600$
$\therefore 4200 \leq 6000-300x \leq 5400$
따라서 우동 한 그릇의 가격의 최댓값은 5400원

정답 ④

1272

정답 1

STEP A 이차함수와 이차부등식의 관계를 이용하기

이차함수 $y=-x^2+2(k+1)x-4k$의
그래프는 위로 볼록하므로
모든 실수 x에 대하여 $y \leq 0$이 되려면
이차함수의 그래프가 오른쪽 그림과 같이
x축과 만나지 않거나 접해야 한다.

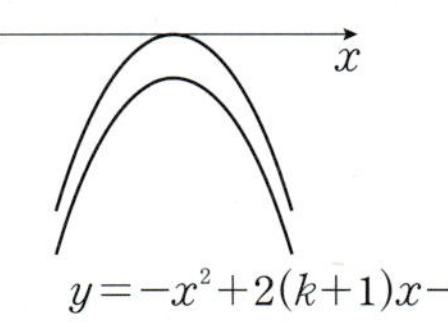

STEP B 이차방정식의 판별식을 이용하여 k의 범위 구하기

이차방정식 $-x^2+2(k+1)x-4k=0$의 판별식을 D라 하면 $D \leq 0$이어야 한다.
$\frac{D}{4}=(k+1)^2-4k \leq 0$, $k^2-2k+1 \leq 0$, $(k-1)^2 \leq 0$
따라서 $k-1=0$이므로 $k=1$

1273

정답 ①

STEP A 이차함수와 이차부등식의 관계를 이용하기

모든 실수 x에 대하여
이차부등식 $x^2-2x+1 > 2ax-3$,
즉 $x^2-2(1+a)x+4 > 0$이 항상
성립하므로 이차함수
$y=x^2-2(1+a)x+4$의 그래프는
오른쪽 그림과 같이 x축과 만나지 않아야 한다.

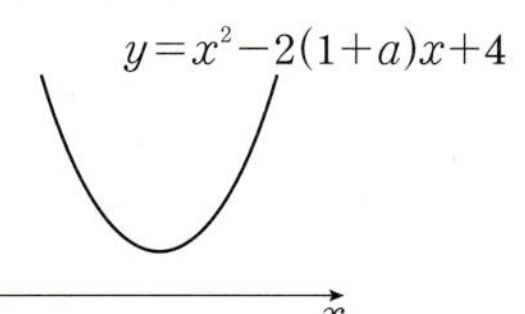

STEP B 이차방정식의 판별식을 이용하여 실수 a의 값의 범위 구하기

이차방정식 $x^2-2(1+a)x+4=0$의 판별식을 D라 하면 $D < 0$이어야 한다.
$\frac{D}{4}=\{-(a+1)\}^2-4 < 0$, $a^2+2a-3 < 0$, $(a+3)(a-1) < 0$
따라서 $-3 < a < 1$

1274

정답 ①

STEP A $\sqrt{x^2-2kx+k+2}$가 실수가 되기 위한 조건 구하기

모든 실수 x에 대하여 $\sqrt{x^2-2kx+k+2}$의 값이 실수가 되려면
모든 실수 x에 대하여 $x^2-2kx+k+2 \geq 0$이 성립해야 한다.

STEP B 이차함수와 이차부등식의 관계를 이용하기

이차함수 $y=x^2-2kx+k+2$의 그래프는
아래로 볼록하므로 모든 실수 x에 대하여
$y \geq 0$이 되려면 이차함수의 그래프가
오른쪽 그림과 같이 x축보다 위에 있거나
접해야 한다.

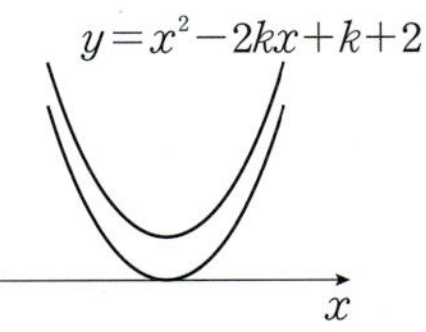

STEP C 판별식을 이용하여 a의 범위 구하기

이차방정식 $x^2-2kx+k+2=0$의 판별식을 D라 하면 $D \leq 0$이어야 한다.
$\frac{D}{4}=k^2-k-2 \leq 0$, $(k+1)(k-2) \leq 0$
따라서 $-1 \leq k \leq 2$

모든 실수 x에 대하여 $\sqrt{x^2-2kx+2k+15}$가 실수가 되도록 하는 정수 k의 개수는?

① 5   ② 7   ③ 9
④ 11   ⑤ 13

STEP A $\sqrt{x^2-2kx+2k+15}$가 실수가 되기 위한 조건 구하기

모든 실수 x에 대하여 $\sqrt{x^2-2kx+2k+15}$의 값이 실수가 되려면
모든 실수 x에 대하여 $x^2-2kx+2k+15 \geq 0$이 성립해야 한다.

STEP B 이차함수와 이차부등식의 관계를 이용하기

모든 실수 x에 대하여 부등식 $x^2-2kx+2k+15 \geq 0$이 성립해야 하므로
이차방정식 $x^2-2kx+2k+15=0$이 중근 또는 서로 다른 두 허근을 갖는다.

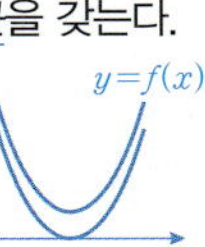

STEP C 판별식을 이용하여 정수 k의 개수 구하기

이차방정식 $x^2-2kx+2k+15=0$의 판별식을 D라 하면 $D \leq 0$이어야 한다.
$\frac{D}{4}=(-k)^2-1 \times (2k+15) \leq 0$
$k^2-2k-15 \leq 0$, $(k-5)(k+3) \leq 0$
$\therefore -3 \leq k \leq 5$
따라서 정수 k는 $-3, -2, -1, 0, 1, 2, 3, 4, 5$이므로 그 개수는 9

정답 ③

1275

STEP Ⓐ 이차함수와 이차부등식의 관계를 이용하기

모든 실수 x에 대하여 이차부등식
$x^2-2ax+1>0$이 항상 성립하므로
이차함수 $y=x^2-2ax+1$의 그래프
는 오른쪽 그림과 같이
x축과 만나지 않아야 한다.

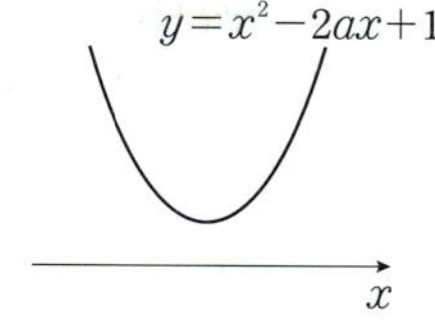

STEP Ⓑ 이차방정식의 판별식을 이용하여 a의 범위 구하기

이차방정식 $x^2-2ax+1=0$의 판별식을 D라 하면 $D<0$이어야 한다.
$$\frac{D}{4}=(-a)^2-1<0,\ (a+1)(a-1)<0$$
$$\therefore\ -1<a<1 \quad\cdots\cdots\ \bigcirc$$

STEP Ⓒ 부등식 $3|a-1|+2|a+1|<5$의 해 구하기

$\bigcirc$에 의하여 $a-1<0$, $a+1>0$이므로 부등식 $3|a-1|+2|a+1|<5$를 풀면
$$-3(a-1)+2(a+1)<5,\ -a<0$$
$$\therefore\ a>0 \quad\cdots\cdots\ \bigcirc\!\bigcirc$$
$\bigcirc$, $\bigcirc\!\bigcirc$의 공통 범위는 $0<a<1$
따라서 $\alpha=0$, $\beta=1$이므로 $\alpha+\beta=1$

1276

STEP Ⓐ 이차방정식이 실근을 가질 조건 구하기

이차방정식 $x^2+(m-2)x-am=0$이 실근을 가져야 하므로
판별식을 D_1이라 하면 $D_1\ge0$이어야 한다.
$$D_1=(m-2)^2+4am\ge0$$
$$\therefore\ m^2-4(1-a)m+4\ge0$$

STEP Ⓑ m에 대한 이차부등식이 항상 성립하기 위한 조건 구하기

이때 이차함수 $f(m)=m^2-4(1-a)m+4$
의 그래프는 아래로 볼록하므로
모든 실수 x에 대하여 $f(m)\ge0$이 되려면
이차함수의 그래프가 오른쪽 그림과 같이
m축보다 위에 있거나 접해야 한다.

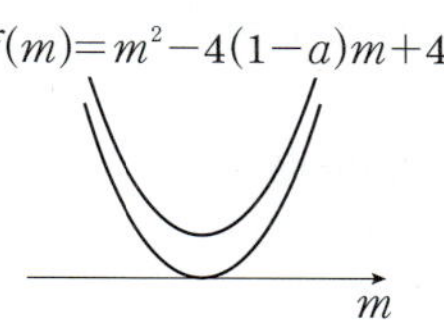

STEP Ⓒ 판별식을 이용하여 a의 범위 구하기

즉 이차방정식 $m^2-4(1-a)m+4=0$의 판별식을 D_2라 하면
$D_2\le0$이어야 한다.
$$\frac{D_2}{4}=4(1-a)^2-4\le0,\ a^2-2a\le0,\ a(a-2)\le0$$
따라서 $0\le a\le2$

x에 대한 이차방정식 $x^2+(m+2)x-m^2-3am-4=0$이 실수 m의 값에
관계없이 항상 실근을 가질 때, 실수 a의 값의 범위는?

① $-2\le a\le\dfrac{4}{3}$ 　　　② $-\dfrac{4}{3}\le a\le2$

③ $a\le-\dfrac{4}{3}$ 또는 $a\ge2$ 　　　④ $a\le-2$ 또는 $a\ge\dfrac{4}{3}$

⑤ $a<-2$ 또는 $a>0$

STEP Ⓐ 이차방정식이 실근을 가질 조건 구하기

이차방정식 $x^2+(m+2)x-m^2-3am-4=0$이 실근을 가져야 하므로
판별식을 D_1이라 하면 $D_1\ge0$이어야 한다.
$$D_1=(m+2)^2-4\times1\times(-m^2-3am-4)\ge0$$
$$\therefore\ 5m^2+4(3a+1)m+20\ge0$$

STEP Ⓑ m에 대한 이차부등식이 항상 성립하기 위한 조건 구하기

이때 이차함수
$f(m)=5m^2+4(3a+1)m+20$의
그래프는 아래로 볼록하므로
모든 실수 x에 대하여 $f(m)\ge0$이 되려면
이차함수의 그래프가 오른쪽 그림과 같이
m축보다 위에 있거나 접해야 한다.

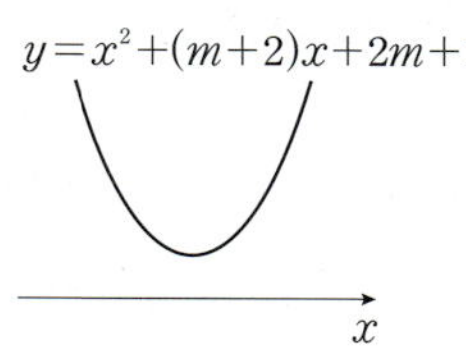

STEP Ⓒ 판별식을 이용하여 a의 범위 구하기

즉 이차방정식 $5m^2+4(3a+1)m+20=0$의 판별식을 D_2라 하면
$D_2\le0$이어야 한다.
$$\frac{D_2}{4}=4(3a+1)^2-100\le0,\ 3a^2+2a-8\le0,\ (a+2)(3a-4)\le0$$
따라서 $-2\le a\le\dfrac{4}{3}$

1277

2023년 09월 고1 학력평가 13번　　

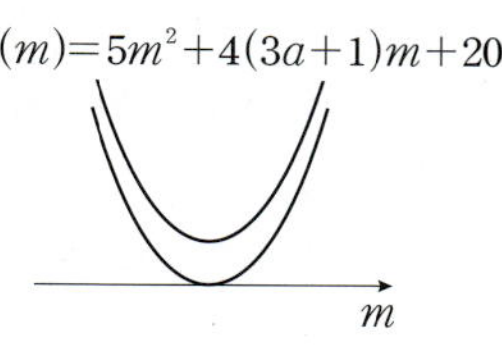

STEP Ⓐ 이차함수와 이차부등식의 관계를 이용하기

이차함수 $y=x^2+(m+2)x+2m+1$의
그래프는 이차항의 계수가 양수이므로
아래로 볼록하고
모든 실수 x에 대하여 $y>0$가 되려면
이차함수의 그래프가 오른쪽 그림과 같이
x축과 만나지 않아야 한다.

STEP Ⓑ 이차방정식의 판별식을 이용하여 정수 m의 값 구하기

이차방정식 $x^2+(m+2)x+2m+1=0$은 서로 다른 두 허근을 가져야 하므로
판별식을 D라 하면 $D<0$이어야 한다.
$$D=(m+2)^2-4(2m+1)=m^2-4m=m(m-4)$$
즉 $m(m-4)<0$이므로 $0<m<4$
따라서 정수 m의 값은 1, 2, 3이므로 그 합은 $1+2+3=6$

모든 실수 x에 대하여 이차부등식 $x^2-(m+4)x+m+4>0$이 성립하도록
하는 모든 정수 m의 값의 합은?

① -10 　　　② -6 　　　③ -3

④　3 　　　⑤　6

STEP Ⓐ 이차함수와 이차부등식의 관계를 이용하기

이차함수 $y=x^2-(m+4)x+m+4$의
그래프는 이차항의 계수가 양수이므로
아래로 볼록하고
모든 실수 x에 대하여 $y>0$가 되려면
이차함수의 그래프가 오른쪽 그림과 같이
x축과 만나지 않아야 한다.

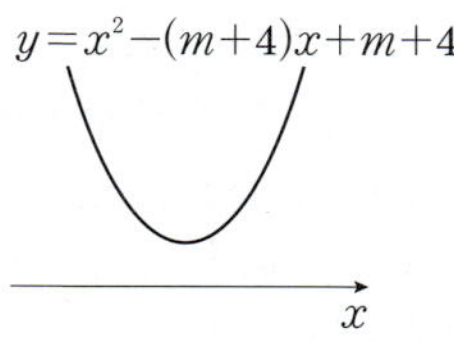

STEP Ⓑ 이차방정식의 판별식을 이용하여 정수 m의 값 구하기

이차방정식 $x^2-(m+4)x+m+4=0$은 서로 다른 두 허근을 가져야 하므로
판별식을 D라 하면 $D<0$이어야 한다.
$$D=\{-(m+4)\}^2-4(m+4)<0,\ m^2+4m<0,\ m(m+4)<0$$
$$\therefore\ -4<m<0$$
따라서 정수 m의 값은 -3, -2, -1이므로 그 합은 $-3+(-2)+(-1)=-6$

1278

2019년 03월 고2 학력평가 가형 11번 정답 ②

STEP A 이차방정식의 판별식을 이용하여 k의 값의 범위 구하기

모든 실수 x에 대하여
$x^2-2kx+2k+15 \geq 0$이 성립하려면
이차함수 $y=x^2-2kx+2k+15$의 그래프
가 x축에 접하거나 만나지 않아야 한다.
즉 이차방정식 $x^2-2kx+2k+15=0$의
판별식을 D라 하면 $D \leq 0$이어야 하므로

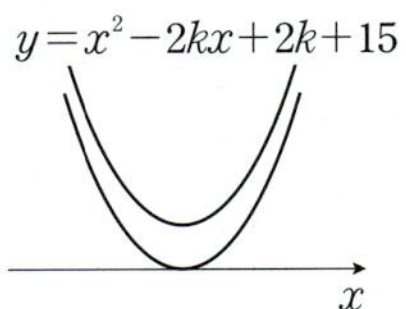

$$\frac{D}{4}=(-k)^2-1\times(2k+15) \leq 0,\; k^2-2k-15 \leq 0,\; (k-5)(k+3) \leq 0$$
$$\therefore -3 \leq k \leq 5$$

STEP B 부등식을 만족시키는 모든 정수 k의 개수 구하기

따라서 부등식을 만족시키는 정수 k의 값은 $-3,\,-2,\,-1,\,\cdots,\,5$이므로
모든 정수 k의 개수는 9 ← $5-(-3)+1=9$

내신연계 출제문항 599

모든 실수 x에 대하여 부등식 $x^2-2kx+2k+8 \geq 0$이 성립하도록 하는
정수 k의 개수는?

① 7 ② 9 ③ 11
④ 13 ⑤ 15

STEP A 주어진 이차부등식이 성립할 조건 구하기

모든 실수 x에 대하여 부등식 $x^2-2kx+2k+8 \geq 0$이 성립해야 하므로
이차방정식 $x^2-2kx+2k+8=0$이 중근 또는 서로 다른 두 허근을 갖는다.

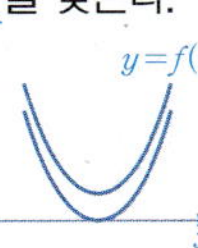

STEP B 이차방정식의 판별식을 이용하여 모든 실수 x에 대하여 이차부등
식이 성립하도록 하는 정수 k의 개수 구하기

이차방정식 $x^2-2kx+2k+8=0$의 판별식을 D라 하면
$D \leq 0$이어야 한다.

$$\frac{D}{4}=(-k)^2-1\times(2k+8) \leq 0$$
$$k^2-2k-8 \leq 0,\; (k-4)(k+2) \leq 0 \quad \therefore -2 \leq k \leq 4$$
따라서 정수 k는 $-2,\,-1,\,0,\,1,\,2,\,3,\,4$이므로 그 개수는 7 정답 ①

1279

정답 ③

STEP A 이차함수와 이차부등식의 관계를 이용하기

임의의 실수 x에 대하여
이차부등식 $mx^2-2(m-2)x+1 > 0$이
항상 성립하므로
이차함수 $y=mx^2-2(m-2)x+1$의
그래프는 오른쪽 그림과 같이 x축과
만나지 않아야 한다.

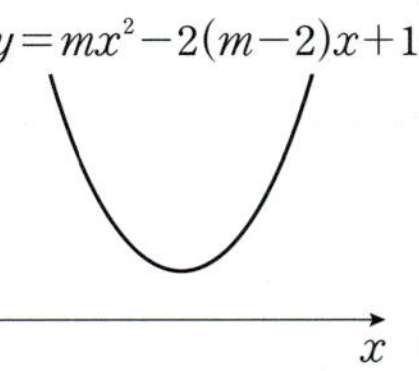

STEP B 이차방정식의 판별식을 이용하여 실수 m의 값의 범위 구하기

주어진 이차부등식이 임의의 실수 x에 대하여 성립하려면
$m > 0 \qquad \cdots\cdots$ ㉠
이차방정식 $mx^2-2(m-2)x+1=0$의 판별식을 D라 하면 $D < 0$이어야 한다.
$$\frac{D}{4}=\{-(m-2)\}^2-m < 0,\; m^2-5m+4 < 0,\; (m-1)(m-4) < 0$$
$$\therefore 1 < m < 4 \qquad \cdots\cdots ㉡$$
따라서 ㉠, ㉡의 공통범위는 $1 < m < 4$

1280

정답 ②

STEP A 이차함수와 이차부등식의 관계를 이용하기

모든 실수 x에 대하여
이차부등식 $ax^2-2x+a-2 \leq 0$이 항상
성립하여야 하므로
함수 $f(x)=ax^2-2x+a-2$의 그래프는
오른쪽 그림과 같이 x축보다 아래에 있거
나 접해야 한다.

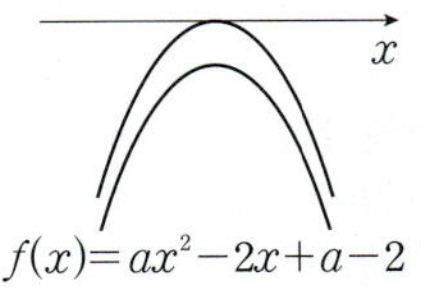

STEP B 이차방정식의 판별식을 이용하여 a의 범위 구하기

주어진 이차부등식이 모든 실수 x에 대하여 성립하려면
$a < 0 \qquad \cdots\cdots$ ㉠
또, 이차방정식 $ax^2-2x+a-2=0$의 판별식을 D라 하면 $D \leq 0$이어야 한다.
$$\frac{D}{4}=(-1)^2-a(a-2) \leq 0$$
$a^2-2a-1 \geq 0$ ← 근의 공식에 의하여 $a=1\pm\sqrt{(-1)^2-1\times(-1)}=1\pm\sqrt{2}$
$$\therefore a \leq 1-\sqrt{2} \;\text{ 또는 }\; a \geq 1+\sqrt{2} \qquad \cdots\cdots ㉡$$
따라서 ㉠과 ㉡의 공통범위는 $a \leq 1-\sqrt{2}$

1281

정답 4

STEP A 이차함수와 이차부등식의 관계를 이용하기

모든 실수 x에 대하여
이차부등식 $(a+1)x^2-2(a+1)x+4 \geq 0$
이 항상 성립하여야 하므로
이차함수 $y=(a+1)x^2-2(a+1)x+4$의
그래프는 오른쪽 그림과 같이
x축보다 위에 있거나 접해야 한다.

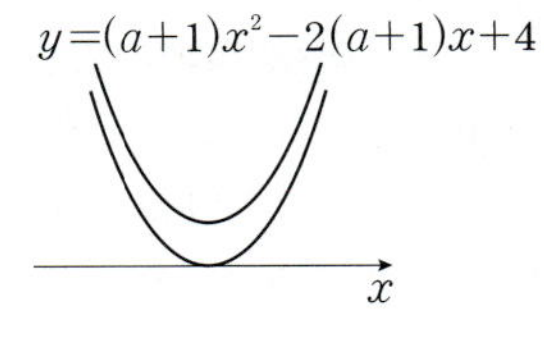

STEP B 이차방정식의 판별식을 이용하여 a의 범위 구하기

주어진 이차부등식이 모든 실수 x에 대하여 성립하려면
$a+1 > 0 \quad \therefore a > -1 \qquad \cdots\cdots$ ㉠
또한, 이차방정식 $(a+1)x^2-2(a+1)x+4=0$의 판별식을 D라 하면
$D \leq 0$이어야 한다.
$$\frac{D}{4}=\{-(a+1)\}^2-4(a+1) \leq 0,\; a^2-2a-3 \leq 0,\; (a+1)(a-3) \leq 0$$
$$\therefore -1 \leq a \leq 3 \qquad \cdots\cdots ㉡$$
㉠, ㉡의 공통범위는 $-1 < a \leq 3$
따라서 정수 a는 $0,\,1,\,2,\,3$이므로 그 개수는 4

모든 실수 x에 대하여 이차부등식 $(a-2)x^2+2(a-2)x+3 \geq 0$이 성립하도록 하는 정수 a의 개수는?

① 5 ② 4 ③ 3
④ 2 ⑤ 1

STEP A 이차함수와 이차부등식의 관계를 이용하기

모든 실수 x에 대하여
이차부등식 $(a-2)x^2+2(a-2)x+3 \geq 0$
이 항상 성립하여야 하므로
이차함수 $y=(a-2)x^2+2(a-2)x+3$의
그래프는 오른쪽 그림과 같이
x축보다 위에 있거나 접해야 한다.

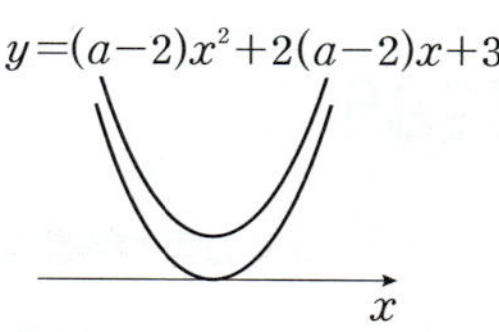

STEP B 이차방정식의 판별식을 이용하여 a의 범위 구하기

주어진 이차부등식이 모든 실수 x에 대하여 성립하려면
$a-2>0$ $\therefore a>2$ ······ ㉠
또한, 이차방정식 $(a-2)x^2+2(a-2)x+3=0$의 판별식을 D라 하면
$D \leq 0$이어야 한다.
$$\frac{D}{4}=(a-2)^2-3(a-2) \leq 0$$
$$a^2-7a+10 \leq 0, (a-2)(a-5) \leq 0$$
$$\therefore 2 \leq a \leq 5 \quad \cdots\cdots ㉡$$
㉠, ㉡의 공통범위는 $2 < a \leq 5$
따라서 정수 a는 3, 4, 5이므로 그 개수는 3

정답 ③

1282

2018년 03월 고2 학력평가 가형 21번 정답 ⑤

STEP A 조건 (가)를 이용하여 이차함수 $f(x)$의 식 세우기

조건 (가)에서 부등식 $f\left(\dfrac{1-x}{4}\right) \leq 0$의 해가 $-7 \leq x \leq 9$이므로
$\dfrac{1-x}{4}=t$라 하면 $x=1-4t$이고 ← $4t=1-x, 4t-1=-x, x=1-4t$
$-7 \leq 1-4t \leq 9, -8 \leq -4t \leq 8$ ← $-7 \leq x \leq 9$에 x대신 $1-4t$를 대입한다.
$\therefore -2 \leq t \leq 2$
즉 부등식 $f(t) \leq 0$의 해가 $-2 \leq t \leq 2$이므로
이차함수 $f(t)$의 식을 $f(t)=k(t-2)(t+2)(k>0)$라 할 수 있다.
$k<0$이면 부등식 $f(t) \leq 0$의 해가 $t \leq -2$ 또는 $t \geq 2$가 된다.
$\therefore f(x)=k(x-2)(x+2)=k(x^2-4)$ ······ ㉠

+α $f(x)=k(x-a)(x-b)$라 두고 $f(x)$를 구할 수도 있어!

0이 아닌 실수 k와 두 상수 a, $b(a>b)$에 대하여 $f(x)=k(x-a)(x-b)$라 하자.
조건 (가)의 $f\left(\dfrac{1-x}{4}\right) \leq 0$에서
$k\left(\dfrac{1-x}{4}-a\right)\left(\dfrac{1-x}{4}-b\right) \leq 0$ ← $f(x)=k(x-a)(x-b)$의 양변에 x 대신 $\dfrac{1-x}{4}$ 대입
$k\left(\dfrac{1-4a-x}{4}\right)\left(\dfrac{1-4b-x}{4}\right) \leq 0$
$\therefore k(x+4a-1)(x+4b-1) \leq 0$
이때 부등식 $k(x+4a-1)(x+4b-1) \leq 0$의 해가 $-7 \leq x \leq 9$이므로
$k>0$ ← $k<0$이면 부등식과 주어진 해의 부등호 방향이 일치하지 않는다.
$-4a+1=-7, -4b+1=9$라 하면 $a=2$, $b=-2$
$\therefore f(x)=k(x-2)(x+2)=k(x^2-4)$ ······ ㉠

STEP B 조건 (나)와 이차방정식의 판별식을 이용하여 k의 값의 범위 구하기

조건 (나)에서 부등식 $f(x) \geq 2x-\dfrac{13}{3}$에 ㉠을 대입하면
$$k(x^2-4)-2x+\dfrac{13}{3} \geq 0 \quad \therefore kx^2-2x-4k+\dfrac{13}{3} \geq 0$$

이때 이차함수 $y=kx^2-2x-4k+\dfrac{13}{3}$의 그래프는 아래로 볼록하므로
모든 실수 x에 대하여 $y \geq 0$이 되려면
이차함수의 그래프가 x축에 접하거나
만나지 않아야 한다.

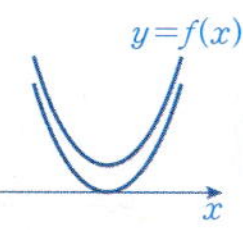

즉 이차방정식 $kx^2-2x-4k+\dfrac{13}{3}=0$의 판별식을 D라 하면
$D \leq 0$이어야 하므로
$\dfrac{D}{4}=1-k\left(-4k+\dfrac{13}{3}\right) \leq 0, 4k^2-\dfrac{13}{3}k+1 \leq 0$
$12k^2-13k+3 \leq 0$ ← 양변에 3을 곱한다.
$(4k-3)(3k-1) \leq 0$
$\therefore \dfrac{1}{3} \leq k \leq \dfrac{3}{4}$ ······ ㉡

STEP C $f(3)$의 최댓값과 최솟값의 차 구하기

㉠에서 $f(3)=k(3^2-4)=5k$이므로
㉡의 각 변에 5를 곱하면 $\dfrac{5}{3} \leq 5k \leq \dfrac{15}{4}$에서 $\dfrac{5}{3} \leq f(3) \leq \dfrac{15}{4}$
따라서 $M=\dfrac{15}{4}$, $m=\dfrac{5}{3}$이므로 $M-m=\dfrac{15}{4}-\dfrac{5}{3}=\dfrac{25}{12}$

다음 조건을 만족시키는 이차함수 $f(x)$에 대하여 $f(4)$의 최댓값을 M, 최솟값을 m이라 할 때, $M-m$의 값은?

(가) 부등식 $f\left(\dfrac{1-x}{3}\right) \leq 0$의 해가 $-5 \leq x \leq 7$이다.
(나) 모든 실수 x에 대하여 부등식 $f(x) \geq 2x-5$이 성립한다.

① 7 ② 8 ③ 9
④ 10 ⑤ 11

STEP A 조건 (가)를 이용하여 함수 $f(x)$의 식 세우기

조건 (가)에서 $\dfrac{1-x}{3}=t$라 하면 $x=1-3t$이고
$1-x=3t \quad \therefore x=1-3t$

부등식 $f\left(\dfrac{1-x}{3}\right) \leq 0$의 해가 $-5 \leq x \leq 7$이므로
$-5 \leq 1-3t \leq 7, -6 \leq -3t \leq 6$ ← x대신 $1-3t$를 대입
$\therefore -2 \leq t \leq 2$
이때 부등식 $f(t) \leq 0$의 해가 $-2 \leq t \leq 2$이므로 ← 아래로 볼록한 그래프
$f(t)=k(t-2)(t+2)(k>0)$로 놓을 수 있다.
$f(x)=k(x-2)(x+2)=k(x^2-4)$ ······ ㉠

STEP B 조건 (나)를 이용하여 k의 범위 구하기

조건 (나)에서 부등식 $f(x) \geq 2x-5$에 ㉠을 대입하면
$k(x^2-4)-2x+5 \geq 0 \quad \therefore kx^2-2x-4k+5 \geq 0$
위 부등식이 모든 실수 x에 대하여 성립해야 하므로
이차방정식 $kx^2-2x-4k+5=0$의 판별식을 D라 하면 $D \leq 0$이어야 한다.
$\dfrac{D}{4}=1-k(-4k+5) \leq 0, 4k^2-5k+1 \leq 0, (4k-1)(k-1) \leq 0$
$\therefore \dfrac{1}{4} \leq k \leq 1$ ······ ㉡

+α $D \leq 0$인 이유!

$k>0$이므로 $kx^2-2x-4k+5 \geq 0$의 절대부등식이 성립하려면
이차함수 $y=kx^2-2x-4k+5$의 그래프가 x축과 접하거나 만나지 않아야 한다.

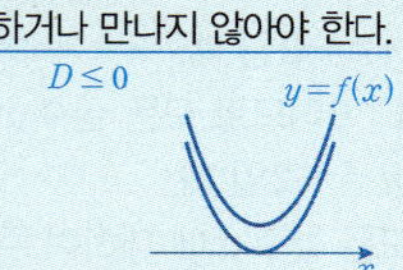

STEP C $M-m$**의 값 구하기**

㉠에서 $f(4)=k(4^2-4)=12k$이므로

㉡의 각항의 양변에 12를 곱하면 $3\le 12k\le 12$에서 $3\le f(4)\le 12$

따라서 $M=12$, $m=3$이므로 $M-m=12-3=9$

다른풀이 이차함수 $f(x)$의 식을 먼저 세우고 풀이하기

STEP A **이차함수** $f(x)$**의 식 세우기**

0이 아닌 실수 k와 두 상수 a, b에 대하여

$f(x)=k(x-a)(x-b)$로 놓을 수 있다.

조건 (가)에서 $f\left(\dfrac{1-x}{3}\right)\le 0$을 정리하면

$k\left(\dfrac{1-x}{3}-a\right)\left(\dfrac{1-x}{3}-b\right)\le 0$

$k\left(\dfrac{1-3a-x}{3}\right)\left(\dfrac{1-3b-x}{3}\right)\le 0$

이때 부등식 $k(x+3a-1)(x+3b-1)\le 0$의 해가

$-5\le x\le 7$이므로 $k>0$

$-3a+1=-5$, $-3b+1=7$이라 하면 $a=2$, $b=-2$

 $-3a+1=7$, $-3b+1=-5$로 놓아도 성립한다. 이때 $a=-2$, $b=2$

$\therefore f(x)=k(x-2)(x+2)=k(x^2-4)$　　……㉠

STEP B **조건 (나)를 이용하여** k**의 범위 구하기**

조건 (나)에서 부등식 $f(x)\ge 2x-5$이 항상 성립하므로

이차부등식 $kx^2-2x-4k+5\ge 0$의 해는 모든 실수이다.

이차방정식 $kx^2-2x-4k+5=0$의 판별식을 D라 하면 $D\le 0$이어야 한다.

$\dfrac{D}{4}=1-k(-4k+5)\le 0$, $4k^2-5k+1\le 0$, $(4k-1)(k-1)\le 0$

$\therefore \dfrac{1}{4}\le k\le 1$　　……㉡

㉠에서 $f(4)=k(4^2-4)=12k$이므로

㉡의 각항의 양변에 12를 곱하면 $3\le 12k\le 12$에서 $3\le f(4)\le 12$

따라서 $M=12$, $m=3$이므로 $M-m=12-3=9$　　정답 ③

1283

정답 ③

STEP A a**의 값의 범위를 나누어 상수** a**의 범위 구하기**

(i) $a=0$일 때,  이차부등식이라는 표현이 없으므로 이차항 계수 a가 0일 수도 있다.

$9\ge 0$이므로 모든 실수 x에 대하여 부등식이 항상 성립한다.

(ii) $a\ne 0$일 때,

주어진 부등식의 해가 모든 실수가 되려면

$a>0$　　……㉠

또한, 이차방정식 $ax^2+2ax+9=0$의 판별식을 D라 하면

$D\le 0$이어야 한다.

$\dfrac{D}{4}=a^2-9a\le 0$, $a(a-9)\le 0$

$\therefore 0\le a\le 9$　　……㉡

㉠, ㉡의 공통 범위는 $0<a\le 9$

(i), (ii)에 의하여 $0\le a\le 9$

1284

정답 ②

STEP A m**의 값의 범위를 나누어 정수** m**의 값 구하기**

(i) $m=-2$일 때,  이차부등식이라는 표현이 없으므로 이차항 계수 $m+2$가 0일 수도 있다.

$4>0$이므로 모든 실수 x에 대하여 부등식은 항상 성립한다.

(ii) $m\ne -2$일 때,

모든 실수 x에 대하여 주어진 부등식이 성립하려면

$m+2>0$, 즉 $m>-2$　　……㉠

또한, 이차방정식 $(m+2)x^2-2(m+2)x+4=0$의 판별식을 D라 하면

$D<0$이어야 한다.

$\dfrac{D}{4}=(m+2)^2-4(m+2)<0$, $m^2-4<0$, $(m+2)(m-2)<0$

$\therefore -2<m<2$　　……㉡

㉠, ㉡의 공통부분은 $-2<m<2$

(i), (ii)에서 $-2\le m<2$

따라서 정수 m은 -2, -1, 0, 1이므로 그 개수는 4

1285

정답 ②

STEP A a**의 값의 범위를 나누어 실수** a**의 값의 범위 구하기**

(i) $a=1$일 때,  이차부등식이라는 표현이 없으므로 이차항 계수 $1-a$가 0일 수도 있다.

$-3<0$이므로 주어진 부등식은 항상 성립한다.

(ii) $a\ne 1$일 때,

모든 실수 x에 대하여 주어진 부등식이 성립하려면

이차함수 $y=(1-a)x^2+2(1-a)x-3$의 그래프가 오른쪽 그림과 같아야 한다.

즉 그래프가 위로 볼록하므로

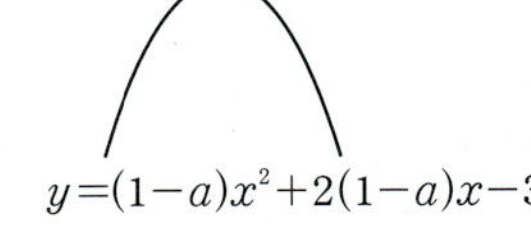

$1-a<0$　　$\therefore a>1$　　……㉠

이차방정식 $(1-a)x^2+2(1-a)x-3=0$의 판별식을 D라 하면

$D<0$이어야 한다.

$\dfrac{D}{4}=(1-a)^2+3(1-a)<0$, $a^2-5a+4<0$, $(a-1)(a-4)<0$

$\therefore 1<a<4$　　……㉡

㉠, ㉡의 공통 범위는 $1<a<4$

(i), (ii)에서 구하는 실수 a의 값의 범위는 $1\le a<4$

1286

정답 ③

STEP A $\sqrt{(k+1)x^2-(k+1)x+4}$**가 실수가 되기 위한 조건 구하기**

모든 실수 x에 대하여 $\sqrt{(k+1)x^2-(k+1)x+4}$가 실수가 되려면

부등식 $(k+1)x^2-(k+1)x+4\ge 0$이 모든 실수 x에 대하여 성립해야 한다.

STEP B k**의 값의 범위를 나누어 정수** k**의 개수 구하기**

(i) $k=-1$일 때,  이차부등식이라는 표현이 없으므로 이차항 계수 $k+1$이 0일 수도 있다.

$4\ge 0$이므로 모든 실수 x에 대하여 부등식이 항상 성립한다.

(ii) $k\ne -1$일 때,

주어진 부등식이 모든 실수 x에 대하여 성립하려면 모든 실수 x에 대하여 주어진 부등식이 성립하려면

$y=(k+1)x^2-(k+1)x+4$의 그래프가 오른쪽 그림과 같아야 한다.

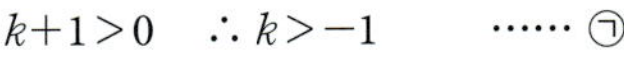

$k+1>0$　　$\therefore k>-1$　　……㉠

또, 이차방정식 $(k+1)x^2-(k+1)x+4=0$의 판별식을 D라 하면

$D\le 0$이어야 한다.

$D=\{-(k+1)\}^2-16(k+1)\le 0$

$k^2-14k-15\le 0$, $(k+1)(k-15)\le 0$

$\therefore -1\le k\le 15$　　……㉡

㉠, ㉡의 공통범위는 $-1<k\le 15$

(i), (ii)에서 $-1\le k\le 15$

따라서 정수 k는 -1, 0, 1, $\cdots$, 15이므로 개수는 17

모든 실수 x에 대하여 $\sqrt{(k-1)x^2-2(k-1)x+1}$ 이 실수가 되도록 하는 모든 정수 k의 값의 합은?

① 2   ② 3   ③ 4
④ 5   ⑤ 6

STEP A $\sqrt{(k-1)x^2-2(k-1)x+1}$ **이 실수가 되기 위한 조건 구하기**

모든 실수 x에 대하여 $\sqrt{(k-1)x^2-2(k-1)x+1}$ 의 값이 실수가 되려면
부등식 $(k-1)x^2-2(k-1)x+1\geq0$이 모든 실수 x에 대하여 성립해야 한다.

STEP B k**의 값의 범위를 나누어 정수** k**의 합 구하기**

(i) $k=1$일 때,    이차부등식이라는 표현이 없으므로 이차항 계수 $k-1$이 0일 수도 있다.
    $1\geq0$이므로 모든 실수 x에 대하여 주어진 부등식이 성립한다.

(ii) $k\neq1$일 때,
    모든 실수 x에 대하여 주어진 부등식이
    성립하려면 $y=(k-1)x^2-2(k-1)x+1$
    의 그래프가 오른쪽 그림과 같아야 한다.
    즉 그래프가 아래로 볼록하므로
    $k-1>0$, 즉 $k>1$ …… ㉠

    이차방정식 $(k-1)x^2-2(k-1)x+1=0$의 판별식을 D라 하면
    $D\leq0$이어야 한다.
$$\frac{D}{4}=(k-1)^2-(k-1)\leq0$$
    $k^2-3k+2\leq0$, $(k-1)(k-2)\leq0$
    $\therefore 1\leq k\leq2$ …… ㉡
    ㉠, ㉡의 공통범위는 $1<k\leq2$

(i), (ii)에서 $1\leq k\leq2$
따라서 정수 k는 1, 2이므로 합은 $1+2=3$ 정답 ②

1287   정답 ⑤

STEP A $\sqrt{kx^2-kx-2}$**가 순허수가 되기 위한 조건 구하기**

모든 실수 x에 대하여 $\sqrt{kx^2-kx-2}$가 순허수가 되려면
    순허수가 되려면 $\sqrt{}$ 안의 값이 항상 음수이어야 한다.
부등식 $kx^2-kx-2<0$이 모든 실수 x에 대하여 성립해야 한다.

STEP B k**의 값의 범위를 나누어 정수** k**의 개수 구하기**

(i) $k=0$일 때,   이차부등식이라는 표현이 없으므로 이차항 계수 k가 0일 수도 있다.
    $-2<0$이므로 모든 실수 x에 대하여 주어진 부등식이 성립한다.

(ii) $k\neq0$일 때,
    모든 실수 x에 대하여 주어진 부등식이
    성립하려면 $y=kx^2-2kx-2$의 그래프가
    오른쪽 그림과 같아야 한다.
    즉 그래프가 위로 볼록하므로
    $k<0$ …… ㉠
    이차방정식 $kx^2-kx-2=0$의 판별식을 D라 하면 $D<0$이어야 한다.
    $D=(-k)^2-4\times k\times(-2)<0$, $k(k+8)<0$
    $\therefore -8<k<0$ …… ㉡
    ㉠, ㉡의 공통범위는 $-8<k<0$

(i), (ii)에 의해 $-8<k\leq0$
따라서 정수 k는 -7, -6, -5, -4, -3, -2, -1, 0이므로 개수는 8

1288   정답 10

STEP A   **주어진 부등식을 간단히 하기**

$m^3-1=(m-1)(m^2+m+1)$이므로
주어진 부등식 $(m^3-1)x^2+2(m^3-1)x+4(m^2+m+1)>0$에서
$(m-1)(m^2+m+1)x^2+2(m-1)(m^2+m+1)x+4(m^2+m+1)>0$
이때 m에 대한 이차방정식 $m^2+m+1=0$의 판별식을 D라 하면
$D=1^2-4\times1\times1=-3<0$이므로
임의의 m에 대하여 $\underline{m^2+m+1>0}$ 을 만족한다.

부등식의 양변을 m^2+m+1로 나누면
$(m-1)x^2+2(m-1)x+4>0$이다.

STEP B m**의 값을 구간으로 나누어** m**의 값의 범위 구하기**

(i) $m=1$일 때,
    $4>0$이므로 모든 실수 x에 대하여 부등식이 성립한다.

(ii) $m\neq1$일 때,
    모든 실수 x에 대하여 주어진 부등식이
    성립하려면
    이차함수 $y=(m-1)x^2+2(m-1)x+4$
    의 그래프가 오른쪽 그림과 같아야 한다.
    즉 그래프가 아래로 볼록하므로
    $m-1>0$ $\therefore m>1$ …… ㉠
    또, 이차방정식 $(m-1)x^2+2(m-1)x+4=0$의 판별식을 D'라 하면
$$\frac{D'}{4}=(m-1)^2-4(m-1)<0, \quad (m-1)(m-5)<0$$이어야 하므로
    $1<m<5$ …… ㉡
    ㉠, ㉡의 공통범위는 $1<m<5$

(i), (ii)에 의해 $1\leq m<5$
따라서 정수 m은 1, 2, 3, 4이므로 합은 $1+2+3+4=10$

부등식 $(m^3+8)x^2-2(m^3+8)x+4(m^2-2m+4)>0$이 모든 실수 x에 대하여 성립하도록 하는 모든 정수 m의 합을 구하시오.

STEP A   **주어진 부등식을 간단히 하기**

$m^3+8=(m+2)(m^2-2m+4)$이므로
주어진 부등식 $(m^3+8)x^2-2(m^3+8)x+4(m^2-2m+4)>0$에서
$(m+2)(m^2-2m+4)x^2-2(m+2)(m^2-2m+4)x+4(m^2-2m+4)>0$
이때 m에 대한 이차방정식 $m^2-2m+4=0$의 판별식을 D라 하면
$$\frac{D}{4}=1^2-1\times4=-3<0$$이므로
임의의 m에 대하여 $\underline{m^2-2m+4>0}$ 을 만족한다.

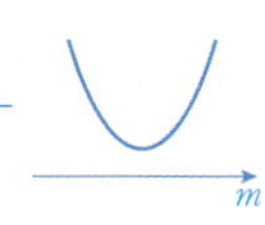

부등식의 양변을 m^2-2m+4로 나누면
$(m+2)x^2-2(m+2)x+4>0$이다.

STEP B m**의 값을 구간으로 나누어** m**의 값의 범위 구하기**

(i) $m=-2$일 때,
    $4>0$이므로 모든 실수 x에 대하여 부등식이 성립한다.

(ii) $m\neq-2$일 때,
    모든 실수 x에 대하여 주어진 부등식이
    성립하려면
    이차함수 $y=(m+2)x^2-2(m+2)x+4$
    의 그래프가 오른쪽 그림과 같아야 한다.
    즉 그래프가 아래로 볼록하므로
    $m+2>0$ $\therefore m>-2$ …… ㉠
    또, 이차방정식 $(m+2)x^2-2(m+2)x+4=0$의 판별식을 D'라 하면
$$\frac{D'}{4}=(m+2)^2-4(m+2)<0, \quad (m+2)(m-2)<0$$이어야 하므로

$-2<m<2$ 　　　　　…… ㉡
　㉠, ㉡의 공통범위는 $-2<m<2$
(i), (ii)에 의해 $-2\le m<2$
따라서 정수 m는 $-2, -1, 0, 1$이므로 합은 $-2+(-1)+0+1=-2$

 -2

1289

 이차부등식 중 해가 존재하지 않는 것 구하기

① $x^2+3x-4<0$, $(x+4)(x-1)<0$
　∴ $-4<x<1$
② $x^2+6x+9>0$, $(x+3)^2>0$
　∴ $x\ne -3$인 모든 실수
③ $-x^2+2x-3<0$에서 $x^2-2x+3>0$
　이차방정식 $x^2-2x+3=0$의 판별식을 D라 할 때,
　$\dfrac{D}{4}=1-3=-2<0$이므로 해는 모든 실수이다.
④ $x^2+2x+1\le 0$, $(x+1)^2\le 0$　∴ $x=-1$
⑤ $x^2-x+1\le 0$에서 이차방정식 $x^2-x+1=0$의 판별식 D라 할 때,
　$D=1-4=-3<0$이므로 해는 없다.
따라서 해가 없는 것은 ⑤이다.

1290

 이차방정식의 판별식을 이용하여 a의 값의 범위 구하기

이차부등식 $f(x)=x^2-2ax+9a<0$을 만족시키는 해가 없으므로
모든 실수 x에 대하여 $x^2-2ax+9a\ge 0$이 성립한다.
즉 이차방정식 $x^2-2ax+9a=0$의 판별식을 D라 하면
$D\le 0$이어야 하므로
$\dfrac{D}{4}=(-a)^2-9a\le 0$, $a^2-9a\le 0$, $a(a-9)\le 0$
∴ $0\le a\le 9$

 부등식을 만족시키는 모든 정수 a의 개수 구하기

따라서 부등식을 만족시키는 정수 a는 $0, 1, 2, \cdots, 8, 9$이므로 개수는 10

---

mini해설 | 이차함수의 최솟값을 이용하여 풀이하기

이차부등식 $f(x)=x^2-2ax+9a<0$을 만족시키는 해가 없으므로
모든 실수 x에 대하여 $x^2-2ax+9a\ge 0$이 성립한다.
즉 이차함수 $y=x^2-2ax+9a$의 최솟값이 0 이상이어야 하므로
$y=x^2-2ax+9a$
　$=x^2-2ax+a^2-a^2+9a$
　$=(x-a)^2-a^2+9a$
에서 $-a^2+9a\ge 0$, $a(a-9)\le 0$
∴ $0\le a\le 9$
따라서 조건을 만족시키는 정수 a의 개수는 $0, 1, 2, \cdots, 8, 9$의 10개이다.

1291

 주어진 이차부등식의 해가 존재하지 않을 조건 파악하기

부등식 $-x^2+2(k-2)x+3(k-2)>0$에서
$x^2-2(k-2)x-3(k-2)<0$
이 부등식의 해가 존재하지 않으려면 모든 실수 x에 대하여 부등식
$x^2-2(k-2)x-3(k-2)\ge 0$이 성립해야 한다.

 이차방정식의 판별식을 이용하여 정수 k의 개수 구하기

이차방정식 $x^2-2(k-2)x-3(k-2)=0$의 판별식을 D라 하면
$D\le 0$이어야 하므로
$\dfrac{D}{4}=(-k+2)^2+3(k-2)\le 0$, $k^2-k-2\le 0$, $(k+1)(k-2)\le 0$
∴ $-1\le k\le 2$
따라서 조건을 만족시키는 정수 k는 $-1, 0, 1, 2$이므로 개수는 4

---

mini해설 | 이차함수의 최댓값을 이용하여 풀이하기

이차부등식 $f(x)=-x^2+2(k-2)x+3(k-2)>0$을 만족시키는 해가 없으므로
모든 실수 x에 대하여 $f(x)=-x^2+2(k-2)x+3(k-2)\le 0$이 성립한다.
즉, 이차함수 $y=-x^2+2(k-2)x+3(k-2)$의 최댓값이 0 이하이어야 하므로
$y=-x^2+2(k-2)x+3(k-2)$
　$=-x^2+2(k-2)x-(k-2)^2+k^2-k-2$
　$=-(x-k+2)^2+k^2-k-2$
에서 $k^2-k-2\le 0$, $(k+1)(k-2)\le 0$
∴ $-1\le k\le 2$
따라서 조건을 만족시키는 정수 k는 $-1, 0, 1, 2$이므로 개수는 4

1292

 부등식이 해를 갖지 않는다는 의미 파악하기

부등식 $(k+2)x^2-2kx-4x+3<0$에서
$(k+2)x^2-2(k+2)x+3<0$
이 부등식의 해가 없으므로 모든 실수 x에 대하여 부등식
$(k+2)x^2-2(k+2)x+3\ge 0$　　…… ㉠
이 성립한다.

 k의 값의 범위를 나누어 정수 k의 범위 구하기

(i) $k=-2$일 때,
　　㉠에서 $k=-2$를 대입하면 $3\ge 0$이므로
　　모든 실수 x에 대하여 성립한다.
(ii) $k\ne -2$일 때,
　　㉠이 항상 성립하려면
　　$k+2>0$, 즉 $k>-2$　　…… ㉡
　　이차방정식 $(k+2)x^2-2(k+2)x+3=0$의 판별식을 D라 할 때,
　　$D\le 0$이어야 하므로
　　$\dfrac{D}{4}=\{-(k+2)\}^2-(k+2)\times 3\le 0$
　　$k^2+k-2\le 0$, $(k+2)(k-1)\le 0$
　　$-2\le k\le 1$　　…… ㉢
　　㉡, ㉢에 의하여 $-2<k\le 1$
(i), (ii)에서 구하는 k의 값의 범위는 $-2\le k\le 1$
따라서 k의 최댓값 1, 최솟값 -2이므로 합은 $1+(-2)=-1$

x에 대한 부등식 $kx^2-4x+(k-3)\leq0$이 모든 실수 x에 대하여 항상 성립하지 않을 때, 실수 k의 값의 범위는?

① $k>4$
② $k<-1$
③ $k<-1$ 또는 $k>4$
④ $k<-4$ 또는 $k>1$
⑤ $0<k<4$

STEP Ⓐ 부등식이 해를 갖지 않는다는 의미 파악하기

부등식 $kx^2-4x+(k-3)\leq0$이 해를 가지지 않으려면
모든 실수 x에 대하여 $kx^2-4x+(k-3)>0$이어야 한다.

STEP Ⓑ 이차방정식의 이차항의 계수가 양수이고 판별식 $D<0$인 경우 구하기

(ⅰ) $k=0$일 때,
　　$-4x-3>0$은 모든 실수 x에 대하여 성립하는 것은 아니다.

(ⅱ) $k\neq0$일 때,
　　이차함수 $y=kx^2-4x+(k-3)$의
　　그래프가 아래로 볼록이어야 하므로
　　$k>0$ 　　　　……　㉠
　　이차방정식 $kx^2-4x+(k-3)=0$의
　　판별식을 D라 하면 $D<0$이어야 한다.

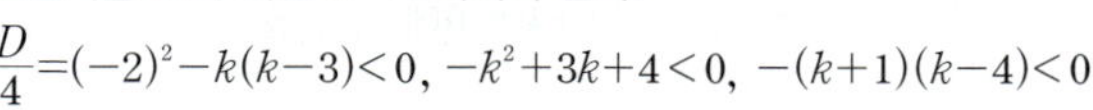

$\dfrac{D}{4}=(-2)^2-k(k-3)<0,\ -k^2+3k+4<0,\ -(k+1)(k-4)<0$

즉 $(k+1)(k-4)>0$

$\therefore\ k<-1$ 또는 $k>4$ 　　……　㉡

㉠, ㉡에서 구하는 k의 값의 범위는 $k>4$

(ⅰ), (ⅱ)에 의하여 실수 k의 값의 범위는 $k>4$　　　정답 ①

1293　　　정답 ②

STEP Ⓐ 부등식이 해를 갖지 않는다는 의미를 파악하기

이차부등식 $(k-1)x^2-2(k-1)x-2>0$이 해를 가지지 않으려면
모든 실수 x에 대하여 $(k-1)x^2-2(k-1)x-2\leq0$이어야 한다.

STEP Ⓑ 이차방정식의 이차항의 계수가 음수이고 판별식 $D\leq0$인 경우 구하기

이차함수 $y=(k-1)x^2-2(k-1)x-2$의
그래프가 위로 볼록이어야 하므로
$k-1<0$ 　$\therefore\ k<1$ 　　……　㉠
이차방정식 $(k-1)x^2-2(k-1)x-2=0$의
판별식을 D라 하면 $D\leq0$이어야 한다.

$\dfrac{D}{4}=(k-1)^2+2(k-1)\leq0,\ k^2-1\leq0,\ (k-1)(k+1)\leq0$

$\therefore\ -1\leq k\leq1$ 　　……　㉡

㉠, ㉡에서 구하는 k의 값의 범위는 $-1\leq k<1$
따라서 정수 k는 -1, 0이므로 개수는 2

---

x에 대한 이차부등식 $(k-2)x^2-2(k-2)x-2>0$이 해를 가지지 않도록 하는 정수 k의 개수는?

①1　　　②2　　　③3
④4　　　⑤5

STEP Ⓐ 부등식이 해를 갖지 않는다는 의미를 파악하기

이차부등식 $(k-2)x^2-2(k-2)x-2>0$이 해를 가지지 않으려면
모든 실수 x에 대하여 $(k-2)x^2-2(k-2)x-2\leq0$이어야 한다.

STEP Ⓑ 이차방정식의 이차항의 계수가 음수이고 판별식 $D\leq0$인 경우 구하기

이차함수 $y=(k-2)x^2-2(k-2)x-2$의
그래프가 위로 볼록이어야 하므로
$k-2<0$ 　$\therefore\ k<2$ 　　……　㉠
이차방정식 $(k-2)x^2-2(k-2)x-2=0$의
판별식을 D라 하면 $D\leq0$이어야 한다.

$\dfrac{D}{4}=(k-2)^2+2(k-2)\leq0$

$k^2-2k\leq0,\ k(k-2)\leq0$

$\therefore\ 0\leq k\leq2$ 　　……　㉡

㉠, ㉡에서 구하는 k의 값의 범위는 $0\leq k<2$
따라서 정수 k는 0, 1이므로 개수는 2　　　정답 ②

1294　　　정답 2

STEP Ⓐ 조건 (가)의 부등식을 이용하여 k의 범위 구하기

이차부등식 $x^2-2kx+4>0$이 모든 실수 x에 대하여 성립하려면
이차함수 $y=x^2-2kx+4$의 그래프가 x축과 만나지 않아야 한다.
방정식 $x^2-2kx+4=0$의 판별식을 D_1라 하면 $D_1<0$이어야 한다.

$\dfrac{D_1}{4}=k^2-4<0,\ (k-2)(k+2)<0$

$\therefore\ -2<k<2$ 　　……　㉠

STEP Ⓑ 조건 (나)의 부등식을 이용하여 k의 범위 구하기

부등식 $x^2-2kx+4k<0$을 만족하는 실수 x가 존재하지 않으려면
모든 실수 x에 대하여 $x^2-2kx+4k\geq0$이어야 한다.
즉 이차함수 $y=x^2-2kx+4k$의 그래프가 x축과 한 점에서 만나거나
x축과 만나지 않는다.
방정식 $x^2-2kx+4k=0$의 판별식을 D_2라 하면 $D_2\leq0$이어야 한다.

$\dfrac{D_2}{4}=k^2-4k\leq0,\ k(k-4)\leq0$

$\therefore\ 0\leq k\leq4$ 　　……　㉡

STEP Ⓒ 정수 k의 개수 구하기

㉠, ㉡에서 공통범위는 $0\leq k<2$
따라서 정수 k는 0, 1이므로 개수는 2

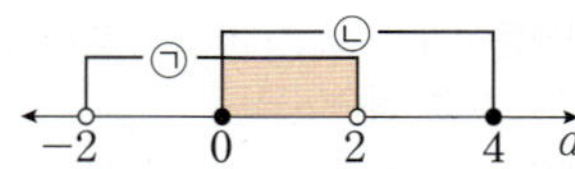

1295　2021년 06월 고1 학력평가 24번　　　정답 22

STEP Ⓐ 이차방정식의 판별식을 이용하여 실수 a의 최솟값 구하기

이차부등식 $x^2+8x+(a-6)<0$이
해를 갖지 않으므로 모든 실수 x에 대하여
$x^2+8x+(a-6)\geq0$이 성립한다.
즉 이차방정식 $x^2+8x+(a-6)=0$의
판별식을 D라 하면 $D\leq0$이어야 하므로

$\dfrac{D}{4}=4^2-(a-6)\leq0,\ -a+22\leq0$

따라서 $a\geq22$이므로 실수 a의 최솟값은 22

> **mini 해설 │ 이차함수의 최솟값을 이용하여 풀이하기**
>
> 이차부등식 $x^2+8x+(a-6)<0$이 해를 갖지 않으므로
> 모든 실수 x에 대하여 $x^2+8x+(a-6)\geq0$이 성립한다.
> 즉 이차함수 $y=x^2+8x+(a-6)$의 최솟값이 0 이상이어야 하므로
> $y=x^2+8x+(a-6)=x^2+8x+16-16+(a-6)$
> 　　　　$=(x+4)^2+a-22$
> 에서 $a-22\geq0$ 　$\therefore\ a\geq22$
> 따라서 실수 a의 최솟값은 22
>
> 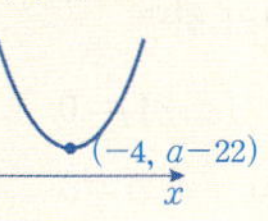
>

x에 대한 이차부등식 $x^2+8x+(a-5)<0$이 해를 갖지 않도록 하는 실수 a의 최솟값을 구하시오.

STEP A 부등식이 해를 갖지 않는다는 의미를 이해하기

이차부등식 $x^2+8x+(a-5)<0$이 해를 갖지 않도록 하기 위해서는 모든 실수 x에 대하여 $x^2+8x+(a-5)\geq 0$이 성립해야 한다.

STEP B 이차방정식의 판별식을 이용하여 실수 a의 최솟값 구하기

이차함수 $y=x^2+8x+(a-5)$이라 하면 그래프가 오른쪽 그림과 같아야 한다.
즉 그래프가 아래로 볼록하므로
이차방정식 $x^2+8x+(a-5)=0$의
판별식을 D라 하면 $D\leq 0$이어야 한다.

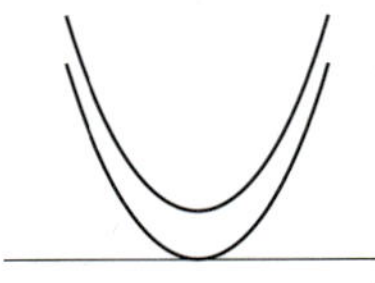

$\dfrac{D}{4}=4^2-(a-5)\leq 0,\ -a+21\leq 0$

따라서 $a\geq 21$이므로 최솟값은 21

mini해설 | 이차함수의 최솟값을 이용하여 풀이하기

이차부등식 $x^2+8x+(a-5)<0$이 해를 갖지 않으므로
모든 실수 x에 대하여 $x^2+8x+(a-5)\geq 0$이 성립한다.
즉 이차함수 $y=x^2+8x+(a-5)$의 최솟값이 0 이상이어야 하므로
$y=x^2+8x+(a-5)$
$\quad =x^2+8x+16-16+(a-5)$
$\quad =(x+4)^2+a-21$
에서 $a-21\geq 0$ $\quad\therefore a\geq 21$
따라서 실수 a의 최솟값은 21

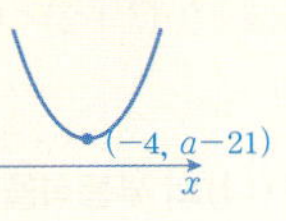

정답 21

1296

정답 3

STEP A 이차부등식의 해가 $x\neq 3$인 모든 실수일 때, 식 작성하기

이차부등식 $x^2-2kx+3k\leq 0$의 해가
$x=3$인 모든 실수이므로
이차함수 $y=x^2-2kx+3k$의 그래프의
개형은 오른쪽 그림과 같아야 한다.
즉 이차함수 $y=x^2-2kx+3k$가 $x=3$에서
접하므로 $y=(x-3)^2$과 같다.
따라서 $x^2-6x+9=x^2-2k+3k$이므로
$k=3$

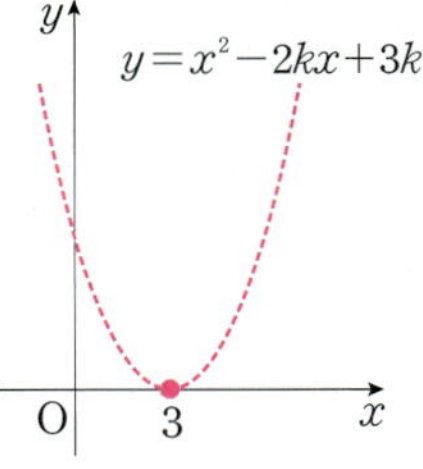

1297

정답 ⑤

STEP A 이차방정식의 판별식을 이용하여 a의 값 구하기

이차부등식 $x^2-4x+a-1\leq 0$의 해가
오직 하나 존재하려면
이차함수 $y=x^2-4x+a-1$의 그래프의
개형은 오른쪽 그림과 같이 x축에 접해야
한다.
즉 이차방정식 $x^2-4x+a-1=0$이 중근을 가져야 하므로
판별식을 D라 하면
$\dfrac{D}{4}=(-2)^2-(a-1)=0$
$4-a+1=0$ $\quad\therefore a=5$

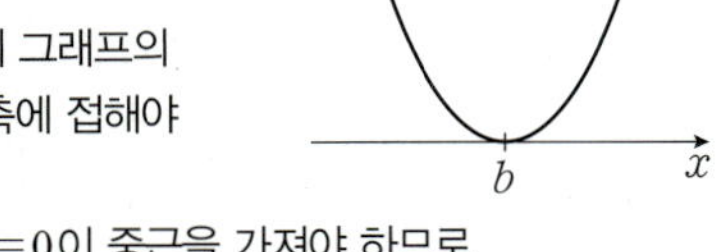

STEP B b의 값을 구하여 ab의 값 구하기

이차부등식 $x^2-4x+a-1\leq 0$에 $a=5$를 대입하면
$x^2-4x+4\leq 0$ $\quad\therefore (x-2)^2\leq 0$
이 부등식의 해는 $x=2$이므로 $b=2$
따라서 $ab=5\times 2=10$

1298

정답 ②

STEP A $kx^2+(k+2)x+k\leq 0$이 단 한 개의 실근을 가질 조건 구하기

이차부등식 $kx^2+(k+2)x+k\leq 0$의
해가 오직 하나 존재하기 위해서는
이차함수 $y=kx^2+(k+2)x+k$의
그래프는 오른쪽 그림과 같이
$k>0$이고 x축에 접해야 한다.
즉 이차방정식 $kx^2+(k+2)x+k=0$이 중근을 가져야 하므로
판별식을 D라 하면
$D=(k+2)^2-4k^2=0$에서 $3k^2-4k-4=0$, $(k-2)(3k+2)=0$
이때 $k>0$이므로 $k=2$

STEP B a의 값을 구하여 ak의 값 구하기

$k=2$일 때, 이차부등식 $kx^2+(k+2)x+k\leq 0$에 대입하면
$2x^2+4x+2\leq 0$, $2(x+1)^2\leq 0$
$\therefore x=-1$
따라서 $a=-1$이므로 $ak=-1\times 2=-2$

1299

정답 -7

STEP A $(a+1)x^2+2(a+1)x-5\geq 0$이 단 한 개의 실근을 가질 조건 구하기

주어진 이차부등식을 만족하지 않는 x의
값이 오직 한 개이면
이차부등식 $(a+1)x^2+2(a+1)x-5\geq 0$
의 해가 오직 하나 존재해야 한다.
이차함수 $y=(a+1)x^2+2(a+1)x-5$의
그래프는 오른쪽 그림과 같이 $a+1<0$이고
x축에 접해야 한다.

STEP B 이차방정식의 판별식 $D=0$인 경우 구하기

$a+1<0$ $\quad\therefore a<-1$ $\qquad\cdots\cdots$ ㉠
또한, 이차방정식이 중근을 가져야 하므로 판별식을 D라 하면
$\dfrac{D}{4}=(a+1)^2+5(a+1)=0$에서
$a^2+7a+6=0$, $(a+1)(a+6)=0$
$\therefore a=-1$ 또는 $a=-6$ $\qquad\cdots\cdots$ ㉡
㉠, ㉡에서 $a=-6$

STEP C b의 값을 구하여 $a+b$의 값 구하기

이차부등식 $(a+1)x^2+2(a+1)x-5<0$에 $a=-6$을 대입하면
$-5x^2-10x-5<0$, $x^2+2x+1>0$
$\therefore (x+1)^2>0$
이 부등식을 만족시키지 않는 x의 값은 오직 -1뿐이므로 $b=-1$
따라서 $a+b=-6-1=-7$

이차부등식 $(m+1)x^2-2(m+1)x-5 \geq 0$의 해가 오직 한 개 $x=a$만 존재할 때, $a+m$의 값은?

① -6 ② -5 ③ -4
④ -3 ⑤ -2

STEP A $(m+1)x^2-2(m+1)x-5 \geq 0$이 단 한 개의 실근을 가질 조건 구하기

이차부등식 $(m+1)x^2-2(m+1)x-5 \geq 0$
의 해가 오직 하나 존재하기 위해서는
이차함수 $y=(m+1)x^2-2(m+1)x-5$의
그래프는 오른쪽 그림과 같이 $m+1<0$이고
x축에 접해야 한다.

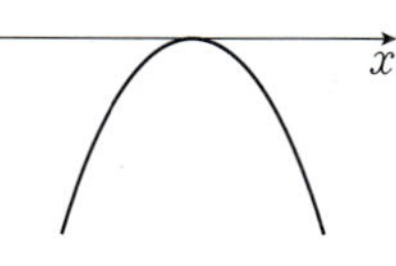

STEP B 이차방정식의 판별식 $D=0$인 경우 구하기

$m+1<0$ $\therefore m<-1$ ······ ㉠
또한, 이차방정식 $(m+1)x^2-2(m+1)x-5=0$이 중근을 가져야 하므로
판별식을 D라 하면
$\dfrac{D}{4}=\{-(m+1)\}^2+5(m+1)=0$에서
$m^2+7m+6=0$, $(m+1)(m+6)=0$
$\therefore m=-1$ 또는 $m=-6$ ······ ㉡
㉠, ㉡에서 $m=-6$

STEP C a의 값을 구하여 $a+m$의 값 구하기

$m=-6$일 때, 이차부등식 $(m+1)x^2-2(m+1)x-5 \geq 0$에 대입하면
$-5x^2+10x-5 \geq 0$, $x^2-2x+1 \leq 0$
즉 $(x-1)^2 \leq 0$ 이므로 $x=1$
따라서 $a=1$이므로 $a+m=1+(-6)=-5$

정답 ②

1300

정답 ③

STEP A $(5-a)x^2+(a-5)x+1 \leq 0$이 오직 한 개의 근을 가질 조건을 이용하여 a의 값의 범위 구하기

이차부등식 $(5-a)x^2+(a-5)x+1>0$을 만족시키지 않는 x의 값이 오직
한 개이려면 이차부등식 $(5-a)x^2+(a-5)x+1 \leq 0$이 오직 한 개의 근을
가져야 하므로 $5-a>0$
$\therefore a<5$ ······ ㉠
또한, 이차방정식 $(5-a)x^2+(a-5)x+1=0$의
판별식을 D라 하면
$D=(a-5)^2-4(5-a)=0$
$a^2-6a+5=0$, $(a-1)(a-5)=0$
$\therefore a=1$ 또는 $a=5$ ······ ㉡
㉠, ㉡에서 $a=1$

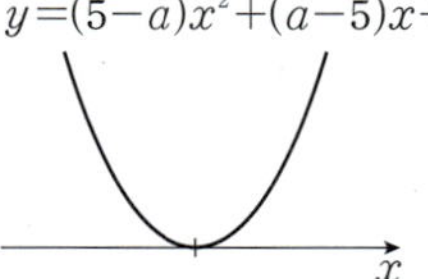

STEP B $a+b$의 값 구하기

이차부등식 $(5-a)x^2+(a-5)x+1>0$에 $a=1$를 대입하면
$4x^2-4x+1>0$ $\therefore (2x-1)^2>0$
이 부등식을 만족시키지 않는 x의 값은 오직 $\dfrac{1}{2}$뿐이므로 $b=\dfrac{1}{2}$
따라서 $a+b=1+\dfrac{1}{2}=\dfrac{3}{2}$

1301

정답 ⑤

STEP A 이차함수 $y=ax^2+bx+c$의 그래프 파악하기

이차부등식 $ax^2+bx+c \geq 0$의 해가
$x=2$뿐이므로
이차함수 $y=ax^2+bx+c$의 그래프는
오른쪽 그림과 같다.

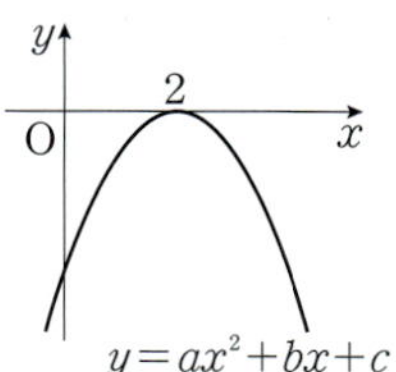

STEP B 이차함수의 그래프를 이용하여 [보기]의 참, 거짓 판별하기

ㄱ. 이차함수의 그래프가 위로 볼록하므로 $a<0$ [참]
ㄴ. 이차함수의 그래프가 x축과 접하므로
  이차방정식 $ax^2+bx+c=0$의 판별식을 D라 하면 ← 중근을 가지므로 $D=0$
  $D=b^2-4ac=0$ [참]
ㄷ. $f(x)=ax^2+bx+c$라 하면
  $f(1)=a+b+c$ ← 양변에 $x=1$을 대입

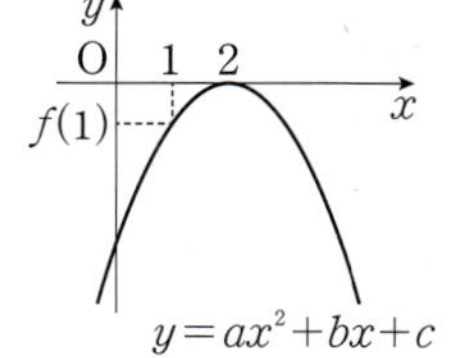

  오른쪽 그림에서 $f(1)<0$이므로
  $a+b+c<0$ [참]
따라서 옳은 것은 ㄱ, ㄴ, ㄷ이다.

다른풀이 이차부등식의 성질을 이용하여 풀이하기

STEP A 이차부등식의 성질을 이용하여 [보기]의 참, 거짓 판별하기

이차부등식 $ax^2+bx+c \geq 0$의 해가 $x=2$뿐이므로
$ax^2+bx+c=a(x-2)^2=ax^2-4ax+4a \geq 0$
$\therefore a<0$, $b=-4a$, $c=4a$
  $a>0$이면 $(x-2)^2 \geq 0$이므로 모든 실수 x에 대하여 부등식이 성립한다.
ㄱ. $a<0$ [참]
ㄴ. $b^2-4ac=(-4a)^2-4 \times 4a=16a^2-16a^2=0$ [참]
ㄷ. $a+b+c=a-4a+4a=a<0$ [참]
따라서 옳은 것은 ㄱ, ㄴ, ㄷ이다.

이차부등식 $ax^2+bx+c \geq 0$의 해가 $x=3$뿐일 때, 다음 [보기]에서 옳은
내용을 모두 고른 것은?

> ㄱ. $a<0$
> ㄴ. $b^2-4ac=0$
> ㄷ. $4a+2b+c<0$

① ㄱ ② ㄱ, ㄴ ③ ㄱ, ㄷ
④ ㄴ, ㄷ ⑤ ㄱ, ㄴ, ㄷ

STEP A 이차함수 $y=ax^2+bx+c$의 그래프를 조건에 맞게 그리기

주어진 이차부등식의 해가 $x=3$뿐이므로
이차함수 $y=ax^2+bx+c$의 그래프의
개형은 오른쪽 그림과 같아야 한다.

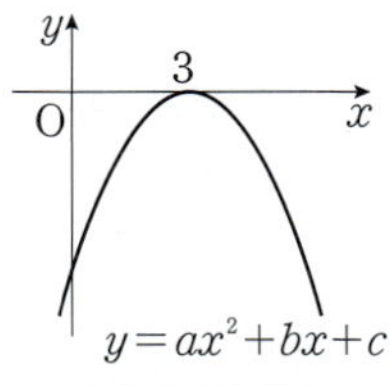

STEP B 이차함수의 그래프를 이용하여 [보기]의 참, 거짓을 판별하기

ㄱ. 이차함수의 그래프가 위로 볼록하므로 $a<0$ [참]
ㄴ. 이차함수의 그래프가 x축과 접하므로
  이차방정식 $ax^2+bx+c=0$의
  판별식을 D라 하면 $D=b^2-4ac=0$ [참]
ㄷ. 이차함수 $f(x)=ax^2+bx+c$라 하면
  $f(2)=4a+2b+c$이므로 $f(2)<0$이다.
  즉 $4a+2b+c<0$ [참]
따라서 옳은 것은 ㄱ, ㄴ, ㄷ이다.

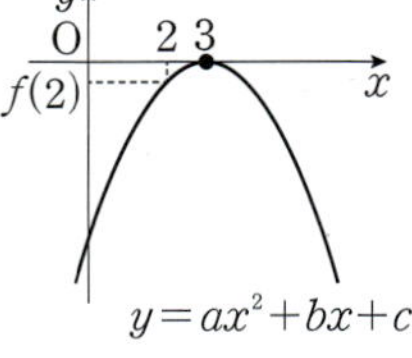

다른풀이 이차부등식의 성질을 이용하여 풀이하기

STEP A 이차부등식의 성질을 이용하여 [보기]의 참, 거짓의 진위판별하기

이차부등식 $ax^2+bx+c \geq 0$의 해가 $x=3$뿐이므로
$ax^2+bx+c=a(x-3)^2=ax^2-6ax+9a \geq 0$에서
$a<0$, $b=-6a$, $c=9a$

ㄱ. $a<0$ [참]　　$a>0$이면 모든 실수 x에 대하여 부등식이 성립한다.

ㄴ. $b=-6a$, $c=9a$이므로
　$b^2-4ac=(-6a)^2-4 \times 9a=36a^2-36a^2=0$ [참]

ㄷ. $4a+2b+c=4a-12a+9a=a<0$ [참]

따라서 옳은 것은 ㄱ, ㄴ, ㄷ이다.　**정답** ⑤

1302　**정답** ①

STEP A a의 부호에 따라 이차함수와 이차부등식의 관계를 파악하기

(i) $a>0$일 때,
　$y=ax^2+6x+a$의 그래프는 아래로 볼록하므로
　부등식 $ax^2+6x+a>0$은 항상 해를 갖는다.

(ii) $a<0$일 때,
　주어진 이차부등식이 해를 가지려면
　이차방정식 $ax^2+6x+a=0$이 서로 다른 두 실근을 가져야 하므로
　판별식 D라 하면 $D>0$이어야 한다.
　$\dfrac{D}{4}=9-a^2>0$, $a^2-9<0$, $(a+3)(a-3)<0$
　$\therefore -3<a<3$
　그런데 $a<0$이므로 a의 범위는 $-3<a<0$

(i), (ii)에서 구하는 a의 값의 범위는 $a>0$ 또는 $-3<a<0$

STEP B a값의 범위 구하기

따라서 주어진 [보기] 중 a의 값이 될 수 없는 것은 ①이다.

1303　**정답** ③

STEP A $a-6$의 부호에 따라 이차함수와 이차부등식의 관계를 파악하기

(i) $a-6>0$, 즉 $a>6$일 때,
　$y=(a-6)x^2-8x+a$의 그래프는 아래로 볼록하므로
　이차방정식 $(a-6)x^2-8x+a=0$이 서로 다른 두 실근을 가져야 하므로
　판별식 D라 하면 $D>0$이어야 한다.
　$\dfrac{D}{4}=4^2-a(a-6)>0$, $a^2-6a-16<0$, $(a+2)(a-8)<0$
　$\therefore -2<a<8$
　그런데 $a>6$이므로 a의 범위는 $6<a<8$

(ii) $a-6<0$, 즉 $a<6$일 때,
　$y=(a-6)x^2-8x+a$의 그래프는 위로 볼록하므로
　부등식 $(a-6)x^2-8x+a<0$은 항상 해를 갖는다.

STEP B a값의 범위 구하기

(i), (ii)에서 구하는 a의 값의 범위는 $a<6$ 또는 $6<a<8$

1304　**정답** ⑤

STEP A $k=0$인 경우 만족하는지 확인하기

(i) $k=0$일 때,　　이차부등식이라는 표현이 없으므로 이차항 계수 k의 값이 0일 수도 있다.
　$0 \times x^2-0 \times x+0-2 \leq 0$에서 $-2 \leq 0$이므로
　주어진 부등식은 모든 실수 x에 대하여 성립한다.
　$\therefore k=0$

STEP B $k \neq 0$인 경우 이차함수와 이차부등식의 관계를 이용하기

(ii) $k>0$일 때,
　부등식 $kx^2-kx+k-2 \leq 0$의 해가 존재하려면
　이차방정식 $kx^2-kx+k-2=0$의 판별식 D라 하면
　$D \geq 0$이어야 한다.
　$D=(-k)^2-4k(k-2) \geq 0$, $3k^2-8k \leq 0$, $k(3k-8) \leq 0$
　$\therefore 0 \leq k \leq \dfrac{8}{3}$
　즉 $k>0$이므로 $0<k \leq \dfrac{8}{3}$

(iii) $k<0$일 때,
　이차함수 $y=kx^2-kx+k-2$는 위로 볼록이므로
　주어진 부등식의 해는 항상 존재한다.

(i)~(iii)에서 k의 값의 범위는 $k \leq \dfrac{8}{3}$

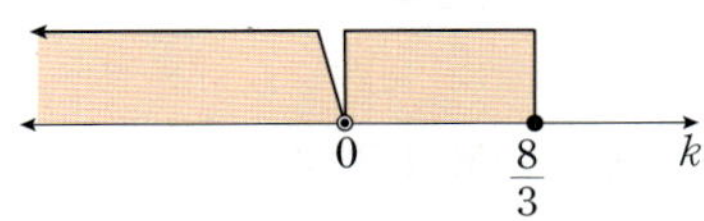

내·신·연·계 출제문항 **609**

x에 대한 부등식 $(a+1)x^2-(a+1)x+a+4 \geq 0$의 해가 존재하도록 하는 실수 a의 값의 범위를 구하면?

① $a \geq -5$　　② $a \leq -1$　　③ $-5 \leq a<-1$
④ $-1 \leq a \leq 0$　　⑤ $0 \leq a<5$

STEP A $a+1=0$인 경우 만족하는지 확인하기

(i) $a+1=0$, 즉 $a=-1$일 때,
　$0 \times x^2-0 \times x-1+4 \geq 0$에서 $3 \geq 0$이므로
　주어진 부등식은 모든 실수 x에 대하여 성립한다.
　$\therefore a=-1$

STEP B $a+1 \neq 0$인 경우 이차함수와 이차부등식의 관계를 이용하기

(ii) $a+1>0$, 즉 $a>-1$일 때,
　이차함수 $y=(a+1)x^2-(a+1)x+a+4$의 그래프는 아래로 볼록하므로
　주어진 부등식의 해는 항상 존재한다.

(iii) $a+1<0$, 즉 $a<-1$일 때,
　부등식 $(a+1)x^2-(a+1)x+a+4 \geq 0$의 해가 존재하려면
　이차방정식 $(a+1)x^2-(a+1)x+a+4=0$이 실근을 가져야 하므로
　이 이차방정식의 판별식을 D라 하면 $D \geq 0$이어야 한다.
　$D=\{-(a+1)\}^2-4(a+1)(a+4) \geq 0$, $(a+1)(a+5) \leq 0$
　$\therefore -5 \leq a \leq -1$
　그런데 $a<-1$이므로 a의 범위는 $-5 \leq a<-1$

(i)~(iii)에서 a의 값의 범위는 $a \geq -5$

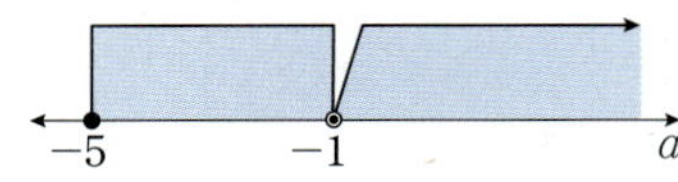

정답 ①

1305

STEP A 그래프가 지나는 점을 이용하여 이차함수의 식 결정하기

$y=ax^2+bx+c$의 그래프가 두 점 $(1, 0)$, $(3, 0)$을 지나므로
$y=a(x-1)(x-3)$
또한, 점 $(0, 3)$을 지나므로 $y=a(x-1)(x-3)$에 대입하면
$a(0-1)(0-3)=3$, $3a=3$ ∴ $a=1$

STEP B 이차방정식의 판별식이 $D \geq 0$임을 이용하여 k의 범위 구하기

$y=x^2-4x+3$의 그래프와 직선 $y=kx+2$가 만나면 이차방정식
$x^2-4x+3=kx+2$, 즉 $x^2-(4+k)x+1=0$이 실근을 가져야 한다.
이차방정식 $x^2-(4+k)x+1=0$의 판별식을 D라 하면 $D \geq 0$이어야 한다.
$D=(4+k)^2-4 \geq 0$, $k^2+8k+12 \geq 0$, $(k+6)(k+2) \geq 0$
따라서 $k \leq -6$ 또는 $k \geq -2$

1306

STEP A 이차함수와 직선이 만나지 않을 조건 구하기

$y=x^2-(k+2)x+2$의 그래프와 직선 $y=x+1$이 만나지 않으려면
방정식 $x^2-(k+2)x+2=x+1$이 허근을 가져야 한다.

STEP B 이차방정식의 판별식이 $D<0$임을 이용하여 $\alpha\beta$의 범위 구하기

즉 이차방정식 $x^2-(k+3)x+1=0$의 판별식을 D라 하면
$D<0$이어야 하므로 $D=(k+3)^2-4\times1\times1<0$에서
이차함수와 직선이 만나지 않으므로 교점이 없다. 즉 이차방정식은 실근이 존재하지 않는다.
$k^2+6k+5<0$, $(k+5)(k+1)<0$
∴ $-5<k<-1$
따라서 $\alpha=-5$, $\beta=-1$이므로 $\alpha\beta=5$

1307

STEP A 이차함수의 그래프가 x축에 접할 때, k의 값 구하기

이차함수 $y=x^2+kx+k+3$의 그래프가 x축과 접하므로
$x^2+kx+k+3=0$의 판별식을 D_1이라 할 때,
$D_1=k^2-4(k+3)=0$, $k^2-4k-12=0$, $(k+2)(k-6)=0$
∴ $k=-2$ 또는 $k=6$ …… ㉠

STEP B 이차함수의 그래프와 직선이 서로 다른 두 점에서 만날 때, k의 범위 구하기

또, 이차함수 $y=x^2+kx+k+3$의 그래프가 직선 $y=x+1$과 서로 다른
두 점에서 만나므로 $x^2+kx+k+3=x+1$
즉 $x^2+(k-1)x+k+2=0$의 판별식 D_2는
$D_2=(k-1)^2-4(k+2)>0$, $k^2-6k-7>0$, $(k+1)(k-7)>0$
∴ $k<-1$ 또는 $k>7$ …… ㉡
따라서 ㉠, ㉡에서 $k=-2$

1308

STEP A $y=kx$, $y=x^2-2x+1$이 서로 다른 두 점에서 만날 때, k의 범위 구하기

직선 $y=kx$와 이차함수 $y=x^2-2x+1$이 서로 다른 두 점에서 만나기 위해서
이차방정식 $kx=x^2-2x+1$이 서로 다른 두 실근을 가져야 한다.
이차방정식 $x^2-(k+2)x+1=0$의 판별식을 D_1이라 하면 $D_1>0$이어야 한다.
즉 $D_1=(k+2)^2-4=k(k+4)$에서 $k(k+4)>0$
∴ $k<-4$ 또는 $k>0$ …… ㉠

STEP B $y=kx$, $y=x^2+x+4$가 서로 만나지 않을 때, k의 범위 구하기

직선 $y=kx$와 이차함수 $y=x^2+x+4$가 서로 만나지 않기 위해서
이차방정식 $kx=x^2+x+4$이 허근을 가져야 한다.
이차방정식 $x^2-(k-1)x+4=0$의 판별식을 D_2이라 하면 $D_2<0$이어야 한다.
즉 $D_2=(k-1)^2-16<0$, $(k+3)(k-5)<0$
∴ $-3<k<5$ …… ㉡
㉠, ㉡의 공통범위는 $0<k<5$
따라서 조건을 만족하는 정수 k는 1, 2, 3, 4이므로 개수는 4

내/신/연/계 출제문항 610

이차함수 $y=x^2-2x+k$의 그래프와 직선 $y=2x+1$과 적어도 한 점에서
만나고 직선 $y=-x-2$와 만나지 않도록 하는 정수 k의 개수는?

① 3   ② 5   ③ 7
④ 9   ⑤ 11

STEP A $y=x^2-2x+k$, $y=2x+1$이 만날 때, k의 범위 구하기

이차함수 $y=x^2-2x+k$의 그래프와 직선 $y=2x+1$이 적어도 한 점에서
만나기 위해서는 이차방정식 $x^2-2x+k=2x+1$,
즉 $x^2-4x+k-1=0$이 실근을 가져야 한다.
이 이차방정식의 판별식을 D_1라 하면 $D_1 \geq 0$이어야 한다.
$\dfrac{D_1}{4}=(-2)^2-(k-1) \geq 0$
∴ $k \leq 5$ …… ㉠

STEP B $y=x^2-2x+k$, $y=-x-2$와 만나지 않을 때, k의 범위 구하기

이차함수 $y=x^2-2x+k$의 그래프와 직선 $y=-x-2$가 만나지 않으려면
이차방정식 $x^2-2x+k=-x-2$, 즉 $x^2-x+k+2=0$이 허근을 가져야 한다.
이 이차방정식의 판별식을 D_2라 하면 $D_2<0$이어야 한다.
$D_2=(-1)^2-4\times1\times(k+2)<0$, $1-4k-8<0$
∴ $k>-\dfrac{7}{4}$ …… ㉡

㉠, ㉡의 공통범위는 $-\dfrac{7}{4}<k \leq 5$
따라서 정수 k은 -1, 0, 1, 2, 3, 4, 5이므로 개수는 7

1309

2021년 09월 고1 학력평가 13번

STEP A $y=x+k$, $y=x^2-2x+4$가 만날 때, k의 범위 구하기

직선 $y=x+k$가 이차함수 $y=x^2-2x+4$의 그래프와 만나려면
$x^2-2x+4=x+k$에서 $x^2-3x+4-k=0$
위 이차방정식의 판별식을 D_1이라 하면 $D_1 \geq 0$이어야 한다.
$D_1=(-3)^2-4\times1\times(4-k) \geq 0$, $4k-7 \geq 0$
∴ $k \geq \dfrac{7}{4}$ …… ㉠

STEP B $y=x+k$, $y=x^2-5x+15$가 만나지 않을 때, k의 범위 구하기

직선 $y=x+k$가 이차함수 $y=x^2-5x+15$의 그래프와 만나지 않으려면
$x^2-5x+15=x+k$에서 $x^2-6x+15-k=0$
위 이차방정식의 판별식을 D_2라 하면 $D_2<0$이어야 한다.
$D_2=(-6)^2-4\times1\times(15-k)<0$, $4k-24<0$
∴ $k<6$ …… ㉡

STEP C 모든 정수 k의 개수 구하기

㉠, ㉡의 공통범위는 $\dfrac{7}{4} \leq k<6$
따라서 모든 정수 k의 값은
2, 3, 4, 5이고 그 개수는 4

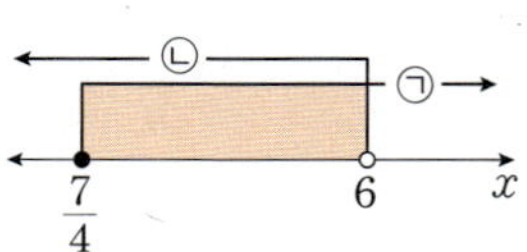

"

직선 $y=-2x+k$가 이차함수 $y=-2x^2+4x+1$의 그래프와 만나고
이차함수 $y=-x^2+x-6$의 그래프와 만나지 않을 때, 정수 k의 개수는?

① 7   ② 8   ③ 9
④ 10   ⑤ 11

STEP A $y=-2x+k$, $y=-2x^2+4x+1$**이 만날 때, k의 범위 구하기**

직선 $y=-2x+k$가 이차함수 $y=-2x^2+4x+1$의 그래프와 만나므로
이차방정식 $-2x+k=-2x^2+4x+1$,
즉 $2x^2-6x+k-1=0$가 실근을 가져야 한다.
이 이차방정식의 판별식을 D_1라 하면 $D_1\geq0$이어야 한다.
$$\frac{D_1}{4}=(-3)^2-2\times(k-1)\geq0,\ 11-2k\geq0$$
$$\therefore k\leq\frac{11}{2} \qquad \cdots\cdots ㉠$$

STEP B $y=-2x+k$, $y=-x^2+x-6$**이 만나지 않을 때, k의 범위 구하기**

직선 $y=-2x+k$가 이차함수 $y=-x^2+x-6$의 그래프와 만나지 않으므로
이차방정식 $-2x+k=-x^2+x-6$,
즉 $x^2-3x+k+6=0$는 허근을 가져야 한다.
이 이차방정식의 판별식 D_2라 하면 $D_2<0$이므로
$$D_2=(-3)^2-4(k+6)<0,\ -15-4k<0$$
$$\therefore k>-\frac{15}{4} \qquad \cdots\cdots ㉡$$

㉠, ㉡의 공통범위는 $-\dfrac{15}{4}<k\leq\dfrac{11}{2}$
따라서 정수 k는 $-3,\ -2,\ -1,\ 0,\ 1,\ 2,\ 3,\ 4,\ 5$이므로 그 개수는 9   정답 ③

1310

정답 19

STEP A   **주어진 조건을 이용하여 이차부등식 작성하기**

이차함수 $y=-2x^2-3x+2$의 그래프가 이차함수 $y=x^2+2ax-b$의 그래프
보다 위쪽에 있으므로 $-2x^2-3x+2>x^2+2ax-b$에서
$3x^2+(2a+3)x-b-2<0 \qquad \cdots\cdots ㉠$

STEP B   **이차부등식의 해를 이용하여 a, b의 값 구하기**

해가 $-2<x<3$이고 x^2의 계수가 3인 이차부등식은
$3(x+2)(x-3)<0$
즉 $3x^2-3x-18<0 \qquad \cdots\cdots ㉡$
㉠과 ㉡이 일치해야 하므로 $2a+3=-3$, $-b-2=-18$
$\therefore a=-3,\ b=16$
따라서 $b-a=16-(-3)=19$

 **이차방정식의 근과 계수의 관계를 이용하여 풀 수도 있어!**

이차부등식 $3x^2+(2a+3)x-b-2<0$의 해가 $-2<x<3$이므로
이차방정식 $3x^2+(2a+3)x-b-2=0$의 두 근이 -2, 3이다.
즉 이차방정식의 근과 계수의 관계에 의하여
$-2+3=-\dfrac{2a+3}{3}$, $-2\times3=\dfrac{-b-2}{3}$
$\therefore a=-3,\ b=16$

1311

정답 ③

STEP A   **주어진 조건을 이용하여 이차부등식 작성하기**

이차함수 $y=x^2+2ax+a-1$의 그래프가 이차함수 $y=2x^2+3x-5$의
그래프보다 아래쪽에 있으므로
$x^2+2ax+a-1<2x^2+3x-5,\ -x^2+(2a-3)x+a+4<0$
$\therefore x^2-(2a-3)x-a-4>0 \qquad \cdots\cdots ㉠$

STEP B   **이차부등식의 해를 이용하여 a, b의 값 구하기**

해가 $x<-2$ 또는 $x>b$이고 x^2의 계수가 1인 이차부등식은
$(x+2)(x-b)>0$
즉 $x^2-(b-2)x-2b>0 \qquad \cdots\cdots ㉡$
이때 ㉠과 ㉡이 일치해야 하므로
$2a-3=b-2$, $-a-4=-2b$에서 $2a=b+1$, $a=2b-4$
위의 두 식을 연립하면 $a=2$, $b=3$
따라서 $a+b=5$

 **이차방정식의 근과 계수의 관계를 이용하여 풀 수도 있어!**

이차부등식 $x^2-(2a-3)x-a-4>0$의 해가 $x<-2$ 또는 $x>b$이므로
이차방정식 $x^2-(2a-3)x-a-4=0$의 두 근이 -2, b이다.
즉 이차방정식의 근과 계수의 관계에 의하여
$-2+b=2a-3$, $-2\times b=-a-4$
위의 두 식을 연립하면 $a=2$, $b=3$

1312

정답 ③

STEP A   **주어진 조건을 이용하여 이차부등식 작성하기**

이차함수 $y=ax^2+bx+a^2+2a$의 그래프가 직선 $y=4x+b$보다 위쪽에
있으므로    이차함수의 함숫값이 직선의 함숫값보다 큰 x의 범위 구하기
$ax^2+bx+a^2+2a>4x+b$에서
$ax^2+(b-4)x+a^2+2a-b>0 \qquad \cdots\cdots ㉠$

STEP B   **이차부등식의 해를 이용하여 a, b의 값 구하기**

㉠의 부등식의 해가 $-4<x<1$이므로 $a<0$
해가 $-4<x<1$이고 x^2의 계수가 1인 이차부등식은 $(x-1)(x+4)<0$
$\therefore x^2+3x-4<0$
양변에 a를 곱하면
$ax^2+3ax-4a>0(\because a<0) \qquad \cdots\cdots ㉡$
㉠과 ㉡이 일치해야 하므로 $b-4=3a$, $a^2+2a-b=-4a$
$\therefore b=3a+4$, $a^2+6a-b=0$
$b=3a+4$를 $a^2+6a-b=0$에 대입하면 $a^2+6a-(3a+4)=0$
$a^2+3a-4=0$, $(a-1)(a+4)=0$
$\therefore a=-4(\because a<0)$
따라서 $a=-4$, $b=-8$이므로 $a+b=-4+(-8)=-12$

이차함수 $y=ax^2-bx+a^2+2a$의 그래프가 직선 $y=10x-b$보다 아래쪽
에 있는 부분의 x의 값의 범위가 $-5<x<1$일 때, 상수 a, b에 대하여 ab
의 값은?

① -49 ② -36 ③ -25
④ -16 ⑤ -9

STEP A   이차부등식 작성하기

이차함수 $y=ax^2-bx+a^2+2a$의 그래프가 직선 $y=10x-b$보다 위쪽에
있으므로 ← 이차함수의 함숫값이 직선의 함숫값보다 작은 x의 범위 구하기

$ax^2-bx+a^2+2a<10x-b$에서

$ax^2-(b+10)x+a^2+2a+b<0$ …… ㉠

STEP B   이차부등식의 해를 이용하여 a, b의 값 구하기

㉠의 부등식의 해가 $-5<x<1$이므로 $a>0$

해가 $-5<x<1$이고 x^2의 계수가 1인 이차부등식은 $(x+5)(x-1)<0$

$\therefore\ x^2+4x-5<0$

양변에 a를 곱하면

$ax^2+4ax-5a<0(\because\ a>0)$ …… ㉡

㉠과 ㉡이 일치해야 하므로 $b+10=-4a$, $a^2+2a+b=-5a$

$\therefore\ b=-4a-10$, $a^2+7a+b=0$

$b=-4a-10$을 $a^2+7a+b=0$에 대입하면 $a^2+7a-4a-10=0$

$a^2+3a-10=0$, $(a+5)(a-2)=0$

$\therefore\ a=2(\because\ a>0)$

따라서 $a=2$, $b=-18$이므로 $ab=2\times(-18)=-36$ 정답 ②

1313

2014년 09월 고1 학력평가 11번   정답 ⑤

STEP A   이차함수의 그래프와 직선의 위치 관계를 이용하여 [보기]의
참, 거짓 판별하기

ㄱ. 이차함수의 그래프가 x축과 서로 다른 두 점에서 만나므로
이차방정식 $ax^2+bx+c=0$은 서로 다른 두 실근을 가진다.
즉 이차방정식 $ax^2+bx+c=0$의 판별식을 D라 하면
$D=b^2-4ac>0$ [참]

ㄴ. 이차함수 $f(x)=ax^2+bx+c$라 하면
$x>0$일 때, $f(x)>0$이고 직선 $y=px+q$의 y절편 q가 양수이므로
$f(q)=aq^2+bq+c>0$ [참] ← $q>0$이므로 $f(q)>0$

ㄷ. 이차함수 $y=ax^2+bx+c$의 그래프와 직선 $y=px+q$의 교점의 x좌표가
α, β이므로 이차방정식 $ax^2+bx+c=px+q$,
즉 $ax^2+(b-p)x+c-q=0$은 서로 다른 두 실근 α, β를 가진다.
$ax^2+(b-p)x+c-q=a(x-\alpha)(x-\beta)$
이때 부등식 $ax^2+(b-p)x+c-q=a(x-\alpha)(x-\beta)\leq0$에서
$a>0$이므로 이 부등식의 해는 $\alpha\leq x\leq\beta$이다. [참]

> **+α** | 그래프를 이용하여 부등식의 해를 구할 수 있어!
>
> 부등식 $ax^2+(b-p)x+c-q\leq0$에서 $ax^2+bx+c\leq px+q$이므로
> 이차함수의 그래프가 직선과 만나거나 아래에 있는 부분의 x의 값의 범위는
> $\alpha\leq x\leq\beta$이다.
> 즉 주어진 부등식의 해가 $\alpha\leq x\leq\beta$이다.

따라서 옳은 것은 ㄱ, ㄴ, ㄷ이다.

이차함수 $y=f(x)$의 그래프와 직선
$y=g(x)$의 그래프가 오른쪽 그림과
같을 때, [보기]에서 옳은 것만을 있는
대로 고른것은? (단, $f(\alpha)=f(\beta)=0$,
$f(\gamma)-g(\gamma)=0$이다.)

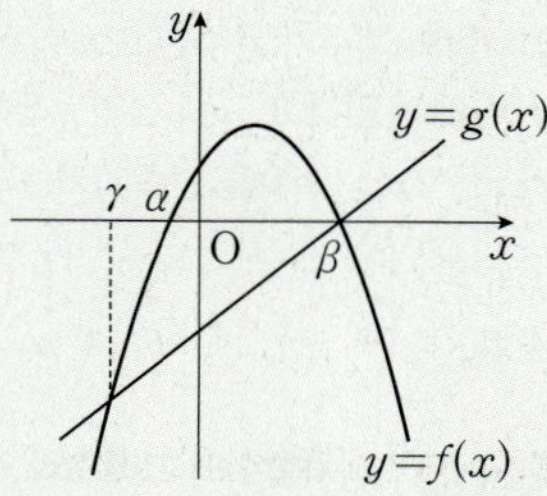

> ㄱ. $f\left(\dfrac{\alpha+\beta}{2}\right)>f(\gamma)$
> ㄴ. 부등식 $f(x)>g(x)$의 해는 $\alpha<x<\beta$
> ㄷ. 방정식 $f(x)\{f(x)-g(x)\}=0$의 서로 다른 실근의 개수는 3개이다.

① ㄱ   ② ㄱ, ㄴ   ③ ㄱ, ㄷ
④ ㄴ, ㄷ   ⑤ ㄱ, ㄴ, ㄷ

STEP A   이차함수의 그래프와 직선의 위치 관계를 이용하여 [보기]의
참, 거짓 판별하기

ㄱ. $x=\dfrac{\alpha+\beta}{2}$일 때, 함수 $y=f(x)$의
그래프가 x축의 위쪽에 있으므로
$f\left(\dfrac{\alpha+\beta}{2}\right)>0$
$x=\gamma$일 때, x축의 아래쪽에 있으므로
$f\left(\dfrac{\alpha+\beta}{2}\right)>f(\gamma)$ [참]

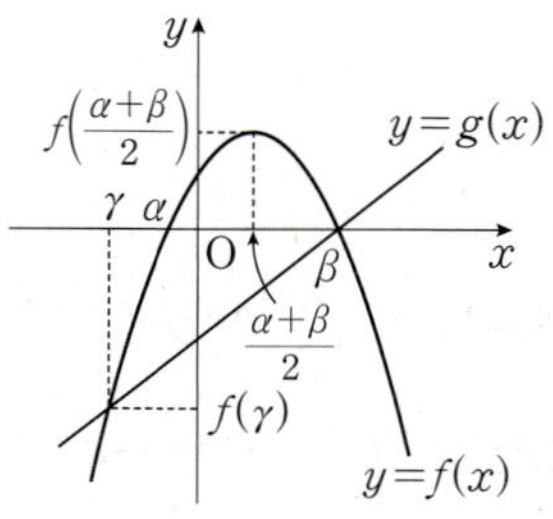

ㄴ. 부등식 $f(x)>g(x)$의 해는 함수 $f(x)$의 함숫값이 함수 $g(x)$의
함숫값보다 클 때이므로 $y=f(x)$의 그래프가 $y=g(x)$의 그래프보다
위쪽에 그려지는 범위이다.
즉 부등식 $f(x)>g(x)$의 해는 $\gamma<x<\beta$이다. [거짓]

ㄷ. 방정식 $f(x)\{f(x)-g(x)\}=0$에서 $f(x)=0$ 또는 $f(x)-g(x)=0$
방정식 $f(x)=0$의 해는 $x=\alpha$ 또는 $x=\beta$
방정식 $f(x)=g(x)$의 해는 $x=\gamma$ 또는 $x=\beta$이다.
즉 방정식 $f(x)\{f(x)-g(x)\}=0$은 $x=\beta$를 중근으로 갖고
$x=\alpha$ 또는 $x=\gamma$를 근으로 가지므로 서로 다른 실근의 개수는 3이다. [참]

따라서 옳은 것은 ㄱ, ㄷ이다.   정답 ③

1314

2010년 11월 고1 학력평가 19번   정답 ⑤

STEP A   이차함수의 그래프와 직선의 위치 관계를 이용하여 이차부등식의
해 구하기

이차함수 $y=f(x)$의 그래프와 직선 $y=x+1$의
교점의 y좌표가 각각 3, 8이고
직선 $y=x+1$에서 $y=3$일 때 $x=2$,
$y=8$일 때 $x=7$이므로
직선 $y=x+1$과 이차항의 계수가 음수인
이차함수 $y=f(x)$의 그래프는

오른쪽 그림과 같이 $(2, 3)$, $(7, 8)$에서 만난다.
이때 이차부등식 $f(x)-x-1>0$에서 $f(x)>x+1$의 해는
이차함수 $y=f(x)$의 그래프가 직선 $y=x+1$보다 위쪽에 있는 부분의
x의 값의 범위이므로 $2<x<7$

STEP B   부등식을 만족시키는 모든 정수 k의 값의 합 구하기

따라서 이차부등식 $f(x)-x-1>0$을 만족시키는 정수 x의 값은 3, 4, 5, 6
이므로 모든 정수 x의 값의 합은 $3+4+5+6=18$

내신연계 출제문항 614

이차항의 계수가 음수인 이차함수 $y=f(x)$의 그래프와 직선 $y=2x+1$이 두 점에서 만나고 그 교점의 y좌표가 각각 3과 11이다. 이때 이차부등식 $f(x)-2x-1>0$을 만족시키는 모든 정수 x의 값의 합은?

① 6   ② 9   ③ 10
④ 12   ⑤ 14

STEP A 이차함수의 그래프와 직선의 위치 관계를 이용하여 이차부등식의 해 구하기

이차함수 $y=f(x)$의 그래프와
직선 $y=2x+1$의 교점의 y좌표가 각각
3, 11이고 직선 $y=2x+1$에서
$y=3$일 때 $x=1$,
$y=11$일 때 $x=5$이므로
직선 $y=2x+1$과 이차항의 계수가 음수인
이차함수 $y=f(x)$의 그래프는

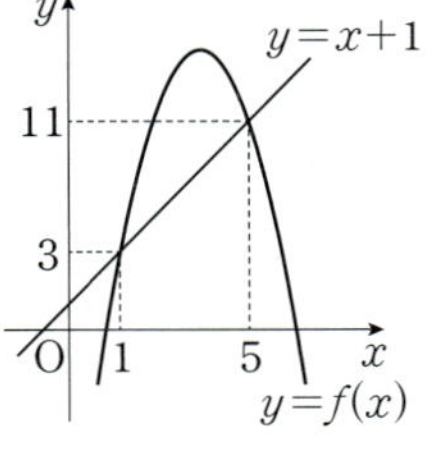

오른쪽 그림과 같이 $(1, 3)$, $(5, 11)$에서 만난다.
이때 이차부등식 $f(x)-2x-1>0$, 즉 $f(x)>2x+1$의 해는
이차함수 $y=f(x)$의 그래프가 직선 $y=2x+1$보다 위쪽에 있는 부분의 x의
값의 범위이므로 $1<x<5$

STEP B 부등식을 만족시키는 모든 정수 k의 값의 합 구하기

따라서 이차부등식 $f(x)-2x-1>0$을 만족시키는 정수 x의 값은 2, 3, 4
이므로 모든 정수 x의 값의 합은 $2+3+4=9$

정답 ②

1315

2015년 09월 고1 학력평가 14번   **정답** ④

STEP A 두 점 A, B의 좌표 구하기

$f(x)=x^2+px+p$

$=x^2+px+\dfrac{p^2}{4}-\dfrac{p^2}{4}+p$

$=\left(x+\dfrac{p}{2}\right)^2-\dfrac{p^2}{4}+p$

[이차함수의 그래프의 꼭짓점]
이차함수 $y=a(x-m)^2+n$의 그래프의
꼭짓점의 좌표는 (m, n)

이므로 이차함수 $f(x)$의 그래프의 꼭짓점 A의 좌표는 $A\left(-\dfrac{p}{2}, -\dfrac{p^2}{4}+p\right)$

또한, 함수 $f(x)$의 그래프가 y축과 만나는 점의 y좌표는 $f(0)=p$이므로
$B(0, p)$

x좌표가 0일 때, y의 값

STEP B 이차함수와 직선의 교점을 이용하여 부등식 $f(x)-g(x)\leq 0$ 세우기

이차함수 $f(x)$의 x^2의 계수가 1이고 이차함수 $y=f(x)$의 그래프와
직선 $y=g(x)$의 교점의 x좌표가

두 점 A, B의 x좌표

[두 근이 주어진 이차방정식]
α, β를 두 근으로 하고 x^2의 계수가 1인
이차방정식은 $(x-\alpha)(x-\beta)=0$

0 또는 $-\dfrac{p}{2}$이므로

$f(x)-g(x)=x\left(x+\dfrac{p}{2}\right)$

즉 $f(x)-g(x)\leq 0$에서 $x\left(x+\dfrac{p}{2}\right)\leq 0$ …… ㉠

+α 두 점을 지나는 직선의 방정식을 이용하여 $f(x)-g(x)$를 구할 수 있어!

두 점 $A\left(-\dfrac{p}{2}, -\dfrac{p^2}{4}+p\right)$, $B(0, p)$를 지나는 직선 l의 방정식에서

$(\text{기울기})=\dfrac{p-\left(-\dfrac{p^2}{4}+p\right)}{0-\left(-\dfrac{p}{2}\right)}=\dfrac{p}{2}$이고 y절편은 p이므로 $g(x)=\dfrac{p}{2}x+p$

$\therefore f(x)-g(x)=x^2+px+p-\left(\dfrac{p}{2}x+p\right)=x^2+\dfrac{p}{2}x$

STEP C p의 값의 범위에 따라 경우를 나누어 정수 p의 최댓값, 최솟값 구하기

(i) $p>0$인 경우

㉠의 해는 $-\dfrac{p}{2}\leq x\leq 0$

위 부등식을 만족시키는 정수 x의 개수가 10이 되려면

$-10<-\dfrac{p}{2}\leq -9$이어야 한다.

$\therefore 18\leq p<20$

즉 정수 p는 $p=18$ 또는 $p=19$

+α 조건을 만족하는 p의 값의 범위가 $-10<-\dfrac{p}{2}\leq -9$인 이유!

(i) $-\dfrac{p}{2}=-10$인 경우
부등식의 해 $-10\leq x\leq 0$를 만족시키는 정수 x의 개수가 11이 되어 문제의
조건을 만족시키지 않는다.

(ii) $-\dfrac{p}{2}=-9$인 경우
부등식의 해 $-9\leq x\leq 0$를 만족시키는 정수 x의 개수가 10이 되어 문제의
조건을 만족시킨다.

따라서 조건을 만족하는 p의 값의 범위는 $-10<-\dfrac{p}{2}\leq -9$이어야 한다.

(ii) $p<0$인 경우

㉠의 해는 $0\leq x\leq -\dfrac{p}{2}$

위 부등식을 만족시키는 정수 x의 개수가 10이 되려면

$9\leq -\dfrac{p}{2}<10$이어야 한다.

$\therefore -20<p\leq -18$

즉 정수 p는 $p=-19$ 또는 $p=-18$

+α 조건을 만족하는 p의 값의 범위가 $9\leq -\dfrac{p}{2}<10$인 이유!

(i) $-\dfrac{p}{2}=9$인 경우
부등식의 해 $0\leq x\leq 9$를 만족시키는 정수 x의 개수가 10이 되어 문제의
조건을 만족시킨다.

(ii) $-\dfrac{p}{2}=10$인 경우
부등식의 해 $0\leq x\leq 10$을 만족시키는 정수 x의 개수가 11이 되어 문제의
조건을 만족시키지 않는다.

따라서 조건을 만족하는 p의 값의 범위는 $9\leq -\dfrac{p}{2}<10$이어야 한다.

(i), (ii)에 의하여 정수 p의 최댓값 $M=19$, 최솟값 $m=-19$

따라서 $M-m=19-(-19)=38$

0이 아닌 실수 p에 대하여 이차함수 $f(x)=x^2+\dfrac{2}{3}px+p$의 그래프의 꼭짓점을 A, 이 이차함수의 그래프가 y축과 만나는 점을 B라 할 때, 두 점 A, B를 지나는 직선을 l이라 하자.

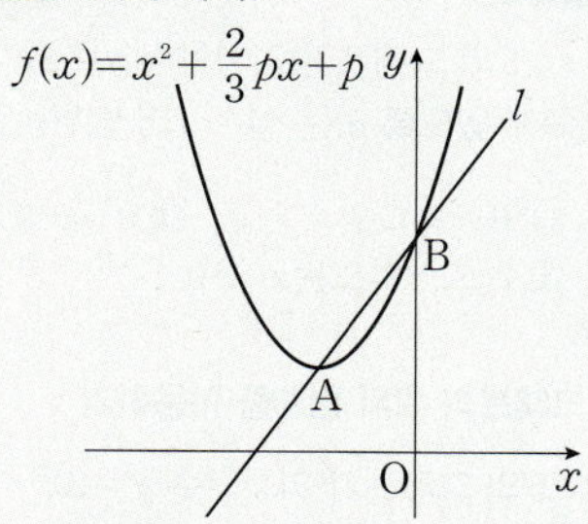

직선 l의 방정식을 $y=g(x)$라 하자. 부등식 $f(x)-g(x)\le 0$을 만족시키는 정수 x의 개수가 10이 되도록 하는 정수 p의 최댓값을 M, 최솟값을 m이라 할 때, $M-m$의 값은?

① 52 ② 54 ③ 56
④ 58 ⑤ 60

STEP A 두 점 A, B의 좌표 구하기

$f(x)=x^2+\dfrac{2}{3}px+p=\left(x+\dfrac{p}{3}\right)^2-\dfrac{p^2}{9}+p$이므로

함수 $f(x)$의 그래프의 꼭짓점 A의 좌표는 $A\left(-\dfrac{p}{3},\ -\dfrac{p^2}{9}+p\right)$

└ 이차함수 $y=a(x-m)^2+n$의 그래프의 꼭짓점의 좌표는 $(m,\ n)$

또, 함수 $f(x)$의 그래프가 y축과 만나는 점의 y좌표는 p이므로 $B(0,\ p)$

└ x좌표가 0

STEP B 직선 l의 방정식을 구하여 부등식 $f(x)-g(x)\le 0$을 세우기

이차함수 $f(x)$의 x^2의 계수가 1이고 이차함수 $y=f(x)$의 그래프와 직선 $y=g(x)$의 교점의 x좌표가 0 또는 $-\dfrac{p}{3}$이므로

$$f(x)-g(x)=x\left(x+\dfrac{p}{3}\right)$$

즉 $f(x)-g(x)\le 0$에서 $x\left(x+\dfrac{p}{3}\right)\le 0$ ······ ㉠

STEP C $p>0$, $p<0$일 때로 경우 나누기

(i) $p>0$일 때,

부등식 ㉠의 해는 $-\dfrac{p}{3}\le x\le 0$

이때 위 부등식을 만족시키는 정수 x의 개수가 10이 되려면

$-10<-\dfrac{p}{3}\le -9$이어야 한다.

└ $-\dfrac{p}{3}=-10$이면 $-10\le x\le 0$이므로 정수 x의 개수가 11,

└ $-\dfrac{p}{3}=-9$이면 $-9\le x\le 0$이므로 정수 x의 개수가 10이다. ∴ $-10<-\dfrac{p}{3}\le -9$

∴ $27\le p<30$

즉 정수 p는 $p=27$ 또는 $p=28$ 또는 $p=29$

(ii) $p<0$일 때,

부등식 ㉠의 해는 $0\le x\le -\dfrac{p}{3}$

이때 위 부등식을 만족시키는 정수 x의 개수가 10이 되려면

$9\le -\dfrac{p}{3}<10$이어야 한다.

└ $-\dfrac{p}{3}=9$이면 $0\le x\le 9$이므로 정수 x의 개수가 10,

└ $-\dfrac{p}{3}=10$이면 $0\le x\le 10$이므로 정수 x의 개수가 11이다. ∴ $9\le -\dfrac{p}{3}<10$

∴ $-30<p\le -27$

즉 정수 p는 $p=-29$ 또는 $p=-28$ 또는 $p=-27$

(i), (ii)에서 정수 p의 최댓값 $M=29$, 최솟값 $m=-29$

∴ $M-m=29-(-29)=58$

정답 ④

1316

정답 ③

STEP A 이차함수의 그래프와 이차부등식의 관계 이해하기

이차함수 $y=x^2-2kx+2k+3$의 그래프가 x축 보다 항상 위쪽에 있기 위해서는 모든 실수 x에 대하여

$x^2-2kx+2k+3>0$이 성립해야 한다.

즉 이차함수 $y=x^2-2kx+2k+3$의 그래프가 아래로 볼록이므로 오른쪽 그림과 같아야 한다.

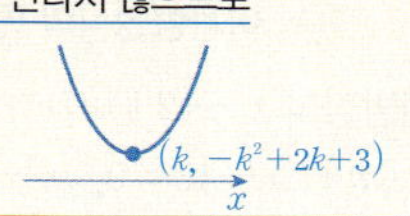

STEP B 이차방정식의 판별식을 이용하여 k의 범위 구하기

이차방정식 $x^2-2kx+2k+3=0$의 판별식을 D라 하면 $D<0$이어야 한다.

$$\dfrac{D}{4}=(-k)^2-(2k+3)<0,\ k^2-2k-3<0,\ (k-3)(k+1)<0$$

따라서 $-1<k<3$

mini해설 이차함수의 꼭짓점의 y좌표를 이용하여 풀이하기

$y=x^2-2kx+2k+3$
$\ =(x-k)^2-k^2+2k+3$

이때 이 이차함수의 최솟값 $-k^2+2k+3>0$이면 x축과 만나지 않으므로 $-k^2+2k+3>0$이어야 한다.

즉 $k^2-2k-3<0,\ (k+1)(k-3)<0$

∴ $-1<k<3$

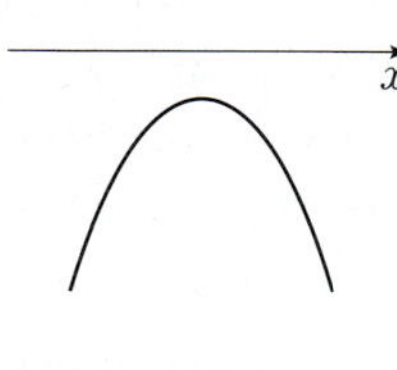

1317

정답 ②

STEP A 이차함수의 그래프와 이차부등식의 관계 이해하기

이차함수 $y=ax^2-2(a+2)x-1$의 그래프가 x축 보다 항상 아래쪽에 있기 위해서는 모든 실수 x에 대하여

$ax^2-2(a+2)x-1<0$이 성립해야 한다.

즉 이차함수 $y=ax^2-2(a+2)x-1$의 그래프가 위로 볼록이어야 하므로 $a<0$ ······ ㉠

STEP B 이차방정식의 판별식을 이용하여 정수 a의 범위 구하기

이차방정식 $ax^2-2(a+2)x-1=0$의 판별식을 D라 하면 $D<0$이어야 한다.

$$\dfrac{D}{4}=\{-(a+2)\}^2+a<0,\ a^2+5a+4<0,\ (a+1)(a+4)<0$$

∴ $-4<a<-1$ ······ ㉡

㉠, ㉡의 공통부분을 구하면 $-4<a<-1$

따라서 정수 a는 -3, -2이므로 그 합은 $-3+(-2)=-5$

이차함수 $y=kx^2-2(k+4)x-2$의 그래프가 x축보다 항상 아래쪽에 있도록 하는 정수 k의 개수는?

① 2 ② 3 ③ 4
④ 5 ⑤ 6

STEP A 이차함수의 그래프와 이차부등식의 관계 이해하기

이차함수 $y=kx^2-2(k+4)x-2$의 그래프가 x축 보다 항상 아래쪽에 있기 위해서는 모든 실수 x에 대하여

$kx^2-2(k+4)x-2<0$이 성립해야 한다.

즉 이차함수 $y=kx^2-2(k+4)x-2$의 그래프가 위로 볼록이어야 하므로 $k<0$ ······ ㉠

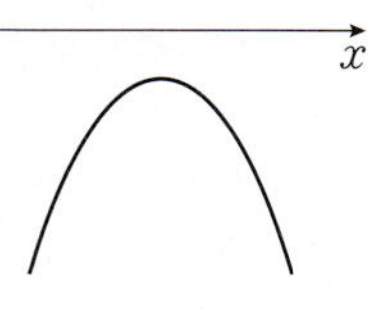

이차방정식 $kx^2-2(k+4)x-2=0$의 판별식을 D라 하면 $D<0$이어야 한다.

$\dfrac{D}{4}=\{-(k+4)\}^2+2k<0,\ k^2+10k+16<0,\ (k+2)(k+8)<0$

$\therefore -8<k<-2$ $\quad$ ······ ㉡

㉠, ㉡의 공통부분을 구하면 $-8<a<-2$

따라서 정수 k는 $-7, -6, -5, -4, -3$이므로 그 개수는 5 $\qquad$ 정답 ④

1318

정답 ③

STEP **A** 이차함수의 그래프와 이차부등식의 관계 이해하기

이차함수 $y=x^2-2x+2$의 그래프가

직선 $y=mx-2$보다 항상 위쪽에 있으려면

모든 실수 x에 대하여

부등식 $x^2-2x+2>mx-2$,

즉 이차부등식 $x^2-(2+m)x+4>0$이 성립한다.

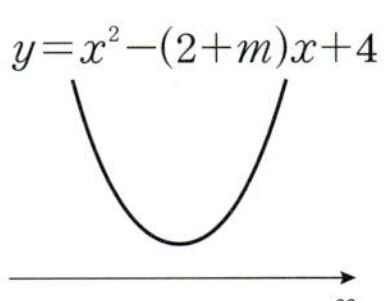

STEP **B** 이차방정식의 판별식을 이용하여 m의 범위 구하기

이차방정식 $x^2-(2+m)x+4=0$의 판별식을 D라 하면 $D<0$이어야 한다.

$D=(m+2)^2-16<0,\ m^2+4m-12<0,\ (m+6)(m-2)<0$

따라서 $-6<m<2$

1319

정답 ⑤

STEP **A** 이차함수의 그래프와 직선의 위치 관계를 이용하기

이차함수 $y=-4x^2+2x+1$의 그래프가

직선 $y=kx+2$보다 항상 아래쪽에

있으므로 부등식 $-4x^2+2x+1<kx+2$,

즉 $4x^2+(k-2)x+1>0$이 항상 성립해야 한다.

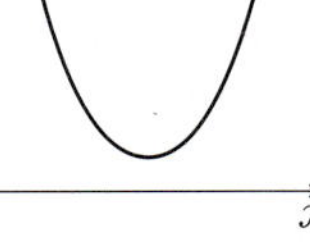

STEP **B** 이차방정식의 판별식을 이용하여 실수 a의 범위 구하기

이차방정식 $4x^2+(k-2)x+1=0$의 판별식을 D라 하면 $D<0$이어야 한다.

$D=(k-2)^2-16<0,\ k^2-4k-12<0,\ (k+2)(k-6)<0$

따라서 $-2<k<6$이므로 $\beta-\alpha=6-(-2)=8$

1320

정답 ①

STEP **A** 두 함수의 그래프의 위치 관계를 이용하기

이차함수 $y=ax^2-2x-3$의 그래프가 이차함수 $y=x^2-2ax-2$의 그래프

보다 항상 아래쪽에 있으므로

모든 실수 x에 대하여 부등식 $ax^2-2x-3<x^2-2ax-2$,

즉 $(a-1)x^2+2(a-1)x-1<0$ ······ ㉠

STEP **B** a의 값의 범위에 따라 나누고 a의 범위 구하기

(i) $a-1=0$일 때,

$\quad$ $a=1$이므로 부등식 ㉠에서 $-1<0$, 즉 모든 실수 x에 대하여 성립한다.

$\quad$ $\therefore a=1$

(ii) $a-1\neq0$일 때,

$\quad$ $a\neq1$이므로 모든 실수 x에 대하여 부등식 ㉠이 성립하려면

$\quad$ $a-1<0$ $\quad \therefore a<1$ $\quad$ ······ ㉡

$\quad$ 또한, 이차방정식 $(a-1)x^2+2(a-1)x-1=0$의 판별식을 D라 하면

$\quad$ $D<0$이어야 한다.

$\quad$ $\dfrac{D}{4}=(a-1)^2+(a-1)<0,\ a^2-a<0,\ a(a-1)<0$

$\quad$ $\therefore 0<a<1$ $\quad$ ······ ㉢

ㄴ, ㉡의 공통부분을 구하면 $0<a<1$

(i), (ii)에서 $0<a\leq1$

이차함수 $y=ax^2-4x-5$의 그래프가 이차함수 $y=2x^2-2ax-3$의

그래프보다 항상 아래쪽에 있도록 하는 실수 a의 범위는?

① $0\leq a<2$ $\qquad$ ② $0<a\leq2$ $\qquad$ ③ $0<a<2$

④ $a<0$ 또는 $a>2$ $\qquad$ ⑤ $a\leq-2$ 또는 $a\geq0$

STEP **A** 두 함수의 그래프의 위치 관계를 이용하기

이차함수 $y=ax^2-4x-5$의 그래프가 이차함수 $y=2x^2-2ax-3$의 그래프

보다 항상 아래쪽에 있으므로

모든 실수 x에 대하여 부등식 $ax^2-4x-5<2x^2-2ax-3$

즉 $(a-2)x^2+2(a-2)x-2<0$ ······ ㉠

STEP **B** a의 값의 범위에 따라 나누고 a의 범위 구하기

(i) $a-2=0$일 때,

$\quad$ $a=2$이므로 부등식 ㉠에서 $-2<0$, 즉 모든 실수 x에 대하여 성립한다.

$\quad$ $\therefore a=2$

(ii) $a-2\neq0$일 때,

$\quad$ $a\neq2$이므로 모든 실수 x에 대하여 부등식 ㉠이 성립하려면

$\quad$ $a-2<0$ $\quad \therefore a<2$ $\quad$ ······ ㉡

$\quad$ 또한, 이차방정식 $(a-2)x^2+2(a-2)x-2=0$의 판별식을 D라 하면

$\quad$ $D<0$이어야 한다.

$\quad$ $\dfrac{D}{4}=(a-2)^2+2(a-2)<0,\ a^2-2a<0,\ a(a-2)<0$

$\quad$ $\therefore 0<a<2$ $\quad$ ······ ㉢

ㄴ, ㉢의 공통부분을 구하면 $0<a<2$

(i), (ii)에서 $0<a\leq2$ $\qquad$ 정답 ②

1321

2022년 06월 고1 학력평가 10번 $\qquad$ 정답 ②

STEP **A** 이차함수와 이차방정식의 관계에 의한 판별식 구하기

이차함수 $y=x^2+2(a-1)x+2a+13$의 그래프가 x축과 만나지 않으므로

이차방정식 $x^2+2(a-1)x+2a+13=0$의 실근이 존재하지 않는다.

이차방정식 $x^2+2(a-1)x+2a+13=0$의 판별식을 D라 하면

$D<0$이어야 한다.

$\dfrac{D}{4}=(a-1)^2-(2a+13)<0$

$a^2-4a-12<0,\ (a+2)(a-6)<0$

$\therefore -2<a<6$

STEP **B** 모든 정수 a의 값의 합 구하기

$-2<a<6$이므로 정수 a의 값은 $-1, 0, 1, 2, 3, 4, 5$

따라서 모든 정수 a의 값의 합은 $-1+0+1+2+3+4+5=14$

이차함수 $y=x^2-2(a+1)x+5a+29$의 그래프가 x축과 만나지 않도록 하는 모든 정수 a의 값의 합은?

① 11   ② 13   ③ 15
④ 17   ⑤ 19

STEP A 이차함수와 이차방정식의 관계에 의한 판별식 구하기

이차함수 $y=x^2-2(a+1)x+5a+29$의 그래프가 x축과 만나지 않으므로
이차방정식 $x^2-2(a+1)x+5a+29=0$의 실근이 존재하지 않는다.
즉 이차방정식 $x^2-2(a+1)x+5a+29=0$의 판별식을 D라 하면
$D<0$이어야 한다.
$$\frac{D}{4}=\{-(a+1)\}^2-(5a+29)<0,\ a^2-3a-28<0,\ (a+4)(a-7)<0$$
$$\therefore -4<a<7$$

STEP B 모든 정수 a의 값의 합 구하기

$-4<a<7$이므로 정수 a의 값은 $0,\ \pm1,\ \pm2,\ \pm3,\ 4,\ 5,\ 6$
따라서 모든 정수 a의 값의 합은
$$-3+(-2)+(-1)+0+1+2+3+4+5+6=15$$

정답 ③

1322

2021년 06월 고1 학력평가 10번   정답 ⑤

STEP A 이차방정식의 판별식을 이용하여 k의 값의 범위 구하기

이차함수 $y=x^2+6x-3$의 그래프와 직선 $y=kx-7$이 만나지 않으므로
이차방정식 $x^2+6x-3=kx-7$에서 $x^2+(6-k)x+4=0$의 실근이 존재하지 않는다.
즉 이차방정식 $x^2+(6-k)x+4=0$의
판별식을 D라 하면 $D<0$이어야 한다.

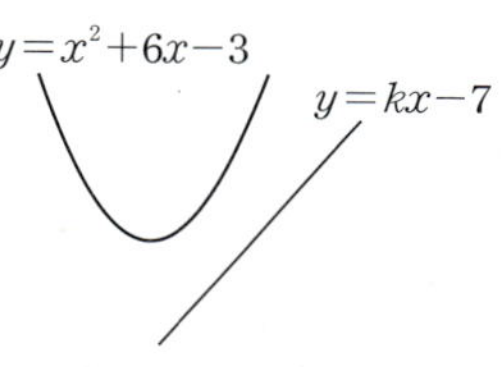

$$D=(6-k)^2-4\times1\times4<0$$
$$k^2-12k+20<0,\ (k-2)(k-10)<0$$
$$\therefore 2<k<10$$

STEP B 부등식을 만족시키는 모든 자연수 k의 개수 구하기

따라서 조건을 만족하는 자연수 k의 값은 $3,\ 4,\ \cdots,\ 9$이므로 모든 자연수 k의
개수는 7 ← $10-2-1=7$

이차함수 $y=x^2+5x-6$의 그래프와 직선 $y=kx-7$이 만나지 않도록 하는 모든 자연수 k의 합은?

① 12   ② 13   ③ 14
④ 15   ⑤ 16

STEP A 이차함수의 그래프와 직선의 위치 관계를 이용하기

이차함수 $y=x^2+5x-6$의 그래프와
직선 $y=kx-7$이 만나지 않으므로
교점의 개수는 없다.
즉 이차방정식 $x^2+5x-6=kx-7$에서
$x^2+(5-k)x+1=0$의 실근이 존재하지 않는다.

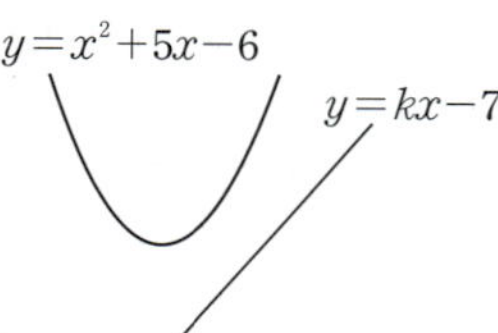

STEP B 이차방정식의 판별식을 이용하여 자연수 k의 개수 구하기

이차방정식 $x^2+(5-k)x+1=0$의 판별식을 D라 하면 $D<0$이어야 한다.
$$D=(5-k)^2-4\times1\times1<0,\ k^2-10k+21<0,\ (k-3)(k-7)<0$$
$$\therefore 3<k<7$$
따라서 조건을 만족하는 자연수 k는 $4,\ 5,\ 6$이므로 합은 $4+5+6=15$

정답 ④

1323

정답 ③

STEP A 이차함수의 그래프 파악하기

부등식 $x^2-3x\leq0$에서 $x(x-3)\leq0$이므로 $0\leq x\leq3$
$f(x)=x^2-2x+a-2$라 하면 $f(x)=(x-1)^2+a-3$
즉 이차함수 $y=f(x)$의 그래프는 아래로 볼록이고 꼭짓점의 좌표는 $(1,\ a-3)$

STEP B 그래프를 이용하여 실수 a의 범위 구하기

$0\leq x\leq3$에서 $f(x)\geq0$이 항상 성립하려면
($f(x)$의 최솟값)≥0이어야 한다.
이차함수 $y=f(x)$의 그래프는
오른쪽 그림과 같아야 한다.
즉 함수 $y=f(x)$의 꼭짓점의 x좌표 1이
$0\leq x\leq3$에 포함되므로
$x=1$일 때, 최솟값 $f(1)=a-3$을 갖는다.
이때 $a-3\geq0$이므로 $a\geq3$
따라서 실수 a의 최솟값은 3

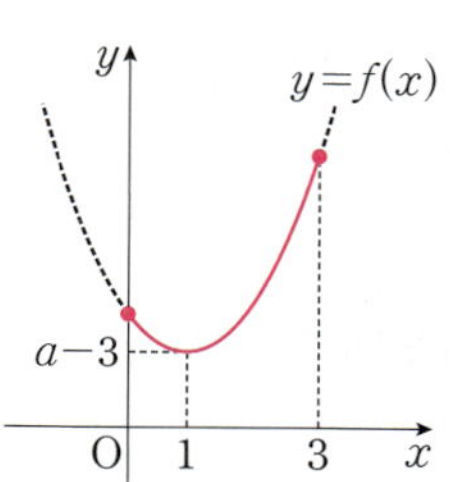

1324

정답 ④

STEP A 주어진 부등식을 정리하여 그 그래프를 그리기

부등식 $x^2-x-2\leq0$에서 $(x+1)(x-2)\leq0$
$$\therefore -1\leq x\leq2$$
$-x^2+3x-4\leq x^2-7x+k$에서
$2x^2-10x+k+4\geq0$
$f(x)=2x^2-10x+k+4$라 하면
$f(x)=2\left(x-\dfrac{5}{2}\right)^2-\dfrac{17}{2}+k$이므로
이차함수 $y=f(x)$의 그래프는
아래로 볼록이고 축의 방정식 $x=\dfrac{5}{2}$이므로
그 그래프는 오른쪽 그림과 같다.

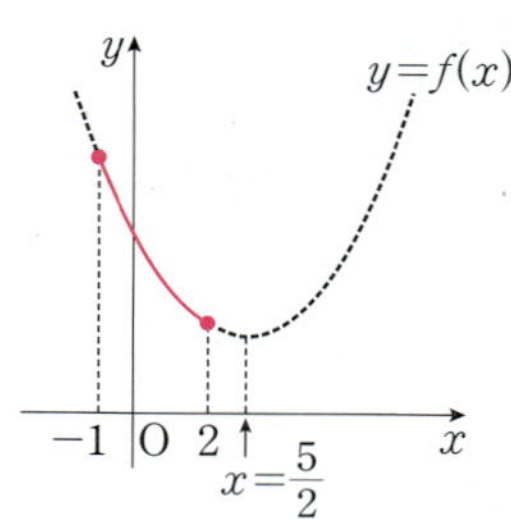

STEP B 그래프를 이용하여 상수 k의 범위 구하기

$-1\leq x\leq2$에서 $f(x)\geq0$이 항상 성립하려면 $f(2)\geq0$이어야 한다.
$-1\leq x\leq2$에서 최솟값은 $x=2$일 때이다.
$f(2)=8-20+4+k\geq0$
따라서 $k\geq8$이므로 k의 최솟값은 8

1325

정답 ⑤

STEP A 주어진 부등식을 정리하여 이차함수의 그래프 그리기

$x^2-2x+1\leq-x^2+k$에서 $2x^2-2x+1-k\leq0$
$f(x)=2x^2-2x+1-k$라 하면
$$f(x)=2\left(x-\frac{1}{2}\right)^2+\frac{1}{2}-k$$
이차함수 $y=f(x)$의 그래프는 아래로 볼록이고 꼭짓점의 좌표는 $\left(\dfrac{1}{2},\ \dfrac{1}{2}-k\right)$

STEP B 그래프를 이용하여 $f(x)\leq0$이 성립하는 상수 k의 범위 구하기

$-1\leq x\leq1$에서 $f(x)\leq0$이 항상 성립하려면
이차함수 $y=f(x)$의 그래프는 오른쪽 그림과 같아야 한다.
이때 $x=-1$과 $x=1$ 중 대칭축 $x=\dfrac{1}{2}$로부터
더 멀리 떨어진 $x=-1$일 때,
최댓값 $f(-1)=5-k$를 갖는다.
즉 $5-k\leq0$이므로 $k\geq5$
따라서 k의 최솟값은 5

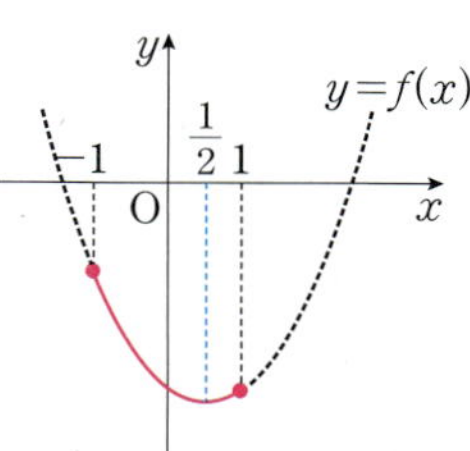

$-1 \leq x \leq 1$에서 이차부등식 $x^2-2x+3 \leq -x^2+k$가 항상 성립할 때, 실수 k의 최솟값을 구하시오.

STEP A 식을 정리하여 이차함수 그래프의 개형 파악하기

이차부등식 $x^2-2x+3 \leq -x^2+k$에서 $2x^2-2x+3-k \leq 0$

이때 $f(x)=2x^2-2x+3-k$라 하면

$$f(x)=2\left(x-\frac{1}{2}\right)^2+\frac{5}{2}-k \quad \leftarrow \quad f(x)=2(x^2-x)+3-k=2\left(x^2-x+\frac{1}{4}-\frac{1}{4}\right)+3-k$$

즉 이차함수 $y=f(x)$의 그래프는
오른쪽 그림과 같이 아래로 볼록하고

$f(x)$의 x^2의 계수가 양수이다.

대칭축이 $x=\frac{1}{2}$이다.

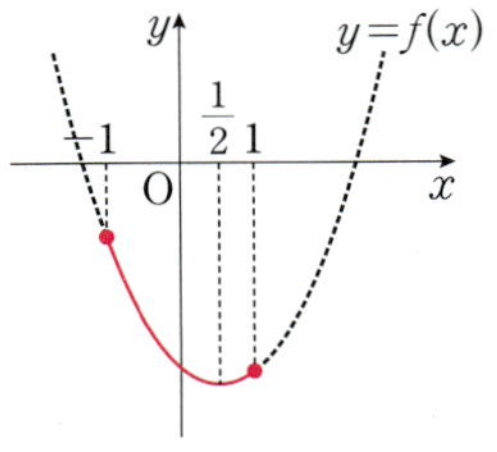

STEP B 조건을 만족시키는 상수 k의 최솟값 구하기

$-1 \leq x \leq 1$에서 $f(x) \leq 0$이 항상 성립하려면 $f(-1) \leq 0$이어야 한다.

즉 $f(-1)=7-k \leq 0$

$-1 \leq x \leq 1$에서 이차함수 $f(x)$의
최댓값이 0보다 작거나 같아야 한다.

$\therefore k \geq 7$

따라서 실수 k의 최솟값은 7

정답 **7**

1326

정답 ②

STEP A 이차함수가 직선보다 항상 아래쪽에 있기 위한 조건 구하기

$1<x<2$에서 이차함수 $y=2x^2+1$의 그래프가 직선 $y=a(x+1)$보다 항상
아래쪽에 있으므로 $2x^2+1<a(x+1)$이어야 한다.

$f(x)=2x^2-ax-a+1<0$

즉 $1<x<2$에서 $f(x)<0$이어야 하므로
함수 $y=f(x)$의 그래프는 오른쪽 그림과
같아야 한다.

즉 $f(1) \leq 0$, $f(2) \leq 0$이어야 한다.

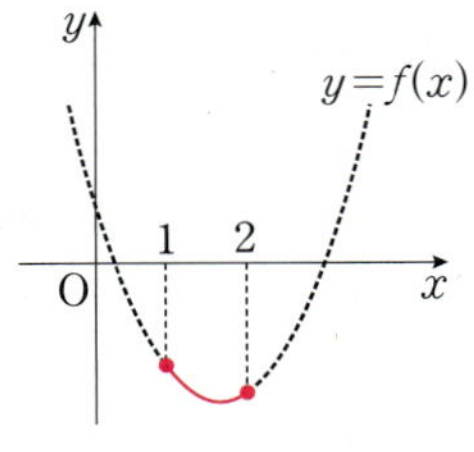

STEP B 그래프에서 상수 a의 범위 구하기

$f(1)=3-2a \leq 0 \quad \therefore a \geq \dfrac{3}{2} \quad \cdots\cdots \ \bigcirc$

$f(2)=9-3a \leq 0 \quad \therefore a \geq 3 \quad \cdots\cdots \ \bigcirc$

따라서 $\bigcirc$, $\bigcirc$의 공통범위는 $a \geq 3$

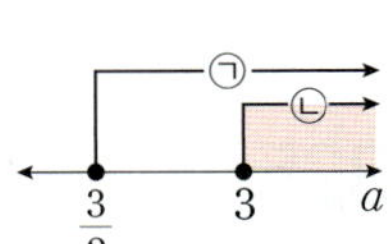

1327

정답 ④

STEP A a의 범위에 따른 부등식이 성립하기 위한 a의 범위 구하기

$f(x)=x^2-2ax+a+2$라 하면 $f(x)=(x-a)^2-a^2+a+2$이므로
대칭축이 $x=a$이다.

(i) $a<0$일 때,
이때 최솟값은 $x=0$일 때이므로
$f(0) \geq 0$이면 된다.
즉 $f(0)=a+2 \geq 0$이므로 $a \geq -2$
그런데 $a<0$이므로 $-2 \leq a<0$

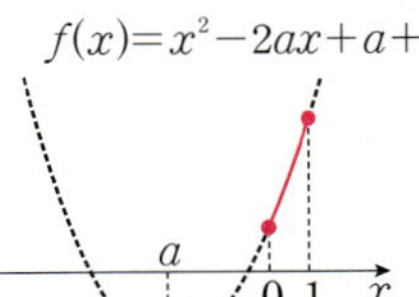

(ii) $0 \leq a \leq 1$일 때,
이때 최솟값은 $x=a$일 때이므로
$f(a) \geq 0$이면 된다.
즉 $f(x)=a^2-2a^2+a+2$
$\qquad =-a^2+a+2 \geq 0$
이므로 $-1 \leq a \leq 2$
그런데 $0 \leq a \leq 1$이므로 $0 \leq a \leq 1$

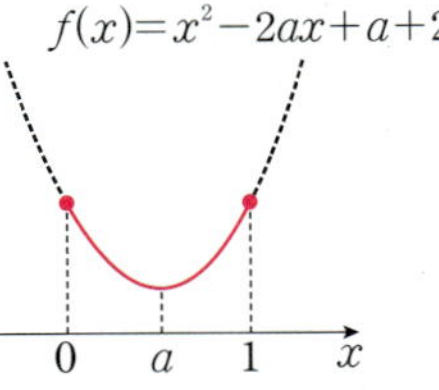

(iii) $a>1$일 때,
이때 최솟값은 $x=1$일 때이므로
$f(1) \geq 0$이면 된다.
즉 $f(1)=1-2a+a+2 \geq 0$이므로 $a \leq 3$
그런데 $a>1$이므로 $1<a \leq 3$

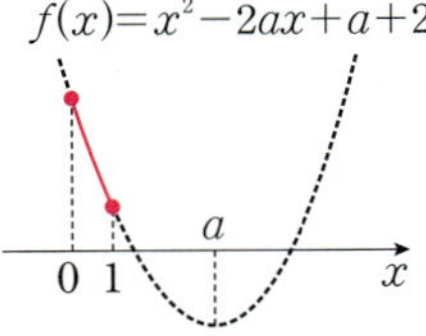

(i)~(iii)에서 a의 값의 범위는 $-2 \leq a \leq 3$

1328

정답 ⑤

STEP A 이차함수의 그래프 그리기

$x^2-8x+12 \leq 0$에서 $(x-2)(x-6) \leq 0$이므로 $2 \leq x \leq 6$

$f(x)=x^2-2ax+a^2-a$
$\qquad =(x-a)^2-a$

이차함수 $y=f(x)$의 그래프는 아래로 볼록이고 꼭짓점의 좌표는 $(a, -a)$

STEP B 그래프를 이용하여 $f(x)>0$이 성립하는 상수 a의 범위 구하기

(i) $a<2$일 때,
$2 \leq x \leq 6$에서 $f(x)$의 최솟값은 $f(2)$
$f(2)=4-4a+a^2-a=a^2-5a+4>0$
$(a-1)(a-4)>0$
$\therefore a<1$ 또는 $a>4$
그런데 $a<2$이므로 $a<1 \quad \cdots\cdots \ \bigcirc$

(ii) $2 \leq a \leq 6$일 때,
$2 \leq x \leq 6$에서 $f(x)$의 최솟값은 $f(a)$
$f(a)=-a>0 \quad \therefore a<0$
그런데 $2 \leq x \leq 6$에서 조건을 만족하는
a는 없다.

(iii) $a>6$일 때,
$2 \leq x \leq 6$에서 $f(x)$의 최솟값은 $f(6)$
$f(6)=36-12a+a^2-a$
$\qquad =a^2-13a+36>0$
$(a-4)(a-9)>0$
$\therefore a<4$ 또는 $a>9$
그런데 $a>6$이므로 $a>9 \quad \cdots\cdots \ \bigcirc$

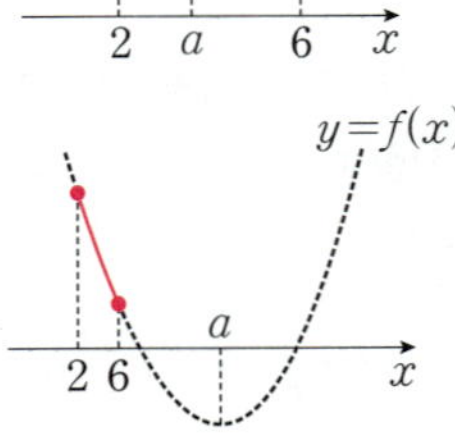

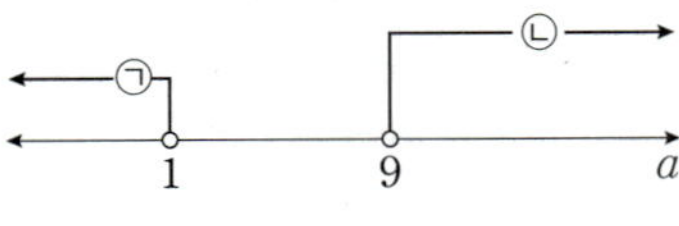

(i)~(iii)에서 $a<1$ 또는 $a>9$

이차부등식 $x^2+8x+12 \le 0$을 만족시키는 모든 실수 x에 대하여
이차부등식 $x^2-2ax+a^2+a>0$가 항상 성립할 때, 실수 a의 값의 범위는?

① $-6<a<-2$ ② $-9<a<0$
③ $a<-4$ 또는 $a>-1$ ④ $a<-9$ 또는 $a>-4$
⑤ $a<-9$ 또는 $a>-1$

STEP A 이차함수의 그래프 그리기

$x^2+8x+12 \le 0$에서 $(x+6)(x+2) \le 0$이므로 $-6 \le x \le -2$
$$f(x)=x^2-2ax+a^2+a$$
$$=(x-a)^2+a$$
이차함수 $y=f(x)$의 그래프는 아래로 볼록이고 꼭짓점의 좌표는 (a, a)

STEP B 그래프를 이용하여 $f(x)>0$이 성립하는 상수 a의 범위 구하기

(i) $a<-6$일 때,
$-6 \le x \le -2$에서
이차함수 $y=f(x)$의 최솟값은 $f(-6)$
이때 $f(-6)>0$, 즉
$a^2+13a+36>0$, $(a+9)(a+4)>0$
$\therefore a<-9$ 또는 $a>-4$
그런데 $a<-6$이므로 $a<-9$

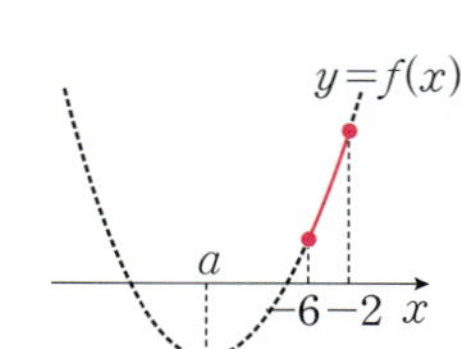

(ii) $-6 \le a \le -2$일 때,
$-6 \le x \le -2$에서
이차함수 $y=f(x)$의 최솟값은 $f(a)$
이때 $f(a)>0$, 즉 $a>0$이므로
$-6 \le x \le -2$에서
조건을 만족하는 a는 없다.

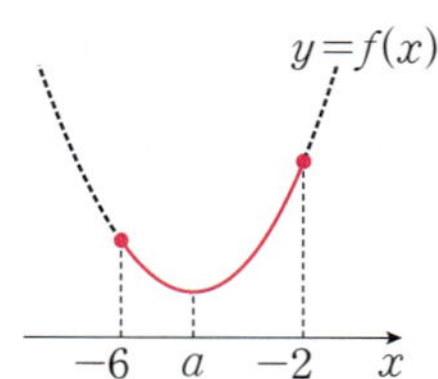

(iii) $a>-2$일 때,
$-6 \le x \le -2$에서
이차함수 $y=f(x)$의 최솟값은 $f(-2)$
이때 $f(-2)>0$, 즉
$a^2+5a+4>0$, $(a+4)(a+1)>0$
$\therefore a<-4$ 또는 $a>-1$
그런데 $a>-2$이므로 $a>-1$

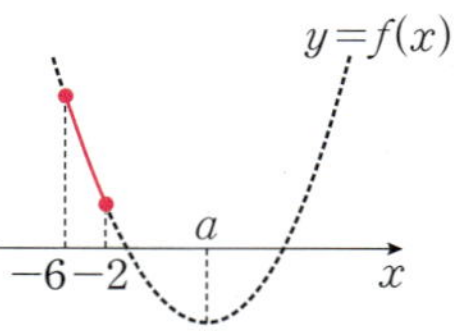

(i)~(iii)에서 $a<-9$ 또는 $a>-1$

정답 ⑤

1329

2015년 06월 고1 학력평가 12번   정답 ②

STEP A 식을 정리하여 이차함수 그래프의 개형 파악하기

$f(x)=x^2-4x-4k+3$이라 하면
$f(x)=(x-2)^2-4k-1$ ← $x^2-4x+4-4-4k+3$
즉 이차함수 $y=f(x)$의 그래프는
오른쪽 그림과 같이
아래로 볼록하고 대칭축이 $x=2$이다.
$f(x)$의 x^2의 계수가 양수이다.

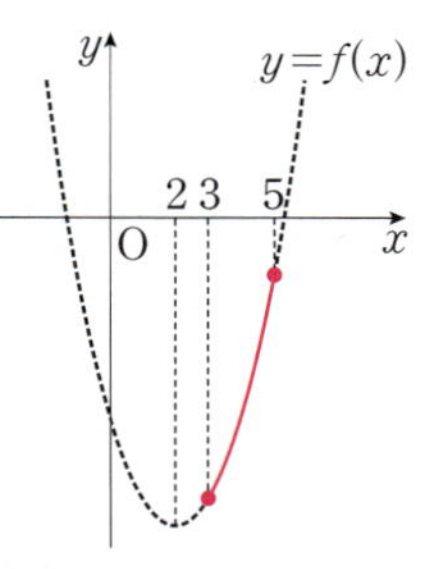

STEP B 조건을 만족시키는 상수 k의 최솟값 구하기

$3 \le x \le 5$에서 $f(x) \le 0$이 항상 성립하려면 $f(5) \le 0$이어야 한다.
$3 \le x \le 5$에서 이차함수 $f(x)$의 최댓값이 0보다 작거나 같아야 한다.
즉 $f(5)=3^2-4k-1 \le 0$, $8-4k \le 0$
$\therefore k \ge 2$
따라서 상수 k의 최솟값은 2

$-1 \le x \le 5$인 실수 x에 대하여 부등식 $-x^2-2x+3k+3 \ge 0$이 항상
성립하도록 하는 상수 k의 최솟값은?

① 1   ② 2   ③ 3
④ 4   ⑤ 5

STEP A 이차함수의 그래프 그리기

$f(x)=-x^2+2x+3k+3$이라 하면
$f(x)=-(x-1)^2+3k+4$
이차함수 $y=f(x)$의 그래프는
위로 볼록이고 꼭짓점의 좌표는
$(1, 3k+4)$이다.
즉 축의 방정식은 $x=1$이고
그 그래프는 오른쪽 그림과 같다.

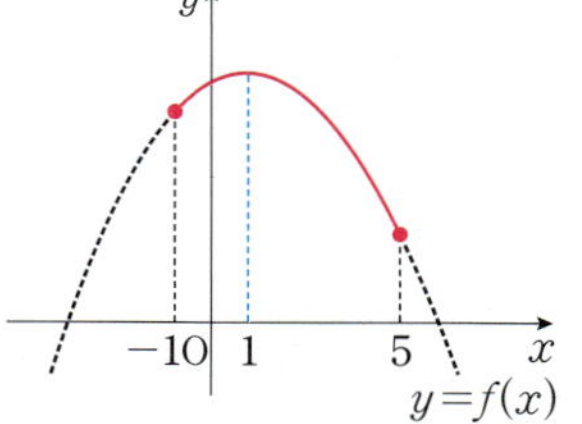

STEP B 그래프를 이용하여 $f(x) \ge 0$이 성립하는 상수 k의 범위 구하기

$-1 \le x \le 5$에서 $f(x) \ge 0$이 항상 성립하려면
$f(5) \ge 0 (\because f(5)<f(-1))$이어야 한다.
$-1 \le x \le 5$에서 이차함수 $f(x)$의 최솟값이 0보다 크거나 같아야 한다.
즉 $f(5)=-25+10+3k+3=-12+3k \ge 0$
따라서 $k \ge 4$

정답 ④

1330

정답 5

STEP A 연립부등식을 이루고 있는 각 부등식의 해 구하기

$2x+1<x-2$에서 $2x-x<-2-1$
$\therefore x<-3$ ……㉠
$x^2+7x-8<0$에서 $(x+8)(x-1)<0$
$(x-a)(x-b)<0(a<b)$의 해는 $a<x<b$
$\therefore -8<x<1$ ……㉡
㉠, ㉡의 공통범위를 구하면 $-8<x<-3$

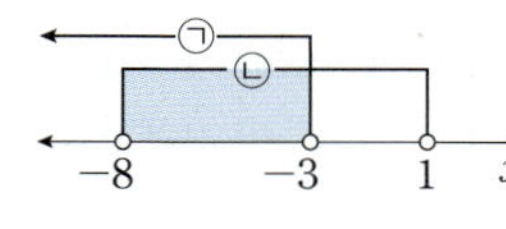

STEP B $\beta-\alpha$의 값 구하기

따라서 $\alpha=-8$, $\beta=-3$이므로 $\beta-\alpha=-3-(-8)=5$

1331

정답 ③

STEP A 주어진 연립부등식을 둘로 나누어 각각의 해 구하기

$0 \le -x^2+9x$에서 $x(x-9) \le 0$
$(x-a)(x-b) \le 0(a<b)$의 해는 $a \le x \le b$
$\therefore 0 \le x \le 9$ ……㉠
$-x^2+9x<-x+25$에서 $x^2-10x+25>0$
$(x-5)^2>0$
$\therefore x \ne 5$인 모든 실수   ……㉡

STEP B 부등식을 만족시키는 모든 정수 x의 값의 합 구하기

㉠, ㉡의 공통범위를 구하면
$0 \le x<5$ 또는 $5<x \le 9$
따라서 부등식을 만족시키는 정수 x의
값은 0, 1, 2, 3, 4, 6, 7, 8, 9이므로 개수는 9

1332

STEP A 두 부등식의 해를 각각 구하여 연립부등식의 해 구하기

부등식 $x-1 \geq 2$에서 $x \geq 3$ ······ ㉠

부등식 $x^2 - 8x \leq -12$에서

$x^2 - 8x + 12 \leq 0$, $(x-2)(x-6) \leq 0$

$\therefore 2 \leq x \leq 6$ ······ ㉡

㉠, ㉡을 수직선 위에 나타내면
오른쪽 그림과 같으므로
주어진 연립부등식의 해는 $3 \leq x \leq 6$

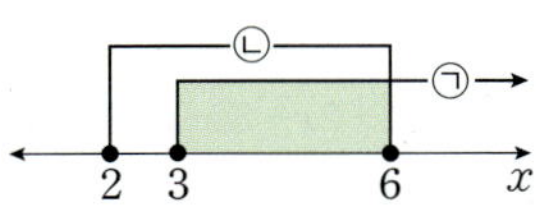

STEP B $a+b$의 값 구하기

해가 $3 \leq x \leq 6$이고 x^2의 계수가 1인 이차부등식은 $(x-3)(x-6) \leq 0$

$\therefore x^2 - 9x + 18 \leq 0$

양변에 -1을 곱하면 $-x^2 + 9x - 18 \geq 0$

이 부등식이 $ax^2 + bx - 18 \geq 0$과 일치하므로 $a = -1$, $b = 9$

따라서 $a+b = -1 + 9 = 8$

내신연계 출제문항 623

연립부등식
$$\begin{cases} x+2 \geq 6 \\ x^2 - 10x \leq -21 \end{cases}$$
의 해가 이차부등식 $-x^2 + ax + b \geq 0$의 해와 같을 때, 상수 a, b에 대하여 $a+b$의 값은?

① -11 ② -13 ③ -15
④ -17 ⑤ -19

STEP A 두 부등식의 해를 각각 구하여 연립부등식의 해 구하기

부등식 $x+2 \geq 6$에서 $x \geq 4$ ······ ㉠

부등식 $x^2 - 10x \leq -21$에서 $x^2 - 10x + 21 \leq 0$, $(x-3)(x-7) \leq 0$

$\therefore 3 \leq x \leq 7$ ······ ㉡

㉠, ㉡을 수직선 위에 나타내면
오른쪽 그림과 같으므로
주어진 연립부등식의 해는 $4 \leq x \leq 7$

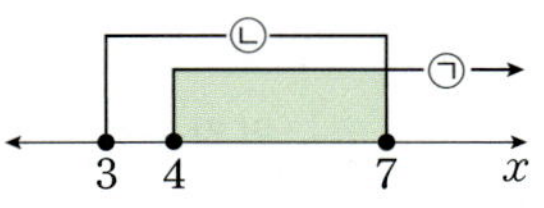

STEP B $a+b$의 값 구하기

해가 $4 \leq x \leq 7$이고 x^2의 계수가 1인 이차부등식은 $(x-4)(x-7) \leq 0$

$\therefore x^2 - 11x + 28 \leq 0$

양변에 -1을 곱하면 $-x^2 + 11x - 28 \geq 0$

이 부등식이 $-x^2 + ax + b \geq 0$과 일치하므로 $a = 11$, $b = -28$

따라서 $a+b = 11 + (-28) = -17$

1333

2022년 11월 고1 학력평가 7번

STEP A 연립부등식의 해 구하기

$2x - 6 \geq 0$에서 $x \geq 3$ ······ ㉠

$x^2 - 8x + 12 \leq 0$에서 $(x-2)(x-6) \leq 0$

$(x-a)(x-b) \leq 0 \, (a<b)$의 해는 $a \leq x \leq b$

$\therefore 2 \leq x \leq 6$ ······ ㉡

㉠, ㉡의 공통범위를 구하면 $3 \leq x \leq 6$

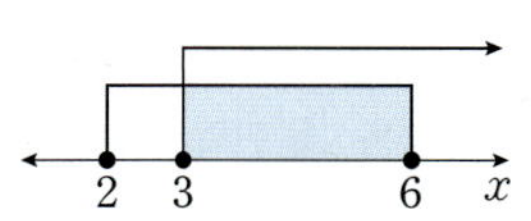

STEP B 부등식을 만족시키는 모든 자연수 x의 값의 합 구하기

따라서 부등식을 만족시키는 자연수 x의 값은 3, 4, 5, 6이므로
모든 자연수 x의 값의 합은 $3+4+5+6 = 18$

내신연계 출제문항 624

연립부등식
$$\begin{cases} 2x - 8 \geq 0 \\ x^2 - 8x + 7 \leq 0 \end{cases}$$
을 만족시키는 모든 자연수 x의 값의 합은?

① 21   ② 22   ③ 23
④ 24   ⑤ 25

STEP A 연립부등식의 해 구하기

부등식 $2x - 8 \geq 0$에서 $x \geq 4$ ······ ㉠

부등식 $x^2 - 8x + 7 \leq 0$에서 $(x-1)(x-7) \leq 0$

$\therefore 1 \leq x \leq 7$ ······ ㉡

㉠, ㉡의 공통범위를 구하면 $4 \leq x \leq 7$

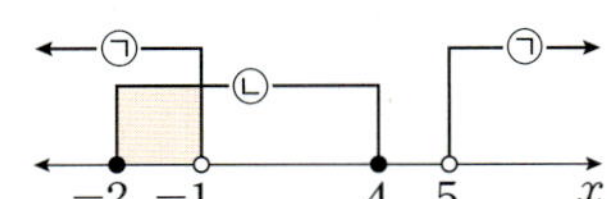

STEP B 부등식을 만족시키는 모든 자연수 x의 값의 합 구하기

따라서 부등식을 만족시키는 자연수 x의 값은 4, 5, 6, 7이므로
모든 자연수 x의 값의 합은 $4+5+6+7 = 22$

1334

STEP A 각 부등식의 해 구하기

$x^2 - 4x - 5 > 0$에서 $(x+1)(x-5) > 0$

$x < -1$ 또는 $x > 5$ ······ ㉠

$x^2 - 2x - 8 \leq 0$에서 $(x+2)(x-4) \leq 0$

$-2 \leq x \leq 4$ ······ ㉡

STEP B 공통부분의 범위 구하기

따라서 ㉠, ㉡의 공통범위는 $-2 \leq x < -1$

1335

STEP A 각 부등식의 해 구하기

$3x^2 - 8x - 16 < 0$에서 $(3x+4)(x-4) < 0$

$-\dfrac{4}{3} < x < 4$ ······ ㉠

$-2x^2 + 7x - 6 \leq 0$에서 $(2x-3)(x-2) \geq 0$

$x \leq \dfrac{3}{2}$ 또는 $x \geq 2$ ······ ㉡

STEP B 공통부분의 범위 구하기

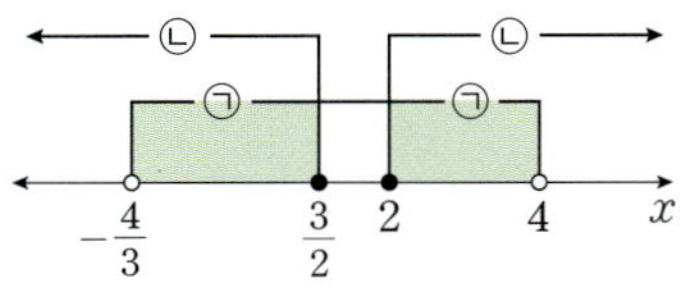

㉠, ㉡의 공통범위는 $-\dfrac{4}{3} < x \leq \dfrac{3}{2}$ 또는 $2 \leq x < 4$

따라서 정수 x의 값은 -1, 0, 1, 2, 3이므로 그 합은 5

1336

정답 ①

STEP Ⓐ 두 부등식의 해를 각각 구하기

부등식 $x+6<x^2<3x+4$에서 $\begin{cases} x+6<x^2 \\ x^2<3x+4 \end{cases}$

이때 부등식 $x+6<x^2$에서 $x^2-x-6>0$, $(x-3)(x+2)>0$

$\therefore x<-2$ 또는 $x>3$ ...... ㉠

부등식 $x^2<3x+4$에서 $x^2-3x-4<0$, $(x-4)(x+1)<0$

$\therefore -1<x<4$ ...... ㉡

STEP Ⓑ 공통부분의 범위 구하기

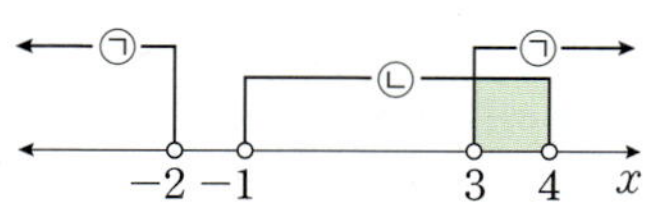

따라서 ㉠, ㉡의 공통범위는 $3<x<4$

1337

정답 ①

STEP Ⓐ 두 부등식의 해를 각각 구하기

부등식 $2x^2-3x-19<x^2+2x+5\le 2x^2-x+1$에서

$\begin{cases} 2x^2-3x-19<x^2+2x+5 \\ x^2+2x+5\le 2x^2-x+1 \end{cases}$

이때 부등식 $2x^2-3x-19<x^2+2x+5$에서

$x^2-5x-24<0$, $(x+3)(x-8)<0$

$\therefore -3<x<8$ ...... ㉠

부등식 $x^2+2x+5\le 2x^2-x+1$에서 $-x^2+3x+4\le 0$

$x^2-3x-4\ge 0$, $(x+1)(x-4)\ge 0$

$\therefore x\le -1$ 또는 $x\ge 4$ ...... ㉡

STEP Ⓑ 공통부분의 범위를 구하여 자연수 x의 값의 합 구하기

㉠, ㉡의 공통범위를 구하면

$-3<x\le -1$ 또는 $4\le x<8$

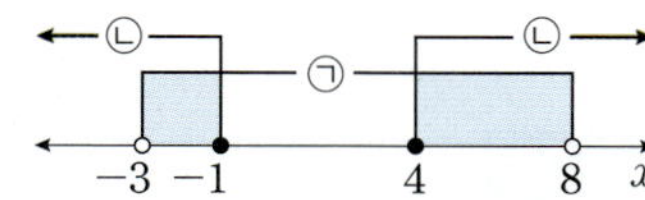

따라서 자연수 x는 4, 5, 6, 7이므로 합은 $4+5+6+7=22$

연립부등식 $3x^2-11x-15<x^2+7x+5\le 2x^2-x+17$을 만족시키는 모든 정수 x의 개수는?

① 5 ② 6 ③ 7

④ 8 ⑤ 9

STEP Ⓐ 두 부등식의 해를 각각 구하기

부등식 $3x^2-11x-15<x^2+7x+5\le 2x^2-x+17$에서

$\begin{cases} 3x^2-11x-15<x^2+7x+5 \\ x^2+7x+5\le 2x^2-x+17 \end{cases}$

이때 부등식 $3x^2-11x-15<x^2+7x+5$에서

$2x^2-18x-20<0$, $x^2-9x-10<0$

$(x+1)(x-10)<0$

$\therefore -1<x<10$ ...... ㉠

부등식 $x^2+7x+5\le 2x^2-x+17$에서 $-x^2+8x-12\le 0$

$x^2-8x+12\ge 0$, $(x-2)(x-6)\ge 0$

$\therefore x\le 2$ 또는 $x\ge 6$ ...... ㉡

STEP Ⓑ 공통부분의 범위를 구하여 정수 x의 개수 구하기

㉠, ㉡의 공통범위를 구하면

$-1<x\le 2$ 또는 $6\le x<10$

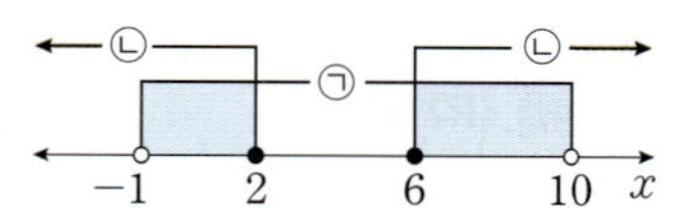

따라서 정수 x는 0, 1, 2, 6, 7, 8, 9이므로 개수는 7

정답 ③

1338

정답 ④

STEP Ⓐ 두 부등식의 해를 각각 구하여 연립부등식의 해 구하기

$x^2-5x\le 0$에서 $0\le x\le 5$ ...... ㉠

$x^2+3x-1\ge 2x+5$에서

$x\le -3$ 또는 $x\ge 2$ ...... ㉡

㉠, ㉡의 공통부분은 $2\le x\le 5$

STEP Ⓑ 해가 $2\le x\le 5$임을 이용하여 a, b의 값 구하기

$ax^2-7x+b\le 0$의 해가 $2\le x\le 5$이므로

이 부등식이 $a(x-2)(x-5)\le 0$, 즉 $ax^2-7ax+10a\le 0$과 같아야 한다.

$-7a=-7$, $10a=b$이므로 $a=1$, $b=10$

따라서 $a+b=11$

연립부등식 $\begin{cases} x^2-x-6>0 \\ x^2-6x-7<-x^2+x+8 \end{cases}$ 의 해가 이차부등식 $ax^2+bx-30>0$의 해와 같을 때, 상수 a, b에 대하여 $a+b$의 값은?

① 12 ② 14 ③ 16

④ 18 ⑤ 20

STEP Ⓐ 두 부등식의 해를 각각 구하여 연립부등식의 해 구하기

$x^2-x-6>0$에서 $(x-3)(x+2)>0$

$\therefore x<-2$ 또는 $x>3$ ...... ㉠

$x^2-6x-7<-x^2+x+8$에서 $2x^2-7x-15<0$

$(2x+3)(x-5)<0$

$\therefore -\dfrac{3}{2}<x<5$ ...... ㉡

㉠, ㉡의 공통부분을 구하면 $3<x<5$

STEP Ⓑ 해가 $3<x<5$임을 이용하여 a, b의 값 구하기

해가 $3<x<5$이고 x^2의 계수가 1인 이차부등식은 $(x-3)(x-5)<0$

$\therefore x^2-8x+15<0$

양변에 -2를 곱하면 $-2x^2+16x-30>0$

이 부등식이 $ax^2+bx-30>0$과 같으므로 $a=-2$, $b=16$

따라서 $a+b=-2+16=14$

정답 ②

1339

정답 3

STEP A $\dfrac{\sqrt{a}}{\sqrt{b}}=-\sqrt{\dfrac{a}{b}}$ 이면 $a>0$, $b<0$ 또는 $a=0$, $b\neq0$임을 이용하여
두 이차부등식을 각각 풀기

$x^2+3x-10>0$, $x^2-x-12<0$ 또는 $x^2+3x-10=0$, $x^2-x-12\neq0$
이어야 한다.

(i) $x^2+3x-10>0$, $x^2-x-12<0$일 때,

부등식 $x^2+3x-10>0$에서 $(x-2)(x+5)>0$

$\therefore x<-5$ 또는 $x>2$ $\qquad \cdots\cdots$ ㉠

부등식 $x^2-x-12<0$에서 $(x+3)(x-4)<0$

$\therefore -3<x<4$ $\qquad \cdots\cdots$ ㉡

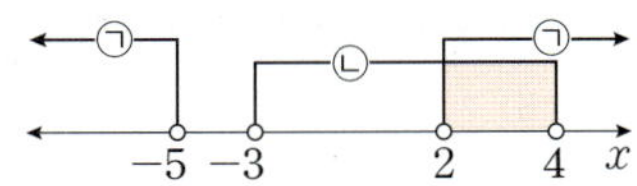

즉 ㉠, ㉡의 공통부분은 $2<x<4$

(ii) $x^2+3x-10=0$, $x^2-x-12\neq0$

$x^2+3x-10=0$에서 $(x-2)(x+5)=0$

$\therefore x=-5$ 또는 $x=2$ $\qquad \cdots\cdots$ ㉢

$x^2-x-12\neq0$에서 $(x+3)(x-4)\neq0$

$\therefore x\neq-3$이고 $x\neq4$ $\qquad \cdots\cdots$ ㉣

즉 ㉢, ㉣의 공통부분은 $x=-5$ 또는 $x=2$

STEP B 연립부등식의 해를 구하여 정수 x의 개수 구하기

(i), (ii)에서 $x=-5$ 또는 $2\leq x<4$
따라서 정수 x는 -5, 2, 3이므로 개수는 3

P O I N T | 음수의 제곱근의 성질

두 실수 a, b에 대하여

(1) $\sqrt{a}\sqrt{b}=-\sqrt{ab}$이면 $a<0$, $b<0$ 또는 $a=0$ 또는 $b=0$

▶ $a<0$, $b<0$인 경우를 제외하면 $\sqrt{a}\sqrt{b}=\sqrt{ab}$
$\sqrt{a}\sqrt{b}=-\sqrt{ab}$이면 $(a<0, b<0)$ 또는 $(a=0$ 또는 $b=0)$

(2) $\dfrac{\sqrt{a}}{\sqrt{b}}=-\sqrt{\dfrac{a}{b}}$이면 $a>0$, $b<0$ 또는 $a=0$, $b\neq0$

▶ $a>0$, $b<0$인 경우를 제외하면 $\dfrac{\sqrt{a}}{\sqrt{b}}=\sqrt{\dfrac{a}{b}}$ (단, $b\neq0$)
$\dfrac{\sqrt{a}}{\sqrt{b}}=-\sqrt{\dfrac{a}{b}}(b\neq0)$이면 $(a>0, b<0)$ 또는 $(a=0, b\neq0)$

내신연계 출제문항 627

등식 $\dfrac{\sqrt{x^2+5x-6}}{\sqrt{x^2+2x-15}}=-\sqrt{\dfrac{x^2+5x-6}{x^2+2x-15}}$ 를 만족시키는 정수 x의 개수는?

① 1 　　　② 2 　　　③ 3
④ 4 　　　⑤ 5

STEP A $\dfrac{\sqrt{a}}{\sqrt{b}}=-\sqrt{\dfrac{a}{b}}$ 이면 $a>0$, $b<0$ 또는 $a=0$, $b\neq0$임을 이용하여
두 이차부등식을 각각 풀기

$x^2+5x-6>0$, $x^2+2x-15<0$ 또는 $x^2+5x-6=0$, $x^2+2x-15\neq0$
이어야 한다.

(i) $x^2+5x-6>0$, $x^2+2x-15<0$일 때,

부등식 $x^2+5x-6>0$에서 $(x+6)(x-1)>0$

$\therefore x<-6$ 또는 $x>1$ $\qquad \cdots\cdots$ ㉠

부등식 $x^2+2x-15<0$에서 $(x+5)(x-3)<0$

$\therefore -5<x<3$ $\qquad \cdots\cdots$ ㉡

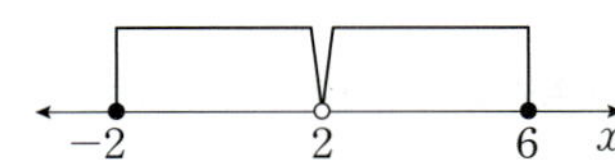

즉 ㉠, ㉡의 공통부분은 $1<x<3$

(ii) $x^2+5x-6=0$, $x^2+2x-15\neq0$

$x^2+5x-6=0$에서 $(x+6)(x-1)=0$

$\therefore x=-6$ 또는 $x=1$ $\qquad \cdots\cdots$ ㉢

$x^2+2x-15\neq0$에서 $(x+5)(x-3)\neq0$

$\therefore x\neq-5$이고 $x\neq3$ $\qquad \cdots\cdots$ ㉣

즉 ㉢, ㉣의 공통부분은 $x=-6$ 또는 $x=1$

STEP B 연립부등식의 해를 구하여 정수 x의 개수 구하기

(i), (ii)에서 $x=-6$ 또는 $1\leq x<3$
따라서 정수 x는 -6, 1, 2이므로 개수는 3

정답 ③

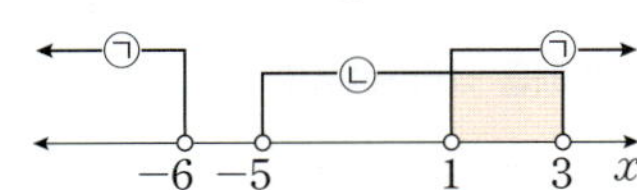

1340

2023년 09월 고1 학력평가 12번

정답 ④

STEP A 두 부등식의 해를 각각 구하기

이차부등식 $x^2-4x-12\leq0$에서 $(x+2)(x-6)\leq0$

$\therefore -2\leq x\leq6$ $\qquad \cdots\cdots$ ㉠

이차부등식 $x^2-4x+4>0$에서 $(x-2)^2>0$

$\therefore x\neq2$인 모든 실수 $\qquad \cdots\cdots$ ㉡

STEP B 공통범위에서 정수 x의 개수 구하기

㉠, ㉡을 동시에 만족시키는 x의 값의 범위는
$-2\leq x<2$ 또는 $2<x\leq6$

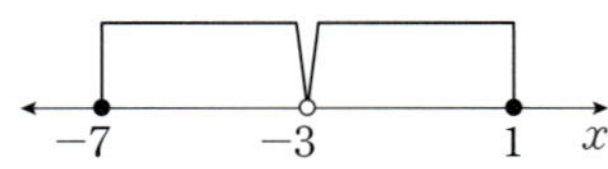

따라서 구하는 정수 x는 -2, -1, 0, 1, 3, 4, 5, 6이므로 그 개수는 8

내신연계 출제문항 628

연립부등식
$$\begin{cases} x^2+6x-7\leq0 \\ x^2+6x+9>0 \end{cases}$$
을 만족시키는 모든 정수 x의 개수는?

① 4 　　　② 5 　　　③ 6
④ 7 　　　⑤ 8

STEP A 두 부등식의 해를 각각 구하기

이차부등식 $x^2+6x-7\leq0$에서 $(x+7)(x-1)\leq0$

$\therefore -7\leq x\leq1$ $\qquad \cdots\cdots$ ㉠

이차부등식 $x^2+6x+9>0$에서 $(x+3)^2>0$

$\therefore x\neq-3$인 모든 실수 $\qquad \cdots\cdots$ ㉡

STEP B 공통범위에서 모든 정수 x의 개수 구하기

㉠, ㉡을 동시에 만족시키는 x의 값의 범위는
$-7\leq x<-3$ 또는 $-3<x\leq1$

따라서 구하는 정수 x는 -7, -6, -5, -4, -2, -1, 0, 1이므로 그 개수는 8

정답 ⑤

1341

STEP A 연립부등식의 해를 이용하여 x의 범위 구하기

$|x-2| \geq 4$에서 $x-2 \geq 4$ 또는 $x-2 \leq -4$

$\therefore x \geq 6$ 또는 $x \leq -2$ ...... ㉠

$x^2-4x-32<0$에서 $(x+4)(x-8)<0$

$\therefore -4<x<8$ ...... ㉡

STEP B 연립부등식의 해 구하기

㉠, ㉡의 공통부분을 구하면 $-4<x \leq -2$ 또는 $6 \leq x<8$

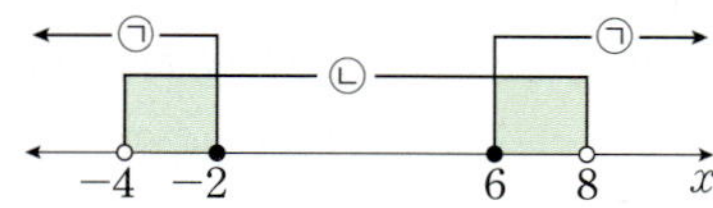

따라서 정수 x는 -3, -2, 6, 7이므로 합은 8

1342

정답 ①

STEP A 각 부등식의 해 구하기

$x^2+7x+6>0$에서 $(x+1)(x+6)>0$

$\therefore x<-6$ 또는 $x>-1$ ...... ㉠

$x^2+|x|-6 \leq 0$에서

(i) $x \geq 0$일 때,

$x^2+x-6 \leq 0$이므로 $(x-2)(x+3) \leq 0$

$\therefore -3 \leq x \leq 2$

그런데 $x \geq 0$이므로 $0 \leq x \leq 2$

(ii) $x<0$일 때,

$x^2-x-6 \leq 0$이므로 $(x+2)(x-3) \leq 0$

$\therefore -2 \leq x \leq 3$

그런데 $x<0$이므로 $-2 \leq x<0$

(i), (ii)에서 $0 \leq x \leq 2$ 또는 $-2 \leq x<0$이므로

$-2 \leq x \leq 2$ ...... ㉡

STEP B 연립부등식의 해 구하기

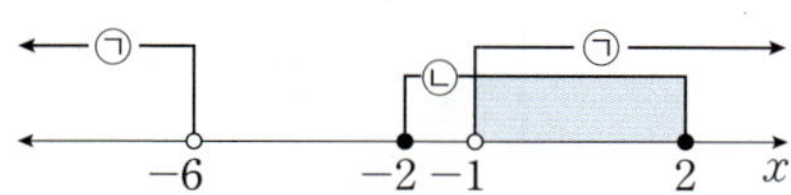

따라서 ㉠, ㉡의 공통범위를 구하면 $-1<x \leq 2$

연립부등식 $\begin{cases} x^2+x-6>0 \\ x^2-5|x|+4 \leq 0 \end{cases}$ 의 해는?

① $-1 \leq x<3$

② $-3<x \leq 2$

③ $-4 \leq x<-3$ 또는 $2<x \leq 4$

④ $-4 \leq x<-2$ 또는 $1 \leq x<3$

⑤ $1 \leq x \leq 4$ 또는 $-4 \leq x \leq -1$

STEP A 각 부등식의 해 구하기

$x^2+x-6>0$에서 $(x-2)(x+3)>0$

$\therefore x<-3$ 또는 $x>2$ ...... ㉠

$x^2+|x|-6 \leq 0$에서

(i) $x \geq 0$일 때,

$x^2-5x+4 \leq 0$이므로 $(x-1)(x-4) \leq 0$

$\therefore 1 \leq x \leq 4$

그런데 $x \geq 0$이므로 $1 \leq x \leq 4$

(ii) $x<0$일 때,

$x^2+5x+4 \leq 0$이므로 $(x+1)(x+4) \leq 0$

$\therefore -4 \leq x \leq -1$

그런데 $x<0$이므로 $-4 \leq x \leq -1$

(i), (ii)에서 $1 \leq x \leq 4$ 또는 $-4 \leq x \leq -1$ ...... ㉡

STEP B 연립부등식의 해 구하기

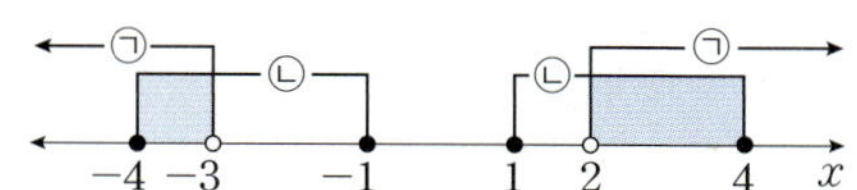

따라서 ㉠, ㉡의 공통범위를 구하면 $-4 \leq x<-3$ 또는 $2<x \leq 4$

정답 ③

1343

정답 9

STEP A 연립부등식을 이루고 있는 각 부등식의 해 구하기

$x^2-7x+10 \leq 0$에서 $(x-2)(x-5) \leq 0$

$\therefore 2 \leq x \leq 5$ ...... ㉠

$|x^2-4| \leq 3x$에서

(i) $x^2-4 \geq 0$일 때,

즉 $(x+2)(x-2) \geq 0$ $\therefore x \leq -2$ 또는 $x \geq 2$

$x^2-4 \leq 3x$, $x^2-3x-4 \leq 0$

$(x-4)(x+1) \leq 0$ $\therefore -1 \leq x \leq 4$

그런데 $x \leq -2$ 또는 $x \geq 2$이므로 $2 \leq x \leq 4$

(ii) $x^2-4<0$일 때,

즉 $(x+2)(x-2)<0$ $\therefore -2<x<2$

$-(x^2-4) \leq 3x$, $x^2+3x-4 \geq 0$

$(x+4)(x-1) \geq 0$ $\therefore x \leq -4$ 또는 $x \geq 1$

그런데 $-2<x<2$이므로 $1 \leq x<2$

(i), (ii)에서 주어진 부등식의 해는 $1 \leq x \leq 4$ ...... ㉡

STEP B 연립부등식의 해 구하기

㉠, ㉡의 공통범위를 구하면 $2 \leq x \leq 4$

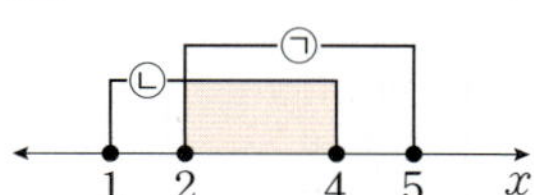

따라서 정수 x는 2, 3, 4이므로 합은 $2+3+4=9$

1344

2017년 11월 고1 학력평가 9번

정답 ⑤

STEP A 연립부등식의 해 구하기

$|x-1| \leq 3$에서 $-3 \leq x-1 \leq 3$

$\therefore -2 \leq x \leq 4$ ...... ㉠

$x^2-8x+15>0$에서 $(x-3)(x-5)>0$

$\therefore x<3$ 또는 $x>5$ ...... ㉡

㉠, ㉡의 공통범위를 구하면 $-2 \leq x<3$

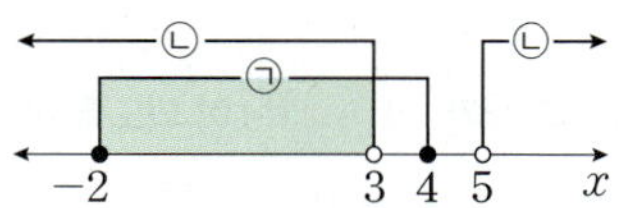

STEP B 부등식을 만족시키는 정수 x의 개수 구하기

따라서 부등식을 만족시키는 정수 x의 값은 -2, -1, 0, 1, 2이므로

모든 정수 x의 개수는 5

연립부등식
$$\begin{cases} |x-1| \le 3 \\ x^2-7x+10>0 \end{cases}$$
을 만족시키는 정수 x의 개수는?

① 1   ② 2   ③ 3
④ 4   ⑤ 5

STEP A 연립부등식을 이루고 있는 각 부등식의 해 구하기

$|x-1| \le 3$에서 $-3 \le x-1 \le 3$
$\therefore -2 \le x \le 4$ …… ㉠
$x^2-7x+10>0$에서 $(x-2)(x-5)>0$
$\therefore x<2$ 또는 $x>5$ …… ㉡
㉠, ㉡의 공통범위를 구하면 $-2 \le x <2$

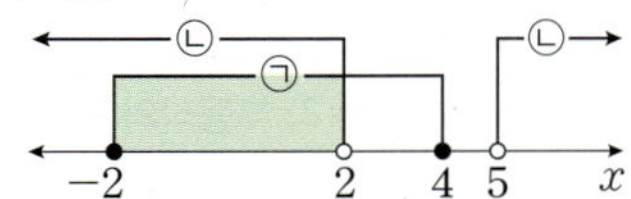

STEP B 부등식을 만족시키는 정수 x의 개수 구하기

따라서 부등식을 만족시키는 정수 x의 값은 $-2, -1, 0, 1$이므로
모든 정수 x의 개수는 4   (정답) ④

1345

(정답) 2

STEP A 연립부등식을 이루고 있는 각 부등식의 해 구하기

$x^2-4<2x-1 \le x+a$에서
$x^2-4<2x-1$에서 $x^2-2x-3<0$, $(x-3)(x+1)<0$
$\therefore -1<x<3$ …… ㉠
$2x-1 \le x+a$에서 $x \le a+1$ …… ㉡

STEP B 연립부등식의 해가 $-1<x<3$이 되도록 하는 a의 범위 구하기

㉠, ㉡의 공통부분이 $-1<x<3$이므로 다음 그림과 같이 $a+1 \ge 3$이어야 한다.

따라서 $a \ge 2$이므로 실수 a의 최솟값은 2

1346

(정답) ⑤

STEP A 두 부등식의 해 구하기

$$\begin{cases} x^2-2x-3 \le 0 \\ x^2-(a+1)x+a>0 \end{cases}$$
     …… ㉠
     …… ㉡
㉠에서 $(x-3)(x+1) \le 0$ $\therefore -1 \le x \le 3$
㉡에서 $(x-1)(x-a)>0$
(i) $a<1$일 때, $x<a$ 또는 $x>1$
(ii) $a=1$일 때, $x \ne 1$인 모든 실수
(iii) $a>1$일 때, $x<1$ 또는 $x>a$

STEP B 연립부등식의 해가 $-1 \le x <1$이 되도록 하는 a의 범위 구하기

㉠, ㉡의 해의 공통부분이 $-1 \le x <1$이 되도록 ㉠, ㉡의 해를 수직선 위에
나타내면 다음 그림과 같으므로

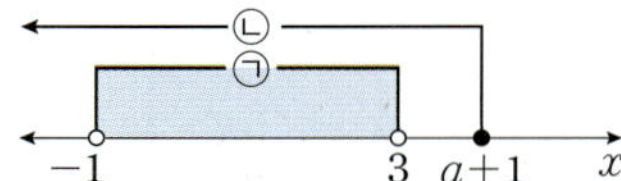

부등식 ㉡의 해는 $x<1$ 또는 $x>a$
따라서 실수 a의 값의 범위는 $a \ge 3$이므로 실수 a의 최솟값은 3

1347

(정답) ③

STEP A 두 부등식의 해 구하기

$$\begin{cases} x^2-2x-3>0 \\ x^2-(a+4)x+4a \le 0 \end{cases}$$
     …… ㉠
     …… ㉡
㉠에서 $(x+1)(x-3)>0$ $\therefore x<-1$ 또는 $x>3$
㉡에서 $(x-a)(x-4) \le 0$
(i) $a>4$일 때, $4 \le x \le a$
(ii) $a=4$일 때, $x=4$
(iii) $a<4$일 때, $a \le x \le 4$

STEP B 연립부등식의 해가 $3<x \le 4$가 되도록 하는 a의 범위 구하기

㉠, ㉡의 해의 공통부분이 $3<x \le 4$가 되도록 ㉠, ㉡의 해를 수직선 위에
나타내면 그림과 같으므로

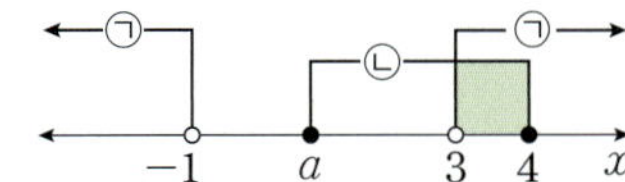

부등식 ㉡의 해는 $a \le x \le 4$, 즉 실수 a의 값의 범위는 $-1 \le a \le 3$
따라서 $\alpha=-1$, $\beta=3$이므로 $\alpha^2+\beta^2=1+9=10$

+α | 등호가 성립하는지 확인하기!

실수 a의 범위에서 경계가 되는 값의 포함 여부를 확인할 때에는
그 값을 부등식에 대입하여 주어진 조건을 만족시키는지 확인한다.
(i) $a=-1$이면 부등식 ㉡의 해는 $-1 \le x \le 4$
     즉 ㉠, ㉡의 해의 공통범위는 $3<x \le 4$이므로 만족한다.
(ii) $a=3$이면 부등식 ㉡의 해는 $3 \le x \le 4$
     즉 ㉠, ㉡의 해의 공통범위는 $3<x \le 4$이므로 만족한다.
(i), (ii)에서 $a=-1$, 3은 모두 실수 a의 값의 범위에 포함된다.

1348

(정답) ①

STEP A 두 부등식의 해를 각각 구하여 연립부등식의 해 구하기

연립부등식 $x^2+ax+b \ge 0$, $x^2+cx+d \le 0$의 해를 수직선에 나타내면
다음 그림과 같다.

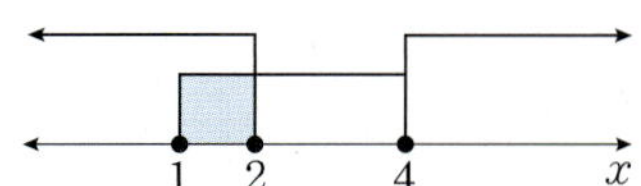

부등식 $x^2+ax+b \ge 0$의 해는 $x \le 2$ 또는 $x \ge 4$이므로
$(x-2)(x-4) \ge 0$, $x^2-6x+8 \ge 0$ $\therefore a=-6$, $b=8$
부등식 $x^2+cx+d \le 0$의 해는 $1 \le x \le 4$이므로
$(x-1)(x-4) \le 0$, $x^2-5x+4 \le 0$ $\therefore c=-5$, $d=4$

STEP B $a+b+c+d$의 값 구하기

따라서 $a+b+c+d=(-6)+8+(-5)+4=1$

x에 대한 연립부등식 $\begin{cases} x^2+ax+b \ge 0 \\ x^2+cx+d \le 0 \end{cases}$의 해가 $1 \le x \le 3$ 또는 $x=7$일 때,
상수 a, b, c, d에 대하여 $a+b+c+d$의 값은?

① 4   ② 6   ③ 8
④ 10   ⑤ 12

STEP A 두 부등식의 해를 각각 구하여 연립부등식의 해 구하기

연립부등식 $x^2+ax+b \ge 0$, $x^2+cx+d \le 0$의 해를 수직선에 나타내면
다음 그림과 같다.

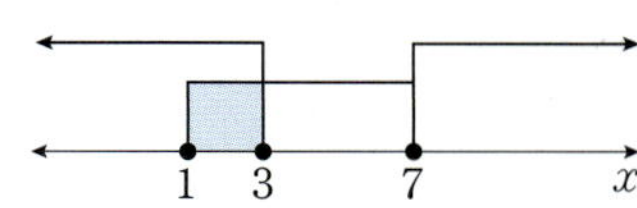

부등식 $x^2+ax+b\geq0$의 해는 $x\leq3$ 또는 $x\geq7$이므로
$(x-3)(x-7)\geq0$, $x^2-10x+21\geq0$ $\therefore a=-10$, $b=21$
부등식 $x^2+cx+d\leq0$의 해는 $1\leq x\leq7$이므로
$(x-1)(x-7)\leq0$, $x^2-8x+7\leq0$ $\therefore c=-8$, $d=7$

STEP ⓑ $a+b+c+d$**의 값 구하기**

따라서 $a+b+c+d=(-10)+21+(-8)+7=10$ 〔정답〕 ④

1349 〔정답〕 ②

STEP Ⓐ 연립부등식의 해 구하기

$\begin{cases} x^2-5x\leq0 & \cdots\cdots \text{㉠} \\ x^2-(a+1)x+a\geq0 & \cdots\cdots \text{㉡} \end{cases}$

㉠에서 $x(x-5)\leq0$ $\therefore 0\leq x\leq5$
㉡에서 $(x-1)(x-a)\geq0$
(i) $a>1$일 때, $x\leq1$ 또는 $x\geq a$
(ii) $a=1$일 때, 모든 실수 x
(iii) $a<1$일 때, $x\leq a$ 또는 $x\geq1$
또한, $x^2-x-6<0$에서 $(x+2)(x-3)<0$
$\therefore -2<x<3$ $\cdots\cdots$ ㉢

STEP ⓑ 공통부분의 해가 $-2<x<3$의 범위 안에 있을 a의 범위 구하기

㉠, ㉡의 해의 공통부분이 ㉢의 범위 안에 있어야 하므로
㉠, ㉡의 해를 수직선 위에 나타내면 그림과 같다.

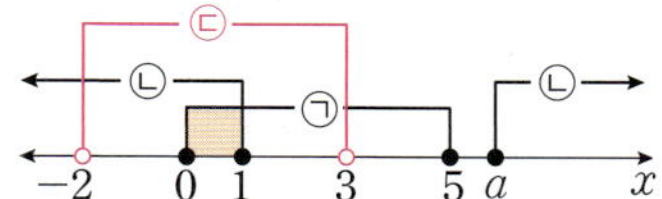

부등식 ㉡의 해는 $x\leq1$ 또는 $x\geq a$
따라서 a의 위치는 $a>5$이므로 정수 a의 최솟값은 6

1350 〔정답〕 ③

STEP Ⓐ 연립부등식의 해를 이용하여 a, c의 값 구하기

$\begin{cases} x^2-(a+b)x+ab>0 \\ x^2-(b+c)x+bc>0 \end{cases}$이므로

$x^2-(a+b)x+ab>0$에서 $(x-a)(x-b)>0$
$\therefore x<a$ 또는 $x>b(\because a<b)$ $\cdots\cdots$ ㉠
$x^2-(b+c)x+bc>0$에서 $(x-b)(x-c)>0$
$\therefore x<b$ 또는 $x>c(\because b<c)$ $\cdots\cdots$ ㉡
㉠, ㉡의 공통범위는 $x<a$ 또는 $x>c$이므로 $a=-3$, $c=2$

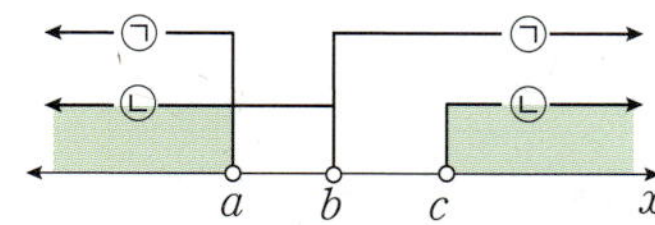

STEP ⓑ 이차부등식 $x^2-ax+c<0$의 해 구하기

$a=-3$, $c=2$를 $x^2-ax+c<0$에 대입하면 $x^2+3x+2<0$, $(x+1)(x+2)<0$
따라서 $-2<x<-1$

$a<b<0<c$인 실수 a, b, c에 대하여 연립부등식
$\begin{cases} x^2-(a+c)x+ac\leq0 \\ x^2+(a+b)x+ab>0 \end{cases}$의 해가 $-3\leq x<1$ 또는 $3<x\leq4$일 때,
이차부등식 $x^2-2(b+c)x+4bc<0$의 해가 $p<x<q$일 때, 상수 p, q에 대하여 $q-p$의 값을 구하시오.

STEP Ⓐ 연립부등식의 해를 이용하여 a, b, c의 값 구하기

$\begin{cases} x^2-(a+c)x+ac\leq0 \\ x^2+(a+b)x+ab>0 \end{cases}$이므로

$x^2-(a+c)x+ac\leq0$에서 $(x-a)(x-c)\leq0$
$\therefore a\leq x\leq c(\because a<b)$ $\cdots\cdots$ ㉠
$x^2+(a+b)x+ab>0$에서 $(x+b)(x+a)>0$
$x<-b$ 또는 $x>-a(\because a<b)$ $\cdots\cdots$ ㉡
㉠, ㉡의 공통부분이 $-3\leq x<1$ 또는 $3<x\leq4$이므로
$a=-3$, $b=-1$, $c=4$

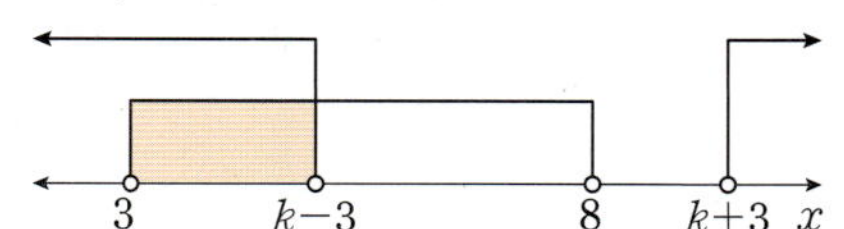

STEP ⓑ $x^2-2(b+c)x+4bc<0$의 해 구하기

$a=-3$, $b=-1$, $c=4$를 $x^2-2(b+c)x+4bc<0$에 대입하면
$x^2-6x-16<0$, $(x+2)(x-8)<0$ $\therefore -2<x<8$
따라서 $p=-2$, $q=8$이므로 $q-p=8-(-2)=10$ 〔정답〕 10

1351 2024년 06월 고1 학력평가 27번 〔정답〕 11

STEP Ⓐ 각각의 부등식의 해 구하기

$\begin{cases} x^2-11x+24<0 & \cdots\cdots \text{㉠} \\ x^2-2kx+k^2-9>0 & \cdots\cdots \text{㉡} \end{cases}$

㉠에서 $x^2-11x+24<0$, $(x-3)(x-8)<0$ $\therefore 3<x<8$
㉡에서 $x^2-2kx+k^2-9>0$, $x^2-2kx+(k-3)(k+3)>0$
$\{x-(k-3)\}\{x-(k+3)\}>0$
$\therefore x<k-3$ 또는 $x>k+3$

STEP ⓑ 연립부등식의 해의 위치에 따라 k의 값 구하기

(i) $3<k-3<8$인 경우
　　$6<k<11$일 때, $k+3>9$이므로 연립부등식의 해는 다음과 같다.

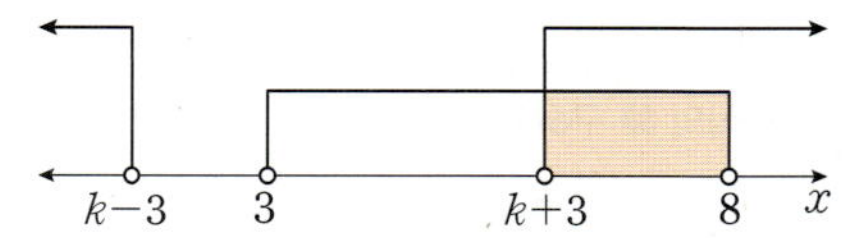

　　이때 연립부등식의 해는 $3<x<k-3$이므로 $\alpha=3$, $\beta=k-3$
　　즉 $(k-3)-3=2$, $k-6=2$ $\therefore k=8$
(ii) $3<k+3<8$인 경우
　　$0<k<5$일 때, $k-3<2$이므로 연립부등식의 해는 다음과 같다.

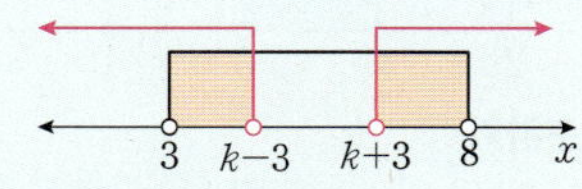

　　이때 연립부등식의 해는 $k+3<x<8$이므로 $\alpha=k+3$, $\beta=8$
　　즉 $8-(k+3)=2$, $-k+5=2$ $\therefore k=3$
(i), (ii)에 의해 모든 k의 값의 합은 $8+3=11$

+α | 연립부등식의 해가 양 끝에서 존재하지 않는 이유!

양 끝에서 공통부분이 존재하면 연립부등식의 해가
$3<x<k-3$ 또는 $k+3<x<8$이므로 문제의 조건을 만족시키지 않는다.

x에 대한 연립부등식
$$\begin{cases} x^2-12x+27<0 \\ x^2-(2k-1)x+k^2-k-2>0 \end{cases}$$
의 해가 $\alpha<x<\beta$일 때, $\beta-\alpha=4$를 만족시키는 모든 실수 k의 값의 합을 구하시오.

STEP A 각각의 부등식의 해 구하기

$$\begin{cases} x^2-12x+27<0 & \cdots\cdots \ \text{㉠} \\ x^2-(2k-1)x+k^2-k-2>0 & \cdots\cdots \ \text{㉡} \end{cases}$$

㉠에서 $x^2-12x+27<0$, $(x-3)(x-9)<0$

$\therefore 3<x<9$

㉡에서 $x^2-(2k-1)x+k^2-k-2>0$, $x^2-(2k-1)x+(k+1)(k-2)>0$

$\{x-(k+1)\}\{x-(k-2)\}>0$

$\therefore x<k-2$ 또는 $x>k+1$

STEP B 연립부등식의 해의 위치에 따라 k의 값 구하기

(i) $3<k-2<9$, $k+1\geq 9$인 경우

$5<k<11$, $k\geq 8$이므로 $8\leq k<11$일 때,
연립부등식의 해는 다음과 같다.

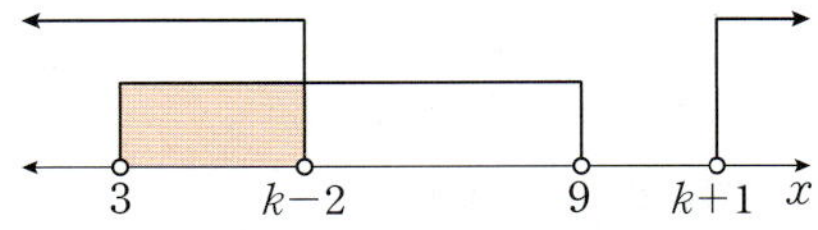

이때 연립부등식의 해는 $3<x<k-2$이므로

$\alpha=3$, $\beta=k-2$

즉 $(k-2)-3=4$, $k-5=4$ $\therefore k=9$

(ii) $3<k+1<9$, $k-2\leq 3$인 경우

$2<k<8$, $k\leq 5$이므로 $2<k\leq 5$일 때,
연립부등식의 해는 다음과 같다.

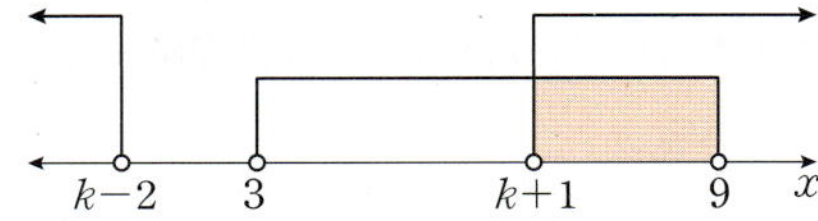

이때 연립부등식의 해는 $k+1<x<9$이므로

$\alpha=k+1$, $\beta=9$

즉 $9-(k+1)=4$, $-k+8=4$ $\therefore k=4$

(i), (ii)에 의해 모든 k의 값의 합은 $9+4=13$

정답 **13**

1352

2021년 03월 고2 학력평가 17번 정답 **⑤**

STEP A 연립부등식의 해 구하기

$(x-a)^2<a^2$에서 $x^2-2ax+a^2<a^2$, $x(x-2a)<0$

$\therefore 2a<x<0$ ← $a<0$이므로 $2a<0$ $\cdots\cdots$ ㉠

$x^2+a<(a+1)x$에서 $x^2-(a+1)x+a<0$, $(x-1)(x-a)<0$

$\therefore a<x<1$ ← $a<0$ $\cdots\cdots$ ㉡

㉠, ㉡의 공통범위를 구하면 $a<x<0$

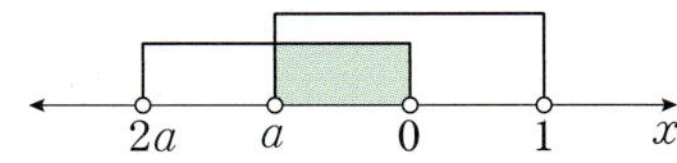

STEP B $a+b$의 값 구하기

주어진 연립부등식의 해가 $b<x<b+1$이므로

$a=b$, $b+1=0$에서 $a=-1$, $b=-1$

따라서 $a+b=(-1)+(-1)=-2$

$a<0$인 경우 x에 대한 연립부등식
$$\begin{cases} (x-a)^2<x-2a+a^2 \\ x^2+2a<(a+2)x \end{cases}$$
의 해가 $b<x<b+3$이다. $a+b$의 값은? (단, a, b는 상수이다.)

① 4 ② 1 ③ 0
④ -1 ⑤ -4

STEP A 두 부등식의 해를 각각 구하여 연립부등식의 해 구하기

$(x-a)^2<x-2a+a^2$에서 $x^2-(2a+1)x+2a<0$

$(x-1)(x-2a)<0$

$\therefore 2a<x<1$ ← $a<0$이므로 $2a<1$ $\cdots\cdots$ ㉠

$x^2+2a<(a+2)x$에서 $x^2-(a+2)x+2a<0$

$(x-2)(x-a)<0$

$\therefore a<x<2$ ← $a<0$ $\cdots\cdots$ ㉡

㉠, ㉡의 공통범위를 구하면 $a<x<1$

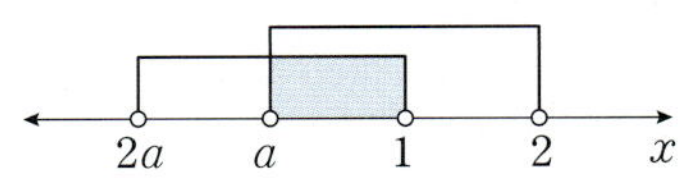

STEP B $a+b$의 값 구하기

주어진 연립부등식의 해가 $b<x<b+3$이므로

$a=b$, $b+3=1$에서 $a=-2$, $b=-2$

따라서 $a+b=(-2)+(-2)=-4$

정답 **⑤**

1353

정답 **7**

STEP A 연립부등식의 해가 존재하도록 하는 k의 범위 구하기

$x^2+6x-16\leq 0$에서 $(x+8)(x-2)\leq 0$

$\therefore -8\leq x\leq 2$ $\cdots\cdots$ ㉠

$x^2-6kx-7k^2>0$에서 $(x+k)(x-7k)>0$

이때 $k>0$이므로 $x<-k$ 또는 $x>7k$ $\cdots\cdots$ ㉡

㉠, ㉡에서 연립부등식의 해가 존재하기 위한 양의 정수 k의 값의 범위는

$-8<-k<0$ $\therefore 0<k<8$

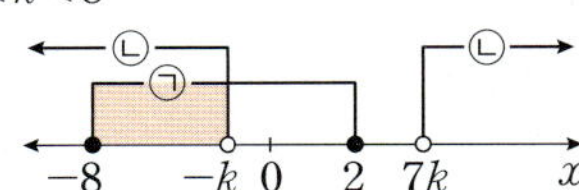

STEP B 양의 정수 k의 개수 구하기

따라서 양의 정수 k는 1, 2, 3, 4, 5, 6, 7이므로 개수는 7

1354

정답 **③**

STEP A 연립부등식에서 각각의 이차부등식의 해 구하기

부등식 $x^2+x-12<0$에서 $(x+4)(x-3)<0$

$\therefore -4<x<3$ $\cdots\cdots$ ㉠

부등식 $x^2-2kx+k^2-16>0$에서 $\{x-(k-4)\}\{x-(k+4)\}>0$

$\therefore x<k-4$ 또는 $x>k+4$ $\cdots\cdots$ ㉡

STEP B 연립부등식이 해가 존재하지 않도록 하는 실수 k의 범위 구하기

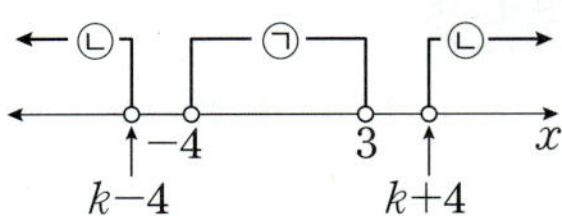

연립부등식의 해가 존재하지 않으려면 ㉠, ㉡의 공통범위가 없어야 한다.

즉 $k-4\leq -4$이고 $k+4\geq 3$이어야 하므로 $k\leq 0$이고 $k\geq -1$

따라서 $-1\leq k\leq 0$

1355

STEP A　연립부등식에서 각각의 이차부등식의 해 구하기

$x^2-6x+8<0$에서 $(x-2)(x-4)<0$이므로

$2<x<4$　　　　……㉠

$x^2-(k+1)x+k>0$에서 $(x-1)(x-k)>0$

(i) $k<1$일 때, 이 부등식의 해는 $x<k$ 또는 $x>1$이므로
　　연립부등식을 만족시키는 정수 $x=3$이 존재한다.

(ii) $k=1$일 때, 이 부등식의 해는 $x\neq 1$인 모든 실수이므로
　　연립부등식을 만족시키는 정수 $x=3$이 존재한다.

(iii) $k>1$일 때, 이 부등식의 해는
　　$x<1$ 또는 $x>k$　　　　……㉡

STEP B　정수 x가 없을 때, 실수 k의 값의 범위 구하기

㉠, ㉡의 공통부분에 속하는 정수 x가 없도록 ㉠, ㉡을 수직선 위에 나타내면 그림과 같으므로 $k\geq 3$

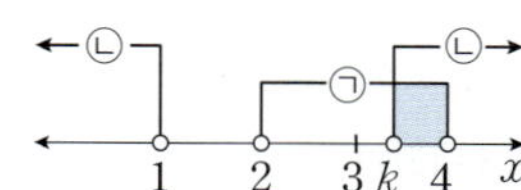

(i)~(iii)에서 구하는 실수 k의 값의 범위는 $k\geq 3$

내신연계 출제문항 635

연립부등식

$$\begin{cases} x^2-7x+10\leq 0 \\ x^2-(k-3)x-3k\leq 0 \end{cases}$$

을 만족시키는 정수 x가 없을 때, 실수 k의 값의 범위는?

① $k<1$　　　　② $k<2$　　　　③ $k<3$
④ $k<4$　　　　⑤ $k\leq 5$

STEP A　연립부등식에서 각각의 이차부등식의 해 구하기

$x^2-7x+10\leq 0$에서 $(x-2)(x-5)\leq 0$이므로

$2\leq x\leq 5$　　　　……㉠

$x^2-(k-3)x-3k\leq 0$에서 $(x+3)(x-k)\leq 0$

(i) $k<-3$일 때, 이 부등식의 해는 $k\leq x\leq -3$이므로
　　연립부등식의 해가 없다.
　　즉 연립부등식을 만족시키는 정수 x도 없으므로
　　$k<-3$은 조건을 만족시킨다.

(ii) $k=-3$일 때, 이 부등식의 해는 $x=-3$이므로
　　연립부등식의 해가 없다.
　　즉 연립부등식을 만족시키는 정수 x가 없으므로
　　$k=-3$은 조건을 만족시킨다.

(iii) $k>-3$일 때, 이 부등식의 해는
　　$-3\leq x\leq k$　　　　……㉡

STEP B　정수 x가 없을 때, 실수 k의 값의 범위 구하기

㉠, ㉡의 공통부분에 속하는 정수 x가 없도록 ㉠, ㉡을 수직선 위에 나타내면 그림과 같으므로 $-3<k<2$

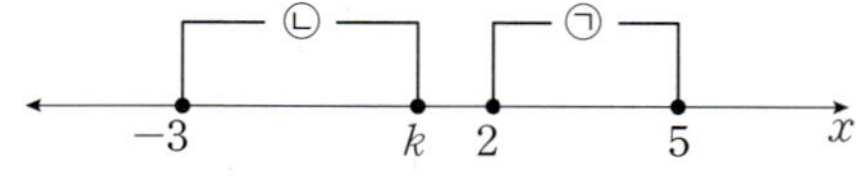

(i)~(iii)에서 구하는 실수 k의 값의 범위는 $k<2$

1356

STEP A　두 부등식의 해 구하기

$|x-2|\leq a$에서 $-a\leq x-2\leq a$

$2-a\leq x\leq 2+a$　　　　……㉠

$x^2+4x-(3a+2)(3a-2)>0$에서 $\{x+(3a+2)\}\{x-(3a-2)\}>0$

$\therefore x<-3a-2$ 또는 $x>3a-2$　……㉡

STEP B　연립부등식이 해가 존재하지 않도록 하는 양수 a의 범위 구하기

다음 그림과 같이 연립부등식의 해가 존재하지 않으려면 ㉠, ㉡의 공통범위가 없어야 한다.

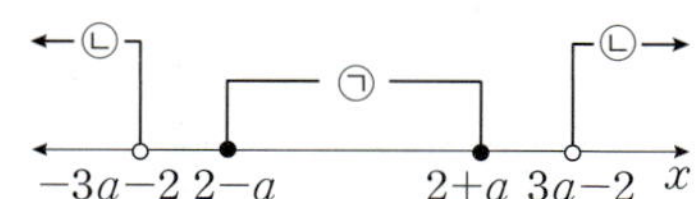

즉 $-3a-2\leq 2-a$이고 $2+a\leq 3a-2$를 동시에 만족해야 한다.

$a\geq -2$이고 $a\geq 2$이므로 $a\geq 2$

따라서 양수 a의 최솟값은 2

1357

2023년 11월 고1 학력평가 11번　　

STEP A　두 부등식의 해를 각각 구하기

부등식 $|x-5|<1$에서 $-1<x-5<1$

$\therefore 4<x<6$　　　　……㉠

부등식 $x^2-4ax+3a^2>0$에서 $(x-a)(x-3a)>0$

$\therefore x<a$ 또는 $x>3a$　　……㉡　　← a가 자연수이므로 $a<3a$

STEP B　연립부등식이 해를 갖지 않도록 하는 자연수 a의 개수 구하기

㉠, ㉡에서 연립부등식이 해를 갖지 않으려면

자연수 a의 값의 범위는 $a\leq 4$, $3a\geq 6$이어야 하므로 $2\leq a\leq 4$

따라서 자연수 a의 값은 2, 3, 4이므로 그 개수는 3　　← $4-2+1=3$

내신연계 출제문항 636

x에 대한 연립부등식

$$\begin{cases} |x-4|<1 \\ x^2-6ax+5a^2>0 \end{cases}$$

이 해를 갖지 않도록 하는 자연수 a의 개수는?

① 1　　　　② 2　　　　③ 3
④ 4　　　　⑤ 5

STEP A　두 부등식의 해를 각각 구하기

부등식 $|x-4|<1$에서 $-1<x-4<1$

$\therefore 3<x<5$　　　　……㉠

부등식 $x^2-6ax+5a^2>0$에서 $(x-a)(x-5a)>0$

$\therefore x<a$ 또는 $x>5a$　　……㉡

STEP B　연립부등식이 해를 갖지 않도록 하는 자연수 a의 개수 구하기

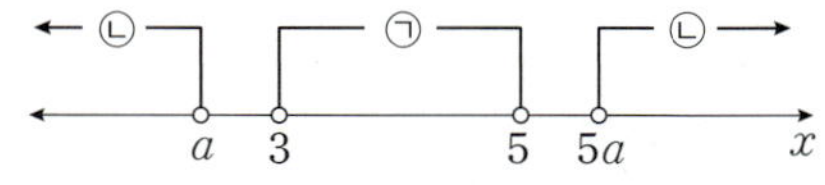

㉠, ㉡에서 연립부등식이 해를 갖지 않으려면

자연수 a의 값의 범위는 $a\leq 3$, $5a\geq 5$이어야 하므로 $1\leq a\leq 3$

따라서 자연수 a의 값은 1, 2, 3이므로 그 개수는 3　　

1358 2014년 09월 고1 학력평가 16번   정답 ③

STEP A 연립부등식에서 각각의 이차부등식의 해 구하기

$x^2+4x-21\le 0$에서 $(x+7)(x-3)\le 0$

$\therefore -7\le x\le 3$

$x^2-5kx-6k^2>0$에서 $(x+k)(x-6k)>0$

$\therefore x<-k$ 또는 $x>6k\,(\because k>0)$

STEP B 조건을 만족시키는 모든 양의 정수 k의 개수 구하기

주어진 연립부등식이 항상 해를 가지려면 다음의 그림과 같이

$-7<-k<3$ 또는 $-7<6k<3$이어야 한다.

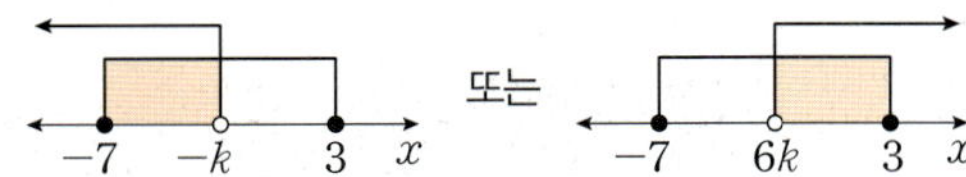

그런데 $-7<6k<3$에서

$-\dfrac{7}{6}<k<\dfrac{1}{2}$을 만족시키는 양의 정수 k는 존재하지 않는다.

즉 $-7<-k<3$에서 $-3<k<7$이고

$k>0$이므로 $0<k<7$

따라서 구하는 양의 정수 k는 1, 2, 3, 4, 5, 6이므로 개수는 6

내/신/연/계 출제문항 637

연립이차부등식

$$\begin{cases} x^2+3x-28\le 0 \\ x^2-5ax-6a^2>0 \end{cases}$$

의 해가 존재하도록 하는 양의 정수 a의 개수는?

① 4 ② 5 ③ 6

④ 7 ⑤ 8

STEP A 두 부등식의 해를 각각 구하여 연립부등식의 해 구하기

$x^2+3x-28\le 0,\ (x+7)(x-4)\le 0$

$\therefore -7\le x\le 4$

$x^2-5ax-6a^2>0,\ (x-6a)(x+a)>0$

$\therefore x<-a$ 또는 $x>6a\,(\because a>0)$

STEP B 연립부등식이 해를 갖도록 하는 양의 정수 a의 개수 구하기

주어진 연립부등식의 해를 가지려면 다음 그림과 같이

$-7<-a<4$ 또는 $-7<6a<4$

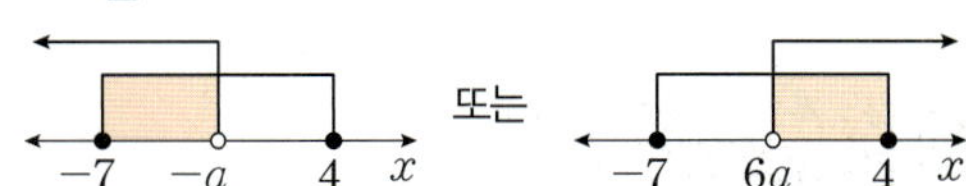

그런데 $-7<6a<4$에서

$-\dfrac{7}{6}<a<\dfrac{2}{3}$를 만족시키는 양의 정수 a는 존재하지 않는다.

즉 $-7<-a<4$에서 $-4<a<7$이고

$a>0$이므로 $0<a<7$

따라서 구하는 양의 정수 a는 1, 2, 3, 4, 5, 6이므로 개수는 6   정답 ③

1359   정답 ③

STEP A 두 부등식의 해 구하기

$x^2-2x-3\le 0$에서 $(x+1)(x-3)\le 0$

$\therefore -1\le x\le 3$ …… ㉠

$(x-5)(x-a)\le 0$에서

(i) $a>5$일 때,

$\quad 5\le x\le a$이므로 주어진 연립부등식의 해가 존재하지 않는다.

(ii) $a=5$일 때,

$\quad x=5$이므로 주어진 연립부등식의 해가 존재하지 않는다.

(iii) $a<5$일 때,

$\quad a\le x\le 5$ …… ㉡

STEP B 연립부등식을 만족하는 정수 x의 개수가 4개가 되도록 하는 실수 a의 값의 범위 구하기

이때 연립부등식을 만족하는 x의 값이 존재하려면 ㉡을 만족해야 한다.

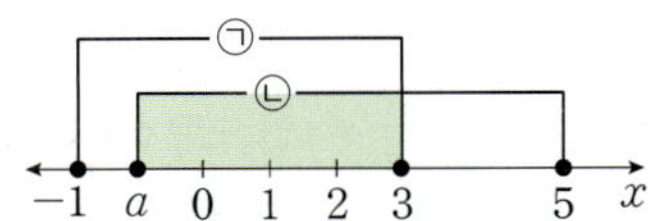

따라서 연립부등식을 만족하는 정수 x의 개수가 4가 되려면 위 그림에서 $-1<a\le 0$이어야 한다.

$a=-1$일 때, 공통범위에서 정수는 -1, 0, 1, 2, 3으로 5가 된다.

1360   정답 ③

STEP A 두 부등식의 해 구하기

$|x-2|<k$에서 $-k<x-2<k$

$\therefore 2-k<x<2+k\,(\because k>0)$ …… ㉠

$x^2-2x-3\le 0$에서 $(x+1)(x-3)\le 0$

$\therefore -1\le x\le 3$ …… ㉡

STEP B 연립부등식을 만족시키는 정수 x가 5개 존재하도록 하는 k의 최댓값 구하기

㉡을 만족하는 정수 x는 -1, 0, 1, 2, 3으로 5개이므로

㉠은 다음 그림과 같이 되어야 한다.

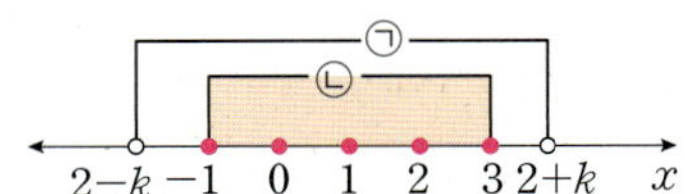

(i) $2-k<-1$에서 $k>3$

(ii) $2+k>3$에서 $k>1$

(i), (ii)를 모두 만족해야 하므로 $k>3$이어야 한다.

따라서 $k>3$이므로 양의 정수 k의 최솟값은 4

1361   정답 ②

STEP A 두 부등식의 해 구하기

부등식 $x^2-3x+2>0$에서 $(x-1)(x-2)>0$

$\therefore x<1$ 또는 $x>2$ …… ㉠

부등식 $2x^2+(2a-5)x-5a<0$에서 $(2x-5)(x+a)<0$

$\therefore -a<x<\dfrac{5}{2}$ 또는 $\dfrac{5}{2}<x<-a$ …… ㉡

STEP B 연립부등식을 만족하는 정수 x가 2개가 되도록 하는 실수 a의 값의 범위 구하기

㉠, ㉡에서 정수 x가 2개뿐이므로 다음 그림과 같아야 한다.

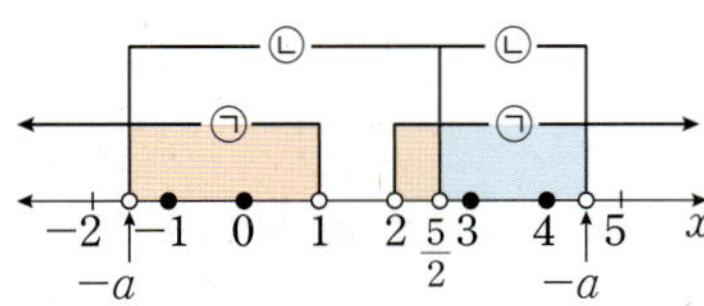

즉 $-2\le -a<-1$ 또는 $4<-a\le 5$이므로

$1<a\le 2$ 또는 $-5\le a<-4$

따라서 정수 a는 -5, 2이므로 곱은 $-5\times 2=-10$

연립부등식

$$\begin{cases} x^2-5x+6>0 \\ 3x^2+(3a-10)x-10a<0 \end{cases}$$

을 만족하는 정수 x가 2개뿐일 때, 모든 정수 a의 값의 곱은?

① -12 ② -6 ③ -2
④ 6 ⑤ 12

STEP A 두 부등식의 해 구하기

부등식 $x^2-5x+6>0$에서 $(x-2)(x-3)>0$

$\therefore x<2$ 또는 $x>3$ ······ ㉠

부등식 $3x^2+(3a-10)x-10a<0$에서 $(3x-10)(x+a)<0$

$\therefore -a<x<\dfrac{10}{3}$ 또는 $\dfrac{10}{3}<x<-a$ ······ ㉡

STEP B 연립부등식을 만족하는 정수 x가 2개가 되도록 하는 실수 a의 값의 범위 구하기

㉠, ㉡에서 정수 x가 2개뿐이므로 다음 그림과 같아야 한다.

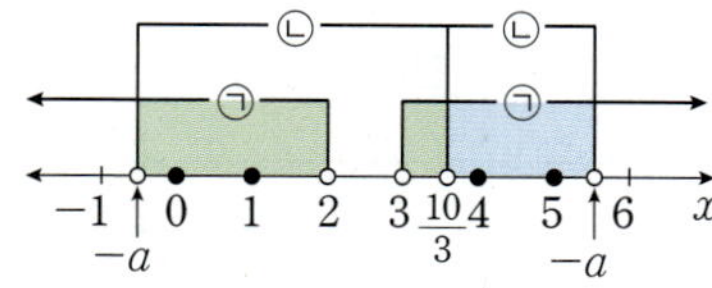

즉 $-1 \le -a < 0$ 또는 $5 < -a \le 6$이므로

$0 < a \le 1$ 또는 $-6 \le a < -5$

따라서 정수 a는 $1, -6$이므로 곱은 $1 \times (-6) = -6$

정답 ②

1362

정답 3

STEP A 각 부등식의 해 구하기

$x^2-2x-8<0$에서 $(x+2)(x-4)<0$

$\therefore -2<x<4$ ······ ㉠

$x^2-(a+1)x+a<0$에서 $(x-a)(x-1)<0$ ······ ㉡

$\therefore a<1$일 때, $a<x<1$

$\quad a=1$일 때, $(x-1)^2<0$에서 해는 없다.

$\quad a>1$일 때, $1<x<a$

STEP B 정수 x가 단 하나 존재하는 a의 범위 구하기

㉠, ㉡의 해의 공통부분에 속하는 정수 x가 단 하나 존재하도록 수직선 위에 나타내면 다음과 같다.

(i) ㉡의 해가 $a<x<1$인 경우

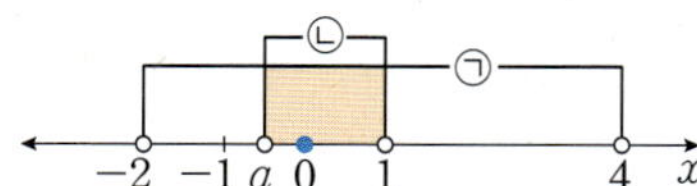

$\therefore -1 \le a < 0$

(ii) ㉡의 해가 $1<x<a$인 경우

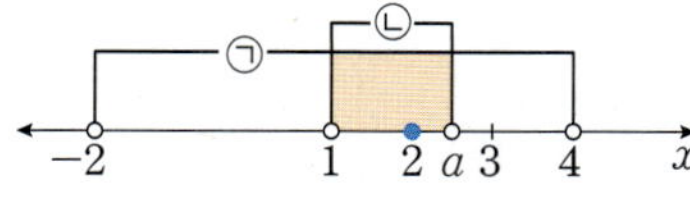

$\therefore 2 < a \le 3$

(i), (ii)에 의하여 a의 값의 범위는 $-1 \le a < 0$ 또는 $2 < a \le 3$

따라서 상수 a의 최댓값은 3

연립부등식

$$\begin{cases} x^2-4x-12>0 \\ x^2-ax-6a^2 \le 0 \end{cases}$$

을 만족시키는 정수 x가 오직 한 개뿐일 때, 양수 a의 최솟값은?

① 1 ② $\dfrac{3}{2}$ ③ 2
④ $\dfrac{5}{2}$ ⑤ 3

STEP A 각 부등식의 해 구하기

$x^2-4x-12>0$에서 $(x+2)(x-6)>0$

$\therefore x<-2$ 또는 $x>6$ ······ ㉠

$x^2-ax-6a^2 \le 0$에서 $(x+2a)(x-3a) \le 0$

$\therefore -2a \le x \le 3a \,(\because a>0)$ ······ ㉡

STEP B 양수 a의 최솟값 구하기

㉠, ㉡을 동시에 만족시키는 정수 x가 1개이려면 다음과 같다.

(i) 연립부등식의 해가 $x=-3$뿐일 때,

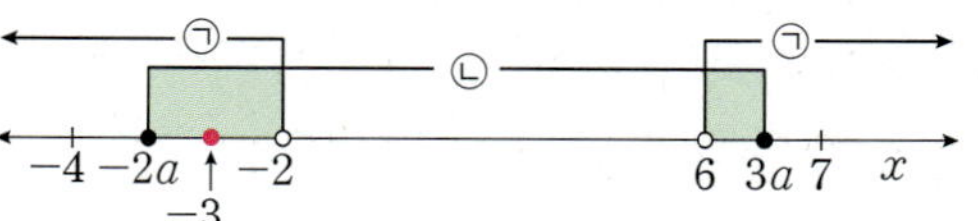

$-4<-2a \le -3$에서 $\dfrac{3}{2} \le a < 2$ ······ ㉢

$0<3a<7$에서 $0<a<\dfrac{7}{3}$ ······ ㉣

㉢, ㉣의 공통부분은 $\dfrac{3}{2} \le a < 2$

(ii) 연립부등식의 해가 $x=7$뿐일 때,

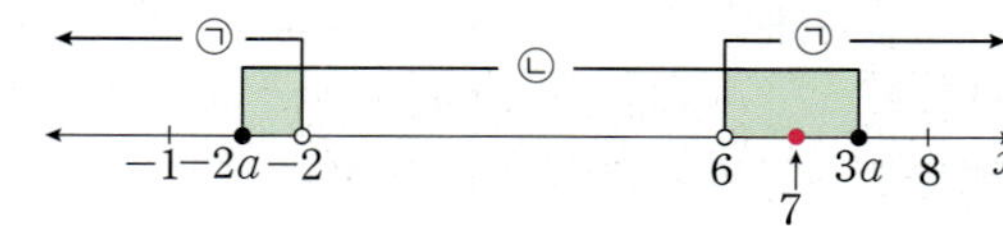

$7 \le 3a < 8$에서 $\dfrac{7}{3} \le a < \dfrac{8}{3}$ ······ ㉤

$-3<-2a<0$에서 $0<a<\dfrac{3}{2}$ ······ ㉥

㉤, ㉥의 공통부분이 없으므로 성립하지 않는다.

(i), (ii)에서 $\dfrac{3}{2} \le a < 2$이므로 양수 a의 최솟값은 $\dfrac{3}{2}$

정답 ②

1363

2021년 11월 고1 학력평가 15번

정답 ④

STEP A 연립부등식에서 각각의 이차부등식의 해 구하기

$x^2-2x-3 \ge 0$에서 $(x-3)(x+1) \ge 0$

$\therefore x \le -1$ 또는 $x \ge 3$ ······ ㉠

$x^2-(5+k)x+5k \le 0$에서 $(x-5)(x-k) \le 0$ ······ ㉡

STEP B k와 5의 대소관계에 따라 경우를 나누어 조건을 만족시키는 정수 k의 값 구하기

(i) $k<5$일 때,

㉡의 해는 $k \le x \le 5$이므로 주어진 연립부등식의 해는

$k \le x \le -1$ 또는 $3 \le x \le 5$

즉 정수 x의 개수가 5가 되도록 하는 정수 k의 값은 -2

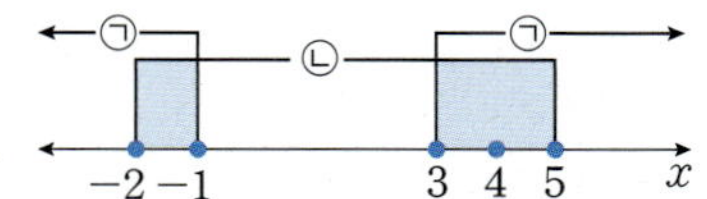

(ii) $k=5$일 때,

㉡의 해는 $x=5$이므로 주어진 연립부등식의 해는 $x=5$뿐이다.

즉 조건을 만족시키지 않는다.

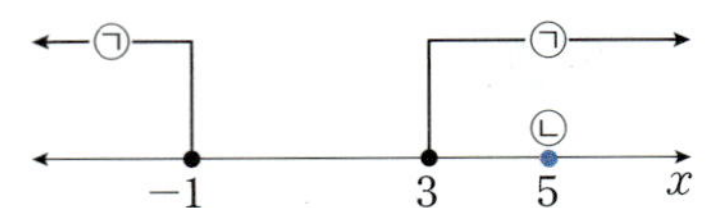

(ⅲ) $k > 5$일 때,

ⓛ의 해는 $5 \le x \le k$이므로 주어진 연립부등식의 해는 $5 \le x \le k$

즉 정수 x의 개수가 5가 되도록 하는 정수 k의 값은 9

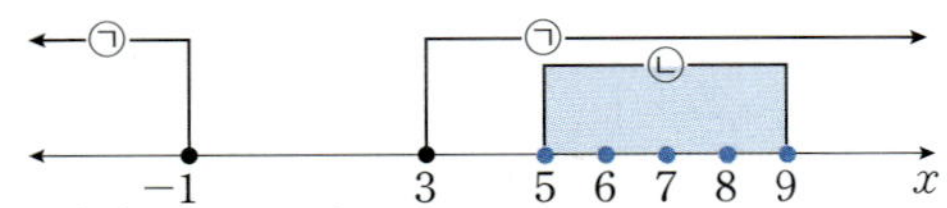

(ⅰ)~(ⅲ)에 의하여 연립부등식을 만족시키는 정수 x의 개수가 5가 되도록
하는 모든 정수 k의 값의 곱은 $(-2) \times 9 = -18$

내신연계 출제문항 640

x에 대한 연립부등식

$$\begin{cases} x^2 - 2x - 8 \ge 0 \\ x^2 - (6+k)x + 6k \le 0 \end{cases}$$

을 만족시키는 정수 x의 개수가 5가 되도록 하는 모든 정수 k의 값의 곱은?

① -36 ② -30 ③ -24
④ -18 ⑤ -12

STEP A   연립부등식에서 각각의 이차부등식의 해 구하기

$x^2 - 2x - 8 \ge 0$에서 $(x-4)(x+2) \ge 0$

$\therefore x \le -2$ 또는 $x \ge 4$ …… ㉠

$x^2 - (6+k)x + 6k \le 0$에서 $(x-6)(x-k) \le 0$ …… ㉡

STEP B k와 6의 대소관계에 따라 경우를 나누어 조건을 만족시키는 정수
      k의 값 구하기

(ⅰ) $k < 6$인 경우

ⓛ의 해는 $k \le x \le 6$이므로 주어진 연립부등식의 해는

$k \le x \le -2$ 또는 $4 \le x \le 6$

즉 정수 x의 개수가 5가 되도록 하는 정수 k의 값은 -3

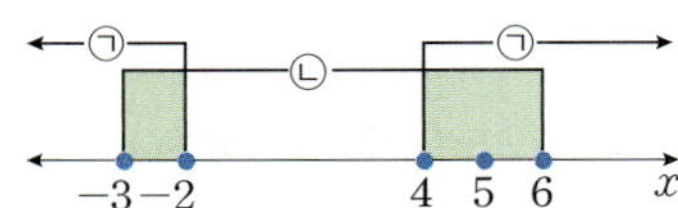

(ⅱ) $k = 6$인 경우

ⓛ의 해는 $x = 6$이므로 주어진 연립부등식의 해는 $x = 6$뿐이다.

즉 조건을 만족시키지 않는다.

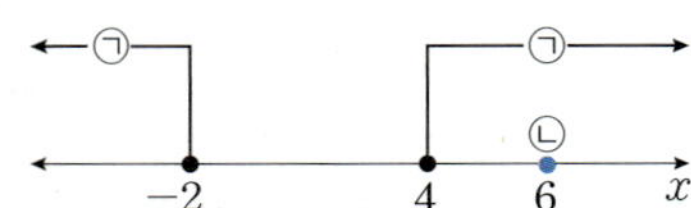

(ⅲ) $k > 6$인 경우

ⓛ의 해는 $6 \le x \le k$이므로 주어진 연립부등식의 해는 $6 \le x \le k$

즉 정수 x의 개수가 5가 되도록 하는 정수 k의 값은 10

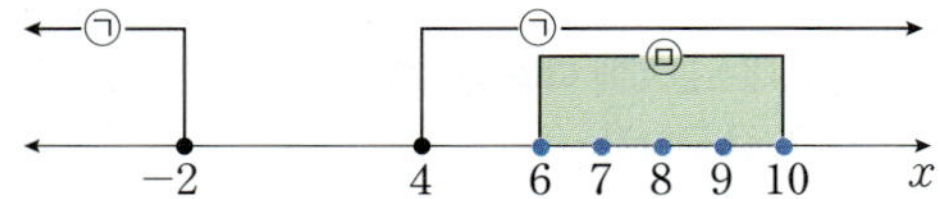

(ⅰ)~(ⅲ)에 의하여 연립부등식을 만족시키는 정수 x의 개수가 5가 되도록
하는 모든 정수 k의 값의 곱은 $(-3) \times 10 = -30$

정답 ②

1364

    정답 ②

STEP A   이차부등식 $x^2 + 3x - 10 < 0$의 해 구하기

이차부등식 $x^2 + 3x - 10 < 0$에서 $(x+5)(x-2) < 0$

$\therefore -5 < x < 2$ ← 이 범위에서 정수 x의 개수는 $\{2-(-5)\}-1=6$

이차부등식을 만족시키는 정수 x는 $-4, -3, -2, -1, 0, 1$이고
개수는 6이다.

STEP B   부등식 $ax \ge a^2$에서 a의 범위를 나누어 구하기

(ⅰ) $a = 0$인 경우

부등식 $ax \ge a^2$에서 $0 \times x \ge 0$

$\therefore$ 해는 모든 실수

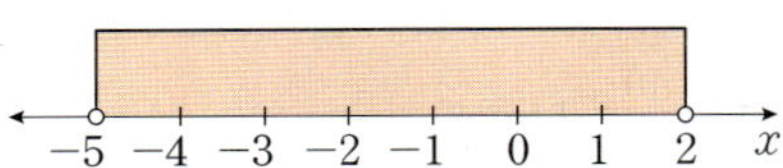

그런데 연립부등식을 만족시키는 정수 x의 개수는 6이므로
주어진 조건을 만족시키지 않는다.

(ⅱ) $a > 0$인 경우

부등식 $ax \ge a^2$에서 $x \ge a$

① $a = 1$일 때, 연립부등식을 만족시키는 정수 $x = 1$이므로 개수는 1이다.

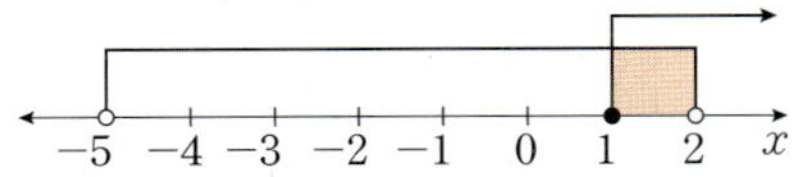

② $a \ge 2$일 때, 연립부등식을 만족시키는 정수 x의 개수는 0이다.

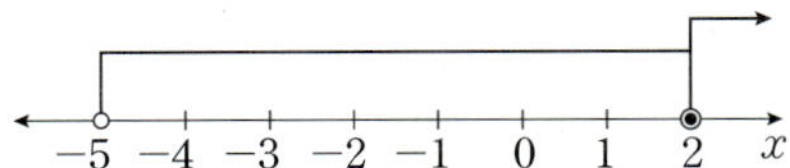

①, ②에 의하여 정수 x의 개수는 0 또는 1이다.

그러므로 주어진 조건을 만족시키지 않는다.

(ⅲ) $a < 0$인 경우

부등식 $ax \ge a^2$에서 $x \le a$

① $a = -1$일 때, 연립부등식의 해는 $-5 < x \le -1$

           이 범위에서 정수 x의 개수는 $-1-(-5)=4$

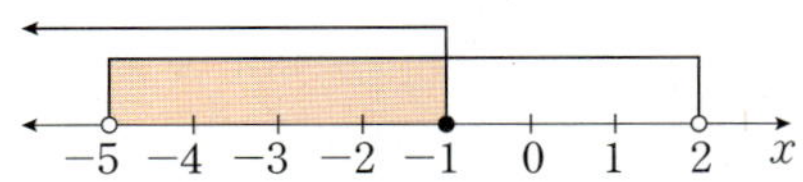

연립부등식을 만족시키는 정수 x의 값이 $-4, -3, -2, -1$이므로
개수는 4이다.

② $a \le -2$일 때, 연립부등식을 만족시키는 정수 x의 개수는 3개 이하이다.

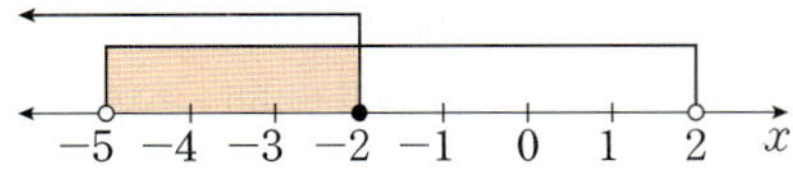

①, ②에 의하여 주어진 연립부등식을 만족시키는 정수 x의 개수가 4이기
위해서는 정수 a의 값은 -1

(ⅰ)~(ⅲ)에 의하여 $a = -1$

내신연계 출제문항 641

x에 대한 연립부등식 $\begin{cases} x^2 + 4x - 12 < 0 \\ ax \ge a^2 \end{cases}$ 을 만족시키는 정수 x의 개수가

5가 되도록 하는 정수 a의 값은?

① -2 ② -1 ③ 0
④ 1 ⑤ 2

STEP A   이차부등식 $x^2 + 3x - 10 < 0$의 해 구하기

이차부등식 $x^2 + 4x - 12 < 0$에서 $(x+6)(x-2) < 0$

$\therefore -6 < x < 2$ ← 이 범위에서 정수 x의 개수는 $\{2-(-6)\}-1=7$

이차부등식을 만족시키는 정수 x는 $-5, -4, -3, -2, -1, 0, 1$이므로
개수는 7

STEP Ⓑ 부등식 $ax \geq a^2$에서 a의 범위를 나누어 구하기

(i) $a=0$인 경우

부등식 $ax \geq a^2$에서 $0 \times x \geq 0$

∴ 해는 모든 실수

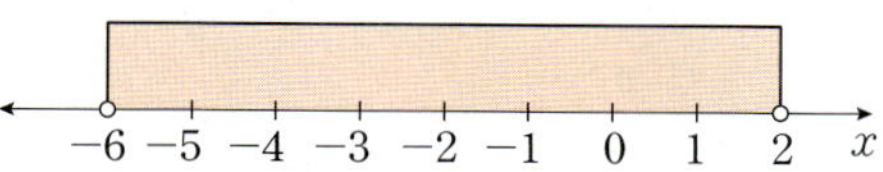

그런데 연립부등식을 만족시키는 정수 x의 개수는 7이므로
주어진 조건을 만족시키지 않는다.

(ii) $a>0$인 경우

부등식 $ax \geq a^2$에서 $x \geq a$

① $a=1$일 때,

연립부등식을 만족시키는 정수 $x=1$이므로 개수는 1이다.

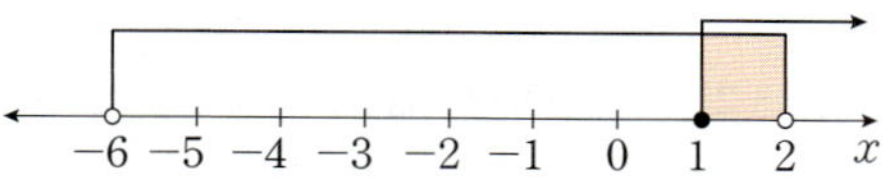

② $a \geq 2$일 때,

연립부등식을 만족시키는 정수 x의 개수는 0이다.

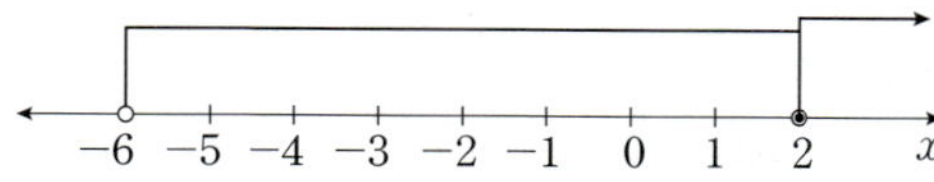

①, ②에 의하여 정수 x의 개수는 0 또는 1이다.
그러므로 주어진 조건을 만족시키지 않는다.

(iii) $a<0$인 경우

부등식 $ax \geq a^2$에서 $x \leq a$

① $a=-1$일 때,

연립부등식의 해는 $-6 < x \leq -1$

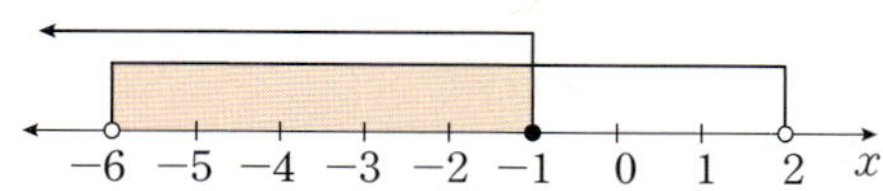

연립부등식을 만족시키는 정수 x의 값이 $-5, -4, -3, -2, -1$이므로
개수는 5이다.

② $a \leq -2$일 때,

연립부등식을 만족시키는 정수 x의 개수는 4개 이하이다.

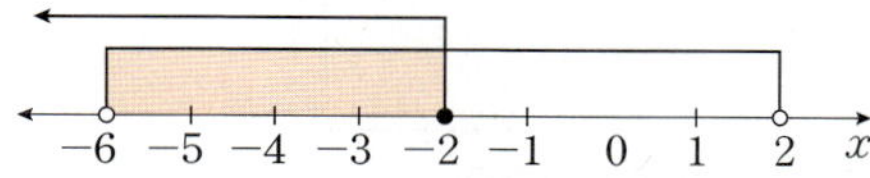

①, ②에 의하여 주어진 연립부등식을 만족시키는 정수 x의 개수가 5이기
위해서는 정수 a의 값은 -1

(i)~(iii)에 의하여 $a=-1$

정답 ②

1365

2022년 03월 고2 학력평가 15번   정답 ④

STEP Ⓐ 연립부등식에서 각각의 부등식의 해 구하기

$|x-k| \leq 5$에서 $-5 \leq x-k \leq 5$

∴ $k-5 \leq x \leq k+5$ …… ㉠

$x^2-x-12>0$에서 $(x+3)(x-4)>0$

∴ $x<-3$ 또는 $x>4$ …… ㉡

STEP Ⓑ k의 값의 범위에 따라 경우를 나누어 조건을 만족시키는 정수 k의 값 구하기

(i) $k+5 \leq 4$, 즉 $k \leq -1$일 때,

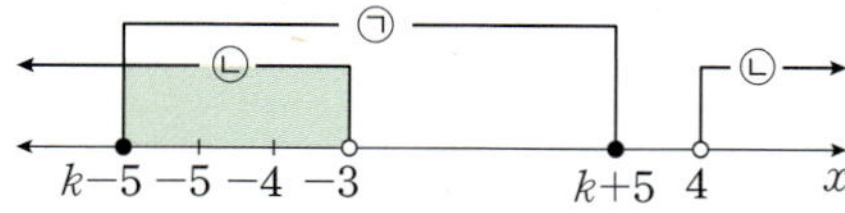

㉠, ㉡을 모두 만족시키는 정수 x는 모두 -3보다 작으므로
그 합은 7보다 작게 되어 조건을 만족시키지 않는다.

(ii) $k-5<-3$이고 $k+5>4$, 즉 $-1<k<2$일 때,

$$\text{정수 } k \text{는 0 또는 1}$$

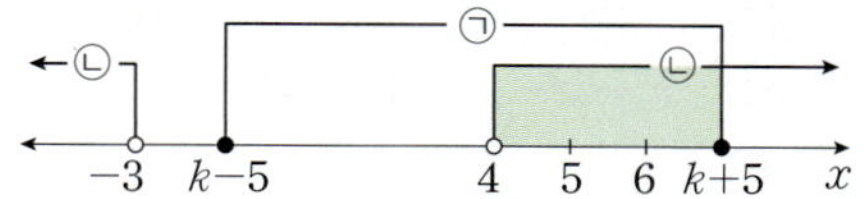

$k=0$이면 ㉠, ㉡을 모두 만족시키는 정수 x는 $-5, -4, 5$이고
그 합은 -4가 되어 조건을 만족시키지 않는다.

$k=1$이면 ㉠, ㉡을 모두 만족시키는 정수 x는 $-4, 5, 6$이고
그 합은 7이 되어 조건을 만족시킨다.

(iii) $k-5 \geq -3$, 즉 $k \geq 2$일 때,

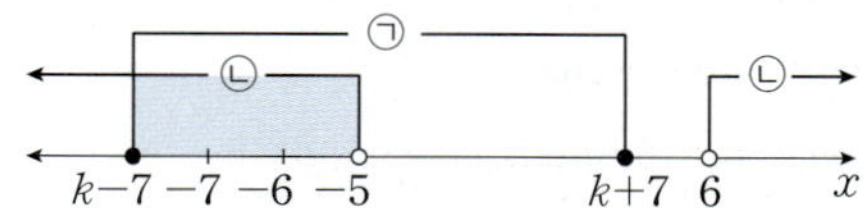

㉠, ㉡을 모두 만족시키는 정수 x는 두 개 이상이고 모두 4보다 크므로
그 합은 7보다 크게 되어 조건을 만족시키지 않는다.

(i)~(iii)에 의하여 구하는 정수 k의 값은 $k=1$

내신연계 출제문항 642

연립부등식

$$\begin{cases} |x-k| \leq 7 \\ x^2-x-30>0 \end{cases}$$

을 만족시키는 모든 정수 x의 값의 합이 9가 되도록 하는 정수 k의 값은?

① -2 ② -1 ③ 0

④ 1   ⑤ 2

STEP Ⓐ 연립부등식에서 각각의 부등식의 해 구하기

$|x-k| \leq 7$에서 $-7 \leq x-k \leq 7$

∴ $k-7 \leq x \leq k+7$ …… ㉠

$x^2-x-30>0$에서 $(x+5)(x-6)>0$

∴ $x<-5$ 또는 $x>6$ …… ㉡

STEP Ⓑ k의 값의 범위에 따라 경우를 나누어 조건을 만족시키는 정수 k의 값 구하기

(i) $k+7 \leq 6$, 즉 $k \leq -1$일 때,

㉠, ㉡을 모두 만족시키는 정수 x는 모두 -5보다 작으므로
그 합은 9보다 작게 되어 조건을 만족시키지 않는다.

(ii) $k-7<-5$이고 $k+7>6$, 즉 $-1<k<2$일 때,

$$\text{정수 } k \text{는 0 또는 1}$$

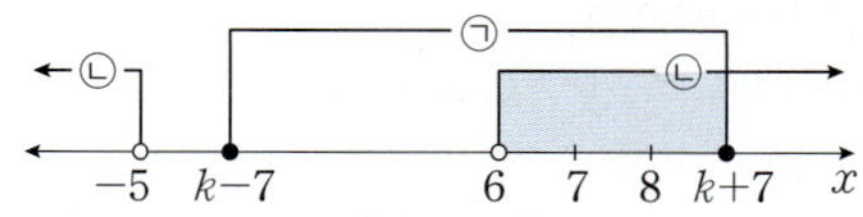

$k=0$이면 ㉠, ㉡을 모두 만족시키는 정수 x는 $-6, -5, 7$이고
그 합은 -4가 되어 조건을 만족시키지 않는다.

$k=1$이면 ㉠, ㉡을 모두 만족시키는 정수 x는 $-6, 7, 8$이고
그 합은 9가 되어 조건을 만족시킨다.

(iii) $k-7 \geq -5$, 즉 $k \geq 2$일 때,

㉠, ㉡을 모두 만족시키는 정수 x는 두 개 이상이고 모두 6보다 크므로
그 합은 9보다 크게 되어 조건을 만족시키지 않는다.

(i)~(iii)에 의하여 구하는 정수 k의 값은 $k=1$

정답 ④

1366

STEP A 둔각삼각형일 조건 구하기

삼각형의 세 변의 길이가 되려면 변의 길이는 모두 양수이므로
$x>0$, $x+1>0$, $x+2>0$
$\therefore x>0$ ...... ㉠
삼각형의 가장 긴 변의 길이는
나머지 두 변의 길이의 합보다 작으므로
$x+(x+1)>x+2$
$\therefore x>1$ ...... ㉡
이 삼각형이 둔각삼각형이려면
$(x+2)^2>x^2+(x+1)^2$, $x^2-2x-3<0$, $(x+1)(x-3)<0$
$\therefore -1<x<3$ ...... ㉢

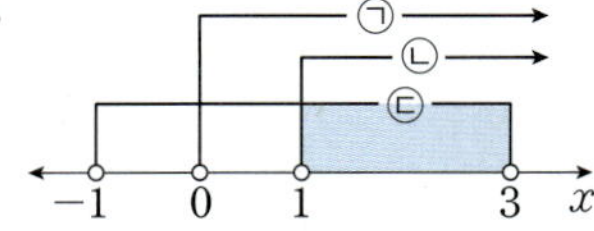

STEP B 주어진 해 구하기

㉠, ㉡, ㉢의 공통부분을 구하면 $1<x<3$
따라서 자연수는 2이므로 개수는 1

1367

STEP A 둔각삼각형일 조건 구하기

$2x-1$, x, $2x+1$이 삼각형의 변의 길이이므로
$2x-1>0$ $\therefore x>\dfrac{1}{2}$ ...... ㉠
$2x+1$이 세 변 중 가장 긴 변의 길이이므로
$2x+1<x+(2x-1)$ $\therefore x>2$ ...... ㉡
둔각삼각형이 되려면
$(2x+1)^2>x^2+(2x-1)^2$, $x^2-8x<0$, $x(x-8)<0$
$\therefore 0<x<8$ ...... ㉢
㉠, ㉡, ㉢의 공통부분을 구하면 $2<x<8$

STEP B $ax^2+bx-8>0$의 해와 같을 때, 실수 a, b의 값 구하기

이때 $ax^2+bx-8>0$의 해가 $2<x<8$이므로 $a<0$이고
$ax^2+bx-8=a(x-2)(x-8)$
$\qquad\qquad\quad =a(x^2-10x+16)$
$\qquad\qquad\quad =ax^2-10ax+16a$
따라서 $b=-10a$, $-8=16a$이므로 $a=-\dfrac{1}{2}$, $b=5$
$\therefore ab=\left(-\dfrac{1}{2}\right)\times 5=-\dfrac{5}{2}$

1368

STEP A 예각삼각형일 조건 구하기

삼각형의 세 변의 길이가 되려면 변의 길이는 모두 양수이므로
$x-1>0$, $x>0$, $x+1>0$
$\therefore x>1$ ...... ㉠
삼각형의 가장 긴 변의 길이는 나머지 두 변의 길이의 합보다 작으므로
$(x-1)+x>x+1$ ← 세 변 중 가장 긴 변의 길이는 $x+1$
$\therefore x>2$ ...... ㉡
이 삼각형이 예각삼각형이려면
$(x-1)^2+x^2>(x+1)^2$, $x^2-4x>0$, $x(x-4)>0$
$\therefore x<0$ 또는 $x>4$ ...... ㉢

STEP B 주어진 해 구하기

따라서 ㉠, ㉡, ㉢의 공통부분을 구하면
$x>4$

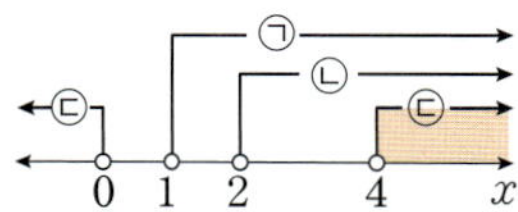

세 실수 $x-2$, x, $x+2$가 예각삼각형의 세 변의 길이가 되도록 하는 x의 값의 범위는?

① $x>4$ ② $x>5$ ③ $x>6$
④ $x>7$ ⑤ $x>8$

STEP A 예각삼각형일 조건 구하기

삼각형의 세 변의 길이가 되려면 변의 길이는 모두 양수이므로
$x-2>0$, $x>0$, $x+2>0$
$\therefore x>2$ ...... ㉠
삼각형의 가장 긴 변의 길이는 나머지 두 변의 길이의 합보다 작으므로
$(x-2)+x>x+2$ ← 세 변 중 가장 긴 변의 길이는 $x+2$
$\therefore x>4$
세 실수 $x-2$, x, $x+2$가 삼각형이 예각삼각형의 세 변의 길이이려면
$(x-2)^2+x^2>(x+2)^2$, $x^2-4x+4+x^2>x^2+4x+4$
$x^2-8x>0$, $x(x-8)>0$
$\therefore x<0$ 또는 $x>8$ ...... ㉢

STEP B 주어진 해 구하기

따라서 ㉠, ㉡, ㉢의 공통부분을 구하면
$x>8$

1369

STEP A 직사각형의 가로의 길이를 $x\mathrm{cm}$라 하고 연립부등식의 해 구하기

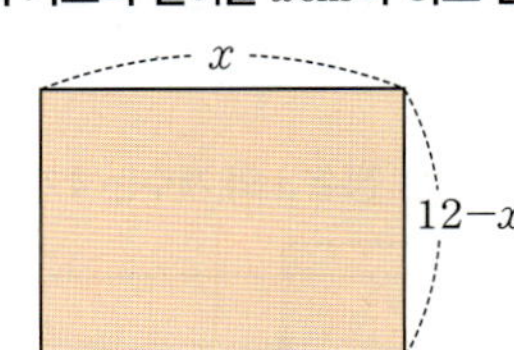

직사각형의 가로의 길이를 $x\mathrm{cm}$라 하면
세로의 길이는 $(12-x)\mathrm{cm}$이다.
직사각형의 넓이가 $27\mathrm{cm}^2$ 이상이므로
$x(12-x)\geq 27$, $x^2-12x+27\leq 0$, $(x-3)(x-9)\leq 0$
$\therefore 3\leq x\leq 9$ ...... ㉠
그런데 가로의 길이가 세로의 길이보다 길거나 같으므로
$x\geq 12-x$ $\therefore x\geq 6$ ...... ㉡
㉠, ㉡의 공통부분을 구하면 $6\leq x\leq 9$

STEP B $M-m$의 값 구하기

따라서 가로의 길이의 최댓값은 $M=9\mathrm{cm}$, 최솟값은 $m=6\mathrm{cm}$이므로
$M-m=9\mathrm{cm}-6\mathrm{cm}=3\mathrm{cm}$

1370

2011년 11월 고1 학력평가 26번   정답 18

STEP Ⓐ **직사각형 PQCR과 삼각형 APR, PBQ의 넓이를 각각 a에 대한 식으로 나타내기**

$\overline{QC}=a$이므로 $0<a<12$이고
$\overline{BQ}=12-a$
이때 오른쪽 그림과 같이
두 삼각형 APR, PBQ는
모두 직각이등변삼각형이므로
$\overline{AR}=\overline{PR}=a$
$\overline{PQ}=\overline{BQ}=12-a$

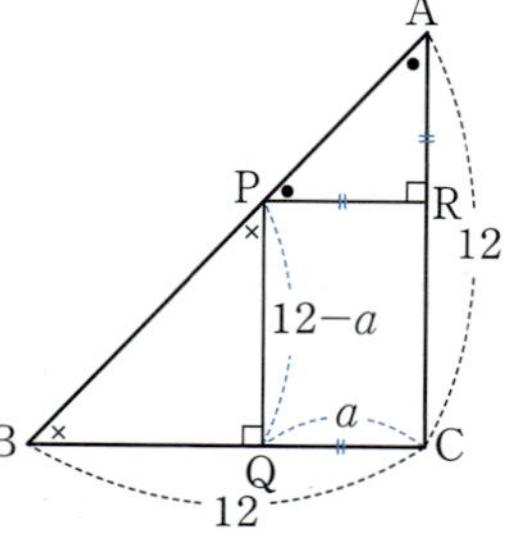

+α │ **두 삼각형 APR, PBQ가 직각이등변삼각형인 이유!**

직각이등변삼각형 ABC와 직사각형 PQCR에 대하여
$\angle PBQ=\angle BPQ=45°$, $\angle APR=\angle PAR=45°$이므로
$\triangle APR$, $\triangle PBQ$는 모두 직각이등변삼각형이다.

$\therefore \square PQCR=a(12-a)$,
$$\triangle APR=\frac{1}{2}\times\overline{PR}\times\overline{AR}=\frac{1}{2}\times a\times a=\frac{1}{2}a^2,$$
$$\triangle PBQ=\frac{1}{2}\times\overline{BQ}\times\overline{PQ}=\frac{1}{2}\times(12-a)\times(12-a)=\frac{1}{2}(12-a)^2$$

STEP Ⓑ **조건을 이용하여 연립부등식을 세운 후 a의 값의 범위 구하기**

직사각형 PQCR의 넓이가 두 삼각형 APR, PBQ의 각각의 넓이보다 크므로
$\square PQCR>\triangle APR$, $\square PQCR>\triangle PBQ$에서

$$a(12-a)>\frac{1}{2}a^2 \qquad \cdots\cdots ㉠$$
$$a(12-a)>\frac{1}{2}(12-a)^2 \qquad \cdots\cdots ㉡$$

㉠에서 양변을 a로 나누면 $12-a>\frac{1}{2}a$, $\frac{3}{2}a<12$이므로
$a<8$ $\therefore 0<a<8 \qquad \cdots\cdots ㉢$
㉡에서 양변을 $12-a$로 나누면 $a>\frac{1}{2}(12-a)$, $2a>12-a$이므로
$a>4$ $\therefore 4<a<12 \qquad \cdots\cdots ㉣$
㉢, ㉣의 공통부분을 구하면 $4<a<8$

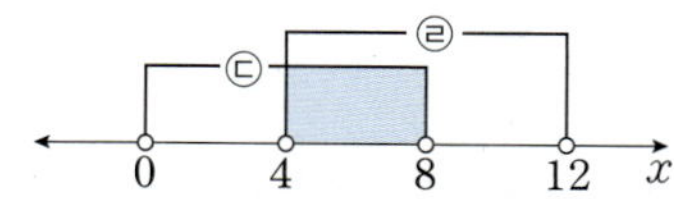

STEP Ⓒ **부등식을 만족시키는 모든 자연수 a의 값의 합 구하기**

따라서 구하는 자연수 a의 값은 5, 6, 7이므로 모든 자연수 a의 값의 합은
$5+6+7=18$

내신연계 출제문항 644

오른쪽 그림과 같이 $\overline{AC}=\overline{BC}=15$인 직각이등변삼각형 ABC가 있다.
빗변 AB 위의 점 P에서 변 BC와 변 AC에 내린 수선의 발을 각각 Q, R이라고 할 때, 직사각형 PQCR의 넓이는 두 삼각형 APR, PBQ 각각의 넓이보다 크다.
$\overline{QC}=a$일 때, 자연수 a의 값들의 합은?

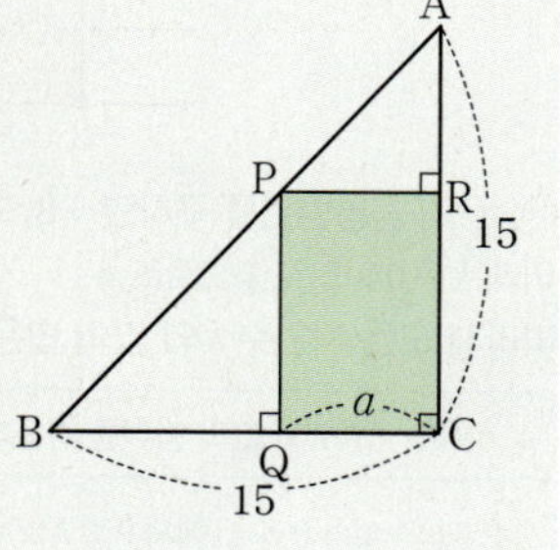

① 20 ② 25
③ 30 ④ 35
⑤ 40

STEP Ⓐ **직사각형 PQCR과 삼각형 APR, PBQ의 넓이를 각각 a에 대한 식으로 나타내기**

$\overline{QC}=a$이므로 $0<a<15$이고
$\overline{BQ}=15-a$
이때 오른쪽 그림과 같이
두 삼각형 APR, PBQ는 모두
직각이등변삼각형이므로
$\overline{AR}=\overline{PR}=a$
$\overline{PQ}=\overline{BQ}=15-a$

+α │ **두 삼각형 APR와 PBQ가 직각이등변삼각형인 이유!**

직각이등변삼각형 ABC와 직사각형 PQCR에 대하여
$\angle PBQ=\angle BPQ=45°$, $\angle APR=\angle PAR=\angle BPQ=45°$
이므로 $\triangle APR$, $\triangle PBQ$는 모두 직각이등변삼각형이다.

$\therefore \square PQCR=a(15-a)$,
$$\triangle APR=\frac{1}{2}\times\overline{PR}\times\overline{AR}=\frac{1}{2}\times a\times a=\frac{1}{2}a^2,$$
$$\triangle PBQ=\frac{1}{2}\times\overline{BQ}\times\overline{PQ}=\frac{1}{2}\times(15-a)\times(15-a)=\frac{1}{2}(15-a)^2$$

STEP Ⓑ **조건을 이용하여 연립부등식을 세운 후 a의 값의 범위 구하기**

직사각형 PQCR의 넓이가 두 삼각형 APR, PBQ의 각각의 넓이보다 크므로
$\square PQCR>\triangle APR$, $\square PQCR>\triangle PBQ$에서

$$a(15-a)>\frac{1}{2}a^2 \qquad \cdots\cdots ㉠$$
$$a(15-a)>\frac{1}{2}(15-a)^2 \qquad \cdots\cdots ㉡$$

㉠에서 양변을 a로 나누면 $15-a>\frac{1}{2}a$, $\frac{3}{2}a<15$이므로
$a<10$ $\therefore 0<a<10 \qquad \cdots\cdots ㉢$
㉡에서 양변을 $15-a$로 나누면 $a>\frac{1}{2}(15-a)$, $2a>15-a$이므로
$a>5$ $\therefore 5<a<15 \qquad \cdots\cdots ㉣$
㉢, ㉣의 공통범위는 $5<a<10$

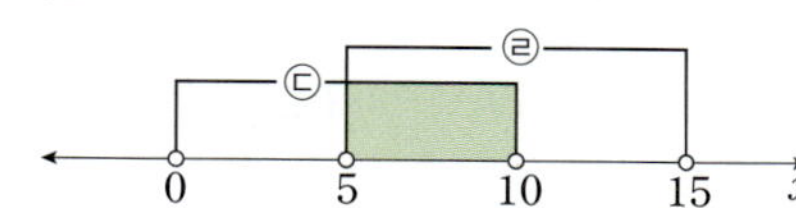

STEP Ⓒ **자연수 a의 값들의 합 구하기**

따라서 구하는 자연수 a는 6, 7, 8, 9이므로 모든 자연수 a의 값의 합은
$6+7+8+9=30$ 정답 ③

1371

2020년 09월 고1 학력평가 28번   정답 15

STEP Ⓐ **세 점 A, B, C의 좌표 구하기**

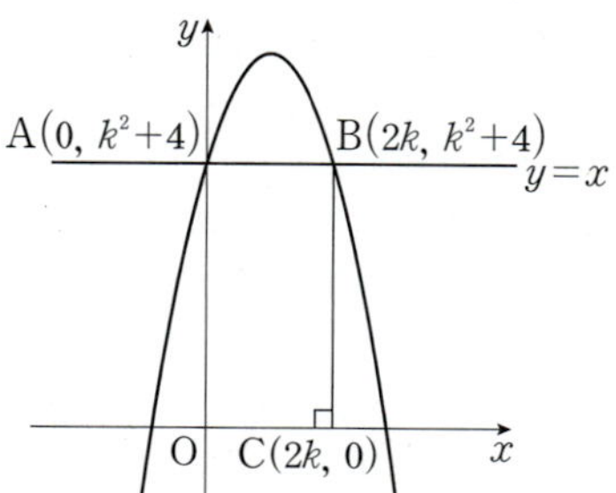

이차함수 $f(x)=-x^2+2kx+k^2+4$의 그래프와 y축이 만나는 점 A이므로
$x=0$일 때, y좌표는 k^2+4
A$(0,\ k^2+4)$
이때 $y=k^2+4$와 이차함수 $y=f(x)$의 교점의 x좌표를 구하면
$-x^2+2kx+k^2+4=k^2+4$에서 $x^2-2kx=0$
$x(x-2k)=0$ $\therefore x=0$ 또는 $x=2k$
즉 점 B의 좌표는 B$(2k,\ k^2+4)$이고 점 C의 좌표는 C$(2k,\ 0)$이다.
점 B의 수선의 발이므로 점 B와 x좌표가 같고 y좌표는 0이다.

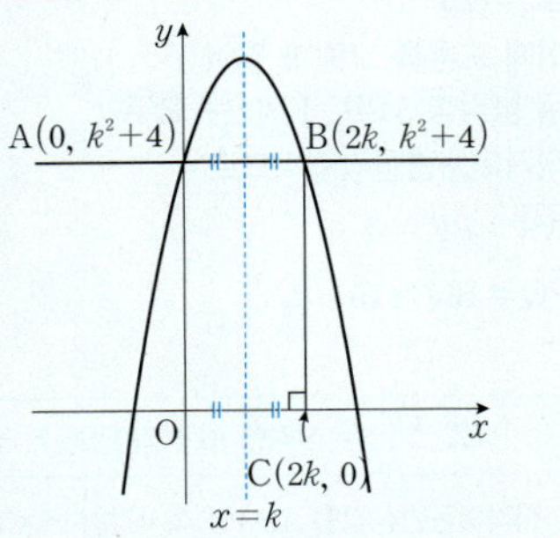

이차함수 $f(x)=-x^2+2kx+k^2+4$
$\qquad\qquad =-(x-k)^2+2k^2+4$
이므로 대칭축은 $x=k$,
즉 점 C의 좌표는 C$(2k, 0)$
이때 이차함수 $f(x)$의 그래프와 y축이
만나는 점이 A이므로 점 A의 좌표는
A$(0, k^2+4)$
두 점 A, B는 직선 $x=k$에 대하여
서로 대칭이므로 점 B의 좌표는
B$(2k, k^2+4)$

STEP B 사각형 OCBA의 둘레의 길이 $g(k)$ 구하기

사각형 OCBA는 직사각형이므로 $\overline{OA}=\overline{BC}$, $\overline{AB}=\overline{CO}$
이때 직사각형 OCBA의 둘레의 길이 $g(k)$는
$$g(k)=\overline{AB}+\overline{BC}+\overline{CO}+\overline{OA}$$
$$=2\overline{AB}+2\overline{OA}$$
$$=2\times 2k+2(k^2+4) \quad \leftarrow k\text{는 자연수이므로 } k>0$$
$$=2k^2+4k+8$$

STEP C 부등식을 만족시키는 모든 자연수 k의 값의 합 구하기

부등식 $14\le g(k)\le 78$에서 $14\le 2k^2+4k+8\le 78$
$7\le k^2+2k+4\le 39$
(i) $7\le k^2+2k+4$에서 $k^2+2k-3\ge 0$, $(k+3)(k-1)\ge 0$
$\qquad \therefore k\le -3$ 또는 $k\ge 1$ $\quad$ ……㉠
(ii) $k^2+2k+4\le 39$에서 $k^2+2k-35\le 0$, $(k+7)(k-5)\le 0$
$\qquad \therefore -7\le k\le 5$ $\quad$ ……㉡

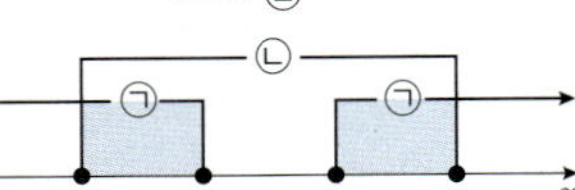

㉠, ㉡의 공통범위를 구하면 $-7\le k\le -3$ 또는 $1\le k\le 5$
이때 $k>0$이므로 $1\le k\le 5$
따라서 모든 자연수 k의 값의 합은 $1+2+3+4+5=15$

내신연계 출제문항 645

그림과 같이 이차함수 $f(x)=-x^2+4kx+k^2+9(k>0)$의 그래프가 y축과
만나는 점을 A라 하자. 점 A를 지나고 x축에 평행한 직선이 이차함수
$y=f(x)$의 그래프와 만나는 점 중 A가 아닌 점을 B라 하고, 점 B에서
x축에 내린 수선의 발을 C라 하자.
사각형 OCBA의 둘레의 길이를 $g(k)$라 할 때, 부등식 $28\le g(k)\le 82$를
만족시키는 모든 자연수 k의 값의 합을 구하시오. (단, O는 원점이다.)

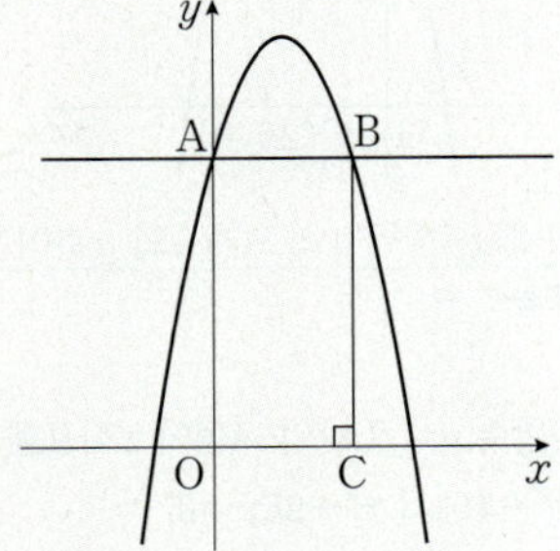

STEP A 세 점 A, B, C의 좌표 구하기

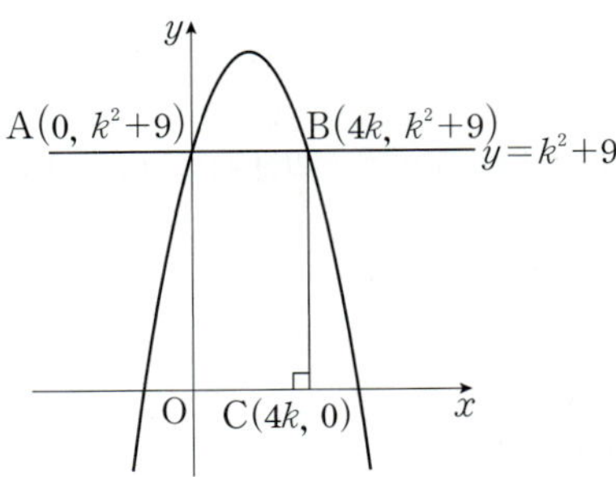

이차함수 $f(x)=-x^2+4kx+k^2+9$의 그래프와 y축이 만나는 점 A이므로
$\quad x=0$일 때, y좌표는 k^2+9
A$(0, k^2+9)$
이때 $y=k^2+9$와 이차함수 $y=f(x)$의 교점의 x좌표를 구하면
$-x^2+4kx+k^2+9=k^2+9$에서 $x^2-4kx=0$
$x(x-4k)=0$ $\quad \therefore x=0$ 또는 $x=4k$
점 B의 수선의 발이므로 점 B와 x좌표가 같고 y좌표는 0이다.
즉 점 B의 좌표는 B$(4k, k^2+9)$이고 점 C의 좌표는 C$(4k, 0)$이다.
$\quad$ 점 B의 수선의 발이므로 점 B와 x좌표가 같고 y좌표는 0이다.

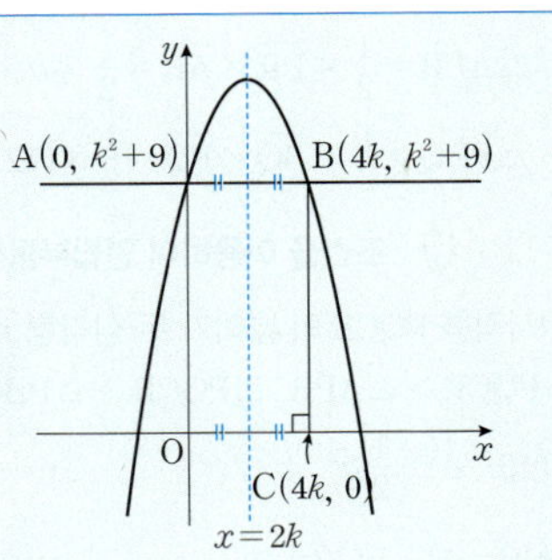

이차함수 $f(x)=-x^2+4kx+k^2+9$
$\qquad\qquad =-(x-2k)^2+5k^2+9$
이므로 대칭축은 $x=2k$
즉 점 C의 좌표는 C$(4k, 0)$
이때 이차함수 $f(x)$의 그래프와 y축이
만나는 점이 A이므로 점 A의 좌표는
A$(0, k^2+9)$
두 점 A, B는 직선 $x=2k$에 대하여
서로 대칭이므로 점 B의 좌표는
B$(4k, k^2+9)$

STEP B 사각형 OCBA의 둘레의 길이 $g(k)$ 구하기

사각형 OCBA는 직사각형이므로 $\overline{OA}=\overline{BC}$, $\overline{AB}=\overline{CO}$
이때 직사각형 OCBA의 둘레의 길이 $g(k)$는
$$g(k)=\overline{AB}+\overline{BC}+\overline{CO}+\overline{OA}$$
$$=2\overline{AB}+2\overline{OA}$$
$$=2\times 4k+2(k^2+9) \quad \leftarrow k\text{는 자연수이므로 } k>0$$
$$=2(k^2+4k+9)$$

STEP C 부등식을 만족시키는 모든 자연수 k의 값의 합 구하기

부등식 $28\le g(k)\le 82$에서 $28\le 2(k^2+4k+9)\le 82$
$14\le k^2+4k+9\le 41$
(i) $14\le k^2+4k+9$에서 $k^2+4k-5\ge 0$, $(k+5)(k-1)\ge 0$
$\qquad \therefore k\le -5$ 또는 $k\ge 1$ $\quad$ ……㉠
(ii) $k^2+4k+9\le 41$에서 $k^2+4k-32\le 0$, $(k+8)(k-4)\le 0$
$\qquad \therefore -8\le k\le 4$ $\quad$ ……㉡

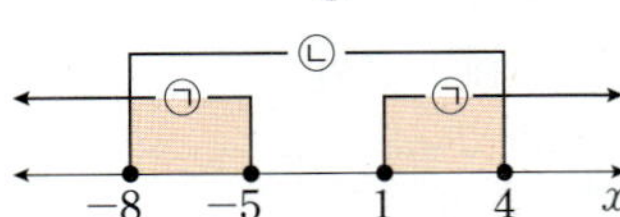

㉠, ㉡의 공통범위를 구하면 $-8\le k\le -5$ 또는 $1\le k\le 4$
이때 $k>0$이므로 $1\le k\le 4$
따라서 모든 자연수 k의 값의 합은 $1+2+3+4=10$

1372

정답 ②

STEP Ⓐ **이차방정식의 판별식이 $D>0$임을 이용하여 k의 범위 구하기**

이차방정식 $x^2-2(k+1)x+3k+7=0$이 서로 다른 두 실근을 가지려면
이차방정식의 판별식을 D라 하면 $D>0$이어야 한다.

$\dfrac{D}{4}=\{-(k+1)\}^2-(3k+7)>0,\ k^2-k-6>0,\ (k+2)(k-3)>0$

$\therefore k<-2$ 또는 $k>3$

STEP Ⓑ **ab의 값 구하기**

따라서 $a=-2,\ b=3$이므로 $ab=-6$

1373

정답 ②

STEP Ⓐ **이차방정식의 판별식이 $D<0$임을 이용하여 k의 범위 구하기**

이차방정식 $x^2+2kx-2k+3=0$이 허근을 가지려면
이차방정식의 판별식을 D라 하면 $D<0$이어야 한다.

$\dfrac{D}{4}=k^2-1\times(-2k+3)<0,\ k^2+2k-3<0,\ (k+3)(k-1)<0$

$\therefore -3<k<1$

STEP Ⓑ **$\alpha+\beta$의 값 구하기**

따라서 $\alpha=-3,\ \beta=1$이므로 $\alpha+\beta=-2$

1374

정답 ③

STEP Ⓐ **이차방정식의 판별식이 $D<0$임을 이용하여 k의 범위 구하기**

이차함수 $y=x^2-2(k+1)x+k+7$의 그래프와 x축과 만나지 않으려면
이차방정식 $x^2-2(k+1)x+k+7=0$이 서로 다른 두 허근을 가져야 한다.
이 이차방정식의 판별식을 D라 하면 $D<0$이어야 한다.

$\dfrac{D}{4}=\{-(k+1)\}^2-1\times(k+7)<0,\ k^2+k-6<0,\ (k+3)(k-2)<0$

$\therefore -3<k<2$

STEP Ⓑ **조건을 만족하는 모든 정수 k의 개수 구하기**

따라서 정수 k는 $-2,\ -1,\ 0,\ 1$이므로 그 개수는 4

1375

정답 ③

STEP Ⓐ **이차방정식의 판별식이 $D\le0$임을 이용하여 k의 범위 구하기**

이차함수 $y=2x^2+6kx+4k^2-k$의 그래프가 x축과 만나지 않거나 x축에
접하려면 모든 실수 x에 대하여 $2x^2+6kx+4k^2-k\ge0$이 성립해야 한다.
즉 이차방정식 $2x^2+6kx+4k^2-k=0$이 허근 또는 중근을 가져야 한다.
판별식을 D라 하면 $D\le0$이어야 한다.

$\dfrac{D}{4}=9k^2-2(4k^2-k)\le0$

따라서 $k^2+2k\le0,\ k(k+2)\le0\quad\therefore -2\le k\le0$

1376

정답 ③

STEP Ⓐ **이차방정식의 판별식이 $D\ge0$임을 이용하여 k의 범위 구하기**

주어진 방정식이 이차방정식이므로 $k-8\ne0$

$\therefore k\ne8$ ...... ㉠

또한, 이차방정식 $(k-8)x^2+6x+k=0$이 실근을 갖기 위해서는
이 이차방정식의 판별식을 D라 할 때, $D\ge0$이어야 한다.

$\dfrac{D}{4}=3^2-k(k-8)\ge0,\ -k^2+8k+9\ge0,\ -(k+1)(k-9)\ge0$

즉 $(k+1)(k-9)\le0$이므로 $-1\le k\le9$ ...... ㉡

STEP Ⓑ **조건을 만족하는 모든 정수 k의 개수 구하기**

㉠, ㉡에서 정수 k의 값의 범위는 $-1\le k<8$ 또는 $8<k\le9$
따라서 정수 k는 $-1,\ 0,\ 1,\ \cdots,\ 7,\ 9$이므로 그 개수는 10

내신연계 출제문항 646

이차방정식 $(k+6)x^2+8x+k=0$이 실근을 갖도록 하는 정수 k의 개수는?

① 8   ② 9   ③ 10
④ 11   ⑤ 12

STEP Ⓐ **이차방정식의 판별식이 $D\ge0$임을 이용하여 k의 범위 구하기**

주어진 방정식이 이차방정식이므로 $k+6\ne0$

$\therefore k\ne-6$ ...... ㉠

또한, 이차방정식 $(k+6)x^2+8x+k=0$이 실근을 갖기 위해서는
이 이차방정식의 판별식을 D라 할 때, $D\ge0$이어야 한다.

$\dfrac{D}{4}=4^2-k(k+6)\ge0,\ -k^2-6k+16\ge0,\ -(k+8)(k-2)\ge0$

즉 $(k+8)(k-2)\le0$이므로 $-8\le k\le2$ ...... ㉡

STEP Ⓑ **조건을 만족하는 모든 정수 k의 개수 구하기**

㉠, ㉡에서 정수 k의 값의 범위는 $-8\le k<-6$ 또는 $-6<k\le2$
따라서 정수 k는 $-8,\ -7,\ -5,\ \cdots,\ 1,\ 2$이므로 그 개수는 10   정답 ③

1377

정답 8

STEP Ⓐ **이차방정식의 판별식이 $D\ge0$임을 이용하여 m의 범위 구하기**

이차방정식 $x^2-mx+m^2-12=0$이 실근을 가지므로
판별식을 D라 하면 $D\ge0$이어야 한다.

$D=(-m)^2-4(m^2-12)\ge0,\ -3(m^2-16)\ge0,\ -3(m-4)(m+4)\ge0$

즉 $(m-4)(m+4)\le0$이므로 $-4\le m\le4$

STEP Ⓑ **이차함수의 최댓값 구하기**

이때 $a=-4,\ b=4$이므로 $y=-x^2+ax+b=-x^2-4x+4=-(x+2)^2+8$
따라서 $x=-2$일 때, 최댓값은 8

내신연계 출제문항 647

x에 대한 이차방정식 $x^2+2mx+3m^2-18=0$이 실근을 갖도록 하는 실수
m의 값의 범위가 $a\le m\le b$일 때, 이차함수 $y=x^2+2ax+5b$의 최댓값은?

① -6 ② -3 ③ 0
④ 3   ⑤ 6

STEP Ⓐ **이차방정식의 판별식이 $D\ge0$임을 이용하여 m의 범위 구하기**

이차방정식 $x^2+2mx+3m^2-18=0$이 실근을 가지므로
판별식을 D라 하면 $D\ge0$이어야 한다.

$\dfrac{D}{4}=m^2-(3m^2-18)\ge0,\ -2(m^2-9)\ge0,\ -2(m-3)(m+3)\ge0$

즉 $(m-3)(m+3)\le0$이므로 $-3\le m\le3$

STEP Ⓑ **이차함수를 변형하여 최댓값 구하기**

이때 $a=-3,\ b=3$이므로 $y=x^2+2ax+5b=x^2-6x+15=(x-3)^2+6$
따라서 $x=3$일 때, 최댓값은 6   정답 ⑤

1378

2022년 09월 고1 학력평가 24번

STEP A 이차방정식이 허근을 갖도록 하는 정수 k의 개수 구하기

이차방정식 $x^2-(k+2)x+k+5=0$이 서로 다른 두 허근을 가지기 위해서는
판별식을 D라 하면 $D<0$이어야 한다.
$D=\{-(k+2)\}^2-4(k+5)<0,\ k^2-16<0,\ (k+4)(k-4)<0$
$\therefore -4<k<4$
따라서 모든 정수 k는 $-3,\ -2,\ -1,\ 0,\ 1,\ 2,\ 3$이므로 개수는 7

---

mini해설 | 이차함수의 그래프를 이용하여 풀이하기

이차방정식 $x^2-(k+2)x+k+5=0$이 서로 다른 두 허근을 가지므로
$f(x)=x^2-(k+2)x+k+5$라 하면
함수 $y=f(x)$의 그래프는 x축과 만나지 않아야 한다.
방정식 $f(x)=0$의 서로 다른 실근의 개수는 $y=f(x)$의 그래프가 x축과 만나는 점의 개수와 같다.
이차함수 $y=f(x)$의 최고차항의 계수가 양수이므로 함수의 그래프는 아래로 볼록하다.
즉 이차함수 $y=f(x)$의 꼭짓점의 y좌표는 0보다 커야 이차방정식 $f(x)=0$이 서로 다른 두 허근을 가진다.
$$f(x)=x^2-(k+2)x+k+5$$
$$=\left\{x^2-(k+2)x+\frac{(k+2)^2}{4}\right\}-\frac{(k+2)^2}{4}+k+5$$
$$=\left(x-\frac{k+2}{2}\right)^2-\frac{k^2-16}{4}$$
꼭짓점의 좌표는 $\left(\dfrac{k+2}{2},\ -\dfrac{k^2-16}{4}\right)$이므로
$$-\frac{k^2-16}{4}>0,\ k^2-16<0,\ (k+4)(k-4)<0 \quad \therefore -4<k<4$$
따라서 모든 정수 k의 개수는 $\{4-(-4)\}-1=7$

내 신 연 계 출제문항 648

x에 대한 이차방정식 $x^2+(k+4)x+2k+13=0$이 서로 다른 두 허근을 갖도록 하는 모든 정수 k의 개수는?

① 10 　　② 11 　　③ 12
④ 13 　　⑤ 14

STEP A 이차방정식이 허근을 갖도록 하는 정수 k의 개수 구하기

이차방정식 $x^2+(k+4)x+2k+13=0$이 서로 다른 두 허근을 가지기 위해서는
판별식을 D라 하면 $D<0$이어야 한다.
$D=(k+4)^2-4(2k+13)<0,\ k^2-36<0,\ (k+6)(k-6)<0$
$\therefore -6<k<6$
따라서 모든 정수 k는 $-5,\ -4,\ -3,\ \cdots,\ 3,\ 4,\ 5$이므로 개수는 11

---

mini해설 | 이차함수의 그래프를 이용하여 풀이하기

이차방정식 $x^2+(k+4)x+2k+13=0$이 서로 다른 두 허근을 가지므로
$f(x)=x^2+(k+4)x+2k+13$이라 하면
함수 $y=f(x)$의 그래프는 x축과 만나지 않아야 한다.
이차함수 $y=f(x)$의 최고차항의 계수가 양수이므로 함수의 그래프는 아래로 볼록하다.
즉 이차함수 $y=f(x)$의 꼭짓점의 y좌표는 0보다 커야 이차방정식 $f(x)=0$이 서로 다른 두 허근을 가진다.
$$f(x)=x^2+(k+4)x+2k+13$$
$$=\left\{x^2+(k+4)x+\frac{(k+4)^2}{4}\right\}-\frac{(k+4)^2}{4}+2k+13$$
$$=\left(x+\frac{k+4}{2}\right)^2-\frac{k^2-36}{4}$$
즉 꼭짓점의 y좌표는 $-\dfrac{k^2-36}{4}$이므로
$$-\frac{k^2-36}{4}>0,\ k^2-36<0,\ (k+6)(k-6)<0 \quad \therefore -6<k<6$$
따라서 모든 정수 k의 개수는 $\{6-(-6)\}-1=11$

1379

STEP A 이차방정식의 판별식이 $D_1>0$임을 이용하여 k의 값의 범위 구하기

이차방정식 $x^2-kx+1=0$은 서로 다른 두 실근을 가지므로
이차방정식의 판별식을 D_1이라 하면 $D_1>0$이어야 한다.
$D_1=k^2-4>0,\ (k+2)(k-2)>0$
$\therefore k<-2$ 또는 $k>2$　　…… ㉠

STEP B 이차방정식의 판별식이 $D_2<0$임을 이용하여 k의 값의 범위 구하기

이차방정식 $x^2+2kx+k+6=0$은 서로 다른 두 허근을 가지므로
이차방정식의 판별식을 D_2라 하면 $D_2<0$이어야 한다.
$$\frac{D_2}{4}=k^2-(k+6)<0,\ k^2-k-6<0,\ (k-3)(k+2)<0$$
$\therefore -2<k<3$　　…… ㉡
따라서 ㉠, ㉡의 공통부분을 구하면 $2<k<3$

1380

STEP A 이차방정식의 판별식이 $D_1\geq 0$임을 이용하여 k의 범위 구하기

이차방정식 $x^2+2kx-2k+3=0$이 실근을 가지므로
이차방정식의 판별식을 D_1이라 하면 $D_1\geq 0$이어야 한다.
$$\frac{D_1}{4}=k^2+2k-3\geq 0,\ (k+3)(k-1)\geq 0$$
$\therefore k\leq -3$ 또는 $k\geq 1$　　…… ㉠

STEP B 이차방정식의 판별식이 $D_2<0$임을 이용하여 k의 범위 구하기

이차방정식 $x^2+3kx+2k(k-1)=0$이 허근을 가지므로
이차방정식의 판별식을 D_2라 하면 $D_2<0$이어야 한다.
$D_2=(3k)^2-4\times 2k(k-1)<0,\ k^2+8k<0,\ k(k+8)<0$
$\therefore -8<k<0$　　…… ㉡
㉠, ㉡의 공통부분을 구하면 $-8<k\leq -3$
따라서 구하는 정수 k가
$-7,\ -6,\ -5,\ -4,\ -3$이므로 합은
$-7+(-6)+(-5)+(-4)+(-3)=-25$

1381

STEP A $x^2+2ax+3a=0$은 **실근을 가지고** $ax^2+ax+1=0$이 **허근을 가질 때,** a**의 범위 구하기**

이차방정식 $x^2+2ax+3a=0$의 판별식을 D_1이라 할 때, 실근을 가지므로
$D_1\geq 0$이어야 한다.
$$\frac{D_1}{4}=a^2-3a\geq 0,\ a(a-3)\geq 0$$이므로 $a\geq 3$ 또는 $a\leq 0$　　…… ㉠
이차방정식 $ax^2+ax+1=0$이 판별식을 D_2라 할 때, 허근을 가지므로
$D_2<0$이어야 한다.
$D_2=a^2-4a<0,\ a(a-4)<0$이므로 $0<a<4$　　…… ㉡
즉 ㉠, ㉡의 공통범위를 구하면 $3\leq a<4$

STEP B $x^2+2ax+3a=0$은 **허근을 가지고** $ax^2+ax+1=0$이 **실근을 가질 때,** a**의 범위 구하기**

이차방정식 $x^2+2ax+3a=0$의 판별식을 D_1이라 할 때, 허근을 가지므로
$D_1<0$이어야 한다.
$$\frac{D_1}{4}=a^2-3a<0,\ a(a-3)<0$$이므로 $0<a<3$　　…… ㉢
이차방정식 $ax^2+ax+1=0$이 판별식을 D_2라 할 때, 실근을 가지므로
$D_2\geq 0$이어야 한다.
$D_2=a^2-4a\leq 0,\ a(a-4)\leq 0$이므로 $a\geq 4$ 또는 $a\leq 0$　　…… ㉣
이때 ㉢, ㉣의 공통범위는 존재하지 않으므로 해는 존재하지 않는다.

따라서 $x^2+2ax-2a+3=0$이 실근을 가지고 $ax^2+ax+1=0$이 허근을 갖도록 하는 실수 a의 값의 범위는 $3 \leq a < 4$

내신연계 출제문항 649

두 이차방정식
$$x^2+(a+3)x+a+6=0,\quad x^2+(a+6)x+9=0$$
중 적어도 하나는 실근을 갖도록 하는 실수 a의 값의 범위는?

① $a \leq -5$ 또는 $a \geq 0$ ② $a \leq -4$ 또는 $a \geq 0$
③ $-5 \leq a \leq 0$ ④ $-6 \leq a \leq 3$
⑤ $0 \leq a \leq 3$

STEP A   이차방정식의 판별식 $D_1 \geq 0$임을 이용하여 a의 범위 구하기

이차방정식 $x^2+(a+3)x+a+6=0$이 실근을 가지므로
판별식을 D_1이라 하면 $D_1 \geq 0$이어야 한다.
$$D_1=(a+3)^2-4 \times 1 \times (a+6) \geq 0,\ a^2+6a+9-4a-24 \geq 0$$
$$a^2+2a-15 \geq 0,\ (a+5)(a-3) \geq 0$$
$$\therefore a \leq -5 \text{ 또는 } a \geq 3 \qquad \cdots\cdots \ ㉠$$

STEP B   이차방정식의 판별식 $D_2 \geq 0$임을 이용하여 a의 범위 구하기

이차방정식 $x^2+(a+6)x+9=0$이 실근을 가지므로
판별식을 D_2라 하면 $D_2 \geq 0$이어야 한다.
$$D_2=(a+6)^2-4 \times 1 \times 9 \geq 0,\ a^2+6a \geq 0,\ a(a+6) \geq 0$$
$$\therefore a \leq -6 \text{ 또는 } a \geq 0 \qquad \cdots\cdots \ ㉡$$

STEP C   적어도 하나의 실근을 갖도록 하는 실수 a의 범위 구하기

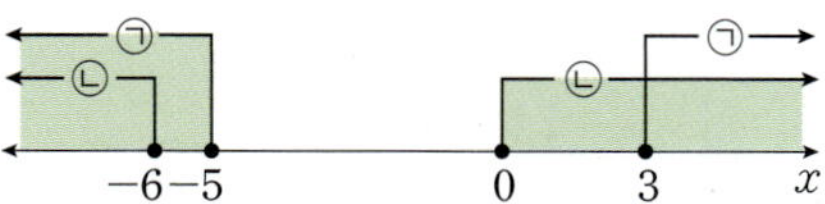

따라서 두 이차방정식 중 적어도 하나는 실근을 가지려면 구하는 실수 a의 범위는 ㉠, ㉡을 합친 범위이어야 하므로 $a \leq -5$ 또는 $a \geq 0$ 정답 ①

1382

정답 ④

STEP A   이차방정식의 판별식이 $D_1 \geq 0$임을 이용하여 k의 범위 구하기

이차함수 $y=x^2+2kx+1$의 그래프는 x축과 만나므로
이차방정식 $x^2+2kx+1=0$이 실근을 가져야 한다.
판별식을 D_1이라 하면 $D_1 \geq 0$이어야 한다.
$$\frac{D_1}{4}=k^2-1 \geq 0,\ (k+1)(k-1) \geq 0$$
$$\therefore k \leq -1 \text{ 또는 } k \geq 1 \qquad \cdots\cdots \ ㉠$$

STEP B   이차방정식의 판별식이 $D_2 < 0$임을 이용하여 k의 범위 구하기

이차함수 $y=-x^2+kx+2k$의 그래프가 x축과 만나지 않으므로
이차방정식 $-x^2+kx+2k=0$이 허근을 가져야 한다.
판별식을 D_2라 하면 $D_2 < 0$이어야 한다.
$$D_2=k^2-4 \times (-1) \times (2k) < 0,\ k^2+8k < 0,\ k(k+8) < 0$$
$$\therefore -8 < k < 0 \qquad \cdots\cdots \ ㉡$$
㉠, ㉡의 공통범위는 $-8 < k \leq -1$

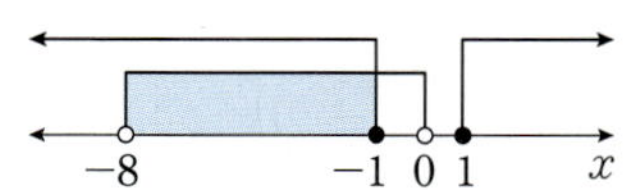

따라서 정수 k는 $-7,\ -6,\ -5,\ -4,\ -3,\ -2,\ -1$이므로 개수는 7

1383

정답 ③

STEP A   이차방정식이 서로 다른 두 실근을 가질 조건 구하기

이차함수 $y=x^2-2(m+1)x+a(m-1)$가 x축과 서로 다른 두 점에서 만나므로
이차방정식 $x^2-2(m+1)x+a(m-1)=0$이 서로 다른 두 실근을 가져야 한다.
즉 이차방정식 $x^2-2(m+1)x+a(m-1)=0$의 판별식을 D_1이라 하면
$D_1 > 0$이어야 한다.
$$\frac{D_1}{4}=(m+1)^2-a(m-1) > 0,\ m^2+2m+1-am+a > 0$$
$$m^2+(2-a)m+1+a > 0 \qquad \cdots\cdots \ ㉠$$

STEP B   판별식을 이용하여 a의 범위 구하기

㉠이 m의 값에 관계없이 성립하려면
이차방정식 $m^2+(2-a)m+1+a=0$의 판별식을 D_2라 할 때,
$D_2 < 0$이어야 한다.
$$D_2=(2-a)^2-4(1+a) < 0,\ a(a-8) < 0$$
따라서 $0 < a < 8$

내신연계 출제문항 650

이차함수 $y=x^2+2(m-3)x-a(m-2)$의 그래프가 m의 값에 관계없이 x축과 서로 다른 두 점에서 만날 때, 실수 a의 값의 범위는?

① $0 < a < 4$ ② $a < 0$ 또는 $a > 4$
③ $0 < a < 6$ ④ $a < 0$ 또는 $a > 6$
⑤ $0 < a < 8$

STEP A   이차방정식이 서로 다른 두 실근을 가질 조건 구하기

이차함수 $y=x^2+2(m-3)x-a(m-2)$가 x축과 서로 다른 두 점에서 만나므로
이차방정식 $x^2+2(m-3)x-a(m-2)=0$이 서로 다른 두 실근을 가져야 한다.
즉 이차방정식 $x^2+2(m-3)x-a(m-2)=0$의 판별식을 D_1이라 하면
$D_1 > 0$이어야 한다.
$$\frac{D_1}{4}=(m-3)^2+a(m-2) > 0,\ m^2-6m+9+am-2a > 0$$
$$m^2+(a-6)m+9-2a > 0 \qquad \cdots\cdots \ ㉠$$

STEP B   판별식을 이용하여 a의 범위 구하기

㉠이 m의 값에 관계없이 성립하려면
이차방정식 $m^2+(a-6)m+9-2a=0$의 판별식을 D_2라 할 때,
$D_2 < 0$이어야 한다.
$$D_2=(a-6)^2-4(9-2a) < 0,\ a(a-4) < 0$$
따라서 $0 < a < 4$ 정답 ①

1384
2011년 09월 고1 학력평가 13번   정답 ②

STEP A 이차방정식 $x^2+2\sqrt{2}x-m(m+1)=0$이 실근을 가질 조건 구하기

이차방정식 $x^2+2\sqrt{2}x-m(m+1)=0$이 실근을 가지려면
이 이차방정식의 판별식을 D_1이라 할 때, $D_1\geq0$이어야 하므로

$\dfrac{D_1}{4}=2+m(m+1)\geq0,\ m^2+m+2\geq0$

$\left(m+\dfrac{1}{2}\right)^2+\dfrac{7}{4}\geq0$ ← $m^2+m+2=\left(m^2+m+\dfrac{1}{4}\right)-\dfrac{1}{4}+2=\left(m+\dfrac{1}{2}\right)^2+\dfrac{7}{4}$

$\therefore$ 모든 실수 m에 대하여 실근을 갖는다. …… ㉠

STEP B 이차방정식 $x^2-(m-2)x+4=0$이 허근을 가질 조건 구하기

이차방정식 $x^2-(m-2)x+4=0$이 허근을 가지려면
이 이차방정식의 판별식을 D_2라 할 때, $D_2<0$이어야 하므로

$D_2=(m-2)^2-16<0,\ m^2-4m-12<0$

$(m+2)(m-6)<0$ $\therefore -2<m<6$ …… ㉡

STEP C 실수 m의 값의 범위 구하기

따라서 ㉠, ㉡의 공통범위를 구하면 $-2<m<6$

내신연계 출제문항 651

이차방정식 $x^2+2\sqrt{3}x-m(m+2)=0$은 실근을 갖고, 이차방정식
$x^2+2(m-5)x+9=0$은 허근을 갖도록 하는 정수 m의 개수는?

① 3   ② 4   ③ 5
④ 6   ⑤ 7

STEP A 이차방정식 $x^2+2\sqrt{3}x-m(m+2)=0$이 실근을 가질 조건 구하기

이차방정식 $x^2+2\sqrt{3}x-m(m+2)=0$이 실근을 갖기 위해서
이 이차방정식의 판별식을 D_1이라 하면 $D_1\geq0$이어야 하므로

$\dfrac{D_1}{4}=(\sqrt{3})^2+m(m+2)\geq0,\ m^2+2m+3\geq0$

즉 $(m+1)^2+2\geq0$
$\therefore$ 모든 실수 m에 대하여 실근을 갖는다. …… ㉠

STEP B 이차방정식 $x^2+2(m-5)x+9=0$이 허근을 가질 조건 구하기

이차방정식 $x^2+2(m-5)x+9=0$이 허근을 갖기 위해서
이 이차방정식의 판별식을 D_2라 하면 $D_2<0$이어야 한다.

$\dfrac{D_2}{4}=(m-5)^2-9<0,\ m^2-10m+16<0,\ (m-2)(m-8)<0$

$\therefore 2<m<8$ …… ㉡

STEP C 조건을 만족시키는 정수 m의 개수 구하기

㉠, ㉡의 공통범위를 구하면 $2<m<8$
따라서 정수 m의 개수는 $8-2-1=5$ 정답 ③

1385
정답 ①

STEP A 부등식 $-x^2-3\leq x+a$가 항상 성립하는 조건 구하기

모든 실수 x에 대하여 $-x^2-3\leq x+a\leq 2x^2-3x+4$가 성립해야 하므로
모든 실수 x에 대하여 부등식 $-x^2-3\leq x+a$,
즉 $x^2+x+a+3\geq0$이 성립해야 한다.
이차방정식 $x^2+x+a+3=0$의 판별식을 D_1이라 하면 $D_1\leq0$이어야 한다.
$D_1=1-4(a+3)\leq0,\ -4a-11\leq0$
$\therefore a\geq-\dfrac{11}{4}$ …… ㉠

STEP B 부등식 $x+a<2x^2-3x+4$가 항상 성립하는 조건 구하기

모든 실수 x에 대하여 $x+a<2x^2-3x+4$,

즉 $2x^2-4x+4-a>0$이 성립해야 한다.
이차방정식 $2x^2-4x+4-a=0$의 판별식을 D_2라 하면 $D_2<0$이어야 한다.

$\dfrac{D_2}{4}=(-2)^2-2(4-a)<0,\ -4+2a<0$

$\therefore a<2$ …… ㉡

STEP C $\alpha\beta$의 값 구하기

㉠, ㉡의 공통부분을 구하면 $-\dfrac{11}{4}\leq a<2$

따라서 $\alpha=-\dfrac{11}{4}$, $\beta=2$이므로 $\alpha\beta=\left(-\dfrac{11}{4}\right)\times2=-\dfrac{11}{2}$

1386
2013년 09월 고1 학력평가 15번   정답 ③

STEP A $x-2\leq g(x)$가 항상 성립하는 조건 구하기

모든 실수 x에 대하여 $(a-1)x+b\geq x-2$,
즉 $(a-2)x+b+2\geq0$이 성립해야 하므로
$a=2,\ b\geq-2$ …… ㉠

STEP B $g(x)\leq f(x)$가 항상 성립하는 조건 구하기

$a=2$이므로 모든 실수 x에 대하여 $(2-1)x+b\leq 2x^2+5x+2$,
즉 $2x^2+4x+2-b\geq0$이 성립해야 하므로
이차방정식 $2x^2+4x+2-b=0$의 판별식을 D라 하면 $D\leq0$이어야 한다.

$\dfrac{D}{4}=2^2-2(2-b)\leq0,\ 4-4+2b\leq0$

$\therefore b\leq0$ …… ㉡

STEP C $\beta-\alpha$의 값 구하기

㉠, ㉡에서 $-2\leq b\leq0$
따라서 $\alpha=-2$, $\beta=0$이므로 $\beta-\alpha=0-(-2)=2$

내신연계 출제문항 652

두 다항식 $f(x)=2x^2+7x+5$, $g(x)=(a-1)x+b$가 있다. 모든 실수 x에
대하여 부등식 $x-4\leq g(x)\leq f(x)$가 항상 성립하도록 하는 실수 b의 값의
범위는 $\alpha\leq b\leq\beta$이다. 이때 $\alpha\beta$의 값은? (단, a는 실수이다.)

① -4 ② -2 ③ 2
④ $\dfrac{5}{2}$ ⑤ 3

STEP A $x-4\leq g(x)$가 항상 성립하는 조건 구하기

부등식 $x-4\leq(a-1)x+b\leq 2x^2+7x+5$에서
(i) 모든 실수 x에 대하여 $(a-1)x+b\geq x-4$,
  즉 $(a-2)x+b+4\geq0$이 성립해야 하므로
  $a=2,\ b\geq-4$ …… ㉠

STEP B $g(x)\leq f(x)$가 항상 성립하는 조건 구하기

(ii) $a=2$이므로 모든 실수 x에 대하여
  $(2-1)x+b\leq 2x^2+7x+5$, 즉 $2x^2+6x+5-b\geq0$이 성립해야 하므로
  이차방정식 $2x^2+6x+5-b=0$의
  판별식을 D라 하면

$\dfrac{D}{4}=3^2-2(5-b)\leq0$

$9-10+2b\leq0$ $\therefore b\leq\dfrac{1}{2}$ …… ㉡

STEP C $\alpha\beta$의 값 구하기

㉠, ㉡에서 $-4\leq b\leq\dfrac{1}{2}$

따라서 $\alpha=-4$, $\beta=\dfrac{1}{2}$이므로 $\alpha\beta=-4\times\dfrac{1}{2}=-2$ 정답 ②

STEP A $-x^2+3x+2 \le mx+n$**이 항상 성립하는 조건 구하기**

모든 실수 x에 대하여 $-x^2+3x+2 \le mx+n$,

즉 $x^2+(m-3)x+n-2 \ge 0$이 성립해야 하므로

이차방정식 $x^2+(m-3)x+n-2=0$의 판별식을 D_1이라 하면

$D_1 \le 0$이어야 한다.

$D_1=(m-3)^2-4n+8 \le 0$

$4n \ge m^2-6m+17$ …… ㉠

STEP B $mx+n \le x^2-x+4$**가 항상 성립하는 조건 구하기**

모든 실수 x에 대하여 $mx+n \le x^2-x+4$,

즉 $x^2-(m+1)x+4-n \ge 0$이 성립해야 하므로

이차방정식 $x^2-(m+1)x+4-n=0$의 판별식을 D_2라 하면

$D_2 \le 0$이어야 한다.

$D_2=(m+1)^2-16+4n \le 0$

$4n \le -m^2-2m+15$ …… ㉡

STEP C m^2+n^2**의 값 구하기**

㉠, ㉡에 의하여

$m^2-6m+17 \le 4n \le -m^2-2m+15$ …… ㉢

$m^2-6m+17 \le -m^2-2m+15$

$4n$이 상수이므로 $m^2-6m+17 \le -m^2-2m+15$라 할 수 있다.

$2m^2-4m+2 \le 0, \ 2(m-1)^2 \le 0$ ← $a>0$일 때, $a(m-\alpha)^2 \le 0$의 해는 $m=\alpha$

$\therefore m=1$

$m=1$을 ㉢에 대입하면 $12 \le 4n \le 12$이므로 $n=3$

따라서 $m^2+n^2=1^2+3^2=10$

다른풀이   세 함수의 그래프의 위치 관계를 이용하여 풀이하기

STEP A   **두 이차함수** $y=-x^2+3x+2, \ y=x^2-x+4$**의 그래프가 서로 접함을 파악하기**

$f(x)=-x^2+3x+2, \ g(x)=mx+n, \ h(x)=x^2-x+4$라 하면

모든 실수 x에 대하여 $f(x) \le g(x) \le h(x)$가 성립해야 한다.

이때 $f(x)-h(x)=-x^2+3x+2-(x^2-x+4)$

$\qquad\qquad\qquad = -2x^2+4x-2=-2(x-1)^2$

에서 $f(1)-h(1)=0$이므로

두 이차함수 $y=f(x)$의 그래프와 $y=h(x)$의 그래프는 $x=1$에서 서로 접한다.

STEP B   **직선이 두 이차함수의 그래프에 동시에 접함을 이용하여** m^2+n^2**의 값 구하기**

$f(x) \le g(x) \le h(x)$가 성립하려면 다음 그림과 같이 $y=g(x)$의 그래프가

두 이차함수 $y=f(x), \ y=h(x)$의 그래프에 동시에 접해야 한다.

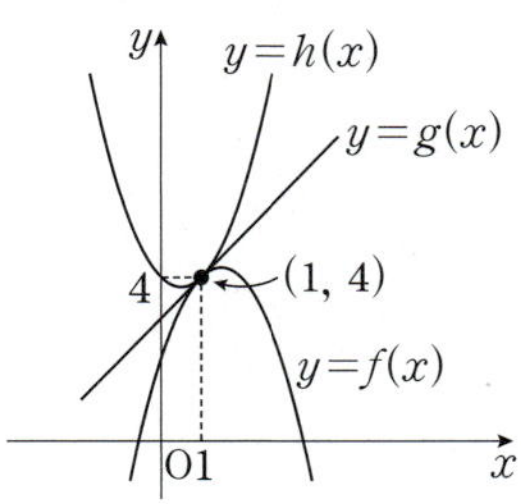

이때 $f(1)=h(1)=4$이므로 $g(1)=m+n=4$

또한, $f(x)=g(x)$에서 이차방정식 $-x^2+3x+2=mx+n$,

$g(x)=h(x)$라 두고 풀어도 결과는 같다.

즉 $x^2+(m-3)x+n-2=0$의 판별식을 D라 하면 $D=0$이어야 하므로

$D=(m-3)^2-4(n-2)=0$

$(m-3)^2-4(2-m)=0$ ← $n=4-m$

$m^2-2m+1=0, \ (m-1)^2=0$

따라서 $m=1, \ n=3$이므로 $m^2+n^2=10$

모든 실수 x에 대하여 부등식

$$-x^2+6x+1 \le mx+n \le x^2+2x+3$$

가 성립할 때, m^2+n^2의 값은? (단, m, n은 상수이다.)

① 4   ② 8   ③ 12

④ 16   ⑤ 20

STEP A   **부등식** $-x^2+6x+1 \le mx+n$**이 항상 성립하는 조건 구하기**

모든 실수 x에 대하여 부등식 $-x^2+6x+1 \le mx+n$,

즉 $-x^2-(m-6)x-n+1 \le 0, \ x^2+(m-6)x+n-1 \ge 0$이 성립해야 한다.

이때 이차방정식 $x^2+(m-6)x+n-1=0$의 판별식을 D_1이라 하면

$D_1 \le 0$이어야 한다.

$D_1=(m-6)^2-4(n-1) \le 0, \ m^2-12m+40-4n \le 0$

$\therefore 4n \ge m^2-12m+40$ …… ㉠

STEP B   **부등식** $mx+n \le x^2+2x+3$**이 항상 성립하는 조건 구하기**

모든 실수 x에 대하여 부등식 $mx+n \le x^2+2x+3$,

즉 $-x^2+(m-2)x+n-3 \le 0, \ x^2-(m-2)x-n+3 \ge 0$이 성립해야 한다.

이때 이차방정식 $x^2-(m-2)x-n+3=0$의 판별식을 D_2라 하면

$D_2 \le 0$이어야 한다.

$D_2=\{-(m-2)\}^2-4(-n+3) \le 0, \ m^2-4m+4n-8 \le 0$

$\therefore 4n \le -m^2+4m+8$ …… ㉡

STEP C m^2+n^2**의 값 구하기**

㉠, ㉡에 의하여

$m^2-12m+40 \le 4n \le -m^2+4m+8$ …… ㉢

$m^2-12m+40 \le -m^2+4m+8$

즉 $2m^2-16m+32 \le 0, \ 2(m-4)^2 \le 0$

$\therefore m=4$

$m=4$를 ㉢에 대입하면 $8 \le 4n \le 8$이므로 $n=2$

따라서 $m^2+n^2=4^2+2^2=20$

다른풀이   세 함수의 그래프의 위치 관계를 이용하여 풀이하기

STEP A   **두 이차함수** $y=-x^2+6x+1, \ y=x^2+2x+3$**의 그래프가 서로 접함을 파악하기**

$f(x)=-x^2+6x+1, \ g(x)=mx+n, \ h(x)=x^2+2x+3$이라 하면

모든 실수 x에 대하여 $f(x) \le g(x) \le h(x)$가 성립해야 한다.

이때 $f(x)-h(x)=-x^2+6x+1-(x^2+2x+3)$

$\qquad\qquad\qquad = -2x^2+4x-2$

$\qquad\qquad\qquad = -2(x-1)^2$

즉 $f(1)-h(1)=0$이므로

두 이차함수 $y=f(x)$의 그래프와 $y=h(x)$의 그래프는 $x=1$에서 서로 접한다.

STEP B   **직선이 두 이차함수의 그래프에 동시에 접함을 이용하여** m^2+n^2**의 값 구하기**

$f(x) \le g(x) \le h(x)$가 성립하려면 다음 그림과 같이 $y=g(x)$의 그래프가

두 이차함수 $y=f(x), \ y=h(x)$의 그래프에 동시에 접해야 한다.

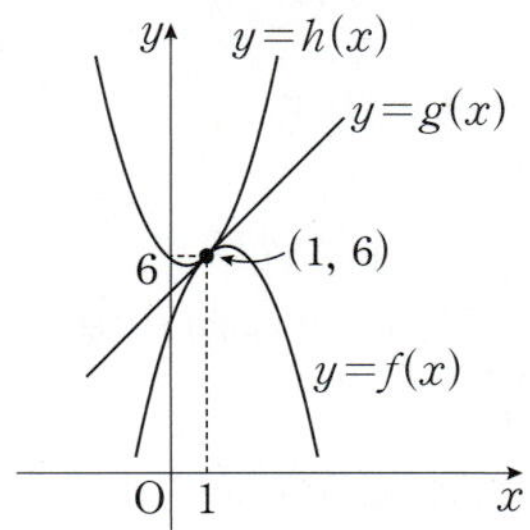

이때 $f(1)=h(1)=6$이므로 $g(1)=m+n=6$, 즉 $n=6-m$

또한, $f(x)=g(x)$에서 이차방정식 $-x^2+6x+1=mx+n$,
즉 $x^2+(m-6)x+n-1=0$의 판별식을 D라 하면
$D=0$이어야 한다.
$D=(m-6)^2-4(n-1)=0$, $(m-6)^2-4(5-m)=0$, $m^2-8m+16=0$
$(m-4)^2=0$ $\therefore m=4$
이때 $n=6-4=2$
따라서 $m^2+n^2=4^2+2^2=20$　　　　　　　정답 ⑤

1388

정답 3

STEP Ⓐ **이차방정식의 서로 다른 두 근이 양수일 조건 구하기**

이차방정식의 서로 다른 두 근 α, β가 모두 양수일 조건은
$D>0$, $\alpha+\beta>0$, $\alpha\beta>0$
(ⅰ) 서로 다른 두 실근을 가져야 하므로
$$\frac{D}{4}=(m-1)^2-(-m^2+3m-2)=(2m-3)(m-1)>0$$
$$\therefore m<1 \text{ 또는 } m>\frac{3}{2} \quad\cdots\cdots \text{㉠}$$
(ⅱ) 두 근의 합은 $2(m-1)>0$
$$\therefore m>1 \quad\cdots\cdots \text{㉡}$$
(ⅲ) 두 근의 곱은 $-m^2+3m-2>0$, $m^2-3m+2<0$
$$(m-1)(m-2)<0$$
$$\therefore 1<m<2 \quad\cdots\cdots \text{㉢}$$
(ⅰ)~(ⅲ)의 공통범위는 $\frac{3}{2}<m<2$

따라서 $a=\frac{3}{2}$, $b=2$이므로
$$ab=\frac{3}{2}\times 2=3$$

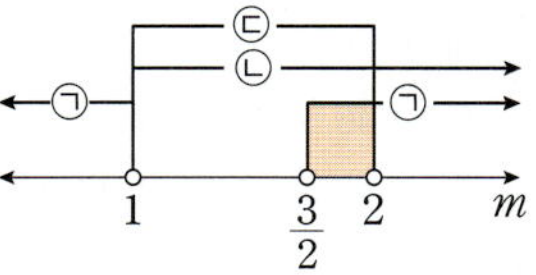

1389

정답 ②

STEP Ⓐ **이차방정식의 두 근이 모두 음수일 조건 구하기**

두 근이 모두 음수일 조건은 $D\geq 0$, $\alpha+\beta<0$, $\alpha\beta>0$이므로
(ⅰ) $D=(a-1)^2-4(a+2)\geq 0$
$\quad a^2-6a-7\geq 0$, $(a+1)(a-7)\geq 0$
$\quad\quad\therefore a\leq -1$ 또는 $a\geq 7$ $\quad\cdots\cdots$ ㉠
(ⅱ) $\alpha+\beta=a-1<0$에서 $a<1$ $\cdots\cdots$ ㉡
(ⅲ) $\alpha\beta=a+2>0$에서 $a>-2$ $\cdots\cdots$ ㉢
(ⅰ)~(ⅲ)의 공통범위는 $-2<a\leq -1$
따라서 $\alpha=-2$, $\beta=-1$이므로 $\alpha\beta=2$

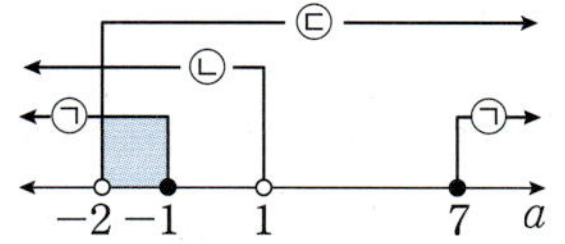

mini 해설 ┃ **이차함수의 그래프를 이용하여 풀이하기**

$f(x)=x^2-(a-1)x+a+2$라 하면 $f(x)=0$의 두 근이 모두 0보다 작다.
(ⅰ) 두 실근을 가지려면 $D\geq 0$이어야 하므로
$\quad D=(a-1)^2-4(a+2)\geq 0$
$\quad a^2-6a-7\geq 0$, $(a+1)(a-7)\geq 0$
$\quad\quad\therefore a\leq -1$ 또는 $a\geq 7$
(ⅱ) $f(x)=\left(x-\frac{(a-1)}{2}\right)^2-\frac{(a-1)^2}{4}+a+2$

의 축의 방정식 $x=\frac{a-1}{2}$가 0보다 작아야 하므로
$\quad \frac{a-1}{2}<0$ $\therefore a<1$
(ⅲ) 함숫값 $f(0)>0$이어야 하므로 $f(0)=a+2>0$ $\therefore a>-2$
(ⅰ)~(ⅲ)의 공통범위는 $-2<a\leq -1$이므로 $\alpha\beta=2$

1390

정답 ③

STEP Ⓐ **이차방정식의 서로 다른 부호일 조건 구하기**

이차방정식의 두 근 α, β가 서로 다른 부호일 조건은 $\alpha\beta<0$이므로
$\alpha\beta=a^2+3a-4<0$, $(a+4)(a-1)<0$
$\therefore -4<a<1$
따라서 정수 a는 -3, -2, -1, 0이므로 그 개수는 4

1391

정답 ④

STEP Ⓐ **두 근이 서로 다른 부호일 조건 구하기**

이차방정식 $x^2-(m-2)x+(m-1)=0$의 근과 계수의 관계에 의하여
$\alpha+\beta=m-2$, $\alpha\beta=m-1$
α, β의 부호가 다르므로 $\alpha\beta<0$
$\therefore m<1$

STEP Ⓑ **곱셈 공식을 이용하여 m의 값 구하기**

$\alpha^2+\beta^2=(\alpha+\beta)^2-2\alpha\beta$에서 $22=(m-2)^2-2(m-1)$
$m^2-6m-16=0$, $(m+2)(m-8)=0$
따라서 $m=-2$ ($\because m<1$)

내신 연계 출제문항 654

이차방정식 $x^2-(m-3)x+(m-4)=0$이 서로 다른 부호의 실근 α, β를
갖고 $\alpha^2+\beta^2=26$일 때, m의 값은?

① -1　　　　② -2　　　　③ -3
④ -4　　　　⑤ -5

STEP Ⓐ **두 근이 서로 다른 부호일 조건 구하기**

이차방정식 $x^2-(m-3)x+(m-4)=0$의 근과 계수의 관계에 의하여
$\alpha+\beta=m-3$, $\alpha\beta=m-4$
α, β의 부호가 다르므로 $\alpha\beta<0$
$\therefore m<4$

STEP Ⓑ **곱셈 공식을 이용하여 m의 값 구하기**

$\alpha^2+\beta^2=(\alpha+\beta)^2-2\alpha\beta$에서 $26=(m-3)^2-2(m-4)$
$m^2-8m-9=0$, $(m+1)(m-9)=0$
따라서 $m=-1$ ($\because m<4$)　　　　　정답 ①

1392

2022년 06월 고1 학력평가 14번 | 정답 ②

STEP A 이차방정식의 서로 다른 두 실근을 가질 자연수 k의 범위 구하기

이차방정식 $x^2-2kx-k+20=0$의 서로 다른 두 실근을 가지기 위해서는
판별식을 D라 하면 $D>0$이어야 한다.

$\dfrac{D}{4}=(-k)^2-(-k+20)>0,\ k^2+k-20>0,\ (k+5)(k-4)>0$

$\therefore k<-5$ 또는 $k>4$

이때 k는 자연수이므로 $k>4$ ······ ㉠

STEP B 이차방정식의 근과 계수의 관계를 이용하여 k의 범위 구하기

이차방정식 $x^2-2kx-k+20=0$의 서로 다른 두 실근이 α, β이므로
근과 계수의 관계에 의하여 $\alpha\beta=-k+20$
주어진 조건에서 $\alpha\beta>0$이므로 $-k+20>0$

$\therefore k<20$ ······ ㉡

STEP C 조건을 만족하는 자연수 k의 개수 구하기

㉠, ㉡에 의하여 $4<k<20$ ← 이 범위에서 자연수 k의 개수는 $(20-4)-1=15$
따라서 조건을 만족시키는 자연수 k의 개수는 5, 6, 7, $\cdots$, 19이므로 개수는 15

내신연계 출제문항 655

x에 대한 이차방정식 $x^2-2kx-k+30=0$이 서로 다른 두 실근 α, β를
가질 때, $\alpha\beta>0$을 만족시키는 모든 자연수 k의 개수는?

① 18 　　② 21 　　③ 24
④ 27 　　⑤ 30

STEP A 이차방정식의 두 근이 모두 음수일 조건 구하기

이차방정식 $x^2-2kx-k+30=0$의 판별식을 D라 하면
이 이차방정식이 서로 다른 두 실근을 가지므로 $D>0$이어야 한다.

$\dfrac{D}{4}=k^2-(-k+30)>0,\ k^2+k-30>0,\ (k+6)(k-5)>0$

$\therefore k<-6$ 또는 $k>5$

이때 k는 자연수이므로 $k>5$ ······ ㉠

STEP B 이차방정식의 근과 계수의 관계를 이용하여 k의 값의 범위 구하기

또한, 이차방정식의 근과 계수의 관계에 의하여
$\alpha\beta=-k+30>0$이므로
$k<30$ ······ ㉡
㉠, ㉡의 공통부분을 구하면 $5<k<30$

STEP C 조건을 만족시키는 모든 자연수 k의 개수 구하기

따라서 구하는 자연수 k의 값은 6, 7, $\cdots$, 29이므로
모든 자연수 k의 개수는 24
두 정수 a, b에 대하여 $a<x<b$인 정수의 개수는 $(b-a)-1$이다. | 정답 ③

1393

2012년 03월 고2 학력평가 18번 | 정답 ②

STEP A 두 실근이 모두 0 이하가 되도록 하는 m의 값의 범위 구하기

이차방정식 $x^2-2mx-3m-8=0$의 두 근을 α, β라 하고 판별식을 D라 하면
두 근이 모두 0 이하가 될 조건은 $D\geq0$, $\alpha+\beta\leq0$, $\alpha\beta\geq0$이므로

(i) $\dfrac{D}{4}=m^2+3m+8\geq0,\ \left(m^2+3m+\dfrac{9}{4}\right)-\dfrac{9}{4}+8\geq0$

$\left(m+\dfrac{3}{2}\right)^2+\dfrac{23}{4}\geq0$이므로 m의 값에 관계없이 성립한다.

(ii) $\alpha+\beta=2m\leq0$ $\therefore m\leq0$

(iii) $\alpha\beta=-3m-8\geq0$ $\therefore m\leq-\dfrac{8}{3}$

(i)~(iii)에 의하여 $m\leq-\dfrac{8}{3}$

+α | 이차함수의 그래프를 이용하여 m의 값의 범위를 구할 수도 있어!

$f(x)=x^2-2mx-3m-8$이라 하자.
이차방정식 $f(x)=0$의 두 근 α, β가 모두 0 이하가 되려면
세 조건 $D\geq0$, $f(0)>0$, (축의 방정식)<0을 만족하여야 하므로

(i) $\dfrac{D}{4}=m^2+3m+8>0,\ \left(m^2+3m+\dfrac{9}{4}\right)-\dfrac{9}{4}+8>0,\ \left(m+\dfrac{3}{2}\right)^2+\dfrac{23}{4}>0$

(ii) $f(0)=-3m-8\geq0$에서 $m\leq-\dfrac{8}{3}$

(iii) $f(x)$의 축의 방정식은

$x=-\dfrac{-2m}{2}=m$이므로 $m\leq0$

(i), (ii)에 의하여 $m\leq-\dfrac{8}{3}$

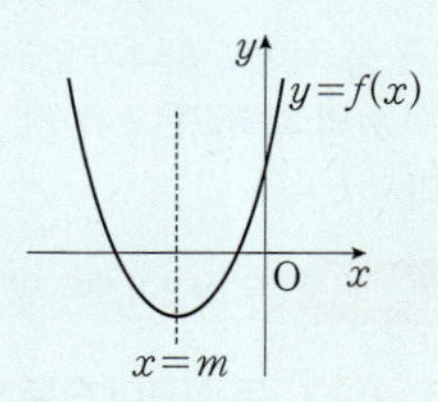

STEP B 두 근 중 적어도 하나가 양의 실수가 되도록 하는 정수 m의 최솟값 구하기

두 근 중 적어도 하나가 양의 실수가 되려면
$m>-\dfrac{8}{3}$이어야 하므로 정수 m의 최솟값은 $k=-2$ ← $-\dfrac{8}{3}=-2.\times\times$

따라서 $k^2=4$

다른풀이 두 실근이 모두 양수이거나 두 실근 중 하나가 양수인 경우 구하기

STEP A 두 실근이 모두 양수가 되도록 하는 m의 값의 범위 구하기

두 근 중 적어도 하나가 양의 실수가 되려면 두 실근이 모두 양수이거나
두 실근 중 하나가 양수이어야 한다.
$f(x)=x^2-2mx-3m-8$라 하자.
이차방정식 $f(x)=0$의 판별식을 D라 하면

$\dfrac{D}{4}=m^2+3m+8=\left(m^2+3m+\dfrac{9}{4}\right)-\dfrac{9}{4}+8=\left(m+\dfrac{3}{2}\right)^2+\dfrac{23}{4}>0$이므로

이차방정식 $f(x)=0$은 m의 값에 관계없이 항상 서로 다른 두 실근을 가진다.

(i) 두 실근이 모두 양수인 경우 ← $f(0)>0$, (축의 방정식)>0을 만족하여야 한다.

① $f(0)=-3m-8>0$에서

$m<-\dfrac{8}{3}$

② $f(x)$의 축의 방정식

$x=-\dfrac{-2m}{2}=m>0$

①, ②에 의하여 m의 값은 존재하지 않는다.

STEP B 두 실근 중 하나가 양수가 되도록 하는 m의 값의 범위 구하기

(ii) 두 실근 중 하나가 양수인 경우 ← $f(0)<0$을 만족하여야 한다.

$f(0)=-3m-8<0$에서

$m>-\dfrac{8}{3}$

(i), (ii)에 의하여 $m>-\dfrac{8}{3}$이므로

두 근 중 적어도 하나는 양의 실수가 되도록
하는 정수 m의 최솟값은 $k=-2$ $\therefore k^2=4$

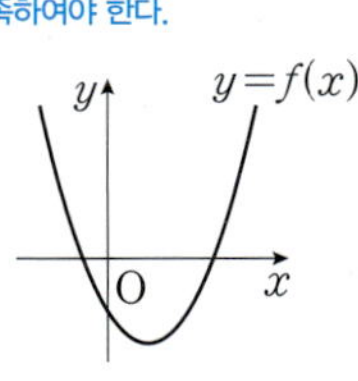

이차방정식 $x^2-2mx-6m-12=0$의 두 근 중 적어도 하나는 양의 실수가 되도록 하는 정수 m의 최솟값을 k라 할 때, k^2의 값은?

① 1 ② 4 ③ 9
④ 16 ⑤ 25

STEP 🅐 **두 실근이 모두 0 이하가 되도록 하는 m의 값의 범위 구하기**

이차방정식 $x^2-2mx+6m-12=0$의 두 근을 α, β라 하고
판별식을 D라 하면
두 근이 모두 0 이하가 될 조건은 $D \geq 0$, $\alpha+\beta \leq 0$, $\alpha\beta \geq 0$이므로

(ⅰ) $\dfrac{D}{4}=(-m)^2-(-6m-12) \geq 0$, $m^2+6m+12 \geq 0$

　　　$(m+3)^2+3 \geq 0$이므로 m의 값에 관계없이 항상 성립한다.

(ⅱ) $\alpha+\beta=2m \leq 0$ ∴ $m \leq 0$

(ⅲ) $\alpha\beta=-6m-12 \geq 0$, $-6m \geq 12$ ∴ $m \leq -2$

(ⅰ)~(ⅲ)에 의하여 $m \leq -2$

STEP 🅑 **두 근 중 적어도 하나가 양의 실수가 되도록 하는 정수 m의 최솟값 구하기**

두 근 중 적어도 하나가 양의 실수가 되려면 $m > -2$이어야 하므로
정수 m의 최솟값은 $k=-1$
따라서 $k^2=1$

다른풀이 두 실근이 모두 양수이거나 두 실근 중 하나가 양수인 경우 구하기

STEP 🅐 **두 실근이 모두 양수가 되도록 하는 m의 값의 범위 구하기**

두 근 중 적어도 하나가 양의 실수가 되려면 두 실근이 모두 양수이거나
두 실근 중 하나가 양수이어야 한다.
$f(x)=x^2-2mx-6m-12$라 하자.
이차방정식 $f(x)=0$의 판별식을 D라 하면

$\dfrac{D}{4}=m^2+6m+12=(m+3)^2+3>0$

즉 이차방정식 $f(x)=0$은 m의 값에 관계없이 항상 서로 다른 두 실근을 가진다.

(ⅰ) 두 실근이 모두 양수인 경우
　　① $f(0)=-6m-12>0$에서 $-6m>12$
　　　　∴ $m<-2$
　　② $f(x)$의 축의 방정식 $x=-\dfrac{-2m}{2}=m$
　　　　∴ $m>0$

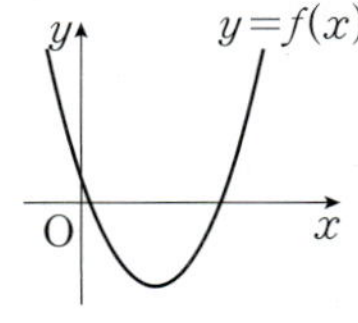

①, ②에 의하여 m의 값은 존재하지 않는다.

STEP 🅑 **두 실근 중 하나가 양수가 되도록 하는 m의 값의 범위 구하기**

(ⅱ) 두 실근 중 하나가 양수인 경우
　　$f(0)<0$에서 $-6m-12<0$,
　　$-6m<12$ ∴ $m>-2$

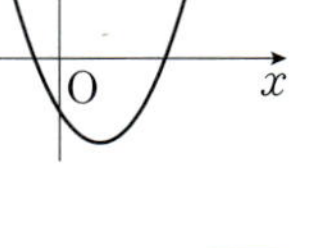

(ⅰ), (ⅱ)에 의하여 $m>-2$일 때,
두 근 중 적어도 하나는 양의 실수가 된다.
이때 정수 m의 최솟값은 $k=-1$
∴ $k^2=1$

정답 ①

1394

정답 ⑤

STEP 🅐 **|양근|>|음근|인 조건 $\alpha+\beta>0$, $\alpha\beta<0$을 이용하여 구하기**

이차방정식의 두 실근을 α, β라 하면
두 실근의 양수인 근의 절댓값이 음수인 근의 절댓값보다 크므로
$\alpha+\beta>0$, $\alpha\beta<0$이어야 한다.
이차방정식의 근과 계수의 관계에서
$\alpha+\beta=a^2-7a+10>0$ ← 두 근의 합
$(a-2)(a-5)>0$
∴ $a<2$ 또는 $a>5$ 　　　……㉠
$\alpha\beta=-a+4<0$ ← 두 근의 곱
∴ $a>4$ 　　　……㉡
따라서 ㉠, ㉡의 공통부분을 구하면 $a>5$

1395

정답 ①

STEP 🅐 **|양근|<|음근|인 조건 $\alpha+\beta<0$, $\alpha\beta<0$을 이용하여 구하기**

이차방정식의 두 실근을 α, β라 하면
두 실근의 음수인 근의 절댓값이 양수인 근의 절댓값보다 크므로
$\alpha+\beta<0$, $\alpha\beta<0$이어야 한다.
이차방정식의 근과 계수의 관계에서
$\alpha+\beta=-(a^2-5a+4)<0$ ← 두 근의 합
$a^2-5a+4>0$, $(a-1)(a-4)>0$
∴ $a<1$ 또는 $a>4$ 　　　……㉠
$\alpha\beta=-a+2<0$ ← 두 근의 곱
∴ $a>2$ 　　　……㉡
따라서 ㉠, ㉡의 공통부분을 구하면 $a>4$

x에 대한 이차방정식 $x^2-(a^2-6a-7)x-a+1=0$의 두 근의 부호가 서로 다르고 음수인 근의 절댓값이 양수인 근의 절댓값보다 클 때, 정수 a의 개수는?

① 4 ② 5 ③ 6
④ 7 ⑤ 8

STEP 🅐 **|양근|<|음근|인 조건 $\alpha+\beta<0$, $\alpha\beta<0$을 이용하여 구하기**

이차방정식의 두 실근을 α, β라 하면
두 실근의 음수인 근의 절댓값이 양수인 근의 절댓값보다 크므로
$\alpha+\beta<0$, $\alpha\beta<0$이어야 한다.
이차방정식의 근과 계수의 관계에 의하여
$\alpha\beta=-a+1<0$
∴ $a>1$ 　　　……㉠
음수인 근의 절댓값이 양수인 근보다 크므로
$\alpha+\beta=a^2-6a-7<0$, $a^2-6a-7<0$, $(a+1)(a-7)<0$
∴ $-1<a<7$ 　　　……㉡
㉠, ㉡의 공통부분을 구하면 $1<a<7$

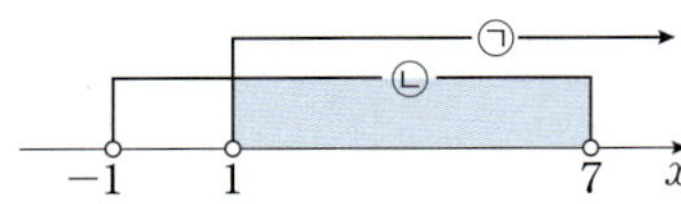

STEP 🅑 **정수 a의 개수 구하기**

따라서 정수 a는 2, 3, 4, 5, 6이므로 개수는 5

정답 ②

1396

STEP Ⓐ |**양근**|=|**음근**|**인 조건** $\alpha+\beta=0$, $\alpha\beta<0$**을 이용하여 구하기**

이차방정식의 두 실근을 α, β라 하면
두 실근의 절댓값이 같고 부호가 다르므로 $\alpha+\beta=0$, $\alpha\beta<0$이어야 한다.
$\alpha+\beta=-(a^2-a-12)=0$에서 $(a+3)(a-4)=0$
$\therefore a=-3$ 또는 $a=4$ ······ ㉠
$\alpha\beta=-a+3<0$에서 $a>3$ ······ ㉡
따라서 ㉠, ㉡에서 $a=4$

내신연계 출제문항 658

x에 대한 이차방정식 $x^2+(a^2-3a-4)x-a+2=0$의 두 실근의 절댓값이
서로 같고 부호가 다를 때, 상수 a의 값을 구하여라.

STEP Ⓐ |**양근**|=|**음근**|**인 조건** $\alpha+\beta=0$, $\alpha\beta<0$**을 이용하여 구하기**

이차방정식의 두 실근을 α, β라 하면
두 실근의 절댓값이 같고 부호가 다르므로 $\alpha+\beta=0$, $\alpha\beta<0$이어야 한다.
$\alpha+\beta=-(a^2-3a-4)=0$에서 $(a+1)(a-4)=0$
$\therefore a=-1$ 또는 $a=4$ ······ ㉠
$\alpha\beta=-a+2<0$에서 $a>2$ ······ ㉡
따라서 ㉠, ㉡에서 $a=4$

정답 4

1397

정답 2

STEP Ⓐ **두 근이 모두 2보다 작을 조건 구하기**

$f(x)=x^2-2(a-4)x+2a$로 놓으면
이차방정식 $x^2-2(a-4)x+2a=0$의
두 근이 2보다 작으므로 $y=f(x)$의
그래프는 오른쪽 그림과 같아야 한다.

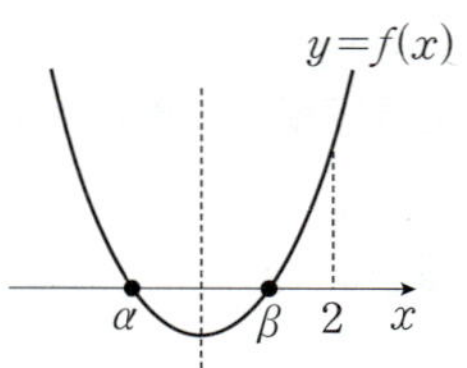

(ⅰ) 이차방정식 $x^2-2(a-4)x+2a=0$의 판별식을 D라 하면
$\dfrac{D}{4}=(a-4)^2-2a\geq0$, $a^2-10a+16\geq0$, $(a-2)(a-8)\geq0$
$\therefore a\geq8$ 또는 $a\leq2$ ······ ㉠
(ⅱ) $f(2)=-2a+20>0$
$\therefore a<10$ ······ ㉡
(ⅲ) $f(x)=x^2-2(a-4)x+2a$
$\quad=\{x-(a-4)\}^2-a^2+10a-16$
대칭축이 $x=a-4$이므로
$a-4<2$
$\therefore a<6$ ······ ㉢

STEP Ⓑ **공통범위의 해를 구하여 a의 최댓값 구하기**

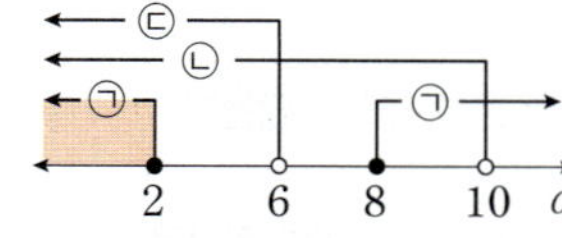

(ⅰ)∼(ⅲ)에서 $a\leq2$이므로 a의 최댓값은 2

1398

정답 ④

STEP Ⓐ **두 실근이 1보다 클 조건** $D\geq0$, $f(1)>0$, (**대칭축**)>1**을 이용하기**

$f(x)=x^2-6x+k=(x-3)^2+k-9$라 놓고
이차방정식 $x^2-6x+k=0$의 판별식을 D라 하자.

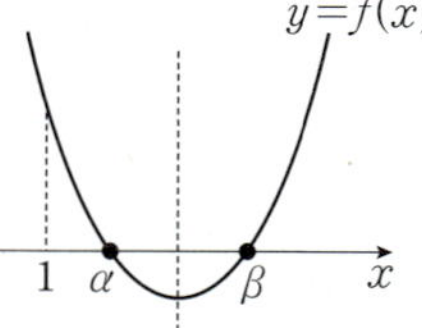

(ⅰ) $\dfrac{D}{4}=(-3)^2-k>0$에서 $k<9$
(ⅱ) $f(1)=1-6+k>0$에서 $k>5$
(ⅲ) 대칭축이 $x=3$이므로 $3>1$이 성립한다.

STEP Ⓑ **공통범위 구하기**

(ⅰ)∼(ⅲ)에 의하여 구하는
k의 값의 범위는 $5<k<9$

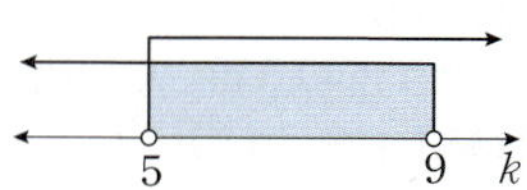

1399

정답 ⑤

STEP Ⓐ **두 근 사이에 1이 있을 조건 구하기**

이차방정식 $x^2+3kx+2k^2-3=0$의
두 근 사이에 1이 있으므로
$f(x)=x^2+3kx+2k^2-3$으로 놓으면
$y=f(x)$의 그래프가 오른쪽 그림과
같아야 한다.

즉 $x=1$에서의 함숫값 $f(1)$이 음수이어야 하므로
$f(1)=2k^2+3k-2<0$, $(k+2)(2k-1)<0$
$\therefore -2<k<\dfrac{1}{2}$

따라서 $\alpha=-2$, $\beta=\dfrac{1}{2}$이므로 $\alpha\beta=-1$

내신연계 출제문항 659

x에 대한 이차방정식 $2x^2-6kx+k^2+3=0$의 서로 다른 두 근 사이에 1이
있도록 하는 실수 k의 값의 범위가 $\alpha<k<\beta$일 때, $\alpha+\beta$의 값은?

① 4 ② 5 ③ 6
④ 7 ⑤ 8

STEP Ⓐ **두 근 사이에 1이 있을 조건 구하기**

이차방정식 $2x^2-6kx+k^2+3=0$의 두 근 사이에 1이 있으므로
$f(x)=2x^2-6kx+k^2+3$으로 놓으면
$y=f(x)$의 그래프는 오른쪽 그림과 같다.

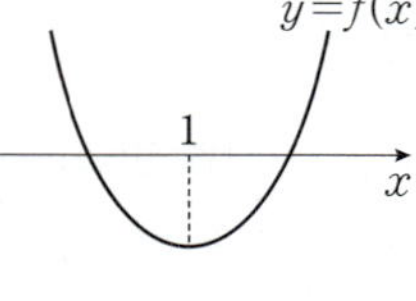

즉 $x=1$에서 함숫값 $f(1)$이 음수이어야 한다.
$f(1)=2-6k+k^2+3<0$, $k^2-6k+5<0$
$(k-1)(k-5)<0$
$\therefore 1<k<5$
따라서 $\alpha=1$, $\beta=5$이므로 $\alpha+\beta=6$

정답 ③

1400

STEP A 한 근은 1과 2 사이에 다른 한 근은 2와 3 사이에 있도록 실수 k의 값의 범위 구하기

$f(x)=x^2-4x+k$로 놓으면 x축과의 교점이 1과 2 사이에 다른 한 교점은 2와 3 사이에 있으므로 다음 조건을 만족해야 한다.

(i) $f(1)>0$

$1-4+k>0$ $\therefore k>3$

(ii) $f(2)<0$

$4-8+k<0$ $\therefore k<4$

(iii) $f(3)>0$

$9-12+k>0$ $\therefore k>3$

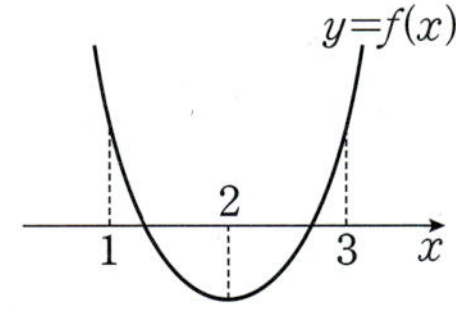

(i)~(iii)에서 $3<k<4$

따라서 $\alpha=3$, $\beta=4$이므로 $\alpha\beta=12$

1401

정답 ③

STEP A 두 근이 $-3<\alpha<-1<\beta<1$이 되기 위한 a의 범위 구하기

$f(x)=x^2+ax+a^2-7$로 놓으면 x축과 교점이 -3과 -1 사이에 다른 교점은 -1과 1 사이에 있으므로 다음 조건을 만족해야 한다.

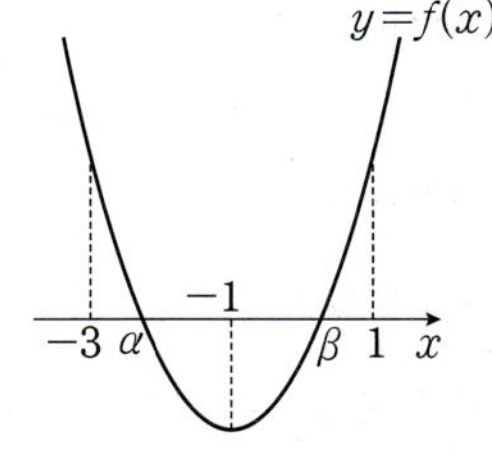

(i) $f(-3)>0$

$f(-3)=9-3a+a^2-7>0$,

$a^2-3a+2>0$, $(a-1)(a-2)>0$

즉 $a<1$ 또는 $a>2$ …… ㉠

(ii) $f(-1)<0$

$f(-1)=1-a+a^2-7<0$, $a^2-a-6<0$, $(a-3)(a+2)<0$

즉 $-2<a<3$ …… ㉡

(iii) $f(1)>0$

$f(1)=1+a+a^2-7>0$, $a^2+a-6>0$, $(a+3)(a-2)>0$

즉 $a>2$ 또는 $a<-3$ …… ㉢

따라서 ㉠, ㉡, ㉢의 공통부분을 구하면 $2<a<3$

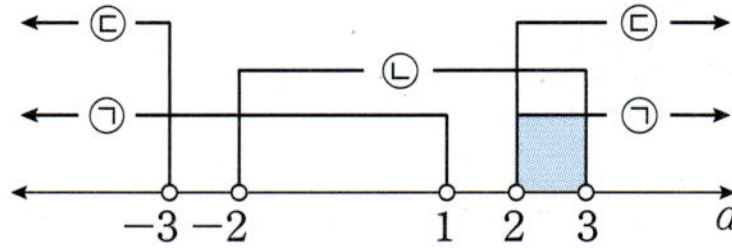

1402

정답 23

STEP A 이차방정식의 근을 구하고 $x^2+4x-k=0$의 근의 위치 파악하기

$x^2-2x-3=0$에서 $(x+1)(x-3)=0$

$\therefore x=-1$ 또는 $x=3$

즉 이차방정식 $x^2+4x-k=0$의 한 근이 -1과 3 사이에 있다.

STEP B $f(-1)<0$, $f(3)>0$을 만족하는 k의 범위 구하기

$f(x)=x^2+4x-k$라 하면

이차함수 $y=f(x)$의 그래프의 축의 방정식이 $x=-2$이므로 그래프는

$f(x)=(x+2)^2-4-k$

오른쪽 그림과 같다.

(i) $f(-1)=1-4-k<0$에서 $k>-3$

(ii) $f(3)=9+12-k>0$에서 $k<21$

(i), (ii)에서 $-3<k<21$

따라서 정수 k는 $-2, -1, 0, 1, \cdots, 20$이므로 개수는 23

두 정수 a, b에 대하여 $a<x<b$인 정수의 개수는 $(b-a)-1$

1403

STEP A 이차방정식 정리하기

$P(x)=3x^3+x+11$, $Q(x)=x^2-x+1$이므로

$P(x)-3(x+1)Q(x)+mx^2=0$에서

$3x^3+x+11-3(x+1)(x^2-x+1)+mx^2=0$ $\leftarrow (x+1)(x^2-x+1)=x^3+1$

$\therefore mx^2+x+8=0$

STEP B m의 값의 범위에 따라 경우를 나누어 조건을 만족시키는 정수 m의 값 구하기

이차방정식 $mx^2+x+8=0$의 한 근이 2보다 크고 다른 한 근이 2보다 작은 경우는 다음과 같다.

(i) $m>0$인 경우 $\leftarrow$ 아래로 볼록

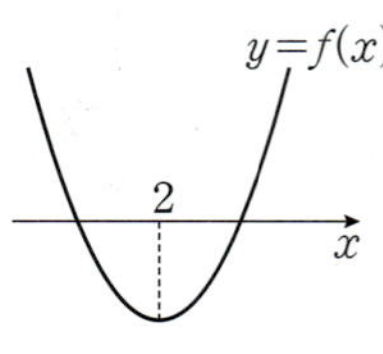

오른쪽 그림과 같이 $f(2)<0$이어야 하므로

$4m+10<0$ $\therefore m<-\dfrac{5}{2}$

그런데 $m>0$이므로 부등식을 만족하는 m은 존재하지 않는다.

(ii) $m<0$인 경우 $\leftarrow$ 위로 볼록

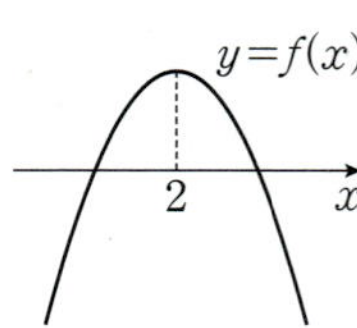

오른쪽 그림과 같이 $f(2)>0$이어야 하므로

$4m+10>0$ $\therefore m>-\dfrac{5}{2}$

그런데 $m<0$이므로 $-\dfrac{5}{2}<m<0$

(i), (ii)에서 $-\dfrac{5}{2}<m<0$

따라서 조건을 만족시키는 정수 m의 값은 $-2, -1$이므로 개수는 2

내신연계 출제문항 660

두 다항식 $P(x)=3x^3+x+13$, $Q(x)=x^2-x+1$에 대하여 x에 대한 이차방정식 $P(x)-3(x+1)Q(x)+mx^2=0$이 2보다 작은 한 근과 2보다 큰 한 근을 갖도록 하는 정수 m의 합은?

① -5 ② -4 ③ -3

④ -2 ⑤ -1

STEP A 이차방정식 정리하기

$P(x)=3x^3+x+11$, $Q(x)=x^2-x+1$이므로

$P(x)-3(x+1)Q(x)+mx^2=0$에서

$3x^3+x+13-3(x+1)(x^2-x+1)+mx^2=0$ $\leftarrow (x+1)(x^2-x+1)=x^3+1$

$\therefore mx^2+x+10=0$

STEP B m의 값의 범위에 따라 경우를 나누어 조건을 만족시키는 정수 m의 값 구하기

이차방정식 $mx^2+x+10=0$의 한 근이 2보다 크고 다른 한 근이 2보다 작은 경우는 다음과 같다.

(i) $m>0$인 경우 $\leftarrow$ 아래로 볼록

오른쪽 그림과 같이 $f(2)<0$이어야 하므로

$4m+12<0$ $\therefore m<-3$

그런데 $m>0$이므로 부등식을 만족하는 m은 존재하지 않는다.

(ii) $m<0$인 경우 $\leftarrow$ 위로 볼록

오른쪽 그림과 같이 $f(2)>0$이어야 하므로

$4m+12>0$ $\therefore m>-3$

그런데 $m<0$이므로 $-3<m<0$

(i), (ii)에서 $-3<m<0$

따라서 정수 m의 값은 $-2, -1$이므로 합은

$-2+(-1)=-3$

정답 ③

1404

STEP Ⓐ 조립제법을 이용하여 삼차방정식 인수분해하기

$P(x)=x^3-2(k+1)x^2+(5k+2)x-2k-4$로 놓으면

$P(2)=8-8k-8+10k+4-2k-4=0$이므로

$P(x)$는 $x-2$를 인수로 갖는다.

조립제법을 이용하여 $P(x)$를 인수분해하면

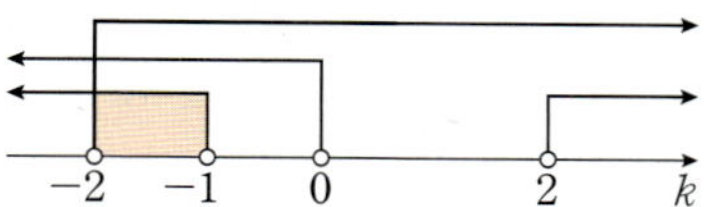

$P(x)=(x-2)(x^2-2kx+k+2)$

STEP Ⓑ 한 근이 양수이고 두 근이 음수가 되는 실수 a의 값의 범위 구하기

방정식 $P(x)=0$의 한 근 $x=2$가 양수이므로

이차방정식 $x^2-2kx+k+2=0$의 서로 다른 두 근이 음수가 되어야 한다.

서로 다른 두 근이 모두 음수일 조건은 $D>0$, $\alpha+\beta<0$, $\alpha\beta>0$이므로

(i) 이차방정식의 판별식을 D라 하면

$$\frac{D}{4}=k^2-k-2>0,\ (k+1)(k-2)>0$$

$$\therefore k<-1 \text{ 또는 } k>2$$

(ii) (두 근의 합)$=2k<0$ $\quad\therefore k<0$

(iii) (두 근의 곱)$=k+2>0$ $\quad\therefore k>-2$

(i)~(iii)에서 공통부분은 $-2<k<-1$

따라서 $a=-2$, $b=-1$이므로 $a^2+b^2=5$

1405

STEP Ⓐ 조립제법을 이용하여 주어진 삼차방정식 인수분해하기

삼차방정식 $x^3+(a-1)x^2+ax-2a=0$에서 조립제법을 이용하여

$x=1$을 대입하면 0이므로 $x-1$을 인수로 갖는다.

좌변을 인수분해하면

$x^3+(a-1)x^2+ax-2a$

$=(x-1)(x^2+ax+2a)$

	1	$a-1$	a	$-2a$
1		1	a	$2a$
	1	a	$2a$	0

STEP Ⓑ 이차방정식의 판별식을 이용하여 조건을 만족시키는 정수 a의 개수 구하기

$x=1$이 삼차방정식 $x^3+(a-1)x^2+ax-2a=0$의 한 실근이므로

이차방정식 $x^2+ax+2a=0$이 서로 다른 두 허근을 가져야 한다.

이차방정식 $x^2+ax+2a=0$의 판별식을 D라 하면 $D<0$이어야 하므로

$D=a^2-8a<0$, $a(a-8)<0$ $\quad\therefore 0<a<8$

따라서 조건을 만족시키는 정수 a의 값은 1, 2, 3, 4, 5, 6, 7이므로 개수는 7

내신연계 출제문항 661

x에 대한 삼차방정식 $x^3+(a+1)x^2+4ax+3a=0$이 한 실근과 서로 다른 두 허근을 갖도록 하는 정수 a의 개수는?

① 9 　　② 10 　　③ 11
④ 12 　　⑤ 13

STEP Ⓐ 조립제법을 이용하여 주어진 삼차방정식의 좌변 인수분해하기

삼차방정식 $x^3+(a+1)x^2+4ax+3a=0$에서 $x=-1$을 대입하면

$-1+a+1-4a+3a=0$이므로 $x+1$을 인수로 가진다.

이때 조립제법을 이용하여
삼차방정식의 좌변을 인수분해하면

$x^3+(a+1)x^2+4ax+3a$

$=(x+1)(x^2+ax+3a)$

	1	$a+1$	$4a$	$3a$
-1		-1	$-a$	$-3a$
	1	a	$3a$	0

STEP Ⓑ 이차방정식의 판별식을 이용하여 조건을 만족시키는 정수 a의 개수 구하기

$x=-1$이 삼차방정식 $x^3+(a+1)x^2+4ax+3a=0$의 한 실근이므로

이차방정식 $x^2+ax+3a=0$이 서로 다른 두 허근을 가져야 한다.

즉 이차방정식 $x^2+ax+3a=0$의 판별식을 D라 하면 $D<0$이어야 한다.

$D=a^2-12a<0$, $a(a-12)<0$ $\quad\therefore 0<a<12$

따라서 조건을 만족시키는 정수 a의 값은 1, 2, $\cdots$, 11이므로

모든 정수 a의 개수는 11

1406

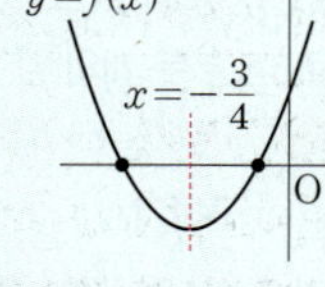

STEP Ⓐ 조립제법을 이용하여 주어진 삼차방정식 인수분해하기

삼차방정식 $2x^3+5x^2+(k+3)x+k=0$에서 조립제법을 이용하여

$x=-1$을 대입하면 0이므로 $x+1$을 인수로 갖는다.

좌변을 인수분해하면

$2x^3+5x^2+(k+3)x+k$

$=(x+1)(2x^2+3x+k)$

	2	5	$k+3$	k
-1		-2	-3	$-k$
	2	3	k	0

STEP Ⓑ 이차방정식의 판별식과 근과 계수의 관계를 이용하여 실수 k의 값의 범위 구하기

$x=-1$이 삼차방정식 $2x^3+5x^2+(k+3)x+k=0$의 음수인 한 근이므로

이차방정식 $2x^2+3x+k=0$의 두 근은 음수가 되어야 한다.

이차방정식 $2x^2+3x+k=0$의 두 근을 α, β라 하고 판별식을 D라 하면

두 근이 모두 음수일 조건은 $D\geq0$, $\alpha+\beta<0$, $\alpha\beta>0$이므로

(i) $D=9-8k\geq0$ $\quad\therefore k\leq\dfrac{9}{8}$

(ii) $\alpha+\beta=-\dfrac{3}{2}<0$이므로 k의 값에 관계없이 성립한다.

(iii) $\alpha\beta=\dfrac{k}{2}>0$ $\quad\therefore k>0$

(i)~(iii)에 의하여 $0<k\leq\dfrac{9}{8}$

＋α 이차함수의 그래프를 이용하여 k의 값의 범위를 구할 수도 있어!

$f(x)=2x^2+3x+k$라 하자.

$f(x)=0$의 두 근 α, β가 모두 음수이려면

세 조건 (판별식)≥0, $f(0)>0$, (축의 방정식)<0
을 만족하여야 한다.

(i) 이차방정식 $2x^2+3x+k=0$의 판별식을
D라 하면
$$D=9-8k\geq0 \quad\therefore k\leq\frac{9}{8}$$

(ii) $f(0)=k>0$ $\quad\therefore k>0$

(iii) $f(x)=2\left(x^2+\dfrac{3}{2}x\right)+k=2\left(x+\dfrac{3}{4}\right)^2-\dfrac{9}{8}+k$에서 축의 방정식 $x=-\dfrac{3}{4}<0$

(i)~(iii)에 의하여 $0<k\leq\dfrac{9}{8}$

삼차방정식 $x^3-(a-3)x^2+3x+a+1=0$의 세 근이 음수가 되도록 하는
실수 k의 값의 범위는?

① $-1<a\le0$ ② $-1\le k<2$ ③ $0<k\le1$
④ $0<k\le8$ ⑤ $1\le k<2$

STEP A 조립제법을 이용하여 삼차방정식 인수분해하기

$f(x)=x^3-(a-3)x^2+3x+a+1$라 하면

$f(-1)=0$이므로

$f(x)$는 $x+1$을 인수로 갖는다.
조립제법을 이용하여 $f(x)$를
인수분해하면
$f(x)=(x+1)\{x^2-(a-2)x+a+1\}$

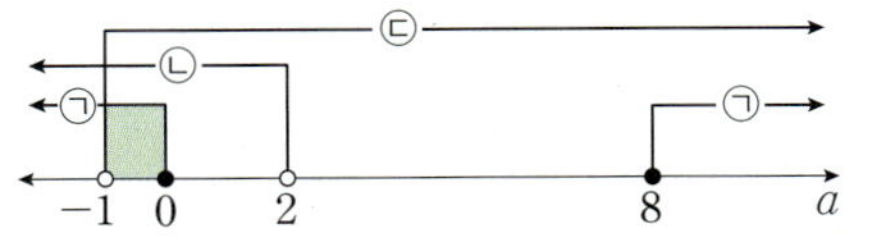

STEP B 세 근이 음수가 되도록 하는 실수 k의 값의 범위 구하기

방정식 $f(x)=0$이 $x=-1$을 근으로 가지므로 세 근이 음수가 되기 위해서는
이차방정식 $x^2-(a-2)x+a+1=0$의 두 근을 α, β라고 하면
두 근이 모두 음수가 되어야 한다.
이차방정식 $x^2-(a-2)x+a+1=0$의 판별식을 D라 하면
두 근이 모두 음수일 조건은 $D\ge0$, $\alpha+\beta<0$, $\alpha\beta>0$이므로

(i) $D=(a-2)^2-4(a+1)\ge0$

$\qquad a^2-8a\ge0$, $a(a-8)\ge0$

$\qquad\therefore a\le0$ 또는 $a\ge8$

(ii) $\alpha+\beta=a-2<0$ $\therefore a<2$

(iii) $\alpha\beta=a+1>0$ $\therefore a>-1$

(i)~(iii)에서 공통부분은 $-1<a\le0$

정답 ①

1407

정답 ④

STEP A $x^2=X$로 치환하여 $aX^2+bX+c=0$꼴로 나타내기

$x^4-2ax^2+a+2=0$에서 $x^2=X$로 놓으면
$X^2-2aX+a+2=0$ $\cdots\cdots$ ㉠

STEP B 서로 다른 네 실근을 갖기 위한 조건 알기

이때 사차방정식이 서로 다른 네 실근을 가지려면
㉠은 서로 다른 두 개의 양수인 근을 가져야 한다.

STEP C $D>0$, $\alpha+\beta>0$, $\alpha\beta>0$가 되는 공통범위를 만족하는 a의 범위
구하기

(i) ㉠의 판별식을 D라 하면

$\qquad\dfrac{D}{4}=(-a)^2-(a+2)>0$

$\qquad a^2-a-2>0$, $(a+1)(a-2)>0$

$\qquad\therefore a<-1$ 또는 $a>2$

(ii) (두 근의 합)$=2a>0$ $\therefore a>0$

(iii) (두 근의 곱)$=a+2>0$ $\therefore a>-2$

(i)~(iii)에서 공통부분은 $a>2$

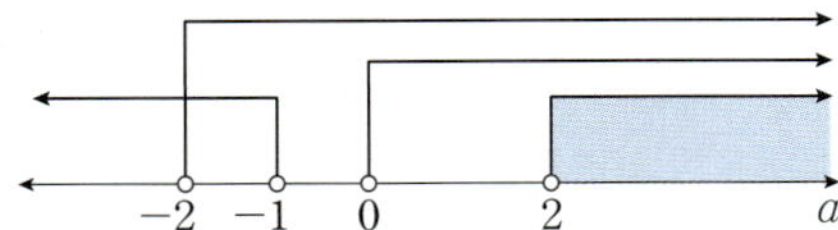

1408

정답 ④

STEP A $x^2=X$로 치환하여 $aX^2+bX+c=0$꼴로 나타내기

$x^4-(1+k)x^2+k^2-4k-21=0$에서 $x^2=X$로 놓으면
$X^2-(1+k)X+k^2-4k-21=0$ $\cdots\cdots$ ㉠

STEP B 서로 다른 네 실근을 갖기 위한 조건 알기

이때 사차방정식이 서로 다른 두 실근과 서로 다른 두 허근을 가지려면
㉠은 서로 다른 부호의 두 실근을 가져야 한다.

STEP C $\alpha\beta>0$가 되는 정수 k의 범위 구하기

즉 두 근의 곱이 음수이어야 하므로 이차방정식의 근과 계수의 관계에 의하여
(두 근의 곱)$=k^2-4k-21<0$
$(k+3)(k-7)<0$ $\therefore -3<k<7$
따라서 정수 k는 $-2, -1, 0, 1, 2, 3, 4, 5, 6$이므로 9

+α | 두 근의 부호가 서로 다르면 판별식 $D>0$를 사용하지 않는 이유!

이차방정식 $ax^2+bx+c=0$ $(a, b, c$는 실수$)$에서 서로 다른 부호의 두 실근을 갖는
경우 두 근의 곱이 음수이므로 $\dfrac{c}{a}<0$, 즉 $ac<0$이다.

이때 판별식 $D=b^2-4ac$는 항상 양수이므로 서로 다른 두 근을 가져야 하는 경우를
따로 구할 필요가 없다.

사차방정식 $x^4-2ax^2+a^2-5a-6=0$이 서로 다른 두 실근과 서로 다른
두 허근을 갖도록 하는 정수 a의 개수는?

① 4   ② 5   ③ 6
④ 7   ⑤ 8

STEP A $x^2=X$로 치환하여 $aX^2+bX+c=0$꼴로 나타내기

$x^4-2ax^2+a^2-5a-6=0$에서 $x^2=X$로 놓으면
$X^2-2aX+a^2-5a-6=0$ $\cdots\cdots$ ㉠

STEP B 서로 다른 네 실근을 갖기 위한 조건 알기

이때 사차방정식이 서로 다른 두 실근과 서로 다른 두 허근을 가지려면
㉠은 서로 다른 부호의 두 실근을 가져야 한다.

STEP C $\alpha\beta>0$가 되는 정수 k의 범위 구하기

즉 두 근의 곱이 음수이어야 하므로 이차방정식의 근과 계수의 관계에 의하여
(두 근의 곱)$=a^2-5a-6<0$
$(a+1)(a-6)<0$ $\therefore -1<a<6$
따라서 정수 a는 $0, 1, 2, 3, 4, 5$이므로 6

정답 ③

1409

STEP A $x^2=X$로 치환하여 $aX^2+bX+c=0$꼴로 나타내기

사차방정식 $x^4-2(3-a)x^2+a^2-7a+10=0$에서 $x^2=X$로 치환하면
$X^2-2(3-a)X+a^2-7a+10=0$ ...... ㉠

STEP B 사차방정식이 실근만 갖기 위한 조건 파악하기

이때 사차방정식이 실근만을 가져야 하므로
방정식 ㉠은 음이 아닌 두 근을 가져야 한다.
두 근이 양의 근 또는 0

(i) ㉠의 판별식을 D라 하면
$$\frac{D}{4}=(3-a)^2-(a^2-7a+10)\ge0,\ a-1\ge0\quad \therefore a\ge1$$
(ii) (두 근의 합)$=2(3-a)\ge0$
$$\therefore a\le3$$
(iii) (두 근의 곱)$=a^2-7a+10\ge0,\ (a-2)(a-5)\ge0$
$$\therefore a\le2\ \text{또는}\ a\ge5$$
(i)~(iii)에서 공통범위는 $1\le a\le2$

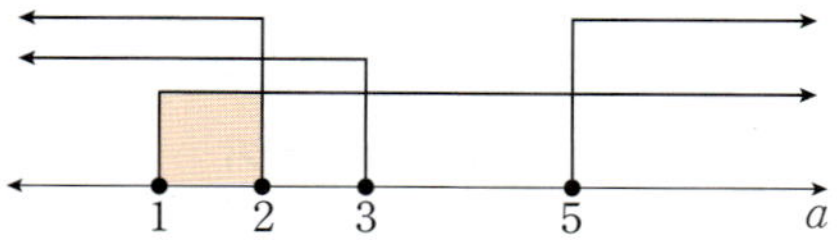

1410

STEP A 치환을 이용하여 [보기]의 참, 거짓 판단하기

ㄱ. $x^4+6x^2-27=0$에서 $(x^2-3)(x^2+9)=0$이므로
$x^2=3$ 또는 $x^2=-9$
즉 $x=\pm\sqrt{3}$ 또는 $x=\pm3i$이므로 모든 근의 합은
$\sqrt{3}+(-\sqrt{3})+3i+(-3i)=0$ [참]

ㄴ. $x^4-2x^2+3-a=0$에서 $x^2=X$로 놓으면
$X^2-2X+3-a=0$ ...... ㉠
이때 사차방정식이 서로 다른 네 실근을 가지려면
㉠은 서로 다른 두 양의 실근을 가져야 한다.
(i) ㉠의 판별식을 D라 하면
$$\frac{D}{4}=1^2-(3-a)>0,\ -2+a>0\quad\therefore a>2$$
(ii) (두 근의 합)$=-(-2)>0$
(iii) (두 근의 곱)$=3-a>0\quad\therefore a<3$
(i)~(iii)에서 공통부분은 $2<a<3$ [거짓]

ㄷ. $P(x)=x^4+kx^3-(k+5)x^2-4kx+4(k+1)$로 놓으면
$P(-2)=16-8k-4k-20+8k+4k+4=0$
$P(2)=16+8k-4k-20-8k+4k+4=0$
이므로 $P(x)$는 $x+2$, $x-2$를 인수로 갖는다.
조립제법을 이용하여 $P(x)$를 인수분해하면

$$\begin{array}{r|rrrrr}
-2 & 1 & k & -k-5 & -4k & 4k+4 \\
   &   & -2 & -2k+4 & 6k+2 & -4k-4 \\
\hline
2 & 1 & k-2 & -3k-1 & 2k+2 & 0 \\
  &   & 2 & 2k & -2k-2 & \\
\hline
  & 1 & k & -k-1 & 0 &
\end{array}$$

$P(x)=(x+2)(x-2)(x^2+kx-k-1)$
이때 이차방정식 $x^2+kx-k-1=0$의 판별식을 D라 하면
$D=k^2+4k+4=(k+2)^2\ge0$
즉 실수 k의 값에 관계없이 이차방정식 $x^2+kx-k-1=0$은 실근을 가진다.
그러므로 방정식 $P(x)=0$은 실수 k의 값에 관계없이 항상 실근만을 가진다.
[참]
따라서 옳은 것은 ㄱ, ㄷ이다.

1411

STEP A 치환을 이용하여 사차방정식의 네 실근을 간단하게 나타내기

주어진 사차방정식에서 $x^2=t\,(t>0)$라 하면
$t^2-(m+5)t+m^2-1=0$
이 이차방정식의 두 실근을 a^2, $b^2\,(0<a<b)$이라 하면
주어진 사차방정식의 네 실근은 $\pm a$, $\pm b$이다.
이때 $-b<-a<0<a<b$이므로
$\alpha=-b,\ \beta=-a,\ \gamma=a,\ \delta=b$

STEP B 이차방정식의 근과 계수의 관계를 이용하여 m의 값 구하기

$$\begin{aligned}\alpha\delta+\beta\gamma&=(-b)\times(b)+(-a)\times a\\&=-b^2-a^2\\&=-(a^2+b^2)\end{aligned}$$
이때 a^2, b^2은 이차방정식 $t^2-(m+5)t+m^2-1=0$의 두 근이므로
이차방정식의 근과 계수의 관계에 의하여 $a^2+b^2=m+5$
$\therefore \alpha\delta+\beta\gamma=-(m+5)=-10$
따라서 $m+5=10$이므로 $m=5$

x에 대한 사차방정식 $x^4-(m+4)x^2+m^2+3=0$이 서로 다른 네 실근 α, β, γ, δ를 갖고 $\alpha\beta\gamma\delta=12$가 성립할 때, 양수 m의 값을 구하시오.

STEP A 치환을 이용하여 사차방정식의 네 실근을 간단하게 나타내기

주어진 사차방정식에서 $x^2=t\,(t>0)$라 하면
$t^2-(m+4)t+m^2+3=0$
이 이차방정식의 두 실근을 a^2, $b^2\,(0<a<b)$이라 하면
주어진 사차방정식의 네 실근은 $\pm a$, $\pm b$이다.

STEP B 이차방정식의 근과 계수의 관계를 이용하여 m의 값 구하기

$\alpha\beta\gamma\delta=a\times(-a)\times b\times(-b)=a^2b^2$
이때 a^2, b^2은 이차방정식 $t^2-(m+4)t+m^2+3=0$의 두 근이므로
이차방정식의 근과 계수의 관계에 의하여 $a^2b^2=m^2+3$
따라서 $m^2+3=12$에서 $m^2=9$이므로 $m=3\,(\because m>0)$

">

 2022년 06월 고1 학력평가 26번 정답 7 

STEP A $x^2=X$로 치환하여 X에 대한 이차방정식이 서로 다른 두 개의 양의 실근 α^2, β^2을 가짐을 이해하기

$x^4-(2a-9)x^2+4=0$에서 $x^2=X$라 하면

$X^2-(2a-9)X+4=0$ ······ ㉠

주어진 사차방정식이 서로 다른 네 실근을 갖기 위해서는

이차방정식 ㉠이 서로 다른 두 개의 양의 실근을 가져야 한다.

이때 주어진 사차방정식이 $x=\alpha$를 근으로 가지면 $x=-\alpha$도 근으로 가지므로

양의 실근 2개, 음의 실근 2개를 가짐을 알 수 있고

서로 다른 네 실근을 α, β, $-\beta(=\gamma)$, $-\alpha(=\delta)$ $(\alpha<\beta<0)$으로 둘 수 있다.

즉 ㉠은 서로 다른 두 개의 양의 실근 α^2, β^2을 갖는다.

X에 대한 이차방정식 ㉠의 해는 $X=\alpha^2$ 또는 $X=\beta^2$이다.

+α | ㉠이 서로 다른 두 개의 양의 실근을 가져야 하는 이유!

이차방정식 $X^2-(2a-9)X+4=0$이 서로 다른 양의 실근 p, q를 가진다고 하면

$X=p$ 또는 $X=q$이므로 $X=x^2$에서 $x^2=p$ 또는 $x^2=q$

$\therefore x=\pm\sqrt{p}$ 또는 $x=\pm\sqrt{q}$

즉 ㉠이 서로 다른 두 양의 실근을 가지면 주어진 사차방정식은 서로 다른 네 실근을 갖게 된다.

STEP B 이차방정식의 근과 계수의 관계를 이용하여 상수 a의 값 구하기

이때 $\alpha^2+\beta^2$은 이차방정식 ㉠의 두 근의 합이므로

이차방정식의 근과 계수의 관계에 의하여

$\alpha^2+\beta^2=2a-9$이고 조건에서 $\alpha^2+\beta^2=5$이므로 $2a-9=5$에서 $2a=14$

따라서 $a=7$

mini해설 | 사차방정식이 y축에 대하여 대칭임을 이용하여 풀이하기

$f(x)=x^4-(2a-9)x^2+4$ ······ ㉠

라 하면 $f(x)=f(-x)$이므로 $f(\alpha)=f(-\alpha)=0$, $f(\beta)=f(-\beta)=0$

즉 사차방정식 $f(x)$는 서로 다른 네 실근 α, $-\alpha$, β, $-\beta$를 가지므로

$f(x)=(x-\alpha)(x+\alpha)(x-\beta)(x+\beta)=(x^2-\alpha^2)(x^2-\beta^2)=x^4-(\alpha^2+\beta^2)x^2+\alpha^2\beta^2$

따라서 ㉠에서 $\alpha^2+\beta^2=2a-9=5$이므로 $a=7$

내신연계 출제문항 665

x에 대한 사차방정식 $x^4-(3a-8)x^2+9=0$이 서로 다른 네 실근 α, β, γ, δ $(\alpha<\beta<\gamma<\delta)$를 가진다. $\alpha^2+\beta^2=7$일 때, 상수 a의 값을 구하시오.

STEP A $x^2=X$로 치환하여 X에 관한 이차방정식이 서로 다른 두 개의 양의 실근 α^2, β^2을 가짐을 이해하기

$x^4-(3a-8)x^2+9=0$에서 $x^2=X$라 하면

$X^2-(3a-8)X+9=0$ ······ ㉠

주어진 사차방정식이 서로 다른 네 실근을 갖기 위해서는

이차방정식 ㉠이 서로 다른 두 개의 양의 실근을 가져야 한다.

이때 주어진 사차방정식이 $x=\alpha$를 근으로 가지면 $x=-\alpha$도 근으로 가지므로

양의 실근 2개, 음의 실근 2개를 가짐을 알 수 있고

서로 다른 네 실근을 α, β, $-\beta(=\gamma)$, $-\alpha(=\delta)$ $(\alpha<\beta<0)$으로 둘 수 있다.

즉 ㉠은 서로 다른 두 개의 양의 실근 α^2, β^2을 갖는다.

X에 대한 이차방정식 ㉠의 해는 $X=\alpha^2$ 또는 $X=\beta^2$이다.

+α | ㉠이 서로 다른 두 개의 양의 실근을 가져야 하는 이유!

이차방정식 $X^2-(3a-8)X+9=0$이 서로 다른 양의 실근 p, q를 가진다고 하면

$X=p$ 또는 $X=q$이므로 $X=x^2$에서 $x^2=p$ 또는 $x^2=q$

$\therefore x=\pm\sqrt{p}$ 또는 $x=\pm\sqrt{q}$

즉 ㉠이 서로 다른 두 양의 실근을 가지면 주어진 사차방정식은 서로 다른 네 실근을 갖게 된다.

STEP B 이차방정식의 근과 계수의 관계를 이용하여 상수 a의 값 구하기

이때 $\alpha^2+\beta^2$은 이차방정식 ㉠의 두 근의 합이므로

이차방정식의 근과 계수의 관계에 의하여

$\alpha^2+\beta^2=3a-8$이고 조건에서 $\alpha^2+\beta^2=7$이므로

$3a-8=7$에서 $3a=15$

따라서 $a=5$

mini해설 | 사차방정식이 y축에 대하여 대칭임을 이용하여 풀이하기

$f(x)=x^4-(3a-8)x^2+9$ ······ ㉠

라 하면 $f(x)=f(-x)$이므로 $f(\alpha)=f(-\alpha)=0$, $f(\beta)=f(-\beta)=0$

즉 사차방정식 $f(x)$는 서로 다른 네 실근 α, $-\alpha$, β, $-\beta$를 가지므로

$f(x)=(x-\alpha)(x+\alpha)(x-\beta)(x+\beta)=(x^2-\alpha^2)(x^2-\beta^2)=x^4-(\alpha^2+\beta^2)x^2+\alpha^2\beta^2$

따라서 ㉠에서 $\alpha^2+\beta^2=3a-8=7$이므로 $a=5$

 정답 5

 2022년 11월 고1 학력평가 26번 정답 4 

STEP A $x^2+kx=X$로 치환하여 인수분해하기

$(x^2+kx+2)(x^2+kx+6)+3=0$에서

x^2+kx가 반복되므로 $x^2+kx=X$로 치환하여 인수분해한다.

$x^2+kx=X$라 하면

$(X+2)(X+6)+3=0$, $X^2+8X+15=0$, $(X+3)(X+5)=0$

$(x^2+kx+3)(x^2+kx+5)=0$

STEP B 이차방정식의 판별식을 이용하여 자연수 k의 값 구하기

두 이차방정식 $x^2+kx+3=0$, $x^2+kx+5=0$의 판별식을 각각 D_1, D_2라 하면

$D_1=k^2-12=(k-2\sqrt{3})(k+2\sqrt{3})$

$D_2=k^2-20=(k-2\sqrt{5})(k+2\sqrt{5})$

사차방정식 $(x^2+kx+2)(x^2+kx+6)+3=0$이 실근과 허근을 모두 가지려면

$D_1<0$, $D_2\geq0$ 또는 $D_1\geq0$, $D_2<0$이어야 한다.

(i) $D_1<0$, $D_2\geq0$일 때,

$\quad D_1=(k-2\sqrt{3})(k+2\sqrt{3})<0$

$\quad \therefore -2\sqrt{3}<k<2\sqrt{3}$ ······ ㉠

$\quad D_2=(k-2\sqrt{5})(k+2\sqrt{5})\geq0$

$\quad \therefore k\leq-2\sqrt{5}$ 또는 $k\geq2\sqrt{5}$ ······ ㉡

㉠, ㉡을 동시에 만족시키는 자연수 k는 존재하지 않는다.

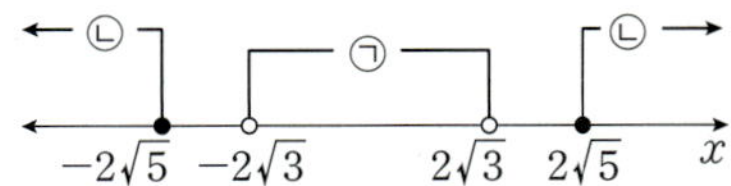

(ii) $D_1\geq0$, $D_2<0$일 때,

$\quad D_1=(k-2\sqrt{3})(k+2\sqrt{3})\geq0$

$\quad \therefore k\leq-2\sqrt{3}$ 또는 $k\geq2\sqrt{3}$ ······ ㉢

$\quad D_2=(k-2\sqrt{5})(k+2\sqrt{5})<0$

$\quad \therefore -2\sqrt{5}<k<2\sqrt{5}$ ······ ㉣

㉢, ㉣을 동시에 만족시키는 k의 범위는

$-2\sqrt{5}<x\leq-2\sqrt{3}$ 또는 $2\sqrt{3}\leq k<2\sqrt{5}$이므로 자연수 k의 값은 4이다.

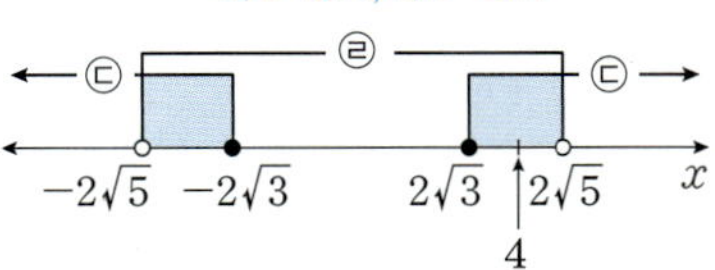

(i), (ii)에서 사차방정식 $(x^2+kx+2)(x^2+kx+6)+3=0$이 실근과 허근을 모두 갖도록 하는 자연수 k의 값은 4

사차방정식 $(x^2+kx+3)(x^2+kx+7)-12=0$이 실근과 허근을 모두 갖도록 하는 모든 자연수 k의 값의 합은?

① 10　　　　② 12　　　　③ 14
④ 16　　　　⑤ 18

STEP A $x^2+kx=X$로 치환하여 인수분해하기

$(x^2+kx+3)(x^2+kx+7)-12=0$에서

x^2+kx가 반복되므로 $x^2+kx=X$로 치환하여 인수분해한다.

$x^2+kx=X$라 하면

$(X+3)(X+7)-12=0$, $X^2+10X+9=0$, $(X+1)(X+9)=0$

$(x^2+kx+1)(x^2+kx+9)=0$

STEP B 이차방정식의 판별식을 이용하여 자연수 k의 값 구하기

두 이차방정식 $x^2+kx+1=0$, $x^2+kx+9=0$의 판별식을 각각 D_1, D_2라 하면

$D_1=k^2-4=(k-2)(k+2)$

$D_2=k^2-36=(k-6)(k+6)$

사차방정식 $(x^2+kx+3)(x^2+kx+7)-12=0$이 실근과 허근을 모두 가지려면

$D_1<0$, $D_2\geq0$ 또는 $D_1\geq0$, $D_2<0$이어야 한다.

(i) $D_1<0$, $D_2\geq0$일 때,

$D_1=(k-2)(k+2)<0$

$\therefore -2<k<2$　　　　…… ㉠

$D_2=(k-6)(k+6)\geq0$

$\therefore k\leq-6$ 또는 $k\geq6$　　　　…… ㉡

㉠, ㉡을 동시에 만족시키는 자연수 k는 존재하지 않는다.

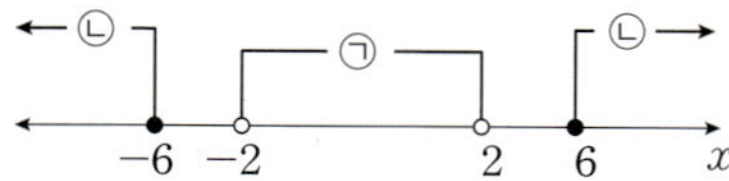

(ii) $D_1\geq0$, $D_2<0$일 때,

$D_1=(k-2)(k+2)\geq0$

$\therefore k\leq-2$ 또는 $k\geq2$　　　　…… ㉢

$D_2=(k-6)(k+6)<0$

$\therefore -6<k<6$　　　　…… ㉣

㉢, ㉣을 동시에 만족시키는 k의 범위는

$-6<x\leq-2$ 또는 $2\leq k<6$이므로 자연수 k의 값은 2, 3, 4, 5이다.

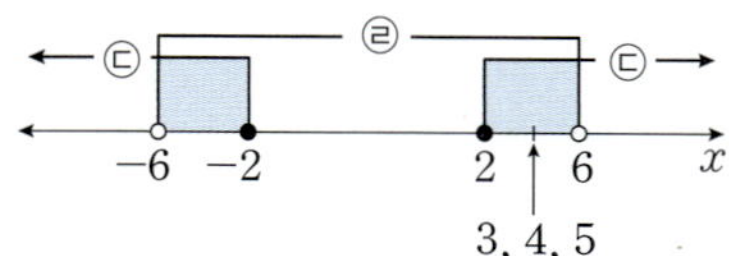

(i), (ii)에서 사차방정식 $(x^2+kx+2)(x^2+kx+6)+3=0$이 실근과 허근을 모두 갖도록 하는 모든 자연수 k의 값의 합은 $2+3+4+5=14$　　정답 ③

1414

STEP A 조립제법을 이용하여 삼차방정식의 좌변을 인수분해하기

$P(x)=x^3-(2k-1)x^2-(2k-16)x+16$으로 놓으면

$P(-1)=-1-2k+1+2k-16+16=0$

조립제법을 이용하여 $P(x)$를 인수분해하면

$$
\begin{array}{r|rrrr}
-1 & 1 & -2k+1 & -2k+16 & 16 \\
   &   & -1   & 2k   & -16 \\
\hline
   & 1 & -2k   & 16   & 0 \\
\end{array}
$$

$\therefore P(x)=(x+1)(x^2-2kx+16)$

STEP B 1보다 큰 서로 다른 두 실근을 가질 조건 구하기

방정식 $P(x)=0$의 한 근이 $x=-1$이므로 이차방정식 $x^2-2kx+16=0$은 1보다 큰 서로 다른 두 실근을 가져야 한다.

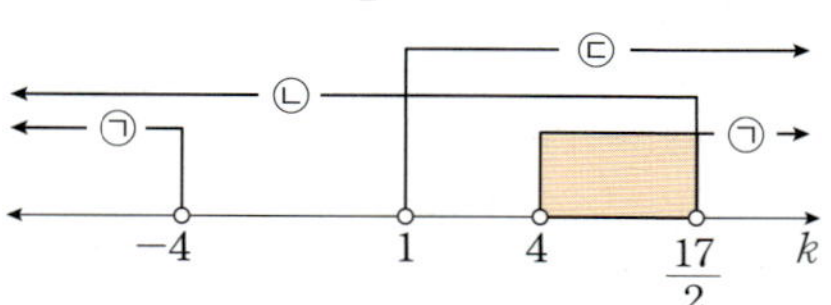

(i) 이차방정식의 판별식을 D라 하면

$\dfrac{D}{4}=(-k)^2-16>0$, $(k+4)(k-4)>0$

$\therefore k<-4$ 또는 $k>4$　　　　…… ㉠

(ii) $f(x)=x^2-2kx+16$이라 하면

$f(1)=1-2k+16>0$, $2k<17$

$\therefore k<\dfrac{17}{2}$　　　　…… ㉡

(iii) 이차함수 $f(x)=(x-k)^2-k^2+16$의 그래프의 축의 방정식은

$x=k$　　$\therefore k>1$　　　　…… ㉢

STEP C 정수 k의 합 구하기

(i)~(iii)에서 공통부분은 $4<k<\dfrac{17}{2}$

따라서 정수 k는 5, 6, 7, 8이므로 합은 $5+6+7+8=26$

1415

STEP A 조립제법을 이용하여 삼차방정식의 좌변을 인수분해하기

$P(x)=x^3+5x^2-(2k+9)x+2k+3$로 놓으면

$P(1)=1+5-2k-9+2k+3=0$이므로 $P(x)$는 $x-1$을 인수로 가진다.

조립제법을 이용하여 $P(x)$를 인수분해하면

$$
\begin{array}{r|rrrr}
1 & 1 & 5 & -2k-9 & 2k+3 \\
  &   & 1 & 6   & -2k-3 \\
\hline
  & 1 & 6 & -2k-3 & 0 \\
\end{array}
$$

$\therefore P(x)=(x-1)(x^2+6x-2k-3)$

STEP B 두 근 사이의 1이 있는 조건 구하기

$P(x)=0$의 한 근이 $x=1$이므로 이차방정식 $x^2+6x-2k-3=0$의 한 근이 1보다 작고 다른 한 근이 1보다 커야 한다.

즉 이차함수 $y=f(x)$의 그래프는 오른쪽 그림과 같이 $f(1)<0$이어야 한다.

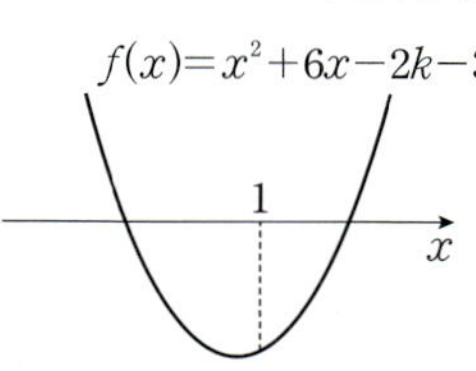

$f(x)=x^2+6x-2k-3$이라 하면

$f(1)=1+6-2k-3<0$, $4-2k<0$

$\therefore k>2$

따라서 정수 k의 최솟값은 3

삼차방정식 $x^3+(2a+2)x^2+(8a+5)x+8a+10=0$이 -1보다 큰 서로 다른 두 실근을 갖도록 하는 실수 k의 범위는?

① $0<a<3$ ② $a<3$ ③ $-3<a<-1$
④ $1<a<3$ ⑤ $a>3$

STEP A 조립제법을 이용하여 삼차방정식의 좌변을 인수분해하기

$P(x)=x^3+(2a+2)x^2+(8a+5)x+8a+10$로 놓으면
$P(-2)=-8+8a+8-16a-10+8a+10=0$이므로
$P(x)$는 $x+2$를 인수로 가진다.

조립제법을 이용하여 $P(x)$를 인수분해하면

$$\begin{array}{r|rrrr} -2 & 1 & 2a+2 & 8a+5 & 8a+10 \\ & & -2 & -4a & -8a-10 \\ \hline & 1 & 2a & 4a+5 & 0 \end{array}$$

$\therefore P(x)=(x+2)(x^2+2ax+4a+5)$

STEP B 이차방정식이 -1보다 큰 서로 다른 두 실근을 거질 조건을 만족하는 a의 범위 구하기

$P(x)=0$의 한 근이 $x=-2$이므로 이차방정식 $x^2+2ax+4a+5=0$은 -1보다 큰 서로 다른 두 실근을 가져야 한다.

(i) 이차방정식의 판별식을 D라 하면
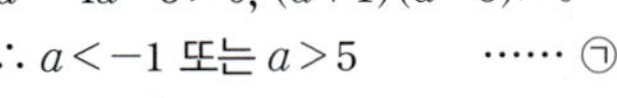
$$\frac{D}{4}=a^2-(4a+5)>0$$
$a^2-4a-5>0, (a+1)(a-5)>0$
$\therefore a<-1$ 또는 $a>5$ ...... ㉠

(ii) $f(x)=x^2+2ax+4a+5$라 하면
$f(-1)=1-2a+4a+5>0$
$2a>-6$ $\therefore a>-3$ ...... ㉡

(iii) $f(x)=(x+a)^2-a^2+4a+5$이므로 그래프의 축의 방정식은
$x=-a, -a>-1$
$\therefore a<1$ ...... ㉢

(i), (ii), (iii)에서 공통부분은 $-3<a<-1$

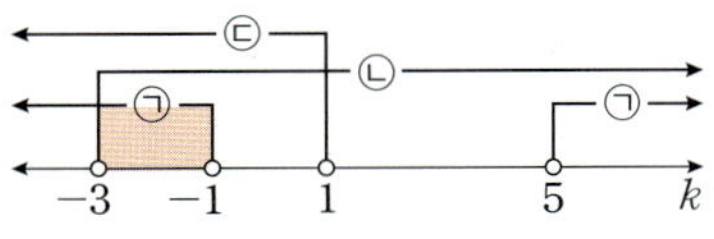

정답 ③

1416 2014년 06월 고1 학력평가 18번 정답 ④

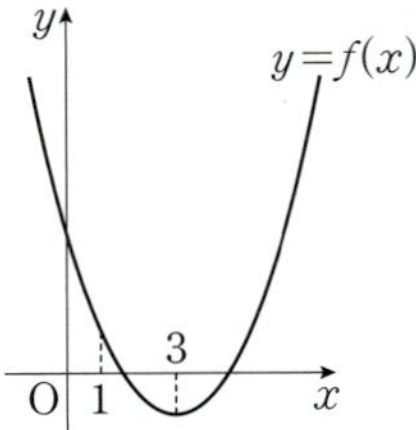

STEP A 조립제법을 이용하여 주어진 삼차방정식의 좌변 인수분해하기

삼차방정식 $x^3-5x^2+(k-9)x+k-3=0$에서 조립제법을 이용하여
$x=-1$을 대입하면 0이므로 $x+1$을 인수로 갖는다.

좌변을 인수분해하면

$$\begin{array}{r|rrrr} -1 & 1 & -5 & k-9 & k-3 \\ & & -1 & 6 & -k+3 \\ \hline & 1 & -6 & k-3 & 0 \end{array}$$

$x^3-5x^2+(k-9)x+k-3=(x+1)(x^2-6x+k-3)$

STEP B 이차방정식 $x^2-6x+k-3=0$이 1보다 큰 서로 다른 두 실근을 갖도록 하는 k의 값의 범위 구하기

$x=-1$이 삼차방정식 $x^3-5x^2+(k-9)x+k-3=0$의 1보다 작은 한 근이므로 이차방정식 $x^2-6x+k-3=0$은 1보다 큰 서로 다른 두 실근을 가져야 한다.
$f(x)=x^2-6x+k-3$라 하자.
이차방정식 $f(x)=0$의 서로 다른 두 실근을 α, β라 하고 판별식을 D라 하면

두 근이 모두 1보다 클 조건은 $D>0$, $f(1)>0$, (축의 방정식)>1

이므로
(i) $\dfrac{D}{4}=(-3)^2-k+3>0$ $\therefore k<12$
(ii) $f(1)=1-6+k-3>0$ $\therefore k>8$
(iii) $f(x)$의 축의 방정식 $x=-\dfrac{-6}{2}=3>0$
이므로 k의 값에 관계없이 성립한다.
(i)~(iii)에 의하여 $8<k<12$

STEP C 조건을 만족시키는 모든 정수 k의 값의 합 구하기

따라서 구하는 모든 정수 k의 값은 9, 10, 11이므로 모든 정수 k의 값의 합은
$9+10+11=30$

---

x에 대한 삼차방정식 $x^3-5x^2+(k-5)x+k+1=0$이 1보다 작은 한 근과 1보다 큰 서로 다른 두 실근을 갖도록 하는 모든 정수 k의 값의 합은?

① 15 ② 16 ③ 17
④ 18 ⑤ 19

STEP A 조립제법을 이용하여 주어진 삼차방정식 인수분해하기

$P(x)=x^3-5x^2+(k-5)x+k+1$이라 하면 $f(-1)=0$이므로
$P(x)$는 $x+1$을 인수로 갖는다.
조립제법을 이용하여 $f(x)$를 인수분해하면

$$\begin{array}{r|rrrr} -1 & 1 & -5 & k-5 & k+1 \\ & & -1 & 6 & -k-1 \\ \hline & 1 & -6 & k+1 & 0 \end{array}$$

$P(x)=(x+1)(x^2-6x+k+1)$

STEP B 이차방정식 $x^2-6x+k+1=0$이 1보다 큰 서로 다른 두 실근을 가질 조건 구하기

$x=-1$이 삼차방정식 $x^3-5x^2+(k-5)x+k+1=0$의 1보다 작은 한 근이므로 이차방정식 $x^2-6x+k+1=0$은 1보다 큰 서로 다른 두 실근을 가져야 한다.
$f(1)>0, D>0$

(i) 이차방정식 $x^2-6x+k+1=0$의 판별식을 D라 하면
$$\frac{D}{4}=(-3)^2-k-1>0$$
$\therefore k<8$ ...... ㉠

(ii) $f(x)=x^2-6x+k+1$이라 하면
$f(1)=1-6+k+1>0$에서
$k>4$ ...... ㉡

(iii) $f(x)=(x-3)^2+k-8$의 그래프의 축의 방정식이 $x=3, 3>1$이므로 항상 성립한다.
(i)~(iii)에서 공통부분을 구하면 $4<k<8$
따라서 구하는 모든 정수 k의 값은 5, 6, 7이므로 모든 정수 k의 값의 합은 $5+6+7=18$

정답 ④

STEP 2   서술형문제

1417
정답 해설참조

1단계 부등식 $|x-1| \le 6$의 해를 구한다.   4점

부등식 $|x-1| \le 6$에서 $-6 \le x-1 \le 6$
$\therefore -5 \le x \le 7$ …… ㉠

2단계 부등식 $x^2-10x+16 \le 0$의 해를 구한다.   3점

부등식 $x^2-10x+16 \le 0$에서 $(x-2)(x-8) \le 0$
$\therefore 2 \le x \le 8$ …… ㉡

3단계 $\alpha+\beta$의 값을 구한다.   3점

㉠, ㉡에서 $2 \le x \le 7$
따라서 $\alpha=2$, $\beta=7$이므로 $\alpha+\beta=9$

1418
정답 해설참조

1단계 음수의 제곱근의 성질을 이용하여 연립부등식을 작성한다.   3점

$\dfrac{\sqrt{x^2+4x-5}}{\sqrt{2x^2-3x-14}} = -\sqrt{\dfrac{x^2+4x-5}{2x^2-3x-14}}$ 이므로

음수의 제곱근의 성질에 의하여 $\begin{cases} x^2+4x-5>0 \\ 2x^2-3x-14<0 \end{cases}$ 또는 $\begin{cases} x^2+4x-5=0 \\ 2x^2-3x-14 \ne 0 \end{cases}$

2단계 연립부등식을 푼다.   5점

(i) $x^2+4x-5>0$, $2x^2-3x-14<0$일 때,

    부등식 $x^2+4x-5>0$에서 $(x+5)(x-1)>0$
    $\therefore x<-5$ 또는 $x>1$ …… ㉠
    부등식 $2x^2-3x-14<0$에서 $(x+2)(2x-7)<0$
    $\therefore -2<x<\dfrac{7}{2}$ …… ㉡

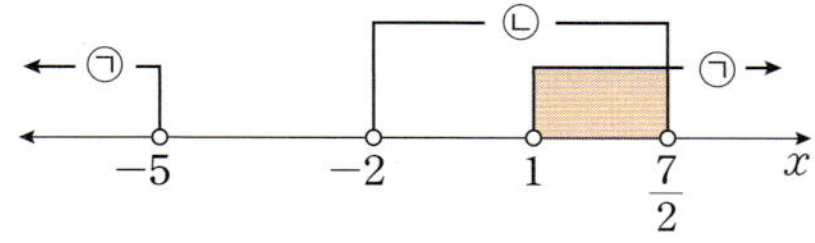

    즉 ㉠, ㉡의 공통범위를 구하면 $1<x<\dfrac{7}{2}$

(ii) $x^2+4x-5=0$, $2x^2-3x-14 \ne 0$일 때,
    $x^2+4x-5=0$에서 $(x+5)(x-1)=0$
    $\therefore x=-5$ 또는 $x=1$ …… ㉢
    $2x^2-3x-14 \ne 0$에서 $(x+2)(2x-7) \ne 0$
    $\therefore x \ne -2$ 또는 $x \ne \dfrac{7}{2}$ …… ㉣
    즉 ㉢, ㉣의 공통부분은 $x=-5$ 또는 $x=1$
(i), (ii)에 의하여 $1 \le x < \dfrac{7}{2}$, $x=-5$

3단계 정수 x의 합을 구한다.   2점

따라서 정수 x는 -5, 1, 2, 3이므로 그 합은 $-5+1+2+3=1$

1419
정답 해설참조

1단계 모든 실수 x에 대하여 부등식 $-2x^2+1 \le 2x+a$를 만족하는 실수 a의 값의 범위를 구한다.   4점

연립부등식 $-2x^2+1 \le 2x+a < 2x^2+5$이므로 $\begin{cases} -2x^2+1 \le 2x+a \\ 2x+a < 2x^2+5 \end{cases}$

이때 모든 실수 x에 대하여 부등식 $-2x^2+1 \le 2x+a$,
즉 $2x^2+2x+a-1 \ge 0$이므로
이차방정식 $2x^2+2x+a-1=0$의 판별식을 D_1이라 하면 $D_1 \le 0$이어야 한다.
$\dfrac{D_1}{4}=1-2(a-1) \le 0$, $-2a+3 \le 0$
$\therefore a \ge \dfrac{3}{2}$ …… ㉠

2단계 모든 실수 x에 대하여 부등식 $2x+a < 2x^2+5$를 만족하는 실수 a의 값의 범위를 구한다.   4점

모든 실수 x에 대하여 부등식 $2x+a < 2x^2+5$,
즉 $2x^2-2x+5-a > 0$이므로
이차방정식 $2x^2-2x+5-a=0$의 판별식을 D_2라 하면 $D_2<0$이어야 한다.
$\dfrac{D_2}{4}=(-1)^2-2(5-a)<0$, $2a-9<0$
$\therefore a < \dfrac{9}{2}$ …… ㉡

3단계 조건을 만족하는 a의 값의 범위를 구한다.   2점

따라서 ㉠, ㉡의 공통범위는 $\dfrac{3}{2} \le a < \dfrac{9}{2}$

1420
정답 해설참조

1단계 이차방정식이 실근을 가질 조건을 구한다.   4점

이차방정식 $x^2-2(2m-a)x+m^2+4m-a=0$이 실근을 가져야 하므로
판별식을 D_1이라 하면 $D_1 \ge 0$이어야 한다.
$\dfrac{D_1}{4}=(2m-a)^2-(m^2+4m-a) \ge 0$
$\therefore 3m^2-2(2a+2)m+a^2+a \ge 0$

2단계 실수 m의 값에 관계없이 부등식을 항상 성립하게 하는 a의 값의 범위를 구한다.   4점

모든 실수 m에 대하여 $3m^2-2(2a+2)m+a^2+a \ge 0$이 성립해야 하므로
이차함수 $f(m)=3m^2-2(2a+2)m+a^2+a$
의 그래프는 아래로 볼록하므로
모든 실수 x에 대하여 $f(m) \ge 0$이 되려면
이차함수의 그래프가 오른쪽 그림과 같이
m축 보다 위에 있거나 접해야 한다.
즉 이차방정식 $3m^2-2(2a+2)m+a^2+a=0$
의 판별식을 D_2라 하면 $D_2 \le 0$이어야 한다.
$\dfrac{D_2}{4}=(2a+2)^2-3(a^2+a) \le 0$, $a^2+5a+4 \le 0$, $(a+1)(a+4) \le 0$
$\therefore -4 \le a \le -1$

3단계 정수 a의 값의 합을 구한다.   2점

따라서 정수 a는 -4, -3, -2, -1이므로 그 합은
$-4+(-3)+(-2)+(-1)=-10$

1421

1단계   조건 (가)를 만족하는 실수 m의 값의 범위를 구한다.   3점

조건 (가)에서 이차방정식 $x^2+2mx+m+2=0$이 실근을 가지므로
판별식 D_1이라 하면 $D_1 \geq 0$이어야 한다.

$$\frac{D_1}{4}=m^2-(m+2)\geq 0,\ (m+1)(m-2)\geq 0$$

$$\therefore\ m\leq -1 \text{ 또는 } m\geq 2 \qquad \cdots\cdots\ \text{㉠}$$

2단계   조건 (나)를 만족하는 실수 m의 값의 범위를 구한다.   5점

조건 (나)에서 모든 실수 x에 대하여
부등식 $(m+2)x^2-2(m+2)x+8>0$이 성립하려면
(i) $m=-2$일 때, $8>0$이므로 주어진 부등식은 항상 성립한다.
(ii) $m\neq -2$일 때,
     모든 실수 x에 대하여 주어진 부등식이
     성립하려면
     이차함수 $y=(m+2)x^2-2(m+2)x+8$의
     그래프가 오른쪽 그림과 같아야 한다.
     즉 그래프가 아래로 볼록하므로
     $m+2>0$ $\therefore\ m>-2$ $\cdots\cdots$ ㉡
     이차방정식 $(m+2)x^2-2(m+2)x+8=0$의 판별식을 D_2라 하면
     $D_2<0$이어야 한다.

$$\frac{D_2}{4}=(m+2)^2-8(m+2)<0,\ m^2-4m-12<0,\ (m+2)(m-6)<0$$

$$\therefore\ -2<m<6 \qquad \cdots\cdots\ \text{㉢}$$

     ㉡, ㉢의 공통범위는 $-2<m<6$
(i), (ii)에서 $-2\leq m<6$ $\cdots\cdots$ ㉣

3단계   정수 m의 값의 합을 구한다.   2점

㉠, ㉣의 공통범위를 구하면 $-2\leq m\leq -1$ 또는 $2\leq m<6$

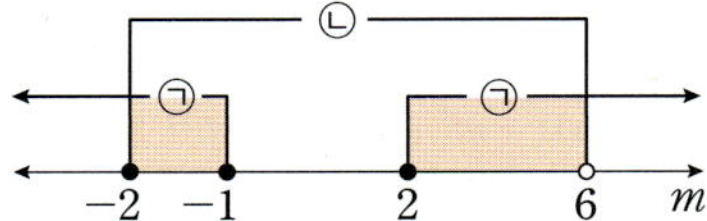

따라서 정수 m은 $-2, -1, 2, 3, 4, 5$이므로 그 합은
$(-2)+(-1)+2+3+4+5=11$

1422

1단계   조건 (가)를 만족하는 실수 k의 값의 범위를 구한다.   3점

이차함수 $y=-2x^2+6x-k$의 그래프가 직선 $y=2kx+k$보다 항상 아래쪽에
있으므로 부등식 $-2x^2+6x-k<2kx+k$,
즉 $x^2+(k-3)x+k>0$이 항상 성립해야 한다.
이차방정식 $x^2+(k-3)x+k=0$의 판별식을 D_1이라 하면 $D_1<0$이어야 하므로
$D_1=(k-3)^2-4k<0,\ k^2-10k+9<0,\ (k-1)(k-9)<0$
$\therefore\ 1<k<9$ $\cdots\cdots$ ㉠

2단계   조건 (나)를 만족하는 실수 k의 값의 범위를 구한다.   5점

이차방정식 $x^2+2kx+k+2=0$의 두 근을 α, β라 하고 판별식을 D_2라 하자.
(i) α, β는 모두 음수이므로 주어진 이차방정식은 실근을 가져야 한다.
     즉 $D_2\geq 0$이어야 하므로

$$\frac{D_2}{4}=k^2-(k+2)\geq 0 \text{에서 } k^2-k-2\geq 0$$

     $(k+1)(k-2)\geq 0$이므로 $k\leq -1$ 또는 $k\geq 2$ $\cdots\cdots$ ㉡
(ii) $\alpha<0$, $\beta<0$에서 $\alpha+\beta<0$
     이차방정식의 근과 계수의 관계에 의하여
     $-2k<0$이므로 $k>0$ $\cdots\cdots$ ㉢
(iii) $\alpha<0$, $\beta<0$에서 $\alpha\beta>0$
     이차방정식의 근과 계수의 관계에 의하여
     $k+2>0$이므로 $k>-2$ $\cdots\cdots$ ㉣

(i)~(iii)에서 수직선 위에 나타내면 다음과 같다.

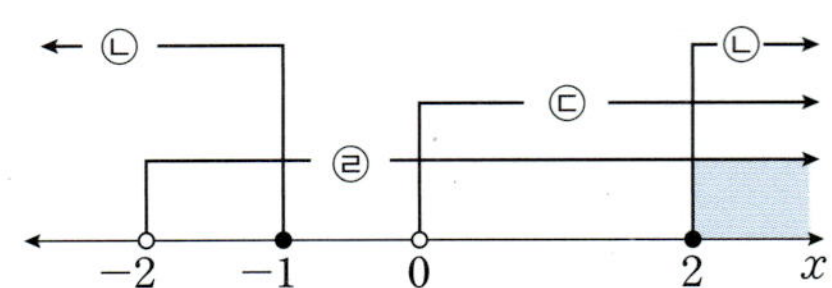

즉 구하는 실수 k의 값의 범위는 $k\geq 2$ $\cdots\cdots$ ㉤

3단계   정수 k의 값의 합을 구한다.   2점

㉠, ㉤의 공통부분을 구하면 $2\leq k<9$
따라서 정수 k는 $2, 3, 4, 5, 6, 7, 8$이므로 합은 $2+3+4+5+6+7+8=35$

내신연계 출제문항 669

다음 조건을 모두 만족하는 정수 k의 합을 구하는 과정을 다음 단계로 서술
하여라.

> (가) 모든 실수 x에 대하여 부등식 $kx^2-kx+1>0$이 성립한다.
> (나) 이차방정식 $x^2-2kx+k-1=0$이 두 근이 서로 다른 두 양수를
>   가진다.

[1단계] 조건 (가)에서 모든 실수 x에 대하여 부등식이 성립하는 실수 k의
        값의 범위를 구한다. [4점]
[2단계] 조건 (나)를 만족하는 실수 k의 범위를 구한다. [4점]
[3단계] 정수 k의 값의 합을 구한다. [2점]

1단계   조건 (가)에서 모든 실수 x에 대하여 부등식이 성립하는 실수 k의 값의 범위를 구한다.   4점

조건 (가)에서 모든 실수 x에 대하여 $kx^2-kx+1>0$이 성립하려면
(i) $k=0$일 때, $1>0$이 항상 성립한다.
(ii) $k\neq 0$일 때,
     모든 실수 x에 대하여 주어진 부등식이
     성립하려면
     이차함수 $y=kx^2-kx+1$의 그래프가
     오른쪽 그림과 같아야 한다.
     즉 그래프가 아래로 볼록하므로
     $k>0$ $\cdots\cdots$ ㉠
     이차방정식 $kx^2-kx+1=0$의 판별식을 D_1이라 하면
     $D_1<0$이어야 한다.
     $D_1=(-k)^2-4k<0,\ k(k-4)<0$
     $\therefore\ 0<k<4$ $\cdots\cdots$ ㉡
     ㉠, ㉡의 공통범위는 $0<k<4$
(i), (ii)에서 $0\leq k<4$

2단계   조건 (나)를 만족하는 실수 k의 범위를 구한다.   4점

조건 (나)에서 이차방정식 $x^2-2kx+k-1=0$이 두 근이 서로 다른 두 양수를
가지려면 판별식을 D_2라 하면 $D_2>0$, $\alpha+\beta>0$, $\alpha\beta>0$이어야 한다.

$$\frac{D_2}{4}=(-k)^2-(k-1)>0,\ k^2-k+1>0$$

$\left(k-\dfrac{1}{2}\right)^2+\dfrac{3}{4}\geq\dfrac{3}{4}>0$이므로 k는 모든 실수 $\cdots\cdots$ ㉢
두 근의 합은 $2k>0$이므로 $k>0$ $\cdots\cdots$ ㉣
두 근의 곱은 $k-1>0$이므로 $k>1$ $\cdots\cdots$ ㉤
㉢, ㉣, ㉤에서 $k>1$

3단계   정수 k의 값의 합을 구한다.   2점

(가), (나)를 모두 만족시키는 실수 k의 값의 범위는 $1<k<4$
따라서 정수 k는 $2, 3$이므로 합은 $2+3=5$

1423

| 1단계 | 주어진 조건을 만족하는 이차부등식을 작성한다. | 3점 |

이차함수 $y=2x^2+ax+a+1$의 그래프가 이차함수 $y=x^2-3x+b$의 그래프보다 위쪽에 있으므로
$$2x^2+ax+a+1>x^2-3x+b$$
에서 $x^2+(a+3)x+a-b+1>0$ …… ㉠

| 2단계 | 해가 $x<-1$ 또는 $x>5$이고 이차항의 계수가 1인 이차부등식을 작성한다. | 4점 |

해가 $x<-1$ 또는 $x>5$이고 x^2의 계수가 1인 이차부등식은
$$(x+1)(x-5)>0$$
즉 $x^2-4x-5>0$ …… ㉡

| 3단계 | $a+b$의 값을 구한다. | 3점 |

㉠과 ㉡이 일치해야 하므로 $a+3=-4$, $a-b+1=-5$
$$\therefore a=-7,\ b=-1$$
따라서 $a+b=-7+(-1)=-8$

> **+α** 이차방정식의 근과 계수의 관계를 이용하여 풀 수도 있어!
>
> 이차부등식 $x^2+(a+3)x+a-b+1>0$의 해가 $x<-1$ 또는 $x>5$이므로
> 이차방정식 $x^2+(a+3)x+a-b+1=0$의 두 근이 -1, 5이다.
> 즉 이차방정식의 근과 계수의 관계에 의하여
> $-1+5=-(a+3)$, $-1\times5=a-b+1$ $\therefore a=-7,\ b=-1$

1424

| 1단계 | 두 학생의 대화로부터 a와 b의 값을 구한다. | 6점 |

철수는 a를 잘못 보고 풀었으므로 철수가 푼 이차부등식을
$$x^2+a_1x+b<0$$ …… ㉠
이라 하자.
이때 이차항의 계수가 1이고 해가 $-4<x<3$인 이차부등식은
$$(x+4)(x-3)<0 \quad \therefore x^2+x-12<0$$ …… ㉡
㉠, ㉡의 식이 같으므로 상수항의 계수를 비교하면 $b=-12$
영희는 상수항을 잘못 보고 풀었으므로 영희가 푼 이차부등식을
$$x^2+ax+b_1<0$$ …… ㉢
이라 하자.
이차항의 계수가 1이고 해가 $1<x<3$인 이차부등식은
$$(x-1)(x-3)<0 \quad \therefore x^2-4x+3<0$$ …… ㉣
㉢, ㉣의 식이 같으므로 일차항의 계수를 비교하면 $a=-4$

> **+α** 이차방정식의 근과 계수의 관계를 이용하여 풀 수도 있어!
>
> 철수는 이차방정식 $x^2+ax+b=0$에서 이차항의 계수 1과 상수항 b를 바르게 보고
> 풀었다.
> 이때의 두 근이 -4와 3이므로 이차방정식의 근과 계수의 관계에 의하여 두 근의 곱은
> $\dfrac{b}{1}=-4\times3=-12$ $\therefore b=-12$
> 영희는 이차방정식 $x^2+ax+b=0$에서 이차항과의 계수와 1과 일차항의 계수 a를
> 바르게 보고 풀었다.
> 이때의 두 근이 1과 3이므로 이차방정식의 근과 계수의 관계에 의하여 두 근의 합은
> $-\dfrac{a}{1}=1+3$ $\therefore a=-4$

| 2단계 | 이차부등식 $x^2+ax+b<0$의 해를 구한다. | 4점 |

이차부등식 $x^2+ax+b<0$에서 $x^2-4x-12<0$, $(x+2)(x-6)<0$
따라서 구하는 이차부등식의 해는 $-2<x<6$

다음은 이차부등식 $x^2+ax+b\leq0$을 푸는 과정에 대하여 두 학생이 나눈 대화이다.

> 지호 : x의 계수 a를 잘못 보고 풀었더니 $2\leq x\leq9$가 나왔어.
> 수희 : 상수항을 잘못 보고 풀었더니 $4\leq x\leq5$가 나왔어.

이차부등식 $x^2+ax+b\leq0$의 해를 구하는 과정을 다음 단계로 서술하시오. (단, a, b는 실수이다.)

[1단계] 두 학생의 대화로부터 a와 b의 값을 구한다.
[2단계] 이차부등식 $x^2+ax+b\leq0$의 해를 구한다.

| 1단계 | 두 학생의 대화로부터 a와 b의 값을 구한다. | 6점 |

지호는 a를 잘못 보고 풀었으므로 지호가 푼 이차부등식을
$$x^2+a_1x+b\leq0$$ …… ㉠
이라 하자.
이때 이차항의 계수가 1이고 해가 $2\leq x\leq9$인 이차부등식은
$$(x-2)(x-9)\leq0 \quad \therefore x^2-11x+18\leq0$$ …… ㉡
㉠, ㉡의 식이 같으므로 상수항의 계수를 비교하면 $b=18$
수희는 상수항을 잘못 보고 풀었으므로 수희가 푼 이차부등식을
$$x^2+ax+b_1\leq0$$ …… ㉢
이라 하자.
이차항의 계수가 1이고 해가 $4\leq x\leq5$인 이차부등식은
$$(x-4)(x-5)\leq0 \quad \therefore x^2-9x+20\leq0$$ …… ㉣
㉢, ㉣의 식이 같으므로 일차항의 계수를 비교하면 $a=-9$

> **+α** 이차방정식의 근과 계수의 관계를 이용하여 풀 수도 있어!
>
> 지호는 이차방정식 $x^2+ax+b=0$에서 이차항의 계수 1과 상수항 b를 바르게 보고
> 풀었다.
> 이때의 두 근이 2와 8이므로 이차방정식의 근과 계수의 관계에 의하여 두 근의 곱은
> $\dfrac{b}{1}=2\times8=16$ $\therefore b=16$
> 수희는 이차방정식 $x^2+ax+b=0$에서 이차항과의 계수와 1과 일차항의 계수 a를
> 바르게 보고 풀었다.
> 이때의 두 근이 3과 5이므로 이차방정식의 근과 계수의 관계에 의하여 두 근의 합은
> $-\dfrac{a}{1}=3+5$ $\therefore a=-8$

| 2단계 | 이차부등식 $x^2+ax+b\leq0$의 해를 구한다. | 4점 |

이차부등식 $x^2+ax+b\leq0$에서 $x^2-9x+18\leq0$, $(x-3)(x-6)\leq0$
따라서 구하는 이차부등식의 해는 $3\leq x\leq6$

1425

| 1단계 | 부등식 $x^2+x-6\ge 0$의 해를 구한다. | 2점 |

부등식 $x^2+x-6\ge 0$에서 $(x-2)(x+3)\ge 0$

$\therefore x\le -3$ 또는 $x\ge 2$ ...... ㉠

| 2단계 | 부등식 $3x^2-(a+3)x+a<0$의 해를 구한다. | 3점 |

부등식 $3x^2-(a+3)x+a<0$에서 $(3x-a)(x-1)<0$

(ⅰ) $\dfrac{a}{3}>1$일 때, $1<x<\dfrac{a}{3}$

(ⅱ) $\dfrac{a}{3}=1$일 때, $3(x-1)^2<0$이 되어 해가 없다.

(ⅲ) $\dfrac{a}{3}<1$일 때 $\dfrac{a}{3}<x<1$이므로 조건을 만족하지 않는다.

(ⅰ)~(ⅲ)에 의하여 $1<x<\dfrac{a}{3}$ ...... ㉡

| 3단계 | 정수 x가 오직 2뿐일 때, 실수 a의 값의 범위를 구한다. | 5점 |

주어진 연립방정식을 만족시키는 정수 x가 2뿐인 경우는

부등식 $3x^2-(a+3)x+a<0$의 해가 $1<x<\dfrac{a}{3}$일 때이다.

즉 2가 공통범위에 포함되도록 ㉠, ㉡의
공통범위를 수직선 위에 나타내면
오른쪽 그림과 같다.

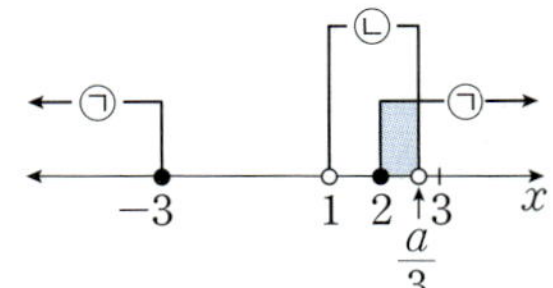

따라서 $2<\dfrac{a}{3}\le 3$이므로 $6<a\le 9$

내신연계 출제문항 671

x에 대한 연립부등식
$$\begin{cases} x^2-2x-8\ge 0 \\ x^2-(a+3)x+3a<0 \end{cases}$$
을 만족시키는 정수 x가 오직 4뿐일 때, 정수 a의 값을 구하는 과정을 다음
단계로 서술하여라.

[1단계] 부등식 $x^2-2x-8\ge 0$의 해를 구한다. [2점]
[2단계] 부등식 $x^2-(a+3)x+3a<0$의 해를 구한다. [3점]
[3단계] 정수 x가 오직 4뿐일 때, 정수 a의 값을 구한다. [5점]

| 1단계 | 부등식 $x^2-2x-8\ge 0$의 해를 구한다. | 2점 |

부등식 $x^2-2x-8\ge 0$에서 $(x+2)(x-4)\ge 0$

$\therefore x\le -2$ 또는 $x\ge 4$ ...... ㉠

| 2단계 | 부등식 $x^2-(a+3)x+3a<0$의 해를 구한다. | 3점 |

부등식 $x^2-(a+3)x+3a<0$에서 $(x-a)(x-3)<0$

(ⅰ) $a>3$일 때, $3<x<a$

(ⅱ) $a=3$일 때, $(x-3)^2<0$이 되어 해가 없다.

(ⅲ) $a<3$일 때 $a<x<3$이므로 조건을 만족하지 않는다.

(ⅰ)~(ⅲ)에 의하여 $3<x<a$ ...... ㉡

| 3단계 | 정수 x가 오직 4뿐일 때, 정수 a의 값을 구한다. | 5점 |

주어진 연립방정식을 만족시키는 정수 x가 4뿐인 경우는

부등식 $x^2-(a+3)x+3a<0$의 해가 $3<x<a$일 때이다.

즉 4가 공통범위에 포함되도록 ㉠, ㉡의
공통범위를 수직선 위에 나타내면
오른쪽 그림과 같다.

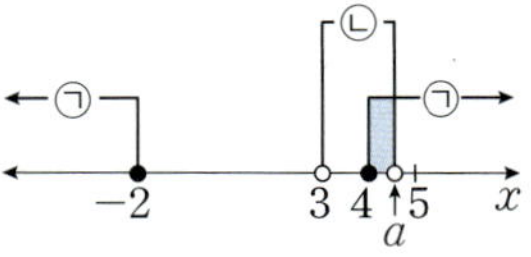

따라서 $4<a\le 5$이므로 정수 $a=5$

1426

| 1단계 | 이차방정식 $x^2+x-2=0$의 두 근을 구한다. | 2점 |

이차방정식 $x^2+x-2=0$, $(x-1)(x+2)=0$

$\therefore x=-2$ 또는 $x=1$

| 2단계 | 이차방정식 $x^2+ax+2a-3=0$의 두 근이 -2와 1 사이에 있도록 실수 a의 값의 범위를 구한다. | 5점 |

서로 다른 두 근이 모두 -2와 1 사이에
있으려면
이차함수 $f(x)=x^2+ax+2a-3$의
그래프는 오른쪽 그림과 같아야 한다.

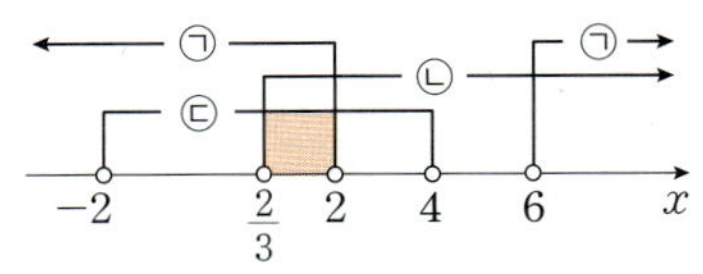

(ⅰ) $D=a^2-4(2a-3)>0$
$a^2-8a+12>0$, $(a-2)(a-6)>0$
$\therefore a<2$ 또는 $a>6$ ...... ㉠

(ⅱ) $f(-2)=4-2a+2a-3=1>0$, $f(1)=1+a+2a-3=3a-2>0$
$\therefore a>\dfrac{2}{3}$ ...... ㉡

(ⅲ) $-2<-\dfrac{a}{2}<1$이어야 하므로
$-2<a<4$ ...... ㉢

| 3단계 | $\alpha\beta$의 값을 구한다. | 3점 |

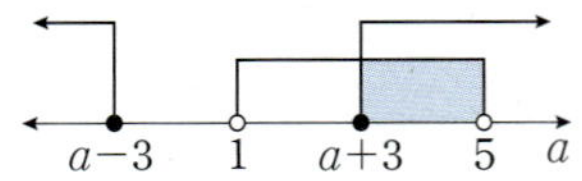

(ⅰ)~(ⅲ)에서 a의 값의 범위는 $\dfrac{2}{3}<a<2$ $\therefore \alpha\beta=\dfrac{4}{3}$

1427

| 1단계 | 부등식 $x^2-6x+5<0$의 해를 구한다. | 2점 |

$x^2-6x+5<0$에서 $(x-1)(x-5)<0$

$\therefore 1<x<5$ ...... ㉠

| 2단계 | 부등식 $x^2-2ax+(a^2-9)\ge 0$의 해를 구한다. | 3점 |

$x^2-2ax+(a^2-9)\ge 0$에서 $x^2-2ax+(a+3)(a-3)\ge 0$

$\{x-(a-3)\}\{x-(a+3)\}\ge 0$

$\therefore x\le a-3$ 또는 $x\ge a+3$ ...... ㉡

| 3단계 | 정수 x가 2개일 때, 상수 a의 값의 범위를 구한다. | 5점 |

(ⅰ) 연립부등식의 해가 $a+3\le x<5$일 때,
㉠, ㉡을 동시에 만족시키는 정수 x가 2개이려면 그림과 같아야 한다.

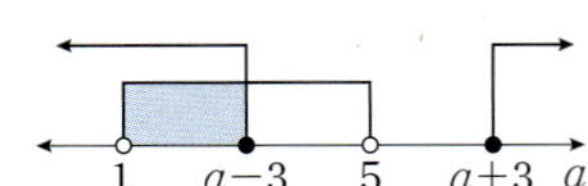

$2<a+3\le 3$ ← 정수 x는 3, 4의 2개

$\therefore -1<a\le 0$ ...... ㉢

(ⅱ) 연립부등식의 해가 $1<x\le a-3$일 때,
㉠, ㉡을 동시에 만족시키는 정수 x가 2개이려면 그림과 같아야 한다.

$3\le a-3<4$ ← 정수 x는 2, 3의 2개

$\therefore 6\le a<7$ ...... ㉣

따라서 ㉢, ㉣에서 상수 a의 값의 범위는 $-1<a\le 0$ 또는 $6\le a<7$

1428

정답 해설참조

| 1단계 | 이차항의 계수를 a라 하고 $f(x)$의 식을 구한다. | 2점 |

이차함수 $y=f(x)$의 그래프가 x축과 두 점 $(-1, 0)$, $(3, 0)$에서 만나므로
$$f(x)=a(x+1)(x-3)\ (a<0) \quad \cdots\cdots \ ㉠$$

| 2단계 | $f\!\left(\dfrac{x-k}{2}\right)\geq 0$의 해가 $0\leq x\leq 8$임을 이용하여 k의 값을 구한다. | 4점 |

$$f\!\left(\frac{x-k}{2}\right)=a\!\left(\frac{x-k}{2}+1\right)\!\left(\frac{x-k}{2}-3\right)\geq 0$$
$$\frac{a}{4}(x-k+2)(x-k-6)\geq 0$$

$a<0$이므로 $(x-k+2)(x-k-6)\leq 0$
이 부등식의 해는 $k-2\leq x\leq k+6$
이때 부등식 $f\!\left(\dfrac{x-k}{2}\right)\geq 0$의 해가 $0\leq x\leq 8$이므로
$k-2=0$, $k+6=8$에서 $k=2$

| 3단계 | $f\!\left(\dfrac{-x+k}{3}\right)\geq 0$의 해를 구하여 $\beta-\alpha$의 값을 구한다. | 4점 |

$k=2$이므로
㉠에서 $f\!\left(\dfrac{-x+2}{3}\right)=a\!\left(\dfrac{-x+2}{3}+1\right)\!\left(\dfrac{-x+2}{3}-3\right)\geq 0$
$$\frac{a}{9}(-x+5)(-x-7)\geq 0, \ \frac{a}{9}(x-5)(x+7)\geq 0$$
$a<0$이므로 $(x-5)(x+7)\leq 0$
$\therefore -7\leq x\leq 5$
따라서 $\alpha=-7$, $\beta=5$이므로 $\beta-\alpha=5-(-7)=12$

다른풀이 치환하여 풀이하기

STEP A $f\!\left(\dfrac{x-k}{2}\right)\geq 0$**의 해가** $0\leq x\leq 8$**일 때,** k**의 값 구하기**

$f\!\left(\dfrac{x-k}{2}\right)\geq 0$에서 $\dfrac{x-k}{2}=t$라 하면
주어진 그래프에서 $f(t)\geq 0$을 만족하는 t의 값의 범위는 $-1\leq t\leq 3$이므로
$-1\leq \dfrac{x-k}{2}\leq 3 \quad \therefore -2+k\leq x\leq 6+k$
이때 $f\!\left(\dfrac{x-k}{2}\right)\geq 0$의 해가 $0\leq x\leq 8$이므로 $-2+k=0$, $6+k=8$
$\therefore k=2$

STEP B **부등식** $f\!\left(\dfrac{-x+k}{3}\right)\geq 0$**의 해 구하기**

부등식 $f\!\left(\dfrac{-x+k}{3}\right)\geq 0$에서 $f\!\left(\dfrac{-x+2}{3}\right)\geq 0$
$\dfrac{-x+2}{3}=s$라 하면 주어진 그래프에서 $f(s)\geq 0$을 만족하는 s의 값의 범위는
$-1\leq s\leq 3$이므로 $-1\leq \dfrac{-x+2}{3}\leq 3$
$\therefore -7\leq x\leq 5$
따라서 $\alpha=-7$, $\beta=5$이므로 $\beta-\alpha=5-(-7)=12$

이차함수 $y=f(x)$의 그래프가 오른쪽 그림과 같다.
부등식 $f\!\left(\dfrac{2x-k}{3}\right)\geq 0$의 해가
$x\leq 2$ 또는 $x\geq \dfrac{13}{2}$일 때,
부등식 $f\!\left(\dfrac{-x+k}{2}\right)\leq 0$의 해는
$\alpha\leq x\leq \beta$이다. $\alpha\beta$의 값을 구하는
과정을 다음 단계로 서술하여라.

[1단계] 이차항의 계수를 a라 하고 $f(x)$의 식을 구한다. [2점]
[2단계] $f\!\left(\dfrac{2x-k}{3}\right)\geq 0$의 해가 $x\leq 2$ 또는 $x\geq \dfrac{13}{2}$임을 이용하여 k의 값을 구한다. [4점]
[3단계] $f\!\left(\dfrac{-x+k}{2}\right)\leq 0$의 해를 구하여 $\alpha\beta$의 값을 구한다. [4점]

| 1단계 | 이차항의 계수를 a라 하고 $f(x)$의 식을 구한다. | 2점 |

이차함수 $y=f(x)$의 그래프가 x축과 두 점 $(-1, 0)$, $(2, 0)$에서 만나므로
$$f(x)=a(x+1)(x-2)\ (a>0) \quad \cdots\cdots \ ㉠$$
로 놓을 수 있다.

| 2단계 | $f\!\left(\dfrac{2x-k}{3}\right)\geq 0$의 해가 $x\leq 2$ 또는 $x\geq \dfrac{13}{2}$임을 이용하여 k의 값을 구한다. | 4점 |

$$f\!\left(\frac{2x-k}{3}\right)=a\!\left(\frac{2x-k}{3}+1\right)\!\left(\frac{2x-k}{3}-2\right)\geq 0, \ \frac{a}{9}(2x-k+3)(2x-k-6)\geq 0$$
$(2x-k+3)(2x-k-6)\geq 0 \ (\because a>0)$
$\therefore x\leq \dfrac{k-3}{2}$ 또는 $x\geq \dfrac{k+6}{2} \quad \cdots\cdots \ ㉡$

㉡은 $x\leq 2$ 또는 $x\geq \dfrac{13}{2}$와 같으므로 $\dfrac{k-3}{2}=2$, $\dfrac{k+6}{2}=\dfrac{13}{2}$ $\therefore k=7$

| 3단계 | $f\!\left(\dfrac{-x+k}{2}\right)\leq 0$의 해를 구하여 $\alpha\beta$의 값을 구한다. | 4점 |

$k=7$이므로 ㉠에서 $f\!\left(\dfrac{-x+7}{2}\right)=a\!\left(\dfrac{-x+7}{2}+1\right)\!\left(\dfrac{-x+7}{2}-2\right)\leq 0$
$$\frac{a}{4}(-x+9)(-x+3)\leq 0, \ \frac{a}{4}(x-9)(x-3)\leq 0, \ (x-9)(x-3)\leq 0 \ (\because a>0)$$
$\therefore 3\leq x\leq 9$
따라서 $\alpha=3$, $\beta=9$이므로 $\alpha\beta=3\times 9=27$

다른풀이 치환하여 풀이하기

STEP A $f\!\left(\dfrac{2x-k}{3}\right)\geq 0$**의 해가** $x\leq 2$ **또는** $x\geq \dfrac{13}{2}$ **일 때,** k**의 값 구하기**

$f\!\left(\dfrac{2x-k}{3}\right)\geq 0$에서 $\dfrac{2x-k}{3}=t$라 하면
주어진 그래프에서 $f(t)\geq 0$을 만족하는 t의 값의 범위는
$t\leq -1$ 또는 $t\geq 2$이므로 $\dfrac{2x-k}{3}\leq -1$ 또는 $\dfrac{2x-k}{3}\geq 2$
$\therefore x\leq \dfrac{k-3}{2}$ 또는 $x\geq \dfrac{k+6}{2}$
부등식 $f\!\left(\dfrac{2x-k}{3}\right)\geq 0$의 해가 $x\leq 2$ 또는 $x\geq \dfrac{13}{2}$이므로
$\dfrac{k-3}{2}=2$, $\dfrac{k+6}{2}=\dfrac{13}{2}$ $\therefore k=7$

STEP B **부등식** $f\!\left(\dfrac{-x+k}{2}\right)\leq 0$**의 해 구하기**

$k=7$이므로 $f\!\left(\dfrac{-x+7}{2}\right)\leq 0$의 해는 $\dfrac{-x+7}{2}=s$라 하면
주어진 그래프에서 $f(s)\leq 0$을 만족하는 s의 값의 범위는 $-1\leq s\leq 2$이므로
$-1\leq \dfrac{-x+7}{2}\leq 2 \quad \therefore 3\leq x\leq 9$
따라서 $\alpha=3$, $\beta=9$이므로 $\alpha\beta=3\times 9=27$

정답 해설참조

1429

정답 31

STEP Ⓐ α, β를 이용하여 두 이차부등식을 나타내기

해가 $\alpha \le x \le \beta$이고 x^2의 계수가 1인 이차부등식 $(x-\alpha)(x-\beta) \le 0$,

즉 $x^2-(\alpha+\beta)x+\alpha\beta \le 0$

이 이차부등식이 $x^2-ax+20 \le 0$과 같으므로

$\alpha+\beta=a$ …… ㉠

$\alpha\beta=20$ …… ㉡

또, 해가 $x \le \alpha-2$ 또는 $x \ge \beta+6$이고

x^2의 계수가 1인 이차부등식 $\{x-(\alpha-2)\}\{x-(\beta+6)\} \ge 0$

즉 $x^2-(\alpha+\beta+4)x+(\alpha-2)(\beta+6) \ge 0$

이 이차부등식이 $x^2-13x+b \ge 0$과 같으므로

$\alpha+\beta+4=13$ …… ㉢

$(\alpha-2)(\beta+6)=b$ …… ㉣

STEP Ⓑ a, b의 값 구하기

㉢에서 $\alpha+\beta=9$이므로 $a=\alpha+\beta=9$

㉠, ㉡에서 $\alpha+\beta=9$, $\alpha\beta=20$이므로

$\alpha=4$, $\beta=5$ 또는 $\alpha=5$, $\beta=4$

α, β는 $t^2-(\alpha+\beta)t+\alpha\beta=0$, $t^2-9t+20=0$, $(t-4)(t-5)=0$의 두 근이다.

이때 $\alpha < \beta$이므로 $\alpha=4$, $\beta=5$

$\alpha=4$, $\beta=5$를 ㉣에 대입하면 $b=22$

따라서 $a+b=9+22=31$

내·신·연·계 출제문항 673

이차부등식 $x^2-ax+12 \le 0$의 해가 $\alpha \le x \le \beta$이고, 이차부등식
$x^2-5x+b \ge 0$의 해가 $x \le \alpha-1$ 또는 $x \ge \beta-1$일 때, 상수 a, b의 곱 ab
의 값을 구하여라.

STEP Ⓐ α, β를 이용하여 두 이차부등식을 나타내기

해가 $\alpha \le x \le \beta$이고 x^2의 계수가 1인 이차부등식은 $(x-\alpha)(x-\beta) \le 0$,

즉 $x^2-(\alpha+\beta)x+\alpha\beta \le 0$

이 이차부등식이 $x^2-ax+12 \le 0$과 같으므로

$\alpha+\beta=a$ …… ㉠

$\alpha\beta=12$ …… ㉡

또, 해가 $x \le \alpha-1$ 또는 $x \ge \beta-1$이고

x^2의 계수가 1인 이차부등식은 $\{x-(\alpha-1)\}\{x-(\beta-1)\} \ge 0$

즉 $x^2-(\alpha+\beta-2)x+(\alpha-1)(\beta-1) \ge 0$

이 이차부등식이 $x^2-5x+b \ge 0$과 같으므로

$\alpha+\beta-2=5$ …… ㉢

$(\alpha-1)(\beta-1)=\alpha\beta-(\alpha+\beta)+1=b$ …… ㉣

STEP Ⓑ a, b의 값 구하기

㉢의 식에서 $\alpha+\beta-2=5$이므로 $\alpha+\beta=7$

㉠의 식에 대입하면 $a=7$

㉠, ㉡의 값을 ㉣에 대입하면 $\alpha\beta-(\alpha+\beta)+1=12-7+1=6$이므로 $b=6$

따라서 $a=7$, $b=6$이므로 $ab=42$

정답 42

1430

정답 1

STEP Ⓐ   연립부등식의 해가 $1 \le x \le 2$ 또는 $x=-1$일 때, a, b, c, d의 값 구하기

연립부등식

$\begin{cases} x^2+ax+b \ge 0 & \cdots\cdots ㉠ \\ x^2+cx+d \le 0 & \cdots\cdots ㉡ \end{cases}$

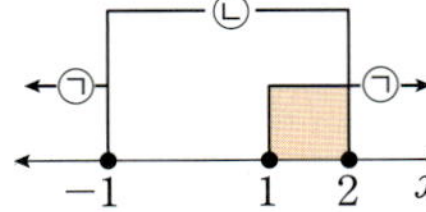

의 해를 수직선 위에 나타내면 오른쪽 그림과
같다.

해가 $x \le -1$ 또는 $x \ge 1$이고 이차항의 계수가 1인

이차부등식 $x^2+ax+b \ge 0$은 $(x+1)(x-1) \ge 0$, $x^2-1 \ge 0$과 일치하므로

$a=0$, $b=-1$

해가 $-1 \le x \le 2$이고 이차항의 계수가 1인 이차부등식 $x^2+cx+d \le 0$은

$(x+1)(x-2) \le 0$, $x^2-x-2 \le 0$과 일치하므로 $c=-1$, $d=-2$

STEP Ⓑ   연립부등식 $\begin{cases} x^2+bx+a \ge 0 \\ x^2+dx-c \le 0 \end{cases}$의 해 구하기

이때 연립부등식 $\begin{cases} x^2+bx+a \ge 0 \\ x^2+dx-c \le 0 \end{cases}$에 대입하면

$\begin{cases} x^2-x \ge 0 & \cdots\cdots ㉢ \\ x^2-2x+1 \le 0 & \cdots\cdots ㉣ \end{cases}$

㉢에서 $x(x-1) \ge 0$

$\therefore x \le 0$ 또는 $x \ge 1$ …… ㉤

㉣에서 $x^2-2x+1 \le 0$, $(x-1)^2 \le 0$

$\therefore x=1$ …… ㉥

따라서 ㉤, ㉥의 공통범위는 $x=1$

1431

정답 ⑤

STEP Ⓐ   이차부등식의 해를 $a>0$, $a<0$로 나누어 판별식을 이용하여 구하기

부등식 $ax^2+bx+c>0$을 $a>0$, $a<0$인 경우에 따라 해를 구하면

(i) $a>0$인 경우

$D=b^2-4ac>0$일 때, $ax^2+bx+c=0$의 서로 다른 두 실근을

α, $\beta(\alpha<\beta)$라 하면 $ax^2+bx+c>0$의 해는 $x<\alpha$ 또는 $x>\beta$

$D=b^2-4ac=0$일 때, $ax^2+bx+c=0$의 중근을 α라 하면

$ax^2+bx+c>0$의 해는 $x \ne \alpha$인 모든 실수이다.

$D=b^2-4ac<0$일 때, $ax^2+bx+c>0$의 해는 모든 실수이다.

(ii) $a<0$인 경우

$D=b^2-4ac>0$일 때, $ax^2+bx+c=0$의 서로 다른 두 실근을

α, $\beta(\alpha<\beta)$라 하면 $ax^2+bx+c>0$의 해는 $\alpha<x<\beta$

$D=b^2-4ac=0$일 때, $ax^2+bx+c=0$의 중근을 α라 하면

$ax^2+bx+c>0$의 해는 존재하지 않는다.

$D=b^2-4ac<0$일 때, $ax^2+bx+c>0$의 해는 존재하지 않는다.

STEP Ⓑ   [보기]에서 x가 존재하는 것 구하기

ㄱ. 위의 (i)에서와 같이 $ax^2+bx+c>0$의 해는 존재한다.

ㄴ. 위의 (ii)에서와 같이 $ax^2+bx+c>0$을 만족하는 x가 존재하지 않는다.

ㄷ. 위의 (i), (ii)에서와 같이 $ax^2+bx+c>0$을 만족하는 x가 존재한다.

ㄹ. $a=0$일 때,

부등식 $ax^2+bx+c>0$은 $0 \times x^2+bx+c>0$, 즉 $bx+c>0$

$b>0$이면 $x>-\dfrac{c}{b}$이고 $b<0$이면 $x<-\dfrac{c}{b}$이므로

$bx+c>0$을 만족하는 x가 존재한다.

ㅁ. $a=b=0$이면 부등식 $ax^2+bx+c>0$은 $0 \times x^2+0 \times x+c>0$

이때 $c \le 0$이면 $c>0$인 실수 x의 값이 존재하지 않는다.

따라서 x가 존재하는 경우는 ㄱ, ㄷ, ㄹ이다.

다음 조건을 만족하는 상수 p, q에 대하여 $p+q$의 값을 구하시오.

(가) 모든 실수 x에 대하여 $\sqrt{(k+1)x^2-(k+1)x+5}$의 값이 실수가 되게 하는 정수 k의 개수가 p이다.

TIP $\sqrt{a}$가 실수가 되기 위해서는 $a \geq 0$이어야 한다.

STEP A $\sqrt{(k+1)x^2-(k+1)x+5}$**가 실수가 되기 위한 조건 구하기**

모든 실수 x에 대하여 $\sqrt{(k+1)x^2-(k+1)x+5}$의 값이 실수가 되려면
모든 실수 x에 대하여 $(k+1)x^2-(k+1)x+5 \geq 0$이 성립해야 한다.

STEP B $k+1=0$, $k+1 \neq 0$**인 경우로 나누어 이차함수와 이차부등식의 관계를 이용하기**

(i) $k=-1$일 때, $0 \times x^2-0 \times x+5=5 \geq 0$이므로
　모든 실수 x에 대하여 주어진 부등식이 성립한다.

(ii) $k \neq -1$일 때,
　모든 실수 x에 대하여 주어진 부등식이
　성립하려면
　$y=(k+1)x^2-(k+1)x+5$의 그래프가
　오른쪽 그림과 같아야 한다.
　즉 그래프가 아래로 볼록하므로
　$k+1>0$, $k>-1$　　……　㉠

　이차방정식 $(k+1)x^2-(k+1)x+5=0$의 판별식을 D라 하면
　$D \leq 0$이어야 한다.
　$D=(k+1)^2-20(k+1) \leq 0$
　$k^2-18k-19 \leq 0$, $(k-19)(k+1) \leq 0$
　$\therefore -1 \leq k \leq 19$　　……　㉡
　㉠, ㉡의 공통범위는 $-1<k \leq 19$

(i), (ii)에서 구하는 k의 값의 범위는 $-1 \leq k \leq 19$
즉 정수 k의 개수는 $p=(19-(-1))+1=21$

P O I N T | 부등식을 만족하는 정수의 개수

$a<b$인 두 정수 a, b에 대하여
① 부등식 $a<x<b$를 만족하는 정수 x의 개수는 $(b-a)-1$개
② 부등식 $a<x \leq b$를 만족하는 정수 x의 개수는 $b-a$개
③ 부등식 $a \leq x<b$를 만족하는 정수 x의 개수는 $b-a$개
④ 부등식 $a \leq x \leq b$를 만족하는 정수 x의 개수는 $(b-a)+1$개

(나) 모든 실수 x에 대하여 $\dfrac{1}{\sqrt{(k+2)x^2-2(k+2)x+4}}$의 값이 실수가 되게 하는 정수 k의 개수가 q이다.

TIP $\dfrac{1}{\sqrt{a}}$가 실수가 되기 위해서는 $a>0$이어야 한다.

STEP A **실수가 되기 위한 조건 구하기**

모든 실수 x에 대하여 $\dfrac{1}{\sqrt{(k+2)x^2-2(k+2)x+4}}$이 실수가 되려면

모든 실수 x에 대하여 $(k+2)x^2-2(k+2)x+4>0$이 성립해야 한다.

STEP B $k+2=0$, $k+2 \neq 0$**인 경우로 나누어 이차함수와 이차부등식의 관계를 이용하기**

(i) $k=-2$일 때, $0 \times x^2-0 \times x+4=4>0$이므로
　모든 실수 x에 대하여 주어진 부등식이 성립한다.

(ii) $k \neq -2$일 때,
　모든 실수 x에 대하여 주어진 부등식이
　성립하려면
　$y=(k+2)x^2-2(k+2)x+4$ 의 그래프
　가 오른쪽 그림과 같아야 한다.
　즉 그래프가 아래로 볼록하므로
　$k+2>0$　$\therefore k>-2$　　……　㉠

이차방정식 $(k+2)x^2-2(k+2)x+4=0$의 판별식을 D라 하면
$D<0$이어야 한다.
$\dfrac{D}{4}=(k+2)^2-4(k+2)<0$
$k^2-4<0$, $(k-2)(k+2)<0$
$\therefore -2<k<2$　　……　㉡
㉠, ㉡의 공통범위는 $-2<k<2$

(i), (ii)에서 $-2 \leq k<2$
즉 정수 k는 -2, -1, 0, 1이므로 정수 k의 개수는 $q=4$
따라서 $p+q=21+4=25$

내신연계 출제문항 674

다음 조건을 만족하는 상수 p, q에 대하여 $p+q$의 값을 구하시오.

(가) 모든 실수 x에 대하여 $\sqrt{(k-2)x^2+2(k-2)x+2}$의 값이 실수가 되게 하는 정수 k의 합이 p이다.

(나) 모든 실수 x에 대하여 $\dfrac{1}{\sqrt{(m+2)x^2+(m+2)x+1}}$의 값이 실수가 되게 하는 정수 m의 합은 q이다.

(가) 모든 실수 x에 대하여 $\sqrt{(k-2)x^2+2(k-2)x+2}$의 값이 실수가 되게 하는 정수 k의 합이 p이다.

TIP $\sqrt{a}$가 실수가 되기 위해서는 $a \geq 0$이어야 한다.

STEP A $\sqrt{(k-2)x^2+2(k-2)x+2}$**가 실수가 되기 위한 조건 구하기**

모든 실수 x에 대하여 $\sqrt{(k-2)x^2+2(k-2)x+2}$의 값이 실수가 되려면
모든 실수 x에 대하여 $(k-2)x^2+2(k-2)x+2 \geq 0$이 성립해야 한다.

STEP B $k-2=0$, $k-2 \neq 0$**인 경우로 나누어 이차함수와 이차부등식의 관계를 이용하기**

(i) $k-2=0$, 즉 $k=2$일 때, $0 \times x^2+2 \times 0 \times x+2 \geq 0$이므로
　주어진 부등식은 모든 실수 x에 대하여 항상 성립한다.

(ii) $k-2 \neq 0$, 즉 $k \neq 2$일 때,
　주어진 부등식이 x의 값에 관계없이
　항상 성립하려면
　이차함수 $y=(k-2)x^2+2(k-2)x+2$
　의 그래프가 아래로 볼록해야 하므로
　$k-2>0$　$\therefore k>2$　　……　㉠

이차방정식 $(k-2)x^2+2(k-2)x+2=0$의 판별식을 D라 하면
$D \leq 0$이어야 한다.
$\dfrac{D}{4}=(k-2)^2-2(k-2) \leq 0$
$k^2-6k+8 \leq 0$, $(k-2)(k-4) \leq 0$
$\therefore 2 \leq k \leq 4$　　……　㉡
㉠, ㉡에서 $2<k \leq 4$

(i), (ii)에서 구하는 k의 값의 범위는 $2 \leq k \leq 4$
따라서 정수 k는 2, 3, 4이므로 그 합은 $p=2+3+4=9$

(나) 모든 실수 x에 대하여 $\dfrac{1}{\sqrt{(m+2)x^2+(m+2)x+1}}$의 값이 실수가 되게 하는 정수 m의 합이 q이다.

TIP $\dfrac{1}{\sqrt{a}}$가 실수가 되기 위해서는 $a>0$이어야 한다.

STEP A **실수가 되기 위한 조건 구하기**

모든 실수 x에 대하여 $\dfrac{1}{\sqrt{(m+2)x^2+(m+2)x+1}}$이 실수가 되려면

모든 실수 x에 대하여 $(m+2)x^2+(m+2)x+1>0$이 성립해야 한다.

STEP B $m+2=0$, $m+2\neq0$인 경우로 나누어 이차함수와 이차부등식의 관계를 이용하기

(i) $m+2=0$, 즉 $m=-2$일 때, $0\times x^2+0\times x+1=1>0$이므로 주어진 부등식은 모든 실수 x에 대하여 성립한다.

(ii) $m+2\neq0$, $m\neq-2$일 때,

모든 실수 x에 대하여 $(m+2)x^2+(m+2)x+1>0$이 성립하려면

$m+2>0$ $\therefore m>-2$ …… ㉠

또한, 이차방정식 $(m+2)x^2+(m+2)x+1=0$의 판별식을 D라 하면

$D=(m+2)^2-4(m+2)<0$

$(m+2)(m+2-4)<0$, $(m+2)(m-2)<0$

$\therefore -2<m<2$ …… ㉡

㉠, ㉡의 공통부분을 구하면 $-2<m<2$

(i), (ii)에서 $-2\leq m<2$

즉 정수 m은 -2, -1, 0, 1이므로 구하는 합은 $q=-2+(-1)+0+1=-2$

따라서 $p+q=9+(-2)=7$

<정답> **7**

1433

<정답> **27**

STEP A 조건 (가)를 이용하여 두 함수 $f(x)$, $g(x)$의 식 세우기

이차함수 $y=f(x)$와 $y=g(x)$의 최고차항의 계수가 각각 $\frac{1}{2}$, 2이고

조건 (가)에서 두 함수의 그래프가 직선 $x=p$를 축으로 하므로

$f(x)=\frac{1}{2}(x-p)^2+a$, $g(x)=2(x-p)^2+b$ (a, b는 상수)라 할 수 있다.

STEP B 조건 (나)를 만족시키는 이차부등식 구하기

조건 (나)에서 $f(x)\geq g(x)$,

즉 $f(x)-g(x)\geq0$이므로 $g(x)-f(x)\leq0$

$2(x-p)^2+b-\frac{1}{2}(x-p)^2-a\leq0$, $\frac{3}{2}(x-p)^2+b-a\leq0$

$\frac{3}{2}x^2-3px+\frac{3}{2}p^2+b-a\leq0$ …… ㉠

이때 부등식의 해가 $-1\leq x\leq5$이고 최고차항의 계수가 $\frac{3}{2}$인 이차부등식은

$\frac{3}{2}(x+1)(x-5)\leq0$에서

$\frac{3}{2}x^2-6x-\frac{15}{2}\leq0$ …… ㉡

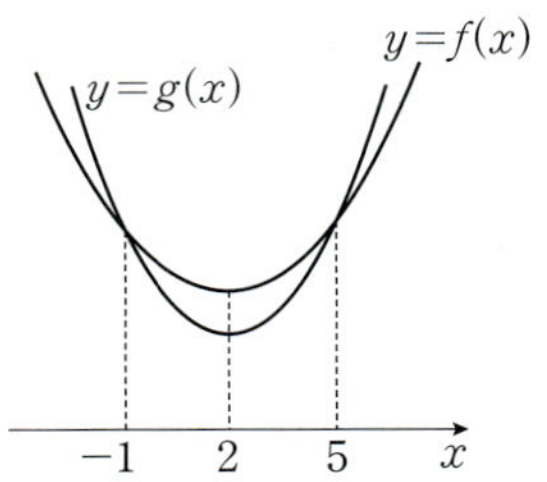

㉠, ㉡에서

$-3p=-6$, $\frac{3}{2}p^2+b-a=-\frac{15}{2}$이므로

$p=2$, $a-b=\frac{27}{2}$

따라서 $f(2)=a$, $g(2)=b$이므로

$p\times\{f(2)-g(2)\}=p\times(a-b)=2\times\frac{27}{2}=27$

---

mini해설 | 대칭축이 주어진 이차함수의 식을 작성하여 풀이하기

조건을 만족하는 두 함수 $y=f(x)$, $y=g(x)$의 그래프의 개형은 오른쪽 그림과 같다.

이때 두 함수 $y=f(x)$, $y=g(x)$의 그래프는 모두 직선 $x=p$에 대하여

대칭이므로 $p=\dfrac{-1+5}{2}=2$

즉 $f(x)=\frac{1}{2}(x-2)^2+a$, $g(x)=2(x-2)^2+b$

조건 (나)에 의해 방정식 $f(x)=g(x)$

즉 $\frac{1}{2}(x-2)^2+a=2(x-2)^2+b$의 두 근이 -1, 5이므로

$x=-1$과 $x=5$를 대입하면 $a-b=\dfrac{27}{2}$

따라서 $p\{f(2)-g(2)\}=p(a-b)=2\times\dfrac{27}{2}=27$

1434

<정답> 해설참조

두 이차함수 $f(x)=x^2-2x+a$, $g(x)=-x^2-4x+2a$에 대하여 다음 물음에 답하여라.

(1) 임의의 실수 x에 대하여 $f(x)>g(x)$가 성립하도록 하는 실수 a의 값의 범위를 구하시오.

STEP A 두 그래프의 위치 관계를 파악하기

임의의 x에 대하여

$x^2-2x+a>-x^2-4x+2a$이므로

이차함수 $y=x^2-2x+a$의 그래프가

이차함수 $y=-x^2-4x+2a$보다 항상

위쪽에 있다.

STEP B 모든 실수 x에 대하여 $2x^2+2x-a>0$이 성립함을 구하기

$2x^2+2x-a>0$이 모든 실수 x에 대하여 성립해야 하므로

이차방정식 $2x^2+2x-a=0$에서 판별식을 D라 하면

판별식 $D<0$이어야 하므로 $\dfrac{D}{4}=1+2a<0$

따라서 $a<-\dfrac{1}{2}$

---

(2) 임의의 실수 x_1, x_2에 대하여 $f(x_1)>g(x_2)$가 성립하도록 하는 실수 a의 값의 범위를 구하시오.

TIP 모든 실수 $x=a$, $x=b$에 대하여 $f(a)>g(b)$가 성립하려면 $f(x)$의 최솟값과 $g(x)$의 최댓값의 위치 관계를 이용하여 푼다.

STEP A $f(x)$의 최솟값과 $g(x)$의 최댓값을 구하기

임의의 두 실수 x_1, x_2에 대하여 $f(x_1)>g(x_2)$가 성립하려면

$\{f(x)$의 최솟값$\}>\{g(x)$의 최댓값$\}$이어야 한다.

$f(x)=x^2-2x+a$

$\quad\ =(x-1)^2+a-1$

$\therefore \{f(x)$의 최솟값$\}=a-1$

$g(x)=-x^2-4x+2a$

$\quad\ =-(x+2)^2+2a+4$

$\therefore \{g(x)$의 최댓값$\}=2a+4$

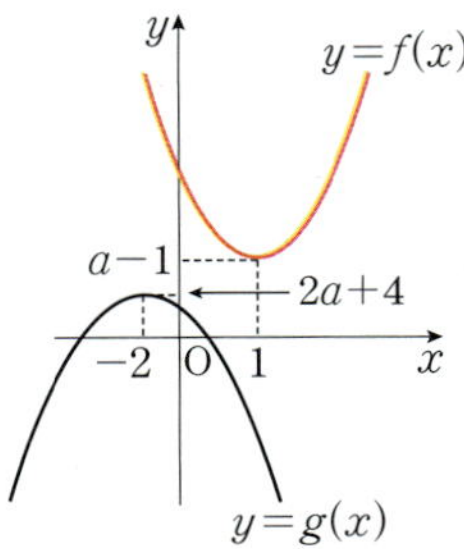

STEP B 구하는 부등식의 해 구하기

$a-1>2a+4$이므로 $-a>5$

따라서 $a<-5$

1435

STEP A 직선과 이차함수의 위치 관계를 이해하기

이차함수 $y=x^2+ax+1$의 그래프와 직선 $y=x-1$의 교점의 x좌표를 각각
α, $\beta\,(\alpha<\beta)$라 하면

방정식 $x^2+ax+1=x-1$, 즉 $x^2+(a-1)x+2=0$의 서로 다른 두 실근이
α, β이고 점 $(3,2)$가 선분 AB 위에 존재하기 위해서는
이차방정식 $x^2+(a-1)x+2=0$의 두 근 사이에 3이 있어야 한다.

STEP B 두 근 사이에 3이 있는 조건인 $f(3)<0$을 만족하는 a의 범위 구하기

$f(x)=x^2+(a-1)x+2$라 하면

$y=f(x)$의 그래프는 오른쪽 그림과 같이
$x=3$에서의 함숫값이 음수이어야 한다.

$f(3)=9+3(a-1)+2<0$, $3a<-8$

$\therefore a<-\dfrac{8}{3}$

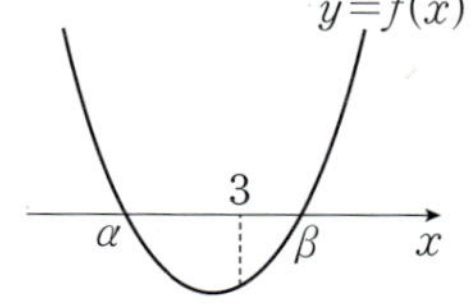

따라서 정수 a의 최댓값은 -3

+α 다음에 주의하자!

조건 「점 A, B의 좌표는 모두 $(3,2)$가 아니다.」가 없으면
$\alpha\le 3\le\beta$이므로 $x=3$에서의 함숫값이 $f(3)\le 0$이어야 한다.
즉 $f(3)=9+3(a-1)+2\le 0$이므로 $a\le -\dfrac{8}{3}$

1436

2024년 06월 고1 학력평가 21번

문항분석

두 이차함수와 직선 $y=x$의 위치 관계를 이용하여 그래프를 그리고 두 점 P, Q의
좌표를 찾고 $f(x)$, $g(x)$의 식을 구하도록 한다.
또한, 부등식이 모든 실수를 해로 가지기 위한 조건을 이용하여 구하도록 한다.

STEP A 점 P의 x좌표를 t라 하고 두 이차함수와 직선 $y=x$의 위치 관계를 그래프로 나타내기

조건 (나)에서 함수 $y=g(x)$와 직선 $y=x$는 한 점 P에서만 만나므로
$y=x$는 $y=g(x)$의 접선이다.

조건 (다)에서 $\overline{OP}=\overline{PQ}$이므로 점 P의 x좌표를 $t\,(t>0)$라 하면
점 Q의 x좌표는 $2t$라 할 수 있다.

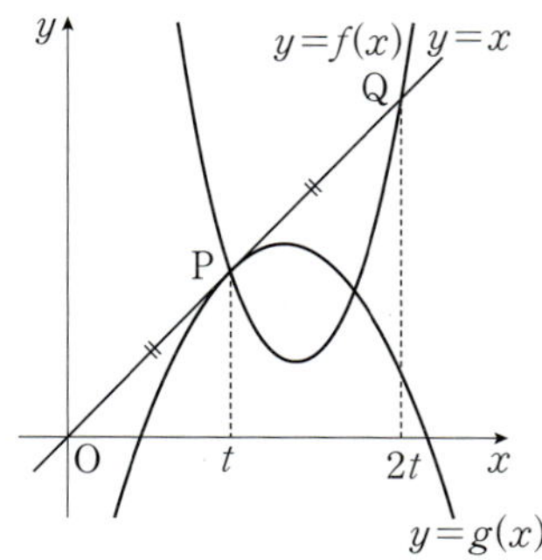

STEP B 이차함수와 직선의 교점의 x좌표를 이용하여 $f(x)$, $g(x)$의 식 구하기

이차항의 계수가 2인 함수 $y=f(x)$와 직선 $y=x$의 교점의 x좌표가
$x=t$, $x=2t$이므로 방정식 $f(x)=x$, $f(x)-x=0$의 두 근이 $x=t$, $x=2t$
즉 $f(x)-x=2(x-t)(x-2t)$ $\quad\therefore f(x)=2x^2-(6t-1)x+4t^2$

이차항의 계수가 -1인 함수 $y=g(x)$와 직선 $y=x$의 교점의 x좌표가
$x=t$이고 접하므로 방정식 $g(x)=x$, $g(x)-x=0$의 근은 $x=t$로 중근
즉 $g(x)-x=-(x-t)^2$ $\quad\therefore g(x)=-x^2+(2t+1)x-t^2$

STEP C $f(x)+g(x)\ge 0$의 해가 모든 실수임을 이용하여 점 P의 x좌표의 최댓값 구하기

$f(x)+g(x)=\{2x^2-(6t-1)x+4t^2\}+\{-x^2+(2t+1)x-t^2\}$
$\qquad\qquad\quad =x^2-(4t-2)x+3t^2$

이때 부등식 $x^2-(4t-2)x+3t^2\ge 0$이 모든 실수에서 성립하므로
이차방정식 $x^2-(4t-2)x+3t^2=0$은 중근 또는 허근을 가져야 한다.
즉 이차방정식의 판별식을 D라 할 때, $D\le 0$이어야 한다.

$\dfrac{D}{4}=(2t-1)^2-3t^2\le 0$, $\quad t^2-4t+1\le 0$

$\quad t^2-4t+1=0$에서 근의 공식을 이용하면 $t=2\pm\sqrt{3}$

$\therefore 2-\sqrt{3}\le t\le 2+\sqrt{3}$

따라서 t의 최댓값이 $2+\sqrt{3}$이므로 점 P의 x좌표의 최댓값은 $2+\sqrt{3}$

내신연계 출제문항 675

최고차항의 계수가 -1인 이차함수 $f(x)$와 최고차항의 계수가 1인
이차함수 $g(x)$가 다음 조건을 만족시킨다.

(가) 함수 $y=f(x)$의 그래프가 직선 $y=x$와 원점이 아닌 제1사분면의
한 점 P에서만 만난다.
(나) 함수 $y=g(x)$의 그래프가 직선 $y=x$와 원점이 아닌 제1사분면의
한 점 Q에서만 만난다.
(다) 점 P의 x좌표는 점 Q의 x좌표보다 작고, $2\overline{OP}=\overline{OQ}$이다.

부등식 $f(x)+2g(x)<0$의 해가 존재하지 않을 때, 점 P의 x좌표의 최댓값
과 최솟값의 합은? (단, O는 원점이다.)

① 4   ② $\dfrac{9}{2}$ ③ 5

④ $\dfrac{11}{2}$ ⑤ 6

STEP A 점 P의 x좌표를 t라 하고 두 이차함수와 직선 $y=x$의 위치 관계를 그래프로 나타내기

조건 (가)에서 이차함수 $y=f(x)$와 $y=x$가 제1사분면의 한 점 P에서만
만나므로 $y=x$는 $y=f(x)$의 접선이다.

조건 (나)에서 함수 $y=g(x)$와 $y=x$가 제1사분면의 한 점 Q에서만
만나므로 $y=x$는 $y=g(x)$의 접선이다.

조건 (다)에서 $\overline{OP}=\overline{PQ}$이므로 점 P의 x좌표를 $t\,(t>0)$라 하면
점 Q의 x좌표는 $2t$라 할 수 있다.

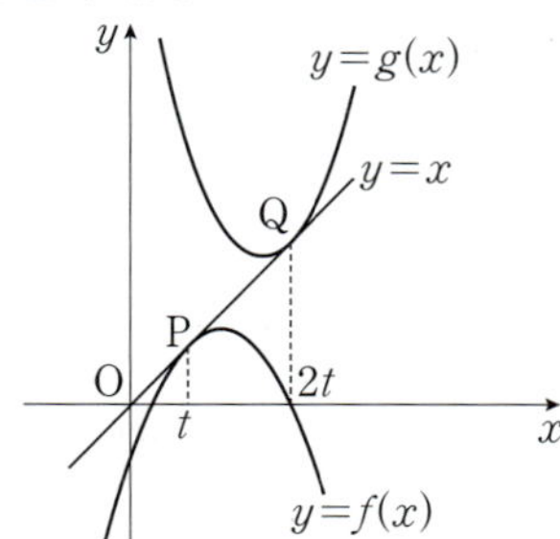

STEP B 이차함수와 직선의 교점의 x좌표를 이용하여 $f(x)$, $g(x)$의 식 구하기

이차항의 계수가 -1인 함수 $y=f(x)$와 직선 $y=x$의 교점의 x좌표가
$x=t$이므로 방정식 $f(x)=x$, $f(x)-x=0$의 중근이 $x=t$
즉 $f(x)-x=-(x-t)^2$ $\quad\therefore f(x)=-x^2+(2t+1)x-t^2$

이차항의 계수가 1인 함수 $y=g(x)$와 직선 $y=x$의 교점의 x좌표가
$x=2t$이므로 방정식 $g(x)=x$, $g(x)-x=0$의 중근이 $x=2t$
즉 $g(x)-x=(x-2t)^2$ $\quad\therefore g(x)=x^2+(-4t+1)x+4t^2$

STEP C $f(x)+2g(x)\ge 0$의 해가 존재하지 않음을 이용하여 점 P의 x좌표의 최댓값과 최솟값 구하기

$$f(x)+2g(x)=-x^2+(2t+1)x-t^2+2x^2+2(-4t+1)x+8t^2$$
$$=x^2-(6t-3)x+7t^2$$

이때 부등식 $x^2-(6t-3)x+7t^2<0$의 해가 존재하지 않으므로

모든 실수 x에 대하여 $x^2-(6t-3)x+7t^2\geq0$

이차방정식 $x^2-(6t-3)x+7t^2=0$은 중근 또는 허근을 가지므로

판별식을 D라 할 때, $D\leq0$이어야 한다.

$$D=(6t-3)^2-28t^2\leq0,\ 8t^2-36t+9\leq0$$

$8t^2-36t+9=0$에서 근의 공식을 이용하면 $\dfrac{18\pm\sqrt{252}}{8}=\dfrac{9\pm3\sqrt{7}}{4}$

$$\therefore\ \frac{9-3\sqrt{7}}{4}\leq t\leq\frac{9+3\sqrt{7}}{4}$$

따라서 점 P의 x좌표의 최댓값과 최솟값의 합은 $\dfrac{9}{2}$

정답 ②

1437

2022년 09월 고1 학력평가 18번 · 정답 ③

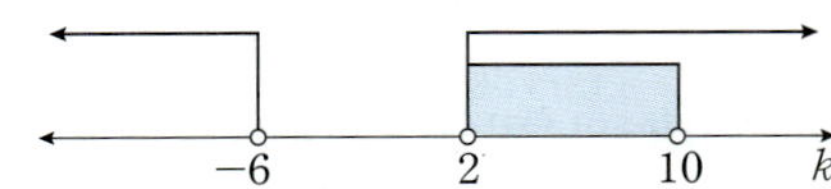

STEP A   이차함수와 이차방정식의 관계에 의하여 판별식 구하기

두 이차함수 $y=f(x)$, $y=g(x)$의 그래프와 x축과의 교점의 개수는

두 이차방정식 $f(x)=0$, $g(x)=0$의 판별식을 이용하여 구한다.

이차방정식 $f(x)=x^2+4x-3k^2-12k+40$의 판별식을 D_1이라 하자.

$$D_1=4^2-4(-3k^2-12k+40)$$
$$=12k^2+48k-144$$
$$=12(k^2+4k-12)$$
$$=12(k-2)(k+6) \quad\cdots\cdots\ \bigcirc$$

이차방정식 $g(x)=x^2-12x+3k^2-36k+96=0$의 판별식을 D_2라 하자.

$$D_2=(-12)^2-4(3k^2-36k+96)$$
$$=-12k^2+144k-240$$
$$=-12(k^2-12k+20)$$
$$=-12(k-10)(k-2) \quad\cdots\cdots\ \bigcirc\!\bigcirc$$

STEP B   이차함수의 그래프와 x축과 만나는 점의 개수의 경우를 나누어 정수 k의 개수 구하기

(i) 두 함수 $y=f(x)$, $y=g(x)$의 그래프와 x축이 만나는 점의 개수가 0으로 같은 경우

즉 이차함수의 그래프가 x축과 만나지 않으므로

이차방정식이 허근을 가져야 한다.

그러므로 두 이차방정식의 판별식 $D_1<0$, $D_2<0$이어야 한다.

$\bigcirc$에서 $12(k-2)(k+6)<0$의 해가 $-6<k<2$이고

$\bigcirc\!\bigcirc$에서 $-12(k-10)(k-2)<0$의 해가 $k<2$ 또는 $k>10$

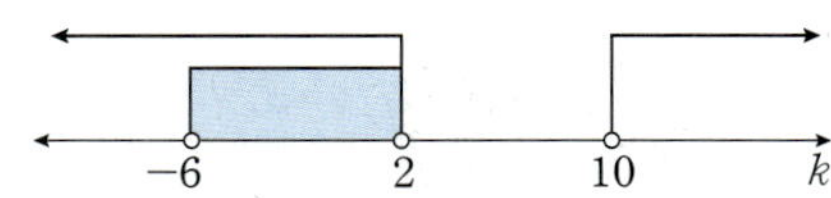

즉 공통범위는 $-6<k<2$이므로 정수 k는

$-5, -4, -3, -2, -1, 0, 1$이므로 그 개수는 7이다.

(ii) 두 함수 $y=f(x)$, $y=g(x)$의 그래프와 x축이 만나는 점의 개수가 1로 같은 경우

즉 이차함수의 그래프가 x축과 한 점에서 만나므로

이차방정식이 중근을 가져야 한다.

그러므로 두 이차방정식의 판별식 $D_1=0$, $D_2=0$이어야 한다.

$\bigcirc$에서 $12(k-2)(k+6)=0$의 해가 $k=-6$ 또는 $k=2$이고

$\bigcirc\!\bigcirc$에서 $-12(k-10)(k-2)=0$의 해가 $k=2$ 또는 $k=10$

즉 공통범위는 $k=2$이므로 정수 k의 개수는 1이다.

(iii) 두 함수 $y=f(x)$, $y=g(x)$의 그래프와 x축이 만나는 점의 개수가 2로 같은 경우

즉 이차함수의 그래프가 x축과 두 점에서 만나므로

이차방정식이 서로 다른 두 개의 실근을 가져야 한다.

그러므로 두 이차방정식의 판별식 $D_1>0$, $D_2>0$이어야 한다.

$\bigcirc$에서 $12(k-2)(k+6)>0$의 해가 $k<-6$ 또는 $k>2$이고

$\bigcirc\!\bigcirc$에서 $-12(k-10)(k-2)>0$의 해가 $2<k<10$

즉 공통범위는 $2<k<10$이므로 정수 k는

$3, 4, 5, 6, 7, 8, 9$이고 그 개수는 7이다.

(i), (ii), (iii)에 의하여 모든 정수 k의 개수는 $7+1+7=15$

함수 $f(x)=x^2-6x-2k^2-12k+63$의 그래프와 x축이 만나는 점의 개수와 함수 $g(x)=2x^2+4x+k^2-18k+47$의 그래프와 x축이 만나는 점의 개수가 서로 같도록 하는 모든 정수 k의 개수는?

① 21 ② 23 ③ 25
④ 27 ⑤ 29

STEP A   이차함수와 이차방정식의 관계에 의하여 판별식 구하기

두 이차함수 $y=f(x)$, $y=g(x)$의 그래프와 x축과의 교점의 개수는

두 이차방정식 $f(x)=0$, $g(x)=0$의 판별식을 이용한다.

이차방정식 $f(x)=x^2-6x-2k^2-12k+63$의 판별식을 D_1이라 하자.

$$\frac{D_1}{4}=(-3)^2-(-2k^2-12k+63)$$
$$=2k^2+12k-54$$
$$=2(k^2+6k-27)$$
$$=2(k-3)(k+9) \quad\cdots\cdots\ \bigcirc$$

이차방정식 $g(x)=2x^2+4x+k^2-18k+47$의 판별식을 D_2라 하자.

$$\frac{D_2}{4}=2^2-2(k^2-18k+47)$$
$$=-2k^2+36k-90$$
$$=-2(k^2-18k+45)$$
$$=-2(k-3)(k-15) \quad\cdots\cdots\ \bigcirc\!\bigcirc$$

STEP B   이차함수의 그래프와 x축과 만나는 점의 개수의 경우를 나누어 정수 k의 개수 구하기

(i) 두 함수 $y=f(x)$, $y=g(x)$의 그래프와 x축이 만나는 점의 개수가 0인 경우

이차함수의 그래프가 x축과 만나지 않으므로

이차방정식이 허근을 가져야 한다.

그러므로 두 이차방정식의 판별식 $D_1<0$, $D_2<0$이어야 한다.

$\bigcirc$에서 $2(k-3)(k+9)<0$의 해가 $-9<k<3$

$\bigcirc\!\bigcirc$에서 $-2(k-3)(k-15)<0$의 해가 $k<3$ 또는 $k>15$

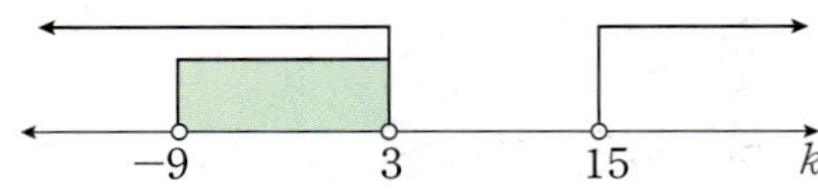

즉 공통범위는 $-9<k<3$이므로 정수 k는

$-8, -7, -6, -5, -4, -3, -2, -1, 0, 1, 2$이고 그 개수는 11이다.

(ii) 두 함수 $y=f(x)$, $y=g(x)$의 그래프와 x축이 만나는 점의 개수가 1인 경우

이차함수의 그래프가 x축과 한 점에서 만나므로

이차방정식이 중근을 가져야 한다.

그러므로 두 이차방정식의 판별식 $D_1=0$, $D_2=0$이어야 한다.

$\bigcirc$에서 $2(k-3)(k+9)=0$의 해가 $k=3$ 또는 $k=-9$

$\bigcirc\!\bigcirc$에서 $-2(k-3)(k-15)=0$의 해가 $k=3$ 또는 $k=15$

즉 공통범위는 $k=3$이므로 정수 k의 개수는 1이다.

(iii) 두 함수 $y=f(x)$, $y=g(x)$의 그래프와 x축이 만나는 점의 개수가 2인 경우

이차함수의 그래프가 x축과 두 점에서 만나므로

이차방정식이 서로 다른 두 개의 실근을 가져야 한다.

그러므로 두 이차방정식의 판별식 $D_1>0$, $D_2>0$이어야 한다.

$\bigcirc$에서 $2(k-3)(k+9)>0$의 해가 $k<-9$ 또는 $k>3$

$\bigcirc\!\bigcirc$에서 $-2(k-3)(k-15)>0$의 해가 $3<k<15$

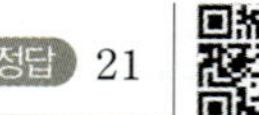

즉 공통범위는 $3<k<15$이므로 정수 k는
$4, 5, 6, 7, 8, 9, 10, 11, 12, 13, 14$이고 그 개수는 11이다.
(i)~(iii)에 의하여 모든 정수 k의 개수는 $11+1+11=23$ 정답 ②

1438 2023년 06월 고1 학력평가 27번   정답 21

STEP Ⓐ 주어진 부등식의 해를 각각 구하기

부등식 $|x-n|>2$에서 $x-n<-2$ 또는 $x-n>2$
$\therefore x<n-2$ 또는 $x>n+2$ ····· ㉠
부등식 $x^2-14x+40\le 0$에서 $x^2-14x+40\le 0$, $(x-4)(x-10)\le 0$
$\therefore 4\le x\le 10$ ····· ㉡

STEP Ⓑ 연립부등식을 만족하는 정수 x의 개수가 2개가 되도록 하는 n의 값 구하기

(i) $n\le 5$인 경우
㉠에서 $n-2<4$ 또는 $n+2\le 7$이므로 수직선 위에 나타내면 다음과 같다.

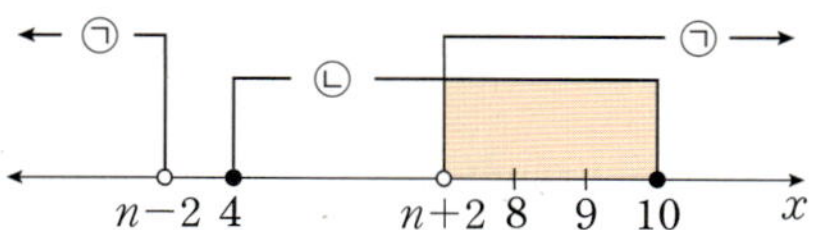

두 부등식 ㉠, ㉡을 동시에 만족시키는 자연수 x의 개수는 3개 이상이므로 조건을 만족시키지 않는다.

(ii) $n\ge 9$인 경우
㉠에서 $n-2\ge 7$ 또는 $n+2>10$이므로 수직선 위에 나타내면 다음과 같다.

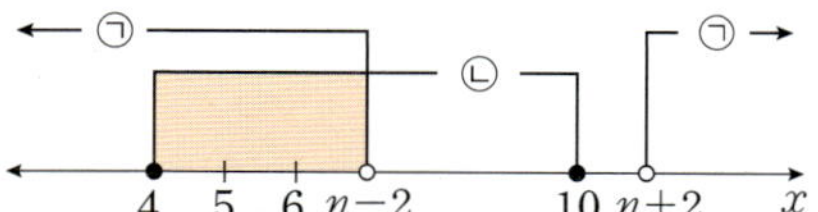

두 부등식 ㉠, ㉡을 동시에 만족시키는 자연수 x의 개수는 3개 이상이므로 조건을 만족시키지 않는다.

(iii) $n=6$인 경우
㉠은 $x<4$ 또는 $x>8$이므로 수직선 위에 나타내면 다음과 같다.

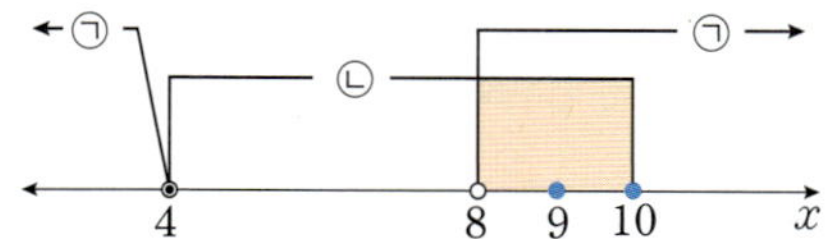

두 부등식 ㉠, ㉡을 동시에 만족시키는 자연수는 9, 10이므로 2개

(iv) $n=7$인 경우
㉠에서 $x<5$ 또는 $x>9$이므로 수직선 위에 나타내면 다음과 같다.

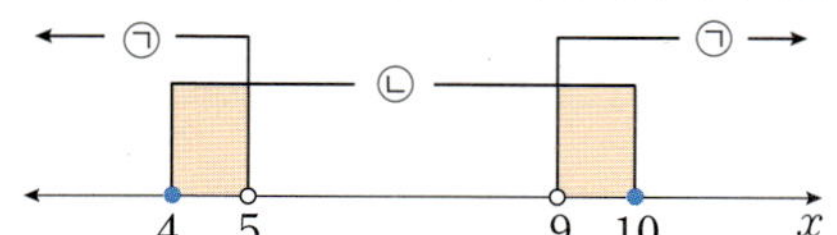

두 부등식 ㉠, ㉡을 동시에 만족시키는 자연수는 4, 10이므로 2개

(v) $n=8$인 경우
㉠에서 $x<6$ 또는 $x>10$이므로 수직선 위에 나타내면 다음과 같다.

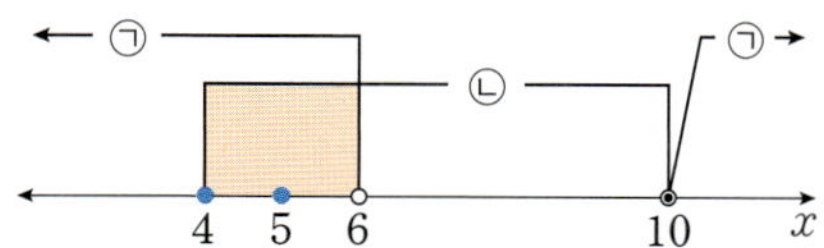

두 부등식 ㉠, ㉡을 동시에 만족시키는 자연수는 4, 5이므로 2개

STEP Ⓒ 모든 자연수 n의 값의 합 구하기

(i)~(v)에 의해 자연수 n의 값은 6, 7, 8이므로 모든 자연수 n의 값의 합은
$6+7+8=21$

자연수 n에 대하여 x에 대한 연립부등식 $\begin{cases}|x-n|>2\\x^2-16x+55\le 0\end{cases}$ 을 만족시키는 자연수 x의 개수가 2가 되도록 하는 모든 n의 값의 합을 구하시오.

STEP Ⓐ 주어진 부등식의 해를 각각 구하기

부등식 $|x-n|>2$에서 $x-n<-2$ 또는 $x-n>2$
$\therefore x<n-2$ 또는 $x>n+2$ ····· ㉠
부등식 $x^2-16x+55\le 0$에서 $x^2-16x+55\le 0$, $(x-5)(x-11)\le 0$
$\therefore 5\le x\le 11$ ····· ㉡

STEP Ⓑ 연립부등식을 만족하는 정수 x의 개수가 2개가 되도록 하는 n의 값 구하기

(i) $n\le 6$인 경우
㉠에서 $n-2<5$ 또는 $n+2\le 8$이므로 수직선 위에 나타내면 다음과 같다.

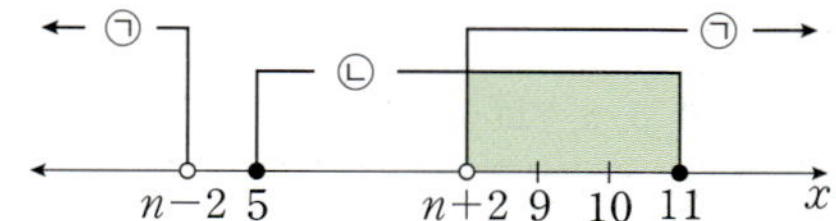

두 부등식 ㉠, ㉡을 동시에 만족시키는 자연수 x의 개수는 3개 이상이므로 조건을 만족시키지 않는다.

(ii) $n\ge 10$인 경우
㉠에서 $n-2\ge 8$ 또는 $n+2>11$이므로 수직선 위에 나타내면 다음과 같다.

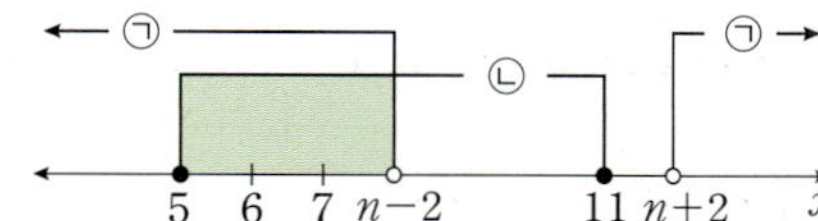

두 부등식 ㉠, ㉡을 동시에 만족시키는 자연수 x의 개수는 3개 이상이므로 조건을 만족시키지 않는다.

(iii) $n=7$인 경우
㉠은 $x<5$ 또는 $x>9$이므로 수직선 위에 나타내면 다음과 같다.

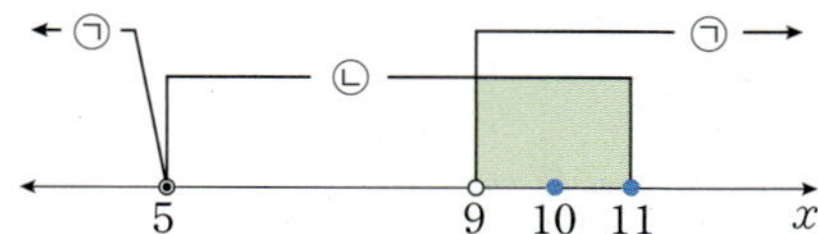

두 부등식 ㉠, ㉡을 동시에 만족시키는 자연수는 10, 11이므로 2개

(iv) $n=8$인 경우
㉠에서 $x<6$ 또는 $x>10$이므로 수직선 위에 나타내면 다음과 같다.

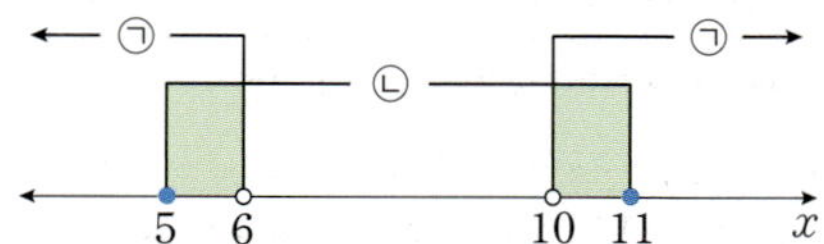

두 부등식 ㉠, ㉡을 동시에 만족시키는 자연수는 5, 11이므로 2개

(v) $n=9$인 경우
㉠에서 $x<7$ 또는 $x>11$이므로 수직선 위에 나타내면 다음과 같다.

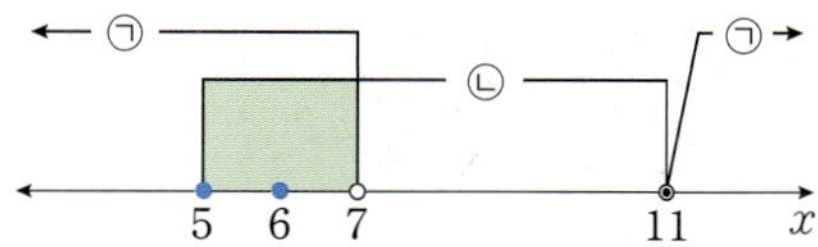

두 부등식 ㉠, ㉡을 동시에 만족시키는 자연수는 5, 6이므로 2개

STEP Ⓒ 모든 자연수 n의 값의 합 구하기

(i)~(v)에 의해 자연수 n의 값은 7, 8, 9이므로 모든 자연수 n의 값의 합은
$7+8+9=24$ 정답 24

STEP Ⓐ 연립부등식에서 각각의 이차부등식의 해 구하기

$x^2-10x+21 \le 0$에서 $(x-3)(x-7) \le 0$

$\therefore 3 \le x \le 7$ ...... ㉠

$x^2-2(n-1)x+n^2-2n \ge 0$에서

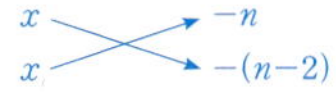

$\{x-(n-2)\}(x-n) \ge 0$

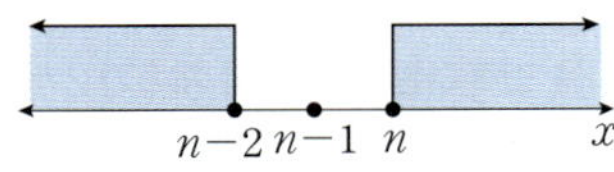

$\therefore x \le n-2$ 또는 $x \ge n$ ...... ㉡

STEP Ⓑ n의 값에 따라 경우를 나누어 조건을 만족시키는 자연수 n의 값 구하기

이때 ㉠의 정수해는 3, 4, 5, 6, 7로 5개이고

연립이차부등식의 정수해가 4개가 되려면

㉡에 의하여 하나의 정수해가 삭제되어야 한다.

그런데 ㉡에서 모든 정수 중 $x=n-1$이 제외되므로

$n-1$이 각각 3, 4, 5, 6, 7인 경우로 나누어 조건을 만족시키는 자연수 n의 값을 구한다.

(i) $n-1=3$, 즉 $n=4$인 경우

㉡의 해는 $x \le 2$ 또는 $x \ge 4$이므로 ← $x \le n-2$ 또는 $x \ge n$에 $n=4$를 대입

연립이차부등식을 만족시키는 정수 x가 4, 5, 6, 7로 4개

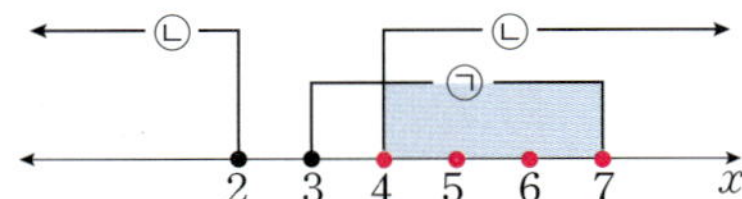

(ii) $n-1=4$, 즉 $n=5$인 경우

㉡의 해는 $x \le 3$ 또는 $x \ge 5$이므로

연립이차부등식을 만족시키는 정수 x가 3, 5, 6, 7로 4개

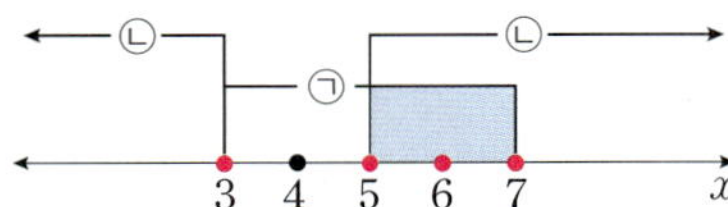

(iii) $n-1=5$, 즉 $n=6$인 경우

㉡의 해는 $x \le 4$ 또는 $x \ge 6$이므로

연립이차부등식을 만족시키는 정수 x가 3, 4, 6, 7로 4개

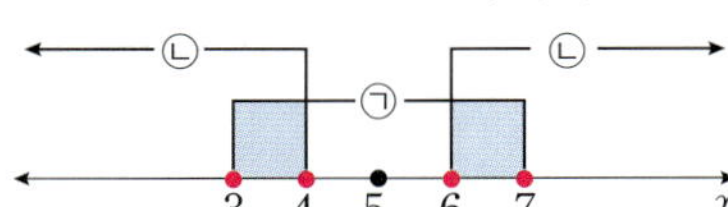

(iv) $n-1=6$, 즉 $n=7$인 경우

㉡의 해는 $x \le 5$ 또는 $x \ge 7$이므로

연립이차부등식을 만족시키는 정수 x가 3, 4, 5, 7로 4개

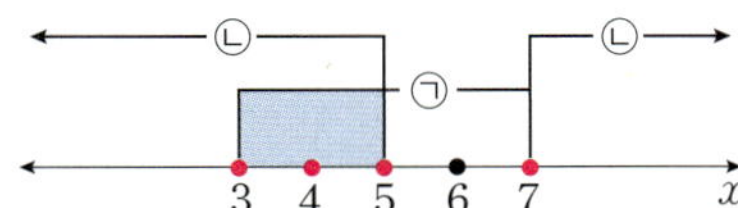

(v) $n-1=7$, 즉 $n=8$인 경우

㉡의 해는 $x \le 6$ 또는 $x \ge 8$이므로

연립이차부등식을 만족시키는 정수 x가 3, 4, 5, 6로 4개

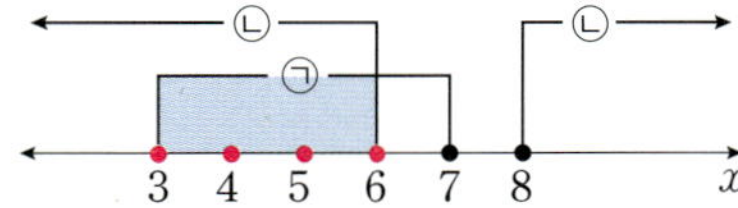

(i)~(v)에서 연립이차부등식을 만족시키는 정수 x의 개수가 4가 되도록 하는 자연수 n의 값은 4, 5, 6, 7, 8이므로 모든 자연수 n의 합은

$4+5+6+7+8=30$

+α │ 조건을 만족시키는 자연수 n을 다음과 같이 구할 수 있어!

(i) $1 \le n \le 3$인 경우

연립이차부등식을 만족시키는 정수 x가 3, 4, 5, 6, 7로 5개이다.

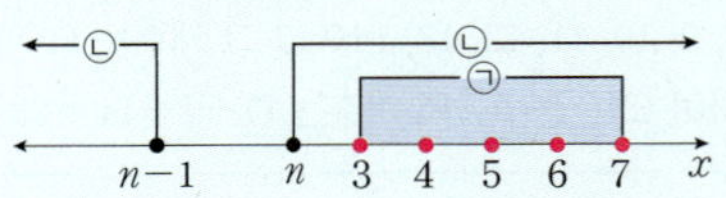

(ii) $4 \le n \le 8$인 경우

연립이차부등식을 만족시키는 정수 x는 위의 풀이에 의하여 4개이다.

(iii) $n \ge 9$인 경우

연립이차부등식을 만족시키는 정수 x가 3, 4, 5, 6, 7로 5개이다.

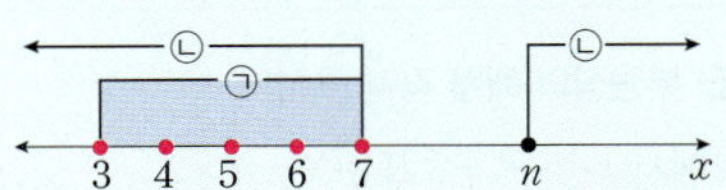

(i)~(iii)에서 연립이차부등식을 만족시키는 정수 x의 개수가 4가 되도록 하는 모든 자연수 n의 값은 4, 5, 6, 7, 8이고 그 합은 30

내신연계 출제문항 678

x에 대한 연립이차부등식 $\begin{cases} x^2-12x+32 \le 0 \\ x^2-2(n-1)x+n^2-2n \ge 0 \end{cases}$ 을 만족시키는 정수 x의 개수가 4가 되도록 하는 모든 자연수 n의 값의 합을 구하시오.

STEP Ⓐ 연립부등식에서 각각의 이차부등식의 해 구하기

$x^2-12x+32 \le 0$에서 $(x-4)(x-8) \le 0$

$\therefore 4 \le x \le 8$ ...... ㉠

$x^2-2(n-1)x+n^2-2n \ge 0$에서

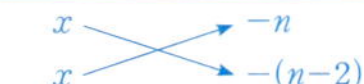

$\{x-(n-2)\}(x-n) \ge 0$

$\therefore x \le n-2$ 또는 $x \ge n$ ...... ㉡

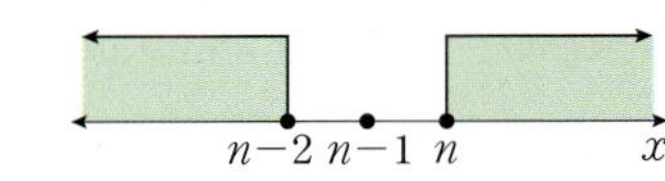

STEP Ⓑ n의 값에 따라 경우를 나누어 조건을 만족시키는 자연수 n의 값 구하기

이때 ㉠의 정수해는 4, 5, 6, 7, 8로 5개이고

연립이차부등식의 정수해가 4개가 되려면

㉡에 의하여 하나의 정수해가 삭제되어야 한다.

그런데 ㉡에서 모든 정수 중 $x=n-1$이 제외되므로

$n-1$이 각각 4, 5, 6, 7, 8인 경우로 나누어 조건을 만족시키는 자연수 n의 값을 구한다.

(i) $n-1=4$, 즉 $n=5$인 경우

㉡의 해는 $x \le 2$ 또는 $x \ge 4$이므로 ← $x \le n-2$ 또는 $x \ge n$에 $n=4$를 대입

연립이차부등식을 만족시키는 정수 x가 5, 6, 7, 8로 4개

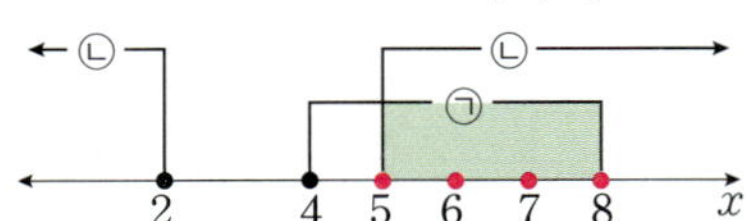

(ii) $n-1=5$, 즉 $n=6$인 경우

㉡의 해는 $x \le 4$ 또는 $x \ge 6$이므로

연립이차부등식을 만족시키는 정수 x가 4, 6, 7, 8로 4개

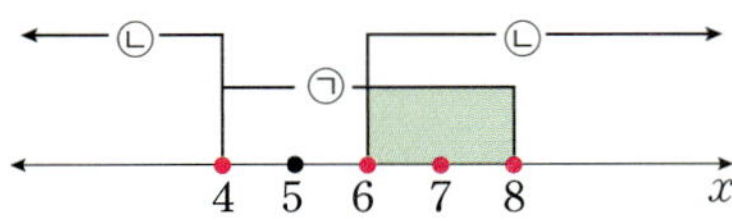

(iii) $n-1=6$, 즉 $n=7$인 경우

㉡의 해는 $x \le 5$ 또는 $x \ge 7$이므로

연립이차부등식을 만족시키는 정수 x가 4, 5, 7, 8로 4개

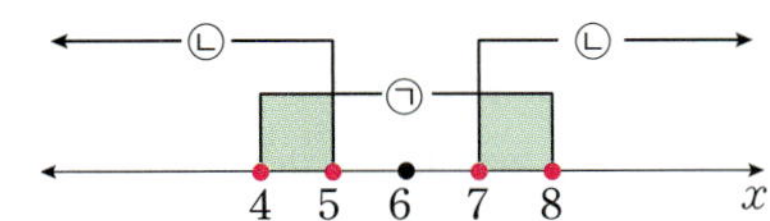

(ⅳ) $n-1=7$, 즉 $n=8$인 경우

ⓛ의 해는 $x\leq 6$ 또는 $x\geq 8$이므로

연립이차부등식을 만족시키는 정수 x가 4, 5, 6, 8로 4개

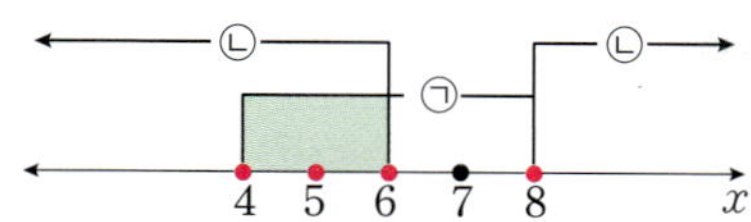

(ⅴ) $n-1=8$, 즉 $n=9$인 경우

ⓛ의 해는 $x\leq 7$ 또는 $x\geq 9$이므로

연립이차부등식을 만족시키는 정수 x가 4, 5, 6, 7로 4개

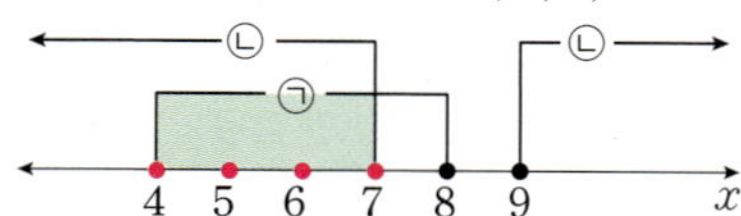

(ⅰ)~(ⅴ)에서 연립이차부등식을 만족시키는 정수 x의 개수가 4가 되도록 하는 자연수 n의 값은 5, 6, 7, 8, 9이므로 모든 자연수 n의 합은

$5+6+7+8+9=35$

+α | 조건을 만족시키는 자연수 n을 다음과 같이 구할 수 있어!

(ⅰ) $1\leq n\leq 4$인 경우

연립이차부등식을 만족시키는 정수 x가 4, 5, 6, 7, 8로 5개이다.

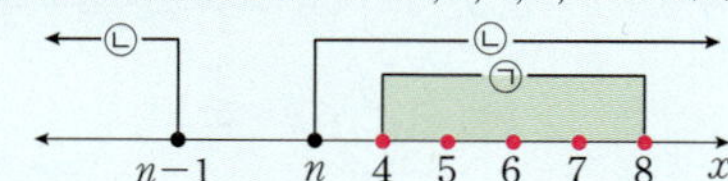

(ⅱ) $5\leq n\leq 9$인 경우

연립이차부등식을 만족시키는 정수 x는 위의 풀이에 의하여 4개이다.

(ⅲ) $n\geq 10$인 경우

연립이차부등식을 만족시키는 정수 x가 4, 5, 6, 7, 8로 5개이다.

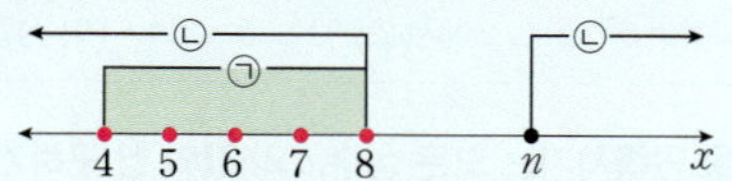

(ⅰ)~(ⅲ)에서 연립이차부등식을 만족시키는 정수 x의 개수가 4가 되도록 하는 모든 자연수 n의 값은 5, 6, 7, 8, 9이고 그 합은 35

 정답 35

STEP A 연립부등식에서 각각의 이차부등식의 해 구하기

$x^2-(a^2-3)x-3a^2<0$에서 $(x-a^2)(x+3)<0$

$\therefore -3<x<a^2\,(\because a^2>4)$ …… ㉠

$x^2+(a-9)x-9a>0$에서 $(x+a)(x-9)>0$

$\therefore x>9$ 또는 $x<-a\,(\because a>2)$ …… ㉡

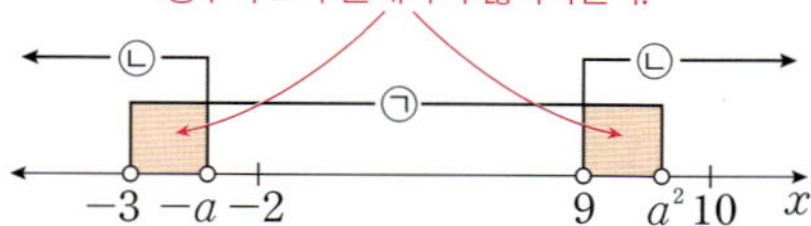

STEP B 조건을 만족시키는 실수 a의 최댓값 구하기

$a>2$에서 $-a<-2$이므로

음수의 구간에서는 정수 x의 값이 존재할 수 없다.

$-3\leq a\leq -2$일 때, $-3<x<-2$이므로 정수가 존재하지 않고

$-a<-3$일 때, 공통부분이 생기지 않으므로 정수의 해가 존재할 수 없다.

이때 $a^2>10$이면 공통범위 $9<x<a^2$에서 $x=10$이 포함되므로 정수 x의 값이 존재할 수 있다.

그러므로 $a^2\leq 10$이 될 때, 정수 x가 존재하지 않는다.

$a^2\leq 10$에서 $-\sqrt{10}\leq a\leq \sqrt{10}$이고

$a>2$이므로 $2<a\leq \sqrt{10}$

따라서 a의 최댓값은 $\sqrt{10}$이므로 $M^2=10$

내/신/연/계 출제문항 679

x에 대한 연립부등식 $\begin{cases} x^2-(a^2-4)x-4a^2<0 \\ x^2+(a-15)x-15a>0 \end{cases}$ 을 만족시키는 정수 x가 존재하지 않기 위한 실수 a의 최댓값을 구하시오. (단, $a>3$)

STEP A 연립부등식에서 각각의 이차부등식의 해 구하기

$x^2-(a^2-4)x-4a^2<0$에서 $(x-a^2)(x+4)<0$

$\therefore -4<x<a^2\,(\because a^2>9)$ …… ㉠

$x^2+(a-15)x-15a>0$에서 $(x+a)(x-15)>0$

$\therefore x>15$ 또는 $x<-a\,(\because a>3)$ …… ㉡

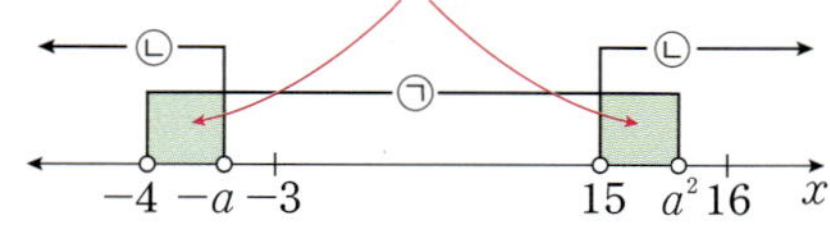

STEP B 조건을 만족시키는 실수 a의 최댓값 구하기

$a>3$에서 $-a<-3$이므로

음수의 구간에서는 정수 x의 값이 존재할 수 없다.

$-4\leq a\leq -3$일 때, $-4<x<-a$이므로 정수가 존재하지 않고

$-a<-4$일 때, 공통부분이 생기지 않으므로 정수의 해가 존재할 수 없다.

이때 $a^2>16$이면 공통범위 $9<x<a^2$에서 $x=16$이 포함되므로 정수 x의 값이 존재할 수 있다.

그러므로 $a^2\leq 16$이 될 때, 정수 x가 존재하지 않는다.

$a^2\leq 16$에서 $-4\leq a\leq 4$이고

$a>3$이므로 $3<a\leq 4$

따라서 a의 최댓값은 4

 정답 4

1441

정답 ①

STEP A 연립부등식에서 각각의 이차부등식의 해 구하기

$x^2-a^2x\geq0$에서 $x(x-a^2)\geq0$ ← $a>0$이므로 $a^2>0$

$\therefore x\leq0$ 또는 $x\geq a^2$ …… ㉠

$x^2-4ax+4a^2-1<0$에서 $(x-2a)^2-1^2<0$ ← $a^2-b^2=(a+b)(a-b)$

$\{(x-2a)+1\}\{(x-2a)-1\}<0$

$\{x-(2a-1)\}\{x-(2a+1)\}<0$

$\therefore 2a-1<x<2a+1$ …… ㉡

> **+α** | 다음과 같이 인수분해하여 구할 수도 있어!
>
> $x^2-4ax+4a^2-1<0$에서 $x^2-4ax+(2a-1)(2a+1)<0$
>
> $x \quad\quad -(2a-1)$
> $x \quad\quad -(2a+1)$
>
> $\{x-(2a-1)\}\{x-(2a+1)\}<0$
>
> $\therefore 2a-1<x<2a+1$

STEP B $0<a<\sqrt{2}$에서 a^2, $2a-1$, $2a+1$이 정수가 되도록 하는 값에 따라 경우 나누기

문제에서 주어진 연립부등식을 만족시키는 정수의 개수를 파악하여야 하므로 $0<a<\sqrt{2}$에서 a^2, $2a-1$, $2a+1$ 중 적어도 하나가 정수가 되도록 하는 a의 값인 $\dfrac{1}{2}$과 1을 경계로 경우를 나누어 연립부등식의 해를 구한다.

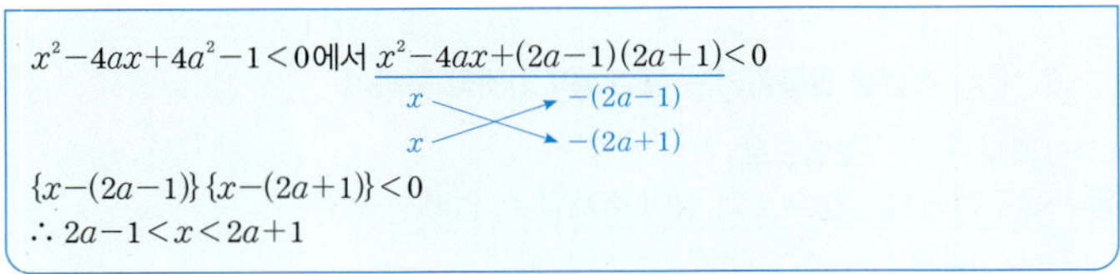

STEP C 각 경우에서 연립부등식을 만족시키는 정수 x의 개수 구하기

(i) $0<a<\dfrac{1}{2}$일 때,

$-1<2a-1<0$, $0<a^2<\dfrac{1}{4}$, $1<2a+1<2$이므로

연립부등식의 해는 $2a-1<x\leq0$ 또는 $a^2\leq x<2a+1$

즉 연립부등식을 만족시키는 정수 x의 값은 0, 1이므로 2개이다.

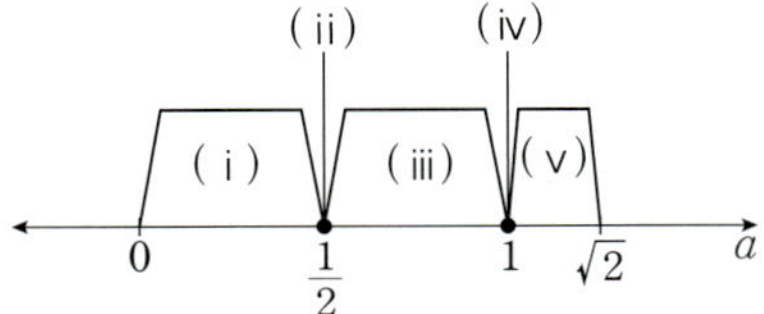

(ii) $a=\dfrac{1}{2}$일 때,

㉠은 $x\leq0$ 또는 $x\geq\dfrac{1}{4}$, ㉡은 $0<x<2$가 되므로

㉠, ㉡의 공통부분을 구하면 $\dfrac{1}{4}\leq x<2$

즉 연립부등식을 만족시키는 정수 x의 값은 1이므로 1개이다.

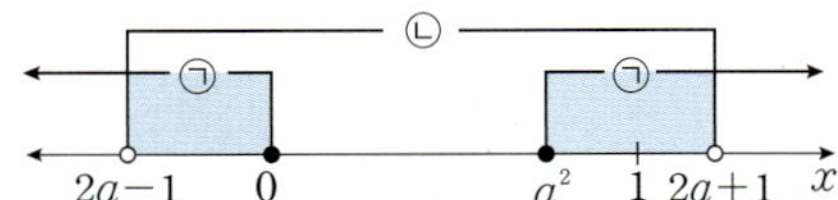

(iii) $\dfrac{1}{2}<a<1$일 때,

$0<2a-1<1$, $\dfrac{1}{4}<a^2<1$, $2<2a+1<3$이므로

연립부등식의 해는 $a^2\leq x<2a+1$

즉 연립부등식을 만족시키는 정수 x의 값은 1, 2이므로 2개이다.

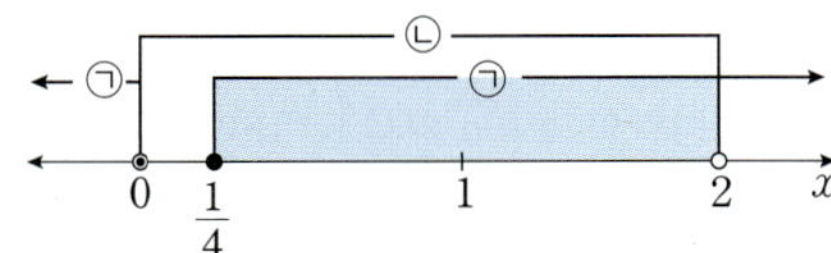

(iv) $a=1$일 때,

㉠은 $x\leq0$ 또는 $x\geq1$, ㉡은 $1<x<3$이 되므로

㉠, ㉡의 공통부분을 구하면 $1<x<3$

즉 연립부등식을 만족시키는 정수 x의 값은 2이므로 1개이다.

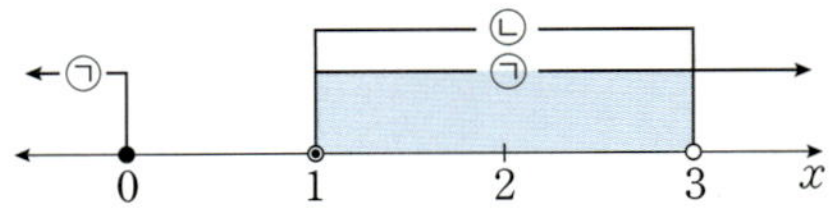

(v) $1<a<\sqrt{2}$일 때,

$1<2a-1<2$, $1<a^2<2$, $3<2a+1<4$이므로

연립부등식의 해는 $a^2\leq x<2a+1$

즉 연립부등식을 만족시키는 정수 x의 값은 2, 3이므로 2개이다.

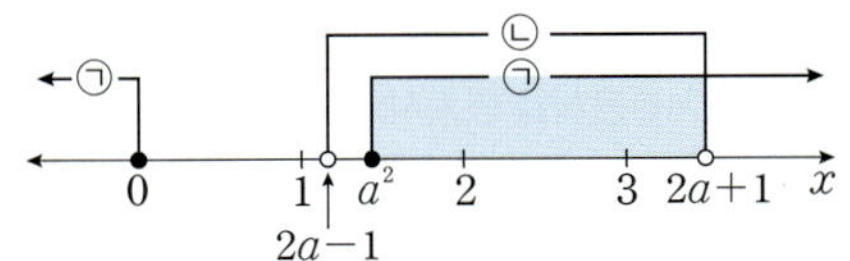

> **+α** | $0<a<\sqrt{2}$에서 $2a-1\leq a^2<2a+1$임을 알 수 있어!
>
> ① 모든 실수 a에 대하여 $a^2-2a+1=(a-1)^2\geq0$이므로 $a^2\geq2a-1$
>
> ② $0<a<\sqrt{2}$에서 두 함수 $y=a^2$, $y=2a+1$의 그래프는 다음의 그림과 같다.
> 즉 $2a+1>a^2$
>
> 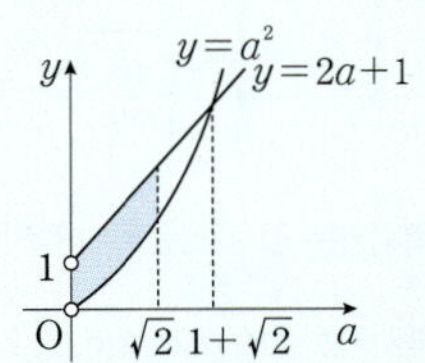
>
> 따라서 ①, ②에 의하여 $0<a<\sqrt{2}$에서 $2a-1\leq a^2<2a+1$이 성립한다.

STEP D 조건을 만족시키는 모든 실수 a의 값의 합 구하기

(i)~(v)에 의하여 조건을 만족시키는 모든 실수 a의 값은 $\dfrac{1}{2}$, 1이므로

그 합은 $\dfrac{1}{2}+1=\dfrac{3}{2}$

내신연계 출제문항 680

연립부등식 $\begin{cases} x^2+2x-(n^2-1)>0 \\ x^2-(n^2-n)x-n^3<0 \end{cases}$ 의 정수인 해가 20개 이하가 되도록 하는 모든 자연수 n의 값의 합을 구하시오.

STEP A 연립부등식에서 각각의 이차부등식의 해 구하기

$x^2+2x-(n^2-1)>0$에서 $x^2+2x-(n+1)(n-1)>0$

$(x+n+1)(x-n+1)>0$

$\therefore x<-n-1$ 또는 $x>n-1\,(\because n>0)$ …… ㉠

$x^2-(n^2-n)x-n^3<0$에서 $(x+n)(x-n^2)<0$

$\therefore -n<x<n^2$ …… ㉡

STEP B 정수인 해가 20개 이하가 되도록 하는 자연수 n의 개수 구하기

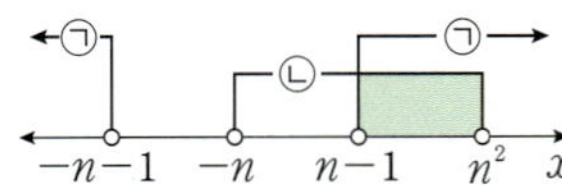

㉠, ㉡의 공통부분을 구하면 $n-1<x<n^2$

$n-1$, n^2은 정수이므로 정수 x의 개수는 $n^2-(n-1)-1=n^2-n$

두 정수 a, $b(a<b)$에 대하여 $a<x<b$의 정수 x의 개수는 $(b-a)-1$개

정수 x가 20개 이하이므로 $n^2-n\leq20$

$n^2-n-20\leq0$, $(n+4)(n-5)\leq0$

$\therefore -4\leq n\leq5$

따라서 자연수 n은 1, 2, 3, 4, 5이므로 구하는 합은 $1+2+3+4+5=15$

> **참고** $n^2-(n-1)=n^2-n+1=\left(n-\dfrac{1}{2}\right)^2+\dfrac{3}{4}>0$이므로 $n^2>n-1$이다.

정답 15

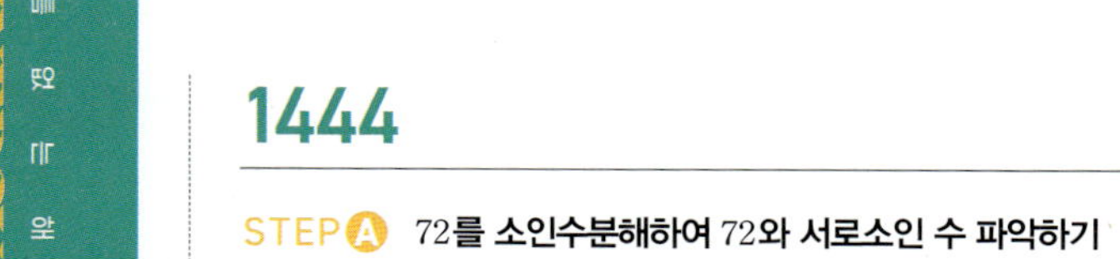

01 경우의 수

1442
정답 40

STEP A 4, 5로 나누어떨어지는 자연수의 개수 각각 구하기

1에서 100까지의 자연수 중에서
4로 나누어떨어지는 수는 4의 배수이므로 4의 배수의 개수는
4, 8, 12, …, 100의 25개
5로 나누어떨어지는 수는 5의 배수이므로 5의 배수의 개수는
5, 10, 15, …, 100의 20개

STEP B 4와 5로 동시에 나누어떨어지는 자연수의 개수 구하기

이때 4와 5로 동시에 나누어떨어지는 수는 <u>20의 배수</u>이므로
4와 5의 최소공배수
20의 배수의 개수는 20, 40, 60, 80, 100의 5개

STEP C 4 또는 5로 나누어떨어지는 자연수의 개수 구하기

따라서 구하는 수의 개수는 $25+20-5=40$

1443
정답 ④

STEP A 3, 5로 나누어떨어지는 자연수의 개수 각각 구하기

1에서 100까지의 자연수 중에서
3으로 나누어떨어지는 수는 3의 배수이므로 3의 배수의 개수는
3, 6, 9, …, 99의 33개
5로 나누어떨어지는 수는 5의 배수이므로 5의 배수의 개수는
5, 10, 15, …, 100의 20개

STEP B 3 또는 5로 나누어떨어지는 자연수의 개수 구하기

이때, 3과 5로 동시에 나누어떨어지는 수는 15의 배수이므로
3와 5의 최소공배수
15의 배수의 개수는 15, 30, 45, 60, 75, 90의 6개
3 또는 5의 배수의 개수는 $33+20-6=47$

STEP C 3과 5로 모두 나누어떨어지지 않는 자연수의 개수 구하기

따라서 1에서 100까지의 자연수 중에서 3과 5로 모두 나누어떨어지지 않는
자연수의 개수는 $100-47=53$

> **+α** | 집합의 원소의 개수를 이용하여 풀 수도 있어!
>
> 
> 100 이하의 자연수 중 3의 배수의 집합을 A_3,
> 5의 배수의 집합을 A_5, 15의 배수의 집합을 A_{15}라 하면
> $n(A_3^c \cap A_5^c) = n\{(A_3 \cup A_5)^c\} = n(U) - n(A_3 \cup A_5)$
> $n(A_3 \cup A_5) = n(A_3) + n(A_5) - n(A_3 \cap A_5)$
> $\qquad\qquad = n(A_3) + n(A_5) - n(A_{15})$
> $\qquad\qquad = 33 + 20 - 6 = 47$
> 따라서 $n(A_2^c \cap A_3^c) = 100 - 47 = 53$

1444
정답 ③

STEP A 72를 소인수분해하여 72와 서로소인 수 파악하기

$72 = 2^3 \times 3^2$이므로 72와 서로소인 수는
2의 배수도 아니고 3의 배수도 아닌 수이다.

STEP B 2 또는 3의 배수가 적힌 공의 개수 구하기

72개의 공 중에서
2의 배수가 적힌 공의 개수는 2, 4, 6, …, 72의 36개
3의 배수가 적힌 공의 개수는 3, 6, 9, …, 72의 24개
이때 2와 3의 최소공배수인 6의 배수가 적힌 공의 개수는
6, 12, 18, 24, …, 72의 12개

STEP C 72와 서로소인 자연수의 개수 구하기

따라서 72와 서로소인 72 이하의 자연수의 개수는
$72-(36+24-12)=72-48=24$

내 신 연 계 출제문항 681

100 이하의 자연수 중에서 40과 서로소인 자연수의 개수는?

① 36 ② 38 ③ 40
④ 42 ⑤ 44

STEP A 40을 소인수분해하여 40과 서로소인 수 파악하기

$40 = 2^3 \times 5$이므로 40과 서로소인 수는
2의 배수도 아니고 5의 배수도 아닌 수이다.

STEP B 2 또는 5의 배수가 적힌 공의 개수 구하기

100 이하의 자연수 중에서
2의 배수의 개수는 2, 4, 6, 8, …, 100의 50개
5의 배수의 개수는 5, 10, 15, 20, …, 100의 20개
이때 2와 5의 최소공배수인 10의 배수의 개수는
10, 20, 30, …, 100의 10개

STEP C 40과 서로소인 자연수의 개수 구하기

따라서 40과 서로소인 100 이하의 자연수의 개수는
$100-(50+20-10)=100-60=40$

 정답 ③

1445
정답 ⑤

STEP A 꺼낸 공의 차가 0, 1, 2인 경우의 수를 각각 구하기

두 공에 적힌 수의 차가 2 이하이므로
차가 0, 1, 2인 경우로 나누어 경우의 수를 구한다.
(i) 차가 0인 경우
$\quad (1, 1), (2, 2), (3, 3), (4, 4), (5, 5), (6, 6), (7, 7), (8, 8), (9, 9)$의 9가지
(ii) 차가 1인 경우
$\quad (1, 2), (2, 3), (3, 4), (4, 5), (5, 6), (6, 7), (7, 8), (8, 9)$
$\quad (2, 1), (3, 2), (4, 3), (5, 4), (6, 5), (7, 6), (8, 7), (9, 8)$의 16가지
(iii) 차가 2인 경우
$\quad (1, 3), (2, 4), (3, 5), (4, 6), (5, 7), (6, 8), (7, 9)$
$\quad (3, 1), (4, 2), (5, 3), (6, 4), (7, 5), (8, 6), (9, 7)$의 14가지

STEP B 합의 법칙을 이용하여 경우의 수 구하기

(i)~(iii)의 경우는 동시에 일어나지 않으므로 합의 법칙에 의하여
구하는 경우의 수는 $9+16+14=39$

1446

STEP A 두 카드에 적힌 수의 합이 9 이상이 되는 경우의 수 구하기

두 카드에 적힌 수의 합이 9 이상이 되는 경우의 수는
$(4, 5)$, $(5, 4)$, $(5, 5)$, $(6, 3)$, $(6, 4)$, $(6, 5)$, $(7, 2)$, $(7, 3)$, $(7, 4)$, $(7, 5)$의
10가지

STEP B 두 카드에 적힌 숫자의 합이 소수인 경우의 수 구하기

두 카드에 적힌 숫자의 합이 소수인 경우의 수는
$(1, 1)$, $(1, 2)$, $(1, 4)$, $(2, 1)$, $(2, 3)$, $(2, 5)$, $(3, 2)$, $(3, 4)$
$(4, 1)$, $(4, 3)$, $(5, 2)$, $(6, 1)$, $(6, 5)$, $(7, 4)$의 14가지

STEP C 중복된 경우를 빼서 경우의 수 구하기

이 중 중복이 되는 경우는 $(6, 5)$, $(7, 4)$
따라서 구하는 경우의 수는 $10+14-2=22$

내신연계 출제문항 682

서로 다른 두 개의 주머니에 1부터 7까지의 숫자가 하나씩 적힌 7장의 카드
와 1부터 5까지의 숫자가 하나씩 적힌 5장의 카드가 각각 들어 있다.
각 주머니에서 카드를 한 장씩 꺼낼 때, 꺼낸 두 카드에 적혀 있는 숫자의 합
이 10 이상이거나 소수인 경우의 수는?

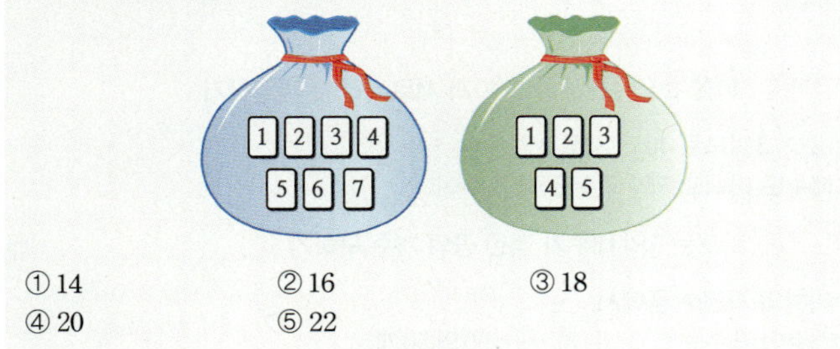

① 14 　② 16 　③ 18
④ 20 　⑤ 22

STEP A 두 카드에 적힌 수의 합이 10 이상이 되는 경우의 수 구하기

두 카드에 적힌 수의 합이 10 이상이 되는 경우의 수는
$(5, 5)$, $(6, 4)$, $(6, 5)$, $(7, 3)$, $(7, 4)$, $(7, 5)$의 6가지

STEP B 두 카드에 적힌 숫자의 합이 소수인 경우의 수 구하기

두 카드에 적힌 숫자의 합이 소수인 경우의 수는
$(1, 1)$, $(1, 2)$, $(1, 4)$, $(2, 1)$, $(2, 3)$, $(2, 5)$, $(3, 2)$, $(3, 4)$
$(4, 1)$, $(4, 3)$, $(5, 2)$, $(6, 1)$, $(6, 5)$, $(7, 4)$의 14가지

STEP C 중복된 경우를 빼서 경우의 수 구하기

이 중 중복이 되는 경우는 $(6, 5)$, $(7, 4)$
따라서 구하는 경우의 수는 $6+14-2=18$

1447

STEP A 이차방정식이 실근을 가질 조건 파악하기

이차방정식 $x^2+ax+b=0$이 실근을 가져야 하므로
판별식을 D라 하면 $D \geq 0$이어야 한다.
$D=a^2-4b \geq 0$ 　∴ $a^2 \geq 4b$ 　…… ㉠

STEP B $a^2 \geq 4b$를 만족하는 순서쌍 (a, b)의 개수 구하기

a, b의 값 중에서 ㉠을 만족시키는 경우는 다음과 같다.
(i) $b=0$일 때,
　　$a^2 \geq 0$, 즉 $a \geq 0$이므로 $(1, 0)$, $(2, 0)$, $(3, 0)$, $(4, 0)$, $(5, 0)$의 5가지
(ii) $b=1$일 때,
　　$a^2 \geq 4$, 즉 $a \geq 2$이므로 $(2, 1)$, $(3, 1)$, $(4, 1)$, $(5, 1)$의 4가지
(iii) $b=2$일 때,
　　$a^2 \geq 8$, 즉 $a \geq 2\sqrt{2}$이므로 $(3, 2)$, $(4, 2)$, $(5, 2)$의 3가지
(iv) $b=3$일 때,
　　$a^2 \geq 12$, 즉 $a \geq 2\sqrt{3}$이므로 $(4, 3)$, $(5, 3)$의 2가지
(v) $b=4$일 때,
　　$a^2 \geq 16$, 즉 $a \geq 4$이므로 $(4, 4)$, $(5, 4)$의 2가지

STEP C 합의 법칙을 이용하여 경우의 수 구하기

(i)~(v)의 경우는 동시에 일어날 수 없으므로 합의 법칙에 의하여
구하는 경우의 수는 $5+4+3+2+2=16$

+α | 표를 이용하여 풀 수도 있어!

$4b$＼a^2	1	4	9	16	25
0	○	○	○	○	○
4		○	○	○	○
8			○	○	○
12				○	○
16					○

따라서 순서쌍 (a, b)는
$(1, 0)$, $(2, 0)$, $(3, 0)$, $(4, 0)$, $(5, 0)$, $(2, 1)$, $(3, 1)$, $(4, 1)$, $(5, 1)$,
$(3, 2)$, $(4, 2)$, $(5, 2)$, $(4, 3)$, $(5, 3)$, $(4, 4)$, $(5, 4)$로 16개이다.

1448

2016년 10월 고3 학력평가 가형 26번

STEP A 꽃병 A에 장미, 카네이션, 백합을 꽂은 경우로 나누어 경우의 수 구하기

(i) 꽃병 A에 장미를 꽂은 경우 ← 꽃병 B에는 장미를 꽂을 수 없다.
　　꽃병 B에 꽂은 꽃 9송이 중 카네이션이 a송이, 백합이 b송이라 하면
　　$a+b=9(1 \leq a \leq 6, 1 \leq b \leq 8)$인 (a, b)로 가능한 경우의 수는
　　$(1, 8)$, $(2, 7)$, $(3, 6)$, $(4, 5)$, $(5, 4)$, $(6, 3)$의 6가지
(ii) 꽃병 A에 카네이션을 꽂은 경우 ← 꽃병 B에는 카네이션을 꽂을 수 없다.
　　꽃병 B에 꽂은 꽃 9송이 중 장미가 a송이, 백합이 b송이라 하면
　　$a+b=9(1 \leq a \leq 8, 1 \leq b \leq 8)$인 (a, b)로 가능한 경우의 수는
　　$(1, 8)$, $(2, 7)$, $(3, 6)$, $(4, 5)$, $(5, 4)$, $(6, 3)$, $(7, 2)$, $(8, 1)$의 8가지
(iii) 꽃병 A에 백합을 꽂은 경우 ← 꽃병 B에는 백합을 꽂을 수 없다.
　　꽃병 B에 꽂을 꽃 9송이 중 카네이션이 a송이, 장미가 b송이라 하면
　　$a+b=9(1 \leq a \leq 6, 1 \leq b \leq 8)$인 (a, b)로 가능한 경우의 수는
　　$(1, 8)$, $(2, 7)$, $(3, 6)$, $(4, 5)$, $(5, 4)$, $(6, 3)$의 6가지

STEP B 합의 법칙을 이용하여 경우의 수 구하기

(i)~(iii)의 경우는 동시에 일어날 수 없으므로 합의 법칙에 의하여
구하는 경우의 수는 $6+8+6=20$

백일홍 7송이, 튤립 5송이, 수선화 7송이가 있다. 이 중 1송이를 골라 꽃병 A에 꽂고, 이 꽃과는 다른 종류의 꽃들 중 꽃병 B에 꽂을 꽃 8송이를 고르는 경우의 수를 구하시오. (단, 같은 종류의 꽃은 서로 구분하지 않는다.)

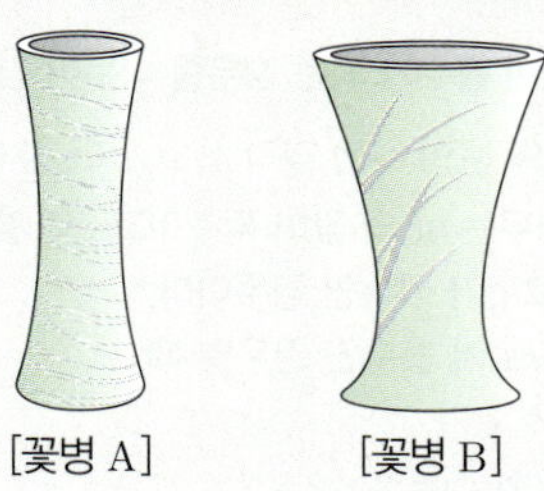

STEP A 꽃병 A에 백일홍, 튤립, 수선화를 꽂은 경우로 나누어 경우의 수 구하기

(i) 꽃병 A에 백일홍을 꽂은 경우 ← 꽃병 B에는 백일홍을 꽂을 수 없다.
꽃병 B에 꽂은 꽃 8송이 중 튤립이 a송이, 수선화가 b송이라 하면
$a+b=8(1 \le a \le 5, 1 \le b \le 7)$인 (a, b)로 가능한 경우의 수는
$(1, 7), (2, 6), (3, 5), (4, 4), (5, 3)$의 5가지

(ii) 꽃병 A에 튤립을 꽂은 경우 ← 꽃병 B에는 튤립을 꽂을 수 없다.
꽃병 B에 꽂은 꽃 8송이 중 백일홍이 a송이, 수선화가 b송이라 하면
$a+b=8(1 \le a \le 7, 1 \le b \le 7)$인 (a, b)로 가능한 경우의 수는
$(1, 7), (2, 6), (3, 5), (4, 4), (5, 3), (6, 2), (7, 1)$의 7가지

(iii) 꽃병 A에 수선화를 꽂은 경우 ← 꽃병 B에는 수선화를 꽂을 수 없다.
꽃병 B에 꽂을 꽃 8송이 중 백일홍이 a송이, 튤립이 b송이라 하면
$a+b=8(1 \le a \le 7, 1 \le b \le 5)$인 (a, b)로 가능한 경우의 수는
$(3, 5), (4, 4), (5, 3), (6, 2), (7, 1)$의 5가지

STEP B 합의 법칙을 이용하여 경우의 수 구하기

(i)~(iii)의 경우는 동시에 일어날 수 없으므로 합의 법칙에 의하여
구하는 경우의 수는 $5+7+5=17$

정답 17

1449

정답 7

STEP A 눈의 합이 5인 경우와 10인 경우로 나누어 경우의 수 구하기

두 주사위에서 나오는 눈의 수를 각각 a, b라 하고 순서쌍 (a, b)로 나타낼 때,
눈의 수의 합이 5의 배수가 되는 경우는 5 또는 10이다.
두 주사위의 눈의 합이 최대일 때, $6+6=12$이므로 합은 15 이상이 될 수 없다.
(i) 두 눈의 수의 합 $a+b=5$가 되는 경우의 수는
$(1, 4), (2, 3), (3, 2), (4, 1)$의 4가지
(ii) 두 눈의 수의 합 $a+b=10$이 되는 경우의 수는
$(4, 6), (5, 5), (6, 4)$의 3가지

STEP B 합의 법칙을 이용하여 경우의 수 구하기

(i), (ii)의 경우는 동시에 일어나지 않으므로 합의 법칙에 의하여
구하는 경우의 수는 $4+3=7$

1450

정답 ③

STEP A 눈의 차가 4인 경우와 5인 경우로 나누어 경우의 수 구하기

두 주사위에서 나오는 눈의 수를 각각 a, b라 하고 순서쌍 (a, b)로 나타낼 때,
눈의 수의 차가 4 이상인 경우는 4 또는 5이다.
(i) 두 눈의 수의 차가 4가 되는 경우의 수는
$(1, 5), (2, 6), (5, 1), (6, 2)$의 4가지
(ii) 두 눈의 수의 차가 5가 되는 경우의 수는
$(1, 6), (6, 1)$의 2가지

STEP B 합의 법칙을 이용하여 경우의 수 구하기

(i), (ii)의 경우는 동시에 일어나지 않으므로 합의 법칙에 의하여
구하는 경우의 수는 $4+2=6$

서로 다른 두 주사위를 던져서 나온 눈의 수를 각각 a, b라 할 때,
$|a-b| \le 1$인 경우의 수는?

① 16　　　② 18　　　③ 20
④ 22　　　⑤ 24

STEP A 눈의 차가 0인 경우와 1인 경우로 나누어 경우의 수 구하기

$|a-b| \le 1$이므로 두 주사위에서 나오는 눈의 수를 각각 a, b라 하고
순서쌍 (a, b)로 나타낼 때, 서로 다른 두 주사위를 던져서 나온 눈의 수의 차가
1 이하인 경우는 0 또는 1이다.
(i) 두 눈의 수의 차가 0이 되는 경우의 수는
$(1, 1), (2, 2), (3, 3), (4, 4), (5, 5), (6, 6)$의 6가지
(ii) 두 눈의 수의 차가 1이 되는 경우의 수는
$(1, 2), (2, 3), (3, 4), (4, 5), (5, 6), (6, 5), (5, 4), (4, 3), (3, 2), (2, 1)$
의 10가지

STEP B 합의 법칙을 이용하여 경우의 수 구하기

(i), (ii)의 경우는 동시에 일어나지 않으므로 합의 법칙에 의하여
구하는 경우의 수는 $6+10=16$

정답 ①

1451

정답 ⑤

STEP A 주사위 3개를 동시에 던질 때, 나오는 모든 경우의 수 구하기

적어도 주사위 1개가 홀수의 눈이 나오는 경우의 수는 전체 경우의 수에서
모두 짝수의 눈이 나오는 경우의 수를 뺀 것과 같다.
이때 서로 다른 주사위 3개를 동시에 던질 때, 나오는 모든 경우의 수는
$6 \times 6 \times 6 = 216$

STEP B 주사위 3개를 동시에 던질 때, 모두 짝수의 눈이 나오는 경우의 수 구하기

짝수는 2, 4, 6의 3개이므로 모두 짝수의 눈이 나오는 경우의 수는
$3 \times 3 \times 3 = 27$
따라서 구하는 경우의 수는 $216-27=189$

1452

정답 ④

STEP A 눈의 합이 소수가 되는 경우를 나누어 경우의 수 구하기

나오는 두 눈의 수의 합의 최솟값은 $1+1=2$, 최댓값은 $6+6=12$
2에서 12까지의 자연수 중 소수는 2, 3, 5, 7, 11
두 주사위의 눈의 수를 각각 a, b라 하면
합이 소수인 순서쌍 (a, b)는 다음과 같다.
(i) 합이 2인 경우
　　$(1, 1)$의 1가지
(ii) 합이 3인 경우
　　$(1, 2)$, $(2, 1)$의 2가지
(iii) 합이 5인 경우
　　$(1, 4)$, $(2, 3)$, $(3, 2)$, $(4, 1)$의 4가지
(iv) 합이 7인 경우
　　$(1, 6)$, $(2, 5)$, $(3, 4)$, $(4, 3)$, $(5, 2)$, $(6, 1)$의 6가지
(v) 합이 11인 경우
　　$(5, 6)$, $(6, 5)$의 2가지

STEP B 합의 법칙을 이용하여 경우의 수 구하기

(i)~(v)의 경우는 동시에 일어나지 않으므로 합의 법칙에 의하여
구하는 경우의 수는 $1+2+4+6+2=15$

1453

정답 ②

STEP A 눈의 합이 8의 약수가 되는 경우를 나누어 경우의 수 구하기

8의 약수는 1, 2, 4, 8이고 이 중 두 눈의 수의 합은 1이 될 수 없다.
두 주사위의 눈의 수를 각각 a, b라 하면
합이 8의 약수인 순서쌍 (a, b)는 다음과 같다.
(i) 합이 2인 경우
　　$(1, 1)$의 1가지
(ii) 합이 4인 경우
　　$(1, 3)$, $(2, 2)$, $(3, 1)$의 3가지
(iii) 합이 8인 경우
　　$(2, 6)$, $(3, 5)$, $(4, 4)$, $(5, 3)$, $(6, 2)$의 5가지

STEP B 합의 법칙을 이용하여 경우의 수 구하기

(i)~(iii)의 경우는 동시에 일어나지 않으므로 합의 법칙에 의하여
구하는 경우의 수는 $1+3+5=9$

1454

정답 ⑤

STEP A 한 주사위의 눈이 1, 2, 3, 4가 되는 경우를 나누어 경우의 수 구하기

서로 다른 3개의 주사위의 눈의 수를 각각 a, b, c라 할 때,
세 주사위의 눈의 합이 $a+b+c=6$인 순서쌍 (a, b, c)는 다음과 같다.
(i) $a=1$일 때,
　　$b+c=5$이므로 $(1, 1, 4)$, $(1, 2, 3)$, $(1, 3, 2)$, $(1, 4, 1)$의 4가지
(ii) $a=2$일 때, $b+c=4$이므로 $(2, 1, 3)$, $(2, 2, 2)$, $(2, 3, 1)$의 3가지
(iii) $a=3$일 때, $b+c=3$이므로 $(3, 1, 2)$, $(3, 2, 1)$의 2가지
(iv) $a=4$일 때, $b+c=2$이므로 $(4, 1, 1)$의 1가지

STEP B 합의 법칙을 이용하여 경우의 수 구하기

(i)~(iv)의 경우는 동시에 일어나지 않으므로 합의 법칙에 의하여
구하는 경우의 수는 $4+3+2+1=10$

서로 다른 주사위 3개를 동시에 던져서 나오는 눈의 수를 각각 a, b, c라 할 때, $ab+c$의 값이 홀수가 되는 경우의 수를 구하시오.

STEP A $ab+c$의 값이 홀수가 되는 경우를 나누어 경우의 수 구하기

서로 다른 3개의 주사위의 눈의 수를 각각 a, b, c라 할 때,
$ab+c$의 값이 홀수인 경우는 ab의 값이 짝수이고 c가 홀수인 경우
또는 ab의 값이 홀수이고 c가 짝수인 경우이다.
(i) ab의 값이 짝수이고 c가 홀수인 경우일 때,
　　나오는 눈의 수 a, b, c가
　　(짝, 짝, 홀)인 경우의 수는 $3\times3\times3=27$
　　(홀, 짝, 홀)인 경우의 수는 $3\times3\times3=27$
　　(짝, 홀, 홀)인 경우의 수는 $3\times3\times3=27$
(ii) ab의 값이 홀수이고 c가 짝수인 경우일 때,
　　나오는 눈의 수가 a, b, c가
　　(홀, 홀, 짝)인 경우의 수는 $3\times3\times3=27$

STEP B 합의 법칙을 이용하여 경우의 수 구하기

(i)~(ii)의 경우는 동시에 일어나지 않으므로 합의 법칙에 의하여
구하는 경우의 수는 $27+27+27+27=108$ 정답 108

1455

정답 10

STEP A 이차방정식이 실근을 가질 조건 파악하기

이차함수 $y^2=x^2+ax+2b$의 그래프가 x축과 적어도 한 점에서 만나려면
이차방정식 $x^2+ax+2b=0$이 실근을 가져야 하므로
이차방정식의 판별식을 D라 하면 $D\geq0$이어야 한다.
$D=a^2-8b\geq0$
$\therefore a^2\geq8b$ (단, a, b는 6 이하의 자연수)　　……㉠

STEP B $a^2\geq8b$를 만족하는 순서쌍 (a, b)의 개수 구하기

a, b의 값 중에서 ㉠을 만족시키는 경우는 다음과 같다.
(i) $b=1$일 때,
　　$a^2\geq8$, 즉 $a\geq2\sqrt{2}$이므로 $(3, 1)$, $(4, 1)$, $(5, 1)$, $(6, 1)$의 4가지
(ii) $b=2$일 때, $a^2\geq16$, 즉 $a\geq4$이므로 $(4, 2)$, $(5, 2)$, $(6, 2)$의 3가지
(iii) $b=3$일 때, $a^2\geq24$, 즉 $a\geq2\sqrt{6}$이므로 $(5, 3)$, $(6, 3)$의 2가지
(iv) $b=4$일 때, $a^2\geq32$, 즉 $a\geq4\sqrt{2}$이므로 $(6, 4)$의 1가지
(v) $b=5$일 때, $a^2\geq40$, 즉 $a\geq2\sqrt{10}$이므로 만족하지 않는다.
(vi) $b=6$일 때, $a^2\geq48$, 즉 $a\geq4\sqrt{3}$이므로 만족하지 않는다.

STEP C 합의 법칙을 이용하여 순서쌍의 개수 구하기

(i)~(vi)의 경우는 동시에 일어나지 않으므로 합의 법칙에 의하여
구하는 순서쌍의 개수는 $4+3+2+1=10$

+α 　표를 이용하여 풀 수도 있어!

$8b$ ＼ a^2	1	4	9	16	25	36
8			○	○	○	○
16				○	○	○
24					○	○
32						○
40						
48						

따라서 순서쌍 (a, b)는 $(3, 1)$, $(4, 1)$, $(4, 2)$, $(5, 1)$, $(5, 2)$, $(5, 3)$, $(6, 1)$, $(6, 2)$, $(6, 3)$, $(6, 4)$로 10개이다.

서로 다른 두 개의 주사위 A, B를 동시에 던져서 나오는 눈의 수를 각각
a, b라 하자. 이때 이차함수 $y=x^2+(a+b)x+ab+1$의 그래프가 x축과
접하도록 하는 a, b의 순서쌍 (a, b)의 개수는?

① 6 　　　② 7 　　　③ 8
④ 9 　　　⑤ 10

STEP A 이차방정식이 실근을 가질 조건 파악하기

이차함수 $y=x^2+(a+b)x+ab+1$의 그래프가 x축과 접하려면
이차방정식 $x^2+(a+b)x+ab+1=0$이 중근을 가져야 하므로
이차방정식의 판별식을 D라 하면 $D=0$이어야 한다.
$D=(a+b)^2-4(ab+1)=0$, $(a-b)^2=4$
$\therefore a-b=-2$ 또는 $a-b=2$ (단, a, b는 6 이하의 자연수) …… ㉠

STEP B $a-b=\pm2$를 만족하는 순서쌍 (a, b)의 개수 구하기

a, b의 값 중에서 ㉠을 만족시키는 경우는 다음과 같다.
(i) $a-b=-2$일 때,
　　순서쌍 (a, b)는 $(1, 3)$, $(2, 4)$, $(3, 5)$, $(4, 6)$의 4개
(ii) $a-b=2$일 때,
　　순서쌍 (a, b)는 $(3, 1)$, $(4, 2)$, $(5, 3)$, $(6, 4)$의 4개

STEP C 합의 법칙을 이용하여 순서쌍의 개수 구하기

(i), (ii)의 경우는 동시에 일어나지 않으므로 합의 법칙에 의하여
구하는 순서쌍의 개수는 $4+4=8$　　　③

1456　　정답 14

STEP A 계수가 가장 큰 z가 가질 수 있는 값 구하기

x, y, z가 음이 아닌 정수이므로 $x\geq0$, $y\geq0$, $z\geq0$
주어진 방정식에서 z의 계수가 가장 크므로
z가 될 수 있는 음이 아닌 정수를 구해 보면
$3z\leq10$에서 $z=0$ 또는 $z=1$ 또는 $z=2$ 또는 $z=3$

STEP B z의 값에 따라 경우를 나누어 순서쌍의 개수 구하기

(i) $z=0$일 때, $x+2y=10$이므로
　　순서쌍 (x, y)는 $(0, 5)$, $(2, 4)$, $(4, 3)$, $(6, 2)$, $(8, 1)$, $(10, 0)$의 6개
(ii) $z=1$일 때, $x+2y=7$이므로
　　순서쌍 (x, y)는 $(1, 3)$, $(3, 2)$, $(5, 1)$, $(7, 0)$의 4개
(iii) $z=2$일 때, $x+2y=4$이므로
　　순서쌍 (x, y)는 $(0, 2)$, $(2, 1)$, $(4, 0)$의 3개
(iv) $z=3$일 때, $x+2y=1$이므로
　　순서쌍 (x, y)는 $(1, 0)$의 1개

STEP C 합의 법칙을 이용하여 순서쌍의 개수 구하기

(i)~(iv)의 경우는 동시에 일어나지 않으므로 합의 법칙에 의하여
구하는 순서쌍의 개수는 $6+4+3+1=14$

1457　　정답 9

STEP A 계수가 가장 큰 x가 가질 수 있는 값 구하기

x, y, z가 양의 정수이므로 $x\geq1$, $y\geq1$, $z\geq1$
주어진 방정식에서 x의 계수가 가장 크므로
x가 될 수 있는 양의 정수를 구해 보면
$2x<8$에서 $x=1$ 또는 $x=2$ 또는 $x=3$

STEP B x의 값에 따라 경우를 나누어 순서쌍의 개수 구하기

(i) $x=1$일 때, $y+z=6$이므로
　　순서쌍 (y, z)는 $(1, 5)$, $(2, 4)$, $(3, 3)$, $(4, 2)$, $(5, 1)$의 5개
(ii) $x=2$일 때, $y+z=4$이므로
　　순서쌍 (y, z)는 $(1, 3)$, $(2, 2)$, $(3, 1)$의 3개
(iii) $x=3$일 때, $y+z=2$이므로
　　순서쌍 (y, z)는 $(1, 1)$의 1개

STEP C 합의 법칙을 이용하여 순서쌍의 개수 구하기

(i)~(iii)의 경우는 동시에 일어나지 않으므로 합의 법칙에 의하여
구하는 순서쌍의 개수는 $5+3+1=9$

방정식 $x+2y+3z=12$를 만족시키는 자연수 x, y, z의 모든 순서쌍
(x, y, z)의 개수는?

① 3 　　　② 4 　　　③ 5
④ 6 　　　⑤ 7

STEP A 계수가 가장 큰 z가 가질 수 있는 값 구하기

x, y, z가 자연수이므로 $x\geq1$, $y\geq1$, $z\geq1$
주어진 방정식에서 z의 계수가 가장 크므로
z가 될 수 있는 자연수를 구해 보면
$3z<12$에서 $z=1$ 또는 $z=2$ 또는 $z=3$

STEP B z의 값에 따라 경우를 나누어 순서쌍의 개수 구하기

(i) $z=1$일 때, $x+2y=9$이므로
　　순서쌍 (x, y)는 $(1, 4)$, $(3, 3)$, $(5, 2)$, $(7, 1)$의 4개
(ii) $z=2$일 때, $x+2y=6$이므로
　　순서쌍 (x, y)는 $(2, 2)$, $(4, 1)$의 2개
(iii) $z=3$일 때, $x+2y=3$이므로
　　순서쌍 (x, y)는 $(1, 1)$의 1개

STEP C 합의 법칙을 이용하여 순서쌍의 개수 구하기

(i)~(iii)의 경우는 동시에 일어나지 않으므로 합의 법칙에 의하여
구하는 순서쌍의 개수는 $4+2+1=7$　　　⑤

1458　　정답 ①

STEP A 계수가 가장 큰 z가 가질 수 있는 값 구하기

x, y, z가 주사위의 수이므로 $1\leq x\leq6$, $1\leq y\leq6$, $1\leq z\leq6$
주어진 방정식에서 z의 계수가 가장 크므로
z가 될 수 있는 자연수를 구해 보면
$3z<15$에서 $z=1$ 또는 $z=2$ 또는 $z=3$ 또는 $z=4$

STEP B z의 값에 따라 경우를 나누어 순서쌍의 개수 구하기

(i) $z=1$일 때, $x+2y=12$이므로
　　순서쌍 (x, y)는 $(6, 3)$, $(4, 4)$, $(2, 5)$의 3개
(ii) $z=2$일 때, $x+2y=9$이므로
　　순서쌍 (x, y)는 $(5, 2)$, $(3, 3)$, $(1, 4)$의 3개
(iii) $z=3$일 때, $x+2y=6$이므로 순서쌍 (x, y)는 $(4, 1)$, $(2, 2)$의 2개
(iv) $z=4$일 때, $x+2y=3$이므로 순서쌍 (x, y)는 $(1, 1)$의 1개

STEP C 합의 법칙을 이용하여 순서쌍의 개수 구하기

(i)~(iv)의 경우는 동시에 일어나지 않으므로 합의 법칙에 의하여
구하는 순서쌍의 개수는 $3+3+2+1=9$

1459

STEP A 계수가 가장 큰 y가 가질 수 있는 값 구하기

x, y가 자연수이므로 $x \geq 1$, $y \geq 1$
주어진 부등식에서 y의 계수가 가장 크므로
y의 값이 될 수 있는 자연수를 구해 보면
$5y < 17$에서 $y = 1$ 또는 $y = 2$ 또는 $y = 3$

STEP B y의 값에 따라 경우를 나누어 순서쌍의 개수 구하기

(i) $y = 1$일 때, $2x \leq 12$, $x \leq 6$이므로
순서쌍 (x, y)는 $(1, 1)$, $(2, 1)$, $(3, 1)$, $(4, 1)$, $(5, 1)$, $(6, 1)$의 6개
(ii) $y = 2$일 때, $2x \leq 7$, $x \leq \dfrac{7}{2}$이므로
순서쌍 (x, y)는 $(1, 2)$, $(2, 2)$, $(3, 2)$의 3개
(iii) $y = 3$일 때, $2x \leq 2$, $x \leq 1$이므로 순서쌍 (x, y)는 $(1, 3)$의 1개

STEP C 합의 법칙을 이용하여 순서쌍의 개수 구하기

(i)~(iii)의 경우는 동시에 일어나지 않으므로 합의 법칙에 의하여
구하는 순서쌍의 개수는 $6 + 3 + 1 = 10$

> **mini해설** | x, y가 자연수이므로 $7 \leq 2x + 5y \leq 17$임을 이용하여 풀이하기
>
> x, y가 자연수이므로 $x \geq 1$, $y \geq 1$
> $\therefore 7 \leq 2x + 5y \leq 17$ ← x, y가 자연수이므로 $2x + 5y$의 최솟값은 7이다.
> 즉 $2x + 5y = 7$, $2x + 5y = 8$, $2x + 5y = 9$, $\cdots$, $2x + 5y = 17$의 11가지 경우로 나누어
> 생각할 수 있다.
> $2x + 5y = 7$일 때, 순서쌍 (x, y)는 $(1, 1)$의 1가지
> $2x + 5y = 8$일 때, 순서쌍 (x, y)는 존재하지 않는다.
> $2x + 5y = 9$일 때, 순서쌍 (x, y)는 $(2, 1)$의 1가지
> $2x + 5y = 10$일 때, 순서쌍 (x, y)는 존재하지 않는다.
> $2x + 5y = 11$일 때, 순서쌍 (x, y)는 $(3, 1)$의 1가지
> $2x + 5y = 12$일 때, 순서쌍 (x, y)는 $(1, 2)$의 1가지
> $2x + 5y = 13$일 때, 순서쌍 (x, y)는 $(4, 1)$의 1가지
> $2x + 5y = 14$일 때, 순서쌍 (x, y)는 $(2, 2)$의 1가지
> $2x + 5y = 15$일 때, 순서쌍 (x, y)는 $(5, 1)$의 1가지
> $2x + 5y = 16$일 때, 순서쌍 (x, y)는 $(3, 2)$의 1가지
> $2x + 5y = 17$일 때, 순서쌍 (x, y)는 $(6, 1)$, $(1, 3)$의 2가지
> 따라서 구하는 순서쌍의 개수는 $1 + 1 + 1 + 1 + 1 + 1 + 1 + 2 = 10$

내신연계 출제문항 688

부등식 $3x + 5y \leq 26$을 만족시키는 자연수 x, y에 대하여 순서쌍 (x, y)의
개수는?

① 11   ② 13   ③ 15
④ 17   ⑤ 19

STEP A 계수가 가장 큰 y가 가질 수 있는 값 구하기

x, y가 자연수이므로 $x \geq 1$, $y \geq 1$
주어진 부등식에서 y의 계수가 가장 크므로
y의 값이 될 수 있는 자연수를 구해 보면
$5y < 26$에서 $y = 1$ 또는 $y = 2$ 또는 $y = 3$ 또는 $y = 4$ 또는 $y = 5$

STEP B y의 값에 따라 경우를 나누어 순서쌍의 개수 구하기

(i) $y = 1$일 때, $3x \leq 21$, $x \leq 7$이므로
순서쌍 (x, y)는 $(1, 1)$, $(2, 1)$, $(3, 1)$, $(4, 1)$, $(5, 1)$, $(6, 1)$, $(7, 1)$의 7개
(ii) $y = 2$일 때, $3x \leq 16$, $x \leq \dfrac{16}{3}$이므로
순서쌍 (x, y)는 $(1, 2)$, $(2, 2)$, $(3, 2)$, $(4, 2)$, $(5, 2)$의 5개
(iii) $y = 3$일 때, $3x \leq 11$, $x \leq \dfrac{11}{3}$이므로
순서쌍 (x, y)는 $(1, 3)$, $(2, 3)$, $(3, 3)$의 3개

(iv) $y = 4$일 때, $3x \leq 6$, $x \leq 2$이므로
순서쌍 (x, y)는 $(1, 4)$, $(2, 4)$의 2개
(v) $y = 5$일 때, $3x \leq 1$, $x \leq \dfrac{1}{3}$이므로
이를 만족시키는 자연수 x는 존재하지 않는다.

STEP C 합의 법칙을 이용하여 순서쌍의 개수 구하기

(i)~(v)의 경우는 동시에 일어나지 않으므로 합의 법칙에 의하여
구하는 순서쌍의 개수는 $7 + 5 + 3 + 2 = 17$

1460

STEP A 세 종류의 저울추의 개수를 각각 x, y, z라 두고 z가 가질 수 있는 값 구하기

5g, 10g, 15g짜리 세 종류의 저울추의 개수를 각각 x, y, z라 하면
합하여 50g이 되어야 하므로 $5x + 10y + 15z = 50$
$\therefore x + 2y + 3z = 10$ $\cdots\cdots$ ㉠
세 종류의 저울추를 각각 한 개 이상 사용해야 하므로 $x \geq 1$, $y \geq 1$, $z \geq 1$
주어진 방정식에서 z의 계수가 가장 크므로 z가 될 수 있는 자연수를 구해 보면
$3z < 10$에서 $z = 1$ 또는 $z = 2$ 또는 $z = 3$

STEP B z의 값에 따라 경우를 나누어 순서쌍의 개수 구하기

(i) $z = 1$일 때, ㉠에서 $x + 2y = 7$이므로
순서쌍 (x, y)는 $(1, 3)$, $(3, 2)$, $(5, 1)$의 3개
(ii) $z = 2$일 때, ㉠에서 $x + 2y = 4$이므로
순서쌍 (x, y)는 $(2, 1)$의 1개
(iii) $z = 3$일 때, ㉠에서 $x + 2y = 1$이므로
이를 만족시키는 자연수 x, y는 존재하지 않는다.

STEP C 합의 법칙을 이용하여 순서쌍의 개수 구하기

(i)~(iii)의 경우는 동시에 일어나지 않으므로 합의 법칙에 의하여
구하는 방법의 수는 $3 + 1 = 4$

1461

STEP A 2000원, 3000원, 5000원짜리 노트의 개수를 각각 x, y, z라 두고 z가 가질 수 있는 값 구하기

2000원, 3000원, 5000원짜리 노트를 각각 x개, y개, z개 산다고 하면
$2000x + 3000y + 5000z = 30000$
$\therefore 2x + 3y + 5z = 30$ $\cdots\cdots$ ㉠
세 종류의 노트가 적어도 하나 포함되어야 하므로 $x \geq 1$, $y \geq 1$, $z \geq 1$
주어진 방정식에서 z의 계수가 가장 크므로 z가 될 수 있는 자연수를 구해 보면
$5z < 30$에서 $z = 1$ 또는 $z = 2$ 또는 $z = 3$ 또는 $z = 4$ 또는 $z = 5$

STEP B z의 값에 따라 경우를 나누어 순서쌍의 개수 구하기

(i) $z = 1$일 때, ㉠에서 $2x + 3y = 25$이므로
순서쌍 (x, y)는 $(11, 1)$, $(8, 3)$, $(5, 5)$, $(2, 7)$의 4개
(ii) $z = 2$일 때, ㉠에서 $2x + 3y = 20$이므로
순서쌍 (x, y)는 $(7, 2)$, $(4, 4)$, $(1, 6)$의 3개
(iii) $z = 3$일 때, ㉠에서 $2x + 3y = 15$이므로
순서쌍 (x, y)는 $(6, 1)$, $(3, 3)$의 2개
(iv) $z = 4$일 때, ㉠에서 $2x + 3y = 10$이므로 순서쌍 (x, y)는 $(2, 2)$의 1개
(v) $z = 5$일 때, ㉠에서 $2x + 3y = 5$이므로 순서쌍 (x, y)는 $(1, 1)$의 1개

STEP C 합의 법칙을 이용하여 순서쌍의 개수 구하기

(i)~(v)의 경우는 동시에 일어나지 않으므로 합의 법칙에 의하여
구하는 방법의 수는 $4 + 3 + 2 + 1 + 1 = 11$

1462

STEP A 네 명 모두 다른 사람이 준비한 선물을 집는 경우를 수형도로 나타내기

A, B, C, D 네 사람이 준비한 선물을 각각 a, b, c, d라 하자.
네 명 모두 다른 사람이 준비한 선물을 집는 경우를 수형도로 나타내면
아래 그림과 같다.

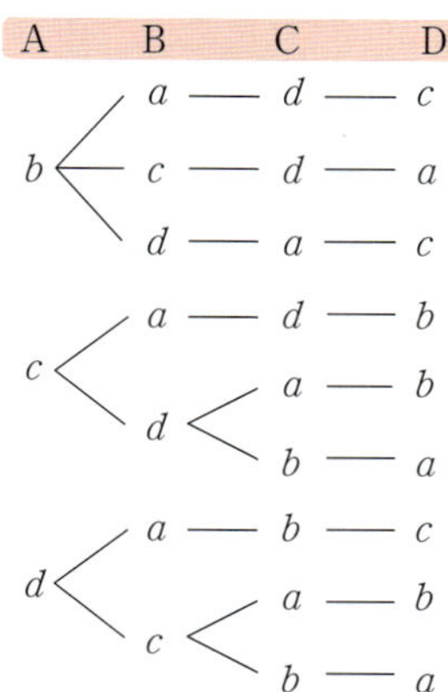

따라서 구하는 경우의 수는 $3+3+3=9$

1463

STEP A $a_i \neq i(i=1, 2, 3, 4)$인 경우를 수형도로 나타내기

$(a_1-1)(a_2-2)(a_3-3)(a_4-4) \neq 0$을 만족하려면
$a_1 \neq 1$, $a_2 \neq 2$, $a_3 \neq 3$, $a_4 \neq 4$이어야 하므로
이를 만족시키는 경우를 수형도로 나타내면 다음과 같다.

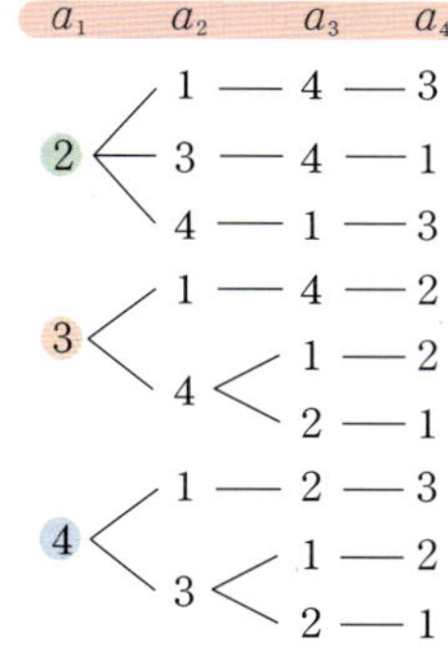

따라서 구하는 순서쌍의 개수는 $3+3+3=9$

1, 2, 3, 4, 5를 일렬로 나열할 때, i번째 숫자를 $a_i(1 \leq i \leq 5)$라고 하자.
$$(a_1-1)(a_2-2)(a_3-3)(a_4-4)(a_5-5) \neq 0$$
을 만족하는 순서쌍 $(a_1, a_2, a_3, a_4, a_5)$의 개수를 구하시오.

STEP A $a_1=2$, $a_i \neq i(i=2, 3, 4, 5)$인 경우를 수형도로 나타내기

$(a_1-1)(a_2-2)(a_3-3)(a_4-4)(a_5-5) \neq 0$을 만족하려면
$a_1 \neq 1$, $a_2 \neq 2$, $a_3 \neq 3$, $a_4 \neq 4$, $a_5 \neq 5$이어야 하므로
이를 만족시키는 경우를 수형도로 나타내면 다음과 같다.

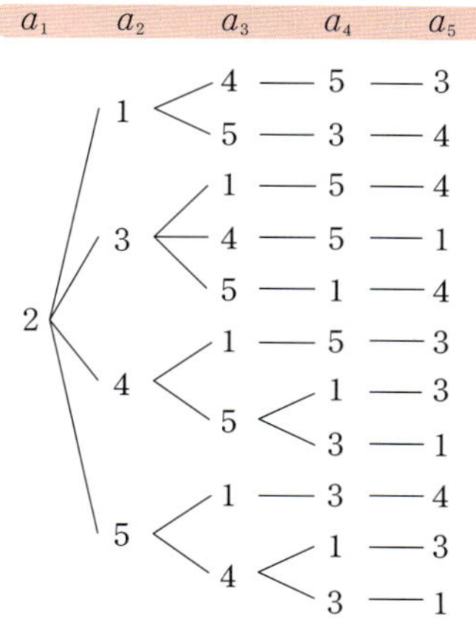

STEP B 합의 법칙을 이용하여 경우의 수 구하기

위에서 $a_1=2$인 경우의 수는 11가지
마찬가지 방법으로 $a_1=3$, $a_1=4$, $a_1=5$인 경우의 수도 각각 11가지
따라서 구하는 경우의 수는 $11+11+11+11=44$

1464

STEP A B가 A의 모자를 가져가는 경우를 수형도로 나타내기

다섯 명의 학생을 각각 A, B, C, D, E라 하고 B가 A의 모자를 가져가는
경우를 수형도로 나타내면 다음 그림과 같다.

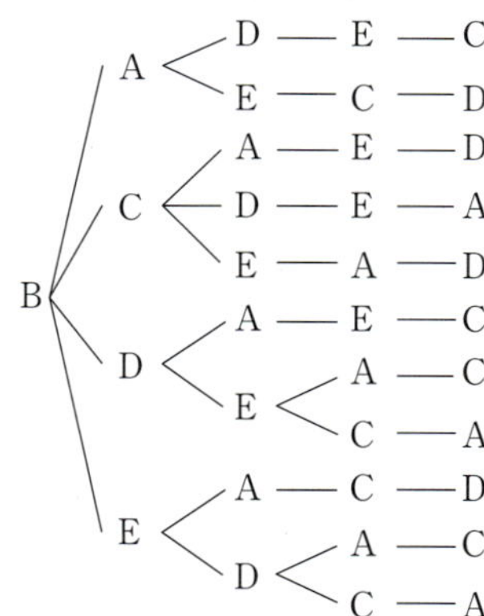

STEP B 합의 법칙을 이용하여 경우의 수 구하기

위에서 A의 모자를 B가 가져가는 경우는 11가지
마찬가지 방법으로 A의 모자를 C, D, E가 가져가는 경우도 각각 11가지
따라서 구하는 경우의 수는 $11+11+11+11=44$

1465

STEP A A만 자신의 자기소개서를 가져가는 경우를 수형도로 나타내기

5명의 수험생 A, B, C, D, E의 자기소개서를 각각 a, b, c, d, e라 할 때, A만 자신의 자소서를 가져가는 경우를 수형도로 나타내면 다음과 같다.

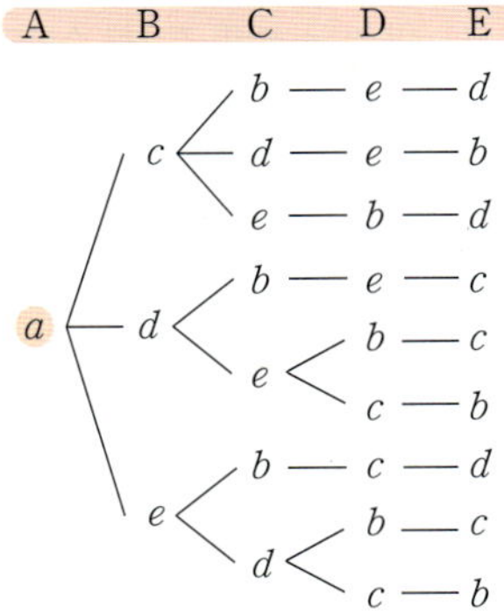

STEP B 합의 법칙을 이용하여 경우의 수 구하기

위에서 A만 자신의 자기소개서를 가져가는 경우의 수는 9가지
마찬가지 방법으로 B, C, D, E만 자신의 자기소개서를 가져가는 경우의 수도 각각 9가지
따라서 구하는 경우의 수는 $9+9+9+9+9=45$

내 신 연 계 출제문항 690

5명의 아이돌 A, B, C, D, E가 각자의 이름이 새겨진 의자에 앉아 무대인사를 하려고 할 때, 한 명의 멤버만 자신의 이름이 적힌 의자에 앉은 경우의 수는?

① 33　　　② 36　　　③ 39
④ 42　　　⑤ 45

STEP A A만 자신의 의자에 앉은 경우를 수형도로 나타내기

5명의 아이돌 A, B, C, D, E의 의자를 각각 a, b, c, d, e라 할 때, A만 자신의 의자에 앉은 경우를 수형도로 나타내면 다음과 같다.

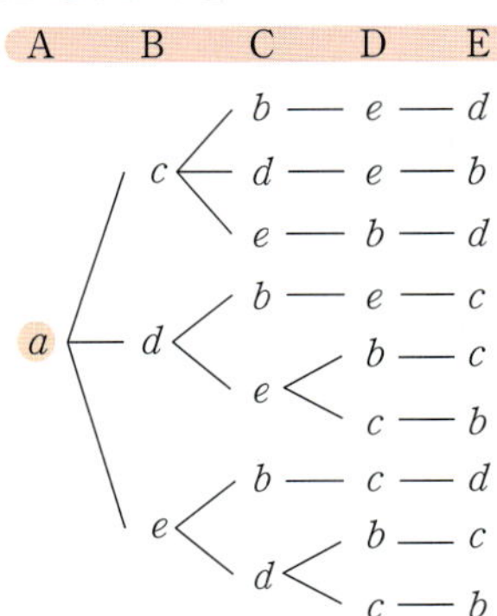

STEP B 합의 법칙을 이용하여 경우의 수 구하기

위에서 A만 자신의 의자에 앉은 경우의 수는 9가지
마찬가지 방법으로 B, C, D, E만 자신의 의자에 앉은 경우의 수도 각각 9가지
따라서 구하는 경우의 수는 $9+9+9+9+9=45$

1466

STEP A $a_3=3$, $a_i \neq i\,(i=1, 2, 4, 5)$인 경우를 수형도로 나타내기

$a_3=3$, $a_i \neq i\,(i=1, 2, 4, 5)$를 만족하는 경우를 수형도로 나타내면 다음과 같다.

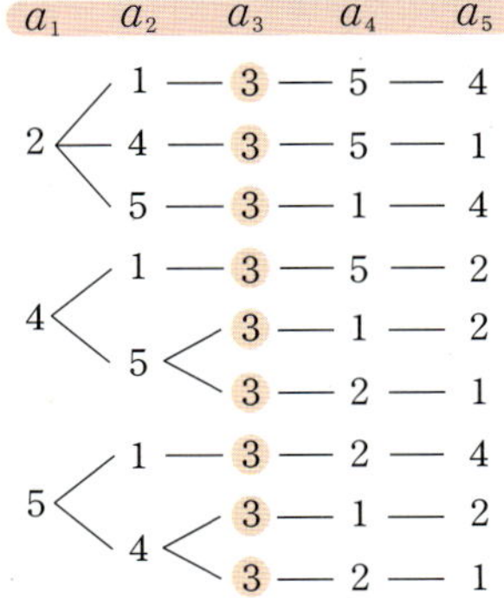

따라서 구하는 자연수의 개수는 $3+3+3=9$

1467

STEP A $3=k_2$, $m \neq k_m\,(m=1, 2, 4, 5)$인 경우를 수형도로 나타내기

1, 2, 4, 5의 번호가 각각 적힌 책을 k_1, k_3, k_4, k_5라고 쓰여진 가방에 넣되 m번 책은 k_m에 넣지 않는 방법은 다음과 같다.

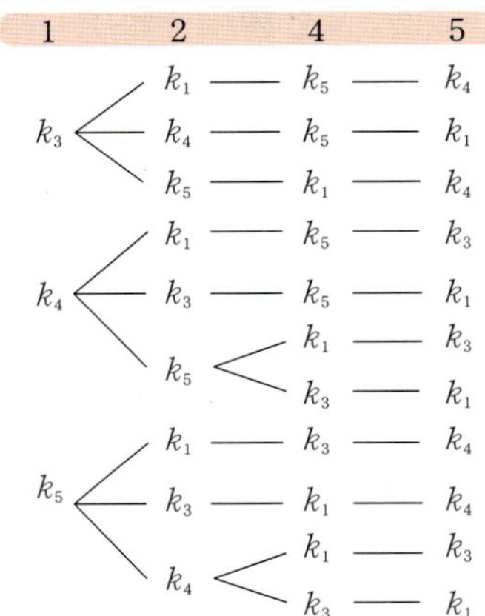

따라서 구하는 경우의 수는 $3+4+4=11$

1468

STEP A 꼭짓점 A에서 출발하여 꼭짓점 B로 움직인 후 꼭짓점 E에 도착하는 경우를 수형도로 나타내기

꼭짓점 A에서 출발하여 모서리를 따라 꼭짓점 B로 움직인 후 꼭짓점 E에 도착하는 경우를 수형도로 나타내면 다음과 같다.

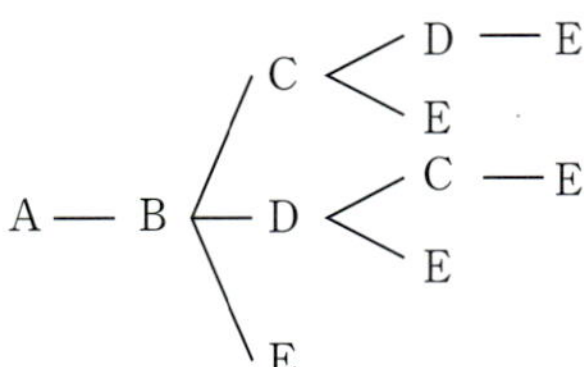

STEP B 합의 법칙을 이용하여 경우의 수 구하기

위에서 경우의 수는 5가지
마찬가지 방법으로 꼭짓점 A에서 출발하여 모서리를 따라 꼭짓점 C 또는 꼭짓점 D로 움직인 후 꼭짓점 E에 도착하는 경우의 수도 각각 5가지
따라서 구하는 경우의 수는 $5+5+5=15$

1469

2009년 03월 고1 학력평가 10번 정답 ②

STEP A A가 제일 먼저 빠져나오는 경우와 B가 제일 먼저 빠져나오는 경우를 수형도로 나타내기

C앞에는 A가 주차되어 있으므로 먼저 빠져나올 수 없고
D앞에는 B가 주차되어 있으므로 먼저 빠져나올 수 없다.
(i) A가 제일 먼저 빠져나오는 경우

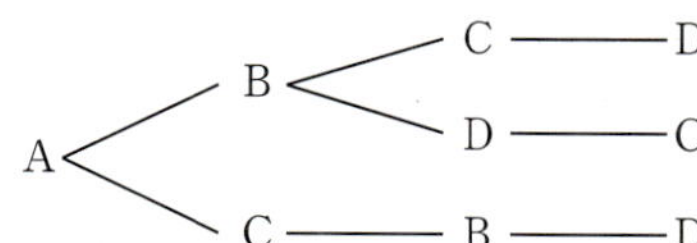

이때 경우의 수는 3
(ii) B가 제일 먼저 빠져나오는 경우

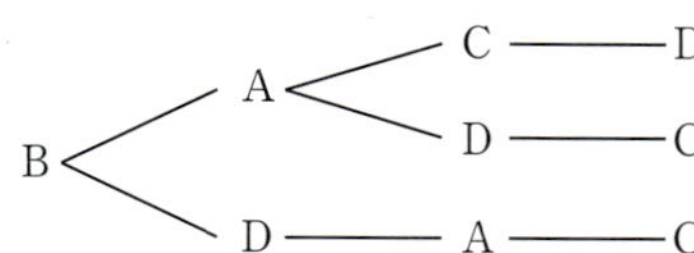

이때 경우의 수는 3

STEP B 합의 법칙을 이용하여 경우의 수 구하기

(i), (ii)의 경우는 동시에 일어날 수 없으므로 합의 법칙에 의하여
구하는 경우의 수는 $3+3=6$

내신연계 / 출제문항 691

그림과 같이 세 면이 막혀 있는 주차장에 A, B, C, D, E 다섯 대의 차량이
주차되어 있다. 주차된 다섯 대의 차량이 한 번에 한 대씩 빠져나오려고 할
때, 차량이 모두 빠져나오는 순서를 정하는 경우의 수를 구하시오.
(단, 모든 차량은 주차 구역 내에서 직진만 하도록 한다.)

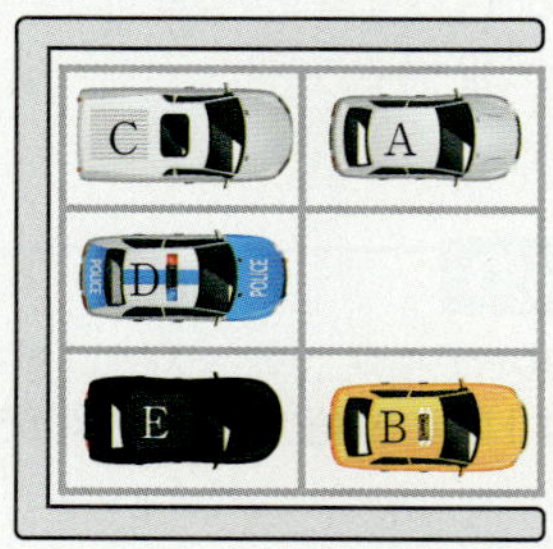

STEP A A, B, D가 각각 제일 먼저 빠져나오는 경우를 수형도로 나타내기

C앞에는 A가 주차되어 있으므로 먼저 빠져나올 수 없고
E앞에는 B가 주차되어 있으므로 먼저 빠져나올 수 없다.
(i) A가 제일 먼저 빠져나오는 경우

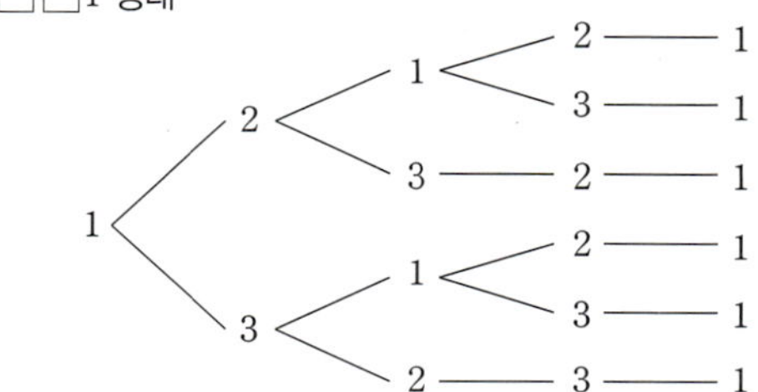

이때 경우의 수는 12

(ii) B가 제일 먼저 빠져나오는 경우

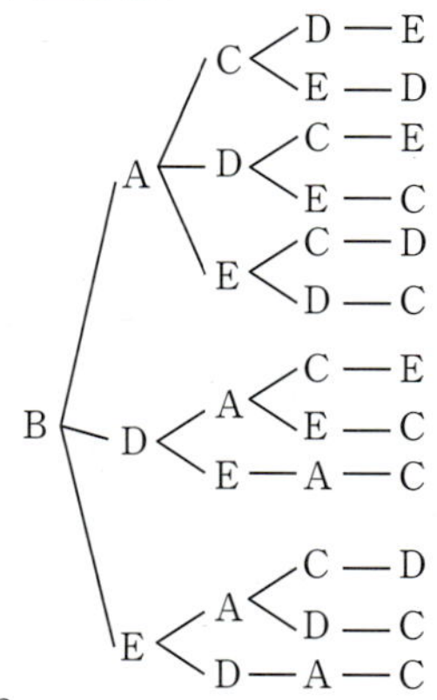

이때 경우의 수는 12
(iii) D가 제일 먼저 빠져나오는 경우

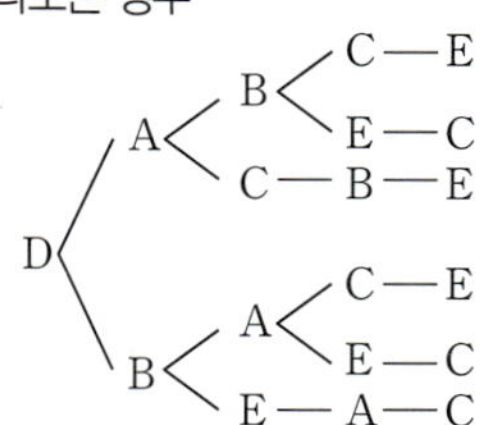

이때 경우의 수는 6

STEP B 합의 법칙을 이용하여 경우의 수 구하기

(i)~(iii)의 경우는 동시에 일어날 수 없으므로 합의 법칙에 의하여
구하는 경우의 수는 $12+12+6=30$ 정답 30

1470

2012년 03월 고1 학력평가 28번 정답 18

STEP A 만의 자리의 숫자와 일의 자리 숫자가 같은 경우를 수형도로 나타내기

만의 자리 숫자와 일의 자리 숫자가 같은 다섯 자리 자연수의 형태는
1☐☐☐1, 2☐☐☐2, 3☐☐☐3의 3가지이므로
수형도로 나타내면 다음과 같다.
(i) 1☐☐☐1 형태

이때 경우의 수는 6
(ii) 2☐☐☐2 형태

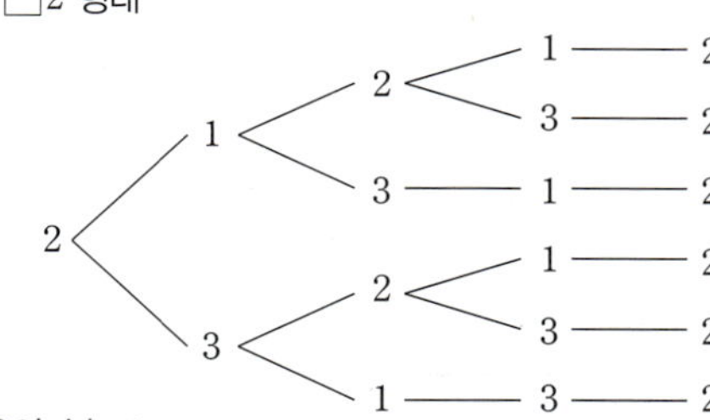

이때 경우의 수는 6
(iii) 3☐☐☐3 형태

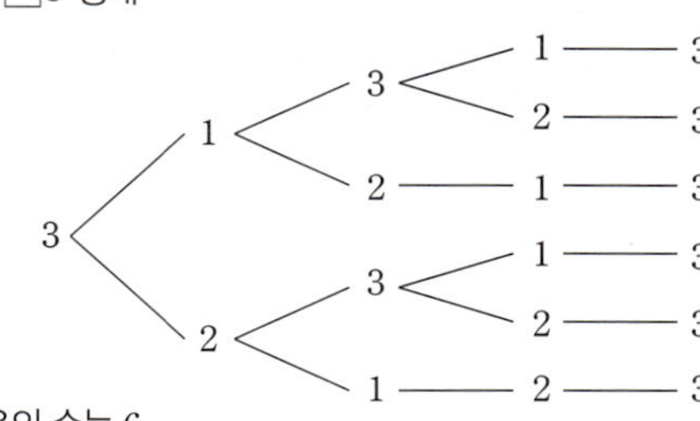

이때 경우의 수는 6

(i)~(iii)의 경우는 동시에 일어날 수 없으므로 합의 법칙에 의하여
구하는 경우의 수는 $6+6+6=18$

숫자 0, 1, 2를 전부 또는 일부를 사용하여 같은 숫자가 이웃하지 않도록
다섯 자리 자연수를 만든다. 이때 만의 자리 숫자와 일의 자리 숫자가 같은
경우의 수를 구하시오.

STEP **A** 만의 자리의 숫자와 일의 자리 숫자가 같은 경우를 수형도로 나타내기

0은 만의 자릿수가 될 수 없으므로 만의 자리 숫자와 일의 자리 숫자가 같은
다섯 자리 자연수의 형태는 1□□□1, 2□□□2의 2가지이다.
이를 수형도로 나타내면 다음과 같다.
(i) 1□□□1 형태

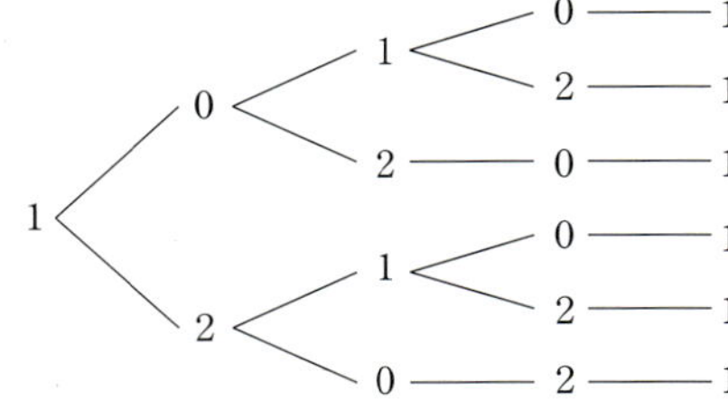

이때 경우의 수는 6
(ii) 2□□□2 형태

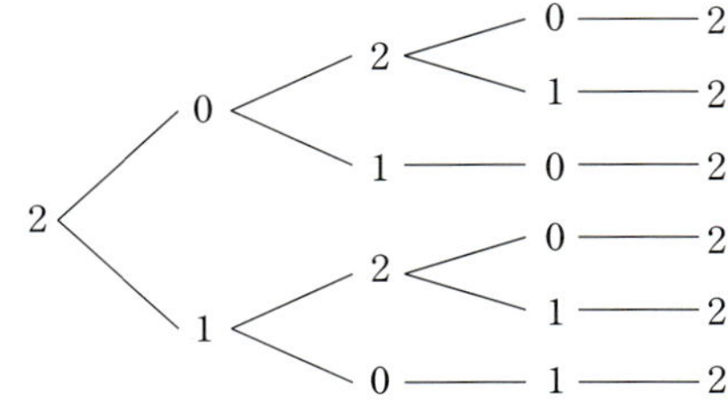

이때 경우의 수는 6

STEP **B** 합의 법칙을 이용하여 경우의 수 구하기

(i)~(ii)의 경우는 동시에 일어날 수 없으므로 합의 법칙에 의하여
구하는 경우의 수는 $6+6=12$ 정답 12

1471 정답 24

STEP **A** 곱의 법칙을 이용하여 경우의 수 구하기

4종류의 상의, 3종류의 바지, 2종류의 신발 중에서 하나씩 택하여 착용하는
경우의 수는 곱의 법칙에 의하여 $4×3×2=24$

1472 정답 ④

STEP **A** 곱의 법칙을 이용하여 경우의 수 구하기

각각의 추를 이용하는 경우와 이용하지 않는 경우의 2가지 경우가 있다.
이때 0g을 재는 경우는 제외해야 하므로 구하는 경우의 수는
$2×2×2×2-1=15$

다른풀이 합의 법칙을 이용하여 풀이하기

STEP **A** 추의 개수에 따라 경우를 나누어 잴 수 있는 무게의 수 구하기

(i) 1개의 추를 이용하는 경우 잴 수 있는 무게는
1g, 5g, 25g, 125g의 4가지

(ii) 2개의 추를 이용하는 경우 잴 수 있는 무게는
$(1+5)g$, $(1+25)g$, $(1+125)g$, $(5+25)g$, $(5+125)g$, $(25+125)g$
의 6가지
(iii) 3개의 추를 이용하는 경우 잴 수 있는 무게는
$(1+5+25)g$, $(1+5+125)g$, $(1+25+125)g$, $(5+25+125)g$
의 4가지
(iv) 4개의 추를 이용하는 경우 잴 수 있는 무게는 $(1+5+25+125)g$의 1가지

STEP **B** 합의 법칙을 이용하여 경우의 수 구하기

(i)~(iv)의 경우는 동시에 일어날 수 없으므로 합의 법칙에 의하여
구하는 경우의 수는 $4+6+4+1=15$

1473 정답 ③

STEP **A** 곱의 법칙을 이용하여 제품을 선택하는 경우의 수 구하기

(i) 노트와 메모지 중 1개씩 선택하는 경우의 수는 $4×5=20$
(ii) 노트와 형광펜 중 1개씩 선택하는 경우의 수는 $4×6=24$
(iii) 메모지와 형광펜 중 1개씩 선택하는 경우의 수는 $5×6=30$

STEP **B** 합의 법칙을 이용하여 경우의 수 구하기

(i)~(iii)의 경우는 동시에 일어나지 않으므로 합의 법칙에 의하여
구하는 경우의 수는 $20+24+30=74$

1474 정답 ①

STEP **A** 곱의 법칙을 이용하여 오디션에 지원하는 경우의 수 구하기

(i) 트로트, 랩, 댄스 분야에 지원하는 경우의 수는 $7×6×5=210$
(ii) 트로트, 힙합, 댄스 분야에 지원하는 경우의 수는 $7×4×5=140$
(iii) 랩, 힙합, 댄스 분야에 지원하는 경우의 수는 $6×4×5=120$

STEP **B** 합의 법칙을 이용하여 경우의 수 구하기

(i)~(iii)의 경우는 동시에 일어날 수 없으므로 합의 법칙에 의하여
구하는 경우의 수는 $210+140+120=470$

다음 표와 같이 철학, 경제학, 수학, 문학, 역사의 다섯 개 분야에 총 22권의
도서가 있다. 어느 학생이 다음 조건을 만족시키면서 4권의 도서를 읽는 경우
의 수를 구하시오.

관련 분야	철학	경제학	수학	문학	역사
도서 수(권)	4	3	3	7	5

(가) 각 분야에서는 하나의 도서만 읽을 수 있다.
(나) 철학 도서와 수학 도서는 반드시 읽는다.

STEP **A** 곱의 법칙을 이용하여 오디션에 지원하는 경우의 수 구하기

(i) 경제학, 문학, 철학, 수학 도서를 읽는 경우의 수는 곱의 법칙에 의하여
$3×7×4×3=252$
(ii) 경제학, 역사, 철학, 수학 도서를 읽는 경우의 수는 곱의 법칙에 의하여
$3×5×4×3=180$
(iii) 문학, 역사, 철학, 수학 도서를 읽는 경우의 수는 곱의 법칙에 의하여
$7×5×4×3=420$

STEP **B** 합의 법칙을 이용하여 경우의 수 구하기

(i)~(iii)의 경우는 동시에 일어날 수 없으므로 합의 법칙에 의하여
구하는 경우의 수는 $252+180+420=852$ 정답 852

1475

STEP A 합의 법칙을 이용하여 경우의 수 구하기

조건 (가)에서 영화 한 편을 보는 경우의 수는 합의 법칙에 의하여
$p=7+3=10$

STEP B 곱의 법칙을 이용하여 경우의 수 구하기

조건 (나)에서 스프, 주요리, 후식을 한 가지씩만 사용하여 만들 수 있는
세트 메뉴의 수는 곱의 법칙에 의하여 $q=2\times3\times4=24$
따라서 $p+q=10+24=34$

1476

STEP A 점 A에서 시작하여 펜을 떼지 않고 그릴 수 있는 방법의 수 구하기

그림과 같이 ①, ②, ③을 그리는 순서를 정하는 방법의 수는

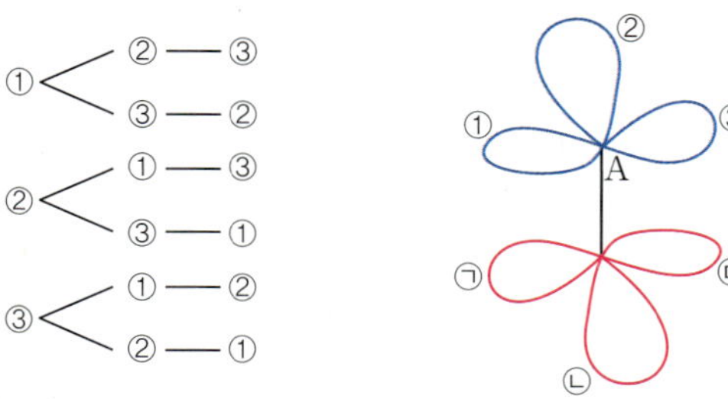

$\therefore$ 6가지
그런데 ①, ②, ③은 시계 방향으로, 시계 반대 방향으로 각각 그려지므로
①, ②, ③을 그리는 방법의 수는 $2\times2\times2=8$
즉 점 A에서 시작하여 ①, ②, ③을 한 번에 그릴 수 있는 방법의 수는
$6\times8=48$

STEP B 곱의 법칙을 이용하여 방법의 수 구하기

같은 방법으로 ㉠, ㉡, ㉢을 한 번에 그릴 수 있는 방법의 수는 48가지
따라서 구하는 방법의 수는 $48\times48=2304$

1477

STEP A 곱의 법칙을 이용하여 전개한 다항식의 항의 개수 구하기

$(x+y)(a+b+c+d)$에서 x, y에 곱해지는 항이 각각 a, b, c, d의 4개이므로
구하는 항의 개수는 $2\times4=8$

1478

STEP A 곱의 법칙을 이용하여 전개한 다항식의 항의 개수 구하기

$(a-b)^3=a^3-3a^2b+3ab^2-b^3$
$(x+y+z)^2=x^2+y^2+z^2+2xy+2yz+2zx$이므로
$(a-b)^3(x+y+z)^2$을 전개하면 a^3, $-3a^2b$, $3ab^2$, $-b^3$에 곱해지는 항이 각각
x^2, y^2, z^2, $2xy$, $2yz$, $2zx$의 6개이다.
따라서 구하는 항의 개수는 $4\times6=24$

1479

STEP A a를 포함한 항의 개수 구하기

$(a+b)(p+q+r)(x+y+z)$
$=a(p+q+r)(x+y+z)+b(p+q+r)(x+y+z)$
의 전개식에서 a를 포함하는 항의 개수는
$(p+q+r)(x+y+z)$의 전개식의 항의 개수와 같으므로 $3\times3=9$

STEP B p를 포함하지 않는 항의 개수 구하기

$(a+b)(p+q+r)(x+y+z)$의 전개식에서 p를 포함하지 않는 항의 개수는
$(a+b)(q+r)(x+y+z)$의 전개식의 항의 개수와 같으므로 $2\times2\times3=12$

STEP C 항의 개수의 합 구하기

따라서 구하는 항의 개수의 합은 $9+12=21$

다항식 $(a+b)(p+q+r)(x+y+z+w)$를 전개할 때, a를 포함하는 항의
개수와 x를 포함하지 않는 항의 개수의 합은?

① 22　　　② 24　　　③ 28
④ 30　　　⑤ 32

STEP A a를 포함하는 항의 개수 구하기

$(a+b)(p+q+r)(x+y+z+w)$
$=a(p+q+r)(x+y+z+w)+b(p+q+r)(x+y+z+w)$
의 전개식에서 a를 포함하는 항의 개수는
$a(p+q+r)(x+y+z+w)$의 전개식의 항의 개수와 같으므로 $3\times4=12$

STEP B x를 포함하지 않는 항의 개수 구하기

$(a+b)(p+q+r)(x+y+z+w)$의 전개식에서 x를 포함하지 않는 항의 개수는
$(a+b)(p+q+r)(y+z+w)$의 전개식의 항의 개수와 같으므로 $2\times3\times3=18$

STEP C 항의 개수의 합 구하기

따라서 구하는 구하는 항의 개수의 합은 $12+18=30$　　

1480

STEP A 각 자리의 숫자의 합이 짝수가 되는 경우를 나누어 개수 구하기

십의 자리의 숫자와 일의 자리의 숫자의 합이 짝수가 되려면
십의 자리의 숫자와 일의 자리의 숫자가 모두 홀수이거나 모두 짝수이어야 한다.
(i) 십의 자리의 숫자와 일의 자리의 숫자가 모두 홀수인 경우의 수는
　　$5\times5=25$
(ii) 십의 자리의 숫자와 일의 자리의 숫자가 모두 짝수인 경우의 수는
　　$4\times5=20$ ($\because$ 십의 자리의 숫자에 0이 오지 못하므로)

STEP B 합의 법칙을 이용하여 경우의 수 구하기

(i), (ii)의 경우는 동시에 일어날 수 없으므로 합의 법칙에 의하여
구하는 경우의 수는 $25+20=45$

1481

STEP A 각 자리에 올 수 있는 숫자의 개수 구하기

백의 자리, 십의 자리, 일의 자리에 올 수 있는 숫자의 개수는 각각 다음과 같다.
(i) 백의 자리에 올 수 있는 숫자는 소수이므로 2, 3, 5, 7의 4개
(ii) 십의 자리에 올 수 있는 숫자는 홀수이므로 1, 3, 5, 7, 9의 5개
(iii) 일의 자리에 올 수 있는 숫자는 짝수이므로 0, 2, 4, 6, 8의 5개

STEP B 곱의 법칙을 이용하여 경우의 수 구하기

(i)~(iii)에서 곱의 법칙에 의하여 구하는 자연수의 개수는 $4\times5\times5=100$

1482

정답 ⑤

STEP A 백의 자리 숫자에 따라 경우를 나누어 자연수의 개수 구하기

(ⅰ) 백의 자리 숫자가 1인 경우
일의 자리에 올 수 있는 수는 3, 5, 7, 9의 4개
십의 자리에 올 수 있는 수는 백의 자리와 일의 자리의 수를 제외한 8개
즉 이 경우의 수는 $4 \times 8 = 32$
(ⅱ) 백의 자리 숫자가 2인 경우
일의 자리에 올 수 있는 수는 1, 3, 5, 7, 9의 5개
십의 자리에 올 수 있는 수는 백의 자리와 일의 자리의 수를 제외한 8개
즉 이 경우의 수는 $5 \times 8 = 40$
(ⅲ) 백의 자리 숫자가 3인 경우
일의 자리에 올 수 있는 수는 1, 5, 7, 9의 4개
십의 자리에 올 수 있는 수는 백의 자리와 일의 자리의 수를 제외한 8개
즉 이 경우의 수는 $4 \times 8 = 32$
(ⅳ) 백의 자리 숫자가 4인 경우
일의 자리에 올 수 있는 수는 1, 3, 5, 7, 9의 5개
십의 자리에 올 수 있는 수는 백의 자리와 일의 자리의 수를 제외한 8개
즉 이 경우의 수는 $5 \times 8 = 40$

STEP B 합의 법칙을 이용하여 경우의 수 구하기

(ⅰ)~(ⅳ)의 경우는 동시에 일어날 수 없으므로 합의 법칙에 의하여
구하는 자연수의 개수는 $32 + 40 + 32 + 40 = 144$

다른풀이 백의 자리에 홀수, 짝수가 오는 경우로 나누어 풀이하기

STEP A 백의 자리 숫자에 따라 경우를 나누어 자연수의 개수 구하기

(ⅰ) 백의 자리 숫자가 홀수인 경우
백의 자리에 올 수 있는 홀수는 1, 3의 2개
일의 자리에 올 수 있는 수는 홀수 중 백의 자리의 수를 제외한 4개
십의 자리에 올 수 있는 수는 백의 자리와 일의 자리의 수를 제외한 8개
즉 이 경우의 수는 $4 \times 8 \times 2 = 64$
(ⅱ) 백의 자리 숫자가 짝수인 경우
백의 자리에 올 수 있는 짝수는 2, 4의 2개
일의 자리에 올 수 있는 수는 1, 3, 5, 7, 9의 5개
십의 자리에 올 수 있는 수는 백의 자리와 일의 자리의 수를 제외한 8개
즉 이 경우의 수는 $5 \times 8 \times 2 = 80$

STEP B 합의 법칙을 이용하여 경우의 수 구하기

(ⅰ), (ⅱ)의 경우는 동시에 일어날 수 없으므로 합의 법칙에 의하여
구하는 자연수의 개수는 $64 + 80 = 144$

1483

정답 ⑤

STEP A 세 눈의 수의 곱이 짝수가 되는 경우 파악하기

세 눈의 수의 곱이 짝수가 되는 경우의 수는 전체 경우의 수에서
세 눈의 수의 곱이 홀수가 되는 경우의 수를 뺀 것과 같다.

STEP B 세 눈의 수의 곱이 짝수인 경우의 수 구하기

서로 다른 세 개의 주사위를 던질 때 나오는 모든 경우의 수는
$6 \times 6 \times 6 = 216$
이때 세 눈의 수의 곱이 홀수가 되는 경우는 세 수가 모두 홀수인 경우이고
주사위의 눈의 수 중 홀수는 1, 3, 5의 3개이므로
세 눈의 수의 곱이 홀수가 되는 경우의 수는 $3 \times 3 \times 3 = 27$
따라서 구하는 경우의 수는 $216 - 27 = 189$

서로 다른 세 개의 주사위를 동시에 던질 때, 적어도 하나의 주사위에서 홀수
의 눈이 나오는 경우의 수는?

① 163　　　② 171　　　③ 180
④ 189　　　⑤ 198

STEP A 적어도 하나의 주사위에서 홀수의 눈이 나오는 경우 파악하기

적어도 하나의 주사위에서 홀수의 눈이 나오는 경우의 수는
전체 경우의 수에서 세 개의 주사위에서 모두 짝수의 눈이 나오는 경우의 수를
뺀 것과 같다.

STEP B 적어도 하나의 주사위에서 홀수의 눈이 나오는 경우의 수 구하기

서로 다른 세 개의 주사위를 던질 때 나오는 모든 경우의 수는
$6 \times 6 \times 6 = 216$
주사위의 눈의 수 중 짝수는 2, 4, 6의 3개이므로
세 눈의 수가 모두 짝수인 경우의 수는 $3 \times 3 \times 3 = 27$
따라서 구하는 경우의 수는 $216 - 27 = 189$

정답 ④

1484

정답 ②

STEP A 세 자리의 자연수 중 0이 적어도 하나 포함되는 경우 파악하기

세 자리 자연수 중에서 0이 적어도 하나 포함되는 경우의 수는
세 자리 자연수의 개수에서 0이 포함되지 않은 세 자리 자연수의 개수를 뺀 것과
같다.

STEP B 세 자리의 자연수 중 0이 적어도 하나 포함되는 경우의 수 구하기

세 자리 자연수의 개수는 $9 \times 10 \times 10 = 900$
0이 포함되지 않은 세 자리의 자연수의 개수는
$9 \times 9 \times 9 = 729$
따라서 구하는 경우의 수는 $900 - 729 = 171$

1485

정답 81

STEP A $abc + a + b + c$의 값이 홀수가 되는 경우 파악하기

$abc + a + b + c$의 값이 홀수가 되려면
abc가 홀수, $a + b + c$가 짝수이거나 abc가 짝수, $a + b + c$가 홀수이어야 한다.

STEP B $abc + a + b + c$의 값이 홀수가 되는 경우의 수 구하기

(ⅰ) abc가 홀수, $a + b + c$가 짝수일 때,
abc의 값이 홀수이면 a, b, c가 모두 홀수이므로
$a + b + c$의 값이 짝수인 경우는 없다.
(ⅱ) abc가 짝수, $a + b + c$가 홀수일 때,
a, b, c 중에서 한 개는 홀수, 나머지 두 개는 짝수이어야 하므로
순서쌍 (a, b, c)는
(홀수, 짝수, 짝수), (짝수, 홀수, 짝수), (짝수, 짝수, 홀수)의 3가지이다.
이때 (a, b, c)가 (홀수, 짝수, 짝수)인 경우의 수는 $3 \times 3 \times 3 = 27$
(a, b, c)가 (짝수, 홀수, 짝수)인 경우의 수는 $3 \times 3 \times 3 = 27$
(a, b, c)가 (짝수, 짝수, 홀수)인 경우의 수는 $3 \times 3 \times 3 = 27$
즉 이때의 경우의 수는 $27 \times 3 = 81$
(ⅰ), (ⅱ)에서 구하는 경우의 수는 81

서로 다른 3개의 주사위를 던져서 나오는 눈의 수를 각각 a, b, c라 할 때, $a(bc+1)$의 값이 홀수가 되는 경우의 수는?

① 27 ② 36 ③ 81
④ 94 ⑤ 108

STEP A $a(bc+1)$의 값이 홀수가 되는 경우 파악하기

$a(bc+1)$의 값이 홀수가 되려면 a와 $bc+1$은 모두 홀수이어야 한다.
즉 a는 홀수, bc는 짝수이어야 한다.

STEP B $a(bc+1)$의 값이 홀수가 되는 경우의 수 구하기

이때 (a, b, c)가 (홀수, 홀수, 짝수)인 경우의 수는 $3 \times 3 \times 3 = 27$
(a, b, c)가 (홀수, 짝수, 홀수)인 경우의 수는 $3 \times 3 \times 3 = 27$
(a, b, c)가 (홀수, 짝수, 짝수)인 경우의 수는 $3 \times 3 \times 3 = 27$
따라서 구하는 경우의 수는 $27 \times 3 = 81$

정답 ③

1486

2020학년도 09월 고3 모의평가 나형 5번 정답 ②

STEP A 곱의 법칙을 이용하여 두 자리의 자연수의 개수 구하기

조건 (가)에서 구하는 자연수는 2의 배수이므로
일의 자리에 올 수 있는 수는 0, 2, 4, 6, 8의 5개
조건 (나)에서 십의 자리의 수는 6의 약수이므로
십의 자리에 올 수 있는 수는 1, 2, 3, 6의 4개
따라서 곱의 법칙에 의하여 구하는 두 자리의 자연수의 개수는 $5 \times 4 = 20$

다음 조건을 만족시키는 세 자리의 자연수의 개수는?

(가) 5의 배수이다.
(나) 백의 자리의 수와 십의 자리의 수는 모두 짝수이다.

① 40 ② 42 ③ 44
④ 46 ⑤ 48

STEP A 곱의 법칙을 이용하여 세 자리의 자연수의 개수 구하기

조건 (가)에서 구하는 자연수는 5의 배수이므로
일의 자리에 올 수 있는 수는 0, 5의 2개
조건 (나)에서 백의 자리의 수와 십의 자리의 수는 모두 짝수이므로
백의 자리에 올 수 있는 수는 2, 4, 6, 8의 4개
십의 자리에 올 수 있는 수는 0, 2, 4, 6, 8의 5개
따라서 곱의 법칙에 의하여 구하는 세 자리의 자연수의 개수는 $2 \times 4 \times 5 = 40$

정답 ①

1487

정답 33

STEP A A에서 B를 거쳐 D로 가는 경로를 나누어 경우의 수 구하기

A에서 B를 거쳐 D로 가는 경우는 다음과 같다.
(i) A → B → D로 가는 경우의 수는 $3 \times 3 = 9$
(ii) A → B → C → D로 가는 경우의 수는 $3 \times 2 \times 2 = 12$
(iii) A → C → B → D로 가는 경우의 수는 $2 \times 2 \times 3 = 12$

STEP B 합의 법칙을 이용하여 경우의 수 구하기

(i)~(iii)의 경우는 동시에 일어날 수 없으므로 합의 법칙에 의하여
구하는 경우의 수는 $9 + 12 + 12 = 33$

1488

정답 ①

STEP A A지점에서 B지점으로 가는 방법의 수 구하기

아래 그림과 같이 두 지점 P, Q를 정하면

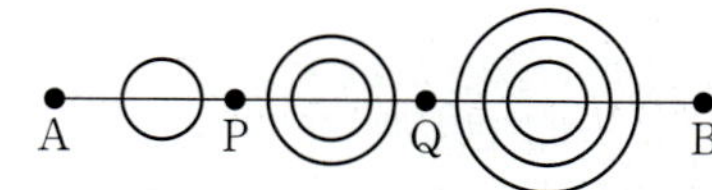

A지점에서 P지점으로 가는 방법은 3
P지점에서 Q지점으로 가는 방법은 5
Q지점에서 B지점으로 가는 방법은 7

STEP B 곱의 법칙을 이용하여 방법의 수 구하기

따라서 A지점에서 B지점으로 가는 방법의 수는 곱의 법칙에 의하여
$3 \times 5 \times 7 = 105$

1489

정답 ②

STEP A A지점에서 C지점으로 가는 방법의 수 구하기

(i) A → C로 가는 방법의 수는 1
(ii) A → B → C로 가는 방법의 수는 $2 \times 3 = 6$
(iii) A → D → C로 가는 방법의 수는 $1 \times 2 = 2$
(iv) A → E → C로 가는 방법의 수는 $1 \times 1 = 1$
(v) A → D → E → C로 가는 방법의 수는 $1 \times 1 \times 1 = 1$
(vi) A → E → D → C로 가는 방법의 수는 $1 \times 1 \times 2 = 2$

STEP B 합의 법칙을 이용하여 방법의 수 구하기

(i)~(vi)의 경우는 동시에 일어날 수 없으므로 합의 법칙에 의하여
구하는 방법의 수는 $1 + 6 + 2 + 1 + 1 + 2 = 13$

오른쪽 그림은 어느 공원의 산책로를
나타낸 것이다. 입구에서 출구로 가는
방법의 수를 구하시오. (단, 같은 지점
을 다시 가지 않는다.)

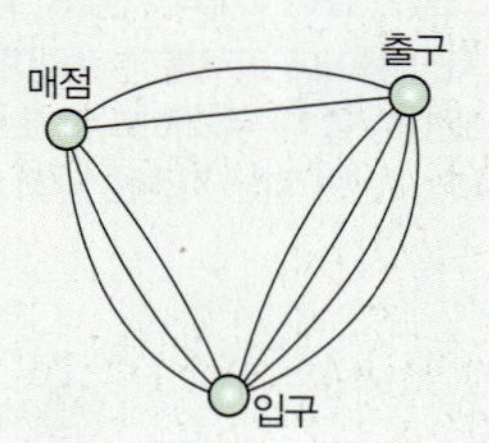

STEP A 입구에서 출구로 가는 방법의 수 구하기

(i) 입구 → 출구로 가는 방법의 수는 4
(ii) 입구 → 매점 → 출구로 가는 방법의 수는 $3 \times 2 = 6$

STEP B 합의 법칙을 이용하여 방법의 수 구하기

(i)~(ii)의 경우는 동시에 일어날 수 없으므로 합의 법칙에 의하여
구하는 방법의 수는 $4 + 6 = 10$

정답 10

1490

정답 ④

STEP A 갑의 경로의 수를 먼저 구하고 갑이 지나지 않은 도로 중에서 을의 경로의 수 구하기

두 사람이 지나는 도로가 모두 다르도록 하려면 갑이 먼저 도로를 선택하고
그 각각의 경우에 을은 갑이 선택한 도로를 빼고 나머지 도로 중에서 선택하면 된다.
갑이 도로 $A \to B \to C \to A$를 선택하는 방법의 수는 $3 \times 4 \times 2 = 24$
을은 갑이 지나는 도로를 제외하고 나머지 도로 $A \to C \to B \to A$를 선택하는
방법의 수는 $1 \times 3 \times 2 = 6$

STEP B 곱의 법칙을 이용하여 방법의 수 구하기

따라서 곱의 법칙에 의하여 구하는 방법의 수는 $24 \times 6 = 144$

1491

정답 ④

STEP A A지점에서 D지점으로 가는 방법의 수 구하기

B지점과 C지점 사이에 x개의 도로를 추가하였을 때,
A지점에서 D지점으로 가는 방법의 수는 다음과 같다.
(i) $A \to B \to D$로 가는 방법의 수는 $2 \times 3 = 6$
(ii) $A \to C \to D$로 가는 방법의 수는 $3 \times 2 = 6$
(iii) $A \to B \to C \to D$로 가는 방법의 수는 $2 \times x \times 2 = 4x$
(iv) $A \to C \to B \to D$로 가는 방법의 수는 $3 \times x \times 3 = 9x$

STEP B 합의 법칙을 이용하여 추가해야 하는 도로의 개수 구하기

(i)~(iv)에 의하여 A지점에서 D지점으로 가는 방법의 수는
$6 + 6 + 4x + 9x = 142$, $13x = 130$
$\therefore x = 10$
따라서 추가해야 하는 도로의 개수는 10

내/신/연/계 출제문항 699

그림과 같이 4개의 지점 A, B, C, D를 연결하는 도로망이 있다. B지점과 C
지점 사이에 도로를 추가하여 A지점에서 D지점으로 가는 방법의 수가 60이
되도록 할 때, 추가해야할 도로의 개수는?
(단, 한 번 지난 지점은 다시 지나지 않고 도로끼리는 서로 만나지 않는다.)

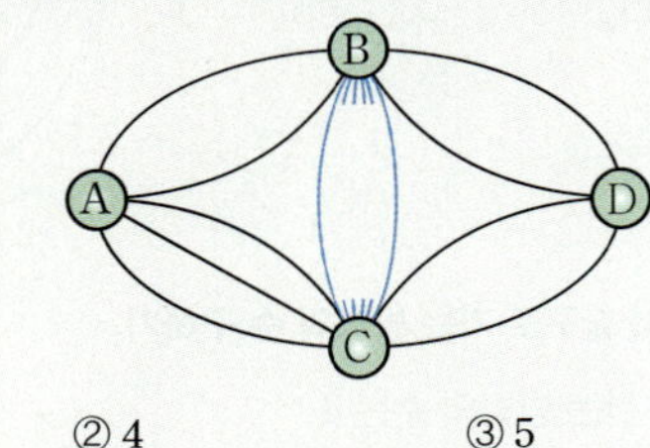

① 3   ② 4   ③ 5
④ 6   ⑤ 7

STEP A A지점에서 D지점으로 가는 방법의 수 구하기

B지점과 C지점 사이에 x개의 도로를 추가하였을 때,
A지점에서 D지점으로 가는 방법의 수는 다음과 같다.
(i) $A \to B \to D$로 가는 방법의 수는 $2 \times 2 = 4$
(ii) $A \to C \to D$로 가는 방법의 수는 $3 \times 2 = 6$
(iii) $A \to B \to C \to D$로 가는 방법의 수는 $2 \times x \times 2 = 4x$
(iv) $A \to C \to B \to D$로 가는 방법의 수는 $3 \times x \times 2 = 6x$

STEP B 합의 법칙을 이용하여 추가해야 하는 도로의 개수 구하기

(i)~(iv)에 의하여 A지점에서 D지점으로 가는 방법의 수는
$4 + 6 + 4x + 6x = 60$, $10x = 50$
$\therefore x = 5$
따라서 추가해야 하는 도로의 개수는 5

정답 ③

1492

정답 24

STEP A 왕복하는 방법의 수 구하기

(i) 집에서 출발하여 학교를 거쳐 도서관까지 가는 경우
집 → 학교로 가는 방법의 수는 3,
학교 → 도서관으로 가는 방법의 수는 2
이므로 집 → 학교 → 도서관으로 이동하는 방법의 수는 $3 \times 2 = 6$
(ii) 도서관에서 출발하여 학교를 거쳐 집까지 가는 경우
도서관 → 학교로 가는 방법의 수는 1,
학교 → 집으로 가는 방법의 수는 4
이므로 도서관 → 학교 → 집으로 이동하는 방법의 수는 $1 \times 4 = 4$

STEP B 곱의 법칙을 이용하여 방법의 수 구하기

(i), (ii)에서 곱의 법칙에 의하여 구하는 방법의 수는 $6 \times 4 = 24$

1493

정답 30

STEP A 720을 소인수분해하여 양의 약수의 개수 구하기

720을 소인수분해하면 $720 = 2^4 \times 3^2 \times 5^1$
따라서 720의 양의 약수의 개수는 $(4+1) \times (2+1) \times (1+1) = 30$

> **+α** | 곱의 법칙을 이용하여 약수의 개수를 구할 수 있어!
>
> 2^4의 양의 약수는 $1, 2^1, 2^2, 2^3, 2^4$의 5개
> 3^2의 양의 약수는 $1, 3^1, 3^2$의 3개
> 5^1의 양의 약수는 $1, 5^1$의 2개
> 따라서 $5 \times 3 \times 2 = 30$이므로 이 중에서 각각 하나씩 택하여 곱한 수는 모두 720의
> 양의 양수가 된다.

1494

정답 ①

STEP A 100을 소인수분해하여 양의 약수의 개수 구하기

100을 소인수분해하면 $100 = 2^2 \times 5^2$이므로
100의 양의 약수의 개수는 $a = (2+1) \times (2+1) = 3 \times 3 = 9$

STEP B 100의 양의 약수의 총합 구하기

100의 양의 약수의 총합은 $b = (1 + 2 + 2^2) \times (1 + 5 + 5^2) = 7 \times 31 = 217$
따라서 $a + b = 9 + 217 = 226$

1495

정답 ③

STEP A 120과 180을 소인수분해하여 최대공약수 구하기

120과 180을 소인수분해하면 $120 = 2^3 \times 3 \times 5$, $180 = 2^2 \times 3^2 \times 5$이므로
120과 180의 최대공약수는 $2^2 \times 3 \times 5$
최대공약수는 공통인 소인수를 모두 곱하여 구한다.
이때 공통인 소인수의 지수는 각 수의 거듭제곱에서 지수가 작거나 같은 것을 택한다.

STEP B 120과 180의 양의 공약수의 개수 구하기

따라서 구하는 양의 공약수의 개수는 $2^2 \times 3 \times 5$의 양의 약수의 개수와 같으므로
$(2+1) \times (1+1) \times (1+1) = 12$

720과 1008의 공약수의 개수를 구하시오.

STEP A 720과 1008을 소인수분해하여 최대공약수 구하기

720과 1008을 소인수분해하면 $720=2^4\times3^2\times5$, $1008=2^4\times3^2\times7$이므로

720과 1008의 최대공약수는 $2^4\times3^2$

최대공약수는 공통인 소인수를 모두 곱하여 구한다.
이때 공통인 소인수의 지수는 각 수의 거듭제곱에서 지수가 작거나 같은 것을 택한다.

STEP B 720과 1008의 공약수의 개수 구하기

따라서 구하는 공약수의 개수는 $2^4\times3^2$의 약수의 개수와 같으므로

$(4+1)\times(2+1)=15$　　　정답 **15**

1496　　　정답 ③

STEP A $4^a\times3^2\times5$를 소인수분해하여 a의 값 구하기

$4^a\times3^2\times5$를 소인수분해하면 $2^{2a}\times3^2\times5$

$4^a\times3^2\times5$의 양의 약수의 개수가 42이므로

$(2a+1)\times(2+1)\times(1+1)=42$, $6(2a+1)=42$, $2a+1=7$

따라서 $a=3$

자연수 k에 대하여 $9^k\times5^3$의 약수의 개수가 36일 때, k의 값은?

① 3　　　② 4　　　③ 5
④ 6　　　⑤ 7

STEP A $9^k\times5^3$을 소인수분해하여 k의 값 구하기

$9^k\times5^3$을 소인수분해하면 $3^{2k}\times5^3$

$9^k\times5^3$의 양의 약수의 개수가 36이므로

$(2k+1)\times(3+1)=36$, $4(2k+1)=36$, $2k+1=9$

따라서 $k=4$　　　정답 ②

1497　　　정답 ③

STEP A 120과 300을 소인수분해하여 최대공약수 구하기

120과 300을 소인수분해하면 $120=2^3\times3\times5$, $300=2^2\times3\times5^2$이므로

120과 300의 최대공약수는 $2^2\times3\times5=60$

최대공약수는 공통인 소인수를 모두 곱하여 구한다.
이때 공통인 소인수의 지수는 각 수의 거듭제곱에서 지수가 작거나 같은 것을 택한다.

STEP B 5의 배수의 개수 구하기

120과 300의 양의 공약수 중 5의 배수는 60의 양의 약수 중 5의 배수와 같다.
이때 5의 배수는 5를 소인수로 가지므로 60의 양의 약수 중 5의 배수의 개수는
$2^2\times3$의 양의 약수의 개수와 같다.

따라서 구하는 5의 배수의 개수는 $(2+1)\times(1+1)=6$

1498　　　정답 ④

STEP A 180의 양의 약수 중 짝수의 개수 구하기

$180=2^2\times3^2\times5$이므로 180의 양의 약수의 개수는

$(2+1)(2+1)(1+1)=18$

이 중 짝수가 아닌 약수는 $3^2\times5$의 약수이므로 그 개수는
$(2+1)(1+1)=6$　　　$\therefore p=18-6=12$

STEP B 180의 양의 약수 중 3의 배수인 약수의 개수 구하기

또, 3의 배수가 아닌 양의 약수는 $2^2\times5$의 약수이므로 그 개수는
$(2+1)(1+1)=6$　　　$\therefore q=18-6=12$

STEP C $p+q$의 값 구하기

따라서 $p+q=12+12=24$

다른풀이 2와 3을 소인수로 가지는 약수의 개수를 이용하여 풀이하기

STEP A 180의 양의 약수 중 짝수의 개수 구하기

$180=2^2\times3^2\times5$이고 짝수는 2를 소인수로 가지므로

180의 양의 약수 중 짝수의 개수는 $2\times3^2\times5$의 양의 약수의 개수와 같다.

$\therefore p=(1+1)(2+1)(1+1)=12$

STEP B 180의 양의 약수 중 3의 배수인 약수의 개수 구하기

3의 배수는 3을 소인수로 가지므로 180의 양의 약수 중 3의 배수의 개수는
$2^2\times3\times5$의 양의 약수의 배수와 같다.

$\therefore q=(2+1)(1+1)(1+1)=12$

STEP C $p+q$의 값 구하기

따라서 $p+q=12+12=24$

300의 양의 약수 중 짝수의 개수를 a, 5의 배수의 개수를 b라 할 때,
$a+b$의 값은?

① 12　　　② 16　　　③ 20
④ 24　　　⑤ 28

STEP A 300의 양의 약수 중 짝수의 개수 구하기

$300=2^2\times3\times5^2$이므로 300의 양의 약수의 개수는 $(2+1)(1+1)(2+1)=18$
이 중 짝수가 아닌 약수는 3×5^2의 약수이므로 그 개수는 $(1+1)(2+1)=6$
$\therefore a=18-6=12$

STEP B 300의 양의 약수 중 5의 배수인 약수의 개수 구하기

또, 5의 배수가 아닌 양의 약수는 $2^2\times3$의 약수이므로 그 개수는
$(2+1)(1+1)=6$　　　$\therefore b=18-6=12$

STEP C $a+b$의 값 구하기

따라서 $a+b=12+12=24$

다른풀이 2와 5를 소인수로 가지는 약수의 개수를 이용하여 풀이하기

STEP A 300의 양의 약수 중 짝수의 개수 구하기

$300=2^2\times3\times5^2$이고 짝수는 2를 소인수로 가지므로

300의 양의 약수 중 짝수의 개수는 $2\times3\times5^2$의 양의 약수의 개수와 같다.

$\therefore a=(1+1)(1+1)(2+1)=12$

STEP B 300의 양의 약수 중 5의 배수인 약수의 개수 구하기

5의 배수는 5를 소인수로 가지므로 300의 양의 약수 중에서 5의 배수의 개수는
$2^2\times3\times5$의 양의 약수의 배수와 같다.

$\therefore b=(2+1)(1+1)(1+1)=12$

STEP C $a+b$의 값 구하기

따라서 $a+b=12+12=24$　　　정답 ④

1499

정답 4

STEP A 300^n을 소인수분해하기

300을 소인수분해하면 $300=2^2\times3\times5^2$이므로
$300^n=(2^2\times3\times5^2)^n=2^{2n}\times3^n\times5^{2n}$

STEP B 자연수 n의 값 구하기

300^n의 양의 약수 중 일의 자리의 숫자가 5인 것은 $3^n\times5^{2n}$의 양의 약수에서
3^n의 약수를 제외한 것이다.
이때 일의 자리의 숫자가 5인 것의 개수가 40이므로
$(n+1)(2n+1)-(n+1)=40,\ 2n^2+2n=40,\ n^2+n-20=0$
$(n-4)(n+5)=0$
따라서 n은 자연수이므로 $n=4$

1500

정답 39

STEP A 각각의 동전으로 지불할 수 있는 금액의 수 구하기

500원짜리 동전 1개로 지불 할 수 있는 금액은 0원, 500원의 2가지
100원짜리 동전 3개로 지불할 수 있는 금액은 0원, 100원, 200원, 300원의 4가지
10원짜리 동전 4개로 지불할 수 있는 금액은 0원, 10원, 20원, 30원, 40원의
5가지

STEP B 곱의 법칙을 이용하여 금액의 수 구하기

이때 0원을 지불하는 경우를 제외해야 하므로 지불할 수 있는 금액의 수는
$2\times4\times5-1=39$

1501

정답 ②

STEP A 각각의 동전과 지폐로 지불할 수 있는 방법의 수 구하기

10원짜리 동전 4개로 지불할 수 있는 방법의 수는
0개, 1개, 2개, 3개, 4개의 5가지
100원짜리 동전 3개로 지불할 수 있는 방법의 수는
0개, 1개, 2개, 3개의 4가지
1000원짜리 지폐 1장으로 지불할 수 있는 방법의 수는
0장, 1장의 2가지

STEP B 곱의 법칙을 이용하여 지불하는 방법의 수 구하기

이때 0원을 지불하는 경우를 제외해야 하므로 지불할 수 있는 방법의 수는
$5\times4\times2-1=39$

1502

정답 ④

STEP A 지불할 수 있는 금액이 같은 경우에 주목하여 각각의 지폐로 지불할
수 있는 금액의 수 구하기

10000원짜리 지폐 1장으로 지불할 수 있는 금액과
5000원짜리 지폐 2장으로 지불할 수 있는 금액은 서로 같으므로
10000원짜리 지폐 3장을 5000원짜리 지폐 6장으로 바꾸면
지불할 수 있는 금액의 수는 5000원짜리 지폐 8장, 1000원짜리 지폐 4장으로
지불할 수 있는 금액의 수와 같다.
즉 5000원짜리로 지불할 수 있는 금액은
0원, 5000원, 10000원, …, 40000원의 9가지
1000원짜리로 지불할 수 있는 금액은
0원, 1000원, 2000원, 3000원, 4000원의 5가지

STEP B 곱의 법칙을 이용하여 지불할 수 있는 금액의 수 구하기

이때 0원을 지불하는 경우를 제외해야 하므로 지불할 수 있는 금액의 수는
$9\times5-1=44$

1503

정답 ③

STEP A 지불할 수 있는 방법의 수 구하기

1000원짜리 지폐 4장으로 지불할 수 있는 방법의 수는
0장, 1장, 2장, 3장, 4장의 5가지
5000원짜리 지폐 3장으로 지불할 수 있는 방법의 수는
0장, 1장, 2장, 3장의 4가지
10000원짜리 지폐 2장으로 지불할 수 있는 방법의 수는
0장, 1장, 2장의 3가지
이때 0원을 지불하는 경우는 제외해야 하므로 지불할 수 있는 방법의 수는
$a=5\times4\times3-1=59$

STEP B 지불할 수 있는 금액이 같은 경우에 주목하여 지불할 수 있는 금액
의 수 구하기

10000원짜리 지폐 1장으로 지불할 수 있는 금액과
5000원짜리 지폐 2장으로 지불할 수 있는 금액은 서로 같으므로
10000원짜리 지폐 2장을 5000원짜리 지폐 4장으로 바꾸면
지불할 수 있는 금액의 수는 5000원짜리 지폐 7장, 1000원짜리 지폐 4장으로
지불할 수 있는 금액의 수와 같다.
즉 5000원짜리로 지불할 수 있는 금액은
0원, 5000원, 10000원, …, 35000원의 8가지
1000원짜리로 지불할 수 있는 금액은
0원, 1000원, 2000원, 3000원, 4000원의 5가지
이때 0원을 지불하는 경우를 제외해야 하므로 지불할 수 있는 금액의 수는
$b=8\times5-1=39$

STEP C $a+b$의 값 구하기

따라서 $a+b=59+39=98$

내신연계 출제문항 703

1000원짜리 지폐 5장, 5000원짜리 지폐 3장, 10000원짜리 지폐 2장의 일부
또는 전부를 사용하여 거스름돈 없이 지불할 때, 지불할 수 있는 방법의 수를
a, 지불할 수 있는 금액의 수를 b라 하자. $a+b$의 값은?
(단, 0원을 지불하는 경우는 제외한다.)

① 108   ② 111   ③ 121
④ 139   ⑤ 144

STEP A 지불할 수 있는 방법의 수 구하기

1000원짜리 지폐 5장으로 지불할 수 있는 방법의 수는
0장, 1장, 2장, 3장, 4장 5장의 6가지
5000원짜리 지폐 3장으로 지불할 수 있는 방법의 수는
0장, 1장, 2장, 3장의 4가지
10000원짜리 지폐 2장으로 지불할 수 있는 방법의 수는
0장, 1장, 2장의 3가지
이때 0원을 지불하는 경우는 제외해야 하므로 지불할 수 있는 방법의 수는
$a=6\times4\times3-1=71$

STEP B 지불할 수 있는 금액이 같은 경우에 주목하여 지불할 수 있는 금액
의 수 구하기

5000원짜리 지폐 1장으로 지불하는 금액과
1000원짜리 지폐 5장으로 지불하는 금액이 같고
10000원짜리 지폐 1장으로 지불하는 금액과
1000원짜리 지폐 10장으로 지불하는 금액이 같으므로
10000원짜리 지폐 2장을 1000원짜리 지폐 20장,
5000원짜리 지폐 3장을 1000원짜리 지폐 15장으로 바꾸면
지불할 수 있는 금액의 수는 1000원짜리 지폐 40장으로 지불할 수 있는
금액의 수와 같다. $\therefore b=40$

STEP C $a+b$의 값 구하기

따라서 $a+b=71+40=111$

정답 ②

1504

STEP A 지불할 수 있는 방법의 수를 이용하여 x의 값 구하기

1000원짜리 지폐 3장으로 지불할 수 있는 방법의 수는
0장, 1장, 2장, 3장의 4가지
5000원짜리 지폐 x장으로 지불할 수 있는 방법의 수는
0장, 1장, 2장, $\cdots$, x장의 $(x+1)$가지
10000원짜리 지폐 2장으로 지불할 수 있는 방법의 수는
0장, 1장, 2장의 3가지
이때 0원을 지불하는 경우는 제외해야 하므로 지불할 수 있는 방법의 수는
$4\times(x+1)\times3-1=59$, $12(x+1)=60$, $x+1=5$
$\therefore x=4$

STEP B 지불할 수 있는 금액이 같은 경우에 주목하여 지불할 수 있는 금액의 수 구하기

10000원짜리 지폐 1장으로 지불할 수 있는 금액과
5000원짜리 지폐 2장으로 지불할 수 있는 금액은 서로 같으므로
10000원짜리 지폐 2장을 5000원짜리 지폐 4장으로 바꾸면
지불할 수 있는 금액의 수는 5000원짜리 지폐 8장, 1000원짜리 지폐 3장으로
지불할 수 있는 금액의 수와 같다.
즉 5000원짜리로 지불할 수 있는 금액은
0원, 5000원, 10000원, 15000원, $\cdots$, 40000원의 9가지
1000원짜리로 지불할 수 있는 금액은
0원, 1000원, 2000원, 3000원의 4가지
이때 0원을 지불하는 경우를 제외해야 하므로 지불할 수 있는 금액의 수는
$9\times4-1=35$

1000원짜리 지폐 4장, 5000원짜리 지폐 x장, 10000원짜리 지폐 3장의 전부
또는 일부를 사용하여 지불할 수 있는 방법의 수가 79일 때, 지불할 수 있는
금액의 수를 구하시오. (단, 0원을 지불하는 경우는 제외한다.)

STEP A 지불할 수 있는 방법의 수를 이용하여 x의 값 구하기

1000원짜리 지폐 4장으로 지불할 수 있는 방법의 수는
0장, 1장, 2장, 3장, 4장의 5가지
5000원짜리 지폐 x장으로 지불할 수 있는 방법의 수는
0장, 1장, 2장, $\cdots$, x장의 $(x+1)$가지
10000원짜리 지폐 3장으로 지불할 수 있는 방법의 수는
0장, 1장, 2장, 3장의 4가지
이때 0원을 지불하는 경우는 제외해야 하므로 지불할 수 있는 방법의 수는
$5\times(x+1)\times4-1=79$, $20(x+1)=80$, $x+1=4$
$\therefore x=3$

STEP B 지불할 수 있는 금액이 같은 경우에 주목하여 지불할 수 있는 금액의 수 구하기

10000원짜리 지폐 1장으로 지불할 수 있는 금액과
5000원짜리 지폐 2장으로 지불할 수 있는 금액은 서로 같으므로
10000원짜리 지폐 3장을 5000원짜리 지폐 6장으로 바꾸면
지불할 수 있는 금액의 수는 5000원짜리 지폐 9장, 1000원짜리 지폐 4장으로
지불할 수 있는 금액의 수와 같다.
즉 5000원짜리로 지불할 수 있는 금액은
0원, 5000원, 10000원, 15000원, $\cdots$, 45000원의 10가지
1000원짜리로 지불할 수 있는 금액은
0원, 1000원, 2000원, 3000원, 4000원의 5가지
이때 0원을 지불하는 경우를 제외해야 하므로 지불할 수 있는 금액의 수는
$10\times5-1=49$

1505

STEP A 합의 법칙을 이용하여 최단거리로 가는 방법의 수 구하기

A지점에서 B지점까지 도로를 따라
최단거리로 이동하는 방법의 수는
오른쪽 그림처럼 두 경로가 만나는
점에서 각각의 경우를 더하면 된다.
따라서 구하는 방법의 수는 26

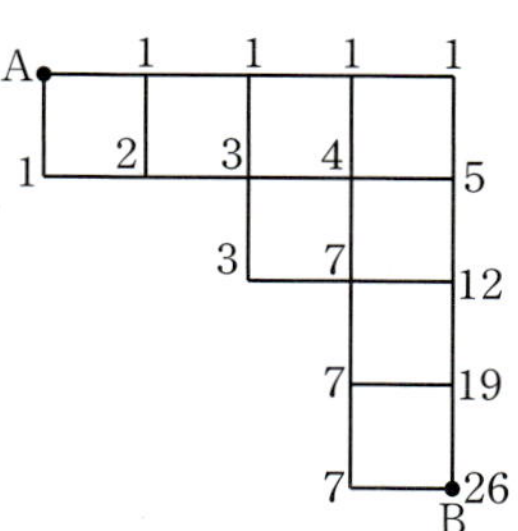

1506

STEP A P지점을 지나 최단거리로 가는 방법의 수 구하기

A지점에서 출발하여 B지점까지
최단거리로 이동할 때, P지점과 Q지점을
모두 지나는 경우는 존재하지 않으므로
구하는 방법의 수는 P지점을 지나는
방법의 수와 Q지점을 지나는 방법의 수를
각각 구하여 더하면 된다.
오른쪽 그림과 같이
A지점에서 P지점을 지나 B지점까지
최단거리로 가는 방법의 수는 12

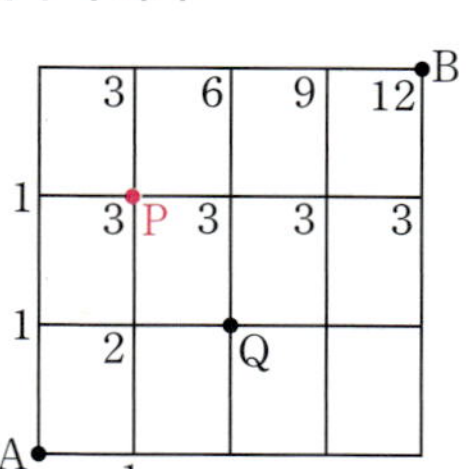

STEP B Q지점을 지나 최단거리로 가는 방법의 수 구하기

오른쪽 그림과 같이
A지점에서 Q지점을 지나 B지점까지
최단거리로 가는 방법의 수는 18

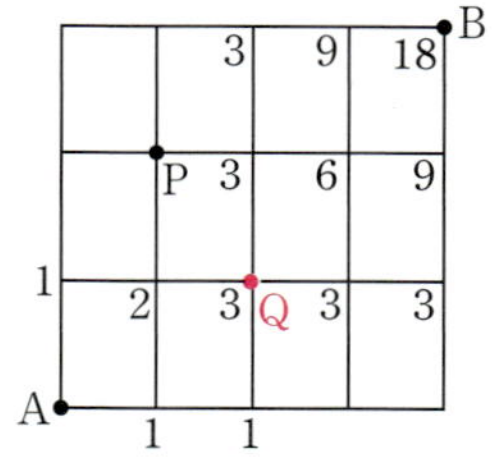

STEP C 합의 법칙을 이용하여 최단거리로 가는 방법의 수 구하기

따라서 합의 법칙에 의하여 A지점에서 P지점 또는 Q지점을 지나 B지점까지
도로를 따라 최단거리로 이동하는 방법의 수는 $12+18=30$

오른쪽 그림과 같은 도로망이 있다. 이
도로망을 따라 A지점에서 출발하여 P
지점 또는 Q지점을 지나 B지점까지
최단거리로 가는 방법의 수는?

① 50　　　② 51
③ 52　　　④ 53
⑤ 54

STEP A P지점을 지나 최단거리로 가는 방법의 수 구하기

A지점에서 출발하여 B지점까지
최단거리로 이동할 때, P지점과 Q지점을
모두 지나는 경우는 존재하지 않으므로
구하는 방법의 수는 P지점을 지나는
방법의 수와 Q지점을 지나는 방법의 수를
각각 구하여 더하면 된다.
오른쪽 그림과 같이
A지점에서 P지점을 지나 B지점까지
최단거리로 가는 방법의 수는 36

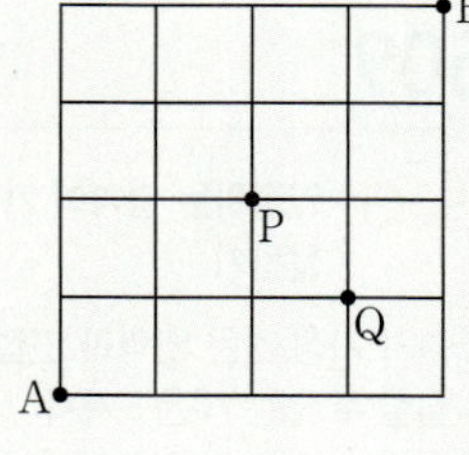

오른쪽 그림과 같이 A지점에서 Q지점을
지나 B지점까지 최단거리로 가는
방법의 수는 16

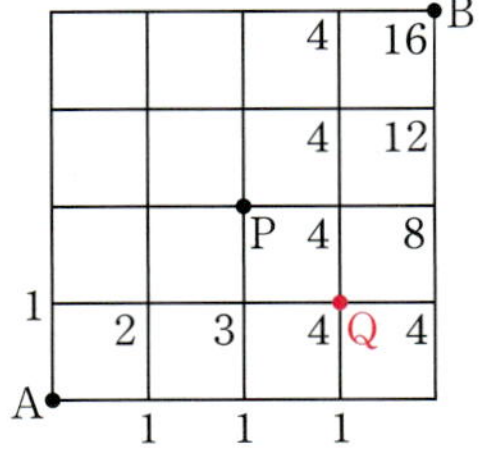

STEP C 합의 법칙을 이용하여 최단거리로 가는 방법의 수 구하기

따라서 합의 법칙에 의하여 A지점에서 P지점 또는 Q지점을 지나 B지점까지
도로를 따라 최단거리로 이동하는 방법의 수는 $36+16=52$ 정답 ③

1507   정답 46

STEP A 합의 법칙을 이용하여 최단거리로 가는 방법의 수 구하기

공사로 인하여 진입이 제한된 길을 제외
한 도로망에서 A지점에서 출발하여 B
지점까지 도로를 따라 최단거리로 이동
하는 방법을 구하면 오른쪽 그림과 같다.
따라서 구하는 방법의 수는 46

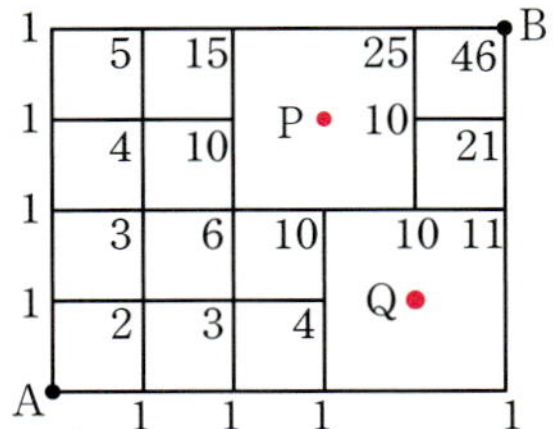

1508   정답 48

STEP A 인접하는 영역이 가장 많은 영역 A부터 칠하고 나머지 영역을
칠하기

영역 A가 가장 많은 영역과 인접하고 있으므로 영역 A부터 색칠한다.
A에 칠할 수 있는 색은 4가지
B에 칠할 수 있는 색은 A에 칠한 색을 제외한 $4-1=3$가지
C에 칠할 수 있는 색은 A, B에 칠한 색을 제외한 $4-2=2$가지
D에 칠할 수 있는 색은 A, C에 칠한 색을 제외한 $4-2=2$가지

STEP B 곱의 법칙을 이용하여 칠하는 경우의 수 구하기

따라서 각각의 영역에 동시에 칠해야 하므로 곱의 법칙에 의하여
구하는 경우의 수는 $4\times3\times2\times2=48$

1509   정답 ⑤

STEP A 인접하는 영역이 가장 많은 영역 D부터 칠하고 나머지 영역을
칠하기

영역 D가 가장 많은 영역과 인접하고 있으므로 영역 D부터 색칠한다.
D에 칠할 수 있는 색은 5가지
A에 칠할 수 있는 색은 D에 칠한 색을 제외한 $5-1=4$가지
B에 칠할 수 있는 색은 A, D에 칠한 색을 제외한 $5-2=3$가지
C에 칠할 수 있는 색은 B, D에 칠한 색을 제외한 $5-2=3$가지

STEP B 곱의 법칙을 이용하여 칠하는 경우의 수 구하기

따라서 각각의 영역에 동시에 칠해야 하므로 곱의 법칙에 의하여
구하는 경우의 수는 $5\times4\times3\times3=180$

내신연계 출제문항 706

오른쪽 그림과 같이 5개의 영역
A, B, C, D, E를 서로 다른 6가지색
으로 칠하려고 한다. 한 가지 색을
여러 번 사용해도 좋으나 이웃한 부분은
서로 다른 색으로 구분하려고 할 때,
색을 칠하는 경우의 수를 구하시오.
(단, 각 영역에는 한 가지 색만 칠한다.)

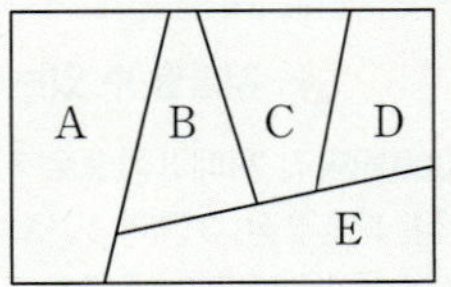

STEP A 인접하는 영역이 가장 많은 영역 E부터 칠하고 나머지 영역을
칠하기

영역 E가 가장 많은 영역과 인접하고 있으므로 영역 E부터 색칠한다.
E에 칠할 수 있는 색은 6가지
A에 칠할 수 있는 색은 E에 칠한 색을 제외한 $6-1=5$가지
B에 칠할 수 있는 색은 A, E에 칠한 색을 제외한 $6-2=4$가지
C에 칠할 수 있는 색은 B, E에 칠한 색을 제외한 $6-2=4$가지
D에 칠할 수 있는 색은 C, E에 칠한 색을 제외한 $6-2=4$가지

STEP B 곱의 법칙을 이용하여 칠하는 경우의 수 구하기

따라서 각각의 영역에 동시에 칠해야 하므로 곱의 법칙에 의하여
구하는 경우의 수는 $6\times5\times4\times4\times4=1920$ 정답 1920

1510   정답 ③

STEP A 인접하는 영역이 가장 많은 영역 A부터 칠하고 나머지 영역을
칠하기

영역 A가 가장 많은 영역과 인접하고 있으므로 영역 A부터 색칠한다.
A에 칠할 수 있는 색은 5가지
B에 칠할 수 있는 색은 A에 칠한 색을 제외한 $5-1=4$가지
C에 칠할 수 있는 색은 A에 칠한 색을 제외한 $5-1=4$가지
D에 칠할 수 있는 색은 A에 칠한 색을 제외한 $5-1=4$가지

STEP B 곱의 법칙을 이용하여 칠하는 경우의 수 구하기

따라서 각각의 영역에 동시에 칠해야 하므로 곱의 법칙에 의하여
구하는 경우의 수는 $5\times4\times4\times4=320$

다른풀이 칠하는 색의 개수로 분류하여 풀이하기

STEP A 2가지, 3가지, 4가지의 색으로 칠하는 경우의 수 구하기

(ⅰ) 2가지의 색으로 칠하는 방법
　　A에 칠할 수 있는 색은 5가지이고
　　B, C, D에 칠할 수 있는 색은 4가지이므로 $5\times4=20$
(ⅱ) 3가지의 색으로 칠하는 방법
　　(A, B, CD), (A, C, BD), (A, D, BC)
　　의 세 가지 경우가 가능하고 각 경우마다 칠할 수 있는 방법의 수는
　　$5\times4\times3=60$가지이므로 $3\times60=180$
(ⅲ) 4가지의 색으로 칠하는 방법의 수는
　　$5\times4\times3\times2=120$

STEP B 합의 법칙을 이용하여 칠하는 경우의 수 구하기

(ⅰ)~(ⅲ)의 경우는 동시에 일어날 수 없으므로 합의 법칙에 의하여
구하는 경우의 수는 $20+180+120=320$

1511

STEP A A와 C에 같은 색을 칠하는 경우와 다른 색을 칠하는 경우로 나누어 각각의 경우의 수 구하기

A, B, C, D의 4개의 영역 중 A와 C는 인접해 있지 않으므로
A와 C에 같은 색을 칠하는 경우와 다른 색을 칠하는 경우로 나눌 수 있다.

(ⅰ) A와 C에 같은 색을 칠하는 경우
　　A, C에 칠할 수 있는 색은 4가지
　　B에 칠할 수 있는 색은 A, C에 칠한 색을 제외한 $4-1=3$가지
　　D에 칠할 수 있는 색은 A, C에 칠한 색을 제외한 $4-1=3$가지
　　이므로 이때의 경우의 수는 곱의 법칙에 의하여 $4\times3\times3=36$

(ⅱ) A와 C에 다른 색을 칠하는 경우
　　A에 칠할 수 있는 색은 4가지
　　C에 칠할 수 있는 색은 A에 칠한 색을 제외한 $4-1=3$가지
　　B에 칠할 수 있는 색은 A, C에 칠한 색을 제외한 $4-2=2$가지
　　D에 칠할 수 있는 색은 A, C에 칠한 색을 제외한 $4-2=2$가지
　　이므로 이때의 경우의 수는 곱의 법칙에 의하여 $4\times3\times2\times2=48$

STEP B 합의 법칙을 이용하여 칠하는 경우의 수 구하기

(ⅰ), (ⅱ)의 경우는 동시에 일어날 수 없으므로 합의 법칙에 의하여
구하는 경우의 수는 $36+48=84$

1512

STEP A A와 E에 같은 색을 칠하는 경우와 다른 색을 칠하는 경우로 나누어 각각의 경우의 수 구하기

A, B, C, D, E의 5개의 영역 중 A와 E는 인접해 있지 않으므로
A와 E에 같은 색을 칠하는 경우와 다른 색을 칠하는 경우로 나눌 수 있다.

(ⅰ) A와 E에 같은 색을 칠하는 경우
　　C에 칠할 수 있는 색은 5가지
　　A, E에 칠할 수 있는 색은 C에 칠한 색을 제외한 $5-1=4$가지
　　B에 칠할 수 있는 색은 A, C에 칠한 색을 제외한 $5-2=3$가지
　　D에 칠할 수 있는 색은 A, C에 칠한 색을 제외한 $5-2=3$가지
　　이므로 이때의 경우의 수는 곱의 법칙에 의하여 $5\times4\times3\times3=180$

(ⅱ) A와 E에 다른 색을 칠하는 경우
　　C에 칠할 수 있는 색은 5가지
　　A에 칠할 수 있는 색은 C에 칠한 색을 제외한 $5-1=4$가지
　　E에 칠할 수 있는 색은 A, C에 칠한 색을 제외한 $5-2=3$가지
　　B에 칠할 수 있는 색은 A, C, E에 칠한 색을 제외한 $5-3=2$가지
　　D에 칠할 수 있는 색은 A, C, E에 칠한 색을 제외한 $5-3=2$가지
　　이므로 이때의 경우의 수는 곱의 법칙에 의하여 $5\times4\times3\times2\times2=240$

STEP B 합의 법칙을 이용하여 칠하는 경우의 수 구하기

(ⅰ), (ⅱ)의 경우는 동시에 일어날 수 없으므로 합의 법칙에 의하여
구하는 경우의 수는 $180+240=420$

오른쪽 그림과 같이 A, B, C, D, E의
5개의 영역에 다섯 가지 색을 칠하려고
한다. 같은 색은 중복하여 사용해도 좋
으나 인접하는 영역은 서로 다른 색으로
칠할 때, 칠하는 경우의 수는?
(단, 각 영역에는 한 가지 색만 칠한다.)

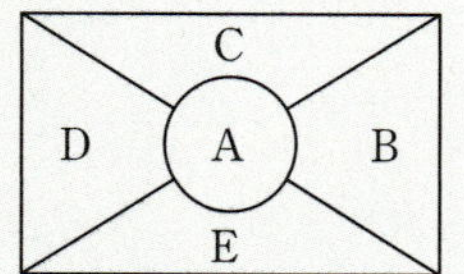

① 120　　　　② 240　　　　③ 260
④ 360　　　　⑤ 420

STEP A B와 D에 같은 색을 칠하는 경우와 다른 색을 칠하는 경우로 나누어 각각의 경우의 수 구하기

A영역 → B영역 → C영역 → D영역 → E영역 순으로 칠할 때,
B와 D에 같은 색을 칠하는 경우와 다른 색을 칠하는 경우로 나눌 수 있다.

A, B, C, D, E의 5개의 영역 중 B와 D, C와 E는 인접해 있지 않으므로
각각의 영역들끼리 같은 색으로 칠하는 경우와 다른 색으로 칠하는 경우로 나누어 칠한다.

(ⅰ) B와 D에 같은 색을 칠하는 경우
　　A에 칠할 수 있는 색은 5가지
　　B, D에 칠할 수 있는 색은 A에 칠한 색을 제외한 $5-1=4$가지
　　C에 칠할 수 있는 색은 A, B에 칠한 색을 제외한 $5-2=3$가지
　　E에 칠할 수 있는 색은 A, B에 칠한 색을 제외한 $5-2=3$가지
　　이므로 이때의 경우의 수는 곱의 법칙에 의하여 $5\times4\times3\times3=180$

(ⅱ) B와 D에 다른 색을 칠하는 경우
　　A에 칠할 수 있는 색은 5가지
　　B에 칠할 수 있는 색은 A에 칠한 색을 제외한 $5-1=4$가지
　　C에 칠할 수 있는 색은 A, B에 칠한 색을 제외한 $5-2=3$가지
　　D에 칠할 수 있는 색은 A, B, C에 칠한 색을 제외한 $5-3=2$가지
　　E에 칠할 수 있는 색은 A, B, D에 칠한 색을 제외한 $5-3=2$가지
　　이므로 이때의 경우의 수는 곱의 법칙에 의하여 $5\times4\times3\times2\times2=240$

STEP B 합의 법칙을 이용하여 칠하는 경우의 수 구하기

(ⅰ), (ⅱ)의 경우는 동시에 일어날 수 없으므로 합의 법칙에 의하여
구하는 경우의 수는 $180+240=420$

1513

STEP A A와 C에 같은 색을 칠하는 경우와 다른 색을 칠하는 경우로 나누어 각각의 경우의 수 구하기

A, B, C, D, E의 5개의 영역 중 A와 C는 인접해 있지 않으므로
A와 C에 같은 색을 칠하는 경우와 다른 색을 칠하는 경우로 나눌 수 있다.

(ⅰ) A와 C에 같은 색을 칠하는 경우
　　A, C에 칠할 수 있는 색은 4가지
　　B에 칠할 수 있는 색은 A, C에 칠한 색을 제외한 $4-1=3$가지
　　D에 칠할 수 있는 색은 A, B에 칠한 색을 제외한 $4-2=2$가지
　　E에 칠할 수 있는 색은 A, D에 칠한 색을 제외한 $4-2=2$가지
　　이므로 이때의 경우의 수는 곱의 법칙에 의하여 $4\times3\times2\times2=48$

(ⅱ) A와 C에 다른 색을 칠하는 경우
　　A에 칠할 수 있는 색은 4가지
　　C에 칠할 수 있는 색은 A에 칠한 색을 제외한 $4-1=3$가지
　　B에 칠할 수 있는 색은 A, C에 칠한 색을 제외한 $4-2=2$가지
　　D에 칠할 수 있는 색은 A, B에 칠한 색을 제외한 $4-2=2$가지
　　E에 칠할 수 있는 색은 A, D에 칠한 색을 제외한 $4-2=2$가지
　　이므로 이때의 경우의 수는 곱의 법칙에 의하여 $4\times3\times2\times2\times2=96$

STEP B 합의 법칙을 이용하여 칠하는 경우의 수 구하기

(ⅰ), (ⅱ)의 경우는 동시에 일어날 수 없으므로 합의 법칙에 의하여
구하는 경우의 수는 $48+96=144$

 인접하는 영역이 가장 많은 영역부터 칠하여 풀이하기

STEP A 인접하는 영역이 가장 많은 영역 A부터 칠하고 나머지 영역을 칠하기

영역 A가 가장 많은 영역과 인접하고 있으므로 영역 A부터 칠한다.
A에 칠할 수 있는 색은 4가지
B에 칠할 수 있는 색은 A에 칠한 색을 제외한 $4-1=3$가지
C에 칠할 수 있는 색은 B에 칠한 색을 제외한 $4-1=3$가지
D에 칠할 수 있는 색은 A, B에 에 칠한 색을 제외한 $4-2=2$가지
E에 칠할 수 있는 색은 A, D에 에 칠한 색을 제외한 $4-2=2$가지

STEP B 곱의 법칙을 이용하여 칠하는 경우의 수 구하기

따라서 각각의 영역에 동시에 칠해야 하므로 곱의 법칙에 의하여 구하는
경우의 수는 $4\times3\times3\times2\times2=144$

1514

정답 해설참조

| 1단계 | y가 될 수 있는 값을 구한다. | 3점 |

$|x|+3|y|=12$에서 $|x|$, $|y|$는 양의 정수이므로
$|y|$의 값은
$|y|=0$ 또는 $|y|=1$ 또는 $|y|=2$ 또는 $|y|=3$ 또는 $|y|=4$
$\therefore y=0$ 또는 $y=\pm1$ 또는 $y=\pm2$ 또는 $y=\pm3$ 또는 $y=\pm4$

| 2단계 | 각각의 경우에 대한 순서쌍의 개수를 구한다. | 5점 |

(i) $y=0$일 때,
　　$|x|=12$이므로 $x=\pm12$
　　순서쌍 $(x,\ y)$는 $(12,\ 0)$, $(-12,\ 0)$의 2개
(ii) $y=\pm1$일 때,
　　$|x|=9$이므로 $x=\pm9$
　　순서쌍 $(x,\ y)$는 $(9,\ 1)$, $(9,\ -1)$, $(-9,\ 1)$, $(-9,\ -1)$의 4개
(iii) $y=\pm2$일 때,
　　$|x|=6$이므로 $x=\pm6$
　　순서쌍 $(x,\ y)$는 $(6,\ 2)$, $(6,\ -2)$, $(-6,\ 2)$, $(-6,\ -2)$의 4개
(iv) $y=\pm3$일 때,
　　$|x|=3$이므로 $x=\pm3$
　　순서쌍 $(x,\ y)$는 $(3,\ 3)$, $(3,\ -3)$, $(-3,\ 3)$, $(-3,\ -3)$의 4개
(v) $y=\pm4$일 때,
　　$|x|=0$이므로 $x=0$
　　순서쌍 $(x,\ y)$는 $(0,\ 4)$, $(0,\ -4)$의 2개

| 3단계 | 합의 법칙을 이용하여 순서쌍 $(x,\ y)$의 개수를 구한다. | 2점 |

(i)~(v)의 경우는 동시에 일어날 수 없으므로 합의 법칙에 의하여
구하는 순서쌍 $(x,\ y)$의 개수는 $2+4+4+4+2=16$

1515

정답 해설참조

| 1단계 | 모든 항의 개수를 구한다. | 2점 |

$(a+b)(p+q+r)(x+y)$를 전개하면
a, b에 p, q, r을 각각 곱하여 항이 만들어지고
다시 x, y를 각각 곱하여 항이 만들어진다.
즉 모든 항의 개수는 $2\times3\times2=12$

| 2단계 | a를 포함하는 항의 개수를 구한다. | 4점 |

$(a+b)(p+q+r)(x+y)=a(p+q+r)(x+y)+b(p+q+r)(x+y)$에서
a를 포함하는 항의 개수는
$(p+q+r)(x+y)$의 전개식의 항의 개수와 같으므로 $3\times2=6$

| 3단계 | q를 포함하지 않은 항의 개수를 구한다. | 4점 |

$(a+b)(p+q+r)(x+y)$의 전개식에서 q를 포함하지 않는 항의 개수는
$(a+b)(p+r)(x+y)$의 전개식의 항의 개수와 같으므로 $2\times2\times2=8$

1516

정답 해설참조

| 1단계 | B지점과 D지점 사이에 도로를 x개 추가한다고 할 때, A에서 C로 가는 모든 경로를 구한다. | 2점 |

경로 1 A → B → C
경로 2 A → D → C
경로 3 A → B → D → C
경로 4 A → D → B → C

| 2단계 | 각각의 경로의 수를 구한다. | 5점 |

경로 1 A → B의 경우의 수는 2,
　　　　B → C의 경우의 수는 3이므로
　　　　A → B → C의 경우의 수는 $2\times3=6$
경로 2 A → D의 경우의 수는 3,
　　　　D → C의 경우의 수는 2이므로
　　　　A → D → C의 경우의 수는 $3\times2=6$
경로 3 A → B의 경우의 수는 2,
　　　　B → D의 경우의 수는 x,
　　　　D → C의 경우의 수는 2이므로
　　　　A → B → D → C의 경우의 수는 $2\times x\times2=4x$
경로 4 A → D의 경우의 수는 3,
　　　　D → B의 경우의 수는 x,
　　　　B → C의 경우의 수는 3이므로
　　　　A → D → B → C의 경우의 수는 $3\times x\times3=9x$

| 3단계 | 경로의 수가 77이 되도록 하는 자연수 x의 값을 구한다. | 3점 |

전체 경로의 수는 $6+6+4x+9x=12+13x$
따라서 $12+13x=77$, $13x=65$이므로 $x=5$

1517

정답 해설참조

| 1단계 | 720의 양의 약수의 개수를 구한다. | 2점 |

$720=2^4\times3^2\times5$이므로 720의 양의 약수의 개수는
$(4+1)(2+1)(1+1)=30$

| 2단계 | 720의 양의 약수 중 짝수의 개수 a를 구한다. | 3점 |

짝수인 양의 약수의 개수는 전체 양의 약수의 개수에서
소인수 2를 포함하지 않는 $3^2\times5$의 양의 약수의 개수를 뺀 것과 같다.
즉 $3^2\times5$의 양의 약수의 개수는 $(2+1)(1+1)=6$
$\therefore a=30-6=24$

| 3단계 | 720의 양의 약수 중 5의 배수의 개수 b를 구한다. | 3점 |

5의 배수인 양의 약수의 개수는 전체 양의 약수의 개수에서
소인수 5를 포함하지 않는 $2^4\times3^2$의 양의 약수의 개수를 뺀 것과 같다.
즉 $2^4\times3^2$의 양의 약수의 개수는 $(4+1)(2+1)=15$
$\therefore b=30-15=15$

| 4단계 | $a+b$의 값을 구한다. | 2점 |

따라서 $a+b=24+15=39$

1518

 해설참조

1단계 이차방정식의 판별식을 이용하여 식을 세운다. **3점**

이차방정식 $2x^2+ax+b=0$의 판별식을 D라 할 때,
이차함수 $y=2x^2+ax+b$의 그래프가 x축과 서로 다른 두 점에서 만나려면
$D>0$이어야 하므로
$D=a^2-8b>0$ $\therefore a^2>8b$ $\cdots\cdots$ ㉠

2단계 a의 값에 따라 순서쌍 $(a,\ b)$의 개수를 구한다. **5점**

$a,\ b$의 값 중에서 ㉠을 만족시키는 경우는 다음과 같다.

$8b$ \ a^2	1	4	9	16	25	36
8			○	○	○	○
16					○	○
24					○	○
32						○
40						
48						

(i) $a=1,\ 2$일 때, ㉠을 만족하는 순서쌍 $(a,\ b)$는 존재하지 않는다.

(ii) $a=3$일 때, ㉠에서 $9>8b$이므로
순서쌍 $(a,\ b)$는 $(3,\ 1)$의 1가지

(iii) $a=4$일 때, ㉠에서 $16>8b$이므로
순서쌍 $(a,\ b)$는 $(4,\ 1)$의 1가지

(iv) $a=5$일 때, ㉠에서 $25>8b$이므로
순서쌍 $(a,\ b)$는 $(5,\ 1),\ (5,\ 2),\ (5,\ 3)$의 3가지

(v) $a=6$일 때, ㉠에서 $36>8b$이므로
순서쌍 $(a,\ b)$는 $(6,\ 1),\ (6,\ 2),\ (6,\ 3),\ (6,\ 4)$의 4가지

3단계 모든 순서쌍 $(a,\ b)$의 개수를 구한다. **2점**

따라서 구하는 순서쌍 $(a,\ b)$의 개수는 $1+1+3+4=9$

내·신·연·계 출제문항 708

주사위를 2번 던져 나온 수를 차례로 $a,\ b$라 하자. 이차방정식
$x^2+ax+b=0$이 허근을 갖도록 하는 순서쌍 $(a,\ b)$의 개수를 구하는
과정을 다음 단계로 서술하시오.

[1단계] 이차방정식의 판별식을 이용하여 식을 세운다. [3점]
[2단계] a의 값에 따라 순서쌍 $(a,\ b)$의 개수를 구한다. [5점]
[3단계] 모든 순서쌍 $(a,\ b)$의 개수를 구한다. [2점]

1단계 이차방정식의 판별식을 이용하여 식을 세운다. **3점**

이차방정식 $x^2+ax+b=0$의 판별식을 D라 할 때,
이 이차방정식이 허근을 가지려면 $D<0$이어야 하므로
$D=a^2-4b<0$ $\therefore a^2<4b$ $\cdots\cdots$ ㉠

2단계 a의 값에 따라 순서쌍 $(a,\ b)$의 개수를 구한다. **5점**

$D=a,\ b$의 값 중에서 ㉠을 만족시키는 경우는 다음과 같다.

$4b$ \ a^2	1	4	9	16	25	36
4	○					
8	○	○				
12	○	○	○			
16	○	○	○			
20	○	○	○	○		
24	○	○	○	○		

(i) $a=1$일 때, ㉠에서 $1<4b$이므로
순서쌍 $(a,\ b)$는 $(1,\ 1),\ (1,\ 2),\ (1,\ 3),\ (1,\ 4),\ (1,\ 5),\ (1,\ 6)$의 6가지

(ii) $a=2$일 때, ㉠에서 $4<4b$이므로
순서쌍 $(a,\ b)$는 $(2,\ 2),\ (2,\ 3),\ (2,\ 4),\ (2,\ 5),\ (2,\ 6)$의 5가지

(iii) $a=3$일 때, ㉠에서 $9<4b$이므로
순서쌍 $(a,\ b)$는 $(3,\ 3),\ (3,\ 4),\ (3,\ 5),\ (3,\ 6)$의 4가지

(iv) $a=4$일 때, ㉠에서 $16<4b$이므로
순서쌍 $(a,\ b)$는 $(4,\ 5),\ (4,\ 6)$의 2가지

(v) $a=5,\ 6$일 때, ㉠을 만족하는 순서쌍 $(a,\ b)$는 존재하지 않는다.

3단계 모든 순서쌍 $(a,\ b)$의 개수를 구한다. **2점**

따라서 구하는 순서쌍 $(a,\ b)$의 개수는 $6+5+4+2=17$ 해설참조

1519

 해설참조

1단계 백의 자리에 올 수 있는 숫자를 구한다. **2점**

조건 (가)에서 백의 자리의 숫자는 짝수이므로
백의 자리에 올 수 있는 수는 2 또는 4 또는 6 또는 8

2단계 각각의 경우에 십의 자리에 올 수 있는 숫자를 구한다. **5점**

(i) 백의 자리의 숫자가 2일 때,
십의 자리에 올 수 있는 수는 1 또는 2

(ii) 백의 자리의 숫자가 4일 때,
십의 자리에 올 수 있는 수는 1 또는 2 또는 4

(iii) 백의 자리의 숫자가 6일 때,
십의 자리에 올 수 있는 수는 1 또는 2 또는 3 또는 6

(iv) 백의 자리의 숫자가 8일 때,
십의 자리에 올 수 있는 수는 1 또는 2 또는 4 또는 8

3단계 합의 법칙을 이용하여 세 자리의 자연수의 개수를 구한다. **3점**

(i)~(iv)에서 각각의 경우에 일의 자리의 숫자는 0 또는 5이므로
구하는 세 자리 자연수의 개수는 $2\times(2+3+4+4)=26$

1520

정답 **144**

STEP Ⓐ 백의 자리 숫자에 따라 각각의 경우의 수 구하기

(ⅰ) 백의 자리 숫자가 2일 때,
　　일의 자리에 올 수 있는 수는 1, 3, 5, 7, 9의 5개
　　십의 자리에 올 수 있는 수는 백의 자리와 일의 자리의 수를 제외한 8개
　　즉 이때의 경우의 수는 $5 \times 8 = 40$

(ⅱ) 백의 자리 숫자가 3일 때,
　　일의 자리에 올 수 있는 수는 1, 5, 7, 9의 4개
　　십의 자리에 올 수 있는 수는 백의 자리와 일의 자리의 수를 제외한 8개
　　즉 이때의 경우의 수는 $4 \times 8 = 32$

(ⅲ) 백의 자리 숫자가 4일 때,
　　일의 자리에 올 수 있는 수는 1, 3, 5, 7, 9의 5개
　　십의 자리에 올 수 있는 수는 백의 자리와 일의 자리의 수를 제외한 8개
　　즉 이때의 경우의 수는 $5 \times 8 = 40$

(ⅳ) 백의 자리 숫자가 5일 때,
　　일의 자리에 올 수 있는 수는 1, 3, 7, 9의 4개
　　십의 자리에 올 수 있는 수는 백의 자리와 일의 자리의 수를 제외한 8개
　　즉 이때의 경우의 수는 $4 \times 8 = 32$

STEP Ⓑ 합의 법칙을 이용하여 경우의 수 구하기

(ⅰ)~(ⅳ)의 경우는 동시에 일어날 수 없으므로 합의 법칙에 의하여
구하는 자연수의 개수는 $40 + 32 + 40 + 32 = 144$

다른풀이 백의 자리에 홀수, 짝수가 오는 경우로 분류하여 풀이하기

STEP Ⓐ 백의 자리가 홀수, 짝수인 경우로 나누어 구하기

(ⅰ) 백의 자리가 홀수인 경우
　　일의 자리에 올 수 있는 수는 홀수 중 백의 자리의 수를 제외한 4개
　　십의 자리에 올 수 있는 수는 백의 자리와 일의 자리의 수를 제외한 8개
　　이때 백의 자리에 올 수 있는 홀수는 3, 5의 2개
　　즉 이때의 경우의 수는 $4 \times 8 \times 2 = 64$

(ⅱ) 백의 자리가 짝수인 경우
　　일의 자리에 올 수 있는 수는 1, 3, 5, 7, 9의 5개
　　십의 자리에 올 수 있는 수는 백의 자리와 십의 자리의 수를 제외한 8개
　　이때 백의 자리에 올 수 있는 짝수는 2, 4의 2개
　　즉 이때의 경우의 수는 $5 \times 8 \times 2 = 80$

STEP Ⓑ 합의 법칙을 이용하여 경우의 수 구하기

(ⅰ), (ⅱ)의 경우는 동시에 일어날 수 없으므로 합의 법칙에 의하여
구하는 자연수의 개수는 $64 + 80 = 144$

내신연계 출제문항 709

100부터 550까지의 짝수인 자연수 중에서 각 자리의 숫자가 모두 다른 수의
개수를 구하시오.

STEP Ⓐ 백의 자리 숫자에 따라 각각의 경우의 수 구하기

(ⅰ) 백의 자리 숫자가 1일 때,
　　일의 자리에 올 수 있는 수는 0, 2, 4, 6, 8의 5개
　　십의 자리에 올 수 있는 수는 백의 자리와 일의 자리의 수를 제외한 8개
　　즉 이때의 경우의 수는 $5 \times 8 = 40$

(ⅱ) 백의 자리 숫자가 2일 때,
　　일의 자리에 올 수 있는 수는 0, 4, 6, 8의 4개
　　십의 자리에 올 수 있는 수는 백의 자리와 일의 자리의 수를 제외한 8개
　　즉 이때의 경우의 수는 $4 \times 8 = 32$

(ⅲ) 백의 자리 숫자가 3일 때,
　　일의 자리에 올 수 있는 수는 0, 2, 4, 6, 8의 5개
　　십의 자리에 올 수 있는 수는 백의 자리와 일의 자리의 수를 제외한 8개
　　즉 이때의 경우의 수는 $5 \times 8 = 40$

(ⅳ) 백의 자리 숫자가 4일 때,
　　일의 자리에 올 수 있는 수는 0, 2, 6, 8의 4개
　　십의 자리에 올 수 있는 수는 백의 자리와 일의 자리의 수를 제외한 8개
　　즉 이때의 경우의 수는 $4 \times 8 = 32$

(ⅴ) 백의 자리 숫자가 5일 때,
　　① 일의 자리에 오는 수가 0, 2, 4일 때,
　　　십의 자리에 올 수 있는 수는 백의 자리와 일의 자리의 수를 제외한 4개
　　② 일의 자리 숫자가 6, 8일 때,
　　　십의 자리에 올 수 있는 수는 0, 1, 2, 3, 4의 5개
　　①, ②에 의하여 이때의 경우의 수는 $4 \times 3 + 5 \times 2 = 22$

STEP Ⓑ 합의 법칙을 이용하여 경우의 수 구하기

(ⅰ)~(ⅴ)의 경우는 동시에 일어날 수 없으므로 합의 법칙에 의하여
구하는 자연수의 개수는 $40 + 32 + 40 + 32 + 22 = 166$

다른풀이 백의 자리에 짝수, 5가 아닌 홀수, 5가 오는 경우로 분류하여 풀이하기

STEP Ⓐ 백의 자리가 짝수, 5가 아닌 홀수, 5인 경우로 나누어 구하기

(ⅰ) 백의 자리가 짝수인 경우
　　일의 자리에 올 수 있는 수는 짝수 중 백의 자리의 수를 제외한 4개
　　십의 자리에 올 수 있는 수는 백의 자리와 십의 자리의 수를 제외한 8개
　　백의 자리에 올 수 있는 짝수는 2, 4의 2개
　　즉 이때의 경우의 수는 $4 \times 8 \times 2 = 64$

(ⅱ) 백의 자리가 5가 아닌 홀수인 경우
　　일의 자리에 올 수 있는 수는 0, 2, 4, 6, 8의 5개
　　십의 자리에 올 수 있는 수는 백의 자리와 일의 자리의 수를 제외한 8개
　　이때 백의 자리에 올 수 있는 홀수는 1, 3의 2개
　　즉 이때의 경우의 수는 $5 \times 8 \times 2 = 80$

(ⅲ) 백의 자리가 5인 경우
　　① 일의 자리에 오는 수가 0, 2, 4일 때,
　　　십의 자리에 올 수 있는 수는 백의 자리와 일의 자리의 수를 제외한 4개
　　② 일의 자리 숫자가 6, 8일 때,
　　　십의 자리에 올 수 있는 수는 0, 1, 2, 3, 4의 5개
　　①, ②에 의하여 이때의 경우의 수는 $4 \times 3 + 5 \times 2 = 22$

STEP Ⓑ 합의 법칙을 이용하여 경우의 수 구하기

(ⅰ)~(ⅲ)의 경우는 동시에 일어날 수 없으므로 합의 법칙에 의하여
구하는 자연수의 개수는 $64 + 80 + 22 = 166$　　정답 **166**

1521

정답 **9**

STEP Ⓐ 천, 십의 자릿수를 임의로 두고 주어진 조건을 식으로 표현하기

천의 자릿수를 x, 십의 자릿수를 y라고 하면
$x + 5 + y + 2 = x + y + 7 = 9k$ (단, k는 자연수)

STEP Ⓑ k가 1, 2일 때와 3 이상일 때로 나누어 순서쌍 구하기

(ⅰ) $k = 1$일 때, $x + y = 2$이므로 순서쌍 (x, y)는 $(1, 1)$의 1가지

(ⅱ) $k = 2$일 때, $x + y = 11$이므로 순서쌍 (x, y)는
　　$(2, 9), (3, 8), (4, 7), (5, 6), (6, 5), (7, 4), (8, 3), (9, 2)$의 8가지

(ⅲ) $k \geq 3$일 때, 조건을 만족하는 순서쌍 (x, y)는 없다.

(ⅰ)~(ⅲ)에 의하여 구하는 비밀번호의 수는 $1 + 8 = 9$

1522

STEP A 사각형을 두 개의 삼각형으로 나누어 생각하기

두 직선 l, m에서 각각 두 점씩 택하여 연결하면 사각형이 되고
이 사각형은 사다리꼴이다.
사다리꼴의 윗변과 아랫변의 길이를 각각 a, b라고 하면

넓이는 $\dfrac{1}{2}(a+b)\times 1=2$이므로 $a+b=4$

STEP B $a+b=4$를 만족하는 a, b의 순서쌍의 개수 구하기

(i) $a=1$, $b=3$일 때,

　　$a=1$인 경우는 4가지, $b=3$인 경우는 2가지이므로
　　순서쌍 $(a,\ b)$의 개수는 $4\times 2=8$

(ii) $a=2$, $b=2$일 때,

　　$a=2$인 경우는 3가지, $b=2$인 경우는 3가지이므로
　　순서쌍 $(a,\ b)$의 개수는 $3\times 3=9$

(iii) $a=3$, $b=1$일 때,

　　$a=3$인 경우는 2가지, $b=1$인 경우는 4가지이므로
　　순서쌍 $(a,\ b)$의 개수는 $2\times 4=8$

(i)~(iii)에 의하여 구하는 경우의 개수는 $8+9+8=25$

1523

2017년 10월 고3 학력평가 가형 13번　정답 ④

STEP A 섬과 연결되는 다리가 가장 많은 섬을 결정하고 경우의 수 구하기

그림과 같이 6개의 섬에 ①부터 ⑥까지의 번호를 부여하자.

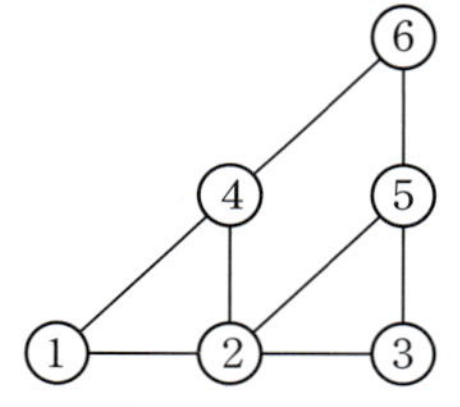

②번 섬이 가장 많은 섬과 연결되어 있으므로
②번 섬부터 깃발을 세우는 경우의 수를 구한다.
②번 섬에 세울 깃발의 색을 정하는 경우의 수는 3가지
이때 ②번 섬과 연결되어 있지 않은 섬은 ⑥번 섬뿐이므로
⑥번 섬에는 ②번 섬에 세우는 깃발과 같은 색의 깃발을 세운다.

STEP B 남은 섬에 깃발을 세우는 경우의 수 구하기

남은 두 색의 깃발 중 한 가지 색을 선택하여
①번 섬에 깃발을 세우는 경우의 수는 2
이때 깃발을 세우지 않은 섬 중에서
①번 섬과 연결되어 있지 않은 섬은 ③번 섬과 ⑤번 섬이므로
이 섬들 중 하나에 ①번 섬에 세우는 깃발과 같은 색의 깃발을 세워야 한다.
즉 두 섬 중 한 섬을 선택하는 경우의 수는 2
나머지 두 섬에는 남은 깃발을 세운다.

STEP C 곱의 법칙을 이용하여 경우의 수 구하기

따라서 섬에 깃발을 세우는 경우의 수는 곱의 법칙에 의하여
$3\times 2\times 2=12$

그림과 같이 6개의 섬이 다리로 연결되어 있다. 흰색, 노란색, 파란색 깃발이
각각 2개씩 총 6개 있을 때, 이 6개의 깃발을 섬에 한 개씩 세우고자 한다.
다리로 연결된 이웃한 두 섬에는 같은 색의 깃발을 세우지 않는다고 할 때,
깃발을 세우는 경우의 수를 구하시오. (단, 같은 색의 깃발끼리는 서로 구별
하지 않는다.)

STEP A 섬과 연결되는 다리가 가장 많은 섬을 결정하고 경우의 수 구하기

그림과 같이 6개의 섬에 ①부터 ⑥까지의 번호를 부여하자.

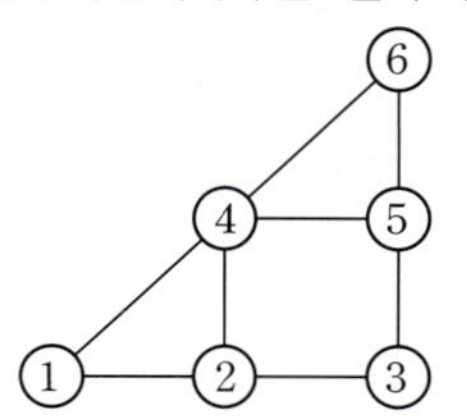

④번 섬이 가장 많은 섬과 연결되어 있으므로
④번 섬부터 깃발을 세우는 경우의 수를 구한다.
④번 섬에 세울 깃발의 색을 정하는 경우의 수는 3가지
이때 ④번 섬과 연결되어 있지 않은 섬은 ③번 섬뿐이므로
③번 섬에는 ④번 섬에 세우는 깃발과 같은 색의 깃발을 세운다.

STEP B 남은 섬에 깃발을 세우는 경우의 수 구하기

남은 두 색의 깃발 중 한 가지 색을 선택하여
①번 섬에 깃발을 세우는 경우의 수는 2
이때 깃발을 세우지 않은 섬 중에서
①번 섬과 연결되어 있지 않은 섬은 ⑤번 섬과 ⑥번 섬이므로
이 섬들 중 하나에 ①번 섬에 세우는 깃발과 같은 색의 깃발을 세워야 한다.
즉 두 섬 중 한 섬을 선택하는 경우의 수는 2
나머지 두 섬에는 남은 깃발을 세운다.

STEP C 곱의 법칙을 이용하여 경우의 수 구하기

따라서 섬에 깃발을 세우는 경우의 수는 곱의 법칙에 의하여
$3\times 2\times 2=12$　정답 12

1524

2009학년도 06월 고3 모의평가 나형 25번　정답 30

STEP A 맨 위와 맨 아래 사다리꼴에 다른 색을 칠하는 방법의 수 구하기

서로 다른 3가지 색을 A, B, C라고 하면 맨 위와 맨 아래의 사다리꼴에
서로 다른 색을 칠하는 방법의 수는 $3\times 2=6$
3가지 색에서 2가지 색을 뽑아 일렬로 세우는 순열의 수와 같으므로 $_3P_2=3\times 2=6$

STEP B 중간 부분의 사다리꼴에 색을 칠하는 방법의 수 구하기

(i) 맨 위에 A, 맨 아래에 B를 칠한 경우

　　이웃한 사다리꼴에는 서로 다른 색을 칠하므로
　　3개의 사다리꼴에 색을 칠하는 경우는 다음과 같다.

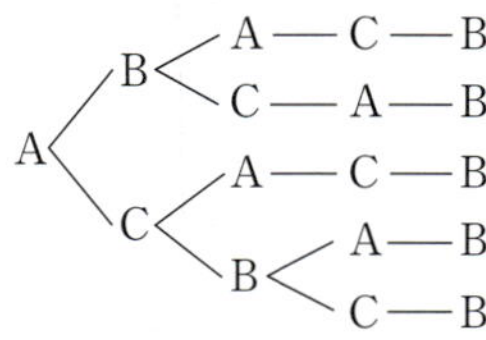

　　이때 칠하는 방법의 수는 5

(ii) 나머지 5가지 경우

　　(i)과 마찬가지로 나머지 5가지 경우도 방법의 수는 5로 동일하다.

따라서 구하는 방법의 수는 $6\times 5=30$

그림과 같이 1, 2, 3, 4, 5, 6이 적힌 6개의 직사각형을 서로 다른 3가지 색을 일부 또는 전부를 사용하여 색칠하려고 한다. 이웃한 직사각형에는 서로 다른 색을 칠하고, 1이 적힌 직사각형과 6이 적힌 직사각형에 서로 다른 색을 칠한다. 6개의 직사각형에 색을 칠하는 방법의 수를 구하시오. (단, 각 영역에는 한 가지 색만 칠한다.)

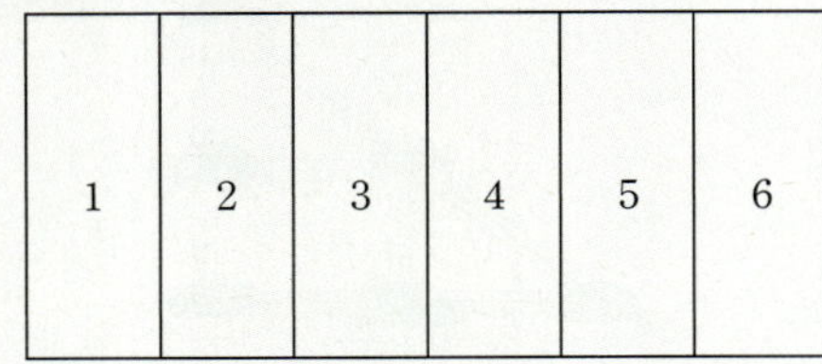

STEP A **1이 적힌 직사각형과 6이 적힌 직사각형에 다른 색을 칠하는 방법의 수 구하기**

서로 다른 3가지 색을 A, B, C라고 하면 1이 적힌 직사각형과 6이 적힌 직사각형에 서로 다른 색을 칠하는 방법의 수는 $3 \times 2 = 6$

3가지 색에서 2가지 색을 뽑아 일렬로 세우는 순열의 수와 같으므로 $_3P_2 = 3 \times 2 = 6$

STEP B **중간 부분의 직사각형에 색을 칠하는 방법의 수 구하기**

(i) 1이 적힌 직사각형에 A, 6이 적힌 직사각형에 B를 칠한 경우
이웃한 직사각형에는 서로 다른 색을 칠하므로
4개의 직사각형에 색을 칠하는 경우는 다음과 같다.

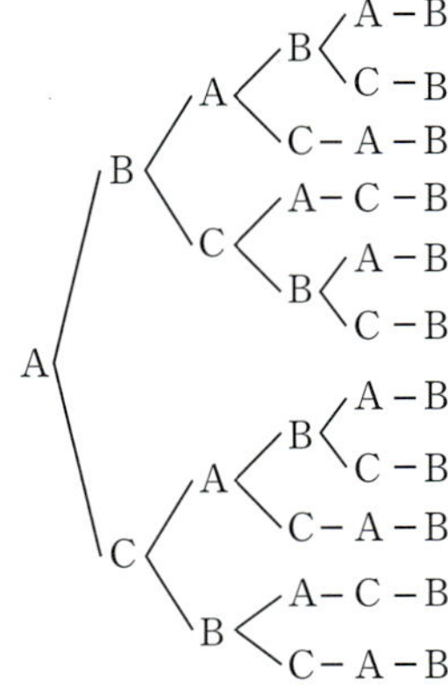

이때 칠하는 방법의 수는 11
(ii) 나머지 5가지 경우
(i)과 마찬가지로 나머지 5가지 경우도 방법의 수는 11로 동일하다.
따라서 구하는 방법의 수는 $6 \times 11 = 66$

정답 66

STEP A **각 영역의 넓이를 구하여 1가지 색으로 칠할 수 있는 넓이 구하기**

5개의 영역의 넓이를 각각 구하면
(영역 A의 넓이) $= \pi$
(영역 B의 넓이) $= 4\pi - \pi = 3\pi$
(영역 C의 넓이) $= 9\pi - 4\pi = 5\pi$
(영역 D의 넓이) $= 16\pi - 9\pi = 7\pi$
(영역 E의 넓이) $= 25\pi - 16\pi = 9\pi$
(물감 한 통으로 칠할 수 있는 넓이) $=$ (영역 A의 넓이) $= \pi$
물감은 1가지 색을 10통까지 쓸 수 있으므로
1가지 색으로 10π만큼의 넓이까지 칠할 수 있다.

STEP B **다섯 영역에 3가지 색을 모두 사용하고 이웃하는 색이 다르게 칠하는 경우 구하기**

영역 A, B, C, D, E의 넓이의 비는 $1 : 3 : 5 : 7 : 9$이므로
각각 쓰이는 물감의 양은 각각 1통, 3통, 5통, 7통, 9통이고
3가지 색을 a, b, c라 하면 다음과 같이 수형도를 그릴 수 있다.
(i) 영역 A에 a를 칠하는 경우

A(넓이 π)	B(넓이 3π)	C(넓이 5π)	D(넓이 7π)	E(넓이 9π)
a	b	a	b	c
		c	b	a
	c	a	c	b
		b	c	a

이때 경우의 수는 4가지
(ii) 영역 A에 b를 칠하는 경우는 (i)과 마찬가지로 4가지 경우가 나온다.
(iii) 영역 A에 c를 칠하는 경우는 (i)과 마찬가지로 4가지 경우가 나온다.
(i)~(iii)의 경우는 동시에 일어날 수 없으므로 합의 법칙에 의하여
문양의 개수는 $4 + 4 + 4 = 12$

+α | 영역 E를 기준으로 수형도를 작성하여 구할 수 있어!

(i) 영역 E에 a를 칠하는 경우

E(넓이 9π)	D(넓이 7π)	C(넓이 5π)	B(넓이 3π)	A(넓이 π)
a	b	c	b	a
		c	b	c
	c	b	c	a
		b	c	b

이때 경우의 수는 4가지
(ii) 영역 E에 b를 칠하는 경우는 (i)과 마찬가지로 4가지 경우가 나온다.
(iii) 영역 E에 c를 칠하는 경우는 (i)과 마찬가지로 4가지 경우가 나온다.
(i)~(iii)의 경우는 동시에 일어날 수 없으므로 합의 법칙에 의하여
문양의 개수는 $4 + 4 + 4 = 12$

mini해설 | 뽑아서 나열하는 경우의 수로 풀이하기

영역 A, B, C, D, E의 넓이의 비는 $1 : 3 : 5 : 7 : 9$이므로 각각 쓰이는 물감의 양은 각각 1통, 3통, 5통, 7통, 9통이고 다음 조건을 만족하므로 문양의 개수를 구하면 다음과 같다.

(가) 한 영역을 두 색으로 칠할 수 없고 10통 초과의 물감을 사용할 수 없다.
(나) 세 가지 색 모두 이용 (전체 넓이 25π)

세 가지 색에서 두 색을 중복하여 뽑는 경우의 수는 $_3C_2 = {}_3C_1 = 3$
(A와 E, B와 D), (A와 C, B와 D)를 같은 색으로 칠할 수 있으므로
칠하는 경우의 수는 $2! \times 2! = 4$
따라서 구하는 경우의 수는 $3 \times 4 = 12$

2부터 5까지의 자연수가 하나씩 적혀 있는 카드가 각각 2장 이상씩 있다.
A, B, C, D, E가 적혀 있는 5개의 영역으로 나뉘어진 그림의 각 영역에 카드
를 1장씩 놓으려고 할 때, 이웃한 영역에 놓는 2장의 카드에 적혀 있는 수가
서로소가 되도록 카드를 놓는 경우의 수를 구하시오. (단, 카드를 놓는 순서는
고려하지 않고, 한 점만 공유하는 두 영역은 이웃하지 않는 것으로 한다.)

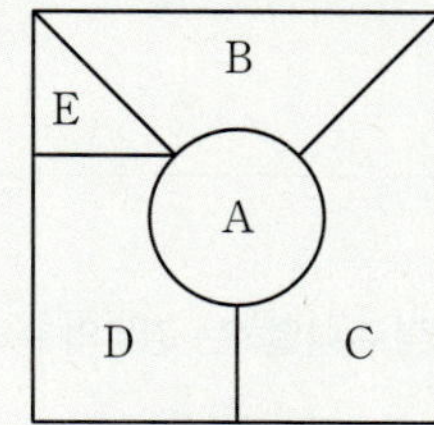

STEP A　영역 A에 놓는 카드에 적힌 숫자를 기준으로 각각의 경우의 수
구하기

문제의 조건을 만족시키는 경우를 나타내면 다음과 같다.
(i) 영역 A에 2가 적혀 있는 카드를 놓는 경우

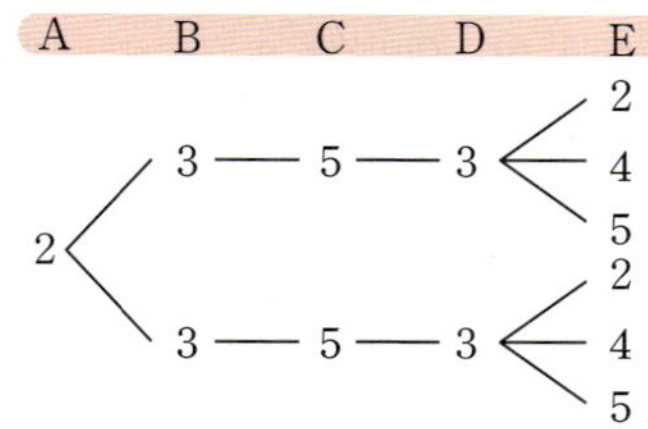

　영역 A에 4가 적혀 있는 카드를 놓는 경우도 마찬가지이므로
　구하는 경우의 수는 $2 \times (3+3) = 12$

(ii) 영역 A에 3이 적혀 있는 카드를 놓는 경우

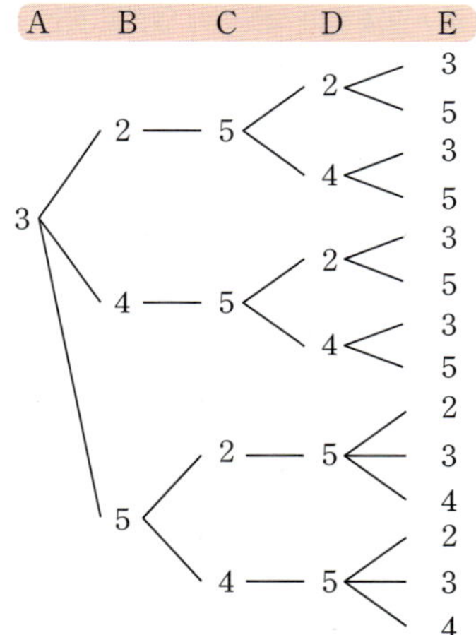

　영역 A에 5가 적혀 있는 카드를 놓는 경우도 마찬가지이므로
　구하는 경우의 수는 $2 \times (2+2+2+2+3+3) = 28$

STEP B　합의 법칙을 이용하여 모든 경우의 수 구하기

(i), (ii)의 경우는 동시에 일어날 수 없으므로 합의 법칙에 의하여
구하는 경우의 수는 $12+28 = 40$　　 정답 **40**

1526  정답 ④

STEP Ⓐ $_nP_r$의 정의를 이용하여 참, 거짓 판단하기

① $0!=1$이므로 $5!\times0!=5\times4\times3\times2\times1\times1=120$ [참]
② $_3P_0=1$ [참]
③ $_nP_r=n(n-1)(n-2)\times\cdots\times(n-r+1)$ (단, $0\le r\le n$) [참]
④ $_5P_2=5\times4=20$, $_5P_3=5\times4\times3=60$이므로 $_5P_2\ne{}_5P_3$ [거짓]
⑤ $n\times{}_{n-1}P_{r-1}=n\times\dfrac{(n-1)!}{\{(n-1)-(r-1)\}!}=\dfrac{n!}{(n-r)!}={}_nP_r$

　　즉 $_nP_r=n\times{}_{n-1}P_{r-1}$ (단, $1\le r\le n$) [참]
따라서 옳지 않은 것은 ④이다.

1527 정답 ⑤

STEP Ⓐ $_nP_r$의 정의를 이용하여 n에 대한 방정식 세우기

$_{n+2}P_3=12\times{}_nP_2$에서 $(n+2)(n+1)=12n(n-1)$

STEP Ⓑ 이차방정식을 풀어 $n\ge2$인 자연수 n의 값 구하기

$_nP_2$에서 $n\ge2$이므로 양변을 n으로 나누면 $(n+2)(n+1)=12(n-1)$
$n^2-9n+14=0$, $(n-2)(n-7)=0$
$\therefore n=2$ 또는 $n=7$
따라서 n의 값들의 합은 $2+7=9$

내/신/연/계 출제문항 713

등식 $10\times{}_nP_2={}_{n+2}P_3$을 만족하는 모든 n의 값의 합은?

① 6　　　　　② 7　　　　　③ 8
④ 9　　　　　⑤ 10

STEP Ⓐ $_nP_r$의 정의를 이용하여 n에 대한 방정식 세우기

$10\times{}_nP_2={}_{n+2}P_3$에서 $10n(n-1)=(n+2)(n+1)n$

STEP Ⓑ 이차방정식을 풀어 $n\ge2$인 자연수 n의 값 구하기

$_nP_2$에서 $n\ge2$이므로 양변을 n으로 나누면 $10(n-1)=(n+2)(n+1)$
$n^2-7n+12=0$, $(n-3)(n-4)=0$
$\therefore n=3$ 또는 $n=4$
따라서 n의 값들의 합은 $3+4=7$　　　　정답 ②

1528 정답 ⑤

STEP Ⓐ $_nP_r$의 정의를 이용하여 n에 대한 방정식 세우기

$_nP_3+3\times{}_nP_2=5\times{}_{n+1}P_2$에서 $n(n-1)(n-2)+3n(n-1)=5(n+1)n$

STEP Ⓑ 이차방정식을 풀어 $n\ge3$인 자연수 n의 값 구하기

$_nP_3$에서 $n\ge3$이므로 양변을 n으로 나누면
$(n-1)(n-2)+3(n-1)=5(n+1)$
$n^2-5n-6=0$, $(n+1)(n-6)=0$
따라서 $n=6$ $(\because n\ge3)$

1529  정답 60

STEP Ⓐ 순열 계산하기

서로 다른 5개에서 3개를 택하여 일렬로 나열하는 방법의 수와 같으므로
$_5P_3=5\times4\times3=60$

1530  정답 ①

STEP Ⓐ 순열 계산하기

6명 중에서 3명을 택하여 일렬로 나열하는 경우의 수와 같으므로
$_6P_3=6\times5\times4=120$

1531  정답 ⑤

STEP Ⓐ 순열 계산하기

남학생을 A, B, C, D, E라 하고 여학생을 a, b, c, d, e라 할 때,
먼저 남학생을 ABCDE 순서로 고정하고
그 맞은편에 여학생 a, b, c, d, e를 배열하는 방법의 수와 같다.
따라서 구하는 방법의 수는 $_5P_5=5!=5\times4\times3\times2\times1=120$

1532  정답 ①

STEP Ⓐ 순열의 수로 나타내고 r에 대한 방정식 세우기

서로 다른 10권의 책 중 r권을 뽑아 책꽂이에 일렬로 꽂는 경우의 수가
90이므로 $_{10}P_r=90$

STEP Ⓑ r의 값 구하기

연속한 두 자연수의 곱이 90인 경우를 찾는다.
따라서 $90=10\times9$이므로 $r=2$

1533  정답 ③

STEP Ⓐ 순열의 수로 나타내고 n에 대한 방정식 세우기

n개의 음료수 중 3개를 뽑아 진열장에 일렬로 꽂는 경우의 수는
$_nP_3=n(n-1)(n-2)=720$

STEP Ⓑ n의 값 구하기

연속한 세 자연수의 곱이 720인 경우를 찾는다.
따라서 $720=10\times9\times8$이므로 $n=10$

+α │ 삼차방정식을 이용하여 n의 값을 구할 수 있어!

$n(n-1)(n-2)=720$에서
$n^3-3n^2+2n-720=0$, $(n-10)(n^2+7n+72)=0$
이때 이차방정식 $n^2+7n+72=0$의 판별식을 D라 하면
$D=7^2-4\times1\times72<0$
즉 이차방정식 $n^2+7n+72=0$은 실근을 갖지 않는다.
따라서 자연수 n은 10

내/신/연/계/ 출제문항 714

회원 수가 n명인 모임에서 회장, 부회장, 총무를 각각 1명씩 뽑는 경우의 수가 210일 때, 자연수 n의 값은?

① 6 　　　　② 7 　　　　③ 8
④ 9 　　　　⑤ 10

STEP A 　순열의 수로 나타내고 n에 대한 방정식 세우기

n명에서 3명을 택하는 순열의 수가 210이므로
$_n\mathrm{P}_3=n(n-1)(n-2)=210$

STEP B 　n의 값 구하기

연속한 세 자연수의 곱이 210인 경우를 찾는다.
따라서 $210=7\times6\times5$이므로 $n=7$

+α 　삼차방정식을 이용하여 n의 값을 구할 수 있어!

$n(n-1)(n-2)=210$에서
$n^3-3n^2+2n-210=0,\ (n-7)(n^2+4n+30)=0$
이때 이차방정식 $n^2+4n+30=0$의 판별식을 D라 하면
$\dfrac{D}{4}=2^2-1\times30<0$
즉 이차방정식 $n^2+4n+30=0$은 실근을 갖지 않는다.
따라서 자연수 n은 7

정답 ②

1534

정답 ⑤

STEP A 　운전석에 앉는 방법의 수 구하기

운전석에 앉을 수 있는 사람은 A, B이므로
A, B가 운전석에 앉는 방법의 수는 $2!=2$

STEP B 　나머지 네 자리에 앉는 경우의 수 구하기

나머지 네 자리에는 나머지 네 사람이 앉으므로
$4!=4\times3\times2\times1=24$
따라서 구하는 방법의 수는 $2\times24=48$

내/신/연/계/ 출제문항 715

어느 연예 기획사에서 서로 다른 5종류의 오디션을 열었다. 이 오디션에 참가한 A와 B가 각각 5종류의 오디션 중에서 2종류를 선택하려고 한다. A와 B가 선택하는 2종류의 오디션 중에서 한 종류만 같은 경우의 수는?

① 12 　　　　② 24 　　　　③ 36
④ 42 　　　　⑤ 60

STEP A 　A와 B가 2종류의 오디션을 선택하는 경우의 수 구하기

5종류의 오디션을 각각 a, b, c, d, e라 하자.
A, B가 같이 a를 선택하고 남은 b, c, d, e 중 서로 다른 1개씩을 각각 선택하는 경우의 수는 $_4\mathrm{P}_2=4\times3=12$
A, B가 같이 b 또는 c 또는 d 또는 e를 선택하는 경우도 마찬가지이므로 구하는 경우의 수는 $5\times12=60$

정답 ⑤

1535

정답 ③

STEP A 　1부에서 공연할 팀을 택하는 방법의 수 구하기

1부에서 공연할 팀을 택하는 방법의 수는
$_2\mathrm{P}_1\times_2\mathrm{P}_1\times_3\mathrm{P}_1=2\times2\times3=12$

STEP B 　2부에서 공연할 팀의 순서를 정하는 방법의 수 구하기

2부에서 댄스 팀끼리 순서를 바꾸는 방법의 수는 $2!=2$
따라서 구하는 방법의 수는 $12\times2=24$

mini 해설 　축제 진행 순서가 정해짐을 이용하여 풀이하기

축제 진행 순서는 정해져 있으므로 팀을 배열하기만 하면 된다.
독창 2팀을 배열하는 방법의 수는 $2!=2$
밴드 2팀을 배열하는 방법의 수는 $2!=2$
댄스 3팀을 배열하는 방법의 수는 $3!=3\times2\times1=6$
위의 세 가지가 동시에 일어나므로 공연 순서를 정하는 방법의 수는 $2\times2\times6=24$

1536

정답 ⑤

STEP A 　순열과 곱의 법칙을 이용하여 p의 값 구하기

조건 (가)에서
상단에 껌 3개를 진열하는 방법의 수는 $3!=3\times2\times1=6$
하단에 과자 2개를 일렬로 진열하는 방법의 수는 $2!=2$
곱의 법칙에 의하여 $p=6\times2=12$

STEP B 　순열과 곱의 법칙을 이용하여 q의 값 구하기

조건 (나)에서
상단에 놓을 껌 한 가지를 선택하는 방법의 수는 3
상단에 상품 3가지를 일렬로 진열하는 방법의 수는 $3!=3\times2\times1=6$
하단의 껌 두 가지를 일렬로 진열하는 방법의 수는 $2!=2$
곱의 법칙에 의하여 $q=3\times6\times2=36$

STEP C 　$p+q$의 값 구하기

따라서 $p+q=12+36=48$

1537

정답 300

STEP A 　천의 자리에 올 수 있는 숫자를 기준으로 개수 구하기

천의 자리에는 0이 올 수 없으므로
천의 자리에 올 수 있는 숫자는
1, 2, 3, 4, 5의 5가지
백의 자리, 십의 자리, 일의 자리의 숫자를 택하는
경우의 수는 천의 자리에 올 숫자를 제외한 5개의
숫자 중 3개를 택하는 순열의 수와 같으므로
$_5\mathrm{P}_3=5\times4\times3=60$

STEP B 　곱의 법칙을 이용하여 자연수의 개수 구하기

따라서 구하는 자연수의 개수는 $5\times60=300$

mini 해설 　맨 앞 자리에 0이 오는 경우를 제외하여 풀이하기

전체 경우의 수에서 천의 자리에 0이 오는 경우를 뺀다.
$_6\mathrm{P}_4-_5\mathrm{P}_3=360-60=300$

1538

STEP A 일의 자리에 올 수 있는 숫자를 기준으로 개수 구하기

짝수는 일의 자리의 숫자가 0, 2, 4, 6 중 하나이어야 한다.

(i) 일의 자리의 숫자가 0인 경우

| 천 | 백 | 십 | 0 |

천의 자리, 백의 자리, 십의 자리의 숫자를 택하는 경우의 수는
1, 2, 3, 4, 5, 6의 6개의 숫자 중 3개를 택하는 순열의 수와 같으므로
$_6P_3 = 6 \times 5 \times 4 = 120$

(ii) 일의 자리의 숫자가 2 또는 4 또는 6인 경우

| 천 | 백 | 십 | 2 |　| 천 | 백 | 십 | 4 |　| 천 | 백 | 십 | 6 |

일의 자리의 숫자를 2, 4, 6 중 하나로 정하는 경우의 수는 3가지
그 각각에 대하여 천의 자리에 올 수 있는 숫자는 0을 제외한 5가지
백의 자리, 십의 자리의 숫자를 택하는 경우의 수는
나머지 5개의 숫자 중 2개를 택하는 순열의 수와 같으므로
$_5P_2 = 5 \times 4 = 20$
즉 경우의 수는 $3 \times 5 \times 20 = 300$

STEP B 합의 법칙을 이용하여 짝수의 개수 구하기

(i), (ii)의 경우는 동시에 일어날 수 없으므로 합의 법칙에 의하여 구하는
짝수의 개수는 $120 + 300 = 420$

내신연계 출제문항 716

5개의 숫자 0, 1, 2, 3, 4 중에서 세 개를 사용하여 세 자리 정수를 만들 때,
만들 수 있는 짝수의 개수는?

① 27　　　　② 30　　　　③ 32
④ 35　　　　⑤ 38

STEP A 일의 자리에 올 수 있는 숫자를 기준으로 개수 구하기

짝수는 일의 자리가 0, 2, 4 중 하나이어야 한다.

(i) | 백 | 십 | 0 | 일 때,
　　백의 자리, 십의 자리의 숫자를 택하는 경우의 수는
　　1, 2, 3, 4의 4개의 숫자 중 2개를 택하는 순열의 수와 같으므로
　　$_4P_2 = 4 \times 3 = 12$

(ii) | 백 | 십 | 2 | 또는 | 백 | 십 | 4 | 일 때,
　　일의 자리의 숫자를 2, 4 중 하나로 정하는 경우의 수는 2가지
　　그 각각에 대하여 백의 자리에 올 수 있는 숫자는 0을 제외한 3가지
　　십의 자리에 올 수 있는 숫자는 백의 자리에서 사용한 숫자를 제외한 3가지
　　즉 경우의 수는 $2 \times 3 \times 3 = 18$

STEP B 합의 법칙을 이용하여 짝수의 개수 구하기

(i), (ii)의 경우는 동시에 일어날 수 없으므로 합의 법칙에 의하여
구하는 짝수의 개수는 $12 + 18 = 30$

1539

STEP A 일의 자리에 올 수 있는 숫자를 기준으로 개수 구하기

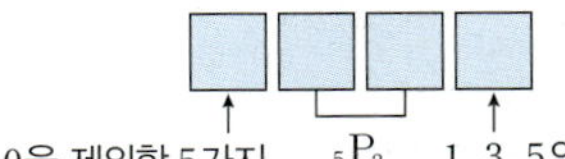

홀수는 일의 자리의 숫자가 1, 3, 5 중 하나이어야 한다.
일의 자리의 숫자를 1, 3, 5 중 하나로 정하는 경우의 수는 3가지
그 각각에 대하여 천의 자리에 올 수 있는 숫자는 0을 제외한 5가지
백의 자리, 십의 자리의 숫자를 택하는 경우의 수는
나머지 4개의 숫자 중 2개를 택하는 순열의 수와 같으므로
$_5P_2 = 5 \times 4 = 20$

STEP B 곱의 법칙을 이용하여 홀수의 개수 구하기

따라서 구하는 홀수의 개수는 $3 \times 5 \times 20 = 300$

1540

STEP A 일의 자리에 올 수 있는 숫자를 기준으로 개수 구하기

5의 배수는 일의 자리의 숫자가 0 또는 5이어야 한다.

(i) 일의 자리의 숫자가 0인 경우　← | 천 | 백 | 십 | 0 |
　　천의 자리, 백의 자리, 십의 자리의 숫자를 택하는 경우의 수는
　　1, 2, 3, 4, 5의 5개의 숫자 중 3개를 택하는 순열의 수와 같으므로
　　$_5P_3 = 5 \times 4 \times 3 = 60$

(ii) 일의 자리의 숫자가 5인 경우　← | 천 | 백 | 십 | 5 |
　　천의 자리에 올 수 있는 숫자는 0을 제외한 4가지
　　백의 자리, 십의 자리의 숫자를 택하는 경우의 수는
　　나머지 4개의 숫자 중 2개를 택하는 순열의 수와 같으므로
　　$_4P_2 = 4 \times 3 = 12$
　　즉 경우의 수는 $4 \times 12 = 48$

STEP B 합의 법칙을 이용하여 5의 배수의 개수 구하기

(i), (ii)의 경우는 동시에 일어날 수 없으므로 합의 법칙에 의하여
구하는 5의 배수의 개수는 $60 + 48 = 108$

+α | 다음과 같은 문제도 같은 방법으로 풀 수 있어!

6개의 수 0, 1, 2, 3, 4, 5 중에서 서로 다른 4개의 수를 배열하여 만든 네 자리의
자연수 중 5로 나누어떨어지는 자연수의 개수를 구하시오.

1541

STEP A 3의 배수를 만들 수 있는 경우 구하기

세 자리의 정수 중 3의 배수가 되려면 각 자릿수의 숫자의 합이 3의 배수이므로
세 수의 합이 3의 배수가 되어야 한다.
0, 1, 2, 3, 4에서 서로 다른 3개의 숫자를 택할 때, 그 숫자의 합이 3의 배수인
경우는 3, 6, 9일 때이다.

STEP B 각 경우에 만들 수 있는 세 자리의 정수의 개수 구하기

(i) 합이 3인 경우
　　(0, 1, 2)를 일렬로 나열하는 경우의 수는 $2 \times 2! = 2 \times 2 = 4$

(ii) 합이 6인 경우
　　(0, 2, 4)를 일렬로 나열하는 경우의 수는 $2 \times 2! = 2 \times 2 = 4$
　　(1, 2, 3)을 일렬로 나열하는 경우의 수는 $3! = 3 \times 2 \times 1 = 6$

(iii) 합이 9인 경우
　　(2, 3, 4)를 일렬로 나열하는 경우의 수는 $3! = 3 \times 2 \times 1 = 6$

(i)～(iii)의 경우는 동시에 일어날 수 없으므로 합의 법칙에 의하여
구하는 3의 배수의 개수는 $4 + 4 + 6 + 6 = 20$

"

5개의 숫자 0, 1, 2, 3, 4에서 서로 다른 4개의 숫자를 택하여 만든 네 자리의 자연수 중 3의 배수인 것의 개수는?

① 20　　　② 24　　　③ 28
④ 30　　　⑤ 36

STEP A　3의 배수를 만들 수 있는 경우 구하기

네 자리의 자연수 중 3의 배수가 되려면 각 자릿수의 숫자의 합이 3의 배수이므로 네 수의 합이 3의 배수가 되어야 한다.
0, 1, 2, 3, 4에서 서로 다른 3개의 숫자를 택할 때, 그 숫자의 합이 3의 배수인 경우는 6, 9일 때이다.

STEP B　각 경우에 만들 수 있는 네 자리의 자연수의 개수 구하기

(i) 합이 6인 경우
　　$(0, 1, 2, 3)$를 일렬로 나열하는 경우의 수는 $3 \times 3! = 3 \times 3 \times 2 \times 1 = 18$
(ii) 합이 9인 경우
　　$(0, 2, 3, 4)$를 일렬로 나열하는 경우의 수는 $3 \times 3! = 3 \times 3 \times 2 \times 1 = 18$
(i), (ii)의 경우는 동시에 일어날 수 없으므로 합의 법칙에 의하여
구하는 3의 배수의 개수는 $18 + 18 = 36$　　정답 ⑤

1542

정답 ②

STEP A　4의 배수를 만들 수 있는 경우 구하기

세 자리의 자연수 중 4의 배수가 되려면 끝의 두 자리의 수가 00이거나 4의 배수가 되어야 한다.
그런데 백의 자리에 0이 올 수 없으므로 끝 두 자리의 수에 0이 오는 경우와 오지 않는 경우로 나누어 구한다.

STEP B　끝 두 자리의 수를 기준으로 나누어 개수 구하기

(i) 끝 두 자리에 0이 오지 않는 경우
　　□12, □24, □32꼴의 자연수의 개수
　　백의 자리에 올 수 있는 숫자는 0을 제외한 2가지이므로 $3 \times 2 = 6$
(ii) 끝 두 자리에 0이 오는 경우
　　□04, □20, □40꼴의 자연수의 개수
　　백의 자리에 올 수 있는 숫자는 3가지이므로 $3 \times 3 = 9$
(i), (ii)의 경우는 동시에 일어날 수 없으므로 합의 법칙에 의하여
구하는 4의 배수의 개수는 $6 + 9 = 15$

1543

정답 ④

STEP A　일의 자리에 올 수 있는 숫자가 기준으로 개수 구하기

(i) 일의 자리의 숫자가 0인 경우
　　1, 2, 3, 4, 5에서 3개를 택하여 나머지 자리에
　　나열하는 경우의 수는 $_5\mathrm{P}_3 = 5 \times 4 \times 3 = 60$

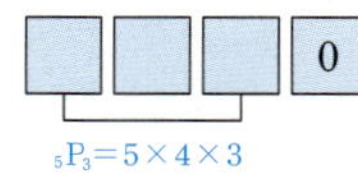

(ii) 일의 자리의 숫자가 1인 경우
　　천의 자리에 올 수 있는 숫자는 1보다 큰
　　2, 3, 4, 5의 4가지이고 백의 자리, 십의 자리
　　에는 나머지 4개의 숫자에서 2개를 뽑아 나열
　　하는 경우의 수는 $_4\mathrm{P}_2 = 4 \times 3 = 12$
　　즉 경우의 수는 $4 \times 12 = 48$

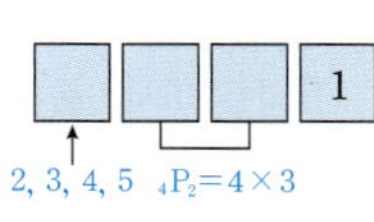

(iii) 일의 자리의 숫자가 2인 경우
　　천의 자리에 올 수 있는 숫자는 2보다 큰
　　3, 4, 5의 3가지이고 백의 자리, 십의 자리
　　에는 나머지 4개의 숫자에서 2개를 뽑아 나열
　　하는 경우의 수는 $_4\mathrm{P}_2 = 4 \times 3 = 12$
　　즉 경우의 수는 $3 \times 12 = 36$

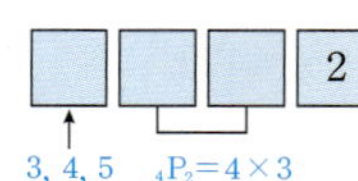

(iv) 일의 자리의 숫자가 3인 경우
　　천의 자리에 올 수 있는 숫자는 3보다 큰
　　4, 5의 2가지이고 백의 자리, 십의 자리
　　에는 나머지 4개의 숫자에서 2개를 뽑아
　　나열하는 경우의 수는 $_4\mathrm{P}_2 = 4 \times 3 = 12$
　　즉 경우의 수는 $2 \times 12 = 24$

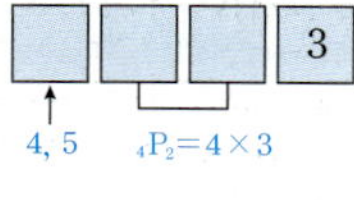

(v) 일의 자리의 숫자가 4인 경우
　　천의 자리에 올 수 있는 숫자는 4보다 큰
　　5의 1가지이고 백의 자리, 십의 자리에는
　　나머지 4개의 숫자에서 2개를 뽑아 나열
　　하는 경우의 수는 $_4\mathrm{P}_2 = 4 \times 3 = 12$
　　즉 경우의 수는 $1 \times 12 = 12$

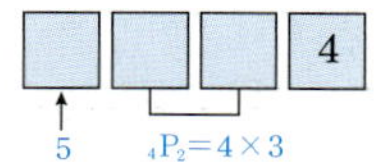

STEP B　합의 법칙을 이용하여 자연수의 개수 구하기

(i)～(v)의 경우는 동시에 일어날 수 없으므로 합의 법칙에 의하여
구하는 자연수의 개수는 $60 + 48 + 36 + 24 + 12 = 180$

1544

정답 144

STEP A　이웃하는 것을 한 묶음으로 생각하여 일렬로 나열하기

B, A, L을 묶어서 한 문자로 보면
(B, A, L), R, Z, I의 4개의 문자를
일렬로 세우는 방법의 수는
$4! = 4 \times 3 \times 2 \times 1 = 24$

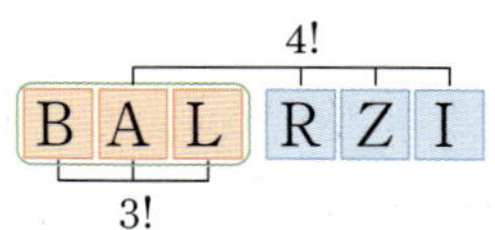

STEP B　묶음 안에서 순서를 바꾸어 서는 방법의 수 구하기

그 각각에 대하여 B, A, L의 자리를 서로 바꾸는 방법의 수는
$3! = 3 \times 2 \times 1 = 6$
따라서 구하는 방법의 수는 $24 \times 6 = 144$

1545

정답 ④

STEP A　이웃하는 학생을 묶어 하나로 생각하여 일렬로 나열하기

1반 학생 2명을 한 묶음, 2반 학생 3명을 한 묶음, 3반 학생 2명을 한 묶음으로
하여 세 묶음을 일렬로 세우는 경우의 수는 $3! = 3 \times 2 \times 1 = 6$

STEP B　묶음 안에서 순서를 바꾸어 서는 경우의 수 구하기

1반 학생끼리 순서를 바꾸어 서는
경우의 수는 $2! = 2$
2반 학생끼리 순서를 바꾸어 서는
경우의 수는 $3! = 3 \times 2 \times 1 = 6$
3반 학생끼리 순서를 바꾸어 서는
경우의 수는 $2! = 2$

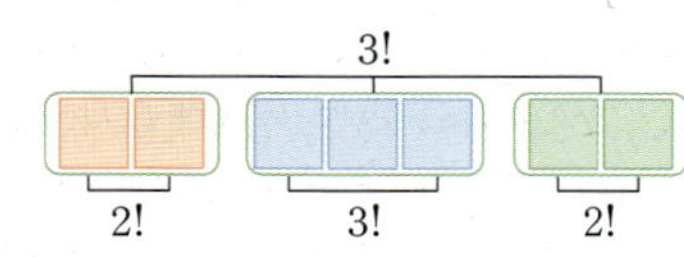

따라서 구하는 경우의 수는 $6 \times 2 \times 6 \times 2 = 144$

1546

정답 ②

STEP A　이웃하는 것을 한 묶음으로 생각하여 일렬로 나열하기

어른 4명을 한 묶음으로 생각하여 $(n+1)$명을 일렬로 세우는 경우의 수는
$(n+1)!$

STEP B　어른끼리 자리를 바꾸어 서는 경우의 수 구하기

그 각각에 대하여 어른 4명이 자리를 바꾸는 경우의 수는
$4! = 4 \times 3 \times 2 \times 1 = 24$

STEP C　어른끼리 이웃하여 서는 경우의 수가 2880임을 이용하여 n의 값 구하기

즉 구하는 경우의 수는 $(n+1)! \times 24 = 2880$이므로 $(n+1)! = 120 = 5!$
따라서 $n+1 = 5$이므로 $n = 4$

야구선수 n명과 축구선수 3명을 일렬로 세울 때, 축구선수끼리 서로 이웃하도록 세우는 경우의 수가 720이다. 이때 n의 값은?

① 3 　　　　② 4 　　　　③ 5
④ 6 　　　　⑤ 7

STEP A 이웃하는 것을 한 묶음으로 생각하여 일렬로 나열하기

축구선수 3명을 한 묶음으로 생각하여 $(n+1)$명을 일렬로 세우는 경우의 수는
$(n+1)!$

STEP B 축구선수끼리 자리를 바꾸어 서는 경우의 수 구하기

그 각각에 대하여 축구선수 3명이 자리를 바꾸는 경우의 수는
$3! = 3 \times 2 \times 1 = 6$

STEP C 축구선수끼리 이웃하여 서는 경우의 수가 720임을 이용하여 n의 값 구하기

즉 구하는 경우의 수는 $(n+1)! \times 6 = 720$이므로 $(n+1)! = 120 = 5!$
따라서 $n+1 = 5$이므로 $n = 4$　　　　정답 ②

1547
정답 ④

STEP A 세 남학생을 묶어 하나로 생각하여 배열하기

남학생 3명을 묶어서 한 사람으로 보면
(남학생 한 무리)+(여학생 3명)의
4명을 일렬로 세우는 경우의 수는
$4! = 4 \times 3 \times 2 \times 1 = 24$

STEP B 묶음 안에서 순서를 바꾸어 서는 경우의 수 구하기

그 각각에 대하여 남학생 3명을 세우는 경우의 수는
$3! = 3 \times 2 \times 1 = 6$
따라서 구하는 경우의 수는 $24 \times 6 = 144$

점심시간에 여학생 3명과 남학생 4명이 한 명씩 학교 식당에 들어가려고 한다. 여학생 3명이 잇달아 들어가는 경우의 수는?
(단, 2명 이상의 학생이 식당에 동시에 도착하는 경우는 없다.)

① 120 　　　　② 144 　　　　③ 150
④ 169 　　　　⑤ 720

STEP A 세 여학생을 묶어 하나로 생각하여 배열하기

여학생 3명을 묶어서 한 사람으로 보면
(여학생 한 무리)+(남학생 4명)의
5명을 일렬로 세우는 경우의 수는
$5! = 5 \times 4 \times 3 \times 2 \times 1 = 120$

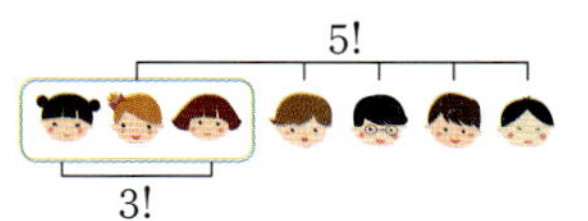

STEP B 묶음 안에서 순서를 바꾸어 서는 경우의 수 구하기

그 각각에 대하여 여학생 3명이 순서를 바꾸는 경우의 수는
$3! = 3 \times 2 \times 1 = 6$
따라서 구하는 경우의 수는 $120 \times 6 = 720$　　　　정답 ⑤

1548
정답 ④

STEP A 농구선수 4명을 일렬로 세우고 배구선수 3명을 일렬로 세우는 방법의 수 구하기

배구선수 3명은 모두 이웃하고 농구선수는 두 명씩 이웃하되 4명 모두가 이웃하지는 않게 서는 경우는 다음과 같다.

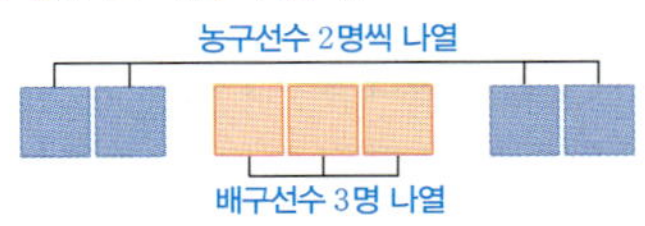

따라서 농구선수 4명을 일렬로 세우고 가운데 배구선수 3명을 일렬로 세우는 방법의 수와 같으므로 $4! \times 3! = 24 \times 6 = 144$

mini 해설 가운데 배구선수 3명을 세우고 양쪽에 농구선수 2명씩 세우는 경우를 이용하여 풀이하기

가운데 배구선수 3명을 나열하는 방법의 수는 $3! = 3 \times 2 \times 1 = 6$
그 각각에 대하여 배구선수 왼쪽에 농구선수 2명을 나열하는 방법의 수는
${}_4P_2 = 4 \times 3 = 12$
또, 그 각각에 대하여 배구선수 오른쪽에 농구선수 2명을 나열하는 방법의 수는
${}_2P_2 = 2! = 2 \times 1 = 2$
따라서 구하는 방법의 수는 $6 \times 12 \times 2 = 144$

1549
정답 ⑤

STEP A $M = 20$을 만족하는 조건 구하기

$M = 20 = 4 \times 5$이므로 4와 5가 서로 이웃하여야 한다.

STEP B 4와 5를 이웃하여 나열하는 경우의 수 구하기

4와 5를 하나로 묶어 1, 2, 3과 일렬로
배열하는 경우의 수는 $4! = 4 \times 3 \times 2 \times 1 = 24$
이때 4, 5가 자리를 바꾸는 경우의 수는 $2! = 2$
따라서 구하는 경우의 수는 $24 \times 2 = 48$

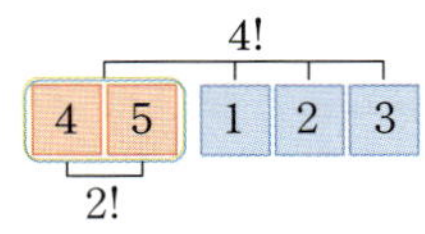

1550
정답 2640

STEP A C, D가 이웃하는 경우의 수와 C, E가 이웃하는 경우의 수 구하기

C, D 또는 C, E가 이웃하는 경우의 수는 C, D가 이웃하는 경우의 수와 C, E가 이웃하는 경우의 수의 합에서 C, D와 C, E가 동시에 이웃하는 경우의 수를 뺀 것과 같다.

(i) C, D가 이웃하는 경우의 수
　　C와 D를 한 문자로 생각하여 6개의 문자를 일렬로 나열하는 방법의 수는
　　$6! = 720$
　　C와 D의 자리를 바꾸는 방법의 수는 $2 \ne 2$
　　즉 C, D가 이웃하는 경우의 수는 $720 \times 2 = 1440$

(ii) C, E가 이웃하는 경우의 수
　　C와 E를 한 문자로 생각하여 6개의 문자를 일렬로 나열하는 방법의 수는
　　$6! = 720$
　　B와 C의 자리를 바꾸는 방법의 수는 $2 \ne 2$
　　즉 B, C가 이웃하는 경우의 수는 $720 \times 2 = 1440$

(iii) C, D와 C, E가 동시에 이웃하는 경우의 수
　　C, D와 C, E가 동시에 이웃하는 경우는 DCE 또는 ECD의 꼴의 2가지
　　C, D, E를 한 문자로 생각하여 5개의 문자를 일렬로 나열하는 경우의 수는
　　$5! = 120$
　　즉 C, D와 C, E가 동시에 이웃하는 경우의 수는 $2 \times 120 = 240$

STEP B 합의 법칙을 이용하여 경우의 수 구하기

(i)~(iii)에서 구하는 경우의 수는 $1440 + 1440 - 240 = 2640$

1551

정답 720

STEP Ⓐ e가 서로 이웃하는 되는 경우의 수 구하기

2개의 문자 e를 묶어 한 문자 E라고 생각하여
서로 다른 6개의 문자 c, h, E, r, u, p를 모두 일렬로 나열하는 경우의 수는
$6! = 6 \times 5 \times 4 \times 3 \times 2 \times 1 = 720$
그 각각에 대하여 2개의 문자 e끼리 자리를 바꾸는 경우의 수는 1
　　2개의 문자 e는 서로 자리를 바꾸어도 문자의 배열이 달라지지 않는다.
따라서 구하는 경우의 수는 $720 \times 1 = 720$

내신연계 출제문항 720

7개의 문자 f, o, r, m, u, l, a를 모두 일렬로 나열할 때,
자음끼리 서로 이웃하게 되는 경우의 수를 구하시오.

STEP Ⓐ 자음끼리 서로 이웃하는 되는 경우의 수 구하기

4개의 자음 f, r, m, l를 묶고 한 문자로 생각하여
서로 다른 4개의 문자 (f, r, m, l), o, u, a를 모두 일렬로 나열하는 경우의
수는 $4! = 4 \times 3 \times 2 \times 1 = 24$
그 각각에 대하여 4개의 문자 f, r, m, l끼리 자리를 바꾸는 경우의 수는
$4! = 4 \times 3 \times 2 \times 1 = 24$
따라서 구하는 경우의 수는 $24 \times 24 = 576$

정답 576

1552

정답 144

STEP Ⓐ M, X, O끼리 이웃하지 않을 경우 파악하기

M, X, O끼리 이웃하지 않으려면 먼저 E, I, C를 일렬로 나열한 후
E, I, C의 3개의 문자의 양 끝과 사이사이에 M, X, O를 나열하면 된다.

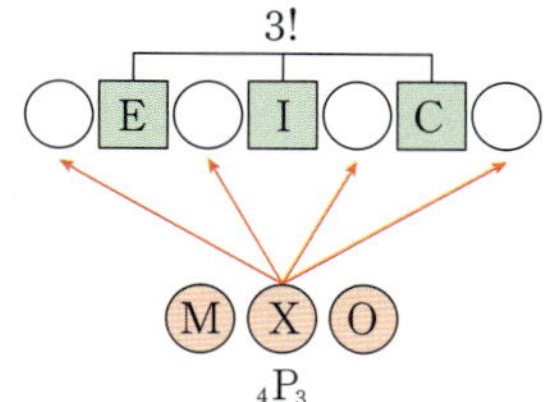

STEP Ⓑ M, X, O끼리 이웃하지 않을 방법의 수 구하기

E, I, C의 3개의 문자를 일렬로 나열하는 방법의 수는
$3! = 3 \times 2 \times 1 = 6$
E, I, C의 3개의 문자의 양 끝과 사이사이 4개의 자리 중에서
M, X, O의 3개의 문자를 나열하는 방법의 수는
$_4P_3 = 4 \times 3 \times 2 = 24$
따라서 구하는 방법의 수는 $6 \times 24 = 144$

1553

정답 ⑤

STEP Ⓐ 남학생끼리 이웃하지 않을 경우 파악하기

남학생끼리 이웃하지 않으려면 먼저 여학생을 한 줄로 세운 후
여학생의 양 끝과 사이사이에 남학생을 세우면 된다.

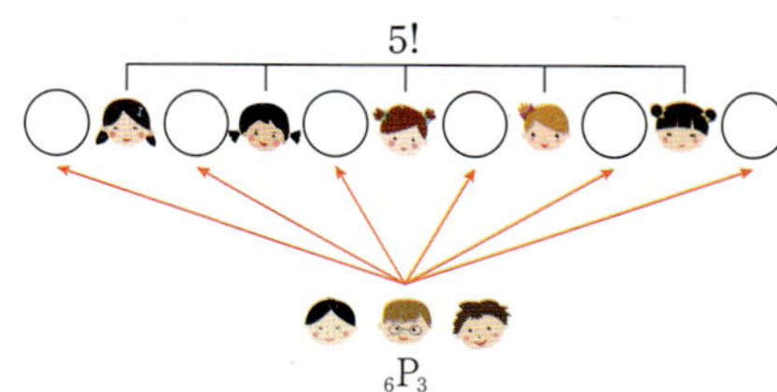

STEP Ⓑ 남학생끼리 이웃하지 않는 경우의 수 구하기

여학생 5명을 한 줄로 세우는 경우의 수는 $5! = 5 \times 4 \times 3 \times 2 \times 1 = 120$
여학생의 양 끝과 사이사이의 여섯 자리 중에서 세 자리를 골라 남학생을 세우는
경우의 수는 $_6P_3 = 6 \times 5 \times 4 = 120$
따라서 구하는 경우의 수는 $120 \times 120 = 14400$

1554

정답 ⑤

STEP Ⓐ 모음끼리 이웃하지 않도록 나열하는 경우 파악하기

모음끼리 이웃하지 않도록 나열하려면 4개의 자음 c, l, s, p를 일렬로 나열한 후
c, l, s, p의 4개의 문자의 양 끝과 사이사이에 모음 o, e, u를 나열하면 된다.

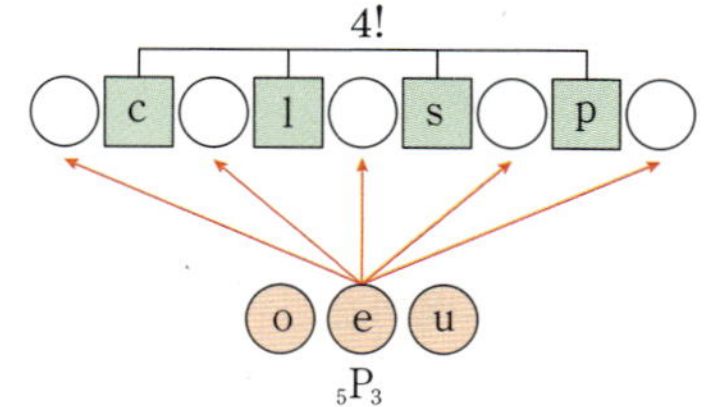

STEP Ⓑ 모음끼리 이웃하지 않도록 나열하는 방법의 수 구하기

c, l, s, p의 4개의 문자를 일렬로 나열하는 방법의 수는
$4! = 4 \times 3 \times 2 \times 1 = 24$
c, l, s, p의 4개의 문자를 양 끝과 사이사이 5개의 자리 중에서
o, e, u의 3개를 문자를 나열하는 방법의 수는
$_5P_3 = 5 \times 4 \times 3 = 60$
따라서 구하는 방법의 수는 $24 \times 60 = 1440$

1555

정답 ⑤

STEP Ⓐ a의 위치를 기준으로 방법의 수 구하기

a를 끝에 나열하는 경우와 끝에 나열하지 않는 경우로 나누어
s와 h가 모두 a와 이웃하지 않도록 나열한다.
(i) a를 끝에 나열하는 경우

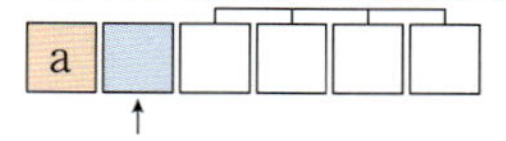

문자열의 양 끝 중에서 a의 자리를 선택하는 방법의 수는 2
d, o, w 중 a의 옆에 나열할 1개를 선택하는 방법의 수는 $_3P_1 = 3$
남은 4개의 문자를 일렬로 나열하는 방법의 수는
$4! = 4 \times 3 \times 2 \times 1 = 24$
즉 방법의 수는 $2 \times 3 \times 24 = 144$
(ii) a를 끝에 나열하지 않는 경우

d, o, w 중 a의 양 옆에 나열할 2개를 선택하는 방법의 수는
$_3P_2 = 3 \times 2 = 6$
a와 a의 양 옆에 나열된 2개의 문자를 한 묶음으로 생각하여
4개의 문자를 일렬로 나열하는 방법의 수는
$4! = 4 \times 3 \times 2 \times 1 = 24$
즉 방법의 수는 $6 \times 24 = 144$

STEP Ⓑ 합의 법칙을 이용하여 방법의 수 구하기

(i), (ii)의 경우는 동시에 일어날 수 없으므로 합의 법칙에 의하여 구하는
방법의 수는 $144 + 144 = 288$

7개의 문자 A, B, C, D, E, F, G를 일렬로 나열할 때, A와 B가 모두 C와
이웃하지 않도록 나열하는 경우의 수는?

① 2400   ② 2500   ③ 2600
④ 2700   ⑤ 2800

STEP Ⓐ C의 위치를 기준으로 경우의 수 구하기

C를 끝에 나열하는 경우와 끝에 나열하지 않는 경우로 나누어
A와 B가 모두 C와 이웃하지 않도록 나열한다.
(i) C를 끝에 나열하는 경우

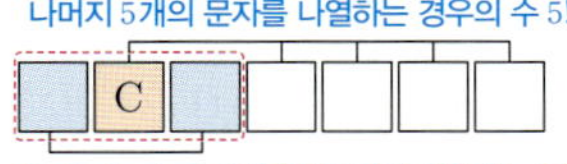

문자열의 양 끝 중에서 C의 자리를 선택하는 경우의 수는 2
D, E, F, G 중 C의 옆에 나열할 1개를 선택하는 경우의 수는 $_4P_1=4$
남은 5개의 문자를 일렬로 나열하는 경우의 수는
$5!=5\times4\times3\times2\times1=120$
즉 경우의 수는 $2\times4\times120=960$
(ii) C를 끝에 나열하지 않는 경우

D, E, F, G 중 C의 양 옆에 나열할 2개를 선택하는 경우의 수는
$_4P_2=4\times3=12$
C와 C의 양 옆에 나열된 2개의 문자를 한 묶음으로 생각하여
5개의 문자를 일렬로 나열하는 경우의 수는
$5!=5\times4\times3\times2\times1=120$
즉 경우의 수는 $12\times120=1440$

STEP Ⓑ 합의 법칙을 이용하여 경우의 수 구하기

(i), (ii)의 경우는 동시에 일어날 수 없으므로 합의 법칙에 의하여
구하는 경우의 수는 $960+1440=2400$ 정답 ①

1556   정답 ④

STEP Ⓐ 먼저 빈 의자를 두고 사이사이와 양 끝에 네 사람 앉히기

의자 4개에만 학생이 앉으므로 빈 의자는 4개이다.
네 학생 A, B, C, D가 어느 두 사람도 이웃하지 않게 앉는 방법의 수는
빈 의자 4개를 놓고 빈 의자 사이사이와 양 끝에 4명을 앉히면 된다.

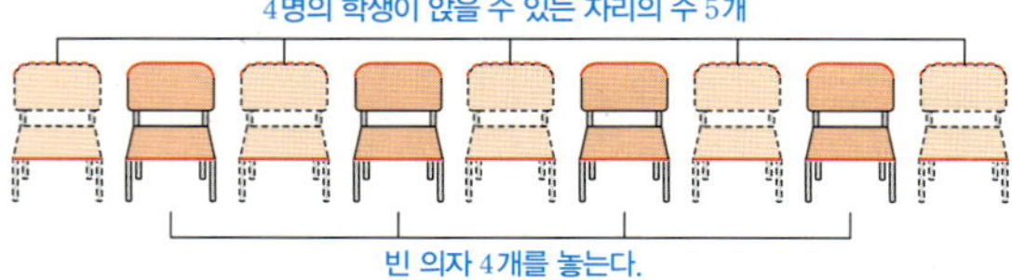

따라서 구하는 방법의 수는 $_5P_4=5\times4\times3\times2=120$

mini 해설 | 4명의 학생을 앉은 경우를 분류하여 풀이하기

의자의 번호를 차례로 1, 2, 3, …, 8이라 하면 앉을 수 있는 의자의 번호는
(1, 3, 5, 7), (1, 3, 5, 8), (1, 3, 6, 8), (1, 4, 6, 8), (2, 4, 6, 8)의 5가지
각 경우에 네 명이 앉는 방법의 수는 $4!=4\times3\times2\times1=24$
따라서 구하는 방법의 수는 $5\times24=120$

6개의 의자가 일렬로 놓여 있다. 3명의 학생이 동시에 의자에 앉을 때,
어느 두 학생도 서로 이웃하지 않게 앉는 방법의 수는?
(단, 빈 의자를 사이에 두고 앉는 경우는 이웃하지 않는 것으로 생각한다.)

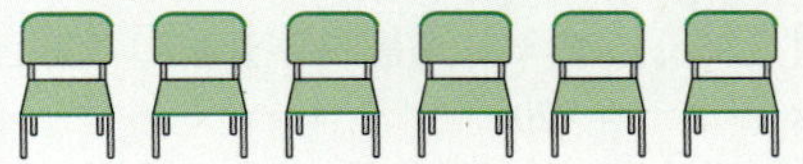

① 6   ② 8   ③ 12
④ 24   ⑤ 48

STEP Ⓐ 먼저 빈 의자를 두고 사이사이와 양 끝에 세 사람 앉히기

의자 3개에만 학생이 앉으므로 빈 의자는 3개이다.
3명의 학생이 어느 두 사람도 이웃하지 않게 앉는 방법의 수는
빈 의자 3개를 놓고 빈 의자 사이사이와 양 끝에 3명을 앉히면 된다.

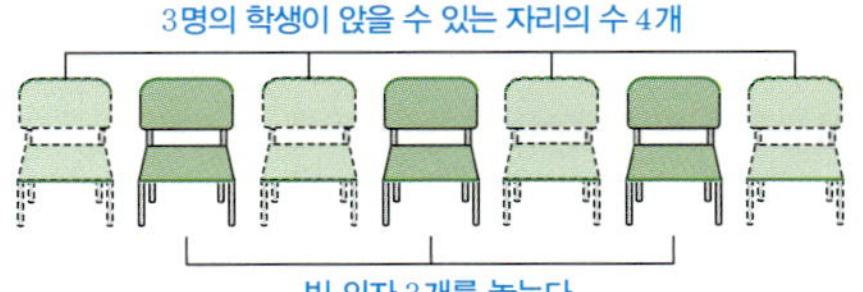

따라서 구하는 방법의 수는 $_4P_3=4\times3\times2=24$

mini 해설 | 3명의 학생이 앉은 경우를 분류하여 풀이하기

의자의 번호를 차례로 1, 2, 3, …, 6이라 하면 앉을 수 있는 의자의 번호는
(1, 3, 5), (1, 3, 6), (1, 4, 6), (2, 4, 6)의 4가지
각 경우에 세 명이 앉는 방법의 수는 $3!=3\times2\times1=6$
따라서 구하는 방법의 수는 $4\times6=24$

   정답 ④

1557   정답 480

STEP Ⓐ 여학생끼리 이웃하지 않게 앉을 경우 파악하기

의자 6개에 여학생 2명과 남학생 3명이 각각 한 개의 의자에 앉은 경우의 수는
여학생 2명과 남학생 3명, 빈 의자 1개를 일렬로 나열하는 경우의 수와 같다.
여학생이 이웃하지 않게 앉으려면 남학생 3명과 빈 의자 1개를 일렬로 나열한
다음 양 끝과 그 사이사이에 여학생을 앉히면 된다.
빈 의자도 남학생과 동일하게 생각한다.

STEP Ⓑ 여학생끼리 이웃하지 않게 앉을 경우의 수 구하기

남학생 3명과 빈 의자 1개를 나열하는 경우의 수는 $4!=4\times3\times2\times1=24$
남학생 3명과 빈 의자 사이사이와 맨 앞과 맨 뒤의 5자리에서 2자리를 택하여
두 여학생이 앉는 경우의 수는 $_5P_2=5\times4=20$

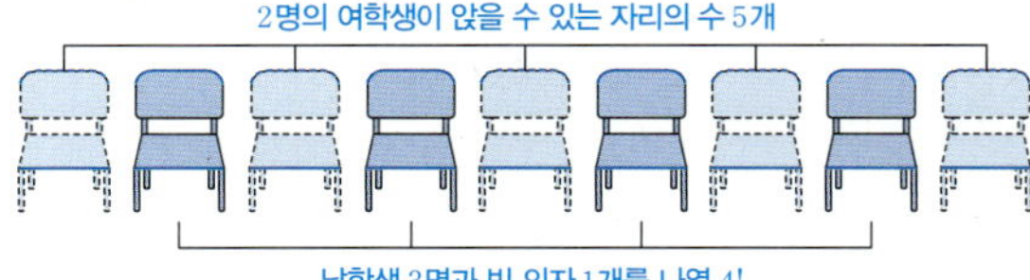

따라서 구하는 경우의 수 $24\times20=480$

다른풀이 여사건을 이용하여 풀이하기

STEP Ⓐ 학생 5명이 모두 앉는 경우의 수 구하기

여학생 2명과 남학생 3명이 모두 의자 6개에 앉는 경우의 수는
$_6P_5=6\times5\times4\times3\times2=720$

STEP Ⓑ 여학생이 이웃하여 앉은 경우의 수 구하기

여학생 2명을 묶어서 한 사람으로 보면
(여학생 한 무리)+(남학생 3명)+(빈 의자)의 5명을 일렬로 세우는 경우의 수는
$5!=5\times4\times3\times2\times1=120$
그 각각에 대하여 묶음 속의 여학생 2명이 순서를 바꾸는 경우의 수는 $2!=2$
즉 경우의 수는 $120\times2=240$

따라서 구하는 경우의 수는 $720-240=480$

내신연계 출제문항 723

8개의 의자가 일렬로 놓여 있다. 배구선수 4명과 축구선수 3명이 각각 한 개의 의자에 앉을 때, 축구선수끼리 이웃하지 않도록 앉는 경우의 수는? (단, 두 선수 사이에 빈 의자가 있는 경우는 이웃하지 않는 것으로 한다.)

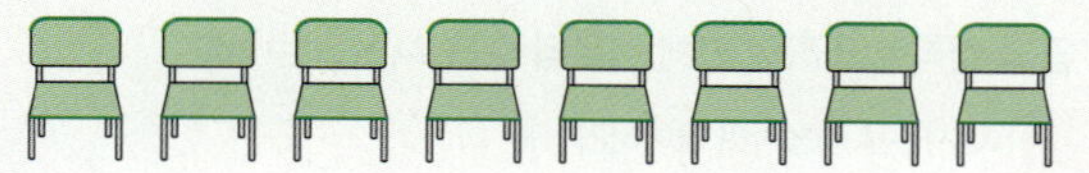

① 6400 ② 8100 ③ 10000
④ 12100 ⑤ 14400

STEP A 축구선수끼리 이웃하지 않게 앉을 경우 파악하기

의자 8개에 배구선수 4명과 축구선수 3명이 각각 한 개의 의자에 앉은 경우의 수는 배구선수 4명과 축구선수 3명, 빈 의자 1개를 일렬로 나열하는 경우의 수와 같다.

축구선수가 이웃하지 않게 앉으려면 배구선수 4명과 빈 의자 1개를 일렬로 나열한 다음 양 끝과 그 사이사이에 축구선수를 앉히면 된다.
빈 의자도 배구선수와 동일하게 생각한다.

STEP B 축구선수끼리 이웃하지 않게 앉을 경우의 수 구하기

배구선수 4명과 빈 의자 1개를 나열하는 경우의 수는
$5!=5\times4\times3\times2\times1=120$
배구선수 4명과 빈 의자 사이사이와 맨 앞과 맨 뒤의 6자리에서 3자리를 택하여 세 축구선수가 앉는 경우의 수는 $_6P_3=6\times5\times4=120$

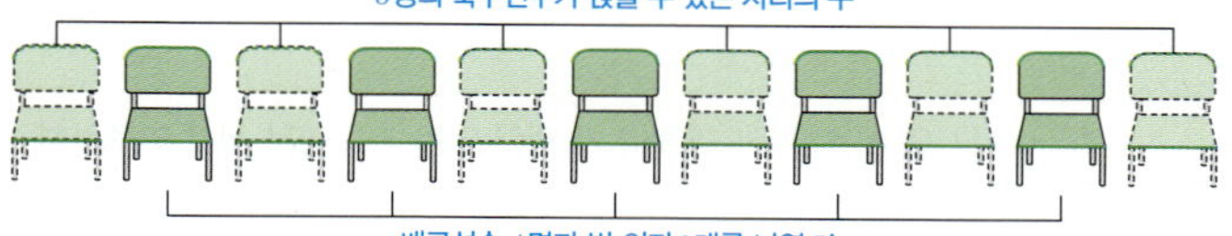

따라서 구하는 경우의 수는 $120\times120=14400$

정답 ⑤

1558

2023년 03월 고2 학력평가 12번

정답 ③

STEP A 조건 (나)를 이용하여 2학년 학생이 의자에 앉는 경우의 수 구하기

조건 (나)에서 2학년 학생 4명 중에서 2명이 양 끝에 있는 의자에 앉는 경우의 수는 $_4P_2=4\times3=12$

STEP B 1학년 학생 2명과 2학년 학생 2명이 의자에 앉는 경우의 수 구하기

위의 각각의 경우에 대하여 1학년 학생이 앉을 수 있는 의자를 $\boxed{1}$,
2학년 학생이 앉을 수 있는 의자를 $\boxed{2}$라 할 때, 조건 (가)를 만족시키도록 나머지 4명의 학생이 4개의 의자에 앉는 경우는 다음 3가지 중 하나이다.

1학년 학생 2명과 2학년 학생 2명이 의자에 앉는 경우의 수는
$3\times2!\times2!=3\times2\times2=12$
따라서 구하는 경우의 수는 $12\times12=144$

다른풀이 2학년 학생이 먼저 일렬로 앉는 방법으로 풀이하기

STEP A 2학년 학생을 먼저 배열하고 조건 (가), (나)를 만족하는 경우의 수 구하기

먼저 2학년 학생 4명이 일렬로 앉은 후 1학년 학생 2명이 조건을 만족시키도록 앉는 경우를 생각하자.
2학년 학생 4명이 일렬로 앉는 경우의 수는 $4!=4\times3\times2\times1=24$

이때 2학년 학생을 $\boxed{2}$라 하자.

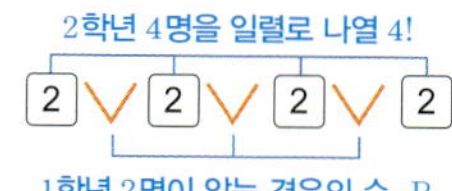

위의 각각의 경우에 대하여 두 조건 (가), (나)를 만족시키려면
1학년 학생 2명은 ∨ 표시된 3곳 중에서 2곳을 택하여 앉아야 하므로
1학년 학생이 앉는 경우의 수는 $_3P_2=3\times2=6$

STEP B 곱의 법칙에 의하여 경우의 수 구하기

따라서 구하는 경우의 수는 $24\times6=144$

내신연계 출제문항 724

1학년 학생 2명과 2학년 학생 5명이 있다. 이 7명의 학생이 일렬로 나열된 7개의 의자에 다음 조건을 만족시키도록 모두 앉는 경우의 수는?

> (가) 1학년 학생끼리는 이웃하지 않는다.
> (나) 양 끝에 있는 의자에는 모두 2학년 학생이 앉는다.

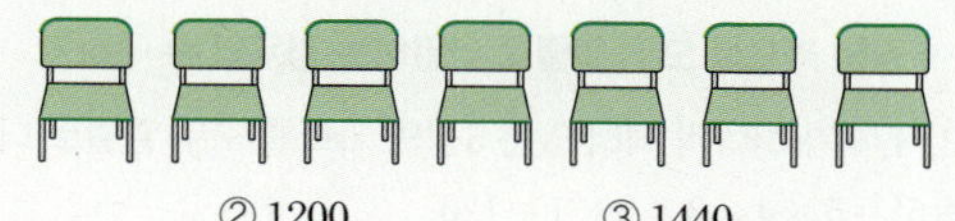

① 960 ② 1200 ③ 1440
④ 1680 ⑤ 1920

STEP A 조건 (나)를 이용하여 2학년 학생이 의자에 앉는 경우의 수 구하기

조건 (나)에서 2학년 학생 5명 중에서 2명이 양 끝에 있는 의자에 앉는 경우의 수는 $_5P_2=5\times4=20$

STEP B 1학년 학생 2명과 2학년 학생 3명이 의자에 앉는 경우의 수 구하기

위의 각각의 경우에 대하여 1학년 학생이 앉을 수 있는 의자를 $\boxed{1}$,
2학년 학생이 앉을 수 있는 의자를 $\boxed{2}$라 할 때, 조건 (가)를 만족시키도록 나머지 5명의 학생이 5개의 의자에 앉는 경우는 다음 6가지 중 하나이다.

1학년 학생 2명과 2학년 학생 3명이 의자에 앉는 경우의 수는
$6\times2!\times3!=6\times2\times6=72$
따라서 구하는 경우의 수는 $72\times20=1440$

다른풀이 2학년 학생이 먼저 일렬로 앉는 방법으로 풀이하기

STEP A 2학년 학생을 먼저 배열하고 조건 (가), (나)를 만족하는 경우의 수 구하기

먼저 2학년 학생 5명이 일렬로 앉은 후 1학년 학생 2명이 조건을 만족시키도록 앉는 경우를 생각하자.
2학년 학생 5명이 일렬로 앉는 경우의 수는 $5!=5\times4\times3\times2\times1=120$
이때 2학년 학생을 $\boxed{2}$라 하자.

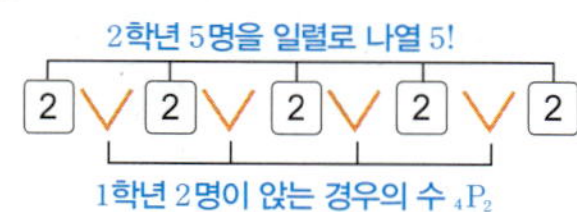

위의 각각의 경우에 대하여 두 조건 (가), (나)를 만족시키려면
1학년 학생 2명은 ∨ 표시된 4곳 중에서 2곳을 택하여 앉아야 하므로
1학년 학생이 앉는 경우의 수는 $_4P_2=4\times3=12$

STEP B 곱의 법칙에 의하여 경우의 수 구하기

따라서 구하는 경우의 수는 $120\times12=1440$

정답 ③

1559 · 2022년 03월 고2 학력평가 7번 ·   정답 ⑤

STEP A · 홀수가 적힌 카드를 일렬로 나열하는 경우의 수 구하기

숫자 1, 2, 3, 4, 5가 하나씩 적혀 있는 5장의 카드에서 홀수는 1, 3, 5이므로
홀수가 적혀 있는 3장의 카드를 나열하는 경우의 수는 $3! = 3 \times 2 \times 1 = 6$

STEP B · 사이사이와 양 끝에 짝수가 적힌 카드를 일렬로 나열하는 경우의 수 구하기

그 각각에 대하여 세 장의 카드의 사이사이와 양 끝의 네 곳 중 두 곳을 선택하여
2, 4가 적혀 있는 카드를 하나씩 나열하는 경우의 수는
$_4P_2 = 4 \times 3 = 12$

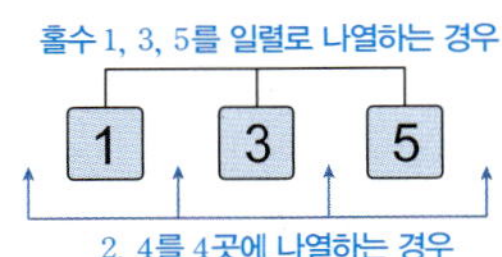

따라서 곱의 법칙에 의하여 전체 경우의 수는 $6 \times 12 = 72$

다른풀이 · 여사건을 이용하여 풀이하기

STEP A · 5장의 카드를 모두 일렬로 나열하는 경우의 수 구하기

숫자 1, 2, 3, 4, 5가 하나씩 적혀 있는 5장의 카드를 모두 일렬로 나열하는
경우의 수는 $5! = 5 \times 4 \times 3 \times 2 \times 1 = 120$

STEP B · 짝수가 적힌 카드끼리 이웃하여 나열하는 경우의 수 구하기

숫자 1, 2, 3, 4, 5가 하나씩 적혀 있는 5장의 카드에서 짝수는 2, 4
짝수가 적힌 카드가 이웃하여 나열하는 경우의 수를 구하기 위하여 2, 4가
적혀 있는 두 장의 카드를 한 묶음으로 생각한다.
즉 (2, 4가 적혀 있는 카드 한 묶음)+(1, 3, 5가 적혀 있는 카드)로
4개의 카드를 일렬로 나열하는 경우의 수는
$4! = 4 \times 3 \times 2 \times 1 = 24$
그 각각에 대하여 짝수가 적힌 카드 2장이 서로 자리를 바꾸는 경우의 수는
$2! = 2$
그러므로 짝수가 적혀 있는 카드끼리 서로 이웃하도록 나열하는 경우의 수는
$24 \times 2 = 48$

STEP C · 여사건을 이용하여 짝수가 적혀 있는 카드끼리 서로 이웃하지 않도록 나열하는 경우의 수 구하기

즉 (짝수가 적혀 있는 카드끼리 서로 이웃하지 않도록 나열하는 경우의 수)
　=(5장의 카드를 나열하는 경우의 수)
　　−(짝수가 적혀 있는 카드끼리 서로 이웃하도록 나열하는 경우의 수)
따라서 $120 - 48 = 72$

내신연계 출제문항 725

숫자 1, 2, 3, 4, 5, 6이 하나씩 적혀 있는 6장의 카드가 있다. 이 6장의 카드
를 모두 일렬로 나열할 때, 3의 배수가 적혀 있는 카드끼리 서로 이웃하지
않도록 나열하는 경우의 수는?

① 120　　　② 240　　　③ 360
④ 480　　　⑤ 600

STEP A · 3의 배수가 아닌 카드를 일렬로 나열하는 경우의 수 구하기

숫자 1, 2, 3, 4, 5, 6이 하나씩 적혀 있는 6장의 카드에서 3의 배수가 아닌 수는
1, 2, 4, 5이므로 3의 배수가 아닌 수가 적혀 있는 4장의 카드를 나열하는
경우의 수는 $4! = 4 \times 3 \times 2 \times 1 = 24$

STEP B · 사이사이와 양 끝에 3의 배수가 적힌 카드를 일렬로 나열하는 경우의 수 구하기

그 각각에 대하여 네 장의 카드의 사이사이와 양 끝의 다섯 곳 중 두 곳을
선택하여 3, 6이 적혀 있는 카드를 하나씩 나열하는 경우의 수는
$_5P_2 = 5 \times 4 = 20$

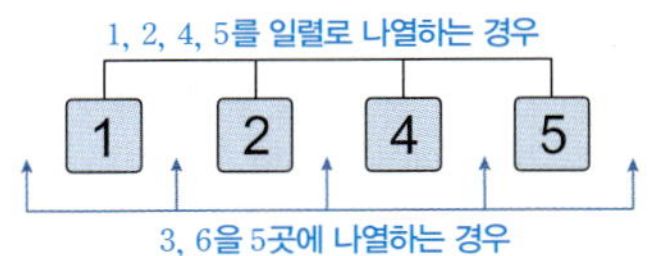

따라서 곱의 법칙에 의하여 전체 경우의 수는 $24 \times 20 = 480$

다른풀이 · 여사건을 이용하여 풀이하기

STEP A · 6장의 카드를 모두 일렬로 나열하는 경우의 수 구하기

숫자 1, 2, 3, 4, 5, 6이 하나씩 적혀 있는 6장의 카드를 모두 일렬로 나열하는
경우의 수는 $6! = 6 \times 5 \times 4 \times 3 \times 2 \times 1 = 720$

STEP B · 3의 배수가 적힌 카드끼리 이웃하여 나열하는 경우의 수 구하기

숫자 1, 2, 3, 4, 5, 6이 하나씩 적혀 있는 6장의 카드에서 3의 배수는 3, 6이고
3의 배수가 적힌 카드가 이웃하여 나열하는 경우의 수를 구하기 위하여 3, 6이
적혀 있는 두 장의 카드를 한 묶음으로 생각한다.
즉 (3, 6이 적혀 있는 카드 한 묶음)+(1, 2, 4, 5가 적혀 있는 카드)로 5개의
카드를 일렬로 나열하는 경우의 수는 $5! = 5 \times 4 \times 3 \times 2 \times 1 = 120$
그 각각에 대하여 3의 배수가 적힌 카드 2장이 서로 자리를 바꾸는 경우의 수는
$2! = 2$
즉 3의 배수가 적혀 있는 카드끼리 서로 이웃하도록 나열하는 경우의 수는
$120 \times 2 = 240$

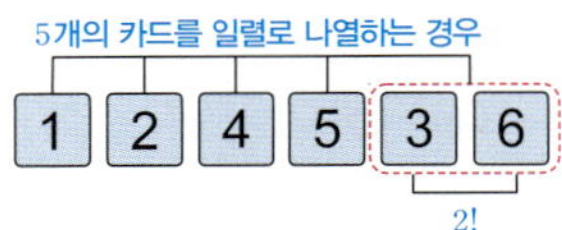

STEP C · 여사건을 이용하여 3의 배수가 적혀 있는 카드끼리 서로 이웃하지 않도록 나열하는 경우의 수 구하기

즉 (3의 배수가 적혀 있는 카드끼리 서로 이웃하지 않도록 나열하는 경우의 수)
　=(6장의 카드를 나열하는 경우의 수)
　　−(3의 배수가 적혀 있는 카드끼리 서로 이웃하도록 나열하는 경우의 수)
따라서 $720 - 240 = 480$　　　정답 ④

1560 · 정답 144

STEP A · N, O와 이웃하는 순열의 수 구하기

N, O를 한 묶음으로 생각하여 (N, O), R, A의 3개의 문자를 일렬로 나열하는
방법의 수는 $3! = 3 \times 2 \times 1 = 6$
그 각각에 대하여 N, O가 자리를 서로 바꾸는 방법의 수는 $2! = 2$

STEP B · W, Y가 이웃하지 않는 순열의 수 구하기

(N, O), R, A의 사이사이와 양 끝의 4개의 자리 중 2개의 자리에 W, Y를
나열하는 방법의 수는 $_4P_2 = 4 \times 3 = 12$
따라서 구하는 방법의 수는 $6 \times 2 \times 12 = 144$

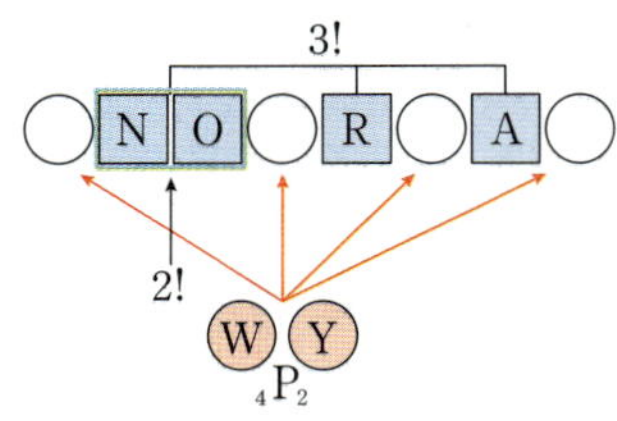

남학생 4명과 여학생 2명이 일렬로 서려고 한다. 남학생은 키가 작은 순서대로 서고, 여학생은 어떤 위치에도 설 수 있다고 할 때, 6명이 일렬로 서는 모든 방법의 수는? (단, 모든 학생의 키는 다르다.)

① 28 ② 30 ③ 32
④ 34 ⑤ 36

STEP Ⓐ **여학생 2명이 이웃하지 않거나 이웃하는 방법의 수 구하기**

남학생이 서는 순서는 정해져 있다.

(ⅰ) 여학생 2명이 이웃하지 않게 서는 방법의 수

남학생 4명의 사이사이와 양 끝의 5개의 자리 중 2개의 자리에 여학생 2명을 나열하는 방법의 수는 $_5P_2 = 5 \times 4 = 20$

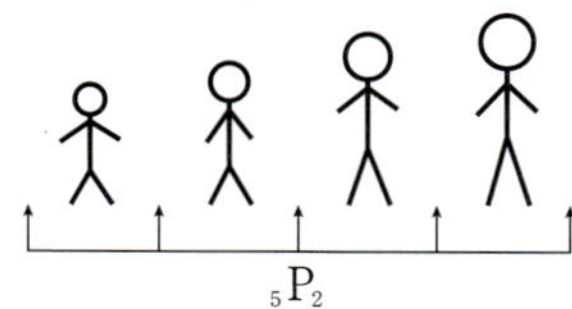

(ⅱ) 여학생 2명이 이웃하게 서는 방법의 수

여학생 2명을 한 묶음으로 생각하여 남학생 4명의 사이사이와 양 끝의 5개의 자리 중 1개의 자리에 여학생 한 묶음을 나열하는 방법의 수는 $_5P_1 = 5$

그 각각에 대하여 여학생 2명이 자리를 서로 바꾸는 방법의 수는 $2! = 2$

즉 방법의 수는 $5 \times 2 = 10$

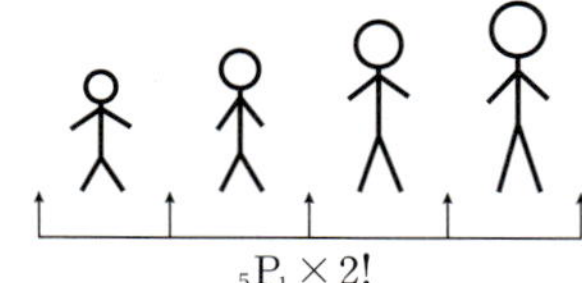

STEP Ⓑ **합의 법칙을 이용하여 방법의 수 구하기**

(ⅰ), (ⅱ)의 경우는 동시에 일어날 수 없으므로 합의 법칙에 의하여 구하는 방법의 수는 $20 + 10 = 30$

정답 ②

1561

정답 ②

STEP Ⓐ **D, E, F를 일렬로 세우는 경우의 수 구하기**

A, B, C, D, E, F의 6개의 문자를 일렬로 나열할 때,
D, E, F는 서로 이웃하지 않아야 하고 B, C는 서로 이웃하도록 세워야 한다.
이때 D, E, F를 일렬로 세우는 경우의 수는 $3! = 3 \times 2 \times 1 = 6$

STEP Ⓑ **D, E, F 사이에 A와 B, C 한 묶음을 세우는 경우의 수 구하기**

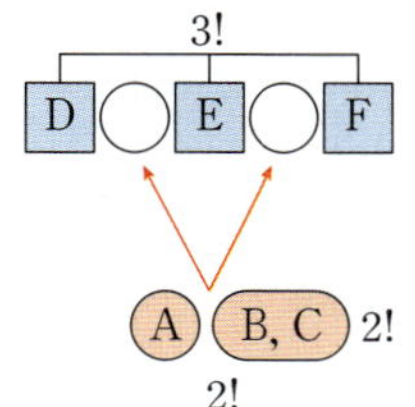

D, E, F 사이에 A와 BC를 세우는 경우는
DAE $\boxed{BC}$ F, D $\boxed{BC}$ EAF의 2가지
그 각각에 대하여 B, C가 자리를 서로 바꾸는 경우의 수는 $2! = 2$

STEP Ⓒ **곱의 법칙을 이용하여 경우의 수 구하기**

따라서 구하는 경우의 수는 $6 \times 2 \times 2 = 24$

1562

정답 72

STEP Ⓐ **여학생 2명과 빈 의자 2개를 먼저 배열하는 방법의 수 구하기**

학생은 4명이므로 빈 의자는 2개이다.
여학생 2명을 한 묶음으로 보고 이 한 묶음과 빈 의자 2개를
$\boxed{여\ 여}$ ○○과 같이 나타내면 이를 나열하는 방법은 다음과 같이 3가지
$\boxed{여\ 여}$ ○○, ○$\boxed{여\ 여}$ ○, ○○$\boxed{여\ 여}$
두 여학생이 서로 자리를 바꾸는 방법의 수는 $2! = 2$

STEP Ⓑ **남학생이 서로 이웃하지 않도록 앉는 방법의 수 구하기**

여학생의 묶음과 빈 의자 사이사이 또는 양 끝의 4자리 중에서 2자리에 남학생 2명을 나열하는 방법의 수는
$_4P_2 = 4 \times 3 = 12$

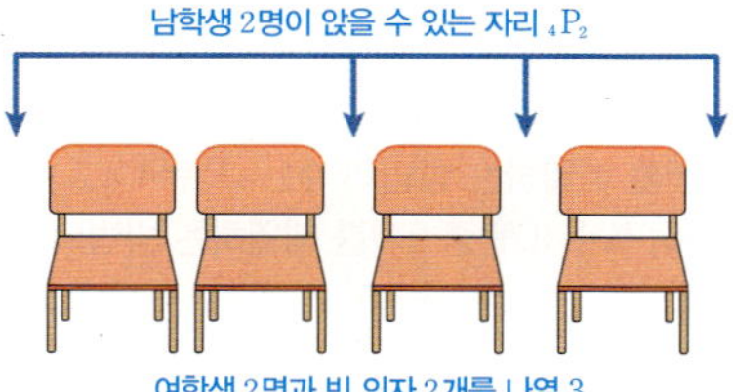

따라서 구하는 방법의 수는 $3 \times 2 \times 12 = 72$

그림과 같이 의자 7개에 1학년 학생 2명과 2학년 학생 3명이 앉을 때, 1학년 학생끼리는 서로 이웃하고 2학년 학생끼리는 서로 이웃하지 않도록 앉는 방법의 수는? (단, 두 학생 사이에 빈 의자가 있으면 이웃하지 않는 것으로 한다.)

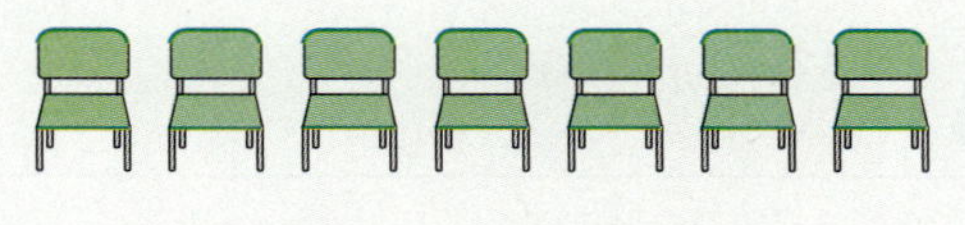

① 96 ② 108 ③ 120
④ 132 ⑤ 144

STEP Ⓐ **1학년 학생 2명과 빈 의자 2개를 먼저 배열하는 경우의 수 구하기**

학생은 5명이므로 빈 의자는 2개이다.
학생은 1학년 학생 2명을 한 묶음으로 보고 이 한 묶음과 빈 의자 2개를
$\boxed{1\ 1}$ ○○과 같이 나타내면 이를 나열하는 방법은 다음과 같이 3가지
$\boxed{1\ 1}$ ○○, ○$\boxed{1\ 1}$ ○, ○○$\boxed{1\ 1}$
1학년 학생 2명이 서로 자리를 바꾸는 방법의 수는 $2! = 2$

STEP Ⓑ **2학년 학생이 서로 이웃하지 않도록 앉는 경우의 수 구하기**

1학년 학생 2명의 묶음과 빈 의자 사이사이 또는 양 끝의 4자리 중에서 3자리에 2학년 학생 3명을 나열하는 방법의 수는
$_4P_3 = 4 \times 3 \times 2 = 24$

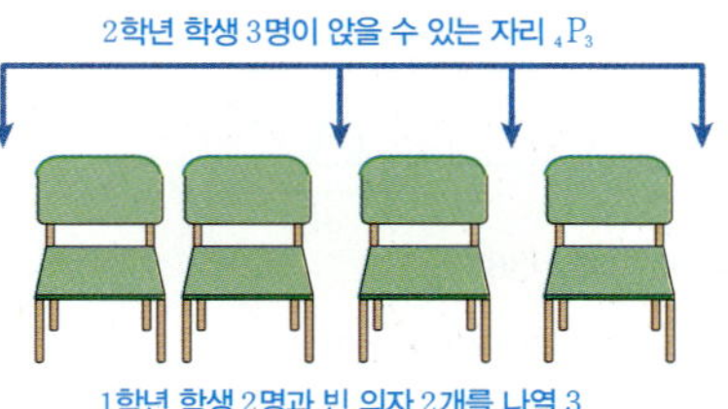

따라서 구하는 방법의 수는 $3 \times 2 \times 24 = 144$

정답 ⑤

1563

STEP A 짝수와 홀수 또는 홀수와 짝수를 교대로 사용하여 비밀번호를 만드는 방법의 수 구하기

1, 2, 3, 4, 5, 6, 7의 7개의 숫자 중에 짝수 2, 4, 6의 3개와 홀수 1, 3, 5, 7의 4개를 사용하여 비밀번호를 만드는 방법은 다음과 같이 2가지 경우가 있다.

(i) 짝수 3개와 홀수 2개를 배열하는 경우

짝수 3개를 일렬로 배열하는 방법의 수는 $3! = 3 \times 2 \times 1 = 6$

그 각각에 대하여 홀수 4개 중 2개를 배열하는 방법의 수는

$_4P_2 = 4 \times 3 = 12$

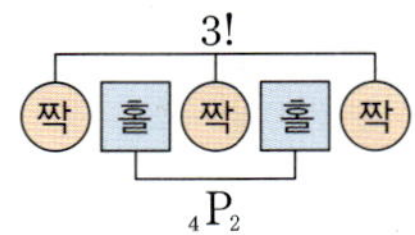

즉 방법의 수는 $6 \times 12 = 72$

(ii) 홀수 3개와 짝수 2개를 배열하는 경우

홀수 4개 중 3개를 배열하는 방법의 수는 $_4P_3 = 4 \times 3 \times 2 = 24$

그 각각에 대하여 짝수 3개 중 2개를 배열하는 방법의 수는

$_3P_2 = 3 \times 2 = 6$

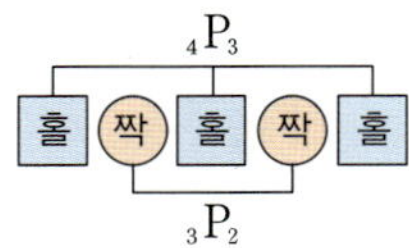

즉 방법의 수는 $24 \times 6 = 144$

STEP B 합의 법칙을 이용하여 방법의 수 구하기

(i), (ii)의 경우는 동시에 일어날 수 없으므로 합의 법칙에 의하여 구하는 방법의 수는 $72 + 144 = 216$

1564

STEP A 맨 앞에 서는 사람이 남자일 경우와 여자일 경우로 나누어 방법의 수 구하기

남자 3명과 여자 3명을 일렬로 세울 때,
남자와 여자가 교대로 서는 경우는 다음과 같다.

(i) 맨 앞에 남자를 세우는 경우

남자 3명을 일렬로 세우는 방법의 수는 $3! = 3 \times 2 \times 1 = 6$

여자 3명을 일렬로 세우는 방법의 수는 $3! = 3 \times 2 \times 1 = 6$

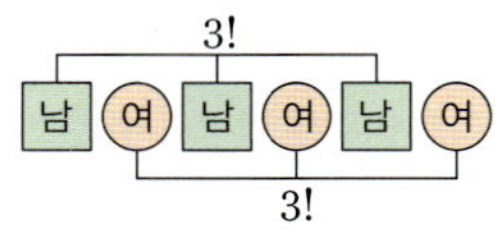

즉 방법의 수는 $6 \times 6 = 36$

(ii) 맨 앞에 여자를 세우는 경우

여자 3명을 일렬로 세우는 방법의 수는 $3! = 3 \times 2 \times 1 = 6$

남자 3명을 일렬로 세우는 방법의 수는 $3! = 3 \times 2 \times 1 = 6$

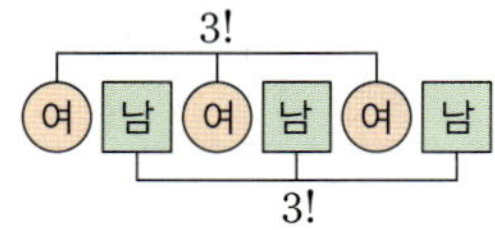

즉 방법의 수는 $6 \times 6 = 36$

STEP B 합의 법칙을 이용하여 방법의 수 구하기

(i), (ii)의 경우는 동시에 일어날 수 없으므로 합의 법칙에 의하여 구하는 방법의 수는 $36 + 36 = 72$

BELGIUM의 7개의 문자를 일렬로 나열할 때, 자음과 모음이 교대로 오는 경우의 수는?

① 72   ② 72   ③ 96
④ 144   ⑤ 168

STEP A 자음과 모음이 교대로 오는 경우의 수 구하기

B, E, L, G, I, U, M의 7개의 문자 중에서

자음 B, L, G, M의 4개와 모음 E, I, U의 3개

자음 4개를 일렬로 나열하는 경우의 수는 $4! = 4 \times 3 \times 2 \times 1 = 24$

자음 사이사이에 모음 3개를 나열하는 경우의 수는 $3! = 3 \times 2 \times 1 = 6$

따라서 구하는 경우의 수는 $24 \times 6 = 144$

1565

STEP A 맨 앞에 서는 사람이 남자일 경우와 여자일 경우로 나누어 경우의 수 구하기

(i) 맨 앞에 남자를 세우는 경우

남자 n명을 일렬로 세우는 경우의 수는 $n!$

여자 n명을 일렬로 세우는 경우의 수는 $n!$

즉 경우의 수는 $n! \times n!$

(ii) 맨 앞에 여자를 세우는 경우

여자 n명을 일렬로 세우는 경우의 수는 $n!$

남자 n명을 일렬로 세우는 경우의 수는 $n!$

즉 경우의 수는 $n! \times n!$

(i), (ii)의 경우는 동시에 일어날 수 없으므로 합의 법칙에 의하여 경우의 수는 $(n! \times n!) + (n! \times n!) = 2 \times n! \times n!$

STEP B 남자와 여자가 교대로 앉는 경우의 수가 1152일 때, n의 값 구하기

이때 남자와 여자가 교대로 앉는 경우의 수가 1152이므로

$2 \times n! \times n! = 1152$, $n! \times n! = 576 = 24^2$

$\therefore n! = 24 = 4 \times 3 \times 2 \times 1$

따라서 $n = 4$

1566

STEP A 순열의 수를 이용하여 a, b, c의 값 구하기

(i) 양 끝에 남자가 오도록 일렬로 서는 방법의 수

남자 3명 중에서 2명을 양 끝에 세우는 방법의 수는 $_3P_2 = 3 \times 2 = 6$

남자 1명과 여자 2명을 일렬로 세우는 방법의 수는 $3! = 3 \times 2 \times 1 = 6$

즉 $a = 6 \times 6 = 36$

(ii) 여자끼리는 이웃하지 않고 일렬로 서는 방법의 수

남자 3명을 일렬로 세우는 방법의 수는 $3! = 3 \times 2 \times 1 = 6$

남자 3명의 사이사이와 양 끝에 4곳 중에서 2곳에 여자 2명을 세우는 방법의 수는 $_4P_2 = 4 \times 3 = 12$

즉 $b = 6 \times 12 = 72$

(iii) 남자와 여자가 교대로 서는 방법의 수

남자 3명을 일렬로 세우는 방법의 수는 $3! = 3 \times 2 \times 1 = 6$

남자 사이사이에 여자 2명을 세우는 방법의 수는 $2! = 2$

즉 $c = 6 \times 2 = 12$

STEP B $a + b + c$의 값 구하기

(i)~(iii)에 의하여 $a = 36$, $b = 72$, $c = 12$이므로 $a + b + c = 120$

내신연계 출제문항 729

5개의 숫자 1, 2, 3, 4, 5를 일렬로 나열할 때, 짝수가 이웃하는 모든 경우의 수를 a, 양 끝에 홀수가 오는 모든 경우의 수를 b, 짝수가 이웃하면서 양 끝에 홀수가 오는 모든 경우의 수를 c라고 하자. 이때 $a+b+c$의 값은?

① 84   ② 96   ③ 108
④ 112   ⑤ 124

STEP A   순열의 수를 이용하여 a, b, c의 값 구하기

1, 2, 3, 4, 5의 5개의 숫자 중에서 짝수 2, 4의 2개와 홀수 1, 3, 5의 3개
(i) 짝수가 이웃하는 경우의 수
    짝수 2, 4를 한 묶음으로 생각하여 (2, 4), 1, 3, 5의 4개를 일렬로 나열하는
    경우의 수는 $4! = 4 \times 3 \times 2 \times 1 = 24$
    그 각각에 대하여 짝수 2, 4가 자리를 서로 바꾸는 경우의 수는 $2! = 2$
    즉 $a = 24 \times 2 = 48$
(ii) 양 끝에 홀수가 오는 경우의 수
    홀수 3개 중에서 2개를 양 끝에 세우는 경우의 수는 $_3P_2 = 3 \times 2 = 6$
    홀수 1개와 짝수 2개를 일렬로 세우는 경우의 수는 $3! = 3 \times 2 \times 1 = 6$
    즉 $b = 6 \times 6 = 36$
(iii) 짝수가 이웃하면서 양 끝에 홀수가 오는 경우의 수
    홀수 3개 중에서 2개를 양 끝에 세우는 경우의 수는 $_3P_2 = 3 \times 2 = 6$
    짝수 2, 4를 한 묶음으로 생각하여 (2, 4), (홀수)의 2개를 일렬로 나열하는
    경우의 수는 $2! = 2$
    그 각각에 대하여 짝수 2, 4가 자리를 서로 바꾸는 경우의 수는 $2! = 2$
    즉 $c = 6 \times 2 \times 2 = 24$

STEP B $a+b+c$의 값 구하기

(i)~(iii)에 의하여 $a = 48$, $b = 36$, $c = 24$이므로 $a+b+c = 108$ 정답 ③

1567

정답 720

STEP A   양 끝에 남학생을 세우는 경우의 수 구하기

남학생 3명 중에서 2명을 양 끝에 세우는 경우의 수는 $_3P_2 = 3 \times 2 = 6$
남학생 1명과 여학생 4명을 일렬로 세우는 경우의 수는
$5! = 5 \times 4 \times 3 \times 2 \times 1 = 120$

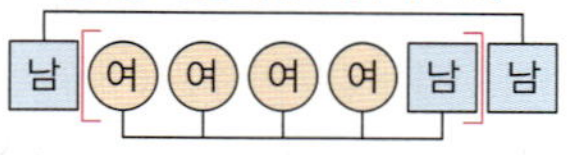

STEP B   곱의 법칙을 이용하여 경우의 수 구하기

따라서 구하는 경우의 수는 $6 \times 120 = 720$

1568

정답 ④

STEP A   양 끝에 자음을 배열하는 경우의 수 구하기

a, b, c, d, e, f의 6개의 문자 중에서
자음 b, c, d, f의 4개와 모음 a, e의 2개
자음 4개 중에서 2개를 양 끝에 세우는 경우의 수는 $_4P_2 = 4 \times 3 = 12$
자음 2개와 모음 2개를 일렬로 세우는 경우의 수는 $4! = 4 \times 3 \times 2 \times 1 = 24$

STEP B   곱의 법칙을 이용하여 경우의 수 구하기

따라서 구하는 경우의 수는 $12 \times 24 = 288$

1569

정답 ⑤

STEP A   선수 3명을 3, 4, 5번으로 배정하고 포수를 8번으로 배정하는 방법의 수 구하기

특정 선수 3명을 3, 4, 5번으로 배정하는 방법의 수는 $3! = 3 \times 2 \times 1 = 6$
포수를 제외한 나머지 5명의 선수를 1, 2, 6, 7, 9번으로 배정하는 방법의 수는
$5! = 5 \times 4 \times 3 \times 2 \times 1 = 120$

STEP B   곱의 법칙을 이용하여 방법의 수 구하기

따라서 구하는 방법의 수는 $6 \times 120 = 720$

1570

정답 2880

STEP A   모음이 짝수 번째에 오도록 나열하는 경우의 수 구하기

t, r, i, a, n, g, l, e의 8개의 문자 중에서
자음 t, r, n, g, l의 5개와 모음 i, a, e의 3개
2, 4, 6, 8번째 자리 중 세 자리에 모음 3개를 나열하는 경우의 수는
$_4P_3 = 4 \times 3 \times 2 = 24$
자음 5개를 일렬로 나열하는 경우의 수는 $5! = 5 \times 4 \times 3 \times 2 \times 1 = 120$

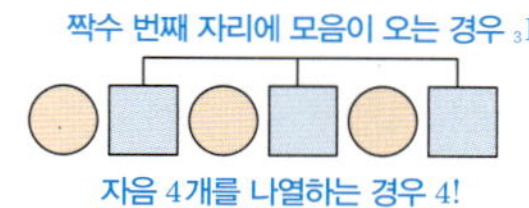

STEP B   곱의 법칙을 이용하여 경우의 수 구하기

따라서 구하는 경우의 수는 $24 \times 120 = 2880$

내신연계 출제문항 730

pencil의 6개의 문자를 일렬로 나열할 때, 모음이 짝수 번째에 오도록 나열하는 경우의 수를 구하시오.

STEP A   모음이 짝수 번째에 오도록 나열하는 경우의 수 구하기

p, e, n, c, i, l의 6개의 문자 중에서 자음 p, n, c, l의 4개와 모음 e, i의 2개
2, 4, 6번째 자리 중 두 자리에 모음 2개를 나열하는 경우의 수는
$_3P_2 = 3 \times 2 = 6$
자음 4개를 일렬로 나열하는 경우의 수는 $4! = 4 \times 3 \times 2 \times 1 = 24$

STEP B   곱의 법칙을 이용하여 경우의 수 구하기

따라서 구하는 경우의 수는 $6 \times 24 = 144$ 정답 144

1571

정답 ⑤

STEP A   운전석에 앉을 사람을 정하는 경우의 수 구하기

선생님 2명 중 1명을 운전석에 앉는 경우의 수는 $_2P_1 = 2$
가운데 줄 3좌석에 여학생 2명이 앉는 경우의 수는 $_3P_2 = 3 \times 2 = 6$
나머지 4자리에 나머지 선생님 1명과 남학생 3명이 앉는 경우의 수는
$4! = 4 \times 3 \times 2 \times 1 = 24$

STEP B   곱의 법칙을 이용하여 경우의 수 구하기

따라서 구하는 경우의 수는 $2 \times 6 \times 24 = 288$

1572

STEP Ⓐ 부모가 앞줄에 서는 방법과 뒷줄에 서는 방법으로 나누어 경우의 수 구하기

(i) 부모가 앞줄에서 앉는 경우
　　앞줄 2자리에 부모가 앉는 경우의 수 $2!=2$
　　뒷줄 3자리에 나머지 세 사람이 서는 경우의 수는 $3!=3\times2\times1=6$
　　즉 경우의 수는 $2\times6=12$
(ii) 부모가 뒷줄에 서는 경우
　　뒷줄 3자리에 부모가 서는 경우의 수는 $_3P_2=3\times2=6$
　　앞줄 2자리, 뒷줄 1자리에 나머지 세 사람이 앉거나 서는 경우의 수는
　　$3!=3\times2\times1=6$
　　즉 경우의 수는 $6\times6=36$

STEP Ⓑ 합의 법칙을 이용하여 경우의 수 구하기

(i), (ii)의 경우는 동시에 일어날 수 없으므로 합의 법칙에 의하여
구하는 경우의 수는 $12+36=48$

남자 4명, 여자 3명이 오른쪽 그림과 같이 앞줄에
3명, 뒷줄에 4명이 서서 사진을 찍으려고 할 때,
여자 3명이 앞줄 또는 뒷줄에서 옆으로 나란히
서로 이웃하여 서는 경우의 수는?

① 48　　　　② 108　　　　③ 144
④ 216　　　　⑤ 432

STEP Ⓐ 여자 3명이 같은 줄에 있는 경우로 나누어 경우의 수 구하기

(i) 여자 3명이 앞줄에 서는 경우
　　여자 3명이 앞줄에 이웃하여 서는 경우의 수는 $3!=3\times2\times1=6$
　　남자 4명이 뒷줄에 서는 경우의 수는 $4!=4\times3\times2\times1=24$
　　즉 경우의 수는 $6\times24=144$
(ii) 여자 3명이 뒷줄에 서는 경우
　　뒷줄에 이웃하는 세 자리를 택하는 경우의 수는 2
　　여자 3명이 뒷줄 세 자리에 이웃하여 서는 경우의 수는 $3!=3\times2\times1=6$
　　남자 4명이 나머지 자리에 서는 경우의 수는 $4!=4\times3\times2\times1=24$
　　즉 경우의 수는 $2\times6\times24=288$

STEP Ⓑ 합의 법칙을 이용하여 경우의 수 구하기

(i), (ii)의 경우는 동시에 일어날 수 없으므로 합의 법칙에 의하여
구하는 경우의 수는 $144+288=432$

정답 ⑤

1573

STEP Ⓐ 두 학생 A, B가 같은 줄의 좌석에 앉는 경우의 수 구하기

두 학생 A, B가 앉는 줄을 선택하는 경우의 수는 2
한 줄에 놓인 3개의 좌석에서 두 학생이 앉을 2개의 좌석을 택하는 경우의 수는
$_3P_2=3\times2=6$
즉 두 학생 A, B가 같은 줄의 좌석에 앉는 경우의 수는 $2\times6=12$

STEP Ⓑ 5명의 학생이 좌석에 앉는 경우의 수 구하기

나머지 세 명이 맞은편 세 줄의 좌석에 앉는 경우의 수는
$3!=3\times2\times1=6$
따라서 곱의 법칙에 의하여 5명의 학생이 좌석에 앉는 경우의 수는 $12\times6=72$

어느 강당에 그림과 같이 한 줄에 4개씩 모두 8개의 좌석이 있다.
두 학생 A, B를 포함한 6명의 학생이 좌석에 앉으려고 할 때, A, B는 같은
줄의 좌석에 앉고 나머지 네 명은 A, B가 앉은 줄과 다른 줄의 좌석에 앉는
경우의 수는?

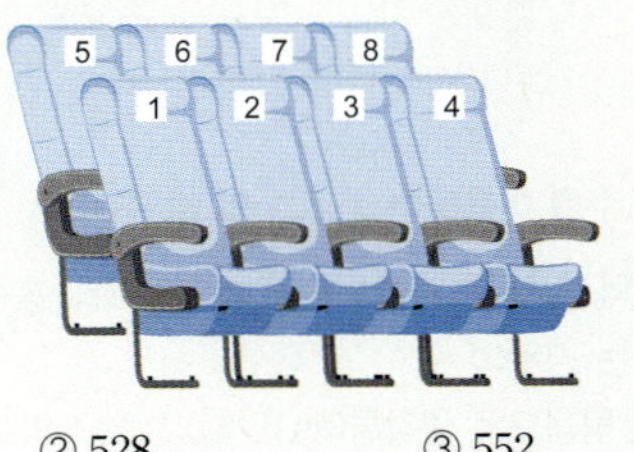

① 504　　　　② 528　　　　③ 552
④ 576　　　　⑤ 600

STEP Ⓐ 두 학생 A, B가 같은 줄의 좌석에 앉는 경우의 수 구하기

두 학생 A, B가 앉는 줄을 선택하는 경우의 수는 2
한 줄에 놓인 4개의 좌석에서 두 학생이 앉을 2개의 좌석을 택하는 경우의 수는
$_4P_2=4\times3=12$
즉 두 학생 A, B가 같은 줄의 좌석에 앉는 경우의 수는 $2\times12=24$

STEP Ⓑ 6명의 학생이 좌석에 앉는 경우의 수 구하기

나머지 네 명이 A, B가 앉은 줄과 다른 줄의 좌석에 앉는 경우의 수는
$4!=4\times3\times2\times1=24$
따라서 곱의 법칙에 의하여 6명의 학생이 좌석에 앉는 경우의 수는
$24\times24=576$

정답 ④

1574

STEP Ⓐ 아버지, 어머니가 홀수 번호가 적힌 의자에 앉는 경우의 수 구하기

숫자 1, 2, 3, 4, 5가 적힌 5개의 의자에서 홀수는 1, 3, 5
홀수 번호가 적힌 3개의 의자 중에서 2개의 의자를 택하여
아버지, 어머니가 앉는 경우의 수는 $_3P_2=3\times2=6$

STEP Ⓑ 할머니, 아들, 딸이 의자에 앉는 경우의 수 구하기

나머지 3개의 의자에 할머니, 아들, 딸이 앉는 경우의 수는
$3!=3\times2\times1=6$
따라서 곱의 법칙에 의하여 구하는 경우의 수는 $6\times6=36$

> **mini 해설 ┃ 조합을 이용하여 풀이하기**
>
> 홀수 1, 3, 5가 적힌 세 개의 의자 중 두 개의 의자를 택하는 경우의 수는 $_3C_2=_3C_1=3$
> 그 각각에 대하여 아버지, 어머니가 서로 자리를 바꾸는 경우의 수는 $2!=2$
> 남은 가족 3명이 나머지 3개의 의자에 앉는 경우는 $3!=3\times2\times1=6$
> 따라서 구하는 경우의 수는 $3\times2\times6=36$

두 학생 A, B를 포함한 6명의 학생이 그림과 같이 번호가 적힌 6개의 의자
에 모두 앉을 때, A, B가 모두 짝수 번호가 적힌 의자에 앉는 경우의 수는?

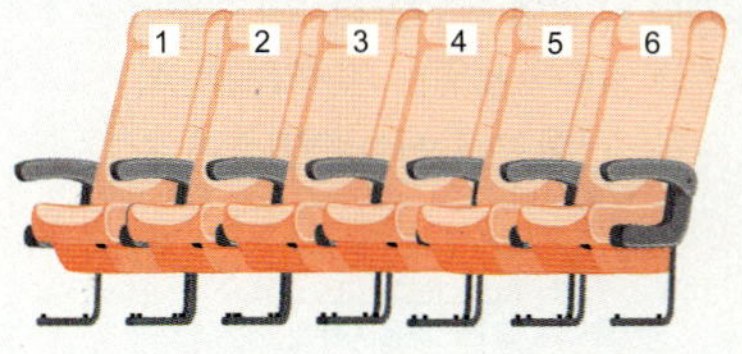

① 120　　　　② 126　　　　③ 132
④ 138　　　　⑤ 144

숫자 1, 2, 3, 4, 5, 6이 적힌 6개의 의자에서 짝수는 2, 4, 6
짝수 번호가 적힌 3개의 의자 중에서 2개의 의자를 택하여 A, B가 앉는 경우의
수는 $_3P_2=3\times2=6$

STEP Ⓑ **나머지 네 학생이 앉는 경우의 수 구하기**

나머지 4개의 의자에 네 학생이 앉는 경우의 수는 $4!=4\times3\times2\times1=24$
따라서 구하는 경우의 수는 $6\times24=144$

> **mini해설** | 조합을 이용하여 풀이하기
>
> 짝수 번호 2, 4, 6이 적힌 세 개의 의자 중 두 개의 의자를 택하는 경우의 수는
> $_3C_2=_3C_1=3$
> 그 각각에 대하여 A, B가 서로 자리를 바꾸는 경우의 수는 $2!=2$
> 또한, 남은 학생 4명이 앉은 경우의 수는 $4!=4\times3\times2\times1=24$
> 따라서 구하는 경우의 수는 $3\times2\times24=144$

정답 ⑤

1575

정답 192

STEP Ⓐ **A, B 사이에 들어갈 학생을 정하는 방법의 수 구하기**

A, B 사이에 들어갈 4명의 학생 중 학생 한 명을 택하는 방법의 수는 $_4P_1=4$
그 각각에 대하여 A, B가 서로 자리를 바꾸는 방법의 수는 $2!=2$
A, B와 뽑은 학생 한 명을 한 묶음으로 생각하여
(A, 학생 1명, B)+나머지 학생 3명, 즉 4개를 일렬로 나열하는 방법의 수는
$4!=4\times3\times2\times1=24$

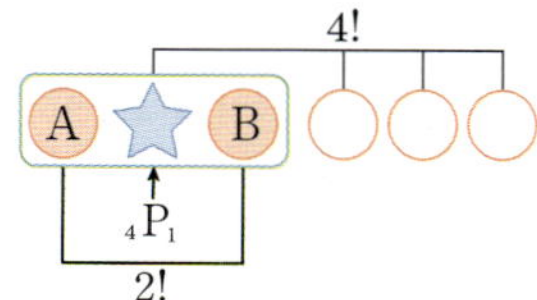

STEP Ⓑ **곱의 법칙을 이용하여 방법의 수 구하기**

따라서 구하는 방법의 수는 $4\times2\times24=192$

1576

정답 ⑤

STEP Ⓐ **S와 P 사이에 2개의 문자를 택하여 나열하는 경우의 수 구하기**

S, P 사이에 들어갈 5개의 문자 중 2개의 문자를 택하여 나열하는 경우의 수는
$_5P_2=5\times4=20$
그 각각에 대하여 S, P가 서로 자리를 바꾸는 경우의 수는 $2!=2$
S, P와 뽑은 2개의 문자를 한 문자로 생각하여
(S, 2개의 문자, P)+나머지 3개의 문자, 즉 4개의 문자를 일렬로 나열하는
경우의 수는 $4!=4\times3\times2\times1=24$

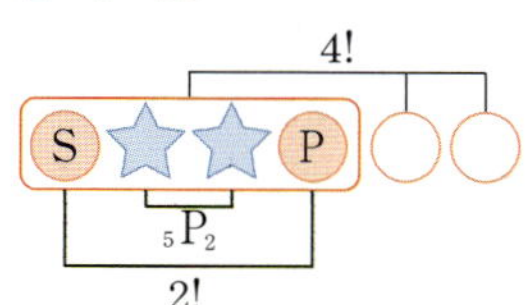

STEP Ⓑ **곱의 법칙을 이용하여 방법의 수 구하기**

따라서 구하는 방법의 수는 $20\times2\times24=960$

내신연계 출제문항 734

default의 7개의 문자를 일렬로 나열할 때, d와 t 사이에 2개의 모음만
오도록 나열하는 경우의 수는?

① 144 ② 120 ③ 288
④ 320 ⑤ 440

STEP Ⓐ **d와 t 사이에 2개의 모음만 오도록 나열하는 경우의 수 구하기**

d, e, f, a, u, l, t의 7개의 문자 중에서 모음 e, a, u의 3개
d, t 사이에 들어갈 3개의 모음 중 2개를 나열하는 경우의 수는
$_3P_2=3\times2=6$
그 각각에 대하여 d, t가 서로 자리를 바꾸는 경우의 수는 $2!=2$
d, t와 뽑은 2개의 모음을 한 문자로 생각하여
(d, 2개의 모음, t)+나머지 1개의 모음+f, l, 즉 4개의 문자를 일렬로 나열
하는 경우의 수는 $4!=4\times3\times2\times1=24$

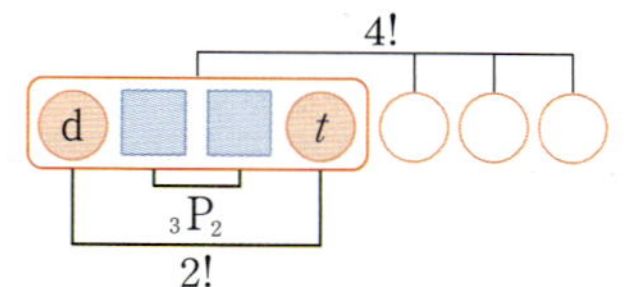

STEP Ⓑ **곱의 법칙을 이용하여 경우의 수 구하기**

따라서 구하는 경우의 수는 $6\times2\times24=288$

정답 ③

1577

정답 ④

STEP Ⓐ **모음 사이에 자음 2개를 택하여 나열하는 경우의 수 구하기**

P, O, L, A, N, D의 6개의 문자 중에서
모음 O, A의 2개와 자음 P, L, N, D의 4개
2개의 모음 사이에 들어갈 4개의 자음 중 2개를 택하여 나열하는 경우의 수는
$_4P_2=4\times3=12$
그 각각에 대하여 O, A가 서로 자리를 바꾸는 경우의 수는 $2!=2$
O, A와 뽑은 2개의 자음을 한 문자로 생각하여
(O, 2개의 자음, A)+나머지 2개의 자음, 즉 3개의 문자를 일렬로 나열하는
경우의 수는 $3!=3\times2\times1=6$

STEP Ⓑ **곱의 법칙을 이용하여 경우의 수 구하기**

따라서 구하는 경우의 수는 $12\times2\times6=144$

1578

정답 96

STEP Ⓐ **1과 4 사이에 홀수 한 개와 짝수 한 개가 오는 자연수의 개수 구하기**

1, 2, 3, 4, 5, 6의 6개의 숫자 중에서
홀수는 1, 3, 5의 3개와 짝수는 2, 4, 6의 3개
1과 4 사이에 들어갈 홀수 3, 5 중 한 개와 짝수 2, 6 중 한 개를 택하여
나열하는 경우의 수는 $_2P_1\times_2P_1=2\times2=4$
그 각각에 대하여 1과 4 사이에 들어간 홀수와 짝수가 서로 자리를 바꾸는
경우의 수는 $2!=2$
또한, 1과 4가 서로 자리를 바꾸는 경우의 수는 $2!=2$
1, 4와 뽑은 홀수 1개, 짝수 1개를 한 묶음으로 생각하여
(1, 홀수, 짝수, 4)+나머지 2개의 수, 즉 3개의 수를 일렬로 나열하는
경우의 수는 $3!=3\times2\times1=6$

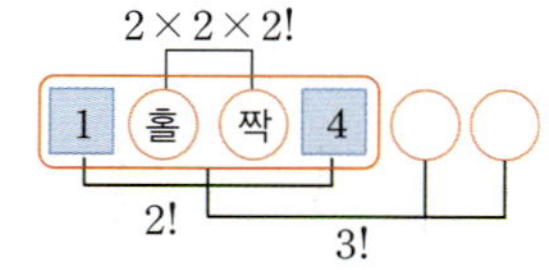

STEP Ⓑ **곱의 법칙을 이용하여 자연수의 개수 구하기**

따라서 구하는 자연수의 개수는 $4\times2\times2\times6=96$

1579

정답 ④

STEP A 2개의 인형을 이웃하게 놓는 경우의 수 구하기

(i) 2개의 인형을 이웃하게 놓는 경우
  이웃한 두 의자를 택하는 경우의 수는 5
  2개의 인형을 자리를 바꾸어 놓는 경우의 수는 $2!=2$
  즉 경우의 수는 $5\times2=10$

STEP B 2개의 인형 사이에 한 개의 빈 의자가 있는 경우의 수 구하기

(ii) 2개의 인형 사이에 한 개의 빈 의자가 있는 경우
  인형 사이에 놓을 한 개의 빈 의자를 제외한 의자를 택하는 경우의 수는 4
  2개의 인형을 자리를 바꾸어 놓는 경우의 수는 $2!=2$
  즉 경우의 수는 $4\times2=8$

STEP C 합의 법칙을 이용하여 경우의 수 구하기

(i), (ii)에서 구하는 경우의 수는 $10+8=18$

1580

정답 ①

STEP A 조건 (가)를 만족하는 경우의 수 구하기

조건 (가)에서 혜영, 선우, 명화를 하나로 묶어
(혜영, 선우, 명화), 민호, 민희를 일렬로 세우는 경우의 수는
$3!=3\times2\times1=6$
이때 혜영, 선우, 명화가 서로 자리를 바꾸는 경우의 수는
$3!=3\times2\times1=6$
즉 $a=6\times6=36$

STEP B 조건 (나)를 만족하는 경우의 수 구하기

조건 (나)에서 명화, 민호, 민희 세 명 중에서 혜영이와 선우 사이에 설 사람을
뽑는 경우의 수는 $_3P_1=3$
그 각각에 대하여 혜영이와 선우가 서로 자리를 바꾸는 경우의 수는 $2!=2$
혜영이와 선우, 뽑힌 한 사람을 한 묶음으로 생각하여
(혜영, 1명, 선우)+나머지 2명을 일렬로 세우는 경우의 수는
$3!=3\times2\times1=6$
즉 $b=3\times2\times6=36$

STEP C 조건 (다)를 만족하는 경우의 수 구하기

조건 (다)에서 5명을 일렬로 세우는 경우의 수는
$5!=5\times4\times3\times2\times1=120$
(혜영, 선우, 명화 중 어떤 사람도 양 끝에 서지 않는 경우의 수)
=(민호와 민희가 양 끝에 서는 경우의 수)
즉 민호와 민희를 양 끝에 세우는 경우의 수는 $2!=2$
혜영, 선우, 명화를 나머지 3자리에 세우는 경우의 수는
$3!=3\times2\times1=6$
즉 $c=$(5명을 일렬로 세우는 경우의 수)
    $-$(민호와 민희가 양 끝에 서는 경우의 수)
  $=120-12=108$
따라서 $a=36$, $b=36$, $c=108$이므로 $a=b<c$

5개의 영문자 G, R, E, A, T를 다음 조건을 만족하도록 일렬로 나열하려고
한다. 각각의 경우의 수를 순서대로 a, b, c라고 할 때, $a+b+c$의 값은?

> (가) 모든 사이에 1개의 자음이 들어가게 한 줄로 나열하는 경우
> (나) 양 끝에 G, R이 오도록 5개의 문자를 한 줄로 나열하는 경우
> (다) R, E가 서로 이웃하지 않도록 5개의 문자를 한 줄로 나열하는 경우

① 72   ② 81   ③ 110
④ 120   ⑤ 160

STEP A 조건 (가)를 만족하는 경우의 수 구하기

G, R, E, A, T의 5개의 문자 중에서
모음 E, A의 2개와 자음 G, R, T의 3개
조건 (가)에서 2개의 모음 사이에 들어갈 3개의 자음 중 1개를 택하여 일렬로
나열하는 경우의 수는 $_3P_1=3$
그 각각에 대하여 2개의 모음이 서로 자리를 바꾸는 경우의 수는 $2!=2$
2개의 모음과 뽑힌 1개의 자음을 한 문자로 생각하여
(2개의 모음, 1개의 자음)+나머지 2개의 자음, 즉 3개의 문자를 일렬로
나열하는 경우의 수는 $3!=3\times2\times1=6$
즉 $a=3\times2\times6=36$

STEP B 조건 (나)를 만족하는 경우의 수 구하기

조건 (나)에서 양 끝에 G, R이 오는 경우의 수는 $2!=2$
E, A, T를 나머지 자리에 나열하는 경우의 수는 $3!=3\times2\times1=6$
즉 $b=2\times6=12$

STEP C 조건 (다)를 만족하는 경우의 수 구하기

조건 (다)에서 G, A, T를 나열하는 경우의 수는 $3!=3\times2\times1=6$
G, A, T의 사이사이와 양 끝 4자리 중 2자리에 R, E를 나열하는 경우의 수는
$_4P_2=4\times3=12$
즉 $c=6\times12=72$
따라서 $a=36$, $b=12$, $c=72$이므로 $a+b+c=120$

정답 ④

1581

정답 ②

STEP A 78번째에 오는 수 구하기

(i) $1\square\square\square\square$꼴의 자연수의 개수는 $4!=4\times3\times2\times1=24$
(ii) $2\square\square\square\square$꼴의 자연수의 개수는 $4!=4\times3\times2\times1=24$
(iii) $3\square\square\square\square$꼴의 자연수의 개수는 $4!=4\times3\times2\times1=24$
(iv) $41\square\square\square$꼴의 자연수의 개수는 $3!=3\times2\times1=6$
(i)~(iv)에서 1로 시작하는 자연수부터 41로 시작하는 자연수까지의
총 개수는 $24+24+24+6=78$
따라서 78번째에 오는 수는 만의 자리 숫자가 4이고 천의 자리 숫자가 1인
자연수 중에서 가장 큰 수인 41532

1582

정답 ③

STEP A 70번째에 오는 수 구하기

(i) $8\square\square\square\square$꼴의 자연수의 개수는 $4!=4\times3\times2\times1=24$
(ii) $6\square\square\square\square$꼴의 자연수의 개수는 $4!=4\times3\times2\times1=24$
(iii) $48\square\square\square$꼴의 자연수의 개수는 $3!=3\times2\times1=6$
(iv) $46\square\square\square$꼴의 자연수의 개수는 $3!=3\times2\times1=6$
(v) $42\square\square\square$꼴의 자연수의 개수는 $3!=3\times2\times1=6$
(vi) $408\square\square$꼴의 자연수의 개수는 $2!=2$
(i)~(vi)에서 8로 시작하는 자연수부터 408로 시작하는 자연수까지의
총 개수는 $24+24+6+6+6+2=68$이므로
70번째로 오는 수는 406으로 시작되는 자연수 중 두 번째로 오는 수이다.
따라서 구하는 수는 40628

5개의 숫자 0, 1, 2, 3, 4를 모두 사용하여 만든 다섯 자리 자연수를 큰 수부
터 차례로 나열했을 때, 62번째로 오는 수는?

① 21403   ② 23401   ③ 24103
④ 24301   ⑤ 24310

STEP **A** 62**번째로 큰 수 구하기**

(i) 4□□□□꼴의 자연수의 개수는 4!$=4\times3\times2\times1=24$

(ii) 3□□□□꼴의 자연수의 개수는 4!$=4\times3\times2\times1=24$

(iii) 24□□□꼴의 자연수의 개수는 3!$=3\times2\times1=6$

(iv) 23□□□꼴의 자연수의 개수는 3!$=3\times2\times1=6$

(i)~(iv)에서 4로 시작하는 자연수부터 23으로 시작하는 자연수까지의
총 개수는 24+24+6+6=60이므로
62번째로 온 수는 21로 시작되는 자연수 중 두 번째로 오는 수이다.
따라서 구하는 수는 21403   정답 ①

1583   정답 ②

STEP **A** 35000**보다 큰 수의 개수 구하기**

35000보다 큰 수는 35□□□, 4□□□□, 5□□□□꼴의 수이다.

(i) 35□□꼴의 자연수의 개수는 3!$=3\times2\times1=6$

(ii) 4□□□꼴의 자연수의 개수는 4!$=4\times3\times2\times1=24$

(iii) 5□□□꼴의 자연수의 개수는 4!$=4\times3\times2\times1=24$

(i)~(iii)에서 35000보다 큰 수의 개수는 6+24+24=54

mini해설 35000**보다 작은 수의 개수를 이용하여 풀이하기**

1, 2, 3, 4, 5의 5개의 숫자를 한 번씩 써서 만든 다섯 자리의 정수의 개수는
5!$=5\times4\times3\times2\times1=120$
(i) 1□□□□꼴의 자연수의 개수는 4!$=4\times3\times2\times1=24$
(ii) 2□□□□꼴의 자연수의 개수는 4!$=4\times3\times2\times1=24$
(iii) 31□□□꼴의 자연수의 개수는 3!$=3\times2\times1=6$
(iv) 32□□□꼴의 자연수의 개수는 3!$=3\times2\times1=6$
(v) 34□□□꼴의 자연수의 개수는 3!$=3\times2\times1=6$
(i)~(v)에서 35000보다 작은 수의 개수는 24+24+6+6+6=66
따라서 35000보다 큰 수의 개수는 120-66=54

내·신·연·계 출제문항 737

5개의 숫자 0, 1, 2, 3, 4를 모두 사용하여 만든 다섯 자리 자연수 중에서
23000 이상인 자연수의 개수는?

① 42   ② 50   ③ 60
④ 64   ⑤ 68

STEP **A** 23000 **이상인 자연수의 개수 구하기**

23000보다 큰 수는 23□□□, 24□□□, 3□□□□, 4□□□□
꼴의 수이다.

(i) 23□□꼴의 자연수의 개수는 3!$=3\times2\times1=6$

(ii) 24□□꼴의 자연수의 개수는 3!$=3\times2\times1=6$

(iii) 3□□□꼴의 자연수의 개수는 4!$=4\times3\times2\times1=24$

(iv) 4□□□꼴의 자연수의 개수는 4!$=4\times3\times2\times1=24$

(i)~(iv)에서 23000 이상인 자연수의 개수는 6+6+24+24=60   정답 ③

1584   정답 ⑤

STEP **A** 75319**는 몇 번째 수인지 구하기**

(i) 1□□□□꼴의 자연수의 개수는 4!$=4\times3\times2\times1=24$

(ii) 3□□□□꼴의 자연수의 개수는 4!$=4\times3\times2\times1=24$

(iii) 5□□□□꼴의 자연수의 개수는 4!$=4\times3\times2\times1=24$

(iv) 71□□□꼴의 자연수의 개수는 3!$=3\times2\times1=6$

(v) 73□□□꼴의 자연수의 개수는 3!$=3\times2\times1=6$

(vi) 751□□꼴의 자연수의 개수는 2!$=2$

(i)~(vi)에서 1로 시작하는 자연수부터 751로 시작하는 자연수까지의
총 개수는 24+24+24+6+6+2=86
따라서 75319는 87번째에 오는 수이다.

mini해설 75319**보다 큰 숫자의 개수를 이용하여 풀이하기**

1, 3, 5, 7, 9를 한 번씩 사용하여 만든 다섯 자리 수의 개수는
5!$=5\times4\times3\times2\times1=120$
(i) 9□□□□꼴의 자연수의 개수는 4!$=4\times3\times2\times1=24$
(ii) 79□□□꼴의 자연수의 개수는 3!$=3\times2\times1=6$
(iii) 759□□꼴의 자연수의 개수는 2!$=2$
(iv) 7539□꼴의 자연수의 개수는 1
(i)~(iv)에서 9로 시작하는 자연수부터 7539로 시작하는 수까지의 총 개수는
24+6+2+1=33
따라서 75319는 120-33=87번째 수이다.

내·신·연·계 출제문항 738

5개의 숫자 1, 2, 3, 4, 5를 모두 사용하여 만든 다섯 자리 자연수를 작은 수
부터 순서대로 나열할 때, 24351은 는 몇 번째 수인가?

① 40   ② 41   ③ 42
④ 43   ⑤ 44

STEP **A** 24351**는 몇 번째 수인 구하기**

(i) 1□□□□꼴의 자연수의 개수는 4!$=4\times3\times2\times1=24$

(ii) 21□□□꼴의 자연수의 개수는 3!$=3\times2\times1=6$

(iii) 23□□□꼴의 자연수의 개수는 3!$=3\times2\times1=6$

(iv) 241□□꼴의 자연수의 개수는 2!$=2$

(v) 243□□꼴의 자연수의 개수는 2!$=2$

(i)~(v)에서 1로 시작하는 자연수부터 243로 시작하는 자연수까지의
총 개수는 24+6+6+2+2=40이므로 24351는 40번째에 오는 수이다.

mini해설 24351**보다 큰 수의 개수를 이용하여 풀이하기**

1, 2, 3, 4, 5를 한 번씩 사용하여 만든 다섯 자리 수의 개수는
5!$=5\times4\times3\times2\times1=120$
(i) 5□□□□꼴의 자연수의 개수는 4!$=4\times3\times2\times1=24$
(ii) 4□□□□꼴의 자연수의 개수는 4!$=4\times3\times2\times1=24$
(iii) 3□□□□꼴의 자연수의 개수는 4!$=4\times3\times2\times1=24$
(iv) 25□□□꼴의 자연수의 개수는 3!$=3\times2\times1=6$
(v) 245□□꼴의 자연수의 개수는 2!$=2$
(i)~(v)에서 5로 시작하는 자연수부터 245로 시작하는 수까지의 총 개수는
24+24+24+6+2=80
따라서 24351는 120-80=40번째 수이다.   정답 ①

1585   정답 ①

STEP **A** BDCEA**는 몇 번째 문자열인지 구하기**

(i) A□□□□꼴인 문자열의 개수는 4!$=4\times3\times2\times1=24$

(ii) BA□□□꼴의 문자열의 개수는 3!$=3\times2\times1=6$

(iii) BC□□□꼴의 문자열의 개수는 3!$=3\times2\times1=6$

(iv) BDA□□꼴의 문자열의 개수는 2!$=2$

(v) BDC□□꼴의 문자열의 개수는 2!$=2$

(i)~(v)에서 A로 시작하는 문자열부터 BDC로 시작하는 문자열까지의
총 개수는 24+6+6+2+2=40이므로 BDCEA는 40번째에 오는 문자열이다.

1586

STEP A 세 자리 자연수를 작은 수부터 1□□, 2□□꼴의 자연수의 개수 구하기

세 자리의 자연수의 백의 자리가 1, 2인 경우의 수를 구하면 다음과 같다.

1□□꼴의 숫자열의 개수는 $_9P_2 = 9 \times 8 = 72$

2□□꼴의 숫자열의 개수는 $_9P_2 = 9 \times 8 = 72$

백의 자리 숫자가 1 또는 2인 자연수의 개수는 $72 + 72 = 144$

STEP B 150번째 나열되는 수 구하기

이때 30□꼴의 숫자열은 145번째에 시작된다.

따라서 150번째 수는 백의 자리수가 3인 숫자 중에서 순서대로 6번째 수인

307

1587

STEP A 천의 자리의 수가 짝수인 경우와 홀수인 경우로 나누어 자연수의 개수 구하기

1000보다 크고 6000보다 작은 짝수 중 각 자리의 수가 모두 다른 자연수의
개수를 구하므로 천의 자리에는 1, 2, 3, 4, 5 중 하나가 들어갈 수 있고
일의 자리에는 0, 2, 4, 6, 8 중 천의 자리의 수와 다른 수가 들어가면 된다.

(i) 천의 자리의 수가 2 또는 4인 경우

일의 자리에 올 수 있는 수는 4가지

백의 자리와 십의 자리의 수는 8개의 수 중 2개를 택하여 나열하므로

경우의 수는 $_8P_2 = 8 \times 7 = 56$

즉 자연수의 개수는 $2 \times (4 \times 56) = 448$

(ii) 천의 자리의 수가 1 또는 3 또는 5인 경우

일의 자리에 올 수 있는 수는 5가지

백의 자리와 십의 자리의 수는 8개의 수 중 2개를 택하여 나열하므로

경우의 수는 $_8P_2 = 8 \times 7 = 56$

즉 자연수의 개수는 $3 \times (5 \times 56) = 840$

STEP B 합의 법칙을 이용하여 자연수의 개수 구하기

(i), (ii)의 경우는 동시에 일어날 수 없으므로 합의 법칙에 의하여 구하는
자연수의 개수는 $448 + 840 = 1288$

1588

STEP A 7개의 문자를 나열하는 경우의 수 구하기

7개의 문자를 일렬로 나열하는 경우의 수는 $7! = 5040$

STEP B 양 끝에 자음이 오도록 나열하는 경우의 수 구하기

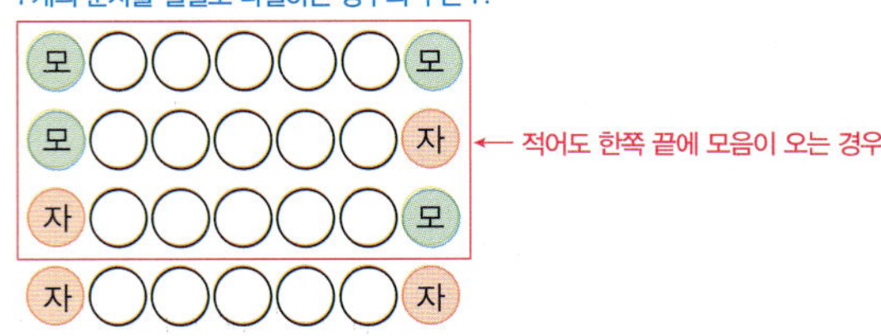

5개의 자음 H, N, G, R, Y 중 2개를 택하여 양 끝에 나열하는 경우의 수는
$_5P_2 = 5 \times 4 = 20$

양 끝의 자음을 제외한 나머지 5개의 문자를 일렬로 나열하는 경우의 수는
$5! = 5 \times 4 \times 3 \times 2 \times 1 = 120$

즉 양 끝에 자음이 오도록 나열하는 경우의 수는 $20 \times 120 = 2400$

STEP C 적어도 한쪽 끝에 모음이 오도록 나열하는 경우의 수 구하기

따라서 (적어도 한쪽 끝에 자음이 오도록 나열하는 경우의 수)

$= $ (전체 경우의 수) $-$ (양 끝에 자음이 오는 경우의 수)

$= 5040 - 2400 = 2640$

1589

STEP A 6개의 숫자로 만들 수 있는 세 자리 자연수의 개수 구하기

0, 1, 2, 3, 4, 5의 6개의 숫자로 만든 세 자리 자연수의 개수를 구하면
백의 자리에 올 수 있는 숫자의 개수는 0을 제외한 5가지
십의 자리와 일의 자리에 올 수 있는 숫자의 개수는 백의 자리의 숫자를 제외한
5개의 숫자 중에서 2개를 택하여 일렬로 나열하는 경우의 수와 같으므로
$_5P_2 = 5 \times 4 = 20$
즉 세 자리 자연수의 개수는 $5 \times 20 = 100$

STEP B 양 끝에 홀수가 오는 경우의 수 구하기

양 끝에 홀수가 오는 경우의 수는 1, 3, 5 중에서 2개를 택하여 나열하는

경우의 수와 같으므로 $_3P_2 = 3 \times 2 = 6$

십의 자리에 올 수 있는 경우의 수는 백의 자리, 일의 자리의 홀수를 제외한
4개의 숫자 중 1개를 택하는 경우의 수와 같으므로 $_4P_1 = 4$

즉 양 끝에 홀수가 오는 세 자리 자연수의 개수는 $6 \times 4 = 24$

STEP C 적어도 한쪽 끝이 짝수인 자연수의 개수 구하기

따라서 (적어도 한쪽 끝이 짝수인 자연수의 개수)

$= $ (세 자리 자연수의 개수) $-$ (양 끝에 홀수가 오는 자연수의 개수)

$= 100 - 24 = 76$

1590

STEP A 전체 경우의 수 구하기

9명의 팀원 중에서 팀장 1명, 부팀장 1명을 뽑는 경우의 수는 $_9P_2 = 9 \times 8 = 72$

STEP B 팀장, 부팀장이 모두 인공지능 프로그래머인 경우의 수 구하기

팀장, 부팀장이 모두 인공지능 프로그래머인 경우의 수는 $_6P_2 = 6 \times 5 = 30$

STEP C 여사건을 이용하여 경우의 수 구하기

따라서
(팀장, 부팀장 중에서 적어도 한 명은 로봇 엔지니어를 뽑는 경우의 수)
$= $ (전체 경우의 수) $-$ (팀장, 부팀장이 모두 인공지능 프로그래머인 경우의 수)
$= 72 - 30 = 42$

1591

STEP A 7명을 한 줄로 나열하는 경우의 수 구하기

7명을 일렬로 세우는 경우의 수는 $7! = 5040$

STEP B 여학생 3명이 모두 이웃하지 않도록 세우는 경우의 수 구하기

남학생 4명을 일렬로 세우는 경우의 수는 $4! = 4 \times 3 \times 2 \times 1 = 24$
남학생 4명의 사이사이와 양 끝의 5개의 자리 중에서 3개의 자리에
여학생 3명을 일렬로 세우는 경우의 수는 $_5P_3 = 5 \times 4 \times 3 = 60$
즉 여학생 3명이 모두 이웃하지 않도록 세우는 경우의 수는 $24 \times 60 = 1440$

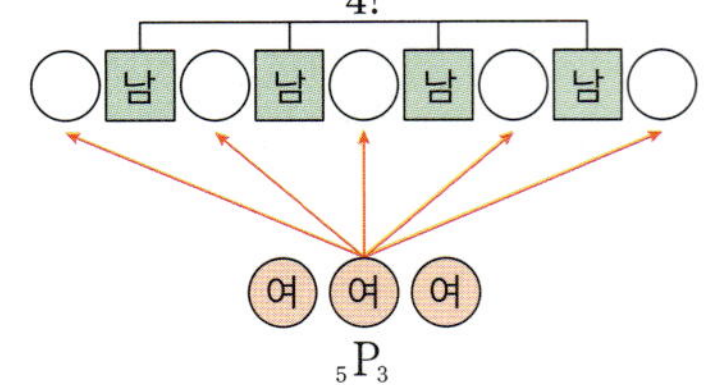

STEP C 적어도 2명의 여학생이 이웃하도록 세우는 경우의 수 구하기

따라서
(적어도 2명의 여학생이 이웃하도록 세우는 경우의 수)
$= $ (전체 경우의 수) $-$ (여학생 3명이 모두 이웃하지 않도록 세우는 경우의 수)
$= 5040 - 1440 = 3600$

5개의 숫자 1, 2, 3, 4, 5가 각각 하나씩 적힌 5장의 카드를 일렬로 나열할 때, 홀수가 적힌 카드가 적어도 2개는 이웃하도록 나열하는 경우의 수는?

① 108 ② 110 ③ 118
④ 120 ⑤ 124

STEP A 5장의 카드를 나열하는 경우의 수 구하기

5장의 카드를 일렬로 나열하는 경우의 수는 $5!=5\times4\times3\times2\times1=120$

STEP B 홀수가 적힌 카드가 이웃하지 않도록 나열하는 경우의 수 구하기

짝수가 적힌 카드 2장을 일렬로 나열하는 경우의 수는 $2!=2$
짝수가 적힌 카드 사이와 양 끝에 홀수가 적힌 카드 3장을 나열하는
경우의 수는 $3!=3\times2\times1=6$
즉 홀수가 적힌 카드가 이웃하지 않도록 나열하는 경우의 수는 $2\times6=12$

STEP C 홀수가 적힌 카드가 적어도 2개는 이웃하도록 나열하는 경우의 수 구하기

따라서
(홀수가 적힌 카드가 적어도 2개는 이웃하도록 나열하는 경우의 수)
$=$(전체 경우의 수)$-$(홀수가 적힌 카드가 이웃하지 않도록 나열하는 경우의 수)
$=120-12=108$

정답 ①

1592

정답 ③

STEP A 6개의 알파벳을 나열하는 방법의 수 구하기

6개의 알파벳을 일렬로 나열하는 방법의 수는 $6!=720$

STEP B 양 끝에 모음만 오는 방법의 수 구하기

모음의 개수를 n이라 하면 양 끝에 나열하는 방법의 수는 $_nP_2=n(n-1)$
나머지 4개의 문자를 일렬로 나열하는 방법의 수는 $4!=4\times3\times2\times1=24$
즉 양 끝에 모음만 오도록 나열하는 방법의 수는 $24n(n-1)$

STEP C 6개의 알파벳 중에서 자음의 개수 구하기

적어도 한쪽 끝에 자음이 오도록 나열하는 방법의 수는 576이므로
$720-24n(n-1)=576,\ 24n(n-1)=144,\ n(n-1)=6=3\times2$ $\therefore n=3$
따라서 모음의 개수가 3이므로 자음의 개수는 $6-3=3$

서로 다른 한 자리 자연수 6개를 일렬로 나열할 때, 적어도 한쪽 끝이 홀수가 오는 경우의 수는 432이다. 이때 홀수의 개수는?

① 1 ② 2 ③ 3
④ 4 ⑤ 5

STEP A 6개의 숫자로 만들 수 있는 자연수의 개수 구하기

6개의 숫자로 만든 자연수의 개수는 $6!=720$

STEP B 양 끝에 짝수만 오는 경우의 수 구하기

짝수의 개수를 n이라 하면 양 끝에 짝수가 오는 경우의 수는 $_nP_2=n(n-1)$
나머지 4개의 숫자를 일렬로 나열하는 경우의 수는 $4!=4\times3\times2\times1=24$
즉 양 끝에 짝수만 오는 경우의 수는 $24n(n-1)$

STEP C 홀수인 자연수의 개수 구하기

적어도 한쪽 끝에 홀수가 오는 경우의 수는 432이므로
$720-24n(n-1)=432,\ 24n(n-1)=288,\ n(n-1)=12=4\times3$
$\therefore n=4$
따라서 짝수의 개수가 4이므로 홀수의 개수는 $6-4=2$

정답 ②

1593

정답 ③

STEP A 두 명의 학생이 서로 다른 의자는 앉는 방법의 수 구하기

두 명의 학생이 빈 의자 7개 중에서 서로 다른 의자에 앉는 방법의 수는
$_7P_2=7\times6=42$

STEP B 두 명의 학생 사이에 빈 의자가 없도록 이웃하는 방법의 수 구하기

이웃한 두 의자를 택하는 방법의 수는 6
두 명의 학생이 서로 자리를 바꾸는 방법의 수는 $2!=2$
즉 두 명의 학생 사이에 빈 의자가 없도록 이웃하여 앉는 방법의 수는
$6\times2=12$

STEP C 두 명 사이에 적어도 하나의 빈 의자가 있도록 앉는 방법의 수 구하기

따라서 (두 명 사이에 적어도 하나의 빈 의자가 있도록 앉는 방법의 수)
　　$=$(전체 방법의 수)
　　　$-$(두 명의 학생 사이에 빈 의자가 없도록 이웃하는 앉는 방법의 수)
　　$=42-12=30$

mini해설 | 이웃하지 않는 순열을 이용하여 풀이하기

빈 의자 5개를 먼저 놓고 양 끝과 의자 사이사이에 한 명씩 의자를 놓고 앉는다.
따라서 여섯 개 자리에 두 명을 배치하는 방법의 수는 $_6P_2=6\times5=30$

1594

정답 ①

STEP A 7개의 의자 중 3개의 의자에 3명의 학생이 각각 앉는 경우의 수 구하기

7개의 의자 중 3개의 의자에 3명의 학생이 각각 앉는 경우의 수는
$_7P_3=7\times6\times5=210$

STEP B 3명의 학생이 모두 이웃하지 않도록 앉는 경우의 수 구하기

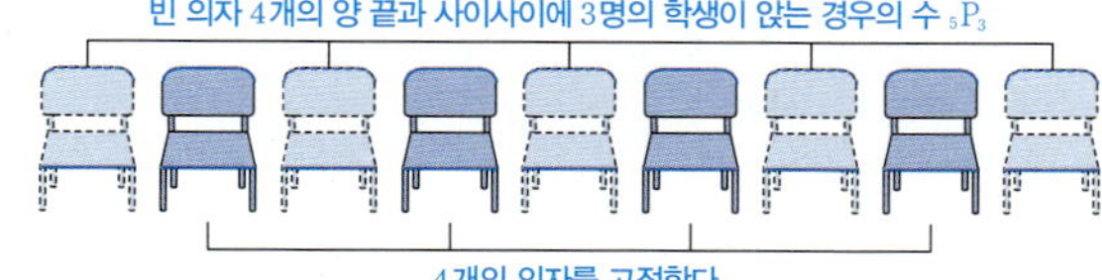

이때 3명의 학생이 모두 이웃하지 않도록 앉으려면
빈 의자 4개의 양 끝과 사이사이에 3명의 학생이 앉아야 하므로
그 경우의 수는 $_5P_3=5\times4\times3=60$

STEP C 적어도 2명의 학생이 서로 이웃하게 앉는 경우의 수 구하기

따라서
(적어도 2명의 학생이 서로 이웃하게 앉는 경우의 수)
$=$(전체 경우의 수)$-$(3명의 학생이 모두 이웃하지 않도록 하는 경우의 수)
$=210-60=150$

그림과 같이 서로 다른 깃발 7개가 일렬로 놓여 있다. 두 사람이 서로 다른 깃발을 하나씩 잡을 때, 이웃한 깃발을 잡지 않는 경우의 수를 구하시오.

STEP A 두 사람이 깃발 7개 중 서로 다른 깃발을 잡는 경우의 수 구하기

두 사람이 깃발 7개 중 서로 다른 깃발을 잡는 경우의 수는 $_7P_2=7\times6=42$

STEP B 두 사람이 이웃한 깃발을 잡는 경우의 수 구하기

두 사람이 이웃한 깃발을 잡는 경우의 수는 $6\times2=12$

STEP C 두 사람이 잡은 깃발과 이웃한 깃발을 잡지 않는 경우의 수 구하기

따라서 (두 사람이 잡은 깃발과 이웃한 깃발을 잡지 않는 경우의 수)
= (전체 경우의 수) − (두 사람이 이웃한 깃발을 잡는 경우의 수)
= 42 − 12 = 30

정답 30

1595

정답 ③

STEP A 5장의 카드에서 3장의 카드를 선택하는 경우의 수 구하기

5장의 카드에서 3장을 카드를 선택하는 경우의 수는 $_5P_3 = 5 \times 4 \times 3 = 60$

STEP B A가 1이거나 C가 4인 경우의 수 구하기

A가 1인 경우의 수는 $_4P_2 = 4 \times 3 = 12$
C가 4인 경우의 수는 $_4P_2 = 4 \times 3 = 12$
A가 1이고 C가 4인 경우의 수는 $_3P_1 = 3$
즉 A가 1의 카드이거나 C가 4의 카드인 경우의 수는 $12 + 12 - 3 = 21$

STEP C A가 1이 아니고 C가 4가 아닌 경우의 수 구하기

따라서 (A가 1이 아니고 C가 4가 아닌 경우의 수)
= (전체 경우의 수) − (A가 1이거나 C가 4인 경우의 수)
= 60 − 21 = 39

1596

정답 78

STEP A 네 자리의 자연수의 개수 구하기

네 자리 자연수를 만들 수 있는 경우의 수는 $_5P_4 = 5 \times 4 \times 3 \times 2 = 120$

STEP B 3의 배수이거나 4의 배수인 개수 구하기

(i) 3의 배수가 되는 경우
　　네 자리의 숫자의 합이 3의 배수가 되어야 하므로 각 자리의 수는
　　(1, 2, 4, 5)의 1가지
　　네 자리의 자연수를 만들 수 있는 경우의 수는 $4! = 4 \times 3 \times 2 \times 1 = 24$
　　즉 경우의 수는 $1 \times 24 = 24$
(ii) 4의 배수가 되는 경우
　　끝 두 자리의 수가 4의 배수가 되어야 하므로 12, 24, 32, 52의 4가지
　　그 각각에 대하여 천의 자리와 백의 자리의 숫자를 정하는 경우의 수는
　　$_3P_2 = 3 \times 2 = 6$
　　즉 경우의 수는 $4 \times 6 = 24$
(iii) 3의 배수이면서 4의 배수가 되는 경우는
　　1452, 1524, 4152, 4512, 5124, 5412로 6가지
(i)~(iii)에 의하여 3의 배수이거나 4의 배수인 경우의 수는 $24 + 24 - 6 = 42$

STEP C 3의 배수도 아니고 4의 배수도 아닌 수의 개수 구하기

따라서 (3의 배수도 아니고 4의 배수도 아닌 수의 개수)
= (네 자리 자연수의 개수) − (3의 배수이거나 4의 배수인 개수)
= 120 − 42 = 78

1597

정답 ①

STEP A 주어진 조건 이해하기

B와 D를 잇는 직선도로가 없으므로 B, C, D, E지점을 각각 한 번씩만
지나려면 B, D가 이웃하지 않는 방법의 수를 구하면 된다.

STEP B B, C, D, E를 일렬로 세우는 방법의 수 구하기

B, C, D, E를 일렬로 세우는 방법의 수는 $4! = 4 \times 3 \times 2 \times 1 = 24$
B, D를 한 묶음으로 생각하여 (B, D)+C, E,
즉 3개의 문자를 일렬로 나열하는 방법의 수는 $3! = 3 \times 2 \times 1 = 6$
그 각각에 대하여 B, D가 서로 자리를 바꾸는 방법의 수는 $2! = 2$

STEP C B, D가 이웃하지 않는 방법의 수 구하기

따라서
(B, D가 이웃하지 않는 방법의 수)
= (B, C, D, E를 일렬로 세우는 방법의 수) − (B, D가 이웃하는 방법의 수)
= 24 − 6 × 2 = 12

내신연계 출제문항 742

오른쪽 그림은 5개의 도시 A, B, C, D, E를
연결하는 도로를 나타낸 것이다. 이 도로를
이용하여 5개의 도시를 여행하는 경우의 수는?
(단, 한 번 여행한 도시는 다시 지나가지 않는다.)

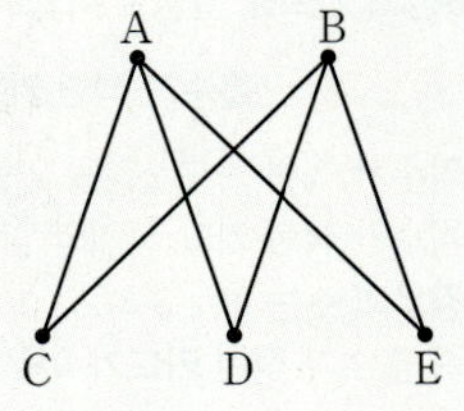

① 12　　　　② 24
③ 36　　　　④ 48
⑤ 60

STEP A 주어진 조건 이해하기

두 도시 A, B를 직접 연결하는 도로와 세 도시 C, D, E를 직접 연결하는
도로가 없으므로 5개의 도시를 모두 여행하려면 C, D, E와 A, B를 교대로
지나가야 한다.

STEP B C, D, E와 A, B를 일렬로 나열하는 경우의 수 구하기

C, D, E를 일렬로 나열하는 경우의 수는 $3! = 3 \times 2 \times 1 = 6$
A, B를 일렬로 나열하는 경우의 수는 $2! = 2$

STEP C 곱의 법칙을 이용하여 경우의 수 구하기

따라서 일렬로 나열한 C, D, E 사이에 A, B를 넣어야 하므로
구하는 경우의 수는 $6 \times 2 = 12$

정답 ①

1598

정답 ⑤

STEP A 6개의 영문자를 일렬로 나열하는 경우의 수 구하기

6개의 영문자를 일렬로 나열하는 경우의 수는 $6! = 720$

STEP B E와 N 사이에 문자가 2개 미만인 경우의 수 구하기

(i) E와 N 사이에 문자가 없는 경우
　　E와 N 사이에 문자가 없는 경우는 E, N이 이웃하는 경우와 같다.
　　E, N을 한 묶음으로 생각하여 (E, N)+나머지 4개의 문자를 일렬로
　　나열하는 경우의 수는 $5! = 5 \times 4 \times 3 \times 2 \times 1 = 120$
　　그 각각에 대하여 E, N이 서로 자리를 바꾸는 경우의 수는 $2! = 2$
　　즉 경우의 수는 $120 \times 2 = 240$
(iii) E와 N 사이에 문자가 한 개만 있는 경우
　　E, N 사이에 들어갈 4개의 문자 중에서 1개를 택하여 일렬로 나열하는
　　경우의 수는 $_4P_1 = 4$
　　그 각각에 대하여 E, N이 서로 자리를 바꾸는 경우의 수는 $2! = 2$
　　E, N과 뽑은 1개의 문자를 한 문자로 생각하여
　　(E, 1개의 문자, N)+나머지 3개의 문자, 즉 4개의 문자를 일렬로
　　나열하는 경우의 수는 $4! = 4 \times 3 \times 2 \times 1 = 24$
　　즉 경우의 수는 $4 \times 2 \times 24 = 192$
(i), (ii)에 의하여 E와 N 사이에 문자가 2개 미만인 경우의 수는
$240 + 192 = 432$

STEP C E와 N 사이에 문자가 2개 이상인 경우의 수 구하기

따라서 (E와 N 사이에 문자가 2개 이상인 경우의 수)
= (전체 경우의 수) − (E와 N 사이에 문자가 2개 미만인 경우의 수)
= 720 − 432 = 288

1599

2014년 03월 고2 학력평가 B형 29번 　정답 336

STEP A　세 자리의 자연수의 개수 구하기

모든 세 자리 자연수의 개수는 1부터 9까지의 9개의 자연수 중 서로 다른 3개의 숫자를 택하는 순열의 수와 같으므로 $_9P_3 = 9 \times 8 \times 7 = 504$

STEP B　각 자리의 수 중 어느 두 수의 합이 9가 되는 세 자리 자연수의 개수 구하기

1부터 9까지의 9개의 자연수 중 합이 9가 되는 두 수의 순서쌍은
$(1, 8), (2, 7), (3, 6), (4, 5)$의 네 가지 경우가 있다.
이 4개의 순서쌍 중 하나를 택하는 경우의 수는 4
9개의 숫자 중 이미 택한 2개의 숫자를 제외한 7개의 숫자 중 하나를 택하는 경우의 수는 7
이때 얻은 서로 다른 3개의 숫자를 일렬로 배열하는 경우의 수는
$3! = 3 \times 2 \times 1 = 6$
즉 각 자리의 수 중 두 수의 합이 9가 되는 세 자리 자연수의 개수는
$4 \times 7 \times 6 = 168$

STEP C　두 수의 합이 9가 되지 않는 세 자리 자연수의 개수 구하기

따라서 (각 자리의 수 중 어떤 두 수의 합도 9가 아닌 자연수의 개수)
$=$(모든 세 자리 자연수의 개수)
　　$-$(각 자리의 수 중 두 수의 합이 9가 되는 세 자리 자연수의 개수)
$=504 - 168 = 336$

내신 연계 출제문항 743

0, 1, 2, 3, 4, 5, 6의 7개의 숫자 중에서 서로 다른 3개를 택하여 세 자리의 자연수를 만들 때, 각 자리의 수 중 어느 두 수의 합도 7이 되지 않는 세 자리 자연수의 개수를 구하시오.

STEP A　세 자리의 자연수의 개수 구하기

백의 자리에 올 수 있는 수는 0을 제외한 6가지
십의 자리, 일의 자리에 올 수 있는 숫자의 개수는 나머지 6개의 수 중에서 2개를 택하여 나열하는 경우의 수와 같으므로 $_6P_2 = 6 \times 5 = 30$
즉 세 자리의 자연수의 개수는 $6 \times 30 = 180$

STEP B　각 자리의 수 중 어느 두 수의 합이 7이 되는 세 자리의 자연수의 개수 구하기

1부터 6까지의 자연수 중 합이 7이 되는 두 수의 순서쌍은
$(1, 6), (2, 5), (3, 4)$의 3개이다.
이 3개의 순서쌍 중 하나를 택하는 경우의 수는 3
7개의 숫자 중 이미 택한 2개의 숫자를 제외한 5개의 숫자 중 하나를 택하는 경우의 수는 $_5P_1 = 5$
이때 얻은 서로 다른 3개의 숫자를 일렬로 배열하는 경우의 수는
$3! = 3 \times 2 \times 1 = 6$
이때 백의 자리의 수가 0일 경우의 수는 6
016, 061, 025, 052, 034, 043
즉 각 자리의 수 중 어느 두 수의 합이 7이 되는 세 자리의 자연수의 개수는
$(3 \times 5 \times 6) - 6 = 90 - 6 = 84$

STEP C　두 수의 합이 7이 되지 않는 세 자리의 자연수의 개수 구하기

따라서
(두 수의 합이 7이 되지 않는 세 자리의 자연수의 개수)
$=$(세 자리 자연수의 개수)$-$(두 수의 합이 7이 되는 세 자리의 자연수의 개수)
$=180 - 84 = 96$
　정답 96

STEP 2　　　서술형문제

1600

정답 해설참조

| 1단계 | 유럽국가 중 2개의 나라를 뽑아 양 끝에 나열하는 방법의 수를 구한다. | 4점 |

유럽 3개국에서 2개국을 뽑아 양 끝에 세우는 방법의 수는
$_3P_2 = 3 \times 2 = 6$

| 2단계 | 양 끝의 2개 국가를 제외한 나머지 나라를 일렬로 세우는 방법의 수를 구한다. | 4점 |

양 끝의 2개 국가를 제외한 나머지 5개국 중 3개 나라를 뽑아 일렬로 세우는 방법의 수는 $_5P_3 = 5 \times 4 \times 3 = 60$

| 3단계 | 여행 스케줄에서 처음과 마지막 여행지를 유럽국가로 정하는 방법의 수를 구한다. | 2점 |

따라서 구하는 방법의 수는 $6 \times 60 = 360$

1601

정답 해설참조

| 1단계 | 자음을 일렬로 나열하는 경우의 수를 구한다. | 4점 |

4개의 자음 p, r, c, l를 일렬로 나열하는 경우의 수는
$4! = 4 \times 3 \times 2 \times 1 = 24$

| 2단계 | 모음을 나열하는 경우의 수를 구한다. | 4점 |

자음 사이사이와 양 끝의 5개의 자리에 3개의 모음 a, i, o를 나열하는 경우의 수는 $_5P_3 = 5 \times 4 \times 3 = 60$

| 3단계 | 모음끼리 이웃하지 않게 나열하는 경우의 수를 구한다. | 2점 |

따라서 구하는 경우의 수는 $24 \times 60 = 1440$

1602

 해설참조

1단계 T가 맨 앞에 오고, E가 맨 뒤에 오는 경우의 수를 구한다.   2점

T를 맨 앞에, E를 맨 뒤에 고정하고 나머지 4개의 문자 U, R, K, Y를
그 사이에 일렬로 나열하는 경우의 수와 같으므로 $4! = 4 \times 3 \times 2 \times 1 = 24$

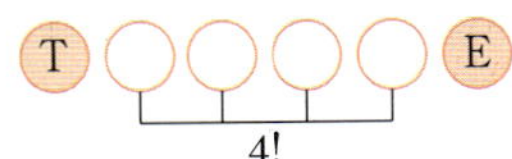

2단계 R과 K 사이에 2개의 문자가 들어 있는 경우의 수를 구한다.   4점

R과 K 사이에 4개의 문자 중 2개의
문자를 나열하는 경우의 수는
$_4P_2 = 4 \times 3 = 12$
R과 K의 자리를 바꾸는 경우의 수는
$2! = 2$

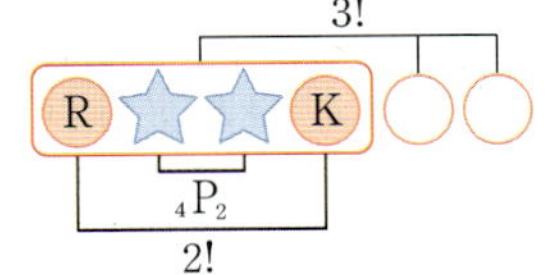

R, K와 선택한 2개의 문자를 한 묶음으로 생각하여
(H, 2개의 문자, Y)+나머지 2개의 문자,
즉 3개의 문자를 일렬로 나열하는 경우의 수는 $3! = 3 \times 2 \times 1 = 6$
즉 구하는 경우의 수는 $12 \times 2 \times 6 = 144$

3단계 적어도 한쪽 끝에 모음이 오는 경우의 수를 구한다.   4점

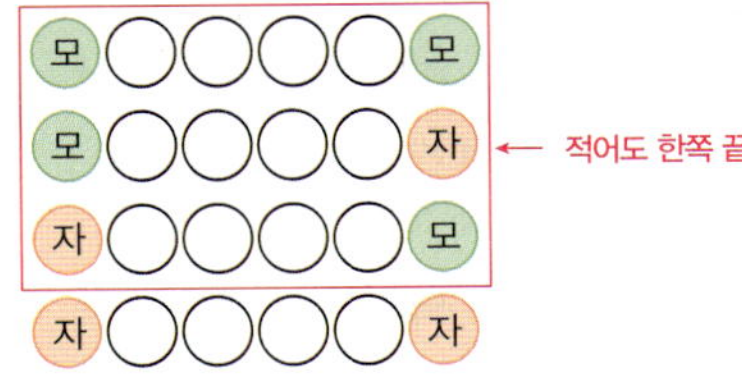

적어도 한쪽 끝에 모음이 오는 경우의 수는
전체 경우의 수에서 양 끝에 자음이 오는 경우의 수를 뺀 것과 같다.
6개의 문자를 일렬로 나열하는 경우의 수는 $6! = 720$
양 끝에 4개의 자음 T, R, K, Y 중에서 2개를 나열하는 경우의 수는
$_4P_2 = 4 \times 3 = 12$
그 각각에 대하여 가운데 나머지 4개의 문자를 나열하는 경우의 수는
$4! = 4 \times 3 \times 2 \times 1 = 24$
즉 양쪽 끝에 자음이 오는 경우의 수는 $12 \times 24 = 288$
따라서 구하는 경우의 수는 $720 - 288 = 432$

HIGHWAY의 7개의 문자를 일렬로 나열할 때, 다음 단계로 서술하시오.

[1단계] H가 맨 앞에 오고, Y가 맨 뒤에 오는 경우의 수를 구한다. [2점]
[2단계] H와 Y 사이에 2개의 문자가 들어 있는 경우의 수를 구한다. [4점]
[3단계] 적어도 한쪽 끝에 모음이 오는 경우의 수를 구한다. [4점]

1단계 H가 맨 앞에 오고 Y가 맨 뒤에 오는 경우의 수를 구한다.   2점

H를 맨 앞에, Y를 맨 뒤에 고정하고 나머지 5개의 문자 I, G, H, W, A를 그
사이에 일렬로 나열하는 경우의 수와 같으므로 $5! = 5 \times 4 \times 3 \times 2 \times 1 = 120$

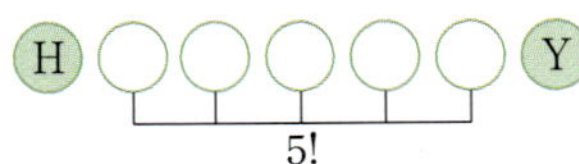

2단계 H와 Y 사이에 2개의 문자가 들어 있는 경우의 수를 구한다.   4점

H와 Y 사이에 5개의 문자 중 2개의
문자를 나열하는 경우의 수는
$_5P_2 = 5 \times 4 = 20$
H와 Y의 자리를 바꾸는 경우의 수는
$2! = 2$

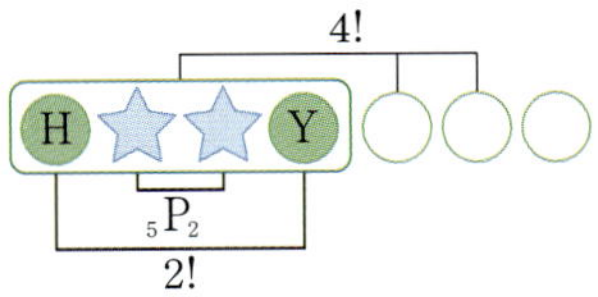

H, Y와 선택한 2개의 문자를 한 묶음 으로 생각하여
(H, 2개의 문자, Y)+나머지 3개의 문자, 즉 4개의 문자를 일렬로 나열하는
경우의 수는 $4! = 4 \times 3 \times 2 \times 1 = 24$
즉 구하는 경우의 수는 $20 \times 2 \times 24 = 960$

3단계 적어도 한쪽 끝에 모음이 오는 경우의 수를 구한다.   4점

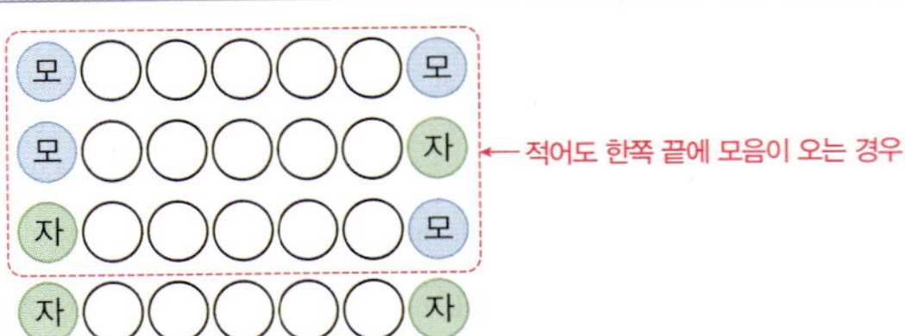

적어도 한쪽 끝에 모음이 오는 경우의 수는
전체 경우의 수에서 양 끝에 자음이 오는 경우의 수를 뺀 것과 같다.
7개의 문자를 일렬로 나열하는 경우의 수는 $7! = 5040$
양 끝에 자음인 H, G, H, W, Y 중에서 2개를 나열하는 경우의 수는
$_5P_2 = 5 \times 4 = 20$
그 각각에 대하여 가운데 나머지 5개의 문자를 나열하는 경우의 수는
$5! = 5 \times 4 \times 3 \times 2 \times 1 = 120$
즉 양쪽 끝에 자음이 오는 경우의 수는 $20 \times 120 = 2400$
따라서 구하는 경우의 수는 $5040 - 2400 = 2640$

 해설참조

1603

 해설참조

1단계 1 2 3 4 5 6 을 사용하여 만든 4의 배수의 개수를 구한다.   2.5점

4의 배수는 끝의 두 자리의 수가 00이거나 4의 배수이므로
□□12, □□16, □□24, □□32,
□□36, □□52, □□56, □□64
각각의 경우에 대하여 천의 자리와 백의 자리에는 끝의 두 자리에 온 숫자를
제외한 4개의 숫자 중에서 2개를 택하여 나열하는 경우의 수는
$_4P_2 = 4 \times 3 = 12$
구하는 4의 배수의 개수는 $8 \times 12 = 96$

2단계 0 1 2 3 4 5 를 사용하여 만든 5의 배수의 개수를 구한다.   2.5점

5의 배수는 일의 자리에 올 수 있는 숫자가 0, 5
(i) 일의 자리의 숫자가 0인 경우
　　 나머지 자리에 0을 제외한 5개의 숫자 중에서 3개를 택하여
　　 일렬로 나열하면 되므로 그 경우의 수는 $_5P_3 = 5 \times 4 \times 3 = 60$
(ii) 일의 자리의 숫자가 5인 경우
　　 천의 자리에는 0과 5를 제외한 4가지이고 백의 자리와 십의 자리에는
　　 천의 자리와 5를 제외한 4개의 숫자 중에서 2개를 택하여 나열하는
　　 경우의 수는 $_4P_2 = 4 \times 3 = 12$
　　 즉 경우의 수는 $4 \times 12 = 48$
(i), (ii)에 의하여 구하는 5의 배수의 개수는 $60 + 48 = 108$

3단계 0 1 2 3 4 5 를 사용하여 만든 홀수의 개수를 구한다.   2.5점

홀수는 일의 자리에 올 수 있는 숫자가 1, 3, 5
천의 자리에는 0과 일의 자리에 온 숫자를 제외한 4가지이고
백의 자리와 십의 자리에는 천의 자리에 온 숫자와 일의 자리에 온 숫자를 제외
한 4개의 숫자 중에서 2개를 택하여 나열하는 경우의 수는
$_4P_2 = 4 \times 3 = 12$
구하는 홀수의 개수는 $3 \times 4 \times 12 = 144$

4단계 0 1 2 3 4 5 를 사용하여 만든 짝수의 개수를 구한다.   2.5점

(i) 일의 자리의 수가 0인 경우
　　 나머지 자리에 0을 제외한 5개의 숫자 중에서 3개를 택하여
　　 나열하면 되므로 그 경우의 수는 $_5P_3 = 5 \times 4 \times 3 = 60$
(ii) 일의 자리의 수가 2 또는 4인 경우
　　 천의 자리에는 0과 일의 자리에 온 숫자를 제외한 4개의 숫자가 올 수 있고
　　 백의 자리와 십의 자리에는 천의 자리와 일의 자리에 온 숫자를 제외한
　　 4개의 숫자 중에서 2개를 택하여 나열하는 경우의 수는
　　 $_4P_2 = 4 \times 3 = 12$
　　 즉 경우의 수는 $2 \times (4 \times 12) = 96$
(i), (ii)에서 구하는 짝수의 개수는 $60 + 96 = 156$

내신연계 출제문항 745

6장의 카드 0 1 2 3 4 5 에서 4장을 택하여 네 자리의 자연수를 만들 때, 다음 단계로 서술하시오.

[1단계] 네 자리 자연수의 개수를 구한다. [2점]
[2단계] 짝수의 개수를 구한다. [4점]
[3단계] 4의 배수를 구한다. [4점]

1단계 네 자리 자연수의 개수를 구한다. [2점]

천의 자리에는 0이 올 수 없으므로 천의 자리에 올 수 있는 숫자는
1, 2, 3, 4, 5의 5가지
이 각각에 대하여 백의 자리, 십의 자리, 일의 자리에는 천의 자리에 온 숫자를
제외한 5개의 숫자 중 3개를 택하여 나열하면 되므로 $_5P_3 = 5 \times 4 \times 3 = 60$
구하는 네 자리의 자연수의 개수는 $5 \times 60 = 300$

2단계 짝수의 개수를 구한다. [4점]

짝수는 일의 자리의 숫자가 0 또는 짝수이어야 하므로
(i) 일의 자리에 0인 경우
　나머지 자리에는 1, 2, 3, 4, 5의 5개의 숫자 중 3개를 택하여
　나열하면 되므로 $_5P_3 = 5 \times 4 \times 3 = 60$
(ii) 일의 자리에 2 또는 4인 경우
　천의 자리에는 0과 일의 자리의 숫자에 온 숫자를 제외한 4가지이고
　백의 자리, 십의 자리에는 천의 자리와 일의 자리에 온 숫자를 제외한
　4개의 숫자 중 2개를 택하여 나열하는 경우의 수는 $_4P_2 = 4 \times 3 = 12$
　즉 경우의 수는 $2 \times (4 \times 12) = 96$
(i), (ii)에서 구하는 짝수의 개수는 $60 + 96 = 156$

3단계 4의 배수를 구한다. [4점]

4의 배수는 끝의 두 자리의 수가 00이거나 4의 배수이어야 하므로
□□04, □□12, □□20, □□24, □□32, □□40, □□52의
꼴이다.
(i) □□04, □□20, □□40
　천의 자리와 백의 자리에는 끝의 두 자리에 온 숫자를 제외한 4개의
　숫자 중 2개를 택하여 나열하는 경우의 수는 $_4P_2 = 4 \times 3 = 12$
　즉 경우의 수는 $3 \times 12 = 36$
(ii) □□12, □□24, □□32, □□52
　천의 자리에 올 수 있는 숫자는 0과 끝의 두 자리에 온 숫자를 제외한
　3가지이고 백의 자리에는 천의 자리와 끝의 두 자리에 온 숫자를 제외한
　3가지가 올 수 있으므로 $4 \times (3 \times 3) = 36$
(i), (ii)에서 구하는 4의 배수의 개수는 $36 + 36 = 72$　　**정답** 해설참조

1604　　　　　　　　　　　**정답** 해설참조

1단계 노란색 화분과 파란색 화분을 번갈아 가며 나열하는 방법의 수를 구한다. [3점]

노란색 화분 4개를 일렬로 나열하는 방법의 수는
$4! = 4 \times 3 \times 2 \times 1 = 24$
그 사이사이에 파란색 화분 3개를 일렬로 나열하는 방법의 수는
$3! = 3 \times 2 \times 1 = 6$
즉 방법의 수는 $24 \times 6 = 144$

2단계 파란색 화분 3개를 이웃하게 나열하는 방법의 수를 구한다. [3점]

파란색 화분 3개를 하나로 생각하여
(파란색 화분 3개)+노란색 화분 4개,
즉 5개의 화분을 일렬로 나열하는 방법의 수는
$5! = 5 \times 4 \times 3 \times 2 \times 1 = 120$
각각의 경우에 대하여 파란색 화분 3개가 서로 위치를 바꾸는 방법의 수는
$3! = 3 \times 2 \times 1 = 6$
즉 구하는 방법의 수는 $120 \times 6 = 720$

3단계 노란색 화분 2개가 양 끝에 오도록 나열하는 방법의 수를 구한다. [4점]

노란색 화분 2개를 양 끝에 놓는 방법의 수는 $_4P_2 = 4 \times 3 = 12$
나머지 5개의 화분을 일렬로 나열하는 방법의 수는
$5! = 5 \times 4 \times 3 \times 2 \times 1 = 120$
즉 구하는 방법의 수는 $12 \times 120 = 1440$

1605　　　　　　　　　　　**정답** 해설참조

1단계 문자열은 모두 몇 개인지 구한다. [2점]

문자 a, b, c, d, e를 일렬로 나열하는 경우의 수는
$5! = 5 \times 4 \times 3 \times 2 \times 1 = 120$

2단계 $dcbea$는 몇 번째의 문자열인지 구한다. [4점]

(i) a□□□□꼴의 문자열의 개수는 $4! = 4 \times 3 \times 2 \times 1 = 24$
(ii) b□□□□꼴의 문자열의 개수는 $4! = 4 \times 3 \times 2 \times 1 = 24$
(iii) c□□□□꼴의 문자열의 개수는 $4! = 4 \times 3 \times 2 \times 1 = 24$
(iv) da□□□꼴의 문자열의 개수는 $3! = 3 \times 2 \times 1 = 6$
(v) db□□□꼴의 문자열의 개수는 $3! = 3 \times 2 \times 1 = 6$
(vi) dca□□꼴의 문자열의 개수는 $2! = 2$
(vii) dcb□□꼴의 문자열의 개수는 $2! = 2$
(i)~(vii)에서 a로 시작하는 문자열부터 dcb로 시작하는 문자열까지의
총 개수는 $24 + 24 + 24 + 6 + 6 + 2 + 2 = 88$이므로 $dcbea$는 88번째에 오는
문자열이다.

3단계 100번째의 문자열을 구한다. [4점]

(i) a□□□□꼴의 문자열의 개수는 $4! = 4 \times 3 \times 2 \times 1 = 24$
(ii) b□□□□꼴의 문자열의 개수는 $4! = 4 \times 3 \times 2 \times 1 = 24$
(iii) c□□□□꼴의 문자열의 개수는 $4! = 4 \times 3 \times 2 \times 1 = 24$
(iv) d□□□□꼴의 문자열의 개수는 $4! = 4 \times 3 \times 2 \times 1 = 24$
(v) eab□□꼴의 문자열의 개수는 $2! = 2$
(vi) eac□□꼴의 문자열의 개수는 $2! = 2$
(i)~(vi)에서 a로 시작하는 문자열부터 eac로 시작하는 문자열까지의
총 개수는 $4 \times 24 + 2 + 2 = 100$이므로 100번째의 문자열은 $eacdb$

1606

정답 648

STEP Ⓐ 6개의 숫자를 배열하는 방법의 수 구하기

6개의 숫자를 3개씩 두 줄로 배열하는 모든 방법의 수는
6개를 모두 일렬로 배열하는 방법의 수와 같으므로 $6!=720$

STEP Ⓑ 각 줄에 있는 숫자의 곱이 짝수가 되지 않는 방법의 수 구하기

각 줄에 있는 세 숫자의 곱이 짝수가 되지 않는 경우는 어느 한 줄에 있는
세 숫자의 곱이 홀수일 때이다.
즉 곱이 홀수인 경우는 세 숫자가 1, 3, 5인 경우 밖에 없다.
윗줄이 1, 3, 5로 이루어지는 방법의 수는 $3!=3\times2\times1=6$
아랫줄이 2, 4, 6으로 이루어지는 방법의 수는 $3!=3\times2\times1=6$
이때 아랫줄과 윗줄이 바뀌는 방법의 수는 $2!=2$
즉 각 줄에 있는 숫자의 곱이 짝수가 되지 않는 방법의 수는 $6\times6\times2=72$

STEP Ⓒ 각 줄에 있는 숫자의 곱이 짝수가 되도록 배열하는 방법의 수 구하기

따라서 (각 줄에 있는 숫자의 곱이 짝수가 되도록 배열하는 방법의 수)
　　$=$(6개의 숫자를 일렬로 배열하는 방법의 수)
　　　$-$(각 줄에 있는 숫자의 곱이 홀수인 방법의 수)
　　$=720-72=648$

---

mini해설 ┃ 두 줄 모두 짝수가 되도록 직접 배열하여 풀이하기

> 윗줄에 들어갈 짝수를 고르는 방법의 수는 $_3C_2=_3C_1=3$
> 윗줄에 들어갈 홀수를 고르는 방법의 수는 $_3C_1=3$
> 이때 아랫줄에 들어갈 짝수와 홀수는 자동으로 정해진다.
> 윗줄과 아랫줄에 있는 숫자를 각각 나열하는 방법의 수는 $3!\times3!=6\times6=36$
> 윗줄과 아랫줄의 자리를 바꾸는 방법의 수는 $2!=2$
> 따라서 구하는 방법의 수는 $3\times3\times36\times2=648$

1607

정답 432

STEP Ⓐ A와 B가 이웃하는 경우와 B와 C가 이웃하는 경우의 수 구하기

A, B를 묶어 1개의 문자로 생각하여
(A, B)+나머지 4개의 문자,
즉 5개의 문자를 일렬로 나열하는 경우의 수는 $5!=5\times4\times3\times2\times1=120$
그 각각에 대하여 A와 B가 서로 자리를 바꾸는 경우의 수는 $2!=2$
이때 A와 B를 이웃하여 나열하는 경우의 수는 $120\times2=240$
마찬가지로 B와 C를 이웃하여 나열하는 경우의 수는 240

STEP Ⓑ A와 B, B와 C가 동시에 이웃하는 경우의 수 구하기

그런데 A와 B가 이웃하는 경우와 B와 C가 이웃하는 경우에는
ABC 또는 CBA와 같이 A와 B, B와 C가 동시에 이웃하는 경우가 포함되어 있다.
(i) A, B, C를 이 순서대로 묶어 1개의 문자로 생각하면
　　　4개의 문자를 일렬로 나열하는 경우의 수는 $4!=4\times3\times2\times1=24$
(ii) C, B, A를 이 순서대로 묶어 1개의 문자로 생각하면
　　　4개의 문자를 일렬로 나열하는 경우의 수는 $4!=4\times3\times2\times1=24$
(i), (ii)에 의하여 A와 B, B와 C가 동시에 이웃하는 경우의 수는
$24+24=48$

STEP Ⓒ A와 B 또는 B와 C가 이웃하는 경우의 수 구하기

따라서 (A와 B 또는 B와 C가 이웃하는 경우의 수)
　　$=$(A와 B가 이웃하는 경우의 수)$+$(B와 C가 이웃하는 경우의 수)
　　　$-$(A와 B, B와 C가 동시에 이웃하는 경우의 수)
　　$=240+240-48=432$

1608

정답 144

STEP Ⓐ 여학생 2명과 남학생 2명의 자리를 결정하는 경우의 수 구하기

여학생을 X, 남학생을 O로 나타내고
6개의 좌석에 여학생 2명이 왼쪽부터 앉는 경우를 생각한다.
두 조건 (가), (나)에 의하여

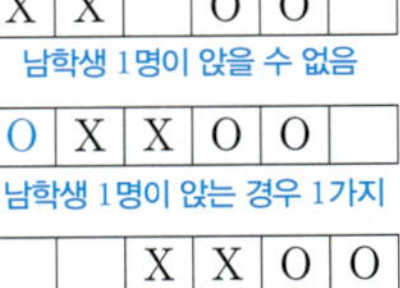

반대쪽은 대칭되는 것으로 생각하면 경우의 수는 $(1+1+1+1+2)\times2=12$
그 각각에 대하여 이웃하게 앉는 여학생끼리, 남학생끼리 서로 자리를 바꾸는
경우의 수는 $2!\times2!=2\times2=4$

STEP Ⓑ 혼자 앉는 남학생 1명을 결정하는 경우의 수 구하기

남학생 3명 중에서 혼자 앉을 남학생 1명을 결정하는 경우의 수는 $_3P_1=3$

STEP Ⓒ 조건을 만족시키는 경우의 수 구하기

따라서 구하는 경우의 수는 $12\times4\times3=144$

내신연계 출제문항 746

다음 조건을 만족시키도록 1, 2, 3, 4, 5, 6의 6개의 수를 일렬로 나열하는
경우의 수를 구하시오.

> (가) 짝수끼리는 서로 이웃하지 않는다.
> (나) 홀수인 소수끼리는 서로 이웃하지 않는다.

STEP Ⓐ 두 조건 (가), (나)를 만족시키는 경우의 수 구하기

조건 (가)에 의하여 2, 4, 6이 서로 이웃하지 않아야 하고
조건 (나)에 의하여 3, 5가 서로 이웃하지 않아야 한다.
6개의 수를 나열한 칸에 짝수가 들어갈 칸을 ●로 표현하면
서로 이웃하지 않는 경우는 다음과 같다.
(i) ☐●☐●☐● 또는 ●☐●☐●☐
　　　●에 2, 4, 6을 배열하는 경우의 수는 $3!=3\times2\times1=6$
　　　이때 나머지 칸에 1, 3, 5를 배열할 때,
　　　3, 5는 항상 이웃하지 않게 되므로
　　　나머지 수를 배열하는 경우의 수는 $3!=3\times2\times1=6$
　　　∴ $2\times(6\times6)=72$
(ii) ●☐●a b●☐ 또는 ●☐a b●☐●
　　　●에 2, 4, 6을 배열하는 경우의 수는 $3!=3\times2\times1=6$
　　　나머지 칸에 1, 3, 5를 배열하는 경우의 수는 $3!=3\times2\times1=6$이고
　　　이 중 a, b자리에 각각 3, 5 또는 5, 3이 오는 경우를 제외하면 되므로
　　　$2\times\{6\times(6-2)\}=48$

STEP Ⓑ 합의 법칙을 이용하여 경우의 수 구하기

(i), (ii)의 경우는 동시에 일어날 수 없으므로 합의 법칙에 의하여
구하는 경우의 수는 $72+48=120$

정답 120

1609

STEP Ⓐ A가 모서리 방에 있는 경우와 가운데 방에 있는 경우로 나누어 방법의 수 구하기

6개의 방을 다음 그림과 같이 ㉠, ㉡, ㉢, ㉣, ㉤, ㉥으로 나타낸다.

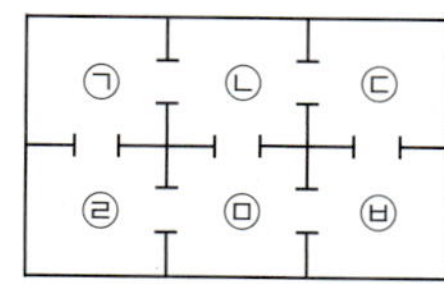

(i) A가 방 ㉠ 또는 ㉢ 또는 ㉣ 또는 ㉥에 있는 경우
　　B가 들어갈 수 있는 방은 ㉢, ㉤, ㉥의 3가지
　　나머지 4개의 방에 4명이 들어가는 방법의 수는
　　$4!=4\times3\times2\times1=24$
　　즉 방법의 수는 $4\times(3\times24)=288$

(ii) A가 방 ㉡에 있는 경우
　　B가 들어갈 수 있는 방은 ㉣, ㉥의 2가지
　　나머지 4개의 방에 4명이 들어가는 방법의 수는
　　$4!=4\times3\times2\times1=24$
　　즉 방법의 수는 $2\times24=48$

(iii) A가 방 ㉤에 있는 경우
　　B가 들어갈 수 있는 방은 ㉠, ㉢의 2가지
　　나머지 4개의 방에 4명이 들어가는 방법의 수는
　　$4!=4\times3\times2\times1=24$
　　즉 방법의 수는 $2\times24=48$

STEP Ⓑ 합의 법칙을 이용하여 방법의 수 구하기

(i)~(iii)의 경우는 동시에 일어날 수 없으므로 합의 법칙에 의하여
구하는 방법의 수는 $288+48+48=384$

1610

STEP Ⓐ 윗줄과 아랫줄의 세 수의 합이 같아지는 순서쌍 구하기

$1+2+4+6+8+9=30$이므로 세 수의 합은 15로 같아야 한다.
세 수의 합이 각각 15인 경우를 순서쌍으로 나타내면
$(1, 6, 8)$, $(2, 4, 9)$의 2가지 경우가 있다. ← $15=1+6+8=2+4+9$

STEP Ⓑ 윗줄과 아랫줄의 합이 서로 같은 경우의 수 구하기

1, 6, 8을 윗줄에 배열하는 경우의 수는 $3!=3\times2\times1=6$
2, 4, 9를 아랫줄에 배열하는 경우의 수는 $3!=3\times2\times1=6$
윗줄과 아랫줄이 바뀌는 경우의 수는 $2!=2$
따라서 구하는 경우의 수는 $6\times6\times2=72$

1611

2024년 03월 고2 학력평가 18번

STEP Ⓐ 주어진 조건을 이용하여 경우의 수 구하기

둥근 의자를 a_1, a_2, a_3, 사각 의자를 b_1, b_2, b_3이라 할 때
2학년 학생 2명은 사각 의자에만 앉아야 한다.

(i) 2학년 학생 2명이 b_1, b_2에 앉는 경우

2학년 학생 2명이 b_1과 b_2에 앉는 경우의 수는 $2!=2$
a_3, b_3에서는 1학년 1명과 3학년 1명을 배치하는 것이므로
$_2C_1\times_2C_1\times2!=8$
남은 1학년 1명과 3학년 1명을 a_1과 a_2에 배열하는 경우의 수는 $2!=2$
즉 $2\times8\times2=32$

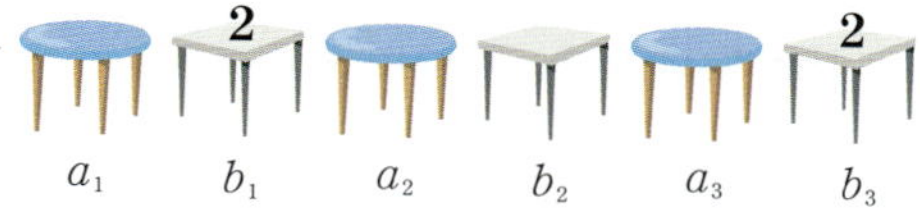

2학년 학생 b_1, b_2에 앉는 경우의 수는 $2!=2$
남은 4명의 학생이 의자에 앉는 경우의 수는 $4!=4\times3\times2\times1=24$
1학년 학생이 a_3, b_3에 앉는 경우의 수는 $2!=2$
3학년 학생이 남은 의자에 앉는 경우의 수는 $2!=2$
이때 1학년과 3학년이 자리를 바꾸어 앉을 수 있는 경우의 수는 2
즉 1학년 또는 3학년이 이웃하여 앉는 경우의 수는 $2\times2\times2=8$
∴ $2\times(24-8)=32$

(ii) 2학년 학생 2명이 b_1, b_3에 앉는 경우

a_1　b_1　a_2　b_2　a_3　b_3

2학년 학생 2명이 b_1과 b_3에 앉는 경우의 수는 $2!=2$
① 1학년 학생 2명이 a_1, b_2에 앉는 경우의 수는 $2!=2$
　　a_2, a_3에 3학년 학생이 앉는 경우의 수는 $2!=2$, 즉 $2\times2=4$
② 3학년 학생 2명이 a_1, b_2에 앉는 경우의 수는 $2!=2$
　　a_2, a_3에 1학년 학생이 앉는 경우의 수는 $2!=2$, 즉 $2\times2=4$
그러므로 2학년 학생 2명이 b_1, b_3에 앉는 경우의 수는 $2\times(4+4)=16$

2학년 학생이 b_1, b_3에 앉는 경우의 수는 $2!=2$
남은 의자 4개에 1학년과 3학년이 앉는 경우의 수는 $4!=4\times3\times2\times1=24$
이때 1학년 학생이 a_2, b_2 또는 b_2, a_3에 앉는 경우의 수는 $2\times2!=4$
3학년 학생이 남은 의자에 앉는 경우의 수는 $2!=2$
이때 1학년과 3학년이 자리를 바꾸어서 앉을 수 있으므로 경우의 수는 2
즉 1학년 또는 3학년이 이웃하여 앉는 경우의 수는 $4\times2\times2=16$
∴ $2\times(24-16)=16$

(iii) 2학년 학생 2명이 b_2, b_3에 앉는 경우

a_1　b_1　a_2　b_2　a_3　b_3

2학년 학생 2명이 b_2와 b_3에 앉는 경우의 수는 $2!=2$
1학년 학생 2명이 a_1, a_2에 앉는 경우의 수는 $2!=2$
3학년 학생 2명이 b_1, a_3에 앉는 경우의 수는 $2!=2$
즉 $2\times2\times2=8$
3학년 학생 2명이 a_1, a_2에 앉는 경우의 수는 $2!=2$
1학년 학생 2명이 b_1, a_3에 앉는 경우의 수는 $2!=2$
즉 $2\times2\times2=8$
그러므로 2학년 학생이 b_2, b_3에 앉는 경우의 수는 $8+8=16$

2학년 학생이 b_2, b_3에 앉는 경우의 수는 $2!=2$
남은 4명의 학생이 의자에 앉는 경우의 수는 $4!=4\times3\times2\times1=24$
1학년 학생이 a_1, b_1 또는 b_1, a_2에 앉는 경우의 수는 $2\times2!=4$
3학년 학생이 남은 의자에 앉는 경우의 수는 $2!=2$
이때 1학년과 3학년이 자리를 바꾸어 앉을 수 있는 경우의 수는 2
즉 1학년 또는 3학년이 이웃하여 앉는 경우의 수는 $4\times2\times2=16$
∴ $2\times(24-16)=16$

(i)~(iii)의 경우는 동시에 일어날 수 없으므로 합의 법칙에 의하여 구하는
경우의 수는 $32+16+16=64$

그림과 같이 둥근 의자 3개와 사각 의자 3개가 교대로 나열되어 있다.

1학년 학생 2명, 2학년 학생 2명, 3학년 학생 2명이 다음 조건을 만족시키도록 이 6개의 의자에 모두 앉는 경우의 수를 구하시오.

> (가) 3학년 학생은 둥근 의자에만 앉는다.
> (나) 같은 학년 학생은 서로 이웃하여 앉지 않는다.

STEP Ⓐ 주어진 조건을 이용하여 경우의 수 구하기

둥근 의자를 a_1, a_2, a_3, 사각 의자를 b_1, b_2, b_3이라고 할 때
3학년 학생 2명은 둥근 의자에만 앉아야 한다.
(i) 3학년 학생 2명이 a_1, a_2에 앉는 경우
　3학년 학생 2명이 a_1과 a_2에 앉는 경우의 수는 $2!=2$
　① 2학년 학생 2명을 b_1, a_3에 앉는 경우의 수는 $2!=2$
　　b_2, b_3에 1학년 학생이 앉는 경우의 수는 $2!=2$
　　이때 경우의 수는 $2 \times 2 = 4$
　② 1학년 학생 2명을 b_1, a_3에 앉는 경우의 수는 $2!=2$
　　b_2, b_3에 2학년 학생이 앉는 경우의 수는 $2!=2$
　　이때 경우의 수는 $2 \times 2 = 4$
　①, ②에 의하여 3학년 학생 2명이 a_1, a_2에 앉는 경우의 수는
　$2 \times (4+4) = 16$

> **+α ｜ 여사건으로 경우의 수를 구할 수 있어!**
>
> 3학년 학생이 a_1, a_2에 앉는 경우의 수는 $2!=2$
> 남은 의자 4개에 2학년과 1학년이 앉는 경우의 수는 $4!=4\times3\times2\times1=24$
> 2학년 학생이 b_2, a_3 또는 a_3, b_3에 앉는 경우의 수는 $2\times2!=2\times2=4$
> 1학년 학생이 남은 의자에 앉는 경우의 수는 $2!=2$
> 이때 2학년과 1학년이 자리를 바꾸어 앉을 수 있는 경우의 수는 2
> 즉 2학년 또는 1학년이 이웃하여 앉는 경우는 $4\times2\times2=16$
> $\therefore 2 \times (24-16) = 16$

(ii) 3학년 학생이 a_1, a_3에 앉는 경우
　3학년 학생 2명이 a_1과 a_3에 앉는 경우의 수는 $2!=2$
　① 2학년 학생 2명을 b_1, b_2에 앉는 경우의 수는 $2!=2$
　　a_2, b_3에 1학년 학생이 앉는 경우의 수는 $2!=2$
　　이때 경우의 수는 $2 \times 2 = 4$
　② 1학년 학생 2명을 b_1, b_2에 앉는 경우의 수는 $2!=2$
　　a_2, b_3에 2학년 학생이 앉는 경우의 수는 $2!=2$
　　이때 경우의 수는 $2 \times 2 = 4$
　①, ②에 의하여 3학년 학생 2명이 a_1, a_3에 앉는 경우의 수는
　$2 \times (4+4) = 16$

> **+α ｜ 여사건으로 경우의 수를 구할 수 있어!**
>
> 3학년 학생이 a_1, a_3에 앉는 경우의 수는 $2!=2$
> 남은 의자 4개에 2학년과 1학년이 앉는 경우의 수는 $4!=4\times3\times2\times1=24$
> 2학년 학생이 b_1, a_2 또는 a_2, b_2에 앉는 경우의 수는 $2\times2!=2\times2=4$
> 1학년 학생이 남은 의자에 앉는 경우의 수는 $2!=2$
> 이때 2학년과 1학년이 자리를 바꾸어 앉을 수 있는 경우의 수는 2
> 즉 2학년 또는 1학년이 이웃하여 앉는 경우는 $4\times2\times2=16$
> $\therefore 2 \times (24-16) = 16$

(iii) 3학년 학생 2명이 a_2, a_3에 앉는 경우
　3학년 학생 2명이 a_2와 a_3에 앉는 경우의 수는 $2!=2$
　a_1, b_1에서는 2학년 1명과 1학년 1명을 배치하는 것이므로
　$_2C_1 \times _2C_1 \times 2! = 2 \times 2 \times 2 = 8$
　남은 2학년 1명과 1학년 1명을 b_2와 b_3에 배열하는 경우의 수는 $2!=2$
　즉 $2 \times 8 \times 2 = 32$

> 3학년 학생이 a_2, a_3에 앉는 경우의 수는 $2!=2$
> 남은 의자 4개에 2학년과 1학년이 앉는 경우의 수는 $4!=4\times3\times2\times1=24$
> 2학년 학생이 a_1, b_1에 앉는 경우의 수는 $2!=2$
> 1학년 학생이 남은 의자에 앉는 경우의 수는 $2!=2$
> 이때 2학년과 1학년이 자리를 바꾸어 앉을 수 있는 경우의 수는 2
> 즉 2학년 또는 1학년이 이웃하여 앉는 경우는 $2\times2\times2=8$
> $\therefore 2 \times (24-8) = 32$

STEP Ⓑ 합의 법칙을 이용하여 경우의 수 구하기

(i)~(iii)의 경우는 동시에 일어날 수 없으므로 합의 법칙에 의하여
구하는 경우의 수는 $16+16+32=64$　　　정답 **64**

1612　2010학년도 고3 수능기출 나형 14번　정답 ④

STEP Ⓐ 두 인형 A, B의 셔츠와 바지를 결정하는 경우의 수 구하기

3개의 셔츠 중 두 인형 A, B에게 입힐 셔츠 2개를 결정하는 것은
3명 중 2명을 뽑아 일렬로 세우는 순열의 수와 같다.
$\therefore _3P_2 = 3 \times 2 = 6$
3개의 바지 중 두 인형 A, B에게 입힐 바지 2개를 결정하는 것은
3명 중 2명을 뽑아 일렬로 세우는 순열의 수와 같다.
$\therefore _3P_2 = 3 \times 2 = 6$

STEP Ⓑ 두 인형 A, B의 옷의 색을 결정하는 경우의 수 구하기

인형 A의 셔츠와 바지의 색을 결정하는 경우의 수는 $2!=2$
인형 B의 셔츠와 바지의 색을 결정하는 경우의 수는 $2!=2$
따라서 구하는 경우의 수는 $6 \times 6 \times 2 \times 2 = 144$

> **mini 해설 ｜ 곱의 법칙을 이용하여 풀이하기**
>
> 셔츠와 바지의 색은 서로 다르게 정하므로 $2!=2$
> 인형 A에게 셔츠와 바지를 입히는 경우의 수는 $3 \times 3 \times 2 = 18$
> 한 인형에게 입힌 셔츠와 바지는 다른 인형에게 입히지 않으므로
> 인형 B에게 셔츠와 바지를 입히는 경우의 수는
> $(3-1) \times (3-1) \times 2 = 2 \times 2 \times 2 = 8$
> 따라서 곱의 법칙에 의하여 구하는 경우의 수는 $18 \times 8 = 144$

다음과 같은 규칙으로 두 인형 A, B에게 색이 정해지지 않은 셔츠와 바지를
모두 입힌 후 입힌 옷의 색을 정하는 컴퓨터 게임이 있다.

> (가) 서로 다른 모양의 셔츠와 바지가 각각 4개씩 있고, 각 옷의 색은
> 　　빨강, 노랑, 파랑 중 하나를 정한다.
> (나) 한 인형에게 입힌 셔츠와 바지는 다른 인형에게 입히지 않는다.
> (다) A인형의 셔츠와 바지의 색은 서로 다르게 정하고, B인형의 셔츠와
> 　　바지의 색도 서로 다르게 정한다.

이 게임의 결과로 나타날 수 있는 경우의 수를 구하시오.

STEP Ⓐ 인형 A, B의 셔츠와 바지를 결정하는 경우의 수 구하기

4개의 셔츠 중 두 인형 A, B에게 입힐 셔츠 2개를 결정하는 경우의 수는
$_4P_2 = 4 \times 3 = 12$
4개의 바지 중 두 인형 A, B에게 입힐 바지 2개를 결정하는 경우의 수는
$_4P_2 = 4 \times 3 = 12$

STEP B 인형 A, B의 옷의 색을 결정하는 경우의 수 구하기

3가지의 색 중 A인형의 셔츠와 바지의 색을 결정하는 경우의 수는
$_3P_2 = 3 \times 2 = 6$
3가지의 색 중 B인형의 셔츠와 바지의 색을 결정하는 경우의 수는
$_3P_2 = 3 \times 2 = 6$
따라서 구하는 경우의 수는 $12 \times 12 \times 6 \times 6 = 5184$

mini 해설 | 곱의 법칙을 이용하여 풀이하기

셔츠와 바지의 색은 서로 다르게 정하므로 인형 A에게 셔츠와 바지를 입히는
경우의 수는 $4 \times 4 \times 3 \times 2 = 96$
한 인형에게 입힌 셔츠와 바지는 다른 인형에게 입히지 않으므로 인형 B에게 셔츠와
바지를 입히는 경우의 수는 $(4-1) \times (4-1) \times 3 \times 2 = 3 \times 3 \times 3 \times 2 = 54$
따라서 곱의 법칙에 의하여 구하는 경우의 수는 $96 \times 54 = 5184$

정답 5184

1613

2019년 03월 고2 학력평가 나형 28번 　 정답 576

STEP A A와 B가 2인용 의자에 이웃하게 앉지 않은 경우의 수 구하기

조건 (가)에서 A와 B가 이웃하여 앉을 수 있는 2인용 의자는
마부가 앉아 있는 의자를 제외한 3개
그 각각에 대하여 두 사람은 자리를 서로 바꿔 앉을 수 있는 경우의 수는
$2! = 2$
즉 A와 B가 이웃하여 앉는 경우의 수는 $3 \times 2 = 6$

STEP B 조건 (나)에서 여사건을 이용하여 C와 D가 앉는 경우의 수 구하기

남은 좌석 5개에 C와 D가 앉는 경우의 수는 $_5P_2 = 5 \times 4 = 20$
C와 D가 이웃하여 앉을 수 있는 의자는
A와 B가 앉아 있는 의자와 마부가 앉아 있는 의자를 제외한 2개
그 각각에 대하여 두 사람은 자리를 서로 바꿔 앉을 수 있는 경우의 수는
$2! = 2$
그러므로 C, D가 2인용 의자에 이웃하는 경우의 수는 $2 \times 2 = 4$
즉 (C와 D가 이웃하여 앉지 않는 경우의 수)
　=(5자리에 C, D가 앉는 모든 경우의 수)
　　-(C, D가 2인용 의자에 이웃하여 앉는 경우의 수)
　=$20 - 4 = 16$

STEP C 남은 3개의 좌석에 E, F, G가 앉는 경우의 수 구하기

A, B, C, D의 좌석이 정해지면 남은 3개의 좌석에 E, F, G가 앉는 경우의 수는
$3! = 3 \times 2 \times 1 = 6$
따라서 곱의 법칙에 의하여 모든 경우의 수는 $6 \times 16 \times 6 = 576$

다른풀이 여사건을 이용하여 풀이하기

STEP A 동일

STEP B 여사건을 이용하여 경우의 수 구하기

A, B의 좌석이 정해지면 남은 5개의 좌석에 C, D, E, F, G가 앉는 경우의
수는 $5! = 5 \times 4 \times 3 \times 2 \times 1 = 120$
C와 D가 이웃하여 앉을 수 있는 의자는 A와 B가 앉아 있는 의자와 마부가
앉아 있는 의자를 제외한 2인용 의자 2개
그 각각에 대하여 두 사람은 자리를 서로 바꿔 앉을 수 있는 경우의 수는
$2! = 2$
남은 3개의 좌석에 E, F, G가 앉는 경우의 수는 $3! = 3 \times 2 \times 1 = 6$
그러므로 C, D가 2인용 의자에 이웃하여 앉는 경우의 수는 $2 \times 2 \times 6 = 24$
즉 (C와 D가 이웃하여 앉지 않는 경우의 수)
　=(나머지 5자리에 C, D, E, F, G가 앉는 경우의 수)
　　-(C, D가 2인용 의자에 이웃하여 앉는 경우의 수)
　=$120 - 24 = 96$
따라서 모든 경우의 수는 $6 \times 96 = 576$

내신연계 출제문항 749

어느 놀이공원에서 8명의 학생 A, B, C, D, E, F, G, H가 그림과 같이 4
개의 2인용 의자가 있는 놀이 기구를 타려고 한다. 8명의 학생 다음 조건을
만족시키도록 비어 있는 8개의 좌석에 앉는 경우의 수를 구하시오.

(가) A와 B, C와 D는 각각 같은 2인용 의자에 이웃하여 앉는다.
(나) E와 F는 같은 2인용 의자에 이웃하여 앉지 않는다.

STEP A A와 B, C와 D가 2인용 의자에 이웃하게 앉은 경우의 수 구하기

4개의 2인용 의자 중 A와 B, C와 D가 이웃하여 앉을 2개의 2인용 의자를
선택하는 경우의 수는 $_4P_2 = 4 \times 3 = 12$
그 각각에 대하여 두 사람이 자리를 서로 바꿔 앉을 수 있는 경우의 수는
$2! \times 2! = 4$
즉 A와 B, C와 D가 이웃하여 앉는 경우의 수는 $12 \times 4 = 48$

STEP B 조건 (나)에서 여사건을 이용하여 E와 F가 앉는 경우의 수 구하기

남은 좌석 4개에 E와 F가 앉는 경우의 수는 $_4P_2 = 4 \times 3 = 12$
E와 F가 이웃하여 앉을 수 있는 의자는
A와 B, C와 D가 앉아 있는 의자를 제외한 2개
그 각각에 대하여 두 사람이 자리를 서로 바꿔 앉을 수 있는 경우의 수는
$2! = 2$
그러므로 E, F가 2인용 의자에 이웃하는 경우의 수는 $2 \times 2 = 4$
즉 (E와 F가 이웃하여 앉지 않는 경우의 수)
　=(4자리에 E, F가 앉는 모든 경우의 수)
　　-(E, F가 2인용 의자에 이웃하여 앉는 경우의 수)
　=$12 - 4 = 8$

STEP C 남은 2개의 좌석에 G, H가 앉는 경우의 수 구하기

A, B, C, D, E, F의 좌석이 정해진 후 남은 2개의 좌석에 G, H가 앉는
경우의 수는 $2! = 2$
따라서 곱의 법칙에 의하여 모든 경우의 수는 $48 \times 8 \times 2 = 768$

다른풀이 여사건을 이용하여 풀이하기

STEP A 동일

STEP B 여사건을 이용하여 경우의 수 구하기

A, B, C, D의 좌석이 정해지면 남은 4개의 좌석에 E, F, G, H가 앉는
경우의 수는 $4! = 4 \times 3 \times 2 \times 1 = 24$
E와 F가 이웃하여 앉을 수 있는 의자는
A와 B, C와 D가 앉아 있는 의자를 제외한 2인용 의자 2개
그 각각에 대하여 두 사람은 자리를 서로 바꿔 앉을 수 있는 경우의 수는
$2! = 2$
남은 2개의 좌석에 G, H가 앉는 경우의 수는 $2! = 2$
그러므로 E, F가 2인용 의자에 이웃하여 앉는 경우의 수는 $2 \times 2 \times 2 = 8$
즉 (E와 F가 이웃하여 앉지 않는 경우의 수)
　=(나머지 4자리에 E, F, G, H가 앉는 경우의 수)
　　-(E, F가 2인용 의자에 이웃하여 앉는 경우의 수)
　=$24 - 8 = 16$
따라서 모든 경우의 수는 $48 \times 16 = 768$

정답 768

STEP A　운전석과 가운데 줄에 앉는 경우의 수 구하기

운전석에는 아버지나 어머니만 앉을 수 있으므로 경우의 수는 2
가운데 줄에 3좌석은 영희와 철수가 앉을 수 있으므로 경우의 수는
$_3P_2 = 3 \times 2 = 6$

STEP B　가족 6명이 모두 자동차의 좌석에 앉는 경우의 수 구하기

운전석과 영희와 철수의 좌석이 정해지면
나머지 세 자리에 나머지 가족 3명이 앉을 수 있으므로 경우의 수는
$3! = 3 \times 2 \times 1 = 6$
따라서 구하는 경우의 수는 $2 \times 6 \times 6 = 72$

내신연계 출제문항 750

할아버지, 할머니, 아버지, 어머니, 은정, 은영, 은수 모두 7명의 가족이
승합차를 타고 여행을 가려고 한다. 이 승합차에는 그림과 같이 앞줄에 2개,
가운데 줄에 3개, 뒷줄에 2개의 좌석이 있다.
운전석에는 아버지나 어머니만 앉을 수 있고, 할아버지와 할머니는 가운데
줄에만 앉을 수 있을 때, 가족 7명이 좌석에 앉는 경우의 수를 구하시오.

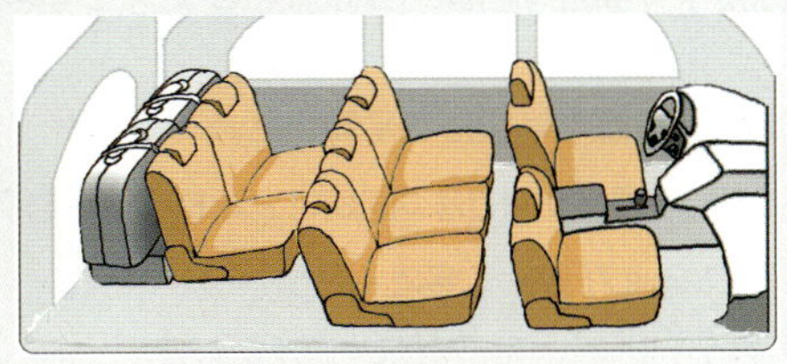

STEP A　운전석과 가운데 줄에 앉는 경우의 수 구하기

운전석에 아버지나 어머니만 앉을 수 있으므로 경우의 수는 2
가운데 줄에 3좌석은 할아버지와 할머니가 앉을 수 있으므로 경우의 수는
$_3P_2 = 3 \times 2 = 6$

STEP B　가족 7명이 모두 자동차의 좌석에 앉는 경우의 수 구하기

운전석과 할아버지와 할머니의 좌석이 정해지면
나머지 네 자리에 나머지 가족 4명이 앉을 수 있으므로 경우의 수는
$4! = 4 \times 3 \times 2 \times 1 = 24$
따라서 구하는 경우의 수는 $2 \times 6 \times 24 = 288$

정답 288

STEP A　남학생과 여학생이 짝을 지어 앉는 방법의 수 구하기

남학생과 여학생이 짝을 짓는 방법의 수는 $2! = 2$
이 각각에 대하여 짝지어진 남학생과 여학생이 자리를 정하는 방법의 수는
짝을 지은 남학생과 여학생이 서로 자리를 바꿀 수 있다.
$2! \times 2! = 4$

STEP B　5줄에서 짝을 이룬 두 쌍이 2줄에 앉는 방법의 수 구하기

5줄에서 짝을 이룬 두 쌍이 2줄을 선택하여 나열하는 방법의 수는
$_5P_2 = 5 \times 4 = 20$
따라서 구하는 방법의 수는 $2 \times 4 \times 20 = 160$

다른풀이　조합을 이용하여 풀이하기

STEP A　남학생과 여학생이 짝을 지어 앉는 방법의 수 구하기

남학생 2명을 각각 A, B, 여학생 2명을 각각 C, D라 하면
남학생과 여학생이 짝을 지어 앉는 경우는 다음 그림과 같이 4가지이다.

A—C	A—D	B—C	B—D
B—D	B—C	A—D	A—C

이때 A가 옆 사람과 자리를 바꾸는 경우는 2가지,
B가 옆 사람과 자리를 바꾸는 경우는 2가지이므로 방법의 수는
$4 \times 2 \times 2 = 16$

STEP B　놀이기구에서 네 학생이 앉는 위치의 방법의 수 구하기

5줄에서 A, B, C, D 네 학생이 앉을 두 줄을 선택하는 방법의 수는
$_5C_2 = \dfrac{5 \times 4}{2 \times 1} = 10$
따라서 구하는 방법의 수는 $16 \times 10 = 160$

내신연계 출제문항 751

남학생 2명과 여학생 2명이 함께 놀이공원에 가서 그림과 같이 한 줄에 2
개의 의자가 있고, 모두 6줄로 된 놀이 기구를 타려고 한다. 남학생은 남학
생끼리, 여학생은 여학생끼리 짝을 지어 2명씩 같은 줄에 앉을 때, 4명이
모두 놀이 기구의 의자에 앉는 경우의 수를 구하시오. (단, 다른 탑승자는
없다고 한다.)

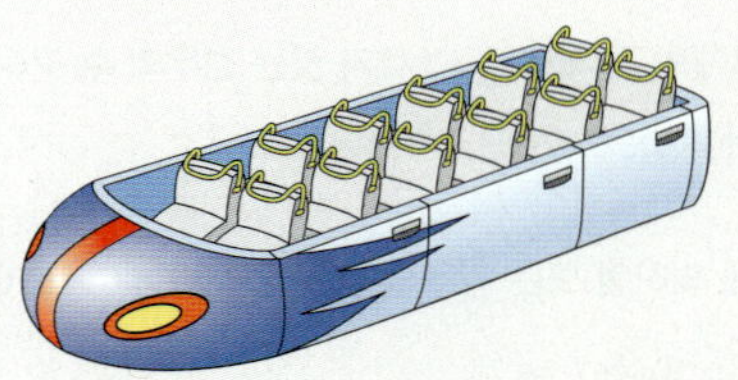

STEP A　남학생과 여학생이 짝을 지어 앉는 경우의 수 구하기

한 줄에 놓인 2개의 의자에 남학생 2명이 앉는 경우의 수는 $2! = 2$
다른 한 줄에 놓인 2개의 의자에 여학생 2명이 앉는 경우의 수는 $2! = 2$

STEP B　6줄에서 남학생끼리, 여학생끼리 앉는 경우의 수 구하기

6개의 줄에서 남학생이 앉을 줄과 여학생이 앉을 줄을 차례대로 선택하는
경우의 수는 $_6P_2 = 6 \times 5 = 30$
따라서 구하는 경우의 수는 $2 \times 2 \times 30 = 120$

정답 120 

STEP A 서로 이웃한 2개의 지역을 짝짓는 경우의 수 구하기

6개 지역을 다음과 같이 구분하면 서로 이웃한 2개 지역은 다음과 같다.

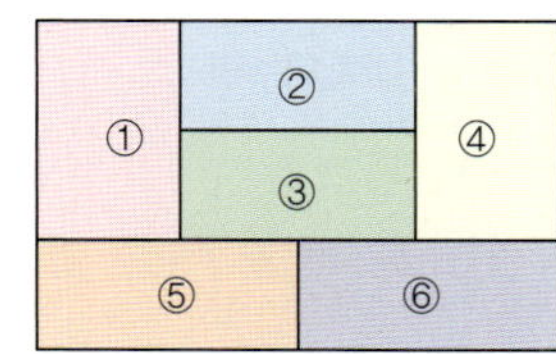

서로 이웃한 2개의 지역을 1명의 조사원이 담당한다고 했으므로 그림과 같이
각각의 지역을 ①, ②, ③, ④, ⑤, ⑥이라 하고 인접한 지역들을 짝지어 보면
다음과 같다.
(①, ②), (①, ③), (①, ⑤) / (②, ③), (②, ④) /
(③, ④), (③, ⑤), (③, ⑥) / (④, ⑥), (⑤, ⑥)
즉 인접한 두 지역을 고르는 경우의 수는 10

STEP B 조사원 5명의 담당 지역을 정하는 경우의 수 구하기

6개의 지역 중 인접한 2개의 지역을 하나로 생각하면
(인접한 2개의 지역 한 묶음)+(4개의 지역)으로 5개의 지역을 5명의 조사원
이 담당하는 경우이므로 경우의 수는 $5! = 5 \times 4 \times 3 \times 2 \times 1 = 120$
따라서 구하는 경우의 수는 $10 \times 120 = 1200$

> **mini 해설** | 조합을 이용하여 풀이하기
>
> 5명 중 서로 이웃한 2개의 지역을 담당하는 1명을 정하는 경우의 수는 $_5C_1 = 5$
> 이때 서로 이웃한 지역의 경우는 10가지이므로 서로 이웃한 지역을 정하는
> 경우의 수는 $_{10}C_1 = 10$
> 나머지 4개의 지역을 4명의 조사원이 한 지역씩 정하는 경우의 수는
> $4! = 4 \times 3 \times 2 \times 1 = 24$
> 따라서 구하는 경우의 수는 $5 \times 10 \times 24 = 1200$

내신연계 출제문항 752

오른쪽 그림과 같이 경계가 구분된 5개
영역의 경비를 경비원 4명이 담당하려
고 한다. 4명 중에서 1명은 서로 이웃한
2개 영역을, 나머지 3명은 남은 3개의
영역을 각각 1개씩 담당한다.
이 경비원 4명의 담당 영역을 정하는
경우의 수를 구하시오.
(단, 경계가 일부라도 닿은 두 영역은 서로 이웃한 영역으로 본다.)

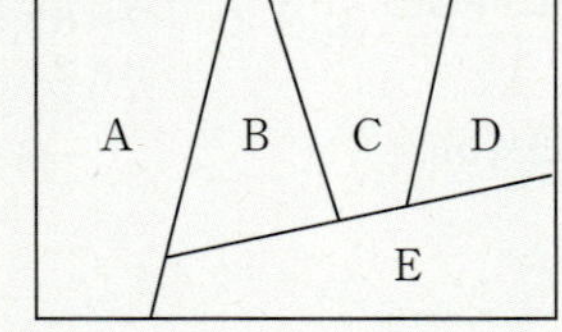

STEP A 서로 이웃한 2개의 영역을 짝짓는 경우의 수 구하기

서로 이웃한 2개의 영역을 1명의 경비원이 담당한다고 했으므로
인접한 영역들을 짝지어 보면 다음과 같다.
(A, B), (A, E) / (B, C), (B, E) / (C, D), (C, E) / (D, E)
즉 인접한 두 영역을 고르는 경우의 수는 7

STEP B 경비원 4명의 담당 영역을 정하는 경우의 수 구하기

5개의 영역 중 인접한 2개의 영역을 한 영역으로 생각하여
(2개의 영역)+나머지 3개의 영역, 즉 4개의 영역에 경비원 4명이 담당하는
경우의 수는 $4! = 4 \times 3 \times 2 \times 1 = 24$
따라서 구하는 경우의 수는 $7 \times 24 = 168$

> **mini 해설** | 조합을 이용하여 풀이하기
>
> 4명 중 서로 이웃한 2개의 영역을 담당하는 경비원 1명을 정하는 경우의 수는 $_4C_1 = 4$
> 이때 서로 이웃한 영역의 경우는 7가지이므로 서로 이웃한 영역을 정하는 경우의 수는
> $_7C_1 = 7$
> 나머지 3개의 영역을 3명의 경비원이 한 영역씩 정하는 경우의 수는 $3! = 3 \times 2 \times 1 = 6$
> 따라서 구하는 경우의 수는 $4 \times 7 \times 6 = 168$

정답 168

---

mapl YOUR MASTER PLAN
M E M O

03 조합

1617

정답 ④

STEP A 순열과 조합의 계산을 이용하여 참, 거짓 판단하기

① $_nC_0 = \dfrac{n!}{0! \, n!} = 1$ [참]

② $_7C_3 = \dfrac{_7P_3}{3!}$ [참]

③ $_9C_4 + _9C_3 = _{10}C_4 = _{10}C_6$ [참]

④ $_5P_2 + _5C_3 = 5 \times 4 + \dfrac{5 \times 4 \times 3}{3 \times 2 \times 1} = 20 + 10 = 30$ [거짓]

⑤ $_5P_3 - 2 \times _6C_4 + 4! = 5 \times 4 \times 3 - 2 \times \dfrac{6 \times 5}{2 \times 1} + 4 \times 3 \times 2 \times 1$
$\qquad\qquad = 60 - 30 + 24 = 54$ [참]

따라서 옳지 않은 것은 ④이다.

1618

정답 ⑤

STEP A 순열, 조합의 식을 이용하여 r의 값 구하기

$_nC_r = \dfrac{_nP_r}{r!} = \dfrac{210}{r!} = 35$ 이므로 $r! = \dfrac{210}{35} = 6 = 3!$

$\therefore r = 3$

STEP B n의 값 구하기

이때 $_nP_3 = n(n-1)(n-2) = 210 = 7 \times 6 \times 5$ 이므로 $n = 7$

따라서 $n + r = 7 + 3 = 10$

1619

정답 ④

STEP A $_nC_r = _nC_{n-r}$ 임을 이용하여 r의 값 구하기

$_{13}C_{r-1} = _{13}C_{2r+2}$ 를 만족시키려면

$r-1 = 2r+2$ 또는 $(r-1) + (2r+2) = 13$ 이어야 한다.

(i) $r-1 = 2r+2$ 인 경우

$\quad r = -3$ 이므로 $r < 0$, $2r + 2 < 0$ 이 되어 성립하지 않는다.

(ii) $(r-1) + (2r+2) = 13$ 인 경우

$\quad 3r + 1 = 13$, $3r = 12$ $\quad \therefore r = 4$

$\quad$ 주어진 등식은 $_{13}C_3 = _{13}C_{10}$ 이므로 성립한다.

(i), (ii)에서 $r = 4$

등식 $_{10}C_{r-2} = _{10}C_{2r-3}$ 을 만족시키는 자연수 r의 값은?

① 2   ② 3   ③ 4
④ 5   ⑤ 6

STEP A $_nC_r = _nC_{n-r}$ 임을 이용하여 r의 값 구하기

$_{10}C_{r-2} = _{10}C_{2r-3}$ 을 만족시키려면

$r-2 = 2r-3$ 또는 $(r-2) + (2r-3) = 10$ 이어야 한다.

(i) $r-2 = 2r-3$ 인 경우

$\quad r = 1$ 이므로 $r-2 < 0$, $2r-3 < 0$ 이 되어 성립하지 않는다.

(ii) $(r-2) + (2r-3) = 10$ 인 경우

$\quad 3r - 5 = 10$, $3r = 15$ $\quad \therefore r = 5$

$\quad$ 주어진 등식은 $_{10}C_3 = _{10}C_7$ 이므로 성립한다.

(i), (ii)에서 $r = 5$

정답 ④

1620

정답 ③

STEP A 순열, 조합의 식을 이용하여 n의 값 구하기

$_nC_2 + _{n+1}C_3 = 4 \times _nP_2$ 에서 $\dfrac{n(n-1)}{2 \times 1} + \dfrac{(n+1)n(n-1)}{3 \times 2 \times 1} = 4n(n-1)$

이때 $n \geq 2$ 이므로 양변을 $n(n-1)$ 로 나누면

$\dfrac{1}{2} + \dfrac{n+1}{6} = 4$, $3 + n + 1 = 24$

따라서 $n = 20$

1621

정답 ①

STEP A 순열, 조합의 식을 이용하여 n의 값 구하기

$_nP_3 + 4 \times _nC_2 \leq n \times _6C_3$ 에서 $n(n-1)(n-2) + 2n(n-1) \leq 20n$

이때 $n \geq 3$ 이므로 양변을 n 으로 나누면

$(n-1)(n-2) + 2(n-1) \leq 20$, $n^2 - n - 20 \leq 0$, $(n+4)(n-5) \leq 0$

$\therefore -4 \leq n \leq 5$

이때 $n \geq 3$ 이므로 $3 \leq n \leq 5$

따라서 자연수 n의 값은 3, 4, 5이므로 자연수 n의 개수는 3

1622

정답 ②

STEP A 근과 계수의 관계와 순열, 조합의 식을 이용하여 n의 값 구하기

이차방정식 $_nC_3 x^2 - _nC_4 x + _nC_5 = 0$ 의 근과 계수의 관계에 의하여

두 근의 합은 $\dfrac{_nC_4}{_nC_3} = \alpha + \beta = 1$ $\quad \therefore _nC_4 = _nC_3$

즉 $n - 4 = 3$ 이므로 $n = 7$

STEP B $\alpha\beta$의 값 구하기

두 근의 곱은 $\dfrac{_7C_5}{_7C_3} = \dfrac{_7C_2}{_7C_3} = \dfrac{\dfrac{7 \times 6}{2 \times 1}}{\dfrac{7 \times 6 \times 5}{3 \times 2 \times 1}} = \dfrac{3}{5}$

따라서 $\alpha\beta = \dfrac{3}{5}$

1623

정답 7

STEP A 근과 계수의 관계와 순열, 조합의 식을 이용하여 r의 값 구하기

이차방정식 $10x^2 - _nC_r x - 3_nP_r = 0$ 의 근과 계수의 관계에 의하여

두 근의 합은 $\dfrac{_nC_r}{10} = -2 + 3 = 1$ $\quad\quad \cdots\cdots$ ㉠

두 근의 곱은 $\dfrac{-3_nP_r}{10} = -2 \times 3 = -6$ $\quad\quad \cdots\cdots$ ㉡

㉠, ㉡에서 $_nC_r = 10$, $_nP_r = 20$ 이고 $_nC_r = \dfrac{_nP_r}{r!}$ 이므로 $10 = \dfrac{20}{r!}$

$\therefore r = 2$

STEP B n의 값 구하기

또한, $_nP_2 = 20$ 에서 $n(n-1) = 20$, $n^2 - n - 20 = 0$, $(n-5)(n+4) = 0$

$\therefore n = 5$ $(\because n \geq 2)$

따라서 $n + r = 7$

x 에 대한 이차방정식 $3x^2 - _nC_r x - 3_nP_r = 0$ 의 두 근이 -2와 3일 때, $n + r$의 값을 구하시오. (단, n과 r은 자연수이다.)

STEP A 근과 계수의 관계와 순열, 조합의 식을 이용하여 r의 값 구하기

이차방정식 $3x^2 - {}_nC_r x - 3{}_nP_r = 0$의 근과 계수의 관계에 의하여

$(\text{두 근의 합}) = \dfrac{{}_nC_r}{3} = -2+3 = 1$　　　$\cdots\cdots$ ㉠

$(\text{두 근의 곱}) = \dfrac{-3{}_nP_r}{3} = -2 \times 3 = -6$　　　$\cdots\cdots$ ㉡

㉠, ㉡에서 ${}_nC_r = 3$, ${}_nP_r = 6$이고 ${}_nC_r = \dfrac{{}_nP_r}{r!}$이므로 $3 = \dfrac{6}{r!}$

$\therefore r = 2$

STEP B n의 값 구하기

또한 ${}_nP_2 = 6$에서 $n(n-1) = 6$, $n^2 - n - 6 = 0$, $(n-3)(n+2) = 0$

$\therefore n = 3 \ (\because n \geq 2)$

따라서 $n + r = 5$　　　　정답 5

1624

2014년 03월 고2 학력평가 B형 4번　　　정답 ④

STEP A 순열과 조합의 공식을 이용하여 자연수 n의 값 구하기

${}_nC_2 + {}_{n+1}C_3 = 2 \times {}_nP_2$에서 $\dfrac{n(n-1)}{2 \times 1} + \dfrac{(n+1)n(n-1)}{3 \times 2 \times 1} = 2n(n-1)$

이때 $n \geq 2$이므로 양변을 $n(n-1)$로 나누면

$\dfrac{1}{2} + \dfrac{n+1}{6} = 2$, $3 + (n+1) = 12$, $n + 4 = 12$

따라서 $n = 8$

내신 연계 출제문항 755

${}_nC_3 - 11 \times {}_nC_2 + 2 \times {}_{n-1}P_2 = 0$을 만족시키는 자연수 n의 값은? (단, $n \geq 3$)

① 20　　　② 21　　　③ 22

④ 23　　　⑤ 24

STEP A 순열과 조합의 공식을 이용하여 자연수 n의 값 구하기

${}_nC_3 - 11 \times {}_nC_2 + 2 \times {}_{n-1}P_2 = 0$에서

$\dfrac{n(n-1)(n-2)}{3 \times 2 \times 1} - 11 \times \dfrac{n(n-1)}{2 \times 1} + 2 \times (n-1)(n-2) = 0$

이때 $n \geq 3$이므로 양변을 $n-1$로 나누면

$\dfrac{n^2 - 2n}{6} - \dfrac{11n}{2} + 2n - 4 = 0$, $n^2 - 23n - 24 = 0$, $(n+1)(n-24) = 0$

따라서 $n = 24 \ (\because n \geq 3)$　　　정답 ⑤

1625

정답 ③

STEP A 조합의 정의를 이용하여 빈칸에 알맞은 식 구하기

$n \times {}_{n-1}C_{r-1} = n \times \dfrac{(n-1)!}{(r-1)! \, \boxed{(n-1-r+1)!}}$

$= \dfrac{\boxed{n(n-1)!}}{(r-1)! \, \boxed{(n-r)!}}$

$= \dfrac{r \times \boxed{n!}}{r(r-1)!(n-r)!}$

$= \dfrac{r \times n!}{\boxed{r!}(n-r)!}$

$= r \times \dfrac{n!}{r!(n-r)!}$

$= r \times {}_nC_r$

따라서 (가) : $(n-r)!$, (나) : $n!$, (다) : $r!$

1626

정답 ②

STEP A 조합의 정의를 이용하여 빈칸에 알맞은 식 구하기

${}_{n-1}C_{r-1} + {}_{n-1}C_r = \dfrac{(n-1)!}{(r-1)!(n-r)!} + \dfrac{(n-1)!}{r! \, \boxed{\{(n-1)-r\}}!}$

$= \dfrac{r(n-1)!}{r!(n-r)!} + \dfrac{\boxed{(n-r)}(n-1)!}{r!(n-r)!}$

$= \dfrac{\{(n-r)+r\}(n-1)!}{r!(n-r)!}$

$= \dfrac{\boxed{n}(n-1)!}{r!(n-r)!}$

$= \dfrac{n!}{r!(n-r)!} = {}_nC_r$

따라서 (가) : $n-r-1$, (나) : $n-r$, (다) : n

내신 연계 출제문항 756

다음은 $1 \leq r < n$일 때, 등식 ${}_{n-1}C_{r-1} + {}_{n-1}C_r = {}_nC_r$가 성립함을 증명하는 과정이다. 이때 (가), (나), (다)에 들어갈 식으로 알맞은 것은?

$${}_{n-1}C_{r-1} + {}_{n-1}C_r$$
$$= \dfrac{(n-1)!}{(r-1)! \, \boxed{\text{(가)}}} + \dfrac{(n-1)!}{r! \, \{(n-1)-r\}!}$$
$$= \dfrac{r(n-1)!}{r!(n-r)!} + \dfrac{(n-r)(n-1)!}{r! \, \boxed{\text{(나)}}}$$
$$= \dfrac{\{(n-r)+r\}(n-1)!}{r!(n-r)!}$$
$$= \dfrac{\boxed{\text{(다)}}}{r!(n-r)!} = {}_nC_r$$

	(가)	(나)	(다)
①	$(n-r+1)!$	$(n-r)!$	$(n-r+1)!$
②	$(n-r+1)!$	$n!$	$n!$
③	$(n-r-1)!$	$n!$	$(n-1)!$
④	$(n-r)!$	$(n-r)!$	$n!$
⑤	$(n-r)!$	$n!$	$(n-1)!$

STEP A 조합의 정의를 이용하여 빈칸에 알맞은 식 구하기

${}_{n-1}C_{r-1} + {}_{n-1}C_r = \dfrac{(n-1)!}{(r-1)! \, \boxed{(n-r)!}} + \dfrac{(n-1)!}{r! \, \{(n-1)-r\}!}$

$= \dfrac{r(n-1)!}{r!(n-r)!} + \dfrac{(n-r)(n-1)!}{r! \, \boxed{(n-r)!}}$

$= \dfrac{\{(n-r)+r\}(n-1)!}{r!(n-r)!}$

$= \dfrac{n(n-1)!}{r!(n-r)!}$

$= \dfrac{\boxed{n!}}{r!(n-r)!} = {}_nC_r$

따라서 (가) : $(n-r)!$, (나) : $(n-r)!$, (다) : $n!$　　　정답 ④

1627

STEP A 순열의 정의를 이용하여 빈칸에 알맞은 식 구하기

$$_{n-1}\mathrm{P}_r + r \times {}_{n-1}\mathrm{P}_{r-1} = \frac{(n-1)!}{\boxed{(n-1-r)!}} + r \times \frac{(n-1)!}{\{(n-1)-(r-1)\}!}$$

$$= \frac{(n-1)!}{(n-1-r)!} + \frac{r \times (n-1)!}{(n-r)!}$$

$$= \frac{\boxed{(n-r)}(n-1)!}{(n-r)!} + \frac{r \times (n-1)!}{(n-r)!}$$

$$= \frac{\{(n-r)+r\} \times (n-1)!}{(n-r)!}$$

$$= \frac{\boxed{n} \times (n-1)!}{(n-r)!}$$

$$= \frac{n!}{(n-r)!} = {}_n\mathrm{P}_r$$

따라서 (가) : $(n-r-1)!$, (나) : $n-r$, (다) : n

1628

STEP A 조합의 수 계산하기

아홉 개의 전구 중에서 세 개의 전구를 선택하는 경우의 수와 같으므로

$$_9\mathrm{C}_3 = \frac{9 \times 8 \times 7}{3 \times 2 \times 1} = 84$$

1629

STEP A 조합의 수 계산하기

숫자들의 합이 3이면 1이 세 개이므로
8자리 중 3자리를 택하여 1을 써넣고 나머지에는 0을 써넣으면 된다.

따라서 구하는 바코드의 개수는 $_8\mathrm{C}_3 = \dfrac{8 \times 7 \times 6}{3 \times 2 \times 1} = 56$

1630

STEP A 조합을 이용하여 식 세우기

서로 다른 6개의 망고 중 r개를 뽑아 과일 바구니에 담은 경우의 수는 $_6\mathrm{C}_r = 20$

STEP B r의 값 구하기

따라서 $_6\mathrm{C}_3 = \dfrac{6 \times 5 \times 4}{3 \times 2 \times 1} = 20$이므로 $r = 3$

1631

STEP A 남학생 2명과 여학생 2명을 대표로 뽑는 경우의 수 구하기

남학생 8명에서 2명을 뽑는 경우의 수는 $_8\mathrm{C}_2 = \dfrac{8 \times 7}{2 \times 1} = 28$

여학생 6명에서 2명을 뽑은 경우의 수는 $_6\mathrm{C}_2 = \dfrac{6 \times 5}{2 \times 1} = 15$

STEP B 곱의 법칙을 이용하여 경우의 수 구하기

따라서 곱의 법칙에 의하여 구하는 경우의 수는 $28 \times 15 = 420$

내신연계 출제문항 757

남자 선수 6명과 여자 선수 4명으로 이루어진 테니스 팀에서
남자 선수 2명과 여자 선수 2명을 뽑는 경우의 수를 구하시오.

STEP A 남자 선수 2명과 여자 선수 2명을 대표로 뽑는 경우의 수 구하기

남자 선수 6명에서 2명을 뽑는 경우의 수는 $_6\mathrm{C}_2 = \dfrac{6 \times 5}{2 \times 1} = 15$

여자 선수 4명에서 2명을 뽑은 경우의 수는 $_4\mathrm{C}_2 = \dfrac{4 \times 3}{2 \times 1} = 6$

STEP B 곱의 법칙을 이용하여 경우의 수 구하기

따라서 곱의 법칙에 의하여 구하는 경우의 수는 $15 \times 6 = 90$

1632

STEP A 남학생 2명과 여학생 2명을 대표로 뽑는 경우의 수 구하기

남학생 n명 중에서 2명을 뽑는 경우의 수는 $_n\mathrm{C}_2$

여학생 6명 중에서 2명을 뽑은 경우의 수는 $_6\mathrm{C}_2 = \dfrac{6 \times 5}{2 \times 1} = 15$

이때 남학생 2명과 여학생 2명을 대표로 뽑는 경우의 수가 675이므로

$$_n\mathrm{C}_2 \times 15 = 675 \quad \therefore {}_n\mathrm{C}_2 = 45$$

STEP B 자연수 n의 값 구하기

$_n\mathrm{C}_2 = \dfrac{n(n-1)}{2 \times 1} = 45$이므로 $n(n-1) = 90 = 10 \times 9$

따라서 $n = 10$

1633

STEP A 수학책 3권 또는 영어책 3권을 선택하는 경우의 수 구하기

서로 다른 수학책 5권 중에서 3권을 선택하는 경우의 수는

$$_5\mathrm{C}_3 = {}_5\mathrm{C}_2 = \frac{5 \times 4}{2 \times 1} = 10$$

서로 다른 영어책 n권 중에서 3권을 선택하는 경우의 수는

$$_n\mathrm{C}_3 = \frac{n(n-1)(n-2)}{3 \times 2 \times 1}$$

STEP B 합의 법칙을 이용하여 자연수 n의 값 구하기

수학책 중 3권을 선택하거나 영어책 중 3권을 선택하는 경우의 수가 66이므로

$$10 + \frac{n(n-1)(n-2)}{3 \times 2 \times 1} = 66, \ \frac{n(n-1)(n-2)}{3 \times 2 \times 1} = 56, \ n(n-1)(n-2) = 8 \times 7 \times 6$$

따라서 $n = 8$

내신연계 출제문항 758

수제 샌드위치 메뉴 5개와 n개의 케이크 메뉴 중에서 3개를 구매할 때,
3개가 모두 같은 종류의 메뉴인 경우의 수가 30이다.
이때 자연수 n의 값은? (단, $n \geq 3$)

① 6 ② 7 ③ 8
④ 9 ⑤ 10

STEP A 샌드위치 3개 또는 케이크 3개를 선택하는 경우의 수 구하기

수제 샌드위치 5개 중에서 3개를 선택하는 경우의 수는

$$_5\mathrm{C}_3 = {}_5\mathrm{C}_2 = \frac{5 \times 4}{2 \times 1} = 10$$

n개의 케이크 중에서 3개를 선택하는 경우의 수는 $_n\mathrm{C}_3 = \dfrac{n(n-1)(n-2)}{3 \times 2 \times 1}$

STEP B 합의 법칙을 이용하여 자연수 n의 값 구하기

샌드위치 중 3개를 선택하거나 케이크 중 3개를 선택하는 경우의 수가 30이므로

$$10 + \frac{n(n-1)(n-2)}{3 \times 2 \times 1} = 30, \ \frac{n(n-1)(n-2)}{3 \times 2 \times 1} = 20, \ n(n-1)(n-2) = 6 \times 5 \times 4$$

따라서 $n = 6$

1634

STEP A 3명이 자신의 번호가 적힌 카드를 갖게 되는 경우의 수 구하기

7명의 학생 중 3명이 자신의 번호가 적힌 카드를 갖게 되는 경우의 수는

$${}_7C_3=\dfrac{7\times6\times5}{3\times2\times1}=35$$

STEP B 나머지 4명이 다른 학생의 번호가 적힌 카드를 갖게 되는 경우의 수 구하기

그 각각에 대하여 나머지 4명을 각각 a_1, a_2, a_3, a_4라 하면
다른 학생의 번호가 적힌 카드를 가지는 경우는 다음 수형도와 같이
$3\times3=9$가지

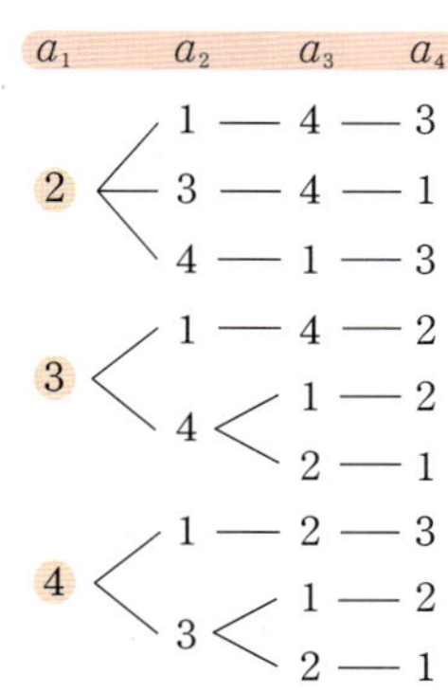

따라서 구하는 경우의 수는 $35\times9=315$

P O I N T | 교란순열(완전순열) - 자기 자리로 가지 않는 순열

(1) 1, 2, 3을 일렬로 늘어놓은 네 자리 자연수 $a_1a_2a_3$를 만들 때,
$a_i\neq i\,(i=1,\,2,\,3)$를 만족하는 자연수의 개수 ➡ **2개**
(2) 1, 2, 3, 4를 일렬로 늘어놓은 네 자리 자연수 $a_1a_2a_3a_4$를 만들 때,
$a_i\neq i\,(i=1,\,2,\,3,\,4)$를 만족하는 자연수의 개수 ➡ **9개**
(3) 1, 2, 3, 4, 5를 일렬로 늘어놓은 다섯 자리 자연수 $a_1a_2a_3a_4a_5$를 만들 때,
$a_i\neq i\,(i=1,\,2,\,3,\,4,\,5)$를 만족하는 자연수의 개수 ➡ **44개**

1635

2019년 03월 고2 학력평가 가형 8번 ·

해설강의

STEP A 조합을 이용하여 조건에 맞는 자연수의 개수 구하기

자연수의 첫 자릿수는 0이 될 수 없으므로 1이다.

6개의 자리에 들어갈 3개의 0을 택하는 경우의 수

나머지 5개 1의 좌우 6개의 빈 자리 ☐에 3개의 0을 넣으면
순서를 생각하지 않으므로 경우의 수는 ${}_6C_3$

0끼리는 어느 것도 이웃하지 않는 아홉 자리의 자연수를 만들 수 있다.
따라서 구하는 자연수의 개수는 6개의 자리에 들어갈 3개의 0을 택하는

조합의 수와 같으므로 ${}_6C_3=\dfrac{6\times5\times4}{3\times2\times1}=20$

내신연계 출제문항 759

8개의 숫자 0, 0, 0, 1, 1, 1, 1, 1을 0끼리는 어느 것도 이웃하지 않도록
일렬로 나열하여 만들 수 있는 8자리의 자연수의 개수는?

① 6 ② 8 ③ 10
④ 12 ⑤ 14

STEP A 조합을 이용하여 조건에 맞는 자연수의 개수 구하기

자연수의 첫 자릿수는 0이 될 수 없으므로 1이다.

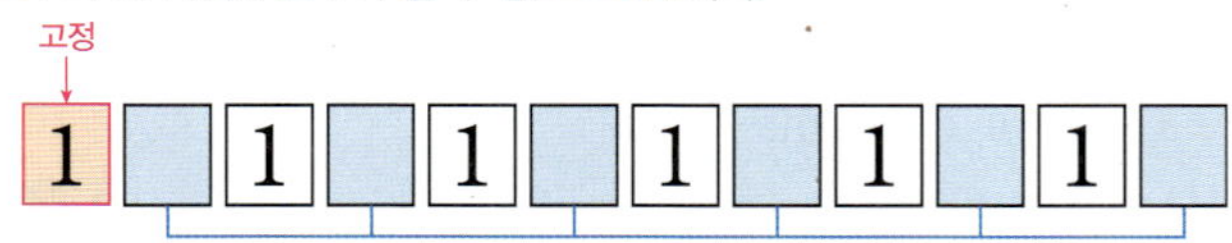

나머지 5개 1의 좌우 5개의 빈 자리 ☐에 3개의 0을 넣으면
순서를 생각하지 않으므로 경우의 수는 ${}_5C_3$

0끼리는 어느 것도 이웃하지 않는 8자리의 자연수를 만들 수 있다.
따라서 구하는 자연수의 개수는 5개의 자리에 들어갈 3개의 0을 택하는

조합의 수와 같으므로 ${}_5C_3={}_5C_2=\dfrac{5\times4}{2\times1}=10$

1636

STEP A 조합을 이용하여 리그전의 게임의 수 계산하기

구하는 게임의 수는 16팀 중에서 2팀을 뽑는 경우의 수와 같으므로

$${}_{16}C_2=\dfrac{16\times15}{2\times1}=120$$

1637

STEP A 조합을 이용하여 n의 값 구하기

전체의 경기의 수는 n개의 팀에서 두 팀을 뽑는 경우의 수와 같으므로 ${}_nC_2=28$

$\dfrac{n(n-1)}{2}=28$에서 $n(n-1)=56=8\times7$

따라서 $n=8$

내신연계 출제문항 760

월드컵 축구대회에 참가한 n개의 팀이 다른 팀과 모두 한 번씩 경기를 하였
다. 이 대회의 경기 수가 120회였을 때, 자연수 n의 값은? (단, $n\geq2$)

① 12 ② 14 ③ 16
④ 18 ⑤ 20

STEP A 조합을 이용하여 자연수 n의 값 구하기

전체 경기의 수는 n개의 팀에서 두 팀을 뽑는 경우의 수와 같으므로 ${}_nC_2=120$

$\dfrac{n(n-1)}{2}=120$에서 $n(n-1)=240=16\times15$

따라서 $n=16$

1638

STEP A 12쌍의 부부가 악수하는 전체 경우의 수 구하기

12쌍의 부부, 즉 24명이 모두 서로 한 번씩 악수를 하는 경우의 수는

$${}_{24}C_2=\dfrac{24\times23}{2\times1}=276$$

STEP B 배우자끼리 악수를 하는 경우의 수와 부인끼리 악수를 하는 경우의 수 제외하기

이때 12쌍의 부부 중 자신의 배우자끼리 서로 악수를 하는 경우의 수는 12,

12명의 부인이 서로 악수를 하는 경우의 수는 ${}_{12}C_2=\dfrac{12\times11}{2\times1}=66$

따라서 구하는 악수의 총 횟수는 $276-12-66=198$

어느 모임에 참석한 10쌍의 부부가 있다. 부인과 남편은 자신의 배우자를 제외한 모든 사람들과 한 번씩 악수를 할 때, 모임에 참석한 10쌍의 부부가 한 악수의 총 횟수는?

① 135   ② 145   ③ 160
④ 170   ⑤ 180

STEP A 10쌍의 부부가 악수하는 전체 경우의 수 구하기

10쌍의 부부, 즉 20명이 모두 서로 한 번씩 악수를 하는 경우의 수는

$$_{20}\mathrm{C}_2 = \frac{20 \times 19}{2 \times 1} = 190$$

STEP B 배우자끼리 악수를 하는 경우의 수 제외하기

이때 10쌍의 부부 중 자신의 배우자와 서로 악수를 하는 경우의 수는 10
따라서 구하는 악수의 총 횟수는 $190 - 10 = 180$ 정답 ⑤

1639   정답 10

STEP A 조합을 이용하여 모임에 참석한 사람의 수 구하기

모임에 참석한 사람의 수를 n명이라 하면
각자 꼭 한 번씩 악수를 하는 경우의 수는
n명 중에서 2명을 택하는 조합의 수와 같으므로 $_n\mathrm{C}_2$

$$_n\mathrm{C}_2 = \frac{n(n-1)}{2} = 45 \text{에서 } n(n-1) = 90 = 10 \times 9 \quad \therefore n = 10$$

따라서 모임에 참석한 사람의 수는 10

1640   정답 570

STEP A 세 수의 합이 짝수가 되는 경우 파악하기

1부터 20까지의 자연수 중 홀수는 1, 3, 5, 7, 9, 11, ⋯, 19로 10개,
짝수는 2, 4, 6, 8, 10, 12, ⋯, 20으로 10개이다.
선택한 3장의 카드에 적힌 수의 합이 짝수가 되려면
짝수 3개를 택하거나 짝수 1개와 홀수 2개를 택하여야 한다.

STEP B 짝수와 홀수의 개수에 따라 각각의 경우의 수 구하기

(i) 짝수 3개를 택하는 경우의 수는 $_{10}\mathrm{C}_3 = \dfrac{10 \times 9 \times 8}{3 \times 2 \times 1} = 120$

(ii) 짝수 1개와 홀수 2개를 택하는 경우의 수는

$$_{10}\mathrm{C}_1 \times _{10}\mathrm{C}_2 = 10 \times \frac{10 \times 9}{2 \times 1} = 450$$

STEP C 합의 법칙을 이용하여 경우의 수 구하기

(i), (ii)의 경우는 동시에 일어날 수 없으므로 합의 법칙에 의하여
구하는 경우의 수는 $120 + 450 = 570$

1641   정답 ⑤

STEP A 세 수의 곱이 짝수가 되는 경우 파악하기

1부터 9까지의 자연수 중 홀수는 1, 3, 5, 7, 9로 5개,
짝수는 2, 4, 6, 8로 4개이다.
선택한 세 수의 곱이 짝수가 되려면 짝수 3개를 택하거나
짝수 2개와 홀수 1개 또는 짝수 1개와 홀수 2개를 택하여야 한다.

STEP B 짝수와 홀수의 개수에 따라 각각의 경우의 수 구하기

(i) 짝수 3개를 택하는 경우의 수는 $_4\mathrm{C}_3 = _4\mathrm{C}_1 = 4$
(ii) 짝수 2개와 홀수 1개를 택하는 경우의 수는 $_4\mathrm{C}_2 \times _5\mathrm{C}_1 = 6 \times 5 = 30$
(iii) 짝수 1개와 홀수 2개를 택하는 경우의 수는 $_4\mathrm{C}_1 \times _5\mathrm{C}_2 = 4 \times 10 = 40$

STEP C 합의 법칙을 이용하여 경우의 수 구하기

(i)~(iii)의 경우는 동시에 일어날 수 없으므로 합의 법칙에 의하여
구하는 경우의 수는 $4 + 30 + 40 = 74$

다른풀이 세 수가 모두 홀수인 경우를 제외하여 풀이하기

STEP A 서로 다른 세 개의 수를 선택하는 경우의 수 구하기

선택한 세 수의 곱이 짝수가 되려면 짝수를 적어도 1개 택하여야 한다.
즉 구하는 경우의 수는 전체의 경우의 수에서 세 수의 곱이 홀수가 되는
경우의 수를 뺀 것과 같다.
1부터 9까지의 자연수 중에서 서로 다른 세 개의 수를 택하는 경우의 수는

$$_9\mathrm{C}_3 = \frac{9 \times 8 \times 7}{3 \times 2 \times 1} = 84$$

STEP B 세 수의 곱이 홀수가 되는 경우의 수 제외하기

세 수의 곱이 홀수가 되기 위해서는 세 수가 모두 홀수이어야 한다.
1부터 9까지 자연수 중에서 홀수는 1, 3, 5, 7, 9로 5개이므로

이 중에서 서로 다른 홀수 3개를 뽑는 경우의 수는 $_5\mathrm{C}_3 = _5\mathrm{C}_2 = \dfrac{5 \times 4}{2 \times 1} = 10$

따라서 세 수의 곱이 짝수가 되는 경우의 수는 $84 - 10 = 74$

1에서 $2n$까지의 자연수 중에서 서로 다른 두 수를 임의로 선택할 때, 선택된 두 수의 곱이 짝수가 되는 경우의 수가 92일 때, 자연수 n의 값은?

① 4   ② 5   ③ 6
④ 7   ⑤ 8

STEP A $2n$개 중 2개를 뽑는 전체 경우의 수 구하기

선택한 두 수의 곱이 짝수가 되려면 짝수를 적어도 1개 택하여야 한다.
즉 구하는 경우의 수는 전체의 경우의 수에서 두 수의 곱이 홀수가 되는
경우의 수를 뺀 것과 같다.
1부터 $2n$까지의 자연수 중에서 서로 다른 두 개의 수를 택하는 경우의 수는
$_{2n}\mathrm{C}_2$

STEP B 두 수의 곱이 홀수가 되는 경우의 수 제외하기

두 수의 곱이 홀수가 되기 위해서는 두 수가 모두 홀수이어야 한다.
1부터 $2n$까지 자연수 중에서 홀수는 n개이므로
이 중에서 서로 다른 홀수 2개를 뽑는 경우의 수는 $_n\mathrm{C}_2$
이때 선택된 두 수의 곱이 짝수가 되는 경우의 수가 92이므로

$$_{2n}\mathrm{C}_2 - _n\mathrm{C}_2 = 92, \quad \frac{2n(2n-1)}{2} - \frac{n(n-1)}{2} = 92$$

$3n^2 - n - 184 = 0, \ (3n+23)(n-8) = 0$

따라서 $n = 8 \ (\because n > 0)$ 정답 ⑤

1642   정답 ③

STEP A 두 수의 합이 3의 배수인 경우의 수 구하기

1부터 15까지의 자연수 중에서 두 수의 합이 3의 배수가 되려면
뽑힌 두 수가 모두 3의 배수이거나 3으로 나눈 나머지가 각각 1, 2이어야 한다.
이때 3의 배수는 3, 6, 9, 12, 15로 5개,
3으로 나눈 나머지가 1인 수는 1, 4, 7, 10, 13으로 5개,
3으로 나눈 나머지가 2인 수는 2, 5, 8, 11, 14로 5개이다.

(i) 뽑힌 두 수가 모두 3의 배수인 경우의 수는 $_5\mathrm{C}_2 = \dfrac{5 \times 4}{2 \times 1} = 10$
(ii) 뽑힌 두 수를 각각 3으로 나눈 나머지가 각각 1, 2인 경우의 수는
$$_5\mathrm{C}_1 \times _5\mathrm{C}_1 = 5 \times 5 = 25$$

STEP B 합의 법칙을 이용하여 구하기

(i), (ii)의 경우는 동시에 일어날 수 없으므로 합의 법칙에 의하여
구하는 경우의 수는 $10 + 25 = 35$

+α | 두 수의 합이 3의 배수가 되는 경우는 다음과 같아!

① 두 수가 모두 3의 배수이면 그 합은 $3a+3b=3(a+b)$로 3의 배수가 된다.
② 두 수를 3으로 나눈 나머지가 각각 1, 2이면 그 합은
$(3a+1)+(3b+2)=3(a+b+1)$로 3의 배수가 된다.

1643

 정답 384

STEP A 세 수의 합이 3의 배수인 경우의 수 구하기

1부터 20까지의 자연수 중에서
3으로 나눈 나머지가 0인 수는 3, 6, 9, 12, 15, 18로 6개,
3으로 나눈 나머지가 1인 수는 1, 4, 7, 10, 13, 16, 19로 7개,
3으로 나눈 나머지가 2인 수는 2, 5, 8, 11, 14, 17, 20으로 7개이다.
이때 1부터 20까지의 자연수 중에서 세 수의 합이 3의 배수가 되는 경우는
다음과 같다.
(i) 세 수가 모두 3으로 나눈 나머지가 0인 경우
$$_6C_3=\frac{6\times5\times4}{3\times2\times1}=20$$
(ii) 세 수가 모두 3으로 나눈 나머지가 1인 경우
$$_7C_3=\frac{7\times6\times5}{3\times2\times1}=35$$
(iii) 세 수가 모두 3으로 나눈 나머지가 2인 경우
$$_7C_3=\frac{7\times6\times5}{3\times2\times1}=35$$
(iv) 세 수를 3으로 나눈 나머지가 각각 0, 1, 2인 경우
$$_6C_1\times_7C_1\times_7C_1=6\times7\times7=294$$

STEP B 합의 법칙을 이용하여 경우의 수 구하기

(i)～(iv)의 경우는 동시에 일어날 수 없으므로 합의 법칙에 의하여
구하는 경우의 수는 $20+35+35+294=384$

내신연계 출제문항 763

1에서 12까지의 정수 중 서로 다른 세 수를 뽑을 때 그 합이 3의 배수인
경우의 수는?

① 35　　　② 42　　　③ 56
④ 64　　　⑤ 76

STEP A 세 수의 합이 3의 배수인 경우의 수 구하기

1부터 12까지의 자연수 중에서
3으로 나눈 나머지가 0인 수는 3, 6, 9, 12로 4개,
3으로 나눈 나머지가 1인 수는 1, 4, 7, 10으로 4개,
3으로 나눈 나머지가 2인 수는 2, 5, 8, 11로 4개이다.
이때 1부터 12까지의 자연수 중에서 세 수의 합이 3의 배수가 되는 경우는
다음과 같다.
(i) 세 수가 모두 3으로 나눈 나머지가 0인 경우
$$_4C_3=_4C_1=4$$
(ii) 세 수가 모두 3으로 나눈 나머지가 1인 경우
$$_4C_3=_4C_1=4$$
(iii) 세 수가 모두 3으로 나눈 나머지가 2인 경우
$$_4C_3=_4C_1=4$$
(iv) 세 수를 3으로 나눈 나머지가 각각 0, 1, 2인 경우
$$_4C_1\times_4C_1\times_4C_1=4\times4\times4=64$$

STEP B 합의 법칙을 이용하여 경우의 수 구하기

(i)～(iv)의 경우는 동시에 일어날 수 없으므로 합의 법칙에 의하여
구하는 경우의 수는 $4+4+4+64=76$　　정답 ⑤

1644

정답 35

STEP A 각 지역에서 세 곳을 선택하는 경우의 수 구하기

A지역에서 세 곳을 선택하는 경우의 수는 $_3C_3=1$
B지역에서 세 곳을 선택하는 경우의 수는 $_4C_3=_4C_1=4$
C지역에서 세 곳을 선택하는 경우의 수는 $_5C_3=_5C_2=10$
D지역에서 세 곳을 선택하는 경우의 수는 $_6C_3=20$
따라서 합의 법칙에 의하여 구하는 경우의 수는 $1+4+10+20=35$

1645

 정답 ③

STEP A 처음 꺼내는 1개의 공의 색에 따라 각각의 방법의 수 구하기

(i) 처음 꺼낸 공이 빨간색 공인 경우
　　빨간색 공 중에서 1개를 꺼내는 방법의 수는 $_3C_1$이고
　　남은 공 중에서 파란색 공을 2개, 빨간색 공을 1개 꺼내거나
　　파란색 공 3개를 꺼내야 하므로 방법의 수는
　　$_3C_1\times(_3C_2\times_2C_1+_3C_3)=3\times(6+1)=21$
(ii) 처음 꺼낸 공이 파란색 공인 경우
　　파란색 공 중에서 1개를 꺼내는 방법의 수는 $_3C_1$이고
　　남은 공 중에서 파란색 공을 2개, 빨간색 공을 1개 꺼내야 하므로
　　방법의 수는 $_3C_1\times_2C_2\times_3C_1=3\times1\times3=9$

STEP B 합의 법칙을 이용하여 방법의 수 구하기

(i), (ii)의 경우는 동시에 일어날 수 없으므로 합의 법칙에 의하여 구하는
방법의 수는 $21+9=30$

내신연계 출제문항 764

주머니에 서로 다른 빨간색 공 5개와 서로 다른
파란색 공 4개가 들어 있다. 이 주머니에서 1개
의 공을 꺼낸 후 다시 3개의 공을 동시에 꺼냈
을 때, 나중에 꺼낸 3개의 공 중에서 빨간색 공
의 개수가 파란색 공의 개수보다 더 많도록 공
을 꺼내는 경우의 수는? (단, 꺼낸 공은 다시
주머니에 넣지 않는다.)

① 220　　　② 260　　　③ 300
④ 340　　　⑤ 380

STEP A 처음 꺼내는 1개의 공의 색에 따라 각각의 경우의 수 구하기

(i) 처음 꺼낸 공이 빨간색 공인 경우
　　빨간색 공 중에서 1개를 꺼내는 방법의 수는 $_5C_1$이고
　　남은 공 중에서 빨간색 공을 3개 꺼내거나
　　빨간색 공을 2개, 파란색 공을 1개 꺼내야 하므로 이 경우의 수는
　　$_5C_1\times(_4C_3+_4C_2\times_4C_1)=5\times(4+24)=140$
(ii) 처음 꺼낸 공이 파란색 공인 경우
　　파란색 공 중에서 1개를 꺼내는 방법의 수는 $_4C_1$이고
　　남은 공 중에서 빨간색 공을 3개 꺼내거나
　　빨간색 공을 2개, 파란색 공을 1개 꺼내야 하므로 이 경우의 수는
　　$_4C_1\times(_5C_3+_5C_2\times_3C_1)=4\times(10+30)=160$

STEP B 합의 법칙을 이용하여 경우의 수 구하기

(i), (ii)의 경우는 동시에 일어날 수 없으므로 합의 법칙에 의하여
구하는 경우의 수는 $140+160=300$　　 정답 ③

1646

STEP A 김밥의 가격에 따라 각각의 경우의 수 구하기

(ⅰ) 1500원짜리 김밥을 만드는 경우
　　추가가격은 500＝200＋300이므로
　　200원짜리 재료(햄, 맛살, 김치)와 300원짜리 재료(불고기, 치즈, 참치)를
　　각각 하나씩 선택하는 경우의 수는 $_3C_1 \times {}_3C_1 = 9$

(ⅱ) 2000원짜리 김밥을 만드는 경우
　　추가가격은 1000＝200＋200＋300＋300이므로
　　200원짜리 재료(햄, 맛살, 김치)와 300원짜리 재료(불고기, 치즈, 참치)를
　　각각 두 개씩 선택하는 경우의 수는 $_3C_2 \times {}_3C_2 = {}_3C_1 \times {}_3C_1 = 9$
　　　　　　　　　　　　　　　　　　　　$_nC_r = {}_nC_{n-r}$

STEP B 합의 법칙을 이용하여 경우의 수 구하기

(ⅰ), (ⅱ)의 경우는 동시에 일어날 수 없으므로 합의 법칙에 의하여 구하는
경우의 수는 9＋9＝18

1647

STEP A 가입하는 동아리가 1개 이하가 되도록 하는 경우의 수 구하기

(ⅰ) A와 B가 공통으로 가입한 동아리가 없는 경우
　　서로 다른 4개의 동아리 중에서 A가 2개의 동아리를 선택하고
　　B는 남은 2개의 동아리에 가입하면 되므로 경우의 수는
　　$$_4C_2 \times {}_2C_2 = \frac{4 \times 3}{2 \times 1} \times 1 = 6$$

(ⅱ) A와 B가 공통으로 가입한 동아리가 1개인 경우
　　공통으로 가입하는 동아리를 뽑는 경우의 수는 $_4C_1 = 4$
　　A가 나머지 중에 하나를 선택하는 경우의 수는 $_3C_1 = 3$
　　B가 나머지 중에 하나를 선택하는 경우의 수는 $_2C_1 = 2$
　　즉 A, B가 공통으로 1개의 동아리에 가입하는 경우의 수는
　　$4 \times 3 \times 2 = 24$

STEP B 합의 법칙을 이용하여 경우의 수 구하기

(ⅰ), (ⅱ)의 경우는 동시에 일어날 수 없으므로 합의 법칙에 의하여
구하는 경우의 수는 6＋24＝30

다른풀이 공통으로 가입하는 동아리가 2개인 경우를 제외하여 풀이하기

STEP A A, B 두 사람이 동아리에 가입하는 경우의 수 구하기

구하는 경우의 수는 전체의 경우의 수에서 A와 B가 공통으로 가입하는
동아리가 2개가 되는 경우의 수를 뺀 것과 같다.
이때 A, B 두 사람이 동아리에 가입하는 전체 경우의 수는

$$_4C_2 \times {}_4C_2 = \frac{4 \times 3}{2 \times 1} \times \frac{4 \times 3}{2 \times 1} = 36$$

STEP B 공통으로 가입하는 동아리가 2개인 경우의 수 제외하기

A와 B가 공통으로 가입하는 동아리가 2개인 경우
서로 다른 4개의 동아리 중에서 A가 2개의 동아리를 선택하고
B는 A가 선택한 동아리에 가입하면 되므로 경우의 수는

$$_4C_2 = \frac{4 \times 3}{2 \times 1} = 6$$

따라서 구하는 경우의 수는 36－6＝30

1648

STEP A A, B의 포함 여부에 따라 각각의 경우의 수 구하기

(ⅰ) A, B가 세트에 포함되는 경우
　　A, B가 세트에 포함되면 조건 (다)에 의해 C는 포함될 수 없으므로
　　A, B, C를 제외한 D, E, F, G, H에서 두 종류의 과자를 추가해야 한다.

　　즉 이때의 경우의 수는 $_5C_2 = \dfrac{5 \times 4}{2 \times 1} = 10$

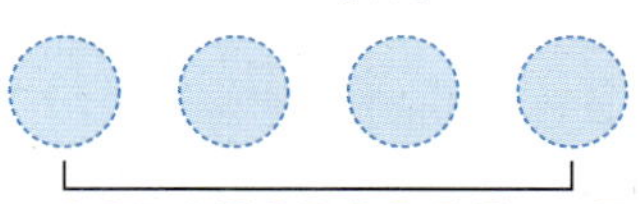

(ⅱ) A, B가 세트에 포함되지 않는 경우
　　A, B가 세트에 포함되지 않으면
　　A, B를 제외한 C, D, E, F, G, H에서 네 종류의 과자를 선택해야 한다.

　　즉 이때의 경우의 수는 $_6C_4 = {}_6C_2 = \dfrac{6 \times 5}{2 \times 1} = 15$　◀ $_nC_r = {}_nC_{n-r}$

STEP B 합의 법칙을 이용하여 경우의 수 구하기

(ⅰ), (ⅱ)의 경우에 동시에 일어날 수 없으므로 합의 법칙에 의하여
구하는 경우의 수는 10＋15＝25

1649

2023년 03월 고2 학력평가 27번

해설강의

STEP A 8개의 인형 중에서 5개를 선택하는 경우의 수 구하기

서로 다른 네 종류의 인형이 각각 2개씩 있으므로
5개의 인형을 선택하려면 세 종류 이상의 인형을 선택해야 한다.
(ⅰ) 서로 다른 세 종류의 인형을 각각 1개, 2개, 2개 선택하는 경우

　　서로 다른 네 종류의 인형 중에서 세 종류의 인형을 선택하는
　　경우의 수는 $_4C_3 = {}_4C_1 = 4$
　　위의 각각의 경우에 대하여 세 종류의 인형 중에서 1개를 선택하는 인형의
　　종류를 정하면 남은 두 종류의 인형은 각각 2개씩 선택하면 되므로
　　경우의 수는 $_3C_1 = 3$
　　즉 이때의 경우의 수는 $4 \times 3 = 12$

(ⅱ) 서로 다른 네 종류의 인형을 각각 1개, 1개, 1개, 2개 선택하는 경우

　　서로 다른 네 종류의 인형 중에서 네 종류의 인형을 선택하는
　　경우의 수는 1
　　서로 다른 네 종류의 인형 중에서 2개를 선택하는 인형의 종류를 정하면
　　남은 세 종류의 인형은 각각 1개씩 선택하면 되므로
　　경우의 수는 $_4C_1 = 4$
　　즉 이때의 경우의 수는 $1 \times 4 = 4$

STEP B 합의 법칙을 이용하여 경우의 수 구하기

(ⅰ), (ⅱ)의 경우는 동시에 일어날 수 없으므로 합의 법칙에 의하여
구하는 경우의 수는 12＋4＝16

서로 다른 다섯 종류의 인형이 각각 2개씩 있다. 이 10개의 인형 중에서 5개를 선택하는 경우의 수를 구하시오. (단, 같은 종류의 인형끼리는 서로 구별하지 않는다.)

STEP Ⓐ 10개의 인형 중에서 5개를 선택하는 경우의 수 구하기

서로 다른 다섯 종류의 인형이 각각 2개씩 있으므로
5개의 인형을 선택하려면 세 종류 이상의 인형을 선택해야 한다.
(i) 서로 다른 세 종류의 인형을 각각 1개, 2개, 2개 선택하는 경우

다섯 종류의 인형 중 세 종류의 인형을 선택하는 경우의 수 $_5C_3$

세 종류의 인형 중 1개를 선택하는 인형의 종류를 정하는 경우의 수 $_3C_1$

서로 다른 다섯 종류의 인형 중에서 세 종류의 인형을 선택하는
경우의 수는 $_5C_3=_5C_2=10$
위의 각각의 경우에 대하여 세 종류의 인형 중에서 1개를 선택하는
인형의 종류를 정하면 남은 두 종류의 인형은 각각 2개씩 선택하면
되므로 경우의 수는 $_3C_1=3$
즉 이때의 경우의 수는 $10 \times 3 = 30$
(ii) 서로 다른 네 종류의 인형을 각각 1개, 1개, 1개, 2개 선택하는 경우

다섯 종류의 인형 중 네 종류의 인형을 선택하는 경우의 수 $_5C_4$

네 종류의 인형 중 2개를 선택하는 인형의 종류를 정하는 경우의 수 $_4C_1$

서로 다른 다섯 종류의 인형 중에서 네 종류의 인형을 선택하는
경우의 수는 $_5C_4=_5C_1=5$
서로 다른 네 종류의 인형 중에서 2개를 선택하는 인형의 종류를 정하면
남은 네 종류의 인형은 각각 1개씩 선택하면 되므로
경우의 수는 $_4C_1=4$
즉 이때의 경우의 수는 $5 \times 4 = 20$
(iii) 서로 다른 다섯 종류의 인형을 각각 1개씩 선택하는 경우
서로 다른 다섯 종류의 인형 중에서 다섯 종류의 인형을 선택하는
경우의 수는 $_5C_5=1$

STEP Ⓑ 합의 법칙을 이용하여 경우의 수 구하기

(i)~(iii)의 경우는 동시에 일어날 수 없으므로 합의 법칙에 의하여
구하는 경우의 수는 $30+20+1=51$ 　　　정답 **51**

1650 2019년 10월 고3 학력평가 나형 26번 　정답 **15**

STEP Ⓐ 가능한 색깔별 공의 개수 이해하기

10개의 공 중에서 5개의 공을 꺼낼 때, 꺼낸 공의 색이 3종류이려면
색깔별 공의 개수가 2개, 2개, 1개 또는 3개, 1개, 1개이어야 한다.

STEP Ⓑ 색깔별 공의 개수에 따라 각각의 경우의 수 구하기

(i) 각 색깔별로 2개, 2개, 1개의 공을 꺼내는 경우
흰 공, 검은 공, 파란 공 중 2개의 공을 꺼낼 색을 고르는 경우의 수는
$_3C_2=_3C_1=3$ ← $_nC_r=_nC_{n-r}$
흰 공, 검은 공, 파란 공 중 2개의 공을 꺼내지 않은 색깔의 공과
빨간 공, 노란 공 중 1개의 공을 꺼낼 색을 고르는 경우의 수는
$_3C_1=3$
즉 이때의 경우의 수는 $3 \times 3 = 9$

(ii) 각 색깔별로 3개, 1개, 1개의 공을 꺼내는 경우
먼저 공이 3개 이상인 것은 흰 공뿐이므로 흰 공 3개를 꺼내야 한다.
남은 검은 공, 파란 공, 빨간 공, 노란 공 중에서 2개의 공을 꺼낼 색을
고르는 경우의 수는 $_4C_2=\dfrac{4 \times 3}{2 \times 1}=6$
즉 이때의 경우의 수는 $1 \times 6 = 6$

STEP Ⓒ 합의 법칙을 이용하여 경우의 수 구하기

(i), (ii)의 경우는 동시에 일어날 수 없으므로 합의 법칙에 의하여
구하는 경우의 수는 $9+6=15$

어느 회사에서 A캐릭터 상품 6종류, B캐릭터 상품 5종류, C캐릭터 상품 4종류를 출시하였다. 이 중에서 3종류의 상품을 묶어 세트로 판매하려 한다. 같은 캐릭터의 상품으로 묶는 경우의 수를 a, 서로 다른 캐릭터의 상품으로 묶는 경우의 수를 b라 할 때, $a+b$의 값은?

① 154　　　② 156　　　③ 158
④ 160　　　⑤ 162

STEP Ⓐ 같은 캐릭터의 상품으로 묶는 경우의 수 구하기

(i) 같은 캐릭터의 상품으로 묶는 경우
A캐릭터의 상품 3종류를 묶는 경우의 수는 $_6C_3=20$
B캐릭터의 상품 3종류를 묶는 경우의 수는 $_5C_3=_5C_2=10$
C캐릭터의 상품 3종류를 묶는 경우의 수는 $_4C_3=_4C_1=4$
즉 이때의 경우의 수는 $a=20+10+4=34$

STEP Ⓑ 서로 다른 캐릭터의 상품으로 묶는 경우의 수 구하기

(ii) 서로 다른 캐릭터의 상품으로 묶는 경우
A, B, C캐릭터를 각각 1종류씩 택하면 되므로
$b=_6C_1 \times _5C_1 \times _4C_1=6 \times 5 \times 4=120$
(i), (ii)에서 $a+b=34+120=154$ 　　　정답 **①**

1651 　정답 **14**

STEP Ⓐ A, B, C를 모두 포함하는 경우의 수 구하기

(i) 세 학생 A, B, C를 모두 포함하는 경우
세 학생 A, B, C를 이미 뽑았다고 생각하면
나머지 5명의 학생 중에서 2명을 뽑는 경우의 수는
$p=_5C_2=\dfrac{5 \times 4}{2 \times 1}=10$

STEP Ⓑ A, B는 모두 포함하고 C, D는 포함하지 않는 경우의 수 구하기

(ii) 두 학생 A, B는 모두 포함하고 두 학생 C, D는 포함하지 않는 경우
네 학생 A, B, C, D를 제외한 나머지 4명의 학생 중에서 3명을 뽑는
경우의 수와 같으므로 $q=_4C_3=_4C_1=4$
(i), (ii)에서 $p+q=10+4=14$

1652 　정답 **③**

STEP Ⓐ A를 포함하여 대표 3명을 선출하는 경우의 수 구하기

A를 이미 뽑았다고 생각하면 A를 제외한 나머지 $n-1$명에서
2명을 뽑는 경우의 수가 36이므로
$_{n-1}C_2=\dfrac{(n-1)(n-2)}{2}=36$, $(n-1)(n-2)=72=9 \times 8$
따라서 $n-1=9$이므로 $n=10$

서로 다른 색이 칠해진 n개의 공이 들어 있는 주머니에서 5개의 공을 꺼내려고 한다. 특정한 2가지의 색이 칠해진 공을 꺼내는 방법의 수가 56일 때, 자연수 n의 값은? (단, $n \geq 5$)

① 8   ② 9   ③ 10
④ 11   ⑤ 12

STEP A 특정한 색의 공을 포함하여 공을 꺼내는 방법의 수 구하기

특정한 2가지의 색이 칠해진 공을 제외한 나머지 $n-2$개의 공 중에서 3개의 공을 꺼내는 방법의 수가 56이므로

$$_{n-2}C_3 = \frac{(n-2)(n-3)(n-4)}{3 \times 2 \times 1} = 56, \ (n-2)(n-3)(n-4) = 8 \times 7 \times 6$$

따라서 $n-2 = 8$이므로 $n = 10$

 정답 ③

1653

정답 120

STEP A 짝이 맞는 두 켤레를 택하는 경우의 수 구하기

서로 다른 5켤레의 신발 중에서 짝이 맞는 신발을 2켤레 택하는 경우의 수는
$_5C_2 = 10$

STEP B 나머지 짝이 맞지 않는 신발을 택하는 경우의 수 구하기

나머지 3켤레의 신발 중에서 2켤레를 택하는 경우의 수는 $_3C_2 = {_3C_1} = 3$
이때 짝이 맞지 않으려면 각 켤레당 한 짝씩만 택해야 하므로
오른쪽, 왼쪽 중 각각 한 짝을 택하는 경우의 수는 $_2C_1 \times _2C_1 = 4$
따라서 구하는 경우의 수는 $10 \times 3 \times 4 = 120$

서로 다른 6켤레의 신발 12짝 중에서 4짝을 임의로 택할 때, 꼭 한 켤레만 짝이 맞는 경우의 수는?

① 120   ② 150   ③ 160
④ 180   ⑤ 240

STEP A 짝이 맞는 신발을 두 켤레 택하는 경우의 수 구하기

서로 다른 6켤레의 신발 중에서 짝이 맞는 신발을 1켤레 택하는 경우의 수는
$_6C_1 = 6$

STEP B 나머지 짝이 맞지 않는 신발을 택하는 경우의 수 구하기

나머지 5켤레의 신발 중에서 2켤레를 택하는 경우의 수는 $_5C_2 = 10$
이때 짝이 맞지 않으려면 각 켤레당 한 짝씩만 택해야 하므로
오른쪽, 왼쪽 중 각각 한 짝을 택하는 경우의 수는 $_2C_1 \times _2C_1 = 4$
따라서 구하는 경우의 수는 $6 \times 10 \times 4 = 240$

정답 ⑤

1654

정답 ⑤

STEP A A를 포함하여 공을 꺼내는 경우의 수 구하기

세 공 A, B, C를 포함하여 서로 다른 공 7개가 들어 있는 주머니에서 공 3개를 동시에 꺼낼 때, A를 포함하여 공을 꺼내는 경우의 수는
$$a = {_6C_2} = \frac{6 \times 5}{2 \times 1} = 15$$

STEP B B를 포함하지 않으면서 C를 포함하여 공을 꺼내는 경우의 수 구하기

B를 포함하지 않으면서 C를 포함하여 공을 꺼내는 경우의 수는
$$b = {_5C_2} = \frac{5 \times 4}{2 \times 1} = 10$$

따라서 $a + b = 15 + 10 = 25$

1655

정답 ①

STEP A A, B가 모두 빈 의자에 앉는 방법의 수 구하기

조건 (가)에서 A, B가 모두 빈 의자에 앉고 A, B를 제외한 5명 중에서 1명이 빈 의자에 앉는 방법의 수는 $p = {_5C_1} = 5$

STEP B A, B가 모두 빈 의자에 앉지 못하는 방법의 수 구하기

조건 (나)에서 A, B가 모두 빈 의자에 앉지 못하고 A, B를 제외한 5명 중 3명이 빈 의자에 앉는 방법의 수는 $q = {_5C_3} = {_5C_2} = \frac{5 \times 4}{2 \times 1} = 10$

STEP C A, B 중 한 사람만 빈 의자에 앉는 방법의 수 구하기

조건 (다)에서 A, B 중 한 사람만 빈 의자에 앉을 때,
A만 앉고 B를 제외한 5명 중에서 2명이 빈 의자에 앉는 방법의 수는
$$_5C_2 = \frac{5 \times 4}{2 \times 1} = 10$$
마찬가지 방법으로 B만 앉는 방법의 수는 10
$\therefore r = 10 + 10 = 20$
따라서 $p + q + r = 5 + 10 + 20 = 35$

두 학생 A, B를 포함한 10명의 학생 중에서 다음과 같이 달리기 계주로 나갈 4명을 뽑는 방법의 수가 각각 p, q일 때, $p+q$의 값은?

> (가) 두 학생 A, B 중에서 한 명만 포함하여 4명을 뽑는 방법의 수 p
> (나) 두 학생 A, B 중에서 적어도 한 명을 포함하여 4명을 뽑는 방법의 수 q

① 112   ② 140   ③ 252
④ 265   ⑤ 326

STEP A 두 학생 A, B 중 한 명을 뽑고 나머지 학생 8명 중 3명을 뽑는 방법의 수 구하기

조건 (가)에서 두 학생 A, B 중에서 한 명을 뽑고 나머지 8명에서 3명을 뽑는 방법의 수는 $p = {_2C_1} \times {_8C_3} = 2 \times \frac{8 \times 7 \times 6}{3 \times 2 \times 1} = 112$

STEP B 전체 경우의 수에서 A, B를 모두 뽑지 않는 방법의 수 제외하기

조건 (나)에서 10명 중에서 4명을 뽑는 방법의 수는
$$_{10}C_4 = \frac{10 \times 9 \times 8 \times 7}{4 \times 3 \times 2 \times 1} = 210$$
두 학생 A, B를 제외한 8명 중에서 4명을 뽑는 방법의 수는
$$_8C_4 = \frac{8 \times 7 \times 6 \times 5}{4 \times 3 \times 2 \times 1} = 70$$
즉 $q = $ (두 학생 A, B 중에서 적어도 한 명을 포함하여 뽑는 방법의 수)
$\quad = $ (전체 방법의 수) $-$ (두 학생 A, B를 모두 뽑지 않는 방법의 수)
$\quad = 210 - 70 = 140$
따라서 $p + q = 112 + 140 = 252$

 정답 ③

1656

정답 ②

STEP A 선택한 세 개의 수 중 가장 큰 수가 6인 경우와 7인 경우로 나누어 구하기

(i) 가장 큰 수가 6인 경우
1에서 5까지의 수에서 2개를 선택하면 되므로 $_5C_2 = \frac{5 \times 4}{2 \times 1} = 10$
가장 큰 수가 6이므로 7은 제외

(ii) 가장 큰 수가 7인 경우
1에서 6까지의 수에서 2개를 선택하면 되므로 $_6C_2 = \frac{6 \times 5}{2 \times 1} = 15$

(i), (ii)의 경우는 동시에 일어날 수 없으므로 합의 법칙에 의하여 구하는
경우의 수는 $10+15=25$

(전체 경우의 수)$-$(가장 큰 수가 5 이하인 경우의 수)
$=_7C_3-_5C_3=\dfrac{7\times6\times5}{3\times2\times1}-\dfrac{5\times4\times3}{3\times2\times1}=35-10=25$

1657

STEP Ⓐ 첫 번째 학생이 2개의 오디션 대회를 선택하는 경우의 수 구하기

첫 번째 학생이 A, B, C, D, E의 5개의 오디션 대회 중 2개를 선택하는

경우의 수는 $_5C_2=\dfrac{5\times4}{2\times1}=10$

STEP Ⓑ 두 번째 학생이 첫 번째 학생이 선택한 오디션 대회 중 한 개만 같도록 오디션을 선택할 경우의 수 구하기

첫 번째 학생이 A와 B를 선택하였다고 하면
두 번째 학생이 A만 같도록 선택하는 경우의 수는
(A, C), (A, D), (A, E)의 3가지
두 번째 학생이 B만 같도록 선택하는 경우의 수는
(B, C), (B, D), (B, E)의 3가지
따라서 구하는 경우의 수는 $10\times(3+3)=60$

STEP Ⓐ 두 학생이 오디션 대회를 각각 2개씩 선택하는 경우의 수 구하기

구하는 경우의 수는 전체의 경우의 수에서
두 학생이 모두 다른 오디션 대회를 선택하는 경우의 수와
두 학생이 모두 같은 오디션 대회를 선택하는 경우의 수를 뺀 것과 같다.
이때 두 학생이 오디션 대회를 각각 2개씩 선택하는 전체 경우의 수는
$_5C_2\times_5C_2=10\times10=100$

STEP Ⓑ 두 학생이 모두 다른 오디션 대회를 선택하는 경우와 모두 같은 오디션 대회를 선택하는 경우의 수 제외하기

두 학생이 모두 다른 오디션을 2개씩 선택하는 경우의 수는
$_5C_2\times_3C_2=10\times3=30$
첫 번째 학생이 먼저 5개 중에서 2개를 선택하고 두 번째 학생이 남은 3개에서 2개 선택하는 경우의 수
두 학생이 2개 모두 같은 오디션을 선택하는 경우의 수는 $_5C_2=10$
따라서 구하는 경우의 수는 $100-(30+10)=60$

두 학생이 공통으로 오디션 대회에 참가하는 경우의 수는 5
나머지 4개 중 두 학생이 하나씩 고르는 경우의 수는 $_4P_2=12$
따라서 구하는 경우의 수는 $5\times12=60$

1658

STEP Ⓐ 전체 경우의 수 구하기

서로 다른 10개의 제품 중에서 3개의 제품을 뽑는 경우의 수는
$_{10}C_3=\dfrac{10\times9\times8}{3\times2\times1}=120$

STEP Ⓑ 전체 경우의 수에서 불량품이 하나도 뽑히지 않을 경우의 수 제외하기

불량품이 하나도 뽑히지 않을 경우의 수,
즉 불량품 2개를 제외한 8개의 제품에서 3개를 뽑는 경우의 수는
$_8C_3=\dfrac{8\times7\times6}{3\times2\times1}=56$
따라서 (적어도 한 개의 불량품이 포함되는 경우의 수)
　　　$=$(전체 경우의 수)$-$(불량품이 하나도 뽑히지 않을 경우의 수)
　　　$=120-56=64$

1659

STEP Ⓐ 전체 방법의 수 구하기

9명의 학생 중에서 3명을 뽑는 방법의 수는 $_9C_3=\dfrac{9\times8\times7}{3\times2\times1}=84$

STEP Ⓑ 전체 방법의 수에서 여학생 또는 남학생만 뽑는 방법의 수 제외하기

여학생 4명 중에서 3명을 뽑는 방법의 수는 $_4C_3=_4C_1=4$
남학생 5명 중에서 3명을 뽑는 방법의 수는 $_5C_3=_5C_2=\dfrac{5\times4}{2\times1}=10$
따라서 (남학생과 여학생이 적어도 한 명씩 포함되도록 뽑는 방법의 수)
　　　$=$(전체 방법의 수)$-$(여학생 또는 남학생만 뽑는 방법의 수)
　　　$=84-(4+10)=70$

9명 중 3명을 뽑을 때, 남학생과 여학생을 각각 적어도 1명씩 뽑으려면 남학생 1명,
여학생 2명을 뽑거나 남학생 2명, 여학생 1명을 뽑아야 한다.
(i) 남학생 1명, 여학생 2명을 뽑는 방법의 수는
　　　$_5C_1\times_4C_2=5\times\dfrac{4\times3}{2\times1}=5\times6=30$
(ii) 남학생 2명, 여학생 1명을 뽑는 방법의 수는
　　　$_5C_2\times_4C_1=\dfrac{5\times4}{2\times1}\times4=10\times4=40$
(i), (ii)의 경우는 동시에 일어나지 않으므로 합의 법칙에 의하여 구하는
방법의 수는 $30+40=70$

축구선수 7명과 야구선수 5명 중에서 4명을 뽑을 때, 축구선수와 야구선수
를 각각 적어도 1명씩 포함하여 뽑는 경우의 수는?

① 430　　　　② 435　　　　③ 450
④ 455　　　　⑤ 460

STEP Ⓐ 전체 경우의 수 구하기

12명 중에서 4명을 뽑는 경우의 수는 $_{12}C_4=\dfrac{12\times11\times10\times9}{4\times3\times2\times1}=495$

STEP Ⓑ 축구선수만 4명을 뽑는 경우와 야구선수만 4명 뽑는 경우의 수 제외하기

축구선수 7명 중 축구선수만 4명을 뽑는 경우의 수는
$_7C_4=_7C_3=\dfrac{7\times6\times5}{3\times2\times1}=35$
야구선수 5명 중 야구선수만 4명을 뽑는 경우의 수는
$_5C_4=_5C_1=5$
따라서 (축구선수와 야구선수를 각각 적어도 1명씩 포함하여 뽑는 경우의 수)
　　　$=$(전체 경우의 수)$-$(축구선수 또는 야구선수만 뽑는 방법의 수)
　　　$=495-(35+5)=455$

12명 중 4명을 뽑을 때, 축구선수와 야구선수를 각각 적어도 1명씩 뽑는 경우는
다음과 같다.
(i) 축구선수 1명, 야구선수 3명을 뽑는 경우의 수는
　　　$_7C_1\times_5C_3=7\times\dfrac{5\times4\times3}{3\times2\times1}=7\times10=70$
(ii) 축구선수 2명, 야구선수 2명을 뽑는 경우의 수는
　　　$_7C_2\times_5C_2=\dfrac{7\times6}{2\times1}\times\dfrac{5\times4}{2\times1}=21\times10=210$
(iii) 축구선수 3명, 야구선수 1명을 뽑는 경우의 수는
　　　$_7C_3\times_5C_1=\dfrac{7\times6\times5}{3\times2\times1}\times5=35\times5=175$
(i)~(iii)은 동시에 일어나지 않으므로 합의 법칙에 의하여 구하는 경우의 수는
$70+210+175=455$

1660

STEP A 전체 방법의 수 구하기

서로 다른 10가지 아이스크림 중에서 3가지를 선택하는 방법의 수는

$${}_{10}\mathrm{C}_3=\dfrac{10\times9\times8}{3\times2\times1}=120$$

STEP B 전체 방법의 수에서 호두 아이스크림과 딸기 아이스크림을 모두 포함하지 않도록 선택하는 방법의 수 제외하기

호두 아이스크림과 딸기 아이스크림을 제외한 나머지 8가지의 아이스크림 중에서 3가지를 선택하는 방법의 수는

$${}_{8}\mathrm{C}_3=\dfrac{8\times7\times6}{3\times2\times1}=56$$

따라서 구하는 방법의 수는

(전체 방법의 수)$-$(호두 아이스크림과 딸기 아이스크림을 모두 포함하지 않도록 선택하는 방법의 수)

$$=120-56=64$$

1661

STEP A 전체 방법의 수 구하기

10장의 카드에서 5장을 택하는 방법의 수는

$${}_{10}\mathrm{C}_5=\dfrac{10\times9\times8\times7\times6}{5\times4\times3\times2\times1}=252$$

STEP B 전체 방법의 수에서 홀수를 0장, 1장 택하는 방법의 수 제외하기

짝수가 적힌 카드만 5장 택하는 방법의 수는 ${}_{5}\mathrm{C}_5=1$

홀수가 적힌 카드 5장 중에서 1장을 택하고

짝수가 적힌 카드 5장 중에서 4장을 택하는 방법의 수는

$${}_{5}\mathrm{C}_1\times{}_{5}\mathrm{C}_4=5\times5=25$$

따라서 (홀수가 적힌 카드를 적어도 2장 택하는 방법의 수)

$$=(\text{전체 방법의 수})-(\text{홀수를 0장 또는 1장씩 택하는 방법의 수})$$

$$=252-(1+25)=226$$

1662

STEP A 전체 경우의 수 구하기

10짝의 구두 중에서 4짝을 고르는 경우의 수는

$${}_{10}\mathrm{C}_4=\dfrac{10\times9\times8\times7}{4\times3\times2\times1}=210$$

STEP B 전체 경우의 수에서 짝이 맞는 구두가 없는 경우의 수 제외하기

서로 다른 5켤레 중에서 4켤레를 고르는 경우의 수는 ${}_{5}\mathrm{C}_4={}_{5}\mathrm{C}_1=5$

각각의 켤레에서 한 짝씩 고르는 경우의 수는 $2\times2\times2\times2=16$

즉 10짝의 구두 중에서 4짝을 고를 때,

짝이 맞는 구두가 하나도 없는 경우의 수는 $5\times16=80$

따라서 (짝이 맞는 구두가 적어도 한 켤레 있는 경우의 수)

$$=(\text{전체 경우의 수})-(\text{짝이 맞는 구두가 하나도 없는 경우의 수})$$

$$=210-80=130$$

mini 해설 │ 직접 경우를 나누어 풀이하기

(ⅰ) 짝이 맞는 구두가 한 켤레 있을 때,
  짝이 맞는 구두를 택하는 경우의 수는 ${}_{5}\mathrm{C}_1=5$
  나머지 중에서 짝이 맞지 않는 구두를 택하는 경우의 수는 ${}_{8}\mathrm{C}_2-4=24$
  즉 이때의 경우의 수는 $5\times24=120$
(ⅱ) 짝이 맞는 구두가 두 켤레 있을 때의 경우의 수는 ${}_{5}\mathrm{C}_2=10$
(ⅰ), (ⅱ)의 경우는 동시에 일어날 수 없으므로 합의 법칙에 의하여 구하는 경우의 수는
$120+10=130$

1663

STEP A 전체 방법의 수 구하기

남녀 10명 중에서 3명을 뽑는 방법의 수는

$${}_{10}\mathrm{C}_3=\dfrac{10\times9\times8}{3\times2\times1}=120$$

STEP B 전체 방법의 수에서 남자만을 뽑는 방법의 수를 제외하여 n의 값 구하기

남자가 n명이라 하면

남자 n명 중에서 3명을 뽑는 방법의 수는 ${}_{n}\mathrm{C}_3$

이때 남녀 10명 중에서 적어도 여자 한 명을 포함하여 뽑는 방법의 수가

100이므로 ${}_{10}\mathrm{C}_3-{}_{n}\mathrm{C}_3=100$, ${}_{n}\mathrm{C}_3=120-100=20$

$${}_{n}\mathrm{C}_3=\dfrac{n(n-1)(n-2)}{3\times2\times1}=20$$

$$n(n-1)(n-2)=6\times5\times4$$

$$\therefore n=6$$

따라서 남자의 수는 6

내신연계 출제문항 771

남녀 9명 중에서 대표 4명을 뽑을 때, 적어도 한 명의 남자가 포함되는 경우의 수가 111이다. 9명 중 남자의 수는?

① 2 ② 3 ③ 4
④ 5 ⑤ 6

STEP A 전체 방법의 수 구하기

남녀 9명 중에서 4명을 뽑는 방법의 수는

$${}_{9}\mathrm{C}_4=\dfrac{9\times8\times7\times6}{4\times3\times2\times1}=126$$

STEP B 전체 방법의 수에서 여자만을 뽑는 방법의 수를 제외하여 n의 값 구하기

여자가 n명이라 하면

여자 n명 중에서 4명을 뽑는 방법의 수는 ${}_{n}\mathrm{C}_4$

이때 남녀 9명 중에서 적어도 남자 한 명을 포함하여 뽑는 방법의 수가

111이므로 ${}_{9}\mathrm{C}_4-{}_{n}\mathrm{C}_4=111$, ${}_{n}\mathrm{C}_4=126-111=15$

$${}_{n}\mathrm{C}_4=\dfrac{n(n-1)(n-2)(n-3)}{4\times3\times2\times1}=15$$

$$n(n-1)(n-2)(n-3)=6\times5\times4\times3$$

$$\therefore n=6$$

따라서 남자의 수는 $9-6=3$

STEP A　조건에 맞게 5장의 카드를 선택하는 경우 파악하기

9장의 카드 중에서 5장의 카드를 선택할 때,
숫자 1, 2, 3이 적힌 카드가 적어도 한 장씩 포함되려면
각각의 숫자가 적힌 카드를 2장, 2장, 1장 또는 3장, 1장, 1장 선택하여야 한다.

STEP B　선택한 카드의 수에 따라 각각의 경우의 수 구하기

(i) 각 수별로 2장, 2장, 1장을 선택하는 경우　◀── 11223, 12233, 11233

　　3장 중 2장을 선택하는 경우가 2번이므로 경우의 수는

　　$_3C_2 \times _3C_2 = _3C_1 \times _3C_1 = 3 \times 3 = 9$　◀── $_nC_r = _nC_{n-r}$

　　세 가지 그림의 카드에서 1, 2, 3이 적힌 카드 중 1장을 선택하는
　　경우의 수는 $_3C_1 = 3$

　　3장 중 1장을 선택하는 경우가 1번이므로 경우의 수는 $_3C_1 = 3$

　　즉 이때의 경우의 수는 $9 \times 3 \times 3 = 81$

(ii) 각 수별로 3장, 1장, 1장을 선택하는 경우　◀── 11123, 12223, 12333

　　세 가지 그림의 카드에서 1, 2, 3이 적힌 카드 중 1장을 선택하는
　　경우의 수는 $_3C_1 = 3$

　　3장을 모두 선택하는 경우가 1번이므로 경우의 수는 $_3C_3 = 1$

　　3장 중 1장을 선택하는 경우가 2번이므로 경우의 수는
　　$_3C_1 \times _3C_1 = 3 \times 3 = 9$

　　즉 이때의 경우의 수는 $3 \times 1 \times 9 = 27$

STEP C　합의 법칙을 이용하여 전체 경우의 수 구하기

(i), (ii)의 경우는 동시에 일어날 수 없으므로 합의 법칙에 의하여
구하는 경우의 수는 $81 + 27 = 108$

다른풀이　여사건을 이용하여 풀이하기

STEP A　전체 경우의 수 구하기

9장의 카드에서 5장을 선택하는 모든 경우의 수는

$_9C_5 = _9C_4 = \dfrac{9 \times 8 \times 7 \times 6}{4 \times 3 \times 2 \times 1} = 126$　◀── $_nC_r = _nC_{n-r}$

STEP B　두 가지 숫자로 5장을 선택하는 경우의 수 구하기

1과 2로 5장을 선택하는 경우의 수는 다음과 같다.
(i) 1을 3장, 2를 2장 뽑는 경우　◀── 11122
　　$_3C_3 \times _3C_2 = 1 \times 3 = 3$
(ii) 1을 2장, 2를 3장 뽑는 경우　◀── 11222
　　$_3C_2 \times _3C_3 = 3 \times 1 = 3$
(i), (ii)의 경우는 동시에 일어날 수 없으므로 합의 법칙에 의하여
$3 + 3 = 6$
또한, 1과 3, 2와 3으로 5장을 선택하는 경우의 수도 각각 6이므로
두 가지 숫자로 5장을 선택하는 경우의 수는 $6 \times 3 = 18$

+α　숫자 1 또는 2 또는 3이 포함되지 않은 경우의 수를 구할 수 있어!

5장의 카드 중 숫자 1이 포함되지 않는 경우의 수는 $_6C_5 = _6C_1 = 6$
5장의 카드 중 숫자 2가 포함되지 않는 경우의 수는 $_6C_5 = _6C_1 = 6$
5장의 카드 중 숫자 3이 포함되지 않는 경우의 수는 $_6C_5 = _6C_1 = 6$
즉 5장의 카드 중 숫자 1 또는 2 또는 3이 포함되지 않는 경우의 수는 $6 + 6 + 6 = 18$

STEP C　여사건을 이용하여 경우의 수 구하기

따라서
(숫자 1, 2, 3이 적힌 카드가 적어도 한 장씩 포함되도록 선택하는 경우의 수)
$=$(전체 경우의 수)$-$(두 가지 숫자로 5장을 선택하는 경우의 수)
$= 126 - 18 = 108$

그림과 같이 숫자 1, 2, 3이 각각 하나씩 적힌 세 가지 그림의 카드 9장이
있다. 이 중에서 서로 다른 6장의 카드를 선택할 때, 숫자 1, 2, 3이 적힌
카드가 적어도 한 장씩 포함되도록 선택하는 경우의 수를 구하시오.
(단, 카드를 선택하는 순서는 고려하지 않는다.)

STEP A　조건에 맞게 6장의 카드를 선택하는 경우 파악하기

9장의 카드 중에서 6장의 카드를 선택할 때,
숫자 1, 2, 3이 적힌 카드가 적어도 한 장씩 포함되려면
각각의 숫자가 적힌 카드를 2장, 2장, 2장 또는 3장, 2장, 1장 선택하여야 한다.

STEP B　선택한 카드의 수에 따라 각각의 경우의 수 구하기

(i) 각 수별로 2장, 2장, 2장을 선택하는 경우
　　112233의 1가지
　　세 가지의 그림 카드 중 2장을 선택하는 경우가 3번이므로 경우의 수는
　　$_3C_2 \times _3C_2 \times _3C_2 = _3C_1 \times _3C_1 \times _3C_1 = 3 \times 3 \times 3 = 27$　◀── $_nC_r = _nC_{n-r}$

(ii) 각 수별로 3장, 2장, 1장을 선택하는 경우
　　111223, 111233, 122233, 112223, 112333, 122333의 6가지
　　세 가지 그림의 카드 중 3장을 모두 선택하는 경우의 수는 $_3C_3 = 1$
　　세 가지 그림의 카드 중 2장을 선택하는 경우의 수는 $_3C_2 = 3$
　　세 가지 그림의 카드 중 1장을 선택하는 경우의 수는 $_3C_1 = 3$
　　즉 이때의 경우의 수는 $6 \times 1 \times 3 \times 3 = 54$

STEP C　합의 법칙을 이용하여 전체 경우의 수 구하기

(i), (ii)의 경우는 동시에 일어날 수 없으므로 합의 법칙에 의하여 구하는
경우의 수는 $27 + 54 = 81$

다른풀이　여사건을 이용하여 풀이하기

STEP A　전체 경우의 수 구하기

9장의 카드에서 6장을 선택하는 모든 경우의 수는

$_9C_6 = _9C_3 = \dfrac{9 \times 8 \times 7}{3 \times 2 \times 1} = 84$　◀── $_nC_r = _nC_{n-r}$

STEP B　두 가지 숫자로 6장을 선택하는 경우의 수 구하기

1과 2로 6장을 선택하는 경우의 수는
1을 3장, 2를 3장 뽑는 경우의 수와 같으므로 $_3C_3 \times _3C_3 = 1$
또한, 1과 3, 2와 3으로 6장을 선택하는 경우의 수도 각각 1이므로
두 가지 숫자로 6장을 선택하는 경우의 수는 3

+α　숫자 1 또는 2 또는 3이 포함되지 않는 경우의 수를 구할 수 있어!

6장의 카드 중 숫자 1이 포함되지 않는 경우의 수는 $_6C_6 = _6C_0 = 1$
6장의 카드 중 숫자 2가 포함되지 않는 경우의 수는 $_6C_6 = _6C_0 = 1$
6장의 카드 중 숫자 3이 포함되지 않는 경우의 수는 $_6C_6 = _6C_0 = 1$
즉 6장의 카드 중 숫자 1 또는 2 또는 3이 포함되지 않는 경우의 수는 $1 + 1 + 1 = 3$

STEP C　여사건을 이용하여 경우의 수 구하기

따라서
(숫자 1, 2, 3이 적힌 카드가 적어도 한 장씩 포함되도록 선택하는 경우의 수)
$=$(전체 경우의 수)$-$(두 가지 숫자로 6장을 선택하는 경우의 수)
$= 84 - 3 = 81$　정답 81

1665

STEP A 7장의 카드를 2개, 2개, 3개로 나누는 방법의 수 구하기

7장의 카드를 2개, 2개, 3개로 분할하는 방법의 수는

$$_7C_2 \times _5C_2 \times _3C_3 = \frac{7 \times 6}{2 \times 1} \times \frac{5 \times 4}{2 \times 1} \times 1 = 210$$

이때 같은 개수로 분할하는 경우 겹치는 부분이 생기므로
개수가 같은 묶음끼리 자리를 바꾸는 경우의 수만큼 나누어 준다.

따라서 구하는 방법의 수는 $210 \times \dfrac{1}{2!} = 105$

1666

STEP A 8개를 조건에 맞게 세 묶음으로 나누는 경우의 수 구하기

서로 다른 8개의 공을 두 조건 (가), (나)에 맞게 세 묶음으로 나누려면
1개, 2개, 5개 또는 1개, 3개, 4개씩 담아야 한다.
(ⅰ) 1개, 2개, 5개로 나누는 경우의 수는

$$_8C_1 \times _7C_2 \times _5C_5 = 8 \times \frac{7 \times 6}{2 \times 1} \times 1 = 168$$

(ⅱ) 1개, 3개, 4개로 나누는 경우의 수는

$$_8C_1 \times _7C_3 \times _4C_4 = 8 \times \frac{7 \times 6 \times 5}{3 \times 2 \times 1} \times 1 = 280$$

(ⅰ), (ⅱ)의 경우는 동시에 일어날 수 없으므로 합의 법칙에 의하여 구하는
경우의 수는 $168 + 280 = 448$

서로 다른 7개의 과일을 똑같은 바구니 3개에 나누어 담을 때, 다음 조건을
만족시키도록 넣는 경우의 수는?

> (가) 빈 바구니가 없도록 담는다.
> (나) 바구니 3개에 넣은 과일의 개수는 서로 다르다.

① 100　　　② 105　　　③ 110
④ 115　　　⑤ 120

STEP A 7개를 조건에 맞게 세 묶음으로 나누는 경우의 수 구하기

서로 다른 7개의 과일을 두 조건 (가), (나)에 맞게 세 묶음으로 나누려면
1개, 2개, 4개씩 담아야 한다.
따라서 나누어 담는 경우의 수는 $_7C_1 \times _6C_2 \times _4C_4 = 7 \times \dfrac{6 \times 5}{2 \times 1} \times 1 = 105$

정답 ②

1667

STEP A 7종류의 꽃을 2종류, 2종류, 3종류로 나누는 방법의 수 구하기

7종류의 꽃을 2종류, 2종류, 3종류로 나누는 방법의 수는

$$_7C_2 \times _5C_2 \times _3C_3 \times \frac{1}{2!} = \frac{7 \times 6}{2 \times 1} \times \frac{5 \times 4}{2 \times 1} \times 1 \times \frac{1}{2} = 105$$

STEP B 세 사람에게 나누어 주는 방법의 수 구하기

세 개의 꽃다발을 세 사람에게 나누어 주는 방법의 수는
$3! = 3 \times 2 \times 1 = 6$
따라서 구하는 방법의 수는 $105 \times 6 = 630$

1668

STEP A 인형 5개를 3개의 가방 A, B, C에 적어도 1개 이상 넣는 경우의 수 구하기

서로 다른 종류의 인형 5개를 3개의 가방 A, B, C에 적어도 1개 이상 넣는
방법은 다음과 같다.
(ⅰ) 3개, 1개, 1개로 나누어 넣는 경우의 수는

$$_5C_3 \times _2C_1 \times _1C_1 \times \frac{1}{2!} \times 3! = 10 \times 2 \times 1 \times \frac{1}{2} \times 6 = 60$$

(ⅱ) 2개, 2개, 1개로 나누어 넣는 경우의 수는

$$_5C_2 \times _3C_2 \times _1C_1 \times \frac{1}{2!} \times 3! = 10 \times 3 \times 1 \times \frac{1}{2} \times 6 = 90$$

(ⅰ), (ⅱ)의 경우는 동시에 일어날 수 없으므로 합의 법칙에 의하여
구하는 경우의 수는 $60 + 90 = 150$

어떤 회사에서 신규 직원 6명을 3개의 팀으로 나눈 후 인천, 대전, 부산의
세 지점에 각각 한 팀씩 배치하려고 한다. 각 지점에 적어도 1명 이상 배치
되는 경우의 수는?

① 500　　　② 540　　　③ 580
④ 620　　　⑤ 660

STEP A 6명을 3개의 각 지점에 적어도 1명 이상 배치되는 경우의 수 구하기

신규 직원 6명을 3개의 팀으로 나눈 후 인천, 대전, 부산의 세 지점에 각각
한 팀씩 배치하는 경우는 다음과 같다.
(ⅰ) 6명을 2명, 2명, 2명의 3개의 팀으로 나누어 배치하는 경우의 수는

$$_6C_2 \times _4C_2 \times _2C_2 \times \frac{1}{3!} \times 3! = 15 \times 6 \times 1 \times \frac{1}{6} \times 6 = 90$$

(ⅱ) 6명을 3명, 2명, 1명의 3개의 팀으로 나누어 배치하는 경우의 수는
$$_6C_3 \times _3C_2 \times _1C_1 \times 3! = 20 \times 3 \times 1 \times 6 = 360$$

(ⅲ) 6명을 4명, 1명, 1명의 3개의 팀으로 나누어 배치하는 경우의 수는

$$_6C_4 \times _2C_1 \times _1C_1 \times \frac{1}{2!} \times 3! = 15 \times 2 \times 1 \times \frac{1}{2} \times 6 = 90$$

(ⅰ)~(ⅲ)의 경우는 동시에 일어날 수 없으므로 합의 법칙에 의하여
구하는 경우의 수는 $90 + 360 + 90 = 540$　　　정답 ②

1669

STEP A 여학생 5명을 3명, 2명으로 나누는 방법의 수 구하기

여학생 5명을 1호실에 3명, 2호실에 2명을 배정하는 방법의 수는
$$_5C_3 \times _2C_2 = \frac{5 \times 4 \times 3}{3 \times 2 \times 1} \times 1 = 10$$

STEP B 남학생 6명을 3명, 3명으로 나누는 방법의 수 구하기

남학생 6명을 3호실과 4호실에 각각 3명씩 배정하는 방법의 수는
$$_6C_3 \times _3C_3 = \frac{6 \times 5 \times 4}{3 \times 2 \times 1} \times 1 = 20$$ ← 배정될 방이 구분되므로 $\frac{1}{2!}$ 을 곱하지 않는다.

STEP C 곱의 법칙을 이용하여 방법의 수 구하기

따라서 곱의 법칙에 의하여 구하는 방법의 수는 $10 \times 20 = 200$

1670

STEP A 8개의 팀을 4개, 4개의 팀으로 나누는 방법의 수 구하기

8개의 팀을 4팀, 4팀의 2개의 조로 나누는 방법의 수는
$$_8C_4 \times _4C_4 \times \frac{1}{2!} = 70 \times 1 \times \frac{1}{2} = 35$$

STEP B **4개의 팀을 2개, 2개의 팀으로 나누는 방법의 수 구하기**

4팀으로 이루어진 1개의 조를 2팀, 2팀의 2개의 조로 나누는 방법의 수는

$$_4C_2 \times {}_2C_2 \times \frac{1}{2!} = 6 \times 1 \times \frac{1}{2} = 3$$

STEP C **대진표를 작성하는 방법의 수 구하기**

따라서 곱의 법칙에 의하여 구하는 방법의 수는 $35 \times 3 \times 3 = 315$

> **mini 해설** | **2팀씩 4개의 조로 나누어 풀이하기**
>
> 8개의 팀을 2팀, 2팀, 2팀, 2팀의 4개의 조로 나누는 방법의 수는
> $$_8C_2 \times {}_6C_2 \times {}_4C_2 \times {}_2C_2 \times \frac{1}{4!} = 28 \times 15 \times 6 \times 1 \times \frac{1}{24} = 105$$
> 4개의 조를 2개, 2개의 2개의 조로 나누는 방법의 수는
> $$_4C_2 \times {}_2C_2 \times \frac{1}{2!} = 6 \times 1 \times \frac{1}{2} = 3$$
> 따라서 구하는 방법의 수는 $105 \times 3 = 315$

1671

정답 90

STEP A **6개의 팀을 3개, 3개의 팀으로 나누는 경우의 수 구하기**

6개의 팀을 3팀, 3팀의 2개의 조로 나누는 경우의 수는

$$_6C_3 \times {}_3C_3 \times \frac{1}{2!} = 20 \times 1 \times \frac{1}{2} = 10$$

STEP B **3팀으로 이루어진 1개의 조에서 부전승으로 올라가는 1팀을 택하는 경우의 수 구하기**

3팀으로 이루어진 1개의 조에서 부전승으로 올라가는 1팀을 택하는 경우의 수는

$$_3C_1 = 3$$

따라서 곱의 법칙에 의하여 구하는 경우의 수는 $10 \times 3 \times 3 = 90$

1672

2018년 07월 고3 학력평가 가형 11번   정답 ④

STEP A **남학생 4명을 세 개의 모둠으로 나누는 경우의 수 구하기**

남학생 4명이 세 개의 모둠에 각각 1명 이상 포함되도록 나누려면 2명, 1명, 1명으로 나누어야 하므로 경우의 수는

$$_4C_2 \times {}_2C_1 \times {}_1C_1 \times \frac{1}{2!} = \frac{4 \times 3}{2 \times 1} \times 2 \times 1 \times \frac{1}{2} = 6$$

같은 묶음이 두 개이므로 2!로 나누어준다.

STEP B **남학생의 모둠에 여학생이 각각 1명씩 포함되도록 하는 경우의 수 구하기**

이때 여학생 3명을 나누어진 남학생의 세 개의 모둠에 넣는 경우의 수는

세 개의 모둠에 3명의 여학생들을 한 명씩 배치해야 하므로 $_3P_3 = 3!$을 곱한다.

$$3! = 3 \times 2 \times 1 = 6$$

따라서 곱의 법칙에 의하여 구하는 경우의 수는 $6 \times 6 = 36$

내신연계 출제문항 775

남학생 3명과 여학생 6명을 세 개의 모둠으로 나누려 할 때, 모든 모둠에 남학생과 여학생이 각각 1명 이상 포함되도록 하는 경우의 수는?

① 300 ② 420 ③ 540
④ 660 ⑤ 780

STEP A **여학생 6명을 세 개의 모둠으로 나누는 경우의 수 구하기**

여학생 6명이 세 개의 모둠에 각각 1명 이상 포함되도록 나누려면 2명, 2명, 2명 또는 3명, 2명, 1명 또는 4명, 1명, 1명으로 나누어야 한다.

(i) 6명을 2명, 2명, 2명의 3개의 모둠으로 나누는 경우의 수는

$$_6C_2 \times {}_4C_2 \times {}_2C_2 \times \frac{1}{3!} = 15 \times 6 \times 1 \times \frac{1}{6} = 15$$

(ii) 6명을 3명, 2명, 1명의 3개의 모둠으로 나누는 경우의 수는

$$_6C_3 \times {}_3C_2 \times {}_1C_1 = 20 \times 3 \times 1 = 60$$

(iii) 6명을 4명, 1명, 1명의 3개의 모둠으로 나누는 경우의 수는

$$_6C_4 \times {}_2C_1 \times {}_1C_1 \times \frac{1}{2!} = 15 \times 2 \times 1 \times \frac{1}{2} = 15$$

(i)~(iii)의 경우는 동시에 일어날 수 없으므로 합의 법칙에 의하여 여학생을 세 개의 모둠으로 나누는 경우의 수는 $15 + 60 + 15 = 90$

STEP B **여학생의 모둠에 남학생이 각각 1명씩 포함되도록 하는 경우의 수 구하기**

이때 남학생 3명을 나누어진 여학생의 세 개의 모둠에 넣는 경우의 수는

세 개의 모둠에 3명의 남학생들을 한 명씩 배치해야 하므로 $_3P_3 = 3!$을 곱한다.

$$3! = 3 \times 2 \times 1 = 6$$

따라서 곱의 법칙에 의하여 구하는 경우의 수는 $90 \times 6 = 540$ 정답 ③

1673

2009년 07월 고3 학력평가 나형 23번   정답 756

STEP A **10가지 종류의 놀이기구 중 8가지를 고르는 경우의 수 구하기**

10가지 종류의 놀이기구 중 8가지를 고르는 경우의 수는

$$_{10}C_8 = {}_{10}C_2 = \frac{10 \times 9}{2 \times 1} = 45$$

STEP B **이용권 8장을 3장, 3장, 2장으로 나누어 주는 경우의 수 구하기**

8장을 3장, 3장, 2장으로 나누는 경우의 수는

$$_8C_3 \times {}_5C_3 \times {}_2C_2 \times \frac{1}{2!} = \frac{8 \times 7 \times 6}{3 \times 2 \times 1} \times \frac{5 \times 4 \times 3}{3 \times 2 \times 1} \times 1 \times \frac{1}{2} = 280$$

같은 묶음이 두 개이므로 2!로 나누어준다.

나눈 이용권을 다시 세 명에게 나누어 주는 경우의 수는 $3! = 3 \times 2 \times 1 = 6$

STEP C **x를 구한 후 $\dfrac{x}{100}$의 값 구하기**

곱의 법칙에 의하여 $x = 45 \times 280 \times 6 = 75600$

따라서 $\dfrac{x}{100} = \dfrac{75600}{100} = 756$

내신연계 출제문항 776

체력 단련장에서 사용하는 운동기구에는 그림과 같이 운동 관련 정보 안내 화면이 3개가 있다. 한 화면이 최소 1가지, 최대 2가지의 정보를 동시에 보여줄 수 있다. 다섯 가지 정보인 속도, 거리, 시간, 심장박동 수, 칼로리 소모량을 동시에 모두 보여줄 수 있는 경우의 수는? (단, 한 화면에서 두 정보의 위치는 고려하지 않는다.)

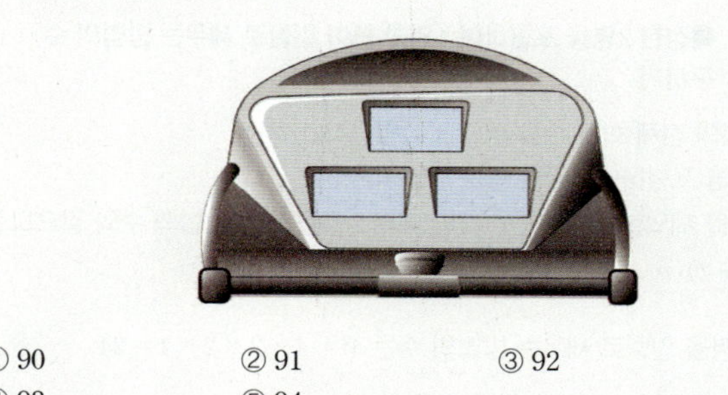

① 90 ② 91 ③ 92
④ 93 ⑤ 94

STEP A **화면에 보여줄 정보를 나누는 경우의 수 구하기**

3개의 화면 중 2개의 화면은 2가지의 정보를, 1개의 화면은 1가지의 정보를 보여주어야 하므로 5가지 정보를 2개, 2개, 1개로 나누는 경우의 수는

$$_5C_2 \times {}_3C_2 \times {}_1C_1 \times \frac{1}{2!} = \frac{5 \times 4}{2 \times 1} \times 3 \times 1 \times \frac{1}{2} = 15$$

같은 묶음이 두 개이므로 2!로 나누어준다.

STEP B **세 화면에 배열하는 경우의 수 구하기**

이것을 세 화면에 보여주는 경우의 수는 $3! = 3 \times 2 \times 1 = 6$

따라서 곱의 법칙에 의하여 구하는 경우의 수는 $15 \times 6 = 90$ 정답 ①

1674

STEP A 남학생 2명, 여학생 1명을 뽑는 경우의 수 구하기

남학생 5명 중에서 2명을 뽑고 여학생 4명 중에서 1명을 뽑는 경우의 수는

$${}_5C_2 \times {}_4C_1 = \frac{5 \times 4}{2 \times 1} \times 4 = 40$$

STEP B 뽑은 3명을 일렬로 세우는 경우의 수 구하기

뽑은 3명을 한 줄로 세우는 경우의 수는 $3! = 3 \times 2 \times 1 = 6$
따라서 곱의 법칙에 의하여 구하는 경우의 수는 $40 \times 6 = 240$

1675

정답 ⑤

STEP A 홀수 3개, 짝수 2개를 선택하는 방법의 수 구하기

홀수 1, 3, 5, 7, 9 중에서 3개를 뽑고 짝수 2, 4, 6, 8 중에서 2개를 뽑는

방법의 수는 ${}_5C_3 \times {}_4C_2 = \dfrac{5 \times 4 \times 3}{3 \times 2 \times 1} \times \dfrac{4 \times 3}{2 \times 1} = 60$

STEP B 뽑은 5개의 수를 일렬로 나열하는 방법의 수 구하기

뽑은 홀수 3개, 짝수 2개를 일렬로 나열하는 방법의 수는
$5! = 5 \times 4 \times 3 \times 2 \times 1 = 120$
따라서 곱의 법칙에 의하여 구하는 자연수의 개수는 $60 \times 120 = 7200$

1676

정답 ④

STEP A 모음 2개, 자음 2개를 택하는 방법의 수 구하기

모음 o, i, e 중에서 2개, 자음 c, n, s, d, r 중에서 2개를 택하는 방법의 수는

$${}_3C_2 \times {}_5C_2 = \frac{3 \times 2}{2 \times 1} \times \frac{5 \times 4}{2 \times 1} = 30$$

STEP B 택한 4개의 문자를 일렬로 배열하는 방법의 수 구하기

택한 4개의 문자를 일렬로 배열하는 방법의 수는 $4! = 4 \times 3 \times 2 \times 1 = 24$
따라서 곱의 법칙에 의하여 구하는 문자열의 수는 $30 \times 24 = 720$

1677

정답 ②

STEP A 특정한 2명을 포함하여 4명을 뽑아 일렬로 세우는 방법의 수 구하기

드론 동호회의 전체 회원 수를 $n(n \geq 4)$명이라고 하면
특정한 2명을 포함하여 4명을 뽑는 방법의 수는
특정한 2명을 제외한 나머지 $(n-2)$명에서 2명을 뽑는 방법의 수와 같으므로

$${}_{n-2}C_2 = \frac{(n-2)(n-3)}{2}$$

또, 뽑은 4명을 일렬로 세우는 방법의 수는 $4! = 4 \times 3 \times 2 \times 1 = 24$

STEP B 동호회의 전체 회원 수 구하기

즉 특정한 2명을 포함한 4명을 뽑아 일렬로 세우는 방법의 수가 360이므로
$$\frac{(n-2)(n-3)}{2} \times 24 = 360, \quad (n-2)(n-3) = 6 \times 5$$
$n-2 = 6$ $\therefore n = 8$
따라서 구하는 전체 회원 수는 8

마라톤 동호회의 회원 중에서 특정한 2명을 포함하여 4명을 뽑아 일렬로
세우는 경우의 수가 504일 때, 이 동호회의 전체 회원 수는?

① 5　　　　② 6　　　　③ 7
④ 8　　　　⑤ 9

STEP A 특정한 2명을 포함하여 4명을 뽑아 일렬로 세우는 경우의 수 구하기

동호회의 전체 회원 수를 $n(n \geq 4)$명이라 하면
특정한 2명을 포함하여 4명을 뽑는 경우의 수는

$${}_{n-2}C_2 = \frac{(n-2)(n-3)}{2}$$

또, 뽑은 4명을 일렬로 세우는 경우의 수는 $4! = 4 \times 3 \times 2 \times 1 = 24$

STEP B 동호회의 전체 회원 수 구하기

즉 특정한 2명을 포함한 4명을 뽑아 일렬로 세우는 경우의 수가 504이므로
$$\frac{(n-2)(n-3)}{2} \times 24 = 504, \quad (n-2)(n-3) = 7 \times 6$$
$n-2 = 7$ $\therefore n = 9$
따라서 구하는 전체 회원 수는 9

정답 ⑤

1678

정답 ③

STEP A A, B를 포함한 4개의 문자를 택하는 방법의 수 구하기

A, B를 이미 뽑았다고 생각하고 나머지 6명 중에서 2명을 뽑는 방법의 수는

$${}_6C_2 = \frac{6 \times 5}{2 \times 1} = 15$$

STEP B A, B를 한 묶음으로 생각하여 나열하는 방법의 수 구하기

A, B를 한 묶음으로 생각하여 나머지
2명과 함께 일렬로 세우는 방법의 수는
$3! = 3 \times 2 \times 1 = 6$
A, B가 자리를 바꾸는 방법의 수는
$2! = 2$

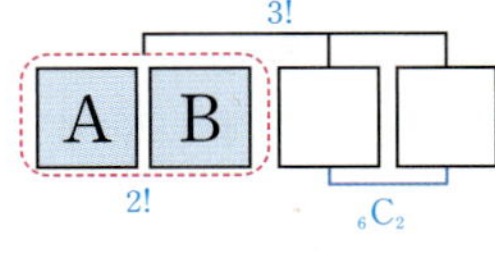

따라서 곱의 법칙에 의하여 구하는 방법의 수는 $15 \times 6 \times 2 = 180$

효리와 이안이를 포함한 8명 중에서 5명을 뽑아 일렬로 세울 때, 효리와
이안이가 모두 포함되고 이 두 명이 서로 이웃하도록 세우는 경우의 수는?

① 580　　　　② 640　　　　③ 720
④ 840　　　　⑤ 960

STEP A 효리와 이안이를 포함한 5개의 숫자를 택하는 경우의 수 구하기

효리와 이안이를 제외한 6명 중에서 3명을 뽑는 경우의 수는

$${}_6C_3 = \frac{6 \times 5 \times 4}{3 \times 2 \times 1} = 20$$

STEP B 효리와 이안이를 한 묶음으로 생각하여 나열하는 경우의 수 구하기

효리와 이안이를 한 사람으로 생각하여 4명을 일렬로 세우는 경우의 수는
$4! = 4 \times 3 \times 2 \times 1 = 24$
효리와 이안이가 자리를 바꾸는 경우의 수는 $2! = 2$
따라서 곱의 법칙에 의하여 구하는 경우의 수는 $20 \times 24 \times 2 = 960$　　정답 ⑤

1679

STEP A C, E를 포함하여 5개의 문자를 뽑아 일렬로 나열하는 경우의 수 구하기

C, E를 모두 포함하되 C와 E가 서로 이웃하지 않는 문자열의 개수는
선택한 5개의 문자를 일렬로 나열하는 전체 경우의 수에서
C와 E가 서로 이웃하는 경우의 수를 뺀 것과 같다.
7개의 문자 중에서 C, E를 모두 포함해야 하므로
A, B, D, F, G 중에서 3개를 선택하는 경우의 수는 $_5C_3 = {}_5C_2 = 10$
선택한 5개의 문자를 일렬로 나열하는 경우의 수는
$5! = 5 \times 4 \times 3 \times 2 \times 1 = 120$
즉 C, E를 모두 포함하여 5개를 뽑아 일렬로 나열하는 전체 경우의 수는
$10 \times 120 = 1200$

STEP B 전체 경우의 수에서 C, E가 서로 이웃하는 경우의 수 제외하기

5개의 문자를 일렬로 나열할 때, C와 E가 서로 이웃하는 경우의 수는
$_5C_3 \times 2! \times 4! = 10 \times 2 \times 24 = 480$
따라서 구하는 문자열의 개수는 $1200 - 480 = 720$

mini 해설 | 이웃하지 않는 순열의 수로 풀이하기

7개의 문자 중에서 C, E를 반드시 포함해야 하므로
A, B, D, F, G 중에서 3개를 선택하여 나열하는 경우의 수는 $_5P_3 = 60$

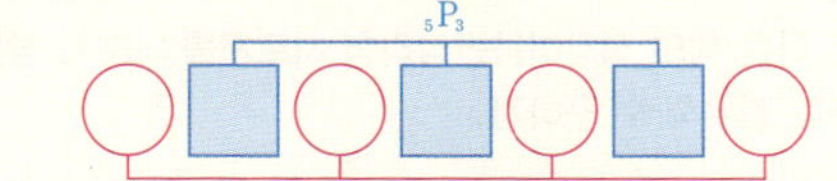

C와 E가 서로 이웃하지 않은 경우의 수는 이 세 문자 사이사이와 양 끝을 포함한
4자리 중에서 2자리를 선택하여 C, E를 배열하는 경우의 수와 같으므로 $_4P_2 = 12$
따라서 구하는 문자열의 개수는 $60 \times 12 = 720$

1680

STEP A 2번 사용하는 분수 연출을 선택하는 방법의 수 구하기

5종류의 분수 연출을 1번씩 사용하면 총 연출시간은 50초이므로
1종류의 분수 연출을 2번 사용해야 한다.
5종류 중에서 2번 사용하는 분수 연출을 선택하는 방법의 수는 $_5C_1 = 5$

STEP B 같은 종류의 분수 연출이 연속되지 않게 5종류의 분수 연출을 배열하는 방법의 수 구하기

이때 같은 종류의 분수 연출이 연속되지 않아야 하므로
1번씩 사용하는 4종류의 분수 연출을 일렬로 배열하고 양 끝과 그 사이사이의
다섯 자리에 2번 사용하는 분수 연출을 넣는 방법의 수는
$4! \times _5C_2 = 24 \times 10 = 240$
따라서 곱의 법칙에 의하여 구하는 가짓수는 $5 \times 240 = 1200$

1681

STEP A 1부 공연과 2부 공연에 따라 각각의 방법의 수 구하기

(ⅰ) 1부 공연 순서를 정하는 방법
독창 2팀, 중창 2팀, 합창 3팀에서 각각 1팀씩 뽑으면 되므로
방법의 수는 $_2C_1 \times _2C_1 \times _3C_1 = 2 \times 2 \times 3 = 12$
(ⅱ) 2부 공연 순서를 정하는 방법
독창 1팀, 중창 1팀은 자동 결정되고   ← 1부 공연을 하지 않고 남은 팀은 2부 공연
합창 2팀의 순서가 바뀔 수 있으므로
방법의 수는 $_1C_1 \times _1C_1 \times _2P_2 = 1 \times 1 \times 2 = 2$

STEP B 곱의 법칙을 이용하여 전체 방법의 수 구하기

(ⅰ), (ⅱ)에서 1부, 2부의 순서는 동시에 정해지므로 곱의 법칙에 의하여
이 음악회의 공연 순서를 정하는 방법의 수는 $12 \times 2 = 24$

1부와 2부로 나누어 진행하는 어느 무용회에서 솔로 2팀, 듀엣 3팀, 앙상블 3
팀이 모두 공연할 때, 다음 두 조건에 따라 8팀의 공연 순서를 정하려고 한다.

> (가) 1부에는 솔로, 듀엣, 듀엣, 앙상블 순으로 4팀이 공연한다.
> (나) 2부에는 솔로, 듀엣, 앙상블, 앙상블 순으로 4팀이 공연한다.

이 무용회의 공연 순서를 정하는 방법의 수는?

① 60   ② 63   ③ 66
④ 69   ⑤ 72

STEP A 1부 공연과 2부 공연에 따라 각각의 방법의 수 구하기

(ⅰ) 1부 공연 순서를 정하는 방법
솔로 2팀, 앙상블 3팀에서 각각 1팀씩 뽑고 듀엣 3팀에서 2팀을 뽑아
순서를 바꾸는 방법의 수는
$_2C_1 \times _3C_1 \times _3P_2 = 2 \times 3 \times 3 \times 2 = 36$
(ⅱ) 2부 공연 순서를 정하는 방법
솔로 1팀, 듀엣 1팀은 자동 결정되고   ← 1부 공연을 하지 않고 남은 팀은 2부 공연
앙상블 2팀의 순서가 바뀔 수 있으므로 방법의 수는
$_1C_1 \times _1C_1 \times _2P_2 = 1 \times 1 \times 2 = 2$

STEP B 곱의 법칙을 이용하여 전체 방법의 수 구하기

(ⅰ), (ⅱ)에서 1부, 2부의 순서는 동시에 정해지므로 곱의 법칙에 의하여
이 무용회의 공연 순서를 정하는 방법의 수는 $36 \times 2 = 72$

1682

해설강의

STEP A 공연하는 팀의 수에 따라 각각의 경우의 수 구하기

매일 두 팀 이상이 공연하고 이틀 동안 다섯 개의 팀이 공연하므로
첫째 날에 공연하는 팀의 수에 따라 경우를 나누어 보면 다음과 같다.
(ⅰ) **첫째 날 2팀, 둘째 날 3팀이 공연하는 경우**
공연할 팀을 정하는 경우의 수는
$_5C_2 \times _3C_3 = \dfrac{5 \times 4}{2 \times 1} \times 1 = 10$
각 날짜에 공연할 순서를 정하는 경우의 수는
$2! \times 3! = 2 \times 6 = 12$
공연 날짜와 순서를 정하는 경우의 수는
$10 \times 12 = 120$ ← $_5P_2 \times _3P_3 = 5! = 5 \times 4 \times 3 \times 2 \times 1 = 120$

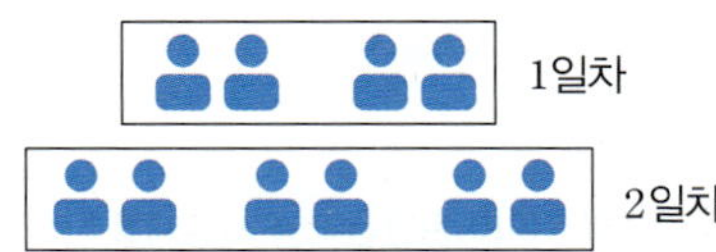

(ⅱ) **첫째 날 3팀, 둘째 날 2팀이 공연하는 경우**
공연할 팀을 정하는 경우의 수는
$_5C_3 \times _2C_2 = \dfrac{5 \times 4 \times 3}{3 \times 2 \times 1} \times 1 = 10$
각 날짜에 공연할 순서를 정하는 경우의 수는
$3! \times 2! = 6 \times 2 = 12$
공연 날짜와 순서를 정하는 경우의 수는
$10 \times 12 = 120$ ← $_5P_3 \times _2P_2 = 5! = 5 \times 4 \times 3 \times 2 \times 1 = 120$

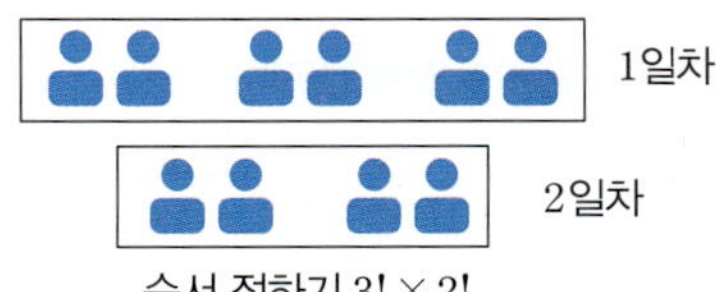

STEP B 합의 법칙을 이용하여 경우의 수 구하기

(ⅰ), (ⅱ)의 경우는 동시에 일어날 수 없으므로 합의 법칙에 의하여
구하는 경우의 수는 $120 + 120 = 240$

이틀 동안 진행하는 어느 축제에 모두 6개의 팀이 참가하여 공연한다. 매일 두 팀 이상이 공연하도록 여섯 팀의 공연 날짜와 공연 순서를 정하는 경우의 수는? (단, 공연은 한 팀씩 하고, 축제 기간 중 각 팀은 1회만 공연한다.)

① 2000 ② 2040 ③ 2080
④ 2120 ⑤ 2160

STEP A 공연하는 팀의 수에 따라 각각의 경우의 수 구하기

매일 두 팀 이상이 공연하고 이틀 동안 6개의 팀이 공연하므로
첫째 날에 공연하는 팀의 수에 따라 경우를 나누어 보면 다음과 같다.
(i) 첫째 날 2팀, 둘째 날 4팀 또는 첫째 날 4팀, 둘째 날 2팀이 공연하는 경우
　첫째 날 2팀, 둘째 날 4팀이 공연할 팀을 정하는 경우의 수는
$$_6C_2 \times {}_4C_4 = \frac{6 \times 5}{2 \times 1} \times 1 = 15$$
　각 날짜에 공연할 순서를 정하는 경우의 수는
$$2! \times 4! = 2 \times 24 = 48$$
　공연 날짜와 순서를 정하는 경우의 수는
$$15 \times 48 = 720 \quad \leftarrow {}_6P_2 \times {}_4P_4 = 6! = 6 \times 5 \times 4 \times 3 \times 2 \times 1 = 720$$
　마찬가지로 첫째 날 4팀, 둘째 날 2팀이 공연하는 경우의 수도 720
　즉 이 경우의 수는 $720 + 720 = 1440$
(ii) 첫째 날 3팀, 둘째 날 3팀이 공연하는 경우
　공연할 팀을 정하는 경우의 수는
$$_6C_3 \times {}_3C_3 = \frac{6 \times 5 \times 4}{3 \times 2 \times 1} \times 1 = 20$$
　각 날짜에 공연할 순서를 정하는 경우의 수는
$$3! \times 3! = 6 \times 6 = 36$$
　공연 날짜와 순서를 정하는 경우의 수는
$$20 \times 36 = 720 \quad \leftarrow {}_6P_3 \times {}_3P_3 = 6! = 6 \times 5 \times 4 \times 3 \times 2 \times 1 = 720$$

STEP B 합의 법칙을 이용하여 경우의 수 구하기

(i), (ii)의 경우는 동시에 일어날 수 없으므로 합의 법칙에 의하여
구하는 경우의 수는 $1440 + 720 = 2160$　　　**정답** ⑤

1683 2016년 03월 고3 학력평가 가형 15번　　**정답** ④

STEP A 서로 같은 색의 정사각형 시트지를 붙일 창문을 선택하는 경우의 수 구하기

정사각형 모양의 노란색 시트지 2장을 창문 네 개 중 두 개를 택하여 붙이는
경우의 수는 서로 다른 4개에서 2개를 택하는 조합의 수와 같으므로
$$_4C_2 = \frac{4 \times 3}{2 \times 1} = 6$$

STEP B 서로 다른 색의 직각이등변삼각형 시트지를 나머지 창문 2개에 붙이는 경우의 수 구하기

나머지 창문 2개를 직각이등변삼각형 모양으로 두 개로 나누는 경우의 수는
$2 \times 2 = 4$
나누어진 네 개의 영역에 직각이등변삼각형 모양의 서로 다른 색의 시트지
4장을 붙이는 경우의 수는 $4! = 4 \times 3 \times 2 \times 1 = 24$

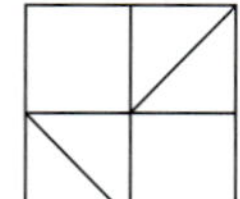 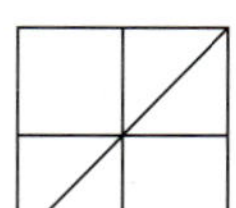 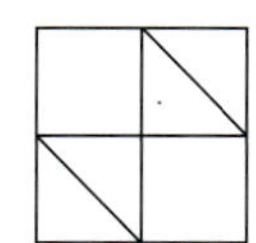 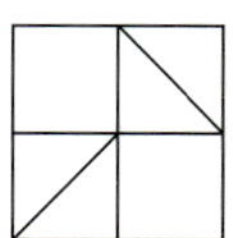

STEP C 곱의 법칙을 이용하여 전체 경우의 수 구하기

따라서 곱의 법칙에 의하여 구하는 경우의 수는 $6 \times 4 \times 24 = 576$

한 변의 길이가 1인 정사각형 모양의 시트지 1장, 빗변의 길이가 $\sqrt{2}$이고
색이 모두 다른 직각이등변삼각형 모양의 시트지 6장이 있다.
[그림1]과 같이 한 변의 길이가 1인 정사각형 모양의 창문 네 개가 있는 집
이 있다.
[그림2]는 이 집의 창문 네 개에 7장의 시트지를 빈틈없이 붙인 경우의 예
이다. 이 집의 창문 네 개에 시트지 7장을 빈틈없이 붙이는 경우의 수를 a라
할 때, $\dfrac{a}{32}$의 값을 구하시오. (단, 붙이는 순서는 구분하지 않으며, 집의 외
부에서만 시트지를 붙일 수 있다.)

[그림 1]　　　[그림 2]

STEP A 정사각형 시트지를 붙일 창문을 선택하는 경우의 수 구하기

정사각형 모양의 시트지 1장을 창문 네 개 중 한 개를 택하여 붙이는 경우의
수는 서로 다른 4개에서 1개를 택하는 조합의 수와 같으므로 $_4C_1 = 4$

STEP B 서로 다른 색의 직각이등변삼각형 시트지를 나머지 창문 3개에 붙이는 경우의 수 구하기

나머지 창문 3개를 직각이등변삼각형 모양으로 두 개로 나누는 경우의 수는
$2 \times 2 \times 2 = 8$
나누어진 여섯 개의 영역에 직각이등변삼각형 모양의 서로 다른 색의 시트지
6장을 붙이는 경우의 수는 $6! = 6 \times 5 \times 4 \times 3 \times 2 \times 1 = 720$

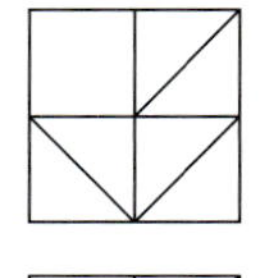 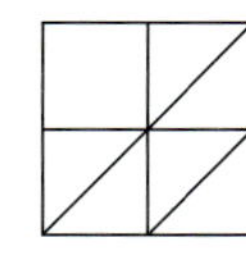 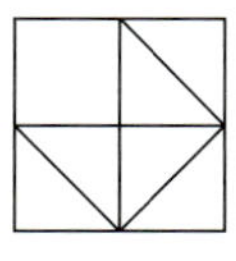 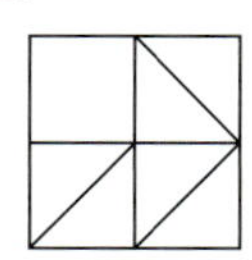

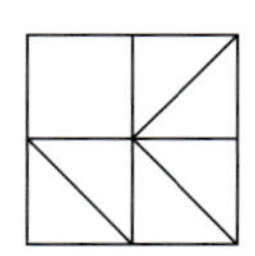 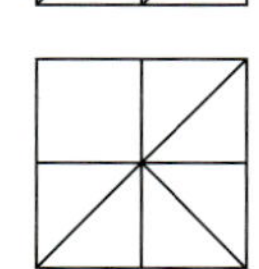 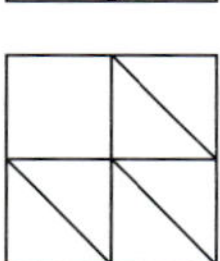 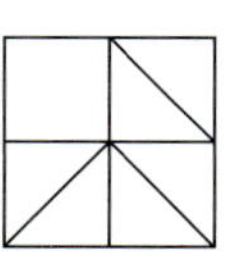

STEP C 곱의 법칙을 이용하여 전체 경우의 수 구하기

곱의 법칙에 의하여 구하는 경우의 수는 $a = 4 \times 8 \times 720$
따라서 $\dfrac{a}{32} = \dfrac{4 \times 8 \times 720}{32} = 720$　　**정답** 720

1684　　**정답** 120

STEP A 크기순으로 나열하는 조합의 수 구하기

순서가 정해져 있으므로 10명의 학생 중 3명의 학생을 뽑기만 하면 된다.
따라서 구하는 방법의 수는 $_{10}C_3 = \dfrac{10 \times 9 \times 8}{3 \times 2 \times 1} = 120$

1685　　**정답** ⑤

STEP A 크기순으로 나열하는 조합의 수 구하기

1부터 9까지 9개의 자연수 중에서 서로 다른 3개를 택하여
큰 수부터 차례대로 일의 자리, 십의 자리, 백의 자리의 값으로 정하면 된다.
따라서 구하는 자연수의 개수는 $_9C_3 = \dfrac{9 \times 8 \times 7}{3 \times 2 \times 1} = 84$

1686

STEP A 크기순으로 나열하는 조합의 수 구하기

1부터 9까지 9개의 자연수 중에서 서로 다른 4개를 택하여 큰 수부터 차례대로
천의 자리, 백의 자리, 십의 자리, 일의 자리의 값으로 정하면 된다.

따라서 구하는 자연수의 개수는 $_9C_4=\dfrac{9\times8\times7\times6}{4\times3\times2\times1}=126$

1687

STEP A a_2, a_3, a_5와 a_1, a_4를 정하는 조합의 수 구하기

7개 중 3개를 뽑아 큰 수부터 차례로 a_2, a_3, a_5를 정하는 조합의 수는

$_7C_3=\dfrac{7\times6\times5}{3\times2\times1}=35$

이 각각에 대하여 나머지 4개의 수 중에서 2개를 뽑아 큰 수부터 차례로

a_1, a_4를 정하는 조합의 수는 $_4C_2=\dfrac{4\times3}{2\times1}=6$

STEP B 나머지 2개의 수를 나열하는 경우의 수 구하기

나머지 a_6, a_7을 결정하는 경우의 수는 $2!=2$
따라서 곱의 법칙에 의하여 구하는 경우의 수는 $35\times6\times2=420$

1688

STEP A 3을 1보다 왼쪽에 배치하는 경우의 수 구하기

네 자리 중에서 두 자리를 임의로 선택하여 3을 1보다 왼쪽에 배치하는 경우의

수는 $_4C_2=\dfrac{4\times3}{2\times1}=6$

STEP B 나머지 2개의 수를 나열하는 경우의 수 구하기

각각의 경우에 대하여 남은 두 자리에 1과 3을 제외한 8개의 수 중에서 2개를
택하여 나열하는 경우의 수는 $_8P_2=8\times7=56$
따라서 곱의 법칙에 의하여 구하는 경우의 수는 $56\times6=336$

1689

STEP A 두 반 A, B에서 키가 가장 큰 학생과 키가 가장 작은 학생을 나열하는 조합의 수 구하기

키가 서로 다른 6명의 학생 중에서
2개의 자리를 골라 왼쪽에 키가 가장 큰 A반 학생을, 오른쪽에 키가 가장 작은
B반 학생을 나열하면 되므로 방법의 수는

$_6C_2=\dfrac{6\times5}{2\times1}=15$

STEP B 나머지 4명의 학생을 나열하는 방법의 수 구하기

나머지 4명의 학생을 나열하는 방법의 수는 $4!=4\times3\times2\times1=24$
따라서 곱의 법칙에 의하여 구하는 방법의 수는 $15\times24=360$

인공지능회사 본점이 있는 도시에 5개의 지점이 있는데, 본점에서 각 지점
까지의 거리는 모두 다르다. 본점에 소속된 5명의 직원 A, B, C, D, E를
각 지점에 출장 보내려고 할 때, A를 B보다 가까운 지점으로 보내는 경우
의 수는?

① 30　　　　② 60　　　　③ 90
④ 120　　　　⑤ 150

STEP A A를 B보다 가까운 지점으로 보내는 경우의 수 구하기

5개의 지점 중에서 2개의 지점을 택하여
A는 가까운 지점에, B는 먼 지점에 출장 보내면 되므로
이를 만족시키는 2개의 지점을 택하는 경우의 수는
$_5C_2=\dfrac{5\times4}{2\times1}=10$

STEP B 나머지 3개의 지점에 출장을 보내는 경우의 수 구하기

3명의 직원 C, D, E를 나머지 3개의 지점에 출장을 보내는 경우의 수는
$3!=3\times2\times1=6$

STEP C 곱의 법칙을 이용하여 경우의 수 구하기

따라서 곱의 법칙에 의하여 구하는 경우의 수는 $10\times6=60$

1690

STEP A $a<b<c<d<e$ 또는 $a<b<c<d=e$인 경우로 나누어 경우의 수 구하기

$a<b<c<d\le e$를 만족시키려면
$a<b<c<d<e$ 또는 $a<b<c<d=e$이어야 한다.
(ⅰ) $a<b<c<d<e$인 경우
　　1부터 9까지 9개의 숫자 중에서 5개를 택하여 작은 수부터 차례로
　　a, b, c, d, e의 값으로 정하면 된다.

　　즉 이 경우의 자연수의 개수는 $_9C_5=_9C_4=\dfrac{9\times8\times7\times6}{4\times3\times2\times1}=126$

(ⅱ) $a<b<c<d=e$인 경우
　　1부터 9까지 9개의 숫자 중에서 4개를 택하여 작은 수부터 차례로
　　a, b, c, $d(=e)$의 값으로 정하면 된다.

　　즉 이 경우의 자연수의 개수는 $_9C_4=\dfrac{9\times8\times7\times6}{4\times3\times2\times1}=126$

(ⅰ), (ⅱ)의 경우는 동시에 일어날 수 없으므로 합의 법칙에 의하여
구하는 자연수의 개수는 $126+126=252$

1부터 9까지의 자연수 a, b, c, d에 대하여 $a\times10^3+b\times10^2+c\times10+d$
로 나타낼 수 있는 네 자리 자연수 중에서 $a<b<c\le d$를 만족시키는
자연수의 개수는?

① 210　　　　② 212　　　　③ 214
④ 216　　　　⑤ 218

STEP A $a<b<c<d$ 또는 $a<b<c=d$인 경우로 나누어 경우의 수 구하기

$a<b<c\le d$를 만족시키려면
$a<b<c<d$ 또는 $a<b<c=d$이어야 한다.
(ⅰ) $a<b<c<d$인 경우
　　1부터 9까지 9개의 숫자 중에서 4개를 택하여 작은 수부터 차례로
　　a, b, c, d의 값으로 정하면 된다.

　　즉 이 경우의 자연수의 개수는 $_9C_4=\dfrac{9\times8\times7\times6}{4\times3\times2\times1}=126$

(ⅱ) $a<b<c=d$인 경우
　　1부터 9까지 9개의 숫자 중에서 3개를 택하여 작은 수부터 차례로
　　a, b, $c(=d)$의 값으로 정하면 된다.

　　즉 이 경우의 자연수의 개수는 $_9C_3=\dfrac{9\times8\times7}{3\times2\times1}=84$

(ⅰ), (ⅱ)의 경우는 동시에 일어날 수 없으므로 합의 법칙에 의하여
구하는 자연수의 개수는 $126+84=210$

1691

STEP Ⓐ 천의 자리의 수가 1 또는 2인 자연수의 개수 구하기

천의 자리의 수 a의 값에 따라 자연수의 개수를 차례로 세보면 다음과 같다.

(i) $a=1$인 경우

1을 제외한 8개의 자연수 중에서 3개를 택하여 작은 수부터 차례로
b, c, d의 값으로 정하면 된다.

즉 이 경우의 자연수의 개수는 $_8C_3=\dfrac{8\times7\times6}{3\times2\times1}=56$

(ii) $a=2$인 경우

1, 2를 제외한 7개의 자연수 중에서 3개를 택하여 작은 수부터 차례로
b, c, d의 값으로 정하면 된다.

즉 이 경우의 자연수의 개수는 $_7C_3=\dfrac{7\times6\times5}{3\times2\times1}=35$

(i), (ii)의 경우는 동시에 일어날 수 없으므로 합의 법칙에 의하여
천의 자리의 수가 1 또는 2인 자연수의 개수는 $56+35=91$

STEP Ⓑ 100번째 자연수 구하기

천의 자리의 수가 3인 수 중에서 작은 순서대로 나열했을 때,
9번째 수가 100번째 자연수이다.
천의 자리의 수가 3, 백의 자리의 수가 4인 자연수 중에서 2개를 택하여
작은 수부터 차례로 c, d의 값으로 정하면 되므로 자연수의 개수는

$$_5C_2=\dfrac{5\times4}{2\times1}=10$$

따라서 101번째 자연수가 3489이므로 **100번째 자연수**는 3479

> **+α** | 92번째 수부터 차례로 구하면 다음과 같아!
>
> 3456, 3457, 3458, 3459, 3467, 3468, 3469, 3478, 3479 순이다.

1692

2008학년도 06월 고3 모의평가 나형 29번

STEP Ⓐ 주어진 조건을 이용하여 e의 값 구하기

5의 배수인 어떤 자연수의 일의 자리의 수는 0 또는 5이다.
e는 1부터 9까지의 자연수이고 다섯 자리 자연수 $abcde$가 5의 배수이므로
$e=5$

STEP Ⓑ c의 값에 따라 각각의 경우의 수 구하기

두 조건 $a>b>c$, $c<d<e$에 공통으로 c가 있으므로
c를 기준으로 a, b, d의 값을 구한다.
$e=5$이므로 $c<d<5$가 성립하려면 $c=1$ 또는 $c=2$ 또는 $c=3$
$c=4$일 경우 d의 값이 존재하지 않는다.

즉 구하는 자연수의 개수는 c의 값에 따라 다음과 같이 구한다.

(i) $c=1$인 경우

$1<d<5$, $a>b>1$이므로 $d=2$ 또는 $d=3$ 또는 $d=4$

① $d=2$일 때 : a와 b는 각각 3, 4, 6, 7, 8, 9 중 하나이므로
이 중에서 두 개를 선택하는 경우의 수는
$$_6C_2=\dfrac{6\times5}{2\times1}=15$$

② $d=3$일 때 : a와 b는 각각 2, 4, 6, 7, 8, 9 중 하나이므로
이 중에서 두 개를 선택하는 경우의 수는 $_6C_2=15$

③ $d=4$일 때 : a와 b는 각각 2, 3, 6, 7, 8, 9 중 하나이므로
이 중에서 두 개를 선택하는 경우의 수는 $_6C_2=15$

즉 ①, ②, ③을 만족시키는 자연수의 개수는 $3\times15=45$

(ii) $c=2$인 경우

$2<d<5$, $a>b>2$이므로 $d=3$ 또는 $d=4$

① $d=3$일 때 : a와 b는 각각 4, 6, 7, 8, 9 중 하나이므로
이 중에서 두 개를 선택하는 경우의 수는
$$_5C_2=\dfrac{5\times4}{2\times1}=10$$

---

② $d=4$일 때 : a와 b는 각각 3, 6, 7, 8, 9 중 하나이므로
이 중에서 두 개를 선택하는 경우의 수는 $_5C_2=10$

즉 ①, ②를 만족시키는 자연수의 개수는 $2\times10=20$

(iii) $c=3$인 경우

$3<d<5$, $a>b>3$이므로 $d=4$이고
a와 b는 각각 6, 7, 8, 9 중 하나이므로
이 중에서 두 개를 선택하는 경우의 수는
두 개를 선택한 후 둘 중 큰 수에 a, 작은 수에는 b를 대응시킨다.

$$_4C_2=\dfrac{4\times3}{2\times1}=6$$

즉 자연수의 개수는 $1\times6=6$

STEP Ⓒ 합의 법칙을 이용하여 전체 경우의 수 구하기

(i)~(iii)의 경우는 동시에 일어날 수 없으므로 합의 법칙에 의하여 구하는
경우의 수는 $45+20+6=71$

내신 연계 출제문항 784

1부터 9까지의 서로 다른 자연수 a, b, c, d, e에 대하여
$$a\times10^4+b\times10^3+c\times10^2+d\times10+e$$
로 나타내어지는 다섯 자리의 자연수 $abcde$ 중에서 5의 배수이고
$a<b<c$, $c>d>e$를 만족시키는 모든 자연수의 개수는?

① 62   ② 71   ③ 80
④ 89   ⑤ 98

STEP Ⓐ 주어진 조건을 이용하여 e의 값 구하기

5의 배수인 어떤 자연수의 일의 자리의 수는 0 또는 5이다.
e는 1부터 9까지의 자연수이고 다섯 자리 자연수 $abcde$가 5의 배수이므로
$e=5$

STEP Ⓑ c의 값에 따라 각각의 경우의 수 구하기

두 조건 $a<b<c$, $c>d>e$에 공통으로 c가 있으므로
c를 기준으로 a, b, d의 값을 구한다.
$e=5$이므로 $c>d>5$가 성립하려면 $c=7$ 또는 $c=8$ 또는 $c=9$
$c=6$일 경우 d의 값이 존재하지 않는다.

즉 구하는 자연수의 개수는 c의 값에 따라 다음과 같이 구한다.

(i) $c=7$인 경우

$a<b<7$, $7>d>5$이므로 $d=6$이고
a와 b는 각각 1, 2, 3, 4 중 하나이므로
이 중에서 두 개를 선택하는 경우의 수는
두 개를 선택한 후 둘 중 큰 수에 b, 작은 수에는 a를 대응시킨다.

$$_4C_2=\dfrac{4\times3}{2\times1}=6$$

즉 자연수의 개수는 $1\times6=6$

(ii) $c=8$인 경우

$a<b<8$, $8>d>5$이므로 $d=6$ 또는 $d=7$

① $d=6$일 때 : a와 b는 각각 1, 2, 3, 4, 7 중 하나이므로
이 중에서 두 개를 선택하는 경우의 수는
$$_5C_2=\dfrac{5\times4}{2\times1}=10$$

② $d=7$일 때 : a와 b는 각각 1, 2, 3, 4, 6 중 하나이므로
이 중에서 두 개를 선택하는 경우의 수는 $_5C_2=10$

즉 ①, ②를 만족시키는 자연수의 개수는 $2\times10=20$

(iii) $c=9$인 경우

$a<b<9$, $9>d>5$이므로 $d=6$ 또는 $d=7$ 또는 $d=8$

① $d=6$일 때 : a와 b는 각각 1, 2, 3, 4, 7, 8 중 하나이므로
이 중에서 두 개를 선택하는 경우의 수는
$$_6C_2=\dfrac{6\times5}{2\times1}=15$$

② $d=7$일 때 : a와 b는 각각 1, 2, 3, 4, 6, 8 중 하나이므로
이 중에서 두 개를 선택하는 경우의 수는 $_6C_2=15$

③ $d=8$일 때 : a와 b는 각각 1, 2, 3, 4, 6, 7 중 하나이므로
이 중에서 두 개를 선택하는 경우의 수는 $_6C_2=15$
즉 ①, ②, ③을 만족시키는 자연수의 개수는 $3\times15=45$

STEP **C** 합의 법칙을 이용하여 전체 경우의 수 구하기

(i)~(iii)의 경우는 동시에 일어날 수 없으므로 합의 법칙에 의하여 구하는
경우의 수는 $6+20+45=71$ 정답 ②

1693 정답 12

STEP **A** 7개의 점 중 2개의 점을 택하는 경우의 수 구하기

7개의 점 중 서로 이을 2개의 점을 택하는 경우의 수는
$$_7C_2=\frac{7\times6}{2\times1}=21$$

STEP **B** 중복되는 직선의 개수 제외하기

이 중 한 직선 위에 있는 2개의 점을 택하는 경우의 수를 제외하면 된다.
한 직선 위의 3개의 점 중 2개를 택하는 경우의 수는 $_3C_2=_3C_1=3$
한 직선 위의 4개의 점 중 2개를 택하는 경우의 수는 $_4C_2=\frac{4\times3}{2\times1}=6$
이때 한 직선 위의 3개의 점이 있는 직선은 2개이고
한 직선 위의 4개의 점이 있는 직선은 1개이다.
따라서 구하는 직선의 개수는 $21-(3+3+6)+3=12$

1694 정답 ①

STEP **A** n개의 점 중 2개의 점을 택하는 경우의 수가 45임을 이용하여 n의 값 구하기

한 직선 위에 있지 않은 n개의 점 중 서로 이을 2개의 점을 택하는 경우의 수는
$$_nC_2=\frac{n(n-1)}{2}$$
이때 서로 다른 직선의 개수가 45이므로
$$\frac{n(n-1)}{2\times1}=45,\ n(n-1)=10\times9$$
따라서 $n=10$

서로 다른 n개의 점 중에서 어느 세 점도 한 직선 위에 있지 않을 때,
이 점 중에서 2개의 점을 이어서 만들 수 있는 서로 다른 직선의 개수는
66이다. 이때 자연수 n의 값은? (단, $n\geq2$)

① 10   ② 12   ③ 21
④ 24   ⑤ 48

STEP **A** n개의 점 중 2개의 점을 택하는 경우의 수가 66임을 이용하여 n의 값 구하기

한 직선 위에 있지 않은 n개의 점 중 서로 이을 2개의 점을 택하는 경우의 수는
$$_nC_2=\frac{n(n-1)}{2}$$
이때 서로 다른 직선의 개수가 66이므로
$$\frac{n(n-1)}{2\times1}=66,\ n(n-1)=12\times11$$
따라서 $n=12$ 정답 ②

1695 정답 ①

STEP **A** 7개의 점 중 2개의 점을 택하는 경우의 수 구하기

7개의 점 중 서로 이을 2개의 점을 택하는 경우의 수는
$$_7C_2=\frac{7\times6}{2\times1}=21$$

STEP **B** 정삼각형을 두 부분으로 나누는 직선의 개수 구하기

이 중 한 직선 위에 있는 2개의 점을 택하는 경우의 수를 제외하면 된다.
한 직선 위의 3개의 점 중 2개를 택하는 경우의 수는 $_3C_2=_3C_1=3$
한 직선 위의 4개의 점 중 2개를 택하는 경우의 수는 $_4C_2=\frac{4\times3}{2\times1}=6$
이때 한 직선 위의 3개의 점이 있는 직선은 2개이고
한 직선 위의 4개의 점이 있는 직선은 1개이다.
따라서 구하는 직선의 개수는 $21-(3+3+6)=9$

오른쪽 그림과 같이 정삼각형의 둘레에 같은
간격으로 9개의 점이 놓여 있다.
두 점을 연결하여 만든 직선 중에서 정삼각형
을 두 부분으로 나누는 직선의 개수는?

① 12   ② 14
③ 16   ④ 18
⑤ 20

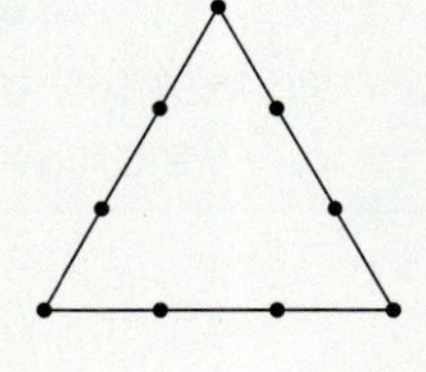

STEP **A** 9개의 점 중 2개의 점을 택하는 경우의 수 구하기

9개의 점 중 서로 이을 2개의 점을 택하는 경우의 수는
$$_9C_2=\frac{9\times8}{2\times1}=36$$

STEP **B** 정삼각형을 두 부분으로 나누는 직선의 개수 구하기

이 중 한 직선 위에 있는 2개의 점을 택하는 경우의 수를 제외하면 된다.
한 직선 위의 4개의 점 중 2개를 택하는 경우의 수는 $_4C_2=\frac{4\times3}{2\times1}=6$
이러한 직선은 3개이다.
따라서 구하는 직선의 개수는 $36-(6+6+6)=18$ 정답 ④

1696 정답 ④

STEP **A** 반원 위의 모든 점 중 2개의 점을 택하는 경우의 수 구하기

선분 PQ와 호 PQ 위에 P, Q가 아닌 점이 각각 a개, $(12-a)$개 있으므로
P, Q가 아닌 반원 위의 점의 개수는 $a+12-a=12$
12개의 점 중 서로 이을 2개의 점을 택하는 경우의 수는
$$_{12}C_2=\frac{12\times11}{2\times1}=66$$

STEP **B** 직선의 개수가 39임을 이용하여 a의 값 구하기

이 중 선분 PQ 위에 있는 2개의 점을 택하는 경우의 수를 제외하면 된다.
선분 PQ 위의 a개의 점 중 2개를 택하는 경우의 수는 $_aC_2$
이때 서로 다른 직선의 개수가 39이므로
$$66-_aC_2+1=39,\ _aC_2=28,\ \frac{a(a-1)}{2\times1}=28,\ a(a-1)=8\times7$$
따라서 $a=8$

1697

STEP A 8개의 점 중 2개의 점을 택하는 경우의 수 구하기

한 직선 위에 있지 않은 8개의 점 중
서로 이을 2개의 점을 택하는 경우의 수는

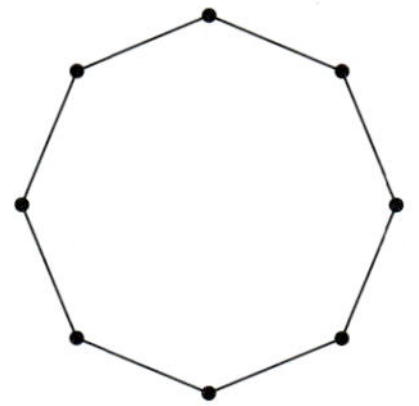

$$_8C_2 = \frac{8 \times 7}{2 \times 1} = 28$$

STEP B 서로 다른 두 점을 선택하는 직선에서 이웃하는 두 꼭짓점을 연결하는 경우의 수 제외하기

이 중 이웃한 두 꼭짓점을 연결하는 경우의 수인 변의 개수는 8
　이웃한 두 꼭짓점을 연결하면 대각선이 아니다.
따라서 구하는 경우의 수는 $28 - 8 = 20$

> **POINT** | n각형의 대각선의 개수
>
> ① n각형의 한 꼭짓점에서 그을 수 있는 대각선의 개수
> → $\dfrac{n(n-3)}{2}$　← n은 꼭짓점의 개수, 한 대각선을 두 번씩 세었으므로 2로 나눈다.
>
> ② n각형의 꼭짓점에서 두 점을 택하여 만들 수 있는 직선의 개수
> → $_nC_2 - n$(n은 변의 개수)　← $_nC_2 = \dfrac{n(n-1)}{2} - n = \dfrac{n^2 - 3n}{2} = \dfrac{n(n-3)}{2}$

1698

STEP A n개의 점 중 2개의 점을 택하는 경우의 수 구하기

다각형의 꼭짓점의 개수를 $n(n \geq 3)$이라 하자.
한 직선 위에 있지 않은 n개의 점 중 서로 이을 2개의 점을 택하는 경우의 수는

$$_nC_2 = \frac{n \times (n-1)}{2 \times 1}$$

STEP B 다각형의 대각선의 개수가 44임을 이용하여 n의 값 구하기

이 중 이웃한 두 꼭짓점을 연결하는 경우의 수인 변의 개수는 n
　이웃한 두 꼭짓점을 연결하면 대각선이 아니다.
이때 대각선의 개수가 44이므로
$$\frac{n \times (n-1)}{2 \times 1} - n = 44, \quad n^2 - 3n - 88 = 0, \quad (n+8)(n-11) = 0$$
$$\therefore n = 11 \, (\because n \geq 3)$$
따라서 다각형의 꼭짓점의 개수는 11

내신 연계 출제문항 787

대각선의 개수가 65인 다각형의 꼭짓점의 개수는?

① 11　　② 13　　③ 15
④ 17　　⑤ 19

STEP A n개의 점 중 2개의 점을 택하는 경우의 수 구하기

다각형의 꼭짓점의 개수를 $n(n \geq 3)$이라 하자.
한 직선 위에 있지 않은 n개의 점 중 서로 이을 2개의 점을 택하는

경우의 수는 $_nC_2 = \dfrac{n \times (n-1)}{2 \times 1}$

STEP B 다각형의 대각선의 개수가 65임을 이용하여 n의 값 구하기

이 중 이웃한 두 꼭짓점을 연결하는 경우의 수인 변의 개수는 n
　이웃한 두 꼭짓점을 연결하면 대각선이 아니다.
이때 대각선의 개수가 65이므로
$$\frac{n(n-1)}{2} - n = 65, \quad n^2 - 3n - 130 = 0, \quad (n+10)(n-13) = 0$$
$$\therefore n = 13 \, (\because n \geq 3)$$

따라서 다각형의 꼭짓점의 개수는 13

1699

STEP A 10개의 점 중 3개의 점을 택하는 경우의 수 구하기

10개의 점 중 서로 이을 3개의 점을 택하는 경우의 수는
$$_{10}C_3 = \frac{10 \times 9 \times 8}{3 \times 2 \times 1} = 120$$

STEP B 삼각형이 되지 않는 세 점을 고르는 경우 제외하기

이 중 한 직선 위의 3개의 점을 택하는 경우를 제외하면 된다.
$\overline{BC}$ 위의 3개의 점 중 3개를 택하는 경우의 수는 $_3C_3 = 1$

$\overline{CD}$ 위의 4개의 점 중 3개를 택하는 경우의 수는 $_4C_3 = _4C_1 = 4$

$\overline{AD}$ 위의 5개의 점 중 3개를 택하는 경우의 수는 $_5C_3 = _5C_2 = \dfrac{5 \times 4}{2 \times 1} = 10$

따라서 구하는 삼각형의 개수는 $120 - (1 + 4 + 10) = 105$

1700

STEP A 서로 다른 직선의 개수 구하기

10개의 점 중 서로 이을 2개의 점을 택하는 경우의 수는
$$_{10}C_2 = \frac{10 \times 9}{2 \times 1} = 45$$
이 중 한 직선 위의 2개의 점을 택하는 경우를 제외하면 된다.
위쪽 직선 위에 있는 6개의 점 중에서 2개를 택하는 직선의 수는
$$_6C_2 = \frac{6 \times 5}{2 \times 1} = 15$$
아래쪽 직선 위에 있는 4개의 점 중에서 2개를 택하는 직선의 수는
$$_4C_2 = \frac{4 \times 3}{2 \times 1} = 6$$
이때 위쪽 직선과 아래쪽 직선은 각각 1개씩이므로
구하는 직선의 개수는 $m = 45 - 15 - 6 + 2 = 26$

STEP B 삼각형의 개수 구하기

10개의 점 중 서로 이을 3개의 점을 택하는 경우의 수는
$$_{10}C_3 = \frac{10 \times 9 \times 8}{3 \times 2 \times 1} = 120$$
이 중 한 직선 위의 3개의 점을 택하는 경우를 제외하면 된다.
위쪽 직선 위에 있는 6개의 점 중에서 3개를 택하는 삼각형의 수는
$$_6C_3 = \frac{6 \times 5 \times 4}{3 \times 2 \times 1} = 20$$
아래쪽 직선 위에 있는 4개의 점 중에서 3개를 택하는 삼각형의 수는
$$_4C_3 = _4C_1 = 4$$
즉 구하는 삼각형의 개수는 $n = 120 - (20 + 4) = 96$

> **+α** | 삼각형의 개수를 다음과 같이 구할 수 있어!
>
> (i) 위쪽 직선 위의 점 중 1개, 아래쪽 직선 위의 점 중 2개를 택하여
> 만들 수 있는 삼각형의 개수는 $_6C_1 \times _4C_2 = 6 \times \dfrac{4 \times 3}{2 \times 1} = 36$
> (ii) 위쪽 직선 위의 점 중 2개, 아래쪽 직선 위의 점 중 1개를 택하여
> 만들 수 있는 삼각형의 개수는 $_6C_2 \times _4C_1 = \dfrac{6 \times 5}{2 \times 1} \times 4 = 60$
> (i), (ii)에서 구하는 삼각형의 개수는 $n = 36 + 60 = 96$

STEP C $m + n$의 값 구하기

따라서 $m + n = 26 + 96 = 122$

오른쪽 그림과 같이 같은 간격으로
배열된 12개의 점 중에서 세 점을
꼭짓점으로 하는 삼각형의 개수를
구하시오.

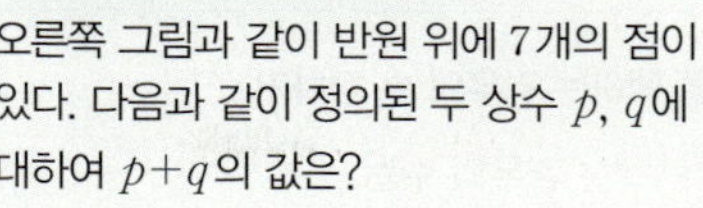

STEP A 서로 다른 직선의 개수 구하기

삼각형이 되려면 점 12개 중에서 점 3개를 택하는 경우의 수는

$${}_{12}\mathrm{C}_3=\dfrac{12\times11\times10}{3\times2\times1}=220$$

이 중 한 직선 위에 점 3개가 있는 경우에는 삼각형이 되지 않는다.

(i) 한 직선 위의 점 4개 중에서
　　점 3개를 택하는 경우의 수는
　　$3\times{}_4\mathrm{C}_3=3\times4=12$

(ii) 한 직선 위의 점 3개 중에서
　　점 3개를 택하는 경우의 수는
　　$8\times{}_3\mathrm{C}_3=8\times1=8$

STEP B 삼각형의 개수 구하기

(i), (ii)에서 점 3개를 택하여 삼각형이 되지 않는 경우의 수는 $12+8=20$
따라서 구하는 삼각형의 개수는 $220-20=200$ 　　　**정답** 200

1701　　　　　　　**정답** ⑤

STEP A 직선의 개수가 55임을 이용하여 n의 값 구하기

한 직선 위에 있지 않은 n개의 점 중 서로 이을 2개의 점을 택하는 경우의 수는

$${}_n\mathrm{C}_2=\dfrac{n(n-1)}{2\times1}$$

이때 서로 다른 직선의 개수가 55이므로 $\dfrac{n(n-1)}{2\times1}=55$, $n(n-1)=11\times10$

$\therefore n=11$

STEP B 삼각형의 개수 구하기

따라서 한 직선 위에 있지 않은 11개의 점으로 만들 수 있는 삼각형의 개수는
11개의 점 중 서로 이을 3개의 점을 택하는 경우의 수와 같으므로

$${}_{11}\mathrm{C}_3=\dfrac{11\times10\times9}{3\times2\times1}=165$$

1702　　　　　　　**정답** ②

STEP A 서로 다른 직선의 개수 구하기

9개의 점 중 서로 이을 2개의 점을 택하는 경우의 수는 ${}_9\mathrm{C}_2=\dfrac{9\times8}{2\times1}=36$
이 중 한 직선 위의 2개의 점을 택하는 경우를 제외하면 된다.

한 직선 위에 있는 5개의 점 중 2개를 택하는 경우의 수는 ${}_5\mathrm{C}_2=\dfrac{5\times4}{2\times1}=10$
이러한 직선은 1개뿐이므로 구하는 직선의 개수는 $p=36-10+1=27$

STEP B 삼각형의 개수 구하기

10개의 점 중 서로 이을 3개의 점을 택하는 경우의 수는 ${}_9\mathrm{C}_3=\dfrac{9\times8\times7}{3\times2\times1}=84$
이 중 한 직선 위의 3개의 점을 택하는 경우를 제외하면 된다.
한 직선 위에 있는 5개의 점 중 3개를 택하는 경우의 수는

$${}_5\mathrm{C}_3={}_5\mathrm{C}_2=\dfrac{5\times4}{2\times1}=10$$

이러한 직선은 1개뿐이므로 구하는 삼각형의 개수는 $q=84-10=74$

STEP C $p+q$의 값 구하기

따라서 $p+q=27+74=101$

오른쪽 그림과 같이 반원 위에 7개의 점이
있다. 다음과 같이 정의된 두 상수 p, q에
대하여 $p+q$의 값은?

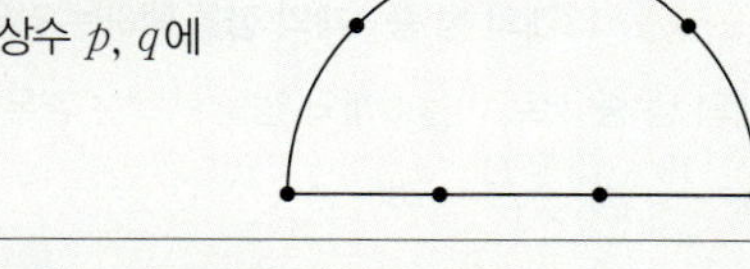

> (가) 두 점을 이어서 만들 수 있는 서로 다른 직선의 개수 p
> (나) 세 점을 꼭짓점으로 하는 삼각형의 개수 q

① 16　　　　　② 24　　　　　③ 31
④ 47　　　　　⑤ 55

STEP A 서로 다른 직선의 개수 구하기

7개의 점 중 서로 이을 2개의 점을 택하는 경우의 수는 ${}_7\mathrm{C}_2=\dfrac{7\times6}{2\times1}=21$
이 중 한 직선 위의 2개의 점을 택하는 경우를 제외하면 된다.

한 직선 위에 있는 4개의 점 중 2개를 택하는 경우의 수는 ${}_4\mathrm{C}_2=\dfrac{4\times3}{2\times1}=6$
이러한 직선은 1개뿐이므로 구하는 직선의 개수는 $p=21-6+1=16$

STEP B 삼각형의 개수 구하기

7개의 점 중 서로 이을 3개의 점을 택하는 경우의 수는 ${}_7\mathrm{C}_3=\dfrac{7\times6\times5}{3\times2\times1}=35$
이 중 한 직선 위의 3개의 점을 택하는 경우를 제외하면 된다.
한 직선 위에 있는 4개의 점 중 3개를 택하는 경우의 수는 ${}_4\mathrm{C}_3={}_4\mathrm{C}_1=4$
이러한 직선은 1개뿐이므로 구하는 삼각형의 개수는 $q=35-4=31$

STEP C $p+q$의 값 구하기

따라서 $p+q=16+31=47$ 　　　**정답** ④

1703　　　　　　　**정답** ②

STEP A 서로 다른 직선의 개수 구하기

10개의 점 중 서로 이을 2개의 점을 택하는 경우의 수는 ${}_{10}\mathrm{C}_2=\dfrac{10\times9}{2\times1}=45$
이 중 한 직선 위의 2개의 점을 택하는 경우를 제외하면 된다.

한 직선 위에 있는 4개의 점 중 2개를 택하는 경우의 수는 ${}_4\mathrm{C}_2=\dfrac{4\times3}{2\times1}=6$
이러한 직선은 5개이므로 구하는 직선의 개수는 $a=45-5\times6+5=20$

STEP B 삼각형의 개수 구하기

10개의 점 중 서로 이을 3개의 점을 택하는 경우의 수는

$${}_{10}\mathrm{C}_3=\dfrac{10\times9\times8}{3\times2\times1}=120$$

이 중 한 직선 위의 3개의 점을 택하는 경우를 제외하면 된다.
한 직선 위에 있는 4개의 점 중 3개를 택하는 경우의 수는 ${}_4\mathrm{C}_3={}_4\mathrm{C}_1=4$
이러한 직선은 5개이므로 구하는 삼각형의 개수는 $b=120-5\times4=100$

STEP C $a+b$의 값 구하기

따라서 $a+b=20+100=120$

1704

STEP A 13개의 점 중 3개의 점을 택하는 경우의 수 구하기

13개의 점 중 서로 이을 3개의 점을 택하는 경우의 수는

$$_{13}C_3 = \frac{13 \times 12 \times 11}{3 \times 2 \times 1} = 286$$

STEP B 삼각형이 되지 않는 세 점을 고르는 경우 제외하기

이 중 한 직선 위의 3개의 점을 택하는 경우를 제외하면 된다.

(ⅰ) 한 직선에 3개의 점이 있는 경우
한 직선 위에 있는 3개의 점 중
3개를 택하는 경우의 수는
$$_3C_3 = 1$$
이러한 직선은 10개이므로
이 경우의 수는 $10 \times 1 = 10$

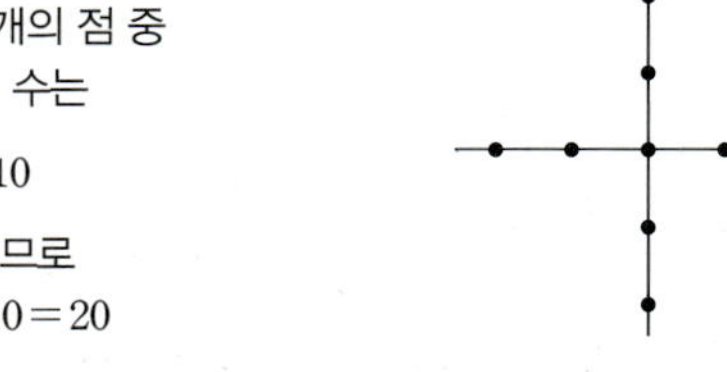

(ⅱ) 한 직선에 5개의 점이 있는 경우
한 직선 위에 있는 5개의 점 중
3개를 택하는 경우의 수는
$$_5C_3 = {}_5C_2 = \frac{5 \times 4}{2 \times 1} = 10$$
이러한 직선은 2개이므로
이 경우의 수는 $2 \times 10 = 20$

(ⅰ), (ⅱ)에서 삼각형이 만들어지지 않는 경우의 수는 $10 + 20 = 30$
따라서 구하는 경우의 수는 $286 - 30 = 256$

1705

STEP A 전체 삼각형의 개수 구하기

한 직선 위에 있지 않은 8개의 점으로 만들 수 있는 삼각형의 개수는
8개의 점 중 서로 이을 3개의 점을 택하는 경우의 수와 같으므로

$$_8C_3 = \frac{8 \times 7 \times 6}{3 \times 2 \times 1} = 56$$

STEP B 직각삼각형의 개수 구하기

주어진 점들을 연결하여 만들 수 있는
원의 지름은 4개이고 오른쪽 그림과
같이 원의 지름 한 개에 대하여
6개의 직각삼각형을 만들 수 있으므로
만들 수 있는 직각삼각형의 개수는
$4 \times 6 = 24$

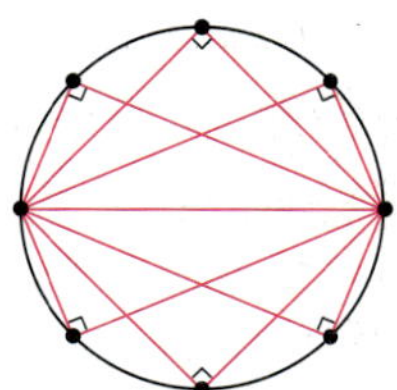

STEP C 삼각형 중에서 직각삼각형이 아닌 것의 개수 구하기

따라서 만들 수 있는 삼각형 중에서 직각삼각형이 아닌 삼각형의 개수는
$56 - 24 = 32$

1706

STEP A 전체 삼각형의 개수 구하기

ㄱ. 한 직선 위에 있지 않은 10개의 점 중 서로 이을 3개의 점을 택하여
만들 수 있는 삼각형의 개수는 $_{10}C_3 = \dfrac{10 \times 9 \times 8}{3 \times 2 \times 1} = 120$ [참]

STEP B 직각삼각형의 개수 구하기

ㄴ. 주어진 점들을 연결하여 만들 수 있는
원의 지름은 5개이고 오른쪽 그림과
같이 원의 지름 한 개에 대하여
8개의 직각삼각형을 만들 수 있으므로
만들 수 있는 직각삼각형의 개수는
$5 \times 8 = 40$ [참]

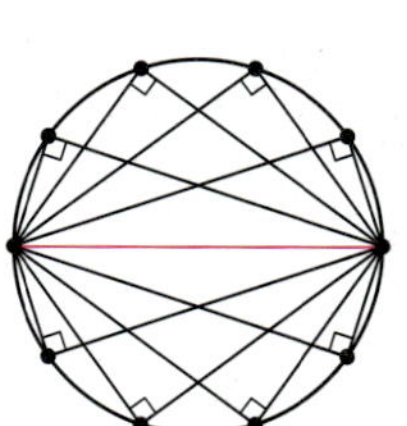

STEP C 이등변삼각형의 개수 구하기

ㄷ. 이등변삼각형은 다음과 같이 경우를 나누어 생각할 수 있다.

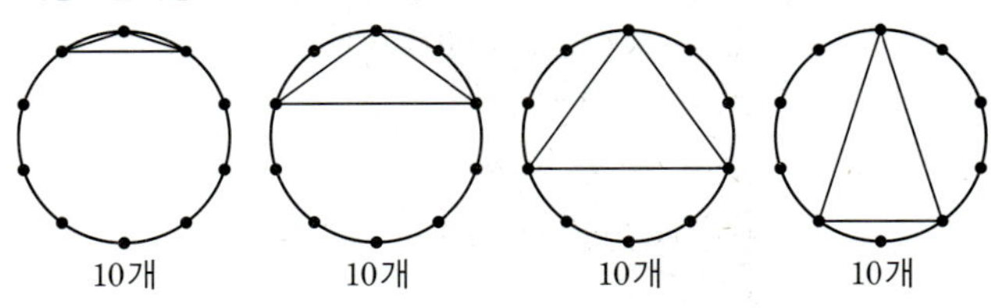

즉 세 점으로 이루어진 이등변삼각형의 총 개수는 40 [거짓]
따라서 옳은 것은 ㄱ, ㄴ이다.

내·신·연·계 출제문항 790

오른쪽 그림과 같이 원주를 8등분한 8개의
점이 있다.
[보기]에서 옳은 것을 모두 고른 것은?

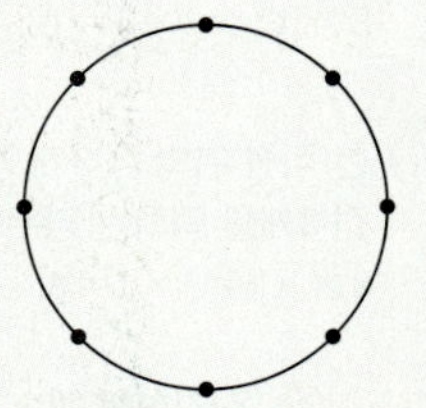

ㄱ. 8개의 점 중에서 세 점을 택하여 만들 수 있는 삼각형의 개수는
　　총 56개이다.
ㄴ. 8개의 점 중에서 세 점을 택하여 만들 수 있는 직각삼각형의 개수는
　　총 12개이다.
ㄷ. 8개의 점 중에서 세 점을 택하여 만들 수 있는 이등변삼각형의 개수는
　　총 24개이다.

① ㄱ　　　　　② ㄴ　　　　　③ ㄱ, ㄷ
④ ㄴ, ㄷ　　　　⑤ ㄱ, ㄴ, ㄷ

STEP A 전체 삼각형의 개수 구하기

ㄱ. 한 직선 위에 있지 않은 8개의 점 중 서로 이을 3개의 점을 택하여
만들 수 있는 삼각형의 개수는
$$_8C_3 = \frac{8 \times 7 \times 6}{3 \times 2 \times 1} = 56 \text{ [참]}$$

STEP B 직각삼각형의 개수 구하기

ㄴ. 주어진 점들을 연결하여 만들 수 있는
원의 지름은 4개이고 오른쪽 그림과
같이 원의 지름 한 개에 대하여
6개의 직각삼각형을 만들 수 있으므로
만들 수 있는 직각삼각형의 개수는
$4 \times 6 = 24$ [거짓]

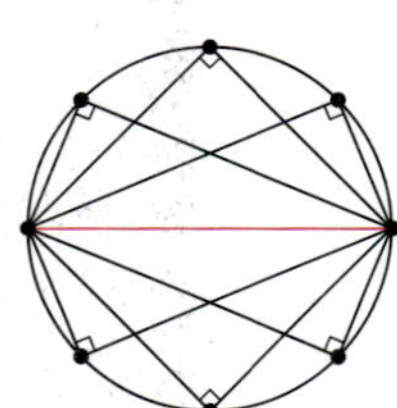

STEP C 이등변삼각형의 개수 구하기

ㄷ. 이등변삼각형은 다음과 같이 경우를 나누어 생각할 수 있다.

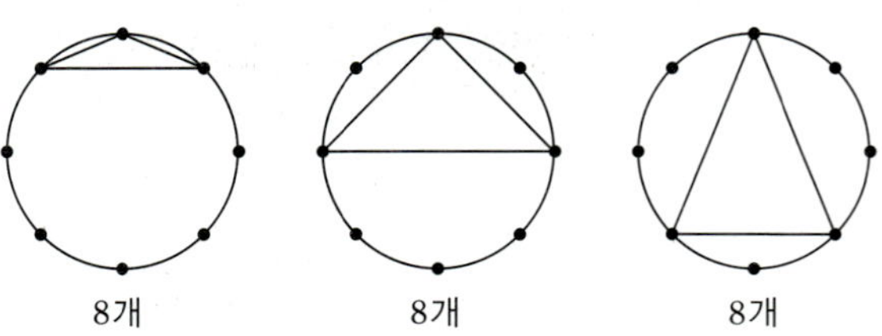

즉 세 점으로 이루어진 이등변삼각형의 총 개수는 24 [참]
따라서 옳은 것은 ㄱ, ㄷ이다.

1707

STEP Ⓐ **점 (a, b)를 좌표평면 위에 나타내기**

3^m을 10으로 나눈 나머지는

$3^1=3$, $3^2=9$, $3^3=27$, $3^4=81$, $3^5=243$, …의 일의 자리의 숫자와 같으므로

a의 값은 1, 3, 7, 9

9^n을 10으로 나눈 나머지는

$9^1=9$, $9^2=81$, $9^3=729$, …의 일의 자리의 숫자와 같으므로

b의 값은 1, 9

즉 점 (a, b)를 좌표평면 위에 나타내면 다음 그림과 같고

점 (a, b)는 총 8개이다.

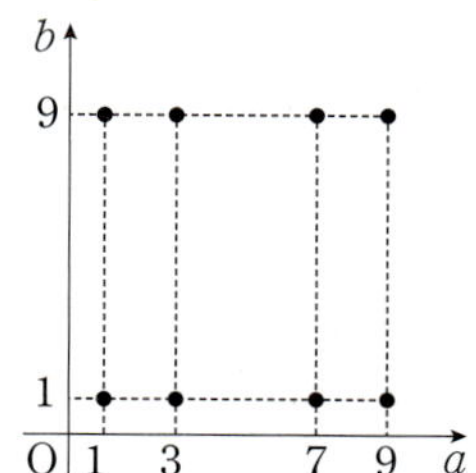

STEP Ⓑ **8개의 점으로 만들 수 있는 삼각형의 개수 구하기**

8개의 점 중 서로 이을 3개의 점을 택하는 경우의 수는

$$_8C_3=\frac{8\times7\times6}{3\times2\times1}=56$$

이 중 한 직선 위의 3개의 점을 택하는 경우를 제외하면 된다.

한 직선 위에 있는 4개의 점 중 3개를 택하는 경우의 수는 $_4C_3=_4C_1=4$

이러한 직선은 2개이다.

따라서 구하는 삼각형의 개수는 $56-2\times4=48$

1708

2020년 03월 고2 학력평가 15번

STEP Ⓐ **주어진 도형의 선들로 만들 수 있는 삼각형의 개수 구하기**

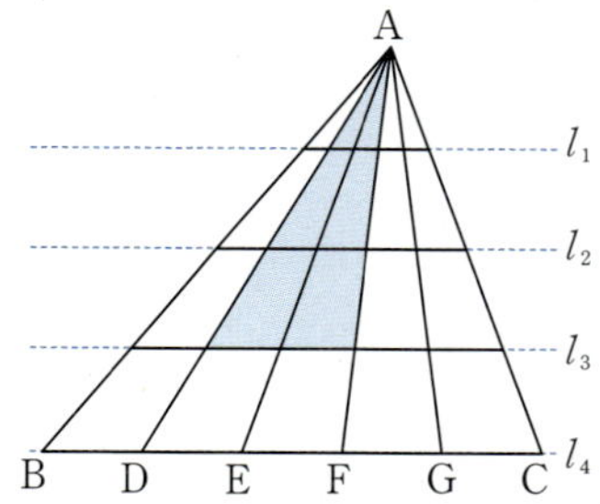

위 그림에서 선분 BC 사이의 교점을 D, E, F, G라 하고

네 수평선을 l_1, l_2, l_3, l_4라 하자.

이때 두 직선 AD, AF와 직선 l_3을 선택하면 색칠된 부분과 같은 삼각형이

만들어진다.

즉 서로 다른 6개의 직선 AB, AD, AE, AF, AG, AC 중 2개의 직선을 택하고

← 서로 다른 6개의 직선 중 2개의 직선을 택하는 경우의 수는 $_6C_2$

4개의 직선 l_1, l_2, l_3, l_4 중 1개의 직선을 택하면 삼각형이 1개 만들어진다.

　　　　4개의 직선 중 1개의 직선을 택하는 경우의 수는 $_4C_1$

따라서 이 도형의 선들로 만들 수 있는 삼각형의 개수는

$$_6C_2\times_4C_1=\frac{6\times5}{2\times1}\times4=60$$

삼각형 ABC에서 꼭짓점 A와 선분 BC 위의 다섯 점을 연결하는 5개의 선분

을 그리고, 선분 AB 위의 세 점과 선분 AC 위의 세 점을 연결하는 3개의

선분을 그려 그림과 같은 도형을 만들었다. 이 도형의 선들로 만들 수 있는

삼각형의 개수는?

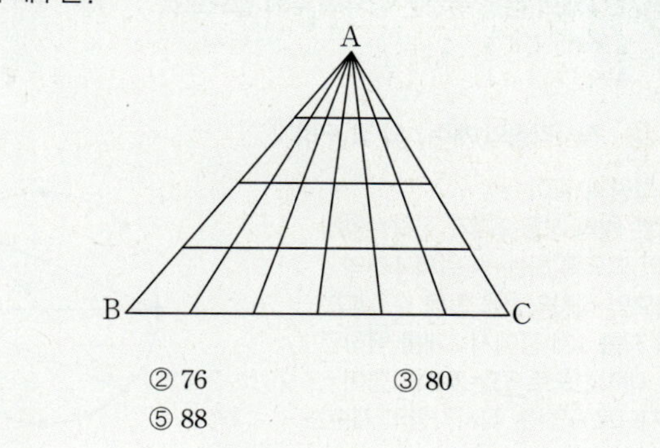

① 72　　　　② 76　　　　③ 80

④ 84　　　　⑤ 88

STEP Ⓐ **주어진 도형의 선들로 만들 수 있는 삼각형의 개수 구하기**

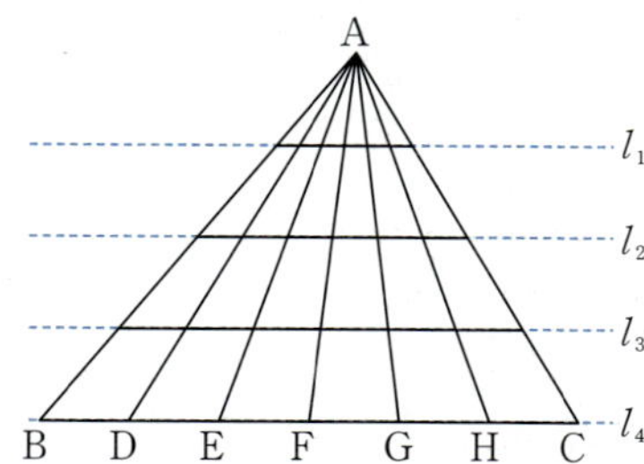

위 그림에서 선분 BC 사이의 교점을 D, E, F, G, H라 하고

네 수평선을 l_1, l_2, l_3, l_4라 하자.

이때 서로 다른 7개의 직선 AB, AD, AE, AF, AG, AH, AC 중 2개의 직선을

택하고　← 서로 다른 7개의 직선 중 2개의 직선을 택하는 경우의 수는 $_7C_2$

4개의 직선 l_1, l_2, l_3, l_4 중 1개의 직선을 택하면 삼각형이 1개 만들어진다.

　　　　4개의 직선 중 1개의 직선을 택하는 경우의 수는 $_4C_1$

따라서 이 도형의 선들로 만들 수 있는 삼각형의 개수는

$$_7C_2\times_4C_1=\frac{7\times6}{2\times1}\times4=84$$

1709

STEP Ⓐ **주어진 직선들로 만들 수 있는 평행사변형의 개수 구하기**

가로로 나열된 평행선 중 2개, 세로로 나열된 평행선 중 2개를 택하여

한 개의 평행사변형을 만들 수 있다.

가로로 나열된 4개의 평행선 중 2개를 택하는 경우의 수는

$$_4C_2=\frac{4\times3}{2\times1}=6$$

세로로 나열된 6개의 평행선 중 2개를 택하는 경우의 수는

$$_6C_2=\frac{6\times5}{2\times1}=15$$

따라서 구하는 평행사변형의 개수는 $15\times6=90$

1710

STEP A 사각형의 개수 a의 값 구하기

한 직선 위에 있지 않은 8개의 점으로 만들 수 있는 사각형의 개수는
8개의 점 중 4개의 점을 택하는 경우의 수와 같으므로

$$a={}_8\mathrm{C}_4=\frac{8\times7\times6\times5}{4\times3\times2\times1}=70$$

STEP B 직사각형의 개수 b의 값 구하기

오른쪽 그림과 같이
서로 다른 원의 지름 2개가 직사각형의
대각선이 되도록 하는 원 위의 4개의
점을 이으면 직사각형을 만들 수 있다.
즉 원의 지름 4개 중에서 2개를 택하면
이를 두 대각선으로 하는 직사각형이
만들어지므로 구하는 직사각형의 개수는

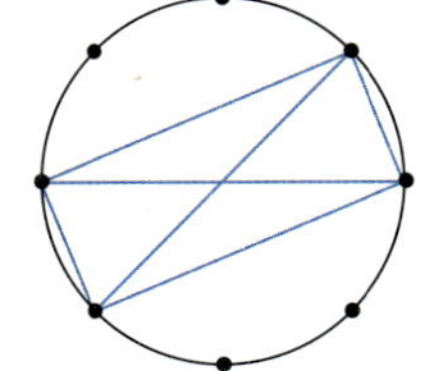

$$b={}_4\mathrm{C}_2=\frac{4\times3}{2\times1}=6$$

STEP C $a+b$의 값 구하기

따라서 $a+b=70+6=76$

1711

STEP A 평행사변형의 개수가 150임을 이용하여 n에 대한 식 세우기

n개의 평행선 중 2개, $(n-1)$개의 평행선 중에서
2개를 택하여 한 개의 평행사변형을 만들 수 있다.
이때 평행사변형의 개수가 150이므로 ${}_n\mathrm{C}_2\times{}_{n-1}\mathrm{C}_2=150$

STEP B n의 값 구하기

$$\frac{n(n-1)}{2}\times\frac{(n-1)(n-2)}{2}=150$$

$$n(n-1)^2(n-2)=600=6\times5^2\times4$$

따라서 $n=6$

1712

STEP A 주어진 평행선을 이용하여 평행사변형을 만들 수 있는 영역 파악하기

그림과 같이 주어진 평행선들을 이용하여 평행사변형을 만들 수 있는 영역은
A, B, C의 세 영역이다.

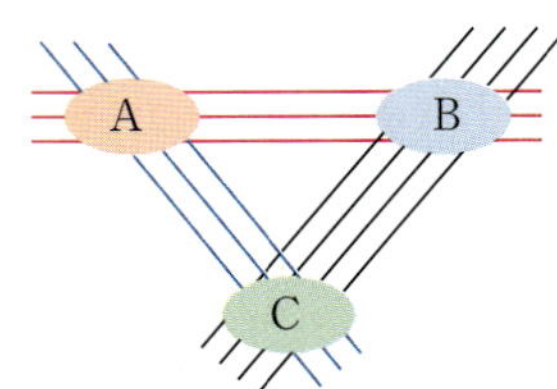

STEP B A, B, C 영역의 평행사변형의 개수 구하기

A영역에서는 3개의 평행선과 다른 3개의 평행선이 만나므로
만들 수 있는 평행사변형의 개수는 ${}_3\mathrm{C}_2\times{}_3\mathrm{C}_2=3\times3=9$
B, C 영역에서는 3개의 평행선과 다른 4개의 평행선이 만나므로
만들 수 있는 평행사변형의 개수는 ${}_3\mathrm{C}_2\times{}_4\mathrm{C}_2=3\times6=18$
따라서 구하는 평행사변형의 개수는 $9+18+18=45$

서로 평행한 4개, 2개, 3개의 직선이 다음 그림과 같이 만나고 있다.
이 직선으로 만들어지는 사각형 중 평행사변형이 아닌 사다리꼴의 개수는?

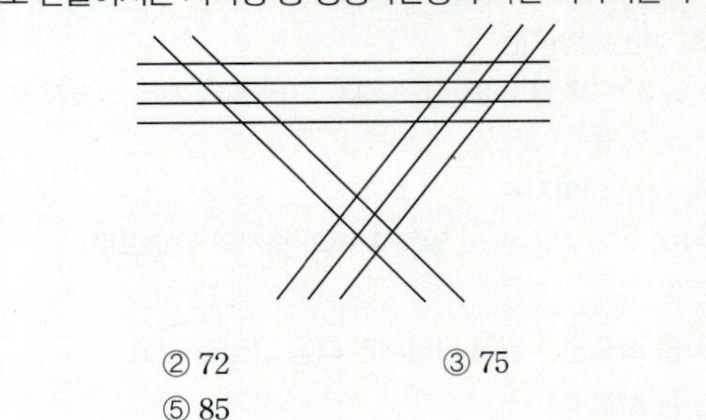

① 65　　　② 72　　　③ 75
④ 80　　　⑤ 85

STEP A 평행사변형이 아닌 사다리꼴이 되기 위한 조건 파악하기

평행사변형이 아닌 사다리꼴은 서로 평행한 2개의 직선과 평행하지 않은 2개의
직선을 택하여 만들 수 있다.

STEP B 한 쌍의 평행한 직선과 나머지 두 직선을 택하여 평행사변형이 아닌 사다리꼴의 개수 구하기

평행한 직선을 각각 l_i, m_j, $n_k(i=1,\ 2,\ j=1,\ 2,\ 3,\ k=1,\ 2,\ 3,\ 4)$라 하면

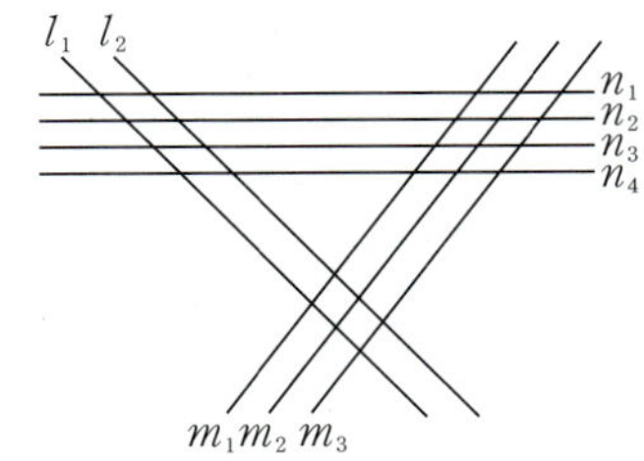

(i) l_i에서 2개, m_j, n_k에서 각각 1개의 직선을 선택하는 경우의 수
　　${}_2\mathrm{C}_2\times{}_3\mathrm{C}_1\times{}_4\mathrm{C}_1=1\times3\times4=12$
(ii) m_j에서 2개, l_i, n_k에서 각각 1개의 직선을 선택하는 경우의 수
　　${}_3\mathrm{C}_2\times{}_2\mathrm{C}_1\times{}_4\mathrm{C}_1=3\times2\times4=24$
(iii) n_k에서 2개, l_i, m_j에서 각각 1개의 직선을 선택하는 경우의 수
　　${}_4\mathrm{C}_2\times{}_3\mathrm{C}_1\times{}_2\mathrm{C}_1=6\times3\times2=36$
(i)~(iii)에서 구하는 사다리꼴의 개수는 $12+24+36=72$　　

1713

STEP A 전체 직사각형의 개수 구하기

전체 직사각형의 개수는
가로로 놓인 선 5개 중 2개, 세로로 놓인 선 5개 중 2개를 택하는 경우의 수와
같으므로

$$_5\mathrm{C}_2\times{}_5\mathrm{C}_2=\frac{5\times4}{2\times1}\times\frac{5\times4}{2\times1}=10\times10=100$$

STEP B 정사각형의 개수 구하기

이 중 정사각형인 것의 개수를 구하면
한 변의 길이가 1인 것이 16개, 한 변의 길이가 2인 것이 9개,
한 변의 길이가 3인 것이 4개, 한 변의 길이가 4인 것이 1개이다.
즉 정사각형의 개수는 $16+9+4+1=30$

STEP C 정사각형이 아닌 직사각형의 개수 구하기

따라서 만들 수 있는 사각형 중에서 정사각형이 아닌 직사각형의 개수는
$100-30=70$

1714

STEP Ⓐ 도형에서 찾을 수 있는 전체 직사각형의 개수 구하기

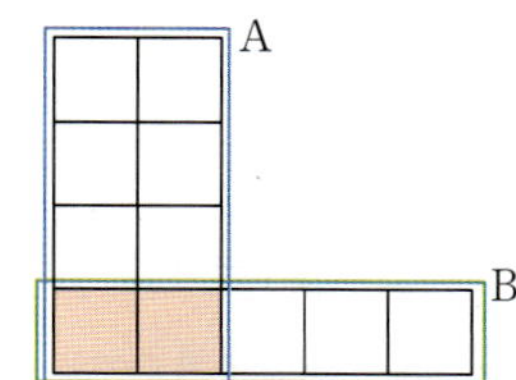

그림의 A부분, B부분의 사각형에서 찾을 수 있는 전체 직사각형의 개수는 각각

$$_5C_2 \times _3C_2 = \frac{5 \times 4}{2 \times 1} \times 3 = 30$$

$$_6C_2 \times _2C_2 = \frac{6 \times 5}{2 \times 1} \times 1 = 15$$

이때 두 부분 A, B에 공통으로 들어 있는 직사각형의 개수는 3이므로
원래 도형에서 찾을 수 있는 전체 직사각형의 개수는 $30 + 15 - 3 = 42$

STEP Ⓑ 정사각형의 개수를 제외하기

그런데 정사각형의 개수는 14이므로 구하는 정사각형이 아닌 직사각형의 개수는
$42 - 14 = 28$

내신연계 출제문항 793

그림은 합동인 정사각형 13개를 이어 붙여 만든 도형을 나타낸 것이다. 이 도형에서 찾을 수 있는 사각형 중에서 정사각형이 아닌 직사각형의 개수는?

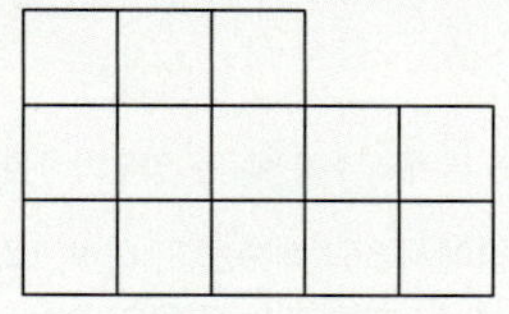

① 41   ② 43   ③ 45
④ 47   ⑤ 49

STEP Ⓐ 도형에서 찾을 수 있는 전체 직사각형의 개수 구하기

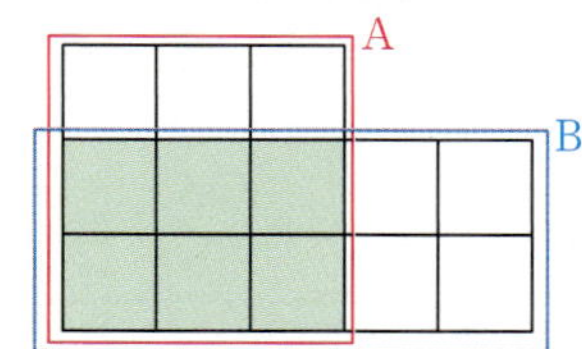

그림의 A부분, B부분의 사각형에서 찾을 수 있는 전체 직사각형의 개수는 각각

$$_4C_2 \times _4C_2 = \frac{4 \times 3}{2 \times 1} \times \frac{4 \times 3}{2 \times 1} = 36$$

$$_6C_2 \times _3C_2 = \frac{6 \times 5}{2 \times 1} \times 3 = 45$$

이때 두 부분 A, B에 공통으로 들어 있는 직사각형의 개수는

$$_4C_2 \times _3C_2 = \frac{4 \times 3}{2 \times 1} \times 3 = 18$$

즉 원래 도형에서 찾을 수 있는 전체 직사각형의 개수는
$36 + 45 - 18 = 63$

STEP Ⓑ 정사각형의 개수를 제외하기

그런데 정사각형의 개수는 20이므로 구하는 정사각형이 아닌 직사각형의 개수는
$63 - 20 = 43$

1715

STEP Ⓐ 가로선에 따라 각각의 경우의 수 구하기

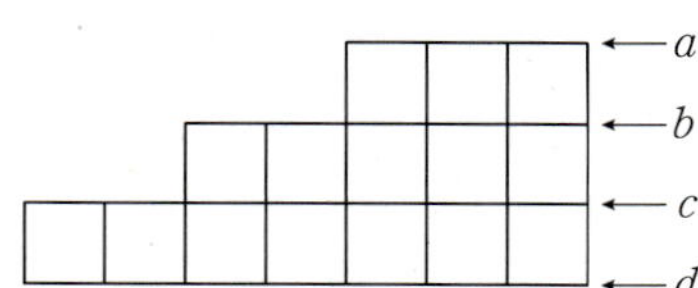

위 그림과 같이 가로선을 차례로 a, b, c, d라고 하자.
이 도형의 선들로 이루어질 수 있는 직사각형의 개수는
가로선 중 2개, 세로선 중 2개를 택하는 경우의 수와 같다.

(i) 가로선이 a, b인 경우

4개의 세로선 중 2개를 선택하는 경우의 수는 $_4C_2 = \frac{4 \times 3}{2 \times 1} = 6$

(ii) 가로선이 a, c인 경우

4개의 세로선 중 2개를 선택하는 경우의 수는 $_4C_2 = \frac{4 \times 3}{2 \times 1} = 6$

(iii) 가로선이 a, d인 경우

4개의 세로선 중 2개를 선택하는 경우의 수는 $_4C_2 = \frac{4 \times 3}{2 \times 1} = 6$

(iv) 가로선이 b, c인 경우

6개의 세로선 중 2개를 선택하는 경우의 수는 $_6C_2 = \frac{6 \times 5}{2 \times 1} = 15$

(v) 가로선이 b, d인 경우

6개의 세로선 중 2개를 선택하는 경우의 수는 $_6C_2 = \frac{6 \times 5}{2 \times 1} = 15$

(vi) 가로선이 c, d인 경우

8개의 세로선 중 2개를 선택하는 경우의 수는 $_8C_2 = \frac{8 \times 7}{2 \times 1} = 28$

STEP Ⓑ 합의 법칙을 이용하여 직사각형의 개수 구하기

(i)~(vi)의 경우는 동시에 일어날 수 없으므로 합의 법칙에 의하여
모든 직사각형의 개수는 $6 + 6 + 6 + 15 + 15 + 28 = 76$

---

mini 해설 | 가로선을 기준으로 경우를 나누어 풀이하기

그림에서 직사각형이 만들어지는 경우는 다음과 같다.

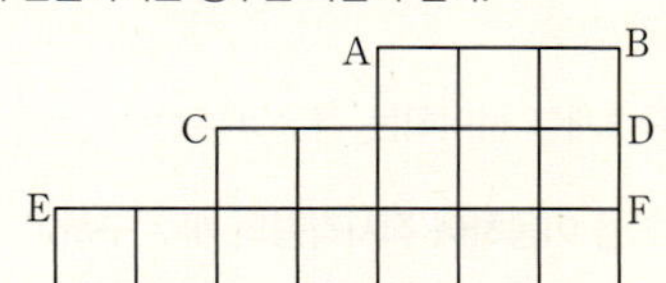

(i) 윗변이 $\overline{AB}$ 위에 있는 경우의 수는

$$_4C_2 \times 3 = \frac{4 \times 3}{2 \times 1} \times 3 = 18$$

← 세로선 4개 중 2개를 택하고 $\overline{CD}$와 평행한 가로선 3개 ($\overline{AB}$는 제외) 중 1개를 택하는 경우의 수

(ii) 윗변이 $\overline{CD}$ 위에 있는 경우의 수는

$$_6C_2 \times 2 = \frac{6 \times 5}{2 \times 1} \times 2 = 30$$

← 세로선 6개 중 2개를 택하고 $\overline{EF}$와 평행한 가로선 2개 ($\overline{CD}$는 제외) 중 1개를 택하는 경우의 수

(iii) 윗변이 $\overline{EF}$ 위에 있는 경우의 수는

$$_8C_2 \times 1 = \frac{8 \times 7}{2 \times 1} \times 1 = 28$$

← 세로선 8개 중 2개를 택하고 $\overline{EF}$와 평행한 가로선 1개 ($\overline{EF}$는 제외) 중 1개를 택하는 경우의 수

(i)~(iii)에서 구하는 직사각형의 개수는 $18 + 30 + 28 = 76$

그림은 합동인 정사각형 14개를 이어 붙여 만든 도형이다.
이 도형에서 찾을 수 있는 직사각형의 개수는?

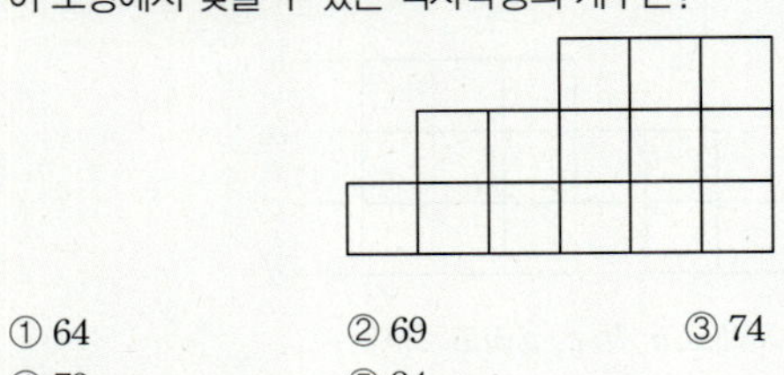

① 64   ② 69   ③ 74
④ 79   ⑤ 84

STEP A   가로선에 따라 각각의 경우의 수 구하기

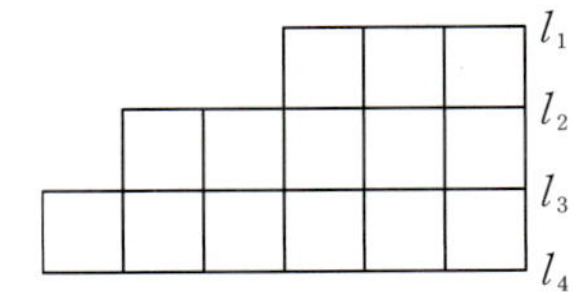

위 그림과 같이 가로선을 차례로 l_1, l_2, l_3, l_4라 하자.
이 도형에서 찾을 수 있는 직사각형의 개수는 가로선 중 2개,
세로선 중 2개를 택하는 경우의 수와 같다.

(i) 가로선이 l_1, l_2인 경우

     4개의 세로선 중 2개를 선택하는 경우의 수는 $_4C_2 = \dfrac{4 \times 3}{2 \times 1} = 6$

(ii) 가로선이 l_1, l_3인 경우

     4개의 세로선 중 2개를 선택하는 경우의 수는 $_4C_2 = \dfrac{4 \times 3}{2 \times 1} = 6$

(iii) 가로선이 l_1, l_4인 경우

     4개의 세로선 중 2개를 선택하는 경우의 수는 $_4C_2 = \dfrac{4 \times 3}{2 \times 1} = 6$

(iv) 가로선이 l_2, l_3인 경우

     6개의 세로선 중 2개를 선택하는 경우의 수는 $_6C_2 = \dfrac{6 \times 5}{2 \times 1} = 15$

(v) 가로선이 l_2, l_4인 경우

     6개의 세로선 중 2개를 선택하는 경우의 수는 $_6C_2 = \dfrac{6 \times 5}{2 \times 1} = 15$

(vi) 가로선이 l_3, l_4인 경우

     7개의 세로선 중 2개를 선택하는 경우의 수는 $_7C_2 = \dfrac{7 \times 6}{2 \times 1} = 21$

STEP B   합의 법칙을 이용하여 직사각형의 개수 구하기

(i)~(vi)의 경우는 동시에 일어날 수 없으므로 합의 법칙에 의하여
모든 직사각형의 개수는 $6+6+6+15+15+21 = 69$

정답 ②

    **서술형문제**

1716

정답 해설참조

| **1단계** | 공 9개에서 2개를 꺼내는 방법의 수를 구한다. | **3점** |

전체 공 9개에서 2개를 꺼내는 방법의 수는 $_9C_2 = \dfrac{9 \times 8}{2 \times 1} = 36$

| **2단계** | 같은 색의 공을 2개 꺼내는 방법의 수를 구한다. | **4점** |

빨간 공 4개에서 2개의 공을 꺼내는 방법의 수는 $_4C_2 = \dfrac{4 \times 3}{2 \times 1} = 6$
파란 공 2개에서 2개의 공을 꺼내는 방법의 수는 $_2C_2 = 1$
검은 공 3개에서 2개의 공을 꺼내는 방법의 수는 $_3C_2 = _3C_1 = 3$
즉 같은 색의 공을 꺼내는 방법의 수는 $6+1+3 = 10$

| **3단계** | 서로 다른 색의 공을 꺼내는 방법의 수를 구한다. | **3점** |

따라서 (서로 다른 색의 공을 꺼내는 방법의 수)
     =(전체 방법의 수)−(같은 색의 공을 꺼내는 방법의 수)
     $=36-10 = 26$

1717

정답 해설참조

| **1단계** | 서로 다른 세 수를 택하는 경우의 수를 구한다. | **3점** |

1부터 20까지의 자연수 중에서 서로 다른 세 개의 수를 택하는 경우의 수는
$_{20}C_3 = \dfrac{20 \times 19 \times 18}{3 \times 2 \times 1} = 1140$

| **2단계** | 3의 배수가 아닌 세 개의 수를 택하는 경우의 수를 구한다. | **4점** |

1부터 20까지의 자연수 중에서 3의 배수는 3, 6, 9, 12, 15, 18의 6개이므로
3의 배수를 제외한 수들에서 3개를 뽑는 경우의 수는
$_{14}C_3 = \dfrac{14 \times 13 \times 12}{3 \times 2 \times 1} = 364$

| **3단계** | 택한 세 수의 곱이 3의 배수가 되는 경우의 수를 구한다. | **3점** |

따라서 (택한 세 수의 곱이 3의 배수가 되는 경우의 수)
     =(전체 경우의 수)−(3의 배수를 제외한 수 중 3개를 뽑는 경우의 수)
     $=1140-364 = 776$

1부터 12까지의 자연수 중에서 서로 다른 세 수를 택할 때, 그 곱이 3의
배수가 되는 경우의 수를 구하는 과정을 다음 단계로 서술하시오.

[1단계] 서로 다른 세 수를 택하는 경우의 수를 구한다. [3점]
[2단계] 3의 배수가 아닌 세 개의 수를 택하는 경우의 수를 구한다. [4점]
[3단계] 택한 세 수의 곱이 3의 배수가 되는 경우의 수를 구한다. [3점]

| **1단계** | 서로 다른 세 수를 택하는 경우의 수를 구한다. | **3점** |

1부터 12까지의 자연수 중에서 서로 다른 세 개의 수를 택하는 경우의 수는
$_{12}C_3 = \dfrac{12 \times 11 \times 10}{3 \times 2 \times 1} = 220$

| **2단계** | 3의 배수가 아닌 세 개의 수를 택하는 경우의 수를 구한다. | **4점** |

1부터 12까지의 자연수 중에서 3의 배수는 3, 6, 9, 12의 4개이므로
3의 배수를 제외한 수들에서 3개를 뽑는 경우의 수는 $_8C_3 = \dfrac{8 \times 7 \times 6}{3 \times 2 \times 1} = 56$

| **3단계** | 택한 세 수의 곱이 3의 배수가 되는 경우의 수를 구한다. | **3점** |

따라서 (택한 세 수의 곱이 3의 배수가 되는 경우의 수)
     =(전체 경우의 수)−(3의 배수를 제외한 수 중 3개를 뽑는 경우의 수)
     $=220-56 = 164$

정답 해설참조

1718

| 1단계 | 학생회 14명에서 3명을 선출하는 전체 방법의 수를 구한다. | 3점 |

학생회 14명 중에서 3명을 선출하는 전체 방법의 수는

$$_{14}C_3 = \frac{14 \times 13 \times 12}{3 \times 2 \times 1} = 364$$

| 2단계 | 학생회의 여학생의 수를 n이라 할 때, 남학생이 적어도 1명 포함되도록 선출하는 방법의 수가 329일 관계식을 세운다. | 4점 |

학생회의 여학생의 수를 n이라 할 때,
여학생 중에서 3명을 선출하는 방법의 수는 $_nC_3$이다.
이때 남학생이 적어도 1명 포함되도록 선출하는 방법의 수가 329이므로
$364 - {}_nC_3 = 329$ $\therefore {}_nC_3 = 35$

| 3단계 | 삼차방정식을 만족하는 자연수 n의 값을 구하고 남학생의 수를 구한다. | 3점 |

즉 $_nC_3 = \dfrac{n(n-1)(n-2)}{3 \times 2 \times 1} = 35$, $n(n-1)(n-2) = 7 \times 6 \times 5$이므로
$n = 7$
따라서 여학생의 수가 7이므로 구하는 남학생의 수는 $14 - 7 = 7$

1719

| 1단계 | 씨름 선수 6명의 대진표를 작성하는 경우의 수를 구한다. | 3점 |

씨름 선수 6명을 4명, 2명으로 나누는 경우의 수는
$_6C_4 \times {}_2C_2 = 15 \times 1 = 15$
나누어진 4명을 2명, 2명으로 나누는 경우의 수는
$_4C_2 \times {}_2C_2 \times \dfrac{1}{2!} = 6 \times 1 \times \dfrac{1}{2} = 3$
즉 구하는 경우의 수는 $15 \times 3 = 45$

| 2단계 | 씨름 선수 A가 한 번만 이기면 결승에 진출하도록 대진표를 작성하는 경우의 수를 구한다. | 3점 |

선수 A를 제외한 5명 중에서
선수 A와 처음 경기를 치를 선수를 택하는 경우의 수는
$_5C_1 = 5$
나머지 4명의 선수를 2명, 2명으로 나누는 경우의 수는
$_4C_2 \times {}_2C_2 \times \dfrac{1}{2!} = 6 \times 1 \times \dfrac{1}{2} = 3$
즉 구하는 경우의 수는 $5 \times 3 = 15$

| 3단계 | 씨름 선수 A와 B가 결승전에서만 만날 수 있도록 대진표를 작성하는 경우의 수를 구한다. | 4점 |

두 씨름 선수 A와 B가 결승전에서 만나기 위해서는
A와 B 중 한 명은 한 번의 경기를 치르고 결승전에 올라가야 하고
다른 한 명은 두 번의 경기를 치르고 결승전에 올라가야 한다.
(i) 선수 A가 한 번의 경기를 치르고 결승전에 올라가는 경우
   두 선수 A, B를 제외한 4명 중 선수 A와 처음 경기를 치를 선수를 택하는
   경우의 수는 $_4C_1 = 4$
   남은 선수 3명 중 선수 B와 처음 경기를 치를 선수를 택하는 경우의 수는
   $_3C_1 = 3$
   즉 이 경우의 수는 $4 \times 3 = 12$
(ii) 선수 B가 한 번의 경기를 치르고 결승전에 올라가는 경우
   (i)에서 A와 B를 서로 바꾸어 생각하면 되므로 경우의 수는 12
(i), (ii)에서 구하는 경우의 수는 $12 + 12 = 24$

어느 고등학교에서 축구시합을 하는데 1학년 3팀, 2학년 4팀의 7팀이 출전
하였다. 그림과 같이 토너먼트로 3회전까지 시합을 하여 우승팀을 뽑는다고
한다. 다음 단계로 구하는 과정을 서술하시오

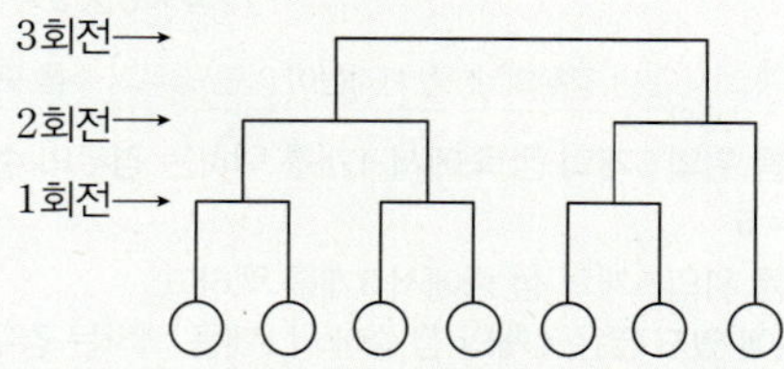

[1단계] 7개의 팀이 그림과 같은 토너먼트 방식으로 경기를 할 때, 대진표를
   작성하는 방법의 수를 구한다. [4점]
[2단계] 1회전에서는 같은 학년끼리 시합을 치르도록 대진표를 짜는 방법의
   수를 구한다. (단, 2회전과 3회전은 학년 상관없이 치른다.) [6점]

| 1단계 | 7개의 팀이 그림과 같은 토너먼트 방식으로 경기를 할 때, 대진표를 작성하는 방법의 수를 구한다. | 4점 |

7개의 팀을 4팀, 3팀의 2개의 조로 나누는 방법의 수는
$_7C_4 \times {}_3C_3 = 35 \times 1 = 35$
4팀으로 이루어진 1개의 조를 2팀, 2팀의 2개의 조로 나누는 방법의 수는
$_4C_2 \times {}_2C_2 \times \dfrac{1}{2!} = 6 \times 1 \times \dfrac{1}{2} = 3$
3팀으로 이루어진 1개의 조에서 부전승으로 올라가는 1팀을 택하는 방법의 수는
$_3C_1 = 3$
즉 구하는 방법의 수는 $35 \times 3 \times 3 = 315$

> **+α** │ 다음과 같이 구할 수 있어!
>
> 7개의 팀을 2팀, 2팀, 2팀, 1팀의 4개의 조로 나누는 방법의 수
> $_7C_2 \times {}_5C_2 \times {}_3C_2 \times {}_1C_1 \times \dfrac{1}{3!} = 21 \times 10 \times 3 \times 1 \times \dfrac{1}{6} = 105$
> 4개의 조를 2개, 2개의 2개의 조로 나누는 방법의 수는
> $_4C_2 \times {}_2C_2 \times \dfrac{1}{2!} = 6 \times 1 \times \dfrac{1}{2} = 3$
> 즉 대진표를 작성하는 방법의 수는 $105 \times 3 = 315$

| 2단계 | 1회전에서는 같은 학년끼리 시합을 치르도록 대진표를 짜는 방법의 수를 구한다. (단, 2회전과 3회전은 학년 상관없이 치른다.) | 6점 |

1회전은 같은 학년끼리 치르므로
부전승으로 오르는 팀에는 1학년 팀을 배정해야 한다.
그러므로 이 방법의 수는 3이다.

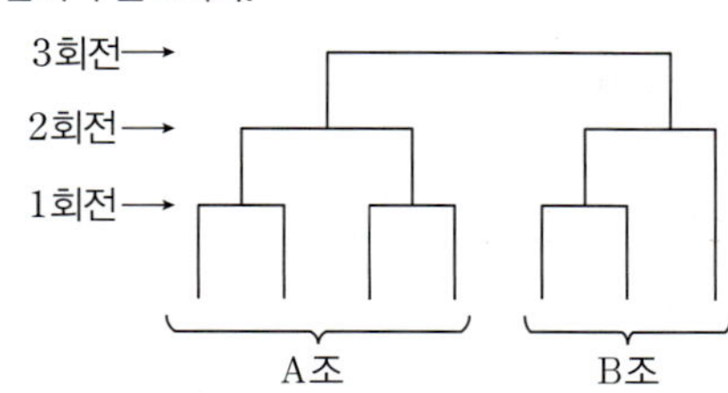

(i) A조에 1학년 두 팀을 배정하는 경우
   2학년 4팀 중에서 두 팀을 택하여 B조에 배정하면 되므로 이 방법의 수는
   $(3 \times {}_2C_2) \times {}_4C_2 = 3 \times 1 \times 6 = 18$
(ii) B조에 1학년 두 팀을 배정하는 경우
   2학년 4팀을 두 팀씩 나누어 A조에 배정하면 되므로 이 방법의 수는
   $(3 \times {}_2C_2) \times \left({}_4C_2 \times {}_2C_2 \times \dfrac{1}{2!} \right) = 3 \times 1 \times 6 \times 1 \times \dfrac{1}{2} = 9$
(i), (ii)에서 구하는 방법의 수는 $18 + 9 = 27$

1720

1단계 9개의 점 중에서 4개를 택하는 경우의 수를 구한다. **3점**

9개의 점 중 4개의 점을 택하는 경우의 수는 $_9C_4 = \dfrac{9 \times 8 \times 7 \times 6}{4 \times 3 \times 2 \times 1} = 126$

2단계 [1단계]에서 구한 경우의 수 중 사각형이 아닌 경우의 수를 구한다. **4점**

(i) 반원의 지름 위의 5개의 점 중에서 4개를 택하는 경우의 수는
$_5C_4 = {}_5C_1 = 5$

(ii) 반원의 지름 위의 5개의 점 중에서 3개를 택하고
한 직선 위에 있지 않은 4개의 점 중에서 1개를 택하는 경우의 수는
$_5C_3 \times {}_4C_1 = 10 \times 4 = 40$

(i), (ii)에서 사각형이 아닌 경우의 수는 $5 + 40 = 45$

3단계 사각형의 개수를 구한다. **3점**

따라서 구하는 사각형의 개수는 $126 - 45 = 81$

내 신 연 계 출제문항 797

오른쪽 그림과 같이 반원 위에 7개의 점이
있다. 이 중 4개의 점을 꼭짓점으로 하는
사각형의 개수를 구하는 과정을 다음 단계
로 서술하시오.

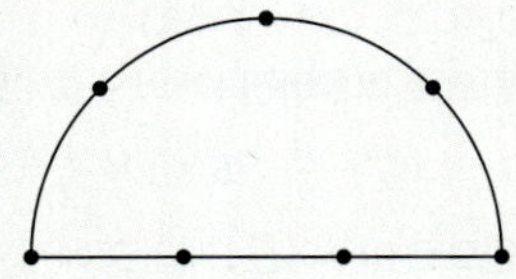

[1단계] 7개의 점 중에서 4개를 택하는 경우의 수를 구한다. [3점]
[2단계] [1단계]에서 구한 경우의 수 중 사각형이 아닌 경우의 수를 구한다.
　　　　[4점]
[3단계] 사각형의 개수를 구한다. [3점]

1단계 7개의 점 중에서 4개를 택하는 경우의 수를 구한다. **3점**

7개의 점 중 4개의 점을 택하는 경우의 수는 $_7C_4 = {}_7C_3 = \dfrac{7 \times 6 \times 5}{3 \times 2 \times 1} = 35$

2단계 [1단계]에서 구한 경우의 수 중 사각형이 아닌 경우의 수를 구한다. **4점**

(i) 반원의 지름 위의 4개의 점 중에서 4개를 택하는 경우의 수는
$_4C_4 = 1$

(ii) 반원의 지름 위의 4개의 점 중에서 3개를 택하고
한 직선 위에 있지 않은 3개의 점 중에서 1개를 택하는 경우의 수는
$_4C_3 \times {}_3C_1 = 4 \times 3 = 12$

(i), (ii)에서 사각형이 아닌 경우의 수는 $1 + 12 = 13$

3단계 사각형의 개수를 구한다. **3점**

따라서 구하는 사각형의 개수는 $35 - 13 = 22$

1721

1단계 직사각형의 개수를 구한다. **4점**

4개의 가로선 중에서 2개를 택하는 방법의 수는 $_4C_2 = \dfrac{4 \times 3}{2 \times 1} = 6$

6개의 세로선 중에서 2개를 택하는 방법의 수는 $_6C_2 = \dfrac{6 \times 5}{2 \times 1} = 15$

즉 직사각형의 개수는 $6 \times 15 = 90$

2단계 정사각형의 개수를 구한다. **4점**

한 변의 길이가 1인 정사각형의 개수는 $5 \times 3 = 15$
한 변의 길이가 2인 정사각형의 개수는 $4 \times 2 = 8$
한 변의 길이가 3인 정사각형의 개수는 $3 \times 1 = 3$
즉 정사각형의 개수는 $15 + 8 + 3 = 26$

3단계 정사각형이 아닌 직사각형의 개수를 구한다. **2점**

따라서 정사각형이 아닌 직사각형의 개수는 $90 - 26 = 64$

1722

1단계 12개의 점 중 두 점 이상을 지나는 직선의 개수를 구한다. **2점**

12개의 점 중 서로 이을 2개의 점을 택하는 경우의 수는
$_{12}C_2 = \dfrac{12 \times 11}{2 \times 1} = 66$

이 중 한 직선 위의 2개의 점을 택하는 경우를 제외하면 된다.
(i) 한 직선에 3개의 점이 있는 경우
한 직선 위에 있는 3개의 점 중
2개를 택하는 경우의 수는
$_3C_2 = {}_3C_1 = 3$
이러한 직선은 8개이므로
이 경우의 수는 $8 \times 3 = 24$

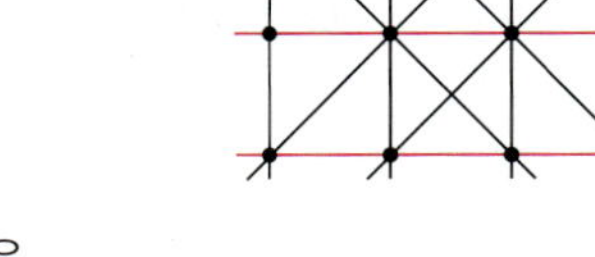

(ii) 한 직선에 4개의 점이 있는 경우
한 직선 위에 있는 4개의 점 중 2개를 택하는 경우의 수는
$_4C_2 = \dfrac{4 \times 3}{2 \times 1} = 6$
이러한 직선은 3개이므로 이 경우의 수는 $3 \times 6 = 18$

(i), (ii)에서 구하는 직선의 개수는 $66 - (24 + 18) + 8 + 3 = 35$

2단계 12개의 점 중 세 점을 꼭짓점으로 하는 삼각형의 개수를 구한다. **4점**

12개의 점 중 서로 이을 3개의 점을 택하는 경우의 수는
$_{12}C_3 = \dfrac{12 \times 11 \times 10}{3 \times 2 \times 1} = 220$

이 중 한 직선 위의 3개의 점을 택하는 경우를 제외하면 된다.
(i) 한 직선에 3개의 점이 있는 경우
한 직선 위에 있는 3개의 점 중
3개를 택하는 경우의 수는
$_3C_3 = 1$
이러한 직선은 8개이므로
이 경우의 수는 $8 \times 1 = 8$

(ii) 한 직선에 4개의 점이 있는 경우
한 직선 위에 있는 4개의 점 중 3개를 택하는 경우의 수는
$_4C_3 = {}_4C_1 = 4$
이러한 직선은 3개이므로 이 경우의 수는 $3 \times 4 = 12$

(i), (ii)에서 구하는 삼각형의 개수는 $220 - (8 + 12) = 200$

3단계 12개의 점 중 네 점을 꼭짓점으로 하는 직사각형의 개수를 구한다. **4점**

일정한 간격으로 놓여 있는 12개의 점으로
가로 직선 3개와 세로 직선 4개를 만들 수
있다.
가로 직선 3개 중에서 2개, 세로 직선 4개
중에서 2개를 택하면 하나의 직사각형이
만들어지므로 그 개수는
$_3C_2 \times {}_4C_2 = {}_3C_1 \times \dfrac{4 \times 3}{2 \times 1} = 3 \times 6 = 18$

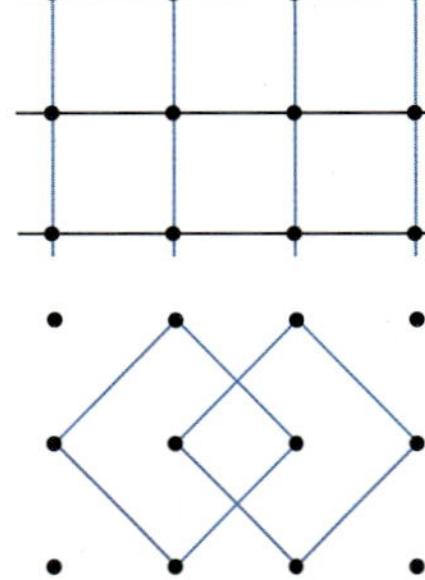

또한, 오른쪽 그림과 같이 네 점을 택해도
직사각형이 2개 생긴다.
따라서 구하는 직사각형의 개수는 $18 + 2 = 20$

1723

| 1단계 | 남자 2명, 여자 2명을 선발하는 경우의 수 a를 구한다. | 3점 |

남자 5명 중에서 2명, 여자 5명 중에서 2명을 선발하는 경우의 수는

$$a={}_5C_2\times{}_5C_2=\frac{5\times4}{2\times1}\times\frac{5\times4}{2\times1}=10\times10=100$$

| 2단계 | 적어도 여자 1명을 선발하는 경우의 수 b를 구한다. | 3점 |

전체 10명의 학생 중 4명을 선발하는 경우의 수는

$$_{10}C_4=\frac{10\times9\times8\times7}{4\times3\times2\times1}=210$$

남자 5명 중에서 4명을 선발하는 경우의 수는

$$_5C_4={}_5C_1=5$$

즉 적어도 여자 1명을 선발하는 경우의 수는

$$b=210-5=205$$

| 3단계 | 특정한 2명을 반드시 선발하는 경우의 수 c를 구한다. | 3점 |

특정한 2명을 먼저 선발하고 나머지 지원자 8명 중 2명을 선발하는 경우의 수는

$$c={}_8C_2=\frac{8\times7}{2\times1}=28$$

| 4단계 | $a+b+c$의 값을 구한다. | 1점 |

따라서 $a+b+c=100+205+28=333$

내신 연계 출제문항 798

어느 동아리에서 반려동물 돌봄 봉사자를 모집하였더니 남자 6명, 여자 6명이 지원하였다. 이들 지원자 중에서 5명을 선발하려고 할 때, 다음 단계에서 주어진 각각의 경우의 수 a, b, c에 대하여 $a+b+c$의 값을 구하는 과정을 다음 단계로 서술하시오.

[1단계] 남자 2명, 여자 3명을 선발하는 경우의 수 a를 구한다. [3점]
[2단계] 특정한 2명을 반드시 선발하는 경우의 수 b를 구한다. [3점]
[3단계] 적어도 남자 1명을 선발하는 경우의 수 c를 구한다. [3점]
[4단계] $a+b+c$의 값을 구한다. [1점]

| 1단계 | 남자 2명, 여자 3명을 선발하는 경우의 수 a를 구한다. | 3점 |

남자 6명 중에서 2명, 여자 6명 중에서 3명을 선발하는 경우의 수는

$$a={}_6C_2\times{}_6C_3=\frac{6\times5}{2\times1}\times\frac{6\times5\times4}{3\times2\times1}=15\times20=300$$

| 2단계 | 특정한 2명을 반드시 선발하는 경우의 수 b를 구한다. | 3점 |

특정한 2명을 먼저 선발하고 나머지 지원자 10명 중 3명을 선발하는 경우의 수는

$$b={}_{10}C_3=\frac{10\times9\times8}{3\times2\times1}=120$$

| 3단계 | 적어도 남자 1명을 선발하는 경우의 수 c를 구한다. | 3점 |

전체 12명의 학생 중 5명을 선발하는 경우의 수는

$$_{12}C_5=\frac{12\times11\times10\times9\times8}{5\times4\times3\times2\times1}=792$$

여자 6명 중에서 5명을 선발하는 경우의 수는

$$_6C_5={}_6C_1=6$$

즉 적어도 여자 1명을 선발하는 경우의 수는

$$c=792-6=786$$

| 4단계 | $a+b+c$의 값을 구한다. | 1점 |

따라서 $a+b+c=300+120+786=1206$

1724

| 1단계 | 선택한 카드에 적혀 있는 수의 합이 홀수가 되는 조건을 구한다. | 3점 |

1부터 10까지의 자연수의 합은 55, 즉 홀수이므로
선택한 카드 6장에 적혀 있는 수의 합이 홀수이면
선택되지 않은 카드 4장에 적혀 있는 수의 합은 짝수이다.
이때 4개의 수의 합이 짝수가 되려면 4개의 수가 모두 짝수 또는 홀수이거나
짝수가 2개, 홀수가 2개이어야 한다.

| 2단계 | 선택되지 않은 카드 4장에 적혀 있는 수가 모두 짝수 또는 홀수인 경우의 수를 구한다. | 3점 |

(ⅰ) 선택되지 않은 카드 4장에 적혀 있는 수가 모두 짝수일 때,
  1부터 10까지의 짝수 5개 중 4개를 택하는 경우의 수는
  $$_5C_4={}_5C_1=5$$
(ⅱ) 선택되지 않은 카드 4장에 적혀 있는 수가 모두 홀수일 때,
  1부터 10까지의 홀수 5개 중 4개를 택하는 경우의 수는
  $$_5C_4={}_5C_1=5$$

| 3단계 | 선택되지 않은 카드 4장에 적혀 있는 수 중 짝수가 2개, 홀수가 2개인 경우의 수를 구한다. | 3점 |

(ⅲ) 선택되지 않은 카드 4장에 적혀 있는 수 중 짝수가 2개, 홀수가 2개일 때,
  1부터 10까지의 짝수 5개 중 2개를 택하고 홀수 5개 중 2개를 택하는

  경우의 수는 $_5C_2\times{}_5C_2=\dfrac{5\times4}{2\times1}\times\dfrac{5\times4}{2\times1}=10\times10=100$

| 4단계 | 카드에 적혀 있는 수의 합이 홀수인 경우의 수를 구한다. | 1점 |

(ⅰ)~(ⅲ)의 경우는 동시에 일어날 수 없으므로 합의 법칙에 의하여
구하는 경우의 수는 $5+5+100=110$

1725

| 1단계 | a와 b, c와 d의 대소 관계를 구한다. | 3점 |

$(a-b)(c-d)>0$에서
$a-b>0,\ c-d>0$ 또는 $a-b<0,\ c-d<0$
$\therefore a>b,\ c>d$ 또는 $a<b,\ c<d$

| 2단계 | $a>b,\ c>d$인 자연수의 개수를 구한다. | 3점 |

1부터 9까지 9개의 숫자 중에서 2개를 택하여
큰 수부터 차례로 a, b의 값으로 정하고
a, b의 값을 제외한 7개 중에서 2개를 택하여
큰 수부터 차례로 c, d의 값으로 정하면 된다.
즉 $a>b,\ c>d$인 자연수의 개수는

$$_9C_2\times{}_7C_2=\frac{9\times8}{2\times1}\times\frac{7\times6}{2\times1}=36\times21=756$$

| 3단계 | $a<b,\ c<d$인 자연수의 개수를 구한다. | 3점 |

1부터 9까지 9개의 숫자 중에서 2개를 택하여
작은 수부터 차례로 a, b의 값으로 정하고
a, b의 값을 제외한 7개 중에서 2개를 택하여
작은 수부터 차례로 c, d의 값으로 정하면 된다.
즉 $a<b,\ c<d$인 자연수의 개수는

$$_9C_2\times{}_7C_2=\frac{9\times8}{2\times1}\times\frac{7\times6}{2\times1}=36\times21=756$$

| 4단계 | $(a-b)(c-d)>0$을 만족시키는 자연수의 개수를 구한다. | 1점 |

따라서 구하는 자연수의 개수는 $756+756=1512$

0부터 9까지의 서로 다른 네 정수 a, b, c, $d(a \neq 0)$에 대하여 네 자리의 자연수 $a \times 10^3 + b \times 10^2 + c \times 10 + d$ 중에서 $(a-b)(c-d) < 0$을 만족시키는 자연수의 개수를 구하는 과정을 다음 단계로 서술하시오.

[1단계] a와 b, c와 d의 대소 관계를 구한다. [3점]
[2단계] $a > b$, $c < d$인 자연수의 개수를 구한다. [3점]
[3단계] $a < b$, $c > d$인 자연수의 개수를 구한다. [3점]
[4단계] $(a-b)(c-d) < 0$을 만족시키는 자연수의 개수를 구한다. [1점]

1단계	a와 b, c와 d의 대소 관계를 구한다.	3점

$(a-b)(c-d) < 0$에서
$a-b > 0$, $c-d < 0$ 또는 $a-b < 0$, $c-d > 0$
∴ $a > b$, $c < d$ 또는 $a < b$, $c > d$

2단계	$a > b$, $c < d$인 자연수의 개수를 구한다.	3점

0부터 9까지의 숫자 중에서 2개를 택하여
큰 수부터 차례로 a, b의 값으로 정하고
a, b의 값을 제외한 8개 중에서 2개를 택하여
작은 수부터 차례로 c, d의 값으로 정하면 된다.
즉 $a > b$, $c < d$인 자연수의 개수는

$$_{10}\mathrm{C}_2 \times _8\mathrm{C}_2 = \frac{10 \times 9}{2 \times 1} \times \frac{8 \times 7}{2 \times 1} = 45 \times 28 = 1260$$

3단계	$a < b$, $c > d$인 자연수의 개수를 구한다.	3점

0을 제외한 9개 중에서 2개를 택하여
작은 수부터 차례로 a, b의 값으로 정하고
a, b의 값을 제외한 8개 중에서 2개를 택하여
큰 수부터 차례로 c, d의 값으로 정하면 된다.
즉 $a < b$, $c > d$인 자연수의 개수는

$$_9\mathrm{C}_2 \times _8\mathrm{C}_2 = \frac{9 \times 8}{2 \times 1} \times \frac{8 \times 7}{2 \times 1} = 36 \times 28 = 1008$$

4단계	$(a-b)(c-d) < 0$을 만족시키는 자연수의 개수를 구한다.	1점

따라서 구하는 자연수의 개수는 $1260 + 1008 = 2268$　　정답 해설참조

1726
 정답 6

STEP A 순열, 조합의 식을 이용하여 [보기]의 참, 거짓 판단하기

ㄱ. $_n\mathrm{C}_r = \dfrac{_n\mathrm{P}_r}{r!} = \dfrac{n!}{r!(n-r)!}$ [참]

ㄴ. $_n\mathrm{P}_r = _n\mathrm{C}_r \times r!$ [거짓]

ㄷ. $_n\mathrm{P}_n = n!$, $_n\mathrm{C}_n = 1$ ∴ $_n\mathrm{P}_n \neq _n\mathrm{C}_n$ [거짓]

ㄹ. $_n\mathrm{P}_0 = 1$, $_n\mathrm{C}_0 = 1$, $0! = 1$ ∴ $_n\mathrm{P}_0 = _n\mathrm{C}_0 = 0!$ [참]

ㅁ. $_{n+1}\mathrm{C}_{r+1} = _{n+1}\mathrm{C}_{(n+1)-(r+1)} = _{n+1}\mathrm{C}_{n-r}$ [참]

ㅂ. $n \times _{n-1}\mathrm{P}_{r-1} = n \times \dfrac{(n-1)!}{\{(n-1)-(r-1)\}!}$

$\qquad = \dfrac{n(n-1)!}{(n-r)!}$

$\qquad = \dfrac{n!}{(n-r)!} = _n\mathrm{P}_r$ [참]

ㅅ. $_n\mathrm{C}_r + _n\mathrm{C}_{r+1} = \dfrac{n!}{r!(n-r)!} + \dfrac{n!}{(r+1)!(n-r-1)!}$

$\qquad = \dfrac{n!}{(r+1)!(n-r)!}\{(r+1)+(n-r)\}$

$\qquad = \dfrac{(n+1)!}{(r+1)!(n-r)!} = _{n+1}\mathrm{C}_{r+1}$ [참]

ㅇ. $r \times _n\mathrm{C}_r = r \times \dfrac{n!}{r!(n-r)!}$

$\qquad = n \times \dfrac{(n-1)!}{(r-1)!(n-r)!} = n \times _{n-1}\mathrm{C}_{r-1}$ [참]

따라서 옳은 것의 개수는 6

1727
 정답 126

STEP A 방문하는 두 도에 따라 각각의 경우의 수 구하기

4개국이 있는 도와 3개국이 있는 도는 각각 2개이므로
첫 번째 방문하는 도와 두 번째 방문하는 도를 계획할 수 있는 배낭여행의
경우의 수는 다음과 같다.
(ⅰ) 4개 도시가 있는 두 도를 여행하는 경우
　　첫 번째는 4개 도시가 있는 도에 방문하여 3개의 도시를 여행하고
　　두 번째는 첫 번째에 방문하지 않은 4개 도시가 있는 도에 방문하여
　　2개의 도시를 여행한다.

$$_4\mathrm{C}_3 \times _4\mathrm{C}_2 = _4\mathrm{C}_1 \times \frac{4 \times 3}{2 \times 1} = 4 \times 6 = 24$$

　　이때 4개 도시가 있는 도는 강원도와 충청남도 2개이므로
　　경우의 수는 $2 \times 24 = 48$
(ⅱ) 4개 도시가 있는 도와 3개 도시가 있는 도를 여행하는 경우
　　① 첫 번째 4개 도시가 있는 도에 방문하여 3개의 도시를 여행하는 경우
　　　4개 도시가 있는 도는 강원도와 충청남도 2개이므로
　　　$2 \times _4\mathrm{C}_3 = 2 \times _4\mathrm{C}_1 = 2 \times 4 = 8$
　　　두 번째 3개 도시가 있는 도에 방문하여 2개의 도시를 여행하는 경우
　　　3개 도시가 있는 도는 전라북도와 경상남도 2개이므로
　　　$2 \times _3\mathrm{C}_2 = 2 \times _3\mathrm{C}_1 = 2 \times 3 = 6$
　　　즉 이때의 경우의 수는 $8 \times 6 = 48$
　　② 첫 번째 3개 도시가 있는 도에 방문하여 3개의 도시를 여행하는 경우
　　　3개 도시가 있는 도는 전라북도와 경상남도 2개이므로
　　　$2 \times _3\mathrm{C}_3 = 2 \times 1 = 2$
　　　두 번째 4개 도시가 있는 도에 방문하여 2개의 도시를 여행하는 경우
　　　4개 도시가 있는 도는 강원도와 충청남도 2개이므로
　　　$2 \times _4\mathrm{C}_2 = 2 \times 6 = 12$
　　　즉 이때의 경우의 수는 $2 \times 12 = 24$
　　①, ②에 의하여 경우의 수는 $48 + 24 = 72$

(ⅲ) 3개 도시가 있는 두 도를 여행하는 경우

첫 번째 3개 도시가 있는 도에 방문하여 3개의 도시를 여행하고
두 번째는 첫 번째에 방문하지 않은 3개 도시가 있는 도에 방문하여
2개의 도시를 여행한다.

$$_3C_3 \times {}_3C_2 = 1 \times {}_3C_1 = 3$$

이때 3개 도시가 있는 도는 전라북도와 경상남도 2개이므로
경우의 수는 $2 \times 3 = 6$

STEP B 합의 법칙을 이용하여 전체 경우의 수 구하기

(ⅰ)~(ⅲ)의 경우는 동시에 일어날 수 없으므로 합의 법칙에 의하여
구하는 경우의 수는 $48 + 72 + 6 = 126$

내/신/연/계/ 출제문항 800

나래는 대학생이 되면 유럽으로 배낭여행을 하기로 하고, 가고 싶은 지역을
나라별로 아래 표와 같이 적어 보았다. 나래는 두 나라를 여행하되 먼저 방
문하는 나라에서는 3개 지역을 여행하고, 두 번째 방문하는 나라에서는 2개
지역을 여행하기로 하였다. 나래가 계획할 수 있는 배낭여행의 경우의 수를
구하시오. (단, 방문 지역의 순서는 고려하지 않는다.)

나라	가고 싶은 지역
독일	프랑크푸르트, 뮌헨, 베를린, 드레스덴
프랑스	파리, 니스, 리옹, 마르세유
이탈리아	로마, 피렌체, 밀라노, 베네치아
스페인	바르셀로나, 마드리드, 세비야

STEP A 방문하는 두 나라에 따라 각각의 경우의 수 구하기

4개 지역이 있는 나라는 3개, 3개 지역이 있는 나라는 1개이므로
첫 번째 방문하는 나라와 두 번째 방문하는 나라를 계획할 수 있는 배낭여행의
경우의 수는 다음과 같다.

(ⅰ) 4개 지역이 있는 두 나라를 여행하는 경우

첫 번째는 4개 지역이 있는 나라에 방문하여 3개의 나라를 여행하고
두 번째는 첫 번째에 방문하지 않은 4개 지역이 있는 나라에 방문하여
2개의 나라를 여행한다.

$$_4C_3 \times {}_4C_2 = {}_4C_1 \times \frac{4 \times 3}{2 \times 1} = 4 \times 6 = 24$$

이때 4개 지역이 있는 나라는 독일, 프랑스, 이탈리아의 3개이므로
이 중에서 2개의 나라를 선택하여 순서를 정하는 경우의 수는 $_3P_2 = 6$
즉 이때의 경우의 수는 $6 \times 24 = 144$

(ⅱ) 4개 지역이 있는 나라와 3개 지역이 있는 나라를 여행하는 경우

① 첫 번째 4개 지역이 있는 나라에 방문하여 3개의 나라를 여행하는 경우
4개 지역이 있는 나라는 독일, 프랑스, 이탈리아의 3개이므로
$$3 \times {}_4C_3 = 3 \times {}_4C_1 = 3 \times 4 = 12$$
두 번째 3개 지역이 있는 나라에 방문하여 2개의 나라를 여행하는 경우
3개 지역이 있는 나라는 스페인 1개이므로
$$_3C_2 = {}_3C_1 = 3$$
즉 이때의 경우의 수는 $12 \times 3 = 36$

② 첫 번째 3개 지역이 있는 나라에 방문하여 3개의 나라를 여행하는 경우
3개 지역이 있는 나라는 스페인 1개이므로
$$_3C_3 = 1$$
두 번째 4개 지역이 있는 나라에 방문하여 2개의 나라를 여행하는 경우
4개 지역이 있는 나라는 독일, 프랑스, 이탈리아의 3개이므로
$$3 \times {}_4C_2 = 3 \times 6 = 18$$
즉 이때의 경우의 수는 $1 \times 18 = 18$

①, ②에 의하여 경우의 수는 $36 + 18 = 54$

STEP B 합의 법칙을 이용하여 전체 경우의 수 구하기

(ⅰ), (ⅱ)의 경우는 동시에 일어날 수 없으므로 합의 법칙에 의하여
구하는 경우의 수는 $144 + 54 = 198$

정답 198

1728

2011학년도 06월 고3 모의평가 나형 17번 **정답** ②  

STEP A 원점을 포함하여 꼭짓점을 선택하는 경우의 수 구하기

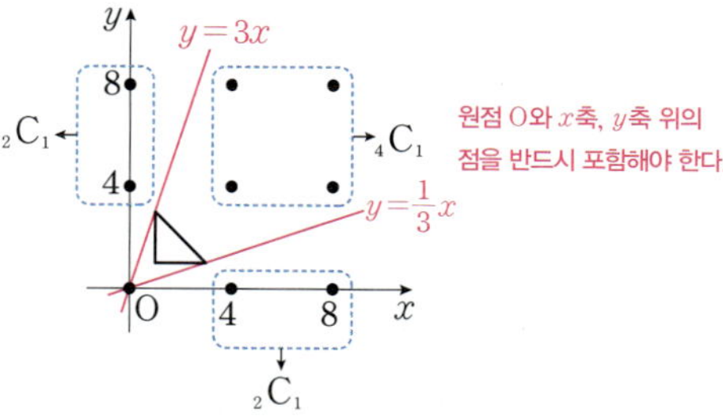

4개의 점을 선택하여 만든 사각형이 주어진 삼각형을 포함하려면
9개의 점 중 원점 O와 x축, y축 위의 점을 반드시 포함해야 한다.

두 점 $(4, 0)$, $(8, 0)$ 중에서 한 개를 선택하는 경우의 수는 $_2C_1 = 2$
<u>x축 위의 점</u>

두 점 $(0, 4)$, $(0, 8)$ 중에서 한 개를 선택하는 경우의 수는 $_2C_1 = 2$
<u>y축 위의 점</u>

나머지 네 점 $(4, 4)$, $(4, 8)$, $(8, 4)$, $(8, 8)$ 중에서 한 개를 선택하는
경우의 수는 $_4C_1 = 4$

즉 꼭짓점을 선택하는 경우의 수는 $2 \times 2 \times 4 = 16$

STEP B 사각형이 되지 않는 경우 제외하기

그런데 네 점 $(0, 0)$, $(8, 0)$, $(4, 4)$, $(0, 8)$을 꼭짓점으로 선택하면
이 세 점은 일직선 위에 있으므로 사각형이 만들어지지 않는다.

다음 그림과 같이 삼각형이 된다.

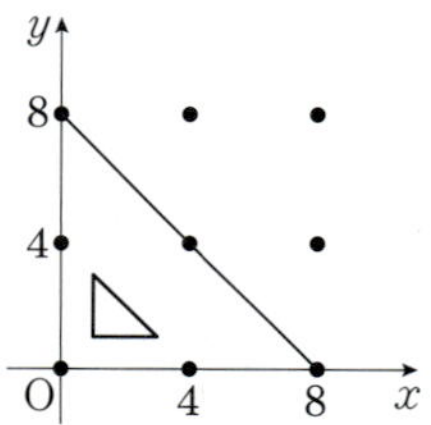

따라서 구하는 사각형의 개수는 $16 - 1 = 15$

> **mini해설** | 직접 사각형의 개수를 구하여 풀이하기
>
> 점 (i, j)를 P_{ij}로 대응하면 삼각형 $P_{11}P_{31}P_{13}$을 포함하는 사각형은
> 사각형 $P_{00}P_{40}P_{44}P_{04}$를 포함한다.
> (ⅰ) P_{00}, P_{04}, P_{40}을 꼭짓점으로 가지는 사각형의 개수는 4
> (ⅱ) P_{00}, P_{04}, P_{80}을 꼭짓점으로 가지는 사각형의 개수는 4
> (ⅲ) P_{00}, P_{08}, P_{40}을 꼭짓점으로 가지는 사각형의 개수는 4
> (ⅳ) P_{00}, P_{08}, P_{80}을 꼭짓점으로 가지는 사각형의 개수는 3
> 따라서 구하는 사각형의 개수는 $4 + 4 + 4 + 3 = 15$

좌표평면 위에 16개의 점 (i, j) $(i=0, 3, 6, 9,\ j=0, 3, 6, 9)$이 있다.
이 16개의 점 중 네 점을 꼭짓점으로 하는 사각형 중에서 내부에 세 점
$\left(\dfrac{1}{2}, \dfrac{1}{2}\right)$, $\left(2, \dfrac{1}{2}\right)$, $\left(\dfrac{1}{2}, 2\right)$를 꼭짓점으로 하는 삼각형을 포함하는 사각형의
개수는? (단, 사각형의 한 변과 삼각형의 꼭짓점이 맞닿은 경우도 포함하는
것으로 한다.)

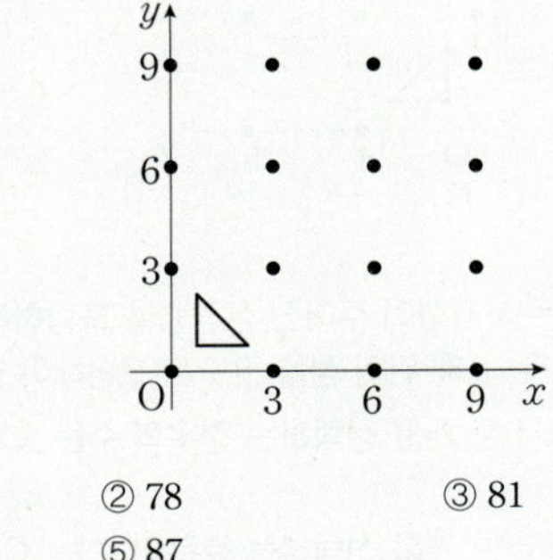

① 75 ② 78 ③ 81
④ 84 ⑤ 87

STEP A 원점을 포함하여 꼭짓점을 선택하는 경우의 수 구하기

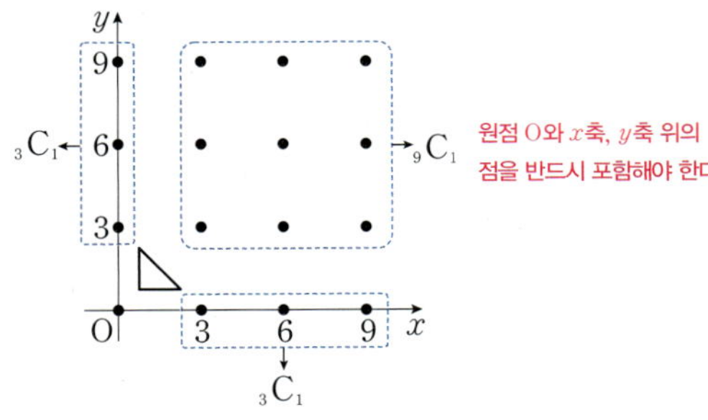

4개의 점을 선택하여 만든 사각형이 주어진 삼각형을 포함하려면
16개의 점 중 원점 O와 x축, y축 위의 점을 반드시 포함해야 한다.
세 점 $(3, 0)$, $(6, 0)$, $(9, 0)$ 중에서 한 개를 선택하는 경우의 수는 ${}_3C_1=3$
　　　x축 위의 점
세 점 $(0, 3)$, $(0, 6)$, $(0, 9)$ 중에서 한 개를 선택하는 경우의 수는 ${}_3C_1=3$
　　　y축 위의 점
나머지 9개의 점 중에서 한 개를 선택하는 경우의 수는 ${}_9C_1=9$
즉 꼭짓점을 선택하는 경우의 수는 $3\times3\times9=81$

STEP B 사각형이 되지 않는 경우 제외하기

그런데 네 점 $(0, 0)$, $(6, 0)$, $(3, 3)$, $(0, 6)$ 또는 $(0, 0)$, $(9, 0)$, $(3, 6)$, $(0, 9)$
또는 $(0, 0)$, $(9, 0)$, $(6, 3)$, $(0, 9)$를 꼭짓점으로 선택하면 다음 그림과 같이
삼각형이 된다.

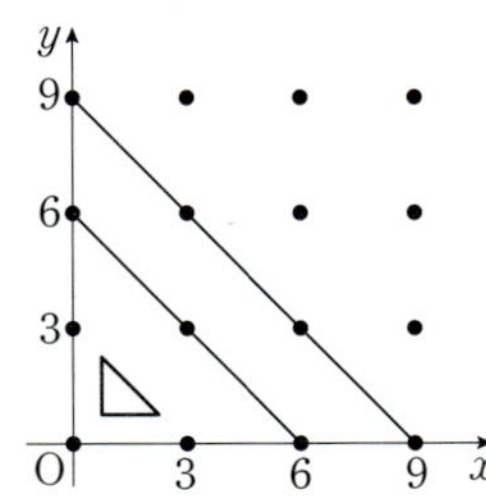

따라서 구하는 사각형의 개수는 $81-3=78$

정답 ②

문항분석

정삼각형에 적힌 수를 a, 정사각형에 적힌 수를 차례로 b, c, d라 하고
$b=d$인 경우와 $b\neq d$인 경우로 나누어 조건을 만족시키는 경우의 수를 구한다.
이때 순열과 조합에 관한 경우의 수는 먼저 꺼내고(택하고) 나열(배열)하는 순으로
구한다.

STEP A 각 도형에 적힐 수의 조건 파악하기

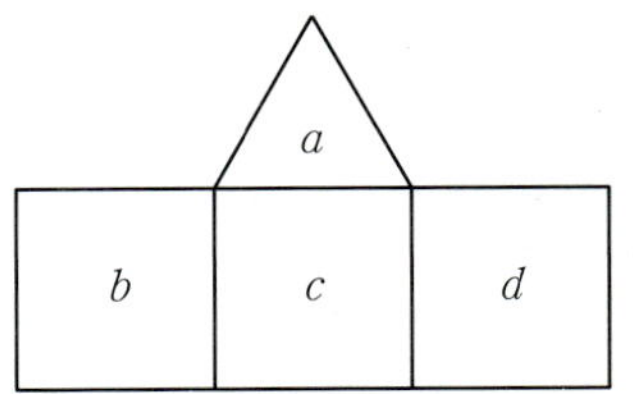

그림과 같이 정삼각형에 적힌 수를 a,
정사각형에 적힌 수를 왼쪽부터 차례로 b, c, d라 하자.
조건 (가)에서 $a>b$, $a>c$, $a>d$
조건 (나)에서 $b\neq c$, $c\neq d$

STEP B $b=d$인 경우와 $b\neq d$인 경우로 나누어 각각의 경우의 수 구하기

(i) $b\neq d$인 경우　← a, b, c, d는 서로 다른 수이다.
6 이하의 자연수 중에서 서로 다른 4개의
수를 택하는 경우의 수는
$${}_6C_4={}_6C_2=\frac{6\times5}{2\times1}=15$$　← ${}_nC_r={}_nC_{n-r}$
이 각각에 대하여 선택한 4개의 수 중에서
가장 큰 수를 a라 하고
나머지 3개의 수를 b, c, d로 정하면 되므로
이 경우의 수는 $1\times3!=6$
즉 $b\neq d$인 경우의 수는 $15\times6=90$

(ii) $b=d$인 경우　← $a>b=d$, $a>c$이므로 a, b, c, d 중 서로 다른 수의 개수는 3이다.
6 이하의 자연수 중에서 서로 다른 3개의
수를 택하는 경우의 수는
$${}_6C_3=\frac{6\times5\times4}{3\times2\times1}=20$$
이 각각에 대하여 선택한 3개의 수 중에서
가장 큰 수를 a라 하고
나머지 2개의 수를 $b(=d)$, c로 정하면 되므로
이 경우의 수는 $1\times2!=2$
즉 $b=d$인 경우의 수는 $20\times2=40$

STEP C 합의 법칙을 이용하여 전체 경우의 수 구하기

(i), (ii)의 경우는 동시에 일어날 수 없으므로 합의 법칙에 의하여
구하는 경우의 수는 $90+40=130$

다른풀이 정삼각형에 적혀 있는 수를 기준으로 풀이하기

STEP A 정삼각형에 적혀 있는 수 a에 따라 각각의 경우의 수 구하기

조건 (가), (나)에서 a보다 작은 수가 적어도 2개 존재해야 하므로
$a\geq3$　← $a>b\neq c$에서 a에 들어갈 수가 최소일 때를 생각해보면 $b=1$, $c=2$일 때이므로
　　　조건을 만족시키는 a의 값은 3 이상이어야 한다.

(i) $a=3$인 경우
c는 1, 2 중 하나이므로 경우의 수는 2
이 각각에 대하여 b, d는 1, 2 중
c가 아닌 수이면 되므로 $1\times1=1^2$
즉 $a=3$인 경우의 수는 $2\times1^2=2$

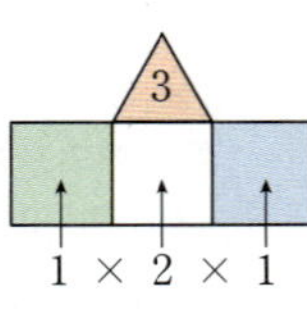

(ii) $a=4$인 경우
c는 1, 2, 3 중 하나이므로 경우의 수는 3
이 각각에 대하여 b, d는 1, 2, 3 중
c가 아닌 수이면 되므로 $2\times2=2^2$
즉 $a=4$인 경우의 수는 $3\times2^2=12$

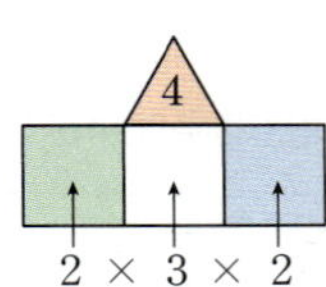

(ⅲ) $a=5$인 경우

c는 1, 2, 3, 4 중 하나이므로 경우의 수는 4

이 각각에 대하여 b, d는 1, 2, 3, 4 중

c가 아닌 수이면 되므로 $3\times3=3^2$

즉 $a=5$인 경우의 수는 $4\times3^2=36$

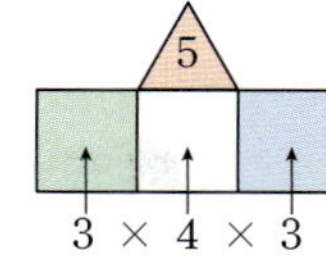

(ⅳ) $a=6$인 경우

c는 1, 2, 3, 4, 5 중 하나이므로 경우의 수는 5

이 각각에 대하여 b, d는 1, 2, 3, 4, 5 중

c가 아닌 수이면 되므로 $4\times4=4^2$

즉 $a=6$인 경우의 수는 $5\times4^2=80$

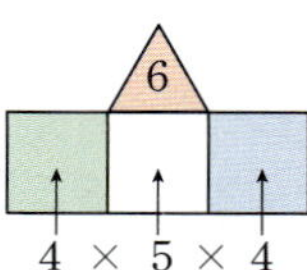

STEP B 합의 법칙을 이용하여 전체 경우의 수 구하기

(ⅰ)~(ⅳ)의 경우는 동시에 일어날 수 없으므로 합의 법칙에 의하여
구하는 경우의 수는 $2+12+36+80=130$

내신연계 출제문항 802

그림과 같이 한 개의 정삼각형과 세 개의 정사각형으로 이루어진 도형이 있다.

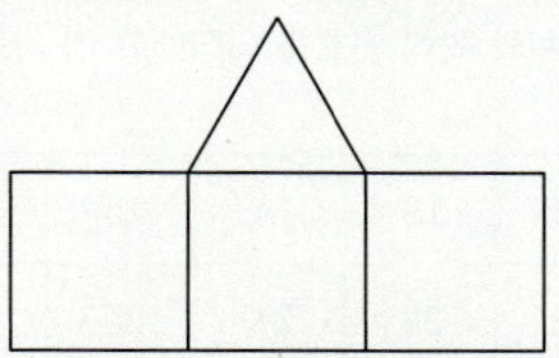

숫자 1, 2, 3, 4, 5, 6, 7, 8 중에서 중복을 허락하여 네 개를 택해 네 개의 정
다각형 내부에 하나씩 적을 때, 다음 조건을 만족시키는 경우의 수를 구하시오.

> (가) 세 개의 정사각형에 적혀 있는 수는 모두 정삼각형에 적혀 있는
> 수보다 크다.
> (나) 변을 공유하는 두 정사각형에 적혀 있는 수는 서로 다르다.

STEP A 각 도형에 적힐 수의 조건 파악하기

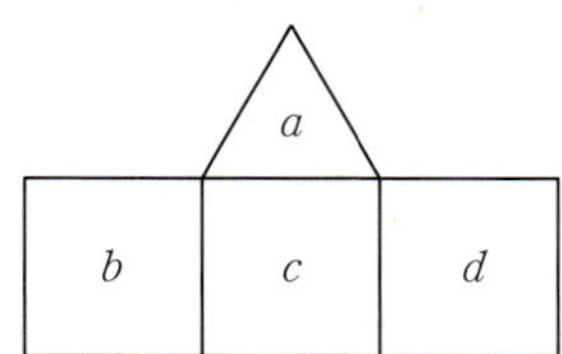

그림과 같이 정삼각형에 적힌 수를 a,
정사각형에 적힌 수를 왼쪽부터 차례로 b, c, d라 하자.
조건 (가)에서 $a<b$, $a<c$, $a<d$
조건 (나)에서 $b\neq c$, $c\neq d$

STEP B $b=d$인 경우와 $b\neq d$인 경우로 나누어 각각의 경우의 수 구하기

(ⅰ) $b\neq d$인 경우   ← a, b, c, d는 모두 서로 다른 수이다.

8 이하의 자연수 중에서 서로 다른 4개의
수를 택하는 경우의 수는

$${}_8C_4=\frac{8\times7\times6\times5}{4\times3\times2\times1}=70$$ ← ${}_nC_r={}_nC_{n-r}$

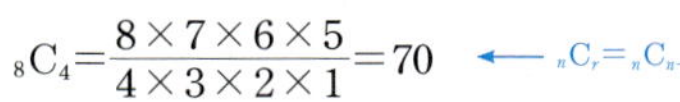
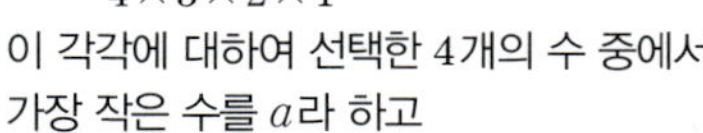
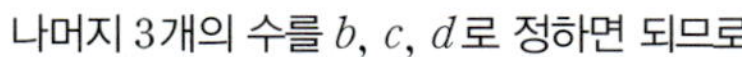

이 각각에 대하여 선택한 4개의 수 중에서
가장 작은 수를 a라 하고
나머지 3개의 수를 b, c, d로 정하면 되므로
이 경우의 수는 $1\times3!=6$
즉 $b\neq d$인 경우의 수는 $70\times6=420$

(ⅱ) $b=d$인 경우   ← $a<b=d$, $a<c$이므로 a, b, c, d 중 서로 다른 수의 개수는 3이다.

8 이하의 자연수 중에서 서로 다른 3개의
수를 택하는 경우의 수는

$${}_8C_3=\frac{8\times7\times6}{3\times2\times1}=56$$

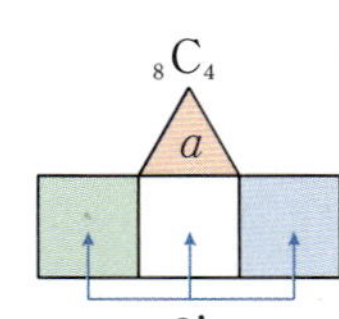

이 각각에 대하여 선택한 3개의 수 중에서
가장 작은 수를 a라 하고

나머지 2개의 수를 $b(=d)$, c로 정하면 되므로
이 경우의 수는 $1\times2!=2$
즉 $b=d$인 경우의 수는 $56\times2=112$

STEP C 합의 법칙을 이용하여 전체 경우의 수 구하기

(ⅰ), (ⅱ)의 경우는 동시에 일어날 수 없으므로 합의 법칙에 의하여
구하는 경우의 수는 $420+112=532$

다른풀이 정삼각형에 적혀 있는 수를 기준으로 풀이하기

STEP A 정삼각형에 적혀 있는 수 a에 따라 각각의 경우의 수 구하기

조건 (가), (나)에서 a보다 큰 수가 적어도 2개 존재해야 하므로
$a\leq6$

(ⅰ) $a=1$인 경우

c는 2, 3, 4, ⋯, 8 중 하나이므로
경우의 수는 7
이 각각에 대하여 b, d는 2, 3, 4, ⋯, 8 중
c가 아닌 수이면 되므로 $6\times6=36$
즉 $a=1$인 경우의 수는 $7\times36=252$

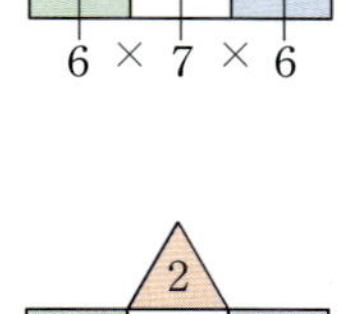

(ⅱ) $a=2$인 경우

c는 3, 4, 5, ⋯, 8 중 하나이므로
경우의 수는 6
이 각각에 대하여 b, d는 3, 4, 5, ⋯, 8 중
c가 아닌 수이면 되므로 $5\times5=25$
즉 $a=2$인 경우의 수는 $6\times25=150$

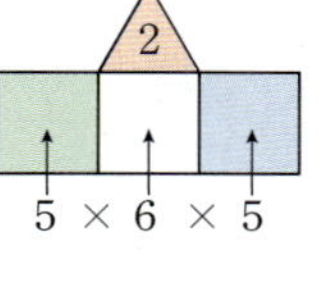

(ⅲ) $a=3$인 경우

c는 4, 5, 6, 7, 8 중 하나이므로
경우의 수는 5
이 각각에 대하여 b, d는 4, 5, 6, 7, 8 중
c가 아닌 수이면 되므로 $4\times4=16$
즉 $a=3$인 경우의 수는 $5\times16=80$

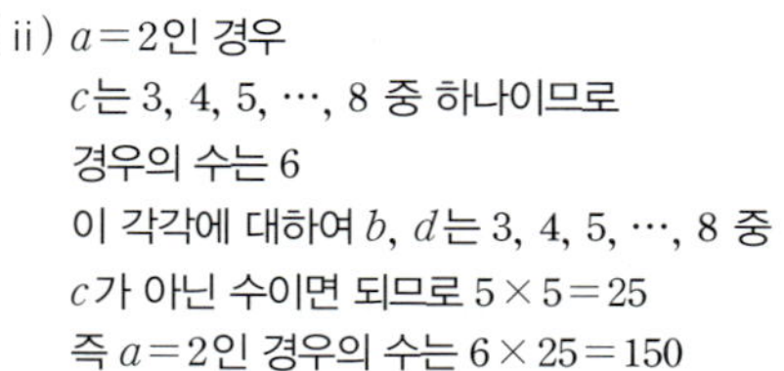

(ⅳ) $a=4$인 경우

c는 5, 6, 7, 8 중 하나이므로
경우의 수는 4
이 각각에 대하여 b, d는 5, 6, 7, 8 중
c가 아닌 수이면 되므로 $3\times3=9$
즉 $a=4$인 경우의 수는 $4\times9=36$

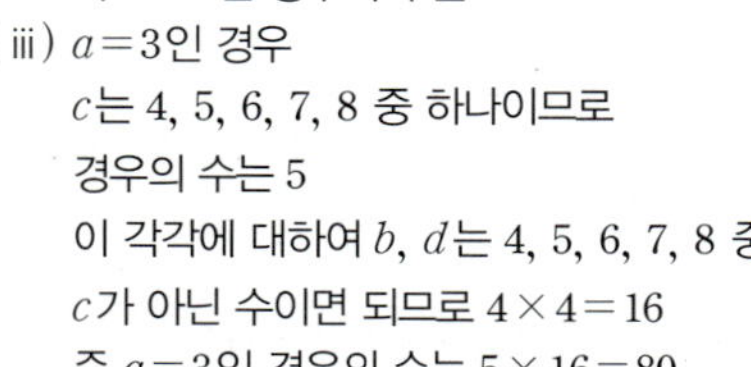

(ⅴ) $a=5$인 경우

c는 6, 7, 8 중 하나이므로
경우의 수는 3
이 각각에 대하여 b, d는 6, 7, 8 중
c가 아닌 수이면 되므로 $2\times2=4$
즉 $a=5$인 경우의 수는 $3\times4=12$

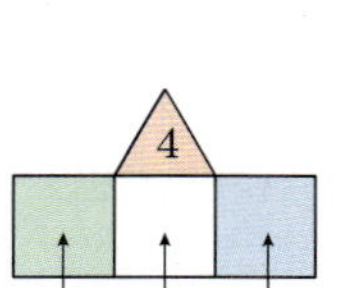

(ⅵ) $a=6$인 경우

c는 7, 8 중 하나이므로
경우의 수는 2
이 각각에 대하여 b, d는 7, 8 중
c가 아닌 수이면 되므로 1
즉 $a=6$인 경우의 수는 $2\times1=2$

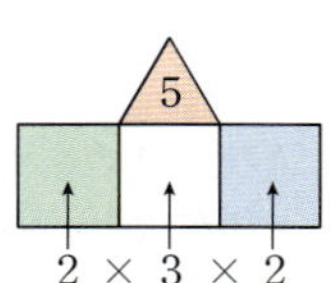

STEP B 합의 법칙을 이용하여 전체 경우의 수 구하기

(ⅰ)~(ⅵ)의 경우는 동시에 일어날 수 없으므로 합의 법칙에 의하여
구하는 경우의 수는 $252+150+80+36+12+2=532$ **정답** 532

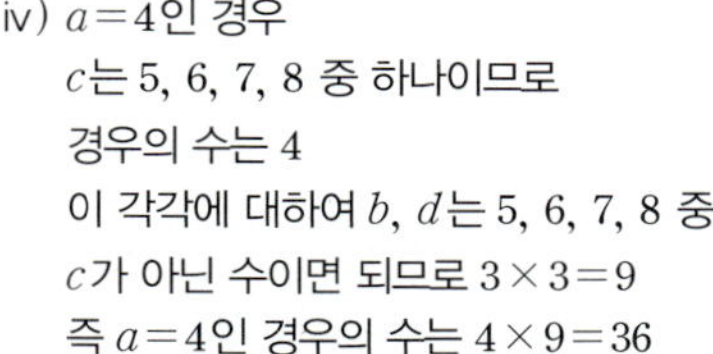
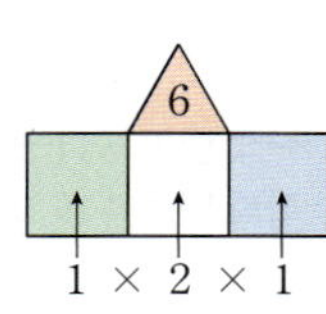
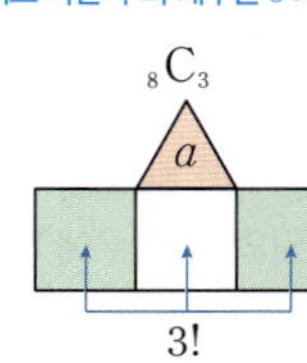

1730
2021년 03월 고2 학력평가 21번 　　정답 ②

STEP A 규칙에 맞게 5개의 의자에 앉는 경우 파악하기

그림과 같이 의자의 위치와 좌석 번호를 나타내고 각 가로줄을 1열, 2열이라고 하자.

1열 ➡	11	12	13	14	15	16	17
2열 ➡			23	24	25		

규칙 (가)에 의해 A는 좌석 번호가 24 또는 25인 의자에 앉을 수 있고
B는 좌석 번호가 11 또는 12 또는 13 또는 14인 의자에 앉을 수 있다.
규칙 (나), (다)에 의해 어느 두 학생도 양옆 또는 앞뒤로 이웃하여 앉지 않는다.
즉 5명의 학생이 앉을 수 있는 5개의 의자를 선택한 후
규칙 (가)에 의해 A, B가 앉고 남은 3개의 의자에 나머지 3명의 학생이 앉는
것으로 경우의 수를 구할 수 있다.

STEP B A가 좌석 번호가 24 또는 25인 의자에 앉을 경우로 나누어 각각의 경우의 수 구하기

(i) A가 좌석 번호가 24인 의자에 앉을 경우

11	12	13	14	15	16	17
		23	A	25		

A가 좌석 번호가 24인 의자에 앉으면 규칙 (나), (다)에 의하여
나머지 4명의 학생은 좌석 번호 14, 23, 25에 앉을 수 없으므로
좌석 번호가 11, 13, 15, 17인 의자에 각각 한 명씩 앉아야 한다.
이때 B는 규칙 (가)에 의해 좌석 번호가 11, 13인 2개의 의자 중 1개의
의자에 앉아야 하므로 B가 의자를 선택하여 앉는 경우의 수는
$_2C_1=2$
위의 각 경우에 대하여 A, B를 제외한 3명의 학생이 나머지 3개의 의자에
앉는 경우의 수는 $3!=3\times2\times1=6$
즉 이때의 경우의 수는 $2\times6=12$

(ii) A가 좌석 번호가 25인 의자에 앉을 경우

1열에 4명이 앉거나, 1열에 3명, 2열에 1명이 앉아야 하지만 좌석 번호가 15인 의자에 앉을 수
없으므로 1열에 4명은 앉을 수 없고 1열에 3명 2열에 1명이 앉아야 한다.

11	12	13	14	15	16	17
		23	24	A		

A가 좌석 번호가 25인 의자에 앉으면 규칙 (나), (다)에 의하여
나머지 4명의 학생은 좌석 번호 24, 15에 앉을 수 없으므로
좌석 번호가 11 또는 12인 의자 중 하나,
좌석 번호가 16 또는 17인 의자 중 하나,
좌석 번호가 14인 의자, 좌석 번호가 23인 의자에 각각 한 명씩 앉아야
한다.
좌석 번호가 11 또는 12인 의자 중 하나를 선택하고
좌석 번호가 16 또는 17인 의자 중 하나를 선택하는 경우의 수는
$_2C_1\times{}_2C_1=4$
이때 B는 규칙 (가)에 의해 좌석 번호가 11 또는 12인 의자 중 선택된
하나의 의자 또는 좌석 번호가 14인 의자 중 1개의 의자에 앉아야 하므로
B가 의자를 선택하여 앉는 경우의 수는 $_2C_1=2$
위의 각 경우에 대하여 A, B를 제외한 3명의 학생이 나머지 3개의 의자에
앉는 경우의 수는 $3!=3\times2\times1=6$
즉 이때의 경우의 수는 $4\times2\times6=48$

STEP C 합의 법칙을 이용하여 전체 경우의 수 구하기

(i), (ii)의 경우는 동시에 일어날 수 없으므로 합의 법칙에 의하여
구하는 경우의 수는 $12+48=60$

내·신·연·계 출제문항 803

그림과 같이 좌석 번호가 적힌 10개의 의자가 배열되어 있다.

두 학생 A, B를 포함한 5명의 학생이 다음 규칙에 따라 10개의 의자 중에
서 서로 다른 5개의 의자에 앉는 경우의 수를 구하시오.

> (가) A의 좌석 번호는 24 이상이고, B의 좌석 번호는 13 이하이다.
> (나) 5명의 학생 중에서 어느 두 학생도 좌석 번호의 차가 1이 되도록
>   앉지 않는다.
> (다) 5명의 학생 중에서 어느 두 학생도 좌석 번호의 차가 10이 되도록
>   앉지 않는다.

STEP A 규칙에 맞게 5개의 의자에 앉는 경우 파악하기

그림과 같이 의자의 위치와 좌석 번호를 나타내고 각 가로줄을 1열, 2열이라고
하자.

1열 ➡	11	12	13	14	15	16
2열 ➡		22	23	24	25	

규칙 (가)에 의해 A는 좌석 번호가 24 또는 25인 의자에 앉을 수 있고
B는 좌석 번호가 11 또는 12 또는 13인 의자에 앉을 수 있다.
규칙 (나), (다)에 의해 어느 두 학생도 양옆 또는 앞뒤로 이웃하여 앉지 않는다.
즉 5명의 학생이 앉을 수 있는 5개의 의자를 선택한 후
규칙 (가)에 의해 A, B가 앉고 남은 3개의 의자에 나머지 3명의 학생이 앉는
것으로 경우의 수를 구할 수 있다.

STEP B A가 좌석 번호가 24 또는 25인 의자에 앉을 경우의 수 구하기

(i) A가 좌석 번호가 24인 의자에 앉을 경우

11	12	13	14	15	16
	22	23	A	25	

A가 좌석 번호가 24인 의자에 앉으면 규칙 (나), (다)에 의하여 나머지
4명의 학생은 좌석 번호 14, 23, 25에 앉을 수 없으므로 좌석 번호가
11, 13, 15, 22 또는 11, 13, 16, 22인 의자에 각각 한 명씩 앉아야 한다.
좌석 번호가 11, 13, 15, 22인 의자에 앉는 경우,
B는 규칙 (가)에 의해 좌석 번호가 11, 13인 2개의 의자 중 1개의 의자에
앉아야 하므로 B가 의자를 선택하여 앉는 경우의 수는 $_2C_1=2$
위의 각 경우에 대하여 A, B를 제외한 3명의 학생이 나머지 3개의 의자에
앉는 경우의 수는 $3!=3\times2\times1=6$
좌석 번호가 11, 13, 16, 22인 의자에 앉는 경우도 마찬가지이므로
이때의 경우의 수는 $2\times2\times6=24$

(ii) A가 좌석 번호가 25인 의자에 앉을 경우

11	12	13	14	15	16
	22	23	24	A	

A가 좌석 번호가 25인 의자에 앉으면 규칙 (나), (다)에 의하여
나머지 4명의 학생은 좌석 번호 15, 24에 앉을 수 없으므로
좌석 번호가 11, 13, 16, 22 또는 11, 14, 16, 22 또는 11, 14, 16, 23 또는
12, 14, 16, 23인 의자에 각각 한 명씩 앉아야 한다.
좌석 번호가 11, 13, 16, 22인 의자에 앉는 경우,
B는 규칙 (가)에 의해 좌석 번호가 11, 13인 2개의 의자 중 1개의 의자에
앉아야 하므로 B가 의자를 선택하여 앉는 경우의 수는 $_2C_1=2$
위의 각 경우에 대하여 A, B를 제외한 3명의 학생이 나머지 3개의 의자에
앉는 경우의 수는 $3!=3\times2\times1=6$

좌석 번호가 11, 14, 16, 22인 의자에 앉는 경우,
B는 규칙 (가)에 의해 좌석 번호가 11인 의자에 앉아야 하고 A, B를 제외한
3명의 학생이 나머지 3개의 의자에 앉는 경우의 수는 $3!=3\times2\times1=6$
좌석 번호가 11, 14, 16, 23 또는 12, 14, 16, 23인 의자에 앉는 경우도
마찬가지 방법으로 구하면
이때의 경우의 수는 $2\times6+3\times6=12+18=30$

STEP C 합의 법칙을 이용하여 전체 경우의 수 구하기

(i), (ii)의 경우는 동시에 일어날 수 없으므로 합의 법칙에 의하여
구하는 경우의 수는 $24+30=54$ 정답 54

1731 2020년 03월 고2 학력평가 29번   정답 960

STEP A 5명의 학생에게 초콜릿과 꽃을 나누어 주는 경우 이해하기

서로 다른 종류의 꽃 4송이와 같은 종류의 초콜릿 2개를 하나도 받지 못하는
학생이 없도록 5명의 학생에게 남김없이 나누어 주려면 한 학생은 초콜릿과 꽃
을 합해서 두 개, 남은 네 명의 학생은 초콜릿과 꽃을 합해서 한 개를 받아야 한다.

STEP B 한 학생이 받는 꽃과 초콜릿의 수에 따라 각각의 경우의 수 구하기

(i) 한 학생이 초콜릿 2개를 받는 경우
　　5명의 학생 중 같은 종류의 초콜릿 2개를 받는 학생을 정하는 경우의 수는
　　$_5C_1=5$
　　나머지 4명의 학생에게 서로 다른 꽃을 각각 한 송이씩 나누어 주는
　　경우의 수는 $4!=4\times3\times2\times1=24$
　　즉 이때의 경우의 수는 $5\times24=120$

> **+α** 초콜릿 두 개를 한 묶음으로 이해하여 구할 수 있어!
>
> 초콜릿 2개를 묶는 경우의 수
>
> 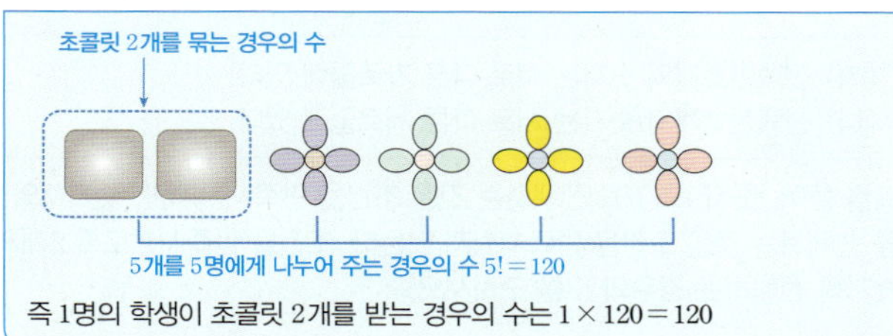
>
> 5개를 5명에게 나누어 주는 경우의 수 $5!=120$
>
> 즉 1명의 학생이 초콜릿 2개를 받는 경우의 수는 $1\times120=120$

(ii) 한 학생이 꽃 2송이를 받는 경우
　　서로 다른 4송이의 꽃 중에서 2송이의 꽃을 고르는 경우의 수는
　　$_4C_2=\dfrac{4\times3}{2\times1}=6$
　　5명의 학생 중 이 2송이의 꽃을 받는 학생을 정하는 경우의 수는
　　$_5C_1=5$
　　남은 두 송이의 꽃을 줄 학생을 정하는 경우의 수는
　　$_4P_2=4\times3=12$
　　꽃을 받지 못한 2명의 학생에게 초콜릿을 각각 1개씩 주는 경우의 수는 1
　　즉 이때의 경우의 수는 $6\times5\times12\times1=360$

> **+α** 같은 것이 있는 순열의 수를 이용하여 구할 수 있어!
>
> 꽃 2개를 묶는 경우의 수 $_4C_2=6$
>
> 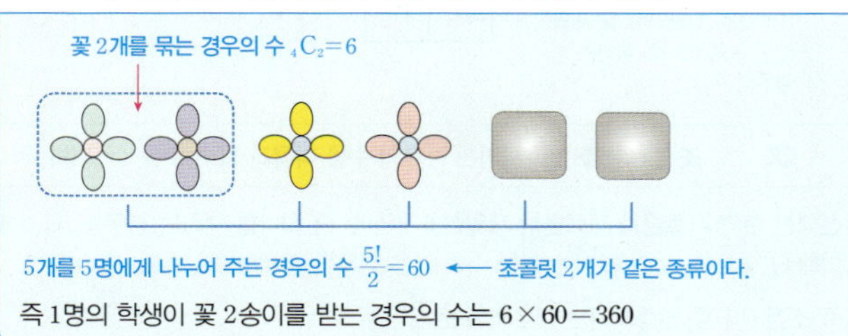
>
> 5개를 5명에게 나누어 주는 경우의 수 $\dfrac{5!}{2}=60$ ← 초콜릿 2개가 같은 종류이다.
>
> 즉 1명의 학생이 꽃 2송이를 받는 경우의 수는 $6\times60=360$

(iii) 한 학생이 꽃 1송이와 초콜릿 1개를 받는 경우
　　서로 다른 4송이의 꽃을 4명의 학생에게 각각 1송이씩 주는 경우의 수는
　　5명의 학생 중 4송이의 꽃을 줄 학생을 정하는 경우의 수와 같으므로
　　$_5P_4=5\times4\times3\times2=120$
　　꽃을 받지 못한 학생에게 초콜릿 1개를 주고 꽃을 받은 학생 중 1명을
　　선택해 남은 초콜릿 1개를 주는 경우의 수는 $_4C_1=4$
　　즉 이때의 경우의 수는 $120\times4=480$

> **+α** 다음과 같은 방법으로 구할 수도 있어!
>
> 꽃 4개에서 1 개를 택하는 경우의 수 $_4C_1=4$
>
> 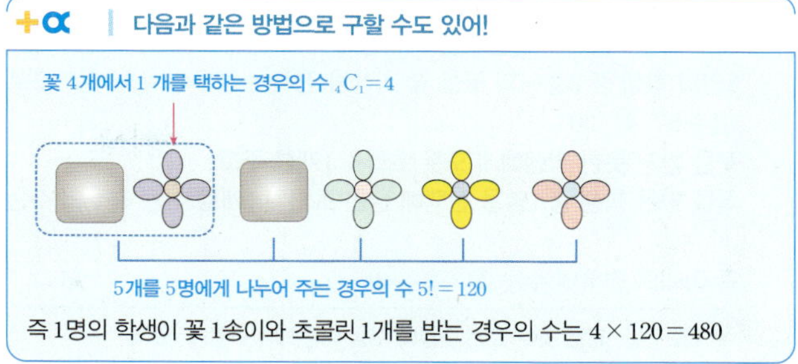
>
> 5개를 5명에게 나누어 주는 경우의 수 $5!=120$
>
> 즉 1명의 학생이 꽃 1송이와 초콜릿 1개를 받는 경우의 수는 $4\times120=480$

STEP C 합의 법칙을 이용하여 경우의 수 구하기

(i)~(iii)의 경우는 동시에 일어날 수 없으므로 합의 법칙에 의하여 구하는
경우의 수는 $120+360+480=960$

내/신/연/계/ 출제문항 804

서로 다른 종류의 꽃 2송이와 같은 종류의 초콜릿 4개를 5명의 학생에게
남김없이 나누어 주려고 한다. 아무것도 받지 못하는 학생이 없도록 꽃과
초콜릿을 나누어 주는 경우의 수를 구하시오.

STEP A 5명의 학생에게 초콜릿과 꽃을 나누어 주는 경우 이해하기

서로 다른 종류의 꽃 2송이와 같은 종류의 초콜릿 4개를 하나도 받지 못하는
학생이 없도록 5명의 학생에게 남김없이 나누어 주려면 한 학생은 초콜릿과
꽃을 합해서 두 개, 남은 네 명의 학생은 초콜릿과 꽃 중 한 개를 받아야 한다.

STEP B 한 학생이 받는 꽃과 초콜릿의 수에 따라 각각의 경우의 수 구하기

(i) 한 학생이 초콜릿 2개를 받는 경우
　　5명의 학생 중 같은 종류의 초콜릿 2개를 받는 학생을 정하는 경우의 수는
　　$_5C_1=5$
　　나머지 4명의 학생 중 초콜릿을 1개씩 받는 학생을 정하는 경우의 수는
　　$_4C_2=6$
　　나머지 2명의 학생에게 서로 다른 꽃을 각각 한 송이씩 나누어 주는
　　경우의 수는 $2!=2$
　　즉 이때의 경우의 수는 $5\times6\times2=60$

> **+α** 같은 것이 있는 순열의 수를 이용하여 구할 수 있어!
>
> 초콜릿 2개를 묶는 경우의 수 1
>
> 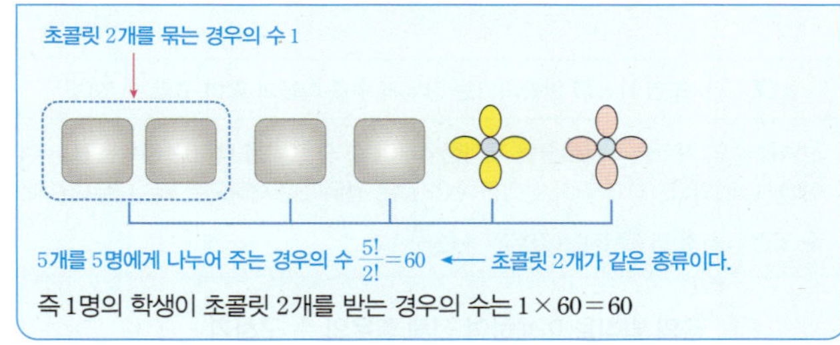
>
> 5개를 5명에게 나누어 주는 경우의 수 $\dfrac{5!}{2!}=60$ ← 초콜릿 2개가 같은 종류이다.
>
> 즉 1명의 학생이 초콜릿 2개를 받는 경우의 수는 $1\times60=60$

(ii) 한 학생이 꽃 2송이를 받는 경우
　　5명의 학생 중 2송이의 꽃을 받는 학생을 정하는 경우의 수는 $_5C_1=5$
　　꽃을 받지 못한 4명의 학생에게 초콜릿을 각각 1개씩 주는 경우의 수는 1
　　즉 이때의 경우의 수는 $5\times1=5$

> **+α** 같은 것이 있는 순열의 수를 이용하여 구할 수 있어!
>
> 꽃 2개를 묶는 경우의 수 $_4C_2=1$
>
> 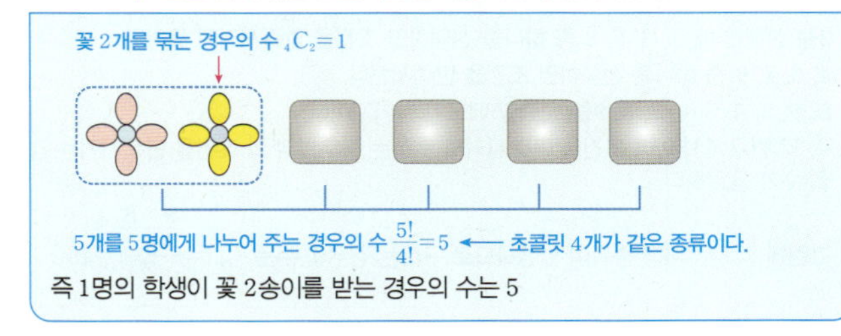
>
> 5개를 5명에게 나누어 주는 경우의 수 $\dfrac{5!}{4!}=5$ ← 초콜릿 4개가 같은 종류이다.
>
> 즉 1명의 학생이 꽃 2송이를 받는 경우의 수는 5

(ⅲ) 한 학생이 꽃 1송이와 초콜릿 1개를 받는 경우

서로 다른 2송이의 꽃을 2명의 학생에게 각각 1송이씩 주는 경우의 수는
5명의 학생 중 2송이의 꽃을 줄 학생을 정하는 경우의 수와 같으므로
$_5P_2=5\times4=20$
꽃을 받지 못한 학생에게 모두 초콜릿 1개를 주고
꽃을 받은 학생 중 1명을 선택해 남은 초콜릿 1개를 주는 경우의 수는
$_2C_1=2$
즉 이때의 경우의 수는 $20\times2=40$

+α | 같은 것이 있는 순열의 수를 이용하여 구할 수 있어!

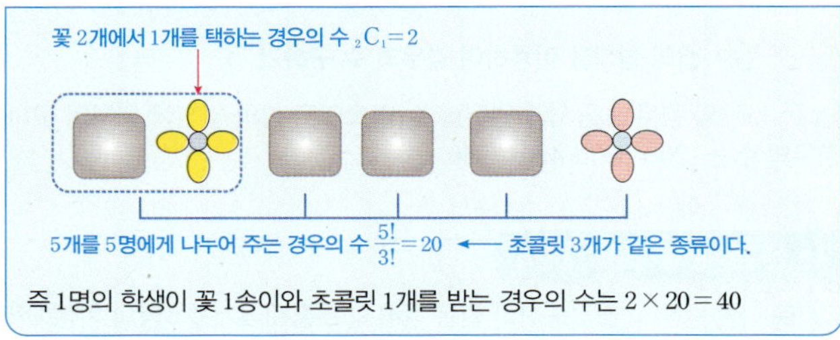

STEP C 합의 법칙을 이용하여 경우의 수 구하기

(ⅰ)~(ⅲ)의 경우는 동시에 일어날 수 없으므로 합의 법칙에 의하여
구하는 경우의 수는 $60+5+40=105$

정답 105

1732
2019년 03월 고2 학력평가 가형 14번 정답 ④

STEP A 두 조건 (가), (나)를 만족시키는 각각의 경우의 수 구하기

조건 (가)에서 선택한 2개의 숫자가 서로 다른 가로줄에 있어야 하므로
3개의 가로줄 중 2개의 가로줄을 택하는 경우의 수는
$_3C_2=_3C_1=3$
선택한 가로줄의 3개의 수에서 1개의 숫자를 선택하는 경우의 수는
$_3C_1=3$
조건 (나)에서 선택한 2개의 숫자가 서로 다른 세로줄에 있어야 하므로
나머지 한 가로줄에서 이미 선택한 숫자와 다른 세로줄에 있는 1개의 숫자를
선택하는 경우의 수는 $_2C_1=2$

+α | 조건 (나)를 만족시키는 경우의 수를 다음과 같이 구할 수 있어!

선택한 수의 가로줄과 세로줄을 제외한 4개의 수 중 하나를 택하는 경우는 $_4C_1=4$
이때 (1, 5)와 (5, 1)과 같이 선택한 수가 같은 경우가 존재하므로 2로 나누어준다.
즉 조건 (나)를 만족시키는 경우의 수는 $\dfrac{4}{2}=2$

STEP B 곱의 법칙을 이용하여 전체 경우의 수 구하기

따라서 곱의 법칙에 의하여 조건을 만족시키도록 2개의 숫자를 선택하는
경우의 수는 $3\times3\times2=18$

mini해설 | 각 숫자를 선택할 때, '조건을 만족하지 않는' 경우를 구하여 풀이하기

1을 선택할 때, 2, 3, 4, 7 중 하나를 선택하면 조건을 만족시키지 못하고
5, 6, 8, 9 하나를 선택하면 조건을 만족시킨다.
2를 선택할 때, 1, 3, 5, 8 중 하나를 선택하면 조건을 만족시키지 못하고
4, 6, 7, 9 중 하나를 선택하면 조건을 만족시킨다.
또한, 3, 4, 5, 6, 7, 8, 9를 선택할 때도 마찬가지이다.
즉 각 경우에 대하여 조건을 만족시키지 못하는 경우의 수와 조건을 만족시키는 경우
의 수가 동일하다.
그런데 각 경우마다 중복이 발생하므로 구하는 경우의 수는 $\dfrac{_9C_2}{2}=\dfrac{\frac{9\times8}{2\times1}}{2}=18$

---

mini해설 | 각 숫자를 선택할 때, '조건을 만족하는' 경우를 구하여 풀이하기

1을 선택할 때, 조건을 만족시키도록 나머지 한 숫자를 선택하는 경우의 수는
5, 6, 8, 9의 4개의 숫자 중 1개의 숫자를 선택하는 경우의 수와 같다.
즉 경우의 수는 $_4C_1=4$
2를 선택할 때, 조건을 만족시키도록 나머지 한 숫자를 선택하는 경우의 수는
4, 6, 7, 9의 4개의 숫자 중 1개의 숫자를 선택하는 경우의 수와 같다.
즉 경우의 수는 $_4C_1=4$
3을 선택할 때, 조건을 만족시키도록 나머지 한 숫자를 선택하는 경우의 수는
4, 5, 7, 8의 4개의 숫자 중 1개의 숫자를 선택하는 경우의 수와 같다.
즉 경우의 수는 $_4C_1=4$
⋮
9를 선택할 때, 조건을 만족시키도록 나머지 한 숫자를 선택하는 경우의 수는
1, 2, 4, 5의 4개의 숫자 중 1개의 숫자를 선택하는 경우의 수와 같다.
즉 경우의 수는 $_4C_1=4$

그런데 각 경우마다 중복이 발생하므로 구하는 경우의 수는 $\dfrac{9\times4}{2}=18$

내/신/연/계 출제문항 805

그림과 같이 12개의 칸으로 나누어진 정사각형의 각 칸에 1부터 12까지의
자연수가 적혀 있다.

1	2	3	4
5	6	7	8
9	10	11	12

이 12개의 숫자 중 다음 조건을 만족시키도록 2개의 숫자를 선택하려고 한다.

> (가) 선택한 2개의 숫자는 서로 다른 가로줄에 있다.
> (나) 선택한 2개의 숫자는 서로 다른 세로줄에 있다.

예를 들어, 숫자 1과 6을 선택하는 것은 조건을 만족시키지만, 숫자 2와 6
을 선택하는 것은 조건을 만족시키지 않는다. 조건을 만족시키도록 2개의
숫자를 선택하는 경우의 수를 구하시오.

STEP A 두 조건 (가), (나)를 만족시키는 각각의 경우의 수 구하기

조건 (가)에서 선택한 2개의 숫자가 서로 다른 가로줄에 있어야 하므로
3개의 가로줄 중 2개의 가로줄을 택하는 경우의 수는 $_3C_2=_3C_1=3$
선택한 가로줄의 4개의 수에서 1개의 숫자를 선택하는 경우의 수는 $_4C_1=4$
조건 (나)에서 선택한 2개의 숫자가 서로 다른 세로줄에 있어야 하므로
나머지 한 가로줄에서 이미 선택한 숫자와 다른 세로줄에 있는 1개의 숫자를
선택하는 경우의 수는 $_3C_1=3$

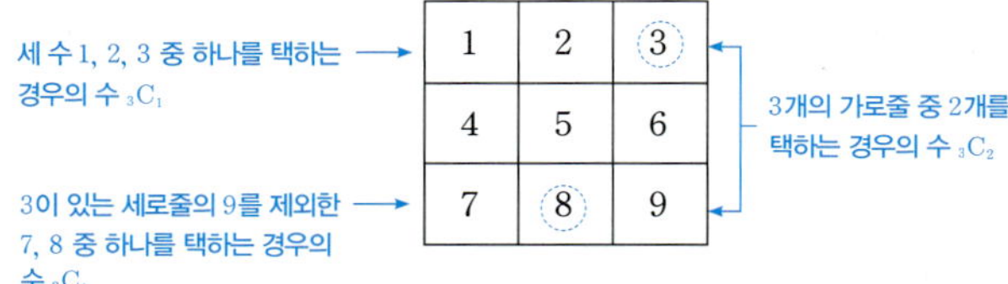

+α | 조건 (나)를 만족시키는 경우의 수를 다음과 같이 구할 수 있어!

선택한 수의 가로줄과 세로줄을 제외한 6개의 수 중 하나를 택하는 경우는 $_6C_1=6$
이때 (1, 6), (6, 1)과 같이 선택한 수가 같은 경우가 존재하므로 2로 나누어준다.
즉 조건 (나)를 만족시키는 경우의 수는 $\dfrac{6}{2}=3$

STEP B 곱의 법칙을 이용하여 전체 경우의 수 구하기

따라서 곱의 법칙에 의하여 조건을 만족시키도록 2개의 숫자를 선택하는
경우의 수는 $3\times4\times3=36$

정답 36

1733
2010년 10월 고3 학력평가 나형 25번 　정답 50

STEP A　가장 큰 원판을 기준으로 원판을 쌓는 방법의 수 구하기

원판을 어떻게 쌓더라도 가장 큰 원판이 보이므로 이 원판을 A라 하고
A 위에 원판이 각각 1개, 2개, 3개, 4개 놓이는 경우로 나누어 보자.

(ⅰ) **A 위에 원판이 1개 놓이는 경우**

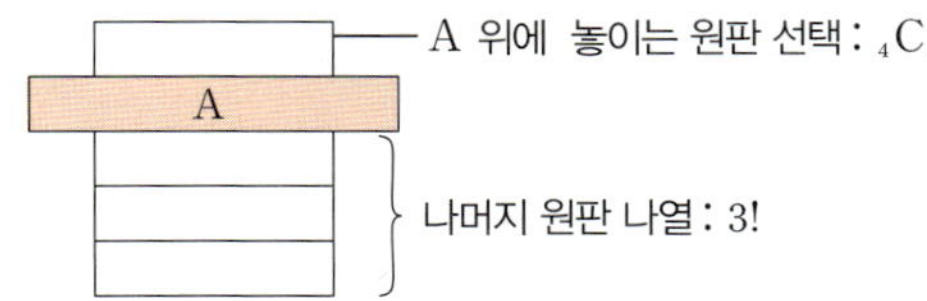

A 위에 놓이는 원판을 택하는 방법의 수는 $_4C_1=4$
A 아래에 나머지 원판을 나열하는 방법의 수는 $3!=3\times2\times1=6$
즉 구하는 방법의 수는 $4\times6=24$

(ⅱ) **A 위에 원판이 2개 놓이는 경우**

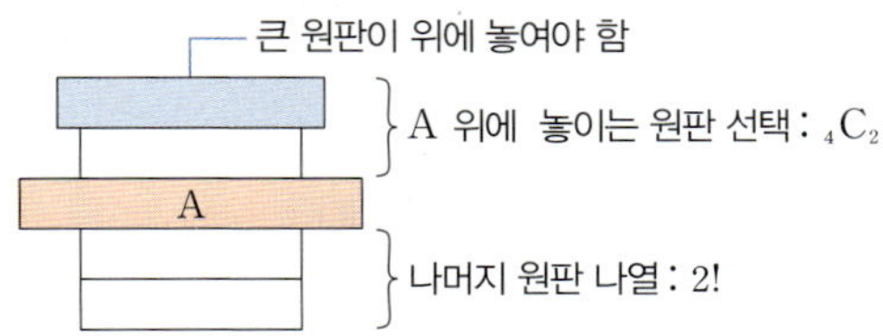

A 위에 놓이는 2개의 원판을 택하는 방법의 수는 $_4C_2=6$
A 아래에 나머지 원판을 나열하는 방법의 수는 $2!=2$
즉 구하는 방법의 수는 $6\times2=12$

(ⅲ) **A 위에 원판이 3개 놓이는 경우**

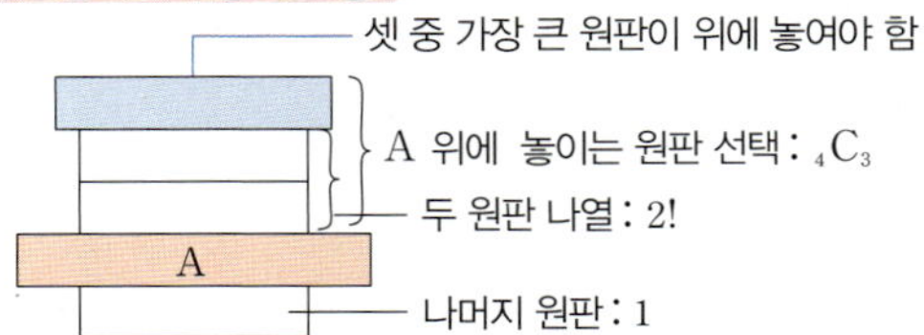

A 위에 놓이는 3개의 원판을 택하는 방법의 수는 $_4C_3=_4C_1=4$
이때 3개의 원판 중 가장 큰 원판이 맨 위에 놓여야 하고
나머지 2개의 원판은 자리를 바꿀 수 있으므로 방법의 수는 $2!=2$
즉 구하는 방법의 수는 $4\times2=8$

(ⅳ) **A 위에 원판이 4개 놓이는 경우**

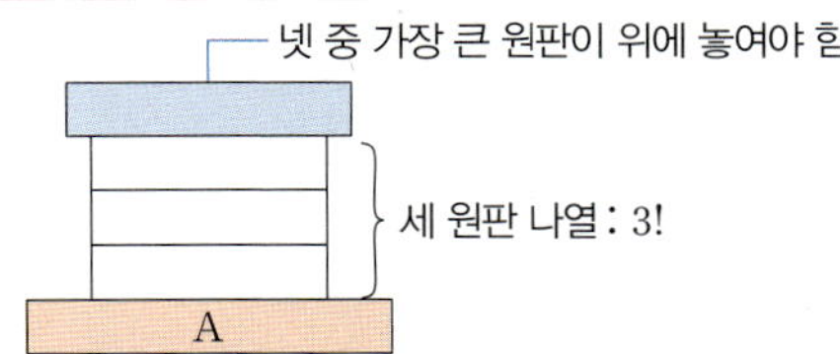

A 위에 놓이는 4개의 원판 중 가장 큰 원판이 맨 위에 놓여야 하고
나머지 3개의 원판은 자리를 바꿀 수 있으므로 방법의 수는 $3!=6$
즉 구하는 방법의 수는 6

STEP B　합의 법칙을 이용하여 모든 방법의 수 구하기

(ⅰ)~(ⅳ)의 경우는 동시에 일어날 수 없으므로 합의 법칙에 의하여
구하는 모든 방법의 수는 $24+12+8+6=50$

내신 연계 출제문항 806

반지름의 길이와 색이 모두 다른 나무 원판
6개가 있다. 6개의 원판의 중심이 일치하도록
원판을 쌓으려고 한다. 그림은 위에서 내려다
봤을 때 원판 2개가 보이도록 원판 6개를 쌓
은 한 가지 예이다. 이와 같이 위에서 내려다
봤을 때 원판 2개가 보이도록 원판 6개를 쌓
는 방법의 수를 구하시오.

STEP A　가장 큰 원판을 기준으로 원판을 쌓는 방법의 수 구하기

원판을 어떻게 쌓더라도 가장 큰 원판이 보이므로 이 원판을 A라 하고
A 위에 원판이 각각 1개, 2개, 3개, 4개, 5개 놓이는 경우로 나누어 보자.

(ⅰ) **A 위에 원판이 1개 놓이는 경우**

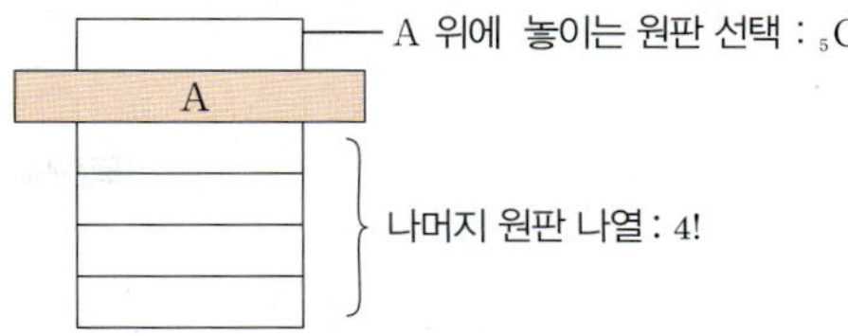

A 위에 놓이는 원판을 택하는 방법의 수는 $_5C_1=5$
A 아래에 나머지 원판을 나열하는 방법의 수는 $4!=4\times3\times2\times1=24$
즉 구하는 방법의 수는 $5\times24=120$

(ⅱ) **A 위에 원판이 2개 놓이는 경우**

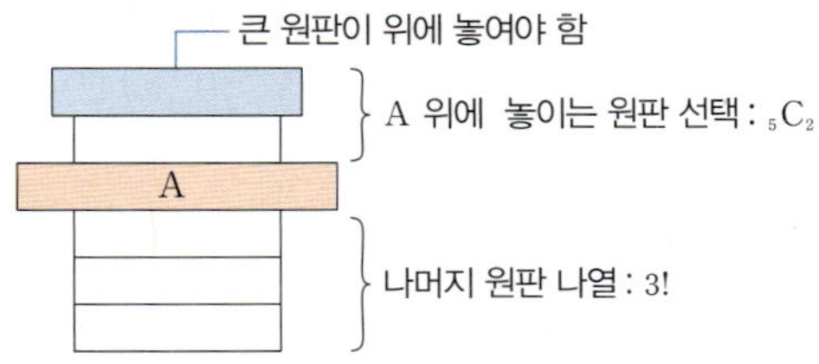

A 위에 놓이는 2개의 원판을 택하는 방법의 수는 $_5C_2=10$
A 아래에 나머지 원판을 나열하는 방법의 수는 $3!=3\times2\times1=6$
즉 구하는 방법의 수는 $10\times6=60$

(ⅲ) **A 위에 원판이 3개 놓이는 경우**

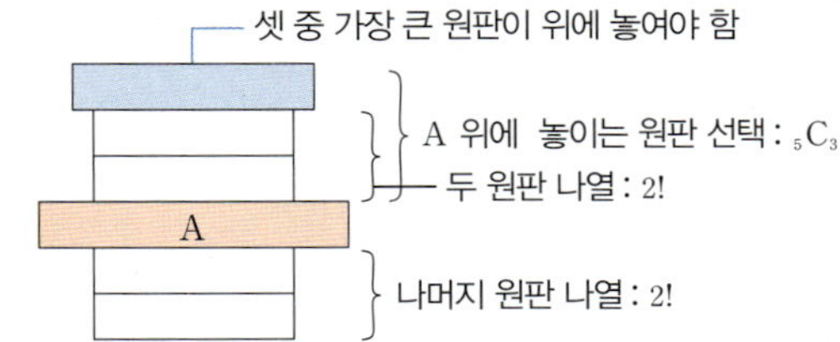

A 위에 놓이는 3개의 원판을 택하는 방법의 수는 $_5C_3=_5C_2=10$
이때 3개의 원판 중 가장 큰 원판이 맨 위에 놓여야 하고
2개의 원판은 자리를 바꿀 수 있으므로 방법의 수는 $2!=2$
또한, A 아래에 놓이는 나머지 원판을 나열하는 방법의 수는 $2!=2$
즉 구하는 방법의 수는 $10\times2\times2=40$

(ⅳ) **A 위에 원판이 4개 놓이는 경우**

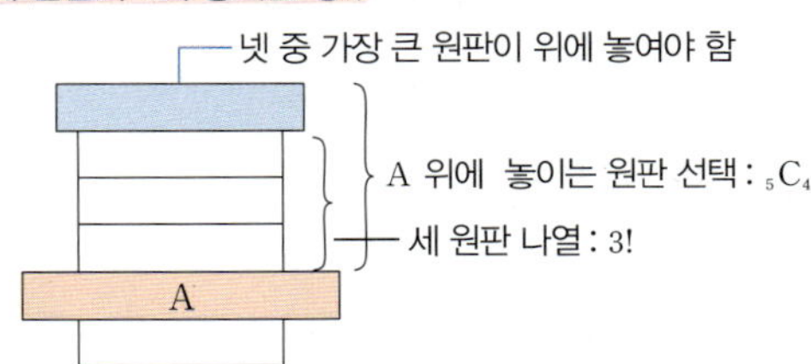

A 위에 놓이는 4개의 원판을 택하는 방법의 수는 $_5C_4=_5C_1=5$
이때 4개의 원판 중 가장 큰 원판이 맨 위에 놓여야 하고
3개의 원판은 자리를 바꿀 수 있으므로 방법의 수는 $3!=3\times2\times1=6$
즉 구하는 방법의 수는 $5\times6=30$

(ⅴ) **A 위에 원판이 5개 놓이는 경우**

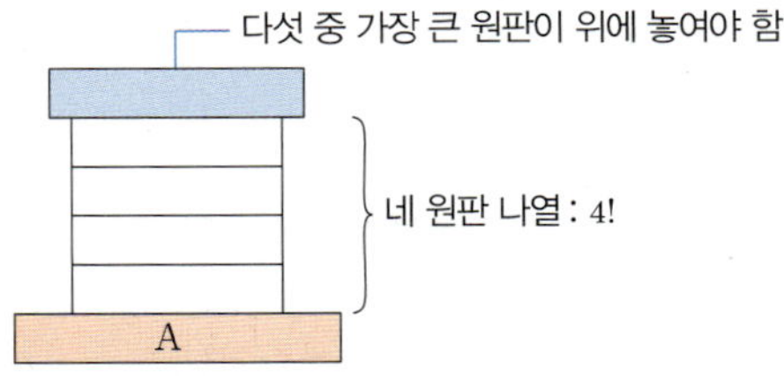

A 위에 놓이는 5개의 원판 중 가장 큰 원판이 맨 위에 놓여야 하고
나머지 4개의 원판은 자리를 바꿀 수 있으므로 방법의 수는
$4!=4\times3\times2\times1=24$
즉 구하는 방법의 수는 24

STEP B　합의 법칙을 이용하여 모든 방법의 수 구하기

(ⅰ)~(ⅴ)의 경우는 동시에 일어날 수 없으므로 합의 법칙에 의하여
구하는 모든 방법의 수는 $120+60+40+30+24=274$　정답 274

01 행렬과 그 연산

1734

 18

STEP A 조건 (가)를 만족하는 α의 값 구하기

행렬 A의 $(1, 3)$ 성분 $a_{13}=4$이고 $(2, 2)$ 성분 $a_{22}=2$이므로
$\alpha=a_{13}+a_{22}=4+2=6$

STEP B 조건 (나)를 만족하는 β의 값 구하기

$i+j=3\,(i=1, 2, 3,\ j=1, 2, 3)$을 만족시키는 순서쌍 (i, j)는
$(1, 2), (2, 1)$
$a_{12}=0,\ a_{21}=3$이므로 구하는 합은 $\beta=0+3=3$
따라서 $\alpha=6,\ \beta=3$이므로 $\alpha\beta=6\times3=18$

1735

정답 ⑤

STEP A 행렬의 모양과 성분을 이용한 참, 거짓 판단하기

① 행렬 A는 3개의 행과 3개의 열로 이루어져 있으므로 3×3행렬이다. [참]
② $a_{12}=1,\ a_{33}=-3$이므로 $a_{12}+a_{33}=1+(-3)=-2$ [참]
③ 제2열의 성분은 1, 5, -2이다. [참]
④ 제2행의 성분의 합은 $4+5+(-1)=8$이다. [참]
⑤ $i>j$인 성분 a_{ij}는 $a_{21}=4,\ a_{31}=-4,\ a_{32}=-2$이므로 구하는 합은 -2이다.
　[거짓]
따라서 옳지 않은 것은 ⑤이다.

내신연계 출제문항 807

행렬 $A=\begin{pmatrix} 5 & -4 & 3 \\ 5 & 3 & 1 \end{pmatrix}$의 (i, j) 성분이 a_{ij}일 때, 다음 중 옳은 것은?

① 행렬 A는 3×2행렬이다.
② $a_{12}+a_{21}=2$
③ $(1, 3)$ 성분과 $(2, 1)$ 성분은 같다.
④ 제2행의 모든 성분의 합은 9이다.
⑤ 행렬 A는 이차정사각행렬이다.

STEP A 행렬의 모양과 성분을 이용한 참, 거짓 판단하기

① 행렬 A는 2×3행렬이다. [거짓]
② $a_{12}=-4,\ a_{21}=5$이므로 $a_{12}+a_{21}=-4+5=1$ [거짓]
③ $(1, 3)$ 성분은 3, $(2, 1)$ 성분은 5이므로 $(1, 3)$ 성분과 $(2, 1)$ 성분은 다르다.
　[거짓]
④ 제2행의 성분의 합은 $5+3+1=9$이다. [참]
⑤ 행렬 A는 행의 개수와 열의 개수가 다르므로 정사각행렬이 아니다. [거짓]
따라서 옳은 것은 ④이다.

정답 ④

1736

 ②

STEP A $a_{11}+a_{22}=6,\ a_{12}-a_{21}=9$를 만족하는 $x,\ y$의 값 구하기

$a_{11}=2x-y,\ a_{12}=x-y,\ a_{21}=x+2y,\ a_{22}=x+y$
$a_{11}+a_{22}=6$이므로 $2x-y+x+y=6,\ 3x=6$
$\therefore x=2$
$a_{12}-a_{21}=9$이므로 $x-y-(x+2y)=9,\ -3y=9$
$\therefore y=-3$

STEP B a_{21}의 값 구하기

따라서 $a_{21}=x+2y=2+2\times(-3)=-4$

1737

정답 ③

STEP A 행과 열의 의미를 이해하기

성분이 36이므로 $a_{24}=36$
따라서 행은 의류비, 열은 고객 D이므로 ③이다.

1738

 ⑤

STEP A 행과 열의 의미를 이해하기

e는 주어진 표에서 '세탁기' 행과 '8월' 열이 교차하는 곳이므로
세탁기의 8월 판매 대수를 의미한다.

1739

정답 ③

STEP A 행렬의 꼴을 파악한 후 각각의 성분을 구하기

행렬 A는 2×3행렬이므로 $i=1, 2,\ j=1, 2, 3$

$A=\begin{pmatrix} a_{11} & a_{12} & a_{13} \\ a_{21} & a_{22} & a_{23} \end{pmatrix}$
$a_{ij}=ij-(i+j)$에 $i=1, 2,\ j=1, 2, 3$을 각각 대입하면
$a_{11}=1\times1-(1+1)=1-2=-1$
$a_{12}=1\times2-(1+2)=2-3=-1$
$a_{13}=1\times3-(1+3)=3-4=-1$
$a_{21}=2\times1-(2+1)=2-3=-1$
$a_{22}=2\times2-(2+2)=4-4=0$
$a_{23}=2\times3-(2+3)=6-5=1$
$\therefore A=\begin{pmatrix} a_{11} & a_{12} & a_{13} \\ a_{21} & a_{22} & a_{23} \end{pmatrix}=\begin{pmatrix} -1 & -1 & -1 \\ -1 & 0 & 1 \end{pmatrix}$

STEP B 행렬 A의 모든 성분의 합 구하기

따라서 행렬 A의 모든 성분의 합은 $-1-1-1-1+0+1=-3$

1740

STEP A 행렬의 꼴을 파악한 후 각각의 성분을 구하기

$i=1, 2, 3, j=1, 2$이므로 행렬 A는 3×2행렬이다.

$$A=\begin{pmatrix} a_{11} & a_{12} \\ a_{21} & a_{22} \\ a_{31} & a_{32} \end{pmatrix}$$

$i \leq j$이면 $a_{ij}=i$, $i>j$이면 $a_{ij}=-i+j$에 $i=1, 2, 3$, $j=1, 2$를 각각 대입하면

$a_{11}=1$, $a_{12}=1$

$a_{21}=-2+1=-1$, $a_{22}=2$

$a_{31}=-3+1=-2$, $a_{32}=-3+2=-1$

$$\therefore A=\begin{pmatrix} a_{11} & a_{12} \\ a_{21} & a_{22} \\ a_{31} & a_{32} \end{pmatrix}=\begin{pmatrix} 1 & 1 \\ -1 & 2 \\ -2 & -1 \end{pmatrix}$$

STEP B 행렬 A의 2열의 모든 성분의 합 구하기

따라서 행렬 A의 2열의 모든 성분의 합은 $1+2+(-1)=2$

1741

STEP A 행렬의 꼴을 파악한 후 각각의 성분을 구하기

행렬 A는 2×2행렬이므로 $i=1, 2$, $j=1, 2$

$$A=\begin{pmatrix} a_{11} & a_{12} \\ a_{21} & a_{22} \end{pmatrix}$$

$a_{ij}=(-2)^i+kj$에 $i=1, 2$, $j=1, 2$를 각각 대입하면

$a_{11}=(-2)^1+k=-2+k$, $a_{12}=(-2)^1+2k=-2+2k$

$a_{21}=(-2)^2+k=4+k$, $a_{22}=(-2)^2+2k=4+2k$

$$\therefore A=\begin{pmatrix} a_{11} & a_{12} \\ a_{21} & a_{22} \end{pmatrix}=\begin{pmatrix} -2+k & -2+2k \\ 4+k & 4+2k \end{pmatrix}$$

STEP B 행렬 A의 모든 성분의 합이 34일 때, k의 값 구하기

행렬 A의 모든 성분의 합은

$(-2+k)+(-2+2k)+(4+k)+(4+2k)=6k+4$

따라서 $6k+4=34$이므로 $k=5$

> **내신 연계 출제문항 808**
>
> 행렬 A의 (i, j) 성분 a_{ij}를 $a_{ij}=(-3)^{i+j}+kj$ (단, $i=1, 2$, $j=1, 2$)라고 정의하자. 행렬 A의 모든 성분의 합이 66일 때, 실수 k의 값은?
>
> ① 3　　　② 4　　　③ 5
> ④ 6　　　⑤ 7

STEP A 행렬의 꼴을 파악한 후 각각의 성분을 구하기

$i=1, 2$, $j=1, 2$이므로 행렬 A는 2×2행렬이다.

$$A=\begin{pmatrix} a_{11} & a_{12} \\ a_{21} & a_{22} \end{pmatrix}$$

$a_{ij}=(-3)^{i+j}+kj$에 $i=1, 2$, $j=1, 2$를 각각 대입하면

$a_{11}=(-3)^{1+1}+k=9+k$, $a_{12}=(-3)^{1+2}+2k=-27+2k$

$a_{21}=(-3)^{2+1}+k=-27+k$, $a_{22}=(-3)^{2+2}+2k=81+2k$

$$\therefore A=\begin{pmatrix} a_{11} & a_{12} \\ a_{21} & a_{22} \end{pmatrix}=\begin{pmatrix} 9+k & -27+2k \\ -27+k & 81+2k \end{pmatrix}$$

STEP B 행렬 A의 모든 성분의 합이 66일 때, k의 값 구하기

행렬 A의 모든 성분의 합은

$(9+k)+(-27+2k)+(-27+k)+(81+2k)=6k+36$

따라서 $6k+36=66$이므로 $k=5$

1742

STEP A 행렬의 꼴을 파악한 후 각각의 성분을 구하기

$i>j$일 때, $a_{ij}=ij$이므로 $a_{21}=2 \times 1=2$, $a_{31}=3 \times 1=3$, $a_{32}=3 \times 2=6$

$i=j$일 때, $a_{ij}=k$이므로 $a_{11}=a_{22}=k$

$i<j$일 때, $a_{ij}=-a_{ji}$이므로 $a_{12}=-a_{21}=-2$

$$\therefore A=\begin{pmatrix} a_{11} & a_{12} \\ a_{21} & a_{22} \\ a_{31} & a_{32} \end{pmatrix}=\begin{pmatrix} k & -2 \\ 2 & k \\ 3 & 6 \end{pmatrix}$$

STEP B 행렬 A의 모든 성분의 합이 29일 때, k의 값 구하기

행렬 A의 모든 성분의 합은 $k-2+2+k+3+6=29$

따라서 $2k=20$이므로 $k=10$

1743

STEP A 행렬의 꼴을 파악한 후 각각의 성분을 구하기

행렬 A는 2×2행렬이므로 $i=1, 2$, $j=1, 2$

$$A=\begin{pmatrix} a_{11} & a_{12} \\ a_{21} & a_{22} \end{pmatrix}$$

$a_{ij}=(2^i \times 3^j$을 5로 나눈 나머지)에 $i=1, 2$, $j=1, 2$를 각각 대입하면

$2^1 \times 3^1=6$을 5로 나눈 나머지는 1이므로 $a_{11}=1$

$2^1 \times 3^2=18$을 5로 나눈 나머지는 3이므로 $a_{12}=3$

$2^2 \times 3^1=12$를 5로 나눈 나머지는 2이므로 $a_{21}=2$

$2^2 \times 3^2=36$을 5로 나눈 나머지는 1이므로 $a_{22}=1$

$$\therefore A=\begin{pmatrix} a_{11} & a_{12} \\ a_{21} & a_{22} \end{pmatrix}=\begin{pmatrix} 1 & 3 \\ 2 & 1 \end{pmatrix}$$

STEP B 행렬 A의 모든 성분의 합 구하기

따라서 행렬 A의 모든 성분의 합은 $1+3+2+1=7$

1744

STEP A 행렬의 꼴을 파악한 후 각각의 성분을 구하기

행렬 A는 2×2행렬이므로 $i=1, 2$, $j=1, 2$

$$A=\begin{pmatrix} a_{11} & a_{12} \\ a_{21} & a_{22} \end{pmatrix}$$

$a_{ij}=(2i+3j$의 약수의 개수)에 $i=1, 2$, $j=1, 2$를 각각 대입하면

$a_{11}=(2+3=5$의 약수의 개수$)=2$　←　1, 5

$a_{12}=(2+6=8$의 약수의 개수$)=4$　←　1, 2, 4, 8

$a_{21}=(4+3=7$의 약수의 개수$)=2$　←　1, 7

$a_{22}=(4+6=10$의 약수의 개수$)=4$　←　1, 2, 5, 10

$$\therefore A=\begin{pmatrix} a_{11} & a_{12} \\ a_{21} & a_{22} \end{pmatrix}=\begin{pmatrix} 2 & 4 \\ 2 & 4 \end{pmatrix}$$

STEP B 행렬 A의 모든 성분의 합 구하기

따라서 행렬 A의 모든 성분의 합은 $2+4+2+4=12$

1745

 정답 ④

STEP Ⓐ 행렬의 꼴을 파악한 후 각각의 성분을 구하기

$i=1$, 2이고 $j=1$, 2이므로 <u>행렬 A는 2×2행렬이다.</u>

$$A=\begin{pmatrix} a_{11} & a_{12} \\ a_{21} & a_{22} \end{pmatrix}$$

$f_{ij}(x)=x^2-ix+j$라 하자.

다항식 $f_{ij}(x)$를 $x-j$로 나눈 나머지는 나머지정리에 의하여

> [나머지정리]
> 다항식 $f(x)$를 일차식 $x-a$로
> 나누었을 때의 나머지는 ➡ $f(a)$

$f_{ij}(j)=j^2-ij+j$이므로 $i=1$, 2, $j=1$, 2를 각각 대입하면

$a_{11}=1-1+1=1$, $a_{12}=4-2+2=4$

$a_{21}=1-2+1=0$, $a_{22}=4-4+2=2$

$$\therefore A=\begin{pmatrix} a_{11} & a_{12} \\ a_{21} & a_{22} \end{pmatrix}=\begin{pmatrix} 1 & 4 \\ 0 & 2 \end{pmatrix}$$

STEP Ⓑ 행렬 A의 모든 성분의 합 구하기

따라서 행렬 A의 모든 성분의 합은 $1+4+0+2=7$

내/신/연/계/ 출제문항 809

2×3행렬 A의 $(i,\ j)$ 성분 a_{ij}를

$$a_{ij}=(\text{다항식 } x^2-2x+ij \text{를 } x-i \text{로 나눈 나머지})$$

라 정의하자. 행렬 A의 모든 성분의 합은?

① 11   ② 12   ③ 13

④ 14   ⑤ 15

STEP Ⓐ 행렬의 꼴을 파악한 후 각각의 성분을 구하기

<u>행렬 A가 2×3행렬이므로 $i=1$, 2이고 $j=1$, 2, 3</u>

$$A=\begin{pmatrix} a_{11} & a_{12} & a_{13} \\ a_{21} & a_{22} & a_{23} \end{pmatrix}$$

$f_{ij}(x)=x^2-2x+ij$라 하자.

다항식 $f_{ij}(x)$를 $x-i$로 나눈 나머지는 나머지정리에 의하여

$f_{ij}(i)=i^2-2i+ij$이므로 $i=1$, 2, $j=1$, 2, 3을 각각 대입하면

$a_{11}=1-2+1=0$, $a_{12}=1-2+2=1$, $a_{13}=1-2+3=2$

$a_{21}=4-4+2=2$, $a_{22}=4-4+4=4$, $a_{23}=4-4+6=6$

$$\therefore A=\begin{pmatrix} a_{11} & a_{12} & a_{13} \\ a_{21} & a_{22} & a_{23} \end{pmatrix}=\begin{pmatrix} 0 & 1 & 2 \\ 2 & 4 & 6 \end{pmatrix}$$

STEP Ⓑ 행렬 A의 모든 성분의 합 구하기

따라서 행렬 A의 모든 성분의 합은 $0+1+2+2+4+6=15$ 정답 ⑤

1746

정답 ④

STEP Ⓐ 행렬의 꼴을 파악한 후 각각의 성분을 구하기

행렬 A는 2×2행렬이므로 $i=1$, 2, $j=1$, 2

$$A=\begin{pmatrix} a_{11} & a_{12} \\ a_{21} & a_{22} \end{pmatrix}$$

$a_{ij}=(\text{직선 } y=ix+j \text{와 } x \text{축}, \ y \text{축으로 둘러싸인 삼각형의 넓이})$에

$i=1$, 2, $j=1$, 2를 각각 대입하면

$a_{11}=(\text{직선 } y=x+1 \text{과 } x \text{축}, \ y \text{축으로 둘러싸인 삼각형의 넓이})$

$$=\frac{1}{2}\times1\times1=\frac{1}{2}$$

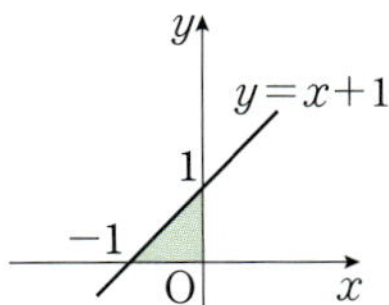

$a_{12}=(\text{직선 } y=x+2 \text{와 } x \text{축}, \ y \text{축으로 둘러싸인 삼각형의 넓이})$

$$=\frac{1}{2}\times2\times2=2$$

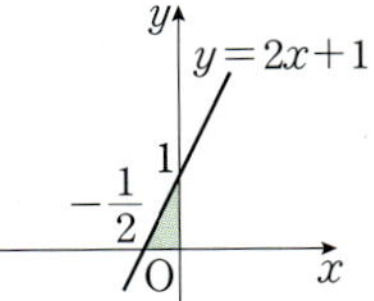

$a_{21}=(\text{직선 } y=2x+1 \text{과 } x \text{축}, \ y \text{축으로 둘러싸인 삼각형의 넓이})$

$$=\frac{1}{2}\times1\times\frac{1}{2}=\frac{1}{4}$$

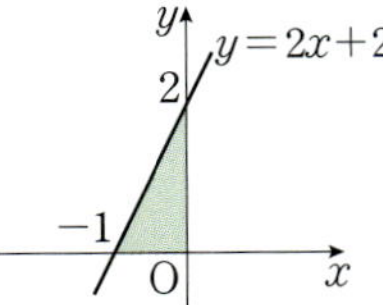

$a_{22}=(\text{직선 } y=2x+2 \text{와 } x \text{축}, \ y \text{축으로 둘러싸인 삼각형의 넓이})$

$$=\frac{1}{2}\times2\times1=1$$

STEP Ⓑ 행렬 A의 모든 성분의 합 구하기

따라서 행렬 $A=\begin{pmatrix} a_{11} & a_{12} \\ a_{21} & a_{22} \end{pmatrix}=\begin{pmatrix} \frac{1}{2} & 2 \\ \frac{1}{4} & 1 \end{pmatrix}$ 이므로 행렬 A의 모든 성분의 합은

$$\frac{1}{2}+2+\frac{1}{4}+1=\frac{15}{4}$$

1747

정답 ②

STEP Ⓐ 행렬의 꼴을 파악한 후 각각의 성분을 구하기

$i=1$, 2, 3, $j=1$, 2, 3이므로 <u>행렬 A는 3×3행렬이다.</u>

$$A=\begin{pmatrix} a_{11} & a_{12} & a_{13} \\ a_{21} & a_{22} & a_{23} \\ a_{31} & a_{32} & a_{33} \end{pmatrix}$$

$a_{11}=(1\text{에서 }1\text{로 직접 가는 길이 없다.})$이므로 $a_{11}=0$

$a_{12}=(1\text{에서 }2\text{로 직접 가는 길이 있다.})$이므로 $a_{12}=1$

$a_{13}=(1\text{에서 }3\text{으로 직접 가는 길이 없다.})$이므로 $a_{13}=0$

$a_{21}=(2\text{에서 }1\text{로 직접 가는 길이 있다.})$이므로 $a_{21}=1$

$a_{22}=(2\text{에서 }2\text{로 직접 가는 길이 없다.})$이므로 $a_{22}=0$

$a_{23}=(2\text{에서 }3\text{으로 직접 가는 길이 있다.})$이므로 $a_{23}=1$

$a_{31}=(3\text{에서 }1\text{로 직접 가는 길이 있다.})$이므로 $a_{31}=1$

$a_{32}=(3\text{에서 }2\text{로 직접 가는 길이 없다.})$이므로 $a_{32}=0$

$a_{33}=(3\text{에서 }3\text{으로 직접 가는 길이 있다.})$이므로 $a_{33}=1$

STEP Ⓑ 행렬 A의 2행과 3행의 모든 성분의 합 구하기

따라서 $A=\begin{pmatrix} a_{11} & a_{12} & a_{13} \\ a_{21} & a_{22} & a_{23} \\ a_{31} & a_{32} & a_{33} \end{pmatrix}=\begin{pmatrix} 0 & 1 & 0 \\ 1 & 0 & 1 \\ 1 & 0 & 1 \end{pmatrix}$ 이므로 2행과 3행의 모든 성분의 합은

$1+0+1+1+0+1=4$

오른쪽 그림은 지하철 노선도의
일부를 나타낸 것이다.
이 지하철 노선도를 나타내는
행렬 A의 (i, j) 성분 a_{ij}를
$$a_{ij}=\begin{cases}1\,(i에서\ 한번에\ j로\ 이동할\ 수\ 있을\ 때)\\0\,(i에서\ 한번에\ j로\ 이동할\ 수\ 없을\ 때)\end{cases}$$
로 정의할 때, 행렬 $A=(a_{ij})(i=1, 2, 3, 4,\ j=1, 2, 3, 4)$의 2행과 3행의
모든 성분의 합은? (단, $i=j$이면 $a_{ij}=0$)

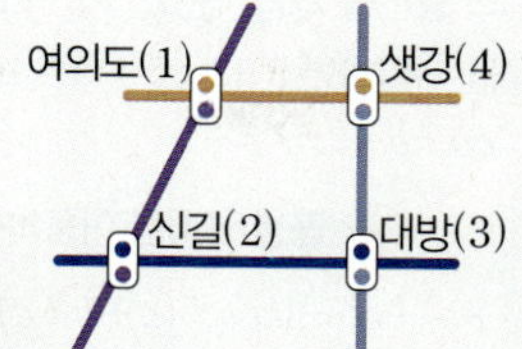

STEP A 행렬의 꼴을 파악한 후 각각의 성분을 구하기

$i=1, 2, 3, 4,\ j=1, 2, 3, 4$이므로 행렬 A는 4×4행렬이다.
$$A=\begin{pmatrix}a_{11}&a_{12}&a_{13}&a_{14}\\a_{21}&a_{22}&a_{23}&a_{24}\\a_{31}&a_{32}&a_{33}&a_{34}\\a_{41}&a_{42}&a_{43}&a_{44}\end{pmatrix}$$

여의도(1)와 신길(2)은 한 번에 이동할 수 있으므로 $a_{12}=1,\ a_{21}=1$
신길(2)과 대방(3)은 한 번에 이동할 수 있으므로 $a_{23}=1,\ a_{32}=1$
대방(3)과 샛강(4)은 한 번에 이동할 수 있으므로 $a_{34}=1,\ a_{43}=1$
샛강(4)과 여의도(1)는 한 번에 이동할 수 있으므로 $a_{14}=1,\ a_{41}=1$
이때 나머지 성분은 모두 0이다.

STEP B 행렬 A의 2행과 3행의 모든 성분의 합 구하기

따라서 $A=\begin{pmatrix}0&1&0&1\\1&0&1&0\\0&1&0&1\\1&0&1&0\end{pmatrix}$이므로 2행과 3행의 모든 성분의 합은

$(1+0+1+0)+(0+1+0+1)=4$

정답 4

1748

정답 7

STEP A 두 행렬이 서로 같을 조건을 만족하는 상수 a, b, c, d 구하기

$A=B$에서 $\begin{pmatrix}a-1&2\\3&b+2\end{pmatrix}=\begin{pmatrix}3&2c\\d+1&2\end{pmatrix}$이므로
두 행렬이 서로 같을 조건에 의하여 $a-1=3,\ 2c=2,\ d+1=3,\ b+2=2$
$\therefore a=4,\ b=0,\ c=1,\ d=2$

STEP B $a+b+c+d$의 값 구하기

따라서 $a+b+c+d=4+0+1+2=7$

1749

정답 ⑤

STEP A 행렬의 꼴을 파악한 후 각각의 성분을 구하기

$A=\begin{pmatrix}p&q\\r+s&r-s\end{pmatrix}$ ...... ㉠
$i=1, 2,\ j=1, 2$이므로 행렬 B는 2×2행렬이다.
$$B=\begin{pmatrix}b_{11}&b_{12}\\b_{21}&b_{22}\end{pmatrix}$$
$b_{ij}=i+2j$에 $i=1, 2,\ j=1, 2$를 각각 대입하면
$b_{11}=1+2\times1=3,\ b_{12}=1+2\times2=5,\ b_{21}=2+2\times1=4,\ b_{22}=2+2\times2=6$
이므로 $B=\begin{pmatrix}b_{11}&b_{12}\\b_{21}&b_{22}\end{pmatrix}=\begin{pmatrix}3&5\\4&6\end{pmatrix}$ ...... ㉡

STEP B 두 행렬이 서로 같을 조건을 이용하여 p, q, r, s 구하기

㉠과 ㉡에서 $A=B$이므로 두 행렬이 서로 같을 조건에 의하여
$p=3,\ q=5,\ \underline{r+s=4,\ r-s=6}$

$\begin{array}{r}r+s=4\quad ......㉢\\+\ \underline{r-s=6}\\2r=10\end{array}$

$\therefore p=3,\ q=5,\ r=5,\ s=-1$
㉢에 $r=5$를 대입하면 $s=-1$
따라서 $pq+rs=3\times5+5\times(-1)=10$

1750

정답 ③

STEP A 두 행렬이 서로 같을 조건을 이용하여 실수 x의 값 구하기

$A=B$에서 $\begin{pmatrix}3x^2&3x\\x^2-x&2x+6\end{pmatrix}=\begin{pmatrix}9x&x^2\\x+3&x^2+x\end{pmatrix}$이므로
두 행렬이 서로 같을 조건에 의하여
$3x^2=9x$에서 $3x^2-9x=0,\ 3x(x-3)=0$
$\therefore x=0$ 또는 $x=3$ ...... ㉠
$x^2-x=x+3$에서 $x^2-2x-3=0,\ (x+1)(x-3)=0$
$\therefore x=-1$ 또는 $x=3$ ...... ㉡
$2x+6=x^2+x$에서 $x^2-x-6=0,\ (x+2)(x-3)=0$
$\therefore x=-2$ 또는 $x=3$ ...... ㉢
따라서 ㉠~㉢에서 구하는 x의 값은 3

1751

정답 ⑤

STEP A 두 행렬이 서로 같을 조건을 만족하는 상수 $xy, x+y$ 구하기

$A=B$에서 $\begin{pmatrix}3&x\\xy&y\end{pmatrix}=\begin{pmatrix}3&5-y\\xy&\dfrac{5}{x}\end{pmatrix}$이므로 두 행렬이 서로 같을 조건에 의하여

$x=5-y,\ y=\dfrac{5}{x}$
$\therefore x+y=5,\ xy=5$

STEP B $\dfrac{y^2}{x}+\dfrac{x^2}{y}$의 값 구하기

따라서 $\dfrac{y^2}{x}+\dfrac{x^2}{y}=\dfrac{x^3+y^3}{xy}$

$=\dfrac{(x+y)^3-3xy(x+y)}{xy}$

$=\dfrac{5^3-3\times5\times5}{5}$

$=\dfrac{50}{5}=10$

두 행렬 $A=\begin{pmatrix}xy&2\\5&x+y\end{pmatrix}$, $B=\begin{pmatrix}4&2\\5&-3\end{pmatrix}$에 대하여 $A=B$가 성립할 때,
x^3+y^3의 값은? (단, x, y는 실수이다.)

① 6 　　② 7 　　③ 8
④ 9 　　⑤ 10

STEP A 두 행렬이 서로 같을 조건을 만족하는 상수 $xy, x+y$ 구하기

$A=B$에서 $\begin{pmatrix}xy&2\\5&x+y\end{pmatrix}=\begin{pmatrix}4&2\\5&-3\end{pmatrix}$이므로 두 행렬이 서로 같을 조건에 의하여
$xy=4,\ x+y=-3$

STEP B x^3+y^3의 값 구하기

따라서 $x^3+y^3=(x+y)^3-3xy(x+y)$
$=(-3)^3-3\times4\times(-3)$
$=-27+36$
$=9$

정답 ④

1752

STEP A 두 행렬이 서로 같을 조건을 이용하여 $x+y$, xy의 값 구하기

$A=\begin{pmatrix} 3 & 2 \\ 2xy+1 & 2x+3y \end{pmatrix}$이므로 $A'=\begin{pmatrix} 2x+3y & 2 \\ 2xy+1 & 3 \end{pmatrix}$

$A'=B$이므로 $\begin{pmatrix} 2x+3y & 2 \\ 2xy+1 & 3 \end{pmatrix}=\begin{pmatrix} x+2y+3 & 2 \\ xy+3 & 3 \end{pmatrix}$

두 행렬이 서로 같을 조건에 의하여 $2x+3y=x+2y+3$, $2xy+1=xy+3$

$\therefore x+y=3$, $xy=2$

STEP B 곱셈 공식을 이용하여 x^3+y^3의 값 구하기

따라서 $x^3+y^3=(x+y)^3-3xy(x+y)=3^3-3\times2\times3=9$

1753

STEP A 두 행렬이 서로 같을 조건을 이용하여 관계식 구하기

$A=B$에서 $\begin{pmatrix} a+b+c & a^2+b^2+c^2 \\ a^3+b^3+c^3 & abc \end{pmatrix}=\begin{pmatrix} 5 & 29 \\ 83 & x \end{pmatrix}$이므로

두 행렬이 서로 같을 조건에 의하여

$a+b+c=5$ ⋯⋯ ㉠

$a^2+b^2+c^2=29$ ⋯⋯ ㉡

$a^3+b^3+c^3=83$ ⋯⋯ ㉢

$abc=x$ ⋯⋯ ㉣

STEP B $ab+bc+ca$의 값 구하기

㉠의 양변을 제곱하면 $a^2+b^2+c^2+2(ab+bc+ca)=25$이므로

㉡을 대입하면 $29+2(ab+bc+ca)=25$

$\therefore ab+bc+ca=-2$ ⋯⋯ ㉤

STEP C 곱셈 공식을 이용하여 x의 값 구하기

$a^3+b^3+c^3-3abc=(a+b+c)(a^2+b^2+c^2-ab-bc-ca)$이므로

㉠~㉤을 대입하면 $83-3x=5\times\{29-(-2)\}$, $-3x=72$

따라서 $x=-24$

POINT | 문자가 세 개인 곱셈 공식의 변형

(1) $a^2+b^2+c^2=(a+b+c)^2-2(ab+bc+ca)$

(2) $a^3+b^3+c^3-3abc=(a+b+c)(a^2+b^2+c^2-ab-bc-ca)$

(3) $a^2+b^2+c^2-ab-bc-ca=\dfrac{1}{2}\{(a-b)^2+(b-c)^2+(c-a)^2\}$

(4) $a^2+b^2+c^2+ab+bc+ca=\dfrac{1}{2}\{(a+b)^2+(b+c)^2+(c+a)^2\}$

내신연계 출제문항 812

두 행렬 $A=\begin{pmatrix} \sqrt{3} & 5 \\ 3\sqrt{3} & x \end{pmatrix}$, $B=\begin{pmatrix} a+b+c & a^2+b^2+c^2 \\ a^3+b^3+c^3 & abc \end{pmatrix}$가 $A=B$를 만족시

킬 때, x의 값은? (단, a, b, c는 상수이다)

① $-3\sqrt{3}$ ② $-2\sqrt{3}$ ③ $-\sqrt{3}$

④ $2\sqrt{3}$ ⑤ $3\sqrt{3}$

STEP A 두 행렬이 서로 같을 조건을 이용하여 관계식 구하기

$A=B$에서 $\begin{pmatrix} \sqrt{3} & 5 \\ 3\sqrt{3} & x \end{pmatrix}=\begin{pmatrix} a+b+c & a^2+b^2+c^2 \\ a^3+b^3+c^3 & abc \end{pmatrix}$이므로

두 행렬이 서로 같을 조건에 의하여

$a+b+c=\sqrt{3}$ ⋯⋯ ㉠

$a^2+b^2+c^2=5$ ⋯⋯ ㉡

$a^3+b^3+c^3=3\sqrt{3}$ ⋯⋯ ㉢

$abc=x$ ⋯⋯ ㉣

STEP B $ab+bc+ca$의 값 구하기

㉠의 양변을 제곱하면 $a^2+b^2+c^2+2(ab+bc+ca)=3$이므로

㉡을 대입하면 $5+2(ab+bc+ca)=3$

$\therefore ab+bc+ca=-1$ ⋯⋯ ㉤

STEP C 곱셈 공식을 이용하여 x의 값 구하기

$a^3+b^3+c^3-3abc=(a+b+c)(a^2+b^2+c^2-ab-bc-ca)$이므로

㉠~㉤을 대입하면 $3\sqrt{3}-3x=\sqrt{3}\times\{5-(-1)\}$, $-3x=3\sqrt{3}$

따라서 $x=-\sqrt{3}$

1754

STEP A 행렬의 연산법칙을 이용하여 두 행렬의 합과 실수배 계산하기

$A+2B=\begin{pmatrix} 1 & 2 \\ 2 & 0 \end{pmatrix}+2\begin{pmatrix} 2 & -1 \\ 1 & -1 \end{pmatrix}$

$=\begin{pmatrix} 1 & 2 \\ 2 & 0 \end{pmatrix}+\begin{pmatrix} 4 & -2 \\ 2 & -2 \end{pmatrix}$

$=\begin{pmatrix} 5 & 0 \\ 4 & -2 \end{pmatrix}$

STEP B 행렬 $A+2B$의 모든 성분의 합 구하기

따라서 행렬 $A+2B$의 모든 성분의 합은 $5+0+4+(-2)=7$

mini해설 | 두 행렬의 성분의 합을 이용하여 풀이하기

(행렬 $A+2B$의 모든 성분의 합)

=(행렬 A의 모든 성분의 합)$+2\times$(행렬 B의 모든 성분의 합)

=$(1+2+2+0)+2\times\{2+(-1)+1+(-1)\}=5+2=7$

1755

STEP A 행렬의 연산을 이용하여 행렬 A 구하기

$A=(A-2B)+2B$

$=\begin{pmatrix} -7 & 0 \\ 6 & 2 \end{pmatrix}+\begin{pmatrix} 4 & -2 \\ -6 & 2 \end{pmatrix}$

$=\begin{pmatrix} -3 & -2 \\ 0 & 4 \end{pmatrix}$

STEP B 행렬 A의 모든 성분의 합 구하기

따라서 행렬 A의 모든 성분의 합은 $(-3)+(-2)+0+4=-1$

내신연계 출제문항 813

세 행렬 $A=\begin{pmatrix} 3a & 5 \\ 8 & -4 \end{pmatrix}$, $B=\begin{pmatrix} -b & 2 \\ 2 & 1 \end{pmatrix}$, $C=\begin{pmatrix} 9 & -1 \\ ab & -7 \end{pmatrix}$에 대하여

$A=3B+C$일 때, a^3+b^3의 값을 구하시오.

STEP A 행렬의 연산을 이용하여 $a+b$, ab의 값 구하기

$A=3B+C$이므로

$\begin{pmatrix} 3a & 5 \\ 8 & -4 \end{pmatrix}=3\begin{pmatrix} -b & 2 \\ 2 & 1 \end{pmatrix}+\begin{pmatrix} 9 & -1 \\ ab & -7 \end{pmatrix}$

$=\begin{pmatrix} -3b+9 & 5 \\ 6+ab & -4 \end{pmatrix}$

두 행렬이 서로 같을 조건에 의하여 $3a=-3b+9$ $\therefore a+b=3$

$8=6+ab$ $\therefore ab=2$

STEP B a^3+b^3의 값 구하기

따라서 $a^3+b^3=(a+b)^3-3ab(a+b)=3^3-3\times2\times3=9$

1756

STEP A 주어진 식을 정리하여 행렬 X 구하기

$3X+A-2B=2(B+X)$에서

$X=-A+4B$

$=-\begin{pmatrix} -1 & 2 \\ 3 & 1 \end{pmatrix}+4\begin{pmatrix} 1 & 2 \\ 2 & -3 \end{pmatrix}$

$=\begin{pmatrix} 1 & -2 \\ -3 & -1 \end{pmatrix}+\begin{pmatrix} 4 & 8 \\ 8 & -12 \end{pmatrix}$

$=\begin{pmatrix} 5 & 6 \\ 5 & -13 \end{pmatrix}$

STEP B 행렬 X의 모든 성분의 합 구하기

따라서 행렬 X의 모든 성분의 합은 $5+6+5+(-13)=3$

내신연계 출제문항 814

두 이차정사각행렬 $A=\begin{pmatrix} 3 & -2 \\ 2 & 1 \end{pmatrix}$, $B=\begin{pmatrix} 1 & 4 \\ 2 & -1 \end{pmatrix}$에 대하여

$4X-A=2X-3(A-2B)$를 만족하는 행렬 X의 모든 성분의 합은?

① 14　　　② 15　　　③ 16

④ 17　　　⑤ 18

STEP A 주어진 식을 정리하여 행렬 X 구하기

$4X-A=2X-3(A-2B)$에서 $2X=-2A+6B$

$\therefore X=-A+3B$

$=-\begin{pmatrix} 3 & -2 \\ 2 & 1 \end{pmatrix}+3\begin{pmatrix} 1 & 4 \\ 2 & -1 \end{pmatrix}$

$=\begin{pmatrix} -3 & 2 \\ -2 & -1 \end{pmatrix}+\begin{pmatrix} 3 & 12 \\ 6 & -3 \end{pmatrix}$

$=\begin{pmatrix} 0 & 14 \\ 4 & -4 \end{pmatrix}$

STEP B 행렬 X의 모든 성분의 합 구하기

따라서 행렬 X의 모든 성분의 합은 $0+14+4+(-4)=14$　　정답 ①

1757

STEP A 주어진 식을 정리하여 행렬 X 구하기

이차정사각행렬 A를 $A=\begin{pmatrix} a & b \\ c & d \end{pmatrix}$라 하면

행렬 A의 모든 성분의 합이 12이므로 $a+b+c+d=12$

$3(X+A)=4A$, $3X+3A=4A$

$\therefore X=\frac{1}{3}A=\frac{1}{3}\begin{pmatrix} a & b \\ c & d \end{pmatrix}$

STEP B 행렬 X의 모든 성분의 합 구하기

따라서 행렬 X의 모든 성분의 합은 $\frac{1}{3}(a+b+c+d)=\frac{1}{3}\times 12=4$

+α 행렬 X의 모든 성분의 합을 다음과 같이 구할 수 있어!

(행렬 X의 모든 성분의 합)$=\frac{1}{3}\times$(행렬 A의 모든 성분의 합)

$=\frac{1}{3}\times 12$

$=4$

1758

STEP A 행렬의 꼴을 파악한 후 각각의 성분 구하기

$i=1, 2, j=1, 2$이므로 행렬 A는 2×2행렬이다.

$$A=\begin{pmatrix} a_{11} & a_{12} \\ a_{21} & a_{22} \end{pmatrix}$$

$a_{ij}=i^2+j^2$에 $i=1, 2, j=1, 2$를 각각 대입하면

$a_{11}=1^2+1^2=2$, $a_{12}=1^2+2^2=5$

$a_{21}=2^2+1^2=5$, $a_{22}=2^2+2^2=8$

$\therefore A=\begin{pmatrix} a_{11} & a_{12} \\ a_{21} & a_{22} \end{pmatrix}=\begin{pmatrix} 2 & 5 \\ 5 & 8 \end{pmatrix}$

STEP B 주어진 식을 정리하여 행렬 X 구하기

$2(X+A)=A$에서 $2X+2A=A$

$2X=-A$

$\therefore X=-\frac{1}{2}A=-\frac{1}{2}\begin{pmatrix} 2 & 5 \\ 5 & 8 \end{pmatrix}$

STEP C 행렬 X의 $(1, 1)$ 성분과 $(2, 2)$ 성분의 합 구하기

따라서 행렬 X의 $(1, 1)$ 성분과 $(2, 2)$ 성분의 합은 $-\frac{1}{2}\times(2+8)=-5$

1759

2016학년도 고3 수능기출 B형 1번

STEP A 행렬의 연산법칙을 이용하여 두 행렬의 합 계산하기

$A+B=\begin{pmatrix} a & 3 \\ 0 & 1 \end{pmatrix}+\begin{pmatrix} 4 & 1 \\ -1 & 0 \end{pmatrix}$

$=\begin{pmatrix} a+4 & 4 \\ -1 & 1 \end{pmatrix}$

STEP B 행렬 $A+B$의 모든 성분의 합이 9가 되도록 하는 상수 a의 값 구하기

행렬 $A+B$의 모든 성분의 합이 9이므로 $a+4+4+(-1)+1=9$, $a+8=9$

따라서 $a=1$

mini해설 | 두 행렬의 성분의 합을 이용하여 풀이하기

(행렬 $A+B$의 모든 성분의 합)

$=$(행렬 A의 모든 성분의 합)$+$(행렬 B의 모든 성분의 합)

$=(a+3+0+1)+\{4+1+(-1)+0\}=a+8$

따라서 $a+8=9$이므로 $a=1$

내신연계 출제문항 815

두 행렬 $A=\begin{pmatrix} a & 5 \\ 0 & 1 \end{pmatrix}$, $B=\begin{pmatrix} 4 & 1 \\ -1 & 2 \end{pmatrix}$에 대하여 행렬 $A+2B$의 모든 성분의 합이 12일 때, 상수 a의 값은?

① -6　　　② -5　　　③ -4

④ -3　　　⑤ -2

STEP A 행렬의 연산법칙을 이용하여 두 행렬의 합과 실수배 계산하기

$A+2B=\begin{pmatrix} a & 5 \\ 0 & 1 \end{pmatrix}+2\begin{pmatrix} 4 & 1 \\ -1 & 2 \end{pmatrix}$

$=\begin{pmatrix} a+8 & 7 \\ -2 & 5 \end{pmatrix}$

STEP B 행렬 $A+2B$의 모든 성분의 합이 12가 되도록 하는 상수 a의 값 구하기

따라서 행렬 $A+2B$의 모든 성분의 합이 12이므로

$a+8+7+(-2)+5=12$　　$\therefore a=-6$

 정답 ①

1760

 정답 14

STEP A 행렬의 연산을 이용하여 주어진 식을 정리하기

$x\begin{pmatrix}1&1\\2&2\end{pmatrix}+y\begin{pmatrix}1&2\\2&1\end{pmatrix}=\begin{pmatrix}x+y&x+2y\\2x+2y&2x+y\end{pmatrix}$ 이므로

$\begin{pmatrix}x+y&x+2y\\2x+2y&2x+y\end{pmatrix}=\begin{pmatrix}3&4\\z&w\end{pmatrix}$

STEP B 두 행렬이 서로 같을 조건을 이용하여 실수 x, y, z, w 구하기

두 행렬이 서로 같을 조건에 의하여

$x+y=3$ ...... ㉠
$x+2y=4$ ...... ㉡
$2x+2y=z$ ...... ㉢
$2x+y=w$ ...... ㉣

㉠, ㉡을 연립하여 풀면
$x=2$, $y=1$

$\begin{array}{r}x+y=3 \quad\cdots\cdots ㉠\\ -\underline{x+2y=4 \quad\cdots\cdots ㉡}\\ -y=-1 \quad \therefore y=1\end{array}$
㉠에 $y=1$을 대입하면 $x=2$

이 값을 ㉢과 ㉣에 대입하면
$z=6$, $w=5$

㉢에서 $2\times2+2\times1=z$ $\therefore z=6$
㉣에서 $2\times2+1=w$ $\therefore w=5$

STEP C $x+y+z+w$의 값 구하기

따라서 $x+y+z+w=2+1+6+5=14$

1761

 정답 ③

STEP A 행렬의 연산을 이용하여 주어진 식을 정리하기

$xA+yB=X$ 에서

$x\begin{pmatrix}1&3\\0&4\end{pmatrix}+y\begin{pmatrix}3&4\\2&-1\end{pmatrix}=\begin{pmatrix}2&1\\2&-5\end{pmatrix}$

$\begin{pmatrix}x+3y&3x+4y\\2y&4x-y\end{pmatrix}=\begin{pmatrix}2&1\\2&-5\end{pmatrix}$

STEP B 두 행렬이 서로 같을 조건을 이용하여 실수 x, y 구하기

두 행렬이 서로 같을 조건에 의하여

$x+3y=2$ ...... ㉠
$3x+4y=1$ ...... ㉡
$2y=2$ ...... ㉢
$4x-y=-5$ ...... ㉣

㉢에서 $y=1$
$y=1$을 ㉠에 대입하면 $x=-1$

STEP C $x+y$의 값 구하기

따라서 $x+y=(-1)+1=0$

1762

 정답 ③

STEP A 행렬의 연산을 이용하여 주어진 식을 정리하기

$xA+yB=C$ 에서

$x\begin{pmatrix}1&2\\3&4\end{pmatrix}+y\begin{pmatrix}-1&3\\2&5\end{pmatrix}=\begin{pmatrix}3&a\\b&3\end{pmatrix}$

$\begin{pmatrix}x-y&2x+3y\\3x+2y&4x+5y\end{pmatrix}=\begin{pmatrix}3&a\\b&3\end{pmatrix}$

STEP B 두 행렬이 서로 같을 조건을 이용하여 실수 x, y, a, b 구하기

두 행렬이 서로 같을 조건에 의하여

$x-y=3$ ...... ㉠
$2x+3y=a$ ...... ㉡
$3x+2y=b$ ...... ㉢
$4x+5y=3$ ...... ㉣

㉠, ㉣을 연립하여 풀면
$x=2$, $y=-1$

$\begin{array}{r}4x-4y=12\\ -\underline{4x+5y=3}\\ -9y=9 \quad \therefore y=-1\end{array}$
㉠에 $y=-1$을 대입하면 $x=2$

이 값을 ㉡과 ㉢에 대입하면
$a=1$, $b=4$

㉡에서 $2\times2+3\times(-1)=a$ $\therefore a=1$
㉢에서 $3\times2+2\times(-1)=b$ $\therefore b=4$

STEP C $x+y+a+b$의 값 구하기

따라서 $x+y+a+b=2+(-1)+1+4=6$

내｜신｜연｜계 출제문항 816

세 행렬 $A=\begin{pmatrix}1&a\\-1&2\end{pmatrix}$, $B=\begin{pmatrix}-1&2\\b&3\end{pmatrix}$, $C=\begin{pmatrix}-4&3\\-5&7\end{pmatrix}$ 에 대하여 $xA+yB=C$ 가 성립할 때, $xy+ab$의 값은? (단, a, b, x, y는 실수이다.)

① -9 ② -8 ③ -7
④ -6 ⑤ -5

STEP A 행렬의 연산을 이용하여 주어진 식을 정리하기

$xA+yB=C$ 에서

$x\begin{pmatrix}1&a\\-1&2\end{pmatrix}+y\begin{pmatrix}-1&2\\b&3\end{pmatrix}=\begin{pmatrix}-4&3\\-5&7\end{pmatrix}$

$\begin{pmatrix}x-y&ax+2y\\-x+by&2x+3y\end{pmatrix}=\begin{pmatrix}-4&3\\-5&7\end{pmatrix}$

STEP B 두 행렬이 서로 같을 조건을 이용하여 실수 x, y, a, b 구하기

두 행렬이 서로 같을 조건에 의하여

$x-y=-4$ ...... ㉠
$ax+2y=3$ ...... ㉡
$-x+by=-5$ ...... ㉢
$2x+3y=7$ ...... ㉣

㉠, ㉣을 연립하여 풀면
$x=-1$, $y=3$

$\begin{array}{r}2x-2y=-8\\ -\underline{2x+3y=7}\\ -5y=-15 \quad \therefore y=3\end{array}$
㉠에 $y=3$을 대입하면 $x=-1$

이 값을 ㉡과 ㉢에 대입하면
$a=3$, $b=-2$

㉡에서 $a\times(-1)+2\times3=3$ $\therefore a=3$
㉢에서 $-(-1)+b\times3=-5$ $\therefore b=-2$

STEP C $xy+ab$의 값 구하기

따라서 $xy+ab=-1\times3+3\times(-2)=-3-6=-9$

 정답 ①

1763

STEP A 두 등식을 연립하여 행렬 X, Y를 구하기

$X-Y=A$ $\qquad$ …… ㉠

$2X+Y=B$ $\qquad$ …… ㉡

㉠+㉡을 하면 $3X=A+B$이므로

$X=\dfrac{1}{3}(A+B)$

$=\dfrac{1}{3}\left\{\begin{pmatrix}-1 & -3 \\ 2 & -2\end{pmatrix}+\begin{pmatrix}4 & 3 \\ 4 & -1\end{pmatrix}\right\}$

$=\dfrac{1}{3}\begin{pmatrix}3 & 0 \\ 6 & -3\end{pmatrix}=\begin{pmatrix}1 & 0 \\ 2 & -1\end{pmatrix}$

$2\times$㉠$-$㉡을 하면 $-3Y=2A-B$이므로

$Y=-\dfrac{1}{3}(2A-B)$

$=-\dfrac{1}{3}\left\{2\begin{pmatrix}-1 & -3 \\ 2 & -2\end{pmatrix}-\begin{pmatrix}4 & 3 \\ 4 & -1\end{pmatrix}\right\}$

$=-\dfrac{1}{3}\begin{pmatrix}-6 & -9 \\ 0 & -3\end{pmatrix}=\begin{pmatrix}2 & 3 \\ 0 & 1\end{pmatrix}$

STEP B 행렬 $X+2Y$의 $(1, 2)$ 성분과 $(2, 1)$ 성분의 차 구하기

따라서 $X+2Y=\begin{pmatrix}1 & 0 \\ 2 & -1\end{pmatrix}+2\begin{pmatrix}2 & 3 \\ 0 & 1\end{pmatrix}=\begin{pmatrix}5 & 6 \\ 2 & 1\end{pmatrix}$이므로

$(1, 2)$ 성분 6과 $(2, 1)$ 성분 2의 차는 $6-2=4$

1764

STEP A 두 등식을 연립하여 행렬 A, B 구하기

$A-4B=\begin{pmatrix}-1 & 3 \\ 2 & 0\end{pmatrix}$ $\qquad$ …… ㉠

$3A-2B=\begin{pmatrix}3 & 1 \\ 0 & 4\end{pmatrix}$ $\qquad$ …… ㉡

㉠$-$㉡$\times 2$를 하면

$-5A=\begin{pmatrix}-1 & 3 \\ 2 & 0\end{pmatrix}-2\begin{pmatrix}3 & 1 \\ 0 & 4\end{pmatrix}=\begin{pmatrix}-7 & 1 \\ 2 & -8\end{pmatrix}$

$\therefore A=\begin{pmatrix}\dfrac{7}{5} & -\dfrac{1}{5} \\ -\dfrac{2}{5} & \dfrac{8}{5}\end{pmatrix}$

이것을 ㉠에 대입하면

$4B=A-\begin{pmatrix}-1 & 3 \\ 2 & 0\end{pmatrix}=\begin{pmatrix}\dfrac{7}{5} & -\dfrac{1}{5} \\ -\dfrac{2}{5} & \dfrac{8}{5}\end{pmatrix}-\begin{pmatrix}-1 & 3 \\ 2 & 0\end{pmatrix}=\begin{pmatrix}\dfrac{12}{5} & -\dfrac{16}{5} \\ -\dfrac{12}{5} & \dfrac{8}{5}\end{pmatrix}$

$\therefore B=\begin{pmatrix}\dfrac{3}{5} & -\dfrac{4}{5} \\ -\dfrac{3}{5} & \dfrac{2}{5}\end{pmatrix}$

STEP B 행렬 $A+B$의 모든 성분의 합 구하기

$A+B=\begin{pmatrix}\dfrac{7}{5} & -\dfrac{1}{5} \\ -\dfrac{2}{5} & \dfrac{8}{5}\end{pmatrix}+\begin{pmatrix}\dfrac{3}{5} & -\dfrac{4}{5} \\ -\dfrac{3}{5} & \dfrac{2}{5}\end{pmatrix}=\begin{pmatrix}2 & -1 \\ -1 & 2\end{pmatrix}$

따라서 $A+B$의 모든 성분의 합은 $2+(-1)+(-1)+2=2$

---

mini해설 | 두 행렬을 빼서 풀이하기

$A-4B=\begin{pmatrix}-1 & 3 \\ 2 & 0\end{pmatrix}$ $\qquad$ …… ㉠

$3A-2B=\begin{pmatrix}3 & 1 \\ 0 & 4\end{pmatrix}$ $\qquad$ …… ㉡

㉡$-$㉠을 하면

$(3A-2B)-(A-4B)=\begin{pmatrix}3 & 1 \\ 0 & 4\end{pmatrix}-\begin{pmatrix}-1 & 3 \\ 2 & 0\end{pmatrix}$, $2(A+B)=\begin{pmatrix}4 & -2 \\ -2 & 4\end{pmatrix}$

따라서 $A+B=\begin{pmatrix}2 & -1 \\ -1 & 2\end{pmatrix}$이므로 행렬 $A+B$의 모든 성분의 합은 2

두 이차정사각행렬 A, B에 대하여 A의 (i, j) 성분은 i^2+j^2이고 $A+2B$의 (i, j) 성분은 $3i-2j$일 때, 행렬 B의 2행의 모든 성분의 곱을 구하시오.

STEP A 두 행렬 A, $A+2B$ 구하기

행렬 A의 성분 $a_{ij}=i^2+j^2$에 $i=1, 2$, $j=1, 2$를 각각 대입하면

$a_{11}=1^2+1^2=2$, $a_{12}=1^2+2^2=5$

$a_{21}=2^2+1^2=5$, $a_{22}=2^2+2^2=8$

$\therefore A=\begin{pmatrix}a_{11} & a_{12} \\ a_{21} & a_{22}\end{pmatrix}=\begin{pmatrix}1 & 5 \\ 5 & 8\end{pmatrix}$  …… ㉠

행렬 $A+2B$의 성분 $b_{ij}=3i-2j$에 $i=1, 2$, $j=1, 2$를 각각 대입하면

$b_{11}=3-2=1$, $b_{12}=3-4=-1$,

$b_{21}=6-2=4$, $b_{22}=6-4=2$

$\therefore A+2B=\begin{pmatrix}b_{11} & b_{12} \\ b_{21} & b_{22}\end{pmatrix}=\begin{pmatrix}1 & -1 \\ 4 & 2\end{pmatrix}$ …… ㉡

STEP B 행렬 B의 2행의 모든 성분의 합 구하기

㉡$-$㉠을 하면 $2B=\begin{pmatrix}1 & -1 \\ 4 & 2\end{pmatrix}-\begin{pmatrix}1 & 5 \\ 5 & 8\end{pmatrix}=\begin{pmatrix}0 & -6 \\ -1 & -6\end{pmatrix}$ $\therefore B=\begin{pmatrix}0 & -3 \\ -\dfrac{1}{2} & -3\end{pmatrix}$

따라서 행렬 B의 2행의 모든 성분의 곱은 $\left(-\dfrac{1}{2}\right)\times(-3)=\dfrac{3}{2}$

1765

 해설강의

STEP A 두 등식을 연립하여 두 행렬 A, B 구하기

$A-B=\begin{pmatrix}0 & -3 \\ 12 & 2\end{pmatrix}$ $\qquad$ …… ㉠

$2A+B=\begin{pmatrix}6 & 3 \\ 9 & 7\end{pmatrix}$ $\qquad$ …… ㉡

㉠$+$㉡에서 $3A=\begin{pmatrix}0 & -3 \\ 12 & 2\end{pmatrix}+\begin{pmatrix}6 & 3 \\ 9 & 7\end{pmatrix}=\begin{pmatrix}6 & 0 \\ 21 & 9\end{pmatrix}$ $\therefore A=\begin{pmatrix}2 & 0 \\ 7 & 3\end{pmatrix}$

이것을 ㉠에 대입하면

$B=A-\begin{pmatrix}0 & -3 \\ 12 & 2\end{pmatrix}=\begin{pmatrix}2 & 0 \\ 7 & 3\end{pmatrix}-\begin{pmatrix}0 & -3 \\ 12 & 2\end{pmatrix}=\begin{pmatrix}2 & 3 \\ -5 & 1\end{pmatrix}$

STEP B A의 $(2, 1)$ 성분과 B의 $(2, 2)$ 성분의 합 구하기

따라서 A의 $(2, 1)$ 성분은 7이고 B의 $(2, 2)$ 성분은 1이므로 그 합은 $7+1=8$

두 이차정사각행렬 A, B가 $A+B=\begin{pmatrix}-2 & 3 \\ 2 & 0\end{pmatrix}$, $2A-B=\begin{pmatrix}5 & 0 \\ -2 & -3\end{pmatrix}$을 만족시킬 때, 행렬 A의 $(1, 1)$성분과 행렬 B의 $(2, 2)$성분의 합을 구하시오.

STEP A 두 등식을 연립하여 두 행렬 A, B 구하기

$A+B=\begin{pmatrix}-2 & 3 \\ 2 & 0\end{pmatrix}$ $\qquad$ …… ㉠

$2A-B=\begin{pmatrix}5 & 0 \\ -2 & -3\end{pmatrix}$ $\qquad$ …… ㉡

㉠$+$㉡에서 $3A=\begin{pmatrix}-2 & 3 \\ 2 & 0\end{pmatrix}+\begin{pmatrix}5 & 0 \\ -2 & -3\end{pmatrix}=\begin{pmatrix}3 & 3 \\ 0 & -3\end{pmatrix}$ $\therefore A=\begin{pmatrix}1 & 1 \\ 0 & -1\end{pmatrix}$

이것을 ㉠에 대입하면

$B=\begin{pmatrix}-2 & 3 \\ 2 & 0\end{pmatrix}-A=\begin{pmatrix}-2 & 3 \\ 2 & 0\end{pmatrix}-\begin{pmatrix}1 & 1 \\ 0 & -1\end{pmatrix}=\begin{pmatrix}-3 & 2 \\ 2 & 1\end{pmatrix}$

STEP B A의 $(1, 1)$ 성분과 B의 $(2, 2)$ 성분의 합 구하기

따라서 A의 $(1, 1)$ 성분은 1이고 B의 $(2, 2)$ 성분은 1이므로 그 합은 $1+1=2$

STEP A 두 등식을 연립하여 행렬 A, B 구하기

$A-3B=\begin{pmatrix} 4 & 4 \\ 4 & 14 \end{pmatrix}$ …… ㉠

$2A-B=\begin{pmatrix} 13 & 3 \\ 3 & 8 \end{pmatrix}$ …… ㉡

㉡×3-㉠을 하면 $5A=3\begin{pmatrix} 13 & 3 \\ 3 & 8 \end{pmatrix}-\begin{pmatrix} 4 & 4 \\ 4 & 14 \end{pmatrix}=\begin{pmatrix} 35 & 5 \\ 5 & 10 \end{pmatrix}$ $\therefore A=\begin{pmatrix} 7 & 1 \\ 1 & 2 \end{pmatrix}$

이것을 ㉡에 대입하면

$2\begin{pmatrix} 7 & 1 \\ 1 & 2 \end{pmatrix}-B=\begin{pmatrix} 13 & 3 \\ 3 & 8 \end{pmatrix}$

$\therefore B=2\begin{pmatrix} 7 & 1 \\ 1 & 2 \end{pmatrix}-\begin{pmatrix} 13 & 3 \\ 3 & 8 \end{pmatrix}=\begin{pmatrix} 1 & -1 \\ -1 & -4 \end{pmatrix}$

STEP B 행렬 $A-B$의 모든 성분의 합 구하기

$A-B=\begin{pmatrix} 7 & 1 \\ 1 & 2 \end{pmatrix}-\begin{pmatrix} 1 & -1 \\ -1 & -4 \end{pmatrix}=\begin{pmatrix} 6 & 2 \\ 2 & 6 \end{pmatrix}$

따라서 행렬 $A-B$의 모든 성분의 합은 $6+2+2+6=16$

내신연계 출제문항 819

행렬 A, B에 대하여 $3A+B=\begin{pmatrix} 2 & 1 \\ -2 & 5 \end{pmatrix}$, $2A-B=\begin{pmatrix} 3 & -1 \\ 2 & 5 \end{pmatrix}$이 성립할 때, 행렬 $A+B$의 2열의 모든 성분의 합은?

① -1 ② 0 ③ 1
④ 2 ⑤ 3

STEP A 두 등식을 연립하여 행렬 A, B 구하기

$3A+B=\begin{pmatrix} 2 & 1 \\ -2 & 5 \end{pmatrix}$ …… ㉠

$2A-B=\begin{pmatrix} 3 & -1 \\ 2 & 5 \end{pmatrix}$ …… ㉡

㉠+㉡을 하면 $5A=\begin{pmatrix} 2 & 1 \\ -2 & 5 \end{pmatrix}+\begin{pmatrix} 3 & -1 \\ 2 & 5 \end{pmatrix}=\begin{pmatrix} 5 & 0 \\ 0 & 10 \end{pmatrix}$ $\therefore A=\begin{pmatrix} 1 & 0 \\ 0 & 2 \end{pmatrix}$

이것을 ㉡에 대입하면

$2\begin{pmatrix} 1 & 0 \\ 0 & 2 \end{pmatrix}-B=\begin{pmatrix} 3 & -1 \\ 2 & 5 \end{pmatrix}$에서 $B=2\begin{pmatrix} 1 & 0 \\ 0 & 2 \end{pmatrix}-\begin{pmatrix} 3 & -1 \\ 2 & 5 \end{pmatrix}=\begin{pmatrix} -1 & 1 \\ -2 & -1 \end{pmatrix}$

STEP B 행렬 $A+B$의 2열의 모든 성분의 합 구하기

$A+B=\begin{pmatrix} 1 & 0 \\ 0 & 2 \end{pmatrix}+\begin{pmatrix} -1 & 1 \\ -2 & -1 \end{pmatrix}=\begin{pmatrix} 0 & 1 \\ -2 & 1 \end{pmatrix}$

따라서 2열의 모든 성분의 합은 $1+1=2$ 정답 ④

1767 정답 ②

STEP A 행렬의 곱셈을 이용하여 행렬 ABC 구하기

$A=\begin{pmatrix} a \\ 1 \end{pmatrix}$, $B=(2\ 3)$, $C=\begin{pmatrix} 2 & -1 \\ -4 & 3 \end{pmatrix}$이므로

$AB=\begin{pmatrix} a \\ 1 \end{pmatrix}(2\ 3)=\begin{pmatrix} 2a & 3a \\ 2 & 3 \end{pmatrix}$ ← $(2\times1$행렬$)\times(1\times2$행렬$)=(2\times2$행렬$)$

$ABC=(AB)C$

$\quad=\begin{pmatrix} 2a & 3a \\ 2 & 3 \end{pmatrix}\begin{pmatrix} 2 & -1 \\ -4 & 3 \end{pmatrix}$

$\quad=\begin{pmatrix} -8a & 7a \\ -8 & 7 \end{pmatrix}$

STEP B 행렬 ABC의 모든 성분의 합이 0임을 이용하여 실수 a 구하기

이때 행렬 ABC의 모든 성분의 합이 0이므로

$-8a+7a+(-8)+7=-a-1=0$

따라서 $a=-1$

1768 정답 ⑤

STEP A 행렬의 곱셈을 이용하여 행렬 $A(A+B)$ 구하기

$A=\begin{pmatrix} 1 & 0 \\ 1 & 1 \end{pmatrix}$, $B=\begin{pmatrix} 1 & 0 \\ -1 & 1 \end{pmatrix}$이므로

$A+B=\begin{pmatrix} 1 & 0 \\ 1 & 1 \end{pmatrix}+\begin{pmatrix} 1 & 0 \\ -1 & 1 \end{pmatrix}=\begin{pmatrix} 2 & 0 \\ 0 & 2 \end{pmatrix}=2E$ (단, E는 단위행렬이다.)

$A(A+B)=A(2E)=2A$

$\qquad\qquad=2\begin{pmatrix} 1 & 0 \\ 1 & 1 \end{pmatrix}=\begin{pmatrix} 2 & 0 \\ 2 & 2 \end{pmatrix}$

STEP B 행렬 $A(A+B)$의 모든 성분의 합 구하기

따라서 행렬 $A(A+B)$의 모든 성분의 합은 $2+0+2+2=6$

mini 해설 행렬의 곱셈을 이용하여 풀이하기

$A(A+B)=A^2+AB=\begin{pmatrix} 1 & 0 \\ 1 & 1 \end{pmatrix}\begin{pmatrix} 1 & 0 \\ 1 & 1 \end{pmatrix}+\begin{pmatrix} 1 & 0 \\ 1 & 1 \end{pmatrix}\begin{pmatrix} 1 & 0 \\ -1 & 1 \end{pmatrix}$

$\qquad\qquad=\begin{pmatrix} 1 & 0 \\ 2 & 1 \end{pmatrix}+\begin{pmatrix} 1 & 0 \\ 0 & 1 \end{pmatrix}=\begin{pmatrix} 2 & 0 \\ 2 & 2 \end{pmatrix}$

따라서 행렬 $A(A+B)$의 모든 성분의 합은 $2+0+2+2=6$

1769 정답 ③

STEP A 행렬의 곱셈을 이용하여 행렬 $2AB-3BA$ 구하기

$A=\begin{pmatrix} -1 & 0 \\ -2 & 1 \end{pmatrix}$, $B=\begin{pmatrix} -1 & 1 \\ 1 & -1 \end{pmatrix}$이므로

$AB=\begin{pmatrix} -1 & 0 \\ -2 & 1 \end{pmatrix}\begin{pmatrix} -1 & 1 \\ 1 & -1 \end{pmatrix}=\begin{pmatrix} 1 & -1 \\ 3 & -3 \end{pmatrix}$

$BA=\begin{pmatrix} -1 & 1 \\ 1 & -1 \end{pmatrix}\begin{pmatrix} -1 & 0 \\ -2 & 1 \end{pmatrix}=\begin{pmatrix} -1 & 1 \\ 1 & -1 \end{pmatrix}$

$2AB-3BA=2\begin{pmatrix} 1 & -1 \\ 3 & -3 \end{pmatrix}-3\begin{pmatrix} -1 & 1 \\ 1 & -1 \end{pmatrix}$

$\qquad\qquad=\begin{pmatrix} 2 & -2 \\ 6 & -6 \end{pmatrix}-\begin{pmatrix} -3 & 3 \\ 3 & -3 \end{pmatrix}=\begin{pmatrix} 5 & -5 \\ 3 & -3 \end{pmatrix}$

STEP B 행렬 $2AB-3BA$의 모든 성분의 합 구하기

따라서 행렬 $2AB-3BA$의 모든 성분의 합은 $5+(-5)+3+(-3)=0$

1770 정답 2

STEP A 행렬의 뺄셈을 이용하여 행렬 B 구하기

$A=\begin{pmatrix} 3 & 1 \\ 1 & 1 \end{pmatrix}$, $A+B=\begin{pmatrix} 1 & -1 \\ -2 & 0 \end{pmatrix}$이므로

$B=(A+B)-A=\begin{pmatrix} 1 & -1 \\ -2 & 0 \end{pmatrix}-\begin{pmatrix} 3 & 1 \\ 1 & 1 \end{pmatrix}$

$\quad=\begin{pmatrix} -2 & -2 \\ -3 & -1 \end{pmatrix}$

STEP B 행렬 $A(2A+B)$의 2열의 모든 성분의 합 구하기

$A(2A+B)=2A^2+AB$

$\qquad\qquad=2\begin{pmatrix} 3 & 1 \\ 1 & 1 \end{pmatrix}\begin{pmatrix} 3 & 1 \\ 1 & 1 \end{pmatrix}+\begin{pmatrix} 3 & 1 \\ 1 & 1 \end{pmatrix}\begin{pmatrix} -2 & -2 \\ -3 & -1 \end{pmatrix}$

$\qquad\qquad=\begin{pmatrix} 20 & 8 \\ 8 & 4 \end{pmatrix}+\begin{pmatrix} -9 & -7 \\ -5 & -3 \end{pmatrix}=\begin{pmatrix} 11 & 1 \\ 3 & 1 \end{pmatrix}$

따라서 행렬 $A(2A+B)$의 2열의 모든 성분의 합은 $1+1=2$

mini 해설 $2A+B=A+(A+B)$임을 이용하여 풀이하기

$2A+B=A+(A+B)=\begin{pmatrix} 3 & 1 \\ 1 & 1 \end{pmatrix}+\begin{pmatrix} 1 & -1 \\ -2 & 0 \end{pmatrix}=\begin{pmatrix} 4 & 0 \\ -1 & 1 \end{pmatrix}$

$A(2A+B)=\begin{pmatrix} 3 & 1 \\ 1 & 1 \end{pmatrix}\begin{pmatrix} 4 & 0 \\ -1 & 1 \end{pmatrix}=\begin{pmatrix} 11 & 1 \\ 3 & 1 \end{pmatrix}$

따라서 행렬 $A(2A+B)$의 2열의 모든 성분의 합은 $1+1=2$

1771

정답 ⑤

STEP A 행렬의 분배법칙을 이용하여 행렬 X 구하기

$X+B=AB$에서
$$X=AB-B=(A-E)B$$
$$=\left\{\begin{pmatrix}1 & 2\\0 & 4\end{pmatrix}-\begin{pmatrix}1 & 0\\0 & 1\end{pmatrix}\right\}\begin{pmatrix}2 & 0\\1 & 1\end{pmatrix}$$
$$=\begin{pmatrix}0 & 2\\0 & 3\end{pmatrix}\begin{pmatrix}2 & 0\\1 & 1\end{pmatrix}=\begin{pmatrix}2 & 2\\3 & 3\end{pmatrix}$$

STEP B 행렬 X의 모든 성분의 합 구하기

따라서 행렬 X의 모든 성분의 합은 $2+2+3+3=10$

---

mini해설 | 행렬의 곱을 이용하여 풀이하기

$A=\begin{pmatrix}1 & 2\\0 & 4\end{pmatrix}$, $B=\begin{pmatrix}2 & 0\\1 & 1\end{pmatrix}$에서 $AB=\begin{pmatrix}1 & 2\\0 & 4\end{pmatrix}\begin{pmatrix}2 & 0\\1 & 1\end{pmatrix}=\begin{pmatrix}4 & 2\\4 & 4\end{pmatrix}$

$X+B=AB$에서 $X=AB-B$이므로 $X=AB-B=\begin{pmatrix}4 & 2\\4 & 4\end{pmatrix}-\begin{pmatrix}2 & 0\\1 & 1\end{pmatrix}=\begin{pmatrix}2 & 2\\3 & 3\end{pmatrix}$

따라서 행렬 X의 모든 성분의 합은 $2+2+3+3=10$

1772

정답 2

STEP A 행렬의 덧셈, 곱셈과 두 행렬이 서로 같을 조건을 이용하여 $x+y$, xy 구하기

$A=\begin{pmatrix}x & 1\\1 & x\end{pmatrix}$, $B=\begin{pmatrix}y & 1\\1 & y\end{pmatrix}$이므로

$$AB=\begin{pmatrix}x & 1\\1 & x\end{pmatrix}\begin{pmatrix}y & 1\\1 & y\end{pmatrix}=\begin{pmatrix}xy+1 & x+y\\x+y & 1+xy\end{pmatrix}$$

$$A+B=\begin{pmatrix}x & 1\\1 & x\end{pmatrix}+\begin{pmatrix}y & 1\\1 & y\end{pmatrix}=\begin{pmatrix}x+y & 2\\2 & x+y\end{pmatrix}$$

$AB=A+B$이므로 $\begin{pmatrix}xy+1 & x+y\\x+y & 1+xy\end{pmatrix}=\begin{pmatrix}x+y & 2\\2 & x+y\end{pmatrix}$

두 행렬이 서로 같을 조건에 의하여

$xy+1=x+y$ …… ㉠
$x+y=2$ …… ㉡

㉡을 ㉠에 대입하면 $xy+1=2$에서 $xy=1$

STEP B 곱셈 공식을 이용하여 x^3+y^3의 값 구하기

따라서 $x^3+y^3=(x+y)^3-3xy(x+y)=2^3-3\times1\times2=2$

내신 연계 출제문항 820

두 행렬 $A=\begin{pmatrix}x & 2\\2 & x\end{pmatrix}$, $B=\begin{pmatrix}y & 2\\2 & y\end{pmatrix}$에 대하여 등식 $AB=A+B$가 성립하도록 실수 x, y를 정할 때, x^2+y^2의 값은?

① 8   ② 10   ③ 12
④ 14   ⑤ 16

STEP A 행렬의 덧셈, 곱셈과 두 행렬이 서로 같을 조건을 이용하여 $x+y$, xy 구하기

$A=\begin{pmatrix}x & 2\\2 & x\end{pmatrix}$, $B=\begin{pmatrix}y & 2\\2 & y\end{pmatrix}$이므로

$$AB=\begin{pmatrix}x & 2\\2 & x\end{pmatrix}\begin{pmatrix}y & 2\\2 & y\end{pmatrix}=\begin{pmatrix}xy+4 & 2x+2y\\2x+2y & 4+xy\end{pmatrix}$$

$$A+B=\begin{pmatrix}x & 2\\2 & x\end{pmatrix}+\begin{pmatrix}y & 2\\2 & y\end{pmatrix}=\begin{pmatrix}x+y & 4\\4 & x+y\end{pmatrix}$$

$AB=A+B$이므로
$$\begin{pmatrix}xy+4 & 2x+2y\\2x+2y & 4+xy\end{pmatrix}=\begin{pmatrix}x+y & 4\\4 & x+y\end{pmatrix}$$

두 행렬이 서로 같을 조건에 의하여
$xy+4=x+y$ …… ㉠
$x+y=2$ …… ㉡

㉡을 ㉠에 대입하면 $xy+4=2$에서 $xy=-2$

STEP B 곱셈공식을 이용하여 x^2+y^2의 값 구하기

따라서 $x^2+y^2=(x+y)^2-2xy=2^2-2\times(-2)=8$

정답 ①

1773

2012학년도 09월 고3 모의평가 나형 24번 정답 13

STEP A 행렬의 성분을 이용하여 두 행렬 A, B 구하기

$a_{ij}=i-j+1$에서
$a_{11}=1-1+1=1$, $a_{12}=1-2+1=0$
$a_{21}=2-1+1=2$, $a_{22}=2-2+1=1$

이므로 $A=\begin{pmatrix}1 & 0\\2 & 1\end{pmatrix}$

$b_{ij}=i+j+1$에서
$b_{11}=1+1+1=3$, $b_{12}=1+2+1=4$
$b_{21}=2+1+1=4$, $b_{22}=2+2+1=5$

이므로 $B=\begin{pmatrix}3 & 4\\4 & 5\end{pmatrix}$

STEP B 행렬 AB의 $(2, 2)$ 성분 구하기

$$\therefore AB=\begin{pmatrix}1 & 0\\2 & 1\end{pmatrix}\begin{pmatrix}3 & 4\\4 & 5\end{pmatrix}=\begin{pmatrix}3 & 4\\10 & 13\end{pmatrix}$$

따라서 행렬 AB의 $(2, 2)$ 성분은 13

내신 연계 출제문항 821

이차정사각행렬 A의 (i, j) 성분 a_{ij}와 이차정사각행렬 B의 (i, j) 성분 b_{ij}를 각각 $a_{ij}=ij+(-1)^i$, $b_{ij}=2i-j$ $(i=1, 2, j=1, 2)$라 할 때, 행렬 AB의 $(2, 2)$ 성분을 구하시오.

STEP A 행렬의 성분을 이용하여 두 행렬 A, B 구하기

$a_{ij}=ij+(-1)^i$에서
$a_{11}=1\times1+(-1)^1=0$, $a_{12}=1\times2+(-1)^1=1$
$a_{21}=2\times1+(-1)^2=3$, $a_{22}=2\times2+(-1)^2=5$

이므로 $A=\begin{pmatrix}0 & 1\\3 & 5\end{pmatrix}$

$b_{ij}=2i-j$에서
$b_{11}=2\times1-1=1$, $b_{12}=2\times1-2=0$
$b_{21}=2\times2-1=3$, $b_{22}=2\times2-2=2$

이므로 $B=\begin{pmatrix}1 & 0\\3 & 2\end{pmatrix}$

STEP B 행렬 AB의 $(2, 2)$ 성분 구하기

$$\therefore AB=\begin{pmatrix}0 & 1\\3 & 5\end{pmatrix}\begin{pmatrix}1 & 0\\3 & 2\end{pmatrix}=\begin{pmatrix}3 & 2\\18 & 10\end{pmatrix}$$

따라서 행렬 AB의 $(2, 2)$ 성분은 10

정답 10

1774

STEP A 행렬 $AB=O$을 만족하는 실수 a, b의 값 구하기

$AB=O$에서

$$\begin{pmatrix} 1 & 2 \\ a & 4 \end{pmatrix}\begin{pmatrix} 4 & b \\ -2 & 1 \end{pmatrix}=\begin{pmatrix} 0 & 0 \\ 0 & 0 \end{pmatrix}$$

$$\begin{pmatrix} 0 & b+2 \\ 4a-8 & ab+4 \end{pmatrix}=\begin{pmatrix} 0 & 0 \\ 0 & 0 \end{pmatrix}$$

이므로 두 행렬이 서로 같을 조건에 의하여 $b+2=0$, $4a-8=0$, $ab+4=0$

따라서 $a=2$, $b=-2$이므로 $a+b=0$

1775

정답 ⑤

STEP A 행렬 $A(B+C)=O$을 만족하는 실수 a, b의 값 구하기

$A(B+C)=O$에서

$$\begin{pmatrix} a & b \\ 1 & -2 \end{pmatrix}\begin{pmatrix} 2 & a+2 \\ 1 & a \end{pmatrix}=\begin{pmatrix} 0 & 0 \\ 0 & 0 \end{pmatrix}$$

$$\begin{pmatrix} 2a+b & a^2+2a+ab \\ 0 & 2-a \end{pmatrix}=\begin{pmatrix} 0 & 0 \\ 0 & 0 \end{pmatrix}$$

이므로 두 행렬이 서로 같을 조건에 의하여 $2a+b=0$, $2-a=0$

따라서 $a=2$, $b=-4$이므로 $a-b=2-(-4)=6$

1776

정답 ②

STEP A 행렬 $AB=O$을 만족하는 실수 x, y의 값 구하기

$AB=O$에서

$$AB=\begin{pmatrix} x & 2 \\ y & 1 \end{pmatrix}\begin{pmatrix} 1 & 2 \\ -2 & -4 \end{pmatrix}=\begin{pmatrix} x-4 & 2x-8 \\ y-2 & 2y-4 \end{pmatrix}$$이므로

$$\begin{pmatrix} x-4 & 2x-8 \\ y-2 & 2y-4 \end{pmatrix}=\begin{pmatrix} 0 & 0 \\ 0 & 0 \end{pmatrix}$$

두 행렬이 서로 같을 조건에 의하여 $x-4=0$, $y-2=0$

$\therefore x=4$, $y=2$

STEP B 행렬 BA의 모든 성분의 합 구하기

$A=\begin{pmatrix} 4 & 2 \\ 2 & 1 \end{pmatrix}$, $B=\begin{pmatrix} 1 & 2 \\ -2 & -4 \end{pmatrix}$이므로

$$BA=\begin{pmatrix} 1 & 2 \\ -2 & -4 \end{pmatrix}\begin{pmatrix} 4 & 2 \\ 2 & 1 \end{pmatrix}=\begin{pmatrix} 8 & 4 \\ -16 & -8 \end{pmatrix}$$

따라서 행렬 BA의 모든 성분의 합은 $8+4+(-16)+(-8)=-12$

내신 연계 출제문항 822

두 행렬 $A=\begin{pmatrix} 1 & 2 \\ 0 & 0 \end{pmatrix}$, $B=\begin{pmatrix} a & b \\ -1 & 2 \end{pmatrix}$에 대하여 $AB=O$일 때, 행렬 BA의 모든 성분의 합은? (단, O는 영행렬이고 a, b는 실수이다.)

① -3　　　② -1　　　③ 0
④ 1　　　⑤ 3

STEP A 행렬 $AB=O$을 만족하는 실수 a, b의 값 구하기

$AB=O$에서

$$AB=\begin{pmatrix} 1 & 2 \\ 0 & 0 \end{pmatrix}\begin{pmatrix} a & b \\ -1 & 2 \end{pmatrix}=\begin{pmatrix} a-2 & b+4 \\ 0 & 0 \end{pmatrix}$$이므로

$$\begin{pmatrix} a-2 & b+4 \\ 0 & 0 \end{pmatrix}=\begin{pmatrix} 0 & 0 \\ 0 & 0 \end{pmatrix}$$

두 행렬이 서로 같을 조건에 의하여 $a-2=0$, $b+4=0$

$\therefore a=2$, $b=-4$

STEP B 행렬 BA의 모든 성분의 합 구하기

$A=\begin{pmatrix} 1 & 2 \\ 0 & 0 \end{pmatrix}$, $B=\begin{pmatrix} 2 & -4 \\ -1 & 2 \end{pmatrix}$이므로

$$BA=\begin{pmatrix} 2 & -4 \\ -1 & 2 \end{pmatrix}\begin{pmatrix} 1 & 2 \\ 0 & 0 \end{pmatrix}=\begin{pmatrix} 2 & 4 \\ -1 & -2 \end{pmatrix}$$

따라서 행렬 BA의 모든 성분의 합은 $2+4+(-1)+(-2)=3$　　정답 ⑤

1777

정답 ①

STEP A 행렬 $(A-B)^2$ 구하기

$A-B=\begin{pmatrix} 2 & a \\ -1 & 3 \end{pmatrix}-\begin{pmatrix} 1 & 0 \\ 2 & 1 \end{pmatrix}=\begin{pmatrix} 1 & a \\ -3 & 2 \end{pmatrix}$이므로

$$(A-B)^2=(A-B)(A-B)$$
$$=\begin{pmatrix} 1 & a \\ -3 & 2 \end{pmatrix}\begin{pmatrix} 1 & a \\ -3 & 2 \end{pmatrix}$$
$$=\begin{pmatrix} 1-3a & 3a \\ -9 & -3a+4 \end{pmatrix}$$

STEP B 행렬 $(A-B)^2$의 모든 성분의 합이 8일 때, a의 값 구하기

행렬 $(A-B)^2$의 모든 성분의 합은
$(1-3a)+3a+(-9)+(-3a+4)=-3a-4$

따라서 $-3a-4=8$이므로 $a=-4$

1778

정답 ④

STEP A $A^2+\dfrac{1}{2}X=A$를 만족시키는 행렬 X 구하기

$A^2+\dfrac{1}{2}X=A$에서 $\dfrac{1}{2}X=A-A^2$이므로

$$\dfrac{1}{2}X=A-A^2$$
$$=\begin{pmatrix} 2 & -1 \\ 0 & -2 \end{pmatrix}-\begin{pmatrix} 2 & -1 \\ 0 & -2 \end{pmatrix}\begin{pmatrix} 2 & -1 \\ 0 & -2 \end{pmatrix}$$
$$=\begin{pmatrix} 2 & -1 \\ 0 & -2 \end{pmatrix}-\begin{pmatrix} 4 & 0 \\ 0 & 4 \end{pmatrix}=\begin{pmatrix} -2 & -1 \\ 0 & -6 \end{pmatrix}$$

$\therefore X=2\begin{pmatrix} -2 & -1 \\ 0 & -6 \end{pmatrix}$

STEP B 행렬 X의 모든 성분의 합 구하기

따라서 행렬 X의 모든 성분의 합은 $2\{(-2)+(-1)+0+(-6)\}=-18$

1779

정답 ②

STEP A 두 등식을 연립하여 행렬 A, B 구하기

$2A=\begin{pmatrix} 3 & 1 \\ 0 & 2 \end{pmatrix}$에서 $A=\dfrac{1}{2}\begin{pmatrix} 3 & 1 \\ 0 & 2 \end{pmatrix}$　　　…… ㉠

$A-B=\begin{pmatrix} 1 & 0 \\ 0 & 1 \end{pmatrix}$에서

$B=A-\begin{pmatrix} 1 & 0 \\ 0 & 1 \end{pmatrix}=\dfrac{1}{2}\begin{pmatrix} 3 & 1 \\ 0 & 2 \end{pmatrix}-\begin{pmatrix} 1 & 0 \\ 0 & 1 \end{pmatrix}=\dfrac{1}{2}\begin{pmatrix} 1 & 1 \\ 0 & 0 \end{pmatrix}$ …… ㉡

STEP B 행렬의 거듭제곱을 이용하여 행렬 A^2-B^2 구하기

㉠, ㉡에서

$$A^2-B^2=\left\{\dfrac{1}{2}\begin{pmatrix} 3 & 1 \\ 0 & 2 \end{pmatrix}\right\}\left\{\dfrac{1}{2}\begin{pmatrix} 3 & 1 \\ 0 & 2 \end{pmatrix}\right\}-\left\{\dfrac{1}{2}\begin{pmatrix} 1 & 1 \\ 0 & 0 \end{pmatrix}\right\}\left\{\dfrac{1}{2}\begin{pmatrix} 1 & 1 \\ 0 & 0 \end{pmatrix}\right\}$$
$$=\dfrac{1}{4}\begin{pmatrix} 9 & 5 \\ 0 & 4 \end{pmatrix}-\dfrac{1}{4}\begin{pmatrix} 1 & 1 \\ 0 & 0 \end{pmatrix}=\begin{pmatrix} 2 & 1 \\ 0 & 1 \end{pmatrix}$$

STEP C 행렬 A^2-B^2의 모든 성분의 합 구하기

따라서 행렬 A^2-B^2의 모든 성분의 합은 $2+1+0+1=4$

$2A=\begin{pmatrix} 3 & 1 \\ 0 & 2 \end{pmatrix}$, $A-B=\begin{pmatrix} 1 & 0 \\ 0 & 1 \end{pmatrix}$에서

$A+B=2A-(A-B)=\begin{pmatrix} 3 & 1 \\ 0 & 2 \end{pmatrix}-\begin{pmatrix} 1 & 0 \\ 0 & 1 \end{pmatrix}=\begin{pmatrix} 2 & 1 \\ 0 & 1 \end{pmatrix}$

한편 $A-B=E$ (단, E는 단위행렬이다.)에서 $B=A-E$이고

$AB=A(A-E)=A^2-A=(A-E)A=BA$이므로

$A^2-B^2=(A+B)(A-B)=(A+B)E=A+B=\begin{pmatrix} 2 & 1 \\ 0 & 1 \end{pmatrix}$

따라서 행렬 A^2-B^2의 모든 성분의 합은 $2+1+0+1=4$

1780

정답 ④

STEP Ⓐ **행렬의 꼴을 파악한 후 각각의 성분을 구하기**

행렬 A는 2×2행렬이므로 $i=1, 2$, $j=1, 2$

$A=\begin{pmatrix} a_{11} & a_{12} \\ a_{21} & a_{22} \end{pmatrix}$

$f_{ij}(x)=x^2+ix-2$라 하자.

다항식 $f_{ij}(x)$를 $x-j$로 나눈 나머지는 나머지정리에 의하여

다항식 $f(x)$를 일차식 $x-a$로 나누었을 때의 나머지는 ➡ $f(a)$

$f_{ij}(j)=j^2+ij-2$이므로 $i=1, 2$, $j=1, 2$를 각각 대입하면

$a_{11}=1^2+1-2=0$, $a_{12}=2^2+2-2=4$

$a_{21}=1^2+2-2=1$, $a_{22}=2^2+4-2=6$

$\therefore A=\begin{pmatrix} a_{11} & a_{12} \\ a_{21} & a_{22} \end{pmatrix}=\begin{pmatrix} 0 & 4 \\ 1 & 6 \end{pmatrix}$

STEP Ⓑ **행렬 A^2의 모든 성분의 합 구하기**

$A^2=AA=\begin{pmatrix} 0 & 4 \\ 1 & 6 \end{pmatrix}\begin{pmatrix} 0 & 4 \\ 1 & 6 \end{pmatrix}=\begin{pmatrix} 4 & 24 \\ 6 & 40 \end{pmatrix}$

따라서 행렬 A^2의 모든 성분의 합은 $4+24+6+40=74$

내/신/연/계 출제문항 823

이차정사각행렬 A의 (i, j) 성분 a_{ij}를 $a_{ij}=$(다항식 x^3-x^2-ix+1을 $x+j$로 나눈 나머지)로 정의할 때, 행렬 A^2의 모든 성분의 합은?

① 77 ② 82 ③ 87

④ 92 ⑤ 97

STEP Ⓐ **행렬의 꼴을 파악한 후 각각의 성분을 구하기**

행렬 A는 2×2행렬이므로 $i=1, 2$, $j=1, 2$

$A=\begin{pmatrix} a_{11} & a_{12} \\ a_{21} & a_{22} \end{pmatrix}$

$f_{ij}(x)=x^3-x^2-ix+1$이라 하자.

다항식 $f_{ij}(x)$를 $x-j$로 나눈 나머지는 나머지정리에 의하여

다항식 $f(x)$를 일차식 $x-a$로 나누었을 때의 나머지는 ➡ $f(a)$

$f_{ij}(-j)=-j^3-j^2+ij+1$이므로 $i=1, 2$, $j=1, 2$를 각각 대입하면

$a_{11}=-1-1+1+1=0$, $a_{12}=-8-4+2+1=-9$

$a_{21}=-1-1+2+1=1$, $a_{22}=-8-4+4+1=-7$

$\therefore A=\begin{pmatrix} a_{11} & a_{12} \\ a_{21} & a_{22} \end{pmatrix}=\begin{pmatrix} 0 & -9 \\ 1 & -7 \end{pmatrix}$

STEP Ⓑ **행렬 A^2의 모든 성분의 합 구하기**

$A^2=AA=\begin{pmatrix} 0 & -9 \\ 1 & -7 \end{pmatrix}\begin{pmatrix} 0 & -9 \\ 1 & -7 \end{pmatrix}=\begin{pmatrix} -9 & 63 \\ -7 & 40 \end{pmatrix}$

따라서 행렬 A의 모든 성분의 합은 $-9+63+(-7)+40=87$

정답 ③

1781

정답 ⑤

STEP Ⓐ **행렬의 꼴을 파악한 후 각각의 성분을 구하기**

행렬 A는 2×2행렬이므로 $i=1, 2$, $j=1, 2$

$A=\begin{pmatrix} a_{11} & a_{12} \\ a_{21} & a_{22} \end{pmatrix}$

조립제법을 이용하면 다항식 $a_{11}x^3+a_{12}x^2+a_{21}x+a_{22}$를 $x-2$로 나누었을 때의 몫과 나머지를 구하는 과정은 다음과 같다.

2	a_{11}	a_{12}	a_{21}	a_{22}
		2	8	6
	1	4	3	2

$a_{11}=1$

$a_{12}+2=4$이므로 $a_{12}=2$

$a_{21}+8=3$이므로 $a_{21}=-5$

$a_{22}+6=2$이므로 $a_{22}=-4$

$\therefore A=\begin{pmatrix} a_{11} & a_{12} \\ a_{21} & a_{22} \end{pmatrix}=\begin{pmatrix} 1 & 2 \\ -5 & -4 \end{pmatrix}$

STEP Ⓑ **행렬 A^2의 모든 성분의 합 구하기**

$A^2=AA=\begin{pmatrix} 1 & 2 \\ -5 & -4 \end{pmatrix}\begin{pmatrix} 1 & 2 \\ -5 & -4 \end{pmatrix}=\begin{pmatrix} -9 & -6 \\ 15 & 6 \end{pmatrix}$

따라서 행렬 A^2의 모든 성분의 합은 $-9+(-6)+15+6=6$

1782

정답 ②

STEP Ⓐ **행렬 A^2 구하기**

$A^2=AA=\begin{pmatrix} 1 & a^2 \\ a+1 & 2 \end{pmatrix}\begin{pmatrix} 1 & a^2 \\ a+1 & 2 \end{pmatrix}$

$=\begin{pmatrix} 1+a^3+a^2 & 3a^2 \\ 3a+3 & a^3+a^2+4 \end{pmatrix}$

STEP Ⓑ **$(1, 1)$ 성분과 $(2, 1)$ 성분이 같을 때, 실수 a의 값 구하기**

행렬 A^2의 $(1, 1)$ 성분과 $(2, 1)$ 성분이 같으므로

$1+a^3+a^2=3a+3$, $a^3+a^2-3a-2=0$ ······ ㉠

$f(x)=x^3+x^2-3x-2$라 하자.

$f(-2)=-8+4+6-2=0$이므로 $f(x)$는 $x+2$를 인수로 갖는다.

조립제법을 이용하여 $f(x)$를 인수분해하면

-2	1	1	-3	-2
		-2	2	2
	1	-1	-1	0

$\therefore f(x)=(x+2)(x^2-x-1)$

이때 이차방정식 $x^2-x-1=0$의 두 근은 근과 계수의 관계에 의하여

$x=\dfrac{1\pm\sqrt{5}}{2}$

따라서 ㉠을 만족하는 실수 a의 값은 -2, $\dfrac{1+\sqrt{5}}{2}$, $\dfrac{1-\sqrt{5}}{2}$이므로

실수 a의 값의 합은 $-2+\dfrac{1+\sqrt{5}}{2}+\dfrac{1-\sqrt{5}}{2}=-1$

1783

2008학년도 06월 고3 모의평가 나형 5번

정답 ①

STEP Ⓐ **$A^2=A$를 만족하는 ab의 값 구하기**

$A^2=AA=\begin{pmatrix} -1 & a \\ b & 2 \end{pmatrix}\begin{pmatrix} -1 & a \\ b & 2 \end{pmatrix}=\begin{pmatrix} 1+ab & a \\ b & ab+4 \end{pmatrix}$

$A^2=A$이므로 $\begin{pmatrix} 1+ab & a \\ b & ab+4 \end{pmatrix}=\begin{pmatrix} -1 & a \\ b & 2 \end{pmatrix}$

두 행렬이 서로 같을 조건에 의하여 $1+ab=-1$, $ab+4=2$

$\therefore ab=-2$

STEP Ⓑ **$(a+b)^2$의 값 구하기**

따라서 $(a+b)^2=a^2+b^2+2ab=10+2\times(-2)=6$

$A=\begin{pmatrix} -1 & a \\ b & 2 \end{pmatrix} \neq kE$이므로 케일리−해밀턴의 정리에 의하여

$A^2-(-1+2)A+(-1\times2-ab)E=O$

$A^2-A+(-2-ab)E=O$

이때 문제의 조건에 의하여 $A^2-A=O$이므로 $(-2-ab)E=O$

$-2-ab=0$ $\therefore ab=-2$

따라서 $(a+b)^2=a^2+b^2+2ab=10+2\times(-2)=6$

내신연계 출제문항 824

두 상수 a, b에 대하여 행렬 $A=\begin{pmatrix} 4 & a \\ b & -3 \end{pmatrix}$가 $A^2=A$이고 $a^2+b^2=36$일 때, $(a+b)^2$의 값은?

① 10 ② 12 ③ 14
④ 16 ⑤ 18

STEP Ⓐ $A^2=A$를 만족하는 ab의 값 구하기

$A^2=AA=\begin{pmatrix} 4 & a \\ b & -3 \end{pmatrix}\begin{pmatrix} 4 & a \\ b & -3 \end{pmatrix}=\begin{pmatrix} 16+ab & a \\ b & ab+9 \end{pmatrix}$

$A^2=A$이므로 $\begin{pmatrix} 16+ab & a \\ b & ab+9 \end{pmatrix}=\begin{pmatrix} 4 & a \\ b & -3 \end{pmatrix}$

두 행렬이 서로 같을 조건에 의하여 $16+ab=4$, $ab+9=-3$

$\therefore ab=-12$

STEP Ⓑ $(a+b)^2$의 값 구하기

따라서 $(a+b)^2=a^2+b^2+2ab=36+2\times(-12)=12$ 정답 ②

1784

정답 12

STEP Ⓐ 행렬의 곱셈의 분배법칙을 이용하여 행렬 A^2+AB 구하기

$A^2+AB=A(A+B)$

$\qquad=\begin{pmatrix} 1 & 3 \\ 2 & -1 \end{pmatrix}\begin{pmatrix} 3 & -1 \\ 2 & 1 \end{pmatrix}$

$\qquad=\begin{pmatrix} 9 & 2 \\ 4 & -3 \end{pmatrix}$

STEP Ⓑ 행렬 A^2+AB의 모든 성분의 합 구하기

따라서 A^2+AB의 모든 성분의 합은 $9+2+4+(-3)=12$

1785

정답 ⑤

STEP Ⓐ 행렬의 곱셈을 이용하여 행렬 $C(A+B)$ 구하기

$A+B=\begin{pmatrix} 1 & 2 \\ 0 & 1 \end{pmatrix}$, $C=\begin{pmatrix} 2 & -1 \\ 1 & 3 \end{pmatrix}$에서

$C(A+B)=\begin{pmatrix} 2 & -1 \\ 1 & 3 \end{pmatrix}\begin{pmatrix} 1 & 2 \\ 0 & 1 \end{pmatrix}=\begin{pmatrix} 2 & 3 \\ 1 & 5 \end{pmatrix}$

STEP Ⓑ 행렬의 곱셈의 분배법칙을 이용하여 행렬 CB의 $(1, 2)$ 성분 구하기

$C(A+B)=CA+CB$이므로

행렬 $C(A+B)$의 $(1, 2)$ 성분은

행렬 CA의 $(1, 2)$ 성분과 행렬 CB의 $(1, 2)$의 성분의 합과 같다.

따라서 행렬 CB의 $(1, 2)$ 성분을 x라 하면 $3=-2+x$에서 $x=5$

1786

정답 ⑤

STEP Ⓐ 행렬의 연산법칙을 이용하여 $(A+B)A-(B+A)B$ 구하기

$(A+B)A-(B+A)B=(A+B)A-(A+B)B$

$\qquad\qquad\qquad\qquad=(A+B)(A-B)$

$\qquad\qquad=\left\{\begin{pmatrix} 0 & 9 \\ 1 & 4 \end{pmatrix}+\begin{pmatrix} 0 & -8 \\ 2 & 1 \end{pmatrix}\right\}\left\{\begin{pmatrix} 0 & 9 \\ 1 & 4 \end{pmatrix}-\begin{pmatrix} 0 & -8 \\ 2 & 1 \end{pmatrix}\right\}$

$\qquad\qquad=\begin{pmatrix} 0 & 1 \\ 3 & 5 \end{pmatrix}\begin{pmatrix} 0 & 17 \\ -1 & 3 \end{pmatrix}$

$\qquad\qquad=\begin{pmatrix} -1 & 3 \\ -5 & 66 \end{pmatrix}$

STEP Ⓑ 행렬의 모든 성분의 합 구하기

따라서 구하는 행렬의 모든 성분의 합은 $-1+3+(-5)+66=63$

$(A+B)A-(B+A)B$

$=A^2+BA-B^2-AB$

$=\begin{pmatrix} 0 & 9 \\ 1 & 4 \end{pmatrix}\begin{pmatrix} 0 & 9 \\ 1 & 4 \end{pmatrix}+\begin{pmatrix} 0 & -8 \\ 2 & 1 \end{pmatrix}\begin{pmatrix} 0 & 9 \\ 1 & 4 \end{pmatrix}-\begin{pmatrix} 0 & -8 \\ 2 & 1 \end{pmatrix}\begin{pmatrix} 0 & -8 \\ 2 & 1 \end{pmatrix}-\begin{pmatrix} 0 & 9 \\ 1 & 4 \end{pmatrix}\begin{pmatrix} 0 & -8 \\ 2 & 1 \end{pmatrix}$

$=\begin{pmatrix} 9 & 36 \\ 4 & 25 \end{pmatrix}+\begin{pmatrix} -8 & -32 \\ 1 & 22 \end{pmatrix}-\begin{pmatrix} -16 & -8 \\ 2 & -15 \end{pmatrix}-\begin{pmatrix} 18 & 9 \\ 8 & -4 \end{pmatrix}$

$=\begin{pmatrix} -1 & 3 \\ -5 & 66 \end{pmatrix}$

따라서 행렬의 모든 성분의 합은 $-1+3+(-5)+66=63$

내신연계 출제문항 825

두 행렬 $A=\begin{pmatrix} 3 & 2 \\ 1 & 1 \end{pmatrix}$, $B=\begin{pmatrix} -2 & -2 \\ -1 & 0 \end{pmatrix}$에 대하여 행렬 $(A-B)A-(B-A)B$의 모든 성분의 합은?

① 12 ② 15 ③ 18
④ 21 ⑤ 24

STEP Ⓐ 행렬의 연산법칙을 이용하여 $(A+B)A-(B+A)B$ 구하기

$(A-B)A-(B-A)B=(A-B)A+(A-B)B$

$\qquad\qquad\qquad\qquad=(A-B)(A+B)$

$\qquad\qquad=\left\{\begin{pmatrix} 3 & 2 \\ 1 & 1 \end{pmatrix}-\begin{pmatrix} -2 & -2 \\ -1 & 0 \end{pmatrix}\right\}\left\{\begin{pmatrix} 3 & 2 \\ 1 & 1 \end{pmatrix}+\begin{pmatrix} -2 & -2 \\ -1 & 0 \end{pmatrix}\right\}$

$\qquad\qquad=\begin{pmatrix} 5 & 4 \\ 2 & 1 \end{pmatrix}\begin{pmatrix} 1 & 0 \\ 0 & 1 \end{pmatrix}$

$\qquad\qquad=\begin{pmatrix} 5 & 4 \\ 2 & 1 \end{pmatrix}$

STEP Ⓑ 행렬의 모든 성분의 합 구하기

따라서 구하는 행렬의 모든 성분의 합은 $5+4+2+1=12$

$(A-B)A-(B-A)B$

$=A^2-BA-B^2+AB$

$=\begin{pmatrix} 3 & 2 \\ 1 & 1 \end{pmatrix}\begin{pmatrix} 3 & 2 \\ 1 & 1 \end{pmatrix}-\begin{pmatrix} -2 & -2 \\ -1 & 0 \end{pmatrix}\begin{pmatrix} 3 & 2 \\ 1 & 1 \end{pmatrix}-\begin{pmatrix} -2 & -2 \\ -1 & 0 \end{pmatrix}\begin{pmatrix} -2 & -2 \\ -1 & 0 \end{pmatrix}+\begin{pmatrix} 3 & 2 \\ 1 & 1 \end{pmatrix}\begin{pmatrix} -2 & -2 \\ -1 & 0 \end{pmatrix}$

$=\begin{pmatrix} 11 & 8 \\ 4 & 3 \end{pmatrix}-\begin{pmatrix} -8 & -6 \\ -3 & -2 \end{pmatrix}-\begin{pmatrix} 6 & 4 \\ 2 & 2 \end{pmatrix}+\begin{pmatrix} -8 & -6 \\ -3 & -2 \end{pmatrix}$

$=\begin{pmatrix} 5 & 4 \\ 2 & 1 \end{pmatrix}$

따라서 행렬의 모든 성분의 합은 $5+4+2+1=12$

정답 ①

1787

STEP A 두 등식을 연립하여 행렬 A, B 구하기

$$A+B=\begin{pmatrix} 1 & 2 \\ 2 & 3 \end{pmatrix} \qquad \cdots\cdots \ \bigcirc$$

$$A-B=\begin{pmatrix} 3 & 0 \\ 4 & 3 \end{pmatrix} \qquad \cdots\cdots \ \bigcirc\!\!\bigcirc$$

$\bigcirc+\bigcirc\!\!\bigcirc$을 하면

$$2A=\begin{pmatrix} 4 & 2 \\ 6 & 6 \end{pmatrix} \quad \therefore \ A=\begin{pmatrix} 2 & 1 \\ 3 & 3 \end{pmatrix}$$

이것을 $\bigcirc$에 대입하면

$$B=\begin{pmatrix} 1 & 2 \\ 2 & 3 \end{pmatrix}-A=\begin{pmatrix} 1 & 2 \\ 2 & 3 \end{pmatrix}-\begin{pmatrix} 2 & 1 \\ 3 & 3 \end{pmatrix}=\begin{pmatrix} -1 & 1 \\ -1 & 0 \end{pmatrix}$$

STEP B 행렬 AB의 2행의 모든 성분의 합 구하기

$$AB=\begin{pmatrix} 2 & 1 \\ 3 & 3 \end{pmatrix}\begin{pmatrix} -1 & 1 \\ -1 & 0 \end{pmatrix}=\begin{pmatrix} -3 & 2 \\ -6 & 3 \end{pmatrix}$$

따라서 행렬 AB의 2행의 모든 성분의 합은 $-6+3=-3$

1788

STEP A 두 등식을 연립하여 연립하여 행렬 X 구하기

$$X+Y=\begin{pmatrix} -1 & -1 \\ 1 & 0 \end{pmatrix} \qquad \cdots\cdots \ \bigcirc$$

$$X-Y=\begin{pmatrix} -1 & 1 \\ -1 & -2 \end{pmatrix} \qquad \cdots\cdots \ \bigcirc\!\!\bigcirc$$

$\bigcirc+\bigcirc\!\!\bigcirc$을 하면

$$2X=\begin{pmatrix} -2 & 0 \\ 0 & -2 \end{pmatrix} \quad \therefore \ X=\begin{pmatrix} -1 & 0 \\ 0 & -1 \end{pmatrix}$$

STEP B 분배법칙을 이용하여 행렬 X^2+XY의 모든 성분의 합 구하기

$$X^2+XY=X(X+Y)=\begin{pmatrix} -1 & 0 \\ 0 & -1 \end{pmatrix}\begin{pmatrix} -1 & -1 \\ 1 & 0 \end{pmatrix}$$

$$=\begin{pmatrix} 1 & 1 \\ -1 & 0 \end{pmatrix}$$

따라서 행렬 X^2+XY의 모든 성분의 합은 $1+1+(-1)+0=1$

> **+α** 행렬 X^2+XY의 모든 성분의 합을 다음과 같이 구할 수도 있어!
>
> $X^2+XY=X(X+Y)=-E(X+Y)=-(X+Y)$ (단, E는 단위행렬)
> (행렬 X^2+XY의 모든 성분의 합) $=-$(행렬 $X+Y$의 모든 성분의 합)
> $=-\{(-1)+(-1)+1+0\}=1$

1789

STEP A 두 등식을 연립하여 행렬 X, Y 구하기

$$X+2Y=\begin{pmatrix} 3 & 2 \\ -2 & 3 \end{pmatrix} \qquad \cdots\cdots \ \bigcirc$$

$$2X-Y=\begin{pmatrix} -4 & -1 \\ 1 & 1 \end{pmatrix} \qquad \cdots\cdots \ \bigcirc\!\!\bigcirc$$

$\bigcirc+\bigcirc\!\!\bigcirc\times2$를 하면

$$5X=\begin{pmatrix} 3 & 2 \\ -2 & 3 \end{pmatrix}+2\begin{pmatrix} -4 & -1 \\ 1 & 1 \end{pmatrix}=\begin{pmatrix} -5 & 0 \\ 0 & 5 \end{pmatrix} \quad \therefore \ X=\begin{pmatrix} -1 & 0 \\ 0 & 1 \end{pmatrix}$$

이를 $\bigcirc\!\!\bigcirc$에 대입하면

$$Y=2X-\begin{pmatrix} -4 & -1 \\ 1 & 1 \end{pmatrix}=2\begin{pmatrix} -1 & 0 \\ 0 & 1 \end{pmatrix}-\begin{pmatrix} -4 & -1 \\ 1 & 1 \end{pmatrix}$$

$$=\begin{pmatrix} 2 & 1 \\ -1 & 1 \end{pmatrix}$$

> **+α** 연립하여 행렬 Y를 구할 수 있어!
>
> $\bigcirc\times2-\bigcirc\!\!\bigcirc$을 하면 $5Y=2\begin{pmatrix} 3 & 2 \\ -2 & 3 \end{pmatrix}-\begin{pmatrix} -4 & -1 \\ 1 & 1 \end{pmatrix}=\begin{pmatrix} 10 & 5 \\ -5 & 5 \end{pmatrix}$ $\therefore \ Y=\begin{pmatrix} 2 & 1 \\ -1 & 1 \end{pmatrix}$

STEP B 행렬 $XY+YX$의 $(2, 2)$ 성분 구하기

$$XY+YX=\begin{pmatrix} -1 & 0 \\ 0 & 1 \end{pmatrix}\begin{pmatrix} 2 & 1 \\ -1 & 1 \end{pmatrix}+\begin{pmatrix} 2 & 1 \\ -1 & 1 \end{pmatrix}\begin{pmatrix} -1 & 0 \\ 0 & 1 \end{pmatrix}$$

$$=\begin{pmatrix} -2 & -1 \\ -1 & 1 \end{pmatrix}+\begin{pmatrix} -2 & 1 \\ 1 & 1 \end{pmatrix}$$

$$=\begin{pmatrix} -4 & 0 \\ 0 & 2 \end{pmatrix}$$

따라서 행렬 $XY+YX$의 $(2, 2)$ 성분은 2

내신 연계 출제문항 826

두 행렬 A, B가 $A+B=\begin{pmatrix} 3 & 0 \\ -1 & 2 \end{pmatrix}$, $A-B=\begin{pmatrix} 1 & 2 \\ 1 & 0 \end{pmatrix}$을 만족시킬 때, $AB+BA$의 모든 성분의 합은?

① -1 　　② 0　　　③ 1
④ 2　　　⑤ 3

STEP A 두 등식을 연립하여 두 행렬 A, B 구하기

$$A+B=\begin{pmatrix} 3 & 0 \\ -1 & 2 \end{pmatrix} \qquad \cdots\cdots \ \bigcirc$$

$$A-B=\begin{pmatrix} 1 & 2 \\ 1 & 0 \end{pmatrix} \qquad \cdots\cdots \ \bigcirc\!\!\bigcirc$$

$\bigcirc+\bigcirc\!\!\bigcirc$을 하면 $2A=\begin{pmatrix} 3 & 0 \\ -1 & 2 \end{pmatrix}+\begin{pmatrix} 1 & 2 \\ 1 & 0 \end{pmatrix}=\begin{pmatrix} 4 & 2 \\ 0 & 2 \end{pmatrix}$

$\therefore \ A=\dfrac{1}{2}\begin{pmatrix} 4 & 2 \\ 0 & 2 \end{pmatrix}=\begin{pmatrix} 2 & 1 \\ 0 & 1 \end{pmatrix}$

$\bigcirc-\bigcirc\!\!\bigcirc$을 하면 $2B=\begin{pmatrix} 3 & 0 \\ -1 & 2 \end{pmatrix}-\begin{pmatrix} 1 & 2 \\ 1 & 0 \end{pmatrix}=\begin{pmatrix} 2 & -2 \\ -2 & 2 \end{pmatrix}$

$\therefore \ B=\dfrac{1}{2}\begin{pmatrix} 2 & -2 \\ -2 & 2 \end{pmatrix}=\begin{pmatrix} 1 & -1 \\ -1 & 1 \end{pmatrix}$

STEP B 행렬 $AB+BA$의 모든 성분의 합 구하기

$$AB+BA=\begin{pmatrix} 2 & 1 \\ 0 & 1 \end{pmatrix}\begin{pmatrix} 1 & -1 \\ -1 & 1 \end{pmatrix}+\begin{pmatrix} 1 & -1 \\ -1 & 1 \end{pmatrix}\begin{pmatrix} 2 & 1 \\ 0 & 1 \end{pmatrix}$$

$$=\begin{pmatrix} 1 & -1 \\ -1 & 1 \end{pmatrix}+\begin{pmatrix} 2 & 0 \\ -2 & 0 \end{pmatrix}$$

$$=\begin{pmatrix} 3 & -1 \\ -3 & 1 \end{pmatrix}$$

따라서 행렬 $AB+BA$의 모든 성분의 합은 $3+(-1)+(-3)+1=0$

다른풀이 $(A+B)^2-(A-B)^2=2(AB+BA)$임을 이용하여 풀이하기

STEP A 주어진 행렬을 제곱하여 전개한 후 연립하기

$(A+B)^2=(A+B)(A+B)=A^2+AB+BA+B^2 \qquad \cdots\cdots \ \bigcirc\!\!\bigcirc\!\!\bigcirc$

$(A-B)^2=(A-B)(A-B)=A^2-AB-BA+B^2 \qquad \cdots\cdots \ \bigcirc\!\!\bigcirc\!\!\bigcirc\!\!\bigcirc$

$\bigcirc\!\!\bigcirc\!\!\bigcirc-\bigcirc\!\!\bigcirc\!\!\bigcirc\!\!\bigcirc$을 하면 $(A+B)^2-(A-B)^2=2(AB+BA)$

STEP B 행렬 $AB+BA$의 모든 성분의 합 구하기

$$AB+BA=\dfrac{1}{2}\{(A+B)^2-(A-B)^2\}$$

$$=\dfrac{1}{2}\left\{\begin{pmatrix} 3 & 0 \\ -1 & 2 \end{pmatrix}\begin{pmatrix} 3 & 0 \\ -1 & 2 \end{pmatrix}-\begin{pmatrix} 1 & 2 \\ 1 & 0 \end{pmatrix}\begin{pmatrix} 1 & 2 \\ 1 & 0 \end{pmatrix}\right\}$$

$$=\dfrac{1}{2}\left\{\begin{pmatrix} 9 & 0 \\ -5 & 4 \end{pmatrix}-\begin{pmatrix} 3 & 2 \\ 1 & 2 \end{pmatrix}\right\}$$

$$=\dfrac{1}{2}\begin{pmatrix} 6 & -2 \\ -6 & 2 \end{pmatrix}$$

$$=\begin{pmatrix} 3 & -1 \\ -3 & 1 \end{pmatrix}$$

따라서 행렬 $AB+BA$의 모든 성분의 합은 $3+(-1)+(-3)+1=0$　　

1790

STEP A 두 등식을 연립하여 행렬 A, B 구하기

$A+2B=\begin{pmatrix} 1 & 1 \\ 2 & 3 \end{pmatrix}$ $\quad\cdots\cdots$ ㉠

$A-2B=\begin{pmatrix} -3 & 1 \\ -2 & 1 \end{pmatrix}$ $\quad\cdots\cdots$ ㉡

㉠+㉡을 하면 $2A=\begin{pmatrix} -2 & 2 \\ 0 & 4 \end{pmatrix}$ $\quad\therefore A=\begin{pmatrix} -1 & 1 \\ 0 & 2 \end{pmatrix}$

㉠−㉡을 하면 $4B=\begin{pmatrix} 4 & 0 \\ 4 & 2 \end{pmatrix}$ $\quad\therefore B=\begin{pmatrix} 1 & 0 \\ 1 & \frac{1}{2} \end{pmatrix}$

STEP B 행렬 A^2-4B^2 구하기

따라서 $A^2-4B^2=\begin{pmatrix} -1 & 1 \\ 0 & 2 \end{pmatrix}\begin{pmatrix} -1 & 1 \\ 0 & 2 \end{pmatrix}-4\begin{pmatrix} 1 & 0 \\ 1 & \frac{1}{2} \end{pmatrix}\begin{pmatrix} 1 & 0 \\ 1 & \frac{1}{2} \end{pmatrix}$

$\qquad=\begin{pmatrix} 1 & 1 \\ 0 & 4 \end{pmatrix}-\begin{pmatrix} 4 & 0 \\ 6 & 1 \end{pmatrix}$

$\qquad=\begin{pmatrix} -3 & 1 \\ -6 & 3 \end{pmatrix}$

1791

정답 2

STEP A 주어진 식을 정리하여 행렬 B 구하기

$A+B=2E$에서 $B=2E-A$이므로

$A=\begin{pmatrix} -1 & 2 \\ -3 & 0 \end{pmatrix}$을 대입하면 $B=2\begin{pmatrix} 1 & 0 \\ 0 & 1 \end{pmatrix}-\begin{pmatrix} -1 & 2 \\ -3 & 0 \end{pmatrix}=\begin{pmatrix} 3 & -2 \\ 3 & 2 \end{pmatrix}$

STEP B 행렬 $A-B$의 2열의 모든 성분의 합 구하기

$A-B=\begin{pmatrix} -1 & 2 \\ -3 & 0 \end{pmatrix}-\begin{pmatrix} 3 & -2 \\ 3 & 2 \end{pmatrix}$

$\qquad=\begin{pmatrix} -4 & 4 \\ -6 & -2 \end{pmatrix}$

따라서 행렬 $A-B$의 2열의 모든 성분의 합은 $4+(-2)=2$

> **+α** $\quad A-B=2(A-E)$임을 이용하여 구할 수도 있어!
>
> $A+B=2E$에서
> $A-B=A-(2E-A)=2A-2E=2(A-E)$
> $\qquad=2\left\{\begin{pmatrix} -1 & 2 \\ -3 & 0 \end{pmatrix}-\begin{pmatrix} 1 & 0 \\ 0 & 1 \end{pmatrix}\right\}$
> $\qquad=2\begin{pmatrix} -2 & 2 \\ -3 & -1 \end{pmatrix}=\begin{pmatrix} -4 & 4 \\ -6 & -2 \end{pmatrix}$

1792

정답 ⑤

STEP A $A=5E$임을 이용하여 행렬 $AB+B$ 구하기

$A=5E$이므로

$AB+B=5EB+B=6B=\begin{pmatrix} -6 & 6 \\ 6 & 6 \end{pmatrix}$

STEP B 행렬 $AB+B$의 모든 성분의 합 구하기

따라서 행렬 $AB+B$의 모든 성분의 합은 $(-6)+6+6+6=12$

1793

정답 ④

STEP A 주어진 식을 정리하여 행렬 X 구하기

$2B-A=2\begin{pmatrix} 1 & 1 \\ 1 & 0 \end{pmatrix}-\begin{pmatrix} 1 & 2 \\ 2 & -1 \end{pmatrix}=\begin{pmatrix} 1 & 0 \\ 0 & 1 \end{pmatrix}=E$이므로

$X+A^2=(2B-A)B$에서

$X=(2B-A)B-A^2=EB-A^2=B-A^2$

$\qquad=\begin{pmatrix} 1 & 1 \\ 1 & 0 \end{pmatrix}-\begin{pmatrix} 1 & 2 \\ 2 & -1 \end{pmatrix}\begin{pmatrix} 1 & 2 \\ 2 & -1 \end{pmatrix}$

$\qquad=\begin{pmatrix} 1 & 1 \\ 1 & 0 \end{pmatrix}-\begin{pmatrix} 5 & 0 \\ 0 & 5 \end{pmatrix}$

$\qquad=\begin{pmatrix} -4 & 1 \\ 1 & -5 \end{pmatrix}$

STEP B 행렬 X의 2열의 모든 성분의 합 구하기

따라서 행렬 X의 2열의 모든 성분의 합은 $1+(-5)=-4$

1794

정답 ①

STEP A $A^3=A$, $A^4=E$에서 $A^2=E$임을 보이기

$A^3=A$의 양변에 행렬 A를 곱하면

$A^4=A^2$ $\quad\cdots\cdots$ ㉠

이때 $A^4=E$이므로 ㉠에서 $A^2=E$

STEP B 두 행렬이 서로 같을 조건을 이용하여 ab의 값 구하기

$A^2=AA=\begin{pmatrix} a & -1 \\ 3 & b \end{pmatrix}\begin{pmatrix} a & -1 \\ 3 & b \end{pmatrix}$

$\qquad=\begin{pmatrix} a^2-3 & -a-b \\ 3a+3b & -3+b^2 \end{pmatrix}$

이므로 $\begin{pmatrix} a^2-3 & -a-b \\ 3a+3b & -3+b^2 \end{pmatrix}=\begin{pmatrix} 1 & 0 \\ 0 & 1 \end{pmatrix}$

두 행렬이 서로 같을 조건에 의하여 $a^2-3=1$, $-a-b=0$

$3a+3b=0$, $-3+b^2=1$

즉 $a^2=4$, $b^2=4$이고 $a=-b$

따라서 $ab=a\times(-a)=-a^2=-4$

$(a+b)^2=a^2+b^2+2ab$이므로 $0^2=4+4+2ab$ $\quad\therefore ab=-4$

내 / 신 / 연 / 계 / 출제문항 827

행렬 $A=\begin{pmatrix} a & 2 \\ -2 & b \end{pmatrix}$에 대하여 $A^4=A$, $A^5=E$가 성립할 때, 두 실수 a, b의 곱 ab의 값은? (단, E는 단위행렬이다.)

① -5 $\qquad$ ② -3 $\qquad$ ③ -1

④ 1 $\qquad$ ⑤ 3

STEP A $A^4=A$, $A^5=E$에서 $A^2=E$임을 보이기

$A^4=A$의 양변에 행렬 A를 곱하면

$A^5=A^2$ $\quad\cdots\cdots$ ㉠

이때 $A^5=E$이므로 ㉠에서 $A^2=E$

STEP B 두 행렬이 서로 같을 조건을 이용하여 ab의 값 구하기

$A^2=AA=\begin{pmatrix} a & 2 \\ -2 & b \end{pmatrix}\begin{pmatrix} a & 2 \\ -2 & b \end{pmatrix}$

$\qquad=\begin{pmatrix} a^2-4 & 2a+2b \\ -2a-2b & -4+b^2 \end{pmatrix}$

이므로 $\begin{pmatrix} a^2-4 & 2a+2b \\ -2a-2b & -4+b^2 \end{pmatrix}=\begin{pmatrix} 1 & 0 \\ 0 & 1 \end{pmatrix}$

두 행렬이 서로 같을 조건에 의하여 $a^2-4=1$, $2a+2b=0$

$-2a-2b=0$, $-4+b^2=1$

즉 $a^2=5$, $b^2=5$이고 $a=-b$

따라서 $ab=a\times(-a)=-a^2=-5$

$(a+b)^2=a^2+b^2+2ab$이므로 $0^2=5+5+2ab$ $\quad\therefore ab=-5$

정답 ①

1795

STEP A 두 등식을 연립하여 X, Y 를 A, E 에 대하여 나타내기

$3X+2Y=A$ …… ㉠
$X+Y=E$ …… ㉡

㉠$-2\times$㉡을 하면 $X=A-2E$
$3\times$㉡$-$㉠을 하면 $Y=3E-A$

STEP B X^2+Y^2 을 간단히 나타내기

따라서 $X^2+Y^2=(A-2E)^2+(3E-A)^2$
$=2A^2-10A+13E$
$=2\begin{pmatrix}-1&2\\-6&6\end{pmatrix}\begin{pmatrix}-1&2\\-6&6\end{pmatrix}-10\begin{pmatrix}-1&2\\-6&6\end{pmatrix}+13\begin{pmatrix}1&0\\0&1\end{pmatrix}$
$=\begin{pmatrix}-22&20\\-60&48\end{pmatrix}-\begin{pmatrix}-10&20\\-60&60\end{pmatrix}+\begin{pmatrix}13&0\\0&13\end{pmatrix}$
$=\begin{pmatrix}1&0\\0&1\end{pmatrix}=E$

$+\alpha$ | 케일리-해밀턴의 공식을 이용하여 풀 수도 있어!

$A=\begin{pmatrix}-1&2\\-6&6\end{pmatrix}$ 에서 케일리-해밀턴의 공식에 의하여 $A^2-5A+6E=O$
따라서 $X^2+Y^2=2A^2-10A+13E=2(A^2-5A+6E)+E=E$

1796

STEP A $A=E-B$ 임을 이용하여 행렬 AB 구하기

$A+B=E$ 에서 $A=E-B$ 이므로
$A^3=(E-B)^3=E-3B+3B^2-B^3$
$BE=EB$ 이므로 행렬의 연산을 다항식의 연산과 동일하게 계산한다.
이때 $A^3+B^3=E-3B+3B^2-B^3+B^3$
$=E-3B+3B^2=\begin{pmatrix}4&3\\0&-2\end{pmatrix}$
이므로 $-3B+3B^2=\begin{pmatrix}4&3\\0&-2\end{pmatrix}-E=\begin{pmatrix}4&3\\0&-2\end{pmatrix}-\begin{pmatrix}1&0\\0&1\end{pmatrix}=\begin{pmatrix}3&3\\0&-3\end{pmatrix}$
$\therefore -B+B^2=\begin{pmatrix}1&1\\0&-1\end{pmatrix}$
$AB=(E-B)B=B-B^2=\begin{pmatrix}-1&-1\\0&1\end{pmatrix}$
$A+B=E$ 에서 $A=E-B$

STEP B 행렬 AB 의 2 열의 성분의 모든 합 구하기

따라서 행렬 AB 의 2 열의 성분의 모든 합은 $(-1)+1=0$

1797

STEP A 이차방정식의 근과 계수의 관계를 이용하여 $\alpha+\beta$, $\alpha\beta$ 의 값 구하기

이차방정식 $x^2-7x-1=0$ 의 두 근이 α, β 이므로
근과 계수와의 관계에 의하여 $\alpha+\beta=7$, $\alpha\beta=-1$
이차방정식 $ax^2+bx+c=0$ 의 두 근이 α, β 이면 $\alpha+\beta=-\dfrac{b}{a}$, $\alpha\beta=\dfrac{c}{a}$

STEP B 두 행렬이 서로 같을 조건을 이용하여 $a+d$ 의 값 구하기

이때 $A^2=AA=\begin{pmatrix}\alpha&1\\1&\beta\end{pmatrix}\begin{pmatrix}\alpha&1\\1&\beta\end{pmatrix}=\begin{pmatrix}\alpha^2+1&\alpha+\beta\\\alpha+\beta&\beta^2+1\end{pmatrix}$
$\begin{pmatrix}\alpha^2+1&\alpha+\beta\\\alpha+\beta&\beta^2+1\end{pmatrix}=\begin{pmatrix}a&b\\c&d\end{pmatrix}$
두 행렬이 서로 같을 조건에 의하여 $\alpha^2+1=a$, $\beta^2+1=d$
따라서 $a+d=(\alpha^2+1)+(\beta^2+1)$
$=\alpha^2+\beta^2+2$ ← $\alpha^2+\beta^2=(a+b)^2-2ab$
$=(\alpha+\beta)^2-2\alpha\beta+2$
$=7^2-2\times(-1)+2=53$

1798

STEP A 이차방정식의 근과 계수의 관계를 이용하여 $\alpha+\beta$, $\alpha\beta$ 의 값 구하기

이차방정식 $x^2-4x-1=0$ 의 두 근이 α, β 이므로
근과 계수와의 관계에 의하여 $\alpha+\beta=4$, $\alpha\beta=-1$

STEP B 행렬의 모든 성분의 합 구하기

따라서 $\begin{pmatrix}\alpha&\beta\\0&\alpha\end{pmatrix}\begin{pmatrix}\beta&\alpha\\0&\beta\end{pmatrix}=\begin{pmatrix}\alpha\beta&\alpha^2+\beta^2\\0&\alpha\beta\end{pmatrix}$ 이므로 모든 성분의 합은
$\alpha^2+\beta^2+2\alpha\beta=(\alpha+\beta)^2=4^2=16$

내신연계 출제문항 828

이차방정식 $x^2-4x+2=0$ 의 두 실근을 α, β 라 할 때, 두 행렬의 곱
$\begin{pmatrix}\alpha&\beta\\0&\alpha\end{pmatrix}\begin{pmatrix}\beta&\alpha\\0&\beta\end{pmatrix}$ 의 모든 성분의 합은?

① 10 　　② 12 　　③ 14
④ 16 　　⑤ 18

STEP A 이차방정식의 근과 계수의 관계를 이용하여 $\alpha+\beta$, $\alpha\beta$ 의 값 구하기

이차방정식 $x^2-4x+2=0$ 의 두 실근이 α, β 이므로
근과 계수의 관계에 의하여 $\alpha+\beta=4$, $\alpha\beta=2$
$\therefore \alpha^2+\beta^2=(\alpha+\beta)^2-2\alpha\beta=4^2-2\times2=12$

STEP B 행렬의 모든 성분의 합 구하기

$\begin{pmatrix}\alpha&\beta\\0&\alpha\end{pmatrix}\begin{pmatrix}\beta&\alpha\\0&\beta\end{pmatrix}=\begin{pmatrix}\alpha\beta&\alpha^2+\beta^2\\0&\alpha\beta\end{pmatrix}=\begin{pmatrix}2&12\\0&2\end{pmatrix}$
따라서 구하는 행렬의 모든 성분의 합은 $2+12+2=16$

$+\alpha$ | 모든 성분의 합을 다음과 같이 구할 수 있어!

$\begin{pmatrix}\alpha&\beta\\0&\alpha\end{pmatrix}\begin{pmatrix}\beta&\alpha\\0&\beta\end{pmatrix}=\begin{pmatrix}\alpha\beta&\alpha^2+\beta^2\\0&\alpha\beta\end{pmatrix}$ 이므로
모든 성분의 합은 $\alpha\beta+\alpha^2+\beta^2+\alpha\beta=(\alpha+\beta)^2=4^2=16$

1799

STEP A 두 행렬이 서로 같음을 이용하여 $\alpha^2+\beta^2$, $\alpha\beta$ 의 값 구하기

$\begin{pmatrix}\alpha&\beta\\\beta&\alpha\end{pmatrix}\begin{pmatrix}\alpha&\beta\\\beta&\alpha\end{pmatrix}=\begin{pmatrix}15&10\\10&15\end{pmatrix}$ 이므로
$\begin{pmatrix}\alpha^2+\beta^2&2\alpha\beta\\2\alpha\beta&\alpha^2+\beta^2\end{pmatrix}=\begin{pmatrix}15&10\\10&15\end{pmatrix}$

두 행렬이 서로 같을 조건에 의하여
$\alpha^2+\beta^2=15$, $\alpha\beta=5$ …… ㉠

STEP B 이차방정식의 근과 계수의 관계를 이용하여 a, b 의 값 구하기

$x^2-ax+b=0$ 의 두 실근이 α, β 이므로
이차방정식의 근과 계수의 관계에 의하여 $\alpha+\beta=a$, $\alpha\beta=b=5$
이때 $a^2=(\alpha+\beta)^2=\alpha^2+\beta^2+2\alpha\beta$
$=15+2\times5 \ (\because ㉠)$
$=25$
이므로 $a=5 \ (\because a>0)$

STEP C $a+b$ 의 값 구하기

따라서 $a+b=5+5=10$

1800

2006년 09월 고2 학력평가 나형 28번   정답 16

STEP Ⓐ 이차방정식의 근과 계수의 관계를 이용하여 $\alpha+\beta$, $\alpha\beta$, $\alpha^3+\beta^3$의 값 구하기

이차방정식 $x^2-2x-1=0$의 두 근이 α, β이므로
이차방정식의 근과 계수와의 관계에 의하여
$\alpha+\beta=2$, $\alpha\beta=-1$ …… ㉠
$$\alpha^3+\beta^3=(\alpha+\beta)^3-3\alpha\beta(\alpha+\beta)$$
$$=2^3-3\times(-1)\times2=14 \quad …… ㉡$$

STEP Ⓑ 행렬 AB의 모든 성분의 합 구하기

$$AB=\begin{pmatrix} \alpha^2 & \beta \\ 0 & \alpha^2 \end{pmatrix}\begin{pmatrix} \beta^2 & \alpha \\ 0 & \beta^2 \end{pmatrix}=\begin{pmatrix} \alpha^2\beta^2 & \alpha^3+\beta^3 \\ 0 & \alpha^2\beta^2 \end{pmatrix}$$ 이므로

㉠, ㉡에 의하여 $AB=\begin{pmatrix} 1 & 14 \\ 0 & 1 \end{pmatrix}$

따라서 AB의 모든 성분의 합은 $1+14+1=16$

내신연계 출제문항 829

이차방정식 $x^2-3x-1=0$의 두 근을 α, β라 할 때, 두 행렬
$A=\begin{pmatrix} \alpha & 1 \\ \beta & 1 \end{pmatrix}$, $B=\begin{pmatrix} \alpha & \beta \\ 1 & 1 \end{pmatrix}$에 대하여 행렬 AB의 모든 성분의 합은?

① 11   ② 13   ③ 15
④ 17   ⑤ 19

STEP Ⓐ 이차방정식의 근과 계수의 관계를 이용하여 $\alpha+\beta$, $\alpha\beta$의 값 구하기

이차방정식 $x^2-3x-1=0$의 두 근이 α, β이므로
이차방정식의 근과 계수와의 관계에 의하여 $\alpha+\beta=3$, $\alpha\beta=-1$

STEP Ⓑ 행렬 AB의 모든 성분의 합 구하기

$$AB=\begin{pmatrix} \alpha & 1 \\ \beta & 1 \end{pmatrix}\begin{pmatrix} \alpha & \beta \\ 1 & 1 \end{pmatrix}=\begin{pmatrix} \alpha^2+1 & \alpha\beta+1 \\ \alpha\beta+1 & \beta^2+1 \end{pmatrix}$$

따라서 행렬 AB의 모든 성분의 합은
$$(\alpha^2+1)+2(\alpha\beta+1)+(\beta^2+1)=\alpha^2+\beta^2+2\alpha\beta+4 \quad \leftarrow \alpha^2+\beta^2+2\alpha\beta=(\alpha+\beta)^2$$
$$=(\alpha+\beta)^2+4$$
$$=3^2+4=13$$

정답 ②

1801

정답 4

STEP Ⓐ 행렬 AB의 모든 성분의 합 구하기

$$AB=\begin{pmatrix} x \\ -y \end{pmatrix}(x \quad 3y)=\begin{pmatrix} x^2 & 3xy \\ -xy & -3y^2 \end{pmatrix}$$

AB의 모든 성분의 합 $f(x)$는
$$f(x)=x^2+3xy+(-xy)+(-3y^2)$$
$$=x^2+2xy-3y^2$$

STEP Ⓑ $y=-x+2$일 때, 함수 $f(x)$의 최댓값 구하기

$y=-x+2$를 대입하면
$$f(x)=x^2+2x(-x+2)-3(-x+2)^2$$
$$=x^2-2x^2+4x-3x^2+12x-12$$
$$=-4x^2+16x-12$$
$$=-4(x^2-4x+4)-12+16$$
$$=-4(x-2)^2+4$$
따라서 $f(x)$는 $x=2$일 때, 최댓값 4를 가진다.

1802

정답 ②

STEP Ⓐ 행렬의 곱셈을 이용하여 행렬 ABC 구하기

$$ABC=(x \quad -1)\begin{pmatrix} 1 & 0 \\ -4 & 2 \end{pmatrix}\begin{pmatrix} x \\ -1 \end{pmatrix} \quad \leftarrow (1\times2행렬)\times(2\times2행렬)\times(2\times1행렬)=(1\times1행렬)$$
$$=(x+4 \quad -2)\begin{pmatrix} x \\ -1 \end{pmatrix}$$
$$=((x+4)x+2)$$

STEP Ⓑ $x=a$에서 행렬 ABC의 성분의 최솟값 m 구하기

행렬 ABC의 성분을 $y=x^2+4x+2$라 하면
$y=(x+2)^2-2$이므로
$y=x^2+4x+2=x^2+4x+4-4+2=(x+2)^2-2$
$x=-2$일 때, 최솟값 -2를 가진다.
따라서 $a=-2$, $m=-2$이므로 $a+m=-4$

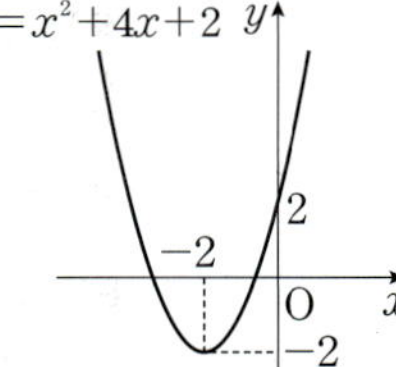

내신연계 출제문항 830

세 행렬 $A=(x \quad 2)$, $B=\begin{pmatrix} 1 & 0 \\ 3 & 1 \end{pmatrix}$, $C=\begin{pmatrix} x \\ 3 \end{pmatrix}$에 대하여 행렬 ABC의 성분은
$x=a$에서 최솟값 m을 가질 때, $a+m$의 값은? (단, x는 실수이다.)

① -6 ② -3 ③ 0
④ 3   ⑤ 6

STEP Ⓐ 행렬의 곱셈을 이용하여 행렬 ABC 구하기

$$ABC=(x \quad 2)\begin{pmatrix} 1 & 0 \\ 3 & 1 \end{pmatrix}\begin{pmatrix} x \\ 3 \end{pmatrix} \quad \leftarrow (1\times2행렬)\times(2\times2행렬)\times(2\times1행렬)=(1\times1행렬)$$
$$=(x+6 \quad 2)\begin{pmatrix} x \\ 3 \end{pmatrix}$$
$$=((x+6)x+6)$$

STEP Ⓑ $x=a$에서 행렬 ABC의 성분의 최솟값 m 구하기

행렬 ABC의 성분을 $y=x^2+6x+6$이라 하면
$y=(x+3)^2-3$이므로
$y=x^2+6x+6=x^2+6x+9-3=(x+3)^2-3$
$x=-3$일 때, 최솟값 -3을 가진다.
따라서 $a=-3$, $m=-3$이므로 $a+m=-6$

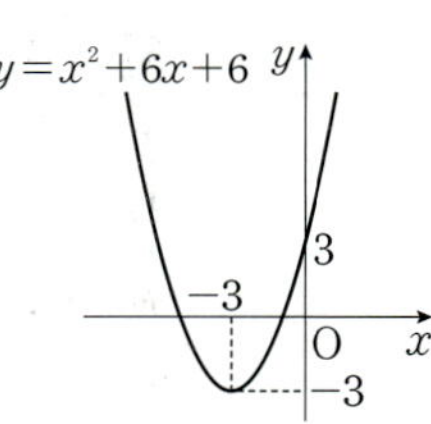

정답 ①

1803

STEP A 행렬 A의 성분 구하기

$$A=(x\ \ y)\begin{pmatrix} 1 & 2 \\ -1 & 1 \end{pmatrix}\begin{pmatrix} x \\ y \end{pmatrix}$$

$\leftarrow$ (1×2행렬)×(2×2행렬)×(2×1행렬)=(1×1행렬)

$$=(x-y\ \ 2x+y)\begin{pmatrix} x \\ y \end{pmatrix}$$

$$=(x(x-y)+(2x+y)y)$$

$$=(x^2+xy+y^2)$$

즉 행렬 A의 성분은 x^2+xy+y^2

STEP B $x+y=4$일 때, 행렬 A의 성분의 최댓값과 최솟값 구하기

$x+y=4$에서 $y=4-x$ $\qquad$ …… ㉠

$x\geq 0,\ y\geq 0$이므로 $x\geq 0,\ 4-x\geq 0$

$\therefore 0\leq x\leq 4$

㉠을 x^2+xy+y^2에 대입하면

$$x^2+xy+y^2=x^2+x(4-x)+(4-x)^2$$

$$=x^2-4x+16$$

$x^2-4x+16=(x^2-4x+4)-4+16$
$=(x-2)^2+12$

$$=(x-2)^2+12$$

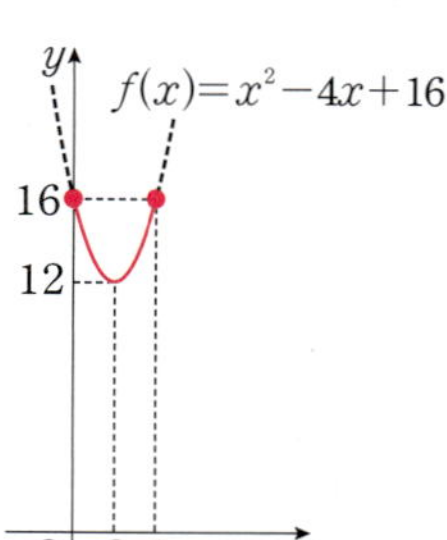

이때 $0\leq x\leq 4$이므로

$x=0,\ x=4$일 때, 최댓값 $M=16$,

$x=2$일 때, 최솟값 $m=12$

따라서 $M-m=16-12=4$

1804

STEP A 행렬의 곱이 성립할 조건을 이용하여 구하기

행렬 A는 1×2행렬, 행렬 B는 2×1행렬, 행렬 C는 2×2행렬이다.

① AB : (1×**2**행렬)×(**2**×1행렬)이므로
　행렬의 곱이 정의되며 그 곱은 1×1행렬이다.

② BA : (2×**1**행렬)×(**1**×2행렬)이므로
　행렬의 곱이 정의되며 그 곱은 2×2행렬이다.

③ AC : (1×**2**행렬)×(**2**×2행렬)이므로
　행렬의 곱이 정의되며 그 곱은 1×2행렬이다.

④ CA : (2×**2**행렬)×(**1**×2행렬)이므로 행렬의 곱이 정의되지 않는다.

⑤ CB : (2×**2**행렬)×(**2**×1행렬)이므로
　행렬의 곱이 정의되며 그 곱은 2×1행렬이다.

따라서 ④번 행렬 CA는 정의되지 않는다.

1805

STEP A 곱 BAC가 정의되도록 하는 행렬 B, C꼴 정하기

행렬 A가 2×3행렬이고 행렬의 곱 BAC가 정의되어야 하므로

$(m\times 2$행렬$)\times(2\times 3$행렬$)\times(3\times n$행렬$)$

양의 정수 m, n에 대하여 행렬 B는 $m\times 2$행렬, 행렬 C는 $3\times n$행렬이다.

STEP B [보기]에서 옳은 것 구하기

ㄱ. 곱 AB가 정의되려면 (2×3행렬)×(m×2행렬)에서 $m=3$이어야 하므로
　행렬 B가 존재한다. [참]

ㄴ. 곱 CA가 정의되려면 (3×n행렬)×(2×3행렬)에서 $n=2$이어야 하므로
　행렬 C가 존재한다. [참]

ㄷ. 행렬 B는 $m\times 2$행렬, 행렬 C는 $3\times n$행렬이므로
　곱 BC는 정의되지 않는다. [거짓]

따라서 옳은 것은 ㄱ, ㄴ이다.

세 행렬 $A=\begin{pmatrix} a & b \\ c & d \end{pmatrix}$, $B=\begin{pmatrix} 1 & 2 & 3 \\ 4 & 5 & 6 \end{pmatrix}$, $C=\begin{pmatrix} 1 & 4 \\ 2 & 5 \\ 3 & 6 \end{pmatrix}$에 대하여 다음 중 그 곱을 정의할 수 없는 것은?

① A^2 　　　② AB 　　　③ BC
④ AC 　　　⑤ CB

STEP A 행렬의 곱이 성립할 조건을 이용하여 구하기

행렬 A는 2×2행렬, 행렬 B는 2×3행렬, 행렬 C는 3×2행렬이다.

① $A^2=AA$는 (2×**2**행렬)×(**2**×2행렬)이므로
　행렬의 곱이 정의되며 그 곱은 2×2행렬이다.

② AB는 (2×**2**행렬)×(**2**×3행렬)이므로
　행렬의 곱이 정의되며 그 곱은 2×3행렬이다.

③ BC는 (2×**3**행렬)×(**3**×2행렬)이므로
　행렬의 곱이 정의되며 그 곱은 2×2행렬이다.

④ AC는 (2×**2**행렬)×(**3**×2행렬)이므로 행렬의 곱이 정의되지 않는다.

⑤ CB는 (3×**2**행렬)×(**2**×3행렬)이므로
　행렬의 곱이 정의되며 그 곱은 3×3행렬이다.

따라서 ④번 행렬 AC는 정의되지 않는다.

1806

2009년 04월 고3 학력평가 나형 22번 　

STEP A 행렬의 곱셈이 정의되기 위한 행렬 A, B 파악하기

행렬 $M=\begin{pmatrix} 4 \\ -5 \end{pmatrix}$는 2×1행렬이고

$MA+B=\begin{pmatrix} -1 & -2 \\ 3 & -6 \end{pmatrix}$의 우변은 2×2행렬이므로

A는 1×2행렬이고 B는 2×2행렬이어야 한다.

$M\ \times\ A\ +\ B$

2×1행렬$\times 1\times 2$행렬 $+2\times 2$행렬 $=2\times 2$행렬

STEP B 행렬 A의 모든 성분의 합 구하기

즉 $A=(p\ \ q)$, $B=\begin{pmatrix} a & b \\ c & d \end{pmatrix}$라 하면

$$MA+B=\begin{pmatrix} 4 \\ -5 \end{pmatrix}(p\ \ q)+\begin{pmatrix} a & b \\ c & d \end{pmatrix}$$

$$=\begin{pmatrix} 4p & 4q \\ -5p & -5q \end{pmatrix}+\begin{pmatrix} a & b \\ c & d \end{pmatrix}$$

$$=\begin{pmatrix} 4p+a & 4q+b \\ -5p+c & -5q+d \end{pmatrix}$$

$$=\begin{pmatrix} -1 & -2 \\ 3 & -6 \end{pmatrix}$$

이때 좌변의 행렬의 모든 성분의 합은 우변의 행렬의 모든 성분의 합과 같고
행렬 B의 모든 성분의 합은 $a+b+c+d=18$이므로

$-(p+q)+(a+b+c+d)=-1+(-2)+3+(-6)$

$-(p+q)+18=-6$

$\therefore p+q=24$

따라서 행렬 $A=(p\ \ q)$의 모든 성분의 합은 24

행렬 $M=\begin{pmatrix} -1 \\ -2 \end{pmatrix}$에 대하여 $MA+B=\begin{pmatrix} 1 & -2 \\ 3 & -5 \end{pmatrix}$이다. 행렬 B의 모든 성분의 합이 30일 때, 행렬 A의 모든 성분의 합을 구하시오.

STEP A   행렬의 곱셈이 정의되기 위한 행렬 A, B 파악하기

행렬 $M=\begin{pmatrix} -1 \\ -2 \end{pmatrix}$는 2×1행렬이고

행렬 $MA+B=\begin{pmatrix} 1 & -2 \\ 3 & -5 \end{pmatrix}$는 2×2행렬이므로

A는 1×2행렬이고 B는 2×2행렬이어야 한다.

$$M \quad \times \quad A \quad + \quad B$$
$$2\times1행렬\times1\times2행렬 +2\times2행렬 = 2\times2행렬$$

STEP B   행렬 A의 모든 성분의 합 구하기

즉 $A=(p\ \ q)$, $B=\begin{pmatrix} a & b \\ c & d \end{pmatrix}$라 하면

$MA+B=\begin{pmatrix} -1 \\ -2 \end{pmatrix}(p\ \ q)+\begin{pmatrix} a & b \\ c & d \end{pmatrix}=\begin{pmatrix} -p & -q \\ -2p & -2q \end{pmatrix}+\begin{pmatrix} a & b \\ c & d \end{pmatrix}$

$\qquad\quad =\begin{pmatrix} -p+a & -q+b \\ -2p+c & -2q+d \end{pmatrix}=\begin{pmatrix} 1 & -2 \\ 3 & -5 \end{pmatrix}$

이때 좌변의 행렬의 모든 성분의 합은 우변의 행렬의 모든 성분의 합과 같고 행렬 B의 모든 성분의 합은 $a+b+c+d=30$이므로

$-3(p+q)+(a+b+c+d)=1+(-2)+3+(-5)$

$-3(p+q)+30=-3$ ∴ $p+q=11$

따라서 행렬 $A=(p\ \ q)$의 모든 성분의 합은 11

정답 11

1807

정답 24

STEP A A^2, A^3, A^4, $\cdots$ 을 차례로 구하여 규칙 찾기

$A=\begin{pmatrix} 1 & 0 \\ 3 & 1 \end{pmatrix}$에서

$A^2=\begin{pmatrix} 1 & 0 \\ 3 & 1 \end{pmatrix}\begin{pmatrix} 1 & 0 \\ 3 & 1 \end{pmatrix}=\begin{pmatrix} 1 & 0 \\ 6 & 1 \end{pmatrix}$

$A^3=A^2A=\begin{pmatrix} 1 & 0 \\ 6 & 1 \end{pmatrix}\begin{pmatrix} 1 & 0 \\ 3 & 1 \end{pmatrix}=\begin{pmatrix} 1 & 0 \\ 9 & 1 \end{pmatrix}$

$A^4=A^3A=\begin{pmatrix} 1 & 0 \\ 9 & 1 \end{pmatrix}\begin{pmatrix} 1 & 0 \\ 3 & 1 \end{pmatrix}=\begin{pmatrix} 1 & 0 \\ 12 & 1 \end{pmatrix}$

$\qquad\qquad\qquad\vdots$

자연수 n에 대하여 $A^n=\begin{pmatrix} 1 & 0 \\ 3n & 1 \end{pmatrix}$로 추정할 수 있다.

STEP B a의 값 구하기

따라서 $A^8=\begin{pmatrix} 1 & 0 \\ 24 & 1 \end{pmatrix}=\begin{pmatrix} 1 & 0 \\ a & 1 \end{pmatrix}$이므로 $a=24$

1808

정답 ④

STEP A A^2, A^3, A^4, $\cdots$ 을 차례로 구하여 규칙 찾기

$A=\begin{pmatrix} 1 & 1 \\ 0 & 1 \end{pmatrix}$에서

$A^2=AA=\begin{pmatrix} 1 & 1 \\ 0 & 1 \end{pmatrix}\begin{pmatrix} 1 & 1 \\ 0 & 1 \end{pmatrix}=\begin{pmatrix} 1 & 2 \\ 0 & 1 \end{pmatrix}$

$A^3=A^2A=\begin{pmatrix} 1 & 2 \\ 0 & 1 \end{pmatrix}\begin{pmatrix} 1 & 1 \\ 0 & 1 \end{pmatrix}=\begin{pmatrix} 1 & 3 \\ 0 & 1 \end{pmatrix}$

$\qquad\qquad\qquad\vdots$

자연수 n에 대하여 $A^n=\begin{pmatrix} 1 & n \\ 0 & 1 \end{pmatrix}$로 추정할 수 있다.

STEP B A^n의 모든 성분의 합이 100일 때, 자연수 n의 값 구하기

따라서 A^n의 모든 성분의 합은 $n+2$이므로 $n+2=100$ ∴ $n=98$

행렬 $A=\begin{pmatrix} 1 & \frac{1}{2} \\ 0 & 1 \end{pmatrix}$에 대하여 A^n의 모든 성분의 합이 102일 때, 자연수 n의 값은?

① 186   ② 200   ③ 300

④ 400   ⑤ 500

STEP A A^2, A^3, A^4, $\cdots$ 을 차례로 구하여 규칙 찾기

$A=\begin{pmatrix} 1 & \frac{1}{2} \\ 0 & 1 \end{pmatrix}$에서

$A^2=AA=\begin{pmatrix} 1 & \frac{1}{2} \\ 0 & 1 \end{pmatrix}\begin{pmatrix} 1 & \frac{1}{2} \\ 0 & 1 \end{pmatrix}=\begin{pmatrix} 1 & 1 \\ 0 & 1 \end{pmatrix}$

$A^3=A^2A=\begin{pmatrix} 1 & 1 \\ 0 & 1 \end{pmatrix}\begin{pmatrix} 1 & \frac{1}{2} \\ 0 & 1 \end{pmatrix}=\begin{pmatrix} 1 & \frac{3}{2} \\ 0 & 1 \end{pmatrix}$

$A^4=A^3A=\begin{pmatrix} 1 & \frac{3}{2} \\ 0 & 1 \end{pmatrix}\begin{pmatrix} 1 & \frac{1}{2} \\ 0 & 1 \end{pmatrix}=\begin{pmatrix} 1 & 2 \\ 0 & 1 \end{pmatrix}$

$\qquad\qquad\qquad\vdots$

자연수 n에 대하여 $A^n=\begin{pmatrix} 1 & \frac{n}{2} \\ 0 & 1 \end{pmatrix}$로 추정할 수 있다.

STEP B   자연수 n의 값 구하기

따라서 A^n의 모든 성분의 합은 $1+\frac{n}{2}+1=102$이므로 $\frac{n}{2}=100$ ∴ $n=200$

정답 ②

1809

정답 ④

STEP A A^2, A^3, A^4, $\cdots$ 을 차례로 구하여 규칙 찾기

$A=\begin{pmatrix} 1 & -1 \\ 0 & 1 \end{pmatrix}$

$A^2=AA=\begin{pmatrix} 1 & -1 \\ 0 & 1 \end{pmatrix}\begin{pmatrix} 1 & -1 \\ 0 & 1 \end{pmatrix}=\begin{pmatrix} 1 & -2 \\ 0 & 1 \end{pmatrix}$

$A^3=A^2A=\begin{pmatrix} 1 & -2 \\ 0 & 1 \end{pmatrix}\begin{pmatrix} 1 & -1 \\ 0 & 1 \end{pmatrix}=\begin{pmatrix} 1 & -3 \\ 0 & 1 \end{pmatrix}$

$\qquad\qquad\qquad\vdots$

자연수 n에 대하여 $A^n=\begin{pmatrix} 1 & -n \\ 0 & 1 \end{pmatrix}$로 추정할 수 있다.

∴ $A^{100}=\begin{pmatrix} 1 & -100 \\ 0 & 1 \end{pmatrix}$

STEP B $A^{100}B$의 모든 성분의 합 구하기

$A^{100}B=\begin{pmatrix} 1 & -100 \\ 0 & 1 \end{pmatrix}\begin{pmatrix} 1 & -3 \\ 0 & -1 \end{pmatrix}=\begin{pmatrix} 1 & 97 \\ 0 & -1 \end{pmatrix}$

따라서 $A^{100}B$의 모든 성분의 합은 $1+97+0+(-1)=97$

1810

STEP A A^2, A^3, A^4 을 차례로 구하기

$A=\begin{pmatrix} 1 & 1 \\ 2 & 2 \end{pmatrix}$에 대하여

$A^2=\begin{pmatrix} 1 & 1 \\ 2 & 2 \end{pmatrix}\begin{pmatrix} 1 & 1 \\ 2 & 2 \end{pmatrix}=\begin{pmatrix} 3 & 3 \\ 6 & 6 \end{pmatrix}=3A$

$A^3=A^2A=(3A)A=3A^2=3(3A)=3^2A$

$A^4=A^3A=(3^2A)A=3^2A^2=3^2(3A)=3^3A$

STEP B k의 값 구하기

$A+A^2+A^3+A^4=A+3A+3^2A+3^3A$
$\qquad\qquad\qquad\quad =(1+3+9+27)A=40A$

따라서 $k=40$

P O I N T | $A=\begin{pmatrix} a & b \\ ka & kb \end{pmatrix}$꼴 행렬의 A^n의 성질

행렬 $A=\begin{pmatrix} a & b \\ ka & kb \end{pmatrix}$에 대하여 $a(kb)-b(ka)=0$이므로

① $A^2=(a+kb)A$

② $A^{n+1}=(a+kb)^nA$ (단, n은 자연수이다.)

1811

STEP A A^2, A^3, A^4, $\cdots$ 을 차례로 구하여 규칙 찾기

$A=\begin{pmatrix} 1 \\ 0 \end{pmatrix}(2 \ \ 0)=\begin{pmatrix} 2 & 0 \\ 0 & 0 \end{pmatrix}$이므로

$A^2=\begin{pmatrix} 2 & 0 \\ 0 & 0 \end{pmatrix}\begin{pmatrix} 2 & 0 \\ 0 & 0 \end{pmatrix}=\begin{pmatrix} 4 & 0 \\ 0 & 0 \end{pmatrix}=2A$

$A^3=A^2A=2AA=2A^2=2\times2A=2^2A$
$\qquad\vdots$

자연수 n에 대하여 $A^n=2^{n-1}A=\begin{pmatrix} 2^n & 0 \\ 0 & 0 \end{pmatrix}$로 추정할 수 있다.

STEP B 행렬 A^{10}의 모든 성분의 합 구하기

따라서 $A^{10}=2^9A=\begin{pmatrix} 2^{10} & 0 \\ 0 & 0 \end{pmatrix}$이므로 행렬 A^{10}의 모든 성분의 합은 $2^{10}=1024$

내/신/연/계/ 출제문항 834

행렬 $A=\begin{pmatrix} 3 & 0 \\ 0 & 2 \end{pmatrix}$와 자연수 n에 대하여 A^6의 $(1, 1)$ 성분과 $(2, 2)$ 성분의 곱을 p_6이라 할 때, p_6의 약수의 개수는?

① 21 　　　　② 28 　　　　③ 35
④ 42 　　　　⑤ 49

STEP A A^2, A^3, A^4, $\cdots$을 차례로 구하여 규칙 찾기

행렬 $A=\begin{pmatrix} 3 & 0 \\ 0 & 2 \end{pmatrix}$에 대하여

$A^2=AA=\begin{pmatrix} 3 & 0 \\ 0 & 2 \end{pmatrix}\begin{pmatrix} 3 & 0 \\ 0 & 2 \end{pmatrix}=\begin{pmatrix} 3^2 & 0 \\ 0 & 2^2 \end{pmatrix}$

$A^3=A^2A=\begin{pmatrix} 3^2 & 0 \\ 0 & 2^2 \end{pmatrix}\begin{pmatrix} 3 & 0 \\ 0 & 2 \end{pmatrix}=\begin{pmatrix} 3^3 & 0 \\ 0 & 2^3 \end{pmatrix}$
$\qquad\vdots$

자연수 n에 대하여 $\begin{pmatrix} 3^n & 0 \\ 0 & 2^n \end{pmatrix}$로 추정할 수 있다.

STEP B p_6의 약수의 개수 구하기

행렬 $A^6=\begin{pmatrix} 3^6 & 0 \\ 0 & 2^6 \end{pmatrix}$의 $(1, 1)$ 성분과 $(2, 2)$ 성분의 곱이 $p_6=3^6\times2^6=6^6$

따라서 p_6의 약수의 개수는 $(6+1)(6+1)=7\times7=49$

P O I N T | 약수의 개수

자연수 N에 대하여 다음과 같이 소인수분해하면
$N=a^pb^q$
① 약수의 개수 ➡ $(p+1)(q+1)$
② 약수의 총합 ➡ $(1+a+a^2+\cdots a^p)(1+b+b^2+\cdots+b^q)$

1812

STEP A $AB=O$을 만족하는 상수 a, b의 값 구하기

$AB=O$에서

$AB=O$일지라도 $BA\neq O$일 수 있음에 유의한다.

$AB=\begin{pmatrix} 1 & -1 \\ 1 & -1 \end{pmatrix}\begin{pmatrix} 1 & 1 \\ a & b \end{pmatrix}=\begin{pmatrix} 1-a & 1-b \\ 1-a & 1-b \end{pmatrix}=\begin{pmatrix} 0 & 0 \\ 0 & 0 \end{pmatrix}$

두 행렬이 서로 같을 조건에 의하여 $1-a=0$, $1-b=0$

$\therefore a=1$, $b=1$

STEP B 행렬 B^5의 모든 성분의 합 구하기

$B^2=BB=\begin{pmatrix} 1 & 1 \\ 1 & 1 \end{pmatrix}\begin{pmatrix} 1 & 1 \\ 1 & 1 \end{pmatrix}=\begin{pmatrix} 2 & 2 \\ 2 & 2 \end{pmatrix}=2B$

$B^3=B^2B=(2B)B=2B^2=2(2B)=4B$

$B^4=B^3B=(4B)B=4B^2=4(2B)=8B$

$B^5=B^4B=(8B)B=8B^2=8(2B)=16B$

자연수 n에 대하여 $B^n=2^{n-1}B$로 추정할 수 있다.

따라서 $B^5=16B=\begin{pmatrix} 16 & 16 \\ 16 & 16 \end{pmatrix}$이므로 모든 성분의 합은

$16+16+16+16=4\times16=64$

1813

STEP A 이차방정식의 근과 계수의 관계와 곱셈공식을 이용하여 정리하기

이차방정식 $x^2-2x+2=0$의 두 근이 α, β이므로

이차방정식의 근과 계수의 관계에 의하여 $\alpha+\beta=2$, $\alpha\beta=2$

이때 $\dfrac{\beta}{\alpha}+\dfrac{\alpha}{\beta}=\dfrac{\alpha^2+\beta^2}{\alpha\beta}=\dfrac{(\alpha+\beta)^2-2\alpha\beta}{\alpha\beta}=\dfrac{2^2-2\times2}{2}=0$

$\dfrac{1}{\alpha}+\dfrac{1}{\beta}=\dfrac{\alpha+\beta}{\alpha\beta}=\dfrac{2}{2}=1$

STEP B A^2, A^3, A^4, $\cdots$ 을 차례로 구하여 규칙 찾기

$A=\begin{pmatrix} \alpha+\beta-2 & \dfrac{\beta}{\alpha}+\dfrac{\alpha}{\beta} \\ \dfrac{1}{\alpha}+\dfrac{1}{\beta} & 1 \end{pmatrix}=\begin{pmatrix} 0 & 0 \\ 1 & 1 \end{pmatrix}$이므로

$A^2=AA=\begin{pmatrix} 0 & 0 \\ 1 & 1 \end{pmatrix}\begin{pmatrix} 0 & 0 \\ 1 & 1 \end{pmatrix}=\begin{pmatrix} 0 & 0 \\ 1 & 1 \end{pmatrix}$

$A^3=A^2A=\begin{pmatrix} 0 & 0 \\ 1 & 1 \end{pmatrix}\begin{pmatrix} 0 & 0 \\ 1 & 1 \end{pmatrix}=\begin{pmatrix} 0 & 0 \\ 1 & 1 \end{pmatrix}$
$\qquad\vdots$

자연수 n에 대하여 $A^n=\begin{pmatrix} 0 & 0 \\ 1 & 1 \end{pmatrix}$로 추정할 수 있다.

STEP C 행렬 $A+A^2+A^3+\cdots+A^n$의 모든 성분의 합이 100이 되는 자연수 n의 값 구하기

$A=A^2=A^3=\cdots=A^n$이므로

$A+A^2+A^3+\cdots+A^n=n\begin{pmatrix} 0 & 0 \\ 1 & 1 \end{pmatrix}$

따라서 모든 성분의 합은 $n(0+0+1+1)=2n$이므로 $2n=100$　　$\therefore n=50$

1814

STEP A AB, $(AB)^2$, $(AB)^3$, $\cdots$ 을 차례로 구하여 규칙 찾기

$A(BA)^n B = A\underbrace{(BA)(BA)\cdots(BA)}_{n개}B$

$\qquad = \underbrace{(AB)(AB)(A\cdots B)}_{n개}(AB)$ ← $A(BC)=(AB)C$

$\qquad = (AB)^{n+1}$

$AB = \begin{pmatrix} 1 & 1 \\ 0 & 1 \end{pmatrix}\begin{pmatrix} 1 & -2 \\ 0 & 2 \end{pmatrix} = \begin{pmatrix} 1 & 0 \\ 0 & 2 \end{pmatrix}$ 이므로 $(AB)^2 = \begin{pmatrix} 1 & 0 \\ 0 & 2 \end{pmatrix}\begin{pmatrix} 1 & 0 \\ 0 & 2 \end{pmatrix} = \begin{pmatrix} 1^2 & 0 \\ 0 & 2^2 \end{pmatrix}$

$(AB)^3 = (AB)^2(AB) = \begin{pmatrix} 1^2 & 0 \\ 0 & 2^2 \end{pmatrix}\begin{pmatrix} 1 & 0 \\ 0 & 2 \end{pmatrix} = \begin{pmatrix} 1^3 & 0 \\ 0 & 2^3 \end{pmatrix}$

$\vdots$

자연수 n에 대하여 $(AB)^{n+1} = \begin{pmatrix} 1^{n+1} & 0 \\ 0 & 2^{n+1} \end{pmatrix}$로 추정할 수 있다.

즉 $A(BA)^n B = \begin{pmatrix} 1 & 0 \\ 0 & 2^{n+1} \end{pmatrix}$

STEP B 모든 성분의 합이 1025가 되도록 하는 자연수 n 구하기

이때 행렬 $A(BA)^n B$의 모든 성분의 합이 1025이므로

$1 + 2^{n+1} = 1025$, $2^{n+1} = 1024 = 2^{10}$

따라서 $n+1 = 10$이므로 $n = 9$

1815

STEP A A^2, A^3, A^4, $\cdots$ 을 차례로 구하여 $A^n = kE$를 만족시키는 자연수 n의 값 구하기

$A = \begin{pmatrix} 1 & -1 \\ 1 & 1 \end{pmatrix}$에서

$A^2 = \begin{pmatrix} 1 & -1 \\ 1 & 1 \end{pmatrix}\begin{pmatrix} 1 & -1 \\ 1 & 1 \end{pmatrix} = \begin{pmatrix} 0 & -2 \\ 2 & 0 \end{pmatrix}$

$A^3 = A^2 A = \begin{pmatrix} 0 & -2 \\ 2 & 0 \end{pmatrix}\begin{pmatrix} 1 & -1 \\ 1 & 1 \end{pmatrix} = \begin{pmatrix} -2 & -2 \\ 2 & -2 \end{pmatrix}$

$A^4 = A^2 A^2 = \begin{pmatrix} 0 & -2 \\ 2 & 0 \end{pmatrix}\begin{pmatrix} 0 & -2 \\ 2 & 0 \end{pmatrix} = \begin{pmatrix} -4 & 0 \\ 0 & -4 \end{pmatrix} = -4\begin{pmatrix} 1 & 0 \\ 0 & 1 \end{pmatrix} = -4E$

$\vdots$

자연수 m에 대하여 $A^{4m} = (-4)^m E$로 추정할 수 있다.

STEP B 100 이하의 자연수 n의 개수 구하기

따라서 n은 4의 배수이어야 하므로 구하는 자연수 n의 개수는 $\dfrac{100}{4} = 25$

1816

STEP A A^2, A^3, A^4, $\cdots$ 을 차례로 구하여 $A^n = kE$를 만족시키는 자연수 n의 값 구하기

$A = \begin{pmatrix} 2 & -1 \\ 1 & -2 \end{pmatrix}$에서

$A^2 = AA = \begin{pmatrix} 2 & -1 \\ 1 & -2 \end{pmatrix}\begin{pmatrix} 2 & -1 \\ 1 & -2 \end{pmatrix} = \begin{pmatrix} 3 & 0 \\ 0 & 3 \end{pmatrix} = 3E$ (단, E는 단위행렬이다.)

$A^3 = A^2 A = 3EA = 3A$

$A^4 = A^2 A^2 = (3E)(3E) = 9E^2 = 9E$

STEP B 행렬 $A + A^2 + A^3 + A^4$ 구하기

$A + A^2 + A^3 + A^4 = A + 3E + 3A + 9E$

$\qquad = 4A + 12E$

$\qquad = 4\begin{pmatrix} 2 & -1 \\ 1 & -2 \end{pmatrix} + 12\begin{pmatrix} 1 & 0 \\ 0 & 1 \end{pmatrix}$

$\qquad = \begin{pmatrix} 20 & -4 \\ 4 & 4 \end{pmatrix}$

STEP C 행렬 $A + A^2 + A^3 + A^4$의 모든 성분의 합 구하기

따라서 구하는 행렬의 모든 성분의 합은 $20 + (-4) + 4 + 4 = 24$

1817

STEP A A^2, A^3, A^4, $\cdots$을 차례로 구하여 $A^n = E$를 만족시키는 자연수 n의 값 구하기

$A = \begin{pmatrix} 1 & 2 \\ -1 & -1 \end{pmatrix}$에서

$A^2 = AA = \begin{pmatrix} 1 & 2 \\ -1 & -1 \end{pmatrix}\begin{pmatrix} 1 & 2 \\ -1 & -1 \end{pmatrix} = \begin{pmatrix} -1 & 0 \\ 0 & -1 \end{pmatrix} = -E$ (단, E는 단위행렬이다.)

$A^3 = A^2 A = (-E)A = -A$

$A^4 = (A^2)^2 = (-E)^2 = E$

+α 케일리-해밀턴 정리를 이용하여 $A^2 = -E$임을 구할 수 있어!

$A = \begin{pmatrix} 1 & 2 \\ -1 & -1 \end{pmatrix}$에서 케일리-해밀턴 정리에 의하여

$A^2 - \{1 + (-1)\}A + \{1 \times (-1) - 2 \times (-1)\}E = O$이므로

$A^2 + E = O$ $\therefore A^2 = -E$

STEP B $A^{2025} + A^{2026} + A^{2027} + A^{2028}$의 모든 성분의 합 구하기

$A^{2025} + A^{2026} + A^{2027} + A^{2028}$ ← 자연수 n에 대하여 $A^{4n-3} = A$, $A^{4n-2} = -E$, $A^{4n-1} = -A$, $A^{4n} = E$

$= (A^4)^{506}A + (A^4)^{506}A^2 + (A^4)^{506}A^3 + (A^4)^{507}$

$= E^{506}A + E^{506}A^2 + E^{506}A^3 + E^{507}$

$= A + A^2 + A^3 + E$

$= A - E - A + E = O$

따라서 모든 성분의 합은 0

내/신/연/계 출제문항 835

행렬 $A = \begin{pmatrix} 0 & -1 \\ 1 & 0 \end{pmatrix}$에 대하여 행렬 $A^{2025} + A^{2026} + A^{2027} + A^{2028}$의 모든 성분의 합은?

① -6 ② -2 ③ 0

④ 2 ⑤ 6

STEP A A^2, A^3, A^4, $\cdots$ 을 차례로 구하여 $A^n = E$를 만족시키는 자연수 n의 값 구하기

$A = \begin{pmatrix} 0 & -1 \\ 1 & 0 \end{pmatrix}$에서

$A^2 = AA = \begin{pmatrix} 0 & -1 \\ 1 & 0 \end{pmatrix}\begin{pmatrix} 0 & -1 \\ 1 & 0 \end{pmatrix} = \begin{pmatrix} -1 & 0 \\ 0 & -1 \end{pmatrix} = -E$ (단, E는 단위행렬이다.)

$A^3 = A^2 A = (-E)A = -A$

$A^4 = (A^2)^2 = (-E)^2 = E$

STEP B $A^{2025} + A^{2026} + A^{2027} + A^{2028}$의 모든 성분의 합 구하기

$A^{2025} + A^{2026} + A^{2027} + A^{2028}$ ← 자연수 n에 대하여 $A^{4n-3} = A$, $A^{4n-2} = -E$, $A^{4n-1} = -A$, $A^{4n} = E$

$= (A^4)^{506}A + (A^4)^{506}A^2 + (A^4)^{506}A^3 + (A^4)^{507}$

$= E^{506}A + E^{506}A^2 + E^{506}A^3 + E^{507}$

$= A + A^2 + A^3 + E$

$= A - E - A + E = O$

따라서 모든 성분의 합은 0

1818

STEP A A^2, A^3, $\cdots$ 을 차례로 구하여 $A^n=E$를 만족시키는 자연수 n의 값 구하기

$A=\begin{pmatrix} 1 & 3 \\ -1 & -2 \end{pmatrix}$에서

$A^2=AA=\begin{pmatrix} 1 & 3 \\ -1 & -2 \end{pmatrix}\begin{pmatrix} 1 & 3 \\ -1 & -2 \end{pmatrix}=\begin{pmatrix} -2 & -3 \\ 1 & 1 \end{pmatrix}$

$A^3=A^2A=\begin{pmatrix} -2 & -3 \\ 1 & 1 \end{pmatrix}\begin{pmatrix} 1 & 3 \\ -1 & -2 \end{pmatrix}=\begin{pmatrix} 1 & 0 \\ 0 & 1 \end{pmatrix}=E$ (단, E는 단위행렬이다.)

$\therefore A^{20}=(A^3)^6A^2=E^6A^2=A^2$

+α 케일리–해밀턴의 정리를 이용하여 $A^3=E$임을 구할 수 있어!

행렬 $A=\begin{pmatrix} 1 & 3 \\ -1 & -2 \end{pmatrix}$에서 케일리–해밀턴의 정리에 의하여

$A^2-(1-2)A+\{1\times(-2)-3\times(-1)\}E=O$

즉 $A^2+A+E=O$이므로 양변에 $A-E$를 곱하면

$(A-E)(A^2+A+E)=(A-E)O$, $A^3-E=O$

$\therefore A^3=E$

STEP B $a-b$의 값 구하기

$A^{20}\begin{pmatrix} 2 \\ -3 \end{pmatrix}=A^2\begin{pmatrix} 2 \\ -3 \end{pmatrix}$

$\quad\quad\quad\;\; =\begin{pmatrix} -2 & -3 \\ 1 & 1 \end{pmatrix}\begin{pmatrix} 2 \\ -3 \end{pmatrix}$

$\quad\quad\quad\;\; =\begin{pmatrix} 5 \\ -1 \end{pmatrix}$

따라서 $a=5$, $b=-1$이므로 $a-b=5-(-1)=6$

1819

STEP A A^2, A^3, A^4, $\cdots$ 을 차례로 구하여 $A^n=E$를 만족시키는 자연수 n의 값 구하기

$A=\begin{pmatrix} 2 & 5 \\ -1 & -2 \end{pmatrix}$이므로

$A^2=AA=\begin{pmatrix} 2 & 5 \\ -1 & -2 \end{pmatrix}\begin{pmatrix} 2 & 5 \\ -1 & -2 \end{pmatrix}=\begin{pmatrix} -1 & 0 \\ 0 & -1 \end{pmatrix}=-E$

$A^3=A^2A=-EA=-A$

$A^4=A^3A=-AA=-A^2=E$

STEP B $\alpha+\beta$의 값 구하기

$A^{101}=(A^4)^{25}A=(E^{25})A=A$

$A^{102}=(A^4)^{25}A^2=(E^{25})A^2=A^2=-E$이므로

$A^{101}\begin{pmatrix} -3 \\ 2 \end{pmatrix}+A^{102}\begin{pmatrix} -3 \\ 2 \end{pmatrix}=(A^{101}+A^{102})\begin{pmatrix} -3 \\ 2 \end{pmatrix}$

$\quad\quad\quad\quad\quad\quad\quad\quad =(A-E)\begin{pmatrix} -3 \\ 2 \end{pmatrix}$

$\quad\quad\quad\quad\quad\quad\quad\quad =\begin{pmatrix} 1 & 5 \\ -1 & -3 \end{pmatrix}\begin{pmatrix} -3 \\ 2 \end{pmatrix}$

$\quad\quad\quad\quad\quad\quad\quad\quad =\begin{pmatrix} 7 \\ -3 \end{pmatrix}$

따라서 $\alpha=7$, $\beta=-3$이므로 $\alpha+\beta=7+(-3)=4$

1820

STEP A A^2, A^3, A^4, $\cdots$ 을 차례로 구하여 $A^n=E$를 만족시키는 자연수 n의 값 구하기

$A=\begin{pmatrix} 3 & 7 \\ -1 & -2 \end{pmatrix}$이므로

$A^2=AA=\begin{pmatrix} 3 & 7 \\ -1 & -2 \end{pmatrix}\begin{pmatrix} 3 & 7 \\ -1 & -2 \end{pmatrix}=\begin{pmatrix} 2 & 7 \\ -1 & -3 \end{pmatrix}$

$A^3=A^2A=\begin{pmatrix} 2 & 7 \\ -1 & -3 \end{pmatrix}\begin{pmatrix} 3 & 7 \\ -1 & -2 \end{pmatrix}=\begin{pmatrix} -1 & 0 \\ 0 & -1 \end{pmatrix}=-E$ (단, E는 단위행렬이다.)

$A^4=A^3A=-EA=-A$

$A^5=A^3A^2=(-E)A^2=-A^2$

$A^6=(A^3)^2=(-E)^2=E$

+α 케일리–해밀턴 정리를 이용하여 $A^6=E$임을 구할 수 있어!

$A=\begin{pmatrix} 3 & 7 \\ -1 & -2 \end{pmatrix}$이므로 케일리–해밀턴 정리에 의하여

$A^2-\{3+(-2)\}A+\{3\times(-2)-7\times(-1)\}E=O$

즉 $A^2-A+E=O$이 성립하므로 양변에 $A+E$를 곱하면

$(A+E)(A^2-A+E)=(A+E)O$, $A^3+E=O$

$\therefore A^3=-E$

STEP B $A+A^2+A^3+\cdots+A^{2011}$의 모든 성분의 합 구하기

$A+A^2+A^3+A^4+A^5+A^6=A+A^2-E-A-A^2+E=O$

즉 인접한 6개를 묶으면 영행렬이 되므로

$A+A^2+A^3+\cdots+A^{2010}+A^{2011}$

$=(A+A^2+\cdots+A^6)+A^6(A+A^2+\cdots+A^6)+\cdots$

$\quad\quad\quad\quad\quad\quad +A^{2004}(A+A^2+\cdots+A^6)+A^{2011}$

$=335(A+A^2+\cdots+A^6)+A^{2011}$ ← $2011=6\times335+1$

$=335\times O+A^{2011}$

$=A=\begin{pmatrix} 3 & 7 \\ -1 & -2 \end{pmatrix}$ ← $A^{2011}=(A^6)^{335}A=E^{335}A=A$

따라서 구하는 행렬의 모든 성분의 합은 $3+7+(-1)+(-2)=7$

내신연계 출제문항 836

행렬 $A=\begin{pmatrix} 1 & -1 \\ 3 & -2 \end{pmatrix}$에 대하여 다음 중 $A+A^2+A^3+\cdots+A^{10}$의 모든 성분의 합은?

① 1   ② 2   ③ 3

④ 4   ⑤ 5

STEP A A^2, A^3, A^4, $\cdots$ 을 차례로 구하여 $A^n=E$를 만족시키는 자연수 n의 값 구하기

$A^2=AA=\begin{pmatrix} 1 & -1 \\ 3 & -2 \end{pmatrix}\begin{pmatrix} 1 & -1 \\ 3 & -2 \end{pmatrix}=\begin{pmatrix} -2 & 1 \\ -3 & 1 \end{pmatrix}$

$A^3=A^2A=\begin{pmatrix} -2 & 1 \\ -3 & 1 \end{pmatrix}\begin{pmatrix} 1 & -1 \\ 3 & -2 \end{pmatrix}=\begin{pmatrix} 1 & 0 \\ 0 & 1 \end{pmatrix}=E$이므로

자연수 n에 대하여 $A^{3n-2}=A$, $A^{3n-1}=A^2$, $A^{3n}=E$

STEP B $A+A^2+A^3+\cdots+A^{10}$의 모든 성분의 합 구하기

$A+A^2+A^3+\cdots+A^{10}$

$=(A+A^2+E)+(A+A^2+E)+(A+A^2+E)+A$

$=3(A+A^2+E)+A$ $\cdots\cdots$ ㉠

이때 $A+A^2+E=\begin{pmatrix} 1 & -1 \\ 3 & -2 \end{pmatrix}+\begin{pmatrix} -2 & 1 \\ -3 & 1 \end{pmatrix}+\begin{pmatrix} 1 & 0 \\ 0 & 1 \end{pmatrix}=\begin{pmatrix} 0 & 0 \\ 0 & 0 \end{pmatrix}=O$이므로

㉠에서 $A+A^2+A^3+\cdots+A^{10}=3O+A=A=\begin{pmatrix} 1 & -1 \\ 3 & -2 \end{pmatrix}$

따라서 구하는 행렬의 모든 성분의 합은 $1+(-1)+3+(-2)=1$

1821

2011학년도 고3 수능기출 나형 29번 정답 ④

STEP Ⓐ 주어진 성분의 정의를 이용하여 행렬 A 구하기

$a_{ij}=i-j$에 $i=1,\ 2,\ j=1,\ 2$를 각각 대입하면

$a_{11}=1-1=0,\ a_{12}=1-2=-1$

$a_{21}=2-1=1,\ a_{22}=2-2=0$

$\therefore A=\begin{pmatrix} a_{11} & a_{12} \\ a_{21} & a_{22} \end{pmatrix}=\begin{pmatrix} 0 & -1 \\ 1 & 0 \end{pmatrix}$

STEP Ⓑ $A^n=E$가 되는 최소의 자연수 n의 값 구하기

$A^2=AA=\begin{pmatrix} 0 & -1 \\ 1 & 0 \end{pmatrix}\begin{pmatrix} 0 & -1 \\ 1 & 0 \end{pmatrix}=\begin{pmatrix} -1 & 0 \\ 0 & -1 \end{pmatrix}=-E$ (단, E는 단위행렬이다.)

$A^3=A^2A=-EA=-A$

$A^4=(A^2)^2=(-E)^2=E$

> **+α** 케일리–해밀턴 정리를 이용하여 $A^4=E$임을 구할 수 있어!
>
> $A=\begin{pmatrix} 0 & -1 \\ 1 & 0 \end{pmatrix}$일 때, 케일리–해밀턴 정리에 의하여
>
> $A^2-(0+0)A+\{0\times0-(-1)\times1\}E=O$
>
> $A^2+E=O$ $\therefore A^2=-E$
>
> $(A^2)^2=(-E)^2=E$ $\therefore A^4=E$

STEP Ⓒ $A+A^2+A^3+\cdots+A^{2010}$의 $(2,\ 1)$ 성분 구하기

$A+A^2+A^3+A^4=A-E-A+E=O$

즉 인접한 4개의 행렬을 더하면 영행렬이 되므로

$A+A^2+A^3+A^4+\cdots+A^{2008}+A^{2009}+A^{2010}$

$=(A+A^2+A^3+A^4)+A^4(A+A^2+A^3+A^4)+\cdots$
$\qquad\qquad +A^{2004}(A+A^2+A^3+A^4)+A^{2009}+A^{2010}$

$=502(A+A^2+A^3+A^4)+A^{2009}+A^{2010}$ ← $2010=4\times502+2$

$=502\times O+A^{2009}+A^{2010}$

$=A+A^2$ ← $A^{2009}=(A^4)^{502}A=E^{502}A=A,\ A^{2010}=(A^4)^{502}A^2=E^{502}A^2=A^2$

$=\begin{pmatrix} 0 & -1 \\ 1 & 0 \end{pmatrix}+\begin{pmatrix} -1 & 0 \\ 0 & -1 \end{pmatrix}=\begin{pmatrix} -1 & -1 \\ 1 & -1 \end{pmatrix}$

따라서 구하는 행렬의 $(2,\ 1)$ 성분은 1

내/신/연/계 출제문항 837

이차정사각행렬 A의 $(i,\ j)$의 성분 a_{ij}가 $a_{ij}=j-i$ $(i=1,\ 2,\ j=1,\ 2)$이다.
행렬 $A+A^2+A^3+\cdots+A^{2025}$의 $(1,\ 2)$ 성분은?

① -2025 ② -1 ③ 0
④ 1 ⑤ 2025

STEP Ⓐ 주어진 성분의 정의를 이용하여 행렬 A 구하기

$a_{ij}=j-i$에 $i=1,\ 2,\ j=1,\ 2$를 각각 대입하면

$a_{11}=1-1=0,\ a_{12}=2-1=1,\ a_{21}=1-2=-1,\ a_{22}=2-2=0$

$\therefore A=\begin{pmatrix} a_{11} & a_{12} \\ a_{21} & a_{22} \end{pmatrix}=\begin{pmatrix} 0 & 1 \\ -1 & 0 \end{pmatrix}$

STEP Ⓑ $A^n=E$가 되는 최소의 자연수 n의 값 구하기

$A^2=AA=\begin{pmatrix} 0 & 1 \\ -1 & 0 \end{pmatrix}\begin{pmatrix} 0 & 1 \\ -1 & 0 \end{pmatrix}=\begin{pmatrix} -1 & 0 \\ 0 & -1 \end{pmatrix}=-E$ (단, E는 단위행렬이다.)

$A^3=A^2A=-EA=-A$

$A^4=(A^2)^2=(-E)^2=E$

> **+α** 케일리–해밀턴 정리를 이용하여 $A^4=E$임을 구할 수 있어!
>
> $A=\begin{pmatrix} 0 & 1 \\ -1 & 0 \end{pmatrix}$일 때, 케일리–해밀턴 정리에 의하여
>
> $A^2-(0+0)A+\{0\times0-1\times(-1)\}E=O$
>
> $A^2+E=O$ $\therefore A^2=-E$
>
> $(A^2)^2=(-E)^2=E$ $\therefore A^4=E$

STEP Ⓒ $A+A^2+A^3+\cdots+A^{2025}$의 $(1,\ 2)$ 성분 구하기

$A+A^2+A^3+A^4=A-E-A+E=O$

즉 인접한 4개의 행렬을 더하면 영행렬이 되므로

$A+A^2+A^3+\cdots+A^{2025}$

$=(A+A^2+A^3+A^4)+A^4(A+A^2+A^3+A^4)+\cdots$
$\qquad\qquad +A^{2020}(A+A^2+A^3+A^4)+A^{2025}$

$=506(A+A^2+A^3+A^4)+A^{2025}$ ← $2025=4\times506+1$

$=506\times O+A^{2025}$

$=A$ ← $A^{2025}=(A^4)^{506}A=E^{506}A=A$

$=\begin{pmatrix} 0 & 1 \\ -1 & 0 \end{pmatrix}$

따라서 구하는 행렬의 $(1,\ 2)$ 성분은 1 정답 ④

1822

정답 15

STEP Ⓐ $A^2,\ A^3,\ \cdots$ 을 차례로 구하여 $A^n=E$를 만족시키는 자연수 n의 값 구하기

$A=\begin{pmatrix} -2 & 1 \\ -7 & 3 \end{pmatrix}$에서 $A^2=AA=\begin{pmatrix} -2 & 1 \\ -7 & 3 \end{pmatrix}\begin{pmatrix} -2 & 1 \\ -7 & 3 \end{pmatrix}=\begin{pmatrix} -3 & 1 \\ -7 & 2 \end{pmatrix}$

$A^3=A^2A=\begin{pmatrix} -3 & 1 \\ -7 & 2 \end{pmatrix}\begin{pmatrix} -2 & 1 \\ -7 & 3 \end{pmatrix}=\begin{pmatrix} -1 & 0 \\ 0 & -1 \end{pmatrix}=-E$이므로

$A^6=(A^3)^2=(-E)^2=E$

STEP Ⓑ $A^n=A$를 만족시키는 두 자리의 자연수 n의 개수 구하기

$A^{13}=(A^6)^2A=EA=A$

$A^{19}=(A^6)^3A=EA=A$

$\vdots$

$A^{97}=(A^6)^{16}A=EA=A$

와 같이 $n=6k+1$ (k는 자연수)일 때, 등식 $A^n=A$가 성립한다.
이때 n은 두 자리의 자연수이므로 $10\leq 6k+1\leq 99,\ 9\leq 6k\leq 98$

$\therefore \dfrac{3}{2}\leq k\leq \dfrac{49}{3}$

따라서 $k=2,\ 3,\ 4,\ \cdots,\ 16$이므로 등식 $A^n=A$를 만족시키는 두 자리의 자연수
n의 개수는 15

1823

정답 ①

STEP Ⓐ $A^2,\ A^3,\ A^4,\ \cdots$ 을 차례로 구하여 $A^n=E$를 만족시키는 자연수 n의 값 구하기

$A=\begin{pmatrix} 1 & 1 \\ -1 & 0 \end{pmatrix}$ ← 성분의 합은 1

$A^2=\begin{pmatrix} 1 & 1 \\ -1 & 0 \end{pmatrix}\begin{pmatrix} 1 & 1 \\ -1 & 0 \end{pmatrix}=\begin{pmatrix} 0 & 1 \\ -1 & -1 \end{pmatrix}$ ← 성분의 합은 -1

$A^3=A^2A=\begin{pmatrix} 0 & 1 \\ -1 & -1 \end{pmatrix}\begin{pmatrix} 1 & 1 \\ -1 & 0 \end{pmatrix}=\begin{pmatrix} -1 & 0 \\ 0 & -1 \end{pmatrix}=-E$ ← 성분의 합은 -2

$A^4=A^3A=(-E)A=-A=\begin{pmatrix} -1 & -1 \\ 1 & 0 \end{pmatrix}$ ← 성분의 합은 -1

$A^5=A^3A^2=(-E)A^2=-A^2=\begin{pmatrix} 0 & -1 \\ 1 & 1 \end{pmatrix}$ ← 성분의 합은 1

$A^6=(A^3)^2=(-E)^2=E=\begin{pmatrix} 1 & 0 \\ 0 & 1 \end{pmatrix}$ ← 성분의 합은 2

$A^7=A^6A=EA=A$

$\vdots$

STEP Ⓑ 모든 성분의 합이 2가 되는 자연수 n의 개수 구하기

100 이하의 자연수 n에 대하여 행렬 A^n의 모든 성분의 합이 2가 되는 경우는
$A^6,\ A^{12},\ A^{18},\ \cdots,\ A^{96}$

따라서 $n=6k$ ($k=1,\ 2,\ 3,\ \cdots,\ 16$)이므로 행렬 A^n의 모든 성분의 합이 2가
되도록 하는 100 이하의 자연수 n의 개수는 16

$6k\leq 100,\ k\leq \dfrac{100}{6}=16.\times\times$ 이므로 자연수 k는 16개이다.

행렬 $A=\begin{pmatrix} -2 & 5 \\ -1 & 2 \end{pmatrix}$에 대하여 행렬 A^n의 모든 성분의 합이 2가 되도록 하는 100 이하의 자연수 n의 개수는?

① 20 ② 25 ③ 30
④ 35 ⑤ 40

STEP Ⓐ A^2, A^3, A^4, $\cdots$ 을 차례로 구하여 $A^n=E$를 만족시키는 자연수 n의 값 구하기

$A=\begin{pmatrix} -2 & 5 \\ -1 & 2 \end{pmatrix}$ ← 성분의 합은 4

$A^2=\begin{pmatrix} -2 & 5 \\ -1 & 2 \end{pmatrix}\begin{pmatrix} -2 & 5 \\ -1 & 2 \end{pmatrix}=\begin{pmatrix} -1 & 0 \\ 0 & -1 \end{pmatrix}$ ← 성분의 합은 -2

$A^3=A^2A=(-E)A=\begin{pmatrix} 2 & -5 \\ 1 & -2 \end{pmatrix}$ ← 성분의 합은 -4

$A^4=(A^2)^2=(-E)^2=E=\begin{pmatrix} 1 & 0 \\ 0 & 1 \end{pmatrix}$ ← 성분의 합은 2

$A^5=A^4A=EA=A$
$\vdots$

STEP Ⓑ 모든 성분의 합이 2가 되는 자연수 n의 개수 구하기

100 이하의 자연수 n에 대하여
행렬 A^n의 모든 성분의 합이 2가 되는 경우는
A^4, A^8, A^{12}, $\cdots$, A^{100}
따라서 $n=4k$ $(k=1, 2, 3, \cdots, 25)$이므로 행렬 A^n의 모든 성분의 합이 2가 되도록 하는 100 이하의 자연수 n의 개수는 25

$4k \leq 100$, $k \leq \dfrac{100}{4}=25$, $\times\times$ 이므로 자연수 k는 25개이다.

정답 ②

1824

정답 ②

STEP Ⓐ ω에 관한 식 작성하기

방정식 $x^3=1$의 한 허근이 ω이므로
$\omega^3=1$ ...... ㉠
$\omega^3-1=0$, $(\omega-1)(\omega^2+\omega+1)=0$
이때 $\omega \neq 1$이므로 $\omega^2+\omega+1=0$ ...... ㉡

STEP Ⓑ 행렬 A^{30}의 모든 성분의 합 구하기

㉠, ㉡을 이용하여 A^2을 구하면
$A^2=AA=\begin{pmatrix} \omega & \omega^2 \\ \omega & \omega^2+1 \end{pmatrix}\begin{pmatrix} \omega & \omega^2 \\ \omega & \omega^2+1 \end{pmatrix}$

$=\begin{pmatrix} \omega^2+\omega^3 & \omega^3+\omega^4+\omega^2 \\ \omega^2+\omega^3+\omega & \omega^3+\omega^4+2\omega^2+1 \end{pmatrix}$

$=\begin{pmatrix} (-\omega-1)+1 & 1+\omega+(-\omega-1) \\ (-\omega-1)+1+\omega & 1+\omega+2(-\omega-1)+1 \end{pmatrix}$

$=\begin{pmatrix} -\omega & 0 \\ 0 & -\omega \end{pmatrix}=-\omega E$

 **+α** 케일리−해밀턴의 정리를 이용하여 $A^2=-\omega E$ 구할 수 있어!

$A=\begin{pmatrix} \omega & \omega^2 \\ \omega & \omega^2+1 \end{pmatrix}$에서 케일리−해밀턴의 정리에 의하여
$A^2-(\omega+\omega^2+1)A+\{\omega\times(\omega^2+1)-\omega\times\omega^2\}E=O$
$A^2+\omega E=O$ $\therefore A^2=-\omega E$

$\therefore A^{30}=(A^2)^{15}=(-\omega E)^{15}=-\omega^{15}E^{15}=-E$
따라서 A^{30}의 모든 성분의 합은 -2

---

(1) 방정식 $x^3=1$의 허근의 성질
방정식 $x^3=1$의 한 허근, 즉 $x^2+x+1=0$의 한 근을 ω라고 하면 다음이 성립한다. (단, $\overline{\omega}$는 ω의 켤레복소수)

① $\omega^3=1$, $\omega^2+\omega+1=0$
② $\omega+\overline{\omega}=-1$, $\omega\overline{\omega}=1$
③ $\omega^2=\overline{\omega}=\dfrac{1}{\omega}$

(2) 방정식 $x^3=-1$의 허근의 성질
방정식 $x^3=-1$의 한 허근, 즉 $x^2-x+1=0$의 한 근을 ω라고 하면 다음이 성립한다. (단, $\overline{\omega}$는 ω의 켤레복소수)

① $\omega^3=-1$, $\omega^2-\omega+1=0$
② $\omega+\overline{\omega}=1$, $\omega\overline{\omega}=1$
③ $\omega^2=-\overline{\omega}=-\dfrac{1}{\omega}$

1825

정답 6

STEP Ⓐ $A^n=kE$, $B^m=kE$를 만족시키는 자연수 n, m의 값 구하기

$A=\begin{pmatrix} 1 & -2 \\ 1 & -1 \end{pmatrix}$에서
$A^2=AA=\begin{pmatrix} 1 & -2 \\ 1 & -1 \end{pmatrix}\begin{pmatrix} 1 & -2 \\ 1 & -1 \end{pmatrix}=\begin{pmatrix} -1 & 0 \\ 0 & -1 \end{pmatrix}=-E$ ...... ㉠

E는 단위행렬

또한,
$B=\begin{pmatrix} 4 & -1 \\ 13 & -3 \end{pmatrix}$에서
$B^2=BB=\begin{pmatrix} 4 & -1 \\ 13 & -3 \end{pmatrix}\begin{pmatrix} 4 & -1 \\ 13 & -3 \end{pmatrix}=\begin{pmatrix} 3 & -1 \\ 13 & -4 \end{pmatrix}$

$B^3=B^2B=\begin{pmatrix} 3 & -1 \\ 13 & -4 \end{pmatrix}\begin{pmatrix} 4 & -1 \\ 13 & -3 \end{pmatrix}=\begin{pmatrix} -1 & 0 \\ 0 & -1 \end{pmatrix}=-E$ ...... ㉡

E는 단위행렬

 **+α** 케일리−해밀턴의 정리를 이용하여 구할 수 있어!

행렬 $A=\begin{pmatrix} 1 & -2 \\ 1 & -1 \end{pmatrix}$에서 케일리−해밀턴 정리에 의하여
$A^2-\{1+(-1)\}A+\{1\times(-1)-(-2)\times1\}E=O$
즉 $A^2+E=O$ $\therefore A^2=-E$
또한, $B=\begin{pmatrix} 4 & -1 \\ 13 & -3 \end{pmatrix}$에서 케일리−해밀턴 정리에 의하여
$B^2-\{4+(-3)\}B+\{4\times(-3)-(-1)\times13\}E=O$
즉 $B^2-B+E=O$이므로 양변에 $B+E$를 곱하면
$(B+E)(B^2-B+E)=O$, $B^3+E=O$ $\therefore B^3=-E$

STEP Ⓑ 양의 정수 n의 최솟값 구하기

㉠, ㉡에 의하여
$A^{6k}+B^{6k}=(A^2)^{3k}+(B^3)^{2k}=(-E)^{3k}+(-E)^{2k}=-E+E=O$ (단, k는 홀수)
따라서 구하는 n의 최솟값은 6

 **+α** $A^n+B^n=O$를 만족하는 100 이하의 자연수 n의 개수를 구할 수 있어!

$A^n+B^n=O$를 만족시키는 자연수 n은 $n=6k$ (단, k는 홀수)이어야 하므로
$k=1, 3, 5, 7, 9, 11, 13, 15$일 때, $n=6, 18, 30, 42, 54, 66, 78, 90$
즉 자연수 n의 개수는 8

1826

STEP A $A^n=E$, $B^m=E$를 만족시키는 자연수 n, m의 값 구하기

$A=\begin{pmatrix} -2 & -1 \\ 3 & 1 \end{pmatrix}$에서

$A^2=AA=\begin{pmatrix} -2 & -1 \\ 3 & 1 \end{pmatrix}\begin{pmatrix} -2 & -1 \\ 3 & 1 \end{pmatrix}=\begin{pmatrix} 1 & 1 \\ -3 & -2 \end{pmatrix}$

$A^3=A^2A=\begin{pmatrix} 1 & 1 \\ -3 & -2 \end{pmatrix}\begin{pmatrix} -2 & -1 \\ 3 & 1 \end{pmatrix}=\begin{pmatrix} 1 & 0 \\ 0 & 1 \end{pmatrix}=E$ (단, E는 단위행렬이다.)

또한, $B=\begin{pmatrix} 0 & 1 \\ 1 & 0 \end{pmatrix}$에서

$B^2=BB=\begin{pmatrix} 0 & 1 \\ 1 & 0 \end{pmatrix}\begin{pmatrix} 0 & 1 \\ 1 & 0 \end{pmatrix}=\begin{pmatrix} 1 & 0 \\ 0 & 1 \end{pmatrix}=E$

+α | 케일리–해밀턴의 정리를 이용하여 구할 수 있어!

> $A=\begin{pmatrix} -2 & -1 \\ 3 & 1 \end{pmatrix}$에서 케일리–해밀턴 정리에 의하여
>
> $A^2-\{(-2)+1\}A+\{(-2)\times1-(-1)\times3\}=O$
>
> 즉 $A^2+A+E=O$이므로 양변에 $A-E$를 곱하면
>
> $(A-E)(A^2+A+E)=O$, $A^3-E=O$ $\therefore A^3=E$
>
> 또한, $B=\begin{pmatrix} 0 & 1 \\ 1 & 0 \end{pmatrix}$에서 케일리–해밀턴 정리에 의하여
>
> $B^2-(0+0)B+(0-1)E=O$ $\therefore B^2=E$

STEP B $A^n B^n=A$를 만족시키는 50 이하의 자연수 n의 개수 구하기

따라서 $A^n B^n=A$를 만족시키는

n은 2의 배수이면서 3으로 나눌 때 나머지가 1인 수인

$n=6k-2$ (k는 자연수)

4, 10, 16, 22, 28, 34, 40, 46이므로 자연수 n의 개수는 8

1827

STEP A 행렬 A_{2026} 구하기

$A_1=A$

$A_2=PA_1$ ← $A_{n+1}=PA_n$에 n대신 1을 대입한다.

$A_3=PA_2=P(PA_1)=P^2A_1$ ← $A_{n+1}=PA_n$에 n대신 2를 대입한다.

$A_4=PA_3=P(P^2A_1)=P^3A_1$ ← $A_{n+1}=PA_n$에 n대신 3을 대입한다.

$\vdots$

$A_{2026}=P^{2025}A_1$ ← $A_n=P^{n-1}A_1$

STEP B $P^n=E$를 만족시키는 자연수 n의 값 구하기

$P=\begin{pmatrix} 2 & -3 \\ 1 & -1 \end{pmatrix}$에서

$P^2=\begin{pmatrix} 2 & -3 \\ 1 & -1 \end{pmatrix}\begin{pmatrix} 2 & -3 \\ 1 & -1 \end{pmatrix}=\begin{pmatrix} 1 & -3 \\ 1 & -2 \end{pmatrix}$

$P^3=P^2P=\begin{pmatrix} 1 & -3 \\ 1 & -2 \end{pmatrix}\begin{pmatrix} 2 & -3 \\ 1 & -1 \end{pmatrix}=\begin{pmatrix} -1 & 0 \\ 0 & -1 \end{pmatrix}=-E$

$P^6=(P^3)^2=(-E)^2=E$

STEP C 행렬 A_{2026}의 $(2, 2)$ 성분 구하기

이때 $2025=6\times337+3$이므로

$A_{2026}=P^{2025}A_1=(P^6)^{337}P^3A_1=P^3A_1=-EA_1=-A_1$

따라서 행렬 $A_{2026}=-A=\begin{pmatrix} -4 & -1 \\ 3 & -2 \end{pmatrix}$의 $(2, 2)$ 성분은 -2

1828

STEP A 행렬 BA 구하기

$BA=\dfrac{1}{2}\begin{pmatrix} -1 & 0 \\ 1 & -2 \end{pmatrix}\begin{pmatrix} 2 & 0 \\ 1 & 1 \end{pmatrix}$

$=\dfrac{1}{2}\begin{pmatrix} -2 & 0 \\ 0 & -2 \end{pmatrix}$

$=\begin{pmatrix} -1 & 0 \\ 0 & -1 \end{pmatrix}=-E$

STEP B 행렬 B^4A^8의 모든 성분의 합 구하기

$BA=-E$이므로

$B^4A^8=BBBBAAAAAAAA$

$\quad=BBB(-A)AAA^4$

$\quad=BBAAA^4$

$\quad=B(-A)A^4=A^4$

이때 $A^2=\begin{pmatrix} 2 & 0 \\ 1 & 1 \end{pmatrix}\begin{pmatrix} 2 & 0 \\ 1 & 1 \end{pmatrix}=\begin{pmatrix} 4 & 0 \\ 3 & 1 \end{pmatrix}$, $A^4=\begin{pmatrix} 4 & 0 \\ 3 & 1 \end{pmatrix}\begin{pmatrix} 4 & 0 \\ 3 & 1 \end{pmatrix}=\begin{pmatrix} 16 & 0 \\ 15 & 1 \end{pmatrix}$이므로

$B^4A^8=A^4=\begin{pmatrix} 16 & 0 \\ 15 & 1 \end{pmatrix}$

따라서 행렬 $B^4A^8=A^4$의 모든 성분의 합은 $16+0+15+1=32$

+α | $AB=BA=-E$임을 이용하여 구할 수 있어!

> $AB=\begin{pmatrix} 2 & 0 \\ 1 & 1 \end{pmatrix}\left\{\dfrac{1}{2}\begin{pmatrix} -1 & 0 \\ 1 & -2 \end{pmatrix}\right\}$
>
> $=\dfrac{1}{2}\begin{pmatrix} 2 & 0 \\ 1 & 1 \end{pmatrix}\begin{pmatrix} -1 & 0 \\ 1 & -2 \end{pmatrix}$
>
> $=\dfrac{1}{2}\begin{pmatrix} -2 & 0 \\ 0 & -2 \end{pmatrix}$
>
> $=\begin{pmatrix} -1 & 0 \\ 0 & -1 \end{pmatrix}=-E$
>
> $BA=\dfrac{1}{2}\begin{pmatrix} -1 & 0 \\ 1 & -2 \end{pmatrix}\begin{pmatrix} 2 & 0 \\ 1 & 1 \end{pmatrix}$
>
> $=\dfrac{1}{2}\begin{pmatrix} -2 & 0 \\ 0 & -2 \end{pmatrix}$
>
> $=\begin{pmatrix} -1 & 0 \\ 0 & -1 \end{pmatrix}=-E$
>
> $AB=BA=-E$이므로 $B^4A^8=(BA)^4A^4=(-E)^4A^4=A^4$

내신 연계 출제문항 839

이차정사각행렬 $A=\begin{pmatrix} 2 & 0 \\ 1 & 1 \end{pmatrix}$, $B=\dfrac{1}{2}\begin{pmatrix} -1 & 0 \\ 1 & -2 \end{pmatrix}$에 대하여 행렬 B^4A^4의 모든 성분의 합은?

① 0   ② 2   ③ 4

④ 8   ⑤ 16

STEP A 행렬 BA 구하기

$BA=\dfrac{1}{2}\begin{pmatrix} -1 & 0 \\ 1 & -2 \end{pmatrix}\begin{pmatrix} 2 & 0 \\ 1 & 1 \end{pmatrix}$

$=\dfrac{1}{2}\begin{pmatrix} -2 & 0 \\ 0 & -2 \end{pmatrix}$

$=\begin{pmatrix} -1 & 0 \\ 0 & -1 \end{pmatrix}$

$\therefore BA=-E$ (단, E는 단위행렬이다.)

STEP B 행렬 B^4A^4의 모든 성분의 합 구하기

$B^4A^4=BBBBAAAA$

$\quad=BBB(-E)AAA$

$\quad=-BB(-E)AA$

$\quad=B(-E)A$

$\quad=-BA=E$

따라서 행렬 $B^4A^4=E$의 모든 성분의 합은 $1+0+0+1=2$

1829

STEP A 행렬의 합으로 나타내기

실수 a, b에 대하여 $\begin{pmatrix} 4 \\ 6 \end{pmatrix} = a\begin{pmatrix} 3 \\ 2 \end{pmatrix} + b\begin{pmatrix} -1 \\ 1 \end{pmatrix}$이 성립한다고 하면

$$\begin{pmatrix} 4 \\ 6 \end{pmatrix} = \begin{pmatrix} 3a-b \\ 2a+b \end{pmatrix}$$

두 행렬이 서로 같을 조건에 의하여

$3a-b=4$, $2a+b=6$

이므로 연립하여 풀면 $a=2$, $b=2$

$$\begin{aligned} 3a-b&=4 \quad \cdots\cdots ⓒ \\ +\ 2a+b&=6 \\ \hline 5a&=10 \end{aligned}$$

ⓒ에 $a=2$를 대입하면 $b=2$

즉 $\begin{pmatrix} 4 \\ 6 \end{pmatrix} = 2\begin{pmatrix} 3 \\ 2 \end{pmatrix} + 2\begin{pmatrix} -1 \\ 1 \end{pmatrix}$ $\cdots\cdots$ ㉠

STEP B $p+q$의 값 구하기

㉠의 양변의 왼쪽에 행렬 A를 곱하면

$$\begin{aligned} A\begin{pmatrix} 4 \\ 6 \end{pmatrix} &= 2A\begin{pmatrix} 3 \\ 2 \end{pmatrix} + 2A\begin{pmatrix} -1 \\ 1 \end{pmatrix} \\ &= 2\begin{pmatrix} 2 \\ 1 \end{pmatrix} + 2\begin{pmatrix} 3 \\ 4 \end{pmatrix} = \begin{pmatrix} 10 \\ 10 \end{pmatrix} \end{aligned}$$

따라서 $p+q=10+10=20$

1830

STEP A 행렬의 합으로 나타내기

$A^2\begin{pmatrix} 1 \\ 2 \end{pmatrix} = \begin{pmatrix} -2 \\ 3 \end{pmatrix}$에서 $AA\begin{pmatrix} 1 \\ 2 \end{pmatrix} = \begin{pmatrix} -2 \\ 3 \end{pmatrix}$이므로

$A\begin{pmatrix} 0 \\ 2 \end{pmatrix} = \begin{pmatrix} -2 \\ 3 \end{pmatrix}$ $A\begin{pmatrix} 1 \\ 2 \end{pmatrix} = \begin{pmatrix} 0 \\ 2 \end{pmatrix}$

실수 a, b에 대하여 $\begin{pmatrix} -8 \\ 6 \end{pmatrix} = a\begin{pmatrix} 0 \\ 2 \end{pmatrix} + b\begin{pmatrix} -2 \\ 3 \end{pmatrix}$이 성립한다고 하면

$$\begin{pmatrix} -8 \\ 6 \end{pmatrix} = \begin{pmatrix} -2b \\ 2a+3b \end{pmatrix}$$

두 행렬이 서로 같을 조건에 의하여 $-8=-2b$, $6=2a+3b$이므로

연립하여 풀면 $a=-3$, $b=4$

즉 $\begin{pmatrix} -8 \\ 6 \end{pmatrix} = -3\begin{pmatrix} 0 \\ 2 \end{pmatrix} + 4\begin{pmatrix} -2 \\ 3 \end{pmatrix}$ $\cdots\cdots$ ㉠

STEP B $q-p$의 값 구하기

$\begin{pmatrix} 0 \\ 2 \end{pmatrix} = A\begin{pmatrix} 1 \\ 2 \end{pmatrix}$, $\begin{pmatrix} -2 \\ 3 \end{pmatrix} = A\begin{pmatrix} 0 \\ 2 \end{pmatrix}$를 ㉠에 대입하여 정리하면

$$\begin{aligned} \begin{pmatrix} -8 \\ 6 \end{pmatrix} &= -3\begin{pmatrix} 0 \\ 2 \end{pmatrix} + 4\begin{pmatrix} -2 \\ 3 \end{pmatrix} \\ &= -3A\begin{pmatrix} 1 \\ 2 \end{pmatrix} + 4A\begin{pmatrix} 0 \\ 2 \end{pmatrix} \\ &= A\left\{ -3\begin{pmatrix} 1 \\ 2 \end{pmatrix} + 4\begin{pmatrix} 0 \\ 2 \end{pmatrix} \right\} = A\begin{pmatrix} -3 \\ 2 \end{pmatrix} \end{aligned}$$

$\therefore A\begin{pmatrix} -3 \\ 2 \end{pmatrix} = \begin{pmatrix} -8 \\ 6 \end{pmatrix}$

따라서 $p=-3$, $q=2$이므로 $q-p=2-(-3)=5$

  p, q에 대한 연립방정식을 세워 풀이하기

STEP A 행렬의 합으로 나타내기

$A\begin{pmatrix} 1 \\ 2 \end{pmatrix} = \begin{pmatrix} 0 \\ 2 \end{pmatrix}$에서 $A^2\begin{pmatrix} 1 \\ 2 \end{pmatrix} = A\begin{pmatrix} 0 \\ 2 \end{pmatrix} = \begin{pmatrix} -2 \\ 3 \end{pmatrix}$

실수 a, b에 대하여 $\begin{pmatrix} p \\ q \end{pmatrix} = a\begin{pmatrix} 1 \\ 2 \end{pmatrix} + b\begin{pmatrix} 0 \\ 2 \end{pmatrix}$가 성립한다고 하면

$$\begin{pmatrix} p \\ q \end{pmatrix} = \begin{pmatrix} a \\ 2a+2b \end{pmatrix}$$

두 행렬이 서로 같을 조건에 의하여 $a=p$, $2a+2b=q$이므로

연립하여 풀면 $a=p$, $b=\dfrac{q}{2}-p$

즉 $\begin{pmatrix} p \\ q \end{pmatrix} = p\begin{pmatrix} 1 \\ 2 \end{pmatrix} + \left(\dfrac{q}{2}-p\right)\begin{pmatrix} 0 \\ 2 \end{pmatrix}$ $\cdots\cdots$ ㉠

STEP B $q-p$의 값 구하기

㉠의 양변의 왼쪽에 행렬 A를 곱하면

$$\begin{aligned} A\begin{pmatrix} p \\ q \end{pmatrix} &= pA\begin{pmatrix} 1 \\ 2 \end{pmatrix} + \left(\dfrac{q}{2}-p\right)A\begin{pmatrix} 0 \\ 2 \end{pmatrix} \\ &= p\begin{pmatrix} 0 \\ 2 \end{pmatrix} + \left(\dfrac{q}{2}-p\right)\begin{pmatrix} -2 \\ 3 \end{pmatrix} \\ &= \begin{pmatrix} 2p-q \\ -p+\dfrac{3}{2}q \end{pmatrix} \end{aligned}$$

즉 $\begin{pmatrix} 2p-q \\ -p+\dfrac{3}{2}q \end{pmatrix} = \begin{pmatrix} -8 \\ 6 \end{pmatrix}$

두 행렬이 서로 같을 조건에 의하여 $2p-q=-8$, $-p+\dfrac{3}{2}q=6$이므로

연립하여 풀면 $p=-3$, $q=2$

따라서 $q-p=2-(-3)=5$

1831

2012년 11월 고2 학력평가 A형 13번

STEP A 조건을 이용하여 행렬 $A\begin{pmatrix} 1 \\ 2 \end{pmatrix}$ 구하기

$A^2-2A+E=O$에서 $A^2=2A-E$

$A\begin{pmatrix} 2 \\ 0 \end{pmatrix} = \begin{pmatrix} 1 \\ 2 \end{pmatrix}$의 양변의 왼쪽에 A를 곱하면

$$\begin{aligned} A\begin{pmatrix} 1 \\ 2 \end{pmatrix} &= A^2\begin{pmatrix} 2 \\ 0 \end{pmatrix} = (2A-E)\begin{pmatrix} 2 \\ 0 \end{pmatrix} \\ &= 2A\begin{pmatrix} 2 \\ 0 \end{pmatrix} - E\begin{pmatrix} 2 \\ 0 \end{pmatrix} \end{aligned}$$

$A\begin{pmatrix} 2 \\ 0 \end{pmatrix} = \begin{pmatrix} 1 \\ 2 \end{pmatrix}$이므로 $2A\begin{pmatrix} 2 \\ 0 \end{pmatrix} = 2\begin{pmatrix} 1 \\ 2 \end{pmatrix} = \begin{pmatrix} 2 \\ 4 \end{pmatrix}$

$$= \begin{pmatrix} 2 \\ 4 \end{pmatrix} - \begin{pmatrix} 2 \\ 0 \end{pmatrix} = \begin{pmatrix} 0 \\ 4 \end{pmatrix}$$

STEP B $a+b$의 값 구하기

따라서 $a=0$, $b=4$이므로 $a+b=4$

이차정사각행렬 A가 등식 $A^2+A+E=O$, $A\begin{pmatrix} 1 \\ 0 \end{pmatrix} = A^3\begin{pmatrix} 1 \\ 1 \end{pmatrix}$을 만족할 때,

$A\begin{pmatrix} x \\ y \end{pmatrix} = \begin{pmatrix} 2 \\ 3 \end{pmatrix}$을 만족시키는 실수 x, y에 대하여 $x+y$의 값을 구하시오.

(단, E는 단위행렬이고 O는 영행렬이다.)

STEP A $A^3=E$임을 이해하기

$A^2+A+E=O$의 양변에 $A-E$를 곱하면

$(A^2+A+E)(A-E)=O(A-E)$

즉 $A^3-E=O$이므로 $A^3=E$

STEP B 행렬의 합으로 나타내기

이때 $A\begin{pmatrix} 1 \\ 0 \end{pmatrix} = A^3\begin{pmatrix} 1 \\ 1 \end{pmatrix} = E\begin{pmatrix} 1 \\ 1 \end{pmatrix} = \begin{pmatrix} 1 \\ 1 \end{pmatrix}$

즉 $\begin{pmatrix} 1 \\ 1 \end{pmatrix} = A\begin{pmatrix} 1 \\ 0 \end{pmatrix}$이므로 양변의 왼쪽에 A를 곱하면

$$\begin{aligned} A\begin{pmatrix} 1 \\ 1 \end{pmatrix} &= A^2\begin{pmatrix} 1 \\ 0 \end{pmatrix} = (-A-E)\begin{pmatrix} 1 \\ 0 \end{pmatrix} \\ &= -A\begin{pmatrix} 1 \\ 0 \end{pmatrix} - E\begin{pmatrix} 1 \\ 0 \end{pmatrix} \\ &= \begin{pmatrix} -1 \\ -1 \end{pmatrix} - \begin{pmatrix} 1 \\ 0 \end{pmatrix} = \begin{pmatrix} -2 \\ -1 \end{pmatrix} \end{aligned}$$

$A^2+A+E=O$에서 $A^2=-A-E$

$A\begin{pmatrix} 1 \\ 0 \end{pmatrix} = \begin{pmatrix} 1 \\ 1 \end{pmatrix}$이고 $E\begin{pmatrix} 1 \\ 0 \end{pmatrix} = \begin{pmatrix} 1 \\ 0 \end{pmatrix}$

실수 a, b에 대하여 $\begin{pmatrix} 2 \\ 3 \end{pmatrix} = a\begin{pmatrix} 1 \\ 1 \end{pmatrix} + b\begin{pmatrix} -2 \\ -1 \end{pmatrix}$이 성립한다고 하면

$$\begin{pmatrix} 2 \\ 3 \end{pmatrix} = \begin{pmatrix} a-2b \\ a-b \end{pmatrix}$$

두 행렬이 서로 같을 조건에 의하여 $a-2b=2$, $a-b=3$이므로
연립하여 풀면 $a=4$, $b=1$
즉 $\binom{2}{3}=4\binom{1}{1}+\binom{-2}{-1}$ ······ ㉠

STEP C $x+y$**의 값 구하기**
$A\binom{1}{0}=\binom{1}{1}$, $A\binom{1}{1}=\binom{-2}{-1}$을 ㉠에 대입하여 정리하면
$$\binom{2}{3}=4\binom{1}{1}+\binom{-2}{-1}$$
$$=4A\binom{1}{0}+A\binom{1}{1}$$
$$=A\left\{4\binom{1}{0}+\binom{1}{1}\right\}=A\binom{5}{1}$$
$\therefore A\binom{5}{1}=\binom{2}{3}$
따라서 $x=5$, $y=1$이므로 $x+y=5+1=6$

+α $A=\begin{pmatrix} a & b \\ c & d \end{pmatrix}$**라 두고** $x+y$**의 값을 구할 수 있어!**

$A=\begin{pmatrix} a & b \\ c & d \end{pmatrix}$라 하자.
$A\binom{1}{0}=\begin{pmatrix} a & b \\ c & d \end{pmatrix}\binom{1}{0}=\binom{a}{c}=\binom{1}{1}$
두 행렬이 서로 같을 조건에 의하여 $a=1$, $c=1$
$A\binom{1}{1}=\begin{pmatrix} a & b \\ c & d \end{pmatrix}\binom{1}{1}=\binom{a+b}{c+d}=\binom{-2}{-1}$
두 행렬이 서로 같을 조건에 의하여 $a+b=-2$, $c+d=-1$
두 식을 연립하면 $b=-3$, $d=-2$
$\therefore A=\begin{pmatrix} 1 & -3 \\ 1 & -2 \end{pmatrix}$
$\begin{pmatrix} 1 & -3 \\ 1 & -2 \end{pmatrix}\binom{x}{y}=\binom{2}{3}$에서 $\binom{x-3y}{x-2y}=\binom{2}{3}$
두 행렬이 서로 같을 조건에 의하여 $x-3y=2$, $x-2y=3$
두 식을 연립하면 $x=5$, $y=1$
따라서 $x+y=5+1=6$

 **정답** 6

1832
 **정답** 18

STEP A $A^2+AB+BA+B^2=(A+B)^2$**임을 파악하기**
$A^2+AB+BA+B^2=A(A+B)+B(A+B)$
$$=(A+B)(A+B)$$
$$=(A+B)^2$$

STEP B **행렬** $A^2+AB+BA+B^2$**의 모든 성분의 합 구하기**
$A+B=\begin{pmatrix} 2 & 1 \\ 3 & 1 \end{pmatrix}+\begin{pmatrix} -1 & 0 \\ -1 & 1 \end{pmatrix}=\begin{pmatrix} 1 & 1 \\ 2 & 2 \end{pmatrix}$
$(A+B)^2=(A+B)(A+B)$
$$=\begin{pmatrix} 1 & 1 \\ 2 & 2 \end{pmatrix}\begin{pmatrix} 1 & 1 \\ 2 & 2 \end{pmatrix}=\begin{pmatrix} 3 & 3 \\ 6 & 6 \end{pmatrix}$$
따라서 행렬 $A^2+AB+BA+B^2$의 모든 성분의 합은 $3+3+6+6=18$

1833
정답 5

STEP A $(A-B)^2=O$**임을 파악하기**
$A^2+B^2=AB+BA$에서 $A^2+B^2-AB-BA=O$ (단, O은 영행렬이다.)
이므로 $(A-B)^2=O$
$(A-B)(A-B)=A^2-AB-BA+B^2=O$

STEP B **두 행렬이 서로 같을 조건을 이용하여** x, y**의 값 구하기**
$A-B=\begin{pmatrix} 1 & 2 \\ 1 & 1 \end{pmatrix}-\begin{pmatrix} 1 & x \\ 2 & y \end{pmatrix}=\begin{pmatrix} 0 & 2-x \\ -1 & 1-y \end{pmatrix}$
$(A-B)^2=\begin{pmatrix} 0 & 2-x \\ -1 & 1-y \end{pmatrix}\begin{pmatrix} 0 & 2-x \\ -1 & 1-y \end{pmatrix}$
$$=\begin{pmatrix} x-2 & (2-x)(1-y) \\ y-1 & x-2+(1-y)^2 \end{pmatrix}=\begin{pmatrix} 0 & 0 \\ 0 & 0 \end{pmatrix}$$
두 행렬이 서로 같을 조건에 의하여 $x-2=0$, $y-1=0$
$\therefore x=2$, $y=1$
따라서 $x^2+y^2=2^2+1^2=4+1=5$

1834
 **정답** ②

STEP A **행렬** $A^2-AB+BA-B^2$ **구하기**
$A^2-AB+BA-B^2=A(A-B)+B(A-B)$
$$=(A+B)(A-B)$$
$$=\begin{pmatrix} 0 & 1 \\ -2 & 3 \end{pmatrix}\begin{pmatrix} 3 & -1 \\ 2 & 0 \end{pmatrix}$$
$$=\begin{pmatrix} 2 & 0 \\ 0 & 2 \end{pmatrix}$$

STEP B **행렬** $A^2-AB+BA-B^2$**의 모든 성분의 합 구하기**
따라서 행렬 $A^2-AB+BA-B^2$의 모든 성분의 합은 4

1835
 **정답** ④

STEP A $A+B$, A^2+B^2**을 이용하여** $AB+BA$**를 나타내기**
$(A+B)^2=(A+B)(A+B)=A^2+AB+BA+B^2$이므로
$AB+BA=(A+B)^2-(A^2+B^2)$

STEP B **행렬** $AB+BA$**의 모든 성분의 합 구하기**
$(A+B)^2=(A+B)(A+B)$
$$=\begin{pmatrix} 1 & -1 \\ 0 & 0 \end{pmatrix}\begin{pmatrix} 1 & -1 \\ 0 & 0 \end{pmatrix}=\begin{pmatrix} 1 & -1 \\ 0 & 0 \end{pmatrix}$$
또한, $A^2+B^2=\begin{pmatrix} 1 & -1 \\ 0 & -1 \end{pmatrix}$이므로
$AB+BA=(A+B)^2-(A^2+B^2)$
$$=\begin{pmatrix} 1 & -1 \\ 0 & 0 \end{pmatrix}-\begin{pmatrix} 1 & -1 \\ 0 & -1 \end{pmatrix}=\begin{pmatrix} 0 & 0 \\ 0 & 1 \end{pmatrix}$$
따라서 행렬 $AB+BA$의 모든 성분의 합은 1

1836
 **정답** ②

STEP A **행렬의 곱셈의 성질을 이용하여** $AB+BA$ **구하기**
$(A+B)^2=(A+B)(A+B)=A^2+B^2+AB+BA$이므로
$AB+BA=(A+B)^2-(A^2+B^2)$
$$=\begin{pmatrix} 3 & -2 \\ 2 & 3 \end{pmatrix}-\begin{pmatrix} 2 & 1 \\ 3 & 4 \end{pmatrix}=\begin{pmatrix} 1 & -3 \\ -1 & -1 \end{pmatrix}$$

STEP B **행렬** $(A-B)^2$**의 모든 성분의 합 구하기**
$(A-B)^2=(A-B)(A-B)=A^2-AB-BA+B^2$이므로
$(A-B)^2=A^2+B^2-(AB+BA)$
$$=\begin{pmatrix} 2 & 1 \\ 3 & 4 \end{pmatrix}-\begin{pmatrix} 1 & -3 \\ -1 & -1 \end{pmatrix}$$
$$=\begin{pmatrix} 1 & 4 \\ 4 & 5 \end{pmatrix}$$
따라서 행렬 $(A-B)^2$의 모든 성분의 합은 $1+4+4+5=14$

두 행렬이 서로 같을 조건에 의하여

$x^2+7=11$ $\qquad$ …… ㉢
$2x+2y+4=6$ $\qquad$ …… ㉣
$x+y+4=5$ $\qquad$ …… ㉤
$7+y^2=16$ $\qquad$ …… ㉥

㉢, ㉥에서 $x^2=4$, $y^2=9$

$\therefore x=\pm2$, $y=\pm3$

또한, ㉣, ㉤을 만족해야 하므로 $x=-2$, $y=3$

따라서 $x+y=-2+3=1$

$(A+B)^2+(A-B)^2=(A^2+AB+BA+B^2)+(A^2-AB-BA+B^2)=2(A^2+B^2)$

이므로 $(A-B)^2=2(A^2+B^2)-(A+B)^2$

$$=2\begin{pmatrix}2&1\\3&4\end{pmatrix}-\begin{pmatrix}3&-2\\2&3\end{pmatrix}$$

$$=\begin{pmatrix}4&2\\6&8\end{pmatrix}-\begin{pmatrix}3&-2\\2&3\end{pmatrix}=\begin{pmatrix}1&4\\4&5\end{pmatrix}$$

내/신/연/계 출제문항 841

이차정사각행렬 A, B에 대하여 $(A-B)^2=\begin{pmatrix}2&-3\\2&-3\end{pmatrix}$, $A^2+B^2=\begin{pmatrix}3&-1\\3&0\end{pmatrix}$이

성립할 때, 행렬 $(A+B)^2$의 모든 성분의 합은?

① 12 　　　② 14 　　　③ 16
④ 18 　　　⑤ 20

STEP A 행렬의 곱셈의 성질을 이용하여 $AB+BA$ 구하기

$(A-B)^2=(A-B)(A-B)=A^2+B^2-AB-BA$이므로

$AB+BA=A^2+B^2-(A-B)^2$

$$=\begin{pmatrix}3&-1\\3&0\end{pmatrix}-\begin{pmatrix}2&-3\\2&-3\end{pmatrix}=\begin{pmatrix}1&2\\1&3\end{pmatrix}$$

STEP B 행렬 $(A+B)^2$의 모든 성분의 합 구하기

$(A+B)^2=(A+B)(A+B)=A^2+AB+BA+B^2$이므로

$(A+B)^2=A^2+B^2+(AB+BA)$

$$=\begin{pmatrix}3&-1\\3&0\end{pmatrix}+\begin{pmatrix}1&2\\1&3\end{pmatrix}$$

$$=\begin{pmatrix}4&1\\4&3\end{pmatrix}$$

따라서 행렬 $(A+B)^2$의 모든 성분의 합은 $4+1+4+3=12$

$(A+B)^2+(A-B)^2=(A^2+AB+BA+B^2)+(A^2-AB-BA+B^2)=2(A^2+B^2)$

이므로 $(A+B)^2=2(A^2+B^2)-(A-B)^2$

$$=2\begin{pmatrix}3&-1\\3&0\end{pmatrix}-\begin{pmatrix}2&-3\\2&-3\end{pmatrix}$$

$$=\begin{pmatrix}6&-2\\6&0\end{pmatrix}-\begin{pmatrix}2&-3\\2&-3\end{pmatrix}=\begin{pmatrix}4&1\\4&3\end{pmatrix}$$

정답 ①

1837

정답 1

STEP A $(A+B)^2+(A-B)^2=2(A^2+B^2)$임을 파악하기

$(A+B)^2=(A+B)(A+B)$
$\qquad=A^2+AB+BA+B^2$ …… ㉠

$(A-B)^2=(A-B)(A-B)$
$\qquad=A^2-AB-BA+B^2$ …… ㉡

㉠+㉡에서 $(A+B)^2+(A-B)^2=2(A^2+B^2)$

STEP B 두 행렬이 서로 같을 조건을 이용하여 실수 x, y의 값 구하기

$(A+B)^2+(A-B)^2=2(A^2+B^2)$에서

$$\begin{pmatrix}1&2\\2&1\end{pmatrix}\begin{pmatrix}1&2\\2&1\end{pmatrix}+\begin{pmatrix}x&2\\1&y\end{pmatrix}\begin{pmatrix}x&2\\1&y\end{pmatrix}=2\begin{pmatrix}\dfrac{11}{2}&3\\[4pt]\dfrac{5}{2}&8\end{pmatrix}$$

$$\begin{pmatrix}5&4\\4&5\end{pmatrix}+\begin{pmatrix}x^2+2&2x+2y\\x+y&2+y^2\end{pmatrix}=\begin{pmatrix}11&6\\5&16\end{pmatrix}$$

$$\begin{pmatrix}x^2+7&2x+2y+4\\x+y+4&7+y^2\end{pmatrix}=\begin{pmatrix}11&6\\5&16\end{pmatrix}$$

1838

2008년 03월 고3 학력평가 나형 19번 정답 52

STEP A $(A+B)^2$, $(A+B)^4$, $(A+B)^6$, … 을 차례로 구하여 규칙 찾기

$$(A+B)^2=(A^2+B^2)+(AB+BA)=\begin{pmatrix}5&0\\\tfrac{3}{2}&1\end{pmatrix}+\begin{pmatrix}-4&0\\-\tfrac{1}{2}&0\end{pmatrix}=\begin{pmatrix}1&0\\1&1\end{pmatrix}$$

$$(A+B)^4=(A+B)^2(A+B)^2=\begin{pmatrix}1&0\\1&1\end{pmatrix}\begin{pmatrix}1&0\\1&1\end{pmatrix}=\begin{pmatrix}1&0\\2&1\end{pmatrix}$$

$$(A+B)^6=(A+B)^4(A+B)^2=\begin{pmatrix}1&0\\2&1\end{pmatrix}\begin{pmatrix}1&0\\1&1\end{pmatrix}=\begin{pmatrix}1&0\\3&1\end{pmatrix}$$

$\qquad\qquad\vdots$

자연수 n에 대하여 $\{(A+B)^2\}^n=\begin{pmatrix}1&0\\n&1\end{pmatrix}$로 추정할 수 있다.

STEP B 행렬 $(A+B)^{100}$의 모든 성분의 합 구하기

$$(A+B)^{100}=\{(A+B)^2\}^{50}=\begin{pmatrix}1&0\\50&1\end{pmatrix}$$

따라서 행렬 $(A+B)^{100}$의 모든 성분의 합은 $1+0+50+1=52$

내/신/연/계 출제문항 842

이차정사각행렬 A, B가 $A^2+B^2=\begin{pmatrix}3&0\\-1&3\end{pmatrix}$, $AB+BA=\begin{pmatrix}-2&0\\1&0\end{pmatrix}$을 만족

시킬 때, 행렬 $(A+B)^{10}$의 모든 성분의 합은?

① 4 　　　② 10 　　　③ 28
④ 82 　　　⑤ 244

STEP A $(A+B)^2$, $(A+B)^4$, $(A+B)^6$, … 을 차례로 구하여 규칙 찾기

$$(A+B)^2=(A^2+B^2)+(AB+BA)=\begin{pmatrix}3&0\\-1&3\end{pmatrix}+\begin{pmatrix}-2&0\\1&0\end{pmatrix}=\begin{pmatrix}1&0\\0&3\end{pmatrix}$$

$$(A+B)^4=(A+B)^2(A+B)^2=\begin{pmatrix}1&0\\0&3\end{pmatrix}\begin{pmatrix}1&0\\0&3\end{pmatrix}=\begin{pmatrix}1&0\\0&3^2\end{pmatrix}$$

$$(A+B)^6=(A+B)^4(A+B)^2=\begin{pmatrix}1&0\\0&3^2\end{pmatrix}\begin{pmatrix}1&0\\0&3\end{pmatrix}=\begin{pmatrix}1&0\\0&3^3\end{pmatrix}$$

$\qquad\qquad\vdots$

자연수 n에 대하여 $\{(A+B)^2\}^n=\begin{pmatrix}1&0\\0&3^n\end{pmatrix}$로 추정할 수 있다.

STEP B 행렬 $(A+B)^{10}$의 모든 성분의 합 구하기

$$(A+B)^{10}=\{(A+B)^2\}^5=\begin{pmatrix}1&0\\0&3^5\end{pmatrix}$$

따라서 행렬 $(A+B)^{10}$의 모든 성분의 합은 $1+0+0+3^5=244$ 정답 ⑤

1839 정답 ④

STEP A $(A+B)^2=A^2+2AB+B^2$이면 $AB=BA$임을 이해하기

$(A+B)^2=(A+B)(A+B)=A^2+AB+BA+B^2=A^2+2AB+B^2$이므로
$AB=BA$가 성립한다.

STEP B 두 행렬이 서로 같을 조건을 이용하여 a, b의 값 구하기

즉 $AB=BA$에서

$$\begin{pmatrix} 2 & a \\ 1 & -1 \end{pmatrix}\begin{pmatrix} b & -1 \\ 2 & 3 \end{pmatrix}=\begin{pmatrix} b & -1 \\ 2 & 3 \end{pmatrix}\begin{pmatrix} 2 & a \\ 1 & -1 \end{pmatrix}$$

$$\begin{pmatrix} 2a+2b & 3a-2 \\ b-2 & -4 \end{pmatrix}=\begin{pmatrix} 2b-1 & ab+1 \\ 7 & 2a-3 \end{pmatrix}$$

두 행렬이 서로 같을 조건에 의하여 $b-2=7$, $-4=2a-3$

$\therefore a=-\dfrac{1}{2}$, $b=9$

따라서 $a+b=-\dfrac{1}{2}+9=\dfrac{17}{2}$

1840 정답 ②

STEP A $A^2-B^2=(A+B)(A-B)$이면 $AB=BA$임을 이해하기

$(A+B)(A-B)=A^2-AB+BA-B^2\ A^2-B^2$이므로
$AB=BA$가 성립한다.

STEP B 두 행렬이 서로 같을 조건을 이용하여 a, b의 값 구하기

즉 $AB=BA$에서

$$\begin{pmatrix} 2 & a \\ -1 & 1 \end{pmatrix}\begin{pmatrix} -1 & 4 \\ b & 0 \end{pmatrix}=\begin{pmatrix} -1 & 4 \\ b & 0 \end{pmatrix}\begin{pmatrix} 2 & a \\ -1 & 1 \end{pmatrix}$$

$$\begin{pmatrix} ab-2 & 8 \\ b+1 & -4 \end{pmatrix}=\begin{pmatrix} -6 & -a+4 \\ 2b & ab \end{pmatrix}$$

두 행렬이 서로 같을 조건에 의하여 $-a+4=8$, $b+1=2b$

$\therefore a=-4$, $b=1$

따라서 $b-a=1-(-4)=5$

> **내신연계 출제문항 843**
>
> 행렬 $A=\begin{pmatrix} x & y \\ 1 & 2 \end{pmatrix}$, $B=\begin{pmatrix} -1 & 3 \\ 2 & 1 \end{pmatrix}$에 대하여 $(A+B)(A-B)=A^2-B^2$이 성립
> 하도록 실수 x, y를 정할 때, $x-y$의 값은?
>
> ① -1 ② $-\dfrac{1}{2}$ ③ $-\dfrac{1}{3}$
>
> ④ $\dfrac{1}{3}$ ⑤ $\dfrac{1}{2}$

STEP A $A^2-B^2=(A+B)(A-B)$이면 $AB=BA$임을 이해하기

$(A+B)(A-B)=A^2-AB+BA-B^2=A^2-B^2$이므로
$AB=BA$가 성립한다.

STEP B 두 행렬이 서로 같을 조건을 이용하여 x, y의 값 구하기

즉 $AB=BA$에서

$$\begin{pmatrix} x & y \\ 1 & 2 \end{pmatrix}\begin{pmatrix} -1 & 3 \\ 2 & 1 \end{pmatrix}=\begin{pmatrix} -1 & 3 \\ 2 & 1 \end{pmatrix}\begin{pmatrix} x & y \\ 1 & 2 \end{pmatrix}$$

$$\begin{pmatrix} -x+2y & 3x+y \\ 3 & 5 \end{pmatrix}=\begin{pmatrix} -x+3 & -y+6 \\ 2x+1 & 2y+2 \end{pmatrix}$$

두 행렬이 서로 같을 조건에 의하여
$-x+2y=-x+3$, $3x+y=-y+6$, $3=2x+1$, $5=2y+2$

$\therefore x=1$, $y=\dfrac{3}{2}$

따라서 $x-y=1-\dfrac{3}{2}=-\dfrac{1}{2}$ 정답 ②

1841 정답 1

STEP A $A^2-B^2=(A+B)(A-B)$이면 $AB=BA$임을 이해하기

$(A+B)(A-B)=A^2-AB+BA-B^2=A^2-B^2$이므로
$AB=BA$가 성립한다.

STEP B 두 행렬이 서로 같을 조건을 이용하여 x, y의 관계식 구하기

즉 $AB=BA$에서

$$\begin{pmatrix} 2x & -1 \\ 1 & 1 \end{pmatrix}\begin{pmatrix} -1 & 1 \\ -1 & y \end{pmatrix}=\begin{pmatrix} -1 & 1 \\ -1 & y \end{pmatrix}\begin{pmatrix} 2x & -1 \\ 1 & 1 \end{pmatrix}$$

$$\begin{pmatrix} -2x+1 & 2x-y \\ -2 & 1+y \end{pmatrix}=\begin{pmatrix} -2x+1 & 2 \\ -2x+y & 1+y \end{pmatrix}$$

두 행렬이 서로 같을 조건에 의하여 $2x-y=2$

$\therefore y=2x-2$

STEP C 도형과 x축과 y축으로 둘러싸인 부분의 넓이 구하기

따라서 점 (x, y)가 그리는 도형과
x축과 y축으로 둘러싸인 부분의 넓이는

$\dfrac{1}{2}\times 1\times 2=1$

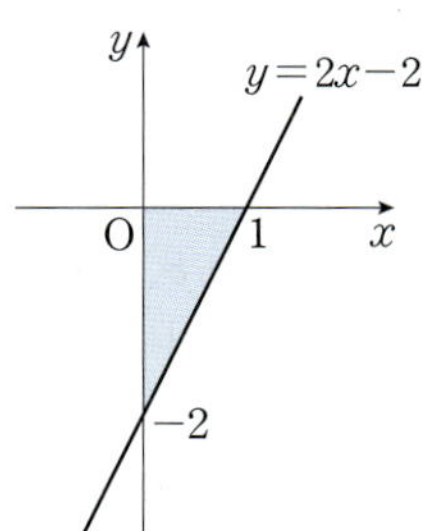

1842 2014년 09월 학력평가 고2 A형 25번 정답 13

STEP A $(A+B)(A-B)=A^2-B^2$이면 $AB=BA$임을 이해하기

$(A+B)(A-B)=A(A-B)+B(A-B)$
$\qquad\qquad\qquad\ =A^2-AB+BA-B^2$
$\qquad\qquad\qquad\ =A^2-B^2$
이므로 $AB=BA$가 성립한다.

STEP B 두 행렬이 서로 같을 조건을 이용하여 x, y의 값 구하기

즉 $AB=BA$에서

$$\begin{pmatrix} -1 & x \\ 3 & 0 \end{pmatrix}\begin{pmatrix} -2 & 2 \\ y & -1 \end{pmatrix}=\begin{pmatrix} -2 & 2 \\ y & -1 \end{pmatrix}\begin{pmatrix} -1 & x \\ 3 & 0 \end{pmatrix}$$

$$\begin{pmatrix} 2+xy & -2-x \\ -6 & 6 \end{pmatrix}\begin{pmatrix} 8 & -2x \\ -y-3 & xy \end{pmatrix}$$

두 행렬이 서로 같을 조건에 의하여
$2+xy=8$, $-2-x=-2x$, $-6=-y-3$, $6=xy$

$\therefore x=2$, $y=3$

따라서 $x^2+y^2=2^2+3^2=13$

두 실수 x, y에 대하여 두 행렬 A, B를 $A=\begin{pmatrix} -1 & x \\ 3 & 0 \end{pmatrix}$, $B=\begin{pmatrix} -2 & 1 \\ y & -1 \end{pmatrix}$라 하자. $(A+B)(A-B)=A^2-B^2$일 때, x^2+y^2의 값을 구하시오.

STEP A $(A+B)(A-B)=A^2-B^2$이면 $AB=BA$임을 이해하기

$(A+B)(A-B)=A(A-B)+B(A-B)$
$\qquad\qquad\quad =A^2-AB+BA-B^2$
$\qquad\qquad\quad =A^2-B^2$

이므로 $AB=BA$가 성립한다.

STEP B 두 행렬이 서로 같을 조건을 이용하여 x, y의 값 구하기

즉 $AB=BA$에서

$\begin{pmatrix} -1 & x \\ 3 & 0 \end{pmatrix}\begin{pmatrix} -2 & 1 \\ y & -1 \end{pmatrix}=\begin{pmatrix} -2 & 1 \\ y & -1 \end{pmatrix}\begin{pmatrix} -1 & x \\ 3 & 0 \end{pmatrix}$

$\begin{pmatrix} 2+xy & -1-x \\ -6 & 3 \end{pmatrix}=\begin{pmatrix} 5 & -2x \\ -y-3 & xy \end{pmatrix}$

두 행렬이 서로 같을 조건에 의하여
$2+xy=5$, $-1-x=-2x$, $-6=-y-3$, $3=xy$
$\therefore x=1$, $y=3$
따라서 $x^2+y^2=1+3^2=10$

 **정답** 10

1843

정답 ③

STEP A $A^3=-E$임을 유도하기

$(A-3E)(A-E)=-3A+2E$에서 $A^2-4A+3E=-3A+2E$
$\therefore A^2-A+E=O$
양변에 $A+E$를 곱하면 $(A+E)(A^2-A+E)=(A+E)O$, $A^3+E=O$
$\therefore A^3=-E$

STEP B A^{100}을 간단히 나타내기

따라서 $A^3=-E$이므로 $A^{100}=(A^3)^{33}A=(-E)^{33}A=-A$

1844

정답 ⑤

STEP A $A^2=-E$, $B^2=-E$임을 유도하기

$A+B=O$에서 $B=-A$이므로
$AB=E$에 대입하면 $A(-A)=-A^2=E$ $\quad\therefore A^2=-E$
또한, $A+B=O$에서 $A=-B$이므로
$AB=E$에 대입하면 $(-B)B=-B^2=E$ $\quad\therefore B^2=-E$

STEP B $A^{100}+B^{100}$을 간단히 나타내기

따라서 $A^{100}+B^{100}=(A^2)^{50}+(B^2)^{50}=(-E)^{50}+(-E)^{50}=E+E=2E$

두 이차정사각행렬 A, B가 $A+B=O$, $AB=E$를 만족할 때, $A+A^2+A^3+\cdots+A^{100}$의 모든 성분의 합은? (단, O는 영행렬, E는 단위행렬이다.)

① -2 ② -1 ③ 0
④ 1 ⑤ 2

STEP A $A+A^2+A^3+A^4=O$임을 유도하기

$A+B=O$에서 $B=-A$
이것을 $AB=E$에 대입하면 $A(-A)=-A^2=E$

즉 $A^2=-E$이고 $A^4=(A^2)^2=(-E)^2=E$이므로
$A+A^2+A^3+A^4=A+(-E)-A+E=O$
연속한 네 개의 행렬의 합은 영행렬이 된다.

STEP B $A+A^2+A^3+\cdots+A^{100}$의 모든 성분의 합 구하기

$A+A^2+A^3+\cdots+A^{100}$
$=(A+A^2+A^3+A^4)+A^4(A+A^2+A^3+A^4)+\cdots+A^{96}(A+A^2+A^3+A^4)$
$=0$
따라서 모든 성분의 합은 0

 **정답** ③

1845

정답 ③

STEP A $AB=O$, $A-B=2E$를 이용하여 [보기]의 참, 거짓 판단하기

ㄱ. $A-B=2E$에서 $B=A-2E$이므로
$AB=O$에 대입하면 $A(A-2E)=O$
즉 $A^2-2A=O$이므로 $BA=(A-2E)A=A^2-2A=O$ [참]

ㄴ. ㄱ에서 $A^2=2A$이므로 양변에 A를 곱하면
$A^3=A^2A=(2A)A=2A^2=2(2A)=4A$ [참]

ㄷ. $A-B=2E$에서 $A=B+2E$이므로 $AB=O$에 대입하면
$(B+2E)B=O$, $B^2+2B=O$
즉 $B^2=-2B$이므로 $B^3=B^2B=(-2B)B=-2B^2=-2(-2B)=4B$
$\therefore A^3-B^3=4A-4B=4(A-B)=4(2E)=8E$ [거짓]

따라서 옳은 것은 ㄱ, ㄴ이다.

> **P O I N T** | 곱셈의 교환법칙이 성립하는 경우
>
> $A+B=kE$ (k는 실수)라 하면 $AB=BA$가 성립한다.
> $A-B=kE$ (k는 실수)라 하면 $AB=BA$가 성립한다.

1846

정답 ②

STEP A $A^3=-E$, $B^3=-E$임을 유도하기

$A+B=E$에서 $B=-A+E$이므로
$AB=E$에 대입하면 $A(-A+E)=-A^2+AE=E$
$\therefore A^2-A+E=O$
양변에 $A+E$를 곱하면 $(A+E)(A^2-A+E)=(A+E)O$
$A^3+E=O$ $\quad\therefore A^3=-E$
또한, $A+B=E$에서 $A=-B+E$이므로
$AB=E$에 대입하면 $(-B+E)B=-B^2+EB=E$
$\therefore B^2-B+E=O$
양변에 $B+E$를 곱하면 $(B+E)(B^2-B+E)=(B+E)O$
$B^3+E=O$ $\quad\therefore B^3=-E$

> **+α** | $A^3=-E$, $B^3=-E$임을 다음과 같이 구할 수 있어!
>
> $A+B=E$의 양변의 오른쪽에 행렬 B를 곱하면 $AB+B^2=B$
> $AB=E$이므로 $B^2=B-E$
> 양변에 행렬 B를 곱하면 $B^3=B^2-B=(B-E)-B=-E$
> 마찬가지로, $A+B=E$의 양변의 왼쪽에 행렬 A를 곱하면 $A^2+AB=A$
> $AB=E$이므로 $A^2=A-E$
> 양변에 행렬 A를 곱하면 $A^3=A^2-A=(A-E)-A=-E$

STEP B $A^{100}+B^{100}$을 간단히 나타내기

따라서 $A^{100}+B^{100}=(A^3)^{33}A+(B^3)^{33}B$
$\qquad\qquad\qquad\quad =(-E)^{33}A+(-E)^{33}B$
$\qquad\qquad\qquad\quad =-A-B$
$\qquad\qquad\qquad\quad =-(A+B)=-E$

1847

STEP A $AE=EA$임을 이용하여 주어진 식을 X에 대하여 정리하기

$X+2A^2+E=A^3-A^2+3A$에서

$X=A^3-3A^2+3A-E$

$AE=EA$이므로 문자식 $a^3-3a^2b+3ab^2-b^3=(a-b)^3$와 같이
$A^3-3A^2E+3AE^2-E^3=(A-E)^3$이 성립한다.

$=(A-E)^3$

STEP B 행렬 X의 2열의 모든 성분의 합 구하기

이때 $A-E=\begin{pmatrix}3&1\\2&-1\end{pmatrix}-\begin{pmatrix}1&0\\0&1\end{pmatrix}=\begin{pmatrix}2&1\\2&-2\end{pmatrix}$이므로

$(A-E)^2=(A-E)(A-E)=\begin{pmatrix}2&1\\2&-2\end{pmatrix}\begin{pmatrix}2&1\\2&-2\end{pmatrix}=\begin{pmatrix}6&0\\0&6\end{pmatrix}$ ← $6\begin{pmatrix}1&0\\0&1\end{pmatrix}=6E$

$(A-E)^3=(A-E)^2(A-E)=\begin{pmatrix}6&0\\0&6\end{pmatrix}\begin{pmatrix}2&1\\2&-2\end{pmatrix}=\begin{pmatrix}12&6\\12&-12\end{pmatrix}$

따라서 $X=\begin{pmatrix}12&6\\12&-12\end{pmatrix}$이므로 행렬 X의 2열의 모든 성분의 합은

$6+(-12)=-6$

1848

STEP A 조건 (나)를 이용하여 행렬 B^3을 간단히 나타내기

조건 (나)에서 $(E-B)^2=E-2B+B^2=E-B$ ← $EB=BE$

이므로 $B^2=B$

$\therefore B^3=B^2B=BB=B$

STEP B 조건 (가)와 (다)를 이용하여 행렬 BA^3을 간단히 나타내기

$BA^3=BAAA=(AB)AA$ ← 조건 (가) $AB=BA$

$\qquad=(-B)AA$ ← 조건 (다) $AB=-B$

$\qquad=-(BA)A$

$\qquad=-(AB)A$ ← 조건 (가) $AB=BA$

$\qquad=BA$ ← 조건 (다) $AB=-B$

$\qquad=AB$ ← 조건 (가) $AB=BA$

$\qquad=-B$ ← 조건 (다) $AB=-B$

STEP C B^3+2BA^3과 같은 행렬 구하기

따라서 $B^3+2BA^3=B+2(-B)=-B$

1849

STEP A 행렬의 곱셈의 성질을 이용하여 참, 거짓 판단하기

ㄱ. $A-2B=-E$에서 $A=2B-E$이므로

$AB=(2B-E)B=2B^2-B$

$BA=B(2B-E)=2B^2-B$

$\therefore AB=BA$ [참]

ㄴ. $A=2B-E$를 $B^2=AB$에 대입하면 $B^2=(2B-E)B$, $B^2=2B^2-B$

$\therefore B^2=B$ [거짓]

반례 $A=E$, $B=E$이면

$\qquad A-2B=-E$, $B^2=AB$이지만 $B^2=B=E$

ㄷ. $A-2B=-E$의 양변을 제곱하면

$A^2-4AB+4B^2=E$ ← ㄱ에서 $AB=BA$

$A^2-4AB+4AB=E$ ← $B^2=AB$

$A^2=E$ $\therefore A^3=A$

$B^2=AB=(2B-E)B=2B^2-B$이므로 $B^2=B$ $\therefore B^3=B^2=B$

$\therefore A^3+B^3=A+B$ [참]

따라서 옳은 것은 ㄱ, ㄷ이다.

이차정사각행렬 A, B에 대하여 등식

$$A+B=2E, \quad AB=3B$$

가 성립할 때, 항상 옳은 것을 [보기]에서 모두 고른 것은?
(단, E는 단위행렬이고 O는 영행렬이다.)

> ㄱ. $A=4E$
> ㄴ. $B^2+B=O$
> ㄷ. $A^2-B^2=3(A-B)$

① ㄱ   ② ㄴ   ③ ㄷ

④ ㄴ, ㄷ   ⑤ ㄱ, ㄴ, ㄷ

STEP A 행렬의 곱셈의 성질을 이용하여 참, 거짓 판단하기

ㄱ. **반례** $A=2E$, $B=O$일 때,

$\qquad A+B=2E$, $AB=3B$이지만 $A\neq 4E$ [거짓]

ㄴ. $A+B=2E$, $AB=3B$이므로

$\qquad(A+B)B=2EB$, $AB+B^2=2B$, $3B+B^2=2B$

$\qquad\therefore B^2+B=O$ [참]

ㄷ. $A+B=2E$에서 $B=2E-A$

$\qquad AB=A(2E-A)=2A-A^2=(2E-A)A=BA$

$\qquad\therefore A^2-B^2=(A+B)(A-B)$

$\qquad\qquad=2E(A-B)$

$\qquad\qquad=2(A-B)$ [거짓]

따라서 옳은 것은 ㄴ이다.

1850

STEP A 행렬의 곱셈의 성질을 이용하여 참, 거짓 판단하기

ㄱ. $(A+B)^2=(A+B)(A+B)$

$\qquad=A^2+AB+BA+B^2$
$\qquad\qquad\;\; AB=-BA$

$\qquad=A^2-BA+BA+B^2$

$\qquad=A^2+B^2$ [참]

ㄴ. $(A+B)(A-B)=A^2-AB+BA-B^2$
$\qquad\qquad\qquad\qquad\;\; AB=-BA$

$\qquad\qquad\qquad=A^2+BA+BA-B^2$

$\qquad\qquad\qquad=A^2-B^2+2BA$ [거짓]

ㄷ. $(AB)^3=(AB)(AB)(AB)$

$\qquad=A(BA)(BA)B$ ← 곱셈의 결합법칙

$\qquad=A(-AB)(-AB)B$

$\qquad=AA(BA)BB$

$\qquad=AA(-AB)BB$

$\qquad=-A^3B^3$ [참]

따라서 옳은 것은 ㄱ, ㄷ이다.

2010학년도 고3 수능기출 나형 28번 · 정답 ⑤

STEP A 행렬의 곱셈의 성질을 이용하여 참, 거짓 판단하기

ㄱ. [반례] $A=\begin{pmatrix} 1 & 0 \\ 0 & -1 \end{pmatrix}$, $B=\begin{pmatrix} 0 & 1 \\ 1 & 0 \end{pmatrix}$ 라 하면

$$A+B=\begin{pmatrix} 1 & 1 \\ 1 & -1 \end{pmatrix}, \quad A-B=\begin{pmatrix} 1 & -1 \\ -1 & -1 \end{pmatrix} 이므로$$

$$(A+B)^2=(A-B)^2=2E$$

그러나 $AB=\begin{pmatrix} 0 & 1 \\ -1 & 0 \end{pmatrix} \neq O$ [거짓]

> **+α** | $AB+BA=O$을 이용하여 판단할 수도 있어!
>
> $(A+B)^2=(A-B)^2$에서 $A^2+AB+BA+B^2=A^2-AB-BA+B^2$이므로
> $AB+BA=O$
>
> [반례] $A=\begin{pmatrix} 1 & 1 \\ 0 & -1 \end{pmatrix}$, $B=\begin{pmatrix} 1 & 1 \\ -2 & -1 \end{pmatrix}$ 라 하면
>
> $$AB=\begin{pmatrix} 1 & 1 \\ 0 & -1 \end{pmatrix}\begin{pmatrix} 1 & 1 \\ -2 & -1 \end{pmatrix}=\begin{pmatrix} -1 & 0 \\ 2 & 1 \end{pmatrix}$$
>
> $$BA=\begin{pmatrix} 1 & 1 \\ -2 & -1 \end{pmatrix}\begin{pmatrix} 1 & 1 \\ 0 & -1 \end{pmatrix}=\begin{pmatrix} 1 & 0 \\ -2 & -1 \end{pmatrix} 이므로$$
>
> $AB+BA=O$이지만 $AB \neq O$ [거짓]

ㄴ. $A^2=E$, $B^2=B$이면

$$(ABA)^2=(ABA)(ABA)=ABA^2BA$$
$$=ABEBA=AB^2A=ABA \text{ [참]}$$

ㄷ. $A(A+E)=E$이면 $A^2+A=E$

양변의 오른쪽에 B를 곱하면 $A^2B+AB=B$

$AB=-E$이므로 $-A-E=B$ ← $A^2B=A(AB)=-A$

$\therefore B^2=(-A-E)^2=A^2+2A+E$
$$=(A^2+A)+(A+E)$$
$$=E+A+E=A+2E \text{ [참]}$$

따라서 옳은 것은 ㄴ, ㄷ이다.

내/신/연/계 출제문항 **847**

이차정사각행렬 A, B에 대하여 옳은 것만을 [보기]에서 있는 대로 고른 것은? (단, E는 단위행렬, O는 영행렬이다.)

> ㄱ. $(A+B)^2=(A-B)^2$이면 $AB+BA=O$이다.
> ㄴ. $A^2=E$, $B^2=-E$이면 $(ABA)^2=E$이다.
> ㄷ. $A(A+E)=E$, $AB=E$이면 $B^2=A+2E$이다.

① ㄱ   ② ㄴ   ③ ㄱ, ㄷ
④ ㄴ, ㄷ   ⑤ ㄱ, ㄴ, ㄷ

STEP A 행렬의 곱셈의 성질을 이용하여 참, 거짓 판단하기

ㄱ. $(A+B)^2=(A-B)^2$에서 $A^2+AB+BA+B^2=A^2-AB-BA+B^2$이므로

$2AB+2BA=O$ $\therefore AB+BA=O$ [참]

ㄴ. $A^2=E$, $B^2=-E$이면

$$(ABA)^2=(ABA)(ABA)=ABA^2BA$$
$$=ABEBA=AB^2A=A(-E)A$$
$$=-A^2=-E \text{ [거짓]}$$

ㄷ. $A(A+E)=E$이면 $A^2+A=E$

양변의 오른쪽에 B를 곱하면 $A^2B+AB=B$

$AB=E$이므로 $A+E=B$ ← $A^2B=A(AB)=A$

$\therefore B^2=(A+E)^2=A^2+2A+E$
$$=(A^2+A)+(A+E)$$
$$=E+A+E=A+2E \text{ [참]}$$

따라서 옳은 것은 ㄱ, ㄷ이다. · 정답 ③

· 정답 ③

STEP A 행렬의 영인자와 곱셈의 성질을 이용하여 참, 거짓 판단하기

① $A(B+C)=AB+AC$, $(B+C)A=BA+CA$

행렬의 곱셈에서는 일반적으로 교환법칙이 성립하지 않으므로
$A(B+C) \neq (B+C)A$ [거짓]

② [반례] $A=\begin{pmatrix} 0 & 0 \\ 0 & -1 \end{pmatrix}$, $B=\begin{pmatrix} 2 & 0 \\ 0 & 0 \end{pmatrix}$ 이면

$$AB=\begin{pmatrix} 0 & 0 \\ 0 & -1 \end{pmatrix}\begin{pmatrix} 2 & 0 \\ 0 & 0 \end{pmatrix}=\begin{pmatrix} 0 & 0 \\ 0 & 0 \end{pmatrix}$$

즉 $A \neq O$, $B \neq O$이지만 $AB=O$인 행렬 A, B가 존재한다. [거짓]

③ $X=A$이면 $X-A=O$, $X=B$이면 $X-B=O$이고

$AO=OA=O$이므로 $X=A$ 또는 $X=B$이면
$(X-A)(X-B)=O$ [참]

④ [반례] $X=\begin{pmatrix} 3 & 2 \\ 5 & 1 \end{pmatrix}$, $A=\begin{pmatrix} 1 & 1 \\ -1 & -2 \end{pmatrix}$, $B=\begin{pmatrix} 1 & 3 \\ 9 & -1 \end{pmatrix}$ 이면

$$X-A=\begin{pmatrix} 3 & 2 \\ 5 & 1 \end{pmatrix}-\begin{pmatrix} 1 & 1 \\ -1 & -2 \end{pmatrix}=\begin{pmatrix} 2 & 1 \\ 6 & 3 \end{pmatrix}$$

$$X-B=\begin{pmatrix} 3 & 2 \\ 5 & 1 \end{pmatrix}-\begin{pmatrix} 1 & 3 \\ 9 & -1 \end{pmatrix}=\begin{pmatrix} 2 & -1 \\ -4 & 2 \end{pmatrix} 이므로$$

$$(X-A)(X-B)=\begin{pmatrix} 2 & 1 \\ 6 & 3 \end{pmatrix}\begin{pmatrix} 2 & -1 \\ -4 & 2 \end{pmatrix}=\begin{pmatrix} 0 & 0 \\ 0 & 0 \end{pmatrix}$$

즉 $(X-A)(X-B)=O$이지만
$X \neq A$, $X \neq B$인 행렬 X, A, B가 존재한다. [거짓]

⑤ [반례] $X=\begin{pmatrix} 1 & 0 \\ 1 & 0 \end{pmatrix}$, $A=\begin{pmatrix} 1 & 2 \\ 0 & 4 \end{pmatrix}$, $B=\begin{pmatrix} 1 & 2 \\ -1 & 2 \end{pmatrix}$ 이면

$$XA=\begin{pmatrix} 1 & 0 \\ 1 & 0 \end{pmatrix}\begin{pmatrix} 1 & 2 \\ 0 & 4 \end{pmatrix}=\begin{pmatrix} 1 & 2 \\ 1 & 2 \end{pmatrix}$$

$$XB=\begin{pmatrix} 1 & 0 \\ 1 & 0 \end{pmatrix}\begin{pmatrix} 1 & 2 \\ -1 & 2 \end{pmatrix}=\begin{pmatrix} 1 & 2 \\ 1 & 2 \end{pmatrix}$$

즉 $XA=XB$, $X \neq O$이지만 $A \neq B$인 행렬 A, B가 존재한다.
[거짓]

따라서 옳은 것은 ③이다.

· 정답 ①

STEP A 행렬의 영인자와 곱셈의 성질을 이용하여 참, 거짓 판단하기

ㄱ. $A+B=E$의 양변의 왼쪽에 행렬 A를 곱하면

$A^2+AB=A$ $\therefore AB=A-A^2$

$A+B=E$의 양변의 오른쪽에 행렬 A를 곱하면

$A^2+BA=A$ $\therefore BA=A-A^2$

$\therefore AB=BA$ [참]

ㄴ. $AB=BA$이므로 $-AB+BA=O$ ...... ㉠

$\therefore (A+B)(A-B)=A^2-AB+BA-B^2=A^2-B^2$ ($\because$ ㉠) [참]

ㄷ. [반례] $A=\begin{pmatrix} 1 & 0 \\ 0 & -1 \end{pmatrix}$, $B=\begin{pmatrix} 0 & 1 \\ 1 & 0 \end{pmatrix}$ 이면

$$A+B=\begin{pmatrix} 1 & 1 \\ 1 & -1 \end{pmatrix}, \quad A-B=\begin{pmatrix} 1 & -1 \\ -1 & -1 \end{pmatrix} 이므로$$

$$(A+B)^2=\begin{pmatrix} 1 & 1 \\ 1 & -1 \end{pmatrix}\begin{pmatrix} 1 & 1 \\ 1 & -1 \end{pmatrix}=\begin{pmatrix} 2 & 0 \\ 0 & 2 \end{pmatrix}$$

$$(A-B)^2=\begin{pmatrix} 1 & -1 \\ -1 & -1 \end{pmatrix}\begin{pmatrix} 1 & -1 \\ -1 & -1 \end{pmatrix}=\begin{pmatrix} 2 & 0 \\ 0 & 2 \end{pmatrix}$$

즉 $(A+B)^2=(A-B)^2=2E$이지만

$$AB=\begin{pmatrix} 1 & 0 \\ 0 & -1 \end{pmatrix}\begin{pmatrix} 0 & 1 \\ 1 & 0 \end{pmatrix}=\begin{pmatrix} 0 & 1 \\ -1 & 0 \end{pmatrix} \neq O \text{ [거짓]}$$

ㄹ. [반례] $A=\begin{pmatrix} 0 & 1 \\ 0 & 0 \end{pmatrix}$, $B=\begin{pmatrix} 0 & -1 \\ 0 & 0 \end{pmatrix}$ 이면

$$A^2=\begin{pmatrix} 0 & 1 \\ 0 & 0 \end{pmatrix}\begin{pmatrix} 0 & 1 \\ 0 & 0 \end{pmatrix}=\begin{pmatrix} 0 & 0 \\ 0 & 0 \end{pmatrix}, \quad B^2=\begin{pmatrix} 0 & -1 \\ 0 & 0 \end{pmatrix}\begin{pmatrix} 0 & -1 \\ 0 & 0 \end{pmatrix}=\begin{pmatrix} 0 & 0 \\ 0 & 0 \end{pmatrix}$$

즉 $A^2+B^2=O+O=O$이지만 $A \neq O$, $B \neq O$ [거짓]

따라서 옳은 것은 ㄱ, ㄴ이다.

세 이차정사각행렬 A, B, C에 대하여 옳은 것만을 [보기]에서 있는 대로 고른 것은? (단, E는 단위행렬, O는 영행렬이다.)

ㄱ. $(A+2E)^2=A^2+4A+4E$
ㄴ. $A+B=E$이면 $AB=BA$
ㄷ. $A \neq O$, $AB=AC$이면 $B=C$
ㄹ. $(A-3E)^2=O$이면 $A=3E$

① ㄴ   ② ㄹ   ③ ㄱ, ㄴ
④ ㄴ, ㄷ   ⑤ ㄷ, ㄹ

STEP A 행렬의 영인자와 곱셈의 성질을 이용하여 참, 거짓 판단하기

ㄱ. $(A+2E)^2=A^2+A(2E)+(2E)A+(2E)^2$
$\qquad = A^2+2A+2A+4E^2$
$\qquad = A^2+4A+4E$ [참]

ㄴ. $A+B=E$이면 $A=E-B$이므로
$AB=(E-B)B=B-B^2$, $BA=B(E-B)=B-B^2$
즉 $A+B=E$이면 $AB=BA$ [참]

+α | ㄴ이 참임을 다음과 같이 증명할 수 있어!

ㄴ. $A+B=E$의 양변의 왼쪽에 A를 곱하면
$A^2+AB=A$ …… ㉠
또, $A+B=E$의 양변의 오른쪽에 A를 곱하면
$A^2+BA=A$ …… ㉡
따라서 ㉠-㉡을 하면 $AB-BA=O$이므로 $AB=BA$ [참]

ㄷ. 반례 $A=\begin{pmatrix} 0 & 1 \\ 0 & 1 \end{pmatrix}$, $B=\begin{pmatrix} 1 & 2 \\ 3 & 1 \end{pmatrix}$, $C=\begin{pmatrix} 5 & 3 \\ 3 & 1 \end{pmatrix}$이면
$\qquad AB=\begin{pmatrix} 0 & 1 \\ 0 & 1 \end{pmatrix}\begin{pmatrix} 1 & 2 \\ 3 & 1 \end{pmatrix}=\begin{pmatrix} 3 & 1 \\ 3 & 1 \end{pmatrix}$, $AC=\begin{pmatrix} 0 & 1 \\ 0 & 1 \end{pmatrix}\begin{pmatrix} 5 & 3 \\ 3 & 1 \end{pmatrix}=\begin{pmatrix} 3 & 1 \\ 3 & 1 \end{pmatrix}$
$\qquad$ 즉 $A \neq O$, $AB=AC$이지만 $B \neq C$ [거짓]

ㄹ. 반례 $A=\begin{pmatrix} 3 & 1 \\ 0 & 3 \end{pmatrix}$이면 $A-3E=\begin{pmatrix} 0 & 1 \\ 0 & 0 \end{pmatrix}$이므로
$\qquad (A-3E)^2=\begin{pmatrix} 0 & 1 \\ 0 & 0 \end{pmatrix}\begin{pmatrix} 0 & 1 \\ 0 & 0 \end{pmatrix}=\begin{pmatrix} 0 & 0 \\ 0 & 0 \end{pmatrix}=O$
$\qquad$ 즉 $(A-3E)^2=O$이지만 $A \neq 3E$ [거짓]

따라서 옳은 것은 ㄱ, ㄴ이다.

정답 ③

1854

정답 ④

STEP A 행렬의 곱셈의 여러 가지 성질을 이용하여 참, 거짓 판단하기

ㄱ. $A+B=O$이면 $B=-A$이므로
$AB=A(-A)=-A^2$, $BA=(-A)A=-A^2$
$\therefore AB=BA$ [참]

ㄴ. 반례 $A=\begin{pmatrix} 0 & 1 \\ 0 & 0 \end{pmatrix}$, $B=\begin{pmatrix} 1 & 0 \\ 0 & 0 \end{pmatrix}$이면
$\qquad AB=\begin{pmatrix} 0 & 1 \\ 0 & 0 \end{pmatrix}\begin{pmatrix} 1 & 0 \\ 0 & 0 \end{pmatrix}=\begin{pmatrix} 0 & 0 \\ 0 & 0 \end{pmatrix}$이고 $A \neq O$이지만 $B \neq O$ [거짓]

ㄷ. $(A+B)(A-B)=A^2-AB+BA-B^2$이므로
$(A+B)(A-B)=A^2-B^2$이려면 $-AB+BA=O$이어야 한다.
$\therefore AB=BA$
즉 $(A+B)^2=(A+B)(A+B)$
$\qquad\qquad = A^2+AB+BA+B^2$
$\qquad\qquad = A^2+2AB+B^2$ [참]

따라서 옳은 것은 ㄱ, ㄷ이다.

1855

정답 ②

STEP A 행렬의 곱셈의 여러 가지 성질을 이용하여 참, 거짓 판단하기

ㄱ. 반례 $A=\begin{pmatrix} 1 & 1 \\ 0 & -1 \end{pmatrix}$이면
$\qquad A^2=AA=\begin{pmatrix} 1 & 1 \\ 0 & -1 \end{pmatrix}\begin{pmatrix} 1 & 1 \\ 0 & -1 \end{pmatrix}=\begin{pmatrix} 1 & 0 \\ 0 & 1 \end{pmatrix}=E$이지만 $A \neq E$이고
$\qquad A \neq -E$이다. [거짓]

ㄴ. 반례 $A=\begin{pmatrix} 1 & 1 \\ 0 & 1 \end{pmatrix}$이면 $A-E=\begin{pmatrix} 0 & 1 \\ 0 & 0 \end{pmatrix}$이므로
$\qquad (A-E)^2=(A-E)(A-E)=\begin{pmatrix} 0 & 1 \\ 0 & 0 \end{pmatrix}\begin{pmatrix} 0 & 1 \\ 0 & 0 \end{pmatrix}=\begin{pmatrix} 0 & 0 \\ 0 & 0 \end{pmatrix}=O$이지만
$\qquad A \neq E$ [거짓]

ㄷ. $A^7=A^5=E$이면 $A^7=A^2A^5=A^2E=E$이므로
$\qquad A^2=E$, $A^4=(A^2)^2=E$
$\qquad$ 또한, $A^5=A^4=E$이므로 $A^5=AA^4=AE=E$, $A=E$ [참]

따라서 옳은 것은 ㄷ이다.

POINT | 단위행렬 추정

(1) m, n이 서로소일 때, $A^m=E$이고 $A^n=E$이면 $A=E$
(2) m, n의 최대공약수가 G일 때, $A^m=E$이고 $A^n=E$이면 $A^G=E$
$\quad$ ① $A^5=A^3=E$이면 $A=E$ [참]
$\quad$ ② $A^6=A^4=E$이면 $A^2=E$ [참]
$\quad$ ③ $A^6=A^4=E$이면 $A=E$ [거짓]
(3) $A^2+A+E=O$일 때, $A^3=E$가 성립한다.
(4) $A^2-A+E=O$일 때, $A^3=-E$가 성립한다.

1856

정답 ①

STEP A 행렬의 곱셈의 여러 가지 성질을 이용하여 참, 거짓 판단하기

ㄱ. 반례 $X-A=\begin{pmatrix} 0 & 1 \\ 0 & 0 \end{pmatrix}$이면
$\qquad (X-A)^2=O$이지만 $X-A \neq O$ [거짓]

ㄴ. $(X-A)^2=O$이므로 양변의 오른쪽에 $X-A$를 곱하면
$\qquad (X-A)^2(X-A)=O(X-A)$
$\qquad \therefore (A-X)^3=O$ [참]

ㄷ. $(X-A)^2=(X-A)(X-A)=X^2-XA-AX+A^2=O$이므로
$\qquad X^2-XA=AX-A^2$, $X(X-A)=A(X-A)$
$\qquad$ 즉 $X(X-A) \neq (X-A)A$ [거짓]

따라서 옳은 것은 ㄴ이다.

1857

정답 ①

STEP A 행렬의 곱셈의 여러 가지 성질을 이용하여 참, 거짓 판단하기

ㄱ. $A^2+BA=B^2+AB$에서 $A^2+BA-B^2-AB=O$
$(A+B)A-(A+B)B=O$
$\therefore (A+B)(A-B)=O$ [참]

ㄴ. 반례 $A=\begin{pmatrix} 1 & 1 \\ 0 & 0 \end{pmatrix}$, $B=\begin{pmatrix} 0 & 0 \\ 1 & 1 \end{pmatrix}$이면
$\qquad A^2+BA=B^2+AB$이지만
$\qquad (A-B)(A+B)=\begin{pmatrix} 1 & 1 \\ -1 & -1 \end{pmatrix}\begin{pmatrix} 1 & 1 \\ 1 & 1 \end{pmatrix}=\begin{pmatrix} 2 & 2 \\ -2 & -2 \end{pmatrix} \neq O$ [거짓]

ㄷ. 반례 $A=\begin{pmatrix} 1 & 1 \\ 0 & 0 \end{pmatrix}$, $B=\begin{pmatrix} 0 & 0 \\ 1 & 1 \end{pmatrix}$이면
$\qquad A^2+BA=B^2+AB$이지만 $A \neq B$이고 $A \neq -B$ [거짓]

따라서 옳은 것은 ㄱ이다.

두 이차정사각행렬 A, B가 등식 $A^2+B^2=AB+BA$를 만족시킬 때, 옳은 것만을 [보기]에서 있는 대로 고른 것은? (단, O는 영행렬이다.)

> ㄱ. $(A-B)^2=O$
> ㄴ. $A^2+BA=B^2+AB$
> ㄷ. $A=B$

① ㄱ ② ㄴ ③ ㄱ, ㄷ
④ ㄴ, ㄷ ⑤ ㄱ, ㄴ, ㄷ

STEP A 행렬의 곱셈의 여러 가지 성질을 이용하여 참, 거짓 판단하기

ㄱ. $A^2+B^2=AB+BA$에서 $A^2+B^2-AB-BA=O$

$A(A-B)-B(A-B)=O$ $\therefore (A-B)^2=O$ [참]

ㄴ. 반례 $A=\begin{pmatrix}1&0\\0&-1\end{pmatrix}$, $B=\begin{pmatrix}0&-1\\1&0\end{pmatrix}$일 때,

$A^2+B^2=\begin{pmatrix}1&0\\0&-1\end{pmatrix}\begin{pmatrix}1&0\\0&-1\end{pmatrix}+\begin{pmatrix}0&-1\\1&0\end{pmatrix}\begin{pmatrix}0&-1\\1&0\end{pmatrix}$

$=\begin{pmatrix}1&0\\0&1\end{pmatrix}+\begin{pmatrix}-1&0\\0&-1\end{pmatrix}=\begin{pmatrix}0&0\\0&0\end{pmatrix}$,

$AB+BA=\begin{pmatrix}1&0\\0&-1\end{pmatrix}\begin{pmatrix}0&-1\\1&0\end{pmatrix}+\begin{pmatrix}0&-1\\1&0\end{pmatrix}\begin{pmatrix}1&0\\0&-1\end{pmatrix}$

$=\begin{pmatrix}0&-1\\-1&0\end{pmatrix}+\begin{pmatrix}0&1\\1&0\end{pmatrix}=\begin{pmatrix}0&0\\0&0\end{pmatrix}$,

이므로 $A^2+B^2=AB+BA$이지만

$A^2+BA=\begin{pmatrix}1&0\\0&1\end{pmatrix}+\begin{pmatrix}0&1\\1&0\end{pmatrix}=\begin{pmatrix}1&1\\1&1\end{pmatrix}$,

$B^2+AB=\begin{pmatrix}-1&0\\0&-1\end{pmatrix}+\begin{pmatrix}0&-1\\-1&0\end{pmatrix}=\begin{pmatrix}-1&-1\\-1&-1\end{pmatrix}$

이므로 $A^2+BA\neq B^2+AB$ [거짓]

ㄷ. 반례 $A=\begin{pmatrix}1&1\\0&0\end{pmatrix}$, $B=\begin{pmatrix}0&0\\1&1\end{pmatrix}$일 때,

$A^2+B^2=\begin{pmatrix}1&1\\0&0\end{pmatrix}\begin{pmatrix}1&1\\0&0\end{pmatrix}+\begin{pmatrix}0&0\\1&1\end{pmatrix}\begin{pmatrix}0&0\\1&1\end{pmatrix}$

$=\begin{pmatrix}1&1\\0&0\end{pmatrix}+\begin{pmatrix}0&0\\1&1\end{pmatrix}=\begin{pmatrix}1&1\\1&1\end{pmatrix}$,

$AB+BA=\begin{pmatrix}1&1\\0&0\end{pmatrix}\begin{pmatrix}0&0\\1&1\end{pmatrix}+\begin{pmatrix}0&0\\1&1\end{pmatrix}\begin{pmatrix}1&1\\0&0\end{pmatrix}$

$=\begin{pmatrix}1&1\\0&0\end{pmatrix}+\begin{pmatrix}0&0\\1&1\end{pmatrix}=\begin{pmatrix}1&1\\1&1\end{pmatrix}$

이므로 $A^2+B^2=AB+BA$이지만 $A\neq B$ [거짓]

따라서 옳은 것은 ㄱ이다. 정답 ①

1858

2006년 04월 고3 학력평가 가형 8번 정답 ①

STEP A 행렬의 곱셈의 여러 가지 성질을 이용하여 참, 거짓 판단하기

ㄱ. $A+B=E$에서 $A=E-B$이므로

$A^2-B^2=(E-B)^2-B^2=E-2B$

$=(E-B)-B=A-B$ [참]

ㄴ. 반례 $A=\begin{pmatrix}1&-1\\-1&1\end{pmatrix}$라 하면

$A^2=AA=\begin{pmatrix}1&-1\\-1&1\end{pmatrix}\begin{pmatrix}1&-1\\-1&1\end{pmatrix}=\begin{pmatrix}2&-2\\-2&2\end{pmatrix}=2A$이지만

$A\neq O$이고 $A\neq 2E$ [거짓]

ㄷ. 반례 $A=\begin{pmatrix}1&0\\0&0\end{pmatrix}$, $B=\begin{pmatrix}1&0\\1&0\end{pmatrix}$라 하면

$AB=\begin{pmatrix}1&0\\0&0\end{pmatrix}\begin{pmatrix}1&0\\1&0\end{pmatrix}=\begin{pmatrix}1&0\\0&0\end{pmatrix}=A$이고

$BA=\begin{pmatrix}1&0\\1&0\end{pmatrix}\begin{pmatrix}1&0\\0&0\end{pmatrix}=\begin{pmatrix}1&0\\1&0\end{pmatrix}=B$이지만 $AB\neq BA$ [거짓]

따라서 옳은 것은 ㄱ이다.

이차정사각행렬 A, B에 대하여 [보기]에서 옳은 것을 모두 고르면? (단, E는 단위행렬, O는 영행렬이다.)

> ㄱ. $A-B=E$이면 $A^2-B^2=A+B$이다.
> ㄴ. $(A+B)^2=(A-B)^2$이면 $AB=O$이다.
> ㄷ. $A^2=A$이고 $B^2=E$이면 $(BAB)^2=BAB$이다.

① ㄱ ② ㄴ ③ ㄱ, ㄷ
④ ㄴ, ㄷ ⑤ ㄱ, ㄴ, ㄷ

STEP A 행렬의 곱셈의 여러 가지 성질을 이용하여 참, 거짓 판단하기

ㄱ. $A-B=E$에서 $A=B+E$이므로

$A^2-B^2=(B+E)^2-B^2$

$=2B+E=(B+E)+B$

$=A+B$ [참]

ㄴ. 반례 $A=\begin{pmatrix}1&0\\0&-1\end{pmatrix}$, $B=\begin{pmatrix}0&1\\1&0\end{pmatrix}$이면

$A+B=\begin{pmatrix}1&1\\1&-1\end{pmatrix}$, $A-B=\begin{pmatrix}1&-1\\-1&-1\end{pmatrix}$이므로

$(A+B)^2=\begin{pmatrix}1&1\\1&-1\end{pmatrix}\begin{pmatrix}1&1\\1&-1\end{pmatrix}=\begin{pmatrix}2&0\\0&2\end{pmatrix}$,

$(A-B)^2=\begin{pmatrix}1&-1\\-1&-1\end{pmatrix}\begin{pmatrix}1&-1\\-1&-1\end{pmatrix}=\begin{pmatrix}2&0\\0&2\end{pmatrix}$

즉 $(A+B)^2=(A-B)^2=2E$이지만

$AB=\begin{pmatrix}1&0\\0&-1\end{pmatrix}\begin{pmatrix}0&1\\1&0\end{pmatrix}=\begin{pmatrix}0&1\\-1&0\end{pmatrix}\neq O$ [거짓]

ㄷ. $(BAB)^2=(BAB)(BAB)$

$=BAB^2AB$

$=BAEAB$ $(\because B^2=E)$

$=BA^2B=BAB$ $(\because A^2=A)$ [참]

따라서 옳은 것은 ㄱ, ㄷ이다. 정답 ③

1859

정답 3

STEP A 케일리–해밀턴 정리를 이용하여 상수 k의 값 구하기

$A=\begin{pmatrix}-4&1\\-3&1\end{pmatrix}$이므로 케일리–해밀턴 정리에 의하여

$A^2-\{(-4)+1\}A+\{(-4)\times 1-1\times(-3)\}E=O$

즉 $A^2+3A-E=O$

따라서 $A^2+3A=E$이므로 $k=3$

1860

정답 ⑤

STEP A 케일리–해밀턴의 정리를 이용하여 a^2+b^2의 값 구하기

$A=\begin{pmatrix}a&3\\1&b\end{pmatrix}\neq kE$ (k는 실수)이므로 케일리–해밀턴의 정리에 의하여

$A^2-(a+b)A+(ab-3)E=O$

이 식이 $A^2-3A+E=O$와 일치해야 하므로 $a+b=4$, $ab-3=1$

즉 $ab=4$

따라서 $a^2+b^2=(a+b)^2-2ab=4^2-2\times 4=8$

1861

STEP A A^2, A^3을 A와 E로 나타내기

행렬 $A=\begin{pmatrix}1 & 2 \\ 3 & 4\end{pmatrix}$에서 케일리-해밀턴 정리에 의하여

$A^2-5A-2E=O$이므로 $A^2=5A+2E$

양변에 A를 곱하면 $A^3=5A^2+2A=5(5A+2E)+2A=27A+10E$

STEP B $p+q$의 값 구하기

$A^3+2A^2+3A+2E=(27A+10E)+2(5A+2E)+3A+2E$
$$=40A+16E$$

따라서 $p=40$, $q=16$이므로 $p+q=56$

+α | 다항식의 나눗셈을 이용하여 구할 수 있어!

행렬 $A=\begin{pmatrix}1 & 2 \\ 3 & 4\end{pmatrix}$에서 케일리-해밀턴 정리에 의하여 $A^2-5A-2E=O$

다항식의 나눗셈과 같은 방법으로 $A^3+2A^2+3A+2E$를
$A^2-5A-2E$로 나누어 몫과 나머지를 구하면 다음과 같다.

$$
\begin{array}{r}
A+7E \\
A^2-5A-2E\,\overline{)\,A^3+2A^2+3A+2E} \\
\underline{A^3-5A^2-2A} \\
7A^2+5A+2E \\
\underline{7A^2-35A-14E} \\
40A+16E
\end{array}
$$

$\therefore\ A^3+2A^2+3A+2E=(A^2-5A-2E)(A+7E)+40A+16E$
$$=40A+16E\ (\because\ A^2-5A-2E=O)$$

내/신/연/계 출제문항 851

행렬 $A=\begin{pmatrix}-1 & 4 \\ -3 & 2\end{pmatrix}$에 대하여 $A^3+2A^2+3A+4E=pA+qE$가 성립할 때, $p-q$의 값은? (단, p, q는 실수이고 E는 단위행렬이다.)

① 18 　　② 22 　　③ 26
④ 30 　　⑤ 34

STEP A A^2, A^3을 A와 E로 나타내기

행렬 $A=\begin{pmatrix}-1 & 4 \\ -3 & 2\end{pmatrix}$에서 케일리-해밀턴 정리에 의하여

$A^2-A+10E=O$이므로 $A^2=A-10E$

양변에 A를 곱하면 $A^3=A^2-10A=A-10E-10A=-9A-10E$

STEP B $p-q$의 값 구하기

$A^3+2A^2+3A+4E=(-9A-10E)+2(A-10E)+3A+4E$
$$=-4A-26E$$

따라서 $p=-4$, $q=-26$이므로 $p-q=-4-(-26)=22$

+α | 다항식의 나눗셈을 이용하여 구할 수 있어!

행렬 $A=\begin{pmatrix}-1 & 4 \\ -3 & 2\end{pmatrix}$에서 케일리-해밀턴 정리에 의하여 $A^2-A+10E=O$

다항식의 나눗셈과 같은 방법으로 $A^3+2A^2+3A+4E$를
$A^2-A+10E$로 나누어 몫과 나머지를 구하면 다음과 같다.

$$
\begin{array}{r}
A+3E \\
A^2-A+10E\,\overline{)\,A^3+2A^2+3A+4E} \\
\underline{A^3-A^2+10A} \\
3A^2-7A+4E \\
\underline{3A^2-3A+30E} \\
-4A-26E
\end{array}
$$

$\therefore\ A^3+2A^2+3A+4E=(A^2-A+10E)(A+3E)-4A-26E$
$$=-4A-26E\ (\because\ A^2-A+10E=O)$$

정답 ②

1862

STEP A 행렬 AB 구하기

$AB=\begin{pmatrix}1200 & 900 \\ 1000 & 800\end{pmatrix}\begin{pmatrix}4 & 2 \\ 3 & 5\end{pmatrix}$

$\quad=\begin{pmatrix}1200\times4+900\times3 & 1200\times2+900\times5 \\ 1000\times4+800\times3 & 1000\times2+800\times5\end{pmatrix}$ …… 마트
…… 편의점

영희　　　　　철수

STEP B 행렬 AB의 $(2, 2)$ 성분이 나타내는 것 구하기

행렬 AB의 $(2, 2)$ 성분은 1000원짜리 복숭아 2개와 800원짜리 참외 5개의 가격의 합이므로 편의점에서의 철수의 지불 금액을 나타낸다.

1863

STEP A 행렬 AB 구하기

$AB=\begin{pmatrix}0.7 & 0.4 \\ 0.3 & 0.6\end{pmatrix}\begin{pmatrix}100 & 120 \\ 135 & 140\end{pmatrix}$

$\quad=\begin{pmatrix}0.7\times100+0.4\times135 & 0.7\times120+0.4\times140 \\ 0.3\times100+0.6\times135 & 0.3\times120+0.6\times140\end{pmatrix}$ …… S사
…… K사

1학년　　　　　2학년

STEP B 1학년 중에서 K사를 선호하는 학생 수를 나타낸 성분 구하기

따라서 1학년 중에서 K사를 선호하는 학생 수는 $0.3\times100+0.6\times135$이므로 행렬 AB의 $(2, 1)$ 성분, 즉 c와 같다.

내/신/연/계 출제문항 852

다음의 [표1]은 선희와 재우가 구입해야 하는 떡볶이와 튀김의 수량을 나타낸 것이고, [표2]는 분식점 A와 분식점 B에 판매하는 떡볶이와 튀김의 가격을 나타낸 것이다.

(단위 : 인분)

	떡볶이	튀김
분식점A	3	2
분식점B	1	2

[표1]

(단위 : 원)

	선희	재우
떡볶이	3000	2000
튀김	4000	2500

[표2]

$A=\begin{pmatrix}3 & 2 \\ 1 & 2\end{pmatrix}$, $B=\begin{pmatrix}3000 & 2000 \\ 4000 & 2500\end{pmatrix}$라 할 때, 행렬 $BA=\begin{pmatrix}a & b \\ c & d\end{pmatrix}$에서 선희가 구입해야 하는 떡볶이와 튀김의 총 가격을 나타내는 것은?

① c 　　② $a+b$ 　　③ $a+c$
④ $b+d$ 　　⑤ $c+d$

STEP A 행렬 BA 구하기

$BA=\begin{pmatrix}3000 & 2000 \\ 4000 & 2500\end{pmatrix}\begin{pmatrix}3 & 2 \\ 1 & 2\end{pmatrix}$

$\quad=\begin{pmatrix}3000\times3+2000\times1 & 3000\times2+2000\times2 \\ 4000\times3+2500\times1 & 4000\times2+2500\times2\end{pmatrix}$ …… 분식점 A
…… 분식점 B

선희　　　　　재우

STEP B 선희가 구입해야 하는 떡볶이와 튀김의 총 가격을 나타낸 성분 구하기

따라서 선희가 구입해야 하는 떡볶이와 튀김의 총 가격은
$(3000\times3+2000\times1)+(4000\times3+2500\times1)$이므로
행렬 BA의 $(1, 1)$ 성분과 $(2, 1)$ 성분의 합, 즉 $a+c$와 같다.

정답 ③

1864

STEP A 구하고자 하는 것을 행렬의 곱으로 나타내기

$$AB=\begin{pmatrix}1000 & 800 \\ 1500 & 1200\end{pmatrix}\begin{pmatrix}4 & 5 \\ 3 & 2\end{pmatrix}$$
$$=\begin{pmatrix}1000\times4+800\times3 & 1000\times5+800\times2 \\ 1500\times4+1200\times3 & 1500\times5+1200\times2\end{pmatrix}$$

····· 마트
····· 편의점

민규　　　　　혜성

STEP B 혜성이가 편의점에서 구입해야 하는 과자와 음료수의 총 가격을 나타내는 것 구하기

혜성이가 편의점에서 구입해야 하는 과자와 음료수의 총 가격은
$1500\times5+1200\times2$이므로 행렬 AB의 $(2, 2)$ 성분과 같다.

내/신/연/계/ 출제문항 853

다음의 [표1]은 박물관과 미술관의 관람 요금이고, [표2]는 영희와 철수의 가족 수이다.

(단위 : 원)

	일반	청소년
박물관	9000	6000
미술관	8000	5000

[표1]

(단위 : 명)

	영희	철수
일반	2	4
청소년	3	1

[표2]

$A=\begin{pmatrix}9000 & 6000 \\ 8000 & 5000\end{pmatrix}$, $B=\begin{pmatrix}2 & 4 \\ 3 & 1\end{pmatrix}$라 할 때, 영희네 가족이 미술관을 관람하였을 때, 지불한 금액의 총액수는?

① AB의 $(1, 2)$ 성분
② AB의 $(2, 1)$ 성분
③ BA의 $(1, 2)$ 성분
④ BA의 $(2, 1)$ 성분
⑤ $A\dot B$의 $(2, 2)$ 성분

STEP A 구하고자 하는 것을 행렬의 곱으로 나타내기

$$AB=\begin{pmatrix}9000 & 6000 \\ 8000 & 5000\end{pmatrix}\begin{pmatrix}2 & 4 \\ 3 & 1\end{pmatrix}$$
$$=\begin{pmatrix}9000\times2+6000\times3 & 9000\times4+6000\times1 \\ 8000\times2+5000\times3 & 8000\times4+5000\times1\end{pmatrix}$$

····· 박물관
····· 미술관

영희　　　　　철수

STEP B 영희네 가족이 미술관을 관람하였을 때, 지불한 금액의 총액수를 나타내는 것 구하기

영희네 가족이 미술관을 관람하였을 때, 지불한 금액의 총액수는
$8000\times2+5000\times3$이므로 행렬 AB의 $(2, 1)$ 성분이다.

정답 ②

1865

정답 ④

STEP A 국어와 수학 점수의 총합을 행렬의 곱으로 나타내기

$$AC=\begin{pmatrix}70 & 72 \\ 73 & 66\end{pmatrix}\begin{pmatrix}32 \\ 33\end{pmatrix}$$
$$=\begin{pmatrix}70\times32+72\times33 \\ 73\times32+66\times33\end{pmatrix}$$

····· 국어
····· 수학

1반　　2반

STEP B 두 학급의 학생 전체의 수학 평균 점수를 나타내는 것 구하기

1반, 2반의 수학 점수의 총합은 행렬 AC의 $(2, 1)$ 성분이고
두 학급의 전체 학생 수는 $32+33=65$이므로
구하는 두 학급의 학생 전체의 수학 평균 점수는 행렬 $\frac{1}{65}AC$의 $(2, 1)$ 성분이다.

두 학급의 수학 점수의 총합
두 학급의 전체 학생 수

1866

2008년 04월 고3 학력평가 나형 29번　　정답 ④

해설강의

STEP A 각 세트에 구성된 과자와 사탕의 개수를 행렬로 나타내기

각 세트에 구성된 과자와 사탕의 개수를 행렬로 나타내면
$$\begin{pmatrix}5 & 1 \\ 2 & 4\end{pmatrix}$$

STEP B 필요한 금액을 행렬의 곱으로 나타내기

각 세트의 개수가 10, 15이므로 전체 과자와 사탕의 개수는
$$(10\ \ 15)\begin{pmatrix}5 & 1 \\ 2 & 4\end{pmatrix}=(10\times5+15\times2\ \ \ 10\times1+15\times4)$$

이때 한 봉 당 과자의 가격은 500원, 사탕의 가격은 800원이므로

필요한 금액을 세 행렬의 곱으로 나타내면 $(10\ \ 15)\begin{pmatrix}5 & 1 \\ 2 & 4\end{pmatrix}\begin{pmatrix}500 \\ 800\end{pmatrix}$

내/신/연/계/ 출제문항 854

[표1]은 어느 두 식품 A, B의 1개에 포함되어 있는 단백질과 지방의 양을 나타낸 것이고, [표2]는 단백질과 지방의 1g당 칼로리를 나타낸 것이다.

(단위 : g)

	단백질	지방
A	6	5
B	3	0.3

[표1]

(단위 : kcal)

	칼로리
단백질	4
지방	9

[표2]

식품 A는 5개, 식품 B는 3개 섭취할 때, 섭취한 식품의 총 칼로리 함량을 나타내는 행렬은?

① $(4\ \ 9)\begin{pmatrix}6 & 5 \\ 3 & 0.3\end{pmatrix}\begin{pmatrix}5 \\ 3\end{pmatrix}$
② $(4\ \ 9)\begin{pmatrix}6 & 5 \\ 3 & 0.3\end{pmatrix}\begin{pmatrix}3 \\ 5\end{pmatrix}$
③ $(9\ \ 4)\begin{pmatrix}6 & 5 \\ 3 & 0.3\end{pmatrix}\begin{pmatrix}5 \\ 3\end{pmatrix}$
④ $(5\ \ 3)\begin{pmatrix}6 & 5 \\ 3 & 0.3\end{pmatrix}\begin{pmatrix}4 \\ 9\end{pmatrix}$
⑤ $(5\ \ 3)\begin{pmatrix}6 & 5 \\ 3 & 0.3\end{pmatrix}\begin{pmatrix}9 \\ 4\end{pmatrix}$

STEP A [표1]과 [표2]를 각각 행렬로 나타내기

[표1]과 [표2]를 각각 행렬로 나타내면
$$\begin{pmatrix}6 & 5 \\ 3 & 0.3\end{pmatrix}, \begin{pmatrix}4 \\ 9\end{pmatrix}$$

STEP B 총 칼로리 함량을 행렬의 곱으로 나타내기

식품 A, B를 1개 섭취할 때, 칼로리 함량을 나타내는 행렬은
$$\begin{pmatrix}6 & 5 \\ 3 & 0.3\end{pmatrix}\begin{pmatrix}4 \\ 9\end{pmatrix}$$

따라서 식품 A는 5개, 식품 B는 3개 섭취할 때, 섭취한 식품의 총 칼로리 함량을 나타내는 행렬은 $(5\ \ 3)\begin{pmatrix}6 & 5 \\ 3 & 0.3\end{pmatrix}\begin{pmatrix}4 \\ 9\end{pmatrix}$

정답 ④

1867

2005학년도 고3 수능기출 나형 8번　　정답 ④

해설강의

STEP A 행렬 AB의 각 성분의 의미 파악하기

$$AB=\begin{pmatrix}a_{11} & a_{12} \\ a_{21} & a_{22}\end{pmatrix}\begin{pmatrix}b_{11} & b_{12} \\ b_{21} & b_{22}\end{pmatrix}$$
$$=\begin{pmatrix}a_{11}b_{11}+a_{12}b_{21} & a_{11}b_{12}+a_{12}b_{22} \\ a_{21}b_{11}+a_{22}b_{21} & a_{21}b_{12}+a_{22}b_{22}\end{pmatrix}$$

$a=a_{11}b_{11}+a_{12}b_{21}$ ➡ 지난해 상반기 판매된 ㉮와 ㉯의 제조원가 총액
$b=a_{11}b_{12}+a_{12}b_{22}$ ➡ 지난해 하반기 판매된 ㉮와 ㉯의 제조원가 총액
$c=a_{21}b_{11}+a_{22}b_{21}$ ➡ 지난해 상반기 판매된 ㉮와 ㉯의 판매 가격 총액
$d=a_{21}b_{12}+a_{22}b_{22}$ ➡ 지난해 하반기 판매된 ㉮와 ㉯의 판매 가격 총액

ㄱ. $a+b$는 지난해 상반기와 하반기에 판매된 ㉮와 ㉯의 제조원가 총액이다.
[거짓]

ㄴ. $c+d$는 지난해 상반기와 하반기,
즉 1년 동안에 판매된 ㉮와 ㉯의 판매 총액이다. [참]

ㄷ. $d-b$는 지난해 하반기에 판매된 ㉮와 ㉯의 판매 이익금 총액이다. [참]

+α | (판매 이익)$=$(판매 가격)$-$(제조원가)임을 이용하여 구할 수 있어!

㉮ 제품의 판매 이익금은 $a_{21}-a_{11}$, ㉯ 제품의 판매 이익금은 $a_{22}-a_{12}$이므로
지난해 하반기에 판매된 ㉮ 제품의 판매 이익금 총액은 $b_{12}(a_{21}-a_{11})$,
㉯ 제품의 판매 이익금 액은 $b_{22}(a_{22}-a_{12})$이다.
즉 $b_{12}(a_{21}-a_{11})+b_{22}(a_{22}-a_{12})=a_{21}b_{12}+a_{22}b_{22}-(a_{11}b_{12}+a_{12}b_{22})$
$\qquad\qquad\qquad\qquad\qquad\qquad =d-b$

따라서 옳은 것은 ㄴ, ㄷ이다.

내신연계 출제문항 855

다음은 지난해의 어느 전자회사에서 파는 TV와 세탁기의 제품 한 개당
제조원가와 판매 가격 및 그 해 판매량을 나타낸 표이다.

제품명 가격	TV	세탁기
제조원가	a	b
판매 가격	c	d

판매량 제품명	상반기	하반기
TV	p	q
세탁기	r	s

위의 표를 각각 행렬 $A=\begin{pmatrix} a & b \\ c & d \end{pmatrix}$와 $B=\begin{pmatrix} p & q \\ r & s \end{pmatrix}$로 나타내고 이 두 행렬의

곱 AB를 $AB=\begin{pmatrix} x & y \\ u & v \end{pmatrix}$라 하자.

제품 한 개당 판매 이익금을 판매 가격에서 제조원가를 뺀 값으로 정의할
때, 다음 [보기] 중 옳은 것을 모두 고른 것은?

ㄱ. $x+y$는 지난해 상반기와 하반기에 판매된 TV와 세탁기의
   제조원가 총액이다.
ㄴ. $u+v$는 지난해 상반기와 하반기에 판매된 TV와 세탁기의
   판매 총액이다.
ㄷ. $u-x$는 지난해 상반기와 하반기에 판매된 TV와 세탁기의
   판매 이익금 총액이다.

① ㄱ 　　　② ㄴ 　　　③ ㄱ, ㄴ
④ ㄴ, ㄷ 　　　⑤ ㄱ, ㄴ, ㄷ

STEP **A** 행렬 AB의 각 성분의 의미 파악하기

$AB=\begin{pmatrix} a & b \\ c & d \end{pmatrix}\begin{pmatrix} p & q \\ r & s \end{pmatrix}$

$\quad=\begin{pmatrix} ap+br & aq+bs \\ cp+dr & cq+ds \end{pmatrix}$

$\quad=\begin{pmatrix} x & y \\ u & v \end{pmatrix}$

$x=ap+br$ ➡ 지난해 상반기 판매된 TV와 세탁기의 제조원가 총액
$y=aq+bs$ ➡ 지난해 하반기 판매된 TV와 세탁기의 제조원가 총액
$u=cp+dr$ ➡ 지난해 상반기 판매된 TV와 세탁기의 판매 가격 총액
$v=cq+ds$ ➡ 지난해 하반기 판매된 TV와 세탁기의 판매 가격 총액

STEP **B** [보기]의 참, 거짓 판단하기

ㄱ. $x+y$는 지난해 상반기와 하반기에 판매된 TV와 세탁기의 제조원가의
   총액이다. [참]
ㄴ. $u+v$는 지난해 상반기와 하반기에 판매된 TV와 세탁기의 판매 총액이다.
   [참]
ㄷ. $u-x$는 지난해 상반기에 판매된 TV와 세탁기의 판매 이익금 총액이다.
   [거짓]
따라서 옳은 것은 ㄱ, ㄴ이다.

정답 ③

STEP 2 　　　서술형문제

1868
정답 해설참조

1단계 상수 a의 값을 구한다.　　3점

행렬 A의 $(1, 1)$ 성분은 6이므로 $a_{11}=6$
$a_{ij}=2i-j+a$에 $i=1$, $j=1$을 각각 대입하면
$a_{11}=2\times 1-1+a=0$, $a+1=6$
$\therefore a=5$

2단계 3×2행렬 A를 구한다.　　4점

$a_{ij}=2i-j+5$에 $i=1, 2, 3$, $j=1, 2$를 각각 대입하여 행렬 A를 구하면
다음과 같다.
$a_{12}=2\times 1-2+5=5$
$a_{21}=2\times 2-1+5=8$
$a_{32}=2\times 3-2+5=9$

$\therefore A=\begin{pmatrix} a_{11} & a_{12} \\ a_{21} & a_{22} \\ a_{31} & a_{32} \end{pmatrix}=\begin{pmatrix} 6 & 5 \\ 8 & 7 \\ 10 & 9 \end{pmatrix}$

3단계 실수 x, y, z에 대하여 $x+y+z$의 값을 구한다.　　3점

따라서 $x=5$, $y=8$, $z=9$이므로 $x+y+z=5+8+9=22$

1869
정답 해설참조

1단계 두 행렬 A^m, B^n을 구한다.　　3점

$A=\begin{pmatrix} 1 & 1 \\ 0 & 1 \end{pmatrix}$에 대하여

$A^2=AA=\begin{pmatrix} 1 & 1 \\ 0 & 1 \end{pmatrix}\begin{pmatrix} 1 & 1 \\ 0 & 1 \end{pmatrix}=\begin{pmatrix} 1 & 2 \\ 0 & 1 \end{pmatrix}$

$A^3=A^2A=\begin{pmatrix} 1 & 2 \\ 0 & 1 \end{pmatrix}\begin{pmatrix} 1 & 1 \\ 0 & 1 \end{pmatrix}=\begin{pmatrix} 1 & 3 \\ 0 & 1 \end{pmatrix}$
$\qquad\qquad\vdots$

즉 자연수 m에 대하여 $A^m=\begin{pmatrix} 1 & m \\ 0 & 1 \end{pmatrix}$로 추정할 수 있다. ⟵ $\begin{pmatrix} 1 & a \\ 0 & 1 \end{pmatrix}^n=\begin{pmatrix} 1 & an \\ 0 & 1 \end{pmatrix}$

또한, $B=\begin{pmatrix} 1 & 0 \\ 1 & 1 \end{pmatrix}$에 대하여

$B^2=BB=\begin{pmatrix} 1 & 0 \\ 1 & 1 \end{pmatrix}\begin{pmatrix} 1 & 0 \\ 1 & 1 \end{pmatrix}=\begin{pmatrix} 1 & 0 \\ 2 & 1 \end{pmatrix}$

$B^3=B^2B=\begin{pmatrix} 1 & 0 \\ 2 & 1 \end{pmatrix}\begin{pmatrix} 1 & 0 \\ 1 & 1 \end{pmatrix}=\begin{pmatrix} 1 & 0 \\ 3 & 1 \end{pmatrix}$
$\qquad\qquad\vdots$

즉 자연수 n에 대하여 $B^n=\begin{pmatrix} 1 & 0 \\ n & 1 \end{pmatrix}$로 추정할 수 있다. ⟵ $\begin{pmatrix} 1 & 0 \\ a & 1 \end{pmatrix}^n=\begin{pmatrix} 1 & 0 \\ an & 1 \end{pmatrix}$

2단계 행렬 A^mB^n을 구한다.　　2점

$A^mB^n=\begin{pmatrix} 1 & m \\ 0 & 1 \end{pmatrix}\begin{pmatrix} 1 & 0 \\ n & 1 \end{pmatrix}$

$\quad=\begin{pmatrix} 1+mn & m \\ n & 1 \end{pmatrix}$

3단계 A^mB^n의 모든 성분의 합이 100일 때, 자연수 m, n의 값을 각각 구한
후 $m-n$의 최댓값을 구한다.　　5점

A^mB^n의 모든 성분의 합은
$1+mn+m+n+1=mn+n+m+2$
$\qquad\qquad\qquad=n(m+1)+(m+1)+1$
$\qquad\qquad\qquad=(m+1)(n+1)+1$
이므로 $(m+1)(n+1)+1=100$
$(m+1)(n+1)=99$
이때 자연수 m, n에 대하여 $m+1$, $n+1$은 1보다 큰 99의 약수이므로
가능한 $m+1$, $n+1$의 값을 표로 나타내면 다음과 같다.

$m+1$	$n+1$	m	n	$m-n$
3	33	2	32	-30
9	11	8	10	-2
33	3	32	2	30
11	9	10	8	2

따라서 $m-n$은 $m=32$, $n=2$일 때, 최댓값 30을 갖는다.

1870

1단계 $A=\begin{pmatrix} a & b \\ c & d \end{pmatrix}$라 두고 $A\begin{pmatrix} 1 \\ 0 \end{pmatrix}=\begin{pmatrix} 1 \\ 2 \end{pmatrix}$임을 이용하여 a, c의 값을 구한다. **4점**

$A=\begin{pmatrix} a & b \\ c & d \end{pmatrix}$라 하면

$A\begin{pmatrix} 1 \\ 0 \end{pmatrix}=\begin{pmatrix} 1 \\ 2 \end{pmatrix}$에서 $\begin{pmatrix} a & b \\ c & d \end{pmatrix}\begin{pmatrix} 1 \\ 0 \end{pmatrix}=\begin{pmatrix} 1 \\ 2 \end{pmatrix}$, $\begin{pmatrix} a \\ c \end{pmatrix}=\begin{pmatrix} 1 \\ 2 \end{pmatrix}$

두 행렬이 서로 같을 조건에 의하여 $a=1$, $c=2$

2단계 $A\begin{pmatrix} 0 \\ 1 \end{pmatrix}=\begin{pmatrix} 3 \\ 4 \end{pmatrix}$임을 이용하여 b, d의 값을 구한다. **4점**

$A\begin{pmatrix} 0 \\ 1 \end{pmatrix}=\begin{pmatrix} 3 \\ 4 \end{pmatrix}$에서 $\begin{pmatrix} a & b \\ c & d \end{pmatrix}\begin{pmatrix} 0 \\ 1 \end{pmatrix}=\begin{pmatrix} 3 \\ 4 \end{pmatrix}$, $\begin{pmatrix} b \\ d \end{pmatrix}=\begin{pmatrix} 3 \\ 4 \end{pmatrix}$

두 행렬이 서로 같을 조건에 의하여 $b=3$, $d=4$

3단계 행렬 $A\begin{pmatrix} -2 \\ 3 \end{pmatrix}$의 모든 성분의 합을 구한다. **2점**

$A=\begin{pmatrix} 1 & 3 \\ 2 & 4 \end{pmatrix}$이므로 $A\begin{pmatrix} -2 \\ 3 \end{pmatrix}=\begin{pmatrix} 1 & 3 \\ 2 & 4 \end{pmatrix}\begin{pmatrix} -2 \\ 3 \end{pmatrix}=\begin{pmatrix} 7 \\ 8 \end{pmatrix}$

따라서 행렬 $A\begin{pmatrix} -2 \\ 3 \end{pmatrix}$의 모든 성분의 합은 $7+8=15$

내/신/연/계/ 출제문항 856

이차정사각행렬 A에 대하여 $A\begin{pmatrix} 1 \\ -1 \end{pmatrix}=\begin{pmatrix} -1 \\ -2 \end{pmatrix}$이고 $A\begin{pmatrix} 1 \\ 2 \end{pmatrix}=\begin{pmatrix} 5 \\ 7 \end{pmatrix}$일 때,

행렬 $A\begin{pmatrix} 2 \\ 1 \end{pmatrix}$의 모든 성분의 합을 구하는 과정을 다음 단계로 서술하시오.

[1단계] $A=\begin{pmatrix} a & b \\ c & d \end{pmatrix}$라 두고 $A\begin{pmatrix} 1 \\ -1 \end{pmatrix}=\begin{pmatrix} -1 \\ -2 \end{pmatrix}$, $A\begin{pmatrix} 1 \\ 2 \end{pmatrix}=\begin{pmatrix} 5 \\ 7 \end{pmatrix}$임을 이용하여
a, b, c, d 사이의 관계식을 구한다. [4점]

[2단계] [1단계]에서 구한 식을 연립하여 a, b, c, d의 값을 구한다. [4점]

[3단계] 행렬 $A\begin{pmatrix} 2 \\ 1 \end{pmatrix}$의 모든 성분의 합을 구한다. [2점]

1단계 $A=\begin{pmatrix} a & b \\ c & d \end{pmatrix}$라 두고 $A\begin{pmatrix} 1 \\ -1 \end{pmatrix}=\begin{pmatrix} -1 \\ -2 \end{pmatrix}$, $A\begin{pmatrix} 1 \\ 2 \end{pmatrix}=\begin{pmatrix} 5 \\ 7 \end{pmatrix}$임을 이용하여 a, b, c, d 사이의 관계식을 구한다. **4점**

$A=\begin{pmatrix} a & b \\ c & d \end{pmatrix}$라 하면

$A\begin{pmatrix} 1 \\ -1 \end{pmatrix}=\begin{pmatrix} -1 \\ -2 \end{pmatrix}$에서 $\begin{pmatrix} a & b \\ c & d \end{pmatrix}\begin{pmatrix} 1 \\ -1 \end{pmatrix}=\begin{pmatrix} -1 \\ -2 \end{pmatrix}$, $\begin{pmatrix} a-b \\ c-d \end{pmatrix}=\begin{pmatrix} -1 \\ -2 \end{pmatrix}$

두 행렬이 서로 같을 조건에 의하여
$a-b=-1$ ...... ㉠
$c-d=-2$ ...... ㉡

$A\begin{pmatrix} 1 \\ 2 \end{pmatrix}=\begin{pmatrix} 5 \\ 7 \end{pmatrix}$에서 $\begin{pmatrix} a & b \\ c & d \end{pmatrix}\begin{pmatrix} 1 \\ 2 \end{pmatrix}=\begin{pmatrix} 5 \\ 7 \end{pmatrix}$, $\begin{pmatrix} a+2b \\ c+2d \end{pmatrix}=\begin{pmatrix} 5 \\ 7 \end{pmatrix}$

두 행렬이 서로 같을 조건에 의하여
$a+2b=5$ ...... ㉢
$c+2d=7$ ...... ㉣

2단계 [1단계]에서 구한 식을 연립하여 a, b, c, d의 값을 구한다. **4점**

㉠$-$㉢을 하면 $-3b=-6$ $\therefore b=2$
$b=2$를 ㉠에 대입하면 $a-2=-1$ $\therefore a=1$

㉡$-$㉣을 하면 $-3d=-9$ $\therefore d=3$
$b=3$을 ㉡에 대입하면 $c-3=-2$ $\therefore c=1$

3단계 행렬 $A\begin{pmatrix} 2 \\ 1 \end{pmatrix}$의 모든 성분의 합을 구한다. **2점**

$A=\begin{pmatrix} 1 & 2 \\ 1 & 3 \end{pmatrix}$이므로 $A\begin{pmatrix} 2 \\ 1 \end{pmatrix}=\begin{pmatrix} 1 & 2 \\ 1 & 3 \end{pmatrix}\begin{pmatrix} 2 \\ 1 \end{pmatrix}=\begin{pmatrix} 4 \\ 5 \end{pmatrix}$

따라서 행렬 $A\begin{pmatrix} 2 \\ 1 \end{pmatrix}$의 모든 성분의 합은 $4+5=9$

1871

1단계 이차방정식의 판별식을 이용하여 이차정사각행렬 A를 구한다. **4점**

이차정사각행렬 A의 (i, j) 성분이 a_{ij}이므로 $A=\begin{pmatrix} a_{11} & a_{12} \\ a_{21} & a_{22} \end{pmatrix}$

이때 이차방정식 $x^2+2ix+j=0$의 판별식을 D라 하면 $\dfrac{D}{4}=i^2-j$이므로

$\dfrac{D}{4}=i^2-j$에 $i=1, 2$, $j=1, 2$를 각각 대입한다.

(i) $i=1$, $j=1$일 때, $\dfrac{D}{4}=1^2-1=0$이므로 $a_{11}=0$
　이차방정식이 중근을 갖는다.

(ii) $i=1$, $j=2$일 때, $\dfrac{D}{4}=1^2-2=-1<0$이므로 $a_{12}=1$
　이차방정식이 허근을 갖는다.

(iii) $i=2$, $j=1$일 때, $\dfrac{D}{4}=2^2-1=3>0$이므로 $a_{21}=-1$
　이차방정식이 서로 다른 두 실근을 갖는다.

(iv) $i=2$, $j=2$일 때, $\dfrac{D}{4}=2^2-2=2>0$이므로 $a_{22}=-1$
　이차방정식이 서로 다른 두 실근을 갖는다.

(i)~(iv)에서 $A=\begin{pmatrix} 0 & 1 \\ -1 & -1 \end{pmatrix}$

2단계 $A^n=E$를 만족시키는 자연수 n의 최솟값을 구한다.
(단, E는 단위행렬이다.) **3점**

$A=\begin{pmatrix} 0 & 1 \\ -1 & -1 \end{pmatrix}$이므로

$A^2=AA=\begin{pmatrix} 0 & 1 \\ -1 & -1 \end{pmatrix}\begin{pmatrix} 0 & 1 \\ -1 & -1 \end{pmatrix}=\begin{pmatrix} -1 & -1 \\ 1 & 0 \end{pmatrix}$

$A^3=A^2A=\begin{pmatrix} -1 & -1 \\ 1 & 0 \end{pmatrix}\begin{pmatrix} 0 & 1 \\ -1 & -1 \end{pmatrix}=\begin{pmatrix} 1 & 0 \\ 0 & 1 \end{pmatrix}=E$

즉 $A^3=E$이므로 자연수 n의 최솟값은 3

+α 케일리-해밀턴 정리를 이용하여 $A^3=E$임을 구할 수 있어!

$A=\begin{pmatrix} 0 & 1 \\ -1 & -1 \end{pmatrix}$일 때, 케일리-해밀턴 정리에 의하여
$A^2-\{0+(-1)\}A+\{0\times(-1)-1\times(-1)\}E=O$
$A^2+A+E=O$ ...... ㉠
㉠의 양변에 $A-E$를 곱하면
$(A-E)(A^2+A+E)=(A-E)O$, $A^3-E=O$ ← $(a-b)(a^2+ab+b^2)=a^3-b^3$
$\therefore A^3=E$

3단계 $A^{50}\begin{pmatrix} a \\ b \end{pmatrix}=\begin{pmatrix} 1 \\ 2 \end{pmatrix}$를 만족하는 실수 a, b에 대하여 $a+b$의 값을 구한다. **3점**

$A^3=E$이므로 $A^{50}=(A^3)^{16}A^2=EA^2=A^2$ ← $50=3\times16+2$

즉 $A^{50}=A^2=\begin{pmatrix} -1 & -1 \\ 1 & 0 \end{pmatrix}$이므로

행렬 $A^{50}\begin{pmatrix} a \\ b \end{pmatrix}=\begin{pmatrix} 1 \\ 2 \end{pmatrix}$에서 $\begin{pmatrix} -1 & -1 \\ 1 & 0 \end{pmatrix}\begin{pmatrix} a \\ b \end{pmatrix}=\begin{pmatrix} 1 \\ 2 \end{pmatrix}$

$\begin{pmatrix} -a-b \\ a \end{pmatrix}=\begin{pmatrix} 1 \\ 2 \end{pmatrix}$

두 행렬이 서로 같을 조건에 의하여 $-a-b=1$, $a=2$
$a=2$를 $-a-b=1$에 대입하면 $b=-3$
따라서 $a+b=2+(-3)=-1$

이차방정식 $ax^2+bx+c=0$의 판별식을
$D=b^2-4ac$ 또는 $\dfrac{D}{4}=b'^2-ac\left(b'=\dfrac{b}{2}\right)$라 하면 다음이 성립한다.

① $D>0$이면 서로 다른 두 실근을 가진다.
② $D=0$이면 중근을 가진다.
③ $D<0$이면 서로 다른 두 허근을 가진다.

1872

정답 해설참조

| 1단계 | $D(A^2)=D(5A)$를 p에 대한 식으로 나타낸다. | 6점 |

$A=\begin{pmatrix}1&1\\0&p\end{pmatrix}$에서 $A^2=AA=\begin{pmatrix}1&1\\0&p\end{pmatrix}\begin{pmatrix}1&1\\0&p\end{pmatrix}=\begin{pmatrix}1&1+p\\0&p^2\end{pmatrix}$이므로

$D(A^2)=1\times p^2-(1+p)\times 0=p^2$

또한, $5A=\begin{pmatrix}5&5\\0&5p\end{pmatrix}$이므로 $D(5A)=5\times5p-5\times0=25p$

$D(A^2)=D(5A)$에서 $\underline{p^2=25p}$
p에 대한 이차방정식 $p^2-25p=0$의 근과 계수의 관계에 의하여
모든 상수 p의 합은 25

| 2단계 | $D(A^2)=D(5A)$를 만족시키는 상수 p의 값을 구한다. | 2점 |

$p^2=25p$에서 $p(p-25)=0$
$\therefore p=0$ 또는 $p=25$

| 3단계 | 모든 상수 p의 값의 합을 구한다. | 2점 |

따라서 모든 상수 p의 합은 $0+25=25$

1873

정답 해설참조

| 1단계 | 다음 빈칸에 알맞은 수를 써넣는다. 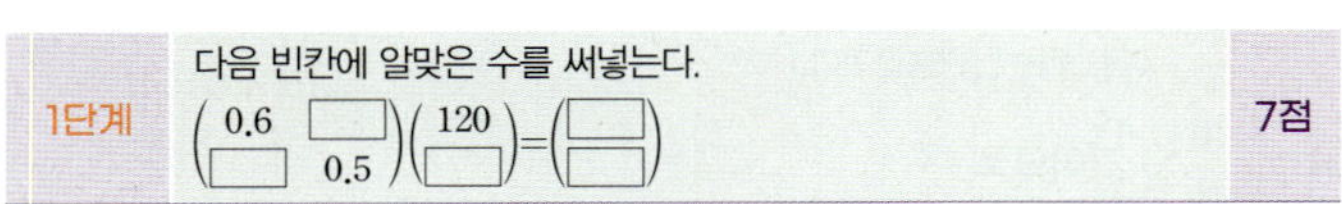 | 7점 |

남학생 120명의 60%, 여학생 150명의 40%가 A후보에게 투표하였으므로
A후보의 득표수는 $0.6\times120+0.4\times150=72+60=132$
또, 남학생 120명의 40%, 여학생 150명의 50%가 B후보에게 투표하였으므로
B후보의 득표수는 $0.4\times120+0.5\times150=48+75=123$

$\begin{pmatrix}0.6&0.4\\0.4&0.5\end{pmatrix}\begin{pmatrix}120\\150\end{pmatrix}=\begin{pmatrix}132\\123\end{pmatrix}$

| 2단계 | 당선자를 구한다. | 3점 |

A후보의 득표수는 132, B후보의 득표수는 123이므로 당선자는 A후보이다.

어느 고등학교에서 멘토링 프로그램 A와 B에 대하여 선호도 조사를 실시한 결과, 프로그램 A는 1학년 학생의 42%와 2학년 학생의 60%가 선호하였고, 프로그램 B는 1학년 학생의 58%와 2학년 학생의 40%가 선호하였다. 1학년 학생은 200명이고 2학년 학생은 230명일 때, 행렬을 이용하여 학생들이 더 선호하는 프로그램을 구하는 과정을 다음 단계로 서술하시오.

[1단계] 다음 빈칸에 알맞은 수를 써넣는다.
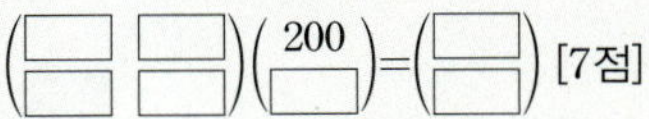 [7점]

[2단계] 학생들이 더 선호하는 프로그램을 구한다. [3점]

| 1단계 | 다음 빈칸에 알맞은 수를 써넣는다. 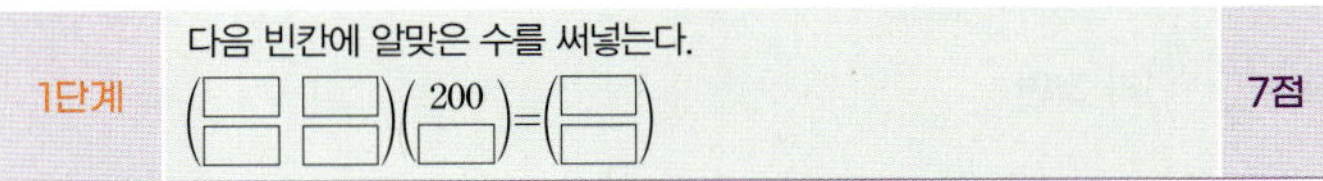 | 7점 |

1학년 학생 200명의 42%, 2학년 학생 230명의 60%가 프로그램 A에 투표하였으므로
프로그램 A의 득표수는 $0.42\times200+0.6\times230=84+138=222$
또, 1학년 학생 200명의 58%, 2학년 학생 230명의 40%가 프로그램 B에 투표하였으므로
프로그램 B의 득표수는 $0.58\times200+0.4\times230=116+92=208$

$\begin{pmatrix}0.42&0.6\\0.58&0.4\end{pmatrix}\begin{pmatrix}200\\230\end{pmatrix}=\begin{pmatrix}222\\208\end{pmatrix}$

| 2단계 | 학생들이 더 선호하는 프로그램을 구한다. | 3점 |

프로그램 A의 득표수는 222, 프로그램 B의 득표수는 208이므로
학생들이 더 선호하는 프로그램은 프로그램 A이다.

정답 해설참조

1874

정답 ②

STEP A   행렬 A^2, B^2 구하기

$$A^2=AA=\begin{pmatrix} a & b \\ c & d \end{pmatrix}\begin{pmatrix} a & b \\ c & d \end{pmatrix}$$
$$=\begin{pmatrix} a^2+bc & b(a+d) \\ c(a+d) & bc+d^2 \end{pmatrix}$$

이고

$$B^2=BB=\begin{pmatrix} a-1 & b \\ c & d-1 \end{pmatrix}\begin{pmatrix} a-1 & b \\ c & d-1 \end{pmatrix}$$
$$=\begin{pmatrix} (a-1)^2+bc & b(a+d-2) \\ c(a+d-2) & bc+(d-1)^2 \end{pmatrix}$$

STEP B $A^2=B^2$을 만족하는 행렬 A의 모든 성분의 합 구하기

두 행렬이 서로 같을 조건에 의하여

$$a^2+bc=(a-1)^2+bc \qquad \cdots\cdots \text{㉠}$$
$$b(a+d)=b(a+d-2) \qquad \cdots\cdots \text{㉡}$$
$$c(a+d)=c(a+d-2) \qquad \cdots\cdots \text{㉢}$$
$$bc+d^2=bc+(d-1)^2 \qquad \cdots\cdots \text{㉣}$$

이므로

㉠에서 $a^2+bc=a^2-2a+1+bc$, $-2a+1=0$ $\therefore a=\dfrac{1}{2}$

㉡에서 $b(a+d)=b(a+d)-2b$, $-2b=0$ $\therefore b=0$

㉢에서 $c(a+d)=c(a+d)-2c$, $-2c=0$ $\therefore c=0$

㉣에서 $bc+d^2=bc+d^2-2d+1$, $-2d+1=0$ $\therefore d=\dfrac{1}{2}$

즉 $a=\dfrac{1}{2}$, $b=0$, $c=0$, $d=\dfrac{1}{2}$이므로 $A=\begin{pmatrix} \dfrac{1}{2} & 0 \\ 0 & \dfrac{1}{2} \end{pmatrix}$

따라서 행렬 A의 모든 성분의 합은 $\dfrac{1}{2}+0+0+\dfrac{1}{2}=1$

---

mini 해설 | $B=A-E$임을 이용하여 풀이하기

$A=\begin{pmatrix} a & b \\ c & d \end{pmatrix}$, $B=\begin{pmatrix} a-1 & b \\ c & d-1 \end{pmatrix}$에서

$B=\begin{pmatrix} a & b \\ c & d \end{pmatrix}-\begin{pmatrix} 1 & 0 \\ 0 & 1 \end{pmatrix}=A-E$ (단, E는 단위행렬이다.)

이므로 $A^2=B^2$에서 $A^2=(A-E)^2=A^2-2AE+E^2$ $\leftarrow AE=EA=A$

$\therefore A^2=A^2-2A+E$

따라서 $A=\dfrac{1}{2}E=\dfrac{1}{2}\begin{pmatrix} 1 & 0 \\ 0 & 1 \end{pmatrix}$이므로 행렬 A의 모든 성분의 합은 1

1875

정답 3

STEP A   행렬의 곱셈을 이용하여 1×1행렬 구하기

$$(n-1 \quad 12-4n)\begin{pmatrix} n^2-4n+4 \\ n-1 \end{pmatrix}=(n-1)(n-2)^2-4(n-1)(n-3)$$
$$=(n-1)\{(n-2)^2-4(n-3)\}$$
$$=(n-1)(n^2-8n+16)$$

+α | $(1\times2$행렬$)\times(2\times1$행렬$)=(1\times1$행렬$)$

$(a, b)\begin{pmatrix} x \\ y \end{pmatrix}=(ax+by)=ax+by$

$(ax+by)$와 같이 1×1행렬은 괄호를 없애고 간단히 $ax+by$라 해도 된다.

STEP B $(n-1)(n^2-8n+16)$이 소수가 되는 자연수 n의 값 구하기

$(n-1)(n^2-8n+16)$이 소수가 되려면

약수가 1과 자기 자신뿐인 자연수로 2, 3, 5, 11 따위가 있다.

$n-1=1$이고 $n^2-8n+16$은 소수이거나

$n^2-8n+16=1$이고 $n-1$은 소수이어야 한다.

(ⅰ) $n-1=1$일 때, 즉 $n=2$이면

$\qquad n^2-8n+16=2^2-8\times2+16=4$이므로

$\qquad 1\times4=4$는 소수가 되지 않는다.

(ⅱ) $n^2-8n+16=1$일 때, 즉 $n^2-8n+15=0$, $(n-3)(n-5)=0$

$\qquad \therefore n=3$ 또는 $n=5$

$\qquad$이때 $n=3$이면 $n-1=3-1=2$이므로

$\qquad 2\times1=2$는 소수가 된다.

$\qquad n=5$이면 $n-1=5-1=4$이므로

$\qquad 4\times1=4$는 소수가 되지 않는다.

(ⅰ), (ⅱ)에서 성분이 소수가 되는 자연수 n의 값은 3

P O I N T | 소수와 합성수

모든 자연수는 1, 소수, 합성수 이렇게 세 가지로 분류된다.

(1) 소수 (Prime number, 素數)

    1과 자기 자신만으로 나누어 떨어지는 1보다 큰 양의 정수

    즉 소수는 양의 약수로 1과 자신만을 가진 자연수

    이를테면 2, 3, 5, 7, 11, 13, 17, 19, 23, 29, 31, …

(2) 합성수 (Composite number, 合成數)

    두 개 이상의 소수의 곱으로 이루어진 수

    즉 소수가 아닌 자연수

    이를테면 $4=2^2$, $6=2\times3$, $8=2\times4$, …

  주의 자연수 1은 소수도 아니고 합성수도 아니다.

1876

정답 8

STEP A $S(T^2)$, $S(4T)$의 값 구하기

$T=\begin{pmatrix} 2 & 0 \\ 1 & p \end{pmatrix}$

$T^2=TT=\begin{pmatrix} 2 & 0 \\ 1 & p \end{pmatrix}\begin{pmatrix} 2 & 0 \\ 1 & p \end{pmatrix}=\begin{pmatrix} 4 & 0 \\ p+2 & p^2 \end{pmatrix}$에서

$S(T^2)$은 세 점 $(0, 0)$, $(4, 0)$, $(p+2, p^2)$을

꼭짓점으로 하는 삼각형의 넓이이므로

$S(T^2)=\dfrac{1}{2}\times4\times p^2=2p^2$

또한, $4T=\begin{pmatrix} 8 & 0 \\ 4 & 4p \end{pmatrix}$에서

$S(4T)$는 세 점 $(0, 0)$, $(8, 0)$, $(4, 4p)$를

꼭짓점으로 하는 삼각형의 넓이이므로

$S(4T)=\dfrac{1}{2}\times8\times4p=16p$

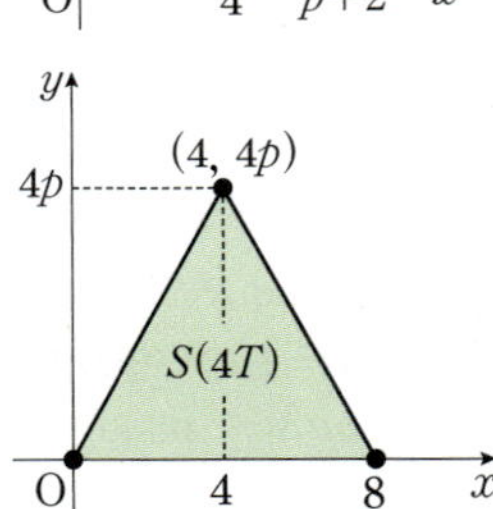

STEP B $S(T^2)=S(4T)$를 만족시키는 양수 p의 값 구하기

이때 $S(T^2)=S(4T)$에서 $2p^2=16p$이므로 $p(p-8)=0$

$\therefore p=0$ 또는 $p=8$

따라서 양의 실수 p의 값은 8

좌표평면에서 두 점 $A(a, b)$, $B(c, d)$에 대하여 이차정사각행렬 X를 $X=\begin{pmatrix} a & b \\ c & d \end{pmatrix}$라 하고, 삼각형 OAB의 넓이를 $S(X)$라 하자.

이차정사각행렬 $T=\begin{pmatrix} 4 & 0 \\ 2 & p \end{pmatrix}$에 대하여 등식 $S(T^2)=S(2T)+160$를 만족시키는 양의 실수 p의 값을 구하시오.

(단, O는 원점이고 세 점 O, A, B는 일직선 위에 있지 않다.)

STEP A $S(T^2)$, $S(2T)$**의 값 구하기**

$T=\begin{pmatrix} 4 & 0 \\ 2 & p \end{pmatrix}$

$T^2=TT=\begin{pmatrix} 4 & 0 \\ 2 & p \end{pmatrix}\begin{pmatrix} 4 & 0 \\ 2 & p \end{pmatrix}=\begin{pmatrix} 16 & 0 \\ 2p+8 & p^2 \end{pmatrix}$에서

$S(T^2)$은 세 점 $(0, 0)$, $(16, 0)$, $(2p+8, p^2)$을 꼭짓점으로 하는 삼각형의 넓이이므로

$S(T^2)=\dfrac{1}{2}\times 16\times p^2=8p^2$

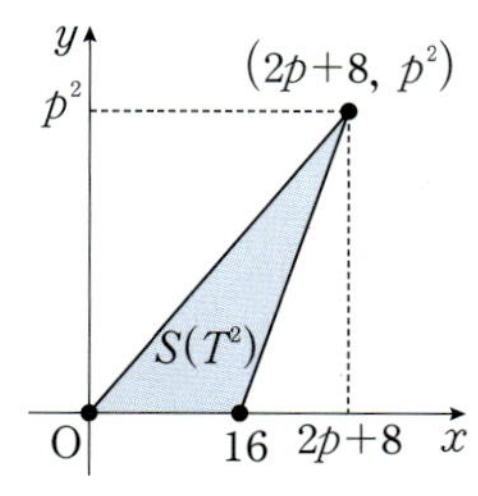

또한, $2T=\begin{pmatrix} 8 & 0 \\ 4 & 2p \end{pmatrix}$에서

$S(2T)$는 세 점 $(0, 0)$, $(8, 0)$, $(4, 2p)$를 꼭짓점으로 하는 삼각형의 넓이이므로

$S(2T)=\dfrac{1}{2}\times 8\times 2p=8p$

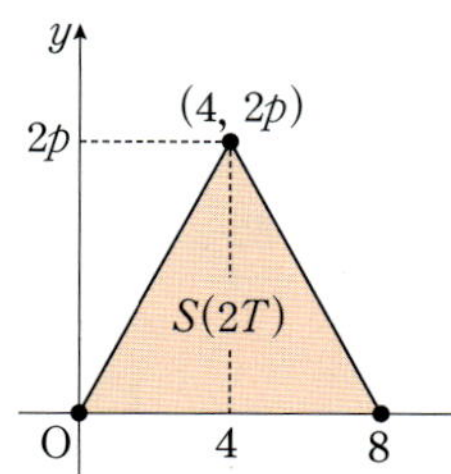

STEP B $S(T^2)=S(2T)+160$**을 만족시키는 양수** p**의 값 구하기**

이때 $S(T^2)=S(2T)+160$에서 $8p^2=8p+160$이므로

$p^2-p-20=0$, $(p+4)(p-5)=0$

$\therefore p=-4$ 또는 $p=5$

따라서 양의 실수 p의 값은 5

정답 5

1877

정답 ①

STEP A $A+A^2+A^3+A^4=O$, $B+B^2+B^3+B^4=O$**임을 유도하기**

$A+B=O$에서 $B=-A$

이것을 $AB=E$에 대입하면 $A(-A)=-A^2=E$

즉 $A^2=-E$이고 $A^4=(A^2)^2=(-E)^2=E$이므로

$\underline{A+A^2+A^3+A^4=A+(-E)-A+E=O}$
연속한 네 개의 행렬의 합은 영행렬이 된다.

또한, $A+B=O$에서 $A=-B$

이것을 $AB=E$에 대입하면 $(-B)B=-B^2=E$

즉 $B^2=-E$이고 $B^4=(B^2)^2=(-E)^2=E$이므로

$\underline{B+B^2+B^3+B^4=B+(-E)-B+E=O}$
연속한 네 개의 행렬의 합은 영행렬이 된다.

STEP B **주어진 행렬의 모든 성분의 합 구하기**

$(A+B)+(A^2+B^2)+(A^3+B^3)+\cdots+(A^{2026}+B^{2026})$

$=(A+A^2+A^3+\cdots+A^{2026})+(B+B^2+B^3+\cdots+B^{2026})$

$=(A^{2025}+A^{2026})+(B^{2025}+B^{2026})$

$=(A+A^2)+(B+B^2)$

$=(A-E)+(-A-E)$

$=-2E$

$=\begin{pmatrix} -2 & 0 \\ 0 & -2 \end{pmatrix}$

따라서 구하는 모든 성분의 합은 -4

+α | 행렬의 합을 간단히 나타내는 과정은 다음과 같아!

$2026=4\times 506+2$이므로

$A+A^2+A^3+\cdots+A^{2026}=506(A+A^2+A^3+A^4)+A^{2025}+A^{2026}$
$=506\times O+A+A^2=A+A^2$

$B+B^2+B^3+\cdots+B^{2026}=506(B+B^2+B^3+B^4)+B^{2025}+B^{2026}$
$=506\times O+B+B^2=B+B^2$

1878

정답 3

STEP A $a=-2$, $d=1$**일 때,** $A+A^2+\cdots+A^{10}$**의 모든 성분의 합 구하기**

$x^2+x-2=0$, 즉 $(x+2)(x-1)=0$의 두 근이 a, d이므로

$a=-2$, $d=1$ 또는 $a=1$, $d=-2$

$x^2-4x-3=0$의 두 근이 b, c이므로

이차방정식의 근과 계수의 관계에 의하여 $b+c=4$, $bc=-3$

(i) $a=-2$, $d=1$일 때,

$A=\begin{pmatrix} -2 & b \\ c & 1 \end{pmatrix}$

$A^2=AA=\begin{pmatrix} -2 & b \\ c & 1 \end{pmatrix}\begin{pmatrix} -2 & b \\ c & 1 \end{pmatrix}=\begin{pmatrix} 4+bc & -b \\ -c & bc+1 \end{pmatrix}=\begin{pmatrix} 1 & -b \\ -c & -2 \end{pmatrix}$

$A^3=A^2A=\begin{pmatrix} 1 & -b \\ -c & -2 \end{pmatrix}\begin{pmatrix} -2 & b \\ c & 1 \end{pmatrix}=\begin{pmatrix} -2-bc & 0 \\ 0 & -bc-2 \end{pmatrix}=\begin{pmatrix} 1 & 0 \\ 0 & 1 \end{pmatrix}=E$

이때 $A+A^2+A^3=\begin{pmatrix} -2 & b \\ c & 1 \end{pmatrix}+\begin{pmatrix} 1 & -b \\ -c & -2 \end{pmatrix}+\begin{pmatrix} 1 & 0 \\ 0 & 1 \end{pmatrix}=\begin{pmatrix} 0 & 0 \\ 0 & 0 \end{pmatrix}$이므로

$A+A^2+A^3=A^4+A^5+A^6=A^7+A^8+A^9=O$

$\therefore A+A^2+A^3+A^4+\cdots+A^{10}$
$=(A+A^2+A^3)+(A^4+A^5+A^6)+(A^7+A^8+A^9)+A^{10}=A^{10}=A$

즉 $A+A^2+\cdots+A^{10}$의 모든 성분의 합은 A의 모든 성분의 합과 같으므로

$-2+b+c+1=-2+4+1=3$

STEP B $a=1$, $d=-2$**일 때,** $A+A^2+\cdots+A^{10}$**의 모든 성분의 합 구하기**

(ii) $a=1$, $d=-2$일 때에도 같은 방법으로 하면

$A+A^2+\cdots+A^{10}$의 모든 성분의 합은 3

(i), (ii)에서 $A+A^2+\cdots+A^{10}$의 모든 성분의 합은 3

1879

정답 50

STEP A **조건 (가)를 만족하는 이차정사각행렬** P **구하기**

이차정사각행렬 P를 $P=\begin{pmatrix} a & b \\ c & d \end{pmatrix}$라 하면

$AP=\begin{pmatrix} 0 & 1 \\ 1 & 0 \end{pmatrix}\begin{pmatrix} a & b \\ c & d \end{pmatrix}=\begin{pmatrix} c & d \\ a & b \end{pmatrix}$

$PA=\begin{pmatrix} a & b \\ c & d \end{pmatrix}\begin{pmatrix} 0 & 1 \\ 1 & 0 \end{pmatrix}=\begin{pmatrix} b & a \\ d & c \end{pmatrix}$

조건 (가)에서 $AP=PA$이므로 $\begin{pmatrix} c & d \\ a & b \end{pmatrix}=\begin{pmatrix} b & a \\ d & c \end{pmatrix}$

두 행렬이 서로 같을 조건에 의하여 $c=b$, $d=a$

$\therefore P=\begin{pmatrix} a & b \\ b & a \end{pmatrix}$

STEP B **조건 (나)를 이용하여 행렬** P^2**의 모든 성분의 합 구하기**

$P^2=PP=\begin{pmatrix} a & b \\ b & a \end{pmatrix}\begin{pmatrix} a & b \\ b & a \end{pmatrix}=\begin{pmatrix} a^2+b^2 & 2ab \\ 2ab & a^2+b^2 \end{pmatrix}$

한편 조건 (나)에서 행렬 $P=\begin{pmatrix} a & b \\ b & a \end{pmatrix}$의 모든 성분의 합이 10이므로

$2(a+b)=10$ $\therefore a+b=5$

따라서 행렬 $P^2=\begin{pmatrix} a^2+b^2 & 2ab \\ 2ab & a^2+b^2 \end{pmatrix}$의 모든 성분의 합은

$2(a^2+b^2+2ab)=2(a+b)^2=2\times 5^2=50$

1880

STEP A $A^2+A^3=-2A-2E$를 **이용하여** A^4+A^5을 A와 E로 나타내기

$A^2+A^3=-2A-2E$이므로

$A^4+A^5=(A^2+A^3)A^2$ ← A^4+A^5을 A^2으로 묶는다.

$\quad\;\; A^2+A^3=-2A-2E$

$\qquad\;\; =(-2A-2E)A^2$

$\qquad\;\; =-2A^3-2A^2$

$\qquad\;\; =-2(A^3+A^2)$

$\qquad\;\; =-2(-2A-2E)$

$\qquad\;\; =4A+4E$

STEP B 행렬 A^4+A^5의 모든 성분의 합 구하기

$A=\begin{pmatrix} a & b \\ c & d \end{pmatrix}$라 하면

A의 모든 성분의 합이 0이므로 $a+b+c+d=0$

따라서 행렬 $4A+4E=4\begin{pmatrix} a & b \\ c & d \end{pmatrix}+4\begin{pmatrix} 1 & 0 \\ 0 & 1 \end{pmatrix}$의 모든 성분의 합은

    A의 모든 성분의 합이 0이므로 $4A$의 성분의 합도 0이다.

$4(a+b+c+d)+4(1+0+0+1)=4\times0+4\times2=8$

> **mini해설** | 양변에 A^2을 곱하여 풀이하기
>
> $A^2+A^3=-2A-2E$의 양변에 A^2을 곱하면 $(A^2+A^3)A^2=(-2A-2E)A^2$
> $A^4+A^5=-2A^3-2A^2=-2(A^3+A^2)=-2(-2A-2E)=4(A+E)$
> 이때 행렬 A의 모든 성분의 합은 0이고 행렬 E의 모든 성분의 합은 2이므로
> 행렬 $A+E$의 모든 성분의 합은 2
> 따라서 A^4+A^5의 모든 성분의 합은 $4\times2=8$

1881

STEP A 조건 (가)를 만족하는 이차정사각행렬 B 정하기

이차정사각행렬 B를 $B=\begin{pmatrix} x & z \\ y & w \end{pmatrix}$라 하면

조건 (가)에서 $\begin{pmatrix} x & z \\ y & w \end{pmatrix}\begin{pmatrix} 1 \\ -1 \end{pmatrix}=\begin{pmatrix} 0 \\ 0 \end{pmatrix}$이므로 $\begin{pmatrix} x-z \\ y-w \end{pmatrix}=\begin{pmatrix} 0 \\ 0 \end{pmatrix}$

두 행렬이 서로 같을 조건에 의하여 $x-z=0$, $y-w=0$이므로 $x=z$, $y=w$

$\therefore B=\begin{pmatrix} x & x \\ y & y \end{pmatrix}$ …… ㉠

STEP B 조건 (나)를 만족하는 이차정사각행렬 B의 성분의 관계식 구하기

㉠을 조건 (나)에 대입하면

$AB=3A$에서 $\begin{pmatrix} 1 & 1 \\ a & a \end{pmatrix}\begin{pmatrix} x & x \\ y & y \end{pmatrix}=3\begin{pmatrix} 1 & 1 \\ a & a \end{pmatrix}$

$\begin{pmatrix} x+y & x+y \\ ax+ay & ax+ay \end{pmatrix}=\begin{pmatrix} 3 & 3 \\ 3a & 3a \end{pmatrix}$

두 행렬이 서로 같을 조건에 의하여

$x+y=3$, $ax+ay=3a$ …… ㉡

$BA=6B$에서 $\begin{pmatrix} x & x \\ y & y \end{pmatrix}\begin{pmatrix} 1 & 1 \\ a & a \end{pmatrix}=6\begin{pmatrix} x & x \\ y & y \end{pmatrix}$

$\begin{pmatrix} x+ax & x+ax \\ y+ay & y+ay \end{pmatrix}=\begin{pmatrix} 6x & 6x \\ 6y & 6y \end{pmatrix}$

두 행렬이 서로 같을 조건에 의하여 $x+xa=6x$, $y+ya=6y$

즉 $1+a=6$ …… ㉢

    $AB=3A$에서 $B\neq O$이므로 $x\neq0$ 또는 $y\neq0$

㉡, ㉢에서 $x+y=3$, $1+a=6$

STEP C 행렬 $A+B$의 $(1, 2)$ 성분과 $(2, 1)$ 성분의 합 구하기

따라서 $A+B=\begin{pmatrix} 1+x & 1+x \\ a+y & a+y \end{pmatrix}$에서 $(1, 2)$ 성분과 $(2, 1)$ 성분의 합은

$1+x+a+y=(x+y)+(1+a)=3+6=9$

1882

STEP A 조건을 만족하는 두 행렬 A, B 파악하기

$a_{ij}+a_{ji}=0$에서 $a_{ij}=-a_{ji}$이므로

$a_{11}=0$, $a_{21}=-a_{12}$, $a_{22}=0$ ← $a_{11}=-a_{11}$이므로 $2a_{11}=0$ $\therefore a_{11}=0$

$\therefore A=\begin{pmatrix} a_{11} & a_{12} \\ a_{21} & a_{22} \end{pmatrix}=\begin{pmatrix} 0 & a_{12} \\ -a_{12} & 0 \end{pmatrix}$

$b_{ij}-b_{ji}=0$에서 $b_{ij}=b_{ji}$이므로 $b_{12}=b_{21}$

$\therefore B=\begin{pmatrix} b_{11} & b_{12} \\ b_{21} & b_{22} \end{pmatrix}=\begin{pmatrix} b_{11} & b_{12} \\ b_{12} & b_{22} \end{pmatrix}$

STEP B $2A-B=\begin{pmatrix} 1 & 2 \\ -2 & 4 \end{pmatrix}$임을 이용하여 두 행렬 A, B 구하기

$2A-B=2\begin{pmatrix} 0 & a_{12} \\ -a_{12} & 0 \end{pmatrix}-\begin{pmatrix} b_{11} & b_{12} \\ b_{12} & b_{22} \end{pmatrix}$

$\qquad\quad =\begin{pmatrix} -b_{11} & 2a_{12}-b_{12} \\ -2a_{12}-b_{12} & -b_{22} \end{pmatrix}=\begin{pmatrix} 1 & 2 \\ -2 & 4 \end{pmatrix}$

이므로 $-b_{11}=1$에서 $b_{11}=-1$, $-b_{22}=4$에서 $b_{22}=-4$

$2a_{12}-b_{12}=2$ …… ㉠

$-2a_{12}-b_{12}=-2$ …… ㉡

㉠, ㉡을 연립하면 $a_{12}=1$, $b_{12}=0$ ← ㉠+㉡을 하면 $-2b_{12}=0$ $\therefore b_{12}=0$

    $b_{12}=0$을 ㉠에 대입하면 $2a_{12}=2$ $\therefore a_{12}=1$

$\therefore A=\begin{pmatrix} 0 & 1 \\ -1 & 0 \end{pmatrix}$, $B=\begin{pmatrix} -1 & 0 \\ 0 & -4 \end{pmatrix}$

STEP C 행렬 A^2-B의 $(2, 2)$ 성분 구하기

$A^2-B=\begin{pmatrix} 0 & 1 \\ -1 & 0 \end{pmatrix}\begin{pmatrix} 0 & 1 \\ -1 & 0 \end{pmatrix}-\begin{pmatrix} -1 & 0 \\ 0 & -4 \end{pmatrix}$

$\qquad\quad =\begin{pmatrix} -1 & 0 \\ 0 & -1 \end{pmatrix}-\begin{pmatrix} -1 & 0 \\ 0 & -4 \end{pmatrix}=\begin{pmatrix} 0 & 0 \\ 0 & 3 \end{pmatrix}$

따라서 행렬 A^2-B의 $(2, 2)$ 성분은 3

이차정사각행렬 A의 (i, j) 성분 a_{ij}를 $a_{ij}=(-2)^i-3j+5$로 정의할 때, $b_{ij}=a_{ji}$를 만족시키는 b_{ij}를 (i, j) 성분으로 하는 행렬 B에 대하여 행렬 AB의 모든 성분의 합을 구하시오.

STEP A 행렬 A의 성분 구하기

행렬 A는 2×2행렬이므로 $i=1, 2$, $j=1, 2$

$A=\begin{pmatrix} a_{11} & a_{12} \\ a_{21} & a_{22} \end{pmatrix}$

$a_{ij}=(-2)^i-3j+5$에 $i=1, 2$, $j=1, 2$를 각각 대입하면

$a_{11}=(-2)-3+5=0$, $a_{12}=(-2)-3\times2+5=-3$

$a_{21}=(-2)^2-3\times1+5=6$, $a_{22}=(-2)^2-3\times2+5=3$

$\therefore A=\begin{pmatrix} 0 & -3 \\ 6 & 3 \end{pmatrix}$

STEP B 행렬 B의 성분 구하기

행렬 B는 2×2행렬, 즉 이차정사각행렬이므로

$B=\begin{pmatrix} b_{11} & b_{12} \\ b_{21} & b_{22} \end{pmatrix}$

$b_{ij}=a_{ji}$에 $i=1, 2$, $j=1, 2$를 각각 대입하면

$b_{11}=a_{11}=0$, $b_{12}=a_{21}=6$

$b_{21}=a_{12}=-3$, $b_{22}=a_{22}=3$

$\therefore B=\begin{pmatrix} 0 & 6 \\ -3 & 3 \end{pmatrix}$

STEP C 행렬 AB의 모든 성분의 합 구하기

따라서 $AB=\begin{pmatrix} 0 & -3 \\ 6 & 3 \end{pmatrix}\begin{pmatrix} 0 & 6 \\ -3 & 3 \end{pmatrix}=\begin{pmatrix} 9 & -9 \\ -9 & 45 \end{pmatrix}$이므로 행렬 AB의 모든 성분의

합은 $9+(-9)+(-9)+45=36$

1883 정답 102 

STEP A $A^n=E$가 되는 최소의 자연수 n의 값 구하기

$A=\begin{pmatrix} 0 & 1 \\ -1 & 1 \end{pmatrix}$에서

$A^2=AA=\begin{pmatrix} 0 & 1 \\ -1 & 1 \end{pmatrix}\begin{pmatrix} 0 & 1 \\ -1 & 1 \end{pmatrix}=\begin{pmatrix} -1 & 1 \\ -1 & 0 \end{pmatrix}$

$A^3=A^2A=\begin{pmatrix} -1 & 1 \\ -1 & 0 \end{pmatrix}\begin{pmatrix} 0 & 1 \\ -1 & 1 \end{pmatrix}=\begin{pmatrix} -1 & 0 \\ 0 & -1 \end{pmatrix}=-E$ (단, E는 단위행렬이다.)

즉 $A^6=(A^3)^2=(-E)^2=E$

+α | 케일리−해밀턴 정리를 이용하여 $A^6=E$임을 구할 수 있어!

> $A=\begin{pmatrix} 0 & 1 \\ -1 & 1 \end{pmatrix}$일 때, 케일리−해밀턴 정리에 의하여
>
> $A^2-(0+1)A+\{0\times 1-1\times(-1)\}E=O$
>
> $A^2-A+E=O$ ⋯⋯ ㉠
>
> ㉠의 양변에 $A+E$를 곱하면
>
> $(A+E)(A^2-A+E)=(A+E)O,\ A^3+E=O$ ← $(a+b)(a^2-ab+b^2)=a^3+b^3$
>
> ∴ $A^3=-E$
>
> ∴ $A^6=(A^3)^2=(-E)^2=E$

STEP B $A^m=A^n$을 만족시키는 100 이하의 서로 다른 자연수 구하기

$A^6=E$이므로 다음의 등식이 성립한다.

$A=A^7=A^{13}=\cdots=A^{97}$ ← 행렬의 개수는 17

$A^2=A^8=A^{14}=\cdots=A^{98}$ ← 행렬의 개수는 17

$A^3=A^9=A^{15}=\cdots=A^{99}$ ← 행렬의 개수는 17

$A^4=A^{10}=A^{16}=\cdots=A^{100}$ ← 행렬의 개수는 17

$A^5=A^{11}=A^{17}=\cdots=A^{95}$ ← 행렬의 개수는 16

$A^6=A^{12}=A^{18}=\cdots=A^{96}$ ← 행렬의 개수는 16

즉 조건 (가)에서

$A^m=A^n$이 성립하려면 $|m-n|$의 값이 6의 배수가 되어야 한다.

조건 (나)에서 m, n은 100 이하의 서로 다른 자연수이므로

$|m-n|$의 최댓값 $p=96$, 최솟값 $q=6$

따라서 $p+q=96+6=102$

내신연계 출제문항 860

행렬 $A=\begin{pmatrix} 0 & 1 \\ -1 & 0 \end{pmatrix}$에 대하여 자연수 m, n은 다음 조건을 만족시킨다.

> (가) $A^m=A^n$
> (나) m, n은 50 이하의 서로 다른 자연수이다.

$|m-n|$의 최댓값을 p, 최솟값을 q라 할 때, $p+q$의 값을 구하시오.

STEP A $A^n=E$가 되는 최소의 자연수 n의 값 구하기

$A=\begin{pmatrix} 0 & 1 \\ -1 & 0 \end{pmatrix}$에서

$A^2=AA=\begin{pmatrix} 0 & 1 \\ -1 & 0 \end{pmatrix}\begin{pmatrix} 0 & 1 \\ -1 & 0 \end{pmatrix}=\begin{pmatrix} -1 & 0 \\ 0 & -1 \end{pmatrix}=-E$ (단, E는 단위행렬이다.)

$A^4=A^2A^2=(-E)(-E)=E$ (단, E는 단위행렬이다.)

+α | 케일리−해밀턴 정리를 이용하여 $A^4=E$임을 구할 수 있어!

> $A=\begin{pmatrix} 0 & 1 \\ -1 & 0 \end{pmatrix}$일 때, 케일리−해밀턴 정리에 의하여
>
> $A^2-(0+0)A+\{0\times 0-1\times(-1)\}E=O$
>
> $A^2+E=O$ ∴ $A^2=-E$
>
> ∴ $A^4=(A^2)^2=(-E)=E$

STEP B $A^m=A^n$을 만족시키는 50 이하의 서로 다른 자연수 구하기

$A^4=E$이므로 다음의 등식이 성립한다.

$A=A^5=A^9=\cdots=A^{49}$ ← 행렬의 개수는 13

$A^2=A^6=A^{10}=\cdots=A^{50}$ ← 행렬의 개수는 13

$A^3=A^7=A^{11}=\cdots=A^{47}$ ← 행렬의 개수는 12

$A^4=A^8=A^{12}=\cdots=A^{48}$ ← 행렬의 개수는 12

즉 조건 (가)에서

$A^m=A^n$이 성립하려면 $|m-n|$의 값이 4의 배수가 되어야 한다.

조건 (나)에서 m, n은 50 이하의 서로 다른 자연수이므로

$|m-n|$의 최댓값 $p=48$, 최솟값 $q=4$

따라서 $p+q=48+4=52$ 정답 52

1학기 중간고사 모의평가 01

01	④	02	⑤	03	③	04	④	05	①
06	⑤	07	②	08	③	09	②	10	④
11	④	12	③	13	①	14	③	15	④
16	④	17	④	18	④	19	④	20	③

주관식 및 서술형					
21	2	22	30	23	24
24	해설참조		25	해설참조	

01

정답 ④ 

STEP Ⓐ **다항식의 덧셈과 뺄셈을 이용하여 식을 간단히 하기**

$A=-x^3-x^2+5$, $B=x^2-2x$, $C=3x^3+4x$이므로

$$
\begin{aligned}
A+B-2(B-3C)&=A+B-2B+6C\\
&=A-B+6C\\
&=(-x^3-x^2+5)-(x^2-2x)+6(3x^3+4x)\\
&=(-x^3+18x^3)+(-x^2-x^2)+(2x+24x)+5\\
&=17x^3-2x^2+26x+5
\end{aligned}
$$

따라서 $A+B-2(B-3C)=17x^3-2x^2+26x+5$

02

정답 ⑤ 

STEP Ⓐ **복소수의 사칙연산을 이용하여 계산하기**

$$
\begin{aligned}
(\sqrt{2}-i)(2+\sqrt{-8})+\frac{18}{2\sqrt{2}-i}&=(\sqrt{2}-i)(2+2\sqrt{2}i)+\frac{18(2\sqrt{2}+i)}{(2\sqrt{2}-i)(2\sqrt{2}+i)}\\
&=4\sqrt{2}+2i+\frac{18(2\sqrt{2}+i)}{9}\\
&=4\sqrt{2}+2i+4\sqrt{2}+2i\\
&=8\sqrt{2}+4i
\end{aligned}
$$

즉 실수부분은 $8\sqrt{2}$이고 허수부분은 4

따라서 $a=8\sqrt{2}$, $b=4$이므로 $ab=32\sqrt{2}$

03

정답 ③ 

STEP Ⓐ **주어진 식에 $x=1$, $x=-1$을 대입하기**

$(x^2+x-3)^3=a_0+a_1x+\cdots+a_5x^5+a_6x^6$ $\cdots\cdots$ ㉠

$x=1$을 ㉠에 대입하면

$a_0+a_1+a_2+\cdots+a_6=-1$ $\cdots\cdots$ ㉡

$x=-1$을 ㉠에 대입하면

$a_0-a_1+a_2-\cdots+a_6=-27$ $\cdots\cdots$ ㉢

STEP Ⓑ **$a_0+a_2+a_4+a_6$의 값 구하기**

㉡+㉢을 하면 $2(a_0+a_2+a_4+a_6)=-28$

따라서 $a_0+a_2+a_4+a_6=-14$

04

정답 ④ 

STEP Ⓐ **나머지정리를 이용하여 $P(-5)$, $Q(-5)$의 값 구하기**

두 다항식 $P(x)$, $Q(x)$를 $x+5$로 나누었을 때의 나머지가 각각 2, 6이므로

나머지정리에 의하여 $P(-5)=2$, $Q(-5)=6$ $\cdots\cdots$ ㉠

STEP Ⓑ **다항식 $3P(x)+2Q(x)$를 $x+5$로 나누었을 때의 나머지 구하기**

즉 다항식 $3P(x)+2Q(x)$를 $x+5$로 나누었을 때의 나머지는

나머지정리에 의하여 $3P(-5)+2Q(-5)$

따라서 ㉠의 값을 대입하면 $3P(-5)+2Q(-5)=3\times2+2\times6=18$

05

정답 ①

STEP Ⓐ **$x^2-4x=X$라 치환하고 인수분해하기**

$(x^2-4x)^2-x^2+4x-12=(x^2-4x)^2-(x^2-4x)-12$에서

$x^2-4x=X$라 하면

$$
\begin{aligned}
(x^2-4x)^2-(x^2-4x)-12&=X^2-X-12\\
&=(X+3)(X-4)\\
&=(x^2-4x+3)(x^2-4x-4)\\
&=(x-1)(x-3)(x^2-4x-4)
\end{aligned}
$$

즉 $(x-1)(x-3)(x^2-4x-4)=(x+a)(x+b)(x^2-cx-c)$이므로

$a=-1$, $b=-3$, $c=4$ 또는 $a=-3$, $b=-1$, $c=4$

따라서 $a+b+c=0$

06

정답 ⑤ 

STEP Ⓐ **이차함수의 그래프와 직선의 교점의 x좌표가 이차방정식의 실근과 같음을 이용하여 값 구하기**

이차함수 $y=x^2-3x-1$의 그래프와 직선 $y=2x+1$의 교점의 x좌표는

방정식 $x^2-3x-1=2x+1$, $x^2-5x-2=0$의 실근과 같다.

이차방정식 $x^2-5x-2=0$의 두 근을 α, β라 하면

근과 계수의 관계에 의하여 두 근의 합 $\alpha+\beta=5$

따라서 구하는 두 교점의 x좌표의 합은 5

07

정답 ② 

STEP Ⓐ **겉넓이와 모서리의 길이의 합을 이용하여 식 구하기**

$\overline{AB}=a$, $\overline{BC}=b$, $\overline{DH}=c$라 할 때,

겉넓이는 $2(ab+bc+ca)=36$이므로 $ab+bc+ca=18$

모서리의 길이의 합은 $4(a+b+c)=32$이므로 $a+b+c=8$

STEP Ⓑ **곱셈 공식을 이용하여 대각선 $\overline{AG}$의 길이 구하기**

직육면체의 대각선 $\overline{AG}$의 길이에 대하여

$\overline{AG}^2=\overline{AB}^2+\overline{BC}^2+\overline{DH}^2=a^2+b^2+c^2$

$a^2+b^2+c^2=(a+b+c)^2-2(ab+bc+ca)=8^2-36=28$

따라서 $\overline{AG}=\sqrt{a^2+b^2+c^2}=\sqrt{28}=2\sqrt{7}$

08

STEP Ⓐ z^2이 음의 실수가 되도록 하는 실수 x의 값 구하기

$z=(1+i)x-(3+2i)=(x-3)+(x-2)i$

z^2이 음의 실수가 되려면 복소수 z는 순허수이어야 하므로

$x-3=0,\ x-2\neq0$

따라서 $x=3$

09

STEP Ⓐ 이차함수와 이차방정식의 관계 이해하기

이차함수 $y=3x^2-6x+a$의 그래프와 x축과의 교점의 x좌표가 -2, b이므로
-2, b는 이차방정식 $3x^2-6x+a=0$의 두 근이다.

STEP Ⓑ 이차방정식의 근과 계수의 관계를 이용하여 $a+b$의 값 구하기

이차방정식 $3x^2-6x+a=0$의 근과 계수의 관계에 의하여

두 근의 합 $-2+b=\dfrac{6}{3}=2$ $\therefore b=4$

두 근의 곱 $-2\times b=\dfrac{a}{3}$에서 $b=4$를 대입하면 $\dfrac{a}{3}=-8$ $\therefore a=-24$

따라서 $a=-24$, $b=4$이므로 $a+b=-20$

10

STEP Ⓐ $x^3+1=0$의 한 허근 ω에 대하여 근과 계수의 관계 구하기

방정식 $x^3+1=(x+1)(x^2-x+1)=0$이므로

허근 ω, $\overline{\omega}$는 $x^2-x+1=0$의 두 근이 된다.

두 근의 합 $\omega+\overline{\omega}=1$

두 근의 곱 $\omega\overline{\omega}=1$

STEP Ⓑ 주어진 식의 값 구하기

따라서 $\dfrac{\omega+\overline{\omega}}{\omega\overline{\omega}}+\dfrac{1}{1-\omega}+\dfrac{1}{1-\overline{\omega}}=\dfrac{\omega+\overline{\omega}}{\omega\overline{\omega}}+\dfrac{(1-\overline{\omega})+(1-\omega)}{(1-\omega)(1-\overline{\omega})}$

$\qquad\qquad=\dfrac{\omega+\overline{\omega}}{\omega\overline{\omega}}+\dfrac{2-(\omega+\overline{\omega})}{1-(\omega+\overline{\omega})+\omega\overline{\omega}}$

$\qquad\qquad=\dfrac{1}{1}+\dfrac{2-1}{1-1+1}=2$

11

STEP Ⓐ 근과 계수의 관계를 이용하여 두 근의 부호 구하기

이차방정식 $x^2+7x+9=0$에서 판별식을 D라고 할 때,
$D=49-4\times9>0$이므로 서로 다른 두 실근 α, β를 가진다.

이때 근과 계수의 관계에 의하여

두 근의 합 $\alpha+\beta=-7$ $\cdots\cdots\,\bigcirc$

두 근의 곱 $\alpha\beta=9$ $\cdots\cdots\,\bigcirc$

이때 두 근의 곱이 양수이고 두 근의 합이 음수이므로 $\alpha<0$, $\beta<0$

STEP Ⓑ 음수의 제곱근의 성질을 이용하여 계산하기

따라서 $(\sqrt{\alpha}-\sqrt{\beta})^2=(\sqrt{\alpha}-\sqrt{\beta})(\sqrt{\alpha}-\sqrt{\beta})$

$\qquad\qquad=\sqrt{\alpha}\times\sqrt{\alpha}-2\sqrt{\alpha}\times\sqrt{\beta}+\sqrt{\beta}\times\sqrt{\beta}$ ← $a<0,\ b<0$일 때, $\sqrt{a}\times\sqrt{b}=-\sqrt{ab}$

$\qquad\qquad=-\sqrt{\alpha^2}-\sqrt{\beta^2}+2\sqrt{\alpha\beta}$ ← 실수 a에 대하여 $\sqrt{a^2}=|a|$

$\qquad\qquad=-|\alpha|-|\beta|+2\sqrt{\alpha\beta}$

$\qquad\qquad=\alpha+\beta+2\sqrt{\alpha\beta}$

따라서 $\bigcirc$, $\bigcirc$의 값을 대입하면 $(\sqrt{\alpha}-\sqrt{\beta})^2=-7+2\sqrt{9}=-7+6=-1$

12

STEP Ⓐ 공통부분이 생기도록 상수의 합이 같은 두 일차식끼리 짝을 지어 각각 전개하기

$(x+1)(x+3)(x+5)(x+7)+k$

$=(x+1)(x+7)(x+3)(x+5)+k$ ← 상수항의 합이 같아지는 두 식을 묶어서 전개하도록 한다.

$=(x^2+8x+7)(x^2+8x+15)+k$

이때 $x^2+8x=X$로 놓으면

$(X+7)(X+15)+k=X^2+22X+105+k$

STEP Ⓑ 이차식이 완전제곱식이 되는 상수 k의 값 구하기

$X=x^2+8x$에서 X가 이차식이 된다.

즉 $X^2+22X+105+k$가 완전제곱식이 되려면 이차방정식
$X^2+22X+105+k=0$이 중근을 가지므로 판별식을 D라 하면
$D=0$이어야 한다.

따라서 $\dfrac{D}{4}=11^2-(105+k)=0$, $16-k=0$이므로 $k=16$

13

STEP Ⓐ 근과 계수의 관계를 이용하여 α, β 구하기

이차방정식 $x^2-(a-3)x+2a+4=0$의 두 근을 α, β라 하면
근과 계수의 관계에 의하여

두 근의 합 $\alpha+\beta=a-3$ $\cdots\cdots\,\bigcirc$

두 근의 곱 $\alpha\beta=2a+4$ $\cdots\cdots\,\bigcirc$

STEP Ⓑ 두 근이 정수임을 이용하여 실수 a의 값의 합 구하기

$\bigcirc$의 식에서 $a=\alpha+\beta+3$이고 $\bigcirc$의 식에 대입하면

$\alpha\beta=2(\alpha+\beta+3)+4$, $\alpha\beta-2\alpha-2\beta-10=0$

$(\alpha-2)(\beta-2)=14$

$2\times7=14$ 또는 $-2\times(-7)=14$ 또는 $1\times14=14$ 또는 $-1\times(-14)=14$

이때 α, β는 정수이므로

$\alpha-2=2$일 때 $\beta-2=7$이므로 $\alpha=4$, $\beta=9$

$\alpha-2=7$일 때 $\beta-2=2$이므로 $\alpha=9$, $\beta=4$

$\alpha-2=-2$일 때 $\beta-2=-7$이므로 $\alpha=0$, $\beta=-5$

$\alpha-2=-7$일 때 $\beta-2=-2$이므로 $\alpha=-5$, $\beta=0$

$\alpha-2=1$일 때 $\beta-2=14$이므로 $\alpha=3$, $\beta=16$

$\alpha-2=14$일 때 $\beta-2=1$이므로 $\alpha=16$, $\beta=3$

$\alpha-2=-1$일 때 $\beta-2=-14$이므로 $\alpha=1$, $\beta=-12$

$\alpha-2=-14$일 때 $\beta-2=-1$이므로 $\alpha=-12$, $\beta=1$

즉 $\alpha=4$, $\beta=9$ 또는 $\alpha=9$, $\beta=4$일 때 $a=4+9+3=16$,

$\alpha=0$, $\beta=-5$ 또는 $\alpha=-5$, $\beta=0$일 때 $a=0-5+3=-2$,

$\alpha=3$, $\beta=16$ 또는 $\alpha=16$, $\beta=3$일 때 $a=3+16+3=22$,

$\alpha=1$, $\beta=-12$ 또는 $\alpha=-12$, $\beta=1$일 때 $a=1-12+3=-8$

따라서 모든 실수 a의 값의 합은 $16+(-2)+22+(-8)=28$

14

정답 ③

STEP Ⓐ 조건 (가)를 이용하여 이차함수의 식 작성하기

이차항의 계수가 1이고 조건 (가)에서 대칭축이 $x=2$이므로
꼭짓점의 좌표를 $(2,\ k)$라 하면

이차함수 $f(x)=(x-2)^2+k$ (단, k는 실수) $\cdots\cdots\,\bigcirc$

STEP Ⓑ 조건 (나)를 이용하여 k의 값 구하기

조건 (나)에서 $f(x)=-1$이므로

$(x-2)^2+k=-1$에서 $x^2-4x+k+5=0$

이차방정식이 중근을 가지므로 판별식 D라 하면 $D=0$이어야 한다.

$\dfrac{D}{4}=4-(k+5)=0$, $-1-k=0$이므로 $k=-1$

STEP **C** $a+b$의 값 구하기

$k=-1$을 ㉠의 식에 대입하면 $f(x)=(x-2)^2-1=x^2-4x+3$

이때 $y=f(x)$가 x축과 만나는 점의 x좌표는

$x^2-4x+3=(x-1)(x-3)=0$에서 $x=1$ 또는 $x=3$

따라서 구하는 점의 좌표는 $(1,\,0)$, $(3,\,0)$이므로 $a+b=4$

15

정답 ④

STEP **A** 주어진 식을 이용하여 높이와 반지름의 길이 구하기

연립방정식
$\begin{cases} 2r-h=10 & \cdots\cdots ㉠ \\ 2r^2+h^2=76 & \cdots\cdots ㉡ \end{cases}$

㉠에서 $h=2r-10$을 ㉡에 대입하면

$2r^2+(2r-10)^2=76$, $6r^2-40r+24=0$

$(r-6)(3r-2)=0$ $\therefore r=6$ 또는 $r=\dfrac{2}{3}$

이때 $r=\dfrac{2}{3}$일 때, $h=\dfrac{4}{3}-10<0$이므로 조건을 만족시키지 않는다.

즉 $r=6$일 때, $h=2$

STEP **B** 주어진 용기의 부피 구하기

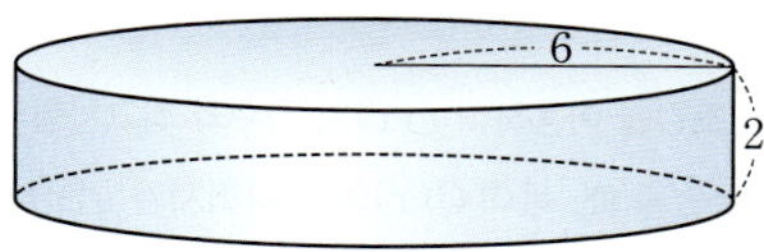

따라서 이 용기의 부피는 $\pi r^2 h=\pi \times 6^2 \times 2=72\pi$

원기둥의 밑면의 반지름의 길이가 r, 높이가 h이면 원기둥의 부피는 $\pi r^2 h$

16

정답 ④

STEP **A** 이차방정식이 중근을 가질 조건 구하기

이차함수 $y=x^2+2(a+k)x+k^2+6k+b$의 그래프가 k의 값에 관계없이 x축에 접하므로 이차방정식 $x^2+2(a+k)x+k^2+6k+b=0$은 k의 값에 관계없이 중근을 가져야 한다.

즉 이차방정식의 판별식을 D라 하면 $D=0$이어야 한다.

$\dfrac{D}{4}=(a+k)^2-(k^2+6k+b)=0$ $\cdots\cdots ㉠$

STEP **B** k에 대한 항등식의 성질을 이용하여 ab의 값 구하기

㉠이 실수 k의 값에 관계없이 성립하므로 항등식의 성질에 의하여

$(a+k)^2-(k^2+6k+b)=2ak+a^2-6k-b=(2a-6)k+a^2-b$

즉 $(2a-6)k+a^2-b=0$이므로 $2a-6=0$에서 $a=3$

$a^2-b=0$에서 $a=3$을 대입하면 $b=9$

따라서 $ab=3\times 9=27$

17

정답 ④

STEP **A** 조립제법을 이용하여 인수분해하기

$P(x)=x^3-3x^2+kx-3k$라고 하면

$P(3)=0$이므로 조립제법을 이용하여

인수분해하면 $P(x)=(x-3)(x^2+k)$

즉 주어진 방정식은 $(x-3)(x^2+k)=0$

$\therefore x-3=0$ 또는 $x^2+k=0$

3	1	-3	k	$-3k$
		3	0	$3k$
	1	0	k	0

STEP **B** 삼차방정식이 중근을 가질 조건 구하기

주어진 삼차방정식이 중근을 가지려면 $x=3$이 중근이거나 $x^2+k=0$이 중근을 가지면 된다.

(i) $x=3$이 중근일 때,

$x=3$이 $x^2+k=0$의 근이어야 하므로 $9+k=0$

$\therefore k=-9$

(ii) $x^2+k=0$이 중근을 가질 때,

이차방정식 $x^2+k=0$의 판별식이 $D=0$이어야 하므로 $D=-4k=0$

$\therefore k=0$

(i), (ii)에서 실수 k의 값의 합은 $-9+0=-9$

18

정답 ④

STEP **A** 일차식을 이차식에 대입하여 방정식 구하기

$\begin{cases} x-2y=3 & \cdots\cdots ㉠ \\ x^2+y^2=a & \cdots\cdots ㉡ \end{cases}$

㉠에서 $x=2y+3$

㉡에 대입하면 $(2y+3)^2+y^2=a$

$5y^2+12y+9-a=0$ $\cdots\cdots ㉢$

STEP **B** 이차방정식의 판별식을 이용하여 a의 값 구하기

주어진 연립방정식의 해가 오직 한 쌍을 가진다는 것은 x, y의 값을 하나만 가진다는 것이므로 ㉢의 이차방정식은 중근을 가져야 한다.

y에 대한 이차방정식 $5y^2+12y+9-a=0$의 판별식을 D라 하면 $D=0$이어야 한다.

$\dfrac{D}{4}=6^2-5(9-a)=0$

따라서 $-9+5a=0$이므로 $a=\dfrac{9}{5}$

19

정답 ④

STEP **A** 이차방정식이 허근을 갖기 위한 a의 값의 범위 구하기

이차방정식 $x^2-2(a-2)x+a^2=0$이 허근을 가지므로 판별식을 D라 할 때, $D<0$이어야 한다.

즉 $\dfrac{D}{4}=(a-2)^2-a^2<0$, $-4a+4<0$ $\therefore a>1$

STEP **B** z^3이 실수가 되기 위한 조건 구하기

z가 이차방정식 $x^2-2(a-2)x+a^2=0$의 근이므로 대입하면

$z^2-2(a-2)z+a^2=0$

$z^2=2(a-2)z-a^2$ $\cdots\cdots ㉠$

㉠의 식에서 양변에 z를 곱하면

$z^3=2(a-2)z^2-a^2z$이고 ㉠의 식을 대입하면

$z^3=2(a-2)\{2(a-2)z-a^2\}-a^2z$

$\quad =4(a-2)^2z-2a^2(a-2)-a^2z$

$\quad =(3a^2-16a+16)z-2a^2(a-2)$

이때 $z=p+qi$ (단, p, q는 실수)라고 할 때,

$z^3=(3a^2-16a+16)(p+qi)-2a^2(a-2)$

즉 z^3이 실수가 되기 위해서는 허수부분 $(3a^2-16a+16)q=0$

STEP **C** 모든 a의 값의 합 구하기

허수부분 $(3a^2-16a+16)q=0$에서 z는 허근이므로 $q\neq 0$

즉 $3a^2-16a+16=0$, $(3a-4)(a-4)=0$이므로 $a=\dfrac{4}{3}$ 또는 $a=4$

따라서 모든 a의 값의 합은 $\dfrac{16}{3}$

20

STEP A **두 이차방정식에서 판별식과 근과 계수의 관계 이용하기**

이차방정식 $x^2-6x+a=0$의 서로 다른 두 근이 α_1, β_1이므로
근과 계수의 관계에 의하여
두 근의 합 $\alpha_1+\beta_1=6$ ...... ㉠
두 근의 곱 $\alpha_1\beta_1=a$ ...... ㉡
이차방정식 $x^2-4bx-2=0$의 서로 다른 두 근이 α_2, β_2이므로
근과 계수의 관계에 의하여
두 근의 합 $\alpha_2+\beta_2=4b$ ...... ㉢
두 근의 곱 $\alpha_2\beta_2=-2$ ...... ㉣
또한, 이차방정식 $x^2-4bx-2=0$에서 판별식을 D_1이라 하면
$\dfrac{D_1}{4}=4b^2+2>0$이므로 서로 다른 두 실근을 가진다.
즉 α_2, β_2는 서로 다른 두 실근이다.
이때 $\beta_1+\beta_2=2-i$이므로 이차방정식 $x^2-6x+a=0$은 서로 다른 두 허근을
가지고 α_1, β_1은 서로 켤레복소수이다.

STEP B $\beta_1+\beta_2=2-i$**임을 이용하여 $2ab$의 값 구하기**

$\alpha_1=p+qi$ (단, p, q는 실수)라고 하면
$\beta_1=p-qi$
이때 ㉠에서 $\alpha_1+\beta_1=(p+qi)+(p-qi)=2p=6$
$\therefore p=3$
또한, $\beta_1+\beta_2=2-i$이고 β_2가 실수이므로 β_1의 허수부분은 -1이 된다.
즉 $\beta_1=3-i$이고 $\alpha_1=3+i$
㉡의 식에 대입하면 $\alpha_1\beta_1=(3+i)(3-i)=10$
$\therefore a=10$
$\beta_1+\beta_2=(3-i)+\beta_2=2-i$이므로 $\beta_2=-1$
㉣의 식에 대입하면 $\alpha_2\beta_2=\alpha_2\times(-1)=-2$
$\therefore \alpha_2=2$
㉢의 식에 대입하면 $\alpha_2+\beta_2=2+(-1)=1$이므로 $4b=1$
$\therefore b=\dfrac{1}{4}$
따라서 $a=10$, $b=\dfrac{1}{4}$이므로 $2ab=2\times10\times\dfrac{1}{4}=5$

주관식 및 서술형

21

STEP A $x^2-xy-2y^2=0$**을 인수분해하여 x, y의 관계식 구하기**

$\begin{cases} x^2-xy-2y^2=0 & \cdots\cdots ㉠ \\ 2x^2+y^2=9 & \cdots\cdots ㉡ \end{cases}$

㉠의 좌변을 인수분해하면 $(x-2y)(x+y)=0$
$\therefore x=2y$ 또는 $x=-y$

STEP B **일차식을 이차식에 대입하여 xy의 최댓값 구하기**

(i) $x=2y$를 ㉡에 대입하면 $8y^2+y^2=9$, $y^2=1$, $y=\pm1$
    $y=1$일 때 $x=2$, $y=-1$일 때 $x=-2$
(ii) $x=-y$를 ㉡에 대입하면 $2y^2+y^2=9$, $y^2=3$, $y=\pm\sqrt{3}$
    $y=\sqrt{3}$일 때 $x=-\sqrt{3}$, $y=-\sqrt{3}$일 때 $x=\sqrt{3}$
(i), (ii)에서 구하는 연립방정식의 해는
$\begin{cases} x=2 \\ y=1 \end{cases}$ 또는 $\begin{cases} x=-2 \\ y=-1 \end{cases}$ 또는 $\begin{cases} x=-\sqrt{3} \\ y=\sqrt{3} \end{cases}$ 또는 $\begin{cases} x=\sqrt{3} \\ y=-\sqrt{3} \end{cases}$
따라서 xy의 최댓값은 2

22

STEP A **주어진 조건을 이용하여 $g(x)$의 차수와 최고차항의 계수 구하기**

$f(x)$를 $g(x)$로 나누었을 때, 몫이 $Q(x)$이고 나머지가 $g(x)-4x$이므로
$f(x)=g(x)Q(x)+g(x)-4x$ ...... ㉠
이때 $g(x)$의 최고차항이 이차 이상이면 나머지 $g(x)-4x$도 이차 이상이므로
나머지가 될 수 없다.
즉 $g(x)$는 일차다항식이고 최고차항의 계수가 4이어야 한다.
$g(x)=4x+k$ (단, k는 상수)라고 하면 ㉠의 식에서
$f(x)=(4x+k)Q(x)+k$ ...... ㉡

STEP B $f(x)$**의 식 구하기**

$Q(x)$를 $g(x)$로 나누었을 때 몫이 $x-2$이고 나머지가 1이므로
$Q(x)=g(x)(x-2)+1=(4x+k)(x-2)+1$이고 ㉡의 식에 대입하면
$f(x)=(4x+k)\{(4x+k)(x-2)+1\}+k$
이때 $f(2)=6$이므로 대입하면 $f(2)=(8+k)+k=6$
즉 $8+2k=6$이므로 $k=-1$
$\therefore f(x)=(4x-1)\{(4x-1)(x-2)+1\}-1$

STEP C $f(x)$**를 x^2-1로 나눌 때 나머지 구하기**

$f(x)=(4x-1)\{(4x-1)(x-2)+1\}-1$을 x^2-1로 나눌 때,
몫을 $Q_1(x)$, 나머지를 $R(x)$라 하면
$R(x)=ax+b$ (단, a, b는 상수)
$(4x-1)\{(4x-1)(x-2)+1\}-1=(x^2-1)Q_1(x)+ax+b$
$x=1$을 대입하면 $3\times(-2)-1=a+b$이므로
$a+b=-7$ ...... ㉢
$x=-1$을 대입하면 $-5\times16-1=-a+b$이므로
$-a+b=-81$ ...... ㉣
㉢, ㉣을 연립하면 $a=37$, $b=-44$이므로 $R(x)=37x-44$
따라서 $R(2)=37\times2-44=30$

23

STEP A **접선의 방정식을 $y=ax+b$라 하고 a, b의 관계식 구하기**

두 함수 $y=f(x)$, $y=g(x)$의 그래프에 동시에 접하는 접선을
$y=ax+b$라 하자.

(i) $y=f(x)$와 $y=ax+b$가 접하는 경우

$(x+1)^2+k=ax+b$,

이차방정식 $x^2+(2-a)x+1+k-b=0$이 중근을 가지므로
판별식을 D_1이라 하면 $D_1=0$이어야 한다.

$D_1=(2-a)^2-4(1+k-b)=0$, $a^2-4a-4k+4b=0$

$\therefore 4b=-a^2+4a+4k$ $\quad$ …… ㉠

(ii) $y=g(x)$와 $y=ax+b$가 접하는 경우

$-(x-4)^2=ax+b$,

이차방정식 $x^2+(a-8)x+16+b=0$이 중근을 가지므로
판별식을 D_2라 하면 $D_2=0$이어야 한다.

$D_2=(a-8)^2-4(16+b)=0$, $a^2-16a-4b=0$

$\therefore 4b=a^2-16a$ $\quad$ …… ㉡

STEP B **a, b의 관계식을 이용하여 k의 값의 범위 구하기**

㉠의 식을 ㉡에 대입하면 $-a^2+4a+4k=a^2-16a$, $2a^2-20a-4k=0$

$a^2-10a-2k=0$

이때 a는 접선의 기울기이고 동시에 접하는 접선의 개수가 2이므로
실수 a의 값은 서로 다른 2개가 존재해야 한다.

즉 a에 대한 이차방정식 $a^2-10a-2k=0$은 서로 다른 두 실근을 가지므로
판별식을 D라 할 때,

$\dfrac{D}{4}=25+2k>0$ $\quad\therefore k>-\dfrac{25}{2}$ …… ㉢

STEP C **두 접선의 기울기의 곱의 최댓값 구하기**

$a^2-10a-2k=0$에서 서로 다른 두 실근이 두 접선의 기울기이고
이차방정식의 근과 계수의 관계에 의하여 두 접선의 기울기의 곱은 $-2k$
따라서 ㉢에서 $-2k<25$이고 k는 정수이므로 기울기 곱의 최댓값은 24

24

| 1단계 | 실수 x의 값의 범위를 구한다. | 3점 |

조건 (가)에서

$\sqrt{x-7}\sqrt{4-x}=-\sqrt{(x-7)(4-x)}$ 가 성립하기 위해서

$x-7<0$, $4-x<0$ 또는 $x-7=0$ 또는 $4-x=0$

즉 $4<x<7$ 또는 $x=7$ 또는 $x=4$이므로

$4\leq x\leq 7$ $\qquad$ …… ㉠

조건 (나)에서

$\dfrac{\sqrt{x+2}}{\sqrt{x-6}}=-\sqrt{\dfrac{x+2}{x-6}}$ 가 성립하기 위해서

$x+2>0$, $x-6<0$ 또는 $x+2=0$, $x-6\neq 0$

즉 $-2<x<6$ 또는 $x=-2$, $x\neq 6$이므로

$-2\leq x<6$ $\qquad$ …… ㉡

㉠, ㉡의 공통범위를 구하면 x의 값의 범위는 $4\leq x<6$

| 2단계 | $|1-5x|+5\sqrt{(x-9)^2}$의 값을 구한다. | 1점 |

$|1-5x|+5\sqrt{(x-9)^2}=|1-5x|+5|x-9|$

따라서 $4\leq x<6$이므로 $|1-5x|+5|x-9|=-(1-5x)-5(x-9)=44$

25

| 1단계 | $x=2+i$를 삼차방정식에 대입하여 실수부분과 허수부분으로 정리한다. | 1점 |

$x=2+i$를 주어진 방정식에 대입하면

$(2+i)^3+a(2+i)^2+(2+i)+b$

$=8+12i-6-i+4a+4ai-a+2+i+b$

$=(4+3a+b)+(12+4a)i$

즉 $(4+3a+b)+(12+4a)i=0$

| 2단계 | 두 복소수가 서로 같은 조건을 이용하여 실수 a, b의 값을 구한다. | 1점 |

a, b가 실수이므로 $4+3a+b=0$, $12+4a=0$

$12+4a=0$에서 $a=-3$

$4+3a+b=0$에 대입하면 $4-9+b=0$에서 $b=5$

즉 $a=-3$, $b=5$

| 3단계 | 인수정리와 조립제법을 이용하여 나머지 두 근을 구한다. | 3점 |

주어진 방정식은 $x^3-3x^2+x+5=0$이므로

$f(x)=x^3-3x^2+x+5$로 놓으면

$f(-1)=-1-3-1+5=0$이므로

인수정리와 조립제법을 이용하여 좌변을 인수분해하면

$(x+1)(x^2-4x+5)=0$

$x=-1$ 또는 $x^2-4x+5=0$

$x=-1$ 또는 $x=2\pm i$

따라서 나머지 두 근은 -1, $2-i$

	1	-3	1	5
-1		-1	4	-5
	1	-4	5	0

1학기 중간고사 모의평가 **02**

01	④	02	⑤	03	③	04	④	05	③
06	②	07	①	08	②	09	①	10	③
11	⑤	12	①	13	④	14	①	15	③
16	⑤	17	⑤	18	②	19	①	20	②

주관식 및 서술형

21	6	22	45	23	4
24	해설참조		25	해설참조	

01
정답 ④

STEP A 분배법칙을 이용하여 x^4의 계수 구하기

$(x^3-5x^2+x+2)(x^2-3x+6)$의 전개식에서 x^4항은

사차항은 (삼차항)×(일차항)+(이차항)×(이차항)

$x^3\times(-3x)+(-5x^2)\times x^2=-3x^4-5x^4=-8x^4$

STEP B 분배법칙을 이용하여 x^2의 계수 구하기

$(x^3-5x^2+x+2)(x^2-3x+6)$의 전개식에서 x^2항은

$(-5x^2)\times 6+x\times(-3x)+2\times x^2=-30x^2-3x^2+2x^2$
$$=-31x^2$$

따라서 $a=-8$, $b=-31$이므로 $a-b=-8-(-31)=23$

02
정답 ⑤

STEP A $z=a+bi$로 놓고 주어진 식에 대입하기

$z=a+bi$ (a, b는 실수)라고 하면 $\bar{z}=a-bi$

$3iz+2\bar{z}$에 대입하여 정리하면

$3i(a+bi)+2(a-bi)=(2a-3b)+(3a-2b)i$ …… ㉠

STEP B 복소수가 서로 같을 조건을 이용하여 a, b의 값 구하기

㉠의 식에서 $(2a-3b)+(3a-2b)i=8+7i$

이때 두 복소수가 서로 같을 조건에 의하여

$2a-3b=8$, $3a-2b=7$

위의 두 식을 연립하여 풀면 $a=1$, $b=-2$

따라서 $z=1-2i$이므로 $z\bar{z}=(1-2i)(1+2i)=5$

03
정답 ③

STEP A 항등식의 성질을 이용하여 x^3+y^3의 값 구하기

등식 $(k+2)x+3ky-(4+5k)=0$을 k에 관하여 정리하면

$(x+3y-5)k+(2x-4)=0$

이 등식이 k의 값에 관계없이 성립하므로 k에 관한 항등식이다.

즉 $x+3y-5=0$, $2x-4=0$

두 식을 연립하여 풀면 $x=2$, $y=1$

따라서 $x^3+y^3=8+1=9$

04
정답 ④

STEP A 이차방정식의 근과 계수의 관계를 이용하여 α, β의 관계식 구하기

이차방정식 $x^2-x+3=0$의 두 근이 α, β이므로

근과 계수의 관계에 의하여 $\alpha+\beta=1$, $\alpha\beta=3$

STEP B 곱셈 공식을 이용하여 $\alpha^3+\beta^3-3\alpha\beta$의 값 구하기

$\alpha^3+\beta^3-3\alpha\beta=(\alpha+\beta)^3-3\alpha\beta(\alpha+\beta)-3\alpha\beta$
$$=1^3-3\times 3\times 1-3\times 3$$
$$=-17$$

따라서 $\alpha^3+\beta^3-3\alpha\beta=-17$

05
정답 ③

STEP A $a^3+1=(a+1)(a^2-a+1)$, $a^3-1=(a-1)(a^2+a+1)$임을 이용하여 인수분해하기

$49=x$로 놓으면

$\dfrac{49^6-1}{(49^2+1)^2-49^2}=\dfrac{x^6-1}{(x^2+1)^2-x^2}$
$$=\dfrac{(x^3)^2-1}{(x^2+1-x)(x^2+1+x)}$$
$$=\dfrac{(x^3+1)(x^3-1)}{(x^2+1-x)(x^2+1+x)}$$
$$=\dfrac{(x+1)(x^2-x+1)(x-1)(x^2+x+1)}{(x^2+x+1)(x^2-x+1)}$$
$$=(x+1)(x-1)$$
$$=50\times 48$$
$$=2400$$

따라서 $\dfrac{49^6-1}{(49^2+1)^2-49^2}=2400$

06
정답 ②

STEP A 나머지정리를 이용하여 a, b의 값 구하기

$f(x)=-x^3+ax^2+bx-3$이라 하자.

$x-1$로 나누었을 때 나머지가 2이므로 나머지정리에 의하여

$f(1)=-1+a+b-3=2$에서 $a+b=6$ …… ㉠

$x-3$으로 나누었을 때 나머지가 12이므로 나머지정리에 의하여

$f(3)=-27+9a+3b-3=12$에서 $3a+b=14$ …… ㉡

㉠, ㉡을 연립하면 $a=4$, $b=2$

즉 $f(x)=-x^3+4x^2+2x-3$

STEP B 다항식을 $x+2$로 나누었을 때의 나머지 구하기

따라서 $f(x)=-x^3+4x^2+2x-3$을 $x+2$로 나눈 나머지는 나머지정리에 의하여 $f(-2)=8+16-4-3=17$

07
정답 ①

STEP A $y=f(x)$의 이차항의 계우를 a라 하고 식 세우기

이차함수 $y=f(x)$의 x축과의 교점이 $x=\alpha$, $x=\beta$이므로

이차방정식 $f(x)=0$의 두 근이 α, β이고 $\alpha+\beta=-4$

이때 $f(x)$의 이차항의 계수를 a ($a\neq 0$인 실수)라고 하면

$f(x)=a(x-\alpha)(x-\beta)$

STEP B 이차방정식 $f(2x-3)=0$의 두 근의 합 구하기

$f(2x-3)=a(2x-3-\alpha)(2x-3-\beta)=0$이므로

$2x-3-\alpha=0$에서 $x=\dfrac{\alpha+3}{2}$

$2x-3-\beta=0$에서 $x=\dfrac{\beta+3}{2}$

즉 $f(2x-3)=0$의 두 근은 $x=\dfrac{\alpha+3}{2}$ 또는 $x=\dfrac{\beta+3}{2}$

따라서 두 근의 합은 $\dfrac{\alpha+3}{2}+\dfrac{\beta+3}{2}=\dfrac{\alpha+\beta+6}{2}=\dfrac{2}{2}=1$

> **mini 해설 | 치환을 이용하여 계산하기**
>
> 이차함수 $y=f(x)$에 대하여 x축의 교점이 $x=\alpha$, $x=\beta$이고 $\alpha+\beta=-4$이므로
> 이차방정식 $f(x)=0$의 두 근이 $x=\alpha$, $x=\beta$이고 두 근의 합 $\alpha+\beta=-4$
> 즉 $f(\alpha)=0$, $f(\beta)=0$
> 이때 $f(2x-3)=0$에서 $2x-3=t$라 하면 $f(t)=0$이 되는 t의 값은 $t=\alpha$, $t=\beta$
> $t=2x-3=\alpha$이므로 $x=\dfrac{\alpha+3}{2}$
> $t=2x-3=\beta$이므로 $x=\dfrac{\beta+3}{2}$
> 따라서 두 근의 합은 $\dfrac{\alpha+\beta+6}{2}=\dfrac{-4+6}{2}=1$

08  정답 ②

STEP A 다항식 $P(x)$를 $A=BQ+R$ 꼴로 나타내기

다항식 $P(x)$를 $6x-2$로 나누었을 때의 몫이 $Q_1(x)$, 나머지가 R_1이므로

$$\begin{aligned}P(x)&=(6x-2)Q_1(x)+R_1\\&=6\left(x-\dfrac{1}{3}\right)Q_1(x)+R_1\\&=\left(x-\dfrac{1}{3}\right)\times 6Q_1(x)+R_1\end{aligned}$$

즉 $P(x)$를 $x-\dfrac{1}{3}$로 나누었을 때의 몫은 $6Q_1(x)$, 나머지는 R_1

$\therefore Q_2(x)=6Q_1(x)$, $R_2=R_1$

STEP B $\dfrac{Q_2(x)}{Q_1(x)}+\dfrac{R_2}{R_1}$의 값 구하기

따라서 $\dfrac{Q_2(x)}{Q_1(x)}+\dfrac{R_2}{R_1}=\dfrac{6Q_1(x)}{Q_1(x)}+\dfrac{R_1}{R_1}=6+1=7$

09  정답 ①

STEP A 이차방정식의 근과 계수의 관계를 이용하여 이차함수 $f(x)$의 식 세우기

이차방정식 $f(x)=0$의 두 근의 합이 4이고
이차함수 $f(x)$의 최고차항의 계수가 1이므로
$f(x)=(x-\alpha)(x-\beta)=x^2-(\alpha+\beta)x+\alpha\beta$
이차방정식의 근과 계수의 관계에 의하여
$f(x)=x^2-4x+k$ (k는 상수)

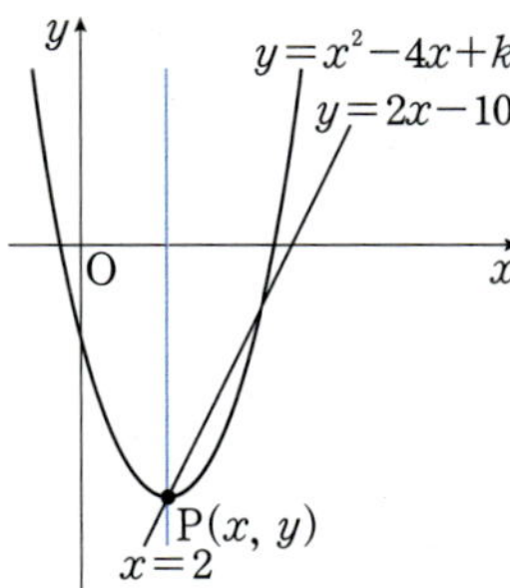

STEP B 이차함수 $y=f(x)$의 그래프의 꼭짓점의 좌표를 이용하여 $f(0)$의 값 구하기

$f(x)=x^2-4x+k=(x-2)^2+k-4$
이차함수 $y=f(x)$의 그래프의 꼭짓점의 좌표는 $(2,\ k-4)$
꼭짓점이 직선 $y=2x-10$ 위에 있으므로 ← $x=2$, $y=k-4$를 대입한다.

$k-4=2\times 2-10=-6$ $\therefore k=-2$
따라서 $f(x)=x^2-4x-2$이므로 $f(0)=-2$

10  정답 ③

STEP A $x-\dfrac{1}{x}$의 값 구하기

$x\ne 0$이므로 $x^2-2x-1=0$의 양변을 x로 나누면
$x^2-2x-1=0$에 $x=0$을 대입하면 $-1\ne 0$이므로 $x\ne 0$

$x-2-\dfrac{1}{x}=0$ $\therefore x-\dfrac{1}{x}=2$

STEP B 곱셈 공식의 변형을 이용하여 주어진 식의 값을 구하기

$x^2+\dfrac{1}{x^2}=\left(x-\dfrac{1}{x}\right)^2+2=2^2+2=6$

$x^3-\dfrac{1}{x^3}=\left(x-\dfrac{1}{x}\right)^3+3\left(x-\dfrac{1}{x}\right)=2^3+3\times 2=14$

따라서 $\dfrac{1+x^4}{x^2}+\dfrac{1-x^6}{x^3}=x^2+\dfrac{1}{x^2}-\left(x^3-\dfrac{1}{x^3}\right)=6-14=-8$

11  정답 ⑤

STEP A 주어진 식에 $x=1$, $x=-1$을 대입하기

$(x^2+x+1)^4=a_0+a_1x+a_2x^2+\cdots+a_8x^8$은 x에 대한 항등식이다.
조건 (가)에서 주어진 등식에 $x=1$을 대입하면
$(1+1+1)^4=a_0+a_1+a_2+\cdots+a_8$
$\therefore \alpha=a_0+a_1+a_2+a_3+\cdots+a_8=81$ ······ ㉠
조건 (나)에서 주어진 등식에 $x=-1$을 대입하면
$(1-1+1)^4=a_0-a_1+a_2-a_3+\cdots-a_7+a_8$
$\therefore \beta=a_0-a_1+a_2-a_3+\cdots-a_7+a_8=1$ ······ ㉡

STEP B $a_0+a_2+a_4+a_6+a_8$, $a_1+a_3+a_5+a_7$의 값 구하기

조건 (다)에서 ㉠+㉡을 하면 $2(a_0+a_2+a_4+a_6+a_8)=82$
$\therefore \gamma=a_0+a_2+a_4+a_6+a_8=41$
조건 (라)에서 ㉠-㉡을 하면 $2(a_1+a_3+a_5+a_7)=80$
$\therefore \delta=a_1+a_3+a_5+a_7=40$
따라서 $\alpha+\beta+\gamma+\delta=81+1+41+40=163$

12  정답 ①

STEP A 인수정리를 이용하여 a, b의 값 구하기

$x^4-2x^3+ax^2+bx+2$가 $(x-1)(x-2)f(x)$로 인수분해되므로
$x=1$을 대입하면 $1-2+a+b+2=0$에서 $a+b=-1$ ······ ㉠
$x=2$를 대입하면 $16-16+4a+2b+2=0$에서 $2a+b=-1$ ······ ㉡
㉠, ㉡을 연립하여 풀면 $a=0$, $b=-1$

STEP B 조립제법을 이용하여 인수분해하기

$x^4-2x^3-x+2=(x-1)(x-2)f(x)$이므로
다음과 같이 조립제법을 이용하여 인수분해하면

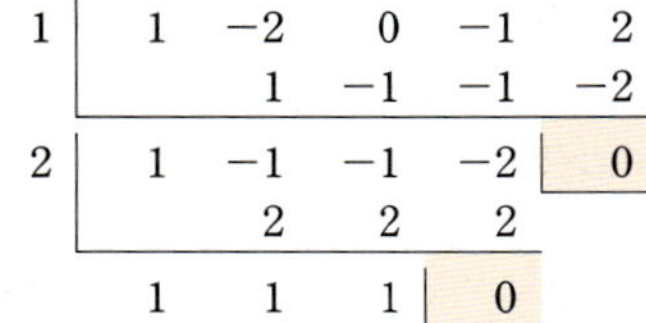

1	1	-2	0	-1	2
		1	-1	-1	-2
2	1	-1	-1	-2	0
		2	2	2	
	1	1	1	0	

$x^4-2x^3-x+2=(x-1)(x-2)(x^2+x+1)$

STEP C $f(1)$의 값 구하기

따라서 $f(x)=x^2+x+1$이므로 $f(1)=1+1+1=3$

13

STEP A 잘못 적용한 근의 공식에서 두 근의 합과 두 근의 곱 구하기

이차방정식 $ax^2+bx+c=0$의 근을 구하는데 근의 공식을

$x=\dfrac{-b\pm\sqrt{b^2-ac}}{a}$ 로 잘못 적용하여 얻은 두 근이 4, -2이므로

두 근의 합 $\dfrac{-b+\sqrt{b^2-ac}}{a}+\dfrac{-b-\sqrt{b^2-ac}}{a}=4+(-2)=2$

$\dfrac{-2b}{a}=2$ $\therefore b=-a$ ······ ㉠

두 근의 곱 $\dfrac{-b+\sqrt{b^2-ac}}{a}\times\dfrac{-b-\sqrt{b^2-ac}}{a}=4\times(-2)=-8$

$\dfrac{b^2-(b^2-ac)}{a^2}=\dfrac{c}{a}=-8$ $\therefore c=-8a$ ······ ㉡

STEP B 원래의 이차방정식의 두 근 α, β에 대하여 $\alpha^3+\beta^3$의 값 구하기

㉠, ㉡을 $ax^2+bx+c=0$에 대입하면 $ax^2-ax-8a=0$

$a\neq0$이므로 위의 식의 양변에 $\dfrac{1}{a}$을 곱하면 $x^2-x-8=0$

두 근이 α, β이므로 근과 계수의 관계에 의하여 $\alpha+\beta=1$, $\alpha\beta=-8$

따라서 $\alpha^3+\beta^3=(\alpha+\beta)^3-3\alpha\beta(\alpha+\beta)=1^3-3\times(-8)\times1=25$

14

STEP A 방정식 $x^3=1$의 허근 ω에 대한 성질을 정리하기

방정식 $x^3=1$에서 $x^3-1=(x-1)(x^2+x+1)=0$

즉 한 허근이 ω이므로 $\omega^3=1$, $\omega^2+\omega+1=0$

STEP B 식을 변형하여 주어진 식의 값 구하기

(i) $n=3k+1$ (k는 음이 아닌 정수)일 때,

$\omega^n=\omega^{3k+1}=(\omega^3)^k\times\omega=\omega$

$\omega^{2n}=(\omega^2)^{3k+1}=\omega^{6k}\times\omega^2=\omega^2$

$\therefore f(n)=\dfrac{\omega^n}{1+\omega^{2n}}=\dfrac{\omega}{1+\omega^2}=\dfrac{\omega}{-\omega}=-1$

(ii) $n=3k+2$ (k는 음이 아닌 정수)일 때,

$\omega^n=\omega^{3k+2}=(\omega^3)^k\times\omega^2=\omega^2$

$\omega^{2n}=(\omega^2)^{3k+2}=\omega^{6k}\times\omega^4=\omega$

$\therefore f(n)=\dfrac{\omega^n}{1+\omega^{2n}}=\dfrac{\omega^2}{1+\omega}=\dfrac{\omega^2}{-\omega^2}=-1$

(iii) $n=3k+3$ (k는 음이 아닌 정수)일 때,

$\omega^n=\omega^{3k+3}=(\omega^3)^{k+1}=1$

$\omega^{2n}=(\omega^2)^{3k+3}=\omega^{6k}\times\omega^6=1$

$\therefore f(n)=\dfrac{\omega^n}{1+\omega^{2n}}=\dfrac{1}{1+1}=\dfrac{1}{2}$

따라서 주어진 식의 값은

$f(1)+f(2)+f(3)+f(4)+\cdots+f(19)$

$=\{f(1)+f(2)+f(3)\}+\{f(4)+f(5)+f(6)\}+\cdots$

$\quad+\{f(16)+f(17)+f(18)\}+f(19)$

$=6\left\{(-1)+(-1)+\dfrac{1}{2}\right\}+(-1)$

$=-10$

15

STEP A $a^2+b^2=5$임을 이용하여 x축과의 교점의 개수 구하기

함수 $y=f(x)$, $y=g(x)$와 x축과의 교점의 개수는 0 이상의 정수이다.

즉 $a\geq0$, $b\geq0$

이때 $a^2+b^2=5$에서 $a=1$, $b=2$ 또는 $a=2$, $b=1$

STEP B 조건을 만족시키는 k의 값 구하기

(i) $a=1$, $b=2$인 경우

$a=1$일 때, $y=f(x)$의 그래프는 x축과 한 점에서 만나므로

방정식 $x^2-(k+2)x+k+5=0$은 중근을 가진다.

이차방정식의 판별식을 D_1이라 할 때, $D_1=0$이어야 한다.

$D_1=(k+2)^2-4(k+5)=0$, $k^2-16=0$

$(k-4)(k+4)=0$ $\therefore k=4$ 또는 $k=-4$ ······ ㉠

$b=2$일 때, $y=g(x)$의 그래프는 x축과 두 점에서 만나므로

방정식 $x^2+2(k+1)x+2k+10=0$은 서로 다른 두 실근을 가진다.

이차방정식의 판별식을 D_2라 할 때, $D_2>0$이어야 한다.

$\dfrac{D_2}{4}=(k+1)^2-(2k+10)>0$, $k^2-9>0$

$(k-3)(k+3)>0$ $\therefore k<-3$ 또는 $k>3$ ······ ㉡

㉠, ㉡을 동시에 만족시키는 k의 값은 $k=-4$, $k=4$

(ii) $a=2$, $b=1$인 경우

$a=2$일 때, $y=f(x)$의 그래프는 x축과 두 점에서 만나므로

방정식 $x^2-(k+2)x+k+5=0$은 서로 다른 두 실근을 가진다.

이차방정식의 판별식을 D_3이라 할 때, $D_3>0$이어야 한다.

$D_3=(k+2)^2-4(k+5)>0$, $k^2-16>0$

$(k-4)(k+4)>0$ $\therefore k<-4$ 또는 $k>4$ ······ ㉢

$b=1$일 때, $y=g(x)$의 그래프는 x축과 한 점에서 만나므로

방정식 $x^2+2(k+1)x+2k+10=0$은 중근을 가진다.

이차방정식의 판별식을 D_4라 할 때, $D_4=0$이어야 한다.

$\dfrac{D_4}{4}=(k+1)^2-(2k+10)=0$, $k^2-9=0$

$(k-3)(k+3)=0$ $\therefore k=3$ 또는 $k=-3$ ······ ㉣

㉢, ㉣을 동시에 만족시키는 k의 값은 존재하지 않는다.

(i), (ii)에서 k의 값은 $k=4$ 또는 $k=-4$이므로 모든 k의 값의 곱은 -16

16

STEP A 근과 계수의 관계를 이용하여 두 근의 부호 구하기

이차방정식 $x^2+6x+4=0$에서 판별식을 D라고 하면

$\dfrac{D}{4}=9-4>0$이므로 서로 다른 두 실근 α, β를 갖는다.

이때 이차방정식의 근과 계수의 관계에 의하여

두 근의 합 $\alpha+\beta=-6$, 두 근의 곱 $\alpha\beta=4$이므로 $\alpha<0$, $\beta<0$

STEP B 음의 제곱근의 성질을 이용하여 계산하기

$\dfrac{1}{\sqrt{\alpha}}+\dfrac{1}{\sqrt{\beta}}=\dfrac{\sqrt{\alpha}+\sqrt{\beta}}{\sqrt{\alpha}\times\sqrt{\beta}}$

이때 $\alpha<0$, $\beta<0$이므로 $\sqrt{\alpha}\times\sqrt{\beta}=-\sqrt{\alpha\beta}=-\sqrt{4}=-2$

$(\sqrt{\alpha}+\sqrt{\beta})^2=(\sqrt{\alpha}+\sqrt{\beta})(\sqrt{\alpha}+\sqrt{\beta})$

$\qquad=\sqrt{\alpha}\times\sqrt{\alpha}+2\sqrt{\alpha}\times\sqrt{\beta}+\sqrt{\beta}\times\sqrt{\beta}$  $a<0$, $b<0$일 때, $\sqrt{a}\times\sqrt{b}=-\sqrt{ab}$

$\qquad=-\sqrt{\alpha^2}-2\sqrt{\alpha\beta}-\sqrt{\beta^2}$ 실수 a에 대하여 $\sqrt{a^2}=|a|$

$\qquad=-|\alpha|-2\sqrt{\alpha\beta}-|\beta|$

$\qquad=\alpha-2\sqrt{\alpha\beta}+\beta=-6-4=-10$

즉 $\sqrt{\alpha}+\sqrt{\beta}=\sqrt{10}\,i$

따라서 $\dfrac{1}{\sqrt{\alpha}}+\dfrac{1}{\sqrt{\beta}}=\dfrac{\sqrt{\alpha}+\sqrt{\beta}}{\sqrt{\alpha}\times\sqrt{\beta}}=-\dfrac{\sqrt{10}\,i}{2}$

17

STEP A 조건 (가)에서 공통부분을 치환하여 인수분해하기

$f(x)g(x)=(x^2-4x+1)(x^2-4x+7)+8$에서 $x^2-4x=X$로 치환하면

$$(x^2-4x+1)(x^2-4x+7)+8=(X+1)(X+7)+8$$
$$=X^2+8X+15$$
$$=(X+3)(X+5)$$
$$=(x^2-4x+3)(x^2-4x+5)$$

즉 $f(x)g(x)=(x^2-4x+3)(x^2-4x+5)$

STEP B 조건 (나)를 이용하여 두 함수 $f(x)$, $g(x)$의 식 구하기

이차방정식 $x^2-4x+5=0$의 판별식을 D라고 하면

$\dfrac{D}{4}=4-5<0$이므로 실근이 존재하지 않는다.

$x^2-4x+3=(x-1)(x-3)=0$은 $x=1$ 또는 $x=3$으로 실근이 존재한다.

즉 조건 (나)에 의하여 $f(x)=x^2-4x+5$, $g(x)=x^2-4x+3$

따라서 $f(2)=4-8+5=1$, $g(4)=16-16+3=3$이므로

$f(2)+g(4)=1+3=4$

18

STEP A 허수 단위 i의 거듭제곱을 이용하여 규칙 파악하기

$z=\dfrac{1}{i}=-i$, $z^2=\dfrac{1}{i^2}=-1$, $z^3=\dfrac{1}{i^3}=i$, $z^4=\dfrac{1}{i^4}=1$,

$z^5=\dfrac{1}{i^5}=\dfrac{1}{i}=z$, $z^6=\dfrac{1}{i^6}=\dfrac{1}{i^2}=z^2$, $\cdots$

STEP B 조건을 만족하는 자연수 n의 개수 구하기

이때 $z^3+z=0$이고 $z^3=z^7=z^{11}=\cdots=z^{99}$이므로

주어진 등식을 성립하는 자연수 n은 $n=4k+3$ (k는 음이 아닌 정수)

n이 100 이하의 자연수이므로 $1 \le 4k+3 \le 100$

따라서 $1 \le 4k+3 \le 100$를 만족하는 k의 값은 0, 1, 2, $\cdots$, 24이므로

구하는 자연수 n의 개수는 25

19

STEP A 각 점의 좌표를 이용하여 선분 DE의 방정식 작성하기

한 변의 길이가 8이고 $\overline{OD}=4$, $\overline{CE}=6$이므로 각 점의 좌표를 나타내면 다음과 같다.

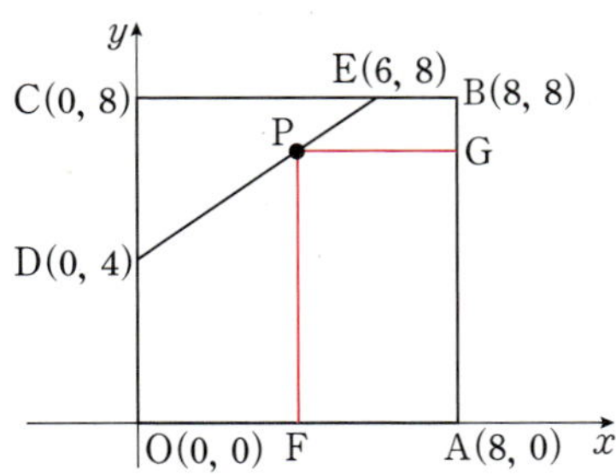

두 점 D(0, 4), E(6, 8)을 지나는 직선의 방정식은 $y=\dfrac{2}{3}x+4$

이때 선분 DE에서 x의 값의 범위는 $0 \le x \le 6$이므로

$y=\dfrac{2}{3}x+4\ (0 \le x \le 6)$

STEP B 점 P의 x좌표를 t라 두고 사각형 PFAG 넓이의 식 구하기

점 P의 x좌표를 t라고 하면 점 $P\left(t, \dfrac{2}{3}t+4\right)(0 \le t \le 6)$

이때 점 F의 좌표는 $(t, 0)$이고 $\overline{FA}=8-t$, $\overline{PF}=\dfrac{2}{3}t+4$

즉 사각형 PFAG의 넓이를 $S(t)$라고 하면

$S(t)=(8-t)\left(\dfrac{2}{3}t+4\right)=-\dfrac{2}{3}t^2+\dfrac{4}{3}t+32\ (0 \le t \le 6)$

STEP C 사각형 PFAG의 넓이의 최댓값 구하기

$S(t)=-\dfrac{2}{3}t^2+\dfrac{4}{3}t+32=-\dfrac{2}{3}(t-1)^2+\dfrac{98}{3}$

따라서 사각형 PEAG의 넓이는 $0 \le t \le 6$에서 $t=1$일 때,

최댓값 $\dfrac{98}{3}$을 갖는다.

20

STEP A 일차식을 이차식에 대입하여 x, y의 값 구하기

$$\begin{cases} 3x-y-1=0 & \cdots\cdots\ \bigcirc \\ x^2-3xy+y^2=5 & \cdots\cdots\ \bigcirc \end{cases}$$

$\bigcirc$에서 $y=3x-1$ $\cdots\cdots\ \bigcirc$

$\bigcirc$을 $\bigcirc$에 대입하면 $x^2-3x(3x-1)+(3x-1)^2=5$

$x^2-3x-4=0$, $(x+1)(x-4)=0$

$\therefore x=-1$ 또는 $x=4$

이를 각각 $\bigcirc$에 대입하면

$x=-1$일 때 $y=-4$, $x=4$일 때 $y=11$

STEP B $x+y$의 모든 값의 합 구하기

따라서 $x+y=-5$ 또는 $x+y=15$이므로 모든 $x+y$의 값의 합은 10

주관식 및 서술형

21

STEP A $(x-1)^2$이 x^3-3x+a의 인수임을 이용하여 a의 값 구하기

(직사각형 A의 가로의 길이)$\times (x-1)^2=x^3-3x+a$

양변에 $x=1$을 대입하면 $0=1-3+a$

$\therefore a=2$

STEP B 직사각형 A의 가로의 길이와 직사각형 B의 세로의 길이 구하기

x^3-3x+2는 $(x-1)^2$을 인수로 가지므로

조립제법을 이용하여 인수분해하면

```
1 | 1    0   -3    2
  |      1    1   -2
1 | 1    1   -2 |  0
  |      1    2
    1    2 |  0
```

$x^3-3x+2=(x+2)(x-1)^2$이므로

(직사각형 A의 가로의 길이)$=x+2$

직사각형 B의 넓이는 $x^2+6x+8=(x+2)(x+4)$

$\therefore$ (직사각형 B의 세로의 길이)$=x+4$

STEP C 직사각형 C의 넓이를 인수분해하고 가로의 길이를 구하여 $a+b+c$의 값 구하기

$2x^3+9x^2+6x+8$은 $x+4$를 인수로 가지므로

조립제법을 이용하여 인수분해하면

```
-4 | 2    9    6    8
   |     -8   -4   -8
     2    1    2 |  0
```

$2x^3+9x^2+6x+8=(x+4)(2x^2+x+2)$이므로

(직사각형 C의 가로의 길이)$=2x^2+x+2$

따라서 $b=2$, $c=2$이므로 $a+b+c=2+2+2=6$

22

STEP A 분모의 실수화를 이용하여 복소수 z의 식 간단히 나타내기

복소수 z에서 분모의 실수화를 하면
$$z=\frac{1-i}{(1+i)(1-i)}-\frac{1+i}{(1-i)(1+i)}=\frac{1-i}{2}-\frac{1+i}{2}=-\frac{2i}{2}=-i$$
즉 $z=-i$

STEP B n의 값에 자연수를 차례대로 대입하여 규칙성 구하기

$z=-i$이므로

$n=1$일 때, $f(1)=z=-i$

$n=2$일 때, $f(2)=z+z^2=(-i)+(-i)^2=-i-1$

$n=3$일 때, $f(3)=z+z^2+z^3=(-i)+(-i)^2+(-i)^3=-i-1+i=-1$

$n=4$일 때,
$$f(4)=z+z^2+z^3+z^4=(-i)+(-i)^2+(-i)^3+(-i)^4=-i-1+i+1=0$$
$$\vdots$$
즉

$n=4k+1$일 때 $f(n)=-i$, $n=4k+2$일 때 $f(n)=-i-1$

$n=4k+3$일 때 $f(n)=-1$, $n=4k+4$일 때 $f(n)=0$ (k는 0 이상의 정수)

STEP C $\{f(n)\}^2$이 음의 실수가 되기 위한 20 이하의 자연수 n의 값의 합 구하기

$\{f(n)\}^2$이 음의 실수이면 $f(n)$은 순허수이다.

이때 $n=4k+1$ (k는 0 이상의 정수)일 때, $f(n)=-i$로 순허수가 된다.

따라서 20 이하의 자연수는 1, 5, 9, 13, 17이므로 자연수의 합은 45

23

STEP A 주어진 조건을 이용하여 다항식 나눗셈의 관계식 구하기

다항식 $f(x)$를 $x-3$으로 나누었을 때 몫이 $Q(x)$, 나머지가 R_1이므로
$$f(x)=(x-3)Q(x)+R_1 \qquad \cdots\cdots \text{㉠}$$
몫 $Q(x)$를 $x-3$으로 나누었을 때 몫은 $Q_1(x)$라 하면 나머지가 $\dfrac{1}{R_1}$이므로
$$Q(x)=(x-3)Q_1(x)+\frac{1}{R_1} \qquad \cdots\cdots \text{㉡}$$
㉡의 식을 ㉠에 대입하면
$$f(x)=(x-3)\left\{(x-3)Q_1(x)+\frac{1}{R_1}\right\}+R_1$$이므로
$$f(x)=(x-3)^2 Q_1(x)+\frac{1}{R_1}(x-3)+R_1 \qquad \cdots\cdots \text{㉢}$$

STEP B $\{f(x-1)\}^2-R_1^2$의 식 구하기

㉢에서 $f(x-1)=(x-4)^2 Q_1(x-1)+\dfrac{1}{R_1}(x-4)+R_1$

$\{f(x-1)\}^2-R_1^2=\{f(x-1)-R_1\}\{f(x-1)+R_1\}$에 대입하면

$\{f(x-1)-R_1\}\{f(x-1)+R_1\}$

$=\left\{(x-4)^2 Q_1(x-1)+\dfrac{1}{R_1}(x-4)\right\}\left\{(x-4)^2 Q_1(x-1)+\dfrac{1}{R_1}(x-4)+2R_1\right\}$

$=(x-4)^4 Q_1^2(x-1)+\dfrac{1}{R_1}(x-4)^3 Q_1(x-1)+2R_1(x-4)^2 Q_1(x-1)$

$\quad+\dfrac{1}{R_1}(x-4)^3 Q_1(x-1)+\dfrac{1}{R_1^2}(x-4)^2+2(x-4) \qquad \cdots\cdots \text{㉣}$

STEP C $\{f(x-1)\}^2-R_1^2$을 $(x-4)^2$으로 나눈 나머지 구하기

㉣의 식을 $(x-4)^2$으로 나눈 나머지는 $2(x-4)$

따라서 $R(x)=2(x-4)$이므로 $R(6)=4$

24

1단계	$(a+b+c)(a-b+c)$에서 공통부분이 생기도록 묶어 곱셈 공식을 이용하여 전개한 식을 구한다.	1점

$(a+b+c)(a-b+c)=\{(a+c)+b\}\{(a+c)-b\}$이므로 $a+c=X$라 하면
$$\{(a+c)+b\}\{(a+c)-b\}=(X+b)(X-b)$$
$$=X^2-b^2$$
$$=(a+c)^2-b^2$$
$$=a^2+2ac+c^2-b^2$$

2단계	$(-a+b+c)(a+b-c)$에서 공통부분이 생기도록 묶어 곱셈 공식을 이용하여 전개한 식을 구한다.	1점

$(-a+b+c)(a+b-c)=\{b-(a-c)\}\{b+(a-c)\}$이므로 $a-c=Y$라 하면
$$\{b-(a-c)\}\{b+(a-c)\}=(b-Y)(b+Y)$$
$$=b^2-Y^2$$
$$=b^2-(a-c)^2$$
$$=b^2-a^2+2ac-c^2$$

3단계	a, b, c의 관계식으로부터 삼각형의 모양을 구한다.	2점

$a^2+2ac+c^2-b^2=b^2-a^2+2ac-c^2$이므로

$2a^2-2b^2+2c^2=0$

$\therefore a^2+c^2=b^2$

따라서 삼각형 ABC는 b를 빗변으로 하는 직각삼각형이다.

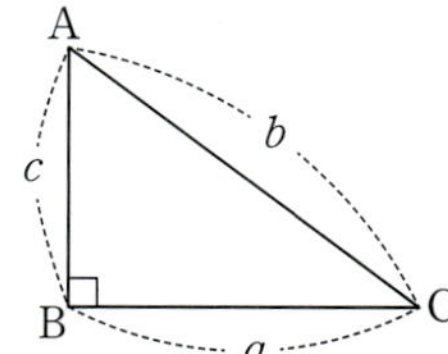

POINT | 삼각형의 꼴

삼각형 ABC의 세 변의 길이가 a, b, c일 때,
① $a=b=c$이면 ➡ 삼각형 ABC는 정삼각형
② $a=b$ 또는 $b=c$ 또는 $c=a$이면 ➡ 삼각형 ABC는 이등변삼각형
③ $a^2+b^2=c^2$ ➡ 삼각형 ABC는 빗변의 길이가 c인 직각삼각형

25

1단계	이차함수의 그래프와 직선의 두 교점의 x좌표를 근으로 갖는 이차방정식을 구한다.	2점

이차함수 $y=ax^2+bx+c$의 그래프와 직선 $y=m_1 x+n_1$의 두 교점의

x좌표는 이차방정식 $ax^2+bx+c=m_1 x+n_1$,

즉 $ax^2+(b-m_1)x+c-n_1=0$의 서로 다른 두 실근이다.

이차함수 $y=ax^2+bx+c$의 그래프와 직선 $y=m_2 x+n_2$의 두 교점의

x좌표는 이차방정식 $ax^2+bx+c=m_2 x+n_2$,

즉 $ax^2+(b-m_2)x+c-n_2=0$의 서로 다른 두 실근이다.

2단계	이차방정식의 근과 계수의 관계를 이용하여 $\alpha_1+\beta_1$, $\alpha_2+\beta_2$의 값을 구한다.	2점

이차방정식 $ax^2+(b-m_1)x+c-n_1=0$의 두 실근이 α_1, β_1이므로

근과 계수의 관계에 의하여 $\alpha_1+\beta_1=\dfrac{m_1-b}{a}$

이차방정식 $ax^2+(b-m_2)x+c-n_2=0$의 두 실근이 α_2, β_2이므로

근과 계수의 관계에 의하여 $\alpha_2+\beta_2=\dfrac{m_2-b}{a}$

3단계	$\alpha_1+\beta_1=\alpha_2+\beta_2$를 이용하여 두 직선이 어떤 관계에 있는지 구한다.	1점

$\alpha_1+\beta_1=\alpha_2+\beta_2$이므로 $\dfrac{m_1-b}{a}=\dfrac{m_2-b}{a}$

$\therefore m_1=m_2$

따라서 두 직선은 평행하다.

1학기 중간고사 모의평가 **03**

01	③	02	③	03	②	04	④	05	⑤
06	④	07	③	08	④	09	③	10	②
11	④	12	②	13	③	14	②	15	③
16	③	17	①	18	④	19	③	20	④

주관식 및 서술형

| 21 | 8 | 22 | 18 | 23 | 7 |
| 24 | 해설참조 | | 25 | 해설참조 | |

01

정답 ③

STEP A 계수비교법을 이용하여 $a-b$의 값 구하기

$$x^2+ax-7=x(x-4)+b$$
$$=x^2-4x+b$$

x에 대한 항등식이므로 양변의 동류항의 계수를 비교하면

$a=-4$, $b=-7$

따라서 $a-b=-4-(-7)=3$

mini 해설 | 항등식의 수치대입법을 이용하여 풀이하기

$x^2+ax-7=x(x-4)+b$가 x에 대한 항등식이므로
x에 어떤 값을 대입하여도 성립한다.
양변에 $x=0$을 대입하면 $-7=b$
양변에 $x=1$을 대입하면 $1+a-7=-3+b$에서 $a=-4$
따라서 $a-b=-4-(-7)=3$

02

정답 ③

STEP A 주어진 식을 이용하여 $a-c$의 값 구하기

$a-b=6$, $b-c=-2$를 변끼리 더하면 $a-c=4$

STEP B 곱셈 공식을 이용하여 주어진 식의 값 구하기

$$a^2+b^2+c^2-ab-bc-ca=\frac{1}{2}(2a^2+2b^2+2c^2-2ab-2bc-2ca)$$
$$=\frac{1}{2}\{(a-b)^2+(b-c)^2+(a-c)^2\}$$
$$=\frac{1}{2}\{6^2+(-2)^2+4^2\}$$
$$=28$$

따라서 $a^2+b^2+c^2-ab-bc-ca=28$

03

정답 ②

STEP A 식을 변형하여 복소수 계산하기

$z=1+\sqrt{3}\,i$에서 $z-1=\sqrt{3}\,i$의 양변을 제곱하면

$(z-1)^2=(\sqrt{3}\,i)^2$ ← $i^2=-1$

$z^2-2z+1=-3$, $z^2-2z+4=0$

따라서 $z^3-2z^2+3z+1=z(z^2-2z+4)-z+1$
$$=-z+1$$
$$=-(1+\sqrt{3}\,i)+1$$
$$=-\sqrt{3}\,i$$

04

정답 ④

STEP A 나머지정리를 이용하여 a, b의 값 구하기

$f(x)=x^3+ax^2+3x+b$라 하면
$x+1$로 나누어떨어지므로 인수정리에 의하여
$f(-1)=-1+a-3+b=0$ ∴ $a+b=4$ ……… ㉠
$x-2$로 나누면 나머지가 15이므로 나머지정리에 의하여
$f(2)=8+4a+6+b=15$ ∴ $4a+b=1$ ……… ㉡
㉠, ㉡을 연립하여 풀면 $a=-1$, $b=5$
따라서 $a^2+b^2=26$

05

정답 ⑤

STEP A 두 근의 비와 이차방정식의 근과 계수의 관계 이용하기

두 근의 비가 $1:2$이므로 방정식의 두 근을 α, $2\alpha(\alpha\neq0)$라 할 수 있다.
이차방정식 $x^2-(3k+6)x+16k=0$에서 근과 계수의 관계에 의하여
$\alpha+2\alpha=3k+6$이므로 $3\alpha=3k+6$에서 $\alpha=k+2$ ……… ㉠
$\alpha\times2\alpha=16k$이므로 $\alpha^2=8k$ ……… ㉡

STEP B 상수 k의 값 구하기

㉠의 식을 ㉡에 대입하면 $(k+2)^2=8k$
따라서 $k^2-4k+4=(k-2)^2=0$이므로 $k=2$

06

정답 ④

STEP A 점 $(-1, 2)$를 지나는 직선의 방정식 구하기

기울기를 a라 하고 점 $(-1, 2)$를 지나는 직선의 방정식은
$y=a(x+1)+2$ (단, a는 실수)

STEP B 이차함수의 식과 직선의 방정식을 연립하여 얻은 이차방정식이 중근을 가짐을 이용하여 두 직선의 기울기 구하기

직선 $y=a(x+1)+2$가 이차함수 $y=-x^2+3x+5$의 그래프에 접하므로
이차방정식 $a(x+1)+2=-x^2+3x+5$,
즉 $x^2+(a-3)x+(a-3)=0$이 중근을 가져야 한다.
이차방정식 $x^2+(a-3)x+(a-3)=0$의 판별식을 D라 하면
$D=0$이어야 한다.
$D=(a-3)^2-4(a-3)=0$, $a^2-10a+21=0$, $(a-3)(a-7)=0$
∴ $a=3$ 또는 $a=7$
따라서 두 직선의 기울기는 3, 7이므로 합은 $3+7=10$

+α | 이차방정식의 근과 계수의 관계를 이용하여 구할 수 있어!

$D=(a-3)^2-4(a-3)=a^2-10a+21$에서
이차방정식 $a^2-10a+21=0$의 두 실근을 α, β라 하면
α, β는 두 직선의 기울기이므로 이차방정식의 근과 계수의 관계에 의하여
$\alpha+\beta=10$

07

STEP A $X=2008$로 치환하여 인수분해하기

$X=2008$로 놓으면

$$\frac{2008^3-1}{2008\times2009+1}=\frac{X^3-1}{X(X+1)+1}$$
$$=\frac{(X-1)(X^2+X+1)}{X^2+X+1}$$
$$=X-1=2007$$

STEP B $Y=3221$로 치환하여 인수분해하기

$Y=3221$로 놓으면

$$\frac{3221^3+1}{3220\times3221+1}=\frac{Y^3+1}{(Y-1)Y+1}$$
$$=\frac{(Y+1)(Y^2-Y+1)}{Y^2-Y+1}$$
$$=Y+1=3222$$

STEP C 주어진 식의 값 구하기

따라서 $\dfrac{2008^3-1}{2008\times2009+1}+\dfrac{3221^3+1}{3220\times3221+1}=2007+3222=5229$

08

STEP A 공통근을 $x=\alpha$로 연립하여 m, α의 값 구하기

두 이차방정식의 공통근을 $x=\alpha$라 하고 대입하면

$$\alpha^2+(2m+1)\alpha+5=0 \qquad \cdots\cdots ㉠$$
$$2\alpha^2+m\alpha-15m=0 \qquad \cdots\cdots ㉡$$

$2\times㉠-㉡$을 하면

$(3m+2)\alpha+15m+10=(3m+2)\alpha+5(3m+2)=(3m+2)(\alpha+5)=0$

$\therefore m=-\dfrac{2}{3}$ 또는 $\alpha=-5$

STEP B 오직 하나의 공통근을 갖도록 하는 m, α의 값 구하기

(ⅰ) $m=-\dfrac{2}{3}$일 때,

$m=-\dfrac{2}{3}$를 두 이차방정식에 대입하면

$x^2-\dfrac{1}{3}x+5=0,\ 2x^2-\dfrac{2}{3}x+10=0$

이때 두 이차방정식은 일치하므로
오직 하나의 공통근을 갖는다는 조건을 만족시키지 않는다.

(ⅱ) $\alpha=-5$일 때,

공통근이 $\alpha=-5$이므로 ㉠의 식에 대입하면

$25-(2m+1)\times5+5=0$에서 $m=\dfrac{5}{2}$

(ⅰ), (ⅱ)에서 $\alpha=-5$, $m=\dfrac{5}{2}$이므로 합은 $-5+\dfrac{5}{2}=-\dfrac{5}{2}$

09

STEP A 직육면체의 겉넓이와 삼각형 BGD의 세 변의 길이의 제곱의 합 구하기

직육면체의 가로의 길이, 세로의 길이, 높이를 각각 x, y, z라 하면
직육면체의 겉넓이가 54이므로

$$2(xy+yz+zx)=54 \qquad \cdots\cdots ㉠$$

이때 $\overline{BD}^2+\overline{BG}^2+\overline{DG}^2=180$이므로

$(x^2+y^2)+(x^2+z^2)+(y^2+z^2)=180$

$2x^2+2y^2+2z^2=180$

$$x^2+y^2+z^2=90 \qquad \cdots\cdots ㉡$$

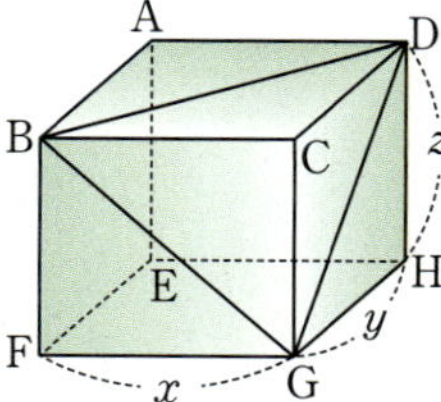

+α | 피타고라스 정리를 이용하여 구할 수 있어!

직각삼각형 BCD에서 피타고라스 정리에 의하여
$\overline{BD}^2=\overline{BC}^2+\overline{CD}^2=x^2+y^2$

직각삼각형 BFG에서 피타고라스 정리에 의하여
$\overline{BG}^2=\overline{BF}^2+\overline{FG}^2=z^2+x^2$

직각삼각형 GHD에서 피타고라스 정리에 의하여
$\overline{GD}^2=\overline{GH}^2+\overline{DH}^2=y^2+z^2$

STEP B 곱셈 공식을 이용하여 직육면체의 모든 모서리의 길이의 합 구하기

㉠, ㉡에서
$(x+y+z)^2=x^2+y^2+z^2+2(xy+yz+zx)$
$\qquad\qquad\quad=90+54$
$\qquad\qquad\quad=144$

이때 $x+y+z>0$이므로 $x+y+z=12$
따라서 직육면체의 모든 모서리의 길이의 합은 $4(x+y+z)=48$

10

STEP A 복소수가 서로 같을 조건을 이용하여 p, q의 관계식 구하기

등식 $(p+2qi)^2=-16i$에서 $p^2+4pqi-4q^2+16i=0$ ← ( )+( )i꼴로 정리

$\therefore (p^2-4q^2)+(4pq+16)i=0$

p, q가 실수이므로 p^2-4q^2, $4pq+16$도 실수이다.
복소수가 서로 같을 조건에 의하여

a, b, c, d가 실수일 때, $a+bi=c+di$이면 $a=c$, $b=d$

실수부분 $p^2-4q^2=0$에서 $(p-2q)(p+2q)=0$
$\therefore p=2q$ 또는 $p=-2q$
허수부분 $4pq+16=0$에서 $pq=-4$

STEP B p, q의 값 구하기

(ⅰ) $p=2q$일 때,

이를 $pq=-4$에 대입하면 $2q^2=-4$, $q^2=-2$ ← q가 실수이므로 $q^2\geq0$이어야 한다.
만족하는 실수 q의 값은 존재하지 않는다.

(ⅱ) $p=-2q$일 때,

이를 $pq=-4$에 대입하면 $-2q^2=-4$, $q^2=2$

$\therefore q=\sqrt{2}$ 또는 $q=-\sqrt{2}$

$p>0$이므로 $p=2\sqrt{2}$, $q=-\sqrt{2}$ ← $p=-2q$이므로 $q<0$이어야 한다.

STEP C 이차방정식의 근과 계수의 관계를 이용하여 a^2+b^2의 값 구하기

(ⅰ), (ⅱ)에 의하여 이차방정식 $x^2+ax+b=0$의 두 실근이 $2\sqrt{2}$, $-\sqrt{2}$이므로
이차방정식의 근과 계수의 관계에 의하여

이차방정식 $x^2+ax+b=0$의 두 근이 α, β이면 $\alpha+\beta=-a$, $\alpha\beta=b$

$2\sqrt{2}+(-\sqrt{2})=-a$에서 $a=-\sqrt{2}$

$2\sqrt{2}\times(-\sqrt{2})=b$에서 $b=-4$

따라서 $a^2+b^2=(-\sqrt{2})^2+(-4)^2=18$

+α | 이차방정식의 근을 대입하여 구할 수 있어!

이차방정식 $x^2+ax+b=0$의 두 근이 $2\sqrt{2}$, $-\sqrt{2}$이므로
$x=2\sqrt{2}$를 대입하면 $(2\sqrt{2})^2+2\sqrt{2}a+b=0$
$\therefore 2\sqrt{2}a+b=-8$ $\qquad \cdots\cdots ㉠$
$x=-\sqrt{2}$를 대입하면 $(-\sqrt{2})^2-\sqrt{2}a+b=0$
$\therefore -\sqrt{2}a+b=-2$ $\qquad \cdots\cdots ㉡$
㉠-㉡을 하면 $3\sqrt{2}a=-6$, $\sqrt{2}a=-2$이므로 $a=-\sqrt{2}$
$a=-\sqrt{2}$를 ㉡에 대입하면 $2+b=-2$이므로 $b=-4$
따라서 $a^2+b^2=(-\sqrt{2})^2+(-4)^2=18$

11

정답 ④

STEP Ⓐ 조건 (가)를 c에 대하여 내림차순으로 정리한 후 인수분해하여 삼각형의 모양 결정하기

조건 (가)에서 좌변을 c에 대하여 내림차순으로 정리한 후 인수분해하면

$a^3-a^2b+ac^2+ab^2-b^3-bc^2$
$=(a-b)c^2+a^2(a-b)+b^2(a-b)$
$=(a-b)(c^2+a^2+b^2)$

즉 $(a-b)(c^2+a^2+b^2)=0$이고 $c^2+a^2+b^2\neq0$이므로

$a-b=0$ $\therefore a=b$

즉 삼각형 ABC는 $a=b$인 이등변삼각형이다.

STEP Ⓑ 조건 (나), (다)를 만족하는 a, b, c의 관계식 구하기

조건 (나)에서

$5a+3b=5c$이므로 $b=a$를 대입하면

$5a+3a=5c$, $c=\dfrac{8}{5}a$

그림과 같이 삼각형 ABC의 밑변의

길이가 $c=\dfrac{8}{5}a$이므로

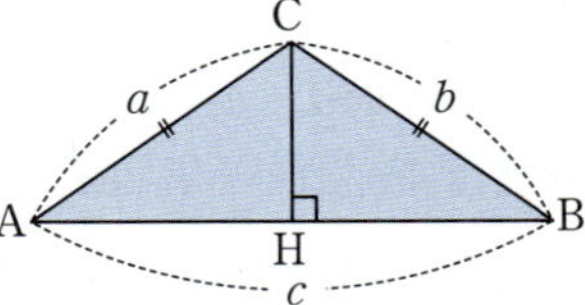

높이 CH는

$\overline{\text{CH}}=\sqrt{a^2-\left(\dfrac{1}{2}c\right)^2}$

$\quad=\sqrt{a^2-\left(\dfrac{1}{2}\times\dfrac{8}{5}a\right)^2}$

$\quad=\sqrt{a^2-\left(\dfrac{4}{5}a\right)^2}=\sqrt{\dfrac{9}{25}a^2}=\dfrac{3}{5}a$

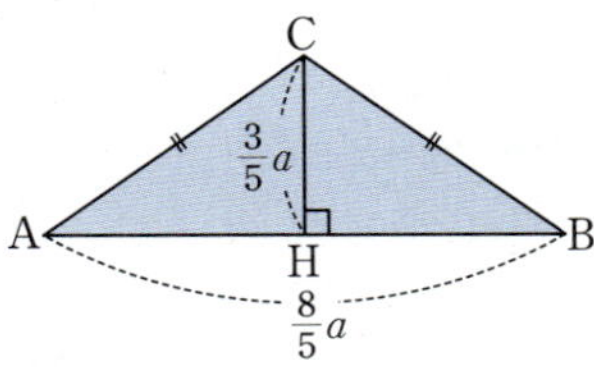

조건 (다)에서

삼각형 ABC의 넓이는 48이므로

$\dfrac{1}{2}\times c\times\overline{\text{CH}}=48$에서 $\dfrac{1}{2}\times\dfrac{8}{5}a\times\dfrac{3}{5}a=48$

$\dfrac{12}{25}a^2=48$, $a^2=100$ $\therefore a=10$

$\therefore c=16$, $b=10$

STEP Ⓒ 삼각형 ABC의 둘레의 길이 구하기

따라서 삼각형 ABC의 둘레의 길이는 $a+b+c=10+10+16=36$

12

정답 ②

STEP Ⓐ 일차식을 이차식에 대입하여 x, y의 값 구하기

두 연립방정식의 공통인 해는 연립방정식

$\begin{cases}x+y=7 & \cdots\cdots \ ㉠\\ x^2+y^2=25 & \cdots\cdots \ ㉡\end{cases}$

을 만족시킨다.

㉠에서 $y=7-x$ $\cdots\cdots$ ㉢

㉢을 ㉡에 대입하면 $x^2+(7-x)^2=25$

$2x^2-14x+24=0$, $x^2-7x+12=0$, $(x-3)(x-4)=0$

$\therefore x=3$ 또는 $x=4$

즉 $\begin{cases}x=3\\y=4\end{cases}$ 또는 $\begin{cases}x=4\\y=3\end{cases}$

STEP Ⓑ $b<0$일 때, $a-b$의 값 구하기

이때 $x-y=b$에서 $b<0$이므로 $x=3$, $y=4$

$b=3-4=-1$

즉 $x=3$, $y=4$를 $ax-y=5$에 대입하면 $a=3$

따라서 $a=3$, $b=-1$이므로 $a-b=3-(-1)=4$

13

정답 ③

STEP Ⓐ $z^2=9+12i$를 만족하는 복소수 z의 조건 구하기

$z=a+bi$ (a, b는 실수)라 하면

$z^2=(a+bi)^2=a^2-b^2+2abi$

복소수가 서로 같을 조건에 의하여

$a^2-b^2+2abi=9+12i$

$\therefore a^2-b^2=9$, $ab=6$

STEP Ⓑ $z\bar{z}$의 값 구하기

$z\bar{z}=(a+bi)(a-bi)=a^2+b^2$이므로

$(a^2+b^2)^2=(a^2-b^2)^2+4a^2b^2$ ← $(\alpha+\beta)^2=(\alpha-\beta)^2+4\alpha\beta$

$\qquad\qquad=9^2+4\times6^2=225$

따라서 $z\bar{z}=15(\because z\bar{z}=a^2+b^2>0)$

14

정답 ②

STEP Ⓐ (하루 동안의 이익)=(한 개당 이익)×(하루에 팔리는 카드의 수) 임을 이용하여 식 작성하기

한 개당 이익금을 $100x$원씩 줄인다고 하면

한 개당 이익은 $(1000-100x)$원이고

하루에 팔리는 카드의 수는 $64+8x$이므로

하루 동안의 이익 y원이라 하면

$y=(1000-100x)(64+8x)$

$\quad=-800(x-1)^2+64800$

STEP Ⓑ 이익이 최대가 되기 위한 한 개당 이익 구하기

따라서 $x=1$일 때, y가 최대이므로 한 개당 $1000-100\times1=900$원의 이익을 남기고 팔아야 한다.

15

정답 ③

STEP Ⓐ 나머지정리를 이용하여 $f(3)+g(3)$, $f(3)g(3)$의 값 구하기

$f(x)+g(x)$를 $x-3$으로 나누었을 때의 나머지가 3이므로

나머지정리에 의하여

$f(3)+g(3)=3$ $\cdots\cdots$ ㉠

$f(x)g(x)$를 $x-3$으로 나누었을 때의 나머지가 2이므로

나머지정리에 의하여

$f(3)g(3)=2$ $\cdots\cdots$ ㉡

STEP Ⓑ 다항식 $\{f(x)\}^3+\{g(x)\}^3$을 $x-3$으로 나누었을 때의 나머지 구하기

$\{f(x)\}^3+\{g(x)\}^3$을 $x-3$으로 나누었을 때의 나머지는

나머지정리에 의하여 $\{f(3)\}^3+\{g(3)\}^3$

㉠, ㉡에 의하여

$\{f(3)\}^3+\{g(3)\}^3=\{f(3)+g(3)\}^3-3f(3)g(3)\{f(3)+g(3)\}$

$a^3+b^3=(a+b)^3-3ab(a+b)$

$\qquad\qquad=3^3-3\times2\times3$

$\qquad\qquad=9$

따라서 $\{f(x)\}^3+\{g(x)\}^3=9$

16

STEP A 조건 (가)를 이용하여 함수 $f(x)$의 그래프 개형 그리기

이차함수 $f(x)=ax^2+bx+c$에 대하여
조건 (가)에서 모든 실수 x에 대하여
$f(6-x)=f(x)$이므로 대칭축은 $x=3$
최고차항의 계수의 부호에 따라 다음과 같이 그래프를 그릴 수 있다.

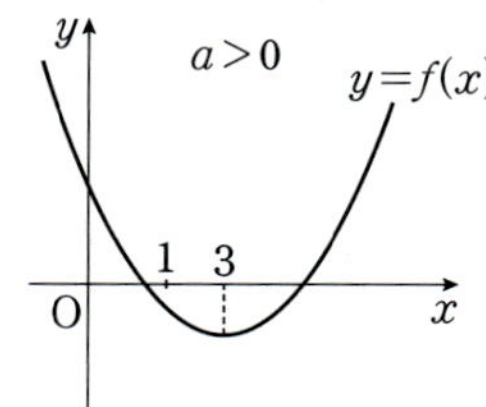
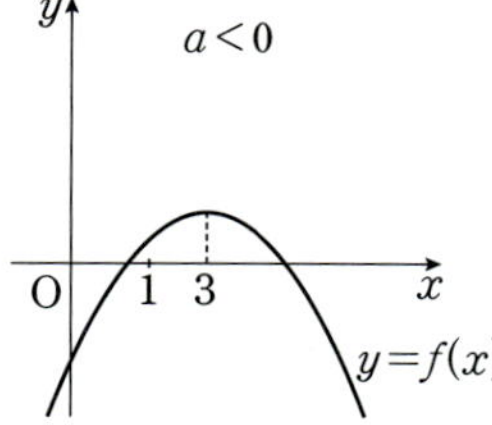

STEP B 그래프를 이용하여 보기의 참, 거짓 판단하기

ㄱ. 이차함수의 그래프에서
  $a>0$일 때, $f(1)<0$, $f(6)>0$이므로 $f(1)f(6)<0$
  $a<0$일 때, $f(1)>0$, $f(6)<0$이므로 $f(1)f(6)<0$
  즉 함수 $f(x)$에 대하여 $f(1)f(6)<0$ [참]

ㄴ. $f(x)=ax^2+bx+c$에서 $x=-2$를 대입하면
  $f(-2)=4a-2b+c$이고
  $a>0$일 때, $f(-2)>0$이므로 $4a-2b+c>0$ [참]

ㄷ. 이차함수 $y=f(x)$가 x축과 만나는 점이 0과 1 사이에 있고
  대칭축이 $x=3$이므로 x축과 만나는 다른 한 점은
  5와 6 사이에 있어야 한다. [거짓]

ㄹ. 이차함수 $y=f(x)$의 대칭축이 $x=3$이므로
  $f(x)=a(x-3)^2+k$ (k는 실수)라 할 수 있다.
  즉 $a(x-3)^2+k=ax^2-6ax+9a+k=ax^2+bx+c$이므로
  x의 계수끼리 비교하면 $b=-6a$
  즉 방정식 $ax^2-6ax+c=0$에서 두 근의 합은 6 [참]
따라서 옳은 것은 ㄱ, ㄴ, ㄹ이다.

17

STEP A 이차방정식의 근과 계수의 관계를 이용하여 α, β의 관계식 구하기

이차방정식 $x^2+4x+2=0$의 두 근이 α, β이므로
근과 계수의 관계에 의하여 $\alpha+\beta=-4$, $\alpha\beta=2$

STEP B $\alpha^2+\beta^2$, $\dfrac{1}{\alpha}+\dfrac{1}{\beta}$을 두 근으로 하는 이차방정식 작성하기

$\alpha^2+\beta^2=(\alpha+\beta)^2-2\alpha\beta=(-4)^2-4=12$
$\dfrac{1}{\alpha}+\dfrac{1}{\beta}=\dfrac{\alpha+\beta}{\alpha\beta}=\dfrac{-4}{2}=-2$

$\alpha^2+\beta^2$, $\dfrac{1}{\alpha}+\dfrac{1}{\beta}$이 두 근이 되는 이차방정식에서
(두 근의 합)$=10$, (두 근의 곱)$=-24$
즉 이차항의 계수가 1인 이차방정식은
$x^2-10x-24=0$
따라서 $f(x)=x^2-10x-24=(x-5)^2-49$이므로 $f(x)$는 $x=5$에서 최솟값
-49를 갖는다.

18

STEP A 점 A의 좌표를 $(a, 0)$으로 놓고 $\overline{AB}$, $\overline{AD}$의 길이를 구하기

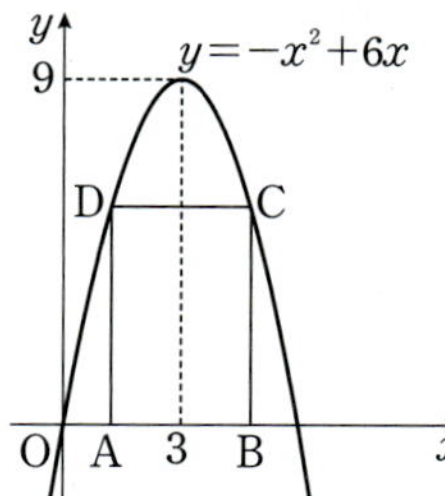

이차함수 $y=-x^2+6x=-(x-3)^2+9$의 그래프가
x축과 만나는 점의 x좌표는 0, 6이므로
점 A의 좌표를 $(a, 0)(0<a<3)$라 하면
B$(6-a, 0)$, D$(a, -a^2+6a)$이므로
$\overline{AB}=2(3-a)$, $\overline{AD}=-a^2+6a$

STEP B 직사각형 ABCD의 둘레를 a에 대한 식으로 나타내기

직사각형 ABCD의 둘레의 길이를 l이라 하면
$l=2(\overline{AB}+\overline{AD})$
  $=2(6-2a-a^2+6a)$
  $=-2(a^2-4a-6)$
  $=-2(a-2)^2+20$

STEP C 직사각형 ABCD의 둘레의 길이의 최댓값 구하기

따라서 $0<a<3$에서 직사각형 ABCD의 둘레의 길이는 $a=2$일 때,
최댓값 20을 갖는다.

19

STEP A $\overline{AC}=x$, $\overline{BC}=y$라 하고 피타고라스 정리를 이용하여 관계식 구하기

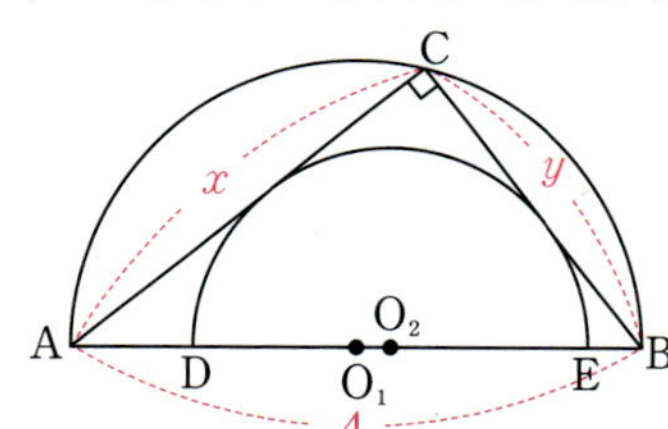

직각삼각형 ABC에서 $\overline{AC}=x$, $\overline{BC}=y$라 하면
빗변의 길이가 $\overline{AB}=4$이므로
피타고라스의 정리에 의하여 $x^2+y^2=16$ ……㉠

STEP B 삼각형의 닮음을 이용하여 x, y의 관계식 구하기

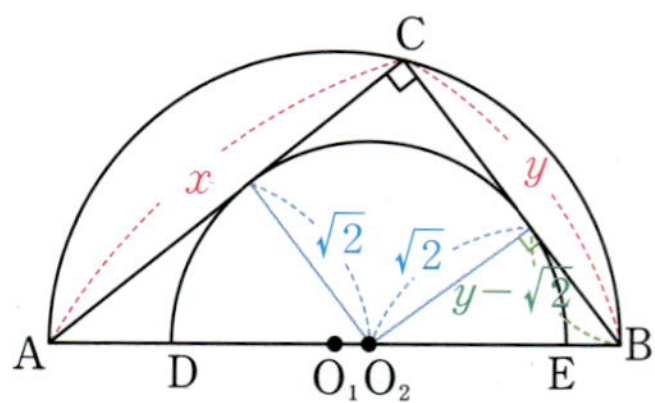

직각삼각형 ABC에서 선분 AC와 선분 BC에 접하고
중심이 O_2인 반원에서
중심 O_2에서 선분 BC에 내린 수선의 발을 H라고 하면
삼각형 ABC와 삼각형 O_2BH는 닮음이므로
$\overline{AC}:\overline{BC}=\overline{O_2H}:\overline{BH}$
$x:y=\sqrt{2}:y-\sqrt{2}$
즉 $\sqrt{2}y=xy-\sqrt{2}x$이므로 $x+y=\dfrac{1}{\sqrt{2}}xy$ ……㉡

STEP C 곱셈 공식을 이용하여 x^3+y^3의 값을 구하고 a의 값 구하기

㉠에서 $x^2+y^2=(x+y)^2-2xy=16$이고

위의 식에 ㉡을 대입하면 $\left(\dfrac{1}{\sqrt{2}}xy\right)^2-2xy=16$

$\dfrac{1}{2}(xy)^2-2xy-16=0$에서 양변에 2를 곱하고 $xy=t$로 치환하면

$t^2-4t-32=(t+4)(t-8)=0$이므로 $t=-4$ 또는 $t=8$

이때 $t>0$이므로 $t=8$에서 $xy=8$

$xy=8$을 ㉡의 식에 대입하면 $x+y=4\sqrt{2}$

즉 $x^3+y^3=(x+y)^3-3xy(x+y)$이므로

$x^3+y^3=(4\sqrt{2})^3-3\times8\times4\sqrt{2}=32\sqrt{2}$

따라서 $\overline{AC}^3+\overline{BC}^3=32\sqrt{2}$이므로 $a=32$

20

정답 ④

STEP A $z^4<0$임을 이용하여 a, b의 관계식 구하기

실수부분과 허수부분이 모두 양수인 복소수 z에 대하여

$z^4<0$이므로 z^2은 순허수이다.

$z=a+bi\,(a>0,\ b>0)$라 하면

$z^2=(a+bi)^2=(a^2-b^2)+2abi$

z^2이 순허수이므로 $a^2-b^2=(a-b)(a+b)=0$

즉 $a>0$, $b>0$이므로 $a=b$

STEP B $\dfrac{z}{\bar{z}}=\dfrac{1}{2}z-1$을 만족시키는 a의 값 구하기

$\dfrac{z}{\bar{z}}=\dfrac{1}{2}z-1$에서

$\dfrac{z}{\bar{z}}=\dfrac{a+ai}{a-ai}=\dfrac{1+i}{1-i}=\dfrac{(1+i)(1+i)}{(1-i)(1+i)}=\dfrac{2i}{2}=i$

$\dfrac{1}{2}z-1=\dfrac{1}{2}(a+ai)-1=\left(\dfrac{1}{2}a-1\right)+\dfrac{1}{2}ai$

즉 $i=\left(\dfrac{1}{2}a-1\right)+\dfrac{1}{2}ai$이므로 $a=2$

STEP C z^3의 실수부분과 허수부분의 차 구하기

$z=2+2i$에서

$z^3=(2+2i)^3=8+24i-24-8i=-16+16i$

실수부분 $p=-16$, 허수부분 $q=16$

따라서 $q-p=16-(-16)=32$

주관식 및 서술형

21

정답 8

STEP A 이차함수의 그래프와 직선의 교점을 이용하여 방정식 구하기

이차함수 $y=x^2-a$의 그래프와 직선 $y=bx$의 서로 다른 두 교점의 x좌표는

이차방정식 $x^2-a=bx$의 서로 다른 두 실근과 같다.

STEP B 계수가 유리수임을 이용하여 점 Q의 좌표를 구하고 이차방정식의 근과 계수의 관계를 이용하여 ab의 값 구하기

a, b가 유리수고 한 근은 $1+\sqrt{5}$이므로 다른 한 근은 $1-\sqrt{5}$이다.

이차방정식 $x^2-bx-a=0$의 두 근이 $1-\sqrt{5}$, $1+\sqrt{5}$이므로

근과 계수의 관계에 의하여

두 근의 합 $(1+\sqrt{5})+(1-\sqrt{5})=b$ $\therefore b=2$

두 근의 곱 $(1+\sqrt{5})(1-\sqrt{5})=-a$ $\therefore a=4$

따라서 $ab=4\times2=8$

22

정답 18

STEP A 다항식 나눗셈의 관계식을 이용하여 a, b의 관계식 구하기

ax^4-bx+2를 $ax-b$로 나누었을 때 몫을 $Q_1(x)$, 나머지가 R_1이므로

$ax^4-bx+2=(ax-b)Q_1(x)+R_1$ $\cdots\cdots$ ㉠

ax^5-bx+2를 $ax-b$로 나누었을 때 몫을 $Q_2(x)$, 나머지가 R_2이므로

$ax^5-bx+2=(ax-b)Q_2(x)+R_2$ $\cdots\cdots$ ㉡

㉠의 식에 $x=\dfrac{b}{a}$를 대입하면

$a\left(\dfrac{b}{a}\right)^4-b\left(\dfrac{b}{a}\right)+2=R_1$이므로 $R_1=\dfrac{b^4}{a^3}-\dfrac{b^2}{a}+2$

㉡의 식에 $x=\dfrac{b}{a}$를 대입하면

$a\left(\dfrac{b}{a}\right)^5-b\left(\dfrac{b}{a}\right)+2=R_2$이므로 $R_2=\dfrac{b^5}{a^4}-\dfrac{b^2}{a}+2$

이때 $R_1=R_2$이므로 $\dfrac{b^4}{a^3}-\dfrac{b^2}{a}+2=\dfrac{b^5}{a^4}-\dfrac{b^2}{a}+2$

즉 $\dfrac{b^4}{a^3}=\dfrac{b^5}{a^4}$이므로 $a=b$이고 $R_1=R_2=2$

$b=a$를 대입하면

$R_1=\dfrac{a^4}{a^3}-\dfrac{a^2}{a}+2=a-a+2=2$

$R_2=\dfrac{a^5}{a^4}-\dfrac{a^2}{a}+2=a-a+2=2$

STEP B 인수분해를 이용하여 $Q_1(2)+Q_2(1)$ 구하기

$a=b$이고 $R_1=R_2=2$이므로

㉠의 식에서

$ax^4-ax+2=(ax-a)Q_1(x)+2$

$ax(x^3-1)=a(x-1)Q_1(x)$이고 $x^3-1=(x-1)(x^2+x+1)$이므로

$ax(x-1)(x^2+x+1)=a(x-1)Q_1(x)$

즉 $Q_1(x)=x(x^2+x+1)$

㉡의 식에서

$ax^5-ax+2=(ax-a)Q_2(x)+2$

$ax(x^4-1)=a(x-1)Q_2(x)$이고 $x^4-1=(x-1)(x+1)(x^2+1)$이므로

$ax(x-1)(x+1)(x^2+1)=a(x-1)Q_2(x)$

즉 $Q_2(x)=x(x+1)(x^2+1)$

따라서 $Q_1(2)+Q_2(1)=14+4=18$

23

 $\omega = p + qi$**라고 하고 p, q에 대한 방정식 구하기**

삼차방정식 $x^3 + ax^2 + 4x + b = 0$에서 서로 다른 두 허근을 가지고
계수가 실수이므로 켤레복소수의 근을 가진다.

즉 ω와 $1 - \dfrac{\omega^2}{2}$이 켤레복소수 관계이므로 $\omega = p + qi$ (단 p, q는 실수, $q > 0$)

라고 하면 $1 - \dfrac{\omega^2}{2} = p - qi$

$$1 - \frac{\omega^2}{2} = 1 - \frac{(p+qi)^2}{2} = \frac{2 - p^2 + q^2}{2} - pqi$$

$\dfrac{2 - p^2 + q^2}{2} - pqi = p - qi$에서 두 복소수가 서로 같을 조건에 의하여

실수부분 $\dfrac{2 - p^2 + q^2}{2} = p$ $\qquad$ …… ㉠

허수부분 $pq = q$ $\qquad$ …… ㉡

 두 허근을 이용하여 이차방정식 구하기

㉡에서 $q \ne 0$이므로 양변을 q로 나누면 $p = 1$

$p = 1$을 ㉠의 식에 대입하면 $\dfrac{2 - 1 + q^2}{2} = 1$에서 $1 + q^2 = 2$

즉 $q^2 = 1$에서 $q > 0$이므로 $q = 1$

$\omega = 1 + i$이므로 $\overline{\omega} = 1 - i$

두 근의 합 $(1 + i) + (1 - i) = 2$

두 근의 곱 $(1 + i)(1 - i) = 2$

두 허근을 근으로 가지고 최고차항의 계수가 1인 이차방정식은

$x^2 - 2x + 2 = 0$

 $a + ab$**의 값 구하기**

삼차방정식 $x^3 + ax^2 + 4x + b = 0$의 실근을 α라고 하면
$x - \alpha$를 인수로 가진다.

$$x^3 + ax^2 + 4x + b = (x - \alpha)(x^2 - 2x + 2)$$
$$= x^3 - (\alpha + 2)x^2 + (2\alpha + 2)x - 2\alpha$$

즉 $2\alpha + 2 = 4$에서 $\alpha = 1$

$a = -(\alpha + 2) = -3$, $b = -2\alpha = -2$

따라서 $a + ab = 1 + (-3) \times (-2) = 7$

24

 이차방정식의 근과 계수의 관계를 이용하여 $\alpha^2 + \beta^2$의 값을 구한다.

이차방정식 $x^2 - 7x + 5 = 0$의 근과 계수의 관계에 의하여

$\alpha + \beta = 7$, $\alpha\beta = 5$

$\therefore \alpha^2 + \beta^2 = (\alpha + \beta)^2 - 2\alpha\beta = 7^2 - 2 \times 5 = 39$

 이차방정식 $x^2 - 7x + 5 = 0$에 $x = \alpha$, $x = \beta$를 각각 대입하여 $\alpha^2 + \alpha + 5$, $\beta^2 + \beta + 5$의 값을 구한다.

이차방정식 $x^2 - 7x + 5 = 0$의 두 근이 α, β이므로

$\alpha^2 - 7\alpha + 5 = 0$, $\beta^2 - 7\beta + 5 = 0$

$\therefore \alpha^2 + \alpha + 5 = 8\alpha$, $\beta^2 + \beta + 5 = 8\beta$

 $\dfrac{16\beta}{\alpha^2 + \alpha + 5} + \dfrac{16\alpha}{\beta^2 + \beta + 5}$의 값을 구한다.

따라서 $\dfrac{16\beta}{\alpha^2 + \alpha + 5} + \dfrac{16\alpha}{\beta^2 + \beta + 5} = \dfrac{16\beta}{8\alpha} + \dfrac{16\alpha}{8\beta}$

$$= \frac{2\beta}{\alpha} + \frac{2\alpha}{\beta}$$
$$= \frac{2(\alpha^2 + \beta^2)}{\alpha\beta}$$
$$= 2 \times \frac{39}{5} = \frac{78}{5}$$

25

 $f(x) - x = t$로 치환하여 t에 대한 사차방정식의 근을 구한다.

방정식 $\{f(x) - x\}^4 - 4\{f(x) - x\}^3 - \{f(x) - x\}^2 + 16\{f(x) - x\} - 12 = 0$에서
$f(x) - x = t$로 치환하면

$t^4 - 4t^3 - t^2 + 16t - 12 = 0$

$t = 1$, $t = 2$를 대입하면 등식이 성립하므로 조립제법을 이용하여 인수분해하면

	1	-4	-1	16	-12
1		1	-3	-4	12
2	1	-3	-4	12	0
		2	-2	-12	
	1	-1	-6	0	

즉

$t^4 - 4t^3 - t^2 + 16t - 12 = (t - 1)(t - 2)(t^2 - t - 6) = (t - 1)(t - 2)(t + 2)(t - 3)$

이므로

$t^4 - 4t^3 - t^2 + 16t - 12 = 0$일 때 근은 $t = -2$, $t = 1$, $t = 2$, $t = 3$

 이차함수 $y = f(x)$의 그래프의 접선이 $y = x + 1$임을 이용하여 교점의 개수를 구한다.

$f(x) - x = t$에서 $t = -2$, $t = 1$, $t = 2$, $t = 3$이므로

$f(x) - x = -2$에서 $f(x) = x - 2$

즉 $y = f(x)$와 $y = x - 2$의 교점의 개수를 구하면 된다.

이때 $y = f(x)$와 $y = x - 2$의 교점이 없으므로 실근은 존재하지 않는다.

$f(x) - x = 1$에서 $f(x) = x + 1$

즉 $y = f(x)$와 $y = x + 1$의 교점의 개수를 구하면 된다.

이때 $y = f(x)$에 $y = x + 1$이 접하므로 실근의 개수는 1

$f(x) - x = 2$에서 $f(x) = x + 2$

이때 $y = f(x)$와 $y = x + 2$의 서로 다른 교점의 개수가 2이므로
서로 다른 두 실근을 가진다.

$f(x) - x = 3$에서 $f(x) = x + 3$

즉 $y = f(x)$와 $y = x + 3$의 교점의 개수를 구하면 된다.

이때 $y = f(x)$와 $y = x + 3$의 서로 다른 교점의 개수가 2이므로
서로 다른 두 실근을 가진다.

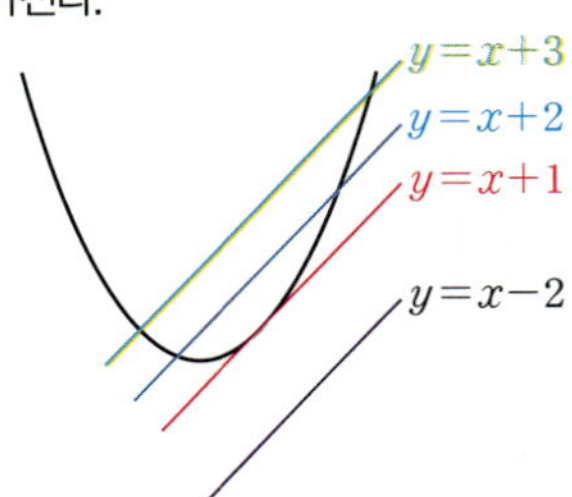

따라서 방정식의 서로 다른 실근의 개수는 5

M A P L ; S Y N E R G Y
1학기 중간고사 모의평가 **04**

01	④	02	⑤	03	④	04	⑤	05	①
06	⑤	07	⑤	08	⑤	09	④	10	②
11	⑤	12	⑤	13	①	14	⑤	15	③
16	②	17	④	18	②	19	②	20	①

주관식 및 서술형

21	4	22	160	23	9
24	해설참조		25	해설참조	

01
정답 ④

STEP A 복소수의 사칙연산 계산하기

① $3i-(2+5i)=3i-2-5i=-2-2i$ [거짓]

② $(1+3i)-(-2+i)=1+3i+2-i=3+2i$ [거짓]

③ $(4-i)(-2+3i)=-8+12i+2i+3=-5+14i$ [거짓]

④ $\dfrac{5i}{1+2i}=\dfrac{5i(1-2i)}{(1+2i)(1-2i)}=\dfrac{5i(1-2i)}{5}=i(1-2i)=2+i$ [참]

⑤ $\dfrac{1-2i}{1-i}=\dfrac{(1-2i)(1+i)}{(1-i)(1+i)}=\dfrac{1+i-2i+2}{2}=\dfrac{3-i}{2}$ [거짓]

따라서 계산이 옳은 것은 ④이다.

02
정답 ⑤

STEP A 주어진 조건을 이용하여 $a^2+b^2+c^2$의 값 구하기

$\dfrac{1}{a}+\dfrac{1}{b}+\dfrac{1}{c}=\dfrac{ab+bc+ca}{abc}=-10$이므로

$ab+bc+ca=-abc=-4$

$$a^2+b^2+c^2=(a+b+c)^2-2(ab+bc+ca)$$
$$=(-2)^2-2\times(-4)$$
$$=4+8=12$$

따라서 $a^2+b^2+c^2=12$

03
정답 ④

STEP A 이차함수의 그래프가 x축과 만나지 않으려면 이차방정식의 판별식이 $D<0$임을 이용하기

이차함수 $y=f(x)$의 그래프가 x축과 만나지 않으려면
이차방정식 $f(x)=0$이 실근을 갖지 않아야 하므로 판별식을 D라 할 때,
$D<0$이어야 한다.

ㄱ. $3x^2-8x+5=0$에서 판별식을 D_1이라 하면

$\dfrac{D_1}{4}=(-4)^2-3\times5=1>0$이므로 x축과 서로 다른 두 점에서 만난다.

ㄴ. $x^2+4x+7=0$에서 판별식을 D_2라 하면

$\dfrac{D_2}{4}=2^2-1\times7=-3<0$이므로 x축과 만나지 않는다.

ㄷ. $x^2+3x-2=0$에서 판별식을 D_3이라 하면

$D_3=3^2-4\times1\times(-2)=17>0$이므로 x축과 서로 다른 두 점에서 만난다.

ㄹ. $2x^2-7x+7=0$에서 판별식을 D_4라 하면

$D_4=(-7)^2-4\times2\times7=-7<0$이므로 x축과 만나지 않는다.

따라서 x축과 만나지 않는 것은 ㄴ, ㄹ이다.

04
정답 ⑤

STEP A 조립제법을 이용하여 $a+b+c$의 값 구하기

조립제법을 이용하면
다항식 x^3+ax^2+bx+c를 $x+2$로
나누었을 때의 몫과 나머지를 구하는
과정은 오른쪽과 같다.

$a-2=2$에서 $a=4$

$b-4=-2$에서 $b=2$

$c+4=10$에서 $c=6$

따라서 $a=4$, $b=2$, $c=6$이므로 $a+b+c=4+2+6=12$

05
정답 ①

STEP A 이차방정식의 근과 계수의 관계를 이용하여 α, β의 관계식 구하기

이차방정식 $3x^2-12x-k=0$의 두 실근을 α, β라 하면
근과 계수의 관계에 의하여

이차방정식 $ax^2+bx+c=0$에서 두 근의 합 $-\dfrac{b}{a}$, 두 근의 곱 $\dfrac{c}{a}$

$\alpha+\beta=-\left(-\dfrac{12}{3}\right)=4$, $\alpha\beta=-\dfrac{k}{3}$

STEP B 구한 식을 제곱하여 상수 k의 값 구하기

이차방정식 $3x^2-12x-k=0$의 두 실근을 α, β (단, $\alpha<\beta$)라 하자.

$|\alpha|+|\beta|=6$이므로 절댓값 기호 안의 식이 0이 되는 것을 기준으로
구간을 나누면

(ⅰ) $\alpha<\beta<0$일 때,

$\alpha+\beta<0$이므로 $\alpha+\beta=4$인 조건을 만족시키지 않는다.

(ⅱ) $\alpha<0<\beta$일 때,

$|\alpha|+|\beta|=-\alpha+\beta=6$이고 $\alpha+\beta=4$

두 식을 더하면 $2\beta=10$이므로 $\beta=5$

$\beta=5$를 $\alpha+\beta=4$에 대입하면 $\alpha=-1$

(ⅲ) $0<\alpha<\beta$일 때,

$|\alpha|+|\beta|=\alpha+\beta=6$이므로 $\alpha+\beta=4$인 조건을 만족시키지 않는다.

(ⅰ)~(ⅲ)에 의하여 $\alpha=-1$, $\beta=5$

따라서 $\alpha\beta=-\dfrac{k}{3}=-5$이므로 $k=15$

06
정답 ⑤

STEP A 공통부분을 치환하여 인수분해하기

주어진 식을 변형하면

$x(x+1)(x+2)(x+3)-3=(x^2+3x)(x^2+3x+\boxed{2})-3$

$x^2+3x=X$로 놓으면

$$(x^2+3x)(x^2+3x+\boxed{2})-3=X(X+\boxed{2})-3$$
$$=X^2+\boxed{2}X-3$$
$$=(X+\boxed{3})(X-1)$$
$$=(x^2+3x+\boxed{3})(x^2+3x-1)$$

따라서 $p=2$, $q=3$이므로 $p+q=5$

07

STEP A 다항식 나눗셈을 이용하여 몫과 나머지 구하기

$P(x)$를 $2x-18$로 나누었을 때의 몫이 $Q(x)$, 나머지가 R이므로

$P(x)=(2x-18)Q(x)+R$ ...... ㉠

㉠의 양변에 x를 곱하면

$$xP(x)=x(2x-18)Q(x)+Rx$$
$$=2x(x-9)Q(x)+R\times(x-9+9)$$
$$=2x(x-9)Q(x)+(x-9)R+9R$$
$$=(x-9)\{2xQ(x)+R\}+9R$$

따라서 $xP(x)$를 $x-9$로 나누었을 때의 몫은 $2xQ(x)+R$, 나머지는 $9R$

08

STEP A 조건 (나)에서 다항식 $f(x+1)$ 구하기

$\{f(x+1)\}^2-25=(x-1)(x+1)(x^2+9)$에서

$$\{f(x+1)\}^2=(x-1)(x+1)(x^2+9)+25$$
$$=(x^2-1)(x^2+9)+25$$
$$=x^4+8x^2+16=(x^2+4)^2$$
$$\therefore f(x+1)=\pm(x^2+4)$$

이때 조건 (가)에서 모든 실수 x에 대하여 $f(x)>0$이므로

모든 x에 대하여 $f(x)>0$이므로 x대신에 $x+1$을 대입해도 $f(x+1)>0$이 성립한다.

$f(x+1)=x^2+4$ ...... ㉠

STEP B $x+1=t$로 치환하여 다항식 $f(x)$ 구하기

㉠에서 $x+1=t$라 하면 $x=t-1$이므로

$f(t)=(t-1)^2+4=t^2-2t+5$ ...... ㉡

㉠에 x대신에 $t-1$을 대입

㉡에서 $t=x+a$라 하면

$f(x+a)=(x+a)^2-2(x+a)+5$

STEP C 항등식의 수치대입법을 이용하여 모든 상수 a의 값의 곱 구하기

다항식 $f(x+a)$를 $x+2$로 나눌 때의 몫을 $Q(x)$라 하면 나머지가 4이므로

$f(x+a)=(x+2)Q(x)+4$

$(x+a)^2-2(x+a)+5=(x+2)Q(x)+4$ ...... ㉢

㉢의 양변에 $x=-2$를 대입하면 $(-2+a)^2-2(-2+a)+5=4$

$\therefore a^2-6a+9=0$

따라서 이차방정식의 근과 계수의 관계에 의해 모든 상수 a의 값의 곱은 9

이차방정식 $ax^2+bx+c=0$의 두 근을 각각 α, β라 하면

두 근의 합은 $\alpha+\beta=-\dfrac{b}{a}$, 두 근의 곱은 $\alpha\beta=\dfrac{c}{a}$

09

STEP A $\sqrt{a}\sqrt{b}=-\sqrt{ab}$를 만족하는 a, b의 부호 결정하기

0이 아닌 실수 a, b에 대하여

$\sqrt{a}\sqrt{b}=-\sqrt{ab}$이므로 $a<0$, $b<0$

STEP B $(\sqrt{a}-\sqrt{-b})(\sqrt{-a}-\sqrt{b})$의 허수부분 구하기

즉 $\sqrt{a}=\sqrt{-a}\,i$, $\sqrt{b}=\sqrt{-b}\,i$이므로

$$(\sqrt{a}-\sqrt{-b})(\sqrt{-a}-\sqrt{b})$$
$$=(\sqrt{-a}\,i-\sqrt{-b})(\sqrt{-a}-\sqrt{b}\,i)$$
$$=\sqrt{-a}\sqrt{-a}\,i+\sqrt{-a}\sqrt{-b}-\sqrt{-a}\sqrt{-b}+\sqrt{-b}\sqrt{-b}\,i$$
$$=(-a)i+(-b)i$$
$$=(-a-b)i$$

따라서 허수부분은 $-a-b$

10

STEP A 주어진 등식에 $x=2$, $x=0$을 대입하고 정리하기

$x^{10}+1=a_{10}(x-1)^{10}+a_9(x-1)^9+\cdots+a_1(x-1)+a_0$

$x=2$를 대입하면

$2^{10}+1=a_{10}+a_9+\cdots+a_1+a_0$ ...... ㉠

$x=0$을 대입하면

$1=a_{10}-a_9+\cdots-a_1+a_0$ ...... ㉡

STEP B $a_{10}+a_8+a_6+a_4+a_2+a_0$의 값 구하기

㉠, ㉡의 식을 더하면

$2^{10}+2=2(a_{10}+a_8+a_6+a_4+a_2+a_0)$

따라서 $a_{10}+a_8+a_6+a_4+a_2+a_0=2^9+1=513$

11

STEP A 차수가 가장 낮은 문자에 대하여 내림차순으로 정리하여 인수분해 하기

$a^2(b^2+c^2-a^2)=b^2(a^2+c^2-b^2)$을 정리하면

$$a^2(b^2+c^2-a^2)-b^2(a^2+c^2-b^2)=a^2c^2-a^4-b^2c^2+b^4$$
$$=c^2(a^2-b^2)-(a^4-b^4)$$
$$=c^2(a^2-b^2)-(a^2+b^2)(a^2-b^2)$$
$$=(a^2-b^2)\{c^2-(a^2+b^2)\}$$
$$=(a+b)(a-b)\{c^2-(a^2+b^2)\}=0$$

STEP B 삼각형의 세 변 사이의 관계식 구하기

$(a+b)(a-b)\{c^2-(a^2+b^2)\}=0$에서 $a+b>0$이므로

$a-b=0$ 또는 $c^2-(a^2+b^2)=0$

따라서 $a=b$인 이등변삼각형 또는 빗변의 길이가 c인 직각삼각형이다.

12

STEP A x에 대한 이차방정식이 실근을 가질 조건을 이용하여 y의 값 구하기

방정식 $x^2-4xy+5y^2-4x+6y+5=0$의 좌변을 x에 대한 내림차순으로 정리하면 $x^2-2(2y+2)x+5y^2+6y+5=0$

이때 x는 실수이므로 실근을 가져야 한다.

즉 x에 대한 이차방정식의 판별식을 D라 하면 $D\geq0$이어야 한다.

$\dfrac{D}{4}=(2y+2)^2-(5y^2+6y+5)\geq0$

$-y^2+2y-1\geq0$, $(y-1)^2\leq0$

$\therefore y=1$

STEP B $y=1$을 대입하여 $x+y$의 값 구하기

$y=1$을 식에 대입하면 $x^2-8x+16=0$이고

$(x-4)^2=0$이므로 $x=4$

따라서 $x+y=4+1=5$

13
정답 ①

STEP A 직각삼각형의 직각을 낀 두 변의 길이를 각각 x, y라 하고 식을 세우기

직각을 낀 두 변의 길이를 각각 $x\,$cm, $y\,$cm라 하면

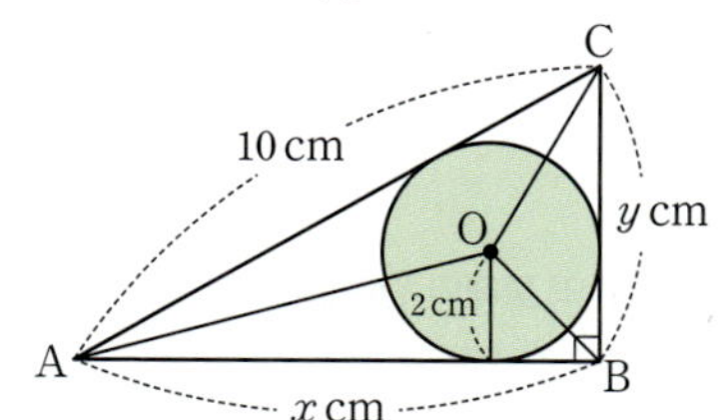

빗변의 길이가 $10\,$cm이므로 피타고라스의 정리에 의하여 $x^2+y^2=100$

직각삼각형 ABC의 넓이는

$\triangle ABC=\triangle OAB+\triangle OBC+\triangle OCA$이므로

$$\dfrac{1}{2}xy=\dfrac{1}{2}\times 2x+\dfrac{1}{2}\times 2y+\dfrac{1}{2}\times 2\times 10$$

$$xy=2x+2y+20$$

$$\begin{cases}x^2+y^2=100 & \cdots\cdots\ \bigcirc \\ xy=2(x+y)+20 & \cdots\cdots\ \bigcirc\!\!\!\bigcirc \end{cases}$$

STEP B $x+y=X$, $xy=Y$로 놓고 X, Y의 연립방정식의 해 구하기

$x+y=X$, $xy=Y$로 놓으면

$\bigcirc$에서 $x^2+y^2=(x+y)^2-2xy=100$이므로

$$\begin{cases}X^2-2Y=100 & \cdots\cdots\ \bigcirc\!\!\!\!\bigcirc \\ Y=2X+20 & \cdots\cdots\ @ \end{cases}$$

$@$을 $\bigcirc\!\!\!\!\bigcirc$에 대입하면 $X^2-2(2X+20)=100$

$X^2-4X-140=0$, $(X+10)(X-14)=0$

$\therefore X=-10$ 또는 $X=14$

그런데 $X>0$이므로 $X=14$

이것을 $@$에 대입하면 $Y=48$

STEP C x, y가 방정식 $t^2-at+b=0$의 두 근임을 이용하여 구하기

$x+y=14$, $xy=48$이므로 x, y는 이차방정식 $t^2-14t+48=0$의 두 실근이다.

$(t-6)(t-8)=0$에서 $t=6$ 또는 $t=8$

$$\therefore \begin{cases}x=6\\y=8\end{cases} 또는 \begin{cases}x=8\\y=6\end{cases}$$

따라서 직각을 낀 두 변의 길이는 6cm와 8cm이므로 긴 변의 길이는 8cm

14
정답 ⑤

STEP A i의 거듭제곱의 규칙성을 이용하기

$\left(\dfrac{1+i}{\sqrt 2}\right)^2=i$, $\left(\dfrac{1-i}{\sqrt 2}\right)^2=-i$이므로

$$z=\left(\dfrac{1+i}{\sqrt 2}\right)^{2026}+\left(\dfrac{1-i}{\sqrt 2}\right)^{2028}$$

$$=\left\{\left(\dfrac{1+i}{\sqrt 2}\right)^2\right\}^{1013}+\left\{\left(\dfrac{1-i}{\sqrt 2}\right)^2\right\}^{1014}$$

$$=i^{1013}+(-i)^{1014}$$

$$=(i^4)^{253}\times i+\{(-i)^4\}^{253}\times(-i)^2$$

$$=-1+i$$

STEP B 이차방정식 근과 계수의 관계를 이용하여 $a+b$의 값 구하기

계수가 실수인 이차방정식 $x^2+ax+b=0$의 한 근이 $-1+i$이므로 켤레복소수인 $-1-i$도 이차방정식의 근이다.

따라서 이차방정식의 근과 계수의 관계에 의하여

(두 근의 합)$=-a=(-1+i)+(-1-i)=-2$ $\therefore a=2$

(두 근의 곱)$=b=(-1-i)(-1+i)=2$

따라서 $a+b=2+2=4$

15
정답 ③

STEP A 이차식 $f(x)$를 정한 후 $\{f(x)\}^2=f(x^2)+4x^2+2$에 대입하여 정리하기

상수항이 2인 이차식 $f(x)$를 $f(x)=ax^2+bx+2$ (a, b는 상수, $a\ne 0$)

$\{f(x)\}^2=f(x^2)+4x^2+2$에 대입하면

$$\{f(x)\}^2=(ax^2+bx+2)^2 \quad\longleftarrow (a+b+c)^2=a^2+b^2+c^2+2(ab+bc+ca)$$

$$=a^2x^4+b^2x^2+4+2(abx^3+2bx+2ax^2)$$

$$=a^2x^4+2abx^3+(b^2+4a)x^2+4bx+4$$

$$f(x^2)+4x^2+2=a(x^2)^2+bx^2+2+4x^2+2$$

$$=ax^4+(b+4)x^2+4$$

STEP B 항등식의 계수비교법을 이용하여 a, b의 값 구하기

$\{f(x)\}^2=f(x^2)+4x^2+2$에서

$a^2x^4+2abx^3+(b^2+4a)x^2+4bx+4=ax^4+(b+4)x^2+4$

위의 식이 x에 관한 항등식이므로 계수를 비교하면

$a^2=a$에서 $a^2-a=0$, $a(a-1)=0$

$\therefore a=1\,(\because a\ne 0)$

$2ab=0$에서 $b=0$

$\therefore f(x)=x^2+2$

STEP C 다항식 $f(x)$를 $x-2$로 나눈 나머지 구하기

따라서 다항식 $f(x)$를 $x-2$로 나눈 나머지는 나머지정리에 의하여

$f(2)=2^2+2=6$

16
정답 ②

STEP A 조건 (가), (나)를 이용하여 $f(4)$, $g(4)$의 값 구하기

조건 (가)에 의해

$f(x)-g(x)$를 $x-5$로 나눈 몫과 나머지를 a라 하면

$f(x)-g(x)=(x-5)a+a=a(x-4)$

일차다항식을 일차식으로 나누고
그 나머지는 실수가 된다.

$x=4$를 대입하면 $f(4)-g(4)=0$ $\quad\cdots\cdots\ \bigcirc$

조건 (나)에 의해

$f(x)g(x)$를 x^2-16으로 나누었을 때의 몫을 $Q(x)$라 하면

$f(x)g(x)=(x^2-16)Q(x)=(x+4)(x-4)Q(x)$

$x=4$를 대입하면 $f(4)g(4)=0$ $\quad\cdots\cdots\ \bigcirc\!\!\!\bigcirc$

$\bigcirc$, $\bigcirc\!\!\!\bigcirc$에 의해 $f(4)=g(4)=0$ $\quad\longleftarrow A=B$이고 $AB=0$이면 $A=0$, $B=0$이다.

STEP B $g(8)=4$임을 이용하여 $f(x)$, $g(x)$의 값 구하기

이때 $f(4)=0$, $g(4)=0$이므로 $f(x)$와 $g(x)$는 각각 $x-4$를 인수로 가진다.

$f(x)=(x-4)(x+p)$, $g(x)=(x-4)(x+q)$ (p, q는 실수)라 하자.

$g(8)=(8-4)(8+q)=4$, $8+q=1$이므로 $q=-7$

$\therefore g(x)=(x-4)(x-7)$

이때 $f(x)g(x)=(x-4)(x+p)\times(x-4)(x-7)$

$$=(x-4)^2(x-7)(x+p)$$

$(x-4)^2(x-7)(x+p)=(x^2-16)Q(x)$ $\quad\cdots\cdots\ \bigcirc\!\!\!\!\bigcirc$

$\bigcirc\!\!\!\!\bigcirc$에 $x=-4$를 대입하면

$(-8)^2\times(-11)\times(-4+p)=0$에서 $p=4$

$\therefore f(x)=(x-4)(x+4)$ $\quad\longleftarrow f(x)g(x)$가 $x+4$를 인수로 가지므로 $x+p=x+4$

따라서 $f(x)=(x-4)(x+4)$, $g(x)=(x-4)(x-7)$이므로

$f(5)+g(5)=9+(-2)=7$

17

STEP A 이차방정식의 켤레근의 성질을 이용하여 m, n의 값 구하기

이차방정식 $x^2+mx+n=0$의 모든 계수가 실수이므로
한 근이 $-1+2i$이면 다른 한 근은 $-1-2i$이다.
이차방정식 $x^2+mx+n=0$의 두 근이 $-1+2i$, $-1-2i$이므로
근과 계수의 관계에 의하여
두 근의 합 $(-1+2i)+(-1-2i)=-m$ $\therefore m=2$
두 근의 곱 $(-1+2i)(-1-2i)=n$ $\therefore n=5$

STEP B $a+b$의 값 구하기

이차방정식 $x^2+ax+b=0$의 두 근이 $\dfrac{1}{m}$, $\dfrac{1}{n}$이므로 근과 계수의 관계에 의하여

$\dfrac{1}{m}+\dfrac{1}{n}=\dfrac{1}{2}+\dfrac{1}{5}=-a$ $\therefore a=-\dfrac{7}{10}$

$\dfrac{1}{m}\times\dfrac{1}{n}=\dfrac{1}{2}\times\dfrac{1}{5}=b$ $\therefore b=\dfrac{1}{10}$

따라서 $a+b=-\dfrac{3}{5}$

18

STEP A 주어진 다항식 정리하기

$y^2z+yz^2+z^2x+zx^2+x^2y+xy^2$
$=(y+z)x^2+(y^2+z^2)x+yz(y+z)$
$=(y+z)x^2+\{(y+z)^2-2yz\}x+yz(y+z)$
$=(y+z)x^2+(y+z)^2x+yz(y+z)-2xyz$
$=(y+z)\{x^2+(y+z)x+yz\}-2xyz$
$=(x+y)(y+z)(z+x)-2xyz$

STEP B $x+y+z=2$를 이용하여 주어진 식의 값 구하기

$x+y+z=2$에서 $y+z=2-x$, $x+y=2-z$, $x+z=2-y$
따라서 $(x+y)(y+z)(z+x)-2xyz$
$\quad=(2-x)(2-y)(2-z)-2xyz$
$\quad=2^3-(x+y+z)\times 2^2+(xy+yz+zx)\times 2-3xyz$
$\quad=8-2\times 4+3\times 2-3\times 5$
$\quad=-9$

19

STEP A $f(n)$의 식 간단히 하기

$f(n)=\left\{\dfrac{(z+\bar{z})i^3-(z-\bar{z})i}{z}\right\}^n=\left\{\dfrac{(z+\bar{z})\times(-i)-(z-\bar{z})i}{z}\right\}^n$

$\quad=\left\{\dfrac{-zi-\bar{z}i-zi+\bar{z}i}{z}\right\}^n=\left(\dfrac{-2zi}{z}\right)^n=(-2i)^n$

STEP B 주어진 식의 값 계산하기

$f(1)=-2i$
$f(2)=(-2i)^2=-4$
$f(3)=(-2i)^3=8i$
$f(4)=(-2i)^4=16$
$f(5)=(-2i)^5=-32i$
$f(6)=(-2i)^6=-64$
$f(1)+f(2)+f(3)+f(4)+f(5)+f(6)$
$=(-2i)+(-4)+8i+16+(-32i)+(-64)$
$=-52-26i$
따라서 실수부분은 -52, 허수부분은 -26이므로 합은 $-52-26=-78$

20

STEP A 직사각형 ABCD의 각 변의 길이 구하기

$f(x)=x^2-8$, $g(x)=-3x^2+4$의 그래프는 y축에 대하여 대칭이므로
$\overline{AD}=\overline{BC}=a-(-a)=2a$
$\overline{BA}=\overline{CD}=g(a)-f(a)$
$\qquad=(-3a^2+4)-(a^2-8)$
$\qquad=-4a^2+12$

STEP B 사각형 ABCD의 둘레의 길이는 a에 대한 이차함수이므로 $0<a<\sqrt{3}$에서 최댓값 구하기

직사각형 ABCD의 둘레의 길이를 $l(a)$라 하면
$l(a)=\overline{AD}+\overline{BC}+\overline{BA}+\overline{CD}$
$\quad=2(\overline{AD}+\overline{BA})$
$\quad=2(2a-4a^2+12)$
$\quad=-8a^2+4a+24$
$\quad=-8\left(a-\dfrac{1}{4}\right)^2+\dfrac{49}{2}\,(0<a<\sqrt{3})$

이므로 $a=\dfrac{1}{4}$일 때, 직사각형 ABCD의 둘레의 길이가 최대이다.

STEP C 직사각형 ABCD의 넓이 구하기

따라서 직사각형 ABCD의 둘레의 길이가 최대일 때,
직사각형 ABCD의 넓이는
$\overline{AD}\times\overline{BA}=2a\times\{-4a^2+12\}$
$\overline{AD}\times\overline{BA}=2\times\dfrac{1}{4}\times\left\{-4\times\left(\dfrac{1}{4}\right)^2+12\right\}=\dfrac{1}{2}\times\dfrac{47}{4}=\dfrac{47}{8}$

서술형문제

21

STEP A $x^2=t$로 치환하고 주어진 방정식이 하나의 중근과 서로 다른 두 근을 갖기 위한 조건 파악하기

사차방정식 $x^4-2ax^2+2a^4-16a^2+b^2+4b+36=0$에서
$x^2=t$로 치환하면
$t^2-2at+2a^4-16a^2+b^2+4b+36=0$ $\cdots\cdots$ ㉠
이때 x에 대한 사차방정식이 하나의 중근과 서로 다른 두 허근을 가지므로
㉠은 하나의 음수와 0을 근으로 가져야 한다.

STEP B $t=0$이 한 근임을 알고 대입하여 ab의 값 구하기

$t=0$이 한 근이므로 $t=0$을 ㉠에 대입하면
$2a^4-16a^2+b^2+4b+36=0$ $\cdots\cdots$ ㉡
또한, $t^2-2at=t(t-2a)=0$에서 $t=0$ 또는 $t=2a$
이때 0이 아닌 한 근이 음수이므로 $a<0$
㉡의 식에서 a, b는 실수이므로
$2a^4-16a^2+b^2+4b+36=2(a^2-4)^2+(b+2)^2=0$
즉 $a^2=4$에서 $a<0$이므로 $a=-2$, $b=-2$
따라서 $ab=(-2)\times(-2)=4$

22

정답 160

STEP A 이차함수의 꼭짓점 A의 좌표 구하기

$f(x)=x^2-4ax+2a^2+4a-8=(x-2a)^2-2a^2+4a-8$이므로

꼭짓점 좌표는 $A(2a, -2a^2+4a-8)$이고

점 A에서 x축에 내린 수선의 발은 $B(2a, 0)$

이때 점 A의 y좌표 $-2a^2+4a-8$에서

a에 대한 이차방정식 $-2a^2+4a-8=0$의 판별식을 D라 하면

$\dfrac{D}{4}=4-16<0$이므로 모든 실수 a에 대하여 $-2a^2+4a-8<0$

STEP B $\overline{OB}+\overline{AB}$의 최댓값과 최솟값의 곱 구하기

$1\le a\le3$에서

$\overline{OB}=2a$, $\overline{AB}=|-2a^2+4a-8|=2a^2-4a+8$

즉 $\overline{OB}+\overline{AB}=2a+(2a^2-4a+8)=2a^2-2a+8$

이때 이차함수 $y=2a^2-2a+8$이라 하면

$y=2a^2-2a+8=2\left(a-\dfrac{1}{2}\right)^2+\dfrac{15}{2}$

$1\le a\le3$에서 최댓값은 $a=3$일 때, 20

최솟값은 $a=1$일 때, 8

따라서 최댓값과 최솟값의 곱은 $20\times8=160$

23

정답 9

STEP A 조건 (가)를 이용하여 함수 $y=f(x)$의 꼭짓점 x좌표를 구하고 a의 값 구하기

조건 (가)에서 $k\ne2$인 모든 실수 k에 대하여

$y=f(x)$와 $y=f(k)$가 서로 다른 두 교점에서 만나므로

함수 $y=f(x)$의 꼭짓점의 x좌표는 $x=2$이다.

즉 $f(x)=-(x-2)^2+n$이라고 할 때,

$-(x-2)^2+n=-x^2+4x-4+n$이므로 $a=4$

STEP B 조건 (나)를 이용하여 상수 b의 값 구하기

$a=4$이므로 $f(x)=-x^2+4x+b$

조건 (나)에서 이차방정식 $x^2-4x-2=0$의 두 실근 α, β에 대하여

$f(\alpha)=-\alpha^2+4\alpha+b$, $f(\beta)=-\beta^2+4\beta+b$이므로

$f(\alpha)+f(\beta)=-(\alpha^2+\beta^2)+4(\alpha+\beta)+2b$ ······ ㉠

이차방정식 $x^2-4x-2=0$에서 근과 계수의 관계에 의하여

두 근의 합 $\alpha+\beta=4$

두 근의 곱 $\alpha\beta=-2$

곱셈 공식을 이용하면 $\alpha^2+\beta^2=(\alpha+\beta)^2-2\alpha\beta=16+4=20$

㉠의 식에 대입하면

$f(\alpha)+f(\beta)=-(\alpha^2+\beta^2)+4(\alpha+\beta)+2b$
$\qquad\qquad\quad=-20+16+2b$

조건 (나)에서 $-4+2b=6$이므로 $b=5$

STEP C 이차함수 $f(x)$의 최댓값 구하기

$a=4$, $b=5$이므로 $f(x)=-x^2+4x+5=-(x-2)^2+9$

따라서 이차함수 $f(x)$는 $x=2$에서 최댓값 9를 갖는다.

24

정답 해설참조

1단계 $f(a)=f(b)=f(c)=0$을 만족하는 삼차식 $f(x)$의 식을 구한다. **1점**

$f(a)=f(b)=f(c)=0$이므로 x^3의 계수가 1인 x에 대한 삼차다항식

$f(x)=(x-a)(x-b)(x-c)$

2단계 $f(0)=-21$을 이용하여 자연수 a, b, c의 값을 각각 구한다. **2점**

이때 $f(0)=-21$이므로 $f(0)=-abc=-21$

$a<b<c$인 자연수 a, b, c에 대하여 $a=1$, $b=3$, $c=7$

$\therefore f(x)=(x-1)(x-3)(x-7)$

3단계 $f(x)$를 $x-2$로 나누었을 때의 나머지를 구한다. **1점**

따라서 다항식 $f(x)$를 $x-2$로 나누었을 때의 나머지는 나머지정리에 의하여

$f(2)=(2-1)(2-3)(2-7)=5$

25

정답 해설참조

1단계 사차방정식이 서로 다른 세 실근을 가지기 위한 조건을 구한다. **1점**

사차방정식 $(x^2+4ax+a^2+12)(x^2+2bx+16)=0$에서

$x^2+4ax+a^2+12=0$이 중근 α를 가질 때,

$x^2+2bx+16=0$은 $x=\alpha$가 아닌 서로 다른 두 실근을 가지면 된다.

또한, $x^2+2bx+16=0$이 중근 β를 가질 때,

$x^2+4ax+a^2+12=0$은 $x=\beta$가 아닌 서로 다른 두 실근을 가지면 된다.

2단계 $x^2+4ax+a^2+12=0$이 중근을 가질 때 a, b의 값을 구한다. **1.5점**

$x^2+4ax+a^2+12=0$의 판별식을 D_1이라 하면

중근을 가지므로 $D_1=0$이어야 한다.

$\dfrac{D_1}{4}=4a^2-(a^2+12)=0$, $3a^2-12=0$, $3(a-2)(a+2)=0$

a는 자연수이므로 $a=2$

$a=2$를 대입하면 $x^2+8x+16=(x+4)^2=0$이므로 중근 $x=-4$를 가진다.

이때 $x^2+2bx+16=0$은 $x=-4$가 아닌 서로 다른 두 실근을 가지면 된다.

판별식을 D_2라 하면 $D_2>0$이어야 한다.

$\dfrac{D_2}{4}=b^2-16>0$, $(b-4)(b+4)>0$이고 b는 자연수이므로 $b>4$

b는 5 이하의 자연수이므로 $b=5$

즉 $a=2$, $b=5$이므로 순서쌍 $(2, 5)$

3단계 $x^2+2bx+16=0$이 중근을 가질 때 a, b의 값을 구한다. **1.5점**

$x^2+2bx+16=0$의 판별식을 D_2라 하면

중근을 가지므로 $D_2=0$이어야 한다.

$\dfrac{D_2}{4}=b^2-16=0$, $(b-4)(b+4)=0$이고 b는 자연수이므로 $b=4$

$b=4$를 대입하면 $x^2+8x+16=(x+4)^2=0$이므로 중근 $x=-4$를 가진다.

이때 $x^2+4ax+a^2+12=0$은 $x=-4$가 아닌 서로 다른 두 실근을 가지면 된다.

판별식을 D_1이라 하면 $D_1>0$이어야 한다.

$\dfrac{D_1}{4}=4a^2-(a^2+12)>0$, $3a^2-12>0$, $3(a-2)(a+2)>0$

a는 자연수이므로 $a>2$

a는 5 이하의 자연수이므로 a가 될 수 있는 값은 3, 4, 5

즉 $a=3$, 4, 5일 때, $b=4$이므로 순서쌍 $(3, 4)$, $(4, 4)$, $(5, 4)$

4단계 모든 순서쌍 (a, b)에 대하여 $a+b$의 값의 합을 구한다. **1점**

(a, b)의 순서쌍은 $(2, 5)$, $(3, 4)$, $(4, 4)$, $(5, 4)$

따라서 모든 $a+b$의 값의 합은 $7+7+8+9=31$

01	⑤	02	②	03	④	04	③	05	⑤
06	⑤	07	④	08	⑤	09	②	10	④
11	⑤	12	⑤	13	①	14	①	15	③
16	④	17	④	18	④	19	②	20	③

주관식 및 서술형

21	5	22	4	23	50
24	해설참조		25	해설참조	

01

STEP A 순열, 조합의 식을 이용하여 n의 값 구하기

$_nP_2 = n(n-1)$, $_nC_3 = \dfrac{n(n-1)(n-2)}{3 \times 2 \times 1}$ 이므로

$3 \times {}_nP_2 = 2 \times {}_nC_3$에 식을 대입하면

$$3n(n-1) = 2 \times \dfrac{n(n-1)(n-2)}{6}$$

이때 $n \geq 3$이므로 $3 = \dfrac{n-2}{3}$

따라서 $n = 11$

02

STEP A 부등식 $A < B < C$에서 두 개의 부등식 $A < B$, $B < C$의 해를 각각 구하기

$5x - 7 \leq 3x - 3 < 10x + 11$에서 $\begin{cases} 5x-7 \leq 3x-3 \\ 3x-3 < 10x+11 \end{cases}$

이때, $5x - 7 \leq 3x - 3$에서

$2x \leq 4$ $\quad \therefore x \leq 2$ $\qquad \cdots\cdots$ ㉠

또한, $3x - 3 < 10x + 11$에서

$-7x < 14$ $\quad \therefore x > -2$ $\qquad \cdots\cdots$ ㉡

STEP B 두 부등식을 동시에 만족시키는 x의 범위 구하기

㉠, ㉡을 수직선 위에 나타내면 오른쪽 그림과 같으므로 주어진 부등식의 해는

$-2 < x \leq 2$

따라서 $\alpha = -2$, $\beta = 2$이므로

$\alpha\beta = 2 \times (-2) = -4$

03

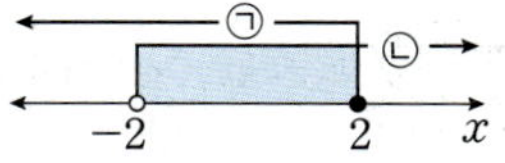

STEP A 행렬의 모양과 성분을 이용한 참, 거짓 판단하기

ㄱ. 행렬 A는 2×3행렬이다. [거짓]

ㄴ. $(1, 3)$ 성분은 3, $(2, 2)$ 성분은 3이므로 두 성분은 서로 같다. [참]

ㄷ. $a_{12} = -5$, $a_{21} = -4$이므로 $a_{12} + a_{21} = -5 + (-4) = -9$ [참]

ㄹ. 행렬 A의 제2행의 모든 성분의 합은 $-4 + 3 + 6 = 5$ [참]

따라서 옳은 것은 ㄴ, ㄷ, ㄹ이다.

04

STEP A $a_4 = 4$, $a_i \neq i$ $(i = 1, 2, 3, 5)$인 경우를 수형도로 나타내기

$a_4 = 4$, $a_i \neq i$ $(i = 1, 2, 3, 5)$를 만족하는 경우를 수형도로 나타내면 다음과 같다.

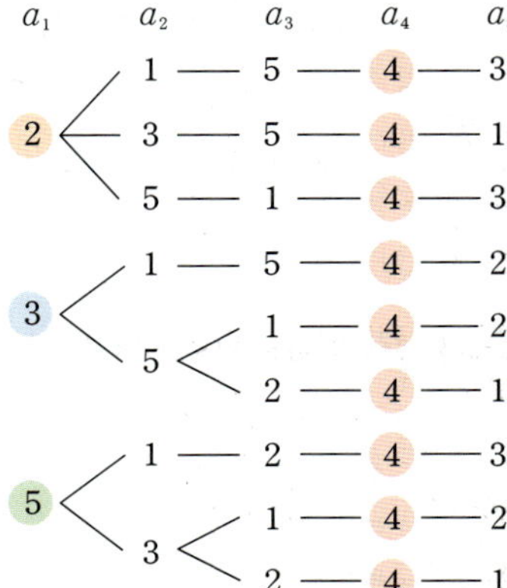

따라서 구하는 자연수의 개수는 $3 + 3 + 3 = 9$

05

STEP A 범위를 나누는 기준이 되는 x의 값 구하기

부등식 $x^2 - 2x - 4 < 2|x-2|$의 절댓값 안이 0이 되는 x의 값은 $x = 2$이다.

STEP B x의 값의 범위를 나누어 이차부등식의 해 구하기

(i) $x \geq 2$일 때,

$\quad x^2 - 2x - 4 < 2x - 4$이므로 $\quad\leftarrow$ $|x-2| = x-2$

$\quad x^2 - 4x < 0$, $x(x-4) < 0$

$\quad \therefore 0 < x < 4$

$\quad$ 그런데 $x \geq 2$이므로 x의 값의 범위는 $2 \leq x < 4$ $\quad \cdots\cdots$ ㉠

(ii) $x < 2$일 때,

$\quad x^2 - 2x - 4 < -2(x-2)$이므로 $\quad\leftarrow$ $|x-2| = -(x-2)$

$\quad x^2 - 8 < 0$, $(x + 2\sqrt{2})(x - 2\sqrt{2}) < 0$

$\quad \therefore -2\sqrt{2} < x < 2\sqrt{2}$

$\quad$ 그런데 $x < 2$이므로 x의 값의 범위는 $-2\sqrt{2} < x < 2$ $\cdots\cdots$ ㉡

㉠, ㉡에서 주어진 부등식의 해는 $-2\sqrt{2} < x < 4$

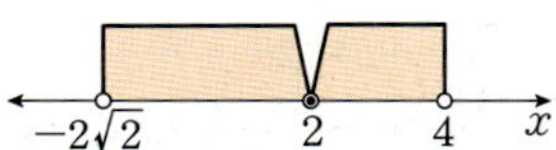

STEP C 정수 x의 값의 합 구하기

따라서 정수 x는 $-2, -1, 0, 1, 2, 3$이므로 합은

$\quad {\scriptstyle -3 < -2\sqrt{2} < -2}$

$(-2) + (-1) + 0 + 1 + 2 + 3 = 3$

06

STEP A A와 B가 선택하는 2개의 문제 중에서 한 문제만 같을 경우의 수 구하기

5개의 수학 문제에서 A, B가 같은 것을 선택하는 경우의 수는 $_5P_1 = 5$

같은 것을 제외한 4개의 수학 문제 중 A, B가 선택하는 경우의 수는

$_4P_2 = 4 \times 3 = 12$

따라서 구하는 경우의 수는 $5 \times 12 = 60$

07

정답 ④

STEP Ⓐ $A^2=E$임을 이용하여 $(2A-E)^3$ 구하기

$A=\begin{pmatrix} 0 & 1 \\ 1 & 0 \end{pmatrix}$에서

$A^2=AA=\begin{pmatrix} 0 & 1 \\ 1 & 0 \end{pmatrix}\begin{pmatrix} 0 & 1 \\ 1 & 0 \end{pmatrix}=\begin{pmatrix} 1 & 0 \\ 0 & 1 \end{pmatrix}=E$

$(2A-E)^3=8A^3-12A^2+6A-E$  $\leftarrow A^2E=A^2,\ E^2=E,\ E^3=E$

$\qquad\qquad\quad =8A-12E+6A-E$

$\qquad\qquad\quad =14A-13E$

즉 $14A-13E=aA+bE$이므로 $a=14,\ b=-13$

따라서 $a+b=14-13=1$

08

정답 ⑤

STEP Ⓐ 흥민이와 강인이가 동시에 출발하여 A지점에서 B지점으로 가는 방법의 수 구하기

(i) 흥민이가 A ⟶ P ⟶ B로 가는 방법의 수는 $2\times3=6$

강인이가 A ⟶ Q ⟶ B로 가는 방법의 수는 $3\times4=12$

즉 흥민이가 P지점을 거쳐서 가고 강인이는 Q지점을 거쳐서 가는 방법의 수는 $6\times12=72$

(ii) 흥민이가 A ⟶ Q ⟶ B로 가는 방법의 수는 $3\times4=12$

강인이가 A ⟶ P ⟶ B로 가는 방법의 수는 $2\times3=6$

즉 흥민이가 Q지점을 거쳐서 가고 강인이는 P지점을 거쳐서 가는 방법의 수는 $12\times6=72$

STEP Ⓑ 합의 법칙을 이용하여 방법의 수 구하기

(i), (ii)에서 합의 법칙에 의하여 구하는 방법의 수는 $72+72=144$

09

정답 ②

STEP Ⓐ 부등식 $f(x)\le g(x)$의 해 구하기

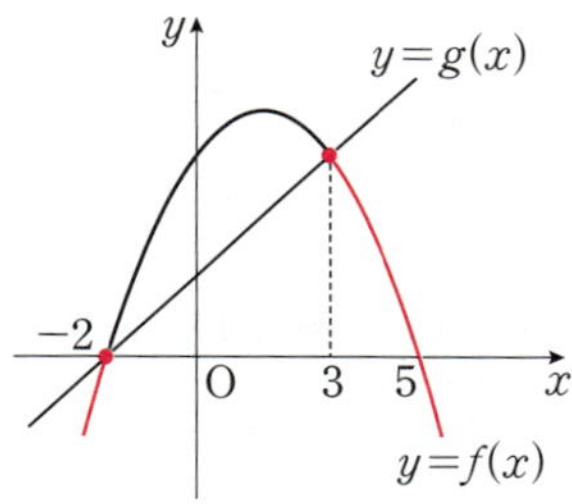

부등식 $f(x)\le g(x)$의 해는 이차함수 $y=f(x)$의 그래프가 직선 $y=g(x)$와 만나거나 직선 $y=g(x)$보다 아래쪽에 있는 부분의 x의 값의 범위이다.

$\therefore x\le -2$ 또는 $x\ge 3$

STEP Ⓑ 이차부등식을 작성하여 $a,\ b$의 합 구하기

x^2의 계수가 1이고 해가 $x\le -2$ 또는 $x\ge 3$인 이차부등식은 $(x+2)(x-3)\ge 0$, 즉 $x^2-x-6\ge 0$

따라서 $a=-1,\ b=-6$이므로 $a+b=-7$

10

정답 ④

STEP Ⓐ 주어진 조건을 이용하여 행렬 A 구하기

이차정사각행렬 $A=\begin{pmatrix} a_{11} & a_{12} \\ a_{21} & a_{22} \end{pmatrix}$의 성분 $a_{ij}=(-1)^{i+1}-3j+4$

$a_{11}=(-1)^{1+1}-3+4=2$

$a_{12}=(-1)^{1+1}-6+4=-1$

$a_{21}=(-1)^{2+1}-3+4=0$

$a_{22}=(-1)^{2+1}-6+4=-3$

$\therefore A=\begin{pmatrix} 2 & -1 \\ 0 & -3 \end{pmatrix}$

STEP Ⓑ 행렬 A를 이용하여 행렬 B 구하기

행렬 B에 대하여 $b_{ij}=a_{ji}$이므로

$b_{11}=a_{11}=2$

$b_{12}=a_{21}=0$

$b_{21}=a_{12}=-1$

$b_{22}=a_{22}=-3$

$\therefore B=\begin{pmatrix} 2 & 0 \\ -1 & -3 \end{pmatrix}$

$B^2=B^2=\begin{pmatrix} 2 & 0 \\ -1 & -3 \end{pmatrix}\begin{pmatrix} 2 & 0 \\ -1 & -3 \end{pmatrix}=\begin{pmatrix} 4 & 0 \\ 1 & 9 \end{pmatrix}$

따라서 행렬 B^2의 모든 성분의 합은 $4+0+1+9=14$

11

정답 ⑤

STEP Ⓐ $a>0$일 때 부등식의 해가 존재하는지 파악하기

이차부등식 $ax^2+2(a+3)x-4>0$에서

$a>0$일 때, 이차함수 $y=ax^2+2(a+2)x-4$는 아래로 볼록한 함수이고 $y>0$인 해를 반드시 가진다.

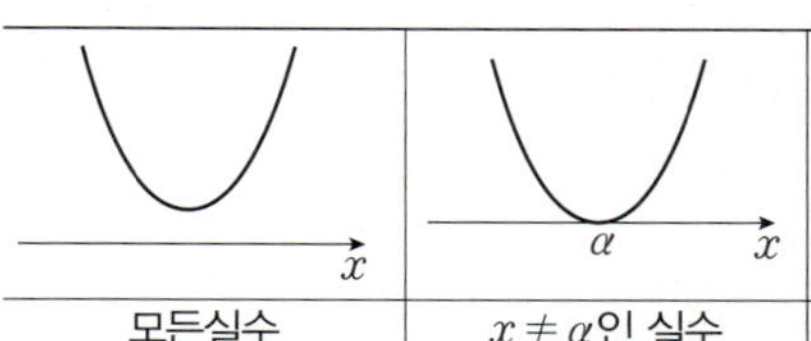

모든실수	$x\ne \alpha$인 실수	$x<\alpha$ 또는 $x>\beta$

즉 $a>0$일 때, 이차부등식의 해는 존재한다.

STEP Ⓑ $a<0$일 때 부등식의 해가 존재하는 조건 구하기

$a<0$일 때, 이차부등식 $ax^2+2(a+3)x-4>0$의 해가 존재하기 위해서는 이차함수 $y=ax^2+2(a+3)x-4$는 x축과 서로 다른 두 점에서 만나야 한다.

즉 이차방정식 $ax^2+2(a+3)x-4=0$의 판별식을 D라 하면 $D>0$이어야 한다.

$\dfrac{D}{4}=(a+3)^2+4a>0,\ a^2+10a+9>0,\ (a+1)(a+9)>0$

$\therefore a>-1$ 또는 $a<-9$

이때 $a<0$이므로 $a<-9$ 또는 $-1<a<0$

따라서 이차부등식의 해가 존재하는 a의 값의 범위는 $a>0$ 또는 $a<-9$ 또는 $-1<a<0$

12

STEP A 두 행렬이 서로 같을 조건을 이용하여 a, b, c의 관계식 구하기

$A=B$에서

$$\begin{pmatrix} a+b+c & a^2+b^2+c^2 \\ \dfrac{1}{a}+\dfrac{1}{b}+\dfrac{1}{c} & abc \end{pmatrix}=\begin{pmatrix} 6 & 16 \\ 2 & x \end{pmatrix}$$

두 행렬이 서로 같을 조건에 의하여

$$a+b+c=6 \qquad\qquad \cdots\cdots \ \text{㉠}$$
$$a^2+b^2+c^2=16 \qquad\qquad \cdots\cdots \ \text{㉡}$$
$$\dfrac{1}{a}+\dfrac{1}{b}+\dfrac{1}{c}=2 \qquad\qquad \cdots\cdots \ \text{㉢}$$
$$abc=x \qquad\qquad \cdots\cdots \ \text{㉣}$$

STEP B $ab+bc+ca$의 값 구하기

㉠의 양변을 제곱하면 $(a+b+c)^2=36$

$a^2+b^2+c^2+2(ab+bc+ca)=36$이므로

위의 식에 ㉡을 대입하면 $16+2(ab+bc+ca)=36$

$$\therefore ab+bc+ca=10 \qquad\qquad \cdots\cdots \ \text{㉤}$$

STEP C x의 값 구하기

㉢, ㉣, ㉤에 의해

$$\dfrac{1}{a}+\dfrac{1}{b}+\dfrac{1}{c}=\dfrac{ab+bc+ca}{abc}=\dfrac{10}{x}=2, \ 2x=10$$

따라서 $x=5$

13

STEP A 삼차방정식의 좌변을 인수분해하기

$f(x)=2x^3-(a-3)x^2-(a-3)x+2$로 놓으면

$f(-1)=-2-(a-3)+a-3+2=0$이므로

$f(x)$는 $x+1$을 인수로 갖는다.

조립제법을 이용하여 $f(x)$를 인수분해하면

$$\begin{array}{r|rrrr} -1 & 2 & -a+3 & -a+3 & 2 \\ & & -2 & a-1 & -2 \\ \hline & 2 & -a+1 & 2 & 0 \end{array}$$

$$f(x)=(x+1)\{2x^2-(a-1)x+2\}$$

STEP B 삼차방정식의 세 근이 음수가 되는 정수 a의 최댓값 구하기

방정식 $f(x)=0$의 한 근 $x=-1$이 음수이므로

이차방정식 $2x^2-(a-1)x+2=0$의 두 근이 음수가 되어야 한다.

(i) 이차방정식의 판별식을 D라 하면 $D\geq 0$이어야 한다.

$$D=(a-1)^2-16\geq 0$$
$$a^2-2a-15\geq 0, \ (a-5)(a+3)\geq 0$$
$$\therefore a\leq -3 \ \text{또는} \ a\geq 5$$

(ii) (두 근의 합)$=\dfrac{a-1}{2}<0$ $\therefore a<1$ $\leftarrow$ 두 근이 음수이면 그 합은 음수이다.

(iii) (두 근의 곱)$=\dfrac{2}{2}>0$ $\leftarrow$ 두 근이 음수이면 그 곱은 양수이다.

(i)~(iii)에서 공통부분은 $a\leq -3$

따라서 정수 a의 최댓값은 -3

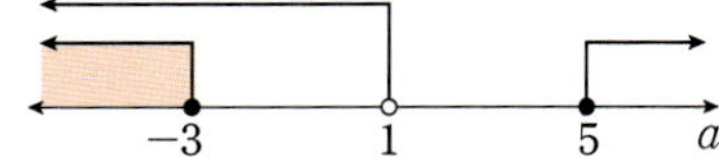

14

STEP A $a+b+ab$의 값이 홀수가 되는 경우 파악하기

짝수는 2, 4, 6, 8의 4가지, 홀수는 1, 3, 5, 7, 9의 5가지이므로

$a+b+ab$의 값이 홀수가 되려면

$a+b$와 ab 중 하나는 홀수, 하나는 짝수이어야 한다.

STEP B $a+b+ab$의 값이 홀수가 되는 경우의 수 구하기

(i) $a+b$가 홀수, ab가 짝수인 경우

　　(a, b)가 (홀수, 짝수)인 경우의 수는 $5\times 4=20$

　　(a, b)가 (짝수, 홀수)인 경우의 수는 $4\times 5=20$

(ii) $a+b$가 짝수, ab가 홀수인 경우

　　(a, b)가 (홀수, 홀수)인 경우의 수는 $5\times 4=20$

(i), (ii)에서 합의 법칙에 의하여 구하는 경우의 수는 $20+20+20=60$

15

STEP A 이차부등식 $x^2+ax+b\leq 0$의 해가 $x=-2$임을 이용하여 a, b의 값 구하기

이차부등식 $x^2+ax+b>0$의 해가 $x\neq -2$이므로

이차부등식 $x^2+ax+b\leq 0$의 해는 $x=-2$가 되어야 한다.

이때 $f(x)=x^2+ax+b$라 하면

그래프는 오른쪽과 같다.

즉 $f(x)=(x+2)^2=x^2+4x+4$이므로

$a=4$, $b=4$

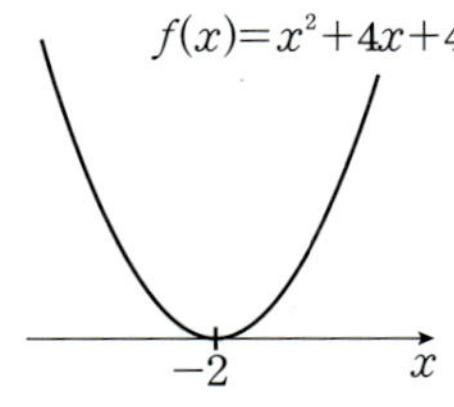

STEP B $\alpha+\beta$의 값 구하기

$a=4$, $b=4$이므로 이차부등식 $bx^2-ax-15<0$에 대입하면

$4x^2-4x-15<0$의 해가 $\alpha<x<\beta$

이때 $x=\alpha$, $x=\beta$는 이차방정식 $4x^2-4x-15=0$의 두 근이 된다.

따라서 이차방정식의 근과 계수의 관계에 의하여 두 근의 합 $\alpha+\beta=1$

16

STEP A 행렬의 연산을 이용하여 보기의 참, 거짓 판단하기

ㄱ. $(A-B)^2=(A-B)(A-B)$

$$=A^2-AB-BA+B^2$$

$(A+B)^2=(A+B)(A+B)$

$$=A^2+AB+BA+B^2$$

$(A-B)^2=(A+B)^2$이므로 대입하면

$A^2-AB-BA+B^2=A^2+AB+BA+B^2$

$\therefore AB+BA=O$

반례 $A=\begin{pmatrix} -1 & 0 \\ 0 & 1 \end{pmatrix}$, $B=\begin{pmatrix} 0 & 1 \\ 1 & 0 \end{pmatrix}$일 때

$AB=\begin{pmatrix} -1 & 0 \\ 0 & 1 \end{pmatrix}\begin{pmatrix} 0 & 1 \\ 1 & 0 \end{pmatrix}=\begin{pmatrix} 0 & -1 \\ 1 & 0 \end{pmatrix}$, $BA=\begin{pmatrix} 0 & 1 \\ 1 & 0 \end{pmatrix}\begin{pmatrix} -1 & 0 \\ 0 & 1 \end{pmatrix}=\begin{pmatrix} 0 & 1 \\ -1 & 0 \end{pmatrix}$

즉 $AB+BA=\begin{pmatrix} 0 & -1 \\ 1 & 0 \end{pmatrix}+\begin{pmatrix} 0 & 1 \\ -1 & 0 \end{pmatrix}=\begin{pmatrix} 0 & 0 \\ 0 & 0 \end{pmatrix}$으로 조건을 만족시키지만

$AB\neq O$ [거짓]

ㄴ. $A^2=A$, $B^2=E$이면

$(BAB)^2=(BAB)(BAB)$

$$=BAB^2AB$$
$$=BAAB$$
$$=BA^2B$$
$$=BAB \ \text{[참]}$$

ㄷ. $A(A-E)=E$, $A^2-A=E$
위의 식의 양변에 행렬 B를 곱하면
$(A^2-A)B=EB$, $AAB-AB=B$
이때 $AB=E$이므로 대입하면 $AE-E=B$, $A-E=B$
즉 $B^2=(A-E)^2=\underset{A^2=A+E}{\underline{A^2-2A+E}}$, $B^2=(A+E)-2A+E=-A+2E$ [참]

따라서 보기 중 옳은 것은 ㄴ, ㄷ이다.

17

 정답 ④

STEP Ⓐ **여자 3명이 앞줄에 이웃하여 서는 경우의 수 구하기**

(i) 여자 3명이 앞줄에 이웃하여 서는 경우
여자 3명이 앞줄에 서는 경우의 수는 $3!=3\times2\times1=6$
남자 4명이 뒷줄에 서는 경우의 수는 $4!=4\times3\times2\times1=24$
즉 이때의 경우의 수는 $6\times24=144$

STEP Ⓑ **여자 3명이 뒷줄에 이웃하여 서는 경우의 수 구하기**

(ii) 여자 3명이 뒷줄에 이웃하여 서는 경우
뒷줄에 설 남자 한 명을 뽑는 경우의 수는 $_4C_1=4$
여자 3명을 한 묶음으로 생각하여 뽑힌 남자 한 명과 뒷줄에 세우는
경우의 수는 $2!=2$
여자 3명이 순서를 바꾸어 서는 경우의 수는 $3!=3\times2\times1=6$
나머지 남자 3명이 앞줄에 서는 경우의 수는 $3!=3\times2\times1=6$
즉 이때의 경우의 수는 $4\times2\times6\times6=288$

(i), (ii)에서 합의 법칙에 의하여 구하는 경우의 수는 $144+288=432$

18

정답 ④

STEP Ⓐ **모든 실수 x에 대하여 부등식 $-x^2+6x-10\le2x+k$가 성립하기 위한 k의 값의 범위 구하기**

모든 실수 x에 대하여 부등식 $-x^2+6x-10\le2x+k$가 성립하므로
$x^2-4x+k+10\ge0$
이차방정식 $x^2-4x+k+10=0$의 판별식을 D_1이라 하면
이차방정식이 중근 또는 허근을 가지므로 $D_1\le0$이어야 한다.
$\dfrac{D_1}{4}=4-k-10\le0$
$\therefore -6\le k$　　　　　 …… ㉠

STEP Ⓑ **모든 실수 x에 대하여 부등식 $2x+k\le x^2-2x+8$이 성립하기 위한 k의 값의 범위 구하기**

모든 실수 x에 대하여 부등식 $2x+k\le x^2-2x+8$이 성립하므로
$x^2-4x+8-k\ge0$
이차방정식 $x^2-4x+8-k=0$의 판별식을 D_2라 하면
이차방정식이 중근 또는 허근을 가지므로 $D_2\le0$이어야 한다.
$\dfrac{D_2}{4}=4-8+k\le0$
$\therefore k\le4$　　　　　 …… ㉡
㉠, ㉡의 공통범위는 $-6\le k\le4$이므로 정수 k의 개수는 11

19

정답 ②

STEP Ⓐ **직선 l, m 위의 점을 이용하여 사각형의 개수 구하기**

직선 l 위의 점 6개 중 2개를 선택하고 직선 m 위의 점 5개 중 2개를 선택하여
연결하면 사각형이 만들어진다.
즉 $_6C_2\times{_5C_2}=\dfrac{6\times5}{2\times1}\times\dfrac{5\times4}{2\times1}=150$

+α │ 여사건을 이용하여 구할 수 있어!

직선 l 위의 점 6개와 직선 m 위의 점 5개 중 전체 4개를 먼저 선택한다.
$_{11}C_4=\dfrac{11\times10\times9\times8}{4\times3\times2\times1}=330$
이때 사각형이 되지 않는 경우를 제외하면 된다.
(i) 직선 l 위의 점 6개 중 4개를 선택하는 경우
$_6C_4={_6C_2}=\dfrac{6\times5}{2\times1}=15$
(ii) 직선 m 위의 점 5개 중 4개를 선택하는 경우
$_5C_4={_5C_1}=5$
(iii) 직선 l 위의 점 3개와, 직선 m 위의 점 1개를 선택하는 경우
$_6C_3\times{_5C_1}=\dfrac{6\times5\times4}{3\times2\times1}\times5=100$
(iv) 직선 l 위의 점 1개와, 직선 m 위의 점 3개를 선택하는 경우
$_6C_1\times{_5C_3}=6\times{_5C_2}=6\times\dfrac{5\times4}{2\times1}=60$
$\therefore 330\underset{\text{선분이 되는 경우}}{-15-5}\underset{\text{삼각형이 되는 경우}}{-100-60}=150$

STEP Ⓑ **직선 l, m 위의 점을 이용하여 삼각형의 개수 구하기**

직선 l 위의 점 2개를 선택하고 직선 m 위의 점 1개를 선택하면
$_6C_2\times{_5C_1}=\dfrac{6\times5}{2\times1}\times5=75$

직선 l 위의 점 1개를 선택하고 직선 m 위의 점 2개를 선택하면
$_6C_1\times{_5C_2}=6\times\dfrac{5\times4}{2\times1}=60$

삼각형의 개수는 $75+60=135$
따라서 사각형의 개수와 삼각형의 개수의 합은 $150+135=285$

+α │ 여사건을 이용하여 구할 수 있어!

직선 l 위의 점 6개와 직선 m 위의 점 5개 중 전체 3개를 먼저 선택한다.
$_{11}C_3=\dfrac{11\times10\times9}{3\times2\times1}=165$
이때 삼각형이 되지 않는 경우를 제외하면 된다.
(i) 직선 l 위의 점 6개 중 3개를 선택하는 경우
$_6C_3=\dfrac{6\times5\times4}{3\times2\times1}=20$
(ii) 직선 m 위의 점 5개 중 3개를 선택하는 경우
$_5C_3={_5C_2}=\dfrac{5\times4}{2\times1}=10$
$\therefore 165-20-10=135$
　　　<u>선분이 되는 경우</u>

20

STEP A 두 부등식의 해 구하기

부등식 $x^2-2x-8<0$에서 $(x+2)(x-4)<0$

$\therefore -2<x<4$ ...... ㉠

부등식 $x^2-(a+2)x+2a<0$에서

$(x-2)(x-a)<0$ ...... ㉡

STEP B 연립부등식을 만족시키는 정수 x가 1개 존재하도록 하는 a의 값의 범위 구하기

(i) $a<2$일 때,

㉡에서 $a<x<2$이므로

연립부등식의 정수인 해가 1개이려면 다음 그림에서 $0 \le a<1$

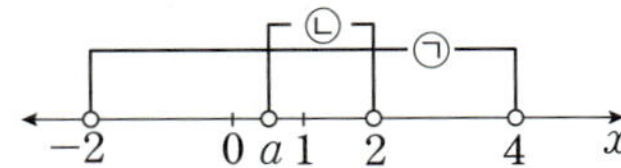

(ii) $a=2$일 때,

㉡에서 $(x-2)^2<0$이므로 연립방정식의 해가 존재하지 않는다.

(iii) $a>2$일 때,

㉡에서 $2<x<a$이므로

연립부등식의 정수인 해가 1개이려면 다음 그림에서 $a>3$

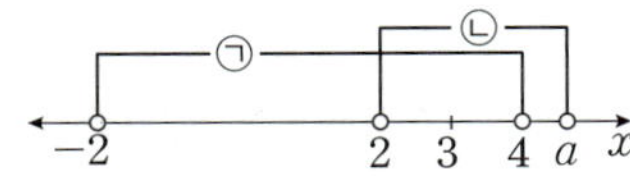

(i)~(iii)에서 $0 \le a<1$ 또는 $a>3$

STEP C a^2+4a+5의 최솟값 구하기

$y=a^2+4a+5=(a+2)^2+1$이라 하면

$0 \le a<1$ 또는 $a>3$에서 함수의 그래프는 다음과 같다.

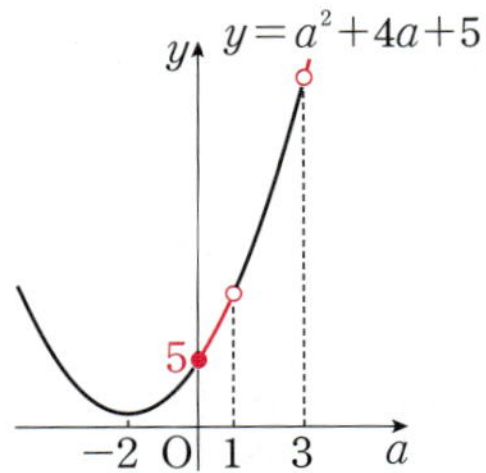

따라서 a^2+4a+5는 $a=0$에서 최솟값 5를 가진다.

21

STEP A 평행사변형을 만들 수 있는 경우의 수 구하기

$(n+1)$개의 평행한 직선 중 2개를 선택하고

서로 만나는 $(n+2)$개의 평행한 직선 중 2개를 선택하면

평행사변형을 만들 수 있다.

즉 $_{n+1}C_2 \times _{n+2}C_2 = \dfrac{(n+1)n}{2 \times 1} \times \dfrac{(n+2)(n+1)}{2 \times 1}$

$\qquad = \dfrac{n(n+1)^2(n+2)}{4}$

STEP B 평행사변형의 개수를 이용하여 n의 값 구하기

평행사변형의 개수 $\dfrac{n(n+1)^2(n+2)}{4}=315$, $n(n+1)^2(n+2)=1260$

이때 $1260=5 \times 6^2 \times 7$이므로 $n(n+1)^2(n+2)=5 \times 6^2 \times 7$

따라서 $n=5$

22

STEP A 두 학생의 부등식의 해를 이용하여 a, b의 값 구하기

혜수는 a를 잘못 보고 풀었으므로 혜수가 푼 이차부등식을

$x^2+a_1x+b \le 0$ ...... ㉠

이라 하자.

이때 이차항의 계수가 1이고 해가 $2 \le x \le 8$인 이차부등식은

$(x-2)(x-8) \le 0$

$\therefore x^2-10x+16 \le 0$ ...... ㉡

㉠, ㉡의 식이 같으므로 상수항의 계수를 비교하면 $b=16$

민재는 상수항을 잘못 보고 풀었으므로 민재가 푼 이차부등식을

$x^2+ax+b_1 \le 0$ ...... ㉢

이라 하자.

이때 이차항의 계수가 1이고 해가 $3 \le x \le 5$인 이차부등식은

$(x-3)(x-5) \le 0$

$\therefore x^2-8x+15 \le 0$ ...... ㉣

㉢, ㉣의 식이 같으므로 일차항의 계수를 비교하면 $a=-8$

+α 이차방정식의 근과 계수의 관계를 이용하여 구할 수 있어!

혜수는 이차방정식 $x^2+ax+b=0$에서 이차항의 계수 1과 상수항 b를 바르게 보고 풀었다.

이때의 두 근이 2와 8이므로 이차방정식의 근과 계수의 관계에 의하여 두 근의 곱은

$\dfrac{b}{1}=2 \times 8=16$ $\therefore b=16$

민재는 이차방정식 $x^2+ax+b=0$에서 이차항과의 계수와 1과 일차항의 계수 a를 바르게 보고 풀었다.

이때의 두 근이 3과 5이므로 이차방정식의 근과 계수의 관계에 의하여 두 근의 합은

$-\dfrac{a}{1}=3+5$ $\therefore a=-8$

STEP B 이차부등식 $x^2+ax+b \le 0$의 원래의 해 구하기

이차부등식 $x^2+ax+b \le 0$에서 $x^2-8x+16 \le 0$, $(x-4)^2 \le 0$

따라서 구하는 이차부등식의 해는 $x=4$

23

STEP A 이차방정식의 근과 계수의 관계와 곱셈 공식을 이용하여 정리하기

이차방정식 $x^2+x-1=0$의 두 근이 α, β이므로
근과 계수의 관계에 의하여 $\alpha+\beta=-1$, $\alpha\beta=-1$

이차방정식 $ax^2+bx+c=0$의 두 근이 α, β이면 $\alpha+\beta=-\dfrac{b}{a}$, $\alpha\beta=\dfrac{c}{a}$

이때 $\dfrac{1}{\alpha}+\dfrac{1}{\beta}=\dfrac{\alpha+\beta}{\alpha\beta}=\dfrac{-1}{-1}=1$

STEP B A^2, A^3, A^4, $\cdots$을 차례로 구하여 규칙 찾기

$A=\begin{pmatrix} 1 & 0 \\ \alpha+\beta-1 & \frac{1}{\alpha}+\frac{1}{\beta} \end{pmatrix}=\begin{pmatrix} 1 & 0 \\ -2 & 1 \end{pmatrix}$이므로

$A^2=AA=\begin{pmatrix} 1 & 0 \\ -2\times1 & 1 \end{pmatrix}\begin{pmatrix} 1 & 0 \\ -2\times1 & 1 \end{pmatrix}=\begin{pmatrix} 1 & 0 \\ -2\times2 & 1 \end{pmatrix}$

$A^3=A^2A=\begin{pmatrix} 1 & 0 \\ -2\times2 & 1 \end{pmatrix}\begin{pmatrix} 1 & 0 \\ -2\times1 & 1 \end{pmatrix}=\begin{pmatrix} 1 & 0 \\ -2\times3 & 1 \end{pmatrix}$

$\vdots$

자연수 n에 대하여 $A^n=\begin{pmatrix} 1 & 0 \\ -2\times n & 1 \end{pmatrix}$로 추정할 수 있다.

STEP C 행렬 A^n의 모든 성분의 합이 -98이 되는 자연수 n의 값 구하기

이때 $A^n=\begin{pmatrix} 1 & 0 \\ -2n & 1 \end{pmatrix}$의 모든 성분의 합은 $1+1+(-2n)=-2n+2$

따라서 $-2n+2=-98$이므로 $n=50$

24

1단계 음수의 제곱근의 성질을 이용하여 연립부등식과 연립방정식을 구한다. 1.5점

$\dfrac{\sqrt{x^2-6x+5}}{\sqrt{x^2-7x-18}}=-\sqrt{\dfrac{x^2-6x+5}{x^2-7x-18}}$이므로 음수의 제곱근의 성질에 의하여

$x^2-6x+5>0$, $x^2-7x-18<0$ 또는 $x^2-6x+5=0$, $x^2-7x-18\neq0$

2단계 연립부등식과 연립방정식의 해를 구한다. 2점

(i) $x^2-6x+5>0$, $x^2-7x-18<0$인 경우

부등식 $x^2-6x+5>0$에서 $(x-1)(x-5)>0$
$\therefore x<1$ 또는 $x>5$ ...... ㉠
부등식 $x^2-7x-18<0$에서 $(x+2)(x-9)<0$
$\therefore -2<x<9$ ...... ㉡
즉 ㉠, ㉡의 공통부분은 $-2<x<1$ 또는 $5<x<9$

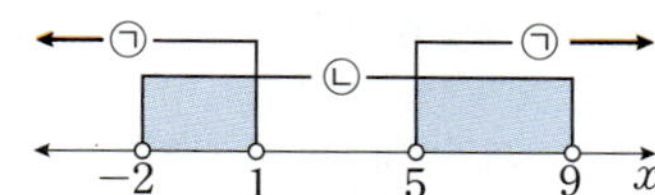

(ii) $x^2-6x+5=0$, $x^2-7x-18\neq0$인 경우

이차방정식 $x^2-6x+5=0$에서 $(x-1)(x-5)=0$
$\therefore x=1$ 또는 $x=5$ ...... ㉢
이차방정식 $x^2-7x-18\neq0$에서 $(x+2)(x-9)\neq0$
$\therefore x\neq-2$이고 $x\neq9$ ...... ㉣
즉 ㉢, ㉣의 공통부분은 $x=1$ 또는 $x=5$

3단계 실수 x의 값의 범위를 구한다. 0.5점

(i), (ii)에서 $-2<x\leq1$ 또는 $5\leq x<9$

25

1단계 $a\leq b<c$인 세 자리 자연수 abc의 개수를 구한다. 1점

$a\leq b$는 $a<b$ 또는 $a=b$이어야 한다.
(i) $a<b<c$일 때,
　백의 자리에는 0이 올 수 없으므로
　0을 제외한 9개의 수 중에서 서로 다른 3개를 택하기만 하면 된다.
　즉 자연수 abc의 개수는 $_9C_3=\dfrac{9\times8\times7}{3\times2\times1}=84$
(ii) $a=b<c$일 때,
　백의 자리에는 0이 올 수 없으므로
　0을 제외한 9개의 수 중에서 서로 다른 2개를 택하기만 하면 된다.
　즉 자연수 abc의 개수는 $_9C_2=\dfrac{9\times8}{2\times1}=36$
(i), (ii)에서 합의 법칙에 의하여 구하는 자연수의 개수는 $84+36=120$

2단계 5의 배수이고 $a>b>c$인 세 자리 자연수 abc의 개수를 구한다. 2점

5의 배수이려면
자연수 abc의 일의 자리 c는 0 또는 5이어야 한다.
(i) $c=0$일 때,
　0을 제외한 9개의 수 중에서 서로 다른 2개를 택하기만 하면 된다.
　즉 자연수 abc의 개수는 $_9C_2=\dfrac{9\times8}{2\times1}=36$
(ii) $c=5$일 때,
　6, 7, 8, 9 중에서 서로 다른 2개를 택하기만 하면 된다.
　즉 자연수 abc의 개수는 $_4C_2=\dfrac{4\times3}{2\times1}=6$
(i), (ii)에서 합의 법칙에 의하여 구하는 자연수의 개수는 $36+6=42$

3단계 2의 배수이고 $a<b<c$인 세 자리 자연수 abc의 개수를 구한다. 2점

2의 배수이려면
자연수 abc의 일의 자리 c는 0 또는 2 또는 4 또는 6 또는 8이어야 한다.
(i) $c=0$ 또는 $c=2$일 때,
　$a<b<c$를 만족하는 자연수 abc는 존재하지 않는다.
(ii) $c=4$일 때,
　1, 2, 3 중에서 서로 다른 2개를 택하기만 하면 된다.
　즉 자연수 abc의 개수는 $_3C_2=_3C_1=3$
(iii) $c=6$일 때,
　1, 2, 3, 4, 5 중에서 서로 다른 2개를 택하기만 하면 된다.
　즉 자연수 abc의 개수는 $_5C_2=\dfrac{5\times4}{2\times1}=10$
(iv) $c=8$일 때,
　1, 2, 3, 4, 5, 6, 7 중에서 서로 다른 2개를 택하기만 하면 된다.
　즉 자연수 abc의 개수는 $_7C_2=\dfrac{7\times6}{2\times1}=21$
(i)~(iv)에서 합의 법칙에 의하여 구하는 자연수의 개수는 $3+10+21=34$

1학기 기말고사 모의평가 02

01	②	02	④	03	③	04	①	05	③
06	②	07	④	08	②	09	②	10	③
11	④	12	⑤	13	③	14	②	15	⑤
16	⑤	17	②	18	③	19	②	20	③

주관식 및 서술형

21	72	22	62	23	864
24	해설참조		25	해설참조	

01

STEP A 주어진 부등식의 해를 각각 구하기

$5x-4 \leq 3x-2 < 10x+12$에서 $\begin{cases} 5x-4 \leq 3x-2 \\ 3x-2 < 10x+12 \end{cases}$

부등식 $5x-4 \leq 3x-2$에서 $2x \leq 2$

$\therefore x \leq 1$ ...... ㉠

부등식 $3x-2 < 10x+12$에서 $-7x < 14$

$\therefore x > -2$ ...... ㉡

STEP B 연립부등식을 만족시키는 정수 x의 개수 구하기

㉠, ㉡을 수직선 위에 나타내면 다음 그림과 같으므로
동시에 만족시키는 범위는

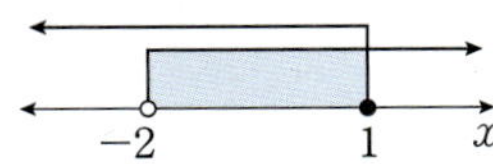

$-2 < x \leq 1$

따라서 구하는 정수 x는 -1, 0, 1이므로 개수는 3

02

STEP A 해가 $-6 \leq x \leq a$이고 x^2의 계수가 1인 이차부등식 작성하기

해가 $-6 \leq x \leq a$이고 x^2의 계수가 1인 이차부등식은

$(x+6)(x-a) \leq 0$, $x^2+(6-a)x-6a \leq 0$ ...... ㉠

STEP B 주어진 이차부등식과 일치함을 이용하여 a, b의 값 구하기

㉠과 $x^2+ax+b \leq 0$이 일치해야 하므로 $6-a=a$, $-6a=b$

따라서 $a=3$, $b=-18$이므로 $a+b=3+(-18)=-15$

03

STEP A 각 식을 전개하고 서로 다른 항의 개수 구하기

$(x+y)^2 = x^2+2xy+y^2$

$(a+b+c)^2 = a^2+b^2+c^2+2ab+2bc+2ca$

따라서 $(x+y)^2(a+b+c)^2$의 전개식에서 서로 다른 항의 개수는 $3 \times 6 = 18$

04

STEP A $a_{11}+a_{22}=18$, $a_{12}-a_{21}=-8$임을 이용하여 a, b의 값 구하기

행렬 $A = \begin{pmatrix} 4a-b & a-2b \\ a+2b & 2a+b \end{pmatrix}$에서

$a_{11}+a_{22}=(4a-b)+(2a+b)$, $6a=18$이므로 $a=3$

$a_{12}-a_{21}=(a-2b)-(a+2b)$, $-4b=-8$이므로 $b=2$

따라서 $a_{22}=2a+b=6+2=8$

05

STEP A 근과 계수의 관계와 순열, 조합의 식을 이용하여 관계식 구하기

이차방정식 $5x^2 - {}_nP_r x - 6 \times {}_nC_{n-r} = 0$의 두 근이 -2, 6이므로
근과 계수의 관계에 의하여

두 근의 합은 $\dfrac{{}_nP_r}{5} = -2+6 = 4$

$\therefore {}_nP_r = 20$ ...... ㉠

두 근의 곱은 $\dfrac{-6 \times {}_nC_{n-r}}{5} = -2 \times 6 = -12$

$\therefore {}_nC_{n-r} = 10$

즉 ${}_nC_{n-r} = {}_nC_r = 10$ ...... ㉡

STEP B ${}_nC_r = \dfrac{{}_nP_r}{r!}$임을 이용하여 r과 n의 값 구하기

㉠, ㉡에서 ${}_nC_r = \dfrac{{}_nP_r}{r!} = \dfrac{20}{r!} = 10$이므로

$r! = 2$ $\therefore r = 2$

이때 ${}_nP_2 = 20$에서 $n(n-1)=20$, $n^2-n-20=0$, $(n-5)(n+4)=0$

$\therefore n = 5 (\because n > 0)$

따라서 $n+r = 5+2 = 7$

06

STEP A 지불할 수 있는 방법의 수 구하기

1000원짜리 지폐 4장으로 지불할 수 있는 방법은
0장, 1장, 2장, 3장, 4장의 5가지

5000원짜리 지폐 2장으로 지불할 수 있는 방법은
0장, 1장, 2장의 3가지

10000원짜리 지폐 1장으로 지불할 수 있는 방법은
0장, 1장의 2가지

이때 0원을 지불하는 경우는 제외해야 하므로 지불할 수 있는 방법의 수는

$a = 5 \times 3 \times 2 - 1 = 29$

**STEP B 지불할 수 있는 금액이 같은 경우에 주목하여 지불할 수 있는
금액의 수 구하기**

10000원짜리 지폐 1장으로 지불할 수 있는 금액과
5000원짜리 지폐 2장으로 지불할 수 있는 금액은 서로 같으므로
10000원짜리 지폐 1장을 5000원짜리 지폐 2장으로 바꾸면
지불할 수 있는 금액의 수는 5000원자리 지폐 4장, 1000원짜리 지폐 4장으로
지불할 수 있는 금액의 수와 같다.

즉 5000원짜리로 4장으로 지불할 수 있는 금액은
0원, 5000원, 10000원, 15000원, 20000원의 5가지

1000원짜리 4장으로 지불할 수 있는 금액은
0원, 1000원, 2000원, 3000원, 4000원의 5가지

이때 0원을 지불하는 경우를 제외해야 하므로 지불할 수 있는 금액의 수는

$b = 5 \times 5 - 1 = 24$

STEP C $a+b$의 값 구하기

따라서 $a+b = 29+24 = 53$

07
정답 ④

STEP A 조합의 정의를 이용하여 빈칸에 알맞은 식 구하기

$$_{n-1}C_{r-1} + {}_{n-1}C_r = \frac{(n-1)!}{(r-1)!\,\boxed{(n-r)!}} + \frac{(n-1)!}{r!\,\{(n-1)-r\}!}$$

$$= \frac{r(n-1)!}{r!(n-r)!} + \frac{(n-r)(n-1)!}{r!\,\boxed{(n-r)!}}$$

$$= \frac{\{(n-r)+r\}(n-1)!}{r!(n-r)!}$$

$$= \frac{n(n-1)!}{r!(n-r)!}$$

$$= \frac{\boxed{n!}}{r!(n-r)!} = {}_nC_r$$

따라서 (가) : $(n-r)!$, (나) : $(n-r)!$, (다) : $n!$

08
정답 ②

STEP A $a=4$인 경우 만족하는지 확인하기

$a-4=0$, 즉 $a=4$일 때, $0 \times x^2 + 0 \times x + 1 > 0$에서 $1 > 0$이므로
주어진 부등식은 모든 실수 x에 대하여 성립한다.
$\therefore a = 4$

STEP B $a \neq 4$인 경우 이차함수와 이차부등식의 관계를 이용하기

$a-4 \neq 0$, 즉 $a \neq 4$일 때,
모든 실수 x에 대하여 주어진
부등식이 성립하려면
이차함수 $y=(a-4)x^2 + 2(a-4)x + 1$
의 그래프가 오른쪽 그림과 같아야 한다.
즉 그래프가 아래로 볼록하므로 $a-4 > 0$
$\therefore a > 4$ ...... ㉠

또, 이차방정식 $(a-4)x^2 + 2(a-4)x + 1 = 0$의 판별식을 D라 하면
$D < 0$이어야 한다.
$$\frac{D}{4} = (a-4)^2 - (a-4) < 0,\ a^2 - 9a + 20 < 0,\ (a-4)(a-5) < 0$$
$\therefore 4 < a < 5$ ...... ㉡
㉠, ㉡의 공통부분은 $4 < a < 5$
따라서 $4 \leq a < 5$

09
정답 ②

STEP A 전체 경우의 수 구하기

11명에서 3명을 뽑는 경우의 수는 $_{11}C_3 = \dfrac{11 \times 10 \times 9}{3 \times 2 \times 1} = 165$

STEP B 여사건을 이용하여 경우의 수 구하기

여자만 3명 뽑는 경우의 수는 $_7C_3 = \dfrac{7 \times 6 \times 5}{3 \times 2 \times 1} = 35$
남자가 적어도 1명 포함되는 경우의 수는
전체 경우의 수에서 여자만 3명 뽑는 경우의 수를 뺀 것과 같다.
따라서 구하는 경우의 수는 $165 - 35 = 130$

10
정답 ③

STEP A 행렬 A의 성분 구하기

$$A = (1\ \ x)\begin{pmatrix} 1 & 4 \\ y & x^2 \end{pmatrix}\begin{pmatrix} 1 \\ 2 \end{pmatrix}$$ ← $(1\times2$행렬$)\times(2\times2$행렬$)\times(2\times1$행렬$)=(1\times1$행렬$)$

$$= (1+xy\ \ 4+x^2)\begin{pmatrix} 1 \\ 2 \end{pmatrix}$$

$$= (1+xy+8+2x^2)$$

$$= (2x^2+xy+9)$$

즉 행렬 A의 성분은 $2x^2+xy+9$

STEP B $x+y=4$일 때, 성분의 최댓값과 최솟값 구하기

$x+y=4$에서 $y=4-x$ ...... ㉠
$x \geq 0,\ y \geq 0$이므로 $x \geq 0,\ 4-x \geq 0$
$\therefore 0 \leq x \leq 4$

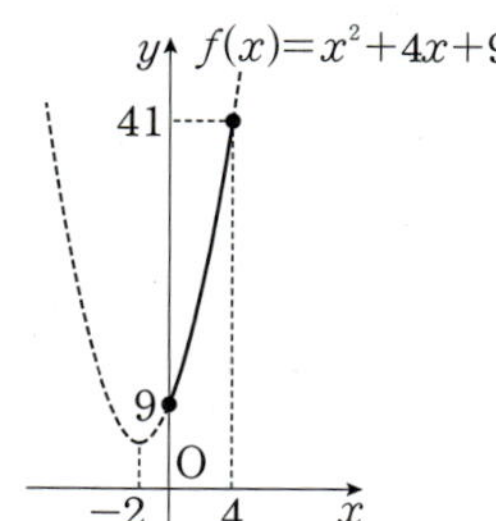

㉠을 $2x^2+xy+9$에 대입하면
$$2x^2+xy+9 = 2x^2+x(4-x)+9$$
$$= x^2+4x+9$$
$$= (x+2)^2+5$$

범위 $0 \leq x \leq 4$이므로
$x=0$일 때, 최솟값 9를 가지고 $x=4$일 때, 최댓값 41을 가진다.
따라서 $M=41$, $m=9$이므로 $M+m=50$

11
정답 ④

STEP A 민지의 경로의 수를 먼저 구하고, 민지가 지나지 않은 도로 중에서 하니의 경로의 수 구하기

두 사람이 지나는 도로가 모두 다르도록 하려면 민지가 먼저 도로를 선택하고 그 각각의 경우에 하니는 민지가 선택한 도로를 빼고 나머지 도로 중에서 선택하면 된다.
민지가 도로 $A \to B \to D \to C \to A$를 선택하는 방법의 수는
$3 \times 2 \times 4 \times 2 = 48$
하니는 민지가 지나는 도로를 제외하고
나머지 도로 $A \to C \to D \to B \to A$를 선택하는 방법의 수는
$1 \times 3 \times 1 \times 2 = 6$

STEP B 곱의 법칙을 이용하여 경로의 수 구하기

따라서 경로를 결정하는 방법의 수는 $48 \times 6 = 288$

12

STEP Ⓐ 남학생 사이에 여학생을 세우지 않거나 1명만 세우는 방법의 수 구하기

6명을 일렬로 세우는 방법의 수에서 남학생 사이에 여학생을 세우지 않거나 1명만 세우는 방법의 수를 빼면 된다.

(i) 6명을 일렬로 세우는 방법의 수는 $6! = 6 \times 5 \times 4 \times 3 \times 2 \times 1 = 720$

(ii) 남학생 사이에 여학생을 세우지 않는 방법
남학생끼리 이웃하도록 세우는 방법과 같다.
남학생 2명을 한 묶음으로 생각하여 여학생 4명과 함께 일렬로 세우는
방법의 수는 $5! = 5 \times 4 \times 3 \times 2 \times 1 = 120$
남학생 2명이 자리를 바꾸는 방법의 수는 $2! = 2$
즉 남학생 사이에 여학생을 세우지 않는 방법의 수는 $120 \times 2 = 240$

(iii) 남학생 사이에 여학생 1명만 세우는 방법
여학생 4명 중에서 1명을 택하여 남학생 사이에 세우는 방법의 수는
$_4\mathrm{P}_1 = 4$
남학생 2명이 자리를 바꾸는 방법의 수는 $2! = 2$
남학생과 남학생 사이의 여학생 1명을 한 묶음으로 생각하여
나머지 3명의 여학생과 함께 일렬로 세우는 방법의 수는
$4! = 4 \times 3 \times 2 \times 1 = 24$
즉 남학생 사이에 여학생 1명만 세우는 방법의 수는 $4 \times 2 \times 24 = 192$

STEP Ⓑ 구하고자 하는 방법의 수 구하기

(i)~(iii)에 의하여 구하는 방법의 수는 $720 - 240 - 192 = 288$

13

STEP Ⓐ 조건에 맞게 이차부등식 세우기

바지 한벌의 가격을 x만 원 인상했을 때, 바지 한 벌의 가격은
$(10+x)$만 원
이때 판매량은 $4x$벌이 줄어들게 되므로 한 달 판매량은
$(100-4x)$벌
한 달 판매액이 1200만 원 이상이 되어야 하므로
$(10+x)(100-4x) \geq 1200$
$x^2 - 15x + 50 \leq 0,\ (x-5)(x-10) \leq 0$
$\therefore\ 5 \leq x \leq 10$

STEP Ⓑ $M+m$의 값 구하기

바지 한 벌의 가격의
최댓값은 $M = 10 + 10 = 20$ (만 원)
최솟값은 $m = 10 + 5 = 15$ (만 원)
따라서 $M + m = 20 + 15 = 35$

14

STEP Ⓐ $A + A^2 + \cdots + A^{50}$을 간단히 하기

$A + B = O$에서 $B = -A,\ A = -B$
$B = -A$를 $AB = E$에 대입하면 $-A^2 = E$
$\therefore\ A^2 = -E$
$A^3 = A^2 A = -EA = -A$
$A^4 = (A^2)^2 = (-E)^2 = E$
$A^5 = A,\ A^6 = -E,\ A^7 = -A,\ A^8 = E,\ \cdots$
이때 $A + A^2 + A^3 + A^4 = A^5 + A^6 + A^7 + A^8 = \cdots = A - E - A + E = O$
$\therefore\ A + A^2 + \cdots + A^{50}$
$\quad = (A + A^2 + A^3 + A^4) + (A^5 + A^6 + A^7 + A^8) + \cdots$
$\qquad + (A^{45} + A^{46} + A^{47} + A^{48}) + A^{49} + A^{50}$
$\quad = A^{49} + A^{50} = A - E \qquad \cdots\cdots\ \bigcirc$

STEP Ⓑ $B + B^2 + \cdots + B^{50}$을 간단히 하기

$A = -B$를 $AB = E$에 대입하면 $-B^2 = E$
$\therefore\ B^2 = -E$
즉 위와 같은 방법으로 하면
$B + B^2 + \cdots + B^{50} = B - E \qquad \cdots\cdots\ \bigcirc$

STEP Ⓒ $(A + A^2 + \cdots + A^{50}) + (B + B^2 + \cdots + B^{50})$의 값 구하기

$\bigcirc$, $\bigcirc$에서
$(A + A^2 + \cdots + A^{50}) + (B + B^2 + \cdots + B^{50}) = A - E + B - E$
$\qquad\qquad\qquad\qquad\qquad = A + B - 2E$
$\qquad\qquad\qquad\qquad\qquad = O - 2E$
$\qquad\qquad\qquad\qquad\qquad = -2E$

15

STEP Ⓐ 주어진 조건을 일렬로 앉는 경우의 수로 바꾸어 생각하기

남자 3명을 각각 A, B, C라 하고 여자 3명을 각각 a, b, c라 하자.
A, B, C가 일렬로 앉는 방법의 수는 $3! = 3 \times 2 \times 1 = 6$
a, b, c가 일렬로 앉는 방법의 수는 $3! = 3 \times 2 \times 1 = 6$
또한 3곳의 자리에서 자리를 바꾸어 앉는 경우는 각각 2가지씩이다.

따라서 구하는 경우의 수는 $6 \times 6 \times 2 \times 2 \times 2 = 288$

> **mini해설 | 교대로 서고 자리를 바꾸는 경우의 수로 풀이하기**
>
> 남자 3명, 여자 3명을 3곳에 배열하는 방법의 수는 $3! \times 3! = 6 \times 6 = 36$
> 3곳의 자리에서 각각 바꾸어 앉는 경우의 수는 $2 \times 2 \times 2 = 8$
> 따라서 구하는 경우의 수는 $36 \times 8 = 288$

16

정답 ⑤

STEP A 상자의 개수를 x로 놓고 연립부등식 작성하기

상자의 개수를 x라 하자. 상자 한 개에 사탕을 6개씩 넣으면 8개가 남으므로
사탕의 개수는 $6x+8$ 이다.
또, 사탕을 한 상자에 7개씩 넣으면 상자가 6개 남으므로
$(x-7)$개의 상자에는 사탕이 7개씩 들어 있고 1개의 상자에는 사탕이 1개 이상
7개 이하가 들어 있을 수 있다.

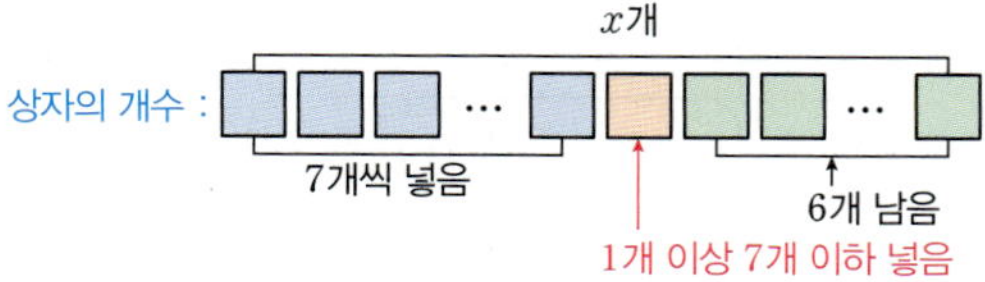

즉 사탕의 개수는 $\{7(x-7)+1\}$개 이상이고 $\{7(x-7)+7\}$개 이하이므로
$$7(x-7)+1 \le 6x+8 \le 7(x-7)+7$$

STEP B 연립부등식의 해 구하기

즉 $\begin{cases} 7(x-7)+1 \le 6x+8 & \cdots\cdots\ \text{㉠} \\ 6x+8 \le 7(x-7)+7 & \cdots\cdots\ \text{㉡} \end{cases}$

㉠에서 $7x-48 \le 6x+8$
$\therefore x \le 56 \qquad\qquad \cdots\cdots\ \text{㉢}$
㉡에서 $6x+8 \le 7x-42$
$\therefore x \ge 50 \qquad\qquad \cdots\cdots\ \text{㉣}$
㉢, ㉣의 공통부분은 $50 \le x \le 56$이므로 상자의 개수가 될 수 있는 것은 ⑤이다.

17

정답 ②

STEP A 행렬 AB 구하기

$A = \begin{pmatrix} 1500 & 2000 \\ 200 & 120 \end{pmatrix}$, $B = \begin{pmatrix} 5 & 4 \\ 8 & 6 \end{pmatrix}$

$AB = \begin{pmatrix} 1500 & 2000 \\ 200 & 120 \end{pmatrix}\begin{pmatrix} 5 & 4 \\ 8 & 6 \end{pmatrix}$

$= \begin{pmatrix} 1500\times5+2000\times8 & 1500\times4+2000\times6 \\ 200\times5+120\times8 & 200\times4+120\times6 \end{pmatrix}$

$= \begin{pmatrix} 23500 & 18000 \\ 1960 & 1520 \end{pmatrix}$ ··· 가격
··· 무게
철이 영미

STEP B 행렬 AB의 $(1, 2)$ 성분의 의미 파악하기

행렬 AB의
$(1, 1)$ 성분은 철이가 구입한 참외와 복숭아의 총 가격
$(1, 2)$ 성분은 영미가 구입한 참외와 복숭아의 총 가격
$(2, 1)$ 성분은 철이가 구입한 참외와 복숭아의 총 무게
$(2, 2)$ 성분은 영미가 구입한 참외와 복숭아의 총 무게
따라서 행렬 AB의 $(1, 2)$ 성분은 영미가 구입한 참외와 복숭아의 총 가격
이므로 ②이다.

18

정답 ③

STEP A a와 b, c와 d의 대소 관계 구하기

$(a-b)(c-d)>0$에서
$a-b>0,\ c-d>0$ 또는 $a-b<0,\ c-d<0$
$\therefore a>b,\ c>d$ 또는 $a<b,\ c<d$

STEP B $a>b,\ c>d$인 자연수의 개수 구하기

0부터 9까지의 숫자 중에서 2개를 택하여
큰 수부터 차례로 a, b의 값으로 정하고 a, b의 값을 제외한 8개 중에서 2개를
택하여 큰 수부터 차례로 c, d의 값으로 정하면 된다.
이때 $a>b,\ c>d$인 자연수의 개수는

$${}_{10}\mathrm{C}_2 \times {}_8\mathrm{C}_2 = \frac{10\times9}{2\times1} \times \frac{8\times7}{2\times1} = 45\times28 = 1260$$

STEP C $a<b,\ c<d$인 자연수의 개수 구하기

0을 제외한 9개 중에서 2개를 택하여
작은 수부터 차례로 a, b의 값으로 정하고 a, b의 값을 제외한 8개 중에서
2개를 택하여 작은 수부터 차례로 c, d의 값으로 정하면 된다.
이때 $a<b,\ c<d$인 자연수의 개수는

$${}_9\mathrm{C}_2 \times {}_8\mathrm{C}_2 = \frac{9\times8}{2\times1} \times \frac{8\times7}{2\times1} = 36\times28 = 1008$$

STEP D 합의 법칙을 이용하여 자연수의 개수 구하기

따라서 합의 법칙에 의하여 구하는 자연수의 개수는 $1260+1008=2268$

19

정답 ②

STEP A $(A+B)^2$ 구하기

$(A+B)^2 = (A+B)(A+B) = A^2 + AB + BA + B^2$
이므로
$(A+B)^2 = (A^2+B^2) + (AB+BA)$

$= \begin{pmatrix} 5 & 0 \\ \frac{3}{2} & 1 \end{pmatrix} + \begin{pmatrix} -4 & 0 \\ -\frac{1}{2} & 0 \end{pmatrix} = \begin{pmatrix} 1 & 0 \\ 1 & 1 \end{pmatrix}$

STEP B 행렬 $(A+B)^4$의 모든 성분의 합 구하기

$(A+B)^4 = (A+B)^2(A+B)^2 = \begin{pmatrix} 1 & 0 \\ 1 & 1 \end{pmatrix}\begin{pmatrix} 1 & 0 \\ 1 & 1 \end{pmatrix} = \begin{pmatrix} 1 & 0 \\ 2 & 1 \end{pmatrix}$

따라서 행렬 $(A+B)^4$의 모든 성분의 합은 $1+0+1+2=4$

20

STEP A 조건 (가)를 이용하여 함수 $f(x)$의 식 세우기

조건 (가)에서 $\dfrac{1-x}{2}=t$라 하면 $\underline{x=1-2t}$이고,
$$\underline{1-x=2t,\ x=1-2t}$$

부등식 $f\left(\dfrac{1-x}{2}\right)\le 0$의 해가 $-1\le x\le 3$이므로

$-1\le 1-2t\le 3,\ -2\le -2t\le 2$ ← x대신 $1-2t$를 대입

$\therefore\ -1\le t\le 1$

이때 부등식 $f(t)\le 0$의 해가 $-1\le t\le 1$이므로 ← 아래로 볼록한 그래프

$f(t)=k(t-1)(t+1)\ (k>0)$로 놓을 수 있다.

$f(x)=k(x-1)(x+1)=k(x^2-1)$ ······ ㉠

+α | 부등식의 해를 이용하여 직접 식을 구할 수 있어!

> 0이 아닌 실수 k와 두 상수 $a,\ b(b<a)$에 대하여
> $f(x)=k(x-a)(x-b)$로 놓을 수 있다.
> 조건 (가)에서 $f\left(\dfrac{1-x}{2}\right)\le 0$를 정리하면
> $k\left(\dfrac{1-x}{2}-a\right)\left(\dfrac{1-x}{2}-b\right)\le 0$
> $k\left(\dfrac{1-2a-x}{2}\right)\left(\dfrac{1-2b-x}{2}\right)\le 0$ ← 양변에 4를 곱한 후 괄호 안의 식의 부호를 바꾼다.
> 이때, 부등식 $k(x+2a-1)(x+2b-1)\le 0$의 해가
> $-1\le x\le 3$이므로 $k>0$
> $-2a+1=-1,\ -2b+1=3$이라 하면 $a=1,\ b=-1$
> $-2a+1=3,\ -2b+1=-1$로 놓아도 성립한다. 이때 $a=-1,\ b=1$
> $\therefore\ f(x)=k(x-1)(x+1)=k(x^2-1)$

STEP B 조건 (나)를 이용하여 k의 값의 범위 구하기

조건 (나)에서 부등식 $f(x)\ge 2\sqrt{2}\,x-3$

즉 $f(x)-2\sqrt{2}\,x+3\ge 0,\ k(x^2-1)-2\sqrt{2}\,x+3\ge 0$

$\therefore\ kx^2-2\sqrt{2}\,x-k+3\ge 0$

위 부등식이 모든 실수 x에 대하여 성립해야 하므로

이차방정식 $kx^2-2\sqrt{2}\,x-k+3=0$의 판별식을 D라 하면

$D\le 0$이어야 한다.

이차방정식 $ax^2+bx+c=0$의 판별식을 D라 하면
$$D=b^2-4ac\ \text{또는}\ \dfrac{D}{4}=b'^2-ac\left(b'=\dfrac{b}{2}\right)$$

$\dfrac{D}{4}=2-k(-k+3)\le 0$

$k^2-3k+2\le 0\ (k-2)(k-1)\le 0$

$\therefore\ 1\le k\le 2$ ······ ㉡

+α | $D\le 0$인 이유!

> $k>0$이므로 $kx^2-2\sqrt{2}\,x-k+3\ge 0$의
> 절대부등식이 성립하려면 이차함수
> $y=kx^2-2\sqrt{2}\,x-k+3$의 그래프가
> x축과 접하거나 만나지 않아야 한다.
> $$D\le 0$$

STEP C $M-m$의 값 구하기

㉠에서 $f(3)=k(3^2-1)=8k$

㉡의 각 항의 양변에 8을 곱하면 $8\le 8k\le 16$이므로 $8\le f(3)\le 16$

따라서 $M=16,\ m=8$이므로 $M-m=16-8=8$

주관식 및 서술형 문제

21

STEP A A와 D에 같은 색을 칠하는 경우와 다른 색을 칠하는 경우로 나누어 각각의 경우의 수 구하기

A, B, C, D, E의 순서대로 각 영역에 색을 칠한다고 할 때,
A와 D에 같은 색을 칠하는 경우와 다른 색을 칠하는 경우로 나누어
경우의 수를 구할 수 있다.

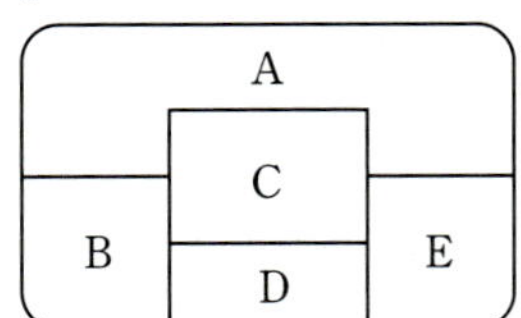

(i) A와 D에 같은 색을 칠하는 경우
영역 A에 칠할 색을 정하는 경우의 수는 4
영역 B에 칠할 색을 정하는 경우의 수는 3
영역 C에 칠할 색을 정하는 경우의 수는 2
영역 D에 칠할 색을 정하는 경우의 수는 1
영역 E에 칠할 색을 정하는 경우의 수는 2
즉 곱의 법칙에 의하여 색을 칠하는 경우의 수는 $4\times 3\times 2\times 1\times 2=48$

(ii) A와 D에 다른 색을 칠하는 경우
영역 A에 칠할 색을 정하는 경우의 수는 4
영역 B에 칠할 색을 정하는 경우의 수는 3
영역 C에 칠할 색을 정하는 경우의 수는 2
영역 D에 칠할 색을 정하는 경우의 수는 1
영역 E에 칠할 색을 정하는 경우의 수는 1
즉 곱의 법칙에 의하여 색을 칠하는 경우의 수는 $4\times 3\times 2\times 1\times 1=24$

STEP B 합의 법칙을 이용하여 경우의 수 구하기

(i), (ii)의 경우는 동시에 일어날 수 없으므로 합의 법칙에 의하여
구하는 경우의 수는 $48+24=72$

22

STEP A 조건 (가)를 이용하여 $f(x)$의 식 세우기

$f(x)\le 2x+4$에서 $g(x)=f(x)-2x-4$라고 하면

$g(x)\le 0$의 해가 $2\le x\le 4$이므로 이차부등식 $g(x)$의 최고차항의 계수는
양수이고 $g(x)=0$이 되는 x의 값은 $x=2$ 또는 $x=4$

즉 $g(x)=a(x-2)(x-4)=ax^2-6ax+8a$ (단, $a>0$)

이므로 $f(x)=ax^2-6ax+8a+2x+4=ax^2-2(3a-1)x+8a+4$

STEP B 조건 (나)를 이용하여 a의 범위 구하기

$f(x)=-2x+11$의 두 근이 모두 1보다
크므로

$ax^2-2(3a-1)x+8a+4=-2x+11$

에서

$ax^2-2(3a-2)x+8a-7=0$의 두 근이
모두 1보다 크다.

(i) 판별식
이차방정식
$ax^2-2(3a-2)x+8a-7=0$의 판별식을 D라 하면
이차방정식이 두 실근을 가지므로 $D\ge 0$이어야 한다.
$\dfrac{D}{4}=(3a-2)^2-a(8a-7)\ge 0,\ a^2-5a+4\ge 0,\ (a-1)(a-4)\ge 0$
$\therefore\ a\ge 4$ 또는 $a\le 1$

(ii) 대칭축
이차방정식 $ax^2-2(3a-2)x+8a-7=0$에서 대칭축은
$x=\dfrac{3a-2}{a}>1,\ 3a-2>a$이므로 $a>1$

(iii) 함숫값

　　이차식 $ax^2-2(3a-2)x+8a-7$에 $x=1$을 대입하면
　　$a-2(3a-2)+8a-7>0$, $3a-3>0$ $\quad\therefore a>1$

(i)~(iii)에서 a의 값의 범위는 $a\geq4$

STEP C $f(-1)$의 최솟값 구하기

$f(x)=ax^2-2(3a-1)x+8a+4$에서
$f(-1)=a+2(3a-1)+8a+4=15a+2$
따라서 $f(-1)$의 최솟값은 $a=4$일 때, 62

23

STEP A 1부에서 영화를 상영하는 경우의 수 구하기

1부에서 액션 영화 3편 중 1편을 상영하므로 선택하는 경우의 수는 $_3C_1=3$
코미디 영화 2편 중 1편을 상영하므로 선택하는 경우의 수는 $_2C_1=2$
다큐 영화 3편 중 2편을 상영하므로 선택하는 경우의 수는 $_3C_2=_3C_1=3$
또한 4편의 영화의 상영 순서를 정하는 경우의 수는 $4!=4\times3\times2\times1=24$
즉 1부에서 영화를 상영하는 경우의 수는
$3\times2\times3\times24=432$

STEP B 2부에서 영화를 상영하는 경우의 수 구하기

2부에서는 액션 영화 $\longrightarrow$ 코미디 영화 $\longrightarrow$ 다큐 영화 $\longrightarrow$ 액션 영화 순서로

코미디 영화와 다큐 영화는 1편이 남아 있으므로 2번째와 3번째를 배열하는 경우의 수는 1
상영한다.
이때 액션 영화 2편의 순서를 정하면 되므로 경우의 수는 $2!=2$
따라서 1부, 2부의 영화를 상영하는 경우의 수는 $432\times2=864$

24

| 1단계 | 직선 $y=2x+6$과 이차함수 $y=x^2-4x-10$의 그래프의 교점을 이용하여 행렬 A를 구한다. | 1점 |

직선 $y=2x+6$과 이차함수 $y=x^2-4x-10$의 교점의 x좌표는
$2x+6=x^2-4x-10$, $x^2-6x-16=0$, $(x-8)(x+2)=0$
$\therefore x=8$ 또는 $x=-2$
$a>c$이므로 $a=8$, $c=-2$
b, d는 교점의 y좌표이므로 $y=2x+6$에 대입하면
$b=2\times8+6=22$
$d=2\times(-2)+6=2$
$$\therefore A=\begin{pmatrix}a & b\\c & d\end{pmatrix}=\begin{pmatrix}8 & 22\\-2 & 2\end{pmatrix}$$

| 2단계 | 직선 $y=-2x+1$과 이차함수 $y=x^2-15x+13$의 그래프의 교점을 이용하여 행렬 B를 구한다. | 1점 |

직선 $y=-2x+1$과 이차함수 $y=x^2-15x+13$의 교점의 x좌표는
$-2x+1=x^2-15x+13$, $x^2-13x+12=0$, $(x-1)(x-12)=0$
$\therefore x=1$ 또는 $x=12$
$p>r$이므로 $p=12$, $r=1$
q, s는 교점의 y좌표이므로 $y=-2x+1$에 대입하면
$q=-2\times12+1=-23$
$s=-2\times1+1=-1$
$$\therefore B=\begin{pmatrix}p & q\\r & s\end{pmatrix}=\begin{pmatrix}12 & -23\\1 & -1\end{pmatrix}$$

| 3단계 | 행렬 $3A-(A-B)$의 모든 성분의 합을 구한다. | 2점 |

행렬 $3A-(A-B)=2A+B=2\begin{pmatrix}8 & 22\\-2 & 2\end{pmatrix}+\begin{pmatrix}12 & -23\\1 & -1\end{pmatrix}=\begin{pmatrix}28 & 21\\-3 & 3\end{pmatrix}$

따라서 모든 성분의 합은 $28+21+(-3)+3=49$

25

| 1단계 | 세 점 A, B, C의 좌표를 구한다. | 1점 |

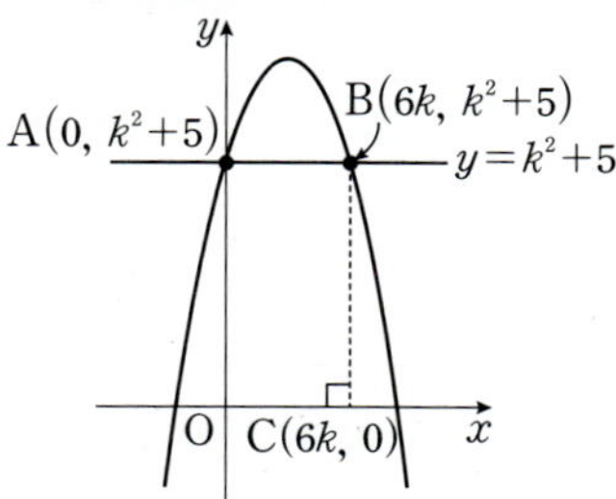

이차함수 $f(x)=-x^2+6kx+k^2+5$의 그래프와 y축이 만나는 점 A의 좌표는
　　$x=0$일 때, y좌표는 k^2+5
A$(0,\ k^2+5)$
이때 $y=k^2+5$와 이차함수 $y=f(x)$의 교점의 x좌표를 구하면
$-x^2+6kx+k^2+5=k^2+5$에서 $x^2-6kx=0$, $x(x-6k)=0$
$\therefore x=0$ 또는 $x=6k$
즉 점 B의 좌표는 B$(6k,\ k^2+5)$이고 점 C의 좌표는 C$(6k,\ 0)$
　　점 B의 수선의 발이므로 점 B와 x좌표가 같고 y좌표는 0이다.

| 2단계 | 사각형 OCBA의 둘레의 길이 $g(k)$를 구한다. | 2점 |

사각형 OCBA는 직사각형이므로 $\overline{OA}=\overline{BC}$, $\overline{AB}=\overline{OC}$
이때 직사각형 OCBA의 둘레의 길이 $g(k)$는
$g(k)=\overline{AB}+\overline{BC}+\overline{CO}+\overline{OA}$
　　$=2\overline{AB}+2\overline{OA}$
　　$=2\times6k+2(k^2+5)$ $\leftarrow$ k는 자연수이므로 $k>0$
　　$=2(k^2+6k+5)$

| 3단계 | 부등식 $24\leq g(k)\leq64$를 만족시키는 모든 자연수 k와 그 합을 구한다. | 2점 |

부등식 $24\leq g(k)\leq64$에서 $24\leq2(k^2+6k+5)\leq64$
$12\leq k^2+6k+5\leq32$
(i) $12\leq k^2+6k+5$에서 $k^2+6k-7\geq0$, $(k+7)(k-1)\geq0$
　　$\therefore k\leq-7$ 또는 $k\geq1$　　$\cdots\cdots\ \bigcirc$
(ii) $k^2+6k+5\leq32$에서 $k^2+6k-27\leq0$, $(k+9)(k-3)\leq0$
　　$\therefore -9\leq k\leq3$　　$\cdots\cdots\ \bigcirc$

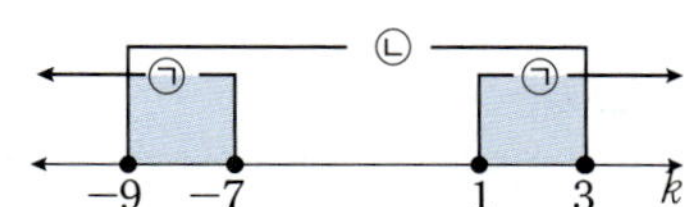

$\bigcirc$, $\bigcirc$의 공통범위를 구하면 $-9\leq k\leq-7$ 또는 $1\leq k\leq3$
이때 $k>0$이므로 $1\leq k\leq3$
따라서 모든 자연수 k의 값의 합은 $1+2+3=6$

1학기 기말고사 모의평가 03

01	③	02	④	03	③	04	③	05	②
06	⑤	07	③	08	②	09	①	10	③
11	④	12	⑤	13	⑤	14	③	15	③
16	③	17	④	18	②	19	①	20	④

주관식 및 서술형

21	2	22	-2	23	2016
24	해설참조			25	해설참조

01

정답 ③

STEP Ⓐ $f(6)$의 값 구하기

4 이상의 자연수 n에 대하여 $f(n)=_{n+1}C_2+_{n-1}P_3$
$n=6$을 대입하면
$f(6)=_7C_2+_5P_3=\dfrac{7\times 6}{2\times 1}+(5\times 4\times 3)=21+60=81$

02

정답 ④

STEP Ⓐ 각 부등식의 해 구하기

① $x^2+2x+3=(x+1)^2+2$이므로 $x=-1$에서 최솟값 2를 갖는다.
  즉 모든 실수 x에 대하여 $x^2+2x+3>0$
② $2<|x+1|<3$에서 $-3<x+1<-2$ 또는 $2<x+1<3$
  즉 $-4<x<-3$ 또는 $1<x<2$
③ $-x^2+6x-9\geq 0$에서 $y=-x^2+6x-9=-(x-3)^2$이므로
  그래프는 다음과 같다.

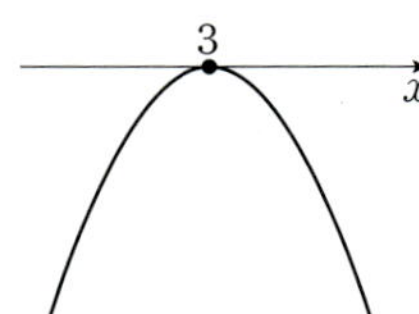

  즉 $-x^2+6x-9\geq 0$의 해는 $x=3$
④ $x^2-4x+6=(x-2)^2+2$이므로 $x=2$에서 최솟값 2를 갖는다.
  즉 $x^2-4x+6\geq 2$이므로 $x^2-4x+6<0$가 되는 해는 존재하지 않는다.
⑤ $x^2-6x-7<0$에서 $(x+1)(x-7)<0$이므로 $-1<x<7$
따라서 해를 잘못 구한 것은 ④이다.

03

정답 ③

STEP Ⓐ 여사건을 이용하여 경우의 수 구하기

양 끝 적어도 한 자리에 남학생이 서는 경우의 수는
(전체의 경우의 수)−(양 끝에 모두 여학생이 서는 경우의 수)로 계산할 수 있다.
남학생 3명과 여학생 3명이 일렬로 서는 경우의 수는
$6!=6\times 5\times 4\times 3\times 2\times 1=720$
이때 양 끝의 자리에 모두 여학생이 오는 경우의 수는
여학생 3명 중 2명을 선택하여 양 끝에 서는 경우의 수와 같으므로
$_3P_2=3\times 2=6$
남은 4명이 일렬로 서는 경우의 수는 $4!=4\times 3\times 2\times 1=24$
즉 양 끝의 자리에 모두 여학생이 오는 경우의 수는 $6\times 24=144$
따라서 양 끝 적어도 한 자리에 남학생이 서는 경우의 수는 $720-144=576$

04

정답 ③

STEP Ⓐ 2×2행렬 A의 성분 구하기

$i=1,\ 2,\ j=1,\ 2$이므로 행렬 A는 2×2행렬, 즉 이차정사각행렬이다.
$i>j$일 때, $a_{ij}=i$이므로 $a_{21}=2$
$i\leq j$일 때, $a_{ij}=-a_{ji}$이므로
$$a_{11}=-a_{11}=0,\quad a_{22}=-a_{22}=0$$
$$a_{12}=-a_{21}=-2$$

$A=\begin{pmatrix} a_{11} & a_{12} \\ a_{21} & a_{22} \end{pmatrix}$

STEP Ⓑ 행렬 A의 모든 성분의 합 구하기

따라서 $A=\begin{pmatrix} 0 & -2 \\ 2 & 0 \end{pmatrix}$의 모든 성분의 합은 $0+(-2)+2+0=0$

05

정답 ②

STEP Ⓐ 바나나를 포함하지 않고 사과와 배를 모두 포함하는 경우의 수 구하기

사과, 배, 바나나를 포함하여 서로 다른 과일 8개에서 과일 4개를 동시에 꺼낼 때, 바나나를 포함하지 않고 사과와 배를 모두 포함하여 택하는 경우의 수는
$_5C_2=\dfrac{5\times 4}{2\times 1}=10$
8종류 중 바나나는 제외하고 사과와 배는 이미 선택된 것으로 생각한다.

06

정답 ⑤

STEP Ⓐ 주어진 식을 만족하는 자연수 z의 조건 구하기

$x,\ y,\ z$가 자연수이므로 $x\geq 1,\ y\geq 1,\ z\geq 1$
주어진 방정식에서 z의 계수가 가장 크므로 z가 될 수 있는 자연수를 구하면
$3z<16$에서 $z=1$ 또는 $z=2$ 또는 $z=3$ 또는 $z=4$ 또는 $z=5$

STEP Ⓑ z의 값에 따라 경우를 나누어 순서쌍 $(x,\ y,\ z)$의 개수 구하기

방정식 $x+2y+3z=16$을 만족시키는 자연수 $x,\ y,\ z$에 대하여
(i) $z=1$일 때, $x+2y=13$
  $y=1$일 때, $x=11$
  $y=2$일 때, $x=9$
  $y=3$일 때, $x=7$
  $y=4$일 때, $x=5$
  $y=5$일 때, $x=3$
  $y=6$일 때, $x=1$
  이므로 순서쌍 $(x,\ y,\ z)$의 개수는 6
(ii) $z=2$일 때, $x+2y=10$
  $y=1$일 때, $x=8$
  $y=2$일 때, $x=6$
  $y=3$일 때, $x=4$
  $y=4$일 때, $x=2$
  이므로 순서쌍 $(x,\ y,\ z)$의 개수는 4
(iii) $z=3$일 때, $x+2y=7$
  $y=1$일 때, $x=5$
  $y=2$일 때, $x=3$
  $y=3$일 때, $x=1$
  이므로 순서쌍 $(x,\ y,\ z)$의 개수는 3
(iv) $z=4$일 때, $x+2y=4$
  $y=1$일 때, $x=2$
  이므로 순서쌍 $(x,\ y,\ z)$의 개수는 1
(v) $z=5$일 때, $x+2y=1$
  이를 만족시키는 자연수 $x,\ y$는 존재하지 않는다.
(i)~(v)에서 순서쌍 $(x,\ y,\ z)$의 개수는 $6+4+3+1=14$

07

정답 ③

STEP A 이차방정식과 부등식을 이용하여 a, b의 부호 구하기

이차방정식 $ax^2-b=0$이 서로 다른 두 실근을 가지므로
판별식을 D라 하면 $D>0$이어야 한다.
즉 $D=4ab>0$이므로
$a>0$, $b>0$ 또는 $a<0$, $b<0$
이때 x에 대한 부등식 $|ax+2|\leq b$의 해가 $-6\leq x\leq 2$로 존재하고 있으므로
$b>0$이어야 한다.
$\therefore a>0$, $b>0$

STEP B 부등식의 해를 이용하여 a, b의 값 구하기

$a>0$, $b>0$에서 부등식 $|ax+2|\leq b$를 풀면
$-b\leq ax+2\leq b$
$-b-2\leq ax\leq b-2$
$\dfrac{-b-2}{a}\leq x\leq \dfrac{b-2}{a}$
이때 부등식의 해가 $-6\leq x\leq 2$이므로
$\dfrac{-b-2}{a}=-6$에서 $-b-2=-6a$ ……㉠
$\dfrac{b-2}{a}=2$에서 $b-2=2a$ ……㉡
㉠, ㉡을 연립하면 $a=1$, $b=4$
따라서 $a+b=1+4=5$

08

정답 ②

STEP A 공의 개수가 서로 다르게 나누는 경우의 수 구하기

서로 다른 공 6개를 개수가 서로 다르게 4개로 나누는 방법은
1개, 2개, 3개, 4개로 나누는 방법뿐이다.
따라서 구하는 경우의 수는
$_{10}C_1\times_9C_2\times_7C_3\times_4C_4=10\times36\times35\times1=12600$

09

정답 ①

STEP A 모든 실수 x에 대하여 해가 존재하지 않는 조건 파악하기

부등식 $ax^2-2ax+3\leq2x^2-4x$의 해가 존재하지 않으므로
모든 실수 x에 대하여 $ax^2-2ax+3>2x^2-4x$이어야 한다.

STEP B 모든 실수 x에 대하여 부등식 $ax^2-2ax+3>2x^2-4x$가 성립하기 위한 a의 범위 구하기

부등식 $(a-2)x^2-2(a-2)x+3>0$이 모든 실수 x에 대하여 성립한다.
(i) $a=2$인 경우
　　$a=2$를 식에 대입하면 $0\times x^2-0\times x+3>0$가 항상 성립한다.
　　$\therefore a=2$
(ii) $a\neq2$인 경우
　　$a\neq2$일 때,
　　$(a-2)x^2-2(a-2)x+3>0$이므로
　　이차함수 $y=(a-2)x^2-2(a-2)x+3$은 x축과 만나지 않는다.
　　즉 이차방정식 $(a-2)x^2-2(a-2)x+3=0$의 판별식을 D라 하면
　　$D<0$이어야 한다.
　　$\dfrac{D}{4}=(a-2)^2-3(a-2)<0$
　　$a^2-7a+10<0$, $(a-2)(a-5)<0$
　　$\therefore 2<a<5$
(i), (ii)에 의하여 a의 범위는 $2\leq a<5$

STEP C a^2-2a+3의 최솟값 구하기

$2\leq a<5$에서 함수 $y=a^2-2a+3=(a-1)^2+2$의 그래프는 다음과 같다.

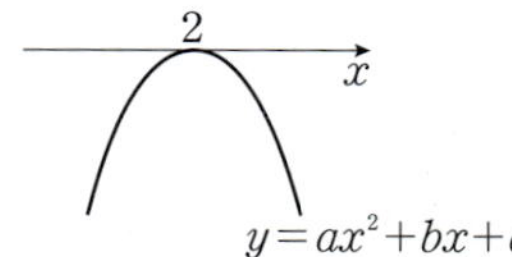

따라서 a^2-2a+3의 최솟값은 $a=2$일 때, 3

10

정답 ③

STEP A 영역 B와 D에 같은 색을 칠할 경우와 다른 색을 칠할 경우로 나누어 방법의 수 구하기

영역 A → 영역 B → 영역 C → 영역 D → 영역 E → 영역 F의 순으로 칠할 때,
영역 B와 D의 색이 같을 때와 다를 경우를 나누어 생각해야 한다.
(i) 영역 B와 영역 D에 같은 색을 칠하는 경우
　　영역 A, B, C, E, F에 칠할 수 있는 색은 각각
　　4가지, 3가지, 3가지, 3가지, 3가지이므로
　　$4\times3\times3\times3\times3=324$
(ii) 영역 B와 영역 D에 다른 색을 칠하는 경우
　　영역 A, B, C, D, E, F에 칠할 수 있는 색은 각각
　　4가지, 3가지, 3가지, 2가지, 2가지, 3가지이므로
　　$4\times3\times3\times2\times2\times3=432$
(i), (ii)에서 모든 방법의 수는 $324+432=756$

11

정답 ④

STEP A 이차부등식의 해가 하나뿐이기 위한 조건 구하기

이차부등식 $ax^2+bx+c\geq0$의 해가 $x=2$일 때,
이차함수 $y=ax^2+bx+c$의 그래프는 위로 볼록하고
$x=2$에서 x축에 접하는 그래프가 된다.

STEP B [보기]의 참, 거짓 판단하기

ㄱ. 이차함수 $y=ax^2+bx+c$의 그래프는 위로 볼록한 그래프이므로
　　$a<0$ [참]
ㄴ. 이차방정식 $ax^2+bx+c=0$에서 판별식을 D라 하면
　　$x=2$를 중근으로 가지므로 $D=0$이어야 한다.
　　$\therefore D=b^2-4ac=0$ [참]
ㄷ. 이차함수 $y=ax^2+bx+c$에 $x=2$를 대입하면 $4a+2b+c=0$ [참]
ㄹ. 이차함수 $y=ax^2+bx+c$에 $x=1$을 대입하면 $a+b+c<0$ [거짓]
따라서 보기 중 옳은 것은 ㄱ, ㄴ, ㄷ이다.

12

정답 ⑤

STEP A 각 동전의 개수를 임의로 두고 주어진 조건을 식으로 표현하기

50원, 100원, 500원짜리 동전의 개수를 각각 x, y, z라고 하자.

합하여 2000원이 되므로 $50x+100y+500z=2000$

$\therefore x+2y+10z=40$ ...... ㉠

여기서 세 종류의 동전이 적어도 한 개씩은 포함되어야 한다.

x, y, z가 자연수이므로 $x\geq1$, $y\geq1$, $z\geq1$

주어진 방정식에서 z의 계수가 가장 크므로

z가 될 수 있는 양의 정수를 구해 보면

$10z<40$에서 $z=1$ 또는 $z=2$ 또는 $z=3$

STEP B z의 값에 따라 각각의 순서쌍의 개수 구하기

(i) $z=1$일 때, ㉠에서 $x+2y=30$이므로 순서쌍 (x,y)는

$(2, 14)$, $(4, 13)$, $(6, 12)$, $\cdots$, $(24, 3)$, $(26, 2)$, $(28, 1)$의 14가지

(ii) $z=2$일 때, ㉠에서 $x+2y=20$이므로 순서쌍 (x,y)는

$(2, 9)$, $(4, 8)$, $(6, 7)$, $\cdots$, $(18, 1)$의 9가지

(iii) $z=3$일 때, ㉠에서 $x+2y=10$이므로 순서쌍 (x,y)는

$(2, 4)$, $(4, 3)$, $(6, 2)$, $(8, 1)$의 4가지

STEP C 합의 법칙을 이용하여 방법의 수 구하기

(i)~(iii)에서 각 경우는 동시에 일어나지 않으므로 합의 법칙에 의하여 구하는 방법의 수는 $14+9+4=27$

13

정답 ⑤

STEP A A^2, A^3, A^4, $\cdots$을 차례로 구하여 $A^n=kE$를 만족시키는 자연수 n의 값 구하기

$A=\begin{pmatrix}2 & -1\\ 5 & -2\end{pmatrix}$이므로

$A^2=AA=\begin{pmatrix}2 & -1\\ 5 & -2\end{pmatrix}\begin{pmatrix}2 & -1\\ 5 & -2\end{pmatrix}=\begin{pmatrix}-1 & 0\\ 0 & -1\end{pmatrix}=-E$ (단, E는 단위행렬이다.)

$A^3=A^2A=(-E)A=-A$

$A^4=(-E)^2=E$

STEP B $A+A^2+A^3+\cdots+A^{102}$의 모든 성분의 합 구하기

$A+A^2+A^3+A^4=A-E-A+E=O$

즉 인접한 4개의 행렬을 묶으면 영행렬이 되므로

$A+A^2+A^3+\cdots+A^{102}=25(A+A^2+A^3+A^4)+A+A^2$

$=A-E=\begin{pmatrix}1 & -1\\ 5 & -3\end{pmatrix}$

따라서 모든 성분의 합은 $1+(-1)+5+(-3)=2$

14

정답 ③

STEP A 부등식 $f(x_1)\geq g(x_2)$를 만족시키는 정수 a의 값 구하기

두 이차함수 $f(x)=x^2-4x+10$, $g(x)=-x^2+4ax^2-2a$에서

두 실수 x_1, x_2에 대하여 $f(x_1)\geq g(x_2)$이므로

$y=f(x)$의 최솟값이 $y=g(x)$의 최댓값보다 크거나 같으면 된다.

$f(x)=x^2-4x+10=(x-2)^2+6$이므로

최솟값은 $x=2$일 때, 6

$g(x)=-x^2+4ax-2a=-(x-2a)^2+4a^2-2a$이므로

최댓값은 $x=2a$일 때, $4a^2-2a$

즉 $6\geq4a^2-2a$이므로 $2a^2-a-3\leq0$, $(2a-3)(a+1)\leq0$

$\therefore -1\leq a\leq\dfrac{3}{2}$

따라서 정수 a는 -1, 0, 1이므로 개수는 3

15

정답 ③

STEP A ω에 관한 식 작성하기

방정식 $x^3=-1$의 한 허근이 ω이므로

$\omega^3=-1$ ...... ㉠

$\omega^3+1=0$, $(\omega+1)(\omega^2-\omega+1)=0$

이때 $\omega\neq-1$이므로 $\omega^2-\omega+1=0$ ...... ㉡

STEP B A^2을 이용하여 A^{121} 구하기

㉠, ㉡을 이용하여 A^2을 구하면

$A^2=AA=\begin{pmatrix}-\omega & -\omega\\ \omega^2 & \omega^2+1\end{pmatrix}\begin{pmatrix}-\omega & -\omega\\ \omega^2 & \omega^2+1\end{pmatrix}$

$=\begin{pmatrix}\omega^2-\omega^3 & \omega^2-\omega^3-\omega\\ -\omega^3+\omega^4+\omega^2 & -\omega^3+\omega^4+2\omega^2+1\end{pmatrix}$

$=\begin{pmatrix}(\omega-1)+1 & (\omega-1)+1-\omega\\ 1-\omega+\omega^2 & 1-\omega+2(\omega-1)+1\end{pmatrix}$

$=\begin{pmatrix}\omega & 0\\ 0 & \omega\end{pmatrix}=\omega E$

$\therefore A^{121}=(A^2)^{60}A=(\omega E)^{60}A=\omega^{60}E^{60}A=\begin{pmatrix}-\omega & -\omega\\ \omega^2 & \omega^2+1\end{pmatrix}$

STEP C A^{121}의 모든 성분의 합 구하기

따라서 행렬 A^{121}의 모든 성분의 합은 A의 성분의 합과 같으므로

$-\omega+(-\omega)+\omega^2+(\omega^2+1)=2\omega^2-2\omega+1$

$=2(\omega^2-\omega)+1$ ← $\omega^2-\omega+1=0$에서 $\omega^2-\omega=-1$

$=2\times(-1)+1=-1$

16

정답 ③

STEP A 연립부등식의 해가 $x=-3$ 또는 $-1\leq x\leq6$일 때, a, b, c, d의 값 구하기

연립부등식

$\begin{cases}x^2+ax+b\leq0 & \cdots\cdots ㉠\\ x^2+cx+d\geq0 & \cdots\cdots ㉡\end{cases}$

의 해 $x=-3$ 또는 $-1\leq x\leq6$을 수직선 위에 나타내면 그림과 같다.

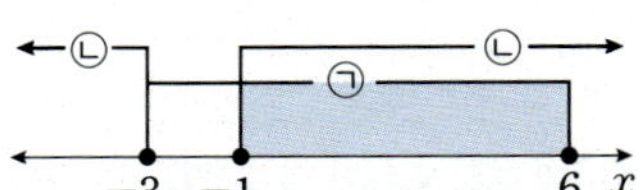

즉 $x^2+ax+b\leq0$의 해는 $-3\leq x\leq6$이므로

$(x+3)(x-6)\leq0$, $x^2-3x-18\leq0$ $\therefore a=-3$, $b=-18$

또한, $x^2+cx+d\geq0$의 해는 $x\leq-3$ 또는 $x\geq-1$이므로

$(x+3)(x+1)\geq0$, $x^2+4x+3\geq0$ $\therefore c=4$, $d=3$

STEP B $a-b+c-d$의 값 구하기

따라서 $a-b+c-d=(-3)-(-18)+4-3=16$

17

정답 ④

STEP A AB의 각 성분의 의미 파악하기

$AB=\begin{pmatrix}a_{11} & a_{12}\\ a_{21} & a_{22}\end{pmatrix}\begin{pmatrix}b_{11} & b_{12}\\ b_{21} & b_{22}\end{pmatrix}=\begin{pmatrix}a_{11}b_{11}+a_{12}b_{21} & a_{11}b_{12}+a_{12}b_{22}\\ a_{21}b_{11}+a_{22}b_{21} & a_{21}b_{12}+a_{22}b_{22}\end{pmatrix}$

$a=a_{11}b_{11}+a_{12}b_{21}$

➡ 지난해 상반기 판매된 핸드폰과 태블릿의 제조원가의 총액이다.

$b=a_{11}b_{12}+a_{12}b_{22}$

➡ 지난해 하반기 판매된 핸드폰과 태블릿의 제조원가의 총액이다.

$c=a_{21}b_{11}+a_{22}b_{21}$

➡ 지난해 상반기 판매된 핸드폰과 태블릿의 제품의 판매가격의 총액이다.

$d=a_{21}b_{12}+a_{22}b_{22}$

➡ 지난해 하반기 판매된 핸드폰과 태블릿의 제품의 판매가격의 총액이다.

STEP ⓑ 다음 [보기] 중 옳은 것을 구하기

STEP ⓑ **다음 [보기] 중 옳은 것을 구하기**

ㄱ. $a+b$는 지난해 상반기와 하반기에 판매된 핸드폰과 태블릿의 제조원가의
　총액이다. [거짓]

ㄴ. $c+d$는 지난해 상반기와 하반기에 판매된 핸드폰과 태블릿의 판매가격의
　총액이다. [참]

ㄷ. $d-b$는 지난해 하반기에 판매된 핸드폰과 태블릿의 이익금 총액이다. [참]

+α | (판매 이익)=(판매가격)−(제조원가)임을 이용하여 구할 수 있어!

(핸드폰 제품의 이익금 총액) $=(b_{11}+b_{12})(a_{21}-a_{11})$
　　　　(지난해 핸드폰 판매 대수) $\{($판매가격$)-($제조원가$)\}$

(태블릿 제품의 이익금 총액) $=(b_{21}+b_{22})(a_{22}-a_{12})$
　　　　(지난해 태블릿 판매 대수) $\{($판매가격$)-($제조원가$)\}$

따라서 옳은 것은 ㄴ, ㄷ이다.

18

정답 ②

STEP ⓐ **A, B, C, D가 승용차와 승합차에 타는 경우의 수 구하기**

운전면허증은 A, B만 가지고 있으므로
A, B가 승용차와 승합차에 나누어 타는 경우의 수는 $2!=2$
C, D는 같은 차에 탈 수 없으므로
C, D가 승용차와 승합차 나누어 타는 경우의 수는 $2!=2$
즉 A, B, C, D가 승용차와 승합차에 타는 경우의 수는 $2\times2=4$

STEP ⓑ **나머지 3명이 나누어 타는 경우의 수 구하기**

나머지 3명이 승용차와 승합차에 타는 경우는 다음과 같이 나눌 수 있다.
즉 나머지 3명이 승용차와 승합차에 나누어 타는 경우의 수는
$1+3+3=7$

	승용차	승합차	승용차에 탑승한 인원	승합차에 탑승한 인원
인원	0명	3명	2명	5명
경우의 수	$_3C_3=1$			
인원	1명	2명	3명	4명
경우의 수	$_3C_1\times_2C_2=3$			
인원	2명	1명	4명	3명
경우의 수	$_3C_2\times_1C_1=3$			

STEP ⓒ **7명이 나누어 타는 경우의 수 구하기**

따라서 7명이 승용차와 승합차에 나누어 타는 경우의 수는 $4\times7=28$

19

정답 ①

STEP ⓐ **행렬의 곱셈의 여러 가지 성질을 이용하여 참, 거짓 판단하기**

ㄱ. $A+B=O$이면 $B=-A$이므로
　$AB=A(-A)=-A^2,\ BA=(-A)A=-A^2$
　∴ $AB=BA$ [참]

ㄴ. $A+B=E$이면 $B=E-A$이므로
　$AB=A(E-A)=A-A^2,\ BA=(E-A)A=A-A^2$
　∴ $AB=BA$ [참]

ㄷ. **반례** $A=\begin{pmatrix}0&1\\0&0\end{pmatrix},\ B=\begin{pmatrix}1&0\\0&0\end{pmatrix}$이면
　$AB=\begin{pmatrix}0&1\\0&0\end{pmatrix}\begin{pmatrix}1&0\\0&0\end{pmatrix}=\begin{pmatrix}0&0\\0&0\end{pmatrix}=O$이지만
　$BA=\begin{pmatrix}1&0\\0&0\end{pmatrix}\begin{pmatrix}0&1\\0&0\end{pmatrix}=\begin{pmatrix}0&1\\0&0\end{pmatrix}\neq O$ [거짓]

ㄹ. $A^2+B^2=AB+BA$에서 $A^2+B^2-AB-BA=O$
　$A(A-B)-B(A-B)=O$
　∴ $(A-B)^2=O$

반례 $A-B=\begin{pmatrix}1&1\\-1&-1\end{pmatrix}$이면
　$(A-B)^2=\begin{pmatrix}1&1\\-1&-1\end{pmatrix}\begin{pmatrix}1&1\\-1&-1\end{pmatrix}=\begin{pmatrix}0&0\\0&0\end{pmatrix}=O$이지만
　$A-B=\begin{pmatrix}1&1\\-1&-1\end{pmatrix}\neq O$ [거짓]

따라서 옳은 것은 ㄱ, ㄴ이다.

POINT | $A^2=O$이라 하면 $A=O$이라 할 수 없다.

① $(A-B)^2=O$이라 하면 $A=B$라 할 수 없다.
② $(A-E)^2=O$이라 하면 $A=E$라 할 수 없다.
③ $(A+E)^2=O$이라 하면 $A=-E$라 할 수 없다.

20

정답 ④

STEP ⓐ $g(x)=\dfrac{|f(x)|+f(x)}{2}$ **라 하고 그래프의 개형 그리기**

부등식 $\dfrac{|f(x)|+f(x)}{2}\geq m(x-6)$에서 $g(x)=\dfrac{|f(x)|+f(x)}{2}$라 하면

(i) $f(x)\geq0$일 때,

　$g(x)=\dfrac{f(x)+f(x)}{2}=f(x)$

　즉 $x^2-4x-12\geq0,\ (x-6)(x+2)\geq0$일 때이므로
　$x\geq6$ 또는 $x\leq-2$일 때, $g(x)=x^2-4x-12$

(ii) $f(x)<0$일 때,

　$g(x)=\dfrac{-f(x)+f(x)}{2}=0$

　즉 $x^2-4x-12<0,\ (x-6)(x+2)<0$일 때이므로
　$-2<x<6$일 때, $g(x)=0$

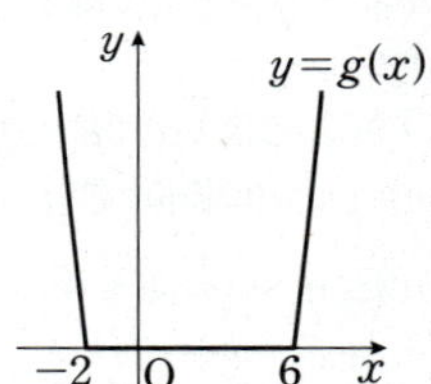

STEP ⓑ **부등식이 항상 성립하기 위한 기울기 m의 범위 구하기**

부등식 $\dfrac{|f(x)|+f(x)}{2}\geq m(x-6)$이 모든 실수에서 성립하려면
$g(x)=\dfrac{|f(x)|+f(x)}{2}$의 그래프가 직선 $y=m(x-6)$과 만나거나 직선보다
위에 있어야 한다.
이때 직선 $y=m(x-6)$은 항상 점 $(6,0)$을 지난다.

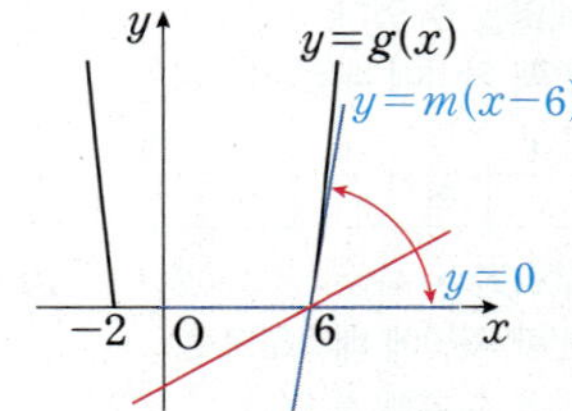

즉 직선 $y=m(x-6)$의 기울기 m은 0보다 크거나 같고
접선의 기울기보다 작거나 같아야 한다.
$y=m(x-6)$이 $f(x)=x^2-4x-12$에 접선이 될 때,
$x^2-4x-12=mx-6m,\ x^2-(4+m)x-12+6m=0$
즉 이차방정식 $x^2-(4+m)x-12+6m=0$이 중근을 가지므로
판별식을 D라 하면 $D=0$이어야 한다.
$D=(4+m)^2-4(-12+6m)=0,\ m^2-16m+64=0,\ (m-8^2)=0$
∴ $m=8$
따라서 m의 값의 범위는 $0\leq m\leq8$이므로 실수 m의 최댓값은 8

21

정답 2

STEP A $AB=BA$임을 이용하여 x, y의 값 구하기

$(A+B)^2=A^2+AB+BA+B^2$이고
$(A+B)^2=A^2+2AB+B^2$이므로 $AB=BA$
$AB=\begin{pmatrix} 2 & 1 \\ -1 & x \end{pmatrix}\begin{pmatrix} 2 & y \\ -1 & 1 \end{pmatrix}=\begin{pmatrix} 3 & 2y+1 \\ -2-x & x-y \end{pmatrix}$,
$BA=\begin{pmatrix} 2 & y \\ -1 & 1 \end{pmatrix}\begin{pmatrix} 2 & 1 \\ -1 & x \end{pmatrix}=\begin{pmatrix} 4-y & 2+xy \\ -3 & x-1 \end{pmatrix}$
이므로 $\begin{pmatrix} 3 & 2y+1 \\ -2-x & x-y \end{pmatrix}=\begin{pmatrix} 4-y & 2+xy \\ -3 & x-1 \end{pmatrix}$
두 행렬이 서로 같은 조건에 의하여
$3=4-y$, $2y+1=2+xy$, $-2-x=-3$, $x-y=x-1$
따라서 $x=1$, $y=1$이므로 $x^2+y^2=1+1=2$

22

정답 -2

STEP A 이차방정식이 실근을 가지기 위한 조건 구하기

이차방정식 $x^2-2(k+a)x-4(k+2a+3)=0$의 판별식을 D_1이라 하면
실근을 가지므로 $D_1 \geq 0$이어야 한다.
$\dfrac{D_1}{4}=(k+a)^2+4(k+2a+3) \geq 0$
$k^2+2(a+2)k+a^2+8a+12 \geq 0$

STEP B k의 값에 관계없이 부등식이 성립하기 위한 a의 범위 구하기

부등식 $k^2+2(a+2)k+a^2+8a+12 \geq 0$이 k의 값에 관계없이 성립하므로
모든 실수 k에 대하여 성립한다.
즉 k에 대한 이차방정식 $k^2+2(a+2)k+a^2+8a+12=0$은 중근 또는 허근을
가지므로 판별식을 D_2라 하면 $D_2 \leq 0$이어야 한다.
$\dfrac{D_2}{4}=(a+2)^2-(a^2+8a+12) \leq 0$, $-4a-8 \leq 0$
$\therefore a \geq -2$
따라서 정수 a의 최솟값은 -2

23

정답 2016

STEP A 조건에 맞게 짝수와 홀수 나열하기

1, 2, 3, 4, 5, 6, 7, 8에서 짝수 2, 4, 6, 8은 이웃하지 않으므로
다음의 경우로 나누어 배열할 수 있다.
(i) 짝수를 1, 3, 5, 7번째 자리에 배열하는 경우

1	2	3	4	5	6	7	8
짝		짝		짝		짝	

이때 배열하는 경우의 수는 $4!=4\times3\times2\times1=24$
홀수는 2, 4, 6, 8번째 자리에 배열하므로
소수인 홀수 3, 5, 7은 이웃할 수 없다.
즉 홀수를 배열하는 경우의 수는 $4!=4\times3\times2\times1=24$
이때 짝수와 홀수를 모두 배열하는 경우의 수는 $24\times24=576$
(ii) 짝수를 2, 4, 6, 8번째 자리에 배열하는 경우

1	2	3	4	5	6	7	8
	짝		짝		짝		짝

이때 배열하는 경우의 수는 $4!=4\times3\times2\times1=24$
홀수는 1, 3, 5, 7번째 자리에 배열하므로
소수인 홀수 3, 5, 7은 이웃할 수 없다.
즉 홀수를 배열하는 경우의 수는 $4!=4\times3\times2\times1=24$
이때 짝수와 홀수를 모두 배열하는 경우의 수는 $24\times24=576$

(iii) 짝수를 1, 3, 5, 8번째 자리에 배열하는 경우

1	2	3	4	5	6	7	8
짝		짝		짝			짝

이때 배열하는 경우의 수는 $4!=4\times3\times2\times1=24$
홀수는 2, 4, 6, 7번째 자리에 배열하는데
소수인 홀수 3, 5, 7은 6, 7번째 자리에 동시에 들어갈 수 없으므로
홀수 1을 6 또는 7번째 자리에 먼저 배열하고 나머지 3, 5, 7을 배열하면
된다.
즉 홀수 1을 6 또는 7번째 자리에 배열하는 경우의 수는 2가지
나머지 자리에 홀수 3, 5, 7을 배열하는 경우의 수는 $3!=3\times2\times1=6$
이때 짝수와 홀수를 모두 배열하는 경우의 수는 $24\times2\times6=288$
(iv) 짝수를 1, 3, 6, 8번째 자리에 배열하는 경우

1	2	3	4	5	6	7	8
짝		짝			짝		짝

이때 배열하는 경우의 수는 $4!=4\times3\times2\times1=24$
홀수는 2, 4, 5, 7번째 자리에 배열하는데
소수인 홀수 3, 5, 7은 4, 5번째 자리에 동시에 들어갈 수 없으므로
홀수 1을 4 또는 5번째 자리에 먼저 배열하고 나머지 3, 5, 7을 배열하면
된다.
즉 홀수 1을 4 또는 5번째 자리에 배열하는 경우의 수는 2가지
나머지 자리에 홀수 3, 5, 7을 배열하는 경우의 수는 $3!=3\times2\times1=6$
이때 짝수와 홀수를 모두 배열하는 경우의 수는 $24\times2\times6=288$
(v) 짝수를 1, 4, 6, 8번째 자리에 배열하는 경우

1	2	3	4	5	6	7	8
짝			짝		짝		짝

이때 배열하는 경우의 수는 $4!=4\times3\times2\times1=24$
홀수는 2, 3, 5, 7번째 자리에 배열하는데
소수인 홀수 3, 5, 7은 2, 3번째 자리에 동시에 들어갈 수 없으므로
홀수 1을 2 또는 3번째 자리에 먼저 배열하고 나머지 3, 5, 7을 배열하면
된다.
즉 홀수 1을 2 또는 3번째 자리에 배열하는 경우의 수는 2가지
나머지 자리에 홀수 3, 5, 7을 배열하는 경우의 수는 $3!=3\times2\times1=6$
이때 짝수와 홀수를 모두 배열하는 경우의 수는 $24\times2\times6=288$

STEP B 합의 법칙을 이용하여 경우의 수 구하기

(i)~(v)의 경우는 동시에 일어날 수 없으므로 합의 법칙에 의하여 구하는
경우의 수는 $576+576+288+288+288=2016$

24

정답 해설참조

1단계	삼각형이 결정되기 위한 a의 값의 범위를 구한다.	1점

세 변의 길이가 각각 $a-1>0$, $a+2>0$, $a+3>0$이어야 하므로 $a>1$
또한, 삼각형이 결정되기 위해서는 가장 긴 변의 길이가 나머지 두 변의 길이의
합보다 작아야 하므로
$(a-1)+(a+2)>a+3$이므로 $a>2$
즉 삼각형이 결정되기 위한 a의 값의 범위는 $a>2$ ······ ㉠

2단계	둔각삼각형이 되기 위한 a의 값의 범위를 구한다.	2점

둔각삼각형이 되기 위해서는
$(가장 긴 변)^2>(나머지 두 변 길이의 제곱의 합)$이어야 한다.
즉 $(a+3)^2>(a-1)^2+(a+2)^2$, $a^2+6a+9>2a^2+2a+5$, $a^2-4a-4<0$
이차방정식 $a^2-4a-4=0$에서 근의 공식에 의하여
$a=2-2\sqrt{2}$ 또는 $a=2+2\sqrt{2}$이므로
$(a-2+2\sqrt{2})(a-2-2\sqrt{2})<0$
$\therefore 2-2\sqrt{2}<a<2+2\sqrt{2}$ ······ ㉡

3단계	실수 a의 값의 범위와 $p+q+r$의 값을 구한다.	1점

㉠, ㉡의 공통범위를 구하면 a의 값의 범위는 $2<a<2+2\sqrt{2}$
따라서 $p=2$, $q=2$, $r=2$이므로 $p+q+r=6$

25

| 1단계 | 백의 자리의 숫자와 십의 자리의 숫자의 합이 짝수일 조건을 구한다. | 1점 |

백의 자리의 숫자와 십의 자리의 숫자의 합이 짝수이려면
백의 자리의 숫자와 십의 자리의 숫자가 모두 짝수이거나 모두 홀수이어야 한다.

| 2단계 | 백의 자리, 십의 자리의 숫자가 모두 짝수인 자연수의 개수를 구한다. | 1.5점 |

백의 자리의 숫자와 십의 자리의 숫자가 모두 짝수일 때,
백의 자리에 올 수 있는 수는 2 또는 4
(i) 백의 자리의 숫자가 2인 경우
　　십의 자리에 올 수 있는 수는 0 또는 4
　　일의 자리에 올 수 있는 숫자의 개수는 백의 자리와 십의 자리의 숫자를
　　제외한 4개
(ii) 백의 자리의 숫자가 4인 경우
　　십의 자리에 올 수 있는 수는 0 또는 2
　　일의 자리에 올 수 있는 숫자의 개수는 백의 자리와 십의 자리의 숫자를
　　제외한 4개
(i), (ii)에서 백의 자리의 숫자와 십의 자리의 숫자가 모두 짝수인 자연수의
개수는 $8+8=16$

| 3단계 | 백의 자리, 십의 자리의 숫자가 모두 홀수인 자연수의 개수를 구한다. | 1.5점 |

1, 3, 5 중에서 2개를 택하여 백의 자리와 십의 자리에 나열하는 경우의 수는
$_3\mathrm{P}_2=3\times2=6$
일의 자리에 올 수 있는 숫자의 개수는 백의 자리와 십의 자리의 숫자를 제외한
4개
즉 백의 자리의 숫자와 십의 자리의 숫자가 모두 홀수인 자연수의 개수는
$6\times4=24$

| 4단계 | 합의 법칙을 이용하여 모든 자연수의 개수를 구한다. | 1점 |

따라서 합의 법칙에 의하여 구하는 자연수의 개수는 $16+24=40$

01	⑤	02	③	03	③	04	③	05	②
06	①	07	②	08	①	09	①	10	⑤
11	④	12	②	13	②	14	③	15	⑤
16	①	17	④	18	④	19	⑤	20	②

주관식 및 서술형

21	210	22	10	23	16
24	해설참조			25	해설참조

01

 정답 ⑤

STEP A　행렬의 꼴을 파악한 후 행렬 A의 성분 구하기

$a_{ij}=(i+j-2)(i+k)$이므로
$a_{11}=(1+1-2)(1+k)=0$
$a_{12}=(1+2-2)(1+k)=1+k$
$a_{13}=(1+3-2)(1+k)=2+2k$
$a_{21}=(2+1-2)(2+k)=2+k$
$a_{22}=(2+2-2)(2+k)=4+2k$
$a_{23}=(2+3-2)(2+k)=6+3k$
즉 $A=\begin{pmatrix} 0 & 1+k & 2+2k \\ 2+k & 4+2k & 6+3k \end{pmatrix}$

STEP B　행렬 A의 모든 성분의 합이 42일 때, k의 값 구하기

모든 성분의 합이 42이므로
$(1+k)+(2+2k)+(2+k)+(4+2k)+(6+3k)=42$, $15+9k=42$, $9k=27$
따라서 $k=3$

02

 정답 ③

STEP A　해가 $-1<x<4$이고 이차항의 계수가 1인 이차부등식 작성하기

해가 $-1<x<4$이고 이차항의 계수가 1인 이차부등식은
$(x+1)(x-4)<0$, 즉 $x^2-3x-4<0$
이때 $x^2+ax+b<0$과 같으므로 $a=-3$, $b=-4$

STEP B　이차부등식 $x^2+bx-a\geq0$의 해 구하기

$x^2-4x+3\geq0$에서 $(x-1)(x-3)\geq0$
따라서 $x\leq1$ 또는 $x\geq3$

03

 정답 ③

STEP A　각 지점을 이동하는 방법의 수 구하기

A에서 B, C를 거쳐 D로 가는 경우는 다음과 같이 분류한다.
(i) 중간에 지점 B, C를 지나는 경우
　　A→B→C→D로 가는 방법의 수 $3\times2\times1=6$
(ii) 중간에 지점 C만 지나는 경우
　　A→C→D로 가는 방법의 수 $2\times1=2$

STEP B　합의 법칙을 이용하여 방법의 수 구하기

(i), (ii)에서 지점 A에서 지점 D까지 가는 방법의 수는 $6+2=8$

04

STEP A 두 등식을 연립하여 두 행렬 A, B 구하기

$$A+B=\begin{pmatrix} 3 & 0 \\ -1 & 2 \end{pmatrix} \qquad \cdots\cdots\ \text{㉠}$$

$$A-B=\begin{pmatrix} 1 & 2 \\ 1 & 0 \end{pmatrix} \qquad \cdots\cdots\ \text{㉡}$$

㉠$+$㉡을 하면 $2A=\begin{pmatrix} 3 & 0 \\ -1 & 2 \end{pmatrix}+\begin{pmatrix} 1 & 2 \\ 1 & 0 \end{pmatrix}=\begin{pmatrix} 4 & 2 \\ 0 & 2 \end{pmatrix}$

$\therefore A=\dfrac{1}{2}\begin{pmatrix} 4 & 2 \\ 0 & 2 \end{pmatrix}=\begin{pmatrix} 2 & 1 \\ 0 & 1 \end{pmatrix}$

㉠$-$㉡을 하면 $2B=\begin{pmatrix} 3 & 0 \\ -1 & 2 \end{pmatrix}-\begin{pmatrix} 1 & 2 \\ 1 & 0 \end{pmatrix}=\begin{pmatrix} 2 & -2 \\ -2 & 2 \end{pmatrix}$

$\therefore B=\dfrac{1}{2}\begin{pmatrix} 2 & -2 \\ -2 & 2 \end{pmatrix}=\begin{pmatrix} 1 & -1 \\ -1 & 1 \end{pmatrix}$

STEP B 행렬 A^2-B^2의 모든 성분의 합 구하기

$$A^2-B^2=AA-BB=\begin{pmatrix} 2 & 1 \\ 0 & 1 \end{pmatrix}\begin{pmatrix} 2 & 1 \\ 0 & 1 \end{pmatrix}-\begin{pmatrix} 1 & -1 \\ -1 & 1 \end{pmatrix}\begin{pmatrix} 1 & -1 \\ -1 & 1 \end{pmatrix}$$

$$=\begin{pmatrix} 4 & 3 \\ 0 & 1 \end{pmatrix}-\begin{pmatrix} 2 & -2 \\ -2 & 2 \end{pmatrix}$$

$$=\begin{pmatrix} 2 & 5 \\ 2 & -1 \end{pmatrix}$$

따라서 모든 성분의 합은 $2+5+2+(-1)=8$

주의 $(A-B)(A+B)\neq A^2-B^2$

05

STEP A 전체 회원 수를 n명이라 하고 계산하기

동아리의 전체 회원수를 n명이라 하면 특정 2명을 제외하고 2명을 선택하는

경우의 수는 $_{n-2}C_2=\dfrac{(n-2)(n-3)}{2\times 1}=\dfrac{1}{2}(n-2)(n-3)$

4명을 일렬로 나열하는 경우의 수는 $4!=4\times 3\times 2\times 1=24$

즉 경우의 수는 $\dfrac{1}{2}(n-2)(n-3)\times 24=240$, $(n-2)(n-3)=5\times 4$

따라서 $n-2=5$이므로 $n=7$

06

STEP A 이차방정식의 근과 계수의 관계와 곱셈 공식을 이용하여 정리하기

이차방정식 $x^2-x+1=0$의 두 근이 α, β이므로

근과 계수의 관계에 의하여 $\alpha+\beta=1$, $\alpha\beta=1$

이차방정식 $ax^2+bx+c=0$의 두 근이 α, β이면 $\alpha+\beta=-\dfrac{b}{a}$, $\alpha\beta=\dfrac{c}{a}$

이때 $\dfrac{1}{\alpha}+\dfrac{1}{\beta}=\dfrac{\alpha+\beta}{\alpha\beta}=\dfrac{1}{1}=1$

STEP B A^2, A^3, $\cdots$을 차례로 구하여 규칙 찾기

$A=\begin{pmatrix} 1 & 0 \\ \alpha+\beta+1 & \dfrac{1}{\alpha}+\dfrac{1}{\beta} \end{pmatrix}=\begin{pmatrix} 1 & 0 \\ 2 & 1 \end{pmatrix}$이므로

$A^2=AA=\begin{pmatrix} 1 & 0 \\ 2 & 1 \end{pmatrix}\begin{pmatrix} 1 & 0 \\ 2\times 1 & 1 \end{pmatrix}=\begin{pmatrix} 1 & 0 \\ 2\times 2 & 1 \end{pmatrix}$

$A^3=A^2A=\begin{pmatrix} 1 & 0 \\ 2\times 2 & 1 \end{pmatrix}\begin{pmatrix} 1 & 0 \\ 2\times 1 & 1 \end{pmatrix}=\begin{pmatrix} 1 & 0 \\ 2\times 3 & 1 \end{pmatrix}$

$$\vdots$$

자연수 n에 대하여 $A^n=\begin{pmatrix} 1 & 0 \\ 2\times n & 1 \end{pmatrix}$로 추정할 수 있다.

STEP C 행렬 A^n의 모든 성분의 합이 100이 되는 자연수 n의 값 구하기

이때 $A^n=\begin{pmatrix} 1 & 0 \\ 2n & 1 \end{pmatrix}$의 모든 성분의 합은 $1+1+2n=2n+2$

따라서 $2n+2=100$이므로 $n=49$

07

STEP A 각 부등식의 해 구하기

부등식 $x^2-4x-5\leq 0$에서 $(x+1)(x-5)\leq 0$이므로

$-1\leq x\leq 5 \qquad \cdots\cdots\ \text{㉠}$

부등식 $|x-2|<k$에서 $-k<x-2<k$이므로

$-k+2<x<k+2 \qquad \cdots\cdots\ \text{㉡}$

STEP B 정수 x의 개수가 3일 때, 자연수 k의 값 구하기

$k=1$일 때,

㉡에 대입하면 $1<x<3$이므로 ㉠과 공통범위는 $1<x<3$

즉 $k=1$일 때, 정수 x의 개수는 1

$k=2$일 때,

㉡에 대입하면 $0<x<4$이므로 ㉠과 공통범위는 $0<x<4$

즉 $k=2$일 때, 정수 x의 개수는 3

$k=3$일 때,

㉡에 대입하면 $-1<x<5$이므로 ㉠과 공통범위는 $-1<x<5$

즉 $k=3$일 때, 정수 x의 개수는 5

$k\geq 4$일 때,

㉠과 공통범위는 $-1\leq x\leq 5$이므로 정수 x의 개수는 7

따라서 정수 x의 개수가 3일 때, $k=2$

08

STEP A 네 자리 자연수가 4의 배수가 되는 조건 이해하기

끝 두 자리의 수가 00이거나 4의 배수일 때,

네 자리의 자연수는 4의 배수가 된다.

STEP B 끝 두 자리의 수를 기준으로 나누어 4의 배수의 개수 구하기

끝의 두 자리의 수가 04, 20, 40인 경우의 수는 $3\times {}_3P_2=18$

끝의 두 자리의 수가 12, 24, 32인 경우의 수는 $3\times 2\times 2=12$

따라서 구하는 4의 배수의 개수는 $18+12=30$

09

STEP A 삼각형 결정 조건과 둘레의 길이를 이용하여 순서쌍 (a, b, c)의 개수 구하기

세 변의 길이가 a, b, $c\,(a\leq b<c)$인 삼각형의 둘레의 길이가 27이므로

$a+b+c=27$

이때 삼각형 결정 조건에 의하여 $a+b>c$이어야 한다.

즉 $27-c>c$이므로 $\dfrac{27}{3}<c<\dfrac{27}{2}$

(ⅰ) $c=10$일 때, $a+b=17$

조건을 만족시키는 순서쌍은 $(8, 9, 10)$의 1개

(ⅱ) $c=11$일 때, $a+b=16$

조건을 만족시키는 순서쌍은 $(6, 10, 11)$, $(7, 9, 11)$, $(8, 8, 11)$의 3개

(ⅲ) $c=12$일 때, $a+b=15$

조건을 만족시키는 순서쌍은 $(4, 11, 12)$, $(5, 10, 12)$,

$(6, 9, 12)$, $(7, 8, 12)$의 4개

(ⅳ) $c=13$일 때, $a+b=14$

조건을 만족시키는 순서쌍은 $(2, 12, 13)$, $(3, 11, 13)$, $(4, 10, 13)$,

$(5, 9, 13)$, $(6, 8, 13)$, $(7, 7, 13)$의 6개

(ⅰ)~(ⅳ)에서 순서쌍 (a, b, c)의 개수는 $1+3+4+6=14$

10

STEP Ⓐ 부등식의 해를 이용하여 $f(x)$의 식 구하기

$f(x)>0$의 해가 $-4<x<2$이므로 이차함수 $y=f(x)$는 이차항의 계수가
음수이고 x축과 $x=-4,\ 2$에서 만난다.

즉 이차항의 계수를 $a(a<0)$라 하면 $f(x)=a(x+4)(x-2)$

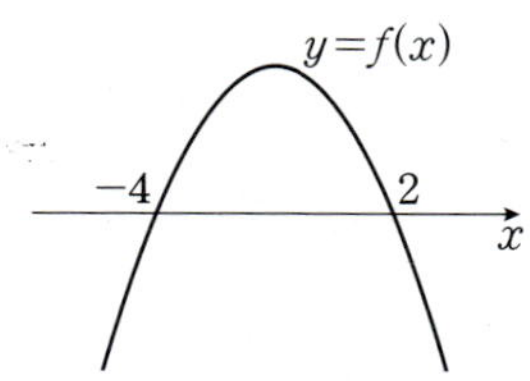

STEP Ⓑ $f(2x-1)\geq f(-5)$를 만족시키는 정수 x의 개수 구하기

$f(x)=a(x+4)(x-2)$이므로 $f(-5)=7a$

또한, $f(2x-1)=a(2x+3)(2x-3)=4ax^2-9a$

즉 $4ax^2-9a\geq 7a$이고 양변을 $a(a<0)$로 나누면

$4x^2-9\leq 7,\ 4(x-4)\leq 0,\ 4(x-2)(x+2)\leq 0$

따라서 $-2\leq x\leq 2$이므로 정수 x의 개수는 5

11

STEP Ⓐ 천의 자리가 1, 2, 3일 때 경우의 수 구하기

(i) 천의 자리에 1이 오는 경우

백의 자리, 십의 자리, 일의 자리에 나머지 숫자 0, 2, 3, 4 중 3개를 뽑아
나열하면 된다.

$\therefore\ _4\mathrm{P}_3=4\times 3\times 2=24$

(ii) 천의 자리에 2가 오는 경우

백의 자리, 십의 자리, 일의 자리에 나머지 숫자 0, 1, 3, 4 중 3개를 뽑아
나열하면 된다.

$\therefore\ _4\mathrm{P}_3=4\times 3\times 2=24$

(iii) 천의 자리에 3이 오는 경우

백의 자리, 십의 자리, 일의 자리에 나머지 숫자 0, 1, 2, 4 중 3개를 뽑아
나열하면 된다.

$\therefore\ _4\mathrm{P}_3=4\times 3\times 2=24$

즉 천의 자리에 1, 2, 3이 올 때 경우의 수는 72가지이다.

STEP Ⓑ 천의 자리에 4가 올 때 80번째 수 구하기

천의 자리에 4, 백의 자리에 0이 오는 경우의 수는 십의 자리와 일의 자리에
남은 수 1, 2, 3 중 2개를 뽑아 나열하면 된다.

$\therefore\ _3\mathrm{P}_2=3\times 2=6$

즉 79번째 수는 4102

따라서 80번째 수는 4103

12

STEP Ⓐ 행렬의 관계식을 이용하여 참, 거짓 판단하기

ㄱ. $A=2B+3E,\ AB=O$이므로

$BA=B(2B+3E)=2B^2+3B=(2B+3E)B=AB=O$

즉 $BA=O$ [거짓]

ㄴ. $A=\begin{pmatrix} a & b \\ c & d \end{pmatrix}$라 하면

$A\begin{pmatrix} 3 & 2 \\ 3 & 2 \end{pmatrix}=\begin{pmatrix} a & b \\ c & d \end{pmatrix}\begin{pmatrix} 3 & 2 \\ 3 & 2 \end{pmatrix}=\begin{pmatrix} 3(a+b) & 2(a+b) \\ 3(c+d) & 2(c+d) \end{pmatrix}$

이때 $3(a+b)+2(a+b)+3(c+d)+2(c+d)=30$이므로

$5(a+b+c+d)=30$ $\therefore\ a+b+c+d=6$

즉 행렬 A의 모든 성분의 합은 6 [참]

ㄷ. $AB=BA=O$이므로 $A-2B=3E$의 양변의 오른쪽에 A를 곱하면

$AA-2BA=3EA$

$\therefore\ A^2=3A$

즉 $A^3=A^2A=(3A)A=3A^2=3(3A)=9A$

ㄴ에 의하여 행렬 A^3의 모든 성분의 합은 $9\times 6=54$ [거짓]

따라서 옳은 것은 ㄴ이다.

13

STEP Ⓐ 조건을 만족시키는 경우 파악하기

조건 (가)에 의하여 홀수는 0번 또는 2번 또는 4번 사용된다.
그런데 조건 (나)에 의하여 짝수와 홀수가 연속이 되는 경우는 1번뿐이므로
짝수가 3번, 홀수가 2번 사용되는 경우와 짝수가 1번, 홀수가 4번 사용되는
경우로 나누어 생각할 수 있다.

STEP Ⓑ 짝수와 홀수의 개수에 따라 각각의 경우의 수 구하기

(i) 짝수가 3번, 홀수가 2번 사용되는 경우

홀수	홀수	짝수	짝수	짝수
짝수	짝수	짝수	홀수	홀수

홀수 1, 3, 5, 7, 9 중 2개를 선택하여 배열하는 경우의 수는
$_5\mathrm{P}_2=5\times 4=20$

짝수 2, 4, 6, 8 중 3개를 선택하여 배열하는 경우의 수는
$_4\mathrm{P}_3=4\times 3\times 2=12$

즉 짝수가 3번, 홀수가 2번 사용되는 경우의 수는
$2\times 20\times 24=960$

(ii) 짝수가 1번, 홀수가 4번 사용되는 경우

홀수	홀수	홀수	홀수	짝수
짝수	홀수	홀수	홀수	홀수

홀수 1, 3, 5, 7, 9 중 4개를 선택하여 배열하는 경우의 수는
$_5\mathrm{P}_4=120$

짝수 2, 4, 6, 8 중 1개를 선택하여 배열하는 경우의 수는
$_4\mathrm{P}_1=4$

즉 짝수가 1번, 홀수가 4번 사용되는 경우의 수는
$2\times 120\times 4=960$

(i), (ii)에서 합의 법칙에 의하여 구하는 경우의 수는 $960+960=1920$

14

STEP Ⓐ 근과 계수의 관계와 순열, 조합의 식을 이용하여 r의 값 구하기

삼차방정식의 세 근을 2, 3, α라 하면 근과 계수의 관계에 의하여

세 근의 곱은 $2\times 3\times \alpha=-12$이므로 $\alpha=-2$

세 근의 합은 $2+3+(-2)=\dfrac{3}{4}{}_n\mathrm{C}_r$이므로

${}_n\mathrm{C}_r=4$ $\quad\cdots\cdots\ \bigcirc$

두 근끼리 곱의 합은 $2\times 3+3\times(-2)+(-2)\times 2=-\dfrac{1}{6}{}_n\mathrm{P}_r$이므로

${}_n\mathrm{P}_r=24$ $\quad\cdots\cdots\ \bigcirc$

$\bigcirc$, $\bigcirc$에서 ${}_n\mathrm{C}_r=\dfrac{{}_n\mathrm{P}_r}{r!}=\dfrac{24}{r!}=4$이므로 $r!=6$

$\therefore\ r=3$

STEP Ⓑ n의 값 구하기

$\bigcirc$에서 ${}_n\mathrm{P}_3=24$이므로 $n(n-1)(n-2)=4\times 3\times 2=24$

$\therefore\ n=4$

따라서 $n+r=4+3=7$

STEP A 직선의 개수 a 구하기

8개의 점 중에서 2개의 점을 선택하는 경우의 수는

$${}_8C_2=\dfrac{8\times7}{2\times1}=28$$

이때 지름 위의 4개의 점으로 만든 직선은 모두 같은 직선이고 직선은 1개이다.
지름 위의 4개의 점 중에서 2개의 점을 선택하는 경우의 수는

$${}_4C_2=\dfrac{4\times3}{2\times1}=6$$

즉 구하는 직선의 개수는 $a=28-6+1=23$

STEP B 삼각형의 개수 b 구하기

8개의 점 중 서로 다른 3개의 점을 선택하는 경우의 수는

$${}_8C_3=\dfrac{8\times7\times6}{3\times2\times1}=56$$

이때 지름 위의 3개의 점을 꼭짓점으로 하는 삼각형은 존재하지 않으므로
지름 위의 4개의 점 중에서 3개의 점을 선택하는 경우의 수는

$${}_4C_3={}_4C_1=4$$

즉 구하는 삼각형의 개수는 $b=56-4=52$
따라서 $a+b=23+52=75$

---

16 

STEP A 범위를 나누는 기준이 되는 x의 값 구하기

$|x-1|+2|x-3|\le k$의 절댓값 안이 0이 되는 x의 값은 1, 3이다.

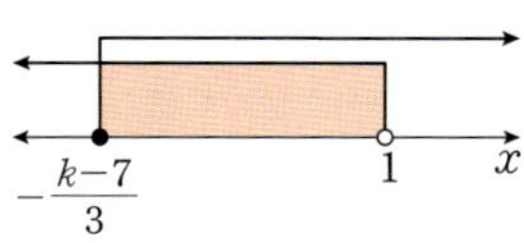

STEP B x의 값의 범위에 따라 부등식이 해를 갖도록 하는 k의 값의 범위 구하기

(i) $x<1$일 때,
$|x-3|=-(x-3)$, $|x-1|=-(x-1)$이므로　← $x-3<0$, $x-1<0$
$-(x-1)-2(x-3)\le k$, $-3x\le k-7$

$$x\ge -\dfrac{k-7}{3}$$

그런데 $x<1$에서 해를 가지려면
$-\dfrac{k-7}{3}<1$이어야 한다.
즉 $-k+7<3$　∴ $k>4$

(ii) $1\le x<3$일 때,
$|x-3|=-(x-3)$, $|x-1|=x-1$이므로　← $x-3<0$, $x-1\ge0$
$x-1-2(x-3)\le k$, $-x\le k-5$
∴ $x\ge5-k$
그런데 $1\le x<3$에서 해를 가지려면
$5-k\le1$이어야 한다.
∴ $k\ge4$

(iii) $x\ge3$일 때,
$|x-3|=x-3$, $|x-1|=x-1$이므로　← $x-3\ge0$, $x-1>0$
$x-1+2x-6\le k$, $3x\le k+7$
∴ $x\le\dfrac{k+7}{3}$
그런데 $x\ge3$에서 해를 가지려면
$3\le\dfrac{k+7}{3}$이어야 한다.
즉 $9\le k+7$　∴ $k\ge2$

STEP C k의 최솟값 구하기

(i)~(iii)에서 k의 값의 범위는 $k\ge2$이므로 실수 k의 최솟값은 2

다른풀이　두 곡선의 위치 관계를 이용하여 풀이하기

STEP A 곡선 $y=|x-1|+2|x-3|$의 그래프 그리기

곡선 $y=|x-1|+2|x-3|$의 그래프는 $x=1$과 $x=3$에서 꺾이는 그래프로
다음과 같다.

(i) $x<1$일 때, $|x-1|+2|x-3|=-(x-1)-2(x-3)=-3x+7$　← $x-1<0$, $x-3<0$
(ii) $1\le x<3$일 때, $|x-1|+2|x-3|=x-1-2(x-3)=-x+5$　← $x-1\ge0$, $x-3<0$
(iii) $x\ge3$일 때, $|x-1|+2|x-3|=(x-1)+2(x-3)=3x-7$　← $x-1>0$, $x-3\ge0$

(i)~(iii)에서 $y=\begin{cases}-3x+7 & (x<1)\\ -x+5 & (1\le x<3)\\ 3x-7 & (x\ge3)\end{cases}$

STEP B 그래프를 이용하여 해가 존재하는 k의 범위 구하기

직선 $y=k$의 위치에 따라 해는 다음 그림과 같다.

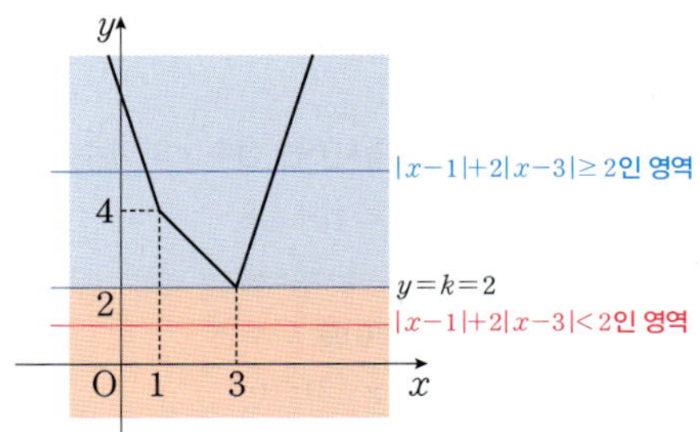

$|x-1|+2|x-3|=2$는 오직 하나의 해 $x=3$을 가진다.
곡선 $y=|x-1|+2|x-3|$가 직선 $y=2$와 만나는 x의 값
$|x-1|+2|x-3|\ge2$의 해는 모든 실수 x이다.
곡선 $y=|x-1|+2|x-3|$가 직선 $y=2$보다 위쪽에 있는 x의 범위
$|x-1|+2|x-3|<2$는 해가 존재하지 않는다.
곡선 $y=|x-1|+2|x-3|$가 직선 $y=2$보다 아래에 있는 x의 범위
부등식 $|x-1|+2|x-3|\le k$가 해를 갖도록 하는 k의 값의 범위는 $k\ge2$
따라서 실수 k의 최솟값은 2

---

17 

STEP A AB 구하기

$$AB=\begin{pmatrix}35 & 30\\ 40 & 25\end{pmatrix}\begin{pmatrix}18000 & 15000\\ 20000 & 12000\end{pmatrix}$$
$$=\begin{pmatrix}35\times18000+30\times20000 & 35\times15000+30\times12000\\ 40\times18000+25\times20000 & 40\times15000+25\times12000\end{pmatrix}\begin{matrix}\cdots\text{6월}\\ \cdots\text{7월}\end{matrix}$$

가게 A　　　　　　　가게 B

STEP B 7월에 가게 B에서 선크림과 로션의 판매총액을 나타낸 성분 구하기

7월에 가게 B에서 선크림과 로션의 판매총액은 $40\times15000+25\times12000$
따라서 이는 행렬 AB의 $(2, 2)$성분과 같으므로 d이다.

---

18 

STEP A 그래프를 이용하여 보기의 참, 거짓 판단하기

ㄱ. 이차함수 $y=f(x)$에서 x축과 만나는 점이 $x=\alpha$, $x=\beta$이므로
대칭축은 $x=\dfrac{\alpha+\beta}{2}$이고 이차함수의 꼭짓점의 좌표는
$\left(\dfrac{\alpha+\beta}{2},\ f\left(\dfrac{\alpha+\beta}{2}\right)\right)$, 최댓값은 $f\left(\dfrac{\alpha+\beta}{2}\right)$
즉 모든 실수 x에 대하여 $f(x)\le f\left(\dfrac{\alpha+\beta}{2}\right)$가 성립한다. [참]

ㄴ. 부등식 $g(x)\le f(x)$의 해는 $y=f(x)$의 그래프가 $y=g(x)$의 그래프 보다
위에 있거나 두 그래프가 만나는 부분의 x의 값의 범위이다.
즉 부등식의 해는 $\alpha\le x\le\gamma$ [참]

ㄷ. 방정식 $f(x)\{f(x)-g(x)\}=0$에서 $f(x)=0$ 또는 $f(x)-g(x)=0$
$f(x)=0$이 되는 근은 $x=\alpha$, $x=\beta$
$f(x)=g(x)$가 되는 근은 두 함수의 교점의 x좌표이므로 $x=\alpha$, $x=\gamma$
즉 $f(x)\{f(x)-g(x)\}=0$의 서로 다른 실근은 $x=\alpha$, $x=\beta$, $x=\gamma$이므로
개수는 3이다. [거짓]

ㄹ. $\alpha \le x < \beta$에서 부등식 $f(x)g(x) \ge 0$의 해는

　$f(x) \ge 0, \ g(x) \ge 0$ 또는 $f(x) \le 0, \ g(x) \le 0$

　(i) $f(x) \ge 0, \ g(x) \ge 0$인 경우

　　　$f(x) \ge 0$일 때, $\alpha \le x \le \beta$

　　　$g(x) \ge 0$일 때, $x \le \alpha$

　　　즉 $\alpha \le x < \beta$, $x \le \alpha$의 공통된 부분은 $x = \alpha$

　(ii) $f(x) \le 0, \ g(x) \le 0$인 경우

　　　$f(x) \le 0$일 때, $x \le \alpha$ 또는 $x \ge \beta$

　　　$g(x) \le 0$일 때, $x \ge \alpha$

　　　즉 $x \le \alpha$ 또는 $x \ge \beta$, $x \ge \alpha$의 공통된 부분은 $x = \alpha$

　(i), (ii)에 의하여 $\alpha \le x < \beta$에서 $f(x)g(x) \ge 0$의 해는 $x = \alpha$

　방정식 $\{f(x)\}^2 + \{g(x)\}^2 = 0$에서 $f(x) = 0, \ g(x) = 0$이어야 한다.

　즉 $x = \alpha$에서 $f(x) = 0, \ g(x) = 0$이므로 방정식을 만족시킨다. [참]

따라서 옳은 것은 ㄱ, ㄴ, ㄹ이다.

19

STEP A 인접하는 영역이 가장 많은 영역부터 칠하고 나머지 영역을 칠하는 경우의 수 구하기

A 영역 → B 영역 → C 영역 → D 영역 → E 영역 순으로 칠할 때,
E의 영역에 칠할 색은 A, B, D에 칠한 색을 빼고 나머지가 가능하지만
B와 D의 색이 같을 때와 다를 경우를 나누어 생각해야 한다.

(i) B와 D에 같은 색을 칠하는 경우

　　가장 많은 영역과 인접하고 있는 A에 칠할 수 있는 색은 5

　　B, D에 같은 색으로 칠할 수 있는 색은 A에 칠한 색을 제외한

　　$5 - 1 = 4$(가지)

　　C에 칠할 수 있는 색은 A, B(또는 D)에 칠한 색을 제외한 $5 - 2 = 3$

　　E에 칠할 수 있는 색은 A, B(또는 D)에 칠한 색을 제외한 $5 - 2 = 3$

　　이때의 경우의 수는 곱의 법칙에 의하여 $5 \times 4 \times 3 \times 1 \times 3 = 180$

(ii) B와 D에 다른 색을 칠하는 경우

　　가장 많은 영역과 인접하고 있는 A에 칠할 수 있는 색은 5

　　B에 칠할 수 있는 색은 A에 칠한 색을 제외한 $5 - 1 = 4$

　　C에 칠할 수 있는 색은 A, B에 칠한 색을 제외한 $5 - 2 = 3$

　　D에 칠할 수 있는 색은 A, B, C에 칠한 색을 제외한 $5 - 3 = 2$

　　E에 칠할 수 있는 색은 A, B, D에 칠한 색을 제외한 $5 - 3 = 2$

　　이때의 경우의 수는 곱의 법칙에 의하여 $5 \times 4 \times 3 \times 2 \times 2 = 240$

(i), (ii)의 경우는 동시에 일어날 수 없으므로 합의 법칙에 의하여
구하는 경우의 수는 $180 + 240 = 420$

---

mini해설 | 순열을 이용하여 풀이하기

(i) A, B, C, D, E 모두 다른 색을 칠하는 경우의 수는
　　$5 \times 4 \times 3 \times 2 \times 1 = 120$(가지)
(ii) B와 D에 같은 색을 칠하는 경우의 수는
　　$5 \times 4 \times 3 \times 1 \times 3 = 120$(가지)
(iii) C와 E에 같은 색을 칠하는 경우의 수는
　　$5 \times 4 \times 3 \times 2 \times 1 = 120$(가지)
(iv) B와 D, C와 E에 각각 같은 색을 칠하는 경우의 수는
　　$5 \times 4 \times 3 \times 1 \times 1 = 60$(가지)
따라서 색을 칠하는 경우의 수는 $120 + 120 + 120 + 60 = 420$

참고 다음 그림을 색칠하는 경우의 수도 같은 내용이다.

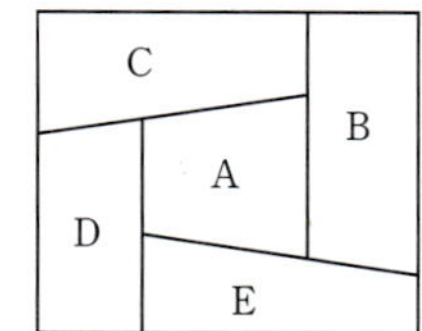

20

STEP A 두 이차함수 $y = -x^2 + 8x - 13, \ y = x^2 - 4x + 5$의 위치 관계 구하기

부등식 $-x^2 + 8x - 13 \le ax + b \le x^2 - 4x + 5$에서
두 이차식을 $y = -x^2 + 8x - 13, \ y = x^2 - 4x + 5$라 하고
위치 관계를 파악하기 위해 교점을 구하면 된다.
$-x^2 + 8x - 13 = x^2 - 4x + 5, \ 2x^2 - 12x + 18 = 2(x-3)^2 = 0$
즉 $x = 3$에서 두 이차함수는 접한다.

STEP B 모든 실수 x에 대하여 부등식이 성립함을 이용하여 a, b의 값 구하기

이때 부등식 $-x^2 + 8x - 13 \le ax + b \le x^2 - 4x + 5$가 모든 실수 x에 대해서
성립하기 위해서는 일차함수 $f(x) = ax + b$가 $x = 3$에서 두 이차함수에 동시에
접해야 한다.

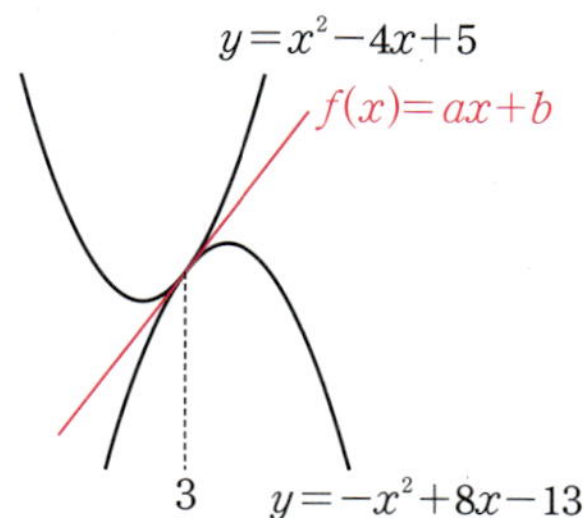

$f(x) = ax + b$가 $y = -x^2 + 8x - 13$에 $x = 3$에서 접하고 있으므로
이차방정식 $-x^2 + 8x - 13 = ax + b, \ x^2 + (a-8)x + b + 13 = 0$에서
$x^2 + (a-8)x + b + 13 = (x-3)^2$
즉 $x^2 + (a-8)x + b + 13 = x^2 - 6x + 9$이므로 $a - 8 = -6, \ b + 13 = 9$
$\therefore \ a = 2, \ b = -4$

STEP C $f(4)$의 값 구하기

따라서 $f(x) = 2x - 4$이므로 $f(4) = 4$

주관식 및 서술형 문제

21

STEP A 조건을 만족시키는 경우의 수 구하기

다음 그림과 같이 세 사람이 앉을 3개의 의자를 제외한 6개의 빈 의자를 먼저
나열하고 빈 의자 사이사이와 양 끝의 7자리에 앉을 세 사람을 배열하면 된다.

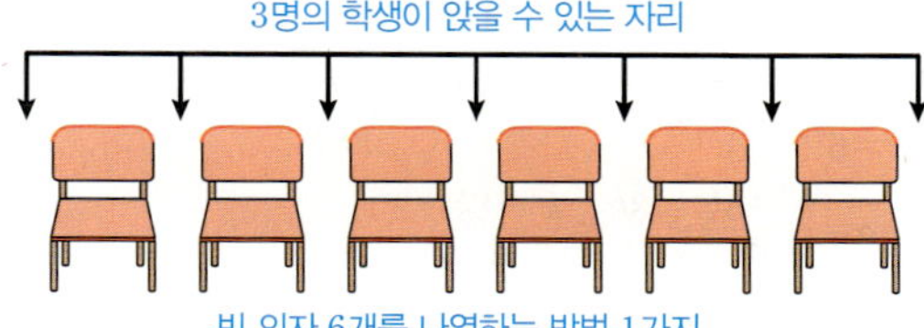

따라서 구하는 경우의 수는 $_7P_3 = 7 \times 6 \times 5 = 210$

22

STEP A 주어진 조건을 이용하여 행렬 A 구하기

$A=\begin{pmatrix} a & b \\ c & d \end{pmatrix}$라 하면 $A\begin{pmatrix} 1 \\ 0 \end{pmatrix}=\begin{pmatrix} 1 \\ 2 \end{pmatrix}$에서

$\begin{pmatrix} a & b \\ c & d \end{pmatrix}\begin{pmatrix} 1 \\ 0 \end{pmatrix}=\begin{pmatrix} 1 \\ 2 \end{pmatrix}$, $\begin{pmatrix} a \\ c \end{pmatrix}=\begin{pmatrix} 1 \\ 2 \end{pmatrix}$

두 행렬이 서로 같을 조건에 의하여 $a=1$, $c=2$

$A\begin{pmatrix} 0 \\ 1 \end{pmatrix}=\begin{pmatrix} -3 \\ 4 \end{pmatrix}$에서

$\begin{pmatrix} a & b \\ c & d \end{pmatrix}\begin{pmatrix} 0 \\ 1 \end{pmatrix}=\begin{pmatrix} -3 \\ 4 \end{pmatrix}$, $\begin{pmatrix} b \\ d \end{pmatrix}=\begin{pmatrix} -3 \\ 4 \end{pmatrix}$

두 행렬이 서로 같을 조건에 의하여 $b=-3$, $d=4$

$\therefore A=\begin{pmatrix} 1 & -3 \\ 2 & 4 \end{pmatrix}$

STEP B 조건을 이용하여 행렬 $A\begin{pmatrix} 3 \\ 1 \end{pmatrix}$ 구하기

따라서 $A\begin{pmatrix} 3 \\ 1 \end{pmatrix}=\begin{pmatrix} 1 & -3 \\ 2 & 4 \end{pmatrix}\begin{pmatrix} 3 \\ 1 \end{pmatrix}=\begin{pmatrix} 0 \\ 10 \end{pmatrix}$이므로 모든 성분의 합은 10

23

STEP A 부등식의 해를 이용하여 α, β의 값 구하기

이차부등식 $(4x-k^2+5k)(4x-3k)\le 0$에서

(i) $\dfrac{k^2-5k}{4}<\dfrac{3k}{4}$일 때,

$k^2-8k=k(k-8)<0$이므로 $0<k<8$

즉 $0<k<8$에서 $\dfrac{k^2-5k}{4}\le x\le \dfrac{3k}{4}$

$\therefore \alpha=\dfrac{k^2-5k}{4}$, $\beta=\dfrac{3k}{4}$

(ii) $\dfrac{k^2-5k}{4}>\dfrac{3k}{4}$일 때,

$k^2-8k=k(k-8)>0$이므로 $k>8$ 또는 $k<0$

즉 $k>8$ 또는 $k<0$에서 $\dfrac{3k}{4}\le x\le \dfrac{k^2-5k}{4}$

$\therefore \alpha=\dfrac{3k}{4}$, $\beta=\dfrac{k^2-5k}{4}$

STEP B 조건 (가), (나)를 이용하여 k의 값 구하기

정수가 아닌 두 실수 α, β에 대하여

$\alpha=n+p$ (단, n은 정수, $0<p<1$)라 하면

두 조건 (가), (나)에 의하여 $\beta=n+3+p$이어야 한다.

즉 $\beta-\alpha=3$

(i)에서 $\beta-\alpha=\dfrac{3k}{4}-\dfrac{k^2-5k}{4}=\dfrac{-k^2+8k}{4}$

즉 $-k^2+8k=12$에서 $k^2-8k+12=0$, $(k-2)(k-6)=0$이므로

$k=2$ 또는 $k=6$

(ii)에서 $\beta-\alpha=\dfrac{k^2-5k}{4}-\dfrac{3k}{4}=\dfrac{k^2-8k}{4}$

즉 $k^2-8k=12$에서 $k^2-8k-12=0$이므로 근의 공식에 의하여

$k=4+2\sqrt{7}$ 또는 $k=4-2\sqrt{7}$

따라서 모든 실수 k의 값의 합은 $2+6+(4+2\sqrt{7})+(4-2\sqrt{7})=16$

24

| 1단계 | $(A+B)^2=A^2+2AB+B^2$이 성립하기 위한 조건을 구한다. | 1점 |

두 행렬 $A=\begin{pmatrix} 2 & 1 \\ 1 & x^2 \end{pmatrix}$, $B=\begin{pmatrix} -y & 1 \\ 1 & y \end{pmatrix}$에 대하여

$(A+B)^2=A^2+AB+BA+B^2=A^2+2AB+B^2$

$\therefore AB=BA$

| 2단계 | $y=f(x)$의 그래프와 x축, y축의 교점을 각각 구한다. | 2점 |

$AB=\begin{pmatrix} 2 & 1 \\ 1 & x^2 \end{pmatrix}\begin{pmatrix} -y & 1 \\ 1 & y \end{pmatrix}=\begin{pmatrix} -2y+1 & 2+y \\ -y+x^2 & 1+x^2y \end{pmatrix}$

$BA=\begin{pmatrix} -y & 1 \\ 1 & y \end{pmatrix}\begin{pmatrix} 2 & 1 \\ 1 & x^2 \end{pmatrix}=\begin{pmatrix} -2y+1 & -y+x^2 \\ 2+y & 1+x^2y \end{pmatrix}$

$AB=BA$이므로 두 행렬이 서로 같을 조건에 의하여

$2+y=-y+x^2$

즉 $y=\dfrac{1}{2}x^2-1$

$\dfrac{1}{2}x^2-1=0$, $x=\pm\sqrt{2}$이므로 x축과 만나는 두 점 P, Q의 좌표는

$\mathrm{P}(\sqrt{2},\,0)$, $\mathrm{Q}(-\sqrt{2},\,0)$

y축과 만나는 점 R의 좌표는 $\mathrm{R}(0,\,-1)$

| 3단계 | 삼각형 PQR의 넓이를 구한다. | 1점 |

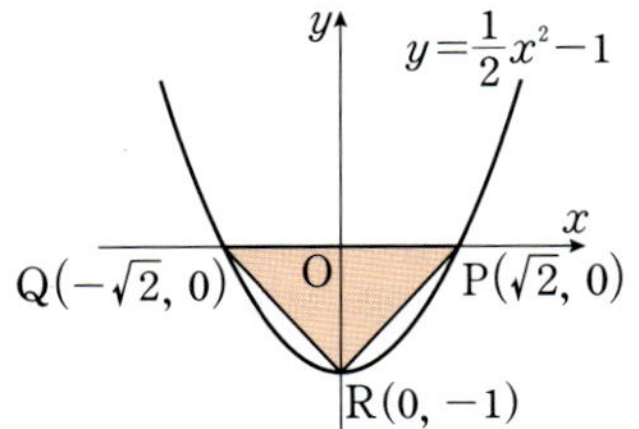

따라서 삼각형 PQR의 넓이는 $\dfrac{1}{2}\times\overline{\mathrm{PQ}}\times\overline{\mathrm{OR}}=\dfrac{1}{2}\times 2\sqrt{2}\times 1=\sqrt{2}$

25

| 1단계 | 운전적에 앉는 경우의 수를 구한다. | 1점 |

운전석에 선생님 2명 중에서 한 명이 앉는 경우의 수는 $_2\mathrm{C}_1=2$

| 2단계 | 1학년 학생 2명이 같은 줄에 이웃하여 앉는 경우를 구한다. | 2점 |

1학년 학생 2명을 가운데 줄의 자리 중 이웃한 두 자리 또는 뒷줄 두 자리를 선택하는 경우의 수는 $_3\mathrm{C}_1=3$

두 학생이 자리를 바꾸는 경우의 수는 $2!=2$

즉 1학년 학생이 앉는 경우의 수는 $3\times 2=6$

| 3단계 | 나머지 사람 3명을 4자리에 배열하는 경우의 수를 구하고 전체의 경우의 수를 구한다. | 2점 |

남은 4자리에 남은 사람 3명이 앉는 경우의 수는 $_4\mathrm{P}_3=4\times 3\times 2=24$

따라서 구하는 경우의 수는 $2\times 6\times 24=288$

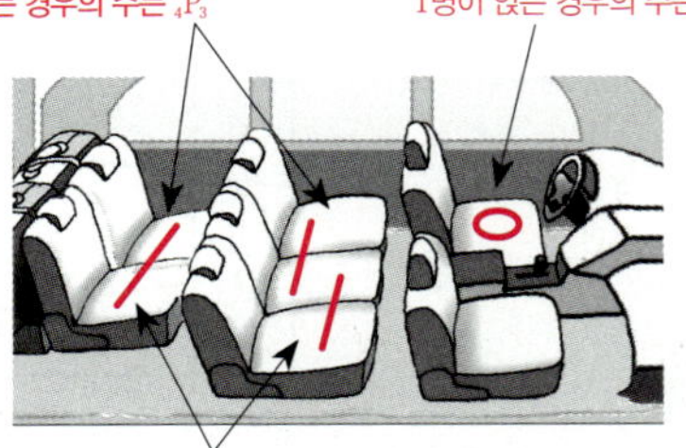